Dubbel Taschenbuch für den Maschinenbau 1: Grundlagen und Tabellen

EBOOK INSIDE

Die Zugangsinformationen zum eBook inside finden Sie am Ende des Buchs.

Beate Bender · Dietmar Göhlich
(Hrsg.)

Dubbel Taschenbuch für den Maschinenbau 1: Grundlagen und Tabellen

26., überarbeitete Auflage

Hrsg.

Prof. Dr.-Ing. Beate Bender
Lehrstuhl für Produktentwicklung,
Fakultät für Maschinenbau
Ruhr-Universität Bochum
Bochum, Deutschland

Prof. Dr.-Ing. Dietmar Göhlich
Fachgebiet Methoden der
Produktentwicklung und Mechatronik,
Fakultät Verkehrs und
Maschinensysteme
Technische Universität Berlin
Berlin, Deutschland

ISBN 978-3-662-59710-1   ISBN 978-3-662-59711-8 (eBook)
https://doi.org/10.1007/978-3-662-59711-8

Die Deutsche Nationalbibliothek verzeichnet diese Publikation in der Deutschen Nationalbibliografie; detaillierte bibliografische Daten sind im Internet über http://dnb.d-nb.de abrufbar.

Springer Vieweg
© Springer-Verlag GmbH Deutschland, ein Teil von Springer Nature 1914, 1929, 1935, 1940, 1941, 1943, 1953, 1961, 1970, 1974, 1981, 1983, 1986, 1987, 1990, 1995, 1997, 2001, 2005, 2007, 2011, 2014, 2018, 2020

Springer Vieweg ist ein Imprint der eingetragenen Gesellschaft Springer-Verlag GmbH, DE und ist ein Teil von Springer Nature.
Die Anschrift der Gesellschaft ist: Heidelberger Platz 3, 14197 Berlin, Germany

Vorwort zur 26. Auflage des DUBBEL – Fundiertes Ingenieurwissen in neuem Format

Der DUBBEL ist seit über 100 Jahren für Generationen von Studierenden sowie in der Praxis tätigen Ingenieurinnen und Ingenieuren das Standardwerk für den Maschinenbau. Er dient gleichermaßen als Nachschlagewerk für Universitäten und Hochschulen, technikorientierte Aus- und Weiterbildungsinstitute wie auch zur Lösung konkreter Aufgaben aus der ingenieurwissenschaftlichen Praxis. Die enorme inhaltliche Bandbreite basiert auf den umfangreichen Erfahrungen der Herausgeber und Autoren, die sie im Rahmen von Lehr- und Forschungstätigkeiten an einschlägigen Hochschulen und Universitäten oder während einer verantwortlichen Industrietätigkeit erworben haben.

Die Stoffauswahl ist so getroffen, dass Studierende in der Lage sind, sich problemlos Informationen aus der gesamten Breite des Maschinenbaus zu erschließen. Ingenieurinnen und Ingenieure der Praxis erhalten darüber hinaus ein weitgehend vollständiges Arbeitsmittel zur Lösung typischer Ingenieuraufgaben. Ihnen wird ein schneller Einblick insbesondere auch in solche Fachgebiete gegeben, in denen sie keine Spezialisten sind. So sind zum Beispiel die Ausführungen über Fertigungstechnik nicht nur für Betriebsingenieur*innen gedacht, sondern beispielsweise auch für Konstrukteur*innen und Entwickler*innen, die fertigungsorientiert gestalten. Durch die Vielschichtigkeit technischer Produkte ist eine fachgebietsübergreifende bzw. interdisziplinäre Arbeitsweise nötig. Gerade in Anbetracht der Erweiterung des Produktbegriffs vor dem Hintergrund der Serviceintegration und Digitalisierung müssen Entwicklungsingenieur*innen z. B. über Kenntnisse in der Mechatronik oder Informations- und Kommunikationstechnik verfügen, aber auch auf Systemverständnis sowie Methodenkenntnisse zurückgreifen können. Der DUBBEL hilft somit den Mitarbeiterinnen und Mitarbeitern in allen Unternehmensbereichen der Herstellung und Anwendung maschinenbaulicher Produkte (Anlagen, Maschinen, Apparate, Geräte, Fahrzeuge) bei der Lösung von Problemen: Angefangen bei der Produktplanung, Forschung, Entwicklung, Konstruktion, Arbeitsvorbereitung, Normung, Materialwirtschaft, Fertigung, Montage und Qualitätssicherung über den technischen Vertrieb bis zur Bedienung, Überwachung, Wartung und Instandhaltung und zum Recycling. Die Inhalte stellen das erforderliche Basis- und Detailwissen des Maschinenbaus zur Verfügung und garantieren die Dokumentation des aktuellen Stands der Technik.

Die Vielfalt des Maschinenbaus hinsichtlich Ingenieurtätigkeiten und Fachgebieten, der beständige Erkenntniszuwachs sowie die vielschichtigen

Zielsetzungen des DUBBEL erfordern bei der Stoffzusammenstellung eine enge Zusammenarbeit zwischen Herausgeber*innen und Autor*innen. Es müssen die wesentlichen Grundlagen und die unbedingt erforderlichen, allgemein anwendbaren und gesicherten Erkenntnisse der einzelnen Fachgebiete ausgewählt werden.

Um einerseits diesem Ziel weiterhin gerecht zu werden und andererseits die Übersichtlichkeit und Lesbarkeit zu verbessern, haben die Herausgeberin und der Herausgeber gemeinsam mit dem Springer-Verlag entschieden, Schrift- und Seitengröße deutlich zu erhöhen. Damit finden sich die bewährten Inhalte nunmehr in einer **dreibändigen** Ausgabe. Jeder Band wird künftig zudem als Full-Book-Download über das digitale Buchpaket SpringerLink angeboten.

Die *Reihung der Kapitel* wurde gegenüber der 25. Auflage so verändert, dass im Band 1 Grundlagen und Tabellen, im Band 2 maschinenbauliche Anwendungen und im Band 3 Maschinen und Systeme zu finden sind.

Band 1 mit Grundlagen und Tabellen enthält neben den allgemeinen Tabellenwerken das technische Basiswissen für Ingenieur*innen bestehend aus Mechanik, Festigkeitslehre, Werkstofftechnik, Thermodynamik und Maschinendynamik. Aufgrund vielfacher Leser*innen-Hinweise sind auch die Grundlagen der Mathematik für Ingenieure wieder Teil dieser Auflage des DUBBEL.

Band 2 behandelt maschinenbauliche Anwendungen und umfasst die Produktentwicklung, die virtuelle Produktentwicklung, mechanische Konstruktionselemente, fluidische Antriebe, Elektrotechnik, Messtechnik und Sensorik, Regelungstechnik und Mechatronik, Fertigungsverfahren sowie Fertigungsmittel.

Band 3 fokussiert auf Maschinen und Systeme, im Einzelnen sind dies Kolbenmaschinen, Strömungsmaschinen, Fördertechnik, Verfahrenstechnik, thermischer Apparatebau, Kälte-, Klima- und Heizungstechnik, Biomedizinische Technik, Energietechnik und -wirtschaft sowie Verkehrssysteme (Luftfahrt, Straße und Schiene).

Beibehalten wurden in allen Bänden die am Ende vieler Kapitel aufgeführten quantitativen Arbeitsunterlagen in Form von Tabellen, Diagrammen und Normenauszügen sowie Stoff- und Richtwerte.

Die *Benutzungsanleitung* vor dem Inhaltsverzeichnis hilft, die Buchstruktur einschließlich Anhang sowie die Abkürzungen zu verstehen. Zahlreiche Hinweise und Querverweise zwischen den einzelnen Teilen und Kapiteln erlauben eine effiziente Nutzung des Werkes. Infolge der Uneinheitlichkeit nationaler und internationaler Normen sowie der Gewohnheiten einzelner Fachgebiete ließen sich in wenigen Fällen unterschiedliche Verwendung gleicher Begriffe und Formelzeichen nicht immer vermeiden.

„Informationen aus der Industrie" mit technisch relevanten Anzeigen bekannter Firmen zeigen industrielle Ausführungsformen und ihre Bezugsquellen.

Mit dem Erscheinen der 26. Auflage wird Prof. Grote nach 25 Jahren und sieben Auflagen aus dem Herausgeberteam ausscheiden. Die Herausgeber danken ihm sehr herzlich für seine lange und zeichensetzende Herausgeberschaft des DUBBEL.

Die Herausgeber danken darüber hinaus allen am Werk Beteiligten, in erster Linie den Autoren für ihr Engagement und ihre Bereitschaft zur kurzfristigen Prüfung der Manuskripte im neuen Layout. Wir danken insbesondere Frau G. Fischer vom Springer-Verlag für die verlagsseitige Koordination und Frau N. Kroke, Frau J. Krause sowie Frau Y. Schlatter von der Fa. le-tex publishing services für die engagierte und sachkundige Zusammenarbeit beim Satz und der Kommunikation mit den Autoren. Ein Dank aller Beteiligten geht auch an die Verantwortlichen für das Lektorat beim Springer-Verlag, Herrn M. Kottusch, der insbesondere die Weiterentwicklung des Layouts und die Aufnahme des Mathematikteils vorangetrieben hat, sowie Herrn A. Garbers, der in diesem Jahr das Lektorat des DUBBEL übernommen hat. Beide wurden wirkungsvoll von Frau L. Burato unterstützt.

Abschließend sei auch den vorangegangenen Generationen von Autoren gedankt. Sie haben durch ihre gewissenhafte Arbeit die Anerkennung des DUBBEL begründet, die mit der jetzt vorliegenden 26. Auflage des DUBBEL weiter gefestigt wird.

Dank der Mitwirkung zahlreicher sehr engagierter und kompetenter Personen steht die Marke DUBBEL weiter für höchste Qualität, nunmehr in einem dreibändigen Standardwerk für Ingenieurinnen und Ingenieure in Studium und Beruf.

Bochum und Berlin   Prof. Dr.-Ing. Beate Bender
im Herbst 2020   Prof. Dr.-Ing. Dietmar Göhlich

Hinweise zur Benutzung

Gliederung. Das Werk umfasst 26 Teile in drei Bänden: Band 1 enthält Grundlagen und Tabellen. Hier findet sich das technische Basiswissen für Ingenieure bestehend aus den Teilen Mathematik, Mechanik, Festigkeitslehre, Werkstofftechnik, Thermodynamik und Maschinendynamik sowie allgemeine Tabellen. Band 2 behandelt Anwendungen und Band 3 richtet den Fokus auf Maschinen und Systeme. Die Bände sind jeweils unterteilt in Teile, die Teile in Kapitel, Abschnitte und Unterabschnitte.

Weitere Unterteilungen werden durch fette Überschriften sowie fette und kursive Zeilenanfänge (sog. Spitzmarken) vorgenommen. Sie sollen dem Leser das schnelle Auffinden spezieller Themen erleichtern.

Kolumnentitel oder Seitenüberschriften enthalten auf den linken Seiten (gerade Endziffern) die Namen der Autoren, auf der rechten jene der Kapitel.

Kleindruck. Er wurde für Bildunterschriften und Tabellenüberschriften gewählt, um diese Teile besser vom übrigen Text abzuheben und Druckraum zu sparen.

Inhalts- und Sachverzeichnis sind zur Erleichterung der Benutzung des Werkes ausführlich und Band-übergreifend gestaltet.

Kapitel. Es bildet die Grundeinheit, in der Gleichungen, Bilder und Tabellen jeweils wieder von 1 ab nummeriert sind. Fett in blau gesetzte Bild- und Tabellenbezeichnungen sollen ein schnelles Erkennen der Zuordnung von Bildern und Tabellen zum Text ermöglichen.

Anhang. Am Ende vieler Kapitel befinden sich Anhänge zu Diagrammen und Tabellen sowie zur speziellen Literatur. Sie enthalten die für die praktische Zahlenrechnung notwendigen Kenn- und Stoffwerte sowie Sinnbilder und Normenauszüge des betreffenden Fachgebietes und das im Text angezogene Schrifttum. Am Ende von Band 1 findet sich zudem das Kapitel „Allgemeine Tabellen". Er enthält die wichtigsten physikalischen Konstanten, die Umrechnungsfaktoren für die Einheiten, das periodische System der Elemente sowie ein Verzeichnis von Bezugsquellen für Technische Regelwerke und Normen. Außerdem sind die Grundgrößen von Gebieten, deren ausführliche Behandlung den Rahmen des Buches sprengen würden, aufgeführt. Hierzu zählen die Kern-, Licht-, Schall- und Umwelttechnik.

Nummerierung und Verweise. Die *Nummerierung* der Bilder, Tabellen, Gleichungen und Literatur gilt für das jeweilige Kapitel. Gleichungsnummern stehen in runden ( ), Literaturziffern in eckigen [ ] Klammern.

Bilder. Hierzu gehören konstruktive und Funktionsdarstellungen, Diagramme, Flussbilder und Schaltpläne.

Bildgruppen. Sie sind, soweit notwendig, in Teilbilder **a, b, c** usw. untergliedert (z. B. Bd. 3, Abb. 14.5). Sind diese nicht in der Bildunterschrift erläutert, so befinden sich die betreffenden Erläuterungen im Text (z. B. Bd. 1, Abb. 17.12). Kompliziertere Bauteile oder Pläne enthalten Positionen, die entweder im Text (z. B. Bd. 3, Abb. 2.26) oder in der Bildunterschrift erläutert sind (z. B. Bd. 3, Abb. 51.5).

Sinnbilder für Schaltpläne von Leitungen, Schaltern, Maschinen und ihren Teilen sowie für Aggregate sind nach Möglichkeit den zugeordneten DIN-Normen oder den Richtlinien entnommen. In Einzelfällen wurde von den Zeichnungsnormen abgewichen, um die Übersicht der Bilder zu verbessern.

Tabellen. Sie ermöglichen es, Zahlenwerte mathematischer und physikalischer Funktionen schnell aufzufinden. In den Beispielen sollen sie den Rechnungsgang einprägsam erläutern und die Ergebnisse übersichtlich darstellen. Aber auch Gleichungen, Sinnbilder und Diagramme sind zum besseren Vergleich bestimmter Verfahren tabellarisch zusammengefasst.

Literatur. *Spezielle Literatur.* Sie ist auf das Sachgebiet eines Kapitels bezogen und befindet sich am Ende eines Kapitels. Eine Ziffer in eckiger [ ] Klammer weist im Text auf das entsprechende Zitat hin. Diese Verzeichnisse enthalten häufig auch grundlegende Normen, Richtlinien und Sicherheitsbestimmungen.

Allgemeine Literatur. Auf das Sachgebiet eines Kapitels bezogene Literatur befindet sich ebenfalls am Ende eines Kapitels und enthält die betreffenden Grundlagenwerke. Literatur, die sich auf das Sachgebiet eines ganzen Teils bezieht, befindet sich am Ende des Teils.

Sachverzeichnis. Nach wichtigen Einzelstichwörtern sind die Stichworte für allgemeine, mehrere Kapitel umfassende Begriffe wie z. B. „Arbeit“, „Federn“ und „Steuerungen“ zusammengefasst. Zur besseren Übersicht ersetzt ein Querstrich nur ein Wort. In diesen Gruppen sind nur die wichtigsten Begriffe auch als Einzelstichwörter aufgeführt. Dieses raumsparende Verfahren lässt natürlich immer einige berechtigte Wünsche der Leser offen, vermeidet aber ein zu langes und daher unübersichtliches Verzeichnis.

Gleichungen. Sie sind der Vorteile wegen als Größengleichungen geschrieben. Sind Zahlenwertgleichungen, wie z. B. bei empirischen Gesetzen oder bei sehr häufig vorkommenden Berechnungen erforderlich, so erhalten sie den Zusatz „Zgl.“ und die gesondert aufgeführten Einheiten den Zusatz „in“. Für einfachere Zahlenwertgleichungen werden gelegentlich auch zugeschnittene Größengleichungen benutzt. Exponentialfunktionen sind meist in der

Form „exp(**x**)" geschrieben. Wo möglich, wurden aus Platzgründen schräge statt waagerechte Bruchstriche verwendet.

Formelzeichen. Sie wurden in der Regel nach DIN 1304 gewählt. Dies ließ sich aber nicht konsequent durchführen, da die einzelnen Fachnormenausschüsse unabhängig sind und eine laufende Anpassung an die internationale Normung erfolgt. Daher mussten in einzelnen Fachgebieten gleiche Größen mit verschiedenen Buchstaben gekennzeichnet werden. Aus diesen Gründen, aber auch um lästiges Umblättern zu ersparen, wurden die in jeder Gleichung vorkommenden Größen wenn möglich in ihrer unmittelbaren Nähe erläutert. Bei Verweisen werden innerhalb eines Kapitels die in den angezogenen Gleichungen erfolgten Erläuterungen nicht wiederholt. Wurden Kompromisse bei Formelzeichen der einzelnen Normen notwendig, so ist dies an den betreffenden Stellen vermerkt.

Zeichen, die sich auf die Zeiteinheit beziehen, tragen einen Punkt. Beispiel: Bd. 1, Gl. (17.5). Variable sind kursiv, Vektoren und Matrizen fett kursiv und Einheiten steil gesetzt.

Einheiten. In diesem Werk ist das Internationale bzw. das SI-Einheitensystem (Système international) verbindlich. Eingeführt ist es durch das „Gesetz über Einheiten im Messwesen" vom 2. 7. 1969 mit seiner Ausführungsverordnung vom 26. 6. 1970. Außer seinen sechs Basiseinheiten m, kg, s, A, K und cd werden auch die abgeleiteten Einheiten N, Pa, J, W und Pa s benutzt. Unzweckmäßige Zahlenwerte können dabei nach DIN 1301 durch Vorsätze für dezimale Vielfache und Teile nach Bd. 1, Tab. 49.3 ersetzt werden. Hierzu lässt auch die Ausführungsverordnung folgende Einheiten bzw. Namen zu:

Masse	1 t = 1000 kg	Zeit	1 h = 60 min = 3600 s
Volumen	$1\,l = 10^{-3}\ m^3$	Temperaturdifferenz	1 °C = 1 K
Druck	$1\ bar = 10^5\ Pa$	Winkel	$1° = \pi\ rad/180$

Für die Einheit 1 rad $= 1\ m/m$ darf nach DIN 1301 bei Zahlenrechnungen auch 1 stehen.

Da ältere Urkunden, Verträge und älteres Schrifttum noch die früheren Einheitensysteme enthalten, sind ihre Umrechnungsfaktoren für das internationale Maßsystem in Bd. 1, Tab. 49.5 aufgeführt.

Druck. Nach DIN 1314 wird der Druck p in der Einheit bar angegeben und zählt vom Nullpunkt aus. Druckdifferenzen werden durch die Formelzeichen, nicht aber durch die Einheit gekennzeichnet. Dies gilt besonders für die Manometerablesung bzw. atmosphärischen Druckdifferenzen.

DIN-Normen. Hier sind die bei Abschluss der Manuskripte gültigen Ausgaben maßgebend. Dies gilt auch für die dort gegebenen Definitionen und für die angezogenen Richtlinien.

Chronik des Taschenbuchs

Der Plan eines Taschenbuchs für den Maschinenbau geht auf eine Anregung von Heinrich Dubbel, Dozent und später Professor an der Berliner Beuth-Schule, der namhaftesten deutschen Ingenieurschule, im Jahre 1912 zurück. Die Diskussion mit Julius Springer, dem für die technische Literatur zuständigen Teilhaber der „Verlagsbuchhandlung Julius Springer" (wie die Firma damals hieß), dem Dubbel bereits durch mehrere Fachveröffentlichungen verbunden war, führte rasch zu einem positiven Ergebnis. Dubbel übernahm die Herausgeberschaft, stellte die – in ihren Grundzügen bis heute unverändert gebliebene – Gliederung auf und gewann, soweit er die Bearbeitung nicht selbst durchführte, geeignete Autoren, zum erheblichen Teil Kollegen aus der Beuth-Schule. Bereits Mitte 1914 konnte die 1. Auflage erscheinen.

Zunächst war der Absatz unbefriedigend, da der 1. Weltkrieg ausbrach. Das besserte sich aber nach Kriegsende und schon im Jahre 1919 erschien die 2. Auflage, dicht gefolgt von weiteren in den Jahren 1920, 1924, 1929, 1934, 1939, 1941 und 1943. Am 1. 3. 1933 wurde das Taschenbuch als „Lehrbuch an den Preußischen Ingenieurschulen" anerkannt.

H. Dubbel bearbeitete sein Taschenbuch bis zur 9. Auflage im Jahre 1943 selbst. Die 10. Auflage, die Dubbel noch vorbereitete, deren Erscheinen er aber nicht mehr erlebte, war im wesentlichen ein Nachdruck der 9. Auflage.

Nach dem Krieg ergab sich bei der Planung der 11. Auflage der Wunsch, das Taschenbuch gleichermaßen bei den Technischen Hochschulen und den Ingenieurschulen zu verankern. In diesem Sinn wurden gemeinsam Prof. Dr.-Ing. Fr. Sass, Ordinarius für Dieselmaschinen an der Technischen Universität Berlin, und Baudirektor Dipl.-Ing. Charles Bouché, Direktor der Beuth-Schule, unter Mitwirkung des Oberingenieurs Dr.-Ing. Alois Leitner, als Herausgeber gewonnen. Das gesamte Taschenbuch wurde nach der bewährten Disposition H. Dubbels neu bearbeitet und mehrere Fachgebiete neu eingeführt: Ähnlichkeitsmechanik, Gasdynamik, Gaserzeuger und Kältetechnik. So gelang es, den technischen Fortschritt zu berücksichtigen und eine breitere Absatzbasis für das Taschenbuch zu schaffen.

In der 13. Auflage wurden im Vorgriff auf das Einheitengesetz das technische und das internationale Maßsystem nebeneinander benutzt. In dieser Auflage wurde Prof. Dr.-Ing. Egon Martyrer von der Technischen Universität Hannover als Mitherausgeber herangezogen.

Die 14. Auflage wurde von den Herausgebern W. Beitz und K.-H. Küttner und den Autoren vollständig neubearbeitet und erschien 1981, also 67 Jahre nach der ersten. Auch hier wurde im Prinzip die Disposition und die Art der Auswahl der Autoren und Herausgeber beibehalten. Inzwischen hatten aber besonders die Computertechnik, die Elektronik, die Regelung und die Statistik den Maschinenbau beeinflusst. So wurden umfangreichere Berechnungs- und Steuerverfahren entwickelt, und es entstanden neue Spezialgebiete. Der Umfang des unbedingt nötigen Stoffes führte zu zweispaltiger Darstellung bei größerem Satzspiegel. So ist wohl die unveränderte Bezeichnung „Taschenbuch" in der Tradition und nicht im Format begründet.

Das Ansehen, dessen sich das Taschenbuch überall erfreute, führte im Lauf der Jahre auch zu verschiedenen Übersetzungen in fremde Sprachen.

Eine erste russische Ausgabe gab in den zwanziger Jahren der Springer-Verlag selbst heraus, eine weitere erschien unautorisiert. Nach dem 2. Weltkrieg wurden Lizenzen für griechische, italienische, jugoslawische, portugiesische, spanische und tschechische Ausgaben erteilt. Von der Neubearbeitung (14. Auflage) erschienen 1984 eine italienische, 1991 eine chinesische und 1994 eine englische Übersetzung.

1997 wurde K.-H. Grote Mitherausgeber und begleitete 7 Auflagen bis 2018, darunter auch die beiden interaktiven Ausgaben des Taschenbuchs für Maschinenbau um die Jahrtausendwende. Jörg Feldhusen wurde zur 21. Auflage Mitherausgeber des DUBBEL. Mit der 25. Ausgabe übernahmen B. Bender und D. Göhlich zunächst die Mit-Herausgeberschaft gemeinsam mit K.-H. Grote. Entsprechend der Entwicklung des maschinenbaulichen Kontexts wurden die Inhalte des Dubbel erweitert und aktualisiert wie beispielsweise die komplette Überarbeitung des Kapitels Energietechnik oder die gemeinsame Neustrukturierung der Kapitel Mechatronik und Regelungstechnik erkennen lassen. Mit der 26. Auflage übernahmen B. Bender und D. Göhlich die alleinige Herausgeberschaft. Sie führten 2020 eine übersichtliche Band-Dreiteilung ein. Bereits 2001 übertraf der DUBBEL die Marke von 1 Million verkauften Exemplaren seit der Erstauflage. Dieses beachtliche Gesamtergebnis wurde durch die gewissenhaft arbeitenden Autoren und Herausgeber, die sorgfältige Bearbeitung im Verlag und die exakte drucktechnische Herstellung möglich.

Biographische Daten über H. Dubbel

Heinrich Dubbel, der Schöpfer des Taschenbuches, wurde am 8. 4. 1873 als Sohn eines Ingenieurs in Aachen geboren. Dort studierte er an der Technischen Hochschule Maschinenbau und arbeitete in der väterlichen Fabrik als Konstrukteur, nachdem er in Ohio/USA Auslandserfahrungen gesammelt hatte. Vom Jahre 1899 ab lehrte er an den Maschinenbau-Schulen in Köln, Aachen und Essen. Im Jahre 1911 ging er an die Berliner Beuth-Schule, wo er nach fünf Jahren den Titel Professor erhielt. 1934 trat er wegen politischer Differenzen mit den Behörden aus dem öffentlichen Dienst aus und widmete sich in den folgenden Jahren vorwiegend der Beratung des Springer-Verlages auf dem Gebiet des Maschinenbaus. Er starb am 24. 5. 1947 in Berlin.

Dubbel hat sich in hohem Maße auf literarischem Gebiet betätigt. Seine Aufsätze und Bücher, insbesondere über Dampfmaschinen und ihre Steuerungen, Dampfturbinen, Öl- und Gasmaschinen und Fabrikbetrieb genossen großes Ansehen.

Durch das „Taschenbuch für den Maschinenbau" wird sein Name noch bei mancher Ingenieurgeneration in wohlverdienter Erinnerung bleiben.

PDMD-A10097-00-7600

FLENDER

Inhaltsverzeichnis

Teil V   Thermodynamik

Inhaltsverzeichnis Band 2

Teil VI   Messtechnik und Sensorik

Inhaltsverzeichnis Band 3

Teil VI   Kälte-, Klima- und Heizungstechnik

49   Wandlung von Primärenergie in Nutzenergie 943
Hermann-Josef Wagner, Christian Bratfisch, Hendrik Hasencle-
ver und Kathrin Hoffmann

Verzeichnis der Herausgeber und Autoren

Über die Herausgeber

Professor Dr.-Ing. Beate Bender 1987–2000 Studium des Maschinenbaus und Tätigkeit als Wissenschaftliche Mitarbeiterin am Institut für Maschinenkonstruktion – Konstruktionstechnik an der TU Berlin, bis zu dessen Tod 1998 unter der Leitung von Prof. Beitz. 2001 Promotion an der TU München, 2001 bis 2013 bei Bombardier Transportation Bahntechnologie im Angebotsmanagement, Engineering, Projektleitung und Produktmanagement. Seit 2013 Leiterin des Lehrstuhls für Produktentwicklung an der Ruhr-Universität Bochum. Herausgeberin des DUBBEL, Taschenbuch für den Maschinenbau (ab 25. Auflage), des Pahl/Beitz – Konstruktionslehre (ab 9. Auflage), Mitglied der Wissenschaftlichen Gesellschaft für Produktentwicklung (WiGeP).

Professor Dr.-Ing. Dietmar Göhlich 1979–1985 Studium an der TU Berlin, 1985–1989 Promotion am Georgia Institute of Technology in den U.S.A, 1989 bis 2010 in leitender Funktion in der Pkw-Entwicklung der Daimler AG u. a. in der Gesamtfahrzeugkonstruktion Smart und S-Klasse. Seit 2010 Leiter des Fachgebiets Methoden der Produktentwicklung und Mechatronik und Geschäftsführender Direktor des Instituts für Maschinenkonstruktion und Systemtechnik an der Technischen Universität Berlin. Herausgeber des DUBBEL, Taschenbuch für den Maschinenbau (ab 25. Auflage). Mitglied der Wissenschaftlichen Gesellschaft für Produktentwicklung (WiGeP), Sprecher des BMBF Forschungscampus Mobility2Grid, Mitglied in der acatech – Deutsche Akademie der Technikwissenschaften.

Autorenverzeichnis

Christina Berger studierte Werkstoffkunde und Werkstoffprüfung mit dem Grundstudium Allgemeiner Maschinenbau an der TH Magdeburg und promovierte an der RWTH Aachen. Von 1975 bis 1995 bearbeitete sie im Turbinen- und Generatorenwerk der Siemens AG in Mülheim a. d. Ruhr werkstofftechnische Prüf- und Entwicklungsaufgaben. Seit 1981 leitete sie die Abteilung „Mechanische Eigenschaften – Festigkeit – Großbauteile". 1995 wurde sie zur Universitätsprofessorin für Werkstoffkunde an der TU in Darmstadt ernannt und leitete bis 2011 das Institut für Werkstoffkunde sowie die Staatliche Materialprüfungsanstalt in Darmstadt.

Thomas Böllinghaus geb. 1960, Dipl.-Ing. Maschinenbau (1980–1984), Dr.-Ing. (1995) und Habilitation (1999) an der Helmut-Schmidt-Universität/Universität der Bundeswehr Hamburg, Grundstudium Informatik (1984–1989) an der Fernuniversität Hagen, Internationaler Schweißfachingenieur (1991).

Geschäftsführer des Instituts für Schadensforschung und Schadensverhütung an der HSU/UniBwH (1996–1999), Leiter der Fachgruppe Sicherheit gefügter Bauteile (1999–2006), Vizepräsident (seit 2003), Leiter der Abteilung Komponentensicherheit (seit 2011) und Koordinator des Themenfeldes Material (seit 2014) an der Bundesanstalt für Materialforschung und -prüfung (BAM). Honorarprofessor für das Gebiet Schadensanalyse und -prävention sowie kooptiertes Mitglied der Fakultät für Maschinenbau an der Otto-von-Guericke-Universität Magdeburg (seit 2008).

Präsident World Materials Research Institute Forum (2011–2015), Mitglied Board of Directors im IIW (seit 2014), Editor der Journale Materials Testing (seit 2000) und Welding in the World (seit 2009).

Forschungsschwerpunkte: Kaltriss- und Heißrissbildung beim Schweißen, Risskorrosion, Wasserstoffunterstützte Rissbildung, Schadensanalyse und Lebenszyklus von Komponenten und Systemen des Maschinen-, Anlagen- und Apparatebaus.

Joachim Bös Darmstadt, Deutschland

Thora Falkenreck Berlin, Deutschland

Karl-Heinrich Grote 1973 bis 1984: Studium und Promotion an der Technischen Universität Berlin; 1984 bis 1986: Industrie und Forschungsarbeiten in den USA, anschließend Leitung der Konstruktionsabteilung der Ingenieurgesellschaft Auto und Verkehr (IAV), Berlin; 1995 bis 2020: Univ.-Professor für Konstruktionstechnik, Institut für Maschinenkonstruktion, Otto-von-Guericke Universität, Magdeburg (OvGU); 2002 bis 2004: Visiting Full-Professor am Engineering Design Research Laboratory, California Institute of Technology (Caltech), Pasadena, USA; Herausgebertätigkeiten (alle Springer-Verlag): 19. Auflage (1995) bis 25. Auflage (2018): DUBBEL – Taschenbuch für den Maschinenbau; 1. Auflage (2008) und 2. Auflage (2021): Handbook of Mechanical Engineering; 5. Auflage (2003) bis 8. Auflage (2013): Pahl/Beitz: Konstruktionslehre; Mitglied diverser wissenschaftlichen Beiräte und Gesellschaften; 2005 bis 2016: Dekan der Fakultät für Maschinenbau der OvGU

Ab 2012: Professor II, Bergen University College, Norwegen; Institute for Mechanical and Marine Engineering. 1993: VDI-Ehrenring und 2015: Ehrendoktorwürde (Dr. h.c.) des Kiev Institute of Technology (KPI).

Karl-Heinz Habig 1939 Geburt in Hagen/ Westfalen, Studium und Promotion in Metallkunde an der TU Berlin, 1977: Wissenschaftlicher Mitarbeiter in der Bundesanstalt für Materialforschung und -prüfung. 1983 Habilitation auf dem Gebiet der Tribologie, 1989 apl. Professor an der TU Berlin. Forschungsschwerpunkte: Reibung und Verschleiß metallischer und keramischer Werkstoffe sowie von Oberflächenschutzschichten, Simulation tribologischer Prozesse. 2003: Verleihung des Georg-Vogelpohl-Ehrenzeichens der Gesellschaft für Tribologie für herausragende Leistungen bei der Entwicklung, Anwendung und Verbreitung tribologischer Erkenntnisse.

Andreas Hanau Studium des Maschinenbaus an der Technischen Universität Berlin und Promotion. 1995–1999 Projektleiter für ein integrales Heizungs- und Lüftungssystem bei Stiebel Eltron GmbH. Ab 1999 BSH Hausgeräte GmbH mit den Tätigkeiten: Projektleiter für eine neue Waschmaschinenplattform, Entwicklungsleitung für Wäschepflegegeräte in den USA, Leiter Vorentwicklung für Waschgeräte, Coach für Product Engineering.

Holger Hanselka Nach einem Maschinenbaustudium promovierte Holger Hanselka 1992 an der TU Clausthal parallel zu seiner Tätigkeit als wissenschaftlicher Mitarbeiter am Institut für Strukturmechanik des Deutschen Zentrums für Luft- und Raumfahrt e.v. (DLR) in Braunschweig. 1997 erhielt er eine Professur am Lehrstuhl für Adaptronik an der Otto-von-Guericke-Universität Magdeburg, bevor er 2001 nach Darmstadt wechselte. Dort war er an der TU Darmstadt Leiter des Fachgebiets „Systemzuverlässigkeit und Maschinenakustik" und gleichzeitig Leiter des Fraunhofer-Instituts für Betriebsfestigkeit und Systemzuverlässigkeit LBF. Ab 2006 war er zudem Mitglied des Präsidiums der Fraunhofer-Gesellschaft und wurde im Jahr 2011 zum Vizepräsident für Wissens- und Technologietransfer der TU Darmstadt ernannt. Prof. Hanselka ist seit Oktober 2013 Präsident des Karlsruher Instituts für Technologie (KIT) und ist zeitgleich Vizepräsident für den Forschungsbereich Energie bei der Helmholtz-Gemeinschaft Deutscher Forschungszentren.

Sven Herold Groß-Umstadt, Deutschland

Uller Jarecki Berlin, Deutschland

Karl Heinz Kloos, Jahrgang 1930 studierte an der TH Darmstadt Maschinenbau. 1960 promovierte er mit dem Thema „Einfluss der Oberflächengrenzschicht auf das Reibungsverhalten austenitischer Werkstoffe bei der Kaltumformung im Tiefziehverfahren". 1973 trat er die Nachfolge von Professor Dr. Heinrich Wiegand als Leiter des Fachgebietes und Instituts für Werkstoffkunde der Technischen Hochschule Darmstadt an, das er bis zu seiner Emeritierung 1995 führte. Seine Forschertätigkeit, insbesondere auf den Gebieten Ermüdungseigenschaften, Hochtemperatur-, Werkstoffverhalten und Tribologie, dokumentiert sich in rund 350 Veröffentlichungen.

Dr.-Ing. Michael Kübler studierte an der Hochschule Heilbronn im Studiengang Mechatronik- und Mikrosystemtechnik. Nach seinem Studium war er als wissenschaftlicher Mitarbeiter an der Hochschule Heilbronn tätig und promovierte 2010 an der TU Berlin an der Fakultät III Prozesswissenschaften im Institut für Werkstoffwissenschaften und -technologie auf dem Fachgebiet der Polymertechnik. Seit 2012 ist er für die LANXESS Deutschland GmbH im Geschäftsbereich High Performance Materials für die Material- und Bauteilprüftechnik zuständig.

Robert Liebich Studium der Luft- und Raumfahrttechnik an der TU Berlin. Promotion 1997 zum Dr.-Ing. bei Prof. Gasch zum Thema Rotor-Stator-Kontakt mit thermischen Effekten. Mitgründer und alleiniger Geschäftsführer eines Ingenieurbüros. Ab 2001 in diversen Positionen bei Rolls-Royce-Deutschland (Luftfahrtantriebe) tätig. Seit 2007 Professor für Konstruktion und Produktzuverlässigkeit an der TU Berlin. Forschung und Lehre auf den Gebieten der beanspruchungsgerechten Konstruktion, Festigkeit und Lebensdauer sowie der Rotor- und Strukturdynamik insbesondere im Bereich der Luftlager.

Heinz Mertens Lehre als Maschinenschlosser; Maschinenbaustudium am Ohm-Polytechnikum Nürnberg (TFH) und TH München; Industrietätigkeit bei Robert Bosch GmbH Nürnberg (Konstruktion) und Siemens AG, Dynamowerk Berlin (Konstruktion, Festigkeitsberechnung, Materialprüfung – Oberingenieur). Von 1981 bis 2005 Professor für Konstruktionslehre an der TU Berlin, mit den Schwerpunkten Antriebstechnik und Beanspruchungsgerechtes Konstruieren, Lebensdauer- und Zeitfestigkeitsfragen.

Dr.-Ing. Andreas K. Müller studierte an der Hochschule Heilbronn im Studiengang Mechatronik- und Mikrosystemtechnik. Nach seinem Studium war er als wissenschaftlicher Mitarbeiter an der Hochschule Heilbronn tätig und promovierte 2006 an der TU Ilmenau an der Fakultät für Maschinenbau auf dem Fachgebiet der Polymertechnik. Seit 2008 ist er für die DuPont de Nemours (Deutschland) GmbH im Geschäftsbereich Performance Polymers für die Verarbeitungs- und Anwendungstechnik zuständig.

Tamara Nestorović 1989–1994 Studium des Maschinenbaus an der Universität in Niš, Serbien. 2001–2005 Wissenschaftliche Mitarbeiterin, Fakultät für Maschinenbau, Universität Niš. 2000 Magisterabschluss, Regelungstechnik. 2001–2005 Wissenschaftliche Mitarbeiterin und Promotion an der Otto-von-Guericke-Universität Magdeburg. 2005–2006 Projektleiterin, Fraunhofer-Institut für Fabrikbetrieb und -automatisierung IFF Magdeburg. 2006–2008 Projektleiterin, DFG Eigene Stelle, Otto-von-Guericke- Universität Magdeburg. Seit 2008 Universitätsprofessorin für Mechanik adaptiver Systeme, Ruhr-Universität Bochum. Seit 2015 Leiterin des Instituts für Computational Engineering, Ruhr-Universität Bochum. Forschungsschwerpunkte: Smart Structures and Systems, Regelungsmethoden für den Entwurf intelligenter Strukturen, Aktive Schwingungsreduktion, Optimierung und Identifikation, Structural Health Monitoring.

Rainer Nordmann wurde 1974 an der TU-Darmstadt zum Dr.-Ing. promoviert. Thema: Ein Verfahren zur Berechnung der Eigenwerte und Eigenformen großer Turbomaschinen. Von 1980–1995 war er Professor für Maschinendynamik an der Universität Kaiserslautern. Von 1995 bis 2008 leitete er an der TU Darmstadt das Fachgebiet für Mechatronik im Maschinenbau. Seine Forschungsarbeiten lagen im Bereich der Mechatronik für rotierende Maschinen.

Matthias Oechsner, geb. 1967, studierte von 1990–1995 Maschinenbau an der Universität Karlsruhe. Im Jahr 2000 promovierte er auf dem Gebiet der Zuverlässigkeitsbewertung von keramischen Wärmedämmschichtsystemen. Von 1997 bis 2010 war er in der Industrie in der Entwicklung und der Fertigung von stationären Gasturbinen in Deutschland, USA und China tätig. Seit 2010 ist er Leiter des Instituts für Werkstoffkunde und der Staatlichen Materialprüfungsanstalt an der Technischen Universität Darmstadt.

Michael Rhode Bundesanstalt für Materialforschung und -prüfung (BAM), Berlin, Deutschland

Hans-Joachim Schulz Berlin, Deutschland

Helmut Schürmann, Jahrgang 1950, studierte Maschinenbau/Flugzeugbau an TU Braunschweig und promovierte an der Universität Kassel über das Thema „Gezielt eingebrachte Eigenspannungen in Faser-Kunststoff-Verbunde". Er war Leiter einer Forschungs- und Entwicklungsabteilung eines deutschen Chemieunternehmens. 1994 erhielt er eine Professur an der Technischen Universität Darmstadt, Fachbereich Maschinenbau. Lehr- und Forschungsschwerpunkt seines Fachgebiets, das er bis 2016 leitete, war der Leichtbau mit Faser-Kunststoff-Verbunden. Es wurden insbesondere Konstruktionsmethoden und Krafteinleitungsprobleme bearbeitet.

Karl Stephan 1959 Dr.-Ing. Universität (TH) Karlsruhe, 1963 Habilitation, 1963–1967 Leiter der Abteilung Wärme- und Strömungstechnik Mannesmann AG Duisburg. 1967–1970 ordentlicher Prof. an der Technischen Universität Berlin, 1970–1975 an der Ruhr-Universität Bochum. 1975–1996 o. Professor und Direktor des Instituts für Thermodynamik u. Thermische Verfahrenstechnik Universität Stuttgart, 1996 emeritiert. Zahlreiche Veröffentlichungen über Themen der Wärme- und Stoffübertragung und der Thermischen Verfahrenstechnik. Autor und Mitautor mehrerer Fachbücher. Zahlreiche wissenschaftliche Preise, Ehrendoktor der TU Berlin und der Martin-Luther-Universität Halle-Wittenberg.

Peter Stephan studierte Maschinenwesen an der Technischen Universität München. Nach einem Forschungsaufenthalt als Marie-Curie-Stipendiat am Joint Research Centre Ispra wurde er 1992 promoviert. Von 1992 bis 1997 war er bei Daimler-Benz tätig. Seit 1997 ist er ordentlicher Professor für Technische Thermodynamik an der Technischen Universität Darmstadt. Seine Forschungsschwerpunkte liegen auf den Gebieten Verdampfung, Mikrowärmeübertragung, Grenzflächenphänomene, Wärmerohrtechnologie und Thermalanalyse. Er erhielt zahlreiche Preise für seine Arbeiten, u. a. 2012 den Nukiyama Memorial Award der Heat Transfer Society of Japan. Er ist Vorsitzender des Redaktionsausschusses des VDI-Wärmeatlas.

Joachim Villwock Studium der Luft- und Raumfahrttechnik an der TU Berlin. Promotion an der TU Berlin am 2. Institut für Mechanik. Ab 1997 in diversen Tätigkeiten bei Rolls-Royce Deutschland für die Entwicklung von Luftfahrtantrieben tätig. Seit 2004 Professor an der Beuth Hochschule (ehemals TFH) im Fachbereich Maschinenbau, Veranstaltungstechnik, Verfahrenstechnik. Vorlesungen über Mechanik, Maschinenelemente und Finite-Elemente Methoden.

Mathias Woydt, geb. 1963, studierte Werkstoffwissenschaften und Metallurgie an der Technische Universität Berlin, promovierte 1989 zum
Dr.-Ing. an der Technischen Universität Berlin und
war langjähriger Leiter des Fachgebietes „Tribologie und Verschleißschutz" an der BAM. Das
Innovationsmanagement für disruptive Technologie umfasste die Arbeitsschwerpunkte alternativer
Schmierstoffe und Bioschmierstoffe, alternative
Werkstoffe, Beschichtungen, Keramiken und Hartmetalle zum jeweiligen Stand der Technik sowie
die Normung und Weiterentwicklung der Tribo-
metrie, welche in über 51 Prioritätspatentanmel-
dung und in über 350 Publikationen niedergelegt
sind. Verleihung des Award of Excellence der
ASTM. Mitglied in Vorstand der Gesellschaft für
Tribologie.

Teil I
Mathematik

Die Struktur des Kapitels beruht inzwischen wieder weitgehend auf den Ausführungen von U. Jarecki und H.-J. Schulz, die bis 2011 in einem separaten Buch Dubbel Mathematik publiziert worden sind. Enthalten ist die gesamte Mathematik für Ingenieure. Bis zur 25. Auflage umfasste der Mathematikteil des Dubbel von P. Ruge und N. Wagner lediglich ausgewählte Ergänzungen zur höheren Mathematik. Dabei wurde der Schwerpunkt auf Numerische Methoden gelegt, die in den Igenieurwissenschaften zahlreiche Anwendungen finden. Dazu zählen insbesondere Eigenwertprobleme, Anfangswertprobleme aber auch Optimierungsprobleme. Durch die Integration dieser Teilaspekte steht ab dieser Auflage nun wieder ein umfassendes Nachschlagewerk zur Verfügung. Alle Abschnitte sind durch zahlreiche Beispiele angereichert, die konkrete Lösungen für konkrete Probleme aufzeigen.

In der Praxis sind konkrete Lösungen häufig nur näherungsweise darstellbar; das ist kein grundsätzlicher Mangel, falls gesicherte Abschätzungen über den Fehler möglich sind. Die rasante Entwicklung der Leistungsfähigkeit moderner Computer eröffnet die Analyse immer komplexerer Problemfelder auch und gerade in den Ingenieurwissenschaften. Im interdisziplinären Spannungsfeld von Mathematik, Informatik, Ingenieur- und Naturwissenschaften entstanden neue Fachgebiete wie das Scientific Computing, Cryptography, Machine Learning, Artificial Intelligence und Uncertainty Quantification, um nur einige zu nennen. Im Kern dieser Bemühungen stehen zum einen die Entwicklung leistungsfähiger numerischer Algorithmen; zum anderen aber auch Aussagen über Genauigkeit, Konvergenz und numerische Stabilität. Dies sind zutiefst mathematische Begriffe, die bis in die Funktionalanalysis führen.

Aus diesen wenigen Aussagen wird die stetige Fortentwicklung auch der Ingenieurmathematik deutlich. So wie die Theorie und Anwendung der Integraltransformationen, der Tensoren und Matrizen Eingang gefunden haben in die Ingenieurwelt, wird auch die Funktionalanalysis an Bedeutung gewinnen. Zugenommen hat auch die Verfügbarkeit von Mathematik in Form von freien und kommerziellen Softwarepaketen.

Wesentliche Bedeutung für die Anwendungen im Maschinenbau haben neben den elementaren Grundlagen die Matrizen und Tensoren, die Integraltransformationen, die Variationsrechnung einschließlich verallgemeinerter Optimierungsstrategien und schließlich alle numerischen Verfahren. Dazu gehören sowohl die Diskretisierung kontinuierlicher Probleme in Ort und Zeit mittels effektiver Integrationsverfahren als auch die anschließende Lösung algebraischer Gleichungen.

Daneben gibt es das eigenständige Fachgebiert der Statistik unnd der weiterführenden Wahrscheinlichkeitslehre.

Zu allen Themenkreisen sind spezielle Literaturhinweise aufgelistet, die das Selbststudium erleichtern sollen.

Mengen, Funktionen und Boolesche Algebra

1

Uller Jarecki

1.1 Mengen

1.1.1 Mengenbegriff

Die Menge ist als eine Gesamtheit von verschiedenen Objekten mit gemeinsamen Eigenschaften erklärt. Die grundlegende Beziehung zwischen Mengen M und ihren Elementen m ist die Relation des Enthaltenseins mit dem Symbol $\in$:

$$m \in M \quad m \text{ ist Element von } M,$$

$$m \notin M \quad m \text{ ist nicht Element von } M.$$

Endliche Mengen können durch Aufzählung ihrer Elemente in einer Mengenklammer erklärt sein, z. B. $M = \{1, 2, 3\}$. Einelementige Mengen, z. B. $\{a\}$, sind von ihrem Element, z. B. a, zu unterscheiden. Die leere Menge $\{\ \}$ oder $\emptyset$ enthält kein Element.

Unendliche Mengen werden durch die Eigenschaften ihrer Elemente gekennzeichnet. Bedeutet $G(x)$ die Aussageform „x ist gerade Zahl", so wird die Menge G der geraden Zahlen dargestellt durch

$$G = \{x \mid G(x)\} = \{x \mid x \text{ ist gerade Zahl}\}.$$

Mengen werden durch Punktmengen in der Ebene, z. B. Kreise (Abb. 1.1), veranschaulicht (Venn-Diagramm). Auf Abb. 1.1a ist der Punkt a ein Element der Menge A, während der Punkt b nicht zu A gehört.

U. Jarecki (✉)
Berlin, Deutschland

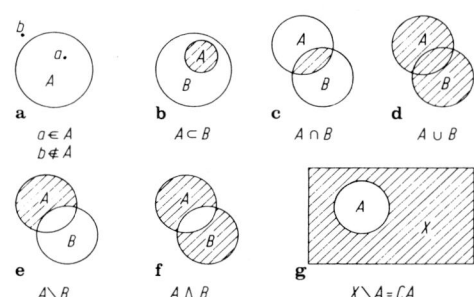

Abb. 1.1 Venn-Diagramm

1.1.2 Mengenrelationen

Teilmengenrelation $A \subset B$ (Abb. 1.1b). A ist Teilmenge von B oder B ist Obermenge von A, wenn jedes Element von A auch Element von B ist. So ist die Menge der natürlichen Zahlen Teilmenge der ganzen Zahlen. Es gelten die Eigenschaften

$$\emptyset \subset A, \ A \subset A;$$
$$\text{aus } A \subset B \text{ und } B \subset C \text{ folgt } A \subset C.$$

Gleichheitsrelation $A = B$. Die Mengen A und B heißen gleich, wenn sie die gleichen Elemente enthalten. Jedes Element von A ist in B und jedes Element von B ist in A enthalten. Also $A = B$ genau dann, wenn $A \subset B$ und $B \subset A$.

Beispiele

$$\{1; 2\} = \{2; 1\} = \{x \mid (x-1)(x-2) = 0\},$$
$$\{x \mid x^2 > 1\} = \{x \mid x > 1 \text{ oder } x < -1\}. \ \blacktriangleleft$$

© Springer-Verlag GmbH Deutschland, ein Teil von Springer Nature 2020
B. Bender und D. Göhlich (Hrsg.), *Dubbel Taschenbuch für den Maschinenbau 1: Grundlagen und Tabellen*,
https://doi.org/10.1007/978-3-662-59711-8_1

Potenzmenge $\mathfrak{P}(X)$. Sie ist definiert als Menge aller Teilmengen von X, also $A \in \mathfrak{P}(X)$ ist gleichbedeutend mit $A \subset X$.

1.1.3 Mengenverknüpfungen

Durchschnitt $A \cap B$ (Abb. 1.1c). Er ist die Menge aller Elemente, die sowohl zu A als auch zu B gehören.

$$A \cap B = \{x \mid x \in A \text{ und } x \in B\}.$$

Beispiele

$$\{a, b, c\} \cap \{b, d\} = \{b\},$$
$$\{x \mid x \geqq 1\} \cap \{x \mid x \leqq 2\}$$
$$= \{x \mid 1 \leqq x \leqq 2\}. \blacktriangleleft$$

Vereinigung $A \cup B$ (Abb. 1.1d). Sie ist die Menge aller Elemente, die mindestens in einer der beiden Mengen A und B enthalten sind.

$$A \cup B = \{x \mid x \in A \text{ oder } x \in B\}.$$

Beispiele

$$\{a, b, c\} \cup \{a, d\} = \{a, b, c, d\},$$
$$\{x \mid 0 \leqq x \leqq 2\} \cup \{x \mid -1 \leqq x \leqq 1\}$$
$$= \{x \mid -1 \leqq x \leqq 2\}. \blacktriangleleft$$

Differenz $A \setminus B$ (Abb. 1.1e). Sie ist die Menge aller Elemente, die zu A und nicht zu B gehören.

$$A \setminus B = \{x \mid x \in A \text{ und } x \notin B\}.$$

Beispiele

$$\{a, b, c\} \setminus \{b, d\} = \{a, c\},$$
$$\{x \mid x \leqq 1\} \setminus \{x \mid x < 0\}$$
$$= \{x \mid 0 \leqq x \leqq 1\}. \blacktriangleleft$$

Diskrepanz $A \triangle B$ (Abb. 1.1f) oder symmetrische Differenz. Sie ist die Menge aller Elemente, die zu A und nicht zu B oder die zu B und nicht zu A gehören.

$$A \triangle B = (A \setminus B) \cup (B \setminus A)$$

Komplement CA (Abb. 1.1g). Ist A Teilmenge einer Grundmenge X, so ist $CA = X/A$.

Beispiel

Bedeutet $\mathbb{R}$ die Menge der reellen Zahlen und ist $A = \{x \mid x \leqq 0\} \subset \mathbb{R}$, dann lautet das Komplement

$$CA = \mathbb{R} \setminus A = \{x \mid x > 0\}. \blacktriangleleft$$

1.1.4 Das kartesische oder Kreuzprodukt

Das Kreuzprodukt $A \times B$ zweier Mengen A und B ist erklärt als die Menge aller geordneten Paare (a, b) mit $a \in A$ und $b \in B$,

$$A \times B = \{(a, b) \mid a \in A \text{ und } b \in B\},$$

wobei A und B als Faktoren bezeichnet werden. Im allgemeinen ist $A \times B \neq B \times A$. a und b heißen Koordinaten des Paares (a, b). Zwei Paare (a, b) und (x, y) sind genau dann gleich, wenn $x = a$ und $y = b$.

Beispiel

Ist $\mathbb{R}$ die Menge der reellen Zahlen, dann besteht die Menge

$$\mathbb{R}^2 = \mathbb{R} \times \mathbb{R} = \{(x, y) \mid x \in \mathbb{R} \text{ und } y \in \mathbb{R}\}$$

aus den geordneten Zahlenpaaren (x, y), die als Punkte in der Ebene dargestellt werden können, wobei x und y die kartesischen Koordinaten des Punktes (x, y) bedeuten. $\blacktriangleleft$

Das Kreuzprodukt aus den n-Mengen $A_1, A_2, A_3, \ldots, A_n$ ist erklärt durch

$$A_1 \times A_2 \times \ldots \times A_n = \{(a_1, a_2, \ldots, a_n) \mid a_1 \in A_1$$
$$\text{und } a_2 \in A_2 \ldots \text{ und } a_n \in A_n\}.$$

Seine Elemente $(a_1, a_2, \ldots, a_n)$ heißen geordnete n-Tupel mit den Koordinaten $a_1, a_2, \ldots, a_n$. Zwei n-Tupel sind genau dann gleich, wenn ihre Koordinaten gleich sind. Sind alle n Faktoren gleich A, so ist

$$A \times A \times A \times \ldots \times A = A^n.$$

1.2 Funktionen

Ist jedem Element einer Menge X genau ein Element einer Menge Y zugeordnet, so wird eine solche Zuordnung als eine Funktion f auf der Menge X mit Werten in der Menge Y bezeichnet und geschrieben

$$f : X \longrightarrow Y \quad \text{oder} \quad X \xrightarrow{f} Y$$

(f bildet X in Y ab).

Funktion und Abbildung sind synonyme Begriffe. Für $Y = X$ bildet f die Menge X in sich ab. X ist die Definitions-, Urbild- oder Argumentmenge von f, ihre Elemente heißen Urbilder, Argumente oder auch unabhängige Veränderliche (Variable). Das jedem Element $x \in X$ durch die Funktion f eindeutig zugeordnete Element $y \in Y$ heißt Wert oder Bild der Funktion an der Stelle x und wird mit $f(x)$ bezeichnet. Symbolisch wird dies ausgedrückt durch $x \longmapsto f(x)$ oder $x \longmapsto y = f(x)$. Bild der Funktion f auf X ist die Menge

$$B(f) = \{ f(x) | x \in X \} \subset Y.$$

Sie enthält alle Bilder oder Werte der Funktion f auf X. Graph $[f]$ einer Funktion f auf X mit Werten in Y ist die Menge $[f] = \{ (x, y) | x \in X \text{ und } y = f(x) \} = \{ (x, f(x) | x \in X \}$. Sie enthält als Elemente alle geordneten Paare (x, y), bei denen die erste Koordinate x Argument von f und die zweite Koordinate y Wert von f an der Stelle x ist.

Sind insbesondere X und Y Teilmengen der reellen Zahlen, $X \subset \mathbb{R}$ und $Y \subset \mathbb{R}$, so ist der Graph $[f]$ eine Menge von geordneten Zahlenpaaren, die als Punkte in der Ebene veranschaulicht werden können. Dies ist ein gebräuchliches Verfahren, um eine reellwertige Funktion mit reellem Argument graphisch als Punktemenge darzustellen.

Beispiel

Durch die Gleichung $y = e^x$ ist jeder reellen Zahl x genau eine reelle Zahl y zugeordnet. Hierdurch wird die Exponentialfunktion exp definiert. Definitionsmenge ist die Menge $\mathbb{R}$ der reellen Zahlen. Die Werte der Funktion sind ebenfalls reelle Zahlen. Die symbolische Darstellung der Funktion bzw. ihrer Bild-

Abb. 1.2 Bild $f(A)$

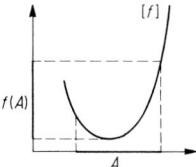

Abb. 1.3 Urbild $f^{-1}(B)$

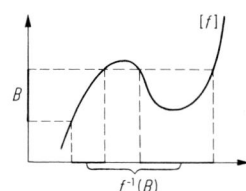

oder Wertemenge lautet also exp: $\mathbb{R} \longrightarrow \mathbb{R}$ oder $\mathbb{R} \xrightarrow{\exp} \mathbb{R}$ bzw. $B(\exp) = \{ y \mid y > 0 \} \subset \mathbb{R}$. Der Graph der Exponentialfunktion exp lautet $[\exp] = \{ (x, y) | x \in \mathbb{R} \text{ und } y = \exp(x) \} = \{ (x, \exp(x)) | x \in \mathbb{R} \}$. ◀

Zwischen einer Funktion $f : X \to Y$, die X in Y abbildet, und ihren Werten $f(x)$ muss klar unterschieden werden. Für die Funktion f gilt:

Bild $f(A)$ der Menge $A \subset X$ (Abb. 1.2) heißt die Menge $f(A) = \{ y | y = f(x)$ und $x \in A \} = \{ f(x) | x \in A \} \subset Y$. Sie enthält alle Elemente $y \in Y$, die Bild eines Elements $x \in A$ sind. Für $f(X) = Y$ heißt die Funktion f surjektiv.

Urbild oder inverses Bild $f^{-1}(B)$ von $B \subset Y$ (Abb. 1.3) ist die Menge $f^{-1}(B) = \{ x \mid f(x) \in B \} \subset X$. Sie enthält alle Urbilder x, deren Bild $f(x)$ Element von B ist. Für den Sonderfall, dass $B = \{ b \}$ eine einelementige Menge ist, lautet das Urbild $f^{-1}(\{ b \})$ oder kürzer $f^{-1}(b) = \{ x \mid f(x) = b \}$ (Menge aller Urbilder x mit dem Bild b). Enthält $f^{-1}(y)$ für jedes $y \in Y$ höchstens ein Element, so heißt die Funktion f eineindeutig, eindeutig umkehrbar oder injektiv.

Surjektive und injektive Funktionen heißen bijektiv. Bei einer bijektiven Funktion $f : X \to Y$ ist jedem Element $y \in Y$ genau ein Urbild $x \in X$ mit $y = f(x)$ zugeordnet. Dem entspricht eine Funktion auf Y mit Werten in X. Diese Funktion heißt inverse Funktion oder Umkehrfunktion von f und wird symbolisch ausgedrückt durch $f^{-1} : Y \to X$. Ihre Definitionsmenge ist die Bildmenge von f, und ihre Bildmenge ist die Definitionsmenge von f. Es gelten die Identitäten

$$f^{-1}(f(x)) = x \quad \text{für alle } x \in X,$$
$$f(f^{-1}(y)) = y \quad \text{für alle } y \in Y.$$

Zwei Funktionen heißen gleich, wenn sie den gleichen Definitionsbereich und für jedes Argument die gleichen Werte haben.

Beispiel

Ist $\mathbb{R}$ die Menge der reellen Zahlen und $\mathbb{R}_+$ die Menge der positiven reellen Zahlen, so ist die Exponentialfunktion exp: $\mathbb{R} \rightarrow \mathbb{R}_+$ eine eineindeutige Abbildung der Menge der reellen Zahlen auf die Menge der positiven reellen Zahlen und hat dementsprechend eine Umkehrfunktion $\exp^{-1}$: $\mathbb{R}_+ \rightarrow \mathbb{R}$, die als Logarithmusfunktion bezeichnet und mit dem Symbol „ln" gekennzeichnet wird. ◄

1.3 Boolesche Algebra

1.3.1 Grundbegriffe

Einer Booleschen Algebra liegt eine Menge B mit mindestens zwei ausgezeichneten Elementen 0 und 1 zugrunde, auf der eine unäre Verknüpfung, die Komplementierung mit dem Symbol „‾", zwei binäre Verknüpfungen, die Addition mit Symbol „+" und die Multiplikation mit dem Symbol „·", erklärt sind, sodass für beliebige Elemente $a, b, c \in B$ die Eigenschaften gelten:

- Kommutativität

$$a + b = b + a \quad a \cdot b = b \cdot a \quad (1.1)$$

- Assoziativität

$$(a + b) + c = a + (b + c)$$
$$(a \cdot b) \cdot c = a \cdot (b \cdot c) \quad (1.2)$$

- Distributivität

$$a + (b \cdot c) = (a + b) \cdot (a + c)$$
$$a \cdot (b + c) = (a \cdot b) + (a \cdot c) \quad (1.3)$$

- Adjunktivität

$$a + (a \cdot b) = a \quad a \cdot (a + b) = a \quad (1.4)$$

- Komplementarität

$$a + \bar{a} = 1 \quad a \cdot \bar{a} = 0 \quad (1.5)$$

- Idempotenz

$$a + a = a \quad a \cdot a = a \quad (1.6)$$

- Regel von de Morgan

$$\overline{a + b} = \bar{a} \cdot \bar{b} \quad \overline{a \cdot b} = \bar{a} + \bar{b} \quad (1.7)$$

$$a + 0 = a \quad a \cdot 1 = a \quad (1.8)$$
$$a + 1 = 1 \quad a \cdot 0 = 0 \quad (1.9)$$
$$\bar{0} = 1 \quad \bar{1} = 0 \quad (1.10)$$
$$\overline{(\bar{a})} = a \quad (1.11)$$

Jede der Gln. (1.1) bis (1.10) hat ihre „duale" Form, die durch Tausch der Verknüpfungssymbole „+" und „·" einerseits und der ausgezeichneten Elemente 0 und 1 andererseits entsteht. Dieses Dualitätsprinzip gilt für alle Gleichheiten und Sätze der Booleschen Algebra, die sich ebenso wie die Gln. (1.6) bis (1.11) aus den Gln. (1.1) bis (1.5) ableiten lassen.

Ein Beispiel für eine Boolesche Algebra ist die Potenzmenge $\mathfrak{P}(X)$ einer beliebigen Grundmenge X, auf der die unäre Verknüpfung als Komplement einer Menge aus $\mathfrak{P}(X)$ und die beiden binären Verknüpfungen als Durchschnitt und Vereinigung von zwei Mengen aus $\mathfrak{P}(X)$ erklärt sind. Die ausgezeichneten Elemente sind die leere Menge $\varnothing$ und die Grundmenge X.

1.3.2 Zweielementige Boolesche Algebra

Es wird eine Menge B mit zwei Elementen, die dann notwendig die ausgezeichneten Elemente 0 und 1 sind, zugrunde gelegt. Konkrete Modelle sind die Aussagen- und die Schaltalgebra, wobei die Elemente 0 und 1 die Aussagenwerte „falsch" und „wahr" bzw. die Schaltwerte „aus" und „ein" bedeuten.

Tab. 1.1 Boolesche Funktionen

Negation (‾)	Disjunktion (∨)			Konjunktion (∧)		
(ā: nicht a)	(a ∨ b: a oder b)			(a ∧ b: a und b)		
a	ā	a	b	a ∨ b	a	b	a ∧ b
0	L	0	0	0	0	0	0
L	0	0	L	L	0	L	0
		L	0	L	L	0	0
		L	L	L	L	L	L

Schaltalgebra

Hier werden die ausgezeichneten Elemente mit 0 und L bezeichnet, sodass $B = \{0, L\}$. Ein Buchstabe, z. B. x, der durch die Elemente 0 oder L ersetzt werden kann, heißt Schaltvariable. Folgende Bezeichnungen und Symbole werden verwendet:

Komplementierung (‾) :

Negation „‾" oder „¬".

Addition (+) :

Oder-Verknüpfung oder Disjunktion „ ∨ ".

Multiplikation (·) :

Und-Verknüpfung oder Konjunktion „ ∧ ".

Ihre Definitionen auf der Menge $B = \{0, L\}$ ergeben sich aus den Gln. (1.8) bis (1.10). Siehe Tab. 1.1.

Der Schaltalgebra liegen Netzwerke zugrunde, bei denen eine Anzahl von Schaltern mit den Variablen $E_i \in \{0, L\}$ ($i = 1, 2, 3, \ldots, n$) teils parallel, hintereinander geschaltet oder gekoppelt ist. Dem entspricht eine n-stellige Verknüpfung der Schaltvariablen E_i durch die Symbole „∧", „∨", „‾", über die jedem n-Tupel $(E_1, E_2, \ldots, E_n)$ mit $E_i \in \{0, L\}$ genau einer der Werte aus $\{0, L\}$, nämlich der Schaltwert des Netzwerks, zugeordnet ist. Ein solches Netzwerk wird durch eine Schaltfunktion $A = f(E_1, E_2, \ldots, E_n)$ mit den Eingangsgrößen $E_i \in \{0, L\}$ und der Ausgangsgröße $A \in \{0, L\}$ beschrieben. Daher heißt die Negation auch Nicht-, die Disjunktion Oder- und die Konjunktion Und-Funktion (s. Tab. 1.1).

Beispiel

Die durch $A = f(E_1, E_2, E_3) = \overline{(\bar{E}_1 \vee E_2)} \wedge E_3$ definierte Funktion f ordnet dem

Wertetripel $(L, 0, L)$ den Funktionswert
$$A = f(L, 0, L) = \overline{(\bar{L} \vee 0)} \wedge L = \overline{(0 \vee 0)} \wedge L = \bar{0} \wedge L = L \wedge L = L \text{ zu.} \blacktriangleleft$$

Allgemein wird als n-stellige Boolesche Funktion f auf der Menge $B = \{0, L\}$ eine Abbildung aller n-Tupel $(E_1, E_2, \ldots, E_n)$ mit $E_i \in B$ in die Menge B bezeichnet, symbolisch

$$f : \underbrace{B \times B \times B \times \ldots \times B}_{n\text{-mal}} \to B.$$

Da die E_i ($i = 1, 2, \ldots, n$) nur die beiden Werte 0 oder L annehmen, enthält die Definitionsmenge 2^n verschiedene n-Tupel, denen durch f genau einer der beiden Werte 0 oder L zugeordnet ist. Es gibt also $2^{(2^n)}$ verschiedene n-stellige Boolesche Funktionen auf B.

Für $n = 2$ ergeben sich 16 zweistellige Boolesche Funktionen. Von ihnen sind außer der Oder-Funktion $f(a, b) = a \vee b$ und der Und-Funktion $f(a, b) = a \wedge b$ noch von Bedeutung: (s. Tab. 1.2).

Hiernach ist die Nand-Verknüpfung die Negation der Und-Verknüpfung und die Nor-Verknüpfung die Negation der Oder-Verknüpfung. Die vorstehenden Funktionen lassen sich mit Hilfe der Grundverknüpfungen „‾", „∨", „∧" folgendermaßen darstellen:

Nand-Funktion $a \bar{\wedge} b = \overline{a \wedge b} = \bar{a} \vee \bar{b}$,

Nor-Funktion $a \bar{\vee} b = \overline{a \vee b} = \bar{a} \wedge \bar{b}$,

Implikation $a \supset b = \bar{a} \vee b$,

Äquivalenz $a \equiv b = (a \wedge b) \vee (\bar{a} \wedge \bar{b})$,

Antivalenz $a \not\equiv b = \overline{a \equiv b}$
$$= (\bar{a} \vee \bar{b}) \wedge (a \vee b)$$
$$= (a \wedge \bar{b}) \vee (\bar{a} \wedge b).$$

Allgemein ist jede n-stellige Boolesche Funktion auf $B = \{0, L\}$ mit Hilfe der Grundverknüpfungen darstellbar. Sind $E_1, E_2, E_3, \ldots, E_n$ die Variablen einer n-stelligen Funktion, dann heißen

$$X_1 \wedge X_2 \wedge X_3 \wedge \ldots \wedge X_n$$
bzw. $X_1 \vee X_2 \vee X_3 \vee \ldots \vee X_n,$

Tab. 1.2 Weitere Boolesche Funktionen

Nand-Verknüpfung $(\bar{\wedge})$			Nor-Verknüpfung $(\bar{\vee})$			Implikation $(\supset)$			Äquivalenz $(\equiv)$			Antivalenz $(\not\equiv)$		
$(a\bar{\wedge}b$: a nand $b)$			$(a\bar{\vee}b$: a nor $b)$			$(a \supset b$: a impliziert $b)$			$(a \equiv b$: a äquivalent $b)$			$(a \not\equiv b$: a antivalent $b)$		
a	b	$a\bar{\wedge}b$	a	b	$a\bar{\vee}b$	a	b	$a \subset b$	a	b	$a \equiv b$	a	b	$a \not\equiv b$
0	0	L	0	0	L	0	0	L	0	0	L	0	0	0
0	L	L	0	L	0	0	L	L	0	L	0	0	L	L
L	0	L	L	0	0	L	0	0	L	0	0	L	0	L
L	L	0	L	L	0	L	L	L	L	L	L	L	L	0

bei denen an Stelle von X_i entweder E_i oder $\bar{E}_i$ steht, ihr konjunktives bzw. disjunktives Elementarglied. Sie nehmen genau für eine Belegung der Variablen mit 0 oder L den Wert L bzw. 0 an. So nimmt das konjunktive bzw. disjunktive Elementarglied $\bar{E}_1 \wedge E_2 \wedge \bar{E}_3$ bzw. $\bar{E}_1 \vee E_2 \vee \bar{E}_3$ genau dann den Wert L bzw. 0 an, wenn $E_1 = 0$, $E_2 = L$, $E_3 = 0$ bzw. $E_1 = L$, $E_2 = 0$, $E_3 = L$ oder kürzer, wenn $(E_1, E_2, E_3) = (0, L, 0)$ bzw. $(E_1, E_2, E_3) = (L, 0, L)$.

Ist nun f eine Funktion, die mindestens für eine Belegung der Variablen den Wert L annimmt, so werden für alle n-Tupel $(E_1, E_2, \ldots, E_n)$ mit $f(E_1, E_2, \ldots, E_n) = L$ die konjunktiven Elementarglieder gebildet, sodass diese genau für ihre entsprechenden n-Tupel den Wert L annehmen. Die disjunktive Verknüpfung dieser Elementarglieder stellt dann die Funktion f dar. Diese Darstellung heißt disjunktive Normalform der Funktion f. Vollkommen analog lässt sich eine Funktion, die mindestens einmal den Wert 0 annimmt, in der konjunktiven Normalform darstellen, die aus der Konjunktion von disjunktiven Elementargliedern besteht.

Beispiel

Die dreistellige Boolesche Funktion f auf $B = \{0, L\}$ sei durch die Tabelle erklärt.

E_1	E_2	E_3	$f(E_1, E_2, E_3)$
0	0	0	0
0	0	L	L
0	L	0	0
L	0	0	L
0	L	L	0
L	0	L	0
L	L	0	L
L	L	L	0

Sie nimmt für die folgenden 3-Tupel $(0, 0, L)$, $(L, 0, 0)$, $(L, L, 0)$ den Wert L an. Die entsprechenden konjunktiven Elementarglieder lauten $\bar{E}_1 \wedge \bar{E}_2 \wedge E_3$, $E_1 \wedge \bar{E}_2 \wedge \bar{E}_3$, $E_1 \wedge E_2 \wedge \bar{E}_3$. Die disjunktive Verknüpfung dieser Elementarglieder liefert die disjunktive Normalform der Funktion f.

$$f(E_1, E_2, E_3) = (\bar{E}_1 \wedge \bar{E}_2 \wedge E_3)$$
$$\vee (E_1 \wedge \bar{E}_2 \wedge \bar{E}_3)$$
$$\vee (E_1 \wedge E_2 \wedge \bar{E}_3).$$

Für die konjunktive Normalform werden alle 3-Tupel mit dem Funktionswert 0 betrachtet. Diese sind

$$(0, 0, 0), (0, L, 0), (0, L, L),$$
$$(L, 0, L), (L, L, L).$$

Die entsprechenden disjunktiven Elementarglieder sind

$$E_1 \vee E_2 \vee E_3, \quad E_1 \vee \bar{E}_2 \vee E_3,$$
$$E_1 \vee \bar{E}_2 \vee \bar{E}_3, \quad \bar{E}_1 \vee E_2 \vee \bar{E}_3,$$
$$\bar{E}_1 \vee \bar{E}_2 \vee \bar{E}_3.$$

Ihre konjunktive Verknüpfung liefert die konjunktive Normalform

$$f(E_1, E_2, E_3) = (E_1 \vee E_2 \vee E_3)$$
$$\wedge (E_1 \wedge \bar{E}_2 \wedge E_3)$$
$$\wedge (E_1 \wedge \bar{E}_2 \wedge \bar{E}_3)$$
$$\wedge (\bar{E}_1 \wedge E_2 \wedge \bar{E}_3)$$
$$\wedge (\bar{E}_1 \vee \bar{E}_2 \vee \bar{E}_3). \blacktriangleleft$$

Die Funktion f in der disjunktiven Normal-form wird wie folgt vereinfacht:

$$f(E_1, E_2, E_3)$$
$$= (\bar{E}_1 \wedge \bar{E}_2 \wedge E_3) \vee (E_1 \wedge \bar{E}_2 \wedge \bar{E}_3)$$
$$\quad \vee (E_1 \wedge E_2 \wedge \bar{E}_3)$$
$$= (\bar{E}_1 \wedge \bar{E}_2 \wedge E_3) \vee [(E_1 \wedge \bar{E}_3) \wedge (E_2 \vee \bar{E}_2)]$$

s. Distributivität $a(b + c) = ab + ac$

mit $a = E_1 \wedge \bar{E}_3, b = E_2$ und $c = \bar{E}_2$;

$$= (\bar{E}_1 \wedge \bar{E}_2 \wedge E_3) \vee [(E_1 \wedge \bar{E}_3) \wedge L]$$

s. Komplementarität $a + \bar{a} = 1$;

$$= (\bar{E}_1 \wedge \bar{E} \wedge E_3) \vee (E_1 \wedge \bar{E}_3)$$

aus $a \cdot 1 = 1$ mit $a = E_1 \wedge \bar{E}_3$.

Allgemeine Literatur

Bücher

Alexandroff, P.S.: Lehrbuch der Mengenlehre. 6. Auflage 1994, Deutsch.
Böhme, G.: Anwendungsorientierte Mathematik. Bd. 1: Algebra. 7. Auflage 1992, Springer.
Klaua, D.: Mengenlehre. 1997, de Gruyter.
Mangoldt, von; Knopp; Lösch: Höhere Mathematik. Bd. I: Zahlen, Funktionen, Grenzwerte, Analytische Geometrie, Algebra, Mengenlehre 17. Auflage 1990, Bd. IV: Mengenlehre, Lebesguesches Maß und Integral, topologische Räume, Vektorräume, Funktionalanalysis, Integralgleichungen. 4. Auflage 1990, Hirzel.
Mendelson, E.: Boolesche Algebra und Logische Schaltungen. 1982, Hanser.

Normen und Richtlinien

DIN1302: Mathematische Zeichen.

Universell einsetzbar:
die Ultra-Kompakt-Industrie-PCs
C60xx

C6015   C6017   C6025   C6030   C6032

www.beckhoff.de/c60xx

Leistungsstark, flexibel und universell einsetzbar: mit der Ultra-Kompakt-Industrie-PC-Serie C60xx
bietet Beckhoff als Spezialist für PC-basierte Steuerungstechnik ein breites Spektrum leistungsstarker
Geräte mit geringem Platzbedarf und besonders flexibler Montage. Das Spektrum reicht dabei von
der kompakten IPC-Einstiegsklasse C6015 mit nur 82 x 82 x 40 mm Bauraum bis hin zum C6032 mit
Intel®-Core™-i-Prozessoren und einer Vielzahl modularer Schnittstellen- und Funktionserweiterungen.
Auch komplexe Applikationen mit höchsten Leistungsanforderungen lassen sich so mit Highend-
Rechenleistung in ultrakompakter Bauform realisieren.

BECKHOFF

New Automation Technology

Zahlen

Uller Jarecki

2.1 Reelle Zahlen

2.1.1 Einführung

Die reellen Zahlen zeichnen sich durch Grundeigenschaften aus, nämlich eine algebraische, eine Ordnungs- und eine topologische Eigenschaft, die auf der Zahlengeraden (Abb. 2.1) deutbar sind. Jeder reellen Zahl a kann genau ein Punkt $P(a)$ oder kurz a auf der Zahlengeraden zugeordnet werden, wobei insbesondere der Zahl 0 der Ursprung O und der Zahl 1 der Einheitspunkt E entspricht. Umgekehrt entspricht jedem Punkt P auf der Geraden genau eine reelle Zahl, die die Koordinate des Punkts P heißt.

Die Menge der reellen Zahlen wird mit $\mathbb{R}$ bezeichnet. Besondere Teilmengen von $\mathbb{R}$ sind

$\mathbb{N} = \{1, 2, 3, \ldots\}$ natürliche Zahlen,

$\mathbb{Z} = \{0, \pm 1, \pm 2, \ldots\}$ ganze Zahlen,

$\mathbb{Q} = \{p/q \,|\, p \in \mathbb{Z} \text{ und } q \in \mathbb{N},$

p und q teilerfremd$\}$ rationale Zahlen.

Abb. 2.1 Zahlengerade

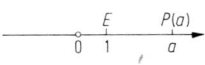

2.1.2 Grundgesetze der reellen Zahlen

Algebraische Eigenschaft. Auf der Menge $\mathbb{R}$ der reellen Zahlen sind die folgenden Verknüpfungen zweier Zahlen a und b definiert:

Addition (+) mit der Summe $a + b \in \mathbb{R}$, wobei die Eigenschaften gelten: für beliebige Zahlen a, b, c

$$a + b = b + a, \quad (a + b) + c = a + (b + c);$$

zu zwei beliebigen Zahlen a und b gibt es genau eine Zahl x, sodass gilt:

$a + x = b,$

$x = b - a$ heißt die Differenz von b und a.

Multiplikation ($\cdot$) mit dem Produkt $a \cdot b = ab \in \mathbb{R}$, wobei die Eigenschaften gelten: für beliebige Zahlen a, b, c

$$ab = ba, \quad (ab)c = a(bc),$$
$$a(b + c) = ab + ac;$$

zu jeder Zahl $a \neq 0$ und zu jeder Zeit b gibt es genau eine Zahl x, sodass gilt:

$ax = b,$

$x = b/a$ heißt der Quotient von b und a.

Hieraus ergeben sich alle elementaren Rechenregeln wie

$b + (-a) = b - a,$

$- (a - b + c) = -a + b - c, \quad a + (-a) = 0,$

$a \cdot 0 = 0, \quad a \cdot 1 = a, \quad a(b - c) = ab - ac;$

U. Jarecki (✉)
Berlin, Deutschland

© Springer-Verlag GmbH Deutschland, ein Teil von Springer Nature 2020
B. Bender und D. Göhlich (Hrsg.), *Dubbel Taschenbuch für den Maschinenbau 1: Grundlagen und Tabellen*,
https://doi.org/10.1007/978-3-662-59711-8_2

$ab = 0$ genau dann, wenn $a = 0$ oder $b = 0$;

$$\frac{a}{b} : c = \frac{a}{bc}, \quad \frac{a}{b} \cdot \frac{c}{d} = \frac{ac}{bd},$$

$$\frac{a}{b} : \frac{c}{d} = \frac{a}{b} \cdot \frac{d}{c} = \frac{ad}{bc},$$

$$\frac{a}{b} \pm \frac{c}{b} = \frac{a \pm c}{b}, \quad \frac{a}{b} \pm \frac{c}{d} = \frac{ad \pm bc}{bd}.$$

Ordnungseigenschaft. In der Menge $\mathbb{R}$ ist eine Ordnungsrelation $\leqq$ (kleiner oder gleich) definiert mit den Eigenschaften

- Reflexivität

$$a \leqq a,$$

- Antisymmetrie

    Wenn $a \leqq b$ und $b \leqq a$, so $a = b$

- Transitivität

    Wenn $a \leqq b$ und $b \leqq c$, so $a \leqq c$

Für beliebige $a, b \in \mathbb{R}$ gilt $a \leqq b$ oder $b \leqq a$.

$a < b$ (a kleiner b) ist erklärt durch $a \leqq b$ und $a \neq b$.

Ist $a \geqq 0$ bzw. $a > 0$,

dann heißt a nichtnegativ bzw. positiv.
Ist $a \leqq 0$ bzw. $a < 0$,

dann heißt a nichtpositiv bzw. negativ.

In Verbindung mit den algebraischen Verknüpfungen gilt:

Wenn $a \leqq b$, so $a + c \leqq b + c$ für beliebiges c.
Wenn $0 \leqq a$ und $0 \leqq b$, so $0 \leqq a \cdot b$.

Hieraus folgt z. B.

$a^2 \geqq 0$ für beliebige $a \in \mathbb{R}$.
Wenn $a < b$ und $c > 0$, so $ac < bc$.
Wenn $a < b$ und $c < 0$, so $ac > bc$.

Abb. 2.2 Intervallschachtelung

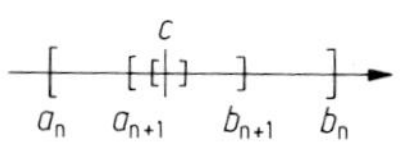

Topologische Eigenschaft. Jede Intervallschachtelung bestimmt genau eine reelle Zahl.

Sind $a \leqq b$ zwei reelle Zahlen, dann heißen die Zahlenmengen

$\{x \mid a \leqq x \leqq b\} = [a, b]$ abgeschlossene,

$\{x \mid a < x < b\} = (a, b)$ offene,

$\{x \mid a \leqq x < b\} = [a, b)$ und

$\{x \mid a < x \leqq b\} = (a, b]$ halboffene Intervalle.

a und b sind ihre Randpunkte, und $b - a$ ist ihre Länge.

Für eine beliebige reelle Zahl a heißen die Zahlenmengen

- unbeschränkte halboffene

$$\{x \mid a \leqq x\} = [a, \infty) \quad \text{und}$$
$$\{x \mid x \leqq a\} = (-\infty, a]$$

- sowie unbeschränkte offene Intervalle

$$\{x \mid a < x\} = (a, \infty) \quad \text{und}$$
$$\{x \mid x < a\} = (-\infty, a).$$

Eine Intervallschachtelung ist eine Folge von abgeschlossenen Intervallen $I_n = [a_n, b_n]$ mit $a_n \leqq a_{n+1} \leqq b_{n+1} \leqq b_n$ für jedes $n \in N$, wobei die Intervalllängen $b_n - a_n$ eine Nullfolge bilden. Auf der Zahlengeraden schrumpfen die Intervalle auf einen Punkt zusammen (Abb. 2.2), dem eine reelle Zahl c zugeordnet ist.

Beispiel

Die Folge mit den Intervallen $I_n = [(1 + 1/n)^n, (1 + 1/n)^{n+1}] \; n = 1, 2, 3, \ldots$ ist eine Intervallschachtelung, welche die Zahl $e = 2{,}7182818 \ldots$ bestimmt, sodass für alle $n \in \mathbb{R}$ $(1 + 1/n)^n \leqq e \leqq (1 + 1/n)^{n+1}$ gilt. Die Randpunkte der Intervalle sind rationale Zahlen; sie sind approximative Werte für die irrationale Zahl e. ◄

2.1.3 Der absolute Betrag

Der absolute Betrag (Modul) einer reellen Zahl a ist definiert durch

$$|a| = \begin{cases} a & \text{für } a \geqq 0 \\ -a & \text{für } a \leqq 0 \end{cases} \quad \text{oder}$$

$$|a| = \max(-a, a),$$

wobei $\max(a, b)$ die größte der beiden Zahlen a und b bedeutet. Geometrisch kennzeichnet $|a|$ den Abstand des Punkts a vom Ursprung und $|b\text{-}a|$ den Abstand der beiden Punkte a und b. Es gelten $|a| \geqq 0$ für alle $a \in \mathbb{R}$ und $|a| = 0$ genau dann, wenn $a = 0$.

$$|-a| = |a|, \quad |ab| = |a||b|,$$
$$|a : b| = |a| : |b|,$$
$$-|a| \leqq a \leqq |a|,$$
$$||a| - |b|| \leqq |a + b| \leqq |a| + |b|;$$

$|a| < c$ genau dann, wenn $-c < a < c$ $(c > 0)$.

2.1.4 Mittelwerte und Ungleichungen

Sind a_i für $i = 1, 2, 3, \ldots, n$ mit $n \geqq 2$ positive Zahlen, so sind für sie die Mittelwerte erklärt:

- arithmetisch

$$A(a_i) = (a_1 + a_2 + \ldots + a_n)/n,$$

- geometrisch

$$G(a_i) = \sqrt[n]{a_1 a_2 a_3 \ldots a_n},$$

- harmonisch

$$H(a_i) = \left[\frac{1}{n} \left(\frac{1}{a_1} + \frac{1}{a_2} + \ldots + \frac{1}{a_n} \right) \right]^{-1},$$

- quadratisch

$$Q(a_i) = \sqrt{a_1^2 + a_2^2 + \ldots + a_n^2}/n.$$

Für sie gelten die Ungleichungen

$$H(a_i) \leqq G(a_i) \leqq A(a_i) \leqq Q(a_i).$$

Ist $\min a_i$ die kleinste und $\max a_i$ die größte der Zahlen a_i, so gilt $\min a_i \leqq H(a_i)$ und $Q(a_i) \leqq \max a_i$.

Bernoullische und Cauchy-Schwarzsche Ungleichungen:

$$(1 + x)^n \geqq 1 + nx \quad \text{für} \quad 1 + x \geqq 0 \quad \text{und}$$
$$n = 1, 2, 3, \ldots,$$
$$(1 + x)^n > 1 + nx \quad \text{für} \quad 1 + x > 0 \quad \text{und}$$
$$n = 2, 3, 4, \ldots,$$

und

$$(a_1 b_1 + a_2 b_2 + \ldots + a_n b_n)^2$$
$$\leqq (a_1^2 + a_2^2 + \ldots + a_n^2)(b_1^2 + b_2^2 + \ldots + b_n^2).$$

2.1.5 Potenzen, Wurzeln und Logarithmen

Potenzen. Für die Potenzsymbole a^b ist vorauszusetzen, dass $a > 0$ und $b \in \mathbb{R}$ oder $a \neq 0$ und $b \in \mathbb{R}$ oder $a \in \mathbb{R}$ und $b \in \mathbb{R}$. Es gilt

$$a^1 = a, \quad a^0 = 1, \quad 1^b = 1, \quad a^{-b} = 1/a^b;$$
$$a^b \cdot a^c = a^{b+c}, \quad (a \cdot b)^c = a^c b^c,$$
$$(a^b)^c = a^{bc};$$
$$a^b : a^c = a^{b-c}, \quad (a : b)^c = a^c : b^c.$$

Wurzeln. Ist $b \neq 0$, so gibt es zu jeder positiven Zahl c genau eine positive Zahl a, sodass $a^b = c$. Diese Zahl $a = \sqrt[b]{c}$ heißt b-te Wurzel aus a, wobei b der Wurzelexponent und c der Radikand bedeuten. Also ist

$$a^b = c \quad \text{äquivalent} \quad a = \sqrt[b]{c}$$
$$\text{für} \quad b \neq 0 \quad \text{und} \quad c > 0.$$

Es gilt

$$\sqrt[a]{1} = 1, \quad \sqrt[b]{c^b} = c, \quad \sqrt[b]{a^c} = \sqrt[b]{a^c} = a^{c/b},$$
$$\sqrt[bp]{a^{cp}} = \sqrt[b]{a^c}, \quad \sqrt[bc]{a} = \sqrt[b]{\sqrt[c]{a}},$$
$$\sqrt[c]{ab} = \sqrt[c]{a} \sqrt[c]{b},$$
$$\sqrt[c]{a : b} = \sqrt[c]{a} : \sqrt[c]{b}.$$

Logarithmen. Ist $a > 1$, so gibt es zu jeder positiven Zahl c genau eine Zahl b, sodass $a^b = c$. Diese Zahl $b = \log_a c$ heißt der Logarithmus von c zur Basis a, wobei a die Basis und c der Logarithmand oder Numerus bedeuten. Also ist

$$a^b = c \quad \text{äquivalent} \quad b = \log_a c$$
$$\text{für} \quad a > 1 \quad \text{und} \quad c > 0.$$

Bevorzugte Logarithmen sind der dekadische mit der Basis 10, der natürliche mit der Basis e und der binäre mit der Basis 2. Es gilt

$$a^{\log_a c} = c, \quad b = \log_a a^b, \quad \log_a 1 = 0,$$
$$e^{\ln c} = c, \quad b = \ln e^b, \quad \ln 1 = 0.$$
$$\log_a(bc) = \log_a b + \log_a c,$$
$$\log_a(b : c) = \log_a b - \log_a c,$$
$$\log_a(1/b) = -\log_a b, \quad \log_a b^c = c \log_a b,$$
$$\log_a \sqrt[c]{b} = (1/c) \log_a b.$$
$$\log_a c = \log_a b \cdot \log_b c,$$
$$\lg a = \lg e \cdot \ln a \text{ mit } \lg e = 0,43429$$

2.1.6 Zahlendarstellung in Stellenwertsystemen

Hierzu dient meist das Dezimalsystem mit der Basis (Grundzahl) 10 und den zehn Ziffern $0, 1, 2, \ldots, 9$. Jeder natürlichen Zahl n wird dann eine endliche Folge von Ziffern zugeordnet, wobei jedes Glied der Folge neben seinem Ziffernnoch einen Stellenwert hat (z. B. $9021 = 9 \cdot 10^3 + 0 \cdot 10^2 + 2 \cdot 10^1 + 1 \cdot 10^0$). Ist $g > 1$ eine natürliche Zahl und $\{0, 1, 2, \ldots, g-1\}$ eine Ziffernmenge, so lässt sich jede natürliche Zahl n als Ziffernfolge im Stellenwertsystem mit der Basis g eindeutig darstellen.

$$n = (a_m a_{m-1} a_{m-2} \ldots a_1 a_0)_g = \sum_{i=0}^{m} a_i g^i$$
$$\text{für} \quad a_i \in \{0, 1, 2, \ldots, g-1\}.$$

Das Binär- oder Dualsystem hat die Basis 2 und die Ziffernmenge $\{0, 1\}$. Die Darstellung der natürlichen Zahl 18 ist z. B. $(10010)_2 = 1 \cdot 2^4 + 0 \cdot 2^3 + 0 \cdot 2^2 + 1 \cdot 2^1 + 0 \cdot 2^0 = (18)_{10} = 18$. Da das Binärsystem ebenso wie das Dezimalsystem ein Stellenwertsystem ist, sind die für das Rechnen mit Stellenwerten gültigen Regeln übertragbar. Lediglich das kleine Einspluseins und Einmaleins sind verschieden. Im Binärsystem gilt:

Addition
$$0 + 0 = 0; 0 + 1 = 1; 1 + 0 = 1; 1 + 1 = 10.$$
Multiplikation
$$0 \cdot 0 = 0; 0 \cdot 1 = 0; 1 \cdot 0 = 0; 1 \cdot 1 = 1.$$

Beispiel

Addition bzw. Multiplikation von Dezimalzahlen im Binärsystem.

Das Hexadezimalsystem hat die Basis 16 und die Ziffernmenge $\{0, 1, 2, \ldots, 9, A, B, C, D, F\}$. Dabei entsprechen die hexadezimalen Ziffern A, B, $\ldots$, F den Dezimalzahlen $10, 11, \ldots, 15$. So ist

$$(940)_{10} = 3 \cdot 16^2 + 10 \cdot 16^1 + 12 \cdot 16^0 = (3AC)_{16}.$$

2.1.7 Endliche Folgen und Reihen. Binomischer Lehrsatz

Eine endliche reelle Zahlenfolge ist durch eine reellwertige Funktion auf einer endlichen Menge $I = \{1, 2, 3, \ldots, n\}$, der Indexmenge, erklärt, die jedem $k \in I$ genau eine reelle Zahl a_k zuordnet. Sie wird dargestellt durch $(a_k)_{k \in I}$ oder $(a_1, a_2, \ldots, a_n)$ oder (a_k) für $k \in I$. Die Zahlen a_k heißen Glieder der Folge. Folgen können durch verschiedenartige Zuordnungsvorschriften erklärt sein. Oft lassen sie sich als Funktionsgleichungen $a_k = f(k)$ darstellen.

Arithmetische Folgen

Bei einer Folge (a_k) für $k \in I = \{1, 2, \ldots, n\}$ heißt die Differenz (s. Abschn. 10.6.3).

$$\Delta^1 a_k = a_{k+1} - a_k$$

für $k \in \{1, 2, \ldots, n-1\}$ von 1. Ordnung,

$$\Delta^2 a_k = \Delta^1 a_{k+1} - \Delta^1 a_k$$

für $k \in \{1, 2, \ldots, n-2\}$ von 2. Ordnung,

. . . .

$$\Delta^j a_k = \Delta^{j-1} a_{k+1} - \Delta^{j-1} a_k$$

für $k \in \{1, 2, \ldots, n-j\}$ von j-ter Ordnung.

. . . .

Haben für jedes $k \in \{1, 2, \ldots, n-j\}$ die Differenzen j-ter Ordnung den gleichen Wert, dann heißt die Folge (a_k) arithmetische Folge j-ter Ordnung. Einfache Beispiele für arithmetische Folgen 1., 2. und 3. Ordnung sind $(1, 2, 3, 4, \ldots, n)$ mit $\Delta^1 a_k = 1$, $(1, 4, 9, 16, \ldots, n^2)$ mit $\Delta^2 a_k = 2$, $(1, 8, 27, 64, \ldots, n^3)$ mit $\Delta^3 a_k = 6$. Insbesondere ist jede *arithmetische Folge 1. Ordnung* darstellbar durch die Gleichung

$$a_k = a + (k-1)d$$
$$\text{für} \quad k \in I = \{1, 2, 3, \ldots, n\}$$

(a Anfangsglied und d Differenz der Folge).

Geometrische Folge. Bei ihr hat der Quotient a_{k+1}/a_k von zwei aufeinander folgenden Gliedern stets den gleichen Wert q. Mit dem Anfangsglied a wird

$$a_k = aq^{k-1} \quad \text{für} \quad k \in I = \{1, 2, \ldots, n\}.$$

Reihen. Ist (a_k) für $k \in \{1, 2, 3, \ldots, n\}$ eine reelle Zahlenfolge, dann heißt der Ausdruck

$$a_1 + a_2 + a_3 + \ldots + a_n = \sum_{k=1}^{n} a_k.$$

endliche reelle Reihe mit den Gliedern $a_1, a_2, \ldots, a_n$. a_1 bzw. a_n sind das Anfangs- bzw. Endglied.

Für das Rechnen mit dem Summenzeichen gelten die Regeln

$$\sum_{k=1}^{n} c \cdot a_k = c \sum_{k=1}^{n} a_k,$$

$$\sum_{k=1}^{n} (a_k + b_k) = \sum_{k=1}^{n} a_k + \sum_{k=1}^{n} b_k,$$

$$\sum_{k=1}^{n} a_k = \sum_{k=1}^{m} a_k + \sum_{k=m+1}^{n} a_k \quad \text{(Zerlegung)},$$

$$\sum_{k=1}^{n} a_k = \sum_{k=1+j}^{n+j} a_{k-j} \quad \text{(Indexverschiebung)},$$
$$j \in \mathbb{Z}$$

$$\sum_{k=1}^{n} 1 = n, \quad \sum_{k=m}^{m} a_k = a_m.$$

m und n sind natürliche Zahlen, wobei $1 \leq m < n$.

Arithmetische Reihen. Sie sind aus den Gliedern einer arithmetischen Folge aufgebaut. Die Summenformel für die arithmetische Reihe 1. Ordnung lautet

$$a + (a+d) + (a+2d) + \ldots$$
$$+ [a + (n-1)d]$$
$$= \sum_{k=1}^{n} [a + (k-1)d] = (n/2)[2a + (n-1)d].$$

Sonderfälle von arithmetischen Reihen 1., 2. und 3. Ordnung sind

$$\sum_{k=1}^{n} k = n(n+1)/2,$$

$$\sum_{k=1}^{n} k^2 = n(n+1)(2n+1)/6,$$

$$\sum_{k=1}^{n} k^3 = [n(n+1)/2]^2.$$

Geometrische Reihe. Sie besteht aus den Gliedern einer geometrischen Folge und hat die Summenformel

$$a + aq + aq^2 + \ldots + aq^{n-1}$$
$$= \sum_{k=1}^{n} aq^{k-1} = \begin{cases} na & \text{für } q = 1, \\ a\frac{1-q^n}{1-q} & \text{für } q \neq 1 \end{cases}$$

(a Anfangsglied und q Quotient der Reihe). Wird a durch b^{n-1} und q durch a/b ersetzt, so ergibt sich für $a \neq b$

$$b^{n-1} + ab^{n-2} + a^2b^{n-3} + \ldots + a^{n-2}b + a^{n-1}$$
$$= \sum_{k=1}^{n} a^{k-1}b^{n-k} = \frac{b^n - a^n}{b-a} \quad \text{oder}$$
$$b^n - a^n = (b-a)(b^{n-1} + ab^{n-2} + a^2b^{n-3} + \ldots + a^{n-2}b + a^{n-1}).$$

Binomischer Lehrsatz

Das Zeichen $n!$ (n-Fakultät) ist erklärt durch

$$n! = 1\cdot 2\cdot 3\cdot \ldots \cdot n \quad \text{für} \quad n \in \mathbb{N} \quad \text{und} \quad 0! = 1.$$

Es hat nur für nichtnegative ganze Zahlen einen Sinn. So ist $4! = 1\cdot 2\cdot 3\cdot 4 = 24$.

Der Binomialkoeffizient $\binom{c}{k}$ (c über k), wobei c eine beliebige reelle Zahl und k eine nichtnegative ganze Zahl ist, ist erklärt durch

$$\binom{c}{k} = \frac{c(c-1)(c-2)\ldots[c-(k-1)]}{k!}$$

für $k \in \mathbb{N}$ und

$$\binom{c}{0} = 1,$$

z. B. $$\binom{-\frac{1}{2}}{3} = \frac{(-\frac{1}{2})(-\frac{1}{2}-1)(-\frac{1}{2}-2)}{3!} = -\frac{5}{16}.$$

Ist insbesondere c eine positive ganze Zahl n, so ergibt sich hieraus $\binom{n}{k} = \frac{n!}{k!(n-k)!}$, für $n \geqq k > 0$, $\binom{n}{0} = 1$ und $\binom{n}{k} = 0$ für $0 < n < k$.

Diese Binomialkoeffizienten werden anschaulich durch das Pascalsche Zahlendreieck wiedergegeben (Abb. 2.3), aus dem sich

$$\binom{n}{k} = \binom{n}{n-k} \quad \text{und}$$
$$\binom{n}{k} + \binom{n}{k+1} = \binom{n+1}{k+1}$$

ablesen lassen. Hiermit kann durch vollständige Induktion der binomische Lehrsatz bewiesen werden.

$$\begin{matrix} & & & & 1 & & & & \\ & & & 1 & & 1 & & & \\ & & 1 & & 2 & & 1 & & \\ & 1 & & 3 & & 3 & & 1 & \\ 1 & & 4 & & 6 & & 4 & & 1 \end{matrix} \qquad \begin{matrix} & & & & \binom{0}{0} & & & & \\ & & & \binom{1}{0} & & \binom{1}{1} & & & \\ & & \binom{2}{0} & & \binom{2}{1} & & \binom{2}{2} & & \\ & \binom{3}{0} & & \binom{3}{1} & & \binom{3}{2} & & \binom{3}{3} & \\ \binom{4}{0} & & \binom{4}{1} & & \binom{4}{2} & & \binom{4}{3} & & \binom{4}{4} \end{matrix}$$

Abb. 2.3 Pascalsches Zahlendreieck

$$(a+b)^n = \sum_{k=0}^{n} \binom{n}{k} a^{n-k}b^k, \quad n \geqq 0, \quad \text{ganz;}$$

z. B.

$$(a \pm b)^3 = \binom{3}{0}a^3 + \binom{3}{1}a^2(\pm b) + \binom{3}{2}a(\pm b)^2 + \binom{3}{3}(\pm b)^3 = a^3 \pm 3a^2b + 3ab^2 \pm b^3.$$

2.1.8 Unendliche reelle Zahlenfolgen und Zahlenreihen

Eine reellwertige Funktion auf der Menge $\mathbb{R}$ der natürlichen Zahlen, durch die jedem $n \in \mathbb{N}$ genau eine reelle Zahl $a_n \in \mathbb{R}$ zugeordnet wird, heißt unendliche reelle Zahlenfolge auf $\mathbb{N}$ und wird dargestellt durch

$$(a_n)_n \in \mathbb{N} \quad \text{oder} \quad (a_1, a_2, a_3, \ldots) \quad \text{oder} \quad (a_n) \quad \text{für} \quad n \in \mathbb{N}.$$

Es heißen $\mathbb{N}$ die Indexmenge und a_n das allgemeine Glied der Folge.

Grenzwerte. Eine Zahl a heißt Grenzwert der Folge (a_n) auf $\mathbb{N}$ oder (a_n) konvergiert gegen a oder ist eine a-Folge; in Zeichen $\lim_{n\to\infty} a_n = a$ oder $a_n \to a$ für $n \to \infty$, wenn es zu jeder Zahl $\varepsilon > 0$ ein $N \in \mathbb{N}$ gibt, sodass $|a_n - a| < \varepsilon$ für alle $n > N$. Konvergente Folgen mit dem Grenzwert 0 heißen Null-Folgen.

Beispiele

Die harmonische Folge $(1/n)$ für $n \in \mathbb{N}$ ist Nullfolge, d. h. $\lim_{n\to\infty}(1/n) = 0$, da $|1/n| = 1/n < \varepsilon$ für alle $n > 1/\varepsilon = N$.

Die geometrische Folge (q^{n-1}) für $n \in \mathbb{N}$ und $|q| < 1$, $q \neq 0$ ist Nullfolge, d. h. $\lim_{n \to \infty} q^{n-1} = 0$, da $|q^{n-1}| = |q|^{n-1} < \varepsilon$ für alle $n > 1 + (\lg \varepsilon / \lg |q|) = N$ ($\lg |q| < 0$!). ◄

Folgen, die keinen Grenzwert haben, heißen divergent. Eine Folge (a_n) auf $\mathbb{N}$ heißt divergent gegen plus bzw. minus unendlich, in Zeichen $\lim_{n \to \infty} a_n = \pm \infty$, wenn es zu jeder Zahl M ein $N \in \mathbb{N}$ gibt, sodass $M < a_n$ bzw. $a_n < M$ für alle $n > N$.

Jede monotone und beschränkte Folge hat einen Grenzwert. Sind die Folgen (a_n) und (b_n) konvergent, und gibt es ein $N \in \mathbb{N}$, sodass $a_n \leq b_n$ für alle $n > N$, dann ist $\lim_{n \to \infty} a_n \leq \lim_{n \to \infty} b_n$.

Aus $\lim_{n \to \infty} a_n = a$ und $\lim_{n \to \infty} b_n = b$ folgen $\lim |a_n| = |a|$, $\lim(ca_n) = ca$ für jedes $c \in \mathbb{R}$,

$$\lim(a_n \pm b_n) = a \pm b, \quad \lim(a_n b_n) = ab,$$
$$\lim a_n / b_n = a/b, \quad b_n, b \neq 0.$$

Reihen

Ist (a_n) eine unendliche reelle Zahlenfolge auf $\mathbb{N}$, dann ist mit der Folge der Partialsummen

$$s_n = a_1 + a_2 + \ldots + a_n = \sum_{k=1}^{n} a_k \quad (n \in \mathbb{N})$$

eine unendliche reelle Zahlenfolge (s_n) auf $\mathbb{N}$ erklärt, die unendliche reelle Zahlenreihe heißt

$$\sum_{k=1}^{\infty} a_k = a_1 + a_2 + \ldots + a_n + \ldots$$

Konvergiert die Folge (s_n) gegen den Grenzwert s so heißt die Reihe konvergent und s ist ihre Summe

$$s = \sum_{k=1}^{\infty} a_k = \lim_{n \to \infty} \sum_{k=1}^{n} a_k = \lim_{n \to \infty} s_n.$$

Eine Reihe, die nicht konvergiert, heißt divergent.

Beispiel

Die unendliche geometrische Reihe. Ihre n-te Partialsumme lautet $s_n = \sum_{k=1}^{n} aq^{k-1} =$

$a \frac{1-q^n}{1-q}$, $q \neq 1$. Wegen $\lim_{n \to \infty} q^n = 0$ für $|q| < 1$, ist $\lim s_n = a/(1-q)$, und damit ergibt sich

$$s = \sum_{n=1}^{\infty} aq^{n-1} = a/(1-q) \quad \text{für} \quad |q| < 1.$$

Für $|q| \geq 1$ ist die geometrische Reihe divergent.

Die Reihe $\sum_{n=1}^{\infty} \frac{1}{n(n+1)}$. Wegen $\frac{1}{k(k+1)} = \frac{1}{k} - \frac{1}{k+1}$ lautet die n-te Partialsumme $s_n = \sum_{k=1}^{n} \frac{1}{k(k+1)} = \left(1 - \frac{1}{2}\right) + \left(\frac{1}{2} - \frac{1}{3}\right) + \ldots + \left(\frac{1}{n} - \frac{1}{n+1}\right) = 1 - \frac{1}{n+1}$ und damit

$$s = \sum_{k=1}^{\infty} \frac{1}{k(k+1)}$$
$$= \lim_{n \to \infty} \left(1 - \frac{1}{n+1}\right) = 1. \quad ◄$$

Eine notwendige Bedingung für die Konvergenz einer Reihe ist $\lim_{n \to \infty} a_n = 0$. Für konvergente Reihen mit $\sum_{1}^{\infty} a_n = A$ und $\sum_{1}^{\infty} b_n = B$ gilt: $\sum_{1}^{\infty} ca_n = c \sum_{1}^{\infty} a_n = cA$;

$$\sum_{1}^{\infty} (a_n \pm b_n) = \sum_{1}^{\infty} a_n \pm \sum_{1}^{\infty} b_n = A \pm B.$$

Konvergenzkriterium von Leibniz. Ist die Folge (a_n) auf $\mathbb{N}$ mit $a_n > 0$ eine monotone Nullfolge, dann ist die alternierende Reihe $\sum_{1}^{\infty} (-1)^n a_n$ konvergent.

Beispiel

Die Reihe $\sum_{1}^{\infty} (-1)^{n+1}(1/n)$ ist konvergent, weil die Folge $(1/n)$ auf $\mathbb{N}$ eine monotone Nullfolge ist. Es gilt $\sum_{1}^{\infty} (-1)^{n+1}(1/n) = \ln 2$. ◄

Eine Reihe $\sum_{1}^{\infty} a_n$ heißt absolut konvergent, wenn die Reihe $\sum_{1}^{\infty} |a_n|$ konvergent ist. Jede absolut konvergente Reihe $\sum_{1}^{\infty} a_n$ ist konvergent, und es gilt

$$\left| \sum_{1}^{\infty} a_n \right| \leq \sum_{1}^{\infty} |a_n|.$$

Eine Reihe $\sum_{1}^{\infty} c_n$ mit $c_n \geq 0$ für alle $n \in \mathbb{N}$ heißt bezüglich $\sum_{1}^{\infty} a_n$

- (konvergente) Majorante, wenn es einen Index $N \in \mathbb{N}$ gibt, sodass $|a_n| \leqq c_n$ für alle $n \geqq N$, und wenn sie konvergiert;
- (divergente) Minorante, wenn es einen Index $N \in \mathbb{N}$ gibt, sodass $|a_n| \geqq c_n$ für alle $n \geqq N$, und wenn sie divergiert.

Majoranten- und Minorantenkriterium. Besitzt eine Reihe eine (konvergente) Majorante, dann ist sie absolut konvergent. Besitzt sie eine (divergente) Minorante, dann ist sie nicht absolut konvergent. Demnach sind Reihen mit nichtnegativen Gliedern, die eine (divergente) Minorante besitzen, divergent.

Die verallgemeinerte harmonische Reihe $\sum_1^\infty 1/n^\alpha$ ist für $\alpha > 1$ konvergent und für $\alpha \leqq 1$ divergent.

Beispiel

Die Reihe $\sum_1^\infty 1/\sqrt{n(n+1)}$ ist divergent, da wegen $1/\sqrt{n(n+1)} > 1/(n+1)$ die Reihe $\sum_1^\infty 1/(n+1)$ eine (divergente) Minorante ist. ◄

Wurzel- und Quotientenkriterium. Existieren die Grenzwerte $\lim_{n \to \infty} \sqrt[n]{|a_n|}$ bzw. $\lim_{n \to \infty} \left| \frac{a_{n+1}}{a_n} \right|$, dann ist die Reihe $\sum_1^\infty a_n$

für $\quad \lim_{n \to \infty} \sqrt[n]{|a_n|} < 1 \quad$ bzw.

$\qquad \lim_{n \to \infty} \left| \frac{a_{n+1}}{a_n} \right| < 1$ konvergent und

für $\quad \lim_{n \to \infty} \sqrt[n]{|a_n|} > 1 \quad$ bzw.

$\qquad \lim_{n \to \infty} \left| \frac{a_{n+1}}{a_n} \right| > 1 \quad$ divergent.

Existieren die Grenzwerte nicht oder sind sie gleich 1, dann sind die Kriterien auf die Reihe nicht anwendbar.

2.2 Komplexe Zahlen

2.2.1 Komplexe Zahlen und ihre geometrische Darstellung

Die Menge $\mathbb{C}$ der komplexen Zahlen ist eine Erweiterung der Menge $\mathbb{R}$ der reellen Zahlen. Die komplexen Zahlen sind als geordnete Paare von reellen Zahlen definiert:

$z = (a, b)$, wobei $a = \mathrm{Re}(z) \in \mathbb{R}$ der Realteil von z und $b = \mathrm{Im}(z) \in \mathbb{R}$ der Imaginärteil von z heißt. Sie können daher in einem ebenen Koordinatensystem (Abb. 2.4) als Punkte der Gaußschen oder komplexen Zahlenebene oder als Zeiger dargestellt werden.

Die Gleichheit zweier komplexer Zahlen ist erklärt durch: $(a_1, b_1) = (a_2, b_2)$ genau dann, wenn $a_1 = a_2$ und $b_1 = b_2$. Ist $z = (a, b)$, dann heißt $\bar{z} = (a, -b)$ konjugiert zu z.

2.2.2 Addition und Multiplikation

Addition:

$$z_1 + z_2 = (a_1, b_1) + (a_2, b_2) = (a_1 + a_2, b_1 + b_2),$$

Multiplikation:

$$z_1 \cdot z_2 = (a_1, b_1)(a_2, b_2) = (a_1 a_2 - b_1 b_2, a_1 b_2 + b_1 a_2).$$

Wegen $(a, b) = (a, 0) + (0, b) = (a, 0) + (b, 0)(0, 1)$ gilt mit $(a, 0) = a$ und $(0, 1) = \mathrm{i}$

$$z = (a, b) = a + b\,\mathrm{i}, \quad \text{wobei } \mathrm{i}^2 = \mathrm{i} \cdot \mathrm{i} = -1.$$

Abb. 2.4 Gaußsche Zahlenebene

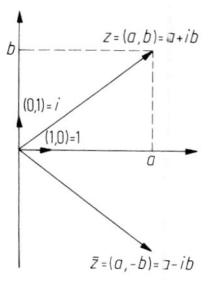

Rechenregeln
Addition:
$$(a_1 + b_1\mathrm{i}) + (a_2 + b_2\mathrm{i})$$
$$= (a_1 + a_2) + (b_1 + b_2)\mathrm{i},$$

Subtraktion:
$$(a_1 + b_1\mathrm{i}) - (a_2 + b_2\mathrm{i})$$
$$= (a_1 - a_2) + (b_1 - b_2)\mathrm{i},$$

Multiplikation:
$$(a_1 + b_1\mathrm{i})(a_2 + b_2\mathrm{i})$$
$$= (a_1 a_2 - b_1 b_2) + (a_1 b_2 + b_1 a_2)\mathrm{i},$$

Division:
$$\frac{a_1 + b_1\mathrm{i}}{a_2 + b_2\mathrm{i}}$$
$$= \frac{(a_1 + b_1\mathrm{i})(a_2 - b_2\mathrm{i})}{(a_2 + b_2\mathrm{i})(a_2 - b_2\mathrm{i})}$$
$$= \frac{(a_1 a_2 + b_1 b_2) + (b_1 a_2 - a_1 b_2)\mathrm{i}}{a_2^2 + b_2^2}$$
$$= \frac{a_1 a_2 + b_1 b_2}{a_2^2 + b_2^2} + \frac{b_1 a_2 - a_1 b_2}{a_2^2 + b_2^2}\mathrm{i}$$
$$a_2^2 + b_2^2 > 0$$

Konjugiert komplexe Zahl zu $z = a + b\,\mathrm{i}$ ist $\bar{z} = a - b\,\mathrm{i}$. Es gilt
$$\overline{(\bar{z})} = z,\quad \overline{z_1 \pm z_2} = \overline{z_1} \pm \overline{z_2},\quad \overline{z_1 z_2} = \overline{z_1}\,\overline{z_2},$$
$$\overline{z_1/z_2} = \overline{z_1}/\overline{z_2}.$$

2.2.3 Darstellung in Polarkoordinaten. Absoluter Betrag

Mit $a = r\cos\varphi$ und $b = r\sin\varphi$ ist $z = a + b\,\mathrm{i} = r(\cos\varphi + \mathrm{i}\sin\varphi)$. Geometrisch (Abb. 2.5) bedeutet r die Länge des Zeigers z und ϕ den Winkel zwischen dem Zeiger z und dem positiven Teil der reellen Achse. $r = |z|$ heißt absoluter Betrag oder Modul von z, $\varphi = \mathrm{Arg}(z)$ das Argument von z. Es gilt
$$r = |z| = \sqrt{a^2 + b^2};$$
$$\cos\varphi = a/r,\quad \sin\varphi = b/r.$$

Der Winkel ϕ mit $-\pi < \varphi \leqq \pi$ heißt Hauptwert von $\mathrm{Arg}(z)$.

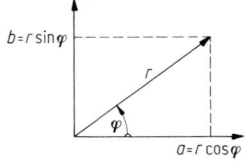

Abb. 2.5 Polarkoordinaten

Multiplikation und Division. Mit $z_1 = r_1(\cos\varphi_1 + \mathrm{i}\sin\varphi_1)$ und $z_2 = r_2(\cos\varphi_2 + \mathrm{i}\sin\varphi_2)$ gilt
$$z_1 z_2 = r_1 r_2[\cos(\varphi_1 + \varphi_2) + \mathrm{i}\sin(\varphi_1 + \varphi_2)]$$
und
$$z_1/z_2 = (r_1/r_2)[\cos(\varphi_1 - \varphi_2) + \mathrm{i}\sin(\varphi_1 - \varphi_2)].$$

Für $z = r(\cos\varphi + \mathrm{i}\sin\varphi)$ lautet die konjugiert komplexe Zahl $\bar{z} = r[\cos(-\varphi) + \mathrm{i}\sin(-\varphi)] = r(\cos\varphi - \mathrm{i}\sin\varphi)$, und es gilt $z \cdot \bar{z} = r^2$ oder $r = \sqrt{z \cdot \bar{z}} = |z|$.

Moivresche Formel. Die Multiplikationsregel liefert mit
$$z = r(\cos\varphi + \mathrm{i}\sin\varphi)$$
$$z^n = r^n[\cos(n\varphi) + \mathrm{i}\sin(n\varphi)],\quad n \in \mathbb{N}.$$

Absoluter Betrag. Es ist $|z| \geqq 0$ für alle $z \in \mathbb{R}$ und $|z| = 0$ genau dann, wenn $z = 0$;
$$|z_1 z_2| = |z_1||z_2|,\quad |z_1/z_2| = |z_1|/|z_2|,$$
$$||z_1| - |z_2|| \leqq |z_1 + z_2| \leqq |z_1| + |z_2|$$
(Dreiecksungleichung).

2.2.4 Potenzen und Wurzeln

Ist $z = r(\cos\varphi + \mathrm{i}\sin\varphi) \neq 0$ und a eine beliebige reelle Zahl, dann ist
$$z^a = [r(\cos\varphi + \mathrm{i}\sin\varphi)]^a$$
$$= r^a\{\cos[a(\varphi + 2k\pi)] + \mathrm{i}\sin[a(\varphi + 2k\pi)]\}$$

mit $k \in \mathbb{Z} = \{0, \pm1, \pm2, \pm3, \ldots\}$. Für $k = 0$ ergibt sich der *Hauptwert* $z^a = r^a[\cos(a\varphi) + \mathrm{i}\sin(a\varphi)]$.

Für $a > 0$ wird $0^a = 0$ festgesetzt. Ist $a = n$ eine ganze Zahl, dann ist $\cos[n(\varphi + 2k\pi)] =$

$\cos(n\varphi)$ und $\sin[n(\varphi + 2k\pi)] = \sin(n\varphi)$, sodass gilt

$$z^n = r^n[\cos(n\varphi) + \mathrm{i}\sin(n\varphi)], \quad n \in \mathbb{Z}.$$

Für $a = 1/n$ mit $n \in \mathbb{R}$ wird festgesetzt $z^{1/n} = \sqrt[n]{z}$, sodass

$$2\sqrt[n]{z} = z^{1/n}$$
$$= r^{1/n}\left(\cos\frac{\varphi + 2k\pi}{n} + \mathrm{i}\sin\frac{\varphi + 2k\pi}{n}\right)$$
$$= \sqrt[n]{r}\left(\cos\frac{\varphi + 2k\pi}{n} + \mathrm{i}\sin\frac{\varphi + 2k\pi}{n}\right),$$
$$k \in \{0, 1, 2, 3, > \ldots, n-1\}.$$

Hierbei hat $\sqrt[n]{z}$ für $r > 0$ genau n verschiedene Werte mit dem gleichen Betrag $\sqrt[n]{r}$. Sie liegen in der Gaußschen Zahlenebene in den Eckpunkten eines regelmäßigen n-Ecks.

Beispiel

Wertemenge von $\sqrt[3]{-1}$. Wegen $-1 = \cos\pi + \mathrm{i}\sin\pi$ ist

$$\sqrt[3]{-1} = 1^{1/3}(\cos\pi + \mathrm{i}\sin\pi)^{1/3}$$
$$= \sqrt[3]{1}\left(\cos\frac{\pi + 2k\pi}{3} + \mathrm{i}\sin\frac{\pi + 2k\pi}{3}\right)$$
für $k \in \{0, 1, 2\}$.

Somit gilt

$$\sqrt[3]{-1} = \left\{\frac{1}{2} + \mathrm{i}\frac{\sqrt{3}}{2}, -1, \frac{1}{2} - \mathrm{i}\frac{\sqrt{3}}{2}\right\}. \quad \blacktriangleleft$$

2.3 Gleichungen

2.3.1 Algebraische Gleichungen

$a_0 z^n + a_1 z^{n-1} + a_2 z^{n-2} + \ldots + a_{n-1}z + a_n = 0$ mit $n = 0, 1, 2, \ldots$, wobei $a_0, a_1, a_2, \ldots, a_n$ Konstante (Koeffizienten der Gleichung) und z eine Variable (Unbekannte) bedeuten, heißt für $a_0 \neq 0$ eine algebraische Gleichung n-ten Grades.

Fundamentalsatz der Algebra. Jede algebraische Gleichung n-ten Grades ($n \geq 1$) hat in der Menge der komplexen Zahlen mindestens eine Lösung oder Wurzel. Sind die Koeffizienten reell, dann ist die zu einer Lösung konjugiert komplexe Zahl ebenfalls eine Lösung.

Lösungsformeln für algebraische Gleichungen

1. Grades (lineare Gleichung) $a_0 z + a_1 = 0$: $z = -a_1/a_0$.

2. Grades (quadratische Gleichung) $a_0 z^2 + a_1 z + a_2 = 0$: $z = -\frac{a_1}{2a_0} \pm \sqrt{\left(\frac{a_1}{2a_0}\right)^2 - \frac{a_2}{a_0}} = \frac{-a_1 \pm \sqrt{a_1^2 - 4a_0 a_2}}{2a_0}$.

Von der komplexen Wurzel $\sqrt{a_1^2 - 4a_0 a_2}$ ist stets der Hauptwert zu nehmen.

Für reelle Koeffizienten bestimmt die Diskriminante $\Delta = a_1^2 - 4a_0 a_2$ der quadratischen Gleichung Anzahl und Art der Lösungen, und zwar für

$\Delta > 0$ zwei reelle $(-a_1 \pm \sqrt{a_1^2 - 4a_0 a_2})/2a_0$,

$\Delta = 0$ eine reelle $-a_1/2a_0$,

$\Delta < 0$ zwei konjugiert komplexe

$$(-a_1 \pm \mathrm{i}\sqrt{4a_0 a_2 - a_1^2})/2a_0.$$

Beispiel

Die Gleichung $4z^2 + 4z + 5 = 0$ hat die Diskriminante $\Delta = -4$, und ihre Lösungsformel lautet

$$z = -(1/2) \pm \mathrm{i}. \quad \blacktriangleleft$$

---

3. Grades (kubische Gleichung) $a_0 z^3 + a_1 z^2 + a_2 z + a_3 = 0$: Die Koeffizienten a_0, a_1, a_2, a_3 werden als reell vorausgesetzt. Die Gleichung wird durch die Substitution $z = y - (a_1/3a_0)$ und anschließende Division durch a_0 auf die reduzierte Form

$$y^3 + py + q = 0$$

gebracht. Diese Gleichung 3. Grades hat die Lösungsformeln $y = u + v$, $y = \varepsilon u + \varepsilon^2 v$, $y = \varepsilon^2 u + \varepsilon v$, wobei

$$u = \sqrt[3]{-q/2 + \sqrt{(q/2)^2 + (p/3)^3}} \quad \text{und}$$

$$v = \sqrt[3]{-q/2 - \sqrt{(q/2)^2 + (p/3)^3}},$$

$$\varepsilon = \cos 120° + \text{i} \sin 120° = -\frac{1}{2} + \frac{\sqrt{3}}{2}\text{i} \quad \text{und}$$

$$\varepsilon^2 = \cos(-120°) + \text{i} \sin(-120°) = -\frac{1}{2} - \frac{\sqrt{3}}{2}\text{i}.$$

Von den komplexen Wurzeln ist stets der Hauptwert zu nehmen. Die Gleichung $y^3 + py + q = 0$ hat für

$(q/2)^2 + (p/3)^3 > 0$ eine reelle und zwei konjugiert komplexe Lösungen,

$(q/2)^2 + (p/3)^3 = 0$ zwei verschiedene reelle Lösungen, wobei $p \neq 0$ und $q \neq 0$,

$(q/2)^2 + (p/3)^3 < 0$ drei verschiedene reelle Lösungen.

Beispiel

Die Gleichung $z^3 + 9z^2 + 18z + 9 = 0$ geht durch die Substitution $z = y - 3$ über in

$$y^3 - 9y + 9 = 0.$$

Für die einzelnen Ausdrücke ergeben sich die Werte

$$(q/2)^2 + (p/3)^3 = -27/4,$$

$$\sqrt{(q/2)^2 + (p/3)^3} = 3\sqrt{3}\text{i}/2,$$

$$-q/2 \pm \sqrt{(q/2)^2 + (p/3)^3}$$

$$= \sqrt{3}^3(-\sqrt{3}/2 \pm 1/2\text{i})$$

$$= \sqrt{3}^3[\cos(\pm 150°) + \text{i} \sin(\pm 150°)]$$

und damit

$$u = \sqrt{3}(\cos 50° + \text{i} \sin 50°),$$

$$v = \sqrt{3}[\cos(-50°) + \text{i} \sin(-50°)];$$

$$\varepsilon u = \sqrt{3}(\cos 170° + \text{i} \sin 170°),$$

$$\varepsilon v = \sqrt{3}(\cos 70° + \text{i} \sin 70°);$$

$$\varepsilon^2 u = \sqrt{3}[\cos(-70°) + \text{i} \sin(-70°)],$$

$$\varepsilon^2 v = \sqrt{3}[\cos(-170°) + \text{i} \sin(-170°)].$$

Für y ergeben sich dann $y = 2\sqrt{3} \cos 50°$, $y = 2\sqrt{3} \cos 170°$, $y = 2\sqrt{3} \cos 70°$, woraus wegen $z = y - 3$ die Formeln für die Ausgleichsgleichung folgen. ◄

2.3.2 Polynome

$P_n(z) = a_0 z^n + a_1 z^{n-1} + a_2 z^{n-2} + \ldots + a_{n-1} z + a_n$ mit $a_0 \neq 0$. P_n heißt Polynom oder ganze rationale Funktion n-ten Grades. Die Konstanten $a_0, a_1, a_2, \ldots, a_n$ heißen die Koeffizienten und n der Grad des Polynoms, $n = \text{Grad } P_n$. Die Koeffizienten sind hier stets reell, während für die Variable z auch komplexe Zahlen zugelassen werden. Beim Null-Polynom sind alle Koeffizienten Null. Die Werte z, die Lösungen der algebraischen Gleichung n-ten Grades $P_n(z) = 0$ sind, heißen Nullstellen des Polynoms P_n.

Zerlegung eines Polynoms in Linearfaktoren. Für eine beliebige Zahl λ lässt sich das Polynom auch darstellen durch $P_n(z) = Q_{n-1}(z)(z - \lambda) + P_n(\lambda)$. Hierbei ist $Q_{n-1}(z)$ ein Polynom $(n-1)$-ten Grades.

$$Q_{n-1}(z) = b_0 z^{n-1} + b_1 z^{n-2} + \ldots + b_{n-2} z + b_{n-1}.$$

Seine Koeffizienten $b_0, b_1, b_2, \ldots, b_{n-1}$ lassen sich durch die Koeffizienten von $P_n(z)$ und durch λ gemäß den Rekursionsformeln ausdrücken.

$$b_0 = a_0, \quad b_k = b_{k-1}\lambda + a_k,$$

$$\text{wobei} \quad b_n = P_n(\lambda).$$

Sie können leicht mit Hilfe des Horner-Schemas berechnet werden (s. Abschn. 10.3.4).

Zerlegungssatz Jedes Polynom n-ten Grades mit $n \geq 1$ lässt sich als Produkt von n Linearfaktoren und dem Faktor a_0 darstellen.

$$P_n(z) = a_0 z^n + a_1 z^{n-1} + \ldots + a_{n-1} z + a_n$$
$$= a_0(z - z_1)(z - z_2)(z - z_3) \ldots (z - z_n).$$

Das System der Zahlen $z_1, z_2, z_3, \ldots, z_n$, die nicht notwendig voneinander verschieden sind, heißt ein vollständiges System von Nullstellen des Polynoms P_n.

Beispiel

Das Polynom $P_4(z) = (1/2)z^4 - (3/2)z^3 + 2z^2 - 4$ hat die vier Nullstellen $z_1 = -1, z_2 = 2, z_3 = 1 + i\sqrt{3}, z_4 = 1 - i\sqrt{3}$. Seine Produktdarstellung mit Linearfaktoren lautet demnach

$$P_4(z) = (1/2)(z + 1)(z - 2)[z - (1 + i\sqrt{3})]$$
$$\cdot [z - (1 - i\sqrt{3})]. \blacktriangleleft$$

Aus dem Zerlegungssatz folgt: Ein Polynom n-ten Grades hat höchstens n Nullstellen. Hat es mehr, so ist es das Nullpolynom.

Identitätssatz Zwei Polynome sind dann und nur dann identisch gleich, wenn ihre Koeffizienten gleich sind.

Vietasche Formeln (Wurzelsatz von Vieta)

Bilden $z_1, z_2, z_3, \ldots, z_n$ ein vollständiges System von Nullstellen, dann gilt nach dem Zerlegungssatz

$$a_0 z^n + a_1 z^{n-1} + \ldots + a_{n-1} z + a_n$$
$$\equiv a_0(z - z_1)(z - z_2) \ldots (z - z_n).$$

Hieraus ergeben sich durch Multiplikation der Linearfaktoren und Koeffizientenvergleich

$$a_0(z_1 + z_2 + z_3 + \ldots + z_{n-1} + z_n) = -a_1,$$
$$a_0(z_1 z_2 + z_1 z_3 + \ldots + z_1 z_n + z_2 z_3 + \ldots$$
$$+ z_{n-1} z_n) = a_2,$$
$$\vdots$$
$$a_0(z_1 z_2 z_3 \ldots z_n) = (-1)^n a_n.$$

Insbesondere gilt für ein Polynom 3. Grades

$$P_3(z) = a_0 z^3 + a_1 z^2 + a_2 z + a_3$$
$$= a_0(z - z_1)(z - z_2)(z - z_3),$$
$$a_0(z_1 + z_2 + z_3) = a_1,$$
$$a_0(z_1 z_2 + z_1 z_3 + z_2 z_3) = a_2,$$
$$a_0 z_1 z_2 z_3 = -a_3.$$

Rechnen mit Polynomen. Die Summe bzw. Differenz zweier Polynome $P_n(x)$ und $Q_m(x)$ vom Grad n und m ist wieder ein Polynom, dessen Grad höchstens $\max(n, m)$ ist. Ebenso ist ihr Produkt aus

$$P_n(x) = \sum_{i=0}^{n} a_i s^{n-i} \quad \text{und} \quad Q_m(x) = \sum_{j=0}^{m} b_j x^{m-j}$$

$$P_n(x) Q_m(x) = a_0 b_0 x^{n+m}$$
$$+ (a_0 b_1 + a_1 + a_1 b_0) x^{n+m-1}$$
$$+ \ldots + a_n b_m$$

ein Polynom vom Grad $n + m$. Ist P_n nicht das Nullpolynom, so kann der Quotient $Q_m(x)/P_n(x)$ gebildet werden. Er bestimmt eine rationale Funktion, die für alle reellen Zahlen x mit $P_n(x) \neq 0$ definiert ist. Sie heißt für $m < n$ echt gebrochen und für $m \geq n$ unecht gebrochen. Jede unechte gebrochene rationale Funktion lässt sich nach dem Divisionsalgorithmus für Polynome in eine Summe aus einer ganzen rationalen und einer echt gebrochenen rationalen Funktion zerlegen: $Q_m(x)/P_n(x) = R_{m-n}(x) + r(x)$, wobei die ganze rationale Funktion R_{m-n} vom Grad $m - n$ ist.

Beispiel

$Q_4(x) = 4x^4 + 2x^2 - x + 1$ und $P_2(x) = 2x^2 + 3$. Nach dem Divisionalgorithmus

$$
\begin{array}{l}
(4x^4 + 2x^2 - x + 1) : (2x^2 + 3) = 2x^2 - 2 \\
\underline{4x^4 + 6x^2} \\
\quad\; -4x^2 - x + 1 \\
\quad\; \underline{-4x^2 \qquad - 6} \\
\qquad\qquad -x + 7
\end{array}
$$

ergibt sich

$$\frac{Q_4(x)}{P_2(x)} = \frac{4x^2 + 2x^2 - x + 1}{2x^2 + 3}$$

$$= 2x^2 - 2 + \frac{-x + 7}{2x^2 + 3}. \quad \blacktriangleleft$$

2.3.3 Transzendente Gleichungen

Sie sind nicht algebraisch, wie

$$\sin^2 x - \cos x = 0 \quad \text{oder} \quad e^{2x} - x = 0.$$

Bis auf einige einfache Sonderfälle müssen ihre Lösungen mittels Näherungsverfahren bestimmt werden. Als Definitionsmenge der Gleichungen wird eine zulässige Teilmenge der reellen Zahlen zugrunde gelegt.

Goniometrische Gleichungen. Bei ihnen tritt die Variable x im Argument von trigonometrischen Funktionen oder deren Umkehrfunktionen auf.

Beispiel

$\cos(2x) - 3\sin x - 2 = 0$. Mit der Formel $\cos(2x) = 1 - 2\sin^2 x$ und der Substitution $z = \sin x$ ergibt sich die quadratische Gleichung für z zu $z^2 + 1{,}5z + 0{,}5 = 0$ mit der Lösungsformel $z = \sin x = -0{,}75 \pm 0{,}25$, also $\sin x = -1$ bzw. $x = -90° + n_1 \cdot 360°$ oder

$$\sin x = -0{,}5 \quad \text{bzw.} \quad x = \begin{cases} -30° + n_2 \cdot 360° \\ -150° + n_3 \cdot 360° \end{cases},$$

d. h.

$$x \in \{-30° + n_1 \cdot 360°; -90° + n_2 \cdot 360°;$$
$$- 150° + n_3 \cdot 360° \mid n_1, n_2, n_3 \in \mathbb{Z}\}. \quad \blacktriangleleft$$

Exponentialgleichungen. Hier tritt die Variable x mindestens einmal im Exponenten einer Potenz auf.

Beispiel

$5^x - 2 \cdot 5^{-x} - 1 = 0$. Die Substitution $z = 5^x$ führt auf die quadratische Gleichung $z^2 - z - 2 = 0$ mit den Lösungen $z = 5^x = 2$ oder $z = 5^x = -1$. Aus der ersten Gleichung folgt $x = \log_5 2 = \frac{\lg 2}{\lg 5} = 0{,}4307$. Wegen $5^x > 0$ für $x \in \mathbb{R}$ hat die zweite Gleichung keine reelle Lösung. $\blacktriangleleft$

Logarithmische Gleichungen. Die Variable x tritt hier im Argument eines Logarithmus auf.

Beispiel

$\lg(2x + 3) = \lg(x - 1) + 1$. Die Definitionsmenge der Gleichung ist durch $2x + 3 > 0$ und $x - 1 > 0$, d. h. $x > 1$, bestimmt. Aus der Gleichung folgt $\lg \frac{2x+3}{x-1} = 1$, also $(2x + 3)/(x - 1) = 10^1$ oder $x = 13/8$. $\blacktriangleleft$

Allgemeine Literatur

Bücher
Böhme, G.: Anwendungsorientierte Mathematik. Bd. 1: Algebra. 7. Auflage 1992, Springer.
Mangoldt, von; Knopp; Lösch: Höhere Mathematik. Bd. I: Zahlen, Funktionen; Grenzwerte; Analytische Geometrie, Algebra, Mengenlehre 17. Auflage 1990; Hirzel.
Pieper, H.: Komplexe Zahlen. 3. Auflage 1991, Dtsch. Verlag der Wissenschaften.

Normen und Richtlinien
DIN5473: Zeichen der Mengenlehre.
DIN5474: Zeichen der mathematischen Logik.
DIN5475: Komplexe Größen.

Lineare Algebra

3

Uller Jarecki

3.1 Vektoralgebra

3.1.1 Vektoren und ihre Eigenschaften

In der Physik und Technik treten häufig Größen auf, die als Vektoren bezeichnet und in unserem Anschauungsraum als gerichtete Strecken dargestellt werden. Hierzu gehören z. B. die Kraft, die Geschwindigkeit und die Feldstärke.

Eine gerichtete Strecke $\overrightarrow{AB}$ (Abb. 3.1a) ist ein geordnetes Punktepaar mit dem Anfangspunkt A und dem Endpunkt B. Ihre Länge wird mit $|\overrightarrow{AB}|$ bezeichnet. Die Zusammenfassung oder Klasse aller gerichteten Strecken, die durch eine Parallelverschiebung auseinander hervorgehen und somit die gleiche Länge und Richtung sowie den gleichen Richtungssinn haben, heißt Vektor und wird symbolisch durch a gekennzeichnet. Er wird durch einen Länge, Richtung und Richtungssinn bestimmenden Pfeil (Abb. 3.1b) dargestellt.

Wird im Raum ein Punkt O, der Bezugspunkt, ausgezeichnet, dann heißen die in O abgetrage-

nen Vektoren $\overrightarrow{OP} = a$ und $\overrightarrow{OQ} = b$ Ortsvektoren (Abb. 3.1c). Jedem Punkt des Raums kann damit umkehrbar eindeutig ein Vektor zugeordnet werden. Wenn $\overrightarrow{AB} = \overrightarrow{A'B'} = a$, dann ist $|a| = |\overrightarrow{AB}| = |\overrightarrow{A'B'}|$ die Länge, der Betrag oder die Norm des Vektors. Einheitsvektoren oder normierte Vektoren haben die Länge 1. Der Vektor mit der Länge 0 heißt Nullvektor **0**. Zu jedem Vektor a gibt es genau einen Vektor, der die gleiche Länge, die gleiche Richtung und den entgegengesetzten Richtungssinn hat. Er heißt entgegengesetzter Vektor $-a$ (Abb. 3.1d).

Addition und Subtraktion von Vektoren. Werden zwei Vektoren a und b so zusammengeheftet, dass der Endpunkt von a mit dem Anfangspunkt von b zusammenfällt, dann ist durch den Anfangspunkt von a und den Endpunkt von b eindeutig ein Vektor erklärt, der als Summe $a + b$ der beiden Vektoren a und b bezeichnet wird (Abb. 3.2a).

Die Differenz zweier Vektoren ist erklärt durch $b - a = b + (-a)$ (Abb. 3.2b). Sie kann auch durch die gerichtete Strecke dargestellt werden, deren Anfangspunkt mit dem Endpunkt

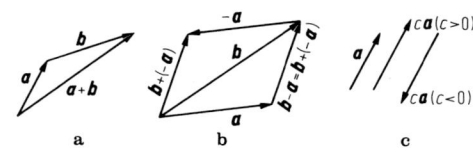

Abb. 3.1 Vektoren. **a** gerichtete Strecke $\overrightarrow{AB}$; **b** $\overrightarrow{A'B'} = a$; **c** Ortsvektoren; **d** entgegengesetzter Vektor

U. Jarecki (✉)
Berlin, Deutschland

Abb. 3.2 **a** Summe $a + b$; **b** Differenz $b - a = b + (-a)$; **c** Produkt ca

© Springer-Verlag GmbH Deutschland, ein Teil von Springer Nature 2020
B. Bender und D. Göhlich (Hrsg.), *Dubbel Taschenbuch für den Maschinenbau 1: Grundlagen und Tabellen*,
https://doi.org/10.1007/978-3-662-59711-8_3

von a und deren Endpunkt mit dem Endpunkt von b zusammenfällt, wenn a und b mit ihren Anfangspunkten zusammengeheftet sind. Diese Differenzbildung heißt Subtraktion.

Multiplikation eines Vektors mit einer reellen Zahl (Abb. 3.2c). Das Produkt eines Vektors a mit einer reellen Zahl c ist ein Vektor $ca = ac$. Seine Länge ist das $|c|$-fache von $|a|$, d. h. $|ca| = |c||a|$, und seine Richtung stimmt mit der von a überein. Der Richtungssinn von ca ist für $c > 0$ dem von a gleich und für $c < 0$ entgegengesetzt. Ist $c = 0$ oder $a = 0$, dann ist ca der Nullvektor, d. h. $0 \cdot a = c \cdot 0 = 0$. Ist $a \neq 0$, dann ist der Vektor

$$\frac{1}{|a|}a = \frac{a}{|a|} = a^0 \quad \text{wegen} \quad \left|\frac{a}{|a|}\right| = \frac{|a|}{|a|} = 1$$

ein Einheits- oder normierter Vektor.

Vektoreigenschaften. Für die Verknüpfungen „Addition zweier Vektoren" und „Multiplikation eines Vektors mit einer Zahl" gelten die Eigenschaften (Abb. 3.3a,b)

$$a + b = b + a, \quad 1 \cdot a = a,$$
$$a + (b + c) = (a + b) + c, \quad \alpha(\beta a) = (\alpha\beta)a,$$
$$a + 0 = a, \quad \alpha(a + b) = \alpha a + \alpha b,$$
$$a + (-a) = 0, \quad (\alpha + \beta)a = \alpha a + \beta a.$$

Die griechischen Buchstaben kennzeichnen hierbei die Zahlenvariablen.

Hieraus folgen alle weiteren Vektoreigenschaften wie

$$(-1) \cdot a = -a, \quad -(-a) = a,$$
$$-(a - b - c) = -a + b + c,$$
$$a + x = b \quad \text{genau dann, wenn} \quad x = b - a.$$

Für die Norm (Betrag, Länge) eines Vektors gilt

$$|a| \geqq 0 \quad \text{und} \quad |a| = 0$$
$$\text{genau dann, wenn} \quad a = 0;$$
$$|\alpha a| = |\alpha||a|;$$
$$||a| - |b|| \leq |a + b| \leq |a| + |b|$$
(Dreiecksungleichung).

3.1.2 Lineare Abhängigkeit und Basis

Zwei Vektoren a und b heißen linear abhängig oder kollinear (Abb. 3.4a), wenn es zwei Zahlen α und β gibt, mit denen

$$\alpha a + \beta b = 0 \quad \text{und} \quad \alpha^2 + \beta^2 > 0$$

gilt. Dies bedeutet anschaulich, dass a und b die gleiche Richtung haben oder – falls sie in einem Punkt zusammengeheftet sind – auf einer Geraden liegen.

Zwei nicht linear abhängige Vektoren a und b heißen linear unabhängig. Werden sie in einem Punkt P zusammengeheftet, dann spannen sie ein Parallelogramm auf (Abb. 3.4b), und die Gleichung $\alpha a + \beta b = 0$ ist nur dann erfüllt, wenn $\alpha = 0$ und $\beta = 0$.

Beispiel

Beweis eines Satzes, nach dem sich die Diagonalen eines Parallelogramms gegenseitig halbieren. – Nach Abb. 3.5 gilt $\lambda(a + b) = a + \mu(b - a)$ oder $(\lambda + \mu - 1)a + (\lambda - \mu)b = 0$. Da a und b linear unabhängig sind, folgen $\lambda + \mu - 1 = 0$ und $\lambda - \mu = 0$ oder $\lambda = \mu = 1/2$. Die Diagonalen halbieren einander also. ◄

Allgemein heißen n Vektoren $a_1, a_2, \ldots, a_n$ linear abhängig, wenn es n Zahlen $\alpha_1, \alpha_2, \ldots, \alpha_n$

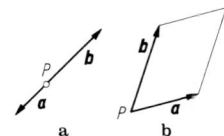

Abb. 3.4 a kollineare Vektoren; **b** nichtkollineare Vektoren

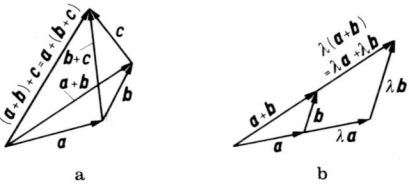

Abb. 3.3 a Assoziativ-Gesetz; **b** Distributiv-Gesetz

Abb. 3.5 Parallelogramm-Satz (Beispiel)

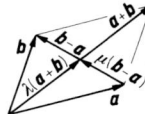

gibt, sodass $\alpha_1 a_1 + \alpha_2 a_2 + \ldots + \alpha_n a_n = 0$ und $\alpha_1^2 + \alpha_2^2 + \ldots + \alpha_n^2 > 0$, sonst heißen sie linear unabhängig.

Drei linear abhängige Vektoren heißen komplanar. Werden sie in einem Punkt des Raumes zusammengeheftet, dann liegen sie in einer Ebene.

Im Raum (Abb. 3.6) gibt es stets drei nichtkomplanare oder linear unabhängige Vektoren a, b, c, die – von einem Punkt aus abgetragen – einen Spat (Parallelepiped) aufspannen. Jeder Vektor x des Raums lässt sich dann eindeutig als Linearkombination dieser Vektoren darstellen, d. h., es gibt genau ein geordnetes Zahlentripel α, β, γ, sodass

$$x = \alpha a + \beta b + \gamma c$$

gilt. Mehr als drei Vektoren im Raum sind linear abhängig. Drei linear unabhängige Vektoren a, b, c des Raums heißen Basisvektoren, und ihre Gesamtheit wird als Basis bezeichnet. In der Darstellung des Vektors x durch die Basisvektoren a, b, c heißen α, β, γ die Koordinaten und $\alpha a, \beta b, \gamma c$ die Komponenten von x in Bezug zur Basis a, b, c.

Eine Basis mit den Vektoren a, b, c ist ein Rechtssystem oder ist rechtsorientiert, wenn die Vektoren in der angegebenen Reihenfolge dem gespreizten Daumen, Zeigefinger und Mittelfinger der rechten Hand zugeordnet werden können, wie dies bei a, b und c auf Abb. 3.6a der Fall ist. Anderenfalls ist sie ein Linkssystem. Sind die Basisvektoren normiert (Länge 1) und orthogonal

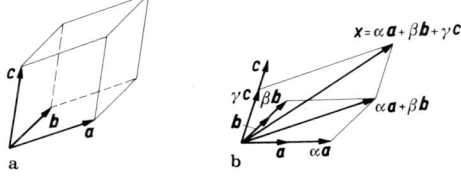

Abb. 3.6 a nichtkomplanare Vektoren; **b** Zerlegung in Komponenten

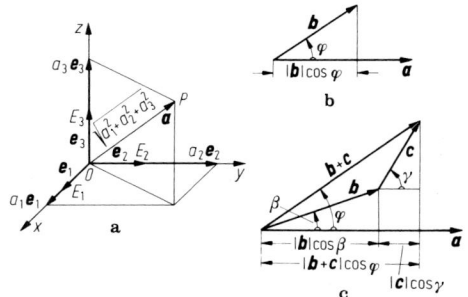

Abb. 3.7 a kartesisches Koordinatensystem; **b** skalares Produkt; **c** Projektionssatz

(senkrecht) zueinander, dann heißen sie bzw. ihre Basis orthonormiert.

3.1.3 Koordinatendarstellung von Vektoren

In den Anwendungen werden rechtsorientierte und orthonormierte Basen bevorzugt, deren Basisvektoren gewöhnlich mit i, j, k oder e_1, e_2, e_3 bezeichnet werden. Ein räumliches kartesisches Koordinaten-System $(0; e_1, e_2, e_3)$ ist durch eine solche Basis und den Anfangspunkt O festgelegt (Abb. 3.7a). Die Endpunkte E_1, E_2, E_3 der Ortsvektoren $\overrightarrow{OE}_1 = e_1, \overrightarrow{OE}_2 = e_2, \overrightarrow{OE}_3 = e_3$ heißen Einheits-Punkte auf den Koordinatenachsen.

Jeder Vektor a bzw. jeder Ortsvektor $\overrightarrow{OP} = a$ mit dem Endpunkt P (Abb. 3.7a) lässt sich eindeutig als Linearkombination der Basisvektoren darstellen.

$$a = a_1 e_1 + a_2 e_2 + a_3 e_3 = \sum_{i=1}^{3} a_i e_i$$
$$= (a_1, a_2, a_3).$$

Die Zahlen a_1, a_2, a_3 heißen Koordinaten des Vektors a bzw. des Punktes P bezüglich $(0; e_1, e_2, e_3)$. Bei vorgegebener Basis und vorgegebenem Koordinatenursprung ist jeder Vektor und jeder Ortsvektor (Punkt) umkehrbar eindeutig durch ein geordnetes Zahlentripel, das gewöhnlich als Spalte bzw. Zeile geschrieben und als Spalten- oder Zeilenvektor bezeichnet wird, darstellbar. Letztere werden hier wegen der Platzersparnis bevorzugt.

Der Nullvektor $\mathbf{0}$ und die Basisvektoren e_1, e_2, e_3 haben die Darstellungen

$$\mathbf{0} = (0, 0, 0); \quad e_1 = (1, 0, 0);$$
$$e_2 = (0, 1, 0); \quad e_3 = (0, 0, 1).$$

Für das Rechnen mit Zeilenvektoren gelten die Definitionen

- Gleichheit zweier Vektoren:

  $(a_1, a_2, a_3) = (b_1, b_2, b_3)$ genau dann, wenn $a_i = b_i$ $(i = 1, 2, 3)$;

- entgegengesetzter Vektor:

  $$-(a_1, a_2, a_3) = (-a_1, -a_2, -a_3);$$

- Summe zweier Vektoren:

  $$(a_1, a_2, a_3) + (b_1, b_2, b_3)$$
  $$= (a_1 + b_1, a_2 + b_2, a_3 + b_3);$$

- Produkt eines Vektors mit einer Zahl:

  $$\lambda(a_1, a_2, a_3) = (\lambda a_1, \lambda a_2, \lambda a_3).$$

Bei einer orthonormierten Basis hat nach dem pythagoreischen Lehrsatz der Vektor

$$a = a_1 e_1 + a_2 e_2 + a_3 e_3$$

die Länge

$$|a| = \sqrt{a_1^2 + a_2^2 + a_3^2}.$$

3.1.4 Inneres oder skalares Produkt

Das innere Produkt $a \cdot b = ab = (a, b)$ zweier Vektoren a und b ist eine Zahl, die für $a = \mathbf{0}$ oder $b = \mathbf{0}$ Null ist oder die, falls keiner der Vektoren der Nullvektor ist, definiert ist durch

$$a \cdot b = |a||b| \cos \varphi \quad \text{und} \quad 0 \leqq \varphi \leqq \pi,$$

wobei ϕ der von a und b eingeschlossene Winkel ist, wenn beide Vektoren in einem Punkt zusammengeheftet sind (Abb. 3.7b). $|b| \cos \varphi$ heißt die Projektion von b auf a. Eigenschaften des inneren Produkts sind:

- Kommutativität

  $$a \cdot b = b \cdot a,$$

- Assoziativität bezüglich der Multiplikation mit einer Zahl

  $$(\alpha a) \cdot b = \alpha(a \cdot b),$$

- Distributivität

  $$a \cdot (b + c) = a \cdot b + a \cdot c.$$

Die Distributivität folgt aus dem Projektionssatz (Abb. 3.7c), wonach die Projektion der Summe $b + c$ auf a gleich der Summe aus der Projektion von b auf a und der von c auf a ist.

Für $b = a$ $(\phi = 0)$ gilt $a \cdot a = a^2$ oder $|a| = \sqrt{a \cdot a} = \sqrt{a^2}$. Ein Vektor e hat also genau dann die Länge 1, wenn $e \cdot e = e^2 = 1$. Zwei vom Nullvektor verschiedene Vektoren a und b sind genau dann orthogonal, wenn für sie die Orthogonalitätsbedingung $a \cdot b = 0$ gilt.

Demnach gelten für die drei orthonormierten Basisvektoren eines kartesischen Koordinaten-Systems

$$e_1 \cdot e_1 = e_2 \cdot e_2 = e_3 \cdot e_3 = 1 \quad \text{und}$$
$$e_1 \cdot e_2 = e_2 \cdot e_3 = e_3 \cdot e_1 = 0$$

oder kürzer mit dem Kronecker-Symbol δ_{ij}

$$e_i \cdot e_j = \delta_{ij} = \begin{cases} 1 & \text{für } i = j \\ 0 & \text{für } i \neq j \end{cases} \quad (i, j = 1, 2, 3).$$

Für $a = (a_1, a_2, a_3)$ und $b = (b_1, b_2, b_3)$ gilt dann

$$a \cdot b = |a||b| \cos \varphi = a_1 b_1 + a_2 b_2 + a_3 b_2.$$

Für den Betrag von a und für den von b eingeschlossenen Winkel φ folgen hieraus

$$|a| = \sqrt{a^2} = \sqrt{a_1^2 + a_2^2 + a_3^2} \quad \text{und}$$

$$\cos\varphi = \frac{a \cdot b}{|a||b|}$$
$$= \frac{a_1 b_1 + a_2 b_2 + a_3 b_3}{\sqrt{a_1^2 + a_2^2 + a_3^2}\sqrt{b_1^2 + b_2^2 + b_3^2}}.$$

Die Richtungskosinusse eines Vektors a, der mit dem Basisvektor e_i den Winkel α_i einschließt, sind

$$\cos\alpha_i = \frac{a \cdot e_i}{|a|} = \frac{a}{|a|} \cdot e_i = a^0 \cdot e_i$$
$$= \frac{a_i}{\sqrt{a_1^2 + a_2^2 + a_3^2}} \quad (i = 1, 2, 3).$$

3.1.5 Äußeres oder vektorielles Produkt

Das äußere Produkt $a \times b$ zweier Vektoren a und b (Abb. 3.8) ist ein Vektor, für den Länge, Richtung und Richtungssinn wie folgt erklärt sind:

$$|a \times b| = |a||b|\sin\varphi \quad (0 \le \varphi \le \pi),$$

das ist der Inhalt der von a und b aufgespannten Parallelogrammfläche, $a \times b$ steht senkrecht auf a und b; die Vektoren $a, b, a \times b$ bilden in dieser Reihenfolge ein Rechtssystem.

Aus dieser Definition ergeben sich die Eigenschaften des äußeren Produkts:

- Antikommutativität

$$a \times b = -(b \times a),$$

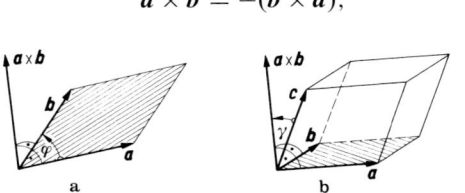

Abb. 3.8 **a** äußeres Produkt $a \times b$; **b** Spatprodukt (a, b, c)

- Assoziativität bezüglich der Multiplikation mit einer Zahl

$$\lambda(a \times b) = (\lambda a) \times b,$$

- Distributivität

$$a \times (b + c) = a \times b + a \times c.$$

Zwei Vektoren $a \ne 0$ und $b \ne 0$ sind genau dann linear abhängig oder kollinear, wenn $a \times b = 0$. Für die rechtsorientierten und orthonormierten Basisvektoren e_1, e_2, e_3 gelten:

$$e_1 \times e_2 = e_3, \quad e_3 \times e_1 = e_2, \quad e_2 \times e_3 = e_1.$$

Mit $a = a_1 e_1 + a_2 e_2 + a_3 e_3$ und $b = b_1 e_1 + b_2 e_2 + b_3 e_3$ wird dann

$$a \times b = (a_2 b_3 - a_3 b_2)e_1 + (a_3 b_1 - a_1 b_3)e_2$$
$$+ (a_1 b_2 - a_2 b_1)e_3$$
$$= \begin{vmatrix} a_2 & a_3 \\ b_2 & b_3 \end{vmatrix}e_1 + \begin{vmatrix} a_3 & a_1 \\ b_3 & b_1 \end{vmatrix}e_2$$
$$+ \begin{vmatrix} a_1 & a_2 \\ b_1 & b_2 \end{vmatrix}e_3$$
$$= \begin{vmatrix} e_1 & e_2 & e_3 \\ a_1 & a_2 & a_3 \\ b_1 & b_2 & b_3 \end{vmatrix}.$$

3.1.6 Spatprodukt

Das Spatprodukt (a, b, c) dreier Vektoren a, b, c ist definiert durch

$$(a, b, c) = (a \times b)c.$$

Es stellt geometrisch das (orientierte) Volumen V eines Spates oder Parallelepipeds dar, das von den drei Vektoren a, b, c aufgespannt wird (Abb. 3.8). Es ist

$$V = |a \times b||c|\cos\gamma = (a \times b)c = (a, b, c).$$

Die möglichen sechs Produkte der Vektoren a, b, c unterscheiden sich höchstens im Vorzeichen. Sind die Vektoren des Produkts (a, b, c)

in der Reihenfolge des Produkts rechtsorientiert (Abb. 3.8b), also $\cos \gamma > 0$, dann ist $(a, b, c) > 0$, anderenfalls ($\cos \gamma < 0$) ist $(a, b, c) < 0$. Für komplanare Vektoren a, b, c ist $\cos \gamma = 0$, und es gilt: Drei Vektoren a, b, c sind genau dann linear abhängig oder komplanar, wenn $(a, b, c) = 0$.

Eigenschaften des Spatprodukts:

$$(a, b, c) = (c, a, b) = (b, c, a)$$
$$= -(b, a, c) = -(c, b, a) = -(a, c, b),$$
$$(\lambda a, b, c) = \lambda(a, b, c),$$
$$(a + b, c, d) = (a, c, d) + (b, c, d).$$

Für die rechtsorientierten und orthonormierten Basisvektoren gilt $(e_1, e_2, e_3) = 1$.

Für $a = (a_1, a_2, a_3)$, $b = (b_1, b_2, b_3)$, $c = (c_1, c_2, c_3)$ gilt

$$(a, b, c) = \begin{vmatrix} a_1 & a_2 & a_3 \\ b_1 & b_2 & b_3 \\ c_1 & c_2 & c_3 \end{vmatrix}.$$

3.1.7 Entwicklungssatz und mehrfache Produkte

Der Vektor $a \times (b \times c)$ steht senkrecht (orthogonal) auf a und $b \times c$, er ist somit komplanar mit den Vektoren b und c. Nach dem Entwicklungssatz gilt

$$a \times (b \times c) = (a \cdot c)b - (a \cdot b)c.$$

Hiermit ist es möglich, mehrfache Produkte auf einfache zurückzuführen, z. B.

$$(a \times b) \times (c \times d) = (a, c, d)b - (b, c, d)a$$
$$= (a, b, d)c - (a, b, c)d.$$

Hieraus folgt weiter die Identität für vier Vektoren a, b, c, d.

$$(a, b, c)d - (a, b, d)c + (a, c, d)b - (b, c, d)a$$
$$= 0.$$

Ist $(a, b, c) \neq 0$, sind also a, b, c nicht komplanar, so gilt für jeden Vektor d die Darstellung

$$d = \frac{(d, b, c)}{(a, b, c)}a + \frac{(a, d, c)}{(a, b, c)}b + \frac{(a, b, d)}{(a, b, c)}c.$$

Es gelten ferner die Identitäten

$$(a \times b)(c \times d) = (a \cdot c)(b \cdot d)$$
$$- (a \cdot d)(b \cdot c) \quad \text{(Laplace)},$$
$$(a \times b)^2 = a^2 b^2 - (ab)^2 \quad \text{(Lagrange)}.$$

3.2 Der reelle n-dimensionale Vektorraum $\mathbb{R}^n$

Zugrunde gelegt wird die Menge $\mathbb{R} \times \mathbb{R} \times \ldots \times \mathbb{R} = \mathbb{R}^n$, d. h. die Menge aller geordneten n-Tupel reeller Zahlen. Die n-Tupel werden als Spalten geschrieben und kurz dargestellt durch

$$a = \begin{pmatrix} a_1 \\ a_2 \\ \vdots \\ a_n \end{pmatrix} \quad \begin{matrix} \text{mit } a_i \in \mathbb{R} \quad (i = 1, 2, \ldots, n) \\ \text{und } a \in \mathbb{R}^n. \end{matrix}$$

Die reellen Zahlen a_i $(i = 1, 2, \ldots, n)$ heißen Koordinaten von a. Zwei Elemente $a \in \mathbb{R}^n$ und $b \in \mathbb{R}^n$ heißen gleich, $a = b$, wenn ihre Koordinaten gleich sind;

Addition und Multiplikation mit einer reellen Zahl sind in der Menge $\mathbb{R}^n$ definiert durch

$$a + b = \begin{pmatrix} a_1 \\ a_2 \\ \vdots \\ a_n \end{pmatrix} + \begin{pmatrix} b_1 \\ b_2 \\ \vdots \\ b_n \end{pmatrix}$$
$$= \begin{pmatrix} a_1 + b_1 \\ a_2 + b_2 \\ \vdots \\ a_n + b_n \end{pmatrix} \in \mathbb{R}^n,$$

$$\lambda a = \lambda \begin{pmatrix} a_1 \\ a_2 \\ \vdots \\ a_n \end{pmatrix} = \begin{pmatrix} \lambda a_1 \\ \lambda a_2 \\ \vdots \\ \lambda a_n \end{pmatrix} \in \mathbb{R}^n.$$

Die Menge $\mathbb{R}^n$ heißt n-dimensionaler Vektorraum und ihre Elemente Vektoren. Es gilt

$$a + b = b + a, \quad a + (b + c) = (a + b) + c,$$
$$1 \cdot a = a, \quad \lambda(\mu a) = (\lambda \mu) a,$$
$$\lambda(a + b) = \lambda a + \lambda b, \quad (\lambda + \mu)a = \lambda a + \mu a.$$

Zu jedem $a \in \mathbb{R}^n$ und zu jedem $b \in \mathbb{R}^n$ gibt es genau ein $x \in \mathbb{R}^n$, sodass $a + x = b$ gilt. Dieser Vektor x, der zu a addiert b ergibt, wird durch $x = b - a$ gekennzeichnet und heißt Differenz von b und a.

Nullvektor und entgegengesetzte Vektoren sind

$$0 = \begin{pmatrix} 0 \\ 0 \\ \vdots \\ 0 \end{pmatrix} \quad \text{und}$$

$$a = \begin{pmatrix} a_1 \\ a_2 \\ \vdots \\ a_n \end{pmatrix}, \quad -a = \begin{pmatrix} -a_1 \\ -a_2 \\ \vdots \\ -a_n \end{pmatrix}.$$

Es gilt $a + 0 = a$, $a + (-a) = 0$, $b + (-a) = b - a$.

Bei Koordinateneinheitsvektoren ist eine Koordinate 1, und alle übrigen sind 0, also

$$e_1 = \begin{pmatrix} 1 \\ 0 \\ 0 \\ \vdots \\ 0 \end{pmatrix}, e_2 = \begin{pmatrix} 0 \\ 1 \\ 0 \\ \vdots \\ 0 \end{pmatrix}, \ldots, e_n = \begin{pmatrix} 0 \\ 0 \\ \vdots \\ 0 \\ 1 \end{pmatrix}.$$

Sind $a_1, a_2, \ldots, a_m$ m Vektoren und $\lambda_1, \lambda_2, \ldots, \lambda_m$ m reelle Zahlen, dann heißt die Summe $\lambda_1 a_1 + \lambda_2 a_2 + \ldots + \lambda_m a_m$ eine Linearkombination der Vektoren $a_1, a_2, \ldots, a_m$. Die Vektoren $a_1, a_2, \ldots, a_m$ heißen linear abhängig, wenn es Zahlen $\alpha_1, \alpha_2, \ldots, \alpha_m$ gibt, sodass

$$\alpha_1 a_1 + \alpha_2 a_2 + \ldots + \alpha_m a_m = 0 \quad \text{und}$$
$$\alpha_1^2 + \alpha_2^2 + \ldots + \alpha_m^2 > 0$$

gilt. Anderenfalls heißen sie linear unabhängig.

Beispiel

Die drei Vektoren des $\mathbb{R}^3$

$$a_1 = \begin{pmatrix} -3 \\ 1 \\ -1 \end{pmatrix}, a_2 = \begin{pmatrix} 2 \\ -1 \\ 1 \end{pmatrix}, a_3 = \begin{pmatrix} 0 \\ -1 \\ 1 \end{pmatrix}$$

sind linear abhängig, denn es gilt $2a_1 + 3a_2 + (-1)a_3 = 0$ und $2^2 + 3^2 + (-1)^2 > 0$. ◄

3.2.1 Der reelle Euklidische Raum

Skalares oder inneres Produkt. Für zwei Vektoren a und b ist es erklärt durch

$$a \cdot b = ab = a_1 b_1 + a_2 b_2 + \ldots + a_n b_n$$
$$= \sum_{i=1}^{n} a_i b_i \in \mathbb{R}.$$

Es hat die Eigenschaften $ab = ba$, $(\lambda a)b = \lambda(ab)$, $a(b + c) = ab + ac$. Der Vektorraum $\mathbb{R}^n$ mit diesem Skalarprodukt heißt reeller Euklidischer Raum. Zwei Vektoren a, b heißen orthogonal, wenn $ab = 0$ ist.

Norm oder absoluter Betrag von a heißt die reelle Zahl

$$\|a\| = \sqrt{a \cdot a} = \sqrt{a_1^2 + a_2^2 + \ldots + a_n^2}$$
$$= \sqrt{\sum_{i=1}^{n} a_i^2}.$$

Eigenschaften der Norm:

$$\|a\| \geqq 0 \quad \text{und} \quad \|a\| = 0 \quad \text{genau dann, wenn}$$
$$a = 0;$$
$$\|\lambda a\| = |\lambda| \|a\| \quad (\lambda \in \mathbb{R});$$
$$\|\|b\| - \|a\|\| \leqq \|a + b\| \leqq \|a\| + \|b\|$$
(Dreiecksungleichung).

Für beliebige Vektoren $a, b \in \mathbb{R}^n$ gilt die *Ungleichung von Cauchy-Schwarz:* $|ab| \leqq \|a\| \|b\|$.

Normierte Vektoren. Sie haben die Norm 1. Orthonormierte Vektoren sind normiert und orthogonal. Die Koordinateneinheitsvektoren e_i sind orthonormiert, und es gilt

$$e_i e_j = \delta_{ij} = \begin{cases} 1 & \text{für } i = j, \\ 0 & \text{für } i \neq j. \end{cases}$$

3.2.2 Determinanten

Sind

$$a_1 = \begin{pmatrix} a_{11} \\ a_{21} \\ a_{31} \\ \vdots \\ a_{n1} \end{pmatrix}, \quad a_2 = \begin{pmatrix} a_{12} \\ a_{22} \\ a_{32} \\ \vdots \\ a_{n2} \end{pmatrix}, \quad \ldots,$$

$$a_n = \begin{pmatrix} a_{1n} \\ a_{2n} \\ a_{3n} \\ \vdots \\ a_{nn} \end{pmatrix}$$

n Vektoren des $\mathbb{R}^n$, so ordnet die Determinante n-ter Ordnung

$$\text{Det}(a_1, a_2, \ldots, a_n)$$

$$= \begin{vmatrix} a_{11} & a_{12} & a_{13} & \ldots & a_{1n} \\ a_{21} & a_{22} & a_{23} & \ldots & a_{2n} \\ a_{31} & a_{32} & a_{33} & \ldots & a_{3n} \\ \vdots & \vdots & \vdots & & \vdots \\ a_{n1} & a_{n2} & a_{n3} & \ldots & a_{nn} \end{vmatrix} = |a_{ij}|_n$$

den n Vektoren $a_1, a_2, \ldots, a_n$ genau eine reelle Zahl zu, wobei die folgenden Eigenschaften gelten:

1. $\text{Det}(a_1, \ldots, \lambda a_k, \ldots, a_n)$
   $= \lambda \text{Det}(a_1, \ldots, a_k, \ldots, a_n),$

2. $\text{Det}(a_1, \ldots, a_{k-1}, b + c, a_{k+1}, \ldots, a_n)$
   $= \text{Det}(a_1, \ldots, a_{k-1}, b, a_{k+1}, \ldots, a_n)$
   $+ \text{Det}(a_1, \ldots, a_{k-1}, c, a_{k+1}, \ldots, a_n),$

3. $\text{Det}(\ldots, a_{i-1}, a_i, a_{i+1}, \ldots, a_{j-1}, a_j,$
   $\quad a_{j+1}, \ldots)$
   $= -\text{Det}(\ldots, a_{i-1}, a_j, a_{i+1}, \ldots, a_{j-1}, a_i,$
   $\quad a_{j+1}, \ldots)$ und

4. $\text{Det}(e_1, e_2, \ldots, e_n) = 1.$

Hiermit ist eine Determinante n-ter Ordnung eindeutig bestimmt. Ihre wichtigsten Eigenschaften sind:

- Haben die Elemente einer Spalte einen gemeinsamen Faktor, so darf er vor das Determinantenzeichen gezogen werden (Homogenität).
- Besteht eine Spalte aus der Koordinatensumme zweier Vektoren, so lässt sich die Determinante in eine Summe aus zwei Determinanten zerlegen, von denen jede an Stelle der Koordinatensumme jeweils die Koordinaten eines Vektors enthält (Additivität).
- Beim Tausch zweier Spalten kehrt sich das Vorzeichen der Determinante um (Antisymmetrie).
- Die Determinante aus den Koordinateneinheitsvektoren ist 1.
- Sind zwei Spalten gleich, dann ist die Determinante 0.
- Sind alle Elemente einer Spalte 0, so ist die Determinante 0.
- Wird zu einer Spalte ein Vielfaches einer anderen Spalte addiert, so ändert sich der Wert der Determinante nicht.
- Werden alle Spalten mit den entsprechenden Zeilen vertauscht, so ändert sich der Wert der Determinante nicht.

Wegen der letzten Eigenschaft können alle für die Spalten gültigen Regeln auf die Zeilen übertragen werden. Dem Tausch der Spalten mit den Zeilen entspricht ein Spiegeln (Stürzen) der Elemente an der Hauptdiagonale.

Determinantenberechnung

Determinante 2. Ordnung. Mit $\boldsymbol{a}_1 = \begin{pmatrix} a_{11} \\ a_{21} \end{pmatrix} = a_{11}\boldsymbol{e}_1 + a_{21}\boldsymbol{e}_2$ und $\boldsymbol{a}_2 = \begin{pmatrix} a_{12} \\ a_{22} \end{pmatrix} = a_{12}\boldsymbol{e}_1 + a_{22}\boldsymbol{e}_2$ ergibt sich

$$
\begin{aligned}
&\mathrm{Det}(\boldsymbol{a}_1, \boldsymbol{a}_2) \\
&= \mathrm{Det}(a_{11}\boldsymbol{e}_1 + a_{21}\boldsymbol{e}_2, \boldsymbol{a}_2) \\
&= a_{11}\mathrm{Det}(\boldsymbol{e}_1, a_{12}\boldsymbol{e}_1 + a_{22}\boldsymbol{e}_2) \\
&\quad + a_{21}\mathrm{Det}(\boldsymbol{e}_2, a_{12}\boldsymbol{e}_1 + a_{22}\boldsymbol{e}_2) \\
&= a_{11}a_{12}\mathrm{Det}(\boldsymbol{e}_1, \boldsymbol{e}_1) + a_{11}a_{22}\mathrm{Det}(\boldsymbol{e}_1, \boldsymbol{e}_2) \\
&\quad + a_{21}a_{12}\mathrm{Det}(\boldsymbol{e}_2, \boldsymbol{e}_1) + a_{21}a_{22}\mathrm{Det}(\boldsymbol{e}_2, \boldsymbol{e}_2) \\
&= (a_{11}a_{22} - a_{21}a_{12})\mathrm{Det}(\boldsymbol{e}_1, \boldsymbol{e}_2) \\
&= a_{11}a_{22} - a_{21}a_{12},
\end{aligned}
$$

d. h. $\begin{vmatrix} a_{11} & a_{12} \\ a_{21} & a_{22} \end{vmatrix} = a_{11}a_{22} - a_{12}a_{21}.$

Determinante 3. Ordnung. Eine entsprechende Rechnung ergibt

$$
\begin{vmatrix} a_{11} & a_{12} & a_{13} \\ a_{21} & a_{22} & a_{23} \\ a_{31} & a_{32} & a_{33} \end{vmatrix}
$$

$$
= \begin{array}{l} a_{11}\,a_{22}\,a_{33} + a_{12}\,a_{23}\,a_{31} + a_{13}\,a_{21}\,a_{32} \\ -a_{13}\,a_{22}\,a_{31} - a_{11}\,a_{23}\,a_{32} - a_{12}\,a_{21}\,a_{33} \end{array}.
$$

Eine Determinante 3. Ordnung, aber auch nur sie, kann mit Hilfe der Regel von Sarrus, die durch das folgende Schema gekennzeichnet ist, berechnet werden.

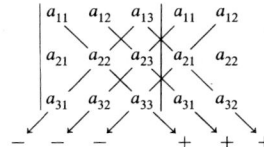

Entwicklungssatz von Laplace. Werden in der Determinante

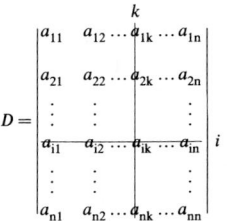

wie angedeutet, die i-te Zeile und die k-te Spalte gestrichen, so wird die Determinante $(n$-$1)$-ter Ordnung aus den restlichen Elementen als Unterdeterminante D_{ik} bezeichnet. Der Ausdruck $A_{ik} = (-1)^{i+k} D_{ik}$ heißt dann adjungierte Unterdeterminante oder Adjunkte des Elements a_{ik}. Damit lautet der Entwicklungssatz

$$
\begin{aligned}
D &= a_{1k}A_{1k} + a_{2k}A_{2k} + \ldots + a_{nk}A_{nk}, \\
&\quad k = 1, 2, 3, \ldots, n.
\end{aligned}
$$

Dies wird als Entwicklung der Determinante nach den Elementen der k-ten Spalte bezeichnet.

Werden die Elemente einer Spalte mit den Adjunkten der Elemente einer anderen Spalte multipliziert, z. B. die Elemente der i-ten Spalte mit den Adjunkten der Elemente der k-ten Spalte, dann gilt für die Summe dieser Produkte

$$
\begin{aligned}
&a_{1i}A_{1k} + a_{2i}A_{2k} + a_{3i}A_{3k} + \ldots + a_{ni}A_{nk} \\
&= \sum_{l=1}^{n} a_{\mathrm{li}}A_{lk} = 0 \quad \text{für } i \neq k,
\end{aligned}
$$

da die zugehörige Determinante zwei gleiche Spalten enthält.

Allgemein lautet der Entwicklungssatz für die Spalten bzw. Zeilen

$$
\sum_{l=1}^{n} a_{\mathrm{li}}A_{lk} = D\delta_{ik} \quad \text{bzw.} \quad \sum_{l=1}^{n} a_{il}A_{\mathrm{kl}} = d\delta_{ik}
$$

mit $\delta_{ik} = \begin{cases} 1 & \text{für } i = k \\ 0 & \text{für } i \neq k \end{cases} \quad i, k = 1, 2, \ldots, n.$

Beispiel

Entwicklung einer Determinante 3. Ordnung nach den Elementen der 2. Spalte.

$$\begin{vmatrix} 1 & -2 & 2 \\ -1 & 0 & -2 \\ 2 & 3 & 1 \end{vmatrix} = -(-2)\begin{vmatrix} -1 & -2 \\ 2 & 1 \end{vmatrix}$$

$$+ 0 \begin{vmatrix} 1 & 2 \\ 2 & 1 \end{vmatrix}$$

$$- 3 \begin{vmatrix} 1 & 2 \\ -1 & -2 \end{vmatrix} = 6 \blacktriangleleft$$

Mehrfache Anwendung des Entwicklungssatzes auf Determinanten mit oberer (unterer) Dreiecksform ergibt

$$\begin{vmatrix} a_{11} & a_{12} & a_{13} & \dots & a_{1n} \\ 0 & a_{22} & a_{23} & \dots & a_{2n} \\ 0 & 0 & a_{33} & \dots & a_{3n} \\ & & & \ddots & \vdots \\ & 0 & & & a_{nn} \end{vmatrix}$$

$$= a_{11}a_{22}a_{33}\dots a_{nn}.$$

Jede Determinante kann auf eine solche Form gebracht werden mit Hilfe der „elementaren Umformungen": Tausch zweier Zeilen (Spalten), Addition eines Vielfachen einer Zeile (Spalte) zu einer anderen Zeile (Spalte).

Beispiel

$$\begin{vmatrix} -1 & -2 & \\ -2 & 0 & 1 \\ -1 & 3 & -4 \end{vmatrix}$$

1. Umformung

$$= \begin{vmatrix} 1 & -1 & -2 \\ 0 & -2 & -3 \\ 0 & 2 & -6 \end{vmatrix}$$

2. Umformung

$$= \begin{vmatrix} 1 & -1 & -2 \\ 0 & -2 & -3 \\ 0 & 0 & -9 \end{vmatrix}$$

$$= 1(-2)(-9) = 18$$

1. Umformung

a) 1. Zeile wird mit 2 multipliziert und zur 2. Zeile addiert;
b) 1. Zeile wird zur 3. Zeile addiert;

2. Umformung

a) 2. Zeile wird zur 3. Zeile addiert. ◄

3.2.3 Cramer-Regel

Zugrunde gelegt wird ein lineares Gleichungssystem aus n Gleichungen mit n Unbekannten $x_1, x_2, \dots, x_n$

$$a_{11}x_1 + a_{12}x_2 + a_{13}x_3 + \dots + a_{1n}x_n = b_1,$$
$$a_{21}x_1 + a_{22}x_2 + a_{23}x_3 + \dots + a_{2n}x_n = b_2,$$
$$\dots\dots\dots\dots\dots\dots,$$
$$a_{n1}x_1 + a_{n2}x_2 + a_{n3}x_3 + \dots + a_{nn}x_n = b_n.$$

Mit den Vektoren

$$\boldsymbol{a}_i = \begin{pmatrix} a_{1i} \\ a_{2i} \\ \vdots \\ a_{ni} \end{pmatrix} \in \mathbb{R}^n, \quad \boldsymbol{b} = \begin{pmatrix} b_1 \\ b_2 \\ \vdots \\ b_n \end{pmatrix} \in \mathbb{R}^n$$

lautet das Gleichungssystem

$$x_1\boldsymbol{a}_1 + x_2\boldsymbol{a}_2 + x_3\boldsymbol{a}_3 + \dots + x_n\boldsymbol{a}_n = \boldsymbol{b}.$$

Das Gleichungssystem heißt regulär, wenn die Systemdeterminante $\text{Det}(\boldsymbol{a}_1, \boldsymbol{a}_2, \boldsymbol{a}_3, \dots, \boldsymbol{a}_n) \neq 0$, sonst singulär.

Werden bei einem regulären Gleichungssystem alle n Determinanten gebildet, die aus der System-Determinante dadurch hervorgehen, dass jeweils ein Vektor $\boldsymbol{a}_i$ $(i = 1, 2, \dots, n)$ durch den Vektor $\boldsymbol{b}$ ersetzt wird, so ergibt sich unter Beachtung der Determinanteneigenschaften

$$\text{Det}(\dots, \boldsymbol{a}_{i-1}, \boldsymbol{b}, \boldsymbol{a}_{i+1}, \dots)$$

$$= \text{Det}\left(\dots, \boldsymbol{a}_{i-1}, \sum_{i=1}^{n} x_i\boldsymbol{a}_i, \boldsymbol{a}_{i+1}, \dots\right)$$

$$= x_i\text{Det}(\boldsymbol{a}_1, \boldsymbol{a}_2, \dots, \boldsymbol{a}_{i-1}, \boldsymbol{a}_i, \boldsymbol{a}_{i+1}, \dots, \boldsymbol{a}_n) \text{ oder}$$

$$x_i = \frac{\text{Det}(\boldsymbol{a}_1, \boldsymbol{a}_2, \dots, \boldsymbol{a}_{i-1}, \boldsymbol{b}, \boldsymbol{a}_{i+1}, \dots, \boldsymbol{a}_n)}{\text{Det}(\boldsymbol{a}_1, \boldsymbol{a}_2, \dots, \boldsymbol{a}_{i-1}, \boldsymbol{a}_i, \boldsymbol{a}_{i+1}, \dots, \boldsymbol{a}_n)}$$

$(i = 1, 2, 3, \dots, n)$

Diese n Gleichungen geben die Cramer-Regel zur Lösung eines regulären Gleichungssystems wieder. Praktische Lösungen nach dem Gaußschen Verfahren s. Abschn. 10.4.1. Für homogene Gleichungssysteme ($b = 0$) folgt aus der Cramer-Regel, dass $x_i = 0$ für $i = 1, 2, \ldots, n$. Dies bedeutet, dass die Vektoren $a_1, a_2, \ldots, a_n$ linear unabhängig sind. Daher gilt: Ist $\mathrm{Det}(a_1, a_2, \ldots, a_n) \neq 0$, so sind die Vektoren $a_1, a_2, \ldots, a_n \in \mathbb{R}^n$ linear unabhängig.

Beispiel

$$x_1 - 3x_2 + 2x_3 = -1$$
$$-x_1 + 2x_2 - x_3 = 0 \quad \text{oder}$$
$$x_1 a_1 + x_2 a_2 + x_3 a_3 = b, \quad \text{wobei}$$
$$2x_1 - x_2 + 3x_3 = 2$$

$$a_1 = \begin{pmatrix} 1 \\ -1 \\ 2 \end{pmatrix}, \quad a_2 = \begin{pmatrix} -3 \\ 2 \\ -1 \end{pmatrix},$$

$$a_3 = \begin{pmatrix} 2 \\ -1 \\ 3 \end{pmatrix}, \quad b = \begin{pmatrix} -1 \\ 0 \\ 2 \end{pmatrix}.$$

Das Gleichungssystem ist regulär, da die System-Determinante

$$\mathrm{Det}(a_1, a_2, a_3) = \begin{vmatrix} 1 & -3 & 2 \\ -1 & 2 & -1 \\ 2 & -1 & 3 \end{vmatrix}$$
$$= -4 \neq 0.$$

Die Berechnung der einzelnen Determinanten ergibt

$$\mathrm{Det}(b, a_2, a_3) = -7, \quad \mathrm{Det}(a_1, b, a_3) = -3,$$
$$\mathrm{Det}(a_1, a_2, b) = 1,$$

sodass $x_1 = 7/4$, $x_2 = 3/4$, $x_3 = -1/4$. ◄

3.2.4 Matrizen und lineare Abbildungen

Durch ein lineares Gleichungssystem mit reellen Koeffizienten

$$y_1 = a_{11}x_1 + a_{12}x_2 + a_{13}x_3 + \ldots + a_{1n}x_n,$$
$$y_2 = a_{21}x_1 + a_{22}x_2 + a_{23}x_3 + \ldots + a_{2n}x_n,$$
$$\cdots\cdots\cdots\cdots\cdots\cdots\cdots\cdots\cdots\cdots\cdots\cdots\cdots,$$
$$y_m = a_{m1}x_1 + a_{m2}x_2 + a_{m3}x_3 + \ldots + a_{mn}x_n$$

ist eine Abbildung A des Vektorraums $\mathbb{R}^n$ in den Vektorraum $\mathbb{R}^m$ definiert.

$$A : \mathbb{R}^n \to \mathbb{R}^m,$$

die jedem Vektor x genau einen Vektor $y = Ax \in \mathbb{R}^m$ zuordnet, wobei

$$x = \begin{pmatrix} x_1 \\ x_2 \\ \vdots \\ x_n \end{pmatrix} \in \mathbb{R}^n, \quad y = \begin{pmatrix} y_1 \\ y_2 \\ \vdots \\ y_m \end{pmatrix} \in \mathbb{R}^m.$$

$y = Ax$ heißt das Bild von x bei der Abbildung A. Um die Abhängigkeit der Abbildung A von den Koeffizienten a_{ik} ($i = 1, 2, \ldots, m$; $k = 1, 2, \ldots, n$) hervorzuheben, wird A als eine Matrix vom Typ (m, n), also mit m Zeilen und n Spalten, geschrieben. Die Abbildungsgleichung $y = Ax$ lautet dann

$$\begin{pmatrix} y_1 \\ y_2 \\ \vdots \\ y_m \end{pmatrix}$$

$$= \begin{pmatrix} a_{11} & a_{12} & a_{13} & \ldots & a_{1n} \\ a_{21} & a_{22} & a_{23} & \ldots & a_{2n} \\ & \cdot & & & \\ a_{m1} & a_{m2} & a_{m3} & \ldots & a_{mn} \end{pmatrix} \begin{pmatrix} x_1 \\ x_2 \\ \vdots \\ x_n \end{pmatrix}$$

Hierbei ist die i-te Koordinate von $y = Ax$ bestimmt durch

$$y_i = \sum_{k=1}^{n} a_{ik}x_k$$
$$= a_{i1}x_1 + a_{i2}x_2 + a_{i3}x_3 + \ldots + a_{in}x_n.$$

Es wird also jedes Element a_{ik} der i-ten Zeile von A mit der entsprechenden Koordinate x_k des Vektors x multipliziert und dann die Summe über alle Produkte gebildet.

Beispiel

$$\begin{pmatrix} -2 & 3 & 2 \\ 3 & 0 & -1 \end{pmatrix} \begin{pmatrix} -1 \\ 1 \\ 2 \end{pmatrix}$$

$$= \begin{pmatrix} (-2)(-1)+3\cdot 1+ 2\cdot 2 \\ 3(-1)+0\cdot 1+(-1)2 \end{pmatrix}$$

$$= \begin{pmatrix} 9 \\ -5 \end{pmatrix},$$

d. h., das Bild des Vektors $\begin{pmatrix} -1 \\ 1 \\ 2 \end{pmatrix} \in \mathbb{R}^3$ bei

der Abbildung $A = \begin{pmatrix} -2 & 3 & 2 \\ 3 & 0 & -1 \end{pmatrix}$ ist der

Vektor $\begin{pmatrix} 9 \\ -5 \end{pmatrix} \in \mathbb{R}^2$. ◄

Das Bild des Koordinateneinheitsvektors e_i lautet

$$A e_i = \begin{pmatrix} a_{11} & a_{12} & \dots & a_{1i} & \dots & a_{1n} \\ a_{21} & a_{22} & \dots & a_{2i} & \dots & a_{2n} \\ \hdotsfor{6} \\ \hdotsfor{6} \\ a_{m1} & a_{m2} & \dots & a_{mi} & \dots & a_{mn} \end{pmatrix} \begin{pmatrix} 0 \\ 0 \\ \vdots \\ 1 \\ \vdots \\ 0 \\ 0 \end{pmatrix} \leftarrow i$$

$$= \begin{pmatrix} a_{1i} \\ a_{2i} \\ a_{3i} \\ \vdots \\ a_{mi} \end{pmatrix} = a_i \in \mathbb{R}^m.$$

Die Elemente der i-ten Spalte von A sind also die Koordinaten des Bildvektors $A e_i = a_i$, und die Matrix A wird dementsprechend auch dargestellt

durch

$$A = (a_1, a_2, a_3, \dots, a_n) \quad \text{mit} \quad a_i \in \mathbb{R}^m$$
$$(i = 1, 2, 3, \dots, n).$$

Ist A eine Matrix vom Typ (m, n) und sind x, y beliebige Vektoren aus $\mathbb{R}^n$, dann gelten

$$A(x + y) = A x + A y,$$
$$A(\lambda x) = \lambda(A x) \quad (\lambda \in \mathbb{R}).$$

Die Matrix A ist also eine *lineare* Abbildung des Raumes $\mathbb{R}^n$ in den Raum $\mathbb{R}^m$.

Matrizen mit der gleichen Spalten- und Zeilenanzahl n, die also vom Typ (n, n) sind, heißen n-reihige quadratische Matrizen. Sie bestimmen eine lineare Abbildung des Raums $\mathbb{R}^n$ in sich. Zwei Matrizen $A = (a_{ik})_{(m,n)}$ und $B = (b_{ik})_{(m,n)}$ vom gleichen Typ heißen gleich ($A = B$), wenn $a_{ik} = b_{ik}$ für alle $i = 1, 2, 3, \dots, m$ und $k = 1, 2, 3, \dots, n$. Dies ist gleichbedeutend mit $A x = B x$ für alle $x \in \mathbb{R}^n$.

In der Menge der Matrizen vom gleichen Typ (m, n) sind die Verknüpfungen erklärt:

Multiplikation einer Matrix mit einer reellen Zahl.

$$\lambda A = \lambda(a_{ik})_{(m,n)} = (\lambda a_{ik})_{(m,n)}$$

Jedes Element von A wird mit λ multipliziert.

Beispiel

$$3 \cdot \begin{pmatrix} -2 & 1 & 3 \\ 1 & -1 & 0 \end{pmatrix} = \begin{pmatrix} -6 & 3 & 9 \\ 3 & -3 & 0 \end{pmatrix} \blacktriangleleft$$

Addition zweier Matrizen. Die Summe $A + B$ der Matrizen $A = (a_{ik})_{(m,n)}$ und $B = (b_{ik})_{(m,n)}$ ist erklärt durch

$$A + B = (a_{ik})_{(m,n)} + (b_{ik})_{(m,n)} = (a_{ik} + b_{ik})_{(m,n)}.$$

Matrizen werden elementweise addiert.

Beispiel

$$\begin{pmatrix} -2 & 2 & -1 \\ 3 & -1 & 0 \end{pmatrix} + \begin{pmatrix} 1 & -1 & 2 \\ 1 & 0 & 1 \end{pmatrix}$$

$$= \begin{pmatrix} -1 & 1 & 1 \\ 4 & -1 & 1 \end{pmatrix} \blacktriangleleft$$

Für diese beiden Verknüpfungen gelten folgende Eigenschaften:

$$A + B = B + A, \quad (A + B) + C = A + (B + C).$$

Zu jeder Matrix A und zu jeder Matrix B gibt es genau eine Matrix $\underline{X}$, sodass $A + \underline{X} = B$ gilt. Diese Matrix $\underline{X}$, die zu A addiert B ergibt, wird durch $\underline{X} = B - A$ gekennzeichnet und heißt Differenz von B und A.

$$\left. \begin{array}{l} 1 \cdot A = A, \quad \lambda(\mu A) = (\lambda\mu)A, \\ \lambda(A + B) = \lambda A + \lambda B, \\ (\lambda + \mu)A = \lambda A + \mu A \end{array} \right\} \lambda, \mu \in \mathbb{R}.$$

Die Matrix, deren Elemente Null sind, heißt Nullmatrix 0. Für sie gilt $A + 0 = A$.

Die Matrix, deren Elemente das entgegengesetzte Vorzeichen der Elemente einer Matrix A haben, heißt die zu A entgegengesetzte Matrix $-A$. Für sie gilt $A + (-A) = 0$.

Multiplikation von Matrizen. Durch die beiden linearen Gleichungssysteme

$$z_1 = b_{11}y_1 + b_{12}y_2 + b_{13}y_3 + \ldots + b_{1m}y_m$$
$$z_2 = b_{21}y_1 + b_{22}y_2 + b_{23}y_3 + \ldots + b_{2m}y_m$$
$$z_3 = b_{31}y_1 + b_{32}y_2 + b_{33}y_3 + \ldots + b_{3m}y_m$$
$$\cdots\cdots\cdots\cdots\cdots\cdots\cdots\cdots\cdots\cdots\cdots\cdots$$
$$z_l = b_{l1}y_1 + b_{l2}y_2 + b_{l3}y_3 + \ldots + b_{lm}y_m$$

$$y_1 = a_{11}x_1 + a_{12}x_2 + a_{13}x_3 + \ldots + a_{1n}x_n$$
$$y_2 = a_{21}x_1 + a_{22}x_2 + a_{23}x_3 + \ldots + a_{2n}x_n$$
$$y_3 = a_{31}x_1 + a_{32}x_2 + a_{33}x_3 + \ldots + a_{3n}x_n$$
$$\cdots\cdots\cdots\cdots\cdots\cdots\cdots\cdots\cdots\cdots\cdots\cdots$$
$$y_m = a_{m1}x_1 + a_{m2}x_2 + a_{m3}x_3 + \ldots + a_{mn}x_n$$

sind zwei lineare Abbildungen erklärt.

$$z = B y, \quad B : \mathbb{R}^m \to \mathbb{R}^l \quad \text{und}$$
$$y = A x, \quad A : \mathbb{R}^n \to \mathbb{R}^m$$

mit den Matrizen $B = (b_{ij})_{(l, m)}$ und $A = (a_{jk})_{(m, n)}$. Die Zusammensetzung oder Komposition der beiden Abbildungen – zuerst A, dann B – bestimmt wieder eine lineare Abbildung: die Produktabbildung mit dem Symbol $B \cdot A$ oder $B A$.

$$B A : \mathbb{R}^n \to \mathbb{R}^l, \quad z = (B A)x = B(A x).$$

Hiernach erhält man das Bild $(B A)x$ des Vektors $x \in \mathbb{R}^n$ bei der Abbildung $B A$ dadurch, dass zuerst das Bild $A x$ von $x \in \mathbb{R}^n$ bei der Abbildung A und dann das Bild $B(A x)$ des Vektors $A x \in \mathbb{R}^m$ bei der Abbildung B bestimmt wird. Die zugehörige Matrix $B A$ wird als das Produkt der Matrizen $B = (b_{ij})_{(l, m)}$ und $A = (a_{jk})_{(m, n)}$ bezeichnet; es ist eine Matrix vom Typ (l, n) mit den Elementen

$$c_{ik} = \sum_{j=1}^{m} b_{ij} a_{jk} \quad \begin{array}{l} i = 1, 2, 3, \ldots, l; \\ k = 1, 2, 3, \ldots, n. \end{array}$$

Diese Summe heißt das „Produkt aus der i-ten Zeile von B und der k-ten Spalte von A". Das Produkt $B A$ ist nur für Matrizen erklärt, bei denen die Anzahl der Spalten von B mit der Anzahl der Zeilen von A übereinstimmt.

Beispiel

$$B A = C.$$

$$\begin{pmatrix} -1 & 0 & 3 \\ 2 & 1 & 1 \end{pmatrix} \begin{pmatrix} 1 & 0 & 2 & 3 \\ 0 & -1 & -1 & -2 \\ 1 & 1 & 0 & 0 \end{pmatrix}$$
$$= \begin{pmatrix} 2 & 3 & -2 & -3 \\ 3 & 0 & 3 & 4 \end{pmatrix}$$
$$c_{24} = b_{21}a_{14} + b_{22}a_{24} + b_{23}a_{34}$$
$$= 2 \cdot 3 + 1(-2) + 1 \cdot 0 = 4. \blacktriangleleft$$

Wird der Vektor $x = \begin{pmatrix} x_1 \\ x_2 \\ \vdots \\ x_n \end{pmatrix}$ entsprechend seiner Schreibweise als Matrix vom Typ $(n, 1)$ aufgefasst, so lässt sich der Vektor $A x \in \mathbb{R}^m$ auch als Produkt aus der Matrix $A = (a_{ik})_{(m, n)}$ vom Typ (m, n) und der Matrix x vom Typ $(n, 1)$ darstellen.

Im Allgemeinen sind in einem Matrizenprodukt die Matrizen nicht vertauschbar. Die Matrizenmultiplikation besitzt aber die Eigenschaften der Assoziativität und der Distributivität (bezüglich der Matrizenaddition), d. h., es gelten die

Gleichungen

$$(A B)C = A(B C),$$
$$(A + B)C = A C + B C,$$
$$A(B + C) = A B + A C.$$

Gestürzte oder transponierte Matrix A^T. Sie geht aus der Matrix A dadurch hervor, dass deren Spalten und Zeilen vertauscht werden.

$$A = \begin{pmatrix} a_{11} & a_{12} & a_{13} & \cdots & a_{1n} \\ a_{21} & a_{22} & a_{23} & \cdots & a_{2n} \\ a_{m1} & a_{m2} & a_{m3} & \cdots & a_{mn} \end{pmatrix},$$

$$A^T = \begin{pmatrix} a_{11} & a_{21} & \cdots & a_{m1} \\ a_{12} & a_{22} & \cdots & a_{m2} \\ a_{13} & a_{23} & \cdots & a_{m3} \\ a_{1n} & a_{2n} & \cdots & a_{mn} \end{pmatrix}.$$

Rang einer Matrix. Werden in der Matrix

$$A = (a_{ij})_{(m, n)} = (a_1, a_2, a_3, \ldots, a_n), \quad a_i \in \mathbb{R}^m,$$

m-k verschiedene Zeilen und n-k verschiedene Spalten gestrichen, wobei $1 \leqq k \leqq \min(m, n)$, so bilden die übrigen Elemente ein quadratisches Schema aus k Zeilen und k Spalten. Die Determinante aus diesen Elementen heißt eine Unterdeterminante k-ter Ordnung der Matrix A. Besitzt A eine von Null verschiedene Unterdeterminante r-ter Ordnung und haben alle Unterdeterminanten, deren Ordnung größer als r ist, den Wert 0, so heißt r Rang der Matrix A; $\mathrm{Rg}(A) = r$.

Der Rang einer Matrix ist invariant gegenüber elementaren Umformungen.

Elementare Umformungen einer Matrix A sind:

- Vertauschen von beliebig vielen Spalten (Zeilen), Multiplikation von Spalten (Zeilen) mit einer von Null verschiedenen Zahl,
- Addition eines Vielfachen einer Spalte (Zeile) zu einer anderen Spalte (Zeile),
- Vertauschen von Zeilen und Spalten (Stürzen).

Bei einer Matrix mit dem Rang r sind genau r ihrer Spaltenvektoren (Zeilenvektoren) linear unabhängig.

Quadratische Matrizen. Eine quadratische Matrix A mit n Zeilen und Spalten heißt n-reihig.

$$A = (a_{ij})_n = (a_1, a_2, a_3, \ldots, a_n)$$

Ihre Determinante ist

$$|A| = \mathrm{Det}(a_1, a_2, a_3, \ldots, a_n).$$

Quadratische Matrizen A mit $|A| \neq 0$ heißen regulär sonst singulär. Für die n-reihige Einheitsmatrix

$$E = \begin{pmatrix} 1 & & & & 0 \\ & 1 & & & \\ & & 1 & & \\ & & & \ddots & \\ 0 & & & & 1 \end{pmatrix} = (\delta_{ik})_n,$$

$$\delta_{ik} = \begin{cases} 1 & \text{für } i = k \\ 0 & \text{für } i \neq k, \end{cases}$$

gilt $|E| = 1$ und $A E = E A = A$.

Ist $A = (a_{il})_n$ eine reguläre Matrix, also $|A| \neq 0$, so folgt aus dem Entwicklungssatz von Laplace (s. Abschn. 3.2.2)

$$\sum_{l=1}^{n} a_{il} b_{lk} = \delta_{ik} \quad \text{mit } b_{lk} = \frac{A_{kl}}{|A|} \quad \text{und}$$
$$i, k, l = 1, 2, 3, \ldots, n;$$

oder $A B = E$, wobei $B = (b_{lk})_n$ inverse Matrix von A heißt und das Symbol A^{-1} hat.

$$A^{-1} = \frac{1}{|A|} \begin{pmatrix} A_{11} & A_{21} & A_{31} & \cdots & A_{n1} \\ A_{12} & A_{22} & A_{32} & \cdots & A_{n2} \\ . & & & & \\ A_{1n} & A_{2n} & A_{3n} & \cdots & A_{nn} \end{pmatrix}$$

mit $A A^{-1} = A^{-1} A = E$.

Hierbei ist $|A|$ die Determinante von A und A_{ij} die Adjunkte des Elements a_{ij}.

Beispiel

$$A = \begin{pmatrix} a_{11} & a_{12} \\ a_{21} & a_{22} \end{pmatrix},$$

$$|A| = \begin{vmatrix} a_{11} & a_{12} \\ a_{21} & a_{22} \end{vmatrix} = a_{11}a_{22} - a_{12}a_{21} \neq 0,$$

$$A^{-1} = \frac{1}{a_{11}a_{22} - a_{12}a_{21}} \begin{pmatrix} a_{22} & -a_{12} \\ -a_{21} & a_{11} \end{pmatrix}. \blacktriangleleft$$

3.2.5 Lineare Gleichungssysteme

Zugrunde gelegt wird ein lineares Gleichungssystem aus m linearen Gleichungen mit n Unbekannten $x_1, x_2, \ldots, x_n$.

$$\begin{aligned}
a_{11}x_1 + a_{12}x_2 + a_{13}x_3 + \ldots + a_{1n}x_n &= b_1 \\
a_{21}x_1 + a_{22}x_2 + a_{23}x_3 + \ldots + a_{2n}x_n &= b_2 \\
\cdots\cdots\cdots\cdots\cdots\cdots\cdots\cdots\cdots\cdots \\
a_{m1}x_1 + a_{m2}x_2 + a_{m3}x_3 + \ldots + a_{mn}x_n &= b_m
\end{aligned}$$

bzw. $Ax = b$, wobei

$$A = (a_{ij})_{(m, n)} = (a_1, a_2, a_3, \ldots, a_n),$$
$$a_i \in \mathbb{R}^m, \quad (i = 1, 2, \ldots, n).$$

Die Matrix, die aus A durch Erweiterung mit den Koordinaten b_i des Vektors b hervorgeht, heißt erweiterte Koeffizientenmatrix und wird ausgedrückt durch

$$(A, b) = (a_1, a_2, a_3, \ldots, a_n, b).$$

Das Gleichungssystem heißt homogen, wenn $b = 0$, sonst inhomogen. Wird die Matrix A als eine lineare Abbildung des Raumes $\mathbb{R}^n$ in den Raum $\mathbb{R}^m$ aufgefasst, so besteht die Lösungsmenge des Gleichungssystems aus allen Vektoren $x \in \mathbb{R}^n$, deren Bild Ax der Vektor b ist.

Das lineare Gleichungssystem $Ax = b$ ist genau dann lösbar, wenn der Rang der Matrix A gleich dem Rang der erweiterten Matrix (A, b) ist, d. h., wenn $\mathrm{Rg}(A) = \mathrm{Rg}(A, b)$.

Für den Sonderfall, dass A regulär ist, also die inverse Matrix A^{-1} existiert, folgt unmittelbar aus $Ax = b$ die Lösungsformel $x = A^{-1}b$. Die Koordinaten x_i $(i = 1, 2, 3, \ldots, n)$ des Lösungsvektors x sind dann gemäß der Cramer-Regel (s. Abschn. 3.2.3) bestimmt durch

$$x_i = \frac{\mathrm{Det}(a_1, a_2, \ldots, b, \ldots, a_n)}{\mathrm{Det}(a_1, a_2, \ldots, a_i, \ldots, a_n)},$$
$$(i = 1, 2, \ldots, n).$$

Homogenes Gleichungssystem $Ax = 0$

Hat die Koeffizientenmatrix vom Typ (m, n) den Rang r, dann hat das homogene Gleichungssystem $Ax = 0$ für $r = n$ als einzige Lösung den Nullvektor 0 (triviale Lösung) für $r < n$ $n - r$ linear unabhängige Lösungsvektoren $x_1, x_2, \ldots, x_{n-r}$, und jede Lösung x ist eine Linearkombination dieser Vektoren

$$x = \lambda_1 x_1 + \lambda x_2 + \ldots + \lambda_{n-r} x_{n-r}, \quad \lambda_i \in \mathbb{R}.$$

Die Gesamtheit der Linearkombinationen heißt allgemeine Lösung der homogenen Gleichung.

Beispiel

$$\begin{aligned}
-2x_1 + x_2 \qquad\quad + 2x_4 &= 0 \\
x_1 + x_2 - 2x_3 + 3x_4 &= 0 \quad \text{oder} \\
3x_2 - 4x_3 + 8x_4 &= 0
\end{aligned}$$

$$\begin{pmatrix} -2 & 1 & 0 & 2 \\ 1 & 1 & -2 & 3 \\ 0 & 3 & -4 & 8 \end{pmatrix} \begin{pmatrix} x_1 \\ x_2 \\ x_3 \\ x_4 \end{pmatrix} = \begin{pmatrix} 0 \\ 0 \\ 0 \end{pmatrix}.$$

Alle vier Unterdeterminanten 3. Ordnung der Koeffizientenmatrix sind Null. Da $\begin{vmatrix} -2 & 1 \\ 1 & 1 \end{vmatrix} = -3 \neq 0$ ist, hat die Koeffizientenmatrix den Rang 2 und es gibt $4 - 2 = 2$ linear unabhängige Lösungsvektoren x_1, x_2. Da die dritte Gleichung des Systems eine Linearkombination der beiden ersten Gleichungen und damit überflüssig ist, werden diese beiden Vektoren aus den beiden ersten Gleichungen bestimmt.

$$\begin{aligned}
-2x_1 + x_2 \qquad\quad + 2x_4 &= 0 \\
x_1 + x_2 - 2x_3 + 3x_4 &= 0
\end{aligned} \quad \text{oder}$$

$$\begin{aligned}
-2x_1 + x_2 &= \qquad\quad - 2x_4 \\
x_1 + x_2 &= 2x_3 - 3x_4
\end{aligned}.$$

Hieraus ergeben sich nach der Cramer-Regel (s. Abschn. 3.2.3) für $x_3 = 1$ und $x_4 = 0$ bzw. für $x_3 = 0$ und $x_4 = 1$ die Lösungen $x_1 = 2/3$ und $x_2 = 4/3$ bzw. $x_1 = -1/3$ und $x_2 = -8/3$, sodass

$$x_1 = \begin{pmatrix} 2/3 \\ 4/3 \\ 1 \\ 0 \end{pmatrix} = 1/3 \begin{pmatrix} 2 \\ 4 \\ 3 \\ 0 \end{pmatrix}$$

und

$$x_2 = \begin{pmatrix} -1/3 \\ -8/3 \\ 0 \\ 1 \end{pmatrix} = 1/3 \begin{pmatrix} -1 \\ -8 \\ 0 \\ 3 \end{pmatrix}$$

zwei linear unabhängige Lösungsvektoren sind, mit denen die allgemeine Lösung $x = \lambda_1 x_1 + \lambda_2 x_2$ für beliebige $\lambda_1, \lambda_2 \in \mathbb{R}$ ist. ◄

Inhomogenes Gleichungssystem
$A x = b \ (b \neq 0)$

Die Lösbarkeitsbedingung $\mathrm{Rg}(A) = \mathrm{Rg}(A, b)$ sei erfüllt. Aus den linearen Eigenschaften der Abbildung A folgt unmittelbar: Die allgemeine Lösung des inhomogenen Gleichungssystems ist gleich der Summe aus der allgemeinen Lösung des homogenen Gleichungssystems und einer speziellen Lösung des inhomogenen Gleichungssystems.

Beispiel

$$\begin{aligned} -2x_1 + x_2 \qquad + 2x_4 &= 1 \\ x_1 + x_2 - 2x_3 + 3x_4 &= 0 \qquad \text{oder} \\ 3x_2 - 4x_3 + 8x_4 &= 1 \end{aligned}$$

$$\begin{pmatrix} -2 & 1 & 0 & 2 \\ 1 & 1 & 2 & 3 \\ 0 & 3 & -4 & 8 \end{pmatrix} \begin{pmatrix} x_1 \\ x_2 \\ x_3 \\ x_4 \end{pmatrix} = \begin{pmatrix} 1 \\ 0 \\ 1 \end{pmatrix}.$$

Die Lösbarkeitsbedingung ist erfüllt. Die zugehörige homogene Gleichung stimmt mit der Gleichung des letzten Beispiels überein, sodass deren allgemeine Lösung

$$x_H = \lambda_1 \begin{pmatrix} 2 \\ 4 \\ 3 \\ 0 \end{pmatrix} + \lambda_2 \begin{pmatrix} -1 \\ -8 \\ 0 \\ 3 \end{pmatrix},$$

$$\lambda_1, \lambda_2 \in \mathbb{R}$$

ist. Die dritte Gleichung ist wieder eine Linearkombination der beiden ersten Gleichungen und damit überflüssig. Mit $x_1 = 0$ und $x_2 = 0$ lauten die beiden ersten Gleichungen

$$\begin{aligned} 2x_4 &= 1 \\ -2x_3 + 3x_4 &= 0 \end{aligned},$$

woraus

$$\begin{aligned} x_3 &= 3/4 \\ x_4 &= 1/2 \end{aligned}$$

folgt, so dass

$$x_P = \begin{pmatrix} 0 \\ 0 \\ 3/4 \\ 1/2 \end{pmatrix} = \frac{1}{4} \begin{pmatrix} 0 \\ 0 \\ 3 \\ 2 \end{pmatrix}$$

eine partikuläre Lösung der inhomogenen Gleichung ist. Die allgemeine Lösung lautet somit

$$x = \lambda_1 \begin{pmatrix} 2 \\ 4 \\ 3 \\ 0 \end{pmatrix} + \lambda_2 \begin{pmatrix} -1 \\ -8 \\ 0 \\ 3 \end{pmatrix} + \frac{1}{4} \begin{pmatrix} 0 \\ 0 \\ 3 \\ 2 \end{pmatrix}$$

für beliebige $\lambda_1, \lambda_2 \in \mathbb{R}$. ◄

3.3 Ergänzungen zur Höheren Mathematik

Klarere Definitionen alter mathematischer Begriffe, neue Ingenieuranwendungen auf der Basis der klassischen Analysis und die Einführung

Abb. 3.9 Differenz $u - v$ von Fuzzyzahlen

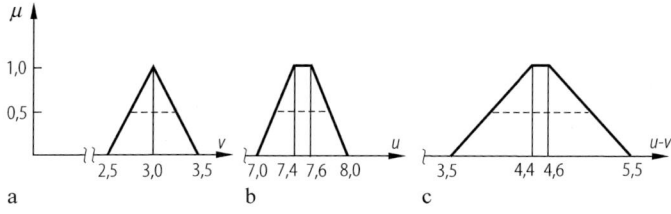

verallgemeinerter Zahlendarstellungen ergänzen immer wieder die mathematischen Hilfsmittel des Ingenieurs. Beispiele gibt es hierfür in der Beschreibung von Stoffgesetzen mit Gedächtnis über fraktionale Ableitungen und in der Zuschärfung des Dirac-Delta Formalismus über integral formulierte Distributionen.

Selbst in der Algebra gibt es neue für den Ingenieur interessante Entwicklungen. So die Einführung der Intervallrechnung und die Weiterentwicklung zur Fuzzy-Algebra. In der Intervallarithmetik wird eine Zahl z nicht mehr nur durch einen einzigen diskreten Wert dargestellt, sondern durch ein Intervall mit einer unteren Schranke $\underline{z}$ und einer oberen Schranke $\bar{z}$.

$$z = [\underline{z}, \bar{z}]; \quad \underline{z} \leqslant z \leqslant \bar{z}. \tag{3.1}$$

Auf dieser Menge werden Verknüpfungen definiert; so zum Beispiel die Subtraktion $u - v$:

$$\begin{aligned} u &= [\underline{u}, \bar{u}]; \quad v = [\underline{v}, \bar{v}]. \\ u - v &= [\underline{u} - \bar{v}, \bar{u} - \underline{v}]. \end{aligned} \tag{3.2}$$

Die Bewertung der Zahlen z im Intervall $[\underline{z}, \bar{z}]$ hinsichtlich ihrer Zugehörigkeit zum Intervall durch eine sogenannte Zugehörigkeitsfunktion μ (memoryfunction) mit Werten zwischen 0 (mit Sicherheit keine Zugehörigkeit) und 1 (mit Sicherheit volle Zugehörigkeit) beschreibt den Übergang von bewertungsneutralen Zahlenintervallen zu Fuzzyzahlen.

Eine Aussage wie: die Verschiebung u liegt überwiegend zwischen 7,4 cm und 7,6 cm und fällt gelegentlich bis auf 7,0 cm ab oder steigt bis auf maximal 8,0 cm, lässt sich durch die Zugehörigkeitsfunktion im Abb. 3.9b darstellen.

Eine weitere Aussage wie: die Verschiebung v beträgt ungefähr 3,0 cm und liegt garantiert nicht unter 2,5 cm oder über 3,5 cm, ist in Abb. 3.9a veranschaulicht.

Die Differenz $u - v$ folgt aus einfacher Anwendung der Regel (3.2) angewandt auf jedes μ-Niveau, wie im Abb. 3.9c für $\mu = 0,5$ eingetragen.

Allgemeine Literatur

Bücher

Jänich, K.: Lineare Algebra. 5. Auflage 1993, Springer.
Kowalsky, H.-J.: Lineare Algebra. 9. Auflage 1979, de Gruyter.
Walter, R.: Einführung in die lineare Algebra. 3. Auflage 1990, Vieweg.
Walter, R.: Lineare Algebra und Analytische Geometrie. 2. Auflage 1993, Vieweg.
Zurmühl; Falk: Matrizen und ihre technischen Anwendungen. Tl. 1: Grundlagen. 6. Auflage 1992. Tl. 2: Numerische Methoden. 5. Auflage 1986, Springer.

Normen

DIN1303: Schreibweise von Tensoren (Vektoren).
DIN5486: Schreibweise von Matrizen.

3

Geometrie

4

Hans-Joachim Schulz

4.1 Bemerkungen zur elementaren Geometrie

In der Geometrie werden – ausgehend von durch Abstraktion gewonnenen Grundfiguren (Punkt, Gerade, Ebene) und Grundrelationen (Zugehörigkeit = Inzidenz, Symbol $\in$; Anordnung, Symbole $<$, $=$ und $>$; Deckungsgleichheit = Kongruenz, Symbol $\cong$; Stetigkeit = dichte Anordnung der Punkte) – Axiome aufgestellt, die unmittelbar verständlich und nicht anderweitig zu beweisen sind.

4.2 Ebene Geometrie (Planimetrie)

In der Planimetrie (Flächenmessung) wird eine unendlich ausgedehnte Ebene als gegeben vorausgesetzt. In Bildern sind nur endliche Ausschnitte darstellbar.

4.2.1 Punkt, Gerade, Strahl, Strecke, Streckenzug

Parallelen. Zwei Geraden heißen parallel, wenn sie keinen oder alle Punkte gemeinsam haben. Aus den Axiomen folgt für die Schnittpunkte mehrerer Geraden:

- Zwei verschiedene, nichtparallele Geraden haben genau einen Punkt gemeinsam: den

H.-J. Schulz (✉)
Berlin, Deutschland

Schnittpunkt. n verschiedene, nicht paarweise parallele Geraden ergeben $n(n-1)/2$ Schnittpunkte (z. B. haben vier Geraden sechs Schnittpunkte).

- Durch einen Punkt einer Ebene lassen sich unendlich viele Geraden legen. Sie bilden ein Geradenbüschel; der Schnittpunkt heißt Träger des Büschels.
- Die Gesamtheit aller zu einer gegebenen Geraden parallelen Geraden bildet ein Parallelenbüschel oder eine Richtung. Der Träger des Parallelenbüschels liegt im Unendlichen.
- Durch drei verschiedene Punkte, die nicht auf einer Geraden liegen, lassen sich genau drei verschiedene Geraden durch je zwei Punkte legen. Sie bestimmen eine Ebene im Raum.

Halbgerade. Ein Punkt A auf der Geraden teilt diese in zwei Halbgeraden.

Achse. Eine orientierte Gerade heißt Achse. Die Orientierung (der Richtungssinn) einer Geraden wird durch einen Pfeil, der den Durchlaufsinn angibt, oder ein geordnetes Punktepaar kenntlich gemacht, dessen erster Punkt z. B. der Anfangspunkt der Halbgeraden ist.

Strahl. Eine orientierte Halbgerade mit Anfangspunkt heißt Strahl.

Strecke. Zwei verschiedene Punkte A, B auf einer Geraden definieren die Strecke $\overline{AB}$ durch ihre Endpunkte. Zum Vergleich verschiedener Strecken mit Hilfe der Kongruenzaxiome werden

Abbildungen der Ebene auf sich definiert, die die Abstände und Anordnungen der Punkte einer Figur in sich nicht ändern, mit denen man aber Figuren „übereinanderschieben" und auf Deckung vergleichen kann. Diese Abbildungen sind anschaulich mit den Bewegungen Parallelverschiebung, Drehung um einen Punkt und Spiegelung an einer Geraden zu beschreiben.

Streckenzug. Eine zusammenhängende Folge von Strecken verschiedener Richtung heißt Streckenzug (Polygonzug: Polygon = Vieleck). Die je zwei Strecken gemeinsamen Punkte werden Eckpunkte genannt. Ist der Polygonzug geschlossen, d. h. fallen Anfangspunkt der ersten Strecke und Endpunkt der n-ten Strecke zusammen, so bildet der Polygonzug den Rand eines n-Ecks mit den Strecken als *Seiten*. Die Verbindungsstrecken zweier Eckpunkte, die nicht Seiten sind, heißen Diagonalen. Ein Polygon ist konvex, wenn für zwei beliebige Punkte des Polygons auch alle Punkte der Verbindungsstrecke zum Polygon gehören, anderenfalls ist es konkav.

4.2.2 Orientierung einer Ebene

Eine Gerade g zerlegt eine Ebene π in eine positive (π^+) und negative (π^-) Halbebene; sie ist Rand für jede dieser Halbebenen. Wird die Gerade orientiert mit der Wahl eines Strahls g^+, so markiert die Kreislinie mit Durchlaufsinn die Orientierung der Ebene, die durch den Punkt $B \in g^+$ entsteht, wenn g^+ in π^+ hineingedreht wird. Der mathematisch positive Drehsinn einer Ebene ist entgegen dem Uhrzeigersinn (Abb. 4.1).

4.2.3 Winkel

Zwei Strahlen a^+, b^+ (Abb. 4.2a) mit gemeinsamem Anfangspunkt S (Scheitel) bilden die

Abb. 4.1 Orientierung einer Ebene

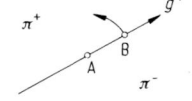

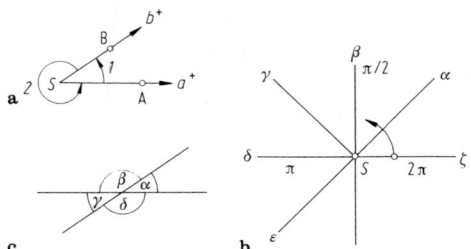

Abb. 4.2 Ebene Winkel. **a** Richtungssinn; **b** Bezeichnungen; **c** Paarungen

Schenkel zweier ungerichteter Winkel (Pfeilbögen *1* und *2*). So ist der Winkel $\sphericalangle ASB$ oder $\sphericalangle(a^+, b^+)$ mit den Pfeilen *1* und *2* entgegen dem Uhrzeigersinn mathematisch positiv. Er ist durch Zahlenwert und Richtung bestimmt. Nach der Größe (Abb. 4.2b) werden α spitze, β rechte, γ stumpfe, δ gestreckte, ε überstumpfe und ζ volle Winkel unterschieden (Einheiten s. DIN 1315).

Winkel an zwei einander schneidenden Geraden (Abb. 4.2c). Nebenwinkel sind α und β, β und γ, γ und δ, δ and α. Es gilt $\alpha + \beta = 180°$: α hat mit β einen Schenkel gemeinsam. Scheitelwinkel sind α und γ, β und δ. Es gilt $\alpha = \gamma$ und $\beta = \delta$. Supplementwinkel haben die Winkelsumme 180, Komplementwinkel 90.

4.2.4 Strahlensätze

Werden zwei parallele Geraden von einer dritten geschnitten, so gelten für die dabei entstehenden Winkel (Abb. 4.3):

- Stufenwinkel (α, α'), (γ, γ'), (β, β') und (δ, δ) sowie Wechselwinkel (α, γ'), (α', γ), (β, δ') und (β', δ) sind gleich.
- Entgegengesetzt liegende Winkel (α, δ'), (α', δ), (β, γ') und (β', γ) sind Supplementwinkel mit der Summe 180°.

Abb. 4.3 Winkel an Parallelen, die von einer Geraden geschnitten werden

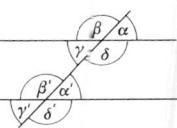

Jede dieser Eigenschaften ist notwendig und hinreichend dafür, dass zwei von einer dritten geschnittene Gerade parallel sind.

Abstand. Vor allen Verbindungsstrecken $\overline{PA_i}$ (Abb. 4.4) zwischen einem Punkt P und einer Geraden g, mit $P \notin g$ und beliebigen Punkten $A_i \in g$, heißt die Strecke mit der kleinsten Länge $\overline{PA_1}| = \min|\overline{PA_i}|$ der Abstand d des Punkts P von der Geraden. Der Punkt A_1 liegt auf der zu g senkrechten Geraden durch P.

Für viele Konstruktions- und Messaufgaben sind folgende Sätze wichtig:

1. Strahlensatz (Thales). Werden zwei von einem Punkt ausgehende Strahlen von (zwei) Parallelen geschnitten, so verhalten sich die Abschnitte (Streckenlängen) auf dem einen Strahl wie die entsprechenden Abschnitte auf dem anderen Strahl. Nach Abb. 4.5 ist

$$\overline{SB_1} : |\overline{B_1B_2}| = |\overline{SA_1}| : |\overline{A_1A_2}| \quad \text{und}$$
$$|\overline{SB_1}| : |\overline{SB_2}| = |\overline{SA_1}| : |\overline{SA_2}|. \tag{4.1}$$

Ferner gilt die Umkehrung des 1. Strahlensatzes (Beispiel s. Abschn. 4.1.6).

2. Strahlensatz. Werden zwei von einem Punkt S ausgehende Strahlen von (zwei) Parallelen geschnitten, so verhalten sich die Abschnitte auf den Parallelen wie die entsprechenden von S aus gemessenen Abschnitte auf jedem Strahl. Mit Abb. 4.5 gelten also

$$|\overline{A_1B_1}| : |\overline{A_2B_2}| = |\overline{SA_1}| : |\overline{SA_2}| \quad \text{und}$$
$$|\overline{A_1B_1}| : |\overline{A_2B_2}| = |\overline{SB_1}| : |\overline{SB_2}|. \tag{4.2}$$

Abb. 4.4 Abstand des Punkts P von der Geraden g. $d = |\overline{PA_1}| = \min|\overline{PA_i}|; i = 1, 2, \dots, l, \dots$

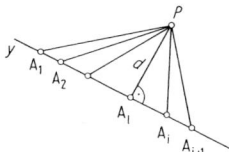

Abb. 4.5 Strahlensätze

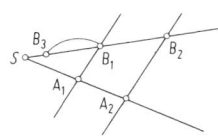

Die Umkehrung des 2. Strahlensatzes ist nicht eindeutig, wenn $|\overline{A_1B_1}| < |\overline{SA_1}|$ ist. Dann ist zwar $|\overline{A_1B_3}| : |\overline{A_2B_2}| = |\overline{SA_1}| : |\overline{SA_2}|$, aber $|\overline{A_1B_3}| \nparallel |\overline{A_2B_2}|$.

4.2.5 Ähnlichkeit

Zwei Polygone heißen ähnlich, wenn durch geeignete Drehung oder Spiegelung einander entsprechende Seiten parallele Geraden werden, d. h., wenn die Figuren in der Form – also in Anordnung und Größe aller Winkel –, jedoch nicht in den Seitenlängen übereinstimmen. Weiterhin folgt mit den beiden Strahlensätzen, dass in ähnlichen Polygonen die einander entsprechenden Seitenlängen proportional sind.

Beispiel

Aus

$$|\overline{BC}| : |\overline{B'C'}| = |\overline{BS}| : |\overline{B'S}| \quad \text{und}$$
$$|\overline{BA}| : |\overline{B'A'}| = |\overline{BS}| : |\overline{B'S}|$$

(2. Strahlensatz; Abb. 4.6) folgt $|\overline{BC}| : |\overline{B'C'}| = |\overline{BA}| : |\overline{B'A'}|$ und $|\overline{BC}| : |\overline{BA}| = |\overline{B'C'}| : |\overline{B'A'}|$; also sind die Dreiecke $\triangle(ABC)$ und $\triangle(A'B'C')$ ähnlich. ◄

Speziell für Dreiecke ergeben sich Ähnlichkeitssätze, bei denen nicht alle Winkel bzw. Proportionen geprüft werden müssen. Dreiecke sind ähnlich, wenn sie übereinstimmen in zwei Seitenverhältnissen, im Verhältnis zweier Seiten und in

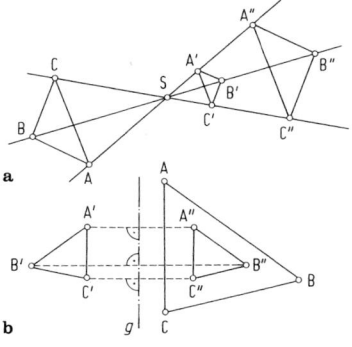

Abb. 4.6 Ähnliche Dreiecke. **a** Parallellage; **b** Spiegellage

dem von diesen Seiten eingeschlossenen Winkel, in zwei gleichliegenden Innenwinkeln, im Verhältnis zweier Seiten und dem der größeren Seite gegenüberliegenden Winkel.

4.2.6 Teilung von Strecken

Die Aufgabe, eine gegebene Strecke $\overline{AB}$ in einem beliebigen reellen Verhältnis $v = m : n$ mit $|v| = |\overline{AT}| : |\overline{TB}|$ zu teilen, ist mit Hilfe der Strahlensätze lösbar (Abb. 4.7a).

Äußere und innere Teilung. Liegt der Teilungspunkt T_i zwischen A und B, so liegt eine innere Teilung vor; es sei $v > 0$. Liegt T_a außerhalb der Strecke $\overline{AB}$, so ist es die äußere Teilung mit $v < 0$.

Harmonische Teilung. Hier sind die Beträge der äußeren und inneren Teilung gleich, also $|\overline{AT_a}| : |\overline{T_aB}| = |\overline{AT_i}| : |\overline{T_iB}|$.

Goldener Schnitt. Er heißt auch stetige Teilung (Abb. 4.7b) und stellt die innere Teilung dar, für die $|\overline{AB}| : |\overline{AT}| = |\overline{AT}| : |\overline{TB}|$ ist.

Beispiel

Gegeben ist die Strecke $\overline{AB}$. Gesucht werden T_i für $v = 3 : 5$ und T_a für $v = -3 : 5$. – Die Geraden durch (A, D) und (B, C) sind beliebige Parallelen. Mit Hilfe weiterer Paral-

lelen (gestrichelt) ist die Strecke $\overline{AB}$ in $n + m$ gleich große Strecken zu teilen (Abb. 4.7a). ◄

4.2.7 Pythagoreische Sätze

Allgemeine Dreiecke
Nach Abb. 4.8 sind *Eckpunkte A, B, C* im mathematisch positiven Umlaufsinn zu definieren ($\triangle ABC$). Die *Seiten a, b, c* liegen gegenüber den gleich lautenden Eckpunkten, und die *Innenwinkel* α, β, γ haben den „gleich lautenden" Eckpunkt als Scheitel.

Bezeichnungen. *Höhen* h_a, h_b, h_c sind Abstände der Eckpunkte von ihren gegenüberliegenden Seiten. Insbesondere schneiden sich (Abb. 4.8a–c) die:

a *Seitenhalbierenden* s_a, s_b und s_c im Schwerpunkt S,
b *Winkelhalbierenden* w_α, w_β und w_γ im Mittelpunkt M_i des Innenkreises mit den Seiten als Tangenten,
c *Mittelsenkrechten* m_a, m_b und m_c im Mittelpunkt M_u des Umkreises durch die Eckpunkte.

Für die Höhen (Abb. 4.8d) gilt:

$$h_a : h_b : h_c = 1/a : 1/b : 1/c.$$

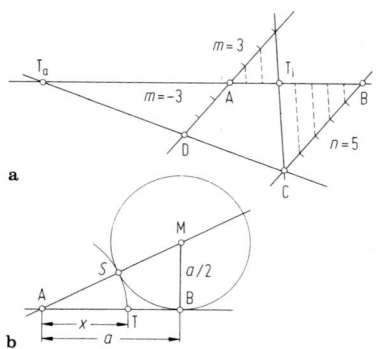

a

b

Abb. 4.7 Teilung der Strecke $\overline{AB}$. **a** äußere und innere Teilung; **b** stetige Teilung (Goldener Schnitt)

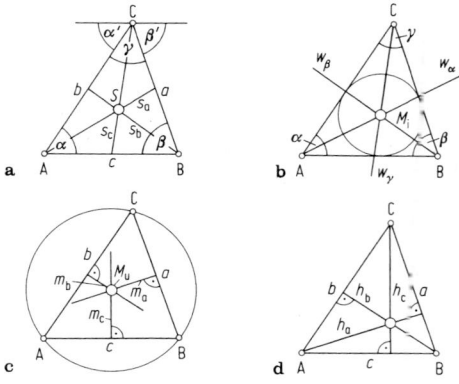

a   **b**

c   **d**

Abb. 4.8 Dreieck. **a** Seitenhalbierende und Schwerpunkt; **b** Winkelhalbierende und Innenkreis; **c** Mittelsenkrechte und Umkreis; **d** Höhen

Sätze Von je zwei verschieden großen Seiten eines Dreiecks liegt der größeren Seite der größere Winkel gegenüber. – Die Summe der Innenwinkel beträgt 180. – Für Dreiecke folgen aus einer Formel zwei weitere durch zyklische Vertauschungen, also durch Ersetzen der Zahlentripel (a, b, c) und (α, β, γ) durch (b, c, a) und (β, γ, α) oder (c, a, b) und (γ, α, β).

Einteilung. Sie erfolgt nach Winkeln in spitz-, recht- und stumpfwinklige Dreiecke sowie nach den Seiten in gleichseitige und gleichschenklige Dreiecke.

Rechtwinkliges Dreieck
Hier heißen die Schenkel des rechten Winkels Katheten (a und b in Abb. 4.9a) und die ihm gegenüberliegende Seite Hypotenuse (c).

Satz von Thales. Der geometrische Ort aller Dreieckpunkte C_i, die mit einer gegebenen Strecke $\overline{AB}$ ein rechtwinkliges Dreieck bilden, ist der Kreis durch A und B mit Mittelpunkt M auf der Strecke $\overline{AB}$ (Abb. 4.9b). Im rechtwinkligen Dreieck mit den Katheten a und b teilt der Fußpunkt F der Höhe h_{c} die Hypotenuse c in die Abschnitte a' und b', die Projektionen der Katheten auf die Hypotenuse.

Höhensatz, Sätze von Euklid und Pythagoras. Sie lauten

$$h_{\mathrm{c}}^2 = a'b'; \tag{4.3}$$

$$a^2 = a'c, \quad b^2 = b'c; \tag{4.4}$$

$$a^2 + b^2 = c^2. \tag{4.5}$$

Im rechtwinkligen Dreieck ist das Quadrat der Hypotenusenlänge gleich der Summe der Quadrate der Kathetenlängen. Der Beweis folgt aus

der Ähnlichkeit der Dreiecke $\triangle(ABC)$, $\triangle(ACF)$ und $\triangle(CBF)$. Seine allgemeine Form ist der Kosinussatz (s. Abschn. 4.2.2). Dreiecke lassen sich durch ihre Höhe in rechtwinklige Teildreiecke zerlegen. Konvexe Polygone bestehen aus einzelnen Dreiecken (s. Abschn. 4.2.2).

Beispiel

Beweis für die Konstruktion des goldenen Schnitts. – Nach Abb. 4.7b mit $|\overline{AB}| = a$, $|\overline{AT}| = x = |\overline{AS}|$, $|\overline{TB}| = a - x$ und $|\overline{MB}| = a/2$ gilt im Dreieck $\triangle ABM$ der Satz des Pythagoras: $a^2 + a^2/4 = (x + a/2)^2$ bzw. $a : x = x : (a - x)$, also stetige Teilung. ◄

4.3 Trigonometrie

Die Trigonometrie ist die Lehre von der Berechnung der Dreiecke mit Hilfe der trigonometrischen Funktionen, auch Winkel- oder Kreisfunktionen genannt. Die hier behandelte ebene Trigonometrie setzt das Dreieck in der Ebene voraus. Bei der sphärischen Trigonometrie dagegen werden die Dreiecke von Kreisbögen auf Kugeloberflächen gebildet. Mit der Erweiterung der Definition trigonometrischer Funktionen auf komplexe Variable ergeben sich Zusammenhänge mit den Exponential- und Hyperbelfunktionen.

4.3.1 Goniometrie

In der Goniometrie werden diejenigen Beziehungen der trigonometrischen Funktionen, die allein Winkel (s. Abschn. 4.1.3) betreffen, untersucht.

Trigonometrische Funktionen
Sie sind zunächst für ungerichtete spitze Winkel im rechtwinkligen Dreieck als Verhältnisse von Seitenlängen definiert. Entsprechend Abb. 4.9a gilt mit der Ankathete b, der Gegenkathete a und der Hypotenuse c

$$\text{Sinus:} \quad \sin\alpha = a/c = 1/\operatorname{cosec}\alpha; \tag{4.6}$$

$$\text{Kosinus:} \quad \cos\alpha = b/c = 1/\sec\alpha; \tag{4.7}$$

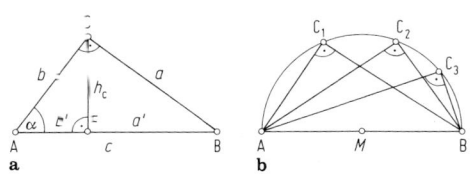

Abb. 4.9 Sätze des rechtwinkligen Dreiecks. **a** Pythagoras und Höhensatz; **b** Thales

Tangens: $\tan\alpha = a/b, \quad \alpha \neq 90°;$ (4.8)

Kotangens: $\cot\alpha = b/a, \quad \alpha \neq 0°.$ (4.9)

Trigonometrischer Satz von Pythagoras

$$\sin^2\alpha + \cos^2\alpha = 1; \quad (4.10)$$

$$\tan\alpha = 1/\cot\alpha = \sin\alpha/\cos\alpha,$$
$$1 + \tan^2\alpha = 1/\cos^2\alpha,$$
$$1 + \cot^2\alpha = 1/\sin^2\alpha \quad (4.11)$$

$$\sin(90° - \alpha) = \cos\alpha, \quad \cos(90° - \alpha) = \sin\alpha,$$
$$\tan(90° - \alpha) = \cot\alpha, \quad \cot(90° - \alpha) = \tan\alpha. \quad (4.12)$$

Die Anwendung der Definitionen auf rechtwinklige Dreiecke als Teile von gleichseitigen Dreiecken oder Quadraten der Kantenlänge 1 ergibt die Werte für einige wichtige Winkel:

α	$0°$	$30°$	$45°$	$60°$	$90°$
$\sin\alpha$	0	1/2	$(1/2)\sqrt{2}$	$(1/2)\sqrt{3}$	1
$\cos\alpha$	1	$(1/2)\sqrt{3}$	$(1/2)\sqrt{2}$	1/2	0
$\tan\alpha$	0	$(1/3)\sqrt{3}$	1	$\sqrt{3}$	∞
$\cot\alpha$	∞	$\sqrt{3}$	1	$(1/3)\sqrt{3}$	0

Funktionen beliebiger Winkel. Abb. 4.10a zeigt die für einen auf dem Kreis umlaufenden Punkt $P = (x, y)$ geltenden Zuordnungen für beliebige Winkel φ. Die trigonometrischen Funktionen (Abb. 4.10b) – als Menge von Punktpaaren (x, y) im Sinne der Abbildung einer Menge $\{x\}$ ($x = \varphi$/rad Zahlenwert des Winkels, s. Abschn. 4.1.3) – sind

$$[\sin] = \{(x, y)|x \in \mathbb{R}, \ y \in [-1, 1],$$
$$\qquad x \mapsto y = \sin x\};$$
$$[\cos] = \{(x, y)|x \in \mathbb{R}, \ y \in [-1, 1],$$
$$\qquad x \mapsto y = \cos x\};$$
$$[\tan] = \{(x, y)|x \in \mathbb{R} \setminus \{(2n + 1)\pi/2|n \in \mathbb{Z}\},$$
$$\qquad x \mapsto y = \tan x\},$$
$$[\cot] = \{(x, y)|x \in \mathbb{R} \setminus \{n\pi|n \in \mathbb{Z}\},$$
$$\qquad x \mapsto y = \cot x\}.$$
$$\hfill (4.13)$$

cos- und sin-Funktionen sind beschränkt und periodisch mit der Periode 2π, d. h. $\sin(x +$

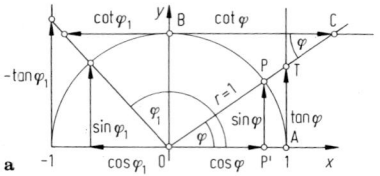

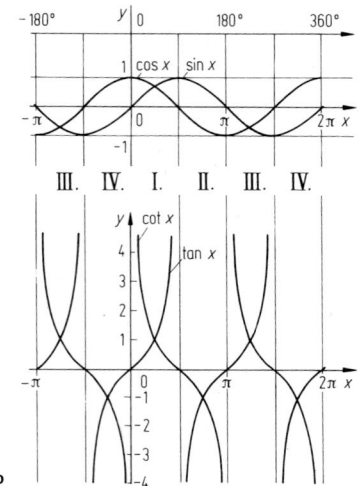

Abb. 4.10 Trigonometrische Funktionen. **a** Einheitskreis; **b** Darstellung

$2\pi n) = \sin x, \cos(x + 2\pi n) = \cos x; n \in \mathbb{Z}.$ tan- und cot-Funktionen sind unbeschränkt und periodisch mit der Periode π, d. h. $\tan(x + \pi n) = \tan x, \cot(x + \pi n) = \cot x, n \in \mathbb{Z}.$ Sie haben Unstetigkeitsstellen (s. Gln. (4.13)).

Nullstellen der Funktionen für $k \in \mathbb{Z}$:

$$\sin x = \tan x = 0 \text{ für } x = x_k = k\pi,$$
$$\cos x = \cot x = 0 \text{ für } x = x_k = (2k + 1)\pi/2.$$

Ungerade Funktionen:

$$\sin(-x) = -\sin x, \quad \tan(-x) = -\tan x,$$
$$\cot(-x) = -\cot x.$$

Gerade Funktion: $\cos(-x) = \cos x.$

Die Beträge aller Funktionswerte sind aus dem Intervall $0 \leq x \leq \pi/2$ (I. Quadrant) zu entnehmen und daher in Tabellen nur für dieses Intervall angegeben. *Zur Reduktion auf das Intervall* $0 \leq x \leq \pi/2$ gelten die Beziehungen sinngemäß auch für den Winkel φ in Grad, d. h.

$0 \leqq \varphi \leqq 90°$, daher auch als Quadrantenrelationen bezeichnet.

$z =$	$\pm x$	$\pi/2 \pm x$	$\pi \pm x$	$3\pi/2 \pm x$	$2\pi - x$
$\sin z =$	$\pm \sin x$	$+ \cos x$	$\mp \sin x$	$- \cos x$	$- \sin x$
$\cos z =$	$+ \cos x$	$\mp \sin x$	$- \cos x$	$\pm \sin x$	$+ \cos x$
$\tan z =$	$\pm \tan x$	$\mp \cot x$	$\pm \tan x$	$\mp \cot x$	$- \tan x$
$\cot z =$	$\pm \cot x$	$\mp \tan x$	$\pm \cot x$	$\mp \tan x$	$- \cot x$

Für Argumente $|x| > 2\pi$ ist zuerst die Restklasse

$$z = x \bmod (2\pi)$$
$$= \operatorname{sign}(x)\{|x| - 2\pi \cdot \operatorname{ent}[|x|/(2\pi)]\}$$

zu bilden, d. h. von $|x|$ das größte ganzzahlige Vielfache von 2π, das kleiner bzw. gleich $|x|$ ist, zu subtrahieren. Hierbei ist $\operatorname{ent}(x)$ die größte ganze Zahl kleiner bzw. gleich x.

Funktionen desselben Arguments. Sie ergeben sich aus den in Abb. 4.10a benutzten Dreiecken mit dem Satz von Pythagoras (s. Gln. (4.10) bis (4.12)).

gesucht	gegeben			
	$\sin x$	$\cos x$	$\tan x$	$\cot x$
$\sin x =$	$-$	$\pm\sqrt{1-\cos^2 x}$	$\pm\dfrac{\tan x}{\sqrt{1+\tan^2 x}}$	$\pm\dfrac{1}{\sqrt{1+\cot^2 x}}$
$\cos x =$	$\pm\sqrt{1-\sin^2 x}$	$-$	$\pm\dfrac{1}{\sqrt{1+\tan^2 x}}$	$\pm\dfrac{\cot x}{\sqrt{1+\cot^2 x}}$
$\tan x =$	$\pm\dfrac{\sin x}{\sqrt{1-\sin^2 x}}$	$\pm\dfrac{\sqrt{1-\cos^2 x}}{\cos x}$	$-$	$\dfrac{1}{\cot x}$
$\cot x =$	$\pm\dfrac{\sqrt{1-\sin^2 x}}{\sin x}$	$\pm\dfrac{\cos x}{\sqrt{1-\cos^2 x}}$	$\dfrac{1}{\tan x}$	$-$

Das Vorzeichen richtet sich nach dem Quadranten, in dem x liegt.

Additionstheoreme. Sie geben die Relationen zwischen der Anwendung der Funktion auf ein aus mehreren Winkeln gebildetes Argument und den Funktionen der beteiligten Winkel an.

Summe und Differenz zweier Winkel. Aus Abb. 4.11 folgt z. B.

$$\sin(\alpha + \beta) = \frac{|\overline{AE}|}{|\overline{OE}|} = \frac{|\overline{AD}| + |\overline{DE}|}{|\overline{OE}|}$$
$$= \frac{|\overline{CB}|}{|\overline{OC}|} \cdot \frac{|\overline{OC}|}{|\overline{OE}|} + \frac{|\overline{DE}|}{|\overline{EC}|} \cdot \frac{|\overline{EC}|}{|\overline{OE}|},$$

Abb. 4.11 Zur Ableitung der Additionstheoreme

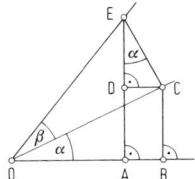

$$\sin(\alpha \pm \beta) = \sin\alpha \cos\beta \pm \cos\alpha \sin\beta;$$
$$\cos(\alpha \pm \beta) = \cos\alpha \cos\beta \mp \sin\alpha \sin\beta;$$
$$\tan(\alpha \pm \beta) = \frac{\tan\alpha \pm \tan\beta}{1 \mp \tan\alpha \tan\beta},$$
$$\cot(\alpha \pm \beta) = \frac{\cot\alpha \cot\beta \mp 1}{\cot\beta \pm \cot\alpha}. \tag{4.14}$$

$$\sin(\alpha + \beta) + \sin(\alpha - \beta) = 2\sin\alpha \cos\beta,$$
$$\sin(\alpha + \beta) - \sin(\alpha - \beta) = -2\cos\alpha \sin\beta;$$
$$\cos(\alpha + \beta) + \cos(\alpha - \beta) = 2\cos\alpha \cos\beta,$$
$$\cos(\alpha + \beta) - \cos(\alpha - \beta) = -2\sin\alpha \sin\beta;$$
$$\sin(\alpha + \beta)\sin(\alpha - \beta) = \cos^2\beta - \cos^2\alpha$$
$$= \sin^2\alpha - \sin^2\beta;$$
$$\cos(\alpha + \beta)\cos(\alpha - \beta) = \cos^2\beta - \sin^2\alpha$$
$$= \cos^2\alpha - \sin^2\beta. \tag{4.15}$$

Vielfache und Teile eines Winkels. Mit $\beta = \alpha$ oder $\alpha/2$ folgen

$$\sin 2\alpha = 2\sin\alpha \cos\alpha,$$
$$\sin\alpha = 2\sin(\alpha/2)\cos(\alpha/2);$$
$$\cos 2\alpha = \cos^2\alpha - \sin^2\alpha,$$
$$\cos\alpha = \cos^2(\alpha/2) - \sin^2(\alpha/2);$$
$$\tan 2\alpha = \frac{2\tan\alpha}{1 - \tan^2\alpha},$$
$$\tan\alpha = \frac{2\tan(\alpha/2)}{1 - \tan^2(\alpha/2)};$$
$$\cot 2\alpha = \frac{\cot^2\alpha - 1}{2\cot\alpha},$$
$$\cot\alpha = \frac{\cot^2(\alpha/2) - 1}{2\cot(\alpha/2)}. \tag{4.16}$$

$$\left.\begin{aligned}
\sin 3\alpha &= 3\sin\alpha - 4\sin^3\alpha, \\
\sin 4\alpha &= 8\sin\alpha\cos^3\alpha - 4\sin\alpha\cos\alpha; \\
\cos 3\alpha &= 4\cos^3\alpha - 3\cos\alpha, \\
\cos 4\alpha &= 8\cos^4\alpha - 8\cos^2\alpha + 1.
\end{aligned}\right\}$$
$$(4.17)$$

$$\sin(n\alpha) = \binom{n}{1}\sin\alpha\cos^{n-1}\alpha$$
$$- \binom{n}{3}\sin^3\alpha\cos^{n3}\alpha$$
$$+ \binom{n}{5}\sin^5\alpha\cos^{n-5}\alpha - + \ldots;$$

$$\cos(n\alpha) = \binom{n}{0}\cos^n\alpha - \binom{n}{2}\sin^2\alpha\cos^{n-2}\alpha$$
$$+ \binom{n}{4}\sin^4\alpha\cos^{n-4}\alpha - + \ldots$$

Satz von Euler und Moivre. Für komplexe Zahlen (s. Abschn. 2.2.3) gilt $\exp(i\alpha) = \cos\alpha + i\sin\alpha$ und $(\cos\alpha + i\sin\alpha)^n = \cos(n\alpha) + i\sin(n\alpha) = \exp(n\,i\,\alpha)$.

Potenzen der Funktionen. Die Umformung der Gln. (4.16) liefert

$$\left.\begin{aligned}
\sin^2\alpha &= (1 - \cos 2\alpha)/2, \\
\cos^2\alpha &= (1 + \cos 2\alpha)/2, \\
\sin^3\alpha &= (3\sin\alpha - \sin 3\alpha)/4, \\
\cos^3\alpha &= (3\cos\alpha + \cos 3\alpha)/4.
\end{aligned}\right\}$$
$$(4.18)$$

Summen und Differenzen der Funktionen. Sie ergeben sich aus den Gln. (4.14) mit $\alpha' + \beta' = \beta$ und $\alpha' - \beta' = \alpha$ zu

$$\left.\begin{aligned}
\sin\alpha \pm \sin\beta &= 2\sin\frac{\alpha\pm\beta}{2}\cdot\cos\frac{\alpha\mp\beta}{2}, \\
\cos\alpha + \cos\beta &= 2\cos\frac{\alpha+\beta}{2}\cdot\cos\frac{\alpha-\beta}{2}, \\
\cos\alpha - \cos\beta &= -2\sin\frac{\alpha+\beta}{2}\cdot\sin\frac{\alpha-\beta}{2}.
\end{aligned}\right\}$$
$$(4.19)$$

Zyklometrische Funktionen

Sie werden auch Arcus- oder Bogenfunktionen genannt und sind die Umkehrfunktionen (Inversen) der trigonometrischen Funktionen. Die Spiegelung der trigonometrischen Funktionskurven an der Geraden $y = x$ ergibt die Kurven der zyklometrischen Funktionen (Abb. 4.12) in dem mit „Hauptwerte" gekennzeichneten Bereich. Die implizierte Form der Umkehrfunktion zum Sinus ist $x = \sin y$, die explizite $y = \arcsin x$. Letztere besagt, dass am Einheitskreis y der Zahlenwert des Bogens ist, dessen Sinus gleich x ist. Im Abb. 4.13 sind y und z Winkel; y ist im positiven Sinn, z entgegengesetzt skaliert. Damit gilt

$$\left.\begin{aligned}
[\arcsin] = \{(x,y)|&x \in [-1,1], \\
&y \in [-\pi/2, \pi/2], \\
&x \mapsto y = \arcsin x\}, \\
[\arccos] = \{(x,y)|&x \in [-1,1], y \in [0,\pi], \\
&x \mapsto y = \arccos x\}, \\
[\arctan] = \{(x,y)|&x \in \mathbb{R}, y \in (-\pi/2, \pi/2), \\
&x \mapsto y = \arctan x\}, \\
[\mathrm{arccot}] = \{(x,y)|&x \in \mathbb{R}, y \in (0,\pi), \\
&x \mapsto y = \mathrm{arccot}\, x\}.
\end{aligned}\right\}$$
$$(4.20)$$

Im angelsächsischen Sprachgebrauch gelten für diese Funktionen die Bezeichnungen $\sin^{-1}$, $\cos^{-1}$, $\tan^{-1}$ und $\cot^{-1}$ (z. B. auf Taschenrechnern).

Die Gln. (4.20) erklären zusammen mit den Gln. (4.13) die Umkehridentitäten:

$$\left.\begin{aligned}
\sin(\arcsin x) &\equiv x \quad \text{für } x \in [-1,1], \\
\arcsin(\sin x) &\equiv x \quad \text{für } x \in [-\pi/2, \pi/2]; \\
\cos(\arccos x) &\equiv x \quad \text{für } x \in [-1,1], \\
\arccos(\cos x) &\equiv x \quad \text{für } x \in [0,\pi]; \\
\tan(\arctan x) &\equiv x \quad \text{für } x \in \mathbb{R}, \\
\arctan(\tan x) &\equiv x \quad \text{für } x \in (-\pi/2, \pi/2); \\
\cot(\mathrm{arccot}\, x) &\equiv x \quad \text{für } x \in \mathbb{R}, \\
\mathrm{arccot}(\cot x) &\equiv x \quad \text{für } x \in (0,\pi).
\end{aligned}\right\}$$
$$(4.21)$$

Abb. 4.12 Zyklometrische Funktionen

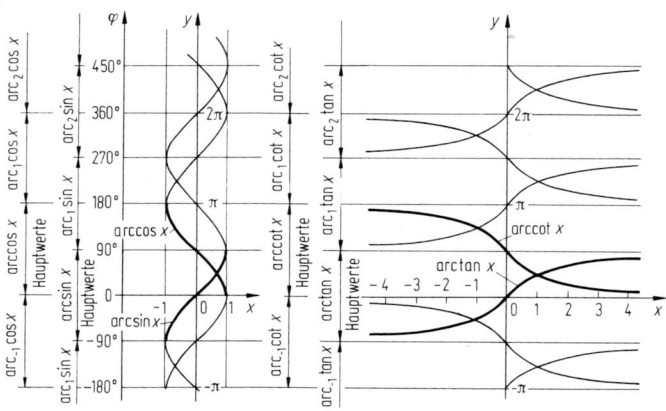

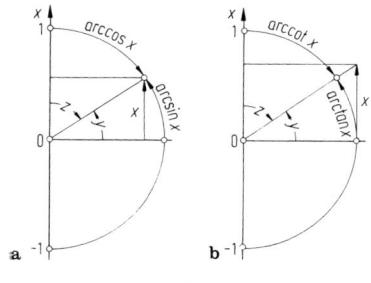

x	y	z		x	y	z
1	$\pi/2$	0		1	$\pi/4$	$\pi/4$
0	0	$\pi/2$		0	0	$\pi/2$
−1	$-\pi/2$	π		−1	$-\pi/4$	$3\pi/4$

Abb. 4.13 Bogenfunktionswerte am Einheitskreis. **a** für $y = \arcsin x$ und $z = \arccos x$; **b** für $y = \arctan x$ und $z = \text{arccot}\, x$

Eigenschaften. Alle vier zyklometrischen Funktionen sind im Bereich der Hauptwerte beschränkt.

- Nullstellen:

$$\arcsin x = 0 \quad \text{für } x = 0,$$
$$\arccos x = 0 \quad \text{für } x = 1 \quad \text{und}$$
$$\arctan x = 0 \quad \text{für } x = 0.$$

- Ungerade Funktionen:

$$\arcsin(-x) = -\arcsin x,$$
$$\arctan(-x) = -\arctan x.$$

- Negative Argumente:

$$\arccos(-x) = \pi - \arccos x,$$
$$\text{arccot}(-x) = \pi - \text{arccot}\, x.$$

k-ter Monotoniebereich der Sinus-Funktion: Mit $-\pi/2 + k\pi \leqq x \leqq \pi/2 + k\pi$ ist die Umkehrfunktion für diesen Bereich der k-te Nebenwert $\text{arc}_k \sin x$ für $k \in \mathbb{Z}$. Damit wird

$$y = \text{arc}_k \sin x = k\pi + (-1)^k \arcsin x$$
für $y \in [-\pi/2 + k\pi, k\pi + \pi/2]$,

$$y = \begin{cases} k\pi + \arccos x & \text{für } k \text{ gerade} \\ (k+1)\pi - \arccos x & \text{für } k \text{ ungerade} \end{cases}$$

und $\quad y \in [k\pi, (k+1)\pi]$,

$$y = \text{arc}_k \tan x = k\pi + \arctan x$$
für $y \in (-\pi/2 + k\pi, k\pi + \pi/2)$,

$$y = \text{arc}_k \cot x = k\pi + \text{arccot}\, x$$
für $y \in (k\pi, (k+1)\pi)$;

$k = 0$ liefert die Hauptwerte.

Beispiel

$0,1(x-4)^2 + \sin x = 0$. – Einer Skizze entnimmt man den Schnittpunkt der Parabel $y = -0,1(x-4)^2$ mit der Sinuskurve und dass ein Wert $x \in (\pi, 4)$ sein muss. Will man mit dem Iterationsverfahren x_{i+1} aus x_i berechnen, so ist

$$x_{i+1} = \pi - \arcsin[-(x_i - 4)^2 \cdot 0,1]$$
$$= \pi + \arcsin[(x_i - 4)^2 \cdot 0,1]$$

zu bilden und damit auf den für die Inversion gültigen Monotoniebereich zu reduzieren. Mit $x_0 = 3,2$ erhält man nach einigen Schritten $x_i = 3,20486$ als brauchbare Näherungslösung. ◄

Beziehungen im Bereich der Hauptwerte. Es gelten:

$$\arcsin x = \pi/2 - \arccos x$$
$$= \arctan(x/\sqrt{1-x^2}),$$
$$\arccos x = \pi/2 - \arcsin x$$
$$= \arccos(x/\sqrt{1-x^2}),$$
$$\arctan x = \pi/2 - \text{arccot} x$$
$$= \arcsin(x/\sqrt{1+x^2}),$$
$$\text{arccot} x = \pi/2 - \arctan x$$
$$= \arccos(x/\sqrt{1+x^2}),$$
$$\text{arccot} x = \begin{cases} \arctan(1/x) & \text{für } x > 0, \\ \pi + \arctan(1/x) & \text{für } x < 0. \end{cases}$$

(4.22)

Hyperbelfunktionen

Sie sind spezielle Linearkombinationen der Exponentialfunktion (Abb. 4.14a), die sich als Lösung einer Reihe technischer Probleme ergeben, wie der Hyperbelsinus (sinus hyperbolicus) sinh, der Hyperbelkosinus cosh, der Hyperbeltangens tanh und der Hyperbelkotangens coth.

$$[\sinh] = \{(x,y) | x \in \mathbb{R}, y \in \mathbb{R},$$
$$x \mapsto y = \sinh x$$
$$= [\exp(x) - \exp(-x)]/2\};$$
$$[\cosh] = \{(x,y) | x \in \mathbb{R}, y \in [1,\infty),$$
$$x \mapsto y = \cosh x$$
$$= [\exp(x) + \exp(-x)]/2\};$$
$$[\tanh] = \{(x,y) | x \in \mathbb{R}, y \in (-1,1),$$
$$x \mapsto y = \tanh x$$
$$= \frac{\exp(x) - \exp(-x)}{\exp(x) + \exp(-x)}\};$$
$$[\coth] = \{(x,y) | x \in \mathbb{R} \setminus \{0\},$$
$$y \in \mathbb{R} \setminus (-1,1),$$
$$x \mapsto y = \coth x$$
$$= \frac{\exp(x) + \exp(-x)}{\exp(x) - \exp(-x)}\}.$$

(4.23)

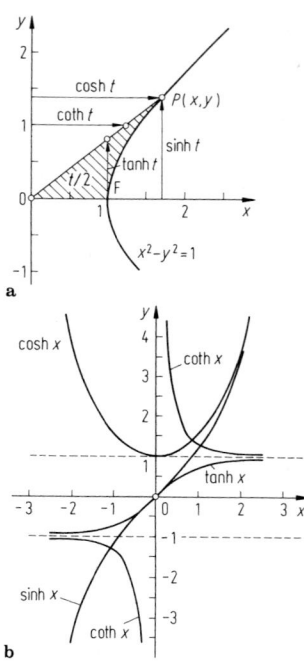

Abb. 4.14 a Einheitshyperbel mit Sektor $t/2$ *schraffiert*; **b** Funktionsverlauf (*Graph*)

sinh, cosh und coth sind unbeschränkt, tanh ist beschränkt. tanh und coth haben horizontale Asymptoten bei $y = \pm 1$.

- Nullstellen:
$$\sinh x = 0 \quad \text{für } x = 0,$$
$$\tanh x = 0 \quad \text{für } x = 0.$$

- Gerade Funktion:
$$\cosh(-x) = \cosh x.$$

- Ungerade Funktionen:
$$\sinh(-x) = -\sinh x, \quad \tanh(-x) = -\tanh x,$$
$$\coth(-x) = -\coth x.$$

Definitionsgemäß ist

$$\tanh x = \sinh x / \cosh x = 1/\coth x,$$
$$\sinh x + \cosh x = \exp(x),$$
$$\sinh x - \cosh x = -\exp(-x),$$
$$\cosh^2 x - \sinh^2 x = 1,$$
$$1 - \tanh^2 x = 1/\cosh^2 x,$$
$$\coth^2 x - 1 = 1/\sinh^2 x.$$

(4.24)

Additionstheoreme. Analog den Kreisfunktionen gilt

$$\left.\begin{aligned}
\sinh(x \pm y) &= \sinh x \cosh y \pm \cosh x \sinh y, \\
\cosh(x \pm y) &= \cosh x \cosh y \pm \sinh x \sinh y, \\
\tanh(x \pm y) &= \frac{\tanh x \pm \tanh y}{1 \pm \tanh x \tanh y}, \\
\coth(x \pm y) &= \frac{1 \pm \coth x \coth y}{\coth x \pm \coth y}.
\end{aligned}\right\}$$
(4.25)

$$\left.\begin{aligned}
\sinh(nx) &= \binom{n}{1}\cosh^{n-1}x \sinh x \\
&\quad + \binom{n}{3}\cosh^{n-3}x \sinh^3 x \\
&\quad + \ldots + \binom{n}{n-1}\cosh x \sinh^{n-1}x, \\
\cosh(nx) &= \cosh^n x + \binom{n}{2}\cosh^{n-2}x \sinh^2 x \\
&\quad + \ldots + \binom{n}{n}\sinh^n x.
\end{aligned}\right\}$$
(4.26)

Deutung an der Einheitshyperbel. So wie $x = \cos\varphi, y = \sin\varphi$ eine Parameterdarstellung des Einheitskreises mit dem Parameter ϕ ist, ergeben sich $x = \pm\cosh t, y = \sinh t$ für die Einheitshyperbel. $x^2 - y^2 = \cosh^2 t - \sinh^2 t = 1$. Die Koordinaten des Punkts P in Abb. 4.14b sind den Hyperbelsinus- und Hyperbelkosinuswerten des Parameters t zuzuordnen. Der Parameter t ist ein Maß für die Fläche A des schraffierten Hyperbelsektors OPF, wie mittels Integration nachweisbar ist.

$$t = \ln(\cosh t + \sqrt{\cosh^2 t - 1}) = 2A. \quad (4.27)$$

Die tanh-t-Werte sind Strecken auf der Scheiteltangente, die coth-t-Werte Strecken auf der Geraden $y = 1$, jeweils bis zum Schnitt mit der Strecke $\overline{OP}$.

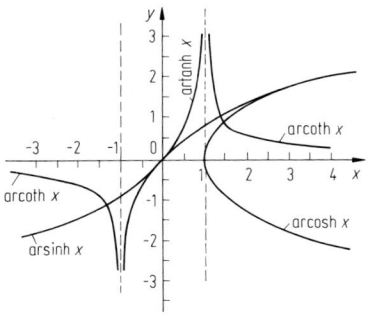

Abb. 4.15 Areafunktionen

Areafunktionen

Sie sind die Umkehrfunktionen der Hyperbelfunktionen (Abb. 4.15). Der Name (area = Fläche) erklärt sich aus der Deutung der Hyperbelfunktion (Abb. 4.14b) an der Einheitshyperbel. Für den Hyperbelsinus (überall streng monoton) $y = \sinh x$ ergibt sich als Inverse in impliziter Form $x = \sinh y$ bzw. explizit $y = \operatorname{arsinh} x$. Für die Graphen der Areafunktionen gilt

$$\left.\begin{aligned}
[\operatorname{arsinh}] &= \{(x,y)\,|\,x \in \mathbb{R}, y \in \mathbb{R}, \\
&\quad x \mapsto y = \operatorname{arsinh} x \\
&\quad = \ln(x + \sqrt{x^2 + 1})\}; \\
[\operatorname{arcosh}] &= \{(x,y)\,|\,x \in [1,\infty), y \in [0,+\infty), \\
&\quad x \mapsto y = \operatorname{arcosh} x \\
&\quad = +\ln(x + \sqrt{x^2 - 1})\}; \\
[\operatorname{artanh}] &= \{(x,y)\,|\,x \in (-1,1), y \in \mathbb{R}, \\
&\quad x \mapsto y = \operatorname{artanh} x \\
&\quad = \tfrac{1}{2}\ln\frac{1+x}{1-x}\}; \\
[\operatorname{arcoth}] &= \{(x,y)\,|\,x \in \mathbb{R}\setminus[-1,1], \\
&\quad y \in \mathbb{R}\setminus\{0\}, \\
&\quad x \mapsto y = \operatorname{arcoth} x \\
&\quad = \tfrac{1}{2}\ln\frac{x+1}{x-1}\}.
\end{aligned}\right\}$$
(4.28)

So folgt aus Gl. (4.27) $2A = t = \ln(x + \sqrt{x^2 - 1}) = \operatorname{arcosh} x$ mit $x = \cosh t$.

Umkehridentitäten. Sie sind mithin

$$
\left.\begin{aligned}
\sinh(\operatorname{arsinh} x) &\equiv x \\
&\equiv \operatorname{arsinh}(\sinh x) \quad \text{für } x \in \mathbb{R}, \\
\cosh(\operatorname{arcosh} x) &\equiv x \quad \text{für } x \in [1, \infty) \quad \text{und} \\
\operatorname{arcosh}(\cosh x) &\equiv x \quad \text{für } x \in [0, \infty], \\
\tanh(\operatorname{artanh} x) &\equiv x \quad \text{für } x \in (-1, 1) \quad \text{und} \\
\operatorname{artanh}(\tanh x) &\equiv x \quad \text{für } x \in \mathbb{R}, \\
\coth(\operatorname{arcoth} x) &= x \quad \text{für } x \in \mathbb{R} \setminus [-1, 1] \\
&\text{und} \\
\operatorname{arcoth}(\coth x) &= x \in \mathbb{R} \setminus \{0\}.
\end{aligned}\right\}
$$

$$(4.29)$$

Eigenschaften. Ungerade Funktionen sind

$$
\begin{aligned}
\operatorname{arsinh}(-x) &= -\operatorname{arsinh} x, \\
\operatorname{artanh}(-x) &= -\operatorname{artanh} x, \\
\operatorname{arcoth}(-x) &= -\operatorname{arcoth} x.
\end{aligned}
$$

Weiterhin gilt

$$
\left.\begin{aligned}
\operatorname{arsinh} x &= \begin{cases}
\operatorname{arcosh}(\sqrt{x^2 + 1}) & \text{für } x > 0, \\
-\operatorname{arcosh}(\sqrt{x^2 + 1}) & \text{für } x < 0, \\
\operatorname{artanh} \dfrac{x}{\sqrt{x^2 + 1}} \\
= \operatorname{arcoth} \dfrac{\sqrt{x^2 + 1}}{x};
\end{cases} \\
\operatorname{arcosh} x &= \pm \operatorname{arsinh}(\sqrt{x^2 - 1}) \\
&= \pm \operatorname{artanh}\left(\dfrac{\sqrt{x^2 - 1}}{x}\right) \\
&= \pm \operatorname{arcoth}\left(\dfrac{x}{\sqrt{x^2 - 1}}\right).
\end{aligned}\right\}
$$

$$(4.30)$$

4.3.2 Berechnung von Dreiecken und Flächen

Die Berechnung fehlender Bestimmungsstücke eines Dreiecks aus gegebenen kann mit Hilfe der trigonometrischen Funktionen über den in Abschn. 4.1.7 dargestellten Umfang für rechtwinklige Dreiecke hinaus erweitert werden. Das Problem ist gelöst, wenn aus drei gegebenen Größen drei andere berechnet werden können.

Rechtwinkliges Dreieck. Hier (Abb. 4.9a) gelten nach dem Satz von Pythagoras mit den trigonometrischen Funktionen die Lösungen in Tab. 4.1 für die fünf Grundaufgaben.

Schiefwinkliges Dreieck. In ihm gelten die folgenden Sätze (zyklische Vertauschungen sind gekennzeichnet mit $\curvearrowright$):

$$\text{Sinussatz:} \quad \frac{a}{\sin \alpha} = \frac{b}{\sin \beta} = \frac{c}{\sin \gamma} = 2r.$$

$$(4.31)$$

Kosinussatz oder verallgemeinerter Satz von Pythagoras:

$$
\left.\begin{aligned}
a^2 &= b^2 + c^2 - 2bc \, ; \cos \alpha; \\
&\text{zyklische Vertauschung führt zu} \\
b^2 &= c^2 + a^2 - 2ca \cos \beta \quad \text{und} \\
c^2 &= a^2 + b^2 - 2ab \cos \gamma.
\end{aligned}\right\}
$$

$$(4.32)$$

Bedingte Identitäten für die Winkelfunktionen: Wegen $\alpha + \beta + \gamma = 180°$ folgen aus den Additionstheoremen

$$
\begin{aligned}
\sin \alpha &= \sin(\beta + \gamma), \\
\sin(\alpha/2) &= \cos[(\beta + \gamma)/2], \\
\cos \alpha &= -\cos(\beta + \gamma), \\
\cos(\alpha/2) &= \sin[(\beta + \gamma)/2] \quad \text{und} \quad \curvearrowright.
\end{aligned}
$$

Summe der Projektionen. Jede Seite lässt sich aus den beiden anderen Seiten berechnen; $a = b \cos \gamma + c \cos \beta$ und $\curvearrowright$.

Tangenssatz oder Nepersche Formel:

$$\tan \frac{\alpha - \beta}{2} = \frac{a - b}{a + b} \cdot \tan \frac{\alpha + \beta}{2}$$

$$\text{mit} \quad \frac{\alpha + \beta}{2} = \frac{180° - \gamma}{2} \quad \text{und} \quad \curvearrowright. \quad (4.33)$$

Mollweidesche Formeln:

$$
\left.\begin{aligned}
(b + c) \sin(\alpha/2) &= a \cos[(\beta - \gamma)/2] \quad \text{und} \\
(b - c) \cos(\alpha/2) &= a \sin[(\beta - \gamma)2] \quad \text{sowie} \\
&\curvearrowright.
\end{aligned}\right\}
$$

$$(4.34)$$

Halbwinkelsatz:

$$\tan \frac{\alpha}{2} = \sqrt{\frac{(s - b)(s - c)}{s(s - a)}} \quad \text{und} \quad \curvearrowright. \quad (4.35)$$

Tab. 4.1 Grundaufgaben für rechtwinklige Dreiecke ($\gamma = 90°$)

Fall	gegeben	gesucht		
SWS	a, γ, b	$c = \sqrt{a^2 + b^2}$	$\tan\alpha = a/b$	$\tan\beta = b/a$
SSW	c, a, γ	$b = \sqrt{c^2 - a^2}$	$\sin\alpha = a/c$	$\cos\beta = a/c$
WSW	α, c, γ	$a = \sqrt{c^2 - b^2}$	$c = b/\cos\alpha$	$\beta = 90° - \alpha$
SWW	c, γ, α	$a = c\sin\alpha$	$b = c\cos\alpha$	$\beta = 90° - \alpha$
SWW	a, γ, α	$c = a/\sin\alpha$	$b = a/\tan\alpha$	$\beta = 90° - \alpha$

S Seite, W Winkel

Tab. 4.2 Grundaufgaben für schiefwinklige Dreiecke

Fall	gegeben	gesucht
SSS	a, b, c	$\cos\alpha = (b^2 + c^2 - a^2)/(2bc); s = (a + b + c)/2;$ $\tan\alpha/2 = \sqrt{(s - b)(s - c)/[s(s - a)]}$ und $\curvearrowright$
SWS	a, b, γ	$c = \sqrt{a^2 + b^2 - 2ab\cos\gamma}; \sin\beta = b\sin\gamma/c;$ $\sin\alpha = a\sin\gamma/c; (\alpha + \beta)/2 = 90° - \gamma/2;$ $\tan(\alpha - \beta)/2 = (a - b)\tan(90° - \gamma/2)/(a + b);$ $\alpha = (\alpha + \beta)/2 + (\alpha - \beta)/2; \beta = (\alpha + \beta)/2 - (\alpha - \beta)/2;$ $c = [(a + b)\sin\gamma/2]/\cos((\alpha - \beta)/2)$
SSW	a, b, α^a	$\sin\beta = b\sin\alpha/a; \gamma = 180° - (\alpha + \beta);$ $c = a\sin\gamma/\sin\alpha$
WSW	α, β, c	$\gamma = 180° - (\alpha + \beta); a = c\sin\alpha/\sin\gamma;$ $b = c\sin\beta/\sin\gamma$
SWW	c, α, γ	s. WSW

[a] Siehe Tab. 4.3 Merkmale für SSW.

Tab. 4.3 Merkmale für SSW

Nr.	Fall		Lösung
1	$a > b$	$0 < \alpha < 180°$	eindeutig, $\beta < 90°$
2	$a = b$	$\alpha < 90°$	eindeutig, $\beta = \alpha$
3	$a < b$	$\alpha < 90°, a = b\sin\alpha$	eindeutig, $\beta = 90°$
4	$a < b$	$\alpha < 90°, a > b\sin\alpha$	zweideutig, $\beta_1, \beta_2 = 180° - \beta_1$

Lösung der Grundaufgaben im schiefwinkligen Dreieck s. Tab. 4.2.

Flächenberechnung s. Tab. 4.4.

4.4 Räumliche Geometrie (Stereometrie)

Die Stereometrie ist die Erweiterung der in Abschn. 4.1 und 4.2 dargestellten euklidischen Geometrie der Ebene auf den dreidimensionalen Raum, in dem die Betrachtung auf die Punkte, die nicht in einer Ebene liegen, ausgedehnt wird. Dieser Raum wird mit R^3 bezeichnet und durch ein Volumenmaß gemessen. Die Dimension eines Raums, die in der Vektoralgebra mit der Zahl der linear unabhängigen Basisvektoren definiert wird, ist in der axiomatischen Geometrie mit der

Zahl der Maße zur Messung von Eigenschaften der Punktmengen erklärbar.

4.4.1 Punkt, Gerade und Ebene im Raum

Punkt, Gerade und Ebene sind die Grundelemente des Raums. Innerhalb jeder Ebene des Raums gelten die Gesetze der Planimetrie. Die Erweiterung der Axiome und des Parallelenbegriffs ergeben mit den Symbolen $\in$ Element der Menge, $\subset$ Teilmenge, $\cap$ Durchschnitt, $\wedge$ und, $\Rightarrow$ folglich (s. Abschn. 9.1) sowie $\|$ parallel, $\nparallel$ nicht parallel und $><$ windschief:

- Zwei Geraden (Abb. 4.16) im Raum heißen parallel, wenn sie in einer Ebene liegen (komplanar sind) und keine oder alle Punk-

Tab. 4.4 Umfang und Fläche der wichtigsten ebenen Figuren

Allgemeine Bezeichnungen:
Seiten a, b, c, d; Innenwinkel α, β, γ, δ; Diagonalen e, f; Radien r_i, r_u (i innen, u außen)
h_a, h_b Höhen auf Seiten a, b; Fläche A; Umfang U

Dreiecke	
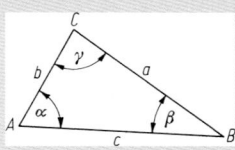	$s = (a+b+c)/2$; $A = \sqrt{s(s-a)(s-b)(s-c)}$ Heronsche Formel $h_a = b\sin\gamma$; $A = ah_a/2 = (ab\sin\gamma)/2$; $\alpha+\beta+\gamma = 180°$ $h_b = c\sin\alpha$; $A = bh_b/2 = (bc\sin\alpha)/2$ $h_c = a\sin\beta$; $A = ch_c/2 = (ca\sin\beta)/2$

konvexe Vierecke mit Sonderfällen	
	$\alpha+\beta+\gamma+\delta = 360°$; $s = (a+b+c+d)/2$; $\varepsilon = (\alpha+\gamma)/2$ $A = (ah_a + bh_b)/2 = \sqrt{(s-a)(s-b)(s-c)(s-d) - abcd\cos^2\varepsilon}$

Sehnenviereck	
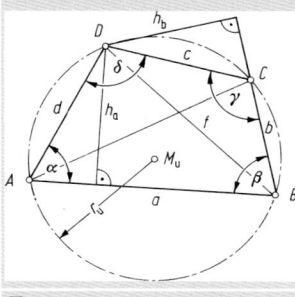	$\alpha+\gamma = \beta+\delta = 180°$; $A = \sqrt{(s-a)(s-b)(s-c)(s-d)}$

Trapez	
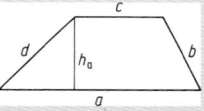	$a \parallel c$; $m = (a+c)/2$; $A = mh_a$

Parallelogramm	
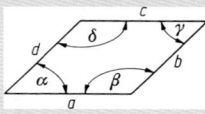	$a \parallel c$; $b \parallel d$; $\alpha = \gamma$; $\beta = \delta$; $A = ah_a$

Rhombus	$a = b = c = d$; $\alpha = \gamma$; $\beta = \delta$; $A = ah_a$
Rechteck	$a = c$; $b = d$; $\alpha = \beta = \gamma = \delta = 90°$; $A = ab$; $U = 2(a+b)$
Quadrat	$a = b = c = d$; $\alpha = \beta = \gamma = \delta = 90°$; $A = a^2$; $U = 4a$

regelmäßige n-Ecke	
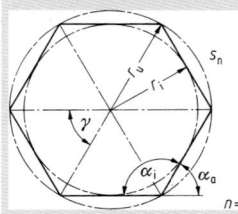	Außen-, Innenwinkel α_a, α_i; Mittelpunktswinkel γ $x_i = 90° \cdot (2n-4)/n$; $\alpha_a = 360°/n$ $s_n = 2\sqrt{r_u^2 - r_i^2}$; $r_i = \sqrt{4r_u^2 - s_n^2}/2$ $\gamma = 180° - \alpha_i$ $A = ns_n r_i/2 = 0{,}25 ns_n \sqrt{4r_u^2 - s_n^2} = nr_u^2\sin\gamma/2$

Kreis	
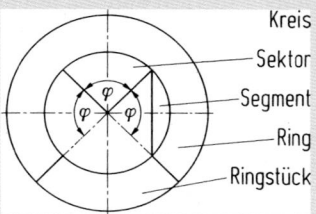	Außenradius R, Innenradius r, Bogenlänge b, Zentriwinkel φ, Sehnen- länge s, Segmenthöhe h $A = \pi r^2$; $U = 2\pi r$ $A = \pi r^2 \varphi/360° = r^2\varphi/2$; $b = r\varphi$ $A = r^2(\varphi - \sin\varphi)/2 = [br - s(r-h)]/2$; $s = 2\sqrt{2hr - h^2}$; $h = r - \sqrt{4r^2 - s^2}/2$ für $r < h$ $A = \pi(R^2 - r^2)$ $A = (R^2 - r^2)\varphi/2$

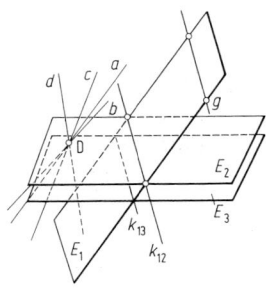

Abb. 4.16 Geraden und Ebenen im Raum

te gemeinsam haben. Nicht in einer Ebene liegende Geraden heißen windschief. Es gilt $k_{12} \parallel g \Rightarrow k_{12} \subset E_1 \wedge g \subset E_1$ und $a >\!\!< g$.

- Eine Gerade hat mit einer Ebene gemeinsam: alle Punkte ($g \subset E_1$), den Durchstoßpunkt D (a, b, c, d mit der Ebene E_2) und keine Punkte (a und E_1). Hier ist $k_{12} \subset E_2$ und $D \in a \wedge D \in E_2$.
- Zwei Ebenen im Raum heißen parallel, wenn sie keine oder alle Punkte gemeinsam haben. Zwei nichtparallele Ebenen haben alle Punkte einer Geraden, der Schnittgeraden oder Kante, gemeinsam. Es ist $E_2 \parallel E_3$; $E_1 \nparallel E_2 \Rightarrow k_{12} = E_1 \cap E_2 = $ Kante.
- Durch einen Punkt P im Raum lassen sich unendlich viele Geraden legen. Sie bilden ein Bündel mit dem Träger D und den Elementen a, b, c und d.
- Durch einen Punkt P im Raum (Abb. 4.17) lassen sich unendlich viele verschiedene Ebenen legen. Sie bilden ein Ebenenbündel mit den Elementen E_1 bis E_4 und dem Träger $k = E_1 \cap E_2 \cap E_3$. Durch mindestens drei Ebenen, die einen Punkt $P = E_1 \cap E_3 \cap E_4$ gemeinsam haben, wird in P eine körperliche Ecke gebildet.

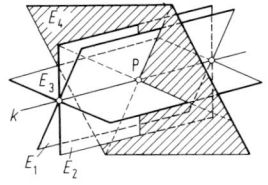

Abb. 4.17 Ebenenbündel

Die mathematisch positive Orientierung des Raumes entspricht einer Rechtsschraube. Die Winkel als geometrische Figuren werden durch ihre Größen ($\alpha, \beta, \gamma, \ldots$) gekennzeichnet.

4.4.2 Körper, Volumenmessung

Ein *Körper* ist eine abgeschlossene, einfach zusammenhängende Teilmenge des Raumes, dessen Randpunkte die *Oberfläche* des Körpers bilden, die die inneren Punkte des Körpers vollständig umschließt. Die Menge aller inneren Punkte bildet das *Volumen* (den Rauminhalt) des Körpers. Besteht die Oberfläche nur aus ebenen Flächen (Polygonen), so wird der Körper *Vielflächner* (Polyeder) genannt (z. B. Vierflächner = Tetraeder). Je zwei Polygone haben eine Seite, d. h. eine Kante des Körpers, gemeinsam. n Polygone ($n \in \mathbb{N}$, $n \geq 3$) haben einen Eckpunkt des Körpers gemeinsam; sie bilden eine n-kantige Ecke. Ist der Körper von krummen Oberflächen begrenzt, so heißt er *Krummflächner*. Kanten an einem Krummflächner entstehen entlang der Raumkurve, in der sich zwei Oberflächen schneiden (z. B. Kegelmantel und Grundfläche).

4.4.3 Polyeder

Polyeder sind konvex, wenn für zwei beliebige Punkte des Innern oder Randes auch alle Punkte der Verbindungsstrecke zum Polyeder gehören, d. h., wenn es keine „nach innen springenden" Ecken gibt.

Satz von Euler. Bezeichnet e die Anzahl der Ecken, f die Anzahl der Flächen und k die Anzahl der Kanten, so gilt im konvexen Polyeder $e + f - k = 2$ (z. B. für den Würfel mit $e = 8$, $f = 6$ ist $k = 12$, da $8 + 6 - 12 = 2$).

Kantenwinkelsatz. An einer n-kantigen körperlichen Ecke ist die Summe aller Kantenwinkel kleiner als 360.

Regelmäßige Polyeder (platonische Körper) heißen die konvexen Polyeder, deren Begrenzungsflächen regelmäßige kongruente Polygone sind. Es gibt nur die folgenden fünf regelmäßigen Polyeder (s. Tab. 4.5): Tetraeder aus vier gleichseitigen Dreiecken, Hexaeder oder Würfel aus sechs Quadraten, Oktaeder aus acht gleichseitigen Dreiecken, Pentagondodekaeder aus zwölf gleichseitigen Fünfecken und Ikosaeder aus 20 gleichseitigen Dreiecken.

Abwicklung. Die längentreue Abbildung einer Fläche in eine Ebene heißt Abwicklung. Beim Polyeder ist die Abwicklung der Begrenzungsfläche durch „Aufschneiden" entlang einer ausreichenden Zahl von Kanten und „Umklappen" in ein zusammenhängendes System von Begrenzungsflächen, Netz genannt, anschaulich beschreibbar. Mit Hilfe der Abwicklung lassen sich Oberflächenmaße von Körpern und Wege zwischen Punkten auf diesem Körperrand berechnen. Als *Weg* bezeichnet man die Länge aller Teilstrecken, die eine Verbindungslinie zwischen zwei Punkten auf den Begrenzungsflächen herstellen.

4.4.4 Oberfläche und Volumen von Polyedern

Die Summe aller Flächeninhalte der Begrenzungspolygone eines Körpers heißt Oberfläche O. Der Rauminhalt V von Körpern ergibt sich als Produkt dreier geeigneter Strecken oder als Produkt von Grundfläche und Höhe, jeweils versehen mit einem Zahlenfaktor, der die vom Würfel abweichende Form berücksichtigt (s. Tab. 4.5).

Satz von Cavalieri. Körper mit parallelen, gleich großen Grundflächen und gleichen Höhen haben gleiches Volumen, wenn sie in gleichen Höhen über der Grundfläche flächengleiche, zur Grundfläche parallele Querschnitte haben.

4.4.5 Oberfläche und Volumen von einfachen Rotationskörpern

Bei der Drehung um eine Gerade im Raum, Drehachse genannt, beschreibt jeder Punkt, der nicht auf der Geraden liegt, einen Kreisbogen. Hierbei entstehen Zylinder, Kegel, Kugeln, Paraboloide, Ellipsoide und Hyperboloide als Körper (Tab. 4.5).

4.4.6 Guldinsche Regeln

Die Guldinschen Regeln ermöglichen die Berechnung komplizierter geformter Rotationskörper. Ihre Richtigkeit ist mit den Mitteln der Integralrechnung beweisbar.

1. Guldinsche Regel zur Flächenberechnung. Der Flächeninhalt einer Rotationsfläche ist gleich dem Produkt aus der Bogenlänge s der sie erzeugenden Kurve und dem Umfang des Kreises, den der Schwerpunkt der Kurve bei einer vollen Umdrehung beschreibt (y_0 Schwerpunktabstand von der Drehachse).

$$A = 2\pi y_0 s \qquad (4.35)$$

2. Guldinsche Regel zur Volumenberechnung. Der Rauminhalt eines Rotationskörpers ist gleich dem Produkt aus dem Flächeninhalt A der den Körper erzeugenden Fläche und dem Umfang des Kreises, den der Schwerpunkt der Fläche bei einer vollen Umdrehung beschreibt.

$$V = 2\pi y_0 A. \qquad (4.37)$$

Tab. 4.5 Oberfläche und Volumen von Polyedern und Rotationskörpern; V Volumen, A_O Oberfläche, A_M Mantelfläche, A_G Grundfläche, U Umfang, h Höhe, r_u Radius der um-, r_i Radius der einbeschriebenen Kugel

Prisma	Grund- und Deckfläche kongruente n-Ecke, Seitenflächen Parallelogramme
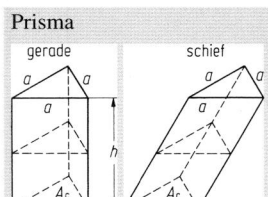	$V = A_G h$; $A_O = 2A_G + Uh$; $A_M = Uh$ *Quader:* gerades Prisma mit Rechteck $a\,b$, Grundfläche, Kanten a, b, c $V = abc$; $A_O = 2(ab + ac + bc)$; $A_M = 2(ac + bc)$
Pyramide	*Pyramide:* G_1 ist ein n-Eck, Seitenflächen sind Dreiecke mit Spitze in Höhe h $V = A_{G1} h/3$ gerade, regelmäßig, viereckig mit Grundkante a $V = a^2 h/3$; $A_O = a^2 + 2a\sqrt{h^2 + a^2/4}$; $A_M = 2a\sqrt{h^2 + a^2/4}$ *Pyramidenstumpf:* Deckfläche $G_2 \parallel G_1$ mit Grundkante a $V = h_s(a^2 + ab + b^2)/3$; $A_O = a^2 + b^2 + 2(a + b)\sqrt{h_s^2 + (a - b)^2/4}$; $A_M = 2(a + b)\sqrt{h_s^2 + (a - b)^2/4}$
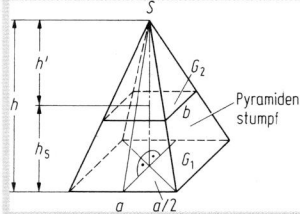	
Tetraeder	4 gleichseitige Dreiecke $V = a^3\sqrt{2}/12$; $A_O = a^2\sqrt{3}$; $r_u = a\sqrt{6}/4$; $r_i = a\sqrt{6}/12$
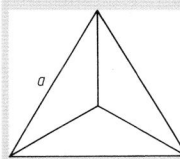	
Hexaeder (Würfel)	6 Quadrate $V = a^3$; $A_O = 6a^2$; $r_u = a\sqrt{3}/2$; $r_i = a/2$
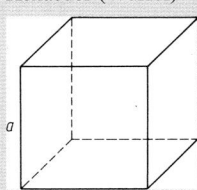	
Oktaeder	8 gleichseitige Dreiecke $V = a^3\sqrt{2}/3$; $A_O = 2a^2\sqrt{3}$; $r_u = a\sqrt{2}/2$; $r_i = a\sqrt{6}/6$
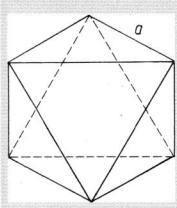	
Pentagon – Dodekaeder	12 gleichseitige Fünfecke $V = a^3(15 + 7\sqrt{5})/4$; $A_O = 3a^2\sqrt{5(5 + 2\sqrt{5})}$; $r_u = a\sqrt{3}(1 + \sqrt{5})/4$; $r_i = a\sqrt{10(25 + 11\sqrt{5})}/20$
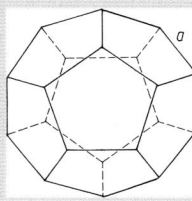	

4

Tab. 4.5 (Fortsetzung)

Ikosaeder 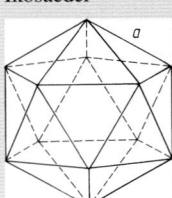	20 gleichseitige Dreiecke $V = 5a^3(3 + \sqrt{5})/12;\ A_O = 5a^2\sqrt{3};$ $r_u = a\sqrt{2(5 + \sqrt{5})}/4;\ r_i = a\sqrt{3}(3 + \sqrt{5})/12$

Keil

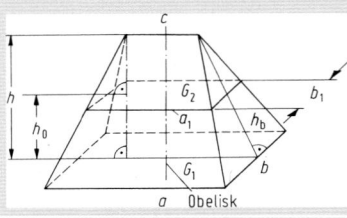

Keil; Grundfläche rechteckig, Kanten a, b, Gratkante c
$V = (2a + c)bh/6;$
$h_T = \sqrt{h^2 + b^2/4};\ h_b = \sqrt{h^2 + (a - c)^2/4};$
$A_O = ab + (a + c)h_T + bh_b;$
Obelisk: abgeschnittener Keil; $G_1 \parallel G_2$
$V = h_O\left[ab + (a + a_1)(b + b_1) + a_1b_1\right]/6;$
$A_O = ab + a_1b_1 + (a + a_1)\sqrt{h_O^2 + (b - b_1)^2/4}$
$+ (b + b_1)\sqrt{h_O^2 + (a - a_1)^2/4}$

Kreiszylinder, gerade

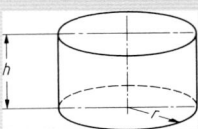

$V = \pi r^2 h;$
$A_O = 2\pi r^2;\ A_M = 2\pi rh$

schief abgeschnittener Kreiszylinder

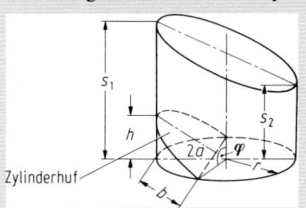

s_1 längste, s_2 kürzeste Mantellinie
$V = \pi r^2(s_1 + s_2)/2;$
$A_O = \pi r(s_1 + s_2 + r + \sqrt{r^2 + (s_1 - s_2)^2/4});$
$A_M = \pi r(s_1 + s_2)$
Zylinderhut
$V = (h/(3b))\left[a(3r^2 - a^2) + 3r^2(b - r)\varphi/2\right];$
$A_M = (2rh/b)\left[(b - r)\varphi/2 + a\right]$

Kegel, gerade

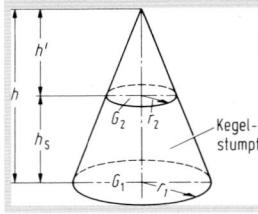

$V = \pi r_1^2 h/3;\ s_1 = \sqrt{r_1^2 + h^2};$
$A_O = \pi r_1 s + \pi r;\ A_M = \pi r_1 s_1$
Kegelstumpf: in der Höhe h_s abgeschnittener Kegel; $G_1 \parallel G_2$
$V = \pi h_s(r_1^2 + r_1 r_2 + r_2^2)/3;$
$s_2 = \sqrt{h_s^2 + (r_1 - r_2)^2};$
$A_O = \pi\left[r_1^2 + r_2^2 + s_2(r_1 + r_2)\right];$
$A_M = \pi s_2(r_1 + r_2)$

Kugel

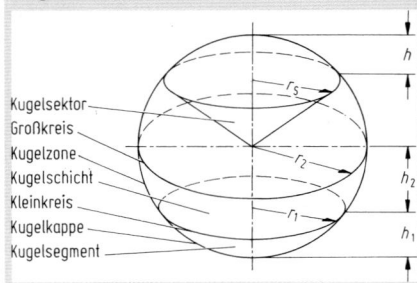

Kugel: $V = 4\pi r^3/3;\ A_O = 4\pi r^2$
Segment: $V = \pi h_1^2(3r - h_1)/3;$
$A_O = 2\pi rh_1 + \pi r_1^2$ (Kappe + Kleinkreis)
Schicht: $V = \pi h_2(3r_1^2 + 3r_2^2 + h_2^2)/6;$
$A_O = \pi(2rh_2 + r_1^2 + r_2^2)$ (Zone + 2 Kleinkreise)
Sektor: $V = 2\pi r^2 h/3;\ A_O = 2\pi rh + \pi r r_s$ (Kappe + Kegelmantel)

Tab. 4.5 (Fortsetzung)

Rotationsparaboloid	Erzeugende: $y = \sqrt{x}$, $x \in [0, h]$, Drehung um x-Achse
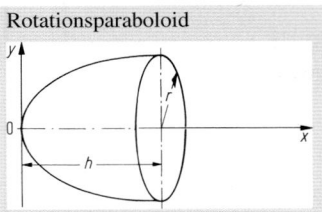	$V_x = \pi r^2/2$; $A_M = 4\pi\left[(h + 1/4)^{3/2} - (1/4)^{3/2}\right]/3$
Rotationsellipsoid	Erzeugende: $y = b\sqrt{1 - x^2/a^2}$; $x \in [-a, a]$
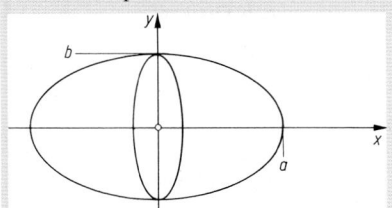	Drehung um x-Achse: $V_x = 4\pi ab^2/3$ Drehung um y-Achse: $V_y = 4\pi a^2 b/3$
Rotationshyperboloid	Erzeugende: $y = \pm b\sqrt{x^2/a^2 - 1}$
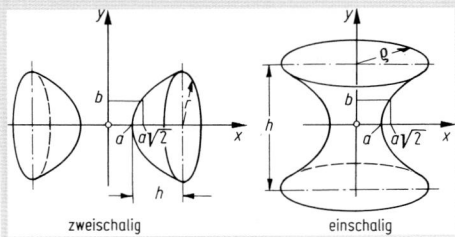	Rotation um die x-Achse: $x \in [-(a + h); -a] \cup [(a + h); a]$: $V_x = \pi h(3r^2 - b^2 h^2/a^2)/3$ (zweischalig); $r = b\sqrt{(a + h)^2/a^2 - 1}$ Rotation um die y-Achse: $V_y = \pi h(2a^2 + \rho^2)/3$ (einschalig)

zweischalig   einschalig

Allgemeine Literatur

Bücher

Böhm, J., u.a.: Geometrie I u. II. Mathematik für Lehrer,
Bd. 6 u. 7. Berlin: VEB Dt. Verl. d. Wiss. 1975.

Efimow, N.W.: Höhere Mathematik I u. II, uni-text. Braunschweig: Vieweg 1970.

Fucke, R.; Kirch, K.; Nickel, H.: Darstellende Geometrie.
Leipzig: VEB Fachbuchverlag 1975.

Haack, W.: Darstellende Geometrie (3 Bde.). Sammlg.
Göschen Nr.4142, 4143, 4144. Berlin: de Gruyter
1969–71.

Hessenberg, G.; Diller, J.: Grundlagen der Geometrie,
2. Aufl. Sammlg. Göschen Nr.17. Berlin: de Gruyter
1967.

Hilbert, Barnays: Grundlagen der Geometrie, 10. Aufl.
Stuttgart: Teubner 1968.

Klein, F.: Das Erlanger Programm. Ostw. Klass. d. exakten
Wiss. Nr.253. Frankfurt a.M.: Akad. Verl.-ges. Geest
& Portig 1974.

Klotzek, B.: Geometrie. Berlin: VEB Dt. Verl. d. Wiss.
1971.

Müller, E.; Kruppa, E.: Lehrbuch der Darstellenden Geometrie. Wien: Springer 1961.

Rehbock, F.: Darstellende Geometrie. Heidelb. Taschenb.
Bd.64. Berlin: Springer 1969.

Reutter, F.: Darstellende Geometrie. Karlsruhe: Verl.
Wiss. u. Tech. G. Braun 1975.

Schreiber, P.: Theorie der geometrischen Konstruktionen.
Studienbüch. Math. Berlin: VEB Dt. Verl. d. Wiss.
1975.

Sigl, R.: Ebene und sphärische Trigonometrie. Frankfurt
a.M.: Akad. Verl.-ges. Geest & Portig 1969.

Wunderlich, W.: Darstellende Geometrie (2 Bde.). BI
Hochschultaschenbücher Bd.96 u. 133. Mannheim:
Bibliogr. Inst. 1966/67.

Normen und Richtlinien

DIN5: Zeichnungen; Axonometrische Projektionen;
Teil1: Isometrische Projektion: Teil2: Dimetrische
Projektion.

DIN6: Darstellungen in Zeichnungen; Ansichten, Schnitte, besondere Darstellungen.

DIN1312: Geometrische Orientierung.

DIN1315: Winkel; Begriffe, Einheiten.

Analytische Geometrie

Uller Jarecki

5.1 Analytische Geometrie der Ebene

5.1.1 Das kartesische Koordinatensystem

Zugrunde gelegt wird ein orthogonales kartesisches Koordinatensystem (O, e_1, e_2) in der positiv orientierten Ebene (Abb. 5.1). In einem Punkt O (Ursprung, Nullpunkt oder Anfangspunkt) sind zwei Vektoren e_1 und e_2 der Länge 1 (Normiertheit) senkrecht zueinander angeheftet (Orthogonalität). e_1 wird durch eine Drehung entgegen dem Uhrzeigersinn um $\pi/2$ mit e_2 zur Deckung gebracht (positive Orientierung). Die durch O verlaufenden und entsprechend e_1 und e_2 orientierten Geraden heißen Koordinatenachsen: die x- oder Abszissen-Achse und die y- oder Ordinaten-Achse.

Jeder Vektor a der Ebene lässt sich eindeutig als Linearkombination der Vektoren e_1 und e_2 darstellen: $a = a_x e_1 + a_y e_2 = (a_x, a_y)$, wobei a_x und a_y seine Koordinaten sind. Durch die Auszeichnung eines Punkts O als Koordinatenursprung kann außerdem jedem Punkt P der Ebene (Abb. 5.1) umkehrbar eindeutig ein ge-

ordnetes Zahlenpaar (x, y) bzw. ein Ortsvektor $r = \overrightarrow{OP} = x e_1 + y e_2$ mit den Punktkoordinaten x und y zugeordnet werden, wobei x Abszisse und y Ordinate von P bzw. r heißen. Punkt und Ortsvektor werden im folgenden als synonyme Begriffe verwendet und häufig mit demselben Symbol bezeichnet.

5.1.2 Strecke

Die Punkte $r_1 = (x_1, y_1)$ und $r_2 = (x_2, y_2)$ seien Anfangs- und Endpunkt der (gerichteten) Strecke $\overrightarrow{P_1 P_2}$ (Abb. 5.2a) Ein Punkt $r = (x, y)$ liegt genau dann auf $\overrightarrow{P_1 P_2}$, wenn für $t \in [0, 1]$ gilt $r = r_1 + t(r_2 - r_1)$ oder $x = x_1 + t(x_2 - x_1)$ und $y = y_1 + t(y_2 - y_1)$. Wird $t = t_2$ und $1 - t = t_1$ gesetzt, so lassen sich diese Gleichungen auch schreiben

$$r = t_1 r_1 + t_2 r_2 \quad \text{oder}$$

$$\begin{cases} x = t_1 x_1 + t_2 x_2 \\ y = t_1 y_1 + t_2 y_2 \end{cases} \quad \text{für} \quad \begin{array}{l} t_1 + t_2 = 1 \\ 0 \leqq t_1, t_2 \end{array}$$

Länge. Sie beträgt

$$|\overrightarrow{P_1 P_2}| = |r_2 - r_1|$$
$$= \sqrt{(x_2 - x_1)^2 + (y_2 - y_1)^2} = l.$$

Richtung (Abb. 5.2a). Sie ist bestimmt durch den orientierten Winkel $\alpha = \sphericalangle(e_1, \overrightarrow{P_1 P_2})$, um den e_1 gedreht werden muss, damit er die gleiche

Abb. 5.1 Ebenes kartesisches Koordinatensystem

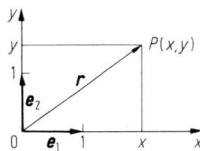

U. Jarecki (✉)
Berlin, Deutschland

© Springer-Verlag GmbH Deutschland, ein Teil von Springer Nature 2020
B. Bender und D. Göhlich (Hrsg.), *Dubbel Taschenbuch für den Maschinenbau 1: Grundlagen und Tabellen*,
https://doi.org/10.1007/978-3-662-59711-8_5

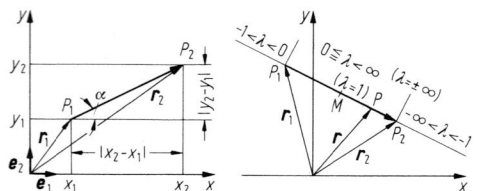

Abb. 5.2 Strecke $\overrightarrow{P_1 P_2}$. **a** Darstellung; **b** Teilung

Richtung und den gleichen Richtungssinn wie $\overrightarrow{P_1 P_2}$ hat. α ist bis auf Vielfache von π bestimmt durch

$$\cos\alpha = (x_2 - x_1)/l, \quad \sin\alpha = (y_2 - y_1)/l.$$

Im allgemeinen wird derjenige Winkel α gewählt, dessen Betrag den kleinsten Wert hat. Die Steigung m der Strecke $\overrightarrow{P_1 P_2}$ ist:

$$\tan\alpha = m$$
$$= (y_2 - y_1)/(x_2 - x_1), \quad \text{wenn} \quad x_1 \neq x_2.$$

Teilung (Abb. 5.2b). Ein Punkt P mit dem Ortsvektor $\boldsymbol{r} = (x, y)$ teilt die Strecke $\overrightarrow{P_1 P_2}$ im Verhältnis λ mit $1 + \lambda \neq 0$, wenn gilt

$$\boldsymbol{r} - \boldsymbol{r}_1 = \lambda(\boldsymbol{r}_2 - \boldsymbol{r}) \quad \text{bzw.}$$
$$\boldsymbol{r} = (\boldsymbol{r}_1 + \lambda\boldsymbol{r}_2)/(1 + \lambda) \quad \text{oder}$$
$$x = \frac{x_1 + \lambda x_2}{1 + \lambda} \quad \text{und} \quad y = \frac{y_1 + \lambda y_2}{1 + \lambda}.$$

Der Punkt P liegt für $\lambda \geq 0$ auf und für $\lambda < 0$ außerhalb der Strecke (innere und äußere Teilung). Für $\lambda = 1$ ist P *Mittelpunkt M* der Strecke $\overrightarrow{P_1 P_2}$.

$$\boldsymbol{r}_M = (\boldsymbol{r}_1 + \boldsymbol{r}_2)/2 \quad \text{oder}$$
$$x_M = (x_1 + x_2)/2 \quad \text{und} \quad y_M = (y_1 + y_2)/2.$$

5.1.3 Dreieck

Die Eckpunkte (Abb. 5.3) eines Dreiecks $\triangle(P_1, P_2, P_3)$ seien $\boldsymbol{r}_1, \boldsymbol{r}_2, \boldsymbol{r}_3$. Ein Punkt $\boldsymbol{r}$ ist genau dann ein Punkt dieses Dreiecks, wenn

$$\boldsymbol{r} = t_1\boldsymbol{r}_1 + t_2\boldsymbol{r}_2 + t_3\boldsymbol{r}_3 \quad \text{oder}$$

$$\begin{aligned} x &= t_1 x_1 + t_2 x_2 + t_3 x_3 \\ y &= t_1 y_1 + t_2 y_2 + t_3 y_3 \end{aligned} \quad \text{für} \quad \begin{aligned} t_1 + t_2 + t_3 &= 1 \\ 0 &\leq t_1, t_2, t_3. \end{aligned}$$

Für $t_1, t_2, t_3 > 0$ ist $\boldsymbol{r}$ innerer Punkt des Dreiecks.

Abb. 5.3 Dreieck mit Mittelpunkt **M**

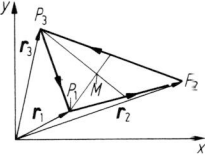

Für $t_1 = 0$ ist $\boldsymbol{r}$ Randpunkt und liegt auf der Dreieckseite $\overrightarrow{P_2 P_3}$.

Der Mittelpunkt M und der Flächeninhalt A des Dreiecks sind

$$\boldsymbol{r}_M = (\boldsymbol{r}_1 + \boldsymbol{r}_2 + \boldsymbol{r}_3)/3 \quad \text{oder}$$
$$x_M = (x_1 + x_2 + x_3)/3 \quad \text{und}$$
$$y_M = (y_1 + y_2 + y_3)/3,$$

$$A = (1/2) \cdot \begin{vmatrix} x_2 - x_1 & x_3 - x_1 \\ y_2 - y_1 & y_3 - y_1 \end{vmatrix}$$

$$= (1/2) \cdot \begin{vmatrix} x_1 & x_2 & x_3 \\ y_1 & y_2 & y_3 \\ 1 & 1 & 1 \end{vmatrix}$$

$$= (1/2) \cdot [x_1(y_2 - y_3) + x_2(y_3 - y_1) + x_3(y_1 - y_2)].$$

Wird der Rand des Dreiecks $\triangle(P_1, P_2, P_3)$ in der Punktfolge P_1, P_2, P_3 durchlaufen, so ist der Flächeninhalt positiv, wenn die Dreieckfläche wie in Abb. 5.3 zur Linken liegt, sonst negativ.

5.1.4 Winkel

Sind $\boldsymbol{a} = (a_x, a_y)$ und $\boldsymbol{b} = (b_x, b_y)$ zwei Vektoren, so ist der orientierte Winkel $\varphi = \sphericalangle(\boldsymbol{a}, \boldsymbol{b})$ durch den Drehwinkel erklärt, um den der Vektor $\boldsymbol{a}$ gedreht werden muss, damit er die gleiche Richtung und den gleichen Richtungssinn wie $\boldsymbol{b}$ hat (Abb. 5.4). Er ist bis auf Vielfache von 2π durch die beiden Gleichungen

$$\cos\varphi = \frac{a_x b_x + a_y b_y}{\sqrt{a_x^2 + a_y^2}\sqrt{b_x^2 + b_y^2}} \quad \text{und}$$

$$\sin\varphi = \frac{a_x b_y - a_y b_x}{\sqrt{a_x^2 + a_y^2}\sqrt{b_x^2 + b_y^2}}$$

bestimmt. Im allgemeinen wird derjenige Winkel gewählt, dessen Betrag den kleinsten Wert hat, d. h. $-\pi < \varphi \leq \pi$.

Abb. 5.4 Orientierter Winkel ϕ

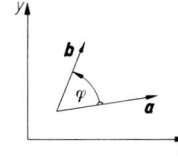
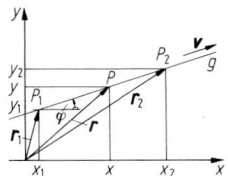
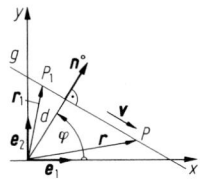

5.1.5 Gerade

Abb. 5.5 Gerade. **a** allgemeine Form; **b** Hessesche Normalform

Punktrichtungs- und Zweipunktegleichung. Eine Gerade g (Abb. 5.5a) sei bestimmt durch einen ihrer Punkte $\boldsymbol{r}_1$ und ihren Richtungsvektor $\boldsymbol{v}$ oder zwei ihrer Punkte $\boldsymbol{r}_1$ und $\boldsymbol{r}_2$. Für jeden Punkt $\boldsymbol{r}$ von g gilt dann mit einem Parameter $t \in \mathbb{R}$

$$\boldsymbol{r} = \boldsymbol{r}_1 + t\boldsymbol{v} \quad \text{oder}$$
$$x = x_1 + tv_x \quad \text{und} \quad y = y_1 + tv_y \quad \text{bzw.}$$
$$\boldsymbol{r} = \boldsymbol{r}_1 + t(\boldsymbol{r}_2 - \boldsymbol{r}_1) \quad \text{oder}$$
$$x = x_1 + t(x_2 - x_1) \quad \text{und}$$
$$y = y_1 + t(y_2 - y_1).$$

Parameterfreie Darstellung: Elimination von t ergibt

$$(x - x_1)v_y - (y - y_1)v_x = 0 \quad \text{bzw.}$$
$$(x - x_1)(y_2 - y_1) - (y - y_1)(x_2 - x_1)$$
$$= \begin{vmatrix} x_1 & x_2 & x \\ y_1 & y_2 & y \\ 1 & 1 & 1 \end{vmatrix} = 0.$$

Für $v_x \neq 0$ bzw. $x_2 - x_1 \neq 0$ liegt Gerade g nicht parallel zur y-Achse, und es ergeben sich hieraus die expliziten Darstellungen

$$y = y_1 + m(x - x_1) \quad \text{bzw.}$$
$$y = y_1 + \frac{y_2 - y_1}{x_2 - x_1} \cdot (x - x_1).$$

$v_y/v_x = (y_2 - y_1)/(x_2 - x_1) = m = \tan \varphi$ heißt Steigung der Geraden g, wobei ϕ mit $-\pi/2 < \varphi < \pi/2$ den Steigungswinkel von g bedeutet.

Sonderfälle: *Hauptgleichung* $y = mx + b$. Gerade mit der Steigung m durch (O, b); b Abschnitt auf der y-Achse.

Abschnittsgleichung $x/a + y/b = 1$. Gerade durch (a, O) und (O, b); a und b Abschnitte auf der x- bzw. y-Achse.

Hessesche Normalform (Abb. 5.5b). Eine Gerade g sei in der Punktrichtungsdarstellung gegeben. $g: \boldsymbol{r} = \boldsymbol{r}_1 + t\boldsymbol{v}, t \in \mathbb{R}$. Normal- oder Stellungsvektor $\boldsymbol{n}^0$ von g ist ein Einheitsvektor, der orthogonal zu $\boldsymbol{v}$ ist und der vom Ursprung O aus zur Geraden g weist (verläuft g durch O, dann ist der Richtungssinn beliebig wählbar). Mit dem orientierten Winkel $\varphi = \sphericalangle(\boldsymbol{e}_1, \boldsymbol{n}^0)$ gilt dann $\boldsymbol{n}^0 = \boldsymbol{e}_1 \cos \varphi + \boldsymbol{e}_2 \sin \varphi$. Skalare Multiplikation der Punktrichtungsgleichung von g mit $\boldsymbol{n}^0$ führt auf die Hessesche Normalform von g

$$\boldsymbol{r}\,\boldsymbol{n}^0 - d = 0 \quad \text{oder} \quad x \cos \varphi + y \sin \varphi - d = 0,$$

wobei $d = \boldsymbol{r}_1\boldsymbol{n}^0 \geqq 0$ den Abstand des Ursprungs O von g angibt.

Allgemeine Geradengleichung. Jede Geradengleichung lässt sich auf eine lineare Gleichung der Form

$$Ax + Bx + C = 0 \quad \text{mit} \quad A^2 + B^2 > 0$$

zurückführen. Nach Division durch $\pm\sqrt{A^2 + B^2}$ ergibt sich die Hessesche Normalform, wobei

$$\cos \varphi = A/(\pm\sqrt{A^2 + B^2}),$$
$$\sin \varphi = B/(\pm\sqrt{A^2 + B^2}),$$
$$d = -C/(\pm\sqrt{A^2 + B^2})$$

sowie „+" für $C < 0$ und „–" für $C > 0$ gilt, sodass $d > 0$. Für $C = 0$ verläuft Gerade g durch den Ursprung O.

Abstand Punkt – Gerade. Er wird zweckmäßig mit Hilfe der Hesseschen Normalform bestimmt. $g: \boldsymbol{r}\,\boldsymbol{n}^0 - d = 0$ oder $x \cos \varphi + y \sin \varphi - d = 0$. Für einen beliebigen Punkt P_0 mit dem Ortsvektor

Tab. 5.1 Lagebeziehungen zweier Geraden in der Ebene

Geradengleichung	g_1:	$y = m_1 x + b_1$	$A_1 x + B_1 y + C_1 = 0$
	g_2:	$y = m_2 x + b_2$	$A_2 x + B_2 y + C_2 = 0$
Schnittwinkel ($-\pi/2 < \gamma < \pi/2$)		$\tan \gamma = \frac{m_2 - m_1}{1 + m_1 m_2}$	$\tan \gamma = \frac{A_1 B_2 - A_2 B_1}{A_1 A_2 + B_1 B_2}$
Parallelität ($\gamma = 0$)		$m_1 = m_2$	$A_1 B_2 = A_2 B_1$
Orthogonalität ($\gamma = \pi/2$)		$1 + m_1 m_2 = 0$	$A_1 A_2 + B_1 B_2 = 0$

$r_0 = (x_0, y_0)$ ist sein Abstand a von g gegeben mit

$$a = |r_0 n^0 - d| \quad \text{oder} \quad |x_0 \cos \varphi + y_0 \sin \varphi - d|.$$

Falls g nicht durch den Ursprung O verläuft, gilt außerdem:

für $r_0 n^0 - d > 0$ liegen P_0 und O auf verschiedenen Seiten von g,

für $r_0 n^0 - d < 0$ liegen P_0 und O auf derselben Seite von g,

für $r_0 n^0 - d = 0$ liegt P_0 auf g.

Beispiel

g: $3x + 4y - 10 = 0$ und $r_0 = (4, 3)$, sodass $\sqrt{A^2 + B^2} = 5$. – Hessesche Normalform von g ist $(3/5)x + (4/5)y - 2 = 0$, sodass $r_0 n^0 - d = (3/5) \cdot 4 + (4/5) \cdot 3 - 2 = 2{,}8$. P_0 hat von g den Abstand 2,8. P_0 und O liegen auf verschiedenen Seiten von g. ◄

Lagebeziehung zweier Geraden. Sind g_1 und g_2 zwei einander schneidende Geraden, so ist ihr Schnittwinkel $\gamma = \sphericalangle(g_1, g_2)$ derjenige (orientierte) Winkel, um den die Gerade g_1 auf dem kürzesten Weg gedreht werden muss, damit sie mit g_2 zur Deckung kommt. Dieser Winkel ist für $-\pi/2 < \gamma < \pi/2$ eindeutig durch seinen Tangens bestimmt (Tab. 5.1).

Schnittpunkt zweier Geraden. Der Schnittpunkt $S = (x_S, y_S)$ zweier nichtparalleler Geraden in der allgemeinen Darstellung g_1: $A_1 x + B_1 y + C_1 = 0$ und g_2: $A_2 x + B_2 y + C_2 = 0$ mit $A_1 B_2 - A_2 B_1 \neq 0$ ist bestimmt durch die Lösung dieses linearen Gleichungssystems, die nach der

Cramer-Regel (s. Abschn. 3.2.3) lautet

$$x_S = \begin{vmatrix} -C_1 & B_1 \\ -C_2 & B_2 \end{vmatrix} : \begin{vmatrix} A_1 & B_1 \\ A_2 & B_2 \end{vmatrix} \quad \text{und}$$

$$y_S = \begin{vmatrix} A_1 & -C_1 \\ A_2 & -C_2 \end{vmatrix} : \begin{vmatrix} A_1 & B_1 \\ A_2 & B_2 \end{vmatrix}.$$

5.1.6 Koordinatentransformationen

Parallelverschiebung (Abb. 5.6). Sie ist gekennzeichnet durch einen Verschiebungsvektor v, durch den das Koordinatensystem $(O; e_1, e_2)$ in das Koordinatensystem $(O'; e_1, e_2)$ übergeführt wird. Für einen Punkt P in der Ebene gilt dann $\overrightarrow{OP} = \overrightarrow{OO'} + \overrightarrow{O'P}$, wobei $\overrightarrow{OO'} = v$ der Verschiebungsvektor ist. Mit $\overrightarrow{OP} = x e_1 + y e_2$, $\overrightarrow{OO'} = v = a e_1 + b e_2$ und $\overrightarrow{O'P} = x' e_1 + y' e_2$ lautet dann die Koordinatendarstellung der Parallelverschiebung

$$x = x' + a, \quad y = y' + b \quad \text{oder}$$
$$(x, y) = (x', y') + (a, b) = (x' + a, y' + b).$$

Drehung (Abb. 5.7). Das Koordinatensystem $(O; e_1, e_2)$ wird durch eine Drehung um den Winkel $\alpha = \sphericalangle(e_1, e_1')$ in das Koordinatensystem $(O; e_1', e_2')$ übergeführt. Dann ist $e_1' = \cos \alpha\, e_1 + \sin \alpha\, e_2$ und $e_2' = -\sin \alpha\, e_1 + \cos \alpha\, e_2$. Für einen beliebigen Punkt $P = (x, y)$ gilt $\overrightarrow{OP} = x e_1 + y e_2 = x' e_1' + y' e_2'$. Hieraus ergibt sich die Ko-

Abb. 5.6 Parallelverschiebung

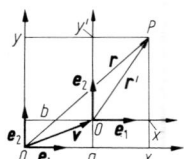

Abb. 5.7 Drehung

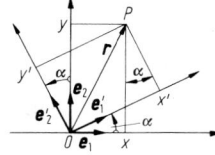

ordinatendarstellung der Drehung um α bzw. ihre Matrizenform

$$x = x' \cos\alpha - y' \sin\alpha \quad \text{und}$$
$$y = x' \sin\alpha + y' \cos\alpha \quad \text{bzw.}$$

$$\begin{pmatrix} x \\ y \end{pmatrix} = \begin{pmatrix} \cos\alpha & -\sin\alpha \\ \sin\alpha & \cos\alpha \end{pmatrix} \begin{pmatrix} x' \\ y' \end{pmatrix}, \quad \text{wobei}$$

$$\begin{vmatrix} \cos\alpha & -\sin\alpha \\ \sin\alpha & \cos\alpha \end{vmatrix} = 1.$$

5.1.7 Kegelschnitte

Grundbegriffe und allgemeine Eigenschaften
Wird ein Kreiskegel von einer Ebene geschnitten, so werden die Schnittkurven als Kegelschnitte bezeichnet.

Numerische Exzentrizität. Sie ist das bei jedem echten Kegelschnitt konstante Verhältnis $\varepsilon = r/d$. Hierbei sind r und d die Abstände (Abb. 5.8a) eines seiner Punkte vom Brennpunkt

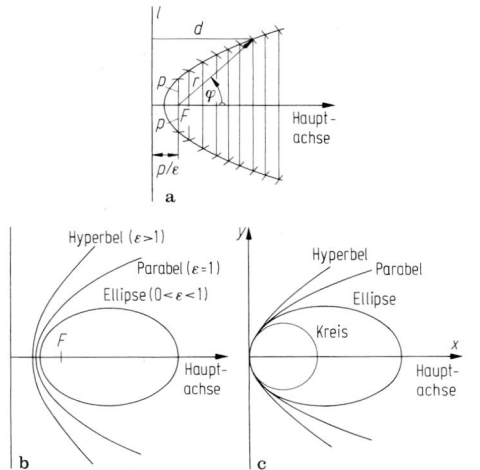

Abb. 5.8 Kegelschnitte. **a** Polarkoordinaten; **b** gemeinsamer Brennpunkt; **c** gemeinsamer Scheitelpunkt

F bzw. von der Leitlinie l. Damit ist zugleich eine Konstruktionsvorschrift gegeben: In den Abständen $d_1, d_2, d_3 \ldots$ werden Parallelen zur Leitlinie l gezogen, und um den Brennpunkt F werden Kreise mit den Radien $\varepsilon d_1, \varepsilon d_2, \varepsilon d_3 \ldots$ gezeichnet; ihre Schnittpunkte mit den entsprechenden Parallelen sind Punkte des Kegelschnitts. Die zur Leitlinie l senkrechte Gerade durch F heißt Hauptachse. Die Länge der Sehne durch den Brennpunkt F und senkrecht zur Hauptachse heißt der Parameter $2p$. F hat dann von l den Abstand p/ε.

Polarkoordinaten (Abb. 5.8a). Wenn der Pol mit F zusammenfällt und die Polarachse mit der Hauptachse gleichgerichtet ist, dann gilt

$$r = \frac{p}{1 - \varepsilon \cos\varphi}; \quad \begin{array}{l} \varepsilon = 0 \text{ Kreis,} \\ 0 < \varepsilon < 1 \text{ Ellipse,} \\ \varepsilon = 1 \text{ Parabel,} \\ \varepsilon > 1 \text{ Hyperbel.} \end{array}$$

Im Abb. 5.8b sind für einen Brennpunkt F und eine Leitlinie l jeweils eine Ellipse, eine Parabel und eine Hyperbel dargestellt. Bei einem Kreis ($\varepsilon = 0$) liegt die Leitlinie im Unendlichen, und der Brennpunkt F ist sein Mittelpunkt.

Scheitelpunktgleichung (Abb. 5.8c). In einem kartesischen Koordinatensystem, dessen Ursprung mit dem linken Scheitelpunkt und dessen x-Achse mit der Hauptachse der Kegelschnitte zusammenfällt, lautet sie

$$y^2 = 2px - x^2(1 - \varepsilon^2)$$

$$\text{mit dem Brennpunkt } F = \left(\frac{p}{1 + \varepsilon}, 0 \right),$$

$$\text{mit der Leitlinie } x = -\frac{p}{\varepsilon(1 + \varepsilon)}.$$

Kreis
Er ist der geometrische Ort aller Punkte der Ebene, die von einem Punkt M, dem Mittelpunkt, den gleichen Abstand R haben. R heißt Radius des Kreises.

Gleichungen. Für den Mittelpunkt M und den Radius R gelten:

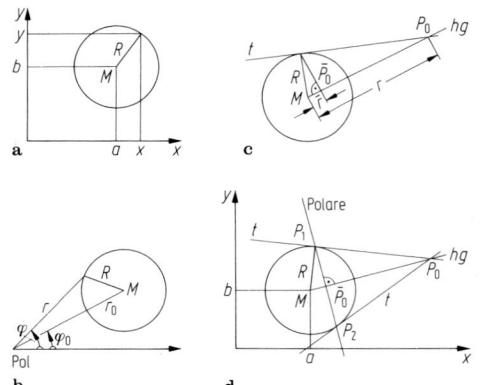

Abb. 5.9 Kreis. **a** kartesische, **b** Polarkoordinaten; **c** Spiegelung; **d** Pol und Polare

Kartesische Koordinaten (Abb. 5.9a)

Allgemeine Form mit $M(a, b)$:
$$(x - a)^2 + (y - b)^2 = R^2,$$

Scheitelpunktsform mit $M(R, 0)$:
$$x^2 - 2Rx + y^2 = 0,$$

Mittelpunktsform mit $M(0, 0)$:
$$x^2 + y^2 = R^2.$$

Polarkoordinaten (Abb. 5.9b)

Allgemeine Form mit $M(r_0, \varphi_0)$:
$$r^2 - 2r r_0 \cos(\varphi - \varphi_0) + r_0^2 = R^2,$$

Scheitelpunktsform mit $M(R, 0)$:
$$r = 2R \cos\varphi, \quad \varphi \in (-\pi/2, \pi/2).$$

Tangente und Normale (t und n; Abb. 5.9c). Für den Kreis $k\colon (x - a)^2 + (y - b)^2 = R^2$ mit dem Kreispunkt $P_0(x_0, y_0)$ gilt

für $t\colon (x - a)(x_0 - a) + (y - b)(y_0 - b) = R^2$,

für $n\colon (y - y_0)(x_0 - a) - (x - x_0)(y_0 - b) = 0$.

Spiegelung an einem Kreis (Abb. 5.9c). Zwei Punkte P_0 und $\bar{P}_0$ der Ebene heißen Spiegelpunkte des Kreises mit dem Mittelpunkt M und dem Radius R, wenn sie auf der Halbgeraden hg mit dem Anfangspunkt M liegen und für ihre Abstände r und $\bar{r}$ von M gilt: $r\bar{r} = R^2$.

Polare des Poles P_0 bezüglich des Kreises (Abb. 5.9d) ist eine Gerade, die durch den Spie-

gelpunkt $\bar{P}_0$ des Poles P_0 verläuft und senkrecht auf der Halbgeraden hg durch $\bar{P}_0$ mit dem Anfangspunkt M steht. Liegt der Pol P_0 außerhalb des Kreises wie auf Abb. 5.9d, so sind die Schnittpunkte P_1 und P_2 der Polaren mit dem Kreis die Berührungspunkte der Kreistangenten durch P_0. Mit der Kreisgleichung $(x - a)^2 + (y - b)^2 = R^2$ lautet die Gleichung der Polaren des Punkts $P_0(x_0, y_0)$

$$(x - a)(x_0 - a) + (y - b)(y_0 - b) = R^2.$$

Parabel

Sie ist der geometrische Ort aller Punkte der Ebene, deren Abstände von einem Punkt F, dem Brennpunkt, und einer Geraden l, der Leitlinie, gleich sind ($\varepsilon = 1$). Ihr Halbparameter p ist der Abstand des Brennpunkts F von l.

Konstruktion. Für die Parabelpunkte und ihre Tangenten (Abb. 5.10a) gilt:

In einem Punkt A auf l wird das Lot und auf der Verbindungsstrecke $\overline{AF}$ die Mittelsenkrechte errichtet, die das Lot in einem Parabelpunkt P schneidet und zugleich Tangente in P ist. Hieraus geht hervor, dass jeder parallel zur Hauptachse einfallende Strahl nach Spiegelung an der Parabel durch den Brennpunkt F geht.

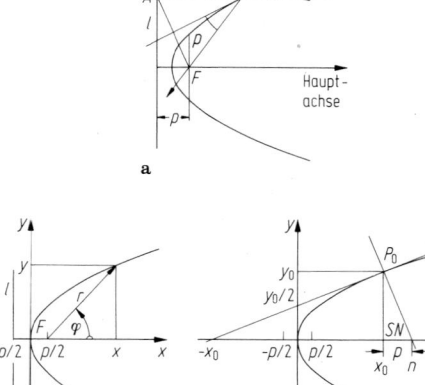

Abb. 5.10 Parabel. **a** Konstruktion; **b** Koordinaten; **c** Tangente t und Normale n

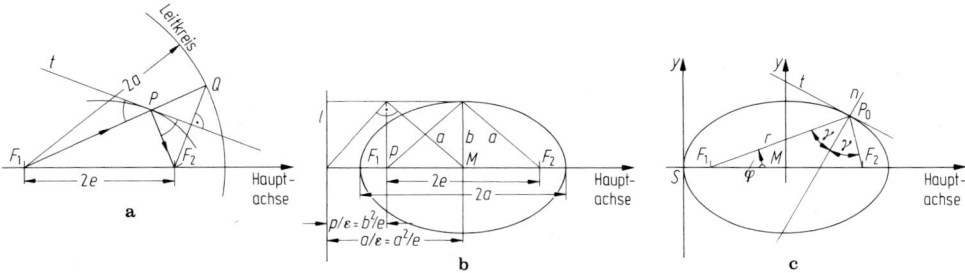

Abb. 5.11 Ellipse. **a** Konstruktion; **b** Größen; **c** Koordinaten

Gleichungen (Abb. 5.10b). In Polar- bzw. kartesischen Koordinaten ist $r = p/(1-\cos\varphi)$ bzw. $y^2 = 2px$ mit Brennpunkt $F\colon (p/2, 0)$ und Leitlinie $l\colon x = -p/2$.

Tangente und Normale (t und n; Abb. 5.10c). In der Scheitelpunktdarstellung $y^2 = 2px$ mit dem Parabelpunkt $P_0(x_0, y_0)$ gilt für $t\colon y y_0 = p(x + x_0)$ und für $n\colon p(y - y_0) + y_0(x - x_0) = 0$. Die Tangente t schneidet die y-Achse bei $y_0/2$ und die x-Achse bei $-x_0$. Die Länge der Subnormalen SN ist stets p.

Ellipse

Sie ist der geometrische Ort aller Punkte der Ebene (Abb. 5.11a) mit konstanter Summe ihrer Abstände von zwei Punkten F_1 und F_2, den Brennpunkten. Der Abstand der beiden Brennpunkte wird mit $2e$ und die Abstandssumme für die Ellipsenpunkte P mit $2a$ bezeichnet: $\overline{F_1 F_2} = 2e$ und $\overline{F_1 P} + \overline{F_2 P} = 2a$, wobei $e < a$.

Konstruktion. Für die Ellipse und ihre Tangenten (Abb. 5.11a) wird mit dem Radius $2a$ um F_1 ein Kreis, der Leitkreis, gezeichnet und einer seiner Punkte Q mit F_1 und F_2 verbunden. Die Mittelsenkrechte der Strecke $\overline{QF_2}$ schneidet die Strecke $\overline{QF_1}$ im Ellipsenpunkt P und ist zugleich Tangente in P. Hiernach geht jeder vom Brennpunkt F_1 ausgehende Strahl nach der Spiegelung an der Ellipse durch den anderen Brennpunkt F_2.

Charakteristische Größen (Abb. 5.11b). Diese sind die lineare Exzentrizität e, die numerische Exzentrizität $\varepsilon = e/a < 1$, die große und die kleine Halbachse a und b sowie der Halbparameter

$p = b^2/a$. Der Brennpunkt F_1 bzw. der Mittelpunkt M hat von der Leitlinie l den Abstand $p/\varepsilon = b^2/e$ bzw. $a/\varepsilon = a^2/e$.

Gleichungen (Abb. 5.11c). In *Polarkoordinaten* (Pol fällt mit F_1 zusammen, und die Polachse geht durch F_2) ist

$$r = \frac{p}{1 - \varepsilon \cos\varphi} = \frac{a^2 - e^2}{a - e \cos\varphi}, \quad \varepsilon = e/a < 1.$$

Kartesische Koordinaten:

Scheitelpunkt S liegt im Ursprung

$$y^2 = 2px - x^2(1 - \varepsilon^2)$$
$$= 2\frac{b^2}{a}x - \frac{b^2}{a^2}x^2 \quad \text{oder}$$
$$\frac{(x - a)^2}{a^2} + \frac{y^2}{b^2} = 1,$$

Mittelpunkt M liegt im Ursprung

$$\frac{x^2}{a^2} + \frac{y^2}{b^2} = 1 \quad \text{oder} \quad y = \pm\frac{b}{a} \cdot \sqrt{a^2 - x^2}.$$

Tangente und Normale (t und n; Abb. 5.11b). In der Mittelpunktdarstellung mit dem Ellipsenpunkt $P_0(x_0, y_0)$ gilt

$$\text{für} \quad t\colon \frac{x x_0}{a^2} + \frac{y y_0}{b^2} = 1,$$

$$\text{für} \quad n\colon \frac{(x - x_0)y_0}{b^2} - \frac{(y - y_0)x_0}{a^2} = 0.$$

Hyperbel

Sie ist der geometrische Ort aller Punkte der Ebene mit konstanter Differenz ihrer Abstände von zwei Brennpunkten F_1 und F_2. Der Abstand der Brennpunkte wird mit $2e$ und die Abstands-

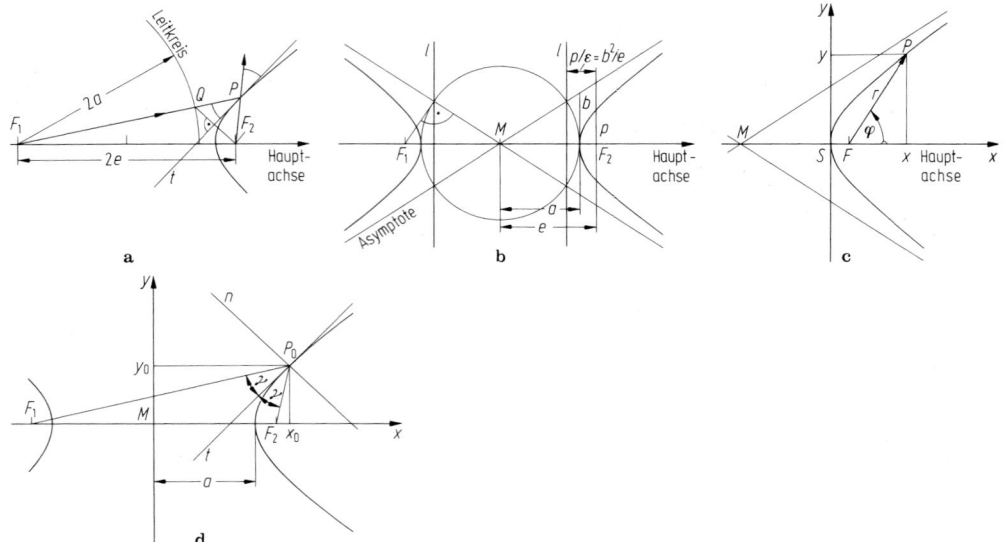

Abb. 5.12 Hyperbel. **a** Konstruktion; **b** Größen; **c** Koordinaten; **d** Tangente t und Normale n

differenz für einen Hyperbelpunkt P mit $2\,a$ bezeichnet.

$$\overline{F_1 F_2} = 2e, \quad \overline{F_1 P} - \overline{F_2 P} = 2a, \quad \text{wobei}$$
$$e > a.$$

Konstruktion (Abb. 5.12a). Hierzu wird um F_1 mit dem Radius $2\,a$ ein Kreis, der Leitkreis, gezeichnet. Ein Punkt Q auf dem Leitkreis wird mit F_2 verbunden. Die Mittelsenkrechte auf $\overline{QF_2}$ schneidet die verlängerte Strecke $\overline{F_1 Q}$ in dem Hyperbelpunkt P und ist zugleich Tangente in P. Für diesen Punkt P ist $\overline{F_1 P} - \overline{F_2 P} = 2\,a$. Hieraus folgt, dass jeder vom Brennpunkt F_1 ausgehende Strahl nach seiner Spiegelung an der Hyperbel mit seiner rückwärtigen Verlängerung durch den zweiten Brennpunkt F_2 verläuft.

Charakteristische Größen (Abb. 5.12b). Diese sind die lineare Exzentrizität e, die numerische Exzentrizität $\varepsilon = e/a > 1$, die reelle Halbachse a und die imaginäre Halbachse $b = \sqrt{e^2 - a^2}$ sowie der Halbparameter $p = b^2/a$. Der Brennpunkt F_2 bzw. der Mittelpunkt M hat von der Leitlinie l den Abstand $p/\varepsilon = b^2/e$ bzw. $a/\varepsilon = a^2/e$. Die Geraden durch M, die bezüglich der Hauptachse die Steigung $\pm b/a$ haben, sind Asymptoten der Hyperbel.

Gleichungen. In *Polarkoordinaten* (Pol fällt mit F zusammen, und die Polarachse ist mit der Hauptachse gleichgerichtet; Abb. 5.12c) ist

$$r = \frac{p}{1 - \varepsilon \cos \varphi} = \frac{e^2 - a^2}{a - e \cos \varphi}, \quad \varepsilon = \frac{e}{a} > 1.$$

Kartesische Koordinaten. Die x-Achse mit der Orientierung von links nach rechts geht durch F_1 und F_2.

Scheitelpunkt S, Abb. 5.12c liegt im Ursprung

$$y^2 = 2px - x^2(1 - \varepsilon^2) \quad \text{oder}$$
$$\frac{(x + a)^2}{a^2} - \frac{y^2}{b^2} = 1,$$

Mittelpunkt M, Abb. 5.12d liegt im Ursprung

$$\frac{x^2}{a^2} - \frac{y^2}{b^2} = 1 \quad \text{oder} \quad y = \pm \frac{b}{a} \sqrt{x^2 - a^2}.$$

Tangente und Normale (t und n; Abb. 5.12d). In der Mittelpunktdarstellung mit dem Hyperbelpunkt $P_0(x_0, y_0)$ gilt

für t: $\quad \dfrac{x_0 x}{a^2} - \dfrac{y_0 y}{b^2} = 1,$

für n: $\quad \dfrac{(x - x_0)y_0}{b^2} + \dfrac{(y - y_0)x_0}{a^2} = 0.$

5.1.8 Allgemeine Kegelschnittgleichung

Jeder Kegelschnitt ist eine Kurve 2. Ordnung, d. h., dass er in einem kartesischen Koordinatensystem durch eine Gleichung 2. Grades darstellbar ist:

$$F(x, y) = Ax^2 + 2Bxy + Cy^2 + 2Dx$$
$$+ 2Ey + F = 0,$$
$$A^2 + B^2 + C^2 > 0.$$

$$\Delta = \begin{vmatrix} A & B & D \\ B & C & E \\ D & E & F \end{vmatrix}, \quad \delta = \begin{vmatrix} A & B \\ B & C \end{vmatrix}. \quad (5.1)$$

Die Diskriminante Δ der Gleichung und die Diskriminante δ der quadratischen Glieder bestimmen im wesentlichen die Art des Kegelschnitts (Tab. 5.2).

Transformation der allgemeinen Kegelschnittgleichung auf Hauptachsen

Drehung des Koordinatensystems. Sie ist nur dann erforderlich, wenn in Gl.(5.1) $B \neq 0$. Ohne Einschränkung wird vorausgesetzt, dass $B > 0$ (anderenfalls Multiplikation der Gleichung mit -1). Durch eine Drehung um den Winkel α gemäß den Transformationsgleichungen $x = x' \cos \alpha - y' \sin \alpha$, $y = x' \sin \alpha + y' \cos \alpha$ geht Gl. (5.1) über in

$$A'x'^2 + 2B'x'y' + C'y'^2 + 2Dx'$$
$$+ 2Ey' + F' = 0, \quad (5.2)$$

Tab. 5.2 Kegelschnitte

Δ	δ		
	> 0	< 0	$= 0$
$\neq 0$	Ellipse (reell oder imaginär)	Hyperbel	Parabel
$= 0$	Punkt	Geradenpaar nicht parallel	Geradenpaar parallel (reell oder imaginär)

wobei die Koeffizienten mit einem Strich durch die Matrizengleichung

$$\begin{pmatrix} A' & B' & D' \\ B' & C' & E' \\ D' & E' & F' \end{pmatrix} = \begin{pmatrix} \cos \alpha & \sin \alpha & 0 \\ -\sin \alpha & \cos \alpha & 0 \\ 0 & 0 & 1 \end{pmatrix}$$
$$\cdot \begin{pmatrix} A & B & D \\ B & C & E \\ D & E & F \end{pmatrix}$$
$$\cdot \begin{pmatrix} \cos \alpha & -\sin \alpha & 0 \\ \sin \alpha & \cos \alpha & 0 \\ 0 & 0 & 1 \end{pmatrix}$$

bestimmt sind. Hierbei ist

$$\begin{vmatrix} A' & B' & D' \\ B' & C' & E' \\ D' & E' & F' \end{vmatrix} = \begin{vmatrix} A & B & D \\ B & C & E \\ D & E & F \end{vmatrix} = \Delta,$$

$$\begin{vmatrix} A' & B' \\ B' & C' \end{vmatrix} = \begin{vmatrix} A & B \\ B & C \end{vmatrix} = \delta,$$

$$A' + C' = A + C, \quad F' = F.$$

Der Drehwinkel α wird nun so bestimmt, dass

$$B' = (C - A) \sin \alpha \cos \alpha + B(\cos^2 \alpha - \sin^2 \alpha)$$
$$= (1/2)(C - A) \sin 2\alpha + B \cos 2\alpha = 0$$

oder

$$(A - C) \sin 2\alpha = 2B \cos 2\alpha,$$

woraus folgt

$$\tan 2\alpha = 2B/(A - C) \quad \text{für} \quad A \neq C \quad \text{oder}$$
$$\cos 2\alpha = 0 \quad \text{für} \quad A = C.$$

Hieraus ist α bis auf ganzzahlige Vielfache von $\pi/2$ bestimmt. Mit $\alpha \in (0, \pi/2)$ gilt

$$A' = (1/2)(A + C)$$
$$+ (1/2)\sqrt{(A - C)^2 + 4B^2},$$
$$C' = (1/2)(A + C)$$
$$- (1/2)\sqrt{(A - C)^2 + 4B^2} \quad \text{oder}$$
$$A' + C' = A + C,$$
$$A'C' = AC - B^2 = \delta.$$

A' und C' sind damit Lösungen der quadratischen Gleichung

$$\begin{vmatrix} A - \lambda & B \\ B & C - \lambda \end{vmatrix} = \lambda^2 - (A + C)\lambda + AC - B^2$$

$$= 0.$$

Wegen $B' = 0$ lautet dann Gl.(5.2) im gedrehten Koordinatensystem

$$A'x'^2 + C'y'^2 + 2D'x' + 2E'y' + F' = 0. \quad (5.3)$$

Parallelverschiebung. Gleichung (5.3) lässt sich durch eine Parallelverschiebung des Koordinatensystems weiter vereinfachen. Hierbei sind im wesentlichen die Fälle $\delta \neq 0$ und $\delta = 0$ zu unterscheiden.

Fall $\delta \neq 0$

$$\delta = \begin{vmatrix} A & B \\ B & C \end{vmatrix} = A'C' \neq 0.$$

Wegen $A' \neq 0$ und $C' \neq 0$ kann Gl.(5.3) durch quadratische Ergänzung auf die Form gebracht werden:

$$A'(x' + D'/A')^2 + C'(y' + E'/C')^2$$
$$+ \Delta/\delta = 0. \quad (5.4)$$

Die Parallelverschiebung $\xi = x' + D'/A'$, $\eta = y' + E'/C'$ liefert die *Hauptachsengleichung einer Hyperbel oder Ellipse*

$$A'\xi^2 + C'\eta^2 + \Delta/\delta = 0 \quad (5.5)$$

($\Delta = 0$: ausgeartete Hyperbel oder Ellipse).

Fall $\delta = 0$

$$\delta = \begin{vmatrix} A & B \\ B & C \end{vmatrix} = A'C' = 0.$$

Es sei $C' = 0$ und $A' \neq 0$ (der andere mögliche Fall, $A' = 0$ und $C' \neq 0$, lässt sich entsprechend behandeln). Dann ist

$$\Delta = \begin{vmatrix} A & B & D \\ B & C & E \\ D & E & F \end{vmatrix} = \begin{vmatrix} A' & 0 & D' \\ 0 & 0 & E' \\ D' & E' & F' \end{vmatrix}$$

$$= -A'E'^2,$$

woraus folgt, dass $E' = 0$ genau dann, wenn $\Delta = 0$.

Mit $C' = 0$ lautet Gl.(5.3) $A'x'^2 + 2D'x' + 2E'y' + F' = 0$ oder nach quadratischer Ergänzung

$$A'(x' + D'/A')^2 + 2E'y' + \overline{F} = 0 \quad \text{mit}$$
$$\overline{F} = F' - D'^2/A'. \quad (5.6)$$

Unterfall $E' \neq 0$. Hier wird $\Delta \neq 0$ und

$$A'(x' + D'/A')^2 + 2E'(y' + \overline{F}/2E') = 0.$$

Die Parallelverschiebung $\xi = x' + D'/A'$, $\eta = y' + \overline{F}/(2E')$ liefert die *Hauptachsengleichung der Parabel*

$$A'\xi^2 + 2E'\eta = 0 \quad \text{oder}$$
$$\xi^2 = -(2E'/A')\eta = p\eta. \quad (5.7)$$

Unterfall $E' = 0$. Hier wird $\Delta = 0$ und

$$A'(x' + D'/A')^2 + \overline{F} = 0.$$

Die Parallelverschiebung $\xi = x' + D'/A'$, $\eta = y'$ liefert die *Hauptachsengleichung der ausgearteten Parabel*

$$A'\xi^2 + \overline{F} = 0 \quad \text{oder} \quad \xi^2 = -\overline{F}/A'. \quad (5.8)$$

Beispiel 1

$3x^2 - 2xy + 3y^2 - 4x - 4y - 12 = 0.$ – Wegen $\delta = 8 > 0$, $\Delta = -128 \neq 0$ und $\Delta/\delta = -16$ ist der Kegelschnitt eine reelle Ellipse. Da $A = C$, ist $\cos 2\alpha = 0$ oder $\alpha = \pi/4$. Mit den Transformationsgleichungen für die Drehung,

$$x = x' \cos(\pi/4) - y' \sin(\pi/4)$$
$$= (1/\sqrt{2})(x' - y'),$$
$$y = x' \sin(\pi/4) + y' \cos(\pi/4)$$
$$= (1/\sqrt{2})(x' + y'),$$

lautet die Kegelschnittgleichung im gedrehten System $2x'^2 + 4y'^2 - 4\sqrt{2}x' - 12 = 0$. Die quadratische Ergänzung ergibt $2(x' - \sqrt{2})^2 + 4y'^2 - 16 = 0$. Die Parallelverschiebung $\xi = x' - \sqrt{2}$, $\eta = y'$ liefert die Hauptachsengleichung $\xi^2/8 + \eta^2/4 = 1$. ◄

Beispiel 2

$x^2 - 4xy + 4y^2 - 6x + 12y + 8 = 0.$ – Wegen $\delta = 0$ und $\Delta = 0$ ist der Kegelschnitt eine ausgeartete Parabel. Es ist $\tan 2\alpha = 4/3$ oder $\cos\alpha = 2/\sqrt{5}$ und $\sin\alpha = 1/\sqrt{5}$. Mit den Transformationsgleichungen für die Drehung,

$$x = x'\cos\alpha - y'\sin\alpha = 1/\sqrt{5}(2x' - y'),$$
$$y = x'\sin\alpha + y'\cos\alpha = 1/\sqrt{5}(x' + 2y'),$$

lautet die Kegelschnittgleichung im gedrehten System

$$5y'^2 + 6\sqrt{5}y' + 8 = 0 \quad \text{oder}$$
$$(y' + 3/\sqrt{5})^2 = 1/5.$$

Die Parallelverschiebung $\eta = y' + 3/\sqrt{5}$, $\xi = x'$ liefert die Hauptachsengleichung $\eta = \pm\sqrt{1/5}$.

Die ausgeartete Parabel ist also ein Paar von reellen parallelen Geraden. ◄

5.2 Analytische Geometrie des Raumes

5.2.1 Das kartesische Koordinatensystem

Zugrunde gelegt wird ein räumliches Koordinatensystem $(O; e_1, e_2, e_3)$ im positiv orientierten Raum (Abb. 5.13). In einem Punkt O, dem Ursprung, Nullpunkt oder Koordinatenanfangspunkt, sind drei orthonormierte Basisvektoren e_1, e_2, e_3 angeheftet, die in der angegebenen Reihenfolge eine Rechtsschraube bilden (positive Orientierung).

Jeder Vektor a des Raums bzw. jeder Ortsvektor $\overrightarrow{OP} = r$ eines Raumpunkts P lässt sich

Abb. 5.13 Räumliches kartesisches Koordinatensystem

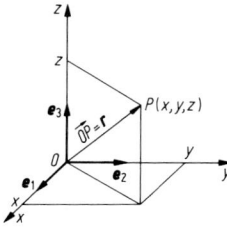

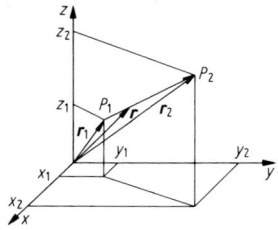

Abb. 5.14 Strecke $\overrightarrow{P_1 P_2}$

eindeutig als Linearkombination der Basisvektoren darstellen,

$$a = a_x e_1 + a_y e_2 + a_z e_3 = (a_x, a_y, a_z) \quad \text{bzw.}$$
$$r = \overrightarrow{OP} = x e_1 + y e_2 + z e_3 = (x, y, z),$$

wobei a_x, a_y, a_z bzw. x, y, z Koordinaten des Vektors a bzw. des Punkts P heißen.

5.2.2 Strecke

Die Punkte r_1 und r_2 seien Anfangs- und Endpunkt der (orientierten) Strecke $\overrightarrow{P_1 P_2} = r_2 - r_1$ (Abb. 5.14). Ein Punkt r liegt genau dann auf der Strecke $\overrightarrow{P_1 P_2}$, wenn

$$r = r_1 + t(r_2 - r_1) \quad \text{für} \quad t \in [0, 1] \quad \text{oder}$$
$$r = t_1 r_1 + t_2 r_2 \quad \text{für} \quad t_1 + t_2 = 1,$$
$$0 \leqq t_1, t_2.$$

Länge der Strecke $\overrightarrow{P_1 P_2}$:

$$l = |\overrightarrow{P_1 P_2}| = |r_2 - r_1|$$
$$= \sqrt{(x_2 - x_1)^2 + (y_2 - y_1)^2 + (z_2 - z_1)^2}.$$

Richtung der Strecke $\overrightarrow{P_1 P_2}$: Sie ist bestimmt durch die Winkel α, β, γ, die der Vektor $\overrightarrow{P_1 P_2} = r_2 - r_1$ mit den Basisvektoren einschließt, wobei ihre Kosinuswerte Richtungskosinusse heißen. Mit dem Einheitsvektor

$$e^0 = (r_2 - r_1)/|r_2 - r_1| \quad \text{gilt}$$
$$\cos\alpha = e^0 e_1 = (x_2 - x_1)/l,$$
$$\cos\beta = e^0 e_2 = (y_2 - y_1)/l,$$
$$\cos\gamma = e^0 e_3 = (z_2 - z_1)/l;$$
$$\cos^2\alpha + \cos^2\beta + \cos^2\gamma = 1.$$

Winkel zwischen zwei gerichteten Strecken: Der von den beiden gerichteten Strecken oder Vektoren

$$a = \overrightarrow{P_1 P_2} = r_2 - r_1 = (a_x, a_y, a_z) \quad \text{und}$$

$$b = \overrightarrow{P_3 P_4} = r_4 - r_3 = (b_x, b_y, b_z)$$

eingeschlossene Winkel φ ($0 \leqq \varphi \leqq \pi$) ist bestimmt durch

$$
\begin{aligned}
\cos \varphi &= \frac{a \cdot b}{|a||b|} \\
&= \frac{a_x b_x + a_y b_y + a_z b_z}{\sqrt{a_x^2 + a_y^2 + a_z^2}\sqrt{b_x^2 + b_y^2 + b_z^2}} \\
&= \cos \alpha_1 \cos \alpha_2 + \cos \beta_1 \cos \beta_2 \\
&\quad + \cos \gamma_1 \cos \gamma_2,
\end{aligned}
$$

wobei $\cos \alpha_1, \cos \beta_1, \cos \gamma_1$ bzw. $\cos \alpha_2, \cos \beta_2,$ $\cos \gamma_2$ die Richtungskosinusse von $\overrightarrow{P_1 P_2}$ bzw. $\overrightarrow{P_3 P_4}$ sind.

5.2.3 Dreieck und Tetraeder

Bilden die drei Punkte P_1, P_2 und P_3 mit den Ortsvektoren $r_1 = (x_1, y_1, z_1), r_2 = (x_2, y_2, z_2)$ und $r_3 = (x_3, y_3, z_3)$ die Eckpunkte eines Dreiecks (Abb. 5.15) und ist durch die Punktfolge P_1, P_2, P_3 ein Umlaufsinn des Dreiecks festgelegt, so heißt das vektorielle Produkt $(\overrightarrow{P_1 P_2} \times \overrightarrow{P_2 P_3})/2$ orientierte Dreieckfläche mit dem Flächeninhalt

$$0{,}5 \cdot |(r_2 - r_1) \times (r_3 - r_2)|$$

$$
= 0{,}5 \sqrt{
\begin{vmatrix} x_1 & x_2 & x_3 \\ y_1 & y_2 & y_3 \\ 1 & 1 & 1 \end{vmatrix}^2
+
\begin{vmatrix} y_1 & y_2 & y_3 \\ z_1 & z_2 & z_3 \\ 1 & 1 & 1 \end{vmatrix}^2
+
\begin{vmatrix} z_1 d & z_2 & z_3 \\ x_1 & x_2 & x_3 \\ 1 & 1 & 1 \end{vmatrix}^2
}.
$$

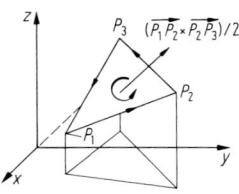

Abb. 5.15 Dreieck

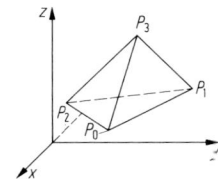

Abb. 5.16 Tetraeder

Bilden die vier Punkte P_0, P_1, P_2 und P_3 mit den Ortsvektoren r_0, r_1, r_2 und r_3 die Eckpunkte eines Tetraeders (Abb. 5.16), so ist dessen (orientiertes) Volumen bestimmt durch das Spatprodukt

$$
\begin{aligned}
&(1/6)(\overrightarrow{P_0 P_1}, \overrightarrow{P_0 P_2}, \overrightarrow{P_0 P_3}) \\
&= (1/6)(\overrightarrow{P_0 P_1} \times \overrightarrow{P_0 P_2}) \cdot \overrightarrow{P_0 P_3} \quad \text{bzw.} \\
&V = (1/6)[(r_1 - r_0) \times (r_2 - r_0)] \cdot (r_3 - r_0) \\
&= \frac{1}{6}
\begin{vmatrix}
x_0 & y_0 & z_0 & 1 \\
x_1 & y_1 & z_1 & 1 \\
x_2 & y_2 & z_2 & 1 \\
x_3 & y_3 & z_3 & 1
\end{vmatrix}.
\end{aligned}
$$

Das Volumen hat positives Vorzeichen, wenn $\overrightarrow{P_0 P_1}, \overrightarrow{P_0 P_2}, \overrightarrow{P_0 P_3}$ in dieser Reihenfolge positiv orientiert sind.

5.2.4 Gerade

Zweipunkte- und Punktrichtungsgleichung. Eine Gerade g (Abb. 5.17) sei bestimmt durch zwei ihrer Punkte r_1 und r_2 bzw. durch einen ihrer Punkte r_1 und ihren Richtungsvektor $v = (v_x, v_y, v_z)$. Für jeden Punkt r der Geraden g gilt mit dem Parameter $t \in \mathbb{R}$

$$r = r_1 + t(r_2 - r_1) \quad \text{oder}$$

$$x = x_1 + t(x_2 - x_1), \quad y = y_1 + t(y_2 - y_1),$$

$$z = z_1 + t(z_2 - z_1)$$

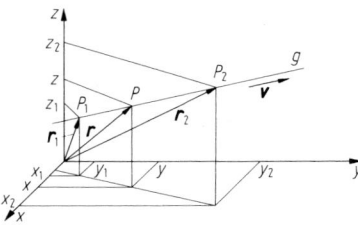

Abb. 5.17 Gerade

bzw.

$$r = r_1 + t v \quad \text{oder}$$
$$x = x_1 + t v_x, \quad y = y_1 + t v_y,$$
$$z = z_1 + t v_z.$$

Vektorielle Multiplikation beider Gleichungen mit $r_2 - r_1$ bzw. v führt auf die folgenden parameterfreien Darstellungen:

Zweipunktegleichung

$$(r - r_1) \times (r_2 - r_1) = 0,$$
$$(x - x_1)(y_2 - y_1) = (y - y_1)(x_2 - x_1),$$
$$(y - y_1)(z_2 - z_1) = (z - z_1)(y_2 - y_1),$$
$$(z - z_1)(x_2 - x_1) = (x - x_1)(z_2 - z_1),$$

Punktrichtungsgleichung

$$(r - r_1) \times v = 0,$$
$$(x - x_1)v_y = (y - y_1)v_x,$$
$$(y - y_1)v_z = (z - z_1)v_y,$$
$$(z - z_1)v_x = (x - x_1)v_z.$$

Falls die im Nenner auftretenden Größen von Null verschieden sind, lauten diese Gleichungen in der *kanonischen Form*

$$\frac{x - x_1}{x_2 - x_1} = \frac{y - y_1}{y_2 - y_1} = \frac{z - z_1}{z_2 - z_1} \quad \text{bzw.}$$
$$\frac{x - x_1}{v_x} = \frac{y - y_1}{v_y} = \frac{z - z_1}{v_z}.$$

Allgemeine Darstellung einer Geraden. Sie ist bestimmt durch die Schnittgerade zweier Ebenen mit den linearen Gleichungen

$$A_1 x + B_1 y + C_1 z + D_1 = 0 \quad \text{und}$$
$$A_2 x + B_2 y + C_2 z + D_2 = 0$$

mit Rang $\begin{pmatrix} A_1 & B_1 & C_1 \\ A_2 & B_2 & C_2 \end{pmatrix} = 2$, d. h., von

$$\begin{vmatrix} A_1 & B_1 \\ A_2 & B_2 \end{vmatrix}, \quad \begin{vmatrix} A_1 & C_1 \\ A_2 & C_2 \end{vmatrix}, \quad \begin{vmatrix} B_1 & D_1 \\ B_2 & C_2 \end{vmatrix}$$

ist mindestens eine Determinante von Null verschieden.

Für die Schnittgerade der beiden Ebenen ist dann nach Abschn. 5.2.5 der Richtungsvektor

$$v = \begin{vmatrix} B_1 & C_1 \\ B_2 & C_2 \end{vmatrix} e_1 + \begin{vmatrix} C_1 & A_1 \\ C_2 & A_2 \end{vmatrix} e_2$$
$$+ \begin{vmatrix} A_1 & B_1 \\ A_2 & B_2 \end{vmatrix} e_3 \neq 0.$$

Lagebeziehungen zweier Geraden. Die Geraden seien durch ihre Punktrichtungsgleichungen gegeben.

$$g_1 : r = r_1 + t_1 v_1, \quad g_2 : r = r_2 + t_2 v_2;$$
$$t_1, t_2 \in \mathbb{R}.$$

Die vier Möglichkeiten ihrer gegenseitigen Lage mit den entsprechenden Bedingungen und die Abstände der Geraden sind in Tab. 5.3 zusammengefasst.

Tab. 5.3 Lagebeziehungen zweier Geraden im Raum

parallel $v_1 \times v_2 = 0$		nicht parallel $v_1 \times v_2 \neq 0$	
gleich $v_1 \times (r_2 - r_1) = 0$	verschieden $v_1 \times (r_2 - r_1) \neq 0$	schneiden einander $(r_2 - r_1)(v_1 \times v_2) = 0$	windschief $(r_2 - r_1)(v_1 \times v_2) \neq 0$
Abstand $d = \frac{\|v_1 \times (r_2 - r_1)\|}{\|v_1\|}$		Abstand $d = \frac{\|(r_2 - r_1)(v_1 \times v_2)\|}{\|v_1 \times v_2\|}$	

5.2.5 Ebene

Die Ebene E sei durch drei nicht auf einer Geraden liegenden Punkte P_0, P_1, P_2 mit den Ortsvektoren r_0, r_1, r_2 bzw. durch einen Punkt P_0 und zwei nichtkollineare Vektoren $v = r_1 - r_0$, $w = r_2 - r_0$ bestimmt (Abb. 5.18a), wobei $(r_1 - r_0) \times (r_2 - r_0) \neq 0$ bzw. $v \times w \neq 0$.

Parameterdarstellung. Mit den Parametern λ, μ lautet sie

$$r = r_0 + \lambda(r_1 - r_0) + \mu(r_2 - r_0) \quad \text{bzw.}$$
$$r = r_0 + \lambda v + \mu w.$$
$$(5.9)$$

Parameterfreie Form. Skalare Multiplikation der Gl. (5.9) mit $(r_1 - r_0) \times (r_2 - r_0)$ bzw. $v \times w$ ergibt

$$(r - r_0)[(r_1 - r_0) \times (r_2 - r_0)] = 0 \quad \text{bzw.}$$
$$(r - r_0)(v \times w) = 0$$

oder in Koordinatenschreibweise

$$\begin{vmatrix} x - x_0 & y - y_0 & z - z_0 \\ x_1 - x_0 & y_1 - y_0 & z_1 - z_0 \\ x_2 - x_0 & y_2 - y_0 & z_2 - z_0 \end{vmatrix}$$
$$= \begin{vmatrix} x & y & z & 1 \\ x_0 & y_0 & z_0 & 1 \\ x_1 & y_1 & z_0 & 1 \\ x_2 & y_2 & z_2 & 1 \end{vmatrix} = 0$$

bzw.

$$\begin{vmatrix} x - x_0 & y - y_0 & z - z_0 \\ v_x & v_y & v_z \\ w_x & w_y & w_z \end{vmatrix} = 0.$$

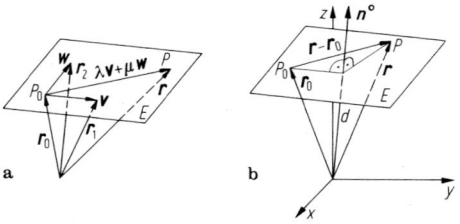

Abb. 5.18 Ebene. **a** Parameterdarstellung; **b** Hessesche Normalform

Hessesche Normalform. Die Ebene E sei durch einen ihrer Punkte P_0 mit dem Ortsvektor r_0 und durch ihren Stellungsvektor n_0 festgelegt (Abb. 5.18b). n^0 ist ein zur Ebene E senkrechter Einheitsvektor, dessen Richtungssinn vom Ursprung O aus zur Ebene weist, falls O nicht auf E liegt. Sonst ist sein Richtungssinn beliebig wählbar. Für jeden Punkt r von E gilt dann

$$n^0(r - r_0) = 0 \quad \text{oder} \quad n^0 r - d = 0,$$

wobei $d = n^0 r_0 \geqq 0$ der Abstand des Ursprungs O von der Ebene E ist. Mit $n^0 = (\cos\alpha, \cos\beta, \cos\gamma)$ und $r = (x, y, z)$, wobei $\cos\alpha, \cos\beta$ und $\cos\gamma$ die Richtungskosinusse von n^0 sind, lautet die Koordinatendarstellung der Hesseschen Normalform

$$x \cos\alpha + y \cos\beta + z \cos\gamma - d = 0.$$

Allgemeine Ebenengleichung. Sie hat die lineare Form

$$Ax + By + Cz + D = 0, \quad \text{wobei}$$
$$A^2 + B^2 + C^2 > 0.$$

Einige Sonderfälle sind:

$Ax + By + Cz = 0$	Ebene geht durch den Ursprung O,
$By + Cz + D = 0$	Ebene parallel zur x-Achse,
$Cz + D = 0$	Ebene parallel zur x, y-Ebene,
$z = 0$	Ebene fällt mit x, y-Ebene zusammen.

Abschnittsgleichung (Ebene geht durch die Punkte $(a, 0, 0)$, $(0, b, 0)$ und $(0, 0, c)$):

$$x/a + y/b + z/c = 1.$$

Abstand eines Punkts von einer Ebene. Er wird zweckmäßig mit Hilfe der Hesseschen Normalform bestimmt.

$$E: r n^0 - d = 0 \quad \text{bzw.}$$
$$x \cos\alpha + y \cos\beta + z \cos\gamma - d = 0.$$

Für einen beliebigen Punkt P_0 mit dem Ortsvektor $r_0 = (x_0, y_0, z_0)$ ist der Abstand a von E gegeben durch

$$a = |n^0 r_0 - d| \quad \text{bzw.}$$
$$a = |x_0 \cos \alpha + y_0 \cos \beta + z_0 \cos \gamma - d|.$$

Falls die Ebene E nicht durch den Ursprung O geht, gilt für:

$$n^0 r_0 - d > 0 \quad P_0 \text{ und } O \text{ auf verschiedenen}$$
Seiten von E,

$$n^0 r_0 - d < 0 \quad P_0 \text{ und } O \text{ auf derselben Seite}$$
von E,

$$n^0 r_0 - d = 0 \quad P_0 \text{ liegt auf } E.$$

Lagebeziehungen zweier Ebenen. Die Gleichungen zweier Ebenen E_1 und E_2 seien

$$E_1 : A_1 x + B_1 y + C_1 z + D_1 = 0$$
$$(A_1^2 + B_1^2 + C_1^2 > 0) \quad \text{bzw.}$$
$$n_1^0 r - d_1 = 0,$$
$$E_2 : A_2 x + B_2 y + C_2 z + D_2 = 0$$
$$(A_2^2 + B_2^2 + C_2^2 > 0) \quad \text{bzw.}$$
$$n_2^0 r - d_2 = 0.$$

Die Ebenen schneiden einander genau dann in einer Geraden, wenn Rang $\begin{pmatrix} A_1 & B_1 & C_1 \\ A_2 & B_2 & C_2 \end{pmatrix} = 2$

(s. Abschn. 5.2.4) bzw. $n_1^0 \times n_2^0 \neq 0$.

Der Schnittwinkel φ_0 der beiden Ebenen ist durch den von den Stellungsvektoren n_1^0 und n_2^0 eingeschlossenen Winkel ϕ erklärt.

$$\cos \varphi = n_1^0 n_2^0$$
$$= \frac{A_1 A_2 + B_1 B_2 + C_1 C_2}{\sqrt{A_1^2 + B_1^2 + C_1^2} \sqrt{A_2^2 + B_2^2 + C_2^2}}$$

5.2.6 Koordinatentransformationen

Parallelverschiebung (Abb. 5.19). Sie ist gekennzeichnet durch einen Verschiebungsvektor v, durch den das Koordinatensystem $(O; e_1, e_2, e_3)$

Abb. 5.19 Parallelverschiebung

in das Koordinatensystem (O', e_1, e_2, e_3) übergeführt wird. Für einen Punkt P des Raums gilt dann $\overrightarrow{OP} = \overrightarrow{OO'} + \overrightarrow{O'P}$ mit dem Verschiebungsvektor $v = \overrightarrow{OO'}$. Für $\overrightarrow{OP} = x e_1 + y e_2 + z e_3$, $\overrightarrow{OO'} = a e_1 + b e_2 + c e_3$, $\overrightarrow{O'P} = x' e_1 + y' e_2 + z' e_3$ hat die Parallelverschiebung die Koordinatendarstellung

$$(x, y, z) = (x', y', z') + (a, b, c)$$
$$= (x' + a, y' + b, z' + c).$$

Drehung (Abb. 5.20). Durch sie wird das Koordinatensystem $(O; e_1, e_2, e_3)$ in $(O; e_1', e_2', e_3')$ übergeführt. Für die orthonormierten Basisvektoren e_1', e_2', e_3', die in dieser Reihenfolge positiv orientiert sind, gelten die Gleichungen

$$e_1' = \cos \alpha_1 e_1 + \cos \beta_1 e_2 + \cos \gamma_1 e_3,$$
$$e_2' = \cos \alpha_2 e_1 + \cos \beta_2 e_2 + \cos \gamma_2 e_3,$$
$$e_3' = \cos \alpha_3 e_1 + \cos \beta_3 e_2 + \cos \gamma_3 e_3,$$

wobei $\cos \alpha_i = e_i' e_1$, $\cos \beta_i = e_i' e_2$, $\cos \gamma_i = e_i' e_3$ $(i = 1, 2, 3)$ die Richtungskosinusse von e_i' sind (auf Abb. 5.20 sind nur die Winkel $\alpha_1, \beta_1, \gamma_1$ angegeben, die der Basisvektor e_1' mit den Basisvektoren e_1, e_2, e_3 des Ausgangssystems einschließt). Für einen beliebigen Raumpunkt P gilt dann

$$\overrightarrow{OP} = r$$
$$= x' e_1' + y' e_2' + z' e_3' = x e_1 + y e_2 + z e_3.$$

Abb. 5.20 Drehung

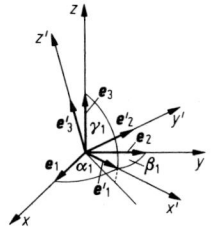

Skalare Multiplikation dieser Gleichung mit e'_1, e'_2, e'_3 liefert die Transformationsgleichungen für eine Drehung.

$$x' = \cos\alpha_1 x + \cos\beta_1 y + \cos\gamma_1 z,$$
$$y' = \cos\alpha_2 x + \cos\beta_2 y + \cos\gamma_2 z,$$
$$z' = \cos\alpha_3 x + \cos\beta_3 y + \cos\gamma_3 z;$$

$$\begin{pmatrix} x' \\ y' \\ z' \end{pmatrix} = \begin{pmatrix} \cos\alpha_1 & \cos\beta_1 & \cos\gamma_1 \\ \cos\alpha_2 & \cos\beta_2 & \cos\gamma_2 \\ \cos\alpha_3 & \cos\beta_3 & \cos\gamma_3 \end{pmatrix} \begin{pmatrix} x \\ y \\ z \end{pmatrix}$$

$$= A \begin{pmatrix} x \\ y \\ z \end{pmatrix}.$$

Da die Basisvektoren e'_1, e'_2, e'_3 orthonormiert sind, gilt die Matrizengleichung $A A^T = E$ bzw. $A^T = A^{-1}$, wobei A^T die transponierte und A^{-1} die inverse Matrix von A ist (s. Abschn. 3.2.4). Matrizen mit dieser Eigenschaft heißen orthogonal. Da außerdem die Basisvektoren e'_1, e'_2, e'_3 positiv orientiert sind, gilt $\text{Det}A = |A| = 1$. Matrizen A mit den Eigenschaften $A A^T = E$ und $|A| = 1$ heißen „eigentlich orthogonal". Damit ist jede Drehung durch eine eigentlich orthogonale Matrix charakterisiert.

Allgemeine Literatur

Bücher

Eisenreich, G.: Lineare Algebra und Analytische Geometrie. 3. Auflage 1991, Akademie Vlg.

Fischer, G.: Analytische Geometrie. 6. Auflage 1992, Vieweg.

Koecher, M.: Lineare Algebra und analytische Geometrie. 3. Auflage 1992, Springer.

Mangoldt, von; Knopp; Lösch: Höhere Mathematik. Bd. 1: Zahlen, Funktionen, Grenzwerte, Analytische Geometrie, Algebra, Mengenlehre 17. Auflage 1990, Hirzel.

Walter, R.: Lineare Algebra und Analytische Geometrie. 2. Auflage 1993, Vieweg.

Differential- und Integralrechnung

6

Uller Jarecki

6.1 Reellwertige Funktionen einer reellen Variablen

6.1.1 Grundbegriffe

Urbild- und Bildmenge. Ist D eine Teilmenge der reellen Zahlen, $D \subset \mathbb{R}$, und ist jedem $x \in D$ genau eine reelle Zahl $y \in \mathbb{R}$ zugeordnet, dann ist auf D eine reellwertige Funktion f definiert, symbolisch ausgedrückt

$$f : D \to \mathbb{R} \quad \text{oder} \quad y = f(x) \quad \text{für} \quad x \in D.$$

D heißt Definitions-, Argument- oder Urbildmenge von f. Das dem Argument oder Urbild $x \in D$ zugeordnete Element $y = f(x)$ heißt Bild von x oder Funktionswert $f(x)$. Die Menge $B(f)$ aller Bilder $f(x)$ heißt Bildmenge:

$$\begin{aligned} B(f) &= \{f(x) | x \in D\} \\ &= \{y | y = f(x) \quad \text{für} \quad x \in D\}. \end{aligned}$$

Graph der Funktion f, in Zeichen $[f]$, ist die Menge aller geordneten Paare $(x, f(x))$:

$$\begin{aligned} [f] &= \{(x, f(x)) | x \in D\} \\ &= \{(x, y) | y = f(x) \quad \text{für} \quad x \in D\}. \end{aligned}$$

Die geometrische Darstellung der geordneten Zahlenpaare $(x, f(x))$ als Punkte in einem kartesischen Koordinatensystem gibt das graphische Bild von f wieder. Zwei Funktionen f und g heißen gleich, in Zeichen $f = g$, wenn sie die gleiche

U. Jarecki (✉)
Berlin, Deutschland

Definitionsmenge D haben und $f(x) = g(x)$ für alle $x \in D$. Funktionen können durch Zahlengleichungen mit zwei Variablen x und y, Wertetabellen, ihr graphisches Bild oder dergleichen erklärt sein.

Beispiel 1

$y = 1/x$ (Abb. 6.1a). – Diese Funktion ist explizit durch eine Gleichung erklärt mit $D = \mathbb{R}\backslash\{0\}$ und $B(f) = \mathbb{R}\backslash\{0\}$. ◄

Beispiel 2

$F(x, y) = x^2 + y^2 - 1 = 0$ und $y \geqq 0$. – Diese Funktion (Abb. 6.1b) ist implizit durch eine Gleichung und explizit durch eine Ungleichung erklärt. Sie ist mit der Funktion gleich, die explizit durch die Gleichung $y = \sqrt{1 - x^2}$ erklärt ist. $D = [-1, 1]$, $B(f) = [0, 1]$. ◄

Beispiel 3

$$y = \begin{cases} x^2 & \text{für } 0 \leqq x \leqq 1 \\ -x + 2 & \text{für } 1 < x \leqq 2. \end{cases}$$
– Die Funktion (Abb. 6.1c) ist explizit durch zwei Gleichungen erklärt. $D = [0, 2]$, $B(f) = [0, 1]$. ◄

Beispiel 4

$y = 0$, wenn x eine rationale Zahl ist, und $y = 1$, wenn x eine irrationale Zahl ist. – Diese Funktion, die auch Dirichlet-Funktion heißt, ist durch eine mit Worten ausgedrückte Zuordnungsvorschrift erklärt. $D = \mathbb{R}$, $B(f) = \{0, 1\}$. Das graphische Bild der Funktion ist nicht darstellbar. ◄

© Springer-Verlag GmbH Deutschland, ein Teil von Springer Nature 2020
B. Bender und D. Göhlich (Hrsg.), *Dubbel Taschenbuch für den Maschinenbau 1: Grundlagen und Tabellen*,
https://doi.org/10.1007/978-3-662-59711-8_6

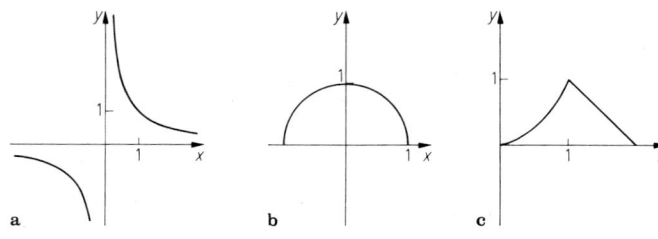

Abb. 6.1 Funktion mit zwei Variablen.
a $y = 1/x$; **b** $y = \sqrt{1 - x^2}$;

$$\mathbf{c}\ y = \begin{cases} x^2 & 0 \leqq x \leqq 1 \\ -x+2 & 1 \leqq x \leqq 2 \end{cases}$$

a   **b**   **c**

Beschränktheit. Eine Funktion f auf D heißt beschränkt, wenn es eine untere und eine obere Schranke m und M gibt, sodass $m \leqq f(x) \leqq M$ für alle $x \in D$. Untere Grenze von f ist die größte untere Schranke, und obere Grenze von f ist die kleinste obere Schranke.

Abb. 6.2 Inverse Funktion

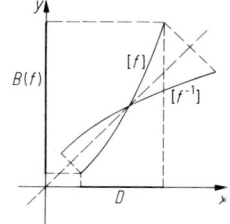

Beispiel 1

Die Funktion $y = \sin x$ für $x \in \mathbb{R}$ ist beschränkt und hat die obere Grenze 1 und die untere Grenze -1. ◄

Beispiel 2.

Die Funktion $y = 1/x$ für $x > 0$ ist nicht beschränkt, da sie keine obere Schranke besitzt. Sie ist aber nach unten beschränkt und hat die untere Grenze 0. ◄

Eine Funktion f heißt gerade bzw. ungerade, wenn $f(-x) = f(x)$ bzw. $f(-x) = -f(x)$. So ist die Funktion $y = f(x) = x^2$ für $x \in \mathbb{R}$ gerade und $y = f(x) = x^3$ für $x \in \mathbb{R}$ ungerade.

Periodizität. Die Funktion f auf D heißt periodisch mit der Periode λ, wenn $f(x + \lambda) = f(x)$ für alle $x \in D$. So ist die Funktion $y = \tan x$ periodisch mit der Periode π.

Monotonie. Gilt für eine Funktion f auf D für alle $x_1 \in D$ und $x_2 \in D$: Wenn $x_1 < x_2$, so $f(x_1) \leqq f(x_2)$ bzw. wenn $x_1 < x_2$, so $f(x_2) \leqq f(x_1)$, dann heißt sie monoton steigend bzw. fallend. Gilt statt „$\leqq$" die Relation „$<$", so ist die Monotonie streng.

Eindeutigkeit. Die Funktion f auf D heißt umkehrbar eindeutig oder eineindeutig, wenn für alle $x_1, x_1 \in D$ gilt: Wenn $x_1 \neq x_2$, so $f(x_1) \neq$ $f(x_2)$ oder wenn $f(x_1) = f(x_2)$, so $x_1 = x_2$. Jede streng monotone Funktion ist umkehrbar eindeutig.

Umkehrbarkeit. Ist f eine umkehrbar eindeutige Funktion auf D, so hat jedes Element $y \in B(f)$ genau ein Urbild $x \in D$. Inverse Funktion oder Umkehrfunktion von f ist dann diejenige Funktion, die jedem Bild $y = f(x)$ sein Urbild x zuordnet. Sie hat das Symbol f^{-1}, und es gilt die Äquivalenz $y = f(x)$ genau dann, wenn $x = f^{-1}(y)$. f ist auch inverse Funktion von f^{-1}.

Werden – wie üblich – die Argumente mit x und die Bilder mit y bezeichnet, dann lautet die Darstellung für die inverse Funktion $y = f^{-1}(x)$, wobei $x \in B(f)$ und $y \in D$. Durch den Tausch der Variablen x und y geht das Paar (x, y) aus $[f]$ in das Paar (y, x) über. Dies bedeutet, dass das graphische Bild von f^{-1} aus dem graphischen Bild von f durch Spiegelung an der Geraden $y = x$ hervorgeht (Abb. 6.2).

6.1.2 Grundfunktionen

Potenzfunktionen

Die Potenzfunktion $y = x^\alpha$ ist im allgemeinen Fall nur für positive Argumente x erklärt.

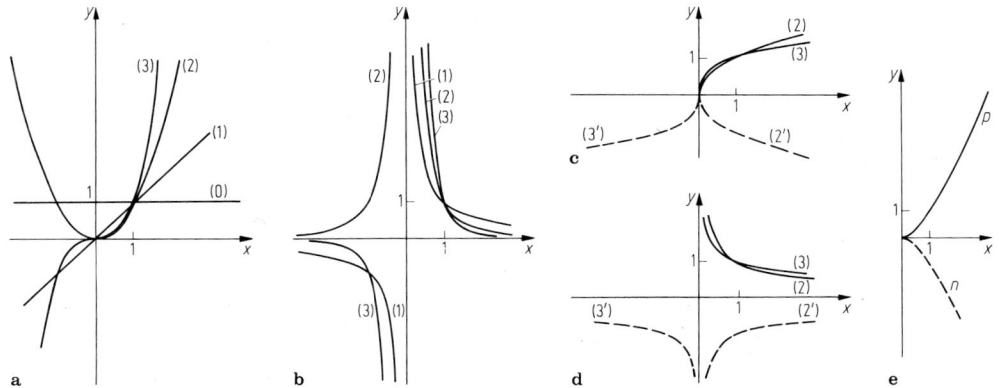

Abb. 6.3 Potenzfunktionen. **a** $y = x^n, n = 0, 1, 2 \ldots$; **b** $y = x^{-n}, n = 1, 2, 3 \ldots$; **c** $y = \sqrt[n]{x} = x^{1/n}, n = 2, 3, 4 \ldots$; **d** $y = 1/\sqrt[n]{x} = x^{-1/n}, n = 2, 3, 4 \ldots$; **e** Neilsche Parabel $y^2 = x^3$

α nichtnegative ganze Zahl. $y = x^n$ ($n = 0, 1, 2 \ldots$) ist für alle reellen Argumente x erklärt, wobei $x^0 \equiv 1$. Sie ist für alle geraden Exponenten eine gerade und für alle ungeraden Exponenten eine ungerade Funktion. Ihre Bilder sind Parabeln (Abb. 6.3a) durch den Punkt (1,1).

α negative ganze Zahl. $y = x^{-n}$ ($n = 1, 2, 3 \ldots$) ist für alle Argumente $x \neq 0$ erklärt. Sie ist für gerades n eine gerade und für ungerades n eine ungerade Funktion. Ihre Bilder sind Hyperbeln (Abb. 6.3b) durch den Punkt (1,1).

α rationale Zahl. $y = x^{1/n} = \sqrt[n]{x}$ ($n = 2, 3, 4 \ldots$) ist für alle Argumente $x \geq 0$ erklärt. Sie heißt auch Wurzelfunktion und ist Inverse von $y = x^n$ für $x \geq 0$. Ihr Bild ist eine Halbparabel durch den Punkt (1,1). Sie kann für gerades bzw. ungerades n durch die Funktion $y = -\sqrt[n]{x}$ mit $x \geq 0$ bzw. $y = -\sqrt[n]{-x}$ mit $x \leq 0$ zu einer Vollparabel mit der Gleichung $y^n = x$ ergänzt werden. In Abb. 6.3c sind die ergänzenden Halbparabeln gestrichelt.

Funktion $y = x^{-1/n} = 1/\sqrt[n]{x}, n = 2, 3, 4 \ldots$. Sie ist für alle Argumente $x > 0$ erklärt. Sie ist die inverse Funktion von $y = x^{-n}$ mit $x > 0$. Ihr Bild ist eine Halbhyperbel durch den Punkt (1, 1). Sie kann für gerades bzw. ungerades n durch die Funktion $y = -x^{-1/n}$ mit $x > 0$ bzw. $y = -(-x)^{-1/n}$ mit $x < 0$ zu einer Vollhyperbel

$y^{-n} = x$ ergänzt werden. In Abb. 6.3d sind die ergänzenden Halbhyperbeln gestrichelt.

Funktion $y = x^{3/2} = x\sqrt{x}$ (Abb. 6.3e). Sie ist für $x \geq 0$ erklärt. Ihr Bild ist der positive Ast p der Neilschen Parabel $y^2 = x^3$, deren negativer Ast n Bild von $y = -x^{3/2} = -x\sqrt{x}$ mit $x > 0$ ist.

Exponential- und Logarithmusfunktion (Abb. 6.4)

Exponentialfunktion. Definitionsgleichung: $y = \exp(x) = e^x$. $D(\exp) = (-\infty, \infty) = \mathbb{R}$, $B(\exp) = (0, \infty) = \mathbb{R}_+$.

Logarithmusfunktion. Definitionsgleichung: $y = \ln x$. $D(\ln) = (0, \infty) = \mathbb{R}_+$, $B(\ln) = (-\infty, \infty) = \mathbb{R}$.

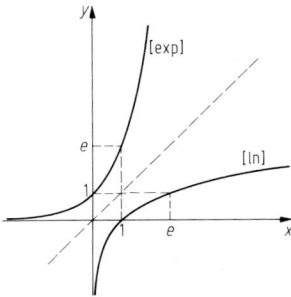

Abb. 6.4 Exponential- und Logarithmusfunktion

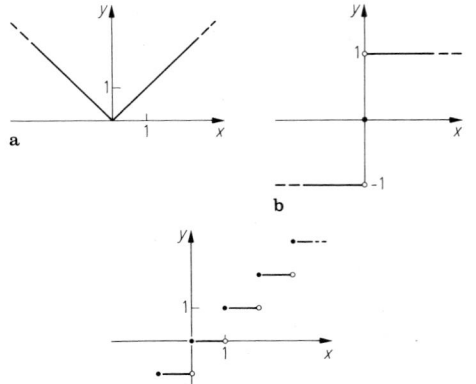

Abb. 6.5 Hilfsfunktionen. **a** $y=x$; **b** $y = \text{sgn}(x)$; **c** $y = [x]$

Beide Funktionen sind streng monoton wachsend und zueinander invers.

Hyperbel- und Areafunktionen sowie trigonometrische und zyklometrische (arcus-)Funktionen (s. Abschn. 4.3)

Hilfsfunktionen (Abb. 6.5a–c), die häufig benutzt werden, sind

$$a)\ \ y = |x| = \begin{cases} x & \text{für } x \geqq 0 \\ -x & \text{für } x \leqq 0, \end{cases}$$

$$b)\ \ y = \text{sgn}(x) = \begin{cases} 1 & \text{für } x > 0 \\ 0 & \text{für } x = 0 \quad \text{und} \\ -1 & \text{für } x < 0, \end{cases}$$

$$c)\ \ y = [x] = n \in \mathbb{Z}, \quad \text{wenn } n \leqq x < n+1.$$

6.1.3 Einteilung der Funktionen

Algebraische Funktionen

Eine Funktion $y=f(x)$ heißt algebraisch, wenn sie eine Lösung der Gleichung

$$P_n(x)y^n + P_{n-1}(x)y^{n-1} + \ldots + P_1(x)y$$
$$+ P_0(x) = 0$$

ist, wobei die Ausdrücke $P_i(x)$ $(i = 0, 1, 2, \ldots, n)$ Polynome in x sind. So ist die Funktion $y = x - \sqrt{2x-1}$ algebraisch, da sie eine Lösung der Gleichung $y^2 - 2xy + x^2 - 2x + 1 = 0$ ist.

Sonderfälle von algebraischen Funktionen sind:

Ganzrationale Funktionen oder *Polynome* n-ten Grades

$$y = P_n(x) \quad a_0 \neq 0$$
$$= a_0 x^n + a_1 x^{n-1} + a_2 x^{n-2} + \ldots$$
$$+ a_{n-1}x + a_n$$

Gebrochenrationale Funktionen

$$y = \frac{Q_m(x)}{P_n(x)}$$
$$= \frac{b_0 x^m + b_1 x^{m-1} + b_2 x^{m-2} + \ldots + b_{m-1}x + b_m}{a_0 x^n + a_1 x^{n-1} + a_2 x^{n-2} + \ldots + a_{n-1}x + a_n}.$$

Für $m \geqq n$ heißen sie unecht, für $m < n$ echt gebrochen.

Algebraische Funktionen, die nicht rational sind heißen irrational (z. B. $y = \sqrt{x}$).

Transzendente Funktionen

Sie sind nicht algebraisch. Zu ihnen gehören beispielsweise die trigonometrischen Funktionen (s. Abschn. 4.3).

6.1.4 Grenzwert und Stetigkeit

Grundbegriffe. Es werden die Umgebungs-Definitionen eingeführt.

links bzw. rechtsseitige Umgebung von a:

$$U_\delta^-(a) = \{x \mid a - \delta < x \leqq a\} = (a - \delta, a].$$
$$U_\delta^+(a) = \{x \mid a \leqq x < a + \delta\} = [a, a + \delta)$$
$$U_\delta(a) = \{x \mid a - \delta < x < a + \delta\}$$
$$= (a - \delta, a + \delta)$$

Umgebung von $\pm \infty$:

$$U_M(\infty) = \{x \mid M < x\} = (M, \infty),$$
$$U_M(-\infty) = \{x \mid x < -M\} = (-\infty, -M)$$

Hierbei bedeuten δ und M beliebige positive Zahlen. Wird die Zahl a bei der (links-, rechtsseitigen) Umgebung von a ausgeschlossen, so heißt die Restmenge gelochte oder punktierte (links-, rechtsseitige) Umgebung von a.

Grenzwert. Der Definitionsbereich D der Funktion f besitze einen Häufungswert x_0, der auch uneigentlich sein kann. Eine Zahl g heißt (links-, rechtsseitiger) Grenzwert der Funktion f auf D für x gegen x_0 ($x \to x_0$), wenn es zu jeder Umgebung V von g eine (links-, rechtsseitige) Umgebung U von x_0 gibt, sodass $f(x) \in V$ für alle $x \in U$ und $x \neq x_0$. g kann hierbei auch ∞ oder $-\infty$ sein und heißt dann uneigentlicher Grenzwert. Ist g der Grenzwert schlechthin oder der links- bzw. rechtsseitige Grenzwert, so wird symbolisch geschrieben

$$\lim_{x \to x_0} f(x) = g,$$

$$\lim_{x \to x_0 - 0} f(x) = g = f(x_0 - 0),$$

$$\lim_{x \to x_0 + 0} f(x) = g = f(x_0 + 0).$$

Die Funktion $f(x) = (x^2 - 1)/(x + 1)$ auf $D = \mathbb{R} \backslash \{-1\}$ hat wegen $(x^2 - 1)/(x + 1) = x - 1$ ($x \neq -1$) den Grenzwert -2 für $x \to -1$, d. h. $\lim_{x \to -1} f(x) = -2$. ◄

Die Signum-Funktion (Abb. 6.5b)

$$\text{sgn}(x) = \begin{cases} 1 & \text{für } x > 0 \\ 0 & \text{für } x = 0 \\ -1 & \text{für } x < 0 \end{cases}$$

hat für $x \to 0$ keinen Grenzwert. Es existieren aber die einseitigen Grenzwerte

$$\lim_{x \to +0} \text{sgn}(x) = 1 = \text{sgn}(+0) \quad \text{und}$$

$$\lim_{x \to -0} \text{sgn}(x) = -1 = \text{sgn}(-0). \quad ◄$$

Die Tangens-Funktion $f(x) = \tan x$ auf $(-\pi/2, \pi/2)$ hat in den Randpunkten des Intervalls die einseitigen uneigentlichen Grenz-

werte

$$\lim_{x \to \pi/2 - 0} \tan x = \infty = \tan(\pi/2 - 0) \quad \text{bzw.}$$

$$\lim_{x \to -\pi/2 + 0} \tan x = -\infty = \tan(-\pi/2 + 0). \quad ◄$$

Die auf $\mathbb{R}$ definierte Funktion

$$f(x) = \begin{cases} e^{-1/x} & \text{für } x \neq 0 \\ 0 & \text{für } x = 0 \end{cases}$$

hat für $x \to 0$ keinen Grenzwert, den rechtsseitigen Grenzwert $\lim_{x \to +0} f(x) = 0$ und den linksseitigen uneigentlichen Grenzwert $\lim_{x \to -0} f(x) = \infty$. Für $x \to \infty$ und $x \to -\infty$ existiert der Grenzwert $\lim_{x \to \pm\infty} f(x) = 1$. ◄

Grenzwertsätze („lim" steht für „$\lim_{x \to x_0}$"). Existieren die Grenzwerte $\lim f(x) = a$ und $\lim g(x) = b$, dann gilt

$$\lim \alpha f(x) = \alpha \lim f(x) = \alpha a,$$

$$\lim(f(x) \pm g(x)) = \lim f(x) \pm \lim g(x)$$
$$= a \pm b,$$

$$\lim(f(x) \cdot g(x)) = \lim f(x) \cdot \lim g(x) = ab,$$

$$\lim \frac{f(x)}{g(x)} = \frac{\lim f(x)}{\lim g(x)} = \frac{a}{b}; \quad (b \neq 0).$$

Die Sätze gelten auch für einseitige Grenzwerte und für $x \to \pm\infty$.

Stetigkeit. Die Funktion f auf D heißt in $x_0 \in D$ oder an der Stelle $x_0 \in D$ (links-, rechtsseitig) stetig, wenn gilt: Zu jeder Umgebung V von $f(x_0)$ gibt es eine (links-, rechtsseitige) Umgebung U von x_0, sodass $f(x) \in V$ für alle $x \in U$ oder: Es gibt zu jedem $\varepsilon > 0$ ein $\delta > 0$, sodass $|f(x) - f(x_0)| < \varepsilon$ für alle x mit $|x - x_0| < \delta$. Die Funktion f auf D ist in $x_0 \in D$ genau dann stetig, wenn $\lim_{x \to x_0} f(x) = f(x_0)$. f heißt stetig auf D, wenn f an jeder Stelle $x \in D$ stetig ist.

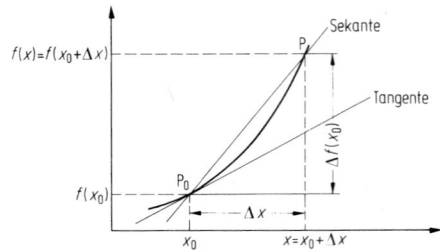

Abb. 6.6 Geometrische Deutung der Ableitung

6.1.5 Ableitung einer Funktion

Differenzenquotient. Er ist erklärt für die Funktion f auf D durch

$$\frac{f(x) - f(x_0)}{x - x_0} = \frac{f(x_0 + \Delta x) - f(x_0)}{\Delta x}$$
$$= \frac{\Delta f(x_0)}{\Delta x}$$

mit $x, x_0 \in D$ und $\Delta x = x - x_0 \neq 0$.

Differenzierbarkeit. Die Funktion f heißt in $x_0 \in D$ differenzierbar, wenn der Differenzenquotient für $x \to x_0$ bzw. für $\Delta x \to 0$ einen Grenzwert (Abb. 6.6), in Zeichen $f'(x_0)$, besitzt.

$$\lim_{x \to x_0} \frac{f(x) - f(x_0)}{x - x_0}$$
$$= \lim_{\Delta x \to 0} \frac{f(x_0 + \Delta x) - f(x_0)}{\Delta x}$$
$$= \lim_{\Delta x \to 0} \frac{\Delta f(x_0)}{\Delta x} = f'(x_0)$$

$f'(x_0)$ heißt die Ableitung der Funktion f in x_0. Für das Ableitungssymbol f' sind auch die Zeichen $\mathrm{d}f/\mathrm{d}x$ oder Df üblich.

Beispiel

$f(x) = 3x^2 + 2$. – Der Differenzenquotient lautet mit $x = x_0 + \Delta x$

$$\frac{f(x) - f(x_0)}{x - x_0} = \frac{3x^2 - 3x_0^2}{x - x_0}$$
$$= \frac{3(x - x_0)(x + x_0)}{x - x_0}$$
$$= 3(x + x_0)$$
$$= 3(2x_0 + \Delta x);$$
$$x \neq x_0, \quad \Delta x \neq 0.$$

Ableitung von f in x_0 ist

$$f'(x_0) = Df(x_0) = \frac{\mathrm{d}f}{\mathrm{d}x}(x_0) = \lim_{x \to x_0} 3(x + x_0)$$
$$= \lim_{\Delta x \to 0} 3(2x_0 + \Delta x) = 6x_0. \quad \blacktriangleleft$$

Eine Funktion f heißt auf D differenzierbar, wenn sie an jeder Stelle $x \in D$ eine Ableitung $f'(x)$ besitzt. Die dann auf D erklärte Funktion f' wird als abgeleitete Funktion oder kurz als Ableitung von f bezeichnet. Ableitungen der Grundfunktionen s. Tab. 6.1.

Ableitungsregeln. Sind die Funktionen f und g auf D in $x \in D$ differenzierbar, dann gilt

$$(\alpha f(x))' = \alpha f'(x), \quad \alpha \in \mathbb{R};$$
$$(f(x) + g(x))' = f'(x) + g'(x);$$
$$(f(x) \cdot g(x))' = f'(x) \cdot g(x) + f(x) \cdot g'(x);$$
$$\left(\frac{f(x)}{g(x)}\right)' = \frac{f'(x) \cdot g(x) - f(x) \cdot g'(x)}{g^2(x)},$$
$$g(x) \neq 0.$$

Beispiele

$$\mathrm{d}(2x^3 - 3x + 1)/\mathrm{d}x = 6x^2 - 3,$$
$$\mathrm{d}(x \ln x)/\mathrm{d}x = \ln x + 1,$$
$$\frac{d}{\mathrm{d}x}\left(\frac{\sinh x}{\cosh x}\right) = \frac{\cosh^2 x - \sinh^2 x}{\cosh^2 x}$$
$$= \frac{1}{\cosh^2 x}. \quad \blacktriangleleft$$

Kettenregel. Ist die Funktion f in x und die Funktion g in $z = f(x)$ differenzierbar, so ist die zusammengesetzte Funktion $g \circ f$ in x differenzierbar, und es gilt

$$(g(f(x)))' = g'(z) \cdot f'(x) \quad \text{mit } z = f(x).$$

Beispiel

$g(f(x)) = \ln \cos x$, $x \in (-\pi/2, \pi/2)$. – $z = f(x) = \cos x$,

$$g(z) = \ln z, \quad g'(z) = 1/z,$$
$$f'(x) = -\sin x.$$
$$\mathrm{d}(\ln \cos x)/\mathrm{d}x = (1/\cos x) \cdot (-\sin x)$$
$$= -\tan x. \quad \blacktriangleleft$$

Tab. 6.1 Ableitungen der Grundfunktionen

$f(x)$	$f'(x)$	D	$f(x)$	$f'(x)$	D
c	0	$x \in \mathbb{R}$	$x^n (n \in \mathbb{N})$	nx^{n-1}	$x \in \mathbb{R}$
$\sqrt[n]{x}$ $(n \in \mathbb{N})$	$\frac{1}{n\sqrt[n]{x^{n-1}}}$	$x > 0$	$x^\alpha (\alpha \in \mathbb{R})$	$\alpha x^{\alpha-1}$	$x > 0$
$\exp x$	$\exp x$	$x \in \mathbb{R}$	$\ln x$	$\frac{1}{x}$	$x > 0$
$\sin x$	$\cos x$	$x \in \mathbb{R}$	$\arcsin x$	$\frac{1}{\sqrt{1-x^2}}$	$|x| < 1$
$\cos x$	$-\sin x$	$x \in \mathbb{R}$	$\arccos x$	$-\frac{1}{\sqrt{1-x^2}}$	$|x| < 1$
$\tan x$	$\frac{1}{\cos^2 x} = 1 + \tan^2 x$	$x \neq \pi/2 + n\pi$	$\arctan x$	$\frac{1}{1+x^2}$	$x \in \mathbb{R}$
$\cot x$	$-\frac{1}{\sin^2 x} = -1 - \cot^2 x$	$x \neq n\pi$	$\text{arccot } x$	$-\frac{1}{1+x^2}$	$x \in \mathbb{R}$
$\sinh x$	$\cosh x$	$x \in \mathbb{R}$	$\text{arsinh } x$	$\frac{1}{\sqrt{1+x^2}}$	$x \in \mathbb{R}$
$\cosh x$	$\sinh x$	$x \in \mathbb{R}$	$\text{arcosh } x$	$\frac{1}{\sqrt{x^2-1}}$	$x > 1$
$\tanh x$	$\frac{1}{\cosh^2 x} = 1 - \tanh^2 x$	$x \in \mathbb{R}$	$\text{artanh } x$	$\frac{1}{1-x^2}$	$|x| < 1$
$\coth x$	$-\frac{1}{\sinh^2 x} = 1 - \coth^2 x$	$x \neq 0$	$\text{arcoth } x$	$\frac{1}{1-x^2}$	$|x| > 1$

Logarithmische Ableitung. Nach der Kettenregel gilt für die Ableitung der zusammengesetzten Funktion $y = \ln f(x)$ mit $f(x) > 0$

$$(\ln f(x))' = f'(x)/f(x) \quad \text{oder}$$
$$f'(x) = (\ln f(x))' \cdot f(x).$$

Beispiel

$$f(x) = (2x - 1)\sqrt{x}/(x + 1),$$

$$\ln f(x) = \ln(2x - 1) + (1/2)\ln x - \ln(x + 1).$$
$$f'(x) = \left(\frac{2}{2x - 1} + \frac{1}{2x} - \frac{1}{x + 1}\right)$$
$$\cdot \frac{(2x - 1)\sqrt{x}}{x + 1}. \quad \blacktriangleleft$$

Ableitung inverser Funktionen. Ist f eine auf D stetige, streng monotone und in $x \in D$ differenzierbare Funktion mit $f'(x) \neq 0$, dann ist die inverse Funktion f^{-1} in $y = f(x)$ differenzierbar, und es gilt

$$f^{-1'}(y) = 1/f'(x) \quad \text{mit} \quad x = f^{-1}(y).$$

Beispiel

$$y = f(x) = \sin x, x \in (-\pi/2, \pi/2); x = f^{-1}(y) = \arcsin y. \ f'(x) = \cos x =$$

$\sqrt{1 - y^2}$. Damit ist

$$f^{-1'}(y) = \mathrm{d}(\arcsin y)/\mathrm{d}y = 1/f'(x)$$
$$= 1/\cos x = 1/\sqrt{1 - y^2}. \quad \blacktriangleleft$$

Ableitungen höherer Ordnung. Die n-te Ableitung einer Funktion f auf D ist die 1. Ableitung der Ableitung $(n - 1)$-ter Ordnung.

$$f^{(n)} = \frac{\mathrm{d}^n f}{\mathrm{d}x^n} = D^n f \quad (n = 0, 1, 2 \ldots)$$

Die Ableitung nullter Ordnung ist dabei die Funktion f. Die 1. bis 3. Ableitung wird mit f', f'' bzw. f''' gekennzeichnet.

Beispiel

$$f^{(0)}(x) = f(x) = x^4 + 3x^2 - x. - f'(x) = 4x^3 + 6x - 1,$$

$$f''(x) = 12x^2 + 6, \quad f'''(x) = 24x,$$
$$f^{(4)}(x) = 24,$$
$$f^{(n)}(x) = 0 \quad \text{für } n \geqq 5. \quad \blacktriangleleft$$

Formel von Leibniz:

$$(f(x) \cdot g(x))^{(n)} = \sum_{k=0}^{n} \binom{n}{k} f^{(n-k)}(x) \cdot g^{(k)}(x).$$

6.1.6 Differentiale

Funktionsdifferential. Ist die Funktion f auf D in $x \in D$ differenzierbar und $\Delta x = h$ der Zuwachs des Arguments, dann ist $f'(x) \cdot \Delta x = f'(x) \cdot h = \mathrm{d}f(x)$ das Funktionsdifferential. Wegen $\Delta x = h = \mathrm{d}x$ für $f(x) = x$ gilt $\mathrm{d}f(x) = f'(x)\mathrm{d}x$, sodass $f'(x) = \mathrm{d}f(x)/\mathrm{d}x$ wird, wobei $f'(x) = \mathrm{d}f(x)/\mathrm{d}x$ Differentialquotient heißt. Bei einer in x differenzierbaren Funktion f gilt für den Funktionszuwachs

$$\Delta f(x) = \mathrm{d}f(x) + \eta(x, \Delta x) \cdot \Delta x$$
$$\text{mit } \lim_{\Delta x \to 0} \eta(x, \Delta x) = 0.$$

Beispiel 1

$f(x) = 1 + \sin x.$ –

$$\mathrm{d}f(x) = \mathrm{d}(1 + \sin x) = (1 + \sin x)'\mathrm{d}x$$
$$= \cos x\, \mathrm{d}x.$$

Insbesondere ergibt sich hieraus für das Funktionsdifferential in $\pi/3$ mit dem Argumentzuwachs 0,5 der Wert $\cos \pi/3 \cdot 0{,}5 = 0{,}25.$ ◀

Beispiel 2

Für das Differential einer zusammengesetzten Funktion $h = g \circ f$ mit $h(x) = g(f(x))$ ergibt sich

$$\mathrm{d}h(x) = \mathrm{d}(g(f(x))) = g'(f(x)) \cdot f'(x)\mathrm{d}x$$
$$= g'(f(x))\mathrm{d}f(x). \quad ◀$$

Für hinreichend kleine $\Delta x = h$ gilt die Näherungsformel

$$\Delta f(\mathrm{d}x) \approx \mathrm{d}f(x) \quad \text{oder}$$
$$f(x + \Delta x) - f(x) \approx f'(x)\Delta x.$$

Beispiel

Näherungsformel für e^h bei kleinem h. – Es ist $\Delta e^x = e^{x+h} - e^h$ und $\mathrm{d}e^x = e^x h$. Für $|h| \ll 1$ gilt $e^{x+h} - e^h \approx e^x h$ oder $e^h \approx 1 + h$ mit $x = 0$. Für $h = -0{,}012$ ergibt sich hieraus $e^{-0{,}012} \approx 1 - 0{,}012 = 0{,}988$ (Tabellenwert $e^{-0{,}012} = 0{,}98807$). ◀

Differentiale höherer Ordnung. Für eine Funktion f auf D, die in $x \in D$ n-mal differenzierbar ist, ist das Differential n-ter Ordnung $\mathrm{d}^n f(x)$ in x mit dem Argumentzuwachs $\mathrm{d}x$ erklärt durch

$$\mathrm{d}^n f(x) = f^{(n)}(x)\mathrm{d}x^n.$$

Beispiel

$y = f(x) = x^n$, $x \in \mathbb{R}$ und $n \in \mathbb{N}$. –

$$\mathrm{d}^k x^n = \begin{cases} n(n-1)(n-2)\ldots \\ \quad (n-k+1)\mathrm{d}x^{n-k}\mathrm{d}x^k & 1 \leqq k < n \\ n!\mathrm{d}x^n & k = n \\ 0 & k > n. \end{cases}$$

Hieraus ergibt sich für $y = x^3$, $x = 2$, $\mathrm{d}x = 0{,}5$

$$y' = 3x^2, \qquad \mathrm{d}y = 12 \cdot 0{,}5 = 6;$$
$$y'' = 6x, \qquad \mathrm{d}^2 y = 12 \cdot 0{,}5^2 = 3;$$
$$y''' = 6, \qquad \mathrm{d}^3 y = 6 \cdot 0{,}5^3 = 0{,}75;$$
$$y^{(n)} = 0, \qquad \mathrm{d}^n y = 0 \quad \text{für } n \geqq 4. \quad ◀$$

6.1.7 Sätze über differenzierbare Funktionen

Satz von Rolle (Abb. 6.7). Ist f eine auf dem abgeschlossenen Intervall $[a, b]$ stetige und auf dem offenen Intervall (a, b) differenzierbare Funktion mit $f(a) = f(b)$, dann gibt es eine Stelle $c \in (a, b)$ mit $f'(c) = 0$.

Mittelwertsatz (Abb. 6.8). Ist f eine auf dem abgeschlossenen Intervall $[a, b]$ stetige und auf dem offenen Intervall (a, b) differenzierbare Funktion, dann gibt es ein $c \in (a, b)$ oder ein $\vartheta \in (0, 1)$, sodass

$$f'(c) = f'(a + \vartheta(b - a)) = \frac{f(b) - f(a)}{b - a}$$

Abb. 6.7 Satz von Rolle

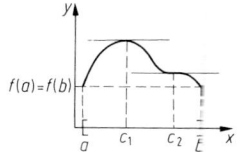

Abb. 6.8 Mittelwertsatz

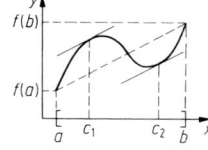

ist. Hieraus folgt: Ist die Ableitung der auf (a, b) differenzierbaren Funktionen f überall Null, dann ist f auf (a, b) eine konstante Funktion. Besitzen die auf (a, b) differenzierbaren Funktionen f und g die gleiche Ableitung, dann unterscheiden sie sich auf (a, b) höchstens durch eine additive Konstante.

Beispiel

Die beiden Funktionen $f(x) = \arcsin x$ und $g(x) = -\arccos x$ haben auf $(-1, 1)$ die gleiche Ableitung $f'(x) = g'(x) = 1/\sqrt{1 - x^2}$. – Wegen $f(x) - g(x) = \arcsin x + \arccos x = \pi/2$ unterscheiden sich beide Funktionen auf $(-1, 1)$ durch die additive Konstante $\pi/2$. ◄

Verallgemeinerter Mittelwertsatz. Sind f und g auf $[a, b]$ stetige und auf (a, b) differenzierbare Funktionen und ist $g'(x) \neq 0$ für $x \in (a, b)$, dann gibt es ein $c \in (a, b)$ oder ein $\vartheta \in (0, 1)$, sodass gilt

$$\frac{f'(c)}{g'(c)} = \frac{f'(a + \vartheta(b-a))}{g'(a + \vartheta(b-a))}$$
$$= \frac{f(b) - f(a)}{g(b) - g(a)}.$$

Taylorsche Formel. Ist f in der Umgebung $U_\delta(x_0) = (x_0 - \delta, x_0 + \delta)$ $(n+1)$-mal differenzierbar, dann gibt es zu jedem h mit $x_0 + h \in$

$U_\delta(x_0)$ eine solche Zahl $\vartheta \in (0, 1)$, sodass

$$f(x_0 + h) = f(x_0) + \frac{f'(x_0)}{1!}h$$
$$+ \frac{f''(x_0)}{2!}h^2 + \cdots$$
$$+ \frac{f^{(n)}(x_0)}{n!}h^n + R_n(x_0, h),$$

gilt, wobei

$$R_n(x_0, h) = \frac{f^{(n+1)}(x_0 + \vartheta h)}{(n+1)!}h^{n+1}.$$

Diese Gleichung heißt Taylorsche Formel mit dem Restglied (von Lagrange) $R_n(x_0, h)$.

Mit der Substitution $x_0 + h = x$ lautet die Taylorsche Formel

$$f(x) = f(x_0) + \frac{f'(x_0)}{1!}(x - x_0)$$
$$+ \frac{f''(x_0)}{2!}(x - x_0)^2 + \cdots$$
$$+ \frac{f^{(n)}(x_0)}{n!}(x - x_0)^n + R_n(x_0, x),$$

wobei $R_n(x_0, x) = \frac{f^{(n+1)}(x_0 + \vartheta(x - x_0))}{(n+1)!}(x - x_0)^{n+1}$.

Formel von Maclaurin. Für $x_0 = 0$ ergibt sich

$$f(x) = f(0) + \frac{f'(0)}{1!}x + \frac{f''(0)}{2!}x^2 + \cdots$$
$$+ \frac{f^{(n)}(0)}{n!}x^n + \frac{f^{(n+1)}(\vartheta x)}{(n+1)!}x^{n+1}$$

mit $0 < \vartheta < 1$.

Mit der Taylor und Maclaurin-Formel (s. Tab. 6.2) können Funktionen durch Polynome approximiert werden, wobei das Restglied eine globale Abschätzung des Fehlers für die Umgebung $U_\delta(x_0)$ ermöglicht.

Tab. 6.2 Maclaurin-Darstellung einiger Funktionen

$\exp x = 1 + \frac{x}{1!} + \frac{x^2}{2!} + \frac{x^3}{3!} + \ldots + \frac{x^n}{n!} + R_n(x)$	$R_n(x) = \frac{\exp(\vartheta x)}{(n+1)!}x^{n+1}$
$\sin x = x - \frac{x^3}{3!} + \frac{x^5}{5!} - \frac{x^7}{7!} + \ldots + \frac{\sin(n\pi/2)}{n!}x^n + R_n(x)$	$R_n(x) = \frac{\sin(\vartheta x + (n+1)\pi/2)}{(n+1)!}x^{n+1}$
$\cos x = 1 - \frac{x^2}{2!} + \frac{x^4}{4!} - \ldots + \frac{\cos(n\pi/2)}{n!}x^n + R_n(x)$	$R_n(x) = \frac{\cos(\vartheta x + (n+1)\pi/2)}{(n+1)!}x^{n+1}$
$\ln(1 + x) = x - \frac{x^2}{2!} + \frac{x^3}{3!} - \ldots + (-1)^{n-1}\frac{x^n}{n} + R_n(x)$ $(x > -1)$	$R_n(x) = \frac{(-1)^n}{(n+1)}\frac{x^{n+1}}{(1+\vartheta x)^{n+1}}$
$(1 + x)^\alpha = 1 + \binom{\alpha}{1}x + \binom{\alpha}{2}x^2 + \ldots + \binom{\alpha}{n}x^n + R_n(x)$ $(x > -1)$	$R_n(x) = \binom{\alpha}{n+1}\frac{x^{n+1}}{(1+\vartheta x)^{n+1-\alpha}}$

Beispiel 1

$f(x) = \sin x.$ – Die k-te Ableitung der Sinus-Funktion lautet $\sin^{(k)}(x) = \sin(x + k \cdot \pi/2)$. Hieraus ergibt sich für $x = 0$

$$\sin^{(k)}(0) = \sin(k \cdot \pi/2)$$

$$= \begin{cases} 0 & \text{für} \quad k = 0, 2, 4 \dots \\ 1 & \text{für} \quad k = 1, 5, 9 \dots \\ -1 & \text{für} \quad k = 3, 7, 11 \dots . \end{cases}$$

Damit ergibt sich aus der Maclaurin-Formel für die Sinus-Funktion die Darstellung:

$$\sin x = x - \frac{x^3}{3!} + \frac{x^5}{5!} - \dots + R_n \quad \text{mit}$$

$$R_n = \frac{\sin(\vartheta x + (n+1)\pi/2)}{(n+1)!} x^{n+1}. \quad \blacktriangleleft$$

Beispiel 2

Die Zahl e soll mit einer Genauigkeit von 10^{-5} bestimmt werden. – Für $x = 1$ ergibt sich aus der Maclaurin-Formel für die exp-Funktion e $= 1 + \frac{1}{1!} + \frac{1}{2!} + \dots + \frac{1}{n!} + R_n$ mit $R_n = \frac{\exp(\vartheta)}{(n+1)!}$, $0 < \vartheta < 1$, oder $0 < e - \sum_{k=0}^{n} \frac{1}{k!} = R_n = \frac{\exp(\vartheta)}{(n+1)!} < \frac{e}{(n+1)!} < \frac{3}{(n+1)!}$.

Für $n = 8$ ist $\frac{3}{(n+1)!} = \frac{3}{9!} < 10^{-5}$, sodass die Abschätzung

$$0 < e - \sum_{k=0}^{8} \frac{1}{k!} < 10^{-5} \quad \text{oder}$$

$$\sum_{k=0}^{8} \frac{1}{k!} < e < \sum_{k=0}^{8} \frac{1}{k!} + 10^{-5}$$

gilt. Es ist $\sum_{k=0}^{8} \frac{1}{k!} \approx 2{,}7182788$, während für e mit derselben Stellenzahl e $\approx 2{,}7182818$ gilt. $\blacktriangleleft$

6.1.8 Monotonie, Konvexität und Extrema von differenzierbaren Funktionen

Monotonie. Aus dem Mittelwertsatz folgt: Ist die Funktion f auf dem offenen Intervall (a, b) differenzierbar und ist dort überall $f'(x) > 0$

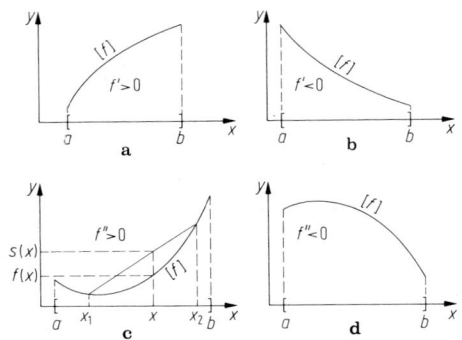

Abb. 6.9 Funktionsverlauf. **a** streng monoton wachsend **b** streng monoton fallend; **c** streng konvex; **d** streng konkav

bzw. $f'(x) < 0$, dann ist f auf dem Intervall streng monoton wachsend bzw. fallend (Abb. 6.9a,b).

Beispiel

$f(x) = \ln x, x \in (0, \infty)$. – Wegen $f'(x) = 1/x > 0$ für $0 < x$ ist die Logarithmus-Funktion auf dem Intervall $(0, \infty)$ streng monoton wachsend. $\blacktriangleleft$

Konvexität. Die Funktion f heißt auf dem Intervall (a, b) streng konvex, wenn für je zwei Stellen $x_1 \in (a, b)$ und $x_2 \in (a, b)$ mit $x_1 < x < x_2$ die Ungleichung

$$f(x) < f(x_1) + \frac{f(x_2) - f(x_1)}{x_2 - x_1}(x - x_1) = s(x)$$

für alle $x \in (x_1, x_2)$ gilt. Die Ordinate $s(x)$ der Sekanten durch $(x_1, f(x_1))$ und $(x_2, f(x_2))$ für $x_1 < x < x_2$ ist also größer als die Ordinate $f(x)$ des graphischen Bilds von f. Mit der Substitution $x = t_1 x_1 + t_2 x_2$ lässt sich die Ungleichung auch schreiben

$$f(t_1 x_1 + t_2 x_2) < t_1 f(x_1) + t_2 f(x_2),$$

wobei $t_1 + t_2 = 1$ und $t_1, t_2 > 0$ ist.

Die Funktion f heißt auf (a, b) streng konkav, wenn die Funktion $-f$ auf (a, b) streng konvex ist. Ist die Funktion f auf dem Intervall (a, b) zweimal differenzierbar und ist dort überall $f''(x) > 0$ bzw. $f''(x) < 0$, dann ist f auf (a, b) streng konvex bzw. streng konkav (Abb. 6.9c,d).

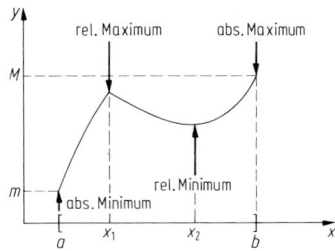

Abb. 6.10 Extrema

So ist $f(x) = \ln x$, $x \in (0, \infty)$, wegen $f''(x) = -1/x^2 < 0$ eine streng konkave Funktion auf $(0, \infty)$. Die Definitionen der Konvexität und Konkavität sind nicht einheitlich.

Maxima und Minima (gemeinsam heißen sie auch Extrema; Abb. 6.10). Für eine Funktion f auf dem Intervall I heißt $f(x_0)$ strenges oder eigentliches Maximum bzw. Minimum, wenn es eine ganze in I enthaltene Umgebung $U_\delta(x_0) = (x_0 - \delta, x_0 + \delta) \subset I$ gibt, sodass gilt:

$$f(x) < f(x_0) \quad \text{bzw.} \quad f(x) > f(x_0)$$

für alle $x \in U_\delta(x_0)$ und $x \neq x_0$. Diese Extrema sind relative oder lokale Maxima oder Minima. Zur Unterscheidung hiervon heißt das eventuell existierende Maximum bzw. Minimum der Funktion f auf I absolutes oder globales Extremum.

Besitzt die Funktion f in x_0 ein Extremum und existiert dort die 1. Ableitung $f'(x_0)$, dann ist $f'(x_0) = 0$. Bei differenzierbaren Funktionen sind die Tangentensteigungen (Abb. 6.11) in Extrempunkten notwendig Null.

Hinreichendes Kriterium für ein strenges Maximum oder Minimum, das meist ausreicht, ist: Besitzt die Funktion f in einer Umgebung von x_0 eine stetige 2. Ableitung, dann hat die Funktion f

in x_0 ein

strenges Maximum, wenn

$$f'(x_0) = 0 \quad \text{und} \quad f''(x_0) < 0,$$

strenges Minimum, wenn

$$f'(x_0) = 0 \quad \text{und} \quad f''(x_0) > 0.$$

Das Kriterium ist für $f''(x_0) = 0$ nicht anwendbar.

Beispiel

$f(x) = x \ln x, 0 < x; f'(x) = \ln x + 1, f''(x) = 1/x$. – Aus $f'(x) = \ln x + 1 = 0$ folgt $x = 1/e$, d. h., wenn f auf $(0, \infty)$ ein Extremum besitzt, so kann es nur in $1/e$ sein. Nun ist $f''(1/e) > 0$. Aus $f'(1/e) = 0$ und $f''(1/e) > 0$ folgt nach dem hinreichenden Kriterium, dass die Funktion f in $1/e$ das strenge Minimum $f(1/e) = -1/e$ besitzt. ◄

Allgemeines Kriterium. Hat die Funktion f in einer Umgebung von x_0 eine stetige Ableitung $(n + 1)$-ter Ordnung und ist $f'(x_0) = f''(x_0) = \cdots = f^{(n)}(x_0) = 0$ und $f^{(n+1)}(x_0) \neq 0$ für eine ungerade Zahl n, dann hat die Funktion f in x_0 ein

strenges Maximum   für $f^{(n+1)}(x_0) < 0$,

strenges Minimum   für $f^{(n+1)}(x_0) > 0$.

Beispiel

Die Funktion $f(x) = x^4$ besitzt in 0 offensichtlich das strenge und sogar absolute Minimum $f(0) = 0$, und es ist

$$f'(0) = f''(0) = f'''(0) = 0 \quad \text{und}$$

$$f^{(4)}(0) = 24 > 0. \quad ◄$$

Wendepunkt. Ein Punkt $(x_0, f(x_0))$ des Graphen von f heißt Wendepunkt (Abb. 6.12) oder die Funktion f hat in x_0 einen Wendepunkt, wenn die abgeleitete Funktion f' in x_0 ein strenges Extremum besitzt.

Hat also die Funktion f in einer Umgebung von x_0 eine stetige Ableitung $(n + 1)$-ter Ordnung

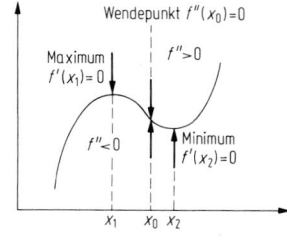

Abb. 6.11 Extrema und Wendepunkte

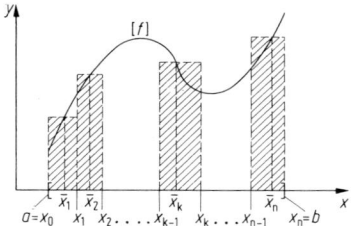

Abb. 6.12 Riemann-Summe

und gilt

$$f''(x_0) = f'''(x_0) = \ldots = f^{(n)}(x_0) \quad \text{und}$$

$$f^{(n+1)}(x_0) \neq 0$$

für eine gerade Zahl n, dann hat f in x_0 einen *Wendepunkt*. Dies gilt besonders, wenn $f''(x_0) = 0$ und $f'''(x_0) \neq 0$ ist.

Beispiel

$f(x) = x^2 \ln x$; $f'(x) = 2x \ln x + x$, $f''(x) = 2\ln x + 3$, $f'''(x) = 2/x$ für $x > 0$. – Aus der notwendigen Bedingung für einen Wendepunkt $f''(x) = 2\ln x + 3 = 0$ ergibt sich $x_0 = \exp(-1{,}5)$. Ferner ist $f'''(x_0) = 2\exp(1{,}5) \neq 0$. Die Funktion f hat in $\exp(-1{,}5)$ den einzigen Wendepunkt auf $(0, \infty)$. ◄

6.1.9 Grenzwertbestimmung durch Differenzieren. Regel von de l'Hospital

Das Zeichen „lim" steht abkürzend für „$\lim_{x \to x_0}$", wobei x_0 eigentlicher oder uneigentlicher Häufungswert $\pm\infty$ ist (s. Abschn. 6.1.4).

Unbestimmter Ausdruck 0/0. Erste Regel von de l'Hospital: Ist $\lim f(x) = 0$ und $\lim g(x) = 0$, dann gilt $\lim \frac{f(x)}{g(x)} = \lim \frac{f'(x)}{g'(x)}$, falls der letzte Grenzwert eigentlich oder uneigentlich existiert. Sind f' und g' in x_0 stetig und $g'(x_0) \neq 0$, dann ist nach den Grenzwertsätzen (s. Abschn. 6.1.4)

$$\lim \frac{f(x)}{g(x)} = \frac{f'(x_0)}{g'(x_0)}.$$

Ist $\lim f'(x) = 0$ und $\lim g'(x) = 0$, dann kann dieselbe Regel noch einmal angewandt werden.

Beispiel

$$\lim_{x \to 0} \frac{1 - \cos x}{x^2} = \lim_{x \to 0} \frac{\sin x}{2x}$$

$$= \lim_{x \to 0} \frac{\cos x}{2} = \frac{1}{2}. \quad ◄$$

Unbestimmter Ausdruck ∞/∞. Zweite Regel von de l'Hospital: Ist $\lim f(x) = \infty$ und $\lim g(x) = \infty$, dann gilt $\lim \frac{f(x)}{g(x)} = \lim \frac{f'(x)}{g'(x)}$, falls der letzte Grenzwert eigentlich oder uneigentlich existiert. Ist $\lim f'(x) = \infty$ und $\lim g'(x) = \infty$, dann kann dieselbe Regel noch einmal angewandt werden.

Beispiel

$$\lim_{x \to \infty} \frac{x}{\ln x} = \lim_{x \to \infty} \frac{1}{1/x} = \infty. \quad ◄$$

Sonderformen. Die Ausdrücke $0 \cdot \infty, \infty - \infty, 1^\infty, 0^0, \infty^0$ werden auf $0/0$ oder ∞/∞ zurückgeführt.

$0 \cdot \infty$:
$$\lim_{x \to +0} x \cdot \ln x = \lim_{x \to +0} \frac{\ln x}{1/x}$$

$$= \lim_{x \to +0} \frac{1/x}{-1/x^2} = \lim_{x \to +0} (-x) = 0.$$

$\infty - \infty$:
$$\lim_{x \to 0} \left(\frac{1}{\sin x} - \frac{1}{x} \right) = \lim_{x \to 0} \frac{x - \sin x}{x \sin x}$$

$$= \lim_{x \to 0} \frac{1 - \cos x}{\sin x + x \cos x}$$

$$= \lim_{x \to 0} \frac{\sin x}{2\cos x - x \sin x} = \frac{0}{2} = 0.$$

1^∞:
$$\lim_{x \to \infty} (1 + 3/x)^x = \lim_{x \to \infty} \exp(x \ln(1 + 3/x))$$

$$= \exp\left(\lim_{x \to \infty} \frac{\ln(1 + 3/x)}{1/x} \right) = \exp 3.$$

0^0:
$$\lim_{x \to +0} \sqrt{x}^x = \lim_{x \to +0} \exp(x \ln \sqrt{x})$$

$$= \exp(0{,}5 \cdot \lim_{x \to +0} (x \ln x)) = \exp 0 = 1.$$

∞^0:
$$\lim_{x \to \infty} x^{1/x} = \lim_{x \to \infty} \exp(1/x \ln x)$$

$$= \exp(\lim_{x \to \infty} \ln x / x) = \exp 0 = 1.$$

6.1.10 Das bestimmte Integral

Definition. Zugrunde gelegt wird eine auf einem abgeschlossenen Intervall $I = [a, b]$ definierte und dort beschränkte Funktion f. Durch eine

Zerlegung Z: $x_0 = a < x_1 < x_2 < x_3 < \ldots < x_{n-1} < x_n = b$ mit den Teilungspunkten $x_1, x_2, x_3, \ldots, x_{n-1}$ wird das Intervall I in n Teilintervalle $I_1 = [x_0, x_1]$, $I_2 = [x_1, x_2]$, $\ldots$, $I_n = [x_{n-1}, x_n]$ mit den Längen $\Delta x_1 = x_1 - x_0$, $\Delta x_2 = x_2 - x_1$, $\ldots$, $\Delta x_n = x_n - x_{n-1}$ zerlegt. Die maximale Länge $d(Z) = \max_{1 \leq k \leq n} \Delta x_k$ heißt Feinheit der Zerlegung Z. In jedem Teilintervall I_k ($k = 1, 2, \ldots, n$) wird ein beliebiger Punkt $\bar{x}_k \in I_k = [x_{k-1}, x_k]$ gewählt. Die Folge $(\bar{x}_k)_{1 \leq k \leq n}$ heißt Belegung B der Teilintervalle.

Für die Zerlegung Z und die Belegung B wird die Riemann-Summe

$$S(Z, B) = f(\bar{x}_1)\Delta x_1 + f(\bar{x}_2)\Delta x_2 + \ldots$$
$$+ f(\bar{x}_n)\Delta x_n = \sum_{k=1}^{n} f(\bar{x}_k)\Delta x_k$$

gebildet. Ist f überall positiv, dann gibt die Riemann-Summe geometrisch die Summe der Inhalte von Rechtecken wieder (Abb. 6.12). Ihr Grenzwert für $d(Z) \to 0$ wird als bestimmtes (Riemann-)Integral der Funktion f im Intervall $[a, b]$ bezeichnet:

$$\lim_{n \to \infty} \sum_{k=1}^{n} f(\bar{x}_k)\Delta x_k = \int_a^b f(x)\mathrm{d}x.$$

Bei dem bestimmten Integral heißen f Integrand, x Integrationsvariable, a untere und b obere Integrationsgrenze, wobei $a < b$. Für eine auf dem abgeschlossenen Intervall $[a, b]$ monotone oder stetige Funktion f existiert dieser Grenzwert, und f ist über $[a, b]$ integrierbar.

Geometrische Deutung. Die Riemann-Summe stellt bei positiven oder auch nichtnegativen Funktionen f geometrisch eine Summe von Rechteckinhalten (Abb. 6.12) dar, wobei die Rechtecke die Fläche zwischen dem graphischen Bild von f und der x-Achse umso besser approximieren, je feiner die Zerlegung des Intervalls $[a, b]$ ist. Ist also die Funktion f auf $[a, b]$ nichtnegativ und über $[a, b]$ integrierbar, dann beträgt der Inhalt A der Fläche unter dem Graph von f (Abb. 6.13a)

$$A = \int_a^b f(x)\,\mathrm{d}x.$$

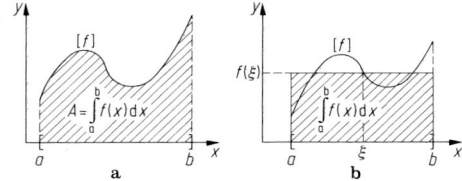

Abb. 6.13 Bestimmtes Integral. **a** Flächeninhalt; **b** Mittelwertsatz

Eigenschaften. Mit den Definitionen

$$\int_a^a f(x)\,\mathrm{d}x = 0 \quad \text{und}$$

$$\int_a^b f(x)\,\mathrm{d}x = -\int_b^a f(x)\,\mathrm{d}x \quad \text{für} \quad b < a$$

gilt für beliebige Zahlen a, b und c eines abgeschlossenen Integrationsintervalls

$$\int_a^b f(x)\,\mathrm{d}x + \int_b^c f(x)\,\mathrm{d}x + \int_c^a f(x)\,\mathrm{d}x = 0,$$

$$\int_a^b c f(x)\,\mathrm{d}x = c \int_a^b f(x)\,\mathrm{d}x \quad \text{mit} \quad c \in \mathbb{R}$$

$$\int_a^b (f(x) \pm g(x))\,\mathrm{d}x$$
$$= \int_a^b f(x)\,\mathrm{d}x \pm \int_a^b g(x)\,\mathrm{d}x.$$

Ungleichungen. Für $a < b$ gelten

$$\left| \int_a^b f(x)\,\mathrm{d}x \right| \leqq \int_a^b |f(x)|\,\mathrm{d}x,$$

$$\int_a^b f(x)\,\mathrm{d}x \leqq \int_a^b g(x)\,\mathrm{d}x, \quad \text{wenn} \quad f(x) \leqq g(x).$$

$$\left(\int_a^b f(x)g(x)\,\mathrm{d}x \right)^2$$
$$\leqq \int_a^b f^2(x)\,\mathrm{d}x \cdot \int_a^b g^2(x)\,\mathrm{d}x,$$

$$\left| \int_a^b (f(x) + g(x))\, dx \right|$$

$$\leqq \int_a^b |f(x)|\, dx + \int_a^b |g(x)|\, dx.$$

Die beiden letzten heißen auch Schwarzsche und Dreiecks-Ungleichung.

Mittelwertsatz der Integralrechnung (Abb. 6.13b). Ist f eine auf dem abgeschlossenen Intervall $[a, b]$ stetige Funktion, dann gibt es eine Stelle $\xi \in [a, b]$, sodass

$$\int_a^b f(x)\, dx = f(\xi)(b - a) \quad \text{oder}$$

$$f(\xi) = \frac{1}{b-a} \int_a^b f(x)\, dx$$

gilt. $f(\xi)$ heißt Mittelwert der Funktion f im Intervall $[a, b]$.

6.1.11 Integralfunktion, Stammfunktion und Hauptsatz der Differential- und Integralrechnung

Integralfunktion. Ist die Funktion f über dem abgeschlossenen Intervall $[a, b]$ integrierbar und ist x_0 ein beliebiger aber fester Wert aus $[a, b]$, dann ist ihre Integralfunktion

$$F(x) = \int_{x_0}^x f(t)\, dt \quad \text{mit} \quad x \in [a, b].$$

Jede Integralfunktion einer auf $[a, b]$ stetigen Funktion f ist differenzierbar, und es gilt

$$F'(x) = \frac{d}{dx} \int_{x_0}^x f(t)\, dt = f(x)$$

$$\text{für alle} \quad x \in [a, b].$$

Stammfunktion. Eine auf einem Intervall I differenzierbare Funktion F heißt Stammfunktion der Funktion f auf I, wenn

$$F'(x) = f(x) \quad \text{für alle} \quad x \in I.$$

Sind F_1 und F_2 zwei Stammfunktionen von f auf I, dann ist

$$F_2'(x) - F_1'(x) = d(F_2(x) - F_1(x))/dx$$

$$= 0 \quad \text{oder}$$

$$F_2(x) - F_1(x) = c$$

für alle $x \in I$ (c Konstante). Zwei Stammfunktionen einer Funktion f unterscheiden sich also höchstens durch eine Konstante.

Beispiel

Die beiden Funktionen

$$F_1(x) = -\cos x \quad \text{und} \quad F_2(x) = 2\sin^2(x/2)$$

sind wegen $F_1'(x) = F_2'(x) = \sin x$ Stammfunktionen von $f(x) = \sin x$. Sie unterscheiden sich auf $\mathbb{R}$ durch die additive Konstante 1. ◄

Hauptsatz der Differential- und Integralrechnung. Ist f eine auf dem abgeschlossenen Intervall $[a, b]$ stetige Funktion und F eine Stammfunktion von f auf $[a, b]$, dann gilt

$$\int_a^b f(x)\, dx = [F(x)]_a^b = F(x)|_a^b$$

$$= F(b) - F(a),$$

wobei $F'(x) = f(x)$.

6.1.12 Das unbestimmte Integral

Ist f eine auf einem Intervall I definierte Funktion der Variablen x, dann heißt die Gesamtheit oder die Menge aller Stammfunktionen von f unbestimmtes Integral von f auf I.

$$\int f(x)\, dx = F(x) + C,$$

wobei F eine Stammfunktion, $F'(x) = f(x)$ und C eine beliebige Konstante ist. Nach Definition des unbestimmten Integrals gilt

$$\frac{d}{dx} \left(\int f(x)\, dx \right) = f(x) \quad \text{oder}$$

$$d \int f(x)\, dx = f(x)\, dx.$$

Tab. 6.3 Grundintegrale

$\int 0\,\mathrm{d}x = C$	$\int \sin x\,\mathrm{d}x = -\cos x + C$
$\int x^\alpha \mathrm{d}x = \frac{x^{\alpha+1}}{\alpha+1} + C, \alpha \neq -1$	$\int \cos x\,\mathrm{d}x = \sin x + C$
$\int \frac{1}{x}\mathrm{d}x = \ln|x| + C = \begin{cases} \ln x, & x > 0 \\ \ln(-x), & x < 0 \end{cases}$	$\int \frac{1}{\cos^2 x}\mathrm{d}x = \tan x + C$
$\int \frac{1}{1+x^2}\mathrm{d}x = \begin{cases} \arctan x + C \\ -\operatorname{arccot} x + C \end{cases}$	$\int \frac{1}{\sin^2 x}\mathrm{d}x = -\cot x + C$
$\int \frac{1}{1-x^2}\mathrm{d}x = \begin{cases} \operatorname{artanh} x + C, & |x| < 1 \\ \operatorname{arcoth} x + C, & |x| > 1 \end{cases}$	$\int \exp x\,\mathrm{d}x = \exp x + C$
$\int \frac{1}{\sqrt{1+x^2}}\mathrm{d}x = \operatorname{arsinh} x + C$	$\int \sinh x\,\mathrm{d}x = \cosh x + C$
$\int \frac{1}{\sqrt{1-x^2}}\mathrm{d}x = \begin{cases} \arcsin x + C \\ -\arccos x + C \end{cases}$	$\int \cosh x\,\mathrm{d}x = \sinh x + C$
$\int \frac{1}{\sqrt{x^2-1}}\mathrm{d}x = \operatorname{arcosh} x + C$	$\int \frac{1}{\cosh^2 x}\mathrm{d}x = \tanh x + C$
	$\int \frac{1}{\sinh^2 x}\mathrm{d}x = -\coth x + C$

Tab. 6.3 enthält die Grundintegrale, die sich durch Umkehrung der Ableitungsformeln aus Tab. 6.2 ergeben.

6.1.13 Integrationsmethoden

Grundformeln. Sind f und g stetige Funktionen auf einem Intervall I, dann gilt mit $\alpha \in \mathbb{R}$ und $x \in I$

$$\int \alpha f(x)\,\mathrm{d}x = \alpha \int f(x)\,\mathrm{d}x \quad \text{und}$$

$$\int (f(x) \pm g(x))\,\mathrm{d}x = \int f(x)\,\mathrm{d}x \pm \int g(x)\,\mathrm{d}x.$$

Beispiel

$\int (3/x + 1)\,\mathrm{d}x = \int 3/x\,\mathrm{d}x + \int 1\,\mathrm{d}x = 3\ln x + x + C, \; x > 0.$ ◄

Partielle Integration (Produktintegration). Sind die Funktionen f und g auf einem Intervall I stetig differenzierbar, dann gilt

$$\int f'(x)g(x)\,\mathrm{d}x = f(x)g(x) - \int f(x)g'(x)\,\mathrm{d}x, \; x \in I.$$

Hiermit ist es oft möglich, Integrale mit einem Parameter n auf ein Integral desselben Typs mit dem Parameter $n-1$ oder $n-2$ zurückzuführen. Dadurch ergibt sich eine Rekursionsformel, mit der das Integral schrittweise berechnet wird.

Beispiel 1

$$\int \ln x\,\mathrm{d}x = \int 1 \cdot \ln x\,\mathrm{d}x$$

$$= x \ln x - \int x(1/x)\,\mathrm{d}x$$

$$= x \ln x - x + C, \quad x > 0.$$ ◄

Beispiel 2

$I_n = \int \exp(x)x^n\,\mathrm{d}x, n = 1,2,3,\ldots$. – Partielle Integration mit $f'(x) = \exp x$ und $g(x) = x^n$ führt auf

$$I_n = \exp x \cdot x^n - n \int \exp x \cdot x^{n-1}\mathrm{d}x$$

$$= \exp x \cdot x^n - n I_{n-1}.$$

Also gilt die Rekursionsformel

$$I_n = \exp x \cdot x^n - n I_{n-1} \quad \text{mit}$$

$$I_0 = \int \exp x\,\mathrm{d}x = \exp x + C.$$ ◄

Integration durch Substitution. Ist f eine stetige Funktion und g eine in einem Intervall I stetig differenzierbare Funktion, dann gilt

$$\left(\int f(x)\,\mathrm{d}x\right)_{x=g(t)} = \int f(g(t))g'(t)\,\mathrm{d}t,$$
$$t \in I.$$

Wird also die Integrationsvariable x gemäß $x = g(t)$ durch t substituiert, dann ist $\mathrm{d}x$ durch $g'(t)\,\mathrm{d}t$ zu ersetzen.

Beispiel 1

$$I = \int \frac{\mathrm{d}x}{2\sqrt{x}(1+\sqrt[3]{x})} \quad \text{für} \quad x > 0$$

$$I = \int \frac{6t^5\mathrm{d}t}{2t^3(1+t^2)} = 3\int \frac{t^2}{1+t^2}\,\mathrm{d}t$$

$$= 3\int \left(1 - \frac{1}{1+t^2}\right)\mathrm{d}t$$

$$= 3(t - \arctan t) + C$$

$$= 3(\sqrt[6]{x} - \arctan \sqrt[6]{x}) + C.$$

Hier wurden mit $x = g(t) = t^6$ für $t>0$ und $\mathrm{d}x = 6t^5\mathrm{d}t$ die Wurzelausdrücke beseitigt. ◄

Beispiel 2

$$\int \exp(t^2)t\,\mathrm{d}t = 0{,}5\int \exp x\,\mathrm{d}x$$

$$= 0{,}5 \cdot \exp x + C$$

$$= 0{,}5 \cdot \exp(t^2) + C.$$

Hier wurde die Substitution $g(t) = t^2 = x$, also $\mathrm{d}x = g'(t)\,\mathrm{d}t = 2t\,\mathrm{d}t$ bzw. $t\,\mathrm{d}t = \mathrm{d}x/2$ mit $t \in \mathbb{R}$ verwendet. ◄

6.1.14 Integration rationaler Funktionen

Jede ganze rationale Funktion $y = P_n(x) = \sum_{i=0}^{n} a_i x^{n-i}$ kann mit Hilfe der Grundformeln und des Grundintegrals für Potenzfunktionen integriert werden. Echt gebrochene rationale Funktionen sind allgemein mit der Partialbruchzerlegung integrierbar.

Partialbruchzerlegung. Vorausgesetzt wird eine echt gebrochene rationale Funktion $r(x) = Q_m(x)/P_n(x)$, wobei Q_m und P_n Polynome m-ten und n-ten Grades mit $m<n$ sind.

Nenner-Polynom $P_n(x) = a_0x^n + a_1x^{n-1} + \ldots + a_{n-1}x + a_n$. Es lässt sich nach dem Zerlegungssatz für reelle Polynome (s. Abschn. 2.3.2) als Produkt mit Faktoren 1. und 2. Grades darstellen: $P_n(x) = a_0 \ldots (x-a)^r \ldots (x^2 + px + q)^s \ldots$ wobei a eine reelle r-fache Nullstelle von P_n ist und $x^2 + px + q$ wegen $p^2 - 4q < 0$ nur konjugiert komplexe Nullstellen besitzt und im Reellen nicht mehr zerlegbar, also irreduzibel, ist. Die übrigen nicht angegebenen Faktoren von P_n haben einen entsprechenden Aufbau.

Partialbrüche 1. und 2. Art. Es sind Ausdrücke der Form $A/(x-a)^r$ und $(Bx + C)/(x^2 + px + q)^s$, wobei $A, B, C \in \mathbb{R}$ und $r, s \in \mathbb{N}$. Jede echt gebrochene rationale Funktion kann als Summe dieser Partialbrüche 1. und 2. Art dargestellt werden:

$$r(x) = \frac{Q_m(x)}{P_n(x)}$$

$$= \frac{1}{a_0}\left[\frac{Q_m(x)}{\ldots (x-a)^r \ldots (x^2 px + q)^s}\right]$$

$$= \frac{1}{a_0}\left[\ldots + \frac{A_1}{x-a} + \frac{A_2}{(x-a)^2} + \ldots\right.$$

$$+ \frac{A_r}{(x-a)^r} + \ldots + \frac{B_1x + C_1}{x^2 + px + q}$$

$$+ \frac{B_2x + C_2}{(x^2 + px + q)^2} + \ldots$$

$$\left. + \frac{B_sx + C_s}{(x^2 + px + q)^s} + \ldots\right].$$

Koeffizientenbestimmung. Die Koeffizienten $A_1, B_1, C_1 \ldots, A_2, B_2, C_2 \ldots$ können nach folgenden Verfahren eindeutig bestimmt werden: Wird die Gleichung mit $P_n(x)$ multipliziert, dann steht auf der rechten Seite ein Polynom $(n-1)$-ten Grades, dessen Koeffizienten Linearkombinationen der n Unbekannten $A_1, B_1, C_1 \ldots$ sind. Der Vergleich dieser Koeffizienten mit denen des Polynoms Q_m

nach dem Identitätssatz für Polynome (s. Abschn. 2.3.2) ergibt n lineare Gleichungen für die n Unbekannten $A_1, B_1, C_1 \ldots$ (s. Abschn. 3.2.3).

Beispiel

$\dfrac{2x+4}{3(x-1)^2(x^2+1)} = \dfrac{1}{3}\left[\dfrac{A_1}{x-1} + \dfrac{A_2}{(x-1)^2} + \dfrac{B_1 x + C_1}{x^2+1}\right].$

– Multiplikation mit dem Nennerpolynom ergibt

$$2x + 4 = A_1(x-1)(x^2+1) + A_2(x^2+1)$$
$$+ (B_1 x + C_1)(x-1)^2 \quad \text{oder}$$
$$2x + 4 = (A_1 + B_1)x^3$$
$$+ (-A_1 + A_2 - 2B_1 + C_1)x^2$$
$$+ (A_1 + B_1 - 2C_1)x$$
$$+ (-A_1 + A_2 + C_1).$$

Koeffizientenvergleich führt auf die vier linearen Gleichungen

$$
\begin{aligned}
A_1 \quad\; + B_1 \qquad\qquad &= 0,\\
-A_1 + A_2 - 2B_1 + C_1 &= 0,\\
A_1 \quad\; + B_1 - 2C_1 &= 2,\\
-A_1 + A_2 \qquad\; + C_1 &= 4
\end{aligned}
$$

mit den Lösungen

$$A_1 = -2, \quad B_1 = 2,$$
$$A_2 = 3, \quad C_1 = -1.$$

Damit lautet die Partialbruchzerlegung

$$\frac{2x+4}{3(x-1)^2(x^2+1)}$$
$$= \frac{1}{3}\left[\frac{-2}{x-1} + \frac{3}{(x-1)^2} + \frac{2x-1}{x^2+1}\right]. \quad \blacktriangleleft$$

Durch die Partialbruchzerlegung ist nunmehr die Integration einer echt gebrochenen rationalen Funktion auf die Integration von Partialbrüchen 1 und 2. Art zurückgeführt. Für diese gelten die

Integrationsformeln

$$\int \frac{A}{(x-a)^n}\,dx$$

$$= \begin{cases} A \ln|x-a| + C & \text{für} \quad n = 1\\ \frac{A}{1-n}(x-a)^{1-n} + C & \text{für} \quad n = 2,3,4\ldots, \end{cases}$$

$$\int \frac{Ax+B}{(x^2+px+q)^n}\,dx$$
$$= \frac{A}{2}\ln|x^2+px+q|$$
$$+ \frac{2B - Ap}{\sqrt{4q-p^2}}\arctan\frac{2x+p}{\sqrt{4q-p^2}} + C$$
$$\text{für} \quad n = 1$$
$$= \frac{A}{2(1-n)}(x^2+px+q)^{1-n}$$
$$+ \frac{2B-Ap}{2}\int \frac{dx}{(x^2+px+q)^n}$$
$$\text{für} \quad n = 2,3,4\ldots.$$

$$\int \frac{Ax+B}{(x^2+px+q)^n}\,dx$$
$$= \frac{A}{2}\ln|x^2+px+q|$$
$$+ \frac{2B-Ap}{\sqrt{4q-p^2}}\arctan\frac{2x+p}{\sqrt{4q-p^2}} + C$$
$$\text{für} \quad n = 1$$
$$= \frac{A}{2(1-n)}(x^2+px+q)^{1-n}$$
$$+ \frac{2B-Ap}{2}\int \frac{dx}{(x^2+px+q)^n}$$
$$\text{für} \quad n = 2,3,4\ldots.$$

Hierbei gilt für das Integral $I_n = \int \frac{dx}{(x^2+px+q)^n}$ die Rekursionsformel

$$I_n = \frac{1}{(n-1)(4q-p^2)}\frac{2x+p}{(x^2+px+q)^{n-1}}$$
$$+ \frac{2(2n-3)}{(n-1)(4q-p^2)}I_{n-1}$$
$$(n = 2,3,4\ldots) \quad \text{mit}$$

$$I_1 = \int \frac{dx}{x^2+px+q}$$
$$= \frac{2}{\sqrt{4q-p^2}}\arctan\frac{2x+p}{\sqrt{4q-p^2}} + C.$$

Tab. 6.4 Substitutionen

Typ	Integral	Substitution		
1	$\int R\left(x, \sqrt[n]{\frac{ax+b}{cx+d}}\right)dx$	$t = \sqrt[n]{\frac{ax+b}{cx+d}}$		
2	$\int R(x, \sqrt{1-x^2})dx$	$x = \frac{1-t^2}{1+t^2}$, $dx = -\frac{4t}{(1+t^2)^2}dt$		
3	$\int R(x, \sqrt{x^2-1})dx$	$x = \frac{1+t^2}{1-t^2}$, $dx = \frac{4t}{(1-t^2)^2}dt$		
4	$\int R(x, \sqrt{x^2+1})dx$	$x = \frac{t^2-1}{2t}$, $dx = \frac{t^2+1}{2t^2}dt$		
5	$\int R(x, \sqrt{ax^2+bx+c})dx$	$\Delta > 0$	$t = \frac{2ax+b}{\sqrt{\Delta}}$ führt für	$a < 0$ auf Typ 2 $a > 0$ auf Typ 3
	$\Delta = b^2 - 4ac \neq 0$	$\Delta < 0$	$t = \frac{2ax+b}{\sqrt{-\Delta}}$ führt auf Typ 4	
6	$\int R(\exp x)dx$	$\exp x = t$, $dx = \frac{dt}{t}$, $x = \ln t$		
7	$\int R(\tan x)dx$	$\tan x = t$, $dx = \frac{dt}{1+t^2}$, $x = \arctan t$		
8	$\int R(\sin x, \cos x)dx$	$\tan(x/2) = t$, $dx = \frac{2dt}{1+t^2}$, $\sin x = \frac{2t}{1+t^2}$, $\cos x = \frac{1-t^2}{1+t^2}$		

6.1.15 Integration von irrationalen algebraischen und transzendenten Funktionen

Spezielle Integrale dieses Typs (Tab. 6.4 und 6.5) können durch geeignete Substitutionen auf Integrale mit einem rationalen Integranden zurückgeführt werden. Für einige Integrale sind in Tab. 6.4 solche Substitutionen angegeben. Hierbei bedeuten $R(x, X)$, $R(u)$ bzw. $R(u, v)$ rationale Funktionen in x und X, u bzw. u und v.

6.1.16 Uneigentliche Integrale

Unbeschränktes Integrationsintervall. Ist die Funktion f für alle $x \geq a$ erklärt und über jedem abgeschlossenen Intervall $[a, b]$ integrierbar, dann heißt $\int_a^\infty f(x)\,dx$ uneigentliches Integral über $[a, \infty)$. Es heißt konvergent, oder die Funktion f heißt über $[a, \infty)$ uneigentlich integrierbar, wenn der Grenzwert $\lim_{b\to\infty} \int_a^b f(x)\,dx = \int_a^\infty f(x)\,dx$ existiert. Entsprechendes gilt für die unbeschränkten Integrationsintervalle $(-\infty, b]$ und $(-\infty, \infty)$.

$$\int_{-\infty}^b f(x)\,dx = \lim_{a\to-\infty} \int_a^b f(x)\,dx;$$

$$\int_{-\infty}^\infty f(x)\,dx = \lim_{\substack{b\to\infty \\ a\to-\infty}} \int_a^b f(x)\,dx$$

$$= \lim_{a\to-\infty} \int_a^c f(x)\,dx$$

$$+ \lim_{b\to\infty} \int_c^b f(x)\,dx.$$

Beispiele

$$\int_2^\infty 1/x^2\,dx = \lim_{b\to\infty} \int_2^b 1/x^2\,dx$$

$$= \lim_{b\to\infty}(-1/b + 1/2) = 1/2.$$

$$\int_{-\infty}^\infty \frac{1}{1+x^2}\,dx = \lim_{\substack{b\to\infty \\ a\to-\infty}} \int_a^b \frac{1}{1+x^2}\,dx$$

$$= \lim_{\substack{b\to\infty \\ a\to-\infty}} [\arctan x]_a^b$$

$$= \lim_{\substack{b\to\infty \\ a\to-\infty}} (\arctan b - \arctan a)$$

$$= \pi/2 - (-\pi/2) = \pi.$$

$\int_1^\infty 1/x\,dx$ ist divergent wegen $\lim_{b\to\infty}\cdot$ $\int_1^b 1/x\,dx = \lim_{b\to\infty} \ln b = \infty$. ◄

Tab. 6.5 Integrationsformeln

Rationale Funktionen

$$\int (ax+b)^n \, dx = \begin{cases} \frac{1}{a(n+1)}(ax+b)^{n+1}, & n \neq -1 \\ \frac{1}{a}\ln|ax+b|, & n = -1 \end{cases}$$

$$\int \frac{1}{a^2+x^2}\,dx = \frac{1}{a}\arctan\frac{x}{a}$$

$$\int \frac{1}{a^2-x^2}\,dx = \frac{1}{2a}\ln\left|\frac{a+x}{a-x}\right| = \begin{cases} \frac{1}{a}\operatorname{artanh}\frac{x}{a}, & |x| < a \\ \frac{1}{a}\operatorname{arcoth}\frac{x}{a}, & |x| > a \end{cases} \quad a > 0$$

$$\int \frac{l}{ax^2+bx+c}\,dx = \begin{cases} \frac{2}{\sqrt{\Delta}}\arctan\frac{2ax+b}{\sqrt{\Delta}} & \Delta > 0 \\ -\frac{2}{2ax+b} & \Delta = 0, \ \Delta = 4ac-b^2 \\ \frac{1}{\sqrt{-\Delta}}\ln\left|\frac{2ax+b-\sqrt{-\Delta}}{2ax+b+\sqrt{-\Delta}}\right| & \Delta < 0 \end{cases}$$

Irrationale Funktionen

$$\int \frac{1}{\sqrt{a^2-x^2}}\,dx = \begin{cases} \arcsin x/a \\ -\arccos x/a \end{cases}$$

$$\int \frac{1}{\sqrt{x^2+a^2}}\,dx = \ln\frac{x}{a} + \sqrt{\left(\frac{x}{a}\right)^2+1} = \operatorname{arsinh} x/a$$

$$\int \frac{1}{\sqrt{x^2-a^2}}\,dx = \ln\frac{x}{a} + \sqrt{\left(\frac{x}{a}\right)^2-1} = \operatorname{arcosh} x/a$$

$$\int \sqrt{a^2-x^2}\,dx = (x/2)\sqrt{a^2-x^2} + (a^2/2)\arcsin x/a$$

$$\int \sqrt{x^2+a^2}\,dx = (x/2)\sqrt{x^2+a^2} + a^2/2 \begin{cases} \ln\left(\frac{x}{a}+\sqrt{\left(\frac{x}{a}\right)^2+1}\right) \\ \operatorname{arsinh} x/a \end{cases}$$

$$\int \sqrt{x^2-a^2}\,dx = (x/2)\sqrt{x^2-a^2} - a^2/2 \begin{cases} \ln\left(\frac{x}{a}+\sqrt{\left(\frac{x}{a}\right)^2-1}\right) \\ \operatorname{arcosh} x/a \end{cases}$$

Transzendente Funktionen

$$\int \sin^2 x \, dx = \frac{x}{2} - \frac{1}{4}\sin 2x$$

$$\int \cos^2 x \, dx = \frac{x}{2} + \frac{1}{4}\sin 2x$$

$$\int \frac{1}{\sin dx}\,dx = \ln\left|\tan\frac{x}{2}\right|$$

$$\int \frac{1}{\cos x}\,dx = \ln\left|\tan\left(\frac{x}{2}+\frac{\pi}{4}\right)\right|$$

$$\int \frac{1}{1+\cos x}\,dx = \tan\frac{x}{2}$$

$$\int \frac{1}{1-\cos x}\,dx = -\cot\frac{x}{2}$$

$$\int \tan x \, dx = -\ln|\cos x|$$

$$\int \cot x \, dx = \ln|\sin x|$$

$$\int \sin m\, x \cos n\, x \, dx = -\frac{\cos(m-n)x}{2(m-n)} - \frac{\cos(m+n)x}{2(m+n)}$$

$$\int \sin m\, x \sin n\, x \, dx = -\frac{\sin(m-n)x}{2(m-n)} - \frac{\sin(m+n)x}{2(m+n)} \quad \begin{matrix} m,n \in \mathbb{Z} \\ m \neq n, m \neq -n \end{matrix}$$

$$\int \cos m\, x \cos n\, x \, dx = \frac{\sin(m-n)x}{2(m-n)} + \frac{\sin(m+n)x}{2(m+n)}$$

$$\int \sin^n x \, dx = -\frac{1}{n}\cos x \sin^{n-1} x + \frac{n-1}{n}\int \sin^{n-2} x \, dx$$

$$\int \cos^n x \, dx = \frac{1}{n}\sin x \cos^{n-1} x + \frac{n-1}{n}\int \cos^{n-2} x \, dx \quad n = 2,3,4\ldots$$

$$\int \tan^n x \, dx = \frac{\tan^{n-1} x}{n-1} - \int \tan^{n-2} x \, dx$$

$$\int \cot^n x \, dx = -\frac{\cot^{n-1} x}{n-1} - \int \cot^{n-2} x \, dx$$

$$\int x^n \sin x \, dx = -x^n \cos x + n\int x^{n-1}\cos x \, dx$$

$$\int x^n \cos x \, dx = x^n \sin x - n\int x^{n-1}\sin x \, dx \qquad n = 1,2,3\ldots$$

$$\int \exp a\, x \sin b\, x \, dx = \frac{a\sin b\, x - b\cos b\, x}{a^2+b^2}\exp a\, x$$

$$\int \exp ax \cos bx\, dx = \frac{a\cos bx + b\sin bx}{a^2+b^2}\exp ax$$

$$\int \arcsin x \, dx = x\arcsin x + \sqrt{1-x^2}$$

$$\int \arccos x \, dx = x\arccos x - \sqrt{1-x^2}$$

$$\int \arctan x \, dx = x\arctan x - \frac{1}{2}\ln(1+x^2)$$

$$\int \operatorname{arccot} x \, dx = x\operatorname{arccot} x + \frac{1}{2}\ln(1+x^2)$$

6

Tab. 6.5 (Fortsetzung)

$\int \sinh^2 x \, dx = -\frac{x}{2} + \frac{1}{4} \sinh 2x$

$\int \cosh^2 x \, dx = \frac{x}{2} + \frac{1}{4} \sinh 2x$

$\int \frac{1}{\sinh x} \, dx = \ln \tanh \frac{x}{2}$

$\int \frac{1}{\cosh x} \, dx = 2 \arctan \left(\tanh \frac{x}{2} \right)$

$\int \ln x \, dx = x \ln x - x$

$\int \frac{\ln x}{x} \, dx = \frac{1}{2} (\ln x)^2$

$\int \frac{1}{x \ln x} \, dx = \ln |\ln x|$

$\int \frac{(\ln x)^n}{x} \, dx = \frac{1}{n+1} (\ln x)^{n+1}, n \neq -1$

$\int (\ln x)^n \, dx = x (\ln x)^n - n \int (\ln x)^{n-1} dx, n = 1, 2, 3 \dots$

$\int x^n \ln x \, dx = \frac{x^{n+1}}{n+1} \ln x - \frac{x^{n-1}}{(n+1)^2}, n \neq -1$

$\int x^n \exp x \, dx = x^n \exp x - n \int x^{n-1} \exp x \, dx, n = 1, 2, 3 \dots$

Tab. 6.6 Bestimmte eigentliche und uneigentliche Integrale

$\int_{-a}^{a} \sin \frac{m \pi x}{a} \sin \frac{n \pi x}{a} \, dx = \int_{-a}^{a} \cos \frac{m \pi x}{a} \, dx = \begin{cases} 0 & m \neq n \\ a & m = n \end{cases} \quad m, n = 1, 2, 3 \dots$

$\int_{-a}^{a} \sin \frac{m \pi x}{a} \cos \frac{n \pi x}{a} \, dx = 0 \quad m, n = 1, 2, 3 \dots$

$\int_{0}^{a} \frac{1}{\sqrt{a^2 - x^2}} \, dx = \pi/2$

$\int_{-\infty}^{\infty} \frac{1}{1 + x^2} \, dx = \pi$

$\int_{0}^{a} \frac{1}{x^m} \, dx = \frac{a^{1-m}}{1-m}, \quad \begin{matrix} a > 0 \\ m < 1 \end{matrix}$

$\int_{a}^{\infty} \frac{1}{x^m} \, dx = \frac{1}{(m-1)a^{m-1}}, \quad \begin{matrix} a > 0 \\ m > 1 \end{matrix}$

$\int_{0}^{\infty} \exp(-k x) \, dx = \frac{1}{k}, \quad k > 0$

$\int_{0}^{\infty} \exp(-x^2) \, dx = \frac{1}{2} \sqrt{\pi}$

$\int_{0}^{\infty} x^n \exp(-k x) \, dx = \frac{n}{k^{n+1}}, \quad \begin{matrix} k > 0 \\ n = 0, 1, 2 \dots \end{matrix}$

$\int_{0}^{\infty} \frac{x^{n-1}}{x+1} \, dx = \frac{\pi}{\sin n \pi}, \quad 0 < n < 1$

$\int_{0}^{\infty} \frac{\sin k x}{x} \, dx = \int_{0}^{\infty} \frac{\tan k x}{x} \, dx = \pi/2, \quad k > 0$

$\int_{0}^{\infty} \sin(x^2) \, dx = \int_{0}^{\infty} \cos(x^2) \, dx = \frac{1}{2} \sqrt{\frac{\pi}{2}}$

$\int_{0}^{\infty} \exp(-a x) \sin(b x + \varphi) \, dx = \frac{b \cos \varphi + a \sin \varphi}{a^2 + b^2}, \quad a > 0$

$\int_{0}^{\infty} \exp(-a x) \cos(b x + \varphi) \, dx = \frac{a \cos \varphi - b \sin \varphi}{a^2 + b^2}, \quad a > 0$

$\int_{0}^{\infty} \frac{\sin \alpha x}{x} \, dx = \begin{cases} \pi/2, & \alpha > 0 \\ -\pi/2, & \alpha < 0 \end{cases}$

Unbeschränkter Integrand. Ist Funktion f im Intervall $[a, b)$ unbeschränkt und auf jedem abgeschlossenen Teilintervall $[a, b\text{-}\varepsilon]$ mit $\varepsilon > 0$ integrierbar, dann heißt $\int_a^b f(x)\,\mathrm{d}x$ uneigentliches Integral bezüglich der oberen Grenze. Es heißt konvergent auf $[a, b]$, wenn für $\varepsilon > 0$ der Grenzwert $\lim_{\varepsilon \to 0} \int_a^{b-\varepsilon} f(x)\,\mathrm{d}x = \int_a^b f(x)\,\mathrm{d}x$ existiert.

Entsprechendes gilt auch für die untere Grenze.

Beispiele

$$\int_{-\infty}^b f(x)\,\mathrm{d}x = \lim_{a \to -\infty} \int_a^b f(x)\,\mathrm{d}x;$$

$$\int_{-\infty}^\infty f(x)\,\mathrm{d}x = \lim_{\substack{b \to \infty \\ a \to -\infty}} \int_a^b f(x)\,\mathrm{d}x$$

$$= \lim_{a \to -\infty} \int_a^c f(x)\,\mathrm{d}x$$

$$+ \lim_{b \to \infty} \int_c^b f(x)\,\mathrm{d}x.$$

Weitere uneigentliche Integrale enthält Tab. 6.6. ◄

6.1.17 Geometrische Anwendungen der Differential- und Integralrechnung

(S. Tab. 6.7.)

6.1.18 Unendliche Funktionenreihen

Sind die Glieder einer unendlichen Reihe Funktionen $f_n(x)$ $(n = 1, 2, 3 \ldots)$ auf dem gleichen Definitionsbereich I, dann ist die Funktionsreihe erklärt als die Folge der Partialsummen

$$s_n(x) = f_1(x) + f_2(x) + \ldots + f_n(x).$$

Tab. 6.7 Geometrische Anwendungen der Integralrechnung

Inhalt A ebener Flächen

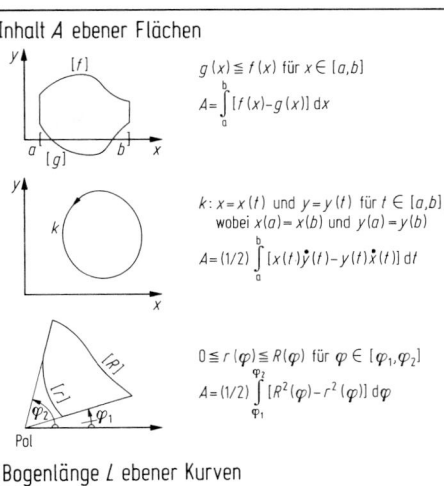

$g(x) \leqq f(x)$ für $x \in [a,b]$
$$A = \int_a^b [f(x) - g(x)]\,\mathrm{d}x$$

$k: x = x(t)$ und $y = y(t)$ für $t \in [a,b]$, wobei $x(a) = x(b)$ und $y(a) = y(b)$
$$A = (1/2) \int_a^b [x(t)\dot{y}(t) - y(t)\dot{x}(t)]\,\mathrm{d}t$$

$0 \leqq r(\varphi) \leqq R(\varphi)$ für $\varphi \in [\varphi_1, \varphi_2]$
$$A = (1/2) \int_{\varphi_1}^{\varphi_2} [R^2(\varphi) - r^2(\varphi)]\,\mathrm{d}\varphi$$

Bogenlänge L ebener Kurven

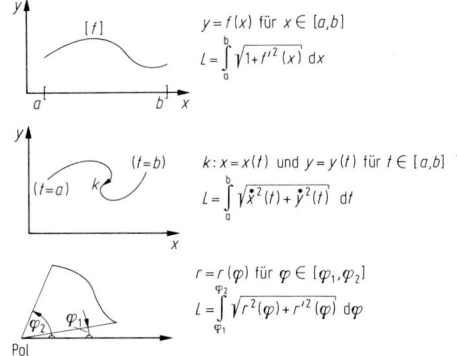

$y = f(x)$ für $x \in [a,b]$
$$L = \int_a^b \sqrt{1 + f'^2(x)}\,\mathrm{d}x$$

$k: x = x(t)$ und $y = y(t)$ für $t \in [a,b]$
$$L = \int_a^b \sqrt{\dot{x}^2(t) + \dot{y}^2(t)}\,\mathrm{d}t$$

$r = r(\varphi)$ für $\varphi \in [\varphi_1, \varphi_2]$
$$L = \int_{\varphi_1}^{\varphi_2} \sqrt{r^2(\varphi) + r'^2(\varphi)}\,\mathrm{d}\varphi$$

Volumen V und Oberfläche O von Rotationskörpern

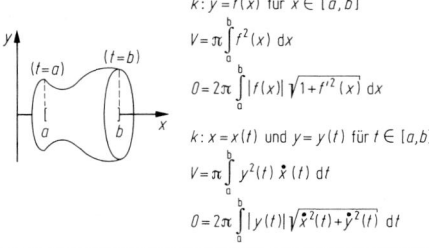

$k: y = f(x)$ für $x \in [a,b]$
$$V = \pi \int_a^b f^2(x)\,\mathrm{d}x$$
$$O = 2\pi \int_a^b |f(x)| \sqrt{1 + f'^2(x)}\,\mathrm{d}x$$

$k: x = x(t)$ und $y = y(t)$ für $t \in [a,b]$
$$V = \pi \int_a^b y^2(t)\,\dot{x}(t)\,\mathrm{d}t$$
$$O = 2\pi \int_a^b |y(t)| \sqrt{\dot{x}^2(t) + \dot{y}^2(t)}\,\mathrm{d}t$$

Konvergenzbereich. Dieser ist die Menge K der Urbilder $x \in I$, für die die zugehörige Zahlenreihe konvergiert. Auf ihm ist dann eine Funktion S erklärt, die als die Summe der Reihe bezeichnet wird.

$$S(x) = \sum_{n=1}^{\infty} f_n(x)$$

$$= \lim_{n \to \infty} \sum_{k=1}^{n} f_k(x) \quad \text{für} \quad x \in K.$$

Die Differenz $R_n(x) = S(x) - s_n(x)$ heißt Rest der Reihe.

Absolute Konvergenz. Die Funktionenreihe $\sum_{n=1}^{\infty} f_n(x)$ heißt auf K absolut konvergent, wenn die Reihe $\sum_{n=1}^{\infty} |f_n(x)|$ für alle $x \in K$ konvergiert.

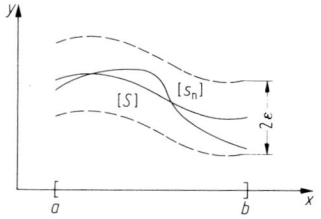

Abb. 6.14 Gleichmäßige Konvergenz

Beispiel

$\sum_{n=1}^{\infty} x(1-x^2)^{n-1}$ ist eine geometrische Reihe mit dem Anfangsglied $a = x$ und dem Quotienten $q = 1 - x^2$. – Sie konvergiert für $x = 0$ und im Fall $x \neq 0$ für $|1 - x^2| < 1$, was mit $0 < x^2 < 2$ gleichbedeutend ist. Sie hat für $x = 0$ die Summe $S(0) = 0$ und für $|1-x^2| < 1$ die Summe $S(x) = x/[1 - (1 - x^2)] = 1/x$. Damit ist auf dem Konvergenzbereich $K = (-\sqrt{2}, \sqrt{2})$ der unendlichen Funktionenreihe die Funktion S erklärt durch

$$S(x) = \sum_{a=1}^{\infty} x(1-x^2)^{n-1}$$

$$= \begin{cases} 1/x & \text{für} \quad -\sqrt{2} < x < 0 \quad \text{oder} \\ & \qquad\quad 0 < x < \sqrt{2} \\ 0 & \text{für} \quad x = 0. \end{cases} \quad \blacktriangleleft$$

Gleichmäßige Konvergenz. Die unendliche Reihe $\sum_{n=1}^{\infty} f_n(x)$ heißt auf K gleichmäßig gegen die Summe $S(x)$ konvergent, wenn es zu jedem $\varepsilon > 0$ eine natürliche Zahl N gibt, sodass $\left| \sum_{n=1}^{\infty} f_n(x) - S(x) \right| < \varepsilon$ bzw. $|R_n(x)| < \varepsilon$ für alle $n \geq N$ und alle $x \in K$. Bei der geometrischen Deutung (Abb. 6.14) kommt die gleichmäßige Konvergenz dadurch zum Ausdruck, dass für hinreichend große n das graphische Bild der Partialsummen $s_n(x)$ innerhalb eines Streifens von der Breite 2ε mit dem graphischen Bild von $S(x)$ als Mittellinie verläuft.

Potenzreihe. Sie ist eine Funktionenreihe der Form

$$a_0 + a_1(x - x_0) + a_2(x - x_0)^2 + \dots$$
$$+ a_n(x - x_0)^n + \dots,$$

wobei x_0 die Entwicklungsstelle und die Konstanten $a_0, a_1, a_2 \dots$ die Koeffizienten der Reihe heißen. Es genügt, Potenzreihen mit der Entwicklungsstelle $x_0 = 0$ zu untersuchen, da jede Potenzreihe durch die Substitution $x - x_0 = y$ auf eine solche zurückgeführt werden kann. Für die Potenzreihe

$$a_0 + a_1 x + a_2 x^2 + \dots + a_b x^n + \dots$$

sind zu unterscheiden:

- Es existiert eine positive Zahl r, sodass für alle $|x| < r$ die Reihe absolut konvergiert und für alle $|x| > r$ divergiert. Hierbei heißen r der Konvergenzradius und das offene Intervall $(-r, r)$ der Konvergenzbereich der Reihe.
- Die Reihe konvergiert für alle $x \in \mathbb{R}$. Sie heißt dann überall oder beständig konvergent, und es ist $r = \infty$.
- Die Reihe divergiert für alle $x \neq 0$ (für $x = 0$ konvergiert sie trivialerweise). Sie heißt dann nirgends konvergent, und es ist $r = 0$.

Existiert der Grenzwert

$$\lim_{n \to \infty} \sqrt[n]{a_n} = g \quad \text{oder} \quad \lim_{n \to \infty} \left| \frac{a_{n+1}}{a_n} \right| = g,$$

wobei auch der uneigentliche Grenzwert ∞ zugelassen ist, dann gilt $r = 1/g$ für $0 < g < \infty$, $r = \infty$ für $g = 0$ und $r = 0$ für $g = \infty$.

Die Reihe $\sum_{n=0}^{\infty} \frac{x^n}{n!}$ hat wegen

$$\lim_{n\to\infty} \left| \frac{a_{n+1}}{a_n} \right| = \lim_{n\to\infty} \frac{n!}{(n+1)!}$$
$$= \lim_{n\to\infty} \frac{1}{n+1} = 0$$

den Konvergenzradius $r = \infty$. Sie ist beständig konvergent. Die Reihe $\sum_{n=0}^{\infty} n! x^n$ hat wegen

$$\lim_{n\to\infty} \left| \frac{a_{n+1}}{a_n} \right| = \lim_{n\to\infty} \frac{(n+1)!}{n!}$$
$$= \lim_{n\to\infty} (n+1) = \infty$$

den Konvergenzradius $r = 0$. Sie ist nirgends konvergent. Die Reihe $\sum_{n=0}^{\infty} \frac{x^n}{3^n(n+1)}$ hat wegen

$$\lim_{n\to\infty} \left| \frac{a_{n+1}}{a_n} \right| = \lim_{n\to\infty} \frac{3^n(n+1)}{3^{n+1}(n+2)}$$
$$= 1/3 \text{ den Konvergenzradius } r = 3.$$

Sie ist für $|x| < 3$ absolut konvergent und für $|x| > 3$ divergent. Sie konvergiert in der Randstelle -3 und divergiert in der Randstelle $+3$. ◄

Taylor- und Maclaurin-Reihen. Nach der Taylor-Formel (s. Abschn. 6.1.7) ist

$$\left| f(x) - \sum_{k=0}^{n} \frac{f^{(k)}(x_0)}{k!} (x - x_0)^k \right| = |R_n(x_0, x)|$$
$$= \left| \frac{f^{(n+1)}(x_0 + \vartheta(x - x_0))}{(n+1)!} (x - x_0)^{n+1} \right|$$

und $\quad 0 < \vartheta < 1$.

Hieraus folgt: Ist die Funktion f auf einer Umgebung $U_\delta(x_0) = (x_0 - \delta, x_0 + \delta)$ von x_0 beliebig oft differenzierbar und ist $\lim_{n\to\infty} R_n(x_0, x) = 0$ für alle $x \in U_\delta(x_0)$, dann gilt

$$f(x) = \sum_{n=0}^{\infty} \frac{f^{(n)}(x_0)}{n!} (x - x_0)^n \quad \text{für } x \in U_\delta(x_0).$$

Die Reihe für $f(x)$ heißt *Taylor-Reihe* der Funktion f mit der Entwicklungsstelle oder dem Mittelpunkt x_0. Unter diesen Voraussetzungen lässt sich also eine Funktion f in einer gewissen Umgebung von x_0 in eine Potenzreihe mit den Koeffizienten $a_n = f^{(n)}(x_0)/n!$ ($n = 0, 1, 2 \ldots$) entwickeln. Die Taylor-Reihe mit der Entwicklungsstelle $x_0 = 0$ heißt *Maclaurin-Reihe* (s. Tab. 6.8).

$$f(x) = \sum_{n=0}^{\infty} \frac{f^{(n)}(0)}{n!} x^n.$$

Die Exponential-Funktion $f(x) = \exp x$ ist auf $\mathbb{R}$ beliebig oft differenzierbar, wobei $f^{(n)}(x) = \exp x$ und $f^{(n)}(0) = 1$. – Gemäß der Maclaurin-Formel gilt

$$\exp x = 1 + \frac{x}{1!} + \frac{x^2}{2!} + \frac{x^3}{3!} + \ldots$$
$$+ \frac{x^n}{n!} + R_n(x),$$

wobei $R_n(x) = \exp(\vartheta x) \frac{x^{n+1}}{(n+1)!}$ für $0 < \vartheta < 1$. Wegen $\lim_{n\to\infty} \frac{x^{n+1}}{(n+1)!} = 0$ konvergiert das Restglied $R_n(x)$ für jedes $x \in \mathbb{R}$ gegen 0. Damit lautet die Darstellung der exp-Funktion durch eine Maclaurin-Reihe

$$\exp x = 1 + \frac{x}{1!} + \frac{x^2}{2!} + \frac{x^3}{3!} + \ldots + \frac{x^n}{n!} + \ldots$$
$$= \sum_{n=0}^{\infty} \frac{x^n}{n!} \quad \text{für } x \in \mathbb{R}. \quad ◄$$

Fourier-Reihen

Periodische Funktionen. Eine Funktion f auf D heißt periodisch mit der Periode λ, wenn $f(x + \lambda) = f(x)$ für alle $x \in D$. Mit λ ist auch $n\lambda$ für $n \in \mathbb{N}$ eine Periode. Jede Funktion f mit einer Periode λ lässt sich durch die Substitution $x = 0{,}5 \cdot \lambda t / \pi$ bzw. $t = 2\pi x / \lambda$ auf eine Funktion mit der Periode 2π zurückführen. Ist f eine

Tab. 6.8 Maclaurin-Reihen

$(1+x)^a = \sum\limits_{n=0}^{\infty} \binom{\alpha}{n} x^n = 1 + \alpha x + \frac{\alpha(\alpha-1)}{2} x^2 + \frac{\alpha(\alpha-1)(\alpha-2)}{3} x^3 + \ldots$	$\begin{aligned} &\|x\| < 1 && \text{für } \alpha \in \mathbb{R} \\ &-1 < x \le 1 && \text{für } -1 < \alpha \\ &-1 \le x \le 1 && \text{für } 0 < \alpha \\ &x \text{ beliebig} && \text{für } \alpha \in \mathbb{N} \end{aligned}$
$\frac{1}{1+x} = \sum\limits_{n=0}^{\infty} (-1)^n x^n = 1 - x + x^2 - x^3 + \ldots$	$\|x\| < 1$
$\sqrt{1+x} = \sum\limits_{n=0}^{\infty} \binom{1/2}{n} x^n = 1 + \frac{1}{2}x - \frac{1}{8}x^2 + \frac{1}{16}x^3 + \ldots$	$\|x\| \le 1$
$\frac{1}{\sqrt{1+x}} = \sum\limits_{n=0}^{\infty} \binom{-1/2}{n} x^n = 1 - \frac{1}{2}x + \frac{3}{8}x^2 - \frac{5}{16}x^3 + \ldots$	$-1 < x \le 1$
$\sqrt[3]{1+x} = \sum\limits_{n=0}^{\infty} \binom{1/3}{n} x^n = 1 + \frac{1}{3}x - \frac{1}{9}x^2 + \frac{5}{81}x^3 + \ldots$	$\|x\| \le 1$
$\exp x = \sum\limits_{n=0}^{\infty} \frac{x^n}{n} = 1 + x + \frac{x^2}{2} + \frac{x^3}{3} + \frac{x^4}{4} + \ldots$	$\|x\| < \infty$
$\ln(1+x) = \sum\limits_{n=1}^{\infty} (-1)^{n+1} \frac{x^n}{n} = x - \frac{x^2}{2} + \frac{x^3}{3} - \frac{x^4}{4} + \ldots$	$-1 < x \le 1$
$\sin x = \sum\limits_{n=0}^{\infty} (-1)^n \frac{x^{2n+1}}{(2n+1)} = x - \frac{x^3}{3} + \frac{x^5}{5} - \frac{x^7}{7} + \ldots$	$\|x\| < \infty$
$\cos x = \sum\limits_{n=0}^{\infty} (-1)^n \frac{x^{2n}}{(2n)} = 1 - \frac{x^2}{2} + \frac{x^4}{4} - \frac{x^6}{6} + \ldots$	$\|x\| < \infty$
$\tan x = x + \frac{1}{3}x^3 + \frac{2}{3\cdot5}x^5 + \frac{17}{3^2\cdot5\cdot7}x^7 + \frac{62}{3^2\cdot5\cdot7\cdot9}x^9 + \ldots$	$\|x\| < \pi/2$ *
$x \cot x = 1 - \frac{1}{3}x^2 - \frac{1}{3^2\cdot5}x^4 - \frac{2}{3^3\cdot5\cdot7}x^6 - \frac{1}{3^3\cdot5^2\cdot7}x^8 - \ldots$	$\|x\| < \pi$ *
$\arcsin x = \sum\limits_{n=0}^{\infty} \frac{(2n)x^{2n+1}}{4^n (n)^2 (2n+1)} = x + \frac{1}{6}x^3 + \frac{3}{40}x^5 + \ldots$	$\|x\| < 1$
$\arctan x = \sum\limits_{n=0}^{\infty} (-1)^n \frac{x^{2n+1}}{2n+1} = x - \frac{x^3}{3} + \frac{x^5}{5} - \frac{x^7}{7+\ldots}$	$\|x\| \le 1$
$\sinh x = \sum\limits_{n=0}^{\infty} \frac{x^{2n+1}}{(2n+1)} = x + \frac{x^3}{3} + \frac{x^5}{5} + \frac{x^7}{7} + \ldots$	$\|x\| < \infty$
$\cosh x = \sum\limits_{n=0}^{\infty} \frac{x^{2n}}{(2n)} = 1 + \frac{x^2}{2} + \frac{x^4}{4} + \frac{x^6}{6} + \ldots$	$\|x\| < \infty$
$\tanh x = x - \frac{1}{3}x^3 + \frac{2}{3\cdot5}x^5 - \frac{17}{3^2\cdot5\cdot7}x^7 + \frac{62}{3^2\cdot5\cdot7\cdot9}x^9 - \ldots$	$\|x\| < \pi/2$ *
$x \coth x = 1 + \frac{1}{3}x^2 - \frac{1}{3^2\cdot5}x^4 + \frac{2}{3^3\cdot5\cdot7}x^6 - \frac{1}{3^3\cdot5^2\cdot7}x^7 + \ldots$	$\|x\| < \pi$ *

* Die Koeffizienten werden mit Hilfe der Bernoullischen Zahlen berechnet.

integrierbare Funktion mit der Periode 2π, dann gilt für beliebige a und b

$$\int_a^b f(x)\,dx = \int_{a+2\pi}^{b+2\pi} f(x)\,dx \quad \text{und}$$

$$\int_a^{a+2\pi} f(x)\,dx = \int_b^{b+2\pi} f(x)\,dx.$$

Ist die Funktion f mit der Periode 2π gerade, also $f(x) = f(-x)$, bzw. ungerade, also $f(-x) = -f(x)$, dann gilt

$$\int_{-\pi}^{\pi} f(x)\,dx = 2\int_0^{\pi} f(x)\,dx \quad \text{bzw.}$$

$$\int_{-\pi}^{\pi} f(x)\,dx = 0.$$

Trigonometrisches Fundamentalsystem heißt das System der Funktionen 1, $\cos x$, $\sin x$, $\cos 2x$, $\sin 2x \ldots \cos nx$, $\sin nx \ldots$

Orthogonalitätsrelationen. Sie gelten für diese Funktionen mit $m, n \in \mathbb{N}$:

$$\int_{-\pi}^{\pi} \cos mx \cos nx \, dx = \pi \delta_{mn},$$

$$\int_{-\pi}^{\pi} \sin mx \sin nx \, dx = \pi \delta_{mn},$$

$$\int_{-\pi}^{\pi} \sin mx \cos nx \, dx = 0,$$

$$\text{wobei} \quad \delta_{mn} = \begin{cases} 1, & m = n \\ 0, & m \neq n. \end{cases}$$

Trigonometrisches Polynom (n-ten Grades). So heißt eine Linearkombination von Funktionen des trigonometrischen Fundamentalsystems:

$$T_n(x) = a_0/2 + a_1 \cos x + b_1 \sin x + a_2 \cos 2x$$
$$+ b_2 \sin 2x + \ldots + a_n \cos nx + b_n \sin nx$$
$$= a_0/2 + \sum_{n=1}^{n} (a_k \cos kx + b_k \sin kx).$$

Trigonometrische Reihe. Sie wird dargestellt durch

$$a_0/2 + \sum_{n=1}^{\infty} (a_n \cos nx + b_n \sin nx)$$

und ist erklärt als Folge $(T_n(x))_{n\in\mathbb{N}}$ von trigonometrischen Polynomen $T_n(x)$. Ist die Reihe $\sum_{n=1}^{\infty}(|a_n| + |b_n|)$ konvergent, dann ist die trigonometrische Reihe gleichmäßig und absolut konvergent, und ihre Summe ist eine stetige periodische Funktion mit der Periode 2π.

$$f(x) = a_2/2 + \sum_{n=1}^{\infty} (a_n \cos nx + b_n \sin nx).$$

Fourierkoeffizienten. Wird die vorstehende Gleichung nacheinander mit 1, $\cos(mx)$ und $\sin(mx)$ multipliziert und über $[-\pi, \pi]$

gliedweise integriert, so ergeben sich mit den Orthogonalitätsrelationen

$$a_n = 1/\pi \int_{-\pi}^{\pi} f(x) \cos nx \, dx \quad (n = 0, 1, 2 \ldots)$$

und

$$b_n = 1/\pi \int_{-\pi}^{\pi} f(x) \sin nx \, dx \quad (n = 1, 2, 3 \ldots).$$

Ist nun f eine beliebige Funktion mit der Periode 2π, die über $[-\pi, \pi]$ integrierbar ist, dann heißen die Zahlen a_n und b_n Fourierkoeffizienten der Funktion f und die mit ihnen gebildete Reihe **Fourier-Reihe** (Tab. 6.9).

$$a_0/2 + \sum_{n=1}^{\infty} (a_n \cos nx + b_n \sin nx),$$

wobei ihre n-te Partialsumme als Fourier-Polynom n-ten Grades bezeichnet wird.

f sei eine auf $[-\pi, \pi]$ integrierbare Funktion mit der Periode 2π. Ist sie gerade, also $f(-x) = f(x)$, dann gilt

$$a_n = 2/\pi \int_{0}^{\pi} f(x) \cos nx \, dx \quad \text{und} \quad b_n = 0;$$

ist sie ungerade, also $f(-x) = -f(x)$, dann gilt

$$a_n = 0 \quad \text{und} \quad b_n = 2/\pi \int_{0}^{\pi} f(x) \sin nx \, dx.$$

Die Fourier-Reihe einer geraden Funktion ist eine reine Kosinusreihe, die Fourier-Reihe einer ungeraden Funktion eine reine Sinusreihe.

Fourier-Reihen von stückweise glatten Funktionen. Eine Funktion f heißt auf $[a, b]$ stückweise glatt, wenn sie auf $[a, b]$ stückweise stetig ist und auf $[a, b]$ eine stückweise stetige Ableitung f' besitzt. Ist f periodisch mit 2π und auf $[-\pi, \pi]$ stückweise glatt, dann konvergiert die Fourier-Reihe von f in jedem abgeschlossenen Intervall, auf dem f stetig ist, gleichmäßig gegen f. An jeder Sprungstelle x von f konvergiert die Fourier-Reihe gegen das arithmetische Mittel $0{,}5 \cdot [f(x + 0) + f(x - 0)]$ aus dem links- und rechtsseitigen Grenzwert.

Tab. 6.9 Fourier-Reihen

$f(x)=\lvert\sin x\rvert=\begin{cases}-\sin x, & -\pi\le x\le 0\\ \sin x, & 0\le x\le \pi\end{cases}$ $f(x+2\pi)=f(x)$ $f(x)=\dfrac{2}{\pi}-\dfrac{4}{\pi}\sum_{n=1}^{\infty}\dfrac{\cos 2nx}{4n^2-1}=\dfrac{2}{\pi}-\dfrac{4}{\pi}\left(\dfrac{\cos 2x}{1\cdot 3}+\dfrac{\cos 4x}{3\cdot 5}+\dfrac{\cos 6x}{5\cdot 7}+\dots\right)$	
$f(x)=\begin{cases}-x, & -\pi\le x\le 0\\ x & 0\le x\le \pi\end{cases}$ $f(x+2\pi)=f(x)$ $f(x)=\dfrac{\pi}{2}-\dfrac{4}{\pi}\sum_{n=1}^{\infty}\dfrac{\cos(2n-1)x}{(2n-1)^2}=\dfrac{\pi}{2}-\dfrac{4}{\pi}\left(\cos x+\dfrac{\cos 3x}{3^2}+\dfrac{\cos 5x}{5^2}+\dots\right)$	
$f(x)=\begin{cases}-1, & -\pi< x<0\\ 1, & 0\le x\le \pi\end{cases}$ $f(x+2\pi)=f(x)$ $f(x)=\dfrac{4}{\pi}\sum_{n=1}^{\infty}\dfrac{\sin(2n-1)x}{2n-1}=\dfrac{4}{\pi}\left(\sin x+\dfrac{\sin 3x}{3}+\dfrac{\sin 5x}{5}+\dots\right),\quad x\neq n\pi\ \text{für}\ n\in\mathbb{Z}.$	
$f(x)=x^2\quad\text{für}\ -\pi\le x\le \pi$ $f(x+2\pi)=f(x)$ $f(x)=\dfrac{\pi^2}{3}+4\sum_{n=1}^{\infty}(-1)^n\dfrac{\cos nx}{n^2}=\dfrac{\pi^2}{3}-4\left(\cos x-\dfrac{\cos 2x}{2^2}+\dfrac{\cos 3x}{3^2}+\dots\right)$	

Beispiel

Sägezahnkurve (Abb. 6.15).

$$f(x)=\begin{cases}x & \text{für}\ 0\le x<2\pi\\ 0 & \text{für}\ x=2\pi\end{cases}$$

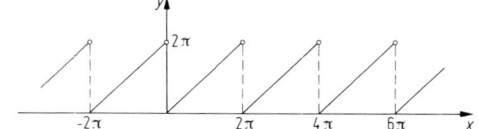

Abb. 6.15 Sägezahnkurve

und $f(x+2\pi)=f(x)$. – Die Gleichungen für die Fourierkoeffizienten lauten $a_n=1/\pi\int_0^{2\pi}x\cos(nx)\,dx$ $(n=0,1,2\dots)$ und $b_n=1/\pi\int_0^{2\pi}x\sin(nx)\,dx$ $(n=1,2,3\dots)$.

Die Berechnung der Integrale ergibt $a_0=2\pi, a_n=0$ für $n=1,2,3\dots$ und $b_n=-2/n$. Für alle Stetigkeitsstellen $x\neq 2n\pi$ $(n\in\mathbb{Z})$ der Funktion f lautet damit die Darstellung der Funktion f durch ihre Fourier-Reihe

$$f(x)=\pi-2\left(\frac{\sin x}{1}+\frac{\sin(2x)}{2}+\dots\right.$$
$$\left.+\frac{\sin(nx)}{n}+\dots\right)$$
$$=\pi-2\sum_{n=1}^{\infty}\frac{\sin(nx)}{n},\quad x\neq 2n\pi.$$

In den Sprungstellen $x=2n\pi$ $(n\in\mathbb{Z})$ konvergiert die Fourier-Reihe gegen π. ◄

6.2 Reellwertige Funktionen mehrerer reeller Variablen

6.2.1 Grundbegriffe

Wegen der geometrischen Darstellbarkeit werden – wenn nicht anders betont – reellwertige Funktionen von zwei reellen Variablen betrachtet. Viele Aussagen über sie lassen sich auf Funktionen von mehr als zwei Variablen übertragen. Zugrunde gelegt wird ein ebenes kartesisches Koordinatensystem. Jedes geordnete Zahlenpaar $(x,y)\in\mathbb{R}^2$ wird dann als Punkt $P(x,y)$ der Ebene oder durch seinen Ortsvektor $r(x,y)$ dargestellt. Teilmengen von $\mathbb{R}^2$ werden daher auch als ebene Punktmengen bezeichnet.

Abstand zweier Punkte $r_2(x_2,y_2)$ und $r_1(x_1,y_1)$ ist definiert durch

$$\lvert r_2-r_1\rvert=\sqrt{(x_2-x_1)^2+(y_2-y_1)^2}.$$

(ϱ-)Umgebung. Für einen Punkt $r_0(x_0, y_0)$ ist sie eine offene Kreisscheibe mit dem Mittelpunkt r_0.

$$U_\varrho(r_0) = \{r \,|\, |r - r_0| < \varrho\}$$
$$= \{(x, y) \,|\, \sqrt{(x - x_0)^2 + (x - y_0)^2} < \varrho\},$$
wobei $\varrho > 0$.

Reellwertige Funktion zweier reeller Variablen. Sie ist eine Abbildung f einer Teilmenge von $\mathbb{R}^2$ in $\mathbb{R}$

$$f\colon D \to \mathbb{R} \quad \text{für } D \subset \mathbb{R}^2 \quad \text{oder} \quad z = f(x, y)$$
für $(x, y) \in D \subset \mathbb{R}^2$.

Graph. Für die reellwertige Funktion f auf $D \subset \mathbb{R}^2$ wird er dargestellt durch die Menge

$$[f] = \{(x, y, z) \,|\, z = f(x, y) \quad \text{für } (x, y) \in D\}$$
$$= \{(r, z) \,|\, f(r) = z \quad \text{für } r \in D\}.$$

Das geordnete Zahlentripel $(x, y, z) \in [f] \subset \mathbb{R}^3$ kann in einem räumlichen kartesischen Koordinatensystem als Punkt des Raums dargestellt werden (Abb. 6.16a). Die Punkte (x, y, z) von $[f]$ bilden i. Allg. eine Fläche. Der Graph $[f]$ wird daher auch häufig als Fläche und die Gleichung

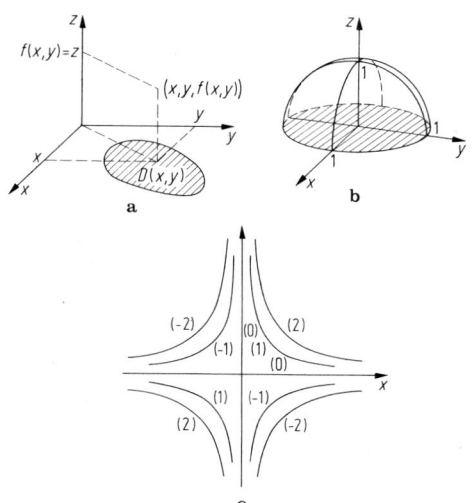

Abb. 6.16 Funktionen mit zwei Veränderlichen. **a** geometrische Deutung von $z = f(x, y)$; **b** Kugeloberfläche $z = \sqrt{1 - x^2 - y^2}$; **c** Niveaulinien

$z = f(x, y) = f(r)$ als Gleichung einer Fläche bezeichnet.

Beispiel

Die Funktion $z = f(x, y) = \sqrt{1 - x^2 - y^2}$ für $x^2 + y^2 \leqq 1$ stellt geometrisch die obere Hälfte einer Kugelfläche mit dem Radius 1 und dem Mittelpunkt $(0, 0, 0)$ dar (Abb. 6.16b). ◀

Niveaulinien. Eine andere geometrische Deutung einer reellwertigen Funktion f auf $D \subset \mathbb{R}^2$ mit $z = f(x, y)$ besteht in ihrer Darstellung durch Niveaulinien: $f(x, y) = c$ (c Konstante). Eine Niveaulinie besteht dabei aus der Menge aller Punkte (Urbilder) $(x, y) \in D$ in der Koordinatenebene, die das Bild oder das „Niveau" c haben und somit die Gl. $f(x, y) = c$ erfüllen.

Beispiel

$z = f(x, y) = xy$ für $(x, y) \in \mathbb{R}^2$ (Abb. 6.16c). – Die Niveaulinien sind für $z \neq 0$ Hyperbeln und für $z = 0$ die Koordinatenachsen. ◀

6.2.2 Grenzwerte und Stetigkeit

Grenzwerte. Ist f eine reellwertige Funktion auf D und r_0 Häufungspunkt von D, dann heißt die Zahl g Grenzwert der Funktion f für $r \to r_0$, wenn es zu jedem $\varepsilon > 0$ ein $\delta > 0$ gibt, sodass $|f(r) - g| < \varepsilon$ für alle $r \in D$ mit $0 < |r - r_0| < \delta$. Anschaulich bedeutet dies, dass für alle Punkte $r \in D$, die hinreichend nahe bei r_0 liegen und von r_0 verschieden sind, die Bilder $f(r)$ beliebig nahe bei g liegen, symbolisch:

$$\lim_{\vec{r} \to \vec{r}_0} f(r) = g \quad \text{oder}$$
$$\lim_{(x, y) \to (x_0, y_0)} f(x, y) = g.$$

Stetigkeit. Die Funktion f auf D heißt in $r_0 \in D$ stetig, wenn es zu jedem $\varepsilon > 0$ ein $\delta > 0$ gibt, sodass $|f(r) - f(r_0)| < \varepsilon$ für alle $r \in D$ mit $|r - r_0| < \delta$ oder $r \in U_\delta(r_0)$. Ist r_0 Häufungspunkt von D, so ist dies gleichbedeutend mit $\lim_{\vec{r} \to \vec{r}_0} f(r) = f(r_0)$.

Die Funktion f heißt stetig auf D, wenn sie in jedem Punkt von D stetig ist.

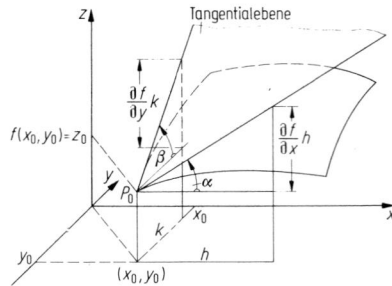

Abb. 6.17 Geometrische Deutung der partiellen Ableitungen

6.2.3 Partielle Ableitungen

Die reellwertige Funktion f auf $D \subset \mathbb{R}^2$ heißt in $(x_0, y_0) \in D$ partiell nach x bzw. y differenzierbar, wenn der Grenzwert

$$\lim_{h \to 0} \frac{f(x_0 + h, y_0) - f(x_0, y_0)}{h}$$
$$= \frac{\partial f}{\partial x}(x_0, y_0) = f_x(x_0, y_0)$$
$$= \frac{\partial}{\partial x} f(x_0, y_0) \quad \text{bzw.}$$
$$\lim_{k \to 0} \frac{f(x_0, y_0 + k) - f(x_0, y_0)}{k}$$
$$= \frac{\partial f}{\partial y}(x_0, y_0) = f_y(x_0, y_0) = \frac{\partial}{\partial y} f(x_0, y_0)$$

existiert. Dieser Grenzwert heißt partielle Ableitung nach x bzw. y.

Für $y = y_0 = $ const stellt der Graph von $z = f(x, y_0)$ die Schnittkurve der Ebene $y = y_0$ mit der Fläche $z = f(x, y)$ dar, und die partielle Ableitung von f nach x ist dann die Steigung der Tangente im Punkt $(x_0, y_0, f(x_0, y_0))$ der Schnittkurve. Entsprechendes gilt für die partielle Ableitung nach y (Abb. 6.17).

Beispiel

$z = f(x, y) = x^y$ für $(x, y) \in D = \{(x, y) | x > 0$ und $y \in \mathbb{R}\}$. –

$$\frac{\partial f}{\partial x}(x, y) = f_x(x, y) = y x^{y-1};$$
$$\frac{\partial f}{\partial y}(x, y) = f_y(x, y) = x^y \ln x. \quad \blacktriangleleft$$

Höhere partielle Ableitungen. Ist die reellwertige Funktion f in einem Gebiet $G \subset \mathbb{R}^2$ partiell nach x und y differenzierbar, dann stellen die partiellen Ableitungen f_x und f_y Funktionen auf G dar, die selbst wieder partiell nach x und y differenzierbar sein können. Diese partiellen Ableitungen 2. Ordnung werden ausgedrückt durch

$$\frac{\partial^2 f}{\partial x^2}(x, y) = \frac{\partial}{\partial x}\left(\frac{\partial f}{\partial x}(x, y)\right) = f_{xx}(x, y),$$
$$\frac{\partial^2 f}{\partial y^2}(x, y) = \frac{\partial}{\partial y}\left(\frac{\partial f}{\partial y}(x, y)\right) = f_{yy}(x, y),$$
$$\frac{\partial^2 f}{\partial x \partial y}(x, y) = \frac{\partial}{\partial x}\left(\frac{\partial f}{\partial y}(x, y)\right) = f_{yx}(x, y),$$
$$\frac{\partial^2 f}{\partial y \partial x}(x, y) = \frac{\partial}{\partial y}\left(\frac{\partial f}{\partial x}(x, y)\right) = f_{xy}(x, y).$$

Alle weiteren partiellen Ableitungen höherer Ordnung werden analog erklärt.

Beispiel

$z = f(x, y) = x \exp(xy), D = \mathbb{R}^2$. –

$$f_x(x, y) = (1 + xy) \exp(xy),$$
$$f_y(x, y) = x^2 \exp(xy),$$
$$f_{xx}(x, y) = (2y + xy) \exp(xy),$$
$$f_{yy}(x, y) = x^3 \exp(xy),$$
$$f_{xy}(x, y) = (2x + x^2 y) \exp(xy),$$
$$f_{yx}(x, y) = (2x + x^2 y) \exp(xy). \quad \blacktriangleleft$$

Sätze über partiell differenzierbare Funktionen. Besitzt die reellwertige Funktion f im Gebiet $G \subset \mathbb{R}^2$ beschränkte partielle Ableitungen f_x und f_y, d. h., gibt es eine solche positive Zahl m, sodass

$$|f_x(x, y)| \leqq m \quad \text{und}$$
$$|f_y(x, y)| \leqq m \quad \text{für alle} \quad (x, y) \in G$$

gilt, dann ist f auf G stetig.

Satz von Schwarz: Besitzt die Funktion in dem Gebiet G die partiellen Ableitungen f_x, f_y, f_{xy} und f_{yx} und sind f_{xy} und f_{yx} stetige Funktionen auf G, dann ist $f_{xy} = f_{yx}$. Bei stetigen gemischten Ableitungen darf also die Reihenfolge der partiellen Ableitungen vertauscht werden.

Differenzierbarkeit. Eine reellwertige Funktion f auf dem Gebiet $G \subset \mathbb{R}^2$ heißt in $(x_0, y_0) \in G$ (total) differenzierbar, wenn es zwei Zahlen A und B und zu jedem $\varepsilon > 0$ ein $\delta > 0$ gibt, sodass

$$\left| \frac{f(x_0 + h, y_0 + k) - f(x_0, y_0) - (Ah + Bk)}{\sqrt{h^2 + k^2}} \right|$$
$$< \varepsilon \quad \text{für} \quad \sqrt{h^2 + k^2} < \delta.$$

Eine notwendige Bedingung für die (totale) Differenzierbarkeit von f in (x_0, y_0) ist die Existenz der partiellen Ableitungen in (x_0, y_0), wobei $A = \frac{\partial f}{\partial x}(x_0, y_0)$ und $B = \frac{\partial f}{\partial y}(x_0, y_0)$. Damit gilt für eine in (x_0, y_0) total differenzierbare Funktion f

$$f(x_0 + h, y_0 + k) - f(x_0, y_0)$$
$$= f_x(x_0, y_0)h + f_y(x_0, y_0)k$$
$$+ \eta(h, k)\sqrt{h^2 + k^2}$$

mit $\lim \eta(h, k) = 0$ für $(h, k) \to (0, 0)$. Für den Zuwachs h bzw. k ist auch die Bezeichnung Δx bzw. Δy und dx bzw. dy gebräuchlich.

Totales Differential. So heißt der in h und k bzw. dx und dy lineare Ausdruck

$$df(x, y) = f_x(x, y)\,dx + f_y(x, y)\,dy.$$

Mit der Bezeichnung $\Delta f(x, y) = f(x + dx, y + dy) - f(x, y)$ für den Funktionszuwachs lässt sich die Bedingung für die (totale) Differenzierbarkeit der Funktion f in (x, y) auch angeben:

$$\lim \frac{\Delta f(x, y) - df(x, y)}{\sqrt{dx^2 + dy^2}} = 0$$
$$\text{für} \quad (dx, dy) \to (0, 0).$$

Besitzt die reellwertige Funktion f in dem Gebiet $G \subset \mathbb{R}^2$ stetige partielle Ableitungen f_x und f_y, dann ist sie in G total differenzierbar.

Beispiel

$z = f(x, y) = x^2 y + y, (x, y) \in \mathbb{R}^2$. – Mit $f_x(x, y) = 2xy$ und $f_y(x, y) = x^2 + 1$ lautet das totale Differential $df(x, y) = 2xy\,dx +$ $(x^2 + 1)\,dy$. Der Funktionszuwachs $\Delta f(x, y)$ ist

$$\Delta f(x, y) = (x + dx)^2(y + dy) + (y + dy)$$
$$- (x^2 y + y)$$
$$= (2xy\,dx + (x^2 + 1)\,dy) + y\,dx^2$$
$$+ 2xy\,dx\,dy + dx^2\,dy$$
$$= df(x, y) + y\,dx^2 + 2x\,dx\,dy$$
$$+ dx^2\,dy.$$

Es ist leicht einzusehen, dass für $(dx, dy) \to (0, 0)$

$$\lim \frac{\Delta f(x, y) - d\,f(x, y)}{\sqrt{dx^2 + dy^2}}$$
$$= \lim \frac{y\,dx^2 + 2x\,dx\,dy + dx^2 dy}{\sqrt{dx^2 + dy^2}}$$
$$= 0 \quad \text{für alle} \quad (x, y) \in \mathbb{R}^2.$$

Dies bedeutet, dass f in jedem $(x, y) \in \mathbb{R}^2$ (total) differenzierbar ist. ◄

Geometrische Deutung. Wird in der Gleichung

$$f(x_0 + dx, y_0 + dy)$$
$$= f(x_0, y_0) + f_x(x_0, y_0)\,dx + f_y(x_0, y_0)\,dy$$
$$+ \eta(dx, dy)\sqrt{dx^2 + dy^2}$$

das Glied $\eta(dx, dy)\sqrt{dx^2 + dy^2}$ vernachlässigt und $x_0 + dx = x$, $y_0 + dy = y$, $f(x_0, y_0) = z_0$ sowie $f(x, y) = z$ gesetzt, dann lautet sie

$$z = z_0 + f_x(x_0, y_0)(x - x_0) + f_y(x_0, y_0)(y - y_0).$$

Diese Gleichung stellt geometrisch die Tangentialebene im Punkt $(x_0, y_0, f(x_0, y_0))$ der Fläche $z = f(x, y)$ dar. Sie enthält die beiden Tangenten mit den Steigungen $f_x(x_0, y_0)$ und $f_y(x_0, y_0)$, Abb. 6.17. Geometrisch bedeutet demnach die totale Differenzierbarkeit von f in (x_0, y_0), dass sich die Fläche $z = f(x, y)$ in einer Umgebung von (x_0, y_0) durch eine Tangentialebene approximieren lässt.

Ableitung von zusammengesetzten Funktionen

Kettenregel. Ist f eine reellwertige Funktion, die in einem Gebiet $G \subset \mathbb{R}^2$ stetige partielle Ableitungen f_x und f_y besitzt, und ist $r(t) = (x(t), y(t))$ eine differenzierbare ebene Kurve, die für $t \in [a, b]$ ganz in G verläuft, dann ist die zusammengesetzte Funktion $f(r(t)) = F(t)$ nach t differenzierbar, und es gilt – wenn der Punkt die Ableitung nach t kennzeichnet –

$$\dot{F}(t) = \frac{\mathrm{d} f(r(t))}{\mathrm{d} t}$$
$$= f_x(x(t), y(t))\dot{x}(t) + f_y(x(t), y(t))\dot{y}(t).$$

Dies ist die Kettenregel für Funktionen von zwei Variablen, die von einem Parameter abhängen. Sie lässt sich auf Funktionen mehrerer Variablen und auf mehrere Parameter verallgemeinern. Werden bei der Funktion $z = f(x, y)$ gemäß $x = x(u, v)$ und $y = y(u, v)$ die neuen Variablen u und v eingeführt, so gilt $z = f(x(u, v), y(u, v)) = F(u, v)$. Werden nacheinander v und u als Konstanten behandelt, so kann die Funktion F nach der Kettenregel partiell nach u und v differenziert werden, und die partiellen Ableitungen lauten

$$\frac{\partial F}{\partial u} = \frac{\partial f}{\partial x}\frac{\partial x}{\partial u} + \frac{\partial f}{\partial y}\frac{\partial y}{\partial u} \quad \text{und}$$
$$\frac{\partial F}{\partial v} = \frac{\partial f}{\partial x}\frac{\partial x}{\partial v} + \frac{\partial f}{\partial y}\frac{\partial y}{\partial v}.$$

Implizite Funktionen. Eine Funktion $y = f(x)$ einer Variablen, die durch eine Gleichung der Form $F(x, y) = 0$ definiert ist, heißt implizite Funktion. Ist die Funktion F in dem Gebiet $G \subset \mathbb{R}^2$ stetig und besitzt sie in G stetige partielle Ableitungen F_x und F_y und ist

$$F(x_0, y_0) = 0 \quad \text{und}$$
$$F_y(x_0, y_0) \neq 0 \quad \text{für} \quad (x_0, y_0) \in G,$$

dann gibt es eine Umgebung $U_\delta(x_0) \subset \mathbb{R}$ von x_0 und genau eine Funktion f auf $U_\delta(x_0)$, für die

$$y_0 = f(x_0), \quad F(x, f(x)) = 0$$
$$\text{für alle} \quad x \in U_\delta(x_0),$$

f und f' stetig auf $U_\delta(x_0)$ und

$$f'(x) = -\frac{F_x(x, f(x))}{F_y(x, f(x))}.$$

Die letzte Eigenschaft heißt Ableitungsregel für implizite Funktionen.

Bei entsprechenden Voraussetzungen haben implizite Funktionen $z = f(x, y)$, die durch eine Gleichung der Form $F(x, y, z) = 0$ definiert sind, analoge Eigenschaften. Anwendung der Kettenregel auf die Identität $F(x, y, f(x, y)) \equiv 0$ führt auf die Gleichungen

$$F_x + F_z f_x = 0 \quad \text{und} \quad F_y + F_z f_y = 0.$$

Taylor-Formel. Hier treten zur abkürzenden Schreibweise Ausdrücke auf, die wie Potenzen eines Binoms behandelt werden:

$$\left(h\frac{\partial}{\partial x} + k\frac{\partial}{\partial y}\right)^n \quad \text{für} \quad n = 0, 1, 2\ldots, \quad \text{z. B.}$$

$$\left(h\frac{\partial}{\partial x} + k\frac{\partial}{\partial y}\right)^2 f(x, y)$$
$$= h^2\frac{\partial^2 f}{\partial x^2}(x, y) + 2hk\frac{\partial^2 f}{\partial x\,\partial y}(x, y)$$
$$+ k^2\frac{\partial^2 f}{\partial y^2}(x, y).$$

Besitzt die Funktion auf dem Gebiet $G \subset \mathbb{R}^2$ stetige partielle Ableitungen bis zur Ordnung $n + 1$, dann ist

$$f(x + h, y + k)$$
$$= f(x, y) + \left(h\frac{\partial}{\partial x} + k\frac{\partial}{\partial y}\right) f(x, y)$$
$$+ \frac{1}{2!}\left(h\frac{\partial}{\partial x} + k\frac{\partial}{\partial y}\right)^2 f(x, y) + \ldots$$
$$+ \frac{1}{n!}\left(h\frac{\partial}{\partial x} + k\frac{\partial}{\partial y}\right)^n f(x, y)$$
$$+ \frac{1}{(n + 1)!}\left(h\frac{\partial}{\partial x} + k\frac{\partial}{\partial y}\right)^{n+1}$$
$$\cdot f(x + \vartheta h, y + \vartheta k)$$

für $(x, y) \in G$ und $(x + h, y + k) \in G$, wobei $0 < \vartheta < 1$. Dies ist die Taylor-Formel für Funktionen zweier Variablen. Aus ihr ergibt sich für

$n = 0$ der Mittelwertsatz

$$f(x + h, y + k)$$
$$= f(x, y) + h \frac{\partial f}{\partial x}(x + \vartheta h, y + \vartheta k)$$
$$+ k \frac{\partial f}{\partial y}(x + \vartheta h, y + \vartheta k), \quad 0 < \vartheta < 1.$$

Für die Untersuchung von Funktionen f auf lokale Extremwerte ist noch der Fall $n = 1$ von Bedeutung.

$$f(x + h, y + k)$$
$$= f(x, y) + h f_x(x, y) + k f_y(x, y)$$
$$+ 0{,}5 \cdot (h^2 f_{xx}(\xi, \eta) + 2hk f_{xy}(\xi, \eta)$$
$$+ k^2 f_{yy}(\xi, \eta)),$$

wobei $\xi = x + \vartheta h$, $\eta = y + \vartheta k$ und $0 < \vartheta < 1$.

Lokale Extremwerte von Funktionen zweier Variablen

f sei eine Funktion auf $D \subset \mathbb{R}^2$ und $r_0 = (x_0, y_0)$ innerer Punkt von D. $f(r_0)$ heißt lokales Maximum bzw. Minimum, wenn es eine Umgebung $U_\varrho(r_0) \in D$ gibt, sodass $f(r) \leqq f(r_0)$ bzw. $f(r) \geqq f(r_0)$ für alle $r \in U_\varrho(r_0)$ gilt. Gelten die Ungleichungen für $r \neq r_0$ auch ohne Gleichheitszeichen, dann heißt $f(r_0)$ strenges lokales Extremum.

Notwendige Bedingung. Besitzt die Funktion f auf $D \subset \mathbb{R}^2$ in einem inneren Punkt $r_0 \in D$ ein lokales Extremum und existieren in r_0 die partiellen Ableitungen $f_x(r_0)$ und $f_y(r_0)$, dann ist

$$f_x(r_0) = 0 \quad \text{und} \quad f_y(r_0) = 0.$$

Hinreichende Bedingung. Besitzt die Funktion f auf $D \subset \mathbb{R}^2$ in einer Umgebung $U_\varrho(r_0) \subset D$ von r_0 stetige partielle Ableitungen 2. Ordnung und gilt

$$f_x(r_0) = 0 \quad \text{und} \quad f_y(r_0) = 0 \quad \text{sowie}$$
$$f_{xx}(r_0) f_{yy}(r_0) - f_{xy}^2(r_0) > 0,$$

dann ist $f(r_0)$ ein strenges lokales Extremum, und zwar

ein Maximum, wenn $f_{xx}(r_0) < 0$,

und ein Minimum, wenn $f_{xx}(r_0) > 0$.

Ist $f_{xx}(r_0) f_{yy}(r_0) - f_{xy}^2(r_0) < 0$, dann ist $f(r_0)$ kein lokales Extremum (Sattelpunkt). Für $f_{xx}(r_0) f_{yy}(r_0) - f_{xy}(r_0) = 0$ lässt sich keine eindeutige Aussage darüber machen, ob $f(r_0)$ lokales Extremum ist oder nicht.

Beispiel 1

$z = f(r) = f(x, y) = x^2 - xy + y^2 + 9x - 6y + 20.$ – $f_x(r) = 2x - y + 9$, $f_y(r) = -x + 2y - 6$, $f_{xy}(r) = f_{yx}(r) = -1$, $f_{xx}(r) = 2$, $f_{yy}(r) = 2$. Aus $f_x(r) = 0$ und $f_y(r) = 0$ folgen die notwendigen Bedingungen $2x - y + 9 = 0$ und $-x + 2y - 6 = 0$, also $r_0 = (x_0, y_0) = (-4; 1)$. Damit ist $f_{xx}(r_0) = f_{xx}(-4; 1) = 2 > 0$ und $f_{xx}(-4; 1) f_{yy}(-4; 1) - f_{xy}^2(-4; 1) = 3 > 0$. Die Funktion f besitzt demnach in $(-4; 1)$ das strenge lokale Minimum $z = f(r_0) = f(-4; 1) = -1$. ◄

Beispiel 2

$z = f(r) = f(x, y) = y^2 - x^2.$ – $f_x(r) = -2x$, $f_y(r) = 2y$, $f_{xy}(r) = f_{yx}(r) = 0$, $f_{xx}(r) = -2$, $f_{yy}(r) = 2$. Aus $-2x = 0$ und $2y = 0$ folgt $r_0 = (x_0, y_0) = (0, 0)$ und $f_{xx}(0, 0) f_{yy}(0, 0) - f_{xy}^2(0, 0) = -4 < 0$. Die Funktion f hat also in $r_0 = (0, 0)$ einen Sattelpunkt. ◄

Besitzt die Funktion f auf $D \subset \mathbb{R}^n$ in einem inneren Punkt $r_0 = (x_1^0, x_2^0, x_3^0 \ldots x_n^0) \in D$ ein lokales Extremum und existieren in r_0 die partiellen Ableitungen $\partial f(r_0)/\partial x_i$, dann ist

$$\frac{\partial f}{\partial x_i}(r_0) = 0 \quad \text{für} \quad i = 1, 2, 3, \ldots, n.$$

Bedingte lokale Extrema. Zugrunde gelegt sei eine Funktion f auf $D \subset \mathbb{R}^2$, deren Variablen x und y noch einer Nebenbedingung $g(r) = g(x, y) = 0$ unterworfen sind. $f(r_0) = f(x_0, y_0)$ heißt ein bedingtes lokales Maximum bzw. Minimum (beide gemeinsam: bedingtes lokales Extremum) von f in r_0, wenn es eine Umgebung $U_\varrho(r_0) \subset D$ gibt, sodass

$$f(r) \leqq f(r_0) \quad \text{bzw.} \quad f(r) \geqq f(r_0)$$

für alle $r \in U_\varrho(r_0)$ und $g(r) = 0$ gilt.

Notwendige Bedingung. Besitzt die Funktion f auf D in $r_0 \in D$ ein bedingtes lokales Extremum $f(r_0)$ mit der Nebenbedingung $g(r) = 0$, und haben die Funktionen f und g in einer Umgebung von r_0 stetige partielle Ableitungen 1. Ordnung, wobei

$$g_x(r_0) \neq 0 \quad \text{oder} \quad g_y(r_0) \neq 0 \quad \text{und}$$
$$g(r_0) = 0,$$

dann gibt es eine Zahl λ, sodass

$$f_x(r_0) + \lambda g_x(r_0) = 0 \quad \text{und}$$
$$f_y(r_0) + \lambda g_y(r_0) = 0.$$

Die Punkte (x, y), in denen die Funktion f bedingte lokale Extrema besitzt, befinden sich demnach unter den Lösungen (x, y, λ) des Gleichungssystems

$$f_x(x, y) + \lambda g_x(x, y) = 0,$$
$$f_y(x, y) + \lambda g_y(x, y) = 0,$$
$$g(x, y) = 0.$$

Multiplikatorregel von Lagrange. Hiernach ergeben sich für bedingte lokale Extrema durch Einführungen der Funktion $F(x, y, \lambda) = f(x, y) + \lambda g(x, y)$ mit dem Multiplikator λ die notwendigen Bedingungen

$$F_x(x, y, \lambda) = f_x(x, y) + \lambda g_x(x, y) = 0,$$
$$F_y(x, y, \lambda) = f_y(x, y) + \lambda g_y(x, y) = 0,$$
$$F_\lambda(x, y, \lambda) = g(x, y) = 0.$$

Beispiel

Gesucht sind die Punkte auf der Hyperbel $g(x, y) = x^2 - y^2 - 4 = 0$, die vom Punkt $(0; 2)$ einen lokalen extremalen Abstand haben. – Das Abstandsquadrat eines Hyperbelpunkts (x, y) vom Punkt $(0; 2)$ ist $f(x, y) = x^2 + (y - 2)^2$ mit der Nebenbedingung $g(x, y) = x^2 - y^2 - 4 = 0$. Aus dem Ansatz

$$F(x, y, \lambda) = x^2 + (y - 2)^2 + \lambda(x^2 - y^2 - 4)$$

folgen die Bedingungsgleichungen für ein lokales Extremum:

$$F_x(x, y, \lambda) = 2x + 2\lambda x = 0,$$
$$F_y(x, y, \lambda) = 2(y - 2) - 2\lambda y = 0,$$
$$F_\lambda(x, y, \lambda) = x^2 - y^2 - 4 = 0.$$

Für $\lambda = -1$ hat die Funktion f in den Punkten $(-\sqrt{5}, 1)$ und $(\sqrt{5}, 1)$ ein bedingtes lokales Extremum (Minimum). ◄

Richtungsableitung und Gradient

f sei eine Funktion auf $D \subset \mathbb{R}^2$, die in einer Umgebung des inneren Punkts $r_0 = (x_0, y_0) \in D$ stetige partielle Ableitungen besitzt.

Richtungsvektor. Durch den Einheitsvektor

$$t = \cos\alpha e_1 + \sin\alpha e_2$$

sei eine Richtung in der x, y-Ebene festgelegt, wobei e_1 und e_2 die Koordinaten-Einheitsvektoren sind. Für einen Punkt $r = (x, y)$ der Halbgeraden, die von dem Punkt r_0 in Richtung des Einheitsvektors t ausgeht, gilt

$$x = x_0 + t\cos\alpha \quad \text{und}$$
$$y = y_0 + t\sin\alpha \quad \text{für} \quad t \geq 0.$$

Richtungsableitung. Sie ist für die Funktion f in r_0 nach der durch t festgelegten Richtung definiert durch

$$\frac{\partial f}{\partial t}(r_0) = \lim_{t \to 0} \frac{F(t) - F(0)}{t} = F'(0),$$

wobei $F(t) = f(x_0 + t\cos\alpha, y_0 + t\sin\alpha)$. Aus der Kettenregel folgt $F'(0) = f_x(r_0)\cos\alpha + f_y(r_0)\sin\alpha$. Damit lautet die Richtungsableitung der Funktion f in r_0 nach der durch $t = \cos\alpha e_1 + \sin\alpha e_2$ festgelegten Richtung

$$\frac{\partial f}{\partial t}(r_0) = f_x(r_0)\cos\alpha + f_y(r_0)\sin\alpha.$$

Gradient. Der Vektor $\operatorname{grad} f(r_0) = f_x(r_0)e_1 + f_y(r_0)e_2$ heißt Gradient von f in r_0.

Die Richtungsableitung ist also das skalare Produkt des Gradienten von f und des Richtungsvektors t

$$\frac{\partial f}{\partial t}(\boldsymbol{r}_0) = f_x(\boldsymbol{r}_0)\cos\alpha + f_y(\boldsymbol{r}_0)\sin\alpha$$
$$= \operatorname{grad} f(\boldsymbol{r}_0)\cdot\boldsymbol{t}$$
$$= |\operatorname{grad} f(\boldsymbol{r}_0)|\cos\varphi,$$

wobei φ der Winkel zwischen den Vektoren $\operatorname{grad} f(\boldsymbol{r}_0)$ und $\boldsymbol{t}$ ist.

Für $\cos\varphi = 1$, d. h., wenn $\boldsymbol{t}$ und $\operatorname{grad} f(\boldsymbol{r}_0)$ die gleiche Richtung und den gleichen Richtungssinn haben, wird die Richtungsableitung am größten, nämlich

$$\frac{\partial f}{\partial t}(\boldsymbol{r}_0) = |\operatorname{grad} f(\boldsymbol{r}_0)| = \sqrt{f_x^2(\boldsymbol{r}_0) + f_y^2(\boldsymbol{r}_0)}.$$

Dies bedeutet, dass $\operatorname{grad} f(\boldsymbol{r}_0)$ die Richtung in $\boldsymbol{r}_0$ angibt, in der die Funktion f am stärksten zunimmt. Wird f durch ihre Niveaulinien $f(\boldsymbol{r}) = $ konst. dargestellt und ist $\boldsymbol{r}_0$ ein Punkt einer Niveaulinie, so steht $\operatorname{grad} f(\boldsymbol{r}_0)$ in $\boldsymbol{r}_0$ auf dieser Niveaulinie senkrecht und zeigt in die Richtung des Niveauanstiegs.

Beispiel

$z = f(\boldsymbol{r}) = f(x, y) = x^2 + y^2$. – Die Niveaulinien sind konzentrische Kreise in der x, y-Ebene mit dem Zentrum $(0, 0)$. Der Punkt $\boldsymbol{r}_0 = (\sqrt{3}, -1)$ liegt auf dem Kreis mit dem Radius 2, der das Niveau $z = 4$ besitzt. Es ist

$$\operatorname{grad} f(\boldsymbol{r}) = 2x\boldsymbol{e}_1 + 2y\boldsymbol{e}_2 \quad \text{und}$$
$$\operatorname{grad} f(\sqrt{3}, -1) = 2\sqrt{3}\boldsymbol{e}_1 - 2\boldsymbol{e}_2.$$

Als größter Anstieg von f in $(\sqrt{3}, -1)$ ergibt sich damit

$$|\operatorname{grad} f(\sqrt{3}, -1)| = \sqrt{12 + 4} = 4.$$

Die Richtungsableitung der Funktion f in $(\sqrt{3}, -1)$ nach der durch $\boldsymbol{t} = \cos 30°\boldsymbol{e}_1 + \sin 30°\boldsymbol{e}_2$ festgelegten Richtung hat den Wert

$$\frac{\partial f}{\partial t}(\sqrt{3}, -1)$$
$$= (2\sqrt{3}\boldsymbol{e}_1 - 2\boldsymbol{e}_2)(0{,}5\sqrt{3}\boldsymbol{e}_1 + 0{,}5\boldsymbol{e}_2) = 2. \quad \blacktriangleleft$$

6.2.4 Integraldarstellung von Funktionen und Doppelintegrale

Die Funktion f sei auf einem Rechteck $a \leqq x \leqq b$ und $c \leqq y \leqq d$ erklärt und für jedes y über $[a, b]$ integrierbar. Dann ist durch $F(y) = \int_a^b f(x, y)\,\mathrm{d}x$ eine Funktion f auf $[c, d]$ erklärt, die als eine Integraldarstellung bezeichnet wird. Die Variable y heißt Parameter des Integrals. F ist stetig, wenn f es ist.

Existiert außerdem die stetige partielle Ableitung $f_y(x, y)$ auf dem Rechteck, so ist F in $[c, d]$ differenzierbar, und es gilt

$$F'(y) = \int_a^b f_y(x, y)\,\mathrm{d}x.$$

Ableitungsformel von Leibniz. Sind die Grenzen des bestimmten Integrals selbst noch differenzierbare Funktionen der Variablen y, also $a = g(y)$ und $b = h(y)$, dann gilt für

$$F(y) = \int_{g(y)}^{h(y)} f(x, y)\,\mathrm{d}x$$

$$F'(y) = \int_{g(y)}^{h(y)} f_y(x, y)\,\mathrm{d}x$$
$$+ f(h(y), y)h'(y) - f(g(y), y)g'(y).$$

Doppelintegral. Es heißt auch iteriertes Integral und hat die Form

$$\int_c^d \left(\int_{g(y)}^{h(y)} f(x, y)\,\mathrm{d}x \right) \mathrm{d}y \quad \text{oder kürzer}$$

$$\int_c^d \int_{g(y)}^{h(y)} f(x, y)\,\mathrm{d}x\,\mathrm{d}y.$$

6.2.5 Flächen- und Raumintegrale

Flächenintegrale

Zugrunde gelegt wird ein beschränktes Gebiet G der Ebene, dessen Rand aus einer geschlossenen, stückweise glatten Kurve besteht. Auf G sei eine

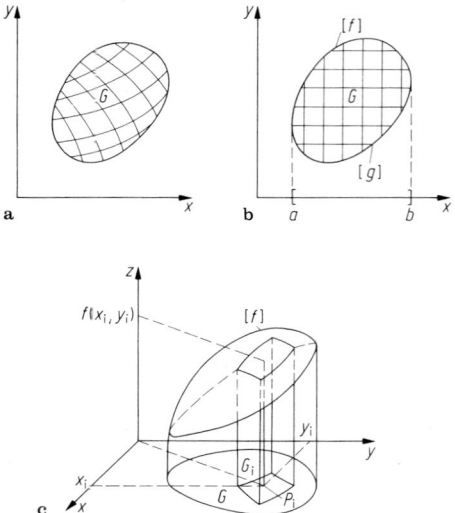

Abb. 6.18 Flächenintegral. **a** und **b** Zerlegung eines Gebiets G; **c** geometrische Deutung

stetige beschränkte Funktion f definiert: $z = f(x, y)$ für $(x, y) \in G$. Das Gebiet G wird in eine endliche Zahl von Teilgebieten G_i ($i = 1, 2, 3, \ldots, n$) zerlegt (Abb. 6.18a,b). Oft besteht eine solche Zerlegung in einer Unterteilung des Gebiets G durch Parallelen zur x- und y-Achse (Abb. 6.18b). Zur geometrischen Deutung sei speziell vorausgesetzt, dass $f(x, y) \geqq 0$ für $(x, y) \in G$.

Ist (x_i, y_i) ein Punkt des Teilgebiets G_i und ΔS_i der Flächeninhalt von G_i, dann stellt das Produkt $f(x_i, y_i) \cdot \Delta S_i$ das Volumen einer Säule mit der Grundfläche G_i und der Höhe $f(x_i, y_i)$ dar (Abb. 6.18c). Die Summe $\sum_{i=1}^{n} f(x_i, y_i) \Delta S_i$, die auch als Riemann-Summe bezeichnet wird, gibt dann annähernd das Volumen des Zylinders mit der ebenen Grundfläche G und der Deckfläche $[f] = \{(x, y, z) | z = f(x, y)$ für $(x, y) \in G\}$ wieder. Unter gewissen Voraussetzungen haben die Riemann-Summen bei Verfeinerung der Zerlegung von G einen Grenzwert, der Flächenintegral der Funktion f über G heißt:

$$\iint_G f(x, y) \, \mathrm{d}S \text{ oder } \iint_G f(x, y) \, \mathrm{d}(x, y) \text{ oder}$$

$$\iint_G f(\mathbf{r}) \, \mathrm{d}\mathbf{r}.$$

Ist $f(x, y) \geqq 0$ für $(x, y) \in G$, so wird das Flächenintegral geometrisch als das Volumen des Zylinders mit der Grundfläche G und der Deckfläche $[f]$ definiert. Ist insbesondere $f(x, y) = 1$ für $(x, y) \in G$, so bestimmt das Flächenintegral

$$\iint_G 1 \, \mathrm{d}S = \iint_G \mathrm{d}S = \iint_G \mathrm{d}(x, y)$$

den Flächeninhalt des Gebiets G.

Mittelwertsatz. Ist f eine auf dem abgeschlossenen Gebiet G stetige Funktion mit dem Kleinstwert m und dem Größtwert M, dann ist

$$\iint_G f(x, y) \, \mathrm{d}(x, y) = \mu \iint_G \mathrm{d}(x, y),$$

wobei $\quad m \leqq \mu \leqq M.$

μ heißt der Mittelwert von f auf G.

Berechnung. G sei ein beschränktes Gebiet mit einer geschlossenen und doppelpunktfreien Randkurve. Jede Parallele zur x- bzw. y-Achse soll die Randkurve in höchstens zwei Punkten schneiden. Das kleinste abgeschlossene Rechteck (Abb. 6.19a), das G umschließt, sei bestimmt durch $a \leqq x \leqq b$ und $c \leqq y \leqq d$. Hierdurch wird die Randkurve des Gebiets G wie folgt zerlegt:

oberes und unteres Kurvenstück

$ABC: y = y_2(x), \quad CDA: y = y_1(x)$

für $x \in [a, b]$;

linkes und rechtes Kurvenstück

$BCD: x = x_1(y), \quad DAB: x = x_2(y)$

für $y \in [c, d]$.

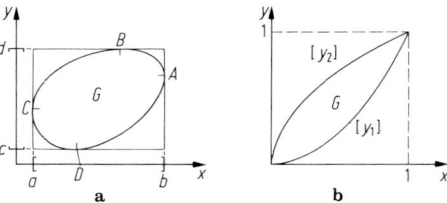

Abb. 6.19 Ebenes Gebiet G. **a** Begrenzungen; **b** $y_1(x) = x^2$, $y_2(x) = \sqrt{x}$

Hiermit gilt für eine stetige und beschränkte Funktion f auf G

$$\iint\limits_{G} f(x, y)\, d(x, y)$$

$$= \int\limits_{a}^{b} \left(\int\limits_{y_1(x)}^{y_2(x)} f(x, y)\, dy \right) dx$$

$$= \int\limits_{c}^{d} \left(\int\limits_{x_1(y)}^{x_2(y)} f(x, y)\, dx \right) dy.$$

Hiermit lässt sich das Flächenintegral einer stetigen und beschränkten Funktion f über G auf ein Doppelintegral zurückführen.

Beispiel

Auf dem abgeschlossenen Gebiet (Abb. 6.19b)

$$G = \{(x, y) | 0 \leq x \leq 1 \text{ und } x^2 \leq y \leq \sqrt{x}\},$$

dessen Rand durch den Graph der Funktionen $y_1(x) = x^2$ und $y_2(x) = \sqrt{x}$ bestimmt ist, ist die Funktion $f(x, y) = 2xy$ erklärt. – Es ist

$$\iint\limits_{G} 2xy\, d(x, y) = \int\limits_{0}^{1} \left(\int\limits_{x^2}^{\sqrt{x}} 2xy\, dy \right) dx$$

$$= \int\limits_{0}^{1} x [y^2]_{x^2}^{\sqrt{x}}\, dx$$

$$= \int\limits_{0}^{1} x(x - x^4)\, dx = 1/6. \blacktriangleleft$$

Substitutionsregel. F sei ein ebenes abgeschlossenes Gebiet, dessen Rand eine stückweise glatte Kurve ist. Auf einem F umfassenden Gebiet seien zwei Funktionen $x = \phi(u, v)$ und $y = \psi(u, v)$ mit stetigen partiellen Ableitungen 1. Ordnung gegeben, die das Innere von F eineindeutig auf ein ebenes Gebiet G abbilden (Abb. 6.20a). Für jeden inneren Punkt (u, v) von F sei die Funktionaldeterminante der beiden

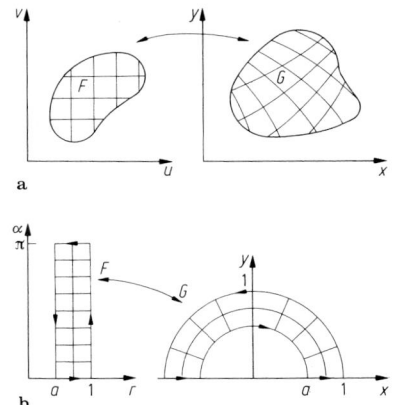

Abb. 6.20 **a** und **b** Abbildung eines Gebiets F auf ein Gebiet G

Funktionen φ und ψ verschieden von Null.

$$\frac{\partial(x, y)}{\partial(u, v)} = \begin{vmatrix} \varphi_u(u, v) & \psi_u(u, v) \\ \varphi_v(u, v) & \psi_v(u, v) \end{vmatrix} \neq 0.$$

Dann gilt für jede auf G stetige Funktion f die Substitutionsregel für Flächenintegrale:

$$\iint\limits_{G} f(x, y)\, d(x, y)$$

$$= \iint\limits_{F} f(\varphi(u, v), \psi(u, v)) \left| \frac{\partial(x, y)}{\partial(u, v)} \right| d(u, v).$$

Beispiel (Abb. 6.20b)

In der x, y-Ebene sei das abgeschlossene Gebiet $G = \{(x, y) \mid 0 < a \leq \sqrt{x^2 + y^2} \leq 1 \text{ und } y \geq 0\}$ gegeben, das die Form eines halben Kreisrings mit dem Außendurchmesser 1 und dem Innendurchmesser a hat. Auf G ist die Funktion $z = f(x, y) = \sqrt{1 - x^2 - y^2}$ für $(x, y) \in G$ erklärt. – Durch die Substitution $x = \varphi(r, \alpha) = r \cos \alpha$ und $y = \psi(r, \alpha) = r \sin \alpha$ wird das abgeschlossene Gebiet $F = \{(r, \alpha) | 0 < a \leq r \leq 1 \text{ und } 0 \leq \alpha \leq \pi\}$ eineindeutig auf das abgeschlossene Gebiet G abgebildet. Mit der Funktionaldeterminante der beiden Funktionen φ und ψ

$$\frac{\partial(x, y)}{\partial(r, \alpha)} = \begin{vmatrix} \cos \alpha & \sin \alpha \\ -r \sin \alpha & r \cos \alpha \end{vmatrix} = r > 0$$

ergibt sich für das Flächenintegral der Funktion f über G

$$\iint\limits_G \sqrt{1 - x^2 - y^2}\, \mathrm{d}(x, y)$$

$$= \iint\limits_F \sqrt{1 - r^2}\, r\, \mathrm{d}(r, \alpha)$$

$$= \int\limits_a^1 \left(\int\limits_0^x \sqrt{1 - r^2}\, r\, \mathrm{d}\alpha \right) \mathrm{d}r$$

$$= \pi \int\limits_a^1 \sqrt{1 - r^2}\, r\, \mathrm{d}r = \pi/3 \sqrt{1 - a^2}^3. \quad \blacktriangleleft$$

Raumintegrale

Zugrunde gelegt wird ein räumliches abgeschlossenes Gebiet $G = \{(x, y, z) | (x, y) \in B$ und $f_1(x, y) \leqq z \leqq f_2(x, y)\}$, wobei B ein ebenes abgeschlossenes Gebiet mit stückweise glattem Rand ist und f_1, f_2 stetige Funktionen auf B sind. G ist demnach ein zylindrischer Körper, dessen Projektion auf die x, y-Ebene B ist und der oben von der Fläche $z = f_2(x, y)$ und unten von der Fläche $z = f_1(x, y)$ begrenzt wird. Ist f eine stetige Funktion auf G, dann ist das Raumintegral der Funktion f über G erklärt durch das iterierte Integral

$$\iiint\limits_G f(x, y, z)\, \mathrm{d}(x, y, z) = \iiint\limits_G f(\mathbf{r})\, \mathrm{d}\mathbf{r}$$

$$= \iint\limits_B \mathrm{d}(x, y) \int\limits_{f_1(x,y)}^{f_2(x,y)} f(x, y, z)\, \mathrm{d}z.$$

Der Ausdruck $\mathrm{d}(x, y, z) = \mathrm{d}x\, \mathrm{d}y\, \mathrm{d}z = \mathrm{d}\mathbf{r} = \mathrm{d}V$ heißt Volumenelement in kartesischen Koordinaten. Durch das Raumintegral mit $f(x, y, z) \equiv 1$ ist das Volumen von G definiert.

Das räumliche abgeschlossene Gebiet G ist ein Tetraeder, das von den vier Ebenen $x = 0$, $y = 0$, $z = 0$ und $x + y + z = 1$ begrenzt wird, sodass $B = \{(x, y) | 0 \leqq x \leqq 1$ und $0 \leqq y \leqq 1 - x\}$ und $G = \{(x, y, z) | (x, y) \in B$

Abb. 6.21 Tetraeder als räumlich abgeschlossenes Gebiet

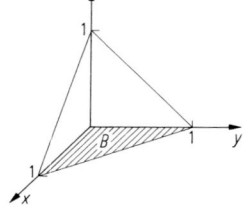

und $0 \leqq z \leqq 1 - x - y\}$. Auf G ist die Funktion $f(x, y, z) = 1/(1 + x + y + z)^2$ erklärt. – Das Raumintegral der Funktion f über G lautet

$$\iiint\limits_G \frac{1}{(1 + x + y + z)^2}\, \mathrm{d}(x, y, z)$$

$$= \iint\limits_B \mathrm{d}(x, y) \int\limits_0^{1-x-y} \frac{1}{(1 + x + y + z)^2}\, \mathrm{d}z. \quad \blacktriangleleft$$

Integration des einfachen Integrals ergibt

$$\int\limits_0^{1-x-y} \frac{1}{(1 + x + y + z)^2}\, \mathrm{d}z$$

$$= -\left[\frac{1}{1 + x + y + z} \right]_0^{1-x-y}$$

$$= -\left(\frac{1}{2} - \frac{1}{1 + x + y} \right).$$

Für die Bestimmung des Raumintegrals ist jetzt nur noch das Flächenintegral zu berechnen, das sich wieder auf ein iteriertes Integral zurückführen lässt.

$$\iint\limits_B \left(\frac{1}{1 + x + y} - \frac{1}{2} \right) \mathrm{d}(x, y)$$

$$= \int\limits_0^1 \mathrm{d}x \int\limits_0^{1-x} \left(\frac{1}{1 + x + y} - \frac{1}{2} \right) \mathrm{d}y$$

$$= \int\limits_0^1 \mathrm{d}x \left[\ln(1 + x + y) - \frac{1}{2}y \right]_0^{1-x}$$

$$= \int\limits_0^1 (\ln 2 - (1 - x)/2 - \ln(1 + x))\, \mathrm{d}x$$

$$= \frac{3}{4} - \ln 2.$$

Substitutionsregel. Sind $x = x(u, v, w)$, $y = y(u, v, w)$ und $z = z(u, v, w)$ Funktionen mit stetigen partiellen Ableitungen 1. Ordnung, die ein räumliches Gebiet F mit den Variablen u, v, w auf ein räumliches Gebiet G mit den Variablen x, y, z abbilden, und ist die Funktionaldeterminante der Transformation

$$\frac{\partial(x, y, z)}{\partial(u, v, w)} = \begin{vmatrix} x_u & x_v & x_w \\ y_u & y_v & y_w \\ z_u & z_v & z_w \end{vmatrix} \neq 0$$

$$\text{für } (u, v, w) \in F,$$

dann gilt für eine auf G stetige Funktion f die Substitutionsregel für Raumintegrale:

$$\iiint\limits_G f(x, y, z)\, d(x, y, z)$$

$$= \iiint\limits_F f(x(u, v, w), y(u, v, w), z(u, v, w))$$

$$\cdot \left| \frac{\partial(x, y, z)}{\partial(u, v, w)} \right| d(u, v, w).$$

Koordinatentransformationen. Häufig treten auf:

Zylinderkoordinaten (Abb. 6.22)

$$\begin{array}{ll} x = r \cos\varphi & \\ y = r \sin\varphi, & \text{für} \quad \begin{array}{l} 0 \leqq r \\ 0 \leqq \varphi \leqq 2\pi \end{array} \\ z = z & \end{array}$$

$$\frac{\partial(x, y, z)}{\partial(r, \varphi, z)} = \begin{vmatrix} \cos\varphi & -r\sin\varphi & 0 \\ \sin\varphi & r\cos\varphi & 0 \\ 0 & 0 & 1 \end{vmatrix} = r,$$

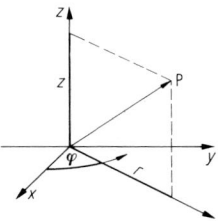

Abb. 6.22 Zylinderkoordinaten r, φ, z

$$\iiint\limits_G f(x, y, z)\, d(x, y, z)$$

$$= \iiint\limits_F f(r\cos\varphi, r\sin\varphi, z)r\, d(r, \varphi, z).$$

Kugelkoordinaten (Abb. 6.23)

$$\begin{array}{lll} x = r\cos\vartheta\cos\varphi & & 0 \leqq r \\ y = r\cos\vartheta\sin\varphi & \text{für} & -\pi/2 \leqq \vartheta \leqq \pi/2 \\ z = r\sin\vartheta & & 0 \leqq \varphi \leqq 2\pi \end{array}$$

$$\frac{\partial(x, y, z)}{\partial(r, \varphi, \vartheta)}$$

$$= \begin{vmatrix} \cos\vartheta\cos\varphi & -r\cos\vartheta\sin\varphi & -r\sin\vartheta\cos\varphi \\ \cos\vartheta\sin\varphi & r\cos\vartheta\cos\varphi & -r\sin\vartheta\sin\varphi \\ \sin\vartheta & 0 & r\cos\vartheta \end{vmatrix}$$

$$= r^2\cos\vartheta;$$

$$\iiint\limits_G f(\boldsymbol{r})\, d\boldsymbol{r}$$

$$= \iiint\limits_F f(r\cos\vartheta\cos\varphi, r\cos\vartheta\sin\varphi, r\sin\vartheta)$$

$$\cdot r^2\cos\vartheta\, d(r, \varphi, \vartheta).$$

Abb. 6.23 Kugelkoordinaten r, φ, ϑ

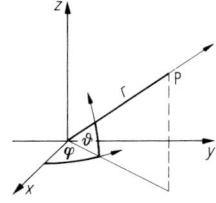

Allgemeine Literatur

Bücher

Böhme, G.: Anwendungsorientierte Mathematik. Bd. 2: Analysis 1. Funktionen, Differentialrechnung. 6. Auflage 1990; Bd. 3: Analysis 2. Integralrechnung, Reihen, Differentialgleichungen. 6. Auflage 1991. Springer.

Burg; Haf; Wille: Höhere Mathematik für Ingenieure. Bd. 1: Analysis. 11. Auflage 2017, Teubner.

Jänich, K.: Analysis für Physiker und Ingenieure. Lehrbuch für das 2. Studienjahr. 4. Auflage 2001, Springer.

Königsberger. K.: Analysis. Bd. 1: 6. Auflage 2004; Bd. 2: 5. Auflage 2004, Springer.

Mangoldt, von; Knopp; Lösch: Höhere Mathematik. Bd. II: Differentialrechnung, Unendliche Reihen, Elemente der Differentialgeometrie und der Funktionentheorie. 16. Auflage 1990. Bd. III: Integralrechnung und ihre Anwendungen, Funktionentheorie, Differentialgleichungen. 15. Auflage 1990, Vieweg.

Neunzert, H. u.a.: Ein Lehr- und Arbeitsbuch für Studienanfänger. Bd. 1 und 2: 2. Auflage 1993, Springer.

Normen und Richtlinien

DIN5487: Fourier-Transformation und Laplace-Transformation.

Kurven und Flächen, Vektoranalysis

7

Uller Jarecki

7.1 Kurven in der Ebene

7.1.1 Grundbegriffe

Parameterdarstellung. Eine ebene Kurve k ist durch ein System aus zwei Gleichungen erklärt: $x = x(t)$ und $y = y(t)$ für $t \in [a, b]$, wobei $x(t)$ und $y(t)$ stetige Funktionen auf dem abgeschlossenen Intervall $I = [a, b]$ sind. t heißt Kurvenparameter und I Parameterintervall. Beide Gleichungen ordnen jedem Parameterwert t genau einen Punkt oder Ortsvektor der Kurve k zu (Abb. 7.1).

$$\begin{aligned} r(t) &= (x(t), y(t)) \\ &= x(t)e_1 + y(t)e_2 \quad \text{für } t \in I = [a, b]. \end{aligned}$$

Der Durchlaufsinn, mit dem der Punkt $r(t)$ mit wachsenden Parameterwerten t die Kurve k durchläuft, heißt Orientierung von k, sodass $r(a)$ den Anfangs- und $r(b)$ den Endpunkt der Kurve kennzeichnen. Die Kurve k heißt geschlossen, wenn $r(a) = r(b)$.

Bei einer Substitution des Parameters t gemäß $t = \varphi(\tau)$ für $\tau \in [\alpha, \beta]$ und $\varphi(\alpha) = a$, $\varphi(\beta) = b$, wobei φ eine streng monoton wachsende Funktion auf $[\alpha, \beta]$ ist, bleiben Gestalt und Orientierung der Kurve erhalten.

$$r(t) \quad \text{für } t \in [a, b] \quad \text{und}$$
$$\tilde{r}(\tau) = r(\varphi(\tau)) \quad \text{für } \tau \in [\alpha, \beta]$$

heißen dann äquivalente Darstellungen der Kurve k.

Beispiel (Abb. 7.2):

Durch die Gleichungen $x = \cos t$ und $y = \sin t$ oder $r(t) = (\cos t, \sin t)$ für $t \in [0, \pi]$ ist ein Halbkreis mit dem Radius 1, dessen Orientierung dem Uhrzeigersinn entgegengesetzt ist, erklärt. Äquivalente Darstellungen dieser Kurve sind $x = \tilde{x}(\tau) = 2\cos^2 \tau - 1$ und $y = \tilde{y}(\tau) = 2\sin \tau \cdot \cos \tau$ für $\tau \in [0, \pi/2]$, wobei $t = \varphi(\tau) = 2\tau$, $\tau \in [0, \pi/2]$, oder $x = \tilde{x}(\tau) = -\tau$ und $y = \tilde{y}(\tau) = \sqrt{1 - \tau^2}$ für $\tau \in [-1, 1]$, wobei $t = \pi - \arccos \tau$. ◄

Unter $-k$ ist eine Kurve erklärt, die aus k durch Umkehrung des Durchlaufsinns hervorgeht. Sind k_1 und k_2 zwei Kurven, bei denen der Anfangspunkt von k_2 mit dem Endpunkt von k_1 zusammenfällt, dann ist durch die Summe $k_1 + k_2$ eine Kurve erklärt, bei der nacheinander die Kurven k_1 und k_2 durchlaufen werden.

Abb. 7.1 Kurve k; $x = x(t)$, $y = y(t)$ für $t \in [a, b]$

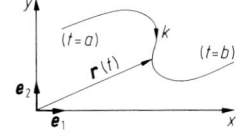

Abb. 7.2 Halbkreis; $x = \cos t$, $y = \sin t$ für $t \in [0, \pi]$

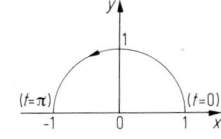

U. Jarecki (✉)
Berlin, Deutschland

© Springer-Verlag GmbH Deutschland, ein Teil von Springer Nature 2020
B. Bender und D. Göhlich (Hrsg.), *Dubbel Taschenbuch für den Maschinenbau 1: Grundlagen und Tabellen*,
https://doi.org/10.1007/978-3-662-59711-8_7

k_1: $\boldsymbol{r}_1(t) = (-t, \sqrt{1-t^2})$ für $t \in [-1, 1]$,

k_2: $\boldsymbol{r}_2(t) = (t - 2,0)$ für $t \in [1, 3]$,

$$k_1 + k_2: \quad \boldsymbol{r}(t) = \begin{cases} \boldsymbol{r}_1(t) & \text{für } t \in [-1, 1], \\ \boldsymbol{r}_2(t) & \text{für } t \in [1, 3]. \end{cases} \blacktriangleleft$$

Häufig wird eine Kurve k in Polarkoordinaten r und φ dargestellt.

$$r = r(t) \quad \text{und} \quad \varphi = \varphi(t) \quad \text{für } t \in [a, b].$$

So stellt z. B. die Kurve $r = r(t) = \exp(\alpha t)$ und $\varphi = 2t$ für $t \in [0, \pi]$ eine Windung einer logarithmischen Spirale dar.

Parameterfreie Darstellung. Die Elimination des Parameters t bei der Kurve k, $x = \varphi(t)$ und $y = \psi(t)$ für $t \in [\alpha, b]$, führt auf eine Gleichung der Form $F(x, y) = 0$ oder $y = f(x)$ bzw. $g = f(y)$. Sie heißt dann implizite oder explizite parameterfreie Darstellung der Kurve.

Der Einheitskreis $x = \cos t$ und $y = \sin t$ für $t \in [0, 2\pi]$ hat wegen $\cos^2 t + \sin^2 t = 1$ die implizite Darstellung $F(x, y) = x^2 + y^2 - 1 = 0$. Für $t \in [0, \pi]$, also $y \geq 0$, lautet die explizite Darstellung des oberen Halbkreises $y = f(x) = \sqrt{1 - x^2}$. $\blacktriangleleft$

Bei Kurven in Polarkoordinaten $r = r(t)$ und $\varphi = \varphi(t)$ für $t \in [a, b]$ lautet die parameterfreie Darstellung explizit und implizit

$$r = f(\varphi) \quad \text{für } \varphi \in [\alpha, \beta] \quad \text{oder}$$
$$\varphi = g(r) \quad \text{für } r \in [a, b],$$
$$F(r, \varphi) = 0.$$

7.1.2 Tangenten und Normalen

Differenzierbare Kurven. Eine Kurve k heißt differenzierbar, wenn sie eine Parameterdarstellung besitzt,

$$\boldsymbol{r} = \boldsymbol{r}(t) = (x(t), y(t)) \quad \text{für } t \in [a, b],$$

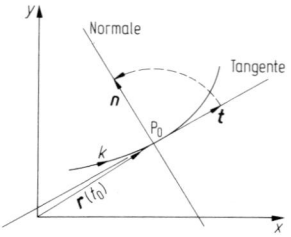

Abb. 7.3 Tangenten- und Normaleneinheitsvektor $\boldsymbol{t}$ und $\boldsymbol{n}$

bei der die Funktionen $x(t)$ und $y(t)$ in $[a, b]$ differenzierbar sind. Die Ableitung einer Kurve wird dann ausgedrückt durch

$$\frac{d\boldsymbol{r}}{dt}(t) = \boldsymbol{r}'(t) = (\dot{x}(t), \dot{y}(t))$$
$$= \dot{x}(t)\boldsymbol{e}_1 + \dot{y}(t)\boldsymbol{e}_2 \quad \text{für } t \in [a, b].$$

Vektoren. In einem Kurvenpunkt $\boldsymbol{r}(t_0)$ mit $\boldsymbol{r}'(t_0) \neq \boldsymbol{0} = (0,0)$ beträgt für $t_0 \in [a, b]$ der Tangentenvektor

$$\boldsymbol{r}'(t_0) = (\dot{x}(t_0), \dot{y}(t_0)).$$

Tangenteneinheitsvektor. Er ist der normierte Tangentenvektor (Abb. 7.3)

$$\frac{\boldsymbol{r}'(t_0)}{|\boldsymbol{r}'(t_0)|} = \boldsymbol{t} = \frac{1}{\sqrt{\dot{x}^2(t_0) + \dot{y}^2(t_0)}}(\dot{x}(t_0), \dot{y}(t_0)).$$

Normaleneinheitsvektor. Er ergibt sich nach (Abb. 7.3) aus $\boldsymbol{t}$ durch Drehung um $\pi/2$ im positiven Sinn.

$$\boldsymbol{n} = \frac{1}{\sqrt{\dot{x}^2(t_0) + \dot{y}^2(t_0)}}(-\dot{y}(t_0), \dot{x}(t_0))$$

Gleichungen

Kartesische Koordinaten. Für eine Kurve k mit $\boldsymbol{r}(t)$ für $t \in [a, b]$ werden ihre Tangente bzw. Normale durch die orientierte Gerade mit dem Parameter $\lambda \in \mathbb{R}$ im Kurvenpunkt $\boldsymbol{r}(t_0)$ dargestellt (s. Tab. 7.1).

$$\lambda \in \mathbb{R}: \boldsymbol{r} = \boldsymbol{r}(t_0) + \lambda \boldsymbol{t} \quad \text{bzw.} \quad \boldsymbol{r} = \boldsymbol{r}(t_0) + \lambda \boldsymbol{n}$$

Tab. 7.1 Tangenten

Kurvendarstellung	Tangenten-steigung	Tangentengleichung
$y = f(x)$ $y_0 = f(x_0)$	$f'(x_0)$	$y - y_0 = f'(x_0)(x - x_0)$
$x = x(t); \quad y = y(t)$ $x_0 = x(t_0); \quad y_0 = y(t_0)$	$\dfrac{\dot{y}(t_0)}{\dot{x}(t_0)}$	$\dot{y}(t_0)(x - x_0) - \dot{x}(t_0)(y - y_0) = 0$
$F(x, y) = 0$ $F(x_0, y_0) = 0$	$-\dfrac{F_x(x_0, y_0)}{F_y(x_0, y_0)}$	$F_x(x_0, y_0)(x - x_0)$ $+ F_y(x_0, y_0)(y - y_0) = 0$

Beispiel

$r(t) = (2\sqrt{3}\cos t, 2\sin t)$ für $t \in [0, 2\pi]$ ist eine Darstellung der orientierten Ellipse mit den Halbachsen $2\sqrt{3}$ und 2. – Es ist $r'(t) = (-2\sqrt{3}\sin t, 2\cos t)$ für $t \in [0, 2\pi]$. Für den Kurvenpunkt $r(\pi/6)$ gilt $r(\pi/6) = (3; 1), r'(\pi/6) = (-\sqrt{3}, \sqrt{3}), |r'(\pi/6)| = \sqrt{6}$. Damit lautet der Tangenteneinheitsvektor in $r'(\pi/6)$

$$t = \frac{r'(\pi/6)}{|r'(\pi/6)|} = \frac{1}{\sqrt{6}}(-\sqrt{3}, \sqrt{3})$$
$$= (-1/\sqrt{2}, 1/\sqrt{2})$$

und die Gleichung der (orientierten) Tangente $r = r(t) = (3; 1) + \lambda(-1; 1)$ oder in Koordinatenschreibweise $x = 3 - \lambda$ und $y = 1 + \lambda$ bzw. explizit $y = -x + 4$. ◀

Polarkoordinaten. Ist eine Kurve k (Abb. 7.4) durch eine explizite Darstellung in Polarkoordinaten r und φ gegeben,

$$r = r(\varphi) \quad \text{für } \varphi \in [\alpha, \beta]$$

und ist $r_0 = (\varphi_0, r(\varphi_0))$ ein Punkt der Kurve, so wird die Tangentenrichtung durch den Winkel

γ zwischen Tangente und Polarachse oder durch den Winkel ϑ zwischen Tangente und verlängertem Ortsvektor des Punkts r_0 angegeben. Es ist

$$\tan \gamma = \frac{r'(\varphi_0)\sin\varphi_0 + r(\varphi_0)\cos\varphi_0}{r'(\varphi_0)\cos\varphi_0 - r(\varphi_0)\sin\varphi_0} \quad \text{bzw.}$$
$$\tan \vartheta = \frac{r(\varphi_0)}{r'(\varphi_0)}.$$

Die Gleichung der Tangente an k in r_0 lautet in Polarkoordinaten R und ψ

$$R = R(\psi)$$
$$= \frac{r^2(\varphi_0)}{r(\varphi_0)\cos(\psi - \varphi_0) - r'(\varphi_0)\sin(\psi - \varphi_0)}.$$

Die Abschnitte T und N der Tangenten und der Normalen sowie ihre Projektionen, die Subtangente ST und Subnormale SN, sind in Tab. 7.2 und Abb. 7.5 angegeben.

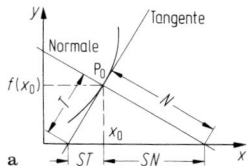
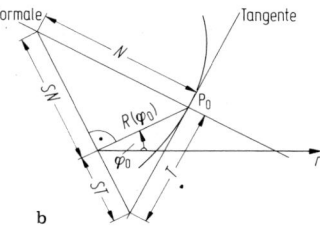

Abb. 7.5 Strecken an einer Kurve. **a** kartesische Koordinaten; **b** Polarkoordinaten

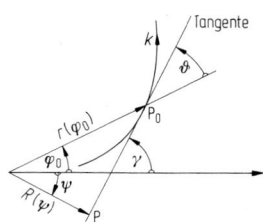

Abb. 7.4 Polarkoordinaten, Tangente

Tab. 7.2 Strecken an einer Kurve

Strecke	Kurve	
	$y = f(x)$	$r = R(\varphi)$
Tangentenabschnitt T	$\left\|\frac{f(x_0)}{f'(x_0)}\right\| \sqrt{1 + f'^2(x_0)}$	$\frac{R(\varphi_0)}{\|R'(\varphi_0)\|} \sqrt{R^2(\varphi_0) + R'^2(\varphi_0)}$
Normalenabschnitt N	$\|f(x_0)\| \sqrt{1 + f'^2(x_0)}$	$\sqrt{R^2(\varphi_0) + R'^2(\varphi_0)}$
Subtangente ST	$\left\|\frac{f(x_0)}{f'(x_0)}\right\|$	$\frac{R^2(\varphi_0)}{\|R'(\varphi_0)\|}$
Subnormale SN	$\|f(x_0)f'(x_0)\|$	$\|R'(\varphi_0)\|$

Beispiel

Logarithmische Spirale $r = r(\varphi) = A \cdot \exp(\varphi/m)$. – Mit $r'(\varphi) = (A/m)\exp(\varphi/m)$ ergibt sich $\tan\vartheta = r(\varphi)/r'(\varphi) = m$, d. h., dass hier der Winkel zwischen der Tangente und der Verlängerung des Ortsvektors konstant ist. ◄

Glatte Kurven. Eine Kurve k heißt glatt, wenn sie eine Parameterdarstellung

$$r = r(t) = (x(t), y(t)) \quad \text{für } t \in [a, b]$$

besitzt, die auf $[a, b]$ stetig differenzierbar ist und bei der $r'(t) \neq 0$ für alle $t \in [a, b]$ ist. Ist die Kurve geschlossen, dann gilt außerdem $r'(a) = r'(b)$. Eine glatte Kurve hat demnach in jedem Punkt eine Tangente.

7.1.3 Bogenlänge

Vorausgesetzt wird eine glatte oder stückweise glatte Kurve k.

$$r = r(t) = (x(t), y(t)) \quad \text{für } t \in [a, b]$$

Ihre Bogenlänge ist – mit dem Bogenelement $ds = |r'(t)| \, dt$ –

$$L = \int_a^b |r'(t)| \, dt = \int_a^b \sqrt{\dot{x}^2(t) + \dot{y}^2(t)} \, dt.$$

Kartesische und Polarkoordinaten. Hier ergibt die explizite Darstellung

$$\begin{aligned} y &= f(x) \\ x &\in [a, b] \end{aligned} \qquad L = \int_a^b \sqrt{1 + f'^2(x)} \, dx,$$

$$\begin{aligned} r &= r(\varphi) \\ \varphi &\in [\varphi_1, \varphi_2] \end{aligned} \qquad L = \int_{\varphi_1}^{\varphi_2} \sqrt{r^2(\varphi) + r'^2(\varphi)} \, d\varphi$$

Bogenelement. Das Element $ds = |r'(t)| \, dt$ lautet in kartesischen bzw. Polarkoordinaten

$$ds = \sqrt{(dx)^2 + (dy)^2} \quad \text{bzw.}$$
$$ds = \sqrt{(dr)^2 + (r \, d\varphi)^2}.$$

Beispiel 1

Bogenlänge einer gewöhnlichen Zykloide; k : $x = a(t - \sin t)$, $y = a(1 - \cos t)$ für $t \in [0, 2\pi]$. $- \dot{x}(t) = a(1 - \cos t)$, $\dot{y}(t) = a\sin t$,

$$ds = \sqrt{\dot{x}^2(t) + \dot{y}^2(t)} \, dt = 2a \, |\sin(t/2)| \, dt$$
$$= 2a \sin(t/2) \, dt,$$

$$L = 2a \int_0^{2\pi} \sin(t/2) \, dt = 8a. \quad ◄$$

Beispiel 2

Windung einer logarithmischen Spirale; k: $r = r(\varphi) = A\exp(\alpha\varphi)$ für $\varphi \in [0, 2\pi]$ und $A > 0$. $- r'(\varphi) = \alpha A \exp(\alpha\varphi)$,

$$\begin{aligned} ds &= \sqrt{r^2(\varphi) + r'^2(\varphi)} \, d\varphi \\ &= \sqrt{A^2\exp(\alpha\varphi) + \alpha^2 A^2 \exp(\alpha\varphi)} \, d\varphi \\ &= A\sqrt{1 + \alpha^2} \exp(\alpha\varphi) \, d\varphi, \end{aligned}$$

$$\begin{aligned} L &= A\sqrt{1 + \alpha^2} \int_0^{2\pi} \exp(\alpha\varphi) \, d\varphi \\ &= A/\alpha \sqrt{1 + \alpha^2}(\exp(2\pi\alpha) - 1). \quad ◄ \end{aligned}$$

7.1.4 Krümmung

Im Abb. 7.6a ist ein Teil einer (orientierten) Kurve k dargestellt. Beim Durchlaufen der Kurve wird sich im Allgemeinen der Steigungswinkel α der (orientierten) Tangente ändern. Ist $\Delta\alpha$ der Zuwachs des Steigungswinkels beim Durchlaufen des Kurvenbogens $\overset{\frown}{PQ}$ der Länge Δs, dann ist die Krümmung κ der Kurve im Kurvenpunkt P (Tab. 7.3)

$$\kappa = \frac{\mathrm{d}\alpha}{\mathrm{d}s} = \lim_{\Delta s \to 0} \frac{\Delta\alpha}{\Delta s}.$$

Kurvenpunkte, in denen die Krümmung ein lokales Extremum besitzt, heißen Scheitelpunkte. Der Kehrwert des Betrags der Krümmung heißt Krümmungsradius

$$R = 1/|\kappa|.$$

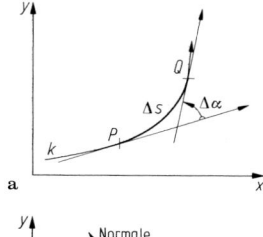

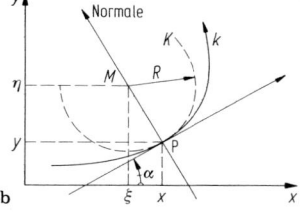

Abb. 7.6 a Krümmung; **b** Krümmungskreis

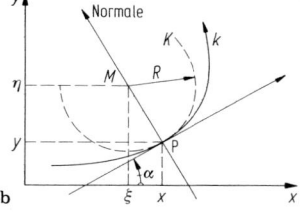

Abb. 7.7 a Evolute; **b** Evolvente

K heißt der zum Kurvenpunkt $P(x, y)$ gehörende Krümmungskreis (Abb. 7.6b), wenn der Punkt P auf dem Kreis K liegt, der Kreis K und die Kurve k in P die gleiche Tangente besitzen, der Radius R des Kreises mit dem Krümmungsradius der Kurve in P übereinstimmt.

Krümmungsmittelpunkt. Er ist der Mittelpunkt $M(\xi, \eta)$ des Krümmungskreises K (Tab. 7.3) und liegt auf der Normalen in P. Seine Koordinaten sind

$$\xi = x - R\sin\alpha = x - R\frac{\mathrm{d}y}{\mathrm{d}s},$$
$$\eta = y + R\cos\alpha = y + R\frac{\mathrm{d}x}{\mathrm{d}s}.$$

Evolute und Evolvente. Die Kurve, deren Punkte die Krümmungsmittelpunkte M einer Kurve k sind, heißt Evolute der Kurve k (Abb. 7.7a). Sie ist Einhüllende der Normalenschar von k. Evolvente einer Kurve k ist eine Kurve, deren Evolute die Kurve k ist (Abb. 7.7b). Die Evolvente einer Kurve k schneidet die Tangenten von k senkrecht.

Tab. 7.3 Krümmung

Kurvendarstellung	Krümmung	Krümmungsmittelpunkt (ξ, η)
$y = f(x)$	$\dfrac{f''(x)}{(1+f'^2(x))^{3/2}}$	$\xi = x - \dfrac{1+f'^2(x)}{f''(x)}f'(x)$ $\eta = f(x) + \dfrac{1+f'^2(x)}{f''(x)}$
$x = x(t)$ $y = y(t)$	$\dfrac{\dot{x}\ddot{y} - \dot{y}\ddot{x}}{(\dot{x}^2 + \dot{y}^2)^{3/2}}$	$\xi = x - \dfrac{\dot{x}^2+\dot{y}^2}{\dot{x}\ddot{y}-\dot{y}\ddot{x}}\dot{y}$ $\eta = y + \dfrac{\dot{x}^2+\dot{y}^2}{\dot{x}\ddot{y}-\dot{y}\ddot{x}}\dot{x}$
$r = R(\varphi)$	$\dfrac{r^2+2r'^2-rr''}{(r^2+r'^2)^{3/2}}$	$\xi = r\cos\varphi - \dfrac{(r^2+r'^2)(r\cos\varphi+r'\sin\varphi)}{r^2+2r'^2-rr''}$ $\eta = r\sin\varphi - \dfrac{(r^2+r'^2)(r\sin\varphi-r'\cos\varphi)}{r^2+2r'^2-rr''}$

Eine Parameterdarstellung der Kreisevolvente lautet $x = r\cos t + rt\sin t$, $y = r\sin t - rt\cos t$ für $t \geqq 0$. – Hieraus folgt $\dot{x}\ddot{y} - \ddot{x}\dot{y} = r^2 t^2$ und $\dot{x}^2 + \dot{y}^2 = r^2 t^2$, sodass ihre Krümmung und ihr Krümmungsradius nach Tab. 7.3 $\kappa = 1/(rt)$ und $R = rt$ sind. Ihre Krümmungsmittelpunkte haben die Koordinaten $\xi = r\cos t$ und $\eta = r\sin t$. Die Evolute der Kreisevolvente ist also ein Kreis mit dem Radius r. ◄

7.1.5 Einhüllende einer Kurvenschar

Eine Gleichung der Form $F(x, y, c) = 0$ mit den drei Zahlenvariablen x, y und c, wobei x und y kartesische Koordinaten sind und c ein Parameter ist, stellt für jeden Wert c eines gewissen Bereichs eine ebene Kurve dar. Die Gesamtheit aller Kurven heißt einparametrige Kurvenschar mit dem Scharparameter c. So stellt die Gleichung $F(x, y, c) = (x - c)^2 + y^2 - c^2 = 0$ für $c \in \mathbb{R}$ eine einparametrige Schar von Kreisen mit dem Radius c dar, deren Mittelpunkte auf der x-Achse liegen und die die y-Achse berühren (Abb. 7.8). Häufig besitzt eine solche Kurvenschar eine Einhüllende oder Enveloppe (Abb. 7.9a), die jede Kurve der Schar in einem Punkt berührt und nur aus solchen Berührungspunkten besteht.

Ist $F(x, y, c)$ eine in einer Umgebung von (x_0, y_0, c_0) definierte Funktion mit stetigen partiellen Ableitungen 2. Ordnung und ist

$$F(x_0, y_0, c_0) = 0,$$
$$F_c(x_0, y_0, c_0) = 0,$$
$$F_{cc}(x_0, y_0, c_0) \neq 0$$

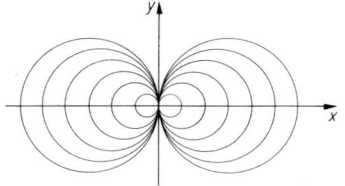

Abb. 7.8 Einparametrige Kurvenschar

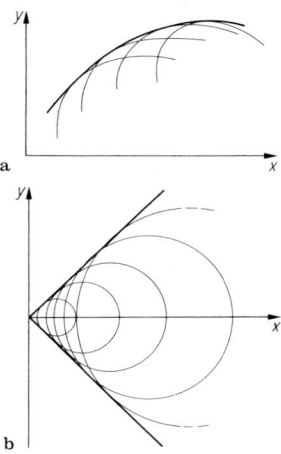

Abb. 7.9 Enveloppe. **a** allgemein; **b** einer Kreisschar

und

$$\begin{vmatrix} F_x(x_0, y_0, c_0) & F_y(x_0, y_0, c_0) \\ F_{cx}(x_0, y_0, c_0) & F_{cy}(x_0, y_0, c_0) \end{vmatrix} \neq 0,$$

dann besitzt die einparametrige Kurvenschar $F(x, y, c) = 0$ eine Einhüllende $x = \varphi(c)$ und $y = \psi(c)$, die sich durch Auflösen von $F(x, y, c) = 0$ und $F_c(x, y, c) = 0$ ergibt.

Einparametrige Kreisschar. $F(x, y, c) = (x - \sqrt{2}c)^2 + y^2 - c^2 = 0$ für $c \geqq 0$, $F_c(x, y, c) = -2\sqrt{2}(x - \sqrt{2}c) - 2c = 0$. – Aus diesen beiden Gleichungen ergibt sich die Einhüllende $x = \varphi(c) = c/\sqrt{2}$ und $y = \pm c/\sqrt{2}$ oder $y = \pm x$ für $x \geqq 0$. ◄

7.1.6 Spezielle ebene Kurven

Potenzkurven. In den Anwendungen treten die Potenzfunktionen (s. Abschn. 6.1.2) meist in Verbindung mit einem Faktor auf: Ihre Gleichungen lauten dann $y = ax^\alpha$.

Ausgegangen wird dabei von zwei Punkten $P_1 = (x_1, y_1)$ und $P_2(x_2, y_2)$, wobei $y_1 =$

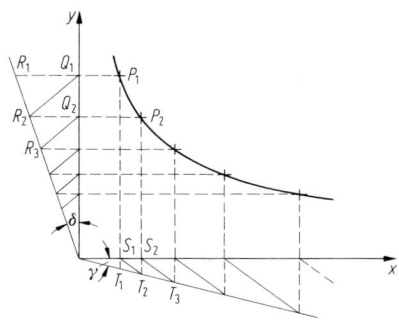

Abb. 7.10 Konstruktion von $y = a x^\alpha$

$a x_1^\alpha$ und $y_2 = a x_2^\alpha$ mit $x_1 \neq x_2$. Im Koordinatenursprung werden zwei Strahlen angetragen, die mit der x- bzw. y-Achse jeweils einen beliebigen Winkel γ bzw. δ bilden. Werden von den Punkten P_1 und P_2 die Lote auf die Koordinatenachsen gefällt, so schneiden diese die Koordinatenachsen und die Strahlen in den Punkten Q_1 und R_1, Q_2 und R_2 bzw. S_1 und T_1, S_2 und T_2. Zu den Strecken $\overline{Q_1 R_2}$ bzw. $\overline{S_1 T_2}$ werden die parallelen Strecken $\overline{Q_2 R_3}$ bzw. $\overline{S_2 T_3}$ gezogen. Der Schnittpunkt der Lote von R_3 auf die y-Achse und von T_3 auf die x-Achse ergibt dann einen Punkt der Potenzkurve. Durch Fortsetzung dieses Verfahrens können – wie in Abb. 7.10 angedeutet – weitere Punkte gewonnen werden. ◄

Schleppkurve (Traktrix). Bei der Schleppkurve (Abb. 7.11) ist der Tangentenabschnitt für jeden Kurvenpunkt gleich einer Konstanten a. Eine Parameterdarstellung lautet

$$x = a \, \ln \tan(t/2) + a \cos t \quad \text{und}$$
$$y = a \sin t \quad \text{für } t \in (0, \pi).$$

Der Punkt $S = (0, a)$ für $t = \pi/2$ ist wegen $\dot{x}(\pi/2) = \dot{y}(\pi/2) = 0$ singulärer Punkt (Umkehrpunkt).

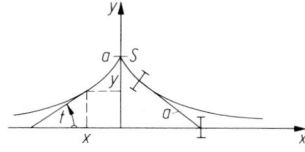

Abb. 7.11 Schleppkurve (Traktrix)

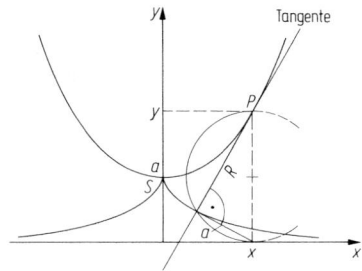

Abb. 7.12 Kettenlinie

Kettenlinie. Sie ist die Evolute der Traktrix (Abb. 7.12) und es gilt mit $t \in (0, \pi)$ bzw. $x \in \mathbb{R}$

$$x = a \ln \tan(t/2) \quad \text{und} \quad y = a/\sin t \quad \text{bzw.}$$
$$y = a/2[\exp(x/a) + \exp(-x/a)].$$

Die Länge des Kurvenbogens SP ist gleich der Länge R der Projektion der Ordinate y von P auf die Tangente mit dem Berührungspunkt P. In der Nachbarschaft ihres Scheitelpunktes S lässt sich die Kettenlinie durch die Parabel $= a + x^2/(2a)$ annähern.

Zykloiden

Gewöhnliche Zykloiden (Abb. 7.13a). Sie wird beim Abrollen eines Kreises mit dem Radius r auf einer Geraden von einem festen Punkt P auf dem Umfang des Kreises beschrieben und hat die Parameterdarstellung

$$x = r(t - \sin t) \quad \text{und} \quad y = r(1 - \cos t),$$

wobei der Parameter t den Wälzwinkel $\sphericalangle AMP$ darstellt. Länge eines Zykloidenbogens $L = 8r$, Fläche unter einem Zykloidenbogen $A = 3\pi r^2$, Krümmungsradius $R = 4r \sin(t/2)$.

Verkürzte und verlängerte Zykloide (Abb. 7.13b,c). Hierbei liegt der Punkt P, der fest mit dem auf der Geraden abrollenden Kreis verbunden ist, im Abstand a von dessen Mittelpunkt. Die Parameterdarstellung für die verkürzte ($a < r$) und die verlängerte Zykloide ($a > r$) lautet

$$x = rt - a \, \sin t \quad \text{und} \quad y = r - a \, \cos t.$$

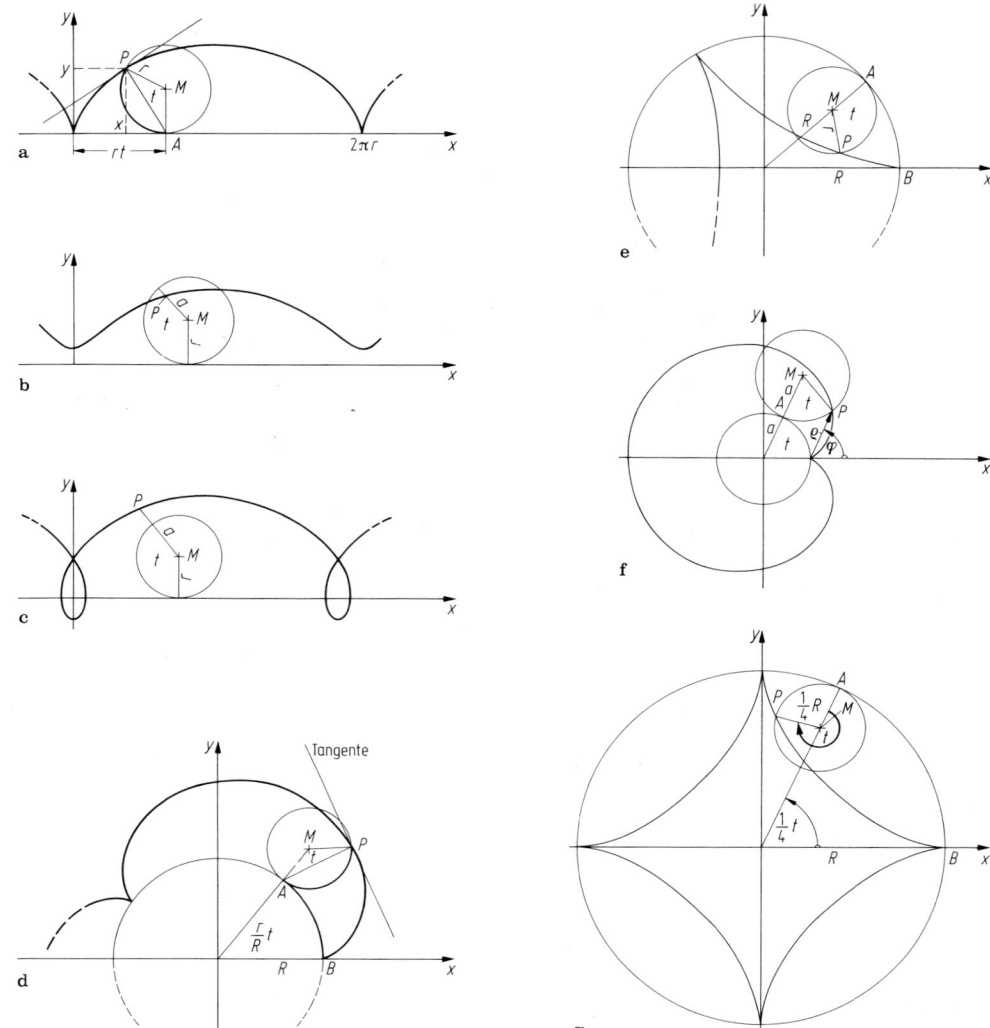

Abb. 7.13 Zykloiden. **a** gemeine; **b** verkürzte; **c** verlängerte; **d** Epi-, **e** Hypo-, **f** Kardioide; **g** Astroide

Epizykloide (Abb. 7.13d). Rollt ein Kreis mit dem Radius r auf der Außenseite eines Kreises mit dem Radius R, so beschreibt ein fester Punkt P des rollenden Kreises eine Epizykloide. Ist a der Abstand des Punkts P vom Mittelpunkt M des rollenden Kreises, so heißt die Epizykloide gewöhnlich, wenn $a = r$, verkürzt, wenn $a < r$ und verlängert, wenn $a > r$ ist. Die allgemeine Parameterdarstellung lautet

$$x = (R + r)\cos\left(\frac{r}{R}t\right) - a\,\cos\left(\frac{R + r}{R}t\right) \text{ und}$$

$$y = (R + r)\sin\left(\frac{r}{R}t\right) - a\,\sin\left(\frac{R + r}{R}t\right),$$

wobei $t = \sphericalangle AMP$ der Wälzwinkel und $rt/R = \sphericalangle AOB$ der Drehwinkel ist.

Hypozykloide (Abb. 7.13e). Rollt der Kreis mit dem Radius r auf der Innenseite des Kreises mit dem Radius $R(r < R)$, so beschreibt der feste Punkt P auf dem rollenden Kreis eine Hypozykloide. Ihre Parameterdarstellung lautet

$$x = (R - r)\cos\left(\frac{r}{R}t\right) + a\,\cos\left(\frac{R - r}{R}t\right) \text{ und}$$

$$y = (R - r)\sin\left(\frac{r}{R}t\right) - a\,\sin\left(\frac{R - r}{R}t\right).$$

Sie ergibt sich aus der Parameterdarstellung der Epizykloidem, indem dort r durch $-r$, a durch $-a$ und t durch $-t$ ersetzt wird. Bei der gewöhnlichen Hypozykloide ist $a = r$.

Einige Sonderfälle der Epi- und Hypozykloiden

Herzkurve oder *Kardioide* heißt die Epyzykloide mit $r = R = a$ (Abb. 7.13f). Hier gilt in Parameterdarstellung bzw. implizit

$$x = a[2\cos t - \cos(2t)] \quad \text{und}$$
$$y = a[2\sin t - \sin(2t)] \quad \text{bzw.}$$
$$(x^2 + y^2 - a^2)^2 = 4a^2[(x-a)^2 + y^2].$$

Mit $x = y + \varrho\cos\varphi$ und $y = \varrho\sin\varphi$ folgt hieraus die Darstellung in Polarkoordinaten ϱ und φ.

$$\varrho = 2a(1 - \cos\varphi)$$

Der Umfang der Kardioide hat die Länge $u = 16a$, die von ihr eingeschlossene Fläche den Inhalt $A = 6\pi a^2$.

Astroide oder *Sternkurve* heißt die Hypozykloide mit $r = a = R/4$ (Abb. 7.13). Es gilt

$$x = \frac{3}{4}R\cos\frac{t}{4} + \frac{1}{4}R\cos\frac{3t}{4} = R\cos^3\frac{t}{4} \quad \text{und}$$
$$y = \frac{3}{4}R\sin\frac{t}{4} - \frac{1}{4}R\sin\frac{3t}{4} = R\sin^3\frac{t}{4} \quad \text{bzw.}$$
$$(x^2 + y^2 - R^2)^3 + 27R^2x^2y^2 = 0 \quad \text{oder}$$
$$x^{2/3} + y^{2/3} = R^{2/3}.$$

Der Umfang der Astroide ist $u = 6R$, die von ihr eingeschlossene Fläche $A = (3/8)\pi R^2$. Die Astroide ist Einhüllende aller Strecken mit der Länge R, deren Endpunkte auf der x- und y-Achse liegen.

Ist $R = 2r$, dann ergibt sich aus der Hypozykloide eine Ellipse mit den Halbachsen $r + a$ und $r-a$. Es gilt $x = (r + a)\cos(t/2)$ und $y = (r - a)\sin(t/2)$. Ist außerdem noch $r = a$, liegt der Punkt P also auf dem Umfang des rollenden Kreises, so wird $x = 2r\cos(t/2)$ und $y = 0$. Der Punkt P bewegt sich dann auf der x-Achse und sein Gegenpunkt auf dem Kreis auf der y-Achse.

Kreisevolvente (Abb. 7.14). Wird ein biegsamer Faden von einem Kreis mit dem Radius a

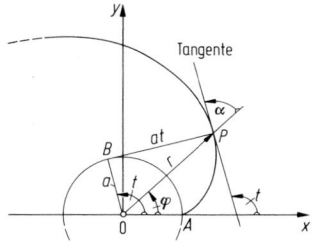

Abb. 7.14 Kreisevolvente

straff abgewickelt, sodass er tangential vom Kreis (Punkt B) abläuft, so beschreibt sein Ende P eine Kreisevolvente. Mit dem Parameter $t = \sphericalangle AOB$ folgt in kartesischen bzw. Polarkoordinaten

$$x = x(t) = a(\cos t + t\sin t) \quad \text{und}$$
$$y = y(t) = a(\sin t - t\cos t) \quad \text{bzw.}$$
$$r = r(t) = a\sqrt{1 + t^2} \quad \text{und}$$
$$\varphi = \varphi(t) = t - \arctan t.$$

Hierbei ist $\alpha = \arctan t = t - \varphi$ der Winkel, den die Tangente in P mit dem verlängerten Ortsvektor $\overrightarrow{OP}$ einschließt. Die Länge des Bogens $\overarc{AP}$ ist $L = at^2/2$, der Inhalt des Sektors OPA ist $A = a^2t^3/6$, der Krümmungsradius in P ist $R = at$.

Spiralen

Archimedische Spirale (Abb. 7.15a). Bewegt sich ein Punkt P mit konstanter Geschwindigkeit v auf einem Strahl, der sich mit gleichförmiger Winkelgeschwindigkeit ω um den festen Pol O dreht, so beschreibt er eine Archimedische Spirale

$$r = a\varphi, \quad a > 0 \quad \text{und} \quad \varphi \geqq 0$$

Je zwei aufeinander folgende Schnittpunkte eines beliebigen, vom Pol O ausgehenden Strahls mit der Spirale haben den konstanten Abstand $2\pi a$.

Bogenlänge:
$$L = a(\varphi\sqrt{1 + \varphi^2} + \operatorname{arsinh}\varphi)/2,$$
Krümmungsradius:
$$R = (a^2 + r^2)^{3/2}/(2a^2 + r^2).$$

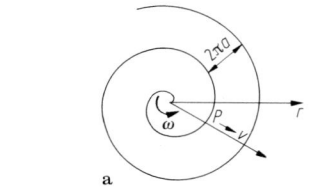

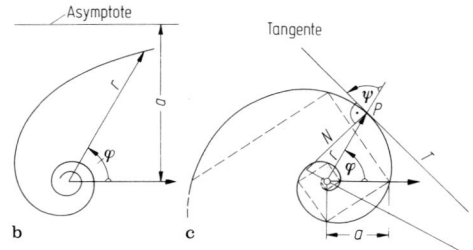

Abb. 7.15 Spiralen. **a** archimedisch; **b** hyperbolisch; **c** logarithmisch

Hyperbolische Spirale (Abb. 7.15b). Ihre Gleichung lautet

$$r\varphi = a, \quad a > 0, \quad \varphi > 0$$

Wegen $r \to 0$ für $\varphi \to \infty$ windet sich die Kurve um den Pol O, ohne ihn jedoch zu erreichen. Pol O ist asymptotischer Punkt. Die Parallele im Abstand a zur Polarachse ist Asymptote.

Krümmungsradius: $R = r(1 + r^2/a^2)^{3/2}$.

Logarithmische Spirale (Abb. 7.15c). Ihre Gleichung lautet

$$r = a \exp(m\varphi) \quad a, m > 0.$$

Wegen $r \to 0$ für $\varphi \to -\infty$ windet sich die Kurve um den Pol O, ohne ihn jedoch zu erreichen, d. h., der Pol O ist asymptotischer Punkt.

Für den Winkel ψ zwischen dem verlängerten Ortsvektor $\overrightarrow{OP}$ und der zugehörige Tangente gilt $\tan \psi = 1/m$. Dies bedeutet, dass die Spirale alle vom Pol O ausgehenden Halbgeraden unter dem konstanten Winkel $\psi = \arctan(1/m)$ schneidet. Der Krümmungsradius bzw. die Länge des Normalenabschnitts beträgt

$$R = N = r\sqrt{1 + m^2},$$

die Länge des Bogens $\overset{\frown}{OP}$ bzw. des Tangentenabschnitts T ist $L = r\sqrt{1 + m^{-2}}$.

7.1.7 Kurvenintegrale

Die Kurvenintegrale sind eine Erweiterung des gewöhnlichen Riemann-Integrals, indem bei ihnen an die Stelle eines Integrationsintervalls eine Integrationskurve oder ein Integrationsweg k tritt. Der Einfachheit halber wird vorausgesetzt, dass die in Betracht kommenden Kurven (stückweise) glatt und die im Integranden auftretenden Funktionen stetig sind.

Nichtorientiertes Kurvenintegral. Seine symbolische Schreibweise für eine Funktion f auf k ist

$$\int_k f(\boldsymbol{r})\, \mathrm{d}s = \int_k f(x, y)\, \mathrm{d}s.$$

Ist die Kurve k durch die Parameterdarstellung k: $\boldsymbol{r} = \boldsymbol{r}(t) = (x(t), y(t))$ für $t \in [a, b]$ gegeben, so lässt sich das Kurvenintegral durch ein gewöhnliches Riemann-Integral ausdrücken.

$$\int_k f(\boldsymbol{r})\, \mathrm{d}s = \int_a^b f(\boldsymbol{r}(t))|\boldsymbol{r}'(t)|\, \mathrm{d}t$$

$$= \int_a^b f(x(t), y(t))\sqrt{\dot{x}^2(t) + \dot{y}(t)}\, \mathrm{d}t$$

Im Kurvenintegral ist also $\boldsymbol{r}$ durch die Kurvenpunkte $\boldsymbol{r}(t)$ und $\mathrm{d}s$ durch das Bogenelement $|\boldsymbol{r}'(t)|\, \mathrm{d}t$ zu ersetzen.

Beispiel 1

$\int_k x^2\, \mathrm{d}s$, wobei k: $\boldsymbol{r} = \boldsymbol{r}(t) = a(\cos t, \sin t)$ für $t \in [0, \pi]$. – Die Kurve k stellt in der x, y-Ebene einen Halbkreis mit dem Radius a dar, dessen Mittelpunkt im Koordinatenursprung liegt. Mit $\mathrm{d}s = a\, \mathrm{d}t$ gilt

$$\int_k x^2\, \mathrm{d}s = \int_0^\pi a^2 \cos^2 t\, a\, \mathrm{d}t$$

$$= a^3 \int_0^\pi \cos^2 t\, \mathrm{d}t = (\pi/2)a^3. \quad \blacktriangleleft$$

Beispiel 2

$\int_k (x^2 + y^2)^{-3/2} \, ds$, wobei k: $r = r(\varphi) = 1/\varphi$ für $\sqrt{3} \leq \varphi \leq 2\sqrt{2}$. – Die Kurve k stellt einen Teil der hyperbolischen Spirale dar. Wegen $x = r\cos\varphi = \cos\varphi/\varphi$ und $y = r\sin\varphi = \sin\varphi/\varphi$ gilt $(x^2 + y^2)^{-3/2} = \varphi^3$. Für das Bogenelement ds in Polarkoordinaten ergibt sich $ds = \sqrt{r^2 + r'^2} \, d\varphi = \sqrt{1 + \varphi^2}/\varphi^2 \, d\varphi$, und damit ist

$$\int_k (x^2 + y^2)^{-3/2} \, ds = \int_{\sqrt{3}}^{2\sqrt{2}} \varphi\sqrt{1 + \varphi^2} \, d\varphi$$

$$= 19/3. \blacktriangleleft$$

Orientiertes Kurvenintegral. Auf der Kurve k sind zwei stetige Funktionen P und Q erklärt, die zu einer vektoriellen Funktion $\boldsymbol{f}$ zusammengefasst sind.

$$\boldsymbol{f}(\boldsymbol{r}) = (P(\boldsymbol{r}), Q(\boldsymbol{r})) \quad \text{für} \quad \boldsymbol{r} \in k$$

Das orientierte Kurvenintegral der Funktion $\boldsymbol{f}$ über k wird symbolisch ausgedrückt durch

$$\int_k \boldsymbol{f}(\boldsymbol{r}) \, d\boldsymbol{r} = \int_k P(\boldsymbol{r}) \, dx + Q(\boldsymbol{r}) \, dy$$

$$= \int_k P(x, y) \, dx + Q(x, y) \, dy.$$

Ist die Kurve k durch eine Parameterdarstellung gegeben, $\boldsymbol{r} = \boldsymbol{r}(t) = (x(t), y(t))$ für $t \in [a, b]$, so lässt sich das orientierte Kurvenintegral auf ein gewöhnliches Riemann-Integral

$$\int_k \boldsymbol{f}(\boldsymbol{r}) \, d\boldsymbol{r} = \int_a^b \boldsymbol{f}(\boldsymbol{r}(t)) \cdot \boldsymbol{r}'(t) \, dt$$

$$= \int_a^b (P(\boldsymbol{r}(t))\dot{x}(t) + Q(\boldsymbol{r}(t))\dot{y}(t)) \, dt$$

zurückführen. Bedeutet $\boldsymbol{f}(\boldsymbol{r})$ eine Kraft im Kurvenpunkt $\boldsymbol{r}$, dann stellt das orientierte Kurvenintegral die Arbeit längs der Kurve k dar.

Eigenschaften des orientierten Kurvenintegrals:

$$\int_{-k} \boldsymbol{f}(\boldsymbol{r}) \, d\boldsymbol{r} = -\int_k \boldsymbol{f}(\boldsymbol{r}) \, d\boldsymbol{r},$$

$$\int_k c\boldsymbol{f}(\boldsymbol{r}) \, d\boldsymbol{r} = c\int_k \boldsymbol{f}(\boldsymbol{r}) \, d\boldsymbol{r}, \quad c \in \mathbb{R},$$

$$\int_k (\boldsymbol{f}_1(\boldsymbol{r}) + \boldsymbol{f}_2(\boldsymbol{r})) \, d\boldsymbol{r} = \int_k \boldsymbol{f}_1(\boldsymbol{r}) \, d\boldsymbol{r}$$

$$+ \int_k \boldsymbol{f}_2(\boldsymbol{r}) \, d\boldsymbol{r},$$

$$\int_{k_1+k_2} \boldsymbol{f}(\boldsymbol{r}) \, d\boldsymbol{r} = \int_{k_1} \boldsymbol{f}(\boldsymbol{r}) \, d\boldsymbol{r} + \int_{k_2} \boldsymbol{f}(\boldsymbol{r}) \, d\boldsymbol{r}.$$

Beispiel

$\int_k (x + y) \, dx + (x - y) \, dy = \int_k \boldsymbol{f}(\boldsymbol{r}) \, d\boldsymbol{r}$ mit $\boldsymbol{f}(\boldsymbol{r}) = (x + y, x - y)$. – Die Kurve k soll ein orientierter Bogen der Parabel $y = x^2$ mit dem Anfangspunkt $\boldsymbol{a} = (-1, 1)$ und dem Endpunkt $\boldsymbol{b} = (1, 1)$ sein. Eine Parameterdarstellung der Kurve k lautet $\boldsymbol{r} = \boldsymbol{r}(t) = (t, t^2)$ für $t \in [-1, 1]$. Es ist $\boldsymbol{f}(\boldsymbol{r}(t)) = (t + t^2, t - t^2)$ und $d\boldsymbol{r} = \boldsymbol{r}'(t) \, dt = (1, 2t) \, dt$. Damit ergibt sich

$$\int_k (x + y) \, dx + (x - y) \, dy$$

$$= \int_{-1}^{1} ((t + t^2) + (2t^2 - 2t^3)) \, dt$$

$$= \int_{-1}^{1} (-2t^3 + 3t^2 + t) \, dt = 2. \blacktriangleleft$$

Wegunabhängigkeit des Kurvenintegrals. Auf dem ebenen Gebiet G sei eine Funktion $\boldsymbol{f}(\boldsymbol{r}) = (P(\boldsymbol{r}), Q(\boldsymbol{r}))$ erklärt, wobei P und Q stetige Funktionen sind. Das orientierte Kurvenintegral $\int \boldsymbol{f}(\boldsymbol{r}) \, d\boldsymbol{r}$ heißt im Gebiet G wegunabhängig, wenn für je zwei Punkte $\boldsymbol{a} \in G$ und $\boldsymbol{b} \in G$ sowie für jede ganz in G verlaufende und die Punkte $\boldsymbol{a}$ und $\boldsymbol{b}$ verbindende Kurve k das Kurvenintegral $\int_k \boldsymbol{f}(\boldsymbol{r}) \, d\boldsymbol{r}$ stets denselben Wert besitzt. Dies ist gleichbedeutend damit, dass für jede ganz in G verlaufende geschlossene Kurve k gilt:

$$\oint\limits_{k} f(r)\,dr = 0.$$

Eine auf G definierte Funktion $g(r)$ heißt *Stammfunktion* von $f(r) = (P(r), Q(r))$ in G, wenn für alle $r \in G$

$$\frac{\partial g}{\partial x}(r) = P(r) \quad \text{und} \quad \frac{\partial g}{\partial y}(r) = Q(r) \quad \text{oder}$$

$$\operatorname{grad} g(r) = f(r)$$

gilt. Ist g eine Stammfunkion von f im Gebiet G und sind a und b zwei Punkte aus G, dann gilt für jede ganz in G verlaufende Kurve k mit dem Anfangspunkt a und dem Endpunkt b

$$\int\limits_{k} f(r)\,dr = g(b) - g(a).$$

Ist das Kurvenintegral wegunabhängig im Gebiet G, dann ist bei festem $x_0 \in G$

$$g(x) = \int\limits_{x_0}^{x} f(r)\,dr \quad \text{für } x \in G$$

eine Stammfunktion von f in G, wobei das Integral ein Kurvenintegral längs einer beliebigen in G verlaufenden Kurve mit dem Anfangspunkt x_0 und dem Endpunkt x bedeutet.

Integrabilitätsbedingung. Notwendig für die Wegunabhängigkeit des Kurvenintegrals

$$\int f(r)\,dr = \int P(x,y)\,dx + Q(x,y)\,dy$$

im Gebiet G ist die Bedingung

$$\frac{\partial P}{\partial y}(r) = \frac{\partial Q}{\partial x}(r) \quad \text{für } r \in G.$$

Ist das Gebiet G einfach zusammenhängend, dann ist sie auch hinreichend für die Wegunabhängigkeit des Kurvenintegrals.

Beispiel

$f(r) = (6xy - 4y^2, 3x^2 - 8xy)$ oder $P(r) = 6xy - 4y^2$ und $Q(r) = 3x^2 - 8xy$. – Wegen $\frac{\partial P}{\partial y}(r) = \frac{\partial Q}{\partial x}(r) = 6x - 8y$ ist die Integrabilitätsbedingung in der ganzen Ebene (einfach zusammenhängendes Gebiet G) erfüllt, d. h., das Kurvenintegral $\int f(r)\,dr$ ist in der ganzen Ebene wegunabhängig oder gleichbedeutend damit, die Funktion f besitzt eine Stammfunktion g. Mit dem festen Punkt $(0, 0)$ und dem variablen Punkt (x', y') der Ebene ist dann durch $g(x', y') = \int_{(0,0)}^{(x',y')} f(r)\,dr$ eine Stammfunktion g von f auf $\mathbb{R}$ erklärt. Wird als Kurve k eine gerichtete Strecke mit dem Anfangspunkt $(0, 0)$ und dem Endpunkt (x', y') gewählt, $r = r(t) = (tx', ty')$ für $t \in [0, 1]$, so ist wegen

$f(r(t)) = (6t^2 x'y' - 4t^2 y'^2, 3t^2 x'^2 8t^2 x'y')$
und $r'(t) = (x', y')$

$$g(x', y') = \int\limits_{0}^{1} (9x'^2 y' - 12x'y'^2)t^2\,dt$$

$$= (9x'^2 y' - 12x'y'^2)[t^3/3]_0^1$$

$$= 3x'^2 y' - 4x'y'^2$$

die Funktion $g(x, y) = g(r) = 3x^2 y - 4xy^2$ eine Stammfunktion von $f(r) = (6xy - 4y^2, 3x^2 - 8xy)$. Die Gesamtheit alle Stammfunktionen von f ergibt sich durch Addition einer beliebigen Konstanten C zu g. ◄

Gaußscher Integralsatz der Ebene (Abb. 7.16). Ist G ein ebenes Gebiet, dessen Rand R aus ein oder mehreren stückweise glatten Kurven besteht, und sind P und Q zwei auf G und R erklärte Funktionen mit stetigen partiellen Ableitungen 1. Ordnung, dann gilt

$$\iint\limits_{G} \left(\frac{\partial Q}{\partial x} - \frac{\partial P}{\partial y} \right) d(x,y) = \int\limits_{R} P\,dx + Q\,dy.$$

Die Randkurven sind dabei so orientiert, dass das Gebiet G stets zur linken Seite liegt. Mit Hilfe des

Abb. 7.16 Orientierung der Randkurve eines Gebiets G

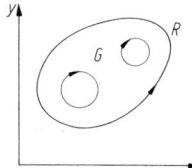

Gaußschen Satzes können Flächeninhalte durch ein Kurvenintegral ausgedrückt werden.

$$\iint\limits_{G} \mathrm{d}(x, y) = \int\limits_{R} x\, \mathrm{d}y = -\int\limits_{R} y\, \mathrm{d}x$$

$$= 1/2 \int\limits_{R} x\, \mathrm{d}y - y\, \mathrm{d}x$$

Beispiel

Inhalt der Fläche, die von der Astroide begrenzt wird. – Randkurve: $x = a\cos^3 t$ und $y = a\sin^3 t$ für $t \in (0, 2\pi]$. Flächeninhalt:

$$A = \iint\limits_{G} \mathrm{d}(x, y) = (1/2) \int\limits_{R} x\, \mathrm{d}y - y\, \mathrm{d}x$$

$$= (3/2)a^2 \int\limits_{0}^{2\pi} \sin^2 t \cos^2 t\, \mathrm{d}t$$

$$= (3/8)\pi a^2.$$

enskip ◄

7.2 Kurven im Raum

7.2.1 Grundbegriffe

Zugrunde gelegt wird ein räumliches kartesisches Koordinatensystem $(0; e_1, e_2, e_3)$ im positiv orientierten Raum. Eine (stetige) Kurve k wird dargestellt durch eine stetige Funktion

$$r = r(t) = (x(t), y(t), z(t))$$
$$= x(t)e_1 + y(t)e_2 + z(t)e_3 \quad \text{für } t \in [a, b],$$

wobei $x(t)$, $y(t)$ und $z(t)$ reellwertige stetige Funktionen des Parameters t auf dem Parameterintervall $[a, b]$ sind. $r(a)$ bzw. $r(b)$ heißt Anfangs-

und Endpunkt von k. Fallen Anfangs- und Endpunkt zusammen, d. h. $r(a) = r(b)$, dann heißt die Kurve geschlossen.

Ist bei der Darstellung der Kurve k $r = r(t) = (x(t), y(t), z(t))$ für $t \in [a, b]$ z. B. die Funktion $x = x(t)$ auf $[a, b]$ umkehrbar mit $t = t(x)$ für $x \in [x_1, x_2]$, dann heißt $y = y(t(x)) = \bar{y}(x)$ und $z = z(t(x)) = \bar{z}(x)$ oder $r = \bar{r}(x) = (x, \bar{y}(x), \bar{z}(x))$ für $x \in [x_1, x_2]$ eine parameterfreie Darstellung der Kurve k.

7.2.2 Tangente und Bogenlänge

Differenzierbare Kurven. Eine Kurve k heißt differenzierbar, wenn sie eine differenzierbare Parameterdarstellung besitzt.

$$r = r(t) = (x(t), y(t), z(t)) \quad \text{für } t \in [a, b],$$

wobei $x(t)$, $y(t)$ und $z(t)$ differenzierbare Funktionen sind. Es ist dann

$$r'(t) = \frac{\mathrm{d}r}{\mathrm{d}t}$$
$$= (\dot{x}(t), \dot{y}(t), \dot{z}(t))$$
$$= \lim_{\Delta t \to 0} \frac{r(t + \Delta t) - r(t)}{\Delta t}.$$

Die Kurve k heißt stetig differenzierbar, wenn $\dot{x}(t)$, $\dot{y}(t)$ und $\dot{z}(t)$ auf $[a, b]$ stetig sind. Höhere Ableitungen sind entsprechend erklärt.

Tangente. Ist bei der differenzierbaren Kurve k $r = r(t)$, $t \in [a, b]$, $r'(t_0) = (\dot{x}(t_0), \dot{y}(t_0), \dot{z}(t_0)) \neq 0 = (0, 0, 0)$, dann heißt $r'(t_0)$ Tangentialvektor im Kurvenpunkt $r(t_0)$. Sein Richtungssinn stimmt mit der Orientierung der Kurve überein. Der normierte Tangentialvektor $t = r'(t_0)/|r'(t_0)|$ heißt Tangenteneinheitsvektor. Die Gerade $r = r(t_0) + sr'(t_0)$ mit $r'(t_0) \neq 0$, wobei s Parameter der Geraden ist, heißt Tangente an k im Kurvenpunkt $r(t_0)$. Eine stetig differenzierbare Kurve k, $r = r(t)$ für $t \in [a, b]$, bei der $r'(t_0) \neq 0$ für jedes $t \in [a, b]$, heißt glatt. Sie besitzt also in jedem Kurvenpunkt eine Tangente.

Bogenlänge. Für eine auf $[a, b]$ stetig differenzierbare Kurve k, $\boldsymbol{r} = \boldsymbol{r}(t) = (x(t), y(t), z(t))$, beträgt sie

$$L = \int_a^b |\boldsymbol{r}'(t)|\,\mathrm{d}t$$

$$= \int_a^b \sqrt{\dot{x}^2(t) + \dot{y}^2(t) + \dot{z}^2(t)}\,\mathrm{d}t.$$

Beispiel

Schraubenlinie $\boldsymbol{r} = \boldsymbol{r}(t) = (a\cos t, a\sin t, ct)$ für $t \in [0, 2\pi]$. – Für $c > 0$ ist die Schraubenlinie rechtsgängig. Sie hat die Ganghöhe $h = 2\pi c$. Ihre Projektion auf die x, z- bzw. y, z-Ebene ist durch die Gleichungen $x = a\cos t, z = ct$ oder $x = a\cos(z/c)$ bzw. $y = a\sin t, z = ct$ oder $y = a\sin(z/c)$ bestimmt. Der Tangential- bzw. Tangenteneinheitsvektor ist

$$\boldsymbol{r}'(t) = (-a\sin t, a\cos t, c) \quad \text{bzw.}$$

$$\boldsymbol{t} = \frac{\boldsymbol{r}'(t)}{|\boldsymbol{r}'(t)|}$$

$$= \frac{1}{\sqrt{a^2 + c^2}}(-a\sin t, a\cos t, c).$$

Der Tangentialvektor schließt mit der z-Achse den konstanten Winkel γ ein, wobei $\cos\gamma = c/\sqrt{a^2 + c^2}$. Die Länge einer Schraubenwindung ist $L = \int_0^{2\pi}\sqrt{a^2 + c^2}\,\mathrm{d}t = 2\pi\sqrt{a^2 + c^2}$. ◄

7.2.3 Kurvenintegrale

Die Kurvenintegrale im Raum sind entsprechend denen in der Ebene definiert. Vorausgesetzt wird, dass die in Betracht kommenden Kurven glatt und die im Integranden auftretenden Funktionen stetig sind.

Nichtorientiertes Kurvenintegral. Es ist für eine Funktion f auf k, $\boldsymbol{r} = \boldsymbol{r}(t)$ mit $t \in [a, b]$,

erklärt durch

$$\int_k f(\boldsymbol{r})\,\mathrm{d}s = \int_k f(x, y, z)\,\mathrm{d}s$$

$$= \int_a^b f(\boldsymbol{r}(t))|\boldsymbol{r}'(t)|\,\mathrm{d}t$$

$$= \int_a^b f(x(t), y(t), z(t))$$

$$\cdot \sqrt{\dot{x}^2(t) + \dot{y}^2(t) + \dot{z}^2(t)}\,\mathrm{d}t.$$

Sein Wert ist unabhängig von der Kurvenorientierung. $\mathrm{d}s = |\boldsymbol{r}'(t)|\,\mathrm{d}t$ heißt nichtorientiertes Bogenelement.

Orientiertes Kurvenintegral. Es ist für eine Vektorfunktion $\boldsymbol{v}(\boldsymbol{r}) = \boldsymbol{v}(x, y, z) = (P(\boldsymbol{r}), Q(\boldsymbol{r}), R(\boldsymbol{r}))$ auf k, $\boldsymbol{r} = \boldsymbol{r}(t)$ mit $t \in [a, b]$, definiert durch

$$\int_k \boldsymbol{v}(\boldsymbol{r})\,\mathrm{d}\boldsymbol{r} = \int_a^b \boldsymbol{v}(\boldsymbol{r}(t))\boldsymbol{r}'(t)\,\mathrm{d}t$$

$$= \int_k P(\boldsymbol{r})\,\mathrm{d}x + Q(\boldsymbol{r})\,\mathrm{d}y + R(\boldsymbol{r})\,\mathrm{d}z$$

$$= \int_a^b (P(\boldsymbol{r}(t))\dot{x}(t) + Q(\boldsymbol{r}(t))\dot{y}(t)$$

$$+ R(\boldsymbol{r}(t))\dot{z}(t))\,\mathrm{d}t.$$

Bei entgegengesetzter Orientierung (Kurve $-k$) ändert sich das Vorzeichen des Integrals. Kurvenintegrale, bei denen die Integrationskurve k geschlossen ist, werden gewöhnlich durch das Zeichen $\oint$ gekennzeichnet.

Beispiel

Schraubenwindung; $k\colon \boldsymbol{r} = \boldsymbol{r}(t) = (a\cos t, a\sin t, ct)$ für $t \in [0, 2\pi]$. – $\boldsymbol{v}(\boldsymbol{r}) = (y, z, x)$ oder $P(x, y, z) = y$, $Q(x, y, z) = z$, $R(x, y, z) = x$. Hieraus ergibt sich $\boldsymbol{v}(\boldsymbol{r}(t)) = (a\sin t, ct, a\cos t)$, $\boldsymbol{r}'(t) = (-a\sin t, a\cos t, c)$ und damit $\boldsymbol{v}(\boldsymbol{r}(t)) \cdot$

$r'(t) = -a^2 \sin^2 t + act \cos t + ac \cos t$.

Das Kurvenintegral der Funktion v längs k lautet dann

$$\int_k v(r)\,dr = \int_0^{2\pi} v(r(t)) \cdot r'(t)\,dt$$

$$= \int_0^{2\pi} (-a^2 \sin^2 t + act \cos t + ac \cos t)\,dt$$

$$= -\pi a^2. \quad \blacktriangleleft$$

Wegunabhängigkeit. Die vektorielle Funktion $v = v(r)$ sei in einem räumlichen Gebiet G erklärt und dort stetig. Das orientierte Kurvenintegral heißt wegunabhängig in G, wenn für jede geschlossene, ganz in G verlaufende Kurve

$$\oint v(r)\,dr = 0$$

gilt. Für jede, zwei beliebige Punkte des Gebiets G verbindende und ganz in G verlaufende Kurve k hat damit das Kurvenintegral der Funktion v längs k denselben Wert.

Stammfunktion. Eine auf G stetig differenzierbare, reellwertige Funktion $f(r)$ heißt Stammfunktion von $v(r) = (P(r), Q(r), R(r))$, wenn

$$\operatorname{grad} f(r) = v(r) \quad \text{oder}$$
$$\frac{\partial f}{\partial x}(r) = P(r),$$
$$\frac{\partial f}{\partial y}(r) = Q(r),$$
$$\frac{\partial f}{\partial z}(r) = R(r).$$

Die Existenz einer Stammfunktion von v bedeutet zugleich, dass $v(r)\,dr = P(r)\,dx + Q(r)\,dy + R(r)\,dz$ ein totales Differential ist.

Ist nun f eine Stammfunktion von v in G und k, $r = r(t)$ für $t \in [a, b]$, eine beliebige, ganz in G verlaufende und stetig differenzierbare Kurve mit $a = r(a)$ als Anfangs- und $b = r(b)$ als Endpunkt, dann ergibt sich

$$\int_k v(r)\,dr = \int_a^b \operatorname{grad} f(r(t)) \cdot r'(t)\,dt$$

$$= \int_a^b \frac{df}{dt}(r(t))\,dt$$

$$= f(r(b)) - f(r(a))$$

$$= f(b) - f(a);$$

das Kurvenintegral ist also wegunabhängig.

Integrabilitätsbedingungen. Ist die Funktion $v(r) = (P(r), Q(r), R(r))$ in G stetig differenzierbar und besitzt sie dort eine Stammfunktion $f(r)$, dann folgt aus $\operatorname{grad} f(r) = v(r)$, d.h. $\frac{\partial f}{\partial x}(r) = P(r)$, $\frac{\partial f}{\partial y}(r) = Q(r)$, $\frac{\partial f}{\partial z}(r) = R(r)$, unter Beachtung der Vertauschbarkeit der partiellen Ableitungen die notwendige Bedingung für die Wegunabhängigkeit des Kurvenintegrals bzw. für die Existenz einer Stammfunktion von v.

$$\frac{\partial P}{\partial y}(r) = \frac{\partial Q}{\partial x}(r), \quad \frac{\partial Q}{\partial z}(r) = \frac{\partial R}{\partial y}(r),$$
$$\frac{\partial R}{\partial x}(r) = \frac{\partial P}{\partial z}(r).$$

Diese Gleichungen heißen Integrabilitätsbedingungen.

Beispiel

Feldstärke im Gravitationsfeld einer Masse m.

$$F(r) = -k\frac{m}{r^3}(x, y, z) = -k\frac{m}{r^3}r,$$
$$G = \{(x, y, z) \mid x^2 + y^2 + z^2 > 0\},$$
$$r = |r| = \sqrt{x^2 + y^2 + z^2}.$$

Mit $P(r) = -k\frac{m}{r^3}x$, $Q(r) = -k\frac{m}{r^3}y$, $R(r) = -k\frac{m}{r^3}z$ sind die Integrabilitätsbedingungen erfüllt, und die reellwertige Funktion $g(r) = k\frac{m}{r}$ ist eine Stammfunktion von $F(r)$. Für jede die Punkte $r_1 = (x_1, y_1, z_1)$ und $r_2 = (x_2, y_2, z_2)$ aus G und ganz in G verlaufende Kurve k ist $\int_k F(r)\,dr = km\left(\frac{1}{r_2} - \frac{1}{r_1}\right)$ mit $r_1 = |r_1|$ und $r_2 = |r_2|$. $\quad \blacktriangleleft$

7.3 Fläche

7.3.1 Grundbegriffe

Parameterstellung. Eine Fläche A wird mit den Parametern u und v dargestellt durch

$$r = r(u,v) = (x(u,v), y(u,v), z(u,v))$$
$$= x(u,v)e_1 + y(u,v)e_2 + z(u,v)e_3$$
$$\text{für} \quad (u,v) \in G,$$

wobei der Definitionsbereich G ein ebenes Gebiet mit stückweise glattem Rang in der u, v-Ebene ist und die reellwertigen Funktionen $x(u,v)$, $y(u,v)$ und $z(u,v)$ stetig auf G sind.

Glatte Fläche. Die Fläche heißt glatt, wenn die Funktion $r(u,v)$ stetig differenzierbar ist, d. h., wenn die Funktionen $x(u,v)$, $y(u,v)$ und $z(u,v)$ stetige partielle Ableitungen 1. Ordnung besitzen, und wenn außerdem

$$r_u(u,v) \times r_v(u,v) \neq 0 \quad \text{bzw.}$$
$$|r_u(u,v) \times r_v(u,v)| > 0 \quad \text{für} \ (u,v) \in G,$$

wobei $r_u = \frac{\partial r}{\partial u} = (x_u, y_u, z_u)$ und $r_v = \frac{\partial r}{\partial v} = (x_v, y_v, z_v)$. Dies ist gleichbedeutend damit, dass mindestens eine der Determinanten

$$\begin{vmatrix} y_v & y_u \\ z_v & z_u \end{vmatrix}, \quad \begin{vmatrix} z_v & z_u \\ x_v & x_u \end{vmatrix}, \quad \begin{vmatrix} x_v & x_u \\ y_v & y_u \end{vmatrix}$$

für alle $(u,v) \in G$ verschieden von Null ist.

Singulär heißt ein Flächenpunkt $r(u,v)$ mit $(u,v) \in G$, wenn $r_u(u,v) \times r_v(u,v) = 0$. Die einfachen glatten Flächen können geschlossen sein oder einen stückweise glatten Rand besitzen.

Koordinatenlinien. So heißen die Kurven

$$r(u,v_0)$$
$$= (x(u,v_0), y(u,v_0), z(u,v_0)), \quad v_0 = \text{const};$$
$$r(u_0,v)$$
$$= (x(u_0,v), y(u_0,v), z(u_0,v)), \quad u_0 = \text{const}$$

auf der Fläche. Sie bilden ein krummliniges Netz (Abb. 7.17) mit den Koordinaten u und v. Ihre

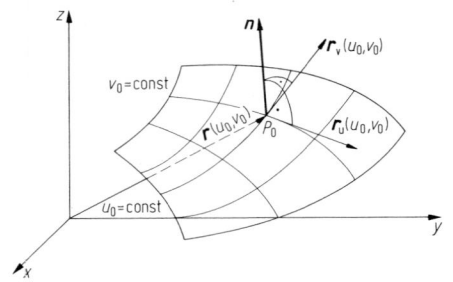

Abb. 7.17 Fläche im Raum

Tangentialvektoren sind

$$r_u = \frac{\partial r}{\partial u} = (x_u, y_u, z_u) \quad \text{und}$$
$$r_v = \frac{\partial r}{\partial v} = (x_v, y_v, z_v).$$

Durch jeden Flächenpunkt geht genau eine u- und v-Linie, die einander dort schneiden. Sind insbesondere die Tangentialvektoren der Koordinatenlinien in jedem Flächenpunkt orthogonal, d. h., $r_u \cdot r_v = 0$, dann heißt das Koordinatennetz orthogonal.

Beispiel

Oberfläche einer Kugel mit dem Radius R (Abb. 7.18). – $r = r(u,v) = R(\cos v \cdot \cos u, \cos v \cdot \sin u, \sin v)$, $u \in [0, 2\pi]$, $v \in [-\pi/2, \pi/2]$. Die u-Linien ($v = \text{const}$) sind die Breitenkreise und die v-Linien ($u = \text{const}$) sind die Längenkreise. Ihre Tangentialvektoren sind

$$r_u = R(-\cos v \cdot \sin u, \cos v \cdot \cos u, 0) \quad \text{und}$$
$$r_v = R(-\sin v \cdot \cos u, -\sin v \cdot \sin u, \cos v).$$

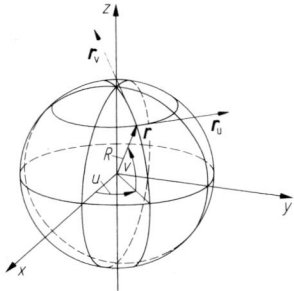

Abb. 7.18 Kugeloberfläche

Hieraus ergibt sich $r_u \times r_v = R^2(\cos^2 v \cdot \cos u, \cos^2 v \cdot \sin u, \cos v \cdot \sin v) = R \cos v \cdot r(u, v)$. Die Pole ($v = -\pi/2$ oder $v = \pi/2$) sind wegen $r_v \times r_u = 0$ singuläre Flächenpunkte. Das Koordinatennetz ist orthogonal, da $r_u \cdot r_v = 0$ ist. ◄

Parameterfreie Darstellung. Sie erfolgt in der Form $F(x, y, z) = 0$, wobei die Funktion F stetige partielle Ableitungen 1. Ordnung F_x, F_y und F_z besitzt und $F_x^2(x, y, z) + F_y^2(x, y, z) + F_z^2(x, y, z) > 0$. Punkte (x, y, z) mit $F_x^2 + F_y^2 + F_z^2 = 0$ heißen singulär. Ein Sonderfall einer parameterfreien Darstellung ist $F(x, y, z) = f(x, y) - z = 0$ oder $z = f(x, y)$ bzw. $r = r(x, y) = (x, y, f(x, y))$.

Beispiel

Kugeloberfläche mit dem Radius R. – Elimination der Parameter u und v aus dem letzten Beispiel führt auf die Gleichung $F(x, y, z) = x^2 + y^2 + z^2 - R^2 = 0$. Insbesondere ergibt sich hieraus für die Darstellung der oberen Hälften der Kugeloberfläche ($z \geqq 0$) $z = f(x, y) = \sqrt{R^2 - x^2 - y^2}$ für $x^2 + y^2 \leqq R^2$. ◄

7.3.2 Tangentialebene

Gleichungen. Die Fläche sei in der Parameterdarstellung gegeben, $r = r(u, v)$. Ist $r_0 = (x_0, y_0, z_0) = (x(u_0, v_0), y(u_0, v_0), z(u_0, v_0)) = r(u_0, v_0)$ ein Punkt der Fläche, dann spannen die Tangentialvektoren $r_u(u_0, v_0)$ und $r_v(u_0, v_0)$ der Koordinatenlinien im Punkt $r(u_0, v_0)$ die Tangentialebene der Fläche in r_0 auf. Ihr Stellungsvektor (Abb. 7.17) ist

$$n = r_u(u_0, v_0) \times r_v(u_0, v_0) \neq \mathbf{0}.$$

Der normierte Stellungsvektor

$$n^0 = \frac{r_u \times r_v}{|r_u \times r_v|}$$

heißt Normalvektor der Fläche im Punkt r_0.

Für einen Punkt r der Tangentialebene gilt:

$$(r - r_0)n = 0 \quad \text{bzw.}$$

$$\begin{vmatrix} x - x(u_0, v_0) & x_u(u_0, v_0) & x_v(u_0, v_0) \\ y - y(u_0, v_0) & y_u(u_0, v_0) & y_v(u_0, v_0) \\ z - z(u_0, v_0) & z_u(u_0, v_0) & z_v(u_0, v_0) \end{vmatrix} = 0.$$

Bei einer Fläche in der parameterfreien Darstellung $F(x, y, z) = 0$ ist der Stellungsvektor bzw. der Normalvektor

$$n = \operatorname{grad} F = (F_x, F_y, F_z) \quad \text{bzw.}$$

$$n^0 = \operatorname{grad} F / |\operatorname{grad} F|.$$

Für die Tangentialebene gilt

$$(r - r_0)\operatorname{grad} F = 0 \quad \text{bzw.}$$

$$F_x(x_0, y_0, z_0)(x - x_0) + F_y(x_0, y_0, z_0)(y - y_0) + F_z(x_0, y_0, z_0)(z - z_0) = 0.$$

Flächeninhalt. Die tangential zu den Koordinatenlinien der Fläche $r = r(u, v)$ gerichteten Vektoren $r_u \, du$ und $r_v \, dv$ mit $r_u \times r_v \neq \mathbf{0}$ spannen ein Parallelogramm auf (Abb. 7.19). Es heißen $d\mathbf{S} = (r_u \times r_v) \, du \, dv$ vektorielles oder orientiertes Flächenelement, $dS = |r_u \times r_v| \, du \, dv$ skalares Flächenelement.

Ist G ein Gebiet mit stückweise glattem Rand der u, v-Ebene, dann ist der Inhalt der Fläche $r = r(u, v)$ für $(u, v) \in G$ bestimmt durch

$$\iint\limits_G |r_u \times r_v| \, du \, dv$$

$$= \iint\limits_G \sqrt{r_u^2 \cdot r_v^2 - (r_u \cdot r_v)^2} \, du \, dv.$$

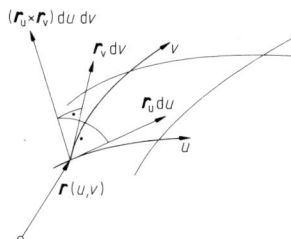

Abb. 7.19 Flächenelement

$E = \boldsymbol{r}_u^2 = x_u^2 + y_u^2 + z_u^2,\ G = \boldsymbol{r}_v^2 = x_v^2 + y_v^2 + z_v^2,$
$F = \boldsymbol{r}_u \cdot \boldsymbol{r}_v = x_u x_v + y_u y_v + z_u z_v$ heißen Gauß-sche Koeffizienten der Fläche. Für die Fläche mit der Gleichung $z = f(x, y)$ für $(x, y) \in G$ lautet der Flächeninhalt

$$\iint\limits_{G} \sqrt{1 + f_x^2 + f_y^2}\, \mathrm{d}x\, \mathrm{d}y.$$

Beispiel

Inhalt der Kugeloberfläche (s. Abschn. 7.3.1). – Es ist $|\boldsymbol{r}_u \times \boldsymbol{r}_v| = |R\cos v\, \boldsymbol{r}(u, v)| = R^2 \cos v$ für $0 \le u \le 2\pi, -\pi/2 \le v \le \pi/2$.

$$\iint\limits_{G} R^2 \cos v\, \mathrm{d}u\, \mathrm{d}v$$

$$= R^2 \int\limits_{-\pi/2}^{\pi/2} \cos v\, \mathrm{d}v \int\limits_{0}^{2\pi} \mathrm{d}u$$

$$= 2\pi R^2 [\sin v]_{-\pi/2}^{\pi/2} = 4\pi R^2.\ \blacktriangleleft$$

7.3.3 Oberflächenintegrale

Nichtorientiertes Oberflächenintegral. Auf der Punktemenge der Fläche $A, \boldsymbol{r} = \boldsymbol{r}(u, v)$ für $(u, v) \in G$, sei die stetige Funktion $F(\boldsymbol{r}) = F(x, y, z)$ erklärt. Das nichtorientierte Oberflächenintegral ist definiert durch

$$\iint\limits_{A} F(\boldsymbol{r})\, \mathrm{d}S = \iint\limits_{G} F(\boldsymbol{r}(u, v))|\boldsymbol{r}_u \times \boldsymbol{r}_v|\, \mathrm{d}u\, \mathrm{d}v.$$

Hiermit wird es auf ein gewöhnliches Flächenintegral zurückgeführt, wobei $\mathrm{d}S = |\boldsymbol{r}_u \times \boldsymbol{r}_v|\, \mathrm{d}u\, \mathrm{d}v$ das skalare Flächenelement ist.

Für die Fläche A mit der Darstellung $z = f(x, y)$ für $(x, y) \in G$ lautet das Oberflächenintegral

$$\iint\limits_{A} F(\boldsymbol{r})\, \mathrm{d}S$$

$$= \iint\limits_{G} F(x, y, f(x, y))$$

$$\cdot \sqrt{1 + f_x^2(x, y) + f_y^2(x, y)}\, \mathrm{d}x\, \mathrm{d}y.$$

Beispiel

Trägheitsmoment einer Kugeloberfläche bezüglich eines Kugeldurchmessers (z-Achse). – Gleichung der Kugeloberfläche: $\boldsymbol{r} = \boldsymbol{r}(u, v) = R(\cos v \cdot \cos u, \cos v \cdot \sin u, \sin v)$ für $0 \le u \le 2\pi, -\pi/2 \le v \le \pi/2$. Das skalare Flächenelement der Kugeloberfläche lautet $\mathrm{d}S = |\boldsymbol{r}_u \times \boldsymbol{r}_v|\, \mathrm{d}u\, \mathrm{d}v = R^2 \cos v\, \mathrm{d}u\, \mathrm{d}v$. Trägheitsmoment bezüglich der z-Achse:

$$\iint\limits_{A} (x^2 + y^2)\, \mathrm{d}S = \iint\limits_{G} R^2 \cos^2 v R^2 \cos v\, \mathrm{d}u\, \mathrm{d}v$$

$$= R^4 \int\limits_{0}^{2\pi} \mathrm{d}u \int\limits_{-\pi/2}^{\pi/2} \cos^3 v\, \mathrm{d}v$$

$$= \frac{8\pi}{3} R^4.\ \blacktriangleleft$$

Orientiertes Oberflächenintegral. Auf der Punktmenge der Fläche $A, \boldsymbol{r} = \boldsymbol{r}(u, v)$ für $(u, v) \in G$, sei die stetige vektorielle Funktion erklärt: $\boldsymbol{F}(\boldsymbol{r}) = (P(\boldsymbol{r}), Q(\boldsymbol{r}), R(\boldsymbol{r}))$. Das orientierte Oberflächenintegral ist dann definiert durch

$$\iint\limits_{A} \boldsymbol{F}(\boldsymbol{r})\, \mathrm{d}\boldsymbol{S} = \iint\limits_{G} \boldsymbol{F}(\boldsymbol{r}(u, v)) \cdot (\boldsymbol{r}_u \times \boldsymbol{r}_v)\, \mathrm{d}u\, \mathrm{d}v,$$

wobei $\mathrm{d}\boldsymbol{S} = (\boldsymbol{r}_u \times \boldsymbol{r}_v)\, \mathrm{d}u\, \mathrm{d}v$ das orientierte Flächenelement ist. Mit dem Normalenvektor der Fläche A,

$$\boldsymbol{n}^0 = (\boldsymbol{r}_u \times \boldsymbol{r}_v)/|\boldsymbol{r}_u \times \boldsymbol{r}_v|,$$

lautet es,

$$\iint\limits_{A} \boldsymbol{F}(\boldsymbol{r})\, \mathrm{d}\boldsymbol{S}$$

$$= \iint\limits_{G} \boldsymbol{F}(\boldsymbol{r}(u, v)) \cdot \boldsymbol{n}^0 |\boldsymbol{r}_u \times \boldsymbol{r}_v|\, \mathrm{d}u\, \mathrm{d}v$$

$$= \iint\limits_{A} \boldsymbol{F}(\boldsymbol{r}) \cdot \boldsymbol{n}^0\, \mathrm{d}S.$$

Sind $\cos\alpha$, $\cos\beta$ und $\cos\gamma$ die Richtungscosinusse von $\boldsymbol{n}^0$, dann ist

$$\iint F(\boldsymbol{r})\,d\boldsymbol{S}$$

$$= \iint_A (P(\boldsymbol{r})\cos\alpha + Q(\boldsymbol{r})\cos b + R(\boldsymbol{r})\cos\gamma)\,dS$$

$$= \iint_A P(\boldsymbol{r})\,dy\,dz + Q(\boldsymbol{r})\,dz\,dx + R(\boldsymbol{r})\,dx\,dy.$$

Wird der Richtungssinn der Flächennormalen umgekehrt, dann ändert sich das Vorzeichen des Integrals.

7.4 Vektoranalysis

7.4.1 Grundbegriffe

Zugrunde gelegt wird ein räumliches kartesisches Koordinaten-System $(0; \boldsymbol{e}_1, \boldsymbol{e}_2, \boldsymbol{e}_3)$ mit positiver Orientierung (Rechtssystem), sodass jeder Punkt des Raums eindeutig durch seinen Ortsvektor $\overrightarrow{OP} = \boldsymbol{r} = x\boldsymbol{e}_1 + y\boldsymbol{e}_2 + z\boldsymbol{e}_3$ dargestellt wird. Punkte werden auch kurz mit $\boldsymbol{r}$ gekennzeichnet.

Skalarfeld

Ist jedem Punkt $\boldsymbol{r}$ eines Raumgebiets G genau eine skalare Größe $f(\boldsymbol{r}) = f(x, y, z)$, z. B. Temperatur, zugeordnet, dann heißt die Funktion f Skalarfeld auf G, z. B. Temperaturfeld, wobei die Flächen $f(\boldsymbol{r}) = C = \text{const}$ als Niveauflächen von f bezeichnet werden.

Vektorfeld

Ist jedem Punkt $\boldsymbol{r}$ eines Raumgebiets G genau eine vektorielle Größe $F(\boldsymbol{r})$, z. B. Kraft oder Geschwindigkeit, zugeordnet, dann heißt die vektorielle Funktion F Vektorfeld auf G, z. B. Kraftfeld oder Geschwindigkeitsfeld. Eine solche vektorielle Funktion F wird durch drei reellwertige Funktionen F_x, F_y und F_z dargestellt.

$$F(\boldsymbol{r}) = F_x(\boldsymbol{r})\boldsymbol{e}_1 + F_y(\boldsymbol{r})\boldsymbol{e}_2 + F_z(\boldsymbol{r})\boldsymbol{e}_3$$
$$= (F_x(\boldsymbol{r}), F_y(\boldsymbol{r}), F_z(\boldsymbol{r})).$$

Feldlinie heißt eine Raumkurve k, $\boldsymbol{r} = \boldsymbol{r}(t)$, in einem Vektorfeld F, wenn $F(\boldsymbol{r}) \times d\boldsymbol{r}/dt = \boldsymbol{0}$, d. h., wenn ihre Tangentialvektoren $d\boldsymbol{r}/dt$ mit den Vektoren $F(\boldsymbol{r})$ in den Kurvenpunkten $\boldsymbol{r}(t)$ kollinear sind.

Fluss eines Vektorfelds F durch eine Fläche A. Er ist definiert durch das orientierte Oberflächenintegral

$$\iint_A F(\boldsymbol{r})\,d\boldsymbol{S}.$$

Zirkulation eines Vektorfelds F längs einer geschlossenen Kurve k. Sie ist definiert durch das orientierte Kurvenintegral

$$\oint_k F(\boldsymbol{r})\,d\boldsymbol{r}.$$

Gradient. So heißt das Vektorfeld

$$\operatorname{grad} f(\boldsymbol{r}) = \frac{\partial f}{\partial x}(\boldsymbol{r})\boldsymbol{e}_1 + \frac{\partial f}{\partial y}(\boldsymbol{r})\boldsymbol{e}_2 + \frac{\partial f}{\partial z}(\boldsymbol{r})\boldsymbol{e}_3$$
$$= \left(\frac{\partial f}{\partial x}, \frac{\partial f}{\partial y}, \frac{\partial f}{\partial z}\right).$$

Richtungsableitung. Sie ist für eine Skalarfunktion f und einen eine Richtung kennzeichnenden Einheitsvektor

$$\boldsymbol{l} = \cos\alpha\,\boldsymbol{e}_1 + \cos\beta\,\boldsymbol{e}_2 + \cos\gamma\,\boldsymbol{e}_3$$

mit $\cos^2\alpha + \cos^2\beta + \cos^2\gamma = 1$ definiert durch

$$\frac{\partial f}{\partial l} = \operatorname{grad} f \cdot \boldsymbol{l}$$
$$= \frac{\partial f}{\partial x}\cos\alpha + \frac{\partial f}{\partial y}\cos\beta + \frac{\partial f}{\partial z}\cos\gamma.$$

$$|\operatorname{grad} f| = \sqrt{\left(\frac{\partial f}{\partial x}\right)^2 + \left(\frac{\partial f}{\partial y}\right)^2 + \left(\frac{\partial f}{\partial z}\right)^2}.$$

Dabei ist $|\operatorname{grad} f|$ die größte Richtungsableitung, wenn $\operatorname{grad} f$ und $\boldsymbol{l}$ gleichgerichtet sind.

Beispiel

$$f(\boldsymbol{r}) = 1/\sqrt{x^2 + y^2 + z^2} = 1/r \text{ mit}$$
$$r = \sqrt{x^2 + y^2 + z^2}. \text{ – Die Niveauflächen}$$

von f sind Kugeloberflächen mit dem Ursprung O als Mittelpunkt. Es ist $\frac{\partial f}{\partial x}(r) = -x/r^3$, $\frac{\partial f}{\partial y}(r) = -y/r^3$, $\frac{\partial f}{\partial z}(r) = -z/r^3$. Damit ergibt sich $\operatorname{grad} f(r) = (-1/r^3)r$ und $|\operatorname{grad} f(r)| = 1/r^2$. ◄

Divergenz. Zur koordinatenunabhängigen Definition der Divergenz eines Vektorfelds F in einem Raumpunkt r wird ein Gebiet G mit dem Punkt r betrachtet, dessen Rand aus einer geschlossenen, einfachen, stückweise glatten Fläche $Rd(G)$ besteht. Die Divergenz des Vektorfelds F im Raumpunkt r ist definiert durch

$$\lim_{V \to 0} \frac{\oiint F(r)\,dS}{V} = \operatorname{div} F(r),$$

wobei $\oiint F(r)\,dS$ den Fluss des Vektorfelds F durch die Fläche $Rd(G)$ darstellt und V das Volumen des von der Fläche $Rd(G)$ eingeschlossenen Gebiets G ist. Beim Grenzübergang schrumpft die geschlossene Fläche F auf den Punkt r zusammen. In kartesischen Koordinaten lautet die Divergenz des Vektorfelds

$$F(r) = F_x(r)e_1 + F_y(r)e_2 + F_z(r)e_3,$$
$$\operatorname{div} F(r) = \frac{\partial F_x}{\partial x}(r) + \frac{\partial F_y}{\partial y}(r) + \frac{\partial F_z}{\partial z}(r).$$

Rotation. Die Rotation $\operatorname{rot} F$ eines Vektorfelds F ist ein Vektorfeld. Zur koordinatenunabhängigen Definition von $\operatorname{rot} F(r)$ in einem Raumpunkt r wird durch einen normierten Vektor n eine beliebige Richtung im Raum vorgegeben. In einer zu n senkrechten Ebene (Abb. 7.20) mit dem Punkt r ist dieser von einer einfachen, stückweise glatten Kurve k umschlossen, deren Innenfläche den Inhalt S hat. Die Orientierungen der Kurve k

Abb. 7.20 Orientierung zur Rotation eines Vektorfelds

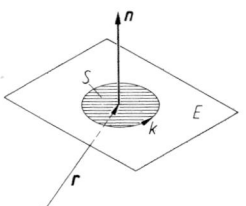

und des Richtungsvektors n bilden ein Rechtssystem. Gebildet wird der Grenzwert des Quotienten aus der Zirkulation des Vektorfelds F längs k und dem Flächeninhalt S, wobei die Kurve k auf den Punkt r zusammenschrumpft. Dieser Grenzwert liefert die Projektion des Vektors $\operatorname{rot} F(r)$ auf die Richtung n.

$$\operatorname{rot} F(r) \cdot n = \lim_{S \to 0} \frac{\oint F(r)\,dr}{S}.$$

In kartesischen Koordinaten lautet die Rotation des Vektorfelds

$$F(r) = F_x(r)e_1 + F_y(r)e_2 + F_z(r)e_3.$$

$$\operatorname{rot} F(r)$$
$$= \left(\frac{\partial F_z}{\partial y} - \frac{\partial F_y}{\partial z}\right)e_1 + \left(\frac{\partial F_x}{\partial z} - \frac{\partial F_z}{\partial x}\right)e_2$$
$$+ \left(\frac{\partial F_y}{\partial x} - \frac{\partial F_x}{\partial y}\right)e_3$$
$$= \begin{vmatrix} e_1 & \frac{\partial}{\partial x} & F_x \\ e_2 & \frac{\partial}{\partial y} & F_y \\ e_3 & \frac{\partial}{\partial z} & F_z \end{vmatrix}.$$

7.4.2 Der ∇-(Nabla-)Operator

Als ∇-Operator ist der symbolische Vektor

$$\nabla = e_1 \frac{\partial}{\partial x} + e_2 \frac{\partial}{\partial y} + e_3 \frac{\partial}{\partial z} = \left(\frac{\partial}{\partial x}, \frac{\partial}{\partial y}, \frac{\partial}{\partial z}\right)$$

definiert. Mit ihm lassen sich Gradient, Divergenz und Rotation auch $\operatorname{grad} f = \nabla f$, $\operatorname{div} F = \nabla \cdot F$, $\operatorname{rot} F = \nabla \times F$ schreiben.

In Verbindung mit dem ∇-Operator werden noch weitere Differentialoperatoren eingeführt:

Ableitung nach einer Richtung $l = \cos \alpha\, e_1 + \cos \beta\, e_2 + \cos \gamma\, e_3$ mit $\cos^2 \alpha + \cos^2 \beta + \cos^2 \gamma = 1$.

$$\frac{\partial}{\partial l} = l \cdot \nabla = \cos \alpha \frac{\partial}{\partial x} + \cos \beta \frac{\partial}{\partial y} + \cos \gamma \frac{\partial}{\partial z}$$

So ist die Ableitung des Skalarfelds f nach der Richtung l

$$\frac{\partial f}{\partial l} = (l \cdot \nabla) f$$

$$= \left(\cos\alpha \frac{\partial}{\partial x} + \cos\beta \frac{\partial}{\partial y} + \cos\gamma \frac{\partial}{\partial z} \right) f$$

$$= \cos\alpha \frac{\partial f}{\partial x} + \cos\beta \frac{\partial f}{\partial y} + \cos\gamma \frac{\partial f}{\partial z}$$

$$= l \cdot \nabla f = l \cdot \operatorname{grad} f.$$

Ableitung nach einem Vektorfeld $v = v_x e_1 + v_y e_2 + v_z e_3$.

$$\frac{\mathrm{d}}{\mathrm{d}v} = v \cdot \nabla = v_x \frac{\partial}{\partial x} + v_y \frac{\partial}{\partial y} + v_z \frac{\partial}{\partial z}.$$

So ist die Ableitung des Vektorfelds $F = F_x e_1 + F_y e_2 + F_z e_3$ nach dem Vektorfeld v

$$\frac{\mathrm{d}F}{\mathrm{d}v} = (v \cdot \nabla) F$$

$$= (v \cdot \nabla F_x) e_1 + (v \cdot \nabla F_y) e_2 + (v \cdot \nabla F_z) e_3$$

$$= (v \cdot \operatorname{grad} F_x) e_1 + (v \cdot \operatorname{grad} F_y) e_2$$

$$+ (v \cdot \operatorname{grad} F_z) e_3.$$

Laplace-Operator $\Delta = \nabla \cdot \nabla = \nabla^2 = \frac{\partial^2}{\partial x^2} + \frac{\partial^2}{\partial y^2} + \frac{\partial^2}{\partial z^2}$.

7.4.3 Integralsätze

Satz von Stokes. Ist $F = F(r)$ ein Vektorfeld mit stetigen partiellen Ableitungen 1. Ordnung und ist A eine stückweise glatte Fläche mit stückweise glattem Rand, wobei die Orientierung der Randkurve Rd(A) und der Fläche ein Rechtssystem bilden, dann gilt (s. auch Abschn. 7.4.1)

$$\oint_{\mathrm{Rd}(A)} F(r)\,\mathrm{d}r = \iint_A \operatorname{rot} F(r)\,\mathrm{d}S.$$

Beispiel

Gegeben sind das Vektorfeld $F = F(r) = (z - y, x - z, y - x)$ nach Abb. 7.21 und

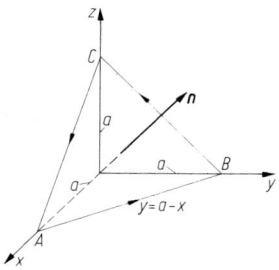

Abb. 7.21 Beispiel zum Satz von Stokes

die Kurve k, die aus dem Rand eines Dreiecks mit den Eckpunkten $A = (a, 0, 0)$, $B = (0, a, 0)$ und $C = (0, 0, a)$ besteht. Es soll die Zirkulation längs k mit Hilfe des Satzes von Stokes berechnet werden. – Die Rotation des Vektorfelds F in r ist $\operatorname{rot} F(r) = (2, 2, 2)$, s. Abschn. 7.4.1. Die Dreiecksfläche ist bestimmt durch $r = r(x, y) = (x, y, a - x - y)$ für $0 \leqq x \leqq a$ und $0 \leqq y \leqq a - x$. Ihr Normalenvektor n^0 muss entsprechend der Kurvenorientierung so orientiert sein, dass er vom Ursprung O aus zur Fläche weist, d. h., dass seine Projektion auf die z-Achse positiv ist. Wegen $\partial r / \partial x = (1, 0, -1)$ und $\partial r / \partial y = (0, 1, -1)$ gilt für das orientierte Flächenelement $\mathrm{d}S = \left(\frac{\partial r}{\partial x} \times \frac{\partial r}{\partial y} \right) \mathrm{d}x\,\mathrm{d}y = (1, 1, 1)\,\mathrm{d}x\,\mathrm{d}y$. Nach dem Satz von Stokes ist dann

$$\oint F(r)\,\mathrm{d}r = \iint \operatorname{rot} F(r)\,\mathrm{d}S$$

$$= \iint 6\,\mathrm{d}x\,\mathrm{d}y = 6 \int_0^a \mathrm{d}x \int_0^{a-x} \mathrm{d}y$$

$$= 6 \int_0^a (a - x)\,\mathrm{d}x = 3a^2. \quad \blacktriangleleft$$

Satz von Gauß. Ist $F = F(r)$ ein Vektorfeld mit stetigen partiellen Ableitungen 1. Ordnung und ist G das Innengebiet einer geschlossenen, stückweise glatten Fläche Rd(G) mit nach außen orientiertem Normalenvektor, dann gilt

$$\oiint_{\mathrm{Rd}(G)} F(r)\,\mathrm{d}S = \iiint_G \operatorname{div} F(r)\,\mathrm{d}V.$$

Beispiel

Der Fluss des Vektorfelds $F = F(r) = x^3 e_1 + y^3 e_2 + z^3 e_3$ durch die Kugeloberfläche Rd(K), $x^2 + y^2 + z^2 = R^2$, soll berechnet werden. – F hat in r die Divergenz $\operatorname{div} F(r) = 3x^2 + 3y^2 + 3z^2$. Die Anwendung des Satzes von Gauß ergibt

$$\oiint\limits_{\mathrm{Rd}(K)} F(r)\,\mathrm{d}S = 3 \iiint\limits_{K} (x^2 + y^2 + z^2)\,\mathrm{d}V.$$

Die Einführung von Kugelkoordinaten

$$x = r\cos\vartheta \cdot \cos\varphi, \quad y = r\cos\vartheta \cdot \sin\varphi,$$
$$z = r\sin\vartheta$$

mit $\mathrm{d}V = \frac{\partial(x,y,z)}{\partial(r,\varphi,\vartheta)}\,\mathrm{d}r\,\mathrm{d}\varphi\,\mathrm{d}\vartheta = r^2\cos\vartheta \cdot \mathrm{d}r\,\mathrm{d}\varphi\,\mathrm{d}\vartheta$ führt auf das Ergebnis

$$\oiint\limits_{\mathrm{Rd}(K)} F(r)\,\mathrm{d}S = 3 \int\limits_0^R r^4\,\mathrm{d}r \int\limits_{-\pi/2}^{\pi/2} \cos\vartheta\,\mathrm{d}\vartheta \int\limits_0^{2\pi} \mathrm{d}\varphi$$
$$= (12/5)\pi R^5. \quad \blacktriangleleft$$

Greensche Formeln. Sie ergeben sich, wenn im Satz von Gauß das Vektorfeld F durch $\varphi\,\operatorname{grad}\psi$ bzw. $\psi\,\operatorname{grad}\varphi$ ersetzt wird.

$$\oiint\limits_{\mathrm{Rd}(G)} \varphi\,\operatorname{grad}\psi\,\mathrm{d}S$$
$$= \iiint\limits_{G} (\operatorname{grad}\varphi \cdot \operatorname{grad}\psi + \varphi\,\Delta\psi)\,\mathrm{d}V,$$

$$\oiint\limits_{\mathrm{Rd}(G)} (\varphi\,\operatorname{grad}\psi - \psi\,\operatorname{grad}\varphi)\,\mathrm{d}S$$
$$= \iiint\limits_{G} (\varphi\,\Delta\psi - \psi\,\Delta\varphi)\,\mathrm{d}V,$$

$$\oiint\limits_{\mathrm{Rd}(G)} \operatorname{grad}\psi\,\mathrm{d}S = \iiint\limits_{G} \Delta\psi\,\mathrm{d}V.$$

Weitere Integralformeln. Mit Hilfe des Satzes von Gauß lassen sich die weiteren Integralformeln nachweisen:

$$\oiint\limits_{\mathrm{Rd}(G)} f(r)\,\mathrm{d}S = \iiint\limits_{G} \operatorname{grad} f\,\mathrm{d}V,$$

$$\oiint\limits_{\mathrm{Rd}(G)} F \times \mathrm{d}S = \iint\limits_{\mathrm{Rd}(G)} (F \times n^0)\,\mathrm{d}S$$
$$= - \iiint\limits_{V} \operatorname{rot} F\,\mathrm{d}V.$$

Allgemeine Literatur

Bücher

Burg; Haf; Wille: Höhere Mathematik für Ingenieure. Bd. 4: Vektoranalysis und Funktionentheorie. 2. Auflage 1994, Teubner.

Carmo, M.P.: Differentialgeometrie von Kurven und Flächen. 2. Auflage 1993, Vieweg.

Fischer, G.: Analytische Geometrie. 6. Auflage 1992, Vieweg.

Jänich, K.: Vektoranalysis. 5. Auflage 2005, Springer.

Koecher, M.: Lineare Algebra und Vektoranalysis. 3. Auflage 1992, Springer.

Kowalsky, H.-J.: Vektoranalysis Bd. 1: 1974. Bd. 2: 1976, de Gruyter.

Walter, R.: Lineare Algebra und analytische Geometrie. 2. Auflage 1993, Vieweg.

Differentialgleichungen

8

Uller Jarecki

8.1 Gewöhnliche Differentialgleichungen

8.1.1 Grundbegriffe

Eine gewöhnliche Differentialgleichung (Dgl.) n-ter Ordnung hat die Form

$$F(x, y, y', y'', \ldots, y^{(n)}) = 0, \qquad (8.1)$$

wobei y eine unbekannte Funktion einer Variablen x ist und $y^{(n)}$ die höchste in F auftretende Ableitung bedeutet. Ist die Gleichung nach $y^{(n)}$ auflösbar, so heißt

$$y^{(n)} = f(x, y, y', y'', \ldots, y^{(n-1)}) \qquad (8.2)$$

Normal- oder explizite Form. Eine Funktion $y = g(x)$, welche die Dgl. identisch erfüllt, heißt partikuläre (spezielle) Lösung, Integral oder Integralkurve der Dgl.

Bei Anfangswert-Aufgaben oder -Problemen sind noch Anfangsbedingungen zu erfüllen, bei denen für einen festen Wert x_0 die Werte der Funktion y nebst ihren Ableitungen bis zur $(n-1)$-ten Ordnung vorgegeben sind.

$$y(x_0) = a_1, \quad y'(x_0) = a_2, \\ y''(x_0) = a_3, \ldots, y^{(n-1)}(x_0) = a_n. \qquad (8.3)$$

Existenz und Eindeutigkeit von Lösungen. Ist die Funktion $f(x, y, y', y'', \ldots, y^{(n-1)})$ in einer

U. Jarecki (✉)
Berlin, Deutschland

Umgebung des Punkts $(x_0, a_1, a_2, \ldots, a_n) \in \mathbb{R}^{(n+1)}$ stetig und besitzt sie dort stetige partielle Ableitungen 1. Ordnung nach $y, y', y'', \ldots, y^{(n-1)}$, dann hat die Dgl. $y^{(n)} = f(x, y', y'', \ldots, y^{(n-1)})$ in einer hinreichend kleinen Umgebung dieses Punkts genau eine Lösung $y = g(x)$ mit $g(x_0) = a_1, g'(x_0) = a_2, \ldots, g^{(n-1)}(x_0) = a_n$.

Da die n Anfangswerte $a_1, a_2, \ldots, a_n$ beliebige Konstanten (Parameter) sind, stellt die Funktion g eine (n-parametrische) Schar von Lösungen dar.

Allgemeine Lösung. Sie lautet für die Dgl. (8.2) mit n beliebigen Konstanten $C_1, C_2, \ldots, C_n$

$$y = g(x, C_1, C_2, \ldots, C_n), \qquad (8.4)$$

wenn es für jede durch den Existenz- und Eindeutigkeitssatz gesicherte Anfangsbedingung Zahlenwerte für die Konstanten $C_1, C_2, \ldots, C_n$ gibt, sodass die Funktion g diese Anfangsbedingung erfüllt.

Partikuläre Lösung. Ist $y = g(x, C_1, C_2, \ldots, C_n)$ eine allgemeine Lösung der Dgl. (8.2), so kann hieraus eine partikuläre Lösung gewonnen werden, welche die Anfangsbedingung (8.3) erfüllt. Hierzu folgen die Konstanten $C_1, C_2, \ldots, C_n$ aus dem Gleichungssystem

$$g(x_0, C_1, C_2, \ldots, C_n) = a_1, \\ g'(x_0, C_1, C_2, \ldots, C_n) = a_2, \\ \cdots\cdots\cdots\cdots\cdots\cdots\cdots\cdots \\ g^{(n-1)}(x_0, C_1, C_1, \ldots, C_n) = a_n.$$

© Springer-Verlag GmbH Deutschland, ein Teil von Springer Nature 2020
B. Bender und D. Göhlich (Hrsg.), *Dubbel Taschenbuch für den Maschinenbau 1: Grundlagen und Tabellen*,
https://doi.org/10.1007/978-3-662-59711-8_8

8.1.2 Differentialgleichung 1. Ordnung

Normalform $y' = f(x, y)$

Geometrische Deutung. Durch $y' = f(x, y)$ wird jedem Punkt (x, y) von f eine Steigung $m = y' = f(x, y)$ zugeordnet, die durch eine kurze Strecke, das Richtungselement, gekennzeichnet wird. Ihre Gesamtheit heißt Richtungsfeld.

Integralkurven. Sie bilden Lösungen der Dgl., wenn sie auf das Richtungsfeld passen. Sind in einem gewissen Gebiet G die Voraussetzungen nach Abschn. 8.1.1 erfüllt, dann verläuft durch jeden Punkt dieses Gebiets genau eine Integralkurve.

Isoklinenschar. Wird y' durch einen Konstante C ersetzt, so stellt $C = f(x, y)$ eine einparametrische Kurvenschar dar, in deren Punkten die Richtungselemente gleichgerichtet sind ($y' = C$).

Differentialgleichungen mit getrennten Variablen

$$y' = f(x)g(y) \qquad (8.5)$$

f und g seien stetig für $x \in (a, b)$ und $y \in (c, d)$. Ist $g(y) \neq 0$ für $y \in (c, d)$, dann folgt durch Trennen der Variablen $dy/g(y) = f(x) dx$. Quadratur liefert eine Lösung mit der beliebigen Konstanten C: $\int dy/g(y) = \int f(x) dx + C$. Ist $g(y_0) = 0$ für ein $y_0 \in (c, d)$, dann ist außerdem noch $y = y_0$ eine partikuläre Lösung.

Beispiel

$y' = y^2$; $f(x) \equiv 1$ und $g(y) = y^2$, $(x, y) \in \mathbb{R}^2$. – Für $y \neq 0$ folgt, wenn C beliebig ist, $\int dy/y^2 = \int dx + C$, also ist $-1/y = x + C$ oder $y = -1/(x + C)$. Wegen $g(y) = y^2 = 0$ für $y = 0$ gibt es noch die partikuläre Lösung $y \equiv 0$. Durch jeden Punkt (x, y) der Ebene geht genau eine Integralkurve. Mit der Anfangsbedingung $y(1) = -1$ ergibt sich $C = 0$ aus $-1 = -1/(1 + C)$, und die Integralkurve durch $(1, -1)$ hat die Gleichung $y = -1/x$. ◄

Homogene oder gleichgradige Dgl.

$$y' = g(y/x). \qquad (8.6)$$

Eine Dgl. $y' = f(x, y)$ heißt homogen, wenn $f(x, y)$ eine homogene Funktion 0-ten Grads ist, d. h., wenn $f(tx, ty) = f(x, y)$ ist. $f(x, y)$ lässt sich dann in der Form $g(y/x)$ darstellen. Zur Lösung von Gl. (8.6) wird die neue Funktion $z(x)$ gemäß $z(x) = y(x)/x$ eingeführt. Mit $y' = z + xz'$ ergibt sich dann eine Dgl. mit getrennten Variablen, $z' = [g(z) - z]/x$, wie Dgl. (8.5).

Beispiel

$y' = (y - x)/x = (y/x) - 1 = g(y/x)$. – Die Substitution $y = xz$ mit $y' = xz' + z$ führt auf $xz' + z = z - 1$ oder $z' = -1/x$, deren Integration die Lösung $z = y/x = -\ln|x| + C$ oder $y = x(-\ln|x| + C)$ ergibt. ◄

Lineare Differentialgleichung

$$y' + p(x)y = q(x). \qquad (8.7)$$

Die Funktionen p und q seien in einem Intervall (a, b) stetig. Für $q(x) \equiv 0$ heißt die Dgl. linear homogen, sonst linear inhomogen. Ist $y_H(x)$ die allgemeine Lösung der homogenen und $y_F(x)$ eine partikuläre Lösung der inhomogenen Dgl., dann ist die allgemeine Lösung der inhomogenen Dgl.

$$y(x) = y_H(x) + y_P(x).$$

Die allgemeine Lösung der homogenen Dgl. $y' + p(x)y = 0$ kann durch Trennen der Variablen bestimmt werden. Sie lautet

$$y_H(x) = C \exp\left(-\int p(x) dx\right).$$

Variation der Konstanten. Sie dient dazu, eine partikuläre Lösung der inhomogenen Dgl. zu gewinnen. Hier wird $y_P(x) = C(x) \exp(-\int p(x) dx)$ in die inhomogene Dgl. eingesetzt und die unbekannte Funktion $C(x)$ so bestimmt, dass $y_P(x)$ eine ihrer Lösungen ist.

Dann ist

$$C(x) = \int q(x) \exp\left(\int p(x)\, dx\right) dx \quad \text{und}$$

$$y_P(x) = \exp\left(-\int p(x)\, dx\right)$$
$$\cdot \int q(x) \exp\left(\int p(x)\, dx\right) dx.$$

Allgemeine Lösung der inhomogenen Dgl. $y' + p(x)y = q(x)$**.** Sie lautet

$$y(x) = y_H(x) + y_P(x)$$
$$= \exp\left(-\int p(x)\, dx\right)$$
$$\cdot \left\{ C + \int q(x) \exp\left(\int p(x)\, dx\right) dx\right\},$$

wobei C eine beliebige Konstante ist.

Beispiel

$y' - 2xy = x$. – Allgemeine Lösung der homogenen Dgl. $y' - 2xy = 0$ ist $y_H(x) = C\exp(x^2)$ mit $C \in \mathbb{R}$. Mit dem Ansatz zur partikulären Lösung, $y_P(x) = C(x)\exp(x^2)$, folgt nach Einsetzen in die inhomogene Dgl. (8.7)

$$C'(x)\exp(x^2) + 2xC(x)\exp(x^2)$$
$$- 2xC(x)\exp(x^2) = x \quad \text{oder}$$
$$C'(x) = x\exp(-x^2), \quad \text{sodass}$$
$$C(x) = -(1/2)\exp(-x^2) \quad \text{und}$$
$$y_P(x) = -(1/2)\exp(-x^2)\exp(x^2) = -1/2.$$

die allgemeine Lösung der inhomogenen Dgl. lautet damit

$$y(x) = y_H(x) + y_P(x)$$
$$= C\exp(x^2) - 1/2, \quad C \in \mathbb{R}. \ \blacktriangleleft$$

Bernoullische Differentialgleichung
$$y' + P(x)y = Q(x)y^n. \qquad (8.8)$$

Sie ist eine Verallgemeinerung einer linearen Dgl., da sie für $n = 0$ oder $n = 1$ linear wird. Es sei daher $n \neq 0$; 1. Division beider Seiten der

Gleichung durch y^n ergibt $y^{-n}y' + P(x)y^{1-n} = Q(x)$. Die Substitution $z(x) = y^{1-n}(x)$ führt auf eine lineare Dgl. für z, $z' + p(x)z = q(x)$ mit $p(x) = (1-n)P(x)$ und $q(x) = (1-n)Q(x)$, die wie Dgl. (8.7) behandelt wird.

Riccatische Differentialgleichung
$$y' + p(x)y + q(x)y^2 + r(x) = 0. \qquad (8.9)$$

Ihre Integration lässt sich allgemein nicht mit Quadraturen durchführen. Ist jedoch eine partikuläre Lösung $y_P = u(x)$ bekannt, führt die Substitution $y(x) = u(x) + 1/z(x)$ auf die lineare Dgl. $z' - [p(x) + 2u(x)q(x)]z = q(x)$ für z, die wie Dgl. (8.7) integriert wird.

Exakte Differentialgleichung
Jede Dgl. 1. Ordnung in der Normalform $y' = f(x,y)$ lässt sich als Gleichung mit Differentialen $dy = f(x,y)\, dx$ oder allgemeiner schreiben.

$$P(x,y)\, dx + Q(x,y)\, dy = 0. \qquad (8.10)$$

Integrabilitätsbedingung. Die Dgl. (8.10) heißt exakt oder total, wenn ihre linke Seite das vollständige Differential einer Funktion $F(x,y)$ ist, wenn also die Integrabilitätsbedingung $\partial P(x,y)/\partial y = \partial Q(x,y)/\partial x$ gilt

Allgemeine Lösung. Sie ist dann $F(x,y) = C$, wobei $\partial F(x,y)/\partial x = P(x,y)$ und $\partial F(x,y)/\partial y = Q(x,y)$, oder ausführlicher

$$\int P(x,y)\, dx$$
$$+ \int \left[Q(x,y) - \int \frac{\partial P(x,y)}{\partial y}\, dx \right] dy = C$$

oder

$$\int Q(x,y)\, dy$$
$$+ \int \left[P(x,y) - \int \frac{\partial Q(x,y)}{\partial x}\, dy \right] dx = C.$$

Beispiel

$4xy\, dx + (2x^2 - 3y^2)\, dy = 0$. – Es ist $P(x,y) = 4xy$, $Q(x,y) = 2x^2 - 3y^2$,

$\partial P/\partial y = \partial Q/\partial x = 4x$, d. h., die Integrabilitätsbedingung ist erfüllt. Aus $\partial F/\partial x = P(x,y) = 4xy$ folgt $F(x,y) = 2x^2y + f(y)$. Wegen $\partial F/\partial y = Q(x,y)$ gilt $2x^2 + f'(y) = 2x^2 - 3y^2$ oder $f'(y) = -3y^2$, woraus $f(y) = -y^3 + C_1$ folgt, sodass die allgemeine Lösung $F(x,y) = 2x^2y - y^3 = C$ lautet. ◄

Integrierender Faktor. Ist $\partial P/\partial y \neq \partial Q/\partial x$, so gibt es unter gewissen, sehr allgemeinen Voraussetzungen eine Funktion $\mu(x,y)$, den integrierenden Faktor, sodass die Dgl. $\mu(x,y)P(x,y)\,dx + \mu(x,y)Q(x,y)\,dy = 0$ exakt ist. Einfache Sonderfälle sind:

Ist $\dfrac{\frac{\partial P}{\partial y} - \frac{\partial Q}{\partial x}}{Q} = p(x)$, so ist

$$\mu(x) = \exp\left(\int p(x)\,dx\right);$$

ist $\dfrac{\frac{\partial Q}{\partial x} - \frac{\partial P}{\partial y}}{P} = q(y)$, so ist

$$\mu(y) = \exp\left(\int q(y)\,dy\right).$$

Beispiel

Die lineare Dgl. $y' - 2xy = x$ (s. Beispiel unter lineare Dgl.) lässt sich auch schreiben $(-2xy - x)\,dx + dy = 0$ mit $P(x,y) = -2xy - x$ und $Q(x,y) = 1$. – Wegen $\partial P/\partial y = -2x$ und $\partial Q/\partial x = 0$ ist sie nicht exakt. Da $(P_y - Q_x)/Q = -2x$, ist $\mu(x) = \exp(-\int 2x\,dx) = \exp(-x^2)$ ein integrierender Faktor und die Dgl. $(-2xy - x)\cdot\exp(-x^2)\,dx + \exp(-x^2)\,dy = 0$ exakt. ◄

Implizite Differentialgleichung

$$F(x,y,y') = 0 \qquad (8.11)$$

Besitzt sie in einem ebenen Gebiet m verschiedene reelle Wurzeln $y' = f_i(x,y)$, $i = 1,2,\ldots,m$, so stellt jede eine explizite Dgl. der bereits behandelten Art dar; ihre Lösung besteht i. Allg. aus m verschiedenen einparametrischen Kurvenscharen.

Beispiel

Die implizite Dgl. $F(x,y,y') = y'^2 - 2xy' = 0$ besitzt die beiden Wurzeln $y' = 0$ und $y' = 2x$, also die beiden einparametrigen Kurvenscharen $y = C_1$ und $y = x^2 + C_2$ als Lösung. Durch jeden Punkte der Ebene verlaufen genau zwei Integralkurven. ◄

Integration durch Differentiation. In der speziellen impliziten Form $y = f(x,y')$ wird $y' = p$ gesetzt und die Dgl. nach x differenziert. Es ist dann $y = f(x,p)$ und $p = \partial f(x,p)/\partial x + [\partial f(x,p)/\partial p]p'$. Die letzte Gleichung lässt sich als explizite Dgl. für die Funktion $p(x)$ darstellen. Hat sie die allgemeine Lösung $p = g(x,C)$, dann ist $y = f(x,g(x,C))$ eine allgemeine Lösung von $y = f(x,y')$.

Beispiel

Clairautsche Dgl. $y = xy' + h(y')$. – $y' = p$ gesetzt und Differentiation liefern $y = xp + h(p)$ und $p = p + xp' + h'(p)p'$. Für die funktion p gilt $p'[x + h'(p)] = 0$. Aus $p' = 0$ folgt $p(x) = C$. Somit ist die allgemeine Lösung $y = Cx + h(C)$. Sie stellt geometrisch eine einparametrische Geradenschar dar. ◄

Singuläre Lösungen. *Explizite Dgl.* $y' = f(x,y)$. Singulär heißt eine Integralkurve $v = g(x)$ der Dgl. $y' = f(x,y)$, wenn durch jeden ihrer Punkte $(x,g(x))$ noch eine andere Integralkurve der Dgl. verläuft. In keinem Punkt einer singulären Lösung sind also die Bedingungen für die Eindeutigkeit erfüllt. Singuläre Lösungen müssen daher aus solchen Punkten der Ebene bestehen, in denen die Voraussetzungen des Existenz- und Eindeutigkeitssatzes nicht erfüllt sind.

Beispiel

$y' = \sqrt[3]{y^2} = f(x,y)$. – Die Funktion $f(x,y) = \sqrt[3]{y^2}$ ist für alle Punkte (x,y) der Ebene erklärt und dort stetig. Ihre partielle Ableitung $f_y(x,y)$ dagegen existiert nur für alle Punkte (x,y), für die $y \neq 0$, und ist dort unbeschränkt. Eine allgemeine Lösung ist die einparametrische Schar von kubischen Parabeln $y = (x/3 + C)^3$. Außerdem ist $y = 0$ eine partikuläre Lösung. Sie ist singulär, da durch jeden Punkt auf der x-Achse zwei Integralkurven der Dgl. verlaufen. ◄

Implizite Dgl. $F(x, y, y') = 0$. Falls eine singuläre Lösung existiert, so ergibt sie sich durch Elimination $p = y'$ aus $F(x, y, p) = 0$ und $\partial F(x, y, p)/\partial p = 0$ oder, wenn $G(x, y, C) = 0$ eine allgemeine Lösung der Dgl. ist, durch Elimination von C aus $G(x, y, C) = 0$ und $\partial G(x, y, C)/\partial C = 0$. Geometrisch bedeutet die singuläre Lösung die Enveloppe (Einhüllende) einer Schar von Integralkurven.

Beispiel

$F(x, y, y') = y'^2 - y = 0$. – Elimination von p aus den Gleichungen $F(x, y, p) = p^2 - y = 0$ und $\partial F(x, y, p)/\partial p = 2p = 0$ liefert $y = 0$, eine singuläre Lösung. Die allgemeine Lösung lautet $y = (x/2 + C)^2$, die eine einparametrische Schar von Parabeln darstellt, deren Scheitelpunkte auf der x-Achse liegen. Die x-Achse ist Enveloppe dieser Schar. ◄

Orthogonale Trajektorien. $F(x, y, C) = 0$ sei eine einparametrische Kurvenschar und $y' = f(x, y)$ ihre Dgl. Dann heißen die Kurven der Schar $G(x, y, B) = 0$ mit dem Parameter B, die Lösungen der Dgl. $y' = -1/f(x, y)$ sind, orthogonale Trajektorien der Schar $F(x, y, C) = 0$, da die Kurven der beiden Scharen einander unter einem rechten Winkel schneiden.

Beispiel

Durch die Gleichung $y = Cx^2$ mit dem Parameter C wird eine Schar von Parabeln beschrieben, deren Scheitelpunkte im Ursprung des Koordinatensystems liegen. – Durch Elimination des Parameters C aus den beiden Gleichungen $y = Cx^2$ und $y' = 2Cx$ ergibt sich die Dgl. der Schar $y = Cx^2$ zu $y' = 2y/x$. Die Dgl. der orthogonalen Trajektorien lautet dann $y' = -x/(2y)$ mit der allgemeinen Lösung $y^2 + (x^2/2) = B$, die eine Schar von Ellipsen darstellt. ◄

8.1.3 Differentialgleichungen n-ter Ordnung

Spezielle Differentialgleichungen n-ter Ordnung

$$y^{(n)} = f(x). \tag{8.12}$$

Sie wird durch wiederholte Quadraturen gelöst. Für das Anfangswertproblem mit

$$y(x_0) = y'(x_0) = y''(x_0) = \ldots = y^{(n-1)}(x_0) = 0$$

gilt nach Cauchy

$$y(x) = (1/(n-1)!) \int_{x_0}^{x} (x - t)^{n-1} f(t)\, \mathrm{d}t.$$

Addition des Polynoms

$$P_{n-1}(x) = y_0 + y_0'(x - x_0) + \frac{y_0''}{2!}(x - x_0)^2$$
$$+ \ldots + \frac{y_0^{(n-1)}}{(n-1)!}(x - x_0)^{n-1}$$

auf der rechten Seite der Formel von Cauchy liefert die Lösung mit den allgemeinen Anfangsbedingungen

$$y(x_0) = y_0, \quad y'(x_0) = y_0',$$
$$y''(x_0) = y_0'', \ldots, \quad y^{(n-1)}(x_0) = y_0^{(n-1)}.$$
$$F(x, y^{(n)}, y^{(n-1)}) = 0. \tag{8.13}$$

Die Gleichung sei nach $y^{(n)}$ auflösbar. $y^{(n)} = f(x, y^{(n-1)})$. Die Substitution $z = y^{(n-1)}$ führt auf $z' = f(x, z)$. Ist $z = g(x, C_1)$ ihre allgemeine Lösung, so lässt sich hieraus y durch wiederholte Quadraturen bestimmen.

$$F(y^{(n-2)}, y^{(n)}) = 0. \tag{8.14}$$

Die Dgl. sei nach $y^{(n)}$ auflösbar; $y^{(n)} = f(y^{(n-2)})$. Durch die Substitution $z = y^{(n-2)}$ wird sie auf eine Dgl. 2. Ordnung für z zurückgeführt: $z'' = f(z)$. Multiplikation dieser Gleichung mit $\mathrm{d}z = z'\,\mathrm{d}x$ führt auf $z''z'\,\mathrm{d}x = f(z)z'\,\mathrm{d}x$ oder $z'\,\mathrm{d}z' = f(z)\,\mathrm{d}z$. Integration ergibt die Dgl. 1. Ordnung für z, $z'^2 =$

$2 \int f(z)\,dz + C_1) = g(z) + C_1$, aus der dann $z = y^{(n-2)}$ als Funktion von x mit zwei beliebigen Konstanten C_1 und C_2 bestimmt wird.

8.1.4 Lineare Differentialgleichungen

Grundbegriffe

Linearer Differentialausdruck. Er hat für die Ordnung n die Form

$$L[y] = y^{(n)} + p_{n-1}(x)y^{(n-1)} + p_{n-2}(x)y^{(n-2)}$$
$$+ \ldots + p_1(x)y' + p_0(x)y.$$

L heißt dabei linearer Differentialoperator und hat die Eigenschaften der Additivität und Homogenität.

$$L[y_1 + y_2] = L[y_1] + L[y_2];$$
$$L[\alpha y] = \alpha L[y], \quad \alpha \in \mathbb{R}. \tag{8.15}$$

Eine lineare Differentialgleichung hat die Form

$$L[y] = y^{(n)} + p_{n-1}(x)y^{(n-1)}$$
$$+ p_{n-2}(x)y^{(n-2)} + \ldots + p_0(x)y$$
$$= f(x).$$
$$\tag{8.16}$$

Ist die Störungsfunktion $f(x) \equiv 0$, so heißt sie homogen, sonst inhomogen. Sind die Funktionen $p_0, p_1, \ldots, p_{n-1}$ und f auf $(a, b) \subset \mathbb{R}$ stetig, dann gibt es zu jedem $x_0 \in (a, b)$ und für n beliebige Zahlen $a_1, a_2, \ldots, a_n$ genau eine Lösung $y = y(x)$ der Dgl., die die Anfangsbedingung erfüllt:

$$y(x_0) = a_1,\ y'(x_0) = a_2,\ y''(x_0) = a_3, \ldots,$$
$$y^{(n-1)}(x_0) = a_n.$$

Lineare Abhängigkeit. Die auf einem Intervall $(a, b) \subset \mathbb{R}$ definierten Funktionen $f_1(x), f_2(x), \ldots, f_k(x)$ heißen linear abhängig, wenn es k Zahlen $\alpha_1, \alpha_2, \ldots \alpha_k$ mit $\alpha_1^2 + \alpha_2^2 + \alpha_3^2 + \ldots + a_k^2 > 0$ gibt, sodass $\alpha_1 f_1(x) + \alpha_2 f_2(x) + \alpha_3 f_3(x) + \ldots + \alpha_k f_k(x) = 0$ für alle $x \in (a, b)$. Anderenfalls heißen sie linear unabhängig. So sind die drei auf $\mathbb{R}$ definierten Funktionen $f_1(x) = 1$, $f_2(x) = \cos 2x$, $f_3(x) = \sin^2 x$ wegen $\cos 2x + 2\sin^2 x + (-1) = 0$ mit $x \in \mathbb{R}$ linear abhängig.

Wronski-Determinante. Sie ist für k Funktionen $f_1, f_2, \ldots, f_k$ definiert durch

$$W(x) = W(f_1, f_2, \ldots, f_k)(x)$$

$$= \begin{vmatrix} f_1(x) & f_2(x) & \ldots & f_k(x) \\ f_1'(x) & f_2'(x) & \ldots & f_k'(x) \\ \cdots\cdots\cdots\cdots\cdots\cdots\cdots\cdots \\ f_1^{(k-1)}(x) & f_2^{(k-1)}(x) & \ldots & f_k^{(k-1)}(x) \end{vmatrix}$$
$$\tag{8.17}$$

Sind die auf (a, b) definierten Funktionen $f_1, f_2, \ldots, f_k$ linear abhängig und besitzen sie dort stetige Ableitungen bis zur Ordnung $(k-1)$, dann ist $W(x) = 0$ für alle $x \in (a, b)$.

Homogene lineare Differentialgleichung

Sie wird im folgenden kurz mit $L[y] = 0$ bezeichnet. Sind $y_1(x), y_2(x), \ldots, y_k(x)$ Lösungen von $L[y] = 0$, dann ist es auch ihre Linearkombination $C_1 y_1(x) + C_2 y_2(x) + \ldots + C_k y_k(x)$. Zu jeder homogenen linearen Dgl. n-ter Ordnung gibt es ein Fundamentalsystem von n linear unabhängigen Lösungen. Bilden $y_1(x), y_2(x), \ldots, y_n(x)$ ein Fundamentalsystem, dann ist $W(y_1, y_2, \ldots, y_n)(x) \neq 0$, und die allgemeine Lösung der Dgl. $L[y] = 0$ lautet $y(x) = C_1 y_1(x) + C_2 y_2(x) + \ldots + C_n y_n(x)$ mit den willkürlichen Konstanten $C_1, C_2, \ldots, C_n$.

Beispiel

$y'' - \frac{x}{x-1}y' + \frac{1}{x-1}y = 0$ für $x \in (1, \infty)$. – $y_1(x) = x$ und $y_2(x) = \exp x$ sind für $x \in (1, \infty)$ partikuläre Lösungen mit der Wronski-Determinante $W(x) = \begin{vmatrix} x & \exp x \\ 1 & \exp x \end{vmatrix} = (x - 1)\exp x \neq 0$. Sie bilden somit ein Fundamentalsystem, und die allgemeine Lösung lautet $y(x) = C_1 x + C_2 \exp x$. ◄

Inhomogene lineare Differentialgleichung

Bilden die Funktionen $y_1(x), y_2(x), \ldots, y_n(x)$ ein Fundamentalsystem von $L[y] = 0$ und ist $y_P(x)$ eine partikuläre Lösung der inhomogenen linearen Dgl. $L[y] = f(x)$, dann ist ihre allgemeine Lösung $y(x) = C_1 y_1(x) + C_2 y_2(x) + \ldots + C_n y_n(x) + y_P(x)$ mit beliebigen $C_1, C_2, \ldots, C_n$.

Variation der Konstanten. Durch sie kann mit Hilfe der Fundamentallösungen $y_1(x), y_2(x), \ldots, y_n(x)$ von $L[y] = 0$ eine partikuläre Lösung von $L[y] = f(x)$ gewonnen werden. Hierzu werden in der allgemeinen Lösung der homogenen Dgl. $L[y] = 0$, $y_H(x) = C_1 y_1(x) + C_2 y_2(x) + \ldots + C_n y_n(x)$, die Konstanten durch Funktionen $C_1(x), C_2(x), \ldots, C_n(x)$ ersetzt, die so bestimmt werden, dass $y_P(x) = C_1(x)y_1(x) + C_2(x)y_2(x) + \ldots + C_n(x)y_n(x)$ eine partikuläre Lösung der inhomogenen Dgl. $L[y] = f(x)$ ist. Dies ist dann der Fall, wenn die Funktionen $C_1(x), C_2(x), \ldots, C_n(x)$ das Gleichungssystem

$$C_1'(x)y_1(x) + C_2'(x)y_2(x) \ldots + C_n'(x)y_n(x) = 0,$$
$$C_1'(x)y_1'(x) + C_2'(x)y_2'(x) \ldots + C_n'(x)y_n'(x) = 0,$$
$$\cdots\cdots$$
$$C_1'(x)y_1^{(n-1)}(x) + C_2'(x)y_2^{(n-1)}(x) \ldots + C_n'(x)y_n^{(n-1)}(x)$$
$$= f(x)$$

erfüllen. Da die Determinante dieses Gleichungssystems die von Null verschiedene Wronski-Determinante der Fundamentallösungen ist, lassen sich hieraus $C_1'(x), C_2'(x), \ldots, C_n'(x)$ und damit $C_1(x), C_2(x), \ldots, C_n(x)$ durch Quadraturen bestimmen.

Beispiel

$L[y] = y'' - y = 4\exp x$. – Es bilden $y_1(x) = \exp x$ und $y_2(x) = \exp(-x)$ auf $\mathbb{R}$ ein Fundamentalsystem von $L[y] = 0$ mit

$$W(x) = \begin{vmatrix} \exp x & \exp(-x) \\ \exp x & -\exp(-x) \end{vmatrix} = -2 \neq 0.$$ Die

allgemeine Lösung von $L[y]=0$ lautet daher $y_H(x) = C_1 \exp x + C_2 \exp(-x)$. Der Ansatz $y_P(x) = C_1(x)\exp x + C_2(x)\exp(-x)$ führt auf das Gleichungssystem

$$C_1'(x)\exp x + C_2'(x)\exp(-x) = 0,$$
$$C_1'(x)\exp x - C_2'(x)\exp(-x) = 4\exp x.$$

Aus ihm folgt $C_1'(x) = 2$, $C_2'(x) = -2\exp(2x)$ und integriert $C_1(x) = 2x$, $C_2(x) = -\exp(2x)$. Damit lautet eine partikuläre Lösung der inhomogenen Dgl. $L[y] = 4\exp x$

$$y_P(x) = C_1(x)\exp x + C_2(x)\exp(-x)$$
$$= (2x - 1)\exp x.$$

Mit ihr ergibt sich die allgemeine Lösung

$$y(x) = y_H(x) + y_P(x)$$
$$= C_1 \exp x + C_2 \exp(-x)$$
$$+ (2x - 1)\exp x, \quad C_1, C_2 \in \mathbb{R}. \blacktriangleleft$$

Superpositionsprinzip. Sind $y_{P1}(x)$ und $y_{P2}(x)$ partikuläre Lösungen der inhomogenen Dgln. $L[y] = f_1(x)$ und $L[y] = f_2(x)$, dann ist $y_{P1}(x) + y_{P2}(x)$ eine partikuläre Lösung der inhomogenen Dgl. $L[y] = f_1(x) + f_2(x)$.

8.1.5 Lineare Differentialgleichungen mit konstanten Koeffizienten

Bei ihnen treten an die Stelle der Funktionen $p_0(x), p_1(x), \ldots, p_{n-1}(x)$ aus Gl. (8.16) die Konstanten $a_0, a_1, a_2, \ldots, a_{n-1} \in \mathbb{R}$, sodass

$$L[y] = y^{(n)} + a_{n-1}y^{(n-1)} + a_{n-2}y^{(n-2)} + \ldots$$
$$+ a_1 y' + a_0 y = f(x).$$
$$(8.18)$$

Homogene Differentialgleichung

Charakteristische Gleichung und Fundamentalsystem. Durch Einsetzen von $y(x) = \exp(\lambda x)$ in die homogene Dgl. $L[y] = 0$ ergibt sich die charakteristische Gleichung zu

$$P_n(\lambda) = \lambda^n + a_{n-1}\lambda^{n-1} + a_{n-2}\lambda^{n-2} + \ldots$$
$$+ a_1\lambda + a_0 = 0.$$
$$(8.19)$$

Die linke Seite ist ein Polynom n-ten Grads (s. Abschn. 2.3.2). Die n Zahlen $\lambda_1, \lambda_2, \lambda_3, \ldots, \lambda_n$ mögen ein vollständiges System von Nullstellen des Polynoms P_n bzw. von Wurzeln der charakteristischen Gleichung bilden. Es sind zu unterscheiden:

Verschiedene Wurzeln. Alle $\lambda_1, \lambda_2, \lambda_3, \ldots, \lambda_n$ sind voneinander verschieden. Ein Fundamentalsystem der homogenen Dgl. (8.18) besteht dann aus den Funktionen $y_1(x) = \exp(\lambda_1 x)$, $y_2(x) = \exp(\lambda_2 x), \ldots, y_n(x) = \exp(\lambda_n x)$.

Mehrfache Wurzeln. Unter den $\lambda_1, \lambda_2, \lambda_3, \ldots, \lambda_n$ treten einige mehrfache auf. Ist λ_i in dem vollständigen System der Wurzeln k-mal enthalten (k-fache Wurzel), so treten für diese Wurzel λ_i im Fundamentalsystem die k Funktionen $y_1(x) = \exp(\lambda_i x), y_2(x) = x \exp(\lambda_i x), \ldots, y_k(x) = x^{k-1} \exp(\lambda_i x)$ auf. Sind einige der Wurzeln des vollständigen Systems komplex, z. B. $\lambda_j = \alpha + i\beta$, dann treten auch die konjugiert komplexen $\bar{\lambda}_j = \lambda_k = \alpha - i\beta$ mit der gleichen Vielfachheit auf. Die Funktionen

$$\exp(\lambda_j x) = \exp(\alpha + i\beta)x \quad \text{und}$$
$$\exp(\bar{\lambda}_j x) = \exp(\alpha - i\beta)x$$

können aufgrund der Euler-Formel $\exp(i\varphi) = \cos\varphi + i\sin\varphi$ durch $\exp(\alpha x)\cos(\beta x)$ und $\exp(\alpha x)\sin(\beta x)$ ersetzt werden, sodass das Fundamentalsystem nur reellwertige Funktionen enthält.

Beispiel

$L[y] = y'' + 2ay' + by = 0$. Charakteristische Gleichung $\lambda^2 + 2a\lambda + b = 0$ mit der Diskriminanten $D = a^2 - b$.

$D > 0$. Es existieren zwei verschiedene reelle Wurzeln $\lambda_1 = -a + \sqrt{D}$ oder $\lambda_2 = -a - \sqrt{D}$. Das Fundamentalsystem besteht aus

$$y_1(x) = \exp(-ax)\exp(\sqrt{D}x),$$
$$y_2(x) = \exp(-ax)\exp(-\sqrt{D}x).$$

Die allgemeine Lösung ist

$$y(x) = \exp(-ax)$$
$$\cdot [C_1 \exp(\sqrt{D}x) + C_2 \exp(-\sqrt{D}x)].$$

$D = 0$. Es existiert eine doppelte reelle Wurzel $\lambda_1 = \lambda_2 = -a$. Das Fundamentalsystem besteht aus $y_1(x) = \exp(-ax)$, $y_2(x) = x \exp(-ax)$. Die allgemeine Lösung ist $y(x) = \exp(-ax)(C_1 + C_2 x)$.

$D < 0$. Es existieren zwei konjugiert komplexe Wurzeln

$$\lambda_1 = -a + i\sqrt{-D} \quad \text{oder}$$
$$\lambda_2 = -a - i\sqrt{-D}.$$

Das Fundamentalsystem besteht aus

$$y_1(x) = \exp(-ax)\exp(i\sqrt{-D}x),$$
$$y_2(x) = \exp(-ax)\exp(-i\sqrt{-D}x)$$

oder

$$y_1(x) = \exp(-ax)\cos\sqrt{-D}x,$$
$$y_2(x) = \exp(-ax)\sin\sqrt{-D}x.$$

Die allgemeine Lösung lautet in komplexer bzw. reeller Darstellung

$$y(x) = \exp(-ax)(C_1 \exp(i\sqrt{-D}x) + C_2 \exp(-i\sqrt{-D}x)),$$
$$y(x) = \exp(-ax)(C_1 \cos\sqrt{-D}x + C_2 \sin\sqrt{-D}x). \quad \blacktriangleleft$$

Inhomogene Differentialgleichung

Sie lautet $L[y] = f(x)$. Ist ein Fundamentalsystem der homogenen Dgl. $L[y] = 0$ bekannt, so kann durch Variation der Konstanten stets eine partikuläre Lösung von $L[y] = f(x)$ bestimmt werden (s. Abschn. 8.1.4).

Störfunktion. In den meisten Anwendungsfällen lautet sie

$$f(x) = \left(P_n^{(1)}(x)\cos bx + P_m^{(2)}(x)\sin bx\right)\exp(ax); \quad (8.20)$$

a und b sind reelle Zahlen, die auch Null sein können. $P_n^{(1)}$ und $P_m^{(2)}$ sind Polynome mit dem Grad n bzw. m, wobei auch ein Polynom identisch Null sein kann. Für diese Störfunktion f ergibt sich eine partikuläre Lösung von $L[y] = f(x)$ einfacher durch den Ansatz

$$y_P(x) = x^r \left(Q_M^{(1)}(x)\cos bx + Q_M^{(2)}(x)\sin bx\right)\exp(ax). \quad (8.21)$$

$Q_M^{(1)}$ und $Q_M^{(2)}$ sind zwei Polynome mit dem Grad $M = \max(m,n)$, und $r \geq 0$ gibt die Vielfachheit von $a \pm ib$ als Wurzel der charakteristischen Gl. (8.19) an. $r = 0$ bedeutet, dass $a \pm ib$ keine Wurzel ist. Die in diesem Ansatz auftretenden unbestimmten Koeffizienten der Polynome $Q_M^{(1)}$ und $Q_M^{(2)}$ werden nach Einsetzen von $y_P(x)$ in die Dgl. durch Koeffizientenvergleich bestimmt. Ein Ersatz der Funktionen $\cos bx$ und $\sin bx$ in Gl. (8.20) nach der Euler-Formel mit

$$\cos bx = (1/2)[\exp(ibx) + \exp(-ibx)] \quad \text{und}$$

$$\sin bx = \frac{1}{2i}[\exp(ibx) - \exp(-ibx)]$$

bringt oft Vereinfachungen der Gl. (8.21).

Beispiel

$L[y] = y'' + y = x \sin x$. – Es gilt $a = 0$ und $b = 1$, d. h. $a \pm ib = \pm i$. Aus der charakteristischen Gleichung $\lambda^2 + 1 = 0$ folgt $\lambda = \pm i$, sodass $a \pm ib$ einfache Wurzeln der charakteristischen Gleichung sind, also $r = 1$. Da außerdem $M = 1$ ist, lautet der Ansatz für eine partikuläre Lösung

$$y_P(x) = x\big[(A_0 + A_1 x)\cos x \\ + (B_0 + B_1 x)\sin x\big].$$

Einsetzen von $y_P(x)$ in die Dgl. führt auf

$$L[y_P] = (2B_0 + 2A_1)\cos x + 4B_1 x \cos x \\ + (-2A_0 + 2B_1)\sin x - 4A_1 x \sin x \\ = x \sin x.$$

Koeffizientenvergleich ergibt $2B_0 + 2A_1 = 0$, $4B_1 = 0$, $-2A_0 + 2B_1 = 0$, $-4A_1 = 1$, sodass $A_0 = B_1 = 0$, $A_1 = -1/4$, $B_0 = 1/4$. Damit lautet eine partikuläre Lösung $y_P(x) = -(1/4)x^2 \cos x + (1/4)x \sin x$. ◄

Stabilitätskriterium von Hurwitz

Viele physikalischen System werden durch lineare Dgln. mit konstanten Koeffizienten beschrieben. Soll das System stabil sein, so muss die Lösung der homogenen Dgl. mit wachsendem Argument gegen Null abklingen. Diese Lösung ist aber eine Summe von Funktionen der Form

$$x^r[P(x)\cos \beta x + Q(x)\sin \beta x]\exp(\alpha x),$$

wobei P und Q Polynome sind, $r \geq 0$ ganzzahlig ist und $\alpha \pm i\beta$ Wurzeln der charakteristischen Gleichung sind. Diese Funktionen nehmen mit wachsendem Argument x genau dann gegen Null ab, wenn der Realteil der Wurzeln negativ ist.

Die Wurzeln der Gleichung $a_0\lambda^n + a_1\lambda^{n-1} + a_2\lambda^{n-2} + a_3\lambda^{n-3} + \ldots + a_{n-1}\lambda + a_n = 0$ $(a_0 > 0, a_i \in \mathbb{R})$ besitzen genau dann negative Realteile, wenn die Determinanten positiv sind:

$$D_1 = a_1, \quad D_2 = \begin{vmatrix} a_1 & a_0 \\ a_3 & a_2 \end{vmatrix},$$

$$D_3 = \begin{vmatrix} a_1 & a_0 & 0 \\ a_3 & a_2 & a_1 \\ a_5 & a_4 & a_3 \end{vmatrix},$$

$$D_4 = \begin{vmatrix} a_1 & a_0 & 0 & 0 \\ a_3 & a_2 & a_1 & a_0 \\ a_5 & a_4 & a_3 & a_2 \\ a_7 & a_6 & a_5 & a_4 \end{vmatrix}$$

$$D_n = \begin{vmatrix} a_1 & a_0 & 0 & 0 & 0 & 0\ldots 0 \\ a_3 & a_2 & a_1 & a_0 & 0 & 0\ldots 0 \\ a_5 & a_4 & a_3 & a_2 & a_1 & a_0\ldots 0 \\ \multicolumn{6}{c}{\ldots\ldots\ldots\ldots\ldots} \\ a_{2n-1} & a_{2n-2} & a_{2n-3} & & \ldots & a_n \end{vmatrix}$$

$(a_k = 0$ für $k > n)$.

Beispiel

$y''' + 3y'' + 4y' + 2y = 0$. – Charakteristische Gleichung $\lambda^3 + 3\lambda^2 + 4\lambda + 2 = 0$, $a_0 = 1 > 0$.

Es gilt $D_1 = 3 > 0$, $D_2 = \begin{vmatrix} 3 & 1 \\ 2 & 4 \end{vmatrix} = 10 > 0$,

$$D_3 = \begin{vmatrix} 3 & 1 & 0 \\ 2 & 4 & 3 \\ 0 & 0 & 2 \end{vmatrix} = 20 > 0, \text{ d. h., alle Wur-}$$

zeln haben negative Realteile und lauten $\lambda_1 = -1 + i$, $\lambda_2 = -1 - i$, $\lambda_3 = -1$. ◄

8.1.6 Systeme von linearen Differentialgleichungen mit konstanten Koeffizienten

Solche Systeme lassen sich auf ein Normalsystem von linearen Dgln. 1. Ordnung mit konstanten Koeffizienten zurückführen.

$$y_1' = a_{11}y_1 + a_{12}y_2 + a_{13}y_3 + \ldots + a_{1n}y_n + f_1(x)$$
$$y_2' = a_{21}y_1 + a_{22}y_2 + a_{23}y_3 + \ldots + a_{2n}y_n + f_2(x)$$
$$\ldots$$
$$y_n' = a_{n1}y_1 + a_{n2}y_2 + a_{n3}y_3 + \ldots + a_{nn}y_n + f_n(x)$$
$$a_{ik} \in \mathbb{R} \quad (i, k = 1, 2, 3, \ldots, n)$$
$$\text{oder} \quad y' = Ay + f(x).$$
$$(8.22)$$

Die Dgl. für die Vektorfunktion y heißt homogen, wenn $f(x) \equiv 0$, sonst inhomogen.

Homogene Differentialgleichung

Sie lautet

$$y' = Ay. \qquad (8.23)$$

Fundamentalsystem. Bilden die Vektorfunktionen

$$y_1(x) = \begin{pmatrix} y_{11}(x) \\ y_{21}(x) \\ \vdots \\ y_{n1}(x) \end{pmatrix}, \quad y_2(x) = \begin{pmatrix} y_{12}(x) \\ y_{22}(x) \\ \vdots \\ y_{n2}(x) \end{pmatrix},$$

$$\ldots, \quad y_n(x) = \begin{pmatrix} y_{1n}(x) \\ y_{2n}(x) \\ \vdots \\ y_{nn}(x) \end{pmatrix}$$

$$(8.24)$$

ein System von n Lösungen der Dgl. (8.23) und ist für alle $x \in \mathbb{R}$ die Determinante

$$W(x) = D(y_1(x), y_2(x), \ldots, y_n(x))$$

$$= \begin{vmatrix} y_{11}(x) & y_{12}(x) & y_{13}(x) & \ldots & y_{1n}(x) \\ y_{21}(x) & y_{22}(x) & y_{23}(x) & \ldots & y_{2n}(x) \\ \ldots & \ldots & \ldots & \ldots & \ldots \\ y_{n1}(x) & y_{n2}(x) & y_{n3}(x) & \ldots & y_{nn}(x) \end{vmatrix} \neq 0,$$

dann heißt dieses System ein Fundamentalsystem von Lösungen.

Allgemeine Lösung. Sie lautet mit Gl. (8.24)

$$y(x) = C_1 y_1(x) + C_2 y_2(x) + C_3 y_3(x) + \ldots + C_n y_n(x).$$

Für jede Anfangsbedingung $y(x_0) = b$ mit $x_0 \in \mathbb{R}$ und $b \in \mathbb{R}^n$ können dann die Konstanten $C_1, C_2, \ldots, C_n$ aus der allgemeinen Lösung eindeutig bestimmt werden. Zur Ermittlung eines Fundamentalsystems wird $y(x) = c \exp(\lambda x)$

$$\text{mit} \quad c = \begin{pmatrix} c_1 \\ c_2 \\ \vdots \\ c_n \end{pmatrix} \quad \text{angesetzt, wobei } c_1, c_2, \ldots, c_n$$

und λ unbestimmte Konstanten sind. Einsetzen in Gl. (8.23) führt auf die Vektorgleichung $Ac = \lambda c$ oder $(A - \lambda E)c = 0$ mit E als Einheitsmatrix. Sie stellt ein lineares homogenes Gleichungssystem mit n Gleichungen und n Unbekannten $c_1, c_2, \ldots, c_n$ dar und hat nur dann vom Nullvektor verschiedene Lösungsvektoren c, wenn die Determinante der Matrix $A - \lambda E$ Null ist (s. Gl. (8.25)).

Charakteristische Gleichung. Für die Dgl. $y' = Ay$ bzw. die Matrix A lautet sie

$$\text{Det}(A - \lambda E) = |A - \lambda E|$$

$$= \begin{vmatrix} a_{11} - \lambda & a_{12} & a_{13} & a_{14} & \ldots & a_{1n} \\ a_{21} & a_{22} - \lambda & a_{23} & a_{24} & \ldots & a_{2n} \\ \ldots & \ldots & \ldots & \ldots & \ldots & \ldots \\ a_{n1} & a_{n2} & a_{n3} & a_{n4} & \ldots & a_{nn} - \lambda \end{vmatrix}$$

$$= 0.$$

$$(8.25)$$

Sie ist eine algebraische Gleichung n-ten Grads in λ. Bilden $\lambda_1, \lambda_2, \lambda_3, \ldots, \lambda_n$ ein vollständiges System von Wurzeln dieser Gleichung, so sind zwei Fälle zu unterscheiden:

Verschiedene Wurzeln. $\lambda_1, \lambda_2, \ldots, \lambda_n$ unterscheiden sich voneinander. Für jedes λ_i ($i = 1, 2, 3, \ldots, n$) liefert die Gleichung $(A - \lambda_i E)c = 0$ einen Lösungsvektor c_i. Die Lösungsvektoren $c_1, c_2, \ldots, c_n$ sind voneinander linear unabhängig, und die Vektorfunktionen

$y_1(x) = c_1 \exp(\lambda_1 x)$, $y_2(x) = c_2 \exp(\lambda_2 x)$, ..., $y_n(x) = c_n \exp(\lambda_n x)$ bilden ein Fundamentalsystem, sodass die allgemeine Lösung

$$y(x) = C_1 c_1 \exp(\lambda_1 x) + C_2 c_2 \exp(\lambda_2 x) + \ldots$$
$$+ C_n c_n \exp(\lambda_n x)$$

lautet.

Tritt in dem vollständigen System der Wurzeln eine komplexe Wurzel auf, z. B. $\lambda_1 = \alpha + i\beta$, dann ist in dem System auch die konjugiert komplexe Wurzel, z. B. $\lambda_2 = \bar{\lambda}_1 = \alpha - i\beta$, enthalten. Mit $y_1 = c_1 \exp(\lambda_1 x)$ ist dann auch die konjugiert komplexe Vektorfunktion $\overline{y}_1(x) = y_2(x)$ eine Lösung bezüglich der Wurzel $\alpha - i\beta$. Diese beiden komplexen Lösungen können durch die beiden reellen Lösungsvektoren

$$\mathrm{Re}(y_1(x)) = \frac{y_1(x) + y_2(x)}{2} \quad \text{und}$$
$$\mathrm{Im}(y_1(x)) = \frac{y_1(x) - y_2(x)}{2\,i}$$

ersetzt werden, die dem Real- und Imaginärteil von $y_1(x)$ entsprechen.

Beispiel

$y_1' = y_1 + y_2$, $y_2' = -2y_1 - y_2$ oder $y' = A y$ mit $A = \left(\begin{smallmatrix} 1 & 1 \\ -2 & -1 \end{smallmatrix}\right)$. – Die charakteristische Gleichung lautet $|A - \lambda E| = \left|\begin{smallmatrix} 1-\lambda & 1 \\ -2 & -1-\lambda \end{smallmatrix}\right| = \lambda^2 + 1$ und hat die Wurzeln $\lambda_{1,2} = \pm i$. Die Vektoren c ergeben sich aus $(A - iE)c = 0$ bzw. $(A + iE)c = 0$ oder ausführlicher

$$(1-i)c_1 + \qquad c_2 = 0,$$
$$-2c_1 + (-1-i)c_2 = 0, \qquad \text{bzw.}$$
$$(1+i)c_1 + \qquad c_2 = 0,$$
$$-2c_1 + (-1+i)c_2 = 0.$$

Bei beiden Gleichungssystemen folgt jeweils eine Gleichung aus der anderen, sodass eine der Größen c_1 und c_2 beliebig wählbar ist. Mit $c_1 = 1$ ergeben sich dann $c_1 = \left(\begin{smallmatrix} 1 \\ -1+i \end{smallmatrix}\right)$ und $c_2 = \left(\begin{smallmatrix} 1 \\ -1-i \end{smallmatrix}\right)$ und damit $y_1(x) = \left(\begin{smallmatrix} 1 \\ -1+i \end{smallmatrix}\right) \exp(ix)$ und $y_2(x) = \left(\begin{smallmatrix} 1 \\ -1-i \end{smallmatrix}\right) \exp(-ix)$.

Die Lösungsvektoren $y_1(x)$ und $y_2(x)$ bilden ein Fundamentalsystem. Die Lösung

$y_2(x)$ kann auch direkt aus $y_1(x)$ durch Ersetzen von i durch $-i$ gewonnen werden. Aus den beiden Lösungen lassen sich die beiden reellen Darstellungen herleiten.

$$\tilde{y}_1(x) = \mathrm{Re}(y_1(x))$$
$$= \begin{pmatrix} 1 \\ -1 \end{pmatrix} \cos x - \begin{pmatrix} 0 \\ 1 \end{pmatrix} \sin x$$
$$= \begin{pmatrix} \cos x \\ -\cos x - \sin x \end{pmatrix},$$
$$\tilde{y}_2(x) = \mathrm{Im}(y_1(x))$$
$$= \begin{pmatrix} 1 \\ -1 \end{pmatrix} \sin x + \begin{pmatrix} 0 \\ 1 \end{pmatrix} \cos x$$
$$= \begin{pmatrix} \sin x \\ -\sin x + \cos x \end{pmatrix}.$$

Für die Determinante aus beiden Lösungen gilt

$$\mathrm{Det}(\tilde{y}_1(x),\ \tilde{y}_2(x))$$
$$= \begin{vmatrix} \cos x & \sin x \\ -\cos x - \sin x & -\sin x + \cos x \end{vmatrix} = 1.$$

Die allgemeine Lösung der Dgl. lautet

$$y(x) = C_1 \begin{pmatrix} \cos x \\ -\cos x - \sin x \end{pmatrix}$$
$$+ C_2 \begin{pmatrix} \sin x \\ -\sin x + \cos x \end{pmatrix}. \quad \blacktriangleleft$$

Mehrfache Wurzeln. Die Wurzel λ_i tritt r-mal auf. Die Lösungen, die der r-fachen Wurzel λ_i im Fundamentalsystem entsprechen, folgen aus dem Ansatz

$$y(x) = (c_0 + c_1 x + c_2 x^2 + \ldots + c_{r-1} x^{r-1})$$
$$\cdot \exp(\lambda_i x),$$

wobei $c_0, c_1, \ldots, c_{r-1}$ unbestimmte Vektoren sind. Wird die Funktion $y(x)$ in Dgl. (8.23) eingesetzt, so ergibt sich ein algebraisches System von linearen Gleichungen für die Vektorkoordinaten, von denen r entsprechend der Vielfachheit der Wurzel λ_i beliebig wählbar sind.

Beispiel

$y_1' = y_2, \; y_2' = y_3, \; y_3' = -y_2 + 2y_3$

oder $\mathbf{y}' = \begin{pmatrix} 0 & 1 & 0 \\ 0 & 0 & 1 \\ 0 & -1 & 2 \end{pmatrix} \mathbf{y}.$ – Die charak-

teristische Gleichung lautet $|\mathbf{A} - \lambda \mathbf{E}| =$

$\begin{vmatrix} -\lambda & 1 & 0 \\ 0 & -\lambda & 1 \\ 0 & -1 & 2-\lambda \end{vmatrix} = -\lambda(\lambda-1)^2 = 0$

und hat das vollständige System der Wurzeln $\lambda_1 = 0, \lambda_{2,3} = 1$ mit 1 als Doppelwurzel.

Der einfachen Wurzel 0 entspricht der Lö-

sungsansatz $\mathbf{y}_1(x) = \mathbf{c} = \begin{pmatrix} c_1 \\ c_2 \\ c_3 \end{pmatrix}$ mit der Glei-

chung $\mathbf{A}\mathbf{c} = \begin{pmatrix} 0 & 1 & 0 \\ 0 & 0 & 1 \\ 0 & -1 & 2 \end{pmatrix} \begin{pmatrix} c_1 \\ c_2 \\ c_3 \end{pmatrix} = \begin{pmatrix} 0 \\ 0 \\ 0 \end{pmatrix}.$

Hieraus folgt $c_2 = 0, c_3 = 0)$ und c_1 beliebig,

sodass $\mathbf{c} = \begin{pmatrix} c_1 \\ 0 \\ 0 \end{pmatrix} = c_1 \begin{pmatrix} 1 \\ 0 \\ 0 \end{pmatrix}$ mit beliebigem

c_1. Für $c_1 = 1$ ergibt sich damit die partikuläre

Lösung $\mathbf{y}_1(x) = \begin{pmatrix} 1 \\ 0 \\ 0 \end{pmatrix}.$

Für die Doppelwurzel wird der Ansatz gemacht

$$\mathbf{y}(x) = (\mathbf{a} + \mathbf{b}x) \exp x$$

$$= \begin{pmatrix} a_1 + b_1 x \\ a_2 + b_2 x \\ a_3 + b_3 x \end{pmatrix} \exp x.$$

Einsetzen in die Dgl. führt auf die Gleichung

$$\begin{pmatrix} b_1 \\ b_2 \\ b_3 \end{pmatrix} \exp x + \begin{pmatrix} a_1 + b_1 x \\ a_2 + b_2 x \\ a_3 + b_3 x \end{pmatrix} \exp x$$

$$= \begin{pmatrix} 0 & 1 & 0 \\ 0 & 0 & 1 \\ 0 & -1 & 2 \end{pmatrix} \begin{pmatrix} a_1 + b_1 x \\ a_2 + b_2 x \\ a_3 + b_3 x \end{pmatrix} \exp x$$

oder

$$\begin{pmatrix} a_1 + b_1 \\ a_2 + b_2 \\ a_3 + b_3 \end{pmatrix} \exp x + \begin{pmatrix} b_1 \\ b_2 \\ b_3 \end{pmatrix} x \exp x$$

$$= \begin{pmatrix} a_2 \\ a_3 \\ -a_2 + 2a_3 \end{pmatrix} \exp x$$

$$+ \begin{pmatrix} b_2 \\ b_3 \\ -b_2 + 2b_3 \end{pmatrix} x \exp x.$$

Koeffizientenvergleich führt auf das algebraische lineare Gleichungssystem mit sechs Gleichungen und sechs Unbestimmten.

$$a_1 + b_1 = a_2, \quad a_2 + b_2 = a_3,$$
$$a_3 + b_3 = -a_2 + 2a_3,$$
$$b_1 = b_2, \quad b_2 = b_3, \quad b_3 = -b_2 + 2b_3.$$

Aus den letzten drei Gleichungen folgt $b_1 = b_2, b_3 = b_2$ mit beliebigem b_2, sodass $\mathbf{b} =$

$\begin{pmatrix} b_2 \\ b_2 \\ b_2 \end{pmatrix} = b_2 \begin{pmatrix} 1 \\ 1 \\ 1 \end{pmatrix}$ mit beliebigem b_2.

Die übrigen drei Gleichungen lauten damit $a_1 - a_2 + b_2 = 0, a_2 - a_3 + b_2 = 0, a_2 - a_3 + b_2 = 0$, woraus sich ergibt $a_1 = a_2 - b_2$, $a_3 = a_2 + b_2$ mit beliebigen a_2, b_2, sodass

$$\mathbf{a} = \begin{pmatrix} a_1 \\ a_2 \\ a_3 \end{pmatrix} = \begin{pmatrix} a_2 - b_2 \\ a_2 \\ a_2 + b_2 \end{pmatrix}$$

$$= a_2 \begin{pmatrix} 1 \\ 1 \\ 1 \end{pmatrix} + b_2 \begin{pmatrix} -1 \\ 0 \\ 1 \end{pmatrix}.$$

Damit ergibt sich für $\mathbf{y}(x)$ die Darstellung

$$\mathbf{y}(x) = (\mathbf{a} + \mathbf{b}x) \exp x$$

$$= a_2 \begin{pmatrix} 1 \\ 1 \\ 1 \end{pmatrix} \exp x + b_2 \begin{pmatrix} -1 + x \\ x \\ 1 + x \end{pmatrix} \exp x.$$

Die Fundamentallösungen zur Doppelwurzel 1 lauten damit

$$\boldsymbol{y}_2(x) = \begin{pmatrix} 1 \\ 1 \\ 1 \end{pmatrix} \exp x,$$

$$\boldsymbol{y}_3(x) = \begin{pmatrix} -1+x \\ x \\ 1+x \end{pmatrix} \exp x.$$

Zusammen mit $\boldsymbol{y}_1(x)$ bilden sie ein Fundamentalsystem, und die allgemeine Lösung der Dgl. ist

$$\boldsymbol{y}(x) = C_1 \begin{pmatrix} 1 \\ 0 \\ 0 \end{pmatrix} + C_2 \begin{pmatrix} 1 \\ 1 \\ 1 \end{pmatrix} \exp x$$

$$+ C_3 \begin{pmatrix} -1+x \\ x \\ 1+x \end{pmatrix} \exp x. \quad \blacktriangleleft$$

Inhomogene Differentialgleichung
Sie lautet

$$\boldsymbol{y}' = \boldsymbol{A}\,\boldsymbol{y} + \boldsymbol{f}(x). \qquad (8.26)$$

Ist $\boldsymbol{y}_\mathrm{H}(x)$ die allgemeine Lösung der homogenen Dgl. $\boldsymbol{y}' = \boldsymbol{A}\,\boldsymbol{y}$ und $\boldsymbol{y}_\mathrm{P}(x)$ eine partikuläre Lösung der inhomogenen Dgl. $\boldsymbol{y}' = \boldsymbol{A}\,\boldsymbol{y} + \boldsymbol{f}(x)$, dann ist $\boldsymbol{y}(x) = \boldsymbol{y}_\mathrm{H}(x) + \boldsymbol{y}_\mathrm{P}(x)$ eine allgemeine Lösung der inhomogenen Dgl. Bilden die Funktionen $\boldsymbol{y}_1(x), \boldsymbol{y}_2(x), \ldots, \boldsymbol{y}_n(x)$ ein Fundamentalsystem von Lösungen der homogenen Dgl., so lautet $\boldsymbol{y}_\mathrm{P}(x) = C_1(x)\boldsymbol{y}_1(x) + C_2(x)\boldsymbol{y}_2(x) + \ldots + C_n\boldsymbol{y}_n(x)$, wobei die Funktionen $C_1(x), C_2(x), \ldots, C_n(x)$ gemäß der Variation der Konstanten durch die Gleichung

$$C_1'(x)\boldsymbol{y}_1(x) + C_2'(x)\boldsymbol{y}_2(x) + C_3'(x)\boldsymbol{y}_3(x) + \ldots$$
$$+ C_n'(x)\boldsymbol{y}_n(x) = \boldsymbol{f}(x)$$

bestimmt sind.

Beispiel

$y_1' = y_2 + 2$, $y_2' = y_1 + 2\exp x$ oder $\boldsymbol{y}' = \begin{pmatrix} 0 & 1 \\ 1 & 0 \end{pmatrix} \boldsymbol{y} + \begin{pmatrix} 2 \\ 2\exp x \end{pmatrix}$. –

$$\boldsymbol{y}_1(x) = \begin{pmatrix} 1 \\ 1 \end{pmatrix} \exp x \quad \text{und}$$

$$\boldsymbol{y}_2(x) = \begin{pmatrix} 1 \\ -1 \end{pmatrix} \exp(-x)$$

bilden ein Fundamentalsystem von Lösungen der homogenen Dgl. Die Funktionen $C_1(x)$ und $C_2(x)$ bestimmen sich aus der Gleichung

$$C_1'(x) \begin{pmatrix} 1 \\ 1 \end{pmatrix} \exp x + C_2'(x) \begin{pmatrix} 1 \\ -1 \end{pmatrix} \exp(-x)$$

$$= \begin{pmatrix} 2 \\ 2\exp x \end{pmatrix} \quad \text{oder}$$

$C_1'(x)\exp x + C_2'(x)\exp(-x) = 2$ und
$C_1'(x)\exp x - C_2'(x)\exp(-x) = 2\exp x$.

Hieraus folgen

$$\begin{aligned} C_1'(x) &= \exp(-x) + 1, \\ C_2'(x) &= \exp x - \exp 2x, \\ C_1(x) &= x - \exp(-x), \\ C_2(x) &= \exp x - (1/2)\exp 2x. \end{aligned}$$

Damit lautet eine partikuläre Lösung der inhomogenen Dgl.

$$\boldsymbol{y}_\mathrm{P}(x) = [x - \exp(-x)]\exp x \begin{pmatrix} 1 \\ 1 \end{pmatrix}$$

$$+ [\exp x - \frac{1}{2}\exp 2x]\exp(-x) \begin{pmatrix} 1 \\ -1 \end{pmatrix}$$

$$= \begin{pmatrix} x\exp x - \frac{1}{2}\exp x \\ x\exp x + \frac{1}{2}\exp x - 2 \end{pmatrix}. \quad \blacktriangleleft$$

8.1.7 Randwertaufgabe

Sie besteht darin, Lösungen $y(x)$ für eine Dgl. der Ordnung n zu bestimmen, die mit ihren Ableiten $y^{(i)}(x)$, $1 \leq i \leq n-1$, in zwei Randstellen $x = a$ und $x = b$ oder auch mehr, n voneinander unabhängige Randbedingungen erfüllen. Sie kann keine oder genau eine Lösung oder mehrere (sogar unendlich viele) Lösungen haben.

8

Beispiel

Die Dgl. $y'' + y = 0$ hat für die Randbedingungen

- $y(0) = 0$ und $y(\pi) = 1$ keine Lösung,
- $y(0) = 0$ und $y(\pi/2) = 1$ genau eine Lösung $y(x) = \sin x$,
- $y(0) = 0$ und $y(\pi) = 0$ unendliche viele Lösungen $y = C \sin x$. ◄

Lineare Randwertaufgabe. Bei ihr sind die Dgl. sowie die Randbedingungen linear in y und deren Ableitungen. Eine besonders häufige Aufgabe für eine Dgl. 2. Ordnung lautet $L[y] = y'' + p(x)y' + q(x)y = f(x)$ mit den Randbedingungen $R_1[y(a)] = a_1 y(a) + a_2 y'(a) = A$, $R_2[y(b)] = b_1 y(b) + b_2 y'(b) = B$, wobei p, q und f stetige Funktionen auf $[a, b]$ und a_1, a_2, b_1, b_2, A, B Konstanten sind. Die Randwertaufgabe heißt homogen, falls $A = B = 0$ und $f(x) = 0$, sonst inhomogen. Die Funktionen $y_1(x)$ und $y_2(x)$ sollen ein Fundamentalsystem von Lösungen der homogenen Dgl. $L[y] = 0$ bilden, deren allgemeine Lösung $y_H(x) = C_1 y_1(x) + C_2 y_2(x)$ ist, wobei C_1, C_2 beliebige Konstanten sind.

Homogene Randwertaufgabe
$$L[y] = 0, \quad R_1[y(a)] = R_2[y(b)] = 0.$$

Einsetzen der allgemeinen Lösung

$$y_H(x) = C_1 y_1(x) + C_2 y_2(x)$$

von $L[y] = 0$ in die Randbedingungen führt auf das Gleichungssystem

$$C_1 R_1[y_1(a)] + C_2 R_1[y_2(a)] = 0,$$
$$C_1 R_2[y_1(b)] + C_2 R_2[y_2(b)] = 0$$

mit der Systemdeterminante

$$D = \begin{vmatrix} R_1[y_1(a)] & R_1[y_2(a)] \\ R_2[y_1(b)] & R_2[y_2(b)] \end{vmatrix}.$$

Es hat stets die Lösungen $C_1 = C_2 = 0$, sodass $y(x) \equiv 0$ stets eine triviale Lösung der homogenen

Randwertaufgabe ist. Nichttriviale Lösungen gibt es genau dann, wenn $D = 0$ ist.

Beispiel

$L[y] = y'' + y = 0$, $R_1[y(0)] = y(0) = 0$, $R_2[y(\pi)] = y(\pi) = 0$. – Die Funktionen $y_1(x) = \cos x$ und $y_2(x) = \sin x$ bilden ein Fundamentalsystem, sodass die allgemeine Lösung $y(x) = C_1 \cos x + C_2 \sin x$ lautet. Einsetzen in die Randbedingungen R_1 und R_2 führt auf die Gleichungen $R_1[y(0)] = y(0) = C_1 \cdot 1 + C_2 \cdot 0 = 0$, $R_2[y(\pi)] = y(\pi) = C_1(-1) + C_2 \cdot 0 = 0$, woraus $C_1 = 0$ folgt, sodass $y(x) = C_2 \sin x$ für beliebiges C_2 eine Lösung ist. ◄

Inhomogene Randwertaufgabe. $L[y] = f(x)$, $R_1[y(a)] = A$, $R_2[y(b)] = B$. Es sei $y_P(x)$ eine partikuläre Lösung der inhomogenen Dgl. $L[y] = f(x)$, sodass deren allgemeine Lösung $y(x) = C_1 y_1(x) + C_2 y_2(x) + y_P(x)$ für beliebige C_1, C_2 ist. Einsetzen von $y(x)$ in die Randbedingungen führt auf das Gleichungssystem

$$C_1 R_1[y_1(a)] + C_2 R_1[y_2(a)] = A - y_P(a),$$
$$C_1 R_2[y_1(b)] + C_2 R_2[y_2(b)] = B - y_P(b)$$

mit der Systemdeterminante

$$D = \begin{vmatrix} R_1[y_1(a)] & R_1[y_2(a)] \\ R_2[y_1(b)] & R_2[y_2(b)] \end{vmatrix}.$$

Ist $D \neq 0$, so gibt es ein Lösungspaar (C_1, C_2), und die inhomogene Randwertaufgabe hat genau eine Lösung. Für $D = 0$ existieren nur in Sonderfällen Lösungen.

8.1.8 Eigenwertaufgabe

Eine homogene Randwertaufgabe heißt Eigenwertaufgabe, wenn die Dgl. oder die Randbedingungen noch einen Parameter λ enthalten. Parameterwerte, für die nichttriviale Lösungen existieren, heißen Eigenwerte und die entsprechenden Lösungen Eigenfunktionen.

Beispiel

$L[y] = y'' + \lambda y = 0$, $R_1[y(0)] = y(0) = 0$, $R_2[y(\pi)] = y(\pi) = 0$. Fallunterscheidung:

$\lambda > 0$. Fundamentalsystem $y_1(x) = \cos\sqrt{\lambda}x$, $y_2(x) = \sin\sqrt{\lambda}x$. Allgemeine Lösung $y(x) = C_1\cos\sqrt{\lambda}x + C_2\sin\sqrt{\lambda}x$. Randbedingungen liefern $y(0) = C_1 = 0$, $y(\pi) = C_1\cos\sqrt{\lambda}\pi + C_2\sin\sqrt{\lambda}\pi = 0$, woraus $C_2\sin\sqrt{\lambda}\pi = 0$ folgt. Damit die Eigenwertaufgabe nichttriviale Lösungen besitzt, muss $C_2 \neq 0$ und $\sin\sqrt{\lambda}\pi = 0$ oder $\sqrt{\lambda}\pi = n\pi$ sein, d.h. $\lambda_n = n^2(n = 1, 2, 3, \ldots)$. Sie hat also für $\lambda > 0$ die Eigenwerte $\lambda_n = n^2$ und die Eigenfunktionen $y_n(x) = C_n\sin nx$.

$\lambda = 0$ und damit $L[y] = y'' = 0$. Fundamentalsystem $y_1(x) = 1$, $y_2(x) = x$. Allgemeine Lösung der Dgl. $y(x) = C_1 + C_2x$. Randbedingungen liefern $y(0) = C_1 = 0$, $y(\pi) = C_1 + C_2\pi = 0$. Hieraus folgt $C_1 = 0$ und $C_2 = 0$, d.h. es existiert nur die triviale Lösung.

$\lambda < 0$. Fundamentalsystem

$$y_1(x) = \exp(\sqrt{-\lambda}x),$$
$$y_2(x) = \exp(-\sqrt{-\lambda}x).$$

Allgemeine Lösung der Dgl.

$$y(x) = C_1\exp(\sqrt{-\lambda}x) + C_2\exp(-\sqrt{-\lambda}x).$$

Randbedingungen liefern

$$y(0) = C_1 + C_2 = 0,$$
$$y(\pi) = C_1\exp(\sqrt{-\lambda}\pi) + C_2\exp(-\sqrt{-\lambda}\pi) = 0.$$

Dieses Gleichungssystem hat wegen $D \neq 0$ nur die Lösungen $C_1 = 0$ und $C_2 = 0$ d.h. für $\lambda < 0$ existiert nur die triviale Lösung. Die Eigenwertaufgabe besitzt also nichttriviale Lösungen nur für $\lambda > 0$. ◄

8.2 Partielle Differentialgleichungen

8.2.1 Lineare partielle Differentialgleichungen 2. Ordnung

Allgemeine Form
Sie lautet für eine Funktion u mit den beiden Argumenten x und y

$$L[u] = A(x,y)\frac{\partial^2 u}{\partial x^2} + 2B(x,y)\frac{\partial^2 u}{\partial x\,\partial y}$$
$$+ C(x,y)\frac{\partial^2 u}{\partial y^2} + D(x,y)\frac{\partial u}{\partial x}$$
$$+ E(x,y)\frac{\partial u}{\partial y} + F(x,y)u$$
$$= f(x,y). \tag{8.27}$$

Sie heißt homogen, wenn $f(x,y)\equiv 0$, sonst inhomogen.

Diskriminante. Sie lautet für Gl. (8.27)

$$\Delta = \begin{vmatrix} A(x,y) & B(x,y) \\ B(x,y) & C(x,y) \end{vmatrix}$$
$$= A(x,y)C(x,y) - B^2(x,y).$$

Charakteristische Dgl. So heißt die der partiellen Dgl. (8.27) zugeordnete gewöhnliche Dgl.

$$A(x,y)y'^2 - 2B(x,y)y' + C(x,y) = 0. \tag{8.28}$$

Sie lässt sich in zwei lineare Dgln. 1. Ordnung zerlegen und besitzt zwei einparametrische Lösungen, die Charakteristiken $\varphi(x,y) = C_1$ und $\psi(x,y) = C_2$ mit den Parametern C_1 und C_2.

Elliptischer Typus $\Delta > 0$. Die Charakteristiken sind konjugiert komplex. Durch die Transformation $\varphi(x,y) = \xi + i\eta$ und $\psi(x,y) = \xi - i\eta$ wird die Dgl. (8.27) in die Normalform übergeführt

$$\frac{\partial^2 u}{\partial \xi^2} + \frac{\partial^2 u}{\partial \eta^2} + a(\xi,\eta)\frac{\partial u}{\partial \xi}$$
$$+ b(\xi,\eta)\frac{\partial u}{\partial \eta} + c(\xi,\eta)u = g(\xi,\eta).$$

Parabolischer Typus $\Delta = 0$. Die beiden Charakteristiken stimmen überein. Durch die Transformation mit

$$\xi = \varphi(x, y) = \psi(x, y) \quad \text{und} \quad \eta = \eta(x, y),$$

und

$$\frac{\partial(\varphi, \eta)}{\partial(x, y)} = \begin{vmatrix} \varphi_x & \eta_x \\ \varphi_y & \eta_y \end{vmatrix} \neq 0,$$

wobei η eine beliebige Funktion ist, wird die Dgl. (8.27) in die Normalform übergeführt,

$$\frac{\partial^2 u}{\partial \eta^2} + a(\xi, \eta) \frac{\partial u}{\partial \xi}$$

$$+ b(\xi, \eta) \frac{\partial u}{\partial \eta} + c(\xi, \eta) u = g(\xi, \eta).$$

Hyperbolischer Typus $\Delta < 0$. Die Charakteristiken sind reell und verschieden. Durch die Transformation

$$\xi = \varphi(x, y) \quad \text{und} \quad \eta = \psi(x, y) \quad \text{bzw.}$$
$$\xi = \varphi(x, y) + \psi(x, y) \quad \text{und}$$
$$\eta = \varphi(x, y) - \psi(x, y)$$

wird die partielle Dgl. (8.27) in die Normalform übergeführt.

$$\frac{\partial^2 u}{\partial \xi \, \partial \eta} + a(\xi, \eta) \frac{\partial u}{\partial \xi}$$

$$+ b(\xi, \eta) \frac{\partial u}{\partial \eta} + c(\xi, \eta) u = g(\xi, \eta) \quad \text{bzw.}$$

$$\frac{\partial^2 u}{\partial \xi^2} - \frac{\partial^2 u}{\partial \eta^2} + a(\xi, \eta) \frac{\partial u}{\partial \xi}$$

$$+ b(\xi, \eta) \frac{\partial u}{\partial \eta} + c(\xi, \eta) u = g(\xi, \eta).$$

Gleichung 2. Ordnung mit konstanten Koeffizienten

Normalform. Sie lautet für die lineare Dgl. (8.27) mit konstanten Koeffizienten

$$A \frac{\partial^2 u}{\partial x^2} + 2B \frac{\partial^2 u}{\partial x \, \partial y} + C \frac{\partial^2 u}{\partial y^2}$$

$$+ D \frac{\partial u}{\partial y} + E \frac{\partial u}{\partial y} + Fu = f(x, y),$$

wobei A, B, C, D, E, F Konstanten sind.

Charakteristiken. Es sind in diesem Fall die Geraden

$$y = \frac{B + \sqrt{B^2 - AC}}{A} x + C_1 \quad \text{und}$$

$$y = \frac{B - \sqrt{B^2 + AC}}{A} x + C_2.$$

Durch entsprechende Transformation der Koordinaten kann die Dgl. in die Normalform übergeführt werden. Dabei sind die Koeffizienten a, b und c Konstanten. Wird gemäß der Gleichung

$$u(\xi, \eta) = v(\xi, \eta) \exp(\alpha \xi + \beta \eta)$$

die neue Funktion v eingeführt, so können nach Einsetzen von u in die Dgl. die Größen α und β so bestimmt werden, dass zwei Koeffizienten (z. B. die der partielle Ableitungen 1. Ordnung) für v verschwinden. Damit ergeben sich für eine lineare partielle Dgl. 2. Ordnung mit konstanten Koeffizienten in den ursprünglichen Bezeichnungen die Normalformen

elliptischer Typus

$$\frac{\partial^2 u}{\partial x^2} + \frac{\partial^2 u}{\partial y^2} + au = f(x, y);$$

hyperbolischer Typus

$$\frac{\partial^2 u}{\partial x \, ; \partial y} + au = f(x, y),$$

$$\frac{\partial^2 u}{\partial x^2} - \frac{\partial^2 u}{\partial y^2} + au = f(x, y);$$

parabolischer Typus

$$\frac{\partial^2 u}{\partial x^2} + a \frac{\partial u}{\partial y} = f(x, y).$$

8.2.2 Trennung der Veränderlichen

Eine homogene lineare partielle Dgl. für eine Funktion $u(x_1, x_2, \ldots, x_n)$ kann oft nach dem Fourierschen Verfahren der Trennung der Veränderlichen mit dem Produktansatz $u(x_1, x_2, \ldots, x_n) = U_1(x_1) U_2(x_2) \ldots U_n(x_n)$ auf gewöhnliche Dgln. zurückgeführt werden.

Durch Einsetzen der Funktion u in die Dgl. und Division durch u wird die Dgl. auf die Form

$$F_1(x_1, U_1, U_1', U_1'')$$
$$+ F(x_2, x_3, \ldots, x_n, U_2, U_2', U_2'', U_3, U_3', U_3'', \ldots)$$
$$= 0$$

gebracht, wobei genau eine der Variablen $x_1, x_2, \ldots, x_n$, z. B. x_1, nur unter F_1 und nicht unter F vorkommt. Damit gilt

$$F_1(x_1, U_1, U_1', U_1'')$$
$$= -F(x_2, x_3, \ldots, x_n, U_2, U_2', U_2'', \ldots) = \lambda_1$$
$$= \text{const.}$$

Dann ist $F_1(x_1, U_1, U_1', U_1'') = \lambda_1$ eine gewöhnliche Dgl. für die Funktion U_1. Für die 2. Gleichung

$$F(x_2, x_3, \ldots, x_n, U_2, U_2', U_2'', \ldots) = -\lambda_1$$

wird eine entsprechende Zerlegung gesucht, usw. Auf diese Weise wird eine Lösung mit $n-1$ beliebigen Separationskonstanten $\lambda_1, \lambda_2, \ldots, \lambda_{n-1}$ gewonnen.

8.2.3 Anfangs- und Randbedingungen

Zur vollständigen Beschreibung eines physikalischen Vorgangs sind neben der Dgl. noch der Anfangszustand und der Zustand am Rand des räumlichen Gebiets, in dem der Vorgang stattfindet, zu berücksichtigen. Dies geschieht durch Vorgabe von Anfangs- und Randbedingungen.

Beispiel 1

Freie Schwingung einer begrenzten und beidseitig eingespannten Saite. – Für die Auslenkung u lautet die Dgl.

$$\frac{\partial^2 u}{\partial t^2} = a^2 \frac{\partial^2 u}{\partial x^2} \quad \text{(hyperbolischer Typus).}$$
(8.29)

Randbedingung: $u(0, t) = u(l, t) = 0$ (feste Einspannung an den Enden $x = 0$ und

$x = l$). Anfangsbedingung: $u(x, 0) = f(x)$ und $\frac{\partial u}{\partial t}(x, 0) = g(x)$ (Auslenkung und Geschwindigkeit für $t = 0$). Produktansatz zur Lösung der Dgl.: $u(x, t) = X(x)T(t)$.

Einsetzen in die Dgl. (8.29) führt auf

$$T''(t)X(x) = a^2 X''(x)T(t) \quad \text{oder}$$
$$T''/(a^2 T) = X''/X = -\lambda$$

mit λ als Separationskonstante. Hieraus ergeben sich $T'' + a^2 \lambda T = 0$ und $X'' + \lambda X = 0$.

Berücksichtigung der Randbedingungen: $u(0, t) = u(l, t) = 0$ oder $X(0)T(t) = 0$ und $X(l)T(t) = 0$ ergibt wegen $T(t) \not\equiv 0$ die Randbedingung $X(0) = X(l) = 0$, sodass für die Funktion X die Eigenwertaufgabe (s. Abschn. 8.1.7) vorliegt; $X'' + \lambda X = 0$ mit $X(0) = X(l) = 0$. Diese besitzt nur für die positiven Eigenwerte $\lambda_n = (n\pi/l)^2$ nichttriviale Eigenfunktionen; $X_n(x) = \sin \frac{n\pi}{l} x$ ($n = 1, 2, 3, \ldots, n$).

Für jeden dieser Eigenwerte ergibt sich dann eine Dgl. für die Funktion T dann eine Dgl. $T'' + (n\pi a/l)^2 T = 0$ für die Funktion T mit der allgemeinen Lösung $T_n(t) = A_n \cos \frac{n\pi a}{l} t + B_n \sin \frac{n\pi a}{l} t$.

Die unendlichen vielen Funktionen

$$u_n(x, t)$$
$$= \left(A_n \cos \frac{n\pi a}{l} t + B_n \sin \frac{n\pi a}{l} t \right) \sin \frac{n\pi}{l} x,$$
$$n = 1, 2, 3, \ldots, n$$

sind dann Lösungen der Dgl. (8.29) und erfüllen die Randbedingungen. Aufgrund der Linearität und Homogenität der partiellen Dgl. sowie der Randbedingungen gilt dies auch unter gewissen Voraussetzungen für die unendliche Funktionenreihe

$$u(x, t)$$
$$= \sum_{n=1}^{\infty} \left(A_n \cos \frac{n\pi a}{l} t + B_n \sin \frac{n\pi a}{l} t \right)$$
$$\cdot \sin \frac{n\pi}{l} x.$$
(8.30)

Die Anfangsbedingungen führen auf die Gleichungen

$$f(x) = u(x, 0) = \sum_{n=1}^{\infty} A_n \sin \frac{n\pi}{l} x,$$

$$g(x) = \frac{\partial u}{\partial t}(x, 0) = \sum_{n=1}^{\infty} \frac{n\pi a}{l} B_n \sin \frac{n\pi}{l} x.$$

Werden beide Seiten dieser Gleichungen mit $\sin \frac{m\pi}{l} x$ multipliziert und über x von 0 bis l integriert, so ergeben sich wegen

$$\int_0^1 \sin \frac{n\pi}{l} x \sin \frac{m\pi}{l} x \, dx = \begin{cases} 0 & \text{für } m \neq n \\ l/2 & \text{für } m = n \end{cases}$$

die Gleichungen für die Koeffizienten A_n und B_n.

$$A_n = (2/l) \int_0^l f(x) \sin \frac{n\pi}{l} x \, dx \quad \text{und}$$

$$B_n = \frac{2}{n\pi a} \int_0^l g(x) \sin \frac{n\pi}{l} x \, dx.$$

Mit diesen Koeffizienten ist dann die Funktion u gemäß Gl.(8.30) die Lösung der Aufgabe. ◄

Beispiel 2

Wärmeleitung in einem Stab von endlicher Länge. – Die Wärmeleitung in einem Stab wird beschrieben durch eine partielle Dgl. der Form

$$L[u] = \frac{\partial u}{\partial t} - a^2 \frac{\partial^2 u}{\partial x^2} = 0$$

(parabolischer Typus). $\qquad\qquad$ (8.31)

An den Enden des Stabs $x = 0$ und $x = l$ seien die konstanten Temperaturen U_1 und U_2 vorgegeben, sodass die Randbedigung $u(0, t) = U_1$ und $u(l, t) = U_2$ lautet.

Die Temperaturverteilung längs des Stabs zum Zeitpunkt $t = 0$ sei durch die Anfangsbedingung $u(x, 0) = f(x)$ bestimmt.

Zur Lösung wird $u(x, t) = v(x) + w(x, t)$ angesetzt, wobei für die Funktion v die Bedingungen $L[v] = v'' = 0, v(0) = U_1, v(l) = U_2$ und für die Funktion w die Bedingungen $L[w] = \frac{\partial w}{\partial t} - a^2 \frac{\partial^2 w}{\partial x^2} = 0, w(0, t) = w(l, t) = 0, w(x, 0) = f(x) - v(x)$ bestehen. Für die Funktion $u(x, t) = v(x) + w(x, t)$ gelten dann die Bedingungen der Aufgabe.

Die Lösung der Randwertaufgabe für v lautet

$$v(x) = \frac{U_2 - U_1}{l} x + U_1.$$

Zur Lösung der Randwert- und Anfangswertaufgabe für die Funktion w wird der Produktansatz $w(x, t) = X(x) T(t)$ gemacht. Er führt auf die Gleichung mit getrennten Variablen $\frac{T'(t)}{a^2 T(t)} = \frac{X''(x)}{X(x)} = -\lambda$ mit λ als Separationskonstante, sodass sich die beiden gewöhnlichen Dgln. $X''(x) + \lambda X(x) = 0$ und $T'(t) + \lambda a^2 T(t) = 0$ ergeben.

Die Eigenwertaufgabe für die Funktion X führt wie im Beispiel 1 auf die Eigenwerte $\lambda_n = (n\pi/l)^2$ und auf die nichttrivialen Eigenfunktionen $X_n(x) = \sin \frac{n\pi}{l} x$ für $n = 1, 2, 3, \dots$. Dementsprechend ergibt sich für jedes $n = 1, 2, 3, \dots$ die Dgl. $T' + (n\pi a/l)^2 T = 0$ mit der allgemeinen Lösung $T_n(t) = A_n \exp[-(n\pi a/l)^2 t]$, sodass die unendlich vielen Funktionen

$$w_n(x, t) = T_n(t) X_n(x)$$
$$= A_n \sin \frac{n\pi}{l} x \exp\left[-\left(\frac{n\pi a}{l}\right)^2 t\right]$$

Lösungen der Dgl. $L[w] = 0$ sind, die der Randbedingung $w(0, t) = w(l, t) = 0$ genügen. Dies gilt unter gewissen Voraussetzungen auch für die Funktionenreihe

$$w(x, t) = \sum_{n=1}^{\infty} w_n(x, t)$$
$$= \sum_{n=1}^{\infty} A_n \sin \frac{n\pi}{l} x \exp\left[-\left(\frac{n\pi a}{l}\right)^2 t\right].$$
$$\qquad\qquad (8.32)$$

Aufgrund der Anfangsbedingung gilt

$$w(x,0) = \sum_{n=1}^{\infty} A_n \sin \frac{n\pi}{l}x = f(x) - v(x)$$

$$= f(x) - \left(\frac{U_2 - U_1}{l}x + U_1\right)$$

$$= F(x),$$

woraus entsprechend Beispiel 1

$$A_n = \frac{2}{l}\int_0^l F(x)\sin\frac{n\pi}{l}x\,dx$$

$$= \frac{2}{l}\int_0^l \left[f(x) - \left(\frac{U_2 - U_1}{l}x + U_1\right)\right]$$

$$\cdot \sin\frac{n\pi}{l}x\,dx$$

folgt. Damit lautet die Lösung der Anfangs-
wert- und Randwertaufgabe

$$u(x,t)$$
$$= v(x) + w(x,t)$$
$$= \frac{U_2 - U_1}{l}x + U_1$$
$$+ \sum_{n=1}^{\infty} A_n \sin\frac{n\pi}{l}\exp[-(n\pi a/l)^2 t]. \quad \blacktriangleleft$$

Allgemeine Literatur

Bücher

Braun, M.: Differentialgleichungen und ihre Anwendungen. 3. Auflage 1994, Springer.

Collatz, L.: Differentialgleichungen. 7. Auflage 1990, Teubner.

Heuser, H.: Gewöhnliche Differentialgleichungen. 6. Auflage 2009, Teubner.

Kamke, E.: Differentialgleichungen. Lösungsmethoden und Lösungen. Bd. 1: Gewöhnliche Differentialgleichungen. 10. Auflage 1983, Teubner.

Meyberg; Vachenauer: Höhere Mathematik. Bd. 2: Differentialgleichungen, Funktionentheorie, Fourier-Analysis, Variationsrechnung. 2. Auflage 1991, Springer.

Walter, W.: Gewöhnliche Differentialgleichungen. 7. Auflage 2000, Springer.

Werner; Arndt: Gewöhnliche Differentialgleichungen. Einführung in Theorie und Praxis. 1986, Springer.

Stochastik und Statistik

9

Hans-Joachim Schulz

9.1 Kombinatorik

Die Kombinatorik untersucht die Möglichkeiten zur Anordnung von beliebig gegebenen, endlich vielen Elementen einer Menge. Als Symbole für die Elemente dienen Buchstaben und Ziffern.

Komplexionen. So heißen die Zusammenstellungen der Elemente: Permutation, Variation und Kombination. Hierbei wird unterschieden a) nach der Zahl der Elemente, b) nach den Elementen bei gleicher Zahl, c) nach der Anordnung bei gleichen Elementen und d) nach der Zulässigkeit der Wiederholung von Elementen. Die Vorschriften zur Unterscheidung der Komplexionen sind mit der technischen Aufgabenstellung festgelegt.

> **Beispiel**
>
> Wie viel Schraubentypen können mit vier Farben (z. B. rot, grün, blau, weiß) gekennzeichnet werden? Alle nach a) vereinbarten Positionen sollen besetzt sein. – Tab. 9.1. ◄

9.1.1 Permutationen

Permutation. Die Komplexion, die aus allen n Elementen ($n \in \mathbb{R}$) einer endlichen Menge M in irgendeiner Anordnung gebildet werden kann, heißt Permutation der n Elemente. Zwei Permutationen sind genau dann gleich, wenn sie in der Reihenfolge der Elemente übereinstimmen. Ihre Anzahl bei n untereinander verschiedenen Elementen ist

$$P_n = 1 \cdot 2 \cdot 3 \cdot \ldots \cdot (n-1) \cdot n = n!. \quad (9.1)$$

Die Darstellung der verschiedenen Permutationen erfolgt nach der natürlichen Reihenfolge der Elemente (1, 2, 3... oder a, b, c ...) in einer lexikographischen Anordnung.

Inversion. Stehen in einer Permutation zwei Elemente in ihrer natürlichen Reihenfolge vertauscht, so bilden sie eine Inversion. Ist die Zahl der Inversionen gerade (ungerade), so bezeichnet man die Permutation als gerade (ungerade). Der Vertauschungsvorgang zwischen zwei Elementen heißt *Transposition*.

Tritt in der Permutation ein Element n_1-mal auf, so reduziert sich die Anzahl um das $1/n_1!$-fache.

Die verschiedenen Permutationen für n Elemente mit m verschiedenen Arten und den Wiederholungszahlen n_1, $n_2, \ldots$, n_m für jede Art sind

$$P_n^{(n_1, n_2, \ldots, n_m)} = \frac{n!}{n_1! n_2! \ldots n_m!}. \quad (9.2)$$

> **Beispiel 1**
>
> $n = 2$; $M = \{1, 2\}$. – $P_2 = 1 \cdot 2 = 2$; Permutationen; 12, 21. ◄

H.-J. Schulz (✉)
Berlin, Deutschland

© Springer-Verlag GmbH Deutschland, ein Teil von Springer Nature 2020
B. Bender und D. Göhlich (Hrsg.), *Dubbel Taschenbuch für den Maschinenbau 1: Grundlagen und Tabellen*,
https://doi.org/10.1007/978-3-662-59711-8_9

Tab. 9.1 Komplexionen von vier Farben (*r* rot, *g* grün, *b* blau, *w* weiß)

Fall	Unterscheidung nach	Mögliche Komplexionen	Anzahl	Bezeichnung der Komplexionen
1	a) 2 Farben b) nach den Farben	rg, rb, rw, gb, gw, bw	6	Kombinationen o.W.
2	a), b), d) mit Wiederholung	wie 1 und rr, bb, gg, ww	10	Kombinationen m.W.
3	a), b), c) mit Anordnung	wie 1 und gr, br, wr, bg, wg, wb	12	Variationen o.W.
4	a) b) c) d)	wie 3 und rr, bb, gg, ww	16	Variationen m.W.
5	a) 4 Farben, b), c)	rgbw, rgwb, rbgw, rbwg, rwgb, rwbg grbw, grwb, gbrw, gbwr, gwrb, gwbr, brgw, brwg, bgrw, bgwr, bwrg, bwgr wrgb, wrbg, wgrb, wgbr, wbrg, wbgr	24	Permutationen

o.W. bzw. *m.W.* ohne bzw. mit Wiederholung

Beispiel 2

$n = 3$; $M = \{1, 2, 3\}$. – Jedes der drei Elemente kann an der ersten Stelle stehen, dahinter folgen die Permutationen der restlichen zwei Elemente. Also ergibt sich durch vollständige Induktion, dem Schluss von n auf $n + 1$ nach Prüfen des Anfangswerts, $P_3 = 3 \cdot P_2 = 1 \cdot 2 \cdot 3 = 3! = 6$. ◄

Beispiel 3

$M = \{r, g, b\} = \{b, g, r\}$. – Lexikographische Anordnung der Permutation zu drei Elementen: *bgr*, *brg*; *gbr*, *grb*; *rbg*, *rgb*. In der letzten Permutation stehen *r* vor *g* und *b* sowie *g* vor *b*. Sie enthält also drei Inversionen und ist ungerade. ◄

Beispiel 4

$M = \{a, b, c, c\}$; $m = 3$; $n_1 = n_2 = 1$, $n_3 = 2$. – $P_4^{(1, 1, 2)} = 4!/(1!\, 1!\, 2!) = 12$. ◄

9.1.2 Variationen

Eine Zusammenstellung von k verschiedenen Elementen aus einer Menge mit n verschiedenen Elementen, bei der es auf die Anordnung ankommt, heißt *Variation* von n Elementen zur k-ten Klasse oder Ordnung ohne Wiederholung. Ihre Anzahl ist

$$V_n^{(k)} = \frac{n!}{(n-k)!} \quad \text{mit } k \leqq n. \tag{9.3}$$

Kann jedes Element bis zu k-mal wiederholt auftreten, ist die Anzahl

$$V w_n^{(k)} = n^k \quad \text{mit } k \leqq n \quad \text{oder} \quad k > n. \tag{9.4}$$

Beispiel 1

Aus den zehn Ziffern $0, 1, 2 \ldots 9$ kann man $V_{10}^{(4)} = 10!/6! = 5\,040$ vierstellige Zahlen bilden, in denen jede Ziffer nur einmal vorkommt. ◄

Beispiel 2

Beim Fußballtoto gibt es $n = 3$ verschiedene Elemente (0, 1, 2), die auf $k = 11$ verschiedenen Positionen mit Wiederholungen in richtiger Reihenfolge angegeben werden müssen. – Es gibt $V w_3^{(11)} = 3^{11} = 177\,147$ Möglichkeiten. ◄

9.1.3 Kombinationen

Komplexionen von k verschiedenen Elementen aus einer Menge von n verschiedenen Elementen ohne Berücksichtigung der Anordnung heißen Kombinationen von n Elementen zur k-ten Klasse ohne Wiederholung. Ihre Anzahl ist

$$C_n^{(k)} = \binom{n}{k} = \frac{n!}{k!(n-k)!}$$

$$= \frac{n(n-1)(n-2)\ldots(n-k+2)(n-k+1)}{1 \cdot 2 \cdot 3 \cdot \ldots \cdot (k-1) \cdot k}. \tag{9.5}$$

Kann jedes Element bis zu k-mal wiederholt auftreten, ist die Zahl

$$C\,w_n^{(k)} = \binom{n+k-1}{k}. \qquad (9.6)$$

Beispiel 1

Beim Zahlenlotto 6 aus 49 gibt es

$$C_{49}^{(6)} = \binom{49}{6} = \frac{49 \cdot 48 \cdot 47 \cdot 46 \cdot 45 \cdot 44}{1 \cdot 2 \cdot 3 \cdot 4 \cdot 5 \cdot 6}$$

$$= 13\,983\,816 \text{ Kombinationen} \;\blacktriangleleft$$

Beispiel 2

Die Zahl der Abstimmungskombinationen eines vierköpfigen Gremiums ($k = 4$) mit drei Stimmöglichkeiten (ja, nein, enthalten; $n = 3$) ist $C\,w_3^{(4)} = \binom{6}{4} = 15.$ ◄

9.2 Ausgleichsrechnung nach der Methode der kleinsten Quadrate

9.2.1 Grundlagen

Wahrscheinlichkeitsdichte. Jeder Messwert ist eine Zufallsgröße X, die durch die Gaußsche Wahrscheinlichkeitsdichtefunktion oder die zugehörige Gauß-Verteilungsfunktion charakterisiert wird. Die Dichte dafür, dass der Messwert x_M gemessen wird, ist (s. Abschn. 9.3.4)

$$f(x_M) = \frac{1}{\sqrt{2\pi\sigma^2}} \cdot \exp\left(-\frac{(x_M - x)^2}{2\sigma^2}\right), \quad (9.7)$$

wobei σ^2 die Varianz und x der Erwartungswert der „sehr großen" Grundgesamtheit bedeuten und nicht bekannt sind.

Methode der kleinsten Quadrate. Bei n Messungen unter gleichen Bedingungen (Stichprobe vom Umfang n) ist die Dichte für das Auftreten der Messwerte $x_{M1}, x_{M2}, \ldots, x_{Mn}$ nach dem

Multiplikationssatz, Gl. (9.26), mit

$$f(x_{M1} - x, \; x_{M2} - x, \ldots, \; x_{Mn} - x)$$

$$= \frac{1}{(\sqrt{2\pi\sigma^2})^n} \cdot \exp\left(-\frac{1}{2\sigma^2}\sum_{i=1}^{n}(x_{Mi} - x^2)\right) \qquad (9.8)$$

gegeben. Für den unbekannten Erwartungswert x wird aus den x_{Mi} der wahrscheinlichste Schätzwert $\bar{x}$ berechnet, für den die Dichte f in Gl. (9.11) maximal ist, also für

$$\sum_{i=1}^{n}(x_{Mi} - \bar{x})^2 = \text{Minimum}. \qquad (9.9)$$

Dies wird als Gaußsche Methode der kleinsten Quadrate bezeichnet. Sie findet auch vielfältige Anwendung in der Approximationstheorie.

9.2.2 Ausgleich direkter Messungen gleicher Genauigkeit

Dies ist der mit Gl. (9.11) beschriebene Fall von n direkten Messungen unter gleichen Messbedingungen.

Mittelwert und Fehler. Aus Gl. (9.12) folgt durch Differenzieren nach x_{Mi} und Nullsetzen

$$\bar{x} = \frac{1}{n}\sum_{i=1}^{n} x_{Mi}. \qquad (9.10)$$

Der arithmetische Mittelwert $\bar{x}$ (s. Abschn. 2.1.4) ist der wahrscheinlichste Wert für die wahre Größe x. Die Differenz $x_{Mi} - \bar{x} = v_i$ heißt wahrscheinlicher Fehler. Als Rechenprobe für richtige Mittelwertbildung ist $\sum v_i = 0$ geeignet. Zur Kennzeichnung der Genauigkeit des Mittelwerts $\bar{x}$ ist der Mittelwert $\bar{v} = 0$ der wahrscheinlichen Fehler ungeeignet. Die Summe der wahren Fehler $\sum \varepsilon_i = \sum(x_{Mi} - x) = n(\bar{x} - x)$ ist nicht bekannt, jedoch ist auch ihr Erwartungswert (s. Gl. (9.33)) $E(\sum \varepsilon_i) = 0$, weil $E\bar{x} = x$ ist.

Varianz der Stichprobe. Aus dem Erwartungswert für die Summe der Fehlerquadrate folgt $E(\sum v_i^2) = (n-1)\sigma^2$. An die Stelle der unbe-

Tab. 9.2 Statistische Sicherheit P

k Werte	Außerhalb des Bereichs	Sicherheit P
317	$\bar{x} \pm 1\sigma$	$P = 68{,}3\%$
50	$\bar{x} \pm 1{,}96\sigma$	$P = 95\%$
46	$\bar{x} + 2\sigma$	$P = 95{,}4\%$
10	$\bar{x} \pm 2{,}58\sigma$	$P = 99\%$
3	$\bar{x} + 3\sigma$	$P = 99{,}7\%$

Tab. 9.3 Korrekturfaktor t (t-Verteilung nach Student; s. Tab. 9.8); f Freiheitsgrad, n Anzahl der Messungen, m Anzahl der Messgrößen, $f = n - m$

f	$P = 68{,}3\%$	95 %	99 %	99,73 %
4	1,15	2,8	4,6	6,6
10	1,06	2,3	3,2	4,1
20	1,03	2,1	2,9	3,4
50	1,01	2,0	2,7	3,1
100	1,00	1,97	2,6	3,04
200	1,00	1,96	2,58	3,0

kannten Varianz σ^2 der Grundgesamtheit tritt als Schätzwert die Varianz s^2 der Stichprobe:

$$s^2 = \frac{1}{n-1} \sum_{i=1}^{n} v_i^2 = \frac{1}{n-1} \sum_{i=1}^{n} (x_{\text{Mi}} - \bar{x})^2$$

$$= \frac{1}{n-1} \left(\sum x_{\text{Mi}}^2 - \bar{x} \sum x_{\text{Mi}} \right). \tag{9.11}$$

Standardabweichung. Sie wird zur Kennzeichnung der Genauigkeit herangezogen und lautet mit Gl.

$$s = \sqrt{\frac{1}{n-1} \left(\sum_{i=1}^{n} x_{\text{Mi}}^2 - \bar{x} \sum_{i=1}^{n} x_{\text{Mi}} \right)}. \tag{9.12}$$

Sie nähert sich σ für große Werte von n. Ist σ für eine Gauß-Verteilung bekannt, so gilt: Von 1000 Einzelmessungen fallen im Mittel k Werte außerhalb des Bereichs entsprechend Tab. 9.2.

Vertrauensbereich. Die Anwendung der Fehlerfortpflanzung für zufällige Fehler (s. Abschn. 9.2.3) auf die Folge der n Einzelmessungen ergibt als Vertrauensbereich für den arithmetischen Mittelwert $\bar{x}$

$$m_{\bar{x}} = \pm \alpha_{\text{P}} \sigma / \sqrt{n}, \tag{9.13}$$

wobei α_{P} der zur gewählten statistischen Sicherheit P gehörende Faktor von σ des zugehörigen Bereichs ist. Ist σ nicht bekannt, so wird $\alpha_{\text{P}}\sigma$ durch ts ersetzt, wobei der Korrekturfaktor t von n und P nach Tab. 9.3 abhängt, also

$$m_{\bar{x}} = \pm \frac{ts}{\sqrt{n}} = \pm t \sqrt{\frac{\sum_{i=1}^{n} (x_{\text{Mi}} - \bar{x})^2}{n(n-1)}} \tag{9.14}$$

ist. Wenn $\bar{x}_{\text{E}}$ der von systematischen Messfehlern befreite Mittelwert ist, lautet das Ergebnis der n Einzelmessungen $x = \bar{x}_{\text{E}} \pm m_{\bar{x}}$ für die statistische Sicherheit P (s. Tab. 9.3).

Eine Steigerung der Zahl n wirkt proportional zu $1/\sqrt{n}$ auf den Vertrauensbereich ein, d. h., mit der Steigerung von n auf große Werte (>10) wird die Verbesserung des Vertrauensbereichs immer geringer. Daher ist mindestens $n = 10$ zu wählen.

Weitere Bezeichnungen. In der Literatur sind noch häufig zu finden: für *Standardabweichung:* mittlerer Fehler der Einzelmessung, mittlerer quadratischer Fehler, mittlere quadratische Abweichung, Streuung; für *Vertrauensbereich* bei $\alpha_{\text{P}} = 1$: mittlerer Fehler des Mittelwerts; für *Varianz:* Streuungsquadrat und für $\sum_{i=1}^{n} x_i = [x]$ *Gaußsche Summenkonvention.*

Beispiel

Die Periodendauer eines Schwingungsvorgangs wurde gemessen (Tab. 9.4). Hierbei gilt $T_i \hat{=} x$ und $v = x - x_i$. Die Standardabweichung ist nach Gl. (9.14) $s = \sqrt{2{,}9935\, s^2/(5-1)} = 0{,}86\, s$. Der Vertrauensbereich ist mit $t = 1{,}15$ für $f = 5 - 1 = 4$, die statistische Sicherheit $P = 68{,}3\%$ (Tab. 9.3) und mit Gl. (9.17) $m_{\bar{x}} = 1{,}15 \cdot 0{,}86\, s/\sqrt{5} = 0{,}44\, s$. Das Messergebnis soll keine weiteren systematischen Fehler haben und lautet $T = (\bar{T} + m_{\bar{x}}) = (26{,}04 = 0{,}44)\, s = 26{,}04 \pm 1{,}7\%$. ◀

Tab. 9.4 Messwerte, Fehler und Fehlerquadrate eines Schwingungsvorgangs

i	T_i	v	v^2
	s	s	s^2
1	26,0	−0,04	0,0016
2	27,4	1,36	1,8511
3	25,4	−0,64	0,4096
4	25,2	−0,84	0,7056
5	26,2	0,16	0,0256
	26,04		2,9935

9.2.3 Fehlerfortpflanzung bei zufälligen Fehlergrößen

Für eine von zwei voneinander unabhängigen Messgrößen x, y abhängige Größe $z = f(x, ya)$ wird zur Berechnung von s_z als Schätzwert für die Standardabweichung das totale Differential gebildet und quadriert. Für praktische Zwecke sind für die Variablen die Messwerte x_{Mi}, y_{Mi}, $i = 1, 2, \ldots, n$, und für $\mathrm{d}x$, $\mathrm{d}y$, $\mathrm{d}z$ die kleinen wahrscheinlichen Fehler v_{xi}, v_{yi}, v_{zi} einzusetzen und zu summieren.

$$\sum_{i=1}^{n} v_{zi}^2 = \sum_{i=1}^{n} \left(\frac{\partial f}{\partial x}\right)^2 v_{xi}^2 + \sum_{i=1}^{n} \left(\frac{\partial f}{\partial y}\right)^2 v_{yi}^2$$

$$\text{mit } \sum_{i=1}^{n} \frac{\partial f}{\partial x} \cdot \frac{\partial f}{\partial y} v_{xi} v_{yi} = 0,$$

(9.15a)

weil v_{xi} und v_{yi} gleich wahrscheinlich positiv und negativ sind. Division durch $(n-1)$ und Wurzelziehen ergeben einen Schätzwert

$$s_z = \sqrt{\left(\frac{\partial f}{\partial x}\right)^2 s_x^2 + \left(\frac{\partial f}{\partial y}\right)^2 s_y^2} \qquad (9.15b)$$

für die Standardabweichung. Dies ist das Gaußsche Gesetz der *Fehlerfortpflanzung bei zufälligen Fehlergrößen,* das auf mehr als zwei Variable sinngemäß erweitert werden kann.

Beispiel

Bei der Messung der Fallbeschleunigung $g = 4\pi^2 l / T^2$ mit dem Fadenpendel wurde für die Pendellänge $\bar{l} = 84{,}93$ cm mit $s_1 = 2{,}8 \cdot 10^{-3}$ cm die Schwingungsdauer $\bar{T} = 1{,}849$ s

mit $s_T = 3 \cdot 10^{-4}$ s ermittelt. Mit Gl. (9.15) sowie $\partial g / \partial l = 4\pi^2 / T^2$ und $\partial g / \partial T = -8\pi^2 l / T^3$ wird dann

$$s_g = \sqrt{(4\pi^2/\bar{T}^2)^2 s_1^2 + (8\pi^2\bar{l}/\bar{T}^3)^2 s_T^2}$$

$$= \sqrt{\begin{aligned}&(4\pi^2 \cdot 2{,}8 \cdot 10^{-3} \,\text{cm}/1{,}849^2 \cdot s^2)^2 \\ &+ (8\pi^2 \cdot 84{,}93\,\text{cm} \cdot 3 \cdot 10^{-4}\,s/1{,}849^3 s^3)^2\end{aligned}}$$

$$= 0{,}32\,\text{cm/s}^2. \quad \blacktriangleleft$$

9.2.4 Ausgleich direkter Messungen ungleicher Genauigkeit

Soll der Mittelwert einer Messgröße x aus Messungen nach verschiedenen Methoden gewonnen oder aus Mittelwerten von Messreihen gleicher Genauigkeit mit unterschiedlichen Stichprobenumfängen errechnet werden, so haben die x_{Mi} oder $\bar{x}_i$ verschiedenes Gewicht.

Gewichtsfaktor. Hierzu dient die Dichte nach Gl. (9.11), in der mit jedem Messwert x_{Mi} die zum Messverfahren gehörende Standardabweichung σ_i einzusetzen ist. Die Methode der kleinsten Quadrate, Gl. (9.12), und die Gewichtsfaktoren lauten

$$\sum_{i=1}^{n} (x_{Mi} - \bar{x})/\sigma_i^2 = \text{Minimum} \quad \text{und}$$

$$p_i = \sigma^2/\sigma_i^2 \approx s^2/s_i^2. \qquad (9.16)$$

Gewichtsfaktoren gelten für beliebiges σ^2 und sind als Varianzverhältnisse so definiert, dass dem Messergebnis mit der größten Genauigkeit, also mit der kleinsten Standardabweichung s_i, das größte Gewicht zukommt. Dabei wird s^2 so gewählt, dass ein $p_i = 1$ wird.

Gewogener Mittelwert. Er ergibt sich aus der Minimumforderung als wahrscheinlichster Wert

$$\bar{x} = \sum_{i=1}^{n} p_i x_{Mi} \Bigg/ \sum_{i=1}^{n} p_i. \qquad (9.17)$$

9

Tab. 9.5 Ausgleich der Messung von Dreieckflächen ungleicher Genauigkeit

p_i	$x_{Mi} = A_i$ cm^2	$p_i x_{Mi}$ cm^2	$v_i = \bar{A}_i - A_i$ cm^2	$p_i v_i$ cm^2	$p_i v_i^2$ cm^4
1,0	238,0	238,0	$-1,2$	$-1,2$	1,44
0,4	240,5	96,2	1,3	0,5	0,65
2,0	239,5	479,0	0,3	0,6	0,18
3,4	–	813,2	–	$-0,1 \approx 0$	2,27

Ausgeglichene Standardabweichung. Sie beträgt mit dem Mittelwert

$$s = \sqrt{\frac{1}{n-1} \sum_{i=1}^{n} p_i (x_{Mi} - \bar{x})^2}$$

$$= \sqrt{\frac{1}{n-1} \sum_{i=1}^{n} p_i v_i^2}. \tag{9.18}$$

Vertrauensbereich. Für den gewogenen Mittelwert gilt

$$m_{\bar{x}} = ts \left/ \sqrt{\sum_{i=1}^{n} p_i}. \right. \tag{9.19}$$

Beispiel

Die Fläche eines Dreiecks wurde nach verschiedenen Verfahren mehrfach gemessen, sodass folgende Mittelwerte und Standardabweichungen vorliegen: $A_1 = 238,0 \, \text{cm}^2$, $s_1 = 2,1 \, \text{cm}^2$, $A_2 = 240,5 \, \text{cm}^2$, $s_2 = 3,2 \, \text{cm}^2$, $A_3 = 239,5 \, \text{cm}^2$, $s_3 = 1,5 \, \text{cm}^2$. Man berechne $\bar{A}$ und $m_{\bar{A}}$. – Für $p_1 = 1$ folgt mit Gl. (9.16)

$$p_2/p_1 = (s^2/s_2^2)/(s^2/s_1^2) = s_1^2/s_2^2 \approx 0,4;$$
$$p_3 = 2,1^2/1,5^2 \approx 2,0$$

(s. Tab. 9.5).

$\bar{A} = 813,2 \, \text{cm}^2/3,4 = 239,2 \, \text{cm}^2$ nach Gl. (9.17), $s = \sqrt{2,27/2} \, \text{cm}^2 = 1,1 \, \text{cm}^2$ mit Gl. (9.18), $m_{\bar{A}} = 1,32 \, s/\sqrt{3,4} = 0,8 \, \text{cm}^2$ aus Gl. (9.19) mit $t = 1,32$ für $n = 3$, $P = 68,3\,\%$. Das gewogene Messergebnis lautet $A = (239,2 \pm 0,8) \, \text{cm}^2$ für $P = 68,3\,\%$. ◄

9.3 Wahrscheinlichkeitsrechnung

Die Wahrscheinlichkeitsrechnung dient zur Aufdeckung von Gesetzmäßigkeiten zufälliger Ereignisse (mit großen Buchstaben bezeichnet). Zu-

fällig ist das Ergebnis eines Versuchs, das – bei festgelegten Bedingungen – eintreten kann, aber nicht muss. Zur empirischen Überprüfung der Gesetzmäßigkeiten ist die Analyse einer großen Zahl von Versuchen unter gleichen Bedingungen erforderlich (s. Abschn. 9.4).

9.3.1 Definitionen und Rechengesetze der Wahrscheinlichkeit

Klassische Definition (P.S. de Laplace). Die Wahrscheinlichkeit P für das Eintreten des Ereignisses A ist das Verhältnis aus der Zahl g der günstigen Fälle zur Zahl m der möglichen Fälle unter der Annahme, dass alle Fälle gleich wahrscheinlich sind.

$$P(A) = g/m. \tag{9.20}$$

Die Berechnung erfolgt durch Abzählen mit Hilfe der Kombinatorik oder Simulieren des Experiments mittels Zufallszahlen.

Statistische Definition (R. v. Mises). Bezeichnet n die Anzahl der Versuche eines unter gleichen Bedingungen ausgeführten Experiments und tritt dabei m-mal das Ereignis A auf, so ist $h(A) = m/n$ die *relative Häufigkeit* des Ereignisses A. Der Grenzwert

$$\lim_{n \to \infty} h(A) = \lim_{n \to \infty} (m/n) = P(A) \tag{9.21}$$

ist die (statistische) Wahrscheinlichkeit von A (Gesetz der großen Zahl). Offenbar folgt aus beiden Definitionen $0 \leqq P(A) \leqq 1$. Für das *sichere* Ereignis S gilt $P(S) = 1$. Für das *unmögliche* Ereignis Φ gilt $P(\Phi) = 0$.

Beispiel 1

Aus einem gut gemischten Skatspiel wird zufällig eine Karte gezogen. Wie groß ist die Wahrscheinlichkeit dafür, dass dabei a) der

Tab. 9.6 Wahrscheinlichkeiten beim Ziehen von Karten

		a)	b)	c)
Zahl der günstigen Fälle	g	1	4	8
Zahl der möglichen Fälle	m	32	32	32
Wahrscheinlichkeit	P	1/32	1/8	1/4

Kreuz-Bube, b) ein Bube, c) eine Kreuzkarte gezogen wird? – Tab. 9.6. ◄

Beispiel 2

Für den Versuch des Ziehens einer Skatkarte a) 100mal, b) 500mal, c) 1000mal wurden a) 4mal, b) 14mal, c) 31mal der Kreuzbube gezogen. – Die relativen Häufigkeiten sind a) $h(A) = 0{,}0400$, b) $h(A) = 0{,}0280$ und c) $h(A) = 0{,}0310$. Sie nähern sich mit wachsendem n dem Wert $P(A) = 0{,}03125 = 1/32$. ◄

Der Grenzwert $P(A)$ muss unabhängig von der Auswahl der einzelnen Versuchsreihen gleich sein, wenn nur n genügend groß gewählt wird. Da er sich analytisch nicht beweisen lässt, wird die Wahrscheinlichkeit axiomatisch definiert.

Axiomatische Definition (A.N. Kolmogorow). Zugrunde gelegt wird der Ergebnisraum M, bestehend aus allen möglichen elementaren Ergebnissen des Experiments als Elementarereignissen. M ist in ein System B von Teilmengen zerlegbar. Die Elemente dieses Borelschen Mengenkörpers B sind die zufälligen Ereignisse $E_1, E_2, \ldots$, und es gilt (s. Abschn. 1.1 bis 1.3)

$$M \in B, \quad \Phi \in B,$$
$$E_1 \in B \wedge E_2 \in B \Rightarrow (E_1 \cup E_2) \in B,$$
$$E_1 \in B \Rightarrow \neg E_1 \in B. \qquad (9.22)$$

Beispiel 1

Beim idealen Würfel sind die Elementarereignisse durch das Auftreten der Zahlen 1 bis 6 gekennzeichnet; $M = \{1, 2, 3, 4, 5, 6\}$. – Für die Ereignisse $E_1 = \{1\}$, d.h. „Zahl 1", und $E_2 = \{2, 4\}$, d.h. „Zahl 2 oder Zahl 4", ergeben sich als Elemente von B (damit die Eigenschaften nach Gl. (9.22) erfüllbar sind) $E_0 = \Phi$, $E_1 = \{1\}$, $E_2 = \{2, 4\}$, $E_3 = E_1 \cup E_2 = \{1, 2, 4\}$, $E_4 = \neg E_1 = \{2, 3, 4, 5, 6\}$,

$E_5 = \neg E_2 = \{1, 3, 5, 6\}$, $E_6 = \neg E_3 = \{3, 5, 6\}$, $E_7 = M = \{1, 2, 3, 4, 5, 6\}$. ◄

Zwei Ereignisse heißen unvereinbar (disjunkt), wenn ihr Durchschnitt leer ist; z.B. $E_1 \cap E_2 = \Phi$. Das zu E entgegengesetzte (komplementäre) Ereignis ist $\neg E = M \backslash E$ (z.B. zu E_1 ist entgegengesetzt $\neg E_1 = E_4$). Das *unmögliche* Ereignis ist die leere Menge Φ (z.B.: Eine andere Zahl als 1, 2, 3, 4, 5 oder 6 kann nicht auftreten). Das *sichere* Ereignis ist die vollständige Menge M der Elementarereignisse (z.B.: Eine der Zahlen 1 bis 6 tritt gewiss auf).

Die abzählbar vielen Ereignisse $E_1, E_2, \ldots, E_n, \ldots$, bilden dann ein *vollständiges* System, wenn sie paarweise disjunkt sind, $E_i \cap E_j = \Phi$ für $i \neq j$, und wenn ihre Vereinigungsmenge (Summe) $E_1 \cup E_2 \cup \ldots E_n \cup \ldots = M$ das sichere Ereignis ist. So bilden E_1, E_2, E_6 ein vollständige System. Für die elemente des Borelschen Mengenkörpers (auch Borelsches Ereignisfeld oder Boolescher σ-Körper genannt) definierte Kolmogorow ein Wahrscheinlichkeitsmaß P mit Hilfe der drei Axiome *Nichtnegativität* $P(E) \geqq 0$, *Normierung* $P(M) = 1$ ist sicheres Ereignis und *Additivität* $E_1 \cap E_2 = \Phi \Rightarrow P(E_1 \cup E_2) = P(E_1) + P(E_2)$, d.h., für paarweise unvereinbare Ereignisse $E_1, E_2 \in B$ addieren sich die Wahrscheinlichkeiten für das Auftreten von E_1 oder E_2.

Beispiel 2

„Wappen" und „Zahl" beim Werfen einer Münze sind unvereinbar, ihre Wahrscheinlichkeiten $P(\text{Wappen}) = P(\text{Zahl}) = 1/2$. – Das Auftreten des Ereignisses „Wappen oder Zahl", $P(\text{Wappen oder Zahl}) = P(W \cup Z) = 1/2 + 1/2 = 1$ nach dem Additivitätsaxiom, ist das sichere Ereignis. ◄

Rechengesetze für Wahrscheinlichkeiten

Entgegengesetzte Ereignisse. Für $E \in M$ ist

$$\neg E = M \setminus E \quad \text{und}$$
$$P(M) = P(E \cup \neg E) \qquad (9.23)$$
$$= P(E) + P(\neg E) = 1,$$

d. h., die Summe der Wahrscheinlichkeiten entgegengesetzter Ereignisse ist gleich eins (z. B. Münzwurfexperiment). Speziell für $E = M$ folgt $P(\Phi) = 0$, wie es sich für das unmögliche Ereignis ergeben muss. Gilt für zwei Ereignisse $E_1 \subseteq E_2$, so folgt $P(E_1) \leqq P(E_2)$ (Monotonie); ist $E_2 = M$, folgt $0 \leqq P(E_1) \leqq 1$.

Beispiel

Im Borelschen Mengenkörper für das Würfeln ist $E_6 \subset E_5$. – Die Wahrscheinlichkeit für das Auftreten von 3 oder 5 oder 6 ist also $P(E_6) = P(3 \cup 5 \cup 6) = P(3) + P(5) + P(6) = 3/6$. Für das Auftreten von 1 oder 3 oder 5 oder 6 ist $P(E_5) = 4/6 > P(E_6)$. ◄

Vereinbare Ereignisse. Sind $E_1, E_2 \in B$ beliebige, miteinander vereinbare Ereignisse, so berechnet sich die Wahrscheinlichkeit $P(E_1 \cup E_2)$ für das Auftreten wenigstens eines der Ereignisse vermöge einer Zerlegung in unvereinbare Ereignisse. Es gilt $E_1 \cup E_2 = E_1 \cup (\neg E_1 \cap E_2)$ mit $E_1 \cap (\neg E_1 \cap E_2) = \Phi$ und $E_2 = (E_1 \cap E_2) \cup (\neg E_1 \cap E_2)$ mit $(E_1 \cap E_2) \cap (\neg E_1 \cap E_2) = \Phi$. Zweimaliges Anwenden des Additivitätsaxioms und Subtrahieren liefern

$$P(E_1 \cup E_2) = P(E_1) + P(E_2) - P(E_1 \cap E_2). \quad (9.24)$$

Beispiel

Beim Ziehen einer Skatkarte sei E_1 das Ziehen einer Kreuzkarte mit $P(E_1) = 8/32$ und E_2 das Ziehen eines Buben mit $P(E_2) = 4/32$. Wie groß ist die Wahrscheinlichkeit $P(E_1 \cup E_2)$ dafür, dass die gezogene Karte eine Kreuzkarte oder ein Bube ist? Die Ereignisse E_1, E_2 sind miteinander vereinbar. Das Ereignis $E_1 \cap E_2$ ist das Ziehen des Kreuzbuben mit $P(E_1 \cap E_2) = 1/32$. Also folgt aus Gl. (9.24) $P(E_1 \cup E_2) = 8/32 + 4/32 - 1/32 = 11/32 = 0{,}34375$. ◄

Bedingte Wahrscheinlichkeit. Sind $E_1, E_2 \in B$ mit $P(E_1) > 0$, so ist $P(E_2|E_1)$ die Wahrscheinlichkeit dafür, dass E_2 unter der Bedingung E_1 auftritt. Es gilt

$$P(E_2|E_1) = P(E_2 \cap E_1)/P(E_1). \quad (9.25)$$

Die bedingte Wahrscheinlichkeit erfüllt die drei Axiome.

Beispiel

Zwei Betriebe I und II produzieren 45 000 und 30 000 Stück eines Getriebes, die in einem anderen Betrieb weiterverarbeitet werden. Dabei werden von I 4 000 und von II 6 000 Stück mit leichten Mängeln geliefert. Wie groß ist die Wahrscheinlichkeit $P(E_2|E_1)$ dafür, dass ein Getriebe aus der Gesamtlieferung von I und II aus dem Betrieb I stammt unter der Bedingung, dass es leichte Mängel hat? – E_1 Getriebe hat leichte Mängel, E_2 Getriebe stammt aus Betrieb I. $P(E_1) = (4\,000 + 6\,000/(45\,000 + 30\,000) = 2/15$, $P(E_2) = 45\,000/75\,000 = 9/15$. Das Ereignis $E_1 \cap E_2$ heißt, dass das Getriebe sowohl aus Betrieb I stammt als auch leichte Mängel hat. Es ist daher $P(E_1 \cap E_2) = 4\,000/75\,000 = 4/75$. Das Ergebnis lautet $P(E_2|E_1) = 4 \cdot 15/(75 \cdot 2) = 2/5 = 0{,}4$. ◄

Unabhängige Ereignisse. Aus Gl. (9.25) folgt der *Multiplikationssatz* für die Wahrscheinlichkeit des Eintretens *sowohl* von E_1 als *auch* von E_2.

$$P(E_1 \cap E_2) = P(E_1) \cdot P(E_2|E_1). \quad (9.26)$$

Zwei Ereignisse E_1 und E_2 heißen *unabhängig* voneinander, wenn $P(E_2|E_1) = P(E_2)$ und $P(E_1|E_2) = P(E_1)$ ist, d. h., wenn das Eintreten des einen Ereignisses von dem anderen nicht beeinflußt wird. Für unabhängige Ereignisse E_1, E_2 geht der Multiplikationssatz über in

$$P(E_1 \cap E_2) = P(E_1) \cdot P(E_2). \quad (9.27)$$

Totale Wahrscheinlichkeit. Die Ereignisse $E_1, E_2, \ldots, E_n$ und A seien Elemente von B, und die E_i sollen ein vollständiges System von Ereignissen bilden. Wegen $A = A \cap M =$

$A \cap (E_1 \cup E_2 \cup \ldots) = (A \cap E_1) \cup (A \cap E_2) \cup \ldots$
gilt

$$P(A) = \sum_{i=1}^{n} P(A \cap E_i)$$
$$= \sum_{i=1}^{n} P(E_i) P(A|E_i). \qquad (9.28)$$

$P(A)$ ist die Wahrscheinlichkeit für das Ereignis A, unabhängig davon, mit welchem Ereignis E_i es zusammentrifft.

Bayessche Formel. Für die umgekehrte Fragestellung, nämlich nach der Wahrscheinlichkeit für das Eintreten von E_i aus einem vollständigen System unter der Bedingung, dass das Ereignis A eingetreten ist, gilt

$$P(E_i|A) = \frac{P(E_i) P(A|E_i)}{P(A)}$$
$$= \frac{P(E_i) P(A|E_i)}{\sum_{j=1}^{n} P(E_j) P(A|E_j)};$$
$$i = 1, 2, \ldots n. \qquad (9.29)$$

Beispiel

Es stehen zwei Urnen zum Ziehen einer Kugel bereit. In Urne I sind drei weiße und zwei schwarze Kugeln, in Urne II drei weiße und fünf schwarze Kugeln. Wie groß ist die Wahrscheinlichkeit dafür, dass aus einer beliebig gewählten Urne eine schwarze Kugel entnommen wird? – Ereignis A Entnehmen der schwarzen Kugel, Ereignis E_1 Entnehmen der Kugel aus Urne I, Ereignis E_2 Entnehmen der Kugel aus Urne II. Die unbedingten Wahrscheinlichkeiten sind $P(E_1) = P(E_2) = 1/2$. Die bedingten Wahrscheinlichkeiten sind $P(A|E_1) = 2/5$, $P(A|E_2) = 5/8$. Mit Gl. (9.28) folgt $P(A) = P(E_1) \cdot P(A|E_1) + P(E_2) \cdot P(A|E_2) = (1/2)(2/5) + (1/2)(5/8) = 41/80$. Wie groß ist die Wahrscheinlichkeit dafür, dass eine Kugel aus der Urne I (oder II) genommen wird, unter der Bedingung, dass es eine schwarze Kugel ist? –

Mit Gl. (9.29) ergibt sich

für Urne I

$$P(E_1|A) = \frac{P(E_1) \cdot P(A|E_1)}{P(A)}$$
$$= (1/2)(2/5)(80/41) = 16/41,$$

für Urne II

$$P(E_2|A) = \frac{P(E_2) \cdot P(A|E_2)}{P(A)}$$
$$= (1/2)(5/8)(80/41) = 25/41. \quad \blacktriangleleft$$

Bernoullische Formel. Ein Bernoulli-Experiment ist durch den Borelschen Mengenkörper $B = \{\Phi, E, \neg E, M\}$ gekennzeichnet, d. h., nur die beiden zueinander komplementären Ereignisse E und $\neg E$ sind interessant.

Beispiel

Beim Entnehmen eines Stückes aus der Massenproduktion tritt entweder das Ereignis $E =$ das Stück ist in Ordnung $=$ Treffer oder das Ereignis $\neg E =$ das Stück ist Ausschuss $=$ Niete ein. $\blacktriangleleft$

Ist die Wahrscheinlichkeit $P(E) = p$, so ist nach Gl. (9.23) $P(\neg E) = 1 - p$. Für die n-fache Wiederholung voneinander unabhängiger Bernoulli-Experimente ist die Wahrscheinlichkeit für das k-malige Eintreffen des Ereignisses E gegeben durch die Bernoullische Formel

$$P(E, n, k) = \binom{n}{k} p^k (1 - p)^{n-k}, \qquad (9.30)$$

da man $\binom{n}{k}$ Möglichkeiten hat, die k Treffer auf n Plätzen anzuordnen (s. Abschn. 9.1.3) und sich die Wahrscheinlichkeiten der unabhängigen Ereignisse multiplizieren (s. Gl. (9.27)). Für die praktische Anwendung gibt es Tabellen.

Beispiel

Die Ausschusswahrscheinlichkeit einer Massenproduktion sei $p = 0,05 = 5\,\%$. Welches Ereignis ist wahrscheinlicher: $E_1 =$ unter zehn zufällig herausgegriffenen Stücken ist kein defektes, $E_2 =$ unter 20 zufällig herausgegriffenen Stücken ist genau ein defektes, $E_3 =$ unter 20 zufällig herausgegriffenen Stücken ist mindestens ein defektes? –

$$P(E_1, 10, 0) = \binom{10}{0} \cdot (5 \cdot 10^{-2})^0$$
$$\cdot (1 - 5 \cdot 10^{-2})^{10}$$
$$= 1 \cdot 1 \cdot 0{,}95^{10} = 0{,}599;$$

$$P(E_2, 20, 1) = \binom{20}{1} \cdot (5 \cdot 10^{-2})^1$$
$$\cdot (1 - 5 \cdot 10^{-2})^{19}$$
$$= 20 \cdot 0{,}05 \cdot 0{,}95^{19} = 0{,}377;$$

$$P(E_3) = 1 - P(E, 20, 0)$$
$$= 1 - \binom{20}{0} \cdot (5 \cdot 10^{-2})^0 \cdot 0{,}95^{20}$$
$$= 0{,}642. \quad \blacktriangleleft$$

9.3.2 Zufallsvariable und Verteilungsfunktion

Eine eindeutige Abbildung der zufälligen Ereignisse E_i in die Menge der reellen Zahlen $x \in \mathbb{R}$ definiert eine Zufallsgröße X. Sie wird mit einem großen, ihr Zahlenwert mit einem kleinen Buchstaben bezeichnet. Eine *diskrete* Zufallsgröße kann endlich oder abzählbar unendlich viele Werte $x_1, x_2, \ldots, x_n, \ldots$ annehmen. Eine *stetige* Zufallsgröße X kann alle Werte eines gegebenen, endlichen oder unendlichen Intervalls der reellen Zahlen annehmen.

Beispiel 1

Beim Würfeln kann die diskrete Zufallsvariable die Zahlen 1 oder 2 oder ... 6 annehmen. – $X: \{E_i\} \mapsto \{X \mid X \in \{1, 2, 3, 4, 5, 6\}\}$. ◄

Beispiel 2

Beim Messen der Länge von Abstandshülsen eines Typs kann die Länge l alle Werte des Toleranzbereichs $((l_0 - \varepsilon), (l_0 + \varepsilon))$ annehmen.

– Bezeichnet E das zufällige Ereignis, dass die Länge l gemessen wird, so kann die stetige Zufallsvariable durch $X: \{E\} \mapsto \{X \mid X \in (l_0 - \varepsilon, l_0 + \varepsilon)\}$ charakterisiert werden. ◄

Die Menge der möglichen Ereignisse bilden Definitions- und diejenige der reellen Zahlen den Wertebereich der die Zufallsgröße definierenden Abbildung. Es gilt $F(x) = P(X < x)$, d. h., der Wert der Verteilungsfunktion $F(x)$ gibt die Wahrscheinlichkeit dafür an, dass der Wert der Zufallsgröße kleiner als die reelle Zahl x ist. Hieraus folgen die *Eigenschaften der Verteilungsfunktion:* Für $x_2 > x_1$ gilt $P(x_1 \leq X < x_2) = F(x_2) - F(x_1)$. Für $x_2 \geq x_1$ gilt $F(x_2) \geq F(x_1)$, also ist $F(x)$ monoton nichtfallend. Für beliebige x gilt $0 \leq F(x) \leq 1$. Es ist $\lim_{x \to -\infty} F(x) = 0$ für das unmögliche Ereignis (Φ) und $\lim_{x \to \infty} F(x) = 1$ für das sichere Ereignis (S).

Die Verteilungsfunktion einer diskreten Zufallsvariablen ist

$$F(x) = \sum_{x_i < x} P(X = x_i)$$
$$= \sum_{i=1}^{n} p_i \quad \text{mit} \quad p_i = P(X = x_i),$$
$$\tag{9.31}$$

und die einer kontinuierlichen Zufallsvariablen ist

$$F(x) = \int_{-\infty}^{x} p(t) \, dt \quad \text{mit}$$
$$p(x) \, dx = P(x < X < x + dx), \tag{9.32}$$

wobei $p(x)$ *Wahrscheinlichkeitsdichte* heißt.

Beispiel

Beim Spielen mit zwei unabhängigen Würfeln (Abb. 9.1) sind als Elementarereignisse die Augensummenzahlen $2, 3, \ldots, 12$ möglich, die durch verschiedene Augenkombinationen gebildet werden können. – Elementarereignis $E_i =$ Auftreten der Augensumme $i \in \{2, \ldots, 12\}$ (s. Tab. 9.7). ◄

Tab. 9.7 Verteilungsfunktion nach Gl. (9.31)											
Zufallsvariable $X = i$	2	3	4	5	6	7	8	9	10	11	12
Zahl der Möglichkeiten	1	2	3	4	5	6	5	4	3	2	1
Wahrscheinlichkeiten $P(X = i) = p_i$	$\frac{1}{36}$	$\frac{2}{36}$	$\frac{3}{36}$	$\frac{4}{36}$	$\frac{5}{36}$	$\frac{6}{36}$	$\frac{5}{36}$	$\frac{4}{36}$	$\frac{3}{36}$	$\frac{2}{36}$	$\frac{1}{36}$
Verteilungsfkt. $F(x) = P(X \leqq i)$	$\frac{1}{36}$	$\frac{3}{36}$	$\frac{6}{36}$	$\frac{10}{36}$	$\frac{15}{36}$	$\frac{21}{36}$	$\frac{26}{36}$	$\frac{30}{36}$	$\frac{33}{36}$	$\frac{35}{36}$	$\frac{36}{36}$

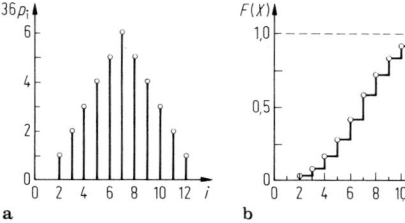

Abb. 9.1 Zwei-Würfelspiel. **a** Wahrscheinlichkeitsdiagramm; **b** Verteilungsfunktion der diskreten Zufallsvariablen X

9.3.3 Parameter der Verteilungsfunktion

Parameter sind charakteristische Messzahlen, von denen häufig einige zur Beurteilung der Wahrscheinlichkeitsverteilung genügen (s. Tab. 9.8).

Erwartungswert. Er lautet, wenn die Summe und das Integral absolut konvergieren,

$$EX = \mu = \sum_{i=1}^{n} x_i p_i,$$

$$EX = \mu = \int_{-\infty}^{\infty} x p(x)\, \mathrm{d}x. \qquad (9.33)$$

Varianz (Dispersion oder Streuung). Ihre Wurzel ist die Standardabweichung σ.

$$D^2 X = \sigma^2 = E(X - EX)^2$$
$$= \sum_{i=1}^{n}(x_i - \mu)^2 p_i = \sum_{i=1}^{n} x_i^2 p_i - \mu^2,$$
$$= \int_{-\infty}^{\infty}(x - \mu)^2 p(x)\, \mathrm{d}x$$
$$= \int_{-\infty}^{\infty} x^2 p(x)\, \mathrm{d}x - \mu^2. \qquad (9.34)$$

Beispiel

Für das Zwei-Würfelspiel mit der Tab. 9.7 folgt nach Gl. (9.33) als Erwartungswert $EX = \mu = \sum_{i=2}^{12} x_i p_i = 7{,}00$; d. h., bei sehr vielen Versuchen ergibt sich die mittlere Augensumme 7 pro Wurf. Die Varianz ist nach Gl. (9.34) $D^2 X = \sigma^2 = \sum_{i=2}^{12} x_i^2 p_i - \mu^2 = 54{,}8\overline{3}\ldots - 49 = 5{,}83\ldots$ und damit die Standardabweichung $\sigma = 2{,}42$. Aus der ersten Eigenschaft der Verteilungsfunktion folgt so, dass mit der Wahrscheinlichkeit $F(10) - F(4) = 75\,\%$ die Augenzahl im Intervall $\mu \pm \sigma = 7 \pm 2{,}4$ liegen wird. ◄

Moment r-ter Ordnung. Es ist $m_r = EX^r = \int_{-\infty}^{\infty} x^r p(x)\, \mathrm{d}x$, $r = 0, 1, 2, \ldots$. Das Moment nullter Ordnung existiert für jede Zufallsvariable und ist gleich 1; das ist die Normierung für die Wahrscheinlichkeit des sicheren Ereignisses. Für $r = 1$ ist das Moment $m_1 = \mu$ mit dem Erwartungswert identisch. Das *zentrale* Moment r-ter Ordnung ist $\mu_r = E(X - EX)^r$. Es ist gleich der Varianz für $r = 2$.

Quantil p-ter Ordnung. Es ist der Wert x_p der Zufallsvariablen X, für den $P(X \leqq x_p) \geqq p$ und $P(X \geqq x_p) \geqq 1 - p$ gilt. Der Median oder Zentralwert gilt für $p = 0{,}5$. für die Tabellierung der Wahrscheinlichkeitsdichte und der Verteilungsfunktion wird die normierte Variable

$$Y = (X - \mu)/\sigma \qquad (9.35)$$

verwendet. Dafür wird $EY = \mu = 0$ und $D^2 Y = \sigma^2 = 1$ (Beispiele s. Abschn. 9.4.2).

Spannweite. So heißt die Differenz der Zufallsvariablen zwischen dem größten und dem kleinsten Wert von x.

9

Tab. 9.8 Einige spezielle Wahrscheinlichkeitsverteilungen

Name der Verteilung Anwendungsgebiet	Variable und Parameter	Wahrscheinlichkeitsdichte $f(x)$ bzw. p_i bei diskretem X / Verteilungsfunktion $F(x) = \int_{-\infty}^{x} f(t)\,dt$	Erwartungswert Varianz	
1. Binomialverteilung Wahrscheinlichkeit für das i-malige Eintreten von E bei n-maliger Ausführung mit $\mathbb{B} = \{\Phi, E, -E, M\}$	$i = 0, 1, 2, \dots, n.$ $0 < p < 1$	$p_i = P(X = i) = \binom{n}{i} p^i (1-p)^{n-i} =$ $F(x) = \sum_{x_i < x} p(x = i) =$ $\begin{cases} 0 & \text{für } x \leq 0 \\ \sum_{j=0}^{i} \binom{n}{j} p^j (1-p)^{n-j} & \text{für } 0 < x \leq n \\ 1 & \text{für } x > n \end{cases}$	$EX = \mu = np,$ $D^2 X = \sigma^2 = np(1-p)$	
2. Poisson-Verteilung Wie 1. für $n \to \infty$, Radioaktiver Zerfall, Verkehrsunfälle, Gesprächszahl bei Telefonzentrale	$i = 0, 1, 2, \dots$ $\mu = np = \text{const}$ $p \ll 1$ $\mu > 0$	$p_i = P(E, n \to \infty, i) \approx \mu^i e^{-\mu}/i$ $F(x) = \sum_{x_i < x} p(x = i) = e^{-\mu} \sum_{j=0}^{i} \mu^i / i$	$EX = \mu = np,$ $D^2 X = \sigma^2 = np = \mu$	
3. Normal- oder Gauß-Verteilung Messfehleranalyse, Verteilung von Eigenschaften auf Populationen	$x \in \mathbb{R}$ $\mu, \sigma \in \mathbb{R}$ $\sigma > 0$	$f(x) = \frac{1}{\sqrt{2\pi}\sigma} \exp\left(-\frac{1}{2}\left(\frac{x-\mu}{\sigma}\right)^2\right)$ $= \varphi(x, \mu, \sigma)$ $F(x) = \frac{1}{\sqrt{2\pi}\sigma} \int_{-\infty}^{x} \exp\left(-\frac{1}{2}\left(\frac{t-\mu}{\sigma}\right)^2\right)\,dt$ normiert für $\mu = 0$; $\sigma = 1$	$EX = \mu$ $D^2 X = \sigma^2$	

Tab. 9.8 (Fortsetzung)

4. Student- oder t-Verteilung Vertrauensgrenzen für den Erwartungswert μ $(n-1)$ Freiheitsgrade für Stichproben vom Umfang n einer normalverteilten Grundgesamtheit	$t \in \mathbb{R}$ $n \in \mathbb{N}$ $t = \frac{\bar{x}-\mu}{s} \cdot \sqrt{n}$ $s = \sqrt{\sum(x_i-\bar{x})/(n-1)}$	$f(t,n) = \frac{1}{\sqrt{(n-1)\pi}} \cdot \frac{\Gamma(\frac{n}{2})}{\Gamma(\frac{n-1}{2})(1+\frac{t^2}{n-1})^{n/2}}$ $F(t,n) = \frac{1}{\sqrt{(n-1)\pi}} \cdot \frac{\Gamma(\frac{n}{2})}{\Gamma(\frac{n-1}{2})} \int_{-\infty}^{t} \frac{d\tau}{(1+\frac{\tau^2}{n-1})^{n/2}}$	für $n \le 2$ ET existiert nicht für $n > 2$ $ET = 0$ für $n \le 3$ D^2T existiert nicht für $n > 3$ $D^2T = \sigma_t^2 = \frac{n-1}{n-3}$
5. χ^2-Verteilung Vertrauensgrenzen für Varianz s^2 einer Stichprobe mit Freiheitsgrad m einer normalverteilten Gesamtheit mit σ, μ	$\chi^2 = \frac{(n-1)s^2}{\sigma^2}$ $m = n-1$ $\chi^2 \ge 0$	$f(\chi^2,m) = \frac{1}{2^{m/2}\Gamma(\frac{m}{2})}(\chi^2)^{(m-2)/2} \cdot \exp(-\chi^2/2)$ $F(\chi^2,m) = \frac{1}{2^{m/2}\Gamma(\frac{m}{2})} \cdot \int_0^{\chi^2} \tau^{(m-2)/2}\exp(-\tau/2)\, d\tau$	$E\chi^2 = m = n-1$ $D^2\chi^2 = 2m$
6. Weibull-Verteilung Lebensdaueranalyse	T charakt. Lebensdauer b Ausfallsteilheit t_0 Ausgangszeit $t - t_0 \ge 0$ $T - t_0 \ge 0$ $b > 0$	$f(t,T,t_0,b) = \frac{b}{(T-t_0)^b}(t-t_0)^{b-1} \cdot \exp\left(\left(\frac{t-t_0}{T-t_0}\right)^b\right)$ $t' = \frac{t-t_0}{T-t_0}$ $F(t,T,t_0,b) = 1 - \exp\left(-\left(\frac{t-t_0}{T-t_0}\right)^b\right)$	$E(t-t_0) = (T-t_0)\Gamma\left(\frac{b+1}{b}\right)$ [a] $D^2(t-t_0) = (T-t_0)^2$ $\cdot \left[\Gamma\left(\frac{b+2}{b}\right) - \Gamma^2\left(\frac{b+1}{b}\right)\right]$

[a] Gammafunktion $\Gamma(x) = \int_0^{\infty} e^{-t}t^{x-1}\, dt$ für $x \in \mathbb{R}^+$, $\Gamma(n+1) = n\Gamma(n) = n!$, $\Gamma(1) = 1$ für $n \in \mathbb{N}$

Nach [1].

Beispiel

Für die beiden Zufallsgrößen X und Y

X	2	4	8
$P(X = x_i) = p_i$	$\frac{2}{10}$	$\frac{5}{10}$	$\frac{3}{10}$
Y	3	6	9
$P(Y = y_i) = p_i$	$\frac{6}{10}$	$\frac{2}{10}$	$\frac{2}{10}$

mit den Erwartungswerten $EX = EY = 4{,}8$ ergeben sich die Varianten $D^2 X = 28{,}00$ und

$D^2 y = 36{,}00$; also die Standardabweichungen $\sigma_x = 5{,}29$ und $\sigma_y = 6{,}00$. ◄

9.3.4 Einige spezielle Verteilungsfunktionen

Die wichtigsten Funktionen sind in Tab. 9.8 zusammengefasst und mit den folgenden Beispielen erläutert (s. auch Tab. 9.9).

Tab. 9.9 Normierte Wahrscheinlichkeitsdichte $\phi(t)$ und normierte Verteilungsfunktion $\Phi(t)$ der Normalverteilung

t	0	2	4	6	8	t	0	2	4	6	8
0,0	0,3989	3989	3986	3982	3977	0,0	0,5000	5080	5160	5239	5319
0,1	3970	3961	3951	3939	3925	0,1	5398	5478	5557	5636	5714
0,2	3910	3894	3976	3857	3836	0,2	5793	5871	5948	6026	6103
0,3	3814	3790	3765	3739	3712	0,3	6179	6255	6331	6406	6480
0,4	3683	3653	3621	3589	3555	0,4	6554	6628	6700	6772	6844
0,5	3521	3485	3448	3410	3372	0,5	6915	6985	7054	7123	7190
0,4	3332	3292	3251	3209	3166	0,6	7257	7324	7389	7454	7517
0,7	3123	3079	3034	2989	2943	0,7	7580	7642	7703	7764	7823
0,8	2897	2850	2803	2756	2709	0,8	7881	7939	7995	8051	8106
0,9	2661	2613	2565	2516	2468	0,9	8159	8212	8264	8315	8365
1,0	0,2420	2371	2323	2275	2227	1,0	0,8413	8461	8508	8554	8599
1,1	2179	2131	2083	2036	1989	1,1	8643	8686	8729	8770	8810
1,2	1942	1895	1849	1804	1758	1,2	8849	8888	8925	8962	8997
1,3	1714	1669	1626	1582	1539	1,3	9032	9066	9099	9131	9162
1,4	1497	1456	1415	1374	1334	1,4	9192	9222	9251	9279	9306
1,5	1295	1257	1219	1182	1145	1,5	9332	9357	9382	9406	9429
1,6	1109	1074	1040	1006	0973	1,6	9452	9474	9495	9515	9535
1,7	0940	0909	0878	0848	0818	1,7	9554	9573	9591	9608	9625
1,8	0790	0761	0734	0707	0681	1,8	9641	9656	9671	9686	9699
1,9	0656	0632	0608	0584	0562	1,9	9713	9726	9738	9750	9761
2,0	0,0540	0519	0498	0478	0459	2,0	0,9772	9783	9793	9803	9812
2,1	0440	0422	0404	0387	0371	2,1	9821	9830	9838	9846	9854
2,2	0355	0339	0325	0310	0297	2,2	9861	9868	9875	9881	9887
2,3	0283	0270	0258	0246	0235	2,3	9893	9898	9904	9909	9913
2,4	0224	0213	0203	0194	0184	2,4	9918	9922	9927	9931	9934
2,5	0175	0167	0158	0151	0143	2,5	9938	9941	9945	9948	9951
2,6	0136	0129	0122	0116	0110	2,6	9953	9956	9959	9961	9963
2,7	0104	0099	0093	0088	0084	2,7	9965	9967	9969	9971	9973
2,8	0079	0075	0071	0067	0063	2,8	9974	9976	9977	9979	9980
2,9	0060	0056	0053	0050	0047	2,9	9981	9982	9984	9985	9986
3,0	0,0044	0042	0039	0037	0035	3,0	0,9987	9987	9988	9989	9990
3,1	0033	0031	0029	0027	0025	3,1	9990	9991	9992	9992	9993
3,2	0024	0022	0021	0020	0018	3,2	9993	9994	9994	9994	9995
3,3	0017	0016	0015	0014	0013	3,3	9995	9996	9996	9996	9996
3,4	0012	0012	0011	0010	0009						
3,5	0009	0008	0008	0007	0007	Einige besonders häufig benötigte Werte:					
3,6	0006	0006	0005	0005	0005	$\Phi(1{,}282) = 0{,}9000$			$\Phi(2{,}326) = 0{,}9900$		
3,7	0004	0004	0004	0003	0003	$\Phi(1{,}645) = 0{,}9500$			$\Phi(2{,}576) = 0{,}9950$		
3,8	0003	0003	0003	0002	0002	$\Phi(1{,}960) = 0{,}9750$			$\Phi(3{,}090) = 0{,}9990$		
3,9	0002	0002	0002	0002	0001				$\Phi(3{,}291) = 0{,}9995$		

Beispiel 1

Eine Münze wird $n = 100$mal unabhängig geworfen. Das beobachtete Ereignis ist $E = $ Zahl oben. Es ist $p = 0,5$; mithin ist der Erwartungswert für das i-malige Obenliegen der Zahl $EX = \mu = 50$, und die Standardabweichung ist $\sigma = 5$. Die Wahrscheinlichkeit $P(45 \leqq X < 55)$ ist nach der ersten Eigenschaft der Verteilungsfunktion (s. Abschn. 9.3.2) gegeben durch $P(45 \leqq X \leqq 55) = F(55) - F(45) = 0,8444 - 0,1841 = 0,6603$. Die Wahrscheinlichkeit dafür, dass höchstens 50mal die Zahl oben liegt, ist $P(X \leqq 50) = F(50) = 0,5398$ (Tab. 9.10). ◄

Beispiel 2

Wie groß ist die Wahrscheinlichkeit dafür, dass für eine normalverteilte Zufallsgröße X mit dem Erwartungswert $\mu = 20,00$ mm und der Standardabweichung $\sigma = 0,02$ mm ein Wert a) im Intervall [19,99 mm; 20,01 mm], b) oberhalb 20,03 mm, c) unterhalb 19,95 mm gemessen wird? – Für alle Größen in mm gilt mit Tab. 9.9.

a) $p(|X - 20,00|/0,02 < 1/2)$
$= \Phi(0,5) - \Phi(-0,5) = 2\Phi(0,5) - 1$
$= 2 \cdot 0,6915 - 1 = 0,383 = 38,3\%$.

b) $P(20,03 < X < \infty)$
$= 1 - \Phi[(20,03 - 20,00)/0,02]$
$= 1 - \Phi(1,5) = 1 - 0,9332 = 0,0668$
$= 6,7\%$.

Tab. 9.10 Binomialverteilung $F(x)$ zur Dichte

i	$p = 0,1$	0,25	0,5
5	0,0576	0,0000	
10	0,5832	0,0001	
15	0,9601	0,0111	
25	1,0000	0,5535	
30		0,8962	0,0000
35		0,9906	0,0018
40		0,9997	0,0284
45		1,0000	0,1841
50			0,5398
55			0,8644
60			0,9824
65			0,9991
70			1,0000

Tab. 9.11 Fraktilen für die Standardabweichung aus der χ^2-Verteilung; Freiheitsgrad m

m	$P = 95\%$		$P = 99\%$	
	λ_u	λ_0	λ_u	λ_0
4	0,35	1,17	0,23	1,93
10	0,57	1,43	0,46	1,59
20	0,69	1,31	0,61	1,41
50	0,80	1,20	0,75	1,26
∞	1,00	1,00	1,00	1,00

c) $P(X < 19,95)$
$= \Phi[(19,95 - 20,00)/0,02] = \Phi(-2,5)$
$= 1 - 0,9938 = 0,6\%$. ◄

Beispiel 3

Für die fünf Messungen der Schwingungsdauer im Beispiel von Abschn. 9.2.2 ergab sich die Standardabweichung der Stichprobe $s = 0,86$ s. Für $P = 95\%$ liegt σ der Grundgesamtheit im Bereich $s/\lambda_0 \leqq \sigma \leqq s/\lambda_u$; mit Tab. 9.11 für $m = 4$ folgt $0,86 s/1,17 \leqq \sigma \leqq 0,86 s/0,35$; also $0,74 s \leqq \sigma \leqq 2,46 s$. ◄

9.4 Statistik

Die wichtigsten Anwendungsbereiche sind die statistische Qualitätskontrolle (s. DIN 55302 Blatt 1), die Ermittlung von medizinischen, ökonomischen oder politischen Merkmalen der Bevölkerung sowie die Fehlerrechnung.

Grundgesamtheit (Population). So heißt die Menge aller möglichen Ereignisse mit der in einer statistischen Untersuchung (Messung, Beobachtung) erfassten Eigenschaft.

Stichprobe. Für den Umfang n stellt sie die n-fache Realisierung mittels der Beobachtungswerte $x_1, x_2, \ldots, x_n$ für die durch die Zufallsvariable X zu beschreibende Grundgesamtheit dar.

Urliste. Sie ist die Liste der ursprünglichen Werte x_i. Aufgabe der Statistik ist es, aus den Eigenschaften der Stichprobe auf die Verteilungsfunktion der Grundgesamtheit zu schließen.

9.4.1 Häufigkeitsverteilung

Klasseneinteilung. Zur Analyse der in einer Ur-liste erfassten Werte $x_i, i = 1, 2, \ldots, n$ ist für $n > 50$ eine Einteilung des Wertebereichs $x_{\min}$ bis $x_{\max}$ in k vorzugsweise gleich breite, abgeschlossene Klassen vorzunehmen. Dabei ist etwa $k \geq 10$ für $n \leq 100$ und $k \geq 20$ für $n \leq 10^5$ zu wählen. Die Klassenmitten $x_j, \; j = 1, 2, \ldots, k$, sind die arithmetischen Mittelwerte der Klassengrenzen. Die Besetzungszahlen n_j geben an, wie viel Werte der Urliste in die j-te Klasse fallen (absolute Häufigkeit).

Relative Häufigkeit. Für das Auftreten des Werts x_j (meist mit Rundungsfehlern) gilt

$$h_j = n_j / n \quad \text{mit}$$

$$\sum_{j=1}^{k} n_j = n \quad \text{und} \quad \sum_{j=1}^{k} h_j = 1. \qquad (9.36)$$

So heißt die Darstellung der relativen Häufigkeit als Funktion der Klassenmitten durch eine Treppenkurve (Abb. 9.2a) der Häufigkeitsdichte der Stichprobe. Sie stellt eine Näherung für die Wahrscheinlichkeitsdichte der Grundgesamtheit dar. Aus den Teilsummen $G_j = \sum_{i=1}^{j} n_i$ werden die Häufigkeitssummen $H_j = G_j / n = \sum_{i=1}^{j} h_i$ ermittelt, die – aufgetragen zwischen den Klassengrenzen – ein Bild der Häufigkeitsverteilung als Näherung für die Verteilungsfunktion ergeben (Abb. 9.2b und Tab. 9.12).

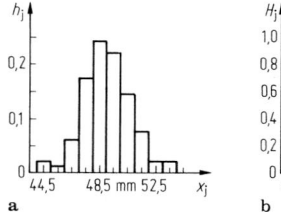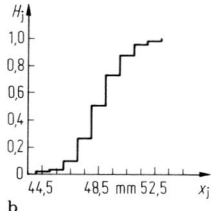

Abb. 9.2 **a** relative Häufigkeitsdichte; **b** Summenhäufigkeit für eine in zehn Klassen unterteilte Stichprobe vom Umfang $n = 90$

9.4.2 Arithmetischer Mittelwert, Varianz und Standardabweichung

Der arithmetische Mittelwert $\bar{x}$ der Stichprobe ist ein erwartungstreuer Schätzwert für den Erwartungswert μ der Verteilung (s. Abschn. 9.2.1 u. 9.2.2). Analoges gilt von der Varianz s^2 der Stichprobe für die Varianz σ^2 der $N(\mu, \sigma)$-normalverteilten Grundgesamtheit.

Standardabweichung. Sie ist die Wurzel aus der Varianz s^2. Zur Berechnung aus den Einzelwerten der Urliste dienen die Gln. (9.13) und (9.14). Vereinfacht gilt für einen runden Hilfswert $x_0 \approx \bar{x}$ mit $d_i = x_i - x_0$ bzw. mit Gl. (9.14)

$$\bar{x} = x_0 + \frac{1}{n} \sum_{i=1}^{n} (x_i - x_0)$$
$$= x_0 + \bar{d}. \qquad (9.37)$$

Tab. 9.12 Klasseneinteilung und Häufigkeiten aus einer Urliste von $n = 90$ Längenmessungen

j	x_u bis unter mm	x_0 mm	x_j mm	n_j	h_j	H_j
1	44	45	44,50	2	0,022	0,022
2	45	46	45,50	1	0,011	0,033
3	46	47	46,50	6	0,067	0,10
4	47	48	47,50	15	0,167	0,267
5	48	49	48,50	22	0,244	0,511
6	49	50	49,50	20	0,222	0,733
7	50	51	50,50	13	0,144	0,877
8	51	52	51,50	7	0,078	0,955
9	52	53	52,50	2	0,022	0,977
$k=10$	53	54	53,50	2	0,022	0,999
				90	0,999	

Tab. 9.13 Urliste von Dampfkessel-Wirkungsgraden

	η %	d_i %	d_i^2 %^{2}
1	89,3	3,3	10,89
2	90,6	4,6	21,16
3	89,9	3,9	15,21
4	89,4	3,4	11,56
5	89,3	3,3	10,89
6	90,0	4,0	16,00
7	86,9	0,9	0,81
8	88,4	2,4	5,76
		25,8	92,28

Durch Einsetzen in die Varianzdefinition und Umformen folgt

$$s^2 = \frac{1}{n-1} \sum_{i=1}^{n} (x_i - \bar{x})^2$$

$$= \frac{1}{n-1} \left[\sum_{i=1}^{n} d_i^2 - n\bar{d}^2 \right]. \qquad (9.38)$$

Beispiel

Für die Messung von Wirkungsgraden η von acht Dampfkesseln ergab sich die Urliste (Tab. 9.13). Mit $n_0 = 86\,\%$ folgt aus Gl. (9.37) $\bar{\eta} = (86,0 + 25,8/8)\,\% = 89,2\,\%$. Für die Varianz ergibt sich ohne Angabe der Einheit nach Gl. (9.38) $s^2 = [92,28 - 8(89,23 - 86,0)^2]/7 = 1,26.$ ◄

Häufigkeitstabelle. Bei gleich breiten Klassen werden zur Auswertung die Klassenmitten x_j mit ihren Häufigkeiten als Gewichtsfaktoren multipliziert. Damit folgen

$$\text{Mittelwert } \bar{x} = \frac{1}{n} \sum_{j=1}^{k} n_j x_j = \sum_{j=1}^{k} h_j x_j,$$
$$\qquad (9.39)$$

$$\text{Varianz } s^2 = \frac{1}{n-1} \sum_{j=1}^{k} n_j (x_j - \bar{x})^2. \quad (9.40)$$

Mit den Hilfsgrößen x_0 und $d_j = x_j - x_0$ ergeben sich

$$\bar{x} = \frac{1}{n} \sum_{j=1}^{k} n_j (x_j - x_0) = x_0 + \bar{d}, \qquad (9.41)$$

$$s^2 = \frac{1}{n-1} \left[\sum_{j=1}^{k} n_j d_j^2 - n\bar{d}^2 \right]. \qquad (9.42)$$

Variationskoeffizient. So heißt die relative Standardabweichung $v_r = s/\bar{x}$.

Beispiel

Aus Tab. 9.12 ergeben sich

$$\bar{x} = \left(\sum_{j=1}^{10} n_j x_j \right) \Big/ 90$$

$$= 4\,412,00\,\text{mm}/90 = 49,02\,\text{mm}$$

als Mittelwert und

$$s^2 = \left[\sum_{j=1}^{10} n_j (x_j - 49,02)^2 \right] \Big/ 89$$

$$= 272,46\,\text{mm}^2/89 = 3,06\,\text{mm}^2$$

für die Varianz aus den Gl. (9.39) und (9.40). Die Anwendung der Hilfsgröße $x_0 = 44,5\,\text{mm}$ liefert Tab. 9.14. Damit folgen nach Gl. (9.41)

$$\bar{x} = (44,5 + 407,0/90)\,\text{mm}$$
$$= (44,5 + 4,52)\,\text{mm}$$
$$= 49,02\,\text{mm}$$

Tab. 9.14 Rechenschema für den Mittelwert und die Standardabweichung

j	x_j mm	n_j	$x_j - x_0$ mm	$n_j(x_j - x_0)^2$ mm^2
1	44,5	2	0,0	0,0
2	45,5	1	1,0	1,0
3	46,5	6	2,0	24,0
4	47,5	15	3,0	135,0
5	48,5	22	4,0	352,0
6	49,5	20	5,0	500,0
7	50,5	13	6,0	468,0
8	51,5	7	7,0	343,0
9	52,5	2	8,0	128,0
10	53,5	2	9,0	162,0
		90	407,0	2113,0

9

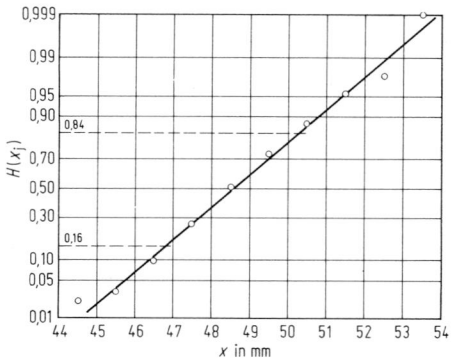

Abb. 9.3 Darstellung der Summenhäufigkeit im Wahrscheinlichkeitsnetz

und nach Gl. (9.42)

$$s^2 = [(2113{,}0 - 90 \cdot 407{,}0^2/90^2)/89] \; \text{mm}^2$$
$$= 3{,}06 \; \text{mm}^2$$

sowie $s = 1{,}75$ mm. Die relativen Häufigkeitssummen sind in Abb. 9.3 (s. Tab. 9.8) dargestellt. Man entnimmt die Werte $\bar{x} = 48{,}6$ mm und $s = (50{,}3 - 46{,}8)$ mm$/2 = 1{,}75$ mm. Die graphische Lösung macht die Ausreißer an den Rändern des Messbereichs – im Gegensatz zur Rechnung – erkennbar.

Die Abweichungen der Messpunkte von der Geraden sind für eine Urliste abhängig von der Wahl der Klassenbreiten und ihrer Anzahl k sowie von der Lage der Klassenmitten. Die Übereinstimmung wächst mit dem Stichprobenumfang n. ◄

9.4.3 Regression und Korrelation

Regression. Aufgabe der Regressionsrechnung ist die Ermittlung des funktionalen Zusammenhangs $y = f(x)$ zwischen einer unabhängigen (X) und einer abhängigen (Y) Zufallsvariablen aus den Wertepaaren (x_i, y_i), $i = 1, 2, \ldots, n$, einer Stichprobe vom Umfang n. Dabei wird verlangt, dass die Messwerte (x_i, y_i) jeweils am gleichen i-ten Element der zu untersuchenden Objekte bestimmt worden sind und dass die Zufallsvariable Y normalverteilt ist mit dem Erwartungswert

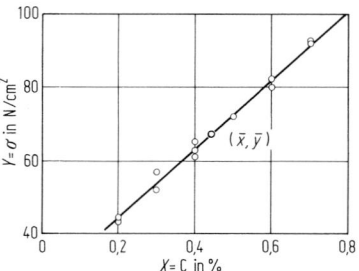

Abb. 9.4 Zur linearen Regression

$EY = f(x)$ und der Varianz σ^2. Als Ansatz für die theoretische Regressionsfunktion $f(x)$ wird meist ein Polynom k-ten Grads gewählt, dessen Koeffizienten a_j, $j = 0, 1, \ldots, k$, zu bestimmen sind.

Im Fall eines linearen Zusammenhangs gibt die nach „Augenmaß" gezeichnete Ausgleichsgerade durch die im kartesischen Kooordinatensystem dargestellten Punkte der (x_i, y_i)-Werte oft eine brauchbare Näherung (Abb. 9.4).

Die Berechnung der Koeffizienten a_j als Schätzwerte für die theoretischen a_j erfolgt nach der Gaußschen Methode der kleinsten Quadrate (s. Abschn. 9.2.1).

$$\sum_{i=1}^{n}(y_i - f(x_i))^2 = \sum_{i=1}^{n}\left(y_i - \sum_{j=0}^{k} a_j x_i^j\right)^2$$
$$= g(a_0, a_1, \ldots, a_k)$$
$$= \text{Minimum.}$$
$$(9.43)$$

Aus den partiellen Ableitungen $\partial g / \partial a_j = 0$ ergeben sich $(k+1)$ lineare Gleichungen für die $(k+1)$ unbekannten Koeffizienten des Polynoms, die mit den Methoden für lineare Gleichungssysteme gelöst werden können.

Regressionsgerade. Für den linearen Fall ($k = 1$ und $y = a_0 + a_1 x$) folgen aus Gl. (9.43) mit den Mittelwerten die Regressionskoeffizienten für die Regressionsgerade.

$$\bar{x} = \frac{1}{n}\sum x_i, \quad \bar{y} = \frac{1}{n}\sum y_i, \quad a_0 = \bar{y} - a_1\bar{x},$$
oder $\quad y - \bar{y} = a_1(x - \bar{x});$
$$a_1 = \left(\sum x_i y_i - n\bar{x}\bar{y}\right) / \left(\sum x_i^2 - n\bar{x}^2\right).$$
$$(9.44)$$

Varianzen. Sie betragen

$$s_x^2 = \frac{1}{n-1}\left[\sum x_i^2 - \left(\sum x_i\right)^2 / n\right], \quad (9.45)$$

$$s_y^2 = \frac{1}{n-1}\left[\sum y_i^2 - \left(\sum y_i\right)^2 / n\right], \quad (9.46)$$

Kovarianz. Es gilt

$$s_{xy} = \frac{1}{n-1}\sum(x_i - \bar{x})(y_i - \bar{y})$$
$$= \frac{1}{n-1}\left(\sum x_i y_i - n\bar{x}\bar{y}\right). \quad (9.47)$$

Hiermit wird dann mit den Gln. (9.43), (9.46) und (9.47)

$$a_1 = s_{xy}/s_x^2. \quad (9.48)$$

Wenn alle Messpunkte auf der Regressionsgeraden liegen, gilt

$$s_{xy}^2 = s_x^2 s_y^2. \quad (9.49)$$

Die Koeffizienten a_0, a_1 sind Schätzwerte für die Koeffizienten der theoretischen Geraden $Y = \alpha_0 + \alpha_1 X$ der Zufallsvariablen X, Y. Unter der Voraussetzung der $N(Y(X), \sigma)$-Normalverteilung lässt sich der Vertrauensbereich für a_0, a_1 zu einer vorgegebenen statistischen Sicherheit bestimmen.

Korrelation. Gibt es keine erkennbaren Gründe für eine funktionale Abhängigkeit der Zufallsvariablen Y von der als unabhängig angenommenen Variablen X, so dient die Korrelationsrechnung (Korrelation = Wechselbeziehung) zur Prüfung der Güte eines unterstellten funktionalen Zusammenhangs.

Korrelationskoeffizient. Als Maß für eine lineare Abhängigkeit dient der Koeffizient r_{xy} aus den Gln. (9.46) bis (9.48) für den Wertebereich $-1 \leqq r_{xy} \leqq 1$ und die Geraden

$$r_{xy} = s_{xy}/s_x s_y, \quad (9.50)$$

$$Y = a_0 + a_1 X \quad \text{und} \quad X = b_0 + b_1 Y \quad (9.51)$$

mit $a_1 = s_{xy}/s_x^2$ und $b_1 = s_{xy}/s_y^2$. Die Geraden beschreiben die Stichprobenwerte $x_i, y_i, i =$ $1, 2, \ldots, n$, und sind identisch für $a_1 b_1 = 1 = r_{xy}^2$. Alle Punkte liegen dann auf $Y = a_0 + a_1 X$. Für $r_{xy} = 0$ gelten X, Y als unabhängige Zufallsvariablen. $r_{xy} < 0$ ist die negative (ungleichsinnige) Korrelation, weil zu großen Werten von X kleine Werte von Y gehören und umgekehrt. Bei $|r_{xy}| < 1$ schneiden die beiden Geraden einander im Schwerpunkt $S = (\bar{x}, \bar{y})$ des Punkthaufens. Die Größe $B = r_{xy}^2$ heißt *Bestimmtheitsmaß.*

Beispiel

Regression und Korrelation der Zugfestigkeit als Funktion des Kohlenstoffgehalts von Stahlstäben. Y stellt die Zugfestigkeit in N/cm^2 und X den Kohlenstoffgehalt in % dar. – Tab. 9.15. $\bar{x} = 0,442$, $\bar{y} = 67,075$. – Aus den Gln. (9.46) folgen (ohne Angabe der Einheiten) die Varianzen

$$s_x^2 = (2,69 - 5,30^2/12)/11 = 0,032,$$
$$s_y^2 = (57172,09 - 804,9^2/12)/11$$
$$= 289,40$$

und aus Gl. (9.47) die Kovarianz

$$s_{xy} = (388,69 - 12 \cdot 0,442 \cdot 67,075)/11$$
$$= 2,99.$$

Damit wird der Regressionskoeffizient nach Gl. (9.48) $a_1 = 2,993/0,032 = 94,29$ und

Tab. 9.15 Zur Berechnung der Regression der Zugfestigkeit von Stahlstäben

i	x_i	y_i	$x_i y_i$	x_i^2	y_i^2
1	0,20	43,4	8,68	0,04	1 853,56
2	0,20	44,5	8,90	0,04	1 980,25
3	0,30	52,2	15,66	0,09	2 724,84
4	0,30	56,8	17,04	0,09	3 226,24
5	0,40	61,0	24,40	0,16	3 721,00
6	0,40	62,5	25,00	0,16	3 906,25
7	0,40	65,0	26,00	0,16	4 225,00
8	0,50	72,1	36,05	0,25	5 198,41
9	0,60	80,0	48,00	0,36	6 400,00
10	0,60	82,2	49,32	0,36	6 756,84
11	0,70	92,9	65,03	0,49	8 630,41
12	0,70	92,3	64,61	0,49	8 519,29
	5,30	804,9	388,69	2,69	57 172,09

nach Gl. (9.44) $a_0 = 67{,}075 - 94{,}29 \cdot 0{,}442 = 25{,}40$, die Regressionsgerade also $y = 25{,}40 + 94{,}29x$ mit $y = \sigma$ und $x = c$ im Definitionsbereich $0{,}20 \leqq x \leqq 0{,}70$ (Abb. 9.4). Der Korrelationskoeffizient ist nach Gl. (9.50)

$$r_{xy} = 2{,}993 / \sqrt{0{,}032 \cdot 289{,}4} = 0{,}98;$$

er zeigt eine stark korrelierende lineare Abhängigkeit der Zugfestigkeit des Stahls vom Kohlenstoffgehalt an. ◄

Literatur

1. Abramowitz, M.; Stegun, I.A.: Handbook of Mathematical Functions. New York: Dover Publ. 1970.

Bücher
Barth; Bergold; Haller: Stochastik I u. II. München: Ehrenwirth 1973/74.
Butzer, P.L.; Scherer, K.: Approximationsprozesse und Interpolationsmethoden. Mannheim: Bibl. Inst. 1968.
Fisz, M.: Wahrscheinlichkeitsrechnung und mathematische Statistik, 10. Aufl. Berlin: Dt. Verl. d. Wiss. 1980.

Gnedenko, B.W.: Lehrbuch der Wahrscheinlichkeitsrechnung. Frankfurt a.M.: Deutsch 1978.
Gnedenko, B.W.; Chintschin, A.: Elementare Einführung in die Wahrscheinlichkeitsrechnung. Berlin: Dt. Verlag d. Wiss. 1955.
Graf; Kenning; Stange: Formeln und Tabellen der mathematischen Statistik. Berlin: Springer 1966.
Kreyszig, E.: Statistische Methoden und ihre Anwendungen, 6. Aufl. Göttingen: Vandenhoeck 1977.
Meschkowski, H.: Wahrscheinlichkeitsrechnung. Mannheim: Bibl. Inst. 1968.
von Mises, R.: Wahrscheinlichkeitsrechnung. New York: Rosenberg 1945.
Morgenstern, D.: Einführung in die Wahrscheinlichkeitsrechnung und mathematische Statistik, 2. Aufl. Berlin: Springer 1968.
Papoulis, A.: Probability, Random Variables and Stochastic Processes. New York: McGraw Hill 1965.
von Steinecke, V.: Das Lebensdauernetz. Berlin: Beuth 1975.
van der Waerden, B.L.: Mathematische Statistik, 3. Aufl. Berlin: Springer 1971.

Normen und Richtlinien
DIN 1319T3: Grundbegriffe der Meßtechnik; Begriffe für die Fehler beim Messen.
DIN 55302T1: Statistische Auswertungsverfahren; Häufigkeitsverteilung, Mittelwert und Streuung, Grundbegriffe und allgemeine Rechenverfahren.

Numerische Verfahren 10

Hans-Joachim Schulz

10.1 Numerische – Analytische Lösung

Verfasst von **P. Ruge**

Von allen Teildisziplinen der Mathematik hatte in den letzten 30 Jahren die numerische Mathematik mit ihrer Realisierung auf programmierbaren Rechnern den mit Abstand größten Einfluss auf die Ingenieurwissenschaften. Universelle Lösungsstrategien wie die Finite Element Methode und hocheffektive Algorithmen erlauben die Behandlung von Problemen mit Millionen Freiheitsgraden. Analytische Verfahren treten dabei fast ganz in den Hintergrund und doch haben sie eine wesentliche Funktion bei der Kontrolle von Näherungsergebnissen. So können die Biegeeigenfrequenzen f [Hz] eines beidseitig frei drehbar unverschieblich gelagerten Bernoullibalkens nach Abb. 10.1 als analytische Funktion der Ordnungszahl k angegeben werden.

$$f = \frac{k^2\pi}{2}\sqrt{\frac{EI}{l^3\rho Al}}; \quad k = 1,\ldots,\infty. \quad (10.1)$$

EI: Biegesteifigkeit
l: Balkenlänge
ρ: Spezifische Masse pro Volumen
A: Querschnittsfläche

H.-J. Schulz (✉)
Berlin, Deutschland

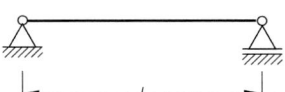

Abb. 10.1 Bernoullibalken

10.2 Näherungsverfahren (Iterationsverfahren)

Die Lösung x einer transzendenten oder einer algebraischen Gleichung $f(x) = 0$ von mehr als 4. Grad – Wurzel der Gleichung genannt – ist meist nicht explizit angebbar. Daher sind schrittweise bestimmte Näherungswerte x_i der Wurzel mit der Genauigkeit ε numerisch so zu berechnen, dass $\lim_{i\to\infty}|x_i - x| < \varepsilon$.

Wichtig sind hierbei die geeigneten Anfangswerte $x_0, x_1,\ldots$, die schnelle Konvergenz des Verfahrens (s. Abschn. 10.2.2 bis 10.2.5) und die erreichbare Genauigkeit ε (s. Abschn. 10.2.6). Die Lösung von $f(x) = 0$ ist äquivalent der Nullstelle z von $f = f\{x,\ y)|x \in [a,\ b] \subseteq \mathbb{R},\ y \in \mathbb{R}, x \to y = f(x)\}$, wobei $f(z) = 0$ für $x = z \in [a,\ b]$ gilt. Es werden nur reelle Funktionen einer Variablen, die im Intervall $[a, b]$ stetig differenzierbar sind und mindestens eine einfache Nullstelle haben, betrachtet.

Ein geeigneter Anfangswert x_0 ergibt sich häufig aus der Abszisse des Schnittpunkts der Kurve mit der x-Achse, welche oft durch die Umformung $f(x) = 0 \Leftrightarrow g_1(x) = g_2(x)$ leichter zu finden ist. Für Rechenanlagen ist es vorteilhaft,

B. Bender und D. Göhlich (Hrsg.), *Dubbel Taschenbuch für den Maschinenbau 1: Grundlagen und Tabellen*, https://doi.org/10.1007/978-3-662-59711-8_10

dass zu beiden Seiten der Nullstelle mit $a_0 < z < b_0$ ein Vorzeichenwechsel zwischen $f(a_0)$ und $f(b_0)$ auftritt, also $f(a_0) \cdot f(b_0) < 0$ gilt. Besteht an den äquidistanten Stützstellen x_j und x_{j+1} des Intervalls $[a, b]$ der Vorzeichenwechsel gemäß $f(x_j) \cdot f(x_{j+1}) < 0$, so liegt die Nullstelle im Teilintervall $[x_j, x_{j+1}]$, dessen Grenzen zwei meist geeignete Anfangswerte sind; sonst ist die Schrittweite $h = x_{j+1} - x_j$ zu verkleinern.

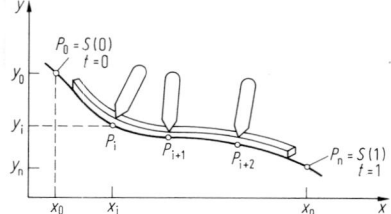

Abb. 10.2 Straklatte als physikalischer Spline und mathematische Nachbildung

10.2.1 Splineinterpolation und Bezier-Kurven

Problemstellung

Beim Bau von Fahrzeugen, Maschinen und Werkzeugen besteht das Bedürfnis, „glatte" Oberflächen durch eine diskrete Anzahl von Stützpunkten (Knoten) zu legen, die aus Messungen oder numerischen Berechnungen bekannt sind. Polynominterpolation nach Gl. (10.27) erzeugt dabei große Welligkeiten, wenn der Grad des Polynoms größer als drei wird, während Approximationen mit einem Grad, der wesentlich kleiner als die Zahl der Stützpunkte ist, diese nicht mehr genau darstellt. Der Körper kann durch Raumkurven, Flächen- oder Körperelemente dargestellt werden. Die Konstrukteure zeichneten früher solche Kurven mit Hilfe dünner Straklatten aus Holz oder Kunststoff (engl.: spline), die durch Strakgewichte in den Stützpunkten fixiert wurden. Die Entwicklung moderner CAD-Verfahren (s. Bd. 2, Kap. 6) machte die mathematische Nachbildung des physikalischen Strakens erforderlich, um rechnergesteuertes Zeichnen und interaktives Gestalten der Flächen zu ermöglichen.

Für die dünne Straklatte (Abb. 10.2) gilt nach Gl. (20.37) vereinfacht mit $y' \ll 1$, dass für die Biegelinie die Formänderungsenergie

$$W = 0{,}5 \cdot \int (M^2(x)/E \cdot I) \cdot y'' \, dx$$

minimiert werden muss. Dies wird durch Polynome 3. Grads des Parameters $t \in [0;1]$ gelöst, die kubische Kurvensegmente zwischen den Stützpunkten P_j, P_{j+1} mit $j = 0, 1, 2, \ldots, n$ darstel-

len. Diese Kurven gehen für die Randwerte von t durch die Stützpunkte und stimmen dort in der Tangentenrichtung und der Krümmung überein.

Darstellung einer Raumkurve durch $n + 1$ Stützpunkte mit Hilfe von Spline-Funktionen

Eine Funktion, die sich stückweise aus Polynomen vom Grade k zusammensetzt, die $(k-1)$mal stetig differenzierbar ist und durch die Stützpunkte geht, heißt interpolierende Spline-Funktion vom Grade k. Bevorzugt werden kubische Splines $(k = 3)$ (Abb. 10.3) gewählt, da sie bei niedrigstem Grad einen Wendepunkt enthalten.

Eine kubische Funktion wird durch vier Koeffizienten eindeutig festgelegt. Nach Ferguson werden zu ihrer Bestimmung die Koordinaten zweier Punkte und die zugehörigen ersten Ableitungen gewählt, wodurch stückweise aneinandergesetzte Kurvenstücke stetig differenzierbar anschließen.

Im Intervall $t \in [0;1]$ gilt für das Polynom 3. Grads:

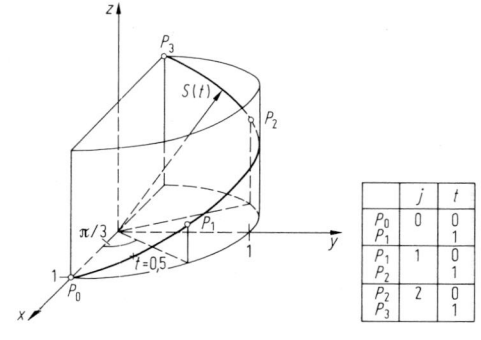

	j	t
P_0	0	0
P_1		1
P_1	1	0
P_2		1
P_2	2	0
P_3		1

Abb. 10.3 Zylindrische Schraubenlinie $Z(t)$ approximiert durch eine Spline-Funktion $S(t)$

(Zur besseren Unterscheidung des Polynoms von den Stützpunkten P wird es mit $S(t)$ bezeichnet. Die Ableitung nach dem Parameter t ist hier mit $'$ notiert.)

$$S(t) = a_3 t^3 + a_2 t^2 + a_1 t + a_0$$
$$= (x(t), y(t), z(t))^T \qquad (10.2)$$

mit den Randbedingungen

$$\begin{aligned}
S(0) &= P_0 = (x_0, y_0, z_0)^T = & a_0, \\
S(1) &= P_1 = (x_1, y_1, z_1)^T = a_3 + & a_2 + a_1 + a_0, \\
S'(0) &= P_0' = (x_0', y_0', z_0')^T = & a_1, \\
S'(1) &= P_1' = (x_1', y_1', z_1')^T = 3a_3 + & 2a_2 + a_1.
\end{aligned}$$
$$(10.3)$$

Die Koeffizienten $a_j = (a_{jx}, a_{jy}, a_{jz})^T$ mit $j = 0, 1, 2, 3$ sind Vektoren für die drei Raumkoordinaten x, y, z, die aus dem Gleichungssystem (10.3) zu berechnen sind

$$a_0 = P_0, \quad a_1 = P_0',$$
$$a_2 = -3P_0 - 3P_1 - 2P_0' - P_1'$$
$$a_3 = 2P_0 - 2P_1 + P_0' + P_1'.$$

Eingesetzt in Gl. (10.2) und nach den gegebenen Werten umsortiert ergibt sich die Form

$$S(t) = P_0(2t^3 - 3t^2 + 1) + P_1(-2t^3 + 3t^2)$$
$$+ P_0'(t^3 - 2t^2 + t) + P_1'(t^3 - t^2).$$

Für die Kurvensegmente zwischen den Punkten P_{j-1}, P_j mit $j = 1, 2, \ldots, (n-1)$ ergeben sich $(n-1)$ Polynome

$$S_j(t) = P_{j-1}(2t^3 - 3t^2 + 1)$$
$$+ P_j(-2t^3 + 3t^2)$$
$$+ P_{j-1}'(t^3 - 2t^2 + t) + P_j'(t^3 - t^2)$$
$$(10.4)$$

für die gilt:

$$S_j(0) = P_{j-1}, \quad S_j(1) = P_j,$$
$$S_{j-1}'(1) = S_j'(0), \quad S_{j-1}''(1) = S_j''(0).$$
$$(10.5)$$

Aus Gl. (10.4) und (10.5) folgen die Ableitungswerte P_j' bei gegebenen Punktkoordinaten. Gl. (10.4) zweimal nach t differenziert ergibt, mit der Randbedingungen Gl. (10.5) für die inneren

Segmente von P_1 bis P_{n-1}, $(n-1)$ lineare Gleichungen, die sich rekursiv lösen lassen

$$P_{j-1}' + 4P_j' + P_{j+1}' = -3P_{j-1} + 3P_{j+1}$$
$$\text{für } j = 1, 2, \ldots, (n-1).$$
$$(10.6)$$

Für die beiden äußeren Segmente können die Randbedingungen für zwei bevorzugte Fälle aufgestellt werden:

Fall I. Die Enden sind frei, d.h. die Krümmung verschwindet in den äußeren Punkten: $S_1''(0) = 0 = S_n''(1)$ also folgt damit

$$2P_0' + P_1' = -3P_0 + 3P_1$$

und

$$P_{n-1}' + 2P_n' = -3P_{n-1} + 3P_n. \qquad (10.7)$$

Fall II. Die Enden sind eingespannt, d.h. die ersten Ableitungen sind in den Endpunkten vorgegeben:

$$S_1'(0) = P_0' \quad \text{und} \quad S_n'(1) = P_n'. \qquad (10.8)$$

Damit lassen sich für jedes Segment beliebige Zwischenpunkte nach Gl. (10.4) ausrechnen und zeichnen.

Beispiel

Gegeben sei ein Stück einer zylindrischen Schraubenlinie, die exakt durch die Gleichung $Z(\sigma) = (\cos(\sigma), \sin(\sigma), \sigma)^T$ im Intervall $\sigma \in [0, \pi]$ beschrieben wird, und das an $(n+1) = 4$ Stützpunkten zum Vergleich der Darstellungsgüte durch eine Spline-Funktion $S(t)$ approximiert werden soll (s. Abb. 10.3), Tab. 10.1.

Die Steigungen in den Endpunkten sind bekannt, sodass der Fall II vorliegt (Gl. (10.8)):

$$P_0' = Z_1'(0) = (x_0', y_0', z_0')^T = (0, 1, 1)^T$$
$$P_3' = Z_3'(1) = (x_3', y_3', z_3')^T = (0, -1, 1)^T.$$

Tab. 10.1 Stützpunkte P_j

j	σ/rad	$x(\sigma)$	$y(\sigma)$	$z(\sigma)$
0	0	1	0	0
1	$\pi/3$	0,5	0,866	1,047
2	$2\pi/3$	−0,5	0,866	2,094
3	π	−1	0	3,142

Tab. 10.2 Berechnete Steigungswerte $P'_j = (x'_j, y'_j, z'_j)^T$

j	x'_i	y'_i	z'_i	Die Randwerte für $t = 0$ und $t = 1$
0	0	1	1	stimmen mit den Stützpunkten überein.
1	−0,9	0,5327	1,0566	In den weiteren Spalten sind die Werte für $t = 0,5$ berechnet und die Abstände
2	−0,9	−0,5327	1,0566	zum Sollwert x_{Sj} angegeben.
3	0	−1	1	$\delta = x_j(0,5) - x_{Sj}$

j	a_{3x}	a_{2x}	a_{1x}	a_{0x}	$x_j(0,5)$	x_{Sj}	$\delta \cdot 10^3$
1	0,1	−0,6	0	1	0,8625	0,86603	−3,5
2	0,2	−0,3	−0,9	0,5	0	0	0
3	0,1	0,3	−0,9	−0,5	−0,8625	−0,86603	3,5

Aus Gl. (10.8) und (10.6) folgt

(48) $\quad : x'_0 \qquad\qquad = 0$

(46) $j = 1: x'_0 + 4x'_1 + x'_2 = -3 \cdot 1 + 3 \cdot (-0,5)$
$$= -4,5$$

$j = 2: \qquad x'_1 + 4x'_2 + x'_3 = -3 \cdot 0,5 + 3 \cdot (-1)$
$$= -4,5$$

(48) $\quad : \qquad\qquad x'_3 = 0.$

Aufgelöst ergeben sich die Werte $x'_0 = 0$; $x'_1 = -0,9$; $x'_2 = -0,9$; $x'_3 = 0$, die zusammen mit den Punktkoordinaten in Gl. (10.4) eingesetzt werden:

$$x_1(t) = 1 \cdot (2t^3 - 3t^2 + 1)$$
$$+ 0,5 \cdot (-2t^3 + 3t^2)$$
$$- 0,9 \cdot (t^3 - t^2).$$

Durch Umsortieren nach Potenzen von t folgen auch die Koeffizienten a_{jx} der Gl. (10.2) für das erste Segment, nämlich

$$x_1(t) = 0,1 \cdot t^3 - 0,6 \cdot t^2 + 1,$$

also

$$a_{3x} = 0,1; \quad a_{2x} = -0,6;$$
$$a_{1x} = 0; \quad a_{0x} = 1.$$

Analog lassen sich die Gleichungen für die anderen Segmente und für die y- bzw. z-Koordinaten aufschreiben. Die Ergebnisse sind in Tab. 10.2 zusammengefasst.

Die Abweichungen sind graphisch nicht darstellbar. ◄

Dieser einfachen Anwendbarkeit der Spline-Funktion steht der Nachteil gegenüber, dass die Änderung eines Stützpunkts vollständige Neu-

berechnung erfordert. Kurvenzüge mit beabsichtigten Knicken (Unstetigkeiten der ersten Ableitung) oder sprunghafter Änderung der Krümmung (Unstetigkeiten der zweiten Ableitung) werden in Bereiche zerlegt, für die jeweils eigene Spline-Funktionen berechnet werden.

Bezier-Kurven

Die in Gl. (10.4) auftretenden Hermite-Polynome des Parameters t heißen Binde- oder Basisfunktionen (blending-functions). Durch die Wahl anderer Bindefunktionen kann das Verhalten der approximierenden glatten Kurve beeinflußt werden. Das gibt dem interaktiv arbeitenden Konstrukteur die Möglichkeit, durch einen Polygonzug das Verhalten im Groben vorzugeben. Bevorzugt werden die Punkte zur Bestimmung des Polygons gewählt. Bei $(n + 1)$ Polygoneckpunkten P_j mit $j = 0, 1, \ldots, n$ im Parameterintervall $t \in [0,1]$ erfolgt die Darstellung der Bezier-Kurve durch

$$S(t) = \sum_{j=0}^{n} P_j \cdot B_j^n(t),$$

wobei als Basisfunktionen $B_j^n(t)$ die Bernsteinfunktionen dienen. Sie lauten

$$B_j^n(t) = \binom{n}{j} t^j \cdot (1 - t)^{n-j}$$

mit der Eigenschaft

$$\sum_{j=0}^{n} B_j^n(t) \equiv 1. \qquad (10.9)$$

So ist $B_0^1 = 1 - t$ und $B_1^1 = t$, ferner $B_0^3 = (1 - t)^3$, $B_1^3 = 3t \cdot (1 - t)^2$, $B_2^3 = 3t^2 \cdot (1 - t)$ und $B_3^3 = t^3$, wie in Abb. 10.4a,b für $n = 1$ und $n = 3$ graphisch dargestellt.

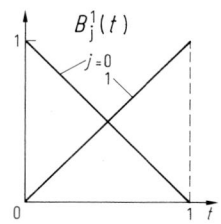 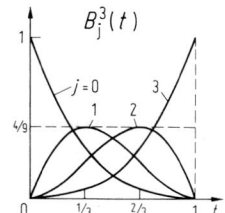

Abb. 10.4 Bezier-Kurven für $n = 1$ und $n = 3$

Beispiel

Es soll die Sinuskurve im ersten Quadranten mittels des Polygons durch die willkürlich gewählten Punkte P_0, P_1, P_2, P_3 nach Abb. 10.5 als Bezier-Kurve $S(t)$ approximiert werden (Tab. 11.3).

$$S(t) = \begin{pmatrix} x(t) \\ y(t) \end{pmatrix} \text{ mit } x(t) = \sum_{j=0}^{3} x_j \cdot B_j^3(t) \text{ und}$$

$$y(t) = \sum_{j=0}^{3} y_j \cdot B_j^3(t)$$

$$x(t) = 0{,}5 \cdot 3t(1-t)^2 + 1{,}2 \cdot 3t^2(1-t) + (\pi/2) \cdot t^3$$

$$y(t) = 0{,}5 \cdot 3t(1-t)^2 + 3t^2(1-t) + t^3$$

$$\delta_x = 100(x(t) - t\,\pi/2)/(t\,\pi/2)\,\%$$

$$\delta_y = 100(y(t) - \sin(x(t)))/\sin(x(t))\,\%.$$

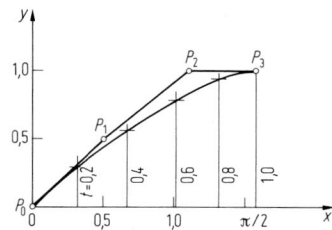

Abb. 10.5 Definierendes Polygon P_0, P_1, P_2, P_3 und Sinuskurve angenähert als Bezier-Kurve (vgl. Tab. 10.3)

Die Genauigkeit ist für graphische Anwendungen wohl ausreichend. ◄

B-spline-Kurven

Für die B-spline-Kurve werden spezielle, nur stückweise definierte Polynome, die **Basis-splines**, als Bindefunktionen gewählt. Sie verbinden die $(n+1)$ Ecken P_j eines die gewünschte Kurve umschreibenden Polygons. Das Intervall des Parameters u wird – anders als bisher – durch den Knotenvektor $U = (u_0, u_1, \ldots, u_n)$ mit $u_j \leqq u_{j+1}$ in ganzzahlige Segmente $u \in [j, j+1] = [u_j, u_{j+1}]$ zerlegt. Wie bei den Bezier-Kurven gilt die Darstellung $S(u) = \sum_{j=0}^{n} P_j \cdot N_j^k(u)$ mit den normierten Basisfunktionen der Ordnung k, die rekursiv berechnet werden:

$$N_j^1(u) = \begin{cases} 1 & \text{für} \quad u \in [j, j+1] \\ 0 & \text{für} \quad u \notin [j, j+1] \end{cases}$$

und

$$N_j^k(u) = \frac{u-j}{k-1} N_j^{k-1}(u) + \frac{j+k-u}{k-1} N_{j+1}^{k-1}(u). \quad (10.10)$$

Die Basisfunktion $N_j^k(u)$ ist ein Polynom vom Grade $(k-1)$, das gerade das Intervall $[j, j+k]$ überspannt und $(k-2)$mal stetig differenzierbar ist (Tab. 10.4).

Damit wird erreicht, dass eine Ecke die Gestalt der Kurve nur lokal beeinflußt und die Kurve Knicke, Wendepunkte oder Schleifen nachbilden kann, wenn das Polygon diese Eigenschaften aufweist. Das definierende Polygon wird durch die Ordnung $k = 2$ nachgebildet. Für höhere Ordnungen fällt die Kurve steifer aus. Die Kurve liegt in der konvexen Hülle des k-Ecks der Stützstellen P_j, $\ldots P_{j+k-1}$. Mit einfachen Knoten ergibt die Aneinanderreihung der B-splines periodische Basisfunktionen mit der Periode k.

10

Tab. 10.3 Bezier-Interpolation	Gegebene P_j			Interpolierte Punkte und ihre Abweichung von den exakten Werten				
	j	x_j	y_i	t	$x(t)$	δ_x in %	$y(t)$	δ_y in %
	0	0	0	0	0	0	0	0
	1	0,5	0,5	0,2	0,3198	1,8	0,296	−5,8
	2	1,2	1	0,4	0,6621	5,4	0,568	−7,6
	3	$\pi/2$	1	0,6	1,0017	6,3	0,792	−6,0
				0,8	1,3130	4,5	0,944	−2,3
				1	1,5708	0	1	0

Tab. 10.4 B-spline-Polynome der Ordnung k und ihre Kurven. (Es werden nur die in den Parameterabschnitten von Null verschiedenen Funktionen angegeben)

j	k	$N_j^k(u)$	für u $[\ldots,\ldots+1]$	Bild
0	1	$N_0^1 = 1$	$[0, 1]$	
1	1	$N_1^1 = 1$	$[1, 2]$	
0	2	$N_0^2 = (u/1) \cdot N_0^1 + ((2-u)/1) \cdot N_1^1$		
j	2	$N_j^2 = \begin{cases} u-j \\ j+2-u \end{cases}$	$[j, j+1]$ $[j+1, j+2]$	
0	3	$N_0^3 = (u/2) \cdot N_0^2 + ((3-u)/2) \cdot N_1^2$		
		$N_j^3 = \begin{cases} 0{,}5(u-j)^2 \\ 0{,}5[(u-j)(j+2-u)+(j+3-u)(u-j-1)] \\ 0{,}5(j+3-u)^2 \end{cases}$	$[j, j+1]$ $[j+1, j+2]$ $[j+2, j+3]$	

Werden m Knoten an der Stelle u_j zusammengelegt, wird die Reichweite der Basisfunktionen verringert und die Differenzierbarkeit an der Stelle u_j auf $(k-m-2)$ reduziert. so ergeben sich nichtperiodische Basisfunktionen, die – im Sonderfall des Knotenvektors aus je k-fachem Anfangs- und Endknoten – eine Bernstein-Basis darstellen.

Für die B-splines kann auch das umgekehrte Verfahren entwickelt werden: Sind am Anfang des Entwurfs einige Punkte der gesuchten Kurve bekannt, so kann mit dem zugehörigen Polygon so lange gearbeitet werden, bis die gewünschte Form erreicht ist.

Flächendarstellung

Die Darstellung einer Fläche erfolgt durch Linien, die auf der Fläche liegen, sodass die Techniken für Kurven passend in den dreidimensionalen Raum übertragen werden.

Ein Raumpunkt auf der Fläche kann durch zwei unabhängige Parameter u, v mittels dreier

Funktionen für die Koordinaten beschrieben werden durch die allgemeine Form $\boldsymbol{P} = (x, y, z) = (x(u,v), y(u,v), z(u,v))$. Es werden drei Kategorien von Flächen unterschieden:

Strakflächen, dargestellt durch die Kurven ebener Schnitte mit der Fläche, z.B. Höhenlinien in Landkarten, Wasserlinien und dazu parallele Kurven im Schiffbau oder Rumpfquerschnitte im Schiff- und Flugzeugbau.

Mit geeigneten Bindefunktionen F folgt

$$\boldsymbol{P}(u,v) = \sum_{j=0}^{n} \boldsymbol{P}(u_j, v) \cdot F_j(u)$$

für Schnitte $u_j = $ const

oder

$$\boldsymbol{P}(u,v) = \sum_{k=0}^{m} \boldsymbol{P}(u, v_k) \cdot F_j(v)$$

für Schnitte $v_k = $ const,   (10.11)

womit das Problem auf die einparametrische Kurvendarstellung reduziert ist.

Produktflächen sind aus der Interpolation von diskreten Stützpunkten darstellbar, die meist in einem Rechteckraster angeordnet sind. Analog zur Kurvendarstellung nach Ferguson werden vier Randkurven ringförmig zusammengefügt. Die parametrischen partiellen Ableitungen in den Stützstellen sichern die stetigen Anschlüsse, um die Kurven an beliebigen Stellen innerhalb dieses Rahmens zu interpolieren

$$P(u,v) = \sum_{j=0}^{n} \sum_{k=0}^{m} P(u_j, v_k) \cdot F_j(u) \cdot F_k(v).$$

(10.12)

Summenflächen werden aus zwei einparametrischen Kurvenfamilien gebildet. Es wird das die Fläche überspannende Liniennetz $P(u_j, v)$ und $P(u, v_k)$ aufgebaut, die ebenfalls über rechteckigen (für kugelige Flächen auch dreieckigen) Flächenrastern erklärt sind. Allgemein ergibt sich die Darstellung

$$P(u,v) = (F_j(u) + F_k(v) - F_j(u) \cdot F_k(v)) \cdot P_{j,k}(u,v).$$

(10.13)

Der negative Term berücksichtigt die Tatsache, dass bei der Kombination der beiden Kurvenscharen die Werte der Schnittpunkte doppelt vorhanden sind und daher die Mittelebene subtrahiert werden muss.

Für die Summenfläche nach Coons folgt mit den Bezeichnungen des Abb. 10.6 das Flächenstück über dem rechteckigen Raster mit den vier Randkurven $P(0,v)$, $P(1,v)$, $P(u,0)$, $P(u,1)$ im ebenen Parameterbereich $(u,v) \in [0;1] \times [0;1]$.

$$\begin{aligned} P(u,v) = \; &P(0,v) \cdot F_0(u) + P(1,v) \cdot F_1(u) \\ &+ P(u,0) \cdot F_0(v) + P(u,1) \cdot F_1(v) \\ &- P(0,0) \cdot F_0(u) \cdot F_0(v) \\ &- P(0,1) \cdot F_0(u) \cdot F_1(v) \\ &- P(1,0) \cdot F_1(u) \cdot F_0(v) \\ &- P(1,1) \cdot F_1(u) \cdot F_1(v). \end{aligned}$$

(10.14)

Die $F_j(u)$, $F_k(v)$ sind wieder geeignete Bindefunktionen mit Eigenschaften, die die Stetigkeits-

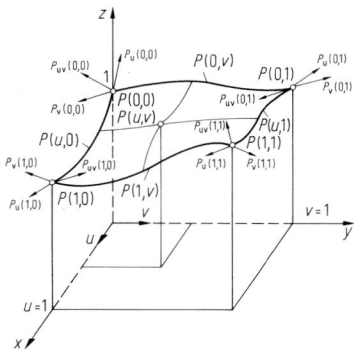

Abb. 10.6 Flächenstück über rechteckigem Raster, dargestellt durch vier Stützpunkte, Randkurven und partiellen Ableitungen in den Stützpunkten

forderungen zum jeweils benachbarten Flächenstück erfüllen.

Im einfachsten Fall der linearen Coonsschen Fläche leisten die linearen Lagrange-Polynome (Gl. (4.22)) den stetigen Anschluss an die Nachbarflächen, wobei allerdings Knicke auftreten können

$$\begin{aligned} F_0(u) = 1 - u, \quad F_1(u) = u, \\ F_0(v) = 1 - v, \quad F_1(v) = v. \end{aligned}$$

(10.15)

Um dies zu vermeiden, muss die Stetigkeit der ersten partiellen Ableitungen und die gemischte zweite Ableitung (Twistvektor genannt) durch Bindefunktionen eingeführt werden

$$P_u = \partial P / \partial u; \quad P_v = \partial P / \partial v;$$
$$P_{uv} = \partial^2 P / \partial u \, \partial v.$$

Damit folgt nach umfangreicher Schreibarbeit für die bikubische Coonsche Fläche, mit den Hermite-Polynomen

$$F_0(u) = 2u^3 - 3u^2 + 1,$$
$$F_1(u) = -2u^3 + 3u^2,$$
$$G_0(u) = u^3 - 2u^2 + u, \quad G_1(u) = u^3 - u^2$$

(10.16)

mit $u \in [0,1]$ und analog für $v \in [0,1]$ und den Randkurven $P(0,v)$, $P(1,v)$, $P(u,0)$, $P(u,1)$ sowie den partiellen Ableitungen P_u, P_v, P_{uv} in

Matrixschreibweise

$$
P(u,v) =
\begin{bmatrix}
F_0(u) \\
F_1(u) \\
G_0(u) \\
G_1(u)
\end{bmatrix}^{\mathrm{T}}
$$

$$
\cdot
\begin{bmatrix}
P(0,0) & P(0,1) & | & P_v(0,0) & P_v(0,1) \\
P(1,0) & P(1,1) & | & P_v(1,0) & P_v(1,1) \\
\hdashline
P_u(0,0) & P_u(0,1) & | & P_{uv}(0,0) & P_{uv}(0,1) \\
P_u(1,0) & P_u(1,1) & | & P_{uv}(1,0) & P_{uv}(1,1)
\end{bmatrix}
$$

$$
\cdot
\begin{bmatrix}
F_0(v) \\
F_1(v) \\
G_0(v) \\
G_1(v)
\end{bmatrix}.
$$

$$(10.17)$$

Die Bestimmung des Twistvektors macht in der Praxis die meisten Schwierigkeiten und er wird für nicht zu hohe Ansprüche oft zu Null gesetzt. Es gibt dann etwas flach wirkende Flächen.

Beispiel

Mit einer längeren Rechnung an der Fläche von Abb. 10.7 mit den unten stehenden Daten im Rechteck $0 \leqq x \leqq 1$ und $0 \leqq y \leqq 2$ soll die Berechnung der Coonsschen Fläche demonstriert werden:

$$P(0,0) = (0,0,9), \quad P_u(0,0) = (1,0,1),$$
$$P_v(0,0) = (0,1,1)$$

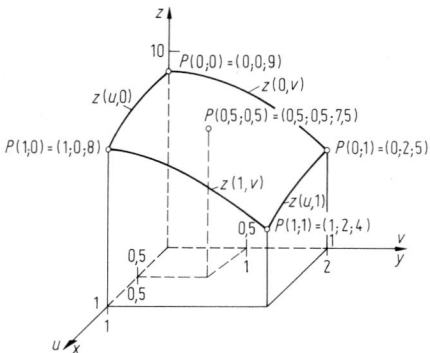

Abb. 10.7 Bikubische Coonssche Fläche $P(u,v) = (x(u,v); y(u,v); z(u,v))$

$$P(0,1) = (0,2,5), \quad P_u(0,1) = (1,0,1),$$
$$P_v(0,1) = (0,1,-4)$$
$$P(1,0) = (1,0,8), \quad P_u(1,0) = (1,0,-2),$$
$$P_v(1,0) = (0,1,1)$$
$$P(1,1) = (1,2,4), \quad P_u(1,1) = (1,0,-2),$$
$$P_v(1,1) = (0,1,-4)$$

und verschwindendem Twistvektor $P_{uv} \equiv (0,0,0)$.

Aus Gl. (10.17) folgt

$$
x(u,v) =
\begin{bmatrix}
F_0(u) \\
F_1(u) \\
G_0(u) \\
G_1(u)
\end{bmatrix}^{\mathrm{T}}
\cdot
\begin{bmatrix}
0 & 0 & 0 & 0 \\
1 & 1 & 0 & 0 \\
1 & 1 & 0 & 0 \\
1 & 1 & 0 & 0
\end{bmatrix}
$$

$$
\cdot
\begin{bmatrix}
2v^3 - 3v^2 + 1 \\
-2v^3 + 3v^2 \\
v^3 - 2v^2 + v \\
v^3 - v^2
\end{bmatrix}
$$

$$
=
\begin{bmatrix}
2u^3 - 3u^2 + 1 \\
-2u^3 + 3u^2 \\
u^3 - 2u^2 + u \\
u^3 - u^2
\end{bmatrix}^{\mathrm{T}}
\cdot
\begin{bmatrix}
0 \\
1 \\
1 \\
1
\end{bmatrix}
= u.
$$

Analog ergeben sich

$$y(u,v) = -2v^3 + 3v^2 + v$$

und

$$z(u,v) = u^3 - 3u^2 + u$$
$$+ 5v^3 - 10v^2 + v + 9.$$

Die Randkurven sind

$$z(u,0) = u^3 - 3u^2 + u + 9,$$
$$z(u,1) = u^3 - 3u^2 + u + 5,$$
$$z(0,v) = 5v^3 - 10v^2 + v + 9,$$
$$z(1,v) = 5v^3 - 10v2 + v + 8.$$

In entsprechender Weise können auch Bezier- und B-spline-Flächen entwickelt werden. ◄

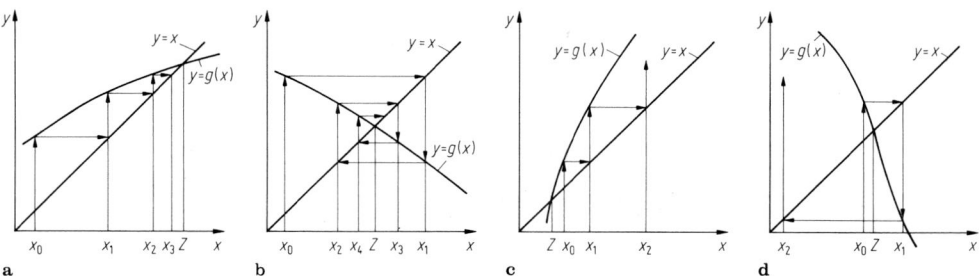

Abb. 10.8 Verfahren der schrittweisen Näherung. **a** und **b** konvergente, **c** und **d** divergente Umformungen $x = g(x)$

10.2.2 Methode der schrittweisen Näherung (Iterationsverfahren)

Die gegebene Gleichung $f(x) = 0$ wird umgeformt in $x = g(x)$. Für einen Anfangswert x_0 und $i = 1, 2, 3, \dots$ ergeben sich die x_i aus

$$x_{i+1} = g(x_i). \qquad (10.18)$$

Diese Folge konvergiert gegen die Nullstelle z, d. h., $\lim_{i \to \infty} x_i = z$, wenn für alle x_i die hinreichende Konvergenzbedingung

$$|g'(x_i)| \leqq m < 1 \qquad (10.19)$$

erfüllt ist. Geometrisch bedeutet dies, den Schnittpunkt der Geraden $y = x$ mit der Kurve $y = g(x)$ entlang eines treppen- bzw. spiralförmigen Polygonzugs zwischen beiden zu bestimmen (Abb. 10.8).

Die Konvergenzbedingung stellt sicher, dass beim Übergang von der Kurve zur Geraden die Abszissendifferenz $|x_{i+1} - x_i|$ größer als die Ordinatendifferenz $|g(x_{i+1}) - x_i|$ ist (vgl. Abb. 10.8a,b mit Abb. 10.8c,d). Ist die Konvergenzbedingung verletzt, so hilft für Funktionen g, die in der Umgebung von z streng monoton sind, die Umkehrfunktion $g^{(-1)}$ weiter, da durch Spiegelung der Funktion g an der Geraden $y = x$ die Ableitung der Umkehrfunktion $|(g^{(-1)})'| < 1$ wird, der Schnittpunkt jedoch erhalten bleibt. Die konvergierende Funktion $g(x)$ heißt Einpunkt-Iterationsfunktion, da nur Informationen eines Punkts genutzt werden.

Beispiel

Gegeben ist $\exp x + \sin x = 0$. Eine grobe Handskizze der Kurven $y = \exp x$ und $y = -\sin x$ liefert einen Näherungswert $x_0 = -0{,}6$ für die betragkleinste Nullstelle, die hier genügt, sodass $f(x) = \exp x + \sin x = 0$ im Intervall $[-1, -0{,}5]$ untersucht werden kann. Eine Umformung nach Gl. (10.18) ist $x = \ln(-\sin x)$ mit $g(x) = \ln(-\sin x)$ im ausgewählten Intervall. $g'(x) = \cot x$ nach Gl. (10.19) liefert $|\cot(-0{,}6)| = 1{,}46 > 1$, also keine Konvergenz. Die Umkehrfunktion $g^{(-1)}(x) = \arcsin(-\exp x)$ hat die Ableitung $(g^{(-1)})' = -\exp x / \sqrt{1 - \exp(2x)}$ mit $(g^{(-1)})'(0{,}6) = 0{,}657 < 1$; sie konvergiert mit $x_{i+1} = \arcsin(-\exp x_i)$ von $x_0 = -0{,}6$ an. $g^{(-1)}(x)$ ist die zweite Möglichkeit zum Umformen nach Gl. (10.18); s. Tab. 10.5, Spalte 3. ◄

Tab. 10.5 Vergleich der Iterationsverfahren zur Nullstellenbestimmung am Beispiel $f(x) = \exp x + \sin x = 0$ im Intervall $[-1, -0{,}5]$. $z = -0{,}588532744 \pm 5 \cdot 10^{-10}$, $|x_i - x_{i-1}| < 10^{-3}$

i	x_i	Iterationsverfahren Gl. (10.18)	Newtonsches Verfahren Gl. (10.20)	Regula falsi Gl. (10.22)
0	−0,6			
1		−0,58094	−0,58848	−0,5
2		−0,59363	−0,58853	−0,58892
3		−0,58515		−0,58855
4		−0,59080		
5		−0,58702		
6		−0,58954		
7		−0,58786		
8		−0,58898		
9		−0,58823		

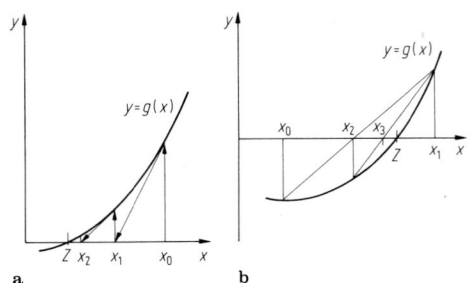

Abb. 10.9 Näherungsverfahren. **a** nach Newton; **b** Regula falsi

10.2.3 Newtonsches Näherungsverfahren

Hierbei wird in der Nähe der Nullstelle z der gegebenen Funktion f die Kurve durch ihre Tangente im Näherungswert x_0 ersetzt und deren Schnittpunkt mit der x-Achse als verbesserter Näherungswert x_1 bestimmt (Abb. 10.9a). Damit folgt die Newtonsche Näherungsformel

$$x_{i+1} = x_i - f(x_i)/f'(x_i). \qquad (10.20)$$

Wird hier die rechte Seite als Iterationsfunktion $g(x_i)$ bezeichnet, so zeigt Gl. (10.18), dass das Newton-Verfahren eine schrittweise Näherung für die spezielle Einpunkt-Iterationsfunktion $g(x_i) = x_i - f(x_i)/f'(x_i)$ ist mit $f'(x_i) \neq 0$. Die Konvergenzbedingung ist mit Gl. (10.19)

$$|g'(x_i)| = |f(x_i)f''(x_i)/f'^2(x_i)| \leqq m < 1. \qquad (10.21)$$

Beispiel

Für $\exp x + \sin x = 0$ mit dem Anfangswert $x_0 = -0{,}6$ und dem Intervall $[-1, -0{,}5]$ ergibt sich nach Gl. (10.21) $f(x) = e^x + \sin x$, $f'(x) = e^x + \cos 0x$, $f''(x) = e^x - \sin x$. $|g'(-0{,}6)| = 0{,}0093 < 1$, also Konvergenz (s. Tab. 10.5, Spalte 4) ◄

10.2.4 Sekantenverfahren und Regula falsi

Anstelle der Funktionskurve wird eine Sekante durch zwei in der Nähe der Nullstelle gelegene Punkte $(x_0, f(x_0))$ und $(x_1, f(x_1))$ gelegt. Ihr Schnittpunkt mit der x-Achse liefert einen neuen Näherungswert x_3 für die Nullstelle (Abb. 10.9b). Hier wurde also die 1. Ableitung in Gl. (10.20) – Newton-Verfahren – durch den Differenzenquotienten ersetzt. Mithin gilt

$$x_{i+1} = x_i - f(x_i)(x_i - x_{i-1})/[f(x_i) - f(x_{i-1})], \qquad (10.22)$$

beginnend mit bekannten Werten x_0, x_1. Die rechte Seite stellt die Einpunkt-Iterationsfunktion $g(x_i, x_{i-1})$ „mit Gedächtnis" dar, welche die Information des vorherigen Punkts wiederverwendet. Liegt das Intervall $[x_{i-1}, x_i]$ so, dass es den Vorzeichenwechsel von f enthält, also $f(x_i) \cdot f(x_{i-1}) < 0$ gilt, so ist Gl. (10.22) die *Regula falsi* und die Interpolationsgerade eine Sekante. Für x_0, x_1 ist dies durch den in der Einleitung von Abschn. 10.2 beschriebenen Suchalgorithmus gegeben. Für die weiteren Iterationen ist immer zu erreichen, dass die Nullstelle zwischen den beiden Näherungswerten liegt, da entweder $f(x_0) \cdot f(x_2) < 0$ oder $f(x_2) \cdot f(x_1) < 0$ gilt. Die Regula falsi konvergiert immer für die als stetig vorausgesetzten Funktionen. Als Beispiel s. Tab. 10.5, Spalte 5, mit den Werten des Beispiels in Abschn. 10.2.2.

10.2.5 Konvergenzordnung

Der Aufwand zur Ermittlung der Nullstelle mit vorgegebener Genauigkeit ist für die Verfahren sehr verschieden (s. Tab. 10.5). Neben ihm ist vor allem die Zahl der Schritte ausschlaggebend. Sie ist umso kleiner, je größer die Konvergenzordnung p ist.

$$\lim_{i \to \infty} |x_{i+1} - z|/|x_i - z|^p = c$$

$$\text{mit} \begin{cases} |c| < 1 & \text{für } p = 1 \\ |c| < \infty & \text{für } p > 1. \end{cases} \qquad (10.23)$$

Dabei ist c die asymptotische Fehlerkonstante. Mit Hilfe der Taylorentwicklung an der Nullstelle z folgt für eine gegen z konvergierende Einpunkt-Iterationsfunktion: Ist $g(x)$ p-mal stetig differenzierbar und gilt $z = g(z)$ sowie $|g'(z)| < 1$, falls $p = 1$, bzw. $g'(z) = g''(z) = \ldots g^{(p-1)}(z) = 0$

und $g^{(p)}(z) \neq 0$, so hat das durch $x_{i+1} = g(x_i)$ definierte Iterationsverfahren die Konvergenzordnung p.

Einfache Iteration. Nach Gl. (10.18) ist hierbei $g(x) = x - f(x)$, also folgt aus $|g'(x)| = |1 - f'(x)| < 1$ die Konvergenzanordnung $p = 1$.

Newton-Verfahren. Hier ist $g(x) = x - f(x)/f'(x)$; bei Konvergenz nach Gl. (10.21) also $g'(z) = f(z) \cdot f''(z)/f'^2(z) = 0$ und $g''(z)$, das meist unbekannt ist. Hier ist also $p \geq 2$.

Sekanten-Verfahren und Regula falsi. Sie sind Einpunkt-Iterationsfunktionen „mit Gedächtnis", für die $p \approx 1,62$ bzw. 1 ist.

10.2.6 Probleme der Genauigkeit

Abbruchfehler ε_a. Er entsteht durch Abbruch der Berechnung weiterer Folgeelemente vor Erreichen des Grenzwerts z, selbst wenn unendlich viele Stellen für die Zahlendarstellung benutzbar wären.

Rundungsfehler ε_r. Er ergibt sich selbst bei unendlich vielen Folgeelementen durch die begrenzte Stellenzahl.

Fehlerabschätzung. Für die einfache Wurzel z der Gleichung $f(x) = 0$ gilt methodenunabhängig nach dem i-ten Näherungswert x_i: Aus dem Mittelwertsatz der Differentialrechnung ergibt sich

$$f(x_i) = (x_i - z) \cdot f'(\xi); \quad \xi \in [x_i, z], \quad \text{also}$$
$$|x_i - z| \leqq f(x_i)/M \quad \text{mit} \quad M = \min f'(x),$$
$$x \in [x_i, z]. \tag{10.24}$$

Bezeichnet $\overline{f}(x_i)$ den mit Rundungsfehlern behafteten Funktionswert $f(x_i)$ mit $\overline{f}(x_i) \leqq f(x_i) + \delta$, so ist der beste erreichbare Wert für x_i so beschaffen, dass $\overline{f}(x_i) = 0$ gilt. Dann ist $|f(x_i)| \leqq \delta$, und mit Gl. (10.24) folgt

$$|x_i - z| \leqq \delta/M \approx \delta/|f'(z)| = \varepsilon_g \tag{10.25}$$

für die Grenzgenauigkeit, die durch die Funktion f und die Stellenzahl der Rechenanlage bestimmt ist. Innerhalb des Intervalls ist $\overline{f}(x_i) = 0$, und die neuen Iterationswerte sind mit schwankenden Rundungsfehlern behaftet. Um diese Genauigkeit, die meist vorher nicht bekannt ist, auszunutzen, wird eine relativ grobe Schranke ε vorgegeben und als Abbruchkriterium gefordert, dass

$$|x_{i+1} - x_i| \geqq |x_i - x_{i-1}| \quad \text{und}$$
$$|x_i - x_{i-1}| < \varepsilon \tag{10.26}$$

ist, um x_i als Wurzel anzuerkennen.

Beispiel

$f(x) = e^x + 1/(10x) = 0$; die Nullstelle mit neun Dezimalen ist $z = -3,577152064$. Für eine sechsstellige Gleitkommaarithmetik ist $\delta = 5 \cdot 10^{-7}$, $f'(z) = 0,020$, also nach Gl. (10.25) $\varepsilon_g \approx \delta/f'(z) = 2.5 \cdot 10^{-5}$, d. h., für alle $x_i \in [-3,57717, -3,57713]$ ist $\overline{f}(x_i) = 0$. Eine größere Genauigkeit $\varepsilon < \varepsilon_g$ ist sinnlos. ◄

x_i	$f(x_i)$	$\overline{f}(x_i)$
$-3,57718$	$-5,6 \cdot 10^{-7} > \delta$	< 0
$-3,57717$	$-3,6 \cdot 10^{-7} < \delta$	$= 0$
$\vdots$	$\vdots$	
$-3,57713$	$4,4 \cdot 10^{-7} < \delta$	$= 0$
$-3,57712$	$6,5 \cdot 10^{-7} > \delta$	> 0

10.3 Interpolationsverfahren

Die Darstellung beschränkt sich auf reelle Funktionen einer unabhängigen Variablen in einem abgeschlossenen Intervall.

10.3.1 Aufgabenstellung, Existenz und Eindeutigkeit der Lösung

Die Aufgabe, für eine Anzahl von Messwerten $y_0, y_1, \ldots, y_n$ zu bekannten, paarweise verschiedenen Argumentwerten $\{x_0, x_1, \ldots, x_n\} \subset [a, b] \in \mathbb{R}$, den Stützstellen, einen funktionalen Zusammenhang zu formulieren, und die Ermittlung von Zwischenwerten in Tafeln angegebener

Funktionen werden vorzugsweise durch Interpolationspolynome gelöst. Dabei soll das gesuchte Polynom n-ten Grades $P_n(x) = \sum_{i=0}^{n} a_i x^i$ an allen $(n+1)$ Stützstellen x_j, $j = 0, 1, 2, \ldots, n$, genau die Funktionswerte y_j annehmen, also $P_n(x_j) = y_j$ sein. Durch Einsetzen aller Zahlenpaare (x_j, y_j) in den *direkten Ansatz* für $P_n(x)$ folgt das inhomogene, lineare Gleichungssystem für die gesuchten Koeffizienten a_i.

$$a_0 + a_1 x_0 + a_2 x_0^2 + a_3 x_0^3 + \ldots + a_n x_0^n = y_0,$$
$$a_0 + a_1 x_1 + a_2 x_1^2 + a_3 x_1^3 + \ldots + a_n x_1^n = y_1,$$
$$\vdots \qquad\qquad\qquad\qquad\qquad \vdots$$
$$a_0 + a_1 x_n + a_2 x_n^2 + a_3 x_n^3 + \ldots + a_n x_n^n = y_n. \tag{10.27}$$

Die Koeffizienten- bzw. Vandermonde-Determinante hat, da alle x_i paarweise verschieden sind, den Wert

$$|x_j^i| = \prod_{\substack{j=0 \\ i>j}}^{n} (x_i - x_j) \neq 0. \tag{10.28}$$

10.3.2 Ansatz nach Lagrange

Hier wird das Interpolationspolynom als Linearkombination solcher Polynome $L_j(x)$ aufgebaut, die an den Stellen x_j den Wert 1 und an allen anderen Stellen den Wert 0 annehmen. Die Funktionswerte y_j sind dann die zugehörigen Koeffizienten der Polynome. Es gilt also

$$L_j(x_k) = \delta_{jk} = \begin{cases} 1 & \text{für } j = k \\ 0 & \text{für } j \neq k \end{cases} \quad \text{und}$$

$$P_n(x) = \sum_{j=0}^{n} y_j L_j(x).$$
$$\tag{10.29}$$

Einsetzen bestätigt, dass $L_j(x)$ in Gl. (10.30) diese Eigenschaften hat.

$$L_j(x) = \prod_{\substack{k=0 \\ k \neq j}}^{n} (x - x_k) \Bigg/ \prod_{\substack{k=0 \\ k \neq j}}^{n} (x_j - x_k). \tag{10.30}$$

Beispiel

Berechnung eines Interpolationspolynoms 3. Grads nach Lagrange. Gegeben: s. Tab. 10.6.

Tab. 10.6 Wertepaare für Interpolationspolynom

j		0	1	2	3
Stützstellen	x_j	-2	0	1	4
Funktionswerte	y_j	-26	-4	-2	40

$$L_0(x) = \frac{(x - x_1)(x - x_2)(x - x_3)}{(x_0 - x_1)(x_0 - x_2)(x_0 - x_3)}$$
$$= \frac{(x - 0)(x - 1)(x - 4)}{(-2 - 0)(-2 - 1)(-2 - 4)}$$
$$= \frac{x^3 - 5x^2 + 4x}{-36},$$

$$L_1(x) = \frac{(x - x_0)(x - x_2)(x - x_3)}{(x_1 - x_0)(x_1 - x_2)(x_1 - x_3)}$$
$$= \frac{(x + 2)(x - 1)(x - 4)}{(0 + 2)(0 - 1)(0 - 4)}$$
$$= \frac{x^3 - 3x^2 - 6x + 8}{8},$$

$$L_2(x) = \frac{(x - x_0)(x - x_1)(x - x_3)}{(x_2 - x_0)(x_2 - x_1)(x_2 - x_3)}$$
$$= \frac{(x + 2)(x - 0)(x - 4)}{(1 + 2)(1 - 0)(1 - 4)}$$
$$= \frac{x^3 - 2x^2 - 8x}{-9},$$

$$L_3(x) = \frac{(x - x_0)(x - x_1)(x - x_2)}{(x_3 - x_0)(x_3 - x_1)(x_3 - x_2)}$$
$$= \frac{(x + 2)(x - 0)(x - 1)}{(4 + 2)(4 - 0)(4 - 1)}$$
$$= \frac{x^3 + x^2 - 2x}{72}.$$

$$P_3(x) = y_0 L_0(x) + y_1 L_1(x) + y_2 L_2(x) + y_3 L_3(x)$$
$$= [-26(-2x^3 + 10x^2 - 8x)$$
$$\quad - 4(9x^3 - 27x^2 - 54x + 72)$$
$$\quad - 2(-8x^3 + 16x^2 + 64x)$$
$$\quad + 40(x^3 + x^2 - 2x)]/72$$
$$= x^3 - 2x^2 + 3x - 4. \quad \blacktriangleleft$$

10.3.3 Ansatz nach Newton

Bei diesem Ansatz für das Interpolationspolynom

$$P_n(x) = c_0 + \sum_{i=1}^{n} c_i \prod_{j=0}^{i-1} (x - x_j) \tag{10.31}$$

hat das inhomogene lineare Gleichungssystem für die Koeffizienten c_i Dreiecksgestalt und kann schrittweise aufgelöst werden. Nach Einsetzen der Wertepaare (x_j, y_j) folgt

$$c_0 \qquad\qquad\qquad\qquad = y_0,$$
$$c_0 + c_1(x_1 - x_0) \qquad\qquad = y_1,$$
$$c_0 + c_1(x_2 - x_0) + c_2(x_2 - x_0)(x_2 - x_1) = y_2,$$
$$\vdots \qquad\qquad\qquad\qquad \vdots$$
$$c_0 + c_1(x_n - x_0) + \ldots + c_n \prod_{j=0}^{n-1}(x_n - x_j) = y_n.$$

$$(10.32)$$

Die Koeffizienten $c_0, c_1, c_2, \ldots, c_n$ behalten ihren Wert, wenn der Grad des Polynoms vergrößert wird. Der Wert der Koeffizientendeterminante, gegeben durch das Produkt der Hauptdiagonalelemente, stimmt mit Gl. (10.28) überein. Schrittweises Auflösen ergibt eine Rekursionsformel für die c_i, die mit dem Differenzenquotienten i-ter Ordnung übereinstimmt und „dividierte Differenz" heißt (s. Abschn. 10.6.3).

$$c_0 = y_0,$$
$$c_1 = \frac{y_1 - y_0}{x_1 - x_0} = \frac{y_0 - y_1}{x_0 - x_1} = f[x_0, x_1],$$
$$c_2 = \frac{\left[y_2 - y_0 - \frac{y_1 - y_0}{x_1 - x_0}(x_2 - x_0)\right]}{(x_2 - x_0)(x_2 - x_1)}$$
$$= \frac{\frac{y_2 - y_1}{x_2 - x_1} - \frac{y_1 - y_0}{x_1 - x_0} \cdot \frac{x_2 - x_0}{x_2 - x_1} + \frac{y_1 - y_0}{x_2 - x_1}}{(x_2 - x_0)},$$
$$= \frac{f[x_0, x_1] - f[x_1, x_2]}{(x_0 - x_2)} = f[x_0, x_1, x_2],$$
$$\vdots \qquad\qquad\qquad\qquad \vdots$$
$$c_i = \frac{f[x_0, x_1, \ldots x_{i-1}] - f[x_1, x_2, \ldots x_i]}{x_0 = x_i}.$$

$$(10.33)$$

Die Richtigkeit der Rekursionsformel ist durch vollständige Induktion zu zeigen.

Berechnungsschema. Für die Ermittlung der Polynomkoeffizienten als Differenzenquotienten i-ter Ordnung hat sich das unten dargestellte Schema bewährt.

Den Zähler der Differenzenquotienten bildet jeweils die Differenz der Nachbarelemente der vorstehenden Spalte. Den Nenner bilden die an den linken Enden der zugehörigen Diagonalen befindlichen Werte x_j und x_{j+k}. Die unter-

strichenen Differenzenquotienten ergeben nach Gl. (10.33) die Koeffizienten c_i des Newtonschen Interpolationspolynoms $P_n(x)$.

Beispiel

Berechnung eines Polynoms nach Newton aus Tab. 10.6. Nach Gl. (10.33) sind die Differenzenquotienten der i-ten Ordnung

x_i	y_i	1.	2.	3.
−2	−26			
		11		
0	−4		−3	
		2		1
1	−2		+3	
		14		
4	40			

und damit folgen $y_1 = -26$ und $c_1 = \frac{y_1 - y_0}{x_1 - x_0} = \frac{-4 - (-26)}{0 - (-2)} = 11$. Mit $f[x_0, x_1] = c_1$ und $f[x_1, x_2] = \frac{y_2 - y_1}{x_2 - x_1} = \frac{-2 + 4}{1} = 2$ wird $c_2 = \frac{f[x_0, x_1] - f[x_1, x_2]}{x_0 - x_2} = \frac{11 - 2}{-2 - 1} = -3$ und $c_3 = \frac{-3 - 3}{-2 - 4} = 1$.

Die Konstanten sind in der vorstehenden Tabelle unterstrichen. Mit Gl. (10.31) ergibt sich $P_n(x) = -26 + 11(x + 2) - 3(x + 2)(x - 0) + 1(x + 2)(x - 0)(x - 1) = x^3 - 2x^2 + 3x - 4$ (s. auch die Lösung nach Lagrange des Beispiels in Abschn. 10.3.2). ◄

Abbruchfehler. Bei der Interpolation nach Newton folgt der Fehler $R_n(x)$ aus dem Vergleich der beiden Interpolationspolynome $P_{n+1}(x) = P_n(x) + R_n(x)$ für die Funktion $f(x)$ im Intervall $[a, b]$. Als Restglied ergibt sich

$$R_n(x)$$
$$= \frac{f^{(n+1)}(z)(x - x_0)(x - x_1) \ldots (x - x_n)}{(n + 1)!},$$
$$z \in [a, b].$$

$$(10.34)$$

Beispiel

Die Entladungskurve eines Kondensators ist durch ein Polynom 2. Grads im Intervall $[0, 2T]$ zu interpolieren ($T = RC$ Zeitkonstante). Wie genau muss die Spannung für $t_j =$

Tab. 10.7 Differenzenquotienten i-ter Ordnung

x_i	y_i	Gesuchte Differenzenquotienten der Ordnung			
		1	2	3	4
x_0	$y_0 = c_0$				
		$f[x_0, x_1] = c_1$			
x_1	y_1		$f[x_0, x_1, x_2] = c_2$		
		$f[x_1, x_2]$		$f[x_0, x_1, x_2, x_3] = c_3$	
x_2	y_2		$f[x_1, x_2, x_3]$		$f[x_0, x_1, x_2, x_3, x_4] = c_4$
		$f[x_2, x_3]$		$f[x_1, x_2, x_3, x_4]$	
x_3	y_3		$\vdots$		$\vdots$
		$\vdots$	$f[x_{i-2}, x_{i-1}, x_i]$	$\vdots$	
$\vdots$		$f[x_{i-1}, x_i]$			
x_i	y_i				

jT, $j = 0$, 1, 2, gemessen werden, damit der Messfehler von der Größenordnung des Abbruchfehlers wird? – Die Entladungskurve wird beschrieben durch $u = u_0 \cdot \exp(-t/T)$. Das Restglied ist nach Gl. (10.34) $R_2(t) = -u_0/(3!T^3) \cdot \exp(-z/T)(t-0)(t-T)(t-2T)$, $z \in [0, 2T]$. Es wird nach oben abgeschätzt durch

$$|R_2(t)| \leqq u_0/(3!T^3) \cdot \max[\exp(-\bar{t}/T)]$$
$$\cdot \max[t(t-T)(t-2T)],$$

dabei wird

$$\max[\exp(-\bar{t}/T)] = 1 \quad \text{für} \quad \bar{t} = 0 \quad \text{und}$$

$$\max[t(t-T)(t-2T)] = 0{,}38 T^3$$

$$\text{für} \quad t = (t \pm 1/\sqrt{3})T$$

nach Abschn. 6.1.8, also $|R_2(t)| \leqq 0{,}38\, u_0/6 \approx 0{,}06\, u_0$. Die Spannung muss mit mindestens 6 % der Ausgangsspannung u_0 gemessen werden also mit einem Messgerät der Güteklasse 5. ◄

10.3.4 Polynomberechnung nach dem Horner-Schema

Die Newtonsche Polynomdarstellung

$$P_n(x) = \sum_{j=0}^{n} c_i \prod_{j=0}^{i=1} (x - x_j)$$

und die Normalform $P_n = \sum_{i=0}^{n} a_i x^i$ lassen sich für die Berechnung verbessern. Aus Gl. (10.31)

folgt

$$P_n(x) = c_0 + (x - x_0)(c_1 + (x - x_1)$$
$$\cdot (c_2 + (x - x_2)(c_3 + \ldots (x - x_{n-1})$$
$$\cdot c_n) \ldots))$$
$$= a_0 + x(a_1 + x(a_2 + x(a_3 + \ldots$$
$$+ x(a_{n-1} + x a_n) \ldots)).$$

$$(10.35)$$

Für ein numerisch gegebenes $\bar{x}$ sind die Klammern von innen heraus mit der folgenden Rekursionsformel berechenbar. Für $i = 0, 1, 2, \ldots, n$ gilt in beiden Fällen

$$b_n = c_n, \quad b_{n-i} = (\bar{x} - x_{n-i}) b_{n-i+1} + c_{n-i} \quad \text{bzw.}$$
$$b_n = a_n, \quad b_{n-i} = x b_{n-i+1} + a_{n-i} \quad \text{und}$$
$$P_n(\bar{x}) = b_0.$$

$$(10.36)$$

Horner-Schema. Es wird für diese leicht programmierbaren Formeln wie folgt angewendet.

a_n	a_{n-1}	a_{n-2}	$\ldots a_2$	a_1	a_0	
$\bar{x}$	$b_n \bar{x}$	$b_{n-1} x$	$\ldots b_3 \bar{x}$			
b_n	b_{n-1}	b_{n-2}	$\ldots b_2$	b_1	b_0	$= P_n(\bar{x})$

Die Pfeile deuten den Fortgang der Rechnung an. Beginnend mit $b_n = a_n$ werden die Produkte $b_{n-1}\bar{x}$ in die benachbarte Spalte geschrieben und die darüber stehenden Koeffizienten addiert. Die Fortsetzung des Horner-Schemas mit den gerade gewonnenen b_{n-1} als Koeffizienten des Polynoms $P_{n-1}(\bar{x})$ liefert die erste Ableitung des Polynoms $P_n(\bar{x})$. Für weitere Fortsetzungen gilt $P_{n-i}(\bar{x}) = P^{(i)}(\bar{x})/i!$.

Beispiel

Gegeben ist das Polynom $P_4(x) = 2x^4 + 5x^2 - 7$. Das vollständige Horner-Schema lautet für $x = 8$

Nr.	$P_4(x)$	x	a_4	a_3	a_2	a_1	a_0
			2	0	5	0	-7
1		8		16	128	1064	8512
			2	16	133	1064	$8505 = b_0 = P_4(8)$
2		8		16	256	3112	
			2	32	389	$4176 = P_4'(8)/1!$	
		8		16	384		
3			2	48	$773 = P_4''(8)/2!$		
		8		16			
4			2	$64 = P_4'''(8)/3!$			
5			$2 = P_4^{(4)}(8)/4!$				

Es ist $P_4'(x) = 8x^3 + 10x$, $P_4''(x) = 24x^2 + 10$ und $P_4'''(x) = 48x$, also $P_4(8) = 8\,505$, $P_4'(8) = 4\,175$, $P_4''(8) = 773 \cdot 2!$ und $P_4'''(8) = 384 = 64 \cdot 3!$. ◄

10.4 Gaußsches Eliminationsverfahren

Die Lösung linearer Gleichungen (s. Abschn. 3.2.5) ist eine der häufigsten Aufgaben der praktischen Mathematik. Für allgemeine, inhomogene lineare Gleichungssysteme $Ax = b$ mit einer $(n \cdot n)$-Matrix A (s. Abschn. 3.2.4) ohne besondere Eigenschaften ist das Gaußsche Eliminationsverfahren allen anderen überlegen. Darüber hinaus ermöglicht es die Berechnung der Inversen A^{-1}, der Determinanten $|A|$, des Rangs $r(A)$ und von Lösungen zu „beliebig vielen" rechten Seiten b. Praktisch anwendbar ist es bis $n \approx 100$.

Das Gaußsche Eliminationsverfahren wird hier für lineare inhomogene Gleichungssysteme mit reellen Koeffizienten dargestellt. Dabei wird durch sukzessives Eliminieren der Unbekannten ein gestaffeltes Gleichungssystem erzeugt, aus dem die Unbekannten rekursiv ermittelt werden.

$$a_{11}^{(0)}x_1 + a_{12}^{(0)}x_2 + \ldots + a_{1n}^{(0)}x_n = b_1^{(0)}$$
$$a_{21}^{(0)}x_1 + a_{22}^{(0)}x_2 + \ldots + a_{2n}^{(0)}x_n = b_2^{(0)}$$

$$\vdots$$

$$a_{n1}^{(0)}x_1 + a_{n2}^{(0)}x_2 + \ldots + a_{nn}^{(0)}x_n = b_n^{(0)}$$

$$\text{bzw.} \quad A^{(0)} \cdot x = b^{(0)} \qquad (10.37)$$

Ist die Matrix $A^{(0)} = (a_{ij}^{(0)})$ nichtsingulär, so existiert für beliebige $b_i^{(0)}$, die nicht alle gleichzeitig verschwinden, eine nichttriviale Lösung. Ist $a_{11}^{(0)} \neq 0$, lässt sich die Unbekannte x_1 aus den letzten $(n-1)$ Gleichungen eliminieren, indem von der i-ten Gleichung das m_{i1}-fache der ersten Gleichung subtrahiert wird. Dabei ist

$$m_{i1} = a_{i1}^{(0)}/a_{11}^{(0)}, \quad i = 2, 3, \ldots, n, \qquad (10.38)$$

und von der 2. bis zur n-ten Zeile entsteht ein neues Gleichungssystem mit $(n-1)$ Unbekannten und den Koeffizienten der Matrix

$$A^{(1)} = (a_{ij}^{(0)}), \quad i = 2, 3 \ldots n, \quad j = 2, 3 \ldots n;$$
$$a_{ij}^{(1)} = a_{ij}^{(0)} - (a_{i1}^{(0)}/a_{11}^{(0)}) \cdot a_{1j}^{(0)}$$
$$(10.39a)$$

sowie den rechten Seiten

$$b_i^{(1)} = b_i^{(0)} - b_1^{(0)}a_i^{(0)}/a_{11}^{(0)}. \qquad (10.39b)$$

Ist das neue Element $a_{22}^{(1)} \neq 0$, kann diese Operation – Gln. (10.38) bis (10.39b) – für $i, j = 3, 4, \ldots$ wiederholt und ein neues System mit $(n-2)$ Unbekannten gebildet werden. Bei $(n-1)$-maliger Anwendung entsteht das gestaffelte Gleichungssystem

$$a_{11}^{(0)}x_1 + a_{12}^{(0)}x_2 + a_{13}^{(0)}x_3 + \ldots + a_{1n}^{(0)}x_n = b_1^{(0)}$$
$$a_{22}^{(1)}x_2 + a_{23}^{(1)}x_3 + \ldots + a_{2n}^{(1)}x_n = b_2^{(1)}$$
$$a_{33}^{(2)}x_3 + \ldots + a_{3n}^{(2)}x_n = b_3^{(2)}$$

$$\vdots \qquad \vdots$$

$$a_{nn}^{(n-1)}x_n = b_n^{(n-1)}.$$
$$(10.40)$$

Es ist zu dem gegebenen algebraisch äquivalent. Die $x_n, x_{n-1}, \ldots, x_1$ werden damit durch „Rückwärts-Auflösen" für $i = 0, 1, 2, \ldots, (n-1)$

berechnet.

$$x_{n-i} = \frac{b_{n-i}^{(n-1-i)} - \sum_{j=0}^{i} a_{n-i,n-j}^{(n-1-i)} x_{n-j}}{a_{n-i,n-i}^{(n-1-i)}},$$

$$i = 0, 1, 2, \ldots, (n-1).$$

(10.41)

Die bisherige Voraussetzung, dass die Pivotelemente $a_{i,i}^{(i-1)} \neq 0$ sind, ist kein Hindernis. Da die Lösungen nicht von der Reihenfolge der Gleichungen abhängen, kann ein $a_{ki}^{(i-1)} \neq 0$ gefunden werden, denn die Matrix $A^{(0)}$ ist nichtsingulär. Durch Vertauschen der Zeilen i und k wird das ursprüngliche $a_{ki}^{(i-1)}$ zum $a_{ii}^{(i-1)}$ erklärt. Ist für ein $l \leq n$ kein $a_{ll}^{(i-1)} \neq 0$ zu finden, sind also $a_{ll}^{(l-1)} = a_{l,l+1}^{(l-1)} = \ldots = a_{ln}^{(l-1)} = 0$, dient dieses Verfahren zur Bestimmung des Ranges $r(A) = l - 1$ der Matrix $A^{(0)}$. Diese nur bei Nullelementen erforderliche Umsortierung ist wichtig für die Minimierung von Rundungsfehlern.

Ist $a_{11}^{(0)} = \varepsilon \ll 1$, so ist bei gegebener Stellenzahl der relative Rundungsfehler von $a_{11}^{(0)}$ groß, und alle Koeffizienten, die nach Gl. (10.38) mit $1/a_{11}^{(0)}$ multipliziert werden, sind verfälscht. Daher gilt für das Pivotelement des k-ten Schrittes:

10.4.1 Teilweise Pivotierung

$$a_{kk}^{(k-1)} = \max |a_{ik}^{(k-1)}|, \quad k \leq i \leq n. \quad (10.42)$$

Das betraggrößte Element der k-ten Spalte liegt in der i-ten Zeile; die Zeilen i und k werden vertauscht.

10.4.2 Vollständige Pivotierung

$$a_{kk}^{(k-1)} = \max |a_{ij}^{(k-1)}|,$$

$$k \leq i \leq n, \quad k \leq j \leq n. \quad (10.43)$$

Das betraggrößte Element der noch zu bearbeitenden Matrix $A^{(k-1)}$ liegt in der i-ten Zeile und j-ten Spalte. Die i-te Zeile ist mit der k-ten sowie die j-te Spalte mit der k-ten zu vertauschen. Damit ändert man die Reihenfolge der Unbekannten x_j und x_k (darüber ist eine zusätzliche Buchführung nötig, damit nach dem „Rückwärts-Auflösen" die ursprüngliche Reihenfolge wieder

hergestellt werden kann). Das Umsortieren bewirkt, dass die Rechenoperation immer mit dem Pivotelement ausgeführt wird, das mit dem relativ kleinsten Rundungsfehler behaftet ist.

Beispiel

Für die $(4 \cdot 4)$-Matrix $A^{(0)} x = b$ wird das Gaußsche Eliminationsverfahren mit teilweiser Pivotierung auf fünf Stellen gerundet dargestellt (s. Tab. 10.8).

Dabei sind links vom Doppelstrich die Zahlen in der in den Formeln benutzten allgemeinen Form mit Indizierung angeführt und rechts vom Doppelstrich an entsprechender Stelle im Schema die Zahlen des Beispiels. So ist $a_{22}^0 = 13$ und $b_4^0 = 67$. Die betraggrößten Elemente der zu untersuchenden Spalten sind unterstrichen. Durch Vertauschen der zugehörigen Zeile mit der jeweiligen ersten Zeile werden sie zu Pivotelementen. Ergänzt man die Matrix rechts um die Spalte s_i, in der die Summe aller Zeilenelemente steht, und behandelt die Elemente s_i genauso wie die anderen Matrixelemente, so muss auch in den transformierten Matrizen bis auf Rundungsfehler wieder die Zeilensumme stehen (Zeilensummenkontrolle für die Rechnung „von Hand"). „Rückwärts-Auflösen" ergibt die Lösungen nach Gl. (10.41) und Tab. 10.8:

aus Zeile 4‴

$$x_4 = 1{,}6619/1{,}8676 = 0{,}8898;$$

aus Zeile 3‴

$$x_3 = (7{,}9000 - 5{,}9000 \cdot 0{,}88982)/3{,}4000$$
$$= 0{,}7794;$$

aus Zeile 2″

$$x_2 = (1{,}6596 - 3{,}3617 \cdot 0{,}88982$$
$$\quad - 0{,}59574 \cdot 0{,}77943)/(-1{,}7021)$$
$$= 1{,}0552;$$

aus Zeile 1′

$$x_1 = (67{,}000 - 61{,}000 \cdot 0{,}88982$$
$$\quad - 59{,}000 \cdot 0{,}77943$$
$$\quad - 53{,}000 \cdot 1{,}0552)/47{,}000$$
$$= -1{,}8977. \quad \blacktriangleleft$$

Tab. 10.8 Beispiel für das Gaußsche Eliminationsverfahren

	C1	C2	C3	C4	C5						S_i
1	a^0_{11}	a^0_{12}	a^0_{13}	a^0_{14}	b^0_1	1,0000	2,0000	3,0000	5,0000	7,0000	18,0000
2	a^0_{21}	a^0_{22}	a^0_{23}	a^0_{24}	b^0_2	11,000	13,000	17,000	19,000	23,000	83,0000
3	a^0_{31}	a^0_{32}	a^0_{33}	a^0_{34}	b^0_3	29,000	31,000	37,000	41,000	43,000	181,0000
4	a^0_{41}	a^0_{42}	a^0_{43}	a^0_{44}	b^0_4	47,000	53,000	59,000	61,000	67,000	287,0000
1'	a^0_{11}	a^0_{12}	a^0_{13}	a^0_{14}	b^0_1	47,000	53,000	59,000	61,000	67,000	287,0000
2'	m_{21}	a^1_{22}	a^1_{23}	a^1_{24}	b^1_2	0,23404	0,59574	3,1915	4,7234	7,3191	15,8298
3'	m_{31}	a^1_{32}	a^1_{33}	a^1_{34}	b^1_3	0,61702	−1,7021	0,59574	3,3617	1,6596	3,9149
4'	m_{41}	a^1_{42}	a^1_{43}	a^1_{44}	b^1_4	0,02127$_7$	0,87234	1,7447	3,7021	5,5745	11,8936
2''		a^1_{22}	a^1_{23}	a^1_{24}	b^1_2		−1,7021	0,59574	3,3617	1,6596	3,9149
3''		m_{32}	a^2_{33}	a^2_{34}	b^2_3		−0,35000	3,4000	5,9000	7,9000	17,2000
4''		m_{42}	a^2_{43}	a^2_{44}	b^2_4		−0,51251	2,0500	5,4250	6,4251	13,9000
3'''			a^2_{33}	a^2_{34}	b^2_3			3,4000	5,9000	7,9000	17,2000
4'''			m_{43}	a^3_{44}	b^3_4			0,60294	1,8676	1,6619	3,5294

10.5 Standardaufgabe der linearen Algebra

Verfasst von **P. Ruge**

Zwei Standardaufgaben beherrschen die lineare Algebra und damit die Diskretisierung von Ingenieurproblemen: Das Gleichungssystem und das Eigenwertproblem:

$Ax = r$; A, r gegeben; x gesucht.
$Ax = \lambda Bx$; A, B gegeben; λ, x gesucht.

Um das reichlich vorhandene Softwareangebot hinsichtlich seiner Leistungsfähigkeit und insbesondere Zuverlässigkeit zu beurteilen, empfiehlt sich die Eingabe von Testaufgaben, deren Lösungen mit Hilfe nicht numerischer Methoden vollkommen unabhängig dargestellt werden können. Beispiele hierfür zeigt die Grundlagen-Hütte im Mathematikteil. Selbst eine so vermeintlich elementare Aufgabe wie die Lösung eines Gleichungssystems mit reeller symmetrischer Koeffizientenmatrix A bedarf klärender Hinweise. Das Verfahren der Wahl ist die vorweggezogene Choleskyzerlegung von A mit $A = CC^T$.

Dabei ist C oberhalb der Hauptdiagonalen mit den Elementen C_{jj} von vorne herein nur mit Nullen belegt. Diese Elemente C_{jj} ergeben sich typischerweise als Wurzeln $C_{jj} = \sqrt{R}$, wobei der Radikand R negativ sein kann und damit C_{jj} imaginär; eine Eigenschaft, die dem reellen Problem nicht angemessen ist. Folgerichtig reagieren manche Softwarepakete mit einer Fehlermeldung und brechen ab. Konzipiert man hingegen die Zerlegung mit vorgegebenen Elementen $C_{jj} \stackrel{!}{=} 1$ und einer zwischengeschalteten Diagonalmatrix D,

$$A = CDC^T, \quad C_{jj} \stackrel{!}{=} 1, \\ D = \text{diag}\{d_1, \ldots, d_n\}, \tag{10.44}$$

ist das Wurzelproblem beseitigt, wie folgendes Beispiel zeigt.

$$A = \begin{bmatrix} 1 & 2 & 3 \\ 2 & 3 & 5 \\ 3 & 5 & 10 \end{bmatrix}, \quad C = \begin{bmatrix} 1 & 0 & 0 \\ 2 & 1 & 0 \\ 3 & 1 & 1 \end{bmatrix},$$

$$D = \begin{bmatrix} 1 & 0 & 0 \\ 0 & -1 & 0 \\ 0 & 0 & 2 \end{bmatrix}.$$

Die Lösung eines Gleichungssystems $Ax = r$ über die Invertierung der Matrix A mit $x = A^{-1}r$ ist absolut ungeeignet; wegen des unnötig hohen Rechenaufwandes und der Zerstörung der gerade bei Ingenieurproblemen vorhandenen Bandstruktur von A.

Gleichungssysteme $Ax = r$ mit regulärer, aber unsymmetrischer Koeffizientenmatrix $A \neq A^T$ werden im Rahmen des Gaußschen Algorithmus durch die Produktzerlegung $A = LR$ in eine Linksdreiecksmatrix L und eine Rechtsdreiecksmatrix R gelöst.

Formal kann ein Gleichungssystem mit unsymmetrischem A durch Multiplikation von links mit A^T in ein System mit symmetrischer Matrix $A^T A$ überführt werden.

$$A x = r \quad \text{mit} \quad A \neq A^T.$$
$$\rightarrow \quad (A^T A) x = A^T r. \tag{10.45}$$

Damit erschließen sich zwar alle Methoden für symmetrische Matrizen – neben der Choleskyzerlegung gibt es das Vorgehen über die Minimierung zugeordneter quadratischer Formen – doch ist bereits der Aufwand zur Ausführung des Produktes $A^T A$ unsinnig hoch und zudem sind die Lösungseigenschaften der quasi „quadrierten" Matrix ausgesprochen schlecht. Rein anschaulich wird dies offenbar bei der Berechnung des Schnittpunktes zweier Geraden $-x + 20y = 20$ und $-x + 10y = 9$ wie im Abb. 10.10 skizziert. Das zugeordnete Gleichungssystem ist unsymmetrisch.

$$A x = r: \quad \begin{bmatrix} -1 & 20 \\ -1 & 10 \end{bmatrix} \begin{bmatrix} x \\ y \end{bmatrix} = \begin{bmatrix} 20 \\ 9 \end{bmatrix}$$
$$\rightarrow \quad \begin{bmatrix} x \\ y \end{bmatrix} = \begin{bmatrix} 2,0 \\ 1,1 \end{bmatrix}.$$

Das entsprechende System mit symmetrischer Matrix liefert dieselbe Lösung,

$$A^T A x = A^T r: \quad \begin{bmatrix} 2 & -30 \\ -30 & 500 \end{bmatrix} \begin{bmatrix} x \\ y \end{bmatrix} = \begin{bmatrix} -29 \\ 490 \end{bmatrix}$$
$$\rightarrow \quad \begin{bmatrix} x \\ y \end{bmatrix} = \begin{bmatrix} 2,0 \\ 1,1 \end{bmatrix},$$

doch stellt sich der Lösungspunkt als Schnittpunkt der beiden inneren Geraden jetzt als

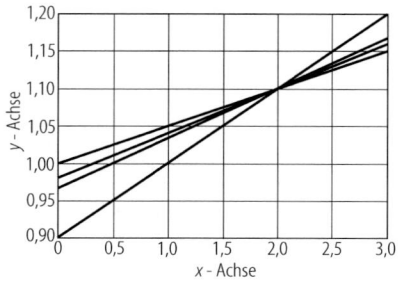

Abb. 10.10 Schleifender Schnitt der inneren Geraden

„schleifender Schnitt" heraus, was auch der numerischen Lösungsdarstellung abträglich ist.

Die Berechnung der Eigenwerte λ und Eigenvektoren x des algebraischen Eigenwertproblems

$$A x = \lambda B x \tag{10.46}$$

ist ungleich aufwändiger als die Lösung eines Gleichungssystems, sodass hier nur auf die Literatur verwiesen werden kann. Notwendige Bedingung für nichttriviale Lösungen x der Aufgabe (10.46) ist das Verschwinden der Koeffizientendeterminante,

$$\det(A - \lambda B) \stackrel{!}{=} 0; \tag{10.47}$$

doch ist diese Bedingung in keiner Weise geeigneter Ansatzpunkt für eine numerische Berechnung. Mittel der Wahl sind entweder Vektoriterationsverfahren oder sukzessive Umformungen von A und B zu Matrizen LAR, LBR einfacherer Struktur.

$$A x = \lambda B x$$
$$x = R y \rightarrow L A R y = \lambda L B R y \tag{10.48}$$

Die Eigenwerte λ bleiben dabei unverändert.

Der häufige Sonderfall symmetrischer Matrizen $A = A^T$, $B = B^T$ führt nicht zwangsläufig zu reellen Eigenwerten und -vektoren.

Bedingung für reelle Eigenwerte bei symmetrischen Matrizen ist die Definitheit wenigstens einer der beteiligten Matrizen A oder B. Definitheit liegt dann vor, wenn die Elemente D_{jj} der Matrix D der Choleskyzerlegung $A = C D C^T$ alle gleiches Vorzeichen haben.

Viele Eigenwertlöser fordern bei symmetrischem Paar A, B unabhängig von A eine positiv definite Matrix B. Leistet B dieses nicht, wohl aber die Matrix A, hilft ein Austausch der Matrizen mit einem Hilfseigenwert μ:

$$A x = \lambda B x \rightarrow B x = \mu A x, \quad \mu = \frac{1}{\lambda}. \tag{10.49}$$

Bei singulärer Matrix B ist diese Maßnahme ebenso hilfreich.

Ist nur eine der beteiligten Matrizen unsymmetrisch, sind grundsätzlich nur solche Eigenwertlöser geeignet, die im Komplexen arbeiten.

Neben dem in λ linearen algebraischen Eigenwertproblem $Ax = \lambda Bx$ gibt es das in λ nichtlineare Eigenwertproblem,

$$P(\lambda)x = 0,$$
$$P(\lambda) = A_0 + \lambda A_1 + \lambda^2 A_2 + \ldots + \lambda^p A_p, \tag{10.50}$$

mit einer Polynommatrix P. Durch die Einführung zusätzlicher Unbekannter,

$$x_1 = \lambda x_0 \text{mit } x_0 = x,$$
$$x_2 = \lambda x_1,$$
$$\vdots$$
$$x_{p-1} = \lambda x_{p-2}, \tag{10.51}$$

gelingt eine formale Darstellung als lineares Eigenwertproblem und damit die Nutzung von Standardsoftware; z. B. für $p = 4$:

$$\begin{bmatrix} 0 & 1 & 0 & 0 \\ 0 & 0 & 1 & 0 \\ 0 & 0 & 0 & 1 \\ A_0 & A_1 & A_2 & A_3 \end{bmatrix} \begin{bmatrix} x \\ x_1 \\ x_2 \\ x_3 \end{bmatrix}$$
$$= \lambda \begin{bmatrix} 1 & 0 & 0 & 0 \\ 0 & 1 & 0 & 0 \\ 0 & 0 & 1 & 0 \\ 0 & 0 & 0 & -A_4 \end{bmatrix} \begin{bmatrix} x \\ x_1 \\ x_2 \\ x_3 \end{bmatrix}. \tag{10.52}$$

Ist P in (10.50) nicht wie dort algebraisch, sondern eine Matrix mit transzendenten Elementen wie $P_{ij} = \sin^2\lambda$, sind verallgemeinerte Taylorentwicklungen heranzuziehen, wie z. B. in Falk/Zurmühl beschrieben. Transzendente Eigenwertprobleme treten u. a. bei der Stabilitätsuntersuchung von Totzeitsystemen auf.

Mehrgitterverfahren
Im Rahmen der iterativen Lösung von Gleichungssystemen und Eigenwertproblemen über zugeordnete quadratische Formen hat das Mehrgitterverfahren (Multigrid Method) eine gewisse Bedeutung erlangt. Dabei werden Diskretisierungen mit verschiedenen finiten Elementnetzen so miteinander verquickt, dass der Fehler auf dem groben Gitter berechnet wird, die entsprechende Verbesserung der aktuellen Näherung hingegen auf dem feinen Gitter stattfindet.

10.6 Integrationsverfahren

Die Aufgabe, ein bestimmtes Integral $\int_a^b f(x)\,dx$ numerisch auszuwerten, stellt sich hauptsächlich, wenn durch das Integral eine neue Funktion $F(b)$ definiert wird, die analytisch nicht anders darstellbar ist, oder der Integrand $f(x)$ nur an bestimmten Stützstellen x_i, $i = 0, 1, 2 \ldots n$, (z. B. aus Messungen) bekannt ist. Der Grundgedanke ist die Approximation des Integranden durch eine einfachere Funktion, die dann ersatzweise integriert wird.

Integrationsformeln. Sie heißen auch Quadraturformeln und werden in zwei Gruppen aufgeteilt:

Newton-Cotes-Formeln. Hier ist die Lage der Stützstellen äquidistant.

Gauß- und Tschebyscheff-Formeln. Die Stützstellen sind ungleichmäßig verteilt. Hierbei ist es immer möglich, die Formel für das ganze, endliche Integrationsintervall $[a, b]$ anzugeben oder es in Teilintervalle aufzuteilen, für die die Formel wiederholt angewendet wird.

10.6.1 Newton-Cotes-Formeln

Die Stützstellen x_i, $i = 0, 1, 2, \ldots, n$, sind äquidistant; es gilt $x_i = a + ih$ mit $h = (b-a)/n$ als Schrittweite. Die Funktionswerte des Integranden werden mit $y_i = f(x_i)$ bezeichnet. Durch die $(n+1)$ Punkte (x_i, y_i) ist ein Interpolationspolynom n-ten Grads bestimmt nach den Gln. (10.29) und (10.30).

$$P_n(x) = y_0 L_0(x) + y_1 L_1(x) + y_2 L_2(x) + \ldots + y_n L_n(x). \tag{10.53}$$

Anstatt über $f(x)$ wird nun das Integral über $P_n(x)$ als Näherungswert berechnet. Er stimmt exakt für Integranden aus Polynomen bis zum Grad n.

$$\int_a^b f(x)\,\mathrm{d}x \approx \int_a^b P_n(x)\,\mathrm{d}x$$

$$= \sum_{i=0}^n y_i \int_a^b L_i(x)\,\mathrm{d}x$$

$$= \sum_{i=0}^n y_i w_i. \qquad (10.54)$$

Dabei sind die Gewichtsfaktoren w_i bestimmt durch die Integration des i-ten Lagrange-Polynoms, das zum Ansatz für P_n gehört.

$$w_i = \int_a^b L_i(x)\,\mathrm{d}x \quad \text{für} \quad i = 0, 1, 2, \ldots, n.$$

$$\qquad (10.55)$$

Formeln 1. Ordnung. Für $n = 1$ ist

$$L_0(x) = (x - b)/(a - b),$$
$$L_1(x) = (x - a)/(b - a),$$

mit Gl. (10.54) sind

$$w_0 = \int_a^b (x - b)/(a - b)\,\mathrm{d}x = (a - b)(-1/2)$$

$$= h/2 \quad \text{und}$$

$$w_1 = \int_a^b (x - a)/(b - a)\,\mathrm{d}x = (b - a)(1/2)$$

$$= h/2.$$

Trapezformel. Sie ergibt sich mit Gl. (10.54) zu

$$\int_a^b f(x)\,\mathrm{d}x = h(y_0 + y_1)/2 - h^3 f''(z)/12;$$

$$z \in (a, b).$$

$$\qquad (10.56)$$

Das letzte Glied ist der Fehlerterm, der die Trapezformel zu einer exakten Gleichung ergänzt. Ihr Name rührt von der geometrischen Deutung des Integrals her. Durch das Interpolationspolynom vom Grad $n = 1$ – einer Geraden – wird die krummlinig von $f(x)$ begrenzte Fläche ersetzt durch das Trapez mit der Verbindungsgeraden durch die Punkte (a, y_0) und (b, y_1).

Formeln 2. Ordnung. Für $n = 2$ ergeben sich mit $b - a = 2h$, $x_0 = a$, $x_1 = a + h$, $x_2 = a + 2h = b$ die Lagrange-Polynome

$$L_0(x) = [x - (a + h)][x - (a + 2h)]/$$
$$\{[a - (a + h)][a - (a + 2h)]\},$$
$$L_1(x) = (x - a)[x - (a + 2h)]/$$
$$\{(a + h - a)[a + h - (a + 2h)]\},$$
$$L_2(x) = (x - a)[x - (a + h)]/$$
$$\{(a + 2h - a)[a + 2h - (a + h)]\}.$$

Durch die Transformation $x = z(b - a) + a = 2hz + a$, die das Intervall $[a, b]$ für x auf das Intervall $[0, 1]$ für z abbildet, vereinfacht sich die Integration der Gewichtsfaktoren zu

$$w_0 = \int_a^b L_0(x)\,\mathrm{d}x$$

$$= 2h \int_0^1 (2hz - h)(2hz - h)/(2h^2)\,\mathrm{d}z = h/3,$$

$$w_1 = \int_a^b L_1(x)\,\mathrm{d}x$$

$$= 2h \int_0^1 [2hz(2hz - 2h)]/(-h^2)\,\mathrm{d}z = 4h/3,$$

$$w_2 = \int_a^b L_2(x)\,\mathrm{d}x$$

$$= 2h \int_0^1 2hz(2hz - 2h)/(2h^2)\,\mathrm{d}z = h/3.$$

Simpsonsche Formel. Sie heißt auch Keplersche Fassregel und folgt durch Einsetzen dieser Werte in Gl. (10.54). Mit Fehlerterm lautet sie

$$\int_a^b f(x)\,\mathrm{d}x = h(y_0 + 4y_1 + y_2)/3$$

$$- h^5 f^{(4)}(z)/90; \quad z \in (a, b).$$

$$\qquad (10.57)$$

Formeln höherer Ordnung. Für $n > 2$ wird der Näherungswert nur unwesentlich verbessert. Deswegen ist die Simpsonsche Formel (10.57) auch die am häufigsten verwendete. Eine höhere Genauigkeit ergibt sich durch Einteilen des Intervalls $[a, b]$ in m gleich breite Streifen. Auf jeden Streifen wird Gl. (10.56) oder (10.57) angewendet. Es gilt dann $h = (b - a)/(mn)$, $x_k = a + kh$, $k = 0, 1, 2, \ldots, (mn)$; mit Gl. (10.54) für $a_j = a + j(b - a)/m$ folgt dann

$$\int_a^b f(x)\,\mathrm{d}x = \sum_{j=0}^{m-1}\sum_{i=0}^{n} w_i f(a_j + ih)$$

$$= \sum_{k=0}^{mn} \bar{w}_k y_k. \qquad (10.58)$$

Trapezregel. Sie ergibt sich wegen $n = 1$ zu

$$\int_a^b f(x)\,\mathrm{d}x$$

$$\approx h(y_0 + 2y_1 + 2y_2 + \ldots + 2y_{m-1} + y_m)/2. \qquad (10.59)$$

Zusammengesetzte Simpson-Formel. Aus Gl. (10.57) folgt mit $n = 2$, also für m Streifen der Breite $2h$,

$$\int_a^b f(x)\,\mathrm{d}x \approx h(y_0 + 4y_1 + 2y_2 + 4y_3 + \ldots$$

$$+ 2y_{2m-2} + 4y_{2m-1} + y_{2m})/3. \qquad (10.60)$$

Fehlerterme. Sie gelten bei den Gln. (10.59) und (10.60) jetzt für jeden der m Streifen. Der Gesamtfehler ist ihre Summe, wobei die Zwischenstelle z in den jeweiligen Streifen zu legen ist. Mit

$$\sum_{j=1}^{m} f''(z_j) = mf''(z),$$

$$z_j \in (a + j(b - a)/m, a + (j + 1)(b - a)/m)$$

und $z \in (a, b)$ gilt für die Trapezregel und die zusammengesetzte Simpson-Formel mit $2mh = b - a$

$$F_T = -mh^3 f''(z)/12$$

$$= -(b - a)h^2 f''(z)/12, \qquad (10.61)$$

$$F_S = -h^5 mf^{(4)}(z)/90$$

$$= -h^4(b - a)f^{(4)}(z)/180. \qquad (10.62)$$

Eine beliebige Vergrößerung der Streifenanzahl m ist ebenfalls nicht möglich, da damit die Zahl der Rechenoperationen zunimmt und Rundungsfehler dem Genauigkeitsgewinn entgegenwirken.

Beispiel

Man berechne $\int_0^1 x\,e^x\,\mathrm{d}x = 1$ näherungsweise nach der Trapez- und Simpson-Formel für $m = 1, 2, 4$. – Vorbetrachtung: Die Fehlerterme nach Gl. (10.61) sind $f_T = -h^2(b - a)f''(z)/12$ und $F_S = -h^4(b - a)f^{(4)}(z)/180$; sie werden nach oben abgeschätzt. Es ist $f(x) = xe^x + 2e^x$ und $f^{(4)}(x) = x\,e^x + 4e^x$, die ihre Maximalwerte M für $x = 1$ annehmen. Es ist $M_2 = 3e \approx 8{,}2$ und $M_4 = 5e \approx 13{,}6$. Für die kleinste Schrittweite $h_{mn} = (b - a)/2m = 0{,}125$ ist also $|F_T| \leq 0{,}125^2 \cdot 1 \cdot 8{,}2/12 = 0{,}0107$ sowie $|F_S| \leq (0{,}125)^4 \cdot 13{,}6/180 = 1{,}8 \cdot 10^{-5}$ und für die größte Schrittweite $h_{\max} = 0{,}5$ ist $|F_T| \leq (0{,}5)^2 \cdot 8{,}2/12 = 0{,}171$ und $|F_S| \leq (0{,}5)^4 \cdot 13{,}6/180 = 0{,}0047$. Für die Trapezregel (10.4) ist das Rechnen mit drei Stellen, für die Simpson-Formel (10.5) mit sechs Stellen nach dem Komma ausreichend, um Rundungsfehler kleiner als die Verfahrensfehler F_T bzw. F_S zu halten.

i	x_i	$f(x_i)$
0	0,0	0,0000000
1	0,125	0,1416436
2	0,25	0,3210064
3	0,375	0,5456218
4	0,5	0,8243606
5	0,625	1,1676537
6	0,75	1,5877500
7	0,875	2,0990159
8	1,000	2,7182818

m	Trapez-Formel mit drei Stellen	Simpson-Formel mit sechs Stellen
1	1,092	1,002621
2	1,023	1,000169
4	1,006	1,000011

◄

Richardson-Extrapolation. Ergibt die Trapez-regel für die Schrittweite h die Näherung $T(h)$, so gilt mit den Gln. (10.56) und (10.61) sowie $z \in [a,b]$ $J = \int_a^b f(x)\,dx = h(f_0 + 2f_1 + 2f_2 + \ldots + 2f_{m-1} + f_m)/2 - (b-a)h^2 f''(z)/12 = T(h) + a_1 h^2$, also $T(h) = J - a_1 h^2$ doppelte Schrittweite $T(2h) = J - 4a_2 h^2$, wobei für die Näherungsformel $a_1 \approx a_2 = a$ gesetzt wird. Subtraktion und Auflösen nach $a h^2$ liefern $a h^2 = [T(h) - T(2h)]/3$ und damit eine Verbesserung der Trapezformel.

$$J = T^*(h)$$
$$= T(h) + a h^2$$
$$= T(h) + [T(h) - T(2h)]/3. \qquad (10.63)$$

Da bei der Berechnung von $T(h)$ alle für $T(2h)$ erforderlichen Werte bekannt sind, ist die Verbesserung einfach. Dieses Verfahren heißt Richardson-Extrapolation, seine wiederholte Anwendung auf die Trapezregel unter Verwendung weiterer Potenzen von h für den Fehlerterm wird Romberg-Integrationsverfahren genannt.

Für $\int_0^1 x\, e^x\, dx$ gilt nach dem letzten Beispiel

			$[T(h)-T(2h)]/3$	$T^*(h)$
für	$m = 4$:	$T(h) = 1{,}006$	$-0{,}006$	$1{,}000$
	$m = 2$:	$T(2h) = 1{,}023$	$-0{,}023$	$1{,}000$
	$m = 1$:	$T(4h) = 1{,}092$		

Da beide Werte in der letzten Spalte übereinstimmen, ergibt sich schon nach einem Schritt das im Rahmen der erwünschten Rechengenauigkeit liegende Ergebnis.

10.6.2 Graphisches Integrationsverfahren

Für orientierende Untersuchungen von Kurven, die zu Integralen mit veränderlicher oberer Grenze gehören, also zu $F(x) = \int_a^x f(z)\,dz$, genügt oft eine graphische Lösung. Das Konstruktionsverfahren ist dabei die geometrische

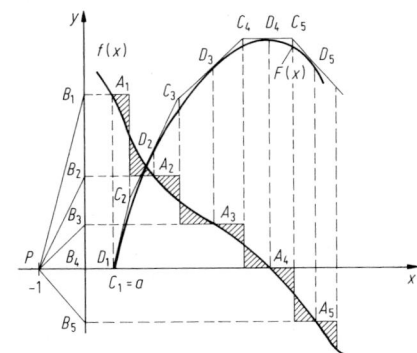

Abb. 10.11 Graphische Integration

Darstellung der Rechteckformel (Newton-Cotes-Formel für $n = 0$), bei der die Funktionskurve ersetzt wird durch einen Treppenzug mit zur Abszisse parallelen Stufen. Die Stützstellen werden dabei so gewählt, dass die im Abb. 10.11 zu beiden Seiten der Kurve $f(x)$ liegenden, schraffierten Zipfel einer Stufe flächengleich werden. Die Ordinatenwerte der Stufenpunkte $A_1, A_2, \ldots, A_5$ werden auf die y-Achse übertragen und die so gewonnenen Punkte $B_1, B_2, \ldots, B_5$ mit dem Pol $P = (-1; 0)$ verbunden. Diese Verbindungsgeraden stellen die Steigungen der Tangenten an die gesuchte Funktion $F(x)$ dar, deren Ableitung der Integrand $f(x)$ ist. Die Parallelen zu den Verbindungslinien PB_i, beginnend mit PB_1 durch den Punkt C_1, PB_2 durch C_2 usw., ergeben einen Polygonzug von Tangenten an die Integralkurve mit den Berührungspunkten $D_1, D_2, \ldots, D_5$.

10.6.3 Differenzenoperatoren

Differenzenbildungen sind bei der numerischen Integration, Differentiation und Lösung von Differentialgleichungen hilfreich. Hierzu dient eine Reihe von Differenzenoperatoren, die auf Zahlenfolgen oder Funktionen anwendbar sind. Für die Operatoren gelten die Rechenregeln der Algebra. Die Funktionen seien im Reellen unendlich oft differenzierbar, $f \in \mathbb{C}^\infty(\mathbb{R})$.

Definition. Es gibt Operatoren für

Verschiebung	$Ef = f(x+h)$,
Vorwärtsdifferenz	$\Delta f = f(x+h) - f(x)$,
Rückwärtsdifferenz	$\nabla f = f(x) - f(x-h)$,
zentrale Differenz	$\delta f = f(x+h/2)$
	$\qquad - f(x - h/2)$,
Differentiation	$Df = f'(x)$,
Mittelwert	$\mu f = [f(x+h/2)$
	$\qquad + f(x - h/2)]/2.$

$$(10.64)$$

Diese Operatoren sind linear, da für beliebige Konstanten $a, b \in \mathbb{R}$ und Funktionen f, g gilt:

$$P(af + bg) = a \cdot Pf + b \cdot Pg.$$

Für zwei beliebige lineare Operatoren P, Q sind die Summe, das Produkt und die Potenz erklärt:

$$
\begin{aligned}
(P+Q)f &= Pf + Qf; \\
(P-Q)f &= Pf - Qf; \\
(PQ)f &= P(Qf); \\
(aP)f &= a(Pf), \quad a \in \mathbb{R}; \\
P^n f &= (P \cdot P \cdot \ldots \cdot P)f
\end{aligned}
$$

$$\text{mit} \quad n \text{ Faktoren.} \qquad (10.65)$$

Zwei Operatoren P, Q sind gleich, also $P = Q$, wenn $Pf = Qf$ für alle Funktionen f gilt. Für die linearen Operatoren gelten die kommutativen und assoziativen Gesetze der Addition und Multiplikation.

Es ergeben sich z. B. folgende Anwendungen:

Taylor-Reihe. Aus der üblichen Form

$$
\begin{aligned}
f(x+h) = f(x) &+ hf'(x) + h^2 f''(x)/2! \\
&+ h^3 f'''(x)/3! + \ldots
\end{aligned}
$$

folgt mit Operatoren

$$
\begin{aligned}
Ef(x) = [1 &+ hD + (hD)^2/2! \\
&+ (hD)^3/3! + \ldots]f(x). \quad (10.66)
\end{aligned}
$$

Exponential-Funktion. Aus dem Klammerausdruck in Gl. (10.66) folgt die Reihenentwicklung für die Exponentialfunktion. $E = \exp(hD)$. Die Identität $f(x+h) = f(x+h) - f(x) + f(x)$ ergibt die Beziehung $Ef(x) = \Delta f(x) + f(x) \Rightarrow$ $E = \Delta + 1 = \exp(hD)$.

Binomial-Satz. Die 2. Potenz des Vorwärtsdifferenzoperators von

$$
\begin{aligned}
\Delta^2 f(x) = \Delta(\Delta f(x)) &= \Delta(f(x+h) - f(x)) \\
&= [f(x+2h) - f(x+h)] \\
&\quad - [f(x+h) - f(x)],
\end{aligned}
$$

also

$$\Delta^2 f(x) = f(x+2h) - 2f(x+h) + f(x),$$

erinnert an den Binomialsatz. Mit $E = \Delta + 1$ folgt $\Delta^2 = (E-1)^2$ und für beliebige Potenzen $\Delta^k = (E-1)^k$.

Newtonsche Interpolationsformel. Für die dividierten Differenzen $f[x_0, x_1] = (y_0 - y_1)/(x_0 - x_1)$ nach Gl. (10.33) folgt mit den äquidistanten Stützstellen $x_i = x_0 + ih$, $y_i = f(x_i)$ durch vollständige Induktion

$$f[x_i, x_{i+1}, \ldots, x_{i+j}] = \Delta^j f(x_i)/(h^j j!). \quad (10.67)$$

Die Newtonsche Interpolationsformel lautet dann für $0 \leq p \leq n$

$$P_n(x) = f(x_0 + ph)$$

$$= f(x_0) + \sum_{i=1}^{n} \left[\Delta^i f(x_0) \cdot \prod_{j=0}^{i-1} (p - j) \right] \bigg/ i!. \quad (10.68)$$

Rechenschema. Zur Berechnung der Vorwärts- bzw. Rückwärtsdifferenzen empfiehlt sich die Verwendung der folgenden Schemata. Bei dem Schema für den Vorwärtsdifferenz-Operator ergeben die Differenzen benachbarter Werte einer Spalte die nächsthöhere Potenz von Δ in der Spalte rechts daneben.

10

Beispiel

x	$f(x)$	$\Delta f(x)$	$\Delta^2 f(x)$	$\Delta^3 f(x)$	$\Delta^4 f(x)$
x_0	$f(x_0)$				
		$\Delta f(x_0)$			
x_0+h	$f(x_0+h)$		$\Delta^2 f(x_0)$		
		$\Delta f(x_0+h)$		$\Delta^3 f(x_0)$	
x_0+2h	$f(x_0+2h)$		$\Delta^2 f(x_0+h)$		$\Delta^4 f(x_0)$
		$\Delta f(x_0+2h)$		$\Delta^3 f(x_0+h)$	
x_0+3h	$f(x_0+3h)$		$\Delta^2 f(x_0+2h)$		
		$\Delta f(x_0+3h)$			
x_0+4h	$f(x_0+4h)$				

Durch Umnumerierung der Argumente gewinnt man mit demselben Schema die Rückwärtsdifferenzen.

x	$f(x)$	$\nabla f(x)$	$\nabla^2 f(x)$	$\nabla^3 f(x)$	$\nabla^4 f(x)$
x_0-4h	$f(x_0-4h)$				
		$\nabla f(x_0-3h)$			
x_0-3h	$f(x_0-3h)$		$\nabla^2 f(x_0-2h)$		
		$\nabla f(x_0-2h)$		$\nabla^3 f(x_0-h)$	
x_0-2h	$f(x_0-2h)$		$\nabla^2 f(x_0-h)$		$\nabla^4 f(x_0)$
		$\nabla f(x_0-h)$		$\nabla^3 f(x_0)$	
x_0-h	$f(x_0-h)$		$\nabla^2 f(x_0)$		
		$\nabla f(x_0)$			
x_0	$f(x_0)$				

Anwendung auf die Newtonsche Interpolationsformel (10.65) für äquidistante Stützstellen

x	$f(x)$	$\Delta f(x)$	$\Delta^2 f(x)$	$\Delta^3 f(x)$
1	0			
		2		
2	2		2	
		4		0
3	6		2	
		6		
4	12			

Mit Gl. (10.68) folgt für $n = 3$

$$f(x_0 + ph) = f(x_0) + p\Delta f(x_0)$$
$$+ p(p-1)\Delta^2 f(x_0)/2!$$
$$+ p(p-1)(p-2)\Delta^3 f(x_0)/3!.$$

Mit $x_0 = 1$, $h = 1$, $f(x_0) = 0$, $\Delta^1 f(x_0)\Delta^2 f(x_0) = 2$, $\Delta^3 f(x_0) = 0$ wird

$$f(1 + p) = 0 + 2p/1! + 2(p-1)/2!$$
$$+ 0 \cdot p(p-1)(p-2)/3!$$
$$= 2p + p(p-1).$$

Mit der Substitution $1 + p = x \Rightarrow p = x - 1$ ergibt sich $f(x) = 2(x-1) + (x-1)(x-2) = (x-1) \cdot x$ als Interpolationspolynom. ◄

10.7 Steifheit von Anfangswertproblemen

Im Zusammenhang mit linearisierten Anfangswertproblemen

$$\dot{z}(t) = S z(t), \quad z_0 = z(t_0) \text{ vorgegeben.}$$
$$(10.71)$$

definieren die Eigenwerte λ des zugeordneten Eigenwertproblems $(S - \lambda\, \mathrm{I})x = 0$ die Steifheit S.

$$S = \frac{|\lambda|_{max}}{|\lambda|_{min}}. \qquad (10.72)$$

Für große Werte von S spricht man von steifen Differentialgleichungen; hierfür eignen sich nur implizite Runge-Kutta-Verfahren. Bewährt haben sich für lineare Probleme (10.71) Padédarstellungen P_{pq} der Exponentiallösung mit Tab. 10.9.

$$\dot{z} = S z \rightarrow z(t) = \exp(St)z_0.$$
$$z_1 = z(t = h) = \exp(Sh)z_0. \qquad (10.73)$$

Bei gleichen Potenzen $p = q$, z. B. $p = q = 1$, ist die Stabilität der Übertragungsgleichung

$$\left(1 - \frac{h}{2}S\right) z_1 = \left(1 + \frac{h}{2}S\right) z_0 \qquad (10.74)$$

a priori gesichert.

Randwertprobleme in der Regel im Ortsbereich werden durch Vorgaben an allen Rändern des Problemfeldes charakterisiert. Für Näherungslösungen eignen sich insbesondere lokale Ansätze mit normierten Ansatzfunktionen; dies sind die Finite Element Methoden, kurz FEM.

Im Rahmen des Konzeptes gewichteter Residuen kann es durch die Wahl geeigneter Wichtungs- oder Projektionsfunktionen gelingen, die Integraldarstellung des Problems ausschließlich auf den Problemrand zu reduzieren: dieses Vorgehen begründet die Randelementmethode oder kurz BEM: Boundary Element Method.

Tab. 10.9 Padé-Entwicklungen $P_{pq}(x)$ für $\exp(x)$

	$p = 1$	$p = 2$
$q = 1$	$\dfrac{1 + \frac{1}{2}x}{1 - \frac{1}{2}x}$	$\dfrac{1 + \frac{2}{3}x + \frac{1}{6}x^2}{1 - \frac{1}{3}x}$
$q = 2$	$\dfrac{1 + \frac{1}{3}x}{1 - \frac{2}{3}x + \frac{1}{6}x^2}$	$\dfrac{1 + \frac{1}{2}x + \frac{1}{12}x^2}{1 - \frac{1}{2}x + \frac{1}{12}x^2}$

10.8 Numerische Lösungsverfahren für Differentialgleichungen

Zahlreiche Probleme lassen sich durch Differentialgleichungen oder Systeme derselben beschreiben. Die meisten sind nicht analytisch lösbar. Da Differentialgleichungen höherer Ordnung auf Systeme von Gleichungen 1. Ordnung zurückgeführt werden können, die mit der Vektorschreibweise durch eine Gleichung darstellbar sind, werden hier nur die einfachsten Methoden zur Lösung von Anfangswertproblemen für Gleichungen 1. Ordnung vorgestellt.

10.8.1 Aufgabenstellung des Anfangswertproblems

Gegeben sei ein beschränktes, abgeschlossenes Intervall $I = [a, b]$ der reellen Zahlen und eine reelle Funktion $f(x, y)$ zweier Veränderlicher. Gesucht ist eine Lösung $y(x)$ der gewöhnlichen Differentialgleichung

$$y' = f(x, y), \quad x \in [a, b],$$
$$(x, y) \in I \times \mathbb{R}, \quad y_0 \in \mathbb{R} \qquad (10.75)$$

mit der Anfangsbedingung $y(a) = y_0$. (Für ein System von n gewöhnlichen Differentialgleichungen 1. Ordnung sind die Größen y, f und y_0 als n-dimensionale Vektoren aufzufassen.) Die Funktion f erfülle die Lipschitz-Bedingung, sodass das Anfangswertproblem eine eindeutige Lösung hat.

Besteht im Intervall ein Gitter von äquidistanten Stützstellen mit

$$x_i + a + ih, \quad h > 0, \quad i = 0, 1, 2, \ldots, n,$$
$$\text{und} \quad x_n \leqq b,$$
$$\qquad (10.76)$$

so sind für stetig differenzierbare Funktionen $y(x)$ die Differentialquotienten $y'(x_i)$ näherungsweise durch ihre Vorwärtsdifferenzenquotienten zu ersetzen. Integration der Differentialgleichung $y' = f(x, y)$ von x_i bis $x_i + h$ und Division durch h ergeben

$$(1/h)[y(x_i + h) - y(x_i)]$$
$$= (1/h) \int_{x_i}^{x_i+h} f(t, y(t)) \, dt,$$
$$y(x_0) = y_0. \qquad (10.77)$$

Als Lösung der Anfangswertaufgabe an den Stützstellen x_i ist die Folge diskreter Anfangswertaufgaben erklärt,

$$y(x_0) = y_0,$$
$$(1/h)[y(x_i + h) - y(x_i)]$$
$$= f_h(x_i, y(x_i)) + r_h(x_i), \qquad (10.78)$$

wobei die Verfahrensfunktionen f_h durch geeignete Näherungen für das Integral in Gl. (10.77) gewonnen werden. Der Fehlerterm $r_h(x_i)$ der Näherung ist nicht exakt angebbar, sodass anstelle der genaueren Stützwerte $y(x_i)$ nur die numerisch genäherten Werte $y_{h,i}$ bestimmt werden können, die von der Schrittweite h abhängen. In Gl. (10.78) eingesetzt, folgt für das gegebene Anfangswertproblem

$$y_{h,0} = y_0, \quad y_{h,i+1} = y_{h,i} + h f_h(x_i, y_{h,i}),$$
$$i = 0, 1, 2 \ldots (n - 1). \qquad (10.79)$$

Dieses „Einschrittverfahren" nutzt zur Berechnung an der Stelle x_{i+1} nur die Information des vorangegangenen Schrittes an der Stelle x_i.

10.8.2 Das Eulersche Streckenzugverfahren

Im einfachsten Fall ersetzt man in Gl. (10.79) die Verfahrensfunktion $f_h(x_i, y_{h,i})$ durch die Funktion $f(x, y)$ selbst. Dadurch entsteht die nach Euler benannte Rekursionsformel

$$y_{h,i+1} = y_{h,i} + h \cdot f(x_i, y_{h,i}); \quad y_{h,0} = y_0. \qquad (10.80)$$

Diese anschauliche geometrische Lösung (Abb. 10.12) zeigt die Forderungen an Näherungsverfahren. Aus $y' = f(x, y)$ folgt durch Einsetzen des Anfangspunkts (x_0, y_0) in die rechte Seite die Steigung der Tangente nach Gl. (10.80) an die Lösungskurve im Anfangspunkt. Durch Fortschreiten um h zur Stelle x_1 ergibt sich für den exakten Wert $x_1, y(x_1))$ eine Näherung $(x_1, y_{h,1})$, mit der das Verfahren wiederholt wird. Die richtige Lösungskurve $y(x)$ wird durch den Streckenzug durch die Punkte (x_0, y_0), $(x_1, y_{h,1})$, $(x_2, y_{h,2})$, ... ersetzt. Hierbei treten ein lokaler und ein globaler Fehler

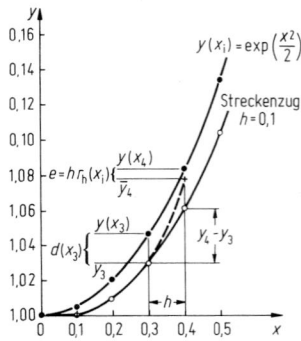

Abb. 10.12 Lösung des Anfangswertproblems $y' = xy$

(Abb. 10.12) $e_i = h \cdot r_h(x_i)$ und $d_h(x_i) = y_{h,i} - y(x_i)$ auf.

Das Eulersche Streckenzugverfahren ist stabil und konvergent, wenn die rechte Seite von $f(x, y)$ die Lipschitz-Bedingung erfüllt. Aus einer Taylor-Reihenentwicklung für $y(x_i + h)$ folgt, dass der praktisch geringe globale Fehler des Euler-Verfahrens $d_h(x_i) \sim h$ ist.

Beispiel

Für $y' = xy$, $x \in [0, 0,5]$, $y(0) = 1,0$ ist die Lösung nach dem Eulerschen Streckenzugverfahren (vgl. Abb. 10.12) für Schrittweiten $h_1 = 0,1$ und $h_2 = 0,01$ an den Stellen $x = 0; 0,1; 0,2; 0,3; 0,4$ und $0,5$ zu ermitteln. – Die exakte Lösung ist $y = \exp(x^2/2)$. Die Ergebnisse der Rechnung sind

		exakt	$h = 0,1$	Fehler	$h = 0,01$	Fehler
i	x_i	$y(x_i)$	y_i	$d(x_i)$	y_i	$d(x_i)$
0	0	1,0000	1,0000	0,0000	1,0000	0,0000
1	0,1	1,0050	1,0000	0,0050	1,0045	0,0005
2	0,2	1,0202	1,0100	0,0102	1,0192	0,0010
3	0,3	1,0460	1,0302	0,0158	1,0444	0,0016
4	0,4	1,0833	1,0611	0,0222	1,0810	0,0023
5	0,5	1,1331	1,1036	0,0295	1,1301	0,0030

Aus Gl. (10.80) folgt mit $f(x_i, y_{h,i}) = x_i y_i$

$$y_{i+1} = y_i + h x_i y_i = y_i (1 + h x_i).$$

Für $i = 3$ und $h = 0,1$ ist dann laut vorstehender Tabelle $y_4 = 1,032(1 + 0,1 \cdot 0,3) = 1,0611$. Für $h = 0,01$ sind keine Zwischenwerte angegeben. ◄

10.8.3 Runge-Kutta-Verfahren

Von großer praktischer Bedeutung sind Runge-Kutta-Verfahren und davon abgeleitete Varianten.

Verfahren 2. Ordnung. Für dieses nach Heun benannte Verfahren gelten

$$
\begin{aligned}
k_1 &= h \cdot f(x_i, y_i), \\
k_2 &= h \cdot f(x_{i+1}, y_i + k_1), \\
y_{i+1} &= y_i + (k_1 + k_2)/2.
\end{aligned}
\tag{10.81}
$$

Weil der globale Fehler mit h^2 gegen Null strebt, heißt es Verfahren 2. Ordnung.

Verfahren 4. Ordnung. Für dieses bekannteste Verfahren gilt

$$
\begin{aligned}
k_1 &= h \cdot f(x_i, y_i), \\
k_2 &= h \cdot f(x_i + h/2, y_i + k_1/2), \\
k_3 &= h \cdot f(x_i + h/2, y_i + k_2/2), \\
k_4 &= h \cdot f(x_i + h, y_i + k_3), \\
y_{i+1} &= y_i + (k_1 + 2k_2 + 2k_3 + k_4)/6.
\end{aligned}
\tag{10.82}
$$

Die Gleichungen ergeben, wenn f von y unabhängig ist und h durch $h/2$ ersetzt wird, die Simpson-Formel (10.5). Die Gln. (10.82) stellen ein Verfahren 4. Ordnung dar, weil der Fehler mit h^4 gegen Null strebt, mithin gute Konvergenz ergibt.

Rechenschema. Für die Berechnung „von Hand" empfiehlt sich Tab. 10.10, welche die Gln. (10.82) widerspiegelt, die auch für Rechenanlagen geeignet sind.

Tab. 10.10 Rechenschema für das Verfahren 4. Ordnung von Runge-Kutta

x	y	f(x,y)	$k = h \cdot f(x,y)$		q
x_i	y_i	$f(x_i, y_i)$	k_1	$(k_1+k_4)/2$	k_2-k_3
$x_i+h/2$	$y_i+k_1/2$	$f(x_i+h/2, y_i+k_1/2)$	k_2	k_2+k_3	k_1-k_2
$x_i+h/2$	$y_i+k_1/2$	$f(x_i+h/2, y_i+k_2/2)$	k_3	$\sum/3$	
x_i+h	y_i+k_3	$f(x_i+h, y_i+k_3)$	k_4		
x_{i+1}	y_{i+1}	...		...	...

Tab. 10.11 Schema zum Beispiel

i	x	y	$f(x,y)=(x+y-1)^2$		$k=hf(x,y)$	k_1+k_4, k_2+k_3 $y_{i+1}-y_i$	y_{ex}
1	0,00	1,000000	0,000000	1	0,000000	0,014143	1,000000
	0,15	1,000000	0,022500	2	0,006750	0,013807	
	0,15	1,003375	0,023524	3	0,007057		
	0,30	1,007057	0,094284	4	0,028285	0,009317	
2	0,30	1,009317	0,095677	1	0,028703	0,084166	1,009336
	0,45	1,023668	0,224361	2	0,067308	0,140214	
	0,45	1,042971	0,243020	3	0,072906		
	0,60	1,082223	0,465428	4	0,139628	0,074793	
3	0,60	1,084110	0,468006	1	0,140402	0,307864	1,084137
	0,75	1,154311	0,817778	2	0,245333	0,519960	
	0,75	1,206777	0,915422	3	0,274627		
	0,90	1,358737	1,584418	4	0,475325	0,275941	
4	0,90	1,360051	1,587729	1	0,476319	1,214367	1,360158
	1,05	1,598211	2,716598	2	0,814979	1,806016	
	1,05	1,767541	3,303455	3	0,991037		
	1,20	2,351088	6,508049	4	1,952415	1,006794	
5	1,20	2,366845					2,372152

Beispiel

Das Anfangswertproblem $y' = (x + y - 1)^2$ mit $y(0) = 1$ soll im Intervall [0; 1, 2] nach dem Runge-Kutta-Verfahren gelöst und mit der exakten Lösung $y_{ex} = 1 - x + \tan x$ verglichen werden. – Nach den Gln. (10.82) ergibt sich für $h = 0{,}3$ (s. Tab. 10.11). ◄

Anhang

10

Tab. 10.12 Primzahlen und Faktoren der Zahlen 1 bis 1000

	0	1	2	3	4	5	6	7	8	9
0					2^2		$2\cdot3$		2^3	3^2
1	$2\cdot5$		$2^2\cdot3$		$2\cdot7$	$3\cdot5$	2^4		$2\cdot3^2$	
2	$2^2\cdot5$	$3\cdot7$	$2\cdot11$		$2^3\cdot3$	5^2	$2\cdot13$	3^3	$2^2\cdot7$	
3	$2\cdot3\cdot5$		2^5	$3\cdot11$	$2\cdot17$	$5\cdot7$	$2^2\cdot3^2$		$2\cdot19$	$3\cdot13$
4	$2^3\cdot5$		$2\cdot3\cdot7$		$2^2\cdot11$	$3^2\cdot5$	$2\cdot23$		$2^4\cdot3$	7^2
5	$2\cdot5^2$	$3\cdot17$	$2^2\cdot13$		$2\cdot3^3$	$5\cdot11$	$2^3\cdot7$	$3\cdot19$	$2\cdot29$	
6	$2^2\cdot3\cdot5$		$2\cdot31$	$3^2\cdot7$	2^6	$5\cdot13$	$2\cdot3\cdot11$		$2^2\cdot17$	$3\cdot23$
7	$2\cdot5\cdot7$		$2^3\cdot3^2$		$2\cdot37$	$3\cdot5^2$	$2^2\cdot19$	$7\cdot11$	$2\cdot3\cdot13$	
8	$2^4\cdot5$	3^4	$2\cdot41$		$2^2\cdot3\cdot7$	$5\cdot17$	$2\cdot43$	$3\cdot29$	$2^3\cdot11$	
9	$2\cdot3^2\cdot5$	$7\cdot13$	$2^2\cdot23$	$3\cdot31$	$2\cdot47$	$5\cdot19$	$2^5\cdot3$		$2\cdot7^2$	$3^2\cdot11$
10	$2^2\cdot5^2$		$2\cdot3\cdot17$		$2^3\cdot13$	$3\cdot5\cdot7$	$2\cdot53$		$2^2\cdot3^3$	
11	$2\cdot5\cdot11$	$3\cdot37$	$2^4\cdot7$		$2\cdot3\cdot19$	$5\cdot23$	$2^2\cdot29$	$3^2\cdot13$	$2\cdot59$	$7\cdot17$
12	$2^3\cdot3\cdot5$	11^2	$2\cdot61$	$3\cdot41$	$2^2\cdot31$	5^3	$2\cdot3^2\cdot7$		2^7	$3\cdot43$
13	$2\cdot5\cdot13$	$3\cdot47$	$2^2\cdot3\cdot11$	$7\cdot19$	$2\cdot67$	$3^3\cdot5$	$2^3\cdot17$	$3\cdot7^2$	$2\cdot3\cdot23$	$3\cdot53$
14	$2^2\cdot5\cdot7$	$3\cdot47$	$2\cdot71$	$11\cdot13$	$2^4\cdot3^2$	$5\cdot29$	$2\cdot73$	$3\cdot7^2$	$2^2\cdot37$	
15	$2\cdot3\cdot5^2$	$3^2\cdot29$	$2^3\cdot19$	$3^2\cdot17$	$2\cdot7\cdot11$	$5\cdot31$	$2^2\cdot3\cdot13$		$2\cdot79$	13^2
16	$2^5\cdot5$	$7\cdot23$	$2\cdot3^4$		$2^2\cdot41$	$3\cdot5\cdot11$	$2\cdot83$		$2^3\cdot3\cdot7$	13^2
17	$2\cdot5\cdot17$	$3^2\cdot19$	$2^2\cdot43$		$2\cdot3\cdot29$	$5^2\cdot7$	$2^4\cdot11$	$3\cdot59$	$2\cdot89$	$3^3\cdot7$
18	$2^2\cdot3^2\cdot5$		$2\cdot7\cdot13$	$3\cdot61$	$2^3\cdot23$	$5\cdot37$	$2\cdot3\cdot31$	$11\cdot17$	$2^2\cdot47$	
19	$2\cdot5\cdot19$	$3\cdot67$	$2^6\cdot3$		$2\cdot97$	$3\cdot5\cdot13$	$2^2\cdot7^2$		$2\cdot3^2\cdot11$	$11\cdot19$
20	$2^3\cdot5^2$	$3\cdot67$	$2\cdot101$	$7\cdot29$	$2^2\cdot3\cdot17$	$5\cdot41$	$2\cdot103$	$3^2\cdot23$	$2^4\cdot13$	$11\cdot19$
21	$2\cdot3\cdot5\cdot7$		$2^2\cdot53$	$3\cdot71$	$2\cdot107$	$5\cdot43$	$2^3\cdot3^3$	$7\cdot31$	$2\cdot109$	$3\cdot73$
22	$2^2\cdot5\cdot11$	$13\cdot17$	$2\cdot3\cdot37$	3^5	$2^6\cdot7$	$3^2\cdot5^2$	$2\cdot113$		$2^2\cdot3\cdot19$	
23	$2\cdot5\cdot23$	$3\cdot7\cdot11$	$2^3\cdot29$	$11\cdot23$	$2\cdot3^2\cdot13$	$5\cdot47$	$2^2\cdot59$	$3\cdot79$	$2\cdot7\cdot17$	$3\cdot83$
24	$2^4\cdot3\cdot5$	$3^2\cdot29$	$2\cdot11^2$	3^5	$2^2\cdot61$	$5\cdot7^2$	$2\cdot3\cdot41$	$13\cdot19$	$2^2\cdot67$	$3\cdot83$
25	$2\cdot5^3$	$3^2\cdot29$	$2^2\cdot3^2\cdot7$	$11\cdot23$	$2\cdot127$	$5^2\cdot11$	2^8		$2\cdot139$	$7\cdot37$
26	$2^2\cdot5\cdot13$		$2\cdot131$	$3\cdot7\cdot13$	$2^3\cdot3\cdot11$	$5\cdot53$	$2^2\cdot7\cdot19$	$3\cdot89$	$2^5\cdot3^2$	$3^2\cdot31$
27	$2\cdot3^3\cdot5$		$2^4\cdot17$	$3\cdot7\cdot13$	$2\cdot137$	$5^2\cdot11$	$2^2\cdot3\cdot23$		$2^5\cdot3^2$	$3^2\cdot31$
28	$2^3\cdot5\cdot7$	$3\cdot97$	$2\cdot3\cdot47$	$3\cdot73$	$2^2\cdot71$	$3\cdot5\cdot19$	$2\cdot11\cdot13$	$7\cdot41$	$2^5\cdot3^2$	17^2
29	$2\cdot5\cdot29$	$3\cdot97$	$2^2\cdot73$		$2\cdot3\cdot7^2$	$5\cdot59$	$2^3\cdot37$	$3^3\cdot11$	$2\cdot149$	$13\cdot23$
30	$2^2\cdot3\cdot5^2$	$7\cdot43$	$2\cdot3\cdot47$	$3\cdot101$	$2^4\cdot19$	$3^2\cdot5\cdot7$	$2\cdot3^2\cdot17$	$3^3\cdot11$	$2^2\cdot7\cdot11$	$3\cdot103$
31	$2\cdot5\cdot31$	$7\cdot43$	$2^3\cdot3\cdot13$	$3\cdot101$	$2\cdot157$	$3^2\cdot5\cdot7$	$2^2\cdot79$		$2\cdot3\cdot53$	$11\cdot29$
32	$2^6\cdot5$	$3\cdot107$	$2\cdot7\cdot23$	$17\cdot19$	$2^2\cdot3^4$	$5^2\cdot13$	$2\cdot163$	$3\cdot109$	$2^3\cdot41$	$7\cdot47$
33	$2\cdot3\cdot5\cdot11$	$3\cdot107$	$2^2\cdot83$	$3^2\cdot37$	$2\cdot167$	$5\cdot67$	$2^4\cdot3\cdot7$		$2\cdot13^2$	$3\cdot113$

Tab. 10.12 (Fortsetzung)

	0	1	2	3	4	5	6	7	8	9
34	$2^2 \cdot 5 \cdot 17$	$11 \cdot 31$	$2 \cdot 3^2 \cdot 19$	7^3	$2^3 \cdot 43$	$3 \cdot 5 \cdot 23$	$2 \cdot 173$		$2^2 \cdot 3 \cdot 29$	
35	$2 \cdot 5^2 \cdot 7$	$3^3 \cdot 13$	$2^5 \cdot 11$		$2 \cdot 3 \cdot 59$	$5 \cdot 71$	$2^2 \cdot 89$	$3 \cdot 7 \cdot 17$	$2 \cdot 179$	
36	$2^3 \cdot 3^2 \cdot 5$	19^2	$2 \cdot 181$	$3 \cdot 11^2$	$2^2 \cdot 7 \cdot 13$	$5 \cdot 73$	$2 \cdot 3 \cdot 61$		$2^4 \cdot 23$	$3^2 \cdot 41$
37	$2 \cdot 5 \cdot 37$	$7 \cdot 53$	$2^2 \cdot 3 \cdot 31$		$2 \cdot 11 \cdot 17$	$3 \cdot 5^3$	$2^3 \cdot 47$	$13 \cdot 29$	$2 \cdot 3^3 \cdot 7$	
38	$2^2 \cdot 5 \cdot 19$	$3 \cdot 127$	$2 \cdot 191$		$2^7 \cdot 3$	$5 \cdot 7 \cdot 11$	$2 \cdot 193$	$3^2 \cdot 43$	$2^2 \cdot 97$	
39	$2 \cdot 3 \cdot 5 \cdot 13$	$17 \cdot 23$	$2^3 \cdot 7^2$	$3 \cdot 131$	$2 \cdot 197$	$5 \cdot 79$	$2^2 \cdot 3^2 \cdot 11$		$2 \cdot 199$	$3 \cdot 7 \cdot 19$
40	$2^4 \cdot 5^2$		$2 \cdot 3 \cdot 67$	$13 \cdot 31$	$2^2 \cdot 101$	$3^4 \cdot 5$	$2 \cdot 7 \cdot 29$	$11 \cdot 37$	$2^3 \cdot 3 \cdot 17$	
41	$2 \cdot 5 \cdot 41$	$3 \cdot 137$	$2^2 \cdot 103$	$7 \cdot 59$	$2 \cdot 3^2 \cdot 23$	$5 \cdot 83$	$2^5 \cdot 13$	$3 \cdot 139$	$2 \cdot 11 \cdot 19$	
42	$2^3 \cdot 3 \cdot 5 \cdot 7$		$2 \cdot 211$	$3^2 \cdot 47$	$2^3 \cdot 53$	$5^2 \cdot 17$	$2 \cdot 3 \cdot 71$	$7 \cdot 61$	$2^2 \cdot 107$	$3 \cdot 11 \cdot 13$
43	$2 \cdot 5 \cdot 43$		$2^4 \cdot 3^3$		$2 \cdot 7 \cdot 31$	$3 \cdot 5 \cdot 29$	$2^2 \cdot 109$	$19 \cdot 23$	$2 \cdot 3 \cdot 73$	
44	$2^3 \cdot 5 \cdot 11$	$3^2 \cdot 7^2$	$2 \cdot 13 \cdot 17$		$2^2 \cdot 3 \cdot 37$	$5 \cdot 89$	$2 \cdot 223$	$3 \cdot 149$	$2^6 \cdot 7$	
45	$2 \cdot 3^2 \cdot 5^2$	$11 \cdot 41$	$2^2 \cdot 113$	$3 \cdot 151$	$2 \cdot 227$	$5 \cdot 7 \cdot 13$	$2^3 \cdot 3 \cdot 19$		$2 \cdot 229$	$3^3 \cdot 17$
46	$2^2 \cdot 5 \cdot 23$		$2 \cdot 3 \cdot 7 \cdot 11$		$2^4 \cdot 29$	$3 \cdot 5 \cdot 31$	$2 \cdot 233$		$2^2 \cdot 3^2 \cdot 13$	$7 \cdot 67$
47	$2 \cdot 5 \cdot 47$	$3 \cdot 157$	$2^3 \cdot 59$	$11 \cdot 43$	$2 \cdot 3 \cdot 79$	$5^2 \cdot 19$	$2^2 \cdot 7 \cdot 17$	$3^2 \cdot 53$	$2 \cdot 239$	
48	$2^5 \cdot 3 \cdot 5$	$13 \cdot 37$	$2 \cdot 241$	$3 \cdot 7 \cdot 23$	$2^2 \cdot 11^2$	$5 \cdot 97$	$2 \cdot 3^5$		$2^3 \cdot 61$	$3 \cdot 163$
49	$2 \cdot 5 \cdot 7^2$		$2^2 \cdot 3 \cdot 41$	$17 \cdot 29$	$2 \cdot 13 \cdot 19$	$3^2 \cdot 5 \cdot 11$	$2^4 \cdot 31$	$7 \cdot 71$	$2 \cdot 3 \cdot 83$	
50	$2^2 \cdot 5^3$	$3 \cdot 167$	$2 \cdot 251$		$2^3 \cdot 3^2 \cdot 7$	$5 \cdot 101$	$2 \cdot 11 \cdot 23$	$3 \cdot 13^2$	$2^2 \cdot 127$	
51	$2 \cdot 3 \cdot 5 \cdot 17$	$7 \cdot 73$	2^9	$3^3 \cdot 19$	$2 \cdot 257$	$5 \cdot 103$	$2^2 \cdot 3 \cdot 43$	$11 \cdot 47$	$2 \cdot 7 \cdot 37$	$3 \cdot 173$
52	$2^3 \cdot 5 \cdot 13$		$2 \cdot 3^2 \cdot 29$		$2^2 \cdot 131$	$3 \cdot 5^2 \cdot 7$	$2 \cdot 263$	$17 \cdot 31$	$2^4 \cdot 3 \cdot 11$	23^2
53	$2 \cdot 5 \cdot 53$	$3^2 \cdot 59$	$2^2 \cdot 7 \cdot 19$	$13 \cdot 41$	$2 \cdot 3 \cdot 89$	$5 \cdot 107$	$2^3 \cdot 67$	$3 \cdot 179$	$2 \cdot 269$	$7^2 \cdot 11$
54	$2^2 \cdot 3^3 \cdot 5$		$2 \cdot 271$	$3 \cdot 181$	$2^5 \cdot 17$	$5 \cdot 109$	$2 \cdot 3 \cdot 7 \cdot 13$		$2^2 \cdot 137$	$3^2 \cdot 61$
55	$2 \cdot 5^2 \cdot 11$	$19 \cdot 29$	$2^3 \cdot 3 \cdot 23$	$7 \cdot 79$	$2 \cdot 277$	$3 \cdot 5 \cdot 37$	$2^2 \cdot 139$		$2 \cdot 3^2 \cdot 31$	$13 \cdot 43$
56	$2^4 \cdot 5 \cdot 7$	$3 \cdot 11 \cdot 17$	$2 \cdot 281$		$2^2 \cdot 3 \cdot 47$	$5 \cdot 113$	$2 \cdot 283$	$3^4 \cdot 7$	$2^3 \cdot 71$	
57	$2 \cdot 3 \cdot 5 \cdot 19$		$2^2 \cdot 11 \cdot 13$	$3 \cdot 191$	$2 \cdot 7 \cdot 41$	$5^2 \cdot 23$	$2^6 \cdot 3^2$		$2 \cdot 17^2$	$3 \cdot 193$
58	$2^2 \cdot 5 \cdot 29$	$7 \cdot 83$	$2 \cdot 3 \cdot 97$	$11 \cdot 53$	$2^3 \cdot 73$	$3^2 \cdot 5 \cdot 13$	$2 \cdot 293$		$2^2 \cdot 3 \cdot 7^2$	$19 \cdot 31$
59	$2 \cdot 5 \cdot 59$	$3 \cdot 197$	$2^4 \cdot 37$		$2 \cdot 3^3 \cdot 11$	$5 \cdot 7 \cdot 17$	$2^2 \cdot 149$	$3 \cdot 199$	$2 \cdot 13 \cdot 23$	
60	$2^3 \cdot 3 \cdot 5^2$		$2 \cdot 7 \cdot 43$	$3^2 \cdot 67$	$2^2 \cdot 151$	$5 \cdot 11^2$	$2 \cdot 3 \cdot 101$		$2^5 \cdot 19$	$3 \cdot 7 \cdot 29$
61	$2 \cdot 5 \cdot 61$	$13 \cdot 47$	$2^2 \cdot 3^2 \cdot 17$		$2 \cdot 307$	$3 \cdot 5 \cdot 41$	$2^3 \cdot 7 \cdot 11$		$2 \cdot 3 \cdot 103$	
62	$2^2 \cdot 5 \cdot 31$	$3^3 \cdot 23$	$2 \cdot 311$	$7 \cdot 89$	$2^4 \cdot 3 \cdot 13$	5^4	$2 \cdot 313$	$3 \cdot 11 \cdot 19$	$2^2 \cdot 157$	$17 \cdot 37$
63	$2 \cdot 3^2 \cdot 5 \cdot 7$		$2^3 \cdot 79$	$3 \cdot 211$	$2 \cdot 317$	$5 \cdot 127$	$2^2 \cdot 3 \cdot 53$	$7^2 \cdot 13$	$2 \cdot 11 \cdot 29$	$3^2 \cdot 71$
64	$2^7 \cdot 5$		$2 \cdot 3 \cdot 107$		$2^2 \cdot 7 \cdot 23$	$3 \cdot 5 \cdot 43$	$2 \cdot 17 \cdot 19$		$2^3 \cdot 3^4$	$11 \cdot 59$
65	$2 \cdot 5^2 \cdot 13$	$3 \cdot 7 \cdot 31$	$2^2 \cdot 163$		$2 \cdot 3 \cdot 109$	$5 \cdot 131$	$2^4 \cdot 41$	$3^2 \cdot 73$	$2 \cdot 7 \cdot 47$	

10

Tab. 10.12 (Fortsetzung)

	0	1	2	3	4	5	6	7	8	9
66	$2^2\cdot3\cdot5\cdot11$		$2\cdot331$	$3\cdot13\cdot17$	$2^3\cdot83$	$5\cdot7\cdot19$	$2\cdot3^2\cdot37$	$23\cdot29$	$2^2\cdot167$	$3\cdot223$
67	$2\cdot5\cdot67$	$11\cdot61$	$2^5\cdot3\cdot7$		$2\cdot337$	$3^3\cdot5^2$	$2^2\cdot13^2$		$2\cdot3\cdot113$	$7\cdot97$
68	$2^3\cdot5\cdot17$	$3\cdot227$	$2\cdot11\cdot31$		$2^2\cdot3^2\cdot19$	$5\cdot137$	$2\cdot7^3$	$3\cdot229$	$2^4\cdot43$	$13\cdot53$
69	$2\cdot3\cdot5\cdot23$		$2^2\cdot173$	$3^2\cdot7\cdot11$	$2\cdot347$	$5\cdot139$	$2^3\cdot3\cdot29$	$17\cdot41$	$2\cdot349$	$3\cdot233$
70	$2^2\cdot5^2\cdot7$		$2\cdot3^3\cdot13$	$19\cdot37$	$2^6\cdot11$	$3\cdot5\cdot47$	$2\cdot353$	$7\cdot101$	$2^2\cdot3\cdot59$	
71	$2\cdot5\cdot71$	$3^2\cdot79$	$2^3\cdot89$	$23\cdot31$	$2\cdot3\cdot7\cdot17$	$5\cdot11\cdot13$	$2^2\cdot179$	$3\cdot239$	$2\cdot359$	
72	$2^4\cdot3^2\cdot5$	$7\cdot103$	$2\cdot19^2$	$3\cdot241$	$2^2\cdot181$	$5^2\cdot29$	$2\cdot3\cdot11^2$		$2^3\cdot7\cdot13$	3^6
73	$2\cdot5\cdot73$	$17\cdot43$	$2^2\cdot3\cdot61$		$2\cdot367$	$3\cdot5\cdot7^2$	$2^5\cdot23$	$11\cdot67$	$2\cdot3^2\cdot41$	$7\cdot107$
74	$2^2\cdot5\cdot37$	$3\cdot13\cdot19$	$2\cdot7\cdot53$	$3\cdot251$	$2^3\cdot3\cdot31$	$5\cdot149$	$2\cdot373$	$3^2\cdot83$	$2^2\cdot11\cdot17$	$3\cdot11\cdot23$
75	$2\cdot3\cdot5^3$		$2^4\cdot47$	$3\cdot251$	$2\cdot13\cdot29$	$5\cdot151$	$2^2\cdot3^3\cdot7$	$13\cdot59$	$3\cdot379$	
76	$2^3\cdot5\cdot19$		$2\cdot3\cdot127$	$7\cdot109$	$2^2\cdot191$	$3^2\cdot5\cdot17$	$2\cdot383$	$3\cdot7\cdot37$	$2^8\cdot3$	
77	$2\cdot5\cdot7\cdot11$	$3\cdot257$	$2^2\cdot193$		$2\cdot3^2\cdot43$	$5^2\cdot31$	$2^3\cdot97$		$2\cdot389$	$19\cdot41$
78	$2^2\cdot3\cdot5\cdot13$	$11\cdot71$	$2\cdot17\cdot23$	$3^3\cdot29$	$2^4\cdot7^2$	$5\cdot157$	$2\cdot3\cdot131$		$2^2\cdot197$	$3\cdot263$
79	$2\cdot5\cdot79$	$7\cdot113$	$2^3\cdot3^2\cdot11$	$13\cdot61$	$2\cdot397$	$3\cdot5\cdot53$	$2^2\cdot199$		$2\cdot3\cdot7\cdot19$	$17\cdot47$
80	$2^5\cdot5^2$	$3^2\cdot89$	$2\cdot401$	$11\cdot73$	$2^2\cdot3\cdot67$	$5\cdot7\cdot23$	$2\cdot13\cdot31$	$3\cdot269$	$2^4\cdot101$	
81	$2\cdot3^4\cdot5$		$2^2\cdot7\cdot29$	$3\cdot271$	$2\cdot11\cdot37$	$5\cdot163$	$2^4\cdot3\cdot17$	$19\cdot43$	$2\cdot409$	$3^2\cdot7\cdot13$
82	$2^2\cdot5\cdot41$		$2\cdot3\cdot137$		$2^3\cdot103$	$3\cdot5^2\cdot11$	$2\cdot7\cdot59$		$2^2\cdot3^2\cdot23$	
83	$2\cdot5\cdot83$	$3\cdot277$	$2^6\cdot13$	$7^2\cdot17$	$2\cdot3\cdot139$	$5\cdot167$	$2^2\cdot11\cdot19$	$3^3\cdot31$	$2\cdot419$	
84	$2^3\cdot3\cdot5\cdot7$	29^2	$2\cdot421$	$3\cdot281$	$2^2\cdot211$	$5\cdot13^2$	$2\cdot3^2\cdot47$	$7\cdot11^2$	$2^4\cdot53$	$3\cdot283$
85	$2^2\cdot5^2\cdot17$	$23\cdot37$	$2^2\cdot3\cdot71$		$2\cdot7\cdot61$	$3^2\cdot5\cdot19$	$2^3\cdot107$		$2\cdot3\cdot11\cdot13$	
86	$2^2\cdot5\cdot43$	$3\cdot7\cdot41$	$2\cdot431$		$2^5\cdot3^3$	$5\cdot173$	$2\cdot433$	$3\cdot17^2$	$2^2\cdot7\cdot31$	$11\cdot79$
87	$2\cdot3\cdot5\cdot29$	$13\cdot67$	$2^3\cdot109$	$3^2\cdot97$	$2\cdot19\cdot23$	$5^3\cdot7$	$2^2\cdot3\cdot73$		$2\cdot439$	$3\cdot293$
88	$2^4\cdot5\cdot11$		$2^2\cdot223$		$2^2\cdot13\cdot17$	$3\cdot5\cdot59$	$2\cdot443$		$2^3\cdot3\cdot37$	$7\cdot127$
89	$2\cdot5\cdot89$	$3^4\cdot11$	$2\cdot11\cdot41$	$19\cdot47$	$2\cdot3\cdot149$	$5\cdot179$	$2^7\cdot7$	$3\cdot13\cdot23$	$2\cdot449$	$29\cdot31$
90	$2^2\cdot3^2\cdot5^2$	$17\cdot53$	$2\cdot11\cdot41$	$3\cdot7\cdot43$	$2^3\cdot113$	$5\cdot181$	$2\cdot3\cdot151$		$2^2\cdot227$	$3^2\cdot101$
91	$2\cdot5\cdot7\cdot13$		$2^4\cdot3\cdot19$	$11\cdot83$	$2\cdot457$	$3\cdot5\cdot61$	$2^2\cdot229$	$7\cdot131$	$2\cdot3^3\cdot17$	
92	$2^3\cdot5\cdot23$	$3\cdot307$	$2\cdot461$	$13\cdot71$	$2^2\cdot3\cdot7\cdot11$	$5^2\cdot37$	$2\cdot463$	$3^2\cdot103$	$2^3\cdot29$	
93	$2\cdot3\cdot5\cdot31$	$7^2\cdot19$	$2^2\cdot233$	$3\cdot311$	$2\cdot467$	$5\cdot11\cdot17$	$2^3\cdot3^2\cdot13$		$2\cdot7\cdot67$	$3\cdot313$
94	$2^2\cdot5\cdot47$		$2\cdot3\cdot157$	$23\cdot41$	$2^4\cdot59$	$3^3\cdot5\cdot7$	$2\cdot11\cdot43$		$2^2\cdot3\cdot79$	$13\cdot73$
95	$2\cdot5^2\cdot19$	$3\cdot317$	$2^3\cdot7\cdot17$		$2\cdot3^2\cdot53$	$5\cdot191$	$2^2\cdot239$	$3\cdot11\cdot29$	$2\cdot479$	$7\cdot137$
96	$2^6\cdot3\cdot5$	31^2	$2\cdot13\cdot37$	$3^2\cdot107$	$2^2\cdot241$	$5\cdot193$	$2\cdot3\cdot7\cdot23$		$2^3\cdot11^2$	$3\cdot17\cdot19$
97	$2\cdot5\cdot97$		$2^2\cdot3^5$	$7\cdot139$	$2\cdot487$	$3\cdot5^2\cdot13$	$2^4\cdot61$		$2\cdot3\cdot163$	$11\cdot89$
98	$2^2\cdot5\cdot7^2$	$3^2\cdot109$	$2\cdot491$		$2^3\cdot3\cdot41$	$5\cdot197$	$2\cdot17\cdot29$	$3\cdot7\cdot47$	$2^2\cdot13\cdot19$	$23\cdot43$
99	$2\cdot3^2\cdot5\cdot11$		$2^5\cdot31$	$3\cdot331$	$2\cdot7\cdot71$	$5\cdot199$	$2^2\cdot3\cdot83$		$2\cdot499$	$3^3\cdot37$
100	$2^3\cdot5^3$	$7\cdot11\cdot13$	$2\cdot3\cdot167$	$17\cdot59$	$2^2\cdot251$	$3\cdot5\cdot67$	$2\cdot503$	$19\cdot53$		

Tab. 10.13 Evolventenfunktion ev$\alpha = \tan\alpha - \text{arc}\alpha$ (neue Schreibweise: inv$\alpha = \tan\alpha - \text{arc}\alpha$)

a°	0′	10′	20′	30′	40′	50′
12	0,003117	0,003250	0,003387	0,003528	0,003673	0,003822
13	0,003975	0,004132	0,004294	0,004459	0,004629	0,004803
14	0,004982	0,005165	0,005353	0,005545	0,005742	0,005943
15	0,006150	0,006361	0,006577	0,006798	0,007025	0,007256
16	0,007493	0,007735	0,007982	0,008234	0,008492	0,008756
17	0,009025	0,009299	0,009580	0,009866	0,010158	0,010456
18	0,010760	0,011071	0,011387	0,011709	0,012038	0,012373
19	0,012715	0,013063	0,013418	0,013779	0,014148	0,014523
20	0,014904	0,015293	0,015689	0,016092	0,016502	0,016920
21	0,017345	0,017777	0,018217	0,018665	0,019120	0,019583
22	0,020054	0,020533	0,021019	0,021514	0,022018	0,022529
23	0,023049	0,023577	0,024114	0,024660	0,025214	0,025777
24	0,026350	0,026931	0,027521	0,028121	0,028729	0,029348
25	0,029975	0,030613	0,031260	0,031917	0,032583	0,033260
26	0,033947	0,034644	0,035352	0,036069	0,036798	0,037537
27	0,038287	0,039047	0,039819	0,040602	0,041395	0,042201
28	0,043017	0,043845	0,044685	0,045537	0,046400	0,047276
29	0,048164	0,049064	0,049976	0,050901	0,051838	0,052788
30	0,053751	0,054728	0,055717	0,056720	0,057736	0,058765

10

Tab. 10.14 Wichtige Zahlenwerte (g in ms^{-2})

p											
p	3,14159	$\sqrt[3]{\pi}$	1,46459	g	9,81	p^2	9,86960	$90:\pi$	28,64790	$1:g^2$	0,01039
p : 2	1,57080	$\sqrt[3]{2\pi}$	1,84526		(9,80665)	$4\,\pi^2$	39,47842	$180:\pi$	57,29580	$1:\sqrt{g}$	0,31928
p : 3	1,04720	$\pi\sqrt[3]{\pi}$	4,60115	g^2	96,2361	$\pi^2:4$	2,46740	$1:\pi^2$	0,10132	$\pi:\sqrt{g}$	1,00303
p : 4	0,78540	$\sqrt[3]{\pi^2}$	2,14503	$\sqrt{g}$	3,13209	$p^2:16$	0,61685	$1:\pi^3$	0,03225	$\pi:\sqrt{2g}$	0,70925
p : 6	0,52360	$\pi\sqrt[3]{\pi^2}$	6,73881	$2\sqrt{g}$	6,26418	p^3	31,00628	$1:\pi^4$	0,01027		
p : 12	0,26180	$\sqrt[3]{\pi:2}$	1,16245	$\pi\sqrt{g}$	9,83976	p^4	97,40909	$\sqrt{1:\pi}$	0,56419	e	2,71828
p : 16	0,19635	$1:\pi$	0,31831	$\sqrt{2g}$	4,42945	$\sqrt{\pi}$	1,77245	$\sqrt{2:\pi}$	0,79789	e^2	7,38906
p : 32	0,09818	$2:\pi$	0,63662	$\pi\sqrt{2g}$	13,91536	$\sqrt{2\pi}$	2,50663	$\sqrt{3:\pi}$	0,97721	$1:e$	0,36788
p : 64	0,04909	$16:\pi$	5,09296	$1:g$	0,10194	$2\sqrt{\pi}$	3,54491	$\sqrt[3]{1:\pi}$	0,68278	$1:e^2$	0,13534
p : 90	0,03491	$32:\pi$	10,18592	$1:2\,g$	0,05097	$\sqrt{\pi}:2$	1,25331	$\sqrt[3]{2:\pi}$	0,86025	$\sqrt{e}$	1,64872
p : 180	0,01745	$64:\pi$	20,37184	$p^2:g$	1,00608	$\pi\sqrt{\pi}$	5,56833	$\sqrt[3]{3:\pi}$	0,98475	$\sqrt[3]{e}$	1,39561

Allgemeine Literatur

Bücher

Abramowitz, M.; Stegun, I.A.: Handbook of Mathematical Functions. New York: Dover Publ. 1970.

Autorenkollektiv: Ausgewählte Kapitel der Mathematik, 8. Aufl. Leipzig: VEB Fachbuchverlag 1974.

Björk, A.; Dahlquist, G.: Numerische Methoden. München: Oldenbourg 1972.

Collatz, I.; Wetterling, W.: Optimierungsaufgaben, 2. Aufl. Berlin: Springer 1971.

Dantzig, G.B.: Lineare Programmierung und Erweiterungen. Berlin: Springer 1966.

Grigorieff, R.D.: Numerik gewöhnlicher Differentialgleichungen, Bd. 1, 2. Stuttgart: Teubner 1972, 1977.

Jentsch, W.: Digitale Simulation analoger Systeme. München: Oldenbourg 1969.

Künzi, H.P.; Tan, S.T.: Lineare Optimierung großer Systeme. Lecture Notes in Mathematics, Vol. 27. Berlin: Springer 1966.

Meyer zur Capellen, W.: Leitfaden der Nomographie. Berlin: Springer 1953.

Otto, E.: Nomography. New York: Macmillan 1963.

von Pirani, M.: Graphische Darstellungen in Wissenschaft und Technik, 3. Aufl. Sammlung Göschen Bd. 728. Berlin: de Gruyter 1957.

Ralston, A.; Wilf, H.S.: Mathematische Methoden für Digitalrechner. Bd. 1, 2. Aufl. 1972; Bd. 2, 2. Aufl. 1979. München: Oldenbourg 1972/79.

Stummel, F.; Hainer, K.: Praktische Mathematik. Stuttgart: Teubner 1971.

Werner, H.: Praktische Mathematik. Bd. 1: Methoden der linearen Algebra, 2. Aufl. 1975; Werner, H.; Schaback, R.: Bd. 2: Methoden der Analysis, 1. Aufl. 1972. Berlin: Springer 1975/72.

Zurmühl, R.: Praktische Mathematik für Ingenieure und Physiker, 5. Aufl. Berlin: Springer 1965.

Normen und Richtlinien

DIN 461: Graphische Darstellung in Koordinatensystemen.

DIN 5478: Maßstäbe in graphischen Darstellungen.

Optimierung

Hans-Joachim Schulz

11.1 Lineare Optimierung

Zur optimalen Entscheidungsfindung bei wirtschaftlichen und technischen Problemen wird bei der linearen Optimierung das Maximum oder Minimum einer linearen Funktion mehrerer Variablen mit eingeschränkten Bereichen bestimmt. Die aus der Differentialrechnung bekannten Extremwertverfahren versagen hier, weil lineare Funktionen Extremwerte nur auf den Rändern der Definitionsbereiche annehmen können. Wegen der einfachen aber aufwändigen Lösungsverfahren ist oft die Verwendung von Rechenanlagen erforderlich. Die lineare Programmierung wird angewendet bei Transport-, Mischungs- und Zuschnittproblemen.

Verallgemeinerung der linearen Optimierung.
Für n Entscheidungsvariablen x_j und n Konstanten c_j, $j = 1, 2, \ldots, n$, deren Wahl durch das Optimierungskriterien entschieden wird, ergibt die Zielfunktion

$$z = c_1 x_1 + c_2 x_2 + \ldots + c_n x_n$$

$$= \sum_{j=1}^{n} c_j x_j \rightarrow \text{Optimum.} \qquad (11.1)$$

Die Kennzahlen der Spalten 2 und 3 in Tab. 11.1 seien mit a_{ij} und die mit der rechten Spalte dieser Tabelle korrespondierenden Gesamtmengen der zur Verfügung stehenden Einsatzgrößen, die

im Normalfall ebenfalls nicht negativ sein müssen, seien mit $b_i \geqq 0$ bezeichnet. Damit lauten im Normalfall die m Nebenbedingungen mit den Nichtnegativitätsbedingungen

$$x_1 \geqq 0, x_2 \geqq 0, \ldots, x_n \geqq 0 \qquad (11.2)$$

$$\begin{array}{cc} \text{für Max.} & \text{für Min.} \end{array}$$

$$\begin{aligned} a_{11}x_1 + a_{12}x_2 + \ldots + a_{1n}x_n &\leqq b_1 & \geqq b_1 \\ a_{21}x_1 + a_{22}x_2 + \ldots + a_{2n}x_n &\leqq b_2 & \geqq b_2. \\ a_{m1}x_1 + a_{m2}x_2 + \ldots + a_{mn}x_n &\leqq b_m & \geqq b_m \end{aligned}$$

$$(11.3)$$

In der Matrixschreibweise ergeben sich mit dem Zeilenvektor $c = (c_1, c_2, \ldots, c_n)$, den Spaltenvektoren

$$x = \begin{pmatrix} x_1 \\ x_2 \\ \vdots \\ x_n \end{pmatrix}, \quad b = \begin{pmatrix} b_1 \\ b_2 \\ \vdots \\ b_m \end{pmatrix} \quad \text{und} \quad \mathbf{0} = \begin{pmatrix} 0 \\ 0 \\ \vdots \\ 0 \end{pmatrix}$$

sowie der Matrix $A_{mn} = (a_{ij})$ im Normalfall für die Zielfunktion, die Neben- und Nichtnegativitätsbedingungen

$$z = c \cdot x \rightarrow \text{Optimum,}$$

$$A \cdot x \begin{cases} \leqq b & \text{für Maximum} \\ \geqq b & \text{für Minimum} \end{cases}$$

$$\text{mit} \quad b \geqq \mathbf{0} \quad \text{und} \quad x \geqq \mathbf{0}. \qquad (11.4)$$

Hierbei gelten die Vektorungleichungen komponentenweise, und der Nullvektor $\mathbf{0}$ erhält jeweils gleich viele Komponenten.

H.-J. Schulz (✉)
Berlin, Deutschland

© Springer-Verlag GmbH Deutschland, ein Teil von Springer Nature 2020
B. Bender und D. Göhlich (Hrsg.), *Dubbel Taschenbuch für den Maschinenbau 1: Grundlagen und Tabellen*,
https://doi.org/10.1007/978-3-662-59711-8_11

11.1.1 Graphisches Verfahren für zwei Variablen

Der Sonderfall von m linearen Ungleichungen für nur zwei Variablen lässt sich in der Ebene graphisch darstellen und bildet die Grundlage zur anschaulichen Deutung des Lösungswegs beim n-dimensionalen Problem.

Die graphische Lösungsmethode veranschaulicht noch folgende Aussagen (Abb. 11.1a–f):

Begrenzende Geraden. Die den Bereich der zulässigen Lösungen begrenzenden Geraden können aus den Nebenbedingungen geschlossene und offene Polygone – mithin beschränkte und unbeschränkte Punktmengen – ergeben. Die optimale Lösung liegt immer auf dem Rand des Gebiets, meist auf einem Eckpunkt (s. Abb. 11.1d).

Überflüssige Forderungen. Sie werden von allen Lösungen erfüllt, ohne dass die ihnen zugeordnete Gerade zum Rand des Lösungsgebiets gehört. Entweder ist im Abb. 11.1c die Nebenbedingung zu g_1 überflüssig oder die zu g_3 falsch. Analoges gilt für g_2 und g_4.

Konvexe Polygone. Sie bilden nach außen gewölbte Punktmengen. Werden also zwei im Inneren oder auf dem Rand des Lösungsbereichs liegende Punkte gewählt, so gehören auch alle Punkte der Verbindungsgeraden zum Bereich.

Zielfunktionsgeraden. Sind diese parallel zu einer begrenzenden Geraden auf der der optimale Lösungspunkt liegt, so gibt es unendlich viele Varianten der optimalen Lösung mit dem gleichen Zielfunktionswert, die alle auf dieser Polygonkante liegen.

Abweichungen vom Normalfall. Sie ergeben sich, wenn z. B. beim Maximieren auch Größer-Gleich-Relationen bei den Nebenbedingungen auftreten. Dann kann die Lösungsmenge infolge einander widersprechender Nebenbedingungen leer sein.

Nebenbedingung mit Gleichheitszeichen. Ist dieses vorgeschrieben (z. B. g_2), so reduziert sich der Lösungsbereich auf die Punktmenge, die dem in dem Polygon liegenden Teil der Geraden (g_2) zuzuordnen ist (s. Abb. 11.1f).

11.1.2 Simplexverfahren

Die im graphischen Verfahren für zwei Variablen gewonnenen Einsichten lassen sich zwar auf n-dimensionale Probleme übertragen, praktischer sind jedoch analytische Lösungsverfahren. Dabei wird aus dem konvexen Polynom im $\mathbb{R}^2$ ein von Ebenen begrenztes konvexes Polyeder (Vielfach) im $\mathbb{R}^3$. Für $n \in \mathbb{R}$ verallgemeinert, heißt dies: Die Menge der zulässigen Lösungen des Problems Gln. (11.4) im $\mathbb{R}^n$ ist ein von Hyperebenen begrenztes konvexes Polyeder. Die lineare Zielfunktion der n Variablen nimmt ihr Optimum in mindestens einer Ecke des durch die Nebenbedingungen bestimmten konvexen Polyeders an (Eckenprinzip von Dantzig).

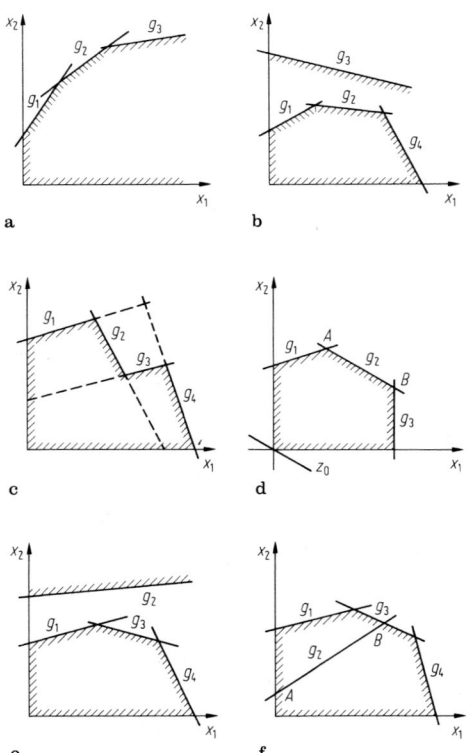

Abb. 11.1 Schematische Darstellung der aus der graphischen Lösungsmethode folgenden allgemeinen Aussagen

Während im graphischen Verfahren jede Nebenbedingung unabhängig von den anderen gezeichnet werden kann, muss im analytischen Lösungsverfahren das System der Ungleichungen geschlossen behandelt werden, indem es durch Hinzufügen von *Schlupfvariablen* in ein Gleichungssystem verwandelt wird.

Standard-Maximum-Problem

Zielfunktion. Sie lautet

$$z = c \cdot x \rightarrow \text{Maximum},$$
$$A \cdot x \leqq b, \quad b \geqq 0, \quad x \geqq 0. \qquad (11.5)$$

Nebenbedingungen. Mit dem Differenzvektor $b - A \cdot x = y$ können die Nebenbedingungen in Form des unterbestimmten linearen, inhomogenen Gleichungssystems von m linear unabhängigen Gleichungen mit $(n + m)$ Variablen geschrieben werden;

$$A \cdot x + y = b \quad \text{mit} \quad y \geqq 0. \qquad (11.6)$$

Die m Komponenten von y heißen Schlupfvariablen. Gleichung (11.6) lautet ausgeschrieben

$$a_{11}x_1 + a_{12}x_2 + \ldots + a_{1n}x_n + y_1 = b_1,$$
$$a_{21}x_1 + a_{22}x_2 + \ldots + a_{2n}x_n + y_2 = b_2,$$
$$\vdots \qquad \vdots \qquad \qquad \vdots \qquad \vdots$$
$$a_{m1}x_1 + a_{m2}x_2 + \ldots + a_{mn}x_n + y_m = b_m,$$

ergänzt um die Zielfunktion in der Form
$$c_1x_1 + c_2x_2 + \ldots + c_nx_n - z = 0. \qquad (11.7)$$

Basislösung. Das System der ersten m Gleichungen hat unendlich viele Lösungen. Hierzu werden n beliebige Variablen (z. B. x_1 bis x_n) frei gewählt und die restlichen m Variablen als deren Linearkombinationen dargestellt.

$$y_i = -\sum_{j=1}^{n} a_{ij}x_j + b_i, \quad i = 1, 2, \ldots m. \qquad (11.8)$$

Eine zulässige Lösung $X = (x_1, x_2, \ldots, x_n; y_1, \ldots, y_m)^T$ (s. Abschn. 3.2.4) heißt Basislösung, wenn die n frei gewählten Variablen alle den Wert Null haben und die daraus bestimmten m Variablen größer als Null sind. Die von Null verschiedenen m Variablen größer als Null sind. Die von Null verschiedenen m Elemente von X heißen Basisvariablen, die übrigen werden als Nichtbasisvariablen bezeichnet. Für jede Basislösung ist das n-Tupel der Entscheidungsvariablen $(x_1, x_2, \ldots, x_n)$ einer Ecke des konvexen Polyeders zuzuordnen, das den Bereich der zulässigen Lösungen begrenzt.

Simplex-Verfahren von Dantzig

Das nach dem konvexen Polyeder im $\mathbb{R}^n$ mit $(n + 1)$ Eckpunkten (z. B. Dreieck im $\mathbb{R}^2$) benannte Verfahren findet den optimalen Lösungspunkt, indem es schrittweise von einer Ecke oder einer Basislösung zur nächsten mit verbessertem Zielfunktionswert fortschreitet. Dabei wird in jedem Schritt eine Basis- gegen eine Nichtbasisvariable ausgetauscht, die die Zielfunktion vergrößert. Zur Überwachung kommt die $(m + 1)$-te Gleichung für die Zielfunktion in Gl. (11.7) hinzu, und z wird ständige Basisvariable des erweiterten Systems. Jeder Basistausch bedeutet eine Transformation der aus den Gln. (11.7) gebildeten Matrix

$$S = \begin{pmatrix} A & b \\ c & -z \end{pmatrix} = (s_{ij}).$$

Verfahrensschritte. Sie sind in der nachstehenden Reihenfolge auszuführen:

Wahl der Anfangslösung (1. Basislösung) wie in den Gln. (11.8) angegeben, also alle Schlupfvariablen y_i als Basisvariablen und alle Entscheidungsvariablen x_j als Nichtbasisvariablen mit dem Wert Null. Der Wert der Zielfunktion ist $z = 0$.

Prüfung der Zielfunktion auf Optimalität, die sich so lange vergrößern lässt, wie in der $(m + 1)$-ten Zeile der Gln. (11.7) Elemente $s_{m+1,j} > 0$ (also $c_j > 0$ für die Anfangslösung) vorhanden sind. Damit ergibt sich als Abbruchkriterium $s_{m+1,j} \leqq 0, j = 1, 2, \ldots, n$.

Bestimmung der auszutauschenden Nichtbasisvariablen aus der $(m + 1)$-ten Zeile für die Zielfunktion, die durch das größte Element $s_{m+1,jp} = \max(s_{m+1,j}), j = 1, 2, \ldots, n$ (also

c_{jp} für die Anfangslösung) am stärksten vergrößert wird; jp wird die das Pivotelement enthaltende Schlüsselspalte (Pivotspalte).

Wahl der auszutauschenden Basisvariablen aus der Schlüsselspalte jp. Aus allen Quotienten $q = s_{i,n+1}/s_{i,jp}$ (also $b_i/a_{i,jp}$ für die Anfangslösung) für $i = 1, 2, \ldots, m$ wird die durch das kleinste $q > 0$ gekennzeichnete Basisvariable mit Index ip zum Austausch gewählt, damit wieder eine Basislösung entsteht. Nach dem Basistausch müssen die nach Gl. (11.10) bzw. (11.14) transformierten Elemente $b_i' = b_i - (b_{ip} \cdot a_{i,jp})/a_{ip,jp} > 0$ sein. Ist also in einer Schlüsselspalte mit $s_{m+1,jp} > 0$ kein Pivotelement $s_{i,jp} > 0$ zu finden, so gibt es keine obere Schranke für die Zielfunktion und damit keine Lösung.

Austausch der Variablen bedeutet, dass in der durch ip bestimmten Schlüsselzeile die durch sie gegebene Gleichung nach der neuen Basisvariablen $y_{ip} \rightarrow x_{jp}$ aufgelöst wird und dieses Ergebnis in die anderen Gleichungen von (11.8) eingesetzt wird. Es ergibt sich für die Schlüsselzeile für die Anfangslösung

$$y_{ip} \rightarrow$$

$$x_{jp} = \frac{1}{a_{ip,jp}} \left(-y_{ip} - \sum_{\substack{j=1 \\ j \neq jp}}^{n} a_{ip,j} x_j + b_{ip} \right)$$

(11.9)

und für die anderen Zeilen $i = 1, 2, \ldots m, m+1$ mit $i \neq ip$

$$y_i = - \sum_{\substack{j=1 \\ j \neq jp}}^{n} \left(a_{ij} - \frac{a_{i,jp}}{a_{ip,jp}} a_{ip,j} \right) x_j$$

$$- \frac{a_{i,jp}}{-a_{ip,jp}} y_{ip} + \left(b_i - \frac{a_{i,jp}}{a_{ip,jp}} b_{ip} \right).$$

(11.10)

Daraus lassen sich die vier Regeln des Austauschverfahrens für die Transformation der Matrix S in die Matrix S' ableiten:

Regel I: Das Pivotelement geht in sein Reziprokes über entsprechend dem Faktor von y_{ip} in Gl. (11.9), das durch Tausch zum x_{jp} wird.

$$s_{ip,jp}' = 1/s_{ip,jp}$$

(11.11)

Regel II: Alle anderen Elemente der Pivotzeile ip werden durch das Pivotelement $s_{ip,jp}$ dividiert gemäß dem Faktor von x_j in Gl. (11.9).

$$s_{ip,j}' = s_{ip,j}/s_{ip,jp}$$

(11.12)

Regel III: Alle anderen Elemente der Pivotspalte jp werden durch das negative Pivotelement dividiert entsprechend dem Faktor von y_{ip} in Gl. (11.10), das durch den Tausch zum x_{jp} wird.

$$s_{i,jp}' = -s_{i,jp}/s_{ip,jp}$$

(11.13)

Regel IV: Alle anderen Matrixelemente werden transformiert nach den Klammerausdrücken in Gl. (11.10).

$$s_{ij}' = s_{ij} - \frac{s_{i,jp}}{s_{ip,jp}} \cdot s_{ip,j};$$

$$i = 1, 2, \ldots, m+1 \neq i_p;$$

$$j = 1, 2, \ldots, n+1 \neq j_p.$$

(11.14)

Es ist noch zu zeigen, dass diese Formel auch für die $(m+1)$-te Zeile mit der Zielfunktion gilt. Für die 1. Basislösung ist $\sum_{j=1}^{n} c_j x_j - z = 0$. Setzt man Gl. (11.9) ein und fasst zusammen, so folgt

$$\sum_{\substack{j=1 \\ j \neq jp}}^{n} \left(c_j - \frac{c_{jp}}{a_{ip,jp}} \cdot a_{ip,j} \right) x_j$$

$$+ \frac{c_{jp}}{-a_{ip,jp}} \cdot y_{ip} - \left(z - \frac{c_{jp}}{a_{ip,jp}} \cdot b_{ip} \right) = 0,$$

(11.15)

womit die Gleichartigkeit der Transformation auch für die Elemente der $(m+1)$-ten Zeile bewiesen ist.

Weiterverwendung der Basislösung. Die so gewonnene neue Basislösung mit vergrößerter Zielfunktion wird vom 2. Schritt an wieder genauso behandelt.

Simplextabelle. Sie ist ein Matrix-Schema für Rechnungen „von Hand". Dabei ist es nicht nötig, die Gln. (11.9) und (11.10) auszuschreiben.

Eine Fabrik plane die Herstellung zweier Produkte P_1 und P_2. Für einen Planungszeitraum gilt folgende Aufstellung:

Abteilung	Durchlaufzeit für		verfügbare Fertigungs-zeiten
	P_1	P_2	
1. Teilefertigung	2,0 h/St.	1,0 h/St.	600 h
2. Vormontage	1,0 h/St.	- h/St.	250 h
3. Endmontage	0,5 h/St.	1,0 h/St.	400 h
Reingewinn	DM 15,--	DM 10,--	pro Stück

Wie viele Exemplare jedes Produkts müssen hergestellt werden, damit der Reingewinn des Gesamtprogramms ein Maximum wird?

Mathematische Formulierung. Ziel der Optimierung ist nach Tab. 11.1 ein Maximum des Reingewinns, der erkennbar linear von den gesuchten Stückzahlen x_1, x_2 für jedes Produkt, den Entscheidungsvariablen, abhängt. Für den Reingewinn gilt die Zielfunktion nach Gl. (11.1) $z = 15x_1 + 10x_2 \rightarrow$ Maximum.

Die Bereiche für die Entscheidungsvariablen sind durch die Fertigungskapazität begrenzt. Die Nebenbedingungen nach Gl. (11.3) sind mit den Zeilen 1 bis 3 der Aufstellung $2x_1 + x_2 \leq 600$, $x_1 \leq 250$, $0,5 \cdot x_1 + x_2 \leq 400$. Negative Werte für x_1, x_2 sind sinnlos, da verschwindende Produkteinheiten eine Gewinnsteigerung ausschließen (s. Nichtnegativitätsbedingungen (11.2)).

Graphisches Verfahren. In dem Koordinatensystem x_1, x_2 (Abb. 11.2) folgt die Gerade g_1 aus der ersten Nebenbedingung $2x_1 + x_2 \leq 600 \Rightarrow x_2 \leq -2x_1 + 600$. Die Lösungsmenge dieser Ungleichung ist dann durch die von der Geraden g_1 begrenzten (schraffierten) Halbebene gegeben. Wegen der Nichtnegativitätsbedingung ist sie auf den ersten Quadranten beschränkt und liegt auf der durch die Geraden $x_1 = 0$, $x_2 = 0$ und $x_2 = -2x_1 + 600$ begrenzten Fläche. Die weiteren Nebenbedingungen, die Geraden g_2 mit $x_1 = 250$ und g_3 mit $x_2 = -0,5 \cdot x_1 + 400$, schränken die zulässigen Lösungen auf das Polygon 0 ABCD

Tab. 11.1 Simplextabelle der Beispiele, für die gewöhnliche als auch für die parametrische Optimierung. Für die Erklärung der Zeilen z_u, z_v und $z(T)$ s. Abschn. 11.1.3

Basis-variablen		Nichtbasisvariablen			
		x_1	x_2	b_i	$q_i = \dfrac{b_i}{a_{i,jp}}$
	i	$j=1$	2	3	
y_1	1	2	1	600	300
y_2	2	☐1	0	250	250
y_3	3	0,5	1	400	800
$-z = -z_u$	4	15	10	0	Ecke O
$-z_v$	5	7,5	-4	0	Fall II:

aus $-15 - 7,5\,t \leq 0$ folgt $t \geq 15/(-7,5) = -2$
aus $10 - 4\,t \leq 0$ folgt $t \geq 2,5$, also $t_u = 2,5$.

	i	y_2	x_2	b_i	q_i
y_1	1	-2	☐1	100	100
x_1	2	1	0	250	-
y_3	3	-0,5	1	275	275
$-z = -z_u$	4	-15	10	-3750	Ecke D
$-z_v$	5	-7,5	-4	-1875	Fall I:
$-z(2,5)$		-33,75	0	-8437,5	

	i	y_2	y_1	b_i	q_i
x_2	1	-2	1	100	-50
x_1	2	1	0	250	250
y_3	3	☐1,5	-1	175	116,6
$-z = -z_u$	4	5	-10	-4750	Ecke C
$-z_v$	5	-15,5	4	-1475	Fall I:

aus $5 - 15,5\,t \leq 0$ folgt $t_u = 0,3226$
aus $-10 + 4\,t \leq 0$ folgt $t_o = 2,5$.

		$-33,75$	0	-8437,5	
$-z(2,5)$					
$-z(0,32)$		0	-8,71	-5225,8	

	i	y_3	y_1	b_i	q_i
x_2	1	1,33	0,33	333,3	250	1000
x_1	2	-0,67	☐0,67*	133,3	-200	200*
y_2	3	0,67#	-0,67	116,6	175#	-175
$-z = -z_u$	4	-3,33	-6,67	-5333,3	Ecke B
$-z_v$	5	10,33	-6,33	333,3	Fall I:

aus $-3,33 + 10,33\,t \leq 0$ folgt $t_o = 0,3226$
aus $-6,67 - 6,33\,t \leq 0$ folgt $t_u = -1,0526$.

		0 #	-8,71	-5225,8	
$-z(0,32)$					
$-z(-1,05)$		-14,21	0*	-5684,2	

	i	y_3	x_1	b_i	q_i
x_2	1	1,67	-0,5	266,7	
y_1	2	-1	1,5	200	
y_2	3	0	1	250	
$-z = -z_u$	4	-10	10	-4000	Ecke A
$-z_v$	5	4	9,5	1600	Fall I:

aus $-10 + 4\,t \leq 0$ folgt $t_o \leq 2,5$
aus $10 + 9,5\,t \leq 0$ folgt $t_u \leq -1,0526$

		0	33,75	0	
$-z(2,5)$					
$-z(-1,05)$		-14,2	0	-5684,2	

11

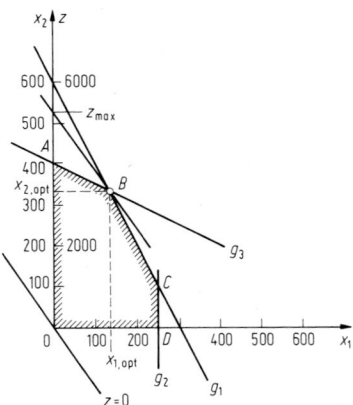

Abb. 11.2 Graphische Lösung des Lineare-Optimierung-Problems für zwei Variablen

ein. Die Zielfunktion $z = 15x_1 + 10x_2$ oder $x_2 = -1,5 \cdot x_1 + z/10$ ist eine Schar paralleler Geraden der Steigung $m = -1,5$ mit z als Scharparameter.

Dabei ist die Zielfunktion z auf der x_2-Achse ablesbar. Im Bereich der zulässigen Lösungen liegt der kleinste Wert $z = 0$ auf der Geraden durch den Punkt 0 des Polygons. Alle Punkte (x_1, x_2) auf einer solchen Geraden für ein $z = z_1$, die innerhalb des Polygons liegen, repräsentieren zulässige Lösungen, die größte beim Schnittpunkt $B = (400/3, 1\,000/3)$ der zwei Geraden g_1 und g_3. Aus der Zeichnung folgt das optimale Progamm $x_1 = 400/3 = 133,3$; $x_2 = 1\,000/3 = 333,3$; $z_{\max} = 16\,000/3 = 5\,333,3$.

Also bringen 133,3 Stück des Produkts P_1 und 333,3 Stück des Produkts P_2 im Planungszeitraum den maximalen Gewinn DM 5333,30. Die Abteilungen Teilefertigung und Endmontage sind voll ausgelastet, da der Lösungspunkt B auf den Geraden g_1 und g_3 liegt. Die Abteilung Vormontage (vertreten durch die Gerade g_2) ist mit $x_1 = 133,3 < 250$ nur zu 53,3 % ihrer Kapazität ausgelastet.

Simplexverfahren. Die Matrix S ist für $m = 2, n = 3$ (s. Tab. 11.1)

$$S = \begin{pmatrix} 2 & 1 & 600 \\ 1 & 0 & 250 \\ 0,5 & 1 & 400 \\ 15 & 10 & & 0 \end{pmatrix}.$$

1. Schritt: Alle Schlupfvariablen y_i werden Basisvariablen, alle Entscheidungsvariablen x_i Nichtbasisvariablen. Damit ist

$$X_1 = \begin{pmatrix} x_1 \\ x_2 \\ y_1 \\ y_2 \\ y_3 \end{pmatrix} = \begin{pmatrix} 0 \\ 0 \\ 600 \\ 250 \\ 400 \end{pmatrix}$$

die erste Basislösung mit $-z = 0$. Ursprung in Abb. 11.2.

2. Schritt: $z = 0$ ist nicht optimal, da in der $(m + 1)$-ten, also vierten, Zeile der Matrix S noch Elemente größer Null sind.

3. Schritt: $s_{41} = 15$ ist größtes Element, $jp = 1$ wird Pivotspalte.

4. Schritt: $q_2 = 250$ ist kleinster Quotient größer Null. Also wird $ip = 2$ Pivotzeile. $s_{21} = 1 > 0$ wird Pivotelement.

5. Schritt: x_1 wird neue Basisvariable und tauscht mit y_2 den Platz. Die Matrix S wird transformiert zu S'.

Regel I: $s'_{21} = 1/s_{21} = 1$,

Regel II: $s'_{2j} = s_{2j}/s_{21}$ für die 2. Zeile,

Regel III: $s'_{i1} = -s_{i1}/s_{21}$ für die 1. Spalte,

Regel IV: $s'_{ij} = s_{ij} - (s_{i1}/s_{21})s_{2j}$,

z. B. $s_{32} = 1 - (0,5/1) \cdot 0 = 1$.

Die neue Basislösung $X_2 = (x_1, x_2, y_1, y_2, y_3)^T = (250, 0, 100, 0, 275)^T$ entspricht dem Punkt D in Abb. 11.2 mit $-z = -3\,750$.

6. Schritt: Die Matrix S' wird vom 2. Schritt an genau so transformiert. s_{12} ist das Pivotelement, und die dritte Basislösung $X_3 = (x_1, x_2, y_1, y_2, y_3)^T = (250, 100, 0, 0, 175)^T$, repräsentiert durch den Punkt C in Abb. 11.2, mit $-z = -4\,750$ für die Zielfunktion. Erst die vierte Basislösung $X_4 = (133, 33; 333, 33; 0; 116{,}67; 0)^T$ führt zum Endergebnis $-z = -5\,333{,}3$, weil alle Elemente der vierten Zeile negativ sind.

Die nicht verschwindende Schlupfvariable $y_2 = 116{,}67$ gibt wieder den Hinweis auf die nicht ausgeschöpfte Kapazität der durch die zweite Zeile beschriebenen Nebenbedingung, hier direkt als „Schlupf" $116{,}67/250 = 0{,}47 = 47\,\%$, die nicht genutzt werden, sichtbar. ◄

11.1.3 Parametrische lineare Optimierung

Beim allgemeinen parametrischen linearen Optimierungsproblem hängen die Koeffizienten des Standard-Maximum-Problems Gl. (11.7) noch von einem Parameter $t \in \mathbb{R}$ ab. Seine optimale Lösung x_{opt} und die Zielfunktion z_{opt} sind Funktionen des Parameters t, der oft die Zeit darstellt.

Geschlossene Theorien für derart allgemein gehaltene parametrische Probleme stehen nicht zur Verfügung, sodass hier nur der praktische, exakt lösbare Fall der von t abhängigen Zielfunktion beschrieben wird.

Lineare Optimierung mit einparametrischer Zielfunktion, LOz(t). Nur die gegebenen Koeffizienten $c_i = c_i(t) = u_i + u_i + v_i t$ mit $i = 1, \ldots, n$ hängen linear von $t \in \mathbb{R}$ ab.

Dieses LOz(t) hat als Standard-Maximum-Problem folgende Eigenschaften:

1. Existiert eine optimale Lösung $x_{\text{opt}} = x_{\text{opt}}(t)$ für einen Parameterwert t, so gibt es einen Stabilitätsbereich $t \in [t_k; t_{k+1}] \subset \mathbb{R}$, in dem diese Ecke optimal ist. Ferner existieren solche charakteristischen Stabilitätsbereiche für jede der $k = 0, 1, \ldots, \mu$ Ecken.
2. Die optimale Zielfunktion $z(t)$ ist stetig, von oben konkav und ist ein Polygonzug über dem Parameterintervall der Lösungen. Die Knickstellen sind die charakteristischen t_k-Werte.

Lösungsverfahren: Es basiert auf dem Simplexverfahren, indem für jede Ecke (BL$_k$) die Grenzen t_k, t_{k+1} des zugehörigen Stabilitätsbereichs bestimmt werden. Dazu wird die Zielfunktionszeile in ihre zwei Anteilzeilen aufgespalten, die erste enthält die konstanten Koeffizienten u_i und die zweite die Parameterkoeffizienten v_i. Beim Basistausch werden sie wie normale Zielfunktionszeilen behandelt. Damit schreibt sich Gl. (11.7) in Matrixform

$$S = \begin{pmatrix} A & b \\ u & -z_u \\ v & -z_v \end{pmatrix} = (s_{i,j}) \text{ mit } z(t) = z_u + z_v t.$$

Obere Grenze t_0 des Stabilitätsbereichs. Gesucht wird das Maximum für beliebig großes t, d. h. ausschlaggebend für die Wahl der Pivotspalte j_p sind die Elemente $v_j \neq 0$ der Steuerzeile und nur dort, wo die $v_j = 0$ sind werden die $u_j \neq 0$ berücksichtigt. Beim Ausführen der Simplexschritte können zwei Fälle auftreten:

Fall I: Es sind alle $v_j \leqq 0$ und bei $v_j = 0$ gilt stets $u_j \leqq 0$. Der Stabilitätsbereich dieser Ecke reicht bis $t_0 = \infty$. Im weiteren wird dann die „untere Grenze des Stabilitätsbereichs" ermittelt.

Fall II: Es sind nicht alle $v_j \leqq 0$. Für diejenigen Spalten $k \in \{1, 2, \ldots, n\}$, für die alle Matrixelemente $a_{ik} \leqq 0$ sind, wird aus den Ungleichungen $u_k + v_k t \leqq 0$ das zugehörige größte $t_{\mu+1} = t_0$ bestimmt. Findet sich keines, so existiert kein Parameterwert, für den das LOz(t) eine optimale Lösung hat. Mit diesem $t_{\mu+1}$ wird die Steuerzeile $(u_i + v_i t_{\mu+1})$ berechnet und ein neues Simplextableau aufgestellt. Ergibt sich damit eine optimale Lösung, so stellt $t_{\mu+1}$ die obere Grenze des Stabilitätsbereichs dieser Ecke dar. Es ist mit der Bestimmung der unteren Grenze fortzufahren. Anderenfalls ist wieder der Fall II eingetreten und die Prozedur muss wiederholt werden, bis entweder die obere Grenze gefunden wird oder entschieden werden kann, dass die Aufgabe unlösbar ist.

Untere Grenze t_u des Stabilitätsbereichs. Bekannt ist die obere Grenze $t_{\mu+1} = t_0$ einer optimalen Basislösung (BL$_\mu$) und die zugehörige Simplextabelle. Der größte untere Parametergrenzwert t_u ergibt sich aus der Forderung, dass alle $(u_i + v_i t) \leqq 0$ sein müssen. Gibt es kein $t_u \leqq t_{\mu+1}$, so ist das LOz(t) nicht lösbar. Wiederholungen des Verfahrens für alle existierenden Ecken des Lösungsbereichs liefern alle charakteristischen Parameterwerte, für die das LOz(t) Lösungen hat.

Beispiel

Die Zielfunktion des Beispiels aus Abschn. 11.1.2 soll zum Studium von Gewinnschwankungen, etwa durch Inflation, geändert werden in $z(t) = 15(1 + 0{,}5t)x_1 + 10(1 - 0{,}4t)x_2$, d. h. $t = 0$ reproduziert das vorhandene Beispiel. Zunächst sei der Stabilitätsbereich für t an der graphischen Lösung von Abb. 11.2 für die Ecke B dargestellt:

Aus $z_{\text{opt}} = 15x_1 + 10x_2 = 5\,333{,}33$ folgt die Gerade $x_2 = -1{,}5x_1 + 533{,}33$. Die Ecke wird aus $g_1: x_2 = -2x_1 + 600$ und $g_3: x_2 = -0{,}5x_1 + 400$ gebildet. Die parametrisierte Zielfunktion stellt sich als Gerade $g_t: x_2 = x_1(-15 + 7{,}5t)/(10 - 4t) + z(t)/(10 - 4t)$

dar. Die Ecke ist also solange optimal, wie die Steigung von g_t kleiner als die von g_3 und größer als die von g_1 ist. Für die untere Grenze ergibt sich $t_u = -1{,}0526$ und für die obere Grenze $t_0 = 0{,}3226$. Für t-Werte außerhalb dieses Intervalls werden die Ecken A bzw. C optimal (s. Tab. 11.1).

Das Simplexverfahren wird wie in Abschn. 11.1.2 abgewickelt, wobei die Wahl der Pivotelemente weiterhin durch die $(z = z_u)$-Zeile bestimmt wird:

1. Schritt: z_u, z_v sind Null bzw. es gilt der Fall II.

2. Schritt: Für großes t ist $z(t) > 0$, also optimal auch für $t \Rightarrow \infty$. Folglich ist $t_{\mu+1} = \infty$ und, wie in Tab. 11.1 vorgerechnet, $t_u = 2{,}5$. Dazu gehört $x_{\text{opt}} = (250; 0; 100; 0; 275)^T$ sowie $z(t) = 3\,750 + 1\,875t$ im Intervall t $[2{,}5; \infty]$, also $z(2{,}5) = 8\,437{,}5$ und $z(\infty) = \infty$, das mathematisch den unendlichen Reingewinn für das Produkt P_1 zulässt. Die weitere Vorgehensweise ist in Tab. 11.1 zu verfolgen, bis sich als vierte Basislösung die Zielfunktion $z(t) = 5\,333{,}3 + 333{,}3t$ im Intervall $t \in [-1{,}0526; 0{,}3226]$ ergibt. Danach kann das Programm beendet werden, wenn die Regel aus Abschn. 11.1.2 für die z_u-Zeile angewendet wird. Zur Bestimmung des Pivotelements aus den $z(t)$-Zeilen lässt sich die jeweils die Null enthaltende Spalte verwenden. Das ergibt zwei q_i-Spalten, wie es hier nur für die vierte Basislösung dargestellt ist. Die mit # gekennzeichnete Version schlägt den Tausch von y_2 gegen y_3 vor, was die darüberstehende Lösung reproduziert. Die mit * angegebene zweite Möglichkeit findet die Ecke A mit einem Parameterintervall, der an die Ecke B anschließt und bis $t_u = -\infty$ reicht, was $z_{\text{opt}}(-\infty) = \infty$ für das Produkt P_2 bedeutet.

Die charakteristischen Parameterwerte $t_u = t_0, t_1, \ldots, t_{\mu+1} = t_o$ sind also $-\infty$; $-1{,}0526$; $0{,}3226$; $2{,}5$; $+\infty$; mit Zielfunktionswerten $z(t_k) = +\infty$; $5\,684{,}2$; $5\,225{,}8$; $8\,437{,}5$; $+\infty$. ◄

11.2 Nichtlineare Optimierung

11.2.1 Problemstellung

Ist auch nur eine der Gleichungen des Systems für das Standard-Maximum-Problem (11.7) nichtlinear, so liegt ein nichtlineares Optimierungsproblem vor. Die Vielfalt der denkbaren Aufgabentypen ist daher unübersehbar groß und eine allgemeine Behandlung zzt. nicht verfügbar, sodass man auf die Behandlung bestimmter Aufgabentypen angewiesen ist. Charakteristisch dafür sind numerische Algorithmen, die Näherungen für das gesuchte Optimum liefern.

Allgemeine nichtlineare Optimierung im $\mathbb{R}^n$

Zielfunktion:

$$z = f(x_1, x_2, \ldots, x_n) \to \text{Optimum}, \quad (11.16)$$

Nebenbedingungen:

$$g_i(x_1, x_2, \ldots, x_n) \leqq b_i,$$

$i = 1, 2, \ldots, m$, mindestens eine der reellen Funktionen g_i, f ist nicht linear.

Die Menge aller x, die die Nebenbedingungen erfüllen, heißt zulässiger Bereich $\mathbb{B}$.

Konvexe Optimierung. Sie liegt vor, wenn alle Funktionen der allgemeinen Aufgabe Gl. (11.16) konvex sind. Sie zieht ihre besondere Bedeutung aus dem Satz, dass ein lokales Minimum einer konvexen Funktion über einer konvexen Menge auch das globale Minimum ist, also das globale Minimum mit lokalen Methoden gesucht werden kann. Die grundlegenden theoretischen Ergebnisse über Existenz und Eindeutigkeit der Lösungen werden durch die Sätze von Farkas und Kuhn-Tucker formuliert, die jedoch hier nicht dargestellt werden sollen.

Kombinatorische Optimierung. Sie geht aus der allgemeinen Optimierung hervor, durch die zusätzliche Forderung, dass der zulässige Bereich nur aus endlich vielen Punkten besteht. Eine praktisch bedeutende Klasse dieser Aufgaben bilden die ganzzahligen Optimierungsprobleme.

11.2.2 Einige spezielle Algorithmen

Näherungslösung durch stückweise Linearisierung. Häufig ist nur die Zielfunktion $z = f(x_1, \ldots, x_n)$ nichtlinear. Man kann sie in eine Taylor-Reihe entwickeln, die nach dem linearen Glied abgebrochen wird: $\tilde{f}(x) = f(x_0) + (x - x_0)^T f'(x_0)$. Nur in der Umgebung des Entwicklungspunktes $x_0 = (x_{01}, x_{02}, \ldots, x_{0n})^T$ ist eine vertretbare Übereinstimmung zwischen der Tangentialhyperebene $\tilde{f}$ und der Zielfunktion f zu erwarten. Man muss daher den zulässigen Bereich $\mathbb{B}$ durch eine endliche Anzahl von Teilbereichen $\mathbb{B}_1, \ldots, \mathbb{B}_r$ überdecken, für jeden Teilbereich die Taylor-Reihe um einen Punkt $x_{0j} \in \mathbb{B}_j$ bestimmen und die so erzeugten r linearen Optimierungsprobleme lösen. Das Optimum aus der Menge der Teillösungen ist eine brauchbare Näherung für das Ausgangsproblem.

Die Taylorentwicklung setzt die analytische Darstellung und die Differenzierbarkeit von $f(x)$ voraus. Ist $f(x)$ nur an $(n + 1)$ diskreten Stützstellen $x_i \in \mathbb{B}_j$, $i = 1, 2, \ldots, (n + 1)$ bekannt, so kann auch linear interpoliert werden: $f(x) = a_0 + a^T x$ mit dem linearen Gleichungssystem $a_0 + a^T x_i = f(x_i)$ zur Bestimmung der $(n + 1)$-Koeffizienten

$$a_0, a^T = (a_1, a_2, \ldots, a_n).$$

Man erkennt, dass eine Steigerung der Genauigkeit durch feinere Unterteilung des zulässigen Bereichs $\mathbb{B}$ nur mit erhöhtem Rechenaufwand erkauft werden kann, sodass diesem Verfahren von daher Grenzen gesetzt sind.

Die Genauigkeit der Annäherung ist auch von der Wahl des jeweiligen Entwicklungspunkts x_0 abhängig. Bei praktischen Problemen hat man häufig keine Anhaltspunkte für einen sinnvollen Start. Man muss daher mehrere verschiedene Bereichsaufteilungen erproben und wenn die Zielfunktion analytisch bekannt ist, die Lösungsvorschläge einsetzen, um die Fehler der Taylorentwicklung zu berücksichtigen.

Anstiegsverfahren. Ihnen liegt die Idee zugrunde, dass man Funktionen von zwei Variablen als „Gebirge" darstellen kann. Von einem gegebenen Startpunkt gelangt man zum Gipfel, indem man in einer „brauchbaren" Richtung solange fortschreitet wie es „bergan" geht (Brauchbarkeitsgrenze). Dann muss eine neue „brauchbare" Richtung eingeschlagen werden. Führen in einem Punkt alle Richtungen „bergab", so ist das Maximum erreicht. (Für Minima ist entsprechend „bergab" zu schreiten.)

„Brauchbare" Richtung. Gegeben ist $f(x) \rightarrow$ Max. Der Vektor $r = (r_1, r_2, \ldots, r_n)^T$ heißt „brauchbare" Richtung im Punkt x_0, wenn für $\lambda_G > 0$ und alle $\lambda \in (0, \lambda_G]$ gilt: $F(x_0 + \lambda r) > F(x_0)$. Dabei ist λ_G der größte aller möglichen λ-Werte und heißt Brauchbarkeitsgrenze. Ihre Ausnutzung ist für die Konvergenz der Verfahren wichtig, jedoch ist ihre Bestimmung häufig sehr aufwändig, sodass oft sicherheitshalber mit kleineren Schrittweiten probiert wird.

Relaxation (Anstieg in Koordinatenrichtung). Die Richtungen jeder Koordinatenachse werden in zyklischer Reihenfolge auf Brauchbarkeit getestet und, wenn sie brauchbar sind, bis zur Brauchbarkeitsgrenze benutzt. Sind keine brauchbaren Koordinatenrichtungen mehr zu finden, so ist das Maximum erreicht.

Gradientenverfahren (Methode des steilsten Anstiegs). Hierbei muss die Funktion $f(x)$ differenzierbar sein, da ihr Gradient g als brauchbare Richtung benutzt wird und somit der steilste An-

stieg gegeben wird. Man bestimmt für den Startpunkt x_0 den Gradienten $g_0 = \text{grad } f(x_0)$ und berechnet den neuen Punkt $x_1 = x_0 + \lambda_0 g_0$, der wieder als Startpunkt dient. Wenn möglich, wird $\lambda_0 = \lambda_G$ gewählt. Bei $g(x) = 0$ ist das Maximum erreicht. Dieses Verfahren konvergiert nahezu linear, doch treten in der Nähe des Maximums häufig numerische Instabilitäten auf, die eine genaue Bestimmung stören und ein geeignetes Abbruchkriterium erfordern.

Beispiel

Gegeben sei das Rotationsellipsoid mit der großen Halbachse $a = 2$ in x-Richtung, der kleinen Halbachse $b = 1$ in y-Richtung und dem Pol im Ursprung:

$$z = f(x, y) = 0{,}5\sqrt{4 - x^2 - 4y^2} \Rightarrow \text{Max}$$

und den Nebenbedingungen $x \leq 2$, $-x \leq 2$, $y \leq 0{,}5\sqrt{4 - x^2}$, $-y \leq 0{,}5\sqrt{4 - x^2}$. Startpunkt für das Gradientenverfahren sei $x_0 = (1;\ 0{,}5)$. Die Gradientenrichtung ist $g = \left(\frac{\partial f}{\partial x}, \frac{\partial f}{\partial y}\right)^T$, also $\frac{\partial f}{\partial x} = \frac{-x}{4z}$ und $\frac{\partial f}{\partial y} = \frac{-y}{z}$. Der neue Punkt $x_1 = x_0 + \lambda \cdot g$ ist also aus $x_1 = x_0 + \lambda \frac{\partial f(x_0)}{\partial x}$, $y_1 = y_0 + \lambda \frac{\partial f(x_0)}{\partial y}$ zu berechnen. ◄

Die Annäherung an die exakte Lösung $z_{\max} = f(0, 0) = 1$ ist in Abb. 11.3 und Tab. 11.2 zu verfolgen. Zur Veranschaulichung der Instabilität wurde nur zweistellig gerechnet und die

Tab. 11.2 Beispiel zum Gradientenverfahren

Anzahl d. Richtg.	x	y	z	$\frac{\partial f}{\partial x}$	$\frac{\partial f}{\partial y}$	λ	x	y	z	Anzahl d. Schritte
1	1,00	0,5	0,71	−0,35	−0,70	0,5	0,83	0,15	0,90	1
						1,0	0,65	−0,20	0,92	2
2	0,65	−0,20	0,92	−0,18	0,22	0,5	0,56	−0,09	0,96	1
						1,0	0,47	0,02	0,97	2
						1,5	0,38	0,13	0,97	3
3	0,38	0,13	0,97	−0,10	−0,14	1,0	0,28	−0,01	0,99	1
						2,0	0,18	−0,15	0,98	2
4	0,18	−0,15	0,98	−0,05	0,15	1,0	0,13	0,00	1,00	1
						2,0	0,08	0,15	0,99	2
5	0,08	0,15	0,99	−0,02	−0,15	1,0	0,06	0,00	1,00	1
						2,0	0,04	−0,15	0,99	2

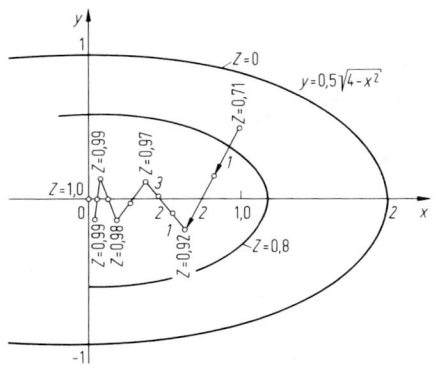

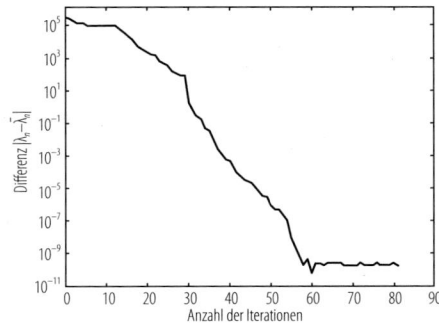

Abb. 11.4 Verlauf der Iteration

Abb. 11.3 Gradientenverfahren am Beispiel des Rotationsellipsoids mit den eingezeichneten Höhenlinien $z = 0$ und $z = 0,8$. Schritte wie in Tab. 11.2

Brauchbarkeitsgrenze für λ nicht strapaziert. Ferner wurde willkürlich abgebrochen, um das Bild nicht zu überlasten.

11.3 Optimierungsverfahren zur Eigenwertbestimmung

Optimierungsprobleme lassen sich vielfach durch ein Minimierungsproblem

$$\min_{\substack{g_j(x)\le 0, \quad j=1,2,...,m \\ h_j(x)=0, \quad j=1,2,...,r}} f(x) \qquad (11.17)$$

mit Nebenbedingungen in Form von Gleichungen $h(x)$ und Ungleichungen $g(x)$ beschreiben. Die skalare Zielfunktion $f(x)$ hängt von sogenannten Designvariablen x ab. Zur Lösung solcher Aufgaben existieren inzwischen leistungsfähige Programme. Entscheidungshilfen zur Auswahl eines geeigneten Lösers bieten die beiden Internetseiten zum NEOS-Server (http://www.neos-server.org/neos/) und die von Mittelmann gepflegte Übersicht http://plato.asu.edu/guide.html. Recht neu und frei verfügbar ist http://www.pyopt.org/.

Eigenwerte sind bekanntlich stationäre Werte des Rayleigh-Quotienten

$$R(x) = \frac{x^{\mathrm T} K x}{x^{\mathrm T} M x} \quad x \ne 0 \qquad (11.18)$$

mit der symmetrisch positiv definiten Massenmatrix M und der symmetrisch positiv semidefiniten Steifigkeitsmatrix K. Durch die Schrankeneigenschaften von $R(x)$

$$\lambda_1 \le R(x) \le \lambda_n \qquad (11.19)$$

ist der kleinste Eigenwert das absolute Minimum und der größte Eigenwert das absolute Maximum. Die Zielfunktion zur Bestimmung des größten Eigenwerts λ_n lautet

$$P(x) = \frac{1}{4}\left(x^{\mathrm T} M x\right)^2 - \frac{1}{2} x^{\mathrm T} K x \qquad (11.20)$$

mit dem Gradienten

$$\mathrm{grad}\ P(x) = \left(x^{\mathrm T} M x\right) M x - K x. \qquad (11.21)$$

Der gesuchte Eigenwert λ_n folgt aus der Lösung des unrestringierten Optimierungsproblems

$$\min P(x) = -\frac{1}{4}\lambda_n^2. \qquad (11.22)$$

Abb. 11.4 zeigt den Verlauf der Differenz $\left|\lambda_n - \bar{\lambda}_n\right|$ zwischen exaktem Eigenwert λ_n und aktueller Näherung über der Anzahl der Iterationsschritte für ein Paar von Testmatrizen aus der Sammlung http://math.nist.gov/MatrixMarket/data/Harwell-Boeing/bcsstruc2/bcsstruc2.html

Literatur Teil I Mathematik

Umfassende Darstellungen

Aumann, G.: Höhere Mathematik I–III. Mannheim: Bibl. Inst. 1970–71

Baule, B.: Die Mathematik des Naturforschers und Ingenieurs. 2 Bde. Frankfurt: Deutsch 1979

Böhme, G.: Anwendungsorientierte Mathematik. 4 Bde. Berlin: Springer 1992, 1991, 1990, 1989

Brauch; Dreyer, Haacke: Mathematik für Ingenieure. 9. Aufl. Teubner 1995

Brenner, J.; Lesky, P.: Mathematik für Ingenieure und Naturwissenschaftler. I: 4. Aufl., 1989. II: 4. Aufl., 1989, III: 4. Aufl., 1989, IV: 3. Aufl., 1989. Wiesbaden: Aula

Burg, K.; Haf, H.; Wille, F.: Höhere Mathematik für Ingenieure. 5 Bde. Stuttgart: Teubner 2007–2009

Dirschmidt, H. J.: Mathematische Grundlagen der Elektrotechnik. Braunschweig: Vieweg 1990

Fetzer, A.; Fränkel, H.: Mathematik. Lehrbuch für Fachhochschulen. Bd. 1: 3. Aufl., 1986, Bd. 2: 2. Aufl., 1985, Bd. 3: 2. Aufl., 1985. Düsseldorf: VDI

Günter, N. M.; Kusmin, R. O.: Aufgabensammlungen zur Höheren Mathematik I, II. Deutscher Verlag der Wissenschaften, Berlin 1980

Laugwitz, D.: Ingenieurmathematik, 2 Bde. Mannheim: Bibliogr. Inst. 1983, 1984

Mangoldt, H. v.; Knopp, K.: Höhere Mathematik. Rev. von Lösch, F. 4 Bde. Stuttgart: Hirzel 1990

Meyberg, K.; Vachenauer, P.: Höhere Mathematik. Bd. 1 u. 2, 5. u. 2. Aufl., Berlin: Springer 1999, 1997

Papula, L.: Mathematik für Ingenieure und Naturwissenschaftler. Bd. 1 bis 3, 12., 12. u. 5. Aufl., Braunschweig: Vieweg 2008–2009

Sauer, R.; Szabo, I.: Mathematische Hilfsmittel des Ingenieurs. Teile I–IV. Berlin: Springer 1967, 1968, 1969, 1970

Smirnow, W. I.: Lehrgang der höheren Mathematik. 5 Teile. Berlin: Dt. Vlg. d. Wiss. 1990, 1990, 1995, 1995, 1991

Strubecker, K.: Einführung in die Höhere Mathematik I–IV. München: Oldenbourg 1966–84.

Trinkaus, H.L.: Probleme? Höhere Mathematik (Aufgabensammlung). Berlin: Springer 1988

Wörle, H.; Rumpf, H. J.: Ingenieurmathematik in Beispielen. Bd. I: 4. Aufl. 1989. Bd. II u. III: 3. Aufl. 1986. München-Wien: Oldenbourg

Handbücher, Formelsammlungen

Abramowitz, M.; Stegun, I. A.: Handbook of mathematical functions. New York: Dover 1971

Bartsch, H.-J.: Taschenbuch mathematischer Formeln. 18. Aufl. Leipzig: Fachbuchverlag 2004

Bosch, K.: Mathematik-Taschenbuch, 5. Aufl. München: Oldenbourg 2002

Bronstein, I. N.; Semendjajew, K. A.: Taschenbuch der Mathematik, Harri Deutsch, Leipzig: Teubner 7. Aufl. 2008

Erdelyi, A.; Magnus, W.; Oberhettinger, F.; Tricomi, F.: Higher transcendental functions. 3 Bde. New York: McGraw-Hill 1953

Gradstein, I. S.; Ryshik, I. W.: Summen-, Produkt- und Integraltafeln. 5. Aufl. Frankfurt: Deutsch 1981

Gröbner, W.; Hofreiter, N. (Hrsg.): Integraltafeln. 2 Teile. Wien: Springer 1975

Jahnke, E.; Emde, F.; Lösch, F.: Tafeln höherer Funktionen. 7. Aufl. Stuttgart: Teubner 1966

Joos, G.; Richter, E.: Höhere Mathematik. 13. Aufl. Frankfurt: Deutsch 1994

Meyer zur Capellen, W.: Integraltafeln. Sammlungen unbestimmter Integrale elementarer Funktionen. Berlin: Springer 1950

Netz, H.; Rast, J.: Formeln der Mathematik. 7. Aufl. München: Hanser 1992

Papula, L.: Mathematische Formelsammlung. 10. Aufl., Vieweg 2009

Råde, L.; Westergren, B.; Vachenauer, P.: Springers mathematische Formeln. Taschenbuch für Ingenieure, Naturwissenschaftler, Wirtschaftswissenschaftler. 3. Aufl., Berlin: Springer 2000

Rottmann, K.: Mathematische Formelsammlung. 4. korr. Aufl. Mannheim: BI-Wiss.-Verlag 1993

Ruge, P.; Birk, C.: Mathematik, in: HÜTTE. Die Grundlagen der Ingenieurwissenschaften (H. Czichos; M. Hennecke, Hrsg.). 33. Aufl. Berlin: Springer 2007

Sneddon, I. N.: Spezielle Funktionen der mathematischen Physik. Mannheim: Bibliogr. Inst. 1963

Ergänzungen

Alefeld, G.; Herzberger, J.: Einführung in die Intervallrechnung. Mannheim: Bibliogr. Inst. 1974

Bellen, M.; Zennaro, M.: Numerical methods for delay differential equations. Oxford Clarendon Press 2003

Böhme, G.: Algebra. Anwendungsorientierte Mathematik.
6. Aufl., Berlin: Springer 1996, S. 362–411

Burg, K.; Haf, H.; Wille, F.: Höhere Mathematik für Ingenieure. Bd. III: Gewöhnliche Differentialgleichungen, Distributionen, Integraltransformationen. 5. Aufl. Stuttgart: Teubner 2009

Chui, C. K.: An Introduction to wavelets. San Diego: Academic Press 1992

Gel'fand, I. M.; Shilov, G. E.: Generalized Functions, Vol. I. New York, London: Academic Press 1964

Klirr, G. J.; Folger, T. A.: Fuzzy sets. Englewood Cliffs: Prentice Hall 1988

Liu, Y.: Fast multipole boundary element method. Cambridge University Press 2009

Louis, A.; Maass, P.; Rieder, A.: Wavelets. Stuttgart. Teubner 1994

MacDonald, N.: Biological delay systems: linear stability theory Cambridge University Press 2008

Michiels, W.; Niculescu, S.-I.: Stability and stabilization of time-delay systems. SIAM 2007

Moore, R. E.; Baker Kearfott, R.; Cloud, M. J.: Introduction to interval analysis. SIAM 2009

Oldham, K.B.: Spanier, J.: The Fractional Calculus. Dover Publications 2006

Rommelfanger, H.: Fuzzy Decision Support-Systeme. 2. Aufl. Berlin: Springer 1988

Ross, B.; Miller, K.S.: An Introduction to the Fractional Calculus and Fractional Differential Equations. New York: Wiley 1993

Rossikhin, Y. A.; Shitikova, M.V.: Applications of fractional calculus to dynamic problems of linear and nonlinear hereditary mechanics of solids. Appl. Mech. Review, Vol. 50, 1997 15–67.

Walter, W.: Einführung in die Theorie der Distributionen. Mannheim: Bibliogr. Inst. 1974

Matrizen und Tensoren

Abadir, K. M.; Magnus, J. R.: Matrix algebra. Cambridge University Press 2005

Dietrich, G.; Stahl, H.: Matrizen und Determinanten. 9. Aufl. Frankfurt: Deutsch 1998

Duschek, A.; Hochrainer, A.: Grundzüge der Tensorrechnung in analytischer Darstellung. Bde. 1–3. Wien: Springer 1965, 1968, 1970

Gantmacher, F. R.: Matrizentheorie. Berlin: Springer 1998

Gerlich, G.: Vektor- und Tensorrechnung für die Physik. Braunschweig: Vieweg 1984

Hackbusch, W.: Hierarchische Matrizen. Springer 2009

Higham, N. J.: Functions of matrices. SIAM 2008

Laub, A. J.: Matrix analysis for scientists and engineers. SIAM 2005

Lippmann, H.: Angewandte Tensorrechnung. Berlin: Springer 1996

Reichard, H.: Vorlesungen über Vektor- und Tensorrechnung. 3. Aufl. Berlin: Dt. Verl. d. Wiss. 1977, 1968

Trefethen, L. N.; Embree, M.: Spectra and Pseudospectra. Princeton University Press 2005

Zurmühl, R.; Falk, S.: Matrizen und ihre Anwendungen, Teile 1 u. 2, 5. Aufl. Berlin: Springer 1984, 1986

Geometrie

Basar, Y.; Krätzig, W. B.: Mechanik der Flächentragwerke. Braunschweig: Vieweg 1996

Behnke, H.; Holmann, H.: Vorlesungen über Differentialgeometrie. 7. Aufl., Münster: Aschaffendorf 1966

Grauert, H.; Lieb, I.: Differential- und Integralrechnung III: Integraltheorie. Kurven- u. Flächenintegrale. Vektoranalysis. 2. Aufl. Berlin: Springer 1977

Laugwitz, D.: Differentialgeometrie. 3. Aufl. Stuttgart: Teubner 1977

Rehbock, F.: Darstellende Geometrie. Berlin: Springer 1969

Wunderlich, W.: Darstellende Geometrie. 2 Bde. Mannheim: Bibliogr. Inst. 1966, 1967

Funktionentheorie, Integraltransformation

Ameling, W.: Laplace-Transformation. 3. Aufl. Braunschweig: Vieweg 1990

Behnke, H.; Sommer, F.: Theorie der analytischen Funktionen einer komplexen Veränderlichen. 3. Aufl. Berlin: Springer 1976

Betz, A.: Konforme Abbildung. 2. Aufl. Berlin: Springer 1976

Föllinger, O.: Laplace-, Fourier- und z-Transformation. 9. Aufl. Berlin: Hüthig 2007

Priestley, H. A.: Introduction to complex analysis. Oxford University Press 2. Aufl. 2003

Weber, H.; Ulrich, H.: Laplace-Transformation für Ingenieure der Elektrotechnik. 8. Aufl. Stuttgart: Teubner 2007

Variationsrechnung

Courant, R.; Hilbert, D.: Methoden der Mathematischen Physik. 4. Aufl. Berlin: Springer 1993

Dacorogna, B.: Introduction to the calculus of variations. Imperical College Press 2004

Locatelli, A.: Optimal control. Birkhäuser 2001

Smith, D. R.: Variational methods in optimization. Dover Publications 1998

Van Brunt, B.: The calculus of variations. 1. Aufl. Springer 2003

Vinter, R.: Optimal control. Birkhäuser 2000

Vujanovic, B. D.; Atanackovic, T. M.: An introduction to modern variational techniques in mechanics and engineering. Birkhäuser 2004

Statistik, Wahrscheinlichkeitslehre

Benninghaus, H.: Deskriptive Statistik. Stuttgart: Vs Verlag 11. Aufl. 2007

Sachs, L.: Statistische Methoden. 9. Aufl. Berlin: Springer 1999

Sahner, H.: Schließende Statistik. Stuttgart: Vs Verlag 7. Aufl. 2008

Stange, K.; Henning, H.-J.: Formeln und Tabellen der angewandten mathematischen Statistik. 2. Aufl. Berlin: Springer 2007

Stenger, H.: Stichproben. Heidelberg: Physica-Verlag 1986

Numerische Methoden

Bathe, K. J.: Finite-Element-Methoden. Berlin: Springer 2. Aufl. 2001

Bollhöfer, M.; Mehrmann, V.: Numerische Mathematik. Teubner 2004

Briggs, W. L.; Henson, V. E.; McCormick, S. F.: A multigrid tutorial. 2. Aufl. : SIAM 2000

Collatz, L.: Differentialgleichungen. 7. Aufl. Teubner 1990

Chu, M. T.: Inverse eigenvalue problems. Oxford University Press 2005

Davis, P. J.; Rabinokwitz, P.: Method of numerical integration. 2. Aufl. Dover Publications 2007

Davis. T. A.: Direct methods for sparse linear systems. SIAM 2006

Demmel, J. W.: Applied numerical linear algebra. SIAM 1997

Deuflhard, P.; Hohmann, A.: Numerische Mathematik I. Eine algorithmische orientierte Einführung. Berlin: de Gruyter 4. Aufl. 2008

Deuflhard, P.; Bornemann, F.: Numerische Mathematik II. Integration gewöhnlicher Differentialgleichungen. Berlin: de Gruyter 3. Aufl. 2008

Duff, I. S.; Erisman, A. M.; Reid, J. K.: Direct methods for sparse matrices. Clarendon Press Oxford 1986

Eldén, L.: Matrix methods in data mining and pattern recognition. SIAM 2007

Engeln-Müllges, G.; Schäfer, W.; Trippler, G.: Kompaktkurs Ingenieurmathematik mit Wahrscheinlichkeitsrechnung und Statistik. Leipzig: Fachbuchverlag 3. Aufl. 2004

Golub, G. H.; Van Loan, Ch. F.: Matrix computations 2. Aufl. Baltimore: The Johns Hopkins University Press 3. Aufl. 1996

Greenbaum, A.: Iterative methods for solving linear systems. SIAM 1997

Hairer, E.; Nrsett, S. P.; Wanner, G.: Solving ordinary differential equations. I. Nonstiff problems. Berlin: Springer 2. Aufl. 1993

Hairer, E.; Wanner, G.: Solving ordinary differential equations II. Stiff and differential-algebraic problems. Berlin: Springer 2. Aufl. 1991

Hämmerlin, G.; Hoffmann, K.-H.: Numerische Mathematik. Berlin: Springer 4. Aufl. 1994

Isaacson, E.; Keller, H. B.: Analysis of numerical methods. Dover Publications Reprint 1994

Komzsik, L.: The Lanczos method. SIAM 2003

Langtangen, H. P.: Python scripting for computational science. 3. Aufl.: Springer 2008

Ortega, J. M.; Rheinboldt, W. C.: Iterative solution of nonlinear equations in several variables. SIAM Reprint 1987

Parlett, B. N.: The symmetric eigenvalue problem. Englewood Cliffs, N. J.: Prentice-Hall 1980

Saad, Y.: Iterative methods for sparse linear systems. 2. Aufl. SIAM 2003

Schwarz, H. R.; Köckler, N.: Numerische Mathematik. 6. Aufl. Stuttgart: Teubner 2008

Freund, R. W.; Hoppe, R. H. W.: Stoer/Burlisch.: Numerische Mathematik 1. 10. Aufl. Berlin: Springer 2007

Stoer, J.; Bulirsch, R.: Numerische Mathematik 2. 5. Aufl. Berlin: Springer 2005

Trefethen, L. N.; Bau, D.: Numerical linear algebra. SIAM 1997

van der Vorst, H.: Iterative Krylov methods for large linear systems. Cambridge University Press 2003

Varga, R. S.: Matrix iterative analysis. 3. Aufl. Berlin: Springer 1999

Verhulst, F.: Nonlinear differential equations and dynamical systems. 2. Aufl. Springer 1996

Watkins, D. S.: The matrix eigenvalue problem. SIAM 2007

Wesseling, P.: An introduction to multigrid methods. Corrected reprint Philadelphia: R. T. Edwards, Inc. 2004.

Wilkinson, J. H.: The algebraic eigenvalue problem. Oxford University Press 1988

Young, D. M.: Iterative solution of large linear systems. Dover Publications 2003

Zienkiewicz, O. C.: The finite element method set. Butterworth Heinemann 6. Aufl. 2005

Zurmühl, R.; Falk, S.: Matrizen und ihre Anwendungen. Teil 1: Grundlagen. 7. Aufl. Berlin: Springer 1996

Zurmühl, R.; Falk, S.: Matrizen und ihre Anwendungen. Teil 2: Numerische Methoden. 5. Aufl. Berlin: Springer 1986

Optimierung

Absil, P.-A.; Mahony, R., Sepulchre, R.: Optimization algorithms on matrix manifolds. Princeton University Press 2008

Alt, W.: Nichtlineare Optimierung. 1. Aufl. : Teubner 2002

Alt, W.: Numerische Verfahren der konvexen, nichtglatten Optimierung. 1. Aufl. :Teubner 2004

Antoniou, A.; Lu, W.-S.: Practical optimization, Springer 2007

Arora, J. S.: Introduction to optimum design. 2. Aufl.: Elsevier Academic Press 2004

Arora, J. S.: Optimization of structural and mechanical systems. World Scientific 2007

Baldick, R.: Applied optimization. Cambridge University Press 2006

Bazaraa, M.S.; Sherali, H. D.; Shetty, C. M.: Nonlinear programming. 2. Aufl.: John Wiley & Sons 1993

Bendsoe, M. P.; Sigmund, O.: Topology optimization. 2. Aufl.: Springer 2004

Bonnans, J. F.; Gilbert, J. C.; Lemaréchal, C., Sagastizábal, C. A.: Numerical optimization. 2. Aufl.: Springer 2006

Boyd, S.; Vandenberghe, L.: Convex optimization. Cambridge University Press 2004

11

Brent, R. P.: Algorithms for minimization without derivatives. Dover Publications 2002

Brinkhuis, J.; Tikhomirov, V.: Optimization: Insights and applications. Princeton University Press 2005

Christensen, P. W.; Klarbring, A.: An introduction to structural optimization. Springer 2009

Conn, A. R.; Scheinberg, K.; Vicente, L. N.: Introduction to derivative-free optimization. SIAM 2009

Fiedler, M.; Nedoma, J.; Ramík J.; Rohn, J.; Zimmermann, K.: Linear optimization problems with inexact data. Springer 2006

Fletcher, R.: Practical methods of optimization. 2. Aufl.: John Wiley & Sons 1987

Fourer, R.; Gay, D. M.; Kernighan, B. W.: AMPL a modeling language for mathematical programming. 2. Aufl.: Thomson Brooks/Cole 2003.

Geiger, C.; Kanzow, C.: Numerische Verfahren zur Lösung unrestringierter Optimierungsaufgaben, Springer 1999

Geiger, C.; Kanzow, C.: Theorie und Numerik restringierter Optimierungsaufgaben. Springer 2002

Gill, P. E.; Murray, W.; Wright, M. H.: Practical optimization. Academic Press 1986

Griva, I.; Nash, S. G.; Sofer, A.: Linear and nonlinear optimization. SIAM 2009

Harzheim, L.: Strukturoptimierung. 1. Aufl. Verlag Harri Deutsch 2008

Haslinger, J.; Mäkinen, R. A. E.: Introduction to shape optimization. SIAM 2003

Jarre, F.; Stoer, J.: Optimierung. Springer 2004

Kelley, C. T.: Iterative methods for optimization. SIAM 1999

Nash, S. G.; Sofer, A.: Linear and nonlinear programming. McGraw-Hill 1996

Nocedal, J.; Wright, S. J.: Numerical optimization. 2. Aufl. Springer 2006

Reinhardt, R., Hoffmann, A., Gerlach T.: Nichtlineare Optimierung. Springer Verlag 2013

Ruszczynski, A.: Nonlinear optimization. Princeton University Press 2006

Schumacher, A.: Optimierung mechanischer Strukturen. Springer 2005

Snyman, J. A.: Practical mathematical optimization. Springer 2005

Sun, W.; Yuan, Y.-X.: Optimization theory and methods. Springer 2006

Sundaram, R. K.: A first course in optimization theory. Cambridge University Press 1996

Ulbrich, M., Ulbrich, S.: Nichtlineare Optimierung. Springer Basel AG 2012

Der grundlegende Aufbau des Kapitels basiert auf den Ausführungen von G. Rumpel und H. D. Sondershausen (bis zur 18. Auflage). Er ist über die Jahre in wesentlichen Teilen konstant geblieben und umfasst den Fächerkanon der Mechanik eines klassischen Maschinenbaustudiums, mit dem Ziel die Grundtatsachen der angewandten Mechanik zusammenzufassen, ohne ein Lehrbuch zu ersetzen. Der Abschnitt wendet sich an Anwender, die ein konkretes mechanisches oder konstruktives Problem erfassen und berechenbar machen möchten, bzw. Simulationsergebnisse, die auf der Basis numerischer Näherungsmethoden (z. B. der Finite-Elemente Methode) erzeugt wurden, zu überprüfen.

Der Anwender wird so in die Lage versetzt, einfache Problemstellungen u. U. auch ohne Zuhilfenahme von Computerprogrammen zu lösen, bzw. die Grenzen der jeweiligen Programme und deren Grundlagen zu ergründen.

Neben kurzen Einführungen in die jeweiligen Themengebiete, werden anhand von einfachen aber praxisrelevanten Beispielen die einzelnen Unterkapitel ergänzt.

Die eigentliche Modellbildung von der realen Konstruktion zum mechanischen Modell wird nicht behandelt, da sie doch sehr vom Anwendungsfall abhängt und der Erfahrung des in dem Bereich tätigen Ingenieurs oder Ingenieurin bedarf. Vielmehr sollen die Ausführungen dem Anwender dabei helfen, für den jeweiligen Anwendungsfall gültige Annahmen zu treffen, um eigenständig ein Berechnungsmodell aufzustellen.

Der Inhalt des Kapitels umfasst die Statik des starren Körpers mit den technischen Anwendungen Fachwerk, Seil und Kette. Ausführungen zu Schwerpunkts-Berechnungen sowie Haftung und Reibung mit technischen Anwendungsbeispielen schließen das Themengebiet ab.

Die Kinematik des Massenpunktes und des starren Körpers, sowie die Kinetik des Massenpunkts, des Massenpunktsystems und des starren Körpers werden dargestellt und mittels einfacher aber praxisrelevanter Beispiele vertieft.

Grundlagen der freien und erregten Schwingungen von Systemen mit einem und mehreren Freiheitsgraden sowie von Kontinuums-Schwingungen werden dargestellt, um dem Anwender einen Einstieg in die Maschinendynamik zu erleichtern. Hierbei wird bei der Betrachtung von Schwingungen mit mehreren Freiheitsgraden bewusst auf die Darstellung in Matrizenschreibweise verzichtet.

Im Abschnitt Hydrostatik werden die Druckberechnungen auf ebene und gekrümmte Wände sowie die Stabilität schwimmender Körper behandelt.

Der Einsatz der numerischen Strömungsmechanik (englisch: computational fluid dynamics, CFD) zur Lösung der im allgemeinen Fall nichtlinearen partiellen Differentialgleichungen ist in den letzten Jahren, aufgrund schnell wachsender Hardware-Ressourcen und einer damit einhergehenden Verkürzung der Berechnungsdauer, stark angestiegen. Hier finden sich Anwendungen der Stromfadentheorie und der Rohrhydraulik, deren Berechnung ohne großen numerischen Aufwand durchzuführen sind, bzw. die auf empirisch gefundenen Daten von Widerstandsbeiwerte für z. B. Einbauten und Absperr- und Regelorgane basieren. Damit wird dem Anwender eine erste Auslegung von Rohrleitungssystemen ermöglicht. Mehrdimensionale Strömungen werden sowohl reibungsfrei (ideale Flüssigkeiten) als auch reibungsbehaftet betrachtet, was in der Darstellung der Bewegungsgleichungen nach Navier-Stokes mündet, für die, für kleine REYNOLDS-Zahlen, einige Lösungen dargestellt werden. Die Strömungsdynamik wird mit Darstellungen zur Grenzschichttheorie und dem Auftrieb und Widerstand von Tragflügeln und Schaufeln abgeschlossen.

Das Kapitel Mechanik wird abgeschlossen durch einen kurzen Abriss in der Ähnlichkeitsmechanik, die im Zusammenhang mit der Mechanik insbesondere in dem Bereich der Strömungslehre Anwendung findet.

Statik starrer Körper

12

Joachim Villwock und Andreas Hanau

12.1 Allgemeines

Statik ist die Lehre vom Gleichgewicht am starren Körper oder an Systemen von starren Körpern. Gleichgewicht herrscht, wenn sich ein Gebilde in Ruhe oder in gleichförmiger geradliniger Bewegung befindet. *Starre Körper* im Sinne der Statik sind Gebilde, deren Deformationen so klein sind, dass die Kraftangriffspunkte vernachlässigbar kleine Verschiebungen erfahren.

Kräfte sind linienflüchtige, auf ihrer Wirkungslinie verschiebbare Vektoren, die Bewegungs- oder Formänderungen von Körpern bewirken. Ihre Bestimmungsstücke sind Größe, Richtung und Lage (Abb. 12.1a).

$$\boldsymbol{F} = \boldsymbol{F}_x + \boldsymbol{F}_y + \boldsymbol{F}_z = F_x\boldsymbol{e}_x + F_y\boldsymbol{e}_y + F_z\boldsymbol{e}_z$$
$$= (F\cos\alpha)\boldsymbol{e}_x + (F\cos\beta)\boldsymbol{e}_y$$
$$+ (F\cos\gamma)\boldsymbol{e}_z ,$$

$$(12.1)$$

wobei

$$F = |\boldsymbol{F}| = \sqrt{F_x^2 + F_y^2 + F_z^2} . \qquad (12.2)$$

Für die Richtungskosinusse der Kraft gilt $\cos\alpha = F_x/F$, $\cos\beta = F_y/F$, $\cos\gamma = F_z/F$ sowie $\cos^2\alpha + \cos^2\beta + \cos^2\gamma = 1$.

J. Villwock (✉)
Beuth Hochschule für Technik
Berlin, Deutschland
E-Mail: villwock@beuth-hochschule.de

A. Hanau
BSH Hausgeräte GmbH
Berlin, Deutschland
E-Mail: andreas.hanau@bshg.com

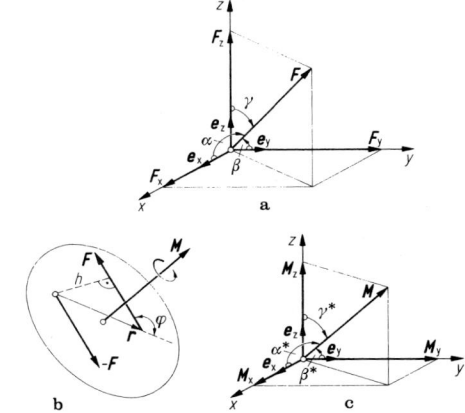

Abb. 12.1 Vektordarstellung. **a** Kraft; **b** Kräftepaar; **c** Moment

Es gibt eingeprägte Kräfte und Reaktionskräfte sowie äußere und innere Kräfte. Äußere Kräfte sind alle von außen auf einen freigemachten Körper (s. Abschn. 12.5) einwirkende Kräfte (Belastungen und Auflagerkräfte). Innere Kräfte sind alle im Inneren eines Systems auftretende Schnitt- und Verbindungskräfte.

Momente oder Kräftepaare bestehen aus zwei gleich großen, entgegengesetzt gerichteten Kräften mit parallelen Wirkungslinien (Abb. 12.1b) oder einem Vektor, der auf ihrer Wirkungsebene senkrecht steht. Dabei bilden $\boldsymbol{r}$, $\boldsymbol{F}$, $\boldsymbol{M}$ eine Rechtsschraube (Rechtssystem). Kräftepaare sind in ihrer Wirkungsebene und senkrecht zu dieser beliebig verschiebbar, d. h. der Momentenvektor ist ein freier Vektor, festgelegt durch das Vektorprodukt

$$M = r \times F = M_x + M_y + M_z$$
$$= M_x e_x + M_y e_y + M_z e_z$$
$$= (M \cos \alpha^*) e_x + (M \cos \beta^*) e_y$$
$$+ (M \cos \gamma^*) e_z . \tag{12.3}$$

$$M = |M| = |r| \cdot |F| \cdot \sin \varphi = F h$$
$$= \sqrt{M_x^2 + M_y^2 + M_z^2} . \tag{12.4}$$

M heißt Größe oder Betrag des Moments und bedeutet anschaulich den Flächeninhalt des von r und F gebildeten Parallelogramms. Dabei ist h der senkrecht zu F stehende Hebelarm. Für die Richtungskosinusse gilt (Abb. 12.1c) $\cos \alpha^* = M_x/M$, $\cos \beta^* = M_y/M$, $\cos \gamma^* = M_z/M$.

Moment einer Kraft bezüglich eines Punktes (Versetzungsmoment). Die Wirkung einer Einzelkraft mit beliebigem Angriffspunkt bezüglich eines Punkts O wird mit dem Hinzufügen eines Nullvektors, d. h. zweier gleich großer, entgegengesetzt gerichteter Kräfte F und $-F$ im Punkt O (Abb. 12.2a) deutlich. Es ergibt sich eine Einzelkraft F im Punkt O und ein Kräftepaar bzw. Moment M (Versetzungsmoment), dessen Vektor auf der von r und F gebildeten Ebene senkrecht steht. Sind r und F in Komponenten

x, y, z bzw. F_x, F_y, F_z gegeben (Abb. 12.2b), so gilt

$$M = r \times F = \begin{vmatrix} e_x & e_y & e_z \\ x & y & z \\ F_x & F_y & F_z \end{vmatrix}$$
$$= (F_z y - F_y z) e_x + (F_x z - F_z x) e_y$$
$$+ (F_y x - F_x y) e_z$$
$$= M_x e_x + M_y e_y + M_z e_z . \tag{12.5}$$

Für die Komponenten, den Betrag des Momentenvektors und die Richtungskosinusse gilt

$$M_x = F_z y - F_y z , \quad M_y = F_x z - F_z x ,$$
$$M_z = F_y x - F_x y ;$$
$$M = |M| = |r| \cdot |F| \cdot \sin \varphi = F h$$
$$= \sqrt{M_x^2 + M_y^2 + M_z^2} ;$$
$$\cos \alpha^* = M_x/M , \quad \cos \beta^* = M_y/M ,$$
$$\cos \gamma^* = M_z/M .$$

Liegt der Kraftvektor in der x, y-Ebene, d. h., sind z und F_z gleich null, so folgt (Abb. 12.2c)

$$M = M_z = (F_y x - F_x y) e_z ;$$
$$M = |M| = M_z = F_y x - F_x y = F r \sin \varphi$$
$$= F h .$$

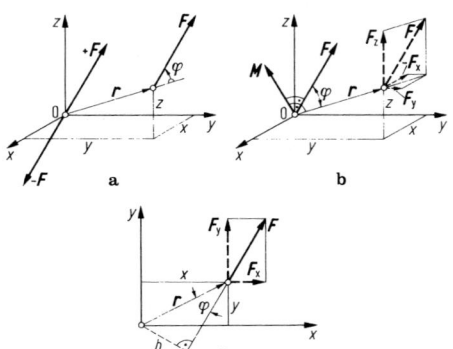

Abb. 12.2 Kraft und Moment. **a** und **b** Kraftversetzung; **c** Moment in der Ebene

12.2 Zusammensetzen und Zerlegen von Kräften mit gemeinsamem Angriffspunkt

12.2.1 Ebene Kräftegruppe

Zusammensetzen von Kräften zu einer Resultierenden. Kräfte werden geometrisch (vektoriell) addiert, und zwar zwei Kräfte mit dem Kräfteparallelogramm oder Kräftedreieck (Abb. 12.3), mehrere Kräfte mit dem Kräftepolygon oder Krafteck (Abb. 12.4, Kräftemaßstab $1\,\text{cm} \widehat{=} \varkappa\text{N}$).

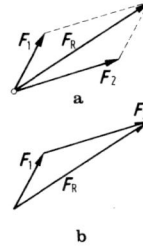

Abb. 12.3 Zusammensetzen zweier Kräfte in der Ebene. **a** Mit Kräfteparallelogramm; **b** mit Kräftedreieck

Die rechnerische Lösung lautet

$$F_R = \sum_{i=1}^{n} F_i = \sum_{i=1}^{n} F_{ix} e_x + \sum_{i=1}^{n} F_{iy} e_y$$

$$= F_{Rx} e_x + F_{Ry} e_y \qquad (12.6)$$

mit $F_{ix} = F_i \cos \alpha_i$, $F_{iy} = F_i \sin \alpha_i$. Größe und Richtung der Resultierenden:

$$F_R = \sqrt{F_{Rx}^2 + F_{Ry}^2},$$

$$\tan \alpha_R = F_{Ry}/F_{Rx}. \qquad (12.7)$$

Zerlegen einer Kraft ist in der Ebene eindeutig nur nach zwei Richtungen möglich, nach drei und mehr Richtungen ist die Lösung vieldeutig (statisch unbestimmt). Graphische Lösung s. Abb. 12.5a,b.

Rechnerische Lösung (Abb. 12.5c): $F = F_1 + F_2$ bzw. in Komponenten

$$F \cos \alpha = F_1 \cos \alpha_1 + F_2 \cos \alpha_2,$$
$$F \sin \alpha = F_1 \sin \alpha_1 + F_2 \sin \alpha_2;$$

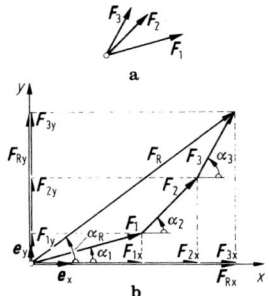

Abb. 12.4 Zusammensetzen mehrerer Kräfte in der Ebene. **a** Lageplan; **b** Kräftepolygon

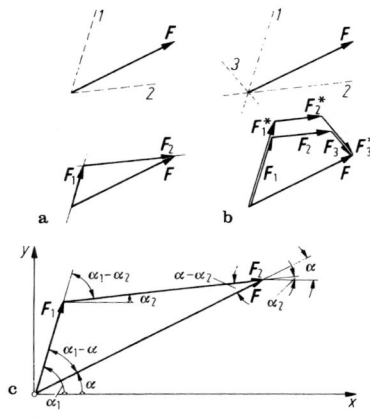

Abb. 12.5 Zerlegen einer Kraft in der Ebene. **a** In zwei Richtungen (eindeutig); **b** in drei Richtungen (vieldeutig); **c** rechnerisch

d. h. $F_2 = (F \sin \alpha - F_1 \sin \alpha_1)/ \sin \alpha_2$ und somit

$$F \cos \alpha$$
$$= F_1 \cos \alpha_1$$
$$\quad + \cos \alpha_2 (F \sin \alpha - F_1 \sin \alpha_1)/ \sin \alpha_2.$$
$$F \cos \alpha \sin \alpha_2 - F \sin \alpha \cos \alpha_2$$
$$= F_1 \cos \alpha_1 \sin \alpha_2 - F_1 \sin \alpha_1 \cos \alpha_2,$$

also $F_1 = F \sin(\alpha_2 - \alpha)/ \sin(\alpha_2 - \alpha_1)$ und entsprechend $F_2 = F \sin(\alpha_1 - \alpha)/ \sin(\alpha_1 - \alpha_2)$.

12.2.2 Räumliche Kräftegruppe

Zusammensetzen von Kräften zu einer Resultierenden. Die rechnerische Lösung lautet

$$F_R = \sum_{i=1}^{n} F_i$$

$$= \sum_{i=1}^{n} F_{ix} e_x + \sum_{i=1}^{n} F_{iy} e_y + \sum_{i=1}^{n} F_{iz} e_z$$

$$= F_{Rx} e_x + F_{Ry} e_y + F_{Rz} e_z; \qquad (12.8)$$

mit $F_{ix} = F_i \cos \alpha_i$, $F_{iy} = F_i \cos \beta_i$, $F_{iz} = F_i \cos \gamma_i$. Größe und Richtung der Resultieren-

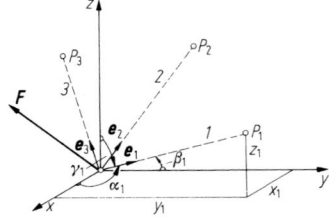

Abb. 12.6 Rechnerische Zerlegung einer Kraft im Raum

den:

$$F_R = \sqrt{F_{Rx}^2 + F_{Ry}^2 + F_{Rz}^2}\ ;$$

$$\cos\alpha_R = F_{Rx}/F_R, \quad \cos\beta_R = F_{Ry}/F_R,$$

$$\cos\gamma_R = F_{Rz}/F_R\ .$$

$$(12.9)$$

Zerlegen einer Kraft ist im Raum eindeutig nur nach drei Richtungen möglich; nach vier und mehr Richtungen ist die Lösung vieldeutig (statisch unbestimmt).

Die rechnerische Lösung lautet $\boldsymbol{F}_1 + \boldsymbol{F}_2 + \boldsymbol{F}_3 = \boldsymbol{F}$; $F_{1x} + F_{2x} + F_{3x} = F_x$, $F_{1y} + F_{2y} + F_{3y} = F_y$, $F_{1z} + F_{2z} + F_{3z} = F_z$. Gemäß Abb. 12.6 gilt für die Richtungskosinusse der drei gegebenen Richtungen

$$\cos\alpha_i = x_i / \sqrt{x_i^2 + y_i^2 + z_i^2}\ ,$$

$$\cos\beta_i = y_i / \sqrt{x_i^2 + y_i^2 + z_i^2}\ ,$$

$$\cos\gamma_i = z_i / \sqrt{x_i^2 + y_i^2 + z_i^2}\ .$$

Damit folgt

$$F_1 \cos\alpha_1 + F_2 \cos\alpha_2 + F_3 \cos\alpha_3 = F \cos\alpha\ ,$$

$$F_1 \cos\beta_1 + F_2 \cos\beta_2 + F_3 \cos\beta_3 = F \cos\beta\ ,$$

$$F_1 \cos\gamma_1 + F_2 \cos\gamma_2 + F_3 \cos\gamma_3 = F \cos\gamma\ .$$

Diese drei linearen Gleichungen für die drei unbekannten Kräfte F_1, F_2 und F_3 haben nur dann eine eindeutige Lösung, wenn ihre Systemdeterminante nicht null wird, d. h., wenn die drei Richtungsvektoren nicht in einer Ebene liegen. Gemäß Abb. 12.6 gilt $F_1 \boldsymbol{e}_1 + F_2 \boldsymbol{e}_2 + F_3 \boldsymbol{e}_3 = \boldsymbol{F}$ und nach Multiplikation mit $\boldsymbol{e}_2 \times \boldsymbol{e}_3$

$$F_1 \boldsymbol{e}_1 (\boldsymbol{e}_2 \times \boldsymbol{e}_3) + F_2 \boldsymbol{e}_2 (\boldsymbol{e}_2 \times \boldsymbol{e}_3)$$
$$+ F_3 \boldsymbol{e}_3 (\boldsymbol{e}_2 \times \boldsymbol{e}_3) = \boldsymbol{F} (\boldsymbol{e}_2 \times \boldsymbol{e}_3)\ .$$

Da der Vektor $(\boldsymbol{e}_2 \times \boldsymbol{e}_3)$ sowohl auf $\boldsymbol{e}_2$ als auch auf $\boldsymbol{e}_3$ senkrecht steht, werden die Skalarprodukte null, und es folgt

$$F_1 \boldsymbol{e}_1 (\boldsymbol{e}_2 \times \boldsymbol{e}_3) = \boldsymbol{F} (\boldsymbol{e}_2 \times \boldsymbol{e}_3) \quad \text{bzw.}$$

$$F_1 = \boldsymbol{F} \boldsymbol{e}_2 \boldsymbol{e}_3 / (\boldsymbol{e}_1 \boldsymbol{e}_2 \boldsymbol{e}_3)\ ,$$

$$F_2 = \boldsymbol{e}_1 \boldsymbol{F} \boldsymbol{e}_3 / (\boldsymbol{e}_1 \boldsymbol{e}_2 \boldsymbol{e}_3)\ ,$$

$$F_3 = \boldsymbol{e}_1 \boldsymbol{e}_2 \boldsymbol{F} / (\boldsymbol{e}_1 \boldsymbol{e}_2 \boldsymbol{e}_3)\ .$$

$$(12.10)$$

$\boldsymbol{F} \boldsymbol{e}_2 \boldsymbol{e}_3$, $\boldsymbol{e}_1 \boldsymbol{e}_2 \boldsymbol{e}_3$ usw. sind Spatprodukte, d. h. Skalare, deren Größe der Rauminhalt des von drei Vektoren gebildeten Spats festlegt. Die Lösung ist eindeutig, wenn das Spatprodukt $\boldsymbol{e}_1 \boldsymbol{e}_2 \boldsymbol{e}_3 \neq 0$ ist, d. h., die drei Vektoren dürfen nicht in einer Ebene liegen.

Mit $\boldsymbol{e}_i = \cos\alpha_i \boldsymbol{e}_x + \cos\beta_i \boldsymbol{e}_y + \cos\gamma_i \boldsymbol{e}_z$ wird

$$F_1 = \begin{vmatrix} F\cos\alpha_1 & \cos\alpha_2 & \cos\alpha_3 \\ F\cos\beta_1 & \cos\beta_2 & \cos\beta_3 \\ F\cos\gamma_1 & \cos\gamma_2 & \cos\gamma_3 \end{vmatrix}$$
$$: \begin{vmatrix} \cos\alpha_1 & \cos\alpha_2 & \cos\alpha_3 \\ \cos\beta_1 & \cos\beta_2 & \cos\beta_3 \\ \cos\gamma_1 & \cos\gamma_2 & \cos\gamma_3 \end{vmatrix}\ . \quad (12.11)$$

Entsprechend F_2 und F_3.

12.3 Zusammensetzen und Zerlegen von Kräften mit verschiedenen Angriffspunkten

12.3.1 Kräfte in der Ebene

Zusammensetzen mehrerer Kräfte zu einer Resultierenden. Rechnerisches Verfahren: Bezüglich des Nullpunkts ergibt die ebene Kräftegruppe eine resultierende Kraft und ein resultierendes (Versetzungs-)Moment (Abb. 12.7a)

$$\boldsymbol{F}_R = \sum_{i=1}^{n} \boldsymbol{F}_i\ , \quad M_R = \sum_{i=1}^{n} M_i \quad \text{bzw}$$

$$F_{Rx} = \sum_{i=1}^{n} F_{ix}\ , \quad F_{Ry} = \sum_{i=1}^{n} F_{iy}\ ,$$

$$M_R = \sum_{i=1}^{n} (F_{iy} x_i - F_{ix} y_i) = \sum_{i=1}^{n} F_i h_i\ .$$

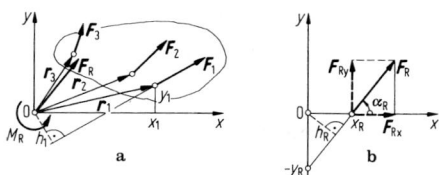

Abb. 12.7 Resultierende von Kräften in der Ebene

Für einen beliebigen Punkt ist die Wirkung der Kräftegruppe gleich ihrer Resultierenden. Wird die Resultierende parallel aus dem Nullpunkt soweit verschoben, dass M_R null wird, so folgt für ihre Lage aus $M_R = F_R h_R$ usw. (Abb. 12.7b)

$$x_R = M_R/F_R \quad \text{bzw.} \quad x_R = M_R/F_{Ry} \quad \text{bzw.}$$
$$y_R = -M_R/F_{Rx} \, .$$

Zerlegen einer Kraft. Die Zerlegung einer Kraft ist in der Ebene eindeutig möglich nach drei gegebenen Richtungen, die sich nicht in einem Punkt schneiden und von denen höchstens zwei parallel sein dürfen.

Die rechnerische Lösung folgt aus der Bedingung dass Kraft- und Momentenwirkung der Einzelkräfte F_i und der Kraft F bezüglich des Nullpunktes gleich sein müssen (Abb. 12.8):

$$\sum_{i=1}^{n} F_i = F \, , \quad \sum_{i=1}^{n} (r_i \times F_i) = r \times F \, , \quad \text{d. h.}$$
$$F_1 \cos\alpha_1 + F_2 \cos\alpha_2 + F_3 \cos\alpha_3 = F \cos\alpha \, ,$$
$$F_1 \sin\alpha_1 + F_2 \sin\alpha_2 + F_3 \sin\alpha_3 = F \sin\alpha \, ;$$
$$F_1(x_1 \sin\alpha_1 - y_1 \cos\alpha_1)$$
$$+ F_2(x_2 \sin\alpha_2 - y_2 \cos\alpha_2)$$
$$+ F_3(x_3 \sin\alpha_3 - y_3 \cos\alpha_3)$$
$$= F(x \sin\alpha - y \cos\alpha)$$

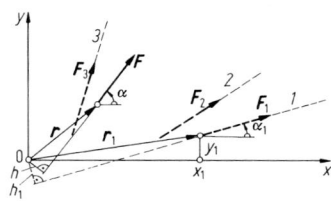

Abb. 12.8 Zerlegen einer Kraft in der Ebene

oder an Stelle der letzten Gleichung $F_1 h_1 + F_2 h_2 + F_3 h_3 = F h$, wobei entgegen dem Uhrzeigersinn drehende Momente positiv sind. Das sind drei Gleichungen für die drei Unbekannten F_1, F_2, F_3.

12.3.2 Kräfte im Raum

Kräftezusammenfassung (Reduktion). Eine räumliche Kräftegruppe, bestehend aus den Kräften $F_i = (F_{ix}; F_{iy}; F_{iz})$, deren Angriffspunkte durch die Radiusvektoren $r_i = (x_i; y_i; z_i)$ gegeben sind, kann bezüglich eines beliebigen Punkts zu einer resultierenden Kraft F_R und zu einem resultierenden Moment M_R zusammengefasst (reduziert) werden. Die rechnerische Lösung (Abb. 12.9) lautet, bezogen auf den Nullpunkt

$$F_R = \sum_{i=1}^{n} F_i \, ,$$

$$M_R = \sum_{i=1}^{n} (r_i \times F_i) = \sum_{i=1}^{n} \begin{vmatrix} e_x & e_y & e_z \\ x_i & y_i & z_i \\ F_{ix} & F_{iy} & F_{iz} \end{vmatrix} \, .$$

Kraftschraube oder Dyname. Eine weitere Vereinfachung des reduzierten Kräftesystems ist insofern möglich, als es eine Achse mit bestimmter Lage gibt, auf der Kraftvektor und Momentvektor parallel zueinander liegen (Abb. 12.10). Diese Achse heißt Zentralachse. Sie ergibt sich durch Zerlegen von M_R in der durch M_R und F_R gebildeten Ebene E in die Komponenten $M_F = M_R \cos\varphi$ (parallel zu F_R) und $M_S = M_R \sin\varphi$ (senkrecht zu F_R). Hierbei folgt φ aus dem Skalarprodukt $M_R \cdot F_R = M_R F_R \cos\varphi$, d. h. $\cos\varphi = M_R \cdot F_R/(M_R F_R)$. Anschließend wird M_S durch Versetzen von F_R senkrecht zur Ebene E um den

Abb. 12.9 Räumliche Kräftereduktion

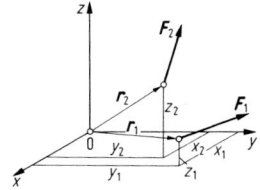

Abb. 12.10 Kraftschraube (Dyname)

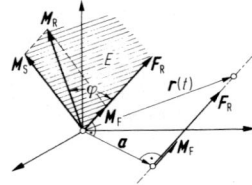

Abb. 12.10 Kraftschraube (Dyname)

Betrag $a = M_S/F_R$ zu null gemacht. Der dazu gehörige Vektor ist $\boldsymbol{a} = (\boldsymbol{F}_R \times \boldsymbol{M}_R)/F_R^2$, da sein Betrag $|\boldsymbol{a}| = a = F_R M_R \sin\varphi/F_R^2 = M_S/F_R$ ist. Die Vektorgleichung der Zentralachse, in deren Richtung $\boldsymbol{F}_R$ und $\boldsymbol{M}_F$ wirken, lautet dann mit t als Parameter $\boldsymbol{r}(t) = \boldsymbol{a} + \boldsymbol{F}_R \cdot t$.

Kraftzerlegung im Raum. Eine Kraft lässt sich im Raum nach sechs gegebenen Richtungen eindeutig zerlegen. Sind die Richtungen durch ihre Richtungskosinusse gegeben und heißen die Kräfte $\boldsymbol{F}_1 \dots \boldsymbol{F}_6$, so gilt

$$\sum_{i=1}^{6} F_i \cos\alpha_i = F\cos\alpha \,,$$

$$\sum_{i=1}^{6} F_i \cos\beta_i = F\cos\beta \,,$$

$$\sum_{i=1}^{6} F_i \cos\gamma_i = F\cos\gamma \,;$$

$$\sum_{i=1}^{6} F_i (y_i \cos\gamma_i - z_i \cos\beta_i)$$
$$= F(y\cos\gamma - z\cos\beta) \,,$$

$$\sum_{i=1}^{6} F_i (z_i \cos\alpha_i - x_i \cos\gamma_i)$$
$$= F(z\cos\alpha - x\cos\gamma) \,,$$

$$\sum_{i=1}^{6} F_i (x_i \cos\beta_i - y_i \cos\alpha_i)$$
$$= F(x\cos\beta - y\cos\alpha) \,.$$

Aus diesen sechs linearen Gleichungen erhält man eine eindeutige Lösung, wenn die Nennerdeterminante ungleich null ist.

12.4 Gleichgewicht und Gleichgewichtsbedingungen

Ein Körper ist im Gleichgewicht, wenn er sich in Ruhe oder in gleichförmiger geradliniger Bewegung befindet. Da dann alle Beschleunigungen null sind, folgt aus den Grundgesetzen der Dynamik, dass am Körper keine resultierende Kraft und kein resultierendes Moment auftreten.

12.4.1 Kräftesystem im Raum

Die Gleichgewichtsbedingungen lauten

$$\boldsymbol{F}_R = \sum \boldsymbol{F}_i = 0 \quad \text{und} \quad \boldsymbol{M}_R = \sum \boldsymbol{M}_i = 0 \tag{12.12}$$

bzw. in Komponenten

$$\sum F_{ix} = 0 \,, \quad \sum F_{iy} = 0 \,, \quad \sum F_{iz} = 0 \,;$$
$$\sum M_{ix} = 0 \,, \quad \sum M_{iy} = 0 \,, \quad \sum M_{iz} = 0 \,. \tag{12.13}$$

Jede der drei Gleichgewichtsbedingungen für die Kräfte kann durch eine weitere für die Momente um eine beliebige andere Achse, die nicht durch den Ursprung O gehen darf, ersetzt werden.

Aus den sechs Gleichgewichtsbedingungen lassen sich sechs unbekannte Größen (Kräfte oder Momente) berechnen. Sind mehr als sechs Unbekannte vorhanden, nennt man das Problem statisch unbestimmt. Seine Lösung ist nur unter Heranziehung der Verformungen möglich (s. Abschn. 20.7). Liegen Kräfte mit *gemeinsamem Angriffspunkt* vor, so sind die Momentenbedingungen von Gl. (12.13) bezüglich des Schnittpunkts (und damit auch für alle anderen Punkte, da $\boldsymbol{M}_R$ ein freier Vektor ist) identisch erfüllt. Dann gelten nur die Kräftegleichgewichtsbedingungen von Gl. (12.13), aus denen drei unbekannte Kräfte ermittelt werden können.

![Industrieanlage mit zwei Personen in Warnwesten und Schutzhelmen](image)

HIER ZÄHLT DAS WIR.

Erfahrung. Wissen. Fortschritt.
Flüge ins All, weltweite Beförderung von Menschen und internationaler Transport von Gütern, Hochtechnologie im Maschinenbau, die Prägung großer Städte durch moderne Architektur...
... überall dort ist OTTO FUCHS mit Ideen, Produkten und Lösungen vertreten.

WERDEN SIE TEIL DAVON!

Ihre Zukunft bei OTTO FUCHS.
Im Rahmen Ihrer Ausbildung, eines Praktikums, Ihrer Abschlussarbeit oder als Berufs-einsteiger/-in arbeiten Sie selbstständig an spannenden Projekten und übernehmen früh Verantwortung in Ihren Einsatzbereichen.

Neugierig geworden?
Dann bewerben Sie sich jetzt ausschließlich online unter:
OTTO-FUCHS.COM/JOBS.

OTTO FUCHS KG
Derschlager Straße 26
58540 Meinerzhagen

12.4.2 Kräftesystem in der Ebene

Das Gleichungssystem (12.13) reduziert sich auf drei Gleichgewichtsbedingungen:

$$\sum F_{ix} = 0\,, \quad \sum F_{iy} = 0\,, \quad \sum M_{iz} = 0\,. \tag{12.14}$$

Die beiden Kräftegleichgewichtsbedingungen können durch zwei weitere Momentenbedingungen ersetzt werden. Die drei Bezugspunkte für die drei Momentengleichungen dürfen nicht auf einer Geraden liegen. Aus den drei Gleichgewichtsbedingungen der Ebene lassen sich drei unbekannte Größen (Kräfte oder Momente) ermitteln. Sind mehr Unbekannte vorhanden, so ist das ebene Problem statisch unbestimmt.

Für *Kräfte mit gemeinsamem Angriffspunkt in der Ebene* ist die Momentenbedingung in Gl. (12.14) identisch erfüllt, es bleiben nur die beiden Kräftebedingungen

$$\sum F_{ix} = 0\,, \quad \sum F_{iy} = 0\,. \tag{12.15}$$

12.4.3 Prinzip der virtuellen Arbeiten

Das Prinzip tritt an die Stelle der Gleichgewichtsbedingungen und lautet: Erteilt man einem starren Körper eine mit seinen geometrischen Bindungen verträgliche kleine (virtuelle) Verrückung, und ist der Körper im Gleichgewicht (Abb. 12.11), so ist die virtuelle Gesamtarbeit aller eingeprägten äußeren Kräfte und Momente – durch (e) hochgestellt gekennzeichnet – gleich null:

$$\delta W^{(e)} = \sum \boldsymbol{F}_i^{(e)} \delta \boldsymbol{r}_i + \sum \boldsymbol{M}_i^{(e)} \delta \boldsymbol{\varphi}_i = 0 \tag{12.16}$$

bzw. in Komponenten

$$\delta W^{(e)}$$
$$= \sum \left(F_{ix}^{(e)} \delta x_i + F_{iy}^{(e)} \delta y_i + F_{iz}^{(e)} \delta z_i \right)$$
$$+ \sum \left(M_{ix}^{(e)} \delta \varphi_{ix} + M_{iy}^{(e)} \delta \varphi_{iy} + M_{iz}^{(e)} \delta \varphi_{iz} \right)$$
$$= 0\,;$$

$\boldsymbol{r}_i = (x_i;\, y_i;\, z_i)$ Ortsvektoren zu den Kraftangriffspunkten; $\delta \boldsymbol{r}_i = (\delta x_i;\, \delta y_i;\, \delta z_i)$ Variationen

Abb. 12.11 Prinzip virtueller Verrückungen

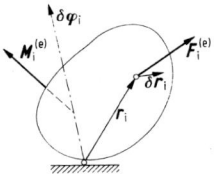

(mathematisch ausgedrückt Vektordifferentiale) der Ortsvektoren, die sich durch Bildung der ersten Ableitung ergeben; $\delta \boldsymbol{\varphi}_i$ Drehwinkeldifferentiale der Verdrehungen $\boldsymbol{\varphi}_i$.

In natürlichen Koordinaten nimmt das Prinzip die Form

$$\delta W^{(e)} = \sum F_{is}^{(e)} \delta s_i + \sum M_{i\varphi}^{(e)} \delta \varphi_i = 0 \tag{12.17}$$

an, wobei $F_{is}^{(e)}$ die in die Richtung der Verschiebung zeigenden Kraftkomponenten und $M_{i\varphi}^{(e)}$ die um die Drehachse wirksamen Komponenten der Momente sind. Das Prinzip dient unter anderem in der Statik zur Untersuchung des Gleichgewichts an verschieblichen Systemen und zur Berechnung des Einflusses von Wanderlasten auf Schnitt- und Auflagerkräfte (Einflusslinien).

12.4.4 Arten des Gleichgewichts

Man unterscheidet stabiles, labiles und indifferentes Gleichgewicht (s. Abb. 12.12). Stabiles Gleichgewicht herrscht, wenn ein Körper bei einer mit seinen geometrischen Bindungen verträglichen Verschiebung in seine Ausgangslage zurückzukehren trachtet, labiles Gleichgewicht, wenn er sie zu verlassen sucht, und indifferentes Gleichgewicht, wenn jede benachbarte Lage eine neue Gleichgewichtslage ist. Wird entsprechend Abschn. 12.4.3 die kleine Verschiebung als virtuelle aufgefasst, so gilt nach dem Prinzip der virtuellen Arbeiten für die Gleichgewichtslage $\delta W^{(e)} = 0$. Bewegt man den Körper gemäß Abb. 12.12a aus einer Lage *1* in eine Lage *2* über die Gleichgewichtslage *0* hinweg, so ist im Bereich *1* bis *0* die Arbeit $\delta W^{(e)} = F_s \delta s > 0$, d. h. positiv, im Bereich *0* bis *2* $\delta W^{(e)} < 0$, d. h. negativ. Aus der Funktion $\delta W^{(e)} = f(s)$ geht hervor, dass die Steigung von $\delta W^{(e)}$ negativ ist, d. h. $\delta^2 W^{(e)} < 0$, wenn stabiles Gleichgewicht. Allge-

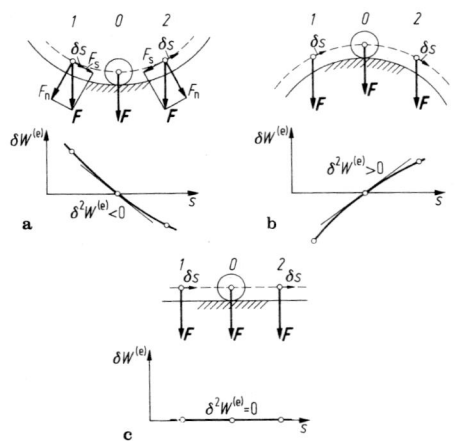

Abb. 12.12 Gleichgewichtsarten. **a** Stabil; **b** labil; **c** indifferent

mein gilt für das Gleichgewicht: stabil $\delta^2 W^{(e)} < 0$, labil $\delta^2 W^{(e)} > 0$, indifferent $\delta^2 W^{(e)} = 0$.

Handelt es sich um Probleme, bei denen nur Gewichtskräfte eine Rolle spielen, dann gilt mit dem Potential $U = F_G z$ bzw. $\delta U = F_G \delta z$

$$\delta W^{(e)} = \boldsymbol{F}^{(e)} \delta \boldsymbol{r} = (0;\ 0;\ -F_G)(\delta x;\ \delta y;\ \delta z)$$
$$= -F_G \delta z = -\delta U$$

und $\delta^2 W^{(e)} = -\delta^2 U$, d. h., bei stabilem Gleichgewicht ist $\delta^2 U > 0$ und somit die potentielle Energie U ein Minimum, bei labilem Gleichgewicht $\delta^2 U < 0$ und die potentielle Energie ein Maximum.

Beispiel

Bei einer Zeichenmaschine sind Gegengewicht F_Q und sein Hebelarm l so zu bestimmen, dass sich die Zeichenmaschine vom Eigengewicht F_G in jeder Lage im Gleichgewicht befindet (Abb. 12.13). – Das System hat

Abb. 12.13 Zeichenmaschine

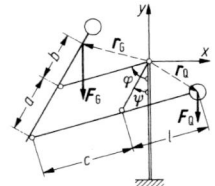

zwei verschiedene Freiheitsgrade φ und ψ.

$$\boldsymbol{r}_G = (-c \sin \varphi + b \sin \psi;$$
$$b \cos \psi - c \cos \varphi)\,,$$
$$\boldsymbol{r}_Q = (l \sin \varphi - a \sin \psi;$$
$$-a \cos \psi + l \cos \varphi)\,,$$
$$\delta \boldsymbol{r}_G = (-c \cos \varphi\, \delta\varphi + b \cos \psi\, \delta\psi;$$
$$-b \sin \psi\, \delta\psi + c \sin \varphi\, \delta\varphi)\,,$$
$$\delta \boldsymbol{r}_Q = (l \cos \varphi\, \delta\varphi - a \cos \psi\, \delta\psi;$$
$$a \sin \psi\, \delta\psi - l \sin \varphi\, \delta\varphi)\,.$$

Mit $\boldsymbol{F}_G = (0; -F_G)$ und $\boldsymbol{F}_Q = (0; -F_Q)$ wird

$$\delta W^{(e)} = \sum \boldsymbol{F}_i^{(e)} \delta\boldsymbol{r}_i$$
$$= -F_G(-b \sin \psi\, \delta\psi + c \sin \varphi\, \delta\varphi)$$
$$- F_Q(a \sin \psi\, \delta\psi - l \sin \varphi\, \delta\varphi)$$
$$= \sin \psi\, \delta\psi (F_G b - F_Q a)$$
$$+ \sin \varphi\, \delta\varphi (-F_G c + F_Q l)\,.$$

Aus $\delta W^{(e)} = 0$ folgt wegen der Beliebigkeit von φ und ψ

$$F_G b - F_Q a = 0 \quad \text{und}$$
$$-F_G c + F_Q l = 0$$

und damit

$$F_Q = F_G b/a \quad \text{und} \quad l = c$$
$$F_G / F_Q = ca/b\,.$$

Ferner wird

$$\delta^2 W^{(e)} = \cos \psi\, \delta\psi^2 (F_G b - F_Q a)$$
$$+ \cos \varphi\, \delta\varphi^2 (-F_G c + F_Q l)$$

Hieraus folgt mit den ermittelten Lösungswerten $\delta^2 W^{(e)} = 0$, d. h., es liegt indifferentes Gleichgewicht vor. ◀

12.4.5 Standsicherheit

Bei Körpern, deren Auflagerungen nur Druckkräfte aufnehmen können, besteht die Gefahr des

Abb. 12.14 Standsicherheit

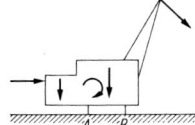

Umkippens. Es wird verhindert, wenn um die möglichen Kippkanten A oder B (Abb. 12.14) die Summe der Standmomente größer ist als die Summe der Kippmomente, d. h., wenn die Resultierende des Kräftesystems innerhalb der Kippkanten die Standfläche schneidet. Standsicherheit ist das Verhältnis der Summe aller Standmomente zur Summe aller Kippmomente bezüglich einer Kippkante: $S = \sum M_S / \sum M_K$. Für $S \geq 1$ herrscht Standsicherheit und Gleichgewicht.

12.5 Lagerungsarten, Freimachungsprinzip

Körper werden durch sog. Lager abgestützt. Die Stützkräfte wirken als Reaktionskräfte zu den äußeren eingeprägten Kräften auf den Körper. Je nach Bauart der Lager können im räumlichen Fall maximal drei Kräfte und maximal drei Momente übertragen werden. Die Reaktionskräfte und -momente werden durch das sogenannte „Freimachen" eines Körpers zu äußeren Kräften. Ein Körper wird freigemacht, indem man ihn mittels eines geschlossenen Schnitts durch **alle** Lager von seiner Umgebung trennt und die Lagerkräfte als äußere Kräfte am Körper anbringt (Abb. 12.15, Freimachungsprinzip). Auf die Lager wirken dann nach „actio = reactio" (3. Newton'sches Axiom) gleich große, entgegengesetzt gerichtete Kräfte. Je nach Bauart und Anzahl der

Abb. 12.15 Freimachungsprinzip. **a** Gestützter Körper mit geschlossener Schnittlinie; **b** freigemachter Körper

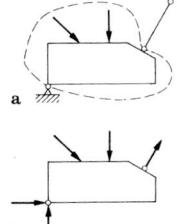

Bauart	Symbol	Reaktionsgrößen in der Ebene	Reaktionsgrößen im Raum	Wertigkeit	
Loslager:					
Querlager		F_{Ay}	F_{Ay}, F_{Az}	1	2
Gleitlager		F_{Ay}	F_{Az}	1	1
Rollenlager		F_{Ay}	$(F_{Ay}), F_{Az}$	1	1 (2)
Pendelstab, Seil		F_A	F_A	1	1
Festlager:					
Quer- und Längslager		F_{Ax}, F_{Ay}	F_{Ax}, F_{Ay}, F_{Az}	2	3
festes Gelenk		F_{Ax}, F_{Ay}	F_{Ax}, F_{Ay}, F_{Az}	2	3
feste Einspannung		F_{Ax}, F_{Ay}, M_E	M_{Ex}, M_{Ey}, M_{Ez} / F_{Ax}, F_{Ay}, F_{Az}	3	6

Abb. 12.16 Lagerungsarten

Reaktionsgrößen eines Lagers unterscheidet man ein- bis sechswertige Lager (Abb. 12.16).

12.6 Auflagerreaktionen an Körpern

12.6.1 Körper in der Ebene

In der Ebene hat ein Körper drei Freiheitsgrade hinsichtlich seiner Bewegungsmöglichkeiten (Verschiebung in x- und y-Richtung, Drehung um die z-Achse). Er benötigt daher eine insgesamt dreiwertige Lagerung für eine stabile und statisch bestimmte Festhaltung. Diese kann aus einer festen Einspannung oder aus einem Fest- und einem Loslager oder aus drei Loslagern (Gleitlagern) bestehen (im letzten Fall dürfen sich die drei Wirkungslinien der Reaktionskräfte nicht in einem Punkt schneiden). Ist die Lagerung n-wertig ($n > 3$), so ist das System $(n - 3)$fach statisch unbestimmt gelagert. Ist die Lagerung weniger als dreiwertig, so ist das System statisch unterbestimmt, d. h. instabil und beweglich. Die Berechnung der Auflagerreaktionen erfolgt durch

Freimachen und Ansetzen der Gleichgewichtsbedingungen.

Beispiel

Welle (Abb. 12.17a). Gesucht werden die Auflagerkräfte in A und B infolge der gegebenen
Kräfte F_1 und F_2.

Rechnerische Lösung: An der freigemachten Welle (Abb. 12.17b) gilt

$$\sum M_{iA} = 0$$

$$= -F_1 a + F_B l - F_2 (l + c) \quad \text{also}$$

$$F_B = [F_1 a + F_2 (l + c)]/l \, ;$$

$$\sum M_{iB} = 0$$

$$= -F_{Ay} l + F_1 b - F_2 c \, , \quad \text{also}$$

$$F_{Ay} = (F_1 b - F_2 c)/l \, ;$$

$$\sum F_{ix} = 0 = F_{Ax} \, .$$

Die Gleichgewichtsbedingung $\sum F_{iy} = 0$
muss ebenfalls erfüllt sein und kann als Kontrollgleichung benutzt werden.

$$\sum F_{iy} = F_{Ay} - F_1 + F_B - F_2$$

$$= (F_1 b - F_2 c)/l - F_1$$

$$+ [F_1 a + F_2 (l + c)]/l - F_2$$

$$= F_1 (a + b - l)/l$$

$$+ F_2 (-c + l + c - l)/l = 0 \, . \blacktriangleleft$$

Beispiel

Abgewinkelter Träger (Abb. 12.18a). Für den
durch zwei Einzelkräfte F_1 und F_2 und die
konstante Streckenlast q belasteten abgewin-
kelten Träger ist die Auflagerkraft im Festla-
ger A und die Kraft im Pendelstab bei B zu
bestimmen.

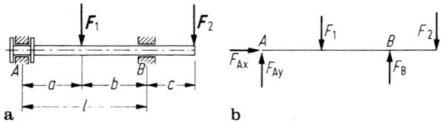

Abb. 12.17 Welle. **a** System; **b** Freimachung

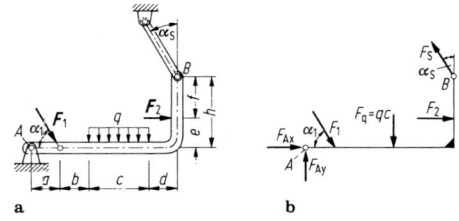

Abb. 12.18 Abgewinkelter Träger. **a** System; **b** Freimachung

Rechnerische Lösung: Mit der Resultierenden der Streckenlast $F_q = qc$ wird
(Abb. 12.18b)

$$\sum M_{iA} = 0$$

$$= -F_1 \sin \alpha_1 a - qc(a + b + c/2)$$

$$- F_2 e + F_S \cos \alpha_S l + F_S \sin \alpha_S h$$

und daraus

$$F_S = \frac{F_1 \sin \alpha_1 a + qc(a + b + c/2) + F_2 e}{l \cos \alpha_S + h \sin \alpha_S} \, .$$

Aus

$$\sum F_{ix} = 0$$

$$= F_{Ax} + F_1 \cos \alpha_1 + F_2 - F_S \sin \alpha_S$$

und

$$\sum F_{iy} = 0$$

$$= F_{Ay} - F_1 \sin \alpha_1 - qc + F_S \cos \alpha_S$$

folgen

$$F_{Ax} = -F_1 \cos \alpha_1 - F_2 + F_S \sin \alpha_S \quad \text{und}$$

$$F_{Ay} = F_1 \sin \alpha_1 + qc - F_S \cos \alpha_S \, ,$$

wobei der vorstehend errechnete Wert für F_S
einzusetzen ist. ◄

Beispiel

Wagen auf schiefer Ebene (Abb. 12.19a,b).
Der durch die Gewichtskraft F_G und die An-
hängerzugkraft F_Z belastete Wagen wird von
einer Seilwinde auf der schiefen Ebene im
Gleichgewicht gehalten. Zu bestimmen sind

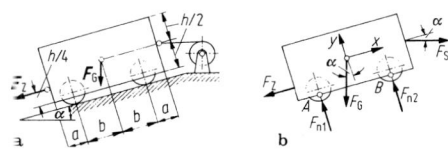

Abb. 12.19 Wagen auf schiefer Ebene. a System; b Freimachung

die Zugkraft im Halteseil sowie die Stützkräfte an den Rädern, wobei Reibkräfte außer acht gelassen werden sollen.

Rechnerische Lösung: Am freigemachten Wagen (Abb. 12.19b) ergeben die Gleichgewichtsbedingungen

$$\sum F_{ix} = 0$$
$$= -F_Z - F_G \sin\alpha + F_S \cos\alpha , \quad \text{also}$$
$$F_S = F_G \tan\alpha + F_Z/\cos\alpha ;$$

$$\sum M_{iA} = 0$$
$$= F_Z h/4 + F_G (h/2) \sin\alpha$$
$$- F_G b \cos\alpha + 2F_{n2} b$$
$$- F_S (h/2) \cos\alpha - F_S (a+2b) \sin\alpha ;$$

$$\sum M_{iB} = 0$$
$$= F_Z h/4 - 2F_{n1} b + F_G (h/2) \sin\alpha$$
$$+ F_G b \cos\alpha$$
$$- F_S (h/2) \cos\alpha - F_S a \sin\alpha .$$

Hieraus folgen

$$F_{n2} = -F_Z h/(8b)$$
$$- F_G [(h/2) \sin\alpha - b \cos\alpha]/(2b)$$
$$+ F_S [(h/2) \cos\alpha + (a+2b) \sin\alpha]/(2b)$$
und
$$F_{n1} = F_Z h/(8b)$$
$$+ F_G [(h/2) \sin\alpha + b \cos\alpha]/(2b)$$
$$- F_S [(h/2) \cos\alpha + a \sin\alpha]/(2b),$$

wobei der errechnete Wert von F_S einzusetzen ist. Die Bedingung $\sum F_{iy} = 0 = F_{n1} + F_{n2} - F_G \cos\alpha - F_S \sin\alpha$ kann dann als Kontrollgleichung benutzt werden. ◄

12.6.2   Körper im Raum

Im Raum hat ein Körper sechs Freiheitsgrade (drei Verschiebungen und drei Drehungen). Er benötigt daher für eine stabile Festhaltung eine insgesamt sechswertige Lagerung. Ist die Lagerung n-wertig ($n > 6$), so ist das System ($n - 6$)fach statisch unbestimmt gelagert. Ist $n < 6$, so ist es statisch unterbestimmt, also beweglich und instabil.

Beispiel

Welle mit Schrägverzahnung (Abb. 12.20). Die Auflagerkräfte der Welle sind zu berechnen. – Die Welle kann sich um die x-Achse drehen, d. h. $\sum M_{ix} = 0$ entfällt. (Lagerreibung wird nicht berücksichtigt.) Die restlichen fünf Gleichgewichtsbedingungen lauten:

$$\sum F_{ix} = 0 \quad \text{ergibt}$$
$$F_{Ax} = F_{1x} - F_{2x} ;$$

$$\sum M_{iBz} = 0 \quad \text{ergibt}$$
$$F_{Ay} = -(F_{1x} r_1 + F_{1y} b$$
$$+ F_{2x} r_2 + F_{2y} c)/l ;$$

$$\sum M_{iBy} = 0 \quad \text{ergibt}$$
$$F_{Az} = (F_{1z} b - F_{2z} c)/l ;$$

$$\sum M_{iAz} = 0 \quad \text{ergibt}$$
$$F_{By} = [F_{1x} r_1 - F_{1y} a + F_{2x} r_2$$
$$+ F_{2y} (l+c)]/l ;$$

$$\sum M_{iAy} = 0 \quad \text{ergibt}$$
$$F_{Bz} = [F_{1z} a + F_{2z} (l+c)]/l .$$

Die Bedingungen $\sum F_{iy} = 0$ und $\sum F_{iz} = 0$ können als Kontrollen verwendet werden. ◄

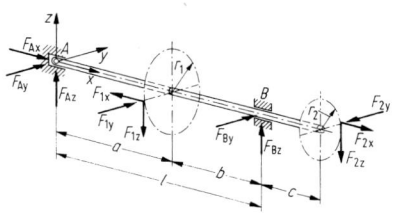

Abb. 12.20 Welle mit Schrägverzahnung

12.7 Systeme starrer Körper

Sie bestehen aus mehreren Körpern, die durch Verbindungselemente, d. h. Gelenke a oder Führungen b oder auch durch gelenkig angeschlossene Führungen c, miteinander verbunden sind (Abb. 12.21). Ein Gelenk überträgt Kräfte in zwei Richtungen, aber kein Moment; eine Führung überträgt eine Kraft quer zur Führung und ein Moment, aber keine Kraft parallel zur Führung; eine gelenkige Führung überträgt eine Kraft quer zur Führung, aber keine Kraft parallel zur Führung und kein Moment. Man spricht daher von zweiwertigen oder einwertigen Verbindungselementen. Ist i die Summe der Wertigkeiten der Auflager und j die Summe der Wertigkeiten der Verbindungselemente, so muss bei einem System aus k Körpern mit $3k$ Gleichgewichtsbedingungen in der Ebene die Bedingung $i + j = 3k$ erfüllt sein, wenn ein stabiles System statisch bestimmt sein soll.

Ist $i + j > 3k$, so ist das System statisch unbestimmt, d. h., wenn $i + j = 3k + n$, ist es n-fach statisch unbestimmt. Ist $i + j < 3k$, so ist das System statisch unterbestimmt und auf jeden Fall labil. Für das stabile System nach Abb. 12.21 ist $i + j = 7 + 5 = 12$ und $3k = 3 \cdot 4 = 12$, d. h., das System ist statisch bestimmt. Bei statisch bestimmten Systemen werden die Auflagerreaktionen und Reaktionen in den Verbindungselementen ermittelt, indem die Gleichgewichtsbedingungen für die freigemachten Einzelkörper erfüllt werden.

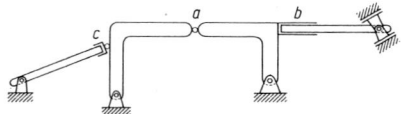

Abb. 12.21 System aus starren Körpern

Abb. 12.22 Dreigelenkrahmen. **a** System; **b** Freimachung

Beispiel

Dreigelenkrahmen oder Dreigelenkbogen (Abb. 12.22a).

Rechnerische Lösung: Nach Freimachen der beiden Einzelkörper (Abb. 12.22b) Gleichgewichtsbedingungen für Körper *I*:

$$\sum F_{ix} = 0 \quad \text{ergibt}$$
$$F_{Ax} = F_{Cx} - F_{1x} ; \qquad (12.18a)$$

$$\sum F_{iy} = 0 \quad \text{ergibt}$$
$$F_{Ay} = F_{1y} + F_2 - F_{Cy} ; \qquad (12.18b)$$

$$\sum M_{iA} = 0$$
$$= F_{Cx} H + F_{Cy} a$$
$$- F_{1x} y_1 - F_{1y} x_1$$
$$- F_2 x_2 ; \qquad (12.18c)$$

und für Körper *II*:

$$\sum F_{ix} = 0 \quad \text{ergibt}$$
$$F_{Bx} = F_{Cx} - F_{3x} ; \qquad (12.18d)$$

$$\sum F_{iy} = 0 \quad \text{ergibt}$$
$$F_{By} = F_{Cy} + F_{3y} ; \qquad (12.18e)$$

$$\sum M_{iB} = 0$$
$$= -F_{Cx} h + F_{Cy} b$$
$$+ F_{3x} [y_3 - (H - h)]$$
$$+ F_{3y} (l - x_3) . \qquad (12.18f)$$

Aus den Gln. (12.18c) und (12.18f) ergeben sich die Gelenkkräfte F_{Cx} und F_{Cy}, eingesetzt in die Gln. (12.18a), (12.18b), (12.18d) und (12.18e) dann die Auflagerkräfte F_{Ax}, F_{Ay}, F_{Bx}, F_{By}. Zur Kontrolle verwendet man $\sum M_{iC} = 0$ am Gesamtsystem. ◄

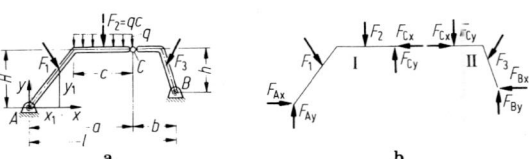

12.8 Fachwerke

12.8.1 Ebene Fachwerke

Fachwerke bestehen aus Stäben, die in den Knotenpunkten als gelenkig miteinander verbunden angesehen werden. Die Gelenke werden als reibungsfrei angenommen, d. h., es werden nur Kräfte in Stabrichtung übertragen. Die in Wirklichkeit in den Knotenpunkten vorhandenen Reibungsmomente und biegesteifen Anschlüsse führen zu Nebenspannungen, die in der Regel vernachlässigbar sind. Die äußeren Kräfte greifen in den Knotenpunkten an oder werden nach dem Hebelgesetz am Stab auf diese verteilt.

Hat ein Fachwerk n Knoten und s Stäbe und ist es äußerlich statisch bestimmt mit drei Auflagerkräften gelagert, so gilt, da es für jeden Knoten zwei Gleichgewichtsbedingungen gibt, für ein statisch bestimmtes und stabiles Fachwerk (Abb. 12.23a) $2n = s + 3$, $s = 2n - 3$, d. h., aus den $2n - 3$ Gleichgewichtsbedingungen sind s unbekannte Stabkräfte berechenbar. Ein Fachwerk mit $s < 2n - 3$ Stäben ist statisch unterbestimmt und kinematisch instabil (Abb. 12.23b), ein Fachwerk mit $s > 2n - 3$ Stäben ist innerlich statisch unbestimmt (Abb. 12.23c). Für die Bildung statisch bestimmter und stabiler Fachwerke gelten folgende Bildungsgesetze:

- Ausgehend von einem stabilen Grunddreieck werden nacheinander neue Knotenpunkte mit zwei Stäben angeschlossen (Abb. 12.24a).
- Aus zwei statisch bestimmten Fachwerken wird ein neues gebildet durch drei Verbindungsstäbe, deren Wirkungslinien keinen gemeinsamen Schnittpunkt haben (Abb. 12.24b). Dabei können zwei Stäbe durch einen den beiden Fachwerken gemeinsamen Knoten ersetzt werden (Abb. 12.24b, rechts).
- Durch Stabvertauschung kann jedes nach diesen Regeln gebildete Fachwerk in ein anderes

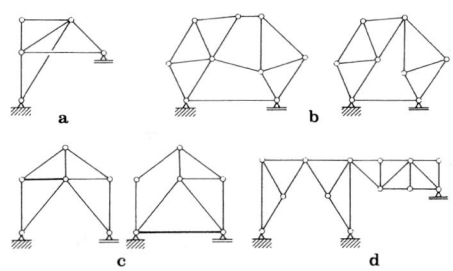

Abb. 12.24 Fachwerke. **a** bis **d** zum 1. bis 4. Bildungsgesetz

statisch bestimmtes und stabiles umgebildet werden, wenn der Tauschstab zwischen zwei Punkte eingebaut wird, die sich nach seiner Entfernung gegeneinander bewegen könnten (Abb. 12.24c).
- Aus mehreren stabilen Fachwerken können nach den Regeln der Starrkörpersysteme gemäß Abschn. 12.7 neue stabile Fachwerksysteme gebildet werden (Abb. 12.24d).

Ermittlung der Stabkräfte

Knotenschnittverfahren. Allgemein ergeben sich die s Stabkräfte und die drei Auflagerkräfte für ein statisch bestimmtes Fachwerk nach Aufstellen der Gleichgewichtsbedingungen $\sum F_{ix} = 0$ und $\sum F_{iy} = 0$ an allen durch Rundschnitt freigemachten n Knoten. Man erhält $2n$ lineare Gleichungen. Ist die Nennerdeterminante des Gleichungssystems ungleich null, so ist das Fachwerk stabil, ist sie gleich null, so ist es instabil (verschieblich) [1]. Häufig gibt es (z. B. nachdem man vorher die Auflagerkräfte aus den Gleichgewichtsbedingungen am Gesamtsystem ermittelt hat) einen Ausgangsknoten mit nur zwei unbekannten Stabkräften, dem sich weitere Knoten mit nur jeweils zwei Unbekannten anschließen, so dass sie nacheinander aus den Gleichgewichtsbedingungen berechnet werden können, ohne ein Gleichungssystem lösen zu müssen.

Ritter'sches Schnittverfahren. Ein analytisches Verfahren, bei dem durch Schnitt dreier Stäbe ein ganzer Fachwerkteil freigemacht wird und nach Ansatz der drei Gleichgewichtsbedingungen für diesen Teil die drei unbekannten Stabkräfte

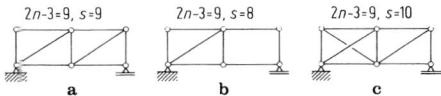

Abb. 12.23 Fachwerk. **a** Statisch bestimmt; **b** statisch unterbestimmt; **c** statisch unbestimmt

berechnet werden (s. Beispiel auf der nächsten Seite).

Einflusslinien infolge von Wanderlasten

Die Berechnung einer Stabkraft F_{S_i} als Funktion von x infolge einer Wanderlast $F = 1$ liefert die Einflussfunktion $\eta(x)$; ihre graphische Darstellung heißt Einflusslinie. Die Auswertung für mehrere Einzellasten F_j liefert die Stabkraft $F_{S_i} = \sum F_j \eta(x_j)$ (s. Beispiel).

Beispiel

Fachwerkausleger (Abb. 12.25a). Gegeben: $F_1 = 5\,\text{kN}$, $F_2 = 10\,\text{kN}$, $F_3 = 20\,\text{kN}$, $a = 2\,\text{m}$, $b = 3\,\text{m}$, $h = 2\,\text{m}$, $\alpha = 45°$, $\beta = 33{,}69°$. Gesucht: Stabkräfte.

Knotenschnittverfahren. Die unbekannten Stabkräfte F_{S_i} werden als Zugkräfte positiv angesetzt (Abb. 12.25b).

Für Knoten E gilt:

$$\sum F_{iy} = 0 \quad \text{ergibt}$$
$$F_{S_2} = -F_2/\sin\alpha$$
$$= -14{,}14\,\text{kN, also Druck};$$

$$\sum F_{ix} = 0 \quad \text{ergibt}$$
$$F_{S_1} = F_1 - F_{S_2}\cos\alpha$$
$$= +15{,}00\,\text{kN, also Zug}.$$

Für Knoten C gilt:

$$\sum F_{ix} = 0 \quad \text{ergibt}$$
$$F_{S_4} = F_{S_1} = +15{,}00\,\text{kN (Zug)};$$

$$\sum F_{iy} = 0 \quad \text{ergibt}$$
$$F_{S_3} = -F_3 = -20{,}00\,\text{kN (Druck)}.$$

Für Knoten D gilt:

$$\sum F_{iy} = 0 \quad \text{ergibt}$$
$$F_{S_5} = -(F_{S_2}\sin\alpha + F_{S_3})/\sin\beta$$
$$= +54{,}08\,\text{kN (Zug)};$$

$$\sum F_{ix} = 0 \quad \text{ergibt}$$
$$F_{S_6} = F_{S_2}\cos\alpha - F_{S_5}\cos\beta$$
$$= -55{,}00\,\text{kN (Druck)}.$$

Für Knoten B gilt:

$$\sum F_{iy} = 0 \quad \text{ergibt}$$
$$F_{S_7} = 0;$$

$$\sum F_{ix} = 0 \quad \text{ergibt}$$
$$F_B = -F_{S_6} = 55{,}00\,\text{kN}.$$

Für Knoten A gilt:

$$\sum F_{ix} = 0 \quad \text{ergibt}$$
$$F_{Ax} = F_{S_4} + F_{S_5}\cos\beta = 60{,}00\,\text{kN};$$

$$\sum F_{iy} = 0 \quad \text{ergibt}$$
$$F_{Ay} = F_{S_5}\sin\beta + F_{S_7} = 30{,}00\,\text{kN}.$$

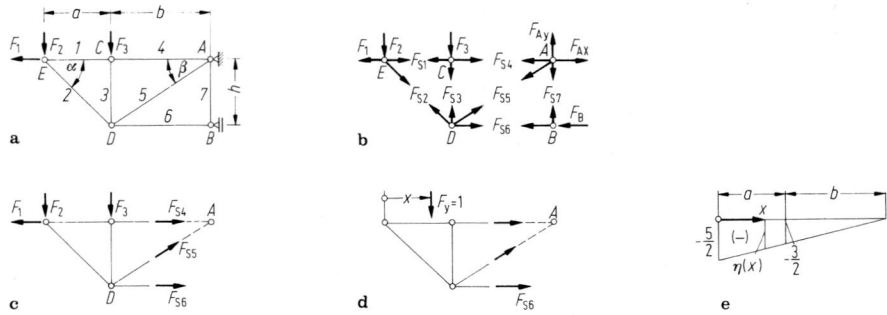

Abb. 12.25 Fachwerkausleger. **a** System; **b** Knotenschnitte; **c** Ritter'scher Schnitt; **d** Wanderlast; **e** Einflusslinie

Diese Auflagerkräfte folgen auch aus den Gleichgewichtsbedingungen am (ungeschnittenen) Gesamtsystem.

Ritter'scher Schnitt. Die Stabkräfte F_{S_4}, F_{S_5} und F_{S_6} werden durch einen Ritter'schen Schnitt (Abb. 12.25c) ermittelt.

$$\sum M_{iD} = 0 \quad \text{ergibt}$$

$$F_{S_4} = (F_2 a + F_1 h)/h = +15{,}00\,\text{kN}$$

$$\sum M_{iA} = 0 \quad \text{ergibt}$$

$$F_{S_6} = -[F_2(a+b) + F_3 b]/h$$
$$= -55{,}00\,\text{kN}$$

$$\sum F_{iy} = 0 \quad \text{ergibt}$$

$$F_{S_5} = (F_2 + F_3)/\sin\beta = +54{,}08\,\text{kN}$$

Einflusslinie für Stabkraft F_{S_6}. Untersucht wird der Einfluss einer vertikalen Wanderlast F_y (in beliebiger Stellung x auf dem Obergurt) auf die Stabkraft F_{S_6} (Abb. 12.25d). Aus

$$\sum M_{iA} = 0 = F_y(a+b-x) + F_{S_6}h$$

folgt mit $F_y = 1$

$$\eta(x) = -1 \cdot (a+b-x)/h$$
$$= -5/2 + x/(2\,\text{m})$$

also eine Gerade (Abb. 12.25e). Ihre Auswertung für die gegebenen Lasten liefert, da F_1 keinen Einfluss auf F_{S_6} hat (s. $\sum M_{iA} = 0$),

$$F_{S_6} = F_2 \eta(x=0) + F_3 \eta(x=a)$$
$$= 10\,\text{kN}(-5/2) + 20\,\text{kN}(-3/2)$$
$$= -55\,\text{kN} . \quad \blacktriangleleft$$

12.8.2 Räumliche Fachwerke

Da im Raum pro Knoten drei Gleichgewichtsbedingungen bestehen und sechs Lagerkräfte zur stabilen, statisch bestimmten Lagerung des Gesamtfachwerks erforderlich sind, gilt das Abzählkriterium $3n = s + 6$ bzw. $s = 3n - 6$. Im Übrigen gelten den ebenen Fachwerken analoge Methoden für die Stabkraftberechnung usw. [2].

12.9 Seile und Ketten

Seile und Ketten werden als biegeweich angesehen, d. h., sie können nur Zugkräfte übertragen. Vernachlässigt man die Längsdehnungen der einzelnen Elemente (Theorie 1. Ordnung), so folgt für das ebene Problem infolge vertikaler Streckenlast aus den Gleichgewichtsbedingungen am Seilelement (Abb. 12.26a)

bei gegebener Belastung $q(s)$:
$\sum F_{ix} = 0$, d. h. $dF_H = 0$, $\sum F_{iy} = 0$, d. h. $F_V = q(s)\,ds$, also $F_H = \text{const}$ und $dF_V/ds = q(s)$. Gemäß Abb. 12.26a gilt ferner $\tan\varphi = y' = F_V/F_H$, d. h. $F_V = F_H y'$ bzw. $F_V' = dF_V/dx = F_H y''$.

Mit $ds = \sqrt{1 + y'^2}\,dx$ wird hieraus

$$dF_V/ds = (dF_V/dx)(dx/ds)$$
$$= F_H y''/\sqrt{1 + y'^2} = q(s) .$$

Folglich ist

$$y'' = [q(s)/F_H]\sqrt{1 + y'^2} ; \qquad (12.19)$$

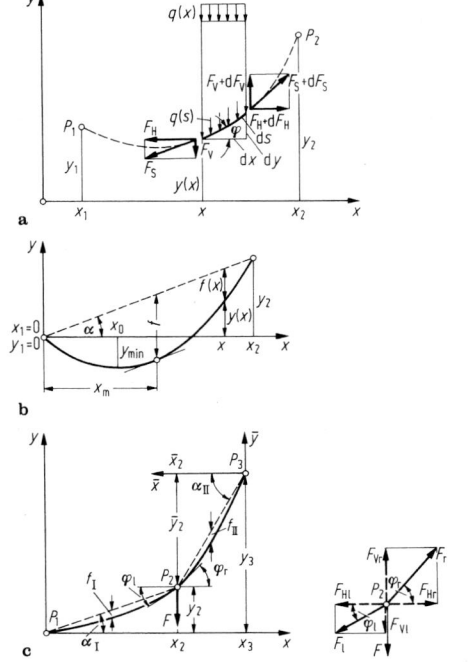

Abb. 12.26 Seil. **a** Element; **b** Seil unter Eigengewicht; **c** Seil unter Einzellast

bei gegebener *Belastung* $q(x)$: gemäß Abb. 12.26a gilt $q(s)\,\mathrm{d}s = q(x)\,\mathrm{d}x$, d. h.

$$q(s) = q(x)\,\mathrm{d}x/\mathrm{d}s$$
$$= q(x)\cos\varphi = q(x)/\sqrt{1 + y'^2}$$

und damit nach Gl. (12.19)

$$y'' = q(x)/F_\mathrm{H}\,. \qquad (12.20)$$

Die Lösungen dieser Differentialgleichungen ergeben die Seilkurve $y(x)$. Die dabei auftretenden zwei Integrationskonstanten sowie der unbekannte (konstante) Horizontalzug F_H folgen aus den Randbedingungen $y(x = x_1) = y_1$ und $y(x = x_2) = y_2$ sowie aus der gegebenen Seillänge $L = \int \mathrm{d}s = \int \sqrt{1 + y'^2}\,\mathrm{d}x$.

12.9.1 Seil unter Eigengewicht (Kettenlinie)

Für ein Seil konstanten Querschnitts folgt mit $q(s) = \text{const} = q$ aus Gl. (12.19) mit $a = F_\mathrm{H}/q$ nach Trennung der Variablen und Integration $\operatorname{arsinh} y' = (x - x_0)/a$ bzw. $y'(x) = \sinh[(x - x_0)/a]$ mit $y(x) = \int \sinh[(x-x_0)/a]\mathrm{d}x + y_0$ die *Kettenlinie*

$$y(x) = y_0 + a\cosh[(x - x_0)/a]\,. \qquad (12.21)$$

Der Extremwert von $y(x)$ folgt aus $y' = 0$ an der Stelle $x = x_0$ zu $y_{\min} = y_0 + a$. Die unbekannten Konstanten x_0, y_0 und $a = F_\mathrm{H}/q$ ergeben sich aus den drei Bedingungen (Abb. 12.26b)

$$y(x_1 = 0) = 0 = y_0 + a\cosh(x_0/a)\,,$$
$$y(x = x_2) = y_2 = y_0 + a\cosh[(x_2 - x_0)/a]\,,$$
$$L = \int_{x=0}^{x_2} \sqrt{1 + \sinh^2[(x - x_0)/a]}\,\mathrm{d}x$$
$$= a\sinh[(x_2 - x_0)/a] + a\sinh(x_0/a)\,.$$

Hieraus ergeben sich

$$y_0 = -a\cosh(x_0/a)\,,$$
$$x_0 = x_2/2 - a\operatorname{artanh}(y_2/L) \quad \text{und}$$
$$\sinh(x_2/2a) = \sqrt{L^2 - y_2^2}/(2a)\,.$$

Aus der letzten (transzendenten) Gleichung kann a, anschließend können x_0 und y_0 berechnet werden. Der maximale Durchhang f gegenüber der Sehne folgt an der Stelle $x_m = x_0 + a\operatorname{arsinh}(y_2/x_2)$ zu $f = y_2 x_m/x_2 - y(x_m)$. Für die Kräfte gilt

$$F_\mathrm{H} = aq = \text{const}, \quad F_\mathrm{V}(x) = F_\mathrm{H}y'(x)\,,$$
$$\qquad (12.22)$$
$$F_\mathrm{S}(x) = \sqrt{F_\mathrm{H}^2 + F_\mathrm{V}^2(x)}\,.$$

Die größte Seilkraft tritt an der Stelle auf, wo y' zum Maximum wird, d. h. in einem der Befestigungspunkte.

Beispiel

Kettenlinie. Befestigungspunkte P_1 (0; 0) und P_2 (300 m; -50 m). Seillänge $L = 340$ m, Belastung $q(s) = 30\,\mathrm{N/m}$. – Aus der transzendenten Gleichung ergibt sich nach iterativer Rechnung $a = 179{,}2$ m und damit $x_0 = 176{,}5$ m und $y_0 = -273{,}4$ m, womit nach Gl. (12.21) die Kettenlinie bestimmt ist. Der maximale Durchhang gegenüber der Sehne tritt an der Stelle $x_m = 146{,}8$ m auf und hat die Größe $f = 67{,}3$ m. Der Horizontalzug beträgt $F_\mathrm{H} = aq = 5{,}375\,\mathrm{kN} = \text{const}$. Die größte Seilkraft tritt im Punkt P_1 auf: $F_\mathrm{V}(x = 0) = F_\mathrm{H} \cdot |y'(x = 0)| = 6{,}192\,\mathrm{kN}$ und somit $F_{\mathrm{S,max}} = F_\mathrm{S}(x = 0) = 8{,}20\,\mathrm{kN}$. ◄

12.9.2 Seil unter konstanter Streckenlast

Hierunter fallen neben Seilen mit angehängter konstanter Streckenlast $q(x) = \text{const}$ auch solche mit flachem Durchhang unter Eigengewicht, da bei $q(s) = q_0 = \text{const}$ wegen $q(s)\sqrt{1 + y'^2} = q_0/\cos\varphi = q(x)$ mit $\cos\varphi \approx \cos\alpha = \text{const}$ auch $q(x) = \text{const} = q$ wird. Zweimalige Integration der Gl. (12.20) liefert $y(x) = (q/F_\mathrm{H})x^2/2 + C_1 x + C_2$; Randbedingungen mit gegebenem Durchhang f in der Mitte: $y(x_1 = 0) = 0$, $y(x = x_2) = y_2$, $y(x = x_2/2) = y_2/2 - f$.

Hieraus $C_2 = 0$, $C_1 = (y_2 - 4f)/x_2$, $F_H = qx_2^2/(8f)$ und damit $y(x) = (y_2/x_2)x - (4f/x_2^2)(x_2x - x^2) = (y_2/x_2)x - f(x)$, wobei $f(x)$ der Durchhang gegenüber der Sehne ist (Abb. 12.26b). Ferner gilt $F_V(x) = F_H y'(x)$ und $F_S(x) = \sqrt{F_H^2 + F_V^2(x)}$; $F_{S,\max}$ an der Stelle der maximalen Steigung.

Die Länge L des Seils folgt aus $L = \int_{x=0}^{x_2} \sqrt{1 + y'^2}\,dx$ mit $a = F_H/q$ zu

$$L = (a/2)\left[(C_1 + x_2/a)\sqrt{1 + (C_1 + x_2/a)^2} \right.$$
$$+ \ln\left(C_1 + x_2/a + \sqrt{1 + (C_1 + x_2/a)^2} \right)$$
$$\left. - C_1\sqrt{1 + C_1^2} - \ln\left(C_1 + \sqrt{1 + C_1^2} \right) \right].$$

Für Seile mit flachem Durchhang gilt mit der Sehnenlänge $l = \sqrt{x_2^2 + y_2^2}$ die Näherungsformel

$$L \approx l\left[1 + 8x_2^2 f^2/(3l^4) \right]. \tag{12.23}$$

Beispiel

Seil mit flachem Durchhang. Das Beispiel aus Abschn. 12.9.1 werde näherungsweise als flach durchhängendes Seil berechnet. Gegeben: $P_1(0;\,0)$, $P_2(300\,\text{m};\,-50\,\text{m})$, $f = 67,3\,\text{m}$, $q_0 = 30\,\text{N/m}$. –

Aus $\tan\alpha = -50/300$ folgt $\alpha = -9,46°$ und $\cos\alpha = 0,9864$, so dass $q \approx q_0/\cos\alpha = 30,41\,\text{N/m}$ wird. Es folgen $C_1 = -1,064$ und $F_E = 5,083\,\text{kN}$. Somit ist die Seillinie

$$y(x) = -0,1667 \cdot x$$
$$- 0,003\,\text{m}^{-1}(300\,\text{m} \cdot x - x^2)$$
$$= -1,064 \cdot x + 0,003\,\text{m}^{-1} \cdot x^2.$$

An der Stelle $x = 0$ wird $y'_{\max} = |y'(0)| = 1,064$, also $F_{V,\max} = F_H y'_{\max} = 5,408\,\text{kN}$ und somit $F_{S,\max} = 7,42\,\text{kN}$.

Die Näherungsformel Gl. (12.23) für die Seillänge liefert dann mit $l = 304,1\,\text{m}$ den Wert $L \approx 342,7\,\text{m}$. Die Ergebnisse zeigen,

dass die Näherungslösung von den exakten Werten (Abschn. 12.9.1) nicht erheblich abweicht, obwohl der „flache" Durchhang hier nur in geringem Maße zutrifft. ◄

12.9.3 Seil mit Einzellast

Betrachtet wird nur das Seil mit flachen Durchhängen gegenüber den Sehnen (Abb. 12.26c, links). Sind x_2, y_2, x_3, y_3 gegeben, so gelten mit $F_{HI} = F_{HII} = F_H$ die Beziehungen

$$q_I = q_0/\cos\alpha_I, \quad q_{II} = q_0/\cos\alpha_{II},$$
$$f_I = q_I x_2^2/(8F_H), \quad f_{II} = q_{II}\bar{x}_2^2/(8F_H),$$
$$y(x) = (y_2/x_2)x - (q_I/2F_H)\left(x_2 x - x^2 \right),$$
$$\bar{y}(\bar{x}) = (\bar{y}_2/\bar{x}_2)\bar{x} - (q_{II}/2F_H)\left(\bar{x}_2\bar{x} - \bar{x}^2 \right),$$
$$y'(x) = (y_2/x_2) - (q_I/2F_H)(x_2 - 2x),$$
$$\bar{y}'(\bar{x}) = (\bar{y}_2/\bar{x}_2) - (q_{II}/2F_H)(\bar{x}_2 - 2\bar{x}).$$

Aus der Gleichgewichtsbedingung $\sum F_{iy} = 0 = F_{VI} + F - F_{Vr}$ am Knoten P_2 (Abb. 12.26c, rechts) folgt mit $F_V = F_H \cdot |y'|$ unter Beachtung, dass $\bar{y}'$ negativ ist und somit $|y'| = -y'$,

$$F_H y_2/x_2 + q_I x_2/2 + F$$
$$+ F_H \bar{y}_2/\bar{x}_2 + q_{II}\bar{x}_2/2 = 0, \quad \text{d. h.}$$
$$F_H = \frac{-q_I x_2 - q_{II}\bar{x}_2 - 2F}{2(y_2/x_2 + \bar{y}_2/\bar{x}_2)}.$$

Hiermit können f_I und f_{II}, wie angegeben, $F_V(x)$ und $F_S(x)$ nach Gl. (12.22) sowie L_I und L_{II} nach Gl. (12.23) berechnet werden.

12.10 Schwerpunkt (Massenmittelpunkt)

An einem Körper der Masse m wirken an den Massenelementen dm die Gewichtskräfte $d\boldsymbol{F}_G = dm\,\boldsymbol{g}$, die alle zueinander parallel sind. Den Angriffspunkt ihrer Resultierenden $\boldsymbol{F}_G = \int d\boldsymbol{F}_G$ nennt man den Schwerpunkt (Abb. 12.27a). Seine Lage ist festgelegt durch die Bedingung, dass das Moment der Resultierenden gleich dem der

12

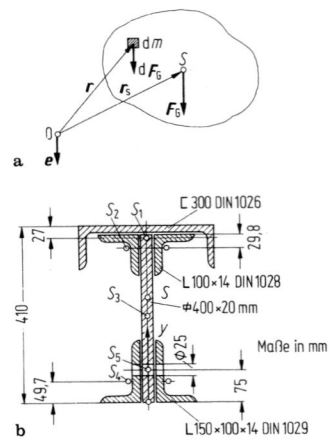

Abb. 12.27 Schwerpunkt eines Körpers (**a**) und eines Trägerquerschnitts (**b**)

Einzelkräfte sein muss, d. h.

$$r_S \times F_G = \int r \times dF_G \quad \text{bzw. mit}$$

$$dF_G = dF_G e$$

$$\left(r_S F_G - \int r \, dF_G \right) \times e = 0 , \quad \text{d. h.}$$

$$r_S = \left(\int r \, dF_G \right) / F_G \quad \text{bzw. in Komponenten}$$

$$x_S = (1/F_G) \int x \, dF_G ,$$

$$y_S = (1/F_G) \int y \, dF_G ,$$

$$z_S = (1/F_G) \int z \, dF_G . \tag{12.24}$$

Analog gilt bei konstanter Fallbeschleunigung g für den Massenmittelpunkt, bei konstanter Dichte ϱ für den Volumenschwerpunkt sowie für den Flächen- und Linienschwerpunkt in vektorieller Form

$$r_S = (1/m) \int r \, dm ;$$

$$r_S = (1/V) \int r \, dV ;$$

$$r_S = (1/A) \int r \, dA \quad \text{und}$$

$$r_S = (1/s) \int r \, ds . \tag{12.25}$$

Bestehen die Gebilde aus endlich vielen Teilen mit bekannten Teilschwerpunkten, so gilt in Komponenten z. B. für den Flächenschwerpunkt

$$x_S = (1/A) \sum x_i A_i ;$$

$$y_S = (1/A) \sum y_i A_i ;$$

$$z_S = (1/A) \sum z_i A_i . \tag{12.26}$$

Die Größen $\int x \, dA$ bzw. $\sum x_i A_i$ usw. bezeichnet man als statische Momente. Sind sie null, so folgt auch $x_S = 0$ usw., d. h., das statische Moment bezüglich einer Achse durch den Schwerpunkt (Schwerlinie) ist stets gleich null. Alle Symmetrieachsen erfüllen diese Bedingung, d. h., sie sind stets Schwerlinien.

Die durch Integration ermittelten Schwerpunkte von homogenen Körpern sowie von Flächen und Linien sind in den Tab. 12.1–12.3 angegeben.

Beispiel

Schwerpunkt eines Trägerquerschnitts. Für den zusammengesetzten Trägerquerschnitt ist der Flächenschwerpunkt zu ermitteln (Abb. 12.27b). – Der Schwerpunkt liegt auf der Symmetrieachse. Ermittlung von y_S tabellarisch, wobei die Bohrung als negative Fläche angesetzt wird.

Fläche	A_i cm^2	y_i cm	$y_i A_i$ cm^3
1) U 300	58,8	38,30	2252,0
2) 2L 100×14	2×26,2	37,02	1939,8
3) ▯ 400×20	80,0	20,00	1600,0
4) 2L 150×100×14	2×33,2	4,97	330,0
5) Bohrung ∅25	−12,0	7,50	−90,0
	$\sum$ 245,6		$\sum$ 6031,8

$$y_S = 6031,8 \,\text{cm}^3 / 245,6 \,\text{cm}^2 = 24,56 \,\text{cm} \quad \blacktriangleleft$$

12.11 Haftung und Reibung

Haftung. Bleibt ein Körper unter Einwirkung einer resultierenden Kraft F, die ihn gegen eine Unterlage presst, in Ruhe, so liegt Haftung

Tab. 12.1 Schwerpunkte von homogenen Körpern

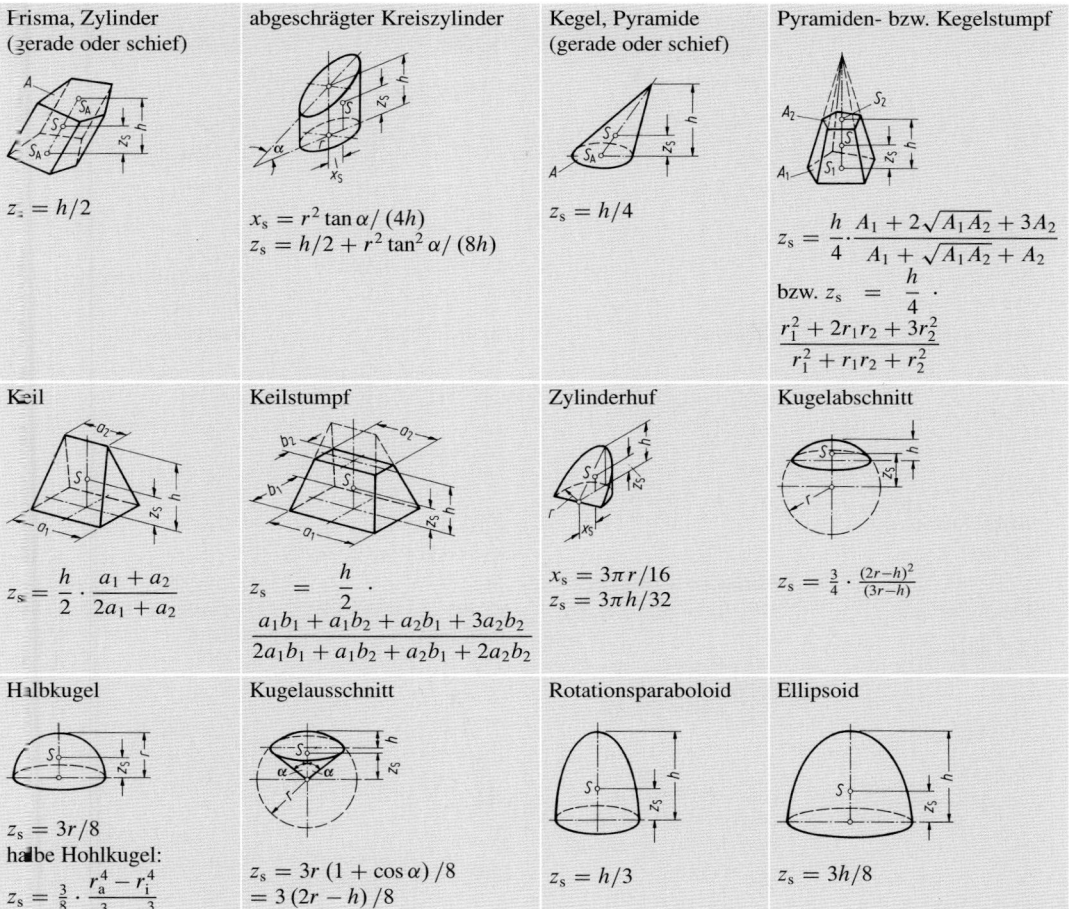

Prisma, Zylinder (gerade oder schief)	abgeschrägter Kreiszylinder	Kegel, Pyramide (gerade oder schief)	Pyramiden- bzw. Kegelstumpf
$z_s = h/2$	$x_s = r^2 \tan\alpha / (4h)$ $z_s = h/2 + r^2 \tan^2\alpha / (8h)$	$z_s = h/4$	$z_s = \dfrac{h}{4} \cdot \dfrac{A_1 + 2\sqrt{A_1 A_2} + 3A_2}{A_1 + \sqrt{A_1 A_2} + A_2}$ bzw. $z_s = \dfrac{h}{4} \cdot \dfrac{r_1^2 + 2r_1 r_2 + 3r_2^2}{r_1^2 + r_1 r_2 + r_2^2}$
Keil	Keilstumpf	Zylinderhuf	Kugelabschnitt
$z_s = \dfrac{h}{2} \cdot \dfrac{a_1 + a_2}{2a_1 + a_2}$	$z_s = \dfrac{h}{2} \cdot \dfrac{a_1 b_1 + a_1 b_2 + a_2 b_1 + 3a_2 b_2}{2a_1 b_1 + a_1 b_2 + a_2 b_1 + 2a_2 b_2}$	$x_s = 3\pi r/16$ $z_s = 3\pi h/32$	$z_s = \dfrac{3}{4} \cdot \dfrac{(2r-h)^2}{(3r-h)}$
Halbkugel	Kugelausschnitt	Rotationsparaboloid	Ellipsoid
$z_s = 3r/8$ halbe Hohlkugel: $z_s = \dfrac{3}{8} \cdot \dfrac{r_a^4 - r_i^4}{r_a^3 - r_i^3}$	$z_s = 3r(1 + \cos\alpha)/8$ $= 3(2r - h)/8$	$z_s = h/3$	$z_s = 3h/8$

vor (Abb. 12.28). Die Verteilung der Flächenpressung zwischen Körper und Unterlage ist meist unbekannt und wird durch die Reaktionskraft F_n ersetzt. Aus Gleichgewichtsgründen ist $F_n = F_s = F\cos\alpha$ und $F_r = F_t = F\sin\alpha$, d. h. $F_r = F_n \tan\alpha$. Der Körper bleibt so lange in Ruhe, bis die Reaktionskraft F_r den Grenzwert $F_{r0} = F_n \tan\varrho_0 = F_n \mu_0$ erreicht, d. h. solange F – räumlich betrachtet – innerhalb des sogenannten Reibungskegels mit dem Öffnungswinkel $2\varrho_0$ liegt. Für die Reaktionskraft F_r gilt die Ungleichung

$$F_r \leqq F_n \tan\varrho_0 = F_n \mu_0 \,. \tag{12.27}$$

Die Haftzahl μ_0 hängt ab von den aneinander gepressten Werkstoffen, deren Oberflächenbeschaffenheit, von einer Fremdschicht (Schmierschicht), von Temperatur und Feuchtigkeit, von der Flächenpressung und von der Größe der Normalkraft; μ_0 schwankt daher zwischen bestimmten Grenzen und ist gegebenenfalls experimentell zu bestimmen [3]. Insofern können die Werte für μ_0 (s. Tab. 12.4) nur als Anhaltswerte dienen.

Gleitreibung (Reibung der Bewegung). Wird die Haftung überwunden, und setzt sich der Körper in Bewegung, so gilt für die Reibkraft das

Tab. 12.2 Schwerpunkte von Flächen

ebene Flächen

Dreieck	Parallelogramm	Trapez	Kreisausschnitt
$y_s = h/3$	$y_s = h/2$	$y_s = \dfrac{h}{3}\cdot\dfrac{a+2b}{a+b}$	$y_s = 2r\sin\alpha/(3\alpha)$ $= 2rl/(3b)$ Halbkreisfläche: $y_s = 4r/(3\pi)$

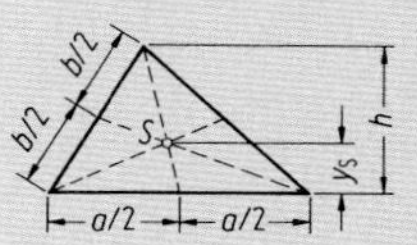

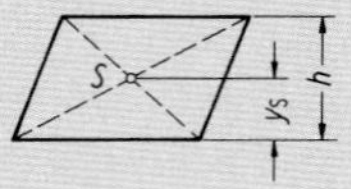

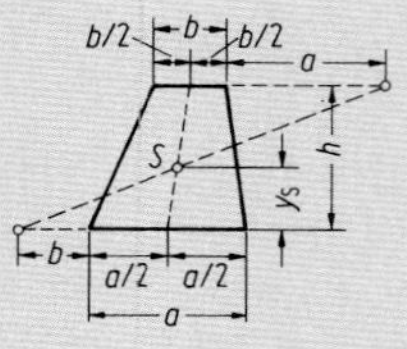

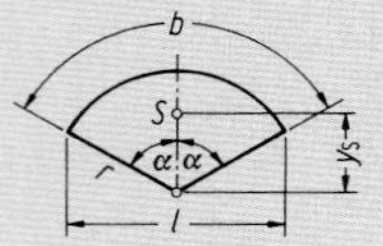

Kreisabschnitt	Kreisringstück	Parabelflächen	Parabelabschnitt
$y_s = \dfrac{2}{3}\cdot\dfrac{r\sin^3\alpha}{\alpha-\sin\alpha\cos\alpha}$ Halbkreisfläche: $y_s = 4r/(3\pi)$	$y_s = \dfrac{2}{3}\cdot\dfrac{(r_a^3-r_i^3)\sin\alpha}{(r_a^2-r_i^2)\alpha}$	$x_{s1}=3a/8\;\;y_{s1}=2h/5$ $x_{s2}=3a/4\;\;y_{s2}=3h/10$	$y_s = 2h/5$

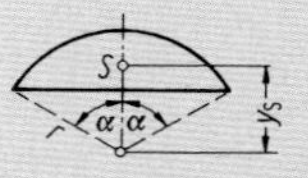

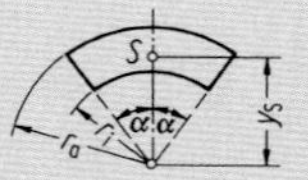

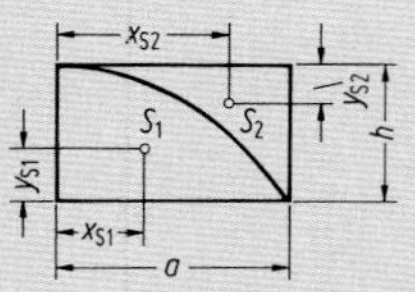

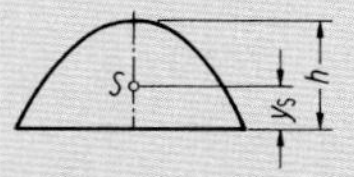

räumliche Oberflächen

Ellipsenabschnitt	Kugelzone bzw. -haube	Mantel von Pyramide und Kegel	Mantel von Kreiskegelstumpf
$y_s = \dfrac{2}{3}\cdot\dfrac{b\sin^3\alpha}{\alpha-\sin\alpha\cos\alpha}$	$z_s = (r/2)(\cos\alpha_1+\cos\alpha_2)=h_0+h/2$ bzw. $z_s=(r/2)(1+\cos\alpha_2)=(h_0+r)/2$	$z_s = h/3$	$z_s = \dfrac{h}{3}\cdot\dfrac{r_1+2r_2}{r_1+r_2}$

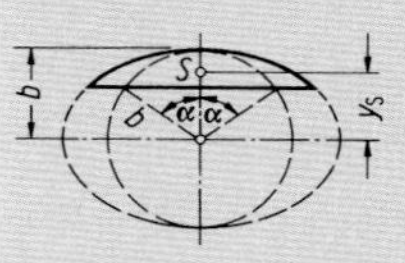

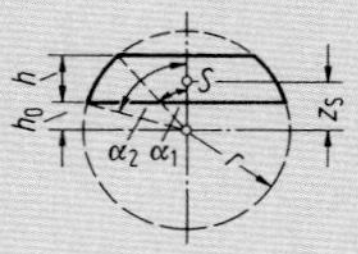

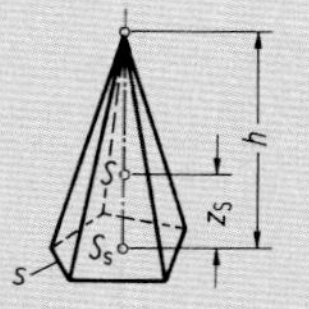

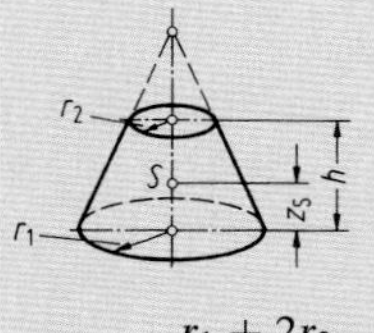

Tab. 12.3 Schwerpunkte von Linien

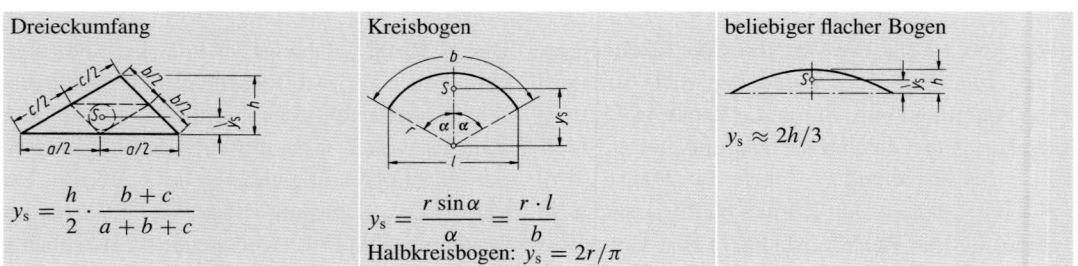

Dreieckumfang	Kreisbogen	beliebiger flacher Bogen
$y_s = \dfrac{h}{2}\cdot\dfrac{b+c}{a+b+c}$	$y_s = \dfrac{r\sin\alpha}{\alpha}=\dfrac{r\cdot l}{b}$ Halbkreisbogen: $y_s=2r/\pi$	$y_s \approx 2h/3$

Coulomb'sche Gleitreibungsgesetz (Abb. 12.29)

$$F_r/F_n = \text{const} = \tan\varrho = \mu \quad \text{bzw.}$$
$$F_r = \mu F_n. \tag{12.28}$$

Die Gleitreibungskraft ist eine eingeprägte Kraft, die dem Geschwindigkeits- bzw. Ver-

schiebungsvektor entgegengesetzt gerichtet ist. Der Gleitreibungskoeffizient μ (bzw. Gleitreibungswinkel ϱ) hängt neben den unter Haftung beschriebenen Einflüssen vornehmlich von den Schmierungsverhältnissen (Trockenreibung, Mischreibung, Flüssigkeitsreibung; s. Abschn. 33.1) ab, zum Teil aber auch von der

Tab. 12.4 Haft- und Gleitreibungswerte

Stoffpaar	Haftzahl μ_0		Gleitreibungszahl μ	
	trocken	geschmiert	trocken	geschmiert
Eisen-Eisen			1,0	
Kupfer-Kupfer			0,60...1,0	
Stahl-Stahl	0,45...0,80	0,10	0,40...0,70	0,10
Chrom-Chrom			0,41	
Nickel-Nickel			0,39...0,70	
Aluminiumlegierung-Aluminiumlegierung			0,15...0,60	
S 235 poliert			0,15	
Stahl-Grauguss	0,18...0,24	0,10	0,17...0,24	0,02...0,21
Stahl-Weißmetall			0,21	
Stahl-Blei			0,50	
Stahl-Zinn			0,60	
Stahl-Kupfer			0,23...0,29	
Bremsbelag-Stahl			0,50...0,60	0,20...0,50
Lederdichtung-Metall	0,60	0,20	0,20...0,25	0,12
Stahl-Polyetrafluoräthylen (PTFE)			0,04...0,22	
Stahl-Polyamid			0,32...0,45	0,10
Holz-Metall	0,50...0,65	0,10	0,20...0,50	0,02...0,10
Holz-Holz	0,40...0,65	0,10...0,20	0,20...0,40	0,04...0,16
Stahl-Eis	0,027		0,014	

Abb. 12.28 Haftung

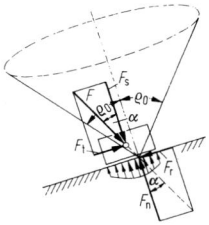

Abb. 12.29 Gleitreibung

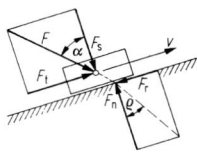

Gleitgeschwindigkeit [4, 5]. Anhaltswerte für μ s. Tab. 12.4.

12.11.1 Anwendungen zur Haftung und Gleitreibung

Reibung am Keil. Gesucht wird die Kraft F, die zum Heben und Senken einer Last mit konstanter Geschwindigkeit erforderlich ist. Die Lösung folgt am einfachsten aus dem Sinussatz am Krafteck, z. B. für das Heben der Last nach

Abb. 12.30

$$\frac{F_2}{F_Q} = \frac{\sin(90° + \varrho_3)}{\sin[90° - (\alpha + \varrho_2 + \varrho_3)]},$$

$$\frac{F}{F_2} = \frac{\sin(\alpha + \varrho_1 + \varrho_2)}{\sin(90° - \varrho_1)};$$

hieraus

$$F = F_Q \frac{\tan(\alpha + \varrho_2) + \tan\varrho_1}{1 - \tan(\alpha + \varrho_2)\tan\varrho_3}.$$ Entsprechend

$$F = F_Q \frac{\tan(\alpha - \varrho_2) - \tan\varrho_1}{1 + \tan(\alpha - \varrho_2)\tan\varrho_3}$$

(12.29)

für das Senken der Last. Wird $F \leq 0$, so tritt Selbsthemmung auf; dann ist

$$\tan(\alpha - \varrho_2) \lessgtr \tan\varrho_1 \quad \text{bzw.} \quad \alpha \lessgtr \varrho_1 + \varrho_2.$$

Der Keil muss dann herausgezogen bzw. von der anderen Seite hinausgedrückt werden. Der Wirkungsgrad des Keilgetriebes beim Heben der Last ist $\eta = F_0/F$; hierbei ist $F_0 = F_Q \cdot \tan\alpha$ die erforderliche Kraft ohne Reibung.

Für $\varrho_1 = \varrho_2 = \varrho_3 = \varrho$ gilt $F = F_Q \tan(\alpha \pm 2\varrho)$; Selbsthemmung für $a \leq 2\varrho$, Wirkungsgrad $\eta = \tan\alpha / \tan(\alpha + 2\varrho)$. Bei Selbsthemmung wird $\eta = \tan 2\varrho / \tan 4\varrho = 0,5 - 0,5\tan^2 2\varrho < 0,5$.

12

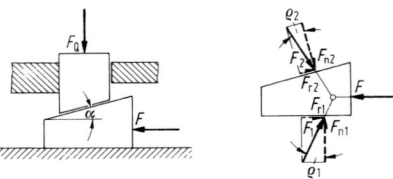

Abb. 12.30 Reibung am Keil

Schraube (Bewegungsschraube) *Rechteckge-winde (flachgängige Schraube).* (Abb. 12.31a) Gesucht ist das Drehmoment M zum gleichför-migen Heben und Senken der Last.

$$\sum F_{iz} = 0 = \int dF \cos(\alpha + \varrho) - F_Q ,$$

$$F = F_Q / \cos(\alpha + \varrho),$$

$$\sum M_{iz} = 0 = M - \int dF \sin(\alpha + \varrho) r_m ,$$

$$M = F_Q r_m \tan(\alpha + \varrho)$$

Wirkungsgrad beim Heben $\eta = M_0/M = \tan\alpha / \tan(\alpha + \varrho)$; M_0 erforderliches Mo-ment ohne Reibung. Beim Senken tritt $-\varrho$ an Stelle von ϱ; $M = F_Q r_m \tan(\alpha - \varrho)$. Selbsthemmung für $M \leq 0$, d. h. $\tan(\alpha - \varrho) \leq 0$, also $\alpha \leq \varrho$. Dann ist zum Senken der Last ein negatives Moment erforderlich. Für $\alpha = \varrho$ folgt $\eta = \tan\varrho / \tan 2\varrho = 0{,}5 - 0{,}5 \tan^2 \varrho < 0{,}5$.

Trapez- und Dreieckgewinde (scharfgängige Schraube). (Abb. 12.31b). Es gelten dieselben Gleichungen wie für Rechteckgewinde, wenn an-stelle von $\mu = \tan\varrho$ die Reibzahl $\mu' = \tan\varrho^* = \mu / \cos(\beta/2)$, d. h. anstelle von ϱ der Reibwinkel $\varrho' = \arctan[\mu / \cos(\beta/2)]$ eingesetzt wird. Be-weis gemäß Abb. 12.31b, da anstelle von dF_n die Kraft $dF_n' = dF_n / \cos(\beta/2)$ und anstelle von $dF_r = \mu dF_n$ die Kraft $dF_r' = \mu dF_n' = [\mu / \cos(\beta/2)] dF_n = \mu' dF_n$ tritt. Hierbei ist β der Flankenwinkel des Gewindes. Bemerkung: Für Befestigungsschrauben ist Selbsthemmung, d. h. $\alpha \leq \varrho_0'$, erforderlich.

Seilreibung (Haftung zwischen Seil und Seil-rolle) (Abb. 12.32). Gleitreibung tritt auf bei relativer Bewegung zwischen Seil und Scheibe (Bandbremse, Schiffspoller bei laufendem Seil). Bei Haftung zwischen Seil und Scheibe (Riemen-trieb, Bandbremse als Haltebremse, Schiffspoller bei ruhendem Seil) tritt Gleichgewicht in Nor-mal- und Tangentialrichtung am Seilelement auf. Damit ergibt sich $dF_n = F_S d\varphi$, $dF_S = dF_r$; mit $dF_r = \mu_0 dF_n$ folgt $dF_S = \mu_0 F_S d\varphi$. Nach Integration über den Umschlingungswin-kel α folgt die Euler'sche Seilreibungsformel: $F_{S_2} = F_{S_1} e^{\mu_0 a}$ bzw. $F_{S_2}/F_{S_1} = e^{\mu_0 a}$. Die Haft-kraft ergibt sich aus $F_r = F_{S_2} - F_{S_1}$ und das Haftmoment aus $M_r = F_r r$. Bei nicht vernachläs-sigbarer Geschwindigkeit des Seiles (z. B. beim Riementrieb) treten Fliehkräfte $q_F = m v^2/r$ (m: Masse pro Längeneinheit des Seiles) am Seil auf. Dann ist F_S durch $F_S - m v^2$ zu erset-zen. Beim Schiffspoller (Abb. 12.32c) mit $\alpha = 2\pi$ und $\mu_0 = 0{,}1$ ergibt sich ein Verhältnis $F_{S_2}/F_{S_1} \approx 1{,}87$.

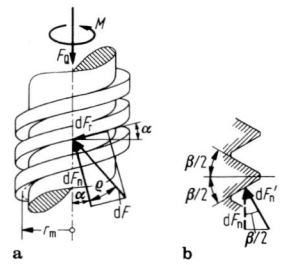

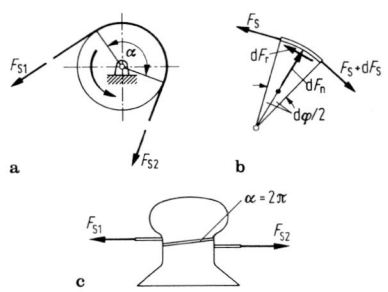

Abb. 12.31 Reibung an **a** flachgängiger und **b** scharfgän-giger Schraube

Abb. 12.32 Seilreibung. **a** Kräfte; **b** Element; **c** Schiffs-poller

12.11.2 Rollwiderstand

Rollt ein zylindrischer o.ä. Körper auf einer Unterlage (Abb. 12.33a), so ergibt sich wegen der Verformung der Unterlage und des Körpers eine schräg gerichtete Resultierende, deren Horizontalkomponente die Widerstandskraft F_w ist. Ihr muss bei gleichförmiger Bewegung die Antriebskraft F_a das Gleichgewicht halten. Mit $F_n = F_Q$ und $f \ll r$, d. h. $\tan\alpha \approx \sin\alpha = f/r$, folgt

$$F_\mathrm{w} = F_Q f/r = F_Q \mu_\mathrm{r}$$

und als sog. Moment der rollenden Reibung $M_\mathrm{w} = F_\mathrm{w} r = \mu_\mathrm{r} F_Q r = F_Q f$, wobei $\mu_\mathrm{r} = f/r$ der Koeffizient der Rollreibung ist. Der Hebelarm f der Rollreibung ist empirisch zu ermitteln. Für Stahlräder auf Schienen ist $f \approx 0,05\,\mathrm{cm}$, für Wälzlager $f \approx 0,0005 \ldots 0,001\,\mathrm{cm}$.

Als *Fahrwiderstand* (Abb. 12.33b) bezeichnet man die Summe aus Rollwiderstand und Lagerreibungswiderstand,

$$F_\mathrm{w,ges} = (F_Q + F_G) f/r + F_Q \mu_z r_1/r$$

F_G Gewichtskraft des Rads, μ_z Zapfenreibungszahl.

12.11.3 Widerstand an Seilrollen

Infolge Biegesteifigkeit der Seile erfolgt an der Auflaufstelle ein „Abheben" um a_2 (s. Abb. 12.33c) und an der Ablaufstelle ein „Anschmiegen" um a_1. Unter gleichzeitiger Berücksichtigung der Lagerreibung folgt bei gleichmäßiger Geschwindigkeit für die *Feste Rolle* (Abb. 12.33c): Beim Heben

$$\sum M_\mathrm{A} = 0$$
$$= F(r - a_1) - F_Q(r + a_2)$$
$$- (F + F_Q) r_z \,, \text{d. h.}$$
$$F = F_Q(r + a_2 + r_z)/(r - a_1 - r_z)$$
$$= F_Q/\eta \,.$$

η ist der Wirkungsgrad der festen Rolle beim Heben ($\eta \approx 0,95$). Beim Senken ist η durch $1/\eta$ zu ersetzen. (r_z Radius der Zapfenreibung.)

Lose Rolle. (Abb. 12.33d): Beim Heben

$$\sum M_\mathrm{A} = 0 = F(2r + a_2 - a_1) - F_Q(r + a_2 + r_z)$$

d. h.

$$F = (F_Q/2)(r + a_2 + r_z)/(r + a_2/2 - a_1/2)$$
$$= (F_Q/2)/\eta \,.$$

$\eta = $ Nutzarbeit/zugeführte Arbeit $ = (F_Q s/2)/(F s)$. Näherungsweise wird ebenfalls $\eta \approx 0,95$ gesetzt. Beim Senken ist η durch $1/\eta$ zu ersetzen.

Rollenzug. (Abb. 12.33e): Mit den Ergebnissen für die feste und die lose Rolle ist $F_1 = \eta F$, $F_2 = \eta F_1 = \eta^2 F$ usw. Gleichgewicht für die freigemachte untere Flasche führt zu

$$\sum F_y = 0 = F_1 + F_2 + F_3 + F_4 - F_Q \,, \quad \text{d. h.}$$
$$F(\eta + \eta^2 + \eta^3 + \eta^4) = F_Q \,. \quad \text{Mit}$$
$$1 + \eta + \eta^2 + \eta^3 = (1 - \eta^4)/(1 - \eta) \quad \text{folgt}$$
$$F = F_Q/[\eta(1 - \eta^4)/(1 - \eta)] \,.$$

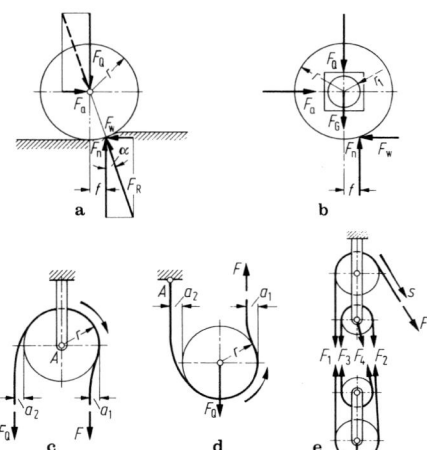

Abb. 12.33 Widerstände. **a** Rollwiderstand; **b** Fahrwiderstand; **c** feste und **d** lose Seilrolle; **e** Flaschenzug

Bei n tragenden Seilsträngen werden die Kraft und der Gesamtwirkungsgrad für das Heben

$$F = F_Q/[\eta(1 - \eta^n)/(1 - \eta)] \quad \text{und}$$
$$\eta_{\text{ges}} = W_n/W_z = (F_Q s/n)/(F s)$$
$$= \eta(1 - \eta^n)/[(1 - \eta)n] \,.$$

Beim Senken ist η wieder durch $1/\eta$ zu ersetzen.

Literatur

Spezielle Literatur

1. Föppl, A.: Vorlesungen über technische Mechanik, Bd. I, 14. Aufl., Bd. II, 10. Aufl. R. Oldenbourg, München, Berlin (1948, 1949)
2. Schlink, W.: Technische Statik, 4. u. 5. Aufl. Springer, Berlin (1948)
3. Drescher, H.: Die Mechanik der Reibung zwischen festen Körpern. VDI-Z. **101**, 697–707 (1959)
4. Krause, H., Poll, G.: Mechanik der Festkörperreibung. VDI, Düsseldorf (1982)
5. Kragelski, Dobyčin, Kombalov: Grundlagen der Berechnung von Reibung und Verschleiß. Hanser, München (1986)

Kinematik

13

Joachim Villwock und Andreas Hanau

Die Kinematik ist die Lehre von der geometrischen und analytischen Beschreibung der Bewegungszustände von Punkten und Körpern. Sie berücksichtigt nicht die Kräfte und Momente als Ursachen der Bewegung.

13.1 Bewegung eines Punkts

13.1.1 Allgemeines

Bahnkurve. Ein Punkt bewegt sich in Abhängigkeit von der Zeit im Raum längs einer Bahnkurve. Die Ortskoordinate des Punkts ist durch den Ortsvektor (Abb. 13.1a)

$$\boldsymbol{r}(t) = x(t)\boldsymbol{e}_x + y(t)\boldsymbol{e}_y + z(t)\boldsymbol{e}_z$$
$$= (x(t);\ y(t);\ z(t)) \tag{13.1}$$

zum Beispiel in kartesischen Koordinaten festgelegt. Ein Punkt hat im Raum drei Freiheitsgrade, bei geführter Bewegung längs einer Fläche zwei und längs einer Linie einen Freiheitsgrad.

J. Villwock (✉)
Beuth Hochschule für Technik
Berlin, Deutschland
E-Mail: villwock@beuth-hochschule.de

A. Hanau
BSH Hausgeräte GmbH
Berlin, Deutschland
E-Mail: andreas.hanau@bshg.com

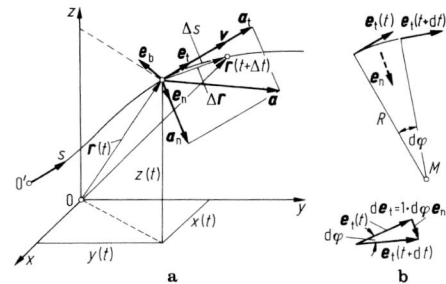

Abb. 13.1 Punktbewegung. **a** Bahnkurve, Geschwindigkeits- und Beschleunigungsvektor; **b** Differentiation des Tangenteneinheitsvektors

Geschwindigkeit. Der Geschwindigkeitsvektor ergibt sich durch Ableitung des Ortsvektors nach der Zeit:

$$\boldsymbol{v}(t) = \mathrm{d}\boldsymbol{r}/\mathrm{d}t = \dot{\boldsymbol{r}}(t)$$
$$= \dot{x}(t)\boldsymbol{e}_x + \dot{y}(t)\boldsymbol{e}_y + \dot{z}(t)\boldsymbol{e}_z$$
$$= (\dot{x}(t);\ \dot{y}(t);\ \dot{z}(t))$$
$$= (v_x;\ v_y;\ v_z)\,. \tag{13.2}$$

Der Geschwindigkeitsvektor tangiert stets die Bahnkurve, da in natürlichen Koordinaten t, n, b (begleitendes Dreibein, wobei t die Tangentenrichtung in der sog. Schmiegungsebene, n die Normalenrichtung in der Schmiegungsebene und b die Binormalenrichtung senkrecht zu t und n ist; s. Abb. 13.1a)

$$\boldsymbol{v}(t) = \frac{\mathrm{d}\boldsymbol{r}(t)}{\mathrm{d}t} = \frac{\mathrm{d}\boldsymbol{r}}{\mathrm{d}s}\frac{\mathrm{d}s}{\mathrm{d}t} = \boldsymbol{e}_t v \tag{13.3}$$

© Springer-Verlag GmbH Deutschland, ein Teil von Springer Nature 2020
B. Bender und D. Göhlich (Hrsg.), *Dubbel Taschenbuch für den Maschinenbau 1: Grundlagen und Tabellen*,
https://doi.org/10.1007/978-3-662-59711-8_13

gilt (e_t Tangenteneinheitsvektor). Der Betrag der Geschwindigkeit ist

$$|\boldsymbol{v}| = v = \mathrm{d}s/\mathrm{d}t = \dot{s} = \sqrt{v_x^2 + v_y^2 + v_z^2}$$
$$= \sqrt{\dot{x}^2 + \dot{y}^2 + \dot{z}^2}\,.$$

$$(13.4)$$

Beschleunigung. Der Beschleunigungsvektor ergibt sich durch Ableitung des Geschwindigkeitsvektors nach der Zeit:

$$\boldsymbol{a}(t) = \frac{\mathrm{d}\boldsymbol{v}}{\mathrm{d}t} = \frac{\mathrm{d}^2\boldsymbol{r}}{\mathrm{d}t^2} = \ddot{\boldsymbol{r}}(t)$$
$$= \ddot{x}(t)\boldsymbol{e}_x + \ddot{y}(t)\boldsymbol{e}_y + \ddot{z}(t)\boldsymbol{e}_z$$
$$= (\ddot{x}(t); \ddot{y}(t); \ddot{z}(t)) = (a_x; a_y; a_z) \quad (13.5)$$

bzw. in natürlichen Koordinaten

$$\boldsymbol{a}(t) = \frac{\mathrm{d}}{\mathrm{d}t}(v\boldsymbol{e}_t) = \frac{\mathrm{d}v}{\mathrm{d}t}\boldsymbol{e}_t + v \cdot \frac{\mathrm{d}\boldsymbol{e}_t}{\mathrm{d}t}\,.$$

Mit $\frac{\mathrm{d}\boldsymbol{e}_t}{\mathrm{d}t} = \frac{\mathrm{d}\boldsymbol{e}_t}{\mathrm{d}s}\frac{\mathrm{d}s}{\mathrm{d}t} = \frac{\mathrm{d}\varphi\boldsymbol{e}_n}{\mathrm{d}s}v = \frac{1}{R}\boldsymbol{e}_n v$ (s. Abb. 13.1b) folgt

$$\boldsymbol{a}(t) = \dot{v}\boldsymbol{e}_t + (v^2/R)\boldsymbol{e}_n = \boldsymbol{a}_t + \boldsymbol{a}_n\,, \quad (13.6)$$

d. h., der Beschleunigungsvektor liegt stets in der Schmiegungsebene (Abb. 13.1a). Seine Komponenten in Tangential- und Normalenrichtung heißen Tangential- und Normalbeschleunigung

$$a_t = \mathrm{d}v/\mathrm{d}t = \dot{v}(t) = \ddot{s}(t) \quad (13.7)$$

und

$$a_n = v^2/R\,, \quad (13.8)$$

wobei R der Krümmungsradius der Bahnkurve ist. Die Normalbeschleunigung ist stets zum Krümmungsmittelpunkt M gerichtet, also immer eine Zentripetalbeschleunigung. Für die Größe des (resultierenden) Beschleunigungsvektors gilt

$$a = |\boldsymbol{a}| = \sqrt{a_x^2 + a_y^2 + a_z^2}$$
$$= \sqrt{a_t^2 + a_n^2}\,. \quad (13.9)$$

Gleichförmige Bewegung liegt vor, wenn $v(t) = \dot{s}(t) = v_0 = $ const ist. Durch Integration folgt

$$s(t) = \int \dot{s}(t)\,\mathrm{d}t = v_0 t + C_1$$

bzw. mit der Anfangsbedingung $s(t = t_1) = s_1$ hieraus $C_1 = s_1 - v_0 t_1$ und somit

$$s(t) = v_0(t - t_1) + s_1\,.$$

Graphische Darstellungen von $v(t)$ und $s(t)$ liefern das Geschwindigkeits-Zeit-Diagramm und das Weg-Zeit-Diagramm (Abb. 13.2). Aus $s(t)$ folgt umgekehrt durch Differentiation $v(t)$.

Gleichmäßig beschleunigte (und verzögerte) Bewegung (Abb. 13.3) liegt vor, wenn

$$a_t(t) = \dot{v}(t) = \ddot{s}(t) = a_{t0} = \text{const}\,, \quad \text{d. h.}$$
$$v(t) = a_{t0}t + C_1 \quad \text{und}$$
$$s(t) = a_{t0}t^2/2 + C_1 t + C_2\,.$$

Hieraus folgen mit den Anfangsbedingungen $v(t = t_1) = v_1$ und $s(t = t_1) = s_1$ die Konstanten

$$C_1 = v_1 - a_{t_0}t_1 \quad \text{und} \quad C_2 = s_1 - v_1 t_1 + a_{t_0}t_1^2/2$$

und somit

$$a_t(t) = a_{t_0} = \text{const}, \quad v(t) = a_{t_0}(t - t_1) + v_1\,,$$
$$s(t) = a_{t_0}(t - t_1)^2/2 + v_1(t - t_1) + s_1\,.$$

Nach Elimination von $(t - t_1)$ ergeben sich die Beziehungen

$$t - t_1 = (v - v_1)/a_{t_0}\,,$$
$$a_{t_0} = (v^2 - v_1^2)/[2(s - s_1)]\,,$$
$$v = \sqrt{v_1^2 + 2a_{t_0}(s - s_1)}\,,$$
$$s = (v^2 - v_1^2)/(2a_{t_0}) + s_1\,.$$

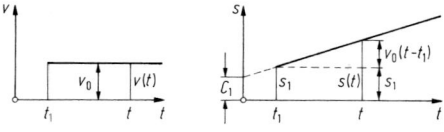

Abb. 13.2 Gleichförmige Bewegung, Bewegungsdiagramme

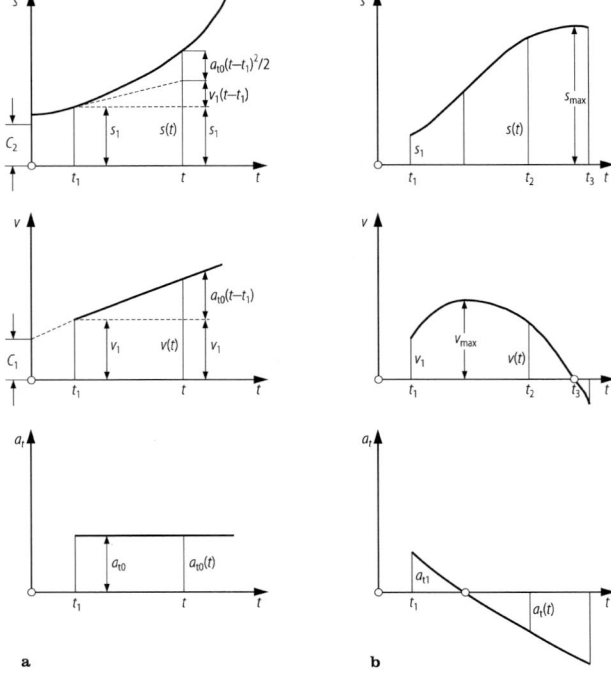

Abb. 13.3 Bewegungsdiagramme. **a** gleichmäßig beschleunigte, **b** ungleichmäßig beschleunigte Bewegung

Für den Sonderfall $t_1 = 0$, $v_1 = 0$, $s_1 = 0$ folgen

$$v(t) = a_{t_0}t, \quad s(t) = a_{t_0}t^2/2, \quad t = v/a_{t_0},$$
$$a_{t_0} = v^2/(2s), \quad v = \sqrt{2a_{t_0}s},$$
$$s = v^2/(2a_{t_0}).$$

Die mittlere Geschwindigkeit ergibt sich zu

$$v_m = \int_{t_1}^{t_2} v(t)\,dt/(t_2 - t_1)$$
$$= (s_2 - s_1)/(t_2 - t_1) = (v_1 + v_2)/2.$$

In allen Gleichungen kann a_t positiv oder negativ sein: Positives a_t bedeutet Beschleunigung bei Bewegung eines Punkts in positiver s-Richtung, aber Verzögerung bei Bewegung in negativer s-Richtung; negatives a_t bedeutet Verzögerung bei Bewegung in positiver s-Richtung, aber Beschleunigung bei Bewegung in negativer s-Richtung. Ist $s(t)$ gegeben, so erhält man durch Differentiation $v(t)$ und $a_t(t)$.

Ungleichmäßig beschleunigte (und verzögerte) Bewegung liegt vor, wenn $a_t(t) = f_1(t)$ ist

(Abb. 13.3b). Integration führt zu

$$v(t) = \int a_t(t)\,dt$$
$$= \int f_1(t)\,dt = f_2(t) + C_1 \quad \text{und}$$
$$s(t) = \int v(t)\,dt = \int [f_2(t) + C_1]\,dt$$
$$= f_3(t) + C_1 t + C_2.$$

Die Konstanten werden aus den Anfangsbedingungen $v(t = t_1) = v_1$ und $s(t = t_1) = s_1$ oder äquivalenten Bedingungen ermittelt. Aus $\dot{v}(t) = a_t(t)$ folgt, dass dort, wo $v(t)$ einen Extremwert annimmt (wo $\dot{v} = 0$ wird), im a_t, t-Diagramm die Funktion $a_t(t)$ durch Null geht. Analog folgt aus $\dot{s}(t) = v(t)$, dass $s(t)$ dort ein Extremum hat, wo $v(t)$ im v, t-Diagramm durch Null geht. Die mittlere Geschwindigkeit ergibt sich zu $v_m = (s_2 - s_1)/(t_2 - t_1)$. Entsprechend der anschaulichen Deutung des Integrals als Flächeninhalt lassen sich bei gegebenem $a_t(t)$ die Größen $v(t)$ und $s(t)$ auch mit den Methoden der graphischen oder numerischen Integration bestimmen.

13.1.2 Ebene Bewegung

Bahnkurve (Weg), Geschwindigkeit, Beschleunigung. Es gelten die Formeln von Abschn. 13.1.1, reduziert auf die beiden Komponenten x und y (Abb. 13.4a):

$$r(t) = x(t)e_x + y(t)e_y = (x(t);\ y(t)),$$
$$v(t) = \dot{x}(t)e_x + \dot{y}(t)e_y = (\dot{x}(t);\ \dot{y}(t))$$
$$= (v_x;\ v_y),$$
$$a(t) = \ddot{x}(t)e_x + \ddot{y}(t)e_y = (\ddot{x}(t);\ \ddot{y}(t))$$
$$= (a_x;\ a_y)$$

bzw. in natürlichen Koordinaten t und n:

$$a(t) = \dot{v}(t)e_t + (v^2/R)e_n = (\dot{v}(t); v^2/R)$$
$$= (a_t; a_n).$$

Ist die Bahnkurve mit $y(x)$ und die Lage des Punkts mit $s(t)$ gegeben, so ergibt sich ein Zusammenhang zwischen t und x über die Bogenlänge $s(x) = \int \sqrt{1 + y'^2}\, dx$ aus $s(x) = s(t)$. Hieraus ist $t(x)$ bzw. $x(t)$ nur in einfachen Fällen explizit berechenbar (s. nächstes Beispiel).

Beispiel

Bewegung auf einer Bahnkurve $y(x)$ (Abb. 13.4b). Untersucht wird die Bewegung eines Punkts auf der Kreisbahn $y(x) = \sqrt{r^2 - x^2}$ gemäß dem Weg-Zeit-Gesetz $s(t) = At^2$. – Nach den Gln. (13.4), (13.7) und (13.8) ergeben sich

$$v(t) = \dot{s}(t) = 2At,$$
$$a_t(t) = \dot{v}(t) = \ddot{s}(t) = 2A \quad \text{und}$$
$$a_n(t) = v^2/R = 4A^2t^2/r$$

und somit $a(t) = \sqrt{a_t^2 + a_n^2} = 2A\sqrt{1 + 4A^2t^4/r^2}$. Für die Kreisbahn ergibt sich mit $y' = -x/\sqrt{r^2 - x^2}$ die Bogenlänge zu

$$s(x) = \int\limits_{x=x}^{r} \sqrt{1 + y'^2}\, dx$$
$$= \int\limits_{x}^{r} \sqrt{r^2/(r^2 - x^2)}\, dx$$
$$= r \arccos(x/r),$$

woraus mit

$$s(x) = s(t) = At^2$$
$$t(x) = \sqrt{r \arccos(x/r)/A} \quad \text{bzw.}$$
$$x(t) = r \cos(At^2/r)$$

folgt. Damit wird

$$s(x) = r \arccos(x/r),$$
$$v(x) = 2\sqrt{Ar \arccos(x/r)},$$
$$a_t(x) = 2A,$$
$$a_n(x) = 4A \arccos(x/r),$$
$$a(x) = 2A\sqrt{1 + 4[\arccos(x/r)]^2}.$$

Lösung dieser Aufgabe in Parameterdarstellung:

$$x(t) = r \cos(At^2/r),$$
$$y(t) = \sqrt{r^2 - x^2} = r \sin(At^2/r),$$
$$v_x(t) = \dot{x}(t) = -2At \sin(At^2/r),$$
$$v_y(t) = \dot{y}(t) = 2At \cos(At^2/r),$$

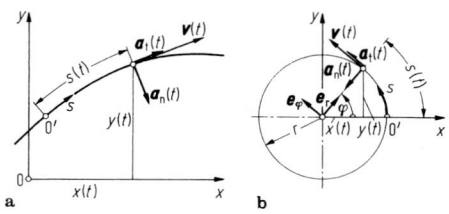

a

b

Abb. 13.4 Ebene Bewegung. **a** Allgemein; **b** Kreis

somit ist

$$v(t) = \sqrt{v_x^2 + v_y^2}$$
$$= 2At\sqrt{\sin^2(At^2/r) + \cos^2(At^2/r)}$$
$$= 2At,$$
$$a_x(t) = \dot{v}_x(t) = \ddot{x}(t)$$
$$= -2A[\sin(At^2/r)$$
$$+ (2t^2A/r)\cos(At^2/r)],$$
$$a_y(t) = \dot{v}_y(t) = \ddot{y}(t)$$
$$= 2A[\cos(At^2/r)$$
$$- (2t^2A/r)\sin(At^2/r)],$$

woraus

$$a(t) = \sqrt{a_x^2 + a_y^2} = 2A\sqrt{1 + (2t^2A/r)^2}$$

folgt. ◄

Beispiel

Der schiefe Wurf (Abb. 13.5). Ungleichmäßig beschleunigte Bewegung. Abwurfgeschwindigkeit v_1 unter Abwurfwinkel β. – Unter Vernachlässigung des Luftwiderstands ist die Schwerkraft die einzige wirkende Kraft. Deshalb wird $a_x(t) = 0$ und $a_y(t) = -g =$ const. Integration liefert

$$v_x(t) = C_1, \quad x(t) = C_1 t + C_2$$

sowie

$$v_y(t) = -gt + C_3,$$
$$y(t) = -gt^2/2 + C_3 t + C_4.$$

Anfangsbedingungen

$$x(0) = 0, \quad y(0) = 0,$$
$$v_x(0) = v_1\cos\beta,$$
$$v_y(0) = v_1\sin\beta$$

ergeben $C_2 = 0$, $C_4 = 0$, $C_1 = v_1\cos\beta$, $C_3 = v_1\sin\beta$ und somit

$$x(t) = v_1 t\cos\beta,$$
$$y(t) = v_1 t\sin\beta - gt^2/2$$

(Bahnkurve in Parameterdarstellung).

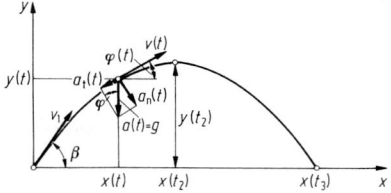

Abb. 13.5 Schiefer Wurf, Wurfbahn

Elimination von t ergibt Bahnkurve $y = f(x)$:

$$y(x) = x\tan\beta - x^2 g/(2v_1^2\cos^2\beta)$$
(Wurfparabel).

Geschwindigkeit
$$v_x(t) = \dot{x}(t) = v_1\cos\beta,$$
$$v_y(t) = \dot{y}(t) = v_1\sin\beta - gt,$$
$$v(t) = \sqrt{(v_1\cos\beta)^2 + (v_1\sin\beta - gt)^2}.$$

Beschleunigung
$$a_x(t) = \ddot{x}(t) = 0, \quad a_y(t) = \ddot{y}(t) = -g,$$
$$a(t) = \sqrt{0 + g^2} = g = \text{const.}$$

Aus $v_y/v_x = \tan\varphi(t)$ erhält man die Steigung der Bahnkurve und damit die natürlichen Komponenten der Beschleunigung (s. Abb. 13.5):

$$a_n(t) = g\cos\varphi(t) \quad \text{und}$$
$$a_t(t) = -g\sin\varphi(t) \neq \text{const!}$$

Steigzeit und Wurfhöhe aus $v_y(t_2) = 0$:

$$t_2 = v_1\sin\beta/g,$$
$$y(t_2) = v_1^2\sin^2\beta/(2g).$$

Wurfdauer und Wurfweite aus $y(t_3) = 0$:

$$t_3 = 2v_1\sin\beta/g = 2t_2,$$
$$x(t_3) = v_1^2\sin 2\beta/g.$$

Wegen $\sin(180° - 2\beta) = \sin 2\beta$ ergibt sich dieselbe Wurfweite für die Abwurfwinkel β und $(90° - \beta)$. Die größte Wurfweite bei gegebenem v_1 wird mit dem Abwurfwinkel $\beta = 45°$ erzielt. ◄

Ebene Bewegung in Polarkoordinaten. Bahn und Lage eines Punkts werden durch $r(t)$ und $\varphi(t)$ festgelegt. Mit den begleitenden Einheitsvektoren $\boldsymbol{e}_r$ und $\boldsymbol{e}_\varphi$ (Abb. 13.6a) gilt

$$\boldsymbol{r}(t) = r(t)\boldsymbol{e}_r \ . \qquad (13.10)$$

Hieraus folgt durch Ableitung der Geschwindigkeitsvektor

$$\boldsymbol{v}(t) = \dot{\boldsymbol{r}}(t) = \dot{r}(t)\boldsymbol{e}_r + r(t)\dot{\boldsymbol{e}}_r$$
$$= \dot{r}\boldsymbol{e}_r + \dot{\varphi} r \boldsymbol{e}_\varphi = \boldsymbol{v}_r + \boldsymbol{v}_\varphi \ , \qquad (13.11)$$

da gemäß Abb. 13.6c $\dot{\boldsymbol{e}}_r = \mathrm{d}\boldsymbol{e}_r/\mathrm{d}t = 1 \cdot \mathrm{d}\varphi \cdot \boldsymbol{e}_\varphi/\mathrm{d}t = \dot{\varphi}\boldsymbol{e}_\varphi$ ist. Hierbei ist $\dot{\varphi} = \mathrm{d}\varphi/\mathrm{d}t$ die Drehgeschwindigkeit des Radiusvektors r, genannt Winkelgeschwindigkeit ω.

Die Ableitung des Geschwindigkeitsvektors ergibt die Beschleunigung (Abb. 13.6b):

$$\boldsymbol{a}(t) = \dot{\boldsymbol{v}}(t) = \ddot{\boldsymbol{r}}(t)$$
$$= \dot{r}\dot{\boldsymbol{e}}_r + \ddot{r}\boldsymbol{e}_r + \dot{\varphi}\dot{r}\boldsymbol{e}_\varphi + (\dot{\varphi}\dot{r} + \ddot{\varphi}r)\boldsymbol{e}_\varphi$$
$$= (\ddot{r} - \dot{\varphi}^2 r)\boldsymbol{e}_r + (\ddot{\varphi}r + 2\dot{r}\dot{\varphi})\boldsymbol{e}_\varphi$$
$$= \boldsymbol{a}_r + \boldsymbol{a}_\varphi$$
$$(13.12)$$

mit $\dot{\boldsymbol{e}}_\varphi = \mathrm{d}\boldsymbol{e}_\varphi/\mathrm{d}t = -1 \cdot \mathrm{d}\varphi \cdot \boldsymbol{e}_r/\mathrm{d}t = -\dot{\varphi}\boldsymbol{e}_r$ gemäß Abb. 13.6c. Hierbei ist $\ddot{\varphi} = \dot{\omega}$ die Änderung der Winkelgeschwindigkeit des Radiusvektors r mit der Zeit, genannt Winkelbeschleunigung α.

Ebene Bewegung in kartesischen Koordinaten (Abb. 13.6a,b):

$$\boldsymbol{r}(t) = r\cos\varphi\boldsymbol{e}_x + r\sin\varphi\boldsymbol{e}_y$$
$$= x(t)\boldsymbol{e}_x + y(t)\boldsymbol{e}_y \ , \qquad (13.13)$$

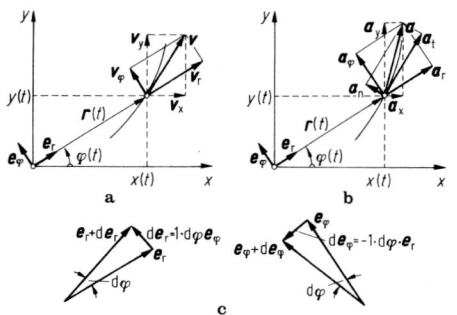

Abb. 13.6 Polarkoordinaten. **a** Geschwindigkeiten; **b** Beschleunigungen; **c** Differentiation der Einheitsvektoren

$$v(t) = \dot{\boldsymbol{r}}(t) = (\dot{r}\cos\varphi - r\dot{\varphi}\sin\varphi)\boldsymbol{e}_x$$
$$+ (\dot{r}\sin\varphi + r\dot{\varphi}\cos\varphi)\boldsymbol{e}_y$$
$$= v_x\boldsymbol{e}_x + v_y\boldsymbol{e}_y \ , \qquad (13.14)$$

$$\boldsymbol{a}(t) = \dot{\boldsymbol{v}}(t)$$
$$= (\ddot{r}\cos\varphi - 2\dot{r}\dot{\varphi}\sin\varphi - r\dot{\varphi}^2\cos\varphi$$
$$- r\ddot{\varphi}\sin\varphi)\boldsymbol{e}_x$$
$$+ (\ddot{r}\sin\varphi + 2\dot{r}\dot{\varphi}\cos\varphi - r\dot{\varphi}^2\sin\varphi$$
$$+ r\ddot{\varphi}\cos\varphi)\boldsymbol{e}_y$$
$$= a_x\boldsymbol{e}_x + a_y\boldsymbol{e}_y \ . \qquad (13.15)$$

Zusammenhang zwischen Komponenten in r, φ- und x, y-Richtung (Abb. 13.6b):

$$v_r = v_x\cos\varphi + v_y\sin\varphi \ ,$$
$$v_\varphi = -v_x\sin\varphi + v_y\cos\varphi \ ,$$
$$v_x = v_r\cos\varphi - v_\varphi\sin\varphi \ ,$$
$$v_y = v_r\sin\varphi + v_\varphi\cos\varphi \ .$$

Analoge Gleichungen gelten für die Beschleunigung a.

Resultierende Geschwindigkeit und Beschleunigung:

$$v = \sqrt{v_r^2 + v_\varphi^2} = \sqrt{v_x^2 + v_y^2} \ ,$$
$$a = \sqrt{a_r^2 + a_\varphi^2} = \sqrt{a_x^2 + a_y^2} \ .$$

Der Beschleunigungsvektor $\boldsymbol{a}$ lässt sich auch in die natürlichen Komponenten a_t und a_n zerlegen, da die Richtung t durch den Geschwindigkeitsvektor und die Richtung n als Senkrechte dazu gegeben sind (Abb. 13.6b).

Ebene Kreisbewegung (Abb. 13.4b). Aus der Darstellung in Polarkoordinaten folgen mit $r =$ const, also mit $\dot{r} = \ddot{r} = 0$ und, da jetzt die $\boldsymbol{e}_\varphi$- und $\boldsymbol{e}_r$-Richtung mit der $\boldsymbol{e}_\mathrm{t}$- und der negativen $\boldsymbol{e}_\mathrm{n}$-Richtung zusammenfallen,

$$\boldsymbol{v}(t) = \dot{\varphi}r\boldsymbol{e}_\mathrm{t} = \omega r\boldsymbol{e}_\mathrm{t} \quad \text{und}$$
$$\boldsymbol{a}(t) = -\dot{\varphi}^2 r\boldsymbol{e}_r + r\ddot{\varphi}\boldsymbol{e}_\varphi = \omega^2 r\boldsymbol{e}_\mathrm{n} + r\alpha\boldsymbol{e}_\mathrm{t} \ . \qquad (13.16)$$
$$v = \omega r \ , \qquad (13.17)$$

$$a_t = \ddot{\varphi} r = \dot{\omega} r = \alpha r \,, \qquad (13.18)$$

$$a_n = \dot{\varphi}^2 r = \omega^2 r \,, \qquad (13.19)$$

$$a = |\boldsymbol{a}| = \sqrt{a_t^2 + a_n^2} = r \sqrt{\alpha^2 + \omega^4} \,. \quad (13.20)$$

13.1.3 Räumliche Bewegung

Es gelten die Gleichungen von Abschn. 13.1.1. Als Anwendung wird die *Bewegung auf einer zylindrischen Schraubenlinie* behandelt (Abb. 13.7a; s. hierzu auch Beispiel in Abschn. 14.2.4). Lösung in Zylinderkoordinaten: $r_0(t)$, $\varphi(t)$, $z(t)$.

Mit $r_0(t) = r_0 = $ const, einer beliebigen Funktion $\varphi(t)$ sowie $z(t) = \varphi(t) h / 2\pi$ wird $\boldsymbol{r}(t) = r_0 \boldsymbol{e}_r + z(t) \boldsymbol{e}_z$. Hieraus folgt analog Gl. (13.11) bzw. (13.12) mit $\dot{r}_0 = 0$, $\ddot{r}_0 = 0$

$$\begin{aligned} \boldsymbol{v}(t) &= \boldsymbol{v}_r + \boldsymbol{v}_\varphi + \boldsymbol{v}_z \\ &= \dot{\varphi} r_0 \boldsymbol{e}_\varphi + \dot{z} \boldsymbol{e}_z = \dot{\varphi} r_0 \boldsymbol{e}_\varphi + (\dot{\varphi} h / 2\pi) \boldsymbol{e}_z \end{aligned}$$

bzw.

$$\begin{aligned} \boldsymbol{a}(t) &= \boldsymbol{a}_r + \boldsymbol{a}_\varphi + \boldsymbol{a}_z \\ &= -\dot{\varphi}^2 r_0 \boldsymbol{e}_r + \ddot{\varphi} r_0 \boldsymbol{e}_\varphi + \ddot{z} \boldsymbol{e}_z \\ &= -\dot{\varphi}^2 r_0 \boldsymbol{e}_r + \ddot{\varphi} r_0 \boldsymbol{e}_\varphi + (\ddot{\varphi} h / 2\pi) \boldsymbol{e}_z \,. \end{aligned}$$

Für die Größen von Geschwindigkeit, Weg und Beschleunigung ergibt sich mit dem Steigungswinkel

$$\beta = \arctan[h / (2\pi r_0)]$$

$$\begin{aligned} v(t) &= |\boldsymbol{v}| = \sqrt{v_r^2 + v_\varphi^2 + v_z^2} \\ &= r_0 \dot{\varphi} \sqrt{1 + h^2 / (2\pi r_0)^2} \\ &= r_0 \dot{\varphi} / \cos\beta \,; \quad s(t) = r_0 \varphi / \cos\beta \,, \end{aligned}$$

$$\begin{aligned} a(t) &= |\boldsymbol{a}| = \sqrt{a_r^2 + a_\varphi^2 + a_z^2} \\ &= r_0 \sqrt{\dot{\varphi}^4 + \ddot{\varphi}^2 \left[1 + h^2 / (2\pi r_0)^2\right]} \\ &= r_0 \sqrt{\dot{\varphi}^4 + (\ddot{\varphi} / \cos\beta)^2} \,. \end{aligned}$$

Natürliche Komponenten der Beschleunigung: Für die Komponente senkrecht zur Steigung der Schraubenlinie (Abb. 13.7b) gilt

$$\begin{aligned} &- a_\varphi \sin\beta + a_z \cos\beta \\ &= -\ddot{\varphi} r_0 \sin\beta + (\ddot{\varphi} h / 2\pi) \cos\beta \\ &= -\ddot{\varphi} r_0 \sin\beta + \ddot{\varphi} r_0 \tan\beta \cos\beta = 0 \,. \end{aligned}$$

In dieser Richtung liegt demnach die Binormale $\boldsymbol{e}_b$, in der es gemäß Abschn. 13.1.1 keine Beschleunigung gibt. Also muss $\boldsymbol{e}_n = -\boldsymbol{e}_r$ und damit $a_n = a_r = r_0 \dot{\varphi}^2$ sein.

Ferner wird (s. Abb. 13.7b)

$$\begin{aligned} a_t &= a_\varphi \cos\beta + a_z \sin\beta \\ &= \ddot{\varphi} r_0 \cos\beta + \ddot{\varphi} r_0 \tan\beta \sin\beta \\ &= r_0 \ddot{\varphi} / \cos\beta = r_0 \ddot{\varphi} \sqrt{1 + h^2 / (2\pi r_0)^2} \,. \end{aligned}$$

Lösung in kartesischen Koordinaten:

$$\begin{aligned} \boldsymbol{r}(t) &= x(t) \boldsymbol{e}_x + y(t) \boldsymbol{e}_y + z(t) \boldsymbol{e}_z \\ &= r_0 \cos\varphi \, \boldsymbol{e}_x + r_0 \sin\varphi \, \boldsymbol{e}_y + (\varphi h / 2\pi) \boldsymbol{e}_z \,. \end{aligned}$$

Analog den Gln. (13.14) und (13.15) gilt

$$\begin{aligned} \boldsymbol{v}(t) &= v_x \boldsymbol{e}_x + v_y \boldsymbol{e}_y + v_z \boldsymbol{e}_z \\ &= -r_0 \dot{\varphi} \sin\varphi \, \boldsymbol{e}_x + r_0 \dot{\varphi} \cos\varphi \, \boldsymbol{e}_y \\ &\quad + (\dot{\varphi} h / 2\pi) \boldsymbol{e}_z \,, \end{aligned}$$

$$\begin{aligned} \boldsymbol{a}(t) &= a_x \boldsymbol{e}_x + a_y \boldsymbol{e}_y + a_z \boldsymbol{e}_z \\ &= -\left(r_0 \dot{\varphi}^2 \cos\varphi + r_0 \ddot{\varphi} \sin\varphi\right) \boldsymbol{e}_x \\ &\quad + \left(r_0 \ddot{\varphi} \cos\varphi - r_0 \dot{\varphi}^2 \sin\varphi\right) \boldsymbol{e}_y \\ &\quad + (\ddot{\varphi} h / 2\pi) \boldsymbol{e}_z \,, \end{aligned}$$

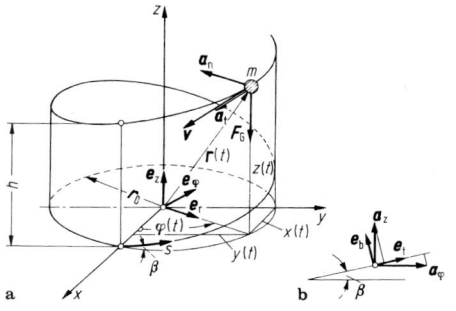

Abb. 13.7 Massenpunkt auf Schraubenlinie

woraus wieder

$$v = |\mathbf{v}| = \sqrt{v_x^2 + v_y^2 + v_z^2}$$
$$= r_0 \dot{\varphi} \sqrt{1 + h^2/(2\pi r_0)^2} \quad \text{und}$$

$$a = |\mathbf{a}| = \sqrt{a_x^2 + a_y^2 + a_z^2}$$
$$= r_0 \sqrt{\dot{\varphi}^4 + \ddot{\varphi}^2[1 + h^2/(2\pi r_0)^2]}$$

folgen.

13.2 Bewegung starrer Körper

13.2.1 Translation (Parallelverschiebung, Schiebung)

Alle Punkte beschreiben kongruente Bahnen (Abb. 13.8a), d. h., der Körper führt keinerlei Drehung aus. Die Gesetze und Gleichungen der Punktbewegung nach Abschn. 13.1 gelten auch für die Translation, da die Bewegung *eines* Körperpunkts zur Beschreibung ausreicht.

13.2.2 Rotation (Drehbewegung, Drehung)

Unter Rotation versteht man die Drehung eines starren Körpers um eine raumfeste Achse (Abb. 13.8b).

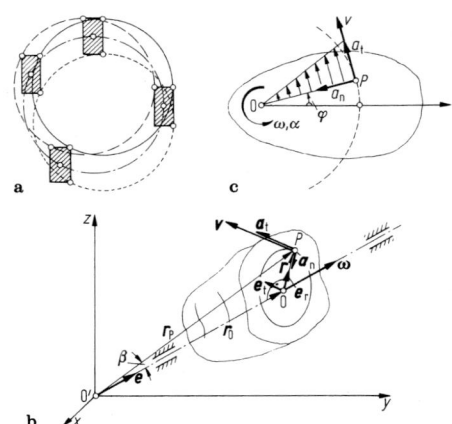

Abb. 13.8 Bewegung starrer Körper. **a** Translation; **b** Rotation im Raum; **c** Rotation in der Ebene

Vektorielle Darstellung. Wird der Winkelgeschwindigkeit der Vektor $\boldsymbol{\omega} = \omega \mathbf{e}$ zugeordnet, d. h., dreht sich die Ebene OPO' mit ω, so beschreiben der Punkt P und somit alle Punkte Kreisbahnen. Der Vektor der Umfangsgeschwindigkeit $\mathbf{v}$ ergibt sich aus dem Vektorprodukt

$$\mathbf{v} = \dot{\mathbf{r}}_P = \omega \mathbf{e} \times \mathbf{r}_P \quad \text{mit}$$
$$|\mathbf{v}| = v = \omega r_P \sin \beta = \omega r ; \quad (13.2\text{-})$$

$\mathbf{v}$ ist ein im Sinne einer Rechtsschraube auf $\mathbf{e}$ und $\mathbf{r}_P$ senkrecht stehender Vektor. Mit $\mathbf{r}_P = \mathbf{r}_0 + \mathbf{r}$ folgt

$$\mathbf{v} = \omega \mathbf{e} \times (\mathbf{r}_0 + \mathbf{r}) = \omega \mathbf{e} \times \mathbf{r}_0 + \omega \mathbf{e} \times \mathbf{r} .$$

Da $\mathbf{e}$ und $\mathbf{r}_0$ zueinander parallel sind, gilt $\mathbf{e} \times \mathbf{r}_0 = 0$, d. h. $\mathbf{v} = \omega \mathbf{e} \times \mathbf{r}$ mit $|\mathbf{v}| = v = \omega r \sin 90° = \omega r$. Damit ist

$$v = \omega r \mathbf{e}_t . \quad (13.22)$$

In kartesischen Koordinaten ist

$$\mathbf{v} = \omega \mathbf{e} \times \mathbf{r}_P = \boldsymbol{\omega} \times \mathbf{r}_P = \begin{vmatrix} \mathbf{e}_x & \mathbf{e}_y & \mathbf{e}_z \\ \omega_x & \omega_y & \omega_z \\ x & y & z \end{vmatrix}$$
$$= (\omega_y z - \omega_z y)\mathbf{e}_x + (\omega_z x - \omega_x z)\mathbf{e}_y$$
$$+ (\omega_x y - \omega_y x)\mathbf{e}_z$$
$$= v_x \mathbf{e}_x + v_y \mathbf{e}_y + v_z \mathbf{e}_z . \quad (13.23)$$

Beschleunigung von Punkt P:

$$\mathbf{a} = \dot{\mathbf{v}} = \ddot{\mathbf{r}}_P = (\omega \mathbf{e} \times \dot{\mathbf{r}}_P) + (\dot{\omega} \mathbf{e} \times \mathbf{r}_P)$$
$$= (\omega \mathbf{e} \times \mathbf{v}) + (\dot{\omega} \mathbf{e} \times \mathbf{r}_P) . \quad (13.24\text{a})$$

Mit $\dot{\omega} = \alpha$ (Winkelbeschleunigung) ist in natürlichen Koordinaten

$$\mathbf{a} = -\omega v \mathbf{e}_r + \alpha r_P \sin \beta \mathbf{e}_t = -\omega^2 r \mathbf{e}_r + \alpha r \mathbf{e}_t$$
$$= -a_n \mathbf{e}_r + a_t \mathbf{e}_t . \quad (13.24\text{b})$$

In kartesischen Koordinaten ergibt sich aus Gl. (13.23) durch Differentiation

$$a = \Big[-(\omega_y^2 + \omega_z^2)x + (\omega_x\omega_y - \alpha_z)y$$
$$+ (\omega_x\omega_z + \alpha_y)z\Big]e_x$$
$$+ \Big[(\omega_x\omega_y + \alpha_z)x - (\omega_x^2 + \omega_z^2)y$$
$$+ (\omega_y\omega_z - \alpha_x)z\Big]e_y$$
$$+ \Big[(\omega_x\omega_z - \alpha_y)x + (\omega_y\omega_z + \alpha_x)y$$
$$- (\omega_x^2 + \omega_y^2)z\Big]e_z$$

$$(13.25a)$$

bzw. bei alleiniger Drehung um die z-Achse

$$a = \big(-\omega_z^2 x - \alpha_z y\big)\,e_x + \big(\alpha_z x - \omega_z^2 y\big)\,e_y\,.$$

$$(13.25b)$$

Da bei Rotation alle Punkte Kreisbahnen in Ebenen senkrecht zur Drehachse beschreiben, genügt die

Ebene Darstellung (Abb. 13.8c). Hierbei geht die Drehachse senkrecht zur Zeichenebene durch den Punkt O. Es gilt

$$s(t) = r\varphi(t);\quad v(t) = r\dot\varphi(t) = r\omega(t)\,;$$
$$a_t(t) = r\ddot\varphi(t) = r\dot\omega(t) = r\alpha(t)\,;$$
$$a_n(t) = r\dot\varphi^2(t) = r\omega^2(t)\,,$$

$$(13.26)$$

d. h., alle Größen nehmen linear mit r zu, so dass zur Beschreibung der Drehbewegung (Rotation) eines starren Körpers der Drehwinkel $\varphi(t)$, die Winkelgeschwindigkeit $\omega(t) = \dot\varphi(t)$ und die Winkelbeschleunigung $\alpha(t) = \dot\omega(t) = \ddot\varphi(t)$ ausreichen. In den Anwendungen wird häufig mit der

Drehzahl n gerechnet; dann ist $\omega = 2\pi n$ und $v = 2\pi r n$. Für die Umlaufzeit bei $\omega = \mathrm{const}$ gilt $T = 2\pi/\omega$. Für die gleichförmige und ungleichförmige Rotation gelten die Gesetze der Punktbewegung und die zugehörigen Diagramme gemäß Abschn. 13.1.1, wenn dort a_t durch α, v durch ω und s durch φ ersetzt werden.

13.2.3 Allgemeine Bewegung des starren Körpers

Räumliche Bewegung. Ein Körper hat im Raum sechs Freiheitsgrade: drei der Translation (Verschiebung in x-, y- und z-Richtung) und drei der Rotation (Drehung um die x-, y- und z-Achse). Die beliebige Bewegung jedes Körperpunkts lässt sich daher aus Translation und Rotation zusammensetzen (zusammengesetzte Bewegung). Für die Translation genügt die Kenntnis der Bahnkurve eines einzigen körperfesten Punkts, z. B. des Schwerpunkts (s. Abschn. 13.2.1) zur ausreichenden Beschreibung, d. h. die Kenntnis des Ortsvektors $r_0(t)$. Für die Rotation genügt die Beschreibung der Drehung durch den Winkelgeschwindigkeitsvektor ω um den körperfesten Punkt (s. Abschn. 13.2.2), d. h., ω ist ein freier Vektor. Es gelten (Abb. 13.9a)

$$r_P(t) = r_0(t) + r_1(t)\,,\qquad (13.27)$$

$$v(t) = \dot r_P(t) = \dot r_0 + \dot r_1 = \dot r_0 + \omega(t)e \times r_1$$
$$= v_0(t) + \omega r e_\varphi = v_0(t) + v_1(t)\,.$$

$$(13.28)$$

Hierbei ist v_0 der aus der Translation herrührende, v_1 der aus der Rotation herrührende An-

Abb. 13.9 Räumliche Bewegung. **a** Geschwindigkeiten; **b** Beschleunigungen

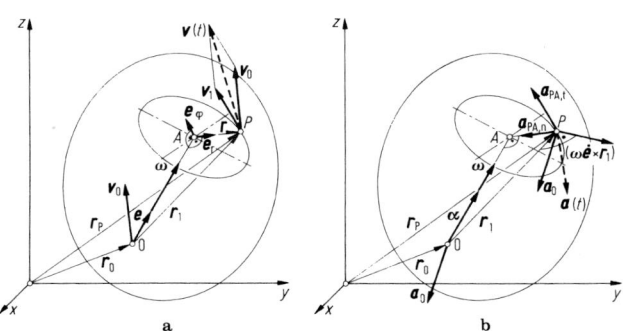

teil (Euler'sche Geschwindigkeitsformel). Aus Gl. (13.28) folgt nach Multiplikation mit dt

$$d\boldsymbol{r}_P = d\boldsymbol{r}_0 + d\varphi\boldsymbol{e}\times\boldsymbol{r}_1 = d\boldsymbol{r}_0 + r\,d\varphi\boldsymbol{e}_\varphi. \quad (13.29)$$

Diese Gleichung (Euler'sche Formel) besagt, dass eine sehr kleine Lageänderung eines Punkts sich aus einer Verschiebung $d\boldsymbol{r}_0$ und aus einer mit dem Betrag $ds = r\,d\varphi$ (entstehend aus Drehung um die ω-Achse) zusammensetzen lässt. Für die Beschleunigung des Punkts P des Körpers folgt aus Gl. (13.28)

$$\begin{aligned}
\boldsymbol{a}(t) &= \dot{\boldsymbol{v}}(t) = \ddot{\boldsymbol{r}}_P(t) \\
&= \ddot{\boldsymbol{r}}_0(t) + \omega(t)\boldsymbol{e}\times\dot{\boldsymbol{r}}_1 \\
&\quad + (\dot{\omega}\boldsymbol{e} + \omega\dot{\boldsymbol{e}})\times\boldsymbol{r}_1 \\
&= \boldsymbol{a}_0(t) + \omega\boldsymbol{e}\times(\omega\boldsymbol{e}\times\boldsymbol{r}_1) + \dot{\omega}\boldsymbol{e}\times\boldsymbol{r}_1 \\
&\quad + \omega\dot{\boldsymbol{e}}\times\boldsymbol{r}_1 \\
&= \boldsymbol{a}_0(t) + \omega\boldsymbol{e}\times\omega r\boldsymbol{e}_\varphi + \dot{\omega}r\boldsymbol{e}_\varphi \\
&\quad + \omega\dot{\boldsymbol{e}}\times\boldsymbol{r}_1 \\
&= \boldsymbol{a}_0 - \omega^2 r\boldsymbol{e}_r + \alpha r\boldsymbol{e}_\varphi + \dot{\omega}\boldsymbol{e}\times\boldsymbol{r}_1 \\
&= \boldsymbol{a}_0 + \boldsymbol{a}_{\text{PA},n} + \boldsymbol{a}_{\text{PA},t} + (\omega\dot{\boldsymbol{e}}\times\boldsymbol{r}_1),
\end{aligned}$$
$$(13.30)$$

d. h., die Gesamtbeschleunigung setzt sich zusammen aus dem Translationsanteil $\boldsymbol{a}_0$, dem Normalbeschleunigungsanteil $\boldsymbol{a}_{\text{PA},n}$ bei Drehung um O, dem Tangentialbeschleunigungsanteil $\boldsymbol{a}_{\text{PA},t}$ bei Drehung um O und dem Anteil aus der Richtungsänderung der Drehachse (Abb. 13.9b).

Drehung um einen Punkt (sphärische Bewegung). In diesem Fall hat der Körper nur drei Rotationsfreiheitsgrade, d. h., in den Gln. (13.27) bis (13.30) entfallen $\boldsymbol{r}_0$, $\boldsymbol{v}_0$ und $\boldsymbol{a}_0$, wenn man den Punkt O in Abb. 13.9 als Bezugspunkt wählt. Der Winkelgeschwindigkeitsvektor ist jetzt ein linienflüchtiger Vektor, d. h. nur in seiner Wirkungslinie verschiebbar. Die augenblickliche Drehachse (Momentanachse $\overline{OM}$) beschreibt bei der Bewegung des Körpers bezüglich eines raumfesten Koordinatensystems den Rastpolkegel (Spurkegel) und bezüglich des körperfesten Koordinatensystems den Gangpolkegel (Rollkegel), der auf dem Rastpolkegel abrollt. Für die Winkelgeschwindigkeit bezüglich der Momentanachse gilt $\boldsymbol{\omega} = \boldsymbol{\omega}_1 + \boldsymbol{\omega}_2$ (Abb. 13.10).

Abb. 13.10 Sphärische Bewegung

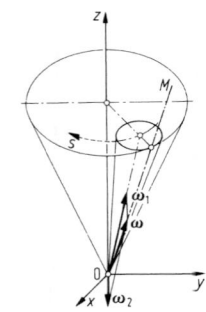

Ebene Bewegung. Ein Körper hat bei der ebenen Bewegung drei Freiheitsgrade: zwei der Translation (Verschiebung in x- und y-Richtung) und einen der Rotation (Drehung um die z-Achse senkrecht zur Zeichenebene). Wie bei der räumlichen Bewegung erhält man die beliebige ebene Bewegung durch Überlagerung von Translation und Rotation. Da bei der ebenen Bewegung der Vektor $\boldsymbol{e}$ stets senkrecht zur Zeichenebene steht und seine Richtung nicht ändert, folgt aus den Gln. (13.27) bis (13.30) mit $\dot{\boldsymbol{e}} = 0$ und den Bezeichnungen gemäß Abb. 13.11

$$\boldsymbol{r}_B(t) = \boldsymbol{r}_A(t) + \boldsymbol{r}_{AB}(t), \quad (13.31)$$

$$\begin{aligned}
\boldsymbol{v}_B &= \dot{\boldsymbol{r}}_B = \dot{\boldsymbol{r}}_A + \omega\boldsymbol{e}_z\times\boldsymbol{r}_{AB} \\
&= \boldsymbol{v}_A + \omega r_{AB}\boldsymbol{e}_t = \boldsymbol{v}_A + \boldsymbol{v}_{BA},
\end{aligned} \quad (13.32)$$

$$\begin{aligned}
\boldsymbol{a}_B &= \ddot{\boldsymbol{r}}_B = \boldsymbol{a}_A - \omega^2 r_{AB}\boldsymbol{e}_r + \alpha r_{AB}\boldsymbol{e}_t \\
&= \boldsymbol{a}_A + \boldsymbol{a}_{BA,n} + \boldsymbol{a}_{BA,t}.
\end{aligned} \quad (13.33)$$

Die Gln. (13.32) und (13.33) sind der *Euler'sche Geschwindigkeitssatz* und der *Euler'sche Beschleunigungssatz*. Danach ergibt sich die Geschwindigkeit der Punkte einer eben bewegten Scheibe gemäß Gl. (13.32), wenn man die Geschwindigkeit eines Punkts A und die Winkelgeschwindigkeit ω der Scheibe kennt, und die Beschleunigung gemäß Gl. (13.33), wenn die Beschleunigung eines Punkts A sowie die Winkelgeschwindigkeit und Winkelbeschleunigung α der Scheibe bekannt sind. Die Vektoren $\boldsymbol{v}_B$ und $\boldsymbol{a}_B$ werden häufig graphisch bestimmt, da die rechnerische Lösung kompliziert ist.

Beispiel

Kurbeltrieb (Abb. 13.12). Der Kolben A des Kurbeltriebs ($l = 500\,\text{mm}, r = 100\,\text{mm}$)

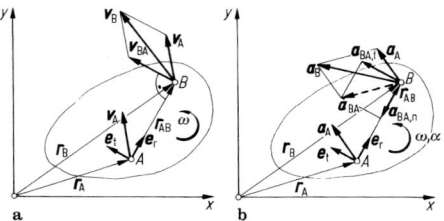

Abb. 13.11 Allgemeine ebene Bewegung. **a** Geschwindigkeiten; **b** Beschleunigungen

hat in der skizzierten Lage ($\varphi = 35°$) die Geschwindigkeit $v_A = 1{,}2\,\mathrm{m/s}$ und die Beschleunigung $a_A = 20\,\mathrm{m/s^2}$. Für diese Stellung sind zu ermitteln: der Geschwindigkeits- und Beschleunigungsvektor des Kurbelzapfens B, die Winkelgeschwindigkeiten und -beschleunigungen von Kurbel K und Schubstange S sowie der Geschwindigkeits- und Beschleunigungsvektor eines beliebigen Punkts C der Schubstange. – Geschwindigkeiten (13.12a): Von den Vektoren der Gl. (13.32) sind v_A nach Größe und Richtung, v_B und v_{BA} der Richtung nach ($v_B \perp r$, $v_{BA} \perp l$) bekannt. Aus dem Geschwindigkeits-Eck folgen $v_B = 1{,}4\,\mathrm{m/s}$, $v_{BA} = 1{,}2\,\mathrm{m/s}$ und hieraus $\omega_K = v_B/r = 14\,\mathrm{s^{-1}}$, $\omega_S = v_{BA}/l = 2{,}4\,\mathrm{s^{-1}}$. Die Geschwindigkeit des Punkts C wird dann gemäß Gl. (13.32) zu $v_C = v_A + v_{CA}$, wobei $v_{CA} = \omega_S \cdot \overline{AC} = v_{BA} \cdot \overline{AC}/l$ ist und sich geometrisch aus dem Strahlensatz ergibt. Beschleunigungen (Abb. 13.12b): Der Euler'sche Beschleunigungssatz Gl. (13.33) nimmt, da sich B auf einer Kreisbahn bewegt, die Form $a_{B,n} + a_{B,t} = a_A + a_{BA,n} + a_{BA,t}$ an. Davon sind bekannt $a_{B,n}$ nach Größe ($a_{B,n} = r\omega_K^2 = 19{,}6\,\mathrm{m/s^2}$) und Richtung (in Richtung von r), von $a_{B,t}$ die Richtung ($\perp r$), a_A nach Größe und Richtung ($a_A = 20\,\mathrm{m/s^2}$ gegeben), $a_{BA,n}$ nach Größe ($a_{BA,n} = l\omega_S^2 = 2{,}88\,\mathrm{m/s^2}$) und Richtung (in Richtung von l), von $a_{BA,t}$ die Richtung ($\perp l$). Aus dem Beschleunigungs-Eck erhält man $a_{B,t} = 5{,}3\,\mathrm{m/s^2}$, $a_{BA,t} = 5{,}5\,\mathrm{m/s^2}$ und damit $\alpha_K = a_{B,t}/r = 53\,\mathrm{s^{-2}}$, $\alpha_S = a_{BA,t}/l = 13\,\mathrm{s^{-2}}$. Die Beschleunigung des Punkts C ist $a_C = a_A + a_{CA,n} + a_{CA,t}$, wobei $a_{CA,n} = \omega_S^2 \cdot \overline{AC}$ und $a_{CA,t} = \alpha_S \cdot \overline{AC}$ jeweils linear mit $\overline{AC}$ wachsen, so dass auch $a_{CA} = a_{CA,n} + a_{CA,t}$ linear mit $\overline{AC}$ zu-

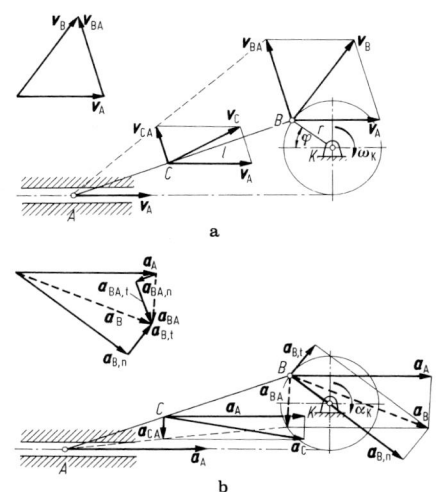

Abb. 13.12 Kurbeltrieb. **a** Geschwindigkeiten; **b** Beschleunigungen

nimmt und parallel zum Vektor a_{BA} sein muss. Nach dem Strahlensatz erhält man a_{CA}, und die geometrische Zusammensetzung mit a_A ergibt a_C. ◄

Momentanzentrum. Es gibt stets einen Punkt, um den die ebene Bewegung momentan als reine Drehung aufgefasst werden kann (Momentanzentrum oder Geschwindigkeitspol), d. h. einen Punkt, der momentan in Ruhe ist. Man erhält ihn als Schnittpunkt der Normalen zweier Geschwindigkeitsrichtungen (Abb. 13.13a). Ist neben den zwei Geschwindigkeitsrichtungen die Größe einer Geschwindigkeit gegeben (z. B. v_A), so ist die momentane Winkelgeschwindigkeit $\omega = v_A/r_{MA}$, ferner

$$v_B = \omega r_{MB} = v_A r_{MB}/r_{MA} \quad \text{und}$$

$$v_C = \omega r_{MC} = v_A r_{MC}/r_{MA}$$

usw. Graphisch erhält man die Größe der Geschwindigkeiten mit der Methode der „gedrehten" Geschwindigkeiten, d. h., man dreht v_A um 90° in Richtung r_{MA} und zieht die Parallele zur Strecke $\overline{AB}$. Die auf den Radien r_{MB} und r_{MC} abgeschnittenen Strecken $\overline{BB'}$ und $\overline{CC'}$ liefern die Größen der Geschwindigkeiten v_B und v_C (Strahlensatz).

13

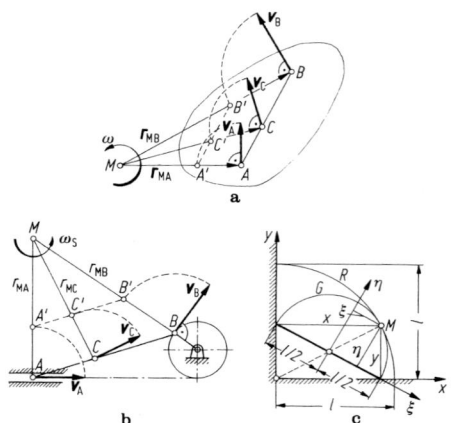

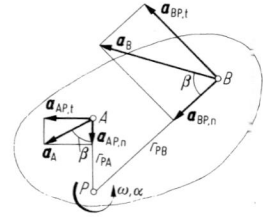

Abb. 13.14 Beschleunigungspol

Abb. 13.13 Momentanzentrum. **a** „Gedrehte" Geschwindigkeiten; **b** Kurbeltrieb; **c** Polkurven

Als Anwendung werden die Geschwindigkeiten des Beispiels Kurbeltrieb untersucht: Aus Abb. 13.13b erhält man bei gegebenen Richtungen von v_A und v_B das Momentanzentrum M zu $r_{MA} = 495$ mm, damit $\omega_S = v_A/r_{MA} = (1{,}2\,\mathrm{m/s})/0{,}495\,\mathrm{m} = 2{,}42\,\mathrm{s}^{-1}$ und mit $r_{MB} = 580$ mm dann $v_B = \omega_S r_{MB} = 1{,}40$ m/s. Die graphische Konstruktion mittels der gedrehten Geschwindigkeiten liefert dieselben Ergebnisse.

Das Momentanzentrum beschreibt bei der Bewegung bezüglich eines raumfesten Koordinatensystems die Rastpolkurve (Spurkurve, Polhodie) und bezüglich eines körperfesten Koordinatensystems die Gangpolkurve (Rollkurve, Herpolhodie). Bei der Bewegung rollt die Gangpolkurve auf der Rastpolkurve ab. Abb. 13.13c zeigt einen abrutschenden Stab. Im raumfesten Koordinatensystem lautet die Gleichung der Rastpolkurve (R) $x^2 + y^2 = l^2$ und im körperfesten ξ, η-System die der Gangpolkurve (G) $\xi^2 + \eta^2 = (l/2)^2$, d. h., die beiden Polbahnen sind Kreise.

Beschleunigungspol. Es ist der Punkt P, der momentan keine Beschleunigung hat. Dann gilt für andere Punkte A und B (Abb. 13.14) $a_A = a_{AP,t} + a_{AP,n}$ mit $a_{AP,t} = \alpha r_{PA}$ und $a_{AP,n} = \omega^2 r_{PA}$ sowie $a_{AP,t}/a_{AP,n} = \alpha/\omega^2 = \tan\beta$, ferner $a_B = a_{BP,t} + a_{BP,n}$ mit $a_{BP,t} = \alpha r_{PB}$ und $a_{BP,n} = \omega^2 r_{PB}$ sowie $a_{BP,t}/a_{BP,n} = \alpha/\omega^2 = \tan\beta$. Der Beschleunigungspol ist also der Schnittpunkt zweier Radien, die unter dem Winkel β zu zwei gegebenen Beschleunigungsvektoren stehen.

Relativbewegung. Bewegt sich ein Punkt P mit der Relativgeschwindigkeit v_r bzw. Relativbeschleunigung a_r auf gegebener Bahn relativ zu einem Körper, dessen räumliche Bewegung durch Translation des körperfesten Punkts O und die Rotation um diesen Punkt (s. räumliche Bewegung, Abb. 13.9) festgelegt ist, so unterscheidet sich das Problem von dem der Körperbewegung dadurch, dass jetzt der Vektor $r_1(t)$ nicht nur infolge Fahrzeugdrehung seine Richtung, sondern zusätzlich infolge Relativbewegung seine Richtung und Größe ändert. Entsprechend der Darstellung für die räumliche Körperbewegung gemäß den Gln. (13.27) bis (13.30) gilt hier (13.15a)

$$r_P(t) = r_0(t) + r_1(t)\,, \qquad (13.34)$$

$$\begin{aligned} v(t) = \dot{r}_P(t) &= \dot{r}_0(t) + \dot{r}_1(t) \\ &= \dot{r}_0(t) + \omega(t)e \times r_1 + d_r r_1/\mathrm{d}t \\ &= v_F + v_r\,. \end{aligned} \qquad (13.35)$$

Hierbei ist $d_r r_1/\mathrm{d}t = v_r$ die Relativgeschwindigkeit des Punkts gegenüber dem Fahrzeug und $\dot{r}_0 + \omega e \times r_1 = v_F$ die Führungs- oder Fahrzeuggeschwindigkeit. Gleichung (13.35) enthält die Regel: Die Ableitung $\dot{r}_1$ einen Vektors im körperfesten System nach der Zeit enthält den Anteil $\omega e \times r_1$ von der Drehung des Systems und die

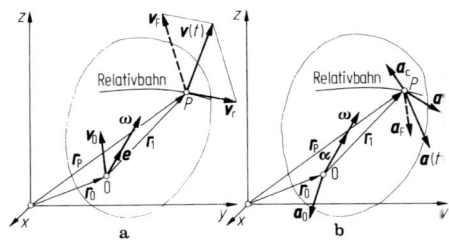

Abb. 13.15 Relativbewegung. **a** Geschwindigkeiten; **b** Beschleunigungen

sogenannte relative Ableitung im System selbst. Entsprechend ergibt sich für die Beschleunigung (Abb. 13.15b)

$$a(t) = \dot{v}(t) = \dot{v}_F + \dot{v}_r$$
$$= \ddot{r}_0 + \frac{\mathrm{d}}{\mathrm{d}t}(\omega e \times r_1) + \frac{\mathrm{d}}{\mathrm{d}t}v_r$$
$$= \ddot{r}_0 + [(\dot{\omega}e + \omega\dot{e}) \times r_1] + \omega e \times \dot{r}_1$$
$$+ \dot{v}_r .$$

Mit $\dot{r}_1$ aus Gl. (13.35) und $\dot{v}_r = \omega e \times v_r + d_r v_r / \mathrm{d}t = \omega e \times v_r + d_r^2 r_1 / \mathrm{d}t^2 = \omega e \times v_r + a_r$ folgt

$$a(t) = \ddot{r}_0 + [(\dot{\omega}e + \omega\dot{e}) \times r_1]$$
$$+ \omega e \times (\omega e \times r_1)$$
$$+ d_r^2 r_1 / \mathrm{d}t^2 + 2\omega e \times v_r$$
$$= a_F + a_r + a_C . \qquad (13.36)$$

Die ersten drei Glieder dieser Gleichung stimmen mit denen der räumlichen Bewegung des starren Körpers gemäß Gl. (13.30) überein, stellen also die Führungs- oder Fahrzeugbeschleunigung a_F dar. Das vierte Glied ist die Relativbeschleunigung a_r, und das letzte Glied ist die sogenannte Coriolisbeschleunigung a_C, die sich infolge Relativbewegung zusätzlich ergibt. Sie wird zu null, wenn $\omega = 0$ ist (d. h., wenn das Fahrzeug eine reine Translation ausführt) oder e und v_r parallel zueinander sind (Relativgeschwindigkeit in Richtung der momentanen Drehachse) oder wenn $v_r = 0$ ist. Sie hat die Größe $a_C = 2\omega v_r \sin \beta$, wobei β der Winkel zwischen ω und v_r ist, und sie steht im Sinne einer Rechtsschraube senkrecht zu den Vektoren e und v_r. Bei der *ebenen Bewegung* (Bewegung eines Punkts auf einer ebenen Scheibe) stehen die Vektoren e und v_r senkrecht zueinander, d. h., $\sin \beta = 1$ und somit $a_C = 2\omega v_r$. Im Übrigen gelten auch hier

$$v = v_F + v_r \quad \text{und} \quad a = a_F + a_r + a_C, \qquad (13.37)$$

wobei dann alle Vektoren in der Scheibenebene liegen.

Beispiel

Bewegung im rotierenden Rohr (Abb. 13.16). In einem Rohr, das sich nach dem (belie-

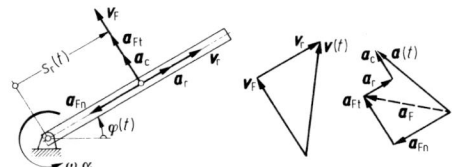

Abb. 13.16 Bewegung im rotierenden Rohr

big) vorgegebenen $\varphi(t)$-Gesetz dreht, bewegt sich relativ ein Massenpunkt nach dem ebenfalls gegebenen Weg-Zeit-Gesetz $s_r(t)$ nach außen. Für einen beliebigen Zeitpunkt t sind Absolutgeschwindigkeit und -beschleunigung des Massenpunkts zu ermitteln. – Aus $s_r(t)$ erhält man für Relativgeschwindigkeit und -beschleunigung $v_r(t) = \dot{s}_r$ und $a_r(t) = \ddot{s}_r$, während die Führungsbewegung mit $v_F(t) = s_r(t)\omega(t)$ sowie $a_{Ft}(t) = s_r(t)\alpha(t)$, $a_{Fn}(t) = s_r(t)\omega^2(t)$ mit $\omega(t) = \dot{\varphi}$ und $\alpha(t) = \ddot{\varphi}$ beschrieben wird. Die Coriolisbeschleunigung wird dann $a_C = 2\omega(t)v_r(t)$ mit der Richtung senkrecht v_r. Absolutgeschwindigkeit und -beschleunigung werden gemäß Gl. (13.37) durch geometrische Zusammensetzung erhalten (Abb. 13.16). ◄

Beispiel

Umlaufgetriebe (Abb. 13.17). Die mit der Winkelgeschwindigkeit ω_1 rotierende Kurbel führt das Planetenrad, das sich mit $\omega_{2,1}$ gegenüber der Kurbel dreht, auf dem feststehenden Sonnenrad. – Nach Gl. (13.37) wird $v_P = v_F + v_r$ mit der Größe $v_P = \omega_1(l + r) + \omega_{2,1}r$ und entsprechend $v_{P'} = \omega_1(l - r) - \omega_{2,1}r$. Da das Sonnenrad feststeht, ist $v_{P'} = 0$, woraus

$$\omega_{2,1} = \omega_1(l - r)/r \quad \text{und}$$
$$v_P = \omega_1(l + r) + \omega_1(l - r) = 2\omega_1 l$$

folgen. Die Bewegung des Planetenrads lässt sich deuten als eine Drehung mit $\omega_2 = \omega_1 + \omega_{2,1} = \omega_1 l / r$ um sein Momentanzentrum P' (Berührungspunkt von Planeten- mit Sonnenrad), woraus ebenfalls $v_P = \omega_2 r = 2\omega_1 l$ folgt. Hieraus ergibt sich allgemein, dass die Resultierende zweier Winkelgeschwindigkeiten ω_1 und ω_2 um parallele Achsen im Abstand L so wie bei zwei Kräften (Hebelgesetz)

Abb. 13.17 Umlaufgetriebe

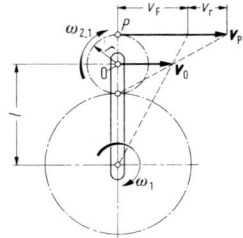

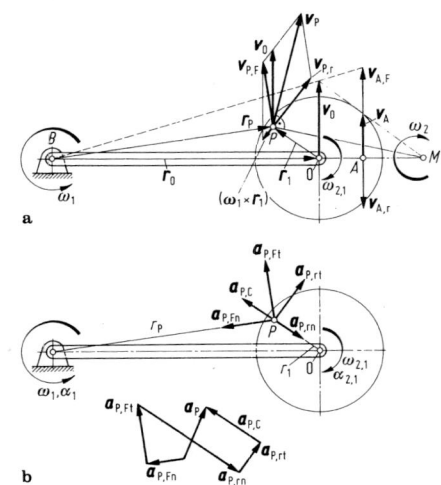

Abb. 13.18 Rotation zweier Scheiben. **a** Geschwindigkeiten; **b** Beschleunigungen

gefunden wird, nämlich zu $\omega_{\text{res}} = \omega_1 + \omega_2$ im Abstand $l_1 = L\omega_2/(\omega_1 + \omega_2)$ von der Achse von ω_1. ◄

Rotation zweier Scheiben um parallele Achsen (Abb. 13.18). Ein um das feste Lager B rotierender Stab hat die Winkelgeschwindigkeit ω_1 und die Winkelbeschleunigung α_1. In seinem Punkt O ist eine Scheibe gelagert, die sich im selben Moment ihm gegenüber mit $\omega_{2,1} > \omega_1$ und $\alpha_{2,1}$ dreht. Gesucht sind die momentanen Geschwindigkeits- und Beschleunigungsvektoren eines beliebigen Punkts P. – Für Punkt A ist nach Gl. (13.37)

$$v_A = v_{A,F} + v_{A,r} \quad \text{mit}$$

$$v_{A,r} = \omega_{2,1} \cdot \overline{OA} \quad \text{und}$$

$$v_{A,F} = \omega_1 \cdot \overline{BA} = \omega_1 \cdot \overline{BO} + \omega_1 \cdot \overline{OA}$$
$$= v_0 + \omega_1 \cdot \overline{OA},$$

so dass

$$v_A = v_{A,F} - v_{A,r} = v_0 - (\omega_{2,1} - \omega_1) \cdot \overline{OA}$$

wird. Mit $\omega_{2,1} - \omega_1 = \omega_2$ sowie $v_0/\omega_2 = l_2 = \overline{OM}$ wird

$$v_A = \omega_2(\overline{OM} - \overline{OA}) = \omega_2 \overline{MA},$$

d. h. eine reine Drehgeschwindigkeit um das Momentanzentrum M (Abb. 13.18a). Da $v_0 = r_0\omega_1$ und somit $l_2 = r_0\omega_1/(\omega_{2,1} - \omega_1)$ gilt, ist das eine Bestätigung des Satzes über die Zusammensetzung von Winkelgeschwindigkeiten für parallele Achsen, wobei im Fall gegenläufiger Drehungen für ω_{res} die Differenz

der beiden Winkelgeschwindigkeiten anzusetzen ist und ihre Achse außerhalb der beiden gegebenen Achsen liegt. Sind beide Winkelgeschwindigkeiten entgegengesetzt gleich groß, wird $\omega_{\text{res}} = 0$, die Scheibe führt eine reine Translation (hier mit v_0) aus. Für den beliebigen Punkt P gilt nach Gl. (13.37) $v_P = v_{P,F} + v_{P,r}$, wobei gemäß Gl. (13.35)

$$v_{P,F} = \dot{r}_0 + \omega_1 \times r_1$$
$$= v_0 + \omega_1 \times r_1 \quad \text{bzw. auch}$$
$$v_{P,F} = \omega \times (r_0 + r_1) = \omega \times r_P \quad \text{und}$$
$$v_{P,r} = d_r r_1/dt = \omega_{2,1} \times r_1$$

sind. Dieses Ergebnis ergibt sich auch aus der reinen Drehung um M zu $|v_P| = \omega_2 \cdot \overline{MP}$, wobei $v_P \perp \overline{MP}$ ist (Abb. 13.18a). Die Beschleunigung von Punkt P folgt aus Gln. (13.37) bzw. (13.36) $a_P = a_{P,F} + a_{P,r} + a_{P,C}$. Dabei ist $a_{P,F} = a_{P,Fn} + a_{P,Ft}$ mit $a_{P,Fn} = \omega_1^2 r_P$ und $a_{P,Ft} = \alpha_1 r_P$, $a_{P,r} = a_{P,rn} + a_{P,rt}$ mit $a_{P,rn} = \omega_{2,1}^2 r_1$ und $a_{P,rt} = \alpha_{2,1} r_1$ sowie $a_{P,C} = 2\omega_1 \times v_{P,r}$ mit dem Betrag $a_{P,C} = 2\omega_1 v_{P,r} = 2\omega_1 \omega_{2,1} r_1$. Die geometrische Zusammensetzung liefert dann a_P (Abb. 13.18b). ◄

Beispiel

Drehung um zwei einander schneidende Achsen (Abb. 13.19). Eine abgewinkelte Achse rotiert mit $\boldsymbol{\omega}_1$ und führt ein Kegelrad, das sich mit $\boldsymbol{\omega}_{2,1}$ relativ zu dieser Achse dreht und auf einem festen Kegel abrollt. Nach Gl. (13.35) ist dann

$$\begin{aligned}
\boldsymbol{v}_\mathrm{P} &= \boldsymbol{v}_\mathrm{F} + \boldsymbol{v}_\mathrm{r} \\
&= (\boldsymbol{v}_0 + \boldsymbol{\omega}_1 \times \boldsymbol{r}_1) + \boldsymbol{\omega}_{2,1} \times \boldsymbol{r}_1 \\
&= (\boldsymbol{\omega}_1 \times \boldsymbol{r}_0 + \boldsymbol{\omega}_1 \times \boldsymbol{r}_1) + \boldsymbol{\omega}_{2,1} \times \boldsymbol{r}_1
\end{aligned}$$

mit dem Betrag

$$\begin{aligned}
v_\mathrm{P} &= \omega_1 r_0 \sin\beta + \omega_1 r_1 \sin(90° - \beta) \\
&\quad + \omega_{2,1} r_1 \\
&= \omega_1 r_0 \sin\beta + \omega_1 r_1 \cos\beta + \omega_{2,1} r_1
\end{aligned}$$

und entsprechend

$$v_{\mathrm{P'}} = \omega_1 r_0 \sin\beta - \omega_1 r_1 \cos\beta - \omega_{2,1} r_1 .$$

Aus $v_{\mathrm{P'}} = 0$ folgt mit $\cot\gamma = r_0/r_1$ der Zusammenhang zwischen den Winkelgeschwindigkeiten (Zwanglauf)

$$\begin{aligned}
\omega_{2,1} &= \omega_1(\cot\gamma \sin\beta - \cos\beta) \\
&= \omega_1 \sin(\beta - \gamma)/\sin\gamma .
\end{aligned}$$

Das bedeutet, dass man die Winkelgeschwindigkeiten $\boldsymbol{\omega}_1$ und $\boldsymbol{\omega}_{2,1}$ zu einer Resultierenden $\boldsymbol{\omega}_2$ gemäß $\boldsymbol{\omega}_2 = \boldsymbol{\omega}_1 + \boldsymbol{\omega}_{2,1}$ zusammensetzen darf (Abb. 13.19), denn der Sinussatz für das Vektoreneck liefert das vorstehende Ergebnis.

Die Bewegung des Kegelrads kann also als reine Drehung mit $\boldsymbol{\omega}_2$ um die Berührungslinie als Momentanachse beschrieben werden. Zwei Winkelgeschwindigkeiten $\boldsymbol{\omega}_1$ und $\boldsymbol{\omega}_2$ um zwei einander schneidende Achsen ergeben allgemein eine Resultierende $\boldsymbol{\omega}_\mathrm{res} = \boldsymbol{\omega}_1 + \boldsymbol{\omega}_2$. ◄

Beispiel

Umlaufende Kurbelschleife (Abb. 13.20). Die Kurbel ($r = 150\,\mathrm{mm}$) dreht sich mit $\omega_\mathrm{K} = 4\,\mathrm{s}^{-1} = $ const. Für die Stellung $\varphi = 75°$ sind Winkelgeschwindigkeit ω_S und -beschleunigung α_S der Schleife zu ermitteln. – Der Kulissenstein P führt gegenüber der Schleife eine Relativbewegung aus. Seine Absolutbewegung ist durch die Kurbelbewegung gegeben: $v = \omega_\mathrm{K} r = 0,60\,\mathrm{m/s}$, $a = a_\mathrm{n} = \omega_\mathrm{K}^2 r = 2,40\,\mathrm{m/s}^2$, da wegen $\omega_\mathrm{K} = $ const, also $\alpha_\mathrm{K} = 0$, $a_\mathrm{t} = \alpha_\mathrm{K} r = 0$ ist. Da die Relativbewegung geradlinig ist, haben Relativgeschwindigkeit $\boldsymbol{v}_\mathrm{r}$ und -beschleunigung $\boldsymbol{a}_\mathrm{r}$ die Richtung der Relativbahn, also die Schleife. Gemäß Gl. (13.37) $\boldsymbol{v} = \boldsymbol{v}_\mathrm{F} + \boldsymbol{v}_\mathrm{r}$ folgt mit bekanntem Vektor $\boldsymbol{v}$ und den bekannten Richtungen von $\boldsymbol{v}_\mathrm{F}$ ($\perp$ Schleife) und $\boldsymbol{v}_\mathrm{r}$ (// Schleife) aus dem Geschwindigkeits-Eck (Abb. 13.20) $v_\mathrm{r} = 0,29\,\mathrm{m/s}$ und $v_\mathrm{F} = 0,52\,\mathrm{m/s}$. Mit $l(\varphi = 75°) \approx 460\,\mathrm{mm}$ wird die Winkelgeschwindigkeit der Schleife $\omega_\mathrm{S} = v_\mathrm{F}/l = 1,13\,\mathrm{s}^{-1}$ und somit $a_\mathrm{Fn} = l\omega_\mathrm{S}^2 = 0,59\,\mathrm{m/s}^2$ (Richtung $\parallel$ Schleife). Die Coriolisbeschleunigung $a_\mathrm{C} = 2\omega_\mathrm{S} v_\mathrm{r} = 0,66\,\mathrm{m/s}^2$ steht senkrecht auf der Schleife, so dass bei bekanntem Vektor $\boldsymbol{a}$ und den bekannten Richtungen von $\boldsymbol{a}_\mathrm{Ft}$ ($\perp$ Schlei-

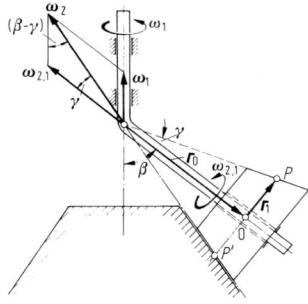

Abb. 13.19 Kegelrad

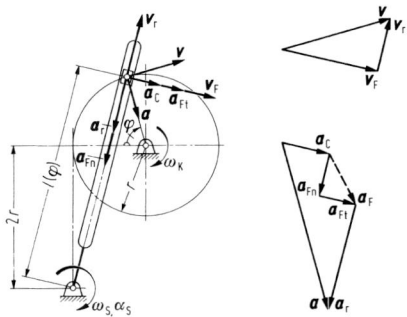

Abb. 13.20 Umlaufende Kurbelschleife

fe) und a_r ($\parallel$ Schleife) gemäß Gl. (13.37) $a = a_{Fn} + a_{Ft} + a_r + a_C$ aus dem Beschleunigungs-Eck (Abb. 13.20) $a_r = 1{,}45\,\mathrm{m/s^2}$ und $a_{Ft} = 0{,}50\,\mathrm{m/s^2}$ zu erhalten ist, woraus dann $\alpha_S = a_{Ft}/l = 1{,}09\,\mathrm{s^{-2}}$ folgt. ◄

Kinetik 14

Joachim Villwock und Andreas Hanau

Die Kinetik untersucht die Bewegung von Massenpunkten, Massenpunktsystemen, Körpern und Körpersystemen als Folge der auf sie wirkenden Kräfte und Momente unter Berücksichtigung der Gesetze der Kinematik.

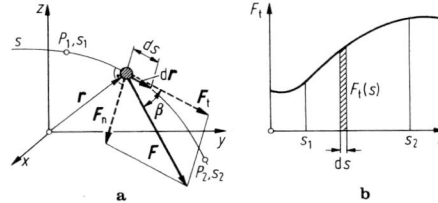

Abb. 14.1 **a** Arbeit einer Kraft; **b** Tangentialkraft-Weg-Diagramm

14.1 Energetische Grundbegriffe – Arbeit, Leistung, Wirkungsgrad

Arbeit. Das Arbeitsdifferential ist definiert als Skalarprodukt aus Kraftvektor und Vektor des Wegelements (Abb. 14.1a). $\mathrm{d}W = \boldsymbol{F}\,\mathrm{d}\boldsymbol{r} = F\,\mathrm{d}s\cos\beta = F_t\,\mathrm{d}s$. Demnach verrichtet nur die Tangentialkomponente einer Kraft Arbeit. Die Gesamtarbeit ergibt sich mit $\mathrm{d}W = F_x\mathrm{d}x + F_y\mathrm{d}y + F_z\mathrm{d}z$ zu

$$W = \int_{s_1}^{s_2} \boldsymbol{F}(s)\,\mathrm{d}\boldsymbol{r} = \int_{s_1}^{s_2} F_t(s)\,\mathrm{d}s$$
$$= \int_{(P_1)}^{(P_2)} (F_x\mathrm{d}x + F_y\mathrm{d}y + F_z\mathrm{d}z)\,. \quad (14.1)$$

Sie ist gleich dem Inhalt des Tangentialkraft-Weg-Diagramms (Abb. 14.1b).

Für $F = F_0 = \text{const}$ folgt $W = F_0(s_2 - s_1)$. Haben Kräfte ein Potential, d. h., ist

$$\boldsymbol{F} = -\,\mathrm{grad}\,U = -\frac{\partial U}{\partial x}\boldsymbol{e}_x - \frac{\partial U}{\partial y}\boldsymbol{e}_y - \frac{\partial U}{\partial z}\boldsymbol{e}_z\,,$$

so folgt

$$W = -\int_{(P_1)}^{(P_2)} \left(\frac{\partial U}{\partial x}\mathrm{d}x + \frac{\partial U}{\partial y}\mathrm{d}y + \frac{\partial U}{\partial z}\mathrm{d}z\right)$$
$$= -\int_{(P_1)}^{(P_2)} \mathrm{d}U = U_1 - U_2\,.$$

$$(14.2)$$

Die Arbeit ist dann vom Integrationsweg unabhängig und gleich der Differenz der Potentiale zwischen Anfangspunkt P_1 und Endpunkt P_2. Insbesondere verschwindet in diesem Fall die Arbeit längs eines geschlossenen Weges. Kräfte mit Potential sind Schwerkräfte und Federkräfte (elastische Formänderungskräfte).

J. Villwock (✉)
Beuth Hochschule für Technik
Berlin, Deutschland
E-Mail: villwock@beuth-hochschule.de

A. Hanau
BSH Hausgeräte GmbH
Berlin, Deutschland
E-Mail: andreas.hanau@bshg.com

© Springer-Verlag GmbH Deutschland, ein Teil von Springer Nature 2020
B. Bender und D. Göhlich (Hrsg.), *Dubbel Taschenbuch für den Maschinenbau 1: Grundlagen und Tabellen*,
https://doi.org/10.1007/978-3-662-59711-8_14

14.1.1 Spezielle Arbeiten (Abb. 14.2a–d)

a) *Schwerkraft*. Potential (potentielle Energie) $U = F_G z$,

$$\text{Arbeit} \quad W_G = U_1 - U_2$$
$$= F_G(z_1 - z_2) \,. \qquad (14.3)$$

b) *Federkraft*. Potential (potentielle Federenergie) $U = cs^2/2$, Federkraft $\boldsymbol{F}_c = -\operatorname{grad} U = -\frac{\partial U}{\partial s}\boldsymbol{e} = -cs\boldsymbol{e}$ bzw. $|\boldsymbol{F}_c| = F = cs$ (c Federrate),

$$\text{Arbeit} \quad W_c = \int_{s_1}^{s_2} cs\,ds$$
$$= c\left(s_2^2 - s_1^2\right)/2 \,. \qquad (14.4)$$

c) *Reibungskraft*. Kein Potential, da Reibungsarbeit in Form von Wärme verlorengeht.

$$\text{Arbeit} \quad W_r = \int_{s_1}^{s_2} \boldsymbol{F}_r(s)\,\mathrm{d}\boldsymbol{r}$$
$$= \int_{s_1}^{s_2} F_r(s)\cos 180°\,\mathrm{d}s$$
$$= -\int_{s_1}^{s_2} F_r(s)\,\mathrm{d}s \,. \qquad (14.5)$$

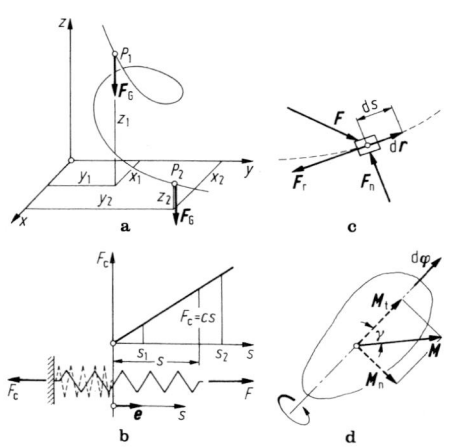

Abb. 14.2 Arbeiten. **a** Schwerkraft; **b** Federkraft; **c** Reibungskraft; **d** Drehmoment

Für $F_r = \text{const} = F_{r0}$ wird $W_r = -F_{r0}(s_2 - s_1)$.

d) *Drehmoment*.

$$\text{Arbeit} \quad W_M = \int_{\varphi_1}^{\varphi_2} \boldsymbol{M}(\varphi)\,\mathrm{d}\boldsymbol{\varphi}$$
$$= \int_{\varphi_1}^{\varphi_2} M(\varphi)\cos\gamma\,\mathrm{d}\varphi$$
$$= \int_{\varphi_1}^{\varphi_2} M_t(\varphi)\,\mathrm{d}\varphi \,, \qquad (14.6)$$

d. h., nur die zur Drehachse parallele Momentkomponente M_t verrichtet Arbeit. Für $M = \text{const} = M_0$ gilt

$$W_M = M_0\cos\gamma(\varphi_2 - \varphi_1) = M_{t0}(\varphi_2 - \varphi_1) \,.$$

Gesamtarbeit. Wirken an einem Körper Kräfte und Momente, so gilt

$$W = \int_{s_1}^{s_2}\left(\sum \boldsymbol{F}_i\,\mathrm{d}\boldsymbol{r}_i\right) + \int_{\varphi_1}^{\varphi_2}\left(\sum \boldsymbol{M}_i\,\mathrm{d}\boldsymbol{\varphi}_i\right)$$
$$= \int_{s_1}^{s_2}\left(\sum F_i\cos\beta_i\,\mathrm{d}s_i\right)$$
$$+ \int_{\varphi_1}^{\varphi_2}\left(\sum M_i\cos\gamma_i\,\mathrm{d}\varphi_i\right)$$
$$= \int_{s_1}^{s_2}\left(\sum F_{ti}\,\mathrm{d}s_i\right) + \int_{\varphi_1}^{\varphi_2}\left(\sum M_{ti}\,\mathrm{d}\varphi_i\right)$$
$$(14.7)$$

bzw. für $F_i = \text{const} = F_{i0}$ und $M_i = \text{const} = M_{i0}$

$$\text{Arbeit} \quad W = \sum[F_{i0}(s_{i2} - s_{i1})]$$
$$+ \sum[M_{i0}(\varphi_{i2} - \varphi_{i1})] \,.$$

Leistung ist Arbeit pro Zeiteinheit.

$$P(t) = dW/dt = \sum F_i v_i + \sum M_i \omega_i$$
$$= \sum F_{ti} v_i + \sum M_{ti} \omega_i$$
$$= \sum \left(F_{xi} v_{xi} + F_{yi} v_{yi} + F_{zi} v_{zi} \right)$$
$$+ \sum \left(M_{xi} \omega_{xi} + M_{yi} \omega_{yi} + M_{zi} \omega_{zi} \right) .$$
$$(14.8)$$

Also ist für *eine* Kraft $P = F_t v$ und für *ein* Moment $P = M\omega$. Integration über die Zeit ergibt die Arbeit

$$W = \int_{t_1}^{t_2} dW = \int_{t_1}^{t_2} P(t)dt = P_m(t_2 - t_1) .$$

Mittlere Leistung:

$$P_m = \int_{t_1}^{t_2} P(t)dt / (t_2 - t_1) = W/(t_2 - t_1). \quad (14.9)$$

Wirkungsgrad ist das Verhältnis von Nutzarbeit zu zugeführter Arbeit, wobei letztere aus Nutz- und Verlustarbeit besteht:

$$\eta_m = W_n / W_z = W_n / (W_n + W_v) \quad (14.10)$$

η_m mittlerer Wirkungsgrad (Arbeit ist mit der Zeit veränderlich). Augenblicklicher Wirkungsgrad

$$\eta = \frac{dW_n}{dW_z} = \frac{dW_n}{dt} \bigg/ \frac{dW_z}{dt} = P_n / P_z$$
$$= P_n / (P_n + P_v) . \quad (14.11)$$

Sind mehrere Teile am Prozess beteiligt, so gilt

$$\eta = \eta_1 \eta_2 \eta_3 \cdots$$

14.2 Kinetik des Massenpunkts und des translatorisch bewegten Körpers

14.2.1 Dynamisches Grundgesetz von Newton (2. Newton'sches Axiom)

Wirken auf einen freigemachten Massenpunkt (Massenelement, translatorisch bewegten Kör-

per) eine Anzahl äußerer Kräfte, so ist die resultierende Kraft F_R gleich der zeitlichen Änderung des Impulsvektors $p = mv$ bzw., wenn die Masse m konstant ist, gleich dem Produkt aus Masse m und Beschleunigungsvektor a (Abb. 14.3a):

$$F_{Res}^{(a)} = F_R^{(a)} = \sum F_i = \frac{d}{dt}(mv) , \quad (14.12)$$

$$F_R^{(a)} = \sum F_i = ma = m\,dv/dt . \quad (14.13)$$

Die Komponenten in natürlichen bzw. kartesischen Koordinaten (Abb. 14.3b,c) sind

$$\left.\begin{aligned}
F_{Rt}^{(a)} &= \sum F_{it} = ma_t , \\
F_{Rn}^{(a)} &= \sum F_{in} = ma_n \quad \text{bzw.} \\
F_{Rx}^{(a)} &= \sum F_{ix} = ma_x , \\
F_{Ry}^{(a)} &= \sum F_{iy} = ma_y , \\
F_{Rz}^{(a)} &= \sum F_{iz} = ma_z .
\end{aligned}\right\}$$
$$(14.14)$$

Bei der Lösung von Aufgaben mit dem Newton'schen Grundgesetz muss der Massenpunkt bzw. translatorisch bewegte Körper freigemacht werden, d. h., alle eingeprägten Kräfte und alle Reaktionskräfte sind als äußere Kräfte anzubringen.

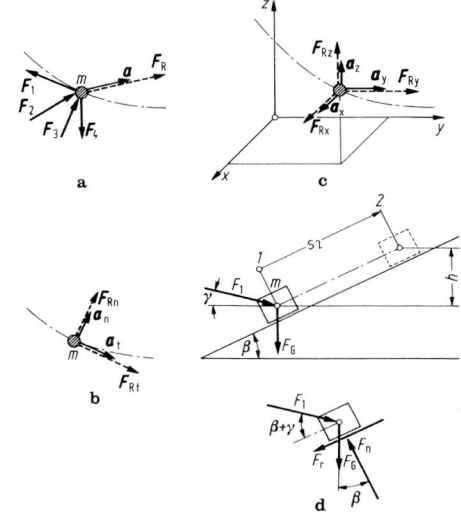

Abb. 14.3 Dynamisches Grundgesetz. **a** Vektoriell; **b** in natürlichen Koordinaten; **c** in kartesischen Koordinaten; **d** Massenpunkt auf schiefer Ebene

Beispiel

Massenpunkt auf schiefer Ebene (Abb. 14.3d). Die Masse $m = 2{,}5\,\text{kg}$ wird aus der Ruhelage *1* von der Kraft $F_1 = 50\,\text{N}$ ($\gamma = 15°$) die schiefe Ebene ($\beta = 25°$) hinaufbewegt (Gleitreibungszahl $\mu = 0{,}3$). Zu bestimmen sind Beschleunigung, Zeit und Geschwindigkeit beim Erreichen der Lage *2* ($s_2 = 4\,\text{m}$). – Da die Bewegung geradlinig ist, muss $a_n = 0$ sein. Nach Gl. (14.14) gilt $F_{\text{R}n}^{(a)} = \sum F_{i n} = 0$, also

$$F_n = m\,g\cos\beta + F_1\sin(\beta + \gamma)$$
$$= 54{,}37\,\text{N}$$

sowie

$$ma_t = F_{\text{R}t}^{(a)} = \sum F_{it}$$
$$= F_1\cos(\beta + \gamma) - F_G\sin\beta - F_r\,,$$

woraus mit $F_r = \mu F_n = 16{,}31\,\text{N}$ dann $ma_t = 11{,}63\,\text{N}$ und $a_t = 4{,}65\,\text{m/s}^2$ folgen.

Mit den Gesetzen der gleichmäßig beschleunigten Bewegung aus der Ruhelage (s. Abschn. 13.1.1) ergeben sich

$$t_2 = \sqrt{2s_2/a_t} = 1{,}31\,\text{s} \quad \text{und}$$
$$v_2 = \sqrt{2a_t s_2} = 6{,}10\,\text{m/s}\,. \quad \blacktriangleleft$$

14.2.2 Arbeits- und Energiesatz

Aus Gl. (14.13) folgt nach Multiplikation mit dr und Integration der Arbeitssatz

$$W_{1,2} = \int\limits_{(r_1)}^{(r_2)} F_{\text{R}}\,dr = \int\limits_{(r_1)}^{(r_2)} m\frac{dv}{dt}\,dr = \int\limits_{v_1}^{v_2} mv\,dv$$
$$= \frac{m}{2}\,v_2^2 - \frac{m}{2}\,v_1^2 = E_2 - E_1\,,$$
$$(14.15)$$

d. h., die Arbeit ist gleich der Differenz der kinetischen Energien. Haben alle am Vorgang beteiligten Kräfte ein Potential, verläuft der Vorgang also ohne Energieverluste, so gilt $W_{1,2} = U_1 - U_2$ (s. Abschn. 14.1), und aus Gl. (14.15) folgt der

Energiesatz

$$U_1 + E_1 = U_2 + E_2 = \text{const.} \quad (14.16)$$

Beispiel

Massenpunkt auf schiefer Ebene (Abb. 14.3d). Für das Beispiel in Abschn. 14.2.1 ist die Geschwindigkeit v_2 nach dem Arbeitssatz zu ermitteln. – Mit $v_1 = 0$, d. h. $E_1 = 0$, wird

$$mv_2^2/2 = W_{1,2}$$
$$= F_1\cos(\beta + \gamma)s_2 - F_r s_2 - F_G h$$
$$= 46{,}51\,\text{Nm}\,.$$

Somit ist

$$v_2 = \sqrt{2 \cdot 46{,}51\,\text{Nm}/2{,}5\,\text{kg}}$$
$$= 6{,}10\,\text{m/s}\,. \quad \blacktriangleleft$$

14.2.3 Impulssatz

Aus Gl. (14.13) folgt nach Multiplikation mit dt und Integration für konstante Masse m

$$p_{1,2} = \int\limits_{t_1}^{t_2} F_{\text{R}}\,dt = \int\limits_{v_1}^{v_2} m\,dv$$
$$= mv_2 - mv_1 = p_2 - p_1\,. \quad (14.17)$$

Das Zeitintegral der Kraft, der sog. Antrieb, ist also gleich der Differenz der Impulse.

14.2.4 Prinzip von d'Alembert und geführte Bewegungen

Aus dem Newton'schen Grundgesetz folgt für den Massenpunkt $F_{\text{R}} - ma = 0$, d. h., äußere Kräfte und Trägheitskraft (negative Massenbeschleunigung, d'Alembert'sche Hilfskraft) bilden einen „Gleichgewichtszustand". Im Fall der geführten Bewegung setzt sich die Resultierende F_{R} aus den eingeprägten Kräften F_{e}, den Zwangskräften F_{z} und den Reibungskräften F_{r} zusammen:

$$F_{\text{e}} + F_{\text{z}} + F_{\text{r}} - ma = 0\,. \quad (14.18)$$

Abb. 14.4 Zum Prinzip von d'Alembert

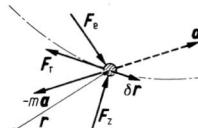

Wird auf dieses „Gleichgewichtssystem" das Prinzip der virtuellen Arbeiten (s. Abschn. 12.4.3) angewendet, so folgt (Abb. 14.4) $\delta W = (\boldsymbol{F}_e + \boldsymbol{F}_z + \boldsymbol{F}_r - m\boldsymbol{a})\delta\boldsymbol{r} = 0$. Hierbei ist $\delta\boldsymbol{r}$ eine mit der Führung geometrisch verträgliche Verrückung tangential zur Bahn. Da die Führungskräfte $\boldsymbol{F}_z$ normal zur Bahn stehen und somit keine Arbeit verrichten, gilt

$$\delta W = (\boldsymbol{F}_e + \boldsymbol{F}_r - m\boldsymbol{a})\delta\boldsymbol{r} = 0 \qquad (14.19)$$

bzw. in kartesischen Koordinaten

$$\begin{aligned}\delta W = {}&(F_{ex} + F_{rx} - ma_x)\delta x \\ &+ (F_{ey} + F_{ry} - ma_y)\delta y \\ &+ (F_{ez} + F_{rz} - ma_z)\delta z = 0 \quad (14.20)\end{aligned}$$

bzw. in natürlichen Koordinaten

$$\delta W = (F_{et} - F_r - ma_t)\delta s = 0 \qquad (14.21)$$

(entsprechend in Zylinderkoordinaten usw.; s. folgendes Beispiel). Die Gln. (14.19) bis (14.21) stellen das d'Alembert'sche Prinzip in der Lagrange'schen Fassung dar. Das Prinzip eignet sich besonders für Aufgaben ohne Reibung, da es die Berechnung der Zwangskräfte erspart.

Beispiel

Massenpunkt auf Schraubenlinie (s. Abb. 13.7). Die Masse m bewege sich reibungsfrei infolge ihrer Gewichtskraft eine zylindrische Schraubenlinie hinunter, die durch Zylinderkoordinaten

$$r_0(t) = r_0 = \text{const.}, \quad \varphi(t) \quad \text{und}$$
$$z(t) = (h/2\pi)\varphi(t)$$

beschrieben ist (s. Abschn. 13.1.3). – Aus

$$\boldsymbol{r}(t) = r_0\boldsymbol{e}_r + 0 \cdot \boldsymbol{e}_\varphi + z(t)\boldsymbol{e}_z \quad \text{folgt}$$
$$\delta\boldsymbol{r} = r_0\delta\varphi\boldsymbol{e}_\varphi + \delta z\boldsymbol{e}_z\,.$$

Mit $\boldsymbol{F}_e = \boldsymbol{F}_G = -mg\boldsymbol{e}_z$ sowie $\boldsymbol{a}(t) = -\dot\varphi^2 r_0\boldsymbol{e}_r + \ddot\varphi r_0\boldsymbol{e}_\varphi + \ddot\varphi(h/2\pi)\boldsymbol{e}_z$ gemäß Abschn. 13.1.3 wird nach Gl. (14.19)

$$\begin{aligned}\delta W &= (\boldsymbol{F}_e - m\boldsymbol{a})\delta\boldsymbol{r} \\ &= -mg\delta z - mr_0^2\ddot\varphi\delta\varphi - m\ddot\varphi(h/2\pi)\delta z \\ &= 0\end{aligned}$$

und mit $\delta z = (h/2\pi)\delta\varphi$

$$m\delta\varphi\left[gh/2\pi + r_0^2\ddot\varphi + h^2/(2\pi)^2 \cdot \ddot\varphi\right] = 0\,,$$

woraus $\ddot\varphi = -\dfrac{gh/(2\pi r_0^2)}{1+h^2/(2\pi r_0)^2} = \text{const} = -A$ folgt. Die Integration ergibt $\dot\varphi(t) = -At + C_1$ und $\varphi(t) = -At^2/2 + C_1 t + C_2$, wobei die Integrationskonstanten aus Anfangsbedingungen zu ermitteln sind. Die Gln. in Abschn. 13.1.3 liefern dann mit $\beta = \arctan[h/(2\pi r_0)]$ die Bewegungsgesetze des Massenpunkts:

$$\begin{aligned}s(t) &= r_0\left(-At^2/2 + C_1 t + C_2\right)/\cos\beta\,, \\ v(t) &= r_0(-At + C_1)/\cos\beta\,, \\ a_n(t) &= r_0(-At + C_1)^2\,, \\ a_t(t) &= -r_0 A/\cos\beta = \text{const}\,,\end{aligned}$$

also eine gleichmäßig beschleunigte (rückläufige) Bewegung. ◄

14.2.5 Impulsmomenten- (Flächen-) und Drehimpulssatz

Nach vektorieller Multiplikation mit einem Radiusvektor $\boldsymbol{r}$ folgt aus Gl. (14.13) $\boldsymbol{r} \times \boldsymbol{F}_R = \boldsymbol{M}_R = \boldsymbol{r} \times m\boldsymbol{a}$. Wegen $\boldsymbol{v} \times m\boldsymbol{v} = 0$ gilt

$$\boldsymbol{M}_R = \frac{\mathrm{d}}{\mathrm{d}t}(\boldsymbol{r} \times m\boldsymbol{v}) = \frac{\mathrm{d}\boldsymbol{D}}{\mathrm{d}t} \qquad (14.22)$$

Impulsmomentensatz: Die zeitliche Änderung des Impulsmoments $\boldsymbol{D} = \boldsymbol{r} \times m\boldsymbol{v}$ (auch Drehimpuls oder Drall genannt) ist gleich dem resultierenden Moment.

Nun ist $\boldsymbol{r} \times m\boldsymbol{v} = m(\boldsymbol{r} \times \mathrm{d}\boldsymbol{r}/\mathrm{d}t)$ und $\boldsymbol{r} \times \mathrm{d}\boldsymbol{r} = 2\mathrm{d}\boldsymbol{A}$ ein Vektor, dessen Betrag gleich dem

Abb. 14.5 Impulsmomentensatz
(Flächensatz)

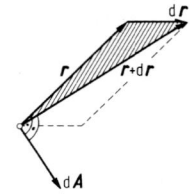

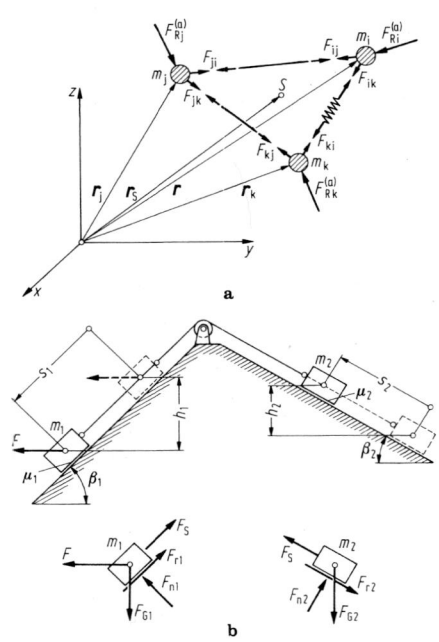

doppelten Flächeninhalt der vom Vektor r über-
strichenen Fläche ist (Abb. 14.5). Damit nimmt
Gl. (14.22) die Form an

$$M_R = \frac{d}{dt}\left(2m\frac{dA}{dt}\right) = 2m\frac{d^2A}{dt^2} \qquad (14.23)$$

Flächensatz: Das resultierende Moment ist
gleich dem Produkt aus doppelter Masse und der
Ableitung der Flächengeschwindigkeit dA/dt.
Ist F_R eine Zentralkraft, d. h. stets in Richtung
von r gerichtet, so wird $M_R = r \times F_R = 0$
und damit nach Gl. (14.23) $dA/dt = \text{const}$, d. h.,
die Flächengeschwindigkeit ist konstant, der Radiusvektor überstreicht in gleichen Zeiten gleiche
Flächen (2. Kepler'sches Gesetz).

Aus Gl. (14.22) folgt

$$\int_{t_1}^{t_2} M_R dt = \int_{t_1}^{t_2} d(r \times mv) = \int_{t_1}^{t_2} dD$$

$$= D_2 - D_1 \qquad (14.24)$$

Drehimpulssatz: Das Zeitintegral über das Moment ist gleich der Differenz der Drehimpulse. Ist
$M_R = 0$, so gilt $D_1 = D_2 = \text{const}$.

14.3 Kinetik des Massenpunktsystems

Ein Massenpunktsystem ist ein aufgrund innerer Kräfte (z. B. Massenanziehung, Federkräfte, Stabkräfte) zusammengehaltener Verband von
n Massenpunkten (Abb. 14.6a). Für die inneren Kräfte gilt das 3. Newton'sche Axiom von
actio = reactio, d. h. $F_{ik}^{(i)} = F_{ki}^{(i)}$.

Abb. 14.6 Massenpunktsystem. **a** Allgemein; **b** zwei
Massen

14.3.1 Schwerpunktsatz

Das Newton'sche Grundgesetz für freigemachte
Massenpunkte und die Summation über den gesamten Verband liefert

$$\sum_{i=1}^{n} F_{Ri}^{(a)} + \sum_{i,k=1}^{n} F_{ik}^{(i)} = \sum_{i=1}^{n} m_i a_i . \qquad (14.25)$$

Da für die inneren Kräfte $\sum F_{ik}^{(i)} = 0$ und nach
Abschn. 12.10 Gl. (14.25) $\ddot{r}_S m = \sum m_i \ddot{r}_i$ ist,
folgt

$$\sum_{i=1}^{n} F_{Ri}^{(a)} = ma_S \qquad (14.26)$$

Schwerpunktsatz: Der Massenmittelpunkt
(Schwerpunkt) eines Massenpunktsystems bewegt sich so, als ob die Gesamtmasse in ihm
vereinigt wäre und alle äußeren Kräfte an ihm
angreifen würden.

14.3.2 Arbeits- und Energiesatz

Aus Gl. (14.25) folgt nach Multiplikation mit d$\boldsymbol{r}_i$ (differentiell kleiner Verschiebungsvektor des i-ten Massenpunkts) und nach Integration zwischen zwei Zeitpunkten *1* und *2*

$$\sum \int_{(1)}^{(2)} \boldsymbol{F}_{\mathrm{R}i}^{(\mathrm{a})}\mathrm{d}\boldsymbol{r}_i + \sum \int_{(1)}^{(2)} \boldsymbol{F}_{ik}^{(\mathrm{i})}\mathrm{d}\boldsymbol{r}_i$$

$$= \sum \int_{(1)}^{(2)} m_i \boldsymbol{v}_i \mathrm{d}\boldsymbol{v}_i \quad \text{bzw.}$$

$$W_{1,2}^{(\mathrm{a})} + W_{1,2}^{(\mathrm{i})} = \sum (m_i/2)\left(v_{i2}^2 - v_{i1}^2\right) \quad (14.27)$$

Arbeitssatz: Die Arbeit der äußeren und inneren Kräfte am Massenpunktsystem (wobei die der Zwangskräfte wieder null ist) ist gleich der Differenz der kinetischen Energien. Die inneren Kräfte verrichten bei starren Verbindungen der Massenpunkte keine Arbeit.

Haben alle beteiligten Kräfte ein Potential, so gilt der Energiesatz Gl. (14.16).

Beispiel

Punktmassen auf schiefen Ebenen (Abb. 14.6b). Die beiden über ein nichtdehnbares Seil verbundenen Massen werden aus der Ruhelage von der Kraft F die schiefen Ebenen entlang gezogen. Gesucht sind ihre Geschwindigkeiten nach Zurücklegen einer Strecke s_1. – Nach dem Freimachen ergeben sich die Normaldruckkräfte (Zwangskräfte) zu $F_{n2} = F_{G_2} \cos \beta_2$ und $F_{n1} = F_{G_1} \cos \beta_1 - F \sin \beta_1$, wobei als Voraussetzung des Nichtabhebens $F \leqq F_{G_1} \cot \beta_1$ sein muss. Damit sind die Reibungskräfte $F_{r_2} = \mu_2 F_{n2}$ und $F_{r_1} = \mu_1 F_{n1}$. Der Arbeitssatz Gl. (14.27) liefert

$$F \cos \beta_1 s_1 + F_{G_1} h_1 - F_{r_1} s_1 - F_S s_1$$
$$+ F_S s_2 - F_{G_2} h_2 - F_{r_2} s_2$$
$$= m_1 v_1^2/2 + m_2 v_2^2/2 \,,$$

und mit $s_2 = s_1$, $v_2 = v_1$ (nichtdehnbares Seil!) sowie mit $h_1 = s_1 \sin \beta_1$ und $h_2 = $

$s_2 \sin \beta_2$ ist dann

$$v_1^2 = 2s_1[F \cos \beta_1 + F_{G_1} \sin \beta_1$$
$$- \mu_1(F_{G_1} \cos \beta_1 - F \sin \beta_1)$$
$$- F_{G_2} \sin \beta_2$$
$$- \mu_2 F_{G_2} \cos \beta_2]/(m_1 + m_2) \,. \quad \blacktriangleleft$$

14.3.3 Impulssatz

Aus Gl. (14.25) folgt nach Multiplikation mit dt und Integration

$$\sum \int_{t_1}^{t_2} \boldsymbol{F}_{\mathrm{R}i}^{(\mathrm{a})}\mathrm{d}t + \sum \int_{t_1}^{t_2} \boldsymbol{F}_{ik}^{(\mathrm{i})}\mathrm{d}t$$

$$= \sum \int_{t_1}^{t_2} m_i \frac{\mathrm{d}\boldsymbol{v}_i}{\mathrm{d}t}\mathrm{d}t$$

$$= \sum m_i(\boldsymbol{v}_{i2} - \boldsymbol{v}_{i1}) = \boldsymbol{p}_2 - \boldsymbol{p}_1 \,.$$

Da $\sum \int_{t_1}^{t_2} F_{ik}^{(\mathrm{i})}\mathrm{d}t = 0$ und nach Gl. (12.25) $m\boldsymbol{v}_{\mathrm{S}} = \sum m_i \boldsymbol{v}_i$ ist, ergibt sich

$$\boldsymbol{p}_2 - \boldsymbol{p}_1 = \sum \int_{t_1}^{t_2} \boldsymbol{F}_{\mathrm{R}i}^{(\mathrm{a})}\mathrm{d}t$$

$$= \sum m_i(\boldsymbol{v}_{i2} - \boldsymbol{v}_{i1})$$

$$= m(\boldsymbol{v}_{\mathrm{S}_2} - \boldsymbol{v}_{\mathrm{S}_1}) \quad (14.28)$$

Impulssatz: Das Zeitintegral über die äußeren Kräfte des Systems ist gleich der Differenz aller Impulse bzw. gleich der Differenz der Schwerpunktimpulse. – Sind keine äußeren Kräfte vorhanden, so folgt aus Gl. (14.28)

$$\sum m_i \boldsymbol{v}_{i1} = \sum m_i \boldsymbol{v}_{i2} = \text{const} \quad \text{bzw.}$$

$$m\boldsymbol{v}_{\mathrm{S}_1} = m\boldsymbol{v}_{\mathrm{S}_2} = \text{const} \,, \quad (14.29)$$

d. h., der Gesamtimpuls bleibt erhalten.

Beispiel

Massenpunktsystem und Impulssatz (Abb. 14.7). Eine Feder (Federrate c), die um den

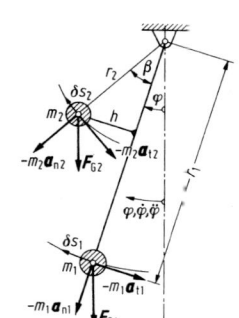

Abb. 14.7 Zum Impuls- und Energiesatz

Betrag s_1 vorgespannt war, schleudert die Massen m_1 und m_2 auseinander. Zu ermitteln sind deren Geschwindigkeiten. – Unter Vernachlässigung von Reibungskräften während des Entspannungsvorgangs der Feder wirken am System keine äußeren Kräfte in Bewegungsrichtung, so dass mit $v_{11} = 0$ und $v_{21} = 0$ aus Gl. (14.29) $m_1 v_{12} - m_2 v_{22} = 0$, also $m_1 v_{12} = m_2 v_{22}$, folgt. Hiermit liefert der Energiesatz, Gl. (14.16), $c s_1^2 / 2 = + m_1 v_{12}^2 / 2 + m_2 v_{22}^2 / 2$ dann

$$v_{12} = \sqrt{c s_1^2 / \left(m_1 + m_1^2 / m_2\right)} \quad \text{und}$$

$$v_{22} = \sqrt{c s_1^2 / \left(m_2 + m_2^2 / m_1\right)} \, . \quad \blacktriangleleft$$

14.3.4 Prinzip von d'Alembert und geführte Bewegungen

Aus Gl. (14.25) folgt $\sum F_{Ri}^{(a)} + (- \sum m_i a_i) = - \sum F_{ik}^{(i)}$. Wegen $\sum F_{ik}^{(i)} = 0$ sind die verlorenen Kräfte, das ist die Gesamtheit der äußeren Kräfte zuzüglich der Trägheitskräfte (negative Massenbeschleunigungen), am Massenpunktsystem im Gleichgewicht:

$$\sum F_{Ri}^{(a)} + \left(- \sum m_i a_i\right) = 0 \, . \quad (14.30)$$

Das Prinzip eignet sich in dieser Fassung besonders zur Berechnung der Schnittlasten dynamisch beanspruchter Systeme, wobei man die Schnittlasten als äußere Kräfte einführt. Im Fall geführter Bewegungen setzt sich die Resultierende der äußeren Kräfte an den einzelnen Massenpunkten aus den eingeprägten Kräften $F_i^{(e)}$, den Führungs- oder Zwangskräften $F_i^{(z)}$ und den Reibungskräften $F_i^{(r)}$ zusammen. Für starre Systeme erhält man mit dem Gleichgewichtsprinzip der virtuellen Arbeiten (s. Abschn. 12.4.3), indem man jedem Massenpunkt eine mit den geometrischen Bindungen verträgliche Verrückung δr_i

erteilt, dann aus Gl. (14.30)

$$\sum \left[F_{Ri}^{(e)} + F_{Ri}^{(z)} + F_{Ri}^{(r)} + (-m_i a_i) \right] \delta r_i = 0 \, .$$

Da die Zwangskräfte bei Verrückungen keine Arbeit verrichten, folgt das d'Alembert'sche Prinzip in Lagrange'scher Fassung:

$$\sum \left[F_{Ri}^{(e)} + F_{Ri}^{(r)} + (-m_i a_i) \right] \delta r_i = 0 \, . \quad (14.31)$$

In kartesischen bzw. natürlichen Koordinaten lautet Gl. (14.31) entsprechend den Gln. (14.20) und (14.21) für den Massenpunkt. Dieses Prinzip ist besonders zur Berechnung des Beschleunigungszustands von geführten Bewegungen ohne Reibung geeignet, da es die Berechnung der Zwangskräfte erspart.

Beispiel

Physikalisches Pendel (Abb. 14.8). – Für das aus zwei punktförmigen Massen m_1 und m_2 an „masselosen" Stangen (gegeben r_1, r_2, h und somit $\beta = \arcsin(h / r_2)$) bestehende Pendel wird die Schwingungsdifferentialgleichung aufgestellt. Bei fehlenden Reibungskräften nimmt das d'Alembert'sche Prinzip in Lagrange'scher Fassung in natürlichen Koordinaten analog Gl. (14.21) die Form

$$\delta W = \sum \left(F_{ti}^{(e)} - m_i a_{ti} \right) \delta s_i = 0$$

an; damit wird

$$\begin{aligned} \delta W = &(-F_{G_1} \sin \varphi - m_1 a_{t1}) \delta s_1 \\ &+ (-F_{G_2} \sin(\beta + \varphi) - m_2 a_{t2}) \delta s_2 \\ = &\, 0 \, . \end{aligned}$$

Abb. 14.8 Physikalisches Pendel

Mit $\delta s_1 = r_1 \delta\varphi$, $\delta s_2 = r_2 \delta\varphi$ sowie $a_{t1} = r_1\ddot{\varphi}$, $a_{t2} = r_2\ddot{\varphi}$ erhält man $[m_1(g r_1 \sin\varphi + r_1^2\ddot{\varphi}) + m_2(g r_2 \sin(\beta + \varphi) + r_2^2\ddot{\varphi})]\delta\varphi = 0$, woraus die nichtlineare Differentialgleichung dieser Pendelschwingung folgt: $\ddot{\varphi}(m_1 r_1^2 + m_2 r_2^2) + m_1 g r_1 \sin\varphi + m_2 g r_2 \sin(\varphi + \beta) = 0$. Für kleine Auslenkungen φ nimmt sie wegen $\sin\varphi \approx \varphi$ und $\sin(\varphi + \beta) \approx \varphi\cos\beta + \sin\beta$ die Form $\ddot{\varphi}(m_1 r_1^2 + m_2 r_2^2) + \varphi(m_1 g r_1 + m_2 g r_2 \cos\beta) = -m_2 g r_2 \sin\beta$ an, deren Lösung in Kap. 15 beschrieben wird. ◄

14.3.5 Impulsmomenten- und Drehimpulssatz

Aus dem Newton'schen Grundgesetz $F_{Ri}^{(a)} + F_{ik}^{(i)} = m_i a_i$ folgt nach vektorieller Multiplikation mit einem Radiusvektor r_i und Summation über das gesamte Massenpunktsystem

$$\sum\left(r_i \times F_{Ri}^{(a)}\right) + \sum\left(r_i \times F_{ik}^{(i)}\right) = \sum(r_i \times m_i a_i) .$$

Hieraus folgt analog der Ableitung von Gl. (14.22)

$$M_R^{(a)} = \sum\left(r_i \times F_{Ri}^{(a)}\right)$$
$$= \frac{d}{dt}\sum(r_i \times m_i v_i) = \frac{dD}{dt} \quad (14.32)$$

Impulsmomenten- oder Drallsatz: Die zeitliche Änderung des Dralls (Drehimpulses) $D = \sum(r_i \times m_i v_i)$ ist gleich dem resultierenden Moment der äußeren Kräfte am Massenpunktsystem.

Gleichung (14.32) gilt bezüglich eines raumfesten Punkts oder bezüglich des beliebig bewegten Schwerpunkts. Aus ihr folgt nach Integration über die Zeit der Drehimpulssatz analog Gl. (14.24).

14.3.6 Lagrange'sche Gleichungen

Sie liefern durch Differentiationsprozesse über die kinetische Energie die Bewegungsgleichungen des Systems. Ein System mit n Massenpunkten kann zwar $3n$ Freiheitsgrade haben, jedoch

bestehen häufig zwischen einigen Koordinaten aufgrund mechanischer Bindungen Abhängigkeiten, wodurch die Zahl der Freiheitsgrade auf m (im Grenzfall bis auf $m = 1$) reduziert wird. Handelt es sich um holonome Systeme, bei denen die Beziehungen zwischen den Koordinaten in endlicher Form und nicht in Differentialform darstellbar sind, dann gelten die Lagrange'schen Gleichungen (2. Art):

$$\frac{d}{dt}\left(\frac{\partial E}{\partial \dot{q}_k}\right) - \frac{\partial E}{\partial q_k} = Q_k \quad (k = 1, 2, \ldots, m) .$$
$$(14.33)$$

Hierbei ist E die gesamte kinetische Energie des Systems, q_k sind die generalisierten Koordinaten der m Freiheitsgrade, Q_k die generalisierten Kräfte. Ist q_k eine Länge, so ist das zugehörige Q_k eine Kraft; ist q_k ein Winkel, so ist das dazu gehörige Q_k ein Moment.

Die Lagrange'sche Kraft Q_k erhält man aus

$$Q_k\delta q_k = \sum F_i^{(a)}\delta s_i \quad \text{bzw.}$$
$$Q_k = \left(\sum F_i^{(a)}\delta s_i\right)/\delta q_k , \quad (14.34)$$

wobei δs_i Verschiebungen des Systems infolge alleiniger Änderung (Variation) der Koordinate q_k sind ($\delta q_i = 0$, $i \neq k$).

Haben die beteiligten Kräfte ein Potential, so gilt $Q_k = -\frac{\partial U}{\partial q_k}$ und $\frac{\partial U}{\partial \dot{q}_k} = 0$. Damit folgt aus Gl. (14.33)

$$\frac{d}{dt}\left(\frac{\partial E}{\partial \dot{q}_k}\right) - \frac{\partial E}{\partial q_k} = -\frac{\partial U}{\partial q_k} \quad \text{bzw.}$$
$$\frac{d}{dt}\left(\frac{\partial L}{\partial \dot{q}_k}\right) - \frac{\partial L}{\partial q_k} = 0 , \quad (14.35)$$

wobei $L = E - U = L(q_1 \ldots q_m; \dot{q}_1 \ldots \dot{q}_m)$ die Lagrange'sche Funktion ist.

Beispiel

Schwinger mit einem Freiheitsgrad (Abb. 14.9). Die Schwingung wird für kleine Auslenkungen φ, d. h. für $x = l_1\varphi$ und $y = l_2\varphi$, und unter Vernachlässigung der Stangen- und Federmassen untersucht. – Es gilt $E = m_1\dot{x}^2/2 + m_2\dot{y}^2/2 = m_1 l_1^2\dot{\varphi}^2/2 + m_2 l_2^2\dot{\varphi}^2/2$, also $\frac{\partial E}{\partial\varphi} = 0$ und $\frac{\partial E}{\partial\dot{\varphi}} = (m_1 l_1^2 + m_2 l_2^2)\dot{\varphi}$, d. h.

Abb. 14.9 Schwinger

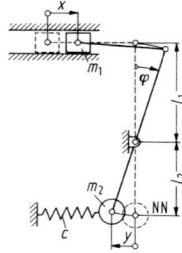

$\frac{\mathrm{d}}{\mathrm{d}t}\left(\frac{\partial E}{\partial \dot\varphi}\right) = (m_1 l_1^2 + m_2 l_2^2)\ddot\varphi$. Ferner ist $U = m_1 g(l_1 + l_2) + m_2 g l_2(1 - \cos\varphi) + c(l_2\varphi)^2/2$, d. h. $\frac{\partial U}{\partial \varphi} = m_2 g l_2 \sin\varphi + c l_2^2 \varphi$. Mit $\sin\varphi \approx \varphi$ wird $\frac{\partial U}{\partial \varphi} = (m_2 g l_2 + c l_2^2)\varphi$. Aus Gl. (14.35) folgt dann mit $q_k = \varphi$

$$\ddot\varphi\left(m_1 l_1^2 + m_2 l_2^2\right) + \varphi\left(m_2 g l_2 + c l_2^2\right) = 0$$

(Lösung s. Kap. 15). ◄

14.3.7 Prinzip von Hamilton

Während die Lagrange'schen Gleichungen ein Differentialprinzip darstellen, handelt es sich hier um ein Integralprinzip (aus dem sich auch die Lagrange'schen Gleichungen herleiten lassen). Es lautet

$$\int_{t_1}^{t_2} (\delta W^{(e)} + \delta E)\,\mathrm{d}t = 0\,.$$

Haben die eingeprägten Kräfte ein Potential, ist also $\delta W^{(e)} = -\delta U$ ein totales Differential, so wird daraus

$$\int_{t_1}^{t_2} (\delta E - \delta U)\,\mathrm{d}t = \delta \int_{t_1}^{t_2} (E - U)\,\mathrm{d}t$$

$$= \delta \int_{t_1}^{t_2} L\,\mathrm{d}t = 0\,,$$

d. h., die Variation des Zeitintegrals über die Lagrange'sche Funktion wird null, das Zeitintegral nimmt einen Extremwert an.

14.3.8 Systeme mit veränderlicher Masse

Grundgleichung des Raketenantriebs: Infolge des ausgestoßenen Massenstroms $\dot\mu(t)$ mit der Relativgeschwindigkeit $v_r(t)$ (Relativbewegung) ist die Raketenmasse $m(t)$ veränderlich. Aus dem dynamischen Grundgesetz, Gl. (14.12), folgt dann $F_R^{(a)} = \frac{\mathrm{d}}{\mathrm{d}t}[m(t)v(t)] = \dot m(t)v(t) + m(t)\dot v(t)$.

Nun ist $\dot m(t)v(t) = -\dot\mu(t)v_r(t)$ (die Masse nimmt ab) und somit $F_R^{(a)} = m(t)a(t) - \dot\mu(t)v_r(t)$ bzw. $m(t)a(t) = F_R^{(a)} + \dot\mu(t)v_r(t)$. Wirken keine äußeren Kräfte ($F_R^{(a)} = 0$), so gilt

$$m(t)a(t) = \dot\mu(t)v_r(t) = F_S(t)\,, \qquad (14.36)$$

d. h., a ist parallel zu v_r, und $F_S(t)$ ist der Schub der Rakete.

Ist ferner $\dot\mu = \dot\mu_0 = $ const, $v_r = v_{r_0} = $ const und v_r parallel zu v, so wird die Bahn eine Gerade. Dann gilt $m(t)a_t(t) = \dot\mu_0 v_{r_0} = F_{S_0}$. Die verlorene Masse bis zur Zeit t ist $\mu(t) = \dot\mu_0 t$ und somit $m(t) = m_0 - \dot\mu_0 t$. Mit $a_t = \mathrm{d}v/\mathrm{d}t$ wird dann

$$\frac{\mathrm{d}v}{\mathrm{d}t} = \frac{\dot\mu_0 v_{r_0}}{m_0 - \dot\mu_0 t} = \frac{\dot\mu_0 v_{r_0}}{m_0[1 - (\dot\mu_0/m_0)t]}\,.$$

Die Integration mit den Anfangsbedingungen $v(t = 0) = 0$ und $s(t = 0) = 0$ liefert

$$v(t) = -v_{r_0} \ln\left(1 - \frac{\dot\mu_0}{m_0}t\right) \quad \text{und}$$

$$s(t) = \frac{m_0 v_{r_0}}{\dot\mu_0}\left[\left(1 - \frac{\dot\mu_0}{m_0}t\right)\ln\left(1 - \frac{\dot\mu_0}{m_0}t\right)\right.$$

$$\left. + \frac{\dot\mu_0}{m_0}t\right].$$

14.4 Kinetik starrer Körper

Ein starrer Körper ist ein kontinuierliches Massenpunktsystem mit unendlich vielen starr miteinander verbundenen Massenelementen. Die kinematischen Grundlagen sind in Abschn. 13.2

beschrieben. Ein starrer Körper kann eine Translation, eine Rotation oder eine allgemeine ebene bzw. räumliche Bewegung ausführen.

14.4.1 Rotation eines starren Körpers um eine feste Achse

Entsprechend Gl. (14.26) für das Massenpunktsystem gilt hier bei Integration über den ganzen Körper der Schwerpunktsatz

$$F_R^{(a)} = F_R^{(e)} + F_R^{(z)} = \sum F_i^{(a)} = m a_S \quad (14.37)$$

bzw. in Komponenten (bei Drehung um die z-Achse, Abb. 14.10a)

$$
\left.
\begin{aligned}
F_{Rx}^{(e)} + F_{Rx}^{(z)} &= \sum F_{ix}^{(e)} + F_{Ax} + F_{Bx} \\
&= m a_{S_x}, \\
F_{Ry}^{(e)} + F_{Ry}^{(z)} &= \sum F_{iy}^{(e)} + F_{Ay} + F_{By} \\
&= m a_{S_y}, \\
F_{Rz}^{(e)} + F_{Rz}^{(z)} &= \sum F_{iz}^{(e)} + F_{Az} = 0
\end{aligned}
\right\}
$$

$$(14.38a\text{–}c)$$

mit $a_{S_x} = -\omega_z^2 x_S - \alpha_z y_S$ und $a_{S_y} = \alpha_z x_S - \omega_z^2 y_S$ [s. Gl. (13.25b)].

Diese Gleichungen gelten sowohl für ein raumfestes als auch für ein mitdrehendes (körperfestes) System mit Nullpunkt auf der Drehachse. Ferner gilt analog dem Massenpunktsystem der

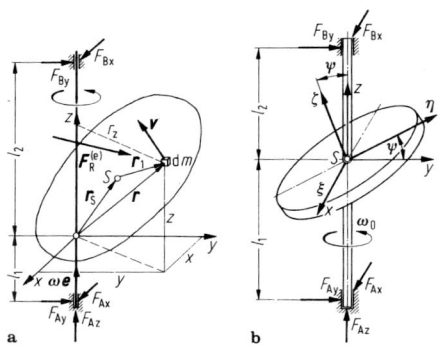

Abb. 14.10 Kinetische Lagerdrücke. **a** Allgemein; **b** Welle mit schiefsitzender Scheibe

Drallsatz

$$
\begin{aligned}
M_R^{(a)} &= M_R^{(e)} + M_R^{(z)} \\
&= \frac{d}{dt} \int (r \times v) dm = \frac{dD}{dt}.
\end{aligned}
\quad (14.39)
$$

Gemäß Gl. (13.23) gilt in kartesischen Koordinaten (bei Drehung um die z-Achse, d. h. mit $\omega_x = \omega_y = 0$)

$$
\begin{aligned}
v_x &= (\omega_y z - \omega_z y) = -\omega_z y, \\
v_y &= (\omega_z x - \omega_x z) = \omega_z x, \\
v_z &= (\omega_x y - \omega_y x) = 0.
\end{aligned}
\quad (14.40)
$$

Aus Gl. (14.39) wird hiermit

$$
\begin{aligned}
M_R^{(e)} + M_R^{(z)} &= \frac{d}{dt} \int \begin{vmatrix} e_x & e_y & e_z \\ x & y & z \\ v_x & v_y & 0 \end{vmatrix} dm \\
&= \frac{d}{dt} \left[\int -\omega_z xz\, dm\, e_x + \int -\omega_z yz\, dm\, e_y \right. \\
&\quad \left. + \int \omega_z (x^2 + y^2) dm\, e_z \right] \\
&= \frac{d}{dt} [-\omega_z J_{xz} e_x - \omega_z J_{yz} e_y + \omega_z J_z e_z];
\end{aligned}
$$

$$(14.41)$$

$J_{xz} = \int xz\, dm$, $J_{yz} = \int yz\, dm$ Deviations- oder Zentrifugalmomente, $J_z = \int (x^2 + y^2) dm = \int r_z^2 dm$ axiales Massenträgheitsmoment. In Komponenten

$$
\left.
\begin{aligned}
M_{Rx}^{(e)} + M_{Rx}^{(z)} &= \sum M_{ix}^{(e)} + F_{Ay} l_1 - F_{By} l_2 \\
&= -d(\omega_z J_{xz})/dt \\
&= -J_{xz} \alpha_z + \omega_z^2 J_{yz}, \\
M_{Ry}^{(e)} + M_{Ry}^{(z)} &= \sum M_{iy}^{(e)} + F_{Bx} l_2 - F_{Ax} l_1 \\
&= -d(\omega_z J_{yz})/dt \\
&= -J_{yz} \alpha_z - \omega_z^2 J_{xz}, \\
M_{Rz}^{(e)} &= \sum M_{iz}^{(e)} = d(\omega_z J_z)/dt \\
&= J_z \alpha_z.
\end{aligned}
\right\}
$$

$$(14.42a\text{–}c)$$

Diese Gleichungen gelten sowohl für ein raumfestes als auch für ein mitdrehendes Koordinatensystem x, y, z mit Nullpunkt auf der Drehachse. Im ersten Fall sind J_{xz} und J_{yz} zeitlich veränderlich, im zweiten Fall konstant. Die

Gln. (14.38a–c) und (14.42a,b) liefern die unbekannten fünf Auflagerreaktionen, wobei α_z und ω_z aus Gl. (14.42c) folgen. Dabei ergeben die eingeprägten Kräfte $F_i^{(e)}$ und Momente $M_{ix}^{(e)}$ und $M_{iy}^{(e)}$ die rein statischen Auflagerreaktionen, während die kinetischen Auflagerreaktionen sich mit $F_i^{(e)} = 0$, $M_{ix}^{(e)} = M_{iy}^{(e)} = 0$ aus

$$F_{\mathrm{A}x}^{(k)} + F_{\mathrm{B}x}^{(k)} = m a_{\mathrm{S}_x},$$
$$F_{\mathrm{A}y}^{(k)} + F_{\mathrm{B}y}^{(k)} = m a_{\mathrm{S}_y}, \quad F_{\mathrm{A}z}^{(k)} = 0, \quad (14.43)$$

$$F_{\mathrm{A}y}^{(k)} l_1 - F_{\mathrm{B}y}^{(k)} l_2 = -J_{xz}\alpha_z + \omega_z^2 J_{yz},$$
$$F_{\mathrm{B}x}^{(k)} l_2 - F_{\mathrm{A}x}^{(k)} l_1 = -J_{yz}\alpha_z - \omega_z^2 J_{xz} \quad (14.44)$$

berechnen lassen. Nach diesen Gleichungen verschwinden sie, wenn $a_\mathrm{S} = 0$ wird, also die Drehachse durch den Schwerpunkt geht und wenn sie eine Hauptträgheitsachse ist, d. h., die Zentrifugalmomente J_{xz} und J_{yz} null werden. Die Drehachse heißt dann freie Achse. Für sie gehen die Gln. (14.38a–c) sowie (14.42a,b) in die bekannten Gleichgewichtsbedingungen über, während das *dynamische Grundgesetz für die Drehbewegung* nach Gl. (14.42c) lautet

$$M_{\mathrm{R}}^{(e)} = \sum M_i^{(e)} = J\alpha \quad (14.45)$$

$J = \int r^2 \mathrm{d}m$, wobei r der Abstand senkrecht zur Drehachse ist.

Arbeits- und Drehimpulssatz:
Aus Gl. (14.45) folgen

$$W_{1,2} = \int\limits_{\varphi_1}^{\varphi_2} M_{\mathrm{R}}^{(e)} \mathrm{d}\varphi = \int\limits_{\varphi_1}^{\varphi_2} J \frac{\mathrm{d}\omega}{\mathrm{d}t} \mathrm{d}\varphi$$

$$= J \int\limits_{\omega_1}^{\omega_2} \omega \, \mathrm{d}\omega = \frac{J}{2} \left(\omega_2^2 - \omega_1^2 \right), \quad (14.46)$$

$$D_2 - D_1 = \int\limits_{t_1}^{t_2} M_{\mathrm{R}}^{(e)} \mathrm{d}t = \int\limits_{t_1}^{t_2} J \frac{\mathrm{d}\omega}{\mathrm{d}t} \mathrm{d}t$$

$$= J \int\limits_{\omega_1}^{\omega_2} \mathrm{d}\omega = J(\omega_2 - \omega_1). \quad (14.47)$$

Beispiel

Welle mit schiefsitzender Scheibe (Abb. 14.10b). Auf einer mit $\omega_z = \mathrm{const} = \omega_0$ rotierenden Welle ist eine vollzylindrische Scheibe (Radius r, Dicke h, Masse m) unter dem Winkel ψ geneigt aufgekeilt. Zu ermitteln sind die Auflagerkräfte. – Als einzige eingeprägte Kraft erzeugt die zentrische Gewichtskraft $F_\mathrm{G} = m g$ keine Momente, so dass die Gln. (14.38a–c) und (14.42a,b) mit $a_{\mathrm{S}_x} = a_{\mathrm{S}_y} = 0$ und (wegen $\omega_z = \mathrm{const}$) $\alpha_z = 0$ $F_{\mathrm{A}x} + F_{\mathrm{B}x} = 0$, $F_{\mathrm{A}y} + F_{\mathrm{B}y} = 0$, $-F_\mathrm{G} + F_{\mathrm{A}z} = 0$, $F_{\mathrm{A}y}l_1 - F_{\mathrm{B}y}l_2 = \omega_0^2 J_{yz}$, $F_{\mathrm{B}x}l_2 - F_{\mathrm{A}x}l_1 = -\omega_0^2 J_{xz}$ ergeben. Mit den Richtungswinkeln der x-Achse gegenüber den Hauptachsen ξ, η, ζ (s. Abschn. 14.4.2) $\alpha_1 = 0$, $\beta_1 = 90°$, $\gamma_1 = 90°$, mit denen der y-Achse $\alpha_2 = 90°$, $\beta_2 = \psi$, $\gamma_2 = 90° + \psi$ und denen der z-Achse $\alpha_3 = 90°$, $\beta_3 = 90° - \psi$, $\gamma_3 = \psi$ erhält man gemäß Gl. (14.52)

$$J_{yz} = -J_1 \cos\alpha_2 \cos\alpha_3 - J_2 \cos\beta_2 \cos\beta_3$$
$$- J_3 \cos\gamma_2 \cos\gamma_3$$
$$= -J_2 \cos\psi \sin\psi + J_3 \sin\psi \cos\psi$$

und entsprechend $J_{xz} = 0$. Nach Tab. 14.1 ist $J_2 = J_\eta = m(3r^2 + h^2)/12$, $J_3 = J_\zeta = m r^2/2$ und somit $J_{yz} = [m(3r^2 - h^2)/24] \sin 2\psi$, so dass sich die Auflagerkräfte

$$F_{\mathrm{A}x} = F_{\mathrm{B}x} = 0, \quad F_{\mathrm{A}z} = F_\mathrm{G},$$
$$F_{\mathrm{A}y} = -F_{\mathrm{B}y}$$
$$= \{\omega_0^2 m(3r^2 - h^2)/[24(l_1 + l_2)]\}$$
$$\cdot \sin 2\psi$$

ergeben. ◄

Tab. 14.1 Massenträgheitsmomente homogener Körper

Kreiszylinder	Hohlzylinder	Kugel	Kreiskegel
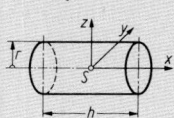	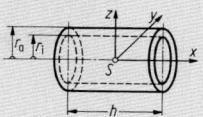		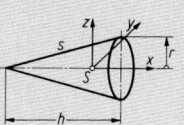
$m = \rho \pi r^2 h$ $J_x = \frac{mr^2}{2}$ $J_y = J_z = \frac{m(3r^2+h^2)}{12}$ Zylinderschale Wanddicke $\delta \ll r$: $m = \rho 2\pi r h \delta$ $J_x = mr^2$ $J_y = J_z = \frac{m(6r^2+h^2)}{12}$	$m = \rho\pi\left(r_a^2 - r_i^2\right)h$ $J_x = \frac{m\left(r_a^2+r_i^2\right)}{2}$ $J_y = J_z = \frac{m\left(r_a^2+r_i^2+h^2/3\right)}{4}$	$m = \rho\frac{4}{3}\pi r^3$ $J_x = J_y = J_z = \frac{2}{5}mr^2$ Kugelschale Wanddicke $\delta \ll r$: $m = \rho 4\pi r^2 \delta$ $J_x = J_y = J_z = \frac{2}{3}mr^2$	$m = \rho\pi r^2 h/3$ $J_x = \frac{3}{10}mr^2$ $J_y = J_z = \frac{3m(4r^2+h^2)}{80}$ Kegelschale Wanddicke $\delta \ll r$: $m = \rho\pi r s \delta$ $J_x = \frac{mr^2}{2}$
Quader	Dünner Stab	Hohlkugel	Kreiskegelstumpf
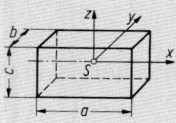	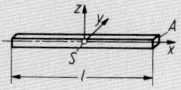	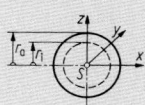	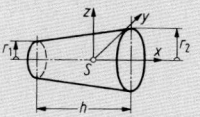
$m = \rho abc$ $J_x = \frac{m(b^2+c^2)}{12}$ $J_y = \frac{m(a^2+c^2)}{12}$ $J_z = \frac{m(a^2+b^2)}{12}$	$m = \rho A l$ $J_y = J_z = \frac{ml^2}{12}$	$m = \rho\frac{4}{3}\pi\left(r_a^3 - r_i^3\right)$ $J_x = J_y = J_z = \frac{2}{5}m\frac{r_a^5-r_i^5}{r_a^3-r_i^3}$	$m = \rho\frac{1}{3}\pi h(r_2^2 + r_2 r_1 + r_1^2)$ $J_x = \frac{3}{10}m\frac{r_2^5-r_1^5}{r_2^3-r_1^3}$
Rechteck-Pyramide	Kreistorus	Halbkugel	Beliebiger Rotationskörper
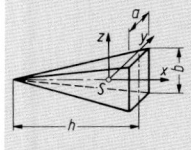	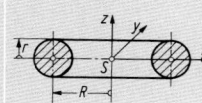	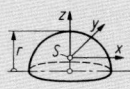	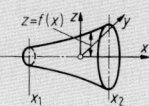
$m = \rho abh/3$ $J_x = \frac{m\left(a^2+b^2\right)}{20}$ $J_y = \frac{m\left(b^2+\frac{3}{4}h^2\right)}{20}$ $J_z = \frac{m\left(a^2+\frac{3}{4}h^2\right)}{20}$	$m = \rho 2\pi^2 r^2 R$ $J_x = J_y = \frac{m(4R^2+5r^2)}{8}$ $J_z = \frac{m(4R^2+3r^2)}{4}$	$m = \rho\frac{2}{3}\pi r^3$ $J_x = J_y = \frac{83}{320}mr^2$ $J_z = \frac{2}{5}mr^2$	$m = \rho\pi \int\limits_{x_1}^{x_2} f^2(x)\,dx$ $J_x = \frac{1}{2}\rho\pi \int\limits_{x_1}^{x_2} f^4(x)\,dx$

14.4.2 Allgemeines über Massenträgheitsmomente (Abb. 14.11)

Axiale Trägheitsmomente:

$$J_x = \int (y^2 + z^2)\,dm = \int r_x^2\,dm\,,$$
$$J_y = \int (x^2 + z^2)\,dm = \int r_y^2\,dm\,,$$
$$J_z = \int (x^2 + y^2)\,dm = \int r_z^2\,dm\,.$$

(14.48)

Polares Trägheitsmoment sowie Deviations- oder Zentrifugalmomente:

$$J_p = \int r^2\,dm = \int (x^2 + y^2 + z^2)\,dm$$
$$= (J_x + J_y + J_z)/2\,;$$
$$J_{xy} = \int xy\,dm\,, \quad J_{xz} = \int xz\,dm\,,$$
$$J_{yz} = \int yz\,dm\,.$$

(14.49)

Die Trägheitsmomente lassen sich mit $J_x = J_{xx}$, $J_y = J_{yy}$ und $J_z = J_{zz}$ zum Trägheitstensor,

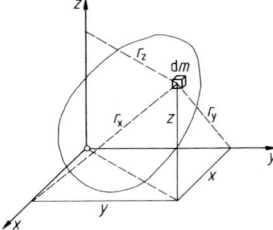

Abb. 14.11 Massenträgheitsmomente

einem symmetrischen Tensor 2. Stufe, zusammenfassen. In Matrixschreibweise gilt

$$J = \begin{pmatrix} J_{xx} & -J_{xy} & -J_{xz} \\ -J_{yx} & J_{yy} & -J_{yz} \\ -J_{zx} & -J_{zy} & J_{zz} \end{pmatrix} .$$

Hauptachsen. Wird $J_{\xi\eta} = J_{\xi\zeta} = J_{\eta\zeta} = 0$, so liegen Hauptträgheitsachsen ξ, η, ζ vor. Die zugehörigen axialen Hauptträgheitsmomente J_1, J_2, J_3 verhalten sich so, dass eins das absolute Maximum und ein anderes das absolute Minimum aller Trägheitsmomente des Körpers ist. Hat ein Körper eine Symmetrieebene, so ist jede dazu senkrechte Achse eine Hauptachse. Allgemein erhält man die Hauptträgheitsmomente als Extremalwerte der Gl. (14.50) mit der Nebenbedingung $h = \cos^2\alpha + \cos^2\beta + \cos^2\gamma - 1 = 0$. Mit den Abkürzungen $\cos\alpha = \lambda$, $\cos\beta = \mu$, $\cos\gamma = \upsilon$ folgen mit $J = J_x\lambda^2 + J_y\mu^2 + J_z\upsilon^2 - 2J_{xy}\lambda\mu - 2J_{yz}\mu\upsilon - 2J_{xz}\lambda\upsilon$ und $f = J - ch$ aus $\delta f/\delta\lambda = 0$ usw. drei homogene lineare Gleichungen für λ, μ, υ, die nur dann eine nichttriviale Lösung haben, wenn ihre Koeffizientendeterminante null wird. Daraus erhält man die kubische Gleichung für c mit den Lösungen $c_1 = J_1, c_2 = J_2$ und $c_3 = J_3$.

Trägheitsellipsoid. Trägt man in Richtung der Achsen x, y, z die Größen $1/\sqrt{J_x}$, $1/\sqrt{J_y}$, $1/\sqrt{J_z}$ ab, so liegen die Endpunkte auf dem Trägheitsellipsoid mit den Hauptachsen $1/\sqrt{J_1}$ usw. und der Gleichung $J_1\xi^2 + J_2\eta^2 + J_3\zeta^2 = 1$. Liegt hierbei der Koordinatenanfangspunkt im Schwerpunkt, spricht man vom Zentralellipsoid; die zugehörigen Hauptachsen sind dann freie Achsen.

Trägheitsmomente bezüglich gedrehter Achsen. Für eine unter den Winkeln α, β, γ gegen x, y, z geneigte Achse $\bar{x}$ folgt mit $e_{\bar{x}} = (\cos\alpha, \cos\beta, \cos\gamma)$ aus $J_{\bar{x}} = e_{\bar{x}} J e_{\bar{x}}^T$ sowie mit $J_{xy} = J_{yx}$ usw.

$$\begin{aligned} J_{\bar{x}} = &J_x \cos^2\alpha + J_y \cos^2\beta + J_z \cos^2\gamma \\ &- 2J_{xy}\cos\alpha\cos\beta - 2J_{yz}\cos\beta\cos\gamma \\ &- 2J_{xz}\cos\alpha\cos\gamma . \end{aligned}$$

$$(14.50)$$

Sind dagegen α_1, β_1, γ_1 die Richtungswinkel der x-Achse gegenüber den Hauptachsen ξ, η, ζ, so gilt für das axiale Trägheitsmoment

$$J_x = J_1 \cos^2\alpha_1 + J_2 \cos^2\beta_1 + J_3 \cos^2\gamma_1 ;$$

$$(14.51)$$

J_y, J_z entsprechend mit den Richtungswinkeln α_2, β_2, γ_2 bzw. α_3, β_3, γ_3 der y- bzw. z-Achse gegenüber den Hauptachsen. Die zugehörigen Deviationsmomente sind (für J_{xz} und J_{yz} entsprechend)

$$\begin{aligned} J_{xy} = &- J_1 \cos\alpha_1 \cos\alpha_2 - J_2 \cos\beta_1 \cos\beta_2 \\ &- J_3 \cos\gamma_1 \cos\gamma_2 . \end{aligned}$$

$$(14.52)$$

Satz von Steiner. Für parallele Achsen gilt

$$\begin{aligned} J_x &= J_{\bar{x}} + (y_S^2 + z_S^2)m , \\ J_y &= J_{\bar{y}} + (z_S^2 + x_S^2)m , \\ J_z &= J_{\bar{z}} + (x_S^2 + y_S^2)m , \\ J_{xy} &= J_{\bar{x}\bar{y}} + x_S y_S m , \\ J_{xz} &= J_{\bar{x}\bar{z}} + x_S z_S m , \\ J_{yz} &= J_{\bar{y}\bar{z}} + y_S z_S m ; \end{aligned} \qquad (14.53)$$

$\bar{x}$, $\bar{y}$, $\bar{z}$ sind zu x, y, z parallele Achsen durch den Schwerpunkt.

Trägheitsradius. Wird die Gesamtmasse in Entfernung i von der Drehachse (bei gegebenem J und m) vereinigt, so gilt $J = i^2 m$ bzw. $i = \sqrt{J/m}$.

Reduzierte Masse. Denkt man sich die Masse m_{red} in beliebiger Entfernung d von der Drehachse angebracht (bei gegebenem J), so gilt $J = d^2 m_{\text{red}}$ bzw. $m_{\text{red}} = J/d^2$.

Berechnung der Massenträgheitsmomente.
Für Einzelkörper mittels dreifacher Integrale

$$J_x = \int r_x^2 \, dm = \int \int \int \varrho(y^2 + z^2) \, dx \, dy \, dz \, .$$

Je nach Körperform verwendet man auch Zylinder- oder Kugelkoordinaten. Zum Beispiel wird für den vollen Kreiszylinder (s. Tab. 14.1)

$$J_x = \int_{r=0}^{r_a} \int_{\varphi=0}^{2\pi} \int_{z=-h/2}^{+h/2} \varrho r^2 (r \, d\varphi \, dr \, dz)$$

$$= \varrho(r_a^4/4) 2\pi h = m r_a^2/2 \, .$$

Für zusammengesetzte Körper gilt mit dem Satz von Steiner $J_x = \sum [J_{\bar{x}i} + (y_{Si}^2 + z_{Si}^2) m_i]$ usw. (s. Abschn. 20.4.5 Flächenmomente 2. Ordnung).

14.4.3 Allgemeine ebene Bewegung starrer Körper

Ebene Bewegung bedeutet $z = $ const bzw. $v_z = \omega_x = \omega_y = 0$ und $a_z = \alpha_x = \alpha_y = 0$. Wie beim Massenpunktsystem gelten *Schwerpunktsatz* und *Drallsatz* (Momentensatz)

$$\boldsymbol{F}_R^{(a)} = \sum \boldsymbol{F}_i^{(a)} = m\boldsymbol{a}_S \, , \qquad (14.54)$$

$$\boldsymbol{M}_R^{(a)} = \sum \boldsymbol{M}_i^{(a)} = \frac{d}{dt} \int (\boldsymbol{r} \times \boldsymbol{v}) dm$$

$$= \frac{d}{dt} \int \begin{vmatrix} \boldsymbol{e}_x & \boldsymbol{e}_y & \boldsymbol{e}_z \\ x & y & z \\ \dot{x} & \dot{y} & 0 \end{vmatrix} dm = \frac{d\boldsymbol{D}}{dt} \, .$$

$$(14.55)$$

(Der Momentensatz gilt bezüglich eines raumfesten Punkts oder des beliebig bewegten Schwerpunkts.)

In kartesischen Koordinaten

$$\left. \begin{array}{l} F_{Rx}^{(a)} = \sum F_{ix}^{(a)} = m a_{S_x}, \\[2mm] F_{Ry}^{(a)} = \sum F_{iy}^{(a)} = m a_{S_y}, \\[2mm] F_{Rz}^{(a)} = \sum F_{iz}^{(a)} = 0, \\[2mm] M_{Rx}^{(a)} = -\dfrac{d}{dt} \int z\dot{y} \, dm = -\dfrac{d^2}{dt^2} \int zy \, dm \\[2mm] \qquad = -\dfrac{d^2 J_{yz}}{dt^2}, \\[2mm] M_{Ry}^{(a)} = \dfrac{d}{dt} \int z\dot{x} \, dm = \dfrac{d^2}{dt^2} \int zx \, dm \\[2mm] \qquad = \dfrac{d^2 J_{xz}}{dt^2}, \\[2mm] M_{Rz}^{(a)} = \dfrac{d}{dt} \int (x\dot{y} - \dot{x}y) \, dm \end{array} \right\}$$

$$(14.56)$$

bzw. mit Gl. (14.40) und $\omega_z = \omega$

$$M_{Rz}^{(a)} = \frac{d}{dt} \int \omega(x^2 + y^2) \, dm = \frac{d}{dt} \int \omega r_z^2 dm$$

$$= \frac{d}{dt} (\omega J_z) \, .$$

$M_{Rx}^{(a)}$ und $M_{Ry}^{(a)}$ sind die zur Erzwingung der ebenen Bewegung nötigen äußeren Momente, wenn z keine Hauptträgheitsachse ist. Ist z eine Hauptträgheitsachse ($J_{yz} = J_{xz} = 0$), so folgen $M_{Rx}^{(a)} = 0$, $M_{Ry}^{(a)} = 0$, $M_{Rz}^{(a)} = \frac{d}{dt}(\omega J_z)$ bzw. bezüglich des körperfesten Schwerpunkts mit $J_S = $ const

$$M_{RS}^{(a)} = \sum M_{iS}^{(a)} = J_S \alpha \, . \qquad (14.57)$$

Arbeitssatz:

$$W_{1,2} = \int \boldsymbol{F}_R^{(a)} d\boldsymbol{r} + \int M_{RS}^{(a)} d\varphi$$

$$= \left(\frac{m}{2} v_{S_2}^2 + \frac{J_S}{2} \omega_2^2 \right) - \left(\frac{m}{2} v_{S_1}^2 + \frac{J_S}{2} \omega_1^2 \right)$$

$$= E_2 - E_1$$

$$(14.58)$$

Haben die äußeren Kräfte und Momente ein Potential, so gilt der *Energiesatz* $U_1 + E_1 = U_2 + E_2 = $ const.

Impuls- und *Drehimpulssatz:*

$$p_2 - p_1 = \int_{t_1}^{t_2} F_R^{(a)} dt = m(v_{S_2} - v_{S_1}) \quad (14.59)$$

$$D_2 - D_1 = \int_{t_1}^{t_2} M_{RS}^{(a)} dt = J_S(\omega_2 - \omega_1) \quad (14.60)$$

D'Alembert'sches Prinzip. Die verlorenen Kräfte, d. h. die Summe aus eingeprägten Kräften und Trägheitskräften, halten sich am Gesamtkörper das Gleichgewicht. Mit dem Gleichgewichtsprinzip der virtuellen Verrückungen gilt dann in Lagrange'scher Fassung

$$\left(F_R^{(e)} - ma_S\right)\delta r_S + \left(M_{RS}^{(e)} - J_S\alpha\right)\delta\varphi = 0 . \quad (14.61)$$

Beispiel

Rollbewegung auf schiefer Ebene (Abb. 14.12). Aus der Ruhelage soll ein zylindrischer Körper (r, m, J_S) von der Kraft F die schiefe Ebene (Neigungswinkel β) hinaufgerollt werden ohne zu gleiten. Zu ermitteln sind seine Schwerpunktbeschleunigung sowie Zeit und Geschwindigkeit bei Erreichen der Lage 2 nach Zurücklegen des Wegs s_2. – Da der Schwerpunkt eine geradlinige Bewegung ausführt, fällt sein Beschleunigungsvektor in die Bewegungsrichtung. Schwerpunktsatz, Gl. (14.54), und Momentensatz, Gl. (14.57), liefern (14.12a) $ma_S = F\cos\beta - F_G\sin\beta - F_r$ und $J_S\alpha = F_r r$, woraus mit $\alpha = a_S/r$ wegen des reinen Rollens

$$a_S = (F\cos\beta - F_G\sin\beta)/(m + J_S/r^2)$$

folgt. Mit den Gesetzen der gleichmäßig beschleunigten Bewegung aus der Ruhelage (s. Abschn. 13.1.1) ergeben sich $v_{S_2} = \sqrt{2a_S s_2}$ und $t_2 = v_{S_2}/a_S$. Der Arbeitssatz, Gl. (14.58),

$$(F\cos\beta - F_G\sin\beta)s_2 = mv_{S_2}^2/2 + J_S\omega_2^2/2$$

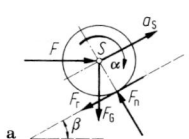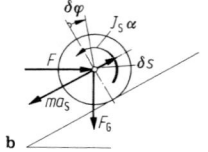

Abb. 14.12 Rollbewegung auf schiefer Ebene

liefert mit $\omega_2 = v_{S_2}/r$ wiederum

$$v_{S_2} = \sqrt{2(F\cos\beta - F_G\sin\beta)s_2/(m + J_S/r^2)} .$$

Impulssatz und Drehimpulssatz, Gln. (14.59) und (14.60),

$$(F\cos\beta - F_G\sin\beta - F_r)t_2 = mv_{S_2} \quad \text{und}$$
$$F_r r t_2 = J_S\omega_2$$

ergeben ebenfalls

$$t_2 = v_{S_2}(m + J_S/r^2)/(F\cos\beta - F_G\sin\beta)$$
$$= v_{S_2}/a_S .$$

Das d'Alembert'sche Prinzip in der Lagrange'schen Fassung nach Gl. (14.61) führt zu (Abb. 14.12b)

$$(F\cos\beta - F_G\sin\beta - ma_S)\delta s$$
$$+ (0 - J_S\alpha)\delta\varphi = 0 ;$$

mit $\alpha = a_S/r$, $\delta\varphi = \delta s/r$ folgt

$$\delta s\left[F\cos\beta - F_G\sin\beta - ma_S - J_S a_S/r^2\right]$$
$$= 0 ,$$

also wieder

$$a_S = F\cos\beta - F_G\sin\beta$$
$$/(m + J_S/r^2) . \quad \blacktriangleleft$$

Ebene Starrkörpersysteme. Die Bewegung lässt sich auf verschiedene Weise berechnen:

- Freimachen jedes Einzelkörpers und Ansatz von Schwerpunktsatz, Gl. (14.54), und Momentensatz, Gl. (14.57), wenn z Haupträgheitsachse ist,

- Anwenden des d'Alembert'schen Prinzips, Gl. (14.61), auf das aus n Körpern bestehende System

$$\sum \left(F_{\mathrm{R}i}^{(e)} - m_i a_{i\,\mathrm{S}} \right) \delta r_{i\,\mathrm{S}}$$
$$+ \sum \left(M_{\mathrm{R}i}^{(e)} - J_{i\,\mathrm{S}}\alpha_i \right) \delta\varphi_i = 0 \,, \quad (14.62)$$

- Anwenden der Lagrange'schen Bewegungsgleichungen Gln. (14.33)–(14.35).

Beispiel

Beschleunigungen eines Starrkörpersystems (Abb. 14.13). Das System bewege sich in den angedeuteten Richtungen, wobei in der Führung von m_1 die Reibkraft F_{r_1} wirkt und die Walze eine reine Rollbewegung ausführt. – Das d'Alembert'sche Prinzip in der Lagrange'schen Fassung, Gl. (14.62), liefert

$$(F_{\mathrm{G}_1} - F_{\mathrm{r}_1} - m_1 a_1)\,\delta z - J_2\alpha_2\delta\varphi$$
$$- (F_{\mathrm{G}_3}\sin\beta + m_3 a_{3\mathrm{S}})\,\delta s - J_{3\mathrm{S}}\alpha_3\delta\psi = 0 \,.$$

Mit

$$\delta z = r_{\mathrm{a}}\delta\varphi, \quad \delta s = r_{\mathrm{i}}\delta\varphi \quad \text{und}$$
$$\delta\psi = \delta s/r_3 = \delta\varphi r_{\mathrm{i}}/r_3$$

bzw.

$$a_1 = \ddot{z} = r_{\mathrm{a}}\ddot{\varphi} = r_{\mathrm{a}}\alpha_2,$$
$$a_{3\mathrm{S}} = \ddot{s} = r_{\mathrm{i}}\ddot{\varphi} = r_{\mathrm{i}}\alpha_2 \quad \text{und}$$
$$\alpha_3 = \ddot{\psi} = \ddot{s}/r_3 = \alpha_2 r_{\mathrm{i}}/r_3$$

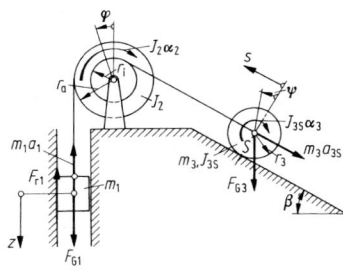

Abb. 14.13 Starrkörpersystem

wird

$$\delta\varphi \big[(F_{\mathrm{G}_1} - F_{\mathrm{r}_1})r_{\mathrm{a}} - m_1 r_{\mathrm{a}}^2\alpha_2 - J_2\alpha_2$$
$$- F_{\mathrm{G}_3}r_{\mathrm{i}}\sin\beta - m_3 r_{\mathrm{i}}^2\alpha_2 - J_{3\mathrm{S}}(r_{\mathrm{i}}/r_3)^2\alpha_2 \big]$$
$$= 0 \,.$$

Die Winkelbeschleunigung der Seilscheibe ist also

$$\alpha_2 = \frac{(F_{\mathrm{G}_1} - F_{\mathrm{r}_1})r_{\mathrm{a}} - F_{\mathrm{G}_3}r_{\mathrm{i}}\sin\beta}{m_1 r_{\mathrm{a}}^2 + J_2 + m_3 r_{\mathrm{i}}^2 + J_{3\mathrm{S}}(r_{\mathrm{i}}/r_3)^2} \,,$$

womit auch $a_1 = r_{\mathrm{a}}\alpha_2$, $a_{3\mathrm{S}} = r_{\mathrm{i}}\alpha_2$ und $\alpha_3 = \alpha_2 r_{\mathrm{i}}/r_3$ bestimmt sind. ◄

14.4.4 Allgemeine räumliche Bewegung

Bewegungsgleichungen sind mit dem Schwerpunktsatz und dem Drall- oder Momentensatz gegeben:

$$F_{\mathrm{R}}^{(a)} = \sum F_i^{(a)} = m a_{\mathrm{S}} \qquad (14.63)$$

$$M_{\mathrm{R}}^{(a)} = \sum M_i^{(a)} = \frac{\mathrm{d}D}{\mathrm{d}t}$$
$$= \frac{\mathrm{d}}{\mathrm{d}t}\int (r \times v)\,\mathrm{d}m \qquad (14.64)$$

(Erläuterungen s. Gln. (14.26) und (14.32)).

Der Momentensatz gilt bezüglich eines raumfesten Punkts oder des beliebig bewegten Schwerpunkts. In kartesischen Koordinaten mit v gemäß Gl. (13.23) wird

$$M_{\mathrm{R}}^{(a)} = \frac{\mathrm{d}}{\mathrm{d}t}\int \begin{vmatrix} e_x & e_y & e_z \\ x & y & z \\ v_x & v_y & v_z \end{vmatrix} \mathrm{d}m$$
$$= \frac{\mathrm{d}}{\mathrm{d}t}\big[(\omega_x J_x - \omega_y J_{xy} - \omega_z J_{xz})e_x$$
$$+ (\omega_y J_y - \omega_x J_{xy} - \omega_z J_{yz})e_y$$
$$+ (\omega_z J_z - \omega_x J_{xz} - \omega_y J_{yz})e_z \big] \,.$$
$$(14.65)$$

Diese Gleichung bezieht sich auf ein raumfestes Koordinatensystem x, y, z (Abb. 14.14), dessen Koordinatenanfangspunkt auch im Schwerpunkt

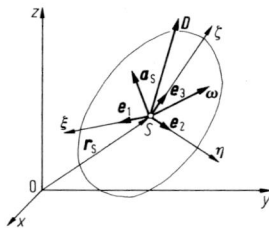

Abb. 14.14 Allgemeine räumliche Bewegung

liegen kann, d. h., die Größen J_x, J_{xy} usw. sind zeitabhängig, da sich die Lage des Körpers ändert.

Wird nach Euler ein körperfestes, mitbewegtes Koordinatensystem ξ, η, ζ eingeführt (der Einfachheit halber in Richtung der Hauptträgheitsachsen des Körpers) und der Winkelgeschwindigkeitsvektor in diesem Koordinatensystem in seine Komponenten $\boldsymbol{\omega} = \omega_1 \boldsymbol{e}_1 + \omega_2 \boldsymbol{e}_2 + \omega_3 \boldsymbol{e}_3$ zerlegt, so nimmt Gl. (14.65) die Form

$$M_R^{(a)} = \frac{\mathrm{d}}{\mathrm{d}t}[\omega_1 J_1 \boldsymbol{e}_1 + \omega_2 J_2 \boldsymbol{e}_2 + \omega_3 J_3 \boldsymbol{e}_3]$$

(14.66)

an, wobei jetzt J_1, J_2, J_3 konstant und $\omega_1 J_1$ usw. die Komponenten des Drallvektors $\boldsymbol{D}$ im bewegten Koordinatensystem sind. Mit der Regel für die Ableitung eines Vektors im bewegten Koordinatensystem (s. Gl. (13.35)) wird $\mathrm{d}\boldsymbol{D}/\mathrm{d}t = d_r\boldsymbol{D}/\mathrm{d}t + \boldsymbol{\omega} \times \boldsymbol{D}$, wobei $d_r\boldsymbol{D}/\mathrm{d}t$ die Ableitung des Vektors $\boldsymbol{D}$ relativ zum mitbewegten Koordinatensystem ist. Aus Gl. (14.66) folgt in Komponenten

$$\left.\begin{aligned} M_{R\xi}^{(a)} &= [\dot{\omega}_1 J_1 + \omega_2\omega_3(J_3 - J_2)]\,, \\ M_{R\eta}^{(a)} &= [\dot{\omega}_2 J_2 + \omega_1\omega_3(J_1 - J_3)]\,, \\ M_{R\zeta}^{(a)} &= [\dot{\omega}_3 J_3 + \omega_1\omega_2(J_2 - J_1)]\,. \end{aligned}\right\}$$

(14.67)

Das sind die *Euler'schen Bewegungsgleichungen* eines Körpers im Raum bezüglich der Hauptachsen mit einem raumfesten Punkt oder dem beliebig bewegten Schwerpunkt als Ursprung. Aus den drei gekoppelten Differentialgleichungen ergeben sich jedoch nur die Winkelgeschwindigkeiten $\omega_1(t)$, $\omega_2(t)$, $\omega_3(t)$ bezüglich des mitbewegten Koordinatensystems, nicht aber die Lage des Körpers gegenüber den raumfesten Richtungen x, y, z. Hierzu ist die Einführung der

Euler'schen Winkel φ, ψ, ϑ erforderlich [1]. Die Lage des Schwerpunkts eines im Raum frei bewegten Körpers ist aus dem Schwerpunktsatz, Gl. (14.63), wie für einen Massenpunkt (s. Abschn. 14.2) berechenbar.

$$\textit{Drehimpulssatz:} \quad \int_{t_1}^{t_2} M_R^{(a)}\,\mathrm{d}t = \int_{t_1}^{t_2} \mathrm{d}\boldsymbol{D} = \boldsymbol{D}_2 - \boldsymbol{D}_1$$

Für $M_R^{(a)} = 0$ wird $\boldsymbol{D}_2 = \boldsymbol{D}_1$, d. h., ohne Einwirkung äußerer Momente behält der Drallvektor seine Richtung im Raum bei.

Energiesatz: Haben die einwirkenden Kräfte ein Potential, so gilt

$$U_1 + E_1 = U_2 + E_2 = \text{const.}$$

Kinetische Energie $E = m v_S^2/2 + (J_1\omega_1^2 + J_2\omega_2^2 + J_3\omega_3^2)/2$

Kreiselbewegung (Abb. 14.15). Hierunter versteht man die Drehung eines starren Körpers um einen festen Punkt. Es gelten die Euler'schen Bewegungsgleichungen, Gl. (14.67).

Kräftefreier Kreisel. Sind alle Momente der äußeren Kräfte null, d. h. Lagerung im Schwerpunkt (Abb. 14.15a), und wirken sonst keine Kräfte und Momente, so ist die Bewegung kräftefrei; der Drallvektor behält seine Richtung und Größe im Raum bei. Dabei ergeben sich die möglichen Bewegungsformen des Kreisels aus

$$\begin{aligned} J_1\dot{\omega}_1 &= (J_2 - J_3)\omega_2\omega_3\,, \\ J_2\dot{\omega}_2 &= (J_3 - J_1)\omega_1\omega_3\,, \\ J_3\dot{\omega}_3 &= (J_1 - J_2)\omega_1\omega_2\,; \end{aligned}$$

also entweder

$$\begin{aligned} \omega_1 &= \text{const}\,, & \omega_2 &= \omega_3 = 0 \quad \text{oder} \\ \omega_2 &= \text{const}\,, & \omega_1 &= \omega_3 = 0 \quad \text{oder} \\ \omega_3 &= \text{const}\,, & \omega_1 &= \omega_2 = 0\,, \end{aligned}$$

d. h. jeweils Drehung um eine Hauptträgheitsachse (Bewegung stabil, falls Drehung um die Achse des größten oder kleinsten Trägheitsmoments).

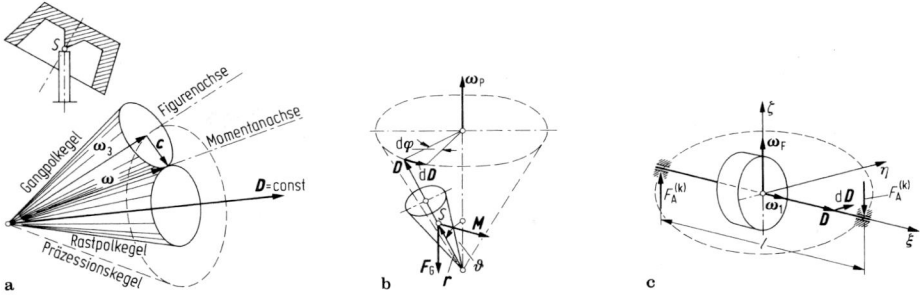

Abb. 14.15 Kreisel. **a** Kräftefreier; **b** schwerer; **c** geführter

Für den *symmetrischen Kreisel* folgen mit $J_1 = J_2$ die Gleichungen, s. [2, 3],

$$\omega_3 = \text{const}, \quad \ddot{\omega}_1 + \lambda^2 \omega_1 = 0 \quad \text{und}$$

$$\ddot{\omega}_2 + \lambda^2 \omega_2 = 0$$

mit den Lösungen

$$\omega_1 = c \sin(\lambda t - \alpha) \quad \text{und} \quad \omega_2 = c \cos(\lambda t - \alpha),$$

wobei $\lambda = (J_3/J_1 - 1)\omega_3$.

Mit $\omega_1^2 + \omega_2^2 = c^2 = \text{const}$ folgt, dass der Winkelgeschwindigkeitsvektor $\boldsymbol{\omega} = \omega_1 \boldsymbol{e}_\xi + \omega_2 \boldsymbol{e}_\eta + \omega_3 \boldsymbol{e}_\zeta$ (die momentane Drehachse) einen Kreiskegel im körperfesten System, den Gangpolkegel, beschreibt, der auf dem Rastpolkegel, dessen Achse der feste Drallvektor ist, abrollt (Abb. 14.15a). Die Figurenachse ζ beschreibt dabei den Präzessionskegel (reguläre Präzession).

Schwerer Kreisel. Hier sei speziell der schnell umlaufende symmetrische Kreisel unter Eigengewicht betrachtet (Abb. 14.15b). Beim schnellen Kreisel ist $\boldsymbol{D} \approx \omega_3 J_3 \boldsymbol{e}_\zeta$, d. h., Drallvektor und Figurenachse fallen näherungsweise zusammen. Aus dem Drallsatz folgt $\mathrm{d}\boldsymbol{D} = \boldsymbol{M}_{\mathrm{R}}^{(a)}\mathrm{d}t = (\boldsymbol{r} \times \boldsymbol{F}_{\mathrm{G}})\,\mathrm{d}t$, d. h., der Kreisel trachtet, seine Figurenachse parallel und gleichsinnig zu dem auf ihn wirkenden Moment einzustellen (Satz von Poinsot). Nach Abb. 14.15b gilt $M = F_{\mathrm{G}}r \sin\vartheta$, $\mathrm{d}D = D \sin\vartheta \cdot \mathrm{d}\varphi$. Aus $\mathrm{d}D = M\mathrm{d}t$ folgt $\omega_{\mathrm{P}} = \mathrm{d}\varphi/\mathrm{d}t = F_{\mathrm{G}}r/D \approx F_{\mathrm{G}}r/(J_3\omega_3)$. ω_{P}

ist die Winkelgeschwindigkeit der Präzession des Kreisels. Wegen ω_{P} fällt der Drallvektor nicht genau in die Figurenachse, daher überlagert sich der Präzession noch die Nutation [2, 3].

Geführter Kreisel. Er ist ein umlaufender, in der Regel rotationssymmetrischer Körper, dem Führungskräfte eine Änderung des Drallvektors aufzwingen, wodurch das Moment der Kreiselwirkung und damit verbunden zum Teil erhebliche Auflagerkräfte entstehen (Kollergang, Schwenken von Radsätzen und Schiffswellen usw.). Für ein Fahrzeug in der Kurve liefert die Kreiselwirkung der Räder ein zusätzliches Kippmoment. Umgekehrt finden geführte Kreisel als Stabilisierungselemente für Schiffe, Einschienenbahnen usw. Verwendung. Beim horizontal schwimmend angeordneten Kreiselkompass wird die Drallachse durch die Erddrehung in Nord-Süd-Richtung gezwungen.

Für den in (Abb. 14.15c) dargestellten und mit ω_{F} geführten Rotationskörper gilt

$$\boldsymbol{M}^{(a)} = \frac{\mathrm{d}\boldsymbol{D}}{\mathrm{d}t} = \boldsymbol{\omega}_{\mathrm{F}} \times \boldsymbol{D} = \begin{vmatrix} \boldsymbol{e}_\xi & \boldsymbol{e}_\eta & \boldsymbol{e}_\zeta \\ 0 & 0 & \omega_{\mathrm{F}} \\ \omega_1 J_1 & 0 & \omega_{\mathrm{F}} J_3 \end{vmatrix}$$

$$= \omega_{\mathrm{F}} \omega_1 J_1 \boldsymbol{e}_\eta$$

bzw. $M^{(a)} = F_{\mathrm{A}}^{(k)} l = \omega_{\mathrm{F}} \omega_1 J_1$, d. h. $F_{\mathrm{A}}^{(k)} = \omega_{\mathrm{F}} \omega_1 J_1 / l$. Das Moment der Kreiselwirkung erzeugt in den Lagern die zu $F_{\mathrm{A}}^{(k)}$ entgegengesetzten Auflagerdrücke.

14

14.5 Kinetik der Relativbewegung

Bei einer geführten Relativbewegung gilt für die Beschleunigung nach Abschn. 13.2 Gl. (13.36) und damit für das Newton'sche Grundgesetz

$$F_R^{(a)} = ma_F + ma_r + ma_C . \qquad (14.68)$$

Für einen auf dem Fahrzeug befindlichen Beobachter ist nur die Relativbeschleunigung wahrnehmbar

$$ma_r = F_R^{(a)} - ma_F - ma_C$$
$$= F_R^{(a)} + F_F + F_C , \qquad (14.69)$$

d. h., den äußeren Kräften sind die Führungskraft und die Corioliskraft hinzuzufügen.

Beispiel

Bewegung in rotierendem Rohr (Abb. 14.16). In einem Rohr, das um eine vertikale Achse mit $\alpha_F(t)$ und $\omega_F(t)$ rotiert, wird mittels eines Fadens die Masse m mit der Relativbeschleunigung $a_r(t)$ und der Relativgeschwindigkeit $v_r(t)$ reibungsfrei nach innen gezogen. Für eine beliebige Lage $r(t)$ sind die Fadenkraft sowie die Normalkraft zwischen Masse und Rohr zu bestimmen. – Mit $a_F = a_{Fn} + a_{Ft}$ ($a_{Fn} = r\omega_F^2$, $a_{Ft} = r\alpha_F$) und $a_C = 2\omega_F v_r$ erhält man an der freigemachten Masse nach Gl. (14.68)

$$F_S = m(a_r + a_{Fn}) = m(a_r + r\omega_F^2) \quad \text{und}$$
$$F_n = m(a_C - a_{Ft}) = m(2\omega_F v_r - r\alpha_F) . \quad \blacktriangleleft$$

14.6 Stoß

Beim Stoß zweier Körper gegeneinander werden in kurzer Zeit relativ große Kräfte wirksam, denen gegenüber andere Kräfte wie Gewichtskraft und Reibung vernachlässigbar sind. Die Normale der Berührungsflächen heißt Stoßnormale. Geht sie durch die Schwerpunkte beider Körper, so nennt man den Stoß zentrisch, sonst exzentrisch. Liegen die Geschwindigkeiten in Richtung der Stoßnormalen, so ist es ein gerader, sonst ein schiefer Stoß. Über die während des Stoßes in der Berührungsfläche übertragene Kraft und die Stoßdauer liegen nur wenige Ergebnisse vor [4, 5]. Der Stoßvorgang wird unterteilt in die Kompressionsperiode K, während der die Stoßkraft zunimmt, bis beide Körper die gemeinsame Geschwindigkeit u erreicht haben, und in die Restitutionsperiode R, in der die Stoßkraft abnimmt und die Körper ihre unterschiedlichen Endgeschwindigkeiten c_1 und c_2 erreichen (Abb. 14.17). Stoßimpulse oder Kraftstöße in der Kompressionsperiode und in der Restitutionsperiode ergeben sich zu:

$$p_K = \int_{t_1}^{t_2} F_K(t)dt, \quad p_R = \int_{t_2}^{t_3} F_R(t)dt \quad (14.70)$$

p_K und p_R werden mittels der Newton'schen Stoßhypothese zueinander in Beziehung gesetzt:

$$p_R = kp_K , \qquad (14.71)$$

wobei $k \leq 1$ die Stoßziffer ist. Vollelastischer Stoß: $k = 1$, teilelastischer Stoß: $k < 1$, unelastischer oder plastischer Stoß: $k = 0$. Mittlere Stoßkraft $F_m = (p_K + p_R)/\Delta t$.

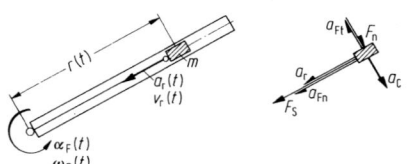

Abb. 14.16 Relativbewegung

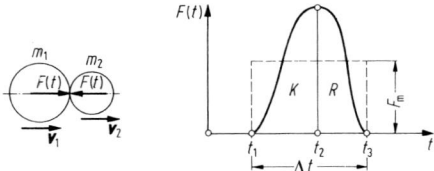

Abb. 14.17 Kraftverlauf beim Stoß

14.6.1 Gerader zentraler Stoß

Mit v_1 und v_2 als Geschwindigkeiten beider Körper vor dem Stoß (Abb. 14.17), u und c_1 bzw. c_2 wie erläutert, folgt aus den Gln. (14.70) und (14.71)

$$u = (m_1 v_1 + m_2 v_2)/(m_1 + m_2) \,,$$
$$c_1 = \frac{m_1 v_1 + m_2 v_2 - k m_2 (v_1 - v_2)}{m_1 + m_2} \,,$$
$$c_2 = \frac{m_1 v_1 + m_2 v_2 + k m_1 (v_1 - v_2)}{m_1 + m_2} \,,$$
$$k = p_R/p_K = (c_2 - c_1)/(v_1 - v_2) \,.$$

Energieverlust beim Stoß

$$\Delta E = \frac{m_1 m_2}{2(m_1 + m_2)}(v_1 - v_2)^2(1 - k^2) \,.$$

Sonderfälle:

$m_1 = m_2$, $k = 1$:
$$u = (v_1 + v_2)/2, \, c_1 = v_2, \, c_2 = v_1 \,;$$

$m_1 = m_2$, $k = 0$:
$$u = c_1 = c_2 = (v_1 + v_2)/2 \,;$$

$m_2 \to \infty$, $v_2 = 0$, $k = 1$:
$$u = 0, \, c_1 = -v_1, \, c_2 = 0 \,;$$

$m_2 \to \infty$, $v_2 = 0$, $k = 0$:
$$u = 0, \, c_1 = 0, \, c_2 = 0 \,.$$

Ermittlung der Stoßziffer: Bei freiem Fall gegen unendlich große Masse m_2 gilt $k = (c_2 - c_1)/(v_1 - v_2) = \sqrt{h_2/h_1}$; h_1 Fallhöhe vor dem Stoß, h_2 Steighöhe nach dem Stoß. k abhängig von Auftreffgeschwindigkeit, bei $v \approx 2{,}8$ m/s für Elfenbein $k = 8/9$, Stahl $k = 5/9$, Glas $k = 15/16$, Holz $k = 1/2$.

Stoßkraft und Stoßdauer. Für den rein elastischen Stoß zweier Kugeln mit den Radien r_1 und r_2 hat Hertz [4] max $F = k_1 v^{6/5}$ abgeleitet, wobei v die relative Geschwindigkeit und $k_1 = [1{,}25 \cdot m_1 m_2/(m_1 + m_2)]^{3/5} c_1^{2/5}$ ist, mit

$$c_1 = (16/3)/[\sqrt{1/r_1 + 1/r_2}(\vartheta_1 + \vartheta_2)] \,;$$
$$\vartheta = (2/G)(1 - v) \,,$$

G Schubmodul, v Querdehnzahl. Ferner für die Stoßdauer $T = k_2/\sqrt[5]{v}$ mit $k_2 = 2{,}943\left(\frac{5}{4c_1}\frac{m_1 m_2}{m_1 + m_2}\right)^{2/5}$.

14.6.2 Schiefer zentraler Stoß

Mit den Bezeichnungen nach Abb. 14.18a gelten die Gleichungen

$$v_1 \sin\alpha = c_1 \sin\alpha' \,, \quad v_2 \sin\beta = c_2 \sin\beta' \,,$$
$$c_1 \cos\alpha' = v_1 \cos\alpha$$
$$\qquad - [(v_1 \cos\alpha - v_2 \cos\beta)(1 + k)/$$
$$\qquad (1 + m_1/m_2)] \,,$$
$$c_2 \cos\beta' = v_2 \cos\beta$$
$$\qquad - [(v_2 \cos\beta - v_1 \cos\alpha)(1 + k)/$$
$$\qquad (1 + m_2/m_1)] \,,$$

aus denen man α', β', c_1 und c_2 erhält.

Beispiel

Stoß einer Kugel gegen eine Wand (Abb. 14.18b). – Mit $v_2 = c_2 = 0$ und $m_2 \to \infty$ folgt aus den vorstehenden Gleichungen

$$c_1 \cos\alpha' = -k v_1 \cos\alpha \,,$$
$$-\tan\alpha' = \tan\alpha'' = (\tan\alpha)/k$$

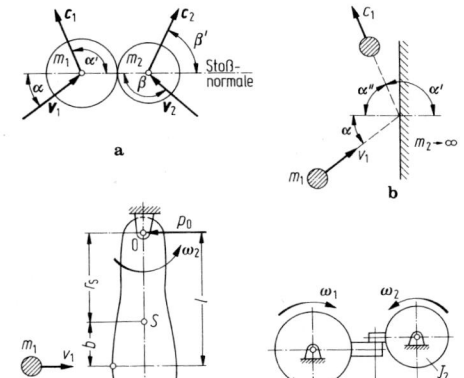

Abb. 14.18 Stoß. **a** Schiefer zentraler Stoß; **b** Reflexionsgesetz; **c** exzentrischer Stoß; **d** Drehstoß

sowie

$$c_1 = -k v_1 \cos \alpha / \cos \alpha'$$
$$= -v_1 \cos \alpha \sqrt{k^2 + \tan^2 \alpha} \ .$$

Für $k = 1$ wird $\alpha' = \pi - \alpha$ bzw. $\alpha'' = \alpha$ und $c_1 = v_1$, d. h. Einfallswinkel gleich Ausfallswinkel (Reflexionsgesetz) bei gleichbleibender Geschwindigkeit. ◄

14.6.3 Exzentrischer Stoß

Stößt eine Masse m_1 gegen einen pendelnd aufgehängten Körper (Abb. 14.18c) mit dem Trägheitsmoment J_0 um den Drehpunkt 0, so gelten alle Formeln für den geraden zentralen Stoß, wenn dort m_2 durch die reduzierte Masse $m_{2\mathrm{red}} = J_0 / l^2$ ersetzt wird. Ferner gelten die kinematischen Beziehungen $v_2 = \omega_2 l$ usw. Für den Kraftstoß auf den Aufhängepunkt gilt (wenn $\omega_2 = 0$)

$$p_0 = (1 + k) m_1 v_1 (J_0 - m_2 l r_S) / (J_0 + m_1 l^2) \ .$$

Dieser Impuls wird null für

$$l = l_r = J_0 / (m_2 r_S) \quad \text{bzw.}$$
$$r_S = r_{Sr} = J_S / (m_2 b) \ .$$

l_r oder r_{Sr} geben die Lage des Stoßmittelpunkts an, der beim Stoß kraftfrei bleibt bzw. um den sich (Momentanzentrum) ein freier angestoßener Körper dreht. l_r ist gleichzeitig die reduzierte Pendellänge bei Ersatz durch ein mathematisches Fadenpendel.

14.6.4 Drehstoß

Für zwei rotierende zusammenstoßende Körper (Abb. 14.18d) setzt man $m_1 = J_1 / l_1^2$, $m_2 = J_2 / l_2^2$, $v_1 = \omega_1 l_1$, $v_2 = \omega_2 l_2$ usw. und führt damit das Problem auf den geraden zentralen Stoß zurück. Dann gelten die Formeln in Abschn. 14.6.1.

Literatur

Spezielle Literatur

1. Sommerfeld, A.: Mechanik, Bd. I, 8. Aufl. Akad. Verlagsges. Geest u. Portig, Leipzig (1994), Nachdruck der 8. Aufl. (1978)
2. Klein, I., Sommerfeld, A.: Theorie des Kreisels (4 Bde.). Teubner, Leipzig (1897–1910)
3. Grammel, R.: Der Kreisel (2 Bde.), 2. Aufl. Springer, Berlin (1950)
4. Hertz, H.: Über die Berührung fester elastischer Körper. J. f. reine u. angew. Math. **92** (1881)
5. Berger, F.: Das Gesetz des Kraftverlaufs beim Stoß. Vieweg, Braunschweig (1924)

Schwingungslehre

15

Joachim Villwock und Andreas Hanau

15.1 Systeme mit einem Freiheitsgrad

Beispiele hierfür sind das Feder-Masse-System, das physikalische Pendel, ein durch Bindungen auf einen Freiheitsgrad reduziertes Starrkörpersystem (Abb. 15.1). Zunächst werden nur lineare Systeme untersucht; bei ihnen sind die Differentialgleichungen selbst und die Koeffizienten linear. Voraussetzung dafür ist eine lineare Federkennlinie $F_c = cs$ (Abb. 15.2b).

15.1.1 Freie ungedämpfte Schwingungen

Feder-Masse-System (Abb. 15.1a). Aus dem dynamischen Grundgesetz folgt mit der Auslenkung $\bar{s}$ aus der Nulllage und der Federrate c die Differentialgleichung

$$F_G - c\bar{s} = m\ddot{\bar{s}} \quad \text{bzw.}$$
$$\ddot{\bar{s}} + \omega_1^2 \bar{s} = g \quad \text{mit} \quad \omega_1^2 = c/m .$$

J. Villwock (✉)
Beuth Hochschule für Technik
Berlin, Deutschland
E-Mail: villwock@beuth-hochschule.de

A. Hanau
BSH Hausgeräte GmbH
Berlin, Deutschland
E-Mail: andreas.hanau@bshg.com

Sie ergibt sich auch aus dem Energiesatz $U + E = \text{const}$ bzw. aus

$$\frac{\mathrm{d}}{\mathrm{d}t}(U + E) = \frac{\mathrm{d}}{\mathrm{d}t}\left[mg(h - \bar{s}) + \frac{c}{2}\bar{s}^2 + \frac{m}{2}\dot{\bar{s}}^2 \right]$$
$$= 0 ,$$

d. h. $-mg\dot{\bar{s}} + c\bar{s}\dot{\bar{s}} + m\dot{\bar{s}}\ddot{\bar{s}} = 0$, also

$$\ddot{\bar{s}} + (c/m)\bar{s} = g . \tag{15.1}$$

Die Lösung ist $\bar{s}(t) = C_1 \cos\omega_1 t + C_2 \sin\omega_1 t + mg/c$. Die partikuläre Lösung mg/c entspricht der statischen Auslenkung $\bar{s}_{st} = F_G/c$; die Schwingung findet also um die statische Ruhelage statt:

$$s(t) = \bar{s}(t) - \bar{s}_{st}(t) = C_1 \cos\omega_1 t + C_2 \sin\omega_1 t$$
$$= A \sin(\omega_1 t + \beta) . \tag{15.2}$$

Dabei ist die Amplitude der Schwingung $A = \sqrt{C_1^2 + C_2^2}$ und die Phasenverschiebung $\beta = \arctan(C_1/C_2)$. C_1 und C_2 bzw. A und β sind aus den Anfangsbedingungen zu bestimmen; z. B. $s(t = 0) = s_1$ und $\dot{s}(t = 0) = 0$ liefern $C_2 = 0$ und $C_1 = s_1$ bzw. $A = s_1$ und $\beta = \pi/2$.

Die Schwingung ist eine harmonische Bewegung mit der Eigen- bzw. Kreisfrequenz (Anzahl der Schwingungen in 2π Sekunden) $\omega_1 = \sqrt{c/m}$ (mit $c = $ Federrate, $m = $ Einzelmasse) bzw. der Hertz'schen Frequenz $\upsilon_1 = \omega_1/2\pi$ und der Schwingungsdauer $T = 1/\upsilon_1 = 2\pi/\omega_1$ (Abb. 15.2c).

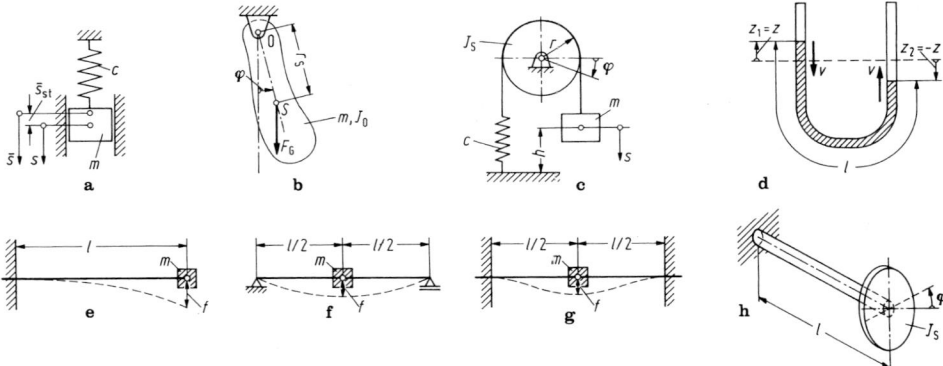

Abb. 15.1 Schwinger mit einem Freiheitsgrad. **a** Feder-Masse-System; **b** physikalisches Pendel; **c** Starrkörpersystem; **d** schwingende Wassersäule; **e** einseitig eingespann-ter, **f** gelenkig gelagerter und **g** beidseitig eingespannter Balken mit Einzelmasse; **h** Drehschwinger

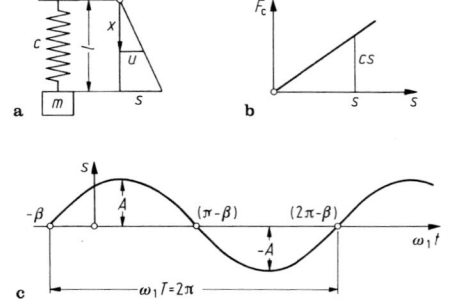

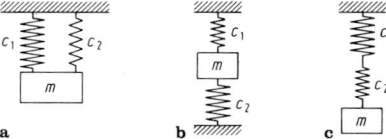

Abb. 15.2 Harmonische Schwingung. **a** Schwinger; **b** Federkennlinie; **c** Weg-Zeit-Funktion

Abb. 15.3 Federn. **a, b** Parallelschaltung; **c** Reihenschaltung

Größtwerte: Geschwindigkeit $v = A\omega_1$, Beschleunigung $a = A\omega_1^2$, Federkraft $F_c = cA$.

Für die Eigenkreisfrequenz gilt mit der statischen Auslenkung $\bar{s}_{st} = F_G/c$, d. h. $c = mg/\bar{s}_{st}$, auch $\omega_1 = \sqrt{g/\bar{s}_{st}}$ (mit F_g = Gewichtskraft, g = Erdbeschleunigung).

Bestimmung der Federrate. Jedes elastische System stellt eine Feder dar. Die Federrate ist $c = F/f$, wenn f die Auslenkung der Masse infolge der Kraft F ist. Für die Federn nach Abb. 15.1e–g ist $c = F/(Fl^3/3EI_y) = 3EI_y/l^3$, $c = 48EI_y/l^3$ und $c = 192EI_y/l^3$ (mit c = Federrate, l = Balkenlänge, I_y = Flächenmoment 2. Ordnung, E = Elastizitätsmodul) (s. Tab. 20.4, Tab. 20.5).

Schaltungen von Federn. Parallelschaltung (Abb. 15.3a,b):

$$c = c_1 + c_2 + c_3 + \ldots = \sum c_i , \qquad (15.3)$$

Reihen- oder Hintereinanderschaltung (Abb. 15.3c):

$$1/c = 1/c_1 + 1/c_2 + \ldots = \sum 1/c_i . \quad (15.4)$$

Berücksichtigung der Federmasse. Unter der Annahme, dass die Verschiebungen denen bei statischer Auslenkung gleich sind, d. h. $u(x) = (s/l)x$ (Abb. 15.2a), folgt mit $dm = (m_F/l)dx$ durch Gleichsetzen der kinetischen Energien

$$(1/2) \int \dot{u}^2 dm = (1/2)\dot{s}^2 \int_{x=0}^{l} (x^2/l^3)m_F dx$$

$$= (\dot{s}^2/2)(m_F/3) = \kappa m_F \dot{s}^2/2$$

also $\kappa = 1/3$; d. h., ein Drittel der Federmasse ist der schwingenden Masse m zuzuschlagen. Für die Federn nach Abb. 15.1e und f ist $\kappa = 33/140$ und $\kappa = 17/35$.

Pendelschwingung. Für das physikalische Pendel (Abb. 15.1b) liefert das dynamische Grundgesetz der Drehbewegung bezüglich des Nullpunkts

$$J_0\ddot{\varphi} = -F_\mathrm{G} r_\mathrm{S} \sin \varphi \quad \text{bzw.}$$
$$\ddot{\varphi} + (mg r_\mathrm{S}/J_0) \sin \varphi = 0 \, .$$

Für kleine Ausschläge ist $\sin \varphi \approx \varphi$, d. h. $\ddot{\varphi} + \omega_1^2 \varphi = 0$ mit $\omega_1^2 = g/l_\mathrm{r}$ und $l_\mathrm{r} = J_0/(m r_\mathrm{S})$ (l_r reduzierte Pendellänge). Für das mathematische Fadenpendel mit der Masse m am Ende wird $r_\mathrm{S} = l$, $J_0 = ml^2$ und $\omega_1^2 = g/l$.

Drehschwingung. Für die Scheibe gemäß Abb. 15.1h liefert Kap. 14 Gl. (14.45) $J_\mathrm{S}\ddot{\varphi} = -M_\mathrm{t} = -(GI_\mathrm{t}/l)\varphi$ bzw. $\ddot{\varphi} + \omega_1^2 \varphi = 0$ mit $\omega_1 = \sqrt{GI_\mathrm{t}/(lJ_\mathrm{S})}$. Hierbei ist I_t das Torsionsflächenmoment des Torsionsstabs. Die Drehträgheit der Torsionsfeder wird mit einem Zuschlag von $J_\mathrm{F}/3$ zu J_S der Scheibe berücksichtigt.

Starrkörpersysteme (z. B. Abb. 15.1c, 15.4).

$$E + U = m\dot{s}^2/2 + J_\mathrm{S}\dot{\varphi}^2/2$$
$$\qquad + cs^2/2 + mg(h - s) = \text{const}\,,$$
$$\mathrm{d}(E + U)/\mathrm{d}t = m\dot{s}\ddot{s} + J_\mathrm{S}\dot{\varphi}\ddot{\varphi} + cs\dot{s} - mg\dot{s}$$
$$\qquad = 0 \, .$$

Hieraus ergibt sich mit $\varphi = s/r$, $\dot{\varphi} = \dot{s}/r$ und $\ddot{\varphi} = \ddot{s}/r$

$$\ddot{s} + \omega_1^2 s = mg \big/ \big(m + J_\mathrm{S}/r^2\big) \, ,$$

wobei $\omega_1^2 = c \big/ \big(m + J_\mathrm{S}/r^2\big)$ ist.

Für das skizzierte System starrer Körper ist die Dreheigenkreisfrequenz $\widehat{\omega}$ mit der folgenden Beziehung zu ermitteln: (s. Formel (15.24), dort für schwingende Kontinua)

$$\dot{\varphi}^2 = \widehat{\omega}^2 = \frac{U_\text{max}}{\bar{E}_\text{max}}$$

Mit den kinematischen Beziehungen $x_1 = r\varphi$, $\dot{x}_1 = r\dot{\varphi}$, $x_2 = \{r + R\}\varphi$, $\dot{x}_2 = (r + R)\dot{\varphi}$ und den „nichtdehnbaren" Seilen wird:

$$U_\text{max} = \frac{1}{2} 4\varphi^2 c_{F1} r^2 + \frac{1}{2}\varphi^2 c_{F2} \{r + R\}^2$$

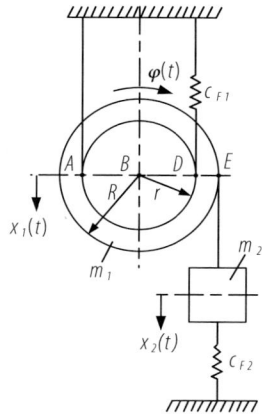

Abb. 15.4 Starrkörpersystem

und

$$\bar{E}_\text{max} = \frac{1}{2}\varphi^2 \Theta + \frac{1}{2}\varphi^2 m_1 r^2 + \frac{1}{2}\varphi^2 m_2 \{r + R\}^2$$

$$\widehat{\omega} = \sqrt{\frac{4 c_{F1} r^2 + c_{F2} \{r + R\}^2}{\Theta + m_1 r^2 + m_2 \{r + R\}^2}}$$

15.1.2 Freie gedämpfte Schwingungen

Dämpfung durch konstante Reibungskraft (Coulomb'sche Reibkraft). Für das Feder-Masse-System gilt

$$\ddot{s} + \omega_1^2 s = \mp F_\mathrm{r}/m \, .$$

(Minus bei Hingang und Plus bei Rückgang.) Die Lösung für den ersten Rückgang mit den Anfangsbedingungen $s(t_0 = 0) = s_0$, $\dot{s}(t_0 = 0) = 0$ lautet $s(t) = (s_0 - F_\mathrm{r}/c) \cos \omega_1 t + F_\mathrm{r}/c$. Erste Umkehr für $\omega_1 t_1 = \pi$ an der Stelle $s_1 = -(s_0 - 2F_\mathrm{r}/c)$, entsprechend folgen $s_2 = +(s_0 - 4F_\mathrm{r}/c)$ und $|s_n| = s_0 - n \cdot 2F_\mathrm{r}/c$. Die Schwingung bleibt erhalten, solange $c|s_n| \geqq F_\mathrm{r}$ ist, d. h. für $n \leqq (cs_0 - F_\mathrm{r})/(2F_\mathrm{r})$. Die Schwingungsamplituden nehmen linear mit der Zeit ab, also $A_n - A_{n-1} = 2F_\mathrm{r}/c = \text{const}$; die Amplituden bilden eine arithmetische Reihe.

Geschwindigkeitsproportionale Dämpfung. In Schwingungsdämpfern (Gas- oder Flüssigkeitsdämpfern) tritt eine Reibungskraft $F_\mathrm{r} =$

$kv = k\dot{s}$ auf. Für das Feder-Masse-System gilt (Abb. 15.5a)

$$\ddot{s} + (k/m)\dot{s} + (c/m)s = 0 \quad \text{bzw.}$$
$$\ddot{s} + 2\delta\dot{s} + \omega_1^2 s = 0 \qquad (15.5)$$

k Dämpfungskonstante, $\delta = k/(2m)$ Abkling-konstante.

Lösung für *schwache Dämpfung*, also für $\lambda^2 = \omega_1^2 - \delta^2 > 0$: $s(t) = Ae^{-\delta t}\sin(\lambda t + \beta)$, d. h. eine Schwingung mit gemäß $e^{-\delta t}$ abklingender Amplitude und der Eigenkreisfrequenz des ge-dämpften Systems $\lambda = \sqrt{\omega_1^2 - \delta^2}$ (Abb. 15.5b). Die Eigenkreisfrequenz wird mit zunehmender Dämpfung kleiner, die Schwingungsdauer $T = 2\pi/\lambda$ entsprechend größer.

Nullstellen von $s(t)$ bei $t = (n\pi - \beta)/\lambda$,

Extremwerte bei $t_n = [\arctan(\lambda/\delta) + n\pi - \beta]/\lambda$,

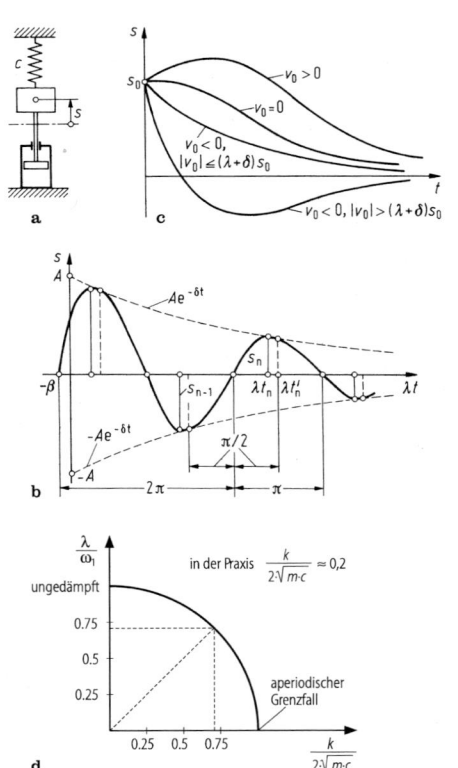

Abb. 15.5 Gedämpfte freie Schwingung. **a** Schwinger; **b** schwache und **c** starke Dämpfung; **d** Verhältnis Eigen-kreisfrequenz gedämpft zu ungedämpft

Berührungspunkte bei $t_n' = [(2n + 1)\pi/2 - \beta]/\lambda$,

$$t_n' - t_n = \text{const} = [\arctan(\delta/\lambda)]/\lambda .$$

Verhältnis der Amplituden

$$|s_{n-1}|/|s_n| = \text{const} = e^{\delta\pi/\lambda} = e^{\delta T/2} = q .$$

Logarithmisches Dekrement $\vartheta = \ln q = \delta T/2$ liefert $\delta = 2/T$ bzw. $k = 2m\delta$ aus Messung der Schwingungsdauer.

Bei *starker Dämpfung*, also $\lambda^2 = \delta^2 - \omega_1^2 \gtreqqless 0$, stellt sich eine aperiodische Bewegung ein mit den Lösungen

$$s(t) = e^{-\delta t}(C_1 e^{\lambda t} + C_2 e^{-\lambda t}) \quad \text{für } \lambda^2 > 0 \quad \text{und}$$
$$s(t) = e^{-\delta t}(C_1 + C_2 t) \quad \text{für } \lambda^2 = 0 .$$

Gemäß den jeweiligen Anfangsbedingungen (s_0, v_0) ergeben sich unterschiedliche Bewegungsab-läufe (Abb. 15.5c).

15.1.3 Ungedämpfte erzwungene Schwingungen

Erzwungene Schwingungen haben ihre Ursache in kinematischer Fremderregung (z. B. Bewe-gung des Aufhängepunkts) oder dynamischer Fremderregung (Unwuchtkräfte an der Masse).

Bei kinematischer Erregung (z. B. nach Abb. 15.6a) gilt

$$m\ddot{s} + c(s - r\sin\omega t) = 0 , \quad \text{d. h.}$$
$$\ddot{s} + \omega_1^2 s = \omega_1^2 r \sin\omega t , \qquad (15.6)$$

bei dynamischer Erregung (z. B. nach Abb. 15.6b)

$$(m + 2m_1)\ddot{s} + cs = 2m_1 e\omega^2 \sin\omega t, \quad \text{d. h.}$$
$$\ddot{s} + \omega_1^2 s = \omega^2 R \sin\omega t , \qquad (15.7)$$

mit $\omega_1^2 = c/(m + 2m_1)$, $R = 2m_1 e/(m + 2m_1)$. Die beiden Gleichungen unterscheiden sich nur durch den Faktor auf der rechten Seite.

Für beliebige periodische Erregungen $f(t)$ gilt

$$\ddot{s} + \omega_1^2 s = f(t) , \qquad (15.8)$$

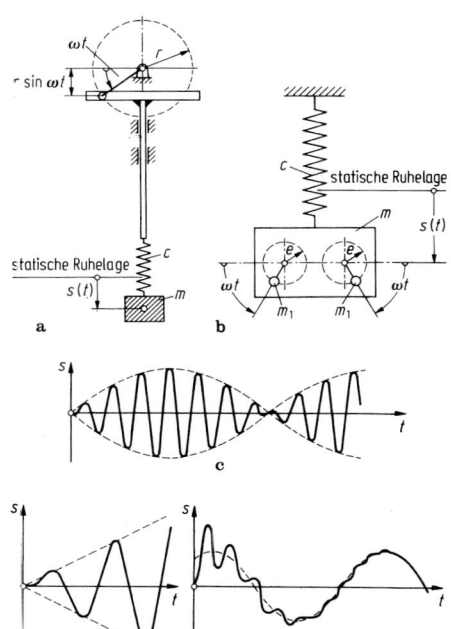

Abb. 15.6 Erzwungene Schwingung. **a** Kinematische und **b** dynamische Erregung; **c** Schwebung; **d** Resonanzverhalten; **e** Einschwingvorgang

wobei $f(t)$ durch eine Fourierreihe (harmonische Entwicklung) darstellbar ist:

$$f(t) = \sum (a_j \cos j\omega t + b_j \sin j\omega t),$$
$$\omega = 2\pi/T, \tag{15.9}$$

mit den Fourierkoeffizienten

$$a_j = (2/T) \int_0^T f(t) \cos j\omega t \, dt,$$

$$b_j = (2/T) \int_0^T f(t) \sin j\omega t \, dt.$$

Ist $s_j(t)$ eine Lösung der Differentialgleichung $\ddot{s}_j + \omega_1^2 s_j = a_j \cos j\omega t + b_j \sin j\omega t$, so ist die Gesamtlösung $s(t) = \sum s_j(t)$.

Die Untersuchung des Grundfalls $\ddot{s} + \omega_1^2 s = b \sin \omega t$ zeigt, dass sich die Lösung aus einem homogenen und einem partikulären Anteil zusammensetzt,

$$s(t) = s_h(t) + s_p(t)$$
$$= A \sin(\omega_1 t + \beta) + \left[b/(\omega_1^2 - \omega^2)\right] \sin \omega t.$$

Für die Anfangsbedingungen $s(t = 0) = 0$ und $\dot{s}(t = 0) = 0$ ergibt sich

$$s(t) = \left[b/(\omega_1^2 - \omega^2)\right][\sin \omega t - (\omega/\omega_1) \sin \omega_1 t],$$

d. h. die Überlagerung der harmonischen Eigenschwingung mit der harmonischen Erregerschwingung. Für $\omega \approx \omega_1$ stellt der Verlauf von $s(t)$ eine Schwebung (Abb. 15.6c) dar. Diese Lösung versagt im Resonanzfall $\omega = \omega_1$. Sie lautet dann

$$s(t) = A \sin(\omega t + \beta) - (b/\omega)t \cos \omega t$$

bzw. für $s(t = 0) = 0$ und $\dot{s}(t = 0) = 0$

$$s(t) = (b/\omega^2)(\sin \omega t - \omega t \cos \omega t);$$

d. h., die Ausschläge gehen im Resonanzfall mit der Zeit gegen unendlich (Abb. 15.6d). Wirkt die Erregerfunktion gemäß Gl. (15.9), so tritt auch Resonanz ein für $\omega_1 = 2\omega, 3\omega \ldots$

15.1.4 Gedämpfte erzwungene Schwingungen

Bei geschwindigkeitsproportionaler Dämpfung und harmonischer Erregung (s. Abschn. 15.1.3) gilt

$$\ddot{s} + 2\delta\dot{s} + \omega_1^2 s = b \sin \omega t \quad \text{bzw.}$$
$$s(t) = Ae^{-\delta t} \sin(\lambda t + \beta) + C \sin(\omega t - \psi). \tag{15.10}$$

Der erste Teil, die gedämpfte Eigenschwingung, klingt mit der Zeit ab (Einschwingvorgang). Danach hat die erzwungene Schwingung dieselbe Frequenz wie die Erregung (Abb. 15.6e). Faktor C und Phasenverschiebung ψ im zweiten Teil (erregte Schwingung bzw. partikuläre Lösung) ergeben sich nach Einsetzen in die Differentialgleichung und Koeffizientenvergleich zu

$$C = b/\sqrt{\left(\omega_1^2 - \omega^2\right)^2 + 4\delta^2\omega^2} \quad \text{und}$$
$$\psi = \arctan\left[2\delta\omega/(\omega_1^2 - \omega^2)\right]. \tag{15.11}$$

15

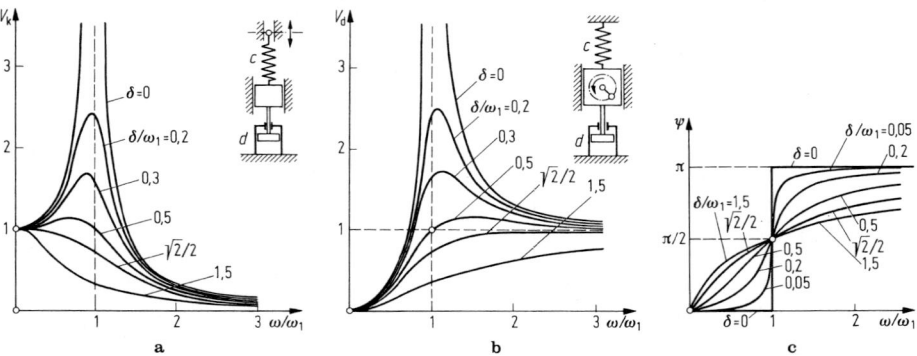

Abb. 15.7 Gedämpfte erzwungene Schwingung. **a** Vergrößerungsfaktor bei kinematischer und **b** dynamischer Erregung; **c** Phasenwinkel ψ

Mit $b = \omega_1^2 r$ bei kinematischer und $b = \omega^2 R$ bei dynamischer Erregung ergeben sich die Vergrößerungsfaktoren (Abb. 15.7a,b)

$$V_k = 1/\sqrt{\left(1 - \omega^2/\omega_1^2\right)^2 + \left(2\delta\omega/\omega_1^2\right)^2} \quad \text{und}$$
$$V_d = V_k(\omega/\omega_1)^2 .$$

Aus $dV_k/d\omega = 0$ folgt für die Resonanzstellen ω^* bei kinematischer Erregung $\omega^*/\omega_1 = \sqrt{1 - 2\delta^2/\omega_1^2}$ bzw. bei dynamischer Erregung $\omega^*/\omega_1 = 1/\sqrt{1 - 2\delta^2/\omega_1^2}$. Die Resonanzpunkte liegen also bei kinematischer Erregung im unterkritischen, bei dynamischer Erregung im überkritischen Bereich (Abb. 15.7a,b). Die Resonanzamplitude ist $C^* = (b/2\delta)/\sqrt{\omega_1^2 - \delta^2}$. Für den Phasenwinkel ψ nach Gl. (15.11) gilt für beide Erregungsarten Abb. 15.7c. Für $\omega < \omega_1$ ist $\psi < \pi/2$, für $\omega > \omega_1$ ist $\psi > \pi/2$. Ohne Reibung ($\delta = 0$) sind für $\omega < \omega_1$ Erregung und Ausschlag in Phase, für $\omega > \omega_1$ sind sie entgegengesetzt gerichtet.

15.1.5 Kritische Drehzahl und Biegeschwingung der einfach besetzten Welle

Kritische Drehzahl und (Hertz'sche) Biegeeigenfrequenz sind identisch (wenn die Kreiselwirkung bei nicht in der Mitte der Stützweite sitzender Scheibe (Abb. 15.8a) und die Federungs-

eigenschaft der Lager vernachlässigt wird [1, 2]). Für die Biegeeigenfrequenz gilt $\omega_1 = \sqrt{c/m_1}$ (bei Vernachlässigung der Wellenmasse) mit $c = 3EI_y l/(a^2 b^2)$ (s. Abschn. 15.1.1 und Tab. 20.4). Ist e die Exzentrizität der Scheibe und w_1 die elastische Verformung infolge der Fliehkräfte, so folgt aus dem Gleichgewicht zwischen elastischer Rückstell- und Fliehkraft

$$cw_1 = m_1\omega^2(e + w_1) ,$$
$$w_1 = e\frac{(\omega/\omega_1)^2}{1 - (\omega/\omega_1)^2} . \quad (15.12)$$

Für $\omega = \omega_1$ folgt $w_1 \to \infty$, also Resonanz (Abb. 15.8b). Dagegen stellt sich für $\omega/\omega_1 \to \infty$

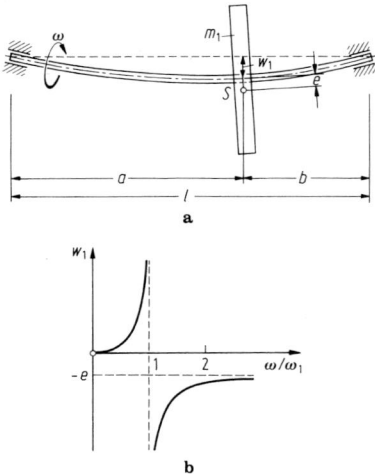

Abb. 15.8 Kritische Drehzahl. **a** Einfach besetzte Welle; **b** Resonanzbild

der Wert $w_1 = -e$ ein, d. h., die Welle zentriert sich oberhalb ω_1 selbst, der Schwerpunkt liegt für $\omega \to \infty$ genau auf der Verbindungslinie der Auflager. Für $e = 0$ folgt aus Gl. (15.12) $w_1(c - m_1\omega^2) = 0$, d. h. $w_1 \neq 0$ für $\omega = \sqrt{c/m_1} = \omega_1$, also kritische Drehzahl $n = \omega/(2\pi) = \omega_1/(2\pi) = \upsilon_1$.

Für andere Lagerungsarten ist ein entsprechendes c einzusetzen (s. Abschn. 15.1.1). Die Dämpfung ist in der Regel für umlaufende Wellen sehr gering und hat kaum Einfluss auf die kritische Drehzahl.

15.2 Systeme mit mehreren Freiheitsgraden (Koppelschwingungen)

In Abb. 15.9a–c sind zwei Zwei-Massensysteme mit zwei Freiheitsgraden dargestellt, die elastisch usw. verbunden bzw. gekoppelt sind. Ein System mit n Freiheitsgraden hat n Eigenfrequenzen. Die Herleitung der n gekoppelten Differentialgleichungen erfolgt bei mehreren Freiheitsgraden zweckmäßig mit Hilfe der Lagrange'schen Gleichungen (s. Abschn. 14.3.6).

15.2.1 Freie Schwingungen mit zwei und mehr Freiheitsgraden

Für ein ungedämpftes System nach Abb. 15.9a gilt

$$m_1\ddot{s}_1 = -c_1 s_1 + c_2(s_2 - s_1),$$
$$m_2\ddot{s}_2 = -c_2(s_2 - s_1) \quad \text{bzw.}$$
$$m_1\ddot{s}_1 + (c_1 + c_2)s_1 - c_2 s_2 = 0,$$
$$m_2\ddot{s}_2 + c_2 s_2 - c_2 s_1 = 0; \qquad (15.13)$$

s_1, s_2 Auslenkungen aus der statischen Ruhelage. Der Lösungsansatz (s. Abschn. 15.1.1)

$$s_1 = A\sin(\omega t + \beta) \quad \text{und}$$
$$s_2 = B\sin(\omega t + \beta) \qquad (15.14)$$

liefert mit $c = c_1 + c_2$

$$A(m_1\omega^2 - c) + Bc_2 = 0 \quad \text{und}$$
$$Ac_2 + B(m_2\omega^2 - c_2) = 0. \qquad (15.15a,b)$$

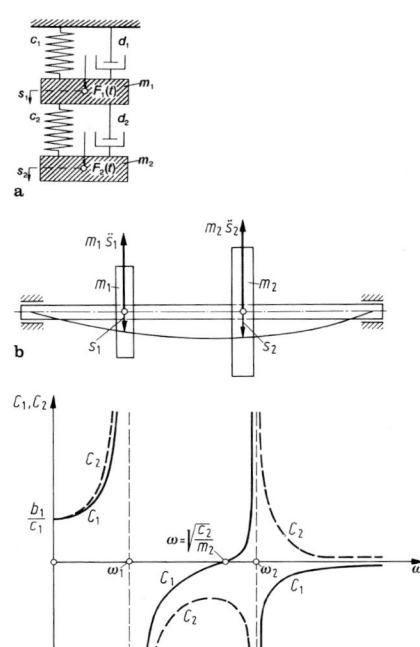

Abb. 15.9 Koppelschwingungen. **a** Grundsystem, **b** analoges System; **c** Resonanzkurven bei zwei Freiheitsgraden

Dieses lineare homogene Gleichungssystem für A und B hat nur dann von null verschiedene Lösungen, wenn die Nennerdeterminante verschwindet, d. h.

$$m_1 m_2 \omega^4 - (m_1 c_2 + m_2 c)\omega^2 + (cc_2 - c_2^2) = 0$$

wird. Die beiden Lösungen ω_1 und ω_2 dieser charakteristischen Gleichung sind die Eigenkreisfrequenzen des Systems. Da die Differentialgleichungen linear sind, gilt das Superpositionsgesetz, und die Gesamtlösung lautet

$$s_1 = A_1\sin(\omega_1 t + \beta_1) + A_2\sin(\omega_2 t + \beta_2),$$
$$s_2 = B_1\sin(\omega_1 t + \beta_1) + B_2\sin(\omega_2 t + \beta_2).$$
$$(15.16a,b)$$

Nach Gl. (15.15a) gilt $A_1/B_1 = c_2(c - m_1\omega_1^2) = 1/\kappa_1$ bzw. $A_2/B_2 = c_2/(c - m_1\omega_2^2) = 1/\kappa_2$ und damit aus Gl. (15.16b)

$$s_2 = \kappa_1 A_1\sin(\omega_1 t + \beta_1) + \kappa_2 A_2\sin(\omega_2 t + \beta_2).$$
$$(15.16c)$$

Die Gln. (15.16a) und (15.16c) enthalten vier Konstanten A_1, A_2, β_1, β_2 zur Anpassung an die vier Anfangsbedingungen. Der Schwingungsvorgang ist nur dann periodisch, wenn ω_1 und ω_2 in einem rationalen Verhältnis zueinander stehen. Wenn $\omega_1 \approx \omega_2$ ist, treten Schwebungen auf.

Bei mehr als zwei Freiheitsgraden ist für jeden ein Ansatz gemäß Gl. (15.14) zu machen. Aus der gleich Null gesetzten Koeffizientendeterminante ergibt sich eine charakteristische Gleichung n-ten Grads, aus der die n Eigenkreisfrequenzen folgen.

Für die gedämpfte Schwingung lauten die Differentialgleichungen bei zwei Freiheitsgraden für das System nach Abb. 15.9a

$$m_1 \ddot{s}_1 + k_1 \dot{s}_1 + (c_1 + c_2)s_1 - c_2 s_2 = 0 \,,$$
$$m_2 \ddot{s}_2 + k_2 \dot{s}_2 + c_2 s_2 - c_2 s_1 = 0 \,.$$

Mit dem Ansatz $s_1 = \bar{A}e^{\kappa t}$ und $s_2 = \bar{B}e^{\kappa t}$ ergibt sich wieder eine Gleichung vierten Grads mit paarweise konjugiert komplexen Wurzeln $\kappa_1 = -\varrho_1 + i\omega_1$ usw. und damit die endgültige Lösung

$$\begin{aligned} s_1(t) &= e^{-\varrho_1 t} A_1 \sin(\omega_1 t + \beta_1) \\ &\quad + e^{-\varrho_2 t} A_2 \sin(\omega_2 t + \beta_2) \,, \\ s_2(t) &= e^{-\varrho_1 t} B_1 \sin(\omega_1 t + \beta_1) \\ &\quad + e^{-\varrho_2 t} B_2 \sin(\omega_2 t + \beta_2) \,. \end{aligned}$$

Zwischen A_1 und B_1 bzw. A_2 und B_2 besteht wieder ein linearer Zusammenhang analog zur ungedämpften Schwingung.

15.2.2 Erzwungene Schwingungen mit zwei und mehr Freiheitsgraden

Für ein *ungedämpftes System* nach Abb. 15.9a mit kinematischer oder dynamischer Erregung $b_1 \sin \omega t$ der Masse m_1 gilt

$$m_1 \ddot{s}_1 + (c_1 + c_2)s_1 - c_2 s_2 = b_1 \sin \omega t \,,$$
$$m_2 \ddot{s}_2 + c_2 s_2 - c_2 s_1 = 0 \,.$$
$$\text{(15.17)}$$

Da der homogene Lösungsanteil infolge der stets vorhandenen schwachen Dämpfung während des Einschwingvorgangs abklingt, genügt die Betrachtung der partikulären Lösung. Hierfür folgen

mit dem Ansatz

$$\begin{aligned} s_1 &= C_1 \sin(\omega t - \psi_1), \\ s_2 &= C_2 \sin(\omega t - \psi_2) \end{aligned}$$
$$\text{(15.18)}$$

durch Einsetzen in Gl. (15.17) und Koeffizientenvergleich $\psi_1 = 0$, $\psi_2 = 0$ sowie mit $c_1 + c_2 = c$

$$\begin{aligned} C_1 (m_1 \omega^2 - c) + C_2 c_2 &= -b_1 \,, \\ C_1 c_2 + C_2 (m_2 \omega^2 - c_2) &= 0 \,. \end{aligned}$$
$$\text{(15.19)}$$

Hieraus $C_1 = Z_1/N$ und $C_2 = Z_2/N$, wobei die Nennerdeterminante $N = m_1 m_2 \omega^4 - (m_1 c_2 + m_2 c)\omega^2 + (cc_2 - c_2^2)$ mit der in der charakteristischen Gleichung in Abschn. 15.2.1 übereinstimmt. Resonanz tritt auf, wenn $N = 0$ wird, d. h. für Eigenkreisfrequenzen ω_1 und ω_2 des freien Schwingers. Die Zählerdeterminanten sind $Z_1 = b_1(c_2 - m_2 \omega^2)$, $Z_2 = b_1 c_2$. Für kinematische Erregung ($b_1 = \omega_1^2 r$) sind in Abb. 15.9c die Amplituden C_1 und C_2 als Funktion von ω dargestellt. Für $\omega = \sqrt{c_2/m_2}$ wird $C_1 = 0$ und C_2 relativ klein, d. h., die Masse m_1 ist in Ruhe (Masse m_2 wirkt als Schwingungstilger). Bei n Massen treten Resonanzen bei den n Eigenfrequenzen auf. Dabei müssen die Ausschläge nicht immer gegen unendlich gehen, einige können auch endlich bleiben (Scheinresonanz [1]).

Für die *gedämpfte erzwungene Schwingung* nimmt z. B. die Gl. (15.17) die Form

$$m_1 \ddot{s}_1 + k \dot{s}_1 + c s_1 - c_2 s_2 = b_1 \sin \omega t \,,$$
$$m_2 \ddot{s}_2 + k_2 \dot{s}_2 + c_2 s_2 - c_2 s_1 = 0$$
$$\text{(15.20)}$$

an ($c = c_1 + c_2$). Ohne den Einschwingvorgang, d. h. den homogenen Lösungsteil, und mit dem erzwungenen (partikulären) Teil der Lösung nach Gl. (15.18) folgen nach Einsetzen in Gl. (15.20) und Koeffizientenvergleich die Werte für die Amplituden C_1, C_2 und die Phasenwinkel ψ_1, ψ_2. Resonanz ist vorhanden, wenn $C_1 - C_2 = \text{Extr.}$, d. h. ω_1 und ω_2 folgen aus $\mathrm{d}(C_1 - C_2)/\mathrm{d}t = 0$.

Bei einem System von n Massen wird der Rechenaufwand sehr groß. Daher begnügt man sich bei schwacher Dämpfung mit der Ermittlung der Eigenfrequenzen für das ungedämpfte System.

15.2.3 Eigenfrequenzen ungedämpfter Systeme

Biegeschwingungen und kritische Drehzahlen mehrfach besetzter Wellen. Hertz'sche Frequenzen der Biegeeigenschwingungen und kritische Drehzahlen (ohne Kreiselwirkung) sind identisch. Mit $s_i = w_i \sin \omega t$ folgt unter Berücksichtigung der Trägheitskräfte $-m_i \ddot{s}_i = m_i \omega^2 w_i \sin \omega t$ für die Biegeschwingung (Abb. 15.9b)

$$s_1 = -\alpha_{11} m_1 \ddot{s}_1 - \alpha_{12} m_2 \ddot{s}_2 ,$$
$$s_2 = -\alpha_{21} m_1 \ddot{s}_1 - \alpha_{22} m_2 \ddot{s}_2 \tag{15.21}$$

bzw.

$$w_1 = \alpha_{11} m_1 \omega^2 w_1 + \alpha_{12} m_2 \omega^2 w_2 ,$$
$$w_2 = \alpha_{21} m_1 \omega^2 w_1 + \alpha_{22} m_2 \omega^2 w_2 . \tag{15.22}$$

Gleichung (15.22) entsteht auch für die umlaufende Welle mit den Zentrifugalkräften $m_i \omega^2 w_i$. Die α_{ik} sind Einflusszahlen; sie sind gleich der Durchbiegung w_i infolge einer Kraft $F_k = 1$. Ihre Berechnung erfolgt zweckmäßig mit dem Prinzip der virtuellen Verrückungen für elastische Körper aus $\alpha_{ik} = \int M_i M_k \mathrm{d}x / E I_y$ oder nach dem Mohr'schen Verfahren oder anderen Methoden (Tabellenwerte, Integration usw.; s. Abschn. 20.4.8). Es gilt $\alpha_{ik} = \alpha_{ki}$ (Satz von Maxwell). Aus Gl. (15.22) folgt

$$w_1 \left(\alpha_{11} m_1 - 1/\omega^2\right) + w_2 \alpha_{12} m_2 = 0 ,$$
$$w_1 \alpha_{21} m_1 + w_2 \left(\alpha_{22} m_2 - 1/\omega^2\right) = 0 . \tag{15.23}$$

Sie haben nur nichttriviale Lösungen, wenn die Determinante null wird, d. h. (mit $1/\omega^2 = \Omega$), wenn

$$\Omega^2 - (m_1 \alpha_{11} + m_2 \alpha_{22}) \Omega$$
$$+ (\alpha_{11}\alpha_{22} - \alpha_{12}\alpha_{21}) m_1 m_2 = 0$$

ist. Hieraus folgen zwei Lösungen $\Omega_{1,2}$ bzw. $\omega_{1,2}$ für die Eigenkreisfrequenzen. Für das Verhältnis der Amplituden ergibt sich aus Gl. (15.23) $w_2/w_1 = (1/\omega^2 - \alpha_{11} m_1)/(\alpha_{12} m_2)$. Für die n-fach besetzte Welle erhält man analog n Eigenfrequenzen aus einer Gleichung n-ten Grades.

Näherungswerte mit dem Rayleigh'schen Quotienten. Aus $U_{\max} = E_{\max} = \omega^2 \bar{E}_{\max}$ folgt der Rayleigh'sche Quotient

$$R = \omega^2 = U_{\max}/\bar{E}_{\max} . \tag{15.24}$$

$$U_{\max} = (1/2) \int M_\mathrm{b}^2(x)\,\mathrm{d}x/(E I_y) ,$$

$$\bar{E}_{\max} = (1/2) \int w^2(x)\,\mathrm{d}m + (1/2) \sum m_i w_i^2 .$$

$w(x)$ und $M_\mathrm{b}(x) = E I_y w''(x)$ sind Biegelinie und Biegemomentenlinie bei Schwingung. Für die wirkliche Biegelinie (Eigenfunktion) wird R zum Minimum. Für eine die Randbedingungen befriedigende Vergleichsfunktion (z. B. Biegelinie und Biegemomentenlinie infolge Eigengewichts) ergeben sich gute Näherungen für R_1 bzw. ω_1 (erste Eigenkreisfrequenz). Der Näherungswert ist stets größer als der wirkliche Wert. Durch einen Ritzschen Ansatz mehrerer Funktionen $w(x) = \sum c_k v_k(x)$ folgen aus

$$I = U_{\max} - \omega^2 \bar{E}_{\max}$$
$$= (1/2) \int [E I_y w''^2(x) - \omega^2 w^2(x) \varrho A] \mathrm{d}x$$
$$- (1/2) \omega^2 \sum m_i w_i^2$$
$$= \text{Extr.} ,$$

d. h. $\partial I/\partial c_j = 0$ $(j = 1, 2, \ldots, n)$, n homogene lineare Gleichungen und durch Nullsetzen der Determinante eine Gleichung n-ten Grades für die n Eigenkreisfrequenzen als Näherung. Möglich ist auch, die Eigenfunktion für jeden höheren Eigenwert für sich zu schätzen, ihn aus Gl. (15.24) direkt zu ermitteln und gegebenenfalls schrittweise zu verbessern [1–3].

Drehschwingungen der mehrfach besetzten Welle. Verfügbar sind ähnliche Verfahren wie bei Biegeschwingungen (s. Abschn. 46.7).

15.2.4 Schwingungen der Kontinua

Ein massebehaftetes Kontinuum hat unendlich viele Eigenkreisfrequenzen. Als Bewegungsgleichungen erhält man aus den dynamischen Grundgesetzen partielle Differentialgleichungen. Die Befriedigung der Randbedingungen liefert transzendente Eigenwertgleichungen. Für Näherungslösungen geht man vom Rayleigh'schen Quotienten und vom Ritzschen Verfahren (Abschn. 15.2.3) aus.

Biegeschwingungen von Stäben. Die Differentialgleichung lautet $\varrho A \frac{\partial^2 w}{\partial t^2} = -p(x,t) - \frac{\partial^2}{\partial x^2} \left[E I_y \frac{\partial^2 w}{\partial x^2} \right]$ bzw. für freie Schwingung und konstanten Querschnitt

$$\partial^2 w / \partial t^2 = -c^2 \partial^4 w / \partial x^4,$$
$$c^2 = E I_y / (\varrho A). \qquad (15.25)$$

Der Produktansatz von Bernoulli

$$w(x, t) = X(x)T(t)$$

eingesetzt in Gl. (15.25) liefert

$$X \ddot{T} = -c^2 X^{(4)} T \quad \text{bzw.}$$
$$\ddot{T}/T = -c^2 X^{(4)}/X = -\omega^2,$$

d. h. $\ddot{T} + \omega^2 T = 0$ und $X^{(4)} - (\omega^2/c^2)X = 0$. Mit $\lambda^4 = (\omega^2/c^2)l^4$ lautet die Lösung

$$w(x,t) = A \sin(\omega t + \beta)[C_1 \cos(\lambda x / l)$$
$$+ C_2 \sin(\lambda x / l) + C_3 \cosh(\lambda x / l)$$
$$+ C_4 \sinh(\lambda x / l)]. \qquad (15.26)$$

Für den Stab nach Abb. 15.10a lauten die Randbedingungen $X(0) = 0$, $X'(0) = 0$, $X''(l) = 0$, $X'''(l) = 0$. Damit folgt aus Gl. (15.26) die Eigenwertgleichung $\cosh \lambda \cos \lambda = -1$ mit den Eigenwerten $\lambda_1 = 1,875$; $\lambda_2 = 4,694$; $\lambda_3 =$

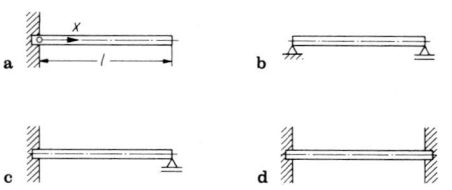

Abb. 15.10 Biegeschwingung von Stäben. **a** Einseitig eingespannt; **b** gelenkig gelagert; **c** gelenkig gelagert und eingespannt; **d** beidseitig eingespannt

7,855 usw. Für die Stäbe nach Abb. 15.10b–d ergeben sich die ersten drei Eigenwerte zu $\lambda_1 = \pi$; 3,927; 4,730; $\lambda_2 = 2\pi$; 7,069; 7,853; $\lambda_3 = 3\pi$; 10,210; 10,996.

Für Stäbe mit zusätzlichen Einzelmassen z. B. nach Abb. 15.11 mit Einzelmasse in der Balkenmitte ist die Lösung Gl. (15.26) für jeden Abschnitt anzusetzen. Nach Erfüllen der Übergangsbedingungen usw. erhält man die Frequenzgleichung. Da der Aufwand groß ist, wird die Näherung mit dem Rayleigh'schen Quotienten und dem Ritz'schen Verfahren (s. Abschn. 15.2.3 und folgendes Beispiel) verwendet.

Formel (15.24) nach ω^2 aufgelöst, ergibt $\omega^2 = \frac{U_{\max}}{E_{\max}}$. Unter Berücksichtigung der Symmetrie zu $x = \frac{l}{2}$ folgt:

$$\bar{E}_{\max} = \frac{1}{2} 2 \rho A \int_0^{l/2} [f(x)]^2 \, \mathrm{d}x$$
$$+ \frac{1}{2} m_E \left[f \left(x = \frac{l}{2} \right) \right]^2$$

$$U_{\max} = \frac{1}{2} 2 E I_y \int_0^{l/2} [f''(x)]^2 \mathrm{x}$$

Ansatz: $w(x) = \frac{Fl^3}{48 E I_y} \left[3 \left(\frac{x}{l} \right)^2 - 4 \left(\frac{x}{l} \right)^3 \right]$ (s. Tab. 20.5, Belastungsfall 6)

Damit lautet die Ansatzfunktion für den Rayleighquotienten:

$$f(x) = \left[3 \left(\frac{x}{l} \right)^2 - 4 \left(\frac{x}{l} \right)^3 \right]$$

Dann ergibt sich die erste Biegeeigenkreisfrequenz zu: $\omega = \sqrt{\frac{E I_y}{l^3} \cdot \frac{192}{\frac{13}{35} m_B + m_E}}$ mit $m_B =$ Balkenmasse, $m_E =$ Einzelmasse. Würde man die Masse des Balkens $m_B = \rho A l$ konzentriert an

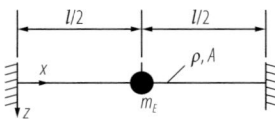

Abb. 15.11 Balken als Kontinuum mit Einzelmasse m_E

der Stelle $x = l/2$ anbringen und den Balken nur als Feder ausführen, ergäbe sich für die Biegeeigenkreisfrequenz:

$$\omega = \sqrt{\frac{E I_y}{l^3} \cdot \frac{192}{m_B + m_E}} = \sqrt{\frac{c_z}{m_B + m_E}}$$

Hinweis: Die Wahl der Ansatzfunktion ist beliebig, gefordert werden nur die geometrischen Randbedingungen. Zum Beispiel gilt mit dem Ansatz für den Fall $m_E = 0$:

$$f(x) = \left[\cos \left\{ \frac{2\pi}{l} x \right\} - 1 \right]:$$

$$\omega = \sqrt{\frac{E I_y}{l^3} \cdot \frac{(2\pi)^4}{3 m_B}} .$$

Längsschwingungen von Stäben. Die Differentialgleichung lautet $\varrho A \frac{\partial^2 u}{\partial t^2} = \frac{\partial}{\partial x} \left[E A \frac{\partial u}{\partial x} \right]$ bzw. für $A = \text{const}$

$$\partial^2 u / \partial t^2 = c^2 \partial^2 u / \partial x^2,$$
$$c^2 = (EA)/(\varrho A) = E/\varrho , \qquad (15.27)$$

mit der Lösung

$$u(x, t) = A \sin(\omega t + \beta)[C_1 \cos(\omega x / c)$$
$$+ C_2 \sin(\omega x / c)] .$$
$$(15.28)$$

Nach Erfüllen der Randbedingungen ergeben sich folgende Eigenkreisfrequenzen:

Stab an einem Ende fest, am anderen frei:

$$\omega_k = (k - 1/2)\pi c / l \quad (k = 1, 2, \ldots) ;$$

Stab an beiden Enden fest:

$$\omega_k = k \pi c / l \quad (k = 1, 2, \ldots) ;$$

Stab an beiden Enden frei:

$$\omega_k = k \pi c / l \quad (k = 1, 2, \ldots) .$$

Bei zusätzlich mit Einzelmassen besetztem Stab gelten die für Biegeschwingungen gemachten Bemerkungen entsprechend. Der Rayleigh'sche Quotient ist

$$R = \omega^2 = U_{\max} / \bar{E}_{\max} \quad \text{mit}$$
$$U_{\max} = (1/2) \int E A f'^2(x) \, dx,$$
$$\bar{E} = (1/2) \int \varrho A f^2(x) \, dx ,$$

wenn $f(x)$ eine die Randbedingungen erfüllende Vergleichsfunktion ist (s. auch Abschn. 15.2.3).

Torsionsschwingungen von Stäben. Hier gilt

$$J \frac{\partial^2 \varphi}{\partial t^2} = \frac{\partial}{\partial x} \left[G I_t \frac{\partial \varphi}{\partial x} \right]$$

bzw. für $I_t = \text{const}$

$$\partial^2 \varphi / \partial t^2 = c^2 \partial^2 \varphi / \partial x^2,$$
$$c^2 = (G I_t)/(J / l) . \qquad (15.29)$$

Lösung und Eigenwerte wie bei Längsschwingungen. Bei zusätzlich mit Drehmassen besetzten Stäben gelten entsprechende Bemerkungen wie bei Biegeschwingungen. Der Rayleigh'sche Quotient ist $R = \omega^2 = U_{\max} / \bar{E}_{\max}$ mit

$$U_{\max} = (1/2) \int G I_t f'^2(x) \, dx ,$$
$$\bar{E} = (1/2) \int (J / l) f^2(x) \, dx .$$

Schwingungen von Saiten (straff gespannte Seile). Hier gilt

$$\partial^2 w / \partial t^2 = c^2 \partial^2 w / \partial x^2, \quad c^2 = S / \mu \quad (15.30)$$

(S Spannkraft, μ Masse pro Längeneinheit). Lösung von Gl. (15.30) s. Gl. (15.28). Eigenfrequenzen $\omega_k = k \pi c / l$ ($k = 1, 2, \ldots$), l Saitenlänge. Rayleigh'scher Quotient $R = \omega^2 = U_{\max} / \bar{E}_{\max}$ mit $U_{\max} = (1/2) S \int f'^2(x) \, dx$, $\bar{E}_{\max} = (1/2) \mu \int f^2(x) \, dx$. $f(x)$ ist eine die Randbedingungen befriedigende Vergleichsfunktion (s. auch Abschn. 15.2.3).

Schwingungen von Membranen. Für die *Rechteckmembran* gilt

$$S(\partial^2 w / \partial x^2 + \partial^2 w / \partial y^2) = \mu \partial^2 w / \partial t^2 \quad (15.31)$$

(S Spannkraft je Längeneinheit, μ Masse je Flächeneinheit) mit der Lösung

$$w(x, y, t)$$
$$= A \sin(\omega t + \beta)[C_1 \cos \lambda x + C_2 \sin \lambda x]$$
$$\cdot [D_1 \cos \kappa y + D_2 \sin \kappa y] .$$
$$(15.32)$$

Mit a und b als Seitenlängen gilt für Eigenwerte $\lambda_j = j\pi/a$, $\kappa_k = k\pi/b$ $(j,k = 1,2,\ldots)$. Eigenkreisfrequenzen:

$$\omega_{jk} = \pi\sqrt{(S/\mu)[j^2/a^2 + k^2/b^2]}$$
$$(j,k = 1,2,\ldots).$$

Rayleigh'scher Quotient: $R = \omega^2 = U_{\max}/\bar{E}_{\max}$ mit

$$U_{\max} = (S/2)\iint\left[\left(\frac{\partial f}{\partial x}\right)^2 + \left(\frac{\partial f}{\partial y}\right)^2\right]\mathrm{d}x\,\mathrm{d}y\,,$$

$$\bar{E}_{\max} = (\mu/2)\iint f^2(x,y)\mathrm{d}x\,\mathrm{d}y\,.$$

$f(x,y)$ ist eine die Randbedingungen erfüllende Vergleichsfunktion (s. auch Abschn. 15.2.3).

Für die *Kreismembran* gilt in Polarkoordinaten mit $c^2 = S/\mu$

$$\frac{\partial^2 w}{\partial t^2} = c^2\left(\frac{\partial^2 w}{\partial r^2} + \frac{1}{r}\frac{\partial w}{\partial r} + \frac{1}{r^2}\frac{\partial^2 w}{\partial\varphi^2}\right) \quad (15.33)$$

mit der Lösung

$$w(r,\varphi,t) = A\sin(\omega t + \beta)$$
$$\cdot (C\cos n\varphi + D\sin n\varphi)$$
$$\cdot J_n(\omega r/c) \quad (n = 0,1,2,\ldots)\,.$$
$$(15.34)$$

$J_n(\omega r/c)$ sind Bessel'sche Funktionen erster Art [4]. (Für rotationssymmetrische Schwingungen ist $n = 0$.) Eigenwerte $\omega_{nj} = (c/a)x_{nj}$ (a Radius der Membran, x_{nj} Nullstellen der Bessel'schen Funktionen): $x_{01} = 2{,}405$; $x_{02} = 5{,}520$; $x_{11} = 3{,}832$; $x_{12} = 7{,}016$; $x_{21} = 5{,}135$ usw.

Rayleigh'scher Quotient: $R = \omega^2 = U_{\max}/\bar{E}_{\max}$.

Für rotationssymmetrische Schwingungen ist

$$U_{\max} = (S/2)\int\left(\frac{\mathrm{d}f}{\mathrm{d}r}\right)^2 2\pi r\,\mathrm{d}r \quad \text{und}$$

$$\bar{E}_{\max} = (\mu/2)\int f^2(r)2\pi r\,\mathrm{d}r\,.$$

Biegeschwingungen von Platten. Die Differentialgleichung lautet mit der Plattensteifigkeit

$N = Eh^3/[12(1 - \upsilon^2)]$ für die *Rechteckplatte*

$$\frac{\partial^2 w}{\partial t^2} = -\frac{N}{\varrho h}\Delta\Delta w$$
$$= -\frac{N}{\varrho h}\left(\frac{\partial^4 w}{\partial x^4} + 2\frac{\partial^4 w}{\partial x^2\partial y^2} + \frac{\partial^4 w}{\partial y^4}\right)\,.$$
$$(15.35)$$

Mit a und b als Seitenlängen gilt für die gelenkig gelagerte Platte

$$w(x,y,t) = A\sin(\omega t + \beta)\sin(j\pi x/a)$$
$$\cdot \sin(k\pi y/b)\,.$$
$$(15.36)$$

Eigenwerte:

$$\omega_{jk} = (j^2/a^2 + k^2/b^2)\pi^2\sqrt{N/(\varrho h)}$$
$$(j,k = 1,2,\ldots)\,.$$

Rayleigh'scher Quotient: $R = \omega^2 = U_{\max}/\bar{E}_{\max}$ mit

$U_{\max}$

$$= (N/2)\iint\left[\left(\frac{\partial^2 f}{\partial x^2} + \frac{\partial^2 f}{\partial y^2}\right)^2 \right.$$
$$\left. - 2(1 - \upsilon)\left(\frac{\partial^2 f}{\partial x^2}\frac{\partial^2 f}{\partial y^2} - \left(\frac{\partial^2 f}{\partial x\partial y}\right)^2\right)\right]\mathrm{d}x\,\mathrm{d}y$$

und

$$\bar{E}_{\max} = (\varrho h/2)\iint f^2(x,y)\,\mathrm{d}x\,\mathrm{d}y\,.$$

$f(x,y)$ ist eine die Randbedingungen befriedigende Vergleichsfunktion (s. Abschn. 15.2.3).

Für die *Kreisplatte* ist bei rotationssymmetrischer Schwingung $w = w(r,t) = f(r)\sin(\omega t + \beta)$ und somit nach Gl. (15.35) $(\omega^2\varrho h/N)f(r) = \lambda^4 f(r) = \Delta\Delta f(r)$, d.h. $\Delta\Delta f - \lambda^4 f = 0$ bzw. $(\Delta + \lambda^2)(\Delta - \lambda^2)[f] = 0$. Hieraus folgen die Differentialgleichungen

$$\Delta f + \lambda^2 f = 0 \quad \text{und} \quad \Delta f - \lambda^2 f = 0 \quad \text{bzw.}$$
$$(15.37)$$

$$\mathrm{d}^2 f/\mathrm{d}r^2 + (1/r)\,\mathrm{d}f/\mathrm{d}r + \lambda^2 f = 0 \quad \text{und}$$
$$\mathrm{d}^2 f/\mathrm{d}r^2 + (1/r)\,\mathrm{d}f/\mathrm{d}r - \lambda^2 f = 0\,.$$

Superponierte Lösungen der Bessel'schen Differentialgln. (15.37) sind

$$f(r) = C_1 J_0(\lambda r) + C_2 N_0(\lambda r)$$
$$+ C_3 I_0(\lambda r) + C_4 K_0(\lambda r) \quad (15.38)$$

(N_0 Neumann'sche Funktion, I_0 und K_0 modifizierte Bessel'sche Funktionen [8]).

Für die gelenkig gelagerte Platte mit Radius a folgt aus Gl. (15.38) die Eigenwertgleichung

$$J_0(\lambda a) \left[I_0(\lambda a) - (1 - \nu) \frac{I_1(\lambda a)}{\lambda a} \right]$$
$$+ I_0(\lambda a) \left[J_0(\lambda a) - (1 - \nu) \frac{J_1(\lambda a)}{\lambda a} \right] = 0$$
$$(15.39)$$

mit den Lösungen $\lambda_1 a = 2{,}221$; $\lambda_2 a = 5{,}452$; $\lambda_3 a = 8{,}611$ für ($\nu = 0{,}3$). Hieraus $\omega = \lambda^2 \sqrt{N/(\varrho h)}$.

Für die eingespannte Kreisplatte folgt aus Gl. (15.38) die Eigenwertgleichung $J_0(\lambda a) I_1(\lambda a) + I_0(\lambda a) J_1(\lambda a) = 0$ mit den Lösungen $\lambda_1 a = 3{,}190$; $\lambda_2 a = 6{,}306$; $\lambda_3 a = 9{,}425$. Hieraus $\omega = \lambda^2 \sqrt{N/(\varrho h)}$.

Rayleigh'scher Quotient $R = \omega^2 = U_{max}/\bar{E}_{max}$. Für rotationssymmetrische Schwingung ist

$$U_{max} = (N/2) \int \left[\left(\frac{\mathrm{d}^2 f}{\mathrm{d} r^2} + \frac{1}{r} \frac{\mathrm{d} f}{\mathrm{d} r} \right)^2 \right.$$
$$\left. -2(1 - \nu) \frac{1}{r} \frac{\mathrm{d} f}{\mathrm{d} r} \frac{\mathrm{d}^2 f}{\mathrm{d} r^2} \right] 2\pi r \, \mathrm{d} r \quad \text{und}$$

$$\bar{E}_{max} = (\varrho h/2) \int f^2(r) 2\pi r \, \mathrm{d} r \, .$$

15.3 Nichtlineare Schwingungen

Schwingungsprobleme dieser Art führen auf nichtlineare Differentialgleichungen. Nichtlineare Schwingungen entstehen z. B. durch nichtlineare Federkennlinien oder Rückstellkräfte (physikalisches Pendel mit großen Ausschlägen) oder durch nicht nur vom Ausschlag, sondern auch von der Zeit abhängige Rückstellkräfte (z. B. Pendel mit bewegtem Aufhängepunkt).

15.3.1 Schwinger mit nichtlinearer Federkennlinie oder Rückstellkraft

Es gilt $m\ddot{s} = F(s)$ (Abb. 15.12a), näherungsweise

$$F(s) = -cs(1 + \varepsilon s^2)$$

($\varepsilon > 0$ überlineare, $\varepsilon < 0$ unterlineare Kennlinie).

Freie ungedämpfte Schwingungen. Die Differentialgleichung lautet

$$\ddot{s} + \omega_1^2 s(1 + \varepsilon s^2) = 0 \quad \text{bzw.}$$
$$\ddot{s} + \omega_1^2 s + \omega_1^2 \varepsilon s^3 = 0 \, . \quad (15.40)$$

Multiplikation mit $\dot{s}$ liefert $\dot{s}\ddot{s} + \omega_1^2 \dot{s}s + \omega_1^2 \varepsilon \dot{s} s^3 = 0$ und hieraus nach Integration mit den Anfangsbedingungen $s(t = 0) = s_0$, $\dot{s}(t = 0) = v_0$ und Trennen der Variablen

$$\dot{s}^2 + \omega_1^2 (s^2 + \varepsilon s^4/2) = v_0^2 + \omega_1^2 (s_0^2 + \varepsilon s_0^4/2)$$
$$= C^2 \, , \quad (15.41)$$

$$t(s) = \int_{s_0}^{s} \mathrm{d}s / \sqrt{C^2 - \omega_1^2 s^2 - \omega_1^2 \varepsilon s^4/2} \, . \quad (15.42)$$

Das Integral ergibt nach Umformung [5, 6] ein elliptisches Integral 1. Gattung [7]. Schwingungsdauer und Frequenz werden abhängig vom Größtausschlag. Für kleine Ausschläge ergibt sich durch schrittweise Näherung [1] für die Frequenz $\omega = \sqrt{\omega_1^2 (1 + 0{,}75\varepsilon A^2)}$; A Amplitude des Schwingungsausschlags.

Das physikalische Pendel lässt sich mit der reduzierten Pendellänge $l = J_0/(m r_S)$ (s. Abschn. 14.6.3) auf ein mathematisches mit $\ddot{\varphi} + (g/l) \sin\varphi = 0$ zurückführen. Die Lösung führt wieder auf ein elliptisches Integral 1. Gattung mit der Schwingungsdauer $T = \sqrt{l/g} F(\pi/2, \kappa)$ für das hin- und herschwingende Pendel ($\kappa^2 = \omega_1^2 l/(4g) < 1$). Für kleinere Ausschläge ergibt sich die Näherungslösung [1] $T = 2\pi \sqrt{l/g} (1 + A^2/16)$.

15

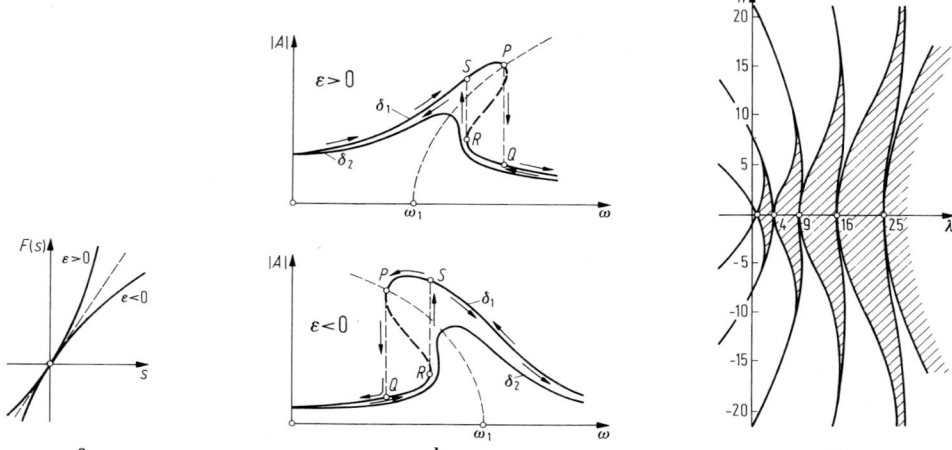

Abb. 15.12 Nichtlineare Schwingungen. **a** Federkennlinien; **b** Resonanzdiagramme; **c** Strutt'sche Karte (*schraffierte Lösungsgebiete sind stabil*)

Erzwungene Schwingungen. Die Differentialgleichung lautet

$$\ddot{s} + 2\delta\dot{s} + \omega_1^2(1 + \varepsilon s^2)s = a_0 \cos(\omega t + \beta) \quad (15.43)$$

für geschwindigkeitsproportionale Dämpfung und periodische Erregerkraft. Mit $s = A\cos\omega t$ folgt aus Gl. (15.43) nach Koeffizientenvergleich

$$\left[\left(\omega_1^2 - \omega^2 + 0{,}75\omega_1^2\varepsilon A^2\right)^2 + 4\delta^2\omega^2\right]A^2 = a_0^2. \quad (15.44)$$

Abb. 15.12b zeigt Amplituden als Funktion der Erregerfrequenz ω (Resonanzkurven) für $\varepsilon > 0$ und $\varepsilon < 0$. In bestimmten Bereichen gibt es mehrdeutige Lösungen. Der mittlere gestrichelte Ast ist nicht stabil und wird nicht durchlaufen. Je nachdem, ob ω größer oder kleiner wird, tritt in den Punkten P, Q, R, S ein Sprung in der Amplitude (Kippung) ein [5].

15.3.2 Schwingungen mit periodischen Koeffizienten (rheolineare Schwingungen)

Hier ist die Rückstellkraft nicht nur vom Ausschlag abhängig, sondern auch von einem veränderlichen Koeffizienten $c = c(t)$ (z. B. Pendel mit bewegter Aufhängung, Lokomotivstangenschwingung [1]). Für die ungedämpfte Schwingung gilt $m\ddot{s} + [c - f(t)]s = 0$ bzw. $\ddot{s} +$

$[\lambda + \gamma\Phi(t)]s = 0$. Diese Gleichung heißt Hill'sche Differentialgleichung, wenn $\Phi(t)$ periodisch ist [8]. Eine Sonderform dieser Gleichung ist die Mathieu'sche Differentialgleichung [1, 5, 8]

$$\ddot{s} + (\lambda - 2h\cos 2t)s = 0. \quad (15.45)$$

(Sie gilt z. B. für Pendelschwingungen mit periodisch bewegtem Aufhängepunkt oder für Biegeschwingungen eines Stabs unter pulsierender Axiallast.) Lösungen mit Mathieu'schen Funktionen usw. s. [8]. $s(t)$ zeigt als Funktion von λ und h Gebiete stabilen und instabilen Verhaltens, d. h., ob Ausschläge kleiner oder größer werden. Stabile und instabile Gebiete wurden von Strutt ermittelt und in der nach ihm benannten Strutt'schen Karte dargestellt (Abb. 15.12c).

Literatur

Spezielle Literatur
1. Söchting, F.: Berechnung mechanischer Schwingungen. Springer, Wien (1951)
2. Biezeno, Grammel: Technische Dynamik, Bd. II, 2. Aufl. Springer, Berlin (1953)
3. Collatz, L.: Eigenwertaufgaben. Leipzig: Akad. Verlagsges. Geest u. Portig (1963)
4. Hayashi, K.: Tafeln für die Differenzenrechnung sowie für die Hyperbel-, Bessel'schen, elliptischen und anderen Funktionen. Springer, Berlin (1933)

5. Magnus, K.; Popp, K.; Sextro, W.: Schwingungen,
   8. Aufl. Teubner, Stuttgart (2008)
6. Klotter, K.: Technische Schwingungslehre, Bd. 1, Teil
   B, 3. Aufl. Springer, Berlin (1980)
7. Jahnke, E.; Emde, F., Lösch, F.: Tafeln höherer Funktionen, 7. Aufl. Teubner, Stuttgart (1984)
8. Rothe, Szabó: Höhere Mathematik, Teil VI, 2. Aufl.
   Teubner, Stuttgart (1958)

Hydrostatik (Statik der Flüssigkeiten)

16

Joachim Villwock und Andreas Hanau

Flüssigkeiten und Gase unterscheiden sich im Wesentlichen durch ihre geringe bzw. starke Kompressibilität. Sie haben viele gemeinsame Eigenschaften und werden einheitlich als Fluide bezeichnet. Sie sind leicht verschieblich und nehmen jede äußere Form ohne wesentlichen Widerstand an; meist können sie als homogenes Kontinuum angesehen werden.

Druck. $p = dF/dA$ ist in ruhenden Flüssigkeiten richtungsunabhängig, d. h. eine skalare Ortsfunktion, da aus dem Newton'schen Schubspannungsansatz

$$\tau_{xy} = \eta(\partial v_x/\partial y + \partial v_y/\partial x)$$

für $v_x = v_y = 0$ sich $\tau_{xy} = 0$ und entsprechend $\tau_{xz} = \tau_{yz} = 0$ ergibt. Damit folgt aus den Gleichgewichtsbedingungen $p_x = p_y = p_z = p(x, y, z)$. An den Begrenzungsflächen steht p wegen $\tau = 0$ senkrecht zur Fläche.

Dichte. $\varrho = dm/dV$. Flüssigkeiten sind geringfügig kompressibel; es gilt $dV/V = dp/E$ bzw. $\varrho = \varrho_0/(1 - \Delta p/E)$. Elastizitätsmodul E bei 0: für Wasser $2{,}1 \cdot 10^5\,\text{N/cm}^2$, für Benzol $1{,}2 \cdot$ $10^5\,\text{N/cm}^2$, für Quecksilber $2{,}9 \cdot 10^6\,\text{N/cm}^2$ (dagegen für Stahl $2{,}1 \cdot 10^7\,\text{N/cm}^2$). Für die meisten Probleme können Flüssigkeiten als inkompressibel angesehen werden. Gase sind kompressibel, d. h., die Dichte ändert sich gemäß $\varrho = p/(RT)$ (s. Abschn. 40.1.1).

Kapillarität und Oberflächenspannung. Flüssigkeiten steigen oder sinken in Kapillaren als Folge der Molekularkräfte zwischen Flüssigkeit und Wand bzw. zwischen Flüssigkeit und Luft. Molekularkräfte erzeugen Oberflächenspannungen σ.

Druckverteilung in der Flüssigkeit. Wegen des Gleichgewichts für ein Element (Abb. 16.1a) gilt

$$p\,dA + \varrho\,g\,dA\,dz - (p + dp)\,dA = 0\,, \quad \text{d. h.}$$
$$dp/dz = \varrho\,g$$

bzw. nach Integration

$$p = p(x, y, z) = \varrho\,gz + C\,.$$

Mit $p(z = 0) = p_0$ folgt

$$p = p(z) = p_0 + \varrho\,g\,z\,, \qquad (16.1)$$

d. h., der Druck hängt linear von der Tiefe z ab und ist von x und y unabhängig. Für $\varrho\,g = 0$, d. h. ohne Berücksichtigung des Gewichts, folgt aus Gl. (16.1) $p(x, y, z) = p_0$, d. h., der Pressdruck p_0 pflanzt sich nach allen Orten hin gleich groß fort (Gesetz von Pascal).

J. Villwock (✉)
Beuth Hochschule für Technik
Berlin, Deutschland
E-Mail: villwock@beuth-hochschule.de

A. Hanau
BSH Hausgeräte GmbH
Berlin, Deutschland
E-Mail: andreas.hanau@bshg.com

© Springer-Verlag GmbH Deutschland, ein Teil von Springer Nature 2020
B. Bender und D. Göhlich (Hrsg.), *Dubbel Taschenbuch für den Maschinenbau 1: Grundlagen und Tabellen*,
https://doi.org/10.1007/978-3-662-59711-8_16

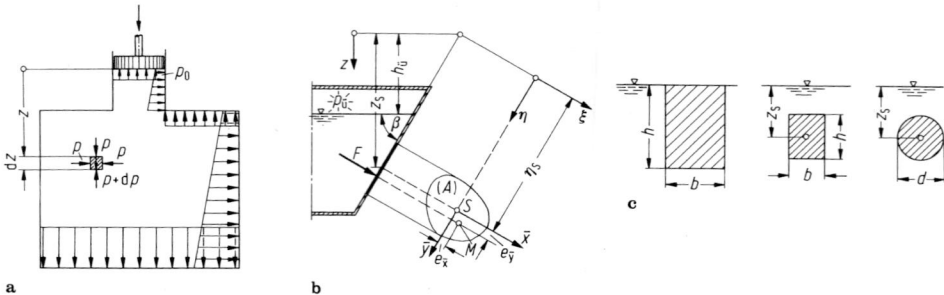

Abb. 16.1 Hydrostatischer Druck. **a** Verteilung; **b** auf geneigte und **c** auf vertikale Wände

Druck auf ebene Wände. Für einen Behälter mit Überdruck $p_\text{ü}$ (Abb. 16.1b) berechnet man zunächst die Ersatzspiegelhöhe $h_\text{ü} = p_\text{ü}/(\varrho\,g)$. Von ihr werden die Koordinaten z und η gezählt ($z = \eta \sin\beta$). Die resultierende Druckkraft

$$F = \int \varrho\,gz\,\mathrm{d}A = \varrho\,gAz_\text{S} \qquad (16.2)$$

greift im Druckmittelpunkt M an. Die Lage des Druckmittelpunkts ist gegeben durch

$$e_{\bar y} = I_{\bar x}/(A\eta_\text{S}), \quad e_{\bar x} = I_{\bar x \bar y}/(A\eta_\text{S}) ; \qquad (16.3)$$

$I_{\bar x}$ axiales Flächenmoment 2. Ordnung, $I_{\bar x \bar y}$ zentrifugales oder gemischtes Flächenmoment 2. Ordnung, $\bar x$ und $\bar y$ Achsen durch den Flächenschwerpunkt. Für symmetrische Flächen ist $I_{\bar x \bar y} = 0$. Für Fälle nach Abb. 16.1c gilt mit $\beta = 90°$

- Wand:

$$I_{\bar x} = bh^3/12, \ F = \varrho\,gbh^2/2, \ e_{\bar y} = h/6 ;$$

- Rechteckklappe:

$$I_{\bar x} = bh^3/12, \ F = \varrho\,gbhz_\text{S},$$
$$e_{\bar y} = h^2/(12z_\text{S}) ;$$

- Kreisklappe:

$$I_{\bar x} = \pi d^4/64, \ F = \varrho\,gz_\text{S}\pi d^2/4,$$
$$e_{\bar y} = d^2/(16z_\text{S}) .$$

Beispiel

Behälter mit Ablassklappe. Gegeben: $p_\text{ü} = 0{,}5\,\text{bar}$; $H = 2\,\text{m}$, $\beta = 60°$. Zu berechnen ist die Größe und Lage der resultierenden Druckkraft auf eine kreisförmige Klappe vom Durchmesser $d = 500\,\text{mm}$. – Mit

$$h_\text{ü} = p_\text{ü}/(\varrho\,g)$$
$$= \frac{0{,}5 \cdot 10^5\,\text{N/m}^2}{1000\,\text{kg/m}^3 \cdot 9{,}81\,\text{m/s}^2}$$
$$= 5{,}097\,\text{m}$$

wird $z_\text{S} = H + h_\text{ü} = 7{,}097\,\text{m}$, nach Gl. (16.2) $F = \varrho\,g(\pi d^2/4)z_\text{S} = 13{,}67\,\text{kN}$ und gemäß Gl. (16.3) $e_{\bar y} = (\pi d^4/64)/[(\pi d^2/4)z_\text{S}/\sin\beta] = 1{,}9\,\text{mm}$. ◄

Druck auf gekrümmte Wände (Abb. 16.2a). Die Kraftkomponenten sind

$$F_x = \varrho\,g \int z\,\mathrm{d}A_x = \varrho\,gz_{\text{S}x}A_x ,$$
$$F_y = \varrho\,g \int z\,\mathrm{d}A_y = \varrho\,gz_{\text{S}y}A_y ,$$
$$F_z = \varrho\,g \int z\,\mathrm{d}A_z = \varrho\,g \int \mathrm{d}V = \varrho\,gV .$$
$$(16.4)$$

Hierbei sind A_x und A_y die Projektionsflächen der gekrümmten Fläche auf die y, z- bzw. x, z-Ebene. F_z ist die Gewichtskraft, die im Volumenschwerpunkt angreift. Die drei Kräfte gehen bei beliebigen Flächen nicht durch einen Punkt. Bei Kugel- oder Zylinderflächen genügt die Projektion auf die y, z-Ebene. F_x und F_z liegen dann in einer Ebene und haben die Resultierende $F_\text{R} = \sqrt{F_x^2 + F_z^2}$ (Abb. 16.2b). Gemäß

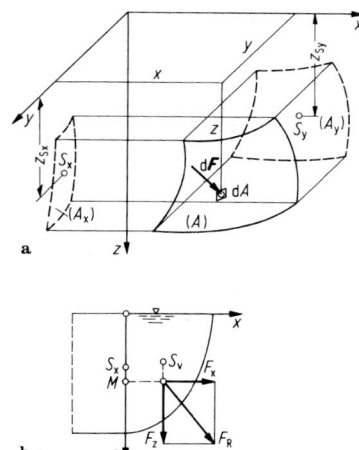

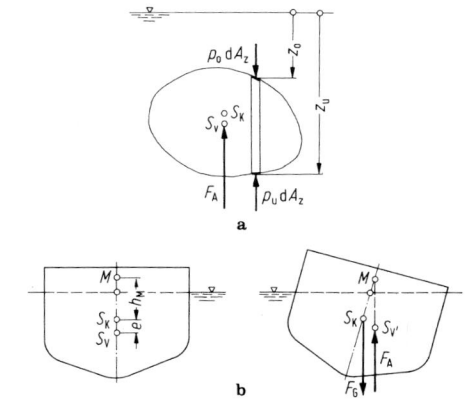

Abb. 16.3 **a** Auftrieb; **b** Schwimmstabilität

Abb. 16.2 Druck auf gekrümmte Wände. **a** Allgemein; **b** Zylinder- und Kugelflächen

Gl. (16.4) ist die horizontale Druckkraft auf eine gekrümmte Fläche in beliebiger Richtung so groß wie auf eine senkrecht zur Kraftrichtung stehende projizierte ebene Fläche. Der Angriffspunkt der Druckkräfte ergibt sich gemäß Gl. (16.3) zu $e_{\bar{x}}$ und $e_{\bar{y}}$, wenn $\bar{x}$ und $\bar{y}$ die Achsen durch den Schwerpunkt der jeweiligen Projektionsfläche sind. Bei Kugel- und Kreiszylinderflächen geht die Resultierende F_R stets durch den Krümmungsmittelpunkt.

Auftrieb (Abb. 16.3a). Für einen ganz (oder teilweise) eingetauchten Körper wirkt auf ein oben liegendes Flächenelement die Kraft $dF = p_o\,dA_x e_x + p_o\,dA_y e_y + p_o\,dA_z e_z$. Da sich die Komponenten dF_x und dF_y am geschlossenen Körper das Gleichgewicht halten, d. h. $F_x = 0$ und $F_y = 0$ ist, bleibt nur eine Kraft in z-Richtung:

$$F_A = F_z = \int dF_z = \int (p_u - p_o)dA_z$$
$$= \int \varrho\, g(z_u - z_o)dA_z = \varrho\, g V \, .$$

$$(16.5)$$

Diese Auftriebskraft ist gleich dem Gewicht der verdrängten Flüssigkeit. Sie greift im Volumenschwerpunkt der verdrängten Flüssigkeit an (und nicht im Körperschwerpunkt; bei homogenen Körpern fallen beide Schwerpunkte zusammen).

Stabilität schwimmender Körper (Abb. 16.3b). Ein eingetauchter Körper schwimmt, wenn $F_G = F_A$ ist. Er schwimmt stabil, wenn das Metazentrum M über dem Körperschwerpunkt S_K liegt, labil, wenn es darunter liegt, und indifferent, wenn beide zusammenfallen. Hierbei bezeichnet das Metazentrum den Schnittpunkt der Auftriebsvektoren, die zu zwei benachbarten Winkellagen gehören. Für die metazentrische Höhe gilt

$$h_M = (I_x / V) - e \, .$$

I_x ist das Flächenmoment 2. Ordnung der Schwimmfläche (Wasserlinienquerschnitt) um die Längsachse, V das verdrängte Volumen und e der Abstand zwischen Körper- und Volumenschwerpunkt. Bei schwebenden Körpern (U-Boot) ist $I_x = 0$ und $h_M = -e$. Wird e negativ, d. h., liegt der Körperschwerpunkt unter dem Volumenschwerpunkt, so folgt $h_M > 0$, und der schwebende Körper schwimmt stabil.

16

Hydro- und Aerodynamik (Strömungslehre, Dynamik der Fluide)

Joachim Villwock und Andreas Hanau

Aufgabe der Strömungslehre ist die Untersuchung der Größen Geschwindigkeit, Druck und Dichte eines Fluids als Funktion der Ortskoordinaten x, y, z bzw. bei eindimensionalen Problemen (z. B. Rohrströmungen) als Funktion der Bogenlänge s. Bei vielen Strömungsvorgängen ist die Kompression auch bei gasförmigen Fluiden vernachlässigbar (z. B., wenn Körper von Luft normaler Temperatur und weniger als 0,5facher Schallgeschwindigkeit umströmt werden). Dann gelten auch dafür die Gesetze inkompressibler Medien (Strömungen mit Änderung des Volumens s. Abschn. 41.2).

Ideale und nichtideale Flüssigkeit. Eine ideale Flüssigkeit ist inkompressibel und reibungsfrei, d. h., es treten keine Schubspannungen auf ($\tau_{xy} = 0$). Der Druck an einem Element ist nach allen Richtungen gleich groß (s. Kap. 16). Bei nichtidealer oder zäher Flüssigkeit treten vom Geschwindigkeitsgefälle abhängige Schubspannungen auf, und die Drücke p_x, p_y, p_z sind unterschiedlich. Hängen die Schubspannungen linear vom Geschwindigkeitsgefälle senkrecht zur Strömungsrichtung ab (Abb. 17.1), gilt also $\tau = \eta(\mathrm{d}\upsilon/\mathrm{d}z)$, so liegt eine Newton'sche Flüssig-

Abb. 17.1 Schubspannung in einer Flüssigkeit

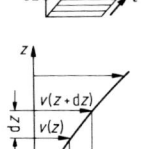

keit vor (z. B. Wasser, Luft und Öl). Hierbei ist η die absolute oder dynamische Zähigkeit. Nicht-Newton'sche Flüssigkeiten mit nichtlinearem Fließgesetz sind z. B. Suspensionen, Pasten und thixotrope Flüssigkeiten mit zeitabhängigen Fließeigenschaften.

Stationäre und nichtstationäre Strömung. Bei stationärer Strömung hängen die Größen Geschwindigkeit υ, Druck p und Dichte ϱ nur von den Ortskoordinaten ab, d. h., es ist $\upsilon = \upsilon(x, y, z)$ usw. Bei instationärer Strömung ändert sich die Strömung an einem Ort auch mit der Zeit, d. h., es ist $\upsilon = \upsilon(x, y, z, t)$ usw.

Stromlinie, Stromröhre, Stromfaden. Die Stromlinie ist die Linie, die in einem bestimmten Augenblick an jeder Stelle von den Geschwindigkeitsvektoren tangiert wird (Abb. 17.2); es gilt $\upsilon_x : \upsilon_y : \upsilon_z = \mathrm{d}x : \mathrm{d}y : \mathrm{d}z$. Bei stationären Strömungen ist die Stromlinie eine ortsfeste Raumkurve; sie ist außerdem mit der Bahnkurve des einzelnen Teilchens identisch. Bei instationären Strömungen ändern die Strom-

J. Villwock (✉)
Beuth Hochschule für Technik
Berlin, Deutschland
E-Mail: villwock@beuth-hochschule.de

A. Hanau
BSH Hausgeräte GmbH
Berlin, Deutschland
E-Mail: andreas.hanau@bshg.com

© Springer-Verlag GmbH Deutschland, ein Teil von Springer Nature 2020
B. Bender und D. Göhlich (Hrsg.), *Dubbel Taschenbuch für den Maschinenbau 1: Grundlagen und Tabellen*,
https://doi.org/10.1007/978-3-662-59711-8_17

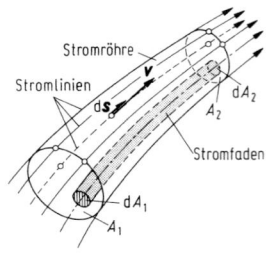

Abb. 17.2 Stromröhre und Stromfaden

linien ihre Lage im Raum mit der Zeit; sie sind nicht mit den Bahnkurven der Teilchen identisch. Ein Bündel von Stromlinien, das von einer geschlossenen Kurve umschlungen wird, heißt Stromröhre (Abb. 17.2). Teile der Stromröhre mit Querschnitt dA, über die p und v als konstant anzusehen sind, bilden einen Stromfaden. Bei Rohrströmungen idealer Flüssigkeiten sind p und v über den Gesamtquerschnitt A näherungsweise konstant, d. h., der gesamte Rohrinhalt bildet einen Stromfaden.

17.1 Eindimensionale Strömungen idealer Flüssigkeiten

Euler'sche Gleichung für den Stromfaden. Für ein Element dm längs der in Abb. 17.3a skizzierten Stromlinie lautet die Euler'sche Bewegungsgleichung (in Tangentialrichtung)

$$a_\mathrm{t} = \frac{dv}{dt} = \frac{\partial v}{\partial t} + \frac{\partial v}{\partial s}\frac{ds}{dt} = -g\frac{\partial z}{\partial s} - \frac{1}{\varrho}\frac{\partial p}{\partial s}$$

bzw. mit $\dfrac{ds}{dt} = v$:

$$\frac{\partial}{\partial s}\left(v^2 + \frac{p}{\varrho} + gz\right) + \frac{\partial v}{\partial t} = 0.$$

$$(17.1)$$

Im Fall stationärer Strömung ist $\partial v/\partial t = 0$. Für die Normalenrichtung gilt

$$a_\mathrm{n} = \frac{v^2}{r} = -\frac{1}{\varrho}\frac{\partial p}{\partial n} - g\frac{\partial z}{\partial n}$$

oder

$$\frac{\partial p}{\partial n} = -\varrho\frac{v^2}{r} - \varrho\, g\frac{\partial z}{\partial n}$$

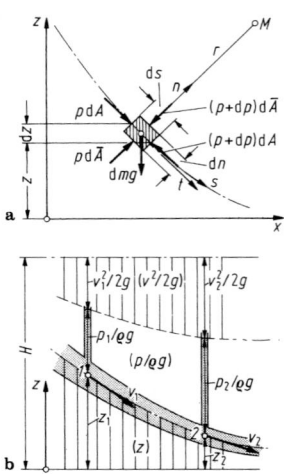

Abb. 17.3 Stromfaden. **a** Element; **b** Bernoulli'sche Höhen

bzw. bei Vernachlässigung des Eigengewichts $\partial p/\partial n = -\varrho v^2/r$. Der Druck nimmt also von der konkaven zur konvexen Seite des Stromfadens zu.

Bernoulli'sche Gleichung für den Stromfaden. Aus Gl. (17.1) längs des Stromfadens folgt für die instationäre Strömung

$$\varrho v^2/2 + p + \varrho gz + \varrho\int\frac{\partial v}{\partial t}ds = \text{const} \quad (17.2\mathrm{a})$$

bzw.

$$\varrho v_1^2/2 + p_1 + \varrho\, gz_1$$
$$= \varrho v_2^2/2 + p_2 + \varrho\, gz_2 + \varrho\int_{s_1}^{s_2}\frac{\partial v}{\partial t}ds .$$

$$(17.2\mathrm{b})$$

Für den stationären Fall $(\partial v/\partial t = 0)$ gilt

$$\varrho v_1^2/2 + p_1 + \varrho\, gz_1 = \varrho v_2^2/2 + p_2 + \varrho\, gz_2$$
$$= \text{const}.$$

$$(17.3)$$

Danach bleibt die Gesamtenergie, bestehend aus kinetischer, Druck- und potentieller Energie, für die Masseneinheit längs des Stromfadens bzw. der Stromlinie erhalten. Aus Gl. (17.3) ergibt sich nach Division durch $\varrho\, g$

$$v_1^2/(2g) + p_1/(\varrho\, g) + z_1$$
$$= v_2^2/(2g) + p_2/(\varrho\, g) + z_2 = \text{const} = H \,,$$
$$(17.4)$$

d. h., die gesamte Energiehöhe H, bestehend aus Geschwindigkeits-, Druck- und Ortshöhe, bleibt konstant (Bernoulli'sche Gleichung; Abb. 17.3b).

Kontinuitätsgleichung. Für einen Stromfaden muss die durch jeden Querschnitt strömende Masse pro Zeiteinheit (Massenstrom) konstant sein:

$$d\dot{m} = \varrho v\, dA = \varrho_1 v_1\, dA_1 = \varrho_2 v_2\, dA_2 = \text{const}.$$
$$(17.5)$$

Bei inkompressiblen Medien ($\varrho = \text{const}$) muss der Volumenstrom konstant sein:

$$d\dot{V} = v\, dA = v_1\, dA_1 = v_2\, dA_2 = \text{const}.$$
$$(17.6)$$

Bei Stromröhren mit über dem Querschnitt A konstanter mittlerer Geschwindigkeit v folgt aus Gln. (17.5) und (17.6)

$$\dot{m} = \varrho v A = \text{const} \quad \text{bzw.} \quad \dot{V} = v A = \text{const}.$$

17.1.1 Anwendungen der Bernoulli'schen Gleichung für den stationären Fall

Staudruck. Beim Auftreffen einer Strömung auf ein festes Hindernis entsteht der Staudruck (Abb. 17.4a). Die Bernoulli'sche Gl. (17.3) hat ohne Höhenglied die Form

$$\varrho v_1^2/2 + p_1 = \varrho v_2^2/2 + p_2 \,.$$
$$(17.7)$$

Hieraus folgt mit $v_2 = 0$ $p_2 = p_1 + \varrho v_1^2/2$. In einem Staupunkt setzt sich der Druck zusammen aus dem statischen Druck $p_{st} = p_1$ und dem (dynamischen) Staudruck $p_{dyn} = \varrho v_1^2/2$.

Beispiel

Staudruck bei Wind gegen eine Wand. – Bei der Windgeschwindigkeit $v = 100\,\text{km/h} = 27{,}8\,\text{m/s}$ ergibt sich mit $\varrho_{\text{Luft}} = 1{,}2\,\text{kg/m}^3$ der Staudruck $p_{dyn} = \varrho v^2/2 = 464\,\text{N/m}^2$. ◄

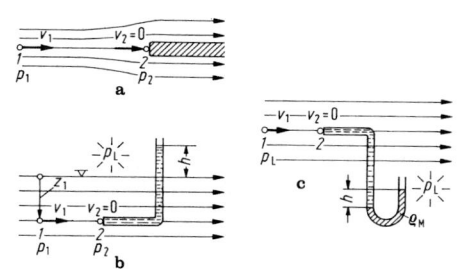

Abb. 17.4 Staudruck. **a** Staupunkt; **b** Pitotrohr für Flüssigkeiten und **c** Gase

Pitotrohr. Zur Messung der Strömungsgeschwindigkeit in offenen Gerinnen eignet sich das Pitotrohr (Abb. 17.4b). Für Punkt *1* gilt gemäß Gl. (16.1) $p_1 = p_L + \varrho g z_1$. Für die Stromlinie *1–2* gilt $p_1 + \varrho v_1^2/2 = p_2$, also $p_2 = p_L + \varrho\, g z_1 + \varrho v_1^2/2$. Der hydrostatische Druck im Pitotrohr ist $p_2 = p_L + \varrho g(z_1 + h)$ und so ist $\varrho v_1^2/2 = \varrho g h$ oder $v_1 = \sqrt{2gh}$. Die Steighöhe h ist ein Maß für die Strömungsgeschwindigkeit. Für die Messung der Luftgeschwindigkeit ist die Anordnung auf Abb. 17.4c geeignet. Ist ϱ_M die Dichte der Manometerflüssigkeit, so gilt für Punkt 2 $p_{dyn} = \varrho v_1^2/2 = \varrho_M g h$, also $v_1 = \sqrt{2(\varrho_M/\varrho)gh}$.

Venturirohr. Es dient zur Messung der Strömungsgeschwindigkeit in Rohrleitungen (Abb. 17.5). Die Bernoulli'sche Gl. (17.7) zwischen den Stellen *1* und *2* lautet $\varrho v_1^2/2 + p_1 = \varrho v_2^2/2 + p_2$ und die Kontinuitätsgleichung $v_1 A_1 = v_2 A_2$. Hieraus ergibt sich

$$\Delta p = p_2 - p_1 = \left(\varrho v_1^2/2\right)\left[(A_1/A_2)^2 - 1\right]$$

bzw. mit $\Delta p = (\varrho_M - \varrho)gh$

$$v_1 = \sqrt{2gh(\varrho_M/\varrho - 1)/\left[(A_1/A_2)^2 - 1\right]} \,.$$

Abb. 17.5 Venturirohr

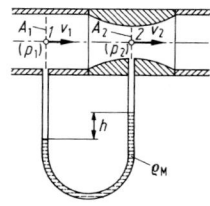

In Wirklichkeit ist zwischen den Stellen *1* und *2* noch der Druckverlust infolge Reibung zu berücksichtigen (s. Abschn. 17.2).

17.1.2 Anwendung der Bernoulli'schen Gleichung für den instationären Fall

Untersucht wird der Ausfluss aus einem Behälter bei abnehmender Spiegelhöhe unter Vernachlässigung der Reibung (Abb. 17.6). Lösung: Aus den Gln. (17.2a), (17.2b) und (17.6) folgt

$$v_1 = \sqrt{2g\, \frac{z - \dfrac{1}{g} \displaystyle\int_{s_1}^{s_2} \dfrac{\partial v}{\partial t}\,\mathrm{d}s}{(A_1/A_2)^2 - 1}}\,.$$

Mit $v_1 = -\mathrm{d}z/\mathrm{d}t$, $A_1/A_2 = \alpha$ und Vernachlässigung des Integrals (klein im Vergleich zu z) folgt aus Gl. (17.2b) $v_1 = -\mathrm{d}z/\mathrm{d}t = \sqrt{2gz/(\alpha^2 - 1)}$ und hieraus nach Integration $t = -\sqrt{2(\alpha^2 - 1)z/g} + C$. Für $z(t = 0) = H$ wird $C = \sqrt{2(\alpha^2 - 1)H/g}$ und somit

$$t = \left(1 - \sqrt{z/H}\right)\sqrt{2(\alpha^2 - 1)H/g} \quad \text{oder}$$

$$z = H\left\{1 - t\,\sqrt{g/[2H(\alpha^2 - 1)]}\right\}^2.$$

Hieraus folgen für $z = 0$ die Ausflusszeit

$$T = \sqrt{2(\alpha^2 - 1)H/g}\,,$$

die Geschwindigkeit

$$v_1 = -\mathrm{d}z/\mathrm{d}t = \left\{1 - t\,\sqrt{g/[2H(\alpha^2 - 1)]}\right\} \\ \cdot \sqrt{2gH/(\alpha^2 - 1)}$$

und die Ausflussgeschwindigkeit $v_2 = v_1 A_1/A_2$. Die Geschwindigkeiten nehmen linear mit der Zeit ab.

Abb. 17.6 Instationärer Ausfluss

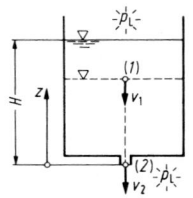

17.2 Eindimensionale Strömungen zäher Newton'scher Flüssigkeiten (Rohrhydraulik)

Bei *laminarer Strömung* bewegen sich die Teilchen in parallelen Bahnen (Schichten), bei *turbulenter Strömung* überlagern sich der Hauptströmung zusätzliche Geschwindigkeitskomponenten in x-, y- und z-Richtung (Wirbelbewegung). Übergang von laminarer zu turbulenter Strömung tritt ein, wenn die Reynolds'sche Zahl $Re = vd/v$ den kritischen Wert erreicht (z. B. $Re_k = 2320$ für Rohre mit Kreisquerschnitt).

Bei *laminarer Strömung* gilt für die Schubspannung zwischen den Teilchen der Newton'sche Ansatz

$$\tau = \eta(\mathrm{d}v/\mathrm{d}z) \qquad (17.8)$$

(Abb. 17.1). Hierbei ist η die *dynamische Zähigkeit* oder *Viskosität*. Sie ist temperaturabhängig, bei Gasen auch druckabhängig (was jedoch vernachlässigbar ist, solange nicht größere Dichteänderungen auftreten).

Bei *turbulenter Strömung* gilt nach Prandtl und v. Kármán [1, 11, 12] angenähert der Schubspannungsansatz $\tau = \eta\,\mathrm{d}v/\mathrm{d}z + \varrho l^2(\mathrm{d}v/\mathrm{d}z)^2$. l ist dabei die freie Weglänge eines Teilchens.

Infolge der Schubspannungen treten Druckverluste (Energieverluste) längs des Stromfadens auf.

Kinematische Zähigkeit. Sie ist $v = \eta/\varrho$. Für Wasser von 20°C ist $\eta = 10^{-3}\,\mathrm{Ns/m^2}$ und $v = 10^{-6}\,\mathrm{m^2/s}$ (weitere Werte s. Tab. 44.2 und Abb. 33.6 und 33.7).

Bernoulli'sche Gleichung mit Verlustglied. Findet zwischen zwei Punkten *1* und *2* keine Energiezufuhr oder -abfuhr statt (z. B. durch Pumpe oder Turbine), so lautet die Bernoulli'sche Gleichung

$$\varrho v_1^2/2 + p_1 + \varrho\, g z_1$$
$$= \varrho v_2^2/2 + p_2 + \varrho\, g z_2 + \Delta p_V + \varrho \int_{s_1}^{s_2} \frac{\partial v}{\partial t}\,\mathrm{d}s\,.$$
$$(17.9)$$

Für den stationären Fall ist $\partial v/\partial t = 0$, und das letzte Glied entfällt. Hierbei ist Δp_V der Druckverlust zwischen den Stellen *1* und *2* infolge von Rohrreibung, Einbauwiderständen usw. Dividiert man Gl. (17.9) durch $\varrho\, g$, so ergibt sich

$$v_1^2/(2g) + p_1/(\varrho\, g) + z_1$$
$$= v_2^2/(2g) + p_2/(\varrho\, g) + z_2 + h_V\,.$$
$$(17.10)$$

Darin bedeuten die einzelnen Glieder Energiehöhen und $h_V = \Delta p_V/(\varrho\, g)$ die Verlusthöhe.

Druckverlust und Verlusthöhe (Abb. 17.6). Zwischen zwei Stellen *1* und *2* sei der Rohrdurchmesser d konstant. Dann gilt

$$\Delta p_V = (\lambda l/d)\varrho v^2/2 + \sum \zeta \varrho v^2/2 \quad \text{bzw.}$$
$$h_V = (\lambda l/d)v^2/(2g) + \sum \zeta v^2/(2g)\,;$$
$$(17.11\text{a,b})$$

λ Rohrreibungszahl, ζ Widerstandsbeiwerte für Einbauten.

Für *kompressible Fluide*, die sich infolge Druckabnahme von *1* nach *2* ausdehnen, folgt aus der Kontinuitätsgleichung (17.5) sowie aus dem Ansatz $\mathrm{d}p = -(\lambda/d)\,\mathrm{d}x\,\varrho v^2/2$ für den isothermen Fall, $p_1/\varrho_1 = p/\varrho = \text{const}$, $p_1^2 - p_2^2 = \lambda v_1^2\varrho_1 p_1 l/d$, d. h. für den Druckverlust aufgrund von Rohrreibung

$$\Delta p_V = p_1 - p_2$$
$$= p_1\left[1 - \sqrt{1 - \lambda v_1^2\varrho_1 l/(p_1 d)}\,\right]\,.$$
$$(17.12)$$

Bei geringen Druckverlusten ist die Expansion vernachlässigbar, und man kann Gl. (17.11a) auch für kompressible Fluide verwenden. Der dabei auftretende Fehler ist $f \approx 0{,}5 \cdot \Delta p_V/p_1$ [6].

17.2.1 Stationäre laminare Strömung in Rohren mit Kreisquerschnitt

Gemäß Abb. 17.7a folgt aus $\sum F_{ix} = 0 = (p_1 - p_2)\pi r^2 - \tau \cdot 2\pi r l$ mit $\tau = -\eta\,\mathrm{d}v/\mathrm{d}r$ und der Haftungsbedingung $v(r = d/2) = 0$ nach Integration $v(r) = \Delta p_V(d^2/4 - r^2)/(4\eta l)$. Die Geschwindigkeitsverteilung ist also parabolisch

(Gesetz von Stokes). Für die Schubspannungen ergibt sich $\tau(r) = -\eta\,\mathrm{d}v/\mathrm{d}r = \Delta p_V r/(2l)$; sie nehmen also linear nach außen zu. Für den Volumenstrom gilt

$$\dot{V} = \int_{r=0}^{d/2} v(r)2\pi r\,\mathrm{d}r = \Delta p_V \pi d^4/(128\eta l)$$

(Formel von Hagen-Poiseuille) und damit für die mittlere Geschwindigkeit und den Druckverlust $v_m = v = \dot{V}/A = \Delta p_V d^2/(32\eta l)$ und $\Delta p_V = v_m 32\eta l/d^2$. Der Druckverlust und somit auch die Schubspannungen nehmen also linear mit der Geschwindigkeit zu. Mit der Reynolds'schen Zahl $Re = vd/\nu$ ergibt sich $\Delta p_V = (64/Re)(l/d)(\varrho v^2/2)$ und $h_V = (64/Re)(l/d)(v^2/2g)$. Demnach ist nach Gl. (17.11a,b) die Rohrreibungszahl $\lambda = 64/Re$, d. h. bei laminarer Strömung unabhängig von der Rauigkeit der Rohrwand.

17.2.2 Stationäre turbulente Strömung in Rohren mit Kreisquerschnitt

Bei $Re > 2320$ erfolgt Übergang in turbulente Strömung. Die Rohrreibungszahl λ hängt von der Rohrrauigkeit k (Wanderhebungen in mm, s. Tab. 17.1) und von Re ab. Das Geschwindigkeitsprofil ist wesentlich flacher (Abb. 17.7b) als bei laminarer Strömung. Es besteht im Randbereich aus einer laminaren Grenzschicht der Dicke $\delta = 34{,}2d/(0{,}5Re)^{0{,}875}$ (nach Prandtl). Die Geschwindigkeitsverteilung hängt ebenfalls von Re

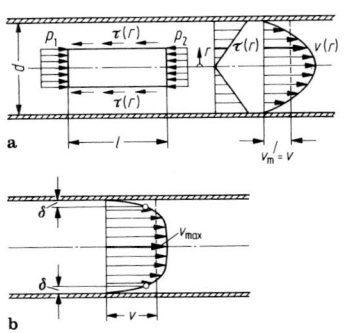

Abb. 17.7 Rohrströmung. **a** Laminar; **b** turbulent

und k ab; sie ist nach Nikuradse mittels $v(r) = v_{max}(1 - 2r/d)^n$ darstellbar (z. B. $n = 1/7$ für $Re = 10^5$). Exponent n nimmt mit der Rohrrauigkeit zu. Das Verhältnis $v/v_{max} = 2/[(1 + n) \cdot (2 + n)]$ ist im Mittel etwa 0,84.

Ermittlung der Rohrreibungszahl

Hydraulisch glatte Rohre liegen vor, wenn die Grenzschichtdicke größer als die Wanderhebung ist, d. h. für $\delta/k \geqq 1$ bzw. $Re < 65d/k$.

Formel von Blasius (gültig für $2320 < Re < 10^5$):

$$\lambda = 0,3164/\sqrt[4]{Re} \ .$$

Formel von Nikuradse (gültig für $10^5 < Re < 10^8$):

$$\lambda = 0,0032 + 0,221/Re^{0,237} \ .$$

Formel von Prandtl und v. Kármán (gültig für den gesamten turbulenten Bereich, aber wegen impliziter Form umständlich): $\lambda = 1/[2 \lg(Re \sqrt{\lambda}/2,51)]^2$. An ihrer Stelle kann die Näherungsformel $\lambda = 0,309/[\lg(Re/7)]^2$ verwendet werden.

Hydraulisch raue Rohre liegen vor, wenn die Wanderhebungen größer als die Grenzschichtdicke sind, d. h. für $\delta/k < 1$ bzw. $Re > 1300 \, d/k$. Die Rohrreibungszahl λ ist nur abhängig von der relativen Rauigkeit d/k, und es gilt die Formel von Nikuradse

$$\lambda = 1/[2 \lg(3,71d/k)]^2$$

für den oberhalb der Grenzkurve liegenden Bereich (Abb. 17.8). Die Grenzkurve ist mittels $\lambda = [(200d/k)/Re]^2$ festgelegt.

Rohre im Übergangsgebiet liegen vor, wenn $65d/k < Re < 1300 \, d/k$, d. h. in dem auf Abb. 17.8 unter der Grenzkurve liegenden Bereich. Die Rohrreibungszahl λ ist von Re und d/k abhängig. Als gute Näherung gilt

$$\lambda = 1 \left/ \left[2 \lg \left(\frac{2,51}{Re\sqrt{\lambda}} + \frac{0,27}{d/k} \right) \right]^2 \right.$$

(Formel von Colebrook). Sie bezieht sich auf Rohre mit technischer Rauigkeit. Für Rohre

mit aufgeklebten Sandkörnern gleicher Körnung wurden von Nikuradse die in Abb. 17.8 gestrichelt eingetragenen Kurven gemessen.

Diagramm von Colebrook-Nikuradse. Die vorstehenden Formeln sind graphisch in Abb. 17.8 dargestellt, sodass λ als Funktion von Re und d/k abgelesen und bei Bedarf nachgerechnet bzw. verbessert werden kann (weitere Verfeinerungen s. [1, 3]). Ist λ bekannt, berechnet man den Druckverlust bzw. die Verlusthöhe nach Gl. (17.11a,b) bzw. (17.12) und anschließend den zu untersuchenden Rohrleitungsabschnitt mit der Bernoulli'schen Gleichung mit Verlustglied gemäß Gl. (17.9) oder (17.10).

Beispiel

Durch ein Stahlrohr (gebraucht, $k = 0,15$ mm) vom Durchmesser $d = 150$ mm und der Länge $l = 1400$ m werden $\dot{V} = 400 \, \mathrm{m^3/h}$ Pressluft gefördert. Druck und Dichte im Kessel: $p_1 = 6$ bar, $\varrho_1 = 6,75 \, \mathrm{kg/m^3}$. Zu ermitteln ist der Druckverlust am Ende der Leitung. – Mit der Fördergeschwindigkeit

$$v = \dot{V}/A = \dot{V}/(\pi d^2/4)$$
$$\quad = 6{,}29 \, \mathrm{m/s} \quad \text{und}$$

$$v = \eta/\varrho = (2 \cdot 10^{-5} \mathrm{Ns/m^2})/(6{,}75 \, \mathrm{kg/m^3})$$
$$\quad = 2{,}963 \cdot 10^{-6} \, \mathrm{m^2/s}$$

wird $Re = vd/v = 318\,427$. Mit $d/k = 150/0,15 = 1000$ ergibt sich aus Abb. 17.8 bzw. der Formel von Colebrook $\lambda = 0,0205$. Aus Gl. (17.12) folgt für den Druckverlust am Ende der Leitung

$$\Delta p_V = p_1 \left[1 - \sqrt{1 - \lambda v^2 \varrho_1 l/(p_1 d)} \right]$$
$$\quad = 0{,}261 \, \mathrm{bar} \ .$$

Bei Vernachlässigung der Expansion infolge der Druckabnahme ergibt Gl. (17.11a) $\Delta p_V = (\lambda l/d)\varrho v^2/2 = 25\,550 \, \mathrm{N/m^2} = 0,256$ bar, d. h. einen Fehler $f = (0,261 - 0,256)/0,261 = 1,92\,\%$, der auch mit der Abschätzformel $f = 0,5 \cdot \Delta p_V/p_1 = 2,13\,\%$ gut übereinstimmt. Die Dichteänderung der Pressluft hat also kaum Einfluss. ◄

Tab. 17.1   Anhaltswerte für Wandrauigkeiten [2]

Werkstoff und Rohrart	Zustand der Rohre	k in mm
neu gezogene u. gepresste Rohre aus Cu, Ms, Bronze, Al, sonstigen Leichtmetallen, Glas, Kunststoff	technisch glatt	0,001…0,0015
neuer Gummidruckschlauch	technisch glatt	ca. 0,0016
Rohre aus Gusseisen	neu, handelsüblich	0,25…0,5
	angerostet	1,0…1,5
	verkrustet	1,5…5,0
neue nahtlose Stahlrohre, gewalzt oder gezogen	mit Walzhaut	0,02…0,06
	gebeizt	0,03…0,04
	bei engen Rohren	bis 0,1
neue längsgeschweißte Stahlrohre	mit Walzhaut	0,04…0,1
neue Stahlrohre mit Überzug	Metallspritzüberzug	0,08…0,09
	tauchverzinkt	0,07…0,1
	handelsüblich verzinkt	0,1…0,16
	bitumiert	ca. 0,05
	zementiert	ca. 0,18
	galvanisiert	ca. 0,008
gebrauchte Stahlrohre	gleichmäßige Rostnarben	ca. 0,15
	leichte Verkrustung	0,15…0,4
	mittlere Verkrustung	ca. 1,5
	starke Verkrustung	2,0…4,0
Asbest-Zementrohre	neu, handelsüblich	0,03…0,1
Betonrohre neu	handelsüblicher Glattstrich	0,03…0,8
	handelsüblich mittelglatt	1,0…2,0
	handelsüblich rau	2,0…3,0
Betonrohre nach mehrjährigem Betrieb m. Wasser		0,2…0,3
Holzverkleidung rau		1,0…2,5
roher Stein		8…15
Mittelwert für Rohrstrecken ohne Stöße		0,2
Mittelwert für Rohrstrecken mit Stößen		2,0

Abb. 17.8 Rohrreibungszahl λ nach Colebrook und (*gestrichelt*) nach Nikuradse

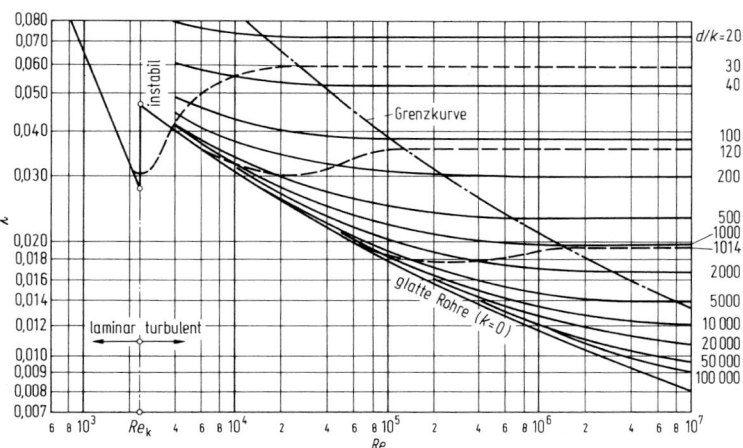

17.2.3 Strömung in Leitungen mit nicht vollkreisförmigen Querschnitten

Nach Einführen des hydraulischen Durchmessers $d_h = 4A/U$ (A Querschnittsfläche, U benetzter Umfang) wird wie in Abschn. 17.2.1 und Abschn. 17.2.2 gerechnet. Allerdings ist bei laminarer Strömung $\lambda = \varphi \cdot 64/Re$ zu setzen [5]. Für Kreisring- und Rechteckquerschnitt gilt

Kreis-ring	d_a/d_i	1	5	10	20	50	100
	ϕ	1,50	1,45	1,40	1,35	1,28	1,25
Rechteck	h/b	0	0,1	0,3	0,5	0,8	1,0
	φ	1,50	1,34	1,10	0,97	0,90	0,88

17.2.4 Strömungsverluste durch spezielle Rohrleitungselemente und Einbauten

Zusätzlich zu den Wandreibungsverlusten der Rohrleitungselemente gilt für den Druckverlust bzw. die Verlusthöhe

$$\Delta p_V = \zeta \varrho v^2/2 \quad \text{bzw.} \quad h_V = \zeta v^2/(2g) \, .$$

Widerstandsbeiwerte ζ für Krümmer (Abb. 17.9) [5]

a) Kreiskrümmer: $\varphi = 90°$

R/d		1	2	4	6	10
$\zeta_{90°}$	glatt	0,21	0,14	0,11	0,09	0,11
	rau	0,51	0,30	0,23	0,18	0,20

$\varphi \neq 90° : \zeta = k \, \zeta_{90°}$

φ	30°	60°	120°	150°	180°
k	0,4	0,7	1,25	1,5	1,7

b) Segmentkrümmer:

φ		30°	45°	60°	90°
Anzahl der Nähte		2	3	3	3
ζ			0,10	0,15	0,20	0,25

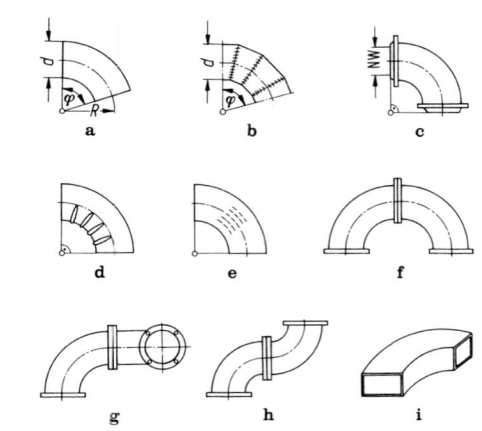

Abb. 17.9 Krümmer

c) Graugusskrümmer 90°

NW	50	100	200	300	400	500
ζ	1,3	1,5	1,8	2,1	2,2	2,2

d) Faltrohrkrümmer: $\zeta = 0,4$
e) Krümmer mit Umlenkschaufeln: $\zeta = 0,15 \ldots 0,20$ [1]
f) Doppelkrümmer: $\zeta = 2 \, \zeta_{90°}$
g) Raumkrümmer: $\zeta = 3 \, \zeta_{90°}$
h) Etagenkrümmer: $\zeta = 4 \, \zeta_{90°}$
i) Krümmer mit Rechteckquerschnitt: Für $h/b < 1$ ist $\zeta = \zeta_0 h/b$, für $h/b > 1$ ist $\zeta = \zeta_0 \sqrt{h/b}$. ζ_0 wie für Krümmer mit Kreisquerschnitt, wenn für d der Wert $d_h = 2bh/(b+h)$ eingesetzt wird.

Kniestücke [5] (δ Abknickwinkel):

mit Kreisquerschnitt:

δ		22,5°	30°	45°	60°	90°
ζ	glatt	0,07	0,11	0,24	0,47	1,13
	rau	0,11	0,17	0,32	0,68	1,27

mit Rechteckquerschnitt:

δ	30°	45°	60°	75°	90°
ζ	0,15	0,52	1,08	1,48	1,60

Rohrverzweigungen und -vereinigungen [6]

$\dot{V}$ Gesamtstrom, $\dot{V}_a$ ab- bzw. zufließender Strom, ζ_d Widerstand im Hauptrohr, ζ_a Widerstand im

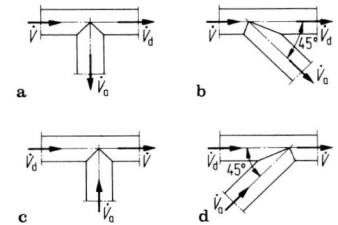

Abb. 17.10   Rohrverzweigungen und -vereinigungen

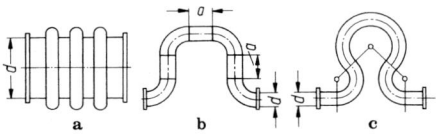

Abb. 17.11   Dehnungsausgleicher

Abzweigrohr. Minuszeichen bedeutet Druckgewinn.

	Trennung			
	Abb. 17.10a		Abb. 17.10b	
$\dot{V}_a/\dot{V}$	ζ_a	ζ_d	ζ_a	ζ_d
0	0,95	0,04	0,90	0,04
0,2	0,88	−0,08	0,68	−0,06
0,4	0,89	−0,05	0,50	−0,04
0,6	0,95	0,07	0,38	0,07
0,8	1,10	0,21	0,35	0,20
1,0	1,28	0,35	0,48	0,33

	Vereinigung			
	Abb. 17.10c		Abb. 17.10d	
$\dot{V}_a/\dot{V}$	ζ_a	ζ_d	ζ_a	ζ_a
0	−1,2	0,04	−0,92	0,04
0,2	−0,4	0,17	−0,38	0,17
0,4	0,08	0,30	0,00	0,19
0,6	0,47	0,41	0,22	0,09
0,8	0,72	0,51	0,37	−0,17
1,0	0,91	0,60	0,37	−0,54

Dehnungsausgleicher (Abb. 17.11) [5]

a) Wellrohrkompensator: $\zeta = 0{,}20$ pro Welle (kann bei Einbau eines Leitrohrs fast zu Null gemacht werden).

b) U-Bogen:

a/d	0	2	5	10
ζ	0,33	0,21	0,21	0,21

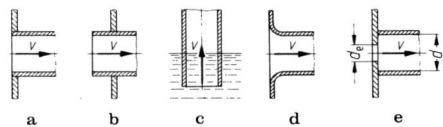

Abb. 17.12   Rohreinläufe

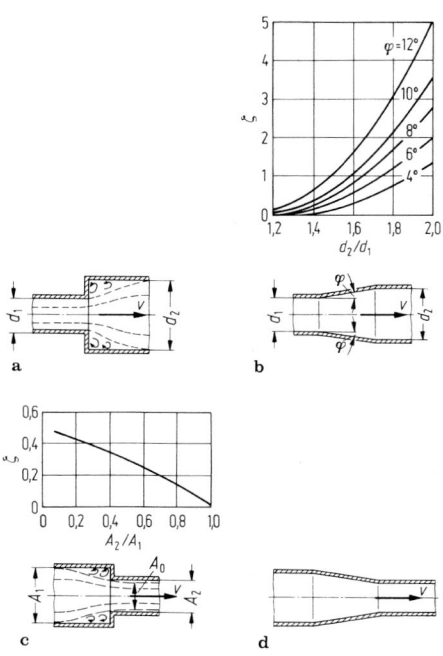

Abb. 17.13   Querschnittsänderungen

c) Lyrabogen: Glattrohrbogen $\zeta = 0{,}7$; Faltrohrbogen $\zeta = 1{,}4$.

Rohreinläufe (Abb. 17.12a–e)

a) scharfkantig $\zeta = 0{,}5$; gebrochen $\zeta = 0{,}25$.

b) und c) scharfkantig $\zeta = 3{,}0$; gebrochen $\zeta = 0{,}6\ldots1{,}0$.

d) je nach Wandrauigkeit $\zeta = 0{,}01\ldots0{,}05$.

e)

$(d/d_e)^2$	1	1,25	2	5	10
ζ	0,5	1,17	5,45	54	245

Querschnittsänderung von A_1 auf A_2 (Abb. 17.13)

a) Unstetige Erweiterung. Der Verlustbeiwert lässt sich aus der Bernoulli'schen Gleichung und dem Impulssatz (s. Abschn. 17.4) herleiten: $\zeta = (A_2/A_1 - 1)^2$.

b) Stetige Erweiterung (Diffusor). Der Verlustbeiwert für durchschnittlich raue Rohre kann dem Diagramm Abb. 17.13b entnommen werden [5].

c) Unstetige Verengung. Aus der Bernoulli'schen Gleichung und dem Impulssatz folgt $\zeta = (A_2/A_0 - 1)^2$. Da der eingeschnürte Querschnitt A_0 unbekannt ist, entnimmt man ζ dem Diagramm Abb. 17.13c für das Verhältnis A_2/A_1 bei scharfkantigem Anschluss [5].

d) Stetige Verengung (Konfusor, Düse). Die Energieverluste aus Reibung sind gering. Im Mittel $\zeta = 0{,}05$.

Absperr- und Regelorgane

Schieber, offen, ohne Leitrohr: $\zeta = 0{,}2 \ldots 0{,}3$; mit Leitrohr: $\zeta \approx 0{,}1$. Schieber bei verschiedenen Öffnungsverhältnissen s. [5].

Ventile: Die Widerstandsbeiwerte schwanken je nach Ventilbauart zwischen $\zeta = 0{,}6$ (Freiflussventil) und $\zeta = 4{,}8$ (DIN-Ventil). Die Angaben in der Literatur sind unterschiedlich [1, 2, 4–6]. Bei teilweise geöffneten Ventilen sind die Widerstandsbeiwerte größer.

Rückschlagklappen, Drosselklappen, Hähne: Der Widerstandsbeiwert von Rückschlagklappen beträgt nach [5] $\zeta = 0{,}8$ bei NW 200 und $\zeta = 1{,}4$ bei NW 50. Bei Drosselklappen treten Werte von $\zeta = 0{,}5$ in fast voll geöffnetem Zustand ($\varphi = 10°$) und von $\zeta = 4{,}0$ bei $\varphi = 30°$ auf. Bei Hähnen ist $\zeta = 0{,}3$ ($\varphi = 10°$) und $\zeta = 5{,}5$ ($\varphi = 30°$) [5].

Drosselgeräte dienen zur Messung von Geschwindigkeit und Volumenstrom und sind als Normblende, Normdüse und Normventuridüse genormt (DIN 1952). Widerstandsziffern s. [2].

Rundstabgitter, Siebe und Saugkörbe [5]

Rundstabgitter gemäß Abb. 17.14a: $\zeta = \frac{0{,}8s/t}{(1-s/t)^2}$
Siebe gemäß Abb. 17.14b:

s	2	2	2,5	3,1	mm
t	20	25	25	25	mm
ζ	0,34	0,27	0,32	0,39	

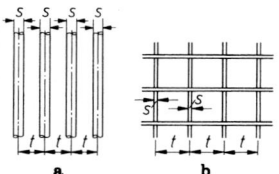

Abb. 17.14 a Rundstabgitter; **b** Sieb

Abb. 17.15 Festkörperschüttung

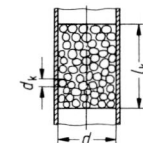

Saugkörbe: für handelsübliche Saugkörbe mit Fußventil am Anfang einer Rohrleitung $\zeta = 4 \ldots 5$.

Festkörperschüttungen [5]. Für die Durchströmung der Schüttung gemäß Abb. 17.15 gilt $\zeta = \lambda_F l_k/d_k$. Bis zu $Re_k = v d_k/v = 10$ (v mittlere Geschwindigkeit im leeren Rohr) liegt laminare Strömung vor, und es ist $\lambda_F = 2000/Re_k$. Für $Re_k > 10$ (turbulente Strömung) hängt λ_F nur noch von d/d_k ab:

d/d_k	25	17	8	3,5
λ_F	50	40	30	15

Beispiel

Rohrleitung mit speziellen Widerständen (Abb. 17.16). Durch eine Rohrleitung sollen $\dot{V} = 8 \, l/s$ Wasser gefördert werden. Zu ermitteln ist der erforderliche Druck p_0 im Druckbehälter. Gegeben: $h_1 = 7 \, m$, $h_2 = 5 \, m$, $l_1 = 35 \, m$, $l_2 = 25 \, m$, $l_3 = 13 \, m$, $l_4 = 25 \, m$, $d_1 = d_6 = 80 \, mm$, $d_2 = 60 \, mm$, Wandrauigkeit $k = 0{,}04 \, mm$ (neues, längsgeschweißtes Stahlrohr). Widerstandsbeiwerte: Rohreinlauf $\zeta_1 = 0{,}5$; Konfusor $\zeta_2 = 0{,}05$; Kniestücke ($\delta = 22{,}5°$) $\zeta_3 = \zeta_4 = 0{,}11$; Diffusor $\zeta_5 = 0{,}3$. Kinematische Zähigkeit bei 20°C: $v = 10^{-6} \, m^2/s$. Luftdruck: $p_L = 1 \, bar$. – Aus der Kontinuitätsgleichung (17.6) folgt für die Strömungsgeschwindigkeiten $v_1 = v_6 = \dot{V}/A_1 = \dot{V}/(\pi d_1^2/4) = 1{,}59 \, m/s$ und

Abb. 17.16 Rohrleitung

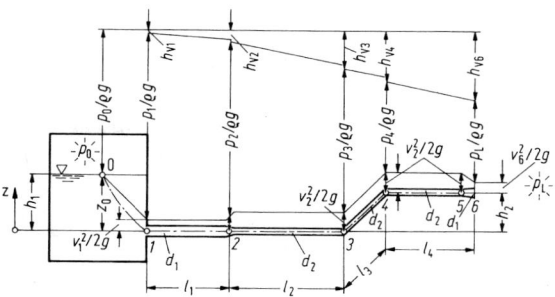

$v_2 = \dot{V}/A_2 = \dot{V}/(\pi d_2^2/4) = 2{,}83\,\mathrm{m/s}$. Mit den Reynolds'schen Zahlen $Re_1 = v_1 d_1/v = 127\,200$, $Re_2 = v_2 d_2/v = 169\,800$ und den relativen Rauigkeiten $d_1/k = 2000$, $d_2/k = 1500$ folgen aus der Formel bzw. dem Diagramm von Colebrook (Abb. 17.8) die Rohrreibungszahlen $\lambda_1 = 0{,}0197$ und $\lambda_2 = 0{,}0200$. Hiermit ergeben sich nach Gl. (17.11b) die Verlusthöhen

$$h_{V_1} = \zeta_1 v_1^2/(2\,g) = 0{,}06\,\mathrm{m}\,;$$

$$h_{V_2} = h_{V_1} + (\lambda_1 l_1/d_1)v_1^2/(2\,g) + \zeta_2 v_2^2/(2\,g)$$
$$= (0{,}06 + 1{,}11 + 0{,}02)\,\mathrm{m} = 1{,}19\,\mathrm{m}\,;$$

$$h_{V_3} = h_{V_2} + (\lambda_2 l_2/d_2)v_2^2/(2\,g) + \zeta_3 v_2^2/(2\,g)$$
$$= (1{,}19 + 3{,}40 + 0{,}04)\,\mathrm{m} = 4{,}63\,\mathrm{m}\,;$$

$$h_{V_4} = h_{V_3} + (\lambda_2 l_3/d_2)v_2^2/(2\,g) + \zeta_4 v_2^2/(2\,g)$$
$$= (4{,}63 + 1{,}77 + 0{,}04)\,\mathrm{m} = 6{,}44\,\mathrm{m}\,;$$

$$h_{V_5} = h_{V_4} + (\lambda_2 l_4/d_2)v_2^2/(2\,g)$$
$$= (6{,}44 + 3{,}40)\,\mathrm{m} = 9{,}84\,\mathrm{m}\,;$$

$$h_{V_6} = h_{V_5} + \zeta_5 v_6^2/(2\,g)$$
$$= (9{,}84 + 0{,}04)\,\mathrm{m} = 9{,}88\,\mathrm{m}\,.$$

Die Bernoulli'sche Gl. (17.10) zwischen den Punkten *0* und *6* ergibt dann mit $v_0 \approx 0$ (wegen $A_0 \gg A_6$)

$$p_0/(\varrho\,g) + h_1$$
$$= v_6^2/(2\,g) + p_L/(\varrho\,g) + h_2 + h_{V_6}\,,$$

also

$$p_0 = p_L + \varrho v_6^2/2 + \varrho\,g(h_2 + h_{V_6} - h_1)$$
$$= p_L + 1264\,\mathrm{N/m^2} + 77\,303\,\mathrm{N/m^2}$$
$$= 1{,}786\,\mathrm{bar}\,.$$

Mit den Geschwindigkeitshöhen

$$v_1^2/(2\,g) = v_6^2/(2\,g) = 0{,}13\,\mathrm{m}\,,$$
$$v_2^2/(2\,g) = 0{,}41\,\mathrm{m}$$

und den Druckhöhen $p_0/(\varrho\,g) = 18{,}21\,\mathrm{m}$, $p_L/(\varrho\,g) = 10{,}19\,\mathrm{m}$ lassen sich dann die Bernoulli'schen Höhen zeichnen (Abb. 17.16). ◄

17.2.5 Stationärer Ausfluss aus Behältern

Aus der Bernoulli'schen Gl. (17.10) zwischen den Punkten *1* und *2* (Abb. 17.17) folgt mit Gl. (17.11b) für die Ausflussgeschwindigkeit $v = \sqrt{[2gh + 2(p_1 - p_2)/\varrho]/(1 + \zeta)}$. Bei Behältern ist die Schreibweise

$$v = \varphi\sqrt{2gh + 2(p_1 - p_2)/\varrho} \qquad (17.13)$$

üblich, wobei $\varphi = \sqrt{1/(1 + \zeta)}$ die Geschwindigkeitsziffer ist. Für den Volumenstrom $\dot{V}$ ist noch die Strahleinschnürung zu berücksichtigen. Mit der Kontraktionszahl $\alpha = A_e/A_a$ ergibt sich

$$\dot{V} = \alpha\varphi A_a\sqrt{2gh + 2(p_1 - p_2)/\varrho}$$
$$= \mu A_a\sqrt{2gh + 2(p_1 - p_2)/\varrho}\,. \qquad (17.14)$$

$\mu = \alpha\varphi$ ist die Ausflusszahl. Für φ, α und μ gelten folgende Werte (Abb. 17.18):

Abb. 17.17 Ausfluss der Behälter

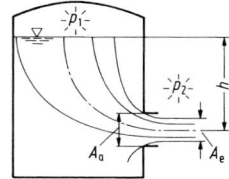

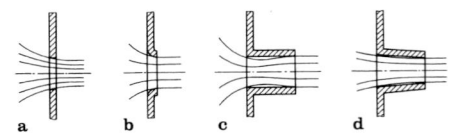

Abb. 17.18 Mündungsformen

a) scharfkantige Mündung:

$$\varphi = 0{,}97; \quad \alpha = 0{,}61 \ldots 0{,}64;$$
$$\mu = 0{,}59 \ldots 0{,}62;$$

b) abgerundete Mündung:

$$\varphi = 0{,}97 \ldots 0{,}99; \quad \alpha = 1;$$
$$\mu = 0{,}97 \ldots 0{,}99;$$

c) zylindrisches Ansatzrohr: $l/d = 2 \ldots 3$:

$$\varphi = 0{,}82; \quad \alpha = 1; \quad \mu = 0{,}82;$$

d) konisches Ansatzrohr: $\varphi = 0{,}95 \ldots 0{,}97$:

$(d_2/d_1)^2$	0,1	0,2	0,4	0,6	0,8	1,0
α		0,83	0,84	0,87	0,90	0,94	1,0

Die Gln. (17.13) und (17.14) gelten für kleine Ausflussquerschnitte, bei denen υ über den Querschnitt konstant ist. Bei großen Öffnungen ist für einen Stromfaden in der Tiefe z (ohne Überdruck) $\upsilon = \sqrt{2gz}$, der Volumenstrom ist $\dot{V} = \mu \int_{z_1}^{z_2} b(z)\sqrt{2gz}\,\mathrm{d}z$, z. B. für eine Rechtecköffnung $\dot{V} = 2\mu b \sqrt{2g}(z_2^{3/2} - z_1^{3/2})/3$. Die Ausflussziffer liegt bei $\mu = 0{,}60$ für scharfkantige und bei $\mu = 0{,}75$ für abgerundete Öffnungen.

17.2.6 Stationäre Strömung durch offene Gerinne

Bei stationärer Strömung sind Spiegel- und Sohlengefälle parallel. Aus der Bernoulli'schen Gl. (17.10) folgt

$$z_1 - z_2 = h_V \quad \text{bzw.} \quad (z_1 - z_2)/l = \sin\alpha$$
$$= (\lambda/d_h)\upsilon^2/(2g).$$

$$(17.15)$$

Ist hierbei d_h der hydraulische Durchmesser gemäß Abschn. 17.2.3, so gelten die Formeln der Rohrströmung gemäß Abschn. 17.2.1 bis 17.2.4. υ ist die mittlere Geschwindigkeit, d. h., es gilt $\dot{V} = \upsilon A$ bzw. $\upsilon = \dot{V}/A$. Sind $\dot{V}$ bzw. υ bekannt, so folgt aus Gl. (17.15) das erforderliche Gefälle bzw. bei bekanntem Gefälle die Strömungsgeschwindigkeit υ (Anhaltswerte für k s. Tab. 17.1).

17.2.7 Instationäre Strömung zäher Newton'scher Flüssigkeiten

Die für diesen Fall gültigen Gleichungen sind mit der Bernoulli'schen Gleichung in Form von Gl. (17.9) unter Beachtung von Gl. (17.11a) und der Kontinuitätsgleichung in Form von Gl. (17.5) oder (17.6) gegeben.

17.2.8 Freier Strahl

Strömt ein Strahl mit konstantem Geschwindigkeitsprofil aus einer Öffnung in ein umgebendes, ruhendes Fluid gleicher Art aus (Abb. 17.19), so werden an den Rändern Teilchen der Umgebung aufgrund der Reibung mitgerissen. Mit der Strahllänge nimmt also der Volumenstrom zu und die Geschwindigkeit ab. Dabei tritt eine Strahlausbreitung ein. Der Druck im Inneren des Strahls ist gleich dem Umgebungsdruck, d. h., der Impuls ist in jedem Strahlquerschnitt konstant:

$$I = \int_{-\infty}^{+\infty} \varrho \upsilon^2 \mathrm{d}A = \text{const.}$$

Der kegelförmige Strahlkern, in dem $\upsilon = $ const ist, löst sich längs des Wegs x_0 auf. Danach

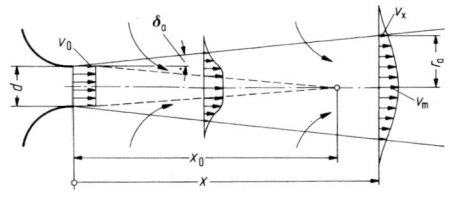

Abb. 17.19 Freier Strahl

sind die Geschwindigkeitsprofile zueinander affin. Ergebnisse für den runden Strahl [1]: Kernlänge $x_0 = d/m$ mit $m = 0,1$ für laminaren und $m = 0,3$ für vollständig turbulenten Strahl ($0,1 < m < 0,3$). Mittengeschwindigkeit $v_{\mathrm{m}} = v_0 x_0/x$. Energieabnahme $E = 0,667 E_0 x_0/x$ (E_0 kinetische Energie am Austritt). Strahlausbreitung

$$r_{\mathrm{a}} = m \sqrt{0,5 \ln 2} \cdot x = 0,5887 m x \,,$$

wobei am Ausbreitungsrand $v_x = 0,5 v_{\mathrm{m}}$ ist. Strahlausbreitungswinkel

$$\delta_{\mathrm{a}} = \arctan \left[0,707 m \sqrt{\ln(v_{\mathrm{m}}/v_x)} \right] \,,$$

d. h., für $v_x/v_{\mathrm{m}} = 0,5$ und $m = 0,3$ ergibt sich $\delta_{\mathrm{a}} = 10°$. Der Volumenstrom ist $\dot{V} = 2m\dot{V}_0 x/d$ [1, 3].

17.3 Eindimensionale Strömung Nicht-Newton'scher Flüssigkeiten

Bei Nicht-Newton'schen Flüssigkeiten ist *kein* linearer Zusammenhang zwischen der Schubspannung τ und der Schergeschwindigkeit dv/dz gemäß Gl. (17.8) gegeben [9]. Für diese rheologischen Stoffe unterscheidet man folgende Fließgesetze (Abb. 17.20):

Dilatante Flüssigkeiten. Die Zähigkeit nimmt mit steigender Schergeschwindigkeit $\dot{\gamma}$ zu (z. B. Anstrichfarben, Glasurmassen). $\dot{\gamma} = dv/dz = k\tau^m$, $m < 1$ (Formel von Ostwald-de Waele [7]). k ist der Fluiditätsfaktor und m der Fließbeiwert. Dilatante Flüssigkeiten lassen sich auch mit

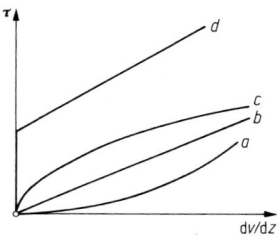

Abb. 17.20 Fließkurven. *a* Dilatante, *b* Newton'sche und *c* strukturviskose Flüssigkeit, *d* Bingham-Medium

der Formel von Prandtl-Eyring erfassen: $\dot{\gamma} = dv/dz = c \sinh(\tau/a)$, wobei c und a stoffabhängige Konstanten sind.

Strukturviskose Flüssigkeiten. Die Zähigkeit nimmt mit wachsender Schergeschwindigkeit ab (z. B. Silikone, Spinnlösungen, Staufferfett). Es gelten die vorstehenden Gesetze, aber mit $m > 1$ sowie entsprechenden Konstanten c und a.

Bingham-Medium. Das Material beginnt erst bei Überschreiten der Fließgrenze τ_{F} zu fließen. Unterhalb von τ_{F} verhält es sich wie ein elastischer Körper, darüber wie eine Newton'sche Flüssigkeit (z. B. Zahnpasta, Abwasserschlamm, körnige Suspensionen). $\dot{\gamma} = dv/dz = k(\tau - \tau_{\mathrm{F}})$ (Gesetz von Bingham).

Elastoviskose Stoffe (Maxwell-Medium). Sie haben sowohl die Eigenschaften zäher Flüssigkeiten als auch elastischer Körper (z. B. Teig, Polyethylen-Harze). Die Schubspannung ist zeitabhängig, also auch dann noch vorhanden, wenn $\dot{\gamma}$ bereits Null ist. $\dot{\gamma} = dv/dz = (\tau/\eta) + (1/G)(d\tau/dt)$ (Gesetz von Maxwell).

Thixotrope und rheopexe Flüssigkeiten. Auch hier sind die Schubspannungen zeitabhängig, außerdem verändert sich das Fließverhalten mit der mechanischen Beanspruchung. Bei thixotropen Flüssigkeiten steigt das Fließvermögen mit der Dauer (z. B. beim Rühren oder Streichen), bei rheopexen Flüssigkeiten verringert es sich mit der Größe der mechanischen Beanspruchung (z. B. Gipsbrei). Fließgesetze sind bisher nicht bekannt.

17.3.1 Berechnung von Rohrströmungen

Für *dilatante und strukturviskose Flüssigkeiten* lässt sich der Druckabfall gemäß Gl. (17.11a) nach Metzner [7] wie für Newton'sche Flüssigkeiten mit der verallgemeinerten Reynoldsschen Zahl berechnen:

$$Re^* = v^{(2m-1)/m} d^{1/m} \varrho/\eta^* \,;$$
$$\eta^* = 8^{(1-m)/m} (1/k^m)[(3+m)/4]^{1/m} \,.$$

17

Im laminaren Bereich ($Re^* < 2300$) gilt $\lambda = 64/Re^*$, im turbulenten Bereich ($Re^* > 3000$)

$$\lambda = 0{,}0056 + 0{,}5/(Re^*)^{0{,}32} .$$

Für *Bingham-Medien* ergibt sich der Druckabfall aus Gl. (17.11a) mit der Rohrreibungszahl [7]

$$\lambda = \frac{64}{Re} + \frac{32}{3}\frac{He}{Re^2} - \frac{4096}{3}\frac{1}{\lambda^3}\left(\frac{He}{Re^2}\right)^4 ,$$

wobei der Einfluss der Fließgrenze in der Hedströmzahl He zum Ausdruck kommt: $He = \tau_F \varrho d^2/\eta^2 = \tau_F d^2/(\varrho \upsilon^2)$.

17.4 Kraftwirkungen strömender inkompressibler Flüssigkeiten

17.4.1 Impulssatz

Aus dem Newton'schen Grundgesetz folgt für das Massenelement $dm = \varrho A\, ds$ der Stromröhre aus Abb. 17.21a

$$d\boldsymbol{F} = \frac{d}{dt}(dm\,\boldsymbol{v}) = \frac{d(dm)}{dt}\boldsymbol{v} + dm\frac{d\boldsymbol{v}}{dt} .$$

Für inkompressible Flüssigkeiten ist $d(dm)/dt = 0$, und mit $\upsilon = \upsilon(s, t)$ gilt für die instationäre Strömung

$$d\boldsymbol{F} = dm\left(\frac{\partial \boldsymbol{v}}{\partial t} + \frac{\partial \boldsymbol{v}}{\partial s}\frac{ds}{dt}\right)$$

bzw. für die stationäre Strömung mit $\partial\boldsymbol{v}/\partial t = 0$

$$d\boldsymbol{F} = dm\frac{\partial \boldsymbol{v}}{\partial s}\upsilon = \varrho A \upsilon\, d\upsilon = \varrho\dot{V}d\boldsymbol{v} .$$

Für den gesamten Kontrollraum zwischen *1* und *2* folgt nach Integration

$$\boldsymbol{F}_{1,2} = \varrho\dot{V}(\boldsymbol{v}_2 - \boldsymbol{v}_1) . \tag{17.16}$$

Hierbei ist $\boldsymbol{F}_{1,2}$ die auf die im Kontrollraum eingeschlossene Flüssigkeit wirksame Kraft. Sie setzt sich zusammen aus den Anteilen gemäß Abb. 17.21b, wobei die Resultierende des Luftdrucks Null ist. Mit $-\boldsymbol{F}_{W1,2}$ als Resultierender des Überdrucks $p_{\ddot{u}}(s)$ gilt $\boldsymbol{F}_{1,2} = -\boldsymbol{F}_{W1,2} + \boldsymbol{F}_{G1,2} + p_{1\ddot{u}}A_1\boldsymbol{e}_1 - p_{2\ddot{u}}A_2\boldsymbol{e}_2$. Daraus folgt für die von der Flüssigkeit auf die „Wand" ausgeübte Kraft mit Gl. (17.16)

$$\begin{aligned}\boldsymbol{F}_{W1,2} &= \boldsymbol{F}_{G1,2} + (p_{1\ddot{u}}A_1\boldsymbol{e}_1 - p_{2\ddot{u}}A_2\boldsymbol{e}_2)\\ &\quad + (\varrho\dot{V}\upsilon_1\boldsymbol{e}_1 - \varrho\dot{V}\upsilon_2\boldsymbol{e}_2)\\ &= \boldsymbol{F}_{G1,2} + (\boldsymbol{F}_{p1} + \boldsymbol{F}_{p2}) + (\boldsymbol{F}_{v1} + \boldsymbol{F}_{v2})\\ &= \boldsymbol{F}_{G1,2} + \boldsymbol{F}_{p1,2} + \boldsymbol{F}_{v1,2} .\end{aligned}$$
$$\tag{17.17}$$

Die Wandkraft setzt sich aus Gewichtsanteil $\boldsymbol{F}_{G1,2}$, Druckanteil $\boldsymbol{F}_{p1,2}$ und Geschwindigkeitsanteil $\boldsymbol{F}_{v1,2}$ zusammen (Abb. 17.21c und 17.21d).

17.4.2 Anwendungen (Abb. 17.22)

a) *Strahlstoßkraft gegen Wände.* Unter Vernachlässigung des Eigengewichts und unter Beachtung, dass im Innern des Strahls der Druck überall gleich dem Luftdruck ist (also $p_{\ddot{u}} = 0$, s. Abschn. 17.2.8), folgt aus Gl. (17.17) für die x-Richtung und den Kontrollraum *1-2-3*

$$\begin{aligned}F_{Wx} &= (\varrho\dot{V}\upsilon_1\boldsymbol{e}_1 - \varrho\dot{V}_2\upsilon_2\boldsymbol{e}_2 - \varrho\dot{V}_3\upsilon_3\boldsymbol{e}_3)\boldsymbol{e}_x\\ &= \varrho\dot{V}\upsilon_1\cos\beta .\end{aligned}$$

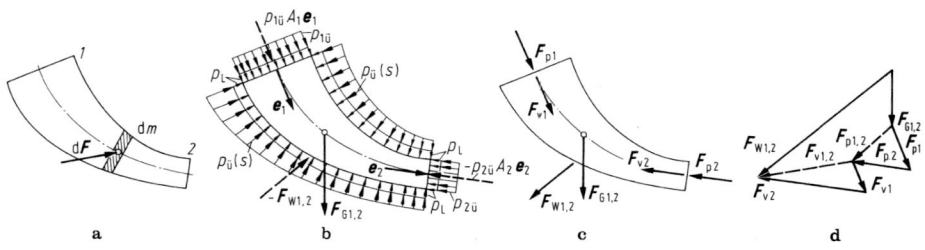

Abb. 17.21 Kraftwirkung einer strömenden Flüssigkeit

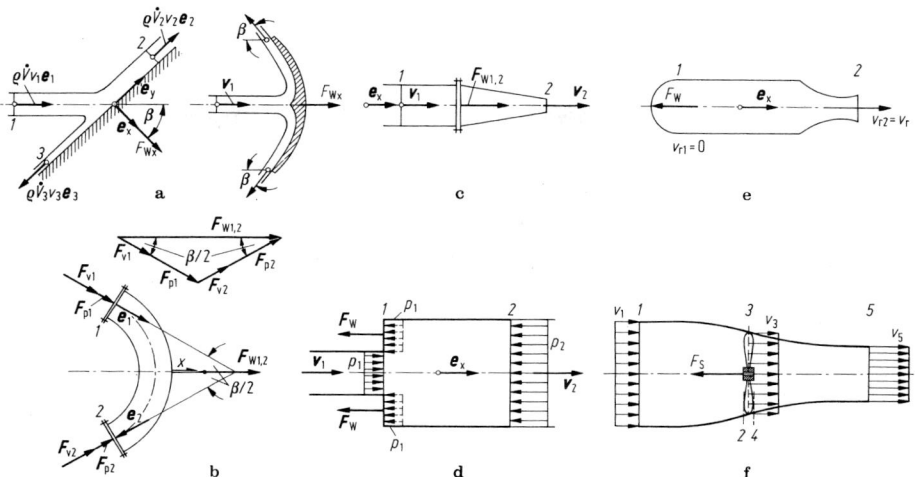

Abb. 17.22 Anwendungen zur Kraftwirkung

Für die y-Richtung folgt aus Gl. (17.17)

$$F_{Wy} = 0$$
$$= (\varrho \dot{V} v_1 e_1 - \varrho \dot{V}_2 v_2 e_2 - \varrho \dot{V}_3 v_3 e_3) e_y ,$$

d. h. $\dot{V} v_1 \sin\beta - \dot{V}_2 v_2 + \dot{V}_3 v_3 = 0$. Mit $v_1 = v_2 = v_3$ aus der Bernoulli'schen Gleichung und $\dot{V} = \dot{V}_2 + \dot{V}_3$ aus der Kontinuitätsgleichung ergibt sich

$$\dot{V}_2 / \dot{V}_3 = (1 + \sin\beta)/(1 - \sin\beta) .$$

Für $\beta = 0$ (Stoß gegen senkrechte Wand) gilt

$$F_{Wx} = \varrho \dot{V} v_1 = \varrho A_1 v_1^2 \quad \text{und} \quad \dot{V}_2 / \dot{V}_3 = 1 .$$

Bewegt sich die senkrechte Wand mit der Geschwindigkeit u in x-Richtung, so wird

$$F_{Wx} = \varrho \dot{V}(v_1 - u) = \varrho A_1 v_1 (v_1 - u) .$$

Für die gewölbte Platte lässt sich entsprechend $F_{Wx} = \varrho \dot{V} v_1 (1 + \cos\beta)$ ableiten. Bewegt sich die gewölbte Platte mit der Geschwindigkeit u (Freistrahlturbine), so gilt $F_{Wx} = \varrho \dot{V}(v_1 - u)(1 + \cos\beta)$.

b) *Kraft auf Rohrkrümmer.* Aus Gl. (17.17) folgt bei Vernachlässigung des Eigengewichts und mit $A_1 = A_2 = A$ bzw. $v_1 = v_2 = v$ bzw.

$$p_{1\ddot{u}} = p_{2\ddot{u}} = p_{\ddot{u}}$$

$$\boldsymbol{F}_{W1,2} = (p_{\ddot{u}} A + \varrho \dot{V} v) e_1 - (p_{\ddot{u}} A + \varrho \dot{V} v) e_2$$

und

$$|\boldsymbol{F}_{W1,2}| = F_{W1,2} = F_x$$
$$= 2(p_{\ddot{u}} A + \varrho \dot{V} v) \cos(\beta/2) .$$

Als Reaktionskräfte wirken Zugkräfte in den Flanschverschraubungen.

c) *Kraft auf Düse.* Mit $p_{2\ddot{u}} = 0$ sowie $v_2 = v_1 A_1 / A_2 = v_1 \alpha$ und $p_{1\ddot{u}} = \varrho(v_2^2 - v_1^2)/2$ folgt aus Gl. (17.17)

$$\boldsymbol{F}_{W1,2} = (\varrho/2) v_1^2 A_1 (\alpha - 1)^2 e_x .$$

Als Reaktionskräfte wirken Zugkräfte in der Flanschverschraubung.

d) *Kraft bei plötzlicher Rohrerweiterung.* Nach Carnot wird die Wandkraft dadurch festgelegt, dass der Druck p über den Querschnitt *1* konstant gleich p_1 (wie im engeren Querschnitt) gesetzt wird: $\boldsymbol{F}_W = -p_1(A_2 - A_1) e_x$. Dann gilt für den Kontrollbereich *1*–*2* entsprechend Gl. (17.17)

$$\boldsymbol{F}_{W1,2} = -p_1(A_2 - A_1) e_x$$
$$= (p_1 A_1 + \varrho v_1^2 A_1 - p_2 A_2 - \varrho v_2^2 A_2)$$
$$\cdot e_x .$$

17

Mit $v_1 = v_2 A_2/A_1 = v_2\alpha$ folgt hieraus $p_1 = -\varrho v_2^2\alpha + p_2 + \varrho v_2^2$.

Aus Gl. (17.9) ergibt sich für den stationären Fall mit $z_1 = z_2$ und $\Delta p_V = \zeta\varrho v^2/2$ für den Verlustbeiwert $\zeta = (\alpha - 1)^2$ (Borda-Carnot-sche Gleichung).

e) *Raketenschubkraft*. Mit den Relativgeschwindigkeiten $v_{r_1} = 0$ und $v_{r_2} = v_r$ folgt aus Gl. (17.17) für die Schubkraft $F_W = \varrho\dot{V}(0 - v_{r_2}) = -\varrho\dot{V}v_r e_x = -\varrho A_2 v_r^2 e_x$.

f) *Propellerschubkraft*. Bei Drehung eines Propellers oder einer Schraube wird das Fluid angesaugt und beschleunigt. Die Stromröhre wird so gewählt, dass $v_1 A_1 = v_3 A_3 = v_5 A_5$ wird. v_1 ist die Fahrzeuggeschwindigkeit und damit die Zuströmgeschwindigkeit des Fluids. Aus dem Impulssatz (17.17) ergibt sich die Schubkraft

$$F_S = \varrho\dot{V}(v_5 - v_1) = \varrho A_3 v_3 (v_5 - v_1)\,.$$

Aus der Bernoulli'schen Gleichung für die Bereiche *1-2* und *4-5* folgt mit $p_1 = p_5$(Freistrahl) der Druckunterschied $p_4 - p_2 = \varrho(v_5^2 - v_1^2)/2$ und damit $F_S = \varrho A_3(v_5^2 - v_1^2)/2$. Gleichsetzen der Ausdrücke für F_S führt zu $v_3 = (v_1 + v_5)/2$ und damit zu $F_S = c_S\varrho v_1^2 A_3/2$, wobei $c_S = (v_5/v_1)^2 - 1$ der Schubbelastungsgrad ist. Ist die zugeführte Leistung $P_z = F_S v_3$ und die Nutzleistung $P_n = F_S v_1$, so ist der theoretische Wirkungsgrad des Propellers $\eta = P_n/P_z = v_1/v_3$. Ferner gilt mit $k = 2P_z/(\varrho v_1^3 A_3)$ die Gleichung $k = 4(1 - \eta)/\eta^3$ sowie $\eta = 2/(1 + \sqrt{1 + c_S})$. Hieraus ergeben sich bei gegebenem P_z und v_1 die Größen k, η, F_S usw.

17.5 Mehrdimensionale Strömung idealer Flüssigkeiten

17.5.1 Allgemeine Grundgleichungen

Euler'sche Bewegungsgleichungen. Sie folgen aus dem Newton'schen Grundgesetz in x-Richtung (analog für y- und z-Richtung) mit der auf das Element bezogenen Massenkraft $F = (X; Y; Z)$ zu

$$\begin{aligned}
\frac{dv_x}{dt} &= \frac{\partial v_x}{\partial t} + v_x\frac{\partial v_x}{\partial x} + v_y\frac{\partial v_x}{\partial y} + v_z\frac{\partial v_x}{\partial z} \\
&= X - \frac{1}{\varrho}\frac{\partial p}{\partial x}\,.
\end{aligned}$$
(17.18)

Die Geschwindigkeitsänderung $\partial v_x/\partial t$ mit der Zeit an einem festen Ort heißt lokal, diejenige $(v_x\partial v_x/\partial x + v_y\partial v_x/\partial y + v_z\partial v_x/\partial z)$ zu einer bestimmten Zeit bei Ortsänderung konvektiv Vektoriell gilt

$$\frac{dv}{dt} = \frac{\partial v}{\partial t} + (v\nabla)v = F - \frac{1}{\varrho}\,\text{grad}\,p\,, \quad (17.19)$$

wobei mit dem Nablaoperator ∇ und $\text{rot}\,v = \nabla\times v$ $(v\nabla)v = \text{grad}\,v^2/2 - v\times\text{rot}\,v$ ist. Dabei ist $(1/2)\,\text{rot}\,v = w$ die Winkelgeschwindigkeit, mit der einzelne Flüssigkeitsteilchen rotieren (wirbeln). Ist eine Strömung rotorfrei, d. h. $\text{rot}\,v = 0$, so liegt eine Potentialströmung vor. Linien, die von $\text{rot}\,v$ tangiert werden, heißen Wirbellinien, mehrere dieser Linien bilden die Wirbelröhre.

Zirkulation einer Strömung. Sie ist das Linienintegral über das Skalarprodukt $v\,dr$ längs einer geschlossenen Kurve:

$$\Gamma = \oint_{(C)} v\,dr = \oint_{(C)} (v_x dx + v_y dy + v_z dz)\,.$$

Diese Gleichung lässt sich mit dem Satz von Stokes auch

$$\Gamma = \oint_{(C)} v\,dr = \iint_{(A)} \text{rot}\,v\,da \qquad (17.20)$$

schreiben, wobei A eine über C aufgespannte Fläche ist. Bei Potentialströmungen ist $\text{rot}\,v = 0$, d. h. $\Gamma = 0$.

Helmholtz'sche Wirbelsätze. Wird Gl. (17.20) auf Wirbelröhren umschließende Kurven angewendet, so folgt

$$\Gamma_1 = \oint_{(C_1)} v\,dr = \Gamma_2 = \oint_{(C_2)} v\,dr = \text{const.}$$

1. Helmholtz'scher Satz: Die Zirkulation hat für jede eine Wirbelröhre umschließende Kurve denselben Wert, d. h., Wirbelröhren können im Innern eines Flüssigkeitsbereichs weder beginnen noch enden (sie bilden also entweder geschlossene Röhren – sogenannte Ringwirbel – oder gehen bis ans Ende des Flüssigkeitsbereichs).

Für $F = - \text{grad } U$ und barotrope Flüssigkeit $\varrho = \varrho(p)$ folgt aus den Gln. (17.19) und (17.20)

$$\frac{d\varGamma}{dt} = \oint \frac{d\boldsymbol{v}}{dt} d\boldsymbol{r} = \iint \text{rot} \frac{d\boldsymbol{v}}{dt} d\boldsymbol{a} = 0 \,.$$

2. Helmholtzscher Satz: Die Zirkulation hat einen zeitlich unveränderlichen Wert, wenn die Massenkräfte ein Potential haben und das Fluid barotrop ist (d. h., z. B. Potentialströmungen bleiben stets Potentialströmungen).

Kontinuitätsgleichung. Die in ein Element $dx\,dy\,dz$ einströmende Masse muss gleich der lokalen Dichteänderung zuzüglich der ausströmenden Masse sein:

$$\frac{\partial \varrho}{\partial t} + \frac{\partial(\varrho v_x)}{\partial x} + \frac{\partial(\varrho v_y)}{\partial y} + \frac{\partial(\varrho v_z)}{\partial z} = 0$$

bzw. in vektorieller Form

$$\frac{\partial \varrho}{\partial t} + \nabla(\varrho \boldsymbol{v}) = \frac{\partial \varrho}{\partial t} + \text{div}(\varrho \boldsymbol{v}) = 0 \,.$$

Für inkompressible Flüssigkeiten ($\varrho = $ const) folgt

$$\frac{\partial v_x}{\partial x} + \frac{\partial v_y}{\partial y} + \frac{\partial v_z}{\partial z} = \text{div } \boldsymbol{v} = 0 \,. \qquad (17.21)$$

Die Gln. (17.19) und (17.21) bilden vier gekoppelte partielle Differentialgleichungen zur Berechnung der vier Unbekannten v_x, v_y, v_z und p einer Strömung. Lösungen lassen sich i. Allg. nur für Potentialströmungen angeben, d. h., wenn rot $\boldsymbol{v} = 0$ ist.

17.5.2 Potentialströmungen

Die Euler'schen Gleichungen lassen sich integrieren, wenn der Vektor $\boldsymbol{v}$ ein Geschwindig-keitspotential $\varPhi(x, y, z)$ hat, d. h., wenn

$$\boldsymbol{v} = \text{grad } \varPhi = \frac{\partial \varPhi}{\partial x} \boldsymbol{e}_x + \frac{\partial \varPhi}{\partial y} \boldsymbol{e}_y + \frac{\partial \varPhi}{\partial z} \boldsymbol{e}_z$$

ist und F ebenfalls ein Potential hat, also

$$F = - \text{grad } U = -\frac{\partial U}{\partial x} \boldsymbol{e}_x - \frac{\partial U}{\partial y} \boldsymbol{e}_y - \frac{\partial U}{\partial z} \boldsymbol{e}_z$$

ist. Somit folgt für die Potentialströmung rot $\boldsymbol{v} = $ rot grad $\varPhi = \nabla \times \nabla\varPhi = 0$ und aus Gl. (17.19) nach Integration

$$\text{grad} \left[\frac{\partial \varPhi}{\partial t} + \frac{v^2}{2} + \frac{p}{\varrho} + U \right] = 0 \quad \text{und}$$

$$\frac{\partial \varPhi}{\partial t} + \frac{v^2}{2} + \frac{p}{\varrho} + U = C(t)$$

bzw. für die stationäre Strömung

$$v^2/2 + p/\varrho + U = C = \text{const}. \qquad (17.22)$$

Das ist die verallgemeinerte Bernoulli'sche Gleichung für die Potentialströmung, die für das gesamte Strömungsfeld dieselbe Konstante C hat.

Aus der Kontinuitätsgleichung (17.21) folgt

$$\text{div } \boldsymbol{v} = \text{div grad } \varPhi$$
$$= \nabla\nabla\varPhi = \Delta\varPhi$$
$$= \frac{\partial^2 \varPhi}{\partial x^2} + \frac{\partial^2 \varPhi}{\partial y^2} + \frac{\partial^2 \varPhi}{\partial z^2} = 0 \qquad (17.23)$$

(Laplace'sche Potentialgleichung). Die Gln. (17.22) und (17.23) dienen zur Berechnung von p und v. Letztere hat unendlich viele Lösungen; daher werden bekannte Lösungen untersucht und als Strömungen interpretiert. Zum Beispiel ist $\varPhi(x, y, z) = C/r = C/\sqrt{x^2 + y^2 + z^2}$ eine Lösung. Hieraus erhält man $v_x = \partial\varPhi/\partial x = -Cx/\sqrt{r^3}$, $v_y = \partial\varPhi/\partial y = -Cy/\sqrt{r^3}$ und $v_z = \partial\varPhi/\partial z = -Cz/\sqrt{r^3}$ sowie $v = \sqrt{v_x^2 + v_y^2 + v_z^2} = C/r$. Es handelt sich um eine radial zum Mittelpunkt gerichtete Strömung, also eine Senke (bzw. Quelle, wenn man C durch $-C$ ersetzt).

17

Ebene Potentialströmung. Hier bilden alle analytische (komplexen) Funktionen Lösungen, denn

$$w = f(z) = f(x + iy) = \Phi(x, y) + i\Psi(x, y)$$
$$(17.24)$$

genügen als analytische Funktionen den Cauchy-Riemannschen Differentialgleichungen

$$\partial\Phi/\partial x = \partial\Psi/\partial y \quad \text{und} \quad \partial\Phi/\partial y = -\partial\Psi/\partial x$$
$$(17.25)$$

und somit auch den Potentialgleichungen

$$\frac{\partial^2\Phi}{\partial x^2} + \frac{\partial^2\Phi}{\partial y^2} = 0 \quad \text{und} \quad \frac{\partial^2\Psi}{\partial x^2} + \frac{\partial^2\Psi}{\partial y^2} = 0.$$
$$(17.26)$$

$\Phi(x, y) = $ const sind die Potentiallinien, auf denen der Geschwindigkeitsvektor senkrecht steht, und $\Psi(x, y) = $ const die Stromlinien, die vom Geschwindigkeitsvektor tangiert werden, d. h., beide Kurvenscharen stehen senkrecht zueinander. Aus den Gln. (17.24) und (17.25) folgt

$$2'(z) = \frac{dw}{dz} = \frac{\partial\Phi}{\partial x} + i\frac{\partial\Psi}{\partial x}$$
$$= v_x - i\,3upsilon_y = \bar{v} \quad \text{d. h.}$$
$$(17.27a)$$
$$v = \overline{f'(z)} = \partial\Phi/\partial x - i\,\partial\Psi/\partial x = v_x + i\,v_y.$$
$$(17.27b)$$

Der Querstrich oben bedeutet den konjugiert komplexen Wert. $w = f(z)$ wird komplexes Geschwindigkeitspotential genannt. Wenn s und n Koordinaten tangential und senkrecht zur Potentiallinie Φ sind (Abb. 17.23), ist der Volumenstrom

$$\dot{V} = \int_{(1)}^{(2)} v_n ds = \int_{(1)}^{(2)} \frac{\partial\Phi}{\partial n} ds$$
$$= \int_{(1)}^{(2)} \frac{\partial\Psi}{\partial s} ds = \Psi_2 - \Psi_1 ;$$

er ist also gleich der Differenz der Stromlinienwerte. Die Geschwindigkeit ist umgekehrt proportional dem Abstand der Stromlinien. Einige Beispiele für komplexe Geschwindigkeitspontentiale zeigt Abb. 17.24:

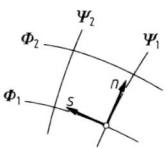

Abb. 17.23 Potential- und Stromlinien

a) *Parallelströmung.* Aus dem Geschwindigkeitspontential $w = v_0 z = v_0 x + i v_0 y = \Phi + i\Psi$ folgen die Potentiallinien zu $\Phi = v_0 x = $ const, d. h. $x = $ const; die Potentiallinien sind also Geraden parallel zur y-Achse. Die Stromlinien sind wegen $\Psi = v_0 y = $ const, d. h. $y = $ const, Geraden parallel zur x-Achse. Ferner gilt $v_x = \partial\Phi/\partial x = v_0$ und $v_y = \partial\Phi/\partial y = 0$.

b) *Wirbellinienströmung* (Potentialwirbel). C sei reell. $w = iC \log z = -C \arctan(y/x) + i(C/2)\ln(x^2 + y^2) = \Phi + i\Psi$ bzw. $\Phi = -C \arctan(y/x) = $ const ergibt $y = cx$; die Potentiallinien sind also Geraden. $\Psi = (1/2)C \ln(x^2 + y^2) = $ const liefert $x^2 + y^2 = c$; die Stromlinien sind also Kreise.

$$f'(z) = \frac{iC}{z} = \frac{iC}{x + iy} = \frac{iC(x - iy)}{x^2 + y^2}$$
$$= C\frac{y}{x^2 + y^2} + iC\frac{x}{x^2 + y^2}$$
$$= \frac{Cy}{r^2} + i\frac{Cx}{r^2} = v_x - i\,v_y,$$

d. h., v_x ist im ersten Quadranten positiv und v_y negativ. Die Strömung läuft also im Uhrzeigersinn um.

$$v = |v| = \sqrt{v_x^2 + v_y^2}$$
$$= \sqrt{C^2(x^2 + y^2)/r^4} = C/r.$$

Trotz des vorhandenen Potentials existiert eine Zirkulation

$$\Gamma = \oint v dr = \oint v \, ds \cos\beta$$
$$= -(C/r)2\pi r = -2\pi C.$$

c) *Dipolströmung*

$$w = \frac{\mu}{z} = \frac{\mu x}{x^2 + y^2} + i\frac{-\mu y}{x^2 + y^2} = \Phi + i\Psi.$$

Abb. 17.24 Potentialströmungen

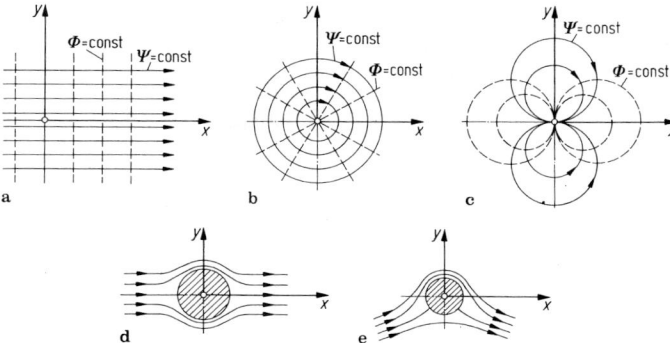

$\Phi = \mu x/(x^2 + y^2) = $ const ergibt $x^2 + y^2 = cx$ bzw. $(x - c/2)^2 + y^2 = (c/2)^2$; die Potentiallinien sind also Kreise mit Mittelpunkt auf der x-Achse. $\Psi = -\mu y/(x^2 + y^2) = $ const ergibt $x^2 + y^2 = cy$ bzw. $x^2 + (y - c/2)^2 = (c/2)^2$; die Stromlinien sind also Kreise mit Mittelpunkt auf der y-Achse. Alle Kreise gehen durch den Nullpunkt. Der Betrag der Geschwindigkeit $v = |w'(z)| = \mu/z^2 = \mu/(x^2 + y^2) = \mu/r^2$ nimmt nach außen mit $1/r^2$ ab.

d) *Parallelanströmung eines Kreiszylinders.* Bei Überlagerung der Parallel- und Dipolströmung ergibt sich für den Zylinder mit Radius a $w = f(z) = v_0(z + a^2/z)$. Für $z \to \pm\infty$ ergibt sich die Parallelströmung. Weiter gilt

$$\Phi + \mathrm{i}\Psi = \left(v_0 x + \frac{v_0 a^2 x}{x^2 + y^2}\right) + \mathrm{i}\left(v_0 y - \frac{v_0 a^2 y}{x^2 + y^2}\right) .$$

Für $\Psi = 0$ wird $v_0 y[1 - a^2/(x^2 + y^2)] = 0$, d. h., $y = 0$ (x-Achse) und $x^2 + y^2 = a^2$ (Berandung des Zylinders) bilden eine Stromlinie. Die Geschwindigkeit der Strömung folgt aus $f'(z) = v_0(1 - a^2/z^2) = v_x - \mathrm{i}\,v_y$ zu

$$v = |f'(z)| = |v_0(1 - a^2/z^2)| .$$

Für $z = \pm a$ wird $v = 0$ (Staupunkte) und für $z = \pm\mathrm{i}a$ wird $v = 2v_0$ (Scheitelpunkte); die Geschwindigkeit ist also zur Vertikalachse symmetrisch. Dann folgt aus Gl. (17.22) auch eine zur Vertikalachse symmetrische Druckverteilung, d. h., die auf den Körper

bei Umströmung durch eine ideale Flüssigkeit in Strömungsrichtung wirkende Kraft ist gleich Null (d'Alembert'sches hydrodynamisches Paradoxon). Strömungskräfte entstehen nur durch die Reibung der Flüssigkeiten.

e) *Unsymmetrische Umströmung eines Kreiszylinders.* Überlagert man der Umströmung gemäß d) den Potentialwirbel gemäß b), so erhält man

$$w = f(z) = v_0(z + a^2/z) + \mathrm{i}C \log z ,$$

$$\Psi = v_0 y \left(1 - \frac{a^2}{x^2 + y^2}\right) + \frac{C}{2}\ln(x^2 + y^2) ,$$

$$\Phi = v_0 x \left(1 + \frac{a^2}{x^2 + y^2}\right) - C \arctan(y/x) .$$

Die Stromfunkion Ψ ist symmetrisch zur y-Achse, nicht aber zur x-Achse, d. h., durch Integration des Drucks längs des Umrisses ergibt sich eine Kraft in y-Richtung. Diese „Auftriebskraft" lässt sich berechnen zu

$$F_A = \varrho v_0 \Gamma = \varrho v_0 2\pi C$$

(Satz von Kutta-Joukowski); sie ist nur abhängig von der Anströmgeschwindigkeit und der Zirkulation, nicht aber von der Kontur des Zylinders.

Konforme Abbildung des Kreises. Mit der Methode der konformen Abbildung kann man den Kreis auf beliebige andere, einfach zusammenhängende Konturen abbilden und umgekehrt und damit, da die beliebige Strömung um den Kreis bekannt ist, die Strömung um diese Konturen ermitteln [3].

17

17.6 Mehrdimensionale Strömung zäher Flüssigkeiten

17.6.1 Bewegungsgleichungen von Navier-Stokes

Bei räumlicher Strömung Newton'scher Flüssigkeiten gelten für die infolge Reibung auftretenden Zusatzspannungen als Verallgemeinerung des Newton'schen Schubspannungsansatzes die Gleichungen (mit der zusätzlichen Zähigkeitskonstante η^* [3])

$$\sigma_x = 2\eta \frac{\partial v_x}{\partial x} + \eta^* \operatorname{div} \boldsymbol{v},$$

$$\sigma_y = 2\eta \frac{\partial v_y}{\partial y} + \eta^* \operatorname{div} \boldsymbol{v},$$

$$\sigma_z = 2\eta \frac{\partial v_z}{\partial z} + \eta^* \operatorname{div} \boldsymbol{v}, \qquad (17.28a)$$

$$\tau_{xy} = \eta \left(\frac{\partial v_x}{\partial y} + \frac{\partial v_y}{\partial x} \right),$$

$$\tau_{xz} = \eta \left(\frac{\partial v_x}{\partial z} + \frac{\partial v_z}{\partial x} \right),$$

$$\tau_{yz} = \eta \left(\frac{\partial v_y}{\partial z} + \frac{\partial v_z}{\partial y} \right). \qquad (17.28b)$$

Das Newton'sche Grundgesetz für ein Flüssigkeitselement lautet für die x-Richtung

$$\frac{dv_x}{dt} = \frac{\partial v_x}{\partial t} + \frac{\partial v_x}{\partial x} v_x + \frac{\partial v_x}{\partial y} v_y + \frac{\partial v_x}{\partial z} v_z$$

$$= X - \frac{1}{\varrho} \frac{\partial p}{\partial x}$$

$$+ \frac{1}{\varrho} \left(\frac{\partial \sigma_x}{\partial x} + \frac{\partial \tau_{xy}}{\partial y} + \frac{\partial \tau_{xz}}{\partial z} \right). \qquad (17.29)$$

Aus den Gln. (17.28a), (17.28b) und (17.29) folgen für inkompressible Flüssigkeiten (div $\boldsymbol{v} = 0$) die Bewegungsgleichungen von Navier-Stokes (für die y- und z-Richtung gelten analoge Gleichungen):

$$\frac{dv_x}{dt} = X - \frac{1}{\varrho} \frac{\partial p}{\partial x}$$

$$+ \frac{\eta}{\varrho} \left(\frac{\partial^2 v_x}{\partial x^2} + \frac{\partial^2 v_x}{\partial y^2} + \frac{\partial^2 v_x}{\partial z^2} \right)$$

$$= X - \frac{1}{\varrho} \frac{\partial p}{\partial x} + \frac{\eta}{\varrho} \Delta v_x \qquad (17.30)$$

bzw. in vektorieller Form

$$\frac{d\boldsymbol{v}}{dt} = \frac{\partial \boldsymbol{v}}{\partial t} + (\boldsymbol{v}\nabla)\boldsymbol{v}$$

$$= \boldsymbol{F} - \frac{1}{\varrho} \operatorname{grad} p + \frac{\eta}{\varrho} \Delta \boldsymbol{v}. \qquad (17.31)$$

Dabei ist p der mittlere Druck, denn aus div $\boldsymbol{v} = 0$ folgt $\sigma_x + \sigma_y + \sigma_z = 0$, d. h., die Summe der Zusatzspannungen σ_x, σ_y, σ_z zum mittleren Druck p ist Null. Die Gln. (17.28a) bis (17.31) gelten für laminare Strömung; für den turbulenten Fall ist als weiteres Glied die Turbulenzkraft einzuführen [3]. Lösungen der Navier-Stokes'schen Gleichungen liegen nur für wenige Spezialfälle (s. Abschn. 17.6.2) für kleine Reynolds'sche Zahlen vor. Bei großen Reynolds'schen Zahlen, also kleinen Zähigkeiten, werden viele Probleme mit der „Grenzschichttheorie" gelöst, deren Ursprung auf Prandtl zurückgeht. Dabei wird die stets am Körper der Haftbedingung unterworfene, strömende zähe Flüssigkeit nur in einer dünnen Grenzschicht als reibungsbehaftet, sonst aber als ideal angesehen.

17.6.2 Einige Lösungen für kleine Reynolds'sche Zahlen (laminare Strömung) Abb. 17.25a–c [10]

a) *Couette-Strömung*. Um einen ruhenden Kern dreht sich ein äußerer Zylinder gleichförmig, angetrieben durch ein äußeres Drehmoment M. Die Navier-Stokes'sche Gl. (17.31) nimmt in hier zweckmäßigen Polarkoordinaten in r- und φ-Richtung (mit $v_r = 0$, $v_\varphi = v(r)$, $p = p(r)$ aus Symmetriegründen und $\boldsymbol{F} = 0$) die Form $-\frac{v^2}{r} = -\frac{1}{\varrho} \frac{\partial p}{\partial r}$ und

$$\frac{\eta}{\varrho} \left(\frac{d^2 v}{dr^2} + \frac{1}{r} \frac{dv}{dr} - \frac{v}{r^2} \right) = \frac{\eta}{\varrho} \frac{d}{dr} \left[\frac{1}{r} \frac{d}{dr} (rv) \right] = 0$$

an.
Hieraus ergibt sich nach Integration $v = C_1 r/2 + C_2/r$. Die Konstanten C_1 und C_2 erhält man aus $v(r_i) = 0$ und $v(r_a) = \omega r_a$ zu $C_2 = -C_1 r_i^2/2$ und $C_1 = 2\omega r_a^2/(r_a^2 - r_i^2)$; damit ist $v = \frac{\omega r_a^2}{r_a^2 - r_i^2} \left(r - \frac{r_i^2}{r} \right)$.

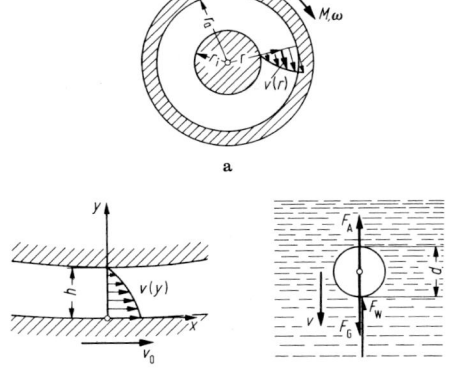

Abb. 17.25 Strömungen zäher Flüssigkeiten

Für die Schubspannungen gilt Gl. (17.28a), (17.28b) analog in Polarkoordinaten:

$$\tau = \eta\left(\frac{1}{r}\frac{\partial v_r}{\partial \varphi} + \frac{\partial v_\varphi}{\partial r} - \frac{v_\varphi}{r}\right)$$
$$= \eta\left(\frac{dv}{dr} - \frac{v}{r}\right) = \frac{2\eta\omega r_a^2}{r_a^2 - r_i^2}\frac{r_i^2}{r^2},$$
$$\tau(r = r_a) = 2\eta\omega r_i^2 / (r_a^2 - r_i^2).$$

Für das am Zylinder erforderliche äußere Moment $M = \tau \cdot 2\pi r_a l r_a$ folgt $M = 4\pi\eta\omega l r_a^2 r_i^2 / (r_a^2 - r_i^2)$. Durch Messung von M lässt sich hieraus die Viskosität η bestimmen (Couette-Viskosimeter).

b) *Schmiermittelreibung.* Bewegt sich eine schwach gekrümmte (oder ebene) Platte bei kleinem Zwischenraum parallel zu einer anderen, so entsteht ein Strömungsdruck, der eine Berührung der beiden Flächen und deren Reibung aufeinander verhindert. Mit $v_y \approx 0$, $\partial v_y / \partial y \approx 0$, $v_x = v$ folgt aus der Kontinuitätsgleichung (17.21) $\partial v / \partial x = -\partial v_y / \partial y = 0$, d. h. $\partial^2 v / \partial x^2 = 0$. Wegen $\partial v_x / \partial t = 0$ ergibt sich aus Gln. (17.29) und (17.30) $\partial p / \partial x = \eta\,\partial^2 v / \partial y^2$ mit der Lösung $v(y) = \frac{1}{\eta}\frac{\partial p}{\partial x}\frac{y^2}{2} + C_1 y + C_2$. Mit C_1 und C_2 aus der Bedingung, dass die Flüssigkeit an den Platten haftet, ergibt sich

$$v(y) = \frac{1}{\eta}\frac{\partial p}{\partial x}\frac{y}{2}(y - h) + v_0\left(1 - \frac{y}{h}\right).$$

Aus $\dot V = \int v\,dy = $ const folgt $\frac{\partial p}{\partial x} = \frac{6\eta}{h^3}v_0(h - h_0)$ mit $\partial p / \partial x = 0$ für $h = h_0$. Für die Schubspannung bei $y = 0$ gilt $\tau = \eta v_0(3h_0 - 4h) / h^2$.

c) *Stokes'sche Widerstandsformel für die Kugel.* Bei kleiner Reynolds'scher Zahl ($Re \leqq 1$), d. h. schleichender Strömung, werde eine Kugel umströmt. Die Widerstandskraft ergibt sich nach Stokes zu

$$F_W = 3\pi\eta\,d\,v_0 . \tag{17.32}$$

Diese Formel wurde von Oseen unter Berücksichtigung der Beschleunigungsanteile verbessert zu

$$F_W = 3\pi\eta\,d\,v_0[1 + (3/8)\,Re] .$$

Beispiel

Viskositätsbestimmung. – Fällt eine Kugel mit $v =$ const durch eine zähe Flüssigkeit, so gilt $F_G - F_W - F_A = 0$, d. h. $\varrho_K g\pi d^3/6 - 3\pi\eta\,d\,v - \varrho_F g\pi d^3/6 = 0$ und hieraus

$$\eta = g d^2(\varrho_K - \varrho_F)/(18 v) . \quad \blacktriangleleft$$

17.6.3 Grenzschichttheorie

Umströmt ein Stoff kleiner Zähigkeit (Luft, Wasser) einen Körper, so bildet sich aufgrund des Haftens des Fluids an der Körperoberfläche eine Grenzschicht von der Dicke $\delta(x)$, in der ein starkes Geschwindigkeitsgefälle und somit große Schubspannungen vorhanden sind. Außerhalb dieser Schicht ist das Geschwindigkeitsgefälle klein, somit sind bei kleinem η die Schubspannungen vernachlässigbar, d. h. die Flüssigkeit als ideal anzusehen. In der Regel ist der Anfangsbereich der Grenzschicht laminar und geht dann im Umschlagpunkt in turbulente Strömung mit erhöhten Schubspannungen über. Näherungsweise liegt der Umschlagpunkt an der Stelle des Druckminimums der Außenströmung [8]. Aus der Navier-Stokes'schen Gl. (17.31) folgt für den ebenen Fall, bei stationärer Strömung und ohne Massenkräfte mit der Kontinuitätsgleichung (17.21)

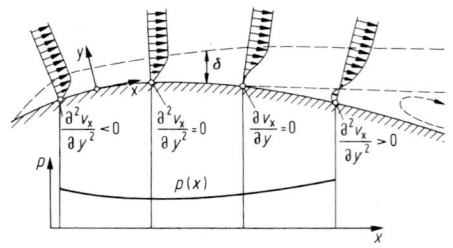

Abb. 17.26 Grenzschicht

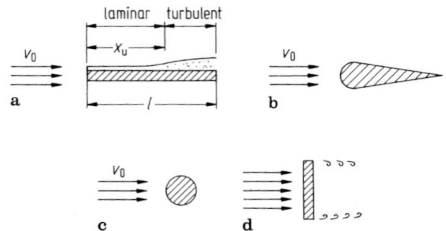

Abb. 17.27 Strömungswiderstände

und den Vereinfachungen $v_y \ll v_x$; $\partial v_y/\partial x \ll$ $\partial v_y/\partial y$; $\partial v_x/\partial x \ll \partial v_x/\partial y$; $\partial p/\partial y \approx 0$

$$\varrho v_x \frac{\partial v_x}{\partial x} = -\frac{\mathrm{d}p}{\mathrm{d}x} + \eta \frac{\partial^2 v_x}{\partial y^2} \,. \qquad (17.33)$$

Bei einem schwach gekrümmten Profil (Abb. 17.26) folgt für die Wand $y = 0$ mit $v_x = 0$ (Haftung) aus Gl. (17.33)

$$\frac{\mathrm{d}p}{\mathrm{d}x} = \eta \left(\frac{\partial^2 v_x}{\partial y^2} \right)_{y=0} \,. \qquad (17.34)$$

Ist $\mathrm{d}p/\mathrm{d}x < 0$ (Anfangsbereich Abb. 17.26), so folgt aus Gl. (17.34) $\partial^2 v_x/\partial y^2 < 0$; das Geschwindigkeitsprofil ist also konvex. Für $\mathrm{d}p/\mathrm{d}x = 0$ wird $\partial^2 v_x/\partial y^2 = 0$; das Geschwindigkeitsprofil hat also keine Krümmung. Für $\mathrm{d}p/\mathrm{d}x > 0$ wird $\partial^2 v_x/\partial y^2 > 0$; das Profil ist also konkav gekrümmt, und es wird eine Stelle erreicht, wo $\partial v_x/\partial y = 0$ ist. Anschließend wird v_x negativ, d. h., es setzt eine rückläufige Strömung ein, die in Einzelwirbel übergeht. Wegen der Wirbel entsteht hinter dem Körper ein Unterdruck, der zusammen mit den Schubspannungen längs der Grenzschicht den Gesamtströmungswiderstand des Körpers ergibt [3, 8, 10].

17.6.4 Strömungswiderstand von Körpern

Der aus den Schubspannungen längs der Grenzschicht entstehende Widerstand wird Reibungswiderstand, der infolge des durch Strömungsablösung und Wirbelbildung hinter dem Körper verursachten Unterdrucks entstehende Widerstand wird Druckwiderstand genannt. Beide zusammen ergeben den Gesamtwiderstand. Während

der Reibungswiderstand mit Hilfe der Grenzschichttheorie weitgehend berechenbar ist, muss der theoretisch schwierig erfassbare Druckwiderstand im Wesentlichen experimentell bestimmt werden. Je nach Körperform überwiegt der Reibungs- oder der Druckwiderstand. Für die Körper auf Abb. 17.27 beträgt deren Verhältnis a) 100 : 0, b) 90 : 10, c) 10 : 90 bzw. d) 0 : 100 in Prozent.

Reibungswiderstand. Bei sehr schlanken und stromlinienförmigen Körpern umhüllt die Grenzschicht den ganzen Körper, d. h., es gibt keine Wirbel und keinen Druckwiderstand, sondern nur einen Reibungswiderstand.

$$F_\mathrm{r} = c_\mathrm{r} \big(\varrho v_0^2/2 \big) A_0$$

(A_0 Oberfläche des umströmten Körpers). Für den Reibungsbeiwert c_r gelten ähnliche Abhängigkeiten wie bei durchströmten Rohren. Zugrunde gelegt werden die Ergebnisse für die umströmte dünne Platte der Länge l (Abb. 17.27a): Der Übergang von laminarer zu turbulenter Strömung tritt bei $Re_\mathrm{k} = 5 \cdot 10^5$ ein. Hierbei ist $Re = v_0 l/v$. Der Umschlagpunkt von laminarer in turbulente Strömung auf der Platte liegt also bei $x_\mathrm{u} = vRe_\mathrm{k}/v_0$. Die Dicke der laminaren Grenzschicht beträgt $\delta = 5 \cdot \sqrt{vx/v_0}$, die der turbulenten Grenzschicht $\delta = 0{,}37 \sqrt[5]{vx^4/v_0}$. Reibungsbeiwerte $c_\mathrm{r} = 1{,}327/\sqrt{Re}$ für laminare Strömung, $c_\mathrm{r} = 0{,}074/\sqrt[5]{Re}$ für turbulente Strömung-glatte Platte, $c_\mathrm{r} = 0{,}418/[2 + \lg(l/k)]^{2,53}$ für turbulente Strömung-raue Platte ($k = 0{,}001$ mm für polierte Oberfläche, $k = 0{,}05$ mm für gegossene Oberfläche). Für $k \leq 100l/Re$ ist die Platte als hydraulisch glatt anzusehen Diagramm s. [3].

Druckwiderstand (Formwiderstand). Er ergibt sich durch Integration über die Druckkomponenten in Strömungsrichtung vor und hinter dem Körper. Man fasst ihn zusammen zu

$$F_d = c_d \left(\varrho v_0^2 / 2 \right) A_p$$

(A_p Projektionsfläche des Körpers, auch Schattenfläche genannt). c_d ist durch Messung der Druckverteilung bestimmbar. In der Regel führen die Messungen jedoch sofort zum Gesamtwiderstand.

Gesamtwiderstand. Er setzt sich aus Reibungs- und Druckwiderstand zusammen:

$$F_W = c_w \left(\varrho v_0^2 / 2 \right) A_p . \tag{17.35}$$

Für Körper mit rascher Strahlablösung (praktisch reiner Druckwiderstand) hängt c_w nur von der Körperform, für alle anderen Körper von der Reynolds'schen Zahl ab. Für einige Körper können die Widerstandszahlen c_w Tab. 17.2 entnommen werden.

Winddruck auf Bauwerke. Die maßgebenden Windgeschwindigkeiten sowie Beiwerte c_w sind DIN 1055 Blatt 4 zu entnehmen.

Luftwiderstand von Kraftfahrzeugen. Der Widerstand wird aus Gl. (17.35) berechnet, wobei die Widerstandszahlen c_w Tabellen zu entnehmen sind (s. Bd. 3, Abschn. 53.2).

Schwebegeschwindigkeit von Teilchen. Wird ein fallendes Teilchen von unten nach oben mit Luft der Geschwindigkeit v angeblasen, so tritt Schweben ein (Abb. 17.28), wenn $F_G = F_A + F_W$, d.h. $\varrho_K V g = \varrho V g + c_w (\varrho_F v^2 / 2) A_p$ und hieraus $v = \sqrt{4d(\varrho_K - \varrho_F) g / (3 c_w \varrho_F)}$ ist.

Abb. 17.28 Schwebezustand

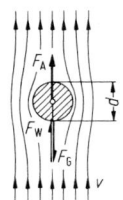

Reibungswiderstand an rotierenden Scheiben. Bewegt sich eine rotierende dünne Scheibe mit der Winkelgeschwindigkeit ω in einer Flüssigkeit, so bildet sich eine Grenzschicht aus, deren Teilchen an der Oberfläche der Scheibe haften. Die an beiden Seiten auftretenden Reibungskräfte erzeugen ein der Bewegung entgegengesetzt wirkendes Drehmoment (Abb. 17.29):

$$M = 2 \int r \, dF_r = 2 \int r c_F \frac{\varrho v^2}{2} dA$$

$$= \int_0^{d/2} r c_F \varrho \omega^2 r^2 2\pi r \, dr$$

$$= \frac{4\pi c_F}{5} \left(\frac{\varrho \omega^2}{2} \right) \left(\frac{d}{2} \right)^5 = c_M \frac{\varrho \omega^2}{2} \left(\frac{d}{2} \right)^5 .$$

Für den Drehmomentenbeiwert c_M gilt in Abhängigkeit von der Reynolds'schen Zahl $Re = \omega d^2 / (2v)$ nach [1] bei:

ausgedehnten ruhenden Flüssigkeiten

für $Re < 5 \cdot 10^5$ (laminare Strömung)

$$c_M = 5{,}2 / \sqrt{Re} ,$$

für $Re > 5 \cdot 10^5$ (turbulente Strömung)

$$c_M = 0{,}168 / \sqrt[5]{Re} ,$$

Flüssigkeiten in Gehäusen (hier ist s der Abstand zwischen Scheibe und Gehäusewand)

für $Re < 3 \cdot 10^4$

$$c_M = 2\pi d / (s Re) ,$$

für $3 \cdot 10^4 < Re < 6 \cdot 10^5$

$$c_M = 3{,}78 / \sqrt{Re} ,$$

für $Re > 6 \cdot 10^5$

$$c_M = 0{,}0714 / \sqrt[5]{Re} .$$

Abb. 17.29 Radscheibenreibung

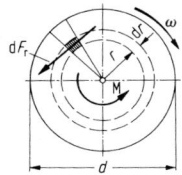

Tab. 17.2 Widerstandszahlen c_W angeströmter Körper

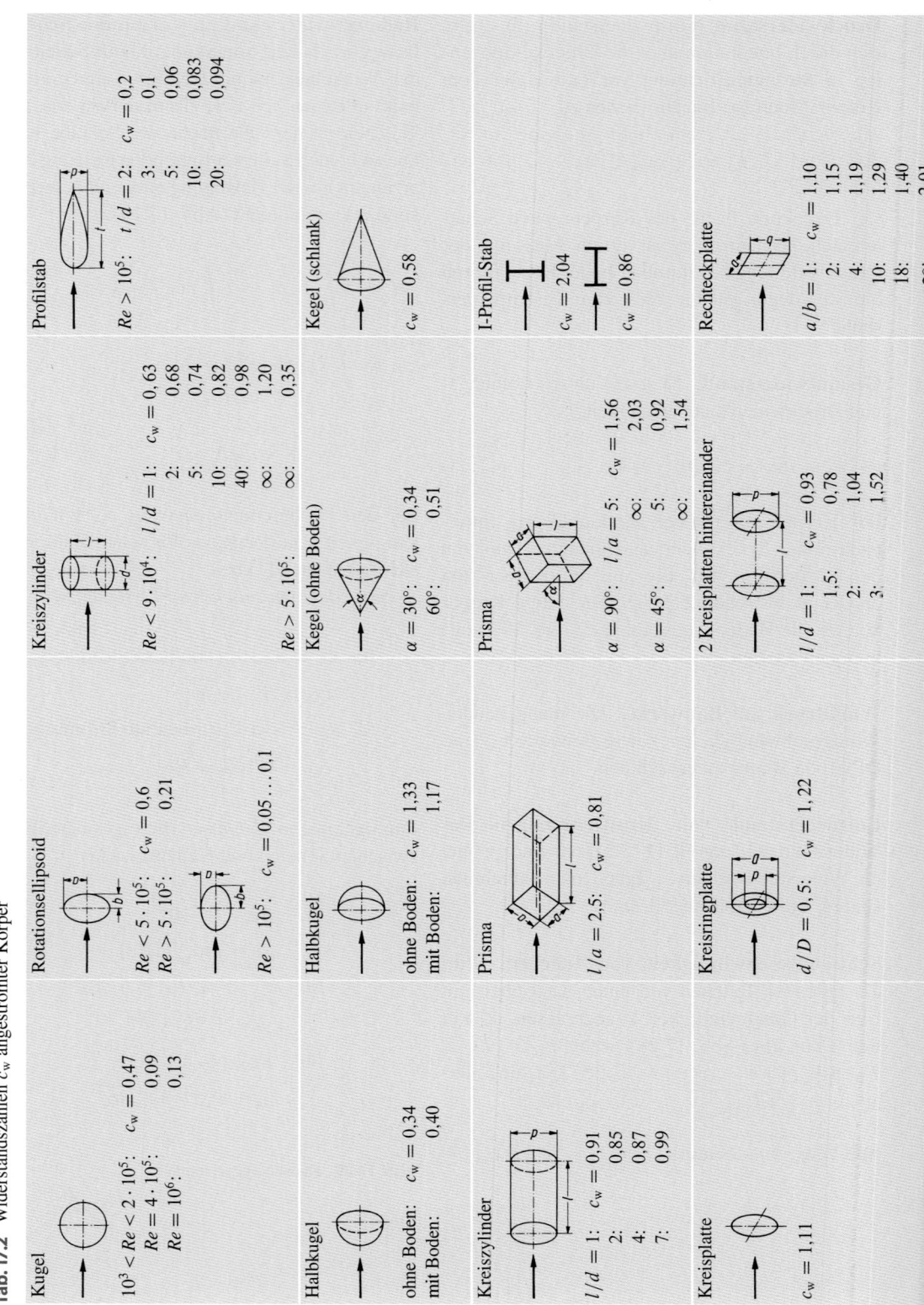

Kugel

$10^3 < Re < 2\cdot10^5$: $c_W = 0{,}47$
$Re = 4\cdot10^5$:   0,09
$Re = 10^6$:   0,13

Halbkugel

Kreiszylinder

$l/d = 1$: $c_W = 0{,}91$
2:   0,85
4:   0,87
7:   0,99

Kreisplatte

$c_W = 1{,}11$

Rotationsellipsoid

$Re < 5\cdot10^5$: $c_W = 0{,}6$
$Re > 5\cdot10^5$:   0,21

$Re > 10^5$: $c_W = 0{,}05\ldots0{,}1$

Halbkugel

ohne Boden: $c_W = 1{,}33$
mit Boden: 1,17

Prisma

$l/a = 2{,}5$: $c_W = 0{,}81$

Kreisringplatte

$d/D = 0{,}5$: $c_W = 1{,}22$

Kreiszylinder

$Re < 9\cdot10^4$: $l/d = 1$: $c_W = 0{,}63$
2:   0,68
5:   0,74
10:   0,82
40:   0,98
∞:   1,20

$Re > 5\cdot10^5$:   ∞:   0,35

Kegel (ohne Boden)

$\alpha = 30°$: $c_W = 0{,}34$
60°:   0,51

Prisma

$\alpha = 90°$: $l/a = 5$: $c_W = 1{,}56$
∞:   2,03
$\alpha = 45°$:   5:   0,92
∞:   1,54

2 Kreisplatten hintereinander

$l/d = 1$: $c_W = 0{,}93$
1,5:   0,78
2:   1,04
3:   1,52

Profilstab

$Re > 10^5$: $t/d = 2$: $c_W = 0{,}2$
3:   0,1
5:   0,06
10:   0,083
20:   0,094

Kegel (schlank)

$c_W = 0{,}58$

I-Profil-Stab

$c_W = 2{,}04$

$c_W = 0{,}86$

Rechteckplatte

$a/b = 1$: $c_W = 1{,}10$
2:   1,15
4:   1,19
10:   1,29
18:   1,40
∞:   2,01

17.6.5   Tragflügel und Schaufeln

Ein unter dem Anstellwinkel α mit v_0 angeströmter Tragflügel erfährt eine Auftriebskraft F_A senkrecht zur Anströmrichtung und eine Widerstandskraft F_W parallel zur Strömungsrichtung (Abb. 17.30a,b):

$$F_A = c_a(\varrho v_0^2/2)A, \quad F_W = c_w(\varrho v_0^2/2)A .$$
$$(17.36a,b)$$

Hierbei ist c_a der Auftriebsbeiwert und A die senkrecht auf die Sehne l projizierte Flügelfläche.

Angestrebt wird eine möglichst günstige Gleitzahl $\varepsilon = c_w/c_a$. Aus der Resultierenden $F_R = \sqrt{F_A^2 + F_W^2}$ sowie $\beta = \arctan(F_W/F_A)$ folgen die Kräfte normal und tangential zur Sehne (Abb. 17.30c):

$$F_n = F_R \cos(\beta - \alpha), \quad F_t = F_R \sin(\beta - \alpha) .$$

Die Lage des Angriffspunkts der Resultierenden auf der Sehne (Druckpunkt D) wird durch die Entfernung s vom Anfangspunkt der Sehne bzw. durch den Momentenbeiwert c_m festgelegt: $F_n s = F_n' l = c_m(\varrho v_0^2/2)Al$ (F_n' ist eine gedachte, an der Hinterkante wirksame Kraft). Mit $F_n \approx F_A = c_a(\varrho v_0^2/2)A$ ergibt sich $s = (c_m/c_a)l$.

Auftrieb. Allein maßgebend für den Auftrieb ist nach dem Satz von Kutta-Joukowski (s. Abschn. 17.5.2) die Zirkulation Γ:

$$F_A = \varrho v_0 \Gamma = \varrho v_0 2\pi C = c_a(\varrho v_0^2/2)A .$$
$$(17.37)$$

Die Konstante C wird so bestimmt, dass die Strömung an der Hinterkante glatt abfließt (Kutta'sche Abflussbedingung; die Hinterkante wird nicht umströmt). Infolge der Zirkulation wird die Strömung auf der Oberseite (Saugseite) schneller und auf der Unterseite (Druckseite) langsamer, d. h., entsprechend der Bernoulli'schen Gleichung $\varrho v^2/2 + p = $ const wird der Druck oben kleiner und unten größer. Unterdruck Δp_1 und Überdruck Δp_2 sind in Abb. 17.30d längs des Profilumfangs aufgetragen. Der Auftrieb lässt sich über die Zirkulation nach Gl. (17.37) oder durch Integration über den Druck Δp mit demselben Ergebnis ermitteln. Die Berechnung über die Zirkulation kann für einen unendlich langen Tragflügel auf zweierlei Art geschehen: entweder durch konforme Abbildung des Profils auf einen Kreis, da für ihn die Potentialströmung mit Zirkulation bekannt ist (s. Abschn. 17.5.2), oder nach der Singularitätenmethode (Näherungsverfahren), wobei das umströmte Profil durch eine Reihe von Wirbeln, Quellen, Senken und Dipolen angenähert wird [3].

Mit diesen Methoden ergibt sich für ein Kreisbogenprofil der Wölbung f (Abb. 17.30e) der Auftriebsbeiwert $c_a = 2\pi \sin(\alpha + \beta/2) \approx 2\pi(\alpha + 2f/l)$ und für ein beliebig gekrümmtes Profil mit den Endwinkeln ψ und φ (Abb. 17.30f) $c_a = 2\pi \sin(\alpha + \psi/8 + 3\varphi/8)$. Das Ergebnis für das Kreisbogenprofil kann als gute Näherung für alle Profile verwendet werden, wenn der Anstellwinkel nicht zu groß ist. Der Auftrieb wächst also linear mit dem Anstellwinkel und der rela-

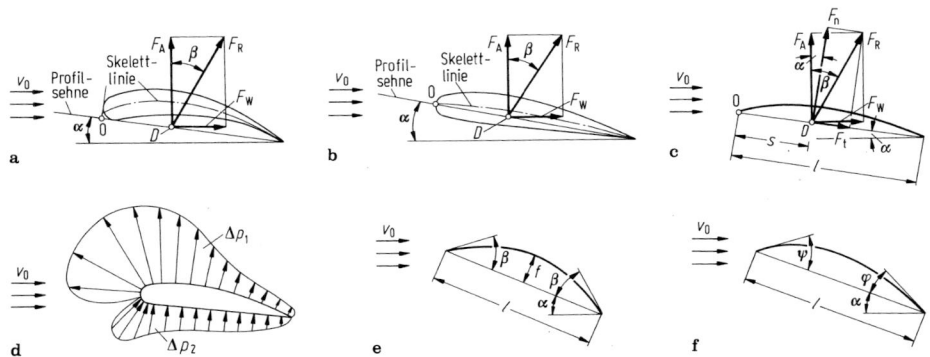

Abb. 17.30 Tragflügel. **a** Gewölbtes Profil; **b** Tropfenprofil; **c** Kraftzerlegung; **d** Druckverteilung; **e** und **f** dünnwandige Profile

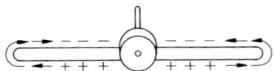

Abb. 17.31 Querströmung am Tragflügel

tiven Wölbung f/l. Für $\alpha_0 = -2f/l$ wird der Auftrieb Null.

Bei Tragflügeln endlicher Länge erzwingt der Druckunterschied zwischen Unter- und Oberseite eine Strömung zu den Flügelenden hin, da dort der Druckunterschied Null sein muss (Abb. 17.31), d. h., es liegt eine räumliche Strömung vor, die nicht mehr mit den Methoden der ebenen Potentialtheorie erfassbar ist. Dabei nimmt der Auftrieb (und damit die Zirkulation) von der Mitte zu den Enden hin stetig auf Null ab und zwar angenähert ellipsenförmig. Am Flügelende entsteht dabei dauernd eine Zirkulation, die in Form freier Wirbel abschwimmt und aufgrund ihres Energieverbrauchs den „induzierten Widerstand" hervorruft.

Widerstandskraft. Der Gesamtwiderstand nach Gl. (17.36b) setzt sich aus dem Reibungs- und Druckwiderstand (s. Abschn. 17.6.4) sowie dem induzierten Widerstand infolge Wirbelbildung an den Flügelenden zusammen: $F_W = F_{Wo} + F_{Wi}$, $c_w = c_{wo} + c_{wi}$. Für den Beiwert des induzierten Widerstands gilt bei el-

liptischer Auftriebsverteilung nach Prandtl

$$c_{wi} = \lambda c_a^2/\pi, \qquad (17.38)$$

wobei $\lambda = A/b^2$ das sogenannte Seitenverhältnis und b die Spannweite des Flügels ist. Der induzierte Widerstand nimmt also quadratisch mit dem Auftrieb bzw. linear mit dem Seitenverhältnis zu. Der Profilwiderstandsbeiwert c_{wo} ist unabhängig von λ und ändert sich nur geringfügig mit c_a bzw. α.

Polardiagramm. Die errechneten oder gemessenen Werte c_a, c_w und c_m werden im Polardiagramm aufgetragen, in Abb. 17.32a z. B. für das Göttinger Profil 593 mit $\lambda = 1 : 5$. Hierbei bilden die Koeffizienten c_w und c_m die Abszisse und der Koeffizient c_a die Ordinate. Die zu den einzelnen Werten gehörenden Anstellwinkel α sind ebenfalls eingetragen. Strichpunktiert ist die Parabel des induzierten Widerstands nach Gl. (17.38) dargestellt. Die Gerade g zu einem Punkt der c_w-Kurve hat die Steigung $\tan \gamma = c_w/c_a = \varepsilon$. Der Winkel γ kann als Gleitwinkel eines antriebslosen Flugzeugs (Abb. 17.32b) gedeutet werden. Abb. 17.32c zeigt für dasselbe Profil die Werte c_a und c_w als Funktion des Anstellwinkels α. Bis etwa 13° nimmt der Auftrieb linear mit dem Anstellwinkel zu, er erreicht bei 15° seinen Höhepunkt und nimmt dann wieder

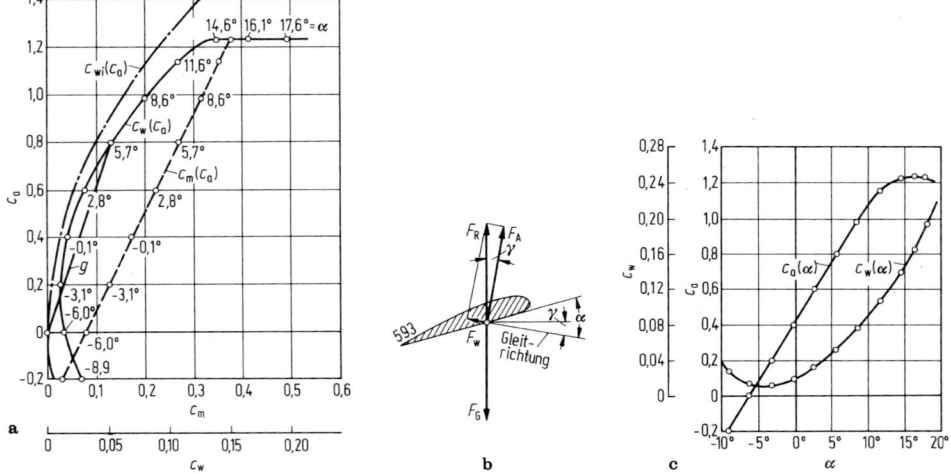

Abb. 17.32 Tragflügel-Theorie. **a** Polardiagramm; **b** Gleitwinkel; **c** Auftriebs- und Widerstandsbeiwert

ab. Die Ursache für diese Abnahme ist im Abreißen der Strömung auf der Oberseite des Profils zu finden, das einer Verkleinerung des Anstellwinkels gleichzusetzen ist. Der Widerstandskoeffizient c_w ist für den Anstellwinkel $\alpha = -4°$ minimal; er nimmt nach beiden Seiten quadratisch zu.

Allgemeine Ergebnisse. Vergleicht man geometrisch ähnliche Profile, so gelten für c_a, c_w und α

$$c_{a_2} = c_{a_1} = c_a \, ,$$
$$c_{w_2} = c_{w_1} + \left(c_a^2/\pi\right)\left(A_2/b_2^2 - A_1/b_1^2\right) ,$$
$$\alpha_2 = \alpha_1 + \left(c_a/\pi\right)\left(A_2/b_2^2 - A_1/b_1^2\right) .$$
$$(17.39)$$

Der Auftrieb, aber auch der Profilwiderstand, nehmen bei gleichem Skelett mit wachsender Profildicke zu. Bei gleicher Dicke wird der Auftrieb mit zunehmender Wölbung größer. Unterhalb $Re = vl/v = 60\,000 \ldots 80\,000$ (unterkritischer Bereich) sind Profile wesentlich ungünstiger als Schaufeln. Der Auftrieb nimmt bis maximal $c_a = 0,3 \ldots 0,4$ ab, je nach Dicke der Profile, während der Widerstand stark zunimmt. Im überkritischen Bereich wird der Auftrieb mit Re bei mäßig gewölbten Profilen größer, bei stark gewölbten Profilen kleiner. Klappen am hinteren Ende und Vorflügel vergrößern den Auftrieb erheblich, ebenso Absaugen der Luft oder Ausblasen von Gasstrahlen am Flügelende. Bei großen Re-Zahlen ist der laminare Reibungswiderstand wesentlich kleiner als der turbulente. Bei geeigneter Formgebung wird der Umschlagpunkt möglichst weit ans Ende des Profils verlegt (Laminarflügel), z. B. indem die dickste Stelle des Profils nach hinten verschoben und die Grenzschicht abgesaugt wird. Hierdurch lässt sich der c_w-Wert um 50 % und mehr vermindern.

17.6.6 Schaufeln und Profile im Gitterverband

Im Gitterverband (Abb. 17.33a–c) spielen die Reibungsverluste eine entscheidende Rolle. Bei zu enger Schaufelteilung wird die Flächenreibung zu groß, und bei zu weiter Teilung treten Ablösungsverluste auf. In beiden Fällen wird der Wirkungsgrad verschlechtert. Die günstigste Schaufelteilung wird nach den Ergebnissen von Zweifel [1] ermittelt. Nachfolgend werden Gitter ohne Reibungsverluste betrachtet:

a) *ruhendes Gitter mit unendlicher Schaufelzahl*. Aus der Kontinuitätsgleichung folgt $v_m = v_1 \cos\alpha_1 = v_2 \cos\alpha_2 = \text{const}$, und aus dem Impulssatz und der Bernoulli'schen Gleichung folgen

$$F_y = bt\varrho v_m(v_{1u} - v_{2u}) \, ,$$
$$F_x = bt\varrho\left(v_{1u}^2 - v_{2u}^2\right)/2 \qquad (17.40)$$

(*b* Gittertiefe senkrecht zur Zeichenebene). Ferner gilt

$$\tan\alpha_\infty = F_x/F_y$$
$$= \left(\frac{v_{1u} + v_{2u}}{2}\right)\bigg/v_m \, ,$$
$$F_A = \sqrt{F_x^2 + F_y^2} \, . \qquad (17.41)$$

b) *bewegtes Gitter mit unendlicher Schaufelzahl*. Bewegt sich das Gitter mit der Geschwindigkeit u, so gelten die Gln. (17.40) und (17.41), wenn man dort die Absolutgeschwindigkeiten v durch die Relativgeschwindigkeiten w ersetzt. Die Kraft F_y erbringt die Leistung

$$P = F_y u = bt\varrho w_m u(w_{1u} - w_{2u}) \, .$$

c) *Gitter mit endlicher Schaufelzahl*. Die Ablenkung von α_1 nach α_2 ist nur möglich, wenn die Schaufelenden aufgewinkelt oder so ausgebildet werden, dass $\alpha_1 < \alpha_1'$ und $\alpha_2 > \alpha_2'$. Die Gln. (17.40) und (17.41) gelten für die ausgeglichene Strömung, d. h. für die Ersatzgitterbreite a'. Die auf eine Schaufel wirkende Kraft F_A steht auf α_∞ senkrecht und kann nach der Profiltheorie aus

$$F_A = c_a\left(\varrho v_\infty^2/2\right)bl \quad \text{und}$$
$$v_\infty = \sqrt{v_m^2 + \left[(v_{1u} + v_{2u})/2\right]^2}$$

berechnet werden. Entsprechend gilt für die Widerstandskraft $F_W = c_w(\varrho v_\infty^2/2)bl$. Für

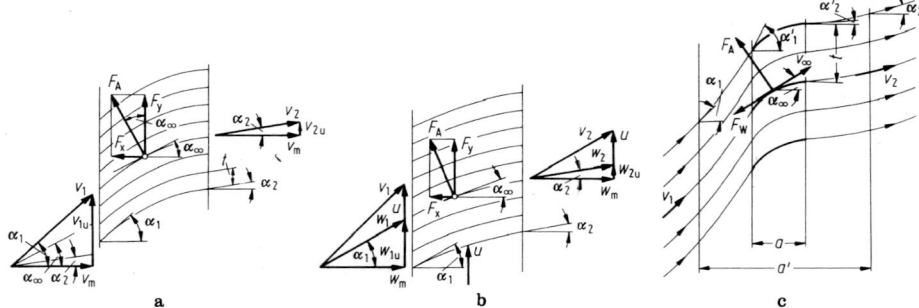

Abb. 17.33 Schaufelgitter

das bewegte Gitter, welches Arbeit aufnimmt (Turbine) oder Arbeit abgibt (Pumpe), gilt mit $\Delta p = (p_2 + \varrho v_2^2/2) - (p_1 + \varrho v_1^2/2)$ $c_a = 2t\,\Delta p/(uw_\infty \varrho l)$. Für die optimale Schaufelteilung sind die Untersuchungen von Zweifel [1] maßgebend: Mit $F_A = \psi_A(\varrho w_2^2/2)l$ und $\psi_A = (2\sin^2\alpha_2/\sin\alpha_\infty)(\cot\alpha_2 - \cot\alpha_1)t/l$ ergibt sich die günstigste Schaufelteilung und ein optimaler Wirkungsgrad für $0{,}9 < \psi_A < 1{,}0$. Für F_y gilt entsprechend $F_y = \psi_T(\varrho w_2^2/2)a$ mit $\psi_T = 2\sin^2\alpha_2(\cot\alpha_2 - \cot\alpha_1)t/a$. Für optimale Schaufelteilung gilt $0{,}9 < \psi_T < 1{,}0$.

Literatur

Spezielle Literatur

1. Eck, B.: Technische Strömungslehre, Bd. 1, 9. Aufl. Springer, Berlin (1988)
2. Kalide, W.: Einführung in die technische Strömungslehre, 7. Aufl. Hanser, München (1990)
3. Truckenbrodt, E.: Fluidmechanik, 4. Aufl. Springer, Berlin (1996)
4. Jogwich, A., Jogwich, M.: Technische Strömungslehre für Studium und Praxis, 2. Aufl. DIV Deutscher Industrieverlag, München (2010)
5. Bohl, W., Elmendorf, W.: Technische Strömungslehre, 14. Aufl. Vogel, Würzburg (2008)
6. Herning, F.: Stoffströme in Rohrleitungen, 4. Aufl. VDI-Verlag, Düsseldorf (1966)
7. Ullrich, H.: Mechanische Verfahrenstechnik. Springer, Berlin (1967)
8. Schlichting, H.: Grenzschicht-Theorie, 10. Aufl. Braun, Karlsruhe (2006)
9. Brauer, H.: Grundlagen der Einphasen- und Mehrphasenströmungen. Sauerländer, Aarau und Frankfurt am Main (1971)
10. Szabó, I.: Höhere Technische Mechanik, 6. Aufl. Springer, Berlin (2001)
11. Sigloch, H.: Technische Fluidmechanik, 5. Aufl. Springer, Berlin (2004)
12. Prandtl, Oswatitsch, Wieghardt: Führer durch die Strömungslehre, 11. Aufl. Vieweg, Braunschweig (2002)

Ähnlichkeitsmechanik

18

Joachim Villwock und Andreas Hanau

18.1 Allgemeines

Die Ähnlichkeitsmechanik hat die Aufgabe, Gesetze aufzustellen, nach denen am (in der Regel verkleinerten) Modell gewonnene Versuchsergebnisse auf die wirkliche Ausführung (Hauptausführung) übertragen werden können. Modellversuche sind erforderlich, wenn eine exakte mathematisch-physikalische Lösung eines technischen Problems nicht möglich ist, oder wenn es gilt, theoretische Grundlagen und Arbeitshypothesen in Versuchen zu bestätigen. Die Modellgesetze der Ähnlichkeitsmechanik bilden somit die Grundlage für das umfangreiche Versuchswesen in der Statik, Festigkeitslehre, Schwingungslehre, Strömungslehre, dem Schiffs- und Schiffsmaschinenbau, Flugzeugbau, Wasser- und Wasserturbinenbau, für wärmetechnische Probleme usw.

Physikalische Ähnlichkeit [1]. Voraussetzung ist die geometrisch ähnliche, d. h. winkeltreue (formtreue) Ausführung des Modells (Winkel haben keine Einheit, daher ist ihr Übertragungsmaßstab stets gleich 1). Vollkommene mechanische Ähnlichkeit liegt vor, wenn alle am physi-

kalischen Prozess beteiligten Größen wie Wege, Zeiten, Kräfte, Spannungen, Geschwindigkeiten, Drücke, Arbeiten usw. entsprechend den physikalischen Gesetzen ähnlich übertragen werden. Dies ist jedoch im Allgemeinen nicht möglich, da zur Übertragung nur die SI-Basiseinheiten m, kg, s und K bzw. deren Maßstabsfaktoren zur Verfügung stehen, ergänzt durch Stoffparameter wie Dichte ϱ, Elastizitätsmodul E usw. Daraus folgt, dass nur eine beschränkte Anzahl physikalischer Grundgleichungen ähnlich übertragbar ist, d. h., nur unvollkommene Ähnlichkeit ist in der Regel realisierbar.

Maßstabsfaktoren. Für die Grundgrößen Länge l, Zeit t, Kraft F und Temperatur T besteht zwischen der wirklichen Ausführung (H) und dem Modell (M) geometrische, zeitliche, dynamische oder thermische Ähnlichkeit, wenn

$$l_M/l_H = l_V, \quad t_M/t_H = t_V,$$
$$F_M/F_H = F_V \quad \text{oder} \quad T_M/T_H = T_V$$

für alle Punkte des Systems eingehalten wird (l_V, t_V, F_V und T_V sind Verhältniszahlen, die sog. Maßstabsfaktoren).

Einheiten. Hat eine physikalische Größe $B = F^{n_1} l^{n_2} t^{n_3} T^{n_4}$ die Einheit $N^{n_1} m^{n_2} s^{n_3} K^{n_4}$, so folgt der Übertragungsmaßstab $B_V = B_M/B_H$ direkt aus der Einheit zu $B_V = F_V^{n_1} l_V^{n_2} t_V^{n_3} T_V^{n_4}$. Zum Beispiel ergibt sich das Übertragungsgesetz für die mechanische Arbeit W direkt aus der Einheit Nm zu $W_M/W_H = F_V l_V$ anstelle der umständlicheren Form $W_M/W_H = (F_M l_M)/(F_H l_H) = F_V l_V$.

J. Villwock (✉)
Beuth Hochschule für Technik
Berlin, Deutschland
E-Mail: villwock@beuth-hochschule.de

A. Hanau
BSH Hausgeräte GmbH
Berlin, Deutschland
E-Mail: andreas.hanau@bshg.com

© Springer-Verlag GmbH Deutschland, ein Teil von Springer Nature 2020
B. Bender und D. Göhlich (Hrsg.), *Dubbel Taschenbuch für den Maschinenbau 1: Grundlagen und Tabellen*,
https://doi.org/10.1007/978-3-662-59711-8_18

Kennzahlen. Die an einem Vorgang maßgeblich beteiligten, mit Einheiten behafteten Einflussgrößen lassen sich in Form von Potenzprodukten zu Kennzahlen zusammenfassen, die keine Einheit haben (z. B. Froude'sche Kennzahl, Reynolds'sche Kennzahl). Dadurch wird die Zahl der Veränderlichen reduziert, und jede maßgebliche, einen Vorgang bestimmende Gleichung bzw. Differentialgleichung lässt sich in eine Funktion der einheitenlosen Kennzahlen umformen. Dabei gilt nach [1]: Das Verhältnis zweier Größen beliebiger Art lässt sich ersetzen durch das Verhältnis beliebiger anderer Größen, sofern die neuen Größen auf dieselben Einheiten führen wie die ersten.

Erweiterte Ähnlichkeit. Häufig lässt sich strenge Ähnlichkeit wegen der großen Zahl der Einflussgrößen nicht erzielen. Man beschränkt sich dann (auch aus Ersparnisgründen) auf die Ähnlichkeit der bei einem Vorgang dominierenden Größen und verfügt über die restlichen frei.

18.2 Ähnlichkeitsgesetze (Modellgesetze)

18.2.1 Statische Ähnlichkeit

Maßstabsfaktor für Gewichtskräfte. Für Gewichtskräfte $F_M = \varrho_M V_M g_M$ am Modell und $F_H = \varrho_H V_H g_H$ an der Hauptausführung (V Volumen, g Erdbeschleunigung) folgt das Übertragungsgesetz

$$F_M/F_H = \varrho_M V_M g_M/(\varrho_H V_H g_H), \quad \text{d. h.}$$
$$F_{V_1} = (\varrho_M/\varrho_H)l_V^3 \qquad (18.1)$$

(da auf der Erde $g_M = g_H$ ist). Bei freier Wahl von ϱ_M, ϱ_H und l_V legt diese Gleichung also den Kräftemaßstab fest.

Beispiel

Von der wirklichen Ausführung einer Stahlkonstruktion ($\varrho_H = 7850\,\text{kg/m}^3$) soll ein Modell aus Aluminium ($\varrho_M = 2700\,\text{kg/m}^3$) im Maßstab $l_V = l_M/l_H = 1 : 10$ hergestellt

werden, welches die Eigengewichtskräfte mechanisch ähnlich wiedergibt. In welchem Verhältnis stehen dann die Eigengewichtskräfte bzw. müssen sonstige eingeprägte Kräfte stehen? In welchem Verhältnis werden die Spannungen und (Hooke'schen) Formänderungen übertragen ($E_H = 210\,\text{kN/mm}^2$, $E_M = 70\,\text{kN/mm}^2$)? – Nach Gl. (18.1) wird $F_{V_1} = (2,70/7,85)/10^3 = 1/2907 = F_M/F_H$, d. h., die Kräfte am Modell sind 2907mal kleiner. Für die Spannungen folgt $\sigma_M/\sigma_H = F_V/l_V^2 = 100/2907 = 1/29 = \sigma_V$. Für die Formänderungen ergibt sich aus $\Delta l = l\sigma/E$ das Verhältnis

$$\Delta l_M/\Delta l_H = \Delta l_V = l_V \sigma_V E_H/E_M$$
$$= (1/10)(1/29)210/70$$
$$= 1/96,7 . \blacktriangleleft$$

Maßstabsfaktor für gleiche Dehnungen (für sog. elastische Kräfte). Sollen die elastischen (Hooke'schen) Dehnungen am Modell und an der Hauptausführung gleich sein, folgt für die Kräfte aus der Bedingung

$$\varepsilon_M = F_M/(E_M A_M) = \varepsilon_H = F_H/(E_H A_H)$$
$$F_M/F_H = E_M A_M/(E_H A_H), \quad \text{d. h.}$$
$$F_{V_2} = (E_M/E_H)l_V^2 .$$
$$(18.2)$$

Hooke'sches Modellgesetz: Zwei Körper sind bezüglich der elastischen Dehnungen mechanisch ähnlich, wenn die Hooke'schen Kennzahlen Ho übereinstimmen:

$$Ho = F_M/(E_M l_M^2) = F_H/(E_H l_H^2) . \quad (18.3)$$

Beispiel

Von einem Knickstab aus Stahl wird ein maßstabgetreues Modell im Verhältnis $l_V = 1 : 8$ aus Aluminium hergestellt ($E_H = 210\,\text{kN/mm}^2$, $E_M = 70\,\text{kN/mm}^2$) und am Modell eine Knickkraft von 1,2 kN gemessen. Wie groß ist die Knickkraft F_K der wirklichen Ausführung, und in welchem Verhältnis stehen die Spannungen sowie Deformationen zueinander? – $F_V = (70/210)/64 = 1/192$;

$F_{\mathrm{K}} = 192 \cdot 1{,}2 \,\mathrm{kN} = 230{,}4 \,\mathrm{kN}$; $\sigma_{\mathrm{V}} = \sigma_{\mathrm{M}}/\sigma_{\mathrm{H}} = F_{\mathrm{V}}/l_{\mathrm{V}}^2 = 1/3{,}0$; $\Delta l_{\mathrm{M}}/\Delta l_{\mathrm{H}} = l_{\mathrm{V}}\sigma_{\mathrm{V}} E_{\mathrm{H}}/E_{\mathrm{M}} = 1/8{,}0$. ◄

Gleichzeitige Berücksichtigung von Gewichts- und elastischen Kräften. Sollen gleichzeitig Gewichtskräfte und elastische Dehnungen mechanisch ähnlich übertragen werden, so müssen die Kräftemaßstäbe nach Gl. (18.1) und Gl. (18.2) gleich sein. Aus $F_{\mathrm{V}_1} = F_{\mathrm{V}_2}$ folgt

$$(\varrho_{\mathrm{M}}/\varrho_{\mathrm{H}})l_{\mathrm{V}}^3 = (E_{\mathrm{M}}/E_{\mathrm{H}})l_{\mathrm{V}}^2 , \quad \text{d. h.}$$
$$l_{\mathrm{V}} = (E_{\mathrm{M}}/E_{\mathrm{H}})(\varrho_{\mathrm{H}}/\varrho_{\mathrm{M}}) . \quad (18.4)$$

Der Längenmaßstab ist nicht mehr frei wählbar; er hängt nur noch von den Stoffparametern ab.

Beispiel

Für das erste Beispiel in Abschn. 18.2.1 wird für mechanische Ähnlichkeit von Gewichtskräften und Dehnungen der Maßstabsfaktor gesucht. – $l_{\mathrm{V}} = (70/210)(7850/2700) = 1 : 1{,}03$, d. h., eine gleichzeitige Berücksichtigung von Gewichtskräften und Dehnungen ist nur an der wirklichen Ausführung möglich. Deshalb beschränkt man sich auf die erweiterte Ähnlichkeit, indem für den Maßstab $1 : 10$ die Ähnlichkeit der elastischen Kräfte erfüllt wird. Dann ergibt sich nach Gl. (18.2) $F_{\mathrm{V}} = (70/210)/100 = 1/300 = F_{\mathrm{M}}/F_{\mathrm{H}}$, während die Gewichtskräfte wie im ersten Beispiel im Verhältnis $1/2907$ übertragen werden. Die Differenz der Gewichtskräfte $(1/300)$–$(1/2907) \cdot F_{\mathrm{GH}}$ lässt sich als äußere Zusatzlast am Modell anbringen. ◄

18.2.2 Dynamische Ähnlichkeit

Ähnlichkeitsgesetz von Newton-Bertrand. Beschleunigte Bewegungsvorgänge genügen dem Newton'schen Grundgesetz $\boldsymbol{F} = \boldsymbol{ma}$. Daraus folgt für den Kräftemaßstab bei mechanischer Ähnlichkeit der Trägheitskräfte an Modell und Hauptausführung mit $a_{\mathrm{V}} = l_{\mathrm{V}}/t_{\mathrm{V}}^2$

$$F_{\mathrm{M}}/F_{\mathrm{H}} = \varrho_{\mathrm{M}} V_{\mathrm{M}} a_{\mathrm{M}}/(\varrho_{\mathrm{H}} V_{\mathrm{H}} a_{\mathrm{H}}) , \quad \text{d. h.}$$
$$F_{\mathrm{V}_3} = (\varrho_{\mathrm{M}}/\varrho_{\mathrm{H}})(l_{\mathrm{V}}^4/t_{\mathrm{V}}^2) . \quad (18.5)$$

Bei alleiniger Wirkung der Trägheitskräfte sowie freier Wahl von ϱ_{M}, ϱ_{H}, l_{V} und t_{V} legt Gl. (18.5) den Kräftemaßstab fest. Daraus folgt

$$F_{\mathrm{M}}/\left[\varrho_{\mathrm{M}}(l_{\mathrm{M}}/t_{\mathrm{M}})^2 l_{\mathrm{M}}^2\right] = F_{\mathrm{H}}/\left[\varrho_{\mathrm{H}}(l_{\mathrm{H}}/t_{\mathrm{H}})^2 l_{\mathrm{H}}^2\right]$$

und mit $l_{\mathrm{M}}/t_{\mathrm{M}} = \upsilon_{\mathrm{M}}$ und $l_{\mathrm{H}}/t_{\mathrm{H}} = \upsilon_{\mathrm{H}}$

$$Ne = F_{\mathrm{M}}/\left(\varrho_{\mathrm{M}}\upsilon_{\mathrm{M}}^2 l_{\mathrm{M}}^2\right) = F_{\mathrm{H}}/\left(\varrho_{\mathrm{H}}\upsilon_{\mathrm{H}}^2 l_{\mathrm{H}}^2\right) . \quad (18.6)$$

Newton'sches Ähnlichkeitsgesetz: Zwei Vorgänge sind bezüglich der Trägheitskräfte ähnlich, wenn die Newton'schen Kennzahlen Ne übereinstimmen.

Beispiel

Für einen auf horizontaler Bahn bewegten Wagen aus Stahl ($\varrho_{\mathrm{H}} = 7850 \,\mathrm{kg/m^3}$, $V_{\mathrm{H}} = 1 \,\mathrm{m^3}$, $F_{\mathrm{H}} = 10 \,\mathrm{kN}$) soll ein Modell aus Holz ($\varrho_{\mathrm{M}} = 600 \,\mathrm{kg/m^3}$) im Maßstab $1 : 20$ hergestellt werden. Welche Kräfte müssen am Modell angreifen, wenn der Zeitmaßstab $t_{\mathrm{V}} = t_{\mathrm{M}}/t_{\mathrm{H}} = 1 : 100$ sein soll? In welchem Verhältnis werden Geschwindigkeiten und Beschleunigungen übersetzt? – $F_{\mathrm{V}_3} = (600/7850)(100^2/20^4) = 1/209{,}3$; $F_{\mathrm{M}} = F_{\mathrm{H}} F_{\mathrm{V}_3} = 47{,}8 \,\mathrm{N}$; $\upsilon_{\mathrm{M}}/\upsilon_{\mathrm{H}} = l_{\mathrm{V}}/t_{\mathrm{V}} = 100/20 = 5$; $a_{\mathrm{M}}/a_{\mathrm{H}} = l_{\mathrm{V}}/t_{\mathrm{V}}^2 = 100^2/20 = 500$. ◄

Ähnlichkeitsgesetz von Cauchy. Sind bei einem Bewegungsvorgang Trägheitskräfte und elastische Kräfte maßgeblich beteiligt, so folgt aus $F_{\mathrm{V}_3} = F_{\mathrm{V}_2}$ nach den Gln. (18.5) und (18.2)

$$t_{\mathrm{V}} = l_{\mathrm{V}} \sqrt{(E_{\mathrm{H}}/E_{\mathrm{M}})(\varrho_{\mathrm{M}}/\varrho_{\mathrm{H}})} ; \quad (18.7)$$

d. h., nur der Längenmaßstab (oder der Zeitmaßstab) ist noch frei wählbar. Mit $t_{\mathrm{V}} = t_{\mathrm{M}}/t_{\mathrm{H}}$ und $l_{\mathrm{V}} = l_{\mathrm{M}}/l_{\mathrm{H}}$ folgt daraus $\upsilon_{\mathrm{M}}/\upsilon_{\mathrm{H}} = \sqrt{(E_{\mathrm{M}}/E_{\mathrm{H}})(\varrho_{\mathrm{H}}/\varrho_{\mathrm{M}})}$ bzw.

$$Ca = \upsilon_{\mathrm{M}}/\sqrt{E_{\mathrm{M}}/\varrho_{\mathrm{M}}} = \upsilon_{\mathrm{H}}/\sqrt{E_{\mathrm{H}}/\varrho_{\mathrm{H}}} . \quad (18.8)$$

Cauchys Ähnlichkeitsgesetz: Zwei Vorgänge, die überwiegend unter Einfluss von Trägheits- und elastischen Kräften stehen, sind mechanisch ähnlich, wenn ihre Cauchy'schen Kennzahlen Ca übereinstimmen.

Ähnlichkeitsgesetz von Froude. Sind bei einem Bewegungsvorgang Trägheitskräfte und Gewichtskräfte überwiegend beteiligt, so folgt aus $F_{V_1} = F_{V_3}$ nach den Gln. (18.1) und (18.5)

$$t_V = \sqrt{l_V} \; ; \qquad (18.9)$$

d. h., nur der Längenmaßstab (oder der Zeitmaßstab) ist noch frei wählbar. Daraus folgt $t_M^2/t_H^2 = l_M/l_H$ bzw. $l_M^2/(l_M t_M^2) = l_H^2/(l_H t_H^2)$ und somit

$$Fr = v_M^2/(l_M g_M) = v_H^2/(l_H g_H) \; . \qquad (18.10)$$

Froude'sches Modellgesetz: Zwei Vorgänge sind hinsichtlich der Trägheitskräfte und der Gewichtskräfte mechanisch ähnlich, wenn die Froude'schen Kennzahlen Fr übereinstimmen.

> **Beispiel**
>
> Von einem physikalischen Pendel aus Stahl ($\varrho_H = 7850\,\text{kg/m}^3$) soll ein Modell aus Holz ($\varrho_M = 600\,\text{kg/m}^3$) im Maßstab 1 : 4 hergestellt werden. Wie groß ist der Übertragungsmaßstab t_V, wie verhalten sich Kräfte, Spannungen, Frequenzen, Geschwindigkeiten und Beschleunigungen zueinander? – $t_V = \sqrt{1/4} = 1/2$; $F_V = F_M/F_H = (600/7850)/64 = 1/837$; $\sigma_M/\sigma_H = F_V/l_V^2 = 1/52$; $\omega_M/\omega_H = t_H/t_M = 1/t_V = 2,0$; $v_M/v_H = l_V/t_V = 2/4 = 1/2$; $a_M/a_H = l_V/t_V^2 = 4/4 = 1,0$. ◄

Ähnlichkeitsgesetz von Reynolds. Sind bei einem Bewegungsvorgang Trägheitskräfte und Reibungskräfte Newton'scher Flüssigkeiten überwiegend beteiligt, so folgt für letztere mit $F = \eta(\mathrm{d}v/\mathrm{d}z)A$ nach Gl. (16.1) der Kräftemaßstab

$$\frac{F_M}{F_H} = \frac{\eta_M}{\eta_H} \cdot \frac{\mathrm{d}v_M/\mathrm{d}z_M}{\mathrm{d}v_H/\mathrm{d}z_H} \cdot \frac{A_M}{A_H}, \quad \text{d. h.}$$

$$F_{V4} = \frac{\eta_M}{\eta_H} \cdot \frac{l_V^2}{t_V} \qquad (18.11)$$

und damit aus $F_{V4} = F_{V_3}$ nach den Gln. (18.11) und (18.5)

$$t_V = (\varrho_M/\varrho_H)(\eta_H/\eta_M)l_V^2 = (v_H/v_M)l_V^2 \; ; \qquad (18.12)$$

η absolute, $v = \eta/\varrho$ kinematische Zähigkeit. Nur der Längenmaßstab ist noch frei wählbar und im Rahmen der zur Verfügung stehenden Medien der Stoffparameter v_M. Aus Gl. (18.12) folgt $t_M/t_H = (v_H/v_M)l_M^2/l_H^2$, d. h.

$$Re = v_M l_M/v_M = v_H l_H/v_H \; . \qquad (18.13)$$

Reynolds'sches Ähnlichkeitsgesetz: Zwei Strömungen zäher Newton'scher Flüssigkeiten sind unter überwiegendem Einfluss der Trägheits- und Reibungskräfte mechanisch ähnlich, wenn die Reynolds'schen Zahlen Re übereinstimmen.

> **Beispiel**
>
> Der Strömungswiderstand eines Einbauteils in einer Ölleitung soll im Modellversuch im Maßstab 1 : 10 mittels Messung des Druckabfalls bestimmt werden, wobei Wasser als Modellmedium vorgesehen ist. Wie verhalten sich die Strömungsgeschwindigkeiten und die Kräfte bzw. der Druckabfall ($v_M = 10^{-6}\,\text{m}^2/\text{s}$; $v_H = 1,1 \cdot 10^{-4}\,\text{m}^2/\text{s}$; $\eta_M = 10^{-3}\,\text{Ns/m}^2$; $\eta_H = 10^{-1}\,\text{Ns/m}^2$)? – $l_V = l_M/l_H = 1/10$; $v_V = v_M/v_H = (v_M/v_H)/l_V = (10^{-6}/1,1 \cdot 10^{-4})/(1/10) = 1/11$; $F_V = F_M/F_H = (\eta_M/\eta_H)l_V^2/t_V = (\eta_M/\eta_H)v_V l_V = (10^{-3}/10^{-1})(1/11)(1/10) = 1/11\,000$; $\Delta p_M/\Delta p_H = (F_M/F_H)/l_V^2 = 100/11000 = 1/110$. ◄

Ähnlichkeitsgesetz von Weber. Sind an einem Vorgang neben den Trägheitskräften die Oberflächenspannungen σ, d. h. die Oberflächenkräfte $F_\sigma = \sigma l$, überwiegend beteiligt (wobei σ als Materialkonstante aufzufassen ist), so folgt als Übertragungsmaßstab für die Oberflächenkräfte

$$F_{\sigma M}/F_{\sigma H} = \sigma_M l_M/(\sigma_H l_H), \quad \text{d. h.}$$

$$F_{V5} = (\sigma_M/\sigma_H)l_V \qquad (18.14)$$

und damit aus $F_{V5} = F_{V_3}$ gemäß den Gln. (18.14) und (18.5)

$$(\varrho_M/\sigma_M)l_M^3/t_M^2 = (\varrho_H/\sigma_H)l_H^3/t_H^2 \quad \text{bzw.}$$

$$We = \varrho_M v_M^2 l_M/\sigma_M = \varrho_H v_H^2 l_H/\sigma_H \; . \qquad (18.15)$$

Weber'sches Ähnlichkeitsgesetz: Vorgänge unter überwiegendem Einfluss von Trägheits- und Oberflächenkräften sind mechanisch ähnlich, wenn die Weber'schen Kennzahlen We übereinstimmen.

Weitere Ähnlichkeitsgesetze für Strömungsprobleme.

Euler'sche Kennzahl: Bei Strömungsproblemen, bei denen die Reibung vernachlässigt werden kann, d. h. bei denen Druck- und Trägheitskräfte überwiegen (z. B. bei der Messung des Staudrucks Δp), liegt mechanische Ähnlichkeit vor, wenn die Euler'schen Kennzahlen Eu gleich sind:

$$Eu = \Delta p_\mathrm{M} / \left(\varrho_\mathrm{M} v_\mathrm{M}^2 \right) = \Delta p_\mathrm{H} / \left(\varrho_\mathrm{H} v_\mathrm{H}^2 \right). \quad (18.16)$$

Mach'sche Kennzahl: Bei gasförmigen Fluiden, deren Strömungsgeschwindigkeit nahe der Schallgeschwindigkeit c liegt, herrscht mechanische Ähnlichkeit, wenn die Machschen Kennzahlen Ma gleich sind:

$$Ma = v_\mathrm{M} / c_\mathrm{M} = v_\mathrm{H} / c_\mathrm{H} . \quad (18.17)$$

18.2.3 Thermische Ähnlichkeit

Ähnlichkeitsgesetz von Fourier. Für den instationären Wärmeleitungsvorgang gilt die Fourier'sche Differentialgleichung

$$\frac{\partial T}{\partial t} = b \left(\frac{\partial^2 T}{\partial x^2} + \frac{\partial^2 T}{\partial y^2} + \frac{\partial^2 T}{\partial z^2} \right) ; \quad (18.18)$$

$b = \lambda(c \varrho)$ Temperaturleitfähigkeit, λ Wärmeleitfähigkeit, c spezifische Wärmekapazität, ϱ Dichte. Nach der Regel über die Einheiten folgt

$$T_\mathrm{V} / t_\mathrm{V} = (b_\mathrm{M} / b_\mathrm{H}) \left(T_\mathrm{V} / l_\mathrm{V}^2 \right) \quad \text{bzw.}$$

$$t_\mathrm{V} = (b_\mathrm{H} / b_\mathrm{M}) l_\mathrm{V}^2 \quad (18.19)$$

und hieraus

$$Fo = t_\mathrm{M} b_\mathrm{M} / l_\mathrm{M}^2 = t_\mathrm{H} b_\mathrm{H} / l_\mathrm{H}^2 . \quad (18.20)$$

Fourier'sches Ähnlichkeitsgesetz: Zwei Wärmeleitungsvorgänge sind ähnlich, wenn die Fourier'schen Kennzahlen Fo übereinstimmen.

Beispiel

Für ein Modell im Maßstab $1 : 10$ folgt bei gleichem Material ($b_\mathrm{M} = b_\mathrm{H}$) : $t_\mathrm{M} = (l_\mathrm{M} / l_\mathrm{H})^2 t_\mathrm{H} = (1/100) t_\mathrm{H}$, d. h., die Temperaturverteilung im Modell ist bei $1/100$ der Zeit in der Hauptausführung erreicht. ◄

Ähnlichkeitsgesetz von Péclet. Sollen zwei Strömungsvorgänge hinsichtlich der Wärmeleitung thermisch übereinstimmen, so müssen die Péclet'schen Kennzahlen Pe gleich sein:

$$Pe = v_\mathrm{M} l_\mathrm{M} / b_\mathrm{M} = v_\mathrm{H} l_\mathrm{H} / b_\mathrm{H} . \quad (18.21)$$

Ähnlichkeitsgesetz von Prandtl. Sollen zwei Strömungsvorgänge hinsichtlich der Wärmeleitung und Wärmekonvektion übereinstimmen, so müssen die Reynolds'schen und die Péclet'schen Kennzahlen übereinstimmen. Daraus ergibt sich eine Gleichheit der Prandtl'schen Kennzahlen Pr:

$$Pr = Pe / Re = v_\mathrm{M} / b_\mathrm{M} = v_\mathrm{H} / b_\mathrm{H} . \quad (18.22)$$

Ähnlichkeitsgesetz von Nußelt. Für den Wärmeübergang zwischen zwei Stoffen besteht Ähnlichkeit, wenn die Nußelt'schen Kennzahlen Nu übereinstimmen:

$$Nu = \alpha_\mathrm{M} l_\mathrm{M} / \lambda_\mathrm{M} = \alpha_\mathrm{H} l_\mathrm{H} / \lambda_\mathrm{H} ; \quad (18.23)$$

α Wärmeübergangskoeffizient, λ Wärmeleitfähigkeit.

18.2.4 Analyse der Einheiten (Dimensionsanalyse) und Π-Theorem

Sind die mit Einheiten behafteten Einflussgrößen eines Vorgangs bekannt, so lassen sich aus ihnen Potenzprodukte in Form einheitenloser Kennzahlen bilden. Die zur Darstellung eines Problems erforderlichen Kennzahlen bilden einen vollständigen Satz. Jede physikalisch richtige Größengleichung lässt sich als Funktion der Kennzahlen eines vollständigen Satzes darstellen (Π-Theorem von Buckingham).

Zum Beispiel kann man die Bernoulli'sche Gleichung für die reibungsfreie Strömung $\varrho v^2/2 + p + \varrho g z = $ const bzw. $1/2 + p/(\varrho v^2) + g z/v^2 = $ const auch schreiben als $1/2 + Eu + 1/Fr = $ const, d. h., die Euler'sche und die Froude'sche Kennzahl bilden für die reibungsfreie und temperaturunabhängige Strömung einen vollständigen Satz. Die fünf Einflussgrößen ϱ, v, p, g, z lassen sich also durch zwei einheitenlose Kennzahlen ersetzen, die zur vollständigen Beschreibung des Problems ausreichen.

Eine Methode zur Ermittlung des vollständigen Satzes von Kennzahlen eines Problems – auch in Fällen, wo die physikalischen Grundgleichungen nicht bekannt sind – ist die Analyse der Einheiten unter Zugrundelegung des Buckingham-Theorems [2]. Es besagt: Gilt für n einheitenbehaftete Einflussgrößen x_i die Beziehung $f(x_1, x_2, \ldots, x_n) = 0$, so lässt sie sich stets in der Form $f^*(\Pi_1, \Pi_2, \ldots, \Pi_m) = 0$ schreiben, wobei Π_j die m einheitenlosen Kennzahlen sind und $m = n - q$ ist. Hierbei ist q die Anzahl der beteiligten Basiseinheiten. Für m, kg, s wird $q = 3$ bei mechanischen, und für m, kg, s, K gilt $q = 4$ bei thermischen Problemen. Mit einem Produktansatz

$$\Pi = x_1^a x_2^b x_3^c x_4^d \ldots \qquad (18.24)$$

und nach Einsetzen der Einheiten für x_i muss die Summe der Exponenten der Basiseinheiten m, kg, s und K jeweils null werden, da wegen der linken Seite auch die rechte einheitenlos sein muss. Zum Beispiel sind an der vorstehend zitierten reibungsfreien Strömung die Größen ϱ, v, z, g, p beteiligt. Dann gilt

$$\Pi = (\text{kg/m}^3)^a (\text{m/s})^b (\text{m})^c (\text{m/s}^2)^d (\text{kg/m s}^2)^e .$$
$$(18.25)$$

Für die Exponenten von kg, m, s folgt dann

$$a + e = 0, \quad -3a + b + c + d - e = 0 ,$$
$$-b - 2d - 2e = 0 . $$
$$(18.26)$$

Zwei Exponenten können frei gewählt werden. Zum Beispiel sollen p und g Leitgrößen, d und e frei wählbar sein. Dann folgt aus Gl. (18.26) $a = -e, b = -2d - 2e$ und $c = d$ und somit

$$\Pi = \varrho^a v^b z^c g^d p^e = \varrho^e v^{2d - 2e} z^d g^d p^e$$
$$= (z g/v^2)^d (p/\varrho v^2)^e$$

bzw. mit $d = 1 d$ und $e = 1$

$$\Pi = (1/Fr) Eu, \quad \text{d. h.}$$
$$\Pi_1 = Fr, \quad \Pi_2 = Eu . \qquad (18.27)$$

Also ist das Problem der reibungsfreien Strömung mit $m = n - q = 5 - 3 = 2$ Kennzahlen beschreibbar, nämlich mit der Froude'schen und der Euler'schen Kennzahl. Ein funktionaler Zusammenhang in Form der Bernoulli'schen Gleichung lässt sich mit diesem Verfahren natürlich nicht herleiten (weitere Ausführungen s. [1–5]).

Literatur

Spezielle Literatur

1. Weber, M.: Das allgemeine Ähnlichkeitsprinzip in der Physik und sein Zusammenhang mit der Dimensionslehre und der Modellwissenschaft. Jahrb. Schiffbautech. Ges., S. 274–354 (1930)
2. Katanek, S., Gröger, R., Bode, C.: Ähnlichkeitstheorie. Leipzig: VEB Deutscher Verlag f. Grundstoffindustrie (1967)
3. Fink, K., Rohrbach, C. Feucht: Handbuch der Spannungs- und Dehnungsmessung, VDI Verlag, Düsseldorf (1958)
4. Zierep, J.: Ähnlichkeitsgesetze und Modellregeln der Strömungslehre, 3. Aufl. Braun, Karlsruhe (1992)
5. Görtler, H.: Dimensionsanalyse. Springer, Berlin (1975)

Literatur zu Teil II Mechanik

Balke, H.: Einführung in die Technische Mechanik, Statik, 3. Aufl. Springer, Heidelberg (2010)

Balke, H.: Einführung in die Technische Mechanik, Kinetik, 3. Aufl. Springer, Heidelberg (2011)

Brandt, Dahmen: Mechanik, 4. Aufl. Springer, Berlin (2005)

Gross, Hauger, Schröder, Wall: Technische Mechanik 1, 14. Aufl. Springer, Heidelberg (2019)

Gross, Hauger, Schröder, Wall: Technische Mechanik 2, 13. Aufl. Springer, Heidelberg (2017)

Gross, Hauger, Schröder, Wall: Technische Mechanik 3, 14. Aufl. Springer, Heidelberg (2019)

Gross, Hauger, Wriggers: Technische Mechanik 4, 10. Aufl. Springer, Heidelberg (2018)

Hutter, K.: Fluid- und Thermodynamik, 2. Aufl. Springer, Berlin (2003)

Szabo, I.: Einführung in die Technische Mechanik, 8. Aufl. Springer, Berlin (2003)

Szabo, I.: Höhere Technische Mechanik, 6. Aufl. Springer, Berlin (2001)

Truckenbrodt: Fluidmechanik, 4. Aufl. Springer, Berlin (2008) (Nachdruck)

Normen und Richtlinien

DIN 1305: Masse, Wägewert, Kraft, Gewichtskraft, Gewicht, Last; Begriffe

DIN 1311: Schwingungen und schwingungsfähige Systeme

DIN 1342-2 Viskosität – Teil 2: Newtonsche Flüssigkeiten

DIN 1304-5: Formelzeichen für die Strömungsmechanik

DIN 13317: Mechanik starrer Körper; Begriffe, Größen, Formelzeichen

Teil III
Festigkeitslehre

Mit Hilfe der Festigkeitslehre wird ein Zusammenhang zwischen den von außen auf einen Körper wirkenden Belastungen und den daraus resultierenden inneren Beanspruchungen hergestellt. Unter Berücksichtigung der aus der Werkstofftechnik ermittelbaren Beanspruchbarkeiten der Materialien wird der Konstrukteur und die Konstrukteurin somit in die Lage versetzt, Bauteile beanspruchungsgerecht zu dimensionieren. Hierbei spielen bei der Beurteilung eines Bauteils nicht nur die Spannungen an kritischen Stellen einer Konstruktion, sondern auch die Verformungen eine Rolle.

Der grundlegende Aufbau des Kapitels basiert auf den Ausführungen von G. Rumpel und H. D. Sondershausen (bis zur 18. Auflage).

Der Inhalt der Festigkeitslehre umfasst eine Darstellung der allgemeinen Grundlagen, also der Definition der Spannungs- und Verzerrungsmaße. Hierbei wird – um den Rahmen des Abschnitts nicht zu sprengen – auf die Darstellung geometrisch linearer Maße beschränkt. Probleme, bei denen große Verformungen oder Verzerrungen eine Rolle spielen, sind in der Regel nur mit Hilfe numerischer Verfahren zu lösen.

Die zur Festigkeitsberechnung wichtigen Werkstoffkenngrößen (siehe Kapitel E) werden erläutert und gängige Festigkeitshypothesen dargestellt.

Der Konstrukteur und die Konstrukteurin sind bei der Festigkeitsbewertung vor die Aufgabe gestellt, geeignete Vereinfachungen zu treffen, die es ihm oder ihr ermöglichen, die Konstruktion einer Berechnung zugänglich zu machen. Ist eine Konstruktion aus stabförmigen oder flächenartigen Bauteilen zusammengesetzt, so können diese u. U. auf der Basis von Näherungstheorien, die auf Verformungsannahmen beruhen, relativ einfach berechnet werden. Bei der Berechnung komplexer volumenartiger Bauteilstrukturen bleibt dem Anwender in der Regel nur die Berechnung mittels numerischer Näherungsverfahren.

Dementsprechend werden die Grundbeanspruchungen stabförmiger Bauteile dargestellt. Bei der Biegebeanspruchung wird auf die Betrachtung des schubstarren sog. Euler-Bernoulli-Balkens beschränkt. Es wird also vorausgesetzt, dass der Balken schlank und somit seine Länge wesentlich größer als die Querschnittsabmessungen ist und die Biegeverformungen klein im Vergleich zur Länge des Balkens bleiben. Des Weiteren gilt die Annahme isotropen Materials, für das das Hookesche Gesetz gilt. Die Berechnung der

Verformungen wird erläutert und durch eine umfangreiche Biegelinientabelle ergänzt.

Für die Grundbeanspruchung Torsion wird auf die St.-Venantsche Torsion beschränkt. Müssen Normalspannungen infolge behinderter Verwölbung der Querschnitte berücksichtigt werden, sei auf die Spezialliteratur zur Wölbkrafttorsion verwiesen.

Die Grundgleichungen der Elastizitätstheorie werden für den allgemeinen dreidimensionalen und in Spezialisierung für den rotationssymmetrischen und ebenen Spannungszustand dargestellt, sowie eine Lösung mittels Spannungsfunktionen nach Airy, die zur Lösung von Scheibenproblemen und von Krafteinleitungsproblemen Anwendung finden, erläutert.

Die Hertzschen Formeln, die zum Beispiel bei der Berechnung der Flächenpressung zwischen Zahnrädern Anwendung finden, werden aufgelistet.

Um dem Konstrukteur und der Konstrukteurin Berechnungshilfen für flächenartige Bauteile an die Hand zu geben, werden insbesondere die Grundgleichungen der schubstarren (dünnen) Platte und deren Lösung für ausgewählte Fälle dargestellt. Ergänzt wird die Betrachtung durch Scheiben- und Schalenprobleme unter besonderer Berücksichtigung der dynamischen Beanspruchung umlaufender Bauteile durch Fliehkräfte.

Druckbeanspruchte Systeme können nicht nur dadurch versagen, dass sie reißen oder fließen, vielmehr existiert beim Erreichen einer kritischen Last eine ausgebogene Gleichgewichtslage, die zum Versagen des Systems führt. Diese Stabilitätsprobleme werden dargestellt. Neben den sog. Eulerfälle für das Biegeknicken werden auch die Fälle Biegedrillknicken und Kippen. sowie das Beulen von Platten und Schalen erläutert.

Numerische Berechnungsverfahren sind heutzutage aus der Anwendungspraxis des berechnenden Ingenieurs und der berechnenden Ingenieurin nicht mehr wegzudenken. Dementsprechend werden die Finiten Berechnungsverfahren: Finite Elemente Methode (FEM), Randelemente und Finite Differenzen Methode dargestellt. Hierbei ist die FEM die meist verbreitete Methode, deren grundsätzliche Vorgehensweise auf der Basis der Energiemethoden an einfachen Beispielen erläutert wird.

Eine kurze Darstellung der Plastizitätstheorie mit Anwendungen auf die Biegung eines Rechteckbalkens und einem geschlossenen dickwandigen Rohr unter Innendruck sollen dem Anwender einen Eindruck über die im System bei zähen Materialien vorhandenen Sicherheitsreserven geben.

Den Abschluss des Kapitels bildet eine Darstellung des Festigkeitsnachweises und der Berechnungs- und Bewertungskonzepte sowie dem Nennspannungs- und Kerbgrundkonzept.

Allgemeine Grundlagen

19

Joachim Villwock und Andreas Hanau

Die Festigkeitslehre soll Spannungen und Verformungen in einem Bauteil ermitteln und nachweisen, dass sie mit ausreichender Sicherheit gegen Versagen des Bauteils aufgenommen werden. Ein Versagen kann in unzulässig großen Verformungen oder Dehnungen, im Auftreten eines Bruchs oder im Instabilwerden (z. B. Knicken oder Beulen) des Bauteils bestehen. Die hierfür maßgebenden Werkstoffkennwerte sind abhängig vom Spannungszustand (ein-, zwei- oder dreiachsig), von den Spannungsarten (Zug-, Druck-, Schubspannungen), vom Belastungszustand (statisch oder dynamisch), von der Betriebstemperatur sowie von der Größe und der Oberflächenbeschaffenheit des Bauteils.

19.1 Spannungen und Verformungen

19.1.1 Spannungen

Den äußeren Kräften und Momenten an einem Körper (sowie den Trägheitskräften bzw. den negativen Massenbeschleunigungen bei beschleunigter Bewegung) halten im Innern eines Körpers entsprechende Reaktionskräfte das Gleichgewicht. Bei homogen angenommener Massenverteilung des Körpers treten die inneren Reaktionskräfte flächenhaft verteilt auf.

Durch jeden Punkt eines Körpers lassen sich unter unendlich vielen Richtungen elementare ebene Schnittflächen dA legen, deren Richtung durch den Normalenvektor $\boldsymbol{n}$ gekennzeichnet wird (Abb. 19.1a). Der Spannungsvektor $\boldsymbol{s} = dF/dA$ lässt sich in eine Normalspannung $\sigma = dF_n/dA$ und in eine Tangential- oder Schubspannung $\tau = dF_t/dA$ zerlegen. In kartesischen Koordinaten (Abb. 19.1b) ergeben sich eine Normalspannung $\sigma_z = dF_n/dA$ und zwei Schubspannungen $\tau_{zx} = dF_{tx}/dA$ bzw. $\tau_{zy} = dF_{ty}/dA$. Die Beschreibung des vollständigen Spannungszustands in einem Punkt erfordert drei Ebenen bzw. ein quaderförmiges Element (Abb. 19.1c) mit drei Spannungsvektoren bzw. dem Spannungstensor

$$\boldsymbol{s}_x = \sigma_x \boldsymbol{e}_x + \tau_{xy}\boldsymbol{e}_y + \tau_{xz}\boldsymbol{e}_z \,,$$
$$\boldsymbol{s}_y = \tau_{yx} \boldsymbol{e}_x + \sigma_y\boldsymbol{e}_y + \tau_{yz}\boldsymbol{e}_z \,,$$
$$\boldsymbol{s}_z = \tau_{zx} \boldsymbol{e}_x + \tau_{zy}\boldsymbol{e}_y + \sigma_z\boldsymbol{e}_z \,;$$

$$\boldsymbol{S} = \begin{pmatrix} \sigma_x & \tau_{xy} & \tau_{xz} \\ \tau_{yx} & \sigma_y & \tau_{yz} \\ \tau_{zx} & \tau_{zy} & \sigma_z \end{pmatrix}, \qquad (19.1)$$

mit $\boldsymbol{s} = \boldsymbol{n}^{\mathrm{T}}\boldsymbol{S}$, also z. B.

$$\boldsymbol{s}_x = \{1 \quad 0 \quad 0\} \cdot \begin{pmatrix} \sigma_x & \tau_{xy} & \tau_{xz} \\ \tau_{yx} & \sigma_y & \tau_{yz} \\ \tau_{zx} & \tau_{zy} & \sigma_z \end{pmatrix} = \begin{Bmatrix} \sigma_x \\ \tau_{xy} \\ \tau_{xz} \end{Bmatrix} \,.$$

J. Villwock (✉)
Beuth Hochschule für Technik
Berlin, Deutschland
E-Mail: villwock@beuth-hochschule.de

A. Hanau
BSH Hausgeräte GmbH
Berlin, Deutschland
E-Mail: andreas.hanau@bshg.com

© Springer-Verlag GmbH Deutschland, ein Teil von Springer Nature 2020
B. Bender und D. Göhlich (Hrsg.), *Dubbel Taschenbuch für den Maschinenbau 1: Grundlagen und Tabellen*,
https://doi.org/10.1007/978-3-662-59711-8_19

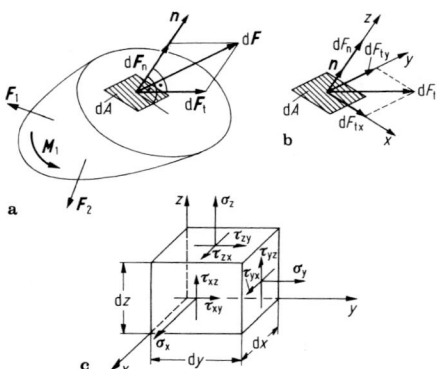

Abb. 19.1 Spannungen. **a, b** Definition; **c** Tensor

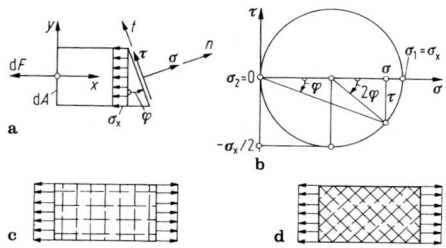

Abb. 19.2 Einachsiger Spannungszustand. **a** Spannungen am Element; **b** Mohr'scher Spannungskreis; **c, d** Trajektorien der Hauptnormal- und Hauptschubspannungen

Aus den Momentengleichgewichtsbedingungen um die Koordinatenachsen für das Element nach Abb. 19.1c folgt $\tau_{xy} = \tau_{yx}$, $\tau_{xz} = \tau_{zx}$, $\tau_{yz} = \tau_{zy}$ (Satz von der Gleichheit der zugeordneten Schubspannungen), d. h., zur vollständigen Beschreibung des Spannungszustands in einem Punkt sind drei Normalspannungen und drei Schubspannungen erforderlich.

Der einachsige Spannungszustand. Erliegt vor, wenn am quaderförmigen Element (Abb. 19.2a) eine Normalspannung angreift, z. B. $\sigma_x = \mathrm{d}F/\mathrm{d}A$, $\sigma_y = \sigma_z = 0$, $\tau_{xy} = \tau_{xz} = \tau_{yz} = 0$. Für ein unter dem Winkel φ liegendes Flächenelement folgen die zugehörigen Spannungen σ und τ aus den Gleichgewichtsbedingungen in n- und t-Richtung zu $\sigma = (\sigma_x/2) \cdot (1 + \cos 2\varphi)$ und $\tau = -(\sigma_x/2) \sin 2\varphi$. Hieraus folgt $(\sigma - \sigma_x/2)^2 + \tau^2 = (\sigma_x/2)^2$, die Gleichung des Mohr'schen Spannungskreises (Abb. 19.2b). Für $2\varphi = 90°$ bzw. $\varphi = 45°$ ergibt sich die größte Schubspannung zu $\tau = -\sigma_x/2$, die zugehörige Normalspannung ebenfalls zu $\sigma = \sigma_x/2$. Die größte und kleinste Normalspannung (hier $\sigma_1 = \sigma_x$ und $\sigma_2 = 0$) und die größte Schubspannung (hier $\tau_1 = -\sigma_x/2$) werden Hauptnormal- und Hauptschubspannung genannt. Linien, die überall von den Hauptnormal- bzw. Hauptschubspannungen tangiert werden, heißen Hauptnormalspannungs- bzw. Hauptschubspannungstrajektorien (Abb. 19.2c,d).

Der zweiachsige (ebene) Spannungszustand. Treten lediglich in einer Ebene (z. B. der x, y-Ebene) Spannungen auf, so liegt ein ebener Spannungszustand vor (Abb. 19.3a). Für die in der unter dem Winkel φ geneigten Schnittfläche liegenden Spannungen σ und τ folgen aus den Gleichgewichtsbedingungen in n- und t-Richtung mit $\tau_{xy} = \tau_{yx}$

$$
\left.
\begin{aligned}
\sigma &= \sigma_x \cos^2 \varphi + \sigma_y \sin^2 \varphi + 2\tau_{xy} \sin \varphi \cos \varphi \\
&= \tfrac{1}{2}(\sigma_x + \sigma_y) + \tfrac{1}{2}(\sigma_x - \sigma_y) \cos 2\varphi \\
&\quad + \tau_{xy} \sin 2\varphi \,, \\
\tau &= (\sigma_y - \sigma_x) \sin \varphi \cos \varphi \\
&\quad + \tau_{xy}(\cos^2 \varphi - \sin^2 \varphi) \\
&= -\tfrac{1}{2}(\sigma_x - \sigma_y) \sin 2\varphi + \tau_{xy} \cos 2\varphi \,.
\end{aligned}
\right\}
$$

$$(19.2)$$

Hieraus folgt nach Quadrieren und Addieren die Gleichung des Mohr'schen Spannungskreises (Abb. 19.3b) mit dem Radius r:

$$
\left.
\begin{aligned}
&\left(\sigma - \frac{\sigma_x + \sigma_y}{2}\right)^2 + \tau^2 \\
&= \left(\frac{\sigma_x - \sigma_y}{2}\right)^2 + \tau_{xy}^2 \,, \\
&r = \sqrt{\left(\frac{\sigma_x - \sigma_y}{2}\right)^2 + \tau_{xy}^2} \,.
\end{aligned}
\right\}
$$

$$(19.3)$$

Der Kreismittelpunkt liegt an der Stelle $(\sigma_x + \sigma_y)/2$.

Die Hauptnormalspannungen ergeben sich mit $\tau = 0$ aus Gl. (19.2) unter den Winkeln φ_{01} und $\varphi_{02} = \varphi_{01} + 90°$, die aus

$$\tan 2\varphi_0 = \frac{2\tau_{xy}}{\sigma_x - \sigma_y}$$

$$(19.4)$$

Abb. 19.3 Ebener Spannungszustand.
a Spannungen am Element; **b** Mohr'scher
Spannungskreis; **c** Hauptspannungen

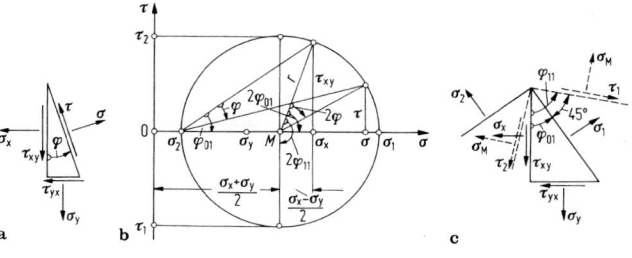

folgen, zu

$$\sigma_{1,2} = \frac{\sigma_x + \sigma_y}{2} \pm \sqrt{\left(\frac{\sigma_x - \sigma_y}{2}\right)^2 + \tau_{xy}^2}. \quad (19.5)$$

Die größten Schubspannungen in der x,y-Ebene folgen gemäß Gl. (19.2) aus $\mathrm{d}\tau/\mathrm{d}\varphi = 0$ unter den Winkeln φ_{11} und $\varphi_{12} = \varphi_{11} + 90°$, die sich aus

$$\tan 2\varphi_1 = \frac{\sigma_y - \sigma_x}{2\tau_{xy}} \quad (19.6)$$

ergeben, wobei $\varphi_{11} = \varphi_{01} + 45°$ und $\varphi_{12} = \varphi_{02} + 45°$ ist (Abb. 19.3c). Die Größe dieser Hauptschubspannungen entspricht dem Radius des Mohr'schen Spannungskreises, d. h.

$$\tau_{1,2} = \pm \sqrt{\left(\frac{\sigma_x - \sigma_y}{2}\right)^2 + \tau_{xy}^2}. \quad (19.7)$$

Die zugehörigen Normalspannungen sind für beide Winkel gleich groß, nämlich $\sigma_\mathrm{M} = (\sigma_x + \sigma_y)/2$.

Die Richtung der Hauptnormalspannungstrajektorien folgt aus Gl. (19.4)

$$\tan 2\varphi_0 = \frac{2\tan\varphi_0}{1 - \tan^2\varphi_0} = \frac{2y'}{1 - y'^2} = \frac{2\tau_{xy}}{\sigma_x - \sigma_y}$$

$$\text{zu } y'_{1,2} = \frac{\sigma_y - \sigma_x}{2\tau_{xy}} \pm \sqrt{\left(\frac{\sigma_y - \sigma_x}{2\tau_{xy}}\right)^2 + 1},$$

die Richtung der dazu um 45° gedrehten Hauptschubspannungstrajektorien aus Gl. (19.6)

$$\tan 2\varphi_1 = \frac{2\tan\varphi_1}{1 - \tan^2\varphi_1} = \frac{2y'}{1 - y'^2} = \frac{\sigma_y - \sigma_x}{2\tau_{xy}}$$

$$\text{zu } y'_{3,4} = \frac{2\tau_{xy}}{\sigma_x - \sigma_y} \pm \sqrt{\left(\frac{2\tau_{xy}}{\sigma_x - \sigma_y}\right)^2 + 1}.$$

Die Schubspannungen nach Gl. (19.7) sind die größten am Punkt herrschenden Spannungen, sofern σ_1, und σ_2 unterschiedliches Vorzeichen besitzen. Haben σ_1, und σ_2 gleiches Vorzeichen, ist der Betrag der maximalen Schubspannung $|\tau| = |\sigma_1/2|$ mit σ_1 als betragsmäßig größter Hauptnormalspannung, wie aus Abb. 19.1b mit $\sigma_3 = 0$ folgt.

Der dreiachsige (räumliche) Spannungszustand. Treten in drei senkrecht zueinander liegenden Ebenen Spannungen auf, so besteht ein räumlicher Spannungszustand (Abb. 19.1c). Er wird von den sechs Spannungskomponenten σ_x, $\sigma_y, \sigma_z, \tau_{xy} = \tau_{yx}, \tau_{xz} = \tau_{zx}$ und $\tau_{yz} = \tau_{zy}$ bestimmt. Für eine beliebige Tetraederschnittfläche, deren Stellung mit dem Normalenvektor

$$\begin{aligned} \boldsymbol{n} &= \cos\alpha\,\boldsymbol{e}_x + \cos\beta\,\boldsymbol{e}_y + \cos\gamma\,\boldsymbol{e}_z \\ &= n_x\boldsymbol{e}_x + n_y\boldsymbol{e}_y + n_z\boldsymbol{e}_z \end{aligned}$$

festgelegt ist (Abb. 19.4), ergibt sich der Spannungsvektor $\boldsymbol{s} = s_x\boldsymbol{e}_x + s_y\boldsymbol{e}_y + s_z\boldsymbol{e}_z$ bzw. seine Komponenten aus den Gleichgewichtsbedingungen in x-, y-, z-Richtung zu

$$\begin{aligned} s_x &= n_x\sigma_x + n_y\tau_{yx} + n_z\tau_{zx}, \\ s_y &= n_x\tau_{xy} + n_y\sigma_y + n_z\tau_{zy}, \\ s_z &= n_x\tau_{xz} + n_y\tau_{yz} + n_z\sigma_z; \\ s &= \sqrt{s_x^2 + s_y^2 + s_z^2}. \quad (19.8) \end{aligned}$$

Die zur Tetraederschnittfläche senkrecht stehende Normalspannung ist

$$\begin{aligned} \sigma &= \boldsymbol{s}\boldsymbol{n} = s_x n_x + s_y n_y + s_z n_z \\ &= n_x^2\sigma_x + n_y^2\sigma_y + n_z^2\sigma_z \\ &\quad + 2(n_x n_y\tau_{xy} + n_x n_z\tau_{xz} + n_y n_z\tau_{yz}). \end{aligned}$$

Abb. 19.4 Räumlicher Spannungszustand

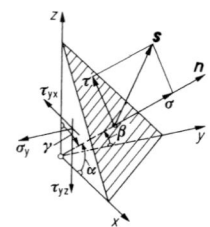

mit

$$J_1 = \sigma_x + \sigma_y + \sigma_z\,,$$

$$J_2 = \sigma_x\sigma_y + \sigma_x\sigma_z + \sigma_y\sigma_z - \tau_{xy}^2 - \tau_{xz}^2 - \tau_{yz}^2\,,$$

$$J_3 = \sigma_x\sigma_y\sigma_z - \sigma_x\tau_{yz}^2 - \sigma_y\tau_{zx}^2 - \sigma_z\tau_{xy}^2$$
$$\qquad + 2\tau_{xy}\tau_{yz}\tau_{zx}\,.$$

Für die resultierende Schubspannung
(Abb. 19.4) gilt $\tau = \sqrt{s^2 - \sigma^2}$.

Die Hauptnormalspannungen treten in den
drei zueinander senkrecht stehenden Flächen auf,
in denen τ zu Null wird. Der Spannungstensor hat
dann die Form

$$S = \begin{pmatrix} \sigma_1 & 0 & 0 \\ 0 & \sigma_2 & 0 \\ 0 & 0 & \sigma_3 \end{pmatrix},$$

und für die Spannungsvektoren gilt $s_i =
n_i\sigma_i$ $(i = 1, 2, 3)$, d. h.

$$s_{ix} = n_{ix}\sigma_i\,,\quad s_{iy} = n_{iy}\sigma_i\,,\quad s_{iz} = n_{iz}\sigma_i\,.$$
$$(19.9)$$

Die Gln. (19.8) und (19.9) gleichgesetzt ergibt

$$(\sigma_x - \sigma_i)n_{ix} + \tau_{yx}n_{iy} + \tau_{zx}\,n_{iz} = 0\,,$$
$$\tau_{xy}n_{ix} + (\sigma_y - \sigma_i)n_{iy} + \tau_{zy}\,n_{iz} = 0\,,$$
$$\tau_{xz}\,n_{ix} + \tau_{yz}\,n_{iy} + (\sigma_z - \sigma_i)\,n_{iz} = 0\,.$$
$$(19.10)$$

Dieses lineare homogene Gleichungssystem
für die Komponenten n_{ix}, n_{iy} und n_{iz} der Hauptnormalenvektoren hat nur dann eine nichttriviale
Lösung, wenn die Koeffizientendeterminante null
wird. Daraus folgt eine kubische Gleichung für σ_i
der Form

$$\sigma_i^3 - J_1\,\sigma_i^2 + J_2\,\sigma_i - J_3 = 0 \qquad (19.11)$$

J_1, J_2, J_3 sind Invariante des Spannungstensors,
da sie für alle Bezugssysteme denselben Wert
annehmen, d. h., für die Hauptrichtungen gilt
$J_1 = \sigma_1 + \sigma_2 + \sigma_3$, $J_2 = \sigma_1\sigma_2 + \sigma_1\sigma_3 + \sigma_2\sigma_3$,
$J_3 = \sigma_1\sigma_2\sigma_3$. Sind aus Gl. (19.11) die σ_i $(i =
1, 2, 3)$ ermittelt, so folgen aus Gl. (19.10) nach
Einsetzen der σ_i $(i = 1, 2, 3)$ jeweils drei lineare
Gleichungen für die Komponenten n_{ix}, n_{iy}, n_{iz}
einer Hauptnormalenrichtung. Da jeweils zwei
der drei Gleichungen linear voneinander abhängig sind, muss die stets gültige Beziehung $n_{ix}^2 +
n_{iy}^2 + n_{iz}^2 = 1$ mitbenutzt werden.

Sind hieraus die Hauptnormalenvektoren
n_i $(i = 1, 2, 3)$ bestimmt, so sind Größe und
Richtung der Hauptnormalspannungen bekannt.
Für das Spannungshauptachsensystem ξ, η, ζ
(Richtungen $i = 1, 2, 3$; Abb. 19.5a) ergibt
sich mit $\sigma_3 = 0$ ein ebener Spannungszustand
mit den Hauptspannungen σ_1 und σ_2 und der
Gleichung für den Mohr'schen Spannungskreis
analog Gl. (19.3)

$$\left(\sigma - \frac{\sigma_1 + \sigma_2}{2}\right) + \tau^2 = \left(\frac{\sigma_1 - \sigma_2}{2}\right)^2.$$

Entsprechende Kreise ergeben sich für $\sigma_2 = 0$
bzw. $\sigma_1 = 0$ (Abb. 19.5b).

Die Komponenten σ und τ des Spannungsvek-
tors s für ein durch $n = (\cos\alpha; \cos\beta; \cos\gamma)$ gegebenes beliebiges Flächenelement (Abb. 19.5a)
folgen aus den Mohr'schen Kreisen (Abb. 19.5b),

Abb. 19.5 Räumlicher Spannungszustand.
a Spannungshauptachsen; **b** Mohr'sche
Spannungskreise; **c** Hauptschubspannung

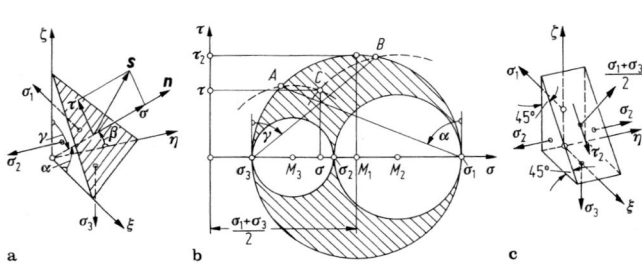

a   b   c

indem von σ_1 der Winkel α und von σ_3 der Winkel γ abgetragen wird und durch die Schnittpunkte A und B auf dem Hauptkreis zu den Nebenkreisen konzentrische Kreise eingezeichnet werden. Der Schnittpunkt C liefert die zugehörige Größe von σ und τ [1–5].

Die Spannungen für beliebige Normalenwinkel liegen stets in dem in Abb. 19.5b schraffierten Bereich. Die größte Hauptschubspannung beträgt $\tau_2 = (\sigma_1 - \sigma_3)/2$. Sie liegt in der ξ, ζ-Ebene in einem Flächenelement, dessen Normale unter $45°$ zur ξ- und ζ-Achse steht (Abb. 19.5c). Entsprechend sind $\tau_1 = (\sigma_2 - \sigma_3)/2$ und $\tau_3 = (\sigma_1 - \sigma_2)/2$. Die Ebenen der Hauptschubspannungen stehen nicht aufeinander senkrecht, sondern bilden die Seitenflächen eines regulären Dodekaeders [4].

19.1.2 Verformungen

Jeder Körper erfährt unter Einwirkung äußerer Kräfte und Momente Verformungen. Der Eckpunkt P eines quaderförmigen Elements mit den Kantenlängen dx, dy, dz (auf Abb. 19.6 ist nur die x,y-Ebene dargestellt) erfährt eine Verschiebung $\boldsymbol{f} = u\boldsymbol{e}_x + v\boldsymbol{e}_y + w\boldsymbol{e}_z$ mit den Komponenten u, v, w. Gleichzeitig wird das Element gedehnt, d. h., die Kantenlängen vergrößern (oder verkleinern) sich auf dx', dy', dz', und es wird zu einem Parallelepiped verformt, wobei die Gleitwinkel γ_1, γ_2 usw. auftreten. Bei kleinen Verformungen (Abb. 19.6) gilt für *Dehnungen* ε und *Gleitungen* γ

$$\varepsilon_x = \frac{dx' - dx}{dx} = \frac{\frac{\partial u}{\partial x}\,dx}{dx} = \frac{\partial u}{\partial x},$$

$$\varepsilon_y = \frac{\partial v}{\partial y}, \quad \varepsilon_z = \frac{\partial w}{\partial z}, \qquad (19.12)$$

$$\gamma_{xy} = \gamma_1 + \gamma_2 = \frac{\frac{\partial v}{\partial x}\,dx}{dx + \frac{\partial u}{\partial x}\,dx} + \frac{\frac{\partial u}{\partial y}\,dy}{dy + \frac{\partial v}{\partial y}\,dy}$$

$$= \frac{\partial v}{\partial x} + \frac{\partial u}{\partial y},$$

$$\gamma_{xz} = \frac{\partial w}{\partial x} + \frac{\partial u}{\partial z}, \quad \gamma_{yz} = \frac{\partial w}{\partial y} + \frac{\partial v}{\partial z}. \quad (19.13)$$

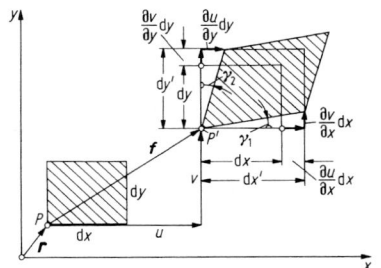

Abb. 19.6 Verzerrungszustand

Mit

$$\varepsilon_{xy} = \frac{1}{2}\left(\frac{\partial v}{\partial x} + \frac{\partial u}{\partial y}\right),$$

$$\varepsilon_{xz} = \frac{1}{2}\left(\frac{\partial w}{\partial x} + \frac{\partial u}{\partial z}\right),$$

$$\varepsilon_{yz} = \frac{1}{2}\left(\frac{\partial w}{\partial y} + \frac{\partial v}{\partial z}\right)$$

lässt sich der Verzerrungszustand mit dem Verzerrungstensor

$$V = \begin{pmatrix} \varepsilon_x & \varepsilon_{xy} & \varepsilon_{xz} \\ \varepsilon_{yx} & \varepsilon_y & \varepsilon_{yz} \\ \varepsilon_{zx} & \varepsilon_{zy} & \varepsilon_z \end{pmatrix}$$

beschreiben, für den ähnliche Eigenschaften und Berechnungsmethoden gelten wie für den Spannungstensor, Gl. (19.8). Für die Hauptdehnungen ε_1, ε_2, ε_3 ergibt sich aus

$$\begin{aligned} (\varepsilon_x - \varepsilon_i)\,n_{ix} + \varepsilon_{xy}\,n_{iy} \quad\;\; + \varepsilon_{xz}\,n_{iz} &= 0, \\ \varepsilon_{xy}\,n_{ix} \quad + (\varepsilon_y - \varepsilon_i)n_{iy} + \varepsilon_{yz}\,n_{iz} &= 0, \\ \varepsilon_{xz}\,n_{ix} \quad\;\; + \varepsilon_{yz}\,n_{iy} \quad + (\varepsilon_z - \varepsilon_i)\,n_{iz} &= 0 \end{aligned}$$
$$(19.14)$$

durch Nullsetzen der Koeffizientendeterminante die charakteristische Gleichung 3. Grades

$$\varepsilon_i^3 - J_4\varepsilon_i^2 + J_5\varepsilon_i - J_6 = 0, \qquad (19.15)$$

wobei $J_4 = \varepsilon_x + \varepsilon_y + \varepsilon_z$, $J_5 = \varepsilon_x\varepsilon_y + \varepsilon_y\varepsilon_z + \varepsilon_z\varepsilon_x - \varepsilon_{xy}^2 - \varepsilon_{yz}^2 - \varepsilon_{zx}^2$ und $J_6 = \varepsilon_x\varepsilon_y\varepsilon_z - \varepsilon_x\varepsilon_{yz}^2 - \varepsilon_y\varepsilon_{zx}^2 - \varepsilon_z\varepsilon_{xy}^2 + 2\,\varepsilon_{xy}\varepsilon_{yz}\varepsilon_{zx}$ wieder Invarianten sind. Hat man die ε_i aus Gl. (19.15) berechnet, so erhält man aus Gl. (19.14) (von denen wieder zwei linear abhängig sind) mit $n_{ix}^2 + n_{iy}^2 + n_{iz}^2 = 1$ die Komponenten n_{ix}, n_{iy}, n_{iz} ($i = 1, 2, 3$) der drei Hauptdehnungsrichtungen, d. h. der Richtungen, für die es nur Dehnungen, aber keine Gleitungen gibt, und für die der Verformungstensor die Form

$$V = \begin{pmatrix} \varepsilon_1 & 0 & 0 \\ 0 & \varepsilon_2 & 0 \\ 0 & 0 & \varepsilon_3 \end{pmatrix}$$

annimmt. Die Invarianten lauten

$$J_4 = \varepsilon_1 + \varepsilon_2 + \varepsilon_3, \quad J_5 = \varepsilon_1\varepsilon_2 + \varepsilon_2\varepsilon_3 + \varepsilon_1\varepsilon_3,$$
$$J_6 = \varepsilon_1\varepsilon_2\varepsilon_3.$$

Für den räumlichen und ebenen Fall lassen sich wie bei den Spannungen (Mohr'sche) Verzerrungskreise für die Dehnungen und Gleitungen als Funktion der Winkel α, β, γ entwickeln. Für homogenes isotropes Material, das im Folgenden stets vorausgesetzt wird, fallen Hauptspannungs- und Hauptdehnungsrichtungen zusammen.

Unter *Volumendehnung* versteht man

$$\begin{aligned} \varepsilon &= \frac{dV' - dV}{dV} \\ &= \frac{dx'dy'dz'}{dx\,dy\,dz} - 1 \\ &= \frac{(1+\varepsilon_x)\,dx\,(1+\varepsilon_y)\,dy\,(1+\varepsilon_z)\,dz}{dx\,dy\,dz} - 1 \\ &= \varepsilon_x + \varepsilon_y + \varepsilon_z + \varepsilon_x\varepsilon_y + \varepsilon_x\varepsilon_z + \varepsilon_y\varepsilon_z \\ &\quad + \varepsilon_x\varepsilon_y\varepsilon_z \end{aligned}$$

bzw. bei Vernachlässigung der kleinen Größen höherer Ordnung

$$\varepsilon = \varepsilon_x + \varepsilon_y + \varepsilon_z. \quad (19.16)$$

19.1.3 Formänderungsarbeit

An einem Volumenelement $dx\,dy\,dz$ mit den Dehnungen $\varepsilon_x = \partial u/\partial x$ usw. verrichtet z. B. die Spannung σ_x die Arbeit

$$dW = \int \sigma_x dy\,dz\,d\left(\frac{\partial u}{\partial x}dx\right) = \int_0^{\varepsilon_x} \sigma_x d\varepsilon_x dV.$$

Als Folge aller Normal- und Schubspannungen entsteht also nach Integration über den ganzen Körper die Formänderungsarbeit

$$\begin{aligned} W = \int_{(V)} \Bigg[&\int_0^{\varepsilon_x} \sigma_x d\varepsilon_x + \int_0^{\varepsilon_y} \sigma_y d\varepsilon_y + \int_0^{\varepsilon_z} \sigma_z d\varepsilon_z \\ &+ \int_0^{\gamma_{xy}} \tau_{xy} d\gamma_{xy} + \int_0^{\gamma_{xz}} \tau_{xz} d\gamma_{xz} \\ &+ \int_0^{\gamma_{yz}} \tau_{yz} d\gamma_{yz} \Bigg] dV. \end{aligned}$$
$$(19.17)$$

Für die Hauptachsen $1, 2, 3$ ist

$$W = \int_{(V)} \left[\int_0^{\varepsilon_1} \sigma_1 d\varepsilon_1 + \int_0^{\varepsilon_2} \sigma_2 d\varepsilon_2 + \int_0^{\varepsilon_3} \sigma_3 d\varepsilon_3 \right] dV.$$
$$(19.18)$$

Im Fall Hooke'schen Materials, d. h. bei Proportionalität zwischen Spannungen σ bzw. τ und Dehnungen ε bzw. Gleitungen γ, gilt

$$\begin{aligned} W = \frac{1}{2} \int_{(V)} \big(&\sigma_x\varepsilon_x + \sigma_y\varepsilon_y + \sigma_z\varepsilon_z + \tau_{xy}\gamma_{xy} \\ &+ \tau_{xz}\gamma_{xz} + \tau_{yz}\gamma_{yz} \big) dV \end{aligned}$$
$$(19.19)$$

bzw.

$$W = \frac{1}{2} \int_{(V)} \big(\sigma_1\varepsilon_1 + \sigma_2\varepsilon_2 + \sigma_3\varepsilon_3 \big) dV. \quad (19.20)$$

19.2 Festigkeitsverhalten der Werkstoffe

Erläuterungen zu den Werkstoffkenngrößen wie Proportionalitätsgrenze, Streck- oder Fließgrenze und Bruchgrenze, die der Spannungs-Dehnungs-Linie eines Werkstoffs entnehmbar sind, s. Abschn. 30.2.

Hooke'sches Gesetz. Für die Normalspannungen gilt im Proportionalitätsbereich der Span-

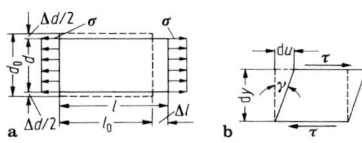

Abb. 19.7 Hooke'sches Gesetz. **a** für Dehnung; **b** für Gleitung

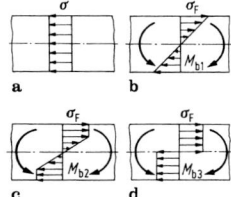

Abb. 19.8 Spannungsverteilung. **a** gleichmäßig; **b** ungleichmäßig; **c** teilplastisch; **d** vollplastisch

nungs-Dehnungs-Linie für einen einaxial gezogenen Stab (Abb. 19.7a) das Gesetz

$$\sigma = E\varepsilon . \qquad (19.21)$$

Hierbei ist $\sigma = F/A_0$ die Spannung, $\varepsilon = \Delta l / l_0$ die Dehnung (Δl Verlängerung des Stabs) und E der Elastizitätsmodul. Bei Verlängerung erfährt der Stab eine Verringerung des Durchmessers um $\Delta d = d - d_0$. Dann ist $\varepsilon_q = \Delta d / d_0$ die Querdehnung. Zwischen der Längs- und Querdehnung besteht die Beziehung $\varepsilon_q = -\nu\varepsilon$, wobei ν die Querdehnungs- bzw. Poissonzahl nach (DIN 1304) ist ($\nu_{\text{Stahl}} \approx 0{,}30$). In der neueren Literatur wird der Reziprokwert $m = 1/\nu$ als Poisson'sche Zahl bezeichnet.

Für die Schubspannungen lautet das äquivalente Hooke'sche Gesetz (Abb. 19.7b)

$$\tau = G\gamma , \qquad (19.22)$$

wobei $\gamma = \mathrm{d}u/\mathrm{d}y$ die Gleitung und G der Gleit-(Schub-)modul ist. Es besteht die Beziehung $G = E/[2(1 + \nu)]$. Werte für E, G und ν (s. Tab. 31.1), erweiterte Hooke'sche Gesetze für beliebige Spannungszustände s. Kap. 21.

Sicherheit und zulässige Spannung bei ruhender Beanspruchung. Versagt eine Konstruktion aufgrund unzulässig großer Verformungen (bei Werkstoffen mit Streckgrenze), Bruch (bei sprödem Material) oder Instabilwerden (infolge Knickung, Kippung, Beulung) und tritt das Versagen bei einer Spannung $\sigma = K$ (K Werkstoffkennwert) ein, so ergibt sich die vorhandene Sicherheit bzw. die zulässige Spannung aus

$$S = \frac{K}{\sigma_{\text{vorh}}}, \quad \sigma_{\text{zul}} = \frac{K}{S} . \qquad (19.23)$$

Gleichmäßige Spannungsverteilung. Sind die Spannungen gleichmäßig über den Querschnitt verteilt (Abb. 19.8a), so ist bei zähen Werkstoffen $K = R_e$ und bei spröden $K = R_m$ bzw. σ_{dB} zu setzen. Als Sicherheit gegen Verformen wird $S_F = 1{,}2 \dots 2{,}0$ gegen Bruch $S_B = 2{,}0 \dots 4{,}0$ und gegen Instabilität $S_K = 1{,}5 \dots 4{,}0$ angenommen.

Ungleichmäßige Spannungsverteilung. Über den Querschnitt ungleichmäßig verteilte Spannungen entstehen einerseits durch den Grundbeanspruchungszustand bei Biegung und Torsion und andererseits durch Kerben in der Konstruktion. Für die Festigkeitsbewertung ist die Fähigkeit des Werkstoffs zur Umlagerung der Spannungen entscheidend. Der Einfluss der Gestalt des Bauteils (z.B. durch Kerben) wird in Abschn. 29.4 und 29.5 behandelt.

Bei spröden Werkstoffen ist im Falle der Biegung in Gl. (19.23) $K = \sigma_{\text{db}}$ (Biegebruchsicherheit) zu setzen, im Fall der Torsionsbeanspruchung gilt $K \approx R_m$. Bei zusammengesetzten Beanspruchungen ist K aus den Formeln für Vergleichsspannungen (s. Abschn. 19.3) zu ermitteln.

Bei *zähen Werkstoffen* kann im Fall der reinen Biegung – auf die im Folgenden beschränkt werden soll – in Gl. (19.23) $K = R_e$ gesetzt werden; man sieht also in erster Näherung die Verformungen bereits als unzulässig an, wenn die Faser mit der größten Spannung zu fließen beginnt. Da jedoch alle anderen Fasern noch im elastischen Bereich liegen, wird die Außenfaser aufgrund der Stützwirkung der Innenfasern am ausgeprägten Fließen gehindert, d. h., es treten noch keine unzulässig großen Verformungen auf. Man lässt daher zur besseren Ausnutzung des Querschnitts eine weitere Ausbreitung der Fließspannungen über den Querschnitt zu, bis die Randfaser eine bleibende Dehnung von 0,2 % erreicht hat (Abb. 19.8c; Formdehngrenzenverfahren [6–10]).

Erst bei Ausdehnung der Fließspannungen über den gesamten Querschnitt setzen wirklich unzulässig große Verformungen ein (Abb. 19.8d). Zum Beispiel beträgt das gerade noch elastisch aufnehmbare Biegemoment nach Abb. 19.8b bei Rechteckquerschnitt $M_{b1} = \sigma_F bh^2/6$, während das Tragmoment im vollplastischen Zustand nach Abb. 19.8b $M_{b3} = \sigma_F bh^2/4$ ist, d. h. $M_{b3} = 1,5 \cdot M_{b1}$. In Wirklichkeit ist das übertragbare Moment bis zum Bruch infolge des Verfestigungsbereichs noch größer – allerdings bei unzulässig großen Verformungen. Das Verhältnis von $n_{vpl} = M_{b3}/M_{b1}$ wird vollplastische Stützziffer genannt und ist Grundlage des Traglastverfahrens im Stahlbau.

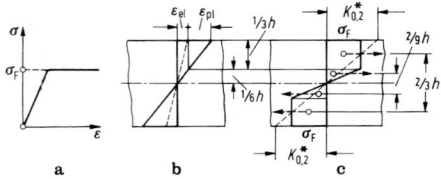

Abb. 19.9 Formdehngrenze. **a** Idealisiertes Spannungs-Dehnungs-Diagramm; **b** Dehnungen; **c** Spannungen

Nach dem *Formdehngrenzenverfahren* kann man in Gl. (19.23) den Wert $K = K_{0,2}^*$ setzen. Dabei ist der Formdehngrenzwert $K = K_{0,2}^*$ eine fiktive Ersatzspannung nach der Elastizitätstheorie, die (z. B. im Fall von Biegung) dasselbe Tragmoment liefert wie die wirklichen Spannungen bei einer bleibenden Dehnung der Randfaser von 0,2 %. Hierbei wird das Ebenblei-

Tab. 19.1 Dehngrenzenverhältnisse $\delta_{0,2}$

Konstruktionsteil	Querschnittsform	$\delta_{0,2}$	
		$\sigma_F = 300\ \mathrm{N/mm^2}$	$R_{p0,2} = 500\ \mathrm{N/mm^2}$
gerade Stäbe bei Biegung		1,40	1,30
		1,55	1,40
		1,75	1,55
		1,15	1,10
zylindrische Hohlstäbe bei Verdrehung	r_i/r_a		
	0	1,30	1,20
	0,4	1,25	1,17
	0,8	1,10	1,07
rotierende Scheibe mit Bohrung	r_i/r_a		
	0,2	2,00	1,70
	0,4	1,46	1,60
	0,6	1,26	1,35
	0,8	1,10	1,15
Hohlzylinder unter Innendruck	r_a/r_i		
	1,5	1,45	1,35
	2,0	1,80	1,55
	2,5	1,95	1,65
	3,0	2,05	1,75
gelochter Flachstab unter Zug/Druck	b/d		
	1,0	2,05	1,80
	2,0	2,25	2,00
	4,0	2,55	2,20
	9,0	2,70	2,35

ben der Querschnitte auch im plastischen Bereich vorausgesetzt. Für den Rechteckquerschnitt folgt z. B. bei einer ideal-elastisch-plastischen Spannungs-Dehnungs-Linie nach Abb. 19.9a mit $\sigma_F = 210\,\text{N/mm}^2$, d. h. $\varepsilon_{el} = 210/210\,000 = 0{,}1\%$, bei $\varepsilon_{pl} = 0{,}2\%$ eine Gesamtdehnung $\varepsilon = \varepsilon_{el} + \varepsilon_{pl} = 0{,}3\%$. Damit liegt die Dehnung der Fasern unterhalb der Höhe $h/6$ im elastischen, darüber im plastischen Bereich (Abb. 19.9b), womit sich die Spannungsverteilung nach Abb. 19.9c ergibt. Das Tragmoment ist

$$M_{b,\,el}^* = K_{0,2}^* \frac{bh^2}{6}\,;$$

$$M_{b,\,pl} = M_{b2} = \sigma_F \frac{bh}{3}\frac{2}{3}h + \sigma_F \frac{bh}{12}\frac{2}{9}h$$

$$= \sigma_F \frac{13}{9}\frac{bh^2}{6} = 1{,}44\,\sigma_F \frac{bh^2}{6}\,.$$

Aus $M_{b,\,pl} = M_{b,\,el}^*$ folgt $K_{0,2}^* = 1{,}44 \cdot \sigma_F$. Die Formdehngrenzspannung $K_{0,2}^*$ ist von der Höhe der Fließgrenze und von der Form der Spannungs-Dehnungs-Linie abhängig. Das Dehngrenzenverhältnis $\delta_{0,2} = K_{0,2}^*/\sigma_F$ bzw. $\delta_{0,2} = K_{0,2}^*/R_{p\,0,2}$, auch Stützziffer $n_{0,2}$ [5] genannt, ist dagegen weitgehend von der Größe der Streck- bzw. Fließgrenze unabhängig und nur noch von der Form der Spannungs-Dehnungs-Linie abhängig. In Tab. 19.1 sind die Stützziffern $\delta_{0,2}$ für verschiedene Querschnitte und für zwei typische Spannungs-Dehnungs-Linien angegeben (nach [9]). Für den Festigkeitswert K in Gl. (19.23) gilt dann $K = K_{0,2}^* = \delta_{0,2}\sigma_F = \delta_{0,2}R_{p\,0,2}$.

Sicherheit und zulässige Spannung bei dynamischer Beanspruchung (s. u. a. Abschn. 29.5, 30.2)

19.3 Festigkeitshypothesen und Vergleichsspannungen

Bei mehrachsigen Spannungszuständen ist die Zurückführung auf eine einachsige Vergleichsspannung σ_v erforderlich, da Werkstoffkennwerte für mehrachsige Zustände i. Allg. nicht vorliegen. Die folgenden Festigkeitshypothesen berücksich-

tigen die Art der Ursache des Versagens infolge unterschiedlichen Werkstoffverhaltens.

19.3.1 Normalspannungshypothese

Sie ist anzuwenden, wenn mit einem Trennbruch senkrecht zur Hauptzugspannung zu rechnen ist, d. h. bei spröden Werkstoffen (z. B. Grauguss, aber auch bei Schweißnähten), oder wenn der Spannungszustand die Verformungsmöglichkeit des Werkstoffs einschränkt (z. B. bei dreiachsigem Zug oder stoßartiger Beanspruchung). Für den dreiachsigen (räumlichen) Spannungszustand gilt $\sigma_v = \sigma_1$ (Bestimmung von σ_1 nach Abschn. 19.1.1) und für den zweiachsigen (ebenen) Spannungszustand (s. Abschn. 19.1.1)

$$\sigma_v = \sigma_1 = \frac{1}{2}\left[\sigma_x + \sigma_y + \sqrt{(\sigma_x - \sigma_y)^2 + 4\tau^2}\right].$$

19.3.2 Schubspannungshypothese

Führt Gleitbruch zum Versagen (z. B. bei statischer Zug- und Druckbeanspruchung verformbarer Werkstoffe und bei Druckbeanspruchung spröder Werkstoffe), so können nach Tresca dafür die Hauptschubspannungen als maßgebend angesehen werden. Die Vergleichsspannung σ_v ist dann für den dreiachsigen (räumlichen) Spannungszustand

$$\sigma_v = 2\tau_{max} = \sigma_3 - \sigma_1$$

(wobei $\sigma_1 > \sigma_2 > \sigma_3$, s. Abb. 19.5b; Bestimmung von σ_1 und σ_3 nach Abschn. 19.1.1).

19.3.3 Gestaltänderungsenergiehypothese

Die GE-Hypothese, auch v. Mises-Hypothese genannt, vergleicht die zur Gestaltänderung (nicht Volumenänderung!) aufgrund von Gleitungen zu Beginn des Fließens erforderlichen Arbeiten beim mehrachsigen und einachsigen Spannungszustand und liefert daraus die Vergleichsspannung σ_v. Sie gilt für verformbare Werkstoffe, die

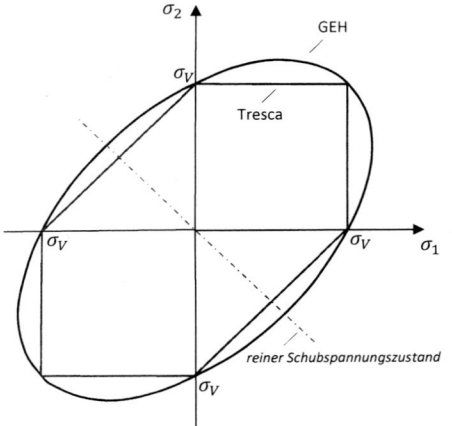

Abb. 19.10 Fließgrenzen nach Tresca und Gestaltänderungsenergiehypothese

bei Auftreten plastischer Deformation versagen, aber auch bei schwingender Beanspruchung mit Versagen durch Dauerbruch. Für den dreiachsigen (räumlichen) Spannungszustand gilt

$$\begin{aligned}\sigma_{\mathrm{v}} &= \frac{1}{\sqrt{2}} \sqrt{(\sigma_1 - \sigma_2)^2 + (\sigma_2 - \sigma_3)^2 + (\sigma_3 - \sigma_1)^2} \\ &= \sqrt{\begin{array}{c}\sigma_x^2 + \sigma_y^2 + \sigma_z^2 - (\sigma_x\sigma_y + \sigma_y\sigma_z + \sigma_x\sigma_z) \\ + 3\left(\tau_{xy}^2 + \tau_{yz}^2 + \tau_{xz}^2\right)\end{array}}\end{aligned}$$

(Bestimmung von $\sigma_1, \sigma_2, \sigma_3$ gemäß Abschn. 19.1.1) und für den zweiachsigen (ebenen) Spannungszustand

$$\begin{aligned}\sigma_{\mathrm{v}} &= \sqrt{\sigma_1^2 + \sigma_2^2 - \sigma_1\sigma_2} \\ &= \sqrt{\sigma_x^2 + \sigma_y^2 - \sigma_x\sigma_y + 3\tau^2} \ .\end{aligned}$$

Für einen reinen Schubspannungszustand mit $\sigma = \sigma_1 = -\sigma_2$ liefert die Gestaltsänderungshypothese also $\sigma_{\mathrm{v}} = \sqrt{3}\sigma$. Für die Schubspannungshypothese nach Tresca ergibt sich $\sigma_{\mathrm{v}} = 2\sigma$, wonach das Bauteil früher versagen würde. Die Anwendung der Schubspannungshypothese ist über den gesamten Bereich konservativ (Abb. 19.10).

19.3.4 Anstrengungsverhältnis nach Bach

Da σ und τ häufig verschiedenen Belastungsfällen (s. Abschn. 29.1) unterliegen, wird τ auf den Belastungsfall von σ umgerechnet. Dazu wird τ durch $\alpha_0\tau$ ersetzt. Das Anstrengungsverhältnis ist $\alpha_0 = \sigma_{\mathrm{Grenz}}/(\varphi\tau_{\mathrm{Grenz}})$. Der Faktor φ ergibt sich für die jeweilige Festigkeitshypothese, wenn $\sigma = 0$ gesetzt wird, d. h. aus

$$\sigma_{\mathrm{v}} = \tau \quad \text{zu } \varphi = 1$$

für die Normalspannungshypothese,

$$\sigma_{\mathrm{v}} = 2\tau \quad \text{zu } \varphi = 2$$

für die Schubspannungshypothese,

$$\sigma_{\mathrm{v}} = \sqrt{3}\tau \quad \text{zu } \varphi = 1{,}73$$

für die GE-Hypothese.

Für den wichtigen Beanspruchungsfall der gleichzeitigen Biegung und Torsion eines Stabs folgt für das Anstrengungsverhältnis aus den Grenzspannungen des Werkstoffs Stahl angenähert

- bei Biegung wechselnd, Torsion ruhend $\alpha_0 \approx 0{,}7$,
- bei Biegung wechselnd, Torsion wechselnd $\alpha_0 = 1{,}0$,
- bei Biegung ruhend, Torsion wechselnd $\alpha_0 \approx 1{,}5$,

während die Vergleichsspannungen die Form

$$\sigma_{\mathrm{v}} = \frac{1}{2}\left[\sigma_{\mathrm{b}} + \sqrt{\sigma_{\mathrm{b}}^2 + 4(\alpha_0\tau_{\mathrm{t}})^2}\right] ,$$

(Normalspannungshypothese)

$$\sigma_{\mathrm{v}} = \sqrt{\sigma_{\mathrm{b}}^2 + 4(\alpha_0\tau_{\mathrm{t}})^2} ,\tag{19.24}$$

(Schubspannungshypothese)

$$\sigma_{\mathrm{v}} = \sqrt{\sigma_{\mathrm{b}}^2 + 4(\alpha_0\tau_{\mathrm{t}})^2}$$

(GE-Hypothese)

annehmen.

Literatur

Spezielle Literatur

1. Leipholz, H.: Einführung in die Elastizitätstheorie. Braun, Karlsruhe (1968)
2. Biezeno, C., Grammel, R.: Technische Dynamik, 2. Aufl. Springer, Berlin (1971)
3. Müller, W.: Theorie der elastischen Verformung. Leipzig: Akad. Verlagsgesell. Geest u. Portig (1959)
4. Neuber, H.: Technische Mechanik, Teil II. Springer, Berlin (1971)
5. Betten, J.: Elastizitäts- und Plastizitätstheorie, 2. Aufl. Vieweg, Braunschweig (1986)
6. Siebel, E.: Neue Wege der Festigkeitsrechnung. VDI – Z. **90**, 135–139 (1948)
7. Siebel, E., Rühl, K.: Formdehngrenzen für die Festigkeitsberechnung. Die Technik **3**, 218–223 (1948)
8. Siebel, E., Schwaigerer, S.: Das Rechnen mit Formdehngrenzen. VDI-Z **90**, 335–341 (1948)
9. Schwaigerer, S.: Werkstoffkennwert und Sicherheit bei der Festigkeitsberechnung. Konstruktion **3**, 233–239 (1951)
10. Wellinger, K., Dietmann, H.: Festigkeitsberechnung, 3. Aufl. Kröner, Stuttgart (1976)

Beanspruchung stabförmiger Bauteile

20

Joachim Villwock und Andreas Hanau

20.1 Zug- und Druckbeanspruchung

20.1.1 Stäbe mit konstantem Querschnitt und konstanter Längskraft

Im Bereich konstanter Längs- oder Normalkraft $F_N = F$ gilt für Spannung, Dehnung und Verschiebung (Abb. 20.1a) $\sigma = F_N/A$; $\varepsilon = du/dx = \Delta l/l = \sigma/E$; $u(x) = (\sigma/E)x$; $u(l) = \Delta l = \varepsilon l = (\sigma/E)l$. Das Hooke'sche Gesetz wird hier und im Folgenden immer als gültig vorausgesetzt. Nach Abschn. 19.1.3 ist die Formänderungsarbeit

$$W = \frac{1}{2}\int \sigma\varepsilon\,dV = \frac{\sigma^2 A l}{2E} = \frac{F_N^2 l}{2EA}\,.$$

Diese Gleichungen gelten für Zug- und Druckkräfte. Bei Druckkräften ist der Nachweis gegen Knicken zusätzlich erforderlich (s. Kap. 25).

20 1.2 Stäbe mit veränderlicher Längskraft

Veränderliche Längskraft F_N tritt z. B. infolge Eigengewicht (Dichte ϱ) auf (Abb. 20.1a). Für

J. Villwock (✉)
Beuth Hochschule für Technik
Berlin, Deutschland
E-Mail: villwock@beuth-hochschule.de

A. Hanau
BSH Hausgeräte GmbH
Berlin, Deutschland
E-Mail: andreas.hanau@bshg.com

Querschnitt $A = \text{const}$ folgt

$$F_N(x) = \varrho g V = \varrho g A(l - x),$$
$$\sigma(x) = \varrho g(l - x)\,,$$
$$u(x) = \int du = \int \varepsilon(x)\,dx$$
$$= \int \left(\frac{1}{E}\right)\varrho g(l - x)\,dx$$
$$= \frac{\varrho g}{E}\frac{lx - x^2}{2} + C\,;$$

$C = 0$ aus $u(x = 0)$, d. h. $\Delta l = u(l) = \varrho g l^2/(2E)$; Formänderungsarbeit

$$W = \frac{1}{2}\int \sigma\varepsilon\,dV = \frac{1}{2}\int_{x=0}^{l}\frac{\sigma^2}{E}A\,dx = \frac{F_G^2 l}{6EA}\,.$$

20.1.3 Stäbe mit veränderlichem Querschnitt

Die Längskraft $F_N = F$ sei konstant (Abb. 20.1b).

$$\sigma(x) = \frac{F}{A(x)}\,,$$
$$u(x) = \int \varepsilon(x)\,dx = \int \frac{F}{EA(x)}\,dx\,;$$
$$W = \frac{1}{2}\int \sigma\varepsilon\,dV = \frac{1}{2}\int_{x=0}^{l}\frac{F^2}{EA(x)}\,dx\,.$$

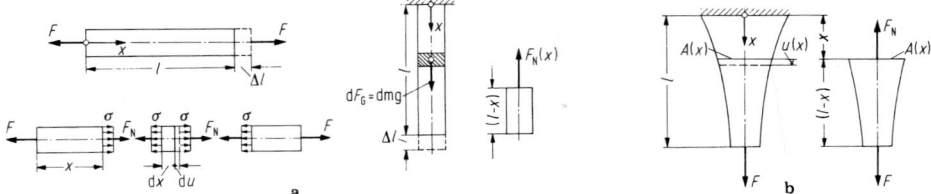

Abb. 20.1 Stab mit **a** konstantem Querschnitt; **b** veränderlichem Querschnitt

20.1.4 Stäbe mit Kerben

Hier gelten zunächst die prinzipiellen Ausführungen über Gestaltfestigkeit und Kerbwirkung (s. Abschn. 29.5). Nennspannung $\sigma_n = F/A_n$, max. Spannung $\sigma_{max} = \alpha_k \sigma_n$ (Werte α_k s. [8]). Bei dynamischer Belastung ist die wirksame Spannung $\sigma_{max, wirks.} = \beta_k \sigma_n$. (Werte β_k oder Berechnung mit bezogenem Spannungsgefälle s. Abschn. 29.4, 29.5). In der neueren Literatur (z. B. in [8]) finden sich auch die Bezeichnungen K_t (anstatt α_k) und K_f (anstatt β_k).

20.1.5 Stäbe unter Temperatureinfluss

Das Hooke'sche Gesetz nimmt die Form $\varepsilon(x) = \sigma(x)/E + \alpha_t \Delta t$ an. Hieraus $u(x) = \int \varepsilon(x)\mathrm{d}x$ bzw. für $\sigma =$ const: $u(l) = \Delta l = (\sigma/E + \alpha_t \Delta t)l$; α_t Temperaturausdehnungskoeffizient: (Stahl $1{,}2 \cdot 10^{-5}$, Gusseisen $1{,}05 \cdot 10^{-5}$, Aluminium $2{,}4 \cdot 10^{-5}$, Kupfer $1{,}65 \cdot 10^{-5}\mathrm{K}^{-1}$). Wird die Längsausdehnung behindert (z. B. bei Einspannung zwischen starren Wänden, Festhalten durch den Unterbau einer unendlich langen Eisenbahnschiene), so ergibt sich aus $u(l)=0$ die zugehörige Spannung. Ist $A =$ const und damit auch $\sigma =$ const längs des Stabs, so folgt aus $\Delta l = 0$ die Wärmespannung $\sigma = -E\alpha_t \Delta t$. Zum Beispiel wird die Fließgrenze für S 235 mit $\sigma_F = 240\,\mathrm{N/mm^2}$, $E = 2{,}1 \cdot 10^5\,\mathrm{N/mm^2}$ und $\alpha_t = 1{,}2 \cdot 10^{-5}\mathrm{K}^{-1}$ erreicht bei $\Delta t = \sigma_F/(E\alpha_t) = 95{,}2\,\mathrm{K}$.

20.2 Abscherbeanspruchung

Scherbeanspruchung entsteht aufgrund zweier gleich großer, wenig gegeneinander versetzter Kräfte in Bolzen, Stiften, Schrauben, Nieten, Schweißnähten usw. (Abb. 20.2a–d). Dabei sind im Fall von Presspassungen bei Niet-, Stift- und sonstigen Verbindungen die im Niet, Stift usw. auftretenden Biegemomente vernachlässigbar klein, da das umgebende Material die Krümmung der Verbindungselemente verhindert. Es stellt sich ein schwer berechenbarer räumlicher Spannungszustand ein. Bei Bolzen oder Schrauben, die mit Spiel eingebaut werden, ist ein zusätzlicher Nachweis auf Biegung erforderlich. Der Nachweis auf Abscheren erfolgt unter Annahme einer gleichmäßigen Verteilung der Schubspannungen (die bei Erreichen des vollplastischen Zustands bei zähen Werkstoffen auch vorhanden ist; 20.2e):

$$\tau_a = \frac{F}{nmA}$$

$n = 1, 2, 3 \ldots$ ein-, zwei- oder mehrschnittige Verbindung, $m = 1, 2, 3 \ldots$ Anzahl der Niete, Schrauben usw. Ausgehend von der Hypothese der größten Gestaltänderungsenergie, Spezialfall σ_x und τ,

$$\sigma_V = \frac{1}{\sqrt{2}} \sqrt{\sigma_x^2 + 4\tau^2 + \tfrac{1}{2}\sigma_x^2 + \tfrac{1}{2}\left(\sigma_x^2 + 4\tau^2\right)}$$
$$= \sqrt{\sigma_x^2 + 3\tau^2}$$

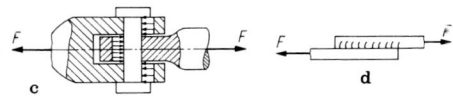

Abb. 20.2 Abscherbeanspruchungen

kann für den reinen Schubspannungsfall τ mit $\sigma_V = \sqrt{3}\tau$, bzw. $\tau = \sigma_V/\sqrt{3}$ die zulässige Scherspannung im Maschinenbau für zähe Werkstoffe ermittelt werden zu:

$$\{\tau_a\}_{zul} = \frac{\sigma_V}{\sqrt{3}S} \text{ mit } \{\tau_a\} = \tau \,,$$

mit $S \approx 1{,}5$ bei statischer, $S \approx 2{,}0$ bei schwellender und wechselnder Beanspruchung.

20.3 Flächenpressung und Lochleibung

Zwei gegeneinander gedrückte und einander flächenhaft berührende Teile stehen unter Flächenpressung (punktförmige Berührung s. Kap. 22).

20.3.1 Ebene Flächen

Die Verteilung der Pressung hängt von der Steifigkeit der einander berührenden Körper ab. Näherungsweise wird mit dem Mittelwert (Abb. 20.3a)

$$\sigma_p = \frac{F_n}{A} \quad \text{bzw.} \quad \sigma_p = \frac{F_n}{A_{proj}}$$

gerechnet. A_{proj} ist die auf die Senkrechte zur Kraftrichtung projizierte Fläche. So gilt für den Keil nach Abb. 20.3a

$$\sigma_{p1} = \frac{F_1}{A_1} = \frac{F_1}{A/\sin\alpha}$$

und wegen $F_1/F_n = \sin\beta/\sin(\alpha+\beta)$ somit

$$\sigma_{p1} = \frac{F_n \sin\alpha \sin\beta}{A \sin(\alpha+\beta)} = \frac{F_n}{A(\cot\alpha + \cot\beta)}$$
$$= \frac{F_n}{A_{1\,proj} + A_{2\,proj}} = \frac{F_n}{A_{proj}} \,;$$

entsprechend gilt auch $\sigma_{p2} = F_2/A_2 = F_n/A_{proj}$.

Die zulässige Flächenpressung ist stark vom Belastungsfall (statisch, schwellend, wechselnd) abhängig. Maßgebend ist die Festigkeit des schwächeren Teils. Anhaltswerte für $\sigma_{p,\,zul}$: für zähe Werkstoffe $\sigma_{p,\,zul} \approx \sigma_{dF}/1{,}2$ bei ruhender und $\sigma_{p,\,zul} \approx \sigma_{dF}/2{,}0$ bei schwellender Beanspruchung, für spröde Werkstoffe $\sigma_{p,\,zul} \approx \sigma_{dB}/2{,}0$ bei ruhender und $\sigma_{p,\,zul} \approx \sigma_{dB}/3{,}0$ bei schwellender Beanspruchung. Im Übrigen ist $\sigma_{p,\,zul}$ von Betriebsbedingungen wie Gleitgeschwindigkeit und Temperatur abhängig (s. Bd. 2, Abschn. 8.5.2).

20.3.2 Gewölbte Flächen

Wellenzapfen. Die über den Umfang veränderliche Pressung wird rechnerisch ersetzt durch die mittlere Pressung auf die Projektionsfläche (Abb. 20.3b):

$$\sigma_p = \frac{F}{A_{proj}} = \frac{F}{dl}$$

$\sigma_{p,\,zul}$ je nach Betriebsbedingungen (z. B. 2 bis 30 N/mm^2 für große Diesel- bzw. kleine Otto-Motoren, vgl. Bd. 2, Kap. 12).

Bolzen, Stifte, Niete, Schrauben. Flächenpressung wird bei Nieten und Schrauben auch als Lochleibung bezeichnet. Es gilt (Abb. 20.2b,c,e), wiederum bezogen auf die Projektionsfläche,

$$\sigma_p = \sigma_l = \frac{F}{A} = \frac{F}{ds}$$

F auf die Übertragungsfläche A entfallender Kraftanteil, s Dicke des Materials. Im Maschinenbau $\sigma_{p,\,zul}$ wie bei ebenen Flächen.

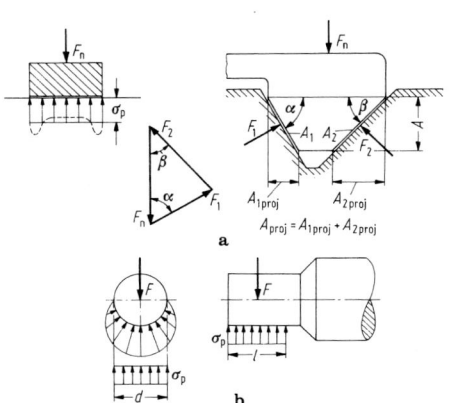

Abb. 20.3 Flächenpressung. **a** Ebene Flächen; **b** Wellenzapfen

20.4 Biegebeanspruchung

20.4.1 Schnittlasten: Normalkraft, Querkraft, Biegemoment

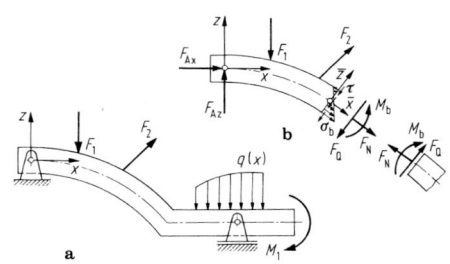

Abb. 20.5 Schnittlasten

Stabförmige Körper, wie Balken oder Träger mit gerader, gekrümmter oder abgewinkelter Achse, die von Auflagerreaktionen im Gleichgewicht gehalten werden (s. Abschn. 12.6), tragen die äußere Belastungen (Einzelkräfte, Streckenlasten, Einzelmomente) durch innere Normal- und Schubspannungen zu den Auflagern hin ab (in Abb. 20.5a,b für den ebenen Fall). Die Resultierenden dieser Spannungen ergeben in der Ebene die drei Schnittlasten M_b, F_Q, F_N, d. h. ein Biegemoment, dessen Momentenvektor in $\bar{y}$-Richtung gerichtet ist, eine Querkraft senkrecht und eine Normal- oder Längskraft tangential zur Balkenachse. Querkräfte und Biegemomente sind positiv, wenn am linken Schnittufer ihre Vektoren entgegengesetzt zu den positiven Koordinatenrichtungen $\bar{y}$ und $\bar{z}$ gerichtet sind; Normalkraft (und Torsionsmoment), wenn ihre Vektoren in positiver Koordinatenrichtung $\bar{x}$ gerichtet sind (s. Abb. 20.4 für den räumlichen Fall und Abb. 20.5 für den ebenen Fall).

Für das linke (positive) Schnittufer zeigt die äußere Flächennormale in positive Koordinatenrichtung. Das rechte (negative) Schnittufer ist dementsprechend dadurch gekennzeichnet, dass die äußere Flächennormale in negative Koordinatenrichtung weist.

Es sei darauf hingewiesen, dass in der aktuellen Literatur auch andere Vorzeichenkonventio-

nen gebräuchlich sind, für die sämtliche Schnittgrößen - also auch Biegemomente und Querkräfte - am linken Schnittufer positiv definiert sind, wenn sie in positive Koordinatenrichtung weisen. In diesem Fall müssen dann entsprechend geänderte Vorzeichen bei den Bestimmungsgleichungen für die Spannungen beachtet werden (z. B. Gl. (20.6))

Nach dem Newton'sches Axiom von „actio = reactio" sind die positiven Schnittlasten am rechten Schnittufer entgegengesetzt zu denen am linken Schnittufer anzusetzen (Abb. 20.5b).

In der Ebene werden die drei Schnittlasten aus den drei Gleichgewichtsbedingungen am freigemachten Teilträger berechnet:

$$\sum F_{i\bar{x}} = 0 , \quad \sum F_{i\bar{z}} = 0 , \quad \sum M_i = 0 . \tag{20.1}$$

In der Regel wird hierbei $\sum M_i = 0$ bezüglich der Schnittstelle gebildet, damit die Unbekannten F_Q und F_N nicht in diese Gleichung eingehen. Im Raum stehen sechs Gleichgewichtsbedingungen für sechs Schnittlasten zur Verfügung (s. Abschn. 20.4.4). Voraussetzung für die einfache Berechnung ist die statische Bestimmtheit der Systeme (s. Abschn. 12.7). In diesem Fall sind die Schnittlasten also unabhängig von den Materialeigenschaften.

20.4.2 Schnittlasten am geraden Träger in der Ebene

Beispiel

Für die Kettenradwelle (Abb. 20.6a) ist die Querkraft- und Momentenlinie zu ermitteln. – Aus $\sum M_{iB} = 0$ folgt zunächst $F_{Az} =$

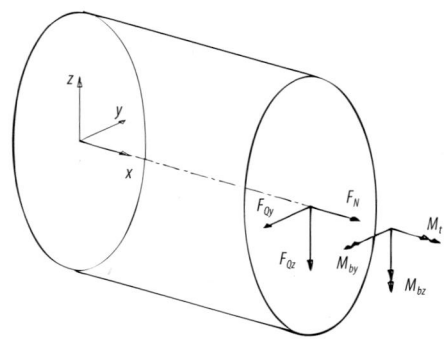

Abb. 20.4 Vorzeichenkonverktion nach [1]

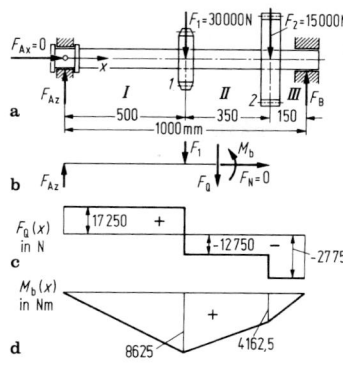

Abb. 20.6 Kettenradwelle, Schnittlasten

17 250 N und aus $\sum M_{iA} = 0$ die Auflagerkraft $F_B = 27750$ N. Ein Schnitt im Bereich II (Abb. 20.6b) liefert aus $\sum F_{iz} = 0 = F_{Az} - F_1 - F_Q$ die Querkraft $F_Q = -12750$ N. Durch entsprechende Schnitte folgt im Bereich I der Wert $F_Q = 17\,250$ N und im Bereich III der Wert $F_Q = -27\,750$ N. Querkraftlinie $F_Q(x)$ („Treppenkurve") s. Abb. 20.6c. Biegemomente an den Stellen 1 und 2 erhält man durch Schnitt in diesen Stellen aus $\sum M_{i1} = 0 = -F_{Az} \cdot 0,5\,\text{m} + M_{b1}$ zu $M_{b1} = 8625$ Nm und aus $\sum M_{i2} = 0 = -F_{Az} \cdot 0,85\,\text{m} + F_1 \cdot 0,35\,\text{m} + M_{b2}$ zu $M_{b2} = 4162,5$ Nm. Die geradlinigen Verbindungen dieser Werte untereinander und mit den Nullstellen an den Auflagern ergeben die Biegemomentenlinie $M_b(x)$ (Abb. 20.6d). ◀

Träger mit Streckenlasten (Abb. 20.7). Wie beim Träger mit Einzellasten ist – abgesehen vom Einfeldträger mit durchgehender Streckenlast – die Einteilung in Abschnitte erforderlich. Legt

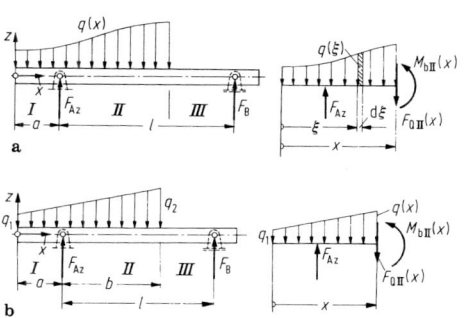

Abb. 20.7 Träger mit Streckenlasten. **a** beliebig; **b** linear

man in jedem Abschnitt einen Schnitt, so folgt z. B. für Abschnitt *II* (Abb. 20.7a) aus

$$\sum F_{iz} = 0 = -\int_0^x q(\xi)\mathrm{d}\xi + F_{Az} - F_{QII}(x)$$

$$F_{QII}(x) = F_{Az} - f(x) \qquad (20.2)$$

und hieraus wegen $M_b'(x) = F_Q(x)$

$$M_{bII}(x) = \int F_{QII}(x)\mathrm{d}x$$

$$= F_{Az}x - \int f(x)\mathrm{d}x + C . \qquad (20.3)$$

Die Konstante C folgt aus $M_{bII}(x = a) = M_{bA}$, wobei M_{bA} aus Berechnung des Abschnitts I bekannt ist. Das Biegemoment ist gleich dem Inhalt der Querkraftfläche zuzüglich dem Anfangswert M_{bA}. Aus Gl. (20.2) folgt durch Differentiation und anschließende Integration

$$\frac{\mathrm{d}F_Q}{\mathrm{d}x} = F_Q'(x) = M_b''(x) = -q(x) ,$$

$$F_Q(x) = M_b'(x) = -\int q(x)\mathrm{d}x = f(x) + C_1,$$

$$M_b(x) = \int F_Q(x)\mathrm{d}x = g(x) + C_1 x + C_2 .$$

$$(20.4)$$

Gleichung (20.4) erlaubt anstelle der Gln. (20.2) und (20.3) die Querkraft $F_Q(x)$ und das Biegemoment $M_b(x)$ zu berechnen. Die Konstanten C_1 und C_2 folgen aus

$$F_{QII}(x = a) = F_{QI}(x = a) + F_{Az} \quad \text{und}$$

$$M_{bII}(x = a) = M_{bI}(x = a) ,$$

wobei $F_{QI}(x = a)$ und $M_{bI}(x = a)$ aus der Berechnung des Abschnitts I bekannt sind. Sind die Streckenlasten konstante oder linear steigende Geraden (Abb. 20.7b), so gilt z. B. für Abschnitt *II*

$$q(x) = q_1 + \frac{q_2 - q_1}{(a + b)} x ,$$

$$F_{QII}(x) = F_{Az} - q_1 x - \frac{q_2 - q_1}{(a + b)} \frac{x^2}{2} ,$$

$$M_{bII}(x) = F_{Az}(x - a) - q_1 \frac{x^2}{2} - \frac{q_2 - q_1}{(a + b)} \frac{x^3}{6} .$$

Bei linear zunehmender bzw. konstanter Streckenlast sind die Biegemomentenlinien Parabeln 3. bzw. 2. Grades.

20.4.3 Schnittlasten an gekrümmten ebenen Trägern

Gekrümmte ebene Träger. Beim geschlitzten Kreisringträger (Kolbenring) unter konstanter Radialbelastung q (Abb. 20.8a) liefert ein Schnitt unter dem Winkel φ im mitlaufenden Koordinatensystem $\bar{x}$, $\bar{y}$, $\bar{z}$ gemäß Abb. 20.8b.

$$\sum F_{i\bar{x}} = 0 = \int_0^\varphi qr \sin(\varphi - \psi)\mathrm{d}\psi + F_\mathrm{N}(\varphi) ,$$

$$F_\mathrm{N}(\varphi) = -qr(1 - \cos\varphi) ;$$

$$\sum F_{i\bar{z}} = 0 = -\int_0^\varphi qr \cos(\varphi - \psi)\mathrm{d}\psi - F_\mathrm{Q}(\varphi) ,$$

$$F_\mathrm{Q}(\varphi) = -qr \sin\varphi ;$$

$$\sum M_i = 0 = \int_0^\varphi qr^2 \sin(\varphi - \psi)\mathrm{d}\psi + M_\mathrm{b}(\varphi) ,$$

$$M_\mathrm{b}(\varphi) = -qr^2(1 - \cos\varphi) .$$

Grafische Darstellung der Schnittlasten s. Abb. 20.8c.

20.4.4 Schnittlasten an räumlichen Trägern

Bei statischer Bestimmtheit stehen im Raum sechs Gleichgewichtsbedingungen zur Verfügung. Daraus ergeben sich die sechs Schnittlasten F_N, $F_{\mathrm{Q}\bar{y}}$, $F_{\mathrm{Q}\bar{z}}$, $M_{\mathrm{b}\bar{y}}$, $M_{\mathrm{b}\bar{z}}$, M_t.

20.4.5 Biegespannungen in geraden Balken

Einfache Biegung. Hierunter versteht man die Wirkung aller Lasten parallel zu einer Querschnittsachse, die gleichzeitig Hauptachse – s. Gl. (20.15) – ist. Handelt es sich um die z-Achse, so gibt es infolge der Lasten in z-Richtung nur Biegemomente $M_{\mathrm{b}y}$ (Abb. 20.9a). Unter den Voraussetzungen, dass die Lastebene durch den Schubmittelpunkt M geht (s. Abschn. 20.4.6), das Hooke'sche Gesetz $\sigma = E\varepsilon$ gilt und die Querschnitte eben bleiben, d. h. die Verwölbungen der Querschnitte infolge der Schubspannungen vernachlässigbar klein sind (Bernoulli'sche Hypothese), folgt

$$\sigma = E\varepsilon = mz \qquad (20.5)$$

und damit aus den Gleichgewichtsbedingungen

$$\sum F_{ix} = 0 = \int \sigma \,\mathrm{d}A = \int mz \,\mathrm{d}A ,$$

$$\int z \,\mathrm{d}A = 0 ,$$

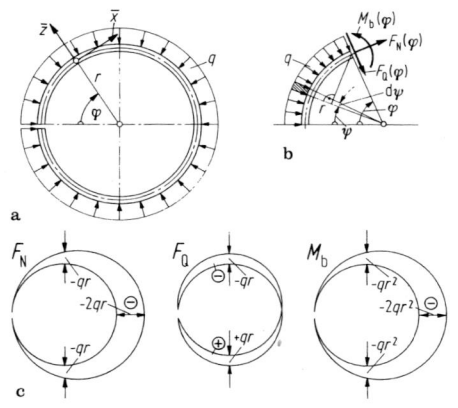

Abb. 20.8 Kolbenring, Schnittlasten

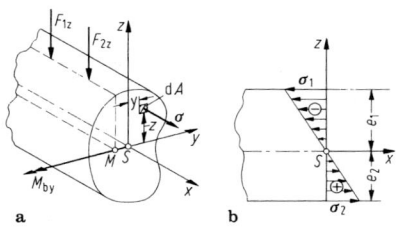

Abb. 20.9 Biegespannungen

d. h., die Spannungsnulllinie geht durch den Schwerpunkt, und

$$\sum M_{iz} = 0 = \int \sigma y\, dA = \int myz\, dA\,,$$

$$\int yz\, dA = I_{yz} = 0\,,$$

d. h., das biaxiale Flächenmoment I_{yz} muss Null, bzw. y und z müssen Hauptachsen sein.

Ferner gilt

$$M_{by} = M_b = -\int \sigma z\, dA = -\int mz^2 dA$$

$$= -m \int z^2 dA = -mI_y\,;$$

I_y axiales Flächenmoment 2. Grades. Mit $m = -M_b/I_y$ folgt aus Gl. (20.5)

$$\sigma = -\frac{M_b}{I_y}\, z\,. \qquad (20.6)$$

Die Biegespannungen nehmen also linear mit dem Abstand von der Nulllinie zu. Die Extremalspannungen ergeben sich für $z = e_1$ und $z = -e_2$ (Abb. 20.8b) zu

$$\sigma_1 = -\frac{M_b}{W_{y1}} \quad \text{und} \quad \sigma_2 = +\frac{M_b}{W_{y2}}\,. \qquad (20.7)$$

$$W_{y1} = W_{b1} = \frac{I_y}{e_1} \quad \text{und} \quad W_{y2} = W_{b2} = \frac{I_y}{e_2} \qquad (20.8)$$

sind die (axialen) Widerstandsmomente gegen Biegung (s. Tab. 20.1). Die absolut größte Biegespannung folgt für $W_{y\text{min}}$ zu

$$\sigma_{\text{max}} = \frac{|M_b|}{W_{y\,\text{min}}}\,. \qquad (20.9)$$

Bei zur y-Achse symmetrischen Querschnitten ist $e_1 = e_2$ und $W_{y1} = W_{y2} = W_y$.

Flächenmomente 2. Grades. In der allgemeinen Balkenbiegungstheorie werden folgende Flä-

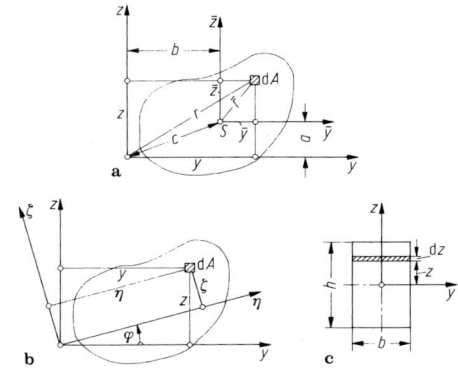

Abb. 20.10 Flächenmomente für **a** parallele Achsen; **b** gedrehte Achsen; **c** Rechteckquerschnitt

chenmomente 2. Grades benötigt (Abb. 20.10a):

$$I_y = \int z^2\, dA,\quad I_z = \int y^2\, dA;$$

$$I_{yz} = \int yz\, dA\,;$$

$$I_p = \int r^2\, dA = \int (y^2 + z^2)\, dA = I_y + I_z\,. \qquad (20.10)$$

Die axialen Flächenmomente I_y, I_z und das polare Flächenmoment I_p sind stets positiv, das biaxiale Flächenmoment (Zentrifugalmoment) I_{yz} kann positiv, negativ oder Null sein.

Trägheitsradien:

$$i_y = \sqrt{\frac{I_y}{A}},\quad i_z = \sqrt{\frac{I_z}{A}},\quad i_p = \sqrt{\frac{I_p}{A}}\,. \qquad (20.11)$$

Sätze von Steiner: Für zueinander parallele Achsensysteme y, z und $\bar{y}, \bar{z}$ (Abb. 20.10a) gilt

$$I_y = \int z^2 dA = \int (\bar{z} + a)^2 dA$$

$$= \int \bar{z}^2 dA + 2a \int \bar{z}\, dA + a^2 \int dA$$

$$= I_{\bar{z}} + 2a S_{\bar{y}} + a^2 A\,. \qquad (20.12)$$

Wenn die Achsen $\bar{y}$ und $\bar{z}$ durch den Schwerpunkt gehen, wird das statische Moment $S_{\bar{y}}$ (und ebenso $S_{\bar{z}}$) zu Null, und es folgen (für die anderen

Tab. 20.1 Axiale Flächenmomente 2. Grades und Widerstandsmomente

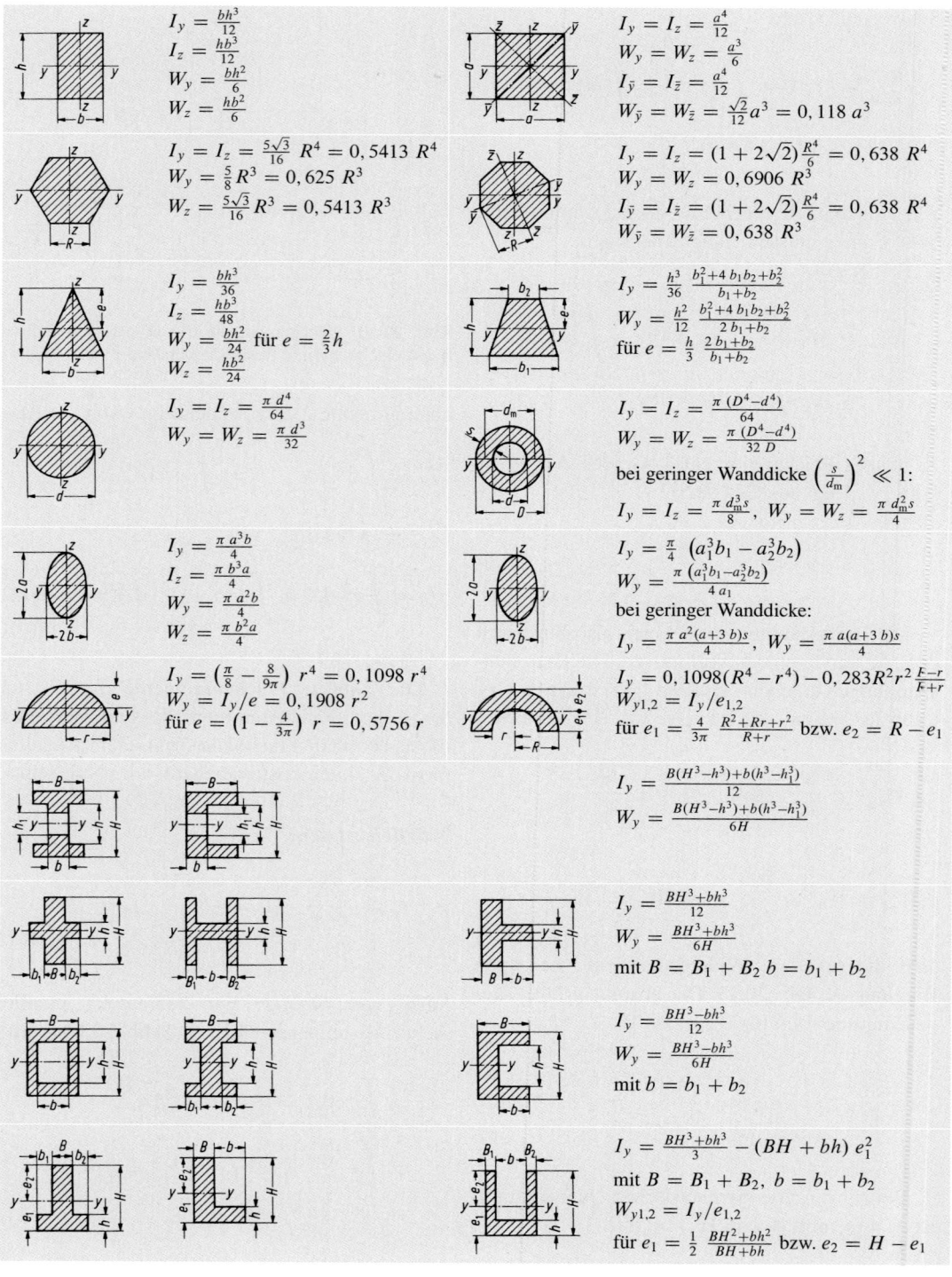

$$I_y = \frac{bh^3}{12}$$
$$I_z = \frac{hb^3}{12}$$
$$W_y = \frac{bh^2}{6}$$
$$W_z = \frac{hb^2}{6}$$

$$I_y = I_z = \frac{a^4}{12}$$
$$W_y = W_z = \frac{a^3}{6}$$
$$I_{\bar{y}} = I_{\bar{z}} = \frac{a^4}{12}$$
$$W_{\bar{y}} = W_{\bar{z}} = \frac{\sqrt{2}}{12}a^3 = 0,118\ a^3$$

$$I_y = I_z = \frac{5\sqrt{3}}{16}R^4 = 0,5413\ R^4$$
$$W_y = \frac{5}{8}R^3 = 0,625\ R^3$$
$$W_z = \frac{5\sqrt{3}}{16}R^3 = 0,5413\ R^3$$

$$I_y = I_z = (1+2\sqrt{2})\frac{R^4}{6} = 0,638\ R^4$$
$$W_y = W_z = 0,6906\ R^3$$
$$I_{\bar{y}} = I_{\bar{z}} = (1+2\sqrt{2})\frac{R^4}{6} = 0,638\ R^4$$
$$W_{\bar{y}} = W_{\bar{z}} = 0,638\ R^3$$

$$I_y = \frac{bh^3}{36}$$
$$I_z = \frac{hb^3}{48}$$
$$W_y = \frac{bh^2}{24}\ \text{für}\ e = \tfrac{2}{3}h$$
$$W_z = \frac{hb^2}{24}$$

$$I_y = \frac{h^3}{36}\frac{b_1^2+4\,b_1b_2+b_2^2}{b_1+b_2}$$
$$W_y = \frac{h^2}{12}\frac{b_1^2+4\,b_1b_2+b_2^2}{2\,b_1+b_2}$$
$$\text{für}\ e = \frac{h}{3}\frac{2\,b_1+b_2}{b_1+b_2}$$

$$I_y = I_z = \frac{\pi\,d^4}{64}$$
$$W_y = W_z = \frac{\pi\,d^3}{32}$$

$$I_y = I_z = \frac{\pi\,(D^4-d^4)}{64}$$
$$W_y = W_z = \frac{\pi\,(D^4-d^4)}{32\,D}$$
bei geringer Wanddicke $\left(\frac{s}{d_m}\right)^2 \ll 1$:
$$I_y = I_z = \frac{\pi\,d_m^3 s}{8},\ W_y = W_z = \frac{\pi\,d_m^2 s}{4}$$

$$I_y = \frac{\pi\,a^3 b}{4}$$
$$I_z = \frac{\pi\,b^3 a}{4}$$
$$W_y = \frac{\pi\,a^2 b}{4}$$
$$W_z = \frac{\pi\,b^2 a}{4}$$

$$I_y = \frac{\pi}{4}\left(a_1^3 b_1 - a_2^3 b_2\right)$$
$$W_y = \frac{\pi\,(a_1^3 b_1 - a_2^3 b_2)}{4\,a_1}$$
bei geringer Wanddicke:
$$I_y = \frac{\pi\,a^2(a+3\,b)s}{4},\ W_y = \frac{\pi\,a(a+3\,b)s}{4}$$

$$I_y = \left(\frac{\pi}{8} - \frac{8}{9\pi}\right)r^4 = 0,1098\ r^4$$
$$W_y = I_y/e = 0,1908\ r^2$$
$$\text{für}\ e = \left(1 - \frac{4}{3\pi}\right)r = 0,5756\ r$$

$$I_y = 0,1098(R^4-r^4) - 0,283R^2 r^2 \frac{R-r}{R+r}$$
$$W_{y1,2} = I_y/e_{1,2}$$
$$\text{für}\ e_1 = \frac{4}{3\pi}\frac{R^2+Rr+r^2}{R+r}\ \text{bzw.}\ e_2 = R - e_1$$

$$I_y = \frac{B(H^3-h^3)+b(h^3-h_1^3)}{12}$$
$$W_y = \frac{B(H^3-h^3)+b(h^3-h_1^3)}{6H}$$

$$I_y = \frac{BH^3+bh^3}{12}$$
$$W_y = \frac{BH^3+bh^3}{6H}$$
mit $B = B_1 + B_2$ $b = b_1 + b_2$

$$I_y = \frac{BH^3-bh^3}{12}$$
$$W_y = \frac{BH^3-bh^3}{6H}$$
mit $b = b_1 + b_2$

$$I_y = \frac{BH^3+bh^3}{3} - (BH+bh)\,e_1^2$$
mit $B = B_1 + B_2$, $b = b_1 + b_2$
$$W_{y1,2} = I_y/e_{1,2}$$
$$\text{für}\ e_1 = \frac{1}{2}\frac{BH^2+bh^2}{BH+bh}\ \text{bzw.}\ e_2 = H - e_1$$

Flächenmomente analog) die Steiner'schen Sätze

$$I_y = I_{\bar{y}} + a^2 A , \qquad I_z = I_{\bar{z}} + b^2 A ,$$
$$I_{yz} = I_{\bar{y}\bar{z}} + abA , \qquad I_p = I_{\bar{p}} + c^2 A . \qquad (20.13)$$

Für $a = b = c = 0$ gehen die Achsen y und z durch den Schwerpunkt, und die axialen und polaren Flächenmomente 2. Grades werden zu einem Minimum. Diese Gleichungen dienen zur Berechnung der Flächenmomente zusammengesetzter Querschnitte mit bekannten Einzelflächenmomenten.

Drehung des Koordinatensystems. Für ein gedrehtes Koordinatensystem η, ζ (Abb. 20.10b) gilt

$$\eta = y \cos\varphi + z \sin\varphi ,$$
$$\zeta = z \cos\varphi - y \sin\varphi ,$$
$$I_\eta = \int \zeta^2 \mathrm{d}A$$
$$= \frac{I_y + I_z}{2} + \frac{I_y - I_z}{2} \cos 2\varphi - I_{yz} \sin 2\varphi ,$$
$$I_\zeta = \int \eta^2 \mathrm{d}A$$
$$= \frac{I_y + I_z}{2} - \frac{I_y - I_z}{2} \cos 2\varphi + I_{yz} \sin 2\varphi ,$$
$$I_{\eta\zeta} = \int \eta\zeta \, \mathrm{d}A = \frac{I_y - I_z}{2} \sin 2\varphi + I_{yz} \cos 2\varphi .$$
$$(20.14)$$

Diese Gleichungen lassen sich in Form des Mohr'schen Trägheitskreises grafisch darstellen [1]. Hieraus folgen ferner die von φ unabhängigen invarianten Beziehungen $I_\eta + I_\zeta = I_y + I_z$, $I_\eta I_\zeta - I_{\eta\zeta}^2 = I_y I_z - I_{yz}^2$.

Hauptachsen und Hauptflächenmomente 2. Grades. Achsen, für die das biaxiale Moment $I_{\eta\zeta}$ zu Null wird, heißen Hauptachsen *1* und *2*. Ihr Stellungswinkel φ_0 ergibt sich für $I_{\eta\zeta} = 0$ gemäß Gl. (20.14) aus

$$\tan 2\varphi_0 = 2\frac{I_{yz}}{I_z - I_y} . \qquad (20.15)$$

Die zugehörigen Hauptflächenmomente I_1 und I_2 folgen mit φ_0 aus Gl. (20.14) oder direkt

aus

$$I_{1,2} = \frac{1}{2}\left[I_y + I_z \pm \sqrt{(I_y - I_z)^2 + 4I_{yz}^2} \right] . \qquad (20.16)$$

I_1 und I_2 sind das größte und kleinste Flächenmoment 2. Grades eines Querschnitts. Jede Symmetrieachse eines Querschnitts und alle zu ihr senkrechten Achsen sind stets Hauptachsen. Bei Drehung eines Hauptachsensystems um den Winkel β gilt nach Gl. (20.14)

$$\left.\begin{aligned} I_\eta &= \frac{I_1 + I_2}{2} + \frac{I_1 - I_2}{2} \cos 2\beta , \\ I_\zeta &= \frac{I_1 + I_2}{2} - \frac{I_1 - I_2}{2} \cos 2\beta , \\ I_{\eta\zeta} &= \frac{I_1 - I_2}{2} \sin 2\beta . \end{aligned}\right\} \qquad (20.17)$$

Ist für einen Querschnitt $I_1 = I_2$, so folgt aus Gl. (20.17) $I_{\eta\zeta} = 0$ unabhängig von β, d. h., sämtliche Achsen durch den Bezugspunkt sind Hauptachsen, wobei $I_\eta = I_\zeta = I_1 = I_2 = \mathrm{const}$. Die Änderung von I_η und I_ζ gemäß Gl. (20.17) lässt sich grafisch durch die Trägheitsellipse darstellen [1].

Berechnung der Flächenmomente. Für einfache Flächen, deren Berandung mathematisch erfassbar ist, erfolgt die Berechnung durch Integration. Zum Beispiel gilt für den Rechteckquerschnitt nach Abb. 20.10c

$$I_y = \int\limits_{z=-h/2}^{+h/2} bz^2 \mathrm{d}z = \left[\frac{bz^3}{3}\right]_{-h/2}^{+h/2} = \frac{bh^3}{12} .$$

Tab. 20.1 enthält die Flächenmomente 2. Grades wichtiger Querschnitte (s. Tab. 20.8 bis 20.14).

Für zusammengesetzte Querschnitte (Abb. 20.10) folgt mit den Steiner'schen Sätzen nach Gl. (20.10)

$$\begin{aligned} I_y &= \sum \left(I_{\bar{y}i} + a_i^2 A_i \right) , \\ I_z &= \sum \left(I_{\bar{z}i} + b_i^2 A_i \right) , \\ I_{yz} &= \sum \left(I_{\bar{y}\bar{z},i} + a_i b_i A_i \right) . \end{aligned} \qquad (20.18)$$

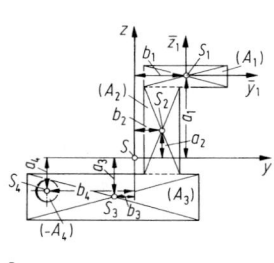 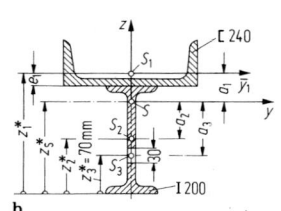 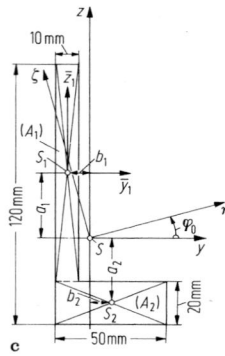

Abb. 20.11 Zusammengesetzte Querschnitte

Hohlräume in Flächen (z. B. Fläche A_4 in Abb. 20.11a) sind durch negatives I und negatives A zu berücksichtigen.

1. Beispiel

Für den Querschnitt nach Abb. 20.11b, bestehend aus Profilen U 240 und I 200 (mit Bohrung $d = 30\,\text{mm}$) berechne man die Schwerpunkthöhe z_s^* und das Flächenmoment 2. Grades I_y. – Aus Profiltabellen entnimmt man die Flächen $A_1 = 4230\,\text{mm}^2$ und $A_2 = 3340\,\text{mm}^2$, sowie das Maß $e_1 = 22{,}3\,\text{mm}$. Dann ergibt sich für die Schwerpunkthöhe gemäß Abschn. 12.10

$$
\begin{aligned}
z_s^* &= \left(\sum z_i^* A_i \right) / A \\
&= (4230 \cdot 222{,}3 + 3340 \cdot 100 \\
&\quad - 7{,}5 \cdot 30 \cdot 70)\,\text{mm}^3 / 7345\,\text{mm}^2 \\
&= 171{,}4\,\text{mm} \,.
\end{aligned}
$$

Damit ergeben sich die Abstände a_i zu

$$
\begin{aligned}
a_1 &= (222{,}3 - 171{,}4)\,\text{mm} = 50{,}9\,\text{mm} \,, \\
a_2 &= (100 - 171{,}4)\,\text{mm} = -71{,}4\,\text{mm} \,, \\
a_3 &= (70 - 171{,}4)\,\text{mm} = -101{,}4\,\text{mm} \,.
\end{aligned}
$$

Nach den Profiltabellen (s. Tab. 20.14 und 20.8) ist

$$
\begin{aligned}
I_{\bar{y}1} &= 248 \cdot 10^4\,\text{mm}^4 \quad \text{und} \\
I_{\bar{y}2} &= 2140 \cdot 10^4\,\text{mm}^4 \,,
\end{aligned}
$$

womit aus Gl. (20.18) folgt

$$
\begin{aligned}
I_y &= \big[248 \cdot 10^4 + 50{,}9^2 \cdot 4230 + 2140 \cdot 10^4 \\
&\quad + 71{,}4^2 \cdot 3340 - 7{,}5 \cdot 30^3 / 12 \\
&\quad - 101{,}4^2 \cdot (7{,}5 \cdot 30) \big]\,\text{mm}^4 \\
&= 4954 \cdot 10^4\,\text{mm}^4 \,. \quad \blacktriangleleft
\end{aligned}
$$

2. Beispiel

Für den Winkelquerschnitt nach Abb. 20.11c sind I_y, I_z, I_{yz}, I_1, I_2, φ_0, i_1, i_2 zu berechnen. – Aufteilung in zwei Flächen $A_1 = 10 \cdot 100\,\text{mm}^2 = 1000\,\text{mm}^2$ und $A_2 = 50 \cdot 20\,\text{mm}^2 = 1000\,\text{mm}^2$ mit $a_1 = 30\,\text{mm}$, $b_1 = -10\,\text{mm}$, $a_2 = -30\,\text{mm}$, $b_2 = 10\,\text{mm}$ ergibt nach Gl. (20.20) mit $I_{\bar{y}} = bh^3/12$ nach Tab. 20.1 für den Rechteckquerschnitt

$$
\begin{aligned}
I_y &= (10 \cdot 100^3 / 12 + 30^2 \cdot 1000 \\
&\quad + 50 \cdot 20^3 / 12 + 30^2 \cdot 1000)\,\text{mm}^4 \\
&= 266{,}7 \cdot 10^4\,\text{mm}^4 , \\
I_z &= (100 \cdot 10^3 / 12 \\
&\quad + 10^2 \cdot 1000 + 20 \cdot 50^3 / 12 \\
&\quad + 10^2 \cdot 1000)\,\text{mm}^4 \\
&= 41{,}7 \cdot 10^4\,\text{mm}^4 \,.
\end{aligned}
$$

Für die Einzelrechtecke ist $I_{\bar{y}\bar{z}} = 0$, da für sie $\bar{y}$ und $\bar{z}$ Hauptachsen sind. Damit ist nach

Gl. (20.18)

$$I_{yz} = \sum a_i b_i A_i$$
$$= \big[30 \cdot (-10) \cdot 1000$$
$$+ (-30) \cdot 10 \cdot 1000 \big] \, \text{mm}^4$$
$$= -60 \cdot 10^4 \, \text{mm}^4 \, .$$

Hauptflächenmomente nach Gl. (20.16)

$$I_{1,2} = 0{,}5 \cdot \left[(266{,}7 + 41{,}7) \cdot 10^4 \right.$$
$$\left. \pm \sqrt{ \begin{array}{l} (266{,}7 - 41{,}7)^2 \cdot 10^8 \\ + 4 \cdot 60^2 \cdot 10^8 \end{array} } \, \right] \text{mm}^4$$
$$= \left(154{,}2 \cdot 10^4 \pm 127{,}5 \cdot 10^4 \right) \text{mm}^4 ;$$
$$I_1 = 281{,}7 \cdot 10^4 \, \text{mm}^4 ;$$
$$I_2 = 26{,}7 \cdot 10^4 \, \text{mm}^4 \, .$$

Stellungswinkel der Hauptachsen nach Gl. (20.15)

$$\varphi_0 = 0{,}5 \cdot \arctan \frac{-2 \cdot 60 \cdot 10^4 \, \text{mm}^4}{(41{,}7 - 266{,}7) \cdot 10^4 \, \text{mm}^4}$$
$$= 14{,}04° \, .$$

Trägheitsradien nach Gl. (20.11)

$$i_1 = \sqrt{281{,}7 \cdot 10^4 / 2000} \, \text{mm} = 37{,}5 \, \text{mm} ;$$
$$i_2 = \sqrt{26{,}7 \cdot 10^4 / 2000} \, \text{mm} = 11{,}6 \, \text{mm} \, . \blacktriangleleft$$

Schiefe Biegung. Liegt die Lastebene nicht parallel zu einer Hauptachse, bzw. wirken Lasten in Richtung beider Hauptachsen (Abb. 20.12a,b), so spricht man von schiefer Biegung. Aus der Belastung je Lastebene ergeben sich Biegemomente, deren zugeordnete Vektoren im Sinne einer Rechtsschraube senkrecht zur Lastebene stehen. Sie sind positiv, wenn sie am linken Schnittufer entgegengesetzt zur positiven Koordinatenrichtung gerichtet sind (Abb. 20.12c,d). Bei nichtsymmetrischen Querschnitten ist die Ermittlung der Biegemomentenvektoren in Richtung der Hauptachsen η, ζ erforderlich. Sind M_{by} und M_{bz} bekannt, so gilt (Abb. 20.13)

$$M_{b\eta} = M_{by} \cos \varphi_0 + M_{bz} \sin \varphi_0 \, ,$$
$$M_{b\zeta} = -M_{by} \sin \varphi_0 + M_{bz} \cos \varphi_0 \, . \quad (20.19)$$

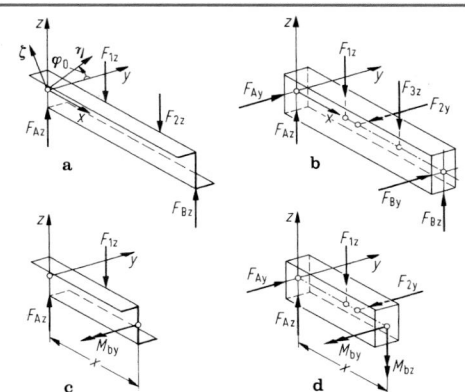

Abb. 20.12 Schiefe Biegung

Unter Voraussetzung linearen Hooke'schen Materialgesetzes $\sigma = E\varepsilon$ und Ebenbleiben der Querschnitte gilt für die Spannungen der Ansatz einer linearen Verteilung $\sigma = a\eta + b\zeta$ und damit für die Biegemomente

$$M_{b\eta} = -\int \sigma \zeta \, dA = -\int \left(a\eta\zeta + b\zeta^2 \right) dA$$
$$= -b I_\eta \, ,$$
$$M_{b\zeta} = +\int \sigma \eta \, dA = +\int \left(a\eta^2 + b\eta\zeta \right) dA$$
$$= a I_\zeta$$

und somit für die Spannungen

$$\sigma = -\frac{M_{b\eta}}{I_\eta} \zeta + \frac{M_{b\zeta}}{I_\zeta} \eta \, . \quad (20.20)$$

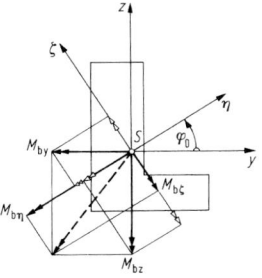

Abb. 20.13 Momentenvektoren in Hauptachsenrichtungen

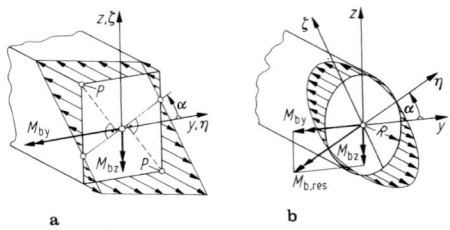

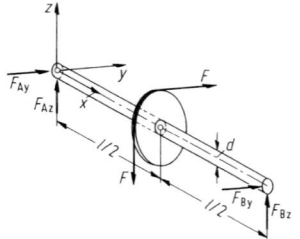

Abb. 20.14 Spannungen bei **a** schiefer Biegung; **b** doppelter Biegung

Abb. 20.15 Welle mit doppelter Biegung

Für die Spannungs-Nulllinie (neutrale Faser) bzw. ihre Steigung folgt aus $\sigma = 0$

$$\zeta = \frac{M_{\mathrm{b}\zeta}}{M_{\mathrm{b}\eta}} \frac{I_\eta}{I_\zeta} \eta \quad \text{bzw.} \quad \tan \alpha = \frac{M_{\mathrm{b}\zeta}}{M_{\mathrm{b}\eta}} \frac{I_\eta}{I_\zeta} .$$
(20.21)

Die maximale Spannung ergibt sich in jedem Punkt P, der den größten Abstand von der Nulllinie hat (Abb. 20.14a). y und z sind dabei mit den Hauptachsen η und ζ identisch.

Doppelte Biegung liegt vor für den Sonderfall des kreisförmigen Querschnitts. Da beim Kreis jede Achse Hauptachse ist, fällt $M_{\mathrm{b,res}} = \sqrt{M_{\mathrm{b}y}^2 + M_{\mathrm{b}z}^2}$ stets in Richtung einer Hauptachse (Abb. 20.14b). Für die Spannungen und ihre Nulllinie gilt dann

$$\sigma = -\frac{M_{\mathrm{b,res}}}{I_\eta} \zeta , \quad \tan \alpha = \frac{M_{\mathrm{b}z}}{M_{\mathrm{b}y}} . \quad (20.22)$$

Die extremalen Biegespannungen ergeben sich für $\zeta = \pm R$ zu

$$\sigma_{\mathrm{extr}} = \mp \frac{M_{\mathrm{b,res}}}{W_\eta} \quad \text{mit} \quad W_\eta = \frac{I_\eta}{R} . \quad (20.23)$$

Träger mit gleicher Biegebeanspruchung. Mit dem Ziel, Gewicht zu sparen, erhalten Träger eine Form, bei der an jeder Stelle in den Randfasern die zulässige Biegebeanspruchung vorhanden ist. Tab. 20.2 zeigt einige Belastungsfälle.

Beispiel

Für die Seilrollenachse nach Abb. 20.15 mit $F = 7500\,\mathrm{N}$, $l = 300\,\mathrm{mm}$ und $d = 50\,\mathrm{mm}$ berechne man $M_{\mathrm{b}y}$, $M_{\mathrm{b}z}$, $M_{\mathrm{b,res}}$, α

und σ_{extr}. – Die Momente ergeben sich zu $M_{\mathrm{b}y} = M_{\mathrm{b}z} = Fl/4 = 562{,}5\,\mathrm{Nm}$. Also wird $M_{\mathrm{b,res}} = \sqrt{562{,}5^2 + 562{,}5^2}\,\mathrm{Nm} = 795{,}4\,\mathrm{Nm}$, $\alpha = \arctan(562{,}5/562{,}5) = 45°$ und mit $W_\eta = \pi d^3/32 = 12\,272\,\mathrm{mm}^3$ dann $\sigma_{\mathrm{extr}} = (795\,400/12\,272)\,\mathrm{N/mm}^2 = 64{,}8\,\mathrm{N/mm}^2$. ◄

20.4.6 Schubspannungen und Schubmittelpunkt am geraden Träger

Schubspannungen. Bei Querkraftbiegung eines Trägers treten in jedem Querschnitt Schubspannungen auf. Ihre Resultierende ist die Querkraft F_{Q} (Abb. 20.16). Die Schubspannungen verlaufen am Rand tangential zur Berandung, da wegen $\tau_{xn} = \tau_{nx}$ (Satz von den zugeordneten Schubspannungen) bei schubbelastungsfreier Oberfläche $\tau_{nx} = \tau_{xn} = 0$ gilt. Unter der Annahme, dass alle Schubspannungen einer Höhe z durch denselben Punkt P gehen und die Komponenten τ_{xz} über die Breite $b(z)$ konstant sind (Abb. 20.16), folgt aus der Gleichgewichtsbedingung für ein

Abb. 20.16 Schubspannungen bei Querkraftbiegung

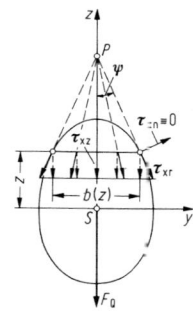

Tab. 20.2 Träger gleicher Biegebeanspruchung

	Belastungsfall	Querschnitte	Querschnittsverlauf, Durchbiegung f des Kraftangriffspunkts
1a			$b(x) = b_0 = $ const $h(x) = h_0 \sqrt{x/l}$ (quadratische Parabel) $h_0 = \sqrt{\dfrac{6Fl}{b_0 \sigma_{zul}}}$ $f = \dfrac{8F}{b_0 E}\left(\dfrac{l}{h_0}\right)^3$
1b			
2			$h(x) = h_0 = $ const $b(x) = b_0 x/l$ (Gerade) $b_0 = \dfrac{6Fl}{h_0^2 \sigma_{zul}}$ $f = \dfrac{6F}{b_0 E}\left(\dfrac{l}{h_0}\right)^3$
3			$d(x) = d_0 \sqrt[3]{x/l}$ (kubische Parabel) $d_0 = \sqrt[3]{\dfrac{32Fl}{\pi \sigma_{zul}}}$ $f = \dfrac{192}{5\pi}\dfrac{F}{d_0 E}\left(\dfrac{l}{d_0}\right)^3$
4	Die Fälle *1* bis *3* gelten auch für beidseitig gelenkig gelagerte Träger der Länge $l' = 2\,l$ unter mittiger Einzelkraft $F' = 2\,F$ (s. a. Abb. 20.20)		
5			$b(x) = b_0 = $ const $h(x) = h_0 \sqrt{x/a_1}$ $h(\bar{x}) = h_0 \sqrt{\bar{x}/a_2}$ (quadratische Parabeln) $h_0 = \sqrt{\dfrac{6Fa_1 a_2}{b_0 l \sigma_{zul}}}$

Trägerelement der Länge dx wegen $\tau_{zx} = \tau_{xz}$ (Abb. 20.17)

$$\sum F_{ix} = 0 = \tau_{xz} b(z)\, dx + \int_{z}^{e_1} \frac{\partial \sigma}{\partial x}\, dx\, dA$$

und mit $\sigma = -(M_b/I_y)\zeta$ nach Gl. (20.6) sowie $dM_b/dx = F_Q$, wenn $I_y = $ const ist,

$$\tau_{xz} = \frac{F_Q}{I_y b(z)} \int_{\zeta=z}^{e_1} \zeta\, dA = \frac{F_Q S_y(z)}{I_y b(z)} \quad \text{mit}$$

$$S_y(z) = \int_{z}^{e_1} \zeta\, dA = \int_{z}^{e_1} \zeta b(\zeta)\, d\zeta \,.$$

$$(20.24)$$

S_y ist hierbei das statische Moment der abgeschnitten gedachten Teilfläche in Bezug auf die

y-Achse. Die größte Schubspannung am Rand (Abb. 20.16) ist dann jeweils $\tau_{xr} = \tau_{xz}/\cos\psi$. In Wirklichkeit sind allerdings die Schubspannungen τ_{xz} über die Breite b infolge der Querdehnung usw. nicht konstant [1, 2]. Im Folgenden werden die Schubspannungsverteilungen für verschiedene Querschnitte ermittelt.

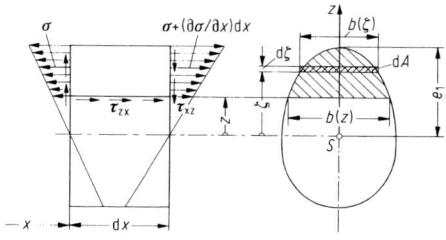

Abb. 20.17 Spannungen am Trägerelement

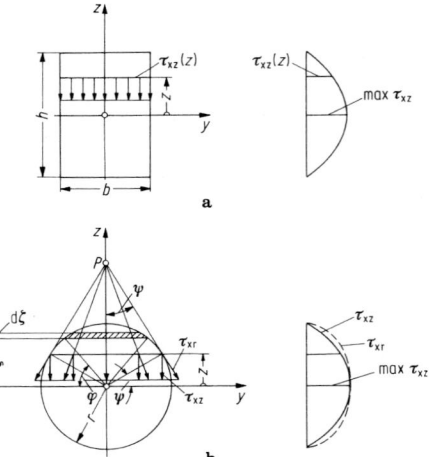

Abb. 20.18 Schubspannungsverteilung bei **a** Rechteckquerschnitt; **b** Kreisquerschnitt

Rechteckquerschnitt (Abb. 20.18a).

$$S_y(z) = \int\limits_z^{h/2} \zeta b \, \mathrm{d}\zeta = \frac{b}{2}\left(\frac{h^2}{4} - z^2\right)$$

$$= \frac{bh^2}{8}\left[1 - \left(\frac{z}{h/2}\right)^2\right];$$

$$\tau_{xz} = \frac{3}{2}\frac{F_Q}{bh}\left[1 - \left(\frac{z}{h/2}\right)^2\right],$$

$$\max \tau = \tau_{xz}(z = 0) = \frac{3}{2}\frac{F_Q}{bh},$$

$$\tau_{xz}\left(z = \pm\frac{h}{2}\right) = 0.$$

Die Schubspannungen verteilen sich parabolisch über die Höhe, die maximale Schubspannung ist $\max \tau = (3/2)\,F_Q/A = (3/2)\,\tau_m$, d. h. 50 % größer als bei gleichförmiger Verteilung. Eine genauere Theorie ergibt eine Zunahme der Schubspannungen am Rand und eine Abnahme in der Mitte. Die maximale Randschubspannung für $z = 0$ folgt aus $\max \tau_{xz}(z = 0) = \frac{3}{2}f\frac{F_Q}{A}$ mit f gemäß

b/h	0,5	1	2	4
f	1,03	1,13	1,40	1,99

Kreisquerschnitt (Abb. 20.18b).
Mit $S_y(z) = \int_z^r \zeta b(\zeta)\,\mathrm{d}\zeta$, $b(\zeta) = 2r\cos\varphi$, $\zeta = r\sin\varphi$, $\mathrm{d}\zeta = r\cos\varphi\,\mathrm{d}\varphi$ folgen

$$S_y(z) = \int\limits_\psi^{\pi/2} 2r^3 \sin\varphi \,\cos^2\varphi \,\mathrm{d}\varphi$$

$$= \left[-\frac{2}{3}r^3\cos^3\varphi\right]_\psi^{\pi/2} = \frac{2}{3}r^3\cos^3\psi,$$

$$\tau_{xz} = \frac{F_Q}{(\pi r^4/4)\,2r\cos\psi}\frac{2}{3}r^3\cos^3\psi$$

$$= \frac{4F_Q\cos^2\psi}{3\pi r^2} = \frac{4}{3}\frac{F_Q}{\pi r^2}\left[1 - \left(\frac{z}{r}\right)^2\right],$$

$$\tau_{xr} = \frac{\tau_{xz}}{\cos\psi} = \frac{4F_Q}{3\pi r^2}\cos\psi$$

$$= \frac{4F_Q}{3\pi r^2}\sqrt{1 - \left(\frac{z}{r}\right)^2}.$$

τ_{xz} verläuft nach einer Parabel über die Höhe, τ_{xr} nach einer Ellipse längs des Rands (Abb. 20.18b). Für $z = 0$ folgt

$$\max \tau_{xz} = \frac{4}{3}\frac{F_Q}{\pi r^2} = \frac{4}{3}\frac{F_Q}{A} = \frac{4}{3}\tau_m.$$

Kreisringquerschnitt.
Mit Innen- bzw. Außenradius r_i und r_a gilt

$$\max \tau_{xz} = \tau_{xz}(z = 0) = k\frac{F_Q}{A}$$

mit

$$k = \frac{4}{3}\frac{r_i^2 + r_i r_a + r_a^2}{r_i^2 + r_a^2}.$$

Für dünnwandige Querschnitte wird mit $r_i \approx r_a \approx r$ der Wert $k = 2,0$.

I-Querschnitt, [-Querschnitt und ähnliche dünnwandige Profile (Abb. 20.19).
Mit $A_1 = b_1 t_1$, $A_2 = b_2 t_2$ und $A = 2A_1 + A_2$ wird

$$I_y = \frac{2b_1 t_1^3}{12} + 2A_1\left(\frac{b_2}{2} + \frac{t_1}{2}\right)^2 + \frac{t_2 b_2^3}{12}.$$

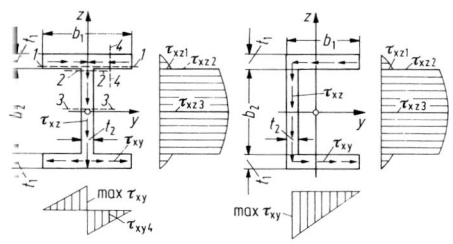

Abb. 20.19 Schubspannungen in dünnwandigen Profilen

$$S_{y1} = A_1 \frac{b_2 + t_1}{2}, \quad \tau_{xz1} = \frac{F_Q S_{y1}}{I_y b_1};$$

$$S_{y2} = A_1 \frac{b_2 + t_1}{2} = S_{y1},$$

$$\tau_{xz2} = \frac{F_Q S_{y1}}{I_y t_2} = \tau_{xz1} \frac{b_1}{t_2};$$

$$S_{y3} = S_{y1} + \frac{A_2 b_2}{8},$$

$$\tau_{xz3} = \frac{F_Q S_{y3}}{I_y t_2} = \max \tau_{xz}.$$

Verlauf der Schubspannungen τ_{xz} s. Abb. 20.19. Während τ_{xz} in den Flanschen sehr klein ist, erreicht τ_{xy} dort beachtliche Größenordnungen. Für Schnitt $4 - 4$ gilt

$$S_{y4} = \frac{b_1}{2 - y} t_1 \frac{b_2 + t_1}{2}, \quad \tau_{xy4} = \frac{F_Q S_{y4}}{I_y t_1}.$$

τ_{xy} erreicht sein Maximum für $y = 0$:

$$\max S_{y4} = b_1 t_1 \frac{b_2 + t_1}{4} = A_1 \frac{b_2 + t_1}{4} = \frac{S_{y1}}{2},$$

$$\max \tau_{xy} = \frac{F_Q S_{y1}}{2 I_y t_1} = \tau_{xz2} \frac{t_2/t_1}{2} \approx \frac{\tau_{xz2}}{2}.$$

Beim [-Profil wird entsprechend $\max \tau_{xy} = \tau_{xz2}(t_2/t_1) \approx \tau_{xz2}$, wenn $t_2 \approx t_1$ ist. In der Praxis genügt meist der Nachweis der maximalen Schubspannungen im Steg nach der Näherungsformel $\max \tau_{xz} = F_Q/A_{Steg}$.

Schubspannungen in Verbindungsmitteln bei zusammengesetzten Trägern. Sollen Profile mittels Gurtplatten oder anderen Profilen verstärkt werden, so sind sie durch Schweißnähte

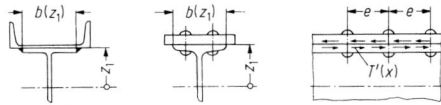

Abb. 20.20 Zusammengesetzte Profile

oder Niete bzw. Schrauben miteinander zu verbinden (Abb. 20.20). Für den Schubfluss $T'(x)$ je Längeneinheit gilt nach Gl. (20.26):

$$T'(x) = \tau(x) b(z_1) = \frac{F_Q S_y(z_1)}{I_y}.$$

Hierbei ist $S_y(z_1)$ das statische Moment des über der Trennfläche liegenden Querschnittsteils bezüglich der Schwerachse des Gesamtquerschnitts und I_y das axiale Flächenmoment 2. Grades des Gesamtquerschnitts.

Die Scherspannungen betragen in den Schweißnähten der Dicke a bzw. in Nieten oder Schrauben mit der Teilung e und der Scherfläche A.

$$\tau_a = \frac{T'}{2a} \quad \text{bzw.} \quad \tau_a = \frac{T' e}{2A}. \tag{20.25}$$

Schubmittelpunkt. Voraussetzung für eine drillungsfreie Querkraftbiegung ist, dass die Lastebene durch den Angriffspunkt der Resultierenden der Schubspannung, d. h. durch den Schubmittelpunkt M, geht (z. B. für Belastung in Richtung der Hauptachse z durch den Punkt im Abstand y_M gemäß Abb. 20.21).

Berechnung der Koordinaten y_M und z_M des Schubmittelpunkts: Da das Moment der Schubflusskräfte gleich dem der Querkraft F_{Qz} um den

Abb. 20.21 Schubmittelpunkt

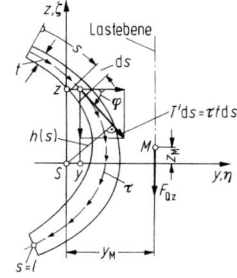

Schwerpunkt sein muss, gilt

$$F_{Qz}\,y_M = \int_0^l T'(s)h(s)\,\mathrm{d}s$$

$$= \int_0^l \left[T'(s)z\cos\varphi\,\mathrm{d}s + T'(s)y\sin\varphi\,\mathrm{d}s\right],$$

$$T'(s) = \frac{F_{Qz}\,S_y(s)}{I_y},$$

$$S_y(s) = \int_0^s z\,\mathrm{d}A = \int_0^s zt\,\mathrm{d}s,$$

$$y_M = \frac{1}{I_y}\int_0^l S_y(s)h(s)\,\mathrm{d}s$$

$$= \frac{1}{I_y}\int_0^l S_y(s)(y\sin\varphi + z\cos\varphi)\,\mathrm{d}s.$$

Hierbei ist $S_y(s)$ das statische Moment des abgeschnitten gedachten Querschnittsteils. Entsprechend ergibt sich bei Kraftwirkung in Richtung der Hauptachse y

$$z_M = -\frac{1}{I_z}\int_0^l S_z(s)\,h(s)\,\mathrm{d}s$$

$$= -\frac{1}{I_z}\int_0^l S_z(s)\,(y\sin\varphi + z\cos\varphi)\,\mathrm{d}s,$$

$$S_z(s) = \int_0^s y\,\mathrm{d}A = \int_0^s yt\,\mathrm{d}s.$$

Hat ein Querschnitt eine Symmetrieachse, so liegt der Schubmittelpunkt auf dieser Achse, hat er zwei Symmetrieachsen, so fällt der Schubmittelpunkt in den Symmetriepunkt, d. h. in den Schwerpunkt. Bei aus zwei Rechtecken zusammengesetzten Querschnitten liegt er im Schnittpunkt der Mittellinien der Rechtecke (Abb. 20.22).

Beispiel

[-Profil nach Abb. 20.22. – Lage des Schwerpunkts folgt zu $e = 4{,}214$ cm und damit

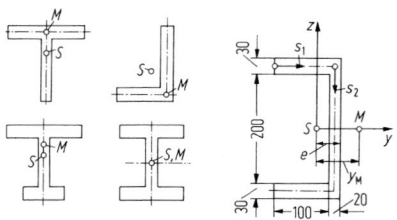

Abb. 20.22 Schubmittelpunkt dünnwandiger Querschnitte

$I_y = 10\,909$ cm^4. Für den oberen Flansch gilt $S_y(s_1) = 3$ cm $\cdot\ 11{,}5$ cm $\cdot\ s_1 = 34{,}5$ cm$^2 \cdot s_1$; $S_y(s_1 = 11$ cm$) = 379{,}5$ cm^3; für den Steg bis zur Mitte gilt

$$S_y(s_2) = 379{,}5\,\text{cm}^3$$
$$+ 2\,\text{cm} \cdot s_2(11{,}5\,\text{cm} - s_2/2)$$
$$= 379{,}5\,\text{cm}^3$$
$$+ 23\,\text{cm}^2 \cdot s_2 - 1\,\text{cm} \cdot s_2^2;$$
$$S_y(s_2 = 11{,}5\,\text{cm}) = 511{,}75\,\text{cm}^3.$$

Der Querschnitt ist zur y-Achse symmetrisch, d. h., für die untere Hälfte ergeben sich analoge Werte. Somit wird

$$y_M = \frac{2}{I_y}\left[\int_0^{11\,\text{cm}} 34{,}5\,\text{cm}^2 \cdot s_1 \cdot 11{,}5\,\text{cm}\cdot\mathrm{d}s_1\right.$$

$$+ \int_0^{11{,}5\,\text{cm}}\left(379{,}5\,\text{cm}^3 + 23\,\text{cm}^2 \cdot s_2 - 1\,\text{cm}\cdot s_2^2\right)$$

$$\left.\cdot\,3{,}214\,\text{cm}\cdot\mathrm{d}s_2\right]$$

$$= \frac{2\cdot 41\,289\,\text{cm}^5}{10\,909\,\text{cm}^4} = 7{,}57\,\text{cm}. \quad\blacktriangleleft$$

20.4.7 Biegespannungen in stark gekrümmten Trägern

Während für schwach gekrümmte Stäbe, d. h. für $R > d$, die Formeln der Biegespannungen des geraden Stabs (Gln. (20.6) bis (20.9)) gelten, ist für stark gekrümmte Stäbe, d. h. für $R \approx d$, die unterschiedliche Länge der Außen- und Innenfasern zu berücksichtigen. Dies führt zu einer hyperbolischen Spannungsverteilung für σ; die Spannungen werden gegenüber der linearen Spannungsverteilung außen kleiner und innen größer.

Bei Einwirkung einer Normalkraft F_N und eines Biegemoments M_b gilt (Abb. 20.23) unter der Voraussetzung des Ebenbleibens der Querschnitte

$$\varepsilon(z) = \frac{\Delta ds_1}{ds_1} = \frac{\Delta ds - z\,\Delta d\varphi}{(R - z)\,d\varphi}$$
$$= \varepsilon_0 + \left(\varepsilon_0 - \frac{\Delta d\varphi}{d\varphi}\right)\frac{z}{R - z} \,.$$

Hierbei ist $\varepsilon_0 = \Delta ds/ds = \Delta ds/(R\,d\varphi)$ die Dehnung in der Schwerachse. Weiter gilt

$$\sigma(z) = E\varepsilon(z)$$
$$= E\left[\varepsilon_0 + \left(\varepsilon_0 - \frac{\Delta d\varphi}{d\varphi}\right)\frac{z}{R - z}\right],$$
$$\text{(20.26)}$$

d. h., Dehnungen und Biegespannungen verteilen sich nach einem hyperbolischen Gesetz (Abb. 20.23). ε_0 und $\Delta d\varphi/d\varphi$ folgen aus

$$F_N = \int \sigma(z)\,dA$$
$$= \varepsilon_0 EA + E\left(\varepsilon_0 - \frac{\Delta d\varphi}{d\varphi}\right)\int \frac{z}{R - z}\,dA \,,$$
$$\text{(20.27)}$$

$$-M_b = \int \sigma(z)z\,dA$$
$$= E\left(\varepsilon_0 - \frac{\Delta d\varphi}{d\varphi}\right)\int \frac{z^2}{R - z}\,dA \,.$$
$$\text{(20.28)}$$

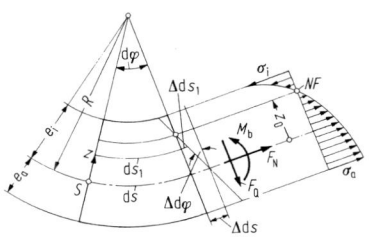

Abb. 20.23 Biegung des stark gekrümmten Trägers

Mit $\int z/(R - z)\,dA = \kappa A$ und

$$\int \frac{z^2}{R - z}\,dA = \int \left(\frac{Rz}{R - z} - z\right)dA$$
$$= R\int \frac{z}{R - z}\,dA = R\kappa A$$

folgt aus Gl. (20.28) bzw. (20.27)

$$\varepsilon_0 - \frac{\Delta d\varphi}{d\varphi} = -\frac{M_b}{ER\kappa A} \quad \text{bzw.}$$
$$\varepsilon_0 = \frac{F_N}{EA} - \left(\varepsilon_0 - \frac{\Delta d\varphi}{d\varphi}\right)\kappa = \frac{F_N}{EA} + \frac{M_b}{ERA}$$

und damit aus Gl. (20.26)

$$\sigma(z) = \frac{F_N}{A} + \frac{M_b}{RA}\left(1 - \frac{1}{\kappa}\frac{z}{R - z}\right) \,. \quad \text{(20.29)}$$

Die Spannungen in den Randfasern folgen hieraus für $z = e_i$ und $z = -e_a$. Die Spannungsnulllinie folgt aus $\sigma(z) = 0$ zu

$$z_0 = \frac{F_N R + M_b}{\dfrac{M_b}{\kappa R} + \dfrac{F_N R + M_b}{R}} = \frac{\kappa R}{\kappa + \dfrac{1}{1 + F_N R/M_b}} \,.$$

Für $M_b = -F_N R$ wird $z_0 = 0$, d. h., die neutrale Faser liegt in der Schwerachse, wenn die Einzelkraft $F = F_N$ im Krümmungsmittelpunkt wirkt. Für reine Biegung ($F_N = 0$) folgt $z_0 = \kappa R/(1 + \kappa) < R$, und für reine Normalkraft ($M_b = 0$) ist $z_0 = R$, d. h., die Nulllinie liegt im Krümmungsmittelpunkt. Formbeiwert κ für verschiedene Querschnitte:

Rechteck: Mit $\psi = e/R = h/(2R)$ gilt

$$\kappa = -1 + \frac{1}{2\psi}\ln\frac{1 + \psi}{1 - \psi} \approx \frac{\psi^2}{3} + \frac{\psi^4}{5} + \frac{\psi^6}{7} \,.$$

Kreis, Ellipse: Mit $\psi = e/R$ (e Halbachse in Krümmungsebene) gilt

$$\kappa \approx \frac{\psi^2}{4} + \frac{\psi^4}{8} + \frac{5\psi^6}{64} \,.$$

Dreieck (gleichschenklig): Mit $\psi = e_i/R = h/(3R)$ gilt

$$\kappa = -1 + \frac{2}{3\psi}\left[\left(0{,}67 + \frac{0{,}33}{\psi}\right)\ln\frac{1 + 2\psi}{1 - \psi} - 1\right] \,.$$

Tab. 20.3 Formziffern α_{ki}

$\psi = e_i/R$	0,1	0,2	0,3	0,4	0,5	0,6	0,7	0,8	0,9
Kreis, Ellipse	1,05	1,17	1,29	1,43	1,61	1,89	2,28	3,0	5,0
Rechteck	1,07	1,14	1,25	1,37	1,53	1,74	2,26	2,59	3,94
gleichschenkliges Dreieck	–	–	–	1,43	1,64	1,95	2,24	2,88	4,5

Die Maximalspannung aus dem Biegemoment tritt stets an der Innenseite des gekrümmten Stabs auf. Der Vergleich mit der Nennspannung $\sigma_n = M_b/W_{yi}$ bei geradliniger Spannungsverteilung liefert

$$\sigma_i = \max \sigma_b = \alpha_{ki}\sigma_n . \quad (20.30)$$

Die Formziffer $\alpha_{ki} = \sigma_i/\sigma_n$ ist von Querschnittsform und Krümmung abhängig (Tab. 20.3).

Da die Formziffer von der Querschnittsform nur wenig abhängt, sind diese Werte auch für andere Querschnittsformen äquivalent zu verwenden.

20.4.8 Durchbiegung von Trägern

Elastische Linie des geraden Trägers. Unter der Annahme des Ebenbleibens der Querschnitte (Vernachlässigung der Schubspannung) gilt gemäß Abb. 20.24

$$\varepsilon = \frac{ds_1 - ds}{ds} = \frac{(\varrho - z)\,d\alpha - \varrho\,d\alpha}{\varrho\,d\alpha} = -\frac{z}{\varrho}$$

und hieraus mit dem Hooke'schen Gesetz $\varepsilon = \sigma/E$ sowie der Gl. (20.6)

$$k = \frac{1}{\varrho} = \frac{M_b(x)}{E I_y(x)} , \quad (20.31)$$

d. h., die Krümmung ist proportional dem Biegemoment $M_b(x)$ und umgekehrt proportional zur Biegesteifigkeit $E I_y(x)$. Mit der Krümmungsformel einer Kurve,

$$k = \frac{d\alpha}{ds} = \pm \frac{w''(x)}{\left(1 + w'^2(x)\right)^{3/2}}$$

folgt aus Gl. (20.31) die Differentialgleichung der Biegelinie der Balkenachse (Euler'sche Elastika)

$$\frac{w''(x)}{\left(1 + w'^2(x)\right)^{3/2}} = -\frac{M_b(x)}{E I_y(x)} .$$

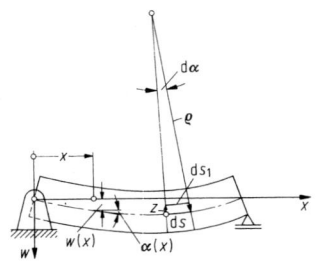

Abb. 20.24 Durchbiegung eines geraden Trägers

Für kleine Durchbiegungen, d. h. $w'^2(x) \ll 1$, folgt hieraus die linearisierte Differentialgleichung der technischen Balkenbiegungslehre

$$w''(x) = -\frac{M_b(x)}{E I_y(x)} . \quad (20.32)$$

Für den Sonderfall konstanten axialen Flächenmoments 2. Grades, $I_y(x) = I_0$, folgt dann durch Integration

$$w'(x) \approx \alpha(x) = -\frac{1}{E I_0} \int M_b(x)\,dx$$
$$= -\frac{1}{E I_0}\, f(x) + C_1 , \quad (20.33a)$$

$$w(x) = \int \left[-\frac{1}{E I_0}\, f(x) + C_1 \right] dx$$
$$= -\frac{1}{E I_0}\, g(x) + C_1\, x + C_2 . \quad (20.33b)$$

Die Konstanten C_1 und C_2 werden aus den Randbedingungen bestimmt (Abb. 20.25a,b): für den beidseitig gelenkig gelagerten Träger $w(x = 0) = 0$ und $w(x = l) = 0$, sowie für den einseitig eingespannten Träger $w(x = 0) = 0$ und $w'(x = 0) = 0$ (bzw. $w(x = l) = 0$ und $w'(x = l) = 0$ bei rechtsseitiger Einspannung). Nach dieser Methode wurden die Standardfälle (Tab. 20.4 und 20.5) berechnet.

Tab. 20.4 Biegelinien von statisch bestimmt gelagerten Trägern mit konstantem Querschnitt

Belastungsfall	Gleichung der Biegelinie	Durchbiegung	Neigungswinkel
1	$0 \leqq x \leqq l/2;$ $$w(x) = \frac{Fl^3}{48EI_y}\left[3\frac{x}{l} - 4\left(\frac{x}{l}\right)^3\right]$$	$$f_m = \frac{Fl^3}{48EI_y}$$	$$\alpha_A = \alpha_B = \frac{Fl^2}{16EI_y}$$
2	$0 \leqq x \leqq a:$ $$w_I(x) = \frac{Fab^2}{6EI_y}\left[\left(1+\frac{l}{b}\right)\frac{x}{l} - \frac{x^3}{abl}\right]$$ $a \leqq x \leqq l:$ $$w_{II}(x) = \frac{Fa^2b}{6EI_y}\left[\left(1+\frac{l}{a}\right)\frac{l-x}{l} - \frac{(l-x)^3}{abl}\right]$$	$$f = \frac{Fa^2b^2}{3EI_yl}$$ $a > b: f_m = \dfrac{Fb\sqrt{(l^2-b^2)^3}}{9\sqrt{3}EI_yl}$ in $x_m = \sqrt{(l^2-b^2)/3}$ $a < b: f_m = \dfrac{Fa\sqrt{(l^2-a^2)^3}}{9\sqrt{3}EI_yl}$ in $x_m = l - \sqrt{(l^2-a^2)/3}$	$$\alpha_A = \frac{Fab(l+b)}{6EI_yl}$$ $$\alpha_B = \frac{Fab(l+a)}{6EI_yl}$$
3a	$$w(x) = \frac{Ml^2}{6EI_y}\left[2\frac{x}{l} - 3\left(\frac{x}{l}\right)^2 + \left(\frac{x}{l}\right)^3\right]$$	$f = \dfrac{Ml^2}{16EI_y}$ in $x = \dfrac{l}{2}$ $f_m = \dfrac{Ml^2}{9\sqrt{3}EI_y}$ in $x_m = l - \dfrac{l}{\sqrt{3}}$	$$\alpha_A = \frac{Ml}{3EI_y}$$ $$\alpha_B = \frac{Ml}{6EI_y}$$
3b	$0 \leqq x \leqq l/2:$ $$w_I(x) = \frac{Ml^2}{24EI_y}\left[-\frac{x}{l} + 4\left(\frac{x}{l}\right)^3\right]$$ $l/2 \leqq x \leqq l:$ $$w_{II}(x) = \frac{Ml^2}{24EI_y}\left[-3 + 11\frac{x}{l} - 12\left(\frac{x}{l}\right)^2 + 4\left(\frac{x}{l}\right)^3\right]$$	$$f_{mI} = f_{mII} = \frac{Ml^2}{72\sqrt{3}EI_y}$$ in $x_{mI} = \dfrac{l}{2\sqrt{3}}$ bzw. in $x_{mII} = l\left(1 - \dfrac{1}{2\sqrt{3}}\right)$	$$\alpha_A = \alpha_B = \frac{Ml}{24EI_y}$$
3c	$0 \leqq x \leqq a:$ $$w_I(x) = \frac{Ml^2}{6EI_y}\left[\left(2 - 6\frac{a}{l} + 3\frac{a^2}{l^2}\right)\frac{x}{l} + \left(\frac{x}{l}\right)^3\right]$$ $a \leqq x \leqq l:$ $$w_{II}(x) = \frac{-Ml^2}{6EI_y}\left[3\left(\frac{a}{l}\right)^2 - \left(2 + 3\left(\frac{a}{l}\right)^2\right)\frac{x}{l} + 3\left(\frac{x}{l}\right)^2 - \left(\frac{x}{l}\right)^3\right]$$	$a > b$ in $x_m = l\sqrt{\dfrac{2a}{l} - \dfrac{2}{3} - \left(\dfrac{a}{l}\right)^2}$ $f_m = \dfrac{Ml^2}{6EI_y}\left[\left(\dfrac{5a}{l^2} - \dfrac{2}{l} - \dfrac{3a^2}{l^3}\right)x_m - \left(\dfrac{x_m}{l}\right)^3\right]$ $a < b:$ in $x_m = l\left(1 - \sqrt{\dfrac{1}{3} - \left(\dfrac{a}{l}\right)^2}\right)$ $f_m = \dfrac{Ml^2}{6EI_y}\left[3\left(\dfrac{a}{l}\right)^2 - \left(2 + 3\left(\dfrac{a}{l}\right)^2\right)\dfrac{x_m}{l} + 3\left(\dfrac{x_m}{l}\right)^2 - \left(\dfrac{x_m}{l}\right)^3\right]$	$$\alpha_A = -\frac{Ml}{6EI_y}\left(2 - 6\frac{a}{l} + 3\left(\frac{a}{l}\right)^2\right)$$ $$\alpha_B = \frac{Ml}{6EI_y}\left(1 - 3\left(\frac{a}{l}\right)^2\right)$$

Tab. 20.4 (Fortsetzung)

Belastungsfall	Gleichung der Biegelinie	Durchbiegung	Neigungswinkel
3d	$w(x) = \dfrac{Ml^2}{6EI_y}\left[\dfrac{x}{l} - \left(\dfrac{x}{l}\right)^3\right]$	$f = \dfrac{Ml^2}{16EI_y}$ in $x = \dfrac{l}{2}$ $f_m = \dfrac{Ml^2}{9\sqrt{3}EI_y}$ in $x_m = \dfrac{l}{\sqrt{3}}$	$\alpha_A = \dfrac{Ml}{6EI_y}$ $\alpha_B = \dfrac{Ml}{3EI_y}$
4	$w(x) = \dfrac{ql^4}{24EI_y}\left[\dfrac{x}{l} - 2\left(\dfrac{x}{l}\right)^3 + \left(\dfrac{x}{l}\right)^4\right]$	$f_m = \dfrac{5}{384}\dfrac{ql^4}{EI_y}$	$\alpha_A = \alpha_B = \dfrac{ql^3}{24EI_y}$
5	$w(x) = \dfrac{q_2 l^4}{360EI_y}\left[7\dfrac{x}{l} - 10\left(\dfrac{x}{l}\right)^3 + 3\left(\dfrac{x}{l}\right)^5\right]$	$f_m = \dfrac{q_2 l^4}{153{,}3\,EI_y}$ in $x_m = 0{,}519\,l$	$\alpha_A = \dfrac{7}{360}\dfrac{q_2 l^3}{EI_y}$ $\alpha_B = \dfrac{8}{360}\dfrac{q_2 l^3}{EI_y}$
6	$w(x) = \dfrac{Fl^3}{6EI_y}\left[2 - 3\dfrac{x}{l} + \left(\dfrac{x}{l}\right)^3\right]$	$f = \dfrac{Fl^3}{3EI_y}$	$\alpha = \dfrac{Fl^2}{2EI_y}$
7	$w(x) = \dfrac{Ml^2}{2EI_y}\left[1 - 2\dfrac{x}{l} + \left(\dfrac{x}{l}\right)^2\right]$	$f = \dfrac{Ml^2}{2EI_y}$	$\alpha = \dfrac{Ml}{EI_y}$

Tab. 20.4 (Fortsetzung)

Belastungsfall	Gleichung der Biegelinie	Durchbiegung	Neigungswinkel
8	$w(x) = \dfrac{q l^4}{24 E I_y}\left[3 - 4\dfrac{x}{l} + \left(\dfrac{x}{l}\right)^4\right]$	$f = \dfrac{q l^4}{8 E I_y}$	$\alpha = \dfrac{q l^3}{6 E I_y}$
9	$w(x) = \dfrac{q_2 l^4}{120 E I_y}\left[4 - 5\dfrac{x}{l} + \left(\dfrac{x}{l}\right)^5\right]$	$f = \dfrac{q_2 l^4}{30 E I_y}$	$\alpha = \dfrac{q_2 l^3}{24 E I_y}$
10	$w(x) = \dfrac{q_1 l^4}{120 E I_y}\left[11 - 15\dfrac{x}{l} + 5\left(\dfrac{x}{l}\right)^4 - \left(\dfrac{x}{l}\right)^5\right]$	$f = \dfrac{11}{120}\dfrac{q_1 l^4}{E I_y}$	$\alpha = \dfrac{q_1 l^3}{8 E I_y}$
11	$0 \leqq x \leqq l$: $w(x) = -\dfrac{F a l^2}{6 E I_y}\left[\dfrac{x}{l} - \left(\dfrac{x}{l}\right)^3\right]$ $0 \leqq \bar{x} \leqq a$: $w(\bar{x}) = \dfrac{F a^3}{6 E I_y}\left[2\dfrac{l}{a}\dfrac{\bar{x}}{a} + 3\left(\dfrac{\bar{x}}{a}\right)^2 - \left(\dfrac{\bar{x}}{a}\right)^3\right]$	$f = \dfrac{F a^2(l+a)}{3 E I_y}$ $f_m = \dfrac{F a l^2}{9\sqrt{3} E I_y}$ in $x_m = \dfrac{l}{\sqrt{3}}$	$\alpha = \dfrac{F a(2l+3a)}{6 E I_y}$ $\alpha_A = \dfrac{F a l}{6 E I_y}$ $\alpha_B = \dfrac{F a l}{3 E I_y}$
12	$0 \leqq x \leqq l$: $w(x) = -\dfrac{q a^2 l^2}{12 E I_y}\left[\dfrac{x}{l} - \left(\dfrac{x}{l}\right)^3\right]$ $0 \leqq \bar{x} \leqq a$: $w(\bar{x}) = \dfrac{q a^4}{24 E I_y}\cdot\left[4\dfrac{l}{a}\dfrac{\bar{x}}{a} + 6\left(\dfrac{\bar{x}}{a}\right)^2 - 4\left(\dfrac{\bar{x}}{a}\right)^3 + \left(\dfrac{\bar{x}}{a}\right)^4\right]$	$f = \dfrac{q a^3(4l+3a)}{24 E I_y}$ $f_m = \dfrac{q a^2 l^2}{18\sqrt{3} E I_y}$ in $x_m = \dfrac{l}{\sqrt{3}}$	$\alpha = \dfrac{q a^2(l+a)}{6 E I_y}$ $\alpha_A = \dfrac{q a^2 l}{12 E I_y}$ $\alpha_B = \dfrac{q a^2 l}{6 E I_y}$

Tab. 20.5 Biegemomente und Biegelinien von statisch unbestimmt gelagerten Trägern mit konstantem Querschnitt

Belastungsfall	Auflagerkräfte Biegemomente	Gleichung der Biegelinie	Durchbiegung	Neigungswinkel
1	$F_A = \frac{5}{16}F$, $F_B = \frac{11}{16}F$ $M_B = -\frac{3}{16}Fl$ $M_F = \frac{5}{32}Fl$	$0 \leq x \leq l/2$: $w(x) = \frac{Fl^3}{96EI_y}\left[3\frac{x}{l} - 5\left(\frac{x}{l}\right)^3\right]$ $0 \leq \bar{x} \leq l/2$: $w(\bar{x}) = \frac{Fl^3}{96EI_y}\left[9\left(\frac{\bar{x}}{l}\right)^2 - 11\left(\frac{\bar{x}}{l}\right)^3\right]$	$f = \frac{7}{768}\frac{Fl^3}{EI_y}$ $f_m = \frac{Fl^3}{48\sqrt{5}EI_y}$ in $x_m = \frac{l}{\sqrt{5}}$	$\alpha_A = \frac{Fl^2}{32EI_y}$
2	$F_A = F\left(\frac{b}{l}\right)^2\left(1+\frac{a}{2l}\right)$ $F_B = F\left(\frac{a}{l}\right)^2\left(1+\frac{b}{2l}\right) + \frac{3}{2}\frac{b}{a}$ $M_B = -F\frac{ab}{l}\left(1-\frac{b}{2l}\right)$ $M_F = F\frac{ab^2}{l^2}\left(1+\frac{a}{2l}\right)$	$0 \leq x \leq a$: $w(x) = \frac{Fb^2}{4EI_y}\left[\frac{a}{l}\frac{x}{l} - \frac{2}{3}\left(1+\frac{a}{2l}\right)\left(\frac{x}{l}\right)^3\right]$ $0 \leq \bar{x} \leq b$: $w(\bar{x}) = \frac{Fl^2a}{4EI_y}\left[\left(1-\frac{a^2}{l^2}\right)\left(\frac{\bar{x}}{l}\right)^2 - \left(1-\frac{a^2}{3l^2}\right)\left(\frac{\bar{x}}{l}\right)^3\right]$	$f = \frac{Fa^2b^3}{4EI_yl^2}\left(1+\frac{a}{3l}\right)$ für $a \leq 0,414 l : f_m = w(\bar{x}_m)$ in $\bar{x}_m = \frac{b(1+l/a)}{1+3b/2a+b^2/2l}$ für $a \geq 0,414 l : f_m = w(x_m)$ in $x_m = l\sqrt{\frac{a/2l}{1+a/2l}}$	$\alpha_A = \frac{Fab^2}{4EI_yl}$
3	$F_A = \frac{3}{8}ql$, $F_B = \frac{5}{8}ql$ $M_B = -\frac{1}{8}ql^2$ $M_F = \frac{9}{128}ql^2$ in $x_0 = \frac{3}{8}l$	$w(x) = \frac{ql^4}{48EI_y}\left[\frac{x}{l} - 3\left(\frac{x}{l}\right)^3 + 2\left(\frac{x}{l}\right)^4\right]$	$f_m = \frac{ql^4}{185EI_y}$ in $x_m = 0,4215l$	$\alpha_A = \frac{ql^3}{48EI_y}$
4	$F_A = \frac{1}{10}q_2l$, $F_B = \frac{4}{10}q_2l$ $M_B = -\frac{1}{15}q_2l^2$ $M_F = 0,0298q_2l^2$ in $x_0 = \frac{1}{\sqrt{5}} = 0,447l$	$w(x) = \frac{q_2l^4}{120EI_y}\left[\frac{x}{l} - 2\left(\frac{x}{l}\right)^3 + \left(\frac{x}{l}\right)^5\right]$	$f_m = \frac{q_2l^4}{419EI_y}$ in $x_m = \frac{l}{\sqrt{5}} = 0,447l$	$\alpha_A = \frac{q_2l^3}{120EI_y}$

Tab. 20.5 (Fortsetzung)

Belastungsfall	Auflagerkräfte Biegemomente	Gleichung der Biegelinie	Durchbiegung	Neigungswinkel
5	$F_A = \frac{11}{40}q_1 l$, $F_B = \frac{9}{40}q_1 l$ $M_B = -\frac{7}{120}q_1 l^2$ $M_F = 0{,}0423\,q_1 l^2$ in $x_0 = 0{,}329\,l$	$w(x) = \frac{q_1 l^4}{240 EI_y}\left[3\frac{x}{l} - 11\left(\frac{x}{l}\right)^3 + 10\left(\frac{x}{l}\right)^4 - 2\left(\frac{x}{l}\right)^5\right]$	$f_m = \frac{q_1 l^4}{328 EI_y}$ in $x_m = 0{,}4025\,l$	$\alpha_A = \frac{q_1 l^3}{80 EI_y}$
6	$F_A = F_B = \frac{1}{2}F$ $M_A = M_B = -\frac{1}{8}Fl$ $M_F = \frac{1}{8}Fl$	$0 \le x \le l/2$ $w(x) = \frac{F\cdot l^3}{48 EI_y}\left[3\left(\frac{x}{l}\right)^2 - 4\left(\frac{x}{l}\right)^3\right]$	$f_m = \frac{F\cdot l^3}{192 EI_y}$	—
7	$F_A = F\left(\frac{b}{l}\right)^2\left(1 + 2\frac{a}{l}\right)$ $F_B = F\left(\frac{a}{l}\right)^2\left(1 + 2\frac{b}{l}\right)$ $M_A = -Fa\left(\frac{b}{l}\right)^2$ $M_B = -Fb\left(\frac{a}{l}\right)^2$ $M_F = 2Fl\left(\frac{a}{l}\right)^2\left(\frac{b}{l}\right)^2$	$0 \le x \le a:$ $w(x) = \frac{Flb^2}{6EI_y}\cdot$ $\left[3\frac{a}{l}\left(\frac{x}{l}\right)^2 - \left(1 + \frac{2a}{l}\right)\left(\frac{x}{l}\right)^3\right]$ $0 \le x \le b:$ $w(\bar{x}) = \frac{Fla^2}{6EI_y}\cdot$ $\left[3\frac{b}{l}\left(\frac{\bar{x}}{l}\right)^2 - \left(1 + \frac{2b}{l}\right)\left(\frac{\bar{x}}{l}\right)^3\right]$	$f = \frac{Fa^3 b^3}{3EI_y l^3}$ $a > b:$ $f_m = \frac{2}{3}\frac{Fa^3 b^2}{EI_y l^2}\left(\frac{1}{1+2a/l}\right)^2$ in $x_m = l\,\frac{1}{1+l/2a}$ $a < b:$ $f_m = \frac{2}{3}\frac{Fa^2 b^3}{EI_y l^2}\left(\frac{1}{1+2b/l}\right)^2$ in $x_m = l\,\frac{1}{1+l/2b}$	—
8	$F_A = F_B = \frac{1}{2}ql$ $M_A = M_B = -\frac{1}{12}ql^2$ $M_F = \frac{1}{24}ql^2$	$w(x) = \frac{ql^4}{24 EI_y}\cdot$ $\left[\left(\frac{x}{l}\right)^2 - 2\left(\frac{x}{l}\right)^3 + \left(\frac{x}{l}\right)^4\right]$	$f = \frac{ql^4}{384 EI_y}$	—

Tab. 20.5 (Fortsetzung)

Belastungsfall	Auflagerkräfte Biegemomente	Gleichung der Biegelinie	Durchbiegung	Neigungswinkel
9	$F_A = \frac{3}{20} q_2 l$ $F_B = \frac{7}{20} q_2 l$ $M_A = -\frac{1}{30} q_2 l^2$ $M_B = -\frac{1}{20} q_2 l^2$ $M_F = 0,0214\, q_2 l^2$ in $x_0 = l\sqrt{\frac{3}{10}} = 0,548\,l$	$w(x) = \frac{q_2 l^4}{120 EI_y} \cdot$ $\left[2\left(\frac{x}{l}\right)^2 - 3\left(\frac{x}{l}\right)^3 + \left(\frac{x}{l}\right)^5\right]$	$f_m = \frac{q_2 l^4}{764 EI_y}$ in $x_m = 0,525\,l$	–
10	$F_A = 0,\ F_B = F$ $M_A = \frac{1}{2} Fl$ $M_B = -\frac{1}{2} Fl$	$w(\bar{x}) = \frac{F l^3}{12 EI_y} \cdot \left[3\left(\frac{\bar{x}}{l}\right)^2 - 2\left(\frac{\bar{x}}{l}\right)^3\right]$	$f = \frac{F l^3}{12 EI_y}$	–

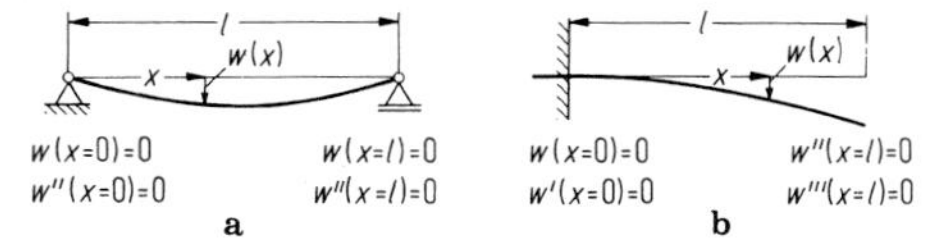

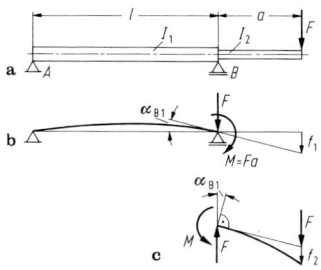

l
w(x)
x
w(x=0)=0
w''(x=0)=0
w(x=l)=0
w''(x=l)=0
a
w(x=0)=0
w'(x=0)=0
w''(x=l)=0
w'''(x=l)=0
b

Abb. 20.25 Randbedingungen

Erweiterte Differentialgleichung. Es gilt $\mathrm{d}M_\mathrm{b}/\mathrm{d}x = F_\mathrm{Q}(x)$ und $\mathrm{d}F_\mathrm{Q}/\mathrm{d}x = -q(x)$. Damit folgt aus Gl. (20.32)

$$\frac{\mathrm{d}}{\mathrm{d}x}\left[EI_y(x)w''(x)\right] = -\frac{\mathrm{d}M_\mathrm{b}}{\mathrm{d}x} = -F_\mathrm{Q}(x),$$

$$\frac{\mathrm{d}^2}{\mathrm{d}x^2}\left[EI_y(x)w''(x)\right] = \frac{\mathrm{d}^2 M_\mathrm{b}}{\mathrm{d}x^2} = -\frac{\mathrm{d}F_\mathrm{Q}}{\mathrm{d}x} = q(x)\,.$$

Für $I_y = I_0 = \text{const}$ wird

$$EI_0\, w''''(x) = q(x)\,. \quad (20.34)$$

Durch viermalige Integration ergibt sich hieraus

$$\left.\begin{aligned} EI_0 w'''(x) &= -F_\mathrm{Q}(x) = \int q(x)\,\mathrm{d}x \\ &= f_1(x) + C_1, \\ EI_0 w''(x) &= -M_\mathrm{b}(x) = -\int F_\mathrm{Q}(x)\,\mathrm{d}x \\ &= f_2(x) + C_1 x + C_2, \\ EI_0 w'(x) &\approx EI_0\alpha(x) = -\int M_\mathrm{b}(x)\,\mathrm{d}x \\ &= f_3(x) + C_1 x^2/2 + C_2 x + C_3, \\ EI_0 w(x) &= f_4(x) + C_1 x^3/6 + C_2 x^2/2 \\ &\quad + C_3 x + C_4\,. \end{aligned}\right\} \quad (20.35)$$

$C_1 \dots C_4$ werden aus den Randbedingungen gemäß Abb. 20.25a,b bestimmt. Greift am freien Ende des Trägers nach 20.25b ein Moment M bzw. eine Kraft F an, so lautet die entsprechende Randbedingung

$$EI_0 w''(x = l) = \pm M \quad \text{bzw.}$$
$$EI_0 w'''(x = l) = \pm F\,.$$

Superpositionsmethode. Durch geeignete Überlagerung der in Tab. 20.4 und 20.5 niedergelegten Ergebnisse erhält man für Träger mit mehreren Einzellasten sowie Momenten und Streckenlasten die Verformungen aus $w = \sum w_i = w_1 + w_2 + w_3 + \dots$ bzw. $\alpha = \sum \alpha_i = \alpha_1 + \alpha_2 + \alpha_3 + \dots$, wobei der Index i jeweils einem in Tab. 20.4 und 20.5 niedergelegten Fall entspricht.

20

Beispiel

Träger mit Kragarm (Abb. 20.26). Gegeben sei $I_1 = 30\,\mathrm{cm}^4$, $I_2 = 12\,\mathrm{cm}^4$, $E = 2{,}1 \cdot 10^5\,\mathrm{N/mm}^2$, $l = 600\,\mathrm{mm}$, $a = 300\,\mathrm{mm}$ und $F = 2\,\mathrm{kN}$, gesucht die Durchbiegung des Kragarms. – Nach 20.26b gilt $f_1 = a\tan\alpha_{\mathrm{B1}} \approx a\,\alpha_{\mathrm{B1}} = aMl/(3EI_1)$ gemäß Tab. 20.4, Fall 3 d. Die Durchbiegung f_2 infolge Kragarmkrümmung (Abb. 20.26c) folgt aus Tab. 20.4, Fall 6, zu $f_2 = Fa^3/(3EI_2)$. Somit ist $f = f_1 + f_2 = Fa^2 l/(3EI_1) + Fa^3/(3EI_2) = (0{,}057 + 0{,}071)\,\mathrm{cm} = 0{,}128\,\mathrm{cm}$. ◄

Durchbiegung bei schiefer Biegung. Sind $M_{\mathrm{b}\eta}(x)$ und $M_{\mathrm{b}\zeta}(x)$ die Biegemomente um die Hauptachsen η und ζ (s. Abschn. 20.4.5), so ergeben sich die Durchbiegungen $v(x)$ und $w(x)$ in Richtung η und ζ nach einem der angegebenen Verfahren. Die resultierende Verschiebung folgt aus $f(x) = \sqrt{v^2 + w^2}$ und stellt eine Raumkurve dar. $f(x)$ steht an jeder Stelle senkrecht zur entsprechenden neutralen Faser [1].

Einfluss der Schubverformungen auf die Biegelinie. Infolge der Querkräfte F_Q ergeben sich die über die Höhe eines Trägers veränderlichen Schubspannungen τ nach Gl. (20.24). Aus dem Hooke'schen Gesetz (s. Gl. (19.22)) und

l
a
F
I1
I2
a
A
B
αB1
F
b
f1
M=Fa
αB1
F
M
F
c
f2

Abb. 20.26 Superpositionsmethode

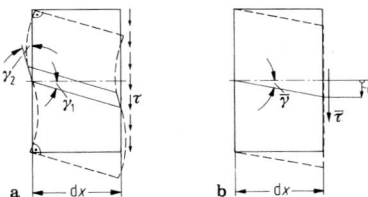

Abb. 20.27 Schubdurchsenkung

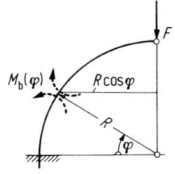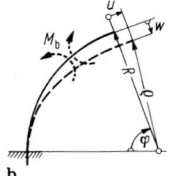

Abb. 20.28 Mohr'sches Verfahren, rechnerisch

Abb. 20.27a folgt für die Gleitungen $\gamma = \gamma_1 + \gamma_2 = \tau/G$. Sie sind ebenfalls über die Höhe veränderlich, d. h., die Querschnitte verwölben sich. Als Näherung dient eine gemittelte Schubspannung $\bar{\tau} = \alpha F_Q/A$, für die der Faktor α aus der Gleichheit der Formänderungsarbeiten am wirklichen und am gemittelten Spannungszustand folgt:

$$\frac{1}{2} F_Q \, dw_S = \frac{1}{2G} \int \tau^2 \, dV \, , \quad \text{also}$$

$$\frac{1}{2} F_Q \bar{\gamma} \, dx = \frac{1}{2G} \int \left(\frac{F_Q S_y}{I_y b} \right)^2 dA \, dx \, , \quad \text{d. h.}$$

$$\frac{1}{2} F_Q \frac{\bar{\tau}}{G} = \frac{1}{2} \frac{F_Q^2}{AG} \alpha = \frac{F_Q^2}{2G} \int \left(\frac{S_y}{I_y b} \right)^2 dA$$

und somit $\alpha = A \int [S_y/(I_y b)]^2 dA$.

Für einen Rechteckquerschnitt ergibt sich $\alpha = 1, 2$, für einen Kreisquerschnitt $\alpha = 10/9 \approx 1,1$. Für die Größe der Schubdurchsenkung gilt dann (Abb. 20.27b)

$$\frac{dw_S}{dx} = \bar{\gamma} = \frac{\bar{\tau}}{G} = \frac{\alpha F_Q}{GA} \quad \text{bzw.}$$

$$w_S(x) = \frac{\alpha}{GA} \int F_Q(x) \, dx = \frac{\alpha}{GA} M_b(x) + C \, .$$

Zum Beispiel gilt für einen einseitig (rechts) eingespannten Stab mit einer Einzelkraft am (linken) freien Ende $M_b(x) = -Fx$ und damit $w_S(x) = -(\alpha/GA) Fx + C$. Aus $w_S(x = l) = 0$ folgt $C = (\alpha/GA) Fl$ und somit $w_S(x) = (\alpha/GA) \cdot F(l-x)$ bzw. $w_S(x = 0) = (\alpha/GA) Fl$. Der entsprechende Wert aus Biegung ist $w(x = 0) = Fl^3/(3EI_y)$. Für einen Rechteckquerschnitt ergibt sich $w_S/w = (0,3 \cdot E/G)(h/l)^2$. Nun ist $0,3 \cdot E/G \approx 1$ und somit $w_S/w \approx (h/l)^2$.

Für $h/l = 1/5$ wird $w_S \approx 0,04 \cdot w$, d. h., die Schubverformungen für niedrige Träger sind gegenüber den Biegeverformungen vernachlässigbar.

Durchbiegung schwach gekrümmter Träger. Entsprechend dem Ergebnis beim geraden Träger, s. Gl. (20.31), wird hier die Änderung der Krümmung (Abb. 20.28a)

$$\frac{1}{\varrho} - \frac{1}{R} = -\frac{M_b}{EI_y} \, .$$

Hieraus folgt für die Radialverschiebung w eines ursprünglich kreisförmigen Trägers [3, 4] die Differentialgleichung

$$\frac{d^2 w}{d\varphi^2} + w = \frac{R^2}{EI_y} M_b(\varphi) \, . \qquad (20.36)$$

Die Tangentialverschiebung u folgt zu

$$u(\varphi) = \int w(\varphi) \, d\varphi \, .$$

Beispiel

Für den Viertelkreisträger (Abb. 20.29b) berechne man die Verschiebungen des Kraftangriffspunkts. – Mit $M_b(\varphi) = -FR \cos\varphi$ erhält man die Differentialgleichung

$$w''(\varphi) + w(\varphi) = -\frac{FR^3}{EI_y} \cos\varphi$$

mit der Lösung

$$w(\varphi) = C_1 \sin\varphi + C_2 \cos\varphi$$
$$- \frac{FR^3}{2EI_y} \varphi \sin\varphi \, .$$

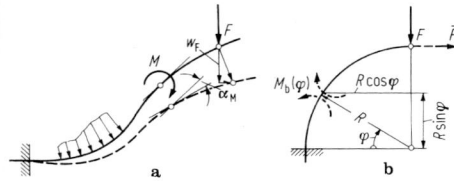

Abb. 20.29 Satz von Castigliano. **a** Allgemein; **b** Viertelkreisträger

Aus den Randbedingungen $w(0) = 0$ und $w'(0) = 0$ folgen $C_1 = C_2 = 0$ und damit $w(\varphi) = (FR^3/2EI_y)\varphi \sin\varphi$ mit $w(\pi/2) = \pi FR^3/(4EI_y)$.

Mit $u(0) = 0$ wird dann

$$u(\varphi) = \frac{FR^3}{2EI_y} \int \varphi \sin\varphi \, d\varphi$$

$$= \frac{FR^3}{2EI_y}(\sin\varphi - \varphi\cos\varphi)$$

und

$$u\left(\frac{\pi}{2}\right) = \frac{FR^3}{2EI_y} . \quad \blacktriangleleft$$

20.4.9 Formänderungsarbeit bei Biegung und Energiemethoden zur Berechnung von Einzeldurchbiegungen

Formänderungsarbeit

$$W_b = \frac{1}{2}\int M_b \, d\varphi = \frac{1}{2}\int \frac{M_b^2}{EI_y} \, ds . \quad (20.37)$$

Satz von Castigliano. Für Systeme aus Hooke'schem Material gilt (Abb. 20.29a)

$$w_F = \frac{\partial W}{\partial F}, \quad \alpha_M = \frac{\partial W}{\partial M} . \quad (20.38)$$

Die Ableitung der Formänderungsarbeit nach einer Einzelkraft gibt die Verschiebung in Richtung der Einzelkraft, die Ableitung nach einem Moment ergibt den Drehwinkel an der Stelle des Angriffspunkts. (Sind Verschiebungen an Stellen oder in Richtungen gesucht, an denen keine Einzelkraft wirkt, so wird eine Hilfskraft $\bar{F}$

angebracht und nach Durchführung der Rechnung wieder gleich Null gesetzt; entsprechend bei Drehwinkel und Momenten.)

Beispiel

Für den Viertelkreisträger nach Abb. 20.29b ist die Horizontalverschiebung u des Kraftangriffspunkts zu berechnen. – Mit der Hilfskraft $\bar{F}$ in Horizontalrichtung (Abb. 20.29b) gilt für das Biegemoment $M_b(\varphi) = -FR\cos\varphi - \bar{F}R(1 - \sin\varphi)$ sowie für die Formänderungsarbeit und die Verschiebung

$$W = \frac{1}{2EI_y} \int\limits_0^{\pi/2} \left[-FR\cos\varphi - \bar{F}R(1-\sin\varphi)\right]^2 R \, d\varphi ,$$

$$u = \frac{\partial W}{\partial \bar{F}}$$

$$= -\frac{1}{EI_y} \int\limits_0^{\pi/2} \left[-FR\cos\varphi - \bar{F}R(1-\sin\varphi)\right] \cdot (1-\sin\varphi)R^2 \, d\varphi$$

bzw. mit $\bar{F} = 0$

$$u = +\frac{1}{EI_y} \int\limits_0^{\pi/2} FR\cos\varphi(1-\sin\varphi)R^2 \, d\varphi$$

$$= \frac{FR^3}{EI_y}\left[\sin\varphi - \frac{1}{2}\sin^2\varphi\right]_0^{\pi/2}$$

$$= \frac{FR^3}{2EI_y} . \quad \blacktriangleleft$$

Beispiel

Abgesetzte Welle (Abb. 20.30). Gesucht ist die Durchbiegung an der Stelle der Krafteinleitung.

Gegeben: $F = 2000\,\text{N}$, $E_{St} = 2,1 \times 10^5\,\text{N/mm}^2$, $\ell = 100\,\text{mm}$, $D_1 = 20\,\text{mm}$, $D_2 = 30\,\text{mm}$, $D_3 = 40\,\text{mm}$.

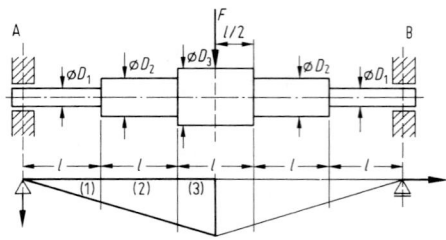

Abb. 20.30 Abgesetzte Welle und Biegemomentverlauf

Die Formänderungsarbeit lautet nach Gl. (20.37):

$$W = \frac{1}{2} \int\limits_0^{5\ell} \frac{M_b^2}{E I_y} dx .$$

Berücksichtigt man die Symmetrieachse, folgt:

$$W_{\text{ges}} = 2W = \frac{1}{2} F w \left(x = \frac{5}{2}\ell\right)$$

$$\Rightarrow w \left(x = \frac{5}{2}\ell\right) = \frac{4W}{F} ,$$

$$W_{\text{ges}} = 2 \frac{1}{2E} \left(\frac{1}{I_{y1}} \int\limits_0^{\ell} (1)^2 \, dx + \frac{1}{I_{y2}} \int\limits_0^{\ell} (2)^2 \, dx \right.$$

$$\left. + \frac{1}{I_{y3}} \int\limits_0^{1/2\ell} (3)^2 \, dx \right) .$$

Die Auswertung der Integrale mit Tab. 20.6 ergibt:

$$W_{\text{ges}} = \frac{1}{E} \left[\frac{1}{I_{y1}} \left(\frac{1}{3} l i k \right) \right.$$

$$+ \frac{1}{I_{y2}} \left(\frac{\ell}{6} (2 i_1 k_1 + i_1 k_2 + i_2 k_1 + 2 i_2 k_2) \right)$$

$$\left. + \frac{1}{I_{y3}} \left(\frac{\ell}{6} (2 i_1 k_1 + i_1 k_2 + i_2 k_1 + 2 i_2 k_2) \right) \right] .$$

Es folgt mit:

$$(1): \ell = \ell, \ i = \frac{1}{2} F\ell = k ;$$

$$(2): \ell = \ell, \ i_1 = k_1 = \frac{1}{2} F\ell, \ k_2 = i_2 ;$$

$$(3): \ell = \frac{\ell}{2}, \ i_1 = k_1 = F\ell, \ i_2 k_2 = \frac{5}{4} F\ell:$$

$$w \left(x = \frac{5}{2}\ell\right) = \frac{1}{6} \frac{F\ell^3}{E} \left(\frac{1}{I_{y1}} + \frac{7}{I_{y2}} + \frac{61}{8} \frac{1}{I_{y3}} \right)$$

$$\approx 0{,}578 \, \text{mm} .$$

Wenn $I_{y1} = I_{y2} = I_{y3} = I_y$, ist $w(x = (5/2)\,\ell) = (125/48) \cdot (F\ell^3)/(E I_y)$ (entspricht Lastfall 1 in Tab. 20.4). ◄

Prinzip der virtuellen Arbeiten. Wird einem elastischen System eine beliebige (virtuelle), d. h. mit den geometrischen Gegebenheiten verträgliche Verrückung erteilt, so ist im Gleichgewichtsfall die Summe aus äußerer und innerer virtueller Arbeit gleich Null:

$$\delta W^{(a)} + \delta W^{(i)} = 0 .$$

Wählt man als äußere Kraft lediglich eine virtuelle Hilfskraft $\overline{F} = 1$ und als Verrückung die wirklichen Verschiebungen (Prinzip der virtuellen Kräfte) (Abb. 20.31a), so folgt aus

$$\delta W^{(a)} = -\delta W^{(i)}$$

$$\overline{F} w = 1 \cdot w = \int \overline{M}_b \, d\varphi = \int \frac{\overline{M}_b M_b}{E I_y} \, ds .$$

$$(20.39)$$

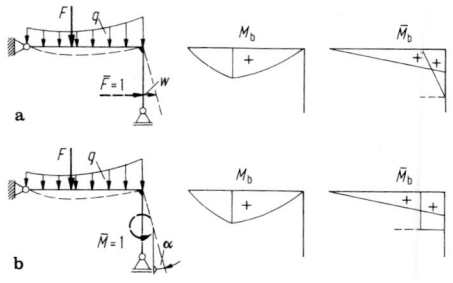

Abb. 20.31 Prinzip der virtuellen Arbeiten

Tab. 20.6 Werte für $\int \overline{M}\,M\,\mathrm{d}s$

$\overline{M}$	M 1	2	3
a	lik	$\frac{1}{2}lik$	$\frac{1}{2}lik$
b	$\frac{1}{2}lik$	$\frac{1}{3}lik$	$\frac{1}{6}lik$
c	$\frac{1}{2}li(k_1+k_2)$	$\frac{1}{6}li(k_1+2k_2)$	$\frac{1}{6}li(2k_1+k_2)$
d	$\frac{1}{2}lik$	$\frac{1}{6}l(1+\alpha)ik$	$\frac{1}{6}l(1+\beta)ik$

$\overline{M}$	M 4	5 quadratische Parabel	6 quadratische Parabel
a	$\frac{1}{2}l(i_1+i_2)k$	$\frac{2}{3}lik$	$\frac{2}{3}lik$
b	$\frac{1}{6}l(i_1+2i_2)k$	$\frac{1}{3}lik$	$\frac{5}{12}lik$
c	$\frac{1}{6}l[i_1(2k_1+k_2)+i_2(k_1+2k_2)]$	$\frac{1}{3}li(k_1+k_2)$	$\frac{1}{12}li(3k_1+5k_2)$
d	$\frac{1}{6}lk[(1+\beta)i_1+(1+\alpha)i_2]$	$\frac{1}{3}l(1+\alpha\beta)ik$	$\frac{1}{12}l(5-\beta-\beta^2)ik$

$\overline{M}$	M 7 quadratische Parabel	8 quadratische Parabel	9 quadratische Parabel
a	$\frac{2}{3}lik$	$\frac{1}{3}lik$	$\frac{1}{3}lik$
b	$\frac{1}{4}lik$	$\frac{1}{4}lik$	$\frac{1}{12}lik$
c	$\frac{1}{12}li(5k_1+3k_2)$	$\frac{1}{12}li(k_1+3k_2)$	$\frac{1}{12}li(3k_1+k_2)$
d	$\frac{1}{12}l(5-\alpha-\alpha^2)ik$	$\frac{1}{12}l(1+\alpha+\alpha^2)ik$	$\frac{1}{12}l(1+\beta+\beta^2)ik$

Hieraus folgt die Verschiebung w in Richtung der Hilfskraft $\overline{F}=1$. Dabei sind $\overline{M}_\mathrm{b}$ die Biegemomente infolge dieser Hilfskraft und M_b die Biegemomente infolge der wirklichen Belastung. Werden als äußere Last ein virtuelles Hilfsmoment $\overline{M}=1$ und als Verrückung wiederum die wirklichen Verschiebungen gewählt, so gilt (Abb. 20.31b)

$$\overline{M}\alpha = 1\cdot\alpha = \int \overline{M}_\mathrm{b}\,\mathrm{d}\varphi = \int \frac{\overline{M}_\mathrm{b}\,M_\mathrm{b}}{E I_y}\,\mathrm{d}s\;. \tag{20.40}$$

Hieraus folgt der Drehwinkel an der Angriffsstelle des Hilfsmoments. Die Integrale in den Gln. (20.39) und (20.40) sind für Träger mit $E I_y = \mathrm{const}$ nur für das Produkt $\overline{M}_\mathrm{b}\,M_\mathrm{b}$ zu bilden und für die wichtigsten Grundfälle in Tab. 20.6 zusammengestellt.

Beispiel

Kragträger mit Streckenlast (Abb. 20.32). Gesucht sind die Durchbiegung und der Nei-

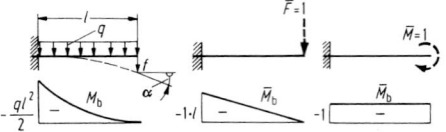

Abb. 20.32 Verformungen eines Kragträgers

gungswinkel am freien Ende. – Für die Durchbiegung folgt nach Tab. 20.6, Spalte 8, Zeile b mit $i = q\,l^2/2$ und $k = l$

$$1 \cdot f = \int_0^l \overline{M}_\mathrm{b} M_\mathrm{b} \frac{\mathrm{d}x}{EI_y} = \frac{1}{EI_y} \cdot \frac{1}{4} l\,i\,k$$

$$= \frac{q l^4}{8 E I_y}$$

und für den Neigungswinkel nach Zeile a mit $i = q l^2/2$ und $k = 1$

$$1 \cdot \alpha = \int_0^l \overline{M}_\mathrm{b} M_\mathrm{b} \frac{\mathrm{d}x}{EI_y} = \frac{1}{EI_y} \cdot \frac{1}{3} l\,i\,k$$

$$= \frac{q l^3}{6 E I_y}$$

(vgl. Tab. 20.4, Fall 8). ◄

Prinzip der virtuellen Verrückungen für schubstarre Biegebalken. Das Prinzip der virtuellen Verrückungen ist äquivalent einer Gleichgewichtsaussage. Dazu wird die Biegedifferentialgleichung des Balkens mit einer virtuellen Verschiebung δw multipliziert und über die Balkenlänge integriert.

$$- M'' = p \left| \int_0^\ell \delta w\, \mathrm{d}x \right.$$

$$\Rightarrow \quad -\int_0^\ell M'' \delta w\, \mathrm{d}x = \int_0^\ell p\, \delta w\, \mathrm{d}x\,,$$

$$-\left[M' \delta w - M \delta w' \right] \Big|_0^\ell$$

$$-\int_0^\ell M \delta w''\, \mathrm{d}x = \int_0^\ell p\, \delta w\, \mathrm{d}x\,.$$

Dabei müssen die virtuellen Verrückungen δw geometrisch verträglich sein, d. h. den Verformungsaussagen $\delta\beta = -\delta w'$, $\delta\kappa = -\delta w''$ genügen. Beachtet man weiter, dass auch die wirklichen Zustandsgrößen statisch verträglich sein müssen $M' = Q$, dann kann geschrieben werden:

$$\delta W_\mathrm{a} = \int_0^\ell p \delta w\, \mathrm{d}x + \left[Q \delta w + M \delta \beta \right]\big|_0^\ell = \delta W_\mathrm{i}$$

$$= \int_0^\ell M \delta w\, \mathrm{d}x\,.$$

In Worten: Wenn die virtuellen Verrückungen δw geometrisch verträglich sind, oder mit anderen Worten, die verformungsgeometrischen Aussagen erfüllen, besagt die vorstehende Gleichung, dass die Arbeit der wirklichen äußeren Kräfte (einschließlich der Randkräfte und Momente) an den virtuellen Verrückungen gleich der Arbeit der wirklichen Momente an den virtuellen Krümmungen ist. Mit dem Prinzip der virtuellen Verrückungen lassen sich Zwangskräfte F_z (Federkräfte, Auflagereaktionen) infolge bekannter Verformungszustände berechnen. Dazu wird eine virtuelle Verrückung $\delta w = 1$ an der gewünschten Stelle aufgebracht. Die entstehende äußere Arbeit ist dann $\delta W_\mathrm{a} = F_z\,1 + \int p\, \delta w\, \mathrm{d}x$ und damit die gesuchte Zwangskraft F_z und die Arbeit der äußeren Lasten. Wenn man in der zugehörigen inneren Arbeit $\delta W_\mathrm{i} = \int M \delta\kappa\, \mathrm{d}x$ das Elastizitätsgesetz $M = EI\chi$ einsetzt, ergibt sich aus der Forderung, äußere gleich innere Arbeit, der Zusammenhang: $F_z = \int EI\kappa\, \delta\kappa\, \mathrm{d}x - \int p\, \delta w\, \mathrm{d}x$. Wenn die gesuchte Größe ein Moment ist, muss an der betreffenden Stelle analog zu $\delta w = 1$ ein Winkel $\delta\varphi = 1$ aufgezwungen werden. Es ergibt sich dann das Zwangsmoment plus die äußere Arbeit der Lasten.

Beispiel

Für den in Abb. 20.33 skizzierten Balken ist die Auflagerkraft A_z zu berechnen. Es gilt $\delta W_\mathrm{A} = \delta W_\mathrm{i}$. ◄

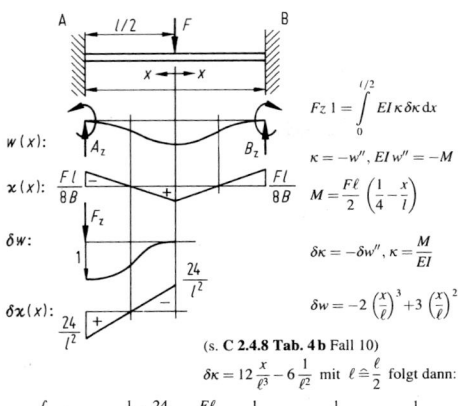

$$F_{z} \, 1 = \int\limits_{0}^{l/2} EI \, \kappa \, \delta\kappa \, dx$$

$$\kappa = -w'', \quad EI \, w'' = -M$$

$$M = \frac{Fl}{2}\left(\frac{1}{4} - \frac{x}{l}\right)$$

$$\delta\kappa = -\delta w'', \quad \kappa = \frac{M}{EI}$$

$$\delta w = -2\left(\frac{x}{\ell}\right)^{3} + 3\left(\frac{x}{\ell}\right)^{2}$$

(s. C 2.4.8 Tab. 4 b Fall 10)

$$\delta\kappa = 12\,\frac{x}{\ell^{3}} - 6\,\frac{1}{\ell^{2}} \quad \text{mit } \ell \cong \frac{\ell}{2} \text{ folgt dann:}$$

$$EI \int \kappa \, \delta\kappa \, dx = \frac{1}{6}\,\ell\,\frac{24}{\ell^{2}}\,EI\,\frac{F\ell}{2EI} = \frac{1}{2}\,F, \quad F_{z} = \frac{1}{2}\,F \Rightarrow A_{z} = \frac{1}{2}\,F$$

Abb. 20.33 Biegebalken, Krümmungsverlauf infolge F und δw

20.5 Torsionsbeanspruchung

20.5.1 Stäbe mit Kreisquerschnitt und konstantem Durchmesser

Bei der Torsion von Stäben mit Kreisquerschnitt tritt keine Verwölbung ein, d. h., die Querschnitte bleiben eben. Ferner bleiben die Radien der Kreisquerschnitte geradlinig, d. h., die Querschnitte verdrehen sich als starres Ganzes. Geradlinige Mantellinien auf der Oberfläche werden zu Schraubenlinien, die aber wegen der kleinen Verformungen (Abb. 20.34) als geradlinig aufgefasst werden können.

Mit $\gamma \, l = \varphi \, r$ und dem Hooke'schen Gesetz $\gamma = \tau / G$ ergibt sich

$$\tau = \frac{G\varphi}{l}\,r \,, \qquad (20.41)$$

d. h., die Torsionsspannungen τ nehmen linear mit dem Radius r zu (Abb. 20.34). Das Moment aller Torsionsspannungen um den Kreismittel-

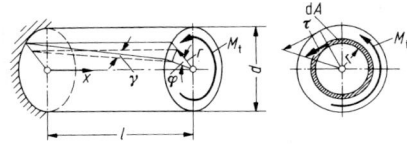

Abb. 20.34 Torsion eines Stabs mit Kreisquerschnitt

punkt muss gleich dem Torsionsmoment sein:

$$M_{t} = \int\limits_{0}^{d/2} \tau \, r \, dA = \frac{G\varphi}{l} \int\limits_{0}^{d/2} r^{2}\,dA = \frac{G\varphi}{l}\,I_{p} \,, \qquad (20.42)$$

$$I_{p} = \int\limits_{0}^{d/2} r^{2}\,dA = \int\limits_{0}^{d/2} r^{2}\,2\pi\,r\,dr = \frac{\pi d^{4}}{32} \,. \qquad (20.43)$$

I_{p} ist das polare Flächenmoment 2. Grades des Kreisquerschnitts. Aus den Gln. (20.42) und (20.41) folgt für die Torsionsspannungen und mit dem polaren Widerstandsmoment $W_{p} = I_{p}/(d/2) = \pi \, d^{3}/16$ des Kreisquerschnitts

$$\tau(r) = \frac{M_{t}}{I_{p}}\,r \quad \text{bzw.}$$

$$\tau_{\max} = \frac{M_{t}}{I_{p}}\,\frac{d}{2} = \frac{M_{t}}{W_{p}} \,. \qquad (20.44)$$

Für den Verdrehungswinkel und die Drillung (Verdrehung pro Längeneinheit) gilt nach Gl. (20.42)

$$\varphi = \frac{M_{t}l}{GI_{p}} \quad \text{und} \quad \vartheta = \frac{\varphi}{l} = \frac{M_{t}}{GI_{p}} \,. \qquad (20.45)$$

Die Formänderungsarbeit ist

$$W = \frac{1}{2}\,M_{t}\,\varphi = \frac{1}{2}\,\frac{M_{t}^{2}\,l}{GI_{p}} \,. \qquad (20.46)$$

Wirken am Stab kontinuierlich verteilte Drehmomente $m_{d}(x)$, so gilt $M_{t}(x) = \int m_{d}(x)\,dx$,

$$\vartheta(x) = \frac{d\varphi}{dx} = \frac{M_{t}(x)}{GI_{p}} \,,$$

$$\varphi(x) = \frac{1}{GI_{p}} \int M_{t}(x)\,dx \,,$$

$$W = \frac{1}{2} \int M_{t}(x)\,d\varphi = \frac{1}{2\,GI_{p}} \int M_{t}^{2}(x)\,dx \,.$$

Die Gleichungen gelten auch für kreisförmige Hohlquerschnitte mit $I_{p} = \pi(d_{a}^{4} - d_{i}^{4})/32$ und $W_{p} = I_{p}/(d_{a}/2)$ (s. Tab. 20.7).

Tab. 20.7 Torsionsflächenmomente I_t und -widerstandsmomente W_t

	Querschnitt	I_t	W_t	Bemerkungen
1		$\frac{\pi d^4}{32} = I_p$	$\frac{\pi d^3}{16} = W_p$	τ_{max} am Umfang
2		$\frac{\pi(d_a^4 - d_i^4)}{32} = I_p$ Für geringe Wanddicken, d. h. $\left(\frac{t}{d_m}\right)^2 \ll 1$: $\pi d_m^3 t / 4$	$\frac{\pi(d_a^4 - d_i^4)}{16 d_a} = W_p$ Für geringe Wanddicken, d. h. $\left(\frac{t}{d_m}\right)^2 \ll 1$: $\pi d_m^2 t / 2$	τ_{max} am Umfang
3		$\frac{\pi d^4}{32} = I_p$	$\frac{W_p}{\lambda} = \frac{\pi d^3}{16\lambda}$ $\lambda = \frac{2-\xi}{1-2\xi^2+(16/3\pi)\xi^3}$ Für kleine ξ : $\lambda \approx 2$	τ_{max} am Kerbgrund (in P) $\xi = \frac{\varrho}{d/2}$
4		$\frac{\pi a^3 b^3}{a^2+b^2} = \frac{\pi n^3 b^4}{n^2+1}$	$\frac{\pi a b^2}{2} = \frac{\pi n b^3}{2}$	Voraussetzung: $a/b = n \geq 1$ τ_{max} in P_1 in P_2 : $\tau_2 = \tau_{max}/n$
5		$\frac{\pi n^3 (b_1^4 - b_2^4)}{n^2+1}$	$\frac{\pi n (b_1^4 - b_2^4)}{2 b_1}$	Voraussetzung: $a_1/b_1 = a_2/b_2 = n \geq 1$ τ_{max} in P_1 in P_2 : $\tau_2 = \tau_{max}/n$
6		$\frac{b^4}{46,19} \approx \frac{h^4}{26}$	$\frac{b^3}{20} \approx \frac{h^3}{13}$	τ_{max} in Mitte der Seiten (P_1) in den Ecken (P_2): $\tau_2 = 0$
7		$0,133 b^2 A = 0,115 b^4$	$0,217 b A = 0,188 b^3$	τ_{max} in der Mitte der Seiten (P)
8		$0,130 b^2 A = 0,108 b^4$	$0,223 b A = 0,185 b^3$	τ_{max} in der Mitte der Seiten (P)
9		$0,141 b^4$	$0,208 b^3$	τ_{max} in der Mitte der Seiten (P_1) in den Ecken (P_2): $\tau_2 = 0$
10		$c_1 h b^3 = c_1 n b^4$	$c_2 h b^2 = c_2 n b^3$	Voraussetzung: $h/b = n \geq 1$ τ_{max} in P_1 In P_2 : $\tau_2 = c_3 \tau_{max}$ In P_3 : $\tau_3 = 0$

$n = h/b$	1	1,5	2	3	4	6	8	10	∞
c_1 c_1	0,141	0,196	0,229	0,263	0,281	0,298	0,307	0,312	0,333
c_2 c_2	0,208	0,231	0,246	0,267	0,282	0,299	0,307	0,312	0,333
c_3 c_3	1,000	0,858	0,796	0,753	0,745	0,743	0,743	0,743	0 743

Tab. 20.7 (Fortsetzung)

	Querschnitt	I_t	W_t	Bemerkungen
11	dünnwandige Profile	$\frac{\eta}{3}\sum h_i t_i^3$ Profil L C ⊥ I IPB + η 0,99 1,12 1,12 1,31 1,29 1,17	I_t/t_{max}	Voraussetzung: $h_i/t_i \gg 1$ τ_{max} in Mitte der Längsseite des Rechtecks mit t_{max}
12	dünnwandige Hohl-querschnitte	$\frac{4A_m^2}{\oint ds/t(s)}$ Für konstante Wanddicke t: $4A_m^2 t/U$	$2A_m t_{min}$ Für konstante Wanddicke t: $2A_m t$	A_m: von Mittellinie eingeschlossene Fläche, U: Umfang der Mittellinie, τ_{max} an Stelle, wo $t = t_{min}$. Es gilt: $\tau(s) \cdot t(s) = M_t/2A_m = $ const
12a		$\frac{4(bh)^2}{2(b/t_1 + h/t_2)}$	$2bh t_{min}$	τ_{max} dort, wo $t = t_{min}$
12b		$\pi d_m^3 t/4$	$\pi d_m^2 t/2$	

Beispiel

Für die Welle nach Abb. 20.35a mit $G = 81\,kN/mm^2$, $\tau_{zul} = 12\,N/mm^2$ und Drehzahl $n = 1000\ 1/min$ sind gesucht: a) das eingeleitete bzw. die abgegebenen Drehmomente, b) die Torsionsmomentenlinie, c) die je Abschnitt erforderlichen Durchmesser, d) Drillung und Drehwinkel je Abschnitt sowie Gesamtdrehwinkel.

a) Das eingeleitete Drehmoment M_{d1} ergibt sich mit der übertragenen Leistung $P_1 = 4,4\,kW$ aus $P = M_d\omega$ mit $\omega = 2\pi n = 2\pi \cdot 16,67\ 1/s = 104,7\ 1/s$ zu $M_{d1} = P_1/\omega = (4400\,Nm/s)/(104,7\ 1/s) = 42,0\,Nm$, die abgenommenen Drehmomente zu $M_{d2} = (1470\,W)/(104,7\ 1/s) = 14,0\,Nm$ und $M_{d3} = (2930\,W)/(104,7\ 1/s) = 28,0\,Nm$.

b) Die Torsionsmomente werden damit $M_{t1,2} = M_{d1} = 42,0\,Nm$ bzw. $M_{t2,3} = M_{d1} - M_{d2} = M_{d3} = 28,0\,Nm$ (Abb. 20.35b).

c) Die Durchmesser folgen aus $W_{p,\,erf} = \pi\ d^3/16 = M_t/\tau_{zul}$ zu $d_1 = $

$\sqrt[3]{16M_{t1,2}/(\pi\tau_{zul1})} = 26,1\,mm$ (gewählt 27 mm) und $d_2 = 22,8\,mm$ (gewählt 23 mm).

d) Drillung $\vartheta_{1,2} = M_{t1,2}/(GI_{p1}) = M_{t1,2}/(G\pi d_1^4/32) = 0,99 \cdot 10^{-5}\ 1/mm$, Verdrehwinkel $\varphi_{1,2} = \vartheta_{1,2}l_{1,2} = 0,00495 \hat{=} 0,284°$, entsprechend $\vartheta_{2,3} = 1,26\cdot10^{-5}\ 1/mm$, $\varphi_{2,3} = 1,26\cdot10^{-5}\cdot250 = 0,00315 \hat{=} 0,180°$. Der Gesamtdrehwinkel (Abb. 20.35c) ist dann $\varphi_{1,3} = \varphi_{1,2} + \varphi_{2,3} = 0,284° + 0,180° = 0,464°$. ◄

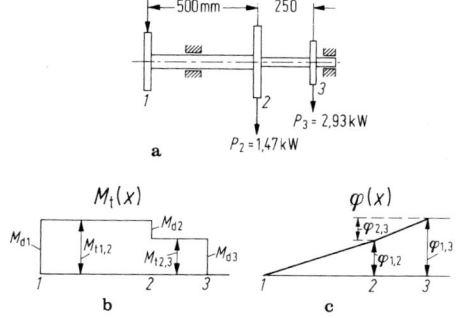

Abb. 20.35 Torsion einer Welle

20.5.2 Stäbe mit Kreisquerschnitt und veränderlichem Durchmesser

Mit $I_p(x) = \pi d^4(x)/32$ gilt für die Drillung und den Drehwinkel näherungsweise

$$\vartheta(x) = \frac{M_t(x)}{GI_p(x)}, \quad \varphi(x) = \int \frac{M_t(x)}{GI_p(x)}\,dx\ .$$

Die Spannungen werden wieder aus $\tau(r) = (M_t/I_p)r$ bzw. $\tau_{max} = M_t/W_p$ berechnet. Bei abgesetzten Wellen treten Spannungsspitzen (Kerbspannungen) auf, die mit der Formzahl α_k gemäß $\tau = \alpha_k M_t/W_p$ berücksichtigt werden (s. Abschn. 20.1.4).

20.5.3 Dünnwandige Hohlquerschnitte (Bredt'sche Formeln)

Unter der Annahme, dass die Torsionsspannung τ über die Wanddicke t konstant ist, ergibt sich aus dem Gleichgewicht am Element in x-Richtung $-\tau t\,dx + \tau t\,dx + \partial/\partial s(\tau t\,dx)\,ds = 0$, also $\tau t = T = $ const, d. h., der Schubfluss T ist längs des Umfangs konstant (Abb. 20.36). Der Zusammenhang zwischen Torsionsspannung und Torsionsmoment folgt aus $M_t = \oint \tau\, t\, h\,ds = \tau\, t \oint h\,ds = \tau\, t \cdot 2A_m$ und liefert

$$\tau = \frac{M_t}{2A_m t} \quad (\text{1. Bredt'sche Formel})\ .$$

A_m ist hierbei die von der Mittellinie eingeschlossene Fläche des Hohlquerschnitts.

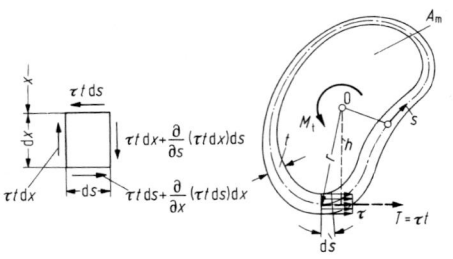

Abb. 20.36 Torsion eines Stabs mit dünnwandigem Hohlquerschnitt

Für den Verdrehungswinkel gilt

$$\varphi = \frac{M_t l}{GI_t} \quad \text{mit} \quad I_t = \frac{4A_m^2}{\oint \dfrac{ds}{t\,(s)}}\ .$$

I_t ist das Torsionsflächenmoment (2. Bredt'sche Formel). Bei der Verdrehung bleibt der Querschnitt nicht eben, sondern es tritt eine Verwölbung in x-Richtung (Längsrichtung) auf. Die Bredt'schen Formeln gelten nur für unbehinderte Verwölbung, bei der die Drehachse mit dem Schubmittelpunkt (s. Abschn. 20.4.6) zusammenfällt. Bei behinderter Verwölbung treten zusätzlich Normalspannungen σ und damit veränderte Schubspannungen und Drehwinkel auf.

20.5.4 Stäbe mit beliebigem Querschnitt

Hier treten bei Verdrehung grundsätzlich Verwölbungen des Querschnitts auf. Im Fall unbehinderter Verwölbung gilt die Theorie von de Saint-Vénant [4]. Die Lösung des Problems wird auf eine Verwölbungsfunktion $\psi(y, z)$ oder eine Spannungsfunktion $\Psi(y, z)$ zurückgeführt, wobei $\psi(y, z)$ die Potentialgleichung $\Delta\psi = 0$ bzw. $\Psi(y, z)$ die Poisson'sche Gleichung $\Delta\Psi = 1$ befriedigen muss. Exakte Lösungen liegen nur für wenige Querschnitte (z. B. Ellipse, Dreieck, Rechteck) vor. Für Verdrehungswinkel und maximale Schubspannung gilt

$$\varphi = \frac{M_t l}{GI_t}, \quad \tau_{max} = \frac{M_t}{W_t}\ . \tag{20.47}$$

Hierbei ist I_t das Torsionsflächenmoment. Es ist

$$I_t = \int \left(y^2 + z^2 + y\frac{\partial\psi}{\partial z} - z\frac{\partial\psi}{\partial y} \right) dA$$
$$= -4 \int \Psi(y, z)\,dA\ ,$$

d. h., I_t ist proportional dem Volumen des über dem Querschnitt aufgewölbten Spannungshügels. W_t ist das Torsionswiderstandsmoment. Es

Abb. 20.37 Beliebiger Querschnitt. **a** Torsionsfunktion; **b** Seifenhautgleichnis; **c** Strömungsgleichnis

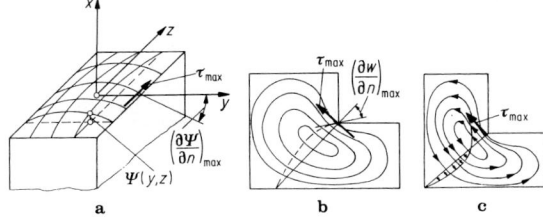

gilt

$$W_t = I_t \left/ \left[2 \left(\frac{\partial \Psi}{\partial n} \right)_{\text{max}} \right] \right. ,$$

wobei $(\partial \Psi / \partial n)_{\text{max}}$ das größte vorhandene Gefälle des Spannungshügels ist. Senkrecht auf der dazugehörigen Schnittebene durch den Spannungshügel steht dann die entsprechende Schubspannung (Abb. 20.37a). Ergebnisse für I_t und W_t s. Tab. 20.7.

Die Abschätzung der Lage der größten Schubspannungen bzw. die experimentelle Ermittlung der Schubspannungen erlauben folgende Gleichnisse:

Prandtl'sches Seifenhautgleichnis. Da die Differentialgleichungen für die Spannungsfunktion und eine unter Überdruck stehende Seifenhaut äquivalent sind und auch die Randbedingungen mit $\Psi = 0$ bzw. $w = 0$ übereinstimmen, entspricht das Gefälle der über einem Querschnitt gespannten Seifenhaut bzw. die Dichte der Höhenlinien der Größe der Schubspannungen, deren zugeordnete Richtung senkrecht zum Gefälle steht (Abb. 20.37b).

Strömungsgleichnis. Aufgrund der Analogien der Differentialgleichungen entspricht der Stromlinienverlauf einer Potentialströmung konstanter Zirkulation in einem Gefäß gleichen Querschnitts wie dem des tordierten Stabs der Richtung der resultierenden Schubspannung. Die Dichte der Stromlinien ist dabei ein Maß für die Größe der Schubspannungen (Abb. 20.37c).

20.6 Zusammengesetzte Beanspruchung

20.6.1 Biegung und Längskraft

In Abb. 20.38a ist ein abgewinkelter Träger dargestellt, dessen vertikaler Teil durch Längs-(Normal-)kräfte und Biegemomente beansprucht wird, wie der Verlauf der Schnittlasten nach Abb. 20.38b–d zeigt. Bei Biegung um eine Querschnittshauptachse gilt für die Normalspannung bzw. für die extremalen Spannungen in den Randfasern (20.38a)

$$\sigma = \sigma_N + \sigma_M = \frac{F_N}{A} - \frac{M_b\, z}{I_y} \quad \text{bzw.}$$

$$\sigma_{1,2} = \frac{F_N}{A} \mp \frac{M_b}{W_{y1,2}} . \tag{20.48}$$

Die Lage der Nulllinie folgt aus dieser Gleichung mit $\sigma = 0$ zu $z_0 = F_N I_y / (M_b\, A)$.

Im Fall schiefer Biegung, d. h. Belastung in beiden Hauptachsenebenen, gilt mit Gl. (20.20)

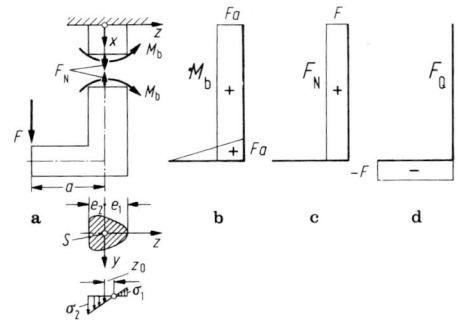

Abb. 20.38 Biegung und Längskraft

für Spannung und Nulllinie

$$\left.\begin{aligned}
\sigma &= \frac{F_N}{A} - \frac{M_{by}}{I_y}\,z + \frac{M_{bz}}{I_z}\,y\,, \\
y &= \frac{M_{by}}{M_{bz}}\,\frac{I_z}{I_y}\,z - \frac{F_N}{M_{bz}}\,\frac{I_z}{A}\,.
\end{aligned}\right\} \quad (20.49)$$

Die extremalen Spannungen treten in den senkrecht zur Nulllinie an weitest entfernt liegenden Punkten mit den Koordinaten $(y_1,\ z_1)$ und $(y_2,\ z_2)$ auf, diese werden am einfachsten grafisch-rechnerisch ermittelt.

20.6.2 Biegung und Schub

Biegung und Schub treten in der Regel in den meisten Querschnitten von Trägern, Wellen, Achsen usw. gleichzeitig auf (ebener Spannungszustand). Da die Biegenormalspannungen σ am Rand extremal, dort aber die Schubspannungen τ null sind (Abb. 20.39a), muss die Vergleichsspannung σ_V in verschiedenen Höhen nach einer der Formeln gemäß Abschn. 19.3 ermittelt werden. σ und τ ergeben sich aus den Gln. (20.6) und (20.24). Zum Beispiel sei für einen I-Querschnitt σ_V am oberen Rand, am Übergang zwischen Flansch und Steg sowie in der Mitte zu berechnen: Nach der GE-Hypothese (s. Abschn. 19.3.3) ergibt sich dann $\sigma_V = \sigma_{Rand}$ bzw. $\sigma_V = \sqrt{\sigma_ü^2 + 3\tau_ü^2}$ bzw. $\sigma_V = 1{,}73\,\tau_{Mitte}$, und es muss max $\sigma_V \leqq \sigma_{zul}$ sein. Meist ist die genaue Ermittlung von σ_V jedoch entbehrlich, und es werden Normal- und Schubspannungen getrennt ermittelt und mit σ_{zul} bzw. τ_{zul} verglichen. Bei langen Trägern ($l \geqq 4 \ldots 5h$) sind nur noch die Normalspannungen, bei kurzen Trägern ($l \leq h$) nur noch die Schubspannungen maßgebend.

20.6.3 Biegung und Torsion

Bei gleichzeitiger Wirkung von Biegenormalspannungen σ und Torsionsspannungen τ (Abb. 20.39b) liegt ein ebener Spannungszustand vor. Die Extremalwerte von σ und τ treten in der Randfaser auf. Sie werden nach den Gln. (20.7)

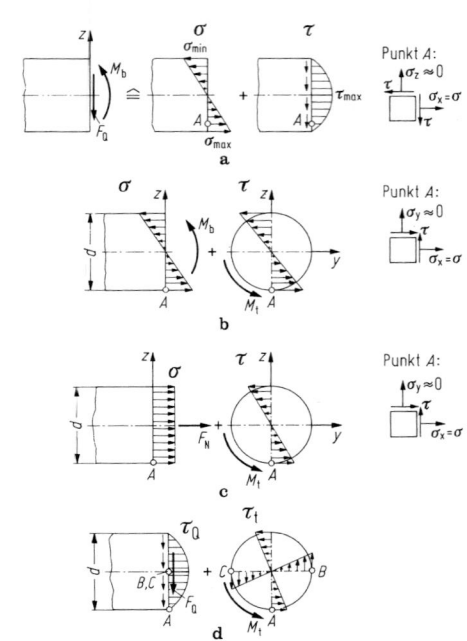

Abb. 20.39 Zusammengesetzte Beanspruchung. **a** Biegung und Schub; **b** Biegung und Torsion; **c** Längskraft und Torsion; **d** Schub und Torsion

und (20.44) bzw. (20.47) berechnet. Man ermittelt damit die Vergleichsspannung σ_V nach einer der Hypothesen gemäß Abschn. 19.3.

Beispiel

Die Welle nach Abb. 20.34a bzw. zugehörigem Beispiel habe im Bereich $1 \ldots 2$ ein größtes Biegemoment $M_b = 75$ Nm zu übertragen. Man berechne σ_V. – Mit $\sigma = M_b/W_y$ und $\tau = M_t/W_p$ sowie $W_y = \pi\,d^3/32$ und $W_p = 2W_y = \pi\,d^3/16$ folgt aus Gl. (19.24) für σ_V nach der GE-Hypothese

$$\begin{aligned}
\sigma_V &= \sqrt{M_b^2 + 0{,}75\alpha_0^2 M_t^2}\,/W_y \\
&= M_V/W_y\,.
\end{aligned} \quad (20.50)$$

Bei wechselnder Belastung für Biegung und schwellender für Torsion ist $\alpha_0 \approx 0{,}85$. Für $d = 27$ mm wird $W_y = \pi\,d^3/32 = 1932$ mm^3 und

$$\sigma_V = \frac{\sqrt{75\,000^2 + 0{,}75 \cdot 0{,}85^2 \cdot 42\,000^2}\ \text{Nmm}}{1932\,\text{mm}^3}$$
$$= 42\,\text{N/mm}^2\,. \quad \blacktriangleleft$$

20.6.4 Längskraft und Torsion

Diese z. B. bei Dehnschrauben und Spindeln vorkommende Beanspruchung durch σ und τ entspricht einem ebenen Spannungszustand (Abb. 20.39c). Die Extremalspannungen treten in der Randfaser auf, und dort wird die Vergleichsspannung σ_V nach einer der Hypothesen gemäß Abschn. 19.3 berechnet.

20.6.5 Schub und Torsion

Diese z. B. am kurzen Wellenzapfen auftretende Beanspruchung (Abb. 20.39d) liefert lediglich eine resultierende maximale Schubspannung mit τ_Q nach Gl. (20.24) und τ_t nach den Gln. (20.44) bzw. (20.47):

$$\begin{aligned} \text{im Punkt } A \quad & \tau_{\text{res}} = \tau_t \,, \\ \text{im Punkt } B \quad & \tau_{\text{res}} = \tau_Q - \tau_t \,, \\ \text{im Punkt } C \quad & \tau_{\text{res}} = \tau_Q + \tau_t \,. \end{aligned}$$

Die Umrechnung z. B. nach der GE-Hypothese auf σ_V ergibt $\sigma_V = 1{,}73 \cdot \alpha_0 \, \tau_{\text{res}}$.

20.6.6 Biegung mit Längskraft sowie Schub und Torsion

In diesem Fall ergibt sich für die Punkte A, B, C nach Abb. 20.39d $\sigma_A = \sigma_N + \sigma_M$, $\tau_A = \tau_t$; $\sigma_B = \sigma_N$, $\tau_B = \tau_Q - \tau_t$; $\sigma_C = \sigma_N$, $\tau_C = \tau_Q + \tau_t$. Dabei bilden σ_A, τ_A usw. jeweils einen ebenen Spannungszustand und sind nach Abschn. 19.3 zur Vergleichsspannung σ_V zusammenzufassen.

20.7 Statisch unbestimmte Systeme

Man unterscheidet äußerlich und innerlich statisch unbestimmte Systeme, wobei ein System auch gleichzeitig äußerlich und innerlich unbestimmt sein kann. Äußerlich statisch unbestimmt sind Systeme, die in der Ebene durch mehr als drei bzw. im Raum durch mehr als sechs Auflagerreaktionen abgestützt werden. Ein n-fach

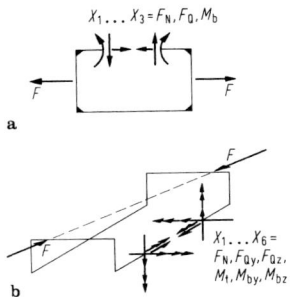

Abb. 20.40 Geschlossener Rahmen. **a** eben; **b** räumlich

abgestütztes System ist in der Ebene $m = (n - 3)$-fach, im Raum $m = (n - 6)$-fach äußerlich statisch unbestimmt. Ein geschlossener Rahmen ist als ebenes System (Abb. 20.40a) 3fach innerlich, als räumliches System (Abb. 20.40b) 6fach innerlich statisch unbestimmt.

Die wichtigste Methode zur Berechnung statisch unbestimmter Systeme ist das *Kraftgrößenverfahren*. Das System wird durch Entfernen von Auflagerreaktionen (Kräften oder Momenten) oder durch Schnittführung z. B. nach Abb. 20.41 auf ein statisch bestimmtes Grundsystem zurückgeführt (zu jedem unbestimmten System gibt es mehrere mögliche Grundsysteme, von denen eines auszuwählen ist). Die entfernten Größen bezeichnet man als statisch Unbestimmte X_1, $X_2 \ldots X_m$. Der Lösung liegt folgendes Superpositionsverfahren zugrunde: 1. Berechnung der Verformungsdifferenzen δ_{10}, δ_{20}, $\delta_{30} \ldots$ zwischen beiden Schnittufern am Grundsystem in Richtung von X_1, X_2, $X_3 \ldots$ durch die äußere Belastung (0). (Die Verformungen sind in Richtung der statisch unbestimmten Größen positiv.) 2. Berechnung der Verformungsdifferenzen δ_{ik} (i, $k = 1, 2, 3 \ldots$) am Grundsystem, wobei i die Richtung von X_1, X_2, $X_3 \ldots$ und $k = 1, 2, 3 \ldots$ die Belastung $X_1 = 1$, $X_2 = 1$, $X_3 = 1 \ldots$ kennzeichnet. 3. Am wirklichen System müssen die Verformungsdifferenzen null sein, d. h., bei z. B. drei Unbekannten gilt

$$\left. \begin{aligned} X_1 \delta_{11} + X_2 \delta_{12} + X_3 \delta_{13} + \delta_{10} = 0 \,, \\ X_1 \delta_{21} + X_2 \delta_{22} + X_3 \delta_{23} + \delta_{20} = 0 \,, \\ X_1 \delta_{31} + X_2 \delta_{32} + X_3 \delta_{33} + \delta_{30} = 0 \,. \end{aligned} \right\}$$

$$(20.51)$$

Abb. 20.41 Kraftgrößenmethode

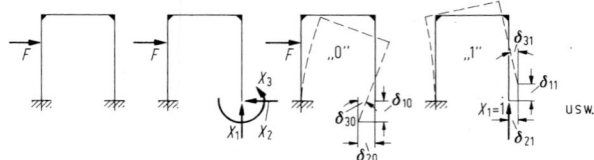

Aus diesem linearen Gleichungssystem berechnet man die drei Unbekannten X_1, X_2, X_3 (beim m-fach unbestimmten System die Unbekannten $X_1, \ldots, X_m$). 4. Nach Überlagerung der äußeren Lasten und der statisch Unbestimmten am Grundsystem berechnet man die endgültigen Auflagerreaktionen, Biegemomente usw. Zu bemerken ist noch, dass stets $\delta_{ik} = \delta_{ki}$ gilt, wenn $i \neq k$ (Satz von Maxwell), wodurch die Anzahl der zu berechnenden δ_{ik} erheblich reduziert wird. Die Verformungsgrößen werden nach einem der in Abschn. 20.4.8 und 20.4.9 angegebenen Verfahren berechnet. In einfachen, anschaulichen Fällen verwendet man die Ergebnisse nach Tab. 20.4, bei komplizierten, unanschaulichen Fällen die Methoden nach Abschn. 20.4.9. Letztere haben den Vorteil, dass sie automatisch auch die richtigen Vorzeichen der δ_{ik}-Glieder liefern.

Beispiel

Berechnung der beiden statisch Unbestimmten am beidseitig eingespannten Träger (Abb. 20.42a). – Als statisch bestimmtes Grundsystem wird der einseitig eingespannte Träger gewählt (Abb. 20.42b). Die Ermittlung der Verformungsgrößen δ_{ik} soll auf zwei Wegen, nämlich anschaulich nach Tab. 20.4 und allgemein mit dem Prinzip der virtuellen Arbeiten nach Abschn. 20.4.9 erfolgen. Nach

Tab. 20.4 wird (Abb. 20.42c–e)

$$\delta_{10} = f_{10} = -ql^4/(8\,EI_y)\,,$$
$$\delta_{20} = \alpha_{20} = -q\,l^3/(6\,EI_y)\,,$$
$$\delta_{11} = f_{11} = l^3/(3\,EI_y)\,,$$
$$\delta_{21} = \alpha_{21} = l^2/(2\,EI_y) = \delta_{12}\,,$$
$$\delta_{22} = \alpha_{22} = l/(EI_y)\,.$$

Mit dem Prinzip der virtuellen Kräfte gemäß den Gln. (20.39) und (20.40) sowie Tab. 20.6 folgen

$$\delta_{10} = \int M_1 M_0 \,\mathrm{d}x/(EI_y) = lik/(4EI_y)$$
$$= -ql^4/(8EI_y)\,,$$
$$\delta_{20} = \int M_2 M_0 \,\mathrm{d}x/(EI_y) = lik/(3EI_y)$$
$$= -ql^3/(6EI_y)\,,$$
$$\delta_{11} = \int M_1 M_1 \,\mathrm{d}x/(EI_y) = lik/(3EI_y)$$
$$= l^3/(3EI_y)\,,$$
$$\delta_{21} = \delta_{12} = \int M_1 M_2 \,\mathrm{d}x/(EI_y)$$
$$= lik/(2EI_y) = l^2/(2EI_y)\,,$$
$$\delta_{22} = \int M_2 M_2 \,\mathrm{d}x/(EI_y)$$
$$= lik/(EI_y) = l/(EI_y)\,.$$

Beide Verfahren ergeben also die gleichen Verformungen. Aus den zwei linearen Gleichungen, entsprechend Gl. (20.51), folgen

$$X_1 = (-\delta_{10}\delta_{22} + \delta_{20}\delta_{12})/(\delta_{11}\delta_{22} - \delta_{12}^2)$$
$$= ql/2\,,$$

$$X_2 = (-\delta_{11}\delta_{20} + \delta_{21}\delta_{10})/(\delta_{11}\delta_{22} - \delta_{12}^2)$$
$$= -ql^2/12\,.$$

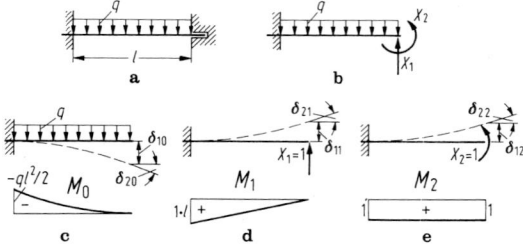

Abb. 20.42 Beidseitig eingespannter Träger

Anschließend werden am Grundsystem infolge äußerer Last sowie infolge X_1 und X_2 die endgültigen Auflagerreaktionen zu $F_A = ql - X_1 = ql/2 = F_B$, $M_{EA} = -ql^2/2 + X_1 l + X_2 = -ql^2/12 = M_{EB}$ und das maximale Feldmoment zu $M_F = M_b(l/2) = ql^2/24$ berechnet. ◄

Die Ergebnisse für einfache statisch unbestimmte Träger sind in Tab. 20.5 zusammengefasst.

Anhang

20

Tab. 20.8 Warmgewalzte I-Träger, schmale I-Träger, I-Reihe nach DIN 1025 Blatt 1 (Auszug)

I Flächenmoment 2. Grades,
W Widerstandsmoment,
i Trägheitsradius,
S_x Flächenmoment 1. Grades des halben Querschnitts,
$s_x = I_x/S_x$ Abstand Druck- und Zugmittelpunkt.

Kurzzeichen	Maße für						Querschnitt A	Gewicht G	Für die Biegeachse						S_x	s_x
									x − x			y − y				
I	h	b	s	t	r_1	r_2			I_x	W_x	i_x	I_y	W_y	i_y		
	mm	mm	mm	mm	mm	mm	cm²	kg/m	cm⁴	cm³	cm	cm⁴	cm³	cm	cm³	cm
80	80	42	3,9	5,9	3,9	2,3	7,57	5,94	77,8	19,5	3,20	6,29	3,00	0,91	11,4	6,84
100	100	50	4,5	6,8	4,5	2,7	10,6	8,34	171	34,2	4,01	12,2	4,88	1,07	19,9	8,57
120	120	58	5,1	7,7	5,1	3,1	14,2	11,1	328	54,7	4,81	21,5	7,41	1,23	31,8	10,3
140	140	66	5,7	8,6	5,7	3,4	18,2	14,3	573	81,9	5,61	35,2	10,7	1,40	47,7	12,0
160	160	74	6,3	9,5	6,3	3,8	22,8	17,9	935	117	6,40	54,7	14,8	1,55	68,0	13,7
180	180	82	6,9	10,4	6,9	4,1	27,9	21,9	1450	161	7,20	81,3	19,8	1,71	93,4	15,5
200	200	90	7,5	11,3	7,5	4,5	33,4	26,2	2140	214	8,00	117	26,0	1,87	125	17,2
220	220	98	8,1	12,2	8,1	4,9	39,5	31,1	3060	278	8,80	162	33,1	2,02	162	18,9
240	240	106	8,7	13,1	8,7	5,2	46,1	36,2	4250	354	9,59	221	41,7	2,20	206	20,6
260	260	113	9,4	14,1	9,4	5,6	53,3	41,9	5740	442	10,4	288	51,0	2,32	257	22,3
280	280	119	10,1	15,2	10,1	6,1	61,0	47,9	7590	542	11,1	364	61,2	2,45	316	24,0
300	300	125	10,8	16,2	10,8	6,5	69,0	54,2	9800	653	11,9	451	72,2	2,56	381	25,7
320	320	131	11,5	17,3	11,5	6,9	77,7	61,0	12510	782	12,7	555	84,7	2,67	457	27,4
340	340	137	12,2	18,3	12,2	7,3	86,7	68,0	15700	923	13,5	674	98,4	2,80	540	29,1
360	360	143	13,0	19,5	13,0	7,8	97,0	76,1	19610	1090	14,2	818	114	2,90	638	30,7
380	380	149	13,7	20,5	13,7	8,2	107	84,0	24010	1260	15,0	975	131	3,02	741	32,4
400	400	155	14,4	21,6	14,4	8,6	118	92,4	29210	1460	15,7	1160	149	3,13	857	34,1
425	425	163	15,3	23,0	15,3	9,2	132	104	36970	1740	16,7	1440	176	3,30	1020	36,2
450	450	170	16,2	24,3	16,2	9,7	147	115	45850	2040	17,7	1730	203	3,43	1200	38,3
475	475	178	17,1	25,6	17,1	10,3	163	128	56480	2380	18,6	2090	235	3,60	1400	40,4
500	500	185	18,0	27,0	18,0	10,8	179	141	68740	2750	19,6	2480	268	3,72	1620	42,4

Tab. 20.9 Warmgewalzte I-Träger, schmale I-Träger, I-Reihe nach DIN 1025 Blatt 1 (Auszug)

I Flächenmoment 2. Grades,
W Widerstandsmoment,
i Trägheitsradius,
S_x Flächenmoment 1. Grades des halben Querschnitts,
$s_x = I_x/S_x$ Abstand Druck- und Zugmittelpunkt.

Kurz-zeichen	Maße für					Quer-schnitt A	Gewicht G	Für die Biegeachse						S_x	s_x
								$x-x$			$y-y$				
	h	b	s	t	r_1			I_x	W_x	i_x	I_y	W_y	i_y		
IPB	mm	mm	mm	mm	mm	cm²	kg/m	cm⁴	cm³	cm	cm⁴	cm³	cm	cm³	cm
100	100	100	6	10	12	26,0	20,4	450	89,9	4,16	167	33,5	2,53	52,1	8,63
120	120	120	6,5	11	12	34,0	26,7	864	144	5,04	318	52,9	3,06	82,6	10,5
140	140	140	7	12	12	43,0	33,7	1510	216	5,93	550	78,5	3,58	123	12,3
160	160	160	8	13	15	54,3	42,6	2490	311	6,78	889	111	4,05	177	14,1
180	180	180	8,5	14	15	65,3	51,2	3830	426	7,66	1360	151	4,57	241	15,9
200	200	200	9	15	18	78,1	61,3	5700	570	8,54	2000	200	5,07	321	17,7
220	220	220	9,5	16	18	91,0	71,5	8090	736	9,43	2840	258	5,59	414	19,6
240	240	240	10	17	21	106	83,2	11260	938	10,3	3920	327	6,08	527	21,4
260	260	260	10	17,5	24	118	93,0	14920	1150	11,2	5130	395	6,58	641	23,3
280	280	280	10,5	18	24	131	103	19270	1380	12,1	6590	471	7,09	767	25,1
300	300	300	11	19	27	149	117	25170	1680	13,0	8560	571	7,58	934	26,9
320	320	300	11,5	20,5	27	161	127	30820	1930	13,8	9240	616	7,57	1070	28,7
340	340	300	12	21,5	27	171	134	36660	2160	14,6	9690	646	7,53	1200	30,4
360	360	300	12,5	22,5	27	181	142	43190	2400	15,5	10140	676	7,49	1340	32,2
400	400	300	13,5	24	27	198	155	57680	2880	17,1	10820	721	7,40	1620	35,7
450	450	300	14	26	27	218	171	79890	3550	19,1	11720	781	7,33	1990	40,1
500	500	300	14,5	28	27	239	187	107200	4290	21,2	12620	842	7,27	2410	44,5

20

Tab. 20.10 Warmgewalzter rundkantiger, hochstegiger T-Stahl nach DIN 1024 (Auszug)

b:h=1:1
r₁=s
r₂=r₁/2

I Flächenmoment 2. Grades,
W Widerstandsmoment,
i Trägheitsradius,

Kurzzeichen	Maße für				Querschnitt A	Gewicht G	e_x	Für die Biegeachse					
	h	b	$s=t=r_1$	r_3				$x-x$			$y-y$		
								I_x	W_x	i_x	I_y	W_y	i_y
T	mm	mm	mm	mm	cm²	kg/m	cm	cm⁴	cm³	cm	cm⁴	cm³	cm
20	20		3	1	1,12	0,88	0,58	0,38	0,27	0,58	0,20	0,20	0,42
25	25		3,5	1	1,64	1,29	0,73	0,87	0,49	0,73	0,43	0,34	0,51
30	30		4	1	2,26	1,77	0,85	1,72	0,80	0,87	0,87	0,58	0,62
35	35		4,5	1	2,97	2,33	0,99	3,10	1,23	1,04	1,57	0,90	0,73
40	40		5	1	3,77	2,96	1,12	5,28	1,84	1,18	2,58	1,29	0,83
45	45		5,5	1,5	4,67	3,67	1,26	8,13	2,51	1,32	4,01	1,78	0,93
50	50		6	1,5	5,66	4,44	1,39	12,1	3,36	1,46	6,06	2,42	1,03
60	60		7	2	7,94	6,23	1,66	23,8	5,48	1,73	12,2	4,07	1,24
70	70		8	2	10,6	8,32	1,94	44,5	8,79	2,05	22,1	6,32	1,44
80	80		9	2	13,6	10,7	2,22	73,7	12,8	2,33	37,0	9,25	1,65
90	90		10	2,5	17,1	13,4	2,48	119	18,2	2,64	58,5	13,0	1,85
100	100		11	3	20,9	16,4	2,74	179	24,6	2,92	88,3	177	2,05
120	120		13	3	29,6	23,2	3,28	366	42,0	3,51	178	29,7	2,45
140	140		15	4	39,9	31,3	3,80	660	64,7	4,07	330	47,2	2,88

Tab. 20.11 Warmgewalzter gleichschenkliger rundkantiger Winkelstahl nach DIN 1028 (Auszug)

I Flächenmoment 2. Grades,
W Widerstandsmoment,
i Trägheitsradius,
Tabelle enthält nur die genormten Vorzugswerte.

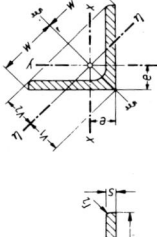

Kurzzeichen L	Maße für a (mm)	s (mm)	r_1 (mm)	r_2 (mm)	Querschnitt (cm²)	Gewicht (kg/m)	Mantelfläche (m²/m)	Abstände der Achsen e (cm)	w (cm)	v_1 (cm)	v_2 (cm)	Statische Werte für die Biegeachse $x{-}x = y{-}y$ I_x (cm⁴)	W_x (cm³)	i_x (cm)	$x{-}\xi$ I_ξ (cm⁴)	i_ξ (cm)	$h{-}\eta$ I_η (cm⁴)	W_η (cm³)	i_η (cm)
20 × 3	20	3	3,5	2	1,12	0,88	0,077	0,60	1,41	0,85	0,70	0,39	0,28	0,59	0,62	0,74	0,15	0,18	0,37
25 × 3	25	3	3,5	2	1,42	1,12	0,097	0,73	1,77	1,03	0,87	0,79	0,45	0,75	1,27	0,95	0,31	0,30	0,47
30 × 3	30	3	5	2,5	1,74	1,36	0,116	0,84	2,12	1,18	1,04	1,41	0,65	0,90	2,24	1,14	0,57	0,48	0,57
35 × 4	35	4	5	2,5	2,67	2,1	0,136	1,00	2,47	1,41	1,24	2,96	1,18	1,05	4,68	1,33	1,24	0,88	0,68
40 × 4	40	4	6	3	3,08	2,42	0,155	1,12	2,83	1,58	1,40	4,48	1,55	1,21	7,09	1,52	1,86	1,18	0,78
45 × 5	45	5	7	3,5	4,3	3,38	0,174	1,28	3,18	1,81	1,58	7,83	2,43	1,35	12,4	1,70	3,25	1,80	0,87
50 × 5	50	5	7	3,5	4,8	3,77	0,194	1,40	3,54	1,98	1,76	11,0	3,05	1,51	17,4	1,90	4,59	2,32	0,98
60 × 6	60	6	8	4	6,91	5,42	0,233	1,69	4,24	2,39	2,11	22,8	5,29	1,82	36,1	2,29	9,43	3,95	1,17
70 × 7	70	7	9	4,5	9,4	7,38	0,272	1,97	4,95	2,79	2,47	42,4	8,43	2,12	67,1	2,67	17,6	6,31	1,37
80 × 8	80	8	10	5	12,3	9,66	0,311	2,26	5,66	3,20	2,82	72,3	12,6	2,42	115	3,06	29,6	9,25	1,55
90 × 9	90	9	11	5,5	15,5	12,2	0,351	2,54	6,36	3,59	3,18	116	18,0	2,74	184	3,45	47,8	13,3	1,76
100 × 10	100	10	12	6	19,2	15,1	0,390	2,82	7,07	3,99	3,54	177	24,7	3,04	280	3,82	73,3	18,4	1,95
110 × 10	110	10	12	6	21,2	16,6	0,430	3,07	7,78	4,34	3,89	239	30,1	3,36	379	4,23	98,6	22,7	2,16
120 × 12	120	12	13	6,5	27,5	21,6	0,469	3,40	8,49	4,80	4,26	368	42,7	3,65	584	4,60	152	31,6	2,35
150 × 15	150	15	16	8	43	33,8	0,586	4,25	10,6	6,01	5,33	898	83,5	4,57	1430	5,76	370	61,6	2,93
180 × 18	180	18	18	9	61,9	48,6	0,705	5,10	12,7	7,22	6,41	1870	145	5,49	2970	6,93	757	105	3,49
200 × 20	200	20	18	9	76,4	59,9	0,785	5,68	14,1	8,04	7,15	2850	199	6,11	4540	7,72	1160	144	3,89

Tab. 20.12 Warmgewalzter rundkantiger Z-Stahl nach DIN 1027 (Auszug)

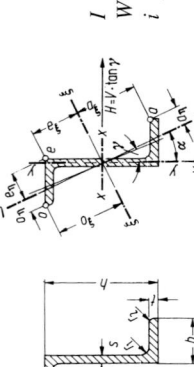

I Flächenmoment 2. Grades,
W Widerstandsmoment,
i Trägheitsradius,

Kurz-zeichen	Maße für						Quer-schnitt A	Gewicht G	Lage der Achse $\eta-\eta$	Abstände der Achsen $\xi-\xi$ und $\eta-\eta$					
	h	b	s	t	r_1	r_2			$\tan\alpha$	o_ξ	o_η	e_ξ	e_η	a_ξ	a_η
	mm	mm	mm	mm	mm	mm	cm²	kg/m		cm	cm	cm	cm	cm	cm
30	30	38	4	4,5	4,5	2,5	4,32	3,39	1,655	3,86	0,58	0,61	1,39	3,54	0,87
40	40	40	4,5	5	5	2,5	5,43	4,26	1,181	4,17	0,91	1,12	1,67	3,82	1,19
50	50	43	5	5,5	5,5	3	6,77	5,31	0,939	4,60	1,24	1,65	1,89	4,21	1,49
60	60	45	5	6	6	3	7,91	6,21	0,779	4,98	1,51	2,21	2,04	4,56	1,76
80	80	50	6	7	7	3,5	11,1	8,71	0,558	5,83	2,02	3,30	2,29	5,35	2,25
100	100	55	6,5	8	8	4	14,5	11,4	0,492	6,77	2,43	4,34	2,50	6,24	2,65
120	120	60	7	9	9	4,5	18,2	14,3	0,433	7,75	2,80	5,37	2,70	7,16	3,02
140	140	65	8	10	10	5	22,9	18,0	0,385	8,72	3,18	6,39	2,89	8,08	3,39
160	160	70	8,5	11	11	5,5	27,5	21,6	0,357	9,74	3,51	7,39	3,09	9,04	3,72
180	180	75	9,5	12	12	6	33,3	26,1	0,329	10,7	3,86	8,40	3,27	9,99	4,08
200	200	80	10	13	13	6,5	38,7	30,4	0,313	11,8	4,17	9,39	3,47	11,0	4,39

Tab. 20.12 (Fortsetzung)

Statische Werte für die Biegeachse

Kurz-zeichen ⌐	x–x			y–y			x–ξ			η–η			Zentri-fugal-moment	Bei lotrechter Belastung V und bei		
														Verhinderung seitlicher Ausbiegung durch H		freier Ausbiegung zur Seite W
	I_x	W_x	i_x	I_y	W_y	i_y	I_ξ	W_ξ	i_ξ	I_η	W_η	i_η	I_{xy}	W_x	$\frac{H}{V}\tan\gamma$	
	cm⁴	cm³	cm	cm⁴	cm³	cm	cm⁴	cm³	cm	cm⁴	cm³	cm	cm⁴	cm³		cm³
30	5,96	3,97	1,17	13,7	3,80	1,78	18,1	4,69	2,04	1,54	1,11	0,60	7,35	3,97	1,227	1,26
40	13,5	6,75	1,58	17,6	4,66	1,80	28,0	6,72	2,27	3,05	1,83	0,75	12,2	6,75	0,913	2,26
50	26,3	10,5	1,97	23,8	5,88	1,88	44,9	9,76	2,57	5,23	2,76	0,88	19,6	10,5	0,752	3,64
60	44,7	14,9	2,38	30,1	7,09	1,95	67,2	13,5	2,81	7,60	3,73	0,98	28,8	14,9	0,647	5,24
80	109	27,3	3,13	47,4	10,1	2,07	142	24,4	3,58	14,7	6,44	1,15	55,6	27,3	0,509	10,1
100	222	44,4	3,91	72,5	14,0	2,24	270	39,8	4,31	24,6	9,26	1,30	97,2	44,4	0,438	16,8
120	402	67,0	4,70	106	18,8	2,42	470	60,6	5,08	37,7	12,5	1,44	158	67,0	0,392	25,6
140	676	96,6	5,43	148	24,3	2,54	768	88,0	5,79	56,4	16,6	1,57	239	96,6	0,353	38,0
160	1060	132	6,20	204	31,0	2,72	1180	121	6,57	79,5	21,4	1,70	349	132	0,330	52,9
180	1600	178	6,92	270	38,4	2,84	1760	164	7,26	110	27,0	1,82	490	178	0,307	72,4
200	2300	230	7,71	357	47,6	3,04	2510	213	8,06	147	33,4	1,95	674	230	0,293	94,1

Tab. 20.13 Warmgewalzter ungleichschenkliger rundkantiger Winkelstahl nach DIN 1029 (Auszug)

I Flächenmoment 2. Grades,
W Widerstandsmoment,
i Trägheitsradius,
Tabelle enthält nur die genormten Vorzugswerte.

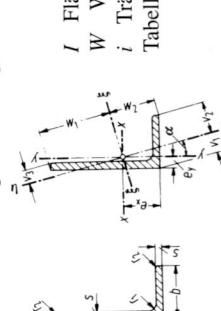

Kurzzeichen L	a mm	b mm	s mm	r_1 mm	r_2 mm	Querschnitt cm²	Gewicht kg/m	Mantelfläche m²/m	e_x cm	e_y cm	w_1 cm	w_2 cm	v_1 cm	v_2 cm	v_3 cm	$\eta-\eta$ $\tan\alpha$	$x-x$ I_x cm⁴	W_x cm³	i_x cm	$y-y$ I_y cm⁴	W_y cm³	i_y cm	$x-\xi$ I_ξ cm⁴	i_ξ cm	$\eta-\eta$ I_η cm⁴	i_η cm
30 × 20 × 3	30	20	3	3,5	2	1,42	1,11	0,097	0,99	0,50	2,04	1,51	0,86	1,04	0,56	0,431	1,25	0,62	0,94	0,44	0,29	0,56	1,43	1,00	0,25	0,42
30 × 20 × 4	30	20	4	3,5	2	1,85	1,45	0,097	1,03	0,54	2,02	1,52	0,91	1,03	0,58	0,423	1,59	0,81	0,93	0,55	0,38	0,55	1,81	0,99	0,33	0,42
40 × 20 × 3	40	20	3	3,5	2	1,72	1,35	0,117	1,43	0,44	2,61	1,77	0,79	1,19	0,46	0,259	2,79	1,08	1,27	0,47	0,30	0,52	2,96	1,31	0,30	0,42
40 × 20 × 4	40	20	4	3,5	2	2,25	1,77	0,117	1,47	0,48	2,57	1,80	0,83	1,18	0,50	0,252	3,59	1,42	1,26	0,60	0,39	0,52	3,79	1,30	0,39	0,42
45 × 30 × 4	45	30	4	4,5	2	2,87	2,25	0,146	1,48	0,74	3,07	2,26	1,27	1,58	0,83	0,436	5,78	1,91	1,42	2,05	0,91	0,85	6,65	1,52	1,18	0,64
45 × 30 × 5	45	30	5	4,5	2	3,53	2,77	0,146	1,52	0,78	3,05	2,27	1,32	1,58	0,85	0,430	6,99	2,35	1,41	2,47	1,11	0,84	8,02	1,51	1,44	0,64
50 × 30 × 4	50	30	4	4,5	2	3,07	2,41	0,156	1,68	0,70	3,36	2,35	1,24	1,67	0,78	0,356	7,71	2,33	1,59	2,09	0,91	0,82	8,53	1,67	1,27	0,64
50 × 30 × 5	50	30	5	4,5	2	3,78	2,96	0,156	1,73	0,74	3,33	2,38	1,28	1,66	0,80	0,353	9,41	2,88	1,58	2,54	1,12	0,82	10,4	1,66	1,56	0,64
50 × 40 × 5	50	40	5	5	2	4,27	3,35	0,177	1,56	1,07	3,49	2,88	1,73	1,84	1,27	0,625	10,4	3,02	1,56	5,89	2,01	1,18	13,3	1,76	3,02	0,84
60 × 30 × 5	60	30	5	6	3	4,29	3,37	0,175	2,15	0,68	3,90	2,67	1,20	1,77	0,72	0,256	15,6	4,04	1,90	2,60	1,12	0,78	16,5	1,96	1,69	0,63
60 × 40 × 5	60	40	5	6	3	4,79	3,76	0,195	1,96	0,97	4,08	3,01	2,09	2,09	1,10	0,437	17,2	4,25	1,89	6,11	2,02	1,13	19,8	2,03	3,50	0,86
60 × 40 × 6	60	40	6	6	3	5,68	4,46	0,195	2,00	1,01	4,06	3,02	1,72	2,08	1,12	0,433	20,1	5,03	1,88	7,12	2,38	1,12	23,1	2,02	4,12	0,85
65 × 50 × 5	65	50	5	6	3	5,54	4,35	0,224	1,99	1,25	4,52	3,61	2,08	2,38	1,50	0,583	23,1	5,11	2,04	11,9	3,18	1,47	28,8	2,28	6,21	1,06
70 × 50 × 6	70	50	6	6	3	6,88	5,40	0,235	2,24	1,25	4,82	3,68	2,20	2,52	1,42	0,497	33,5	7,04	2,21	14,3	3,81	1,44	39,9	2,41	7,94	1,07
75 × 50 × 7	75	50	7	7	3,5	8,30	6,51	0,244	2,48	1,25	5,10	3,77	2,13	2,63	1,38	0,433	46,4	9,24	2,36	16,5	4,39	1,41	53,3	2,53	9,56	1,07
75 × 55 × 5	75	55	5	7	3,5	6,30	4,95	0,254	2,31	1,33	5,19	4,00	2,37	2,70	1,58	0,530	35,5	6,84	2,37	16,2	3,89	1,60	43,1	2,61	8,68	1,17
75 × 55 × 7	75	55	7	7	3,5	8,66	6,80	0,254	2,40	1,41	5,16	4,02	2,37	2,70	1,62	0,525	47,9	9,39	2,35	21,8	5,52	1,59	57,9	2,59	11,8	1,17
80 × 40 × 6	80	40	6	6	3	6,89	5,41	0,234	2,85	0,88	5,21	3,53	1,55	2,42	0,89	0,259	44,9	8,73	2,55	7,59	2,44	1,05	47,6	2,63	4,90	0,84
80 × 40 × 8	80	40	8	8	4	9,01	7,07	0,234	2,94	0,95	5,15	3,57	1,65	2,38	1,04	0,253	57,6	11,4	2,53	9,68	3,18	1,04	60,9	2,60	6,41	0,84
80 × 60 × 7	80	60	7	8	4	9,38	7,36	0,274	2,51	1,52	5,55	4,42	2,70	2,92	1,68	0,546	59,0	10,7	2,51	28,4	6,34	1,74	72,0	2,77	15,4	1,28
80 × 65 × 8	80	65	8	8	4	11,0	8,66	0,283	2,47	1,73	5,59	4,65	2,79	2,94	2,05	0,645	68,1	12,3	2,49	40,1	8,41	1,91	88,0	2,82	20,3	1,36
90 × 60 × 6	90	60	6	7	3,5	8,69	6,82	0,294	2,89	1,41	6,14	4,50	2,46	3,16	1,60	0,442	71,7	11,7	2,87	25,8	5,61	1,72	82,8	3,09	14,6	1,30
90 × 60 × 8	90	60	8	8	3,5	11,4	8,96	0,294	2,97	1,49	6,11	4,54	2,56	3,15	1,69	0,437	92,5	15,4	2,85	33,0	7,31	1,70	107	3,06	19,0	1,29

Tab. 20.13 (Fortsetzung)

Kurzzeichen	Maße für					Querschnitt	Gewicht	Mantelfläche	Abstände der Achsen							Lage der Achse	Für die Biegeachse									
																$\eta-\eta$	$x-x$			$y-y$			$x-\xi$		$\eta-\eta$	
L	a	b	s	r_1	r_2				e_x	e_y	w_1	w_2	v_1	v_2	v_3	$\tan x$	I_x	W_x	i_x	I_y	W_y	i_y	I_ξ	i_ξ	I_η	i_η
	mm	mm	mm	mm	mm	cm²	kg/m	m²/m	cm	cm	cm	cm	cm	cm	cm		cm⁴	cm³	cm	cm⁴	cm³	cm	cm⁴	cm	cm⁴	cm
100×50×6			6			8,73	6,85		3,49	1,04	6,50	4,39	1,91	2,98	1,15	0,263	89,7	13,8	3,20	15,3	3,86	1,32	95,2	3,30	9,78	1,06
100×50×8	100	50	8	9	4,5	11,5	8,99	0,292	3,59	1,13	6,48	4,44	2,00	2,95	1,18	0,258	116	18,0	3,18	19,5	5,04	1,31	123	3,28	12,6	1,05
100×50×10			10			14,1	11,1		3,67	1,20	6,43	4,49	2,08	2,91	1,22	0,252	141	22,2	3,16	23,4	6,17	1,29	149	3,25	15,5	1,04
100×65×7			7			11,2	8,77	0,321	3,23	1,51	6,83	4,91	2,66	3,48	1,73	0,419	113	16,6	3,17	37,6	7,54	1,84	128	3,39	21,6	1,39
100×65×9	100	65	9	10	5	14,2	11,1		3,32	1,59	6,78	4,94	2,76	3,46	1,78	0,415	141	21,0	3,15	46,7	9,52	1,82	160	3,36	27,2	1,39
100×75×9	100	75	9	10	5	15,1	11,8	0,341	3,15	1,91	6,91	5,45	3,22	3,63	2,22	0,549	148	21,5	3,13	71,0	12,7	2,17	181	3,47	37,8	1,59
120×80×8			8			15,5	12,2		3,83	1,87	8,23	5,99	3,27	4,20	2,16	0,441	226	27,6	3,82	80,8	13,2	2,29	261	4,10	45,8	1,72
120×80×10	120	80	10	11	5,5	19,1	15,0	0,391	3,92	1,95	8,18	6,03	3,37	4,19	2,19	0,438	276	34,1	3,80	98,1	16,2	2,27	318	4,07	56,1	1,71
120×80×12			12			22,7	17,8		4,00	2,03	8,14	6,06	3,46	4,18	2,25	0,433	323	40,4	3,77	114	19,1	2,25	371	4,04	66,1	1,71
130×65×8			8			15,1	11,9		4,56	1,37	8,50	5,71	2,49	3,86	1,47	0,263	263	31,1	4,17	44,8	8,72	1,72	280	4,31	28,6	1,38
130×65×10	130	65	10	11	5,5	18,6	14,6	0,381	4,65	1,45	8,43	5,76	2,58	3,82	1,54	0,259	321	38,4	4,15	54,2	10,7	1,71	340	4,27	35,0	1,37

20

Tab. 20.14 Warmgewalzter rundkantiger U-Stahl nach DIN 1026 (Auszug)

I Flächenmoment 2. Grades,
W Widerstandsmoment,
i Trägheitsradius,
S_x Flächenmoment 1. Grades des halben Querschnitts,
$s_x = I_x/S_x$ Abstand Druck- und Zugmittelpunkt.

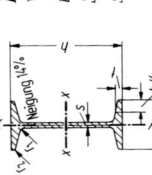

Kurzzeichen	Maße für						Querschnitt	Gewicht	Für die Biegeachse						S_x	s_x	Abstand der Achse $y-y$	x_M
									$x-x$			$y-y$						
U	h	b	s	t	r_1	r_2	A	G	I_x	W_x	i_x	I_y	W_y	i_y	S_x	s_x	e_y	x_M
	mm	mm	mm	mm	mm	mm	cm²	kg/m	cm⁴	cm³	cm	cm⁴	cm³	cm	cm³	cm	cm	cm
30 × 15	30	15	4	4,5	4,5	2	2,21	1,74	2,53	1,69	1,07	0,38	0,39	0,42	–	–	0,52	0,74
30	30	33	5	7	7	3,5	5,44	4,27	6,39	4,26	1,08	5,33	2,68	0,99	–	–	1,31	2,22
40 × 20	40	20	5	5,5	5	2,5	3,66	2,87	7,58	3,79	1,44	1,14	0,86	0,56	–	–	0,67	1,01
40	40	35	5	7	7	3,5	6,21	4,87	14,1	7,05	1,50	6,68	3,08	1,04	–	–	1,33	2,32
50 × 25	50	25	5	6	6	3	4,92	3,86	16,8	6,73	1,85	2,49	1,48	0,71	–	–	0,81	1,34
50	50	38	5	7	7	3,5	7,12	5,59	26,4	10,6	1,92	9,12	3,75	1,13	–	–	1,37	2,47
60	60	30	6	6	6	3	6,46	5,07	31,6	10,5	2,21	4,51	2,16	0,84	–	–	0,91	1,50
65	65	42	5,5	7,5	7,5	4	9,03	7,09	57,5	17,7	2,52	14,1	5,07	1,25	–	–	1,42	2,60
80	80	45	6	8	8	4	11,0	8,64	106	26,5	3,10	19,4	6,36	1,33	15,9	6,65	1,45	2,67
100	100	50	6	8,5	8,5	4,5	13,5	10,6	206	41,2	3,91	29,3	8,49	1,47	24,5	8,42	1,55	2,93
120	120	55	7	9	9	4,5	17,0	13,4	364	60,7	4,62	43,2	11,1	1,59	36,3	10,0	1,60	3,03
140	140	60	7	10	10	5	20,4	16,0	605	86,4	5,45	62,7	14,8	1,75	51,4	11,8	1,75	3,37
160	160	65	7,5	10,5	10,5	5,5	24,0	18,8	925	116	6,21	85,3	18,3	1,89	68,8	13,3	1,84	3,56
180	180	70	8	11	11	5,5	28,0	22,0	1350	150	6,95	114	22,4	2,02	89,6	15,1	1,92	3,75
200	200	75	8,5	11,5	11,5	6	32,2	25,3	1910	191	7,70	148	27,0	2,14	114	16,8	2,01	3,94
220	220	80	9	12,5	12,5	6,5	37,4	29,4	2690	245	8,48	197	33,6	2,30	146	18,5	2,14	4,20
240	240	85	9,5	13	13	6,5	42,3	33,2	3600	300	9,22	248	39,6	2,42	179	20,1	2,23	4,39
260	260	90	10	14	14	7	48,3	37,9	4820	371	9,99	317	47,7	2,56	221	21,8	2,36	4,66
280	280	95	10	15	15	7,5	53,3	41,8	6280	448	10,9	399	57,2	2,74	266	23,6	2,53	5,02
300	300	100	10	16	16	8	58,8	46,2	8030	535	11,7	495	67,8	2,90	316	25,4	2,70	5,41
320	320	100	14	17,5	17,5	8,75	75,8	59,5	10870	679	12,1	597	80,6	2,81	413	26,3	2,60	4,82
350	350	100	14	16	16	8	77,3	60,6	12840	734	12,9	570	75,0	2,72	459	28,6	2,40	4,45
380	380	102	13,5	16	16	8	80,4	63,1	15760	829	14,0	615	78,7	2,77	507	31,1	2,38	4,58
400	400	110	14	18	18	9	91,5	71,8	20350	1020	14,9	846	102	3,04	618	32,9	2,65	5,11

Literatur

Spezielle Literatur

1. Szabó, I.: Einführung in die Technische Mechanik, 8. Aufl. Springer, Berlin (1975), Nachdruck (2003)
2. Weber, C.: Biegung und Schub in geraden Balken. Z. angew. Math. u. Mech. 4, 334–348 (1924)
3. Schultz-Grunow, F.: Einführung in die Festigkeitslehre. Werner, Düsseldorf (1949)
4. Szabó, I.: Höhere Technische Mechanik, 6. Aufl. Springer, Berlin (2001)
5. Neuber, H.: Technische Mechanik, Teil II. Springer, Berlin (1971)
6. Leipholz, H.: Festigkeitslehre für den Konstrukteur. Springer, Berlin (1969)
7. Young, W. C., Budynas, R. G.: Roark's Formulas for Stress and Strain, 7th ed. McGraw-Hill, Singapore (2002)
8. Forschungskuratorium Maschinenbau e.V., Rechnerischer Festigkeitsnachweis für Maschinenbauteile 6. Auflage, VDMA-Verlag, Frankfurt (2012)

Elastizitätstheorie

21

Joachim Villwock und Andreas Hanau

21.1 Allgemeines

Aufgabe der Elastizitätstheorie ist es, den Spannungs- und Verformungszustand eines Körpers unter Beachtung der gegebenen Randbedingungen zu berechnen, d. h. die Größen σ_x, σ_y, σ_z, τ_{xy}, τ_{xz}, τ_{yz}, ε_x, ε_y, ε_z, γ_{xy}, γ_{xz}, γ_{yz}, u, v, w zu ermitteln. Für diese 15 Unbekannten stehen zunächst die Gln. (19.12) und (19.13) zur Verfügung. Hinzu kommen drei Gleichgewichtsbedingungen (Abb. 21.1) mit den Volumenkraftdichten

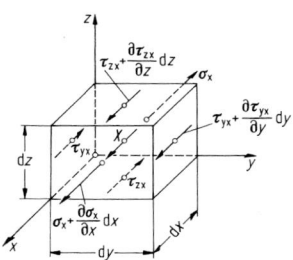

Abb. 21.1 Gleichgewicht am Element

J. Villwock (✉)
Beuth Hochschule für Technik
Berlin, Deutschland
E-Mail: villwock@beuth-hochschule.de

A. Hanau
BSH Hausgeräte GmbH
Berlin, Deutschland
E-Mail: andreas.hanau@bshg.com

X, Y, Z.

$$\left. \begin{array}{l} \dfrac{\partial \sigma_x}{\partial x} + \dfrac{\partial \tau_{yx}}{\partial y} + \dfrac{\tau_{zx}}{\partial z} + X = 0\,, \\[2mm] \dfrac{\partial \tau_{xy}}{\partial x} + \dfrac{\partial \sigma_y}{\partial y} + \dfrac{\partial \tau_{zy}}{\partial z} + Y = 0\,, \\[2mm] \dfrac{\partial \tau_{xz}}{\partial x} + \dfrac{\partial \tau_{yz}}{\partial v} + \dfrac{\partial \sigma_z}{\partial z} + Z = 0\,, \end{array} \right\} \quad (21.1)$$

sowie für isotrope Körper die sechs verallgemeinerten Hooke'schen Gesetze

$$\left. \begin{array}{l} \varepsilon_x = \dfrac{\sigma_x - v(\sigma_y + \sigma_z)}{E}\,, \\[3mm] \varepsilon_y = \dfrac{\sigma_y - v(\sigma_x + \sigma_z)}{E}\,, \\[3mm] \varepsilon_z = \dfrac{\sigma_z - v(\sigma_x + \sigma_y)}{E}\,, \\[3mm] \gamma_{xy} = \dfrac{\tau_{xy}}{G}\,, \quad \gamma_{xz} = \dfrac{\tau_{xz}}{G}\,, \quad \gamma_{yz} = \dfrac{\tau_{yz}}{G}\,. \end{array} \right\}$$
$$(21.2)$$

bzw. in ihrer spannungsexpliziten Form

$$\left. \begin{array}{l} \sigma_x = \dfrac{E}{1+v}\left(\varepsilon_x + \dfrac{v}{1-2v}\left(\varepsilon_x + \varepsilon_y + \varepsilon_z \right) \right)\,, \\[3mm] \sigma_y = \dfrac{E}{1+v}\left(\varepsilon_y + \dfrac{v}{1-2v}\left(\varepsilon_x + \varepsilon_y + \varepsilon_z \right) \right)\,, \\[3mm] \sigma_z = \dfrac{E}{1+v}\left(\varepsilon_z + \dfrac{v}{1-2v}\left(\varepsilon_x + \varepsilon_y + \varepsilon_z \right) \right)\,, \\[3mm] \tau_{xy} = G\gamma_{xy}\,, \quad \tau_{xz} = G\gamma_{xz}\,, \quad \tau_{yz} = G\gamma_{yz}\,. \end{array} \right\}$$
$$(21.2a)$$

Damit stehen 15 Gleichungen für 15 Unbekannte zur Verfügung. Eliminiert man aus ihnen *alle Spannungen*, so erhält man drei partielle Differentialgleichungen für die unbekannten

B. Bender und D. Göhlich (Hrsg.), *Dubbel Taschenbuch für den Maschinenbau 1: Grundlagen und Tabellen*,
https://doi.org/10.1007/978-3-662-59711-8_21

Verschiebungen:

$$
\left.
\begin{aligned}
G\left(\Delta u + \frac{1}{1-2v}\frac{\partial \varepsilon}{\partial x}\right) + X = 0\,, \\[2mm]
G\left(\Delta v + \frac{1}{1-2v}\frac{\partial \varepsilon}{\partial y}\right) + Y = 0\,, \\[2mm]
G\left(\Delta w + \frac{1}{1-2v}\frac{\partial \varepsilon}{\partial z}\right) + Z = 0
\end{aligned}
\right\}
\quad (21.3)
$$

mit $\Delta u = \partial^2 u/\partial x^2 + \partial^2 u/\partial y^2 + \partial^2 u/\partial z^2$ usw. und $\varepsilon = \varepsilon_x + \varepsilon_y + \varepsilon_z = \partial u/\partial x + \partial v/\partial y + \partial w/\partial z$.

Die Navier'schen Gln. (21.3) eignen sich zur Lösung von Problemen, bei denen als Randbedingungen Verschiebungen vorgegeben sind. Eliminiert man aus den zitierten 15 Gleichungen *alle Verschiebungen* und deren Ableitungen, so bleiben sechs Gleichungen für die unbekannten Spannungen:

$$
\Delta \sigma_x + \frac{1}{1+v}\frac{\partial^2 \sigma}{\partial x^2} + 2\frac{\partial X}{\partial x}
$$
$$
+ \frac{v}{1-v}\left(\frac{\partial X}{\partial x} + \frac{\partial Y}{\partial y} + \frac{\partial Z}{\partial z}\right) = 0 \quad (21.4a)
$$

(entsprechend für die *y*- und *z*-Richtung) und

$$
\Delta \tau_{xy} + \frac{1}{1+v}\frac{\partial^2 \sigma}{\partial x\,\partial y} + \frac{\partial X}{\partial y} + \frac{\partial Y}{\partial x} = 0 \quad (21.4b)
$$

(entsprechend für die *y*- und *z*-Richtung).

Hierbei ist $\sigma = \sigma_x + \sigma_y + \sigma_z$. Die Beltrami'schen Gln. (21.4a) und (21.4b) eignen sich zur Lösung von Problemen, bei denen als Randbedingungen Spannungen vorgegeben sind. Bei gemischten Randbedingungen sind beide Gleichungssysteme zu benutzen. Lösungen der Differentialgleichungen (21.3) und (21.4a), (21.4b) liegen im Wesentlichen für rotationssymmetrische und ebene Probleme vor.

21.2   Rotationssymmetrischer Spannungszustand

Setzt man Symmetrie zur *z*-Achse voraus, so treten lediglich die Spannungen σ_r, σ_t, σ_z, $\tau_{rz} = \tau_{zr} = \tau$ auf (Abb. 21.2). Die Gleichgewichtsbe-

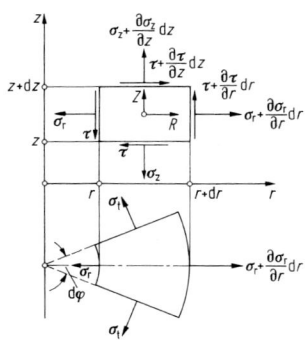

Abb. 21.2 Rotationssymmetrischer Spannungszustand

dingungen in *r*- und *z*-Richtung lauten

$$
\left.
\begin{aligned}
\frac{\partial}{\partial r}(r\sigma_r) + \frac{\partial}{\partial z}(r\,\tau) - \sigma_t + rR = 0\,, \\[2mm]
\frac{\partial}{\partial r}(r\,\tau) + \frac{\partial}{\partial z}(r\sigma_z) + rZ = 0\,.
\end{aligned}
\right\}
$$
$$
(21.5)
$$

Die Hooke'schen Gesetze haben die Form

$$
\left.
\begin{aligned}
\varepsilon_r &= \frac{\partial u}{\partial r} = \frac{\sigma_r - v(\sigma_t + \sigma_z)}{E}\,, \\[2mm]
\varepsilon_t &= \frac{u}{r} = \frac{\sigma_t - v(\sigma_r + \sigma_z)}{E}\,, \\[2mm]
\varepsilon_z &= \frac{\partial w}{\partial z} = \frac{\sigma_z - v(\sigma_r + \sigma_t)}{E}\,, \\[2mm]
\gamma_{rz} &= \frac{\partial u}{\partial z} + \frac{\partial w}{\partial r} = \frac{\tau}{G} = \frac{2(1+v)\,\tau}{E}\,.
\end{aligned}
\right\}
$$
$$
(21.6)
$$

Ihre Auflösung nach den Spannungen liefert

$$
\left.
\begin{aligned}
\sigma_r &= 2G\left(\frac{\partial u}{\partial r} + \frac{v}{1-2v}\,\varepsilon\right)\,, \\[2mm]
\sigma_t &= 2G\left(\frac{u}{r} + \frac{v}{1-2v}\,\varepsilon\right)\,, \\[2mm]
\sigma_z &= 2G\left(\frac{\partial w}{\partial z} + \frac{v}{1-2v}\,\varepsilon\right)\,, \\[2mm]
\tau &= G\left(\frac{\partial u}{\partial z} + \frac{\partial w}{\partial r}\right)\,,
\end{aligned}
\right\}
$$
$$
(21.7)
$$

wobei

$$
\varepsilon = \varepsilon_r + \varepsilon_t + \varepsilon_z = \frac{\partial u}{\partial r} + \frac{u}{r} + \frac{\partial w}{\partial z}\,. \quad (21.8)
$$

Wird die Love'sche Verschiebungsfunktion Φ eingeführt, so muss sie der Bipotentialgleichung

$$\left(\frac{\partial^2}{\partial z^2}+\frac{\partial^2}{\partial r^2}+\frac{1}{r}\frac{\partial}{\partial r}\right)\left(\frac{\partial^2\Phi}{\partial z^2}+\frac{\partial^2\Phi}{\partial r^2}+\frac{1}{r}\frac{\partial\Phi}{\partial r}\right)$$
$$=\Delta\Delta\Phi=0$$

(21.9)

genügen. Lösungen der Bipotentialgleichung sind z. B. $\Phi = r^2$, $\ln r$, $r^2\ln r$, z, z^2 und $\sqrt{r^2+z^2}$ sowie Linearkombinationen hiervon [1, 3]. Die Verschiebungen und Spannungen folgen dann aus

$$\left.\begin{aligned}
u &= -\frac{1}{1-2\nu}\frac{\partial^2\Phi}{\partial r\,\partial z}\,,\\
w &= \frac{2(1-\nu)}{1-2\nu}\Delta\Phi - \frac{1}{1-2\nu}\frac{\partial^2\Phi}{\partial z^2}\,,\\
\sigma_r &= \frac{2\,G\nu}{1-2\nu}\frac{\partial}{\partial z}\left(\Delta\Phi - \frac{1}{\nu}\frac{\partial^2\Phi}{\partial r^2}\right),\\
\sigma_z &= \frac{2(2-\nu)\,G}{1-2\nu}\frac{\partial}{\partial z}\left(\Delta\Phi - \frac{1}{2-\nu}\frac{\partial^2\Phi}{\partial z^2}\right),\\
\sigma_t &= \frac{2\,G\nu}{1-2\nu}\frac{\partial}{\partial z}\left(\Delta\Phi - \frac{1}{\nu}\frac{1}{r}\frac{\partial\Phi}{\partial r}\right),\\
\tau &= \frac{2(1-\nu)\,G}{1-2\nu}\frac{\partial}{\partial r}\left(\Delta\Phi - \frac{1}{1-\nu}\frac{\partial^2\Phi}{\partial z^2}\right).
\end{aligned}\right\}$$

(21.10)

Beispiel

Einzelkraft auf Halbraum (Formeln von Boussinesq) Abb. 21.3. – Die Randbedingungen lauten

$$\sigma_z(z=0,\ r\neq 0)=0,$$
$$\tau(z=0,\ r\neq 0)=0\,.$$

Mit dem Ansatz $\Phi = C_1 R + C_2 z \ln(z + R)$, wobei $R = \sqrt{r^2+z^2}$ ist, folgt aus den

Abb. 21.3 Einzelkraft auf Halbraum

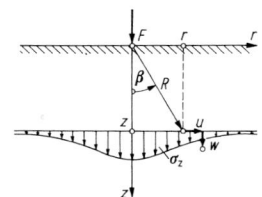

Gln. (21.10)

$$\sigma_z = -2G\left[\left(C_1 - \frac{2\nu}{1-2\nu}C_2\right)\frac{z}{R^3}\right.$$
$$\left.+ \frac{3}{1-2\nu}(C_1 + C_2)\frac{z^3}{R^5}\right]$$

und

$$\tau = -2G\left[\left(C_1 - \frac{2\nu}{1-2\nu}C_2\right)\frac{r}{R^3}\right.$$
$$\left.+ \frac{3}{1-2\nu}(C_1 + C_2)\frac{rz^2}{R^5}\right].$$

Während die erste Randbedingung automatisch befriedigt ist, folgt aus der zweiten $C_2 = (1-2\nu)/(2\nu)\,C_1$ und damit $\sigma_z = -C_1(3G)/(\nu[1-2\nu])\cdot(z^3/R^5)$. Aus $F = -\int_{r=0}^{\infty}\sigma_z 2\,\pi\,r\,dr$ ergibt sich dann $C_1 = F\nu(1-2\nu)/(2\pi G)$ und damit aus den Gln. (21.10)

$$\left.\begin{aligned}
u &= \frac{F}{4\pi G}\left[\frac{rz}{R^3} - (1-2\nu)\frac{r}{R(z+R)}\right],\\
w &= \frac{F}{4\pi G}\left[2(1-\nu)\frac{1}{R} + \frac{z^2}{R^3}\right],\\
\sigma_z &= -\frac{3F}{2\pi}\frac{z^3}{R^5}\,,\\
\sigma_r &= \frac{F}{2\pi}\left[(1-2\nu)\frac{1}{R(z+R)} - 3\frac{zr^2}{R^5}\right],\\
\sigma_t &= \frac{F}{2\pi}(1-2\nu)\left[\frac{z}{R^3} - \frac{1}{R(z+R)}\right],\\
\tau &= -\frac{3F}{2\pi}\frac{rz^2}{R^5}\,.
\end{aligned}\right\}$$

(21.11)

Wegen $\sigma_z/\tau = z/r$ lassen sich σ_z und τ zum Spannungsvektor $s_R = \sqrt{\sigma_z^2 + \tau^2} = 3Fz^2/(2\pi R^4)$ zusammenfassen, der stets in Richtung R zeigt. Für σ_r ergeben sich gemäß $\sigma_r = 0$ Nullstellen aus $\sin^2\beta\cos\beta(1+\cos\beta) = (1-2\nu)/3$ im Fall $\nu = 0{,}3$ zu $\beta_1 = 15{,}4°$ und $\beta_2 = 83°$. Zwischen den durch $2\beta_1 = 30{,}8°$ und $2\beta_2 = 166°$ bestimmten Kreiskegeln wird σ_r negativ (Druckspannung), außerhalb ist sie positiv (Zugspannung). Aus $\sigma_t = 0$ folgt $\cos^2\beta + \cos\beta = 1$, d. h. $\beta = 52°$, für $\beta < 52°$ wird σ_t positiv (Zugspannung), für $\beta > 52°$ negativ (Druckspannung). ◀

21.3 Ebener Spannungszustand

Er liegt vor, wenn $\sigma_z = 0$, $Z = 0$, $\tau_{xz} = \tau_{yz} = 0$, d. h., wenn Spannungen nur in der x, y-Ebene auftreten. Die Gleichgewichtsbedingungen lauten für konstante Volumenkräfte

$$\frac{\partial \sigma_x}{\partial x} + \frac{\partial \tau_{yx}}{\partial y} + X_0 = 0, \quad \frac{\partial \sigma_y}{\partial y} + \frac{\partial \tau_{xy}}{\partial x} + Y_0 = 0.$$
(21.12)

Die Hooke'schen Gesetze haben die Form

$$\varepsilon_x = \frac{\sigma_x - \nu\sigma_y}{E}, \quad \varepsilon_y = \frac{\sigma_y - \nu\sigma_x}{E},$$

$$\gamma_{xy} = \frac{\tau_{xy}}{G},$$
(21.13)

und für die Formänderungen gilt

$$\frac{\partial u}{\partial x} = \varepsilon_x, \quad \frac{\partial \upsilon}{\partial y} = \varepsilon_y, \quad \frac{\partial u}{\partial y} + \frac{\partial \upsilon}{\partial x} = \gamma_{xy}.$$
(21.14)

Dies sind acht Gleichungen für acht Unbekannte. Aus Gl. (21.14) folgt die Kompatibilitätsbedingung

$$\frac{\partial^2 \varepsilon_x}{\partial y^2} + \frac{\partial^2 \varepsilon_y}{\partial x^2} = \frac{\partial^2 \gamma_{xy}}{\partial x \, \partial y},$$
(21.15)

und durch Einsetzen von Gln. (21.13) in (21.15) ergibt sich

$$\frac{1}{E}\left(\frac{\partial^2 \sigma_x}{\partial y^2} - \nu\frac{\partial^2 \sigma_y}{\partial y^2} + \frac{\partial^2 \sigma_y}{\partial x^2} - \nu\frac{\partial^2 \sigma_x}{\partial x^2}\right)$$
$$= \frac{1}{G}\frac{\partial^2 \tau_{xy}}{\partial x \, \partial y}.$$
(21.16)

Werden nun die Gleichgewichtsbedingungen (21.12) durch Einführung der Airy'schen Spannungsfunktion $F = F(x, y)$ derart befriedigt, dass

$$\sigma_x = \frac{\partial^2 F}{\partial y^2}, \quad \sigma_y = \frac{\partial^2 F}{\partial x^2},$$

$$\tau_{xy} = -\frac{\partial^2 F}{\partial x \, \partial y} - X_0 y - Y_0 x$$
(21.17)

ist, so folgt aus Gl. (21.16) für $F(x, y)$

$$\frac{\partial^4 F}{\partial x^4} + 2\frac{\partial^4 F}{\partial x^2 \partial y^2} + \frac{\partial^4 F}{\partial y^4} = \Delta\Delta F = 0, \quad (21.18)$$

d. h., die Airy'sche Spannungsfunktion muss der Bipotentialgleichung genügen. Die Bipotentialgleichung hat unendlich viele Lösungen, z. B. $F = x$, x^2, x^3, y, y^2, y^3, xy, x^2y, x^3y, xy^2, xy^3, $\cos\lambda x \cdot \cosh y$, $x \cos\lambda x \cdot \cosh\lambda y$ usw., ferner biharmonische Polynome [2] sowie die Real- und Imaginärteile von analytischen Funktionen $f(z) = f(x \pm iy)$ usw. [1]. Mit dem Ansatz geeigneter Linearkombinationen dieser Lösungen versucht man die gegebenen Randbedingungen zu befriedigen und damit das ebene Problem zu lösen.

Beispiel

Halbebene unter Einzelkraft. – Zur Lösung werden Polarkoordinaten verwendet (Abb. 21.4a). Dann gilt für die Airy'sche Spannungsfunktion

$$\Delta\Delta F = \left(\frac{\partial^2}{\partial r^2} + \frac{1}{r}\frac{\partial}{\partial r} + \frac{1}{r^2}\frac{\partial^2}{\partial\varphi^2}\right)$$
$$\cdot \left(\frac{\partial^2 F}{\partial r^2} + \frac{1}{r}\frac{\partial F}{\partial r} + \frac{1}{r^2}\frac{\partial^2 F}{\partial\varphi^2}\right)$$
$$= 0$$

und für die Spannungen (mit $X = Y = 0$)

$$\sigma_r = \frac{1}{r}\frac{\partial F}{\partial r} + \frac{1}{r^2}\frac{\partial^2 F}{\partial\varphi^2}, \quad \sigma_t = \frac{\partial^2 F}{\partial r^2},$$

$$\tau_{rt} = -\frac{\partial}{\partial r}\left(\frac{1}{r}\frac{\partial F}{\partial\varphi}\right).$$

Die Randbedingungen lauten

$$\sigma_t(r, \varphi = 0) = 0, \quad \sigma_t(r, \varphi = \pi) = 0,$$
$$\tau_{rt}(r, \varphi = 0) = 0, \quad \tau_{rt}(r, \varphi = \pi) = 0.$$

Mit dem Ansatz $F(r, \varphi) = C r \varphi \cos\varphi$ folgt

$$\Delta\Delta F = 0, \quad \sigma_r = -C\frac{2}{r}\sin\varphi,$$

$$\sigma_t = 0, \quad \tau_{rt} = 0.$$

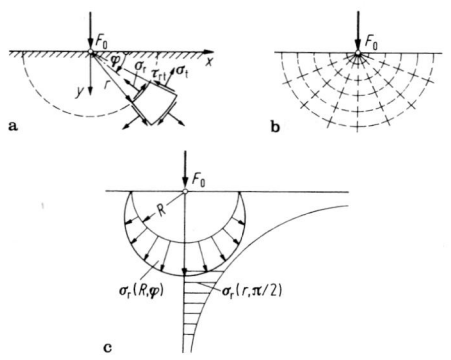

Abb. 21.4 Halbebene unter Einzelkraft

Die Lösung erfüllt die Randbedingungen. Mit der Scheibendicke h folgt die Konstante C aus der Gleichgewichtsbedingung $\sum F_{iy} = 0 = \int_0^{\pi} \sigma_r \sin \varphi \cdot hr \, d\varphi + F_0 = 0$ zu $C = F_0/(\pi h)$. Wegen $\tau_{rt} = 0$ sind die σ_r und

σ_t Hauptnormalspannungen, d. h., die zugehörigen Trajektorien sind Geraden durch den Nullpunkt bzw. die dazu senkrechten Kreise um den Nullpunkt (Abb. 21.4b). Die Hauptschubspannungstrajektorien liegen dazu unter $45°$ (s. Abschn. 19.1.1). Der Verlauf der Spannungen σ_r ergibt sich für $r = R = \text{const}$ zu $\sigma_r = -2F_0/(\pi\,hR) \cdot \sin \varphi$ bzw. für $\varphi = \pi/2$ zu $\sigma_r = -[2F_0/(\pi\,h)]/r$ (Abb. 21.4c). ◄

Literatur

Spezielle Literatur

1. Szabó, I.: Höhere Technische Mechanik, 6. Aufl. Springer, Berlin (2001)
2. Girkmann, K.: Flächentragwerke, 5. Aufl. Springer, Wien (1959)
3. Timoshenko, S., Goodier, J. N.: Theory of Elasticity, 3rd ed. McGraw-Hill, Singapore (1987)

Beanspruchung bei Berührung zweier Körper (Hertz'sche Formeln)

22

Joachim Villwock und Andreas Hanau

Berühren zwei Körper einander punkt- oder linienförmig, so ergeben sich unter Einfluss von Druckkräften Verformungen und Spannungen nach der Theorie von Hertz [1, 2]. Ausgangspunkt für die Lösungen von Hertz sind die Boussinesq'schen Formeln (21.11). Vorausgesetzt wird dabei homogenes, isotropes Material und Gültigkeit des Hooke'schen Gesetzes, ferner alleinige Wirkung von Normalspannungen in der

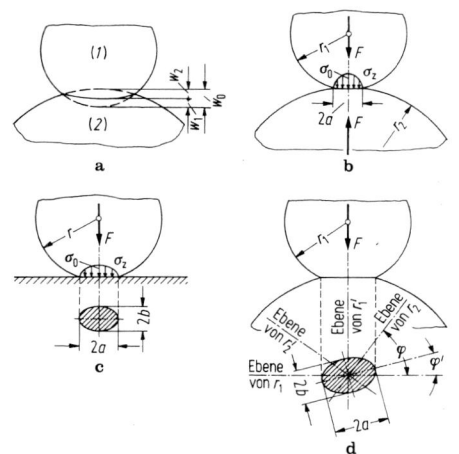

Abb. 22.1 Hertz'sche Formeln

J. Villwock (✉)
Beuth Hochschule für Technik
Berlin, Deutschland
E-Mail: villwock@beuth-hochschule.de

A. Hanau
BSH Hausgeräte GmbH
Berlin, Deutschland
E-Mail: andreas.hanau@bshg.com

Berührungsfläche. Außerdem muss die Deformation, d. h. das Maß w_0 der Annäherung (auch Abplattung genannt), beider Körper (Abb. 22.1a) im Verhältnis zu den Körperabmessungen klein sein. Bei unterschiedlichem Material der berührenden Körper gilt $E = 2E_1 E_2 / (E_1 + E_2)$. Für die Querkontraktionszahl wird einheitlich $\nu = 0{,}3$ angesetzt.

22.1 Kugel

Gegen Kugel (Abb. 22.1b). Mit $1/r = 1/r_1 + 1/r_2$ gilt

$$\max \sigma_z = \sigma_0 = -\frac{1}{\pi} \sqrt[3]{\frac{1{,}5 \cdot FE^2}{r^2 (1 - \nu^2)^2}} \, ,$$

$$w_0 = \sqrt[3]{\frac{2{,}25 \cdot (1 - \nu^2)^2 \, F^2}{E^2 r}} \, .$$

Die Druckspannung verteilt sich halbkugelförmig über der Druckfläche. Die Projektion der Druckfläche ist ein Kreis vom Radius $a = \sqrt[3]{1{,}5 \cdot (1 - \nu^2) \, Fr/E}$. Die Spannungen σ_r und σ_t am mittleren Volumenelement der Druckfläche sind in der Mitte $\sigma_r = \sigma_t = \sigma_0 (1 + 2\nu) / 2 = 0{,}8 \cdot \sigma_0$ und am Rand $\sigma_r = -\sigma_t = 0{,}133 \cdot \sigma_0$. Umschließt die größere Kugel (als Hohlkugel) die kleinere, so ist r_2 negativ einzusetzen.

Gegen Ebene. Mit $r_2 \to \infty$, d. h. $r = r_1$, gelten diese Ergebnisse ebenfalls. Der Spannungsverlauf in z-Richtung [3] liefert die größte Schubspannung für $z = 0{,}47a$ zu $\max \tau = 0{,}31 \cdot \sigma_0$

© Springer-Verlag GmbH Deutschland, ein Teil von Springer Nature 2020
B. Bender und D. Göhlich (Hrsg.), *Dubbel Taschenbuch für den Maschinenbau 1: Grundlagen und Tabellen*,
https://doi.org/10.1007/978-3-662-59711-8_22

und die zugehörigen Werte $\sigma_z = 0,8 \cdot \sigma_0$, $\sigma_r = \sigma_t = 0,18 \cdot \sigma_0$. Wie Föppl [3] gezeigt hat, entwickeln sich Fließlinien von der Stelle der max τ aus. Man begnügt sich jedoch üblicherweise mit dem Nachweis von max $\sigma_z = \sigma_0$.

22.2 Zylinder

Gegen Zylinder (Abb. 22.1b). Die Projektion der Druckfläche ist ein Rechteck von der Breite 2 a und der Zylinderlänge l. Die Druckspannungen verteilen sich über die Breite 2 a halbkreisförmig. Mit $1/r = 1/r_1 + 1/r_2$ gilt

$$\max \sigma_z = \sigma_0 = -\sqrt{\frac{FE}{2\pi r l (1-\nu^2)}} \,,$$

$$a = \sqrt{\frac{8 F r (1-\nu^2)}{\pi E l}} \,.$$

Hierbei wird vorausgesetzt, dass sich $q = F/l$ als Linienlast gleichförmig über die Länge verteilt. Die Abplattung wurde von Hertz nicht berechnet, da die begrenzte Länge des Zylinders die Problemlösung erschwert. Die Spannungen σ_x und σ_y an einem Element der Druckfläche (x in Längsrichtung, y in Querrichtung) sind in Zylindermitte $\sigma_x = 2 \upsilon \sigma_z = 0,6 \cdot \sigma_0$, $\sigma_y = \sigma_z = \sigma_0$. Der Spannungsverlauf in z-Richtung [3] liefert die größte Schubspannung in der Tiefe $z = 0,78 \cdot a$ zu max $\tau = 0,30 \cdot \sigma_0$. Am mittleren Volumenelement der Berührungsfläche ist in der Mitte des Zylinders

$$\max \tau = 0,5 (\sigma_1 - \sigma_3) = 0,5 (\sigma_0 - 0,6 \cdot \sigma_0)$$
$$= 0,2 \cdot \sigma_0$$

und am Zylinderende max $\tau = 0,5 \cdot \sigma_0$. Dabei liegt max τ in Flächenelementen schräg zur Oberfläche, da voraussetzungsgemäß in den Oberflächenelementen selbst und damit nach dem Satz von den zugeordneten Schubspannungen auch in Flächenelementen senkrecht dazu $\tau = 0$ ist, d. h. die Oberflächenspannungen Hauptspannungen sind.

Gegen Ebene. Mit $r_2 \to \infty$ gelten die entsprechenden Ergebnisse.

22.3 Beliebig gewölbte Fläche

Gegen Ebene (Abb. 22.1c). Sind die Hauptkrümmungsradien im Berührungspunkt r und r', so bildet sich als Projektion der Druckfläche eine Ellipse mit den Halbachsen a und b in Richtung der Hauptkrümmungsebenen aus. Die Druckspannungen verteilen sich nach einem Ellipsoid. Es gilt

$$\max \sigma_z = \sigma_0 = 1,5 \frac{F}{\pi a b} \,,$$

$$a = \sqrt[3]{3 \xi^3 (1-\nu^2) \frac{F}{E(1/r + 1/r')}} \,,$$

$$b = \sqrt[3]{3 \eta^3 (1-\nu^2) \frac{F}{E(1/r + 1/r')}} \,,$$

$$w_0 = 1,5 \cdot \psi (1-\nu^2) F/E a \,.$$

Die Werte ξ, η, ψ sind abhängig von dem Hilfswinkel

$$\vartheta = \arccos\left(\frac{1/r' - 1/r}{1/r' + 1/r}\right) \,,$$

s. Tab. 22.1.

Gegen beliebig gewölbte Fläche (Abb. 22.1d). Gegeben: Hauptkrümmungsradien r_1 und r_1', r_2 und r_2' ferner Winkel φ zwischen den Ebenen von r_1 und r_2 [4]. Zurückführung auf den vorstehenden Fall unter Voraussetzung von $r_1 > r_1'$ und $r_2 > r_2'$ durch Einführung von

$$\frac{1}{r'} + \frac{1}{r} = \frac{1}{r_1'} + \frac{1}{r_1} + \frac{1}{r_2'} + \frac{1}{r_2} \,, \quad (22.1)$$

$$\frac{1}{r'} - \frac{1}{r} =$$
$$\sqrt{\left(\frac{1}{r_1'} - \frac{1}{r_1}\right)^2 + \left(\frac{1}{r_2'} - \frac{1}{r_2}\right)^2 + 2\left(\frac{1}{r_1'} - \frac{1}{r_1}\right)\left(\frac{1}{r_2'} - \frac{1}{r_2}\right)\cos 2\varphi} \quad (22.2)$$

Projektion der Druckfläche ist wiederum Ellipse mit den Halbachsen a und b. Achse a liegt zwischen den Ebenen von r_1 und r_2. Winkel φ' aus

$$\left(\frac{1}{r'} + \frac{1}{r}\right)\sin 2\varphi' = \left(\frac{1}{r_1'} - \frac{1}{r_1}\right)\sin 2\varphi \,.$$

Tab. 22.1 ζ, η und ψ in Abhängigkeit von ϑ

ϑ	90°	80°	70°	60°	50°	40°	30°	20°	10°	0°
ξ	1	1,128	1,284	1,486	1,754	2,136	2,731	3,778	6,612	∞
η	1	0,893	0,802	0,717	0,641	0,567	0,493	0,408	0,319	0
ψ	1	1,12	1,25	1,39	1,55	1,74	1,98	2,30	2,80	∞

Umschließt ein größerer Körper (Hohlprofil) den kleineren, so sind entsprechende Radien negativ einzuführen. Wert nach Gl. (22.2) darf dabei nicht größer werden als Wert nach Gl. (22.1).

Literatur

Spezielle Literatur

1. Hertz, H.: Über die Berührung fester elastischer Körper. Ges. Werke, Bd. I. Barth, Leipzig (1895)
2. Szabó, I.: Höhere Technische Mechanik, 6. Aufl. Springer, Berlin (2001)
3. Föppl, L.: Der Spannungszustand und die Anstrengung der Werkstoffe bei der Berührung zweier Körper. Forsch. Ing.-Wes. **7**, 209–221 (1936)
4. Timoshenko, S., Goodier, J. N.: Theory of elasticity, 3rd ed. McGraw-Hill, Singapore (1987)

22

Flächentragwerke

23

Andreas Hanau und Joachim Villwock

23.1 Platten

Unter der Voraussetzung, dass die Plattendicke h klein zur Flächenabmessung und die Durchbiegung w ebenfalls klein ist, ergibt sich mit der Flächenbelastung $p(x, y)$ und der Plattensteifigkeit $N = Eh^3/[12(1 - v^2)]$ für die Durchbiegungen $w(x, y)$ die Bipotentialgleichung

$$\Delta\Delta w = \frac{\partial^4 w}{\partial x^4} + 2\frac{\partial^4 w}{\partial x^2\, \partial y^2} + \frac{\partial^4 w}{\partial y^4}$$
$$= \frac{p(x,\ y)}{N}\,. \qquad (23.1)$$

Die Biegemomente M_x und M_y sowie das Torsionsmoment M_{xy} folgen aus

$$M_x = -N\left(\frac{\partial^2 w}{\partial x^2} + v\,\frac{\partial^2 w}{\partial y^2}\right),$$
$$M_y = -N\left(\frac{\partial^2 w}{\partial y^2} + v\,\frac{\partial^2 w}{\partial x^2}\right),$$
$$M_{xy} = -(1 - v)\,N\,\frac{\partial^2 w}{\partial x\, \partial y}\,. \qquad (23.2)$$

Die Extremalspannungen an Plattenober- oder -unterseite ergeben sich aus

$$\sigma_x = \frac{M_x}{W}\,, \quad \sigma_y = \frac{M_y}{W}\,, \quad \tau = \frac{M_{xy}}{W}\,, \quad (23.3)$$

wobei das Widerstandsmoment $W = h^2/6$ ist. Bei rotationssymmetrisch belasteten Kreisplatten wird $w = w(r)$, und Gl. (23.1) geht in die gewöhnliche Euler'sche Differentialgleichung

$$w''''(r) + \frac{2}{r}w'''(r) - \frac{1}{r^2}w''(r) + \frac{1}{r^3}w'(r)$$
$$= \frac{p(r)}{N} \qquad (23.4)$$

über. Ferner gilt

$$M_r = -N\left(w'' + \frac{v}{r}\,w'\right),$$
$$M_{\mathrm{t}} = -N\left(v\,w'' + \frac{1}{r}\,w'\right), \qquad (23.5)$$

$$\sigma_r = \frac{M_r}{W}, \quad \sigma_{\mathrm{t}} = \frac{M_{\mathrm{t}}}{W} \quad \text{mit} \quad W = \frac{h^2}{6}. \quad (23.6)$$

Torsionsmomente treten wegen der Rotationssymmetrie nicht auf. Im Folgenden sind die wichtigsten Ergebnisse für verschiedene Plattentypen zusammengestellt (Querdehnungszahl $v = 0{,}3$).

A. Hanau
BSH Hausgeräte GmbH
Berlin, Deutschland
E-Mail: andreas.hanau@bshg.com

J. Villwock (✉)
Beuth Hochschule für Technik
Berlin, Deutschland
E-Mail: villwock@beuth-hochschule.de

© Springer-Verlag GmbH Deutschland, ein Teil von Springer Nature 2020
B. Bender und D. Göhlich (Hrsg.), *Dubbel Taschenbuch für den Maschinenbau 1: Grundlagen und Tabellen*,
https://doi.org/10.1007/978-3-662-59711-8_23

23.1.1 Rechteckplatten

Gleichmäßig belastete Platte (Abb. 23.1) *Ringsum gelenkig gelagerter Rand* [1–3]. Die maximalen Spannungen und Durchbiegungen treten in Plattenmitte auf:

$$\sigma_x = c_1 \frac{p\,b^2}{h^2}, \quad \sigma_y = c_2 \frac{p\,b^2}{h^2},$$

$$f = c_3 \frac{p\,b^4}{E\,h^3}. \tag{23.7}$$

In den Ecken ergeben sich abhebende Einzelkräfte $F = c_4\,p\,b^2$, die zu verankern sind (Beiwerte c_i s. Tab. 23.1).

Für eine allgemeine Belastung *p(x,y)* (Abb. 23.2) existieren Näherungslösungen für die ringsum gelenkig gelagerte Rechteckplatte (Kantenlängen a und b). Hierzu wird für die Durchbiegung und die äußere Flächenlast jeweils eine Fouriersche Doppelreihe angesetzt:

$$w(x,y) = \sum_{m=1}^{\infty} \sum_{n=1}^{\infty} w_{mn} \sin\left(\frac{m\pi x}{a}\right) \sin\left(\frac{n\pi y}{b}\right)$$

(erfüllt die Randbedingungen) bzw.

$$p(x,y) = \sum_{m=1}^{\infty} \sum_{n=1}^{\infty} p_{mn} \sin\left(\frac{m\pi x}{a}\right) \sin\left(\frac{n\pi y}{b}\right)$$

mit

$$p_{mn} = \frac{4}{ab} \int_{x=0}^{a} \int_{y=0}^{b} p(x,y) \sin\left(\frac{m\pi x}{a}\right)$$

$$\cdot \sin\left(\frac{n\pi y}{b}\right) dy\, dx,$$

$$m,n = 1,2,3,\dots$$

Abb. 23.1 Rechteckplatte

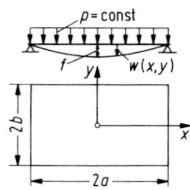

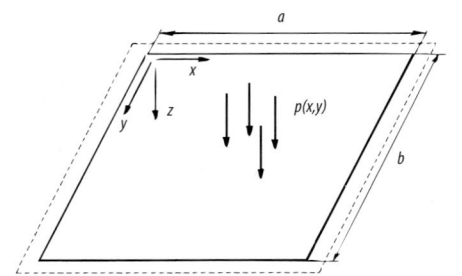

Abb. 23.2 Gelenkig gelagerte Rechteckplatte

in Gl. (23.1) eingesetzt und über Koeffizientenvergleich die Fourierkoeffizienten w_{mn} bestimmt:

$$w_{mn} = \frac{p_{mn}}{N\left(\left(\frac{m\pi}{a}\right)^2 + \left(\frac{n\pi}{b}\right)^2\right)^2},$$

$$m,n = 1,2,3,\dots$$

Für die quadratische Platte (Kantenlänge a) mit Einzellast in der Mitte gilt [8]

$$p_{mn} = \frac{4F}{a^2} \sin\left(\frac{m\pi}{2}\right) \sin\left(\frac{n\pi}{2}\right),$$

$$m,n = 1,2,3,\dots$$

Dabei ist für kleine Belastungsflächen und insbesondere bei Angriff von Einzellasten darauf zu achten, dass das Konvergenzverhalten, insbesondere für die aus der Durchbiegung $w(x,y)$ abgeleiteten Reihen der Querkräfte und Momente, schlecht ist. So findet sich für die Einzelkraft keine konvergente Lösung für die Schnittlasten.

Ringsum eingespannter Rand. Neben den Spannungen und Durchbiegungen in Plattenmitte nach Gl. (23.7) treten maximale Biegespannungen in der Mitte des langen Rands auf (c_i-Werte

Tab. 23.1 Faktoren c_1–c_5 in Abhängigkeit von a/b

	Gelenkig gelagerte Platte				Ringsum eingespannte Platte			
a/b	c_1	c_2	c_3	c_4	c_1	c_2	c_3	c_5
1,0	1,15	1,15	0,71	0,26	0,53	0,53	0,225	1,24
1,5	1,20	1,95	1,35	0,34	0,48	0,88	0,394	1,82
2,0	1,11	2,44	1,77	0,37	0,31	0,94	0,431	1,92
3,0	0,97	2,85	2,14	0,37	–	–	–	–
4,0	0,92	2,96	2,24	0,38	–	–	–	–
∞	0,90	3,00	2,28	0,38	0,30	1,00	0,455	2,00

Abb. 23.3 Platte auf Einzelstützen

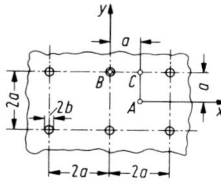

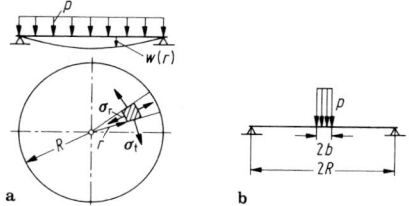

Abb. 23.4 Flächenlast (**a**) und Einzellast (**b**)

s. Tab. 23.1):

$$\sigma_y = c_5 \, \frac{p \, b^2}{h^2} \, , \quad \text{zugehörig } \sigma_x = 0,3 \, \sigma_y \, .$$

Abhebende Auflagerkräfte in den Ecken in Form von Einzelkräften treten nicht auf. Ausführliche Darstellung aller Schnittlasten und Auflagerreaktionen in [4, 7].

Gleichmäßig belastete, unendlich ausgedehnte Platte auf Einzelstützen (Abb. 23.3). Mit der Stützkraft $F = 4a^2 p$ sowie $2b \geq h$ ergibt sich für Spannungen und Durchbiegungen

$$\sigma_{xA} = \sigma_{yA} = 0,861 \, \frac{p \, a^2}{h^2} \, ,$$

$$\sigma_{xB} = \sigma_{yB} = -0,62 \, \frac{F \, [\ln(a/b) - 0,12]}{h^2} \, ,$$

$$f_A = 0,092 \, \frac{p \, a^4}{N} \, , \quad f_C = 0,069 \, \frac{p \, a^4}{N} \, .$$

23.1.2 Kreisplatten

Gleichmäßig belastete Platte

Gelenkig gelagerter Rand (Abb. 23.4a). Die maximalen Spannungen und Durchbiegungen treten in Plattenmitte auf:

$$\sigma_r = \sigma_t = 1,24 \cdot p \, R^2 / h^2 \, ,$$
$$f = 0,696 \cdot p \, R^4 / (E \, h^3) \, .$$

Eingespannter Rand. In der Mitte

$$\sigma_r = \sigma_t = 0,488 \, \frac{p \, R^2}{h^2} \, , \quad f = 0,171 \, \frac{p \, R^4}{E \, h^3} \, ;$$

am Rand

$$\sigma_r = 0,75 \, \frac{p \, R^2}{h^2} \, , \quad \sigma_t = \nu \, \sigma_r = 0,225 \, \frac{p \, R^2}{h^2} \, .$$

Platte mit Einzellast (Abb. 23.4b)
Für eine Kraft $F = \pi b^2 p$ in der Mitte, die gleichmäßig auf einer Kreisfläche vom Radius b verteilt ist, gilt bei:

Gelenkig gelagertem Rand: Maximale Spannungen und Durchbiegung treten in der Mitte auf

$$\sigma_r = \sigma_t$$

$$= 1,95 \left(\frac{b}{R} \right)^2$$

$$\cdot \left[0,77 - 0,135 \left(\frac{b}{R} \right)^2 - \ln \left(\frac{b}{R} \right) \right] \frac{pR^2}{h^2} \, ,$$

$$f = 0,682 \left(\frac{b}{R} \right)^2$$

$$\cdot \left[2,54 - \left(\frac{b}{R} \right)^2 \left(1,52 - \ln \left(\frac{b}{R} \right) \right) \right] \frac{pR^4}{Eh^3} \, ;$$

Eingespanntem Rand: In der Mitte

$$\sigma_r = \sigma_t$$

$$= 1,95 \left(\frac{b}{R} \right)^2$$

$$\cdot \left[0,25 \left(\frac{b}{R} \right)^2 - \ln \left(\frac{b}{R} \right) \right] \frac{pR^2}{h^2} \, ,$$

$$f = 0,682 \left(\frac{b}{R} \right)^2$$

$$\cdot \left[1 - \left(\frac{b}{R} \right)^2 \left(0,75 - \ln \left(\frac{b}{R} \right) \right) \right] \frac{pR^4}{Eh^3} \, ;$$

am Rand

$$\sigma_r = -0,75 \left(\frac{b}{R} \right)^2 \left[2 - \left(\frac{b}{R} \right)^2 \right] \frac{pR^2}{h^2} \, ,$$

$$\sigma_t = \nu \sigma_r \, .$$

Weitere ausführliche Ergebnisse für Kreis- und Kreisringplatten unter verschiedenen Belastungen in [5].

Abb. 23.5 Dreieckplatte

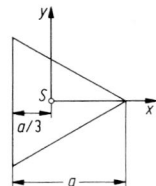

23.1.3 Elliptische Platten

Gleichmäßig mit p belastet
Halbachsen $a > b$ (a in x-, b in y-Richtung).

Gelenkig gelagerter Rand: Maximale Biegespannung in der Mitte

$$\sigma_y \approx \left(3{,}24 - \frac{2\,b}{a} \right) \frac{p\,b^2}{h^2} \, .$$

Eingespannter Rand: Mit $c_1 = 8/\big[3 + 2(b/a)^2 + 3(b/a)^4\big]$ gilt in der Mitte

$$\sigma_x = 3c_1\,p\,b^2\,\frac{(b/a)^2 + 0{,}3}{8\,h^2} \, ,$$

$$\sigma_y = 3c_1\,p\,b^2\,\frac{1 + 0{,}3\,(b/a)^2}{8\,h^2} \, ,$$

$$f = 0{,}171\,c_1\,\frac{p\,b^4}{E\,h^3} \, ;$$

am Ende der kleinen Achse

$$\min \sigma = \sigma_y = -0{,}75\,c_1\frac{p\,b^2}{h^2} \, , \quad \sigma_x = \nu\,\sigma_y \, ;$$

am Ende der großen Achse

$$\sigma_x = -0{,}75\,c_1\frac{p\,b^4}{a^2\,h^2} \, , \quad \sigma_y = \nu\,\sigma_x \, .$$

23.1.4 Gleichseitige Dreieckplatte

Gleichmäßig mit p belastet

Ringsum gelenkig gelagert (Abb. 23.5): Für den Plattenschwerpunkt S gilt mit der Plattensteifigkeit $N = Eh^3/[12(1-\nu^2)]$

$$\sigma_x = \sigma_y = 0{,}145\,\frac{p\,a^2}{h^2} \, , \quad f = 0{,}00103\,\frac{p\,a^4}{N} \, .$$

Die Maximalspannung tritt bei $x = 0{,}129a$ und $y = 0$ auf und ist $\sigma_y = 0{,}155 \cdot p\,a^2/h^2$.

23.1.5 Temperaturspannungen in Platten

Bei einer Temperaturdifferenz Δt zwischen Ober- und Unterseite ergeben sich bei Platten mit allseits freien Rändern keine Spannungen, bei allseits gelenkig gelagerten Platten nach der Plattentheorie [6].

Bei allseits eingespannten Platten wird

$$\sigma_x = \sigma_y = \frac{\alpha_{\mathrm{t}}\,\Delta t\,E}{2(1-\nu)} = \sigma_r = \sigma_{\mathrm{t}} \, .$$

23.2 Scheiben

Hierbei handelt es sich um ebene Flächentragwerke, die in ihrer Ebene belastet sind. Zur theoretischen Ermittlung der Spannungen mit der Airy'schen Spannungsfunktion s. Abschn. 21.3. Im Folgenden werden für einige technisch wichtige Fälle die Spannungen angegeben. Die Dicke der Scheiben sei h.

23.2.1 Kreisscheibe

Radiale gleichmäßige Streckenlast q (Abb. 23.6).

$$\sigma_r = \sigma_{\mathrm{t}} = -\frac{q}{h} \, , \quad \tau_{rt} = 0 \, .$$

Abb. 23.6 Kreisscheibe

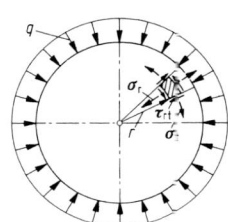

Gleichmäßige Erwärmung Δt. Bei einer Scheibe mit verschieblichem Rand ergeben sich nur Radialverschiebungen $u(r) = \alpha_t \, \Delta t \, r$, aber keine Spannungen. Bei unverschieblichem Rand ($u = 0$) gilt

$$\sigma_r = \sigma_t = -\frac{E \, \alpha_t \, \Delta t}{1 - \nu} \,, \qquad \tau_{rt} = 0 \,.$$

23.2.2 Ringförmige Scheibe

Radiale Streckenlast innen und außen (Abb. 23.7a).

$$\sigma_r = -\frac{q_i \, r_i^2}{h \left(r_a^2 - r_i^2\right)} \left(\frac{r_a^2}{r^2} - 1\right)$$
$$\quad - \frac{q_a \, r_a^2}{h \left(r_a^2 - r_i^2\right)} \left(1 - \frac{r_i^2}{r^2}\right) \,,$$

$$\sigma_t = +\frac{q_i \, r_i^2}{h \left(r_a^2 - r_i^2\right)} \left(\frac{r_a^2}{r^2} + 1\right)$$
$$\quad - \frac{q_a \, r_a^2}{h \left(r_a^2 - r_i^2\right)} \left(1 + \frac{r_i^2}{r^2}\right) \,,$$

$$\tau_{rt} = 0 \,.$$

Gleichmäßige Erwärmung Δt. Bei einer Scheibe mit verschieblichen Rändern ergeben sich nur Radialverschiebungen $u(r) = \alpha_t \, \Delta t \, r$, aber keine Spannungen. Bei unverschieblichem äußeren Rand ($u = 0$) gilt

$$\sigma_r = -E\alpha_t\Delta t \, \frac{r_a^2}{(1-\nu)r_a^2+(1+\nu)r_i^2}\left(1-\frac{r_i^2}{r^2}\right) \,,$$

$$\sigma_t = -E\alpha_t\Delta t \, \frac{r_a^2}{(1-\nu)r_a^2+(1+\nu)r_i^2}\left(1+\frac{r_i^2}{r^2}\right) \,,$$

$$\tau_{rt} = 0 \,.$$

Abb. 23.8 Scheibe mit Bohrung

Ringförmige Schublast (Abb. 23.7b). Sind τ_i und $\tau_a = \tau_i \, r_i^2/r_a^2$ die einwirkenden Schubspannungen, so gilt

$$\tau_{rt} = \frac{\tau_i \, r_i^2}{r^2} \,,$$
$$\sigma_r = \sigma_t = 0 \,.$$

23.2.3 Unendlich ausgedehnte Scheibe mit Bohrung (Abb. 23.8)

Infolge Innendrucks $p = q/h$ entstehen die Spannungen

$$\sigma_r = -\frac{p \, r_i^2}{r^2} \,,$$

$$\sigma_t = +\frac{p \, r_i^2}{r^2} \,,$$

$$\tau_{rt} = 0 \,.$$

23.2.4 Keilförmige Scheibe unter Einzelkräften (Abb. 23.9)

Für die Spannungen gilt

$$\sigma_r = -\frac{2F_1 \cos\varphi}{r\,h(2\beta + \sin 2\beta)} + \frac{2F_2 \sin\varphi}{r\,h(2\beta - \sin 2\beta)} \,,$$

$$\sigma_t = 0,$$

$$\tau_{rt} = 0 \,.$$

Abb. 23.9 Keilförmige Scheibe

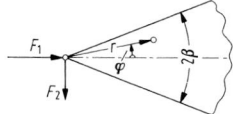

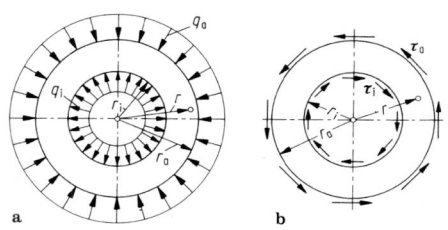

Abb. 23.7 Kreisringscheibe

23.3 Schalen

Hierbei handelt es sich um räumlich gekrümmte Bauteile, welche die Belastungen im Wesentlichen durch Normalspannungen σ_x und σ_y sowie Schubspannungen τ_{xy} (bzw. bei Rotationsschalen durch σ_φ und σ_ϑ sowie $\tau_{\varphi\vartheta}$), die alle in der Schalenfläche liegen, abtragen. Diese Lastabtragung wird Membranspannungszustand genannt, da Membranen (Seifenblasen, Luftballons, dünne Metallfolien usw.), d. h. biegeschlaffe Schalen, nur auf diese Weise Belastungen aufnehmen können (Abb. 23.10a,b). Dünnwandige Metallkonstruktionen genügen in der Regel in weiten Bereichen dem Membranspannungszustand. Bei gewissen Schalenformen, an Störstellen (z. B. Übergang von der Wand zum Boden) und in allen dickwandigen Schalen treten zusätzlich Biegemomente und Querkräfte auf, d. h. Biegenormal- und Querkraftschubspannungen (wie bei Platten), die zu berücksichtigen sind. Dann handelt es sich um biegesteife Schalen und den Biegespannungszustand. Dieser, d. h. die Störung des Membranspannungszustands, klingt in der Regel sehr rasch mit der Entfernung von der Störstelle ab.

23.3.1 Biegeschlaffe Rotationsschalen und Membrantheorie für Innendruck

Die Gleichgewichtsbedingungen am Element (Abb. 23.10a) in Richtung der Normalen und am Schalenabschnitt (Abb. 23.10b) in Vertikalrichtung liefern

$$\frac{\sigma_\varphi}{R_1} + \frac{\sigma_\vartheta}{R_2} = \frac{p}{h}, \quad \sigma_\vartheta = \frac{F}{2\pi R_1 h \sin^2\vartheta}.$$

Hierbei ist σ_ϑ die Spannung in Meridianrichtung, σ_φ die in Breitenkreisrichtung und h die Schalendicke. F ist die resultierende äußere Kraft in Vertikalrichtung, d. h.

$$F = \int_{\vartheta=0}^{\vartheta} p(\vartheta)\, R_2(\vartheta)\, 2\pi R_1(\vartheta) \sin\vartheta \cos\vartheta \, d\vartheta.$$

Bei konstantem Innendruck ist F gleich der Kraft auf die Projektionsfläche, d. h. $F = p\pi r^2 = p\pi(R_1 \sin\vartheta)^2$.

Kreiszylinderschale unter konstantem Innendruck.

$$\sigma_\varphi = \frac{p\,r}{h} = \frac{p\,d}{2\,h}, \quad \sigma_\vartheta = \sigma_x = 0.$$

Kugelschale unter konstantem Innendruck.

$$\sigma_\varphi = \sigma_\vartheta = \frac{p\,r}{2\,h} = \frac{p\,d}{4\,h}.$$

Zylinderschale mit Halbkugelböden unter konstantem Innendruck (Abb. 23.11).
Im Zylinder

$$\sigma_\varphi = \frac{p\,r}{h} = \frac{p\,d}{2\,h}, \quad \sigma_x = \frac{p\,r}{2\,h} = \frac{p\,d}{4\,h},$$

in der Kugelschale

$$\sigma_\varphi = \sigma_\vartheta = \frac{p\,r}{2\,h} = \frac{p\,d}{4\,h}.$$

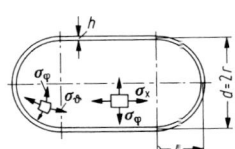

Abb. 23.11 Geschlossene Zylinderschale

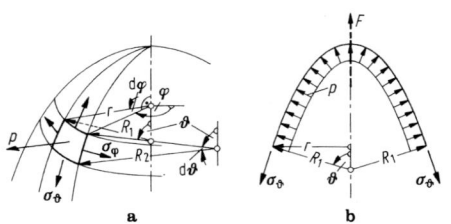

Abb. 23.10 Membranspannungszustand

Abb. 23.12 Elliptischer Hohlzylinder

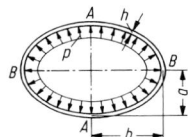

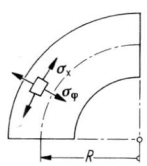
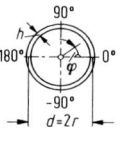

Tab. 23.2 Faktoren c_1 und c_2 in Abhängigkeit von a/b

c/b	0,5	0,6	0,7	0,8	0,9	1,0
c_1	3,7	2,3	1,4	0,7	0,3	0
c_2	5,1	2,9	1,7	0,8	0,3	0

23.3.2 Biegesteife Schalen

Elliptischer Hohlzylinder unter Innendruck (Abb. 23.12). Überlagert man den Membranspannungen die Biegespannungen, so ergibt sich für die Punkte A und B

$$\sigma_A = \frac{p\,a}{h} + c_1\,\frac{p\,a^2}{h^2}\,, \qquad \sigma_B = \frac{p\,b}{h} + c_2\,\frac{p\,a^2}{h^2}$$

(s Tab. 23.2).

Umschnürter Hohlzylinder (Abb. 23.13). Infolge Schneidenlast q entstehen Umfangsspannungen

$$\sigma_\varphi(x) = -\frac{q\,r}{\sqrt{2}\,L\,h}\,e^{-x/L}\sin\left(\frac{x}{L} + \frac{\pi}{4}\right)\,,$$

$$\sigma_\varphi(x=0) = -\frac{q\,r}{2\,L\,h}$$

mit

$$L = \sqrt[4]{\frac{r^2\,h^2}{3(1-\nu^2)}}$$

und Biegespannungen in x-Richtung

$$\sigma_x(x) = \frac{3\,q\,L}{\sqrt{2}\,h^2}\,e^{-x/L}\cos\left(\frac{x}{L} + \frac{\pi}{4}\right)\,,$$

$$\sigma_x(x=0) = \max \sigma_x = 1{,}5\,\frac{qL}{h^2}\,.$$

Abb. 23.13 Umschnürter Hohlzylinder

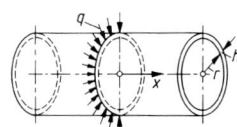

Abb. 23.14 Rohrbogen

Rohrbogen unter Innendruck (Abb. 23.14). In Längsrichtung des Bogens ergeben sich die Spannungen $\sigma_x = p\,r/(2h) = p\,d/(4\,h)$, d. h. dieselben Spannungen wie beim abgeschlossenen geraden Rohr. In Umfangsrichtung gilt

$$\sigma_\varphi = \frac{pd}{2h}\cdot\frac{R/d + 0{,}25\sin\varphi}{R/d + 0{,}5\sin\varphi}\,.$$

Für Bogenober- und Bogenunterseite ($\varphi = 0$ bzw. 180°) folgt $\sigma_\varphi(0) = pd/(2h)$, d. h. Spannung wie beim kreiszylindrischen Rohr. Für Bogenaußen- bzw. Bogeninnenseite ist

$$\sigma_\varphi(90°) = \frac{p\,d}{2\,h}\cdot\frac{R/d + 0{,}25}{R/d + 0{,}50} \quad \text{bzw.}$$

$$\sigma_\varphi(-90°) = \frac{p\,d}{2\,h}\cdot\frac{R/d - 0{,}25}{R/d - 0{,}50}\,,$$

d. h., $\sigma_\varphi(90°)$ ist kleiner, $\sigma_\varphi(-90°)$ größer als $\sigma_\varphi(0)$.

Gewölbter Boden unter Innendruck (Abb. 23.15). Für die Spannungen in der kugeligen Wölbung gilt (wie bei der Kugelschale) $\sigma_\varphi = \sigma_\vartheta = p\,r_B/(2h)$. Für die (maximalen) Meridianspannungen in der Krempe gilt

$$\sigma_\vartheta = c_1\,\frac{p\,r_Z}{2\,h} = c_1\,\frac{p\,d_Z}{4\,h}\,,$$

s. Tab. 23.3.

Abb. 23.15 Gewölbter Boden

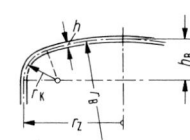

Tab. 23.3 Faktor c_1 in Abhängigkeit von h_B/r_z

h_B/r_z	0,2	0,4	0,6	0,8	1,0
c_1	6,7	3,8	2,0	1,3	1,0

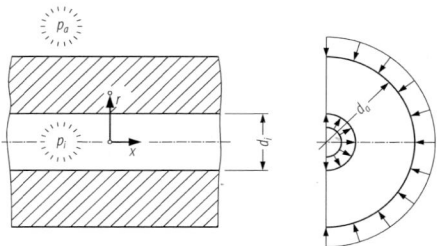

Abb. 23.16 Dickwandiger Kreiszylinder

Dickwandiger Kreiszylinder unter Innen- und Außendruck (Abb. 23.16). Es liegt ein räumlicher Spannungszustand vor mit den Spannungen (im mittleren Zylinderbereich)

$$\sigma_x = p_i \frac{r_i^2}{r_a^2 - r_i^2} - p_a \frac{r_a^2}{r_a^2 - r_i^2} \,,$$

$$\sigma_\varphi = p_i \frac{r_i^2}{r_a^2 - r_i^2} \left(\frac{r_a^2}{r^2} + 1 \right)$$
$$- p_a \frac{r_a^2}{r_a^2 - r_i^2} \left(1 + \frac{r_i^2}{r^2} \right) \,,$$

$$\sigma_r = -p_i \frac{r_i^2}{r_a^2 - r_i^2} \left(\frac{r_a^2}{r^2} - 1 \right)$$
$$- p_a \frac{r_a^2}{r_a^2 - r_i^2} \left(1 - \frac{r_i^2}{r^2} \right) \,.$$

Bei alleinigem Innen- oder Außendruck tritt die größte Spannung an der Innenseite als $\sigma_\varphi(r = r_i)$ auf. Die Biegeeinspannung des Zylinders in den Boden ist hierbei nicht berücksichtigt.

Dickwandige Hohlkugel unter Innen- und Außendruck. Es liegt ein räumlicher Spannungs-

zustand vor mit den Spannungen

$$\sigma_\varphi = \sigma_\vartheta$$
$$= p_i \frac{r_i^3}{r_a^3 - r_i^3} \left(1 + \frac{r_a^3}{2r^3} \right)$$
$$- p_a \frac{r_a^3}{r_a^3 - r_i^3} \left(1 + \frac{r_i^3}{2r^3} \right) \,,$$

$$\sigma_r = -p_i \frac{r_i^3}{r_a^3 - r_i^3} \left(\frac{r_a^3}{r^3} - 1 \right)$$
$$- p_a \frac{r_a^3}{r_a^3 - r_i^3} \left(1 - \frac{r_i^3}{r^3} \right) \,.$$

Die Maximalspannung ergibt sich aus $\sigma_\varphi(r = r_i)$.

Literatur

Spezielle Literatur

1. Girkmann, K.: Flächentragwerke, 6. Aufl., Nachdruck der 5. Aufl. Springer, Wien (1963)
2. Nádai, A.: Die elastischen Platten. Springer, Berlin (1925) (Nachdruck 1968)
3. Wolmir, A. S.: Biegsame Platten und Schalen. Berlin: VEB Verlag f. Bauwesen (1962)
4. Czerny, F.: Tafeln für vierseitig und dreiseitig gelagerte Rechteckplatten. Betonkal. 1984, Bd. I. Ernst, Berlin (1990)
5. Beyer, K.: Die Statik im Stahlbetonbau. 2. Aufl. Springer, Berlin (1956)
6. Worch, G.: Elastische Platten. Betonkal 1960, Bd. II. Ernst, Berlin (1960)
7. Timoshenko, S., Woinowsky-Krieger, S.: Theory of plates and shells, 2nd ed. McGraw-Hill, Kogakusha (1990)
8. Altenbach H., Altenbach J., Naumenko K.: Ebene Flächentragwerke: Grundlagen der Modellierung und Berechnung von Scheiben und Platten. 2. Aufl. Springer, Berlin (2016)

Dynamische Beanspruchung umlaufender Bauteile durch Fliehkräfte

24

Andreas Hanau und Joachim Villwock

Spannungen und Verformungen mit der Winkelgeschwindigkeit ω umlaufender Bauteile lassen sich nach den Regeln der Statik und Festigkeitslehre ermitteln, wenn man im Sinne des d'Alembert'schen Prinzips die Fliehkräfte (Trägheitskräfte, negative Massenbeschleunigungen) $\omega^2 r\, dm = \omega^2 r \varrho\, dA\, dr$ (ϱ Dichte) als äußere Kräfte an den Massenelementen ansetzt. Im Folgenden werden lediglich die Ergebnisse für die Spannungen (bei Scheiben für die Querdehnungszahl $\nu = 0{,}3$) und für Radialverschiebungen angegeben.

Abb. 24.1 Umlaufender Stab

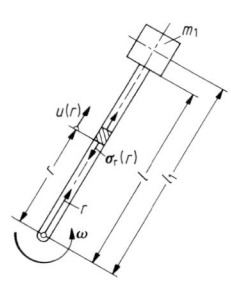

24.1 Umlaufender Stab (Abb. 24.1)

Mit dem Stabquerschnitt A und dem Elastizitätsmodul E gelten

$$\sigma_r(r) = \varrho\,\omega^2\,\frac{l^2 - r^2}{2} + \frac{m_1\,\omega^2\,l_1}{A},$$

$$\max \sigma_r = \sigma_r(r=0) = \varrho\,\omega^2\,\frac{l^2}{2} + \frac{m_1\,\omega^2\,l_1}{A},$$

$$u(r) = \varrho\,\omega^2\,\frac{3\,l^2 r - r^3}{6\,E} + \frac{m_1\,\omega^2\,l_1\,r}{A\,E},$$

$$u(r=l) = \varrho\,\omega^2\,\frac{l^3}{3\,E} + \frac{m_1\,\omega^2\,l_1\,l}{A\,E}.$$

24.2 Umlaufender dünnwandiger Ring oder Hohlzylinder (Abb. 24.2)

$$\sigma_t = \varrho\,\omega^2 R^2, \quad u = \frac{\varrho\,\omega^2 R^3}{E}.$$

A. Hanau
BSH Hausgeräte GmbH
Berlin, Deutschland
E-Mail: andreas.hanau@bshg.com

J. Villwock (✉)
Beuth Hochschule für Technik
Berlin, Deutschland
E-Mail: villwock@beuth-hochschule.de

Abb. 24.2 Umlaufender Ring

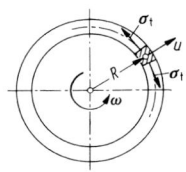

© Springer-Verlag GmbH Deutschland, ein Teil von Springer Nature 2020
B. Bender und D. Göhlich (Hrsg.), *Dubbel Taschenbuch für den Maschinenbau 1: Grundlagen und Tabellen*,
https://doi.org/10.1007/978-3-662-59711-8_24

24.3 Umlaufende Scheiben

24.3.1 Vollscheibe konstanter Dicke (Abb. 24.3)

$$\sigma_r(r) = c_1 \, \varrho \, \omega^2 \, R^2 \left(1 - \frac{r^2}{R^2}\right),$$

$$\max \sigma_r = \sigma_r(r=0) = c_1 \, \varrho \, \omega^2 \, R^2,$$

$$\sigma_t(r) = c_1 \, \varrho \, \omega^2 \, R^2 \left(1 - \frac{c_3 \, r^2}{R^2}\right),$$

$$\max \sigma_t = \sigma_t(r=0) = c_1 \, \varrho \, \omega^2 \, R^2,$$

$$u(r) = \frac{r \left[\sigma_t(r) - \nu \sigma_r(r)\right]}{E},$$

$$u(r=R) = \varrho \, \omega^2 \, R^3 \, \frac{1-\nu}{4E},$$

wobei $c_1 = \frac{3+\nu}{8}$ und $c_3 = \frac{1+3\nu}{3+\nu}$.

24.3.2 Ringförmige Scheibe konstanter Dicke (Abb. 24.4)

Für die Randbedingungen $\sigma_i = \sigma_a = 0$ ist

$$\sigma_r(r) = c_1 \varrho \omega^2 r_a^2 \left(1 + \frac{r_i^2}{r_a^2} - \frac{r_i^2}{r^2} - \frac{r^2}{r_a^2}\right),$$

$$\sigma_r(r=r_i) = \sigma_r(r=r_a) = 0,$$

$$\sigma_t(r) = c_1 \varrho \omega^2 r_a^2 \left(1 + \frac{r_i^2}{r_a^2} + \frac{r_i^2}{r^2} - c_3 \frac{r^2}{r_a^2}\right),$$

$$\max \sigma_t = \sigma_t(r=r_i)$$

$$= 2c_1 \varrho \omega^2 r_a^2 \left(1 + c_4 \frac{r_i^2}{r_a^2}\right).$$

Abb. 24.3 Umlaufende Vollscheibe

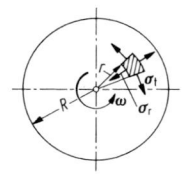

Abb. 24.4 Umlaufende Ring-scheibe

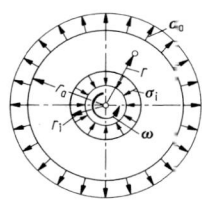

Für $r_i \rightarrow 0$, d. h. bei sehr kleiner Bohrung, wird $\max \sigma_t = 0{,}825 \, \varrho \omega^2 R^2$ doppelt so groß wie bei der Vollscheibe!

$$u(r) = r \frac{\sigma_t(r) - \nu \sigma_r(r)}{E},$$

$$u_i = u(r=r_i) = \varrho \omega^2 r_i \frac{2c_1 r_a^2 + (c_1 - c_2) r_i^2}{E},$$

$$u_a = u(r=r_a) = \varrho \omega^2 r_a \frac{2c_1 r_i^2 + (c_1 - c_2) r_a^2}{E},$$

wobei $c_1 = \frac{3+\nu}{8}$, $c_2 = \frac{1+3\nu}{8}$, $c_3 = \frac{1+3\nu}{3+\nu}$ und $c_4 = \frac{1-\nu}{3+\nu}$.

Für beliebige Randbedingungen σ_i und σ_a wird

$$\sigma_r(r) = A_1 + \frac{A_2}{r^2} - c_1 \, \varrho \, \omega^2 \, r^2,$$

$$\sigma_t(r) = A_1 - \frac{A_2}{r^2} - c_2 \, \varrho \, \omega^2 \, r^2,$$

wobei

$$A_1 = \frac{\sigma_a \, r_a^2 - \sigma_i \, r_i^2}{r_a^2 - r_i^2} + c_1 \, \varrho \, \omega^2 \left(r_a^2 + r_i^2\right).$$

$$A_2 = -\frac{(\sigma_a - \sigma_i) \, r_a^2 r_i^2}{r_a^2 - r_i^2} - c_1 \, \varrho \, \omega^2 \, r_a^2 \, r_i^2;$$

Verschiebungen $u(r)$ sowie c_1 und c_2 wie vorher.

Bei Scheiben mit Kranz und Nabe sind σ_i und σ_a statisch unbestimmte Größen, die aus den Bedingungen gleicher Verschiebung an den Stellen $r = r_i$ und $r = r_a$ bestimmt werden können [1].

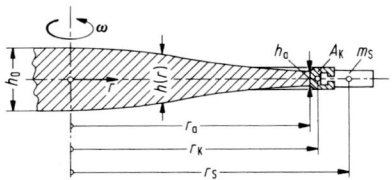

Abb. 24.5 Scheibe gleicher Festigkeit

24.3.3 Scheiben gleicher Festigkeit (Abb. 24.5)

Aus den Differentialgleichungen der rotierenden Scheiben [1] folgt für den Fall, dass $\sigma_r = \sigma_t = \sigma$ überall gleich ist, die Scheibendicke $h(r) = h_0 e^{-\varrho(\omega r)^2/(2\sigma)}$ (de Laval'sche Scheibe gleicher Festigkeit, ohne Mittelbohrung). h_0 ist die Scheibendicke bei $r = 0$. Die Profilkurve hat einen Wendepunkt für $r = \sqrt{\sigma/(\varrho\omega^2)}$. Die radiale Verschiebung ist $u(r) = (1 - \nu)\sigma r/E$, $u(r = r_a) = (1 - \nu)\sigma r_a/E$. Die Scheibendicke $h(r = r_a) = h_a$ ergibt sich aus dem Einfluss der Schaufeln (Gesamtmasse m_S) und des Kranzes (Querschnitt A_K), an dem die Schaufeln befestigt sind, zu [1]

$$h_a = \frac{1}{r_a}\left\{ \left(\frac{m_S r_S}{2\pi} + \varrho r_K^2 A_K\right) \frac{\omega^2}{\sigma} \right.$$

$$\left. - A_K \left[\nu + (1 - \nu)\frac{r_a}{r_K}\right]\right\}$$

und damit wird $h_0 = h_a e^{\varrho(\omega r_a)^2/(2\sigma)}$.

24.3.4 Scheiben veränderlicher Dicke

Für Scheiben mit hyperbolischen oder konischen Profilen findet man Lösungen in [1]. Dort sind auch Näherungsverfahren für beliebige Profile dargestellt.

24.3.5 Umlaufender dickwandiger Hohlzylinder

Neben den Spannungen σ_r und σ_t in Radial- und Tangentialrichtung treten zusätzlich infolge der behinderten Querdehnung Spannungen σ_x in Längsrichtung auf (räumlicher Spannungszustand):

$$\sigma_r(r) = \varrho\omega^2 r_a^2 \frac{3 - 2\nu}{8(1 - \nu)}\left(1 + \frac{r_i^2}{r_a^2} - \frac{r_i^2}{r^2} - \frac{r^2}{r_a^2}\right),$$

$$\sigma_t(r) = \varrho\omega^2 r_a^2 \frac{3 - 2\nu}{8(1 - \nu)}$$

$$\cdot \left(1 + \frac{r_i^2}{r_a^2} + \frac{r_i^2}{r^2} - \frac{(1 + 2\nu)r^2}{(3 - 2\nu)r_a^2}\right),$$

$$\sigma_x(r) = \varrho\omega^2 r_a^2 \frac{2\nu}{8(1 - \nu)}\left(1 + \frac{r_i^2}{r_a^2} - 2\frac{r^2}{r_a^2}\right).$$

Literatur

Spezielle Literatur
1. Biezeno, C., Grammel, R.: Technische Dynamik, 3. Aufl. Springer, Berlin (1990)

24

Stabilitätsprobleme

25

Joachim Villwock und Andreas Hanau

25.1 Knickung

Schlanke Stäbe oder Stabsysteme gehen unter Druckbeanspruchung bei Erreichen der kritischen Spannung oder Last aus der nicht ausgebogenen (instabilen) Gleichgewichtslage in eine benachbarte gebogene (stabile) Lage über. Weicht der Stab in Richtung einer Symmetrieachse aus, so liegt (Biege-)knicken vor, andernfalls handelt es sich um Biegedrillknicken (s. Abschn. 25.1.6).

25.1.1 Knicken im elastischen (Euler-)Bereich

Betrachtet man die verformte Gleichgewichtslage des Stabs nach Abb. 25.1, so lautet die Differentialgleichung für Knickung um die Querschnittshauptachse y (mit I_y als kleinerem Flächenmoment 2. Grades) im Fall kleiner Auslenkungen

$$E I_y w''(x) = -M_b(x) = -F w(x) \quad \text{bzw.}$$

$$w''(x) + \alpha^2 w(x) = 0 \quad \text{mit} \quad \alpha = \sqrt{\frac{F}{E I_y}}$$
$$(25.1)$$

J. Villwock (✉)
Beuth Hochschule für Technik
Berlin, Deutschland
E-Mail: villwock@beuth-hochschule.de

A. Hanau
BSH Hausgeräte GmbH
Berlin, Deutschland
E-Mail: andreas.hanau@bshg.com

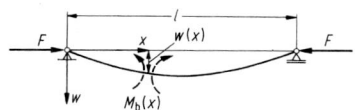

Abb. 25.1 Knickung eines Stabs

und der Lösung

$$w(x) = C_1 \sin \alpha x + C_2 \cos \alpha x \,. \qquad (25.2)$$

Aus den Randbedingungen $w(x = 0) = 0$ und $w(x = l) = 0$ folgen $C_2 = 0$ und $\sin \alpha l = 0$ (Eigenwertgleichung) mit den Eigenwerten $\alpha_K = n\pi/\ell$; $n = 1, 2, 3, \ldots$. Somit ist nach den Gln. (25.1) und (25.2)

$$F_K = \alpha_K^2 E I_y = \frac{n^2 \pi^2 E I_y}{l^2} \,,$$
$$w(x) = C_1 \sin\left(\frac{n\pi x}{l}\right) . \qquad (25.3)$$

$$\left(I_y = I_{\min}\right)$$

Die kleinste (Euler'sche) Knicklast ergibt sich für $n = 1$ zu $F_K = \pi^2 E I_y / l^2$. Für andere Lagerungsfälle ergeben sich entsprechende Eigenwerte, die sich jedoch alle mit der reduzierten oder wirksamen Knicklänge l_K (Abb. 25.2) auf die Form $\alpha_K = n\pi/l_K$ zurückführen lassen. Dann gilt allgemein für die *Euler'sche Knicklast*

$$F_K = \frac{\pi^2 E I_y}{l_K^2} \,. \qquad (25.4)$$

© Springer-Verlag GmbH Deutschland, ein Teil von Springer Nature 2020
B. Bender und D. Göhlich (Hrsg.), *Dubbel Taschenbuch für den Maschinenbau 1: Grundlagen und Tabellen*,
https://doi.org/10.1007/978-3-662-59711-8_25

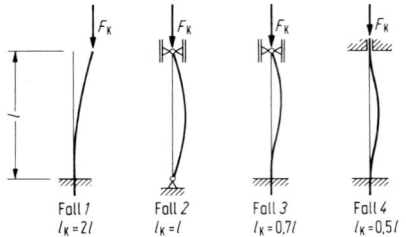

Fall 1   Fall 2   Fall 3   Fall 4
$l_K = 2l$ $l_K = l$ $l_K = 0,7l$ $l_K = 0,5l$

Abb. 25.2 Die vier Euler'schen Knickfälle

Mit dem Trägheitsradius $i_y = \sqrt{I_y/A}$ und der Schlankheit $\lambda = l_K/i_y$ folgt als *Knickspannung*

$$\sigma_K = \frac{F_K}{A} = \frac{\pi^2 E}{\lambda^2} \, . \qquad (25.5)$$

Die Funktion $\sigma_K(\lambda)$ stellt die Euler-Hyperbel dar (Linie *1* auf Abb. 25.3).

Diese Gleichungen gelten nur im linearen, elastischen Werkstoffbereich, also solange

$$\sigma_K = \frac{\pi^2 E}{l^2} \leqq \sigma_P \quad \text{bzw.} \quad \lambda \geqq \sqrt{\frac{\pi^2 E}{\sigma_P}} \quad \text{ist.}$$

Der Übergang aus dem elastischen in den unelastischen (plastischen) Bereich findet statt bei der Grenzschlankheit

$$\lambda_0 = \sqrt{\frac{\pi^2 E}{\sigma_P}} \, . \qquad (25.6)$$

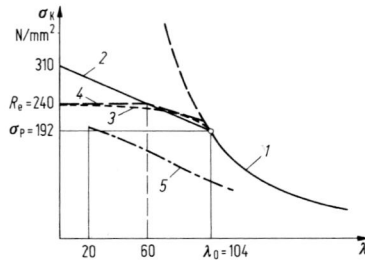

Abb. 25.3 Knickspannungsdiagramm für S 235. *1* Euler-Hyperbel, *2* Tetmajer-Gerade, *3* Engesser-v. Kármán-Kurve, *4* v. Kármán-Geraden, *5* Traglast-Kurve nach Jäger

Zum Beispiel wird für S 235 mit

$$R_e \approx 240 \, \text{N/mm}^2, \quad \sigma_P \approx 0.8 R_e \approx 192 \, \text{N/mm}^2$$

und $E = 2.1 \cdot 10^5 \, \text{N/mm}^2$ die Grenzschlankheit $\lambda_0 \approx 104$. Weitere Grenzschlankheiten s. Tab. 25.1.

Knicksicherheit

$$S_K = \frac{F_K}{F_{\text{vorh}}} \quad \text{bzw.} \quad S_K = \frac{\sigma_K}{\sigma_{\text{vorh.}}} \qquad (25.7)$$

Im allgemeinen Maschinenbau ist im elastischen Bereich $S_K \approx 5 \dots 10$, im unelastischen Bereich $S_K \approx 3 \dots 8$.

Ausbiegung beim Knicken. Die Lösung der linearisierten Differentialgleichung (1) liefert zwar die Form der Biegelinie, Gl. (25.3), aber nicht die Größe der Auslenkung (Biegepfeil). Setzt man in Gl. (25.1) an Stelle von w'' den wirklichen Ausdruck für die Krümmung ein, so erhält man eine nichtlineare Differentialgleichung. Ihre Näherungslösung liefert als Biegepfeil den Wert [1]

$$f = \sqrt{8 \frac{F l^2 - \pi^2 E I_y}{\pi^2 F}} \, ,$$

d. h. $f(F = F_K) = 0$ und $f(F = 1.01 \cdot F_K) \approx 0.09 \, l$; 1 % Überschreitung der Knicklast liefert also bereits 9 % der Stablänge als Auslenkung!

25.1.2 Knicken im unelastischen (Tetmajer-)Bereich

Der Einfluss der Form (Krümmung) der Spannungs-Dehnungs-Linie in diesem Bereich wird nach der Theorie von Engesser und v. Kármán

Tab. 25.1 Werte a und b nach Tetmajer

Werkstoff	E N/mm^2	λ_0	a N/mm^2	b N/mm^2
S235	$2{,}1 \cdot 10^5$	104	310	1,14
E335	$2{,}1 \cdot 10^5$	89	335	0,62
5%-Ni-Stahl	$2{,}1 \cdot 10^5$	86	470	2,30
Grauguss	$1{,}0 \cdot 10^5$	80	$\sigma_K = 776 - 12\lambda + 0{,}053\lambda^2$	
Nadelholz	$1{,}0 \cdot 10^4$	100	29,3	0,194

mit der Einführung des Knickmoduls $T_K < E$ berücksichtigt:

$$\sigma_K = \frac{\pi^2 T_K}{\lambda^2} , \quad T_K = \frac{4TE}{\left(\sqrt{T} + \sqrt{E}\right)^2} \quad (25.8)$$

$T = T(\sigma) = d\sigma/d\varepsilon$ ist der Tangentenmodul und entspricht dem Anstieg der Spannungs-Dehnungs-Linie. T_K gilt für Rechteckquerschnitte, kann aber mit geringem Fehler auch für andere Querschnitte verwendet werden. Vorzugehen ist in der Weise, dass T für verschiedene σ aus der Spannungs-Dehnungs-Linie bestimmt und damit $T_K(\sigma)$ und $\lambda(\sigma_K) = \sqrt{\pi^2 T_K/\sigma_K}$ gemäß Gl. (25.8) berechnet werden. Die Umkehrfunktion $\sigma_K(\lambda)$ ist dann die Knickspannungslinie 3 nach Engesser-v. Kármán auf Abb. 25.3. Th. v. Kármán ersetzte die Linie durch zwei tangierende Geraden, von denen die Horizontale durch die Streckgrenze geht (Linie 4 auf Abb. 25.3).

Shanley [2] hat gezeigt, dass bereits erste Auslenkungen für den Wert $\sigma_K = \pi^2 T/\lambda^2$ (1. Engesser-Formel) bei weiterer Laststeigerung möglich sind. Dieser Wert stellt somit die unterste, der Wert nach Gl. (25.8) die oberste Grenze der Knickspannungen im unelastischen Bereich dar.

Praktische Berechnung nach Tetmajer: Aufgrund von Versuchen erfasste Tetmajer die Knickspannungen durch eine Gerade, die auch heute noch im Maschinenbau Verwendung findet (Linie 2 auf Abb. 25.3):

$$\sigma_K = a - b\lambda . \quad (25.9)$$

Die Werte a, b für verschiedene Werkstoffe sind Tab. 25.1 zu entnehmen.

Beispiel

Dimensionierung einer Schubstange. Man bestimme den erforderlichen Durchmesser einer Schubstange aus S 235 der Länge $l = 2000\,\text{mm}$ a) für die Druckkraft $F = 96\,\text{kN}$ bei einer Knicksicherheit $S_K = 8$, b) für $F = 300\,\text{kN}$ bei $S_K = 5$. – Ist die Schubstange beidseitig gelenkig angeschlossen, so liegt der 2. Euler-Fall vor, d. h. $l_K = l = 2000\,\text{mm}$. Bei Annahme elastischer Knickung folgt aus den

Gln. (25.4) und (25.7) im Fall a)

$$\begin{aligned}
\text{erf } I_y &= FS_K l_K^2/\left(\pi^2 E\right) \\
&= \frac{96 \cdot 10^3\,\text{N} \cdot 8 \cdot 2000^2\,\text{mm}^2}{\pi^2 \cdot 2{,}1 \cdot 10^5\,\text{N/mm}^2} \\
&= 148{,}2 \cdot 10^4\,\text{mm}^4
\end{aligned}$$

und mit $I_y = \pi d^4/64$ dann erf $d = \sqrt[4]{64 \cdot 148{,}2 \cdot 10^4\,\text{mm}^4/\pi} = 74\,\text{mm}$.
Mit $i_y = \sqrt{I_y/A} = d/4 = 18{,}5\,\text{mm}$ wird die Schlankheit

$$\begin{aligned}
\lambda &= l_K/i_y = 2000\,\text{mm}/18{,}5\,\text{mm} \\
&= 108 > 104 = \lambda_0 ,
\end{aligned}$$

so dass die Annahme von elastischer Knickung berechtigt war.

Im Fall b) wird unter dieser Annahme

$$\begin{aligned}
\text{erf } I_y &= FS_K l_K^2/\left(\pi^2 E\right) \\
&= 289{,}5 \cdot 10^4\,\text{mm}^4 \quad \text{und}
\end{aligned}$$

$$\text{erf } d = 88\,\text{mm} ,$$

also $\lambda = l_K/i_y = 91 < \lambda_0$, d. h. Knickung im unelastischen Bereich. Nach Tetmajer, Gl. (25.9), wird für diese Schlankheit gemäß Tab. 25.1

$$\begin{aligned}
\sigma_K &= (310 - 1{,}14 \cdot 91)\,\text{N/mm}^2 \\
&= 206\,\text{N/mm}^2
\end{aligned}$$

und mit

$$\begin{aligned}
\sigma_{\text{vorh}} &= F/A \\
&= 300 \cdot 10^3\,\text{N}/\left(\pi \cdot 88^2/4\right)\,\text{mm}^2 \\
&= 49{,}3\,\text{N/mm}^2
\end{aligned}$$

die Knicksicherheit $S_K = \sigma_K/\sigma_{\text{vorh}} = 206/49{,}3 = 4{,}2 < 5$. Für $d = 95\,\text{mm}$ wird $\lambda = l_K/i_y = 84$ und $\sigma_K = a - b\lambda = 214\,\text{N/mm}^2$, und mit $\sigma_{\text{vorh}} = F/(\pi d^2/4) = 42{,}3\,\text{N/mm}^2$ ist dann $S_K = \sigma_K/\sigma_{\text{vorh}} = 5{,}06 \approx 5$. ◄

25.1.3 Näherungsverfahren zur Knicklastberechnung

Energiemethode: Da im Fall des Ausknickens der Stab eine stabile benachbarte Gleichgewichtslage annimmt, muss die äußere Arbeit gleich

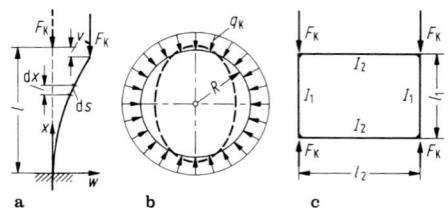

Abb. 25.4 Knickung. **a** Energiemethode; **b** Kreisringträger; **c** Rahmen

der Formänderungsarbeit sein (Abb. 25.4a). Mit (20.37) und (20.32) folgen

$$W^{(a)} = F_K v = W = \frac{1}{2} \int_0^l M_b^2 \frac{dx}{E I_y}$$

$$= \frac{1}{2} \int_0^l E I_y w''^2 dx$$

und

$$v = \int_0^l (ds - dx) = \int_0^l \left(\sqrt{1 + w'^2} - 1 \right) dx$$

$$\approx \frac{1}{2} \int_0^l w'^2 dx \,. \tag{25.10}$$

Somit wird der Rayleigh'sche Quotient

$$F_K = \frac{2W}{2v} = \frac{\int_0^l E I_y(x) \, w''^2(x) \, dx}{\int_0^l w'^2(x) \, dx} \,. \tag{25.11}$$

Mit der exakten Biegelinie $w(x)$ folgt aus dieser Gleichung die exakte Knickkraft für den elastischen Bereich. Bei Stäben mit veränderlichem Querschnitt ergibt der Vergleich mit der Knickkraft $F_K = \pi^2 E I_{y0}/l_K^2$ des entsprechenden Eulerfalls eines Stabs mit konstantem Querschnitt das Ersatzflächenmoment

$$I_{y0} = \frac{F_K l_K^2}{\pi^2 E} \,.$$

Dieses gilt dann näherungsweise auch für den Knicknachweis im unelastischen Bereich.

In Wirklichkeit ist die exakte Biegelinie (Eigenfunktion) des Knickvorgangs unbekannt. In

Gl. (25.11) wird daher nach Ritz eine die geometrischen Randbedingungen befriedigende Vergleichsfunktion $w(x)$ eingesetzt. Für F_K ergibt sich ein Näherungswert, der stets größer ist als die exakte Knicklast, da für die exakte Eigenfunktion die Formänderungsarbeit zum Minimum, für die Vergleichsfunktion also stets etwas zu groß wird. Als Vergleichsfunktionen kommen u. a. die Biegelinien des zugehörigen Trägers bei beliebiger Belastung in Betracht.

Weitere und verbesserte Näherungsverfahren s. [1–5].

Beispiel

Vergleichsberechnung der Knicklast für einen Stab konstanten Querschnitts und Lagerung nach Eulerfall 2 mit der Energiemethode. – Als Vergleichsfunktion wird die Biegelinie unter Einzellast gemäß Tab. 20.4, Fall 1, gewählt: $w(x) = c_1(3l^2 x - 4x^3)$ für $0 \leq x \leq l/2$. Mit $w'(x) = c_1(3l^2 - 12x^2)$ und $w''(x) = -24c_1 x$ folgt nach Integration gemäß Gl. (25.11) $2W = c_1^2 \cdot 48 E I_y l^3$, $2v = c_1^2 l^5 \cdot 4,8$ und daraus $F_K = 10,0 E I_y / l^2$. Dieser Wert ist um 1,3 % größer als das exakte Ergebnis $\pi^2 E I_y / l^2$. ◄

25.1.4 Stäbe bei Änderung des Querschnitts bzw. der Längskraft

Ihre Berechnung kann nach Abschn. 25.1.3 vorgenommen werden. In DIN 4114 Blatt 2 sind in Tafel 4 die Ersatzflächenmomente I_m für I-Querschnitte, in Tafel 5 die Ersatzknicklängen für linear und parabolisch veränderliche Längskraft angegeben. Weitere Fälle s. [4].

25.1.5 Knicken von Ringen, Rahmen und Stabsystemen

Geschlossener Kreisringträger unter Außenbelastung q = const (Abb. 25.4b). Für Knicken in der Belastungsebene gilt [4], wenn die Last stets senkrecht zur Stabachse steht, q_K =

$3EI_y/R^3$, und, wenn die Last ihre ursprüngliche Richtung beibehält, $q_K = 4EI_y/R^3$. Ausknicken senkrecht zur Trägerebene erfolgt für

$$q_K = \frac{9EI_z GI_t}{R^3(4GI_t + EI_z)} \,.$$

Geschlossener Rahmen (Abb. 25.4c). Für das Ausknicken in der Rahmenebene ergibt sich die kritische Last $F_K = \alpha^2 EI_1$ aus der Eigenwertgleichung [4] für α:

$$\frac{\alpha l_1}{\tan(\alpha l_1)} - \frac{l_1 \left(\alpha^2 l_2^2 I_1^2 - 36 I_2^2\right)}{12 l_2 I_1 I_2} = 0 \,.$$

Weitere Ergebnisse, auch für Stabsysteme, s. [2, 4].

25.1.6 Biegedrillknicken

Neben dem reinen Biegeknicken kann beim Stab unter Belastung von Längskraft (und Torsionsmoment) eine räumlich gekrümmte und tordierte Gleichgewichtslage, das Biegedrillknicken, eintreten. Auch alleiniges Drillknicken (ohne Ausbiegungen) infolge Längskraft ist möglich.

Stäbe mit Kreisquerschnitt (Wellen)
Dem Problem zugeordnete Differentialgleichungen s. [3]. Biegedrillknicken infolge Torsionsmoments tritt ein für $M_{tK_1} = 2\pi EI_y/l$. Es ist nur von Bedeutung für sehr schlanke Wellen und Drähte. Wirken Längskraft F und Torsionsmoment M_t gemeinsam, so gilt für den beidseitig gelenkig gelagerten Stab

$$F_K = \frac{\pi^2 EI_y}{l^2} \left(1 - \frac{M_t^2}{M_{tK_1}^2}\right),$$

$$M_{tK} = M_{tK_1} \sqrt{1 - \frac{Fl^2}{\pi^2 EI_y}} \,.$$

Stäbe mit beliebigem Querschnitt unter Längskraft

Doppelt symmetrische Querschnitte. Schubmittelpunkt und Schwerpunkt fallen zusammen,

und es gelten die drei Differentialgleichungen

$$\left.\begin{aligned} EI_y w'''' + Fw'' &= 0\,, \\ EI_z v'''' + Fv'' &= 0\,, \\ EC_M \varphi'''' + \left(Fi_p^2 - GI_t\right)\varphi'' &= 0\,. \end{aligned}\right\} \quad (25.12)$$

Die ersten beiden liefern die bekannten Euler'schen Knicklasten; die dritte besagt, dass reines Drillknicken (ohne Durchbiegungen) möglich ist und liefert für beidseitig gelenkige Lagerung aus $\varphi(x) = C\sin(\pi x/l)$, d. h. bei $\varphi = 0$ an den Enden, die Knicklast

$$F_{Kt} = \frac{GI_t + \pi^2 EC_M/l^2}{i_p^2} \,. \quad (25.13)$$

C_M ist der Wölbwiderstand infolge behinderter Verwölbung [2], z. B. für einen IPB-Querschnitt ist $C_M = I_z h^2/4$ (h Abstand der Flanschmitten). Für Vollquerschnitte ist $C_M \approx 0$. Nur für kleine Knicklängen l kann F_{Kt} maßgebend werden. Für I-Normalprofile ist stets I_z, d. h. Knicken in y-Richtung, und nicht Drillknicken maßgebend.

Einfach symmetrische Querschnitte (Abb. 25.5). Ist z die Symmetrieachse, so treten hier die zweite und dritte der Gln. (25.12) in gekoppelter Form auf [2, 5], d. h., Biegedrillknicken ist möglich. Für Knicken um die y-Achse (in z-Richtung) gilt die normale Euler'sche Knicklast $F_{Ky} = \pi^2 EI_y/l^2$. Die beiden anderen kritischen Lasten folgen für Gabellagerung an den Enden aus

$$\frac{1}{F_K}$$

$$= \frac{1}{2}\left[\frac{1}{F_{Kz}} + \frac{1}{F_{Kt}}\right.$$

$$\left. \pm \sqrt{\left(\frac{1}{F_{Kz}} - \frac{1}{F_{Kt}}\right)^2 + \frac{4}{F_{Kz}F_{Kt}}\left(\frac{z_M}{i_M}\right)^2}\right];$$

Abb. 25.5 Biegedrillknicken

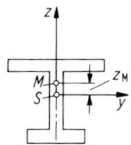

F_{Kt} nach Gl. (25.13), $F_{\mathrm{Kz}} = \pi^2 E I_z / l^2$, i_{M} polarer Trägheitsradius bezüglich Schubmittelpunkt, z_{M} Abstand des Schubmittelpunkts vom Schwerpunkt.

25.2 Kippen

Schmale hohe Träger nehmen bei Erreichen der kritischen Last eine durch Biegung und Verdrehung gekennzeichnete benachbarte Gleichgewichtslage ein (Abb. 25.6a). Die zugehörige Differentialgleichung lautet für doppeltsymmetrische Querschnitte

$$EC_{\mathrm{M}}\varphi'''' - GI_{\mathrm{t}}\varphi'' - \left(M_y^2 / E I_z - M_y'' z_{\mathrm{F}}\right)\varphi = 0;$$

(25.14)

φ Torsionswinkel, z_{F} Höhenlage des Kraftangriffspunkts über dem Schubmittelpunkt (hier Schwerpunkt), C_{M} Wölbwiderstand. Die nichtlineare Differentialgleichung ist i. Allg. nicht geschlossen lösbar. Näherungslösungen s. [1, 4, 5]. Für Vollquerschnitte ist $C_{\mathrm{M}} \approx 0$.

25.2.1 Träger mit Rechteckquerschnitt

a) **Gabellagerung** und *Angriff zweier gleich großer Momente M_{K} an den Enden* (Abb. 25.6b). Hier geht Gl. (25.14) über in $\varphi''(x) + [M_{\mathrm{K}}^2/(E I_z GI_{\mathrm{t}})]\varphi(x) = 0$. Mit der die Randbedingungen befriedigenden Lösung $\varphi(x) = C\sin(\pi x / l)$ folgt für das kritische Kippmoment

$$M_{\mathrm{K}} = \frac{\pi}{l}\sqrt{E I_z GI_{\mathrm{t}}} = \frac{\pi}{l}K .$$

Bei Berücksichtigung der Verformungen des Grundzustands [4] ergibt sich genauer $K = \sqrt{E I_z GI_{\mathrm{t}}(I_y - I_z)/I_y}$.

b) **Gabellagerung** und *Einzelkraft F_{K} in Trägermitte* (Lastangriffspunkt in Höhe z_{F})

$$F_{\mathrm{K}} = \frac{16{,}93}{l^2}K\left(1 - z_{\mathrm{F}}\cdot\frac{3{,}48}{l}\sqrt{\frac{E I_z}{GI_{\mathrm{t}}}}\right) .$$

c) **Kragträger** mit *Einzelkraft F_{K} am Ende* (Lastangriffspunkt in Höhe z_{F}) gemäß

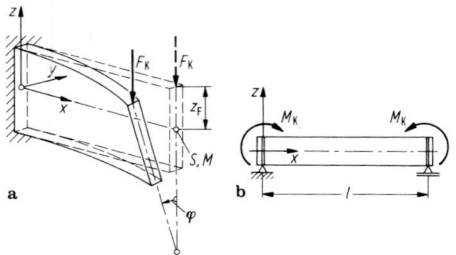

Abb. 25.6 Kippung eines Trägers. **a** Eingespannt; **b** mit Gabellagerung

Abb. 25.6a

$$F_{\mathrm{K}} = \frac{4{,}013}{l^2}K\left(1 - \frac{z_{\mathrm{F}}}{l}\sqrt{\frac{E I_z}{GI_{\mathrm{t}}}}\right) .$$

25.2.2 Träger mit I-Querschnitt

Zu berücksichtigen ist der Wölbwiderstand $C_{\mathrm{M}} \approx I_z h^2/4$. Mit der Abkürzung $\chi = (E I_z)/(GI_{\mathrm{t}})[h/(2l)]^2$ gilt für die in Abschn. 25.2.1 angeführten Fälle analog (h Abstand der Flanschmitten)

a) $M_{\mathrm{K}} = \frac{\pi}{l}K\beta_1$, $\beta_1 = \sqrt{1 + \pi^2\chi}$.

b) Bei Lastangriff in Schwerpunkthöhe ($z_{\mathrm{F}} = 0$)

$$F_{\mathrm{K}} = \frac{16{,}93}{l^2}K\beta_1, \quad \beta_1 = \sqrt{1 + 10{,}2\chi} ;$$

bei Lastangriff am oberen oder unteren Flansch

$$F_{\mathrm{K}} = \frac{16{,}93}{l^2}K\beta_1\left(\sqrt{1 + 3{,}24\chi/\beta_1^2}\right.$$
$$\left.\mp 1{,}80\sqrt{\chi/\beta_1^2}\right) .$$

c) Bei Lastangriff in Schwerpunkthöhe ($z_{\mathrm{F}} = 0$)

$$F_{\mathrm{K}} = \frac{4{,}013}{l^2}K\beta_1, \quad \beta_1 = \left(\frac{1 + 1{,}61\sqrt{\chi}}{1 + 0{,}32\sqrt{\chi}}\right)^2 .$$

25.3 Beulung

Platten und Schalen gehen bei Erreichen der kritischen Belastung in eine benachbarte (ausgebeulte) stabile Gleichgewichtslage über.

Abb. 25.7 Beulung einer Rechteckplatte

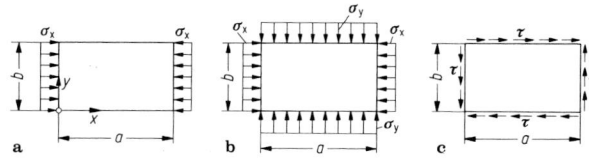

25.3.1 Beulen von Platten

Rechteckplatten (Abb. 25.7a–c). Mit der Plattendicke h und der Plattensteifigkeit $N = Eh^3/[12(1 - \nu^2)]$ lautet unter Voraussetzung der Gültigkeit des Hooke'schen Gesetzes die Differentialgleichung des Problems

$$N\Delta\Delta w + h\left(\sigma_x \frac{\partial^2 w}{\partial x^2} + \sigma_y \frac{\partial^2 w}{\partial y^2} + \tau \frac{\partial^2 w}{\partial x \partial y}\right) = 0.$$
(25.15)

a) *Allseits gelenkig gelagerte Platte unter Längsspannungen σ_x.* Mit dem die Randbedingungen befriedigenden Produktansatz

$$w(x, y) = c_{mn} \sin\left(\frac{m\pi x}{a}\right) \sin\left(\frac{n\pi y}{b}\right)$$

folgt durch Einsetzen in die Differentialgleichung (25.15)

$$\pi^2 N \left(\frac{m^2}{a^2} + \frac{n^2}{b^2}\right)^2 = h\sigma_x \frac{m^2}{a^2} \quad \text{bzw.}$$

$$\sigma_x = \frac{\pi^2 N}{b^2 h}\left(m\frac{b}{a} + \frac{n^2}{m}\frac{a}{b}\right)^2.$$

Hieraus folgen die (minimalen) kritischen Beulspannungen:

Für $a < b$, $m = n = 1$:

$$\sigma_{xK} = \frac{\pi^2 N}{b^2 h}\left(\frac{b}{a} + \frac{a}{b}\right)^2.$$

Für $a = b$, $m = n = 1$: $\sigma_{xK} = \dfrac{4\pi^2 N}{b^2 h}$.

Für $a > b$: Bei ganzzahligem Seitenverhältnis a/b teilt sich die Platte durch Knotenlinien in einzelne Quadrate, und es gilt wiederum $\sigma_{xK} = 4\pi^2 N/(b^2 h)$. Dieser Wert wird auch für nicht ganzzahlige Seitenverhältnisse verwendet, da die wahren Werte nur geringfügig darüber liegen.

b) *Allseits gelenkig gelagerte Platte unter Längsspannungen σ_x und σ_y.* Mit dem Ansatz wie unter a) folgt

$$\sigma_x = \frac{\pi^2 N}{b^2 h}\frac{(m^2 b^2/a^2 + n^2)^2}{m^2 b^2/a^2 + n^2\sigma_y/\sigma_x}.$$

Die (ganzzahligen) Werte m und n sind bei gegebenem Seitenverhältnis b/a und Spannungsverhältnis σ_y/σ_x so zu wählen, dass σ_x zum Minimum σ_{xK} wird.

Für den Sonderfall allseitig gleichen Drucks $\sigma_x = \sigma_y = \sigma$ folgt

$$\sigma = \frac{\pi^2 N}{b^2 h}\left(m^2\frac{b^2}{a^2} + n^2\right)$$

mit dem Minimum für $m = n = 1$

$$\sigma_K = \frac{\pi^2 N}{b^2 h}\left(\frac{b^2}{a^2} + 1\right).$$

c) *Allseitig gelenkig gelagerte Platte unter Schubspannungen.* Eine exakte Lösung liegt nicht vor. Mit einem 5gliedrigen Ritz-Ansatz erhält man über die Energiemethode, d. h. aus $\Pi = W - W^{(a)} = \text{Min}$, die Näherungsformeln (s. [4, 6]):

Für $a \leq b$: $\tau_K = \dfrac{\pi^2 N}{b^2 h}\left(4{,}00 + 5{,}34\dfrac{b^2}{a^2}\right)$;

für $a \geq b$: $\tau_K = \dfrac{\pi^2 N}{b^2 h}\left(5{,}34 + 4{,}00\dfrac{b^2}{a^2}\right)$.

d) *Unendlich langer, gelenkig gelagerter Plattenstreifen unter Einzellasten (Abb. 25.8).*

$$F_K = \frac{8b}{\pi}\frac{\pi^2 N}{b^2} = \frac{8\pi N}{b}.$$

Weitere Ergebnisse für Rechteckplatten s. [4].

Abb. 25.8 Beulen des Platten-streifens

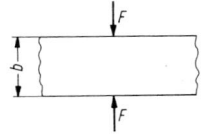

Tab. 25.2 Beiwerte c_1 und c_2 für $\nu = 0,3$

$r_i/r_a =$	0	0,2	0,4	0,6	0,8
c_1	4,2	3,6	2,7	1,5	2,0
c_2	14,7	13,4	18,1	≈ 40	–

Kreisplatten (Abb. 25.9a–c)

a) *Kreisplatte mit konstantem Radialdruck σ.* Dieses Problem lässt sich relativ einfach exakt lösen [1]. Für den Scheibenspannungszustand gilt nach Abschn. 23.2.1 $\sigma_r = \sigma_t = \sigma$ und $\tau_{rt} = 0$. Damit nimmt die Differentialgleichung (25.15) die Form

$$N\Delta\Delta w + h\sigma\Delta w = 0 \quad \text{bzw.}$$

$$\Delta(\Delta + \alpha^2)w = 0, \quad \alpha^2 = \frac{h\sigma}{N}$$

an. Sie wird erfüllt, wenn

$$(\Delta + \alpha^2)\,w = 0 \quad \text{und} \quad \Delta w = 0$$

bzw. wegen $\Delta = \mathrm{d}^2/\mathrm{d}r^2 + (1/r)\,\mathrm{d}/\mathrm{d}r$, wenn

$$\frac{\mathrm{d}^2 w}{\mathrm{d}r^2} + \frac{1}{r}\frac{\mathrm{d}w}{\mathrm{d}r} + \alpha^2 w = 0 \quad \text{und}$$

$$\frac{\mathrm{d}^2 w}{\mathrm{d}r^2} + \frac{1}{r}\frac{\mathrm{d}w}{\mathrm{d}r} = 0 \,.$$

Die Lösung dieser Gleichungen lautet

$$w(r) = C_1 J_0(\alpha r) + C_2 N_0(\alpha r) + C_3 + C_4 \ln r$$

(J_0 und N_0 sind die Bessel'sche und die Neumann'sche Funktion nullter Ordnung). Die Erfüllung der Randbedingungen $w(R) = 0$ und $M_r(R) = 0$ (für die gelenkig gelagerte Platte) bzw. $w(R) = 0$ und $w'(R) = 0$ (für die eingespannte Platte) sowie der Zusatzbedingungen $w'(0) = 0$ und endliches $w(0)$

führen auf die Eigenwertgleichungen

$$\alpha R J_0(\alpha R) - (1 - \nu) J_1(\alpha R) = 0$$
$$\text{(gelenkig gelagerte Platte)}$$

und

$$J_1(\alpha R) = 0 \quad \text{(eingespannte Platte)} \,.$$

Hieraus ergeben sich die Beulspannungen

$$\sigma_K = \frac{4{,}20\,N}{R^2 h} \quad \begin{array}{l}\text{(gelenkig gelagerte Platte,}\\ \nu = 0{,}3)\end{array}$$

und

$$\sigma_K = \frac{14{,}67\,N}{R^2 h} \quad \text{(eingespannte Platte)} \,.$$

b) *Kreisringplatte mit konstantem Radialdruck.* Die mathematische Lösung ist komplizierter als unter a) (s. [3]). Es ergeben sich bei freiem Innenrand

$$\sigma_K = \frac{c_1 N}{r_a^2 h} \quad \text{(gelenkig gelagerte Platte)} \quad \text{und}$$

$$\sigma_K = \frac{c_2 N}{r_a^2 h} \quad \text{(eingespannte Platte)}$$

(Tab. 25.2).

c) *Kreisringplatte mit Schubbeanspruchungen.* Sind τ_a und $\tau_i = \tau_a r_a^2/r_i^2$ die einwirkenden Schubspannungen, so gilt für eingespannte Ränder

$$\tau_{aK} = \frac{c_3 N}{r_a^2 h} \,.$$

Für $\nu = 0,3$ und $r_i/r_a = 0,1;\ 0,2;\ 0,3;\ 0,4$ ist $c_3 \approx 17,8;\ 37,0;\ 61,0;\ 109,0$.
Weitere Ergebnisse für Kreis- und Kreisringplatten s. [4].

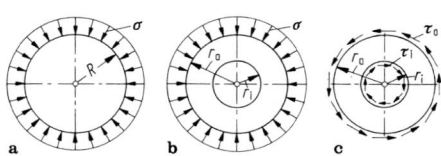

Abb. 25.9 Beulung von Kreis- und Kreisringplatte

25.3.2 Beulen von Schalen

Kugelschale unter konstantem Außendruck p.
Die komplizierten Differentialgleichungen findet man u. a. in [7] und [8]. Der kleinste kritische Beuldruck (nach dieser Theorie als Verzweigungsproblem) ergibt sich zu

$$p_K = \frac{2Eh^2}{R^2\sqrt{3(1-\nu^2)}} \, .$$

Schalen können jedoch auch durchschlagen, d. h. bei endlich großen Formänderungen benachbarte stabile Gleichgewichtslagen annehmen. Nach [9] gilt dann

$$p_K = 0{,}365 \, \frac{Eh^2}{R^2} \, ,$$

d. h. diese Beullast ist nur rund ein Drittel der des Verzweigungsproblems!

Kreiszylinderschalen (Abb. 25.10a–c)
a) *Unter konstantem radialen Außendruck p.* Für die unendlich lange Schale ergibt sich

$$p_K = 0{,}25 \, \frac{Eh^3}{R^3(1-\nu^2)} \, .$$

Ergebnisse für kurze Schalen s. [4].
b) *Unter axialer Längsspannung σ.* Herleitung der exakten Differentialgleichungen s. [8] und [9]. Näherungsweise gilt für die kleinste kritische Längsspannung [9]

$$\sigma_K = \frac{Eh}{R\sqrt{3(1-\nu^2)}} \, ,$$

wenn sich eine genügende Anzahl von Biegewellen in Längsrichtung einstellen kann.

Dies ist der Fall, wenn $l \geq 1{,}73\sqrt{hR}$ (für Stoffe mit $\nu = 0{,}3$). Bei geringeren Längen ist die Schale als am Umfang gelagerter Schalenstreifen auffassbar (Lösung s. unten). Außerdem ist bei Zylinderschalen auch das Durchschlagproblem zu beachten, das zu kleineren Beulspannungen führt. Nach [9] gilt hierfür die Näherungsformel

$$\sigma_K = \frac{0{,}605 + 0{,}000369 R/h}{1 + 0{,}00622 R/h} \cdot \frac{Eh}{R} \, .$$

Ausknicken der Schale als Ganzes, d. h. wie ein Stab großer Länge, tritt ein für $\sigma_K = \pi^2 ER^2/(2l^2)$.
c) *Unter Torsionsschubspannungen τ.* Nach [9] gilt für die Beulspannung $\tau_K = 0{,}747 \, Eh^2/l^2 \cdot \left(l/\sqrt{Rh}\right)^{3/2}$. Dieser Wert ist zur Berücksichtigung von Vorbeulen mit dem Faktor 0,7 zu multiplizieren.

Zylindrische Schalenstreifen (Abb. 25.11a,b)

a) *Unter Längsspannung σ bei gelenkig gelagerten Längsrändern.*

Für $\dfrac{b}{\sqrt{Rh}} \leq 3{,}456$:

$$\sigma_K = \frac{\pi^2 Eh^2}{3(1-\nu^2)b^2} + \frac{Eb^2}{4\pi^2 R^2} \, ;$$

für $\dfrac{b}{\sqrt{Rh}} \geq 3{,}456$: $\sigma_K = \dfrac{2E}{\sqrt{12(1-\nu^2)}} \dfrac{h}{R}$.

b) *Unter Schubspannung τ bei gelenkig gelagerten Längsrändern.* Die kritischen Schubspannungen ergeben sich aus

$$\tau_K = 4{,}82 \left(\frac{h}{b}\right)^2 E \sqrt[4]{1 + 0{,}0146 \frac{b^4}{R^2 h^2}} \, .$$

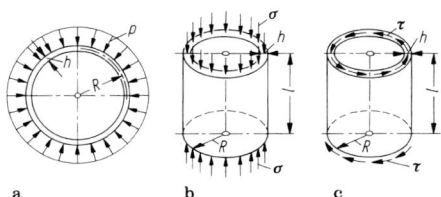

Abb. 25.10 Beulung der Kreiszylinderschale

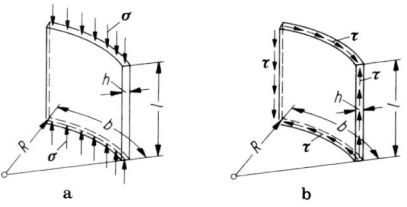

Abb. 25.11 Beulung des Schalenstreifens

25.3.3 Beulspannungen im unelastischen (plastischen) Bereich

Die unter Abschn. 25.3.1 und 25.3.2 angegebenen Formeln liefern Beulspannungen unter der Voraussetzung elastischen Materialverhaltens. Sie können näherungsweise auch für den unelastischen Bereich zugrunde gelegt werden, wenn man sie im selben Verhältnis mindert, wie es sich für Knickspannungen von Stäben aus der Eulerkurve und der Engesser-v. Kármánkurve (näherungsweise Tetmajer-Gerade) ergibt. Für S 235 s. hierzu DIN 4114 Blatt 1, Tafel 7.

Literatur

Spezielle Literatur

1. Szabó, I.: Höhere Technische Mechanik, 6. Aufl. Springer, Berlin (2001)
2. Kollbrunner, C. F., Meister, M.: Knicken, Biegedrillknicken, Kippen, 2. Aufl. Springer, Berlin (1961)
3. Biezeno, C., Grammel, R.: Technische Dynamik, 3. Aufl. Springer, Berlin (1990)
4. Pflüger, A.: Stabilitätsprobleme der Elastostatik, 2 Aufl. Springer, Berlin (1964)
5. Bürgermeister, G., Steup, H.: Stabilitätstheorie. Akademie-Verlag, Berlin (1963)
6. Timoshenko, S.: Theory of elastic stability. McGraw-Hill, New York (1961)
7. Wolmir, A. S.: Biegsame Platten und Schalen. Berlin: VEB Verlag f. Bauwesen (1962)
8. Flügge, W.: Statik und Dynamik der Schalen, 3. Aufl. Berlin (1962), Reprint (1981)
9. Schapitz, E.: Festigkeitslehre für den Leichtbau, 2. Aufl. VDI-Verlag, Düsseldorf (1963)

Finite Berechnungsverfahren

26

Joachim Villwock und Andreas Hanau

Die Theorien zur Formulierung physikalischer Sachverhalte führen in der Regel auf mehrdimensionale Randwert- bzw. Anfangswertaufgaben, die durch ein System von Differentialgleichungen bzw. Integralgleichungen beschrieben werden [10]. Finite Berechnungsverfahren sind Verfahren, mit denen diese Differential- bzw. Integralgleichungen numerisch gelöst werden können. Zum Einsatz kommen drei finite Berechnungsverfahren: Finite Element Methode (FEM), Finite Differenzen Methode (FDM), Boundary Element Methode (BEM).

26.1 Finite Elemente Methode

Die Finite Elemente Methode ist ein Gebietsverfahren. Die zu untersuchende Struktur (Bauteil) wird in finite Elemente zerlegt (z. B. Kolben in Abb. 26.1). Ein Stab, Balken wird in 1D-Elemente, eine Scheibe, Platte oder Schale in 2D-Elemente, ein Volumen in 3D-Elemente unterteilt (Abb. 26.2). Für das einzelne Element wird der mechanische Sachverhalt formuliert, über die Knoten wird die Kopplung zu den angrenzenden Elementen durchgeführt. Pro Element baut sich

J. Villwock (✉)
Beuth Hochschule für Technik
Berlin, Deutschland
E-Mail: villwock@beuth-hochschule.de

A. Hanau
BSH Hausgeräte GmbH
Berlin, Deutschland
E-Mail: andreas.hanau@bshg.com

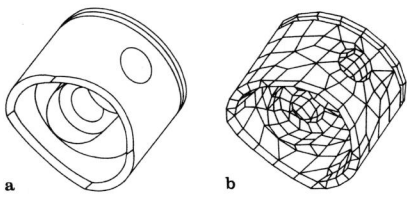

Abb. 26.1 Kolben. **a** CAD-Modell; **b** FE-Netz

somit eine Gleichungszeile des Gleichungssystems auf, welches je nach Problemstellung den Rand- bzw. Anfangsbedingungen anzupassen ist.

Bei der *Verschiebungsmethode* werden die Knotenverschiebungen, bei der *Kraftgrößenmethode* die Spannungen als Unbekannte eingeführt. Für jedes Element ergibt sich infolge der Einheitsverschiebungen seiner Knoten unter Beachtung des maßgeblichen Materialgesetzes (z. B. Hooke'sches Gesetz) die Steifigkeitsmatrix (verallgemeinerter Federkennwert), mit der aus den Gleichgewichtsbedingungen für alle Knoten das Gleichungssystem für die unbekannten Verschiebungen folgt [1–4].

Verschiebungen sind in erster Näherung linear für die Elementränder und das Elementinnere. Für die Einheitsverschiebung $u_1 = 1$ ist dann die Verschiebungsfunktion (Abb. 26.3)

$$f_1(x, y) = \frac{1}{2A}\big[x(y_3 - y_2) + y(x_2 - x_3) + x_3 y_2 - x_2 y_3\big],$$

$$(26.1)$$

A Flächeninhalt des Elements. Dieselbe Funktion entsteht für $v_1 = 1$. Entsprechende Funktio-

B. Bender und D. Göhlich (Hrsg.), *Dubbel Taschenbuch für den Maschinenbau 1: Grundlagen und Tabellen*,
https://doi.org/10.1007/978-3-662-59711-8_26

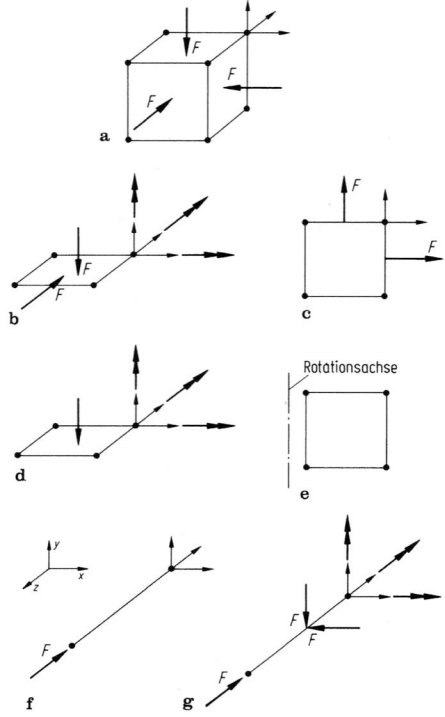

Abb. 26.2 Standardelemente. **a** 3D-; **b** Schalen-; **c** Scheiben-; **d** Platten-; **e** Axialsymmetrisches; **f** Stab-; **g** Balkenelement [16]; (Freiheitsgrade: Translation →→; Rotation →»)

nen $f_2(x, y)$ und $f_3(x, y)$ folgen für $u_2 = 1$ und $v_2 = 1$ bzw. $u_3 = 1$ und $v_3 = 1$:

$$f_2(x, y) = \frac{1}{2A}\big[x(y_1 - y_3) + y(x_3 - x_1) + x_1 y_3 - x_3 y_1\big],$$

$$f_3(x, y) = \frac{1}{2A}\big[x(y_2 - y_1) + y(x_1 - x_2) + x_2 y_1 - x_1 y_2\big].$$

Für die Gesamtverschiebung im Elementinnern (und auf dem Rand) infolge der Einheitsverschiebungen gilt dann

$$\left.\begin{aligned}u(x, y) &= f_1(x, y)u_1 + f_2(x, y)u_2 \\ &\quad + f_3(x, y)u_3\,, \\ v(x, y) &= f_1 v_1 + f_2 v_2 + f_3 v_3\,.\end{aligned}\right\} \quad (26.2)$$

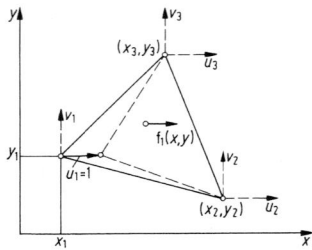

Abb. 26.3 Ebenes Dreieckelement mit Verschiebungszustand $u_1 = 1$

u und v bilden den Verschiebungsvektor $\boldsymbol{v}$. In Matrizenschreibweise

$$\begin{pmatrix} u \\ v \end{pmatrix} = \begin{pmatrix} f_1 & f_2 & f_3 & 0 & 0 & 0 \\ 0 & 0 & 0 & f_1 & f_2 & f_3 \end{pmatrix} \begin{pmatrix} u_1 \\ u_2 \\ u_3 \\ v_1 \\ v_2 \\ v_3 \end{pmatrix} \quad (26.3)$$

bzw. in abgekürzter Form

$$\boldsymbol{v}(x, y) = \boldsymbol{f}\, \boldsymbol{v}_k \quad (k = 1, 2, 3)\,. \quad (26.4)$$

Gl. (26.4) beschreibt den Element-Verschiebungsansatz des 3 Knoten Scheibenelementes in kartesischen Koordinaten. I. d. R. werden im weiteren Vorgehen natürliche Koordinaten eingeführt, so das jeweils eine dieser Koordinaten auf den Dreieckskanten verschwindet. Da dadurch aber der mathematische Aufwand steigt, wird im Folgenden auf die Betrachtung kartesischer Koordinaten beschränkt.

In der Praxis werden auch höherwertige Ansätze für die Verschiebungen im Element verwendet, die mit Hilfe weiterer Knotenfreiheitsgrade eingeführt werden (s. z. B. [6]).

Dehnungen und Gleitungen. Aus Gl. (26.2) folgt für die elementweise konstanten Dehnungen und Gleitungen ε_x, ε_y, γ_{xy} (s. Gl. (19.12),

(16.13))

$$\varepsilon_x = \frac{\partial u}{\partial x}$$

$$= \frac{1}{2A}\big[(y_3 - y_2)u_1 + (y_1 - y_3)u_2$$

$$+ (y_2 - y_1)u_3\big]$$

$$= g_1 u_1 + g_2 u_2 + g_3 u_3\ ,$$

$$\varepsilon_y = \frac{\partial v}{\partial y}$$

$$= \frac{1}{2A}\big[(x_2 - x_3)v_1 + (x_3 - x_1)v_2$$

$$+ (x_1 - x_2)v_3\big]$$

$$= g_4 v_1 + g_5 v_2 + g_6 v_3\ ,$$

$$\gamma_{xy} = \frac{\partial u}{\partial y} + \frac{\partial v}{\partial x}$$

$$= g_4 u_1 + g_5 u_2 + g_6 u_3 + g_1 v_1$$

$$+ g_2 v_2 + g_3 v_3$$

bzw. in Matrizenschreibweise

$$\begin{pmatrix} \varepsilon_x \\ \varepsilon_y \\ \gamma_{xy} \end{pmatrix} = \frac{1}{2A} \begin{pmatrix} g_1 & g_2 & g_3 & 0 & 0 & 0 \\ 0 & 0 & 0 & g_4 & g_5 & g_6 \\ g_4 & g_5 & g_6 & g_1 & g_2 & g_3 \end{pmatrix} \begin{pmatrix} u_1 \\ u_2 l \\ u_3 \\ v_1 \\ v_2 \\ v_3 \end{pmatrix},$$

in abgekürzter Form

$$\boldsymbol{\varepsilon} = \boldsymbol{g}\, \boldsymbol{v}_k\ . \qquad (26.5)$$

Spannungen. Mit einem Materialgesetz (Abhängigkeit zwischen Dehnungen und Spannungen), z. B. dem Hooke'schen Gesetz (s. Gl. (21.13)), gilt in Matrizenform und mit Gl. (26.5)

$$\boldsymbol{\sigma} = \boldsymbol{E}\boldsymbol{\varepsilon} = \boldsymbol{E}\boldsymbol{g}\,\boldsymbol{v}_k\ . \qquad (26.6)$$

Hierbei ist mit der Querdehnungszahl v

$$\boldsymbol{E} = \frac{E}{1 - v^2} \begin{pmatrix} 1 & v & 0 \\ v & 1 & 0 \\ 0 & 0 & \frac{1-v}{2} \end{pmatrix}\ . \qquad (26.7)$$

Knotenkräfte ergeben sich als Funktion der Verschiebungen v_k über das Gleichgewichtsprinzip der virtuellen Arbeiten (s. Abschn. 20.4.9) in Matrizenschreibweise [1–7]

$$\boldsymbol{F}\delta\boldsymbol{v}_k^{\mathrm{T}} = \int\!\!\int_{(A)} \boldsymbol{\sigma}\,\delta\boldsymbol{\varepsilon}^{\mathrm{T}} h\,\mathrm{d}x\,\mathrm{d}y\ . \qquad (26.8)$$

Hierbei ist $\boldsymbol{F} = \boldsymbol{F}_k = \{F_{kx}, F_{ky}\}$ der Vektor der Knotenkräfte eines Elements, T die transponierte Matrix und h die Elementdicke. Mit den Gln. (26.5) und (26.6) folgt dann

$$\boldsymbol{F}\delta\boldsymbol{v}_k^{\mathrm{T}} = \int\!\!\int_{(A)} \boldsymbol{E}\,\boldsymbol{g}\,\boldsymbol{v}_k\,\boldsymbol{g}^{\mathrm{T}}\delta\boldsymbol{v}_k^{\mathrm{T}} h\,\mathrm{d}x\,\mathrm{d}y$$

bzw., da $\boldsymbol{v}_k$ und $\delta\boldsymbol{v}_k$ unabhängig von x und y sind und ebenso $\boldsymbol{E}$, $\boldsymbol{g}$ und $\boldsymbol{g}^{\mathrm{T}}$ elementweise konstant sind, ergibt sich

$$\boldsymbol{F} = \boldsymbol{E}\boldsymbol{g}\boldsymbol{g}^{\mathrm{T}} h A \boldsymbol{v}_k = \boldsymbol{k}\,\boldsymbol{v}_k\ . \qquad (26.9)$$

A ist der Flächeninhalt des Elements. Mit $\boldsymbol{k}$ ist die Steifigkeitsmatrix des Elements gefunden. Hieran schließt sich das Zusammensetzen der Elemente zur Gesamtstruktur unter Herstellung des Gleichgewichts an jedem Knoten. Dies geschieht entweder nach der direkten Methode durch Überlagern der Elementsteifigkeitsmatrizen, die einen Knoten betreffen, oder mathematisch durch Transformation über eine Boole'sche Matrix [5]. Mit $\boldsymbol{F}^{(a)}$ als Vektor der äußeren Kräfte folgt

$$\boldsymbol{F}^{(a)} = \boldsymbol{K}\boldsymbol{v}\ , \qquad (26.10)$$

eine Matrizengleichung für n vorhandene Knotenpunkte mit $2n$ Verschiebungen, wobei $\boldsymbol{K}$ die Systemsteifigkeitsmatrix ist. Unter Berücksichtigung von m vorhandenen Verschiebungsrandbedingungen stellt Gl. (26.10) ein System von $2n - m$ linearen Gleichungen für die Verschiebungen der Knoten dar. Sind diese berechnet, so folgen aus Gl. (26.7) die zugehörigen Spannungen in den Knotenpunkten. Werden dynamische Prozesse betrachtet muss neben der Ortsfunktion auch die Zeitfunktion diskretisiert werden. Bei expliziten Verfahren werden zur Diskretisierung der Zeitfunktion nur Werte herangezogen, die vor

26

dem Berechnungsschritt liegen, während bei der impliziten Zeitintegration auch Werte des aktuellen Berechnungsschritts herangezogen werden. Explizite Verfahren werden insbesondere im Bereich von Crash-Simulationen und beim Vorhandensein hoher Nichtlinearitäten eingesetzt und sind nur bedingt stabil, während implizite Verfahren im Bereich von Langzeitsimulationen Einsatz finden (s. z. B. [6]).

Für die Durchführung der umfangreichen Berechnungen stehen für viele Computer Programmsysteme zur Verfügung. Einige einführende Beispiele s. [3,4,7], theoretische Weiterentwicklungen der FEM s. [5,6].

Anwendungen

1. *Balkenelemente* (Abb. 26.4):
   Gesucht: Maximale Durchbiegung an der Stelle $x = 0$.
   Gegeben: $F = 100\,\text{N}$, $\ell = 120\,\text{mm}$, $B = 10\,\text{mm}$, $H = 20\,\text{mm}$.

   $$\text{Mit}\quad E = 2,1 \cdot 10^5\,\frac{\text{N}}{\text{mm}^2},$$

   $$I_y = \frac{BH^3}{12} \approx 6666,7\,\text{mm}^4$$

   $$\text{und}\quad w(x = 0) = \frac{F\ell^3}{3EI_y} \approx 0,0412\,\text{mm}$$

   (s. Tab. 20.4, Fall 6).
   Die Finite-Element-Rechnung ergibt bei 5 Elementen mit linearer Approximation: $w(x = 0) \approx 0,0411\,\text{mm}$. Die bei der FE-Rechnung ermittelten Reaktionskräfte (Momente) werden zur Berechnung der maximalen Spannung an der Einspannstelle herangezogen.

2. *Scheibenelemente: Scheibe mit Loch unter einachsiger Zugbelastung* (Abb. 26.5a). Ge-

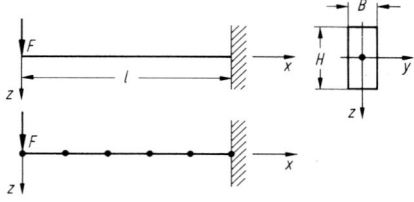

Abb. 26.4 Biegebalken und FE-Struktur

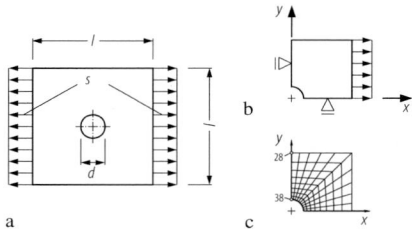

Abb. 26.5 Scheibe mit Loch. **a** Struktur und Belastung; **b** Viertelscheibe; **c** FE-Struktur

geben: $l = 100\,\text{mm}$, $d = 20\,\text{mm}$, Scheibendicke $h = 1\,\text{mm}$, Zugbeanspruchung $\sigma = 80\,\text{N/mm}^2$. Durch Ausnutzen der Symmetrieeigenschaften ergibt sich die in (Abb. 26.5b) dargestellte Struktur. Diese wurde mit 40 Scheibenelementen (quadratischer Ansatz) aufgebaut (Abb. 26.5c). Die FE-Berechnung lieferte den Deformations- und Spannungszustand der Scheibe. Die größte Verschiebung ergibt sich am Rand $x = l/2$ zu $u_x \approx 0,021\,\text{mm}$. Die aus den Verschiebungen berechneten Spannungen aller Elemente haben ihren Größtwert in dem Knotenpunkt *38* mit $\sigma_x = 240,7\,\text{N/mm}^2$, während in dem Knoten *28* die Spannung $\sigma_x = 77,2\,\text{N/mm}^2$ ist.

Mit der Nennspannung $\sigma_n = \sigma \cdot l/(l - d) = 100\,\text{N/mm}^2$ folgt somit nach der FEM die Formzahl $\alpha_k = \sigma_x/\sigma_n = 240,7/100 = 2,41$, während sich aus dem herkömmlichen Formzahl-Diagramm nach Wellinger-Dietmann [8] für $d/l = 20/100 = 0,2$ der Wert $\alpha_k = 2,53$ ergibt. Die Verlängerung des Stabs nach dem Hooke'schen Gesetz beträgt $\Delta l = l \cdot \sigma/E = 100\,\text{mm} \cdot 80\,\text{N/mm}^2/(2,1 \cdot 10^5\,\text{N/mm}^2) = 0,038\,\text{mm}$, wobei der Unterschied zum FEM-Ergebnis den Einfluss der Bohrung wiedergibt. Rechnet man näherungsweise längs der Bohrung mit dem Nennquerschnitt, so ergibt sich $u = (l-d) \cdot \sigma/E + d \cdot \sigma_n/E = 0,04\,\text{mm}$. Diese Näherung liefert gegenüber dem sicherlich genaueren FEM-Resultat nur noch eine Abweichung von 4,8 %.

3. *Plattenelemente: Eingespannte Deckplatte mit Einfüllöffnung (Kreisringplatte)* (Abb. 26.6a). Gegeben: $d_1 = 2400\,\text{mm}$, $d_2 = 600\,\text{mm}$, $h = 10\,\text{mm}$, Flächenlast

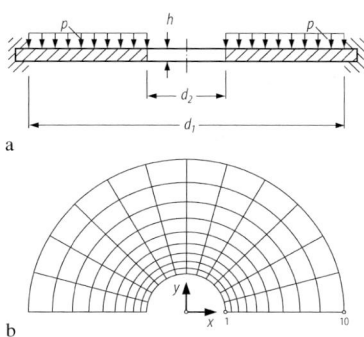

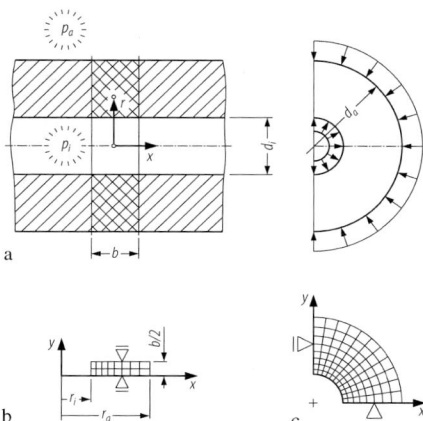

Abb. 26.6 Kreisringplatte. **a** Aufbau und Belastung; **b** FE-Struktur

$p = 5\,\text{kN/m}^2$. Nach Aufteilung der Struktur in 216 Plattenelemente mit 240 Knoten (Abb. 26.6b) lieferte das Rechnerprogramm aus 1296 Gleichungen die Verschiebungen (Durchbiegungen) aller Knotenpunkte und daraus die Spannungen an allen Elementen. Danach ergibt sich am freien Innenrand (Knoten *1*) die maximale Durchbiegung zu $f = 8,02\,\text{mm}$ sowie die größte Tangentialspannung zu $\sigma_t = 40,7\,\text{N/mm}^2$ und an der Einspannung (Knoten *10*) die größte Radialspannung $\sigma_r = 54,2\,\text{N/mm}^2$. Die Plattentheorie (s. [19]) liefert für die Durchbiegung des Innenrands denselben Wert 8,02 mm und für die Spannungen am freien Rand $\sigma_t = 40,9\,\text{N/mm}^2$ sowie am eingespannten Rand $\sigma_r = 51,1\,\text{N/mm}^2$, sodass für letztere die Abweichung des FEM-Ergebnisses von dem der Plattentheorie 6,1 % beträgt.

4. *Axial- und 3D-Elemente: Dickwandiges Rohr unter Innen- und Außendruck* (Abb. 26.7a). Gegeben: Innendurchmesser $d_i = 40\,\text{mm}$, Außendurchmesser $d_a = 120\,\text{mm}$, Innendruck $p_i = 6\,\text{bar}$, Außendruck $p_a = 1\,\text{bar}$, gewählte Breite $b = 20\,\text{mm}$. Zu berechnen sind die Tangential- bzw. Radialspannungen σ_t, σ_r. Da es sich um einen rotationssymmetrischen Spannungszustand handelt, ist $\sigma_t = \sigma_t(r)$, $\sigma_r = \sigma_r(r)$. Die analytische Rechnung (Formeln s. Abschn. 23.3.2) ergibt am Innenrand $\sigma_t = 0,525\,\text{N/mm}^2$ und $\sigma_r = -0,6\,\text{N/mm}^2$, am Außenrand $\sigma_t = 0,025\,\text{N/mm}^2$ und $\sigma_r = -0,1\,\text{N/mm}^2$.

Abb. 26.7 Dickwandiges Rohr („unendlich lang"). **a** Bauteil mit Belastung; **b** Struktur (Axialsymmetrische Elemente); **c** Struktur (3D Elemente)

Die numerischen Ergebnisse, gerechnet mit quadratischen Ansatzfunktionen für die Elemente, sind in Tab. 26.1 dem analytischen Ergebnis gegenübergestellt. Weitere Beispiele und Berechnungen zur Rohrleitungsstatik in [9].

Heutzutage können durch den rasanten Fortschritt in der Entwicklung immer leistungsfähigerer Hardware Problemstellungen behandelt werden, an die vor einem Jahrzehnt nicht zu denken war. Besonders hervorgehoben werden soll hierbei die Fluid-Struktur Interaktion (FSI), deren Behandlung in gängigen Software-Paketen heutzutage standardmäßig implementiert ist. Hierbei kommen zum Einen netzlose Verfahren wie zum Beispiel die „Smoothed Particle Method" (SPH,

Tab. 26.1 Vergleich der Tangential- und Radialspannung, analytisch und numerisch

	σ_t N/mm^2	σ_r N/mm^2
Innenrand		
Analyt.	0,525	−0,600
Netz b.)	0,518	−0,593
Netz c.)	0,525	−0,594
Außenrand		
Analyt.	0,025	−0,1
Netz b.)	0,025	−0,1
Netz c.)	0,025	−0,1

s. z. B. [17]) als auch Verfahren zum Einsatz, wie die in den 1970er Jahren entwickelte „Arbitary Lagrandian Eulerian Finite Element Technique" (ALE, s. z. B. [18]), das ein, den Bedürfnissen der Analyse angepasstes, während der Berechnung wechselndes Netz erlaubt.

26.2 Randelemente

Die Randelementmethode (*REM*) bzw. Boundary-Element-Method (*BEM*) ist eine Integralgleichungsmethode, die in ihrem Ursprung auf die Tatsache zurückgeht, dass man die Lösung einer Differentialgleichung auf eine Integralgleichung über die Green'sche Funktion und die Belastungsfunktion zurückführen kann. Die Green'sche Funktion (Einflussfunktion) ist eine die Randbedingungen und die Differentialgleichung befriedigende Funktion infolge einer Einzellast $F = 1$.

Träger. Für den bekannten Fall der Balkenbiegung (s. Abschn. 20.4.8) lautet die Differentialgleichung für die Durchbiegungen $w''''(x) = -q(x)/EI_y$.

Im Falle eines an den Enden gelenkig gelagerten Trägers mit den Randbedingungen $w(x = 0) = w''(x = 0) = w(x = l) = w''(x = l) = 0$ (Abb. 26.8a) gilt die Lösung für die Durchbiegungen in Integralgleichungsform:

$$w(x) = \int_0^1 G_0(x, \xi) q^*(\xi) \, d\xi$$

$$= \int_0^1 \eta_0(x, \xi) q^*(\xi) \, d\xi \qquad (26.11)$$

mit $q^*(x) = q(x)/EI_y$, wobei $G(x, \xi)$ die Green'sche Funktion (Einflussfunktion) für die Durchbiegung an der Stelle x infolge einer Wanderlast $F = 1$ an der Stelle ξ ist (Abb. 26.8b). An Stelle des griechischen Buchstaben ξ wird in der modernen Literatur für die Laufvariable y verwendet, so auch nachfolgend. Da für $F = 1$ die Dgl. $w''''(x) = 0$ gilt, folgt durch viermalige Integration für die Green'sche Funktion eine Parabel

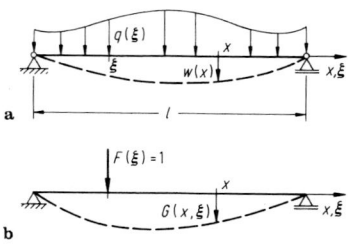

Abb. 26.8 Einfeldträger: **a** mit Streckenlast; **b** mit Wanderlast

3. Grades, die aber auch die Randbedingungen erfüllen muss. Eine solche Funktion ist bereits nach Tab. 20.4, Fall 2 bekannt, wenn man dort $a = x$, $b = (l - x)$ und $x = y$, sowie $F = 1$ setzt. Sie lautet

$$G_0(x, y) = \eta_0(x, y) = \frac{1}{6EI_y l}$$

$$\times \begin{cases} x(l - x)(2l - x)y \\ \quad - (l - x)y^3 & \text{für } 0 \leqq y \leqq x, \\ x(l^2 - x^2)(l - y) \\ \quad + x(l - y)^3 & \text{für } x \leqq y \leqq l. \end{cases}$$
$$(26.12)$$

Einsetzen der Einflussfunktion (26.12) in Gl. (26.11) liefert die Biegelinie $w(x)$ für jede Lastfunktion $q(x)$. Ferner erhält man aus der Green'schen Funktion (26.12) durch einmalige Differentiation nach der Aufpunktkoordinate x die Einflusslinie für die Biegewinkel $\eta_\alpha(x, y) = \partial\eta_0/\partial x$, durch zweimalige Differentiation nach x die Einflusslinie für die Biegemomente $\eta_M(x, y) = EI_y \partial^2\eta_0/\partial x^2$ und durch dreimalige Differentiation nach x die Einflusslinie für die Querkräfte $\eta_Q(x, y) = -EI_y \partial^2\eta_0/\partial x^2$. Andererseits erhält man für festen Lastort $y = x$ durch Ableitung nach der Laufvariablen y aus Gl. (26.12) nach der ersten Ableitung die Neigungswinkellinie $\alpha(y, x)$, nach der zweiten Ableitung die Biegemomentenlinie $M_b(y) = -EI_y \partial^2\eta_0/\partial y^2$ und nach der dritten Ableitung nach y die Querkraftlinie $F_Q(y)$.

Zusammenfassung Kennt man für Differentialgleichungsprobleme die Green'sche Funktion, d. h. eine die Randbedingungen befriedigende

Lösung infolge einer Wanderlast $F = 1$, die auch die Differentialgleichung erfüllt, so ist nach Gl. (26.11) die Lösung des Problems für jede beliebige Lastfunktion gegeben.

Scheiben, Platten und Schalen. Hier sind nur in den seltensten Fällen die Green'schen Funktionen, d. h. die Lösung z. B. für eine Platte mit einer Einzellast an beliebiger Stelle (y_1, y_2) für jeden Ort (x_1, x_2), welche die Randbedingungen erfüllt, bekannt. Dagegen sind stets sogenannte Grund- oder Fundamentallösungen für $w(x_1, x_2, y_1, y_2)$ infolge einer Einzelkraft $F = 1$ in (y_1, y_2) für Scheiben, Platten und Schalen bekannt [11], die als Lösung für eine unendlich ausgedehnte Scheibe, Platte oder Schale angesehen werden können. Hier setzt zur Lösung des wirklichen Randwertproblems die Randelementmethode *REM* bzw. Boundary Element Method *BEM* wie folgt ein: Man denkt sich z. B. die wirkliche Platte aus dem unendlichen Gebiet Ω herausgeschnitten, bringt einmal die wirkliche Belastung $q(y_1, y_2)$ und das andere Mal die Einzelkraft $\hat{F}(x_1, x_2) = 1$ sowie jeweils alle Randschnittgrößen und Randverformungen auf (Abb. 26.9a,b) und verwendet den *Satz von Betti*: Für 2 Gleichgewichtszustände eines Systems (F, M) und $(\hat{F}, \hat{M})$ mit den zugehörigen Verformungen (w, α) und $(\hat{w}, \hat{\alpha})$ gilt für die Arbeiten:

$$\sum \hat{F} w + \sum \hat{M} \alpha = \sum F \hat{w} + \sum M \hat{\alpha},$$
$$\text{d. h. } W_{1,2} = W_{2,1}.$$

Wendet man den Satz von Betti für die Platten nach Abb. 26.9a,b an, so folgt:

$$W_{1,2} = 1 \cdot w(x_1, x_2) + \int_{\Gamma} \left(\hat{V}_n w + \hat{M}_n \alpha_n \right) \mathrm{d}s$$
$$+ \sum \hat{F}_e w_e =$$
$$W_{2,1} = \int_{\Omega} p \hat{w} \, \mathrm{d}\Omega + \int_{\Gamma} \left(V_n \hat{w} + M_n \hat{\alpha}_n \right) \mathrm{d}s$$
$$+ \sum F_e \hat{w}_e$$
$$\text{(26.13a)}$$

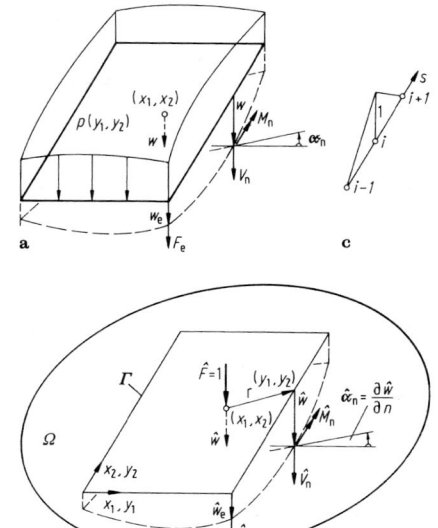

Abb. 26.9 Rechteckplatte: **a** unter Flächenlast; **b** unter der Hilfskraft $\hat{F} = 1$; **c** Randelemente mit Dachfunktion

und damit folgt für die gesuchte Durchbiegung (Einflussfunktion):

$$w(x_1, x_2) = \int_{\Omega} p \hat{w} \, \mathrm{d}\Omega + \int_{\Gamma} \left(V_n \hat{w} + \hat{M}_n \hat{\alpha}_n \right) \mathrm{d}s$$
$$+ \sum F_e \hat{w}_e$$
$$- \int_{\Gamma} \left(\hat{V}_n w + \hat{M}_n \alpha_n \right) \mathrm{d}s$$
$$- \sum \hat{F}_e w_e$$
$$\text{(26.13b)}$$

bzw.

$$w(x_1, x_2) = \int_{\Omega} p \hat{w} \, \mathrm{d}\Omega$$
$$+ W_{\text{Rand } 2,1} - W_{\text{Rand } 1,2}. \quad \text{(26.13c)}$$

Hierbei bedeutet das Integral über Ω ein Gebietsintegral und die Integrale über Γ sind Randintegrale. Dabei ist n die Richtung der Normalen am Rand und V_n bzw. M_n die Kirchhoff'sche Randscherkraft (Ersatzquerkraft) und das Biegemoment in einer zu n senkrechten Randfläche.

Unendlich ausgedehnte Platte. Da die Gebietslösung infolge $\hat{F} = 1$ im Punkt (x_1, x_2) für die Durchbiegung $w(x_1, x_2, y_1, y_2)$ bekannt ist und nach [11, 12] lautet (sog. Grund- oder Fundamentallösung):

$$\hat{w}_0(r) = \hat{g}_0(r) = \frac{1}{8\,\pi\,N} \cdot r^2 \ln r \,, \quad (26.14)$$

wobei $r = \sqrt{(y_1 - x_1)^2 + (y_2 - x_2)^2}$ den Abstand des Lastpunktes (x_1, x_2) z. B. von einem Randpunkt (y_1, y_2) bedeutet und $N = Eh^3/12(1 - v^2)$ die sog. Plattensteifigkeit ist (s. Abschn. 23.1), sind durch entsprechende Differentiationen auch alle Neigungswinkel, Biegemomente und Querkräfte, d. h. auch alle in Gl. (26.13a–26.13c) mit einem „Dach" versehenen Randgrößen bekannt, wie $\hat{w}_0$, $\hat{\alpha}_{0n}$, $\hat{M}_{0n}$ und $\hat{V}_{0n}$.

Wirkliche Platte. Unbekannt sind hier von den 4 Randfunktionen w, α_n, M_n, V_n jeweils 2, während 2 durch die Randbedingungen der Platte vorgegeben sind. Z. B. sind im Falle einer allseits gelenkig gelagerten Platte die Werte α_n und V_n unbekannt, während $w = 0$ und $M_n = 0$ längs des Randes vorgegeben sind.

Die unbekannten Funktionen α_n und V_n werden nun nach der Randelementmethode numerisch für m diskrete Randknoten, die durch m Randelemente verbunden sind, ermittelt, in dem man in jedem Knoten selbst, d. h. m-mal die Einzelkraft $F_i = 1$ anbringt und m-mal den Satz von *Betti* anschreibt entsprechend Gl. (13 b) und dadurch m lineare Gleichungen für die $2m$ Unbekannten α_{ni} und V_{ni} bekommt ($i = 1 \ldots m$).

Weitere m Gleichungen erhält man dadurch, dass man in jedem Knoten ein Randmoment $\hat{M} = 1$ anbringt, zu dem die Grundlösung gehört:

$$\hat{g}_1(r) = \frac{\partial}{\partial r}\hat{g}_0(r)$$
$$= \frac{1}{8\pi N}r(1 + 2\ln r)\frac{\partial r}{\partial n} \,. \quad (26.15)$$

womit wiederum die Randgrößen $\hat{w}_1$, $\hat{\alpha}_{1n}$, $\hat{M}_{1n}$, $\hat{V}_{1n}$ bekannt sind, und dass man auch dafür m-mal den Satz von *Betti* anschreibt.

Um über den Rand numerisch integrieren zu können, werden die Unbekannten α_{ni} und V_{ni}

mit Elementfunktionen $\alpha_{ni}(s) = \alpha_{ni}\varphi(s)$ bzw. $V_{ni}(s) = V_{ni}\psi(s)$ verknüpft, wofür in der Regel lineare „Dachfunktionen" nach Abb. 26.9c ausreichen (für Platten mit freien Elementrändern sind für w_i Hermitesche Polynome erforderlich, s. [12, 13, 14]). Sind alle Integrationen durchgeführt, hat man $2m$ Gleichungen für die $2m$ Unbekannten.

Nach Lösung (unter Zusatzbetrachtungen für die Eckkräfte) und Einsetzen in Gl. (26.13b) erhält man die Durchbiegungen $w(x_1, x_2)$ für beliebige Punkte (x_1, x_2) und durch Differentiation die Neigungswinkel und Schnittlasten. Einzelheiten der Durchführung s. [12, 13, 14].

Beispiel

Für eine gelenkig gelagerte quadratische Stahlplatte von 10 mm Dicke ($E = 2,1 \cdot 10^8$ kN/m^2) mit konstanter Flächenlast $p = 10$ kN/m^2 und den Kantenlängen $2a = 2b = 1,0\ m$ sollen die Durchbiegung und die Biegemomente bzw. Biegespannungen in Plattenmitte nach der *REM (BEM)* ermittelt werden (Abb. 26.10a).

Lösung: Die Ränder werden in $m = 8$ Randelemente mit $m = 8$ Knoten unterteilt und die Berechnung mit einem *BEM*-Programm durchgeführt. Als Ergebnis erhält man für die Plattenmitte M (Abb. 26.10b) die Durchbiegung $w = 2,19$ mm und die Biegemomente $m_{x_1} = m_{x_2} = 0,48$ kNm/m und aus Letzterem die Biegespannungen $\sigma = 28,8$ N/mm^2. Zum Vergleich werden die Formeln nach Abschn. 23.1.1 herangezogen: $w = f = c_3 pb^4/Eh^3$ und $\sigma = c_1 pb^2/h^2$, woraus mit den Koeffizienten $c_3 = 0,71$ und $c_1 = 1,15$ nach Tab. 23.1 die Werte

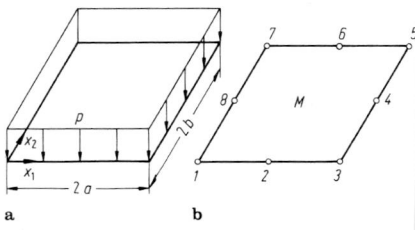

Abb. 26.10 Allseits gelenkig gelagerte Stahlplatte **a** mit konst. Flächenlast; **b** Randelemente mit 8 Knoten

$w = 2,11$ mm und $\sigma = 28,8$ N/mm² folgen, d. h. das Ergebnis nach *REM* weicht für w um $3,8\,\%$ und für σ um $0\,\%$ von den Tafelwerten ab und stellt somit trotz der groben Randeinteilung ein sehr gutes Ergebnis dar. ◄

26.3 Finite Differenzen Methode

Die FD-Methode ist wie die FE-Methode ein Gebietsverfahren. Die finiten Gleichungen werden für einen Zentralpunkt aufgestellt. Um den mechanischen Bezug zum Problem zu gewährleisten, werden die finiten Ausdrücke mit dem Prinzip der virtuellen Arbeit aufgebaut. Dieses Vorgehen wird für einen Biegebalken mit dem Prinzip der virtuellen Verrückungen (s. Abschn. 20.4.9) gezeigt. Dazu wird die Gleichgewichtsaussage des Biegebalkens $-M'' = p$ mit einer virtuellen Verrückung $\delta w = 1$ multipliziert und zweimal partiell integriert. Das ergibt: $\int M \delta w'' \mathrm{d}x + \int p\, \delta w\, \mathrm{d}x = 0$.

In diesem Fall arbeiten die Momente wie äußere Kräfte an der virtuellen Verrückung δw. Die äußere Arbeit ist (s. a. Abb. 26.11):

$$\delta W_\alpha = \boxed{1 \quad -2 \quad 1}\frac{M}{h} + \int p\delta w\, \mathrm{d}x = 0.$$

Das Integral wird berechnet unter der Annahme, dass $p(x)$ parabolisch verläuft (Abb. 26.12). Mit Tab. 20.6 ergibt sich:

$$\int p\delta w\, \mathrm{d}x = \int (1)(5)\, \mathrm{d}x + \int (2)(5)\, \mathrm{d}x$$
$$+ \int (3)(6)\, \mathrm{d}x + \int (4)(6)\, \mathrm{d}x$$
$$= \boxed{1 \quad 10 \quad 1}\frac{1}{12}ph$$

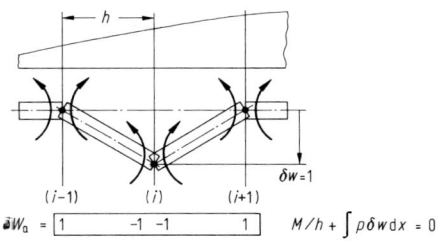

Abb. 26.11 Eigenkraftgruppe

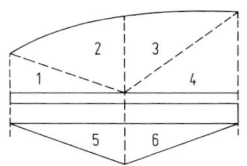

Abb. 26.12 v. V. $\delta w = 1$

Die gesamte Arbeit lautet:

$$\delta W_\alpha = \boxed{1 \quad -2 \quad 1}M + \boxed{1 \quad 10 \quad 1}\frac{h^2}{12}p$$
$$= 0$$

Man kommt zum gleichen Ergebnis, wenn der Ausdruck $\int M \delta w'' \mathrm{d}x$ als innere Arbeit gedeutet wird. An Stelle der Gelenke sind konzentrierte Krümmungen (im Sinne einer Dirac-Funktion) aufzugeben.

Beispiel

Biegebalken mit Streckenlast (Abb. 26.13). Gesucht sind die Schnittlastmomente in den Punkten 1 und 2. Die Gleichung für den Innenpunkt lautet:

$$\boxed{1 \quad -2 \quad 1}M + \boxed{1 \quad 10 \quad 1}\frac{h^2}{12}p = 0\,.$$

Es entsteht ein Gleichungssystem mit 2 Unbekannten

$$i = 1: \quad M_0 - 2M_1 + M_2$$
$$+ (p_0 + 10p_1 + p_2)\frac{h^2}{12} = 0$$
$$i = 2: \quad M_1 - 2M_2 + M_3$$
$$+ (p_1 + 10p_2 + p_3)\frac{h^2}{12} = 0$$

Es ist $M_0 = M_3 = 0$; $p_0 = p_1 = p_2 = p_3 = p$

Lösung: $M_1 = M_2 = ph^2$. Das Verfahren zum Aufstellen der finiten Gleichungen lässt sich problemlos auf Scheiben, Platten und Schalen übertragen [15]. ◄

Abb. 26.13 Virtuelle Verrückung $\delta w = 1$

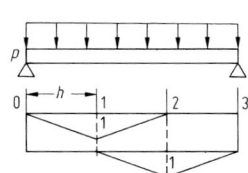

Literatur

Spezielle Literatur

1. Zienkiewicz, O. C.: Methoden der Finiten Elemente, 2. Aufl. Hanser, München (1992)
2. Gallagher, R. H.: Finite-Element-Analysis. Springer, Berlin (1976)
3. Schwarz, H. R.: Methode der finiten Elemente, 3. Aufl. Teubner, Stuttgart (1991)
4. Link, M.: Finite Elemente in der Statik und Dynamik, 4. Aufl. Springer Vieweg, Wiesbaden (2014)
5. Argyris, J., Mlejnek, H.-P.: Die Methode der finiten Elemente. Bd. I–III. Vieweg, Braunschweig (1986–1988)
6. Bathe, K.-J.: Finite-Element-Methoden, 2. Aufl. Springer, Berlin (2002)
7. Oldenburg, W.: Die Finite-Elemente-Methode auf dem PC. Vieweg, Braunschweig (1989)
8. Wellinger, K., Dietmann, H.: Festigkeitsberechnung, Grundlagen und technische Anwendung, 3. Aufl. Kröner, Stuttgart (1976)
9. Hampel, H.: Rohrleitungsstatik, Grundlagen, Gebrauchsformeln, Beispiele. Springer, Berlin (1972)
10. Collatz, L.: Numerische Behandlung von Differentialgleichungen, 2. Aufl. Springer, Berlin (1955)
11. Girkmann, K.: Flächentragwerke, 6. Aufl. Nachdruck der 5. Aufl. Springer, Wien (1963)
12. Hartmann, F.: Methode der Randelemente. Springer, Berlin (1987)
13. Brebbia, C. A., Telles, J. C. F., Wrobel, L. C.: Springer, Boundary Element Techniques, Berlin (1987)
14. Zotemantel, R.: Berechnung von Platten nach der Methode der Randelemente, Dissertation 1985: Universität Dortmund
15. Giencke, E, Petersen, J.: Ein finites Verfahren zur Berechnung schubweicher orthotroper Platten. Der Stahlbau 6/1970
16. Müller, G., Rehfeld, J., Katheder, W.: FEM für Praktiker, 2. Aufl. expert verlag, Grafenau (1995)
17. Monaghan, J. J.: Smoothed Particle Hydrodynamics, Annual Review of Astronomy and Astrophysics. Vol. 30 (1992)
18. Hirt, C. W., Amsden, A. A., Cook, J. L.: An Arbitrary Langrandian-Eulerian Computing Method for all Flow Speeds. J. Comp. Phys., Vol. 14 (1974)
19. Beyer, K.: Die Statik im Stahlbetonbau. 2. Aufl. Springer, Berlin (1956)

Plastizitätstheorie

Plastizitätstheorie

27

Andreas Hanau und Joachim Villwock

27.1 Allgemeines

Wird bei der Beanspruchung eines Werkstoffs die
Elastizitätsgrenze überschritten und treten nach
Entlastung bleibende Dehnungen ε_b (Abb. 27.1a)
auf, so handelt es sich um Beanspruchungen im
plastischen (unelastischen) Bereich. Bei erneuter Belastung verhält sich der Werkstoff elastisch,
die Spannungs-Dehnungs-Linie besteht aus der
zur Hooke'schen Geraden $\overline{OP}$ Parallelen $\overline{AP_1}$,
d. h., als Folge der Kaltreckung wird die Streck-
grenze erhöht. Weitere Belastung bis zur Spannung σ_{P2} erhöht die Streckgrenze auf diesen
Wert. Damit verbunden ist eine Versprödung des
Materials, also eine Verringerung der Dehnbar-
keit bis zum Eintreten des Bruchs.

Unterwirft man einen Versuchsstab anschließend einer Druckbeanspruchung, so ergibt sich
im Druckbereich eine erhebliche Herabsetzung
der Fließgrenze, d. h., die Krümmung der Spannungs-Dehnungs-Linie setzt sehr früh ein, und
bei anschließender Wiederbelastung bildet sich
die Hysteresis-Schleife (Abb. 27.1b). Ihr Flächeninhalt stellt die bei einem Zyklus verlo-
rengehende Formänderungsarbeit dar. Wird er
mehrmals durchlaufen, so wird jedes Mal diese

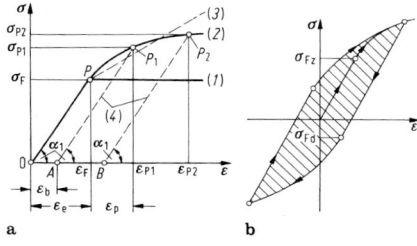

Abb. 27.1 a Spannungs-Dehnungs-Linien im plastischen
Bereich; **b** Hysteresis-Schleife bei Beanspruchung im
plastischen Bereich

Arbeit verrichtet. Derartige dynamische Vorgänge führen häufig zum baldigen Bruch des Bauteils
(Bauschinger-Effekt) und gehören zur Zeitfestigkeit.

Die Plastizitätstheorie behandelt vorwiegend
das Verhalten unter statischer Belastung. Nur sie
ist im Folgenden zugrunde gelegt. Unterschieden
wird:

ideal-elastisch-plastisches Material (unlegierte Konstruktionsstähle), Kurve *1* auf Abb. 27.1a,
hierfür gilt

$$\sigma = E\varepsilon \quad \text{für} \quad -\varepsilon_F \leqq \varepsilon \leqq \varepsilon_F \, ,$$
$$\sigma = \sigma_F \quad \text{für} \quad \varepsilon \geqq \varepsilon_F \, ;$$

elastisch verfestigendes Material (vergütete Stähle), Kurve *2* auf Abb. 27.1a, hierfür gilt

$$\sigma = E\varepsilon \quad \text{für} \quad -\varepsilon_F \leqq \varepsilon \leqq \varepsilon_F \, ,$$
$$\sigma = A|\varepsilon|^k \quad \text{für} \quad \varepsilon \geqq \varepsilon_F$$

oder näherungsweise bei Ersatz der Kurve *2*
durch eine Gerade *3* mit dem Verfestigungsmo-

A. Hanau
BSH Hausgeräte GmbH
Berlin, Deutschland
E-Mail: andreas.hanau@bshg.com

J. Villwock (✉)
Beuth Hochschule für Technik
Berlin, Deutschland
E-Mail: villwock@beuth-hochschule.de

© Springer-Verlag GmbH Deutschland, ein Teil von Springer Nature 2020
B. Bender und D. Göhlich (Hrsg.), *Dubbel Taschenbuch für den Maschinenbau 1: Grundlagen und Tabellen*,
https://doi.org/10.1007/978-3-662-59711-8_27

dul $E_2 = \tan\alpha_2$

$$\sigma = \sigma_F + E_2(\varepsilon - \varepsilon_F)\,.$$

Weitere Materialgesetze s. [2, 3], für Kunststoffe [4]. Bei Entlastung des Werkstoffs gilt stets das lineare (Hooke'sche) Gesetz

$$\sigma = E(\varepsilon - \varepsilon_b) = \sigma_{Pl} - E(\varepsilon_{Pl} - \varepsilon)\,.$$

Weitere Informationen siehe [6–8]

Kriechen. Oberhalb der Kristallerholungstemperatur, bei der die Verfestigung infolge Kaltverformung aufgehoben wird (für Stahl bei $T_K \geqq 400\,°C$), tritt unter konstanter Last eine mit der Zeit zunehmende Verformung, das Kriechen, ein (bei Kunststoffen schon bei normalen Temperaturen). Als Festigkeitswerte sind dann die Zeitstandfestigkeit $R_{m/t/T}$ und die Zeitdehngrenze $R_{P1/t/T}$, die zum Bruch bzw. zur Dehnung von 1 % nach $t = 100\,000\,h$ bei der Temperatur T führen, zu ermitteln (s. u. a. Abschn. 29.5, 30.2).

Relaxation. Wird bei Stahl unter hohen Temperaturen ($T \geqq 400\,K$) die Dehnung konstant gehalten, so werden vorhandene Zwangsspannungen mit der Zeit (durch Kriechen) abgebaut (bei Kunststoffen schon bei Umgebungstemperatur).

Umformtechnik. Hierbei handelt es sich um die Vorgänge bei der spanlosen Formgebung (Walzen, Pressen, Schmieden). Die plastischen Verformungen sind hier so groß, dass die elastischen in der Theorie [3] nicht berücksichtigt werden (s. Bd. 2, Kap. 40).

Viskoelastizitätstheorie. Sie befasst sich mit dem elastisch-plastischen Verhalten der Kunststoffe unter besonderer Beachtung der Zeitabhängigkeit von Deformationen und Spannungen (Kriechen und Relaxation). Grundlagen sind die Materialgesetze von Maxwell und Kelvin [4].

27.2 Anwendungen

27.2.1 Biegung des Rechteckbalkens

Unter der Annahme ideal-plastischen Materials (die Ergebnisse für verfestigendes Material weichen im plastischen Anfangsdehnungsbereich nur unwesentlich ab) gilt nach Abb. 27.2a bei Voraussetzung, dass die Querschnitte auch im plastischen Bereich eben bleiben (Bernoulli'sche Hypothese), mit der Höhe h und der Breite b des Balkens

$$M_{bF} = 2\int_0^{h/2} \sigma(z)\,zb\,dz \quad \text{mit} \quad \sigma(z) = \frac{\sigma_F z}{a}$$

für $0 \leq z \leq a$ und $\sigma(z) = \sigma_F$ für $a \leq z \leq h/2$, d. h.

$$
\begin{aligned}
M_{bF} &= 2\int_0^a \sigma_F \frac{z^2}{a}\,b\,dz + 2\int_a^{h/2} \sigma_F\,zb\,dz \\
&= 2\sigma_F \frac{ba^2}{3} + \sigma_F b\left[\left(\frac{h}{2}\right)^2 - a^2\right] \\
&= \sigma_F \frac{bh^2}{6}\left(\frac{3}{2} - 2\frac{a^2}{h^2}\right) \\
&= \sigma_F W_b\left(\frac{3}{2} - 2\frac{a^2}{h^2}\right) \\
&= M_{bE}\,n_{pl}\,.
\end{aligned}
$$

M_{bE} ist das Tragmoment des Rechteckquerschnitts bei Verlassen des elastischen Bereichs, n_{pl} die Stützziffer, die angibt, in welchem Verhältnis sich das Tragmoment als Funktion des plastischen Ausdehnungsbereichs vergrößert. Für

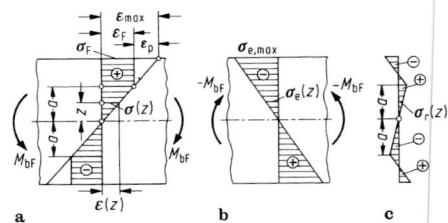

Abb. 27.2 Biegespannungen im plastischen Bereich. **a** Teilplastischer Querschnitt; **b** Spannungsüberlagerung bei Entlastung; **c** Restspannungen nach Entlastung

$a = 0$ (vollplastischer Querschnitt) wird $n_{pl} = 1,5$, d. h., die Tragfähigkeit ist um 50% größer als beim Verlassen des elastischen Bereichs. Für die Dehnung gilt

$$\varepsilon(z) = \frac{\varepsilon_F}{a} z = \frac{\sigma_F z}{E a}, \quad \varepsilon_{max} = \frac{\sigma_F h}{2 E a};$$

d. h., für $a = 0$ (vollplastischer Querschnitt) wird ε_{max} unendlich, die volle Ausschöpfung der Tragfähigkeit setzt also sehr große Deformationen voraus (an der Stelle des größten Moments bildet sich ein sog. plastisches Gelenk). Deshalb wird in der Praxis die Dehnung ε_p auf $0,2\%$ begrenzt. Für S 235 mit $\sigma_F = 240\,\text{N/mm}^2$ und $E = 2,1 \cdot 10^5\,\text{N/mm}^2$ wird $\varepsilon_F = \sigma_F/E = 0,114\%$, also $\varepsilon_{max} = \varepsilon_p + \varepsilon_F = 0,314\%$ und damit $a = \sigma_F h/(2\varepsilon_{max} E) = 0,182 h$. Hiermit folgt für die Stützziffer $n_{pl} = 1,5 - 2(a/h)^2 = 1,43$. Für diesen Fall, also für $\varepsilon_p = 0,2\%$, wird $n_{pl}\,\sigma_F = K_{0,2}^{\times}$, also gleich dem Formdehngrenzwert nach Abschn. 19.2. Ergebnisse für verschiedene andere Querschnitte und Grundbeanspruchungsarten s. [1, 2].

Restspannung. Wird das am Querschnitt wirkende Moment M_{bF} entfernt, so ist dies gleichwertig mit dem Aufbringen eines entgegengesetzt wirkenden Moments $-M_{bF}$ (Abb. 27.2b). Da der Werkstoff bei Entlastung der Hooke'schen Geraden $\overline{AP_1}$ (Abb. 27.1a) folgt, entstehen Spannungen $\sigma_e(z) = -M_{bF}\,z/I_y$ mit linearer Verteilung und dem Maximalwert $\sigma_{e,\,max} = -M_{bF}/W_b$. Die Überlagerung mit den Spannungen $\sigma(z)$ nach Abb. 27.2a ergibt die Restspannungen $\sigma_r(z) = \sigma(z)-\sigma_e(z)$ nach Abb. 27.2c, die bei ungleichförmigen Spannungszuständen nach jeder Dehnung über die Fließgrenze hinaus und anschließender Entlastung übrig bleiben.

27.2.2 Räumlicher und ebener Spannungszustand

Fließbedingungen. Für ideal-elastisch-plastisches Material gilt nach **Tresca**

$$\left[(\sigma_1 - \sigma_2)^2 - \sigma_F^2\right]\left[(\sigma_2 - \sigma_3)^2 - \sigma_F^2\right]$$
$$\cdot \left[(\sigma_3 - \sigma_1)^2 - \sigma_F^2\right] = 0.$$

Hiernach setzt Fließen ein, wenn die größte Hauptspannungsdifferenz den Wert σ_F erreicht. Sind σ_1 und σ_3 die größte und kleinste Hauptspannung, so folgt $\sigma_1 - \sigma_3 = 2\tau_{max} = \sigma_F$. Wird $\sigma_v = \sigma_F$ als einachsige Vergleichsspannung angesehen, so ist das Tresca-Gesetz identisch mit der Schubspannungshypothese (s. Abschn. 19.3.2).

Für **v. Mises** setzt man

$$(\sigma_1 - \sigma_2)^2 + (\sigma_2 - \sigma_3)^2 + (\sigma_3 - \sigma_1)^2 = 2\,\sigma_F^2.$$

Hiernach setzt Fließen ein für

$$\sigma_v = \frac{1}{\sqrt{2}}\sqrt{(\sigma_1 - \sigma_2)^2 + (\sigma_2 - \sigma_3)^2 + (\sigma_3 - \sigma_1)^2} = \sigma_F.$$

Dieses Gesetz ist identisch mit der Gestaltungsänderungsenergiehypothese (s. Abschn. 19.3.3).

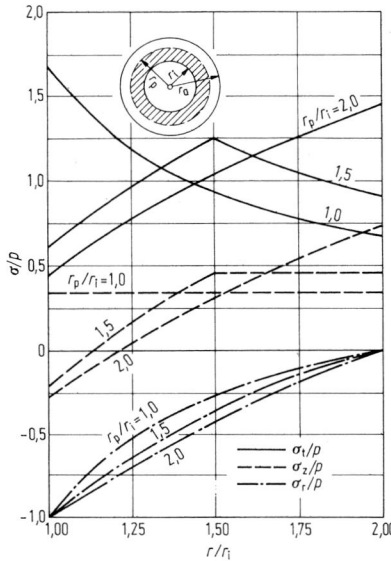

Abb. 27.3 Spannungen im Rohr mit $r_a/r_i = 2,0$

Spannungs-Deformations-Gesetze

Gesetz von Prandtl-Reuß. Es hat die infinite (differentielle) Form

$$\mathrm{d}V_\mathrm{D} = \mathrm{d}V_{\mathrm{D,e}} + \mathrm{d}V_{\mathrm{D,p}} = \frac{\mathrm{d}S_\mathrm{D} + S_\mathrm{D}\,\mathrm{d}\lambda}{2G}$$

bzw. nach Einführung der Verzerrungsgeschwindigkeiten

$$\dot{V}_\mathrm{D} = \frac{\dot{S}_\mathrm{D} + S_\mathrm{D} \cdot \dot{\lambda}}{2G} \ .$$

Hierbei ist V_D der sog. Deviator des Verzerrungstensors V (s. Abschn. 19.1.2), d. h., es gilt $V_\mathrm{D} = V - e \cdot I$, wobei $e = (\varepsilon_\mathrm{x} + \varepsilon_\mathrm{y} + \varepsilon_\mathrm{z})/3$ und I den Einheitskugeltensor darstellt. Der Verzerrungsdeviator gibt die Gestaltänderung bei gleichbleibendem Volumen wieder. S_D ist der Deviator des Spannungstensors [5]. G ist der Schubmodul und $\mathrm{d}\lambda$ bzw. λ ist ein skalarer Proportionalitätsfaktor, der sich durch Gleichsetzung der Gestaltänderungsenergien des räumlichen und des einachsigen Vergleichszustandes zu $\mathrm{d}\lambda = (3/2)\,\mathrm{d}\sigma_\mathrm{v}/[T_\mathrm{p}(\sigma_\mathrm{v})\,\sigma_\mathrm{v}]$ ergibt, wobei $T_\mathrm{p} = \mathrm{d}\sigma_\mathrm{v}/\mathrm{d}\varepsilon_\mathrm{vp}$ der plastische Tangentenmodul (Anstieg der $\sigma_\mathrm{v} - \varepsilon_\mathrm{vp}$-Linie) ist.

Gesetz von Hencky. Dieses hat die finite Form

$$V_\mathrm{D} = V_{\mathrm{D,e}} + V_{\mathrm{D,p}} = \left(\frac{1}{2G} + \frac{1}{2G_\mathrm{p}} \right) S_\mathrm{D} \ .$$

G_p ist der variable Plastizitätsmodul, der sich durch Anwendung des Gesetzes auf den einachsigen Vergleichszustand aus $\varepsilon_\mathrm{vp} = 1/(2G_\mathrm{p}) \cdot \sigma_\mathrm{v}/3$ zu $G_\mathrm{p}(\varepsilon_\mathrm{vp}) = (1/3)\,\sigma_\mathrm{v}/\varepsilon_\mathrm{vp}$, d. h. aus der entsprechenden Spannungs-Dehnungs-Linie ergibt.

Geschlossenes dickwandiges Rohr unter Innendruck.

Es wird der Spannungszustand im Rohr bei Beginn der Plastifizierung an der Innenfaser (d. h. Rohr gerade noch im elastischen Bereich), bei Plastifizierung bis zur Wandmitte und bei voller Plastifizierung der Wand untersucht.

Voll elastischer Zustand. Aus Gl. (21.5) folgt mit $\tau_\mathrm{rz} = \tau_\mathrm{zr} = \tau = 0$ und $R = 0$ die Gleichgewichtsbedingung

$$\frac{\mathrm{d}}{\mathrm{d}r}(r\,\sigma_\mathrm{r}) - \sigma_\mathrm{t} = r\,\frac{\mathrm{d}\sigma_\mathrm{r}}{\mathrm{d}r} + \sigma_\mathrm{r} - \sigma_\mathrm{t} = 0 \ . \quad (27.1)$$

Hieraus ergeben sich die Spannungen zu

$$\left.\begin{aligned}
\sigma_\mathrm{r} &= -p \cdot \frac{r_\mathrm{i}^2}{r_\mathrm{a}^2 - r_\mathrm{i}^2}\left(\frac{r_\mathrm{a}^2}{r^2} - 1 \right), \\
\sigma_\mathrm{t} &= p \cdot \frac{r_\mathrm{i}^2}{r_\mathrm{a}^2 - r_\mathrm{i}^2}\left(\frac{r_\mathrm{a}^2}{r^2} + 1 \right), \\
\sigma_\mathrm{z} &= p \cdot \frac{r_\mathrm{i}^2}{r_\mathrm{a}^2 - r_\mathrm{i}^2} \ .
\end{aligned}\right\} \quad (27.2)$$

Teilweise plastischer Zustand. Für ideal elastisch-plastisches Material folgt aus der v. Mises-Fließbedingung mit

$$\sigma_1 = \sigma_\mathrm{r}, \quad \sigma_2 = \sigma_\mathrm{t}, \quad \sigma_3 = \sigma_\mathrm{z} = \tfrac{1}{2}(\sigma_\mathrm{r} + \sigma_\mathrm{t})$$

die Fließbedingung

$$\sigma_\mathrm{t} - \sigma_\mathrm{r} = \frac{2\sigma_\mathrm{F}}{\sqrt{3}} \ . \quad (27.3)$$

Für einen bis zum Radius r_p plastifizierten Zylinder lauten die Spannungsformeln für den elastischen Bereich ($r \geqq r_\mathrm{p}$) gemäß Gl. (27.2)

$$\begin{aligned}
\sigma_\mathrm{r} &= -\frac{\sigma_\mathrm{F}}{\sqrt{3}}\frac{r_\mathrm{p}^2}{r_\mathrm{a}^2}\left(\frac{r_\mathrm{a}^2}{r^2} - 1 \right), \\
\sigma_\mathrm{t} &= \frac{\sigma_\mathrm{F}}{\sqrt{3}}\frac{r_\mathrm{p}^2}{r_\mathrm{a}^2}\left(\frac{r_\mathrm{a}^2}{r^2} + 1 \right), \\
\sigma_\mathrm{z} &= \frac{\sigma_\mathrm{F}}{\sqrt{3}}\frac{r_\mathrm{p}^2}{r_\mathrm{a}^2} \ .
\end{aligned} \quad (27.4)$$

Für den plastischen Bereich ($r \leqq r_\mathrm{p}$) folgt aus Gl. (27.1) mit Gl. (27.3) die Gleichgewichtsbedingung

$$r\,\frac{\mathrm{d}\sigma_\mathrm{r}}{\mathrm{d}r} - \frac{2\,\sigma_\mathrm{F}}{\sqrt{3}} = 0 \quad (27.5)$$

und hieraus die Spannungen

$$\sigma_\mathrm{r} = -\frac{\sigma_\mathrm{F}}{\sqrt{3}}\left(1 - \frac{r_\mathrm{p}^2}{r_\mathrm{a}^2} + 2\ln\frac{r_\mathrm{p}}{r} \right), \quad (27.6\mathrm{a})$$

$$\sigma_t = \frac{\sigma_F}{\sqrt{3}} \left(1 + \frac{r_p^2}{r_a^2} - 2 \ln \frac{r_p}{r} \right) ,$$

$$\sigma_z = \frac{\sigma_F}{\sqrt{3}} \left(\frac{r_p^2}{r_a^2} - 2 \ln \frac{r_p}{r} \right) . \qquad (27.6b)$$

Für den Innendruck folgt mit $\sigma_r(r_i) = -p$ aus G n. (27.6a), (27.6b)

$$p = \frac{\sigma_F}{\sqrt{3}} \left(1 - \frac{r_p^2}{r_a^2} + 2 \ln \frac{r_p}{r_i} \right) . \qquad (27.7)$$

Hieraus kann der Plastifizierungsradius r_p als Funktion des Innendrucks ermittelt werden und umgekehrt. Bei Beginn der Plastifizierung am Innenrand des Zylinders, d. h. für $r_p = r_i$, folgt aus Gl. (27.7) der zugehörige Innendruck zu

$$p_1 = \frac{\sigma_F}{\sqrt{3}} \left(1 - \frac{r_i^2}{r_a^2} \right) .$$

Für die volle Plastifizierung folgt mit $r_p = r_a$ der Innendruck zu

$$p_2 = \frac{2\sigma_F}{\sqrt{3}} \ln \frac{r_a}{r_i} .$$

Damit folgt als Steigerung der Tragfähigkeit vom elastischen zum vollplastischen Zustand für ein Rohr mit $r_a/r_i = 2$

$$\frac{p_2}{p_1} = \frac{2 \ln 2}{0{,}75} = 1{,}85 .$$

In Abb. 27.3 ist der Verlauf der Spannungen für ein Rohr mit $r_a/r_i = 2{,}0$ und gerade noch elastischem Spannungszustand (d. h. $r_p = r_i$, $p = p_1 = 0{,}43\,\sigma_F$) bzw. mit halber Plastifizierung ($r_p = 1{,}5\,r_i$, $p = 0{,}72\,\sigma_F$) bzw. mit voller Plastifizierung ($r_p = r_a$, $p = p_2 = 0{,}80\,\sigma_F$) dargestellt. Man erkennt die starken Spannungsumlagerungen zwischen dem elastischen und plastischen Zustand für σ_t und σ_z, dagegen nur geringe für σ_r.

Literatur

Spezielle Literatur

1. Wellinger, K., Dietmann, H.: Festigkeitsberechnung. Grundlagen und technische Anwendung, 3. Aufl. Kröner, Stuttgart (1976)
2. Reckling, K. A.: Plastizitätstheorie und ihre Anwendung auf Festigkeitsprobleme. Springer, Berlin (1967)
3. Lippmann, H., Mahrenholtz, O.: Plastomechanik der Umformung metallischer Werkstoffe. Springer, Berlin (1967)
4. Schreyer, G.: Konstruieren mit Kunststoffen. Hanser, München (1972)
5. Szabó, I.: Höhere Technische Mechanik. 6. Aufl. Springer, Berlin (2001)
6. Ismar, H., Mahrenholtz, O.: Vieweg, Technische Plastomechanik, Braunschweig (1979)
7. Kreißig, R., Drey, K.-D., Naumann, J.: Methoden der Plastizität. Hanser, München (1980)
8. Lippmann, H.: Mechanik des plastischen Fließens. Springer, Berlin (1981)

27

Festigkeitsnachweis

Heinz Mertens und Robert Liebich

Der Festigkeitsnachweis hat im Rahmen des Produktentstehungsprozesses die Aufgabe, alle möglichen Versagensarten eines Bauteils während der Produktlebensdauer auszuschließen. Grundsätzlich kann dieser Nachweis durch umfassende Bauteilversuche mit anwendungsspezifischen Belastungen an fertigen Bauteilen auf statistischer Grundlage erbracht werden. Der zeitliche und finanzielle Aufwand für solche betriebsnahen Versuche ist nicht unerheblich, andererseits aus Gründen der Produkthaftung nicht immer zu vermeiden. Zur Verringerung des Aufwandes können *rechnerische Festigkeitsnachweise* dienen, wenn die zugehörigen Berechnungen und Bewertungen alle relevanten Einflussgrößen in angemessener Weise berücksichtigen und Unsicherheiten durch problemangepasste Sicherheitsabstände ausgeglichen werden.

28.1 Berechnungs- und Bewertungskonzepte

Grundlegend für jeden aussagefähigen Festigkeitsnachweis sind Kenntnisse bzw. begründete Annahmen über die während der Produktlebensdauer auftretenden *Bauteilbelastungen*, wobei

H. Mertens
Technische Universität Berlin
Berlin, Deutschland
E-Mail: heinz.mertens@tu-berlin.de

R. Liebich (✉)
Technische Universität Berlin
Berlin, Deutschland
E-Mail: robert.liebich@tu-berlin.de

neben den planmäßig zu erwartenden Betriebsbelastungen auch solche aus denkbaren Sonderereignissen zu beachten sind. Auch die auf das jeweilige Bauteil einwirkenden, eventuell zeitlich veränderlichen *Umgebungseinflüsse* (Temperatur, Korrosionsmedien, energiereiche Strahlen), die zum Bauteilversagen beitragen können, sind für eine Bewertung unerlässlich. Das *Bauteil* selbst wird vor allem durch seine Gestalt (Bauteilgeometrie) und die verwendeten Werkstoffe gekennzeichnet. In bestimmten Fällen sind aber auch die Oberflächenstruktur (Rauigkeit, Verfestigungen und Eigenspannungen aus dem Fertigungsprozess, siehe Abschn. 29.4) und Fertigmaßtoleranzen (Imperfektionen bei Stabilitätsproblemen, Kap. 25) versagensrelevant. Mit diesen Informationen lässt sich ein Festigkeitsnachweis nach Abb. 28.1 aufbauen, wenn zur Bewertung geeignete, miteinander verknüpfbare *Wissensbasen* zum Verhalten ähnlicher Bauteile mit vergleichbaren Belastungsarten und Umwelteinflüssen vorliegen. Durch die Wissensbasen werden das anzuwendende *Berechnungsmodell* und das zugehörige *Bewertungsmodell* festgelegt. Der *Festigkeitsnachweis* vergleicht die *rechnerischen* mit den *zulässigen* Bauteilbeanspruchungen. Auf gleiche Weise lassen sich auch Bauteilverzerrungen (Dehnungen, Gleitungen) bewerten.

Durch wissensbasierte Berechnungs- und Bewertungsmodelle soll eine ausreichend genaue Beurteilung der in einem Maschinen- oder Anlagenteil ablaufenden schädigenden Vorgänge unter Beachtung der Wechselwirkungen mit der Umgebung ermöglicht werden. Werden mit dem

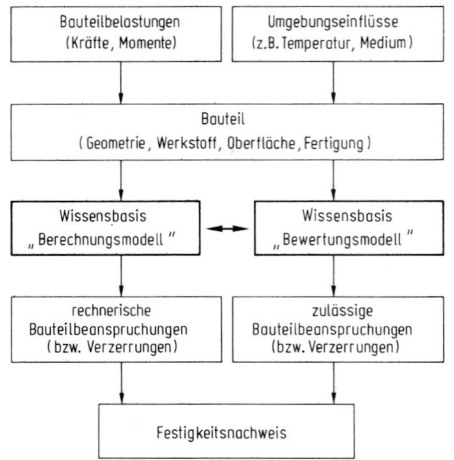

Abb. 28.1 Konzept eines Festigkeitsnachweises

Berechnungsmodell zur Kennzeichnung der Beanspruchungen Nennspannungen ermittelt und mit dem Festigkeitsnachweis bewertet, so spricht man von einem Festigkeitsnachweis nach dem *Nennspannungskonzept*; werden Kerbgrundspannungen und/oder Kerbgrundverzerrungen beurteilt, so wird der Nachweis nach einem *Kerbgrundkonzept* geführt [1]. Darüber hinaus werden zunehmend *Bruchmechanikkonzepte* angewendet, wenn Bauteilunganzen (z. B. ausgeschmiedete kleine Lunker) in die Bewertung einzubeziehen sind [9].

28.2 Nennspannungskonzepte

Berechnungsmodelle zur Nennspannungsbestimmung beruhen meist auf stark vereinfachenden Annahmen zur Spannungsermittlung, wobei Spannungskonzentrationen an Bauteilkerben, Fügestellen und Einspannungen bewusst nicht beachtet werden. Deshalb müssen die Einflüsse dieser jedoch schadensrelevanten Spannungskonzentrationen in den zulässigen Nennspannungen berücksichtigt werden. Die Berechnungen werden damit einfach, die Bewertungssicherheit hängt von den zum Vergleich verfügbaren Versuchsergebnissen ab. Zur Berechnung werden vorwiegend Stab- und Balkenmodelle nach Kap. 20 oder Flächentragwerke nach Kap. 23 benutzt; auch die üblichen Stabilitätsbe-

rechnungen nach Kap. 25 sind hier einzuordnen. Charakteristische Rechenvorschriften haben die Schreibweise

$$\sigma_{zn} = \frac{F}{A_n} \quad \text{oder} \quad \sigma_{bn} = \frac{M_b}{W_b} \quad \text{oder} \quad \tau_{tn} = \frac{M_t}{W_t} \tag{28.1}$$

mit der Zugnennspannung σ_{zn} (neuerdings auch S_z), der Biegenennspannung σ_{bn} (auch S_b), der Torsionsnennspannung τ_{tn} (auch T_t), dem Nennquerschnitt A_n, dem Biegewiderstandsmoment W_b sowie dem Torsionswiderstandsmoment W_t (siehe Abschn. 20.1.4, 20.4.5, 20.5.4). Die Bewertung erfolgt bei einachsiger Belastung beispielsweise mit den Festigkeitsbedingungen

$$\sigma_{zn} \leq \sigma_{zn,\,zul} \quad \text{oder}$$
$$\sigma_{bn} \leq \sigma_{bn,\,zul} \quad \text{oder} \quad \tau_{tn} \leq \tau_{tn,\,zul} \tag{28.2}$$

und den zulässigen Werten der Zugnennspannung $\sigma_{zn,\,zul}$, der Biegenennspannung $\sigma_{bn,\,zul}$ oder Torsionsnennspannungen $\tau_{tn,\,zul}$ aus Versuchen an weitgehend ähnlichen Bauteilen sowie Belastungen und Sicherheitszuschlägen aus Betriebserfahrungen. Bei mehrachsiger Belastung kommen zweckmäßigerweise *Interaktionsformeln* zur Anwendung; beispielsweise beim Festigkeitsnachweis von Wellen und Achsen nach DIN 743

$$\left(\frac{\sigma_{zn}}{\sigma_{zn,\,zul}} + \frac{\sigma_{bn}}{\sigma_{bn,\,zul}}\right)^2 + \left(\frac{\tau_{tn}}{\tau_{tn,\,zul}}\right)^2 \leq 1. \tag{28.3}$$

Alternativ hierzu bewertet man *Vergleichsnennspannungen* mit

$$\sigma_{vn} = \sqrt{\left(\sigma_{zn} + \frac{\sigma_{zn,zul}}{\sigma_{bn,zul}}\sigma_{bn}\right)^2 + \left(\frac{\sigma_{zn,zul}}{\tau_{tn,zul}}\right)^2 \cdot \tau_{tn}^2}$$
$$\leq \sigma_{zn,zul}. \tag{28.4}$$

Gl. (28.4) entspricht formal der Schubspannungshypothese nach Abschn. 19.3.2 für $(\sigma_{zn,\,zul}/\tau_{tn,\,zul})^2 = 4$ oder der v. MISES-Hypothese nach Abschn. 19.3.3, wenn lediglich Zugspannungen σ_x und Schubspannungen τ wirken. Die „Ellipsengleichung" (28.3) kann im Einzelfall von den tatsächlichen Versuchsergebnissen abweichen. Zur Anpassung verwendet man dann beispielsweise statt Gl. (28.4) Interaktionsformeln mit den Exponenten s, t und Kombinationsfaktoren k_σ, k_τ

$$k_\sigma \left| \frac{\sigma_{zn}}{\sigma_{zn,\,zul}} + \frac{\sigma_{bn}}{\sigma_{bn,\,zul}} \right|^s + k_\tau \left| \frac{\tau_{tn}}{\tau_{tn,\,zul}} \right|^t \leq 1 \,. \tag{28.5}$$

Die „Geradengleichung" mit $k_\sigma = k_\tau = s = t = 1$ wurde teilweise bei Reibkorrosionsproblemen [2, 3] und bei starken Frequenzunterschieden zwischen Normal- und Schubspannungen [5–7] beobachtet. Sofern weitere mehrachsige Nennspannungen in einer Bauteilzone berechnet werden können, wie beispielsweise in Schweißnähten, sind die Interaktionsformeln oder Vergleichsnennspannungs-Formeln zu erweitern; siehe hierzu Bd. 2, Abschn. 8.1.5; allerdings kann dann die formale Ähnlichkeit zu den Festigkeitshypothesen nach Abschn. 19.3 nicht mehr in vollem Umfang gewahrt werden!

Anwendungsnormen und -richtlinien. Da Nennspannungskonzepte im Grunde Versuchsumrechnungskonzepte sind, müssen bei ihrer Anwendung die bei der Versuchsauswertung und Dokumentation angewandten Strategien dem Anwender in praxistauglicher Form vermittelt werden. Ein anschauliches Beispiel bietet die Berechnung von Schweißnähten für die verschiedenen Anwendungsgebiete mit den zugehörigen Normen und Vorschriften nach Bd. 2, Tab. 8.20.

Einen Einblick in die Struktur dieser Nennspannungskonzepte bringt Bd. 2, Abschn. 8.1.5. Aus den Belastungen werden statische und dynamische Nennbeanspruchungen in den kritischen Bauteilquerschnitten berechnet. Für den Maschinenbau ist dabei die Beschreibung der dynamischen Beanspruchungen durch Beanspruchungsgruppen B 1 bis B 6 nach der DIN 15 018, die durch Spannungs-(Lastspiel-)bereiche N 1 bis N 4 und Spannungskollektive S_0 bis S_3 bestimmt sind, sehr hilfreich. Die Angabe der zulässigen Spannungen erfolgt dann hinreichend genau in Abhängigkeit von diesen Beanspruchungsgruppen durch Bezug auf charakteristische Naht- und Anordnungsformen (Kerbfälle) K 1 bis K 4; Überblick in Bd. 2, Abschn. 8.1.5 mit Bd. 2, Tab. 8.5 und 8.6 und

Abb. 8.21 und 8.22. Dieser Ermüdungsfestigkeitsnachweis – auch *Betriebsfestigkeitsnachweis* genannt – schließt mit dem Spannungskollektiv S 3 (mit konstanter Beanspruchungsamplitude) und dem Spannungsspielbereich N 4 (mit über $2 \cdot 10^6$ Lastwechseln) den *Dauerfestigkeitsnachweis* mit ein. Die Berücksichtigung von Mittel-(Nenn-)Spannungen erfolgt mit dem Dauerfestigkeitsschaubild (Smith-Diagramm) nach Bd. 2, Abb. 8.21. Der Nachweis für vorwiegend statische Beanspruchungen (bis 10^4 Schwingspiele) – der *statische Festigkeitsnachweis* – wird getrennt geführt.

Hinweise zu Anwendungsnormen und Richtlinien weiterer Bauteilverbindungen siehe Bd. 2, Kap. 8. Die FKM-Richtlinie zum Festigkeitsnachweis für Maschinenbauteile, in die umfangreiches Wissen aus früheren TGL-Standards eingeflossen ist, wurde inzwischen auch auf Bauteile aus Al-Legierungen erweitert [8]. Auch die Dimensionierung von Zahnradgetrieben nach Bd. 2, Kap. 15 erfolgt teilweise nach einem Nennspannungskonzept.

Kerbwirkungszahl. Die vielfältigen Einflüsse auf die Bauteilfestigkeit erschweren eine einfache Übertragbarkeit der zulässigen bzw. ertragbaren Beanspruchungen von Prüfkörpern auf andersartig gestaltete, gefertigte und belastete Bauteile. Eine erfolgreiche Übertragung von Versuchsergebnissen auf Bauteile kann nur erwartet werden, wenn die dominanten Schädigungsmechanismen, die zum Versagen des Prüfkörpers führten, in vergleichbarer Weise auch bei dem zu beurteilenden Bauteilverhalten wirksam werden. Die sicherste Übertragbarkeit wird dann erreicht, wenn Prüfkörper und Bauteil derselben Bauteilgruppe angehören; deshalb können beispielsweise errechnete Beanspruchungen in Zahnrädern mit Versuchen an Standard-Referenz-Prüfrädern unter Standard-Prüfbedingungen mit hoher Aussagesicherheit beurteilt werden. Weichen Prüfkörper und Bauteil stärker voneinander ab oder sind die Belastungs- oder Umgebungseinwirkungen nicht gleichartig, dann werden die rechnerischen Vorhersagen stärker von dem späteren realen Bauteilverhalten abweichen. Die in der Praxis häufig verwendeten Kerbwirkungszahlen

28

β_k (auch K_f), die das Verhältnis von ertragbaren Nennbeanspruchungen an glatten, ungekerbten Werkstoffproben (beispielsweise der Dauerfestigkeit σ_D) zu ertragbaren Nennspannungen an gekerbten Proben (beispielsweise der Bauteildauerfestigkeit σ_{Dk}) angeben,

$$\beta_k = \frac{\sigma_D}{\sigma_{Dk}} \, , \qquad (28.6)$$

können folglich nur dann zur sicheren Übertragung von Versuchsergebnissen genutzt werden, wenn ein ausreichend genaues Umrechnungsverfahren für Kerbwirkungszahlen auf der Grundlage der wirksamen Schädigungsmechanismen vorliegt. Einen Ansatz für solche Umrechnungsverfahren bieten bei Bauteilen mit kräftefreien Oberflächen die Kerbgrundkonzepte, bei reib- und kraftschlüssigen Bauteilverbindungen müssen auch tribologische Kenngrößen in die Bewertung einfließen (siehe Kap. 33).

28.3 Kerbgrundkonzepte

Kerbgrundkonzepte für Bauteile mit kräftefreien Oberflächen erfordern die Kenntnis der Beanspruchungen (Spannungen, Dehnungen, Gleitungen) im Bereich der anrissgefährdeten Bauteilstellen. Diese Beanspruchungen können grundsätzlich bei Kenntnis der statischen und zyklischen Werkstoffgesetze nach Kap. 29 (z. B. Abb. 29.22) mit nichtlinearen Berechnungen nach der Methode der Finiten Elemente (FEM) entsprechend Kap. 26 einschließlich einer geeigneten Plastizitätstheorie nach Kap. 27 berechnet werden. Da die Rechenzeiten für solche Berechnungen mit derzeitigen Rechnern immens hoch sind, wird man sich im Allgemeinen auf lineare FEM-Berechnungen beschränken und den Einfluss der Nichtlinearitäten durch erfahrungsgestützte *Konzepte für Mikro- und Makrostützwirkung* berücksichtigen. Werden die durch Spannungsumlagerungen bedingten Stützwirkungen nicht in die Beurteilung einbezogen, erhält man bei sonst gleichen Annahmen Aussagen mit erhöhter Sicherheit; das zugehörige Konzept wird als *elastisches Kerbgrundkonzept* bezeichnet. Die

Grundlagen dieses Konzepts mit örtlichen, elastischen Spannungen bilden die Bausteine für die gängigen erweiterten Konzepte mit Stützwirkung.

Elastische Formzahl (Spannungsformzahl). Durch das Verhältnis der errechneten, höchsten elastischen Kerbgrundspannung $\hat{\sigma}$ bzw. $\hat{\tau}$ zu einer einfach zu ermittelnden Nennspannung σ_r bzw. τ_n, werden elastische Formzahlen α_k definiert, die für die praktische Berechnung wegen ihrer Nähe zur Kerbwirkungszahl β_k (nach Gl. (28.6)) äußerst nützlich sind. Oft gilt

$$\alpha_k = \frac{\hat{\sigma}}{\sigma_n} \quad \text{bzw.} \quad \alpha_k = \frac{\hat{\tau}}{\tau_n} \qquad (28.7)$$

mit einer Nennspannung, die auf den engsten Bauteilquerschnitt bezogen wird; beispielsweise Tab. 29.13. Abweichend hierzu kann bei durchbohrten Stäben auch die Definition $\alpha_k = \hat{\sigma}/\tau_n$ o. ä. notwendig werden, wenn die schadensrelevante Zugspannung am Bohrungsrand durch eine Torsionsnennbelastung hervorgerufen wird! Vereinzelt werden auch Vergleichsspannungen nach der MISES-Hypothese auf Nennspannungen bezogen, die Formzahlen sollten dann mit einem Index gekennzeichnet werden (α_{kv} statt α_k).

Mikrostützwirkung. Das Verhältnis n_χ der Formzahl α_k zur Kerbwirkungszahl β_k bei Dauerfestigkeit wird neben dem Werkstoff vor allem vom Kerbradius ϱ beeinflusst. In Abb. 29.34 wird dieser Zusammenhang verdeutlicht. Bei kleineren Kerbradien, die stets zu einer Formzahlerhöhung führen, ist danach die Stützwirkung größer als bei größeren Radien. In der Praxis des Maschinenbaus sind alternativ verschiedene Umrechnungsverfahren zur Bestimmung der relevanten *Stützzahlen*

$$n_\sigma = \frac{\alpha_{k\sigma}}{\beta_{k\sigma}} \quad \text{bzw.} \quad n_\tau = \frac{\alpha_{k\tau}}{\beta_{k\tau}} \qquad (28.8)$$

bei Normalspannungen bzw. Schubspannungen üblich. Grundlage dieser Verfahren ist meist das *Spannungsgefälle G* in Richtung der Oberflächennormalen n ($G_\sigma = \mathrm{d}\sigma/\mathrm{d}n$ bzw. $G_\tau = \mathrm{d}\tau/\mathrm{d}n$) an der höchstbeanspruchten Stelle der betrachteten Bauteilkerbe (s. Abb. 29.32). Die Stützwirkung bei Dauerfestigkeit wird dann über das auf die Spannungsamplituden $\hat{\sigma}_a$ bzw. $\hat{\tau}_a$ *bezogene Spannungsgefälle* $\overline{G}_\sigma = G_\sigma/\hat{\sigma}_a$ bzw. $\overline{G}_\tau = G_\tau/\hat{\tau}_a$ unter Beachtung einer *Mikrostützlänge* $\overline{\varrho}_\sigma$ bzw. $\overline{\varrho}_\tau$ berechnet. Häufig werden die Stützzahlen nach

$$n_\sigma = 1 + \sqrt{\overline{\varrho}_\sigma \cdot \overline{G}_\sigma} \quad \text{bzw.}$$
$$n_\tau = 1 + \sqrt{\overline{\varrho}_\tau \cdot \overline{G}_\tau} \qquad (28.9)$$

bestimmt. In erster Näherung gilt bei Zug-Druck und Biegung $\overline{G}_\sigma = 2/\varrho$ und bei Schub $\overline{G}_\tau = 1/\varrho$ mit dem Kerbradius ϱ sowie bei Wellenstählen

$$n_\sigma \approx n_\tau = 1 + \frac{55\,\text{N}/\text{mm}^2}{R_{p\,0,2}} \sqrt{\frac{\overline{G}}{[\text{mm}^{-1}]}} \quad (28.10)$$

mit der Dehngrenze $R_{p\,0,2}$ [2]. Genauere Schätzformeln siehe FKM-Richtlinie [8] oder DIN 743.

Die Berechnung der Stützzahlen aus n_σ und n_τ ermöglicht rückwirkend die Vorhersage der zu erwartenden Kerbwirkungszahlen und damit nach Gl. (28.8) und dann nach Gl. (28.6) die Berechnung der dauernd ertragbaren Nennspannungsamplituden in Bauteilen mit kräftefreien Oberflächen bei Kenntnis der Werkstoff-Dauerfestigkeiten – zunächst für den Fall reiner Wechselbeanspruchungen. Unter Beachtung der erforderlichen Sicherheiten folgen die zulässigen Nennspannungsamplituden, die in Gl. (28.3) oder Gl. (28.4) benötigt werden. Treten zusätzlich zu den Wechselbeanspruchungen Mittelspannungen auf oder sollen Zeitfestigkeitsberechnungen durchgeführt werden, so ist es nützlich, neben der mindestens erreichbaren Mikrostützwirkung auch die über größere Bauteilbereiche wirkende Makrostützwirkung durch plastische Umlagerung der Spannungen und Dehnungen zu berücksichtigen.

Makrostützwirkung. Der Einfluss der Mittelspannungen (Mittelspannungsempfindlichkeit s. Abb. 29.21) wird in der Werkstofftechnik durch Dauerfestigkeitsschaubilder nach Smith oder Haigh nach Abb. 29.20 oder Abb. 29.36

und 29.37, dokumentiert, die sich oft auf Probendurchmesser 7,5 mm beziehen. Für die praktische Anwendung benötigt man dann Größeneinflussfaktoren zur Umrechnung der ertragbaren Beanspruchungen auf andere Durchmesser. Größeneinflussfaktoren sind im Wesentlichen von der durchmesserabhängigen Werkstoffzugfestigkeit R_m und/oder der Dehngrenze $R_{p\,0,2}$ abhängig. Umrechnungsverfahren finden sich u. a. in der FKM-Richtlinie [8] oder der DIN 743. Die tatsächlichen wirksamen Zug-Mittelspannungen sind vor allem bei fließfähigen Bauteilen erheblich niedriger als die mit linearen FEM-Berechnungen oder elastischen Formzahlen α_k errechenbaren Zug-Mittelspannungen, da sich durch Fließen und zyklisches Kriechen die höchstbeanspruchten Stellen des gefährdeten Bauteilbereichs zu Lasten der Nachbarbezirke entlasten. Dieser Sachverhalt erklärt, warum bei verformungsfähigen Werkstoffen und bei Vermeidung von extremer Mehrachsigkeit des Spannungszustands häufig lediglich die Nenn-Mittelspannungen berücksichtigt werden; vergleiche hierzu Schweißnahtberechnungen nach DIN 15018 u. ä.

Die Makrostützwirkung lässt sich formal mit der Makrostützzahl m in den Festigkeitsnachweis einbeziehen. Bei einachsiger Beanspruchung gilt für die wirksame Mittelspannung

$$\overline{\sigma}_m = \frac{\hat{\sigma}_m}{n_\sigma \cdot m} \quad \text{bzw.} \quad \overline{\tau}_m = \frac{\hat{\tau}_m}{n_\tau \cdot m} . \quad (28.11)$$

Bei $\hat{\sigma}_m = \alpha_{k\sigma} \cdot \sigma_{mn}$ und verformungsfähigem Bauteilquerschnitt kann die Makrostützzahl $m = \alpha_{k\sigma}/n_\sigma$ betragen, sodass $\overline{\sigma}_m = \sigma_{mn}$ folgt; analoges gilt für Schubspannungen.

Da Eigenspannungen wie Mittelspannungen wirken und sofern „Nenneigenspannungen" der Wert Null zugewiesen werden kann, beispielsweise in statisch bestimmten Bauteilen, relaxieren Eigenspannung bei Vermeidung von Spannungsversprödung im Kerbgrund tendenziell gegen Null. Ist die Verformbarkeit des Werkstoffs eingeschränkt, dann gelten diese einfachen Regeln nicht. Methoden zur Berechnung der Makrostützzahl finden sich in [5, 7, 8]. Bei mehrachsiger Beanspruchung und Verformungsfähigkeit gilt für Wellen und Achsen (DIN 743) als Vergleichs-Nennmittelspannung

$$\sigma_{vm} = \sqrt{(\sigma_{zm} + \sigma_{bm})^2 + 3\,\tau_m^2} \qquad (28.12)$$

entsprechend der v. MISES-Hypothese, wobei keinesfalls alle Reserven – besonders bei Druckspannungen – genutzt werden. Verbesserte Gleichungen für proportionale (synchrone) und nichtproportionale Beanspruchungen siehe [5–7,10]. Dort können auch Zeitfestigkeitsberechnungen für nahezu beliebige Beanspruchungsverläufe gefunden werden.

Realitätsnahe Zeitfestigkeitsberechnungen mit hoher Aussagegüte erfordern auch für Spannungsamplituden die Anwendung von Makrostützzahlen m_a.

Hinweis: Bei mehrachsiger Zugbelastung, beispielsweise nach Abb. 28.2, können an den Kerbstellen einachsige Beanspruchungsverhältnisse entstehen. Dieses ist bei der Aufstellung von Interaktionsformeln für solche Anwendungsfälle zu beachten. Die formale Übertragung von Vergleichsspannungshypothesen als Leitidee zur Formulierung von Interaktionsformeln – wie in der FKM-Richtlinie [8] – kann bei nicht sachgerechter Vorgehensweise zu Fehlinterpretationen führen. Im vorliegenden Beispiel wäre die an die Interaktionsformel der DIN 15 018 anknüpfende

Formel für die *Nennspannungsamplituden*

$$\left(\frac{\sigma_{xa}}{\sigma_{xa,zul}}\right)^2 + \left(\frac{\sigma_{ya}}{\sigma_{ya,zul}}\right)^2 - \left|\frac{\sigma_{xa}}{\sigma_{xa,zul}}\right|\left|\frac{\sigma_{ya}}{\sigma_{ya,zul}}\right|$$
$$+ \left(\frac{\tau_{ta}}{\tau_{ta,zul}}\right)^2 \leq 1,0$$
$$(28.13)$$

nicht sachgerecht. Notwendig ist wegen der vorliegenden Einachsigkeit der Kerbgrundbeanspruchungen und der Phasenverschiebung der zeitlich veränderlichen Nennspannungen – getrennt für die Außenkerben und die Bohrung – je eine Interaktionsformel entsprechend

$$\left| k_x\,\frac{\sigma_{xa}}{\sigma_{xa,\,zul}} + k_y\,\frac{\sigma_{ya}}{\sigma_{ya,\,zul}} \right| \leq 1,0 \qquad (28.14)$$

mit von der Phasenverschiebung der Nennspannungen abhängigen Kombinationsfaktoren k_x und k_y (ähnlich Gl. (28.5)). Deshalb ist bei Bauteilen mit mehreren nichtsynchronen Belastungsgruppen der Einsatz von Interaktionsformeln möglichst experimentell abzusichern oder eine Bewertung mit einem vom Koordinatensystem unabhängigen, örtlichen Berechnungsverfahren [10,11] durchzuführen.

Literatur

Spezielle Literatur

1. Mertens, H.: Kerbgrund- und Nennspannungskonzept zur Dauerfestigkeitsberechnung – Weiterentwicklung des Konzepts der Richtlinie VDI 2226. In VDI-Berichte 661: Dauerfestigkeit und Zeitfestigkeit – Zeitgemäße Berechnungskonzepte. Tagung Bad Soden, 1988. VDI-Verlag, Düsseldorf (1988)
2. Gerber, H.W.: Statisch überbestimmte Flanschverbindungen mit Reib- und Formschlusselementen unter Torsions-, Biege- und Querkraftbelastung. Forschungsheft 356 der Forschungsvereinigung Antriebstechnik e. V., Frankfurt (1992)
3. Paysan, G.: Ein Wirkzonenkonzept zur Simulation des Verschleiß- und Tragverhaltens reibkorrosionsgefährdeter Maschinenelemente. Dissertation TU-Berlin (2000)
4. Hahn, M.: Festigkeitsberechnung und Lebensdauerabschätzung für Bauteile unter mehrachsig schwingender Beanspruchung. Dissertation TU Berlin 1995. Berlin: Wissenschaft und Technik Verlag Dr. Jürgen Groß (1995)

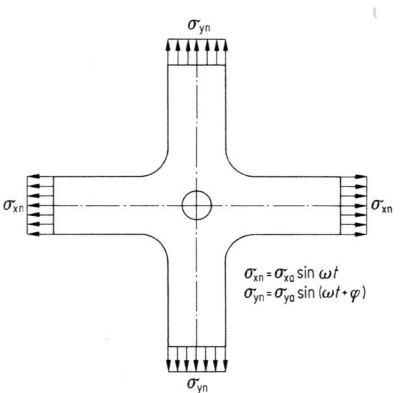

Abb. 28.2 Knotenblech mit Bohrung sowie zeitlich veränderlichen Nennbeanspruchungen

5. Mertens, H., Hahn, M.: Vergleichsspannungshypothese und Schwingfestigkeit bei zweiachsiger Beanspruchung ohne und mit Phasenverschiebung. Konstruktion **45**, 192–202 (1993)

6. Mertens, H., Hahn, M.: Vorhersage von Bauteilwöhlerlinien für Nennspannungskonzepte. Konstruktion **49**, 31–37 (1997)

7. FKM-Richtlinie: Rechnerischer Festigkeitsnachweis für Maschinenbauteile. 6. Aufl. Forschungskuratorium Maschinenbau e.V., VDMA-Verlag Frankfurt am Main (2012)

8. FKM-Richtlinie: Bruchmechanischer Festigkeitsnachweis für Maschinenbauteile. 4. Aufl. Forschungskuratorium Maschinenbau e.V., VDMA-Verlag Frankfurt am Main (2018)

9. Mertens, Kamieth, Liebich: Schädigungsberechnung für instationäre mehrachsige Schwingungsbeanspruchungen auf Basis der Modifizierten Mohr-Mises-Hypothese, Konstruktion 10, 73–82 (2019)

10. Haibach, E.: Betriebsfestigkeit. Springer Verlag 2006

Normen und Richtlinien

DIN 743: Tragfähigkeitsberechnung von Wellen und Achsen. – DIN 15018, Teil 1–3: Krane, Stahltragwerke, Berechnung und Ausführung

28

Literatur zu Teil III Festigkeitslehre

Bücher

Balke, H.: Einführung in die Technische Mechanik, Statik, 3. Aufl. Springer, Berlin (2010)

Balke, H. Einführung in die Technische Mechanik, Festigkeitslehre, 3. Aufl. Springer, Berlin (2014)

Balke, H.: Einführung in die Technische Mechanik, Kinetik, 4. Aufl. Springer, Berlin (2020)

Brandt, Dahmen: Mechanik, 4. Aufl. Springer, Berlin (2005)

Gross, Hauger, Schröder, Wall: Technische Mechanik 1, 14. Aufl. Springer, Berlin (2019)

Gross, Hauger, Schröder, Wall: Technische Mechanik 2, 13. Aufl. Springer, Berlin (2017)

Gross, Hauger, Schröder, Wall: Technische Mechanik 3, 14. Aufl. Springer, Berlin (2019)

Gross, Hauger, Wriggers: Technische Mechanik 4, 10. Aufl. Springer, Berlin (2018)

Hutter, K.: Fluid- und Thermodynamik, 2. Aufl., Springer, Berlin (2003)

Szabo, I.: Einführung in die Technische Mechanik, 8. Aufl. Springer, Berlin (1975), Nachdruck (2003)

Szabo, I.: Höhere Technische Mechanik, 6. Aufl. Springer, Berlin (2001)

Issler, Ruoß, Häfele: Festigkeitslehre Grundlagen, 2. Aufl. Springer, Berlin (1997), Nachdruck (2003)

Assmann, Selke: Technische Mechanik, Bd. 1, 19. Aufl., De Gruyter, Berlin (2012)

Assmann, Selke: Technische Mechanik, Bd. 2, 18. Aufl. De Gruyter, Berlin (2013)

Assmann, Selke: Technische Mechanik, Bd. 3, 15. Aufl., De Gruyter, Berlin (2011)

Riemer, Seemann, Wauer, Wedig: Mathematische Methoden der Technischen Mechanik, 3. Aufl., Springer, Berlin (2019)

Gasch, Knothe, Liebich: Strukturdynamik: Diskrete Systeme und Kontinua, 3. Aufl., Springer, Berlin (2021)

Wiedemann, J.: Leichtbau – Elemente und Konstruktion, 3. Aufl. Springer, Berlin (2007)

Flügge: Statik und Dynamik der Schalen, 3. Aufl. Springer, Berlin (1981), Nachdruck (1981)

Nasitta, Hagel: Finite Elemente, 1. Aufl. Springer, Berlin (1992)

Knothe, Wessels: Finite Elemente, 5. Aufl. Springer, Berlin (2017)

Teil IV
Werkstofftechnik

Durch Werkstoffe werden Ideen und Konstruktionen im Maschinen- und Anlagenbau in Produkte umgesetzt. Einsatzgerechte Bauteileigenschaften können nur erzielt werden, wenn bei der Bauteilkonstruktion, -gestaltung und -herstellung sowohl die technischen als auch die ökologischen und ökonomischen Faktoren ganzheitlich und in ihren Wechselwirkungen untereinander berücksichtigt sind. Die Kenntnis der Werkstoffeigenschaften, ihres Verhaltens während der Fertigung und unter Betriebsbeanspruchung sowie ihrer Wechselwirkung mit der Umwelt sind essentiell für die Funktionalität, Zuverlässigkeit und Lebensdauer der daraus gefertigten Produkte. Im Sinne der Nachhaltigkeit und eines verantwortungsvollen Umgangs mit Ressourcen müssen die Verfügbarkeit der Werkstoffe, die Energieeffizienz bei der Gewinnung und Verarbeitung, die Rezyklierfähigkeit sowie der Umwelt- und Arbeitsschutz während der Herstellung, des Einsatzes oder am Lebensdauerende bei der Werkstoffauswahl im Sinne der Nachhaltigkeit berücksichtigt sein.

Werkstoffe stellen in vielen Bereichen des Maschinen- und Anlagenbaus eine Schlüsseltechnologie dar. So ermöglichen neue, hochfeste Stähle und Aluminiumlegierungen sowie Faserverbundwerkstoffe oder Metallschäume insbesondere im Fahrzeug- bzw. Flugzeugbau, die gesteckten Leichtbauziele zu erreichen. Neue metallische Werkstoffe mit verbesserten Hochtemperatureigenschaften oder keramische Beschichtungen als Wärmedämmschichten erlauben es, Wirkungsgrade von Gasturbinen für den Energiesektor oder von Flugtriebwerken zu verbessern. Nicht zuletzt ziehen Kunststoffe aufgrund ihres Vermögens, die Eigenschaften in einem breiten Spektrum den Bedürfnissen anzupassen, vermehrt in den Maschinen- und Anlagenbau als Konstruktionswerkstoff ein. Durch Beschichtungen (z. B. metallische Überzüge) lassen sich außerdem lokale Schutzschichten erzeugen, die in vielen Anwendungsbereichen die Bauteile vor Verschleiß- und/oder Korrosion schützen und somit zur Verlängerung der Lebensdauer und zur Schonung der Ressourcen beitragen.

In dem Teil zur Werkstofftechnik sind relevante Aspekte zum Aufbau, zur Herstellung, zu den Eigenschaften und zur Verwendung relevanter Werkstoffe für den Maschinen- und Anlagenbau zusammengefasst. Der Teil E behandelt in Kap. 29 zunächst die Grundlagen zu Werkstoff- und Bauteileigenschaften. Prinzipien des Festigkeitsnachweises sowie die für die Bauteilauslegung in der Praxis häufig verwendeten Kennwerte werden vorgestellt. Ferner werden relevante Einflüsse auf diese Werkstoffeigenschaften behandelt. Kap. 30 befasst sich mit den Grundlagen und wichtigen Verfahren zur Ermittlung von Werkstoffeigenschaften. Kap. 31 behandelt die Eigenschaften, und Verwendungsbereiche der für den Maschinen- und Anlagenbau relevanten Werkstoffklassen der Stähle und Gusseisen, der Nichteisenmetalle und der Keramiken sowie Überzüge und Beschichtungen auf Metallen. Kap. 32 widmet sich den Kunststoffen. Die Grundlagen im Bezug auf Aufbau und Eigenschaften werden ebenso vorgestellt wie typische Vertreter und Verarbeitungsverfahren. Der Abschnitt wurde mit der aktuellen Auflage um die zunehmend an Bedeutung gewinnenden Faser-Kunststoff-Verbunde erweitert. Kap. 33 befasst sich mit dem tribologischen Verhalten von Werkstoffen und Werkstoffsystemen. Aspekte der Reibung, des Verschleißes sowie der Schmierung werden behandelt. Kap. 34 stellt die Grundlagen und Ausprägungsformen der Korrosion vor. Der Teil soll somit all den Personen, die sich während der Entwicklung und Bewertung von Komponenten des Maschinen- und Anlagebaus mit Fragen zum Einsatz und zur Auswahl von Werkstoffen und Werkstoffsystemen oder mit ihrer Verarbeitung und Verwendung befassen, einen schnellen aber fundierten Überblick in die Werkstofftechnik geben.

Für Anregungen zur Verbesserung des Kapitels sei bereits jetzt den Leserinnen und Lesern gedankt. Mein Dank gilt auch all denjenigen, die an vergangenen Auflagen und insbesondere an der Überarbeitung der aktuellen Auflage mitwirkten.

Werkstoff- und Bauteileigenschaften

29

Matthias Oechsner, Christina Berger und Karl-Heinz Kloos

Eine funktionsgerechte Werkstoffauswahl basiert auf einer umfassenden rechnerischen und experimentellen Belastungs- und Beanspruchungsanalyse des Bauteils (s. Teil III) und einem Vergleich der Beanspruchung mit geeigneten Werkstoffkennwerten.

29.1 Beanspruchungs- und Versagensarten

In der Praxis treten mechanische, thermische, chemische und tribologische Betriebsbelastungen auf. Diese können entweder einzeln oder kombiniert auf das Bauteil einwirken (Komplexbelastung). Im Folgenden werden zunächst nur mechanische und mechanisch-thermische Betriebsbelastungen berücksichtigt. Die dabei im Werkstoff hervorgerufenen Reaktionen werden als Beanspruchungen bezeichnet.

Es lassen sich verschiedene charakteristische Belastungsfälle, d. h. zeitliche Verläufe von Belastungen, unterscheiden. Die daraus resultierenden Beanspruchungsverläufe sind vom Werkstoff und der Temperatur abhängig. Im Versagensfall

beeinflussen Werkstoff- und Beanspruchungszustand die Versagensart des Bauteiles.

29.1.1 Beanspruchungsfälle

Grundlastfälle

Typische Grundlastfälle sind in Abb. 29.1 dargestellt. Solange linear elastisches Spannungs-Dehnungsverhalten vorausgesetzt werden kann, entsprechen die in Abb. 29.1 dargestellten Be-

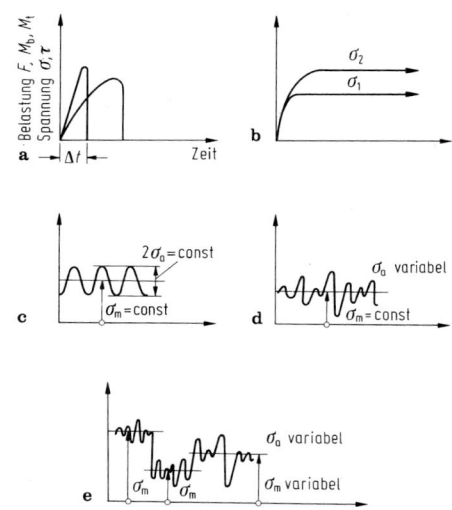

Abb. 29.1 Grundlastfälle und daraus resultierende Beanspruchungs-Zeit-Funktionen. **a** dynamische (stoßartige) Belastung; **b** statische Belastung; **c** zyklische Belastung mit konstanter Mittellast und Amplitude; **d** zyklische Belastung mit konstanter Mittellast und variabler Amplitude; **e** zyklische Belastung mit variabler Mittellast und Amplitude

M. Oechsner (✉)
Technische Universität Darmstadt
Darmstadt, Deutschland
E-Mail: oechsner@mpa-ifw.tu-darmstadt.de

C. Berger
Technische Universität Darmstadt
Darmstadt, Deutschland
E-Mail: berger@mpa-ifw.tu-darmstadt.de

K.-H. Kloos
Darmstadt, Deutschland

© Springer-Verlag GmbH Deutschland, ein Teil von Springer Nature 2020
B. Bender und D. Göhlich (Hrsg.), *Dubbel Taschenbuch für den Maschinenbau 1: Grundlagen und Tabellen*,
https://doi.org/10.1007/978-3-662-59711-8_29

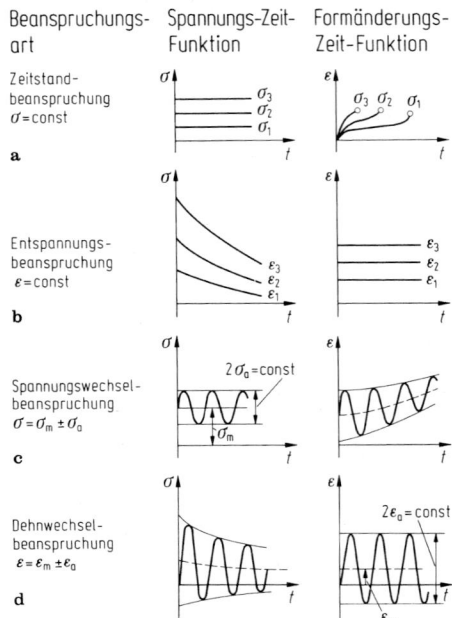

Beanspruchungs-art	Spannungs-Zeit-Funktion	Formänderungs-Zeit-Funktion
Zeitstand-beanspruchung $\sigma = const$ **a**		
Entspannungs-beanspruchung $\varepsilon = const$ **b**		
Spannungswechsel-beanspruchung $\sigma = \sigma_m \pm \sigma_a$ **c**		
Dehnwechsel-beanspruchung $\varepsilon = \varepsilon_m \pm \varepsilon_a$ **d**		

Abb. 29.2 Grundlastfälle bei zeitabhängigem Materialverhalten. **a** Kraftgesteuerte, statische Belastung; **b** weggesteuerte, statische Belastung; **c** kraftgesteuerte, zyklische Belastung; **d** weggesteuerte, zyklische Belastung

lastungs-Zeit-Verläufe auch den Spannungs- sowie Dehnungs-Zeit-Verläufen (s. Kap. 19). Sowohl bei Raumtemperatur als auch insbesondere bei höheren Temperaturen können jedoch Beanspruchungszustände auftreten, bei denen der linear elastische Zusammenhang zwischen Spannungen und Dehnungen nicht mehr vorliegt und sich das Material plastisch verformt. Diese bleibenden Verformungen können zeitunabhängig aber auch zeitabhängig auftreten. Unter statischer oder zyklischer Belastung ergeben sich Spannungs- bzw. Dehnungs-Zeit-Funktionen gemäß Abb. 29.2. Diese gelten jeweils für konstante Temperaturen.

Belastung an kraftgebundenen Oberflächen

Die Grundlastfälle, Abb. 29.1 und 29.2, beziehen sich auf Belastungsarten, bei denen sich über die Oberfläche der betrachteten Querschnitte keine unmittelbare Krafteinleitung vollzieht. In zahlreichen Anwendungsfällen unterliegen gepaarte Oberflächen jedoch einer kombinierten Druck-Schub-Belastung, je nachdem ob die kraftgebun-

denen Oberflächen ruhend oder gleitend belastet werden [1] (Hertz'sche Pressung s. Kap. 22, Coulomb'sche Reibung s. Abschn. 12.11, Pressverbände s. Bd. 2, Abschn. 8.4.2).

Belastungszustände mit Eigenspannung

In zahlreichen Bauteilen treten Eigenspannungen auf, d. h. Spannungen, die bereits ohne das Wirken äußerer Kräfte, Momente oder aufgrund von thermischen Dehnungen vorhanden sind. Sie überlagern sich mit den durch äußere Belastungen hervorgerufenen Spannungen. Eigenspannungen können Eigenschaftsänderungen insbesondere im oberflächennahen Bereich bewirken. Sie sind grundsätzlich statisch wirkende mehrachsige Spannungen. Die Entstehung von Eigenspannungen erfolgt werkstoff-, fertigungs- oder beanspruchungsbedingt [2]. So werden beispielsweise bei der Eindiffusion von Atomen in das Grundgitter, z. B. beim Nitrieren und Einsatzhärten, sowie bei Umwandlungsvorgängen mit einem veränderten spezifischen Volumen, z. B. beim Randschichthärten Eigenspannungen ausgebildet. Eigenspannungen entstehen auch durch eine plastische Verformung von lokalen Bauteilbereichen, wie sie in der Umformtechnik auftreten können. Im polykristallinen Gefüge werden Eigenspannungen I., II. und III. Ordnung unterschieden, Abb. 29.3. Da Lastspannungen aus kontinuumsmechanischen Berechnungen ermittelt werden, können diesen auch nur die über mehrere Körner gemittelten Eigenspannungen I. Ordnung überlagert werden. Eigenspannungsmessungen liefern i. d. R. Eigenspannungen I. Ordnung.

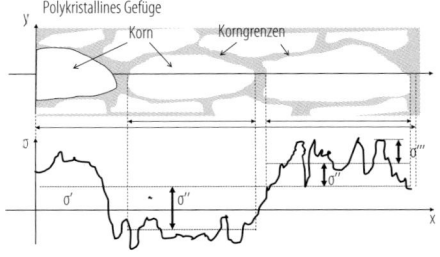

Abb. 29.3 Überlagerung von Eigenspannungen I., II. und III. Ordnung im heterogenen Metallgefüge [3]

29.1.2 Versagen durch mechanische Beanspruchung

Durch mechanische Beanspruchungen verursachtes Bauteilversagen liegt vor bei Erreichen der Traglast (plastischer Kollaps), bei Bruchvorgängen sowie Stabilitätsproblemen, wie z. B. Knicken und Beulen. Bei auftretenden Brüchen wird je nach Werkstoffzustand und Beanspruchungsart zwischen verformungsreichem Zähbruch und verformungsarmem Sprödbruch bei statischer Beanspruchung sowie Ermüdungsbruch bei zyklischer Beanspruchung (Schwingbeanspruchung) unterschieden. Der Zäh- oder Verformungsbruch setzt (lokales) plastisches Fließen voraus.

Versagen durch statische Beanspruchung
Aufgrund ihres kristallinen Aufbaus besitzen technisch bedeutende Metalle und Metalllegierungen eine ausgeprägte Elastizität mit überwiegend linear elastischem Spannungs-Dehnungsverhalten bis zur Fließgrenze. Während die elastische Verformung auf reversiblen Gitterdehnungen und -verzerrungen beruht, vollzieht sich beim Fließbeginn ein irreversibles Abgleiten ganzer Gitterbereiche in bevorzugten Gleitebenen, die bei homogenen, isotropen Werkstoffen mit der Richtung maximaler Schubspannungen übereinstimmen. Durch die Existenz eindimensionaler Gitterdefekte (Versetzungen) setzt der Beginn des Abgleitens bei wesentlich niedrigeren Schubspannungen ein, als aus der rechnerischen Abschätzung bei idealem Gitteraufbau erwartet wird. Bei entsprechender Vervielfachung der atomaren Abgleitvorgänge setzt eine makroskopische Fließfigurenbildung in Richtung der größten Schubspannung ein (s. Kap. 19). Für einen dreiachsigen Spannungszustand gilt somit die Fließbedingung

$$\sigma_1 - \sigma_3 = 2\tau_{max} = R_{eH} \text{ bzw. } R_{p0,2}.$$

Nach Überschreiten der Fließgrenze zeigen verformungsfähige Werkstoffe ein vom jeweiligen Spannungszustand abhängiges Formänderungsvermögen bis zum Bruch, wobei unter mehrachsigen Druckspannungszuständen ein größeres

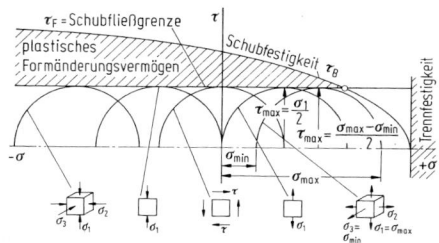

Abb. 29.4 Einfluss des Spannungszustands auf die Schubfließgrenze τ_F und den Verlauf der Schubfestigkeit τ_B

Formänderungsvermögen erreicht wird als unter Zugspannungszuständen. Mehrachsige Zugspannungszustände können verformungslose Sprödbrüche auslösen.

Abb. 29.4 zeigt den Einfluss ein- und mehrachsiger Zug- und Druckspannungszustände auf den Verlauf der Schubfließgrenze τ_F und Schubfestigkeit τ_B sowie entsprechende Mohr'sche Spannungskreise für den Fließbeginn. Der jeweilige Abstand zwischen τ_F und τ_B stellt ein unmittelbares Vergleichsmaß für das plastische Formänderungsvermögen dar. Rechts des Schnittpunktes beider Kenngrößen ist im Bereich mehrachsiger Zugspannungen mit Sprödbruchgefahr zu rechnen.

Versagen durch Schwingbeanspruchung
Werkstoffermüdung infolge von Schwingbeanspruchung gehört zu den häufigsten Schadensursachen. Den Schädigungsablauf einstufig schwingbeanspruchter Proben bis zum auch als Ermüdungsbruch bezeichneten Schwingbruch zeigt Abb. 29.5. Werkstoffermüdung ist dabei vor allem durch das Auftreten zyklischer plastischer Verformungen gekennzeichnet. Bei zyklischen Beanspruchungen unterhalb der Streckgrenze entstehen im Zeitfestigkeitsbereich ungekerbter und gekerbter Proben lokal Mikrogleitungen, die vorzugsweise im oberflächennahen Bereich zu Anrissen submikroskopischer Größe führen. Nach der Schädigungsphase der Rissvereinigung wird schließlich ein technischer Anriss gebildet, der oft senkrecht zur größten Hauptnormalspannung verläuft. Die Bruchschwingspielzahl N_B kann in eine Anrissschwingspielzahl N_A (definierte technische Anrisslänge 0,1 bis 1 mm)

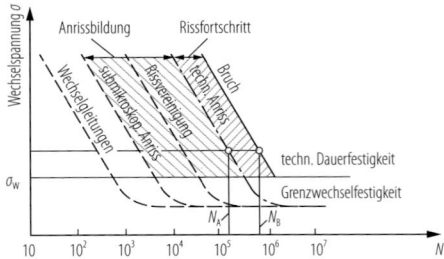

Abb. 29.5 Schematische Darstellung des Schädigungsablaufes bei Schwingbeanspruchung

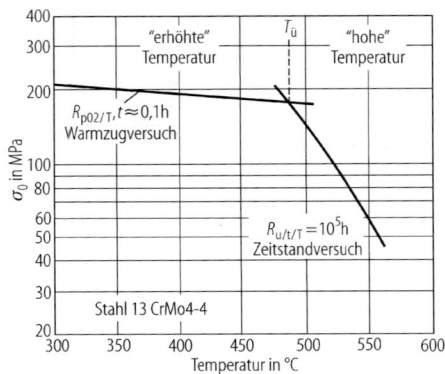

Abb. 29.6 Beispiel zeitunabhängiger und zeitabhängiger Bemessungskennwerte im Bereich erhöhter und hoher Temperaturen, $T_{\ddot{u}}$-Übergangstemperatur [4]

und eine Schwingspielzahl der Rissausbreitung N_R aufgeteilt werden. Bei ungekerbten Bauteilen und geringen Beanspruchungsamplituden dominiert die Phase der Rissbildung. Bei hohen Beanspruchungsamplituden entfallen wesentliche Lebensdaueranteile auf die Rissausbreitungsphase. Bei gekerbten Bauteilen kommt der Rissausbreitungsphase ebenfalls eine große Bedeutung zu.

29.1.3 Versagen durch komplexe Beanspruchungen

Ein derartiges Versagen kennzeichnet das Zusammenwirken mehrerer Beanspruchungsarten. Das kann das Zusammenwirken mehrerer gleichzeitiger Betriebsbeanspruchungen (z. B. mechanische, thermische, chemische oder elektrochemische) oder auch die Kombination aus Betriebs- und Umgebungseinflüssen bedeuten. Dabei können höhere Temperaturen, feste, flüssige oder gasförmige Korrosionsmedien oder auch Verschleißvorgänge entweder die Festigkeits- und Zähigkeitseigenschaften des Grundwerkstoffs zeitabhängig verändern oder zu einer Zerstörung des Werkstoffgefüges führen [1, 4–8]. Einer quantitativen Beanspruchungsanalyse sind insbesondere mechanisch-thermische Beanspruchungen gut zugänglich, wenn hierbei die zeit- und temperaturabhängigen Festigkeits- und Zähigkeitseigenschaften berücksichtigt werden. Bei mechanisch-thermischer Beanspruchung sind Werkstoffkennwerte bis zu einer werkstoffspezifischen Übergangstemperatur $T_{\ddot{u}}$, zeitunabhängig, darüber zeitabhängig. Die Übergangstemperatur ergibt sich dabei aus dem Vergleich

der (temperaturabhängigen) Warmstreckgrenze mit der (temperaturabhängigen) Zeitstandfestigkeit. Eine Bemessung von Bauteilen erfolgt im Bereich erhöhter Temperatur typischerweise lediglich mit der temperaturabhängigen Warmstreckgrenze $R_{p0,2/T}$, die im kurzzeitigen Warmzugversuch bestimmt wird, Abb. 29.6. In dem sich oberhalb der Übergangstemperatur anschließenden Bereich hoher Temperaturen wird Kriechen als zeitabhängige Verformung maßgeblich. Hier wird mit zeitabhängigen Festigkeitskenwerten, z. B. einer Zeitstandfestigkeit $R_{u/t/T}$ oder einer Zeitdehngrenze $R_{\varepsilon/t/T}$ für eine vorgegebene Beanspruchungsdauer t, Temperatur T und zu erreichende plastische Dehnung ε_p ausgelegt, Abb. 29.7 [4]. Bei hoch beanspruchten Werkstoffen können jedoch auch schon im Bereich erhöhter Temperatur ($T < T_{\ddot{u}}$) Kriecheffekte

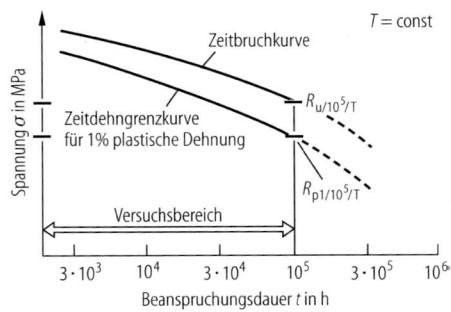

Abb. 29.7 Zur Definition der 100 000 h-Zeitstandfestigkeit und der 100 000 h-Zeitdehngrenze für 1 % plastische Dehnung [4]

signifikant werden, z. B. bei der Relaxation hochfester Schraubenverbindungen [5].

Kriechen führt bei hohen Temperaturen und unter konstanter Zugspannung zu einer von der Zeit t abhängigen, plastischen Dehnung ε_p, Abb. 29.8. Beim Durchlaufen von drei typischen Kriechbereichen kommt es zu zeit- und temperaturabhängigen Änderungen der Mikrostruktur (Versetzungsbewegungen und Ausscheidungen), ausgehend von Porenbildung zum Wachstum von Mikrorissen und schließlich zum Versagen durch Rissbildung oder Bruch. Zur Abschätzung der Kriechverformung an kritischen Stellen von Bauteilen kann häufig vereinfacht eine Beschreibung der minimalen Kriechgeschwindigkeit verwendet werden, die für die vorliegende Temperatur und Spannung von der Festigkeit und Mikrostruktur abhängt. Als Näherungsregel im Bereich praxisnaher, niederer Spannungen kann dabei ein einfaches Potenzgesetz nach Norton $\dot{\varepsilon}_{\text{creep}} = A \cdot \sigma_{\text{eq}}^n$ (Norton-Exponent n und Werkstoffkonstante A) zur Anwendung kommen [4]. Zunehmende plastische Dehnungen führen zu Volumenänderungen und können die Bauteillebensdauer begrenzen, wenn eine kritische Grenze, z. B. 1 % plastische Dehnung, überschritten wird. Sie können aber auch örtlich zur Anrissbildung, zu zeitabhängigem Rissfortschritt und schließlich zum Bruch führen. Anrissbildung und Rissfortschritt können von Spannungskonzentrationsstellen ausgehen und die Lebensdauer von Bauteilen vermindern. Wesentliche Beispiele für Spannungskonzentrationsstellen sind konstruktiv bedingte Kerben, nicht vermeidbare herstellungsbedingte Werkstoffinhomogenitäten (z. B. Einschlüsse, Lunker) und beanspruchungsbedingte Poren und Risse.

Kriechen, Kriechrisseinleitung und Kriechrisswachstumsverhalten sind zeit- und beanspruchungsabhängig und hängen von der Festigkeit und Mikrostruktur ab. Zur Beschreibung des Kriechrissverhaltens werden hauptsächlich die Bruchmechanikparameter wie K_I und C^* herangezogen [4, 6, 7]. Der Spannungsintensitätsfaktor K_I wird bevorzugt, wenn sich ein angerissenes Bauteil überwiegend elastisch verhält und nur

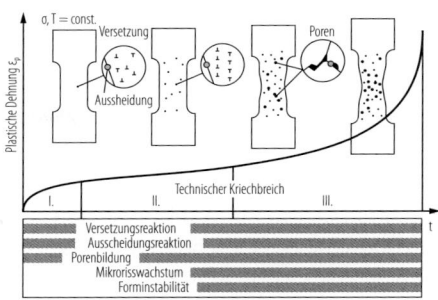

Abb. 29.8 Schema einer linearen Zeitdehnkurve mit Hinweisen auf kennzeichnende Vorgänge im Werkstoff [4]

vor der Rissspitze eine vergleichsweise kleine Kriechzone bildet. Der in Analogie zum J-Integral entwickelte Parameter C^* wird bevorzugt, wenn ein Bauteil quasi-stationär kriecht. Für den jeweiligen Fall lässt sich die Rissgeschwindigkeit da/dt mit Potenzansätzen beschreiben

$$\frac{da}{dt} = \alpha_1 \cdot K_I^{\beta_1} \quad \text{bzw.} \quad \frac{da}{dt} = \alpha_2 \cdot C^{*\beta_2}$$

mit den experimentell ermittelten Werkstoffkonstanten $\alpha_1, \alpha_2, \beta_1$ und β_2 [7].

Beim An- oder Abfahren bzw. bei der Änderung der Leistung von Maschinen oder Bauteilen kommt es zu einer niederfrequenten Wechselbeanspruchung als Überlagerung von Kriechen und Ermüden. Diese als *LCF* (*Low Cycle Fatigue*) bezeichnete Beanspruchungsart reduziert durch die Bildung von Rissen die Lebensdauer von Bauteilen. Hierbei handelt es sich meist um eine formschlüssige Beanspruchung infolge von Belastungs- und/oder Temperaturänderungen. Die Bauteilbemessung erfolgt hauptsächlich über die Anrisswechselzahl N_A. Die *thermische Ermüdung* befasst sich mit der betriebsnahen Simulation der Beanspruchung kritischer Bauteilstellen, die entweder einer Verformungsbehinderung (*thermomechanische Ermüdung, TMF* – thermo mechanical fatigue) unterliegen oder bei der sich thermisch bedingte Eigenspannungen ohne zusätzlich wirkende, äußere Kräfte ausbilden (*Wärmespannungsermüdung, TSF* – thermal stress fatigue). Die bei hohen Temperaturen wirkende chemische Korrosion vermindert mit zunehmenden Dauern konstanter Beanspruchung (= Haltezeiten) die ertragbare Anrisswechselzahl. Hieraus erwachsen hohe Anforderungen an die Genauigkeit der Modellierung des Verformungs- und Anrissverhaltens insbesondere bei Bauteilen mit Schutzschichten z. B. gegen Heißgaskorrosion.

Korrosionsvorgänge. An dieser Stelle soll nur kurz auf dieses Problem eingegangen werden: eine ausführliche Darstellung findet sich in Kap. 34 „Korrosion und Korrosionsschutz von Metallen".

Die Eigenschaften von Bauteilen aus Metallen können durch Reaktionen der Materialien mit umgebenden Medien sehr stark verändert werden. Dies kann zu erheblicher Beeinträchtigung der Funktionalität, der Betriebssicherheit und der Lebensdauer von Geräten, Maschinen und Anlagen führen. Zudem ergibt sich – z. B. bei ungeeigneter Werkstoffauswahl – das Problem hoher Instandhaltungskosten. Einen generellen Überblick über die Beeinflussung des Werkstoffverhaltens durch Korrosion sowie über spezifische Erscheinungsformen gibt [8].

Verschleißvorgänge. Abweichend von den bisher erläuterten Versagensarten unterscheiden sich tribologische Beanspruchungen dadurch, dass nicht der einzelne Reibpartner, sondern die Reibpaarung unter Berücksichtigung der jeweiligen Zwischenmedien betrachtet werden muss. Im Unterschied zu Werkstoff- oder Bauteileigenschaften können die verschiedenen Verschleißmechanismen gleitreibungsbeanspruchter Oberflächen als Systemeigenschaft bezeichnet werden [1] (s. Abschn. 33.4 u. Bd. 2, Abschn. 12.1.2).

29.2 Grundlegende Konzepte für den Festigkeitsnachweis

Der Festigkeitsnachweis eines Maschinenbauteils beinhaltet den Vergleich einer aus den Belastungen berechneten Beanspruchungsgröße mit einer die Beanspruchbarkeit des Bauteils charakterisierenden Größe. In Abhängigkeit von der vorliegenden Beanspruchung (statisch/zyklisch/dynamisch), des Fehlerzustandes (fehlerfrei/fehlerbehaftet) sowie des Werkstoffzustandes werden unterschiedliche Berechnungskonzepte angewendet. Abb. 29.9 zeigt das Grundschema einer Festigkeitsberechnung.

Sobald die Beanspruchung die jeweilige Beanspruchbarkeit des Werkstoffs erreicht, ist mit einem Versagen des Bauteils zu rechnen. Im Unterschied zur Versagensbedingung σ_v = Werkstoffkennwert K wird in der Festigkeitsbedingung $\sigma_v \leq \sigma_{zul} = K/S$ durch Angabe eines Sicherheitsbeiwerts $S > 1$ sichergestellt, dass die zulässige Beanspruchung einen jeweils zu definierenden Abstand von der Versagens-Grenzbeanspruchung hat.

29.2.1 Festigkeitshypothesen

Durch Festigkeitshypothesen soll eine Vergleichbarkeit zwischen einer mehrachsigen Bauteilbeanspruchung und den unter einachsigen Beanspruchungsbedingungen ermittelten Festigkeitskennwerten eines Werkstoffs ermöglicht werden. In Abhängigkeit vom verwendeten Beanspruchungsparameter werden Spannungs-, Dehnungs- und Energiehypothesen unterschieden (s. Abschn. 19.3).

In zahlreichen Versuchen wurde nachgewiesen, dass je nach Werkstoffzustand auch bei Schwingbeanspruchungen die Berechnung der Vergleichsspannungen nach den für statische Beanspruchung aufgestellten Hypothesen erfolgen kann, wobei die Hauptnormalspannungshypothese für spröde Werkstoffe bzw. -zustände und die Schubspannungs- und Gestaltänderungsenergiehypothese für duktile Werkstoffe bzw. -zustände angewandt werden. Bei mehrachsigen *Schwingbeanspruchungen* ist das Versagenskriterium der Ermüdungs- oder Schwingbruch, der im Regelfall von der Oberfläche ausgeht. Der aus Mittelspannung und Amplitude zusammengesetzte, dreiachsige Spannungszustand ergibt sich zu $\sigma_{1,2,3} = \sigma_{m1,2,3} \pm \sigma_{a1,2,3}$. In ähnlicher Weise kann auch die Vergleichsspannung zerlegt werden: $\sigma_v = \sigma_{m,v} \pm \sigma_{m,a}$.

Für nichtproportionale, mehrachsige Schwingbeanspruchungen – das sind Beanspruchungen, bei denen das Verhältnis der Zeitfunktionen der einzelnen Spannungskomponenten und damit auch die Hauptspannungsrichtungen veränderlich sind – versagen die konventionellen Festigkeitshypothesen. Für solche Beanspruchungsfälle wurden Hypothesen der kritischen

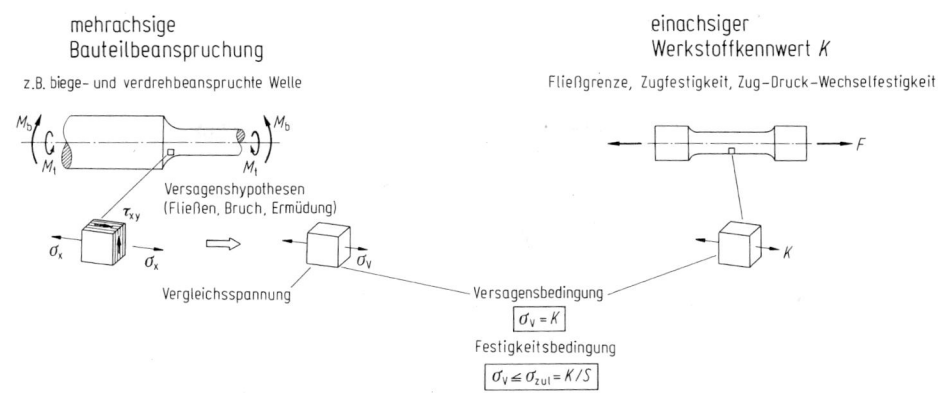

Abb. 29.9 Grundschema einer Festigkeitsberechnung

Schnittebene (Critical Plane Approach) und Hypothesen der integralen Anstrengung (Integral Approach) formuliert [9]. Für die Berechnung der Betriebsfestigkeit bei mehrachsiger, nichtproportionaler Beanspruchung steht heute noch kein allgemeingültiges Berechnungsverfahren zur Verfügung. Die wenigen bisher systematisch durchgeführten experimentellen Untersuchungen lassen jedoch eine qualitative Abschätzung des Einflusses der Phasenverschiebung, von nichtkorrelierten Abläufen und von Mittelspannungen zu [10].

29.2.2 Nenn-, Struktur- und Kerbspannungskonzept

Im Nennspannungskonzept (Abschn. 28.2) wird die Beanspruchung über sogenannte Nennspannungen festgelegt, wobei inhomogene Beanspruchungszustände, z. B. infolge von Kerben und lokaler Bauteilgeometrie, unberücksichtigt bleiben. Nennspannungen berechnen sich nach der elementaren Festigkeitslehre z. B. für Stäbe ($\sigma = F/A$) und Balken ($\sigma = M_b/W_b$ bzw. $\sigma = M_t/W_t$) Nennspannungen oder auch -dehnungen können ohne Beachtung der Defektgröße auch zur Bewertung und Beschreibung der Bruchgefahr durch Fehlstellen benutzt werden, wenn deren Größe und Verteilung mit denen in Werkstoffproben übereinstimmen oder wenn es sich um Bauteile mit Mikrodefekten handelt. Beim Vorhandensein von scharfen Kerben und Rissen

oder großen plastischen Verformungen versagt das Nennspannungskonzept jedoch.

Bei komplexen Bauteilen können häufig keine Nennspannungen definiert werden. Das Strukturspannungskonzept wird vielfach für die Bewertung von zyklisch beanspruchten Schweißkonstruktionen eingesetzt. Dabei wird zur Ermittlung der Strukturspannung die Spannungsüberhöhung aus der Bauteilgeometrie, nicht aber die aus der Kerbwirkung berücksichtigt. Zu beachten ist, dass die Beanspruchbarkeit des Werkstoffs dann auch ein spezieller Strukturkennwert vorliegen muss [11].

Das Kerbspannungskonzept basiert auf der Annahme linear-elastischen Werkstoffverhaltens. Beim Kerbspannungskonzept wird auch die lokale Kerbgeometrie mit erfasst. So werden mittels häufig numerischer Untersuchungen der detaillierten Bauteilstruktur örtliche Kerbspannungen berechnet und für den Festigkeitsnachweis verwendet.

29.2.3 Örtliches Konzept

Im Gegensatz zu den zuvor beschriebenen spannungsbasierten Nachweiskonzepten wurden auch zahlreiche Konzepte entwickelt, bei denen die Dehnungen bzw. der lokale Spannungs-Dehnungszustand betrachtet werden.

Für den Festigkeits- bzw. Lebensdauernachweis schwingend beanspruchter Bauteile hat sich das örtliche Konzept [12] etabliert, das auch als

Kerbgrund- und Kerbdehnungskonzept bezeichnet wird (Abschn. 28.3). Bei diesem Nachweiskonzept werden die, z. B. in einer FEM-Analyse, mit elastisch-plastischem Materialgesetz berechneten örtlichen Spannungs- und Dehnungshysteresen an der versagenskritischen Stelle des Bauteils hinsichtlich ihres Schädigungsbeitrages mit den zyklischen Lebensdauerwerten des homogen beanspruchten Werkstoffs bewertet. Da der Schädigungsbeitrag eines Schwingspiels nicht allein durch die plastische Dehnungsamplitude, sondern auch durch die Lage der Hysterese-Schleife im Spannungsraum (Mittelspannung) bestimmt wird, erfolgt der Festigkeitsnachweis zumeist über einen Schädigungsparameter.

29.2.4 Plastisches Grenzlastkonzept

Treten in einem Bauteilquerschnitt größere plastische Verformungen auf, kann Versagen durch plastischen Kollaps und nicht durch ablaufende Bruchvorgänge auftreten. Der höchstbeanspruchte Querschnitt ist vollplastifiziert und die Tragfähigkeit ist erreicht. Besonders bei Werkstoffzuständen im Bereich der Hochlage der Zähigkeit (Abschn. 29.3.3) ist mit einem solchen Bauteilverhalten zu rechnen. Die zur Beschreibung zu verwendende Beanspruchungskenngröße ist die plastische Grenzlast F_e oder die plastische Kollapslast F_L. Die plastische Grenzlast F_e ist dabei die höchste ertragbare Last für ein Bauteil bei Annahme eines idealplastischen Werkstoffverhaltens. Die plastische Kollapslast F_L wird mit den gleichen Formeln wie die plastische Grenzlast, jedoch unter Berücksichtigung der Verfestigung durch eine höhere Fließspannung, berechnet. In vielen Fällen wird angenommen

$$F_L = \frac{R_{p0,2} + R_m}{2 R_{p0,2} \cdot F_e}.$$

Ausgewählte Lösungen für bestimmte Anwendungsfälle finden sich z. B. in [13–16]. Das plastische Grenzlastkonzept findet vor allem im Failure Assessment Diagramm (FAD)-Verfahren [13–16] beim bruchmechanischen Festigkeitsnachweis Anwendung (Abschn. 29.5.4).

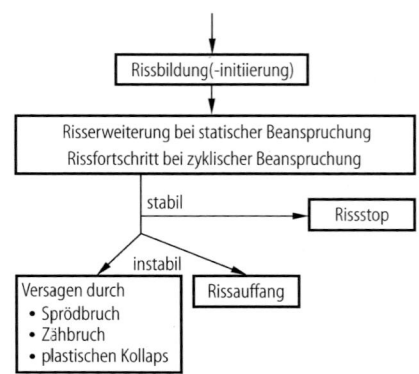

Abb. 29.10 Stadien des Bruchvorganges

29.2.5 Bruchmechanikkonzepte

Bruchmechanikkonzepte werden für die Beschreibung riss- oder fehlerbehafteter Bauteile verwendet. Die Rissbildungsphase kann damit nicht beurteilt werden, Abb. 29.10. Herstellungsbedingte Fehler können dabei z. B. Lunker, Poren, Einschlüsse, Härterisse, Warmrisse oder Schweißrisse sein, die sich während der Betriebsbeanspruchung stabil oder instabil vergrößern können. Im Betrieb entstehende Risse sind abhängig von den Betriebsbedingungen, d. h. den äußeren Belastungen, dem Eigenspannungszustand und den Umgebungsbedingungen. Sie treten als Überlast-, Ermüdungs-, Kriech- und Korrosionsrisse auf.

Nach der Art der Beanspruchung und den sich daraus ergebenden Komponenten der Rissuferverschiebungen im Rissfrontkoordinatensystem werden drei Modi unterschieden. Der Rissöffnungsmodus I kennzeichnet das Abheben der Rissufer unter Zugbeanspruchung, Modus II das Abgleiten bei ebener Schubbeanspruchung und Modus III das Verschieben der Rissufer quer zur Rissrichtung bei nichtebener Schubbeanspruchung, Abb. 29.11. Zur Bewertung sind im Folgenden zwei wesentliche Bruchmechanikkonzepte vorgestellt.

Linear elastische Bruchmechanik (LEBM)

Ist die plastische Zone vor der Rissspitze klein gegenüber den Riss- und Bauteilabmessungen, dann wird der Beanspruchungszustand in der plastischen Zone durch das elastische Span-

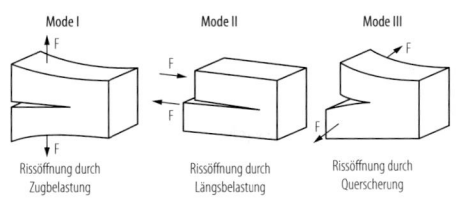

Abb. 29.11 Rissöffnungsmoden

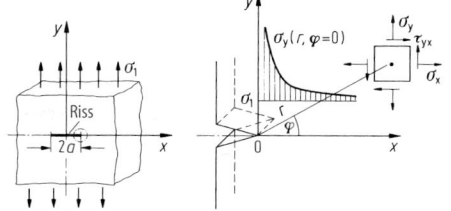

Abb. 29.12 Spannungszustand an der Rissspitze bei einer einachsig belasteten unendlichen Scheibe unter Annahme eines linear elastischen Materialgesetzes

nungsfeld außerhalb der plastisch verformten Gebiete bestimmt. Der Bauteilbruch erfolgt spröd, d. h. ohne größere plastische Verformungen. Der Spannungszustand in der Umgebung der Rissspitze eines Risses der Länge 2a in einer unendlich ausgedehnten Scheibe unter Zugbeanspruchung kann bei linear elastischem Materialgesetz näherungsweise wie folgt angegeben werden:

$$\begin{Bmatrix} \sigma_x \\ \sigma_y \\ \tau_{xy} \end{Bmatrix} = \frac{\sigma_1 \cdot \sqrt{\pi a}}{\sqrt{2\pi r}}$$

$$\cdot \begin{Bmatrix} \cos\frac{\varphi}{2}(1 - \sin\frac{\varphi}{2} \cdot \sin\frac{3}{2}\varphi) \\ \cos\frac{\varphi}{2}(1 + \sin\frac{\varphi}{2} \cdot \sin\frac{3}{2}\varphi) \\ \cos\frac{\varphi}{2} \cdot \sin\frac{\varphi}{2} \cdot \sin\frac{3}{2}\varphi \end{Bmatrix}$$

$$\tau_{yz} = \tau_{xz} = 0$$

Beim Vorliegen eines ebenen Dehnungszustandes gilt:

$$\sigma_z = \nu(\sigma_x + \sigma_y)$$

Die Spannung σ_1 ist die durch äußere Belastung hervorgerufene Spannung im ungerissenen Bauteil, r und φ sind die Koordinaten im Polarkoordinatensystem mit Ursprung an der Rissspitze. Abb. 29.12 zeigt den Verlauf der Spannung σ_y vor der Rissspitze. Für endliche Bauteilabmessungen ändert sich die prinzipielle Abhängigkeit der Spannungs- und Verformungskomponente von den Koordinaten r und φ nicht. Der Spannungsintensitätsfaktor K (stress intensity factor) wird als Beanspruchungskenngröße eingeführt. Es gilt

$$\sigma_{ij} = \frac{K_I}{\sqrt{2\pi r}} f_{ij}(\varphi) \text{ mit } K_I = \sigma_1 \cdot \sqrt{\pi a} \cdot Y$$

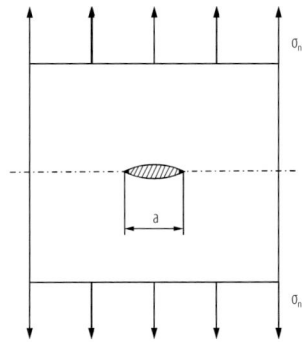

Abb. 29.13 Unendliche Scheibe mit Innenriss unter Zugbeanspruchung

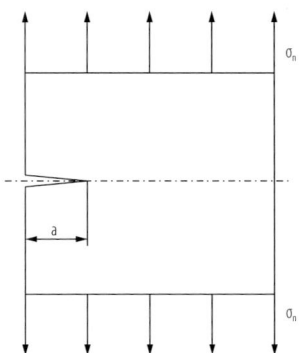

Abb. 29.14 Halbunendliche Scheibe mit Außenriss unter Zugbeanspruchung

In der Geometriefunktion Y finden Rissform und -art sowie die Bauteilgeometrie Berücksichtigung. Ausgewählte Lösungen für Spannungsintensitätsfaktoren für verschiedene Struktur- und Rissmodelle sowie Beanspruchungen finden sich in den Kompendien [13, 17–21]. Zwei einfache Beispiele seien im Folgenden genannt (Abb. 29.13 und 29.14).

Das LEBM-Konzept hat breite Anwendung bei der Beurteilung von Werkstoffen mit Fehlern, bei der Auslegung und bei der Lebensdauerabschätzung von Bauteilen sowie bei der Schadensbeurteilung gefunden (Druckbehälter, Flugzeugbauteile, Maschinenbauteile, chemische Apparatebauteile).

Elastisch plastische Bruchmechanik (EPBM)

Treten vor der Rissspitze ausgedehnte Fließbereiche auf und ist somit die plastische Zone vor der Rissspitze nicht mehr klein im Verhältnis zur Risslänge und den Bauteil- oder Probenabmessungen, kann der Beanspruchungszustand im rissspitzennahen Bereich nicht mehr ausreichend durch das elastische Beanspruchungsfeld außerhalb der plastischen Zone beschrieben werden. Der Bruch erfolgt duktil, die linear-elastische Bruchmechanik ist nicht mehr anwendbar. Es können jedoch wiederum Parameter bei der Beschreibung des Beanspruchungsfeldes vor der Rissspitze abgespalten werden, die die Abhängigkeit der Beanspruchungskomponenten von den Koordinaten r und φ nicht berühren und die somit zur Charakterisierung des Beanspruchungszustandes geeignet sind. Im Wesentlichen werden die Rissöffnungsverschiebung δ (CTOD – Crack Tip Opening Displacement) und das J-Integral verwendet.

Das CTOD-Konzept geht davon aus, dass Risswachstum dann einsetzt, wenn die plastischen Verformungen an der Rissspitze einen kritischen Wert erreichen. Die Aufweitung an der Rissspitze wird dabei als Rissöffnungsverschiebung δ bezeichnet. Das CTOD-Konzept wird vor allem bei der Werkstoffauswahl und Qualitätsüberwachung sowie bei der Fehlerbewertung von Schweißnähten an Baustählen angewandt. Die Ermittlung der Rissöffnungsverschiebung von Fehlern in Bauteilen ist sehr schwierig und oft nur mit aufwändigen Finite-Elemente Rechnungen möglich [22].

Aus dem Dugdale-Rissmodell [23] ergibt sich bei ebenem Spannungszustand

$$\delta = \frac{8 \cdot R_{p0,2} \cdot a}{\pi \cdot E} \cdot \ln \left[\sec \frac{\pi}{2} \cdot \frac{\sigma}{R_{p0,2}} \right]$$

Für $\sigma / R_{p0,2} < 0{,}6$ gilt die Näherung $\delta = \frac{\pi \cdot \sigma^2 c}{E R_{p0,2}}$ und im Gültigkeitsbereich der LEBM bei Annahme eines ebenen Spannungszustandes

$$\delta = \frac{4}{\pi} \frac{K_I^2}{E \cdot R_{p0,2}}$$

Aus einer Energiebetrachtung am wachsenden Makroriss in Rissrichtung folgt die Definition des J-Integrals

$$J = \int \left(W d y - T_i \frac{\partial u_i}{\partial x} d s \right)$$

dessen Wert auch bei nichtlinearem Materialgesetz vom Integrationsweg um die Rissspitze unter bestimmten Bedingungen unabhängig ist. Hierbei ist W die spezifische Formänderungsarbeit, u_i der Verschiebungsvektor, T_i der Spannungsvektor und ds das Weginkrement auf dem Integrationsweg um die Rissspitze. Das J-Integral kann auch aus

$$J = \frac{1}{B} \frac{d U}{d a}$$

ermittelt werden, wobei B die Probendicke und dU die Änderung der potentiellen Energie bei Risswachstum um da sind. Einige Näherungslösungen sind in [16] angegeben. Da dieses Verfahren zur Fehlerbewertung noch relativ aufwändig ist, findet es derzeit nur bei speziellen Sicherheitsnachweisen Anwendung.

Im Gültigkeitsbereich der LEBM lassen sich J und K wie folgt ineinander umrechnen:

$$J = \frac{K_I^2}{E'}$$

mit $E' = E$ bei Annahme eines ebenen Spannungszustandes (ESZ) bzw. $E' = \frac{E}{1-\upsilon^2}$ bei Annahme eines ebenen Verzerrungszustandes (EVZ).

29.3 Werkstoffkennwerte für die Bauteildimensionierung

Für die Bauteildimensionierung bzw. den Festigkeitsnachweis müssen geeignete Beanspruchbarkeitswerte zur Verfügung gestellt werden, die den jeweils vorliegenden Werkstoffzustand charakterisieren. Zeit- und temperaturabhängige Veränderungen der Werkstoffeigenschaften sind zu berücksichtigen. Die Ermittlung von Werkstoffkennwerten erfolgt i. d. R. mit Standardprüfmethoden (Kap. 30). Einige Kennwerte sind im Anhang angegeben.

29.3.1 Statische Festigkeit

Die Ermittlung der statischen Festigkeitswerte, 0,2 % Dehngrenze $R_{p0,2}$ oder Streckgrenze R_e und Zugfestigkeit R_m erfolgt im Zugversuch (Abschn. 30.2.1). Wichtige Werkstoffkennwerte zur Berechnung von Spannungen und Verformungen im linearelastischen Bereich sind weiterhin der Elastizitätsmodul E und die Querkontraktionszahl ν. Der E-Modul, der definitionsgemäß als eine unmittelbare Vergleichsgröße für die Steifigkeit eines Bauteils aufgefasst werden kann, zeigt analog zu den Festigkeitswerten gemäß Tab. 29.1 eine Werkstoff- und Temperaturabhängigkeit. Diese muss bei Verbundkonstruktionen aus verschiedenen Werkstoffen sowie beim Festigkeitsnachweis unter erhöhten Temperaturen beachtet werden muss. Bei bestimmten Legierungen mit ausgeprägter Anisotropie ist auch die Richtungsabhängigkeit des E-Moduls zu berücksichtigen.

Für Festigkeitsberechnungen bei Raumtemperatur und höheren Temperaturen werden Werkstoffkennwerte benötigt, die unter Berücksichtigung der jeweiligen Beanspruchungsart auf die Versagensfälle des Fließens und des Bruchs bezogen werden. Tab. 29.2 zeigt eine Übersicht über die gebräuchlichen Werkstoff-Festigkeitswerte unter verschiedenen Grundbelastungen.

Im Unterschied zur einachsigen, homogenen Zugbelastung tritt bei Biegebelastung je nach Probendicke eine 20- bis 30%ige Steigerung der Fließlastgrenze ein, wenn auf die gleiche plastische Randdehnung bezogen wird. Dieser Effekt wird als Stützwirkung bezeichnet und führt auf eine Biegefließgrenze $\sigma_{b0,2}$ bzw. σ_{bF}.

Die Verdrehfließgrenze τ_F kann unter Verwendung der Gestaltänderungsenergiehypothese aus der Streckgrenze R_e abgeschätzt werden:

$$\sigma_v = R_e = \sqrt{3} \cdot \sigma_1$$
$$= \tau_F \cdot \sqrt{3} \text{ mit } \tau_F \approx 0,577 \cdot R_e$$

29.3.2 Schwingfestigkeit

Zur Untersuchung zyklisch beanspruchter Werkstoffe dienen kraftgesteuerte bzw. spannungskontrollierte Versuche oder weggesteuerte bzw. dehnungskontrollierte Versuche an ungekerbten Proben. Die Ergebnisse werden als Wöhlerlinien ($\sigma_a(N)$) bzw. Coffin-Manson-Linien ($\varepsilon_a(N)$) dargestellt. Es werden die unterschiedlich ausgeprägten Bereiche der Kurzzeitfestigkeit, der Zeitfestigkeit und Dauerfestigkeit oder die Bereiche niederzyklischer Ermüdung (LCF – Low Cycle Fatigue) und hochzyklischer Ermüdung (HCF – High Cycle Fatigue) unterschieden. In neueren Untersuchungen bei sehr hohen Schwingspielzahlen ($N \gg 10^7$) [24] wird ein VHCF (Very High Cycle Fatigue) Bereich eingeführt.

Spannungskontrollierte Schwingbeanspruchung (kraftgesteuert)

Im Zeitfestigkeitsbereich kann die Wöhlerlinie bei doppeltlogarithmischer Auftragung näherungsweise durch eine Gerade

$$N = N_D \cdot (\sigma_a / \sigma_D)^k$$

abgebildet werden. Hierbei sind σ_a die Spannungsamplitude, σ_D die sog. Dauerfestigkeit (Spannungsamplitude am Abknickpunkt N_D der Wöhlerlinie) und k der Neigungsexponent. Oberhalb von Schwingspielzahlen von ca. $2 \cdot 10^6$ bis $2 \cdot 10^7$ zeigen Metalle und Legierungen mit raumzentrierter Gitterstruktur (bspw. ferritische oder martensitische Stähle, Ti-Legierungen) bei Raumtemperatur ein deutlich ausgeprägtes Abknicken der Wöhlerlinie. Das Vorhandensein einer wirklichen Dauerfestigkeit, d. h. einer Beanspruchung, die unendlich oft ertragen werden kann, ist umstritten, auch weil häufig korrosive Umgebungsbedingungen an Bauteiloberflächen vorhanden sind und mikrostrukturelle Inhomogenitäten vorliegen, die versagensauslösende Fehlstellen bei sehr hohen Schwingspielzahlen darstellen können. Bei Werkstoffen mit kubisch-flächenzentriertem Gitter (z. B. austenitische Stähle, Al- und Cu-Legierungen) ist von einem weiteren Abfall der Schwingfestigkeit im VHCF-Bereich auszugehen. Bei Werkstoffen mit (kubisch-)raumzentriertem Gitter wird insbeson-

29

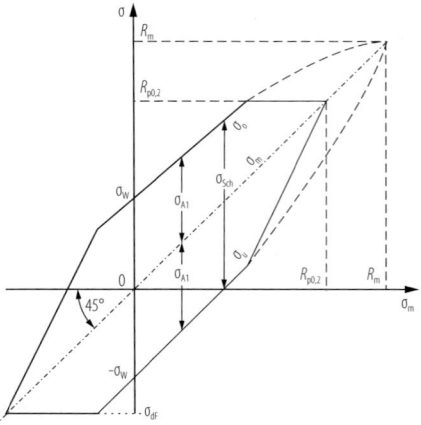

Abb. 29.15 Dauerfestigkeitsschaubilder nach Smith

dere bei hoch und höchstfesten Werkzuständen ebenfalls davon ausgegangen. Der Umfang dieser Schwingfestigkeitsreduzierung sowie die begünstigenden Einflussfaktoren sind noch nicht umfassend geklärt. Wöhlerlinien werden in Abhängigkeit der Mittelspannung σ_m bzw. des Spannungsverhältnisses

$$R = \frac{\sigma_u}{\sigma_o}$$

angegeben, das sich aus unterer und oberer Beanspruchung in einem Schwingspiel ergibt. Grundlegende Schwingfestigkeitswerte sind die Wechselfestigkeit σ_W $(R = -1)$ und die Schwellfestigkeit σ_{Schw} $(R = 0)$.

In Abhängigkeit von der Beanspruchungsart weisen metallische Werkstoffe eine unterschiedliche Mittelspannungsempfindlichkeit

$$M = \frac{\sigma_a|_{R=-1} - \sigma_a|_{R=0}}{\sigma_m|_{R=0}}$$

auf, die aus den Dauerfestigkeitsschaubildern nach Smith und nach Haigh bestimmt werden kann, Abb. 29.15. Die zulässige Oberspannung σ_o wird durch die Fließgrenze $R_{p0,2}$ begrenzt. Tab. 29.3 enthält eine Zusammenstellung statischer und zyklischer Festigkeitskennwerte von Maschinenbauwerkstoffen nach [16]. Werte für Aluminiumwerkstoffe sind ebenfalls in [16] angegeben.

Dauerfestigkeitsschaubilder (Smith-Diagramme) für verschiedene Vergütungsstähle sind in

Abb. 29.36 und in Abb. 29.37 dargestellt. Die Dauerfestigkeitswerte der einzelnen Stähle werden vor allem von ihrer Zugfestigkeit und weniger von ihrer Legierungszusammensetzung bestimmt.

Dehnungskontrollierte Schwingbeanspruchung (weggesteuert)

Sowohl im niedrigen Schwingspielzahlbereich $(N < 10^4)$ als auch bei höheren Temperaturen ist der linear-elastische Spannungs-Dehnungsverlauf bei zyklischer Belastung häufig nicht mehr gegeben, so dass unter elastisch-plastischer Wechselverformung geschlossene Spannungs-Dehnungs-Hysteresen entstehen.

Unter dehnungskontrollierten Beanspruchungen können Werkstoffe verfestigen oder entfestigen, was eine Zunahme oder Abnahme der Spannungsamplitude σ_a zur Folge hat. Je nach Werkstoffzustand und Temperatur stabilisiert sich das Materialverhalten jedoch nach etwa 10 bis 20 % der Anrissschwingspielzahl, so dass bis zum Makroanriss dehnwechselbeanspruchter Proben annähernd stabilisierte Hystereseschleifen entstehen.

Abb. 29.16 zeigt die Änderung des elastischplastischen Dehnungsanteils eines Werkstoffs mit Entfestigung in Abhängigkeit von der Schwingspielzahl. Der spontane Abfall des Spannungsausschlags während der Zugphase ist auf Makrorissbildung zurückzuführen. Als Anrissschwingspielzahl N_A wird üblicherweise der Schnittpunkt zwischen dem tatsächlichen Verlauf des Spannungsausschlags und einem um 5 % erniedrigten Spannungswert der stabilisierten Kurve definiert. Die ermittelte zyklische Spannungs-Dehnungs-Kurve wird häufig mit der Ramberg-Osgood-Beziehung

$$\varepsilon_a = \frac{\sigma_a}{E} + \left(\frac{\sigma_a}{k'}\right)^{1/n'}$$

beschrieben, wobei k' der zyklische Verfestigungskoeffizient und n' der zyklische Verfestigungsexponent sind. Dehnungswöhlerlinien können nach Manson, Coffin, Morrow für $N < N_D$ mit

$$\varepsilon_a = \varepsilon_{a,e} + \varepsilon_{a,pl} = \frac{\sigma_f'}{E}(2N)^b + \varepsilon_f'(2N)^C$$

Abb. 29.16 Elastisch-plastische Wechseldehnung und zyklische σ–ε-Kurve eines Werkstoffs mit Entfestigung

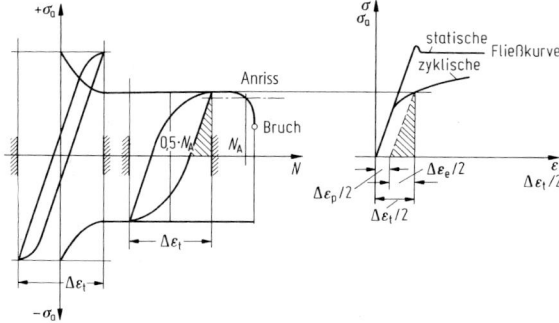

beschrieben werden, wobei σ'_f, ε'_f, b und C Fitparameter sind. Eine umfangreiche Werkstoffdatensammlung findet sich in [25].

Die Werkstoffkennwerte werden im örtlichen Konzept zur Vorhersage der Ausrisslebensdauer verwendet [11] (vgl. Abschn. 29.2.3, 29.5.3).

29.3.3 Bruchmechanische Werkstoffkennwerte bei statischer Beanspruchung

Bruchmechanische Kenngrößen zur Charakterisierung des Werkstoffwiderstandes bei statischer Beanspruchung werden als Risszähigkeit bezeichnet [17] und beschreiben Rissinitiierung (Beginn der Risserweiterung), stabile Risserweiterung und Bruch. Sie werden im Maß des Spannungsintensitätsfaktors K, der Rissöffnungsverschiebung δ oder des J-Integrals angegeben und sind mit Einschränkungen ineinander umrechenbar. Die Kennwerte werden in speziellen Bruchmechanik-Versuchen (Abschn. 30.2.6) ermittelt.

Bei sprödem Werkstoffverhalten ist die Bruchzähigkeit K_{Ic} die maßgebende Werkstoffkenngröße. Der Rissinitiierung folgt unmittelbar die Rissinstabilität. Die Bruchzähigkeit K_{Ic} ist der kritische Wert des Spannungsintensitätsfaktors im für praktische Belange wichtigsten Rissöffnungsmode I (Zug senkrecht zum Riss). Für andere Rissöffnungsmodi werden analog formal die Bruchzähigkeitskenngrößen K_{IIc} und K_{IIIc} definiert, Abb. 29.11.

Bei zäh-sprödem Werkstoffverhalten erfolgt instabile Risserweiterung, d. h. Bruch, nach einer plastischen Verformung und begrenzter stabiler Risserweiterung. Risszähigkeitskenngrößen, die den Widerstand gegenüber Bruch charakterisieren, sind δ_c und J_c. Bei zähem Werkstoffverhalten folgt nach der Rissinitiierung eine stabile Risserweiterung. Zähbruch ist nur bei zunehmender Beanspruchung möglich, wenn bei einer inkrementellen Risserweiterung da die Änderung des Rissantriebs größer als die Änderung des Werkstoffbruchwiderstandes ist. Der Bereich stabiler Risserweiterung liefert eine Sicherheitsreserve, die bei sprödem Werkstoffverhalten nicht vorhanden ist.

Die Rissinitiierung, d. h. der Übergang von einem ruhenden zu einem wachsenden Riss, wird durch die Kenngrößen der werkstoffphysikalisch wahren Initiierungsrisszähigkeit δ_i und J_i charakterisiert, Abb. 29.17. Diese Werte sind quantitativ auf das Bauteil übertragbare, aber unter Umständen sehr konservative, Werkstoffkennwerte.

Der technisch relevante Beginn stabiler Risserweiterung wird durch die Kenngrößen der technischen Initiierungsrisszähigkeit $\delta_{0,2}$, $J_{0,2}$, $\delta_{0,2BL}$ oder $J_{0,2BL}$ beschrieben, die bei $\Delta a = 0{,}2$ mm bzw. aus dem Schnittpunkt mit der 0,2-Parallelen zu einer Rissabstumpfungsgeraden ermittelt werden, Abb. 29.17. Diese Größen sind im Allgemeinen abhängig von der Geometrie und dem Grad der Mehrachsigkeit.

Der Bereich stabiler Risserweiterung wird durch die Risswiderstandskurven (Crack Resistance Curves, R-Kurven) $\delta(\Delta a)$ oder $J(\Delta a)$ beschrieben, Abb. 29.17. Die analytische Beschreibung kann mit

$$\delta \;(\text{oder } J) = A + C(\Delta a + B)^D$$

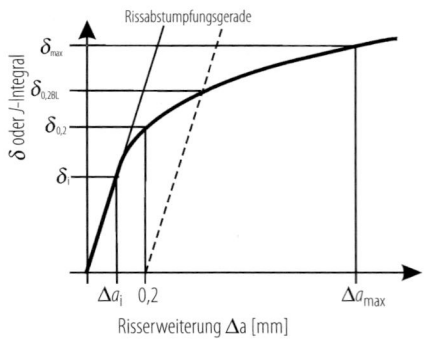

Abb. 29.17 Risswiderstandskurve $\delta(\Delta a)$ bzw. $J(\Delta a)$ mit Kenngrößen der Initiierungsrisszähigkeit und $\delta_{\max}$, $\Delta a_{\max}$ – Gültigkeitsgrenzen nach Prüfstandard

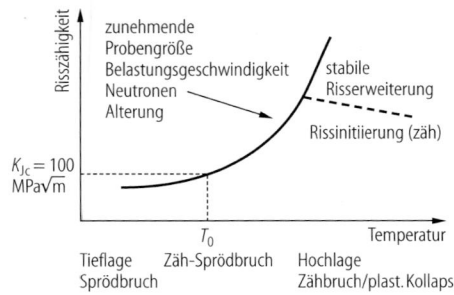

Abb. 29.18 Risszähigkeits-Temperatur-Verhalten und mögliche Einflussgrößen für ferritische, martensitische und bainitische Stähle

erfolgen, wobei für die Konstanten $A, C \geq 0$ und $0 \leq D \leq 1$ gilt. Andere Ansätze sind möglich.

Versagen tritt nach Erreichen einer geometrie- und werkstoffabhängigen Maximallast oder nach stabiler Risserweiterung bei vollständigem Durchriss des Bauteils auf. Die Angabe eines Werkstoffkennwertes ist nicht möglich.

Die Risszähigkeitskennwerte hängen allgemein von verschiedenen Einflussfaktoren ab.

Werkstoffeinfluss

Die Risszähigkeit nimmt mit zunehmender Qualität (Reinheit, Homogenität) zu. Sie ist i. Allg. orientierungsabhängig. Inhomogene Werkstoffzustände sind im Vergleich zu homogenen Werkstoffzuständen bei gleicher Temperatur eher sprödbruchgefährdet. Mit zunehmender Festigkeit eines Werkstoffes nimmt dessen Risszähigkeit in der Regel ab. Insbesondere bei großen und dickwandigen Bauteilen kann die Risszähigkeit von außen nach innen abnehmen.

Temperatureinfluss

Die Risszähigkeit ist temperaturabhängig. Sie nimmt in der Regel mit steigender Temperatur zu. Für ferritische, martensitische und bainitische Stähle (raumzentrierte Gitterstruktur) lässt sich der Risszähigkeits-Temperatur-Verlauf in die Bereiche Tieflage (sprödes Werkstoffverhalten), Übergangsbereich (zäh-sprödes Werkstoffverhalten) und Hochlage (zähes Werkstoffverhalten) einteilen, Abb. 29.18. Der Risszähigkeits-Temperatur-Verlauf verschiebt sich in Abhängigkeit

von der Probengröße, der Belastungsgeschwindigkeit, bei Neutronenbestrahlung und bei Alterungsprozessen. Die Temperaturabhängigkeit der Risszähigkeit K_{Jc} wird im Sprödbruch- und zähsprödem Übergangsbereich mit einer mittleren Risszähigkeits-Übergangskurve ($P_f = 50\%$), der Master-Kurve, mit

$$K_{Jc} = 30 + 70 \cdot \exp\left[0{,}019(T - T_0)\right] \text{ in MPa}\sqrt{m}$$

für eine bestimmte Probengröße (Probendicke 25 mm) beschrieben. Dabei wird K_{Jc} durch eine elastisch-plastische Auswertung als Kennwert für das Einsetzen von Sprödbruch ermittelt. Die Lage der Master-Kurve wird durch die Referenztemperatur T_0, bei der $K_{Jc} = 100$ MPa$\sqrt{m}$ ist, charakterisiert. Aufgrund der großen Streuung der Risszähigkeit im Übergangsbereich, bei jeweils einer Temperatur, ist eine statistische Betrachtung notwendig. Ergebnis ist die Angabe eines Risszähigkeitswertes mit einer bestimmten Versagenswahrscheinlichkeit P_f. Die sich bei einer Versagenswahrscheinlichkeit von 5 % (bei 25 mm Probendicke) ergebende Risszähigkeits-Temperatur-Kurve gilt als untere Grenzkurve (lower bound). Für austenitische Stähle und Aluminiumlegierungen (kubischflächenzentrierte Gitterstruktur) sowie für Magnesiumlegierungen (hexagonale Gitterstruktur) steigt die Risszähigkeit mehr oder weniger deutlich mit der Temperatur an. Ein Übergangsverhalten der Risszähigkeit in Abhängigkeit der Temperatur wird nicht beobachtet, Abb. 29.18. Austenitische Stähle weisen in der Regel auch bei tiefen Temperaturen gute Zähigkeitseigenschaften und eine hohe Sprödbruchsicherheit auf.

Einfluss der Belastungsbedingungen

Die Risszähigkeit nimmt im Bereich der Tieflage und im Übergangsgebiet mit steigender Belastungsgeschwindigkeit ab, im Bereich der Hochlage dagegen zu. Die Übergangstemperatur verschiebt sich zu höheren Werten, Abb. 29.18. Ist im Betrieb mit hohen Belastungsgeschwindigkeiten zu rechnen (stoßartige Belastungen), so ist die dynamische Bruchzähigkeit K_{Id} die maßgebende Kenngröße. Es gilt $K_{Id} < K_{Ic}$.

29.3.4 Bruchmechanische Werkstoffkennwerte bei zyklischer Beanspruchung

Bruchmechanische Kenngrößen für zyklische Beanspruchung beschreiben die Nichtausbreitungsfähigkeit von Rissen (Schwellenwert) und den stabilen Rissfortschritt (z. B. Parameter der Paris-Gleichung). Der Beginn instabilen Rissfortschritts wird mit bruchmechanischen Kenngrößen für statische Beanspruchung beschrieben. Die Kennwerte werden in speziellen Bruchmechanik-Versuchen (Abschn. 30.2.6) ermittelt. Abb. 29.19 zeigt das prinzipielle Fortschrittsverhalten eines Makrorisses in Abhängigkeit der Schwingbreite des Spannungsintensitätsfaktors $\Delta K (\Delta K = K_{max} - K_{min} = \Delta\sigma \cdot \sqrt{\pi a} \cdot Y)$ im Rahmen der LEBM, welches sich in drei Bereiche einteilen lässt.

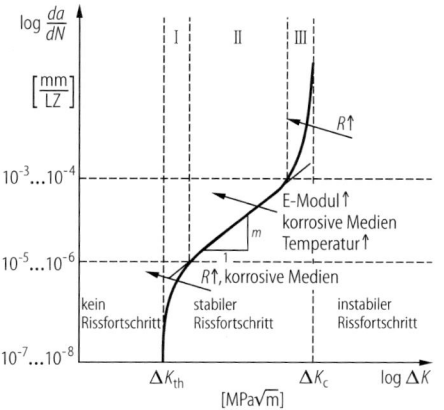

Abb. 29.19 Makrorissfortschritt bei zyklischer Beanspruchung

Im **Bereich I** nähert sich die Kurve einem Schwellenwert ΔK_{th}, unterhalb dem kein Rissfortschritt messbar ist. Dieser Wert charakterisiert die Dauerfestigkeit eines Bauteils mit Makroriss. Der Schwellenwert ΔK_{th} ist u. a. abhängig vom Spannungsintensitätsverhältnis $R_K = K_{min}/K_{max}$, der Temperatur, der Mikrostruktur des Werkstoffes und dem Umgebungsmedium. In der Regel wird der Schwellenwert bei einer Rissfortschrittsrate von ca. 10^7 mm/Lastzyklus gemessen. Der **Bereich II** kann, bei konstantem R_K-Wert, empirisch mit der Rissfortschrittsgleichung vor nach Paris/Erdogan [26]

$$\frac{da}{dN} = C \cdot (\Delta K)^m$$

mit $\Delta K_{th} < \Delta K < \Delta K_c$ beschrieben werden, wobei die Konstanten C und m insbesondere von Werkstoff, R_K-Wert und den Umgebungsbedingungen abhängen.

Instabiler Rissfortschritt, d. h. Bruch, tritt bei einem Wert ΔK_c im **Bereich III** auf, der durch das Erreichen eines kritischen Spannungsintensitätsfaktors $K_{max} = K_c$ in einem Lastzyklus bzw. bei $\Delta K_c = (1 - R_K) \cdot K_{max}$ bestimmt ist. Eine Annahme $K_{max} = K_{Ic}$ ist möglich.

Weitere Ansätze zur Rissfortschrittsbeschreibung liegen z. B. mit einer bilinearen Beschreibung, der Rissfortschrittsgleichung vor [27–30].

Schwellenwert und Rissfortschrittsrate hängen allgemein von verschiedenen Einflussfaktoren ab.

Werkstoffeinfluss

Für feinkörnige Werkstoffzustände wird i. Allg. ein kleinerer Schwellenwert ΔK_{th} als bei grobkörnigem Zustand ermittelt. Je kleiner der Elastizitätsmodul, desto kleiner ist in der Regel der Schwellenwert ΔK_{th}. Mit steigendem Elastizitätsmodul nimmt die Rissfortschrittsrate ab. Durch verschiedene Wärmebehandlungen eines Werkstoffes werden die Bereiche I (ΔK_{th}) und III (ΔK_c) des Rissfortschritts wesentlich beeinflusst, Bereich II verändert sich kaum.

Temperatureinfluss

Mit steigender Temperatur nimmt der Schwellenwert ΔK_{th} und die Rissfortschrittsrate zu. Die Rissfortschrittskurve im schwellenwertnahen Bereich liegt damit zunächst unterhalb der für tiefere Temperaturen, mit zunehmenden ΔK-Werten jedoch oberhalb. Bei hohen Temperaturen können Korrosions-, Oxidations- und Diffusionsvorgänge aktiviert werden.

Umgebungseinfluss

Unter der Wirkung korrosiver Medien wird der Ermüdungsrissfortschritt ungünstig beeinflusst. Die Wirkung der Korrosion hängt von der Art des Umgebungsmediums, der mechanischen Beanspruchung (Beanspruchungshöhe und -zyklenform, Haltezeiten, Mehrachsigkeit) und der Temperatur ab. Mit zunehmendem Korrosionseinfluss nimmt der Schwellenwert ΔK_{th} ab und die Rissfortschrittsrate zu. Bei höheren Frequenzen ist der Korrosionseinfluss geringer. Vakuumbedingungen wirken sich günstig auf den Ermüdungsrissfortschritt aus. Die Rissfortschrittsrate ist geringer als in Luft und der Schwellenwert größer.

Einfluss der Belastungsbedingungen

Der Schwellenwert ΔK_{th} ist abhängig vom Spannungsintensitätsverhältnis R_K. Mit zunehmendem R_K-Wert nimmt zunächst der Schwellenwert ΔK_{th} ab, bleibt dann aber konstant. Hohe Belastungsgeschwindigkeiten können zu Temperaturerhöhungen im Bauteil führen, die eine Änderung des Bruchmechanismus bewirken können, Abb. 29.18.

Die Reihenfolge der Belastungszyklen beeinflusst den Rissfortschritt. Beim Übergang von einer hohen auf eine niedrige Belastung und nach Zugüberlasten kann es durch Druckeigenspannungen im Rissspitzenbereich, Rissabstumpfungen und Rissschließeffekte zu einer Rissfortschrittsverzögerung kommen. Beim Übergang von einer niedrigen auf eine hohe Belastung und nach Drucküberlasten tritt eine Rissfortschrittsbeschleunigung auf. Dieses Verhalten kann im Rahmen der LEBM durch geeignete Berechnungsmodelle berücksichtigt werden [17].

Bruchmechanische Kennwerte sind bisher selten Gegenstand der Werkstoffnorm. Datensammlungen liegen u. a. in [17, 26, 28] vor, einige Kennwerte und Empfehlungen aus Regelwerken sind in Tab. 29.17 und 29.18 und in den Bildern Abb. 29.39 bis 29.41 sowie in Abb. 29.43 angegeben.

29.4 Einflüsse auf die Werkstoffeigenschaften

Die Festigkeits- und Zähigkeitseigenschaften eines Werkstoffs werden von einer Vielzahl von Faktoren beeinflusst, die bei der Werkstoffauswahl für statisch oder zyklisch beanspruchte Bauteile zu berücksichtigen sind. Im Folgenden werden metallurgische, technologische, Oberflächen- und Umgebungseinflüsse und ihre Auswirkungen erläutert. Bei der Festigkeitsberechnung ist zu beachten, dass an Bauteilen oft konstruktive Kerben (z. B. an Querschnittsübergänge, Querbohrungen, Schrumpfsitzen, Schraubenverbindungen, Schweißverbindungen) auftreten, die zu inhomogenen mehrachsigen Spannungszuständen führen. Die Festigkeitshypothesen gelten jedoch nur für homogene mehrachsige Spannungszustände. Stimmen Bauteil- und Probengröße, an welcher der einachsige Werkstoffkennwert ermittelt wurde, nicht überein, so ist eine Übertragung der Kennwerte nicht möglich. Nachfolgend wird gezeigt, wie diese Einflüsse berücksichtigt werden können.

29.4.1 Werkstoffphysikalische Grundlagen der Festigkeit und Zähigkeit metallischer Werkstoffe

Die Zähigkeitseigenschaften reiner Metalle hängen von der Zahl der Gleitsysteme (Gleitrichtungen, Gleitebenen) ihres Kristallgitters ab, wobei gemäß Abb. 29.20 insbesondere kubische Gitter (z. B. α-Fe, γ-Fe, Al) im Unterschied zu hexagonalen Gittern (z. B. Ti, Zn, Mg) wesentlich mehr Gleitmöglichkeiten und somit besse-

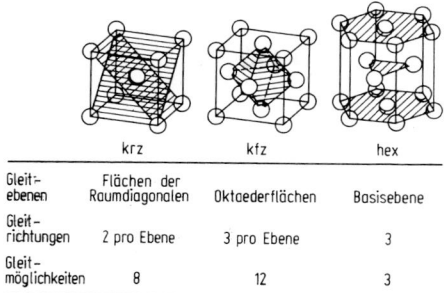

	krz	kfz	hex
Gleitebenen	Flächen der Raumdiagonalen	Oktaederflächen	Basisebene
Gleitrichtungen	2 pro Ebene	3 pro Ebene	3
Gleitmöglichkeiten	8	12	3

Abb. 29.20 Einfluss des Gittertyps auf die Gleitmöglichkeiten und das Formänderungsvermögen reiner Metalle

re Zähigkeitseigenschaften besitzen. Homogene Gefügezustände (Einlagerungs- oder Substitutionsmischkristalle) weisen ebenfalls bessere Zähigkeitseigenschaften als heterogene Gefügezustände auf.

Die Festigkeitseigenschaften metallischer Werkstoffe hängen in erster Linie von den mikrostrukturellen Voraussetzungen einer Legierung zur Behinderung einer Versetzungsbewegung (Fließbeginn) ab. Grundmechanismen zur Festigkeitssteigerung sind in Abb. 29.21 angegeben.

Während für die statischen Festigkeitseigenschaften der Werkstoff- und Gefügezustand des gesamten Querschnitts maßgebend ist, ist für die Schwingfestigkeit in erster Linie der Werkstoffzustand der Oberfläche und des randnahen Bereichs von Bedeutung.

Abb. 29.21 Grundmechanismen zur Steigerung der Festigkeit metallischer Werkstoffe

29.4.2 Metallurgische Einflüsse

Bei der Stahlherstellung verbleiben unterschiedliche Mengenanteile an oxidischen, sulfidischen und silikatischen Einschlüssen im Werkstoff, deren Größe, Form und Verteilung die Festigkeits- und Zähigkeitseigenschaften nachhaltig beeinflussen. Je nach Schmelzpunkt bzw. Erweichungspunkt der Einschlüsse können bei der Warmumformung die nichtmetallischen Einschlüsse ihre ursprüngliche Erstarrungsform verändern und je nach Umformgrad einen ausgeprägten Richtungscharakter annehmen (s. Bd. 2, Kap. 40).

Die mikrogeometrische Gestalt der Einschlüsse und ihre Lage zur äußeren Beanspruchungsrichtung hat eine innere Kerbwirkung mit unterschiedlichen Spannungsüberhöhungen zur Folge. Die Höhe der Spannungsspitze hängt nicht nur von der Geometrie des Einschlusses und seiner Lage in Bezug auf das Lastspannungssystem, sondern auch von der Fließgrenze des Werkstoffs ab. Die Beurteilung der Größe, Art und Verteilung der nichtmetallischen Einschlüsse wird in DIN EN 10 247 beschrieben.

Neben den Spannungsüberhöhungen durch Lastspannungen können sich noch Eigenspannungseinflüsse überlagern, die z. B. auf unterschiedliche Wärmeausdehnungskoeffizienten der Einschlüsse im Vergleich zum Grundwerkstoff zurückzuführen sind.

29

Dimension der Hindernisse	Mechanismen zur Festigkeitssteigerung	Behinderung der Versetzungsbewegung	Spannungsanteil abhängig von
0	Mischkristallbildung Fremdatome	a Substitution b Einlagerung c Leerstellen 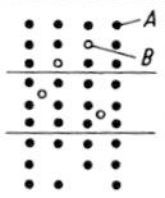	Konzentration der Fremdatome
1	Kaltverfestigung Versetzungen	Gleitblockierung durch sich schneidende Gleitlinien 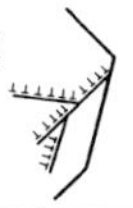	Gesamtversetzungsdichte
2	Korngrenzen, Gleitsystem (Grob- und Feinkorn), Stapelfehler	Gleichmäßige Versetzungsbewegung wird gestört 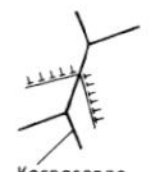 Korngrenze	Korndurchmesser $(\sim 1/\sqrt{d})$
3	Ausscheidungshärten Dispersionshärten	a Umgehungsmechanismus b Scherung der Teilchen 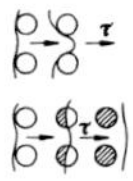	Größe, Abstand und mechanischen Eigenschaften der räumlichen Versetzungshindernisse

Durch nichtmetallische Einschlüsse werden wegen innerer Kerbwirkung die Schwingfestigkeitseigenschaften verschlechtert. Vergütungsstähle höherer Reinheit, wie sie z. B. durch Vergießen im Vakuum oder durch Elektroschlacke-Umschmelzen erzeugt werden, können um bis zu 30 bis 40 % bessere Schwingfestigkeiten erreichen [31]. Bei sehr hohen Schwingspielzahlen (VHCF-Bereich) tritt insbesondere bei hoch- und höchstfesten Werkstoffen Versagen durch Einschlüsse auf, wobei bei geringer äußerer Kerbwirkung die Bruchausgänge auch unterhalb der Oberfläche liegen können [32].

Auch durch legierungstechnische Maßnahmen können die negativen Auswirkungen nichtmetallischer Einschlüsse gemildert werden. So werden beispielsweise durch Kalzium- und Cer-Zusätze die sulfidischen Einschlüsse feiner verteilt und globular ausgebildet, wodurch die innere Kerbwirkung abnimmt. Inhomogenität des Gefüges, wie sie verstärkt bei Gusswerkstoffen und in Schweißnähten auftritt, hat negative Auswirkungen auf statische Festigkeitseigenschaften, Schwingfestigkeitseigenschaften und Korrosionsverhalten. Zu derartigen Inhomogenitäten zählen Entmischungen und Seigerungen, die durch Diffusions- oder Normalglühen gemindert werden können. Ausscheidungen können insbesondere bei hochlegierten Stählen zu stark erhöhter Korrosionsanfälligkeit führen.

29.4.3 Technologische Einflüsse

Kaltumformung
Durch die mit einer Kaltumformung verbundene Steigerung der Versetzungsdichte wird eine Kaltverfestigung bewirkt, die häufig auch mit einer Schwingfestigkeitssteigerung verbunden ist. Das Ausmaß der Schwingfestigkeitserhöhung hängt davon ab, ob eine homogene oder partielle Kaltumformung durchgeführt wurde und ob der Richtungssinn der Umformung mit der Bauteil-Beanspruchungsrichtung übereinstimmt. Partielle Kaltumformungen sind stets mit der Erzeugung von Eigenspannungszuständen verbunden. Mechanische Oberflächen-Verfestigungsverfahren, wie Kugelstrahlen und Festwalzen, nutzen die Kombination aus Kaltverfestigung und Eigenspannungswirkung gezielt zur Schwingfestigkeitssteigerung [33].

Wärmebehandlung
Durch eine Vergütungsbehandlung können sowohl die statischen Festigkeits- und Zähigkeitseigenschaften als auch die Schwingfestigkeitseigenschaften von Stählen in weiten Grenzen beeinflusst werden. Während zum Erzielen hoher statischer Festigkeitswerte eine große Tiefenwirkung der Vergütungsbehandlung bis hin zur Durchvergütung angestrebt wird, spielen für die Schwingfestigkeitseigenschaften von Bauteilen mit inhomogener Spannungsverteilung vor allem die Festigkeitseigenschaften des Randbereichs eine maßgebende Rolle.

Bei der Martensithärtung von Bauteilen aus C-Stählen mit unterschiedlichem Querschnitt stellen sich bei gleichem Werkstoff und gleichem Abschreckmedium mit zunehmendem Durchmesser eine abnehmende Randhärte und eine geringere Einhärtungstiefe ein, die auf probengrößenabhängige unterschiedliche Abkühlungsgeschwindigkeiten zurückzuführen sind. Das unterschiedliche Verhältnis von Oberfläche zu Probenvolumen ist auch für eine unterschiedliche Eigenspannungsausbildung (Wärme- und Umwandlungseigenspannungen) verantwortlich. Die Legierungselemente Mn, Cr, Cr+Mo, Cr+Ni+Mo, Cr+V steigern in der angegebenen Reihenfolge die Durchhärtbarkeit im Unterschied zu C-Stählen und gewährleisten somit auch höhere Schwingfestigkeitssteigerungen bei größeren Abmessungen.

Im Unterschied zu einer konventionellen Vergütungsbehandlung können durch Umwandlungen in der Bainit-Stufe (Zwischenstufenvergütung) bessere Zähigkeits- und Schwingfestigkeitseigenschaften erreicht werden.

29.4.4 Oberflächeneinflüsse

Die mechanischen Eigenschaften eines Bauteils bei statischen und zyklischen Beanspruchungen werden durch die Oberflächeneigenschaften, d. h. die Oberflächenfeingestalt, die Randfestig-

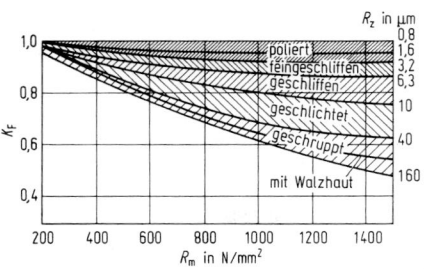

Abb. 29.22 Rauheitsfaktor K_F für Walzstahl

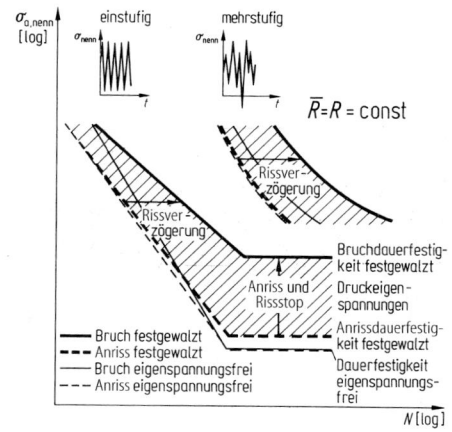

Abb. 29.23 Steigerung der Rissfortschrittslebensdauer durch Druckeigenspannungen

keit und die Randeigenspannungen unterschiedlich beeinflusst. Die Oberflächeneigenschaften spielen bei statischer Beanspruchung nur eine untergeordnete Rolle, da die Tiefenwirkung der durch Trennen oder Kaltumformung hergestellten Oberflächen im Vergleich zum Gesamtquerschnitt gering ist. Bei Schwingungsbeanspruchungen kommt den Eigenschaften des randnahen Bereichs eine große Bedeutung zu, da die Risseinleitungsphase überwiegend von den Oberflächeneigenschaften abhängt.

Entscheidend für den Einfluss der Oberfläche auf die Verminderung der Schwingfestigkeit sind vor allem Eigenspannungen und Verfestigung als Folge der Fertigung [34]. Der Einfluss der Rauheit wird traditionell mit dem Rauheitsfaktor:

$$K_F = \frac{\sigma_{D,R_z}}{\sigma_{D,R_z < 1\mu m}}$$

Abb. 29.22 berücksichtigt. Dabei ist R_z die gemittelte Rautiefe (siehe Bd. 2, Kap. 1).

Bei verschiedenen mechanischen oder thermochemischen Oberflächen-Verfestigungsverfahren (z. B. Kugelstrahlen, Nitrieren) wird neben einer Steigerung der Randfestigkeit zugleich der Randeigenspannungszustand verändert. Treten Druckeigenspannungen auf, so wird bei Überlagerung mit Lastspannungen die Mittelspannung zu kleineren Werten hin verschoben.

Druckeigenspannungen können darüber hinaus auch die Rissfortschrittslebensdauer steigern, wie am Beispiel des Oberflächen-Verfestigungsverfahrens Festwalzen mehrfach experimentell belegt [35] und in Abb. 29.23 für gekerbte Proben verdeutlicht ist. Bei einstufiger Beanspruchung oberhalb der Dauerfestigkeit des nichtverfestigten Werkstoffzustandes, aber unterhalb der anrissbehafteten Bruchdauerfestigkeit des festgewalzten, eigenspannungsbehafteten Zustandes, bleiben die sich unter der zyklischen Beanspruchung bildenden Anrisse stehen (Rissstopp-Phänomen). Bei Belastungen, die vollständig oder teilweise (variable Amplituden) oberhalb der Bruchdauerfestigkeit liegen, erfolgt über die Verzögerung des Rissfortschritts durch Druckeigenspannungen eine Verlängerung der Lebensdauer.

Dem gegenüber gibt es aber auch eine Reihe von Oberfächeneinflüssen, die zu einer Beeinträchtigung der Schwingfestigkeitseigenschaften führen können (z. B. Risse in Hartchromüberzügen [36] oder Randentkohlung [37]).

29.4.5 Umgebungseinflüsse

Werkstoffkennwerte hängen in entscheidendem Maße von der Umgebungstemperatur, dem Umgebungsmedium sowie der Strahlungsbelastung ab. Der Temperatureinfluss ist in erster Linie auf veränderte Gleitmechanismen in den Gitterstrukturen homogener und heterogener Legierungen zurückzuführen und wirkt sich auf den Gesamtquerschnitt von Proben und Bauteilen aus. Im Unterschied hierzu werden unter dem Einfluss korrosiver Medien Grenzflächenreaktionen an Oberflächen ausgelöst, die zu makroskopischem und mikroskopischem Werkstoffabtrag führen, Passivschichten beschädigen oder partielle Versprödungserscheinungen durch Eindiffusion von Wasserstoff bewirken. Derartige Schädigungsmechanismen begünstigen bei überlagerten statischen oder zyklischen Beanspruchungen die Rissbildung und vermindern somit die Festigkeits- und Zähigkeitskennwerte. Eine ausführliche Darstellung der Zusammenhänge findet sich in Kap. 34.

Temperatureinfluss

Im Temperaturbereich von Raumtemperatur bis zu höheren Temperaturen nehmen in der Grundtendenz die statischen und zyklischen Festigkeitskennwerte metallischer Werkstoffe ab, wogegen das plastische Verformungsvermögen bzw. die Zähigkeitskennwerte zunehmen. Bei höheren Temperaturen ist zu berücksichtigen, dass neben der Zeitstandfestigkeit auch die Schwingfestigkeitswerte infolge zeit- und temperaturabhängiger Gefügeveränderungen zeitabhängig abfallen. Eine Dauerfestigkeit existiert bei höheren Temperaturen nicht. Wegen der ausgeprägten Frequenz- und damit Zeitabhängigkeit der Versuchsergebnisse wird die Spannungsamplitude σ_a häufig nicht über der Bruchlastspielzahl N_B sondern über der Bruchzeit $t_B = N_B / f$ aufgetragen (f-Frequenz) [38].

Die zeitabhängige Verformung unter mechanischer Belastung wird als Kriechen bezeichnet. Kriecheffekte besitzen eine hohe Bedeutung in Hochtemperaturanlagen, z. B. thermischen Kraftwerken, Abschn. 29.1.3, 29.5.6 und 30.2.11. Konstante Verformung mit zeitabhängiger Abnahme der Spannung wird als Relaxation bezeichnet, Abschn. 29.5.6 und 30.2.11.

Mit abnehmenden Temperaturen steigen die Festigkeits- und Schwingfestigkeitskennwerte metallischer Werkstoffe i. Allg. an, unter gleichzeitiger Einbuße der Zähigkeitseigenschaften bis hin zur Tieftemperatur-Versprödung.

Einfluss energiereicher Strahlen

Bei der Bestrahlung metallischer Werkstoffe mit Neutronen, Ionen oder Elektronen kommt es zu vielfältigen Wechselwirkungen mit den Gitteratomen des bestrahlten Werkstoffs, die zu einer Veränderung der mechanischen, physikalischen und chemischen Werkstoffeigenschaften führen können. Von besonderer Bedeutung für die Werkstoffauswahl im Reaktorbau sind je nach Betriebstemperatur und Neutronenfluenz mögliche Strahlenschädigungen, die in Bestrahlungsverfestigung infolge Gleitblockierungen, bestrahlungsinduziertes Kriechen bei höheren Temperaturen, in Hochtemperaturversprödung sowie in strahlungsinduziertes Schwellen infolge Porenbildung unterteilt werden können [34]. Die Beherrschung des letztgenannten Effekts der Porenbildung, der auf der Agglomeration von Leerstellen beruht, spielt für die Auslegung der Brennelemente in schnellen Brutreaktoren sowie heliumgekühlten Hochtemperaturreaktoren eine entscheidende Rolle.

29.4.6 Gestalteinfluss auf statische Festigkeitseigenschaften

Kerbeinfluss

Im Unterschied zu der bei Zugstäben vorliegenden einachsigen, homogenen Spannungsverteilung wird das Festigkeitsverhalten von Bauteilen je nach konstruktiver Gestaltung durch mehrachsige Kerbspannungszustände mit ausgeprägten Spannungsspitzen an der Bauteiloberfläche beeinflusst. Unter Berücksichtigung linear-elastischen Materialverhaltens können gemäß Abb. 29.24 die für Zug, Biegung oder Torsion sich einstellenden Spannungsspitzen im Kerb-

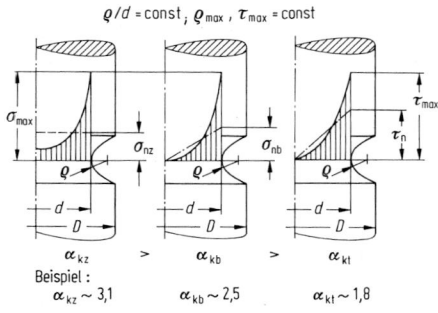

Abb. 29.24 Formzahl – Definition für Zug-, Biege- und Torsionsbeanspruchung

grund durch die Formzahl α_k definiert werden (z. B. $\alpha_k = \sigma_{1,\max}/\sigma_{nz}$).

Die Formzahl α_k (engl. K_t) hängt von Kerbgeometrie und Beanspruchungsart ab. Für gleiche Kerbgeometrien ergeben sich je nach Beanspruchungsart unterschiedliche α_K-Werte in der Reihenfolge $\alpha_{k,\text{Zug}} > \alpha_{k,\text{Biegung}} > \alpha_{k,\text{Torsion}}$.

Aus rechnerischen Ansätzen (z. B. Finite-Element-Methode) sowie aus experimentellen Untersuchungen sind für verschiedene Kerbfälle der Konstruktionspraxis die Formzahlen α_k bekannt. In Tab. 29.19 sind einige für abgesetzte Flach- und Rundstäbe angegeben. Weitere finden sich in [16].

Würde unter Verwendung eines duktilen Werkstoffs bei zügiger Beanspruchung ein Kerbstab nur bis zur Randfließgrenze R_e/α_K belastet, so ergäbe sich eine nur unvollständige Werkstoffausnutzung. Die Belastung kann beträchtlich über den Fließbeginn im Kerbgrund gesteigert werden, wobei ohne wesentliche Steigerung der Randfließspannung die plastische Zone eine größere Tiefenwirkung erreicht, bis sich im vollplastischen Zustand die Grenztragfähigkeit einstellt. Dies gilt zunächst für ideal elastisch-plastischen Werkstoff ohne Verfestigung, Abb. 29.25.

Als geeignete Kenngröße einer gesteigerten Tragfähigkeit erweist sich der Quotient aus der Laststeigerung nach Beginn des Fließens F_{pl} und der Belastungsgrenze bei Fließbeginn F_F der auch als Stützzahl η_{pl} bezeichnet wird: $\eta_{pl} = \frac{F_{pl}}{F_F} > 1$.

Für spröde Stoffzustände gelten diese Überlegungen keineswegs. In diesem Fall ergibt sich keine Fließ-, sondern eine Bruchbedingung zu $R_{mk} = \sigma_{1n} = \sigma_{1\max}/\alpha_k$. Als geeignetes Kriterium zur Beurteilung des zähen oder spröden Bauteilverhaltens unter Kerbspannungszuständen erweist sich die bezogene Kerbzugfestigkeit $\gamma_k = R_{mk}/R_m$ als Funktion von α_k. Duktile Werkstoffe zeigen mit größer werdender Formzahl bezogene Kerbzugfestigkeitswerte $\gamma_k > 1$ während spröde Stoffzustände bezogene Kerbzugfestigkeitswerte $\gamma_k < 1$ ergeben.

Größeneinfluss

Zur Übertragung der an Proben ermittelten Werkstoffkennwerte auf Bauteile muss der Größeneinfluss berücksichtigt werden. Unter der Annahme elastomechanischer Ähnlichkeit wurde an geometrisch ähnlich gekerbten Probestäben nachgewiesen, dass Fließgrenze und Fließkurve von Kerbstäben verschiedener Durchmesser für geringe plastische Verformungen einen vernachlässigbaren geometrischen Größeneinfluss aufweisen [39]. Dagegen wurde in Kerbzugversuchen im Durchmesserbereich von 6 bis 180 mm nachgewiesen, dass Kerbproben ($\alpha_k = 3{,}85$) aus C60 unterhalb 80 mm Außendurchmesser ein Kerbzugfestigkeitsverhältnis $\gamma_k > 1$, oberhalb 80 mm Außendurchmesser ein Kerbzugfestigkeitsverhältnis $\gamma_k < 1$ aufweisen. Dies deutet darauf hin, dass Kerbzugfestigkeitseigenschaften einen eindeutigen Größeneinfluss zeigen, und somit auch bei quasistatischer Beanspruchung ein Übergang vom zähen zum spröden Bauteilverhalten bei bestimmten Grenzdurchmessern erfolgen kann.

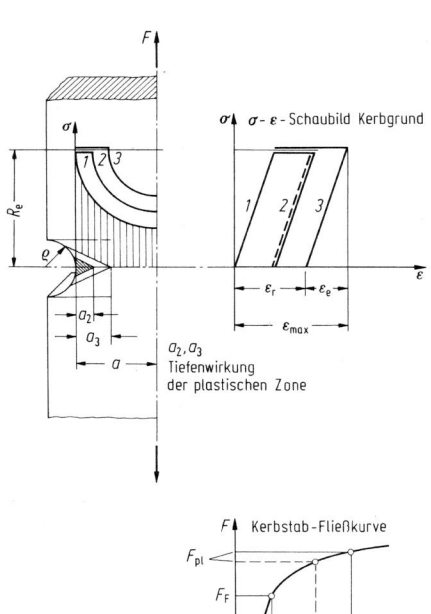

Abb. 29.25 Stützwirkung in Kerbstäben bei teilplastischer Verformung

29

29.4.7 Gestalteinfluss auf Schwing-festigkeitseigenschaften

Kerbeinfluss

Unter der Annahme linear-elastischen Werkstoffverhaltens im Dauerfestigkeitsbereich kann erwartet werden, dass bei Kerbstäben und somit auch bei gekerbten Bauteilen die Wechselspannungsamplitude im Kerbgrund um den α_k-fachen Wert der Nennspannung erhöht wird und somit die Dauerfestigkeit σ_{Dk} gekerbter Proben oder Bauteile auf den elastizitätstheoretischen Kleinstwert der Nennspannung $\sigma_{Dk} = \sigma_D/\alpha_k$ abgesenkt werden kann. In vielen Untersuchungen wurde nachgewiesen, dass die Verminderung der Dauerfestigkeit gekerbter Proben gegenüber ungekerbten Proben jedoch kleiner ist. Je nach Kerbschärfe und Größe des Kerbgrunddurchmessers werden infolge Stützwirkung erheblich höhere Schwingfestigkeitswerte erzielt. Dieses Verhalten wird mit der Kerbwirkungszahl

$$\beta_k = \sigma_{Dk}/\sigma_D \quad \text{mit } 1 \leq \beta_k \leq \alpha_k$$

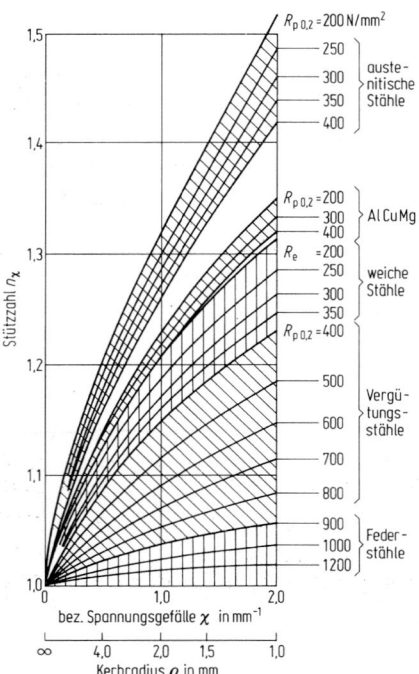

Abb. 29.26 Stützzahl n_χ für unterschiedliche Werkstoffgruppen [48]

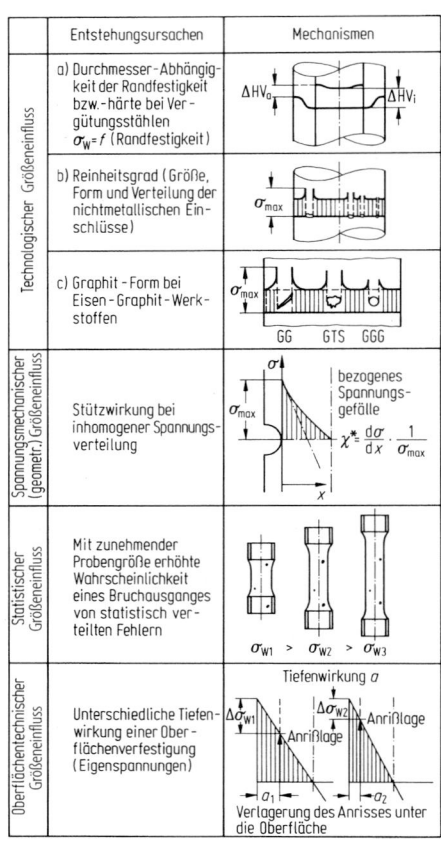

Abb. 29.27 Entstehungsursachen und Mechanismen des Größeneinflusses

erfasst. Die Kerbwirkungszahl β_k kann experimentell ermittelt oder nach [16, 40] abgeschätzt werden. Häufig angewendet wird die Beziehung $\eta_\chi = \alpha_k/\beta_k$, wobei sich ein Wert für die Stützzahl η_χ über das bezogene Spannungsgefälle $\chi = \frac{1}{\sigma_{max}}\frac{\Delta\sigma}{\Delta d}$ gemäß Abb. 29.26 ermitteln lässt (s. Abschn. 28.3).

Größeneinfluss

Um die aus Einstufenversuchen ermittelten Schwingfestigkeitseigenschaften ungekerbter und gekerbter Proben auf einstufenbeanspruchte Bauteile übertragen zu können, müssen alle maßgebenden Größeneinflussparameter bekannt sein, die in folgende Einzelmechanismen unterteilt werden können [41]: Technologischer Größeneinfluss, spannungsmechanischer Größeneinfluss, statistischer Größeneinfluss [42] sowie oberflächentechnischer Größeneinfluss (Abb. 29.27).

29.5 Festigkeitsnachweis von Bauteilen

Jeder Festigkeitsnachweis besteht aus einem Vergleich der Beanspruchung eines Bauteils und seiner Beanspruchbarkeit unter Berücksichtigung von Sicherheitsfaktoren.

Den Konstrukteurs- und Berechnungsfachleuten im Maschinenbau und in verwandten Bereichen der Industrie stehen insbesondere die FKM-Richtlinien [16] und [17] zur Verfügung. Die FKM-Richtlinie Rechnerischer Festigkeitsnachweis für Maschinenbauteile [16] enthält den statischen Festigkeitsnachweis und den Ermüdungsfestigkeitsnachweis unter Anwendung der klassischen Methoden der Festigkeitslehre.

Werden an Bauteilen während Herstellung oder Betrieb jedoch Fehler, wie z. B. Risse, durch zerstörungsfreie Prüfverfahren entdeckt oder muss mit deren Auftreten in einem Inspektionszeitraum gerechnet werden, so verlangt dies eine Anwendung bruchmechanischer Methoden und somit der FKM-Richtlinie Bruchmechanischer Festigkeitsnachweis für Maschinenbauteile [17].

Im Folgenden sollen nur einige Schwerpunkte aus diesen Nachweisen näher erläutert werden.

29.5.1 Festigkeitsnachweis bei statischer Beanspruchung

Bei einachsiger oder mehrachsiger homogener Belastung wird die Festigkeitsberechnung jeweils für den höchstbeanspruchten Querschnitt durchgeführt. Der Nachweis kann sowohl mit Nennspannungen als auch mit örtlichen elastischen Spannungen geführt werden.

Werkstofffestigkeitskennwerte sind Zugfestigkeit und Fließgrenze (Streckgrenze bzw. 0,2 %-Dehngrenze) unter Beachtung des technologischen Größeneinflusses, der Anisotropie, der Beanspruchungsart (Zug, Druck, Schub) und der Temperatur [16].

Konstruktionskennwerte sind vor allem die plastischen Stützzahlen, mit denen eine erfahrungsgemäß zulässige Teilplastifizierung des Bauteils berücksichtigt wird und die mit ande-

ren Größen auf einen Konstruktionsfaktor führen. Die ertragbaren Nennwerte der statischen Bauteilfestigkeit ergeben sich aus der Zugfestigkeit, dividiert durch den jeweiligen Konstruktionsfaktor. Der Nachweis wird mittels des Auslastungsgrades a durchgeführt, der höchstens den Wert 1 annehmen darf. Dieser ergibt sich zu

$$a = \frac{\sigma_v}{\sigma_{\mathrm{zul}}}$$

Bei mehreren Spannungskomponenten wird ein Gesamtauslastungsgrad ermittelt, der die Duktilität des Werkstoffes berücksichtigt. Die Bauteiltragfähigkeit kann zusätzlich durch mehrachsige Eigenspannungszustände beeinflusst werden. Je nach Tiefenwirkung der Eigenspannungsquelle bewirken mehrachsige Zugeigenspannungen eine Anhebung der Bauteilfließgrenze, wobei mit zunehmender teilplastischer Verformung der Eigenspannungszustand wieder abgebaut wird. Im Grenzfall können dreiachsige hydrostatische Zugeigenspannungszustände eine Trennbruchgefahr auslösen, die unter Anwendung der Normalspannungshypothese wie folgt abgeschätzt werden kann:

$$\sigma_{1,\mathrm{max}} = \sigma_{1,\mathrm{Last}} + \sigma_{1,\mathrm{Eigensp.}} \cdot$$

Die Superposition von Last- und Eigenspannungen setzt voraus, dass der dreiachsige Eigenspannungszustand nach Größe und Richtung des Hauptachsensystems bekannt ist. Einen Sonderfall des Versagens bei statischer Bauteilbelastung stellt die mögliche Instabilität infolge des Knickens dar, die in [16] jedoch nicht berücksichtigt wird (s. Kap. 25).

29.5.2 Festigkeitsnachweis bei Schwingbeanspruchung mit konstanter Amplitude

Analog zum Festigkeitsnachweis bei statischer Beanspruchung kann der Nachweis hier sowohl mit Nennspannungen als auch mit örtlichen elastischen Spannungen geführt werden [16]. Die Bauteileigenschaften unter Schwingbeanspruchung werden durch werkstoffliche, fertigungstechnische und konstruktive Faktoren beeinflusst. Durch Anwendung mechanischer (z. B. Kugelstrahlen, Festwalzen), thermischer (z. B. Induktionshärten) und thermochemischer Randschichtverfestigungsverfahren (z. B. Einsatzhärten, Nitrieren) kann dabei eine wirkungsvolle Steigerung der Schwingfestigkeit erreicht werden. Ausgehend z. B. von der Wechselfestigkeit des Werkstoffes σ_W lässt sich die Bauteil-Wechselfestigkeit σ_{WK} nach folgendem Ansatz abschätzen:

$$\sigma_{WK} = \frac{\sigma_W}{K_{WK}}.$$

Der Konstruktionsfaktor K_{WK} berücksichtigt die Stützzahl, die Kerbwirkungszahl, Faktoren für Rauheit, Rand- und Schutzschichteffekte sowie einen Faktor für Gusswerkstoffe. Durch eine additive Verknüpfung von Kerbwirkungszahl β_K und Rauheitsfaktor K_R wird eine geringere Rauheitsempfindlichkeit des gekerbten Bauteils im Vergleich mit dem nichtgekerbten Bauteil in Rechnung gestellt. Die Wirkungen von Randschichtverfestigungsverfahren, Temperaturen unter $-40\,°C$ oder über $100\,°C$, sowie Beanspruchungsfrequenzen über $100\,Hz$ können durch weitere Multiplikatoren rechnerisch berücksichtigt werden.

Aus der Bauteil-Wechselfestigkeit unter Einstufen-Schwingbelastung folgt die Bauteil-Dauerfestigkeit für eine gegebene Mittelspannung über die Mittelspannungsempfindlichkeit M.

29.5.3 Festigkeitsnachweis bei Schwingbeanspruchung mit variabler Amplitude (Betriebsfestigkeitsnachweis)

Bauteile unterliegen unter Betriebsbedingungen meist regellosen Belastungsverläufen mit statistisch verteilten Schwingamplituden bei konstanten oder variablen Mittellasten, so dass die aus Einstufenversuchen gewonnenen Bauteil-Schwingfestigkeitseigenschaften nur begrenzt für die Dimensionierung herangezogen werden können. In zahlreichen Anwendungsfällen des Maschinen- und Stahlbaus sowie insbesondere im Leichtbau müssen Schwingbeanspruchungen zu-

gelassen werden, deren Spannungsamplituden im Zeitfestigkeitsbereich liegen, wodurch Teilschädigungen durch Wechselverformungen (Spannungs-Dehnungs-Hysteresen) im Zeitfestigkeitsgebiet entstehen können.

Zur quantitativen Beurteilung der Teilschädigungen (Schadensakkumulation) sind Klassierverfahren erforderlich, die unregelmäßige Belastungsabläufe auf eine Folge von Schwingspielen bestimmter Größe und Häufigkeit zurückführen. Unter Anwendung verschiedener ein- und mehrparametriger Klassierverfahren, z. B. des Rainflow-Klassierverfahrens, können Häufigkeitsverteilungen sowie die Summenhäufigkeit der Betriebslasten bzw. der Nennspannungen aufgestellt werden.

Durch eine derartige Kollektivbildung gehen allerdings Informationen realer Beanspruchungs-Zeit-Verläufe teilweise verloren, weshalb in der Praxis für den experimentellen oder rechnerischen Lebensdauernachweis auch vielfach reale Lastfolgen verwendet werden.

In Abb. 29.28 sind drei unterschiedliche Spannungs-Zeit-Verläufe sowie die zugehörigen Spannungskollektive dargestellt. Zur eindeutigen Kennzeichnung eines Beanspruchungskollektivs

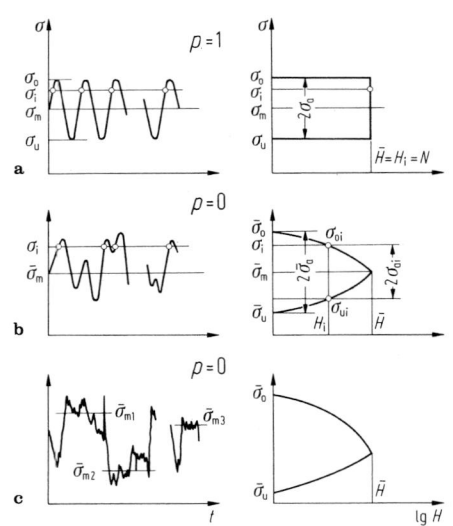

Abb. 29.28 Einfluss verschiedener Spannungs-Zeit-Funktionen auf das Spannungskollektiv. **a** konstante Amplitude und Mittelspannung; **b** veränderliche Amplitude und konstante Mittelspannung; **c** veränderliche Amplitude und veränderliche Mittelspannung

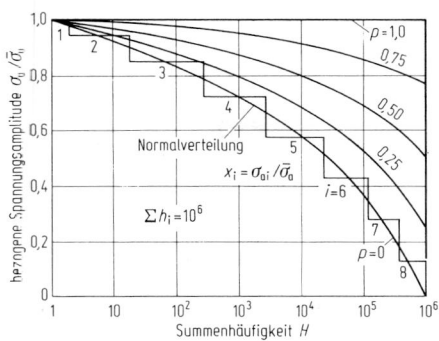

Abb. 29.29 p-Wert-Kollektive und Aufteilungsmöglichkeit für Blockprogramm-Versuche

sind die Summenhäufigkeit H die Kollektivform nach einem bestimmten statistischen Verteilungsgesetz, die Größtwerte der Ober- und Unterspannungen $\tilde{\sigma}_o$, $\tilde{\sigma}_u$ bzw. die größte Spannungsamplitude $\tilde{\sigma}_a$ sowie die zugehörige Mittelspannung $\tilde{\sigma}_m$ erforderlich.

Für Spannungs-Zeit-Funktionen können – ausgehend vom stationären Zufallsprozess mit Normalverteilung (Abb. 29.29) – die oberhalb der Normalverteilung liegenden Mischkollektive durch Normalkollektive zu einem bestimmten Lastbereich angenähert werden. Die Kollektivbeiwerte p stellen das Verhältnis von minimaler und maximaler Amplitude im Kollektiv dar und liegen gemäß Abb. 29.29 in den Grenzen $0 \leq p \leq 1$. Die Lebensdauervorhersage von Bauteilen unter zufallsbedingten Last-Zeit-Funktionen kann durch Anwendung rechnerischer Verfahren sowie durch versuchstechnische Verfahren in Form von Programmversuchen oder Randomversuchen erfolgen.

Rechnerische Lebensdauerabschätzung (Nenn-, Struktur- und Kerbspannungskonzept)

Eine rechnerische Lebensdauerabschätzung kann bei bekanntem Belastungskollektiv und experimentell ermittelter Nenn-, Struktur- oder Kerbspannungswöhlerlinie im Zeit- und Dauerfestigkeitsgebiet unter Anwendung einer geeigneten Schadensakkumulationshypothese durchgeführt werden. Die von Palmgren und Miner aufgestellte Hypothese geht von einem linea-

ren Schädigungszuwachs mit der Anzahl n_i der Schwingspiele aus, wobei je Lastspiel eine Teilschädigung von $1/N_i$ auftritt, wenn N_i die Bruchlastspielzahl für den jeweiligen Spannungsausschlag σ_{ai} ist. Wird das Belastungskollektiv gemäß Abb. 29.30 durch eine mehrstufige Belastung ersetzt, so summieren sich die einzelnen Schädigungsanteile n_i/N_i bei m Laststufen zu folgender Schadenssumme

$$S = \frac{n_1}{N_1} + \frac{n_2}{N_2} + \frac{n_3}{N_3} + \ldots = \sum_{i=1}^{m} \frac{n_i}{N_i}$$

Nach der Hypothese tritt Ermüdungsbruch ein, wenn die Schadenssumme $S = 1$ ist.

Das Belastungskollektiv kann in eine Anzahl von Teilfolgen zerlegt werden, deren Schadenssumme je Stufe und Teilfolge $S_i = h_i/N_i$ beträgt, wobei h_i die Zahl der Schwingspiele (Teilschädigungen) je Laststufe einer Teilfolge angibt. Die Schadenssumme bei Bruch ergibt sich mit $Z =$ Anzahl der Teilfolgen zu

$$S = \sum \frac{n_i}{N_i} = Z \sum \frac{h_i}{N_i}$$

Wie eine umfassende Auswertung sowie Lebensdauernachrechnungen von Betriebsfestigkeitsversuchen zeigen, treten systematische Abweichungen von der theoretischen Schadenssumme $S = 1$ und beachtliche Streuspannen auf. So wird zum Beispiel für Berechnungen nach [16] für Stahl eine Schadenssumme $S = 0{,}3$ empfohlen.

Zur Schadensakkumulation werden verschiedene Modifikationen der Miner-Regel verwendet, wobei unterschiedliche Wöhlerlinienverläufe nach dem Abknickpunkt angenommen werden. Die Miner-Regel in ihrer originalen Form unterstellt eine Dauerfestigkeit. Die Miner-Regel in ihrer elementaren Form weist Beanspruchungen unterhalb und oberhalb des Abknickpunktes der Wöhlerlinie den gleichen Schädigungswert zu. Bei der häufig verwendeten Modifikation nach Haibach [25] wird die Zeitfestigkeitsgerade mit einem Neigungswert $k^* = (2k - 1)$ in den Dauerfestigkeitsbereich verlängert, Abb. 29.30.

Abb. 29.30 Berechnung der Schadenssumme nach Palmgren-Miner (8-Stufen-Versuch)

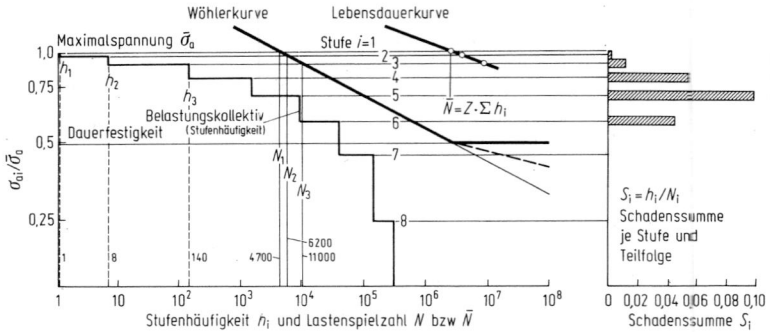

Rechnerische Lebensdauerabschätzung (örtliches Konzept)

Bei Lebensdauervorhersage nach dem örtlichen Konzept erfolgt die Schadensakkumulation in gleicher Weise wie zuvor dargestellt, wobei jedoch die einzelnen Schwingspiele nicht durch Spannungen sondern durch einen Schädigungsparameter charakterisiert werden.

Im Abb. 29.31 sind die für die Berechnung der Anrisslebensdauer notwendigen Daten- und Berechnungsmodule für den Fall einer einachsigen Beanspruchung und eines homogenen und eigenspannungsfreien Werkstoffzustandes dargestellt. Eingabedaten auf der Seite der Beanspruchbarkeit sind die in Schwingversuchen an homogen beanspruchten Proben ermittelte zyklische Fließkurve und die Dehnungswöhlerlinie (Abschn. 29.3.2).

Auf der Seite der Beanspruchung sind die Bauteilgeometrie einschließlich der Lastkonfiguration sowie der Last-Zeit-Verlauf einzugeben. In einem ersten Rechenschritt wird über elastisch-plastische Näherungsgleichungen (Kerbbeanspruchungsbeziehungen) die Bauteilfließkurve (Last-Dehnungs-Beziehung) bestimmt. Für teilplastische Beanspruchung wird hierbei vielfach die von Neuber [43] abgeleitete Beziehung

$$\sigma \cdot \varepsilon = \alpha_k^2 \cdot \frac{\sigma_n^2}{E}$$

genutzt.

Aus der Bauteilfließkurve und der Lastfolge kann schließlich unter Berücksichtigung des Masing- und Memoryverhaltens des Werkstoffs der Spannungs-Dehnungspfad als Folge geschlossener Hystereseschleifen an der versagenskritischen Stelle berechnet werden. Die Berechnung des Schädigungsbeitrages der einzelnen Hystereseschleifen aus der Dehnungswöhlerlinie des Werkstoffs erfolgt über einen Schädigungsparameter. Am gebräuchlichsten ist hier der Ansatz von Smith, Watson und Topper [44]

$$P_{SWT} = \sqrt{(\sigma_a + \sigma_m) \cdot \varepsilon_a \cdot E}$$

Die einzelnen Teilschädigungen akkumulieren sich letztlich zur Gesamtschädigung, für die die Schadenssumme 1 mit dem Anrissversagen des Bauteils gleichgesetzt wird.

Das hier aufgezeigte Berechnungskonzept hat zahlreiche Modifikationen erfahren, so in der Berücksichtigung inhomogener Werkstoffzustände (z. B. Randschichtverfestigung) und der Erweiterung für mehrachsige Beanspruchungszustände [45]. Durch die Einbeziehung bruchmechanischer Ansätze wurde auch die Berechnung der Bruchlebensdauer möglich.

Experimentelle Lebensdauerbestimmung

In der Vergangenheit wurden vielfach Blockprogrammversuche durchgeführt. Heute dominieren Randomversuche, bei denen eine weitgehende Nachahmung der tatsächlichen Beanspruchungs-Zeit-Funktion angestrebt wird. Für zahlreiche Anwendungsfälle (z. B. Fahrzeuge, Flugzeuge, Walzgerüste) existieren standardisierte Lastfolgen, die jeweils baugruppenspezifischen stochastischen und deterministischen Beanspruchungsvorgänge abbilden. Häufig verwendet werden Kollektive, der eine Gaußverteilung der Amplituden zugrunde liegt. Die Ergebnisse experimenteller Untersuchungen bei variabler Amplitude werden ähnlich der Wöhlerlinie als Lebensdauer- oder Gaßnerlinie dargestellt, wobei

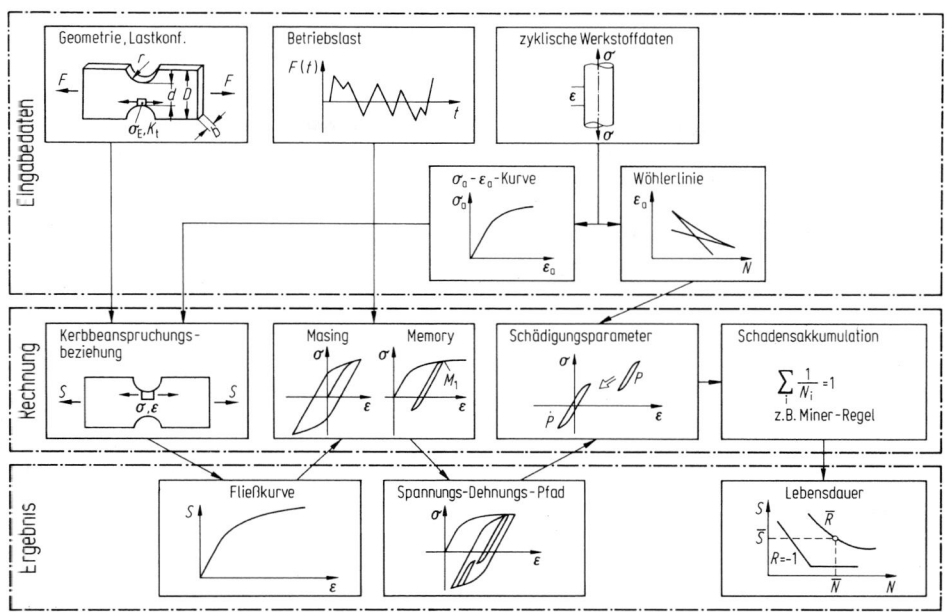

Abb. 29.31 Daten- und Berechnungsmodule für eine Lebensdauervorhersage nach dem Örtlichen Konzept [12]

der Amplitude des Kollektivhöchstwertes die ermittelte Schwingspielzahl zugewiesen wird.

29.5.4 Bruchmechanischer Festigkeitsnachweis unter statischer Beanspruchung

Erreicht oder überschreitet der Beanspruchungsparameter (K, J, δ) im rissbehafteten Bauteil bei statischer Beanspruchung einen kritischen Wert (Werkstoffbruchwiderstand), kommt es zu einer Rissinitiierung, die beim zähen Werkstoffverhalten stabile Risserweiterung und beim spröden Werkstoffverhalten instabiles Versagen einleitet. Der kritische Wert des Beanspruchungsparameters wird als Risszähigkeit K_{Mat} bezeichnet, Abschn. 29.3.3.

Bei sprödem Werkstoffverhalten tritt Versagen ein, wenn gilt $K_{I,\mathrm{Bauteil}} = K_{\mathrm{Mat}} = K_{Ic}$. Der Bruch kann durch Erreichen einer kritischen Risslänge oder einer kritischen Beanspruchung ausgelöst werden. Bei zähem Werkstoffverhalten in der Hochlage ist der Werkstoffbruchwiderstand eine Funktion der Risserweiterung. Der Rissantrieb wird dann durch einen elastisch-plastischen Beanspruchungsparameter beschrie-

ben und ist mit einer Risswiderstandskurve des Werkstoffs zu vergleichen, Abb. 29.17.

Die Bewertung von Bauteilen mit Fehlern unter statischer Beanspruchung kann mit Hilfe von Rissantriebs- (Crack Driving Force, CDF) oder Versagensbewertungs- (Failure Assessment, FA) Diagrammen geführt werden. Das Versagens-Bewertungsdiagramm FAD, enthält eine durch die Parameter K_r und L_r definierte Grenzkurve $K_r = f(L_r)$, Abb. 29.32. Sie grenzt den „sicheren" Bereich ein, in dem kein Versagen des Bauteils mit Riss möglich ist. K_r ist dabei der auf die Risszähigkeit K_{Mat} bezogene linear-elastische Spannungsintensitätsfaktor K:

$$K_r = K / K_{\mathrm{Mat}}$$

und der Plastifizierungsgrad L_r die auf die plastische Grenzlast F_e des Bauteils mit Riss bezogene Belastung F:

$$L_r = F / F_e$$

Für gegebene Geometrie- und Beanspruchungsbedingungen des Bauteils mit Riss sowie für relevante Werkstoffkennwerte werden die Koordinaten $[K_r L_r]$ eines Zustandspunktes (wenn die Rissinitiierung als der Grenzzustand betrachtet wird) bzw. einer Reihe von

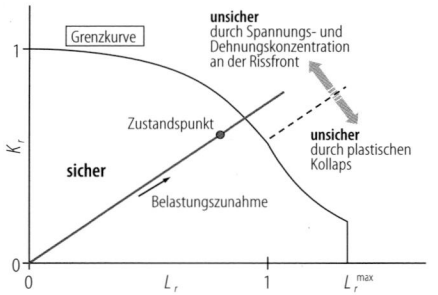

Abb. 29.32 Versagensbewertungs-Diagramm (FAD), prinzipiell

Zustandspunkten (für das Versagen nach stabiler, duktiler Risserweiterung) berechnet und mit der Grenzkurve verglichen. Das FAD-Verfahren enthält als Grenzfälle den Sprödbruchnachweis, wenn der Zustandspunkt auf der y-Achse liegt, und den Nachweis von plastischem Kollaps, wenn der Zustandspunkt auf der x-Achse liegt. In [16] werden verschiedene Grenzkurven u. a. auch für Schweißverbindungen in Abhängigkeit der zur Verfügung stehenden Eingabedaten, dem Auswertungsaufwand und der Konservativität der Ergebnisse angegeben. Besitzt der untersuchte Werkstoff beispielsweise eine ausgeprägte Streckgrenze (R_{eL}, R_{eH}) so kann folgende Grenzkurve verwendet werden:

für $L_r < 1$: $f(L_r) = \left(1 + \dfrac{L_r^2}{2}\right)^{-\frac{1}{2}}$

für $L_r = 1$: $f(1) = \left(\lambda + \dfrac{1}{2\lambda}\right)^{-\frac{1}{2}}$

für $1 \leq L_r < L_r^{\max}$: $f(L_r) = f(1) \cdot L_r^{\frac{N-1}{2N}}$

mit

$$\lambda = 1 + \frac{E \cdot \Delta\varepsilon}{R_{eL}},$$

$$\Delta\varepsilon = 0{,}0375 \left(1 - \frac{R_{eL}}{1000}\right),$$

$$N = 0{,}3 \left[1 - \left(\frac{R_{eL}}{R_m}\right)\right] \quad \text{und}$$

$$L_r^{\max} = \frac{1}{2} \left(\frac{R_{eL} + R_m}{R_{eL}}\right)$$

Die Bewertung ergibt nicht nur eine qualitative Aussage „sicher"/„unsicher", sondern auch

eine Quantifizierung dieser Aussage durch Reservefaktoren. Weiterhin ist es notwendig, die Empfindlichkeit des Ergebnisses zur anzunehmenden Variation einzelner Eingabedaten in Sensitivitätsanalysen zu prüfen und die Eingabedaten für die Berechnung von zulässigen Bedingungen, wenn erforderlich, mit geeigneten partiellen Sicherheitsfaktoren zu modifizieren. Alternativ können partielle Sicherheitsfaktoren auf der Basis einer zulässigen Versagenswahrscheinlichkeit festgelegt werden.

29.5.5 Bruchmechanischer Festigkeitsnachweis unter zyklischer Beanspruchung

In vielen praxistypischen Fällen sind die Bedingungen zur Anwendung der linear-elastischen Bruchmechanik erfüllt und der dort auftretende Zusammenhang zwischen Rissfortschrittsrate und Schwingbreite des Spannungsintensitätsfaktors, Abb. 29.19, kann zur Bewertung herangezogen werden. Da die Messergebnisse der Rissfortschrittsrate streuen, sind für eine konservative Berechnung die obere Grenze des Streubandes und für eine realistische Berechnung, z. B. bei der Analyse von Schadensfällen, mittlere Werte zu verwenden.

Bruchmechanische Dauerfestigkeit, d. h. keine Rissausbreitung, liegt vor bei

$$\Delta K < \Delta K_{th}$$

Diese Bedingung ist bei einer hohen geforderten Anzahl von Lastzyklen anzuwenden. Ist diese Bedingung nicht erfüllt, muss eine Berechnung des Rissfortschritts, i. d. R. durch numerische Integration der Rissfortschrittsrate, erfolgen. Dabei ist eine Auflösung nach der Lastzyklenzahl oder nach der End- bzw. Anfangsrissgröße möglich.

Berechnungen der Rissausbreitung können für konstante oder variable Beanspruchung durchgeführt werden. Eigenspannungen sind zu berücksichtigen. Beanspruchungsänderungen können zu Reihenfolgeeffekten (Verzögerung bzw. Beschleunigung des Rissfortschritts nach Belastungsabsenkung bzw. -zunahme) führen, wobei bei stochastischen Beanspruchungen die Verzögerungen überwiegen.

29.5.6 Festigkeitsnachweis unter Zeitstand und Kriech- ermüdungsbeanspruchung

Zeitstandbeanspruchung

Zur Auslegung von Bauteilen [4] unter statischer Beanspruchung, wie sie idealisiert bei konstanten Betriebsbedingungen auftritt, werden gemäß Abschn. 29.1.3, Abb. 29.6, im Bereich erhöhter Temperatur zeitunabhängige Festigkeitskennwerte und im Bereich hoher Temperatur zeitabhängige Festigkeitskennwerte, z. B. Zeitstandfestigkeit $R_{u,t,T}$ oder Zeitdehngrenze $R_{p\varepsilon,t,T}$ herangezogen. Im Bereich hoher Temperaturen werden langzeitige Festigkeitskennwerte benötigt, die bis zu den längsten Betriebszeiten abgesichert sein sollen, z. B. bei Kraftwerken bis zu 200 000 h. Wegen der Streuung dieser Festigkeitskennwerte wird oft von der Streubanduntergrenze ausgegangen. Eine konventionelle Auslegung oder Nachrechnung ist dann möglich, wenn von einer idealisierten Geometrie und Belastung ausgegangen werden kann und die errechneten Spannungen direkt mit Festigkeitskennwerten verglichen werden können. Bei Bauteilen mit komplexer Gestalt und Belastung kann durch örtliche Spannungskonzentrationen eine Kriechbeschleunigung auftreten, was die Einleitung und das Wachstum von Rissen begünstigt. Zur Berechnung der Spannungsumverteilung in derartigen Bauteilen mit der inelastischen Finite-Element-Methode sind Werkstoffmodelle und Kriechgleichungen verfügbar. Zeitstandfestigkeitskennwerte werden in der Regel logarithmisch dargestellt (Abb. 29.33). Bei einer Extrapolation ist Vorsicht geboten (DIN EN ISO 204), zu Extrapolationsverfahren siehe Abschn. 30.2.11. Regelwerke, die Kennwerte für Zeitstandfestigkeit und Zeitdehngrenzen enthalten, sind nach Werkstoffgruppen geordnet, z. B.:

- warmfeste Stähle für Rohre und Bleche (DIN EN 10 216),
- Stähle für größere Schmiedestücke für Bauteile von Turbinen
- und Generatoren (SEW 555),
- warmfeste und hochwarmfeste Werkstoffe für Schrauben
- und Muttern (DIN EN 10 269),

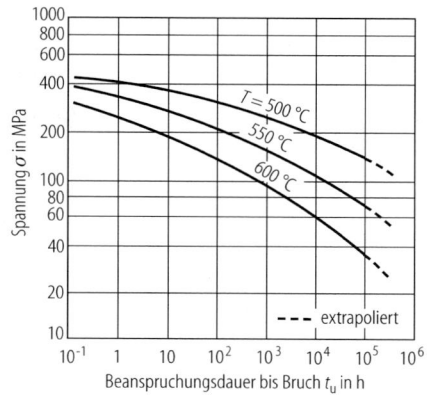

Abb. 29.33 Zeitbruchkurven des Stahles 10CrMo910

- warmfester ferritischer Stahlguss (DIN EN 10 213),
- hochwarmfeste austenitische Stähle für Bleche und Schmiedestücke (DIN EN 10 222).

Im Unterschied zu den Dimensionierungsansätzen bei Raumtemperatur und erhöhter Temperatur sind für die Festigkeitsberechnung von Bauteilen im Bereich hoher Temperatur zeit- und temperaturabhängige Werkstoffkennwerte erforderlich. Mit Sicherheitsbeiwerten S_F gegen unzulässige plastische Verformung und S_B gegen Zeitstandbruch ergeben sich zulässige Spannungen $\sigma_{zul} = R_{p\varepsilon,t,T}/S_F$ und $\sigma_{zul} = R_{u,t,T}/S_B$ von denen der kleinere Wert heranzuziehen ist. Der Beiwert S_B wird oft größer gewählt als der Beiwert S_F. Hinweise sind z. B. für Dampfkessel in TRD301 [46] enthalten. Abb. 29.34 zeigt ein Beispiel für eine konventionelle Auslegung mit dem Sicherheitsbeiwert $S_F = 1{,}5$ gegen

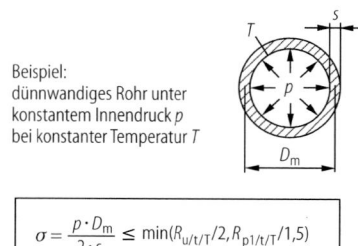

Beispiel: dünnwandiges Rohr unter konstantem Innendruck p bei konstanter Temperatur T

$$\sigma = \frac{p \cdot D_m}{2 \cdot s} \leq \min(R_{u/t/T}/2, R_{p1/t/T}/1{,}5)$$

Abb. 29.34 Konventionelle Auslegung mit zeitabhängigen Festigkeitskennwerten für idealisierte Bedingungen [4]

unzulässige plastische Verformung und dem Sicherheitsbeiwert $S_B = 2$ gegen Bruch. Bei einer konservativen Auslegung gegen eine Streubanduntergrenze wird in der Regel ein Abschlag von 20 % in Spannungsrichtung gegen eine mittlere Zeitstandfestigkeit gewählt.

Im Bereich der Übergangstemperatur (Abb. 29.6 in Abschn. 29.1.3) kann zusätzlich eine Absicherung gegen die Warmstreckgrenze mit $\sigma_{zul} = R_{p0,2,t,T} / S_F$ notwendig sein.

Zeitlich veränderliche Beanspruchung

Neben der statischen Beanspruchung können die Bauteile zusätzlich zeitlich veränderlichen Beanspruchungen unterliegen. Eine Auslegung gegen zyklische Zeitstandbeanspruchung kann durch die modifizierte Lebensdaueranteilregel [47] erfolgen, bei der Beanspruchungsintervalle Δt_i bei quasikonstanter Spannung und Temperatur auf die zugehörige Bruchzeit Δt_{ui} bezogen und zu einer relativen Zeitstandlebensdauer L_t akkumuliert werden. Die Bruchzeit unter veränderlicher Zeitstandbeanspruchung errechnet sich damit zu

$$\Delta t_{ui} = \sum_i \Delta t_i \quad \text{für} \quad \sum_i \Delta t_i / \Delta t_{ui} = L_t$$

Beim Erwärmen und Abkühlen von Bauteilen kann durch behinderte Wärmedehnungen eine Ermüdungsbeanspruchung auftreten. Eine Auslegung gegen Ermüdungsanriss kann durch die Miner-Regel erfolgen, bei der Wechselzahlen N_j unter konstanter Beanspruchungsschwingbreite auf die zugehörige Anrisswechselzahl N_{Aj} bezogen und zu einer relative Ermüdungslebensdauer L_A akkumuliert werden. Die Anrisswechselzahl errechnet sich zu

$$N_A = \sum_j N_j \quad \text{für} \quad \sum_j \Delta N_j / N_{Aj} = L_A$$

Bei überlagerter Kriechbeanspruchung im Bereich hoher Temperaturen kann die Miner-Regel additiv mit der modifizierten Lebensdaueranteilregel kombiniert werden zu einer relativen Kriechermüdungslebensdauer $L = L_t + L_A$. Die Werte L_t, L_A und L können unter 1 liegen [4]. Die Miner-Regel wird beispielsweise für die Nachrechnung von Bauteilen im Dampfkesselbau

nach TRD301 [46] genutzt, die einer Wechselbeanspruchung durch schwellenden Innendruck bzw. durch kombinierte Innendruck- und Temperaturänderungen unterliegen. Für Bauteile, die im Kriechermüdungsbereich beansprucht werden, wird nach TRD508 [49] die Kombination der Miner-Regel und der Lebensdaueranteilregel herangezogen.

Kriech- und Kriechermüdungsrissbeanspruchung

Neben Rissen, die durch die Betriebsbeanspruchung entstehen können, enthalten Bauteile oft Ungänzen und Werkstofffehler, die durch die Herstellung und Verarbeitung eingebracht worden sind. Zur Absicherung der Bauteile muss eine auf die Möglichkeiten der zerstörungsfreien Prüfung abgestimmte Anfangsfehlergröße innerhalb der vorgesehenen Betriebs- oder Inspektionszeit unterhalb einer um einen Sicherheitsfaktor verminderten kritischen Fehlergröße für spontanes Versagen bleiben. Einen wichtigen Beitrag zur Beurteilung der Fehler liefert hier die Kriechbruchmechanik, bei der an Proben mit künstlicher Rissstartfront bei Betriebstemperatur unter statischer (Kriech-) bzw. schwellender (Kriechermüdungs-)Belastung die Dauer t_a zur Einleitung eines Kriechrisses und die Kriechrissgeschwindigkeit da/dt gemessen werden. Diese Ergebnisse können im Falle einer sich nur örtlich vor der Rissspitze bildenden plastischen Zone durch eine linearelastisch errechnete Spannungsintensität K_I beschrieben werden. Bei großen plastischen Dehnungen im weiteren Umfeld der Rissspitze, d. h. im Kriechbereich ist der Parameter C^* zutreffender [6]. Zu seiner Bestimmung sind im allgemeinen Fall Finite-Element Berechnungen erforderlich. Beim komplizierten Vorgang des Kriechrisswachstums können dabei Streuungen relativ groß sein. Generell legen sie die Anwendung von Untergrenzen für die Risseinleitungsdauer sowie Obergrenzen für die Risswachstumsgeschwindigkeit bei der kriechbruchmechanischen Beurteilung von Fehlern in Bauteilen nahe. Auf diesem Wege wird beispielsweise eine Absicherung möglich, dass innerhalb eines definierten Zeitintervalls kein Wachstum ei-

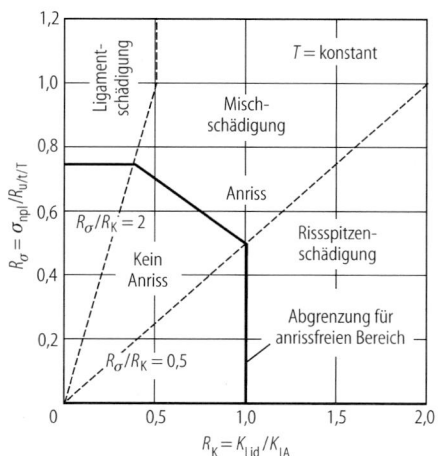

Abb. 29.35 Zweikriteriendiagramm für Kriechrisseinleitung

nes Risses bis zu einer für spontanes Versagen kritischen Größe erfolgt. Zur Abschätzung der Kriechrisseinleitungsdauer für technischen Anriss in Bauteilen wurde auch ein relativ einfaches, auf ein Zweikriterien-Diagramm gestütztes Verfahren mit überwiegend elastischen Parametern, aber auch zeitabhängigen Größen, entwickelt [6]. Es beruht auf einem Diagramm (Abb. 29.35), in dem die Nennspannung im Ligament $\sigma_{n,pl}$ auf die Zeitstandfestigkeit $R_{u,t,T}$ bezogen als Nennspannungsfaktor R_σ über einem Rissspitzenparameter $R_K = K_{I,id} / K_{I,A}$ aufgetragen wird. Dieser bezieht die Spannungsintensität an der Rissspitze $K_{I,id}$ auf einen entsprechenden Wert $K_{I,A}$ für Kriechrisseinleitung ermittelt aus Kriechrissexperimenten an CT25-Proben. Mit Hilfe der im Zweikriterien-Diagramm angegebenen Bereiche:

- Ligamentschädigung ($R_\sigma / R_K \geq 2$),
- Rissspitzenschädigung ($R_\sigma / R_K \leq 0,5$),
- Mischschädigung

und der Grenzlinie „Anriss/kein Anriss" lassen sich Risseinleitung und Versagensart für eine vorliegende Geometrie und Belastung abschätzen. Weiterentwicklungen dieses Zweikriterien-Diagramms betreffen das Kriechermüdungsrissverhalten [50].

Anhang

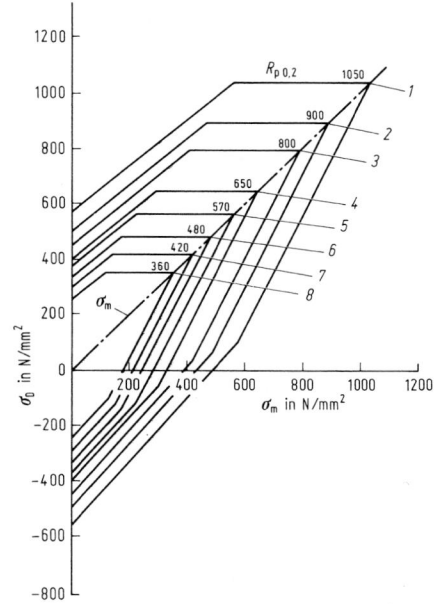

Abb. 29.36 Dauerfestigkeitsschaubild (Smith-Diagramm) für Zug-Druck-Beanspruchung [51]. Vergütungsstähle nach DIN 17 200 (zurückgezogen) bzw. DIN EN 10 083: *1* 30 CrNiMo 8; *2* 42CrMo 4; 36CrNiMo 4; 50CrMo 4; 51CrV 4; 34CrNiMo 6; *3* 34Cr 4; 41Cr 4; *4* 28Mn 6 u. ä. *5* C 60; *6* C 45; *7* C 35; *8* C 22

Abb. 29.37 Dauerfestigkeitsschaubild (Smith-Diagramm) für Torsionsbeanspruchung [52]. *1* 42CrMo 4; *2* 34Cr 4; *3* 16MnCr 5; *4* C 45, Ck 45; *5* C 22, Ck 22; *6* St 60; *7* St 37

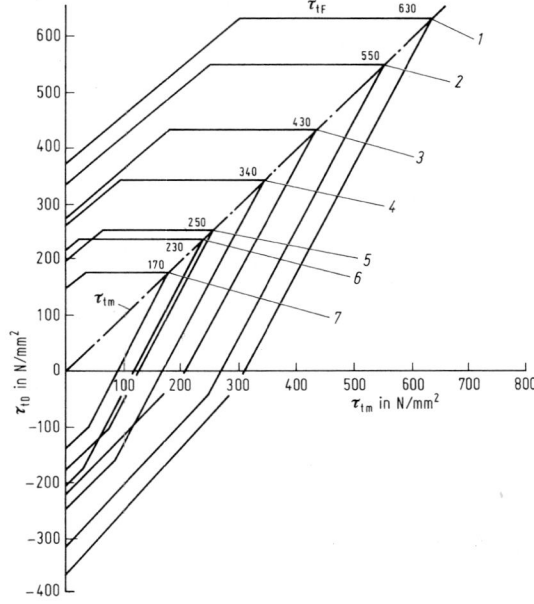

Tab. 29.1 Statisch bestimmter Elastizitätsmodul und Querkontraktionszahl verschiedener Werkstoffe

Werkstoffe	Elastizitätsmodul E in 10^3 N/mm²				Querkontraktionszahl
	20 °C	200 °C	400 °C	600 °C	v bei 20 °C
ferritische Stähle	211	196	177	127	≈ 0,3
Stähle mit ca. 12 % Cr	216	200	179	127	≈ 0,3
austenitische Stähle	196	186	174	157	≈ 0,3
NiCr20TiAl	216	208	196	179	
Gusseisen EN-GJL-200	88...113				0,25...0,26
EN-GJL-300	108...137				0,24...0,26
EN-GJS-400-18	169				0,24...0,26
EN-GJS-800-2	176				0,24...0,26
Aluminiumlegierungen	60...80	54...72			≈ 0,33
Titanlegierungen	112...130	99...113	88...93	77...80	0,32...0,38

Tab. 29.2 Übersicht über Werkstoffkennwerte bei verschiedenen Temperaturen

Temperatur T [°C]	Beanspruchungsart	Werkstoffkennwert			
		Fließen		Bruch	
		Zeichen	Bezeichnung	Zeichen	Bezeichnung
Raumtemperatur	Zug[a]	$R_{p0.2}$	0,2%-Dehngrenze	R_m (σ_B)	Zugfestigkeit
		R_{eH}	Streckgrenze		
	Druck	σ_{dF}	Druck-Fließgrenze	σ_{dB}	Druckfestigkeit
	Biegung	$\sigma_{bF}, \sigma_{b0.2}$	Biege-Fließgrenze	σ_{bB}	Biegefestigkeit
	Verdrehung	$t_F, \tau_{0.4}$	Verdreh-Fließgrenze	τ_B	Verdrehfestigkeit
erhöhte Temperatur	Zug[a] $T < t_Ü$[b]	$R_{p0.2/T}$ $(\sigma_{0.2/T})$	Warmstreckgrenze	$R_{m/T}$ $(\sigma_{B/T})$	Warmfestigkeit
hohe Temperatur	Zug[a] $T > T_Ü$[b]	$R_{p0.2/t/T}$ $(\sigma_{0.2/t/T})$	Zeitdehngrenze	$R_{m/t/T}$ $(\sigma_{B/t/T})$	Zeitstandfestigkeit

[a] Die in diesen Spalten angegebenen Kennzeichnungen entsprechen den Empfehlungen der „Internationalen Organisation for Standardisation" (ISO) sowie der von der Europäischen Gemeinschaft für Kohle und Stahl (EGKS) herausgegebenen Euronorm. Die früheren Kennzeichen wurden in Klammern angegeben.
[b] $T_Ü$: Übergangstemperatur

Tab. 29.3 Festigkeits- und Schwingfestigkeitswerte in N/mm^2 nach [53]. Die Schwingfestigkeitswerte entsprechen einer Überlebenswahrscheinlichkeit von 97,5 %.
Festigkeitskennwerte in N/mm^2 für unlegierte Baustähle nach DIN EN 10025[a]

Sorte	Sorte nach DIN 17100	Werkstoff Nr.	$R_{m,N}$	$R_{e,N}$[b]	$\sigma_{Sch,zd,N}$	$\sigma_{W,b,N}$	$\tau_{W,s,N}$	$\tau_{W,t,N}$
S185	St 33	1.0035	310	185	140	138	155	80	90
S235JR	St 37-2	1.0037	360	235	160	158	180	95	105
S275JR	St 44-2	1.0044	430	275	195	185	215	110	125
S355J0	St 52-3 U	1.0553	510	355	230	215	255	130	150
E295	St 50-2	1.0050	490	295	220	205	245	125	145
E335	St 60-2	1.0060	590	335	265	240	290	155	170
E360	St 70-2	1.0070	690	360	310	270	340	180	200

$\sigma_{W,zd,N}$: Zug-Druck-Wechselfestigkeit, $\sigma_{Sch,zd,N}$: Zug-Druck-Schwellfestigkeit, $\sigma_{W,b,N}$: Biegewechselfestigkeit, $\tau_{W,s,N}$: Schubwechselfestigkeit, $\tau_{W,s,N}$: Torsionswechselfestigkeit.
[a] gleichwertige Durchmesser $d_{eff,N}$ = 40 mm.
[b] $R_{e,N}/R_{m,N} < 0,75$ für alle Sorten.

Tab. 29.4 Festigkeits- und Schwingfestigkeitswerte in N/mm^2 nach [53]. Die Schwingfestigkeitswerte entsprechen einer Überlebenswahrscheinlichkeit von 97,5 %.
Festigkeitskennwerte in N/mm^2 für Vergütungsstähle nach DIN EN 10083[a]

Sorte nach DIN EN 10083	Sorte nach DIN 17102	Werkstoff Nr.	$R_{m,N}$	$R_{e,N}$[b]	$\sigma_{W,zd,N}$	$\sigma_{Sch,zd,N}$	$\sigma_{W,b,N}$	$\tau_{W,s,N}$	$\tau_{W,t,N}$
Vergüteter Zustand									
C40E[c]	Ck40	1.1186	650	460	295	260	320	170	190
C50E[c]	Ck50	1.1206	750	520	340	290	365	195	215
C60E[c]	Ck60	1.1221	850	580	385	320	415	220	245
28Mn6	28Mn6	1.1170	800	590	360	305	390	210	230
38Cr2	38Cr2	1.7003	800	550	360	305	390	210	230
46Cr2	46Cr2	1.7006	900	650	405	335	435	235	260
34Cr4	34Cr4	1.7033	900	700	405	335	435	235	260
25CrMo4	25CrMo4	1.7218	900	700	405	335	435	235	260
42CrMo4	42CrMo4	1.7225	1100	900	495	385	525	285	315
50CrMo4	50CrMo4	1.7228	1100	900	495	385	525	285	315
30CrNiMo8	30CrNiMo8	1.6580	1250	1050	565	420	595	325	355
51CrV4	50CrV4	1.8159	1100	900	495	385	525	285	315
Normalgeglühter Zustand									
C40E[c]	Ck40	1.1186	580	320	260	235	285	150	170
C50E[c]	Ck50	1.1206	650	355	295	260	320	170	190
C60E[c]	Ck60	1.1221	710	380	320	280	350	185	205
28Mn6	28Mn6	1.1170	630	345	285	250	310	165	185

$\sigma_{W,zd,N}$: Zug-Druck-Wechselfestigkeit, $\sigma_{Sch,zd,N}$: Zug-Druck-Schwellfestigkeit, $\sigma_{W,b,N}$: Biegewechselfestigkeit, $\tau_{W,s,N}$: Schubwechselfestigkeit, $\tau_{W,s,N}$: Torsionswechselfestigkeit.
[a] gleichwertiger Durchmesser $d_{eff,N}$ = 16 mm, für 30CrNiMo8 $d_{eff,N}$ = 40 mm.
[b] vergüteter Zustand bis einschließlich 46Cr2 $R_{e,N}/R_{m,N} < 0,75$ dann $R_{e,N}/R_{m,N} > 0,75$, normalgeglühter Zustand $R_{e,N}/R_{m,N} < 0,75$ für alle Sorten.
[c] Werte unabhängig davon, ob Qualitäts- oder Edelstähle nach DIN EN 10083 vorliegen.

29

Tab. 29.5 Festigkeits- und Schwingfestigkeitswerte in N/mm^2 nach [53]. Die Schwingfestigkeitswerte entsprechen einer Überlebenswahrscheinlichkeit von 97,5 %.
Festigkeitskennwerte in N/mm^2 für Einsatzstähle im blindgehärteten Zustand nach DIN EN 10 084[a,b]

Sorte	Werkstoff Nr.	$R_{m,N}$	$R_{e,N}$[c]	$\sigma_{W,zd,N}$	$\sigma_{Sch,zd,N}$	$\sigma_{W,b,N}$	$\tau_{W,s,N}$	$\tau_{W,t,N}$
C10E	1.1121	500	310	200	185	220	115	130
C15E	1.1141	800	545	320	270	345	185	205
17Cr3	1.7016	800	545	320	270	345	185	205
16MnCr5	1.7131	1000	695	400	320	430	230	255
18CrMo4	1.7243	1100	775	440	340	470	255	280
22CrMoS3-5	1.7333	1100	775	440	340	470	255	280
20MoCr3	1.7320	900	620	360	295	385	210	230
16NiCr4	1.5714	1000	695	400	320	430	230	255
17CrNi6-6	1.5918	1200	850	480	365	510	280	305
15NiCr13	1.5752	1000	695	400	320	430	230	255
17NiCrMo6-4	1.6566	1200	850	480	365	510	280	305
18CrNiMo7-6	1.6587	1200	850	480	365	510	280	305

$\sigma_{W,zd,N}$: Zug-Druck-Wechselfestigkeit, $\sigma_{Sch,zd,N}$: Zug-Druck-Schwellfestigkeit, $\sigma_{W,b,N}$: Biegewechselfestigkeit, $\tau_{W,s,N}$: Schubwechselfestigkeit, $\tau_{W,s,N}$: Torsionswechselfestigkeit.
[a] Anhang E, Werte nur zur Information. Hier heißt es „Zugfestigkeit nach Härten und Anlassen bei 200 °C".
[b] gleichwertige Durchmesser $d_{eff,N} = 16$ mm.
[c] $R_{e,N}/R_{m,N} < 0{,}75$ für alle Sorten. $R_{e,N}$ nach DIN 17 210 angepasst.

Tab. 29.6 Festigkeits- und Schwingfestigkeitswerte in N/mm^2 nach [53]. Die Schwingfestigkeitswerte entsprechen einer Überlebenswahrscheinlichkeit von 97,5 %.
Festigkeitskennwerte in N/mm^2 für Nitrierstähle im vergüteten Zustand nach DIN EN 10 085[a]

Sorte	Werkstoff Nr.	$R_{m,N}$	$R_{e,N}$[b]	$\sigma_{W,zd,N}$	$\sigma_{Sch,zd,N}$	$\sigma_{W,b,N}$	$\tau_{W,s,N}$	$\tau_{W,t,N}$
31CrMo12	1.8515	1030	835	465	370	495	270	295
31CrMoV5	1.8519	1100	900	495	385	525	285	315
34CrAlNi7-10	1.8550	900	680	405	335	435	235	260
34CrAlMo5-10	1.8507	800	600	360	305	390	210	230

$\sigma_{W,zd,N}$: Zug-Druck-Wechselfestigkeit, $\sigma_{Sch,zd,N}$: Zug-Druck-Schwellfestigkeit, $\sigma_{W,b,N}$: Biegewechselfestigkeit, $\tau_{W,s,N}$: Schubwechselfestigkeit, $\tau_{W,s,N}$: Torsionswechselfestigkeit.
[a] gleichwertige Durchmesser $d_{eff,N} = 40$ mm.
[b] $R_{e,N}/R_{m,N} \geq 0{,}75$ für alle Sorten.

Tab. 29.7 Festigkeits- und Schwingfestigkeitswerte in N/mm^2 nach [53]. Die Schwingfestigkeitswerte entsprechen einer Überlebenswahrscheinlichkeit von 97,5 %.
Festigkeitskennwerte in N/mm^2 für nichtrostenden Stahl nach DIN EN 10 088, Standardgüten[a]

Sorte	Sorte, Bezeichnung nach DIN/SEW	Werkstoff Nr.	Erzeugnisform	$R_{m,N}$	$R_{e,N}$	$\sigma_{W,zd,N}$	$\sigma_{Sch,zd,N}$	$\sigma_{W,b,N}$	$\tau_{W,s,N}$	$\tau_{W,t,N}$
Ferritische Stähle im geglühten Zustand										
X2CrNi12	–	1.4003	P(25)	450	250	180	170	205	105	120
X6CrAl13	X6CrAl13	1.4002	P(25)	400	210	160	155	180	90	110
X6Cr17	X6Cr17	1.4016	P(25)	430	240	170	165	195	100	115
X6CrMo17-1	X6CrMo17-1	1.4113	H(12)	450	260	180	170	205	105	120
Martensitische Stähle im wärmebehandelten Zustand										
X20Cr13	X20Cr13	1.4021	QT650	650	450	260	230	290	150	170
X4CrNiMo16-5-1	–	1.4418	QT840	840	660	335	280	410	195	220
Austenitische Stähle im lösungsgeglühten Zustand										
X10CrNi18-8	X12CrNi 17 7	1.4310	C(6)	600	250	240	215	270	140	160
X2CrNiN18-10	X2CrNi 18 10	1.4311	P(75)	550	270	220	200	245	125	145
X5CrNi18-10	X5CrNi 18 10	1.4301	P(75)	520	220	230	190	235	120	140
X6CrNiMoTi18-10	X6CrNi 18 10	1.4541	P(75)	500	200	200	185	225	115	135
X6CrNiMoTi17-12-2	X6CrNiMoTi1722	1.4571	P(75)	520	220	210	190	235	120	140
X2CrNiMoN17-13-5	X2CrNiMoN17135	1.4439	P(75)	580	270	230	210	260	135	155
Austenitisch-ferritische Stähle im lösungsgeglühten Zustand										
X2CrNiN23-4	–	1.4362	P(75)	630	400	250	225	280	145	165

$\sigma_{W,zd,N}$: Zug-Druck-Wechselfestigkeit, $\sigma_{Sch,zd,N}$: Zug-Druck-Schwellfestigkeit, $\sigma_{W,b,N}$: Biegewechselfestigkeit, $\tau_{W,s,N}$: Schubwechselfestigkeit, $\tau_{W,s,N}$: Torsionswechselfestigkeit.
[a] Die Ermüdungsfestigkeitswerte sind vorläufige Werte.

Tab. 29.8 Festigkeits- und Schwingfestigkeitswerte in N/mm^2 nach [53]. Die Schwingfestigkeitswerte entsprechen einer Überlebenswahrscheinlichkeit von 97,5 %.
Festigkeitskennwerte in N/mm^2 für Stahl für größere Schmiedestücke nach SEW 550[a,b]

Sorte	Werkstoff Nr.	$R_{m,N}$	$R_{e,N}$	$\sigma_{W,zd,N}$	$\sigma_{Sch,zd,N}$	$\sigma_{W,b,N}$	$\tau_{W,s,N}$	$\tau_{W,t,N}$
Vergüteter Zustand								
Ck22	1.1151	410	225	165	155	185	95	105
Ck35	1.1181	490	295	195	185	215	115	130
Ck50	1.1206	630	365	250	280	275	145	165
Ck60	1.1221	690	390	275	240	300	160	180
28 Mn6	1.1170	590	390	235	215	260	135	155
22 NiMoCr 4 7	1.6755	560	400	225	205	245	130	145
24 CrMo 5	1.7258	640	410	255	230	280	150	165
42 CrMo 4	1.7225	740	510	295	255	320	170	190
50 CrMo 4	1.7228	780	590	310	265	340	180	200
34 CrNiMo 6	1.6582	780	590	310	265	340	180	200
28 NiCrMoV 8 5	1.6932	780	635	265	225	290	155	170
Normalgeglühter Zustand								
Ck22	1.1151	410	225	165	155	185	95	105
Ck35	1.1181	490	275	195	180	215	115	130
Ck50	1.1206	620	345	250	220	270	145	160
Ck60	1.1221	680	375	270	220	295	155	175

$\sigma_{W,zd,N}$: Zug-Druck-Wechselfestigkeit, $\sigma_{Sch,zd,N}$: Zug-Druck-Schwellfestigkeit, $\sigma_{W,b,N}$: Biegewechselfestigkeit, $\tau_{W,s,N}$: Schubwechselfestigkeit, $\tau_{W,s,N}$: Torsionswechselfestigkeit.
[a] Gleichwertiger Durchmesser $d_{eff,N} = 500$ mm für 28NiCrMoV 8 5, für alle anderen $d_{eff,N} = 250$ mm.
[b] Die Ermüdungsfestigkeitswerte sind vorläufige Werte.

Tab. 29.9 Festigkeits- und Schwingfestigkeitswerte in N/mm^2 nach [53]. Die Schwingfestigkeitswerte entsprechen einer Überlebenswahrscheinlichkeit von 97,5 %.
Festigkeitskennwerte in N/mm^2 für Stahlguss für allgemeine Verwendungszwecke nach DIN 10293[a]

Sorte	Werkstoff Nr.	$R_{m,N}$	$R_{e,N}$[b]	$\sigma_{W,zd,N}$	$\sigma_{Sch,zd,N}$	$\sigma_{W,b,N}$	$\tau_{W,s,N}$	$\tau_{W,t,N}$
GE200 (GS-38)	1.0420	380	200	130	125	150	75	90
GE240 (GS-45)	1.0446	450	240	150	130	180	90	105
GE300 (GS-60)	1.0558	520	300	205	160	235	120	140

$\sigma_{W,zd,N}$: Zug-Druck-Wechselfestigkeit, $\sigma_{Sch,zd,N}$: Zug-Druck-Schwellfestigkeit, $\sigma_{W,b,N}$: Biegewechselfestigkeit, $\tau_{W,s,N}$: Schubwechselfestigkeit, $\tau_{W,t,N}$: Torsionswechselfestigkeit.
[a] gleichwertiger Rohgussdurchmesser $d_{eff,N}$ = 100 mm.
[b] $R_{e,N}/R_{m,N}$ < 0,75 für alle Sorten.

Tab. 29.10 Festigkeits- und Schwingfestigkeitswerte in N/mm^2 nach [53]. Die Schwingfestigkeitswerte entsprechen einer Überlebenswahrscheinlichkeit von 97,5 %.
Festigkeitskennwerte in N/mm^2 für Gusseisen mit Kugelgraphit nach DIN EN 1563 bzw. nach DIN 1693 (Bezeichnung in Klammern)[a]

Sorte	Werkstoff Nr.	$R_{m,N}$	$R_{p0,2,N}$[b]	A_5[c]	$\sigma_{W,zd,N}$	$\sigma_{Sch,zd,N}$	$\sigma_{W,b,N}$	$\tau_{W,s,N}$	$\tau_{W,t,N}$
EN-GJS-500-7 (GGG-50)	EN-JS1050 (0.7050)	500	320	7	170	135	225	110	150
EN-GJS-600-3 (GGG-60)	EN-JS1060 (0.7060)	600	370	3	205	160	265	135	180
EN-GJS-700-2 (GGG-70)	EN-JS1070 (0.7070)	700	420	2	240	180	305	155	205
EN-GJS-800-2 (GGG-80)	EN-JS1080 (0.7080)	800	480	2	270	200	340	175	235
EN-GJS-900-2	EN-JS1090	900	600	2	305	220	380	200	260

$\sigma_{W,zd,N}$: Zug-Druck-Wechselfestigkeit, $\sigma_{Sch,zd,N}$: Zug-Druck-Schwellfestigkeit, $\sigma_{W,b,N}$: Biegewechselfestigkeit, $\tau_{W,s,N}$: Schubwechselfestigkeit, $\tau_{W,t,N}$: Torsionswechselfestigkeit.
[a] gleichwertiger Rohgussdurchmesser $d_{eff,N}$ = 60 mm.
[b] $R_{p0,2,N}/R_{m,N}$ < 0,75 für alle Sorten.
[c] Bruchdehnung in Prozent.

Tab. 29.11 Festigkeits- und Schwingfestigkeitswerte in N/mm^2 nach [53]. Die Schwingfestigkeitswerte entsprechen einer Überlebenswahrscheinlichkeit von 97,5 %.
Festigkeitskennwerte in N/mm^2 für Gusseisen mit Lamellengraphit (Grauguss) nach DIN EN 1561 bzw. nach DIN 1691 (Bezeichnung in Klammern)[a]

Sorte	Werkstoff Nr.	$R_{m,N}$	$R_{p0,1,N}$	$\sigma_{W,zd,N}$	$\sigma_{Sch,zd,N}$	$\sigma_{W,b,N}$	$\tau_{W,s,N}$	$\tau_{W,t,N}$
EN-GJL-100 (GG-10)	EN-JL1010 (0.6010)	100	–	30	20	45	25	40
EN-GJL-150 (GG-15)	EN-JL1020 (0.6015)	150	100	45	30	70	40	60
EN-GJL-200 (GG-20)	EN-JL1030 (0.6020)	200	130	60	40	90	50	75
EN-GJL-250 (GG-25)	EN-JL1040 (0.6025)	250	165	75	50	110	65	95
EN-GJL-300 (GG-30)	EN-JL1050 (0.6030)	300	195	90	60	130	75	115
EN-GJL-350 (GG-35)	EN-JL1060 (0.6035)	350	230	105	70	150	90	130

$\sigma_{W,zd,N}$: Zug-Druck-Wechselfestigkeit, $\sigma_{Sch,zd,N}$: Zug-Druck-Schwellfestigkeit, $\sigma_{W,b,N}$: Biegewechselfestigkeit, $\tau_{W,s,N}$: Schubwechselfestigkeit, $\tau_{W,t,N}$: Torsionswechselfestigkeit.
[a] gleichwertiger Rohgussdurchmesser $d_{eff,N}$ = 20 mm.

Tab. 29.12 Festigkeits- und Schwingfestigkeitswerte in N/mm^2 nach [53]. Die Schwingfestigkeitswerte entsprechen einer Überlebenswahrscheinlichkeit von 97,5 %.
Festigkeitskennwerte in N/mm^2 für Temperguss nach DIN EN 1562 bzw. nach DIN 1692 (Bezeichnung in Klammern), nicht entkohlend geglühter Zustand[a]

Sorte	Werkstoff Nr.	$R_{m,N}$	$R_{p0,1,N}$[b]	A_5[c]	$\sigma_{W,zd,N}$	$\sigma_{Sch,zd,N}$	$\sigma_{W,b,N}$	$\tau_{W,s,N}$	$\tau_{W,t,N}$
EN-GJMB-300-6 (–)	EN-JM1110 (–)	300	–	6	90	75	130	70	100
EN-GJMB-450-6 (GTS-45-06)	EN-JM1140 (0.8145)	450	270	6	135	105	190	100	145
EN-GJMB-500-5 (–)	EN-JM1150 (–)	500	300	5	150	115	210	115	160
EN-GJMB-600-3 (–)	EN-JM1170 (–)	600	390	3	180	135	250	135	190
EN-GJMB-700-2 (GTS-70-02)	EN-JM1190 (0.8170)	700	530	2	210	155	285	160	220
EN-GJMB-800-1 (–)	EN-JM1200 (–)	800	600	1	240	170	320	180	250

$\sigma_{W,zd,N}$: Zug-Druck-Wechselfestigkeit, $\sigma_{Sch,zd,N}$: Zug-Druck-Schwellfestigkeit, $\sigma_{W,b,N}$: Biegewechselfestigkeit, $\tau_{W,s,N}$: Schubwechselfestigkeit, $\tau_{W,s,N}$: Torsionswechselfestigkeit.
[a] gleichwertiger Rohgussdurchmesser $d_{eff,N} = 15$ mm.
[b] $R_{p0,2,N}/R_{m,N} < 0{,}75$, nur für GTS-70-02 gilt $R_{p0,2,N}/R_{m,N} > 0{,}75$.
[c] Bruchdehnung in Prozent.

Tab. 29.13 Bruchzähigkeit einiger Stähle bei Raumtemperatur nach [54, 55]

Werkstoff	R_e [Nmm^{-2}]	K_{Ic} [Nmm$^{-3/2}$]
St37-3	230	3000
StE47	430	3000
St52-3	310	4000
StE70	690	3500
Ck22		1600
Ck45		650… 700
50 Mn 7	540	2100
34 CrMo 4	1100	3500
40 CrMo 4	480…1330	1900…3800
51 CrMo 4	960	3500
30 CrNiMo 8		5900…3200
34 CrNiMo 6	1280…1550	2620…1250
38 NiCrMo V 7 3	1050…1800	4900…1000
40 NiCrMo 6	1200…1650	3600…1400
20 MnMoNi 4 5		5900…5420
30 CrMoNiV 5 11	650	1920
41 SiNiCrMoV 7 6	1450…1800	3200…1050
X 38 CrMoV 5 1	1100…1900	4000… 800
X 44 CrMoV 5 1	1430…1590	1700… 830

29

Tab. 29.14 Bruchmechanische Kennwerte bei statischer Beanspruchung von Baustählen nach [56, 57]

Stahlsorte, Werkstoff Nr.	R_m [MPa]	R_{eL} [MPa]	d [mm]	Lieferz.	KV (RT) [J]	T_{27J} [°C]	T_i [°C]	J_i^a [N/mm]	J_{Ic}^b [N/mm]	δ_i^a [mm]	$J = A\Delta a^{Bc}$ A	$J = A\Delta a^{Bc}$ B
S235J2G3 1.0116	414	262	30	n	160	−41	−70	145	−	0,24	−	−
S355J2G3 1.0570	556	397	30	n	75	−38	−37	65	119	0,07	171,9	0,45
S355N 1.0545	530	377	30	nw	186	−100	−43	230	255	0,26	545,9	0,6
	520	380	30	n	260	−94	−58	365	−	0,42	812,8	0,47
S460N 1.8901	534	395	30	nw	321	−113	−54	352	432	0,38	947,1	0,65
	666	491	30	n	175	−54	−26	185	266	0,18	405,3	0,44
S355M 1.8823	547	415	30	m	−	−85	−50	146	−	0,18	568	0,45
	519	414	25	m	−	−100	−85	233	−	0,27	1146	0,59
S460M 1.8827	536	427	30	m	250	−36	−58	225	421	0,23	867,5	0,56
	542	448	80	m	−	−90	−35	349	−	0,36	1492	0,762
S690Q 1.8931	814	741	30	qt	108	−60	−38	90	118	0,06	150,4	0,21
	846	792	15	qt	−	−55	−55	121	−	0,09	641	0,437
S890Q 1.8940	1054	1001*	30	qt	164	−94	−19	175	210	0,1	489,5	0,48
	1046	993*	15	qt	−	−90	−15	−	−	0,06	378	0,34

d – Blechdicke

n – normalgeglüht, nw – normalisierend gewalzt, m – thermomechanisch gewalzt, qt – wasservergütet

[a] mit Gleichstrompotentialmethode

[b] nach ASTM E 813-89

[c] wie[b], J in N/mm, Δa in mm

Tab. 29.15 Bruchmechanische Kennwerte bei statischer Beanspruchung Gusseisen mit Kugelgraphit [58]

Werkstoff	$R_{p0,2}$ [MPa]	R_m [MPa]	E [GPa]	J_{iB1} [N/mm]	$J_{0,2}$ [N/mm]	$K_{Ji\,BL}$ [MPa$\sqrt{m}$]	$\delta_{i/B1}$ [µm]	$\delta_{0,2}$ [µm]
EN-GJS-400-15	264	413	176	21	51	60	37	92
EN-GJS-600-3	400	677	168	–	15[a]	–	–	21[a]
EN-GJS-1000-5 (S)	800	1062	166	8	20	37	6	6
EN-GJS-1000-5 (SA)	820	1132	165	9	22	40	11	11

Werkstoff	J – Integral [N/mm] $J = A(\Delta a + B)^{C\ b}$			δ[µm] $\delta = A'(\Delta a + B)^{C\,b}$		
	A	B	C	A'	B'	C'
EN-GJS-400-15	96	0,01	0,4	174	0,01	0,41
EN-GJS-1000-5 (S)	38	0,02	0,36	37	0,1	0,5
EN-GJS-1000-5 (SA)	35	0,03	0,39	30	0,09	0,58

[a] J_c- bzw. δ_c-Werte
[b] mit Δa [mm]

Tab. 29.16 Bruchzähigkeiten verschiedener Magnesium-legierungen nach [59]

Werkstoff	T [°C]	R_m [MPa]	K_{Ic} [MPa$\sqrt{m}$]
Sandguss			
AZ91C T6	RT	–	11,4
EQ21A T6	RT	–	16,3
QE22A T6	RT	–	13,2
WE54A T6	RT	–	11,4
QH21A T6	RT	–	18,6
ZE41A T5	RT	–	15,5
ZE63A T6	RT	–	20,9
Knetlegierungen			
AZ31B F	RT	–	28,0
AZ61A F	RT	–	29,9
AZ80A F	RT	–	28,9
AZ80A T5	RT	345	16,2
ZK60A T5	RT	352	34,4
Blech			
AZ31B-H24	RT	283	28,5
HK31A-O	RT	214	32,9
HK31A-H24	RT	269	25,2
HM21A-T8	RT	248	25,2
ZE10-O	RT	228	23,0
ZE10A-H24	RT	262	30,7

29

Bruchmechanische Werkstoffkennwerte bei zyklischer Beanspruchung, Empfehlung aus [60]

Im British Standard 7910 [60] werden folgende Kennwerte für die Fehlerbewertung in metallischen geschweißten sowie nicht geschweißten Bauteilen angegeben. Alle Angaben erfolgen mit ΔK in MPa$\sqrt{m}$ und da/dN in mm/LZ. Die Parameter C und m sind die Konstanten der Paris-Erdogan-Gleichung, Abschn. 29.3.4.

Schwellenwert (Schweißverbindungen, R_K-Einfluss konservativ berücksichtigt) in MPa$\sqrt{m}$

- Stähle (auch austenitische) in Luft, $T \leq 100\,°C$
  $\Delta K_{th} = 2$,
- Stähle (ohne austenitische) mit kathodischem Schutz in Meerwasserumgebung, $T \leq 20\,°C$
  $\Delta K_{th} = 2$,
- Stähle in Meerwasserumgebung, ungeschützt
  $\Delta K_{th} = 0$,
- Aluminiumlegierungen in Luft, $T \leq 20\,°C$
  $\Delta K_{th} = 0,7$.

Schwellenwert (nicht geschweißte Bauteile) in MPa$\sqrt{m}$

- Stähle (ohne austenitische) in Luft und mit kathodischem Schutz in Meerwasserumgebung, $T \leq 20\,°C$
  $\Delta K_{th} = 5,38$ für $R_K < 0$,
  $\Delta K_{th} = 5,38 - 6,77 R_K$ für $0 \leq R_K < 0,5$,
  $\Delta K_{th} = 2$ für $R_K > 0,5$,
- metallische, eisenfreie Werkstoffe, Abschätzung aus dem Schwellenwert $\Delta K_{th,\,Stahl}$ und dem E-Modul E_{Stahl} für Stähle
  $\Delta K_{th} = \Delta K_{th,\,Stahl} (E/E_{Stahl})$ und damit für
- Aluminiumlegierungen
  $\Delta K_{th} = 1,8$ für $R_K < 0$,
  $\Delta K_{th} = 1,8 - 2,3 R_K$ für $0 \leq R_K < 0,5$,
  $\Delta K_{th} = 0,7$ für $R_K \geq 0,5$.

Bei der Bewertung von Oberflächenrissen mit einer Tiefe von $a < 1$ mm, soll der anzuwendende Schwellenwert maximal $\Delta K_{th} = 2$ MPa$\sqrt{m}$ betragen.

Rissfortschrittsrate

Mittelwertkurven und obere Grenzwertkurven (Mittelwert + zweifache Standardabweichung) für 97,7 % Überlebenswahrscheinlichkeit sind für

- Stähle (außer austenitische) mit $R_e \leq 700$ MPa in Luft oder anderen nicht aggressiven Medien bei $T \leq 100\,°C$,
- Stähle (außer austenitische) mit $R_e \leq 600$ MPa in Meerwasserumgebung bei $T \leq 20\,°C$

aus Tab. 29.15 zu entnehmen. Die angegebenen Parameter entsprechen einer bilinearen Rissfortschrittsbeschreibung.

Eine einfachere Abschätzung ist wie folgt möglich:

- Stähle (auch austenitische) mit $R_e \leq 600$ MPa in Luft oder anderen nicht aggressiven Medien bei $T \leq 100\,°C$
  $m = 3$, $C = 1,65 \cdot 10^{-8}$ sowie bei erhöhten Temperaturen bis 600 °C
  $m = 3$, $C = 1,65 \cdot 10^{-8} (E_{RT}/E_T)^3$,
  (E_{RT} und E_T sind die E-Modul-Werte bei Raum- bzw. erhöhter Temperatur),
- Stähle (ohne austenitische) in Meerwasserumgebung mit oder ohne kathodischem Schutz bei $T \leq 20\,°C$
  $m = 3$, $C = 7,27 \cdot 10^{-8}$,
- metallische, eisenfreie Werkstoffe, Abschätzung aus den Kennwerten für Stähle
  $m = 3$, $C = 1,65 \cdot 10^{-8} (E_{Stahl}/E)^3$ und damit für
- Aluminiumlegierungen
  $m = 3$, $C = 4,45 \cdot 10^{-7}$.

Tab. 29.17 Empfohlene Rissfortschrittskennwerte für Stähle nach [60] für Überlebenswahrscheinlichkeiten $P_{\ddot{U}} = 50\%$ und $P_{\ddot{U}} = 97,7\%$ (Werte für $R_K \geq 0,5$ für die Bewertung von Schweißverbindungen empfohlen)

	ΔK_0 [MPa$\sqrt{m}$]		$\Delta K_{th} < \Delta K < \Delta K_0$				$\Delta K_0 \leq \Delta K < (1 - R_K)K_C$			
$P_{\ddot{U}}$	50 %	97,7 %	50 %		97,7 %		50 %		97,7 %	
R_K			C	m	C	m	C	m	C	m
Stahl an Luft										
< 0,5	11,48	9,96	$2,10 \cdot 10^{-14}$	8,16	$7,59 \cdot 10^{-14}$	8,16	$8,32 \cdot 10^{-9}$	2,88	$1,41 \cdot 10^{-8}$	2,88
≥ 0,5	6,20	4,55	$2,14 \cdot 10^{-10}$	5,1	$9,38 \cdot 10^{-10}$	5,1	$1,22 \cdot 10^{-8}$	2,88	$2,70 \cdot 10^{-8}$	2,88
Stahl in Meerwasserumgebung, ungeschützt										
< 0,5	42,25	31,40	$4,05 \cdot 10^{-9}$	3,42	$1,15 \cdot 10^{-8}$	3,42	$1,13 \cdot 10^{-5}$	1,3	$1,72 \cdot 10^{-5}$	1,3
≥ 0,5	34,72	23,65	$7,24 \cdot 10^{-9}$	3,42	$2,32 \cdot 10^{-8}$	3,42	$2,62 \cdot 10^{-5}$	1,11	$3,46 \cdot 10^{-5}$	1,11
Stahl in Meerwasserumgebung, kathodisch geschützt mit -850 mV (Ag/AgCl)										
< 0,5	14,61	13,72	$2,10 \cdot 10^{-14}$	8,16	$7,59 \cdot 10^{-14}$	8,16	$5,22 \cdot 10^{-8}$	2,67	$1,34 \cdot 10^{-7}$	2,67
≥ 0,5	10,21	9,17	$2,14 \cdot 10^{-10}$	5,1	$9,38 \cdot 10^{-10}$	5,1	$6,07 \cdot 10^{-8}$	2,67	$2,04 \cdot 10^{-7}$	2,67
Stahl in Meerwasserumgebung, kathodisch geschützt mit -1100 mV (Ag/AgCl)										
< 0,5	18,21	16,25	$2,10 \cdot 10^{-14}$	8,16	$7,59 \cdot 10^{-14}$	8,16	$6,94 \cdot 10^{-6}$	1,4	$1,16 \cdot 10^{-5}$	1,4
≥ 0,5	16,35	13,12	$2,14 \cdot 10^{-10}$	5,1	$9,38 \cdot 10^{-10}$	5,1	$6,61 \cdot 10^{-6}$	1,4	$1,28 \cdot 10^{-5}$	1,4

Tab. 29.18 Bruchmechanische Kennwerte bei statischer und zyklischer Beanspruchung für verschiedene Aluminium-legierungen, Rissfortschritt nach Forman [61] und Schwellenwerte nach [62]

$$\frac{dc}{dN} = \frac{C_1 \cdot (\Delta K)^{m_1}}{(1 - R_K)K_c - \Delta K}$$

$\Delta K_{th} = (1 - R_K)\Delta K_{th,0}$ und
$\Delta K_{th,0} = 2,75$ MPa $\sqrt{m}$ [BW1]
ΔK in MPa $\sqrt{m}$ und da/dN in mm/LZ, Werte in Luft, kein Einfluss von Orientierung und Probendicke, Mittelwerte

Werkstoff	T [°C]	R_K	C_1	m_1	K_C
2014-T6	RT	0, 0,1, 0,2, 0,3, 0,4, 0,5	1,00E−05	2,87	59,9
2024-T3	RT	s. o.	7,13E−06	2,70	71,3
	−50	s. o.	3,71E−09	5,36	67,7
2024-T4	RT	s. o.	8,57E−06	2,60	58,1
	−50	s. o.	1,94E−09	5,10	74,8
2024-T6	RT	s. o.	2,00E−05	2,62	69,8
2024-T8	RT	s. o.	1,33E−05	2,65	65,3
2124-T851	RT	s. o.	7,72E−06	2,78	61,4
2219-T851	RT	s. o.	4,84E−05	2,16	57,5
2618-T6	RT	s. o.	8,56E−06	2,58	45,6
6061-T6	RT	s. o.	2,27E−04	1,66	60,1
7010-T73651	RT	s. o.	2,06E−05	2,46	46,0
7050-T73651	RT	s. o.	4,11E−06	2,98	55,0
7075-T6	RT	s. o.	1,37E−05	3,02	63,9
	−50	s. o.	1,63E−06	3,18	47,1
7075-T7351	RT	s. o.	6,27E−06	2,78	55,8
7175-T736	RT	s. o.	2,61E−06	2,91	35,0
7178-T651	RT	s. o.	3,74E−05	2,06	30,7
7178-T7651	RT	s. o.	3,16E−05	1,87	30,0
7475-T7351	RT	s. o.	3,24E−05	2,32	78,2
7475-T76	RT	s. o.	2,97E−06	2,98	82,6
	−50	s. o.	6,54E−05	2,18	79,9
A357-T6 (Guss)	RT	s. o.	2,19E−06	2,94	41,5

29

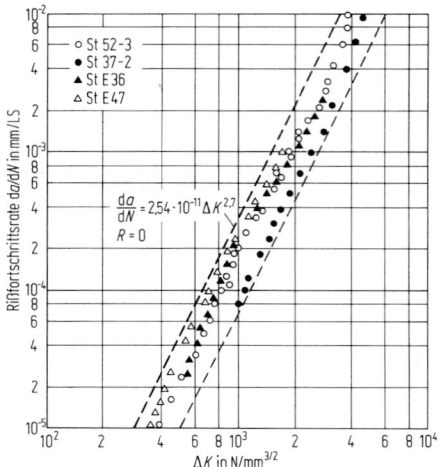

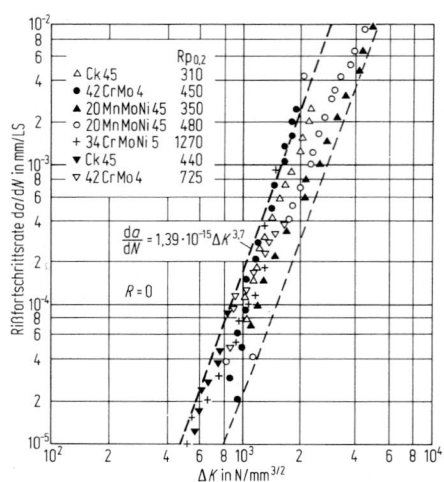

Abb. 29.39 Rissfortschrittsverhalten einiger Bau- und Feinkornbaustähle nach [54]

Abb. 29.40 Rissfortschrittsverhalten einiger Einsatz-, Vergütungs- und Druckbehälterstähle nach [54, 63]

Abb. 29.41 Rissfortschrittskurven verschiedener Aluminiumlegierungen nach [62], $R_K = 0$

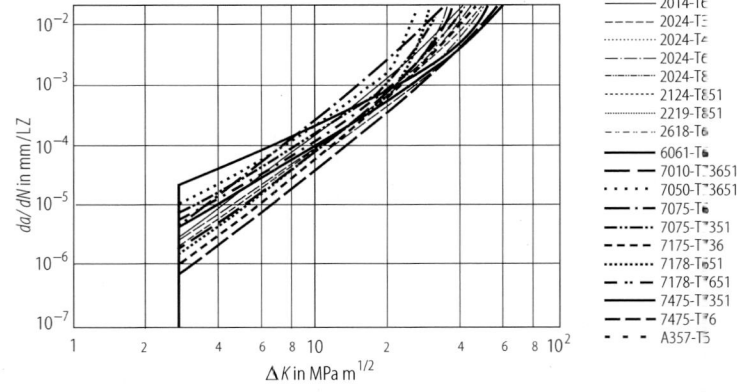

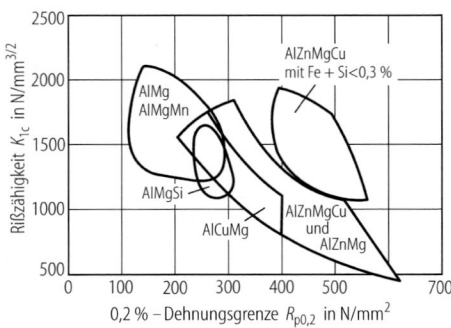

Abb. 29.42 Risszähigkeit und 0,2 %-Dehngrenze von Aluminiumlegierungen [64]

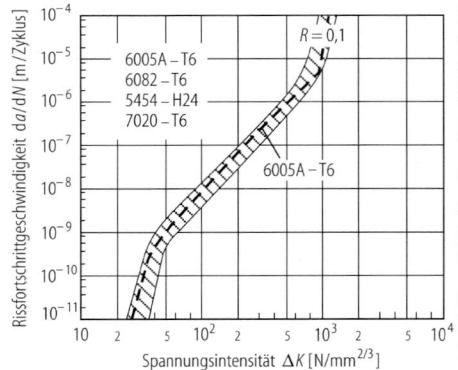

Abb. 29.43 Rissfortschrittsverhalten einiger Aluminiumknetlegierungen [65]

Tab. 29.19 Formzahlen symmetrischer Kerbstähle

	Flachstab				Rundstab					
	gekerbt		abgesetzt		gekerbt			abgesetzt		
	z	b	z	b	z	b	t	z	b	t
A	0,10	0,08	0,55	0,40	0,10	0,12	0,40	0,44	0,40	0,40
B	0,7	2,2	1,1	3,8	1,6	4,0	15,0	2,0	6,0	25,0
C	0,13	0,20	0,20	0,20	0,11	0,10	0,10	0,30	0,80	0,20
k	1,00	0,66	0,80	0,66	0,55	0,45	0,35	0,60	0,40	0,45
l	2,00	2,25	2,20	2,25	2,50	2,66	2,75	2,20	2,75	2,25
m	1,25	1,33	1,33	1,33	1,50	1,20	1,50	1,60	1,50	2,00

z Zug b: Biegung t: Torsion

$$c_k = 1 + \cfrac{1}{\sqrt{\dfrac{A}{\left(\frac{t}{\varrho}\right)^k} + B\left[\dfrac{1+\frac{a}{\varrho}}{\frac{a}{\varrho}\sqrt{\frac{a}{\varrho}}}\right]^l} + C\,\dfrac{\frac{a}{\varrho}}{\left(\frac{a}{\varrho}+\frac{t}{\varrho}\right)\left(\frac{t}{\varrho}\right)^m}}$$

Literatur

Spezielle Literatur

1. Czichos, H., Habig, K.-H.: Tribologie Handbuch: Reibung und Verschleiß. Vieweg Teubner, Wiesbaden (2003)
2. Scholtes, B.: Eigenspannungen in mechanisch randschichtverformten Werkstoffzuständen Ursachen, Ermittlung und Bewertung. DGM Informationsgesellschaft mbH, Frankfurt (1990)
3. Macherauch, E., Wohlfahrt, H., Wolfstieg, U.: Zur zweckmäßigen Definition von Eigenspannungen. Härterei Techn Mitt **28**, 200–211 (1973)
4. Granacher, J.: Zur Übertragung von Hochtemperaturkennwerten auf Bauteile. VDI-Berichte Nr. 852. VDI-Verlag, Düsseldorf, S. 325–352 (1991)
5. Riedel, H.: Fractureat high temperatures, materials research and engineering. Springer, Berlin (1987)
6. Granacher, J., Tscheuschner, R., Maile, K., Eckert, W.: Langzeitiges Kriechrissverhalten kennzeichnender Kraftwerkstähle. Mat Wiss Werkstofftech **24**, 367–377 (1993)
7. Das Verhalten mechanischer Werkstoffe und Bauteile unter Korrosionseinwirkung. VDI-Berichte Nr. 235. VDI-Verlag, Düsseldorf (1975)
8. Wendler-Kalsch, E., Gräfen, H.: Korrosionsschadenskunde. Springer, Berlin (2010)
9. Radaj, D., Vormwald, M.: Ermüdungsfestigkeit. Springer, Berlin (2007)
10. Zenner, H.: Berechnung bei mehrachsiger Beanspruchung. VDI-Berichte Nr. 1227. VDI-Verlag, Düsseldorf, S. 219–236 (1995)
11. Hobbacher, A. (Hrsg.): Recommendations for fatigue design of welded joints and components. IIW document No. IIW-1823-07. International Institute of Welding, Paris (2008)
12. Kumar, V., German, M.D., Shih, C.F.: An engineering approach for elastic-plastic fracture analysis. EPRI-Report NP-1931. Palo Alto (1981), https://doi.org/10.2172/6068291
13. SINTAP: Structural integrity assessment procedures for European industry. British Steel, draft report BE95-1426. (1999)
14. British Energy Generation Ltd: Assessment of the integrity of structures containing defects. R6-Rev. 4. (2001)
15. British Standard 7910: Guide to methods for assessing the acceptability of flaws in metallic structures. British Standard Institution (2005)
16. FKM-Richtlinie Rechnerischer Festigkeitsnachweis für Maschinenbauteile. VDMA-Verlag, Frankfurt/Main (2012)
17. Bruchmechanischer Festigkeitsnachweis für Maschinenbauteile. ForschungskuratoriumMaschinenbau e. V. VDMA-Verlag, Frankfurt/Main (2009)
18. Tada, H., Paris, P.C., Irwin, G.R.: The stress analysis of cracks handbook. Del Research Corporation, Hellertown (1973)
19. Sih, G.C.: Handbook of stress intensity factors for engineers. Institute of Fracture and Solid Mechanics, Lehigh (1973)
20. Rooke, P.D., Cartwright, D.J.: Compendium of stress intensity factors. HMSO, London (1976)
21. Murakami Y.Y., Keer L.M.: Stress Intensity Factors Handbook, Vol. 3. ASME. J. Appl. Mech. **60**(4):1063 (1993) https://doi.org/10.1115/1.2900983
22. ASME Boiler and Pressure Vessel Code, Section XI (1983)

29

23. Dugdale, D.S.: J Mech Phys Solids **8**(2), 100 (1960)
24. Fatigue Life in Gigacycle Regime: Fatigue & fracture. Eng Mat Struct **22**, 545–641 (1999)
25. Haibach, E.: Betriebsfestigkeit. Verfahren und Daten zur Bauteilberechnung. Springer, Berlin, Heidelberg (2008)
26. Paris, P.C., Erdogan, F.: A critical analysis of crack propagation laws. J Basic Eng **85**, 528–534 (1960)
27. Forman, R.G., Kearney, V.E., Engle, R.M.: Numerical analysis of crack propagation in cyclic loaded structures. J Basic Eng Trans ASME **89**, 459–463 (1967)
28. Erdogan, F., Ratwani, M.: Fatigue and fracture of cylindrical shells containing a circumferential crack. Int J Fract Mech **6**, 379–392 (1970)
29. Fatigue Crack Growth Computer Program „NASGRO" Version 3.0 – Reference Manual, National Aeronautics and Space Administration (NASA), JSC-22267B (2000)
30. Handbuch, Luftfahrttechnisches. „Handbuch Struktur Berechnung (HSB)." *Industrie-Ausschuß Struktur Berechnungsunterlagen, Ausgabe C* (1978)
31. Randak, A., Stanz, A., Verderber, W.: Eigenschaften von nach Sonderschmelzverfahren hergestellten Werkzeug- und Wälzlagerstählen. Stahl Eisen **92**, 891–893 (1972)
32. Berger, C., Pyttel, B., Schwerdt, D., Beyond, H.C.F.: Is there a fatigue limit. Mat Wiss Werkstofftech **36**(10), 769–776 (2008)
33. Jaccard, R.: Fatigue crack propagation in aluminium, IIW Document XIII-1377 (1990)
34. Böhm, H.: Bedeutung des Bestrahlungsverhaltens für die Auswahl und Entwicklung warmfester Legierungen im Reaktorbau. Arch Eisenhüttenwes **45**, 821–830 (1974)
35. Broszeit, E., Steindorf, H.: Mechanische Oberflächenbehandlung, Festwalzen, Kugelstrahlen, Sonderverfahren. DGM Informationsgesellschaft Verlag, Frankfurt (1989)
36. Sigwart, A., Fessenmeyer, W.: Oberfläche und Randschicht. VDI Berichte Nr. 1227., S. 125–141 (1995)
37. Jung, U.: FEMSimulation und experimentelle Optimierung des Festwalzens. Shaker, Aachen (1996)
38. Wiegand, H., Fürstenberg, U.: Hartverchromung, Eigenschaften und Auswirkungen auf den Grundwerkstoff. Maschinenbau-Verlag, Frankfurt (1968)
39. Hempel, M.: Zug-Druck-Wechselfestigkeit ungekerbter und gekerbter Proben warmfester Werkstoffe im Temperaturbereich von 500 bis 700 °C. Arch Eisenhüttenwes **43**, 479–488 (1972)
40. Rainer, G.: Kerbwirkung an gekerbten und abgesetzten Flach- und Rundstäben. Diss. TH Darmstadt (1978)
41. Wellinger, K., Pröger, M.: Der Größeneffekt beim Kerbzugversuch mit Stahl. Materialprüfung **10**, 401–406 (1968)
42. Kloos, K.H.: Einfluss des Oberflächenzustandes und der Probengröße auf die Schwingfestigkeitseigenschaften. VDI Berichte Nr. 268., S. 63–76 (1976)
43. Neuber, H.: Theory of stress concentrations for shear-strained prismatical bodies with arbitrary nonlinear stress-strain law. J Appl Mech **12**, 544–550 (1961)
44. Smith, K.N., Watson, P., Topper, T.H.: A stress-strain function for the fatigue of materials. Int J Mater **5**(4), 767–778 (1970)
45. Kotte, K.L., Eulitz, K.-G.: Überprüfung der Festlegungen zur Abschätzung von Wöhlerlinien und zur Schadensakkumulations-Rechung anhand einer Datensammlung gesicherter Versuchsergebnisse. VDI-Berichte 1227. (1995)
46. TRD-301, Anlage1: Technische Regeln für Dampfkessel, Berechnung auf Wechselbeanspruchung durch schwellenden Innendruck bzw. durch kombinierte Innendruck- und Temperaturänderungen. Ausgabe April 1975, Berlin: Beuth Verlag
47. Vormwald, M.: Anrisslebensdauervorhersage auf der Basis der Schwingbruchmechanik für kurze Risse, Dissertation TU Darmstadt (1989)
48. VDI-Richtlinie 2226: Empfehlung für die Festigkeitsberechnung metallischer Bauteile. Beuth-Verlag, Berlin (1965)
49. TRD-508, Anlage 1: Technische Regeln für Dampfkessel, Zusätzliche Prüfung an Bauteilen, Verfahren zur Berechnung von Bauteilen mit zeitabhängigen Festigkeitskennwerten. Ausgabe Juli 1986, Beuth Verlag Berlin
50. Ewald, J.: Beurteilung von Rißeinleitung und Rißwachstum im Kriechbereich mit Hilfe eines Rißspitzen-Fernfeld-Konzeptes. Mat Wiss Werkstofftech **20**, 195–206 (1989)
51. Heckel, H., Köhler, G.: Experimentelle Untersuchung des statistischen Größeneinflusses im Dauerschwingversuch an ungekerbten Stahlproben. Z. für Werkstofftech. 6, 52–54 (1975)
52. Hänchen, R., Decker, K.H.: Neue Festigkeitsberechnungen für den Maschinenbau. Hanser, München (1967)
53. Erdogan, F., Ratwani, M.: Fatigue and fracture of cylindrical shells containing a circumferential crack. Int J Fract Mech 6, TS10, 379–392 (1970)
54. Huth, H.: Berechnungsunterlagen zur Rissfortschritts- und Restfestigkeitsvorhersage rissbehafteter Großbauteile. ARGE Betriebsfestigkeit im VdEh, Bericht Nr. ABF06, Düsseldorf (1979)
55. Broichhausen, J.: Schadenskunde und -forschung in der Werkstofftechnik. Vorlesung an der RWTH Aachen (1977)
56. Hubo, R.: Bruchmechanische Untersuchungen zum Einsatz von Stählen unterschiedlicher Festigkeit und Zähigkeit, VDI-Fortschrittsberichte Reihe 18 Nr. 80, Dissertation TH Aachen (1990)
57. Rainer, G.: Kerbwirkung an gekerbten und abgesetzten Flach- und Rundstäben, Dissertation TH Darmstadt (1978)
58. Pusch, G.; Liesenberg, O.; Hübner, P.; Brecht, T.; Krodel, L.: Mechanische und bruchmechanische

Kennwerte für Gusseisen mit Kugelgraphit, konstruieren + gießen 24, Nr. 2 (1999)

59. Fatigue Data Book: Light Structural Alloys, ASM International (1995)

60. British Standard 7910: Guide to methods for assessing the acceptability of flaws in metallic structures. British Standard Institution (2005)

61. Forman, R.G., Kearney, V.E., Engle, R.M.: Numerical analysis of crack propagation in cyclic loaded structures. J Basic Eng Trans ASME 89, 459–463 (1967)

62. Schwarmann, L.: Material Data of High-Strength Aluminium Alloys for Durability Evaluation of Structures, Aluminium Verlag Düsseldorf (1988)

63. Huth, H.; Schütz, D.: Zuverlässigkeit bruchmechanischer Vorhersagen. 3. Sitzg. des AK Betriebsfestigkeit am 14.10.1977 in Berlin, Vortragsband des DVM: Anwendung bruchmechanischer Verfahren auf Fragen der Betriebsfestigkeit, 7–17

64. Jaccard, R.: Fatigue crack propagation in aluminium, IIW Document XIII-1377-90

65. Ostermann, F.: Anwendungstechnologie Aluminium, Springer Verlag (2014)

Weiterführende Literatur

Askeland, D.R.: Materialwissenschaften. Spektrum Akad. Verlag, Heidelberg (1996)

Bargel, H.J., Schulze, G. (Hrsg.): Werkstoffkunde. Springer, Berlin (2013)

Bergmann, W.: Werkstofftechnik 1, 2. Hanser, München (2013)

Blumenauer, H., Pusch, G.: Technische Bruchmechanik. Wiley-VCH, Weinheim (2003)

Dahl, W. (Hrsg.): Eigenschaften und Anwendung von Stählen. Verlag der Augustinus-Buchhandlung, Aachen (1998)

Erscheinungsformen von Rissen und Brüchen metallischer Werkstoffe. Verlag Stahleisen, Düsseldorf (1996)

Gross, D., Seelig, T.: Bruchmechanik. Mit einer Einführung in die Mikromechanik. Springer, Berlin (2016)

Gudehus, H., Zenner, H.: Leitfaden für eine Betriebsfestigkeitsrechnung. Verlag Stahleisen, Düsseldorf (1999)

Haibach, E.: Betriebsfestigkeit: Verfahren und Daten zur Bauteilberechnung. Springer, Berlin (2006)

Hornbogen, E.: Werkstoffe. Springer, Berlin (2012)

Ilschner, B., Singer, R.F.: Werkstoffwissenschaften und Fertigungstechnik. Springer, Berlin (2016)

Issler, L., Ruoß, H., Häfele, P.: Festigkeitslehre Grundlagen. Springer, Berlin (2005)

Neuber, H.: Kerbspannungslehre: Theorie der Spannungskonzentration. Genaue Berechnung der Festigkeit, 3. Aufl. Springer, Berlin (2000)

Radaj, D., Vormwald, M.: Ermüdungsfestigkeit. Springer, Berlin (2009)

Roos, E., Maile, K.: Werkstoffkunde für Ingenieure. Springer, Berlin (2017)

Stahlbau Handbuch. Stahlbau-Verlagsges., Köln (1996). – Werkstoffkunde Stahl. Bd. 1 und 2. Springer, Berlin (1984)

29

Werkstoffprüfung

Matthias Oechsner, Christina Berger und Karl-Heinz Kloos

Die Werkstoffprüfung dient der Ermittlung von Eigenschaften und Kennwerten unter mechanischen, thermischen oder chemischen Beanspruchungsbedingungen an Proben und Bauteilen. Ihr Anwendungsbereich umfasst die Werkstoff- und Verfahrensentwicklung, die Bereitstellung von Kennwerten für Berechnung und Konstruktion, die Fertigung von der Eingangsprüfung bis zur Abnahmeprüfung, das fertige Produkt während seiner Lebensdauer sowie die Aufklärung von Schadensfällen.

30.1 Grundlagen

Die Prüfverfahren werden in zerstörungsfreie und zerstörende Prüfverfahren unterteilt. Die zerstörungsfreien Prüfverfahren werden vornehmlich im Rahmen der Qualitätssicherung in der Produktion als Eingangs-, Fertigungs- und Abnahmeprüfung angewendet. Je nach Sicherheitsanforderungen erfolgt die Prüfung als Stichprobenprüfung oder als 100 %-Prüfung. Bei Bauteilen mit hohen sicherheitstechnischen Anforderungen (z. B.

M. Oechsner (✉)
Technische Universität Darmstadt
Darmstadt, Deutschland
E-Mail: oechsner@mpa-ifw.tu-darmstadt.de

C. Berger
Technische Universität Darmstadt
Darmstadt, Deutschland
E-Mail: berger@mpa-ifw.tu-darmstadt.de

K.-H. Kloos
Darmstadt, Deutschland

Luftfahrt, Reaktortechnik) erfolgen auch nach der Inbetriebnahme regelmäßige Prüfungen im Rahmen von Inspektionen oder kontinuierliche Prüfungen im Betrieb durch Sensorüberwachung an potentiellen Versagensorten.

Bei den zerstörenden Prüfverfahren wird zwischen mechanischen, technologischen und chemischen Prüfverfahren unterschieden. Mit ihnen werden charakteristische Beanspruchungen nachgeahmt, wobei die am Bauteil im Betrieb auftretenden Beanspruchungsbedingungen vielfach idealisiert werden.

30.1.1 Probenentnahme

Aufgrund von Erstarrung und Verformung können Stähle eine ausgeprägte Anisotropie in den Eigenschaften besitzen, so dass die Lage der Proben im Bauteil in Längs-, Quer- und Dickenrichtung anzugeben ist. In Großbauteilen können durch die Erstarrungsbedingungen größere Unterschiede zwischen den Kern- und Randfestigkeits- und Zähigkeitseigenschaften auftreten. Abb. 30.1 zeigt dies am Beispiel einer Welle.

Bei hohen Drehzahlen treten die höchsten Beanspruchungen im Bereich der Wellenmitte auf, wo auch die ungünstigsten Werkstoffeigenschaften zu erwarten sind. (Ursache dafür können die infolge der chemischen Zusammensetzung bedingte mangelnde Durchvergütbarkeit und/oder Wärmebehandlung aber auch Lunker und Seigerungen sein.) Durch Versuchsbauteile bzw. vergleichende Untersuchungen ist sicherzustellen,

Abb. 30.1 Festlegung von Prüfvolumina

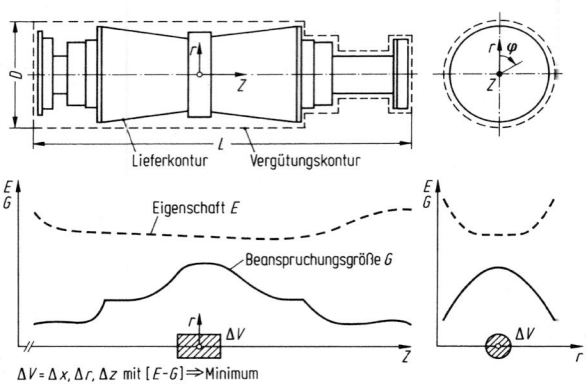

$\Delta V = \Delta x, \Delta r, \Delta z$ mit $[E-G] \Rightarrow$ Minimum

dass die in den hochbeanspruchten Bereichen geforderten Werkstoffeigenschaften, d. h. insbesondere Festigkeit und Zähigkeit, erreicht werden.

Besondere Anforderungen an die Probenentnahme sind bei der Gütesicherung gegossener Bauteile zu stellen. Die mechanischen Eigenschaften angegossener Proben können nur dann mit den Werkstoffeigenschaften des Gussteiles übereinstimmen, wenn die Abkühlbedingungen in beiden Fällen gleich sind. Dies gilt insbesondere für Eisengraphit-Werkstoffe, deren mechanische Eigenschaften in starkem Maße von Graphitform und -verteilung abhängen.

30.1.2 Versuchsauswertung

Bei der Bestimmung von Werkstoffeigenschaften ist neben dem Kennwert auch der Streubereich von Bedeutung, der durch Unterschiede in der chemischen Zusammensetzung der Proben sowie durch fertigungs- und prüftechnische Einflüsse bedingt ist. Bei der Festlegung von Sicherheitszahlen für die Festigkeitsberechnung ist es häufig erforderlich, Werkstoffkennwerte einzusetzen, die nach statistischen Grundsätzen bestimmt wurden.

Auswertungsverfahren für statische Werkstoffkennwerte
Die Mehrzahl der statischen Werkstoffkennwerte wird durch Mittelwertbildung (50 % Überlebenswahrscheinlichkeit) bestimmt. Zusätzlich kann ein Minimalwert angegeben werden, der von kei-

ner Probe unterschritten wird. Die in [1] bzw. im Tab. 29.3 angegebenen Werte gelten für eine Überlebenswahrscheinlichkeit von 97,5 %.

Auswertungsverfahren für Schwingfestigkeitskennwerte
Infolge der großen Zahl von Schwingfestigkeits-Einflussfaktoren sollten alle maßgeblichen Dauerfestigkeitskennwerte mit der Angabe einer bestimmten Überlebens- oder Bruchwahrscheinlichkeit gekoppelt werden, wozu eine größere Probenzahl erforderlich ist.

Bei nur wenigen Proben pro Lasthorizont und geringer Probenzahl pro Wöhlerkurve ist eine Verbesserung des Auswerteverfahrens dadurch möglich, dass aufgrund des beobachteten Verteilungsbilds der Versuchswerte zutreffende Verteilungsgesetze mit genügender Genauigkeit formuliert werden können. Die bekanntesten Verteilungsgesetze sind die Normalverteilung nach Gauß, die Extremverteilung nach Gumbel (die Weibull-Verteilung stellt hierin einen Sonderfall dar) sowie die arcsin $\sqrt{p}$-Transformation. Unter der Voraussetzung einer Normalverteilung werden derzeit zwei Auswerteverfahren zur Bestimmung der Dauerfestigkeit bzw. der Schwingfestigkeit bei einer vorgegebenen Grenzschwingspielzahl angewandt [2].

Treppenstufenverfahren. Hier wird eine größere Probenzahl (15 bis 20) nacheinander auf mehreren Laststufen geprüft, wobei die Beanspruchungshöhe davon abhängt, ob die vorher untersuchte Probe zu Bruch ging oder die Grenzschwingspielzahl als sog. Durchläufer erreicht hat. Im Falle eines Bruchs wird die Last um einen Stufensprung erniedrigt, ansonsten erhöht. Die Auswertung der anfallenden Versuchsergebnisse geschieht rechnerisch und liefert Mittelwert und Standardabweichung der ertragbaren Spannung und die zugehörigen Vertrauensgrenzen [2].

Abgrenzungsverfahren. Hier wird ebenfalls zunächst eine Probe in Höhe der erwarteten Dauerfestigkeit beansprucht. Bricht die Probe, so wird die Laststufe so lange erniedrigt, bis der erste Durchläufer auftritt. Beginnt die Versuchsreihe mit einem Durchläufer, wird die Last so lange gesteigert, bis der erste Bruch eintritt. Auf dem Lasthorizont des ersten Durchläufers oder Bruchs werden anschließend mindestens acht Proben geprüft. Mit der Anzahl der Brüche r und der Gesamtzahl der Proben n kann dann der zweite Lasthorizont σ_{a2} berechnet werden.

Auf diesem wird nach Möglichkeit die gleiche Probenzahl geprüft wie auf dem ersten. Die Bruchwahrscheinlichkeitswerte

$$P_B = \frac{3r - 1}{3r + 1} \quad \text{oder} \quad P_B = \frac{r}{n + 1}$$

werden für beide Lasthorizonte errechnet und in einem Wahrscheinlichkeitsnetz (z. B. Normalverteilung oder Extremwertverteilung) auf dem gewählten Lasthorizont eingetragen. Die durch beide Punkte gelegte Gerade erlaubt die Bestimmung der Lasthorizonte für Bruchwahrscheinlichkeitswerte von 10, 50 und 90 %.

Normen: *DIN 50 100*: Dauerschwingversuch.

30.2 Prüfverfahren

Innerhalb der Gruppe mechanischer Prüfverfahren nehmen die Festigkeits- und Zähigkeitsprüfungen sowie Ermüdungsversuche eine zentrale Stellung ein. Die Mehrzahl der Festigkeitsprüfungen kann aus verschiedenen Grundlastfällen wie folgt zusammengesetzt werden: Statische Kurzzeitprüfverfahren: Zugversuch, Druckversuch, Biegeversuch, Verdreh-

versuch; statische Langzeitprüfverfahren: Zeitstandversuch (Kriechversuch), Entspannungsversuch (Relaxationsversuch); dynamische Kurzzeitprüfverfahren: (instrumentierter) Kerbschlagbiegeversuch, Schlagzerreißversuch; zyklische bzw. Ermüdungs-Langzeitprüfverfahren: Dehnungswechselversuch, Einstufen-, Mehrstufen- und Betriebsfestigkeitsversuch.

30.2.1 Zugversuch

Zweck. Er dient zur Ermittlung mechanischer Werkstoffeigenschaften unter homogenen, einachsigen Zugspannungen.

Probengeometrie. Die Kennwerte werden an Proben mit kreisförmigem, quadratischem oder rechteckigem Querschnitt ermittelt. Um die Bruchdehnungswerte vergleichen zu können, müssen bestimmte Messlängenverhältnisse eingehalten werden.

Im Allgemeinen werden zylindrische Proportionalstäbe (Durchmesser D_0) angewandt, bei denen die Messlänge $L_0 = 5 \cdot D_0$ (kurzer Proportionalstab) oder $L_0 = 10 \cdot D_0$ (langer Proportionalstab) festgelegt wird.

Kennwerte

Festigkeit. Bei stetigem Übergang vom elastischen in den plastischen Bereich wird die 0,2 %-Dehngrenze $R_{p0,2}$ bestimmt. Bei unstetigem Übergang wird die Streckgrenze R_e bestimmt, die in untere und obere Streckgrenze (R_{eL}, R_{eH}) unterteilt werden kann (Abb. 30.2).

Die Zugfestigkeit $R_m = F_{max}/S_0$ ist die Spannung, die sich aus der auf den Anfangsquerschnitt S_0 bezogenen Höchstkraft ergibt.

Verformung. Die Bruchdehnung A ist die auf die Anfangsmesslänge L_0 bezogene bleibende Längenänderung nach dem Bruch der Probe:

$$A = \frac{L_u - L_0}{L_0} \cdot 100\,\%$$

30

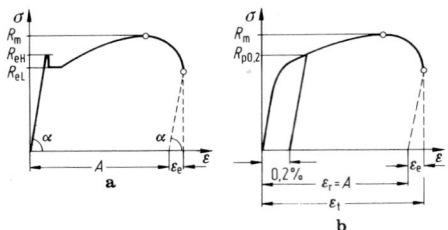

Abb. 30.2 Festigkeits- und Verformungskennwerte im Zugversuch. **a** mit ausgeprägter Streckgrenze; **b** mit 0,2 Dehngrenze

Die Bruchdehnung setzt sich aus Gleichmaßdehnung und Einschnürdehnung zusammen. Sie hängt vom Werkstoff und der Länge der Bezugsstrecke L_0 ab. Da die Einschnürdehnung bei einer Messlänge $L_0 = 5 \cdot D_0$ im Vergleich zur Gleichmaßdehnung prozentual stärker ins Gewicht fällt, sind die A_5-Werte größer als die A_{10}-Werte. Die Brucheinschnürung Z ergibt sich aus dem Anfangsquerschnitt S_0 und dem Endquerschnitt der Probe nach dem Bruch S_u.

$$Z = \frac{S_0 - S_u}{S_0} \cdot 100\,\%$$

Sie stellt ein unmittelbares Vergleichsmaß für das Kaltumformvermögen eines Werkstoffs dar.

E-Modul. Nach dem Hooke'schen Gesetz lässt sich der E-Modul im linear-elastischen Bereich des Spannungs-Dehnungsschaubilds wie folgt bestimmen:

$$E = \frac{\sigma}{\varepsilon} = (F/S_0)/(\Delta L/L_0)$$

Bei Werkstoffen mit nichtlinearem Spannungs-Dehnungsverlauf (z. B. Eisen-Graphit-Werkstoffe) kann der Tangentenmodul als Steigungsmaß der Spannungs-Dehnungs-Kurve im Punkt $\sigma = 0$ angegeben werden: $E_0 = |d\sigma/d\varepsilon|$.

Sonderprüfverfahren

Warmzugversuch. Er dient zur Ermittlung mechanischer Werkstoffeigenschaften bei erhöhten Temperaturen. Bestimmt werden Warmdehngrenze, Warmzugfestigkeit, Bruchdehnung

und Brucheinschnürung. Warmdehngrenze und Warmzugfestigkeit hängen außer von der Temperatur auch von der Versuchszeit ab. Zur Reproduzierbarkeit der Kennwerte ist es erforderlich, Grenzwerte für die Spannungszunahme- und Dehngeschwindigkeit einzuhalten.

Schlagversuch. Er dient zur Ermittlung der Sprödbruchanfälligkeit glatter oder gekerbter Zugproben bei Schlaggeschwindigkeiten zwischen 5 und 15 m/s, in Ausnahmefällen bis zu 100 m/s (Hochgeschwindigkeitsumformung). Zur Ermittlung der Schlagzähigkeit wird die Brucheinschnürung der Probe bestimmt. Die Bestimmung der Schlagzugfestigkeit oder Schlagdehngrenze setzt eine dynamische Kraft- und Verformungsmessung voraus.

Normen (Auswahl): *DIN EN ISO 6892*: Metallische Werkstoffe – Zugversuch. – *DIN 50 125*: Prüfung metallischer Werkstoffe – Zugproben. – *DIN EN ISO 527*: Kunststoffe, Bestimmung der Zugeigenschaften. – *DIN EN 895*: Zerstörende Prüfung von Schweißverbindungen an metallischen Werkstoffen, Querzugversuch. – *DIN EN 1561*: Gießereiwesen – Gusseisen mit Lamellengraphit, Zugversuch. – *DIN EN 1562*: Temperguss, Zugversuch. – *DIN 52 188*: Prüfung von Holz, Zugversuch. – *DIN 53 504*: Prüfung von Kautschuk und Elastomeren, Zugversuch.

30.2.2 Druckversuch

Zweck. Er dient zur Ermittlung mechanischer Werkstoffeigenschaften unter homogenen, einachsigen Druckspannungen und wird an metallischen und insbesondere mineralischen Werkstofen angewandt. Weiterhin kann der Druckversuch zur Bestimmung der Fließkurve duktiler Werkstoffe herangezogen werden.

Probengeometrie. Die Prüfung wird an runden oder prismatischen Körpern zwischen zwei planparallelen Platten durchgeführt. Im Normalfall ist die Probenlänge gleich der Probendicke. Bei der Anwendung der Feindehnungsmessung ist eine größere Probenlänge erforderlich. Diese sollte

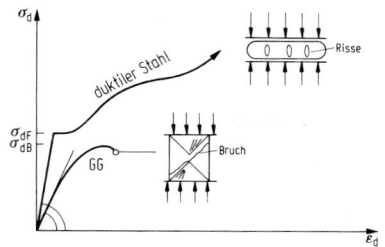

Abb. 30.3 Spannungs-Dehnungs-Schaubild eines duktilen Stahls und eines Eisen-Graphit-Werkstoffs im Druckversuch

aber aufgrund der Knickgefahr nicht größer als die 2,5- bis 3fache Probendicke sein.

Kennwerte

Spröde Werkstoffe. Die Druckfestigkeit ist die auf den Anfangsquerschnitt bezogene Höchstlast, bei der der Bruch eintritt: $\sigma_{dB} = F_B / S_0$.

Bei geometrisch ähnlichen Proben ist deren Druckfestigkeit vergleichbar. Bei gleichem Prüfdurchmesser nimmt die Druckfestigkeit mit der Probenhöhe ab infolge unterschiedlicher Stützwirkung der „Druckkegel".

Duktile Werkstoffe. Der Beginn des plastischen Fließens wird durch die Quetschgrenze σ_{dF} charakterisiert, die das Äquivalent zur Fließgrenze im Zugversuch darstellt. Infolge Reibung an den Krafteinleitungsflächen entsteht in der Mitte der Proben eine Ausbauchung. Totaler Probenbruch tritt nicht ein, es entstehen lediglich Trennrisse infolge Querzugspannungen, Abb. 30.3.

Sonderprüfverfahren. Zur Bestimmung der Fließspannung kf (frühere Bezeichnung: Formänderungsfestigkeit) wird der Zylinder-Stauchversuch angewandt. Um eine einachsige Druckformänderung sicherzustellen, muss die Reibung klein gehalten werden. Die kf-Werte ermöglichen die Berechnung des ideellen Kraft- und Arbeitsbedarfs bei Warm- und Kaltumformvorgängen.

Normen: *DIN 1048*: Prüfverfahren für Beton. – *DIN EN 1926*: Prüfverfahren von Naturstein, Bestimmung der Druckfestigkeit. – *DIN 50 106*: Prüfung metallischer Werkstoffe, Druckversuch. – *DIN 52 185*: Prüfung von Holz, Bestimmung der Druckfestigkeit parallel zur Faser. – *DIN EN ISO 7500*: Druckprüfmaschinen.

30.2.3 Biegeversuch

Zweck. Er dient zur Ermittlung mechanischer Werkstoffeigenschaften an Stahl, Gusswerkstoffen, Holz, Beton und Bauelementen unter inhomogenen, einachsigen Biegespannungen. Bei duktilen Werkstoffen wird er zur Bestimmung der Biege-Fließgrenze und des größtmöglichen Biegewinkels, bei spröden Werkstoffen zur Bestimmung der Biegefestigkeit angewendet.

Probengeometrie. Die Prüfung wird typischerweise an balkenförmigen Probekörpern oder Bauteilen mit Rechteckquerschnitt durchgeführt. Die Probe wird auf zwei Auflagen positioniert und in der Mitte mit einem Prüfstempel belastet (3-Punkt-Biegeversuch). Beim 4-Punkt-Biegeversuch wird die Prüfprobe ebenfalls auf zwei Auflagen positioniert und in der Mitte mit einem Prüfstempel mit zwei Druckpunkten belastet. Hieraus ergibt sich innerhalb der inneren Auflager ein konstantes Biegemoment.

Kennwerte

Spröde Werkstoffe. Die Biegefestigkeit σ_{bB} kann aus dem größten Biegemoment $M_{b,max}$ und dem Widerstandsmoment des Probenkörpers berechnet werden. Sie wird vorzugsweise an Werkzeugstählen, Schnellarbeitsstählen, Hartmetallen und oxidkeramischen Stoffen als Werkstoffkennwert ermittelt. Die Biegefestigkeit von Eisen-Graphit-Werkstoffen mit nichtlinearer Spannungs-Dehnungs-Charakteristik wird nach der gleichen Beziehung berechnet, wobei je nach Probenquerschnitt die Biegefestigkeit größer ist als die Zugfestigkeit.

Duktile Werkstoffe. Der Beginn des plastischen Fließens wird durch die Biegefließgrenze σ_{bF} bestimmt, Abb. 30.4.

30

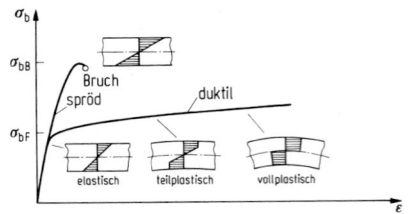

Abb. 30.4 Spannungs-Dehnungs-Schaubild eines spröden und duktilen Stahls im Biegeversuch

Sonderprüfverfahren. Kerbschlagbiegeversuch,
s. Abschn. 30.2.5. Technologische Prüfungen,
s. Abschn. 30.2.9.

Normen (Auswahl): *DIN 1048*: Prüfverfahren
für Beton. – *DIN 52 186*: Prüfung von Holz, Biegeversuch. – *DIN EN ISO 178*: Kunststoffe, Bestimmung der Biegeeigenschaften. – *DIN 51 230*:
Dynstat-Gerät zur Bestimmung von Biegefestigkeit und Schlagzähigkeit an kleinen Proben.

30.2.4 Härteprüfverfahren

Zweck. Sie können unter Berücksichtigung einiger Einschränkungen als zerstörungsfreie Prüfverfahren bezeichnet werden. Die verfahrensab-
hängigen Härtewerte stellen ein direktes Vergleichsmaß für den abrasiven Verschleißwiderstand eines Werkstoffs dar. Bei einzelnen Verfahren bestehen angenäherte Beziehungen zwischen
den Härtewerten und der Zugfestigkeit. Darüber
hinaus sind die Makro- und Mikrohärteprüfver-
fahren zur tendenziellen Bewertung der Zähigkeitseigenschaften in kleinen Volumenbereichen
geeignet.

Verfahrensarten. Die statischen Härteprüfverfahren können als Eindringverfahren bezeichnet
werden, bei denen der Eindringwiderstand definierter Körper (Kugel, Pyramide, Kegel) in eine Werkstoffoberfläche bestimmt wird. Je nach
Prüfverfahren wird der Eindringwiderstand entweder als Verhältnis der Prüfkraft zur Oberfläche
des Eindrucks (Brinellhärte, Vickershärte) oder
als bleibende Eindringtiefe eines Eindringkörpers
bestimmt (Rockwellhärte).

Kennwerte

Härteprüfung nach Brinell. Die Brinellhärte
wird aus dem Quotienten von Prüfkraft F (in N)
und Oberfläche des bleibenden Kugeleindrucks
(Hartmetallkugel) errechnet. Sie ergibt sich aus

$$\mathrm{HBW} = \frac{0,102 \cdot 2F}{A} = \frac{0,102 \cdot 2F}{\pi D(D - \sqrt{(D^2 - d^2)})}$$

mit dem Kugeldurchmesser D und mittlerem
Durchmesser des Eindrucks d (in mm).

Das Kurzzeichen für die Brinell-Härte setzt
sich zusammen aus dem Härtewert HBW, dem
Kugeldurchmesser in mm, dem mit 0,102 multiplizierten Zahlenwert der Prüfkraft F in N und
der Einwirkdauer der Prüfkraft in s, falls diese von der vorgegebenen Dauer abweicht. Beispiel: 350 HBW 5/750/30 (ohne Dimensions-
angabe) = Brinellhärte 350, bestimmt mit einer
Kugel von 5 mm Durchmesser, einer Prüfkraft
von 7,355 kN und einer Einwirkzeit von 30 s. Vor
2006 wurde neben der heute in der Normung ausschließlich zugelassenen Hartmetallkugel auch
eine gehärtete Stahlkugel zugelassen. Um die
ermittelten Brinell-Härtewerte den jeweils verwendeten Eindringkörper unterscheiden zu können, wurde bei der Angaben der Brinell-Härte
in HBW (bei Verwendung einer Hartmetallkugel)
bzw. HBS (bei Verwendung einer Stahlkugel) unterschieden.

Härteprüfung nach Vickers. Die Vickershärte
wird aus dem Quotienten von Prüfkraft F (in N)
und Oberfläche des bleibenden Pyramidenein-
drucks (Spitzenwinkel 136°) errechnet. Sie ergibt
sich aus

$$\mathrm{HB} = \frac{0,102 \cdot F}{A} = 0,190 \frac{F}{d^2}$$

mit der gemittelten Diagonalenlänge des Eindrucks d.

Gebräuchliche Lasten sind 98 und 294 N (10
bzw. 30 kp). Infolge der geometrischen Ähnlichkeit der Eindrücke ist das Vickersverfahren oberhalb 100 N lastunabhängig.

Das Kurzzeichen der Vickershärte setzt sich zusammen aus dem Härtewert HV, dem mit 0,102 multiplizierten Zahlenwert der Prüfkraft F in N und der Einwirkzeit der Prüfkraft, z. B. 640 HV 30/10.

Die Anwendung von Prüflasten zwischen 2 und 50 N (Kleinlastbereich) ermöglicht die Härtemessung an dünnen Schichten. Durch Prüflasten unter 2 N ist die Härtemessung an einzelnen Gefügebestandteilen möglich (Mikrohärteprüfung).

Härteprüfung nach Rockwell. Bei diesem Verfahren wird der Eindringkörper (Diamantkegel oder Stahlkugel) in zwei Laststufen in die Probe gedrückt und die bleibende Eindringtiefe h gemessen. Die Rockwellhärte ergibt sich aus der Differenz zwischen einem Festwert N und der Eindringtiefe h, bezogen auf eine Härteeinheit S. Sie ergibt sich aus: Rockwellhärte $= N - h/S$.

Die Werte für N (100 oder 130) und S (0,001 oder 0,002) sind für verschiedene Rockwell-Prüfverfahren festgelegt. Die Verfahren unterscheiden sich in der Art des Eindringkörpers, der Prüfkraft und in ihrem Anwendungsbereich. Die beiden wichtigsten sind das Rockwell-B-Verfahren (Eindringkörper Stahlkugel; $HRB = 130 - h/0,002$) und das Rockwell-C-Verfahren (Eindringkörper Diamantkegel; $HRC = 100 - h/0,002$).

Beispiel

60 HRC = Rockwellhärte 60, gemessen in der Skala C (Diamantkegel, 1,471 kN Prüfgesamtkraft, Anwendungsbereich 20 bis 70 HRC). ◄

Eine direkte Umrechnungsmöglichkeit der Rockwellhärte in Vickershärte oder Brinellhärte besteht nicht. Durch Härtevergleichstabellen können die einzelnen Härtewerte nach allen drei Prüfverfahren angegeben werden.

Sonderprüfverfahren
Dynamische Härteprüfverfahren (Fallhärteprüfung, Rücksprunghärteprüfung). – Härteprüfung bei höheren Temperaturen (Warmhärteprüfung).

Normen (Auswahl): *DIN EN ISO 6506*: Metallische Werkstoffe, Härteprüfung nach Brinell. – *DIN EN ISO 6507*: Metallische Werkstoffe, Härteprüfung nach Vickers. – *DIN EN ISO 6508*: Metallische Werkstoffe, Härteprüfung nach Rockwell.

30.2.5 Kerbschlagbiegeversuch

Zweck. Er dient zur Beurteilung der Zähigkeitseigenschaften metallischer Werkstoffe unter besonderen Prüfbedingungen. Durch hohe Beanspruchungsgeschwindigkeit und mehrachsige Zugspannungszustände kann der Übergang vom Zähbruch zum Sprödbruch bei bestimmten Temperaturen ermittelt werden, wobei die Höhe der Kerbschlagarbeit und die Lage der Übergangstemperatur als Vergleichsmaß für die Werkstoffzähigkeit gelten.

Durch den instrumentierten Kerbschlagbiegeversuch, bei dem ein zur Schlagkraftmessung mit Dehnungsmessstreifen versehenes Pendelschlagwerk benutzt wird, kann der Aussagegehalt der Prüfung erhöht werden. Während des Schlagvorganges wird die Kraft an der Schlagfinne über der Zeit oder über den Pendelweg aufgezeichnet. Dadurch kann nicht nur die für die Rissbildung nötige Energie bestimmt, sondern auch weitere Bruchkriterien (Bruchkraft, Bruchverformung, Brucharbeit, Rissstoppverhalten) ermittelt werden. Messungen bei verschiedenen Probentemperaturen lassen sich einfach durchführen.

Probengeometrie. Die Kennwerte werden überwiegend an Proben mit quadratischem Prüfquerschnitt ($10 \times 10 \times 55$ mm^3) ermittelt, die auf der Zugseite Kerben mit definierter U- oder V-Geometrie aufweisen. Das Ähnlichkeitsprinzip gilt nicht; daher ist bei allen Kerbschlagversuchen die Angabe der Probengeometrie unbedingt erforderlich.

Kennwerte. Es wird die in einem Pendelschlagwerk mit einer Schlaggeschwindigkeit von 5 m/s zum Durchbruch der Proben durch die Widerlager notwendige Kerbschlagarbeit in Nm oder J

30

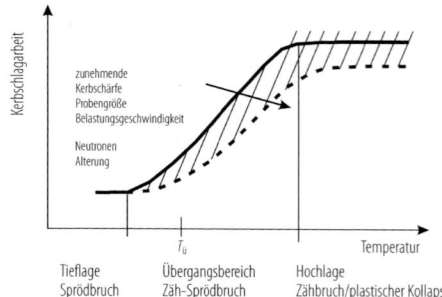

Abb. 30.5 Kerbschlagarbeits-Temperatur-Verhalten und Einflussgrößen

ermittelt, z. B. KV = 80 J bei Verwendung von Proben mit V-Kerbe.

Mit zunehmender Temperatur steigt bei Stählen mit krz-Gitter die Kerbschlagarbeit an und die Größe des Zähbruchbereiches auf der Bruchfläche der Probe nimmt zu. Bei 100 % Zähbruch erreicht die Kerbschlagarbeit die Hochlage.

Die Kerbschlagarbeit ist von vielen Einflussgrößen abhängig, Abb. 30.5, und kann insbesondere durch höhere Werkstoffreinheit (geringe Gehalte an S, P, Si, Al, Sn, Sb, As), gute Homogenität (geringe Seigerungen) und besonderen Wärmebehandlungsverfahren (Feinkorn, feine Gefügestruktur) verbessert werden. Der Übergang vom zähen zum spröden Verhalten in der Tieflage (100 % Sprödbruch) wird durch Übergangstemperaturen gekennzeichnet (z. B. bei 50 % Zähbruchanteil = FATT (Fracture Appearance Transition Temperature), T27 J = Temperatur bei KV = 27 J).

Beim Vergleich von Stählen mit verschiedenen Übergangstemperaturen erweist sich der Werkstoff mit der höchsten Übergangstemperatur als der sprödbruchgefährdetste.

Beim instrumentierten Kerbschlagbiegeversuch ergibt sich die Schlagarbeit durch die Bestimmung der Fläche unter der Kraft-Weg-Kurve. Aus dem Verlauf der Kraft-Weg-Kurve kann insbesondere eine Aussage über das Rissstoppverhalten bei der entsprechenden Prüftemperatur gewonnen werden. Instabiles Risswachstum zeigt sich durch einen plötzlichen Lastabfall. Ein Lastabfall auf Null bedeutet, dass der Riss nicht aufgefangen wird.

Normen (Auswahl): *DIN EN 10 045*: Metallische Werkstoffe – Kerbschlagbiegeversuch nach Charpy. – *DIN 50 115*: Besondere Probenform und Auswerteverfahren. – *DIN EN ISO 179*: Kunststoffe – Bestimmung der Charpy-Schlagzähigkeit. – *DIN EN 875*: Zerstörende Prüfung von Schweißverbindungen an metallischen Werkstoffen.

30.2.6 Bruchmechanische Prüfungen

Zweck. Sie dienen zur Ermittlung bruchmechanischer Kennwerte, die bei quasistatischer Beanspruchung die Rissinitiierung (Beginn der Risserweiterung), stabile Risserweiterung und Bruch beschreiben. Bei zyklischer Beanspruchung werden die Nichtausbreitungsfähigkeit und der stabile Rissfortschritt von Makrorissen beschrieben. Die Kennwertermittlung erfolgt lediglich für den Rissöffnungsmodus I.

Probengeometrie. Die Prüfung erfolgt mit genormten Proben, z. B. Biegeproben (SE(B)), Kompaktzug(C(T))-Proben oder Rund-Kompaktzug-(DC(T))-Proben, Abb. 30.6.

Versuchsführung und Kennwerte

Statische Belastung. Ausgehend von einer spanend erzeugten Makrokerbe als Rissstarter an der Zugseite der Probe wird in Zug-Schwellversuchen zunächst ein Ermüdungsanriss definierter

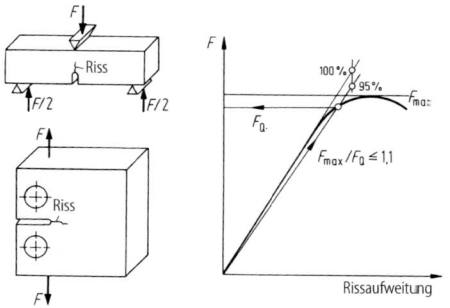

Abb. 30.6 Biege- und Kompaktzugprobe sowie Kraft-Rissaufweitungs-Diagramm im Bruchmechanikversuch

Form und Länge erzeugt. Die hierfür erforderlichen Prüfkräfte sind festgelegt, um an der Rissspitze nur geringe plastische Wechselverformungen auszulösen ($K_{\max} \leq 0{,}6 \, K_Q$). Die Risslänge kann z. B. aus Nachgiebigkeits- oder Potenzialmessungen bestimmt werden.

Es werden Kraft-Rissaufweitungs-Kurven bei kontinuierlicher Belastung ermittelt, Abb. 30.6, aus denen die Kennwerte bestimmt werden.

Für die Ermittlung der Bruchzähigkeit K_{Ic} bei sprödem Werkstoffverhalten wird die Gültigkeit der linear elastischen Bruchmechanik (LEBM) gefordert. Die Bedingung des Kleinbereichsfließens ist nur erfüllt, wenn bestimmte Abmessungen für die Probendicke B und die Anfangsrisslänge a eingehalten werden: (K_{Ic}-Bruchzähigkeit in $\mathrm{N/mm^{3/2}}$ und $R_{p0{,}2}$ in $\mathrm{N/mm^2}$)

$$B, a \geq 2{,}5 \left(\frac{K_{Ic}}{R_{p0{,}2}} \right)^2$$

Eine Abschätzung der Bruchzähigkeit vor dem Versuch ist daher zur Ermittlung der Probengröße notwendig.

Bei zähem Werkstoffverhalten sind Rissinitiierung und stabile Risserweiterung voneinander abzugrenzen. Ein- oder Mehrprobenverfahren sind möglich. Bei der Einprobenmethode wird eine einzige Versuchsprobe verwendet. Die Rissverlängerung kann bei zunehmender Belastung mit der elektrischen Potenzialmethode gemessen werden. Eine andere Möglichkeit ist das Teilentlastungsverfahren, bei dem während des Versuchs die Probe wiederholt teilentlastet (max. $0{,}1$–$0{,}2 \, F$) und danach wieder belastet wird. Während des Ent- und Belastens wird aus der Steigung der Ent- bzw. Belastungsgeraden die Nachgiebigkeit (Compliance) der Probe und darüber die Risslänge bestimmt. Beim Mehrprobenverfahren werden mehrere Proben mit nahezu identischer Anfangsrisslänge unterschiedlich hoch belastet. Dabei kommt es zu verschiedenen Risserweiterungen. Der Betrag der stabilen Risserweiterung $\Delta\alpha$ kann nach Markieren der Rissfront und anschließendem Aufbrechen der Probe auf der Bruchfläche ausgemessen werden.

Die Rissinitiierung, d. h. der Übergang von einem ruhenden zu einem wachsenden Riss, wird durch die werkstoffphysikalisch wahren Rissinitiierungswerte δ_i und J_i charakterisiert. Sie werden aus der sich an der Rissspitze bildenden Stretchzonenbreite auf der Bruchfläche rasterelektronenmikroskopisch bestimmt. Der Beginn stabiler Risserweiterung, d. h. Rissvergrößerung, wird durch die technischen Rissinitiierungswerte $\delta_{0{,}2}$; $J_{0{,}2}$; $\delta_{0{,}2BL}$ oder $J_{0{,}2BL}$ beschrieben. Sowohl bei der Mehr- als auch der Einprobenmethode können die Werte für J bzw. δ für eine bestimmte Risserweiterung $\Delta\alpha$ ermittelt werden. Mit diesen Wertepaaren $J - \Delta\alpha$ bzw. $\delta - \Delta\alpha$ werden Risswiderstandskurven konstruiert, Abb. 29.17. In die Auswertung der J_R- bzw. δ_R-Kurven werden nur Punkte einbezogen, die in einem bestimmten Gültigkeitsbereich liegen.

Zyklische Belastung. Schwellenwert- und Rissfortschrittsmessungen sind Gegenstand zyklischer bruchmechanischer Prüfungen.

Die Rissausbreitungskurve, Abb. 29.19, wird bei konstanter Belastung (Mittellast und Amplitude) ermittelt, wobei die Risslänge a und die dazugehörige Schwingspielzahl N gemessen werden. Unter Verwendung der Sekanten- oder Polynommethode wird daraus die Rissfortschrittsrate $\mathrm{d}a/\mathrm{d}N$ berechnet. Die Ermittlung des Schwellenwertes ΔK_{th} erfolgt durch stufenweises oder kontinuierliches Absenken der zyklischen Belastung bei konstantem Lastverhältnis R bis zu einer Rissfortschrittsrate

$$\mathrm{d}a/\mathrm{d}N \leq 10^{-7}\,\mathrm{mm/LS}$$

Dieser Wert kennzeichnet die Nichtausbreitungsfähigkeit von Rissen.

Sonderprüfverfahren. Mit Bruchmechanik-Proben können K_{ISCC}-Werte für rissbehaftete Proben in Spannungsrisskorrosion auslösenden Medien ermittelt werden, bei denen unter dem Einfluss eines Elektrolyten stabiles Risswachstum einsetzt [3]. Die Ermittlung des Kriechrisswachstumsverhaltens erfolgt i. Allg. ebenfalls mit diesen Bruchmechanikproben bei hohen Temperaturen. Die Rissverlängerung wird über Potenzialverfahren oder Kerbaufweitungsmessung ermittelt.

30

Normen (Auswahl): *ISO 12 135*: Metallische Werkstoffe, Vereinheitlichtes Prüfverfahren zur Bestimmung der quasistatischen Bruchzähigkeit. – *ISO 12 737*: Metallische Werkstoffe – Bestimmung der Bruchzähigkeit (ebener Dehnungszustand). – *ASTM E 647*: Standard Test Method for Measurement of Fatigue Crack Growth Rates. – *ASTM E 1820*: Standard Test Method for Measurement of Fracture Toughness. – *ASTM E 1921*: Standard Test Method for Determination of Reference Temperature To for Ferritic Steels in the Transition Range.

30.2.7 Chemische und physikalische Analysemethoden

Zweck. Zur Identifizierung metallischer Werkstoffe wird deren Zusammensetzung qualitativ oder quantitativ mit chemischen und physikalischen Analysemethoden ermittelt. Bei der Analyse von metallischen sowie nichtmetallischen Legierungs- und Begleitelementen gewinnen Verfahren zur Bestimmung von Gasgehalten zunehmend an Bedeutung. Neben der Ermittlung des Legierungsaufbaus des Grundwerkstoffs ist zur Beurteilung von Korrosions- oder Verschleißvorgängen die Identifizierung von Oberflächenschichten, die durch Wechselwirkung mit der Atmosphäre, korrosiven Medien oder Schmierstoffen gebildet worden sind, erforderlich.

Probenentnahme. Die Probengröße für chemische Analysen ist hinsichtlich der Menge so zu wählen, dass die Elemente entsprechend ih-

rer durchschnittlichen Konzentration enthalten sind. Je nach der Einwaage bzw. dem analytisch erfassten Probenvolumen spricht man von makro-, halbmikro- und mikroanalytischen Verfahren. Unter Spurenanalyse versteht man die Bestimmung sehr kleiner Gehalte ($< 0,01$ bis $0,001 \%$). Abb. 30.7 zeigt eine Gegenüberstellung von Analysenmethoden und den kleinsten erfassbaren Mengen bzw. Bereichen.

Analyseverfahren

Nasschemische Verfahren. Maßanalyse (Titration). Der gesuchte Stoff wird in einer Lösung durch eine Reaktion mit einem geeigneten Reagenz bestimmt. Aus der zur vollständigen Umsetzung verbrauchten Menge an Reagenzlösung lässt sich die Konzentration des Elements berechnen. Das Ende der Umsetzung wird meist visuell als Farbumschlag oder apparativ z. B. durch Leitfähigkeitsänderung erkannt.

Spektralanalyse. Bei der Emissionsspektralanalyse wird die Zusammensetzung aus den für die Elemente charakteristischen Wellenlängen im optischen Spektrum und deren Intensitäten bestimmt. Zur Anregung benutzt man Funkenentladungen, Lichtbogen oder auch Laser; für den Nachweis spaltet man das Licht durch Gitter oder Prismen in seine Komponenten auf. Zu entsprechenden Analyseverfahren lässt sich auch die Absorption charakteristischer Spektrallinien verwenden.

Röntgenfluoreszenzanalyse. Die Röntgenfluoreszenzanalyse arbeitet mit Wellenlängen im Bereich der Röntgenstrahlung, die durch Sekundäranregung beim Auftreffen harter Röntgenstrahlung von einer Probe emittiert wird. Die Zerlegung der Spektren erfolgt durch Beugung an geeigneten Einkristallen (wellenlängendispersiv) oder elektronisch mittels spezieller Halbleiterdetektoren (energiedispersiv).

Elektronenstrahl-Mikroanalyse (ESMA). Dünne Oberflächenschichten werden beim Auftreffen hoch beschleunigter Elektronen zur Emission von

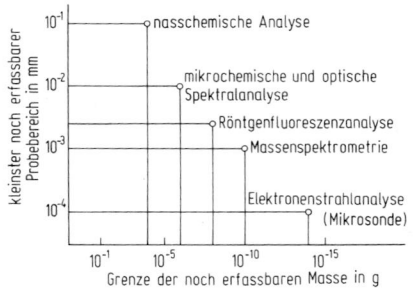

Abb. 30.7 Kleinster erfassbarer Probenbereich für chemische und physikalische Analysenverfahren

Röntgenspektren veranlasst. Durch Fokussierung der Elektronen in einen feinen Strahl lässt sich erreichen, dass nur ein äußerst kleiner Bereich ($1\,\mu m^3$) erfasst wird. Nachzuweisen sind Elemente mit Ordnungszahlen ab 5 (B).

Die Anwendung des Elektronenstrahl-Mikroanalyseverfahrens erlaubt eine Punkt-, Linien- oder rasterförmige Flächenanalyse. Für die Elektronenstrahl-Mikroanalyse wird in der Regel ein Rasterelektronenmikroskop (REM, siehe Abschn. 30.2.8) genutzt, so dass gleichzeitig eine Zuordnung der Analyseergebnisse zu den materialographischen Befunden möglich ist. Die Elektronen-Mikroanalyse kann energiedispersiv (EDX: energiedispersive Röntgenstrahl-Mikroanalyse) oder wellenlängendispersiv (WDX: wellenlängendispersive Röntgenstrahl-Mikroanalyse) erfolgen.

Rückstreu-Elektronenbeugung (EBDS: Electron Backscatter Diffraction). Der im Rasterelektronenmikroskop erzeugte fein fokussierte Primärelektronenstrahl wird an den Netzebenen der kristallinen Probe gebeugt. Das entstehende Beugungsbild (Electron Backscatter Pattern, EBSP, auch Kikuchi-Pattern) beinhaltet alle Winkelbeziehungen im Kristall und somit auch die Kristallsymmetrie. Die hohe laterale Auflösung des Rasterelektronenmikroskops erlaubt die Aufnahme von Kristallorientierungsverteilungsbildern, z. B. zur Bestimmung von Textur, Orientierungsbeziehungen zwischen Körnern, Rekristallisation, Groß- und Kleinwinkelkorngrenzen. Mit Hilfe hochauflösender Detektoren ist auch eine kristallographische Phasenanalyse möglich. Die sehr geringe Informationstiefe der Methode ($< 30\,nm$) erfordert eine absolut verformungsfreie Oberflächenpräparation.

Röntgenbeugung (XRD: X-Ray Diffraction). Bei der Röntgenbeugung wird die einfallende Röntgenstrahlung am Kristallgitter der Probe gebeugt. Die Wellenlänge der Röntgenstrahlung liegt im Bereich der Atomabstände im Kristallgitter, so dass dieses als dreidimensionales Beugungsgitter dient. Bei der Röntgenbeugung wird der Bestrahlungswinkel variiert. Aufgrund des dreidimensional periodischen Charakters kristalliner Materie kommt es so nur bei bestimmten Winkeln zur konstruktiven Interferenz. Diese Winkel lassen sich mittels Bragg-Gleichung in Beziehung zu dem Abstand bestimmter Netzebenen des Kristalls setzen. Bei der Röntgenbeugung handelt es sich um ein Standardverfahren zur Strukturaufklärung von Festkörpern. Neben der qualitativen Phasenanalyse findet die Röntgenbeugung auch in der qualitativen Phasenanalyse (z. B. Restaustenit: Anteil Austenit in ferritischer Matrix) der Eigenspannungsbestimmung Anwendung.

30.2.8 Materialographische Untersuchungen

Zweck. Ziel materialographischer Untersuchungen ist, die makroskopische und mikroskopische Gefügestruktur einer Probe sichtbar zu machen, zu beschreiben und zur Deutung der Eigenschaften im weitesten Sinne heranzuziehen. Oft lassen sich nach dem Befund Voraussagen über das Verhalten einer Legierung unter bestimmten Beanspruchungsbedingungen oder bei bestimmten Verarbeitungsprozessen machen. Die Materialographie ist eine metallkundliche Untersuchungsmethode, der bei der Auswahl des für Anwendung und Fertigung günstigsten Gefüges, zur Kontrolle, zur Ermittlung von Verarbeitungsfehlern sowie bei der Aufklärung von Schadensfällen besondere Bedeutung zukommt.

Probenentnahme und Vorbereitung

Makrogefüge-Untersuchung. Probenoberflächen für fraktographische Beurteilungen sowie Querschliffe können ohne besondere Vorarbeiten makroskopisch (Vergrößerung bis zu 50fach) betrachtet werden.

Mikrogefüge-Untersuchung. Die Probenentnahme erfolgt spanend, durch Trennschleifen oder Funkenerosion, wobei die zu untersuchenden Flächen möglichst eben herzustellen sind.

30

Erwärmung der Proben ist unbedingt zu vermeiden. Zur besseren Handhabung und zur automatischen Präparation werden die Schliffproben in Einbettmassen eingebettet. Durch Schleifen und anschließendes Polieren wird eine spiegelblanke Metalloberfläche erzeugt. Zur Entwicklung des Mikrogefüges kommen unterschiedliche Ätzverfahren (chemisch, elektrolytisch, Aufdampfen) zum Einsatz.

Transmissions-Elektronenmikroskopie. Neben durchstrahlbaren Folien, die man auch aus Metallen nach verschiedenen Methoden herstellen kann, werden Oberflächenabdrücke untersucht, die man mit Lackabdruckverfahren, Aufdampfschichtverfahren, Oxidverfahren sowie Ausziehabdruckverfahren (Extraktionsabdruckverfahren) gewinnt.

Ähnliche Verfahren werden als Replica-Techniken bei der sog. ambulanten Metallographie eingesetzt, wenn aus dem zu untersuchenden Bauteil aus betrieblichen Gründen keine Proben entnommen werden können.

Untersuchungsverfahren

Makrogefüge. Nachweis von Rissen, Poren, Dopplungen zur Qualitätsprüfung von Schweißnähten und kaltumgeformten Produkten, sowie Anwendung der Makro-Fraktographie zur Bestimmung verschiedener Bruchtypen.

Das *Mikrogefüge* wird in der Regel durch chemisches Ätzen entwickelt, wobei entweder die Korngrenzen (Korngrenzenätzung) oder die einzelnen Kristallite (Kornflächenätzung) sichtbar gemacht werden. Die Mikrogefügeuntersuchung erfolgt mit dem Auflichtmikroskop (Vergrößerung bis zu 1000fach), ergibt Hinweise auf Zusammensetzung, Herstellungsart (Gussgefüge, Knetgefüge) sowie Wärme- und Oberflächenbehandlung und erlaubt die Bestimmung örtlicher Umformgrade in kaltumgeformten Halbzeugen und Bauteilen. Quantitative Untersuchungen ermöglichen die Klassifizierung von Korngrößen, nichtmetallischen Einschlüssen und Verunreinigungen sowie die Bestimmung von Phasenanteilen.

Elektronenmikroskopie. Je nach Art der zur Bilderzeugung genutzten Wechselwirkung zwischen Elektronenstrahlen und Untersuchungsobjekt wird unterschieden zwischen Transmissions-, Rückstreu- und Sekundär-Elektronenmikroskopie. Während bei den beiden erstgenannten Verfahren die Elektronenstrahlung von außen auf das Objekt einfällt, wird bei der Sekundär-Elektronenmikroskopie die Strahlung im Objekt selbst gebildet. Die untere Grenze des Auflösungsvermögens liegt im Nanometerbereich.

Hauptanwendungsgebiete der Transmissions-Elektronenmikroskopie sind der Nachweis von Versetzungsstrukturen, submikroskopischen Ausscheidungen sowie von Phasengrenzen. Durch Anwendung der Ausziehabdruckverfahren können Einschlüsse freigelegt werden, die durch Elektronenbeugung in ihren Kristallstrukturen identifiziert werden können.

Rasterelektronenmikroskopie (REM). Beim rasterförmigen Abtasten von Oberflächen mit feingebündelten Elektronenstrahlen werden Rückstreu- und Sekundärelektronen erzeugt, die zu einem Szintillationszähler abgesaugt werden.

Die rastersynchron eingelesenen Signale werden zur Helligkeitsmodulation des Bildes benutzt und ergeben ein topographisches Bild der Oberfläche. Wegen der großen Tiefenschärfe eignet sich das Rasterelektronenmikroskop besonders zur Untersuchung der Morphologie technischer Oberflächen und deren Veränderung durch Korrosions- oder Verschleißvorgänge sowie zur fraktographischen Analyse von Bruchflächen (Bestimmung z. B. von Waben- und Spaltbruchanteilen oder Schwingstreifen). Es können Auflösungen bis 1,5 nm erzielt werden. Vielfach wird das Rasterelektronenmikroskop durch ein energiedispersives Röntgenspektrometer zur Mikroanalyse ergänzt (siehe Abschn. 30.2.7).

Sonderprüfverfahren

Thermoanalyse. Durch Unstetigkeiten im Temperatur-Zeitverlauf beim Erhitzen oder Abkühlen von Metallproben können Schmelz- und Erstarrungsvorgänge sowie Umwandlungen im festen Zustand (Umgitterung) nachgewiesen werden.

Dilatometermessungen. Zuordnung des Längenausdehnungsverhaltens von Metallen zu Umwandlungen im festen Zustand (z. B. Bestimmung der Härtetemperatur).

30.2.9 Technologische Prüfungen

Zweck. Als technologisch bezeichnet man Prüfungen, bei denen das Verhalten von Werkstoffen oder Bauteilen ohne Kraftmessung unter Beanspruchungen beobachtet wird, wie sie vorzugsweise bei der Weiterverarbeitung oder im Betrieb auftreten. Von besonderer Bedeutung ist die Bestimmung der Kalt- oder Warmverformungsfähigkeit von Werkstoffen und Halbzeugprodukten.

Normen. Technologischer Biegeversuch (Faltversuch): *DIN EN ISO 7438*: Metallische Werkstoffe, Biegeversuch. – *DIN EN ISO 8492*: Metallische Werkstoffe, Rohr-Ringfaltversuch. – *DIN EN ISO 8493*: Rohr-Aufweitversuch. – *DIN EN ISO 8494*: Rohr-Bördelversuch. – *DIN EN ISO 8495*: Rohr-Ringaufdornversuch. – *DIN EN ISO 8496*: Rohr-Ringzugversuch. – *DIN EN ISO 20 482*: Metallische Werkstoffe, Bleche und Bänder, Tiefungsversuch nach Erichsen. – *DIN 50 104*: Innendruckversuch für Hohlkörper. – *DIN ISO 7801*: Hin- und Herbiegeversuch an Drähten. – *DIN ISO 7800*: Verwindeversuch an Drähten.

30.2.10 Zerstörungsfreie Werkstoffprüfung

Zweck. Die zerstörungsfreie Werkstoffprüfung dient dem Nachweis von Fehlstellen (z. B. Risse, Lunker, Poren, Einschlüsse, Tab. 30.1), der Dickenbestimmung von Beschichtungen, Überzügen und Wandungen sowie der Kontrolle vorgegebener Materialeigenschaften, ohne die Verwendbarkeit des Bauteils zu beeinträchtigen. Dies ermöglicht die vollständige Stückprüfung von Einzelteilen und erlaubt damit eine höhere Aussagesicherheit als eine Stichprobenprüfung.

Verfahrensarten

Röntgen- und Gammastrahlenprüfung (DIN EN 12 681, DIN EN 25 580). Sie beruht auf dem Durchdringungsvermögen energiereicher Strahlung, das mit der Strahlungsenergie bis zu bestimmten Grenzen anwächst. Bildgebende Kontraste entstehen durch unterschiedliche Schwächungen beim Durchgang. In Hohlräumen (Risse, Lunker, Gasblasen etc.) ist die Schwächung geringer, so dass an solchen Stellen höhere Strahlungsintensität durchtritt. Zum sicheren Nachweis von Werkstofffehlern müssen diese eine ausreichende Ausdehnung in Strahlrichtung aufweisen. Streu- und Sekundärstrahlung, die mit zunehmender Probendicke anwachsen, verschleiern das Bild. Als Strahlungsquellen werden Röntgenröhren mit Beschleunigungsspannungen bis zu 400 kV, Betatron-Geräte (Elektronenschleuder) oder radioaktive Präparate, die Gammastrahlen aussenden, verwendet. Zur Sichtbarmachung des Bildes werden fotografische Verfahren sowie Röntgenbildverstärker und elektronische Bildaufzeichnung eingesetzt. Die Bildgüte kann durch Mitaufnahme eines auf das Werkstück aufgelegten Drahtrasters überwacht werden (DIN EN 462).

Ultraschallprüfung (DIN EN 583, DIN EN 1330-4). Ultraschallwellen im Frequenzbereich von 100 kHz bis 25 MHz breiten sich in Festkörpern geradlinig aus und werden an Grenzflächen reflektiert. Fehlstellen (Risse, Lunker, Einschlüsse) sind daher am besten zu orten, wenn ihre Hauptausdehnung senkrecht zur Ausbreitungsrichtung der Ultraschallwellen verläuft. Beim Durchschallungsverfahren wird das Prüfstück zwischen Schallsender und -empfänger angeordnet. Die durch das Werkstück hindurchtretenden Schallwellen werden vom Empfänger wieder in elektrische Schwingungen umgewandelt (Piezo-Effekt) und zur Anzeige gebracht. Eine Tiefenbestimmung des Fehlers ist hierbei nicht möglich. Beim Impuls-Echo-Verfahren wird der

Tab. 30.1 Anhaltswerte der Risserkennbarkeit der ZfP, Bemerkungen und Anwendungsgrenzen

Prüfverfahren	Rissbreite [mm]	Risslänge 2c [mm]	Risstiefe a, 2a [mm]	Bemerkung	Anwendungsgrenzen
Sichtprüfung	0,1	2	–	bei sauberer Oberfläche und optischen Hilfsmitteln	komplizierte Geometrie, mangelnder Kontrast
Farbeindring-prüfung	0,01	1	0,5	werkstoffunabhängiger Einsatz	poröse Werkstoffe, verstopfte Risse, Öffnungen zur Oberfläche notwendig, raue Oberfläche
magnetische Rissprüfung	0,001	1	0,1	bei feinen Rissen an der Oberfläche und dicht darunter	nur Ferromagnetika, abhängig von Magnetisierung, Rautiefe, Beleuchtung
Wirbelstrom-prüfung	0,01	1	0,1	hohe Prüfgeschwindigkeiten realisierbar	nur elektrische Leiter, begrenzte Eindringtiefe, lokale Anwendung
Potentialsonden-prüfung	0,01	2	0,2	Risstiefenmessung, ohne Einfluss der Rissbreite, gemittelte Rissgrößen	nur elektrische Leiter, kein elektrischer Kontakt der Rissflanken
Ultraschall-prüfung	0,001	1	1	für Innen- und Oberflächenfehler, beliebige Bauteildicke	Ergebnis abhängig von akustischen Werkstoffeigenschaften, komplizierte Bauteil- und Fehlergeometrie
Röntgen- und Gammastrahlen-prüfung	0,1	1	2 % der Wanddicke	für Innen- und Oberflächenfehler, berührungslose Prüfung	begrenzte Bauteildicke, Strahlenschutz beachten

Schallkopf als Sender und Empfänger verwendet, indem kurze Schallimpulse in das Werkstück eingesendet werden und nach vollständiger oder teilweiser Reflexion von dem gleichen Schallkopf in einen Empfängerimpuls zurückverwandelt werden. Sendeimpuls, Rückwandecho und Fehlerecho werden elektronisch registriert, wobei über die jeweilige Laufzeit eine Tiefenbestimmung möglich ist. Durch die Anwendung von Winkelprüfköpfen mit Einschallwinkeln zwischen 35 und 80° können insbesondere Schweißnähte geprüft werden, da die Ankoppelung außerhalb der rauhen Nahtoberfläche erfolgen kann und somit eine Ortung von Schweißfehlern möglich ist.

Schallemissionsanalyse. Sie beruht auf Empfang und Analyse von Schallimpulsen, die durch hochfrequente Werkstückschwingungen erzeugt und durch piezoelektrische Empfänger in elektrische Signale umgewandelt werden. Derartige Schallemissionen können durch plastische Verformung, Rissentstehung und Rissfortschritt ausgelöst werden. Schallemissionsanalyse-Verfahren werden insbesondere zur Abnahme geschweißter Druckbehälter angewandt. Sowohl aus der Amplitudenform als auch aus dem Frequenzspektrum werden wichtige Hinweise über plastische Verformungen an makroskopischen und mikroskopischen Spannungs-Störstellen gewonnen. Durch Anordnung mehrerer Empfänger kann aus Laufzeitunterschieden der Schallimpulse eine Ortung der Schallemission erreicht werden.

Magnetische Rissprüfung. Fehlstellen an oder dicht unter der Oberfläche ferromagnetischer Werkstoffe äußern sich in Störungen im Magnetfeldaufbau, die durch geeignete Verfahren nachgewiesen werden können. Das bekannteste Verfahren stellt die Magnetpulverprüfung (DIN EN ISO 9934-1) dar, bei der ferromagnetisches Eisenoxidpulver zur Anzeige benutzt wird. Bei kräftiger Magnetisierung kann eine äußere Zone bis zu etwa 8 mm Tiefe überprüft werden. Während durch eine Polmagnetisierung Oberflächenrisse nachgewiesen werden können, die quer zur Prüfkörperachse verlaufen, können durch eine Stromdurchflutung infolge des induzierten ringförmigen Magnetfelds Längsrisse nachgewiesen werden. Bei Querschnittsübergängen kann infolge Übermagnetisierung eine Scheinfehleranzeige ausgelöst werden. Ein Feldlinienaustritt kann auch bei einer sprunghaften Änderung der ferromagnetischen Eigenschaften erfolgen (z. B. Übergang von ferritischen zu austenitischen Gefügebereichen in Schweißnähten).

Wirbelstromprüfung (DIN EN ISO 15549). In elektrisch leitenden Werkstoffen werden durch magnetische Wechselfelder elektrische Ströme induziert, die als Wirbelströme bezeichnet werden. Zur Erzeugung des magnetischen Wechselfeldes wird eine wechselstromdurchflossene Spule verwendet. Eine zweite Spule, die auch mit der Erregerspule zusammen als Testspulensystem aufgebaut sein kann, detektiert das resultierende magnetische Feld. Wirbelstromprüfungen werden zum Nachweis von Werkstoffinhomogenitäten (z. B. Rissen), zur Dickenbestimmung und zur Kontrolle von Werkstoffeigenschaften (Vergleichsprüfung) eingesetzt.

Farbeindringverfahren (DIN EN ISO 3452-1). Zum Nachweis von zur Oberfläche hin offenen Rissen und Poren wird ein flüssiges Eindringmittel auf das Bauteil aufgetragen, das in die Fehlstellen eindringt. Nach dem Entfernen überschüssiger Flüssigkeit wird durch Aufbringen einer saugfähigen Entwicklersubstanz das in den Fehlstellen infolge Kapillarwirkung verbliebene Eindringmittel sichtbar gemacht. Zur besseren Erkennbarkeit ist das Eindringmittel eingefärbt, um guten Kontrast zum üblicherweise weißen Entwickler hervorzurufen.

Potentialsondenverfahren. Zur Bestimmung der Tiefe von Rissen, die an der Oberfläche elektrisch leitender Bauteile erkennbar sind, wird ein Strom senkrecht zum Rissverlauf eingeleitet. Der Spannungsabfall über der Fehlstelle wird gemessen und in Risstiefe umgewertet.

30.2.11 Dauerversuche

Zweck. Dauerversuche werden alle Langzeitversuche unter mechanischen, mechanisch-thermischen und mechanisch-chemischen Beanspruchungen genannt, bei denen der Beanspruchungszeit oder der Spannungs- oder Dehnungsschwingspielzahl für die Werkstoff- oder Bauteileigenschaften eine maßgebende Bedeutung zukommt. Dauerversuche sind immer dann erforderlich, wenn in Kurzzeitversuchen eine Veränderung im Schädigungsmechanismus eintritt und keine Korrelation zwischen Kurzzeit- und Langzeitbeanspruchung möglich ist. Dies gilt insbesondere für zeit-, temperatur- oder beanspruchungsabhängige Veränderungen der Werkstoffeigenschaften.

Untersuchungsverfahren

Zeitstandversuch. Er dient zur Ermittlung der Werkstoff- und Bauteileigenschaften bei ruhender Zugbeanspruchung im Bereich hoher Temperaturen, bei denen Kriechen auftritt, und kann unter konstanter Temperatur bis zu einer bestimmten Verformung oder bis zum Bruch der Probe durchgeführt werden (DIN EN ISO 204).

Die Zeitdehngrenze $R_{p\varepsilon/t/T}$ bei bestimmter Prüftemperatur T ist die Prüfspannung, die nach einer bestimmten Beanspruchungsdauer t zu einer festgelegten plastischen Gesamtdehnung ε_p führt.

Die Zeitstandfestigkeit $R_{u/t/T}$ bei bestimmter Prüftemperatur T ist die Prüfspannung, die nach einer bestimmten Beanspruchungsdauer t zum Bruch der Probe führt. Die Auswertung erfolgt im Zeit-Dehnungs-Schaubild und im Zeitstand-Schaubild jeweils in logarithmischer Teilung.

Zur Abkürzung der Versuchszeiten können Extrapolationsverfahren angewandt werden, bei denen der Festigkeitskennwert über einem Zeit-Temperatur-Parameter aufgetragen wird. Häufig erfolgt auch eine graphische Verlängerung der Zeitbruchkurve und der Zeitdehngrenzkurven im Zeitstandschaubild. Bei einer Extrapolation bis unter die kleinste Versuchsspannung oder um einen Zeitfaktor von über 3 ist Vorsicht geboten.

30

Entspannungsversuch (Relaxationsversuch). In ihm wird der formschlüssig eingespannten Probe (DIN EN 10319-1) oder dem Bauteil (z. B. Schraubenverbindung) bei konstanter Temperatur eine konstante Verformung aufgezwungen, unter der Kriechen und damit eine zeitabhängige Abnahme der Spannung beobachtet wird. Die Relaxationsfestigkeit $R_{R/t/T}$ ist die Restspannung, die nach einer Beanspruchungsdauer t unter der Temperatur T gemessen wird.

Dauerschwingversuch. Er dient zur Ermittlung mechanischer Werkstoff- oder Bauteilkennwerte unter schwellender oder wechselnder Zug-, Biege- oder Torsionsbeanspruchung (DIN 50 100, DIN 50 113). Es werden glatte und gekerbte Proben oder Bauteile gleicher Herstellungsart hochfrequenten Beanspruchungen bei unterschiedlichen Spannungsausschlägen und gleicher Mittelspannung ausgesetzt, wobei entweder Brüche oder Durchläufer auftreten. Analog zu den Dauerschwingversuchen zur Ermittlung der Wöhlerlinie können, jedoch mit verschiedenen Beanspruchungskollektiven, Lebensdauer- oder Gaßnerlinien für Bauteile oder Proben ermittelt werden.

Dehnwechselversuch. Im Bereich niederer Wechselzahlen tritt der Dehnwechselversuch an die Stelle des Spannungswechselversuches, wenn eine formschlüssige Beanspruchung infolge von Belastungs- und Temperaturänderungen abzubilden ist. Der Versuch wird meist unter konstanter Gesamtdehnungsschwingbreite $\Delta\varepsilon t$ aber vereinzelt auch unter konstanter plastischer Dehnungsschwingbreite $\Delta\varepsilon_p$ mit Frequenzen in der Größenordnung von 0,1 bis 10^{-6} Hz bis zu Wechselzahlen von maximal 10^5 durchgeführt. Die Anrisswechselzahl N_A ist das kennzeichnende Versuchsergebnis.

Sollen thermische An- und Abfahrvorgänge nachgebildet werden, kann der Versuch mit Haltezeiten bei den Ausschlagsdehnungen durchgeführt werden. Im Kriechbereich erfolgt dabei eine zyklische Relaxation. Die dadurch auftretende Kriechermüdung reduziert die ertragbare Anrisswechselzahl. Zur genaueren Nachbildung dieser Beanspruchung werden auch Dehnwechselversuche mit gleitender Temperatur, sogenannte thermomechanische Versuche durchgeführt.

Literatur

Spezielle Literatur

1. FKM-Richtlinie Rechnerischer Festigkeitsnachweis für Maschinenbauteile. VDMA-Verlag, Frankfurt/Main (2012)
2. Haibach, E.: Betriebsfestigkeit. Verfahren und Daten zur Bauteilberechnung. Springer, Berlin (2002)
3. Dietzel, W., Schwalbe, K.-H.: GKSS-Bericht 87/E/46

Weiterführende Literatur

Blumenauer, H.: Werkstoffprüfung. Wiley-VCH, Weinheim (1994)
Schwalbe, K.H.: Bruchmechanik metallischer Werkstoffe. Hanser, München (1998)

Eigenschaften und Verwendung der Werkstoffe

31

Matthias Oechsner, Christina Berger und Karl-Heinz Kloos

31.1 Eisenwerkstoffe

Als Eisenwerkstoffe werden die für Bauteile und Werkzeuge anwendbaren Metalllegierungen bezeichnet, bei denen der mittlere Gewichtsanteil an Eisen höher als der jedes anderen Legierungselements ist. Sie werden in die Gruppe der Stähle und Gusseisenwerkstoffe aufgegliedert. Beide Gruppen unterscheiden sich vor allem im Kohlenstoffgehalt und weisen teilweise sehr unterschiedliche Eigenschaften auf. Während die Stähle Eisenwerkstoffe darstellen, die sich i. Allg. für die Warmumformung eignen, erfolgt die Formgebung der Gusseisenwerkstoffe durch Urformen (s. Bd. 2, Kap. 39). Abgesehen von einigen Cr-reichen Stählen liegt der C-Gehalt der Stähle unter rd. 2 %, der C-Gehalt der Gusseisenwerkstoffe über 2 %. Während bei Stählen der Kohlenstoff im Eisengitter gelöst oder in chemisch gebundener Form als Karbid vorliegt, tritt er im Gusseisen teilweise als Graphit auf. Stahlguss, dessen Formgebung ebenfalls durch Urformen erfolgt, wird zur Gruppe der Stähle gerechnet.

M. Oechsner (✉)
Technische Universität Darmstadt
Darmstadt, Deutschland
E-Mail: oechsner@mpa-ifw.tu-darmstadt.de

C. Berger
Technische Universität Darmstadt
Darmstadt, Deutschland
E-Mail: berger@mpa-ifw.tu-darmstadt.de

K.-H. Kloos
Darmstadt, Deutschland

31.1.1 Das Zustandsschaubild Eisen-Kohlenstoff

Im stabilen Eisen-Kohlenstoff-System tritt Kohlenstoff als Graphit in hexagonaler Gitterstruktur auf. Diese Gleichgewichtsphase stellt sich nur bei extrem langen Glühzeiten ein. Bei den üblichen Wärmebehandlungen der Stähle liegt Kohlenstoff in chemisch gebundener Form als Eisenkarbid Fe_3C (Zementit) vor. Für technische Zwecke wird daher in der Regel statt des Systems Eisen-Kohlenstoff das metastabile System Eisen-Zementit betrachtet, wenn auch im Bereich des Gusseisens (C > rd. 2 %) eine teilweise Graphitbildung erfolgt, der reale Werkstoffzustand also zwischen dem des stabilen und des metastabilen Systems liegt.

Bei Temperaturen oberhalb der Liquiduslinie ACD des metastabilen Systems (Abb. 31.1) liegt eine Eisen-Kohlenstofflösung in schmelzflüssigem Zustand vor. Diese Lösung erstarrt nicht wie reine Metalle bei einer bestimmten Temperatur, sondern in einem Temperaturbereich, der zwischen der Liquiduslinie ACD und der Soliduslinie AECF liegt. Mit abnehmender Temperatur nimmt in diesem Bereich der Anteil der ausgeschiedenen Kristalle in der Schmelze zu, bis bei Erreichen der Soliduslinie die Schmelze vollständig erstarrt ist. Feste Erstarrungspunkte treten nur in den Berührungspunkten von Liquidus- und Soliduslinie (A und C) auf. In Punkt A (1563 °C) liegt der Schmelzpunkt des reinen Eisens (C = 0 %), in Punkt C wird mit 1147 °C der niedrigste Schmelzpunkt des Systems Eisen-

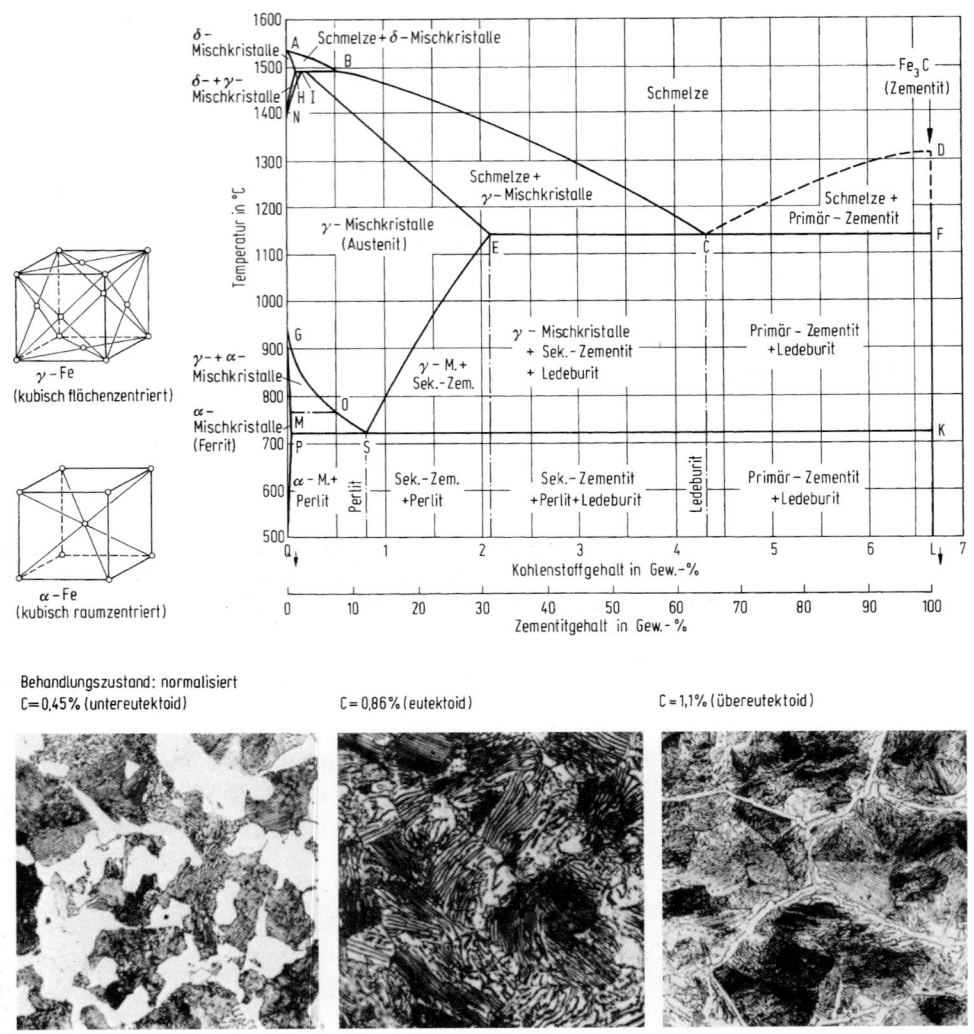

Abb. 31.1 Metastabiles Zustandsschaubild Eisen-Kohlenstoff

Kohlenstoff bei C = 4,3 % erreicht. Das hier bei der Erstarrung entstehende Gefüge ist ein Eutektikum, das mit Ledeburit bezeichnet wird. Im übereutektischen Bereich (C > 4,3 %) scheiden sich aus der Schmelze reine Eisenkarbidkristalle Fe₃C (Primärzementit), im untereutektischen Bereich (C < 4,3 %) als feste Lösung -Mischkristalle (Austenit: kubisch flächenzentrierte Eisenkristalle mit hohem Lösungsvermögen für Kohlenstoff) aus. Ledeburit besteht aus einem geordneten Gemenge aus beiden Phasen.

Im Zustandsfeld IESG liegt ein Gefüge vor, das ausschließlich aus Austenit besteht. Bei einem C-Gehalt von rd. 0,8 % wandelt sich der

Austenit bei Unterschreiten der Umwandlungstemperatur im Punkt S (723 °C) in das Eutektoid Perlit um, das aus einem feinen Gemenge aus Ferrit (α-Mischkristalle) und Zementit besteht.

Bei C > 0,8 % (übereutektoide Stähle) scheidet sich entlang der Linie SE Sekundärzementit aus, bei C < 0,8 % (untereutektoide Stähle) längs der Linie GOS Ferrit. Das Lösungsvermögen des Ferrits für Kohlenstoff ist sehr beschränkt (0,02 % bei 723 °C, rd. 10⁻⁵ % bei Raumtemperatur), wie der schmale Bereich GPQ erkennen lässt. Die Linie GOSE wird als obere Umwandlungslinie bezeichnet, die auf ihr ablesbaren Umwandlungstemperaturen als A3-Punkte. Bei Unterschreiten der unteren Umwandlungslinie PSK (A1-Punkt) verfallen die restlichen γ-Mischkristalle der Zweiphasengebiete unterhalb der Linien GOS und SE in Perlit, sodass untereutektoider Stahl bei Raumtemperatur nach langsamer Abkühlung aus Ferrit und Perlit, übereutektoider Stahl aus Perlit und Sekundärzementit besteht. Oberhalb des A2-Punkts (769 °C), bei Erreichen der sog. Curie Temperatur, verliert Stahl seine ferromagnetischen Eigenschaften. Die Umwandlungspunkte A1, A2 und A3 können bei Erwärmung oder Abkühlung je nach der Geschwindigkeit der Temperaturänderung zu höheren oder niedrigeren Temperaturen verschoben werden. Beim Erwärmen wird statt A die Bezeichnung Ac, bei Abkühlung die Bezeichnung Ar verwendet.

31.1.2 Stahlerzeugung

In Zusammenarbeit mit **H.-J. Wieland**, Düsseldorf

Stahl-Erschmelzungsverfahren

Weltweit werden heute zwei wesentliche Verfahrenslinien zur Stahlerzeugung eingesetzt:

1. Roheisenerzeugung durch Reduktion von Erz mit Kohlenstoff im Hochofen und Weiterverarbeitung zu Rohstahl im Sauerstoffblaskonverter. Das Roheisen enthält zu viel Kohlenstoff und zu große Anteile von schädlichen Begleitelementen wie Schwefel, Phosphor und Silizium. Es wird in flüssiger Form zum Konverter transportiert, wobei durch Zugabe von Kalzium oder Magnesium der Schwefel gebunden wird. Auch die Gehalte an Phosphor und Silizium lassen sich bereits hier verringern. Im Sauerstoffblaskonverter wird Sauerstoff auf die Schmelze aufgeblasen, der den darin enthaltenen Kohlenstoff zu CO-Gas oxidiert, das aus der Schmelze entweicht und dabei eine Rührwirkung erzeugt. Die Oxide der anderen Begleitelemente steigen in die Schlacke auf, die in flüssiger Form die Schmelze bedeckt, und werden in dieser gelöst. Zur intensiveren Bewegung der

Schmelze (Steigung der Reaktionsgeschwindigkeit) wird Inertgas (Argon oder Stickstoff) am Boden des Konverters eingeblasen. Bei der Oxidation entsteht Wärme, die das Bad flüssig hält oder sogar erwärmt. Im letzteren Fall kann durch Zugabe von Schrott die Temperatur gehalten werden. Wird ein höherer Schrottzusatz aus wirtschaftlichen Gründen gewünscht, muss ggf. zusätzlich beheizt werden. Der Einsatz rechnergestützter Prozesskontrolle und moderner Analyseverfahren ermöglicht die Herstellung sehr reinen Rohstahls in gleichbleibend hoher Qualität.

2. Einschmelzen von Stahlschrott zu Rohstahl im Elektro-Lichtbogenofen. Im Hochleistungs-Lichtbogenofen können rd. $100\,t = h$ Schrott eingeschmolzen werden. Leistungssteigernd wirken sich hier z. B. Rechnereinsatz zur Prozesssteuerung sowie zusätzliches Einblasen von Sauerstoff, Brennstoffen und Gas durch den Boden (Verbesserung der Durchmischung) aus. Die wesentlichen Maßnahmen der Sekundärmetallurgie sind Vermeiden des Schlackenmitlaufens, Mischen und Homogenisieren in der gespülten Pfanne, Desoxidation, Legieren und Mikrolegieren im ppm-Bereich in der Pfanne, Aufheizen in Pfannenöfen, Vakuumbehandlung und Gießstrahlabschirmung.

Sonderverfahren

Zur Verbesserung der Stahleigenschaften (insbesondere des Reinheitsgrads) werden zunehmend Vakuum- und Umschmelzverfahren eingesetzt.

Vakuum-Vergießen. Durch dieses Verfahren wird ein erneuter Luftzutritt in den flüssigen Stahl zwischen Gießpfanne und Kokille verhindert. Der Stahl wird unter Vakuum erschmolzen und abgegossen.

Elektroschlackeumschmelzverfahren (ESU). Ein zuvor konventionell hergestellter Stahlblock wird als selbstverzehrende Elektrode in einem Schlackebad abgeschmolzen. Bei diesem Umschmelzen reagieren die entstehenden Stahltröpfchen intensiv mit der Schlacke.

31

Kernzonenumschmelzverfahren. Für die Herstellung möglichst fehlerfreier Rohlinge für große Schmiedestücke wird die Kernzone eines im Blockguss erzeugten Blocks durch Lochen entfernt und der hohle Block nach dem ESU-Verfahren umgeschmolzen.

Vergießen des Stahls

Das Vergießen kann auf zwei verschiedene Wege erfolgen (Urformtechnik):

1. Vergießen zu Vorformen (Blockguss oder Strangguss). Bereits 1987 wurden bei der Stahlerzeugung rd. 89 % des Stahls als Strangguss hergestellt. Blockgießen wird im Wesentlichen nur noch zur Herstellung großer Schmiedestücke angewandt.
2. Vergießen zu fertigen Formstücken.

Plastische Formgebung

Man unterscheidet bei der Umformung von Metallen zwischen Warm-, Halbwarm- und Kaltumformung. Die Temperaturgrenze zwischen Kalt- und Warmumformung ist durch die Rekristallisationstemperatur gegeben und beträgt etwa die Hälfte der absoluten Schmelztemperatur.

Tendenzen

Verkürzung der Prozesskette bzw. Annäherung der Strangquerschnitte an endabmessungsnahe Halbzeugprodukte. Anwendung von Gießmaschinen zur Anpassung an variable Querschnittsformen (z. B. Herstellung von Dünnbrammen, die in Kaltwalzgerüsten weiterverarbeitet werden können).

Pulvermetallurgie

Als Ausgangsbasis für die Herstellung von Werkstoffen und Bauteilen dienen hier pulverförmige Stoffe, die rein oder gemischt (mechanisches Legieren) verarbeitet werden. Zur Herstellung von Metallpulvern existiert eine weite Palette von Verfahren, die von Direktreduktion über Wasserverdüsung, Vakuum-Inertgaszerstäubung bis zum Elektronenstrahlschmelzen mit Rotationszerstäubung reicht. Nach dem Mischen wird die Pulvermasse, der meist noch thermisch zersetzbares Gleitmittel zugesetzt wird, durch Pressen oder Spritzgießen geformt. Das Sintern der Formteile erfolgt dicht unterhalb der Schmelztemperatur (Festphasensintern) oder bei der Schmelztemperatur der niedrigstschmelzenden Komponente (Flüssigphasensintern) und bewirkt ein Zusammenwachsen der Pulverteilchen im Sinne einer Reduktion der freien Oberfläche. Falls erforderlich, können die Teile anschließend nochmals gepresst und gesintert werden (Zweifachsintern) oder in Form geschmiedet werden (Kalibrieren, Pulverschmieden). Eine besonders aufwändige Nachbehandlung stellt das Heiß-Isostatische Pressen (HIP, „hippen") dar, bei dem die Teile in eine dicht anliegende, gasdichte Kapsel eingeschlossen und unter äußerem isostatischem Gasdruck zur weitgehenden Beseitigung der Mikroporosität nachgesintert werden. Die Anwendung der Pulvermetallurgie bietet Vorteile bei der

- wirtschaftlichen Fertigung endkonturnaher oder einbaufertiger Bauteile hoher Formkomplexität und kleinerer Abmessungen bei hohen Stückzahlen.
- Erzeugung von Zusammensetzungen die schmelzmetallurgisch nicht oder nur schwierig herstellbar sind (hochschmelzende Metalle, dispersionsgehärtete Werkstoffe),
- Fertigung poröser Bauteile (Filter, selbstschmierende Gleitlager),
- Herstellung großer Teile mit hoher Homogenität und Isotropie sowie geringen Gehalten an Verunreinigungen (Ausgangsmaterial für große Schmiedeteile, z. B. Scheiben für Gasturbinen).

Festigkeits- und Zähigkeitseigenschaften pulvermetallurgisch erzeugter Werkstoffe können durchaus diejenigen konventioneller Guss- oder Knetwerkstoffe erreichen und übertreffen.

Sprühkompaktieren

In Zusammenarbeit mit **A. Schulz**, Bremen

Beim Sprühkompaktieren wird die erschmolzene Ausgangslegierung, die aus einem trichterförmigen Verteiler ausfließt, mit einer Ringdüse unter Verwendung von Stickstoff oder Argon zerstäubt. Der Sprühkegel, in dem der Schmelze bereits ein großer Anteil der Enthalpie entzogen wird, besteht dann aus einem Gemisch aus flüssigen, teilerstarrten und erstarrten Tröpfchen mit mittleren Durchmessern kleiner 100 µm, der auf einen bewegten Träger (Substrat) trifft. Dort bildet sich eine dünne teilflüssige Schicht (Kompaktierschicht), die dem Sprühkegel entgegen wächst und dabei in Richtung der aufwachsenden Form erstarrt. Durch diese Kombination von Zerstäubung und Kompaktierung entfallen die bei der Pulvermetallurgie oft aufwändigen Schritte der Pulveraufbereitung und Grünkörperformung bzw. Kapselung und die dabei vorhandene Gefahr der Kontaminierung mit Sauerstoff oder Fremdstoffen wird massiv reduziert. Diesem Vorteil einer in einem Schritt von der Schmelze zur seigerungsfreien Urform verlaufenden Prozesskette steht ein sehr enges Prozessfenster (Gas/Schmelze-Verhältnis, Trägerbewegung) bei der Kompaktierung gegenüber, das einzuhalten ist, um ein feines Erstarrungsgefüge bei hoher Dichte zu erreichen.

Es werden meist hochlegierte Stähle und stark zu Seigerungen neigende Aluminium- und Kupferlegierungen sprühkompaktiert, die anschließend zu Halbzeug geschmiedet, stranggepresst oder warmgewalzt werden. Durch geeignete Träger und deren definierte Bewegungen können neben zylindrischen Blöcken Ringe, Rohre und Bleche sprühkompaktiert werden. Es ist weiterhin möglich, durch das Sprühen in keramische Substrate (komplexe Formennegative) bspw. Spritzgusswerkzeuge aus Stahl (Rapid Tooling), direkt zu erzeugen. Ferner lassen sich Partikel in den Sprühkegel einblasen, die zusammen mit den Tröpfchen fein dispergiert zu Metall-Matrix-Verbundwerkstoffen kompaktieren.

31.1.3 Wärmebehandlung

In Zusammenarbeit mit **H.-J. Wieland**, Düsseldorf

Ziel einer Wärmebehandlung ist es, einem Werkstoff für Anwendung oder Weiterverarbeitung erwünschte Eigenschaften zu verleihen. Dabei wird der Werkstoff bestimmten Temperatur-Zeit-Folgen und gegebenenfalls zusätzlichen thermo-

mechanischen oder thermochemischen Behandlungen ausgesetzt. Für zahlreiche Stähle ist das temperaturabhängige Auftreten von α- und γ-Mischkristallen (Ferrit und Austenit) (Abb. 31.1) mit einem unterschiedlichen Lösungsvermögen für Kohlenstoff die Grundlage für ihre in weiten Grenzen veränderbaren Eigenschaften.

Die Kinetik der Umwandlung des Austenits in andere Phasen geht aus dem isothermen Zeit-Temperatur-Umwandlungsschaubild (ZTU-Schaubild) hervor. Abb. 31.2 zeigt am Beispiel des Stahls C45E Beginn und Ende der Umwandlung nach rascher Abkühlung des Austenits auf eine bestimmte Temperatur bei anschließendem isothermem Halten. Oberhalb der M_S-Linie setzt die Umwandlung mit einer zeitlichen Verzögerung ein, die ein Minimum bei rd. 550 °C aufweist. Letzteres beruht darauf, dass mit zunehmender Unterkühlung des Austenits einerseits dessen Umwandlungsbestreben wächst, andererseits die Abnahme der Diffusionsgeschwindigkeit die Platzwechselvorgänge der Atome bei der Neubildung des Kristallgitters behindert. Während bei Temperaturen oberhalb dieser „Nase" die Ferrit-Perlit-Umwandlung erfolgt, erhält man im Bereich unterhalb der Nase das Gefüge Bainit, das aus nadeligen Ferritkristallen mit eingelagerten Karbiden besteht. Bei rascher Unterkühlung auf Temperaturen unterhalb der MS-Linie erfolgt ohne zeitliche Verzögerung ein diffusionsloses Umklappen des Austenit-Gitters in das Gitter des Martensits, wobei der Anteil des gebildeten Martensits mit abnehmender Haltetemperatur

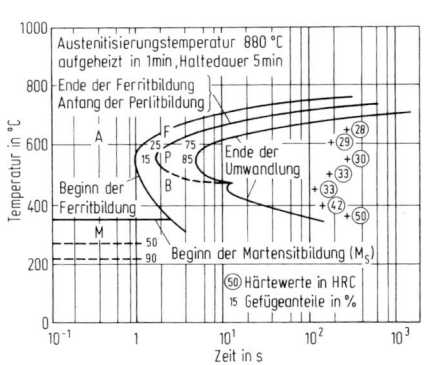

Abb. 31.2 Isothermes Zeit-Temperatur-Umwandlungsschaubild für den Stahl C45E. *A* Austenit, *F* Ferrit, *P* Perlit, *B* Bainit, *M* Martensit

ansteigt. Der Verlauf der Umwandlungslinie im ZTU-Schaubild wird durch die Höhe der Austenitisiertemperatur und die chemische Zusammensetzung des Stahls bestimmt.

Härten

Die Martensitbildung bewirkt eine erhebliche Härtesteigerung des Stahls. Daher bezeichnet man die Wärmebehandlung, die in mehr oder weniger großen Bereichen des Querschnitts eines Werkstücks nach Austenitisieren und Abkühlen zur Martensitbildung führt, mit *Härten* und die Temperatur, von der das Werkstück abgekühlt wird, als *Härtetemperatur*. Die Härtetemperatur liegt für untereutektoide Stähle oberhalb der Linie GOS des Fe-C-Schaubilds im Gebiet reiner γ-Mischkristalle, für übereutektoide Stähle jedoch oberhalb der Linie SK im Bereich der γ-Mischkristalle und des Sekundärzementits. Eine Auflösung des naturharten Sekundärzementits ist nicht notwendig, sofern er feinverteilt und nicht netzförmig als Korngrenzenzementit vorliegt. Die hohe Härte des Martensits beruht auf der gegenüber dem γ-Gitter geringen Lösungsfähigkeit des α-Gitters des Eisens für Kohlenstoffatome. Die bei Härtetemperatur gelösten C-Atome können bei schneller Abkühlung nicht aus dem sich umwandelnden γ-Mischkristall ausdiffundieren und führen, da sie zwangsgelöst bleiben, zu einer Verspannung des entstehenden Martensitkristalls, die sich in hoher Härte äußert. Die Verspannung wächst mit der Anzahl der zwangsgelösten C-Atome; daher nimmt die Aufhärtbarkeit eines Stahls mit dem C-Gehalt zu. Allerdings wird eine deutliche Härtesteigerung nur erreicht, wenn der C-Gehalt mindestens 0,3 % beträgt.

Um auch im Inneren eines Werkstücks eine zur Martensitbildung ausreichende hohe Abkühlgeschwindigkeit zu erhalten, muss eine möglichst schnelle Wärmeabfuhr erfolgen. Dies wird durch Abschreckmittel wie Öl, Wasser, Eiswasser oder Salzlösungen erreicht, doch ist oberhalb bestimmter Querschnitte keine Durchhärtung mehr möglich.

Gegenüber unlegierten Stählen ist bei legierten Stählen die kritische Abkühlgeschwindigkeit infolge der Behinderung der Kohlenstoffdiffusion durch die im Mischkristall eingelagerten Atome

der Legierungselemente vermindert. Daher sind bei legierten Stählen größere Querschnitte durchhärtbar oder mildere Abschreckmittel verwendbar, z. B. Luft statt Öl oder Öl statt Wasser. Hohe Temperaturunterschiede zwischen Kern und Rand eines Werkstücks führen zu hohen Wärmeeigenspannungen, die zusammen mit den Umwandlungseigenspannungen aufgrund der Volumenvergrößerung bei der Martensitbildung Verzug und Härterisse bewirken können. Die Gefahr von Verzug und Härterissen beim Abschrecken kann z. B. durch Warmbadhärten vermindert werden, wobei zunächst ein Temperaturausgleich im Werkstück bei Temperaturen knapp oberhalb der M_S-Temperatur herbeigeführt wird, bevor die Martensitbildung bei Abkühlung auf Raumtemperatur einsetzt. Die wichtigsten Legierungselemente zur Erhöhung der Durchhärtbarkeit von Stählen sind Mn, Cr, Mo und Ni mit Gehalten von rd. 1 bis 3 %. Die Prüfung des Durchhärteverhaltens eines Werkstoffs kann mit dem Stirnabschreckversuch nach DIN EN ISO 642 vorgenommen werden. Für bestimmte Stahlfamilien kann das Durchhärtevermögen auf der Basis der chemischen Zusammensetzung auch gemäß den Formelsätzen des Stahl-Eisen-Prüfblatt (SEP) 1664 berechnet werden.

Anlassen und Vergüten

Das beim Härten entstehende Martensitgefüge ist sehr spröde. Daher wird ein Werkstück in der Regel nach dem Härten *angelassen*, d. h. auf Temperaturen zwischen Raumtemperatur und A_{C1} erwärmt. Im unteren Anlasstemperaturbereich (bis rd. 300 °C) wird durch Diffusion der Kohlenstoffatome die hohe Verspannung des Martensits gemildert; die Sprödigkeit wird verringert, ohne dass die Härte sich wesentlich ändert. Es erfolgt die Ausscheidung des verglichen mit Zementit kohlenstoffreicheren ε-Karbids; der im Härtungsgefüge noch verbliebene Restaustenit zerfällt.

Bei Anlasstemperaturen über 300 °C nimmt die Zähigkeit (Bruchdehnung, Brucheinschnürung, Kerbschlagzähigkeit) sehr stark zu, während Festigkeit und Härte abnehmen (Abb. 31.3). Diese Veränderungen beruhen auf dem Zerfall des Martensits zu Ferrit und der Bildung von feinverteiltem Zementit aus dem bei niedrige-

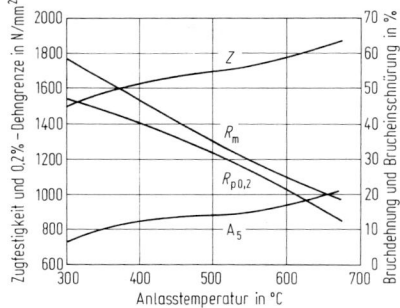

Abb. 31.3 Vergütungsschaubild für den Werkstoff 42CrMo4

rer Temperatur gebildeten ε-Karbid. Im Bereich von Anlasstemperaturen zwischen 450 °C und A_{C1} erhält man ein feinkörniges Gefüge guter Zähigkeit und hoher Festigkeit, wie es für Konstruktionsteile erwünscht ist. Den Vorgang des Härtens und Anlassens in diesem Temperaturbereich nennt man *Vergüten*. Die Vergütungsfestigkeit hängt entsprechend der Durchhärtbarkeit von der chemischen Zusammensetzung des Stahls und dem Querschnitt des Werkstücks ab.

Legierte Stähle mit vor allem Mo, W und V als Legierungselemente zeigen bei Anlasstemperaturen zwischen rd. 450 und 600 °C eine deutliche Härte- und Festigkeitssteigerung infolge Aushärtung (*Sekundärhärtung*). Dabei bilden sich aus den nach dem Austenitisieren (Lösungsglühen) und raschen Abkühlen entstandenen übersättigten Mischkristallen infolge Entmischung fein verteilte Ausscheidungen (meist Sonderkarbide oder intermetallische Phasen), die gleitblockierend wirken. Dieser Vorgang wird bei Werkzeugstählen, warmfesten und martensitaushärtenden Stählen zur Festigkeitssteigerung ausgenutzt.

Glühbehandlungen

Unter *Glühen* versteht man eine Behandlung eines Werkstücks bei einer bestimmten Temperatur mit einer bestimmten Haltedauer und nachfolgendem Abkühlen, um bestimmte Werkstoffeigenschaften zu erreichen.

Normalglühen. Es erfolgt bei einer Temperatur wenig oberhalb A_{C3} (bei übereutektoiden Stählen oberhalb A_{C1}) mit anschließendem Abkühlen in ruhender Atmosphäre. Diese Glühbehandlung

wird angewandt, um die grobkörnige Struktur in Stahlgussteilen und teilweise im Schweißnahtbereich (Widmannstättensches Gefüge) zu beseitigen. Auch die Wirkung einer vorangegangenen Wärmebehandlung oder Kaltumformung wird durch Normalglühen aufgehoben. Wird die Austenitisiertemperatur zu hoch gewählt, tritt ein Wachstum der γ-Mischkristalle ein, das auch nach der Umwandlung zu grobkörnigem Gefüge führt (Feinkornbaustähle neigen weniger zur Kornvergröberung). Ebenso verursacht eine zu langsame Abkühlung ein grobes Ferritkorn.

Grobkornglühen. Bei spanender Bearbeitung weicher Stähle kann ein grobkörniges Gefüge erwünscht sein, das einen kurzbrüchigen Scherspan ergibt. Man erhält dieses Gefüge durch Glühen weit oberhalb A_{C3}. Die durch Kornwachstum erhaltenen groben γ-Mischkristalle wandeln sich bei langsamer Abkühlung in ein ebenfalls grobkörniges Ferrit-Perlit-Gefüge um.

Diffusionsglühen. Es dient zur Beseitigung von Seigerungszonen in Blöcken und Strängen sowie innerhalb der Kristallite (Kristallseigerung). Die Glühbehandlung erfolgt dicht unter der Solidustemperatur mit langzeitigem Halten auf dieser Temperatur, um einen Konzentrationsausgleich durch Diffusion zu erreichen. Wird keine Warmumformung nach dem Diffusionsglühen vorgenommen, muss zur Beseitigung des groben Korns normalgeglüht werden.

Weichglühen. Um C-Stähle in ihrem Formänderungsvermögen zu verbessern, wird bei Temperaturen im Bereich um A_{C1} weichgeglüht. Bei diesen Temperaturen formen sich die im streifigen Perlit vorliegenden Zementitlamellen zu kugeliger Form um (*sphäroidisierendes Glühen*). Danach wird langsam abgekühlt, um einen möglichst spannungsarmen Zustand zu erzielen. Die Einformung der Zementitlamellen und bei übereutektoiden Stählen auch des Zementitnetzwerks wird erleichtert durch mehrmaliges kurzzeitiges Überschreiten von A_{C1} (*Pendelglühen*). Die kugelige Form des Zementits kann auch dadurch erreicht werden, dass austenitisiert und geregelt abgekühlt wird.

Spannungsarmglühen. In Werkstücken können durch ungleichmäßige Erwärmung oder Abkühlung, durch Gefügeumwandlung oder Kaltverformung Eigenspannungen auftreten, die sich den Lastspannungen überlagern. Zum Abbau dieser Eigenspannungen, z. B. nach dem Richten, Schweißen, oder zum Abbau von Eigenspannungen in Gussteilen wird ein Spannungsarmglühen durchgeführt. Die Glühtemperatur liegt meist unter 650 °C, bei vergüteten Stählen jedoch unterhalb der Anlasstemperatur, um die Vergütungsfestigkeit des Werkstücks nicht herabzusetzen. Beim Glühen werden die inneren Spannungen im Werkstück durch plastische Verformung auf das Maß der Warmstreckgrenze reduziert.

Rekristallisationsglühen. Das Ausmaß einer Kaltumformung wird begrenzt durch die Zunahme der Verfestigung und die Abnahme der Verformungsfähigkeit eines Werkstoffs mit dem Umformgrad. Durch Rekristallisationsglühen im Anschluss an eine Kaltumformung wird eine Neubildung des Gefüges bei Temperaturen oberhalb der Rekristallisationstemperatur erreicht mit mechanischen Eigenschaften, wie sie etwa vor der Verformung vorlagen, sodass im Wechsel mit einem Rekristallisationsglühen beliebig viele Umformgänge vorgenommen werden können. Die Gefahr einer Grobkornbildung im rekristallisierten Gefüge besteht bei niedrigen Verformungsgraden, vor allem bei Stählen geringen C-Gehalts ($< 0,2\%$), bei hoher Glühtemperatur und langer Glühdauer. Die Rekristallisationstemperatur der Stähle nimmt mit dem Umformgrad ab, da die im Gitter gespeicherte Umformenergie die Kornneubildung begünstigt. Das Rekristallisationsglühen wird angewendet bei kaltgewalzten Bändern und Feinblechen, kaltgezogenem Draht und Tiefziehteilen. Zum Schutz gegen Verzunderung glüht man unter Luftabschluss in geschlossenen Behältern (*Blankglühen*).

Lösungsglühen. Es dient dem Lösen ausgeschiedener Bestandteile in Mischkristallen. Austenitische und ferritische Stähle, die keine $\alpha - \gamma$-Umwandlung erfahren, werden zur Erzielung eines homogenen Gefüges bei rd. 950 bis 1150 °C lösungsgeglüht und anschließend abgeschreckt, um die Bildung versprödender intermetallischer Phasen bei langsamer Abkühlung zu vermeiden.

Bei umwandelnden Stählen, die neben der Martensithärtung eine Ausscheidungshärtung erhalten (legierte Werkzeugstähle, warmfeste und martensitaushärtende Stähle), ist mit dem Austenitisieren gleichzeitig eine Lösungsglühen verbunden, das nach dem Abschrecken zu einer übersättigten Lösung führt, deren Entmischung durch die Bildung von Ausscheidungen während des Auslagerns erfolgt.

Mit der Lösungsglühtemperatur und der Dauer des Lösungsglühens steigt die Menge der gelösten Bestandteile an. Damit wird die Ausscheidungsfähigkeit des Gefüges beim Auslagern erhöht, sodass auch die erreichbare Festigkeit ansteigt.

Randschichthärten

Für viele Werkstücke, für die eine harte und verschleißarme Oberfläche notwendig ist, ist eine auf die Randschichten beschränkte Härtung ausreichend. Man unterscheidet bei den Randschichthärteverfahren *Flammhärten, Induktionshärten* und *Laseroberflächenhärten*.

Flammhärten. Bei diesem Verfahren wird eine Werkstückoberfläche mittels einer Gas-Sauerstoff-Flamme auf Austenitisiertemperatur erwärmt und anschließend mit Wasser abgeschreckt (Wasserbrause), bevor die Erwärmung in das Werkstückinnere vorgedrungen ist. Dabei tritt nur im austenitisierten Randbereich eine Martensithärtung auf. Die Tiefe der gehärteten Randschicht wird bestimmt von der Flammtemperatur, der Anwärmdauer und der Wärmeleitfähigkeit des Stahls.

Induktionshärten. Bei diesem Verfahren wird die Randschicht in einer Hochfrequenzspule durch induzierte Ströme erhitzt und nach Erreichen der Austenitisiertemperatur mit einer Wasserbrause oder in einem Bad abgeschreckt. Mit zunehmender Frequenz wird infolge des Skin-Effekts die Tiefe der erwärmten Randschicht geringer, sodass Einhärtetiefen von nur wenigen Zehntel-Millimetern zu erreichen sind. Für beide Härteverfahren können Vergütungsstähle mit

0,35 bis 0,55 % C verwendet werden. Bei niedrigeren C-Gehalten ist die Aufhärtung zu gering, bei höheren C-Gehalten steigen Verzugs- und Härterissgefahr, zumal höhere Austenitisiertemperaturen zu wählen sind als bei normalem Härten. Nach dem Randschichthärten wird i. Allg. bei 150 bis 180 °C angelassen.

Laseroberflächenhärten. Durch kontinuierlich strahlende CO_2-Laser können einzelne Funktionsflächen von Bauteilen einer gezielten Randschichthärtung unterzogen werden. Das Laserhärten gehört zur Gruppe der Kurzzeithärteverfahren. Das Härten erfolgt durch Selbstabschreckung und kann auf dünne Randschichten beschränkt werden. Bei richtiger Wahl der Bestrahlungsparameter ist neben einer Oberflächenhärtung auch eine Dauerfestigkeitssteigerung möglich [1]. Wie beim Induktionshärten können für dieses Verfahren Vergütungsstähle mit 0,35 bis 0,55 % C oder Werkzeugstähle verwendet werden.

Thermochemische Behandlungen

Thermochemische Behandlungen sind Wärmebehandlungen, bei denen die chemische Zusammensetzung eines Werkstoffs durch Ein- oder Ausdiffundieren eines odermehrerer Elemente absichtlich geändert wird. Meist sollen der Randschicht eines Werkstücks bestimmte Eigenschaften wie Zunderbeständigkeit, Korrosionsbeständigkeit oder erhöhter Verschleißwiderstand verliehen werden. Da hierbei die Werkstücke längerzeitig einer hohen Temperatur ausgesetzt sind, ist auf die Veränderung der Kerneigenschaften zu achten. Gegenüber galvanischen Oberflächenbehandlungsverfahren besteht der Vorteil der Diffusionsverfahren in einer gleichmäßigen Schichtdichte über die Werkstückoberfläche, auch an Kanten, in Rillen und Bohrungen.

Einsatzhärten. Eine hohe Randschichthärte bei Teilen aus Stählen mit C-Gehalten von rd. 0,1 bis 0,25 % kann durch Härten nach den thermochemischen Behandlungen Aufkohlen oder Carbonitrieren erreicht werden. Beim Aufkohlen wird die Randschicht des Werkstücks durch Glühen bei 850 bis 950 °C (oberhalb der GOS-Linie) in kohlenstoffabgebenden Mitteln mit Kohlenstoff angereichert. Nach Art des Aufkohlungsmittels wird zwischen Pulver-, Gas-, Salzbad- und Pastenaufkohlung unterschieden. Der C-Gehalt der Randschicht nach dem Aufkohlen soll nicht höher sein als rd. 0,8 bis 0,9 %, um eine zu starke Zementitbildung zu vermeiden, die die Eigenschaften der Randschicht verschlechtern kann. Nach dem Aufkohlen ist die Randschicht eines Werkstücks härtbar. Wegen des höheren C-Gehalts besitzt das Gefüge der Randschicht eine niedrigere Umwandlungstemperatur als das des Kerns. Stellt man die Härtetemperatur auf den C-Gehalt der Randschicht ein, wandelt der Kern nicht vollständig um, sodass bei Stählen, die zum Kornwachstum neigen, ein infolge der langen Aufkohlungsdauer grobkörniges Gefüge im Kern zurückbleibt (*Einfachhärtung*). Eine Kernrückfeinung wird bei der *Doppelhärtung* erreicht. Hierbei wird zunächst von einer dem C-Gehalt des Kerns entsprechenden hohen Temperatur abgekühlt, wobei eine Umkristallisation des Kerns erfolgt; anschließend wird die Randschicht gehärtet. Damit erhält man eine hohe Oberflächenhärte bei gleichzeitig höchster Zähigkeit des Kerns. Durch das mehrmalige Erwärmen und Abkühlen wird allerdings die Gefahr des Verzugs des Werkstücks vergrößert. Ihr kann durch Abschrecken im Warmbad begegnet werden.

Das Härten der aufgekohlten Randschicht kann auch unmittelbar von Aufkohlungstemperatur erfolgen (Direkthärten), wobei gegebenenfalls das Werkstück zuvor auf eine dem C-Gehalt der Randschicht entsprechende Härtetemperatur abgekühlt wird. Dieses Verfahren wird vorzugsweise bei Massenteilen oder bei Stählen mit geringer Neigung zum Kornwachstum (Feinkornstählen) angewendet.

Höherlegierte Einsatzstähle, wie z. B. der Werkstoff 20NiCrMo6-3 wurden speziell für die Direkthärtung entwickelt, um verbesserte Festigkeits- und Zähigkeitseigenschaften zu erzielen.

Beim Carbonitrieren wird die Randschicht eines Werkstücks gleichzeitig mit Kohlenstoff und Stickstoff angereichert. Diese Behandlung erfolgt z. B. in speziellen Cyansalzbädern bei 800 bis 830 °C. Nach dem Carbonitrieren erfolgt meistens ein Abschrecken, um die durch Nitridbildung erreichte Härte durch eine Martensitumwandlung weiter zu erhöhen.

Nach dem Einsatzhärten wird bei Temperaturen von 150 bis 250 °C angelassen.

Nitrieren. Es erfolgt eine Diffusionssättigung der Randschicht eines Werkstücks mit Stickstoff, um Härte, Verschleißwiderstand, Dauerfestigkeit oder Korrosionsbeständigkeit zu erhöhen. Im Vergleich zum Einsatzhärten ist mit der Nitrierung bei Anwesenheit sondernitridbildender Elemente eine höhere Randhärte erzielbar; der Härteabfall ins Innere des Werkstücks ist wegen der geringen Diffusionstiefe jedoch steiler. Die Randschicht besteht nach dem Nitrieren aus einer äußeren Nitridschicht (Verbindungsschicht) und einer anschließenden Schicht aus stickstoffangereicherten Mischkristallen und ausgeschiedenen Nitriden (Diffusionsschicht). Man unterscheidet zwischen Gasnitrieren im Ammoniakgasstrom bei 500 bis 550 °C, Salzbadnitrieren in Cyansalzbädern bei 520 bis 580 °C und Plasmanitrieren bei 450 bis 550 °C.

Das Gasnitrieren erfordert lange Nitrierzeiten (z. B. 100 h für eine Nitriertiefe von rd. 0,6 mm). Durch zusätzliche Maßnahmen wie Sauerstoffzugabe oder Ionisation des Stickstoffs durch Glimmentladung (Plasmanitrieren) können die Nitrierzeiten verkürzt werden. Eine weitere Verkürzung der Nitrierzeiten wird durch Salzbadnitrieren erreicht, doch führen die verwendeten Cyansalzbäder immer auch zu einer Aufkohlung der Randschicht, die aber bei den hier verwendeten niedrigen Badtemperaturen gering ist. Die niedrigen Badtemperaturen und die langsame Abkühlung (kein Abschrecken) führen zu sehr geringem Verzug der Werkstücke (Messwerkzeuge).

Beim Nitrocarburieren enthält das Behandlungsmittel außer Stickstoff auch kohlenstoffabgebende Bestandteile. Es kann im Pulver, Salzbad, Gas oder Plasma nitrocarburiert werden. Die Gasnitrocarburierverfahren, die mit dem Sammelbegriff Kurzzeitgasnitrieren bezeichnet werden, benötigen gegenüber dem üblichen Gasnitrieren erheblich kürzere Behandlungsdauern. Diese liegen bei Prozesstemperaturen von 570 bis 590 °C in der Größenordnung des Salzbadnitrierens.

Legierungselemente, die eine besonders hohe Affinität zu Stickstoff aufweisen, wie Chrom, Molybdän, Aluminium, Titan oder Vanadin ergeben besonders harte Randschichten mit hohem Verschleißwiderstand gegen Gleitreibung (Nitrierstähle). Bei vergüteten Stählen niedriger Anlassbeständigkeit ist darauf zu achten, dass die langzeitige Nitrierbehandlung keine Festigkeitsabnahme im Kern verursacht. Durch Legierungselemente wie Chrom und Molybdän wird die Anlassbeständigkeit erhöht, sodass mit niedriglegierten CrMo-Stählen neben hoher Randschichthärte auch hohe Kernfestigkeit erzielt werden kann.

Aluminieren. Hierunter wird allgemein die Herstellung von Al-Überzügen verstanden. Unter den Diffusionsverfahren haben sich das *Kalorisieren* und das *Alitieren* bewährt.

Beim *Kalorisieren* werden die Werkstücke (meist kleinere Teile) in einer rotierenden Reaktionstrommel bei 450 °C in Al-Pulver mit bestimmten Zusätzen geglüht. Danach erfolgt ein kurzzeitiges Glühen bei 700 bis 800 °C außerhalb der Trommel zur Verstärkung der Diffusion. Es entsteht eine spröde, festhaftende Fe-Al-Legierungsschicht (Al > 10 %) unter einer harten Schicht von Al_2O_3, die eine gute Zunderbeständigkeit aufweist.

Eine weniger spröde Schutzschicht mit besserer Verformbarkeit bei gleicher Zunderbeständigkeit wird durch das *Alitieren* erzeugt. Hierbei wird die Glühung in einem Pulver aus einer Fe-Al-Legierung bei 800 bis 1200 °C vorgenommen.

Beide Verfahren sind auch bei anderen metallischen Werkstoffen als Stahl anwendbar, z. B. Kalorisieren bei Kupfer und Messing. Alitieren bei Nickellegierungen für Gasturbinenschaufeln.

Silizieren. Eine zwar spröde, aber sehr zunderbeständige Oberfläche wird bei kohlenstoffarmem Stahl durch Behandlung mit heißem $SiCl_4$-Dampf erzielt. Der Si-Gehalt der Schicht beträgt bis zu 20 %.

Sherardisieren. Dieses Verfahren wird ähnlich dem Kalorisieren durchgeführt. Nach dem Beizen oder Sandstrahlen werden die Werkstücke bei 370 bis 400 °C in mit bestimmten Zusätzen versehenem Zinkstaub geglüht. Neben erhöhtem Korrosionsschutz wird ein guter Haftgrund für Anstriche erreicht.

Borieren. Durch Borieren werden harte und verschleißarme Randschichten erzeugt. Es kann in Pulver (950 bis 1050 °C), Gas und Salzbädern (550 °C) boriert werden.

Chromieren (Inchromieren). Das Verfahren wird bei rd. 1000 bis 1200 °C mit chromabgebenden Stoffen in der Gasphase oder in der Schmelze durchgeführt. Die Randschicht des Werkstücks reichert sich dabei bis auf 35 % Cr an. Sie wird damit zunderbeständig bis zu Temperaturen über 800 °C. Wegen der Korrosionsbeständigkeit der Schicht kann mit dieser Behandlung der Einsatz korrosionsbeständigen Vollmaterials umgangen werden.

Sonderverfahren der Wärmebehandlung

Isothermisches Umwandeln in der Bainitstufe. Bei diesem früher als Zwischenstufenvergüten bezeichneten Verfahren wird ein Werkstück nach dem Austenitisieren rasch auf eine Temperatur abgekühlt, bei der sich während des Haltens auf dieser Temperatur die Bainitumwandlung vollzieht. Die für einen bestimmten Werkstoff geeignete Temperatur ist aus dem isothermen ZTU-Schaubild zu ersehen. Beste Festigkeits- und Zähigkeitseigenschaften ergeben sich bei Umwandlung im unteren Temperaturbereich der Bainitstufe. Neben den guten mechanischen Eigenschaften bietet das Verfahren wirtschaftliche Vorteile gegenüber dem Vergüten, da ein zweimaliges Aufheizen entfällt. Vor allem Kleinteile aus Baustählen werden nach diesem Verfahren behandelt.

Patentieren. Hierunter versteht man eine Wärmebehandlung von Draht und Band, bei der nach dem Austenitisieren schnell auf eine Temperatur oberhalb M_S abgekühlt wird, um ein für das nachfolgende Kaltumformen günstiges Gefüge zu erzielen. Üblicherweise wird bei der Drahtherstellung im Warmbad abgekühlt bei Temperaturen, die zu einem dichtstreifigen Perlit führen, da dieses Gefüge sich besonders zum Ziehen eignet.

Martensitaushärtung. In kohlenstoffarmen Fe-Ni-Legierungen mit mehr als 6 bis 7 % Nickel erfolgt die Umwandlung des γ-Mischkristalls auch bei langsamer Abkühlung aus dem Austenitgebiet (820 bis 850 °C) nicht mehr durch Diffusion in Ferrit, sondern durch diffusionslose Schiebung in Nickelmartensit, einem mit Nickel (statt Kohlenstoff) übersättigten, metastabilen Mischkristall. Legierungselemente wie Ti, Nb, Al und vor allem Mo führen beim anschließenden Warmauslagern unterhalb der Reaustenitisiertemperatur (450 bis 500 °C) durch Ausscheiden feinverteilter intermetallischer Phasen und die Einstellung von gleitbehindernden Ordnungsphasen zu einer erheblichen Steigerung der Festigkeit bei gleichzeitig guter Zähigkeit.

Thermomechanische Behandlungen

Thermomechanische Behandlungen sind eine Verbindung von Umformvorgängen mit Wärmebehandlungen, um bestimmte Werkstoffeigenschaften zu erzielen.

Austenitformhärten. Hierbei wird ein Stahl nach dem Abkühlen von Austenitisiertemperatur vor oder während der Austenitumwandlung umgeformt. Damit können Festigkeitssteigerungen bei gleichzeitig verbesserter Zähigkeit infolge eines verfeinerten Bainit- und Martensitgefüges erzielt werden.

Temperaturgeregelte Warmumformung. Durch geregelte Temperaturführung in den letzten, mit ausreichendem Umformgrad vorgenommenen Schritten einer Warmumformung und beim anschließenden Abkühlen wird ein Gefüge angestrebt, wie es beim Normalglühen entsteht.

Warm-Kalt-Verfestigen. Eine Umformung bei erhöhter Temperatur unterhalb der Rekristallisationsschwelle führt bei gegenüber Raumtemperatur verminderten Umformkräften zur Festigkeitssteigerung. Dieses Verfahren eignet sich besonders für austenitische Werkstoffe.

Die für isotherme Umwandlung erläuterten Vorgänge spielen sich in ähnlicher Weise auch bei kontinuierlicher Abkühlung von der Austenitisierungstemperatur ab, die bei zahlreichen technischen Wärmebehandlungsverfahren auftritt. Bei langsamer Abkühlung entsteht im Falle des Stahls C45E ein ferritisch-perlitisches Gefüge, wie aus dem Eisen-Kohlenstoff-Schaubild zu ersehen ist. Mit zunehmender Abkühlgeschwindigkeit wachsen die Anteile von Bainit und Martensit im Gefüge bis bei Überschreiten einer oberen kritischen Abkühlgeschwindigkeit nur noch Martensit gebildet wird.

31.1.4 Stähle

In Zusammenarbeit mit **H.-J. Wieland**, Düsseldorf und **J. Klöwer**, Werdohl

Einteilung von Stählen nach DIN EN 10 020
DIN EN 10 020 definiert Stähle als Werkstoffe, deren Massenanteil an Eisen größer ist als der jedes anderen Elements und deren Gehalt an Kohlenstoff i. Allg. kleiner ist als 2 %. Übersteigt der Kohlenstoffanteil diesen Grenzwert, spricht man von Gusseisen (s. Abschn. 31.1.5).

Darüber hinaus teilt DIN EN 10 020 die Stähle in unlegierte Stähle, legierte Stähle und nichtrostende Stähle ein. Die Grenze zwischen unlegierten und legierten Stählen geht aus Tab. 31.1 hervor. Ein Stahl gilt als legiert, wenn der spezifizierte Mindestwert nur eines Elementes die angegebenen Grenzwerte überschreitet. Falls für ein Element nur der zulässige Höchstwert spezifiziert ist, darf dieser das 1,3fache des Grenzwertes nach Tab. 31.1 betragen. Von dieser so genannten 70 %-Regel ist Mangan ausgenommen. Die nichtrostenden Stähle werden als Stähle mit mindestens 10,5 % Cr und höchstens 1,2 % C definiert. Zu ihnen gehören nicht nur korrosionsbeständige, sondern auch hitzebeständige und warmfeste Stahlsorten. Sie sind im Grunde ein Sonderfall der legierten Stähle.

Zusätzlich unterscheidet DIN EN 10 020 bei den unlegierten und legierten Stählen zwischen Qualitäts- und Edelstählen. Die Edelstähle zeichnen sich insbesondere durch geringere Anteile nichtmetallischer Einschlüsse und meist auch durch engere Vorgaben für die chemische Zusammensetzung aus. Sie sind deshalb geeignet, höhere Qualitätsansprüche zu erfüllen. So z. B.

sind Edelstähle zum Vergüten und Oberflächenhärten besser geeignet als Qualitätsstähle, deren Eigenschaften stärker streuen.

DIN EN 10 020 hat erhebliche Bedeutung für den Stahlhandel, insbesondere für die Zollnomenklatur. Für die technische Anwendung der Stähle ist die Bedeutung dieser Norm gering.

Systematische Bezeichnung von Stählen nach DIN EN 10 027
Stähle werden gemäß DIN EN 10 027-1 entweder mit Kurznamen oder gemäß DIN EN 10 027-2 mit Werkstoffnummern eindeutig gekennzeichnet. Kurzname und Werkstoffnummer sind austauschbar.

Die Kurznamen bestehen aus Symbolen in Form von Buchstaben und Zahlen. Ausgangspunkt für den systematischen Aufbau der Kurznamen ist die Einteilung der Stahlsorten in die 15 Gruppen gemäß Tab. 31.2.

Bei den Gruppen 1 bis 11 geben die Kurznamen Hinweise auf das Hauptanwendungsgebiet und auf die für die Hauptanwendung wichtigste mechanische oder physikalische Eigenschaft. Bei den Gruppen 12 bis 15 kennzeichnen die Kurznamen die chemische Zusammensetzung. Jeder Gruppe sind ein oder zwei Buchstaben als Hauptsymbol zugeordnet. Dieses Symbol steht i. Allg. an der ersten Stelle des Kurznamens. Ausnahmen sind die Stahlgusssorten, die an erster Stelle den Buchstaben G führen. Auch bei pulvermetallurgisch hergestellten Werkzeugstählen der Gruppe 14 ist es zulässig, dem ersten Hauptsymbol X ein anderes Symbol, nämlich die Buchstabenkombination PM, voranzustellen. Auf das für die Gruppe kennzeichnende erste Hauptsymbol folgen weitere Symbole, die Informationen über wichtige Merkmale zur eindeutigen Beschreibung individueller Stahlsorten enthalten (s. Tab. 31.2). Die Vielfalt der hierfür notwendigen Kennbuchstaben und -zahlen wird in DIN EN 10 027-1 festgelegt. Die verwendeten Zeichen können in jeder der 15 Gruppen eine andere Bedeutung haben. Der Schlüssel zum richtigen Verständnis eines Kurznamens liegt immer in dem Symbol an der ersten Stelle, gegebenenfalls hinter G oder PM.

Unterschiedliche Zustände oder Ausführungsformen der gleichen Stahlsorte können, falls erforderlich, durch Anhängen von Zusatzsymbolen mit einem Pluszeichen an den Kurznamen bzw. an die Werkstoffnummer bezeichnet werden. Beispiele sind in DIN EN 10 027-1 enthalten. Grundsätzlich werden zwischen den Ziffern und Buchstaben keine Leerstellen zur Trennung der Zeichen eingefügt. Die einzelne Elemente kennzeichnenden Ziffern werden mit einem Bindestrich verbunden.

Alternativ zum Kurznamen können die Werkstoffnummern nach DIN EN 10 027-2 verwendet werden. Im Allgemeinen bestehen die Werkstoffnummern aus fünf Ziffern mit einem Punkt zwischen der ersten und der zweiten Ziffer. Die erste Ziffer ist für Stähle und Stahlguss immer eine 1, z. B. 1.1301 für die Stahlsorte 19MnVS6 nach DIN EN 10 267. Ein vollständiges Verzeichnis der für Stähle und Stahlguss in deutschen und europäischen Normen festgelegten Werkstoffnummern ist in StahlDat SX bzw. StahlDat SX Prof (www.stahldaten.de) enthalten.

Legierungselemente

Im Eisen lösliche Legierungselemente wirken sich auf die Größe des Austenit (γ)-Gebiets im Eisen-Kohlenstoffschaubild aus. Dies äußert sich in Verschiebungen der Umwandlungstemperaturen. Dadurch ändert sich das Verhalten der Stähle bei der Abkühlung von der Warmumformtemperatur oder bei der Wärmebehandlung. Je nach Art und Menge des gelösten Legierungselementes können die Werte der kritischen Abkühlgeschwindigkeit sehr verschieden sein. Manche Legierungselemente haben zu den unvermeidbaren Begleitelementen des Eisens, z. B. Kohlenstoff, Stickstoff, Sauerstoff, Schwefel, eine höhere Affinität als Eisen. Sie bilden bei unterschiedlichen Temperaturen mit den Begleitelementen Verbindungen, die in unterschiedlicher Menge, Form und Verteilung im Stahl auftreten können. Einige Legierungselemente können sowohl im Eisen gelöst sein, wie auch stabile Verbindungen mit den Begleitelementen bilden. Die Vielfalt der möglichen Reaktionen, deren Ablauf bis zu einem gewissen Grad durch den Herstellungsprozess der Stähle gesteuert werden kann, erklärt den vielfältigen Einfluss der Legierungselemente auf die mechanischen und technologischen Eigenschaften der Stähle. Bei der nachfolgenden Erläuterung einiger wichtiger Stahlgruppen werden auch die für die jeweilige Stahlgruppe kennzeichnenden Wirkungen der Legierungselemente angesprochen.

Walz- und Schmiedestähle

Baustähle (s. Tab. 31.4) Baustähle müssen schweißgeeignet sein und sind nicht für eine Wärmehandlung bei der Weiterverarbeitung bestimmt. Amweitesten verbreitet sind unlegierte Baustähle, häufig als *allgemeine Baustähle* bezeichnet, mit Nennwerten der Streckgrenze bis 460 MPa für den Stahlhochbau, Tiefbau, Brückenbau, Wasserbau, Behälterbau oder Fahrzeug- und Maschinenbau. Ihre chemische Zusammensetzung wird im Wesentlichen nur hinsichtlich der Gehalte an C, Si, Mn, P, S und N spezifiziert. Für vollberuhigte Stahlsorten wird ein ausreichender Gehalt an Stickstoff abbindenden Elementen verlangt, z. B. mindestens 0,020 % Al, wobei jedoch Al auch durch andere starke Nitridbildner wie Ti oder Nb ersetzt werden darf. Der übliche Richtwert ist ein Verhältnis Mindestwert des Al-Gehaltes zu Stickstoff von 2:1, wenn keine anderen Nitridbildner vorhanden sind. Die Bewertung der Schweißeignung anhand der IIW-Formel (*International Institute for Welding*) für das Kohlenstoffäquivalent

$$CEV = C + \frac{Mn}{6} + \frac{Cr + Mo + V}{5} + \frac{Ni + Cu}{15} \text{ in } \%$$

und die Festlegung von Höchstwerten des Kohlenstoffäquivalents bedeuten eine wirksame Einschränkung der zulässigen Gehalte an nicht ausdrücklich spezifizierten Begleitelementen. Niedrigere Werte des Kohlenstoffäquivalents gelten als Merkmal besserer Schweißeignung. Kupfergehalte von 0,25 bis 0,40 % sind gelegentlich zur Verbesserung der Wetterfestigkeit erwünscht, können jedoch die Schweißeignung und die Warmumformbarkeit (Neigung zu Lötbruch) beeinträchtigen. Falls die unlegierten Baustähle

31

zum Feuerverzinken geeignet sein sollen, ist eine Einschränkung des Siliziumgehaltes erforderlich.

Maßgebend für die Auswahl der Stahlsorten sind in erster Linie die Mindestwerte der Streckgrenze und der Zugfestigkeit, in vielen Fällen aber auch die nach Gütegruppen gestaffelten Mindestwerte der Kerbschlagarbeit. Für die unlegierten Baustähle sind Gütegruppen nach Tab. 31.3 genormt.

Regeln für die Auswahl der Gütegruppe sind enthalten z. B. für den Stahlbau in der Richtlinie des Deutschen Ausschusses für Stahlbau DASt 009 oder für den Tankbau in DIN EN 14 015. Falls bei geschweißten Bauteilen nennenswerte Beanspruchungen in Dickenrichtung erwartet werden, können als vorbeugende Maßnahme gegen das Auftreten von Kaltrissen so genannte Z-Güten verwendet werden, für die Mindestwerte der Brucheinschnürung von Zugproben senkrecht zur Walzoberfläche festgelegt sind. Hohe Werte der Brucheinschnürung solcher Proben können nur bei niedrigen Schwefelgehalten erreicht werden. Im Allgemeinen werden die Erzeugnisse aus unlegierten Baustählen im Walzzustand oder im normalgeglühten Zustand oder im normalisierend gewalzten Zustand geliefert. Nur bei Erzeugnissen im normalgeglühten oder normalisierend gewalzten Zustand darf erwartet werden, dass die spezifizierten Mindestwerte der Festigkeit und Zähigkeit auch nach sachgemäßem Warmumformen oder erneutem Normalglühen während der Weiterverarbeitung eingehalten werden. Normalisierend gewalzte Erzeugnisse zeichnen sich durch eine Oberflächenbeschaffenheit aus, die gleichmäßiger ist als bei ofengeglühten Erzeugnissen und für die Wirtschaftlichkeit der Weiterverarbeitung entscheidend sein kann.

Hochfeste schweißgeeignete Feinkornbaustähle erreichen Mindestwerte der Streckgrenze bis rund 1100 MPa, demnächst auch 1300 MPa. Sie erweitern die Anwendungsgebiete der unlegierten Baustähle zu höheren Beanspruchungen und zu tieferen Temperaturen.

In den Lieferzuständen *normalgeglüht* oder *normalisierend gewalzt* oder *thermomechanisch gewalzt* weisen die hochfesten schweißgeeigneten Feinkornbaustähle standardmäßig Mindest-

werte der Streckgrenze im Bereich zwischen 275 und 460 MPa auf. In Abhängigkeit von der Gütegruppe eignen sie sich für den Einsatz bei Temperaturen bis etwa −50 °C. Sie unterscheiden sich von den unlegierten Baustählen durch kleine Anteile von Nb, Ti oder V, die bei Temperaturen der Warmumformung fein verteilte, stabile Nitride und Carbonitride bilden. Im Verlauf der Abkühlung von Warmumformtemperatur führen diese Ausscheidungen bei Unterschreitung der Umwandlungstemperatur zu einem besonders feinkörnigen Gefüge. Die Feinkornbildung erlaubt, trotz Verringerung des Kohlenstoffgehaltes die Werte der Streckgrenze zu steigern und das Zähigkeitsverhalten zu verbessern, ohne die Schweißeignung zu beeinträchtigen. Kleine Anteile an Legierungselementen, z. B. Cr, Mo und Ni, tragen zur Erhöhung der Streckgrenze bei. Der Ausdruck normalisierend gewalzt bedeutet, dass das Erzeugnis durch Warmumformung und anschließende kontrollierte Abkühlung in einen Zustand gebracht wurde, der hinsichtlich des Gefüges und der mechanisch-technologischen Eigenschaften des Erzeugnisses dem Zustand eines im Ofen normalgeglühten Erzeugnisses gleichwertig ist. Thermomechanisches Walzen besteht darin, dass die durch Ausscheidungen verursachte Feinkornbildung durch geeignete Maßnahmen während der Umformung verstärkt wird, sodass ein Gefüge mit noch kleineren Körnern entsteht. Dadurch wird es möglich, Stähle zu erzeugen, die bei gleicher Streckgrenze wie ein normalgeglühter Stahl weniger Kohlenstoff enthalten und deshalb hinsichtlich ihrer Schweißeignung noch günstigere Eigenschaften aufweisen. Das thermomechanisch eingestellte Gefüge kann jedoch bei Einwirkung hoher Temperaturen geschädigt werden und lässt sich durch eine Wärmebehandlung nicht wiederherstellen. Erzeugnisse im thermomechanisch gewalzten Zustand sind deshalb nicht für eine Warmumformung vorgesehen und bedürfen auch bei vorsichtigem Flammrichten einer strengen Temperaturüberwachung.

Hochfeste schweißgeeignete Feinkornbaustähle mit angehobenen Gehalten an Cr, Mo, Ni und V, werden im *wasservergüteten* Zustand mit Mindestwerten der Streckgrenze bis rund 1100 MPa (1300 MPa in der Erprobung) geliefert.

Sie ermöglichen u. a. die wirtschaftliche Ausführung von Stahlbauwerken und Fahrzeugen in Leichtbauweise. Ein bevorzugtes Anwendungsgebiet der Sorten mit besonders hohen Mindestwerten der Streckgrenze ist der Mobilkranbau. Zur Bewertung der Schweißeignung der hochfesten Feinkornbaustähle anhand des Kohlenstoffäquivalents liefert die CET-Formel

$$CET = C + \frac{Mn + Mo}{10} + \frac{Cr + Cu}{20} + \frac{Ni}{40} \text{ in } \%$$

nach Stahl-Eisen-Werkstoffblatt 088 Vergleichszahlen, die den Einfluss der Legierungselemente zutreffender beschreiben als die IIW-Formel.

Spezielle wasservergütete Feinkornbaustähle mit Kohlenstoffgehalten bis 0,38 % erreichen Härtewerte bis 630 HB und werden für Bauteile verwendet, bei denen es auf einen hohen Widerstand gegen Verschleiß ankommt, z. B. Muldenkipper, Steinbrechanlagen, Betonmischer. Bis zu einer Härte von rund 500 HB sind auch diese Stähle kaltumformbar, wobei jedoch der hohe Kraftbedarf und die von der Streckgrenze abhängige Rückfederung zu beachten sind. Zum Schweißen bei Vorwärmtemperaturen bis rund 200 °C eignet sich das MAG-Verfahren.

Die wetterfesten Baustähle enthalten üblicherweise 0,2 bis 0,6 % Cu und 0,35 bis 0,85 % Cr. Zur Vermeidung von Lötbruch dürfen bis zu 0,7 % Ni zulegiert werden. Cu und Cr bilden unter atmosphärischer Korrosion Deckschichten, die den normalen Rostvorgang stark hemmen, sodass die Stähle u. U. auch ohne Schutzanstriche der Witterung ausgesetzt werden dürfen. Versuche, aus der chemischen Zusammensetzung Kennzahlen für die Witterungsbeständigkeit zu errechnen, sind von umstrittenem Wert, da klimatische Unterschiede, die Zusammensetzung der Luft, z. B. in Küstennähe oder in einer Industriegegend, und andere Einflussgrößen die Entstehung und Schutzwirkung der Deckschichten erheblich beeinflussen. Die wetterfesten Baustähle werden für tragende Konstruktionen eingesetzt. Sie dürfen nicht mit den im Bauwesen aus architektonischen Gründen oft verwendeten nichtrostenden Stählen für Verkleidungsbleche

oder andere Bauteile mit untergeordneter mechanischer Beanspruchung verwechselt werden. Bei der Verarbeitung und Anwendung der wetterfesten Baustähle empfiehlt sich, die Richtlinie des Deutschen Ausschusses für Stahlbau DASt 007 zu beachten.

Die Bewehrungsstähle für den Stahlbeton-(Betonstähle) und Spannbetonbau (Spannstähle) zählen nicht zu den Baustählen im üblichen Sinn, sind für das Bauwesen aber ebenfalls unverzichtbar.

Betonstähle werden standardmäßig mit Nennwerten der Streckgrenze von 420 oder 500 MPa und Nennwerten der Bruchdehnung von 10 oder 8 % in der Form von Stäben oder als Drähte zur Herstellung von Betonstahlmatten geliefert. Nennwerte sind die aus statistischen Auswertungen abgeleiteten Werte des 5%-Quantils, die also von 5 % der Einzelwerte unterschritten werden dürfen. Die Stähle müssen schweißgeeignet und kaltumformbar sein. Sie sind unlegiert mit nur geringen Anteilen von Nb und/oder V zur Einstellung eines feinkörnigen Gefüges. Die geforderten Werte der Streckgrenze werden durch geregelte Temperaturführung aus der Walzhitze und/oder Kaltverfestigung erreicht. Die Haftung im Verbund mit dem Beton wird durch ausreichende Profilierung der Stäbe und Drähte sichergestellt.

Spannstähle müssen geeignet sein, in Spannbetonbauteile Druckvorspannungen einzubringen, die langzeitig erhalten bleiben. Für diese Stähle wird deshalb eine hohe Relaxationsfestigkeit verlangt, die wiederum sehr hohe Werte der Elastizitätsgrenze, ermittelt als Werte der 0,01%-Dehngrenze, voraussetzt. Charakteristische Werte der im Mittel um rund 20 % höheren Werte der 0,2%-Dehngrenze der üblichen Spannstahlsorten liegen im Bereich zwischen 835 und 1570 MPa bei Werten der Zugfestigkeit zwischen 1030 und 1770 MPa und Nennwerten der Bruchdehnung von 6 und 7 %. Die üblichen Erzeugnisformen sind glatte oder gerippte Stäbe oder Drähte. Für die verwendeten Stähle sind hohe Kohlenstoffgehalte kennzeichnend. Unlegierte Stähle für kaltgezogene Drähte im Abmessungsbereich 5 bis 12 mm enthalten rund 0,8 % C.

Stähle für vergütete Drähte bis 16 mm Durchmesser enthalten rund 0,5 % C und 0,4 % Cr. Für Stabstahl im Abmessungsbereich 15 bis 36 mm Durchmesser, dessen Festigkeitswerte an der unteren Grenze des obengenannten Bereiches liegen, werden Stähle mit rund 0,7 % C und 1,5 % Mn eingesetzt, denen noch rund 0,3 % V zulegiert wird, wenn Mindestwerte der Streckgrenze über 1000 MPa erreicht werden sollen. Die Stäbe werden im warmgewalzten, gereckten und angelassenen Zustand geliefert. Zur Verbesserung des Widerstandes gegen Spannungsrisskorrosion haben sich bei vergüteten Drähten Zusätze von Si bis fast 2 % bewährt. Sowohl für Betonstähle wie für Spannstähle gelten Forderungen an die Dauerschwingfestigkeit. Bei gerippten Stäben aus Spannstählen mit den genannten hohen Werten der 0,2 %-Dehngrenze müssen die Querschnittsübergänge der Rippen so beschaffen sein, dass kritische Spannungskonzentrationen vermieden werden. Tab. 31.4 zeigt eine Auswahl an Normen für Baustahlformen und deren Verwendung.

Stähle zum Kaltumformen (s. Tab. 31.5) In großer Vielfalt werden Fertigteile durch Kaltumformen von Flacherzeugnissen hergestellt, z. B. Gehäuse, Behälter, Kümpelteile, Kraftfahrzeugteile, Profile, geschweißte Rohre und Hohlprofile. Hierfür stehen warm- oder kaltgewalzte Flacherzeugnisse einer großen Zahl von Stählen zur Verfügung. Allen gemeinsam ist die besondere Eignung zur Kaltumformung, u. a. gekennzeichnet durch hohe Werte des Verfestigungsexponenten n für die Zunahme der Streckgrenzenwerte in Abhängigkeit vom Umformgrad und der senkrechten Anisotropie r für das Verhältnis von Breiten- zu Dickenformänderung. Vorteilhaft für die Kaltumformbarkeit ist auch ein niedriges Verhältnis der Werte von Streckgrenze und Zugfestigkeit. Maßgebend für die Eignung zum Kaltumformen ist der Gefügezustand der Stähle. Die weiche Ferritphase lässt sich gut umformen, während zunehmende Anteile des harten Perlits das Umformverhalten verschlechtern. Wichtig ist immer ein hoher oxidischer Reinheitsgrad. Von den Werkstoffeigenschaften sowie von der Wanddicke der Fertigteile und den Forderungen an die Oberflächenbeschaffenheit hängt es ab, ob zur Herstellung der Fertigteile warm- oder kaltgewalzte Flacherzeugnisse in Betracht kommen. Hohe Forderungen an die Oberflächenqualität der Fertigteile, z. B. festgelegte enge Spannen der Mittenrauheit R_a, können nur mit kaltgewalzten Flacherzeugnissen erfüllt werden.

Unter den zum Kaltumformen bestimmten Stählen spielen die unlegierten weichen Stahlsorten eine besondere Rolle. Sie weisen bei niedrigen Gehalten an Kohlenstoff und Mangan ein gleichmäßiges perlitarmes Gefüge auf. Der für die Kaltumformbarkeit ungünstige Perlitanteil kann bei gleichem Kohlenstoffgehalt noch weiter vermindert werden, wenn der Kohlenstoff durch Karbidbildner, z. B. Ti oder Nb, gebunden wird (*IF-Stähle*: „interstitial free" – frei von N und C auf Zwischengitterplätzen). Die unlegierten weichen Stahlsorten haben im Ausgangszustand niedrige Werte der Streckgrenze. Zu ihrer Umformung ist ein verhältnismäßig geringer Kraftbedarf erforderlich. Mit zunehmendem Umformgrad steigen die Werte der Streckgrenze an. Durch Kaltwalzen mit Dickenabnahmen zwischen 55 und 75 % können Festigkeitszunahmen von 500 MPa erreicht werden.

Insbesondere beim Tiefziehen weicher Stähle können als Folge der Lüdersdehnung im Bereich der Streckgrenze störende Fließfiguren auftreten. Durch Nachwalzen mit bis zu 2 % Dickenabnahme lassen sich diese Erscheinungen bei kaltgewalzten Flacherzeugnissen unterdrücken. Bei einigen Stahlsorten ist die Wirkung des Nachwalzens jedoch nur von beschränkter Dauer. Kaltgewalzte Flacherzeugnisse dieser Stahlsorten sollten nicht beliebig lange gelagert, sondern möglichst schnell verarbeitet werden.

Ein Sonderfall der weichen Stähle sind die kaltgewalzten Flacherzeugnisse zum Emaillieren. Durch Einschränkungen der chemischen Zusammensetzung der Stahlsorten wird dafür gesorgt, dass die beim Einbrennen der Emailschichten an der Stahloberfläche ablaufenden Reaktionen zu einer guten Haftung der Überzüge führen. Außer unberuhigten Stählen sind auch vakuumentkohlte Stähle geeignet, die mit Aluminium beruhigt und mit Titan mikrolegiert sind.

Falls vom Fertigteil höhere Festigkeitswerte verlangt werden, als mit einem unlegierten weichen Stahl unter den vom Bauteil abhängigen Umformbedingungen erreichbar sind, besteht die Möglichkeit, Stähle höherer Festigkeit zu verwenden, u. a. solche, bei denen die Mischkristallverfestigung, z. B. durch Si und Mn oder auch P, stärker zur Festigkeitssteigerung beiträgt. *Phosphorlegierte Stähle* (P-Stähle) mit bis zu 0,1 % P erreichen Streckgrenzenwerte bis 340 MPa. Das für die Umformung günstigste Gefüge wird durch spezielle Maßnahmen bei der Stahlherstellung eingestellt. Der für die Umformung erforderliche Kraftbedarf ist dennoch erheblich größer als bei den weichen Stählen.

Eine andere Möglichkeit besteht darin, perlitarme *mikrolegierte Stähle* mit weniger als 0,1 % C einzusetzen, bei denen unter Verzicht auf Mischkristallverfestigung die Wirkungen von Kornfeinung und Ausscheidungshärtung, z. B. durch Ausscheidung von Nitriden und Carbonitriden, zur Steigerung der Festigkeit genutzt werden, sodass sich Mindestwerte der Streckgrenze von mehr als 500 MPa erreichen lassen. Die Eignung zum Kaltumformen bleibt wegen des niedrigen Perlitanteils erhalten, das Verhältnis von Streckgrenze zu Zugfestigkeit steigt jedoch auf Werte weit über 0,7 (Abb. 31.4). Bei den *Bake-Hardening-Stählen* (BH-Stähle) kann die Wirkung der Ausscheidungsverfestigung durch eine künstliche Alterung im Bereich um 180 °C verstärkt werden. Von dieser Möglichkeit wird z. B. beim Einbrennlackieren Gebrauch gemacht.

Besonders hohe Forderungen an Kaltumformbarkeit und Festigkeit werden an Karosseriebleche gestellt. Einerseits sind die daraus herzustellenden Teile meist recht kompliziert geformt, andererseits sollen sie möglichst dünn, aber doch noch ausreichend steif sein. In diesem Anwendungsbereich werden perlitfreie Multiphasenstähle eingesetzt, zu deren Herstellung besondere Maßnahmen bei der Legierung sowie beim Walzen und Glühen notwendig sind. Kennzeichnende Vertreter dieser Stahlgruppe werden als kontinuierlich schmelztauchveredeltes und elektrolytisch veredeltes Band und Blech angeboten. Die *Dualphasenstähle* (DP-Stähle) bestehen im Wesentlichen aus Ferrit mit bis etwa 20 % inselartig eingelagertem Martensit, der bei schneller Abkühlung aus dem Teilaustenitgebiet $(\alpha + \gamma)$ entsteht. Die ferritische Grundmasse sorgt für gute Umformbarkeit; der Martensit erhöht die Festigkeit. Bei noch verhältnismäßig niedrigen Werten des Streckgrenzenverhältnisses im Bereich um 0,6 sind Werte der Zugfestigkeit weit über 600 MPa erreichbar. Bei den ferritisch-bainitischen *TRIPStählen* (transformation induced plasticity) werden Restaustenitanteile während der Umformung in festigkeitssteigernden Martensit umgewandelt. Infolge der Zunahme der Zugfestigkeit während des Umformens erhöht sich der zulässige Umformgrad. Die Werte der Bruchdehnung dieser Stähle sind im Vergleich zu Dualphasenstählen gleicher Festigkeit etwas höher (Abb. 31.5). Die *Complexphasenstähle* (CP-Stähle), die ein sehr feines Mischgefüge harter und weicher Bestandteile aufweisen, erreichen Zugfestigkeitswerte über 800 MPa. Die *PM-Stähle* (partiell martensitisch) mit deutlich mehr als 20 % Martensit zeichnen sich durch noch höhere Werte der Zugfestigkeit bei allerdings niedrigeren Werten der Bruchdehnung aus.

Gegenwärtig werden *Martensitphasenstähle* mit Zugfestigkeitswerten bis ca. 1400 MPa entwickelt. In Tab. 31.5 ist eine Liste von Normen für Stähle zum Kaltumformen aufgeführt.

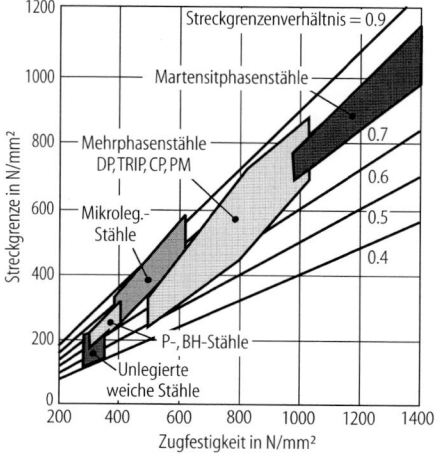

Abb. 31.4 Streckgrenze und Zugfestigkeit verschiedener Arten von Stählen zum Kaltumformen. (Nach [1])

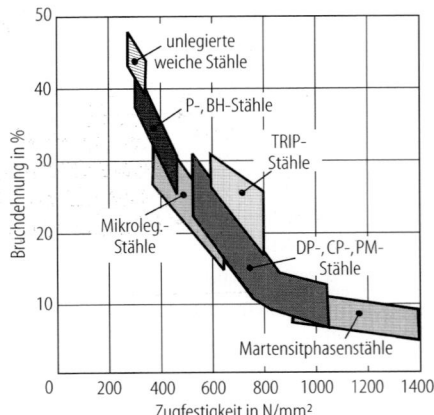

Abb. 31.5 Bruchdehnung und Zugfestigkeit verschiedener Arten von Stählen zum Kaltumformen. (Nach [1])

Für eine Wärmebehandlung bestimmte Stähle

Vergütungsstähle. Vergütungsstähle sind unlegierte und legierte Stähle, die aufgrund ihrer chemischen Zusammensetzung, besonders ihres Kohlenstoffgehaltes, zum Härten geeignet sind und deren Gebrauchseigenschaften durch Vergütung, d. h. durch eine geeignete Kombination von Härten und Anlassen, den jeweiligen Erfordernissen in weiten Grenzen angepasst werden können. Sie werden in allen Bereichen des Maschinenbaus für kleine und große Bauteile unterschiedlichster Art eingesetzt. Je nach Verwendungszweck werden hohe Festigkeit bei statischer, dynamischer, schwingender oder schlagartiger Beanspruchung, gutes Zähigkeitsverhalten vor allem im Hinblick auf Kerbunempfindlichkeit oder hohe Härte als Grundlage eines erhöhten Verschleißwiderstandes gefordert. Fast immer ist eine gute Zerspanbarkeit wichtig. Gelegentlich wird die Eignung zum Schweißen verlangt. Zweckmäßige Kombinationen der Wärmebehandlungsparameter Härtetemperatur, Abkühlgeschwindigkeit, Anlasstemperatur und Anlassdauer ermöglichen, die Vielfalt der geforderten Eigenschaftsprofile im Rahmen der Prozessgenauigkeit nahezu stufenlos einzustellen, wobei zu beachten ist, dass sich Festigkeit bzw. Härte und Zähigkeit gegenläufig verhalten (vgl. auch Abb. 31.5), wenn nicht auch die Korngröße verändert wird. Bei gegebener Festigkeit wird das beste Zähigkeitsverhalten erreicht, wenn durch ein Normalglühen vor dem Vergüten ein gleichmäßig feinkörniges Gefüge eingestellt wird und beim Härten die Umwandlung vollständig in der Martensitstufe abläuft. Einen wesentlichen Einfluss hat auch die Kombination der Legierungselemente. Mitunter kommt der vorteilhafte Einfluss bestimmter Legierungszusätze erst unter Betriebsbeanspruchung zur Geltung. Niedrige Anteile an nichtmetallischen Einschlüssen kommen sowohl dem Zähigkeitsverhalten allgemein wie auch besonders der Schwingfestigkeit zugute. Zum besseren Verständnis des Zusammenwirkens der Vielzahl der Einflussgrößen muss auf das Fachschrifttum verwiesen werden.

Für die Auswahl des für einen bestimmten Anwendungsfall am besten geeigneten Vergütungsstahles ist neben der Härtbarkeit, die im Stirnabschreckversuch bewertet wird, oft die Betriebserfahrung entscheidend. Aus wirtschaftlichen Gründen haben die unlegierten Vergütungsstähle weite Verbreitung gefunden. Nickel-Chrom-Molybdän-Stähle haben sich bei höchsten Anforderungen gut bewährt. Gute Zerspanbarkeit kann durch spezifizierte Schwefelgehalte von rund 0,03 % unter Verlust an Zähigkeit und Schwingfestigkeit erreicht werden. Schweißeignung ist gegeben bei niedrigen Kohlenstoffgehalten und Anwendung von Schweißverfahren mit niedrigem Wärmeeinbringen. Für das Kalt-Massivumformen werden Vergütungsstähle im weichgeglühten Zustand mit niedriger Ausgangsfestigkeit bevorzugt. Die Vergütung wird erst nach dem Umformen vorgenommen. Eine besondere Rolle spielt hier die Gruppe der borlegierten Vergütungsstähle mit verbesserter Härtbarkeit.

Die martensitaushärtenden Stähle, z. B. X2NiCoMo18-8-5, sind hochfeste Vergütungsstähle mit ungefähr 18 % Ni und extrem niedrigen Gehalten an C, Si und Mn. Sie erhalten ihre hohe Festigkeit durch Überlagerung der Verfestigungsmechanismen Martensitbildung und Mischkristallhärtung mit einer Ausscheidungshärtung. Im lösungsgeglühten Anlieferungszustand besitzen die martensitaushärtenden Stähle ein Gefüge aus nahezu kohlenstofffreiem Nickelmartensit (Zugfestigkeit etwa 1000 MPa). Wegen des niedrigen Kohlenstoffgehaltes können sie in diesem Zustand auch geschweißt werden. Durch Warmauslagern bei knapp 500 °C lassen sie sich durch Ausscheiden intermetallischer Verbindungen wie $Ni_3(Ti, Al)$ und Fe_2Mo aus dem Martensit auf Werte der Zugfestigkeit um 2200 MPa bei ausreichender Zähigkeit aushärten. Die Stähle sind empfindlich gegenüber Wasserstoffversprödung und Spannungsrisskorrosion.

Stähle für das Randschichthärten sind Vergütungsstähle, die sich zur Herstellung von Bauteilen mit harter Randschicht und zähem Kern eignen. Solche Bauteile zeichnen sich durch einen hohen Verschleißwiderstand an der Oberfläche und eine verbesserte Dauerfestigkeit aus. Der Kohlenstoffgehalt muss der gewünschten Härte und Einhärtetiefe angepasst sein. Der Legierungsgehalt bestimmt die Unempfindlichkeit gegen Kornvergröberung durch Überhitzen, die notwendige Abkühlgeschwindigkeit von der Härtetemperatur und die Höhe der zulässigen Entspannungstemperatur zum Abbau von Spannungsspitzen. Die wichtigsten Verfahren der Randschichthärtung sind in Abschn. 31.1.3 beschrieben.

Nitrierstähle, z. B. 34CrAlNi7-10, enthalten in erster Linie starke Nitridbildner wie Chrom, Aluminium und Vanadium. Weitere Legierungselemente dienen der Steigerung von Festigkeit und Zähigkeit des Kernbereichs unterhalb der verhältnismäßig dünnen Nitrierschicht. Die wichtigsten Nitrierverfahren sind in Abschn. 31.1.3 beschrieben.

Einsatzstähle, z. B. C15E, 16MnCr5, sind Qualitäts- oder Edelstähle mit einem verhältnismäßig niedrigen Kohlenstoffgehalt. Sie werden im Bereich der Randzone aufgekohlt, gegebenenfalls gleichzeitig aufgestickt (carbonitriert) und anschließend gehärtet. Die Stähle haben nach dem Härten in der Randschicht hohe Härte und guten Verschleißwiderstand, während im Kernbereich vor allem bei den mit Cr, Mo und Ni legierten Sorten eine hohe Zähigkeit erhalten bleibt. Insbesondere die Molybdän-Chrom-Stähle eignen

sich zum Direkthärten. Einzelheiten der Verfahren der Einsatzhärtung werden in Abschn. 31.1.3 beschrieben.

Automatenstähle. Automatenstähle sind durch gute Zerspanbarkeit (kurzbrechende Späne mit geringem Volumen) bei hoher Schnittgeschwindigkeit und geringem Werkzeugverschleiß sowie durch eine hohe Qualität der bearbeiteten Oberflächen gekennzeichnet. Sie erhalten diese Eigenschaften im Wesentlichen durch erhöhte Schwefelgehalte bis zu 0,4 %, die zu einem vermehrten Anteil sulfidischer Einschlüsse führen. Gegebenenfalls wird zusätzlich oder alternativ zum Schwefel 0,15 bis 0,3 % Blei zugegeben, das im Gefüge der Stähle als fein verteilte metallische Phase auftritt. Erhöhte Phosphorgehalte tragen zur Verbesserung der Zerspanbarkeit bei, indem sie die für den Zerspanungsvorgang nachteilige Zähigkeit der ferritischen Grundmasse der Stähle mindern. Wenn die Sulfide in der Form lang gestreckter Zeilen vorliegen, wird das Zähigkeitsverhalten bei Beanspruchungen senkrecht zu den Sulfidzeilen stark beeinträchtigt. Eine begrenzt wirksame Abhilfe ist möglich durch eine Beeinflussung der Sulfidform oder durch Ersatz des Schwefels, z. B. durch Blei.

Wenn große Bauteilserien in automatisierten Arbeitsabläufen spanabhebend bearbeitet werden, leisten Automatenstähle einen wesentlichen Beitrag zur Wirtschaftlichkeit der Fertigung. Mit Ausnahme der nichtrostenden Sorten sind Automatenstähle überwiegend unlegiert. Unterschieden wird zwischen

- Automatenstählen, die nicht für eine Wärmebehandlung bestimmt sind und zur Verbesserung der Festigkeitseigenschaften bis zu 1,5 % Mn enthalten (z. B. 11SMnPb30),
- Automaten-Einsatzstählen (z. B. 10SPb20) und
- Automaten-Vergütungsstählen (z. B. 35S20, 46SPb20).

Die Stähle werden als Stabstahl in den Zuständen unbehandelt, d. h. warmgewalzt, oder normalgeglüht geliefert und sind üblicherweise geschält oder kaltgezogen.

Nichtrostende Stähle. Nichtrostende Stähle zeichnen sich durch besondere Beständigkeit gegenüber chemisch angreifenden Stoffen aus. Der kennzeichnende Korrosionswiderstand setzt einen Massenanteil an Chrom voraus, der nach der Definition in DIN EN 10 020 den Wert 10,5 % nicht unterschreiten darf. In Abhängigkeit von den weiteren Legierungselementen werden die nichtrostenden Stähle nach ihren wesentlichen Gefügebestandteilen eingeteilt in ferritische, martensitische, ausscheidungshärtende martensitische, austenitische und ferritisch-austenitische Stähle. Die Gefügezusammensetzung schweißgeeigneter nichtrostender Stähle mit nicht mehr als rund 0,25 % C kann mit Hilfe von Abb. 31.6 und den zusätzlich genannten Gleichungen für die Errechnung der Äquivalentgehalte an Chrom und Nickel aus der chemischen Zusammensetzung abgeschätzt werden. Das Bild wurde für die Abschätzung der Gefügezusammensetzung von Schweißgut entwickelt und gilt deshalb nur für den Zustand nach Abkühlung von hoher Temperatur. In dem vorliegenden Bild gilt für die Äquivalentgehalte:

$$Cr_{äq} = Cr + 1{,}4 \cdot Mo + 0{,}5 \cdot Nb + 1{,}5 \cdot Si + 2 \cdot Ti \ (in \ \%)$$

und

$$Ni_{äq} = Ni + 30 \cdot C + 0{,}5 \cdot Mn + 30 \cdot N \ (in \ \%).$$

Das Korrosionsverhalten der verschiedenen Arten nichtrostender Stähle lässt sich nach heutigem Wissensstand nur auf der Grundlage von Erfahrungen zuverlässig beurteilen. Scheinbar geringfügige Unterschiede zwischen den angreifenden Medien können das Korrosionsverhalten der Stähle erheblich beeinflussen. Häufig ist auch die gleichzeitig wirksame mechanische Beanspruchung von entscheidender Bedeutung. Laborversuche unter definierten Bedingungen liefern wertvolle Hinweise und ermöglichen qualitative Vergleiche. Ferritische und martensitische Stähle mit rund 13 % Cr haben sich gut bewährt unter verhältnismäßig milden Korrosionsbeanspruchungen, z. B. unter atmosphärischen Bedingungen. Mit steigendem Chromgehalt wird die Korrosionsbeständigkeit besser.

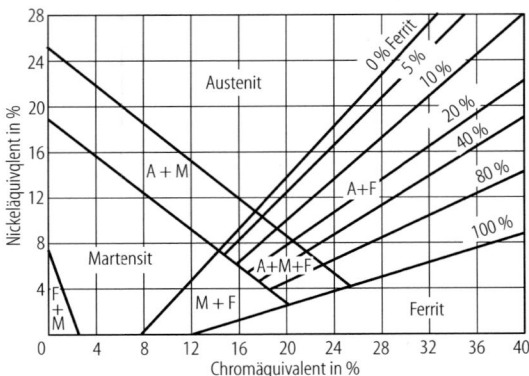

Abb. 31.6 Gefügeschaubild der schweißgeeigneten nichtrostenden Stähle (C ≤ 0,25 %) nach Schaeffler für Abkühlung von sehr hohen Temperaturen. (Nach [2])

Ferritische Chromstähle mit fast 30 % Cr und nur sehr niedrigen Kohlenstoffgehalten von rund 0,01 % C, auch Superferrite bezeichnet, finden Anwendung in besonders aggressiven Medien bei angehobenen Temperaturen. Austenitische Cr-Ni-Stähle sind vielseitig einsetzbar auch bei stärkerer Korrosionsbeanspruchung. Unabhängig von der Gefügezusammensetzung wird der Korrosionswiderstand nichtrostender Stähle geschwächt, wenn der Grundmasse bei Erwärmung auf höhere Temperaturen durch Ausscheidung chromreicher Karbide so viel Chrom entzogen wird, dass der in Lösung verbleibende Anteil des Chroms unter den für eine wirksame Passivierung (vgl. Abschn. 34.2) erforderlichen Schwellenwert abfällt. Werden die chromreichen Karbide bevorzugt auf den Korngrenzen ausgeschieden und kann sich in der Grundmasse mangels ausreichend hoher Diffusionsgeschwindigkeit nicht schnell genug ein Ausgleich der Konzentration des Chroms einstellen, werden die Stähle anfällig gegen interkristalline Korrosion (s. Abschn. 34.3). Besonders gefährdet sind die Wärmeeinflusszonen der Schweißnähte. Wirksame Gegenmaßnahmen bestehen in der Verwendung von Stahlsorten mit weniger als ungefähr 0,03 % C oder in der Verwendung sogenannter stabilisierter Stahlsorten, bei denen der Kohlenstoff durch starke Karbidbildner gebunden ist. Als Karbidbildner kommen i. Allg. Ti oder Nb in Betracht.

Ferritische nichtrostende Stähle sind durch niedrige Kohlenstoffgehalte bis höchstens 0,08 % gekennzeichnet und enthalten zwischen 12 und 30 % Cr. Mit zunehmendem Chromgehalt neigen sie bei Temperaturen zwischen rund 500 und 900 °C zur Ausscheidung der Sigmaphase, die eine deutliche Minderung der Zähigkeit bewirkt. Zufriedenstellende Zähigkeitswerte sind durch Glühen bei Temperaturen oberhalb des Ausscheidungsbereiches der Sigmaphase mit anschließender rascher Abkühlung an Luft erreichbar. Sie werden deshalb in Erzeugnisdicken nur bis rund 25 mm geliefert. Bei Erwärmung über 950 °C neigen sie zu Grobkornbildung mit entsprechender Minderung der Zähigkeit. Zur Begrenzung dieses Effektes beim Schweißen muss das Wärmeeinbringen möglichst klein gehalten werden. Stabilisierte Stähle sind weniger anfällig.

Die martensitischen nichtrostenden Stähle enthalten i. Allg. 0,08 bis 1 % C. Sie werden wie Vergütungsstähle wärmebehandelt. Anlasstemperaturen im Bereich zwischen 400 und 600 °C müssen jedoch vermieden werden, da in diesem Temperaturbereich Karbide mit besonders hohem Anteil an Chrom entstehen. Die dadurch verursachte Chromverarmung des Mischkristalls mindert den Korrosionswiderstand. Die nicht schweißgeeigneten Sorten mit mehr als rund 0,25 % C werden verwendet, wenn es auf hohe Werte der Festigkeit und vor allem der Härte ankommt. Sie werden bei Temperaturen im Bereich zwischen 200 und 350 °C angelassen und weisen in diesem Zustand die optimale Korrosionsbeständigkeit auf. Ein vorangehendes Abkühlen auf tiefe Temperaturen, z. B. in Eiswasser, kann zur Umwandlung von Restaustenit in Martensit und höheren Werten der Härte nach dem Anlassen führen.

Nickelmartensitische Stähle haben einen besonders niedrigen Kohlenstoffgehalt von höchstens 0,06 %, jedoch 3,5 bis 6 % Ni (z. B. X4CrNi13-4 oder X4CrNiMo16-5). Beim Anlassen zwischen 500 und 600 °C bildet sich ein weichmartensitisches Gefüge mit hoher Festigkeit und Zähigkeit. Auf Grund des guten Zähigkeitsverhaltens haben sich diese Stahlsorten bei wechselnden mechanischen Beanspruchungen gut bewährt. Sie sind schweißgeeignet und

eignen sich zur Herstellung auch sehr dickwandiger Bauteile.

Nickelmartensitische nichtrostende Stähle lassen sich bei 400 bis 600 °C durch intermetallische Phasen aushärten (z. B. X8CrNiMoAl15-7-2). Standardmäßig genutzt wird die Aushärtung mit Aluminium und Kupfer. Nach einer mehrstufigen Wärmebehandlung können Mindestwerte der 0,2%-Dehngrenze bis rund 1200 MPa bei Mindestwerten der Bruchdehnung von rund 10 % erreicht werden.

Den mengenmäßig größten Anteil am Verbrauch nichtrostender Stähle haben die austenitischen Chrom-Nickel- und Chrom-Nickel-Molybdän-Stähle, deren chemische Zusammensetzung den jeweils erwarteten Korrosionsbedingungen in weiten Grenzen angepasst werden kann. Sie sind im lösungsgeglühten und abgeschreckten Zustand bis zu großen Erzeugnisdicken lieferbar. Mehr als 2 % Mo tragen wesentlich zur Verbesserung der Korrosionsbeständigkeit, insbesondere des Widerstandes gegen selektive Korrosionsarten, bei. Die festigkeitssteigernde Wirkung des Molybdäns hat demgegenüber nur geringe Bedeutung. Kennzeichnende Mindestwerte der 0,2%-Dehngrenze der nichtrostenden austenitischen Stähle liegen im Bereich knapp über 200 MPa, bei kaltgewalztem Band in Dicken bis 6 mm 20 MPa höher. Bis rund 5 % Mo sind die Stähle gut schweißgeeignet. Zur Vermeidung der beim Schweißen entstehenden Warmrisse im Schweißgut sind geringe Deltaferritgehalte vorteilhaft, die sich allerdings in manchen Medien ungünstig auf die Korrosionsbeständigkeit auswirken. Wenn zur Unterdrückung der Anfälligkeit gegen interkristalline Korrosion der Kohlenstoffgehalt abgesenkt wird, muss durch höhere Nickelgehalte eine ausreichende Stabilität des austenitischen Gefüges sichergestellt werden. Alternativ kann der Kohlenstoff durch Stickstoff ersetzt werden. Stickstoff bewirkt nicht nur eine Verringerung der Deltaferritgehalte und eine größere Stabilität des austenitischen Gefüges. Er steigert auch die Werte der 0,2%-Dehngrenze im Mittel um rund 50 MPa.

Nichtrostende ferritisch-austenitische Stähle (z. B. X2CrNi-MoN22-5-3) sind durch ein Gefüge gekennzeichnet, das aus annähernd gleichen Anteilen von Ferrit und Austenit besteht. Sie haben ungefähr doppelt so hohe Werte der 0,2%-Dehngrenze wie die ferritischen und austenitischen nichtrostenden Stahlsorten. Im lösungsgeglühten und abgeschreckten Zustand weisen sie gute Zähigkeitseigenschaften auf. Ein Zusatz von Stickstoff verzögert die Mechanismen, die zur Ausscheidung der Sigmaphase führen, und ermöglicht dadurch die Erzeugung auch dickerer Querschnitte. Molybdän, insbesondere in Verbindung mit höheren Chromgehalten, erhöht die Beständigkeit gegen Lochkorrosion und andere selektive Korrosionsarten. Unter Bedingungen der Spannungsrisskorrosion in chloridhaltigen Medien, z. B. in Meerwasser, oder organischen Säuren haben sich die ferritisch-austenitischen Stähle bewährt. Außerdem besitzen sie eine gute Verschleißbeständigkeit bei korrosivem Angriff. Die hohe Löslichkeit des Kohlenstoffs im austenitischen Gefügeanteil verhindert bei schneller Abkühlung die Ausscheidung von Chromkarbiden an den Korngrenzen. Die Anfälligkeit für interkristalline Korrosion ist deshalb gering. Mit Rücksicht auf andere Ausscheidungsvorgänge muss beim Schweißen dennoch auf ein möglichst geringes Wärmeeinbringen geachtet werden. Nichtrostende Stähle sind i. Allg. schwer zerspanbar. Der für Automatenstähle kennzeichnende hohe Schwefelgehalt von 0,15 bis 0,35 % verschlechtert jedoch den Korrosionswiderstand. In den maßgeblichen Normen für nichtrostende Stähle wird deshalb für spanend zu bearbeitende Erzeugnisse aus einer großen Zahl nichtrostender Stähle ein kontrollierter Schwefelgehalt von 0,015 bis 0,030 % empfohlen und zugelassen. Neuere Untersuchungen zeigen aber auch, dass sich nichtrostende Stähle mit niedrigem Schwefelgehalt durchaus wirtschaftlich und effektiv zerspanen lassen, wenn die notwendigen Zerspanparameter insbesondere Werkzeuggestaltung und Vorschub dem jeweiligen zu zerspanenden Werkstoff angepasst werden.

Kaltzähe Stähle. Als kaltzäh werden Stähle bezeichnet, die zur Herstellung von Bauteilen für Betriebstemperaturen im Bereich zwischen 0 °C und etwa −270 °C geeignet sind. Das Hauptanwendungsgebiet ist die Kältetechnik zur Herstellung und Lagerung sowie für den Transport flüssiger Gase. In den meisten Fällen sind die Bauteile einer Beanspruchung durch Innendruck ausgesetzt. Die in Betracht kommenden Stähle müssen deshalb als Druckbehälterstähle qualifiziert sein oder, soweit der Tankbau betroffen ist, zur Verwendung im Tankbau zugelassen sein. Neben zufrieden stellenden Festigkeitskennwerten und guter Schweißeignung wird von den kaltzähen Stählen vor allem ein gutes Zähigkeitsverhalten auch noch bei der tiefsten Betriebstemperatur verlangt.

Da bei schlagartiger Beanspruchung mit Spannungsspitzen oberhalb der Streckgrenze die Gefahr des Versagens durch verformungsarme Brüche besonders groß ist, wird üblicherweise die Kerbschlagarbeit als Merkmal des Zähigkeitsverhaltens gewählt. Im Allgemeinen wird verlangt, dass die Kerbschlagarbeit bei der tiefsten Betriebstemperatur des Bauteils den Wert 27 J nicht unterschreitet. Gelegentlich werden in den einschlägigen Regelwerken für die Bauausführung in Abhängigkeit vom Risikopotenzial höhere Forderungen gestellt. Maßgebendes Kriterium für die Stahlauswahl ist die tiefste zulässige Anwendungstemperatur, die sich für die einzelnen Stähle aus der Abhängigkeit der Mindestwerte der Kerbschlagarbeit von der Prüftemperatur ergibt.

Abb. 31.7 veranschaulicht die Reichweite der Anwendungstemperaturbereiche in der Kältetechnik auf der Grundlage des Mindestwertes der Kerbschlagarbeit 27 J. Der Anwendungsbereich der ferritischen Stähle reicht bis −196 °C. Bei noch tieferen Temperaturen werden nur noch austenitische Stähle eingesetzt.

Die kaltzähen ferritischen Stähle zeichnen sich durch besonders niedrige Höchstgehalte an Phosphor und Schwefel aus, sind überwiegend mit Nickel legiert und enthalten geringe Anteile von Karbidnern zur Förderung der Ausbildung eines gleichmäßig feinkörnigen Gefüges. Bei den normalgeglühten Stählen dominiert die Wirkung von Reinheitsgrad und Feinkörnigkeit. Bei den vergütbaren Stählen fördern Nickelgehalte von rund 1,5 bis 9 % die Bildung von Fe-Ni-Mischkristallen, die den Steilabfall des Zähigkeitsver-

Stahlsorte	Streckgrenze oder 0,2 %-Dehngrenze bei RT MPa	Kerbschlagarbeit (ISO-V, quer) Prüftemperatur °C	J min.	Anwendung in der Technologie von — Butan (0) / Propan (-42) / Propen (-47) / Kohlendioxid (-78) / Äthan (-89) / Äthen (-104) / Methan (-164) / Sauerstoff (-183) / Argon (-186) / Stickstoff (-196) / Wasserstoff (-253) / Helium (-269) mit einer Siedetemperatur von (°C)
P355NL2	355	-50	27	
11MnNi5-3	285	-60	27	
13MnNi6-3	355	-60	27	
15NiMn6	355	-80	27	
12Ni14	355	-100	27	
X12Ni5	390	-110	27	
X8Ni9+NT640	490	-196	40	
X8Ni9+QT640	490	-196	40	
X8Ni9+QT680	585	-196	50	
X7Ni9	585	-196	80	
austen. nichtr. Stahl		-196	60	

Abb. 31.7 Anwendungsbereiche einiger kaltzäher Stahlsorten in der Kältetechnik bei einem für die Bauteilsicherheit geforderten Mindestwert der Kerbschlagarbeit (ISO-V Querproben) von 27 J bei der niedrigsten Bauteiltemperatur

haltens mildern und zu tieferen Temperaturen verschieben.

Bei Stählen mit austenitischem Gefüge wird i. Allg. bis rund $-200\,°C$ keine wesentliche Änderung des Zähigkeitsverhaltens beobachtet. Für $-196\,°C$ ist in den einschlägigen Normen der gleiche Mindestwert der Kerbschlagarbeit festgelegt wie für Raumtemperatur. Wird der Mindestwert von 60 J bei $-196\,°C$ an ISO-V-Querproben nachgewiesen, wird erwartet, dass der im Hinblick auf die Bauteilsicherheit für erforderlich gehaltene Mindestwert von 27 J auch bei noch tieferen Temperaturen bis zu Siedetemperatur des flüssigen Heliums nicht unterschritten wird.

Alle kaltzähen Stahlsorten sind gut schweißgeeignet. Kritisch kann die Wahl des Schweißzusatzes sein, da das Schweißgut hinsichtlich Streckgrenze bzw. 0,2%-Dehngrenze und Kerbschlagarbeit den gleichen Forderungen unterliegt wie der Grundwerkstoff.

Stähle und Legierungen für den Einsatz bei erhöhten und hohen Temperaturen

Warmfeste und hochwarmfeste Stähle und Legierungen. Warmfeste und hochwarmfeste Stähle und Legierungen werden für Bauteile gebraucht, die gleichzeitig hohen mechanischen und thermischen Beanspruchungen standhalten müssen. Sie werden vor allem in der Energietechnik und für Reaktoren der chemischen Industrie eingesetzt.

Kesselrohre, Wärmetauscher, Turbinenschaufeln in Dampf- und Gasturbinen sowie Turbinenwellen und Schrauben sind Beispiele für die Vielfalt der Bauteile, die in sehr unterschiedlichen Wanddicken vorkommen. Ebenso vielfältig sind die Forderungen, die an solche Stähle gestellt werden. An erster Stelle der Forderungen stehen hohe Werte der Warmfestigkeit. In dem in Abb. 29.6 definierten Bereich der erhöhten Temperaturen sind die im Warmzugversuch ermittelten Kennwerte R_{m} oder $R_{\mathrm{p0;2}}$ maßgebend. Im Kriechbereich, d. h. im Bereich „hoher" Temperaturen, sind die im Zeitstandversuch ermittelten Festigkeitskennwerte entscheidend, z. B. die 100 000-h-Zeitstandfestigkeit. Bei den Schraubenstählen steht der Widerstand gegen Relaxation im Vordergrund. Fast immer besteht bei warmgehenden Anlagen ein erhöhtes Sicherheitsrisiko. Deshalb müssen sich die Stähle im gesamten durchfahrenen Temperaturbereich von Raumtemperatur bis zur höchsten Betriebstemperatur ausreichend zäh verhalten, damit unvorhergesehene, örtlich auftretende Spannungsspitzen durch Spannungsumlagerung abgebaut werden können. Um bei Temperaturwechseln thermisch bedingte Zusatzspannungen vor allem in dickwandigen Komponenten niedrig zu halten, werden niedrige Werte des Wärmeausdehnungskoeffizienten und hohe Werte der Wärmeleitfähigkeit verlangt. Stähle für den Behälter- und Kesselbau müssen schweiß-

31

geeignet sein. In vielen Fällen ist ausreichender Widerstand gegen Verzunderung und Korrosion notwendig, sofern nicht andere Schutzmaßnahmen möglich sind.

Ferritische warmfeste Stähle. Unlegierte warmfeste Stähle, auch solche mit Mangangehalten bis 1,5 %, haben so niedrige Werte der Zeitstandfestigkeit, dass sich ihre Verwendung nur in dem Temperaturbereich lohnt, in dem die Mindestwerte der 0,2%-Dehngrenze als Berechnungskennwert benutzt werden, also nur bis rund 400 °C. Sie haben dennoch breite Anwendung gefunden für einfache Dampfkessel, z. B. zur Heißdampfversorgung von Gewerbebetrieben. Hinsichtlich Verarbeitbarkeit, Zähigkeit und Schweißeignung bieten sie gegenüber anderen warmfesten Stählen erhebliche Vorteile. Für höhere mechanische Beanspruchungen im gleichen Temperaturbereich stehen spezielle warmfeste Feinkornbaustähle zur Verfügung, die überwiegend mit Mo und Ni legiert sind. Besonders bekannt geworden ist der Stahl 15NiCuMoNb5-6-4, der auf Grund seiner hohen Streckgrenzenwerte bis rund 400 °C auch für bestimmte Komponenten von Hochleistungsdampfkesseln eingesetzt wird. Der Nickelgehalt verleiht diesem Stahl eine gute Zähigkeit, während Cu, Mo und Nb zur Aushärtung beitragen.

Um höhere Werte der Zeitstandfestigkeit zu erreichen, werden legierungstechnische Maßnahmen zur Mischkristallverfestigung und Aushärtung angewendet. Die stärkste Wirkung hat Molybdän schon in Gehalten bis 0,5 %. Chrom für sich allein bewirkt wenig, verstärkt jedoch die Wirkung des Molybdäns. Die Legierungszusammensetzung und eine dem Ausscheidungsverhalten angepasste Wärmebehandlung sind entscheidend für Art, Menge und Verteilung der entstehenden Karbide. Günstig sind die kohlenstoffreicheren Karbide, während die kohlenstoffärmeren Karbide bei langzeitiger thermischer Beanspruchung zur Koagulation neigen und dadurch ihre festigkeitssteigernde Wirkung verlieren. Vorteilhaft ist die Verbesserung der Zunderbeständigkeit durch Chrom. Oberhalb rund 550 °C können chromarme Stähle aufgrund der schnell zunehmenden Verzunderungsgeschwindigkeit in oxidierender Atmosphäre nicht mehr verwendet werden. Niob und Vanadium führen zur Ausscheidung fein verteilter, thermisch besonders stabiler Karbide und können die Zeitstandfestigkeit erheblich steigern. Sie werden jedoch nur in Verbindung mit anderen Legierungselementen verwendet, da sonst schon bei Überschreiten sehr niedriger Grenzgehalte mit einer empfindlichen Abnahme des Zähigkeitsverhaltens insbesondere der Wärmeeinflusszone von Schweißnähten gerechnet werden muss. Molybdänstähle (16Mo3) und CrMo-Stähle (13CrMo4-5 oder 10CrMo9-10) haben sich vor allem im Kesselbau bewährt. Vanadiumlegierte CrMoV-Stähle mit 1 % Cr werden bevorzugt für Schmiedestücke (30CrMoNiV5-11) und Schrauben (21CrMoV4-7) des Turbinenbaus eingesetzt, bei denen die Schweißeignung von untergeordneter Bedeutung ist. Der Nickelgehalt der Schmiedestähle fördert die Durchhärtbarkeit und Zähigkeit. Erhöhte Nickelgehalte bis rund 4 %, z. B. für Rotorwellen sehr großer Durchmesser (26NiCrMoV14-5), setzen jedoch die Zeitstandfestigkeit deutlich herab.

Die höchsten Werte der Zeitstandfestigkeit ferritischer Stähle im Bereich um 600 °C werden mit martensitischen Chrom-Molybdän-Vanadin-Stählen erreicht. Langjährig bewährt haben sich Stähle vom Typ X20CrMoV12-1 sowohl für Kesselrohre wie auch für schwere Schmiedestücke. Moderne martensitische Stähle vom Typ X10CrMoVNb9-1, gelegentlich auch mit Wolfram und weiteren Elementen legiert, erreichen bei 600 °C Werte der 100 000-h-Zeitstandfestigkeit von rund 100 MPa (Abb. 31.8). Aufgrund der niedrigeren Gehalte an Kohlenstoff und Chrom wird ihre Schweißeignung günstiger beurteilt.

Je nach Legierungsgehalt und Wärmebehandlungsdurchmesser werden Erzeugnisse aus warmfesten ferritischen Stählen im normalgeglühten, normalgeglühten und angelassenen, im luftvergüteten oder im flüssigkeitsvergüteten Zustand geliefert.

Austenitische warmfeste Stähle. Bei Temperaturen oberhalb rund 570 °C beginnt der Anwendungsbereich der austenitischen Stähle. Entscheidend für die hohe Zeitstandfestigkeit dieser Stähle ist der Kriechwiderstand des austeniti-

Abb. 31.8 Vergleich einiger hochwarm-fester ferritischer und austenitischer Stähle anhand der Werte der 0,2 %-Dehngren-ze und der 100 000-h-Zeitstandfestigkeit. (Nach Angaben in DIN EN-Normen)

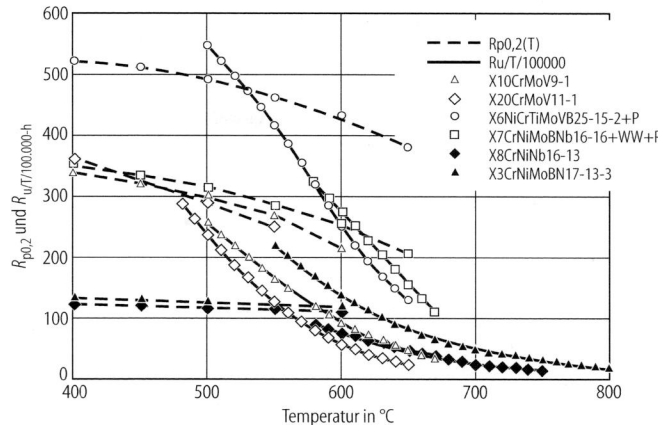

schen Gefüges. Anders als bei den nichtrostenden austenitischen Stählen, bei denen das wichtigs-te Ziel ein hoher Korrosionswiderstand ist, muss die chemische Zusammensetzung der warmfes-ten austenitischen Stähle vorrangig darauf ausge-richtet sein, dem austenitischen Gefüge eine hohe thermische Stabilität zu geben. Kennzeichnend für die warmfesten Sorten, z. B. X8CrNiNb16-13, sind die im Vergleich zu den äquivalen-ten nichtrostenden Sorten, z. B. X6CrNiNb18-10, höheren Gehalte an Kohlenstoff und Nickel sowie der niedrigere Chromgehalt. Durch diese Maßnahme wird ein Verlust an Zähigkeit infol-ge der Bildung von Sigmaphase im Laufe der Betriebsdauer bei hohen Temperaturen verzögert und eingeschränkt. Zur Verbesserung der Be-ständigkeit gegen interkristalline Korrosion kann ein Teil des Kohlenstoffs durch Stickstoff er-setzt werden. Ebenso wie bei den ferritischen Stählen wird auch bei den austenitischen Stählen die Aushärtung zur Steigerung der Zeitstandfes-tigkeit genutzt. Die zur Aushärtung führenden Reaktionen sind jedoch von anderer Art. Bei den warmfesten austenitischen Stählen wird die Aushärtung bewirkt durch die Ausscheidung in-termetallischer Phasen, an denen Molybdän und Wolfram beteiligt sind, sowie durch die Aus-scheidung thermisch stabiler NiobKarbide oder Niob-Vanadium-Carbonitride. Borzusätze tragen zur Verfestigung bei, indem sie die Bildung von Ausscheidungen im Bereich der Korngrenzen be-hindern und der Neigung zur Zeitstandkerbemp-findlichkeit entgegenwirken. Bei sehr hohen Ge-

halten an Nickel, z. B. X8NiCrAlTi32-21, sowie bei Nickellegierungen wird bei ausreichenden Gehalten an Titan und Aluminium eine auch noch bei hohen Temperaturen wirksame Aushärtung durch die γ'-Phase Ni3(Al,Ti) erreicht. Cobalt erhöht die Rekristallisationstemperatur und das Lösungsvermögen des Austenits für Kohlenstoff bei Lösungsglühtemperatur. Der höhere Kohlen-stoffgehalt des lösungsgeglühten Austenits ko-balthaltiger Stähle verstärkt die Langzeitwirkung der Karbidausscheidung bei Betriebstemperatur und führt zu hohen Werten der Zeitstandfestigkeit bis rund 800 °C, z. B. X40CrNiCoNb17-13 für Gasturbinenscheiben und X12CrNiCo21-20 für hochbeanspruchte Auslassventile von Verbren-nungskraftmaschinen.

Die warmfesten austenitischen Stähle werden üblicherweise im lösungsgeglühten und abge-schreckten Zustand verwendet. Nur bei wenigen Sorten wird die Aushärtung vor der Inbetriebnah-me herbeigeführt. Eine besondere Maßnahme ist das Warmkaltumformen unterhalb der Rekristal-lisationstemperatur, das bei einigen Stahlsorten, z. B. X8CrNiMoB16-16CHC, sehr wirkungsvoll zur Steigerung der Zeitstandfestigkeit bis rund 700 °C genutzt wird.

Warmfeste Nickel- und Kobaltlegierungen. Bei Temperaturen von 700 °C und mehr wer-den hochwarmfeste Nickel- oder Kobaltlegie-rungen eingesetzt. Durch Zulegieren der Ele-mente Mo, Cr, W, Co entsteht die Gruppe der mischkristall- und karbidverfestigten Nickelle-

gierungen. Werkstoffe dieser Gruppe sind in der
Regel in allen Halbzeugformen verfügbar, sie
sind gut schweißbar und vergleichsweise gut
kalt- und warmumformbar. Anwendungsbereiche sind der Industrieofenbau (NiCr15Fe, Ni-
Cr23Fe, NiCr25FeAlY), die chemische und petrochemische Prozessindustrie sowie Brennkam-
mern der Industriegasturbine. Die maximalen
Einsatztemperaturen liegen bei 1000 °C und darüber. Gehalte von 15 bis 20 % Chrom sichern in
den meisten Fällen eine ausreichende Beständigkeit gegenüber Oxidation und Heißgaskorrosion
(Tab. 31.9).

Die wirksamste Steigerung der Warmfestigkeit wird durch eine Ausscheidungshärtung erreicht. Im Temperaturbereich etwa zwischen
550 und 850 °C bilden sich in aluminium-, ti-
tan- oder niobhaltigen Nickellegierungen Ausscheidungen intermetallischer Phasen vom Typ
$Ni(Co,Fe)_3Al(\gamma')$ bzw. $Ni_3(Nb,Al,Ti)(\gamma'')$. Mit
zunehmendem Anteil der ausscheidungsbilden-
den Elemente Aluminium, Titan und Niob steigt
die Warmfestigkeit erheblich. Werkstoffe aus der
Gruppe der ausscheidungshärtenden Legierungen (der sogenannten „Superlegierungen") sind
schmiedbar, aber mit den im Anlagenbau üblichen Schweißverfahren nicht oder nur schwierig
schweißbar. Ein typischer Vertreter dieser Gruppe, ist die Legierung NiCr19Fe19NbMo (Alloy
718), die für Scheiben und Ringe im Flugzeug-
triebwerk eingesetzt wird (Tab. 31.6).

Ein Sonderfall unter den Superlegierungen
stellt die Legierung C263 (2.4650) dar. Dieser
Werkstoff, ursprünglich für die Brennkammer
von Flugzeugtriebwerken entwickelt, ist gut verarbeitbar und schweißbar, zeichnet sich aber bei
mittleren Temperaturen wie alle ausscheidungsgehärteten Legierungen gegenüber den karbidgehärteten Legierungen durch eine höhere Zeitstandfestigkeit aus. Gut schweißbar ist auch der
Ni-Cr22Mo9Nb (Alloy 625).

Die höchsten Warmfestigkeiten werden in Legierungen mit Al + Ti > 6 % erreicht. Diese Werkstoffe sind jedoch nur als Gusslegierungen darstellbar.

Oberhalb von etwa 950 °C lösen sich die festigkeitssteigernden γ' und γ''-Phasen beschleunigt auf. Das bedeutet, dass bei sehr hohen Tem-

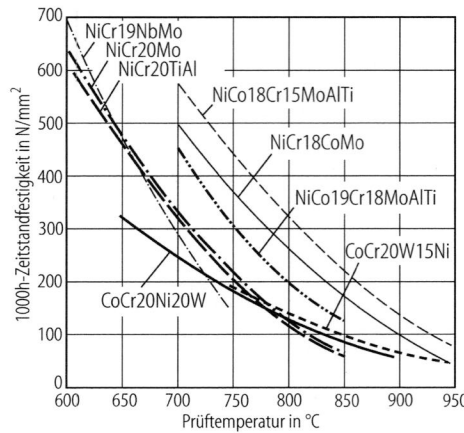

Abb. 31.9 Verlauf der Zeitstandfestigkeit $R_{u/T/1000\,h}$ einiger hochwarmfester Nickel- und Cobaltlegierungen über
die Temperatur. (Nach [3])

peraturen die karbidgehärteten Legierungen den
ausscheidungsgehärteten Legierungen vorzuzie-
hen sind.

In Kobaltlegierungen hat die bei den Nickellegierungen dominierende Wirkung der kohärenten
Ausscheidung von γ'-Phase geringere Bedeutung. Die Werte der Zeitstandfestigkeit liegen
zwar bis rund 800 °C unterhalb derjenigen von
Nickellegierungen, sind aber weniger stark temperaturabhängig und werden oberhalb 850 °C nur
noch von Nickellegierungen mit mehr als 18 %
Co übertroffen (Abb. 31.9). Wichtig ist die Einstellung der Legierungsgehalte in engen Grenzen. Um einen möglichst hohen Reinheitsgrad
und eine möglichst gleichmäßige Verteilung der
Legierungselemente im Erzeugnis zu erreichen,
werden die Nickel- und Kobaltlegierungen meist
unter Vakuum erschmolzen und häufig noch umgeschmolzen. Die Wärmbehandlung besteht in
der Regel aus Lösungsglühen (und Aushärtung
im Falle der aushärtbaren Legierungen).

**Hitzebeständige Eisen- und Nickellegierun-
gen.** Gegenüber den (hoch)warmfesten Stählen
und Legierungen besteht die Hauptanforderung
an hitzebeständige Stähle nicht in besonders
hoher Warmfestigkeit, sondern in einem ausreichenden Widerstand gegen Heißgaskorrosion
im Temperaturbereich über 550 °C. Die höchste Gebrauchstemperatur eines hitzebeständigen

Stahls ist abhängig von den jeweiligen Betriebsbedingungen. Die Zunderbeständigkeit der hitzebeständigen Stähle beruht auf der Bildung dichter, gut haftender Oberflächenschichten aus Oxiden der Legierungselemente Cr, Si und Al. Die Schutzwirkung setzt bereits bei Cr-Gehalten unter 10 % ein, doch können Cr-Gehalte bis 30 % zulegiert werden (siehe Nichtrostende Stähle in diesem Abschnitt). Die Schutzwirkung der Schichten wird eingeschränkt durch den Angriff niedrigschmelzender Eutektika sowie chlor- und schwefelhaltiger Gase.

In kohlenstoffhaltigen, sauerstoffarmen Gasen kommt es zu Aufkohlung. Hier sollten aluminiumhaltige Legierungen wie NiCr25FeAlY eingesetzt werden.

Ferritische hitzebeständige Stähle bieten im Vergleich zu austenitischen Stählen eine höhere Beständigkeit gegen reduzierende schwefelhaltige Gase. Verwendet werden die hitzebeständigen Stähle im Chemie- und Industrieofenbau, z. B. für Rohre von Äthenanlagen und Trag- und Förderteile von Durchlauföfen.

Die ferritischen Stähle können bei Cr-Gehalten von über 12 % bei Temperaturen um 475 °C eine Versprödung erfahren; daher ist längeres Halten in diesem Temperaturbereich bei der Wärmebehandlung und im Betrieb zu vermeiden. Auch die Ausscheidung von Sigmaphase im Temperaturbereich 600 bis 850 °C bei höheren Chromgehalten und die Neigung zur Grobkornbildung bei hohen Glühtemperaturen können das Zähigkeitsverhalten beeinträchtigen.

In diesem Zusammenhang sollen auch die Heizleiterlegierungen erwähnt werden, deren chemische Zusammensetzung auf Ni-Cr-, Ni-Cr-Fe- oder Fe-Cr-Al-Basis beruht (z. B. NiCr80-20, NiCr60-15, CrNi25-20, CrAl25-5).

Ventilwerkstoffe zur Verwendung für Ventile von Verbrennungsmotoren, insbesondere für Auslassventile, unterliegen neben hohen mechanischen Beanspruchungen bei hohen Temperaturen auch der Korrosionseinwirkung vor allem durch Pb, S, V und Verbrennungsrückstände in den heißen Verbrennungsgasen. Ventilwerkstoffe müssen daher beständig sein gegen Hitze, Temperaturwechsel, Dauerschwing-, Stoß-, Verschleiß- und Korrosionsbeanspruchung; weiter-

hin müssen sie für die Warmumformung geeignet sein. Erwünscht sind auch hohe Wärmeleitfähigkeit und geringe Wärmeausdehnung, damit Temperaturunterschiede und die mit ihnen verbundenen Wärmespannungen möglichst gering bleiben. Heute werden für Ventile von Verbrennungsmotoren überwiegend die drei Werkstoffe X45CrSi9-3, X60CrMnMoVNbN21-10 und NiCr20TiAl verwendet.

Druckwasserstoffbeständige Stähle. In Anlagen der chemischen Industrie wie Erdöldestillieranlagen, Hydrieranlagen und Synthesebehältern sind Stähle bei hohen Temperaturen häufig gleichzeitig hohen Wasserstoffpartialdrücken ausgesetzt. Dabei diffundiert Wasserstoff in den Stahl ein und entkohlt ihn unter Bildung von Kohlenwasserstoffverbindungen wie Methan (CH_4). Es kommt zur Auflösung der Karbide, zu Rissen an den Korngrenzen und zur Versprödung des Werkstoffs. Durch Legieren des Stahls mit Elementen, zu denen der Kohlenstoff bei Betriebstemperatur eine größere Affinität hat als zu Wasserstoff, lässt sich die Anfälligkeit gegen Druckwasserstoff stark vermindern, wie im Nelson-Diagramm (Abb. 31.10) dargestellt.

Die wichtigsten Legierungselemente dieser Stähle sind Chrom und Molybdän. Mitunter wird auch Vanadium zur Erhöhung der Warmfestigkeit zulegiert. Beispiele sind 25CrMo4, 10CrMo9-10, X12CrMo9-10 und X20CrMoV12-1. Höherfeste Varianten des Stahles 10CrMo9-10 sind mit Ti, V und B legiert. Ebenfalls zur Verwendung geeignet sind warmfeste austenitische Stähle, die auf Grund ihres Gefüges wenig anfällig gegen Wasserstoffversprödung sind.

Stähle für Schrauben und Muttern

Die *Stähle für Schrauben und Muttern* müssen eine Reihe von Forderungen erfüllen, die sich aus der speziellen Form und Beanspruchung dieser Bauteile ergeben. Diese Forderungen sind in den technischen Lieferbedingungen für mechanische Verbindungselemente festgelegt und müssen bei der Stahlauswahl berücksichtigt werden. Für manche Anwendungsfälle werden bestimmte Stahlsorten ausdrücklich vorgegeben. Die zur Herstellung von Schrauben und Muttern in Fra-

Abb. 31.10 Einfluss von Chrom und Molybdän auf die Grenzen der Beständigkeit warmfester Stähle in Druckwasserstoff: Nelson-Diagramm. (Nach [4])

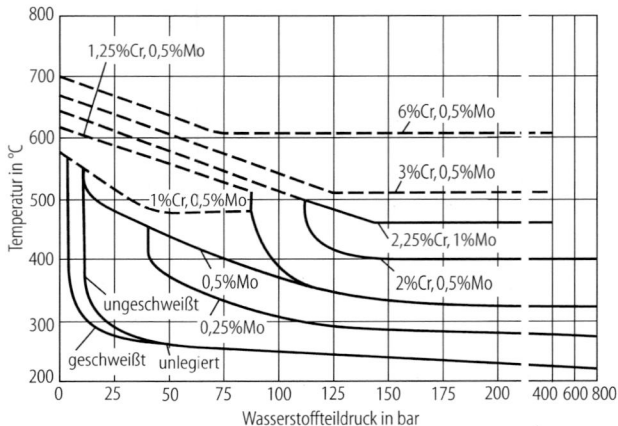

ge kommenden Stähle, die überwiegend kaltumformbar sein müssen, sind in den für den jeweiligen Anwendungsfall zutreffenden Werkstoffnormen aufgeführt. Die nachfolgend aufgeführten Normen beschreiben die mechanischen Eigenschaften, die von Verbindungselementen erfüllt werden müssen:

- mechanische Eigenschaften von Verbindungselementen aus Kohlenstoffstahl und legiertem Stahl: DIN EN ISO 898-1 für Schrauben; DIN EN 20 898-2 für Muttern,
- mechanische Eigenschaften von Verbindungselementen aus nichtrostenden Stählen: DIN EN ISO 3506-1 für Schrauben; DIN EN ISO 3506-2 für Muttern,
- mechanische Eigenschaften von Verbindungselementen; Schrauben und Muttern aus Nichteisenmetallen: DIN EN 28 839.

Werkzeugstähle

Werkzeugstähle gehören zu den ältesten Stahlsorten der Welt, denn Äxte, Messer, Bohrer und Sägen aus Eisen sind schon seit Jahrtausenden Utensilien des täglichen Lebens. Heutzutage nehmen Werkzeugstähle mengenmäßig nur noch einen geringen Anteil an der Stahlerzeugung ein. Trotzdem haben sie eine hohe technische Bedeutung, da fast jeder industrielle Fertigungsprozess auf Werkzeuge angewiesen ist und Bauteile aus vielen zum Stahl in Konkurrenz stehenden Werkstoffen gar nicht oder nur schwer herstellbar wären. Werkzeugstähle müssen je nach Ein-

satzbereich ein breites Feld von Anforderungen erfüllen. Typische Legierungselemente oder Eigenschaften, die allen Werkzeugstählen gemeinsam wären, gibt es nicht. Daher werden die Werkzeugstähle in die vier Gruppen Kaltarbeitsstähle, Warmarbeitsstähle, Kunststoffformenstähle und Schnellarbeitsstähle unterteilt. Kaltarbeitsstähle werden im Allgemeinen bei Verschleißbeanspruchungen eingesetzt und können unlegiert oder legiert sein. Warmarbeitsstähle sind legierte Stähle mit Anwendungstemperaturen in Bereich von 200 bis 600 °C. Kunststoffformenstähle sind ebenfalls legierte Stähle, bei denen in der Regel das Legierungskonzept auf die korrosiven Belastungen ausgerichtet ist. Schnellarbeitsstähle sind legierte Stähle und werden als Zerspan- und Umformwerkzeuge eingesetzt. Die den Gruppen zugrunde liegenden Legierungskonzepte sind im Tab. 31.7 zusammengefasst.

Je nach Anwendungsgebiet – sei es z. B. Spanen, Schneiden, Schmieden, Walzen, Blechumformen, Strangpressen, Kunststoffspritzen oder Druckgießen – sind durchaus unterschiedliche Werkstoffeigenschaften gefragt. Eine ausreichende Härte, Druckfestigkeit, Belastbarkeit bei schlag- und stoßartiger Beanspruchung, Zähigkeit, Verschleißbeständigkeit oder Korrosionsbeständigkeit – und das bei normalen oder auch hohen Arbeitstemperaturen – sind nur einige Beispiele dafür. Entsprechend groß ist die Anzahl der Sorten in dieser Werkstoffgruppe.

Neue Herstellungstechnologien und Weiterverarbeitungsmöglichkeiten haben die Verarbeitungs- und Gebrauchseigenschaften der Werkzeugstähle entscheidend verbessert. Durch moderne Wärmebehandlungs- und Oberflächenveredelungsverfahren lassen sich die Eigenschaften dieser Stähle weiter optimieren.

Die Zuordnung von Stählen in die Gruppe der Werkzeugstähle wird überwiegend durch die Anwendung bestimmt. Tab. 31.8 listet einige Anwendungsgebiete für Werkzeugstähle auf und kennzeichnet die besonderen Anforderungen.

Federstähle

Federstähle zur Herstellung von federnden Bauteilen zeichnen sich generell durch besonders hohe Werte der Elastizitätsgrenze aus. Typisch für Federstähle sind Kohlenstoffgehalte zwischen etwa 0,5 und 1,0 %, als Legierungselemente werden insbesondere Si, Mn, Cr, Mo und V verwendet. Je nach Erzeugnisform und Größe unterscheidet man Stähle für kaltgeformte und warmgeformte Federelemente.

Für kaltgeformte Federn, bei denen meist keine Schlussvergütung der Feder mehr vorgenommen wird, stehen hochfeste Stahldrähte nach DIN EN 10 270-1 (patentiert-gezogener unlegierter Federstahldraht), -2 (ölschlussvergüteter Federstahldraht) und -3 (nichtrostender Federstahldraht) zur Verfügung. Größere Federn werden aus Federstahl nach DIN EN 10 089 oder 10 092 hergestellt und nach der Warmformgebung vergütet.

Viele Federelemente unterliegen im Betrieb einer hohen zyklischen Beanspruchung. Zur Erzielung entsprechender Schwingfestigkeitseigenschaften sollen Federstähle für solche Federn einen sehr guten Reinheitsgrad und eine hohe Randfestigkeit (möglichst keine Randabkohlung) aufweisen und möglichst frei von Oberflächenfehlern sein.

Wälzlagerstähle

Wälzlagerstähle für Kugeln, Rollen, Nadeln, Ringe und Scheiben von Wälzlagern sind i. Allg. hohen örtlichen Zug-Druck-Wechselbeanspruchungen und Verschleißeinflüssen ausgesetzt. Die verwendeten Stähle müssen deshalb einen besonders hohen Reinheitsgrad aufweisen. Sie müssen gut warm- oder kaltumformbar und gut zerspanbar

sein. Weiterhin sind wichtig eine hohe Härteannahme und die Maßbeständigkeit der Erzeugnisse bei längerem Lagern.

Zur Verwendung in Wälzlagern kommen entweder die in Deutschland bevorzugten durchhärtbaren Stähle, z. B. 100Cr6, oder Einsatzstähle, z. B. 17MnCr5 oder 16CrNiMo6, in Betracht. Die durchhärtbaren Stähle werden auf hohe Werte der Oberflächenhärte vergütet. Die Einsatzstähle erfordern als zusätzlichen Arbeitsgang eine Randaufkohlung, bieten jedoch den Vorteil besserer Zähigkeitseigenschaften im Kern. Für Wälzkörper mit größeren Durchmessern werden Vergütungsstähle, z. B. 42CrMo4, im vergüteten und oberflächengehärteten Zustand eingesetzt.

Für nichtrostende Lager werden martensitische Chromstähle, z. B. X45Cr13 oder X89CrMoV18-1, verwendet, deren Korrosionswiderstand jedoch wegen des hohen Kohlenstoffgehaltes geringer ist als bei den üblichen nichtrostenden Stählen mit vergleichbarem Chromgehalt. Die erreichbaren Höchstwerte der Oberflächenhärte sind niedriger als bei den durchhärtbaren Stählen mit ca. 1 % Kohlenstoffgehalt. Durch besonders hohe Korrosionsbeständigkeit zeichnen sich die mit 0,15–0,30 % Stickstoff legierten Stähle z. B. für Luftfahrtlager aus.

Stähle für besondere Anforderungen

Bei den *Stählen für den Elektromaschinenbau* spielen insbesondere die magnetischen Eigenschaften eine entscheidende Rolle. Für Elektrobleche und -bänder werden Forderungen nach möglichst geringen Ummagnetisierungsverlusten und hoher magnetischer Induktion gestellt. Optimale Eigenschaften erhält man bei kornorientierten Erzeugnissen aus ferritischen Stählen, zu deren Herstellung spezielle Umform- und Glühbedingungen angewendet werden. Neben Weicheisen werden Siliziumhaltige Stähle verwendet; die chemische Zusammensetzung ist jedoch nicht standardmäßig spezifiziert. Die Bleche und Bänder werden geglüht geliefert und dürfen bei der Verarbeitung nicht durch Hämmern, Biegen oder Richten kaltverformt werden, da sich sonst ihre magnetischen Eigenschaften verschlechtern.

31

Zu den Dauermagnetwerkstoffen (Hartmagneten) zählen als Hauptgruppen die Dauermagnetstähle und die Oxidmagnete. Dauermagnetstähle umfassen verschiedene Legierungstypen, die nach Magnetisierung eine hohe magnetische und technisch nutzbare Energie behalten. Sie bestehen hauptsächlich aus Al-Ni-Co-Legierungen (benannt nach den Legierungselementen, die sie neben dem Hauptbestandteil Eisen enthalten). Sie werden sowohl durch Gießen als auch durch Pulversintern hergestellt. Die Oxidmagnete (Hartferrite, besonders Bariumferrit) sind gesinterte Verbindungen von Eisenoxid und Bariumoxid, also keramische Werkstoffe. Ihren Werkstoffnummern nach sind sie aber bei den Eisenwerkstoffen mit besonderen physikalischen Eigenschaften eingestuft (z. B. Hartferrit 7/21:W-Nr. 1.3641). Sie sind leichter zu formen und preisgünstiger herzustellen.

Außer in der Nachrichtentechnik und Messtechnik finden Dauermagnetwerkstoffe vor allem im Maschinenbau und in der Fertigungstechnik Anwendung – als Haftmagnete, Entstapler, Spannplatten, Transportträger, Greiferstäbe.

Neben Werkstoffen mit guten magnetischen Eigenschaften werden im Elektromaschinenbau auch Werkstoffe benötigt, die nicht magnetisierbar sind. Es handelt sich hierbei um Stähle mit austenitischem Gefüge. Die magnetische Permeabilität, die aus der Induktion B bei einem Feld von 100 Oersted (1 Oe = 79,58 A/m) ermittelt wird, darf nach SEW 390 (nicht magnetisierbare Stähle) den Höchstwert 1,08 G/Oe = 1,08.T/Oe nicht überschreiten. Bei Stählen mit nicht ausreichend stabilem austenitischem Gefüge kann die Permeabilität durch Kaltumformung, z. B. auch beim Zerspanen, ansteigen. Beispiele für nicht magnetisierbare Stähle sind X120Mn13 und X40MnCr18.

Stähle für die Luft- und Raumfahrt unterliegen speziellen nationalen oder internationalen Normen. Sie stammen aus den Gruppen der Baustähle und der nichtrostenden Stähle und werden unter eigenen Werkstoffnummern und teilweise auch eigenen Kurznamen geführt, z. B. 15CrMoV6-9 (Werkstoff-Nr. 1.7734), abstammend vom 14CrMoV6-9 (Werkstoff-Nr. 1.7735). Solche Stähle sind häufig Elektro-Schlacke- oder Elektronen-Strahl-umgeschmolzene Stähle mit extrem hohem Reinheitsgrad und geringer Seigerungsinhomogenität.

Stahlguss

In Zusammenarbeit mit **I. Steller**, Düsseldorf

Sollen komplexe Bauteile endabmessungsnah hergestellt werden, kann der flüssige Stahl in eine Form gegossen werden. Für Formguss wird üblicherweise eine verlorene Sandform verwendet. Schleuderguss wird in eine metallische Dauerform gegossen. Erschmelzen und Legieren von Stahlguss entsprechen dem von Walz- und Schmiedestahl, der in Kokillen gegossen wird, wobei die Zusammensetzung auf optimale Gießarbeit abgestimmt ist (ggf. leicht erhöhter C-Gehalt).

Während bei Schmiedestahl erhebliche Unterschiede der mechanischen Eigenschaften, besonders der Zähigkeit, längs und quer zur Verformungsrichtung auftreten können, sind bei Stahlguss die Festigkeitseigenschaften weitgehend richtungsunabhängig (isotrop). Stahlguss wird zur Vermeidung von Gasblasen stets beruhigt vergossen. Bei einer Erstarrung aus dem schmelzflüssigen Zustand entsteht ein grobes, inhomogenes Gefüge, dessen Zähigkeit gering ist. Durch Normalglühen oder Vergüten (teilweise nach Diffusionsglühen) wird ein Gefügeaufbau wie bei Schmiedestählen mit entsprechenden Eigenschaften erreicht. Nach Schweißen oder mechanischer Bearbeitung werden Stahlgussteile häufig spannungsarm geglüht.

Verglichen mit Gusseisen sind bei Stahlguss infolge seiner höheren Schmelztemperatur und der stärkeren Schwindung (rd. 2 %) die Gießbarkeit schlechter und seine Lunkerneigung stärker, doch weist Stahlguss teilweise höhere Festigkeitskennwerte bei gleichzeitig hoher Zähigkeit auf. Die einfache Formgebung von Stahlguss ermöglicht für zahlreiche Konstruktionsteile Kostenvorteile. Verwendung findet er außerdem bei Legierungen, deren Warm- oder Kaltumformung auf Schwierigkeiten stößt (z. B. Dauermagnetguss, Manganhartstahlguss).

Die allgemeinen Angaben zu den Walz- und Schmiedestählen treffen auch für die entsprechenden Stahlgussarten zu.

Stahlguss für allgemeine Verwendungszwecke nach DIN EN 10 293. Als unlegierter oder niedriglegierter Stahlguss umfasst der Stahlguss für allgemeine Verwendungszwecke mit rd. 75 % den weitaus größten Anteil der Stahlgusserzeugung. Seine Festigkeit reicht je nach C-Gehalt von 370 bis 690 MPa bei gleichzeitig hoher Zähigkeit. Besonders bei niedrigen C-Gehalten (unterhalb 0,23 %) ist er gut schweißgeeignet. Die Sorteneinteilung beruht auf den mechanischen Eigenschaften bei Raumtemperatur. Stahlguss für allgemeine Verwendung hat einen weiten Anwendungsbereich für hochbeanspruchte Bauteile. Als Wärmebehandlung kommt überwiegend Normalglühen in Frage.

Vergütungsstahlguss. Werden für ein Stahlgussteil hohe Festigkeit und Streckgrenze, gute Zähigkeit und gute Durchvergütbarkeit gefordert, so wird Vergütungsstahlguss verwendet.

Warmfester Stahlguss nach DIN EN 10 213-2 wird für Gehäuse, Ventile und Flansche von Dampf- und Gasturbinenanlagen sowie für Bauteile in Hochtemperaturanlagen der Chemie verwendet. In Chemieanlagen kann je nach Beanspruchungsbedingungen hitzebeständiger oder druckwasserstoffbeständiger Stahlguss dem warmfesten Stahlguss überlegen sein.

Hitzebeständiger Stahlguss nach DIN EN 10 295 findet wie hitzebeständiger Walz- und Schmiedestahl Anwendung im Industrieofenbau, in der Zementindustrie, der Erzaufbereitung, der Schmelz- und Gießtechnik und der chemischen Industrie.

Stahlguss für Erdöl- und Erdgasanlagen (vorm. SEW 595) muss eine gute Beständigkeit gegen Druckwasserstoff, Aufkohlung und aggressive Medien (Öl, Säuren, Laugen, Schwefelverbindungen) haben. Für diesen Einsatzbereich eignet sich zum Teil auch warmfester ferritischer Stahlguss nach DIN EN 10 213. Besonders

zu erwähnen sind Schleudergussrohre aus dem häufig verwendeten Stahl GX40CrNiSi25-20 für Reformeröfen und Ethylenanlagen. Für höchste Beanspruchungen werden Nickel-Basis-Legierungen eingesetzt. In diesem Bereich werden die Übergänge zu den hochwarmfesten Stählen und Legierungen fließend.

Kaltzäher Stahlguss nach SEW 685 muss auch bei tiefen Temperaturen eine ausreichend hohe Zähigkeit aufweisen. Bei der unteren Gebrauchstemperatur einer Stahlsorte soll ein Grenzwert der Kerbschlagarbeit von 27 J (ISO-V-Probe) nicht unterschritten werden.

Nichtrostender bzw. korrosionsbeständiger Stahlguss nach DIN EN 10 283 bzw. SEW 410. Für Laufräder von Wasserturbinen, Ventile und Armaturen sowie für säurebeständige Teile in der chemischen Industrie wird nichtrostender Stahlguss verwendet, dessen Cr-Gehalt in der Regel höher liegt als 12 %. Man unterscheidet im Wesentlichen zwischen perlitisch-martensitischem Stahlguss mit 13–17 % Cr und 0,1–0,25 % C und dem häufig verwendeten austenitischen CrNi-Stahlguss, der eine höhere Zähigkeit hat.

Verschleißbeständiger Stahlguss wird für Bauteile von Zerkleinerungsanlagen, abriebfeste Teile von Baumaschinen und Fördermaschinen sowie Werkzeuge für Kaltarbeit (Holz- und Kunststoffbearbeitung) und Warmarbeit (Walzen, Ziehringe) verwendet. Man unterscheidet austenitischen Manganhartstahlguss nach ISO 13 521 (1,2–1,5 % C, 12–17 % Mn), vergüteten gehärteten Stahlgusses (rd. 0,6 % C, 2–3 % Cr) und martensitisch-karbidischen Stahlguss (1,0–2,0 % C, 12–25 % Cr, für Warmarbeit Zusätze von W und V), wobei die erstgenannte Gruppe am bedeutsamsten ist.

Stahlguss für Elektromaschinenbau und Schiffbau. Hierzu zählt vor allem nichtmagnetisierbarer Stahlguss nach SEW 395 mit stabil austenitischem Gefüge durch Mn oder Ni, teilweise mit festigkeitssteigernden oder korrosionshemmenden Legierungszusätzen wie Cr, Mo und V.

31

31.1.5 Gusseisenwerkstoffe

In Zusammenarbeit mit **I. Steller**, Düsseldorf

Sollen kompliziert geformte Bauteile mit hoher Festigkeit endabmessungsnah hergestellt werden, bieten sich die Gusseisenwerkstoffe an. Die Gusseisenschmelze ist besonders gut fließfähig und eignet sich ideal für das Urformen. Die Werkstoffe bieten eine große Bandbreite mechanisch-technologischer Eigenschaften für viele Anwendungen und sind dabei kostengünstig.

Unter Gusseisen versteht man alle Eisen-Gusswerkstoffe mit mehr als 2 Gew.-% C, der maximale Kohlenstoffgehalt liegt jedoch selten höher als 4 Gew.-%. Die Erschmelzung erfolgt entweder im Kupolofen mit Koks als Energie- und Kohlenstofflieferant oder im Elektroofen durch Einsatz von Roheisen, Stahlschrott, Kreislaufmaterial und Ferrolegierungen.

Bei schneller Abkühlung erstarrt Gusseisen nach dem metastabilen Fe-C-System, d. h., der Kohlenstoff ist in Form von Karbiden (Fe_3C = Zementit) an das Eisen gebunden. Aufgrund des hellen Aussehens der Bruchfläche spricht man auch von weißem Gusseisen. Es ist sehr hart und spröde und nur bedingt verwendbar. Mit abnehmender Abkühlungsgeschwindigkeit oder nach einer Schmelzebehandlung („Impfen") wird Kohlenstoff in zunehmendem Maße elementar in Form von freiem Graphit ausgeschieden. Das Bruchbild erscheint hier dunkel, daher spricht man von grauem Gusseisen.

Neben der Abkühlungsgeschwindigkeit (abhängig von der Wanddicke) beeinflussen C-, Si- und Mn-Gehalt die Graphitausscheidung und das Grundgefüge. Mit zunehmendem C und Si-Gehalt wird die Graphitbildung begünstigt. Zunehmender Mn-Gehalt fördert die Fe_3C-Ausscheidung auf Kosten des Graphitanteils. Andere Legierungselemente wirken in ähnlicher Weise und werden zur Einstellung eines perlitischen Grundgefüges zugegeben.

Der hohe Kohlenstoffgehalt bewirkt eine starke Absenkung der Liquidustemperatur, verglichen mit Stahl. Die schon aufgrund der geringeren Schmelztemperatur geringere Schwindung bei der Erstarrung der Gusseisenschmelze wird durch die Volumenzunahme bei der Ausscheidung des freien Graphits kompensiert, sodass das Gefüge dicht gespeist wird.

Die Gusseisenwerkstoffe haben aufgrund ihrer sehr unterschiedlichen Grundgefüge und Graphitmorphologien sehr unterschiedliche mechanische Eigenschaften. Während Gusseisen mit Lamellengraphit eine deutlich geringere Zähigkeit und Verformbarkeit als Stahl aufweist, gibt es höherfestes Gusseisen mit Vermiculargraphit oder mit Kugelgraphit und hochfeste Werkstoffe (ausferritisches Gusseisen mit Kugelgraphit DADI), deren Eigenschaften denen von Vergütungsstählen nahe kommen. Der freie Graphit im Gefüge bewirkt ein hohes Dämpfungsvermögen und eine gute Wärmeleitfähigkeit. Eine Übersicht über die genormten Werkstoffsorten und ihre Eigenschaften gibt Tab. 31.10.

Die Bezeichnung der verschiedenen Gusseisensorten erfolgt nach DIN EN 1560 entweder durch Kurzzeichen oder Werkstoffnummern. Den Aufbau des europäischen Bezeichnungssystems zeigt Tab. 31.11.

Einige Gusseisenwerkstoffe werden auch nach ihrer chemischen Zusammensetzung bezeichnet. Dies trifft für die austenitischen und verschleißbeständigen Gusseisenwerkstoffe zu. Jede Werkstoffsorte hat auch eine Werkstoffnummer.

Beispiel

EN-GJS-400-18-LT-U;   Werkstoffnummer:
EN-JS1049 (DIN: 0.7043). ◄

Gusseisen mit Lamellengraphit (EN-GJL) nach DIN EN 1561

EN-GJL („Grauguss") ist die am häufigsten verwendete Gusseisen-Werkstoffgruppe. Der freie Graphit ist räumlich rosettenartig ausgebildet und erscheint im Schliff weit gehend lamellenförmig (Abb. 31.11). Die Graphitlamellen beteiligen sich nicht an der Kraftübertragung; an ihren Rändern treten Spannungskonzentrationen auf. Verformungsfähigkeit und Schlagzähigkeit dieses Gusseisens sind daher sehr gering. Seine Festigkeit ist um so höher, je geringer der Anteil des Graphits (C-Gehalt) ist und je regelmäßiger verteilt und feiner ausgebildet die

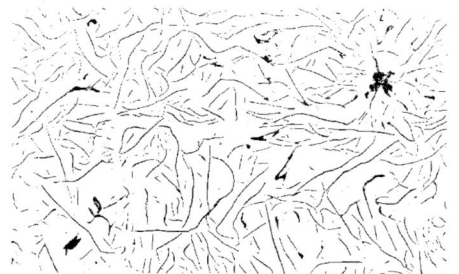

Abb. 31.11 Schliffbild von Gusseisen mit Lamellengrafit (GJL), Vergrößerung: 100fach

Graphitlamellen sind (A-Graphit); die Graphitlamellen werden mit zunehmender Erstarrungsgeschwindigkeit feiner. Die Festigkeit wird durch ein perlitisches Grundgefüge erhöht; dies wird durch Legieren gezielt eingestellt. Wegen des engen Zusammenhangs zwischen Abkühlungsgeschwindigkeit und Festigkeit ist bei kleineren Wanddicken mit höherer Festigkeit zu rechnen und umgekehrt.

Eine Richtanalyse der chemischen Zusammensetzung wird für EN-GJL nicht angegeben. Die Gehalte an Si, P, S und Mn sind so einzustellen, dass die gewünschten Eigenschaften im Gussteil erreicht werden.

Die mechanischen und physikalischen Eigenschaften von ENGJL (werden) durch die Graphitform und das Grundgefüge bestimmt. Infolge des besonderen Gefügeaufbaus ist der E-Modul von EN-GJL wesentlich niedriger als der von Stahl. Bei ferritischen Sorten beträgt er etwa 78 000 bis 103 000 MPa und bei perlitischen Sorten 123 000 bis 143 000 MPa. Er nimmt mit zunehmender Spannung ab, d. h., es besteht kein linearer Zusammenhang zwischen Spannung und Dehnung. Die Druckfestigkeit ist etwa viermal so hoch wie die Zugfestigkeit, die Biegefestigkeit etwa doppelt so hoch.

EN-GJL hat ein hohes Dämpfungsvermögen und günstige Gleiteigenschaften, insbesondere Notlaufeigenschaften. Daher wird es z. B. für Maschinenbetten, Zylinderlaufbuchsen, Zylinderkurbelgehäuse von Verbrennungsmotoren und Bremsscheiben verwendet. EN-GJL ist vergleichsweise einfach zu bearbeiten. Bei innendruckbeanspruchten Teilen muss eine Prüfung auf Druckdichtigkeit vorgenommen wer-

den. Die Eigenschaften des Gusseisens können durch Wärmebehandlung (z. B. Härten, Vergüten) und Legierungszusätze auf bestimmte Einsatzbereiche abgestimmt werden. Festigkeitserhöhend wirken z. B. Cr, Ni, Mo und Cu in niedrig legiertem Gusseisen. Gusseisen mit Lamellengraphit kann nach der Mindestzugfestigkeit oder alternativ nach der Brinellhärte (HBW) bestellt werden.

Beispiel

EN-GJL-250 Gusseisen mit Lamellengraphit mit einer Zugfestigkeit von mindestens 250 MPa (Werkstoffnummer: EN-JL1040). ◄

Gusseisen mit Kugelgraphit (EN-GJS) nach DIN EN 1563

EN-GJS („Sphäroguss") ist der zweitwichtigste Gusseisenwerkstoff. Die Ausbildung des freien Graphits in kugeliger (sphärolithischer) Form (Abb. 31.12) führt gegenüber Gusseisen mit Lamellengraphit zu einer bedeutenden Erhöhung der Festigkeit und der Zähigkeit. Die kugelige Ausbildung des Graphits wird durch Zusatz von geringen Mengen an Magnesium (0,005 bis 0,07 %) in Form von Vorlegierungen erreicht.

Die Eigenschaften von EN-GJS liegen zwischen denen von EN-GJL und hochfester Stähle, wobei auch EN-GJS hochfeste Werkstoffsorten bietet. Der E-Modul liegt bei rd. 175 000 MPa. Das Dämpfungsvermögen ist gegenüber EN-GJL geringer, die Zerspanbarkeit ist gut. Durch eine Wärmebehandlung lassen sich die Eigenschaften dieser Gusseisenart in stärkerem Maß verbessern als bei EN-GJL. So werden zur Erzielung

31

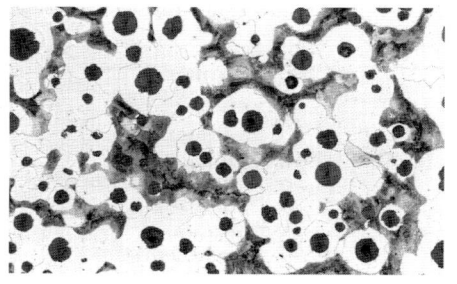

Abb. 31.12 Schliffbild von Gusseisen mit Kugelgrafit (GJS), Vergrößerung: 200-fach

höchster Schlagzähigkeit in der Regel Wärmebehandlungen vorgenommen, mit denen ein ferritisches Grundgefüge eingestellt wird. Gusseisen mit Kugelgraphit wird für Teile mit höheren
Schwingbeanspruchungen angewendet wie z. B.
Fahrwerkteile. Durch Legieren lassen sich die Eigenschaften des Grundgefüges in ähnlicher Weise verändern wie bei EN-GJL. Auch größte Teile
mit Stückgewichten bis zu 240 t wurden schon
aus Gusseisen mit Kugelgraphit gefertigt. Gusseisen mit Kugelgraphit kann nach der Mindestzugfestigkeit oder alternativ nach der Brinellhärte
(HBW) bestellt werden.

Beispiel

EN-GJS-400-18-LT-U Gusseisen mit Kugelgraphit mit einer Zugfestigkeit von mindestens 400 MPa und einer Bruchdehnung $A =$
18 % mit garantierter Kerbschlagarbeit bei
$-20\,°C$ von 10–12 J (Werkstoffnummer EN-
JS1049). ◄

Gusseisen mit Vermiculargraphit (GJV) nach DIN EN 16 079

GJV wird zunehmend für höherfeste Anwendungen eingesetzt. Der freie Graphit hat eine
räumlich korallenartige, im Schliff wurmartige
Form. Vermiculargraphit ähnelt kleinen abgerun-
deten Graphitlamellen und stellt eine Zwischen-
form von Lamellengraphit und Kugelgraphit dar
(Abb. 31.13); er wird über eine gezielte Magne-
sium-Unterbehandlung erzeugt. Im Gefüge darf
auch Kugelgraphit (bis 20 %) auftreten. Auch die
Festigkeitskennwerte für GJV liegen zwischen

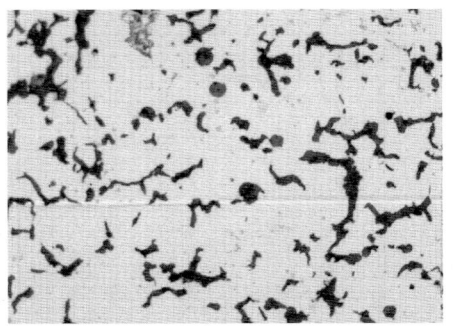

Abb. 31.13 Schliffbild von Gusseisen mit Vermiculargra-
fit (GJV), Vergrößerung: 100-fach

denen für EN-GJL und EN-GJS. Da GJV eine ähnlich gute Wärmeleitfähigkeit wie EN-GJL
hat, wird es häufig für temperaturwechselbean-
spruchte Gussteile wie z. B. Zylinderköpfe und
Zylinderkurbelgehäuse verwendet.

Beispiel

GJV-400 Gusseisen mit Vermiculargraphit mit
einer Zugfestigkeit von mindestens 400 MPa
(keine Werkstoffnummer). ◄

Temperguss (EN-GJM) nach DIN EN 1562

Temperguss hat sich zu einem Spezialwerkstoff
entwickelt. Konstruktionsteile mit hohen Anforderungen an Festigkeit und Zähigkeit, die
ggf. umgeformt oder geschweißt werden müssen, werden aus Temperguss hergestellt. Dabei
geht man zunächst von einem Gusseisen aus, bei
dem Kohlenstoff- und Siliciumgehalt so eingestellt sind, dass das Gussstück Graphitfrei erstarrt
und somit der gesamte Kohlenstoff an das Eisenkarbid (Fe_3C-Zementit) gebunden ist. Bei einer anschließenden Glühbehandlung zerfällt der
Zementit in flocken- bis kugelförmigen, freien
Graphit (Temperkohle) und ein ferritisches oder
perlitisches Grundgefüge. Durch eine zusätzliche
Wärmebehandlung lässt sich Temperguss in bestimmten Grenzen vergüten. Man unterscheidet
zwei Arten von Temperguss:

**Weißer (entkohlend geglühter) Temperguss
(EN-GJMW).** Weißer Temperguss entsteht
durch 50 bis 80 h langes Glühen bei rd. 1050 °C
in entkohlender Atmosphäre (CO, CO_2, H_2,
H_2O). Durch den Kohlenstoffentzug verbleibt
nach dem Abkühlen ein Graphitfreies, rein ferritisches Gefüge am Rand des Gussstücks und
bei geringen Wanddicken auch durchgängig;
dickwandige Bereiche enthalten im Kern Temperkohle. Die Werkstoffsorte EN-GJMW-360-12
ist besonders gut schweißbar.

**Schwarzer (nicht entkohlend geglühter) Tem-
perguss (EN-GJMB).** Schwarzer Temperguss
wird durch Glühen in neutraler Atmosphäre erzeugt, zunächst rd. 30 h bei 950 °C. Dabei zerfällt der Zementit des Ledeburits in Austenit und

freien Graphit (Temperkohle). In einer zweiten Glühung wandelt sich der Austenit bei langsamer Abkühlung von 800 auf 700 °C in Ferrit und Temperkohle um.

Das Gefüge von schwarzem Temperguss besteht nach dem Abkühlen aus einem ferritisch-perlitischen Grundgefüge mit eingelagerter Temperkohle, wobei der Perlitanteil durch schnellere Abkühlung erhöht werden kann. Damit steigen Festigkeit- und Verschleißbeständigkeit. Die gegenüber EN-GJL erhöhte Zugfestigkeit und Zähigkeit beruht auf der flocken- bzw. kugelförmigen Ausbildung des freien Graphits und dem teilweise zäheren Grundgefüge.

Beispiel

EN-GJMW-350-4 Weißer Temperguss mit einer Zugfestigkeit von mindestens 350 MPa und einer Bruchdehnung $A = 4\%$ (Werkstoffnummer: EN-JM1010) ◄

Sondergusseisen

Hartguss. Weiß erstarrtes Gusseisen bezeichnet man als Hartguss. Man unterscheidet zwischen Vollhartguss, bei dem der gesamte Querschnitt eines Gussstücks weiß erstarrt und Schalenhartguss, bei dem nur die Randschicht (z. B. mit Hilfe von Abschreckplatten) Graphitfrei bleibt. Im Gussstück nimmt der Anteil des grau erstarrten Gefüges zum Kern hin zu; Schalenhartguss ist im Kern vollständig erstarrt. Die Härtetiefe, d. h. die Dicke der weiß erstarrten Schicht, hängt von der Abkühlungsgeschwindigkeit und den Legierungselementen (Mn, Cr, Si) ab.

Hartguss ist zwar sehr schlagempfindlich, hat aber eine hohe Verschleißbeständigkeit. Die Anwendung erfolgt daher bei stark verschleißbeanspruchten Teilen wie Walzen, Nockenwellen und Tiefziehwerkzeugen.

Verschleißbeständiges Gusseisen (EN-GJN) nach DIN EN 12 513. Ähnlich wie Hartguss hat auch verschleißbeständiges Gusseisen ein weiß erstarrtes (karbidisches) Gefüge – der Buchstabe N in GJN steht für „No graphite", also ein Graphitfrei erstarrtes Gefüge. Man unterscheidet

niedrig legierte (max. 2 % Cr) Gusseisensorten, Chrom-Nickel-Gusseisensorten (1,5 bis 10 % Cr) und hoch legierte Chromgusseisensorten (11 bis 28 % Cr). Die hoch legierten Werkstoffsorten haben eine Vickershärte bis HV 600 und eignen sich für besonders auf Verschleiß beanspruchte Bauteile.

Beispiel

EN-GJN-HV600(XCr23) Verschleißbeständiges (Chrom-)Gusseisen mit einer Härte von mindestens 600HV (Werkstoffnummer: EN-JN3049). ◄

Ausferritisches Gusseisen mit Kugelgraphit (EN-GJS) nach DINEN1564. Ausferritisches Gusseisen mit Kugelgraphit zeigt ein feines austenitisch-ferritisches Grundgefüge mit kugelförmigem freiem Graphit. Die alte Bezeichnung „bainitisches Gusseisen" ist metallkundlich gesehen falsch, da sich – anders als bei Stählen – die charakteristischen feinsten Karbidausscheidungen (Fe_3C) im Gefüge nicht nachweisen lassen. Das sog. Zwischenstufengefüge wird durch Glühen und anschließendes Abschrecken in einem Salzbad eingestellt. Dadurch resultieren im Vergleich zu Gusseisen mit KugelGraphit deutlich höhere Festigkeits- und Zähigkeitskennwerte. Die Zugfestigkeiten reichen von 800 MPa (bei bis zu 10 % Dehnung) bis zu 1400 MPa (bei 1 % Dehnung).

Beispiel

EN-GJS-1000-5 Ausferritisches Gusseisen mit Kugelgraphit mit einer Zugfestigkeit von mindestens 1000 MPa und einer Bruchdehnung $A = 5\%$. ◄

Austenitisches Gusseisen (EN-GJLA, EN-GJSA) nach DIN EN13 835. Die austenitischen Gusseisensorten haben aufgrund hoher Gehalte von Legierungselementen (besonders Ni und Cr) ein austenitisches Grundgefüge, in dem der freie Kohlenstoff in Form von Lamellengraphit (EN-GJLA) oder Kugelgraphit (EN-GJSA) ausgeschieden ist. Austenitisches Gusseisen erfüllt vielfältige Anforderungen, z. B. Korrosionsbeständigkeit, Hitzebeständigkeit, Verschleißbeständigkeit oder amagnetisches Verhalten, im Falle von EN-GJSA auch Kaltzähigkeit. Die Werkstoffe werden z. B. für Pumpenteile, Abgasleitungen, Ofenteile und andere Anwendungen eingesetzt.

Beispiel

EN-GJSA-XNiSiCr30-5-5 Austenitisches Gusseisen mit Kugelgraphit (Sondersorte mit besonders hoher Korrosionsbeständigkeit) mit 28–32 % Ni, 5–6 % Si, 4,5–5,5 % Cr (Werkstoffnummer: EN-JS3091). ◄

SiMo-Gusseisen. Diese Gusseisensorten haben ein ferritisches Gefüge; der freie Kohlenstoff ist – je nach Anforderung – entweder in Form von Kugelgraphit oder Vermiculargraphit ausgebildet. SiMo-Gusseisenwerkstoffe sind üblicherweise mit 2–6 % Si und 0,5–2 % Mo legiert, wodurch sich eine sehr gute Warmfestigkeit und Zunderbeständigkeit ergibt. SiMo-Gusseisenwerkstoffe sind nicht genormt. Sie werden für temperaturwechselbeständige Bauteile wie Auslasskrümmer, aber auch für große Turbinengehäuse verwendet.

Siliziumsonderguss. Er enthält bis zu 18 % Si. Dadurch wird die Graphitbildung begünstigt, sodass bei den hier üblichen C-Gehalten von nur rd. 0,8 % bereits Graphitbildung auftritt. Die Werkstoffe haben eine hohe Zunderbeständigkeit und eine gute chemische Beständigkeit (gegen heiße konzentrierte Salpetersäure und Schwefelsäure).

Aluminiumsonderguss. Mit Aluminiumgehalten von rd. 7 % weist Aluminiumsonderguss eine gute Zunderbeständigkeit und Korrosionsbeständigkeit auf.

Chromsonderguss (Cr bis 35 %) ist ein zunder- und säurebeständiges Gusseisen, das zusätzlich noch Ni, Cu und Al enthalten kann. Anwendungen sind z. B. Roste für die Müllverbrennung oder die Zementproduktion.

31.2 Nichteisenmetalle

(Physikalische Eigenschaften von Metallen und ihren Legierungen: Tab. 31.12 und Abb. 31.15 und 31.16)

31.2.1 Kupfer und seine Legierungen

In Zusammenarbeit mit **L. Tikana**, Düsseldorf

Kupfer ist wegen seiner ausgezeichneten elektrischen Leitfähigkeit und seiner Wärmeleitfähigkeit, seiner plastischen Verformbarkeit und seiner Widerstandsfähigkeit gegen Luftfeuchtigkeit, Trink- und Brauchwasser, nicht oxidierenden Säuren oder alkalischen Lösungen neben Eisen und Aluminium das drittwichtigste Metall. Die niedrige Festigkeit von reinem Kupfer kann durch Kaltverformen erheblich gesteigert werden. Bei tiefen Temperaturen zeigen die mechanischen Eigenschaften des Kupfers keine Verschlechterung (keine Tieftemperaturversprödung). Verunreinigungen und Zusätze vermindern die elektrische Leitfähigkeit.

Das durch die Behandlung im Flammofen und Konverter gewonnene Rohkupfer hat ebenso wie das nassmetallurgisch gewonnene Zementkupfer einen Reinheitsgrad von etwa 99 %. Beide Kupfersorten werden pyrometallurgisch weiter verhüttet und als Anode durch Elektrolyse zu Kathodenkupfer (Cu-CATH1 und Cu-CATH2 nach EN 1978) umgewandelt. Ebenso können gleichwertige SX-EW-Kathoden nassmetallurgisch gewonnen werden.

Bei der Bestellung von Halbzeugen (z. B. Bänder und Bleche) aus Kupfer und seinen Legierungen können unterschiedliche Merkmale zur Charakterisierung der Eigenschaften eines Lieferzustands festgelegt werden. Die EN-Normen bieten hierzu folgende Möglichkeiten:

- Bestellung mit R-, Y-, A-Zahl. Prüfmerkmale: Zugfestigkeit, 0,2 %-Dehngrenze und Bruchdehnung.
- Bestellung mit H-Zahl. Prüfmerkmal: Härte.

- Bestellung mit G-Zahl. Prüfmerkmal: Korngröße (nur bei einigen Halbzeugen, z. B. Blechen und Bändern).

Reinkupfer

Das flüssige Kupfer kann beachtliche Mengen Sauerstoff aufnehmen, der nach dem Erstarren fast vollständig in Form von Kupferoxideinschlüssen (Cu_2O) im Metall zurückbleibt. Damit ist das sauerstoffhaltige Kupfer empfindlich gegen eine Erhitzung in reduzierender Atmosphäre (Schweißen, Hartlöten). Der Wasserstoff diffundiert in das Metall und reduziert das Kupferoxid. Der sich bildende Wasserdampf steht unter hohem Druck und sprengt das Gefüge (Wasserstoffkrankheit). Lässt sich die Berührung mit reduzierenden Gasen nicht vermeiden, so sind sauerstofffreie Kupfersorten zu verwenden wie z. B. Cu-DHP und weitere Werkstoffe (DIN CEN/TS 13 388). Kupfer lässt sich gut löten. Schweißen ist mit allen Verfahren möglich. Besonders geeignet sind Verfahren unter Anwendung von Schutzgas (WIG; MIG).

Normen: *DIN CEN/TS 13 388*: Kupfer und Kupferlegierungen – Europäische Werkstoffe – Übersicht über Zusammensetzung und Produkte. – *EN 1173*: Kupfer und Kupferlegierungen – Zustandsbezeichnungen. – *EN 1412*: Kupfer und Kupferlegierungen – Europäisches Werkstoffnummernsystem. – *EN 1976*: Kupfer und Kupferlegierungen – Gegossene Rohformen aus Kupfer. – *EN 1978*: Kupfer und Kupferlegierungen – Kupfer-Kathoden. – *EN 13 599*: Kupfer und Kupferlegierungen – Platten, Bleche und Bänder aus Kupfer für die Anwendung in der Elektrotechnik. – *EN 13 600*: Kupfer und Kupferlegierungen – Nahtlose Rohre aus Kupfer für die Anwendung in der Elektrotechnik. – *EN 13 601*: Kupfer und Kupferlegierungen – Stangen und Drähte aus Kupfer für die allgemeine Anwendung in der Elektrotechnik. – *EN 13 602*: Kupfer und Kupferlegierungen – Gezogener Runddraht aus Kupfer zur Herstellung elektrischer Leiter.

Kupfer-Zink-Legierungen (Messing)

Diese in der Technik am häufigsten angewendete Kupferlegierung mit bis zu 45 % Zink und bis zu 3 % Blei (zur Verbesserung der Zerspan-barkeit) zeichnet sich durch gute Verformbarkeit und Korrosionsbeständigkeit aus. Die Kurzbezeichnungen der Kupferlegierungen enthalten die wichtigsten Legierungselemente in % (bei fehlender Angabe ist der Legierungsanteil i. Allg. < 1 %). Der Rest ist der Cu-Anteil; z. B. CuZn37: 37 % Zn, ~ 63 % Cu.

Man unterscheidet drei Gefügegruppen:

- α-Messing mit einem Zn-Gehalt < 37,5 %,
- ($\alpha + \beta$)-Messing mit einem Zn-Gehalt von 37,5 bis 46 % und
- β-Messing mit 46 bis 50 % Zn.

α-Messing lässt sich gut kaltumformen, schwieriger warmumformen und schlecht zerspanen. β-Messing ist schwierig kaltverformbar, gut warmverformbar und gut spanabhebend zu verarbeiten. Die technisch wichtigsten Legierungen sind CuZn30, CuZn37 (α-Messing), CuZn40, CuZn39Pb3 und CuZn40Pb2 ($\alpha + \beta$-Messing, letztere die bedeutenden Automatenmessinge). Legierungen mit reinem β-Gefüge (Zn > 45 %) haben nur geringe technische Bedeutung. Kupfer-Zink-Legierungen sind nicht aushärtbar. Hohe Härte- und Festigkeitswerte sind nur durch Kaltumformung erreichbar.

Auswahl und Anwendungshinweise: Tab. 31.13.

Beim Gießvorgang muss mit einem Schwindmaß von 1,5 % (zinkreiches Messing) bis 2 % (kupferreiches Messing) gerechnet werden.

Verarbeitung. Tiefziehen, Drücken, Biegen, Pressen, Prägen, Zerspanen, Schmieden, Gießen.

Wärmebehandlung. Weichglühen 450 bis 600 °C, Entspannen 200 bis 300 °C, Glühen auf bestimmte Härte 300 bis 450 °C.

Schweißen und Löten. Messing lässt sich gut weich- und hartlöten. Bei der Gas- und Schmelzschweißung ist auf Sauerstoffüberschuss zu achten. Lichtbogenschweißung führt zu starker Zinkausdampfung. Deshalb sind zinkfreie Elektroden zu verwenden. Für das Schweißen unter Schutzgas kommt ausschließlich das WIG-Verfahren (besonders für dünne Bleche geeignet) in Be-

31

tracht. Die elektrische Widerstandsschweißung setzt gut regelbare Maschinen ausreichender Leistungsfähigkeit voraus. Für Legierungen mit einem Zinkgehalt < 20 % müssen die Schweißparameter und Elektroden angepasst werden.

Korrosion. Besonders bei β-haltigem Messing kann unter bestimmten Korrosionsbedingungen eine örtliche „Entzinkung" auftreten, die zu einer pfropfenförmigen Herauslösung des verbleibenden roten Kupfers führt. Neben der Verwendung von β-freiem Messing vermindern geringe Zusätze von Arsen und Phosphor durch Inhibierung der α-Phase diese Erscheinung (z. B. CuZn36Pb2As).

Im Zusammenwirken von Zugeigenspannungen und/oder Zuglastspannungen kann bei gleichzeitiger Einwirkung bestimmter aggressiver Stoffe (Quecksilber, Quecksilbersalze, Ammoniak) ein verformungsloser Bruch mit inter- oder transkristallinem Verlauf auftreten. Kupferarme Legierungen sind hinsichtlich einer solchen Schädigungsform am empfindlichsten. Diese Spannungsrisskorrosion lässt sich durch sorgfältige Entspannung der Fertigteile weitgehend vermeiden.

Mechanische Festigkeitseigenschaften. Gebräuchliche Kennwerte für wichtige Kupfer-Zink-Legierungen sind Tab. 31.13 zu entnehmen.

Gießen. Kupfer-Zink-Legierungen können im Sandguss (trocken und nass), Kokillenguss, Strangguss, Schleuderguss und Druckguss vergossen werden.

Kupfer-Zink-Legierungen mit weiteren Legierungselementen (Sondermessing). Ein Zusatz von Nickel erhöht gegenüber reinen Kupfer-Zink-Legierungen Festigkeit, Härte, Dichtheit, Korrosionsbeständigkeit und Feinkörnigkeit. Aluminium wirkt ähnlich wie Nickel, erhöht jedoch zusätzlich die Zunderbeständigkeit. Mangan und Zinn steigern die Warmfestigkeit und Seewasserbeständigkeit. Silizium erhöht die Elastizität und Verschleißfestigkeit (Federn, Gleitlager). Gleichzeitig nimmt der Formänderungswiderstand jedoch stark zu. Bleizusätze ver-

bessern die Zerspanbarkeit. Eisen wirkt kornverfeinernd und verbessert die Gleiteigenschaften (bei Korrosionsbeanspruchung Fe < 0,5 %). Phosphor und/oder Arsen verhindern die Entzinkung. Große Widerstandsfähigkeit gegenüber Seewasser besitzt z. B. CuZn20Al2As. Zum Hartlöten benutzt man aluminium- und siliziumfreie Sondermessinge. Aluminiumfreie Sondermessinge lassen sich schmelzschweißen. Bei Aluminiumgehalten bis 2,3 % ist ein befriedigendes Schweißergebnis bei Anwendung von Schutzgas mit hochfrequenzüberlagertem Wechselstrom zu erzielen.

Die mechanischen Festigkeitskennwerte einiger Sondermessinglegierungen sowie Angaben über Eigenschaften und Anwendungen sind Tab. 31.14 zu entnehmen.

Guss-Messing und Guss-Sondermessing. Diese Legierungen besitzen hohe Korrosionsbeständigkeit und gegenüber den Knetlegierungen etwas niedrigerer Festigkeit und Härte sowie eine für Gusswerkstoffe hohe Zähigkeit, Tab. 31.15. In den Kurzzeichen bedeuten -C Guss allgemein, -GS Sandguss, -GM Kokillenguss, -GP Druckguss, -GC Strangguss und -GZ Schleuderguss.

Kupfer-Zinn-Legierungen (Zinnbronze). Legierungen des Kupfers mit Zinn als Hauptlegierungselement werden seit jeher als Bronzen bezeichnet. Sie verbinden hohe Härte und Duktilität mit sehr guter Korrosionsbeständigkeit. Für Knetlegierungen kommen Zinngehalte bis 9 %, für Guss-Zinnbronze bis zu 20 % in Betracht. Zinnbronzen sind nicht aushärtbar. Die Verfestigung erfolgt durch Kaltverformung. Ein bedeutender Teil der Kupfer-Zinn-Legierungen wird in Form von Bändern bspw. für Federn verwendet, ein anderer bedeutender Teil wird durch Gießen verarbeitet. Wegen der hervorragenden Gleit- und Verschleißeigenschaften werden hieraus hochbeanspruchte Gleitlager und Schneckenräder hergestellt.

Verarbeitung. Zinnbronzen sind gut kaltumformbar, jedoch schlecht warmumformbar. Spanende Bearbeitung ist möglich.

Wärmebehandlung. Homogenisierungsglühen 700 ıC = 3 h, Weichglühen 500–700 °C; 0,5–3 h.

Schweißen und Löten. Kupfer-Zinn-Legierungen sind nur bedingt schweißbar. Gasschweißen mit neutraler Flamme unter Verwendung von Zusatzdraht aus Sondermessing ist möglich. Zum Hart- und Weichlöten sind sie i. Allg. gut geeignet.

Gießen. Das Vergießen von Kupfer-Zinn-Legierungen (Sn_10 %) erfolgt mittels Sand-, Kokillen-, Strang- oder Schleuderguss. Das Schwindmaß beträgt 0,75 bis 1,5 %. Durch langsames Abkühlen kann Blockseigerung weitgehend vermieden werden.

Korrosion. Kupfer-Zinn-Legierungen besitzen gute Korrosions- und Kavitationsbeständigkeit. Kupfer-Zinn-Gusslegierungen sind seewasserbeständig.

Mechanische Eigenschaften und Anwendungshinweise: Tab. 31.16 und 31.17.

Kupfer-Blei-Zinn-Gusslegierungen. Diese Legierungen enthalten mindestens 60 % Kupfer. Hauptlegierungszusatz ist Blei in Gehalten bis zu 35 %. Daneben werden Zinn, Nickel oder Zink zulegiert. Infolge der Unterschiede im spezifischen Gewicht der Legierungselemente besteht die Neigung zur Schwerkraftseigerung. Da Blei im Kupfer unlöslich ist, ergeben die in rundlicher Form eingelagerten Bleianteile gute Schmier- und Notlaufeigenschaften. Reine CuPb-Legierungen werden wegen ihrer geringen Festigkeit nur zum Ausgießen von Stahlstützschalen benutzt. Dünne Laufschichten sind dabei besonders widerstandsfähig gegen Stoß- und Schlagbeanspruchung. Unter Zusatz von Zinn werden auch Lagerbuchsen, Gleitringe usw. aus diesen Legierungen gefertigt, Tab. 31.18.

Kupfer-Nickel-Zink-Legierungen (Neusilber). Mit diesem Begriff werden Kupferlegierungen beschrieben, die Nickel und Zink als Hauptlegierungselemente enthalten. Diese Legierungen werden wegen ihrer silberähnlichen Farbe

auch als Neusilber bezeichnet. Die technisch gebräuchlichen Legierungen können 45 bis 62 % Kupfer enthalten und die Nickelgehalte variieren von 7 bis 26 %. Ähnlich wie bei Messing wird den dreh- und bohrfähigen Qualitäten bis zu 2,5 % Blei als Spanbrecher zugesetzt.

Neusilber weist verglichen mit Messing höhere Festigkeits- und bessere Korrosionseigenschaften auf und besitzt u. a. in Bandform überwiegend für Kontaktfedern, die in elektrischen Relais eingesetzt werden, technische Bedeutung.

Kupfer-Aluminium-Legierungen. Als Knet- und Gusswerkstoffe zeichnen sich diese Legierungen mit bis zu 11 % Aluminium durch hohe Warmfestigkeit, Zunderbeständigkeit und gute Korrosionsbeständigkeit aus, da sie bei Oxidation eine festhaftende Al_2O_3-Schicht ausbilden. Mechanische Schwingungen werden gut gedämpft. Nickelhaltige Kupfer-Aluminium-Legierungen sind aushärtbar und können Zugfestigkeitswerte von 1000 MPa bei einer Streckgrenze von etwa 700 MPa erreichen. Während die Warmumformung durch Schmieden oder Pressen i. Allg. keine Probleme bereitet, ist die Kaltumformung schwierig. Auch die Zerspanbarkeit ist schwierig.

Löten und Gas-Schweißen werden durch die Aluminiumoxidschicht erschwert. Bei geeigneten Flussmitteln bzw. Elektrodenumhüllungen sind Kupfer-Aluminium-Legierungen autogen und elektrisch schweißbar. Schutzgas-Schmelzschweiß-Verfahren (MIG, WIG) haben sich bestens bewährt. Die Schweißbarkeit nimmt mit zunehmendem Al-Gehalt ab. Das Vergießen erfolgt üblicherweise als Sand-, Strang-, Kokillen- oder Schleuderguss bei Temperaturen von ca. 1150 bis 1200 °C.

Eine Übersicht über die mechanischen Eigenschaften und Hinweise für die Anwendung gibt Tab. 31.19.

Kupfer-Nickel-Legierungen. Diese Legierungen mit bis zu 44 % Ni besitzen eine hohe Warmfestigkeit, gute Kavitations- und Erosionsbeständigkeit sowie hohe Seewasserbeständigkeit (Kondensator- und Kühlerrohre auf Schiffen, Anlagen der chemischen Industrie). Legierungen mit 30 bis 45 % Ni und 3 % Mn dienen zur

Herstellung von elektrischem Widerstandsdraht. Die Legierungen CuNi10Fe, CuNi20Fe und CuNi30Fe sind gut schweißbar.

Niedriglegierte Kupferlegierungen. In dieser Legierungsgruppe sind Kupferlegierungen zusammengefasst, bei denen durch geringe Zusätze verschiedener Legierungselemente, maximal bis 5 % (EN), die Eigenschaften des reinen Kupfers, z. B. Festigkeit, Entfestigungstemperatur, Spanbarkeit verbessert werden, wobei ein Absinken einiger Eigenschaften, z. B. der Leitfähigkeit in Kauf genommen werden muss. Dabei ist zwischen nicht aushärtbaren (Verfestigung nur durch Kaltumformung) und aushärtbaren Legierungen (Verfestigung auch durch Wärmebehandlung) zu unterscheiden.

Bei den nicht aushärtbaren Legierungen dienen z. B. Zusätze von Silber, Eisen, Magnesium dazu, die Festigkeit und besonders die Entfestigungstemperatur und damit die Anlassbeständigkeit zu erhöhen. Wird von einer nicht aushärtbaren Kupfer-Knetlegierung hohe Festigkeit und hohe Leitfähigkeit gefordert, so kommen als Legierungselemente besonders Silber, Eisen und Magnesium infrage. Die Spanbarkeit lässt sich durch Zusätze von Schwefel, Blei oder Tellur als Spanbrecher erhöhen.

Durch Zusätze von Beryllium, Nickel und Silizium, Zirkonium oder Chrom und Zirkonium in Gehalten von 1 bis 3 % erhält man aushärtbare Legierungen, die nach einer Wärmebehandlung hohe Festigkeit und hohe Leitfähigkeit aufweisen.

Hauptsächlich werden die niedriglegierten Kupferlegierungen für elektrotechnische Zwecke eingesetzt. Zu erwähnen sind dabei Kommutatorlamellen, Kontaktträger und Halbleiterträger (lead frames). Bewährt haben sich auch Federn aus den aushärtbaren Legierungen in Sicherheitseinrichtungen von Automobilen, da z. B. Federn aus Kupfer-Beryllium eine hohe Lebensdauer haben und völlig wartungsfrei sind.

Die Verarbeitung von niedriglegierten Kupferwerkstoffen erfolgt durch Walzen, Pressen, Ziehen oder Gießen. Weichlöten ist nach der Aushärtung, Hartlöten und Schweißen sind vor der Wärmebehandlung möglich.

Weitere Legierungen. Kupfer-Mangan-Legierungen mit bis zu 15 % Mn dienen als Widerstandswerkstoffe in der Elektrotechnik. In der Zusammensetzung 45 bis 60 % Cu, 25 bis 30 % Mn und 25 % Sn sind sie stark ferromagnetisch.

Normen: *EN 1652*: Kupfer und Kupferlegierungen – Platten, Bleche, Bänder, Streifen und Ronden zur allgemeinen Verwendung. – *EN 1982*: Kupfer und Kupferlegierungen – Blockmetalle und Gussstücke. – *EN 12 163*: Kupfer und Kupferlegierungen – Stangen zur allgemeinen Verwendung – *EN 12 164*: Kupfer und Kupferlegierungen – Stangen für die spanende Bearbeitung – *EN 12 166*: Kupfer und Kupferlegierungen – Drähte zur allgemeinen Verwendung – *EN 12 167*: Kupfer und Kupferlegierungen – Profile und Rechteckstangen zur allgemeinen Verwendung – *EN 12 420*: Kupfer und Kupferlegierungen – Schmiedestücke – *EN 12 449*: Kupfer und Kupferlegierungen – Nahtlose Rundrohre zur allgemeinen Verwendung.

31.2.2 Aluminium und seine Legierungen

In Zusammenarbeit mit **F. Ostermann**, Meckenheim

Rohstoffe für die Herstellung von Aluminium und Aluminiumlegierungen sind einerseits reines Aluminiumoxid, das aus Bauxit gewonnen und mit Hilfe der Schmelzflusselektrolyse zu sog. Primäraluminium reduziert wird, sowie andererseits Produktions- und Altschrotte, die durch Recyclingprozesse und schmelzmetallurgische Aufbereitung dem Werkstoffkreislauf als sog. Sekundärlegierungen (auch: Umschmelzlegierungen) wieder zugeführt werden. Das Recycling von Aluminiumprodukten ist wirtschaftlich und energetisch günstig; es werden nur etwa 5 % der für die Primäraluminiumerzeugung erforderlichen Energiemenge benötigt. Der Bedarf an Aluminiumwerkstoffen wird heute zu gut 1/3 durch Sekundäraluminium gedeckt, das vorwiegend für die Herstellung von Gusslegierungen eingesetzt wird.

Anwendungsvorteile von Aluminium liegen in dem geringen spezifischen Gewicht ($QAi = 1/3$

QSt), guter Beständigkeit gegenüber Witterungs-einflüssen und schwach alkalischen und sauren Lösungen, in hohen Festigkeitseigenschaften (bis 700 MPa), sehr guter Wärmeleitfähigkeit und hoher elektrischer Leitfähigkeit sowie in den guten Formgebungsmöglichkeiten durch Gießen, Warm- und Kaltumformung (Walzen, Strangpressen, Schmieden, Kaltfließpressen, Ziehen, Tief- und Streckziehen) sowie durch Zerspanung. Aluminium und seine Legierungen verspröden nicht bei tiefen Temperaturen und hohen Beanspruchungsgeschwindigkeiten (Crash).

Der gegenüber Stahl um 2/3 geringere E-Modul erfordert bei gleicher Tragfähigkeit und Steifigkeit ein entsprechend größeres Flächen-trägheitsmoment, d. h. ein größeres Bauvolumen und größere Wanddicken. Dadurch wird die Gewichtseinsparung gegenüber Stahl in der Regel auf etwa 40 bis 50 % begrenzt. Gleichzeitig werden dadurch die Festigkeitsanforderungen an den Grundwerkstoff vermindert, was mit Vorteil für günstigere Umform- und Verbindungseigenschaften genutzt werden kann. Für tragende Leichtbaukonstruktionen werden (abgesehen vom Flugzeugbau) daher vorzugsweise mittelfeste Legierungen verwendet, die zudem sehr gut stranggepresst werden können. Die Technik des Strangpressens von Aluminium erlaubt die wirtschaftliche Herstellung komplizierter Profilquerschnitte mit kleinsten Wanddicken bis zu 1,5 mm und darunter (abhängig von Legierung und Profilgröße). Durch geschickte Integration von Funktionen in den Profilquerschnitt lassen sich weitere Fertigungsschritte bei der Verarbeitung einsparen. Häufig kann auf einen Oberflächenschutz verzichtet werden. Physikalische und mechanische Eigenschaften, Schweißbarkeit und Korrosionsbeständigkeit s. Tab. 31.11, 31.20, 31.24, Abb. 31.17 und 31.18.

Mittel- bis hochfeste Aluminiumknetlegierungen sind mit hohen und höchsten Schnittgeschwindigkeiten hervorragend spangebend zu bearbeiten, sofern geeignete Werkzeuge und Schneidparameter gewählt werden. Bei sog. Bohr- und Drehqualitäten wird die Kurzspanbildung durch Sn- und Bi- (früher auch durch Pb-) Legierungszusätze begünstigt. Weiche, niedrigfeste Legierungen neigen zu Aufbauschneiden

und mangelnder Oberflächengüte. Anders als bei den Knetlegierungen setzen die in den üblichen Aluminiumgusslegierungen vorhandenen harten Primär-Siliziumpartikel den Werkzeugverschleiß herauf.

Für das Fügen von Aluminiumteilen steht eine große Zahl von Verbindungsmethoden zur Verfügung: Schmelzschweißen (MIG-, WIG-, Plasma-, Laserstrahl-, Elektronenstrahl- und Bolzenschweißen), Widerstandspunkt- und Rollennahtschweißen, Reib- und Rührreibschweißen („Friction Stir Welding"), Hartlöten, Diffusionsschweißen, Kleben, mechanisches Fügen mit und ohne Verbindungselemente sowie Klemmverbindungen. Weichlöten ist mit Pb-freien Zinnloten bei vorheriger (z. B. mechanischer) Entfernung der Oxidschicht möglich, autogenes Gasschmelzschweißen wird nur noch bei handwerklichen Reparaturarbeiten verwendet. Bei Verbindungen mit anderen Metallen ist bei aggressiven Umgebungsbedingungen die Gefahr von Kontaktkorrosion zu beachten, sofern die Teile elektrisch leitend verbunden sind und gegenüber Aluminium ein deutlich positiveres (> 100 mV) elektrochemisches Potenzial aufweisen (Abhilfe durch elektrisch isolierende Maßnahmen). Als Kontaktpartner weitgehend unbedenklich sind Zink und Magnesium, die kathodische Schutzwirkung ausüben, aber auch rostfreier CrNi-Stahl, sofern dessen Passivschicht erhalten bleibt. Kritische Kontaktpartner sind Kupfer und Kupferlegierungen und auch graphithaltige Schaumstoffe.

Aluminiumwerkstoffe

Mit dem Oberbegriff „Aluminium" werden im üblichen Sprachgebrauch alle unlegierten und legierten Werkstoffe auf Basis Aluminium bezeichnet. Man unterscheidet aufgrund der Zusammensetzung und des Verwendungszweckes Reinaluminium, Knet- und Gusslegierungen. Während Gusslegierungen ausschließlich für die Herstellung von Formgussteilen geeignet sind, werden Knetlegierungen durch Stranggießen zu Barren und anschließend durch Warm- und Kaltwalzen, Strangpressen oder Schmieden zu Halbfabrikaten verarbeitet. Mit gegenüber Strangguss eingeschränkter Legierungsauswahl wird auch Bandguss erzeugt, der direkt durch Kaltwalzen weiterverarbeitet werden kann. Stranggepresste Stangen und Rohre, auch nahtlose Rohre, werden durch Ziehen auf geringere Abmessungen und zu engeren Toleranzen verarbeitet. HF-geschweißte Rohre werden aus rollgeformten Walzbändern hergestellt.

Reinaluminium

Reinaluminium ist unlegiertes Aluminium mit einem Reinheitsgrad von 99,0 bis 99,9 %. Überwiegend wird Al 99,5 verwendet, für dekorative oder physikalisch/chemische Zwecke wegen des mit dem Reinheitsgrad zunehmenden Glanzgrades und der zunehmenden Korrosionsbeständigkeit häufig Al 99,8. Speziell für elektronische Bauelemente wird Reinstaluminium mit Reinheitsgraden von mindestens 99,99 % eingesetzt, das mit besonderen Raffinationsverfahren aus Primäraluminium erzeugt wird. Al 99,5 wird als Knetwerkstoff in allen Halbzeugarten gehandelt.

Aluminium-Knetlegierungen

Bezeichnungsweise und chemische Zusammensetzung der Knetlegierungen sind in DIN EN 573/1-4 genormt. Man unterscheidet aushärtbare und nichtaushärtbare („naturharte") Legierungen. Werkstoffzustände und Zustandsbezeichnungen sind in DIN EN 515 genormt (Tab. 31.25). Die mechanischen Eigenschaften sind abhängig von der Halbzeugart, von der Materialdicke und vom Wärmebehandlungszustand. Typische Eigenschaften und gewährleistete Mindestwerte von ausgewählten Knetlegierungen enthält Tab. 31.20. Je nach Halbzeugart werden bestimmte Legierungsgruppen bevorzugt verwendet.

Für einige wichtige Anwendungsgebiete wurden spezielle Legierungen entwickelt:

- Wärmetauscher, s. DIN EN 683/1-3;
- Dosenband, s. DIN EN 541;
- Karosserieblech: EN AW-6016, EN AW-6181A, EN AW-5182. Zahlreiche Varianten.

Walzhalbzeuge können mit einer Plattierschicht aus Reinaluminium, z. B. zur Verbesserung der Witterungsbeständigkeit, oder speziellen Legierungen, z. B. Hartlot, versehen werden.

Weiterverarbeitungshinweise: Kaltumformung ist zweckmäßigerweise im Zustand „O" (weich geglüht) vorzunehmen. Bei naturharten Legierungen kann eine begrenzte Kaltumformung auch im Zustand H2X (rückgeglüht) erfolgen, z. B. H24 (halbhart, rückgeglüht). Aushärtbare Halbzeuge können in den Zuständen „frisch abgeschreckt", T1 und T4 kalt umgeformt und durch nachfolgende Warmaushärtung in den vorgeschriebenen Festigkeitszustand (z. B. T6, T7) gebracht werden. Je nach Legierungsart lassen sich auch kurzzeitige Rückbildungsglühungen in den Verarbeitungsprozess integrieren. Wichtige Werkstoffzustandsbezeichnungen enthält Tab. 31.25.

Aluminium-Gusslegierungen

Die Bezeichnungsweise erfolgt nach DIN EN 1780/1-3, s. Tab. 31.23. Chemische Zusammensetzung und mechanische Eigenschaften von Gussstücken sind in DIN EN 1706 genormt, s. Tab. 31.23 u. 31.24. Hauptlegierungselemente sind Si, Mg und Cu. Die Si-reichen Al-Si und Al-Si-Mg-Legierungen haben ausgezeichnete Gießeigenschaften, weisen gute Warmrissbeständigkeit bei der Erstarrung auf und werden bevorzugt für hoch beanspruchte Gussteile (z. B. PKW: Räder und Fahrwerksteile) angewendet. AlSiMg- und AlCuTi-Legierungen sind aushärtbare Legierungen mit hohen und höchsten Festigkeiten und gleichzeitig günstigen Bruchdehnungswerten. Al-Cu-Ti(-Mg)-Legierungen werden vorzugsweise im Flugzeugbau eingesetzt. Al-Si-Cu-Legierungen sind überwiegend Umschmelzlegierungen (Sekundäraluminium) und werden dort verwendet, wo Duktilität eine untergeordnete Rolle spielt (z. B. Zylinderköpfe, Motorblöcke, Getriebegehäuse). Al-Si-Cu-Ni-Mg-Legierungen besitzen hohe Warmfestigkeit und werden bevorzugt als Kolbenlegierungen verwendet. Al-Mg-Gusslegierungen verwendet man für dekorative Zwecke und wegen sehr guter Meerwasserbeständigkeit, z. B. im Schiffbau. Durch Veredelungszusätze (Na, Sb, Sr, P) erreicht man eine günstige Morphologie der primär ausgeschiedenen Siliziumlamellen, wodurch Duktilität und Zähigkeit verbessert werden. Die mechanischen Gussteileigenschaften hängen entscheidend von den Gießbedingungen, dem Gießverfahren, der Schmelzebehandlung und von der Gussteilgestaltung ab. Niedrige Fe-Gehalte und hohe Erstarrungsgeschwindigkeiten erzeugen ein feindendritisches, duktiles Gefüge. Geringes Porenvolumen und geringe Porengröße sind Voraussetzung für gute Schwingfestigkeitseigenschaften.

Sandguss eignet sich für Prototypen, Kleinserien und für Großserien nach verschiedenen Verfahrensvarianten (z. B. Disamatic, CPS, Vollformgießen im binderlosen Sand – „Lost Foam" Verf.). Qualitativ hochwertige Formgussteile werden auch mit Schwerkraftkokillenguss sowie mit Verfahrensvarianten, wie Niederdruckkokillenguss und Rotacast, hergestellt. Standarddruckgussteile haben verfahrensbedingt einen erhöhten Gasgehalt, der beim Schweißen und bei Wärmebehandlung Porosität erzeugt. Mit zahlreichen Verfahrensvarianten (z. B. Vakuumdruckguss, Squeeze casting, Thixocasting) kann man jedoch porenarme schweiß- und wärmebehandelbare Formgussteile mit sehr guten Festigkeits- und Duktilitätseigenschaften herstellen. Eigenschaften ausgewählter Gusslegierungen enthält Tab. 31.24.

Aluminiumsonderwerkstoffe
Zahlreiche Sonderwerkstoffe wurden für spezielle Anwendungszwecke mit besonderen Eigenschaften ausgestattet. Hierzu zählen:

- Pulvermetallurgische (PM) Aluminiumwerkstoffe,
- SiC-partikelverstärkte Aluminiumgusslegierungen,
- Faserverstärkte Aluminiumgusslegierungen,
- Aluminium-Sandwich bzw. Laminate,
- Aluminiumschaum.

31.2.3 Magnesiumlegierungen

In der Technik wird Magnesium primär in Form von Legierungen eingesetzt. Reinmagnesium als Konstruktionswerkstoff wird in beschränktem Maße für Leitungsschienen verwendet. Die Beimengung bestimmter Legierungszusätze zielt im Wesentlichen auf eine Verbesserung des mecha-

nischen Eigenschaftsprofils ab – wobei in diesem Zusammenhang streng genommen der Legierungseinteilung nach Guss- und Knetwerkstoffen Rechnung zu tragen ist. Die wichtigsten derzeit technisch eingesetzten Legierungssysteme bilden für Gusswerkstoffe die Systeme MgAlZn (nach ASTM-Kennzeichnung: AZ), MgAlMn (AM), MgAlSi (AS), sowie in jüngster Zeit für einen höheren Temperaturbereich MgAlSr (AJ), sowie MgAlCa in unterschiedlichen Varianten. Bei Knetwerkstoffen dominieren die Systeme MgAlZn (AZ) und MgZnZr (ZK). Allgemein gesprochen erhöhen die Legierungszusätze Mangan die Korrosionsbeständigkeit durch Bindung von Eisenverunreinigungen, sowie die Schweißeignung, Zink die Festigkeit und Gießbarkeit und Aluminium die Festigkeit, Aushärtbarkeit und Gießbarkeit. Geringe Zusätze von seltenen Erden wie Cer wirken kornverfeinernd und verbessern die Warmfestigkeit. Durch Zulegieren von Silizium kann eine Verbesserung der Kriechbeständigkeit bei nachteiliger Auswirkung auf das Korrosionsverhalten und die Duktilität erreicht werden. Yttrium wird zur Kornfeinung und Verbesserung der Warmfestigkeit eingesetzt. Eine Kombination mit Aluminium ist nicht möglich. Durch den hexagonalen Gitteraufbau sind Kaltumformungen bei Raumtemperatur schwierig auszuführen. Die Umformung von Mg-Knetlegierungen erfolgt üblicherweise durch Strangpressen, Warmpressen, Schmieden, Walzen oder Ziehen oberhalb 210 °C. Bei der technischen Anwendung dominiert mengenmäßig die Verarbeitung des Magnesiums in diversen Gießverfahren, insbesondere im Druckguss. Hier werden vielfach hervorragend gießbare aluminiumhaltige Legierungen der AZ- und AM-Reihen eingesetzt. Die hohe Oxidationsneigung des geschmolzenen Magnesiums erfordert jedoch besondere Maßnahmen beim Gießen und Schweißen.

Im Vergleich zu den Al-Legierungen erreichen die Mg-Legierungen bei Raumtemperatur und erhöhter Temperatur nur geringere Festigkeitswerte, Tab. 31.26.

An ungekerbten Bauteilen kann vielfach ein Einfluss fertigungsimmanent vorhandener Werkstoffinhomogenitäten, z.B. Lunkern und Poren, auf die Schwingfestigkeit beobachtet werden.

Die Schwingfestigkeit ist hierbei keine klassische Werkstoffkenngröße, sondern ist an den fertigungsfolgeabhängigen Werkstoffzustand gekoppelt. Schwache konstruktive Kerben (Formzahl $K_t < 2$) wirken sich an gegossenen Bauteilen daher vielfach nur im geringen Maße mindernd auf die Beanspruchbarkeit aus.

Der niedrige Elastizitätsmodul macht die Mg-Legierungen unempfindlicher gegen Schlag- und Stoßbeanspruchung und gibt ihnen verbesserte Geräuschdämpfungseigenschaften (Getriebegehäuse).

Sämtliche Magnesiumlegierungen besitzen eine ausgezeichnete Spanbarkeit, jedoch ist darauf zu achten, dass nur gröbere Späne anfallen. Feine Späne und Staub neigen zu Bränden und Staubexplosionen (Löschen durch Überschütten mit Graugussspänen oder Sand, keinesfalls mit Wasser!). Zum Kühlen und Nassschleifen dürfen keine wasserhaltigen Kühlmittel verwendet werden.

Magnesiumlegierungen sind im Regelfall (außer ZK-Typ) gut schweißbar. Gut bewährt hat sich die WIG-Schweißung, doch sind auch das Laser-, Plasma- und Elektronenstrahlschweißen möglich. Das Löten ist von keiner technischen Bedeutung.

Das sehr negative (unedle) elektrochemische Potenzial von Mg und seinen Legierungen macht in einer Vielzahl von Anwendungen (z. B. Sichtflächen) einen Korrosionsschutz gegen Feuchtigkeit und Witterungseinflüsse erforderlich. Kritische Verunreinigungen im Werkstoff (z. B. Fe, Ni und Cu) sind in „high purity – hp" Legierungen vermindert. Besonders ist darauf zu achten, dass bei Berührung mit anderen Werkstoffen Kontaktkorrosion vermieden wird. Bei der Verwendung von Stahlschrauben müssen geeignete Beschichtungen des Mg-Bauteils oder der Schraube (z. B. Verzinkung einer Stahlschraube oder Einsatz von Al-Schrauben) sowie konstruktive Maßnahmen (anodisierte Unterlegscheiben, Berücksichtigung des korrosionsschutzgerechten Konstruierens) geprüft werden.

Neue Werkstoffentwicklungen

Magnesiumlegierungen werden durch Fasern und Partikel (meist SiC bzw. Al_2O_3) verstärkt als Verbundwerkstoffe, sog. MMCs (metal matrix composites), im Automobilbereich und in der Luft- und Raumfahrt eingesetzt. Zur Verbesserung des Werkstoffverhaltens gegossener Bauteile bei hohen Temperaturen werden bei am Markt neu eingeführten aluminiumhaltigen Legierungen Kalzium sowie auch Strontium zugegeben.

31.2.4 Titanlegierungen

Titan kommt als vierthäufigstes Element in der Erdrinde, vor allem in den Mineralien Rutil, Anatas und Ilmenit, vor. Die Darstellung von Rein-Titan erfolgt hauptsächlich durch den Kroll-Prozess durch Umwandlung von TiO_2 in $TiCl_4$ und anschließende Reduktion mit Na oder Mg zu Rein-Titan. Hochreines Titan wird mit dem Van Arkel-De Boer-Verfahren erzeugt.

Titanwerkstoffe zeichnen sich durch ihre hohe spezifische Festigkeit, ihr hohes elastisches Energieaufnahmevermögen, ihre Biokompatibilität und durch die sehr gute Korrosionsbeständigkeit aus. Die Festigkeitseigenschaften der Ti-Legierungen (Tab. 31.27) sind mit den Festigkeitseigenschaften von hochvergüteten Stählen vergleichbar. Die entsprechenden Kennwerte von Ti-Legierungen sinken bis zu Temperaturen von 300 °C nur unwesentlich ab. Für die Praxis interessant sind Einsatztemperaturen bis 500 °C. Reintitan kommt aufgrund seiner guten Biokompatibilität als Implantatwerkstoff zum Einsatz, wird aufgrund seiner hervorragenden Korrosionsbeständigkeit auch in Wärmetauschern, Rohrleitungssystemen, Reaktoren etc. für die chemische und petrochemische Industrie eingesetzt. Auf Reintitan entfällt etwa 20–30 % der Gesamtproduktion. Von den heute über 100 Titanlegierungen werden etwa 20 bis 30 kommerziell eingesetzt, davon entfällt auf die Legierung TiAl6V4 ein Anteil von über 50 % an der Gesamtproduktion.

Titanlegierungen werden in α-, $(\alpha + \beta)$ und β-Legierungen unterteilt. Al, O, N und C stabilisieren die hexagonale α-Phase und Mo, V, Ta und Nb stabilisieren die kubisch raumzentrierte β-Phase. α-Legierungen werden aufgrund ihrer hohen Korrosionsbeständigkeit vor allem in der chemischen Industrie und in der Verfahrenstechnik eingesetzt; auch sind sie in der Regel korrosionsbeständiger als β-Legierungen. β-Legierungen haben i. d. R. eine höhere Dichte als α-Legierungen und weisen eine attraktive Kombination von Festigkeit, Zähigkeit und Ermüdungsfestigkeit, insbesondere für große Bauteilquerschnitte auf. $(\alpha + \beta)$-Legierungen kommen zum Einsatz bei hohen Betriebstemperaturen und hohen Spannungsbeanspruchungen, z. B. im Gasturbinenbau. Bekanntester Vertreter der $(\alpha + \beta)$-Legierungen ist TiAl6V4.

Einige Legierungen sind warmaushärtbar. Die Warmumformung erfolgt durch Schmieden, Pressen, Ziehen oder Walzen bei 700 bis 1000 °C. Kaltumformung ist bei Reintitan gut, bei den Ti-Legierungen beschränkt möglich (Weichglühen bei 500 bis 600 °C). Weichlöten ist durchführbar, nachdem die Oberfläche unter Edelgas (Argon) versilbert, verkupfert oder verzinnt wurde. Hartlöten geschieht im Vakuum oder unter Edelgas mit geeigneten Flussmitteln. Schweißen wird zweckmäßigerweise mit dem MIG- oder WIG-Verfahren (auch Elektronenstrahlschweißen) durchgeführt. Verbindungen mit anderen Metallen sind wegen der Bildung spröder intermetallischer Verbindungen problematisch. Die Punktschweißung ist ohne Schutzgas möglich. Beim Zerspanen sind wegen der schlechten Wärmeleitung und der Neigung zum Fressen geringe Schnittgeschwindigkeiten bei großem Vorschub zweckmäßig (Hartmetallwerkzeug). Ti und Ti-Legierungen sind korrosionsbeständig, insbesondere gegen Salpetersäure, Königswasser, Chloridlösungen, organische Säuren und Meerwasser.

Neue Entwicklungen

So genannte intermetallische Werkstoffe vom Typ Titanaluminide (TiAl oder Ti_3Al) sind Gegenstand aktueller Forschungen, da sie eine geringere Dichte als herkömmliche Ti-Legierungen aufweisen und gleichzeitig bezüglich Hochtemperaturfestigkeit überlegen sind. Der Schwachpunkt liegt jedoch in der hohen Sprödigkeit, insbesondere bei niedrigen Temperaturen. Mögliche Einsatzgebiete sind Turbinenschaufeln und Motorventile.

31.2.5 Nickel und seine Legierungen

In Zusammenarbeit mit **J. Klöwer**, Werdohl

Der Anteil von Nickel in der Erdrinde beträgt etwa 75 ppm. Reines Nickel wird aus sulfidischen CuNi-Erzen elektrolytisch oder mit dem Carbonylverfahren gewonnen. Weitere Verfahren sind die Elektrolyse (Elektrolytnickel) und die Reduktion technischer Nickel-Oxide (Würfelnickel).

Der größte Teil des Reinnickels (ca. 65 %) wird zur Herstellung rostfreier Stähle verwendet, ca. 20 % gehen in Legierungen, ca. 9 % finden Verwendung in der Galvanotechnik; die restlichen 6 % finden Anwendung in Münzen, Batterien und elektrotechnischen Anwendungen. Nickel-Legierungen mit Kupfer, Chrom, Eisen, Kobalt und Molybdän haben wegen ihrer besonderen physikalischen Eigenschaften, ihrer Korrosionsbeständigkeit und Widerstandsfähigkeit gegen Hitze technische Bedeutung. Weiterhin dient Nickel als Elektrodenmaterial, zur Herstellung von Ni-Cd-Batterien und zur Beschichtung von Bändern aus unlegierten und niedriglegierten Stählen. Weitere Einsatzgebiete sind Federkontakte, Magnetköpfe, Dehnungsmessstreifen und Reed-Relais-Kontakte. Nickeloxide werden für elektronische Speichersysteme und wegen ihrer Halbleitereigenschaften auch in der Elektrotechnik eingesetzt. Ni(II)-oxid gilt allerdings als krebserzeugend. Bei vielen Nickel-Verbindungen ist ein toxisches, allergenes und/oder mutagenes Potenzial nachgewiesen worden; Nickeltetracarbonyl ist die giftigste aller bekannten Nickelverbindungen. Nickel kann sensibilisierend wirken und bei empfindlichen Personen Dermatitis auslösen.

Nickel besitzt eine kfz-Gitterstruktur. Es ist kaltzäh, sehr gut kaltumformbar und gut zerspanbar, allerdings lässt die hohe Zähigkeit nur geringe Schnittgeschwindigkeiten zu, daher ist die Zerspanung im kaltverfestigten Zustand günstiger. Bei weichem Rein-Nickel liegt $R_{p0,2}$ bei 120…200 MPa, R_m bei 400…500 MPa und die Bruchdehnung A_5 bei 35…50 % (dagegen im kaltverfestigten Zustand: $R_{p0,2}$ 750…850 MPa; R_m 700…800 MPa, A_5 2…4 %). Bis zu ca. 500 °C fällt die Streckgrenze

31

nur wenig ab. Reinnickel wird wegen seiner hohen Korrosionsbeständigkeit, insbesondere wegen seiner hohen Beständigkeit gegen Laugen, in der chemischen Industrie massiv und als nickelplattiertes Stahlblech eingesetzt.

Aufgrund der chemischen Beständigkeit des Werkstoffs werden in der chemischen Industrie sehr häufig nickelplattierte Stahlbleche eingesetzt. Nickel ist auch der Träger der Korrosionsbeständigkeit galvanisch verchromter Eisenteile. Rein-Nickel wird in Reinheitsgraden von 98,5...99,98 % geliefert. Kleine Beimengungen an Fe, Cu und Si haben außer bei den elektrischen Eigenschaften kaum Einfluss. Mn erhöht die Zugfestigkeit und die Streckgrenze ohne Einbuße an Zähigkeit. Durch Berylliumzusätze bis 3 % wird Nickel aushärtbar. Bis 500 °C sinkt die Festigkeit kaum ab; erst ab 800 °C zundert die Oberfläche stärker. Im Bereich tiefer Temperaturen bleibt Nickel zäh. Ni ist mit Cu in jedem Verhältnis legierbar und durch Gießen, spanlose und spanabhebende Formgebung sowie durch Löten und Schweißen verarbeitbar.

Nickel ist ferromagnetisch, der Curie-Punkt liegt oberhalb 356 °C. Nickel-Legierungen gehören zu den weichmagnestischen Ferromagnetika und zeichnen sich durch ihre leichte Magnetisierbarkeit und geringe Hystereseverluste, ihre hohe Sättigungsinduktion und geringe Koerzitivfeldstärke sowie durch ihre hohe Permeabilität aus. Die Ni-Fe-Legierungen dienen speziellen Anwendungszwecken: Mit 25 % Ni wird ein Stahl unmagnetisch, mit 30 % Ni verschwindet der Temperaturbeiwert des Elastizitätsmoduls (Unruhefedern für Uhren), mit 36 % Ni wird der Wärmeausdehnungskoeffizient zwischen 20...200 °C nahezu Null (Messgeräte), mit 45 bis 55 % Ni erreicht er denselben Wert wie für Glas (Einschmelzdrähte für Glühlampen), und mit 78 % Ni entsteht eine Legierung mit höchster Permeabilität. Hochpermeable Nickellegierungen (Permalloys) werden für Magnetverstärker, Relais, Abschirmungen, Drosseln, Übertrager und Messgeräte eingesetzt. Ni-Fe-Legierungen mit etwa 50 % Ni zeigen mit 1,5 T die bei Ni-Fe-Legierungen maximal erreichbare Sättigungsinduktion (Nifemax) und werden vorwiegend in Übertragern, magnetischen Sonden, magnetostriktiven Schwingern, Telefonmembranen, Spannungswandlern und Strommessern eingesetzt. Ni-Fe Legierungen mit etwa 30 % Ni zeigen sehr niedrige Curie-Temperaturen, die sich durch geringe Änderung des Ni-Gehaltes zwischen 35 und 85 °C variieren lassen. Diese Werkstoffe werden zur Temperaturkompensation in Dauermagnetsystemen eingesetzt (Messinstrumente, Tachometer, Stromzähler, Schalter und Relais).

Korrosionsbeständige Nickellegierungen:
Ni-Legierungen mit 65 bis 67 % Ni, 30–33 % Cu und 1 % Mn (Monel-Metall) werden wegen ihrer Beständigkeit gegenüber Säuren, Laugen, Salzlösungen und überhitztem Dampf zur Herstellung von chemischen Apparaten, Beizgefäßen, Dampfturbinenschaufeln und Ventilen bis zu einer Einsatztemperatur von ca. 500 °C eingesetzt. Eine noch höhere Korrosionsbeständigkeit in chloridhaltigen Wässern und Säuren weisen Nickellegierungen mit ca. 23 % Chrom und 16 % Molybdän auf (z. B. NiCr23Mo16Al, W-Nr. 2.4605). Werkstoffe dieses Typs werden in der chemischen Prozessindustrie und in Rauchgasentschwefelungsanlagen in chloridhaltiger Schwefelsäure eingesetzt, Tab. 31.28. In stark reduzierenden Säuren (Salzsäure) kommen auch sogenannte B-Legierungen, binäre Ni-Mo-Legierungen (NiMo28, 2.4617) zum Einsatz.

Hitzebeständige und Hochwarmfeste Nickellegierungen: Ni-Cr
Ni-Cr-Legierungen zeichnen sich durch hohe Korrosionsbeständigkeit (nicht bei S-haltigen Gasen), hohe Hitzebeständigkeit (bis 1200 °C) und durch ihren hohen spezifischen elektrischen Widerstand aus. Einsatzbereiche sind Widerstände, Heizleiter und Ofenbauteile. Hitzebeständige und Hochwarmfeste NiCr-Legierungen: siehe auch Abschn. 31.1.4, Abschnitt „warmfeste und hochwarmfeste Stähle (Legierungen)".

31.2.6 Zink und seine Legierungen

Zink kristallisiert in hexagonal dichtester Kugelpackung (hdp) und lässt sich gut gießen, warm- und kaltumformen. Ansonsten ist Zn eine wichtige Komponente von Cu-Legierungen (Messing). Wegen der chemischen Reaktivität darf Zn nicht mit Lebensmitteln in Kontakt kommen. Zn wird häufig als Material für Opferanoden beim kathodischen Schutz verwendet. Unter dem Einfluss der Luftatmosphäre bilden sich festhaftende Deckschichten, die mit Ausnahme von stark saurer Atmosphäre die Oberfläche vor weiterem Angriff schützen. Im gewalzten Zustand hat Zink eine Zugfestigkeit von etwa 200 MPa bei einer Bruchdehnung von etwa 20 %; doch neigt Zn bereits bei Raumtemperatur zum Kriechen (in Querrichtung weniger stark ausgeprägt). Zink lässt sich mit Zinn- und Cadmiumloten leicht löten. Schweißverbindungen sind nach allen Verfahren, außer mit dem Lichtbogen, möglich. Etwa 30 % der Zinkproduktion wird für Bleche (Dacheindeckungen, Dachrinnen, Regenrohre, Ätzplatten, Trockenelemente) verwendet, etwa 40 % für die Feuerverzinkung von Stahl. Zn-Druckgussstücke, meistens aus Legierungen von Zn mit Al und Cu (Feinzink-Gusslegierungen, Tab. 31.29), sind von hoher Maßgenauigkeit, jedoch empfindlicher gegen Korrosion als Reinzink. Hauptlegierungselemente werden im Kurzzeichen in % angegeben, der Rest ergibt den Zinkanteil.

31.2.7 Blei

Reinblei (Weichblei, kristallisiert kubisch flächenzentriert, kfz) mit Reinheitsgraden von 99,94 bis 99,99 % wird wegen seiner guten Korrosionsbeständigkeit (insbesondere gegen Schwefelsäure) häufig in der chemischen Industrie eingesetzt. Wegen der geringen Zugfestigkeit (ca. 20 MPa) ist keine Zugumformung möglich. Die Rekristallisationstemperatur liegt mit ca. 0...3 °C sehr niedrig. Etwa 50 % des Bleiverbrauchs wird heute für Starterbatterien verwendet. Als chemisches Element ist es auch wichtig für Farbpigmente (Bleiweiß) und für die Glasherstellung (Bleigläser). Bleiverbindungen sind z. T. sehr giftig, daher gibt es heute keine Bleiverwendung mehr im Haushaltsbereich. Wegen seiner hohen Ordnungszahl (82) im periodischen System ist Pb ein sehr wirksamer Schutz gegen Röntgen- und Gammastrahlung. Blei in Verbindung mit Anti-

mon (Hartblei) dient zur Herstellung von Kabelmänteln, Rohren und Auskleidungen sowie zur Feuerverbleiung. Die Letternmetalle enthalten neben Antimon (bis 19 %) auch Zinn (bis 31 %). Blei-Druckgussteile sind von hoher Maßgenauigkeit.

Blei und Bleilegierungen: Tab. 31.30. Im Kurzzeichen wird der Bleianteil in % angegeben; weitere Legierungselemente werden ohne %-Angabe genannt.

31.2.8 Zinn

Zinn mit Reinheitsgraden von 98 bis 99,90 % wird wegen seines guten Korrosionsschutzes zur Herstellung von Metallüberzügen (Feuerverzinnen, galvanisches Verzinnen) auf Kupfer und Stahl (Weißblech) sowie zur Herstellung von Loten verwandt. Zinnfolie (Stanniol) ist heute weitgehend von der Aluminiumfolie verdrängt worden. Aufgrund seiner Ungiftigkeit ist ein Einsatz im Lebensmittelbereich möglich (Verpackungen). Zinn ist nur gering mechanisch beanspruchbar (Zugfestigkeit ca. 25 MPa). Sn ist wichtiger Werkstoff für kunstgewerbliche Gegenstände (leichtes Gießen, Drücken, Treiben). Sn-Druckgussteile besitzen eine besonders hohe Maßgenauigkeit. Bauteile aus reinem Zinn können bei Temperaturen um den Nullpunkt zu Pulver zerfallen (Zinnpest). Zinn und Zinnlegierungen: Tab. 31.31. Im Kurzzeichen wird der Zinnanteil in % angegeben; weitere Legierungselemente werden ohne %-Angabe genannt.

31.2.9 Überzüge auf Metallen

Die Überzüge auf Metallen werden in metallische, anorganische und organische Überzüge eingeteilt. Sie dienen zur langzeitigen Aufrechterhaltung der Funktionalität von Bauteilen, z. B. für den Korrosions- und Verschleißschutz, oder zur Erzeugung oder Verbesserung funktioneller Eigenschaften, wie beispielsweise der Verbesserung der Gleiteigenschaften, der elektrischen Leitfähigkeit, des Reflexionsvermögens oder des dekorativen Aussehens.

31

Prinzipiell ist zu berücksichtigen, dass die Eigenschaften der Überzüge nicht nur durch die Wahl des Überzugswerkstoffs, sondern auch durch die jeweiligen Prozessparameter bei der Beschichtung in weiten Grenzen variiert und für hochwertige Anwendungen auch auf den hierfür wesentlichen Bereichen angepasst werden sollten.

Einen verfahrensspezifischen Einfluss auf das Beschichtungsergebnis übt auch der Zustand der zu veredelnden Oberfläche (Zusammensetzung, Reinheit, Feingestalt) aus. Bei der Mehrzahl der nachfolgend genannten Verfahren sind ggf. auch konstruktive Anpassungen vorzunehmen, z. B. zur Gewährleistung der Zugänglichkeit der Oberflächen für das Beschichtungsgut oder zur Vermeidung von Sammelstellen. Zur Sicherstellung einer effizienten Produktentwicklung und Vermeidung von Schäden sollte daher eine frühzeitige Kommunikation zwischen Konstrukteur und Beschichter erfolgen.

Metallische Überzüge

Metallische Überzüge werden z. B. durch Schmelztauchen, Metallspritzen, Plattieren, Reduktion aus ionischen Lösungen, Diffusion sowie durch Gasphasenabscheidung hergestellt.

Elektrolytisch abgeschiedene Überzüge. Sie werden durch Elektrolyse in geeigneten Bädern (zumeist wässrigen Lösungen) der betreffenden Metallsalze erzeugt. Wird hierzu eine Gleichstromquelle eingesetzt, spricht man von galvanischen Überzügen. Aufgrund der niedrigen Badtemperaturen können neben Metallen auch einige Kunststoffe (ABS, PC, PA) galvanisiert werden, z. B. für dekorativ beschichtete Gebrauchsgegenstände oder Reflektoren. Die Dicke des Überzugs hängt insbesondere von der Expositionszeit und den vom Beschichter zu wählenden Prozessparametern, wie z. B. der Temperatur oder Stromdichte, ab. Je nach Art (z. B. Korrosions- und/oder Verschleißschutz) und Grad der funktionellen Anforderungen kann die Dicke in weiten Grenzen (wenige μm bis mm) angepasst werden.

Voraussetzung für gutes Haften des Überzugs ist eine fett- und oxidfreie Oberfläche (Entfetten, Beizen). Wichtig für den Korrosionsschutz ist die Stellung von Grund- und Überzugsmaterial in der sog. Normalspannungsreihe, die die Metalle nach ihrem Lösungspotenzial, gemessen gegen Wasserstoff, ordnet. Elektronegative Metalle gelten als unedel, elektropositive als edel. In Anwesenheit eines Elektrolyten wird immer das unedlere der beiden Metalle vermehrt angegriffen. Bei edleren Überzugswerkstoffen sollten die Überzüge demzufolge fehlerfrei abgeschieden werden.

Auf galvanischem Wege werden Bauteile z. B. verzinnt, verkupfert, vergoldet, verzinkt, vernickelt oder verchromt. Bei simultan starker Anforderung an den Korrosions- und Verschleißschutz (z. B. im Bergbau) sowie bei dekorativen Anwendungen, ist zudem ein mehrschichtiger Aufbau mit unterschiedlichen Überzugsmetallen gängig. Außer den reinen Metallen werden zudem Legierungen (z. B. Messing, Bronze, Zink-Nickel- oder Nickel-Kobalt-Legierungen) abgeschieden. Des Weiteren wird auch in größerem Umfang stromlos vernickelt. Hierbei werden ohne Verwendung externer Gleichrichter vorrangig Nickelphosphorlegierungsüberzüge mit sehr gleichmäßiger Schichtdickenverteilung abgeschieden. Deren Eigenschaften (Härte, Korrosionsbeständigkeit) können durch Variation des Phosphorgehalts, typischerweise zwischen 6 bis 15 %, und der Möglichkeit einer Ausscheidungshärtung in weiten Grenzen variiert werden kann. Prinzipiell sind bei der elektrolytischen Abscheidung die Möglichkeit zur Einbettung von Feststoffpartikeln, z. B. Hartstoffen (Karbide, Diamant) oder PTFE-Partikeln zu Verschleiß- und Reibungsminimierung, als sogenannte Dispersionsbeschichtung gegeben. Ein weiterer Sonderfall stellt die Abformung von Bauteiloberflächen mittels Galvanoformung da, bei der sehr komplizierte Bauteile oder feine eigenstabile Oberflächenabbilder durch von der zu reproduzierenden Vorlage erzeugt werden.

Schmelztauchüberzüge. Durch Tauchen in flüssige Metallschmelzen (Feuerverzinnen, Feuerverzinken, Feuerverbleien, Feueraluminieren) werden (mit Ausnahme des Verbleiens) infolge von Diffusionsvorgängen zwischen den Metallatomen des flüssigen Überzugsmetalls und den Atomen des Grundmetalls entsprechende Legierungsschichten gebildet. Beim Herausziehen der Teile aus dem Bad befindet sich darüber eine Schicht aus reinem Überzugsmetall. Im Vergleich zu galvanischen Zn-Überzügen ist bei Schmelztauchüberzügen die Überzugsdicke und damit die Korrosionsschutzdauer größer (Überzugsdicke beim Feuerverzinken 25 bis 100 μm, beim Feueraluminieren 25 bis 50 μm). Ein Vorteil der Schmelztauchüberzüge liegt darin, dass die Schmelze auch in Hohlräume und an schwer zugängliche Stellen gelangt. Auf Breitbandblech werden heute Zn- und Al-Überzüge in kontinuierlich arbeitenden Verfahren (Sendzimir-Verfahren) aufgebracht. Al-Überzüge verleihen dem Stahlblech gute Hitze- und Zunderbeständigkeit bei im Vergleich zu reinem Al besseren mechanischen Eigenschaften. Sowohl Zn- als auch Al-Schichten lassen sich durch Diffusionsglühen in FeZn- bzw. FeAl-Legierungsschichten überführen (Galvanealing-Verfahren, Kalorisieren).

Metall-Spritzüberzüge. Beim thermischen Spritzen wird das Metall in Draht- oder Pulverform durch ein Brenngasgemisch, in einem Plasma oder durch einen Lichtbogen erschmolzen und in Form feiner Tröpfchen durch ein Trägergas auf das zu behandelnde Werkstück geschleudert. Die Haftung auf der Oberfläche ist hauptsächlich mechanisch und adhäsiv, weshalb diese durch Strahlen in mittlerer Rauigkeit aufgeraut sein sollte. Es werden Schichtdicken von einigen Zehntelmillimetern bis zu 2 mm hergestellt. Das Verfahren eignet sich für Metalle mit einem Schmelzpunkt bis zu 1600 °C. Zum Ausgleich der fertigungsbedingten Porosität der thermischen Spritzüberzüge können diese mit Lösungen von Kunstharzen getränkt und evtl. durch Walzen oder Pressen verdichtet werden. Typische Anwendungsgebiete sind: Korrosionsschutz (Spritzverzinken), Verschleißschutz (NiCrBSi-Legierungen), Reparatur von Verschleißstellen, Gleiteigenschaften (Molybdän, Bronze), dekorative Anwendungen.

Plattieren. Es erfolgt nach der Methode des Auftragschweißens, der Walzschweißplattierung oder der Sprengschweißplattierung. Ziel ist es, ein Metall mit einem chemisch beständigeren Überzug zu schützen. Für dickere Schutzschichten (einige mm) eignen sich das Auftragschweißen (Fe-, Co- und Ni-Basis-Legierungen mit oder ohne zusätzliche Hartstoffe (z. B. WC)) und das Sprengplattieren (z. B. Titan, Tantal, Molybdän). Bei dünnen Metallfolien kommt das Walzplattieren zum Einsatz. Dabei werden entweder Grund- und Plattiermaterialien in dünne Kopfbleche eingehüllt, erwärmt, ausgewalzt und die Kopfbleche durch Beizen entfernt, oder die Platine wird mit dem Plattierungsmaterial umwickelt, erwärmt und unter hohem Walzdruck ausgewalzt. Üblich ist das Plattieren von Al-Legierungen mit Reinaluminium oder von Stahl mit nichtrostendem Stahl, Kupfer, Nickel, Monel-Metall oder Aluminium.

Diffusionsüberzüge. Sie entstehen durch Glühen der Werkstücke in Metallpulver des Überzugsmetalls (z. B. Zn, Cr, Al, W, Mn, Mo, Si) in sauerstofffreier Atmosphäre, evtl. unter Zugabe von Chloriden bei Temperaturen unterhalb des Schmelzpunkts (400 °C für Zinküberzüge beim „Sherardisieren", 1000 °C für Aluminium beim „Alitieren", 1200 °C für Chrom beim „Inchromieren").

Zinklamellenüberzüge. Ein Bindeglied zu den anorganischen Überzügen stellen Zinklamellenüberzüge dar, welche durch Applikation von dünnen Zink- und Aluminium-Plättchen (Flakes) in einer anorganischen Suspension mit aus der Lackiertechnik gängigen Applikationstechniken (Spritzen, Tauchen) aufgebracht und anschließend thermisch (220–300 °C) vernetzt werden. Durch den Kontakt der Lamellen untereinander sowie mit dem Grundwerkstoff bieten diese einen kathodischen Korrosionsschutz für Stahlwerkstoffe und werden bei Schichtdicke zwischen 4–10 μm z. B. als Alternativen zu galvanischen Zinküberzügen eingesetzt.

Anorganische Überzüge

Gasphasenabscheidung dünner Schichten (CVD/PVD-Schichten). Zur Verbesserung des Verschleiß- und/oder Korrosionsschutzes von

Werkzeugen und Bauteilen können durch CVD-(chemical vapor deposition) oder PVD-Verfahren (physical vapor deposition) Metalle, Karbide, Nitride, Boride sowie Oxide aus der Gasphase auf Werkzeug- oder Bauteiloberflächen mit einer Schichtdicke von wenigen nm bis 150 μm abgeschieden werden.

Das CVD-Verfahren beruht auf der Feststoffabscheidung durch chemische Gasphasenreaktionen im Temperaturbereich zwischen 800 und 1100 °C. Von technischer Bedeutung ist vor allem die Abscheidung von TiC- und TiN-Schichten sowie DLC-Schichten (diamond like carbon) als Verschleißschutzschichten. Wegen der hohen Abscheidetemperaturen beim CVD-Verfahren werden bei den Schneidstoffen vorzugsweise Hartmetalle, bei den Kaltarbeitsstählen überwiegend ledeburitische Chromstähle (z. B. X210CrW12) beschichtet.

Im Unterschied hierzu können bei plasmagestützten Vakuumbeschichtungstechnologien der PVD-Verfahren Abscheidetemperaturen unter 300 °C eingehalten werden, sodass beispielsweise Schnellarbeitsstähle oder Vergütungsstähle als Substratwerkstoffe eingesetzt werden können. Als Ersatz für galvanisch abgeschiedenen Hartchromschichten lassen sich mit der PVD-Technik Cr-, CrN- und Cr_2N-Schichten mit guter Verschleißbeständigkeit abscheiden, die Eingang in die Anwendung in der Umformtechnik, im Fahrzeug- und Maschinenbau finden.

Oxidische Überzüge. Oxidschichten bei einer metallischen Oberfläche, eigentlich das Resultat eines Korrosionsvorgangs, können als Passivschichten einen Korrosionsschutz darstellen, wenn die Schichten ausreichend dicht sind und sich bei Verletzungen neu aufbauen (Oxidschichtbildung bei Al, Al-haltigen Cu-Legierungen, Titan, nichtrostendem Stahl). Auch auf Stahl können durch Erhitzen und Eintauchen in Öl (Schwarzbrennen) oder in oxidierenden Beizen (Brünieren) Oxidschichten von zeitweiligem Schutzwert erreicht werden. Die bei Al sehr dünne natürliche Oxidschicht (0,01 μm) kann durch chemische Oxidation auf 1 bis 2 μm verstärkt werden (guter Anstrichhaftgrund). Beim anodischen Oxidieren (z. B. in Schwefelsäure) werden die Teile an den Pluspol einer Gleichstromquelle angeschlossen. Die bei diesem Verfahren gebildete Anodisierschicht kann infolge ihrer Porosität beliebig eingefärbt werden und ist elektrisch nichtleitend. Durch Nachverdichten in heißem Wasser werden die Poren geschlossen, sodass Schichten mit hoher Korrosions- und Verschleißbeständigkeit entstehen. Verschleißarme Harteloxalschichten besitzen bei Schichtdicken bis zu 50 μm eine Vickershärte von etwa 500 HV.

Keramische Überzüge. Das Aufbringen keramischer Überzüge kann durch atmosphärisches Plasmaspritzen (APS), Hochgeschwindigkeitsflammspritzen (HVOF), aber auch durch PVD-Verfahren erfolgen. Solche Überzüge werden in zunehmendem Maße für thermisch hochbelastete Gasturbinenschaufeln und Flugturbinenschaufeln als keramische Wärmedämmschichten eingesetzt. Als Schichtwerkstoff wird in der Regel Zirkonoxid verwendet; typische Schichtdicken bis 800 μm. Zur Anbindung der Keramikschicht und zum Schutz des Grundwerkstoffes gegen Heißgaskorrosion kommen Haftvermittlerschichten (Bond-Schichten) vom Typ MCrAlY zum Einsatz. Durch Plasmaspritzen lassen sich auch hochschmelzende Stoffe, wie z. B. Al_2O_3, Cr_2N_3 mit hoher Verschleißfestigkeit (z. B. für die Druckereiindustrie) auftragen.

Phosphatieren. Durch Eintauchen von Stahl- oder Aluminiumteilen sowie verzinkte Oberflächen in Phosphorsäurelösungen (zumeist mit Zusätzen von Alkaliphosphaten) entstehen durch Umwandlung der zunächst durch Korrosion freigesetzten Metalle in unlösliche Metallphosphate anorganische Deckschichten mit bis zu 15 μm Dicke. Eine Besonderheit stellt die geometrisch vielgestaltige kristalline Struktur der Überzüge dar, an die Öle zum temporären Korrosionsschutz oder zur Reibungsminderung gut anhaften können. Durch die Adsorptionsfähigkeit der Schicht und der zusätzlich elektrisch isolierenden Wirkung wird sie auch als Haftgrund für Lackierungen benutzt. Phosphatschichten dienen in der Umformtechnik als Schmierstoffträgerschichten und sind für das Fließpressen unverzichtbar. Manganphosphate in dünnen Schichten verhindern das Fressen gleitender Teile (Zahnräder, Zylinderlaufbuchsen).

Chromatierung. Vergleichbar der Phosphatierung werden in einer chromathaltigen Lösung durch Konversion des Zinks (vorrangig galvanisch erzeugten Zn-Überzügen), Aluminiums oder Magnesiums schwer lösliche und damit in wässriger Lösung korrosionsschützende anorganische Chromate mit geringer Dicke (in der Regel < 1 µm) abgeschieden. Die erzeugten Überzüge sind in Abhängigkeit der Zusammensetzung und Dicke transparent oder weisen eine blaue bis gelblich-grün irisierende bis hin zur Schwarzfärbung auf. Neben der erheblichen Verbesserung der Korrosionsbeständigkeit dieser Werkstoffe werden sie daher nebengeordnet auch für dekorative Zwecke eingesetzt. Aufgrund neuer gesetzlicher Regelungen der EU zur Verwertung von Altfahrzeugen und Verminderung von umwelt- und gesundheitsgefährdenden Stoffen in Elektro- und Elektronikgeräten, dürfen Chromatierungen mit Anteilen an sechswertigen Chrom-Verbindung in diesen Branchen möglichst nicht mehr eingesetzt werden. Zulässige Cr(VI)-freie Varianten werden zur Abgrenzung auch als Passivierung bezeichnet.

Emaillieren. Dieses Verfahren beschränkt sich auf Stahl- und Graugussteile. Die Basis der Emails sind natürliche, anorganische Rohstoffe. Als Grundmaterialien zur Emailherstellung werden überwiegend Quarz, Feldspat, Borax, Soda, Pottasche und Metalloxide verwendet. Die bestehende Grundemailmasse wird durch Tauchen, Angießen oder Spritzen aufgebracht und bei etwa 550–900 °C eingebrannt. Das Deckemail wird in Pulverform auf die erhitzten Teile aufgepudert und glattgeschmolzen. Der glasartige Überzug ist gegen viele Chemikalien sowie gegen Temperaturwechsel und Stoßbeanspruchung beständig.

Organische Beschichtung

Organische Beschichtungsstoffe werden flüssig oder auch pulverförmiger auf Gegenstände aufgetragen und durch chemische (z. B. Polymerisation) oder physikalische Vorgänge (zum Beispiel Verdampfen des Lösemittels) zu einem festen Film umgewandelt. Lackierungen und Anstriche dienen außer dem Korrosionsschutz oder zur Reibungsminderung auch dekorativen Zwecken.

Speziell die Unterteilung von Lacken kann vorgenommen werden nach der Art des Bindemittels (z. B. Polyesterlacke), der Art des Lösemittels (z. B. Wasserlacke), der Trocknungsweise (z. B. Einbrennlacke) oder den Anwendungsbereichen (z. B. Autolack). Lacke bestehen aus Bindemitteln (Kunstharze, unterschieden in Polykondensations-, Polymerisations- und Polyadditionsharze, und Naturstoffen und deren Modifikationen, wie z. B. Leinöl, Nitrozellulose, Chlorkautschuk), dem Pigment (z. B. Ruß, Titanoxid, Bleiweiß, Eisenoxid, Glimmer, Zinkweiß, Chromverbindungen, Al-Pulver), dem Lösungsmittel (z. B. Wasser, Terpentin, Benzin, Benzol, Alkohol) und gegebenenfalls Zusätzen zum Erzielen bestimmter Eigenschaften und Füllstoffen.

Eine begriffliche Unterteilung erfolgt durch die Möglichkeit zur unmittelbaren Verarbeitung. 1K Lacke sind fertig gemischt und können direkt verarbeitet werden. 2K Lacke müssen vor der Verarbeitung erst noch gemischt werden. Pulverlacke enthalten kein flüssiges Lösungsmittel und werden nach der Applikation durch elektrostatisches Spritzen oder Einbringung als vorgewärmtes Bauteil in ein durch Lufteinblasen fluidisiertes Pulver (Wirbelsintern) thermisch verflüssigt und vernetzt. Bei Pulverlacken ist eine Rückführung der nicht auf das Bauteil applizierten Lackpartikel (Overspray) möglich.

Nach sorgfältiger Reinigung der Oberfläche (Strahlen, Bürsten, Beizen, Entfetten) erfolgt der Beschichtungsaufbau in ein- oder mehrlagigen Grund- und Deckanstrichen durch Spritzen, Tauchen, Streichen oder Rollen. Die thermisch aktivierte Filmbildung bei Kunstharzen (harzspezifisch bei 140–240 °C Objekttemperatur für mehrere Minuten) wird als Einbrennen bezeichnet. Die Prozesstemperatur beim Einbrennen wird im Fahrzeugbau zur Festigkeitssteigerung der eingesetzten Bakehardening-Stähle oder warmaushärtbaren Aluminiumlegierungen genutzt. Bei einigen Harzen kann eine Strahlenhärtung durch UV- oder Mirkowellenstrahlung erfolgen, z. B. zur Vernetzung von Urethanacrylaten. Der wenige Sekunden andauernde Vernetzungsprozess wird durch einen Strahlungsimpuls ausgelöst.

Die Zusammensetzung der Beschichtungsstoffe orientiert sich an den zu erfüllenden funktionellen Anforderungen der Oberfläche. Bei aggressiver Atmosphäre haben sich Chlorkautschuklacke, bei zusätzlicher mechanischer Beanspruchung, Ein- oder Zweikomponentenlacke auf Epoxid- oder Polyurethanbasis sehr gut bewährt. Für Stahl bietet das Duplexsystem (Feuerverzinken+Anstrich) große Vorteile, da ein Unterrosten bei rissigem Anstrich vermieden wird. In komplexen Anwendungen, z. B. im Automobil- und Flugzeugbau, werden vielfach mehrlagige Aufbauten gewählt. Einzellagen übernehmen Teilaufgaben der zu erfüllenden Gesamtfunktion, z. B. als Haftgrund (Primer und KTL-Lacke), Füller zum Abdecken der Rauheit und zum Steinschlags- und Korrosionsschutz (z. B. auf Epoxidharzbasis), UV-beständige farbige Basislacke (z. B. auf Polyesterbasis) sowie Klarlacke zur Gewährleistung des Glanzes, der Chemikalien- und Kratzbeständigkeit.

31.3 Nichtmetallische anorganische Werkstoffe – Keramische Werkstoffe

In Zusammenarbeit mit **P. Hof**, Darmstadt

Unter dieser Gruppe fasst man alle nichtmetallisch-anorganischen Sinterwerkstoffe zusammen. Man unterscheidet zwischen silikatkeramischen, oxidischen und nichtoxidischen Werkstoffen, die vielfältige Anwendung in der Technik, im Bauwesen, in der Medizin (Endoprothesen) und im täglichen privaten Bedarf (z. B. Geschirr) gefunden haben.

Kennzeichnende Eigenschaften aller keramischen Werkstoffe gemeinsam sind

- hohe Härte und Wärmehärte,
- hohe Beständigkeit in Laugen, Säuren und wässrigen Medien,
- hohe Oxidations- und Heißgaskorrosionsbeständigkeit,
- günstige Verschleißeigenschaften,

- niedrige elektrische Leitfähigkeit (Isolatoren, nur Ionenleitung, Ausnahme: Supraleiter),
- niedrige Wärmeleitfähigkeit (mit Ausnahmen, vgl. Berylliumoxid, BeO, oder Aluminiumnitrid, AlN),
- niedrige Dichte (Ausnahme: Kernbrennstoffe UO_2 u. ThO_2 sowie einige Schwermetalloxide),
- mittlere bis geringe Wärmedehnung,
- mittlere bis hohe E-Moduli (bis 480 GPa bei Siliziumkarbid, SiC),
- linear-elastisches Spannungs-Dehnungsverhalten bis zum Erweichen evtl. vorhandener Glasphase bzw. Korngrenzphasen,
- niedrige Bruchzähigkeit ($K_{Ic} \sim 0,5$–10 MPa$\sqrt{m}$, verstärkt bis ca. 30 MPa$\sqrt{m}$),
- hohe Erweichungs-, Schmelz- oder Zersetzungstemperaturen.

Keramische Werkstoffe werden aus natürlichen oder synthetischen Rohstoffen nach speziellen Verfahren zu Grünlingen geformt und zum fertigen Bauteil gebrannt. Beim Brand zwischen etwa 800 und 1800 °C laufen Diffusionsvorgänge zwischen den einzelnen Rohstoffpartikeln in fester und teilweise auch flüssiger Phase ab, wodurch das anfänglich durch schwache Adhäsions- oder van-der-Waals-Kräfte zusammengehaltene Pulverhaufwerk im Grünling zu einem festen polykristallinen Kornverband (Oxid- und Nichtoxidkeramik) oder in einer Glasphasenmatrix eingebettete kristalline Phasen umgewandelt wird. Abhängig von Sintereigenschaften und der Brenntemperatur wird die hohe Porosität im grünen Formkörper bis auf wenige Prozent reduziert. Sonderverfahren sind Heißpressen und heißisostatisches Pressen (HIP), wobei Formgebung und Sinterung in einem Verfahrensschritt erfolgen.

Die mechanischen Werkstoffeigenschaften hängen zum einen vom Werkstoff an sich, zum anderen aber in hohem Maße von Reinheit, Gefügeaufbau und Fehlzustand des Scherbens ab. Da nach dem Brand eine formgebende Bearbeitung nur durch Schneiden und Schleifen mit Diamantwerkzeugen möglich ist, bedeutet Werkstoffherstellung gleich Bauteilherstellung bzw. Werkstoffeigenschaften gleich Bauteileigenschaften. Geringe Risszähigkeit und Fehlerzustand bewirken eine breite Streuung der Festigkeitseigenschaften, die meist als Vierpunkt-Biegefestigkeiten gemessen und angegeben werden. Damit wird eine probabilistische Bewertung von Festigkeit und Ausfallwahrscheinlichkeit nach Weibull erforderlich. Um vorzeitiges Versagen von Bauteilen für Anwendungen im hochtechnischen Bereich zu vermeiden, sind Bauteilprüfungen unter definierten Mindestbelastungen, sog. Proof-Tests, erforderlich.

Silikatkeramische Werkstoffe

Dies sind Erzeugnisse auf der Basis von Verbindungen der Kieselsäure, SiO_2. Rohstoffe sind die natürlich vorkommenden Tone, Lehm sowie andere „silikatische" Rohstoffe wie z. B. Quarzit (SiO_2), Feldspat, Magnesiumsilikate und Magnesiumaluminiumsilikate.

Zu den „tonkeramischen" Erzeugnissen zählen beispielsweise: Ziegel (porös), Klinker, Spaltplatten, säurefeste Steine und Baukeramik (dicht), Schamottsteine (porös), Steingut (porös), Steinzeug und Porzellan (dicht). Sonstige silikatkeramische Erzeugnisse (nicht auf Tonbasis) sind z. B. Silika- und Forsteritsteine (porös), schmelzgegossene feuerfeste Steine (dicht) sowie die in Elektrotechnik und Elektronik interessanten tonerdereichen Isolierstoffe Cordierit ($2MgO\ Al_2O_3\ 5SiO_2$) und Steatit sowie Lithium-Aluminiumsilikate mit Null-Wärmedehnung (auch als „Glaskeramik" hergestellt).

Porzellan (Hart-, Weichporzellan). Herstellung aus reinen, natürlichen Rohstoffen Kaolin, Quarz und Feldspat, ggf. Korund (Al_2O_3). Der Scherben besteht aus einer Glasphasenmatrix (60–75 Masse-% Alkali-Aluminiumsilikatglas), Quarz oder Cristobalit (SiO_2), Mullit ($3Al_2O_3\ 2SiO_2$) und ggf. Korund (Al_2O_3). Korund erhöht die mechanische Festigkeit (Elektroporzellan), Mullit die Temperaturwechselbeständigkeit. Technische Anwendung findet Porzellan in der Elektrotechnik als Isolatoren (z. B. Hänge- oder Stützisolatoren) sowie als Laborhilfsmittel und in der chem. Industrie (chem.-technisches Porzellan). Es wird meist mit glasierter Oberfläche eingesetzt.

Eigenschaften (Anhaltswerte)	
Biegefestigkeit	40–80 MPa (unglasiert), 60–100 MPa (glasiert)
Längenausdehnungskoeffizient α (20–600 °C)	40–10 $10^{-6}\,K^{-1}$
Wärmeleitfähigkeit λ (20–100 °C)	1,2–2,6 $W\,m^{-1}K^{-1}$
Spez. El. Widerstand	$10^{11}\ \Omega cm$ (20 °C), $10^4\ \Omega cm$ (600 °C)
Bruchzähigkeit K_{Ic}	1 $MPa\sqrt{m}$

Steinzeug. Es wird aus kieselsäure- und alkalioxidhaltigem fettem Steinzeugton gebrannt, dem für hochwertige Apparateteile noch Flussmittel wie Feldspat, Quarz oder Pegmatit und auch Porzellan, Steinzeug oder auch Tonschamottekörner zugesetzt werden. Der Scherben besteht aus 45–60 Masse-% Glasphase. Kristalline Bestandteile sind neben Mullit, Quarz und ggf. Korund (Korundsteinzeug) auch Cordierit ($2MgO\_2Al_2O_3\ \_5SiO_2$) sowie Aluminium-Silikate.

Steinzeug wird als Baumaterial in Form von Fliesen, Spaltplatten oder Sanitärkeramik geliefert. Für die chemische Industrie werden Hohlkörper aus Steinzeug für säurefeste Apparate und Maschinenteile (Kolben und Kreiselpumpen, Ventilatoren, Rührwerke, Mischmaschinen) hergestellt.

Eigenschaften (Anhaltswerte) für Steinzeug	
Biegefestigkeit	30–90 MPa
Druckfestigkeit	100–500 MPa
Zugfestigkeit	10–35 MPa
Längenausdehnungskoeffizient α (20–600 °C)	4,5–5 $10^{-6}K^{-1}$
Bruchzähigkeit K_{Ic}	1 $MPa\sqrt{m}$

Feuerfeste Steine. Zum Ausmauern von Hochöfen, Schmelzöfen, Glühöfen, Drehrohröfen, Destillationsöfen, Röstöfen, Feuerungen für Dampfkraft- und Müllverbrennungsanlagen usw. benötigt man Steine, die auf Grund ihrer Zusammensetzung (z. B. Kieselsäure und Tonerde) einen sehr hohen Schmelzpunkt haben (> 1500 °C).

Arten: Schamotte (~ 60 % SiO_2, ~ 40 % Al_2O_3), Silica (~ 95% SiO_2, (~ 2% Al_2O_3), Sillimanit (~ 90% Al_2O_3); Magnesit ~ 88% MgO; ~ 5%

SiO$_2$), Carborundum (45 bis 80 % SiC, 10 bis 25 % SiO$_2$), Kohlenstoff (~ 90 % C).

Von feuerfesten Steinen verlangt man außerdem eine hohe Druckfeuerbeständigkeit (DFB, das ist die Temperatur, bei der ein guter Stein unter Belastung zu erweichen beginnt) und eine gute Temperaturwechselbeständigkeit (TWB). Schließlich dürfen die Steine in Schmelzöfen durch die je nach der Schmelzführung sauren oder basischen Schlacken nicht angegriffen werden. Ein hochfeuerfester Werkstoff von zugleich höchster Säurebeständigkeit ist Quarz als Silikastein oder geschmolzen als Quarzglas (durchsichtig) oder Quarzgut (durchscheinend). Wegen des sehr geringen Wärmeausdehnungskoeffizienten von 0,5 10^{-6} K^{-1} sind Quarzglas und Quarzgut äußerst thermoschockbeständig.

Ziegeleierzeugnisse. Sie werden aus Lehm und Ton oder tonigen Massen, oft mit Zusatzstoffen, geformt und gebrannt. Durch Brennen bei den höheren Temperaturen entstehen die hochdichten Klinker mit höheren Festigkeiten.

Vollziegel Mz 4 bis Mz 28 (Druckfestigkeitsklasse 4 bis 28: Mittelwert der Druckfestigkeit 5 bis 35 MPa), Vollklinker KMz 36 bis KMz 60 (60 MPa). Anwendung im Hochbau und als Kanalklinker im Tiefbau (Stadtentwässerung). Zur besseren Wärmedämmung sind Hochlochziegel senkrecht, Langlochziegel parallel zur Lagerfläche mit durchgehenden Löchern versehen. Des Weiteren werden Leichthochlochziegel mit einer Rohdichte von höchstens 1,0 g/cm^3 hergestellt. Dachziegel (Biberschwänze, Falzziegel, Dachpfannen) müssen hinsichtlich Tragfähigkeit, Wasserundurchlässigkeit und Frostbeständigkeit bestimmten Anforderungen genügen.

Oxidkeramische Werkstoffe

Die technisch wichtigsten Vertreter dieser Werkstoffgruppe sind Aluminiumoxid Al$_2$O$_3$ und Zirkonoxid ZrO$_2$. Dichtgesintertes Aluminiumoxid zeichnet sich durch hohe Festigkeit und Härte sowie durch Temperatur- und Korrosionsbeständigkeit aus.

Reines Zirkonoxid ist wegen seiner Polymorphie technisch nicht nutzbar. Es wandelt reversi-

bel bei etwa 1100 °C von monoklin martensitisch nach tetragonal um, wobei eine Volumenkontraktion von 5–8 % erfolgt. Oberhalb 2300 °C ist eine kubische Hochtemperaturmodifikation stabil. Die kubische Phase lässt sich durch Zugabe von anderen Oxiden wie Yttriumoxid (Y$_2$O$_3$), Ceroxid (CeO), Magnesiumoxid (MgO) oder Kalziumoxid (CaO) bis zu Raumtemperatur stabilisieren. Technisch bedeutsam sind jedoch teilstabilisierte ZrO$_2$-Werkstoffe (PSZ, Partially Stabilised Zirconia), z. B. mit 8 mol-% Y$_2$O$_3$, oder bis unterhalb Raumtemperatur meta-stabilisiertes tetragonales ZrO$_2$ (TZP, Tetragonal Zirconia Polycrystal), das durch eine Verschiebung der Umwandlungstemperatur über eine geringfügige Teilstabilisierung (z. B. 1,5–3,5 mol-% Y$_2$O$_3$) und eine äußerst feine Korngröße zwischen 0,1 und 1 μm erhalten wird. So gelingt es durch optimale Gestaltung von Gefüge und Teilstabilisierung das Umwandlungsverhalten so zu steuern, dass Zonen mit Mikrorissen oder Druckspannungen entstehen, die zu Rissverzweigung oder -ablenkung führen, oder aber dazu, dass tetragonale Zonen vorhanden sind, die durch die eingebrachte Energie an der Spitze eines ankommenden Risses zur Umwandlung kommen, was infolge des Volumeneffektes zu lokalen Druckspannungen und damit zur Reduktion der Spannungskonzentration an einer Rissspitze führt. Alle drei Effekte führen zu einer Erhöhung der Bruchzähigkeit und der Festigkeit.

Anwendungen (Beispiele)

Aluminiumoxid. Fadenführer und Friktionsscheiben in der Textilindustrie, Panzerungen in der Papierindustrie, Laborhilfsmittel (Tiegel, Rohre), als Beschichtung gegen Verschleiß oder zur Verbesserung der Gleiteigenschaften, Bandführungen in der Tontechnik, Endoprothesen, Plunger von Hochdruckpumpen, Dichtscheiben, Kugellager, Gleitringe, Wellenschutzhülsen, Wendeschneidplatten, Ziehdüsen, Gehäuse von Halbleiter-Bauelementen, Ofenbauteile.

Zirkonoxid. Kalt- und Warmumformwerkzeuge, Ziehdüsen, Umlenkrollen beim Drahtzug, Bandführungen, Ventilsitze, -kegel, Kolben, Plunger, Beschichtungen zur Wärmedämmung heißer gekühlter Bauteile in Gasturbinen (z. B. Schaufeln, Hitzeschilde), Feststoffelektrolyt von Sauerstoffsonden, Beschichtungen von Druckwalzen.

Nichtoxidkeramische Werkstoffe

Hierzu gehören Carbide, Nitride, Boride und Silicide, die auch als Hartstoffe bezeichnet werden. Das Eigenschaftsprofil dieser Stoffgruppe ist gekennzeichnet durch einen hohen E-Modul, hohe Temperaturfestigkeit und Härte sowie gute Wärmeleitfähigkeit und hohen Korrosionswiderstand. Technische Bedeutung haben verschiedene Varianten von Si_3N_4 und SiC gewonnen, insbesondere durch Gefügeoptimierung (Nutzung von Stängelkristalliten zur Rissablenkung und Brüchebildung) sind erhebliche Steigerungen der Bruchzähigkeit erzielt worden (Tab. 31.32).

Eine Gesamtübersicht der wichtigsten Anwendungsmöglichkeiten von Oxid- und Nichtoxidkeramik zeigt Tab. 31.33.

Keramikfaserverstärkte Keramik

Die Entwicklung von verstärkten Werkstoffen mit Keramiken hat zum Ziel, die hohe Festigkeit der Keramiken mit einer stark verbesserten Bruchzähigkeit zu kombinieren. Dazu werden in eine Matrix, die aus Keramik oder Metallen bestehen kann, keramische Fasern mit Durchmessern im µm-Bereich und Längen ab ca. 50 µm eingelagert. Die Bedeutung der Fasern liegt auch darin, dass sich ihre Eigenfestigkeit mit abnehmendem Faserdurchmesser stark erhöht (vgl. Glasfasern). Dadurch werden auch bei Fasergehalten um ca. 40 % hohe makroskopische Festigkeiten erreicht und ein Sprödbruch durch ein Pull-out noch tragender Fasern vermieden. Als Whisker bezeichnet man einkristalline Fasern mit Längen bis etwa 100 µm, z. B. aus SiC. Sie sind allerdings kanzerogen und deshalb nur unter bestimmten Vorsichtsmaßnahmen einsetzbar. Anwendungen dieser hochkomplizierten Werkstoffe liegen bei speziellen hochtemperaturbeanspruchten Einsätzen, wie z. B. in der Kernfusion oder in der Raumfahrt (Hitzeschilde).

31.4 Werkstoffauswahl

Jede Werkstoffauswahl hat sich an den folgenden Zielen zu orientieren:

- Realisierung des Anforderungsprofils technisch notwendiger Werkstoffeigenschaften,
- Erreichung wirtschaftlicher Lösungen durch Kombination preiswerter Werkstoffe und kostengünstiger Fertigungsmethoden,
- Anwendung solcher Werkstoffe und Gestaltungsprinzipien, die nach der Nutzung der Komponenten eine einfache Demontage und die umweltfreundliche Rezyklierung bzw. Abfallbeseitigung ermöglichen.

Infolge des extrem breiten Spektrums technischer Anwendungsbereiche und der großen Vielfalt verfügbarer Werkstoffe muss die Auswahl den unterschiedlichsten Erfordernissen gerecht werden. Nach den in technischen Anwendungen primär erforderlichen Werkstoffeigenschaften wird unterschieden zwischen Konstruktions- oder Strukturwerkstoffen für mechanisch beanspruchte Bauteile und Funktionswerkstoffen mit speziellen funktionellen Eigenschaften, z. B. elektronischer, magnetischer oder optischer Art. Die hauptsächlichen Anforderungen an Strukturwerkstoffe betreffen neben der statischen und der Ermüdungsfestigkeit und Steifigkeit eine ausreichende Beständigkeit gegenüber thermischen, korrosiven und tribologischen Beanspruchungen.

Da bei zahlreichen technischen Anwendungen neben mechanischen auch noch andere Beanspruchungsarten auftreten, müssen die vielfältigen Einflussfaktoren in systematischer Weise berücksichtigt werden. Ein allgemeines Schema für eine systematische Materialauswahl ist in Abb. 31.14 angegeben.

Die systemtechnische Auswahlmethodik umfasst die folgenden hauptsächlichen Schritte:

a) Systemanalyse des Werkstoffproblems: Untersuchung und Zusammenstellung der kennzeichnenden Parameter des Bauteils, für das der Werkstoff gesucht wird, aus den Bereichen Funktion, Systemstruktur und Beanspru-

Eigenschaften (Anhaltswerte):
Biegefestigkeit: 40–80 MPa (unglasiert),
60–100 MPa (glasiert);
Längenausdehnungskoeffizient α (20–600 °C):
40 – 10 · 10⁻⁶ K⁻¹;
Wärmeleitfähigkeit λ (20–100 °C):
1,2 – 2,6 W m⁻¹ K⁻¹;
Spez. el. Widerstand: $10^{11}\Omega$cm (20 °C); $10^4\,\Omega$cm (600 °C)
E-Modul: 50–70 GN/m², Bruchzähigkeit K_{Ic}: 1 MPa $\sqrt{m}$.

Abb. 31.14 Systemmethodik zur Werkstoffauswahl

chungen in möglichst vollständiger und eindeutiger Form.

b) Formulierung des Anforderungsprofils: Zusammenstellung der systemspezifischen und der allgemeinen Anforderungen, wie Verfügbarkeit, Gebrauchsdauer, Fertigungserfordernisse, usw. in Form eines „Pflichtenhefts", Abb. 31.14.

c) Auswahl: Vergleich und Bewertung der Parameter des Anforderungsprofils mit den Kenndaten vorhandener Werkstoffe unter Verwendung von Materialprüfdaten, Werkstofftabellen, Handbüchern, Datenbanken usw. Wenn die Anforderungen mit den Kenndaten verfügbarer Werkstoffe erfüllt werden können, dürften wegen der systemanalytischen Vorgehensweise die wichtigsten Einflussparameter berücksichtigt sein. Im anderen Fall muss nötigenfalls der Systementwurf überdacht oder eine geeignete Werkstoffentwicklung veranlasst werden. Hierfür sind wegen des häufig sehr hohen Investitions- und Zeitaufwandes möglichst genaue Kosten-Nutzen-Analysen durchzuführen.

Anhang

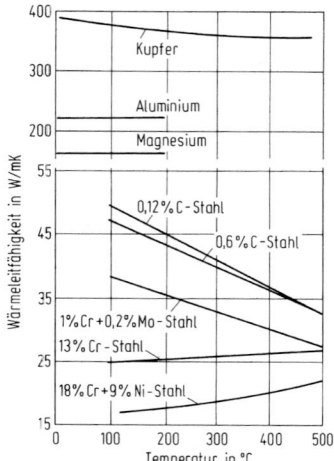

Abb. 31.15 Temperaturabhängigkeit der Wärmeleitfähigkeit von NE-Metallen und Stahl

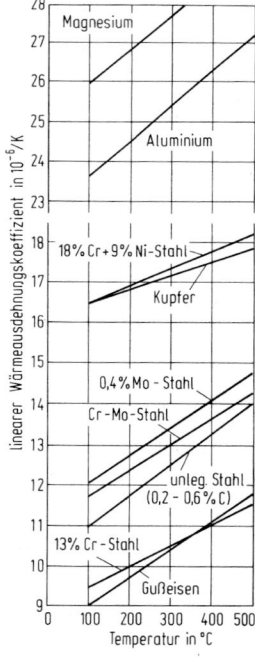

Abb. 31.16 Temperaturabhängigkeit des linearen Wärmeausdehnungskoeffizienten

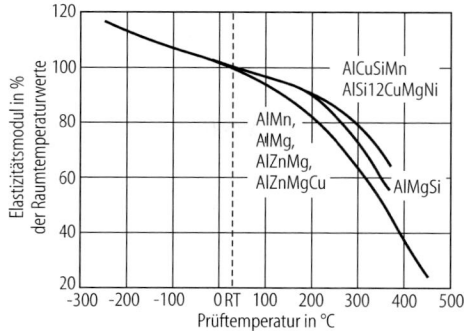

Abb. 31.17 Einfluss der Temperatur auf den Elastizitätsmodul von Aluminiumlegierungen

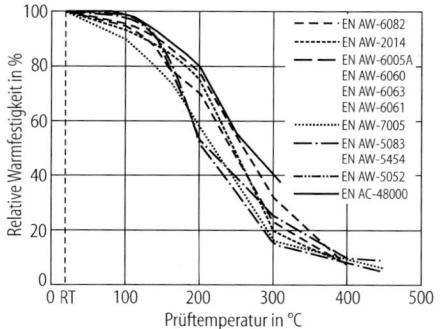

Abb. 31.18 Kurzwarmfestigkeit von Aluminiumlegierungen

Tab. 31.1 Grenzwerte der chemischen Zusammensetzung nach der Schmelzenanalyse zur Abgrenzung der unlegierten von den legierten Stählen (gemäß DIN EN 10 020)

Festgelegtes Element		Grenzwert Massenanteil in %
Al	Aluminium	0,30
B	Bor	0,0008
Bi	Wismut	0,10
Co	Cobalt	0,30
Cr	Chrom	0,30
Cu	Kupfer	0,40
La	Lanthanide (einzeln gewertet)	0,10
Mn	Mangan	1,65
Mo	Molybdän	0,08
Nb	Niob	0,06
Ni	Nickel	0,30
Pb	Blei	0,40
Se	Selen	0,10
Si	Silicium	0,60
Te	Tellur	0,10
V	Vanadium	0,10
W	Wolfram	0,30
Zr	Zirconium	0,05
sonstige (mit Ausnahme von Kohlenstoff, Phosphor, Schwefel und Stickstoff) jeweils		0,10

31

Tab. 31.2 Einteilung der Stähle und erste Hauptsymbole sowie Hinweise auf Merkmale, die für die Anwendung der jeweiligen Stahlgruppe wichtig sind und zum Zweck der systematischen Bildung eindeutiger Kurznamen anhand weiterer Symbole nach DIN EN 10 027-1 verschlüsselt werden können

Stahlgruppe	Bezeichnung der Stahlgruppe	Erstes Hauptsymbol[a]	Weitere Hauptsymbole	Zusatzsymbole für die Stahlsorte
**Kennzeichnung nach Hauptanwendungsgebiet und wichtigster Eigenschaft**				
1	Stähle für den Stahlbau	S	kennzeichnender Wert der Streckgrenze für den kleinsten spezifizierten Dickenbereich	z. B. Kerbschlagarbeit, Wärmebehandlung, Verwendung
2	Stähle für Druckbehälter	P		z. B. Wärmebehandlung, Verwendung
3	Stähle für Leitungsrohre	L		Wärmebehandlung, Anforderungsklasse
4	Maschinenbaustähle	E		besondere Merkmale, Eignung zum Kaltziehen
5	Betonstähle	B		Duktilitätsklasse
6	Spannstähle	Y	Nennwert der Zugfestigkeit	Erzeugnisform und Herstellungsverfahren
7	Stähle für oder in Form von Schienen	R	Mindestwert der Härte (HBw)	besondere Legierungselemente und Wärmebehandlung
8	kaltgewalzte Erzeugnisse aus höherfesten Stählen zum Kaltumformen	H	Mindestwert der Streckgrenze oder der Zugfestigkeit (verbunden mit dem Symbol T)	besondere Merkmale
9	Flacherzeugnisse zum Kaltumformen, ausgenommen höherfeste Stähle	D	Walzverfahren	z. B. für Eignung zur Beschichtung
10	Verpackungsbleche und Band	T	Nennwert der Streckgrenze und Glühverfahren	
11	Elektroblech und -band	M	höchster zulässiger Ummagnetisisierungsverlust und Blechdicke	Hinweise auf besondere Merkmale

[a] Bei Stahlgusssorten wird dem ersten Hauptsymbol der Buchstabe G vorangestellt.

[b] Bei pulvermetallurgisch hergestellten Werkzeugstählen dieser Gruppe können, wenn erforderlich, dem Hauptsymbol X die Buchstaben PM vorangestellt werden.

[c] Wenn erforderlich, kann bei pulvermetallurgisch hergestellten Schnellarbeitsstählen das Hauptsymbol HS durch die Buchstaben PM ersetzt werden.

Tab. 31.2 (Fortsetzung)

Stahl-gruppe	Bezeichnung der Stahl-gruppe	Erstes Hauptsymbol[a]	Weitere Hauptsymbole		Zusatzsymbole für die Stahlsorte
	Kennzeichnung nach der chemischen Zusammensetzung				
12	unlegierte Stähle mit mitt-lerem Mn-Gehalt $< 1\%$, ausgenommen Automaten-stähle	C	mittlerer Kohlenstoffgehalt in $\% \times 100$		z. B. für Verar-beitbarkeit oder Anwendung
13	unlegierte Stähle mit mittlerem Mn-Gehalt $\geq 1\,\%$, unlegierte Automatenstähle und legierte Stähle, ausgenommen Schnell-arbeitsstähle, sofern der mittlere Gehalt der einzelnen Legierungs-elemente $< 5\%$ ist.	mittlerer Kohlenstoff-gehalt in $\% \times 100$	Legierungselemente und deren mitt-lere spezifizierte Massenanteile in %, multipliziert mit folgenden Faktoren		wichtige Elemente in kleinen Massenanteilen
			Element	Faktor	
			Cr, Co, Mn, Ni, Si, W	4	
			Al, Be, Cu, Mo, Nb, Pb, Ta, Ti, V, Zr	10	
			Ce, N, P, S	100	
			B	1000	
14	legierte Stähle, ausgenom-men Schnellarbeitsstähle, sofern der mittlere Gehalt mindestens eines Elements $\geq 5\,\%$ beträgt.	X[b]	Legierungselemente und deren mittlere spezifizierte Massenanteile in %		
15	Schnellarbeitsstähle	HS[c]	mittlere spezifizierte Massenanteile der Elemente W, Mo, V und Co in dieser Reihenfolge		Kennzeichnung der Abweichung bei ähnlichen Stählen

[a] Bei Stahlgusssorten wird dem ersten Hauptsymbol der Buchstabe G vorangestellt.
[b] Bei pulvermetallurgisch hergestellten Werkzeugstählen dieser Gruppe können, wenn erforderlich, dem Hauptsymbol X die Buchstaben PM vorangestellt werden.
[c] Wenn erforderlich, kann bei pulvermetallurgisch hergestellten Schnellarbeitsstählen das Hauptsymbol HS durch die Buchstaben PM ersetzt werden.

Tab. 31.3 Gütegruppen für unlegierte Baustähle nach DIN EN 10 025-2

Bezeichnung der Gütegruppe im Kurznamen der Stahlsorte	Mindestwert der Kerb-schlagarbeit	Prüftemperatur für den Nachweis des Mindestwertes der Kerbschlagarbeit
JR	27 J	20 °C
J0	27 J	0 °C
J2	27 J	−20 °C
K2	40 J	−20 °C

31

Tab. 31.4 Eine Auswahl häufig angewendeter technischer Lieferbedingungen für unterschiedliche Erzeugnisformen aus Baustählen für unterschiedliche Anwendungsfälle

Norm	Titel
DIN EN 10080	Stahl für die Bewehrung von Beton
DIN EN 10025-2	Warmgewalzte Erzeugnisse aus unlegierten Baustählen
DIN EN 10025-3	Warmgewalzte Erzeugnisse aus schweißgeeigneten Feinkornbaustählen; normalgeglühte Stähle
DIN EN 10025-4	Warmgewalzte Erzeugnisse aus schweißgeeigneten Feinkornbaustählen; thermomechanisch gewalzte Stähle
DIN EN 10025-6	Blech und Breitflachstahl aus Baustählen mit höherer Streckgrenze im vergüteten Zustand
DIN EN 10152	Elektrolytisch verzinkte kaltgewalzte Flacherzeugnisse aus Stahl
DIN EN 10025-5	Wetterfeste Baustähle
DIN EN 10210	Warmgefertigte Hohlprofile für den Stahlbau
DIN EN 10219-1	Kaltgefertigte geschweißte Hohlprofile für den Stahlbau
DIN EN 10225	Schweißgeeignete Baustähle für feststehende Offshore-Konstruktionen
DIN EN 10240	Innere und äußere Schutzüberzüge für Stahlrohre
DIN EN 10248-1	Warmgewalzte Spundbohlen aus unlegierten Stählen
DIN EN 10249-1	Kaltgeformte Spundbohlen aus unlegierten Stählen
DIN EN 10250-2	Freiformschmiedestücke aus Stahl für allgemeine Verwendung; Unlegierte Qualitäts- und Edelstahle
DIN EN 10268	Kaltgewalzte Flacherzeugnisse mit hoher Streckgrenze zum Kaltumformen aus schweißgeeigneten mikrolegierten Stählen
DIN EN 10277-2	Blankstahlerzeugnisse; Stähle für allgemeine Verwendung
DIN EN 10138	Spannstähle; Teil 2: Draht; Teil 3: Litze; Teil 4: Stäbe
ISO 5002	Elektrolytisch verzinktes warmgewalztes und kaltgewalztes Stahlblech in Handels- und Tiefziehgüten

Tab. 31.5 Auswahl häufig angewendeter technischer Lieferbedingungen für Stähle zum Kaltumformen

Norm	Titel
DIN EN 10130 + A1	Kaltgewalzte Flacherzeugnisse aus weichen Stählen zum Kaltumformen
DIN EN 10149	Warmgewalzte Flacherzeugnisse aus Stählen mit hoher Streckgrenze zum Kaltumformen; Teil 2: Thermomechanisch gewalzte Stähle Teil 3: Normalgeglühte/normalisierend gewalzte Stähle
DIN EN 10209	Kaltgewalzte Flacherzeugnisse aus weichen Stählen zum Emaillieren
DIN EN 10268	Kaltgewalzte Flacherzeugnisse mit hoher Streckgrenze zum Kaltumformen aus mikrolegierten Stählen
DIN EN 10346	Kontinuierlich schmelztauchveredelte Flacherzeugnisse aus Stahl zum Kaltumformen

Tab. 31.6 Mechanische Eigenschaften von Nickellegierungen

Bezeichnung	R_m [MPa] ($T=20\,^\circ$C)	$R_{p0,2}$ [MPa]	A5 [%]	R_m/$R_{p0,2}$ [MPa] bei T	700	750	800	850	900	950	1000	1050	Glühen & Abschrecken	Auslagern	keine	Guss	Stangen	Bleche
NiCr22FeMo	343	785	40, $l=5\,d$	R_m	216	157	118	88	59	38	29	–	x			x	x	x
				$R_{p0,2}$	157	108	74	49	29	24	19	–						
NiCr22Mo9Nb	363	853	59	R_m	343	226	137	84	52	–	–	–	x				x	
				$R_{p0,2}$	245	167	98	59	39	–	–	–						
NiCr20TiAl	736	1177	20, $l=5\,d$	R_m	402	284	177	108	49	–	–	–	x	x		x	x	x
				$R_{p0,2}$	284	186	98	78	29	–	–	–						
NiCr20MoNb	589	706	10, $l=3,5\,d$	R_m	353	265	196	147	108	78	–	–	x	x		x		
				$R_{p0,2}$	294	206	147	108	78	59	–	–						
NiFe27Cr15MoWTi	1001	1403	–	R_m	432	314	206	137	–	–	–	–	x	x			x	x
				$R_{p0,2}$	334	226	147	93	–	–	–	–						
NiCr19Fe19NbMo	961–1187	1275–1432	30–21	R_m	520	324	206	–	–	–	–	–	x	x			x	x
				$R_{p0,2}$	373	206	–	–	–	–	–	–						

Tab. 31.7 Legierungskonzepte für Werkzeugstähle

Massenanteile [%]	Kohlenstoff	Chrom	Molybdän	Nickel	Vanadium	Wolfram	Kobalt
Kaltarbeitsstahl	0,5–2,0	1,0–12,0	0,5–1,5		0,1–15,0	0,5–3,0	
Warmarbeitsstahl	0,3–0,6	1,0–12,0	$< 5,0$		$< 2,0$	$< 9,0$	$< 4,50$
Kunststoffformenstahl	0,3–0,6	1,0–16,0	$< 1,0$	$< 4,0$			
Schnellarbeitsstahl	0,55–2,5	4,0–4,5	2,0–5,0		3,0–5,0	5,0–11,0	5,0–9,0

Tab. 31.8 Anforderungen an Werkzeugstähle je nach Verwendung, nach [5]

In Betracht kommende Gebrauchseigenschaften[a]	Anwendung der Werkzeuge												
	zum Urformen			zum Umformen							zum Trennen		zu sonstigen Zwecken
	kalt	warm		kalt			warm				kalt	warm	
	Kunststoffformen	Druckgießen	Glasformen	Prägen Stanzen	Fließpressen	Walzen	Schmieden Hammer	Schmieden Presse	Strangpressen	Fließpressen	Zerspanen	Schneiden	Handwerkzeuge
Härte	○	◐	○	●	●	●	●	●	○	◐	●	●	◐
Warmhärte	–	●	◐	–	–	–	●	●	●	●	●	●	–
Härtbarkeit	◐	●	●	◐	●	○	●	●	●	●	●	◐	◐
Anlassbeständigkeit	○	●	●	○	◐	○	●	●	●	◐	●	◐	–
Druckfestigkeit	◐	◐	●	●	●	●	●	●	○	●	●	●	○
Dauerschwingfestigkeit	◐	◐	○	●	●	●	●	●	○	●	◐	●	○
Zähigkeit	◐	●	◐	●	●	◐	●	●	●	●	◐	●	●
Warmzähigkeit	–	●	◐	–	○	–	○	–	◐	○	●	●	–
Verschleißwiderstand	○	◐	○	●	●	–	○	–	◐	◐	●	●	○
Warmverschleißwiderstand	–	◐	◐	–	◐	–	●	●	◐	◐	●	●	–
Schneidhaltigkeit	–	–	–	–	–	–	–	–	–	●	●	–	○
Wärmeleitfähigkeit	◐	●	◐	–	–	–	◐	◐	◐	◐	●	◐	●
Temperaturwechselbeständigkeit	○	●	●	–	–	–	○	○	◐	◐	–	◐	●
Korrosionsbeständigkeit	–◐	●	●	–	○	–	○	○	○	○	○	–	–
Maßänderungskonstanz	●	◐	◐	●	○	–	◐	◐	○	○	◐	○	–
Warmumformbarkeit	–	–	–	–	–	–	○	○	◐	–	●	–	●
Kaltumformbarkeit	○●	–	–	●	○	○	–	–	–	○	◐	–	●
Zerspanbarkeit	●	◐	○	◐	○	○	◐	◐	◐	○	●	●	○
Schleifbarkeit	○	○	○	◐	◐	●	○	○	–	○	●	●	○
Polierbarkeit	●	–	◐	○◐	○	●	○	○	–	–	○	○	–

[a] – nicht gefordert; ○ von geringer Bedeutung; ◐ von mittlerer Bedeutung; ● von hoher Bedeutung

Tab. 31.9 Mechanische Eigenschaften warmfester Nickellegierungen

	Bezeichnung	Alloy	Werkstoff-nummer	Mechanische Werte bei RT			Zeitstandfestigkeit R_m 100 000 h bei T = Temperatur, [°C][a]					
				$R_{p0,2}$ [MPa]	R_m [MPa]	A5 [%]	600	700	800	900	1000	1100
Karbid- und mischkristallverfestigte Legierungen	NiCr15Fe	600 H	2.4816	≥ 180	≥ 500	≥ 35	97	42	17,1	7	–	–
	NiCr23Fe	601 H	2.4851	≥ 240	≥ 600	≥ 30	156	55	16,7	3,7	–	–
	NiCr22Fe18Mo	X	2.4665	≥ 310	≥ 725	≥ 30	186	97	38	14	3,2	–
	NiCr25FeAlY	602 CA	2.4633	≥ 270	≥ 680	≥ 30	–	100	20	9,7	4,5	2,1
	NiCr23Co12Mo	617	2.4663	≥ 300	≥ 700	≥ 35	190	95	43	16	4,5	–
Ausscheidungsgehärtete Werkstoffe („Superalloys")	NiCr22Mo9Nb	625	2.4856	≥ 415	820–1050	≥ 30	490	ca. 200	ca. 68	ca. 17		
	NiCo20Cr20MoTi	C-263	2.4650	400	540	≥ 20	506	132	12			
	NiCr19Fe19NbMo	718	2.4668	≥ 1030	≥ 1230	≥ 12						
	NiCr20TiAl	80A	2.4952	≥ 590	≥ 980	≥ 12	435	165	62	13		

[a] Die mechanischen Werte gelten für die karbid- und mischkristallverfestigten Legierungen im lösungsgeglühten Zustand, für die ausscheidungsgehärteten Legierungen im ausgehärteten Zustand.

Tab. 31.10 Übersicht über die mechanischen Kennwerte verschiedener Gusseisenwerkstoffe

Werkstoff	Werkstoffkurz-zeichen	Zugfestigkeit R_m [N/mm²] min.	Streckgrenze $R_{p0,2}$ [N/mm²] min.	Bruchdehnung A_5 [%] min.	Normen
Gusseisen mit Lamellengrafit	EN-GJL-100 bis EN-GJL-350	100 bis 350	30 bis 285[a]	0,8 bis 0,3	DIN EN 1561 ISO 185
Gusseisen mit Vermiculargrafit	GJV-300 bis GJV-500	300 bis 500	240 bis 340	1,5 bis 0,5	VDG W 50 ISO 16112
Gusseisen mit Kugelgrafit	EN-GJS-350-22 bis EN-GJS-900-1	350 bis 900	220 bis 600	22 bis 2	DIN EN 1563 ISO 1083
Ausferritisches Gusseisen mit Kugelgrafit	EN-GJS-800-8 bis EN-GJS-1400-1	800 bis 1400	500 bis 1100	8 bis 10	DIN EN 1564 ISO 17804
Temperguss, weiß	EN-GJMW-350-4 bis 550-4	350 bis 550	190 bis 340	12 bis 4	DIN EN 1562 ISO 5922
Temperguss, schwarz	EN-GJMB-300-6 bis 800-1	300 bis 800	200 bis 600	10 bis 1	
Austenitisches Gusseisen	EN-GJLA EN-GJSA	140 bis 220 370 bis 500	170 bis 310	4 bis 1 45 bis 1	EN 13835 ISO 2892

[a] $R_{p0,1}$

Tab. 31.11 Europaweit einheitliches Bezeichnungssystem für Gusseisenwerkstoffe (DIN EN 1560)

Position	Zeichen	Beispiel
1	EN für Europäische Norm (kann entfallen, wenn in der Zeichnung die Nummer der Werkstoff-norm – EN 1563 – angegeben wird)	EN
2	G für Gussstück (aus dem Deutschen) J für Eisen (engl.: iron; „I" könnte mit der „1" verwechselt werden)	GJ
3	Grafitstruktur L = Lamellengrafit (engl.: lamellar) S = Kugelgrafit (engl.: spheroidal) M = Temperkohle (engl.: malleable)	S
4	Mikro- bzw. Makrostruktur B = schwarz (engl.: black) (Temperguss) W = weiß (engl.: white) (Temperguss)	–
5	Klassifizierung durch mechanische Eigenschaften (Zugfestigkeit [N/mm²] und Bruchdehnung [%] oder alternativ durch die Härte) oder	400-18
	Klassifizierung durch chemische Zusammensetzung (Angabe der Elementsymbole + Gehalt [%] (gerundet)	–
6	zusätzliche Anforderungen LT = garantierte Kerbschlagarbeit bei tiefer Temperatur RT = garantierte Kerbschlagarbeit bei Raumtemperatur	LT
noch 6	Art des Probestücks S = getrennt gegossen (engl.: separately cast) U = angegossen (engl.: cast-on = „united") C = aus dem Gußstück entnommen (engl.: casting)	U

31

Tab. 31.12 Physikalische Eigenschaften der Nichteisenmetalle und ihrer Legierungen

Werkstoff	Dichte	Schmelzpunkt bzw. Erstarrungsbereich	Warmformgebungstemperatur	Lineares Schwindmaß	Elastizitätsmodul E	Gleitmodul G	Querdehnzahl	Linearer Wärmeausdehnungsbeiwert 20...100 °C	Spezifische Wärmekapazität 20...100 °C	Wärmeleitfähigkeit bei 20 °C	Spezifischer elektrischer Widerstand bei 20 °C
	g/cm³	°C	°C	%	kN/mm²	kN/mm²	μ	10^{-6}/K	J/(g·K)	J/(cm·s·K)	Ω·mm²/m
Aluminium (Al99,99-O)	2,70	660,2	480...500	1,85	66,6	24,7	0,35	23,6	0,896	2,35	0,026
AlCuMg (AlCu4Mg1-T4)	2,79	500...640	380...460	1,2	73,0	27,4	0,33	23,1	0,874	1,21	0,050
AlMgSi (AlSi1MgMn-T6)	2,71	600...640	450...500	1,1	70,0	26,4	0,33	23,1	0,894	1,72	0,035
AlMg (AlMg3-O)	2,68	595...645	380...420	1,2	70,5	26,5	0,33	23,7	0,897	1,32	0,043
AlSi12 (AlSi12-F)	2,65	570...600	–	1,1	75,0	28,8	0,30	20	0,90	1,59	0,048
Blei	11,34	327	–	–	16,0	5,7	0,44	29,1	0,125	0,347	0,2
Kupfer	8,93	1083	800...950	–	125	46,4	0,35	16,86	0,385	3,85	0,017
Kupfer-Zink-Legierung	8,3	895...1025	700...850	1,5	104	40	0,37	19,2	0,39	1,17	0,07
Kupfer-Zinn-Legierung	8,8	910...1040	600...900	2,0	116	43	0,35	17	0,37	0,71	0,11
Kupfer-Beryllium-Legierung	8,9	950	600...900	2,0	120	45	0,38	17,5		0,84	0,07
Kupfer-Aluminium-Legierung	7,73	1030...1080		2,0	123	47		17,9	0,45	0,71	0,114
Konstantan 54 Cu, 45 Ni, 1 Mn	8,9	1250	850...1100	–	–	–		15,2		0,21	0,50
Magnesium	1,74	650			45,15	17,7	0,33	26,0	0,102	1,575	0,045
MgMn2	1,8	645...650	250...450	1,9	45		0,3	26,0	0,105	1,42	0,06
MgAl6Zn	1,8	430...600	280...320	1,4	44		0,3	26,0	0,105	0,84	0,14
GD-MgAl6Znl	1,8	400...600	–	1,4	44		0,3	26,5	0,105	0,84	0,15
Nickel	8,86	1453			197	75	0,31	13,3	0,444	0,92	0,069
67 Ni, 32 Cu, 1 Mn (Monel)	8,9	1300...1350	870...1150	2,0	200			14	0,42	0,25	0,44
84 Ni, 9 Si, 4 Cu, 1 Cr	7,8	1100...1120		2,0	205			11	0,45	0,21	0,11
Titan	4,5	1668	700...1000		105,2	38,7	0,33	8,35	0,616	0,15	0,42
Titanlegierungen	4,45...4,6	1668			105						
Zink	7,14	419,5			94	37,9	0,25	29	0,41	1,11	0,061
GD-ZnAl4	6,6	380...386		1,3	130			27	0,42	1,13	0,06
GD-Zn Al4Cu	6,7	380...386	200...260	1,3	130			27	0,42	1,09	0,06
Zinn	7,29	231,9			55	20,6	0,33	21,4	0,222	0,64	0,115

Tab. 31.13 Kupfer-Zink-Knetlegierungen. Festigkeitseigenschaften. Auszug aus DIN CEN/TS 13 388; EN 12 449, 12 163, 12 164 und EN 1652

Kurzzeichen	Werkstoffnummer	Dicke [mm]	R_m [N/mm²]	$R_{p0,2}$ [N/mm²]	A [%] min.	$A_{11,3}$ [%] min.	Hinweise auf Eigenschaften und Verwendung	Bleche	Bänder	Rohre	Stangen	Drähte	Schmied.	Profile
CuZn30	CW505L	nach Vereinb.	ohne vorgeschriebene Festigkeitswerte				sehr gut kaltumformbar durch Tiefziehen, Drücken, Nieten, Bördeln; sehr gut lötbar; gut auf Stahl plattierbar. Instrumente, Hülsen aller Art				×			
R280		4…80	280	≈ 250	45	40								
R370		4…40	370	≈ 230	16	14								
R460		4…10	460	≈ 310	9	7								
CuZn36	CW507L	nach Vereinb.	ohne vorgeschriebene Festigkeitswerte				Hauptlegierung für Kaltumformen durch Tiefziehen, Drücken, Stauchen, Walzen, Gewinderollen, Prägen und Biegen; gut löt- und schweißbar; Metall- und Holzschrauben, Druckwalzen, Kühlerbänder, Reißverschlüsse, Blattfedern, Hohlwaren, Kugelschreiberminen	×	×	×	×	×		×
R300		0,2…5	300…370	≤ 180	48	38								
R350		0,2…5	350…440	≥ 170	28	19								
R410		0,2…5	410…490	≥ 300	12	8								
R480		0,2…2	480…560	≥ 430	–	3								
R550		0,2…2	550	500	–	–								
CuZn37Pb0,5	CW604N	nach Vereinb.	ohne vorgeschriebene Festigkeitswerte				Z: noch ausreichend U: sehr gut kaltumformbar V: Tiefziehen, Drücken	×	×	×				
R290		0,3…5	290…370	≤ 200	50	40								
R370		0,3…5	370…440	≥ 200	28	19								
R440		0,3…5	440…540	≥ 370	12	5								
R540		0,3…2	≥ 540	490	–	–								
CuZn36Pb3	CW603N	nach Vereinb.	ohne vorgeschriebene Festigkeitswerte				Z: gut U: gut kaltumformbar V: Legierung für alle spanenden Bearbeitungsverfahren; geeignet für Automaten			×	×	×		×
R360		6…40	≥ 360	≤ 180	20	15								
R400		2…25	≥ 400	≥ 250	12	8								
R480		2…12	≥ 480	≥ 350	8	5								
CuZn38Pb2	CW608N	nach Vereinb.	ohne vorgeschriebene Festigkeitswerte				Z: gut U: gut warmumformbar, gut kaltumformbar V: Biegen, Nieten, Stauchen, Legierung für alle spanenden Bearbeitungsverfahren	×	×	×	×	×	×	×
R340		0,3…10	340…420	≤ 240	43	33								
R400		0,3…10	400…480	≥ 200	23	14								
R470		0,3…5	470…550	≥ 390	12	5								
R540		0,3…2	≥ 540	490	–	–								

31

Tab. 31.13 (Fortsetzung)

Kurzzeichen	Werkstoff-nummer	Dicke [mm]	R_m [N/mm²]	$R_{p0,2}$ [N/mm²]	A [%] min.	$A_{11,3}$ [%] min.	Hinweise auf Eigenschaften und Verwendung	Bleche	Bänder	Rohre	Stangen	Drähte	Schmied.	Profile
CuZn39Pb0,5	CW610N	nach Vereinb.	ohne vorgeschriebene Festigkeitswerte				Z: ausreichend	×	×	×	×	×	×	×
R340		0,3…10	340…420	≤ 240	43	33	U: gut warmumformbar gut kaltumformbar							
R400		0,3…10	400…480	≥ 200	23	14	V: Biegen, Nieten, Stauchen, Bördeln							
R470		0,3…5	470…550	≥ 390	12	5								
R540		0,3…2	≥ 540	≥ 490	–	–								
CuZn40Pb2	CW617N	nach Vereinb.	ohne vorgeschriebene Festigkeitswerte				Z: sehr gut			×	×	×	×	×
R360		…10	≥ 360	≤ 250	25	–	U: gut warmumformbar, begrenzt kaltumformbar							
R430		…10	≥ 430	≥ 250	12	–	V: Legierung für alle spanenden Bearbeitungsverfahren; Uhrenmessing für Räder und Platinen							
R500		…5	≥ 500	≥ 370	8	–								
CuZn40	CW509L	nach Vereinb.	ohne vorgeschriebene Festigkeitswerte				gut warm- und kaltumformbar (Schmiedemessing, Muntzmetall); geeignet zum Biegen, Nieten, Stauchen und Bördeln sowie im weichen Zustand zum Prägen und auch zum Tiefziehen	×	×		×		×	×
R340		0,3…10	≥ 340	≤ 240	43	33								
R400		0,3…10	≥ 400	≥ 200	23	15								
R470		0,3…5	≥ 470	≥ 390	12	6								

Z: Zerspanbarkeit, U: Umformbarkeit, V: Verwendung

Tab. 31.14 Kupfer-Zink-Legierungen mit weiteren Legierungselementen (Sondermessing). Auszug aus CEN/TS 13 388, EN 12 449, 12 163, 12 164 und EN 1652

Kurzzeichen	Werkstoff-nummer	Dicke [mm]	R_m [N/mm²] min.	$R_{p0,2}$ [N/mm²] min.	A_5 [%] min.	HV ungefähr Mittelwert	Hinweise auf Eigenschaften und Verwendung	Bleche	Bänder	Rohre	Stangen	Drähte	Schmied.	Profile
CuZn20Al2As	CW702R	nach Vereinb.	ohne vorgeschriebene Festigkeitswerte				Rohre und Rohrböden für Kondensatoren und Wärmeübertrager	×	×	×				
R330		3…15	330	90	30	85								
R390		3…15	390	240	25	100								
CuZn31Si1	CW708R	nach Vereinb.	ohne vorgeschriebene Festigkeitswerte				für gleitende Beanspruchung auch bei hohen Belastungen. Lagerbüchsen, Führungen und sonstige Gleitelemente			×	×			
R460		5…40	460	240	22	135								
R530		5…14	530	350	12	145								
CuZn 35Ni3Mn2AlPb	CW710R	nach Vereinb.	ohne vorgeschriebene Festigkeitswerte				Konstruktionswerkstoff mittlerer bis hoher Festigkeit. Apparatebau, Schiffbau			×	×		×	
R490		5…40	490	290	18	135								
CuZn37Mn3Al2PbSi	CW713R	nach Vereinb.	ohne vorgeschriebene Festigkeitswerte				gute Beständigkeit gegen Witterungseinflüsse. Für erhöhte Anforderungen an gleitende Beanspruchung			×	×		×	×
R540		5…80	540	280	15	150								
R590		6…50	590	370	10	160								
CuZn40Mn1Pb1	CW720R	nach Vereinb.	ohne vorgeschriebene Festigkeitswerte				Konstruktionswerkstoff mittlerer Festigkeit; aluminiumfrei, lötbar; witterungsbeständig. Apparatebau, Architektur			×	×		×	×
R440		40…80	440	180	20	130								
R500		5…40	500	270	12	150								

31

Tab. 31.15 Guss-Messing und Gusssondermessing nach EN 1982 (Auszug)

Kurzzeichen	Werkstoffnummer	Lieferform	Werkstoffeigenschaften im Probestab				Bemerkungen	Hinweise auf die Verwendung
			$R_{p\,0.2}$ [N/mm²] min.	R_m [N/mm²] min.	A_5 [%] min.	HB min.		
CuZn15As-C	CC760S	Sandguss	70	160	20	45	Konstruktionswerkstoff; gute Meerwasserbeständigkeit; sehr gut weich- und hartlötbar; elektrische Leitfähigkeit etwa 15 m/(Ω · mm²)	für zu lötende Teile, z. B. Flanschen und andere Bauteile für Schiffbau, Maschinenbau, Elektrotechnik, Feinmechanik, Optik usw.
CuZn33Pb2-C	CC750S	Sandguss	70	180	12	45	Konstruktionswerkstoff; korrosionsbeständig gegenüber Gebrauchswässern bis etwa 90 °C; elektrische Leitfähigkeit etwa 10 bis 14 m/(Ω · mm²)	Gehäuse für Gas- und Wasserarmaturen, Konstruktions- und Beschlagteile für Maschinenbau, Elektrotechnik, Feinmechanik, Optik usw.
		Schleuderguss	70	180	12	50		
CuZn39Pb1-Al-C	CC754S	Druckguss	250	350	3	110	Konstruktionswerkstoff; gut spanend bearbeitbar	Beschlag- und Konstruktionsteile allgemeiner Art, Sanitär- und Stapelarmaturen; Druckgussteile für Maschinenbau, Elektrotechnik, Feinmechanik, Optik usw.
		Kokillenguss	120	280	10	70		
		Sandguss	80	220	15	65		
		Schleuderguss	120	280	10	70		
CuZn38Al-C	CC767S	Kokillenguss	130	380	30	75	Konstruktionswerkstoff; gut gießbar, kaltzäh; korrosionsbeständig gegenüber der Atmosphäre; Elektrische Leitfähigkeit etwa 12 m/(Ω · mm²)	für verwickelte Konstruktionsteile jeglicher Art, vorwiegend in der Elektroindustrie und im Maschinenbau
CuZn34Mn3-A12Fe1-C	CC764S	Sandguss	250	600	15	140	Konstruktionswerkstoff mit hoher statischer Festigkeit und Härte	statisch belastbare Konstruktionsteile, Ventil- und Steuerungsteile, Sitze, Kegel
		Schleuderguss	260	620	14	150		
		Kokillenguss	260	600	10	140		
CuZn16Si4-C	CC761S	Sandguss	230	400	10	100	Konstruktionswerkstoff; gute Korrosions- und Meerwasserbeständigkeit; sehr gut gießbar	Hochbeanspruchte, dünnwandige verwickelte Konstruktionsteile für Maschinen- und Schiffbau, Elektroindustrie, Feinmechanik usw.
		Druckguss	340	500	5	190		
		Kokillenguss	300	500	8	130		
		Schleuderguss	300	500	8	130		

Tab. 31.16 Kupfer-Zinn-Legierungen (Zinnbronze) nach EN 1652

Kurz-zeichen	Werkstoff-nummer	Dicke [mm] bzw. Liefer-form	R_m [N/mm^2]	$R_{p0,2}$ [N/mm^2]	A_5 [%] min.	A_{10} [%] min.	Hinweise auf Eigenschaften und Verwendung
CuSn4	CW450K						Bänder für Metallschläuche, Rohre, stromleitende Federn
R290		0,1…5	290…390	$\leq$ 190	50	40	
R390		0,1…5	390…490	$\geq$ 210	13	11	
R480		0,1…5	480…570	$\geq$ 420	5	4	
R540			540…630	$\geq$ 490	3	–	
R610			610…	$\geq$ 540	–	–	
CuSn6	CW452K						Federn aller Art, besonders für die Elektroindustrie. Fenster- und Türdichtungen, Rohre und Hülsen für Federungskörper, Schlauchrohre und Federrohre für Druckmess-geräte, Membranen und Siebdrähte, Gongstäbe, Dämpferstäbe, Teile für chemische Industrie
R350		0,1…5	350…420	$\leq$ 300	55	45	
R420		0,1…5	420…520	$\geq$ 260	20	17	
R500		0,1…5	500…590	$\geq$ 450	10	8	
R560		0,1…2	560…650	$\geq$ 500	–	5	
R640		0,1…2	640…730	$\geq$ 600	–	3	
R720		0,1…2	720…	$\geq$ 690	–	–	
CuSn8	CW453K						Gleitelemente, besonders für dünnwandige Gleitlagerbuchsen und Gleitleisten. Holländermesser; gegenüber CuSn6 erhöhte Abriebfestigkeit und Korrosionsbeständigkeit
R370		0,1…5	370…450	$\leq$ 300	60	50	
R450		0,1…5	450…550	$\geq$ 280	23	20	
R540		0,1…5	540…630	$\geq$ 460	15	13	
R600		0,1…5	600…690	$\geq$ 530	7	5	
R660		0,1…2	660…740	$\geq$ 620	–	3	
R740		0,1…2	$\geq$ 740	$\geq$ 700	–	2	

Tab. 31.17 Guss-Zinnbronze und Rotguss nach EN 1982

Kurzzeichen	Werkstoff-nummer	Dicke [mm] bzw. Lieferform	R_m [N/mm²]	$R_{p0,2}$ [N/mm²] min.	A_5 [%] min.	HB min.	Hinweise auf Eigenschaften und Verwendung
CuSn12-C	CC483K	Sandguss	260	140	7	80	Kuppelsteine, Spindelmuttern, Schnecken und Schraubenräder, hochbelastete Stell- und Gleitleisten. Gute Verschleißfestigkeit; korrosions- und meerwasserbeständig
		Strang-/Schleuderguss[a]	300	150	5–6	90	
		Kokillenguss	270	150	5	80	
CuSn12Ni2-C	CC484K	Sandguss	280	160	12	85	wie Werkstoffnr. CC483K jedoch für höhere Festigkeit, Verschleißfestigkeit und bessere Notlaufeigenschaften. Korrosions- und meerwasserbeständig; widerstandsfähig gegen Kavitationsbeanspruchung
		Schleuderguss	300	180	8	95	
		Strangguss	300	180	10	95	
CuSn12Pb2-C	CC482K	Sandguss	240	130	5	80	Gleitlager mit hohen Lastspitzen, Kolbenbolzenbuchsen, Spindelmuttern. Gute Notlaufeigenschaften und Verschleißfestigkeit. Korrosions- und meerwasserbeständig
		Schleuderguss	280	150	5	90	
		Strangguss	280	150	5	90	
CuSn10-C	CC480K	Sandguss	250	130	18	70	Armaturen, Pumpengehäuse, Leit- und Schaufelräder. Hohe Dehnung, korrosions- und meerwasserbeständig
		Kokillenguss	270	160	10	80	
		Strang-/Schleuderguss[a]	280	170	10	80	
CuSn7Zn4Pb7-C	CC493K	Sandguss	230	120	15	60	Achslagerschalen, Gleitlager, Kolbenbolzen-Buchsen, Friktionsringe, Gleit- und Stell-Leisten. Mittelharter Gleitlagerwerkstoff, meerwasserbeständig
		Kokillenguss	230	120	12	60	
		Strang-/Schleuderguss[a]	260	120	12	70	
CuSn7Zn2Pb3-C	CC492K	Sandguss	230	130	14	65	Armaturen, Pumpengehäuse, druckdichte Gussstücke. Gut gießbar, meerwasserbeständig
		Kokillenguss	230	130	12	70	
		Strang-/Schleuderguss[a]	270	130	12	70	
CuSn5Zn5Pb5-C	CC491K	Sandguss	200	90	13	60	Wasser- und Dampfarmaturen bis 225 °C, dünnwandige verwickelte Gussstücke. Gut gießbar, weich lötbar, bedingt hart lötbar, meerwasserbeständig
		Kokillenguss	220	110	6	65	
		Strang-/Schleuderguss[a]	250	110	13	65	
CuSn3Zn8Pb5-C	CC490K	Sandguss	180	85	15	60	für dünnwandige Armaturen bis 225 °C. Gut gießbar, Gebrauchswässer auch bei erhöhter Temperatur
		Strang-/Schleuderguss[a]	220	100	12	70	

[a] Werte von Schleuderguss identisch mit Werten von Strangguss

Tab. 31.18 Kupfer-Blei-Zinn-Gusslegierungen nach EN 1982

Kurzzeichen	Werkstoff-nummer	$R_{p0,2}$ [N/mm^2] min.	R_m [N/mm^2] min.	A_5 [%] min.	HB min.	Eigenschaften und Verwendung
CuSn10Pb10-C	CC495K					Gleitlager mit hohen Flächendrücken,
Sandguss		80	180	8	60	Verbundlager in Verbrennungsmotoren
Kokillenguss		110	220	3	65	($P_{max} = 10\,000$ N/cm^2)
Strang-/ Schleuderguss[a]		110	220	6–8	70	
CuSn7Pbl5-C	CC496K					Lager mit hohen Flächendrücken
Sandguss		80	170	8	60	($P_{max} = 5000$ N/cm^2)
Strang-/ Schleuderguss[a]		90	200	7–8	65	Verbundlager für Verbrennungsmotoren ($P_{max} = 7000$ N/cm^2)
CuSn5Pb20-C	CC497K					Gleitlager für hohe Gleitgeschwindigkeiten;
Sandguss		70	150	5	45	beständig gegen Schwefelsäure;
Strang-/ Schleuderguss[a]		90	180	6–7	50	Verbundlager, Armaturen

[a] Werte von Schleuderguss identisch mit Werten von Strangguss

Tab. 31.19 Kupfer-Aluminium-Legierungen nach EN 1652, EN 12 163, EN 1982

Kurzzeichen	Festigkeit	Werkstoffnummer	R_m [N/mm²] min.	$R_{p0,2}$ [N/mm²] min.	A_5 [%] min.	HB ungefähr Mittelwert	Eigenschaften und Verwendung
CuAl8Fe3		CW303G	ohne vorgeschriebene Festigkeitswerte				hohe Festigkeit auch bei erhöhten Temperaturen; hohe Dauerwechselfestigkeit, auch bei Korrosionsbeanspruchung; gute Korrosionsbeständigkeit gegenüber neutralen und sauren wässrigen Medien sowie Meerwasser; gute Beständigkeit gegen Verzundern, Erosion und Kavitation
	R480		480	210	30	110	Kondensatorböden, Bleche; kaltumformbar
CuAl10Ni5Fe4		CW307G	ohne vorgeschriebene Festigkeitswerte				Kondensatorböden, Steuerteile für Hydraulik
	R680		680	320	10	190	
	R740		740	400	8	min. 200	
CuAl11Fe6Ni6		CW308G	ohne vorgeschriebene Festigkeitswerte				Teile höchster Festigkeit, Lager, Ventile
	R740		740	420	5	210	
	R830		830	550	–	min. 240	

Kurzzeichen	Werkstoffnummer	R_m [N/mm²] min.	$R_{p0,2}$ [N/mm²] min.	A_5 [%] min.	HB Mittelwert	Eigenschaften und Verwendung
CuAl10Fe2-C	CC331G					Hebel, Gehäuse, Beschläge, Ritzel, Kegelräder, nur geringe Temperaturabhängigkeit zwischen −200 und +200 °C
Sandguss		500	180	18	100	
Kokillenguss		600	250	20	130	
Strang-/Schleuderguss[a]		550	200	15–18	130	
CuAl10Ni3Fe2-C	CC332G					Armaturen, Verstellpropeller, Steventeile, Beizkörbe; sehr gut schweißbar; beständig gegen Meerwasser u. nichtoxid. Säuren
Sandguss		500	180	18	100	
Kokillenguss		600	250	20	130	
Strang-/Schleuderguss[a]		550	220	20	120	
CuAl10Fe5Ni5-C	CC333G					Hochbeanspruchte Teile, Schiffspropeller, Stevenrohre, Umkehrböden, Laufräder, Pumpengehäuse; gute Dauerschwingfestigkeit
Sandguss		600	250	13	140	
Kokillenguss		650	280	7	150	
Strang-/Schleuderguss[a]		650	280	13	150	
CuAl11Fe6Ni6-C	CC334G					wie vorher, jedoch für erhöhte Anforderungen an Kavitations- u./oder Verschleißfestigkeit; Turbinen- und Pumpenlaufräder
Sandguss		680	320	5	170	
Kokillenguss		750	380	5	185	
Schleuderguss		750	380	5	185	

[a] Werte von Schleuderguss identisch mit Werten von Strangguss

Tab. 31.20 Mechanische Eigenschaften von gewalzten Aluminiumknetwerkstoffen (Auswahl)

Int. Reg. Record	Bezeichnung nach DIN EN 573-3 numerisch	chemische Symbole	Zustand (DIN EN 515)	typische Werte[a] $R_{p0,2}$ [MPa]	R_m [MPa]	A_{50} [%]	Mindestwerte[b] $R_{p0,2}$ [MPa]	R_m [MPa]	A_{50} [%]	HBW	E-Modul [MPa]	$\sigma_{W,zd}$ [MPa][c]	Schweißbarkeit[f] MIG/WIG	Korros. beständigkeit[e,f]
1050A	EN AW-1050A	EN AW-Al99,5	O	35	80	38	20	65	20	20	69 000	–	B	B
			H12/H22	85	100	12[d]	65/50	85	5/6	30/27	69 000	–	B	B
			H14/H24	105	115	9	85/75	105	4/5	34/33	69 000	–	B	B
			H18/H28	140	150	5	120/110	135/140	2/3	42/41	69 000	–	B	B
2024	EN AW-2024	EN AW-AlCu4Mg1	O	75	185	20	< 140	< 220	12	55	73 000	–	E	E
			T3/T351	340	475	18	290	435	14	123	73 000	130	E	E
			T4	330	460	20	275	425	14	120	73 000	130	E	E
			T8/T851	450	485	6	400	460	6	138	73 000	140	E	E
3003	EN AW-3003	EN AW-AlMn1Cu	O	50	110	25	35	95	15	28	69 500	–	B	B
			H12/H22	120	140	11	90/80	120	5/8	38/37	69 500	–	B	B
			H14/H24	145	160	9	125/115	145	3/5	46/45	69 500	–	B	B
			H18/H28	185	205	6	170/160	190	2	60/59	69 500	–	B	B
5005	EN AW-5005	EN AW-AlMg1(B)	O	45	120	26	35	100	15	29	69 500	–	B	B
			H12/H22	125	140	13	95/80	125	4/6	39/38	69 500	–	B	B
			H14/H24	145	160	12	120/110	145	3/5	48/47	69 500	–	B	B
			H18/H28	185	200	7	165/160	185	2/3	58	69 500	–	B	B
5049	EN AW-5049	EN AW-AlMg2Mn0,8	O	95	215	24[d]	80	190	12	52	70 000	35	B	B
			H12/H22	185	245	10[d]	170/130	220	6/10	66/63	70 000	65	B	B
			H14/H24	215	265	7[d]	190/160	240	4/7	72/70	70 000	70	B	B
			H18/H28	275	315	4[d]	250/230	290	2/4	88/87	70 000	85	B	B
5052	EN AW-5052	EN AW-AlMg2.5	O	90	195	24	65	170	12	47	70 000	50	B	B
			H12/H22	175	225	14	160/130	210	6/7	63/61	70 000	65	B	B
			H14/H24	200	250	12	180/150	230	4/6	69/67	70 000	70	B	B
			H18/H28	250	290	8	240/210	270	2/4	83/81	70 000	80	B	B
5086	EN AW-5086	EN AW-AlMg4	O	115	275	23	100	240	13	65	71 000	70	B	B
			H12/H22	220	305	15	200/185	275	5/7	81/80	71 000	85	B	B
			H14/H24	250	330	13	240/220	300	3/6	90/88	71 000	90	B	B
			H18	305	360	8	290	345	1	104	71 000	105	B	B

31

Tab. 31.20 (Fortsetzung)

Int. Reg. Record	Bezeichnung nach DIN EN 573-3 numerisch	chemische Symbole	Zustand (DIN EN 515)	typische Werte[a] $R_{p0,2}$ [MPa]	R_m [MPa]	A_{50} [%]	Mindestwerte[b] $R_{p0,2}$ [MPa]	R_m [MPa]	A_{50} [%]	HBW	E-Modul [MPa]	$\sigma_{W,zd}$[c] [MPa]	Schweißbarkeit[f] MIG/WIG	Korros. beständigkeit[ef]
5182	EN AW-5182	EN AW-AlMg4,5Mn0,4	O	140	280	28[d]	110	255	13	69	71 000	–	B	B
5454	EN AW-5454	EN AW-AlMg3Mn	O	110	235	24	85	215	12	58	70 500	65	B	B
			H12/H22	205	265	14	190/180	250	5/7	75/74	70 500	75	B	B
			H14/H24	235	290	12	220/200	270	3/6	81/80	70 500	80	B	B
5754	EN AW-5754	EN AW-AlMg3	O	100	215	24	80	190	16	52	70 500	55	B	B
			H12/H22	185	245	14	170/130	220	6/10	66/63	70 500	65	B	B
			H14/H24	215	270	12	190/160	240	4/7	72/70	70 500	70	B	B
			H18/H28	270	315	8	250/230	290	2/4	88/87	70 500	85	B	B
6016	EN AW-6016	EN AW-AlSi1,2Mg0,4	T4	100	210	25[d]	140/80	250/170	24	55	70 000	–	B	C
			T6	220	280	13	260/180	300/260	10	80	70 000	–	B	C
6061	EN AW-6061	EN AW-AlMg1SiCu	O	55	125	26	<85	<150	16	40	70 000	–	B	C
			T4	140	235	21	110	205	14	58	70 000	–	B	C
			T6	270	310	12	240	290	7	88	70 000	–	B	C
6082	EN AW-6082	EN AW-AlSi1MgMn	O	60	130	26	<85	<150	16	40	70 000	–	B	C
			T4	180	270	20	110	205	14	58	70 000	60	B	C
			T6	280	340	11	240	310	7	94	70 000	95	B	C
6181A	EN AW-6181A	EN AW-AlSi1Mg0,8(A)	T4	125	235	23					70 000	–	B	C
			T6	250	300	10					70 000	–	B	C
7075	EN AW-7075	EN AW-AlZn5,5MgCu	O	105	225	17	<145	<275	10	55	72 000	–	E	E
			T6	495	570	8	470	540	7	161	72 000	160	E	E
			T76	450	515	8	425	500	7	149	72 000	140	E	E

[a] Typische Werte für übliche Dicken. Quelle: F. Ostermann, in „Anwendungstechnologie Aluminium", Springer 2014, S. 762ff.

[b] Mindestwerte nach DIN EN 485-2. Gültig für übliche Materialdicken bis ca. 3 mm; Werte bei größeren Dicken siehe Norm.

[c] Wechselfestigkeit, Quelle: FKM Richtlinie $\rho_{W,zd} \approx 0{,}30 \cdot R_m$

[d] Bruchdehnung A_5

[e] allgemeine Korrosionsbeständigkeit

[f] Wertungskriterien der Eigenschaften A = ausgezeichnet; B = sehr gut; C = gut; D = annehmbar; E = nicht empfehlenswert; F = ungeeignet.

Tab. 31.21 Mechanische Eigenschaften von stranggepressten Aluminiumknetwerkstoffen (Auswahl)

Int. Reg. Record	Bezeichnung nach DIN EN 573-3 numerisch	chemische Symbole	Zustand (DIN EN 515)	typische Werte[a] $R_{p0,2}$ [MPa]	R_m [MPa]	A_{50} [%]	Mindestwerte[b] $R_{p0,2}$ [MPa]	R_m [MPa]	A_{50} [%]	HB	E-Modul [MPa]	$\sigma_{W,zd}$[c] [MPa]	Schweißbarkeit[f] MIG/WIG	Korros. beständigkeit[e,f]
6061	EN AW-6061	EN AW-AlMg1SiCu	T6	270	310	12	240	290	10	88	70000	80	B	C
6082	EN AW-6082	EN AW-AlSi1MgMn	T6	280	340	11	260	310	8	94	70000	95	B	C
7020	EN AW-7020	EN AW-AlZn4,5Mg1	T6	315	375	14	280	350	8	104	71500	105	B	D

[a] typische Werte für übliche Dicken. Quelle: F. Ostermann in „Anwendungstechnologie Aluminium", Springer 2014, S 762ff.
[b] Mindestwerte nach DIN EN 485-2. Gültig für übliche Materialdicken bis ca. 5 mm; Werte bei größeren Dicken siehe Norm.
[c] Wechselfestigkeit, Quelle: FKM Richtlinie $\rho_{W,zd} \approx 0{,}30 \cdot R_m$
[d] Bruchdehnung A_5
[e] allgemeine Korrosionsbeständigkeit
[f] Wertungskriterien der Eigenschaften A = ausgezeichnet; B = sehr gut; C = gut; D = annehmbar; E = nicht empfehlenswert; F = ungeeignet.

Tab. 31.22 Mechanische Eigenschaften von geschmiedeten Aluminiumknetwerkstoffen (Auswahl)

Int. Reg. Record	Bezeichnung nach DIN EN 573-3 numerisch	chemische Symbole	Zustand (DIN EN 515)	Prüf-richtung[a]	typische Werte[b] $R_{p0,2}$ [MPa]	R_m [MPa]	A_{50} [%]	Mindestwerte[c] $R_{p0,2}$ [MPa]	R_m [MPa]	A_{50} [%]	HB	E-Modul [MPa]	$\sigma_{W,zd}$[d] [MPa]
2014	EN AW-2014	EN AW-AlCu4SiMg	T6	L	425	485	12	390	450	5	135	73000	130
5083	EN AW-5083	EN AW-AlMg4,5Mn0,7	H112	L	145	300	20	115	270	10	73	70300	80
				T				110	260	10		71000	80
6082	EN AW-6082	EN AW-AlSi1MgMn	T6	L	280	340	11	240	295	8	94	70000	95
7075	EN AW-7075	EN AW-AlZn5,5MgCu	T6	L	495	570	8	460	530	5	158	72000	155

[a] L = Richtung parallel zur Faserrichtung; T = Richtung quer zur Faserrichtung
[b] Typische Werte für übliche Dicken. Quelle: F. Ostermann, in „Anwendungstechnologie Aluminium", Springer 2014, S 762ff.
[c] Mindestwerte nach DIN EN 586-2. Gültig für übliche Materialdicken bis ca. 50 mm; Werte bei größeren Dicken siehe Norm.
[d] Wechselfestigkeit, Quelle: FKM Richtlinie $\sigma_{W,zd} \approx 0{,}30 \times R_m$

31

Tab. 31.23 Zustandsbezeichnungen für Aluminiumguss-stücke nach DIN EN 1706

F	– Gusszustand (Herstellungszustand)
O	– Weich geglüht
T1	– Kontrollierte Abkühlung nach dem Guss und kaltausgelagert
T4	– Lösungsgeglüht und kaltausgelagert (wo anwendbar)
T5	– Kontrollierte Abkühlung nach dem Guss und warm ausgelagert oder überaltert
T6	– Lösungsgeglüht und vollständig warmausgelagert
T64	– Lösungsgeglüht und nicht vollständig warmausgelagert
T7	– Lösungsgeglüht und überhärtet (stabilisierter Zustand)

Beispiel: DIN EN 1706 AC-42000KT6

Tab. 31.24 Eigenschaften ausgewählter Aluminiumgussstücke nach DIN EN 1780/1-3

Bezeichnung nach DIN EN 1780/1-3 numerisch	chemische Symbole	Mindestwerte[a] nach DIN EN 1706					Wechselfestigkeit[c]	Gießbarkeit	mechanische Polierbarkeit	dekorative Anodisierbarkeit	Schweißbarkeit	Korrosionsbeständigkeit
		Zustand	R_m [MPa]	$R_{p0,2}$ [MPa]	A_{50} [%]	HB	$\sigma_{w,zd,N}$ [MPa]					
EN AC-21000S	AlCu4TiMg	T4	300	200	5	90	90	D	B	C	D	D
EN AC-21000K	AlCu4TiMg	T4	320	200	8	95	95	D	B	C	D	D
EN AC-21100S	AlCu4Ti	T6	300	200	3	95	90	D	B	C	D	D
		T64	280	180	5	85	85					
EN AC-21100K	AlCu4Ti	T6	330	220	7	95	100	D	B	C	D	D
		T64	320	180	8	90	85					
EN AC-42100S	AlSi7Mg0,3	T6	230	190	2	75	70	A	C	D	B	B
EN AC-42100K	AlSi7Mg0,3	T6	290	210	4	90	85	A	C	D	B	B
		T64	250	180	8	80	75					
EN AC-43000S	AlSi10Mg(a)	T6	220	180	1	75	65	A	D	E	A	B
EN AC-43000K	AlSi10Mg(a)	T6	260	220	1	90	80	A	D	E	A	B
		T64	240	200	2	80	70					
EN AC-43200S	AlSi10Mg(Cu)	T6	220	180	1	75	65	A	C	E	A	C
EN AC-43200K	AlSi10Mg(Cu)	T6	240	200	1	80	70	A	C	E	A	C
EN AC-43300S	AlSi9Mg	T6	230	190	2	75	70	A	D	E	A	B
EN AC-43300K	AlSi9Mg	T6	290	210	4	90	85	A	D	E	A	B
		T64	250	180	6	80	75					
EN AC-43400D	AlSi10Mg(Fe)	F	240	140	1	70	70	A	D	E	D[b]	C
EN AC-44000S	AlSi11	F	150	70	6	45	45	A	D	E	A	B
EN AC-44000K	AlSi11	F	170	80	7	45	50	A	D	E	A	B
EN AC-44200S	AlSi12(a)	F	150	70	5	50	45	A	D	E	A	B
EN AC-44200K	AlSi12(a)	F	170	80	6	55	50	A	D	E	A	B
EN AC-44300D	AlSi12(Fe)	F	240	130	1	60	70	A	D	E	D[b]	C
EN AC-45000S	AlSi6Cu4	F	150	90	1	60	45	B	B	D	C	D
EN AC-45000K	AlSi6Cu4	F	170	100	1	75	50	B	B	D	C	D
EN AC-46000D	AlSi9Cu3(Fe)	F	240	140	<1	80	70	B	C	E	F	D
EN AC-46200S	AlSi8Cu3	F	150	90	1	60	45	B	C	E	B	D
EN AC-46200K	AlSi8Cu3	F	170	100	1	75	50	B	C	E	B	D

31

Tab. 31.24 (Fortsetzung)

Bezeichnung nach DIN EN 1780/1-3		Mindestwerte[a] nach DIN EN 1706					Gießbarkeit	mechanische Polierbarkeit	dekorative Anodisierbarkeit	Schweißbarkeit	Korrosionsbeständigkeit
numerisch	chemische Symbole	Zustand	R_m [MPa]	$R_{p0,2}$ [MPa]	A_{50} [%]	HB	Wechselfestigkeit[c] $\sigma_{W, zd, N}$ [MPa]				
EN AC-47000S	AlSi12(Cu)	F	150	80	1	50	45	A	C	E	A	C
EN AC-47000K	AlSi12(Cu)	F	170	90	2	55	50	A	C	E	A	C
EN AC-47100D	AlSi12Cu1(Fe)	F	240	140	<1	80	70	A	C	E	F	C
EN AC-51100S	AlMg3(a)	F	140	70	3	50	40	D	A	A	C	A
EN AC-51100K	AlMg3(a)	F	150	70	5	50	45	D	A	A	C	A
EN AC-51200D	AlMg9	F	200	130	1	70	60	D	A	B	C[b]	A
EN AC-51300S	AlMg5	F	160	90	3	55	50	D	A	A	C	A
EN AC-51300K	AlMg5	F	180	110	3	65	55	D	A	A	C	A
EN AC-51400S	AlMg5(Si)	F	160	100	3	60	50	D	A	B	C	A
EN AC-51400K	AlMg5(Si)	F	180	110	3	65	55	D	A	B	C	A

Wertungskriterien der Eigenschaften: A = ausgezeichnet; B = gut; C = annehmbar; D = unzureichend; E = nicht empfehlenswert; F = ungeeignet.

[a] mechanische Eigenschaften für getrennt gegossene Probestäbe

[b] die Schweißbarkeit von Druckguss hängt von der eingeschlossenen Gasmenge ab. Bei bestimmten Druckgießverfahren, z. B. Vakuumdruckguss, können Werte von B bis C erreicht werden.

[c] Werte nach FKM Richtlinie

Tab. 31.25 Zustandsbezeichnungen für Aluminiumknetwerkstoffe nach DIN EN 515

Grundzustände	
F	Herstellungszustand ohne vorgeschriebene Festigkeitswerte
O	weichgeglüht, niedrigste Festigkeitswerte
H	kaltverfestigt (nur nicht aushärtbare Legierungen)
T	ausgehärtet (nur aushärtbare Legierungen)
W	lösungsgeglüht
Werkstoffzustände für *nicht aushärtbare* Knetlegierungen	
Erste Anhängezahl	
H1	kaltverfestigt
H2	kaltverfestigt und erholungsgeglüht
H3	kaltverfestigt und stabilisiert
H4	kaltverfestigt und mit Lack- oder Farbanstrich versehen
Zweite Anhängezahl	
HX2	1/4 hart (Zahlen 1, 3, 5, 7 bezeichnen Zwischenzustände)
HX4	1/2 hart
HX6	3/4 hart
HX8	hart (Zahl 9 für „extraharten" Zustand)
Dritte Anhängezahl	
HX11	Produkte mit geringfügiger Kaltverfestigung zwischen O und HX1
H112	Warmumgeformte Produkte mit zugesicherten mechanischen Eigenschaften
Werkstoffzustände für *aushärtbare* Knetlegierungen	
Erste Anhängezahl (Zahlen 1 bis 9; nachfolgend ausgewählte Zustände)	
T1	abgekühlt nach Warmformgebung und kaltausgelagert
T4	lösungsgeglüht, abgeschreckt und kaltausgelagert
T5	abgekühlt nach Warmformgebung und warmausgelagert
T6	lösungsgeglüht, abgeschreckt und warmausgelagert
T7	lösungsgeglüht, abgeschreckt und überaltert beim Warmauslagern
T8	lösungsgeglüht, abgeschreckt, kaltverfestigt und warmausgelagert
T9	lösungsgeglüht, abgeschreckt, warmausgelagert und kaltverfestigt
Zweite Anhängezahl	
TX1, 3 bis 9	Variationen des Grundzustandes, bezeichnet gewöhnlich geringere Festigkeit
T42, T62	kennzeichnet vollständige Wärmebehandlung beim Verarbeiter
T61, T63, T65	zunehmend, aber nicht vollständig warmausgelagert für verbesserte Umformbarkeit
T79...T73	zunehmend überaltert zur Verbesserung von Zähigkeit und Korrosionsbeständigkeit
T66	speziell für AlMgSi Legierungen; bessere Eigenschaften als T6 durch besondere Prozesskontrolle

Beispiel: EN AW-6060T66

31

Tab. 31.26 Magnesiumlegierungen nach (DIN 1729 u. 9715)

Kurzzeichen		$R_{p0.2}$ [MPa] min.	R_m [MPa] min.	A_{10} [%] min.	HB 5/250 etwa	Biegewechsel-festigkeit bei $N = 50 \cdot 10^6$ MPa	Eigenschaften Verwendung
MgMn2	F20	145	200	1,5	40		gut schweiß- und ver-formbar,
MgAl3Zn	F24	155	240	10	45		schweiß- und verformbar
MgAl6Zn	F27	175	270	8	55		beschränkt schweißbar,
MgAl8Zn	F29	205	290	6	60		höchste Festigkeit
G-MgAl6		80–110	180–240	8–12	50–65	70–90	hohe Dehnung und Schlagzähigkeit,
GD-MgAl6		120–150	190–230	4–8	55–70	50–70	z. B. für Autofelgen
GD-MgAl6Zn1		130–160	200–240	3–6	55–70	50–70	schwingungsbeanspruchte Teile,
G-MgAl8Zn1		90–110	160–220	2–6	50–65	70–90	stoßbeanspruchte Teile,
G-MgAl8Zn1	ho	90–120	240–280	8–12	50–65	80–100	gute Gleiteigenschaften,
GK-MgAl8Zn1		90–110	160–220	2–6	50–65	70–90	schweißbar
GK-MgAl8Zn1	ho	90–120	240–280	8–12	50–65	80–100	
GD-MgAl8Zn1		140–160	200–240	1–3	60–85	50–70	
G-MgAl9Zn1	ho	110–140	240–280	6–12	55–70	80–100	höchste Werte für Zug-festigkeit
G-MgAl9Zn1	wa	150–190	240–300	2–7	60–90	80–100	u. 0,2-Grenze, homogeni-siert und
GK-MgAl9Zn1	ho	120–160	240–280	6–10	55–70	80–100	warmgehärtet für Guss-stücke
GK-MgAl9Zn1	wa	150–190	240–300	2–7	60–90	80–100	hoher Gestaltfestigkeit;
GD-MgAl9Zn1		150–170	200–250	0,5–3,0	65–85	50–70	gute Gleiteigenschaften, schweißbar

ho = homogenisiert und wa = warmausgehärtet

Tab. 31.27 Titan und Titanlegierungen nach DIN 17 860 und DIN 17 869

Werkstoffnummer	Bezeichnung nach DIN 17860 alt	neu	Zustand	$R_{p0,2}$ 20 °C [MPa]	$R_{p1,0}$ 200 °C [MPa]	$R_{p1,0}$ 300 °C [MPa]	R_m 20 °C [MPa]	R_m 200 °C [MPa]	R_m 300 °C [MPa]	Bruchdehnung A_5	Härte HB 30 bei 20 °C	Kerbschlagarbeit a_k (DVM) [J mm^{-2}] bei 20 °C $s \leq 2$	Biegeradius r für Dicke s [mm] $s < 2$	< 5
3.7025	Ti99,8	Ti1	geglüht	180	110	–	290–410	175	140	30	120	>62	1 s	1,5 s
3.7035	Ti99,7	Ti2	geglüht	250	145	105	390–540	260	190	22	150	>34	1,5 s	2 s
3.7055	Ti99,6	Ti3	geglüht	320	165	115	460–590	340	260	18	170	>27	2 s	2,5 s
3.7065	Ti99,5	Ti4	geglüht	390		150	540–740	390	280	16	200	>24	2,5 s	3 s

Werkstoffnummer	Bezeichnung nach DIN 17860 alt	neu	Zustand G geglüht WA warmausgehärtet	Leg.-Typ	$R_{p0,2}$ 20 °C [MPa]	$R_{p0,2}$ 300 °C [MPa]	$R_{p0,2}$ 500 °C [MPa]	R_m 20 °C [MPa]	R_m 300 °C [MPa]	R_m 500 °C [MPa]	Bruchdehnung A_5	Warmumformung (Schmieden & Walzen) [°C]	Schweißeignung
3.7165	TiAl6V4	TiAl6V4	G	$\alpha+\beta$	870	610	440	1000	715	590	>8	800–950	gut
3.7195	TiAl3V2,5	TiAl3V2,5	WA	$\alpha+\beta$	≥ 520			680	530	345	15	warmpressen 900–1000	gut
3.7115	TiAl5Sn2	TiAl5Sn2,5	G	α	780			935	645	490	≥ 8	950–1050	gut

31

Tab. 31.28 Nickellegierungen

Bezeichnung	Mechanische Eigenschaften bei Raumtemperatur T = 20°C			R_m [MPa] bei T / $R_\mathrm{p0,2}$ [MPa] bei T	700	750	800	850	900	950	1000	1050	Wärmebehandlung			Lieferform		
	R_m [MPa]	$R_\mathrm{p0,2}$ [MPa]	A_5 [%]										Glühen & abschrecken	Auslagern	keine	Guss	Stangen	Bleche
NiCr22FeMo	343	785	40 $l = 5d$	R_m bei T	216	157	118	88	59	38	29	–	×			×	×	×
				$R_\mathrm{p0,2}$ bei T	157	108	74	49	29	24	19	–						
NiCr22Mo9Nb	363	853	59	R_m bei T	343	226	137	84	52	–	–	–	×				×	
				$R_\mathrm{p0,2}$ bei T	245	167	98	59	39	–	–	–						
NiCr20TiAl	736	1177	20 $l = 5d$	R_m bei T	402	284	177	108	49	–	–	–	×	×		×	×	×
				$R_\mathrm{p0,2}$ bei T	284	186	98	78	29	–	–	–						
NiCr20MoNb	589	706	10 $l = 3,5d$	R_m bei T	353	265	196	147	108	78	–	–	×	×		×		
				$R_\mathrm{p0,2}$ bei T	294	206	147	108	78	59	–	–						
NiFe27Cr15MoWTi	1001	1403	–	R_m bei T	432	314	206	137	–	–	–	–	×	×			×	×
				$R_\mathrm{p0,2}$ bei T	334	226	147	93	–	–	–	–						
NiCr19Fe19NbMo	961–1187	1275–1432	30–21	R_m bei T	520	324	206	–	–	–	–	–	×	×			×	×
				$R_\mathrm{p0,2}$ bei T	373	206	–	–	–	–	–	–						

Tab. 31.29 Feinzink-Gusslegierungen nach DIN EN 1774

Kurzzeichen/ Bezeichnung	$R_{p0,2}$ [N/mm²]	R_m [N/mm²]	A_5 [%]	HB 30-10	Biegewechselfestigkeit bei $N = 20 \cdot 10^6$ [N/mm²]
ZP3/GD-ZnAl4	200...230	250...300	3–6	70–90	6...8
ZP5/GD-ZnAl4Cu1	220...250	280...350	2–5	85–105	7...10
ZL2/G-ZnAl4Cu3	170...200	220...260	0,5–2	90–100	–
ZL2/GK-ZnAl4Cu3	200...230	240...280	1–3	100–110	–
ZL6/G-ZnAl6Cu1	150...180	180...230	1–3	80–90	–
ZP6/GK-ZnAl6Cu1	170...200	220...260	1,5–3	80–90	–

Tab. 31.30 Blei und Bleilegierungen nach DIN EN 12 659 und DIN EN 17 640–1

Kurzzeichen	R_m [N/mm²]	A_5 [%]	HB 2,5/31,25 etwa
GD-Pb95Sb	50	15	10
GD-Pb87Sb	60	10	14
GD-Pb85SbSn	70	8	18
GD-Pb80SbSn	74	8	18

Tab. 31.31 Zinn und Zinnlegierungen nach DIN EN 610, DIN EN 611–1 und DIN EN 611–2

Kurzzeichen	R_m [N/mm²]	A_5 [%]	HB 2,5/31,25
GD-Sn80Sb	115	2,5	30
GD-Sn60SbPb	90	1,7	28
GD-Sn50SbPb	80	1,9	26

Tab. 31.32 Mechanische und physikalische Eigenschaften oxid- und nicht oxidkeramischer Werkstoffe (Anhaltswerte)

Eigenschaft	Dimension	Temperatur [°C]	Oxidkeramische Werkstoffe			Nichtoxidkeramische Werkstoffe		
			Al_2O_3	Al_2TiO_5	ZrO_2[a]	SSiC	SiSiC	SSN
Dichte	g/cm^3	20	3,85	3,2	5,95	3,15	3,05	3,25
Biegefestigkeit (4 Punkt)	N/mm^2	20	300–500	40	600–900 (1500)[b]	410	380	750
		1000	200–300	50	400	400	350	450
E-Modul	GN/mm^2	20	300–400	18–20	200	410	350	280
Bruchwiderstand K_{IC}	$MN/m^{3/2}$	20	3–5	–	5–16	3,3	3,3	7,0
Wärmeausdehnung	$10^{-6}/K$	20...1000	8,0	1,0	10	4,7	4,5	3,2
Wärmeleitfähigkeit	$W/(mK)$	20	28	2,0	2,5	110	140	35
		1000	15	1,5	1,8	45	50	17
Schmelz- bzw. Zersetzungstemp. [°C]			2050		2680	2300		1900

[a] PSZ, TZP
[b] Spitzenwerte

Tab. 31.33 Anwendungen von Hochleistungskeramik

Einsatzgebiete	Bauteile	Werkstoffe
Allgemeiner Maschinenbau	Gleitringe, Dichtscheiben, Wälzkörper, Hülsen, Führungselemente, Plunger und Kolben, Kugellager	Aluminiumoxid, Al_2O_3 teilstabilisiertes Zirkondioxid, ZrO_2
Motorenbau	Turboladerrotoren	Siliziumnitrid, Si_3N_4 Siliziumkarbid, SiC
	Ventile	Siliziumnitrid
	Portliner	Aluminiumtitanat, Al_2TiO_5
	Katalysatorträger	Zirkondioxid
	Abgassensoren	
	Zündkerzenisolatoren	Aluminiumoxid
Turbinenbau	Wärmedämmschichten	teilstabilisiertes (Y_2O_3, CeO) Zirkondioxid
Verfahrenstechnik, Fertigungstechnik	Düsen und Führungen für Drahtzug	Aluminiumoxid
	Schneidwerkzeuge	Zirkondioxid Aluminiumoxid Siliziumnitrid kubisches Bornitrid, CBN polykrist. Diamant, PKD
	Strahldüsen	Siliziumkarbid Borkarbid, B_4C Aluminiumoxid
	Schleifscheiben	Aluminiumoxid Silziumkarbid
	Fadenführer	Aluminiumoxid
	Messerklingen	Aluminiumoxid Zirkondioxid
	Druckwalzen	Zirkondioxidschichten
	Panzerungen	Aluminiumoxid
Hochtemperaturtechnik	Brenner, Schweißdüsen Tiegel, Auskleidungen	Aluminiumoxid
Medizintechnik	Implantate (Hüftgelenke, Dentalbereich)	Aluminiumoxid

Literatur

Spezielle Literatur

1. Mitteilungen der Thyssen-Krupp AG, Duisburg
2. Schaeffler, A.L.: Selection of austenitic electrodes for welding dissimilar metals. Weld J (AWS) **26**(10), 601–620 (1947)
3. Materials and processing databook. Metal Progr. **122**, Mid-June, Nr. 1, S. 46 (1982); **124**, Mid-June, Nr. 1, S. 60 (1983); **126**, Nr. 1, S. 82 (1984)
4. Nelson, G.A.: Trans. Amer. Soc. Mech. Engrs. **73**, S. 205/19 (1959); Werkst. u. Korrosion **14**, S. 65/69 (1963). American Petroleum Institut (API), Division of Refining, Publication 941. Washington (1983)
5. Verein Deutscher Eisenhüttenleute (Hrsg.): Anwendung. Werkstoffkunde Stahl, Bd. 2. Springer, Berlin (1985)

Weiterführende Literatur

Aluminium Taschenbuch. Bd. 1: Grundlagen und Werkstoffe, 16. Aufl. Aluminium-Verlag, Düsseldorf (2002)

Aluminium Taschenbuch. Bd. 2: Umformen, Gießen, Oberflächenbehandlung, Recycling und Ökologie, 15. Aufl. Aluminium-Verlag, Düsseldorf (1996)

Aluminium Taschenbuch. Bd. 3: Weiterverarbeitung und Anwendung, 16. Aufl. Aluminium-Verlag, Düsseldorf (2003)

Bürgel, R.: Handbuch der Hochtemperatur-Werkstofftechnik. Vieweg, Wiesbaden (1998)

Dettner, H.W.: Lexikon für Metalloberflächenveredelung. Leuze, Saulgau (1989)

Eckstein, H.J.: Technologie der Wärmebehandlung von Stahl. Deutscher Verlag für Grundstoffindustrie, Leipzig (1987)

Gräfen, H. (Hrsg.): Lexikon Werkstofftechnik. Springer, Berlin (2005)

Grübl, P.: Beton, Arten, Herstellung und Eigenschaften, 2. Aufl. Ernst & Sohn, Berlin (2001)

Kollmann, F.: Technologie des Holzes und der Holzwerkstoffe. Springer, Berlin (1982)

Ostermann, F.: Anwendungstechnologie Aluminium. Springer, Berlin (1998)

Roesch, K., Zeuner, H., Zimmermann, K.: Stahlguss. Verlag Stahleisen, Düsseldorf (1982)

Scholze, H., Salmang, H.: Keramik. Springer, Berlin (1982)

Tietz, H.D. (Hrsg.): Technische Keramik. VDI-Verlag, Düsseldorf (1994)

Werkstoffkunde Stahl. Bd. 2: Anwendung. Springer, Berlin (1985)

DKI-Informationsdrucke, Deutsches Kupferinstitut, Düsseldorf. www.kupferinstitut.de – Kupfer – Vorkommen, Gewinnung, Eigenschaften, Verarbeitung, Verwendung, Nr. i. 4. – Kupfer-Zink-Legierungen – Messing und Sondermessing, Nr. i. 5. – Kupfer-Zinn-Knetlegierungen (Zinnbronzen), Nr. i. 15. – Kupfer-Zinn- und Kupfer-Zinn-Zink-Gusslegierungen (Zinnbronzen), Nr. i. 25. – Kupfer-Nickel-Zink-Legierungen – Neusilber, Nr. i. 13. – Kupfer-Aluminium-Legierungen – Eigenschaften, Herstellung, Verarbeitung, Verwendung, Nr. i. 6. Kupfer-Nickel-Legierungen – Eigenschaften, Bearbeitung, Anwendung, Nr. i. 14. – Niedriglegierte Kupferwerkstoffe – Eigenschaften, Verarbeitung, Verwendung, Nr. i. 8

Ostermann, F.: Anwendungstechnologie Aluminium, Springer, Berlin 2007

GDA (Hrg.): Der Werkstoff Aluminium. Techn. Merkbl. W1, 6. Aufl., GDA Gesamtverband der Aluminiumindustrie, Düsseldorf, 2004. Aluminium-Taschenbuch, Bd. 1: Grundlagen und Werkstoffe, 16. Aufl., Aluminium-Verlag, Düsseldorf, 2009 – Aluminium-Taschenbuch, Bd. 2: Umformen, Gießen, Oberflächenbehandlung, Recycling und Ökologie, 16. Aufl., Aluminium-Verlag, Düsseldorf, 2009 – Aluminium-Taschenbuch, Bd. 3: Weiterverarbeitung und Anwendung, 16. Aufl., Aluminium-Verlag, Düsseldorf, 2003 – Aluminium-Werkstoff-Datenblätter, 5. Aufl., Aluminium-Verlag, Düsseldorf, 2007 – Aluminium Schlüssel, 8. Aufl., Aluminium-Verlag, Düsseldorf, 2008

FKM Richtlinie Rechnerischer Festigkeitsnachweis für Bauteile aus Aluminium. Forschungsheft 241. Forschungskuratorium Maschinenbau e. V. (FKM), Frankfurt, 1999.

Kammer, C. et al.: Magnesiumtaschenbuch, Aluminium-Verlag, Aluminium-Zentrale Düsseldorf, 2000. – ASM Specialty Handbook: Magnesium and Magnsium Alloys, ASM International, Materials Park Ohio, 1999.

31

Kunststoffe

Kunststoffe

32

Michael Kübler, Andreas Müller und Helmut Schürmann

32.1 Einführung

Kunststoffe sind organische, hochmolekulare Werkstoffe, die überwiegend synthetisch hergestellt werden. Sie werden als *Polymere* (deshalb auch Polymerwerkstoffe genannt) aus *Monomeren* hergestellt durch *Polymerisation, Polykondensation* oder *Polyaddition*. Monomere sind Substanzen, die Kohlenstoff C, Wasserstoff H, Sauerstoff O sowie Stickstoff N, Chlor Cl, Schwefel S und Fluor F enthalten. Je nach Art der entstehenden Polymere unterscheidet sich dann das Verhalten:

Lineare Polymere sind *Thermoplaste*; vernetzte Polymere sind *Duroplaste* und mehr oder weniger weitmaschig vernetzte Polymere sind *elastische Kunststoffe*, auch *Elastomere* genannt.

Biopolymere werden teilweise oder vollständig aus nachwachsenden Rohstoffen hergestellt. Kunststoffe die biologisch abbaubar sind, werden häufig ebenfalls als *Biopolymere* bezeichnet. unabhänig davon ob diese aus petrochemischen oder nachwachsenden Rohstoffen hergestellt wurden.

Variationsmöglichkeiten bei der Herstellung der Kunststoffe ergeben eine große Vielfalt:

M. Kübler
Untergruppenbach, Deutschland

A. Müller (✉)
Northeim, Deutschland

H. Schürmann
Technische Universität Darmstadt
Darmstadt, Deutschland
E-Mail: helmut.schuermann@klub.tu-darmstadt.de

Kunststoffe sind Werkstoffe nach Maß. Bei *Homopolymerisaten* beeinflusst die Kettenlänge (Polymerisationsgrad) die Eigenschaften. Weitere Änderungen sind möglich durch *Copolymerisation* oder der Herstellung von *Polymermischungen* (Blends, Alloys, Polymerlegierungen). Durch die Vielfalt bei der Herstellung bringen Kunststoffe zum Teil völlig neue Eigenschaften mit, die die Verwirklichung bestimmter technischer Probleme erst ermöglichen wie beispielsweise: Schnappverbindungen, Filmscharniere, Gleitelemente, Strukturschäume, schmierungsfreie Lager und die integrale Fertigung sehr komplizierter Formteile.

Normung und Kennzeichnung von Kunststoffen: In DIN EN ISO 1043-1 sind Kennbuchstaben und Kurzzeichen für Basispolymere und Rezyklate (REC) und ihre besonderen Eigenschaften festgelegt; in DIN EN ISO 1043-2 und DIN 55625-4 erfolgen Angaben über Füll- und Verstärkungsstoffe. In DIN EN ISO 1043-3 werden Angaben zu Weichmachern und DIN EN ISO 1043-4 zu Flammschutzmitteln gemacht. Thermoplast-Formmassen werden nach ISO bzw. DIN EN ISO (z. T. auch noch nach DIN) gekennzeichnet; es handelt sich um ein einheitliches Ordnungssystem, das eine Beschreibung der Formmassen erlaubt. Verwendet wird dabei ein *Blocksystem* mit bis zu 5 *Merkmaldatenblöcken*, die Angaben enthalten über den *chemischen Aufbau mit Kurzzeichen*, ggf. das *Polymerisationsverfahren, Verarbeitungsmöglichkeiten* und *Zusätze, (verschlüsselte) qualitative Eigenschafts-*

werte (z. B. Dichte, Viskositätszahl, Elastizitätsmodul, Festigkeitskennwerte usw.), Angaben
über *Art*, *Form* und *Menge* von *Füll- und Verstärkungsstoffen*.

Duroplast-Formmassen werden gekennzeich-
net nach DIN EN ISO 14526 (PF), DIN EN
ISO 14527 (UF), DIN EN ISO 14528 (MF), DIN
EN ISO 14529 (MP), DIN EN ISO 14530 (UP),
DIN EN ISO 15252 (EP).

Kautschuke und Latices werden nach DIN
ISO 1629 gekennzeichnet, thermoplastische
Elastomere nach DIN EN ISO 18064.

Formmassen sind ungeformte Ausgangsprodukte, die in technischen Verarbeitungsverfahren
(s. Abschn. 32.10) zu *Formstoffen* (Halbzeuge,
Formteile) verarbeitet werden.

32.2 Aufbau und Verhalten von Kunststoffen

Thermoplaste bestehen im Allgemeinen aus linearen Makromolekülen mit bis zu 10^6 Atomen
bei einer Länge von ca. 10^{-6} bis 10^{-3} mm. Die
generellen Eigenschaften (mechanisch, rheolo-
gisch, thermisch, etc.) sind abhängig vom chemischen Aufbau der Makromoleküle, deren Molmasse sowie der Art der sich ausbildenden intermolekularen Kräfte (Dipolbindungen, Wasser-
stoffbrückenbindungen, Dispersionskräfte, etc.).

Innerhalb der Gruppe der Thermoplaste wird
in amorphe und teilkristalline Polymere unterschieden. Im erstarrten Zustand liegt bei amorphen Thermoplasten eine regellose Anordnung
der linearen Makromoleküle vor. Im Vergleich
hierzu bilden sich während des Erstarrens von
teilkristallinen Thermoplasten durch zwischen-
molekulare Kräfte örtlich begrenzte, geordnete Bereiche der linearen Makromoleküle (sogenannte „Faltungskristalle"). Teilweise ordnen
sich diese geordneten Bereiche wiederum zu größeren Überstrukturen (sogenannte „Sphärolithe")
an. Das Verhältnis von geordneten Bereichen
zu ungeordneten Bereichen eines erstarrten teilkristallinen thermoplastischen Kunststoffs wird
als Kristallisationsgrad bezeichnet. Der erreichbare Kristallisationsgrad hängt von der Art des

teilkristallinen Thermoplasts und den Verarbeitungsbedingungen (insbesondere der Abkühlgeschwindigkeit) ab.

Durch Verarbeitungsprozesse wie Extrudieren, Spritzgießen oder ein gezieltes mechanisches
Verstrecken können die linearen Makromoleku-
le ausgerichtet werden, was zu einer Anisotropie
der mechanischen Eigenschaften führt.

In der Gruppe der chemisch quervernetzen-
den Polymere wird zwischen Elastomeren und
Duroplasten unterschieden. Gegenüber Thermoplasten lassen sich diese nach der Formgebung
und Vernetzung nur noch spanend bearbeiten. Ein
erneutes Um-/Urformen oder Schweißen ist daher nicht möglich.

Bei Elastomeren ist die Anzahl der Vernetzungspunkte maßgebend für das elastische Verhalten: „Weichelastisch" bei wenigen Vernet-
zungspunkten, „hartelastisch" mit vielen Vernet-
zungspunkten. Im Vergleich hierzu ist die Anzahl
der Vernetzungspunkte von Duroplasten nochma-
mals um ein vielfaches höher, was zu einem sehr
steifen, in der Regel eher spröden mechanischen
Verhalten führt.

Abb. 32.1 zeigt die Zustandsbereiche von
Kunststoffen und die Verarbeitungsmöglichkeiten. Bei amorphen Thermoplasten liegt die obe-

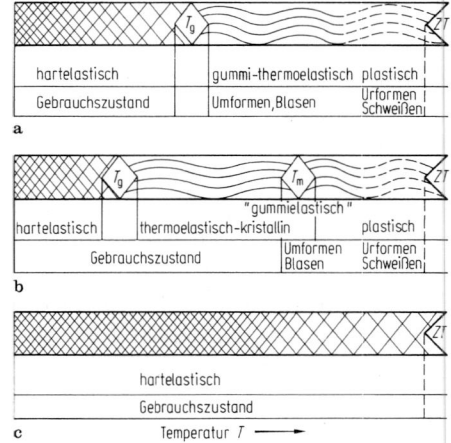

Abb. 32.1 Zustandsbereiche für Kunststoffe (schematisch). **a** Amorphe Thermoplaste; **b** teilkristalline Thermoplaste; **c** Duroplaste; T_g Glasübergangstemperatur,
T_m Kristallitschmelztemperatur, *ZT* Zersetzungstempera-
tur

re Gebrauchstemperatur unterhalb T_g (Glasübergangstemperatur). Bei teilkristallinen Thermoplasten liegt die obere Gebrauchstemperatur unterhalb T_m (Kristallitschmelztemperatur), T_g kann in Abhängigkeit der Art des teilkristallinen Thermoplasts unter oder innerhalb der Gebrauchstemperaturgrenzen liegen.

32.3 Eigenschaften

Durch den molekularen Aufbau ergeben sich bei Kunststoffen gegenüber Metallen mit atomarem Aufbau andere Eigenschaften: *geringere Festigkeit*, geringere Steifigkeit, ausgeprägte *Zeitabhängigkeit* der mechanischen Eigenschaften (statisch: Kriechen und Relaxation, dynamisch: Dehnratenabhängigkeit), starke *Temperaturabhängigkeit* der mechanischen Eigenschaften in vergleichsweise kleinem Temperaturbereich, sowie hohe *Wärmeausdehnung* und geringere *Wärmeleitfähigkeit*. Günstig sind gute elektrische *Isoliereigenschaften*, teilweise gute *Medienbeständigkeit*, teilweise *physiologische Unbedenklichkeit* und zum Teil ausgezeichnete *Gleiteigenschaften*, auch ohne Schmierung.

Die Eigenschaften von Kunststoffen und insbesondere von Thermoplasten können auf vielfältige Weise beeinflusst werden. Bereits bei der Herstellung der Basispolymere im Polymerisationprozess können durch gezielte Kombination von Monomeren sogenannte Copolymerisate erzeugt werden. Weiterhin kann durch eine physikalische Mischung des Basispolymers mit verschiedenen Additiven und/oder Füll- und Verstärkungsstoffen eine zusätzliche Anpassung der Materialeigenschaften erfolgen. Im Bereich der technischen Thermoplaste erfolgt dieser Schritt vorzugsweise mithilfe von Mehrschneckenextrudern im sogenannten Compoundierprozess. Demzufolge werden Thermoplastformmassen auch als Compounds bezeichnet.

Häufig zum Einsatz kommende Additive sind beispielsweise Entformhilfsmittel, Farbstoffe, Wärme- und Hitzestabilisatoren, Flammschutzmittel und UV-Stabilisatoren. Bei den Verstärkungsstoffen sind im Bereich der Thermoplastcompounds Kurzglasfasern am häufigsten

anzutreffen. Vereinzelt werden auch Verstärkungsstoffe aus den Bereichen Kohlenstoff-, Aramid- und Naturfasern eingesetzt.

Füllstoffe wie Holz- und Gesteinsmehle (beispielsweise Talkum), Glaskugeln werden aus verschiedenen Gründen wie beispielsweise der Minimierung der Verzugsneigung eingesetzt.

Tab. 32.3 gibt für wichtige Kunststoffgruppen Anhaltswerte über Eigenschaften.

32.4 Wichtige Thermoplaste

Formmassen werden nach (DIN EN) ISO gekennzeichnet. Neben den nachstehend aufgeführten „Grundkunststoffen" gibt es eine Vielzahl von Modifikationen (Blends, Copolymerisate) mit gezielt einstellbarem Eigenschaftsbild.

Polyamide PA nach DIN EN ISO 16396 (*Akulon, Bergamid, Durethan, Grilamid, Grilon, Minlon, Rilsan, Stanyl, Technyl, Ultramid, Vestamid, Zytel*). Eingesetzt werden meist die teilkristallinen PA46, PA6, PA66, PA610, PA11, PA12 und amorphes PA NDT/INDT. Starke Neigung zu Wasseraufnahme und damit Beeinflussung der Eigenschaften; mit zunehmendem Wassergehalt nehmen Zähigkeit zu und Festigkeit ab. Polyamide sind verstreckbar. Wasseraufnahme abnehmend von PA6 bis PA12. Elektrische Isoliereigenschaften abhängig von Feuchtegehalt. Einsatztemperaturen von -40 bis $120\,°C$ (hitzestabilisierte Typen bis $220\,°C$). Beständig gegen viele Lösemittel, Kraftstoffe und Öle. Nicht beständig gegen Säuren und Laugen.

Formteile als Konstruktionsteile bei Anforderungen an Festigkeit, Zähigkeit und Gleiteigenschaften z. B. Motoranbauteilen (Ansaugmodule, Ölwannen, ...), Strukturbauteile (KFZ-Frontends, ...), Lüfterräder, Dübel, Führungen. Halbzeuge als Tafeln, Rohre, Profile, Stangen, Folien und Filamente (Seile und Taue, Kleidung, ...).

Polyacetalharze POM nach DIN EN ISO 29988 (*Delrin, Hostaform, Tenac, Ultraform*). Teilkristalline Kunststoffe mit weißlicher Eigenfarbe. Praktisch keine Wasseraufnahme. Günstige

Steifigkeit und Festigkeit bei ausreichender Zähigkeit und guten „Federungseigenschaften". Sehr günstiges Gleit- und Verschleißverhalten. Gute elektrische Isoliereigenschaften. Einsatztemperaturen von −40 bis 100 °C. Sehr gute Chemikalienbeständigkeit.

Formteile als Konstruktionsteile mit hohen Anforderungen an Maßgenauigkeit, Festigkeit, Steifigkeit sowie gutem Federungs- und Gleitverhalten z. B. als Gleitlager, Zahnräder, Transportketten, Lagerbuchsen, Steuerscheiben, Schnapp- und Federelemente, Gehäuse, Pumpenteile, Scharniere, Beschläge, Griffe. *Halbzeuge* als Tafeln, Profile, Stangen, Rohre.

Thermoplastische Polyester TP (Polyalkylenterephthalate PET/PBT/PEN) nach DIN EN ISO 20028 (*Arnite, Crastin, Pocan, Rynite, Ultradur, Valox, Vandar, Vestodur*). Teilkristalline Thermoplaste mit unterschiedlicher Kristallinität (PET zum Teil transparent, PBT milchigweiß). Günstige mechanische Eigenschaften, auch bei tiefen und hohen Temperaturen bis 180 °C. Günstiges Langzeitverhalten und geringer Abrieb bei guten Gleiteigenschaften. Sehr geringe Feuchteaufnahme. Kleine Wärmedehnung. Sehr gute elektrische Isoliereigenschaften. Nicht beständig gegen Aceton sowie starke Säuren und Laugen. Unmodifiziert nicht beständig gegen heißes Wasser und Dampf (hydrolytischer Abbau). Insbesondere PBT Formmassen werden zunehmend hydrolysestabilisiert angeboten und eignen sich für Anwendungen unter feucht warmen Bedingungen.

Formteile als Konstruktionsteile mit hoher Maßhaltigkeit bei guten Lauf- und Gleiteigenschaften in der Elektrotechnik, Maschinenbau, Fahrzeugbau (Steckergehäuse, Verzahnungselemente, Gehäuse). *Halbzeuge* als Tafeln, Profile, Rohre, Folien (Kondensatoren, Isolierfolien), Filamente (Kleidung, Teppiche, Seile).

Polycarbonat PC nach DIN EN ISO 21305 (*Apec, Lexan, Makrolon, Xantar*). Amorphe, glasklare Thermoplaste mit hoher Festigkeit und guter Zähigkeit. Sehr gute elektrische Isoliereigenschaften. Einsatztemperaturen von −100 bis 130 °C (PC-HT bis 200 °C). Beständig gegen Fette und Öle; nicht beständig gegen Benzol und Laugen. Spannungsrissempfindlich bei bestimmten Lösemitteln. Auf der Basis von PC werden eine Vielzahl von Blends hergestellt, z. B. PC+ABS, PC+ASA, PC+PBT.

Formteile vor allem in der Elektrotechnik als Abdeckungen für Leuchten, Sicherungskästen, Spulenkörper, Steckverbinder, optische Datenträger. Gehäuse für feinwerktechnische und optische Geräte, Geschirr, Schutzhelme und -schilde, Sicherheitsverglasungen, Helmvisiere. *Halbzeuge* als Rohre, Profile, Stangen, Tafeln, Folien.

Modifizierte Polyphenylether PPE nach DIN EN ISO 20557 (*Luranyl, Noryl, Vestoran*) meist mit PS oder PA modifizierte amorphe Thermoplaste mit beiger Eigenfarbe. Sehr geringe Wasseraufnahme. Hohe Festigkeit und Steifigkeit bei guter Schlagzähigkeit. Geringe Kriechneigung und gute Temperaturbeanspruchbarkeit bis 120 °C. Sehr gute elektrische Isoliereigenschaften, fast unabhängig von der Frequenz. Nicht beständig gegen aromatische, polare und chlorhaltige Kohlenwasserstoffe.

Formteile als Gehäuse in der Elektronik und Elektrotechnik bei höherer thermischer Beanspruchung; Steckverbinder, Präzisionsteile der Büromaschinen- und Feinwerktechnik. *Halbzeuge* als Profile, Rohre, Stangen, Tafeln.

Polyacrylate PMMA nach DIN EN ISO 8257 (*Altuglas, Lucite, Plexiglas, Paraglas*), MABS nach DIN EN ISO 19066. Amorphe Thermoplaste, glasklar mit sehr guten optischen Eigenschaften („organisches Glas"). Hart und spröde bei hoher Festigkeit. Gute elektrische Isoliereigenschaften. Einsatztemperaturen bis 70 °C. Gut licht-, alterungs- und witterungsbeständig; nicht beständig gegen konz. Säuren, halogenierte Kohlenwasserstoffe, Benzol, Spiritus. Gut klebbar. Als niedermolekulare Typen thermoplastisch verarbeitbar, als hochmolekulare Typen nur als Halbzeug lieferbar.

Formteile vor allem für optische Anwendungen wie z. B. Brillen, Lupen, Linsen, Prismen, Rückleuchten; Verglasungen, Schaugläser, Lichtbänder. Haushaltsgeräte; Schreib- und Zeichengeräte. Dachverglasungen, Werbe- und Hinweisschilder; Badewannen, Sanitärgegenstände. *Halbzeuge* als Blöcke, Tafeln, Profile, Rohre, Lichtleitfasern.

Polystyrol PS nach DIN EN ISO 1622 (*Edistir, Empera, Styron, Styrolution*). Amorphe, glasklare Thermoplaste. Steif, hart und sehr spröde. Sehr gute elektrische Isoliereigenschaften; starke elektrostatische Aufladung. Keine hohe Temperaturbeanspruchbarkeit. Neigung zu Spannungsrissbildung bereits an Luft. Geringe Beständigkeit gegen organische Lösemittel.

Formteile Glasklare Verpackungen, Haushaltgeräte, Schubladeneinsätze, Ordnungskästen, Spulenkörper, Bauteile der Elektrotechnik, Einweggeschirr und -besteck.

Styrol-Butadien SB (PS-I) nach DIN EN ISO 2897 (*Empera, K-Resin, Styrolux*). Amorphe, meist aber nicht mehr durchsichtige Thermoplaste (Ausnahme z. B. Styrolux). Verbesserte Schlagzähigkeit. Gute elektrische Isoliereigenschaften, jedoch im Allgemeinen starke elektrostatische Aufladung. Einsatztemperaturen bis 75 °C.

Formteile bei erhöhter Schlagbeanspruchung als Toilettenartikel, Stapelkästen, Schuhleisten, Absätze, Gehäuseteile. *Halbzeuge* vorwiegend als Folien für die Warmumformung.

Styrol-Acrylnitril-Copolymerisat SAN nach DIN EN ISO 19064 (*Kostil, Luran, Lustran, Tyril*). Amorphe, glasklare Thermoplaste mit hohem Oberflächenglanz. Gute mechanische Festigkeiten, höhere Schlagzähigkeit als PS, höchster E-Modul aller Styrol-Polymere. Gute elektrische Isoliereigenschaften. Einsatztemperaturen bis 95 °C; gute Temperaturwechselbeständigkeit.

Formteile mit hoher Steifigkeit und Dimensionsstabilität, gegebenenfalls mit Durchsichtigkeit z. B. Skalenscheiben, Schaugläser, Gehäuseteile, Verpackungen, Warndreiecke.

Acrylnitril-Butadien-Styrol-Polymerisate ABS nach DIN EN ISO 19062 (*Cycolac, Lustran, Magnum, Novodur, Sinkral, Terluran*). Amorphe, meist nicht mehr durchsichtige Thermoplaste als Polymerisatgemische oder Copolymerisate. Gute mechanische Festigkeitseigenschaften bei günstiger Schlagzähigkeit. Gute elektrische Isoliereigenschaften bei sehr geringer elektrostatischer Aufladung. Einsatztemperaturen von −45 bis 110 °C.

Formteile besonders für Gehäuse aller Art in Haushalt, Fernseh- und Videotechnik, Büromaschinen. Möbelteile aller Art, Koffer, Absätze, Schutzhelme; Sanitärinstallationsteile; Spielzeugbausteine. *Halbzeug* in Form von Tafeln, vor allem zur Warmumformung, auch zu technischen Formteilen.

Schlagzähe ASA-Polymerisate ASA (AES, ACS) nach DIN EN ISO 19065 (*Centrex, Geloy, Luran S*). Dieses sind amorphe Thermoplaste ähnlich wie ABS, jedoch bei erhöhter Temperatur- und Witterungsbeständigkeit, daher besonders eingesetzt für Außenanwendungen.

Celluloseabkömmlinge CA, CP und CAB (*Cellidor, Tenite*). Amorphe, durchsichtige Thermoplaste, die durch Veresterung von Cellulose mit Säuren entstehen; meist mit Weichmacher versetzt; zum Teil höhere Wasseraufnahme. Gute mechanische Eigenschaften bei hoher Zähigkeit. Einsatztemperaturen bis 100 °C. Gute chemische Beständigkeit.

Formteile mit geforderter guter Zähigkeit, und für metallische Einlegeteile, z. B. Werkzeuggriffe, Hammerköpfe, Schreib- und Zeichengeräte; Brillengestelle, Bürstengriffe, Spielzeug. *Halbzeuge* in Form von Blöcken, Profilen, Tafeln.

Polysulfone PSU/PES nach DIN EN ISO 25137 (*Radel, Udel, Ultrason*). Amorphe Thermoplaste mit leichter Eigenfarbe. Gute Festigkeit und Steifigkeit; geringe Kriechneigung bis zu 180 °C, Einsatztemperaturen von −100 bis 180 °C. Wasseraufnahme ähnlich PA. Gute elektrische Isoliereigenschaften.

Formteile für hohe mechanische, thermische und elektrische Beanspruchungen.

Polyphenylensulfid PPS nach DIN EN ISO 20558 (*Fortron, Primef, Ryton, Tedur*). Teilkristalline Thermoplaste mit hohem Glasanteil. Hohe Festigkeit und Steifigkeit bei geringer Zähigkeit; geringe Kriechneigung und gute Gleiteigenschaften. Einsatztemperaturen bis 240 °C. Sehr hohe Beständigkeit gegen Chemikalien.

Formteile für hohe mechanische, thermische, elektrische und chemische Beanspruchungen, z. B. in Feinwerktechnik und Elektronik wie Steckverbinder, Kohlebürstenhalter, Gehäuse, Fassungen, Dichtelemente, Kondensatorfolien, flexible Leiterbahnen; Ummantelungen für Halbleiterbauelemente; Griffleisten für Herde.

Polyimide PI (*Kapton, Torlon, Ultem, Vespel*). Je nach Aufbau duroplastisch vernetzt oder linear amorph. Hohe Festigkeit und Steifigkeit bei geringer Zähigkeit; sehr gutes Zeitstandverhalten. Günstiges Abrieb- und Verschleißverhalten. Sehr hohe elektrische Isolationswirkung. Sehr geringe Wärmeausdehnung. Großer Einsatztemperaturbereich, bei PI von −240 bis 260 °C. Sehr gut chemisch beständig, auch gegen energiereiche Strahlung.

Formteile für hohe mechanische, thermische und elektrische Beanspruchungen und gleitender Reibung ohne Schmierung, z. B. in Raumfahrt, Datenverarbeitung, Kernanlagen und Hochvakuumtechnik. Isolierfolien mit hoher Isolationswirkung.

Polyaryletherketone PAEK, PEK, PEEK (Avaspire, *Ketaspire, Tecapeek, Vestakeep, Victrex*) sind sehr steife und hochfeste Thermoplaste für hohe Einsatztemperaturen, langfristig bis 250 °C, kurzfristig bis 310 °C. Gute physiologische Verträglichkeit.

Formteile für höchste Temperaturanforderung, gute Gleiteigenschaften, Einsatz im Bereich von Humanimplantaten. Halbzeuge als Platten, Stangen und Folien.

Polyphtalamide PPA (*Amodel, Grivory, Zytel HTN*) sind teilaromatische Polyamide, die in der Regel nur verstärkt eingesetzt werden und die Lücke zwischen den technischen Kunststoffen und den Hochleistungskunststoffen schließen. Hohe Wärmeformbeständigkeit, gute Chemikalienbeständigkeit im Vergleich zu Polyamiden geringere Wasseraufnahme.

Formteile mit hohen Anforderungen an die Dimensionsstabilität und chemische Beständigkeit (Ventilblöcke, Wasserpumpengehäuse, etc.).

Flüssigkristalline Polymere LCP (*Vectra, Xydar, Zenite*) zeichnen sich durch gute Dimensionsstabilität bei hoher Steifigkeit und Temperaturbeständigkeit aus und sind inhärent flammwidrig, ggf. metallisierbar und elektrisch leitfähig. Allerdings zeigen sie starke Anisotropie der Eigenschaften.

Polyethylen PE nach DIN EN ISO 17855-1 (*Dowlex, Eltex, Hostalen, Lacqtene, Ladene, Lupolen, Marlex, Sclair, Stamylan, Vestolen*). Teilkristalline Thermoplaste, je nach Aufbau unterschiedliche Eigenschaften; lineares PE-HD (PE hoher Dichte) mit höherer Festigkeit als verzweigtes PE-LD (PE niedriger Dichte). Geringe Festigkeit bei hoher Zähigkeit (PE-LD). Gute elektrische Isolierfähigkeit. Chemisch sehr widerstandsfähig. Einsatztemperaturbereiche −50 bis 80 °C (PE-HD bis 100 °C). Ultrahochmolekulares PE (PE-UHMW nach DIN EN ISO 11542) mit sehr guten mechanischen und Gleiteigenschaften kann nur noch spanend bearbeitet werden.

Formteile als Griffe, Dichtungen, Verschlussstopfen, Fittinge, Flaschen, Behälter, Heizöltanks, Mülltonnen; Flaschenkästen, Kabelummantelungen, Skigleitbeläge. *Halbzeuge* in Form von Folien, Schläuchen, Rohren, Tafeln.

Neuere Entwicklungen sind Cycloolefin-Copolymere COC mit verbessertem Eigenschaftsbild. *Ethylen-Vinylacetat-Formmassen* EVAC nach DIN EN ISO 21301 (*Elvax, Lupolen V*) können je nach VAC-Gehalt von flexibel bis kautschukähnlich eingestellt werden. *Ionomere* (Surlyn) werden als Folien im Verpackungssektor eingesetzt.

Polypropylen PP nach DIN EN ISO 19069 (*Appryl, Daplen, Eltex P, Metocene, Moplen, Stamylan P, Vestolen P*). Teilkristalline Thermoplaste mit günstigeren mechanischen und thermischen Eigenschaften gegenüber PE. Einsatztemperaturbereich bis 110 °C.

Formteile als Transportkästen, Behälter, Koffer, Formteile mit Filmscharnieren, Batteriekästen, Drahtummantelungen, Pumpengehäuse, Seile. *Halbzeuge* in Form von Folien, Monofilen, Stangen, Rohren, Profilen, Tafeln.

PP-Elastomerblends mit EPM- bzw. EPDM-Kautschuken ergeben Formmassen mit erhöhter Schlag- und Witterungsbeständigkeit für Großteile im Automobilbau, wo ebenso mit Naturfasern und Glasmatten verstärktes PP (GMT) eingesetzt wird.

Polyvinylchlorid PVC (Homo- und Copolymere) nach DIN EN ISO 1060, DIN EN ISO 21306, DIN EN ISO 2898 (*Evipol, Induvil, Lacovyl, Solvir, Vestolit, Vinidur, Vinnolit*).

Weichmacherfreies PVC (PVC-U oder Hart-PVC). Amorphe, polare Thermoplaste mit guter Festigkeit und Steifigkeit. Einsatztemperaturen nur bis etwa 60 °C. Schwer entflammbar, gute UV Beständigkeit. Wegen Polarität hohe dielektrische Verluste, daher gut hochfrequenzschweißbar. Gute chemische Widerstandsfähigkeit.

Formteile als Behälter in Fotoindustrie, Chemie und Galvanik; Rohrleitungselemente, säurefeste Gehäuse und Apparateteile, Schallplatten, diffusionsdichte Einwegflaschen. *Halbzeuge* in Form von Profilen, Tafeln, Folien, Blöcken, Stangen, Rohren, Schweißzusatzstäben.

Weichmacherhaltiges PVC (PVC-P oder Weich-PVC). Amorphe, polare Thermoplaste mit unterschiedlicher Flexibilität, je nach Weichmachergehalt. Geringe thermische Beanspruchbarkeit. Weniger chemisch beständig als PVC-U. Wegen Weichmacher („Weichmacherwanderung") im Allgemeinen nicht für Lebensmittelzwecke.

Formteile als Kabelummantelungen, Fußbodenbeläge, Taschen, Regenschuhe und -bekleidung, Schutzhandschuhe, Bucheinbände. *Halbzeuge* als Folien, Schläuche, Profile, Dichtungen, Fußbodenbeläge, Dichtungsbänder.

Biopolymere werden unterteilt in abbaubare, petrobasierte Biopolymere, abbaubare (überwiegend) biobasierte Biopolymere und nicht abbaubare, biobasierte Biopolymere (siehe Endres/Sieber-Raths). Biopolymere werden eingesetzt als abbaubare (Verpackungs-) Kunststoffe und als technische Kunststoffe.

32.5 Fluorhaltige Kunststoffe

Polytetrafluorethylen PTFE nach DIN EN ISO 13000 (PTFE-Halbzeuge), DIN EN ISO 20568 (Fluorpolymerdispersionen und Formmassen), Formmassen: *Algoflon, Dyneon, Teflon,* (spritzgießbares) *Moldflon*. Teilkristalliner Thermoelast (nicht schmelzbar, aber erweichend). Aufwändige Herstellung, z. B. durch Presssintern aus Pulver zu Halbzeugen und so nur noch spanend bearbeitbar. Geringe Festigkeit, flexibel, starkes Kriechen („Kalter Fluss"). Stark antiadhäsiv, niedriger Gleit- und Haftreibungskoeffizient, daher kein „Stick-slip". Sehr gute elektrische Isoliereigenschaften. Großer Temperatureinsatzbereich von −200 bis 270 °C. Höchste chemische Widerstandsfähigkeit. Teuer in der Verarbeitung.

Halbzeuge in Form von Tafeln, Stangen, Rohren, Schläuchen werden durch Spanen weiterverarbeitet zu Formteilen für höchste thermische und chemische Beanspruchung wie Laborgeräte,

Pumpenteile, Wellrohrkompensatoren, Kolben-
ringe, Gleitlager, Isolatoren. Antihaftbeschich-
tungen.

**Fluorhaltige Thermoplaste FEP, PFA, ETFE,
ECTFE, PVDF, PVF** *(Dyflor, Hylar, Kynar,
Neoflon, Solef, Tedlar, Tefzel)*. Im Vergleich zu
PTFE ist die thermische und chemische Beständigkeit dieser Werkstoffe etwas geringer. Allerdings können diese Werkstoffe preisgünstiger
durch Spritzgießen verarbeitet werden.

Formteile wie bei PTFE, bei teilweise etwas eingeschränkten Eigenschaften.

32.6 Duroplaste

Duroplaste werden in Form von *Gießharzen,
Formmassen* oder *vorimprägnierten Prepregs*
verarbeitet.

Gießharze dienen zum Herstellen von gegossenen Formteilen oder werden mit Glas-,
Kohlenstoff-, Natur- oder Aramidfasern zu Harz-
Faser-Verbundwerkstoffen (Laminaten) verarbeitet (GFK, CFK, NFK, AFK).

Formmassen, d. h. mit Füll- und Verstärkungsstoffen versehene Harzvorprodukte, werden
durch Pressen oder Spritzgießen zu Formteilen
verarbeitet. *Bulk Moulding Compounds (BMC)*
als rieselfähige oder teigige Formmassen werden durch Pressen oder Spritzgießen verarbeitet,
Sheet Moulding Compounds (SMC) als flächige
Prepregs werden meist durch Pressen zu großflächigen Formteilen verarbeitet.

Schichtpressstoffe werden durch Verpressen
von mit Harz getränkten flächenförmigen Ge-
bilden (Papier, Gewebe, Holzfurniere usw.)
hergestellt, nach DIN EN 438 z. B. dekorative
Schichtpressstoffplatten (HPL). Diese Materiali-
en können spanend bearbeitet werden.

Phenolharze PF-PMC (rieselfähig) nach DIN
EN ISO 14526 (*Bakelite, Resinol*). Vernetzte, polare Duroplaste mit gelblicher Eigenfarbe. Bei

der Polykondensation entstehendes Wasser beeinflusst zum Teil die elektrischen Eigenschaften.
Verwendung erfolgt praktisch nur gefüllt, deshalb sind Eigenschaften sehr stark von Art und
Menge des Füll- und Verstärkungsstoffs abhängig. Meist relativ spröde bei hoher Festigkeit und
Steifigkeit. Gebrauchstemperaturen bis 150 °C.
Gute chemische Beständigkeit; nicht für Lebensmittelzwecke zugelassen.

Formteile als Gehäuse, Griffe, elektrische In-
stallationsteile, zum Teil mit eingepressten Me-
tallteilen. *Halbzeuge* als Schichtpressstofftafeln,
Profile zur spanenden Weiterverarbeitung. *Harze* als Lackharze, Klebstoffe, Bindemittel für
Schleifmittel und Reibbeläge und Formsande.

**Aminoplaste MF-, UF-, UF/MF-, MF-, MP-
PMC** (rieselfähig) nach DIN EN ISO 14527,
DIN EN ISO 14528, DIN EN ISO 14529 (*Bakelite, Melopas*). Vernetzte, polare Duroplaste;
praktisch farblos, deshalb auch hellfarbig ein-
färbbar. Verwendung erfolgt praktisch nur gefüllt, deshalb sind Eigenschaften sehr stark von
Art und Menge des Füllstoffs abhängig. Meist
relativ spröde bei hoher Festigkeit und Steifigkeit. Einsatztemperatur bei MF bis 130 °C. Gute
elektrische Isoliereigenschaften. Gute chemische
Beständigkeit; z. T. für Lebensmittelzwecke zugelassen.

Formteile für hellfarbige Gehäuse, Installations-
teile, Elektroisolierteile, Schalter, Steckdosen,
Griffe, Essgeschirr. Dekorative Schichtstoffplat-
ten (HPL) im Möbelbau und als Fassadenplatten.

Ungesättigte Polyesterharze UP nach DIN EN
ISO 3672 (Harze UP-R: *Palatal, Polylite*); nach
DIN EN ISO 14530 (Formmassen als UP-
PMC: *Ampal, Bakelite, Keripol, Palapreg, Ral-
upol*); nach DIN EN 14598 als Harzmatten
(SMC) und faserverstärkte (Feucht-)Pressmassen
(BMC). Vernetzte Duroplaste von Reaktionshar-
zen, die meist mit Verstärkungsstoffen verarbeitet
werden. Bei Laminaten sind gezielte Verstär-
kungen möglich. Eigenschaften abhängig vom
Aufbau des Polyesters, vom Vernetzungsgrad,

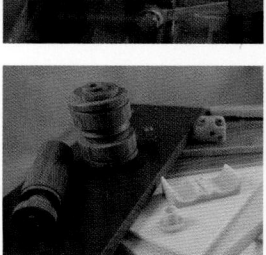
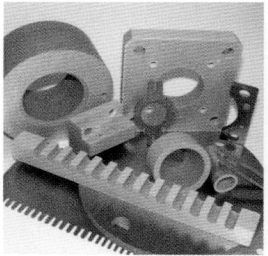

von der Art und Menge des Verstärkungsmaterials und vom Verarbeitungsverfahren. Hohe Festigkeiten (in Höhe von unlegierten Stählen) bei allerdings noch niedrigem E-Modul. Günstige elektrische Isoliereigenschaften. Einsatztemperaturen bis 100 °C, zum Teil bis 180 °C. Chemische Beständigkeit gut, auch bei Außenanwendungen; je nach Harz-Härter-System auch für Lebensmittelzwecke zugelassen.

Formteile als Laminate für großflächige Konstruktionsteile wie Fahrzeugbauteile, Boots- und Segelflugzeugrümpfe, Behälter, Heizöltanks, Container, Angelruten, Sportgeräte, Sitzmöbel, Verkehrsschilder. Formteile als Press- und Spritzgussteile für technische Formteile mit hohen Anforderungen an mechanische und thermische Eigenschaften bei guten elektrischen Eigenschaften wie Zündverteiler, Spulenkörper, Steckverbinder, Schalterteile.

Epoxidharze EP nach DIN EN ISO 3673 (Harze EP-R: *Araldite, Rütapox);* nach DIN EN ISO 15252 (Formmassen als EP-PMC). Vernetzte Duroplaste von Reaktionsharzen, die meist mit sehr hochwertigen Verstärkungsstoffen (Kohlenstoff- und Aramidfasern) verarbeitet werden. Bei Laminaten sind gezielte Verstärkungen möglich. Eigenschaften abhängig vom Aufbau des Epoxidharzes, vom Vernetzungsgrad, von der Art und Menge des Verstärkungsstoffs und vom Verarbeitungsverfahren. Sehr hohe Festigkeiten und Steifigkeiten, vor allem bei Kohlenstoff-Fasern (CFK); wenig schlagempfindlich. Beste elektrische Isoliereigenschaften in weitem Temperaturbereich, auch bei Freiluftanwendungen. Einsatztemperaturbereiche abhängig von Verarbeitung; kaltgehärtete Systeme bis 80 °C, warmgehärtete bis 130 °C, zum Teil bis 200 °C. Gut chemisch beständig, auch für Außenanwendungen.

Formteile als Laminate für hochfeste und steife Bauteile im Flugzeug- und Raumfahrzeugbau (Leitwerke, Tragflächen, Hubschrauberrotorblätter), Kopierwerkzeuge, Gießereimodelle. *Formteile* als Press- und Spritzgussteile für Konstruktionsteile mit hoher Maßhaltigkeit, vor allem in der Elektrotechnik, auch für Ummantelungen,

Präzisionsteile in der Feinwerktechnik und im Gerätebau. Hochleistungssportgeräte. *Zweikomponenten-Klebstoffe* für Festigkeitsklebungen.

32.7 Kunststoffschäume

Die Eigenschaften geschäumter Kunststoffe (s. a. Abschn. 32.10) sind von dem verwendeten Kunststoff, von der *Zellstruktur* und von der *Rohdichte* abhängig. Schaumstoffe mit kompakter Außenhaut (Struktur- oder Integralschäume) weisen günstige Steifigkeit bei geringem Gewicht auf. Mechanische Belastbarkeit und Wärmeisolierfähigkeit hängen wesentlich von der Porosität (Rohdichte) ab. Grundsätzlich sind alle Kunststoffe schäumbar, besondere Bedeutung haben jedoch *Thermoplastschäume TSG* auf der Basis SB, ABS, PE, PP, PC, PPE modifiziert und PVC sowie *Reaktionsschäume RSG* auf der Basis PUR. Die Zellenstruktur wird durch Einmischen von Gasen, Freiwerden von zugemischten Treibmitteln sowie Freiwerden von Treibmitteln bei der chemischen Reaktion der Ausgangsprodukte erreicht.

Expandierbares Polystyrol PS-E (*Styropor*) mit Rohdichten zwischen 13 und 80 kg/m^3 wird in Form von Platten, Blöcken, Folien und Formteilen für Wärme- und Trittschalldämmung eingesetzt, sowie in der Verpackungstechnik und für Auftriebskörper (ähnliche Anwendung auch PE-E u. PP-E).

Thermoplastschaumguss TSG. Er wird als Strukturschaum meist für großflächige Formteile im Möbelbau, für Büromaschinen-, Fernseh- und Datenverarbeitungsgeräte, Transportbehälter und Sportgeräte eingesetzt.

Harter Reaktionsschaumguss RSG auf Basis PUR. Mit Rohdichten zwischen 200 und 800 kg/m^3 haben sie gute mechanische Steifigkeit bei geringem Gewicht. Anwendungen im Möbelbau für Büromaschinen- und Fernsehgeräte, Fensterprofile, Karosserieteile, Sportgeräte.

32

Weiche RSG-Schäume auf Basis PUR haben sehr gute stoßdämpfende Eigenschaften und werden z. B. für Formpolster, Lenkradumkleidungen, Stoßfängersysteme und Schuhsohlen eingesetzt.

32.8 Elastomere

Elastomere sind polymere Werkstoffe mit hoher Elastizität. Die Elastizitätsmoduln solcher Elastomere liegen zwischen 1 und 500 MPa. Wegen der weitmaschigen, chemischen Vernetzung ist ein Warmumformen und Schweißen nach der Formgebung durch Vulkanisation nicht mehr möglich.

Eine Sondergruppe von Elastomeren stellen die *thermoplastisch verarbeitbare Elastomere TPE* (DIN EN ISO 18064) dar, die nach allen Verfahren der Thermoplastverarbeitung ver- und bearbeitet werden können. Das elastische Verhalten wird bei diesen Werkstoffen durch physikalische Vernetzungen erreicht.

Gummi. Es wird aus natürlichem oder synthetischem Kautschuk und vielen Zusatzstoffen hergestellt. Die mehr oder weniger weitmaschige Vernetzung erfolgt durch eine *Vulkanisation* mit Vernetzungsmitteln bei Temperaturen über 140 °C unter hohem Pressdruck.

Der verwendete *Kautschuk* bestimmt die mechanischen Eigenschaften und die chemische Widerstandsfähigkeit. *Vulkanisiermittel* sind Schwefel oder schwefelabgebende Stoffe (unter 3 %), bei Sonderkautschuken Peroxide. Durch Schwefelbrücken erfolgt die Vernetzung der linearen Kautschukmoleküle. Die Menge des Vulkanisationsmittels bestimmt den Vernetzungsgrad und dadurch die mechanischen Eigenschaften (Hartgummi – Weichgummi). *Aktive* (verstärkende) *Füllstoffe* sind bei schwarzen Gummisorten Gasruß, bei hellen Kieselsäure, Magnesiumcarbonat und Kaolin. Füllstoffe verbessern Festigkeit und Abriebwiderstand der Vulkanisate. *Inaktive Füllstoffe* sind Kreide, Kieselgur und Talkum; sie verbilligen die Endprodukte und erhöhen zum Teil die elektrische Isolation und die Härte. Als Weichmacher kommen beispielsweise Mineralöle, Stearinsäure oder Teer zum Einsatz. Diese verbessern teilweise die Verarbeitbarkeit.

Bei größeren Mengen erhöht sich die Stoßelastizität; Härte und mechanische Festigkeit werden herabgesetzt. *Aktivatoren* wie Zinkoxid verbessern die Vulkanisation. *Beschleuniger* erhöhen die Reaktionsgeschwindigkeit bei reduziertem Schwefelgehalt und verbessern außerdem die Wärmebeanspruchbarkeit. *Alterungsschutzmittel* schützen die Gummiwerkstoffe gegen Alterung durch Wärme, Sauerstoff und Ozon und gegen Sonnenlicht. *Farbstoffe* können rußfreien Gummimischungen zugegeben werden.

Naturkautschuke NR (zum Teil auch Polyisopren IR als „synthetischer" Naturkautschuk). Sie besitzen hohe dynamische Festigkeit und Elastizität sowie guten Abriebwiderstand. Schlecht witterungsbeständig und Quellung in Mineralölen, Schmierfetten und Benzin. Einsatztemperaturen −60 bis 80 °C. *Anwendungen* z. B. für Lkw-Reifen, Gummifedern, Gummilager, Membranen, Scheibenwischerblätter.

Styrol-Butadien-Kautschuke SBR (*Buna*). Sie haben gegenüber NR verbesserte Abriebfestigkeit und höhere Alterungsbeständigkeit bei ungünstigerer Elastizität und schlechteren Verarbeitungseigenschaften. Quellung ähnlich NR. Einsatztemperaturen −50 bis 100 °C. *Anwendungen* z. B. für Pkw-Reifen, Faltenbälge, Schläuche, Förderbänder.

Polychloroprenkautschuke CR (*Baypren, Hycar, Neoprene*). Sie besitzen gegenüber NR sehr gute Witterungs- und Ozonbeständigkeit bei geringerer Elastizität und Kältebeständigkeit. Ausreichend beständig gegen Schmieröle und Fette, aber nicht gegen heißes Wasser und Treibstoffe. Einsatztemperaturen −30 bis 100 °C. *Anwendungen* z. B. für Bautendichtungen, Manschetten, Kabelisolationen, Bergwerksförderbänder, Brückenlager.

Acrylnitril-Butadien-Kautschuke NBR (*Europrene, Perbunan N*). Auch als Nitrilkautschuk bekannt; besonders beständig gegen Öle und aliphatische Kohlenwasserstoffe, jedoch unbeständig gegen aromatische und chlorierte Kohlenwasserstoffe, sowie Bremsflüssigkeiten.

Gute Abriebfestigkeit und gute Alterungsbeständigkeit. Elastizität und Kältebeständigkeit ungünstiger als NR. Einsatztemperaturen −40 bis 100 °C. *Anwendungen z. B.* für Wellendichtringe, O-Ringe, Membranen, Dichtungen, Benzinschläuche.

Acrylatkautschuke ACM (*Vamac*). Sie besitzen gegenüber NR höhere Wärme- und chemische Beständigkeit, verhalten sich jedoch schlechter in der Kälte und sind schwieriger zu verarbeiten. Beständig gegen Mineralöle und Fette, jedoch nicht gegen heißes Wasser, Dampf und aromatische Lösemittel. Einsatztemperaturen −25 bis 150 °C. *Anwendungen z. B.* für wärmebeständige O-Ringe, Wellendichtringe und Dichtungen allgemein.

Butylkautschuke IIR (*Hycar*). Sie haben sehr geringe Gasdurchlässigkeit und gute elektrische Isoliereigenschaften, Heißdampffestigkeit, Witterungs- und Alterungsbeständigkeit, jedoch niedrige Elastizität bei hoher innerer Dämpfung. Unbeständig gegen Mineralöle, Fette und Treibstoffe. Einsatztemperaturen −40 bis 100 °C. *Anwendungen* für Luftschläuche für Reifen, Dachabdeckungen, Heißwasserschläuche, Dämpfungselemente.

Ethylen-Propylen-Kautschuke EPM, EPDM (*Buna EP, Keltan, Nordel*) mit guter Witterungs- und Ozonbeständigkeit bei guten elektrischen Isoliereigenschaften. EPDM wird durch Peroxide vernetzt und ist schwierig zu verarbeiten. Beständigkeit ähnlich NR, sehr gut gegen heiße Waschlaugen. Einsatztemperaturen −50 bis 120 °C. *Anwendungen z. B.* Wasch- und Geschirrspülmaschinendichtungen, Kfz-Fensterdichtungen, Kfz-Kühlwasserschläuche.

Silikonkautschuke VMQ (*Silastic*) Flüssig-Silikonkautschuke LSR für Spritzgießverarbeitung (*Elastosil*) und kaltaushärtende Silikonkautschuke RTV. Sie haben ausgezeichnete Wärme-, Kälte-, Licht- und Ozonbeständigkeit, geringe Gasdurchlässigkeit und sehr gute elektrische Isoliereigenschaften, aber geringen Einreißwiderstand. Beständig gegen Fette und Öle,

physiologisch unbedenklich, unbeständig gegen Treibstoffe und Wasserdampf. Antiadhäsiv. Einsatztemperaturen −100 bis 200 °C. *Anwendungen z. B.* für Dichtungen im Automobil-, Flugzeug- und Maschinenbau, für Herde und Trockenschränke, Kabelisolationen, Förderbänder für heiße Substanzen, medizinische Geräte und Schläuche.

Fluorkautschuke FKM (*Fluorel, Tecnoflon, Viton*). Sie haben ausgezeichnete Temperatur-, Öl- und Treibstoffbeständigkeit, jedoch nur geringe Kältebeständigkeit. Einsatztemperaturen −25 bis 200 °C, zum Teil bis 250 °C. *Anwendungen z. B.* für Dichtungen aller Art bei hohen Temperaturen mit hohen Härten.

Press- und gießbare Polyurethanelastomere PUR (*Adiprene, Elastopal, Urepan, Vulkollan*). Sie besitzen hohe mechanische Festigkeit und sehr hohe Verschleißfestigkeit bei sehr hohem Elastizitätsmodul gegenüber den Gummiwerkstoffen; starke Dämpfung. Beständig gegen Treibstoffe, unlegierte Fette und Öle; unbeständig gegen heißes Wasser und Wasserdampf; Versprödung durch UV-Strahlung. Einsatztemperaturen −25 bis 80 °C. *Anwendungen z. B.* Laufrollen, Dichtungen, Kupplungselemente, Lagerelemente, Zahnriemen, Verschleißbeläge, Schneidunterlagen, Dämpfungselemente.

Thermoplastisch verarbeitbare Elastomere TPE. Sie haben den Vorteil, dass sie thermoplastisch verarbeitet werden können und liegen vor als Polyurethane *TPU* (*Desmopan, Elastollan*), Polyetheramide *TPA* (*Pebax*), Polyesterelastomer *TPC-ET* (*Arnitel, Hytrel, Pibiflex, Riteflex*) Styrolcopolymere *TPS* (*Styroflex, Thermolast*) und Elastomeren auf Polyolefinbasis *TPO* (*Evatane, Multiflex, Nordel, Santoprene*). Sie werden ähnlich eingesetzt wie die Gummisorten, haben sehr unterschiedliche Eigenschaften je nach Aufbau und Zusammensetzung, besonders bei EVA durch den variierbaren Vinylacetatgehalt. Einsatztemperaturen −60 bis 120 °C je nach Typen. *Anwendungen z. B.* für Zahnräder, Kupplungs- und Dämpfungselemente, Rollenbeläge, Puffer, Dichtungen, Kabelummantelungen,

Faltenbeläge, Skischuhe, Schuhsohlen, auch für Hart-Weich-Kombinationen.

32.9 Prüfung von Kunststoffen

Die Eigenschaften von Kunststoff-Formteilen sind sehr stark abhängig von den Herstellungsbedingungen. Deshalb sind Kennwerte, die an getrennt hergestellten Probekörpern ermittelt werden, nicht ohne weiteres auf das Verhalten von Kunststoff-Formteilen zu übertragen. Bei der Kunststoffprüfung werden daher unterschieden: Prüfung von getrennt hergestellten Probekörpern, Prüfung von Probekörpern, die aus Formteilen entnommen werden und Prüfung der gesamten Formteile.

32.9.1 Kennwertermittlung an Probekörpern

Werkstoffkennwerte von Kunststoffen werden nach denselben Verfahren wie bei den Metallen (s. Kap. 30) ermittelt, jedoch ist besonders der Einfluss von Zeit und Temperatur zu beachten, so dass *Langzeitversuche* bei Raumtemperatur und erhöhter Temperatur wichtiger sind als bei Metallen. Bei Kunststoffen haben neben den *Verarbeitungsbedingungen* (Masse-, Werkzeugtemperatur, Drücke, etc.) außerdem noch *Umgebungseinflüsse* (Temperatur, Feuchte, Medien), *Gestalteinflüsse* (Wanddickenverteilung, Angusslage und -art), sowie *Zusatzstoffe* großen Einfluss auf die Eigenschaften. *Probekörper* (z. B. Vielzweckprobekörper nach DIN EN ISO 3167) müssen nach einheitlichen, genormten Richtlinien hergestellt (DIN EN ISO 294, 293, 295 und 10724) und geprüft werden (vgl. DIN EN ISO 10350, DIN EN ISO 11403 und Datenbank CAMPUS von M-Base), damit die Prüfergebnisse vergleichbar sind.

Die Probekörper werden getrennt hergestellt durch Spritzgießen oder Pressen bzw. werden aus Halbzeugen oder Formteilen spanend entnommen. Es handelt sich meist um flache Probekörper.

Wegen des Temperatur- und Klimaeinflusses wird unter *Normalklima* DIN EN ISO 291 geprüft, d. h. bei 23 °C und 50 % rel. Luftfeuchte.

Mechanische Eigenschaften

Die mechanischen Werkstoffkennwerte werden durch *Grenzspannungen* oder *Grenzverformungen* gekennzeichnet. Es handelt sich überwiegend um statische Kurz- oder Langzeitversuche oder um dynamische Schlag- oder Dauerversuche.

Die meisten Prüfungen erfolgen nach DIN EN ISO-Normen, nachfolgend werden nur noch die Kennwerte nach DIN EN ISO aufgeführt.

Im Zugversuch DIN EN ISO 527 werden Kennwerte unter einachsiger, quasistatischer Zugbeanspruchung ermittelt. Aussagekräftig ist das *Spannungs-Dehnungs-Diagramm*.

Wird die Kraft F auf den Ausgangsquerschnitt A_0 bezogen, erhält man sogenannte technische Spannungen σ. Für die Ermittlung von Dehnungen im Zugversuch wird in der Regel eine definierte Anfangsmesslänge l_0 in Zugrichtung am unbelasteten Probekörper definiert. Deren Veränderung Δl bezogen auf die Anfangsmesslänge l_0 bezeichnet man als technische Dehnung ε.

Abb. 32.2 zeigt einige charakteristische Spannungs-Dehnungs-Diagramme mit den ermittelten *Kennwerten* (Spannungen in MPa, Dehnungen in %):

σ_y	Streckspannung
σ_M	Zugfestigkeit
σ_B	Bruchspannung (Reißfestigkeit)
σ_x	Spannung bei x % Dehnung
ε_y	Streckdehnung
ε_M	Dehnung bei der Zugfestigkeit
ε_B	Bruchdehnung (Reißdehnung)

Man erkennt, dass bei *spröden* Kunststoffen $\sigma_M = \sigma_B$ ist, bei *verformungsfähigen* Kunststoffen dagegen kann $\sigma_M = \sigma_y > \sigma_B$ sein oder $\sigma_M = \sigma_y < \sigma_B$.

Im *Druckversuch* DIN EN ISO 604 werden Kennwerte unter einachsiger, quasistatischer Druckbeanspruchung ermittelt. Probekörper sind so zu wählen, dass keine Knickung auftritt.

Kennwerte (Spannungen in MPa, Dehnungen in %):

$\sigma_{(c)y}$ Druckfließspannung
$\sigma_{(c)M}$ Druckfestigkeit
$\sigma_{(c)E}$ Druckspannung bei Bruch
$\sigma_{(x)}$ Druckspannung bei x % Stauchung
ε_{cy} Fließstauchung
ε_{cM} Stauchung bei Druckfestigkeit
σ_{cB} nominelle Stauchung bei Bruch

Anmerkung
In DIN EN ISO 604 ist bei den Festigkeitskennwerten kein Index „c" vorgesehen, im Gegensatz zu den Dehnungskennwerten; um Verwechslungen mit Kennwerten aus dem Zugversuch zu vermeiden, wird hier das Index „c" in Klammern gesetzt.

Im *Biegeversuch* DIN EN ISO 178 werden die Kennwerte bei Dreipunktbiegebeanspruchung ermittelt.

Kennwerte (Spannungen in MPa, Dehnungen in %):

σ_{fM} Biegefestigkeit
σ_{fB} Biegespannung bei Bruch
σ_{fc} Biegespannung bei konventioneller Durchbiegung s_c
ε_{fM} Biegedehnung bei Biegefestigkeit
ε_{fb} Biegedehnung beim Bruch
s_c konventionelle Durchbiegung $s_c = 1{,}5\,h$
   (entspricht 3,5 % Randfaserdehnung)

Die Bestimmung des *Elastizitätsmoduls* E_t erfolgt im Zugversuch nach DIN EN ISO 527, E_c im Druckversuch nach DIN EN ISO 604 und E_f im Biegeversuch nach DIN EN ISO 178. Der Elastizitätsmodul wird als *Sekantenmodul* für die Dehnungen $\varepsilon_1 = 0{,}05$ % und $\varepsilon_2 = 0{,}25$ % ermittelt; entsprechend Abb. 32.2 gilt dann für den Zugversuch: $E_t = (\sigma_2 - \sigma_1)/(\varepsilon_2 - \varepsilon_1)$.

Die Härte von Kunststoffen wird im *Kugeldruckversuch* DIN EN ISO 2039-1 oder bei weichgemachten Kunststoffen und Elastomeren nach Shore A oder D in DIN EN ISO 868 bestimmt, der internationale Gummihärtegrad IRHD nach DIN EN ISO 7619. Die *Rockwellhärte* an Kunststoffen wird nach DIN EN ISO 2039-

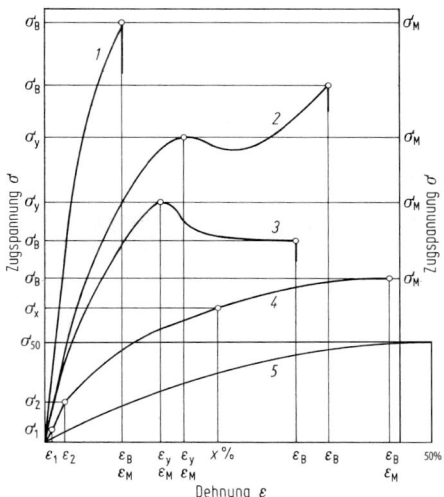

Abb. 32.2 Zugspannungs-Dehnungs-Diagramme. *1* spröde Kunststoffe, z. B. PS, SAN, Duroplaste ($\sigma_M = \sigma_B$), *2* zähe Kunststoffe, z. B. PC, ABS ($\sigma_M = \sigma_y < \sigma_B$ oder $\sigma_M = \sigma_y$), *3* verstreckbare Kunststoffe, z. B. PA, PE, PP ($\sigma_M = \sigma_y > \sigma_B$), *4* weichgemachte Kunststoffe, z. B. PVC-P ($\sigma_M = \sigma_B$, σ_y nicht vorhanden), *5* dehnbarer Kunststoff mit $\varepsilon_B > 50$ %; Bestimmung von σ_{50}

2 bestimmt. *Kennwerte*: Kugeldruckhärte H in N/mm^2 nach 30 s Prüfzeit, Shore A- oder Shore D-Härte nach 3 s Prüfzeit; Rockwellhärte 15 s nach Wegnahme der Prüflast je nach Härteskala (R, L, M oder E).

In *Schlag-* bzw. *Kerbschlagbiegeversuchen* DIN EN ISO 179-1, DIN EN ISO 180 oder im *Schlagzugversuch* DIN EN ISO 8256 erhält man, vor allem durch Prüfung bei unterschiedlichen Temperaturen, eine Aussage über das Zäh-/Spröd-Verhalten bzw. über Zäh-Spröd-Übergänge. Die Kerbform (einfache V-Kerbe, Doppel-V-Kerbe) sowie die Art der Beanspruchung (beidseitige Auflage bei Charpyversuchen, bzw. einseitige Einspannung bei Izod-Versuchen) beeinflussen die Kennwerte sehr stark. Bei Charpy-Schlagversuchen nach DIN EN ISO 179 wird noch unterschieden zwischen *schmalseitigem* Schlag (Index „e": edgewise) und *breitseitigem* Schlag (Index „f": flatwise); es gibt 3 Kerbformen A (Kerbradius $r_N = 0{,}25$ mm), B ($r_N = 1$ mm) oder C ($r_N = 0{,}1$ mm) und damit unterschiedlicher Kerbschärfe, aber gleichem Flankenwinkel von 45°; Kerbtiefe 2 mm. DIN EN

ISO 179–2 beschreibt die instrumentierte Schlagzähigkeitsprüfung.

Kennwerte in kJ/m^2:

a_{cU} Charpy-Schlagzähigkeit ungekerbt DIN EN ISO 179-1

a_{cN} Charpy-Schlagzähigkeit gekerbt DIN EN ISO 179-1

a_{iU} Izod-Schlagzähigkeit ungekerbt DIN EN ISO 180

a_{iN} Izod-Schlagzähigkeit gekerbt DIN EN ISO 180

Anmerkung
„N" entspricht der Kerbform A, B oder C.

Brechen Probekörper in Schlagbiegeversuchen auch mit schärfster Kerbe nicht, dann werden Schlagzugversuche nach DIN EN ISO 8256 durchgeführt.

Im *Zeitschwingversuch* werden in Anlehnung an die metallischen Werkstoffe nach (DIN 50100) Kennwerte bei dynamischer Beanspruchung ermittelt. Aus Wöhlerkurven für unterschiedliche Beanspruchungsverhältnisse (s. Abschn. 30.2) erhält man ein *Zeitschwingfestigkeits-Schaubild* nach Smith. Da Kunststoffe i. Allg. keine Dauerschwingfestigkeit aufweisen, wird meistens die Zeitschwingfestigkeit für 10^7 Lastwechsel ermittelt. Außerdem darf wegen der Erwärmung die Prüffrequenz höchstens 10 Hz betragen.

Kennwerte (in MPa):

$\sigma_{W(10^7)}$ Zeitwechselfestigkeit für 10^7 Lastwechsel

$\sigma_{Sch(10^7)}$ Zeitschwellfestigkeit für 10^7 Lastwechsel

Im *Zeitstandversuch* DIN EN ISO 899 werden bei konstanter Belastung *Zeitdehnlinien* $\varepsilon = f(t)$ aufgenommen. Daraus ermittelt man das *Zeitstandschaubild* $\sigma = f(t)$ und erhält dann *isochrone Spannungs-Dehnungs-Diagramme* $\sigma = f(\varepsilon)$. Aus dem isochronen Spannungs-Dehnungs-Diagramm (Abb. 32.3) werden die *Kennwerte* ermittelt (in MPa):

ε_t Kriechdehnung

σ_{ε_t} Kriechdehnspannung (z. B. bedeutet $\sigma_{2/1000}$ die Spannung σ, die nach 1000 h zu einer Dehnung $\varepsilon = 2\,\%$ führt)

$\sigma_{B,t}$ Zeitstandfestigkeit (z. B. bedeutet $\sigma_{B/10.000}$ die Spannung σ, die nach $t = 10.000$ h zum Bruch führt)

$E_{tc(t)}$ Kriechmodul

Die *Kriechmoduln* sind abhängig von der Spannung, der Zeit, und selbstverständlich der Temperatur. Heute werden die Kriechmoduln meist für Spannungen ermittelt, die zu Dehnungen $\varepsilon \leq 0,5\,\%$ führen.

Elektrische Eigenschaften

Elektrische Spannungs- und Widerstandswerte werden hauptsächlich nach DIN EN 62631 und DIN EN 60243 ermittelt:

U_D Durchschlagspannung in V

E_B Durchschlagfestigkeit in kV/mm

R Widerstandswerte in Ω (Durchgangs-, Oberflächenwiderstand)

ϱ spezifischer Durchgangswiderstand in $\Omega \cdot m$

σ spezifischer Oberflächenwiderstand in Ω

Thermische Eigenschaften

Kunststoffe als organische Werkstoffe sind sehr stark temperaturabhängig. Außerdem haben sie im Vergleich zu Metallen *geringere* Wärmeleitfähigkeit λ und *größere* thermische Längenausdehnungskoeffizienten α. Als *Kennwerte*, die aber keine Aussage über die tatsächlichen Temperaturbeanspruchbarkeit machen und i. Allg. nur als Vergleichswerte dienen, werden ermittelt:

Wärmeformbeständigkeitstemperatur (HDT) nach DIN EN ISO 75, Vicat-Erweichungstemperatur (VST) nach DIN EN ISO 306, Verfahren A (B).

In Tabellenwerken werden oft *Gebrauchstemperaturbereiche* angegeben, die aber meist nur für geringe Belastungen gelten. Eine weitere Charakterisierungsmöglichkeit von Kunststoffen bietet die Ermittlung dynamisch mechanischer Eigenschaften wie beispielsweise Biege-,

ab.3Abb. 32.3 Versuchsergebnisse aus Zeitstandversuchen. **a** Kriechkurven $\varepsilon = f(t)$, Parameter Spannung σ; **b** Zeitstandschaubild $\sigma = f(t)$, Parameter Dehnung ε; **c** isochrone Spannungs-Dehnungs-Diagramme $\sigma = f(\varepsilon)$, Parameter Zeit t, *1* Kurzzeitversuch

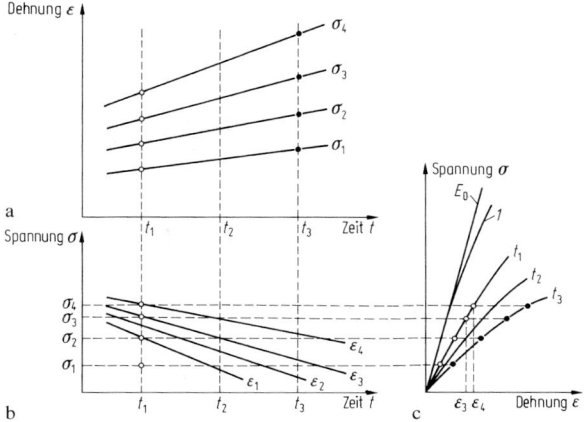

Chemische Eigenschaften

Die chemische Beständigkeit der Kunststoffe hängt von ihrem Aufbau ab. *Duroplaste* sind wegen der chemischen Vernetzung weitgehend beständig gegen chemischen Angriff. Bei *Thermoplasten* sollte für jeden Kunststoff geprüft werden, ob er gegenüber den wirkenden Chemikalien beständig ist. Die Rohstoffhersteller liefern Tabellen, in denen das Verhalten der Kunststoffe gegen Chemikalien auch bei unterschiedlichen Temperaturen enthalten ist.

Eine Besonderheit bei Kunststoffen ist die *Spannungsrissbildung* bei gleichzeitigem Einwirken von Eigen-, Montage- oder Betriebsspannungen und spannungsrißauslösende Medien. Es zeigen sich dabei mehr oder weniger gut erkennbare Risse, die sich über ausgeprägte Rissbildung bis zum totalen Bruch weiterentwickeln können. Spannungsrissuntersuchungen können im *Kugeleindruckverfahren* (DIN EN ISO 22088-4), *Biegestreifenverfahren* (DIN EN ISO 22088-3) oder *Zeitstandzugversuch* (DIN EN ISO 22088-2) erfolgen.

Verarbeitungstechnische Eigenschaften

Zur Beurteilung des *Fließverhaltens* von Thermoplasten wird die *Schmelze-Massefließrate* (*Schmelzindex*) *MFR* (g/10 min) oder die

Schub- oder Zugmodul-Temperatur-Kurven mittels DMA (Dynamisch-mechanische Analyse) DIN EN ISO 6721.

Schmelze-Volumenfließrate (*Volumenfließindex*) *MVR* (cm^3/10 min) nach DIN EN ISO 1133 bestimmt. Außerdem ist die *Viskositätszahl VN* (oder *VZ* bzw. *J*) für die Lösungen thermoplastischer Kunststoffe (z. B. nach DIN EN ISO 307 für Polyamide) eine verarbeitungstechnische Kenngröße. Schädigungen der Kunststoffe beim Verarbeiten zeigen sich in der Änderung dieser Eigenschaften.

Bei duroplastischen Formmassen gibt die *Becherschließzeit* nach DIN 53465 (ersatzlos zurückgezogen) Aussagen über das Fließverhalten und DIN 53764 (ersatzlos zurückgezogen) über das Fließ-Härtungsverhalten; DIN EN ISO 12114 und DIN EN ISO 12115 für faserverstärkte Formmassen.

Beim Entwurf von Kunststoff-Formteilen und den notwendigen Werkzeugen ist das *Schwindungsverhalten* der Kunststoffe von Bedeutung. Die Schwindung wirkt sich auf die Abmessungen und Toleranzen der Formteile aus. Die *Verarbeitungsschwindung* S_M *(früher: VS)* ist fertigungsbedingt und wird nach DIN EN ISO 294-4 ermittelt; sie hängt vom Kunststoff (amorph, teilkristallin, gefüllt) ab und von den Verarbeitungsparametern (Drücke, Temperaturen), sowie der Gestalt der Formteile. Durch Nachkristallisationen bei teilkristallinen Kunststoffen, den Abbau innerer Spannungen und Nachhärtungseffekte bei Duroplasten tritt im Laufe der Zeit eine *Nachschwindung* S_P auf, die hauptsächlich werkstoff-, verarbeitungs-

und umweltbedingt ist. Bei höheren Temperaturen kann die Nachschwindung beschleunigt, d. h. vorweggenommen werden. Die *Gesamtschwindung* S_T setzt sich aus der *Verarbeitungsschwindung* S_M und der *Nachschwindung* S_P zusammen, sie ist richtungsabhängig.

Als Materialeingangprüfungen für Kunststoffrohstoffe spielen weiterhin *Schüttdichte* DIN EN ISO 60, *Stopfdichte* DIN EN ISO 61 sowie *Rieselfähigkeit* DIN EN ISO 6186 eine Rolle, außerdem *Feuchtegehalt, Flüchte und Wassergehalt* (DIN EN ISO 15512, ISO 760).

Sonstige Prüfungen

Für Kunststoffe ist das *Brandverhalten* häufig von großer Bedeutung. Es gibt eine Vielzahl von Prüfverfahren; die wichtigsten sind nachstehend aufgeführt. Das *Brandverhalten* fester elektrotechnischer Isolierstoffe wird nach DIN EN IEC 60695 ermittelt; es handelt sich um Prüfverfahren zur Beurteilung der *Brandgefahr* bei unterschiedlicher Anordnung von Probestab und Zündquelle (Verfahren BH, FH oder FV). Sehr große Bedeutung haben die *Brennbarkeitsprüfungen* nach UL-Vorschrift 94. Die Kunststoffe werden dabei in Klassen eingeteilt, z. B. bei vertikaler Probenanordnung in Klasse 94 V-0 bis 94 V-2 sowie 5 VA und 5 VB.

Die *Farbbeurteilung* nach unterschiedlichen Verfahren ist wichtig z. B. für die Farbabmusterung und um mit Hilfe von bestimmten Lichtquellen A, C, D65 eine objektive Farbbeurteilung zu ermöglichen. Es gibt RAL-Farbkarten; das gebräuchlichste Farbbeschreibungssystem ist das CIE-Lab-System.

In *Bewitterungsversuchen* ISO 188, DIN ISO 1431, DIN EN ISO 4892, DIN EN ISO 846, DIN EN ISO 877 werden Abbauvorgänge bei Kunststoffen durch Witterungseinflüsse wie Sonnenstrahlung, Temperaturen, Niederschlägen, Mikroorganismen und Luftsauerstoff oder durch künstliches Bewittern untersucht. Solche Einflüsse können zu einer starken (negativen) Beeinflussung der Gebrauchseigenschaften von Kunststoff-Formteilen führen (z. B. Verspröden).

32.9.2 Prüfung von Fertigteilen

Können aus Kunststoff-Fertigteilen entsprechende Probekörper entnommen werden, so sind Prüfungen nach den in Abschn. 32.9.1 aufgeführten Verfahren möglich. Man spricht dann von der *Prüfung des Formstoffs im Formteil.* Die Prüfergebnisse sind allerdings i. Allg. nur bedingt mit den an genormten Probekörpern ermittelten Kennwerten zu vergleichen.

Interessanter ist es, das Fertigteil als *komplettes Formteil* zu prüfen (z. B. DIN 53760, ersatzlos zurückgezogen).

Zerstörungsfreie Prüfverfahren sind: Sichtkontrolle, Prüfung des Formteilgewichts, Maßprüfungen, spannungsoptische Untersuchungen (nur an durchsichtigen Formteilen), Ultraschall- und Röntgenprüfungen.

Zerstörende Prüfungen sind: Warmlagerungsversuche (DIN 53497), Beurteilung des Spannungsrissverhaltens DIN EN ISO 22088, lichtmikroskopische Gefügeuntersuchungen an Dünnschnitten oder Dünnschliffen bei teilkristallinen Kunststoffen, Ermittlung von Füllstofforientierungen durch Auflichtbetrachtung von Schliffen, Beständigkeitsprüfungen, Stoß- und Fallversuche DIN EN ISO 6603 oder aktive Fallversuche.

Thermische Analyseverfahren (DSC, TGA, TMA) eignen sich zur Kunststofferkennung und ermöglichen teilweise eine Aussage über dessen Verarbeitung (thermische Vorgeschichte). Mittels DSC lassen sich Glasübergangstemperaturen Tg, Kristallitschmelztemperatur Tm und Schmelzenthalpie bestimmen. Das thermische Zersetzungsverhalten sowie der Glührückstand können mittels TGA bestimmt werden.

Weitere Analyseverfahren zur Kunststoffcharakterisierung sind beispielsweise Infrarot-Spektroskopie (FT-IR) und die Gel-Permeations-Chromatographie (GPC).

Bei den zerstörenden Prüfungen sind höchstens *Stichprobenprüfungen* möglich, die dann nach den Regeln der Statistik ausgewertet werden.

Durch Bauteilprüfungen gesamter Formteile bzw. Baugruppen wird das Verhalten unter Betriebsbedingungen ermittelt. Zur Zeitraffung können einzelne Prüfparameter gezielt erhöht werden, wobei allerdings zu beachten ist, dass die Versagensart bei der beschleunigten Prüfung der im praktischen Einsatz entspricht. Die entsprechenden Prüfverfahren mit den Bedingungen sind zu vereinbaren.

Heute wird angestrebt, die Fertigung so zu überwachen und zu regeln (Prozessüberwachung), dass keine Prüfungen der Fertigteile mehr notwendig sind, wenn die vorgeschriebenen Prozessparameter eingehalten werden (s. Abschn. 32.10).

32.10   Verarbeiten von Kunststoffen

Die wichtigsten Verarbeitungsverfahren für Kunststoffe und ihre Modifikationen werden nachstehend kurz beschrieben.

Gegenüber metallischen Werkstoffen werden Kunststoffe bei niedrigeren Temperaturen und damit energiesparender verarbeitet. Der Einsatz von Kunststoffen hat sich in vielen Bereichen in den letzten Jahrzehnten durchgesetzt. Vorteile bieten beispielsweise werkstoff- als auch verarbeitungsbedingte Integrationsmöglichkeiten verschiedener Funktionen (Schnappverbindungen, Federelemente, Sandwichelemente, etc.) bei gleichzeitig geringerem Gewicht und ggf. elektrischer Isolation. So können z. B. Formteile mit hoher Wirtschaftlichkeit bei deutlich geringeren Arbeitsschritten und hohem Rationalisierungseffekt hergestellt werden. Nahezu alle Verarbeitungsverfahren lassen sich sehr gut automatisieren und Formteile können in hohen Stückzahlen in reproduzierbarer Qualität gefertigt werden. Ein besonderer Vorteil liegt bei den Kunststoffen darin, dass sie in ihren Eigenschaften gezielt für ein bestimmtes Anwendungsgebiet eingestellt werden können (Kunststoffe sind *Werkstoffe nach Maß*).

Außer von der Charakteristik des einzelnen Kunststoffs hängt das Eigenschaftsbild u. a. noch wesentlich von den Verarbeitungsbedingungen ab.

Für technische Kunststoffe gibt es heute einen vernünftigen Werkstoff-Kreislauf (Recyclingtechniken).

Im Wesentlichen lassen sich die Verarbeitungsverfahren von Kunststoffen in Urformen und Umformen einteilen.

32.10.1   Urformen von Kunststoffen

Unter Urformen versteht man die direkte Herstellung (Formgebung) von Fertigteilen und Halbzeugen aus dem Rohstoff, der z. B. als Formmasse (Granulat, Pulver, Schnitzel, etc.) oder als flüssiges Vorprodukt vorliegen kann.

Spritzgießen. Das Spritzgießverfahren ist eine taktweise Fertigung, bei der Formteile überwiegend aus Formmassen (s. Abschn. 32.1) hergestellt werden. Die Formmassen werden im Plastifizierzylinder aufgeschmolzen und homogenisiert. Die Schmelze wird in der Regel durch die Vorwärtsbewegung der Schnecke unter hohem Druck in das Formnest einer geteilten Stahlform eingespritzt.

Thermoplastische Kunststoffe erstarren im Formnest durch Abkühlung. Duroplaste und Elastomere werden dagegen formstabil durch exotherme Vernetzungsreaktionen im Formnest. Sowohl komplizierte Kleinstteile (Federelemente, Zahnräder) als auch großflächige Formteile (z. B. Stoßfänger für Pkw) lassen sich in hohen Stückzahlen in einem Arbeitsgang ohne bzw. mit geringer Nacharbeit wirtschaftlich herstellen. Besonders hervorzuheben ist die Möglichkeit, mehrere Funktionen in einem Formteil integrieren zu können (Multifunktionalität, z. B. Schnappverbindungen und Filmscharniere, Einlegeteile, Insert- bzw. Outserttechnik, Inmouldlabeling).

Die mechanischen Eigenschaften und die Fertigungsgenauigkeit spritzgegossener Formteile sind nicht nur vom jeweilig gewählten Kunststoff und dessen Chargenkonstanz abhängig, sondern auch von der Formteilgestalt, Auslegung und Herstellungsqualität des Werkzeugs sowie vom Verarbeitungsprozess.

Die einzelnen Phasen beim Spritzgießen lassen sich anschaulich anhand des angussnahen Druckverlaufs im Formnest synchron mit dem Hydraulikdruckverlauf darstellen, Abb. 32.4.

32

Abb. 32.4 Synchrone Aufzeichnung von Werkzeuginnendruck (angussnah) und Hydraulikdruck, N_W Maß für Nachdruckwirkung

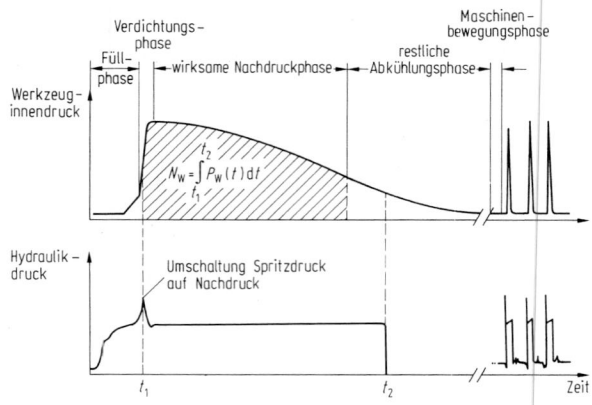

Duroplastische Formmassen verarbeitet man meist auf den gleichen Spritzgießmaschinen wie thermoplastische Formmassen; angepasst werden müssen die Plastifiziereinheit und das Spritzgießwerkzeug. Eine nennenswerte Vernetzung der Formmasse im Zylinder ist zu vermeiden, um die Fließfähigkeit zu erhalten. Durch die verhältnismäßig niedrige Viskosität der Schmelze beim Einspritzvorgang weisen duroplastische und elastomere Formteile teilweise höhere Gratbildung auf, die durch Nacharbeit beseitigt werden muss.

In der Spritzgießverfahrenstechnik gibt es eine Vielzahl Sonderverfahren zur Herstellung spezieller Formteile. Die wichtigsten sind: *Gasinjektionstechnik* (GIT) und *Wasserinjektionstechnik* (WIT) zur Herstellung von Formteilen mit großen Querschnittsunterschieden, die im Innern Hohlräume enthalten (Griffe, Konsolen, Pedale). Beim *Mehrkomponentenspritzgießen* können z. B. Thermoplaste mit thermoplastisch verarbeitbaren Elastomeren TPE in speziellen Werkzeugen verarbeitet werden (Hart-Weich-Kombinationen wie Dichtelemente, Ventile, „griffige" Schaltelemente, Haptikeffekt). Bei der *Hinterspritztechnik* werden z. B. textile Oberflächen auf Spritzgussteile beim Spritzgießen aufgebracht (Türverkleidungen im Automobilbau). Das *Spritzprägen* ermöglicht die Herstellung optischer Formteile (Linsen, Verscheibungen) mit sehr präziser Oberfläche und Datenträger (CD, DVD). Formteile mit sonst nicht entformbaren, komplexen Innenkonturen werden mit Hilfe der *Schmelzkerntechnik* hergestellt.

Pressen und Spritzpressen. Bedeutung besitzt das Pressen bei Duroplasten und Elastomeren sowie bei der Herstellung von Schichtpressstoffen. Die Pressmasse (BMC) wird bei diesem Verfahren unter Druck- und Wärmeeinwirkung plastisch und dabei der Werkzeughohlraum ausgefüllt. Duroplastische pulverförmige Pressmassen werden meist tablettiert und mittels Hochfrequenz vorgewärmt. Demnach legt man die Tablette in das beheizte Werkzeug und füllt den Werkzeughohlraum durch den Pressdruck. Eventuell auftretende Gase entweichen durch eine Werkzeug-Entlüftungsbewegung. Nach weitgehender Vernetzung der Formmasse lässt sich das nun stabile heiße Formteil entnehmen.

Während beim *Formpressen* die Formmasse direkt in den Hohlraum des Werkzeugs zwischen Stempel und Gesenk eingegeben wird, wird beim *Spritzpressen* die Masse zunächst in einem Füllraum erwärmt. Nach dem plastischen Erweichen presst man die Masse durch Spritzkanäle in die Hohlräume der zuvor geschlossenen Form. Das Spritzpressen eignet sich besonders für Mehrfachwerkzeuge.

Beim Pressen von *glasfaserverstärkten Gießharzen* werden die beiden Komponenten Glasfaserverstärkung und Harz/Härter-Gemisch als Prepregs (vorgetränkte Glasfaserprodukte) oder einzeln in die Pressform gebracht.

Für großflächige Teile, z. B. Karosserieteile im Fahrzeugbau werden *Polyester-Harzmatten* (sog. UP-SMC-Prepregs) verwendet (SMC: Sheet Moulding Compound). Die Herstellung der

Großteile erfolgt auf Unterdruck-Kurzhubpressen mit hydrostatisch gelagerter Aufspannplatte. Diese Pressen ermöglichen eine hohe Positioniergenauigkeit der Werkzeugteile.

Kalandrieren. Unter Kalandrieren wird in der Kunststoff- und Kautschukverarbeitung das Ausformen bei der Verarbeitungstemperatur hochviskoser Mischungszubereitungen im Spalt zwischen zwei oder mehreren Walzen zur endlosen Bahn verstanden. Besondere Bedeutung hat das Kalandrieren bei der Herstellung von Folien und Platten aus Hart- und Weich-PVC (PVC-U, PVC-P). In der Kautschukverarbeitung werden Dachbelagsfolien, Bauisolierfolien, Fußbodenbeläge, Profile, Triebriemen, Transportbänder und die Belegung von Reifencord nach dem Kalandrierverfahren hergestellt.

Extrudieren und Blasformen. Beim Extrudieren wird unter ständiger Rotation der Schnecke z. B. granulat- oder pulverförmige Formmasse aus dem Fülltrichter eingezogen und plastifiziert. Durch den aufgebauten Förderdruck drückt man die hochviskose Masse durch ein formgebendes Werkzeug. Vor dem Erstarren der Strangmasse wird noch kalibriert. Rohre, Profile, Schläuche, Bänder, Tafeln, Folien und Drahtummantelungen lassen sich nach dem Extrusionsverfahren kontinuierlich herstellen.

Zu einer Extrusionsstraße gehören im Wesentlichen Plastifizieranlage (Extruder), Profilwerkzeug, Kalibrierwerkzeug, Kühlvorrichtung, Abzug und Stapelvorrichtung. Mit speziellen *Reckprozessen* nach dem Extrudieren können insbesondere hochfeste Fasern, Folien und Bänder hergestellt werden. Folien werden hauptsächlich durch *Folienblasen* hergestellt.

Extrudierte Profile werden häufig in einer mit dem Extruder zusammengefassten zweiten Anlage weiterverarbeitet.

Beim *Extrusionsblasformen* wird ein extrudierter Schlauch von einem Blaswerkzeug abgequetscht und mittels eines Blasdorns aufgeblasen, Abb. 32.5. Diese Formteile weisen eine sichtbare Quetschnaht im Bodenbereich auf. Flaschen, Kanister, Heizöltanks sind Beispiele, die nach diesem Verfahren produziert werden. Weite-

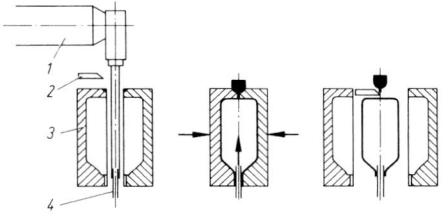

Abb. 32.5 Extrusionsblasen (schematisch). *1* Extruder, *2* Trennmesser, *3* Werkzeug, *4* Luftzufuhr (Blasdorn)

re häufig angewendete Verfahrenstechniken sind das *Spritz- und Streckblasen* zur Herstellung von Verpackungsteilen und PET-Flaschen.

Herstellen von faserverstärkten Formteilen. Glasfasern, Kohlenstoff-Fasern, Naturfasern (Hanf u. a.) und synthetische Fasern, wie z. B. Aramid- und Polyethylenfasern, werden meist in eine duroplastische Matrix (Polyester-, Epoxidoder Phenolharz) eingebettet. Neben Endlosfasern (Rovings) verwendet man auch flächige Halbzeuge wie Gewebe, Matten und Gelege.

Beim *Handlaminieren* werden Matten bzw. Gewebe in eine Form, z. B. aus Holz, eingelegt. Die Tränkung der Fasermatten wird mit einem Pinsel vorgenommen und anschließend die Matte mit einer Laminierrolle verdichtet. Eine glatte Oberfläche erreicht man durch Aufbringen einer unverstärkten, gefüllten Reinharzschicht (Gelcoat). Das Verfahren eignet sich zur Herstellung von Großteilen und Einzelstücken.

Für kleine bis mittlere Serien eignet sich das auch als automatisiertes Handlaminieren angesehene *Faserspritzverfahren*. Mit einer Faserspritzpistole werden Harz, Härter, Beschleuniger und Kurzfasern mittels Druckluft auf die Form aufgebracht. Aus zugeführten Endlosfasern lassen sich mit einem rotierenden Schneidwerk kontinuierlich Kurzfasern erzeugen. Anwendung finden hier ausschließlich Polyesterharze. Typische Bauteile sind Badewannen, Schwimmbäder, Behälter und Dachelemente.

Hohlkörper aus faserverstärkten Kunststoffen werden in einem weitgehend automatisierten *Wickelverfahren* hergestellt. Dabei werden die Verstärkungsfasern über einen Kern gewickelt. Im Tränkbad werden die von der Schlichte verklebten Rovings aufgefächert, mit Harz benetzt und

32

in einer sog. Walkstrecke gut durchtränkt. Um Bauteile maximaler Festigkeit bei minimalem Eigengewicht herzustellen, müssen die Fasern möglichst exakt in der späteren Hauptbelastungsrichtung liegen und der Kern möglichst gleichmäßig bedeckt werden. Der Roving wird auf der sog. geodätischen Linie abgelegt (kürzeste Verbindung zwischen zwei Punkten auf einer gekrümmten Oberfläche).

Für die automatisierte Herstellung endosfaserverstärkter Bauteile eignet sich das RTM-Verfahren (Resin-Transfer-Moulding). Hierbei werden zunächst Fasermatten bzw. Gewebe in ein formgebendes Werkzeug eingelegt, welches anschließend mit einem im unvernetzten Zustand flüssig vorliegenden Polymer (häufig Epoxide) gefüllt wird. Eine vollständige Imprägnierung der Fasern ist zur Erreichung guter mechanischer Kennwerte zwingend notwendig.

Ein neuer Trend ist der Einsatz von plattenförmigen endlosfaserverstärkten Thermoplast-Halbzeugen (Tepex, Organoblech). Diese werden zunächst thermoplastisch umgeformt und in einem weiteren Schritt in einem formgebenden Spritzgießwerkzeug durch das Anspritzen von Rippen und Funktionselementen aus kurzfaserverstärkten Thermoplasten (in der Regel Polyamide) zu hoch integrierten Strukturbauteilen verarbeitet.

Schäumverfahren. Im plastischen oder thermisch erweichten Zustand können Polymerwerkstoffe geschäumt werden. Der Schäumvorgang wird durch chemisch abgespaltene Gase, verdampfende Flüssigkeiten oder Gaszusatz (chemische bzw. physikalische Treibmittel) unter Druck bewirkt. Prinzipiell lassen sich alle Kunststoffe schäumen. Wichtige Kunststoffe sind expandierbares Polystyrol PS-E (z. B. Styropor) für Verpackungs- und Isolationszwecke und Polyurethanschäume als Hart- und Weichschäume für leichte und steife Konstruktionen und Polsterzwecke. Geschäumtes Polypropylen PP-E wird ebenfalls in der Verpackungstechnik eingesetzt.

Der E-Modul geschäumter Erzeugnisse nimmt annähernd proportional mit dem Feststoffgehalt ab, die Steifigkeit eines Werkstücks aber mit der dritten Potenz der Wanddicke zu; Bauteile mit poriger Struktur sind daher mehrfach stei-

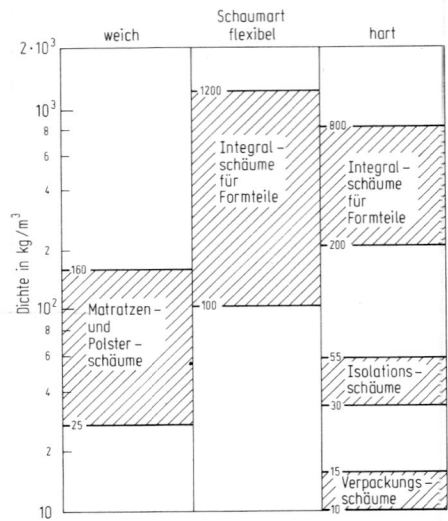

Abb. 32.6 Anwendungsgebiete für Schäume mit unterschiedlichen Raumgewichten

fer als massive Teile gleichen Gewichts. Sogenannte *Struktur*- oder *Integralschäume* besitzen eine inhomogene Dichteverteilung derart, dass der Schaumstoffkern kontinuierlich in eine dichte Außenhaut übergeht. In Abb. 32.6 sind einige Anwendungsgebiete für Schäume mit unterschiedlichen Raumgewichten aufgeführt.

Beim *Thermoplastschaumguss* (*TSG*) wird eine Formmasse mit geringen Mengen chemischer Treibmittel (z. B. Azodicarbonamid) im Spritzgussverfahren verarbeitet. Die mit Gas beladene Thermoplastschmelze schäumt im nicht vollständig gefüllten Formnest auf. Die Außenhaut ist dabei weitgehend kompakt. Neben dem chemischen Schäumen hat sich das physikalische Schäumen mit Stickstoff oder Kohlenstoffdioxid (MuCell-Verfahren nach Trexel) oder eine Kombination beider Verfahren etabliert. Einsatzgebiete sind die Gewichtsreduzierung von Bauteilen sowie eine Verbesserung der Fließfähigkeit in Verbindung mit reduzierter Verzugsneigung bei der Verarbeitung thermoplastischer Formmassen.

Reaktionsschaumguss (*RSG*) als Variante des *RIM* (Reaction-Injection-Moulding) bezeichnet die Verarbeitung von im unvernetzten Zustand flüssig vorliegenden Polymeren zu geschäumten Bauteilen und beinhaltet folgende Verfahrensschritte: Dosieren der Reaktionspartner, Mischen,

Einspritzen in die mit Trennmittel versehene Werkzeugkavität, Reaktion in der Kavität unter Bildung des geschäumten Formteils, Formteilentnahme.

Ausgangsstoffe für die Polyurethan-Schaumstoffe (PUR) sind Diisocyanate und Polyhydroxylverbindungen (Polyole).

Verstärkte PUR-Strukturschaumstoff-Erzeugnisse werden im RRIM-(Reinforced Reaction-Injection-Moulding-)Verfahren gefertigt. Auch SMC-Harzmatten und BMC-Formmassen lassen sich durch mikroverkapselte physikalische Treibmittel aufschäumen.

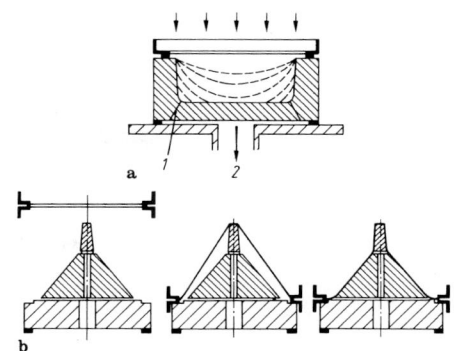

Abb. 32.7 Vakuumformen. **a** Negativverfahren (Einsaugen in die Formhöhlung), *1* Saugkanäle, *2* Vakuum; **b** Positivverfahren (mit Vakuum und mechanischem Vorstrecken)

32.10.2 Umformen von Kunststoffen

Unter Umformen versteht man die spanlose Formgebung von thermoplastischen Halbzeugen in Form von Folien, Platten und Rohren.

Warmformen (Thermoformen) von Thermoplasten. Zum Warmformen wird thermoplastisches Halbzeug rasch und gleichmäßig auf die Temperatur optimalen thermoelastischen Verhaltens aufgeheizt und mittels Vakuum, Druckluft bzw. mechanischer Kräfte umgeformt und durch Abkühlung fixiert. Abgesehen von dem handwerklichen Warmformverfahren (Biegen, Ziehformen) arbeitet man meist mit automatisierten Thermoformmaschinen. Das Erwärmen des in einem Spannrahmen fest fixierten Halbzeugs erfolgt in der Regel mit Infrarot-Flächenstrahlern (Keramik- oder Quarzstrahler).

Bei m *Warmformen* unterscheidet man grundsätzlich zwischen Negativ- und Positivverfahren, Abb. 32.7. Bei der Negativformung wird das erwärmte Halbzeug in den konkaven Formhohlraum gesaugt oder gedrückt, beim Positivformen auf ein Konvex-Modell (Positiv-Formkern) gesaugt. Die am Werkzeug anliegende Seite wird glatter und maßgenauer.

Die Spanne der so hergestellten Teile reicht von Verpackungsbehältern bis hin zu Großformteilen wie Badewannen. Aus Tafeln werden meist großflächige Teile, wie z. B. Fassadenelemente, Sanitärzellen, Container, Kühlgerätegehäuse, wirtschaftlich warmgeformt.

Für meist kleine und leichtgewichtige Teile wird die hautenge *Skinverpackungsart* eingesetzt. Hierbei wird das zu verpackende Gut auf heißsiegelfähigem Karton der erwärmten Folie zugeführt und diese mit Vakuum hauteng dem Gut angeformt. Bei der *Blister-Packung* wird das Packgut in durchsichtige vorgeformte Schalen gelegt und mit einer Kartongegenlage durch Heißsiegeln verbunden. Vorzugsweise werden die amorphen Thermoplaste PVC, PS, ABS, SB, SAN, PMMA, PC und die teilkristallinen Werkstoffe PP und PE aber auch Verbundfolien eingesetzt.

32.10.3 Fügen von Kunststoffen

Schweißen. Werkstücke aus gleichen oder ähnlichen thermoplastischen Kunststoffen werden dadurch verschweißt, dass man im Schweißbereich die Kunststoffe auf die Temperatur des viskosen Fließens erwärmt, zusammendrückt und die Verbindung unter Druck erkalten lässt. Eine einwandfreie Verbindung setzt meist artgleiche Kunststoffe voraus, da eine vergleichbare Viskosität der Schweißpartner erforderlich ist.

Warmgasschweißen W. Grund- und Zusatzwerkstoff werden durch Warmgas in den plastischen Zustand überführt und unter Druck verschweißt, Abb. 32.8a. Anwendung findet dieses Verfahren bei der Musterfertigung, Einzelstückfertigung und bei großen Teilen. Apparatebautei-

32

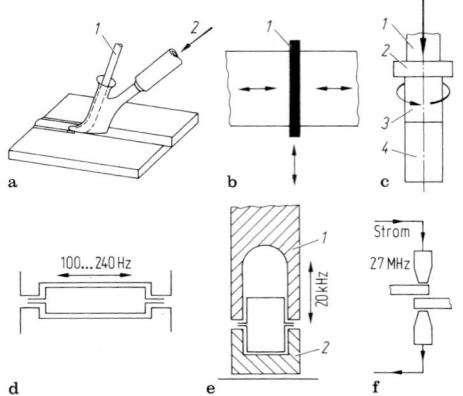

Abb. 32.8 Schweißverfahren für Thermoplaste. **a** Warmgasschweißen, *1* Zusatzstab, *2* Warmgas; **b** Heizelementschweißen, *1* Heizelement; **c** Reibschweißen, *1* Druckgeber, *2* Mitnehmer, *3* rotierendes Teil, *4* stehendes Teil; **d** Vibrationsschweißen; **e** Ultraschallschweißen, *1* Sonotrode, *2* Amboss; **f** Hochfrequenzschweißen

le aus PE, PP und PVC sind oftmals mit einer V-, X- oder Kehl-Naht gefügt.

Heizelementschweißen H. Man erwärmt die Stoßflächen durch Andrücken an beschichtete metallische Heizelemente. Danach werden die plastifizierten Stoßflächen zusammengepresst, Abb. 32.8b. Dieses Verfahren eignet sich besonders für Polyolefine (PE, PP). Temperaturempfindliche Werkstoffe wie z. B. PVC und POM sind wegen der langen Erwärmzeit bei relativ hohen Temperaturen weniger geeignet.

Reibschweißen FR. Bei rotationssymmetrischen Teilen (bis ca. 100 mm Durchmesser) wird einer der Partner in Drehung versetzt und durch die Relativbewegung unter Druck ein Aufschmelzen an den Schweißflächen erreicht. Nach plötzlichem Abbremsen erkalten die Schweißflächen unter Beibehaltung eines Schweißdrucks, Abb. 32.8c.

Beim *Vibrationsschweißen* werden in schallgekapselten Maschinen zusammengespannte Formteile durch elektromagnetische Schwinger mit einer Frequenz von 100 bis 240 Hz linear oder biaxial aneinander gerieben. Abb. 32.8d. Eingesetzt wird diese Schweißtechnik u. a. bei Kraftstofftanks, Autostoßfängern und Gehäusen.

Ultraschallschweißen US. Ein piezoelektrischer oder magnetostriktiver Schwingungswandler setzt die hochfrequente Wechselspannung (20 bis 50 kHz) in mechanische Schwingungen um. Durch die Sonotrode wird die Amplitude dem Werkstück angepasst und leitet die Schwingung ein, Abb. 32.8e. Das US-Verfahren kann vollautomatisiert in Taktstraßen eingebaut werden und eignet sich wegen der kurzen Schweißzeiten besonders für Massenartikel in der Kfz-, Elektro- und Verpackungsindustrie (amorphe Kunststoffe bis ca. 350 mm, teilkristalline Kunststoffe bis ca. 150 mm Durchmesser). Metallteile (Inserts) lassen sich durch Ultraschall in vorgespritzte Bohrungen nachträglich kostengünstig einsetzen.

Hochfrequenzschweißen HF. Polare Kunststoffe, wie z. B. PVC, CA, mit hohen dielektrischen Verlusten lassen sich durch ein elektrisches Hochfrequenzfeld schnell erwärmen. Die übliche Schweißfrequenz ist 27 MHz, Abb. 32.8f. Hauptanwendungsgebiete sind flächige Formschweißungen von Weich-PVC-Folien, Hüllen, Bucheinbände, Regenbekleidung, Sitzgarnituren, Türverkleidungen.

Beim Laserschweißen wird oftmals je ein Bauteil aus einem lasertransparenten sowie einem laserabsorbierend modifizierten (beispielsweise durch Zugabe von Ruß) Werkstoff miteinander verschweißt. Hierbei wird die Schweißnaht durch ein Aufschmelzen des laserabsorbierenden Fügepartners gebildet. Neben der geometrischen Gestaltung der Schweißnaht, ist die abnehmende Lasertransparenz des zu durchstrahlenden Fügepartners mit zunehmender Bauteilwanddicke zu berücksichtigen.

Kleben. Durch Kleben lassen sich auch unterschiedliche Materialien (artfremde) verbinden (z. B. Glas/Kunststoff, Keramik/Metall). Manchmal ist es das einzig mögliche Verfahren der Verbindungstechnik (s. Bd. 2, Abschn. 8.3).

Beim Kleben von Kunststoffen wie von Metallen müssen eine klebgerechte Fügeteilgestaltung, eine Vorbehandlung der Fügeteiloberflächen, eine Auswahl der Klebstoffe und eine geeignete Auftragungstechnik erfolgen.

Von besonderer Bedeutung bei Kunststoffen ist die *Vorbehandlung* der Fügeteiloberflächen. Jede Vorbehandlung dient dazu, die Oberfläche so zu aktivieren, dass sie benetzbar und somit auch klebbar wird. Es werden verschiedene *mechanische* (schleifen, strahlen), *chemische* (entfetten, beizen) und *physikalische* (Bestrahlung, Wärmebehandlung) Verfahren vorgeschlagen. Eine Reinigung bzw. Entfettung der Oberfläche kann mit Lösemitteln oder Spülmitteln im Dampf-, Tauch- oder Ultraschall-Bad erfolgen. Bei bestimmten Kunststoffen (z. B. PP) hat sich das Vorbehandlungsverfahren „Koronaentladung" in der Fertigung bewährt. Hierbei wird ein Luftstrom zwischen zwei Elektroden (Spannung 7 kV) durchgeblasen und trifft als Strahl ionisierter Moleküle auf die Kunststoffoberfläche. Neben der „Koronaentladung" hat sich mittlerweile die Aktivierung von Oberflächen durch den Einsatz eines Sauerstoffplasmas (sowohl Niederdruckverfahren im Vakuum als auch Atmosphärendruck-Plasmaprozess) etabliert. Eine chemische Verankerung wird durch Haftvermittler erreicht (Silan-Haftvermittler).

32.11 Gestalten und Fertigungsgenauigkeit von Kunststoff-Formteilen

Werkstoff- und fertigungsgerechtes Konstruieren von Formteilen ist unabdingbare Voraussetzung für qualitativ hochwertige funktionssichere Bauteile.

Gestaltungsrichtlinien. Einfallstellen und Lunker (Vakuolen) im Formteil entstehen durch *Massenanhäufungen* am Bauteil, die außerdem zur ungleichmäßigen Abkühlung führen und die *Verzugsneigung* erhöhen (Ursache: Schwindungsdifferenzen). Zur Verringerung der Kerbwirkung sind Ausrundungsradien vorzusehen. *Anschnittgeometrie* und *Anschnittlage* haben Einfluss auf die Vorzugsorientierungen von Makromolekülen und faserartigen Zusatzstoffen und auf die Lage von Bindenähten, Zusammenflusslinien und Lufteinschlüssen im Formteil. Eine konstruktiv ungünstig ausgelegte *Werkzeugtemperierung*

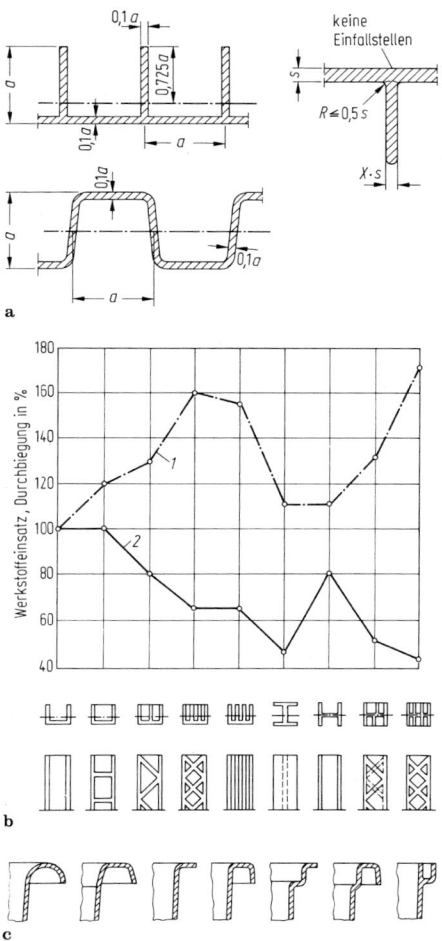

Abb. 32.9 Versteifung von Formteilen. **a** Rippen- und Sickenkonstruktion, $x \approx 0{,}5$ für amorphe Thermoplaste, $x \approx 0{,}35$ für PA unverstärkt, $x \approx 0{,}25$ für PA-GF30; **b** Durchbiegung und Werkstoffeinsatz verschiedener Profilformen, *1* Werkstoffeinsatz, *2* Durchbiegung; **c** verschiedene Randgestaltung zur Erhöhung der Eigensteifigkeit großflächiger Formteile

kann zu unterschiedlichen Abkühlungsgradienten im Bauteil führen und durch die auftretenden Schwindungsdifferenzen erheblichen Verzug am Teil verursachen. *Formteilverzug* kann oftmals durch verschiedene *Versteifungsgeometrien* minimiert werden, Abb. 32.9.

Toleranzen und zulässige Abweichungen für Maße von Spritzguss-, Spritzpress- und Pressteilen sind in DIN 20457 enthalten. Form-, Lage- und Profilabweichungen sind in dieser Norm nicht enthalten. Für die Festlegung einhaltbarer

Tab. 32.1 GPS-Grundnormen

Toleranzarten		Zugeordnete Formelemente	GPS-Grundnorm
Maßtoleranzen	Längenmaße	Maß	DIN EN ISO 286-1
	Winkelmaße	Richtung	
Form- und Lagetoleranzen		Form, Richtung, Ort	DIN EN ISO 1101
Rauheitstoleranzen		Oberfläche	DIN EN ISO 4287

Toleranzen unterscheidet man nach werkzeuggebundenen Maßen (Maß nur in einer Werkzeughälfte) und nicht werkzeuggebundenen Maßen (z. B. in Werkzeugöffnungsrichtung bzw. beweglichen Schiebern). Werkzeuggebundene Maße sind enger tolerierbar. Es werden neun verschiedene Toleranzgruppen (TG1 „sehr fein toleriert" bis TG9 „sehr grob toleriert") mit vom jeweils vorliegenden Nennmaßbereich abhängigen Toleranzbreiten definiert. Inwieweit diese Toleranzgruppen erreichbar sind, hängt unter anderem vom Schwindungsverhalten und der Steifigkeit des eingesetzten Kunststoffs, als auch dem eingesetzten Fertigungsverfahren ab.

Es gilt dabei der Tolerierungsgrundsatz: So genau wie erforderlich, so ungenau wie möglich. Die Toleranzfestlegungen bedarf zwingend den Vergleich von funktional erforderlicher und fertigungstechnisch möglicher Toleranz: Erforderliche Fertigungstoleranz $\geq$ mögliche Fertigungstoleranz.

Neben den in DIN 20457 im Speziellen für Kunststoff Formteile genannten Toleranzen und Abnahmebedingungen sind weitere allgemeine geometrische Produktionsspezifikationen (GPS), beziehungsweise „Grundnormen" verfügbar (siehe Tab. 32.1).

32.12 Nachbehandlungen

Meist sind Formteile nach der Formgebung ohne weitere Bearbeitung einsatzfähig. Aus technischen oder dekorativen Gründen kann aber eine Nachbehandlung notwendig werden.

Konditionieren. Formteile aus Polyamiden nehmen je nach Aufbau mehr oder weniger Feuchtigkeit auf und verändern damit insbesondere die mechanischen Eigenschaften (z. B. Schlagzähigkeit). In Abhängigkeit etwaig nachfolgender Bearbeitungs- und Montageschritte (beispielsweise Einpressen von Metallinserts, etc.) werden Formteile aus Polyamiden in Wasser, Dampf oder Konditionierzellen auf einen bestimmten Feuchtegehalt eingestellt.

Tempern. Zum Abbau von *Eigenspannungen* und zur *Nachkristallisation* bei teilkristallinen Kunststoffen werden die Formteile nach dem Spritzgießen in Wärmeschränken oder Temperierflüssigkeiten (Paraffin- oder Siliconöle) bei kunststoffspezifischen Temperaturen getempert. Bei Polyamiden beträgt die Tempertemperatur ca. 150 °C, bei POM-Formteilen liegt sie etwas niedriger. Die Temperzeit beträgt 2 bis 4 h.

Oberflächenbehandlungen. Zur gezielten Veränderung der Oberflächen oder Oberflächenstruktur kann nachfolgend noch *Lackieren, Bedrucken, Heißprägen, Laserbeschriften, Galvanisieren, Bedampfen* und *Beflocken* durchgeführt werden.

Spanabhebende Bearbeitung. Kunststoffe können nach den für Metallen bekannten Verfahren (s. Bd. 2, Kap. 41) spanend nachbearbeitet werden, jedoch sind besondere Werkzeuggeometrien und andere Schnittgeschwindigkeiten zu beachten. Für chemisch quervernetzte Kunststoffe (Duromere und Elastomere) ist die spanende Bearbeitung die einzige Möglichkeit einer Formänderung nach der Herstellung. Bei Thermoplasten sind Rückfederungseffekte und Aufschmelzvorgänge zu beachten. Weitere Bearbeitungsmöglichkeiten sind *Wasserstrahl-* und *Laserschneiden.*

32.13 Faser-Kunststoff-Verbunde

32.13.1 Charakterisierung und Einsatzgebiete

Faser-Kunststoff-Verbunde (FKV) besitzen die Charakteristika eines idealen Leichtbauwerkstoffs, nämlich eine hohe spezifische Steifigkeit E/ρ und Festigkeit R/ρ. Daher haben sie insbesondere im Flugzeug- und Hubschrauberbau Eingang gefunden. Die Ermüdungsfestigkeit ist hoch. Hierzu tragen zum einen die hochfesten Fasern bei; zum anderen hemmt die Aufteilung des Querschnitts in eine Vielzahl von Fasern den Rissfortschritt. Risse werden immer wieder an Einzelfasern gestoppt, können also nicht zügig durch eine FKV-Struktur wachsen. Sowohl die Fasern als auch die Kunststoffe sind ausgezeichnet korrosionsbeständig. FKV-Bauteile sind daher weitgehend wartungsarm. Diese Eigenschaft – in Kombination mit den hohen Festigkeiten – werden im Rohrleitungs- und Behälterbau, aber auch im Bootsbau genutzt. Ihre elektrischen Eigenschaften sind zwischen leitfähig – bei Einsatz von Kohlenstofffasern – und isolierend – bei Einsatz von Glasfasern – einstellbar. In der Elektrotechnik nutzt man überwiegend die sehr gute Isolationswirkung. FKV kommen hier immer dann zur Anwendung, wenn isolierende Komponenten gleichzeitig auch hoch mechanisch beansprucht werden. Aus dem Sportwagenbau bekannt geworden ist das hohe spezifische Aufnahmevermögen von Schlagenergie. Vorteilhaft sind die freie Formgebung und die Möglichkeit, auch mit einfachen handwerklichen Mitteln höchstbelastbare Prototypen und Kleinserien anzufertigen.

Als Nachteil sind die im Vergleich zu Stahl und Aluminium höheren Werkstoffkosten zu nennen.

32.13.2 Fasern, Matrix-Kunststoffe und Halbzeuge

Faser-Kunststoff-Verbunde sind weniger als Werkstoffe, sondern als Konstruktionen zu betrachten. Ihnen liegt das Konstruktionsprinzip der Aufgabenteilung zugrunde. Die Fasern nehmen die Lasten auf. Die Matrix (Bettungsmasse) aus Kunststoff verklebt sowohl die Fasern innerhalb einer Schicht als auch die Schichten miteinander und fixiert so den Verbund in der gewünschten Anordnung. Sie leitet die Kräfte von Faser zu Faser und übernimmt unmittelbar auch Kräfte bei Beanspruchungen quer zur Faserrichtung. Sie wirkt als Rissstopper und schützt die Fasern vor Beschädigungen und aggressiven Medien.

Die gleichberechtigten Funktionen von Faser und Matrix schlagen sich in der Bezeichnung nieder; nach VDI-Richtlinie 2014 [1] lautet sie: Faser-Kunststoff-Verbund. Andere Bezeichnungen sollten vermieden werden. Die VDI-Schreibweise lässt sich gut präzisieren: Kohlenstofffaser-Epoxid-Verbund und auch einfach abkürzen: CF-EP.

Fasern. Überwiegend kommen zwei Fasertypen zum Einsatz: Glas- und Kohlenstofffasern; in Sonderfällen auch Basaltfasern sowie Polymerfasern wie Aramid- und hochmolekulare Polyäthylenfasern.

Glasfasern haben den Vorteil, dass sie besonders preisgünstig sind. Sie isolieren sehr gut, und zwar sowohl thermisch als auch elektrisch. Sie sind elektromagnetisch transparent: Aus Glasfaser-Laminaten werden Abdeckungen für Radar- und Sendeanlagen gefertigt; Antennen lassen sich direkt in die Laminatschichten integrieren. Glasfasern sind unbrennbar und weisen eine sehr gute chemische und mikrobiologische Beständigkeit auf. Da ihr Brechungsindex demjenigen von transparenten Kunststoffen entspricht, lassen sich durchsichtige Laminate fertigen. Entsprechend ist auch die Tränkung der Fasern sehr gut kontrollier- und qualitätssicherbar. Als häufigster Nachteil der Glasfasern macht sich ihre für viele Strukturanwendungen zu niedrige Steifigkeit bemerkbar. Günstigstenfalls – bei ausschließlicher unidirektionaler Faseranordnung – lässt sich im Verbund mit 65 % Faservolumenanteil ein Längs-Elastizitätsmodul von $E_\| = 50\,000\,\text{N/mm}^2$ einstellen. Dies ist jedoch nicht immer von Nachteil, da es Bauteile gibt, für die eine niedrige Steifigkeit wünschenswert ist, z. B. Blattfedern, Federlenker und Biegegelenke. Aufgrund der hohen Bruchdehnung, kombiniert mit der sehr hohen

Ermüdungsfestigkeit, eignet sich der Glasfaser-Kunststoff-Verbund vorzüglich als Federwerkstoff [2–4].

Kohlenstofffasern (auch Carbon- oder C-Fasern) sind unter den Verstärkungsfasern diejenigen mit den herausragendsten Eigenschaften. Sie verfügen über extrem hohe Steifigkeiten und Festigkeiten. Beide mechanischen Größen sind in weitem Bereich bei der Herstellung einstellbar, so dass der Konstrukteur passend zur jeweiligen Anwendung einen C-Fasertyp wählen kann. Die C-Faser verfügt über ausgezeichnete Ermüdungsfestigkeiten. Die Faser ist anisotrop, d. h. die hohen Steifigkeiten und Festigkeiten liegen nur in Faserlängsrichtung vor; in Querrichtung sind die Werte weitaus niedriger. Das anisotrope Verhalten findet sich auch bei den thermischen Dehnungen wieder: In Faserlängsrichtung ist der thermische Längenausdehnungskoeffizient leicht negativ, quer zur Faserichtung stark positiv. C-Fasern sind hoch thermisch belastbar, beständig gegen die meisten Säuren und Alkalien und zeigen eine sehr gute Verträglichkeit mit organischem Gewebe („Biokompatibilität"). Nachteilig ist insbesondere der vergleichsweise hohe Preis. Er steigt mit dem E-Modul der Fasern und der Feinheit des C-Fasergarns.

Aramid- und Polyethylenfasern besitzen die niedrigsten Dichten der genannten Verstärkungsfasern; bei der PE-Faser liegt die Dichte sogar unter eins. Beide zeigen hohe Steifigkeiten – etwas oberhalb der Glasfaser – und sehr hohe Zugfestigkeiten. Die Längsdruckfestigkeit liegt deutlich unterhalb der Zugfestigkeit, so dass diese Fasern primär auf Zug beansprucht werden sollten. Herausragend ist ihre Zähigkeit, so dass sie weit verbreitet in Schutzwesten und Schutzhelmen eingesetzt werden. Auch die Chemikalienbeständigkeit ist außerordentlich gut. Limitiert ist bei diesen Polymerfasern die maximale Einsatztemperatur. Als weitere Nachteile sind die niedrige Haftfestigkeit zur Matrix zu nennen sowie die aufgrund der hohen Zähigkeit schwierige Schneidbarkeit.

Als nachwachsende Rohstoffe verwendet man – insbesondere in Verkleidungsbauteilen – auch Naturfasern, meist Flachs-, Hanf- oder Jutefasern. Für Hochtemperaturanwendungen – dann allerdings nicht mit Kunststoff-, sondern mit Metall- oder Keramikmatrices – sind Aluminiumoxid- und Siliciumcarbidfasern erhältlich. Blitzschutzgewebe bestehen aus Kupfer- oder Aluminiumfasern.

Die Entscheidung für einen bestimmten Fasertyp ist recht einfach. Reicht die Steifigkeit von Glasfasern aus, so ist sie als kostengünstigste Faser erste Wahl. Immer wenn hohe Steifigkeiten, hohe Eigenfrequenzen und kleine Verformungen verlangt werden, sind C-Fasern unumgänglich. Aramid- und hochmolekulare Polyethylenfasern werden gewählt, um die Schlagzähigkeit von Laminaten zu erhöhen. Dazu mischt man bspw. C-Fasern mit Aramidfasern ab.

Zum Schutz der Fasern und um die Haftung zur Matrix zu verbessern, werden Fasern mit einer so genannten Schlichte überzogen. Sie ist auf den jeweiligen Matrixtyp abzustimmen. Fasern werden als Faserbündel (Rovings) oder mit wenigen Einzelfasern als Garne auf Spulen aufgewickelt geliefert.

Faserhalbzeuge. Laminate werden flächig aus Einzelschichten gestapelt. Da man Garne nur schwerlich definiert in der Fläche verlegen kann, verwendet man zur einfacheren Handhabbarkeit textile Halbzeuge. Dies sind in erster Linie Gewebe, Multiaxialgelege, Matten, Flechtschläuche usw. (Abb. 32.10). Für Krafteinleitungsbereiche können die idealen Faserrichtungen durch Sticken fixiert werden. Die Bindung der Garne, z. B. zu Geweben, bedingt Faserwelligkeiten, die die Steifigkeits- und Festigkeitswerte im Vergleich zur straffen, unidirektionalen Ausrichtung der Fasern etwas erniedrigen. Dies ist zumindest bzgl. der Längs-Druckfestigkeit experimentell zu quantifizieren.

Matrixsysteme [5–7]. Die wichtigsten Kriterien für die Auswahl der Kunststoffmatrix sind eine ausreichend hohe Bruchdehnung, die Temperatureinsatzgrenzen und als Verarbeitungsparameter die Viskosität. Um die maximale Festigkeit der Fasern nutzen zu können, sollte die Bruchdehnung der Matrix mindestens doppelt so hoch wie die der Fasern sein. Damit die Fasern bei Längsdruck ausreichend gestützt wer-

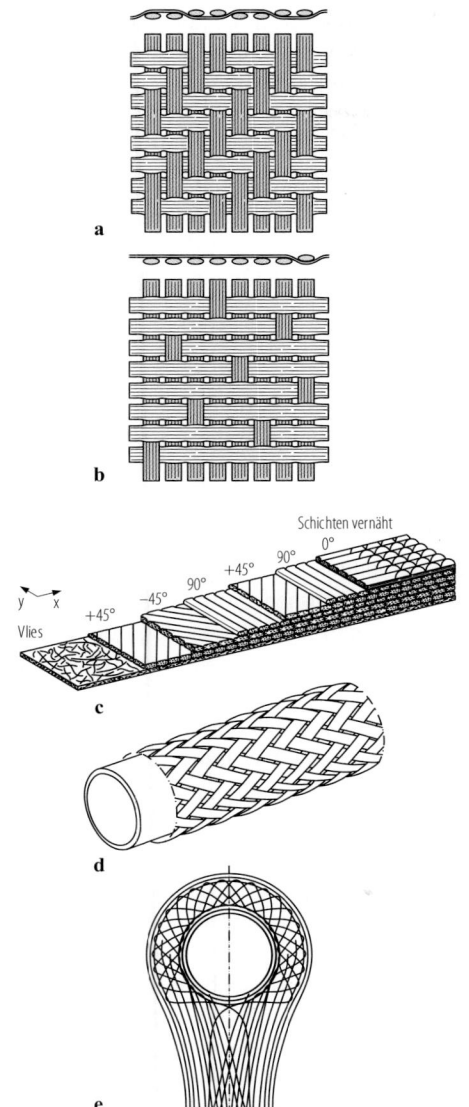

Abb. 32.10 Faserhalbzeuge. **a** Köpergewebe; **b** Atlasgewebe; **c** vernähtes Multiaxialgelege; **d** Flechtschlauch; **e** Fasern einer Krafteinleitung durch Sticken fixiert

den, ist ein Matrix-E-Modul von $E \approx 2000 - 4000\,\text{N/mm}^2$ notwendig. Während zu niedrigen Temperaturen hin die Steifigkeit der Kunststoffe ansteigt, nimmt sie zu hohen Temperaturen hin ab. Ab einer bestimmten Temperaturhöhe fällt sie dann innerhalb eines kleinen Temperaturintervalls – dem sogenannten Glasübergangsbereich – auf einen sehr niedrigen Wert, der nicht mehr ausreicht, die Faser zu stützen. Der

Beginn des Steifigkeitsabfalls markiert die maximale Einsatztemperatur. Feuchte, die von nahezu allen Kunststoffen aufgenommen wird, wirkt als Weichmacher und senkt die max. Einsatztemperatur. Daher ist der Nachweis ausreichender Temperaturbelastbarkeit an Laminaten durchzuführen, die bei $\approx 80\,\%$ rel. Luftfeuchte aufgefeuchtet wurden. Die Viskosität bestimmt die Tränkbarkeit der Fasern durch den Kunststoff. Sie sollte bei handwerklicher Verarbeitung etwa $\eta \approx 500\,\text{mPas}$ betragen. Sie lässt sich in maschinellen Prozessen durch Temperaturanhebung absenken, bspw. bei Injektionsverfahren auf $\eta \approx 20\,\text{mPas}$.

Sowohl duroplastische als auch thermoplastische Kunststoffe kommen als Matrixsysteme zum Einsatz. Aufgrund der niedrigeren Viskosität und der somit deutlich besseren Tränkbarkeit überwiegen derzeit die Duroplaste. Sie werden als Reaktionsharze verarbeitet, d. h. sie bestehen aus mehreren Komponenten – meist Harz und Härter –, die nach dem Vermischen chemisch reagieren und zu einem festen Formstoff aushärten. Die Fasern werden mit dem Duroplasten getränkt. Die Aushärtung startet mit dem Vermischungsvorgang und macht sich durch einen anfangs kontinuierlichen, später beschleunigten Anstieg der Viskosität bemerkbar. Der Aushärtevorgang ist beendet, wenn praktisch alle reaktionsfähigen Bindungen im Harz-Härtergemisch vernetzt sind. Üblicherweise beschleunigt man den Aushärteprozess durch Lagern des getränkten Laminats bei erhöhter Temperatur. Am weitesten verbreitet sind Ungesättigte Polyesterharze (UP) und Epoxidharze (EP). UP-Harze sind besonders kostengünstig, die EP-Harze verfügen über etwas höhere Festigkeiten und werden insbesondere im Flugzeugbau eingesetzt. Besonders chemikalienbeständig – und daher für den Rohr- und Apparatebau prädestiniert – sind Vinylesterharze (VE). Für Hochtemperaturanwendungen empfehlen sich bei Dauertemperaturen bis 150 °C Bismaleinimidharze (BMI) und bis 170 °C Polyetherimidharze (PEI). Diese können kurzfristig Temperaturen bis 250 °C ausgesetzt werden.

Aufgrund der außerordentlich hohen Zähigkeit, des günstigen Brandverhaltens und der sehr guten chemischen Beständigkeit kommt als Thermoplast für höchstbeanspruchte Bautei-

32

le Polyetheretherketon (PEEK) zur Anwendung. Polyamid (PA) ist ebenfalls ein geeigneter Matrixwerkstoff. Für niedrig beanspruchte Verkleidungsbauteile hat sich Polypropylen (PP) durchgesetzt. Faser-Thermoplaste-Verbunde lassen sich mittels Schweißen fügen. Sie bieten zudem die besondere Möglichkeit, dass Verstärkungsrippen, Einschraubaugen usw. an eine Laminatstruktur angespritzt werden können. Zudem lässt sich diese Werkstoffklasse vollständig rezyklieren.

Faser-Matrix-Halbzeuge [6, 8]. Um von einer handwerklichen Laminatherstellung abzukommen, die Fertigung zu rationalisieren und bessere Qualitäten zu erzielen, wurden Halbzeuge entwickelt, bei denen die Fasern maschinell mit der Matrix vorimprägniert werden. Derartige Halbzeuge gibt es sowohl mit duroplastischer als auch mit thermoplastischer Matrix. Eine weitere Unterteilung ergibt sich aus der Faserlänge. Zugunsten eines großserientauglichen Fertigungsprozesses werden in einigen Halbzeugen kurze Fasern von 25–50 mm Länge eingesetzt, also ein Steifigkeits- und Festigkeitsverlust gegenüber endlos langen Fasern hingenommen. Diese Halbzeuge liegen bahnförmig oder als „Sauerkrautmasse" vor und lassen sich presstechnisch mit kurzen Taktzeiten verarbeiten. Im Fall von duroplastischen Harzen wird die Bahnware als Sheet Moulding Compound (SMC), die „Sauerkrautmasse" als Bulk Moulding Compound (BMC) bezeichnet. Aus den SMC-Bahnen geschnittene Pakete legt man automatisiert in beheizte Presswerkzeuge ein. Durch den Pressdruck und weil nur kurze Faserlängen vorliegen, fließt die Masse auch in entfernte Werkzeugbereiche und härtet dort aus. Da die Fasern sich wirr orientieren, existiert keine Vorzugsrichtung, man erhält isotrope Eigenschaften. SMC-Bauteile besitzen sehr gute Oberflächen und lassen sich ausgezeichnet lackieren. Einsatzbeispiele sind Lkw-Fahrerhäuser, Schaltschränke usw. Wird als Matrix ein Thermoplast, bspw. Polypropylen verwendet, so müssen die glasfaserverstärkten Matten (GMT) vor dem Einlegen über die Schmelztemperatur der Matrix erhitzt werden. Im gekühlten Presswerkzeug erstarrt der geschmolzene Kunststoff nach der Umformung zum fertigen Bauteil.

Die bestmöglichen Festigkeiten innerhalb der Faserverbundtechnik erzielt man mit Prepregs. Hierbei handelt es sich um vorimprägnierte, endlose, unidirektionale Faser- oder Gewebebahnen, meist aus C-Fasern mit speziellen, zähmodifizierten Epoxidharzen. Sie müssen sorgfältig mit der gewünschten Faserorientierung von Hand oder mit Verlegemaschinen in die Werkzeuge eingelegt werden. Anwendungsgebiete sind Flugzeuge und Hubschrauber sowie der Renn- und Yachtsport.

Relativer Faservolumenanteil. Da die Lasten fast ausschließlich von den Fasern getragen werden, müssten bei einer Dimensionierung eigentlich die Fasermengen, d. h. die Anzahl der Faserbündel oder Gewebeschichten festgelegt werden. Man hat jedoch die im Ingenieurswesen gängige Praxis übernommen, Wanddicken zu dimensionieren; demzufolge muss sichergestellt sein, dass sich innerhalb der Wanddicke auch die benötigte Fasermenge befindet. Daher ist immer der relative, d. h. der auf das Gesamtvolumen bezogene Faservolumenanteil φ unbedingt zu bestimmen und anzugeben. Bezüglich des Faservolumenteils stellen sich dem konstruierenden Ingenieur zwei Aufgaben: Zum einen ist der Faservolumenteil für den Konstruktions- und Fertigungsprozess vorab festzulegen, zum anderen ist zu kontrollieren, ob die erforderliche Fasermenge sich im fertigen Laminat befindet. Als „Standard" hat sich ein Gehalt von $\varphi = 55$–60% etabliert. Obwohl höhere Faservolumenanteile die Leichtbaugüte erhöhen, vermeidet man $\varphi > 65 \%$, da dann schon lokaler Matrixmangel zu mangelhafter Verklebung zwischen Fasern und Matrix führt. Am ausgehärteten Laminat lässt der Faservolumenanteil sich durch Trennung von Faser- und Matrixanteilen und anschließendes Verwiegen der Reste bestimmen. Zur Trennung wird entweder die Matrix verbrannt (vornehmlich bei Glasfasern) oder durch Säuren weggeätzt (bei C-Fasern).

Die Dichte eines Zweistoffsystems Faser-Matrix errechnet sich aus den Dichten von Faser ρ_f und Matrix ρ_m anhand der Mischungsregel:

$$\rho_{\text{Verbund}} = \varphi \cdot \rho_f + (1 - \varphi) \cdot \rho_m \qquad (32.1)$$

32.13.3 Spannungsanalyse von Laminaten

Leichtbaustrukturen sind typischerweise dünnwandig und flächig ausgebildet. Schnittkräfte werden überwiegend in der Ebene wirksam. Da diese Kräfte sowohl in unterschiedlichen Richtungen, als auch in unterschiedlichen Beträgen auftreten, ordnet der Faserverbund-Konstrukteur die lasttragenden Fasern in den passenden Richtungen an. Da dies nur getrennt durch Stapeln mehrerer Einzelschichten mit unterschiedlicher Faserrichtung geschehen kann, entsteht ein sogenannter Mehrschichtenverbund (MSV), meist Laminat genannt. Generell ist ein MSV also aus Einzelschichten aufgebaut; bei Faser-Kunststoff-Verbunden sind dies meist unidirektionale Schichten (UD-Schicht). Sie stellen damit das Grundelement eines klassischen MSV dar (Abb. 32.11).

Die UD-Schicht wird für die Spannungsanalyse idealisiert:

- die Fasern verlaufen parallel in einer Richtung
- die Fasern sind gleichmäßig über den Querschnitt verteilt; die geometrische Anordnung wird als Faserpackung bezeichnet
- die Fasern sind ideal gerade und verlaufen ohne Unterbrechung
- Matrix und Fasern haften ideal aneinander; d. h. es treten bei Belastung keinerlei Verschie-

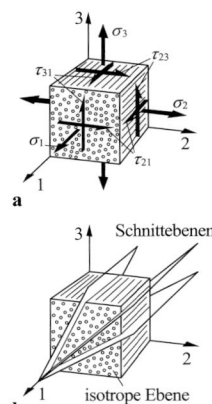

Abb. 32.12 a Die unidirektionale Schicht im natürlichen 1,2,3-Koordinatensystem als orthotroper Werkstoff mit drei zueinander senkrechten Symmetrieebenen. Die Spannungen entsprechen folgenden Beanspruchungen: $\sigma_1 \,\hat{=}\, \sigma_\parallel$; $\sigma_2 \,\hat{=}\, \sigma_\perp$; $\sigma_3 \,\hat{=}\, \sigma_\perp$; $\tau_{21} \,\hat{=}\, \tau_{\perp\parallel}$; $\tau_{31} \,\hat{=}\, \tau_{\perp\parallel}$; $\tau_{23} \,\hat{=}\, \tau_{\perp\perp}$. **b** Da eine Ebene auf allen Schnitten isotrope Eigenschaften aufweist, lässt sich die UD-Schicht präzisierend als transversal isotrop bezeichnen

bungsdifferenzen an der Faser-Matrix-Grenzfläche auf.

Auch Gewebe und andere Halbzeuge lassen sich stückweise – z. B. mittels Finite-Elemente-Methode – als UD-Schicht modellieren. Das lineare, ideal elastische Werkstoffgesetz einer UD-Schicht als Scheibenelement in ihrem natürlichen Koordinatensystem einschließlich thermischer und Quelldehnung lautet:

$$
\begin{Bmatrix} \varepsilon_1 \\ \varepsilon_2 \\ \gamma_{21} \end{Bmatrix} = \begin{bmatrix} \dfrac{1}{E_\parallel} & \dfrac{-\nu_{\parallel\perp}}{E_\perp} & 0 \\ \dfrac{-\nu_{\perp\parallel}}{E_\parallel} & \dfrac{1}{E_\perp} & 0 \\ 0 & 0 & \dfrac{1}{G_{\perp\parallel}} \end{bmatrix} \cdot \begin{Bmatrix} \sigma_1 \\ \sigma_2 \\ \tau_{21} \end{Bmatrix}
$$

$$
+ \begin{Bmatrix} \alpha_{T\,\parallel} \cdot \Delta T \\ \alpha_{T\,\perp} \cdot \Delta T \\ 0 \end{Bmatrix} + \begin{Bmatrix} \alpha_{M\,\parallel} \cdot M \\ \alpha_{M\,\perp} \cdot M \\ 0 \end{Bmatrix}
$$

$$(32.2)$$

Im ebenen Spannungsfall werden vier Grundelastizitätsgrößen zur Aufstellung des Werkstoffgesetzes benötigt – $E_\parallel$, $E_\perp$, $G_{\perp\parallel}$, $\nu_{\parallel\perp}$ – für den dreidimensionalen Fall kommt noch die Querkontraktionszahl $\nu_{\perp\perp}$ hinzu (Abb. 32.12). Bei Sicherheitsbauteilen und großen Serien sollte man diese Daten unbedingt experimentell ermitteln, üblicherweise zusammen mit den dazugehörigen Festigkeitswerten. Dies ist sinnvoll, da sie sich mit der Spannungshöhe verändern, also nichtlinear sind. Für die Vorauslegung genügt es, die Grundelastizitätsgrößen rechnerisch auf Basis der Mikromechanik an einem repräsentativen

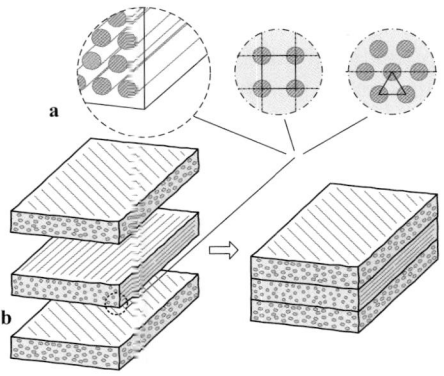

Abb. 32.11 a Unidirektionale Schicht, mit idealisierend angenommener quadratischer oder hexagonaler Faserpackung **b** Einzelne unidirektionale Schichten mit unterschiedlicher Faserausrichtung werden zu einem Mehrschichtenverbund gestapelt

32

Tab. 32.2 Werkstoffdaten einer unidirektionalen Schicht. Epoxidharzsystem, rel. Faservolumenanteil $\varphi = 0{,}6$; Prüftemperatur 23 °C, Mittelwerte; Dichte ρ in g/cm^3, Elastizitätsmoduln E und Festigkeiten R in N/mm^2, thermische Ausdehnungskoeffizienten α_T in mm/mm 1/K

Fasertyp	ρ	$E_\parallel$	$R_\parallel^+$	$R_\parallel^-$	$E_\perp$	$R_\perp^+$	$G_{\perp\parallel}$	$R_{\perp\parallel}$	$\nu_{\perp\parallel}$	$\alpha_{T\parallel}$	$\alpha_{T\perp}$
Standard E-Glasfaser	2,0	45 160	1300	1320	14 700	55	5300	74	0,3	$7 \cdot 10^{-6}$	$30 \cdot 10^{-6}$
Standard-C-Faser (T700)	1,55	125 000	2650	1470	7800	65	4400	98	0,34	$0{,}4 \cdot 10^{-6}$	$36{,}1 \cdot 10^{-6}$
Hochmodul-C-Faser (M46)	1,62	245 000	2200	1030	6900	45	3900	59	0,3	$-0{,}7 \cdot 10^{-6}$	$36{,}5 \cdot 10^{-6}$

Grundelement – bestehend aus Faser und Matrix – zu ermitteln. Formeln hierzu finden sich in [6].

Die thermischen Ausdehnungskoeffizienten $\alpha_{T\parallel}$, $\alpha_{T\perp}$ lassen sich experimentell mittels Dilatometer oder aber mikromechanisch bestimmen (Tab. 32.2). Die Quelldehnungskoeffizienten $\alpha_{M\parallel}$, $\alpha_{M\perp}$ ergeben sich experimentell aus Längenmessungen oder rechnerisch aus mikromechanischen Gleichungen.

Das Werkstoffgesetz des Laminats oder Mehrschichtenverbunds (MSV) wird rechnerisch aus den Elastizitätsgesetzen der Einzelschichten zusammengesetzt. Ist das Werkstoffgesetz des MSV bekannt, so lassen sich anschließend die Verzerrungen des Laminats sowie die Spannungszustände in den einzelnen Schichten bestimmen. Hierzu wurde die Klassische Laminattheorie (CLT) entwickelt; ein Programm namens *alfalam* ist unter www.klub.tu-darmstadt.de hinterlegt. Selbstverständlich lässt sich ein MSV auch mittels Finite-Elemente-Methode modellieren und analysieren. Dies empfiehlt sich immer bei komplexeren Strukturen. Meist wird die CLT verwendet, verschiedene Laminatkonfigurationen miteinander zu vergleichen, um das Leichtbauoptimum zu finden.

Dem Werkstoffgesetz der UD-Schicht ist zu entnehmen, dass die Einflüsse von Temperatur und Feuchte berücksichtigt werden müssen. Zum einen ändern sich in Abhängigkeit von Temperatur und Feuchte die Grundelastizitätsgrößen; sie sind also korrekterweise bei den interessierenden Temperaturen und Feuchtegehalten zu bestimmen. Zum anderen entstehen aufgrund unterschiedlicher thermischer Dehnung und Feuchtequellung von Faser und Matrix Eigenspannungen. Sie treten mikromechanisch unmittelbar zwischen Faser und Matrix auf und werden bei der Festigkeitsanalyse automatisch mit berücksichtigt. Die makromechanischen Eigenspannungen zwischen den einzelnen Schichten lassen sich mittels CLT berechnen. Meist stellt die Abkühlung von der Härtetemperatur bei der Laminatfertigung die größte Temperaturdifferenz dar. Da sie genau bekannt ist, lassen sich auch die Abkühlspannungen gut ermitteln. Sie überlagern sich den mechanischen Spannungen so dass infolge der thermischen Eigenspannungen die mechanische Belastbarkeit des Laminats meist vermindert wird. Vertieft zu untersuchen sind weiterhin die thermischen Spannungen in Krafteinleitungen, die aus der Paarung FKV-Metall entstehen. Dies betrifft insbesondere auch die Vorspannverluste in Schraubverbindungen.

32.13.4 Laminattypen

Steifigkeiten und Festigkeiten eines Laminats lassen sich gezielt konstruieren. Im Gegensatz zu Konstruktionswerkstoffen wie Stahl und Aluminium ist dabei jedoch nicht nur die Wanddicke zu dimensionieren. Der Konstrukteur hat zusätzlich festzulegen:

- den Faservolumenanteil in den Einzelschichten,
- die Faserrichtung der einzelnen Schichten,
- die Dicke der Einzelschichten,
- die Schichtreihenfolge.

Aus dieser Parametervielzahl ergibt sich eine unendliche Anzahl von Möglichkeiten. Zwar könnte man einen einzigen Laminataufbau für alle Lastfälle verwenden, allerdings würde dies

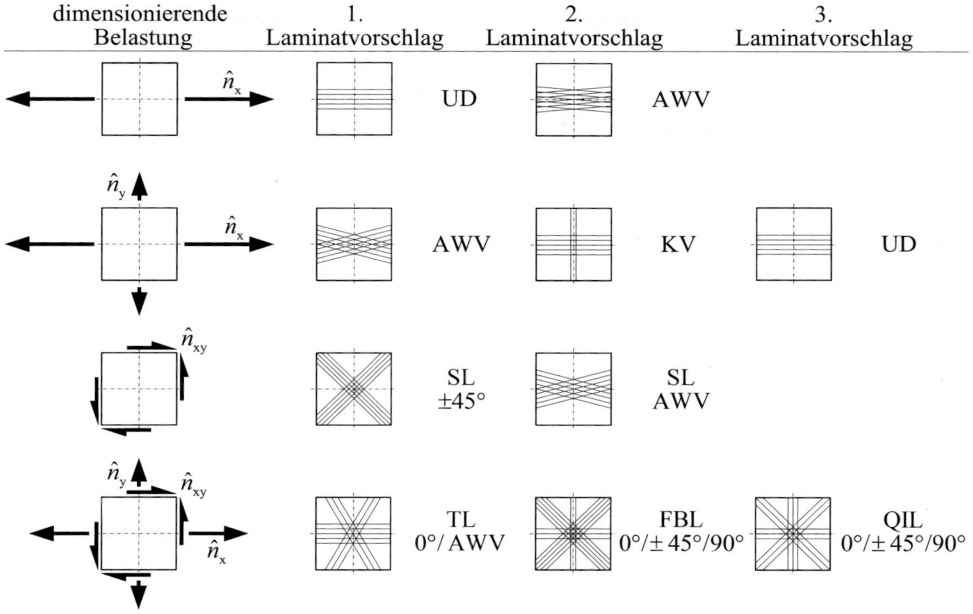

Abb. 32.13 Scheibenlastfälle und darauf abgestimmte klassische Laminattypen. *UD* Unidirektionale Schicht, *AWV* Ausgeglichener Winkelverbund, *KV* Kreuzverbund, *SL* Schublaminat, *TL* Triax-Laminat, *FBL* Flugzeugbau- laminat, *QIL* Quasiisotropes Laminat. *n* Kraftfluss, d. h. Schnittkraft/Breite; ∧ der Kraftfluss ist nicht auf eine Einzelschicht, sondern auf das gesamte Laminat bezogen

meist zu einer schlechten Leichtbaugüte führen. In der Faserverbundtechnik haben sich daher einige Laminattypen herauskristallisiert, die die Auswahl sinnvoll einschränken. Alle diese Laminattypen haben einige zentrale Eigenschaften gemeinsam:

- Sie sind auf eine spezielle Belastung abgestimmt. Auf den jeweiligen Lastfall angepasst vermeiden sie, dass zu hohe Spannungen über die Matrix laufen. Sie verkörpern das zentrale Konstruktionsziel der Faserverbundtechnik, die Spannungen in den Fasern zu konzentrieren.
- Diese Laminate bringen die Symmetrien mit, die notwendig sind, um das Laminat orthotrop zu halten und damit unerwünschte Koppelungen zu vermeiden.
- Diese Laminate sind besonders einfach herstellbar; es gibt teilweise sogar spezielle Halbzeuge.

Folgende Laminattypen sind zu nennen (Abb 32.13):

Unidirektionale Schicht (UD). Mit der UD-Schicht lassen sich Vorteile der Faser-Kunststoff-Verbunde am vollkommensten umsetzen. Gegenüber metallischen Werkstoffen lässt sich nicht nur der Dichtevorteil, sondern auch die überlegenen, extrem hohen Faserfestigkeiten nutzen. Leider ist dieser Laminattyp nur für einachsige Zug- oder Druckbelastung geeignet; quer zur Faserrichtung ist die Belastbarkeit sehr gering. Anwendungsbeispiele sind Umfangsbandagen bei auf Fliehkraft- oder Innendruck beanspruchten Strukturen, Blattfedern, die Gurte in Biegeträgern und Schlaufenanschlüsse.

Kreuzverbund (KV). Der Kreuzverbund besteht aus den senkrecht zueinander orientierten Faserrichtungen $\alpha = 0°$ und 90°. Die Abstimmung auf den herrschenden Spannungszustand ist recht einfach: Die Fasern werden in Richtung der Hauptspannungen ausgerichtet. Die Anteile der 0° und der 90°-Schicht sind entsprechend der Höhe der Hauptspannung zu wählen. Jedoch darf sich der Hauptspannungszustand im Betrieb nur wenig ändern, da dann ansonsten zu viele Kräfte über die Matrix laufen. Der KV wird üblicherweise mit einer Gewebeschicht, bei der Kette und Schuss senkrecht zueinander orientiert sind, oder aber durch Stapeln einzelner, um 90° zueinander verdrehter UD-Schichten erzeugt. Eine typische Anwendung sind innendruckbelastete Rohre, bei denen man die Fasern entsprechend der Hauptnormalenrichtung in Umfangs- und Längsrichtung orientiert.

Ausgeglichener Winkelverbund (AWV). Kennzeichen des AWV ist, dass UD-Schichten paarweise mit gleichem Winkel, jedoch entgegen gesetztem Vorzeichen geschichtet sind. Damit werden zwei senkrecht zueinander orientierte Symmetrieebenen erzeugt. Das Laminat zeigt dadurch orthotropes Verhalten. Im Gegensatz zur UD-Schicht ist der AWV in der Lage, einen zweiachsigen Spannungszustand überwiegend durch Faserkräfte aufzunehmen. Damit die Kräfte hauptsächlich in den Fasern konzentriert sind und die Spannungen quer zur Faserrichtung klein bleiben, muss die Faserrichtung auf den herrschenden Hauptspannungszustand abgestimmt werden. Ändert sich dieser, so verlaufen die Kräfte auch vermehrt über die Matrix. Ein AWV empfiehlt sich somit nur, wenn sich der Hauptspannungszustand im Betrieb nur wenig ändert. Typische Anwendungen sind innendruckbelastete Rohre und Behälter mit $\alpha = \pm 54{,}7°$ oder Antriebswellen mit $\alpha = \pm 15°$.

Triax-Laminat (TL). Während bei den obigen Laminattypen dem ebenen Spannungszustand mit nur zwei Faserrichtungen begegnet wurde – dies ist allerdings mit dem Manko behaftet, dass sich der Hauptspannungszustand nur geringfügig ändern darf – ist ein Laminat mit drei und mehr Faserrichtungen in der Lage, jeden ebenen Spannungszustand überwiegend durch Kräfte in den Fasern aufzunehmen. Derartige Laminate empfehlen sich immer dann, wenn sich die Kräfte und die Kraftrichtungen im Betrieb stark ändern. Prinzipiell können die 3 Faserwinkel beliebig gewählt werden. Sinnvoll ist es, das Laminat orthotrop zu gestalten, indem Symmetrien konstruiert werden: Üblicherweise kombiniert man eine UD-Schicht mit einem AWV.

Flugzeugbau-Laminat (FBL). Weit verbreitet – insbesondere im Flugzeugbau – ist das $0°/\pm45°/90°$-Laminat. Die 0°- und die 90°-Schicht nehmen dabei primär die Normalspannungen eines ebenen Spannungszustands auf, die $\pm45°$-Schichten überwiegend die Schubspannungen. Demzufolge wird mit diesem Laminataufbau jeder ebene Spannungszustand vornehmlich durch die Fasern aufgenommen. Die Anpassung, bzw. Optimierung ist einfach. Da die Faserrichtungen festliegen, muss der Konstrukteur nur die Schichtdicken der vier Faserrichtungen festlegen. Fertigungstechnisch lässt sich das Laminat aus Geweben aufbauen, die um 45° zueinander verdreht gestapelt sind. Günstig ist, dass das FBL sich besonders gut für Nietverbindungen eignet. Es liegen alle notwendigen Faserorientierungen vor, um alle spezifischen Nietbelastungen primär durch Faserkräfte aufzunehmen. Darüber hinaus lässt sich mit dem FBL ein Sonderfall konstruieren. Führt man alle Schichten des Flugzeugbaulaminats mit gleichen Schichtdicken aus, so verhält sich es sich in der Laminatebene isotrop.

Schublaminat (SL). Einer Schubbelastung sind bei FKV besondere Aufmerksamkeit zu widmen. Fast immer sind hierzu besondere Faserorientierungen vorzusehen. Bei überwiegender Schubbeanspruchung – bei Torsion eines Rohrs oder Querkraftschub in einem Balken – verwendet man Schublaminate. Ersetzt man den Schubspannungszustand durch den äquivalenten Hauptspannungszustand, so leuchten die passenden Faserwinkel eines SL unmittelbar ein: Man orientiert die Fasern in Richtung der Hauptspannungen. In das x,y-Laminat-KOS transformiert entspricht dies einem (±45)-Laminat. Einige Faserverbund-Konstrukteure glauben, dass bei ausschließlichem Schub nur das (±45)-Laminat in Frage kommt. Nach Netztheorie sind jedoch alle AWV als SL geeignet. Von dem üblichen (±45)-SL sollte man insbesondere abweichen, wenn zusätzlich zur Schubbelastung hohe Längskräfte auftreten. Ein gutes Beispiel hierfür sind die Schubstege von Querkraft-belasteten Biegeträgern. Schublaminate finden sich in Torsionsrohren, Drehstabfedern, Torsionsnasen von Tragflügeln und Stegen von Biegeträgern.

Quasiisotropes Laminat (QIL). Als weiterer Laminattyp sind Quasiisotrope Laminate zu nennen. Senkrecht zur Laminatebene liegen unendlich viele Symmetrieebenen vor. Man erhält damit gleichsam die Eigenschaften eines isotropen „Blechs". Diese Laminate besitzen – gleichen Fasertyp und gleich große Schichtdicken vorausgesetzt – unter allen Schnittrichtungen in der x,y-Ebene isotrope Eigenschaften. Damit eignen sie sich insbesondere für stark ändernde Lastrichtungen. Es ist einleuchtend, dass Isotropie nur erzielbar ist, wenn die Winkeldifferenzen zwischen den Faserrichtungen gleich groß sind; bspw. lässt sich ein QIL mit Winkeldifferenzen von $60°$ ($= 360° : 6$), $45°$ ($= 360° : 8$) oder $36°$ ($= 360° : 10$) usw. konstruieren. Der Konstrukteur muss keine Laminatoptimierung durchführen; er passt lediglich die Wanddicke an die Belastung an. QIL sind meist nicht leichtbauoptimal; man setzt sie eher bei niedrig beanspruchten Strukturen ein, bspw. bei Verkleidungen.

32.13.5 Festigkeitsanalyse von Laminaten

Die Komponenten Faser und Matrix weisen unterschiedliche Versagensarten auf. Grundsätzlich sind *Faserbruch* (Fb) und *Zwischenfaserbruch* (Zfb) zu unterscheiden (Abb. 32.14). Faserbruch wird praktisch ausschließlich durch eine faserparallele Beanspruchung erzeugt; die Festigkeiten sind sehr hoch. Zwischenfaserbruch erstreckt sich zwischen den Fasern, entweder durch die Matrix oder es versagt die Faser-Matrix-Verklebung in der Grenzfläche. Der Riss verläuft parallel zur Faserlängserstreckung und durchtrennt die betreffende UD-Schicht meist vollständig. In einem Laminat wird er an Nachbarschichten gestoppt, wenn diese eine deutlich abweichende Faserorientierung von der versagenden Schicht haben. Zfb liegt im Vergleich zu Fb deutlich niedriger und ist daher meist die dimensionierende Festigkeitsgrenze. Zfb kann manchmal toleriert werden.

Faser- und Zwischenfaserbruch können derzeit noch nicht zuverlässig vorherberechnet wer-

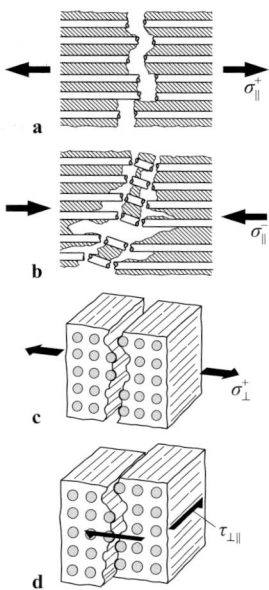

Abb. 32.14 a Faserbruch durch Zerreißen von Faserbündeln bei faserparalleler Zugbeanspruchung. **b** Versagen bei faserparalleler Druckbeanspruchung tritt in Form von Schubknicken auf; **c** Zwischenfaserbruch bei Querzugbeanspruchung; **d** Zfb bei Quer-Längs-Schubbeanspruchung

den; sie sind experimentell zu ermitteln. Aufgrund der Orthotropie der UD-Schicht sind nicht nur 5 Grundelastizitätsgrößen, sondern auch 6 Festigkeiten zu bestimmen; bei den Normalspannungen sowohl Zug- als auch Druckfestigkeiten.

Faserbruch. Faserbruch tritt in zweierlei Ausprägungen auf: Bei Längszug werden die Fasern zerrissen, d. h. ihre Kohäsivfestigkeit wird überschritten. Bei Längsdruck tritt Schubknicken auf. Diese Stabilitätsversagensform wird als Längsdruckfestigkeit gedeutet. Von dominierendem Einfluss auf die Längsdruckfestigkeit ist, ob die Fasern perfekt gerade, d. h. ondulationsfrei vorliegen. Tendenziell erreicht die Längszugfestigkeit höhere Werte als die Längsdruckfestigkeit. Faserbruch unter Ermüdungsbelastung entwickelt sich sehr komplex und wird stark von der Matrix beeinflusst. Als Bruchkriterium ist das Maximalspannungskriterium anwendbar: Bruch tritt ein, sobald die maximale Zug- oder Druckspannung die zugehörige Festigkeit überschreitet.

32

Abb. 32.15 Zfb-Master-Bruchkörper für den 3D-Spannungszustand der unidirektionalen Schicht (ohne Längsspannungen). Die Spannungsachsen des Bruchkörpers entsprechen folgenden Beanspruchungen: $\sigma_n \stackrel{\wedge}{=} \sigma_\perp$, $\tau_{n1} \stackrel{\wedge}{=} \tau_{\perp\parallel}$, $\tau_{nt} \stackrel{\wedge}{=} \tau_{\perp\perp}$. Alle Spannungskombinationen auf der Oberfläche des Bruchkörpers führen zum Zfb

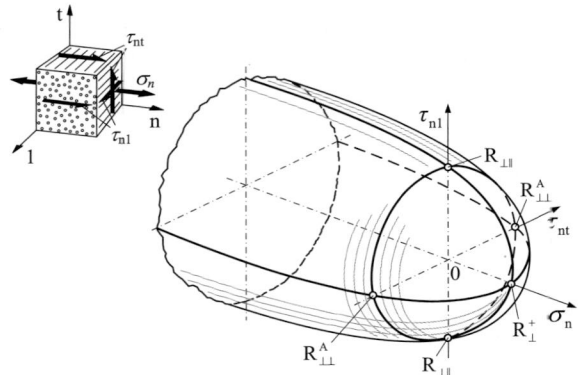

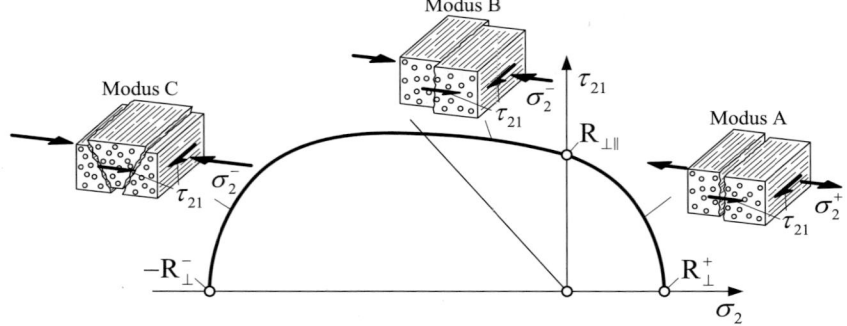

Abb. 32.16 Versagenskurve für Zfb im Falle eines ebenen Spannungszustands einer UD-Schicht. Für den Zfb sind die Spannungen $\sigma_2 \stackrel{\wedge}{=} \sigma_\perp$; $\tau_{21} \stackrel{\wedge}{=} \tau_{\perp\parallel}$ verantwortlich; daher wird die Versagenskurve üblicherweise ohne Längsspannungen an der Position $\sigma_1 = 0$ gezeichnet. Je nach Spannungskombination treten drei verschiedene Bruchmodi auf, die nach *Puck* mit A, B, C gekennzeichnet werden. Die Kurve ist – da Schubversagen Vorzeichenunabhängig ist – zur σ_2-Achse symmetrisch

Zwischenfaserbruch. Zwischenfaserbruch wird von einer der drei Beanspruchungen Querzug $\sigma_\perp^+$, Quer-Längsschub $\tau_{\perp\parallel}$, Quer-Querschub $\tau_{\perp\perp}$ oder aber einer Kombination dieser Spannungen initiiert. Während bei Faserbruch die Interaktion der Spannungen in erster Näherung vernachlässigt werden kann, sind sie bei Zfb unbedingt zu berücksichtigen. Es gibt eine Fülle von Zfb-Bruchkriterien. Besonders empfehlenswert ist das *Puck*'sche Wirkebenenkriterium. Es ist physikalisch begründet, gilt für dreidimensionale Spannungszustände und liefert zusätzlich den Bruchwinkel der UD-Schicht. Es lässt sich anhand des sogenannten Master-Bruchkörpers visualisieren (Abb. 32.15). Die mathematische Formulierung des Bruchkörpers findet sich in [6, 9, 10].

Im meist vorliegenden Fall eines ebenen Spannungszustands entfällt die Beanspruchung $\tau_{\perp\perp}$; das *Puck*'sche Wirkebenenkriterium für Zfb lässt sich als ebene Versagenskurve darstellen (Abb. 32.16).

Bei genauer Betrachtung wird deutlich, dass der Zwischenfaserbruch in einer UD-Schicht nicht allein von den Spannungen σ_2 und τ_{21} abhängt, sondern dass auch Längsspannungen σ_1, die eigentlich für Faserbruch ausschlaggebend sind, auf den Zfb rückwirken. Diese erweiterte Interaktion lässt sich ebenfalls visualisieren (Abb. 32.17).

Das „Knie" im Spannungs-Verzerrungs-Diagramm eines Laminats. Zwischenfaserbrüche einer Einzelschicht machen sich im Verhalten eines Laminats durch einen Steifigkeitsverlust bemerkbar. Besonders deutlich wird der Zfb bei Querzug, bspw. im Spannungs-Dehnungs-Diagramm eines (0/90)-Laminats (Abb. 32.18). Im

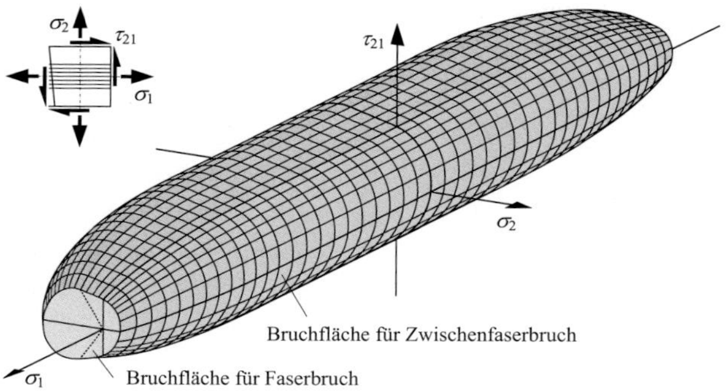

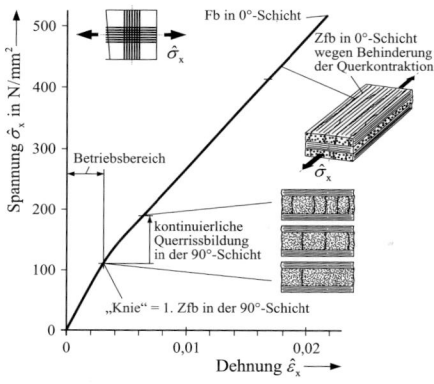

Bruchfläche für Zwischenfaserbruch

σ_1 Bruchfläche für Faserbruch

Abb. 32.17 Erweiterung von Abb. 32.16 um die Längsspannungen: Zfb-Bruchkörper für den ebenen Spannungszustand ($\sigma_1 \stackrel{\wedge}{=} \sigma_\parallel$; $\sigma_2 \stackrel{\wedge}{=} \sigma_\perp$; $\tau_{21} \stackrel{\wedge}{=} \tau_{\perp\parallel}$) einer UD-Schicht. Obschon ein zweidimensionaler Spannungszustand wirkt, wird ein 3-D-Bruchkörper dargestellt. Dies ermöglicht es, die Interaktion faserparalleler Spannungen auf das Zfb-Geschehen mit zu erfassen. Zusätzlich eingetragen ist das Bruchkriterium für Fb: Es wird durch die beiden Flächen repräsentiert, die den Bruchkörper an den Enden „kappen". Auf diese Weise gelingt es, für den ebenen Spannungszustand alle Grenzspannungszustände in einem einzigen Bruchkörper abzubilden

Kurvenverlauf äußert sich der erste Zfb als Knick, als sogenanntes „Knie". Dieser Punkt wird auch, da die Rissbildung deutlich hörbar ist, *Knistergrenze* genannt und kann durch eine Schallemissionsanalyse (SEA) genau detektiert werden. Durchscheinende GFK-Laminate trüben sich ab dem Knie kontinuierlich ein. An den vielen kleinen Rissen ändert sich die Brechung im Übergang zu Luft und Laminate werden milchig trübe. Bei Belastungssteigerung entstehen weitere Risse. Die Rissdichte nimmt solange zu, bis in den Bereichen zwischen den Rissen keine ausreichend hohen Spannungen zur neuerlichen Überschreitung der Bruchgrenze mehr aufgebaut werden können. Dies ist der Fall, wenn der Rissabstand zu klein geworden ist. Das Spannungs-Dehnungs-Diagramm verläuft ab dem Knie durch die Riss-bedingte Steifigkeitsabnahme ein Stück degressiv, bis Risssättigung erreicht ist. Das Totalversagen des Laminats erfolgt schließlich durch Faserbruch.

Schichtentrennung oder Delamination. Eine besondere, eigentlich nur bei Schichtaufbauten auftretende Versagensart ist der flächige Trennungsbruch in Laminatebene, die sogenannte Delamination. Sie wird durch interlaminare Spannungen hervorgerufen, die nicht innerhalb einer Schicht, sondern zwischen den Schichten auf der Grenzfläche wirken. Als interlaminare Spannungen können sowohl senkrecht zur

Abb. 32.18 „Knie" und fortschreitende Degradation im Spannungs-Dehnungs-Diagramm eines GF-EP-Kreuzverbunds infolge Zwischenfaserbruch

Laminatebene wirkende Normalspannungen als auch Schubspannungen auftreten. Delaminationen zählen zu den Zwischenfaserbrüchen. Bei transparenten Glasfaser-Laminaten sind Delaminationen durch großflächige Trübungen visuell gut zu erkennen. Bei nicht transparenten Kohlenstofffaser-Laminaten lassen sie sich durch zerstörungsfreie Prüfmethoden, basierend auf Ultraschall oder Thermografie detektieren.

Delaminationen können verschiedene Ursachen haben; die zwei folgenden Lastfälle gehören zu den häufigsten Verursachern (Abb. 32.19):

- Bei Schlagbelastung einer Laminatplatte sind die eng begrenzten lokalen Beanspruchungen

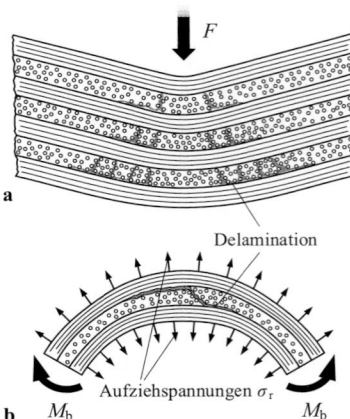

a

Delamination

Aufziehspannungen σ_r

b M_b M_b

Abb. 32.19 **a** Eine Schlagbelastung, d. h. eine hohe, lokale Querkraftbiegung, führt zu Zwischenfaserbrüchen, die an den schwer durchtrennbaren Nachbarschichten zu Delaminationen umgelenkt werden; **b** An einem gekrümmten Laminat haben Biegespannungen eine radiale Komponente, die beim Aufbiegen als Aufziehspannung wirksam wird und Delaminationen auslöst

so groß, dass sowohl Faserbrüche, Zwischenfaserbrüche als auch Delaminationen auftreten.

- Eine Belastung, die zu erheblichen Aufziehspannungen und damit zu Delaminationen führt, ist das Aufbiegen gekrümmter Laminate entgegengesetzt zur Krümmung.

Gefährlich sind Delaminationen insbesondere bei Bauteilen, die beulgefährdet sind. Aufgrund der Schichtentrennung hat sich die Biegesteifigkeit des Laminats drastisch reduziert, so dass frühzeitiges Beulen des Laminats mit abschließendem katastrophalem Kollaps die Folge ist. Um das Ausmaß der Schädigung bei der gefürchteten Schlagbeanspruchung beurteilen zu können, wird ein spezieller Test „Druckbelastung nach Schlagbeanspruchung" (compression after impact, CAI-Test) durchgeführt.

Laminattheorie und Bruchanalyse. CLT-Programme wurden auf die Festigkeitsanalyse erweitert. Dabei wird der errechnete Spannungszustand jeder einzelnen Schicht anhand der Bruchkriterien auf Faser- und Zwischenfaserbruch bewertet und im Falle des *Puck*'schen Wirkebenen-

kriteriums werden auch die Rissorientierungen angegeben.

Degradationsanalyse. Da ein Laminat beim Auftreten erster Risse nicht vollständig versagt, sondern die nicht mehr ertragbaren Spannungen in intakte Nachbarschichten umlagert (Abb. 32.18), wird der Umlagerungsprozess in einer sogenannten Degradationsanalyse beschrieben. Die fortschreitende Degradation infolge kontinuierlicher Rissbildung wird durch Reduktion der Steifigkeiten erfasst.

32.13.6 Fügetechniken

Klebung. Naheliegend und für FKV besonders gut geeignet sind Klebverbindungen. Ein Problem bei Klebverbindungen sind die hohen Schub- und Schälspannungsspitzen, die bei Überlappungsklebungen an den Enden der Fügeteile auftreten. Insbesondere die Schälspannungen lassen sich bei FKV sehr stark mindern, indem man den schichtenweisen Aufbau des Laminats nutzt und die Einzelschichten im Übergang abstuft. Ebenso bietet der Schichtenaufbau die Chance, zu schachteln und so sehr viele Klebflächen zu generieren; damit sinken für die einzelne Klebung die auftretenden Spannungsspitzen und es gelingt zusätzlich, ein Zusatzmoment zu vermeiden (Abb. 32.20).

Nietverbindung. Faser-Kunststoff-Verbunde lassen sich vorzüglich mittels Niete fügen. Besonders geeignet sind die Faserorientierungen des Flugzeugbaulaminats (0/±45/90). Ausgelegt wird auf Lochleibungsversagen, da diese Versagensform sehr gutmütig ist; es tritt lediglich eine Lochaufweitung, meist kombiniert mit geringfügigem Lochleibungs-Druckversagen auf, jedoch keine vollständige Fügeteiltrennung. Alle anderen Versagensformen wie Flankenzug-, Scher- und Spaltbruch müssen vermieden werden (Abb. 32.21). Hierzu sollten die 0°- und die beiden ±45°-Schichten des Flugzeugbaulaminats etwa gleich dick sein, während die 90°-Schicht nur zirka 10 % von der gesamten Laminatdicke

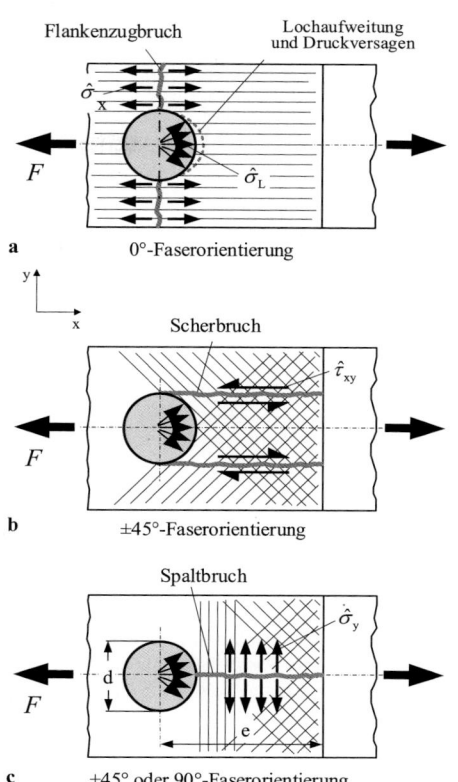

Abb. 32.20 a Schubverformung des Klebstoffs in einer Überlappungsklebung (überzeichnete Klebschichtdicke) mit Schub- und Schälspannungsspitzen (τ_{xz}; σ_z) an den Enden (qualitativ, Klebstoff linear elastisch); **b** Bei größeren Fügeteildicken sollten die Fügeteile gestuft werden; dies reduziert vor allem die Schälspannungen; **c** Schachtelung einzelner Laminatschichten, um größtmögliche Klebschichtflächen zu generieren und um die lokalen Störungen zu verteilen

Abb. 32.21 Die Lochleibungsspannungen des Bolzens $\hat{\sigma}_L$ induzieren unterschiedliche Versagensformen; jede Versagensform benötigt eine angepasste Faserausrichtung. **a** 0°-Fasern gegen zu starke Lochaufweitung, für hohe Lochleibungsfestigkeiten und gegen Flankenzugbruch, **b** ±45°-Faserorientierung gegen Scherbruch, **c** ±45°- oder 90°-Fasern gegen Spaltbruch. In Summe sind alle genannten Faserorientierungen zu überlagern. Der Randabstand beträgt e = 3d

ausmachen sollte. Gleichzeitig müssen die Mindestabstände des Niets vom Rand eingehalten werden. Wird ein Laminat mit C-Fasern, das in feuchter Umgebung eingesetzt wird, genietet, so sollten die Niete aus rostfreiem Stahl oder einer Titanlegierung bestehen. Da die C-Fasern in der elektrolytischen Spannungsreihe als edel eingestuft sind, besteht zu einem Al-Niet eine große Potentialdifferenz. Ist ein Elektrolyt vorhanden, so löst sich der Al-Niet als Anode auf. Zu vermeiden ist ein lockerer Sitz der Niete, da der Niet sich schräg stellt und die hohe Kantenbelastung zu lokaler Rissbildung an den Rändern der Bohrung führt. Auslegungsbeziehungen finden sich in [6, 11].

Schraubverbindungen, die ja über Reibung tragen, weisen zwei Probleme auf: Da in Laminatdickenrichtung meist keine Verstärkungsfasern vorliegen, ertragen Laminate zum einen keine hohen Vorspannkräfte und zum anderen ist mit starkem Relaxieren der Vorspannkräfte zu rechnen. Ohne spezielle Maßnahmen sollten Schraubverbindungen daher auf Lochleibung dimensioniert werden.

Schlaufenanschluss. Die höchste Belastbarkeit bei minimalem Gewicht bieten unidirektionale Faserstränge, wenn sie ausschließlich in Faserrichtung belastet werden. Da derartige Stränge den Charakter von Seilen haben, liegt es nahe,

FKV-Krafteinleitungen durch Umschlingen eines Bolzens, als sogenannten Schlaufenanschluss zu konstruieren. Der Schlaufenanschluss ist dann von Vorteil – und man sollte ihn auch nur dann realisieren – wenn *hohe* Kräfte *punktuell* eingeleitet werden müssen. Nachteilig ist seine aufwändige Herstellung. Höchste Festigkeiten lassen sich erzielen, wenn die Stränge absolut ondulationsfrei abgelegt werden. Ausgeführt wird der Schlaufenanschluss überwiegend als Parallelschlaufe. Bei der Variante der Augenschlaufe treten zusätzlich Aufziehspannungen auf, die durch eine Bandagierung mit Fasern in Umfangsrichtung aufgenommen werden müssen (Abb. 32.22). Die höchsten Spannungen in der Schlaufe finden

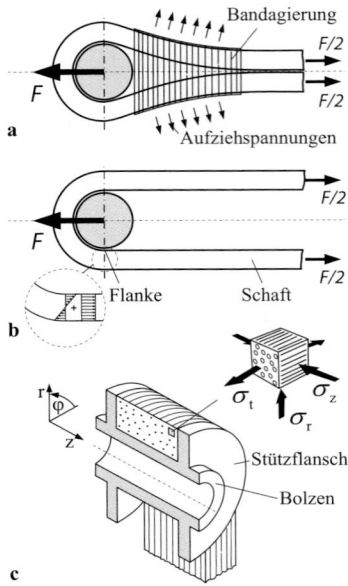

Abb. 32.22 Schlaufenschluss. **a** prinzipielle Ausführungen (Augenschlaufe, Parallelschlaufe) und höchstbelasteter Bereich, **b** notwendige seitliche Stützung der Schlaufe durch Flansche

sich an der Bolzenflanke: Durch das Abziehen des Strangs vom Bolzen überlagern sich der Zugbelastung Biegespannungen [6, 11]. Diese Kombination führt auf dem Schlaufeninnenradius zum Faserbruch. Schlaufen müssen seitlich gestützt werden, da ansonsten der radiale Druck der äußeren Schichten frühzeitig Zwischenfaserbruch verursacht. Um Biegemomente einzuleiten verwendet man Doppelschlaufen.

32.13.7 Fertigungsverfahren

Handlaminieren. Vielfach werden FKV-Strukturen noch handwerklich als Handlaminate hergestellt. Vorteilhaft ist, dass praktisch jedes Bauteil auf diese Weise gefertigt werden kann. Für Prototypen, Kleinserien und für sehr große Bauteile, die nicht in Maschinen passen, ist dies die sinnvollste Vorgehensweise. Die Faserhalbzeuge, z. B. Gewebe, werden dabei Schicht um Schicht in oder über eine vorab mit Trennmittel behandelte Form drapiert und mittels Pinsel und Rolle mit dem flüssigen Reaktionsharz getränkt. Hierbei ist insbesondere auf minimale Faserwelligkeit zu

achten. Eine deutliche Qualitätssteigerung lässt sich erreichen, wenn man das Laminat nach dem Tränkprozess unter Vakuum setzt, bspw. indem man es in einen Foliensack einbringt, in dem mittels Vakuumpumpe Unterdruck erzeugt wird („Vakuumsackverfahren"). Das Laminat wird dadurch kompaktiert, überschüssiges Harz und insbesondere Luftblasen werden entfernt. Kalthärtende Matrixharze härten nach gewisser Zeit bei Umgebungstemperaturen um 20 °C aus. Um jedoch optimale Festigkeiten und Beständigkeiten zu erreichen, muss das Bauteil fast immer im Umluftofen bei erhöhten Temperaturen nachgehärtet werden. Nach Entnahme und Erkalten wird das Bauteil entformt und nachbearbeitet, d. h. die Kanten besäumt, Bohrungen gesetzt usw.

Wickeltechnik [12, 13]. Für Rohre, Behälter, Antriebswellen – kurzum alle rotationssymmetrischen Strukturen – ist die Wickeltechnik das ideale Fertigungsverfahren. Die dazu benötigten Wickelmaschinen ähneln Drehmaschinen (Abb. 32.23). Die Fasern werden auf einem Wickelkern numerisch gesteuert, präzise und wellenfrei abgelegt. Die Fertigungsqualität ist ausgezeichnet und das Verfahren lässt sich problemlos automatisieren. Bei Serienproduktionsanlagen bewickelt man mehrere Wickelkerne gleichzeitig. Sehr kurze Wickelzeiten erreicht man mit so genannten Ringfadenaugen, die es ermöglichen, etwa 30–100 Faserrovings gleichzeitig auf dem Wickelkern abzulegen. Vorteilhaft ist, dass keine Halbzeug-Zwischenstufen benötigt, sondern die preisgünstigsten Ausgangsmaterialien, Rovings und Harz verarbeitet werden. Die Tränkung erfolgt in der Anlage, indem die Rovings unmittelbar vor dem Ablegen auf dem Wickelkern durch ein Tränkbad gezogen werden. Nach dem Bewickeln entnimmt man den Kern der Wickelmaschine und härtet das Laminat rotierend in einem Umluftofen. Anschließend zieht man den Kern aus dem fertigen Rohr.

Injektionsverfahren [12, 13]. Von dieser Technologie gibt es viele Varianten. Allen ist gemein, dass die Faserhalbzeuge in der gewünschten Reihenfolge und Orientierung trocken, d. h. ohne Harz, in eine Form eingelegt werden. Nachdem

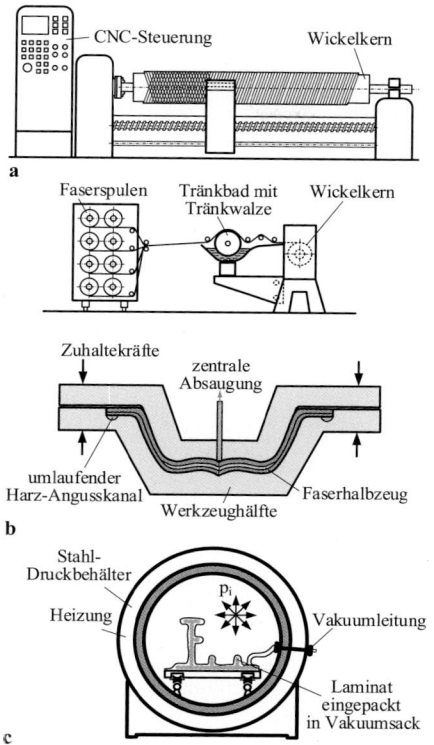

CNC-Steuerung   Wickelkern

a

Faserspulen   Tränkbad mit   Wickelkern
                Tränkwalze

Zuhaltekräfte
                zentrale
                Absaugung

umlaufender
Harz-Angusskanal   Faserhalbzeug
                Werkzeughälfte
b

Stahl-
Druckbehälter
                p_i
Heizung   Vakuumleitung

                        Laminat
                        eingepackt
                        in Vakuumsack
c

Abb. 32.23 **a** Wickeln eines Rohres, **b** Injektionstechnik, **c** Autoklavfertigung

die Form geschlossen und abgedichtet ist, wird das Matrixharz – häufig unterstützt durch ein an der Form angelegtes Vakuum – an definierten Stellen in die Form injiziert (Abb. 32.23). Die Unterschiede in den Verfahren beziehen sich meist auf die Art des Angusses und der Strömungsführung. Sobald das textile Halbzeug vollständig getränkt ist, wird der Injektionsvorgang beendet und das Laminat durch Temperaturerhöhung der Form beschleunigt ausgehär-

tet. Vorteile des Verfahrens sind, dass aufgrund der geschlossenen Form eine hohe Arbeitshygiene eingehalten und eine reproduzierbare Qualität gefertigt werden kann. Das Verfahren eignet sich insbesondere für mittlere Serienumfänge.

Prepregtechnologie [12, 13]. Mit dieser Technologie lassen sich die besten FKV-Qualitäten erzielen. Auf Prepregmaschinen – meist Walzenkalandern – werden die Faserhalbzeuge mit dem Matrixharz getränkt. Die maschinelle Tränkung hat die Vorteile, dass eine luftblasenfreie, gleichbleibende Tränkqualität erzielbar ist, und auch besonders risszähe, ermüdungsfeste, dafür aber hochviskose Harze verarbeitet werden können. Die Prepregbahnen werden beim Bauteilhersteller CNC-gesteuert zugeschnitten und nach festgelegter Reihenfolge entweder per Hand – unterstützt durch den Positionierstrahl eines Laserprojektors – oder aber per Legeroboter in der Bauteilform gestapelt. Anschließend wird das Laminat mit Folie abgedeckt, unter der Folie Vakuum gezogen und im Ofen ausgehärtet (Abb. 32.23). Bei höchsten Anforderungen – bspw. Bauteilen der Luft- und Raumfahrttechnik – wird im Autoklaven gehärtet; d. h., das Laminat wird zusätzlich mit etwa 7 bar Überdruck kompaktiert. Kleinere Bauteile können auch auf Pressen gefertigt werden. Nachteilig ist, dass die exzellenten Bauteileigenschaften, die die Prepregtechnologie bietet, mit hohen Investitionen und einem aufwändigen Fertigungsprozess erkauft werden müssen.

Anhang

32

Tab. 32.3 Eigenschaften wichtiger Kunststoffgruppen (Auswahl). tr trocken, f feucht, NB: kein Bruch (non-break), o. Br: ohne Bruch (alt), *kursiv*: Kennwerte für gefüllte bzw. verstärkte Kunststoffe

Kunststoff	Kurzzeichen DIN EN ISO 1043-1	Dichte [g/cm³]	Festigkeits-kennwerte [MPa]	Dehnungs-werte [%]	Elastizitäts-modul [MPa]	Schlag-zähigkeit DIN EN ISO 179 (1 eU) [kJ/m²]	Kerbschlag-zähigkeit DIN EN ISO 179 (1 eA) [kJ/m²]	Zeitdehn-spannung $\sigma_{1/1000}$ [MPa]	Wärmeleit-fähigkeit [J/(mK)]	Thermisch. Längen-Ausdehnungs-koeffizient [10^{-5} 1/K]	Verarbeitungs-schwindung [%]	Kristallit-schmelzpunkt [°C]
Polyamide	PA6	1,12...1,14 *...1,4*	60...90 tr (σ_y) 35...70 f. (σ_y) *150...220 tr (σ_M)* *120...170 f. (σ_M)*	6...12 tr (ε_y) 10...20 f. (ε_y) *4...6 (ε_M)*	1500...3200 tr 600...1600 f. *10000...18000 tr* *5000...10000 f.*	NB tr NB f. *50...110 tr* *70...140 f.*	*10...18 tr* *16...25 f.*	6 tr 4 f. *40...50 tr* *30...40 f.*	0,27...0,30 *0,30...0,32*	7...11 tr *2...5 tr*	0,8...2,0 tr *0,2...1,0 tr*	215...225
	PA66	1,13...1,15 *...1,4*	70...90 tr (σ_y) 55...75 f. (σ_y) *180...230 tr (σ_M)* *130...180 f. (σ_M)*	6...12 tr (ε_y) 10...20 f. (ε_y) *2...5 tr (ε_M)*	2000...3500 tr 1200...2100 f. *9000...17000 tr* *6000...10000 f.*	NB tr NB f. *40...100 tr* *60...120 f.*	7...12 tr 12...20 f.	7 tr 6 f. *50...60 tr*	0,27...0,28 *0,28...0,30*	6...10 tr *1...5 tr*	0,8...2,2 tr *0,2...0,8 tr*	250...265
	PA11	1,03...1,05 *...1,26*	40...60 (σ_y) *60...150 (σ_M)*	9...22 (ε_y)	800...1400 *3000...4000*		5...28	5 *12*	0,28	9...13 *2...4*	0,5...1,5 *0,4...1,0*	180...190
	PA12	1,01...1,02 *...1,25*	35...50 (σ_y) *50...120 (σ_M)*	8...26 (ε_y) *3...8 (ε_M)*	1200...1600 *4000...5000*	NB 50...80	4...5 *3...5*	4...5 *12*	0,27	12...15 *3...5*	0,5...1,5	175...185
Polyamid amorph	PA NDT/INDT	1,04...1,12 *...1,4*	70...110 (σ_y) *149...160 (σ_M)*	3 (ε_y)	2800...3000 *9000...10000*			12		6...8	0,4...0,7	
Polyacetalharze	POM	1,4...1,45 *...1,6*	60...80 (σ_y) *90...140 (σ_M)*	8...15 (ε_y) *2...6 (ε_M)*	2500...3500 *5000...12000*	100...NB *20...40*	4...7 *3...5*	12...18	0,29...0,36 *0,40*	11...13 *2...4*	1,6...2,8 *0,4...1,0*	175 (Homo-Polym.) 165...168 (Co-Polym.)
thermoplastische Polyester	PET	1,31...1,37 *1,5...1,8*	50...75 (σ_y) *120...180 (σ_M)*	3...4 (ε_y) *2...3 (ε_M)*	2500...3200 *6500...12000*			*26*	0,24...0,29 *0,33...0,34*	7 *2...3*	1,3...2,0 *0,3...0,8*	255...258
	PBT	1,29...1,3 *1,5...1,6*	50...60 (σ_y) *110...160 (σ_M)*	3...4 (ε_y) *2...3 (ε_M)*	2600...2900 *6500...11000*	100...NB *30...75*	8 *6...13*	12...15 *55*	0,21 *0,23...0,26*	3...7 *3...4*	1,3...2,0 *0,3...0,8*	220...225
Polycarbonat	PC	1,2...1,23 *1,27...1,45*	55...70 (σ_y) *70...150 (σ_M)*	5...7 (ε_y) *2...5 (ε_M)*	2000...2500 *3500...9500*	NB *35...45*	*10...16* 9...60	18 *40*	0,21...0,23 *0,23...0,25*	6...7 *2...5*	0,7...0,8 *0,2...0,5*	
Polyphenylether	PPE	1,04...1,11 *...1,38*	36...70 (σ_y) *70...140 (σ_B)*	3...8 (ε_y) *1...3 (ε_M)*	2000...2500 *3500...9000*	50...NB 30...40	6...12	18 *35*	0,17...0,22 *0,22...0,28*	5...10 *3...5*	0,5...0,7 *0,1...0,5*	
Polyacrylat	PMMA	1,7...1,2	60...90 (σ_M)	2...10 (ε_M)	2400...4500	18...25		15...20	0,18...0,19	7...9	0,3...0,8	
Polystyrol	PS	1,05	45...65 (σ_M)	2...4 (ε_M)	3000...3600	8...18		18...20	0,15...0,17	7...8	0,4...0,7	
Styrol-Butadien	SB	1,04...1,05	15...50 (σ_v)	2...3 (ε_v)	1500...3000	50...150	5...10	12	0,16...0,17	8...10	0,4...0,7	
Styrol-Acrylnitril	SAN	1,08 *1,2...1,4*	70...80 (σ_M) *...140 (σ_M)*	5 (ε_M) *3 (ε_M)*	3600 *5000...10000*	2...4 *18...22*		15...25 *60*	0,15...0,17	6...8	0,4...0,6	
Acrylnitril-Butadien-Styrol	ABS	1,06...1,08 *1,09...1,5*	30...55 (σ_y) *...70 (σ_M)*	2...3 (ε_y) *1 (ε_y)*	1500...2900 *4500...6000*	50...NB	12...25	9...15 *30...40*	0,15...0,17	8...11 *3...4*	0,4...0,8 *0,1...0,4*	
SAN mit Acrylester	ASA	1,07	45...60 (σ_M)	10...20 (ε_B)	2500...2800	180...280	11...26	12	0,17	10...11	0,4...0,7	

Tab. 32.3 (Fortsetzung)

Kunststoff	Kurzzeichen DIN FN ISO 1043-1	Dichte [g/cm³]	Festigkeits-kennwerte [MPa]	Dehnungs-werte [%]	Elastizitätsmodul [MPa]	Schlagzähigkeit DIN EN ISO 179 (1 eU) [kJ/m²]	Kerbschlagzähigkeit DIN EN ISO 179 (1 eA) [kJ/m²]	Zeitdehnspannung $\sigma_{1/1000}$ [MPa]	Wärmeleitfähigkeit [J/(mK)]	Thermisch. Längen-Ausdehnungskoeffizient [10^{-5} 1/K]	Verarbeitungsschwindung [%]	Kristallitschmelzpunkt [°C]
Celluloseester	CA	1,22...1,35	30...65 (σ_y)	3...5 (ε_y)	2000...3600			5...10	0,20...0,22	9...12	0,4...0,7	
	CP	1,19...1,24	18...28 (σ_y)	3...5 (ε_y)	1000...2500			5...10	0,20...0,22	12...15	0,4...0,7	
	CAB	1,15...1,24	16...25 (σ_y)	3...5 (ε_y)	800...2200			5...10	0,20...0,22	12...15	0,4...0,7	
Polysulfone	PSU	1,24	70...100 (σ_y)	5...6 (ε_y)	2100...2500	NB		18	0,26...0,28	5...6	0,7...0,8	
	PES	1,38	85...95 (σ_y)	5...6 (ε_y)	2500...3100	NB		23	0,18	5...6	0,5...0,7	
Polyphenylensulfid	PPS	1,35	70...80 (σ_M)	3 (ε_M)	3500					6		280...288
Polyimide	PI	1,4...1,5	80...150 (σ_M)	1...2 (ε_M)	12000...16000	18...35	6...12	20	0,25	4	0,2	
		...2,06	70...100 (σ_M)	1...6 (ε_B)	3000...3500			30 (PEI)	0,22 (PEI)	5...6		
		...1,9	100...200 (σ_M)		6000...30000			60 (PEI-GF)		2...3	0,1...0,5	
Polyethylen	PE-HD	0,94...0,96	20...35 (σ_y)	12...20 (ε_y)	400...1500	NB	15...50	2...5	...0,51	13...20	2,0...5,0	125...140
	PE-LD	0,92...0,94	8...20 (σ_y)	8...14 (ε_y)	150...600			1...3	0,29...0,40	18...24	1,5...3,0	105...115
Polypropylen	PP	0,9	18...38 (σ_y)	10...20 (ε_y)	650...1400	NB	80...NB	5...6	0,20...0,22	10...18	1,0...2,5	158...168
Polyvinylchlorid ohne Weichmacher	PVC-U	...1,32	40...75 (σ_M)	7...70 (ε_B)	2500...6000	12...50	3...12	6...20	0,25...0,51	6...10	0,5...1,0	
		1,32...1,45	50...80 (σ_M)	3...7 (ε_y)	2900...3600			20...25	0,14...0,17	7...8		
Polyvinylchlorid mit Weichmacher	PVC-P	1,2...1,35	15...30 (σ_B)	50...300 (ε_B)	450...600	NB			0,12...0,15	18...21	1,0...3,0	
Fluorhaltige Kunststoffe	PTFE	2,1...2,2	9...12 (σ_y)	250...500 (ε_B)	450...750			1...2	0,25	12...16		327
Fluorhaltige Thermoplaste	FEP	2,1...2,17	19...22 (σ_y)	250...350 (ε_B)	350...600				0,20...0,23	8...10	3,0...4,0	285...295
	ETFE	1,7	27 (σ_y)	150...200 (ε_B)	800...1400				0,24	9		270
	PVDF	1,77	50 (σ_y)	20...25 (ε_B)	1000...2000				0,14...0,15			171
Phenol-Formaldehyd	PF	1,4...1,9	15...40 (σ_M)	...1 (ε_B)	6000...10000	3...15		6 tr	0,27...0,30	7...11 tr	0,8...2,0 tr	215...225
Aminoplaste	UF/MF	1,5...2,0	15...30 (σ_M)	...1 (ε_B)	5000...9000	5...12			0,30...0,7	1...5	0,2...0,8	
ungesättigte Polyester	UP	1,5...2,0	20...200 (σ_M) *Laminate ...1000*	...1 (ε_B)	3000...19000	6...10		*Laminate 50...150*	0,35...0,70	2...6	0,2...1,2	
									0,50...0,70	2...10	0,3...0,8	
Epoxidharze	EP	1,5...1,9	60...200 (σ_M) *Laminate ...1000*	2...5 (ε_B)	5000...20000	5...15		*Laminate 100...150*	0,40...0,80	2...6	0,0...0,5	
Stahl	Fe	7,8	300...1500 (R_m)	2...30 (A)	210000				75	1,2		
Aluminium (-Legierungen)	Al	2,7	50...500 (R_m)	2...40 (A)	70000				230	2,35		
Kupfer (-Legierungen)	Cu	8,9	200...1200 (R_m)	2...60 (A)	100000				390	1,65		

Literatur

1. VDI-Richtlinie 2014 Blatt 3: Entwicklung von Bauteilen aus Faser-Kunststoff-Verbund. Berechnungen. VDI-Verlag, Düsseldorf (2006)
2. Götte, T.: Zur Gestaltung und Dimensionierung von Lkw-Blattfedern aus Glasfaser-Kunststoff. VDI Fortschritt-Berichte, Reihe 1, Nr. 174, Düsseldorf (1989)
3. Puck, A.: GFK-Drehrohrfedern sollen höchstbeanspruchte Stahlfedern substituieren. Kunststoffe **80**, 1380–1383 (1990)
4. Franke, O., Schürmann, H.: Federlenker für Hochgeschwindigkeitszüge. Materialprüfung **10**, 428–437 (2003)
5. Flemming, M., Ziegmann, G., Roth, S.: Faserverbundbauweisen, Fasern und Matrices. Springer, Berlin (1995)
6. Schürmann, H.: Konstruieren mit Faser-Kunststoff-Verbunden, 2. Aufl. Springer, Berlin (2007)
7. VDI-Richtlinie 2010: Faserverstärkte Reaktionsharzformstoffe. VDI-Verlag, Düsseldorf (1989)
8. Flemming, M., Ziegmann, G., Roth, S.: Faserverbundbauweisen, Halbzeuge und Bauweisen. Springer, Berlin (1996)
9. Puck, A.: Festigkeitsanalyse von Faser-Matrix-Laminaten: Modelle für die Praxis. Hanser, München (1996)
10. Knops, M.: Analysis of Failure in Fiber Polymer Laminates. The Theory of Alfred Puck. Springer, Berlin (2008)
11. Stellbrink, K.: Dimensionierung von Krafteinleitungen in FVW-Strukturen: Kleben, Nieten, Schlaufen. DLR-Mitteilung 93–12. Institut für Bauweisen- und Konstruktionsforschung, Stuttgart (1993)
12. Neitzel, M., Mitschang, P., Breuer, U.: Handbuch Verbundwerkstoffe: Werkstoffe, Verarbeitung, Anwendung, 2. Aufl. Hanser, München (2014)
13. AVK-Industrievereinigung Verstärkte Kunststoffe e.V.: AVK-Handbuch Faserverbundkunststoffe/Composites, 4. Aufl. AVK-Industrievereinigung Verstärkte Kunststoffe e.V., Frankfurt am Main (2013)
15. Alhaus, O.E.: Verpacken mit Kunststoffen. Hanser, München (1997)
16. Becker, B., Bottenbruch, L.: Kunststoffhandbuch. Hanser, München (1998). 11 Bde
17. Branderup, J., Bittner, M., Michaeli Menges, W.: Die Wiederverwertung von Kunststoffen. Hanser, München (1995)
18. Charrier, J.M.: Polymeric materials und processing. Hanser, München (1995)
19. Domininghaus, H., et al.: Die Kunststoffe und ihre Eigenschaften. Springer, Heidelberg (2005)
20. Ehrenstein: Kunststoff-Schadensanalyse. Hanser, München (1992)
21. Ehrenstein: Handbuch Kunststoff-Verbindungstechnik. Hanser, München (2004)
22. Ehrenstein, Riedel, Trawiel: Praxis der thermischen Analyse von Kunststoffen. Hanser, München (2003)
23. Ehrig: Plastics recycling. Hanser, München (1992)
24. Endres, Siebert-Raths: Technische Biopolymere. Hanser, München (2009)
25. Erhard, G.: Konstruieren mit Kunststoffen. Hanser, München (2004)
26. Frank, A.: Kunststoff-Kompendium. Vogel, Würzburg (2000)
27. Frick, Stern: Praktische Kunststoffprüfung. Hanser, München (2010)
28. Gastrow: Spritzgießwerkzeugbau in 130 Beispielen. Hanser, München (1998)
29. Gebhardt, A.: Rapid prototyping. Hanser, München (2000)
30. Gohl, W., et al.: Elastomere, Dicht- und Konstruktionswerkstoffe. Lexika, Grafenau (2003)
31. Greif, Fathmann, Seibel, Limper: Technologie der Extrusion. Hanser, München (2004)
32. Grellmann, Seidler: Kunststoffprüfung. Hanser, München (2005)
33. Habenicht, G.: Kleben. Springer, Heidelberg (2003)
34. Hellerich, Harsch, Baur: Werkstoff-Führer Kunststoffe. Hanser, München (2010)
35. Illig, A.: Thermoformen in der Praxis. Hanser, München (1997)
36. Johannaber, Michaeli: Handbuch Spritzgießen. Hanser, München (2004)
37. Johannaber, F.: Kunststoff-Maschinenführer. Hanser, München (2003)
38. Kaiser, W.: Kunststoffchemie für Ingenieure. Hanser, München (2005)
39. Krebs, Avondet, Leu: Langzeitverhalten von Thermoplasten – Alterungsverhalten und Chemikalienbeständigkeit. Hanser, München (1998)
40. Menges, G., et al.: Werkstoffkunde Kunststoffe. Hanser, München (2002)
41. Menges, Michaeli, Mohren: Anleitung zum Bau von Spritzgießwerkzeugen. Hanser, München (1999)
42. Menges, Michaeli, Bittner: Recycling von Kunststoffen. Hanser, München (1992)
43. Michaeli, W.: Einführung in die Kunststoffverarbeitung. Hanser, München (1999)
44. Michaeli, Brinkmann, Lessenich-Henkys: Kunststoff-Bauteile werkstoffgerecht konstruieren. Hanser, München (1995)
45. Nagdi, K.: Rubber as an engineering material. Hanser, München (1992)
46. Potente, H.: Fügen von Kunststoffen. Hanser, München (2004)
47. Röthemeyer, Sommer: Kautschuk-Technologie. Hanser, München (2001)
48. Saechtling, H.J., et al.: Kunststoff-Taschenbuch. Hanser, München (2004)
49. Schwarz, O., et al.: Kunststoffkunde. Vogel, Würzburg (2002)
50. Schwarz, O., Ebeling, F., et al.: Kunststoffverarbeitung. Vogel, Würzburg (2002)
51. Stitz, Keller: Spritzgießtechnik. Hanser, München (2004)
52. Stoeckhert: Kunststoff-Lexikon. Hanser, München (1998)

53. Throne, Beine: Thermoformen. Hanser, München (1999)
54. Tomanek, A.: Silicone und Technik. Hanser, München (1990)
55. Troitsch, J.: Plastics flammability handbook. Hanser, München (2004)
56. Uhlig, K.: Polyurethan-Taschenbuch. Hanser, München (2001)
57. VDI: VDI-Bericht 906: Recycling, eine Herausforderung für den Konstrukteur. VDI, Düsseldorf (1991)
58. Zweifel, H.: Plastics additives handbook. Hanser, München (2000)
59. CAMPUS: Kunststoff-Datenbank von Rohstoffherstellern. M-Base GmbH, Aachen
60. POLYMAT: Kunststoffdatenbank des DKI Darmstadt

32

Tribologie

Karl-Heinz Habig und Mathias Woydt

Tribologie ist die Wissenschaft und Technik von aufeinander einwirkenden Oberflächen in Relativbewegung (DIN 50323, Teil 1). Diese Definition ist aus der englischen Originalfassung abgeleitet: Tribology – Science and technology of interacting surfaces in relative motion and practices related thereto [1]. Im heutigen Verständnis lässt sich „interacting surfaces in relative motion" gut mit „Wirkflächen in Relativbewegung" übersetzen. Die Tribologie umfasst die Teilgebiete *Reibung, Verschleiß und Schmierung*. Sie steht in enger Beziehung zu den Werkstoffen der beteiligten Körper. deshalb ihre Behandlung in Teil IV.

Die Bedeutung der Reibung für die CO_2-Emissionen erreichte bislang nicht die politische Diskussion. Der Anteil der Reibungsverluste am globalen Primärenergieverbrauch beträgt 20–23 % [2], wobei das realistische und langfristige Minderungspotential des globalen Primärenergieverbrauchs durch Reibungsverluste bei ~40 % liegt. Folglich könnten von den in 2017 emittierten ca. 32 500 Millionen Tonnen (Mt) an globalem CO_2-Emissionen rechnerische >2.600 Millionen Tonnen CO_2 durch Reibungsminderungen eingespart werden.

K.-H. Habig
Bundesanstalt für Materialforschung und -prüfung (BAM)
Berlin, Deutschland
E-Mail: karl-heinz.habig@t-online.de

M. Woydt (✉)
MATRILUB Material Tribology Lubrication
Berlin, Deutschland

33.1 Reibung

Reibung ist eine Wechselwirkung zwischen sich berührenden Stoffbereichen von Körpern. Sie wirkt einer Relativbewegung entgegen und subsummiert Einflussfaktoren, wie Deformation, Adhäsion, etc …

Bei äußerer Reibung sind die sich berührenden Stoffbereiche verschiedenen Körpern, bei innerer Reibung ein und demselben Körper zugehörig. Die Reibung tritt als Reibungskraft oder Reibungsenergie in Erscheinung. Das Verhältnis der Reibungskraft F_r zur wirkenden Normalkraft F_n wird als Reibungszahl f bezeichnet (s. Bd. 2, Abschn. 11.5 und Bd. 2, Abschn. 12.2). In Abhängigkeit von der Bewegungsart der Reibpartner unterscheidet man zwischen verschiedenen Reibungsarten (Abb. 33.1; s. Abschn. 12.11):

Gleitreibung. Bewegungsreibung zwischen Körpern, deren Geschwindigkeiten in der Berührungsfläche nach Betrag und/oder Richtung verschieden sind.

Wälzreibung. Rollreibung, der eine Gleitkomponente (Schlupf) überlagert ist.

Rollreibung. Idealisierte Bewegungsreibung zwischen sich punkt- oder linienförmig berührenden Körpern, deren Geschwindigkeiten in der Berührungsfläche nach Betrag und Richtung gleich sind und bei der mindestens ein Körper eine Drehbewegung um eine momentane, in der Berührungsfläche liegende Drehachse vollführt.

Abb. 33.1 Bewegungsarten zwischen Reibpartnern. **a** Gleiten; **b** rollen, wälzen; **c** bohren, F_n Normalkraft, v Gleitgeschwindigkeit, ω Winkelgeschwindigkeit

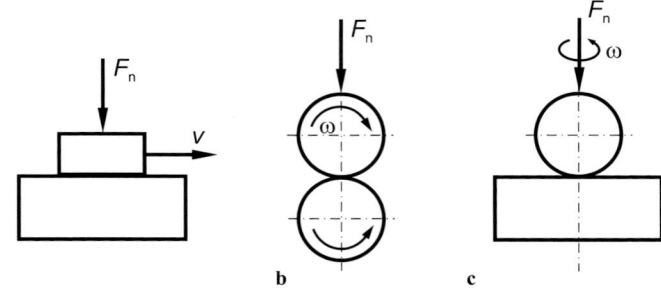

Bohrreibung. Reibung zwischen sich punktförmig (idealisiert) berührenden Körpern, deren Geschwindigkeiten in der Berührungsfläche nach Betrag und/oder Richtung verschieden sind und bei der mindestens ein Körper eine Drehbewegung um eine senkrecht im Zentrum der Berührungsfläche stehende Achse ausführt.

Der Verschleißbetrag kann nach dem GfT-Arbeitsblatt Nr. 7 (www.gft-ev.de, vormals DIN 50321) als Längen-, Querschnitts-, Volumen- oder Masseverlust angeben und auf die Beanspruchungsdauer oder -weg, einem Durchsatz oder andere Größen des Beanspruchungskollektivs bezogen werden.

In Abhängigkeit vom Aggregatzustand der beteiligten Stoffbereiche treten unterschiedliche Reibungszustände auf, die in der sog. STRIBECK-Kurve wieder zu finden sind:

Festkörperreibung. Reibung zwischen Stoffbereichen mit Festkörpereigenschaften in unmittelbarem Kontakt.

Anmerkung: Findet die Reibung zwischen festen Grenzschichten mit modifizierten Eigenschaften, z. B. Reaktionsschichten statt, so nennt man dies Grenzschichtreibung. Handelt es sich bei der Grenzschicht um einen vom Schmierstoff stammenden molekularen Film, so nennt man dies auch Grenzreibung.

Flüssigkeitsreibung. Reibung im Stoffbereich mit Flüssigkeitseigenschaften (Innere Reibung bzw. Scherung des flüssigen Filmes). Dieser Reibungszustand ist auch für eine die Festkörper vollständig trennende flüssige Schmierstoffschicht (Vollfilmschmierung) zutreffend.

Tab. 33.1 Typische Reibungszahlen bei unterschiedlichen Reibungsarten und -zuständen

Reibungsart	Reibungszustand	Reibungszahl
Gleitreibung	Festkörperreibung	0,1...1
	Grenzreibung	0,1...0,2
	Mischreibung	0,01...0,1
	Flüssigkeitsreibung	0,001...0,01
	Gasreibung	0,0001
Rollreibung	(Fettschmierung)	0,001...0,005

Gasreibung. Reibung im Stoffbereich mit Gaseigenschaften (innere Reibung). Dieser Reibungszustand ist auch für eine die Festkörper vollständig trennende gasförmige Schmierstoffschicht zutreffend (s. Luftlager oder aerodynamische Lager).

Mischreibung. Jede Mischform der Reibungszustände, primär der Festkörper- und Flüssigkeitsreibung. In Tab. 33.1 sind Bereiche von Reibungszahlen bei unterschiedlichen Reibungsarten und -zuständen wiedergegeben. Generell ist aber anzumerken, dass die Reibungszahl kein konstanter Kennwert eines Werkstoffs oder einer Werkstoffpaarung ist, sondern von den Beanspruchungsbedingungen, den Struktureigenschaften des Tribosystems einschließlich der Eigenschaften aller am Reibungsvorgang beteiligten, stofflichen Elemente abhängt. Welchen Einfluss Flächenpressung, Gleitgeschwindigkeit und Temperatur bei Festkörpergleitreibung haben können, ist in Abb. 33.2 am Beispiel der Festkörperreibung der Gleitpaarung PTFE/Stahl ersichtlich [3].

Abb. 33.2 Reibungszahl μ_{dyn} einer PTFE-Stahl-Gleitpaarung. *p* Flächenpressung, *v* Gleitgeschwindigkeit, Stahl: $R_z = 0{,}03\ \mu m$. Umgebungsmedium: synth. Luft. *1* $T_a = 23\ °C$, *2* $T_a = 70\ °C$

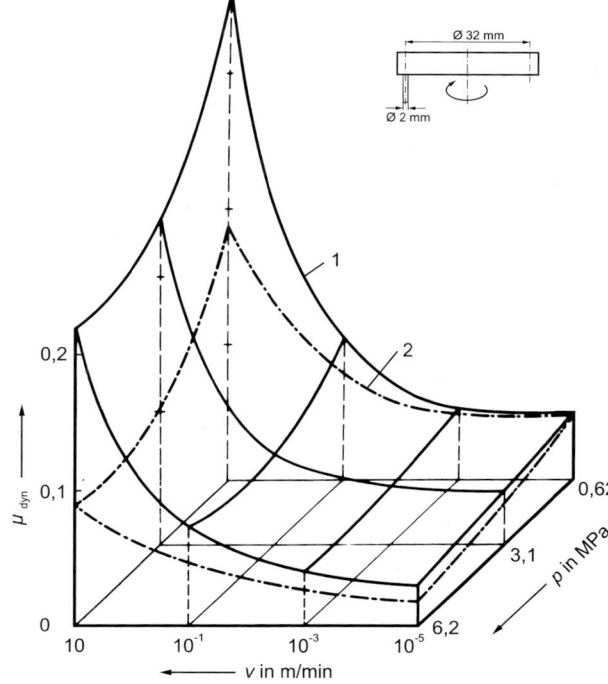

33.2 Verschleiß

Reicht die Schmierfilmdicke nicht aus, um zwei Gleit- oder Wälzpartner vollständig voneinander zu trennen, so tritt Verschleiß auf. Tribosyteme, die von vornherein ohne Schmierung betrieben werden (oder können), wie z. B. Trockengleitlager, Reibungsbremsen, Transportanlagen für mineralische Stoffe u. a. unterliegen einem allmählichen Verschleiß.

Im GfT-Arbeitsblatt Nr. 7 ist der Verschleiß definiert: *„Verschleiß ist der fortschreitende Materialverlust aus der Oberfläche eines festen Körpers, hervorgerufen durch mechanische Ursachen, d. h. Kontakt und Relativbewegung eines festen, flüssigen oder gasförmigen Gegenkörpers.“*

Es folgen drei Hinweise:

- Die Beanspruchung eines festen Körpers durch Kontakt und Relativbewegung eines festen, flüssigen oder gasförmigen Gegenkörpers wird auch als tribologische Beanspruchung bezeichnet.

- Verschleiß äußert sich im Auftreten von aus der Oberfläche losgelösten kleinen Teilchen (Verschleißpartikel) sowie in Stoff- und Formänderungen der tribologisch beanspruchten Oberflächenschicht.

- In der Technik ist Verschleiß normalerweise unerwünscht, d. h. wertmindernd. In Ausnahmefällen, wie z. B. bei Einlaufvorgängen, können Verschleißvorgänge jedoch auch technisch erwünscht sein. Bearbeitungsvorgänge, als wertbildende, technologische Vorgänge, gelten in Bezug auf das herzustellende Werkstück nicht als Verschleiß, obwohl im Grenzflächenbereich zwischen Werkzeug und Werkstück tribologische Prozesse, wie beim Verschleiß ablaufen.

In dem GfT-Arbeitsblatt Nr. 7 sind außerdem folgende, für den Verschleiß wichtige Grundbegriffe enthalten:

Verschleißarten. Unterscheidung der Verschleißvorgänge nach Art der tribologischen Beanspruchung und der beteiligten Stoffe.

33

Verschleißerscheinungsformen. Die sich durch Verschleiß ergebenden Veränderungen der Oberflächenschicht eines Körpers sowie Art und Form der anfallenden Verschleißpartikel.

Verschleiß-Messgrößen. Die Verschleiß-Messgrößen kennzeichnen direkt oder indirekt die Änderung der Gestalt oder Masse eines Körpers durch irreversiblen Materialverlust (Verschleiß). Verschleiß wird letztlich durch das Wirken der Verschleißmechanismen hervorgerufen.

Verschleißmechanismen. Beim Verschleißvorgang ablaufende physikalische und chemische Prozesse. Vier Verschleißmechanismen werden als besonders wichtig angesehen ([4]; s. Abschn. 29.2.3):

Adhäsion. Bildung und Trennung von atomaren Bindungen zwischen Grund- und Gegenkörper (Verschweißungen zwischen den Rauheitshügeln).

Tribochemische Reaktion. Chemische Reaktion von Grund- und/oder Gegenkörper mit Bestandteilen des Schmierstoffs oder Umgebungsmediums (Tribooxidation) infolge einer reibbedingten, chemischen Aktivierung der beanspruchten Oberflächenbereiche.

Abrasion. Ritzung und Mikrozerspanung des Grundkörpers durch harte Rauheitshügel des Gegenkörpers oder durch harte Partikel des Zwischenstoffs (Mineralien oder Verschleißpartikel).

Oberfächenzerrüttung. Rissbildung, Risswachstum mit Umschließen eines Volumenelementes der Oberfläche und nachfolgender Abtrennung als Partikeln infolge wechselnder Beanspruchungen (mechanisch und/oder thermisch) in den Oberflächenbereichen von Grund- und Gegenkörper.

Die Verschleißmechanismen können einzeln, nacheinander oder sich überlagernd auftreten.

33.3 Systemanalyse von Reibungs- und Verschleißvorgängen

Reibung und Verschleiß hängen von einer Fülle von Einflussgrößen ab, die sich am besten mit der Methodik der Systemanalyse ordnen lassen (Abb. 33.3; [5]). Danach sind Reibung und Verschleiß als Verlustgrößen eines *Tribosystems* anzusehen, in dem bestimmte Eingangsgrößen, die für das *Beanspruchungskollektiv* maßgebend sind, über die *Struktur* des Tribosystems in Nutzgrößen transformiert werden. Die Funktions-Transformation im Tribosystem realisieren die *Wirkflächen.* Mit der tribologischen Analyse lassen sich reibungs- und verschleißbestimmende Einflußssfaktoren ermitteln, welche die Werkstoffliche Ausgestaltung bestimmen, und auch die bei der Werkstoffauswahl zu erwartenden Verschleißkenngrößen festlegen.

33.3.1 Funktion von Tribosystemen

Tribosysteme werden zur Verwirklichung unterschiedlicher Funktionen eingesetzt. Ein Gleit- oder Wälzlager hat z. B. Kräfte aufzunehmen und dabei eine Bewegung zu ermöglichen. Mit Reibungsbremsen sollen dagegen Bewegungen gehemmt werden. Getriebe dienen zur Übertragung von Drehmomenten oder zur Veränderung von Drehzahlen; mit Steuergetrieben können Informationen weitergegeben werden. Zu den möglichen Funktionen gehören auch die Gewinnung, der Transport und die Verarbeitung von Rohstoffen. Die Angabe über die Funktion von Tribosystemen ist deshalb nützlich, weil sie schon gewisse Vorstellungen über die Art der Bauteile und die verwendeten Werkstoffe vermittelt. Besteht die Funktion eines Tribosystems z. B. darin, einen elektrischen Stromkreis zu öffnen und zu schließen, so werden dazu häufig Schaltkontakte benötigt die aus besonderen Kontaktwerkstoffen hergestellt werden.

33.3.2 Beanspruchungskollektiv

Die wichtigsten Größen des Beanspruchungskollektivs können Abb. 33.3 entnommen werden.

Bei den *Bewegungsarten* kann man analog zu den Reibungsarten zwischen „Gleiten, Rollen, Wälzen, Bohren" unterscheiden. Es kommen aber noch andere Arten der Bewegung, wie „Stoßen, Prallen oder Strömen" hinzu. Der *Bewegungsablauf* kann kontinuierlich, intermetierend, oszillierend oder reversierend sein. Aus der *Normalkraft* lässt sich bei Kenntnis der Abmessungen der Bauteile, der Elastizitätsmoduli der verwendeten Werkstoffe und der Reibungszahlen die Werkstoffanstrengung ermitteln. Als *Geschwindigkeit* ist einerseits die Relativgeschwindigkeit zwischen Grund- und Gegenkörper von Bedeutung oder ob nur ein Körper bewegt wird; während die Abfuhr der Reibungswärme von der Diffusivität von Grund- und Gegenkörper und/oder von der volumetrischen Wärmekapazität vom Schmierstoff bestimmt wird. Neben der *Beanspruchungsdauer* (oder *Beanspruchungsweg*) sind auch die Stillstandszeiten zu beachten, in denen sich die Eigenschaften der Oberflächenbereiche z. B. durch Korrosion verändern können oder die Werkstoffe sich „erholen" bzw. abkühlen.

33.3.3 Struktur tribologischer Systeme

Innerhalb der *Struktur* von Tribosystemen können i. Allg. vier Bauteile oder Stoffe unterschieden werden, die als Elemente bezeichnet werden (Abb. 33.3).

Grund- und Gegenkörper sind in jedem Tribosystem vorhanden, während der Zwischenstoff oder das Umgebungsmedium u. U. entfällt. Zur Reibungs- und Verschleißminderung wird als Zwischenstoff in zahlreichen praktischen Anwendungen ein Schmierstoff (Öle = flüssig; Fette = konsistent) verwendet. Der Zwischenstoff kann aber auch aus harten Partikeln bestehen, z. B. aus Erz, das in einer Kugelmühle zermahlen wird.

Für den Verschleißschutz ist häufig eine Unterscheidung zwischen *offenen* und *geschlossenen* Tribosystemen sinnvoll.

Bei offenen Tribosystemen kommt z. B. die Oberfläche eines Werkstücks (Gegenkörper) nur einmal in den Kontakt mit dem Werkzeug (Grundkörper). Der Verschleiß des Werkstücks **interessiert**, abgesehen von Fragen zur Oberflächenqualität, nicht. Bei geschlossenen Tribosystemen, z. B. einer Kolbenring-Zylinderlaufbahnpaarung, kommen dagegen die Oberflächenbereiche beider Partner periodisch zum Eingriff und der Verschleiß von Grund- und Gegenkörper ist für die technische Funktion wichtig.

Die Elemente sind durch ihre funktionalen Eigenschaften zu charakterisieren, wobei man zwischen Stoff- und Formeigenschaften sowie zwischen Volumen- und Oberflächeneigenschaften unterscheiden muss.

Reibung und Verschleiß sind letztlich durch die Wechselwirkungen zwischen den Elementen bedingt, die durch den Reibungszustand (vgl. Abschn. 33.1) und die Verschleißmechanismen (vgl. Abschn. 33.2) gekennzeichnet sind.

33.3.4 Tribologische Kenngrößen

Die tribologischen Kenngrößen dienen zur quantitativen und qualitativen Kennzeichnung von Reibungs- und Verschleißvorgängen sowie zur Prognose der Lebensdauer. Die Reibung wird durch die Reibungskraft F_R bzw. die Reibungszahl f charakterisiert. Die Reibungskraft F_R hängt von den Größen des Beanspruchungskollektivs B und der Systemstruktur S ab. Es gilt daher

$$F_R = f(B, S).$$

Eine ähnliche Beziehung kann man für den Verschleißbetrag W aufstellen

$$W = f(B, S).$$

Stellt man den Verschleißbetrag über der Beanspruchungsdauer dar, so ergeben sich häufig zwei unterschiedliche Kurvenverläufe. In der

33

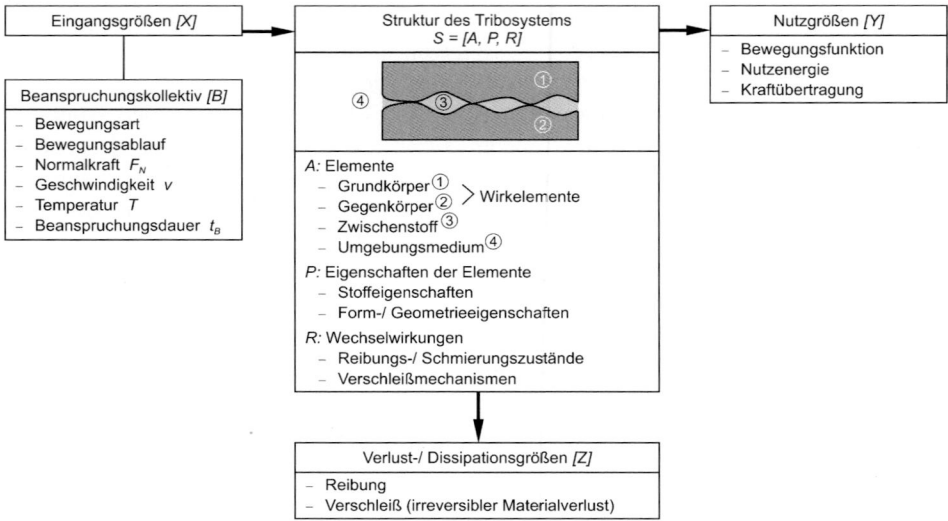

Abb. 33.3 Schematische Darstellung eines tribologischen Systems

Einlaufphase kann ein erhöhter Einlaufverschleiß auftreten, der allmählich abklingt und in einen lang andauernden Beharrungszustand mit einem konstanten Anstieg des Verschleißbetrags (konstante Verschleißrate) übergeht, ehe ein progressiver Anstieg den Ausfall ankündigt, Abb. 33.4a. Ist primär die Oberflächenzerrüttung als Verschleißmechanismus wirksam, so tritt ein messbarer Verschleiß häufig erst nach einer Inkubationsperiode auf, in der mikrostrukturelle Veränderungen, Rissbildung und Risswachstum erfolgen, ehe Verschleißpartikel abgetrennt werden (Abb. 33.4b), so dass der Verschleißkoeffizient nicht angewandt werden kann, wie auch bei adhäsiven Verschleißerscheinungen.

Um den Verschleiß von Werkstoffen bei Gleitbeanspruchungen vergleichend zu beurteilen, wird international vielfach der volumterische Verschleißkoeffizient k_v (engl.: wear rate oder wear coefficient; frz.: taux oder coefficient d'usure) benutzt

$$k_v = \frac{W_v}{F_N s}$$

mit dem Verschleißvolumen W_v, dem Gleitweg s und der Normalkraft F_N. Dabei interessiert nur die Größenordnung von k_v, der zumeist in 10^{-6} mm³/(N·m) angegeben wird.

Der volumetrische Verschleißkoeffizient k_v gibt als makroskopische Kenngröße den bei einer

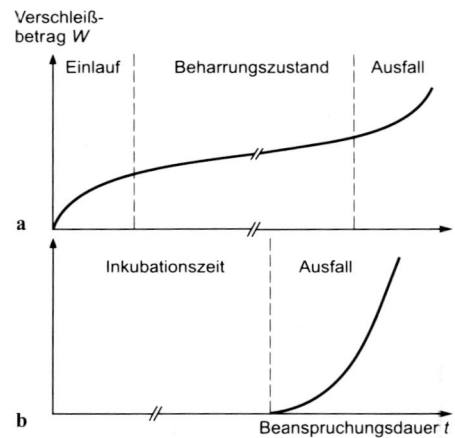

Abb. 33.4 Verschleißbetrag in Abhängigkeit von der Beanspruchungsdauer

konstanten Last nach einem bestimmten Gleitweg (nicht Roll- oder Wälzweg!) eingetretenen, irreversiblen Volumenverlust des Elementes eines Tribosystems an bzw. setzt eine proportionale Abhängigkeit des Verschleißvolumens von diesen Größen voraus, was im stationären Verschleißzustand zumeist gegeben ist.

Der Verschleißkoeffizient beinhaltet keine Aussagen zum Verschleißmechanismus und stellt keine Werkstoffkonstante dar, sondern ist eine der möglichen Verlustgrößen eines Tribosystems. Weiterhin wendet man ihn vorteilhaf-

Tab. 33.2 Volumetrische Verschleißkoeffizienten k_v in technischen Systemen

Tribopartner	kV [mm^3/N·m]
Bremsbeläge	$10^{-5} \rightarrow 10^{-4}$
Kolbenringe	$< 5 \times 10^{-8}$
Buchsen in Gleisketten	$5 \times 10^{-6} \rightarrow 10^{-4}$
Gleichlaufgelenke	$5 \times 10^{-10} \rightarrow 5 \times 10^{-8}$
Zerspanungswerkzeuge	$10^{-5} \rightarrow 10^{-6}$ (unbeschichtet) $10^{-5} \rightarrow 10^{-7}$ (beschichtet)
Nocken/Nockenfolger	$< 5 \times 10^{-9}$
Ventilführungen	$< 1 \times 10^{-8}$
Turbinenkranzdichtungen	$10^{-3} \rightarrow 10^{-2}$
Turbinenschaufelspitzen	$10^{-3} \rightarrow 10^{-2}$
Vieldrahtschleifer	$\sim 10^{-6}$

terweise im Reibungszustand des Trockenlaufes und der Misch-/Grenzreibung an. Dort umspannt er eine Größenordnung zwischen 10^{-10} mm^3/N·m bis 10^{-2} mm^3/N·m. Allgemein gesehen hat der volumetrische Verschleißkoeffizient eine breite Verwendung gefunden, weil er in einer ersten Näherung Verschleißergebnisse untereinander vergleichbar macht, die mit unterschiedlichen Geometrien von Triboelementen und Beanspruchungskollektiven gewonnen wurden. Hier erkennt man gleich den „Anwendungswarnhinweis". Es ist darauf zu achten, dass die miteinander verglichenen Werte unter „ähn-lichen" Pressungs-, Last- und Temperaturbereichen sowie Reibungszuständen ermittelt wurden. Da der Verschleiß immer eine Folge des Wirkens der Verschleißmechanismen ist, sollte neben der Angabe des Verschleißbetrages oder der Verschleißrate auch die Verschleißerscheinungsform in Form von licht- oder rasterelektronenmikroskopischen Aufnahmen dargestellt werden, aus denen man die Konstellation der Verschleißmechanismen entnehmen kann. Nur so ist es möglich, die Ergebnisse einer Verschleißprüfung für andere, ähnliche Fälle nutzbar zu machen.

33.3.5 Checkliste zur Erfassung der wichtigsten tribologisch relevanten Größen

Es wurde gezeigt, dass Reibung und Verschleiß von einer Fülle von Einflussgrößen abhängen, die wiederum sich über sehr viele Zehnerpotenzen erstrecken. Zur reproduzierbaren Durchführung von Reibungs- und Verschleißuntersuchungen in Betrieb und Labor, die auf spezifische Anwendungen übertragbar sind, ist es zweckmäßig, die wichtigsten Größen systematisch zu erfassen. Hierzu kann (Tab. 33.3) als Anleitung dienen.

Tab. 33.3 Fragebogen zur tribologischen Beanspruchungsanalyse und zum Erfassen von Reibung und Verschleißkenngrößen

			FRAGEBOGEN ZUR BEANSPRUCHUNGSANALYSE		Bitte die Felder 01 bis 25 ausfüllen, bzw. Zutreffendes ankreuzen!
	BEZEICHNUNG DES TRIBOSYSTEMS [1)]		01		
Struktur des Tribosystems	WERKSTOFFPAARUNG [2)]		Grundkörper		Gegenkörper
	Bezeichnung		02	03	
	Abmessungen		04	05	
	Werkstoff		06	07	
	Rauheiten		08 R$_a$= µm R$_z$= µm	09 R$_a$= µm R$_z$= µm	
			Zwischenstoff	Umgebungsmedium	
	Bezeichnung		10	11	
	Aggregatzustand		12 ☐ fest ☐ flüssig ☐ gasförmig	13 ☐ flüssig ☐ gasförmig	
	Reibungszustand		14 ☐ Festkörperreibung ☐ Flüssigkeitsreibung ☐ Gasreibung ☐ Mischreibung ☐ Grenzreibung		
Beanspruchungs-kollektiv	Bewegungsart		15 ☐ gleiten ☐ wälzen ☐ bohren ☐ stoßen	☐ oszillierend 17a:Schwingungsfrequenz: Hz	
	Bewegungsablauf		16 ☐ kontinuierlich ☐ intermittierend ☐ repetierend	17b:Schwingungsweite: µm	
	Normalkraft	N	18a (typische, 80%Fall)	18b (Da, wo Verschleiß auftritt)	
	Pressung	N/mm²	19a (Geometrische)	19b (Hertzsche)	
	Geschwindigkeit	m/s	20a Min.	20b Mittlere	20c Max.
	Betriebstemperatur	°C	21a Min.	21b Typische	21c Max.
	Beanspruchungsdauer	h	22		
Tribologische Kenngrößen	Reibungszahl		23a Min.	23b Max.	
	Zul. Verschleißlänge	µm	24a (Grundkörper)	24b (Gegenkörper)	
	Zul. Verschleißvolumen	mm³	25a (Grundkörper)	25b (Gegenkörper)	

1) Die hier verwendeten Begriffe entsprechen DIN 50320 und DIN 50323.
   Ein Tribosystem besteht aus Grundkörper (z.B. Lagerschale), Gegenkörper (z.B. Welle), Zwischenstoff (z.B. Schmierstoff) und Umgebungsmedium (z.B. Luft).
2) Wenn möglich, bitte eine Zeichnung, Foto oder Skizze beifügen, aus der die verschleißbeanspruchten Bereiche hervorgehen.

33

33.4 Schmierung

Die wichtigste Maßnahme zur Einschränkung von Reibung und Verschleiß besteht in der Schmierung, wobei eine vollständige Trennung von Grund- und Gegenkörper anzustreben ist. Dies gelingt z. B. bei Gleitlagern durch eine hydrodynamische Schmierung (Bd. 2, Kap. 12), die sich bei einer richtigen Kombination von Ölviskosität, Geschwindigkeit. Pressung und konstruktiver Gestaltung über alle Betriebspunkte erreichen lässt. Bei Wälzlagern, Zahnradgetrieben und anderen kontraformen Kontakten, ist in vielen Fällen eine Trennung von Grund- und Gegenkörper, trotz der hohen Kontaktspannungen, durch einen elasto-hydrodynamischen Schmierfilm möglich, da die elastische Deformation in der Kontaktzone die Fläche vergrößert und die Viskosität der Schmierstoffe stark vom Druck abhängt bzw. die Viskosität mit ansteigenden Druck (Einlaufstoß an Zahnflanken) exponentiell zunimmt (BARUS-Gleichung). Zur Berechnung sei auf die einschlägige Literatur [4, 6–10], verwiesen.

33.5 Schmierstoffe

Schmierstoffe (Zwischenstoffe) dienen zur Reibungs- und Verschleißminderung in tribologischen Systemen. Sie werden in unterschiedlichen Aggregatzuständen als Schmieröle, Schmierfette oder auch Festschmierstoffe eingesetzt. Gelegentlich werden auch Wasser oder flüssige Metalle als Schmierstoffe verwendet, wobei die Betriebsbedingungen häufig die Bildung eines die Kontaktpartner trennenden, hydrodynamisch erzeugten Films zulassen.

33.5.1 Schmieröle

Schmieröle können nach ihrer Herkunft unterschieden werden in *Mineralöle, tierisch und pflanzliche Öle, Bioöle, synthetische Öle und sonstige.* Gastronomieabfälle (UFO = used frying oils) werden zukünftig als Ressourcen für Schmierstoffe mit einem Anteil an nachwachsenden Rohstoffe genutzt werden.

Mineralöle, die aus Erdöl und auch aus Kohle (durch Syntheseprozesse) gewonnen werden können, besitzen die größte Bedeutung. Sie bestehen aus Paraffinen, Naphtenen oder Aromaten. Tierische *und pflanzliche Öle,* wie Rizinusöl, Fischöl, Oliven- oder Rapsöl u. a. werden für spezielle Anwendungen, z. B. in der Feinwerktechnik, verwendet. Aufgrund ihres deutlich höheren Preisniveaus kommen *synthetische Öle nur* bei hohen Temperaturen oder im Vakuum, langen Ölwechselintervallen und zur verstärkten Reibungsminderung zum Einsatz, wie auch als „Bio-Öle" (Ester&Polyglykole). Hier sind besonders zu nennen: Polyetheröle (Polyalkylenglykole, Perfluorpolyalrylether, Polyphenylether), Di-&Triesteröle, Phosphorsäureester, Siliconöle, Halogenkohlenwasserstoffe.

Bioöle. Bioöle sind an sich zur technischen Funktionserfüllung nicht notwendig und verdanken ihre Entwicklung dem Zusammenhang zwischen Wasserqualität und Schmierstoffverbrauch. Bio-Öle definieren sich über human- und aquatoxikologische Kriterien sowie durch eine schnelle biologische Abbaubarkeit von >60 gemäß ISO- oder OECD-Testmethoden des vollständigen Abbaus (kein Primärabbau!), wodurch die Verweilzeit in der Natur minimiert wird. Die Toxizität gegenüber Fischen (OECD 203/ISO 7346), die Inhibition des Algenwachstums (OECD 201/ISO 8692) und die Immobilisation von Wasserflöhen (Daphnie, OECD 202/ISO 6341) bilden die Kriterien für aquatischen Milieus, wo >100 mg/L erfüllt werden müssen. Die verschiedenen Umweltzeichen sind zwar im Grunde im Kern ähnlich, unterscheiden sich aber im Detail, z. B. darin, wie viel der Formulierung tatsächlich diese Grenzwerte erfüllen muss. Die Bio-Öle gemäß EN 16807 enthalten einen Anteil an nachwachsenden Rohstoffen von >25 %, während die mit der Euromargerite (2018/1702/EU) ausgezeichneten Schmierstoffe keinen Anteil an nachwachsenden Rohstoffen mehr enthalten, obwohl in der vorangegangen Direktive 2011/381/EU mind. >50 % gefordert waren. Ein mit dem Umweltzeichen der Euromargerite gemäß der europäischen Richtlinie (2018/1702/EU) ausgezeichnete Schmierstoff-Formulierung ist automatisch auch ein Bio-Öl. „Biolubes" und die „Euromargerite" sind in Europa freiwillig. Auch wenn die USA sehr spät zu den umweltverträglichen Schmierstoffe aufschließen, sind dagegen bei „water-sea interfaces" EALs („environmental friendly lubricants") durch die 2. Novelle (2nd issuance) der Vessel General Permit zwingend seit dem 19.12.2013 vorgeschrieben. Die 2. VGP bleibt über den 18.12.2018 in Kraft, bis die Kriterien vom zukünftigen „Vessel Incidental Discharge Act" (VIDA) feststehen. Technische Anforderungen an Bio-Öle sind für verschiedene Industriebereiche genormt: Hydrauliköle (ISO 15380), Turbinenöle für Kraftwerke (ISO 8086) oder Industriegetriebeöle (ISO 12925). Das Harmonized Offshore Chemical Notification Format (HOCNF) in Rahmen der OSPAR Konvention (Oslo-Paris treaty) stützt sich nicht vollständig auf der europäische CLP-Directive ab, da neben anderen Grenzwerten auch abweichende Prüfmethoden verwendet werden, wie z. B. die OECD 306 „Biologische Abbaubarkeit in Salzwasser". OSPAR unterscheidet sechs ökotoxikologische Gefährdungsstufen A-F, während es bei der CLP-Direktive nur zwei sind (mit oder ohne Kennzeichnung mit dem Piktogramm des Symbol „GHS 09").

Damit die Schmieröle ihre komplexen Aufgaben erfüllen können, müssen sie eine Reihe physikalischer und chemischer Eigenschaften besitzen [11, 12].

Eigenschaften von Schmierölen

Viskosität. Für die Erzielung eines hydrodynamischen oder elastohydrodynamischen Schmierungszustandes ist die Viskosität die beschreibende Eigenschaft, neben der Druckviskosität, und ist ein Maß für die innere Reibung des Schmieröls. Entsprechend Abschn. 17.2 gilt für die

- Dynamische Viskosität $\eta = \dfrac{\tau}{\left(\dfrac{dv}{dz}\right)} = \dfrac{\tau}{D}$

- Kinematische Viskosität $v = \dfrac{\eta}{\rho}$.

Hierin sind τ Schubspannung, die bei Scherung unter einer laminaren Strömung entsteht, $D = dv/dz$ Scher- bzw. Geschwindigkeitsgefälle. ρ Dichte des Öls.

Einheit der dynamischen Viskosität η: 1 Pa·s (= 10 Poise) und Einheit der kinematischen Viskosität v: m^2/s (= 10^4 Stokes).

Die Viskosität ist keine reine Stoffkonstante, sondern i. Allg. von verschiedenen Parametern wie z. B. dem Geschwindigkeits- bzw. Schergefälle D, der Zeil t, der Temperatur T und dem Druck p abhängig. Besteht keine Abhängigkeit der Viskosität vom Schergefälle, so spricht man von *Newton'schen Flüssigkeiten* bzw. *Newton'schen Schmierölen*. Hierzu gehören zumeist unaddivierte Öle, wie reine Mineralöle sowie synthetische Öle (Polyglykole) vergleichbarer Molekularmassen. Schmieröle, deren Viskosität vom Schergefälle abhängt, bezeichnet man als *Nichtnewton'sche* Öle. Nimmt die Viskosität mit steigendem Schergefälle ab, so handelt es sich um *strukturviskoses* Öle. Der Zusatz von Additiven zu Newton'schen Grundölen kann Strukturviskosität hervorrufen, z. B. der Zusatz von Polymeren zu Motoren- oder Industrieölen zur Verbesserung des sog. Viskositätsindexes oder auch dispersants. Ist die Viskosität von der Zeit t abhängig, so ist zu unterscheiden zwischen:

Thixotropie. Abnahme der Viskosität infolge andauernder Scherbeanspruchung und Wiederzunahme nach Aufhören der Beanspruchung.

Rheopexie. Zunahme der Viskosität infolge andauernder Scherung und Wiederabnahme nach Aufhören der Beanspruchung. Die Viskosität von Schmierölen nimmt mit steigender Temperatur ab, sodass bei jeder Viskositätsmessung die Temperatur angegeben werden muss: Die Temperaturabhängigkeit der Viskosität kann durch verschiedene Näherungsformeln angegeben werden. Für Schmieröle wird häufig die Transformation nach Ubbelohde-Walther benutzt:

$$\lg\lg(v + C) = K - m \lg T.$$

Hierbei bedeuten v die kinematische Viskosität. C eine Konstante (für Mineralöle: 0,6 bis 0,9), K eine Konstante, m die Steigung der Geraden bei einer Darstellung in entsprechend skalierten Viskositäts-Temperaturblättern, die bis in die siebziger Jahre anstele vom Viskositätsindex benutzt worden war, und T die absolute Temperatur in K. Zur Beschreibung der Druckabhängigkeit der Viskosität wurde von Barus (1890) die folgende Beziehung vorgeschlagen:

$$\eta_p = \eta_0 e^{\alpha p},$$

wobei η_0 die Viskosität bei 1 bar, α den sog. Viskositätsdruckkoeffizienten und p den Druck darstellen. Die Viskosität nimmt demnach sehr stark (exponentiell) mit steigendem Druck zu. Für Drücke oberhalb von 1000 bar gibt es andere Formeln (nach Roelands, Chu/Cameron, etc.). Tab. 33.4.

Dichte. Sie wird für die Umrechnung der dynamischen in die kinematische Viskosität benötigt. Verschiedene Methoden zu ihrer Bestimmung sind in DIN 51757 angegeben. Die Dichte ist temperatur- und druckabhängig (s. Kap. 16).

Viskositätsindex. Er ist nach DIN ISO 2909 eine Maßzahl zur Charakterisierung der Temperaturabhängigkeit der Viskosität. Er wurde 1928 mit einer Skala zwischen 0 und 100 eingeführt wobei das Öl mit der damals bekannten stärksten Temperaturabhängigkeit der Viskosität einen Viskositätsindex VI = 0 und das Öl mit der geringsten Viskositätstemperaturabhängigkeit den Viskositätsindex 100 (Pennsylvania crude) hatte. Silikonöle, Ester und Polygkyole verfügen über einen rechnerischen VI, der 250–300 erreichen kann.

Scherstabilität. Durch den Zusatz von öllöslichen, polymeren Viskositätsindexverbessern und Dispergantien kommt es zum reversiblen Viskositätsabfall unter starker Scherung (10^5–10^7 s^{-1}), da sich die Makromoleküle laminar ausrichten. Zusätzlich werden die Makromoleküle im Reibkontakt durch die Scherung „zerstört", was einen irreversiblen Viskositätsabfall bedingt. Newton'sche Fluide, zumeist unadditivierte Grundöle oder Polyglykole mit natürlichen, hohen VI zeigen keinen Scherverlust. Es werden verschiedene Laborprüfverfahren für den reversiblen (Hightemperature-high-shear viscosity (HTHS)) und irreversiblen Viskositätsabfall (DIN 51350-6 (4-Kugel), DIN EN ISO 20844) eingesetzt.

Cloud und PourPoint. Die Fließfähigkeit von Schmierölen nimmt mit sinkender Temperatur ab, weil die intermolekularen Anziehungskräfte stärker überwiegen, insbesondere bei polaren Molekülen, wie Ester oder Polyglykolen. Der Cloud Point gibt die Temperatur an, bei der sich ein Öl unter festgelegten Prüfbedingungen nach ISO 3015 zu trüben beginnt. Der Pour Point (Fließpunkt) stellt die Temperatur dar, bei der das Öl gerade noch fließt (ISO 3016). Die Pumpfähigkeit des Motorenöles bei tiefen Temperaturen ist essentiell und wir gemessen nach ASTM D5293 (cold cranking simulator (CCS); „Kaltstartfähigkeit"; s. auch DIN 51377) und nach ASTM D4684 (mini rotary viscosimeter (MRV)) (s. Tab. 33.5).

Neutralisationsvermögen. Schmieröle können alkalische und saure Bestandteile enthalten. Saure Komponenten in Frischölen können von der Raffination oder von Schmierstoffadditiven stammen, aber auch unreagierte Adukte aus der Synthese sein. Alkalisch wirkende Zusätze werden insbesondere Motorölen zugegeben, um saure Verbindungen zu neutralisieren, die durch Verbrennungsvorgänge oder Oxidation im Motor entstehen.

Neutralisationszahl NZ. Menge an Kaliumhydroxid in mg, die notwendig ist, um die in 1 g Öl vorhandenen Säuren zu neutralisieren. Dazu wird nach DIN 51 558, Teil 1, eine 0,1 M KOH-Lösung langsam zu einer Lösung des Öls gegeben (Titration), bis der Umschlag des Indikators p-Naphtholbenzoin die Neutralisation anzeigt.

Gesamtbasenzahl, Total base number TBN. Säuremenge, die notwendig ist, um die basischen Anteile des Öls zu neutralisieren. Sie wird angegeben in der äquivalenten Menge Kaliumhydroxid, die der Säuremenge von 1 g Öl entspricht. Die Bestimmung der TBN erfolgt nach ISO 3771 durch elektrometrische Titration.

Flammpunkt. Der Flammpunkt ist die niedrigste Temperatur, bei der sich aus der zu prüfenden Ölprobe unter festgelegten Bedingungen Dämpfe in solcher Menge entwickeln, dass sie mit der über dem Flüssigkeitsspiegel liegenden Luft ein entflammbares Gemisch bilden. Liegt der Flammpunkt über 79 °C, so kann zu seiner Bestimmung die in DIN ISO 2592 genormte Methode nach Cleveland (open cup) angewandt werden, bei der das Öl in einem offenen Tiegel erhitzt wird. Öle mit niedrigeren Flammpunkten werden im geschlossenen Tiegel nach Abel-Pensky (DIN 51755, Flammpunkt 5 bis 65 °C) untersucht. Der Flammpunkt ist für das Schmierungsverhalten ohne Bedeutung, aber für Sicherheitsaspekte im Betrieb, z. B. bei Dampfturbinenölen.

Wärmekapazität C und Wärmeleitfähigkeit λ. Diese gehen in die Berechnung des Wärmehaushaltes für und -abtransports an Bauteilen ein, da Schmierstoffe auch als Kühlmittel eingesetzte werden, wie z. B. bei Kolben in Verbrennungsmotoren. Da sich die Bestimmung dieser Stoffgrößen auf der Erde an Flüssigkeiten in Folge von Konvektion schwierig gestaltet, gibt es noch keine oder wenige genormten Verfahren (s. ASTM D2717; Abb. 33.6 und Abb. 33.7).

Luft im Schmieröl. Schmieröle können teilweise beträchtliche Mengen Luft lösen, die spontan als Kavitationsblasen im Schmierspalt freigesetzt wird. Die Löslichkeit ist schwach temperatur- und stark druckabhängig. Das gelöste Luftvolumen kann nach dem Henry-Dalton'schen Gesetz ermittelt werden

$$V_{\text{Luft}} = \frac{K V_{\text{Öl}} p_2}{p_1}$$

Der Bunsenkoeffizient K liegt für Mineralöle zwischen 0,07 und 0,09, für Silikonöle zwischen 0,15 und 0,25.

Neben gelöster Luft können Schmieröle im Betrieb auch Luft in Form fein verteilter Gasbläschen vorhanden sein (Aeroemulsion, Luftemulsion oder Kugelschaum). Im Gegensalz zu gelöster Luft verschlechtern Aeroemulsionen das tribologische Verhalten, da Viskosität und Wärmeleitfähigkeit vermindert und Oxidationsprozesse sowie Kavitationserscheinungen verstärkt. In Ölkreisläufen werden z. B. Luftabscheider eingesetzt.

Besonders nachteilig wirkt sich ein stabiler Oberflächenschaum aus, der durch Planschen von Bauteilen entstehen kann. Die Bestimmung des Luftabscheidevermögens (Aeroemulsion) kann nach DIN ISO 9120 erfolgen.

Wasser im Schmieröl. Schmieröle sollten grundsätzlich wasserfrei sein, da Wasser die Ölalterung und die Korrosion der Werkstoffe beschleunigt sowie die Schmierfilmbildung beeinträchtigt, wobei genügend Anwendungen nie eine Öltemperatur von >100 °C übersteigen. Wasser im Öl fördert die Hydrolyse von Additiven und Estern. Die Bestimmung des Wassergehalts kann nach DIN ISO 3733 oder DIN 51777 erfolgen.

Feste Fremdstoffe im Schmieröl. Feste Fremdstoffe haben je nach ihrer Härte, Größe und Menge eine negative Wirkung, weil sie Ölbohrungen und Filter verstopfen können sowie Verschleiß durch Abrasion hervorrufen. Metallische Fremdpartikel, insbesondere bivalente Metalle, wie Eisen und Kupfer, beschleunigen die Öloxidation und sind zumeist kaltverfestigt, was deren abrasiven Angriff verstärkt. Die Bestimmung des Gehalts an Fremdstoffen erfolgt i. Allg. mit einem Zentrifugierverfahren nach DIN 51 365 oder einem Membranfilterverfahren.

Schmierstoffadditive. Diese sind Zusatzstoffe, die das Grundöl funktionalisieren und das Gebrauchsverhalten von Schmierölen verbessern. Sie können von ihrer Funktion her in zwei Gruppen eingeteilt werden: Zusätze, die die tribologisch relevanten Eigenschaften der Schmierstoffe unter Grenz- oder Mischreibungsbedingungen, wie Reibungsverminderer, Verschleißschutz- und Hochdruckadditive, und das rheologische Viskositäts-Temperatur-Verhalten verbessern, und Zusätze, die andere wichtige Gebrauchseigenschaften beeinflussen, wie z. B. Oxidationsinhibitoren, Detergentien, Schaumverhinderungsmittel u. a.

Additive können sich in ihrer Wirkung gegenseitig unterstützen und synergistisch wirken oder sich beeinträchtigen und somit antagonistisch wirken. Moderne Additive weisen häufig mehrere Funktionalitäten auf, wodurch die Gefahr gegenseitiger Störungen ihrer Wirkungsweisen vermindert wird.

33

Einteilung der Schmieröle

Nach ihrer Anwendung können die Schmieröle folgendermaßen unterteilt werden:

- Maschinenschmieröle,
- Zylinderöle,
- Turbinenöle (s. Bd. 3, Abschn. 13.5.3),
- Motorenöle.
- Getriebeöle (s. Bd. 2, Abschn. 15.3).
- Kompressorenöle.
- Umlauföle,
- Hydrauliköle (s. Bd. 2, Abb. 17.4),
- Metallbearbeitungsöle, Kühlschmierstoffe (s. Bd. 2, Abschn. 41.3.1),
- Textil- und Textilmaschinenöle.
- Lebensmittelöle.

Die größte Schmierstoffgruppe stellen die Motorenöle dar, mit Abstand gefolgt von Getriebe- &Hydraulikölen, die nach ihrer Viskosität klassifiziert werden. Die Klassifizierung erfolgt von der Society of Automotive Engineers (SAE) mit der SAE J300 in Zusammenarbeit mit der Society for Testing and Materials (ASTM) und wurde von der ehemaligen DIN 51511 übernommen, Tab. 33.5. Mehrbereichsöle ergeben sich, wenn zwei verschiedene Viskostätsklassen erfüllt werden, die infolge ihres verbesserten Viskositäts-Temperaturverhaltens mehrere Viskositätsklassen überdecken und damit einen Winter- und Sommerbetrieb ermöglichen. Sie werden als SAE xxW-yy angegeben. Zur Erfüllung anspruchsvoller Vorgaben zum Kraftstoffverbrauch wurde die SAE J300 kontinuierlich unterhalb von SAE 20 zu dünnviskosen Ölen hin erweitert (SAE 16, 12, 8).

33.5.2 Schmierfette

Schmierfette sind feste oder halbflüssige Produkte einer Dispersion aus einem eindickenden Stoff (fungiert als „Schwamm") und einem flüssigen Schmierstoff. Sie sollen „dauerhaft" in der Reibstelle verwielen. In der Schmierungstechnik erfüllen sie vor allem folgende Aufgaben:

- Abgabe einer hinreichenden Menge von flüssigem Schmierstoff durch langsame Separation, um Reibung und Verschleiß über weite Temperaturbereiche und lange Zeiträume zu verhindern,
- Abdichtung gegen Wasser und Fremdpartikel.

Die meisten Schmierfette bestehen aus einer Seife (Alkali- oder Erdalkaliseife, Bentonit, Polyharnstoff) mit 4 bis 20 Massenprozent, dem Schmieröl mit 75 bis 95 Massenprozent und Additiven mit 0 bis 5 Massenprozent. Bei längerer Zeit unter hoher Scherbeanspruchung gibt das Fett Öl ab (sog. „Ausbluten"). Diese Walkstabilität kann nach DIN ISO 2137 bzw. DIN EN 14865-2 oder als Ölabscheidung nach DIN 51817 geprüft werden.

Konsistenzklassen. Nach ihrer Verformbarkeit *(Walkpenetration)* werden die Schmierfette in unterschiedliche NLGI- Konsistenzklassen eingeteilt (NLGI: National Lubrication Grease Institute), Tab. 33.6 nach DIN 51818, die sich während dem Betrieb nicht ändern soll.

Die Konsistenz wird nach ISO 2137 durch das Eindringen (Penetration) eines Standardkonus in eine Schmierfettprobe unter definierten Prüfbedingungen ermittelt, indem die Eindringtiefe nach einer bestimmten Eindringdauer gemessen wird.

Fließverhalten. Das Fließverhalten von Schmierfetten kann durch die Konsistenzklassen nur unzureichend beschrieben werden. Bei den Schmierfetten handelt es sich um Stoffe mit nicht newtonschem Fließverhalten, das von der Temperatur, dem Schergefälle, der Scherzeit und der Vorgeschichte abhängt. Im Allgemeinen nimmt die Viskosität von Schmierfetten mit steigendem Schergefälle und zunehmender Scherzeit ab.

Anwendungen. Schmierfette werden im Temperaturbereich von 70 °C bis ca. max. 350 °C zur Schmierung von Maschinenelementen, wie Wälz- und Gleitlagern, Gleitbahnen, Gelenken,

Förderbändern, Getrieben u. a. eingesetzt, wobei sie gleichzeitig zum Abdichten dienen.

33.5.3 Festschmierstoffe

Festschmierstoffe liegen in festem Aggregatzustand vor. Sie werden zur Schmierung unter extremen Bedingungen wie z. B. bei sehr hohen oder sehr tiefen Temperaturen, in aggressiven Medien, im Vakuum u. a. benötigt. Festschmierstoffe bestehen aus folgenden Gruppen von Stoffen:

- Verbindungen mit *Schichtgitterstruktur.* Dazu gehören: Graphit, Molybdändisulfid, Dichalcogenide, Metallhalogenide, Graphitfluorid, hexagonales Bornitrid,
- *oxidische* und *fluoridische* Verbindungen der Übergangs- und Erdalkalimetalle. Dazu gehören: Borsäure, Bleioxid, Cobaltoxid, Molybdänoxid, Wolframoxid, Zinkoxid, Cadmiumoxid, Kupferoxid, Ti_nO_{2n-1} u. a. Calciumfluorid, Bariumfluorid, Cerfluorid, Strontiumfluorid, Lithiumfluorid, Natriumfluorid,
- *weiche Metalle,* wie Blei, Indium, Silber, Zinn u. a.,
- *Polymere,* insbesondere Polytetrafluorethylen (PTFE).

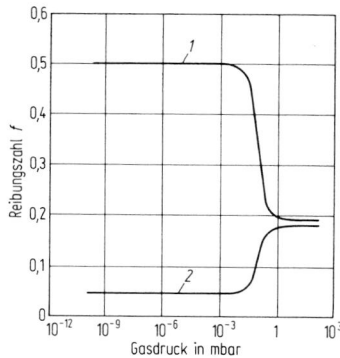

Abb. 33.5 Reibungszahl von Graphit und Molybdändisulfid [13]

Besondere Bedeutung kommt den Festschmierstoffen zu, die vollständig oder teilweise aus Graphit oder Molybdändisulfid bestehen. Bei der Anwendung von Graphit ist darauf zu achten, dass es nur dann eine niedrige Reibung aufweist, wenn in seinem Gitter Wassermoleküle, Gase oder Alkalien interkaliert sind, welche die Scherfestigkeit der hexagonalen Basisflächen herabsetzen. Im Vakuum ist Graphit daher als Festschmierstoff nicht geeignet, Abb. 33.5. Dagegen besitzt Molybdändisulfid im Vakuum besonders niedrige Reibungszahlen, während es in Sauerstoff oder in feuchter Luft höhere Reibungszahlen hat, das es leicht zu MoO_3 oxidiert, und sich vor allem bei höheren Temperaturen zersetzt [12].

Bei der Anwendung von PTFE ist darauf zu achten, dass die Reibungszahl mit steigender Gleitgeschwindigkeit stark zunimmt, Abb. 33.2, das PTFE die Reibungswärme nur schlecht abführen kann.

Für ausführliche Informationen sei auf die Monographien „Lubricants in Operation" von U. Möller und U. Boor [12] sowie Fuels and Lubricants Handbook von G.E. Totten, S.R. Westbrook und R.J. Shah [15], und die „Encyclopedia of Lubricants and Lubrication" von T. Mang [16] verwiesen.

Im heutigen Verständnis zur Tribo-oxidation bestimmen unterstöchiometrische Oxide, sog. „Lubricious Oxides" oder „triboaktive Phasen" das Reibungs- und Verschleißverhalten von Metallen, Keramiken und Hardmetallen [17]. Die Unterstöchiometrie wird hier als planarer Sauerstoffdefekt, sog. Magnéli-Phasen (Ti_nO_{2n-1}, $Ti_{n-2}Cr_2O_{2n-1}$), abgebildet. Molybdenum und Wolfram bilden ebenfalls planare Sauerstoffdefekte aus, allerdings einer anderen homologen Serie Me_nO_{3n-1}. Die Unterstöchiometrie kann auch als sog. Blockstrukturen ($Nb_{3n+1}O_{8n-2}$) akkommodiert werden. Bildhaft entsprechen bei Blockstrukturen die Ziegeln das stöchiometrische Oxid und die Fugen sind die Bereiche mit einem Sauserstoffdefizit.

33

Anhang

Abb. 33.6 Temperaturabhängigkeit der Wärmeleitfähigkeit von flüssigen Schmierstoffen

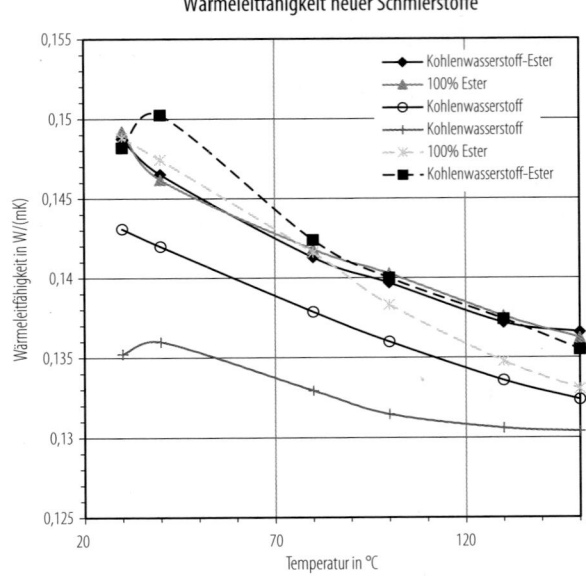

Abb. 33.7 Temperaturabhängigkeit der Wärmekapazität von flüssigen Schmierstoffen

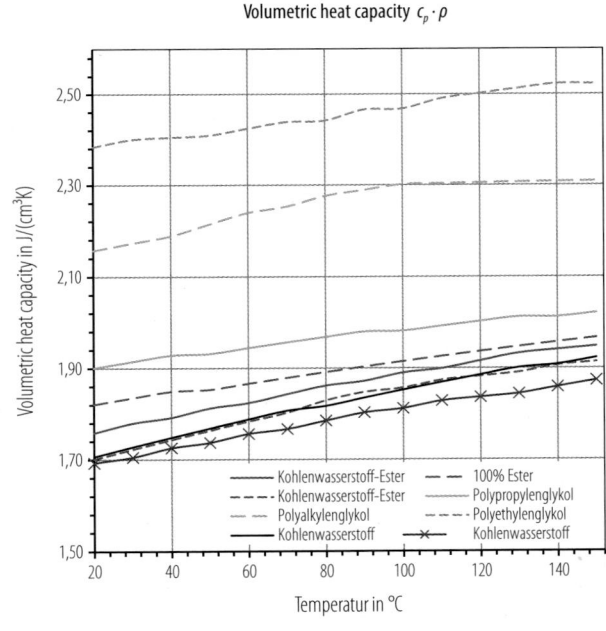

Tab. 33.4 Viskositätsdruckkoeffizienten α von Schmierölen und Viskositätssteigerungen durch Druck [18]

Öltyp	$\alpha_{25\,°C}\cdot 10^3$ bar^{-1}	$\dfrac{\eta_{2000\,bar}}{\eta_{1bar}}$ bei 25 °C (ca.)	$\dfrac{\eta_{2000\,bar}}{\eta_{1bar}}$ bei 80 °C (ca.)
Paraffinbasische Mineralöle	1,5…2,4	15…100	10…30
Naphthenbasische Mineralöle	2,5…3,5	150…800	40…70
Aromatische Solvent-Extrakte	4…8	1000…200 000	100…1000
Polyolefine	1,3…2,0	10…50	8…20
Esteröle (Diester, verzweigt)	1,5…2,0	20…50	12…20
Polyätheröle (aliph.)	1,1…1,7	9…30	7…13
Siliconöle (aliph. Subst.)	1,2…1,4	9…16	7…9
Siliconöle (arom. Subst.)	2…2,7	300	–
Chlorparaffine (je nach Halogenierungsgrad)	0,7…5	5…20 000	–

Tab. 33.5 Viskositätsklassen von Motorenschmierölen[a] nach SAE J300 (Jan. 2015)

SAE Viskositäts-klasse	Tieftemperaturviskositäten		Hochtemperaturviskositäten		
	Scheinbare Viskosität[b] [mPa·s] max. bei T [°C]	Grenzpumpviskosität[c] [mPa·s] max. bei T [°C]	Kinematische Viskosität[d] [mm^2/s] bei 100°C		HTHS[e] Viskosität [mPa·s] bei 150 °C und 10^6 s^{-1}
			Min.	Max.	Min.
0W	6200 bei −35	60 000 bei −40	3,8	–	–
5W	6600 bei −30	60 000 bei −35	3,8	–	–
10W	7000 bei −25	60 000 bei −30	4,1	–	–
15W	7000 bei −20	60 000 bei −25	5,6	–	–
20W	9500 bei −15	60 000 bei −20	5,6	–	–
25W	13 000 bei −10	60 000 bei −15	9,3	–	–
8	–	–	4,0	<6,1	1,7
12	–	–	5,0	<7,1	2,0
16	–	–	6,1	<8,2	2,3
20	–	–	5,6	<9,3	2,6
30	–	–	9,3	<12,5	2,9
40	–	–	12,5	<16,3	2,9[f]
40	–	–	12,5	<16,3	3,7[g]
50	–	–	16,3	<21,9	3,7
60	–	–	21,9	<26,1	3,7

[a] Die ursprüngliche deutsche Fassung DIN 51511 ist zurückgezogen
[b] ASTM D5293 (cold cranking simulator (CCS); „Kaltstartfähigkeit"; Siehe auch DIN 51377)
[c] ASTM D4684 (mini rotary viscosimeter (MRV))
[d] ASTM D445 (Siehe auch ISO 3104 bzw. DIN 51562-2 „Ubbelohde"-Viskosimeter)
[e] ASTM D4683, CEC L-36-A-90 (ASTM D 4741) oder ASTM DS481; HTHS = High-shear High-temperature = Viskosität unter hohen Temperaturen und Schergefällen
[f] 3,5 mPas für 0W-40, 5W-40 & 10W-40
[g] 3,7 mPas für 15W-40, 20W-40, 25W-40 & 40

Tab. 33.6 Konsistenzklassen von Schmierfetten nach DIN 51 818 und Anwendungen [19]

NLGI-Klasse	Penetration [mm/10]	Konsistenz	Gleit-lager	Wälz-lager	Zentralschmier-anlagen	Getriebe-schmierung	Wasser-pumpen	Block-fette
000	445...475	fast flüssig			×	×		
00	400...430	halbflüssig			×	×		
0	355...385	außerordentlich weich			×	×		
1	310...340	sehr weich			×	×		
2	265...295	weich	×	×				
3	220...250	mittel	×	×				
4	175...205	ziemlich weich	×				×	
5	130...160	fest					×	
6	85...115	sehr fest und steif						×

Literatur

Spezielle Literatur

1. Jost, P.: Lubrication (Tribology): education and research: a report on the present position and industry's needs. Her Majesty's Stationary Office, London (1966)
2. Woydt, M., Gradt, T., Hosenfeldt, T., Luther, R., Rienäcker, A., Wetzel, F.-J., Wincierz, Chr.: Tribologie in Deutschland – Querschnittstechnologie zur Minderung von CO_2-Emissionen und zur Ressourcenschonung. Herausgeber: Gesellschaft für Tribologie e.V., www.gft-ev.de, Adolf-Fischer-Str. 34, D-52428 Jülich, September 2019, https://www.gft-ev.de/de/tribologie-studie/
3. Mittmann, H.-U., Czichos, H.: Reibungsmessungen und Oberflächenuntersuchungen an Kunststoff-Metall-Gleitpaarungen. Materialprüfung **17**, 366–372 (1975)
4. Czichos, H., Habig, K.-H.: Tribologie-Handbuch Reibung und Verschleiß, 4. Aufl. Springer, Wiesbaden (2015). ISBN 978-3834818102
5. Czichos, H.: Tribology – a systems approach to the science and technology of friction, lubrication and wear. Tribology Series 1. Elsevier, Amsterdam (1978)
6. Dowson, D., Higginson, G.R.: A new roller bearing lubrication formula. Engineering **19**, 158–159 (1961)
7. Dowson, D., Higginson, G.R.: Elastohydrodynamic lubrication – the fundamentals of roller and gear lubrication, 2. Aufl. Pergamon Press, Oxford (1977)
8. Hamrock, B.J., Dowson, D.: Isothermal elastohydrodynamic lubrication of point contacts, Part III: fully flooded results. Trans Asme J Lubr Eng **99**, 264–275 (1977)
9. Schmidt, H., Bodschwinna, H., Schneider, U.: Mikro-EHD: Einfluss der Oberflächenrauheit auf der Schmierfilmbildung in realen EHD-Wälzkontakten. Teil I: Grundlagen. Antriebstechnik **26**(11), 55–60 (1987). Teil II: Ergebnisse und rechnerische Auslegung eines realen EHD-Wälzkontaktes. Antriebstechnik 26 (1987) H.12, 55–60
10. Winer, W.O., Cheng, H.S.: Film thickness, contact stress and surface temperatures. In: Peterson, M.B., Winer, W.O. (Hrsg.) Wear control handbook. The American Society of Mechanical Engineers, New York (1980)
11. Klamann, D.: Schmierstoffe und verwandte Produkte – Herstellung, Eigenschaften, Anwendung. Verlag Chemie, Weinheim (1982)
12. Möller, U.J.: Schmierstoffe im Betrieb, 2. Aufl. Springer, Berlin Heidelberg (2002)
13. Buckley, D.H.: Surface effects in adhesion, friction, wear, and lubrication. Tribology Series 5. Elsevier, Amsterdam (1981)
14. Mang, T., Dresel, W.: Lubricants and lubrication, 2. Aufl. Wiley-VCH, Weinheim (2007)
15. Totten, G.E., Forrester, D.R., Shah, R.J.: Fuels and Lubricants Handbook. ASTM International. (2019). ISBN 978-0-803-17089-6
16. Mang, T.: Encyclopedia of lubricants and lubrication Bd. 1–3. Springer, Berlin Heidelberg (2014). ISBN 978-3642226465
17. Woydt, M.: Sub-stoichiometric Oxides for Wear Resistance, WEAR Vol. 440–441 (2019) 203104 https://doi.org/10.1016/j.wear.2019.203104
18. Klamann, D.: Schmierstoffe und verwandte Produkte – Herstellung, Eigenschaften, Anwendung. Verlag Chemie, Weinheim (1982)
19. Möller, U. J.: Schmierstoffe im Betrieb. Berlin Heidelberg: Springer 2. Aufl. (2002)

Normen und Richtlinien

20. OECD Guidelines for the Testing of Chemicals. Section 2: Effects on Biotic Systems Test No. 203: Fish, Acute Toxicity Test
21. ISO 7346-1: Water quality – Determination of the acute lethal toxicity of substances to a freshwater fish [Brachydanio rerio Hamilton-Buchanan (Teleostei, Cyprinidae)] – Part 1: Static method
22. OECD Guidelines for the Testing of Chemicals. Section 2: Effects on Biotic Systems Test No. 202: Daphnia sp. Acute Immobilisation Test

23. ISO 6341 Water quality – Determination of the inhibition of the mobility of Daphnia magna Straus (Cladocera, Crustacea)-Acute toxicity lest

24. OECD Guidelines for the Testing of Chemicals, Section 2: Effects on Biotic Systems Test No. 201: Freshwater Alga and Cyanobacteria, Growth Inhibition Test

25. ISO 8692 Water quality – Freshwater algal growth inhibition test with unicellular green algae

26. OECD Guidelines for the Testing of Chemicals/Section 3: Degradation and Accumulation Test No. 306: Biodegradability in Seawater

27. 1272/2008/EU „Verordnung (EG) Nr. 1272/2008 des Europäischen Parlaments und des Rates vom 16. Dezember 2008 über die Einstufung, Kennzeichnung und Verpackung von Stoffen und Gemischen"

28. ISO 15380: „Schmierstoffe, Industrieöle und verwandte Produkte (Klasse L). Familie H (Hydraulische Systeme). Anforderungen für die Kategorien HETG, HEPG, HEES und HEPR"

29. Beschluss (EU) 2018/1702 der Kommission vom 8. November 2018 zur Festlegung der Umweltkriterien für die Vergabe des EU-Umweltzeichens für Schmierstoffe

30. EN 16807 „Flüssige Mineralölerzeugnisse – Bio-Schmierstoffe – Kriterien und Anforderungen für Bio-Schmierstoffe und biobasierte Schmierstoffe"

31. ISO 8068 „Lubricants, industrial oils and related products (class L) – Family T (Turbines) – Specification for lubricating oils for turbines"

32. ISO 12925 „Lubricants, industrial oils and related products (class L) – Family C (Gears) – Part 1: Specifications for lubricants for enclosed gear systems"

33. HOCNF Harmonized Offshore Chemical Notification Format http://www.cefos.defra.gov.uk/

34. OSPAR Convention for the Protection of the Marine Environment of the North-East Atlantic (the „OSPAR Convention"), www.ospar.org

35. DIN ISO 9120, 2005–08:Mineralölerzeugnisse und verwandte Produkte – Bestimmung des Luftabscheidevermögens von Dampfturbinen- und anderen Ölen – lmpinger-Verfahren

36. DIN 51365: Prüfung von Schmierstoffen; Bestimmung der Gesamtverschmutzung von gebrauchten Motorenschmierölen; Zentifugierverfahren

37. DIN ISO 9120: Mineralölerzeugnisse und verwandte Produkte – Bestimmung des Luftabscheidevermögens von Dampfturbinen- und anderen Ölen – Impinger-Verfahren

38. EN ISO 20844: Bestimmung der Scherstabilität von polymerhaltigen Ölen mit Hilfe einer Diesel-Einspritzdüse

39. DIN 51558 Teil 1: Prüfung von Mineralölen; Bestimmung der Neutralisationszahl. Farbindikator-Titration

40. DIN 51755: Prüfung von Mineralölen und anderen brennbaren Flüssigkeiten; Bestimmung des Flammpunktes im geschlossenen Tiegel nach Abel-Pensky

41. DIN 51777 Teil 1: Prüfung von Mineralöl-Kohlenwasserstoffen und Lösemitteln: Bestimmung des Wassergehaltes nach Karl-Fischer; Direktes Verfahren – DlN 51818: Schmierstoffe; Konsistenz-Einteilung für Schmierfette; NLGI-Klassen

42. DlN EN ISO 2592: Mineralölerzeugnisse; Bestimmung des Flamm- und Brennpunktes – Verfahren im offenen Tiegel nach Cleveland

43. DIN ISO 2909: Mineralölerzeugnisse; Berechnung des Viskositätsindex aus der kinematischen Viskosität

44. DIN ISO 3733: Mineralölerzeugnisse und bituminöse Bindemittel; Bestimmung des Wassergehaltes, Destillationsverfahren

45. ISO 3015: Mineralölerzeugnisse; Bestimmung des Cloudpoint

46. ISO 3016: Mineralölerzeugnisse; Bestimmung des Pourpoint

47. ISO 3771: Mineralölerzeugnisse: Basenzahl – Potentiometrische Titration mit Perchlorsäure

48. SAEJ300: Engine Oil Viscosity Classification

49. ISO 2137: Mineralölerzeugnisse – Schmierfett und Petrolatum – Bestimmung der Konuspenetration

50. GfT-Arbeitsblatt Nr. 7: Tribologie. Gesellschaft für Tribologie (GfT), Aachen, www.gft-ev.de

33

Korrosion und Korrosionsschutz

34

Thomas Böllinghaus, Michael Rhode und Thora Falkenreck

34.1 Einleitung

Korrosion der Metalle ist die physikochemische Wechselwirkung zwischen einem Metall und seiner Umgebung, die zu Veränderungen der Eigenschaften des Metalls führt und die zu erheblichen Beeinträchtigungen der Funktion des Metalls, der Umgebung oder des technischen Systems, von dem diese einen Teil bilden, führen kann [1]. Die Beständigkeit gegen Korrosion ist daher eine Eigenschaft eines Bauteiles oder einer Komponente in einem technischen System. Korrosionsbeständigkeit bezeichnet die Fähigkeit des Werkstoffes unter dem jeweils vorliegenden Bauteildesign, einer Korrosionsbeanspruchung zu widerstehen und so die Funktionsfähigkeit des Bauteiles zu erhalten (Abb. 34.1). Die Korrosionsbeanspruchung ergibt sich aus den Umgebungsbedingungen seitens des Mediums und seitens des jeweiligen konstruktiven Designs. Übersteigt die Korrosionsbeanspruchung eines Werkstoffes einer technischen Komponente dessen Beanspruchbarkeit, d. h. seinen Korrosionswiderstand, dann

ist die funktionsgerechte Wechselwirkung dieser drei Faktoren beeinträchtigt und es kann ein Korrosionsschaden eintreten. Ein Korrosionsschaden (Damage) liegt also nicht notwendigerweise bei Korrosion an sich, sondern nur dann vor, wenn die Funktionsfähigkeit einer bestimmten Komponente in einem technischen System beeinträchtigt ist. Darüber hinaus muss ein Korrosionsschaden an einer Komponente nicht notwendigerweise zu einem Versagen (Failure) bzw. Ausfall, d. h. dem totalen Verlust der Funktionsfähigkeit des jeweiligen gesamten technischen Systems führen. Der Begriff Korrosion bezieht sich überwiegend auf metallische Werkstoffe. Aber bei Gläsern und Keramiken wird von Korrosion gesprochen und auch an organischen nichtmetallischen (Polymer- und Komposit-) Werkstoffen gibt es korrosionsartige Erscheinungen. Hierauf wird jedoch in diesem Abschnitt nicht eingegangen.

Grundsätzlich wird hinsichtlich der Korrosion von Metallen unterschieden:

a) Elektrochemische Korrosion (bspw. die atmosphärische Korrosion der Stähle, die vielfach mit Rosten gleichgesetzt wird)
b) Chemische Korrosion (bspw. die Hochtemperaturkorrosion von Metallen, bei Stählen auch oft als Zunder bekannt)

Im Gegensatz zu vielen anderen Bereichen der Technik ist es bezüglich Korrosion oft nicht möglich, das Verhalten von Bauteilen und Anlagen in Formeln, Tabellen oder Regelwerken anzugeben. Die Ursache dafür liegt darin, dass die

T. Böllinghaus (✉)
Bundesanstalt für Materialforschung und -prüfung (BAM)
Berlin, Deutschland
E-Mail: Thomas.Boellinghaus@bam.de

M. Rhode
Bundesanstalt für Materialforschung und -prüfung (BAM)
Berlin, Deutschland
E-Mail: michael.rhode@bam.de

T. Falkenreck
Berlin, Deutschland

© Springer-Verlag GmbH Deutschland, ein Teil von Springer Nature 2020
B. Bender und D. Göhlich (Hrsg.), *Dubbel Taschenbuch für den Maschinenbau 1: Grundlagen und Tabellen*,
https://doi.org/10.1007/978-3-662-59711-8_34

Abb. 34.1 Korrosionsbeständigkeit als Bauteil-
eigenschaft

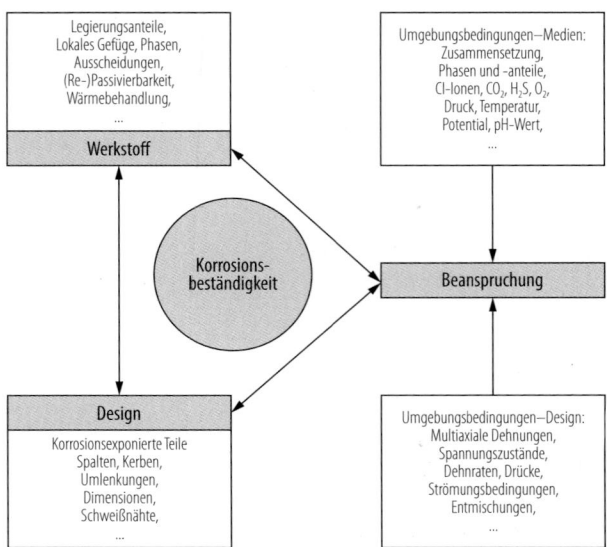

Korrosionsbeständigkeit nicht nur von den drei oben dargestellten werkstofftechnischen, konstruktiven und beanspruchungsbedingten Einflüssen abhängt. Darüber hinaus laufen in den drei lokalen Wirkzonen Werkstoff, Medium und der dazwischenliegenden Phasengrenze sehr unterschiedliche physikalische Prozesse und chemische Reaktionen ab, die zusammen genommen die eigentliche Korrosionsbeanspruchung darstellen (Abb. 34.2). Da diese Vorgänge zudem zeitabhängig sind, hat die Korrosionsbeanspruchung immer eine thermodynamische und eine kinetische Komponente.

Die Korrosionsbeanspruchung kann zudem von einer weiteren Beanspruchungsart zeitgleich in den drei Wirkzonen überlagert sein. Unter einer solchen Koppelung einer korrosiven mit einer mechanischen Beanspruchung tritt beispielsweise Risskorrosion auf. Der Vorgang, bei dem eine Reib- und eine Korrosionsbeanspruchung gleichzeitig wirken, wird dann als Verschleißkorrosion bezeichnet. Entsprechend ist unter Erosionskorrosion die zeitgleiche lokale Einwirkung von Erosion und Korrosion zu verstehen [2].

Aufgrund der örtlichen und zeitlichen Variation der sehr diversen Einflüsse sind die Ursachen

Abb. 34.2 Korrosionsprozesse am Übergang zwischen Medium und Werkstoff

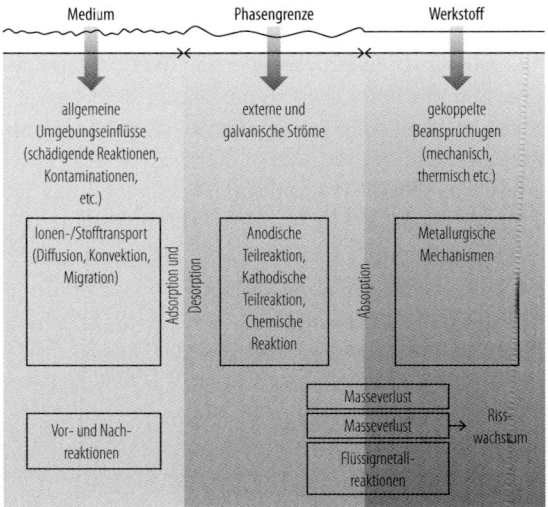

eines Korrosionsschadens oft sehr unterschiedlich, auch wenn sich die Schadensbilder häufig gleichen. Um die Ursachen der Korrosion im Einzelfall zu verstehen und beurteilen zu können, sowie um entsprechende Präventivmaßnahmen zu ergreifen, ist es wichtig, sich mit den drei verschiedenen Einflussfaktoren (Abb. 34.1) und den lokalen physikalischen Prozessen und chemischen Reaktionen (Abb. 34.2) vertraut zu machen.

34.2   Elektrochemische Korrosion

In den meisten Fällen besteht die Wechselwirkung zwischen dem Metall und seiner Umgebung aus elektrochemischen Reaktionen und entsprechenden physikalischen Prozessen, bspw. Diffusionsvorgängen [1]. Die thermodynamische Triebkraft der elektrochemischen Reaktionen ist grundsätzlich durch das Bestreben der Elemente gekennzeichnet, den energetisch niedrigeren Zustand anzunehmen. Elektrochemische Korrosion kann also als das Streben eines metallischen Werkstoffes nach einem energetisch günstigeren Zustand angesehen werden, der meist durch eine Elektronenabgabe (Oxidation) gekennzeichnet ist. In einer elektrisch leitenden Umgebung (Elektrolyt), ist die Elektronenabgabe meist mit der Auflösung eines Metalls verbunden.

Kommt bspw. eine blanke metallische Oberfläche mit einem wässrigen Elektrolyt in Berührung, setzt augenblicklich dieser Metallauflösungsprozess ein, bei dem ein Metallatom als Ion (Me^{z+}) durch die Phasengrenze in den Elektrolyt übertritt, d. h. in Lösung geht. Je nach Wertigkeit bzw. Ladungszahl (z) lässt jedes dieser Metallionen ein oder mehrere freie Valenzelektronen ($z \cdot e^-$) im Metall zurück. Der Ort, an dem dieser Prozess stattfindet, wird definitionsgemäß Anode genannt. Der Metallauflösungsprozess heißt demnach anodische Teilreaktion und wird durch Gl. (34.1) beschrieben:

$$Me \rightarrow Me^{z+} + z \cdot e^- \qquad (34.1)$$

Der Auflösungsprozess kann mit dem Faraday'schen Gesetz beschrieben werden:

$$\Delta m = \frac{M \cdot I \cdot t}{z \cdot F} [g] \qquad (34.2)$$

Darin sind Δm der Masseverlust, M die Molmasse, I der Elektronenfluss in Form der Stromstärke infolge der Metallauflösung, t die Zeit, z die Wertigkeit und $F = 96\,485\,C \cdot mol^{-1}$ die Faraday-Konstante.

Insgesamt wird infolge dieses Vorganges das ursprünglich neutrale Metall durch die zurückbleibenden Elektronen negativer. Werden die Elektronen nicht verbraucht, führt die Ladungstrennung sehr schnell zur Zunahme elektrostatischer Kräfte, was die weitere Metallauflösung zum Erliegen bringt. Es stellt sich ein thermodynamisches Gleichgewicht ein, d. h., wenn Metallionen in Lösung gehen, wird die gleiche Anzahl wieder in die Metallmatrix, also in den metallischen Bindungszustand, überführt. Dies gilt aber nur für ein homogenes reines Metall im Kontakt mit einem Elektrolyt.

Metallische Werkstoffe hingegen sind inhomogen, denn sie haben unterschiedliche Mikrostrukturen und Legierungselemente, weisen Anisotropie und Gitterbaufehler auf, beinhalten Einschlüsse und Verunreinigungen oder haben verschiedene Verformungsgrade und Wärmebehandlungszustände. Dadurch entstehen im Kontakt mit einem Elektrolyt Orte unterschiedlicher Energie. An solchen Fehlstellen des Metallatomgitters ist das Bestreben, den energetisch niedrigeren Zustand durch Metallauflösung zu erreichen, besonders groß und zudem ist das Gleichgewicht der elektrostatischen Kräfte zwischen den freien Elektronen und den Metallionen auf der Werkstoffoberfläche häufig gestört.

Da Elektronenneutralität sowohl für den Elektrolyt als auch für den metallischen Werkstoff herrschen muss, werden an einer anderen Stelle der inhomogenen Metalloberfläche Elektronen verbraucht, das heißt von einem Reaktionspartner aus dem Elektrolyt aufgenommen. Nur durch diesen Prozess der Elektronenaufnahme, der Reduktion genannt wird und an der so genannten

Abb. 34.3 Schematische Darstellung der Korrosion an einer Korngrenze

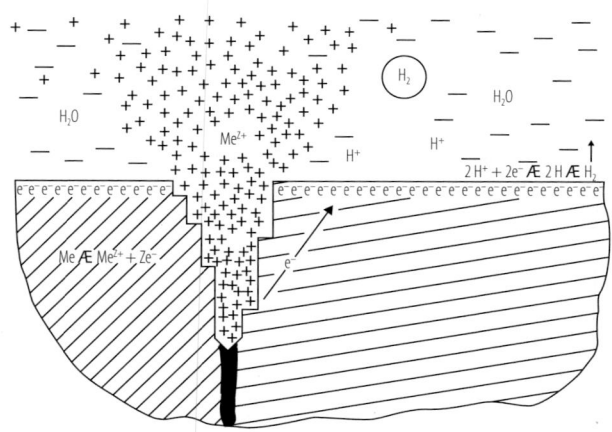

Kathode stattfindet, wird die weitere Auflösung des Metalls an der Anode ermöglicht. Für die kathodische Teilreaktion kommen nur vier Arten in Betracht, die verschiedene Korrosionsarten nach sich ziehen:

1. Reduktion des Wassers in sauerstofffreien bzw. sauerstoffarmen neutralen und basischen Elektrolyten

$$2H_2O + 2e^- \rightarrow H_2 + 2OH^- \qquad (34.3a)$$

und in sauerstofffreien bzw. sauerstoffarmen sauren Elektrolyten (bspw. bei der Lokalkorrosion, Korrosion in Säure)

$$2H^+ + 2e^- \rightarrow H_2 \qquad (34.3b)$$

(exakter: $2H_3O^+ + 2e^- \rightarrow 2H_2O + H_2$ [2])

2. Reduktion des im Wasser gelösten Sauerstoffs in neutralen und basischen Elektrolyten, die der Umgebungsluft ausgesetzt sind (bspw. bei der gleichmäßigen atmosphärischen Korrosion):

$$O_2 + 2H_2O + 4e^- \rightarrow 4OH^- \qquad (34.4a)$$

und in sauren Elektrolyten mit Kontakt zur Umgebungsluft (Korrosion in Säure):

$$O_2 + 4H^+ + 4e^- \rightarrow 2H_2O$$
(exakter $O_2 + 4H_3O^+ + 4e^- \rightarrow 6H_2O$)
$$(34.4b)$$

3. Entladung edlerer Metallionen (Korrosion bei Mischbauweise, wenn bspw. Kupferionen bei der Korrosion eines Kupferrohres in den Elektrolyten gelangt sind und anschließend auf ein verzinktes Rohr treffen)

$$Cu^{2+} + 2e^- \rightarrow Cu \qquad (34.5)$$

4. Fremdstrom (z. B. Korrosion durch vagabundierende Fremdströme im Erdreich, in der Nähe von Straßenbahnschienen).

Als eine solche örtliche Inhomogenität, an der in unmittelbarer Nachbarschaft eine Metallauflösung und ein elektronenverbrauchender Prozess ablaufen kann, ist in Abb. 34.3 an einer Korngrenze die Auflösung eines polykristallinen metallischen Werkstoffes in Säure schematisch dargestellt. Wenn Anoden und Kathoden nur eine geringe Ausdehnung haben und gleichmäßig auf der Metalloberfläche verteilt sind, stellt diese eine Mischelektrode dar. Dies trifft beispielsweise auf korrodierende Oberflächen von Stählen mit niedrigem Legierungsgehalt in wässrigen Elektrolyten zu. Aufgrund ihrer schnellen Beweglichkeit in der Elektronenhülle des Metalls, ist der elektronenverbrauchende Prozess keineswegs an den Ort der Metallauflösung gebunden, sondern kann auch weit davon entfernt erfolgen. So findet der Elektronenübergang, hier die eigentliche Reaktion der Säure, an der Kornfläche und nicht an der Stelle der Metallauflösung statt. Die örtliche Trennung zwischen dem Auflösungsprozess an der Anode und dem elektronenverbrauchenden Prozess an der Kathode kann relativ groß werden. Dies kann zum Beispiel in wässerigen Elektrolyten auftreten, wenn Werkstoffe mit Phasen unterschiedlichen Legierungsgehaltes, wie beispielsweise in austenitisch-ferritischen Duplexstählen, vorliegen oder Bauteile aus unterschiedlichen Materialien elektronenleitend miteinander verbunden sind, wie es beispielsweise auf die galvanische Korrosion oder Kontaktkorrosion von zwei verschieden hoch legierten Metallen in Schweißverbindungen zutrifft.

Elektrochemisch gesehen bilden bei der Korrosion die Kathode und die Anode zusammen mit dem Elektrolyt eine Mischzelle. Korrosionsreaktionen laufen also dann spontan ab, wenn die Metallatome einen energetisch niederwertigen Zustand annehmen können, d. h. wenn mit der Mischzelle, wie bei einer Batterie, elektrische Arbeit $W_{el} = \Delta E \cdot Q$ verrichtet werden kann. Dazu muss die freie Enthalpie (engl.: Gibbs Free Energy) ΔG einen negativen Wert annehmen. Sie kennzeichnet den freigesetzten Energiebetrag, der als überschüssiger Wärmeinhalt für die Verrichtung einer Arbeit zur Verfügung steht. Für ein Mol Stoffumsatz beträgt der Ladungsumsatz $Q = z \cdot F$, also beträgt die freigesetzte Energie

$$\Delta G = -z \cdot F \cdot \Delta E \qquad (34.6)$$

In dieser Gleichung stellt ΔE die elektromotorische Kraft EMK dar. Sie kann als Spannung ΔU angesehen und wie bei einer Batterie gemessen werden. ΔG ergibt sich nach dem Massenwirkungsgesetz aus den Aktivitäten bzw. näherungsweise der Konzentrationen C der Reaktionspartner an der Kathode und der Anode, also der Elemente, die reduziert werden (Elektronen aufnehmen), und die oxidiert werden (Elektronen abgeben).

$$\begin{aligned}\Delta G &= \Delta G^0 + R \cdot T \cdot \ln(K) \\ &= R \cdot T \cdot \ln \frac{C_{Red}}{C_{Ox}} \\ &= R \cdot T \cdot 2{,}303 \lg \frac{C_{Red}}{C_{Ox}} \end{aligned} \qquad (34.7)$$

Zusammenführen der Gln. (34.7) und (34.8) ergibt die für die Beurteilung korrosionstechnischer

Zusammenhänge wichtige Nernst-Gleichung:

$$\begin{aligned}\Delta E &= \Delta E^0 - \frac{R \cdot T}{z \cdot F} \cdot 2{,}303 \lg \frac{C_{Red}}{C_{Ox}} \\ &= \Delta E^0 + \frac{R \cdot T}{z \cdot F} \cdot 2{,}303 \lg \frac{C_{Ox}}{C_{Red}} \end{aligned} \qquad (34.8)$$

Bei der elektrochemischen Korrosion metallischer Werkstoffe laufen jedoch die anodischen und kathodischen Teilreaktionen kaum so definiert ab, wie bei einer Batterie. Um dennoch ein thermodynamisches Maß für die Heftigkeit einer elektrochemischen Korrosionsreaktion zu haben, werden als Standardbedingungen die Raumtemperatur 298 K, der Normaldruck 0,1 MPa und als Konzentration der Reaktionspartner $1 \, mol \cdot l^{-1}$ definiert. Da sich außerdem die anodischen und kathodischen Einzelreaktionen aufgrund der Neutralität der gesamten Mischzelle messtechnisch nicht erfassen messen lassen, wird ersatzweise eine Gesamtreaktion in Form der Gln. (34.1) und (34.3b) zur Definition der Standard-EMK ΔE^0 herangezogen

$$z \cdot H_3O^+ + M \rightarrow M^{z+} + z \cdot H_2O + \frac{z}{2} \cdot H_2 \qquad (34.9)$$

und deren EMK als Standardpotential der Einzelreaktion der Metallauflösung erklärt. Damit ist aber auch das Standardpotential der Wasserstoffabscheidung gleich Null, was umgekehrt auch der hohen Bindungsenergie des Wasserstoffmoleküls H_2 (ca. $436 \, kJ \cdot mol^{-1}$) bei Korrosionsreaktionen Rechnung trägt. Die Tab. 34.1 enthält die Einzelreaktionen und die Standardpotentiale der wichtigsten Legierungsmetalle technischer Werkstoffe im Vergleich zur Normalwasserstoffelektrode, anhand derer sich ihr Bestreben zur Auflösung in wässerigen Elektrolyten allgemein abschätzen lässt. Metalle und Werkstoffe, die in der Spannungsreihe gegenüber der Normalwasserstoffelektrode negativer liegen, werden im Vergleich untereinander als unedler, welche die zu höheren Potentialen verschoben sind, als edler bezeichnet. Die Auflistung der Standardpotentiale wird auch als elektrochemische Spannungsreihe bezeichnet.

Nachteilig ist hier aber, dass diese Standardpotentiale meist nicht den technischen Anwen-

Tab. 34.1 Standardpotentiale (elektrochemische Spannungsreihe) und freie Korrosionspotentiale in Meerwasser (praktische Spannungsreihe) im Vergleich zur Normalwasserstoffelektrode

Element/Werkstoff → Teilreaktion	Standardpotential ΔE^0 (V)	Freies Korrosionspotential in künstlichem Meerwasser (V) [4]
$H2 \rightarrow 2\,H^+ + 2\,e^-$	0,00 (Referenz)	k. A.
$Mg \rightarrow Mg^{2+} + 2\,e^-$	−2,36	−1,40
$Al \rightarrow Al^{3+} + 3\,e^-$	−1,66	−0,67 (Al99,5)
$Ti \rightarrow Ti^{2+} + 2\,e^-$	−1,77	−0,11
$Zn \rightarrow Zn^{2+} + 2\,e^-$	−0,76	−0,80 (Zinküberzug auf Stahl)
$Cr \rightarrow Cr^{3+} + 3\,e^-$	−0,71	−0,29
$Fe \rightarrow Fe^{2+} + 2\,e^-$	−0,44	−0,35 (Vergütungsstahl), −0,05 (X5CrNi18.8)
$Sn \rightarrow Sn^{2+} + 2\,e^-$	−0,14	−0,19
$Cu \rightarrow Cu^{2+} + 2\,e^-$	+0,34	+0,01
$Ag \rightarrow Ag^+ + e^-$	+0,80	+0,15
$Pt \rightarrow Pt^{2+} + 2\,e^-$	+1,20	k. A.

dungsfall widerspiegeln. Zusätzlich zu den Standardpotentialen enthält Tab. 34.1 eine Liste so genannter Ruhestrompotentiale (oder auch freie Korrosionspotentiale). Diese sind immer von einem Medium abhängig, hier z. B. für künstliches Meerwasser (luftgesättigt, pH = 7,5) [4]. Eine solche Auflistung wird als praktische Spannungsreihe bezeichnet.

Die oben beschriebene Thermodynamik elektrochemischer Korrosionsreaktionen wird von kinetischen Einflüssen überlagert. Diese werden insbesondere vom Widerstand und der Inhomogenität im Elektrolyt und auf der Metalloberfläche bedingt.

Inhomogene Elektrolyte entstehen durch Verarmungsprozesse (bspw. örtlich starker Verbrauch von Sauerstoff), Anreicherungsprozesse (Alkalisierung durch Bildung von OH^- Ionen) und Diffusionsprozesse (An- und Abtransportvorgänge an der Oberfläche und im Umgebungselektrolyt). Insbesondere ist im Elektrolyt die Mobilität der Reaktionspartner und Ionen deutlich niedriger, als die im Metall hochmobilen und an einer Metalloberfläche bereitgestellten Elektronen. Wenn sich in wässerigen Elektrolyten zum Beispiel Natriumchlorid und somit Cl-Ionen befinden, steigt nicht nur die Leitfähigkeit gegenüber reinem Wasser um Größenordnungen an und der Elektronenaustausch kann schneller erfolgen, sondern es wird auch die Löslichkeit der Metallionen im Wasser erhöht, wodurch die Metallauflösung beschleunigt wird. Insbeson-

dere dort, wo positiv geladene Ionen im Elektrolyt (Kationen) durch Elektronen neutralisiert werden, hängt der Ladungsaustausch stark von ihrer Diffusionsgeschwindigkeit in Richtung der Metalloberfläche ab. Dies führt quasi zu einem Elektronenstau an der Metalloberfläche und einer entsprechend negativeren Polarisierung. In gleicher Weise weisen die Stellen, an denen die Metallatome in Lösung gehen, ein höheres anodisches Potential auf. Insbesondere an der Kathode können solche Diffusionsgrenzschichten den Ladungsaustausch erheblich behindern. Sie sind bspw. die Erklärung dafür, warum bei bestimmten sehr hohen Salzkonzentrationen die Kationen sich gegenseitig behindern, so die Ionenmobilität im Elektrolyt sinkt, und eine Korrosionsreaktion auf einer Metalloberfläche langsamer ablaufen kann, als bei niedrigeren Salzkonzentrationen. Wird an der Kathode Wasserstoff neutralisiert (34.3b) und ist dort die Wasserstofflöslichkeit des Metalls vergleichsweise gering, dann entsteht eine sogenannte Wasserstoffüberspannung und der entstehende molekulare gasförmige Wasserstoff bedeckt die Kathode und behindert die weitere kathodische Reaktion, sodass gleichermaßen auch die anodische Teilreaktion der Metallauflösung blockiert sein kann. In Abb. 34.4 sind diese Einflüsse am Beispiel der Wasserfilmdicke auf die Korrosion unter atmosphärischen Bedingungen dargestellt. Daran zeigt sich, dass mit zunehmendem Wasserangebot der Elektronenverbrauch zunächst schnel-

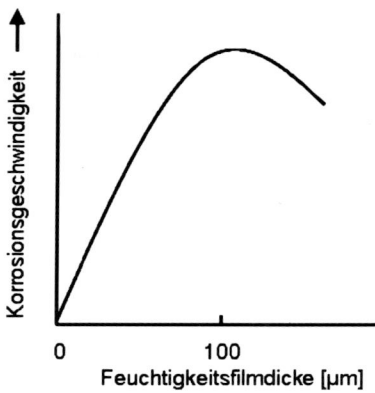

Abb. 34.4 Qualitative Abhängigkeit der Korrosionsrate von der Wasserfilmdicke [3, 4]

ler verläuft und das Metall leichter in Lösung geht. Jedoch geht ab einer bestimmten Filmdicke (100 µm) die Korrosionsgeschwindigkeit wieder zurück, weil jetzt der aus der Atmosphäre stammende Sauerstoff einen größeren Diffusionsweg zurücklegen muss und demzufolge nicht mehr so viele Elektronen verbraucht werden können. Für die Praxis bedeutet das zum Beispiel, dass dünne Filme Cl-haltiger Kondensate bzw. Tau auf Metalloberflächen korrosionswirksamer sind große flüssige Elektrolytmengen bzw. Regen.

Inhomogene Metalloberflächen werden durch erschwerte Ladungsübergänge durch Adsorptionsschichten und sekundäre Korrosionsprodukte (Rost) hervorgerufen. Einen besonders großen kinetischen Einfluss haben Oxidschichten auf der Oberfläche technischer Werkstoffe, so genannte Passivschichten. Dies sind im jeweiligen Elektrolyt sehr schwer lösliche Deckschichten mit sehr großen elektrischen Widerständen. Die Kinetik der anodischen Reaktion der Metallauflösung wird vor allem dadurch beeinflusst, wie sich diese Passivschichten nach einer Zerstörung neu bilden, die Werkstoffoberfläche also repassivieren kann. Sie beeinflussen jedoch auch die Kinetik der kathodischen Wasserstoffreaktion, denn sie haben eine im Vergleich zum darunterliegenden Metall ein sehr niedriges Diffusionsvermögen für Wasserstoffatome bzw. -protonen. Dadurch wird ebenfalls die Wasserstoffabsorption (Aufnahme) an der Kathode extrem herabgesetzt, mehr molekularer Wasserstoff an der Metalloberfläche ge-

bildet und die Adsorption (Anlagerung) weiterer Wasserstoffprotonen behindert.

Metalle wie Chrom, Aluminium und Titan bilden solche Oxid- bzw. Passivschichten.

Aufgrund dieser kinetischen Vorgänge stellt sich an realen Metalloberflächen gegenüber einer Referenzelektrode wie bspw. der Standardwasserstoffelektrode nur sehr selten ein freies Korrosionspotential, auch Ruhepotential genannt, ein, das der EMK der Metallauflösung (Tab. 34.1) entspricht. Anhand von praktischen Spannungsreihen in realistischen Elektrolyten (Tab. 34.1) lässt sich daher das Korrosionsverhalten von Werkstoffpaarungen vor allem bezüglich Kontaktkorrosion deutlich besser abschätzen.

Während sich die wissenschaftliche Betrachtung der Korrosion wesentlich auf die Erforschung der elektrochemischen Reaktionen und die Kinetik stützt, eignet sich für die technische Betrachtungsweise eine Klassifizierung nach der Korrosionsart. Von den in der Begriffsnorm [1] aufgeführten 56 Korrosionsarten sind die für den Maschinenbau wichtigsten im Abb. 34.5 dargestellt und werden in den folgenden Abschnitten eingehender behandelt.

34.2.1 Gleichmäßige Flächenkorrosion

Die allgemeine Korrosion (Abb. 34.5) verläuft überwiegend homogen auf der gesamten Metalloberfläche und wird dann als gleichmäßige Flächenkorrosion (Uniform Corrosion) bezeichnet [1]. Sie lässt sich am besten anhand der Korrosion von niedriglegierten Stählen in feuchter Atmosphäre oder neutralem Wasser beschreiben. Dabei ist Sauerstoff und Wasser zur Oxidation des Eisens notwendig, sodass die gesamte Korrosion als Summe der Teilreaktionen (34.1) und (34.4a) abläuft.

$$2Fe + O_2 + 2H_2O \rightarrow 2Fe(OH)_2 \qquad (34.10)$$

Sauerstoff steht aus der Atmosphäre ausreichend zur Verfügung. Wasser kondensiert meist aus der Umgebungsluft als Elektrolytfilm unter atmosphärischen Bedingungen auf der Stahloberfläche, bevorzugt an Partikeln. Unterhalb einer rel.

34

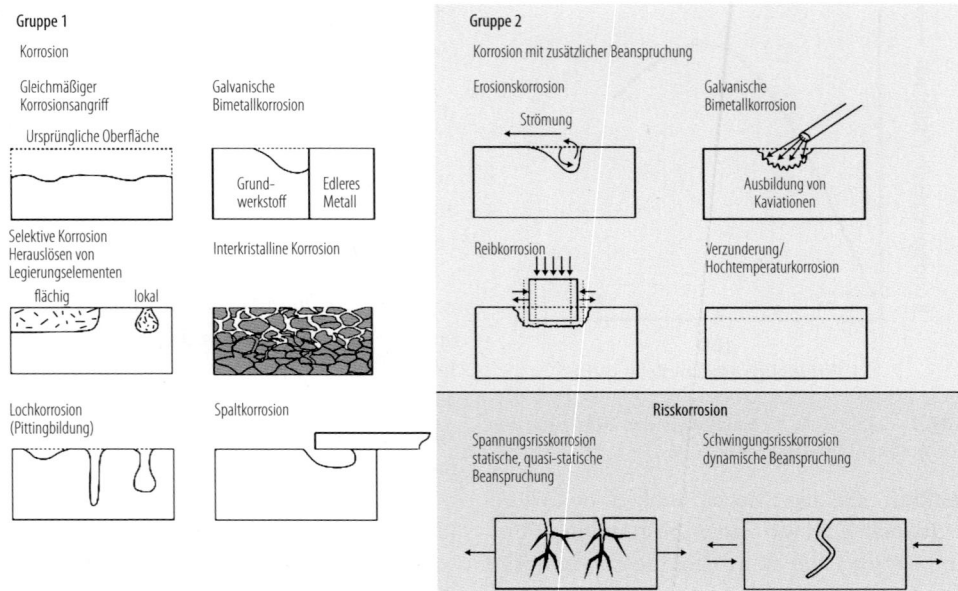

Abb. 34.5 Korrosionsarten metallischer Werkstoffe

Feuchtigkeit von 70 %, tritt praktisch keine nennenswerte Korrosion auf. In sehr sauberer Luft findet selbst bei 100 % relativer Feuchtigkeit keine merkliche Korrosion statt.

Bei der gleichmäßigen Flächenkorrosion wird die gesamte Werkstoffoberfläche abgetragen, indem sich anodische und kathodische Teilbereiche abwechseln. Diese lokalen Reaktionen lassen sich vereinfacht anhand der Korrosion von Eisen unter einem Wassertropfen darstellen

(Abb. 34.6). Am Tropfenrand ist der Diffusionsweg für den Sauerstoff am kürzesten. Hier findet der kathodische und elektronenverbrauchende Prozess unter Bildung von OH^- Ionen statt. In der Tropfenmitte herrscht die anodische Teilreaktion der Eisenauflösung vor. Es entsteht zunächst Eisen(II)-hydroxid, dass jedoch noch kein Rost im eigentlichen Sinne ist und bei Anwesenheit von gelöstem Sauerstoff im Weiteren zeitlichen Verlauf infolge verschiedener (in

Abb. 34.6 Korrosion unter einem Wassertropfen (Belüftungsmodell) [5]

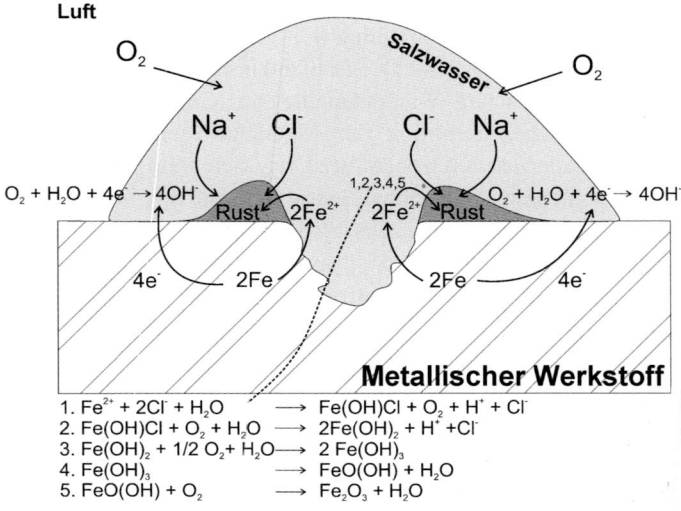

1. $Fe^{2+} + 2Cl^- + H_2O \longrightarrow Fe(OH)Cl + O_2 + H^+ + Cl^-$
2. $Fe(OH)Cl + O_2 + H_2O \longrightarrow 2Fe(OH)_2 + H^+ + Cl^-$
3. $Fe(OH)_2 + 1/2\ O_2 + H_2O \longrightarrow 2\ Fe(OH)_3$
4. $Fe(OH)_3 \longrightarrow FeO(OH) + H_2O$
5. $FeO(OH) + O_2 \longrightarrow Fe_2O_3 + H_2O$

Abb. 34.7 Abhängigkeit der Korrosion von der Strömungsgeschwindigkeit in Trinkwasserleitungen [6]

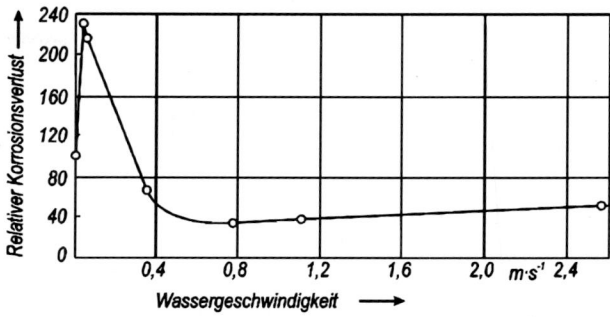

den Gln. (34.11)–(34.15) vereinfacht dargestellter) Sekundärreaktionen zu einem Gemenge unterschiedlichster Rostmineralien umwandelt. Cl-Ionen unterstützen vor allem die Eisenauflösung infolge der Erhöhung der Löslichkeit im Wasser sowie der Bildung instabiler Hydroxyl-Komplexe und halten damit die anodische Metallauflösung in Gang (Abb. 34.6).

$$2Fe^{2+} + 2Cl^- + H_2O$$
$$\rightarrow Fe(OH)Cl + H^+ + Cl^-, \qquad (34.11)$$

$$Fe(OH)Cl + O_2 + H_2O$$
$$\rightarrow 2Fe(OH)_2 + H^+ + Cl^- \qquad (34.12)$$

$$2Fe(OH)_2 + \tfrac{1}{2}O_2 + H_2O$$
$$\rightarrow 2Fe(OH)_3 \qquad (34.13)$$

$$Fe(OH)_3 \rightarrow FeO(OH) + H_2O \qquad (34.14)$$

$$2FeO(OH) + O_2 \rightarrow Fe_2O_3 + H_2O \qquad (34.15)$$

Das Volumen des Rostes ist, je nach Zusammensetzung, sechs- bis achtmal größer als die fehlende (korrodierte) Eisenmenge. Die Umwandlung der Rostprodukte hängt sehr stark von den klimatischen Bedingungen und den damit verbundenen Bewitterungszyklen ab. Sie bilden keine zusammenhängende Deckschicht, können aber die Korrosionsgeschwindigkeit erheblich herabsetzen, so dass sich je nach chemischer Zusammensetzung des Stahles und des Umgebungsmediums Korrosionsraten zwischen 0,01 und 0,1 mm/a ergeben. Dabei ist auch die Strömungsgeschwindigkeit des Umgebungsmediums, wie beispielsweise in Trinkwasserleitungen von Bedeutung. Mit zunehmender Strömungsgeschwindigkeit nimmt die Korrosion zunächst zu, weil mehr Sauerstoff an

Tab. 34.2 Zulässige Strömungsgeschwindigkeiten nach Mörbe et al. [6]

Werkstoff	v_{min} [m/s]	v_{max} [m/s]
Unlegierter Stahl	0,5	2,0
Feuerverzinkter Stahl	0,5	2,0
Polymerbeschichteter Stahl	0,5	6,0
Chrom-Nickel-Stahl	0,5	5,0
Kupfer DR-Cu 99,7	0,7	1,2
Messing CuZn30	1,0	2,0
Sondermessing CuZn20Al2	1,0	2,5

die Oberfläche gelangt. Bei mittlerer Geschwindigkeit erfolgt eine Ablagerung von Korrosionsprodukten, die dann bei höheren Geschwindigkeiten wieder abgetragen werden (Abb. 34.7). Zulässige Strömungsgeschwindigkeiten werden bspw. von Mörbe et al. [6] angegeben und sind in der Tab. 34.2 zusammengefasst.

34.2.2 Galvanische und Kontaktkorrosion

Ein galvanisches Element liegt vor, wenn in einer Elektrolytlösung zwei sich elektrochemisch unterschiedlich verhaltende Werkstoffe oder Werkstoffbereiche elektronenleitend miteinander verbunden sind. Der Begriff galvanische Korrosion oder Kontaktkorrosion beschreibt, dass infolge dieses leitenden Kontakts die Metallauflösung an dem unedleren Werkstoff (Anode) beschleunigt und der elektronenverbrauchende Prozess bevorzugt auf dem edleren Bereich (Kathode) abläuft. Handelt es sich bei beiden Werkstoffen um Metalle, wird dieser Vorgang als Bimetallkorrosion bezeichnet. In Abhängigkeit der Kontaktgeometrie ist die Bimetallkorrosion als ungleichmäßige,

34

häufig grabenförmige Auflösung des unedleren Werkstoffs im unmittelbaren Kontaktbereich bei gleichzeitig verminderter Korrosion des edleren Partners zu erkennen. Die Kontaktkorrosion kann neben einem Festigkeitsverlust der verbundenen Werkstoffe oder deren Perforation auch eine rasche Bildung von Korrosionsprodukten und Veränderung der optischen Erscheinung nach sich ziehen.

Die Bewertung von Werkstoffpaarungen hinsichtlich ihrer Kontaktkorrosionsbeständigkeit ist jedoch nur schwer anhand der Standardpotentialdifferenzen beider Metalle (Tab. 34.1) möglich. Aus der praktischen Erfahrung heraus können Werkstoffe in Gruppen zusammengefasst werden, bei denen innerhalb einer Gruppe ein vermindertes Risiko für eine ausgeprägte galvanische Korrosion vorliegen sollte:

Gruppe 1: Sehr elektronegative, unedle Metalle: Magnesium und dessen Legierungen

Gruppe 2: Unedle Metalle: Aluminium, Cadmium, Zink und deren Legierungen

Gruppe 3: Moderat unedle Metalle: Blei, Zinn, Eisen und deren Legierungen (mit Ausnahme hochlegierter Chrom- und Chrom-Nickel-Stähle)

Gruppe 4: Edelmetalle: Kupfer, Silber, Gold, Platin und deren Legierungen

Gruppe 5: Stark passivierende Metalle: Titan, Chrom, Nickel, Kobalt und deren Legierungen sowie hochlegierte Chrom- und Chrom-Nickel-Stähle

Gruppe 6: Nichtmetallische Kathoden: Graphit, CFK, gut leitfähige Karbide, Oxide und Boride

Ein sicherer Ausschluss eines Schadens durch galvanische Korrosion ist bei einer solchen vereinfachten Betrachtung zwar nicht möglich, zumindest aber sollte bei der Überschreitung von einer oder gar mehrerer Gruppengrenzen das Korrosionsverhalten einer Werkstoffpaarung überprüft werden.

Wesentlich für das Gesamtkorrosionsverhalten sind vielmehr die Kinetik der zu grundlegenden anodischen und kathodischen Teilreaktion an beiden Werkstoffen und die Charakteristik der Teilstromdichte-Potentialkurven. Das gemeinsame Potential der elektrisch kurzgeschlossenen Elemente unterscheidet sich vom Gleichgewichtszustand eines einzelnen Werkstoffs unter Eigenkorrosion, dem freien Korrosionspotential. Für den unedleren Partner folgt, dass dieser zusätzlich zur Eigenkorrosion einen erhöhten anodischen Korrosionsstrom aufbringt und dadurch einer verstärkten Metallauflösung unterliegt, während die kathodische Teilreaktion anteilig zum edleren Partner verlagert wird. Diese Wirkung ist häufig in saurer Lösung von einer vermehrten von Wasserstoffgas an dem als Kathode fungierenden edleren Metall begleitet, als dies bei vereinzeltem Eintauchen in die Lösung der Fall wäre. Wenn in einem solchen Fall zusätzliche mechanische Beanspruchungen vorliegen, kann es ausgehend von einer Kontaktkorrosion zu einer wasserstoffunterstützten Rissbildung des edleren Metalls kommen. Diese Gefahr besteht vor allem dann, wenn im Elektrolyt Promotoren vorliegen. Dies sind Substanzen, die die Rekombination zu molekularem Wasserstoff verhindern (Rekombinationsgifte), wie bspw. H_2S, Cyan- und Arsenverbindungen.

Größere Aufmerksamkeit ist generell dem Flächenverhältnis zwischen Anode und Kathode zu widmen. Gemäß der Bedingung, dass der Betrag der anodischen und kathodischen Teilströme im Gleichgewichtszustand gleich groß sein muss,

$$I_A = |I_K|^+ \quad [A] \qquad (34.16)$$

gilt unter der Berücksichtigung der Flächen (F) der unedleren Anode sowie der edleren Kathode, dass die auf die Fläche bezogene Auflösungsstromdichte ($i = I/F$) an der Anode proportional zum Flächenverhältnis F_A / F_K zunimmt.

$$i_A = \left(\frac{F_K}{F_A} \right) \cdot |i_K|^+ \quad [A \cdot mm^{-2}] \qquad (34.17)$$

Zur Vermeidung einer stark lokalisierten Korrosion der Anode ($i_A \gg i_K$) ist daher empfehlenswert, dass die unedlere Anode möglichst groß und die Kathode möglichst klein ist. So werden zum Beispiel in der Praxis Aluminiumbleche (große Anode) mit Nieten aus Monel (etwa 70 % Ni und 30 % Cu) verbunden, um die Bimetallkorrosion möglichst zu homogenisieren. Bei Schweißverbindungen hochlegierter Chrom- und Chrom-Nickel-Stähle wird ein höherlegierter Zusatzwerkstoff für die flächenmäßig kleinere, dann als Kathode wirkende Schweißnaht verwendet.

In der Praxis hängt also die Ausbildung in Kontakt befindlicher Werkstoffe als Kathode oder Anode weniger von der Spannungsreihe der Elemente, sondern von der Fähigkeit zur Repassivierung und damit einen Einfluss auf die Kinetik der anodischen und kathodischen Teilreaktionen auszuüben sowie von den elektrischen Übergangswiderständen zwischen den verbundenen Metallen sowie von der Leitfähigkeit der Elektrolytlösung ab.

Zur Vermeidung von Kontaktkorrosion resultieren hieraus unmittelbar Konsequenzen für das konstruktive Design von Bauteilen, insbesondere bei Multi-Material-Anwendungen unter Leichtbauaspekten:

- Werkstoffe, die in einer Lösung durchaus als korrosionsbeständig gelten, können sich bei leitender Verbindung in der praktischen Anwendung als inkompatibel erweisen, z. B. durch die erhebliche Beschleunigung der Korrosion des unedleren Werkstoffs.
- Die Kombination von vermeintlich bewährten Standardbaugruppen in komplexen Systemen ist zu hinterfragen, z. B. die Verbindung von Kupferrohren mit Al-Wärmetauschern in Kühlkreisläufen. Auch Spuren inkompatibler Metalle (wie Abscheidung gelöster Cu-Ionen auf Aluminium) oder leitfähiger Werkstoffe (Graphit, z. B. in Schmierstoffen) können durch Verschleppung galvanische Elemente ausbilden.
- Passiv- und Deckschichten können durch Hemmung der geschwindigkeitsbestimmenden Teilreaktionen den praktischen Einsatz zunächst inkompatibel erscheinender Paarungen möglich machen, wie bspw. der Kontakt von Aluminium- und Cr-Ni-Stahlteilen unter milden atmosphärischen Bedingungen oder dichte karbonathaltige Beläge auf Wasserrohren aus Kupfer.

- Eine Erhöhung der Übergangswiderstände zwischen den Werkstoffen bis hin zur Isolation vermindert bzw. unterbindet die Bimetallkorrosion.
- Die Ausdehnung des galvanischen Elementes ist direkt proportional zur Leitfähigkeit der Lösung, eine verminderte Leitfähigkeit, z. B. auch bei Ausbildung dünner adsorbierter Filme bei atmosphärischer Korrosion, beschränkt die Schädigung häufig auf den unmittelbaren Kontaktbereich.

Daneben gibt es Anwendungen im Maschinenbau, in denen bewusst Bimetallkorrosion erzeugt wird, um die Lebensdauer von Bauteilen und Systemen zu verlängern. Dies geschieht durch Anbringen eines unedleren Kontaktpartners, z. B. mittels Verzinkung unlegierter Karosseriestähle im Automobilbau oder mittels so genannter Opferanoden aus Aluminium oder Magnesium in der maritimen Technik. Prinzipiell ist jedoch diese Form des kathodischen Schutzes von höherfesteren niedriglegierten Stählen gegenüber dem Gefährdungspotenzial einer Wasserstoffabsorption insbesondere in leicht sauren Elektrolyten abzuwägen. Bei unedlerer Beschichtung sind allerdings durch Auflösung der an Defekten angrenzenden unedleren Bereiche eine so genannte Fernschutzwirkung und damit eine größere Robustheit bei Beschädigung des Überzugs gegeben. Beschichtungen von niedriglegierten Stählen mit edleren Metallen z. B. beim Vernickeln oder Verchromen sind hingegen möglichst fehlerfrei herzustellen, um eine galvanische Korrosion des Grundwerkstoffes zu verhindern.

34.2.3 Selektive und interkristalline Korrosion

Selektive Korrosion liegt im Gegensatz zur galvanischen Korrosion bei Werkstoffpaarungen vor, die artgleich oder zumindest artähnlich sind und bei denen nur bestimmte Teile des Gefüges, Korngrenzen-nahe Bereiche oder Legierungsbestandteile bevorzugt korrodieren [4, 5, 7]. Die bevorzugte Korrosion bestimmter Teile der Mikrostruktur setzt eine heterogene Ausbildung des

Abb. 34.8 Selektive Korrosionsarten in Schweißverbindungen [5]. **a** Selektive Korrosion des Schweißgutes, **b** Selektive Korrosion der WEZ, **c** Interkristalline Korrosion, **d** Messerlinienkorrosion

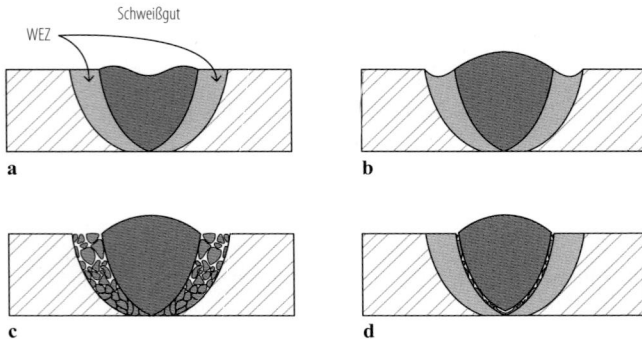

Werkstoffgefüges voraus. Die unedlere Phase bildet sich bei dieser Korrosionsform die Anode, die edlere wird zur Kathode, so dass sich mikroskopische Kontaktelemente ausbilden. Damit sind vor allem Schweißverbindungen bevorzugte Angriffsstellen, da sich dort fast immer das Schweißgut und die Wärmeeinflusszone in ihrer Mikrostruktur und häufig auch in der Legierungszusammensetzung vom Grundwerkstoff unterscheiden. Gründe hierfür sind zum Beispiel ein Abbrand von Legierungselementen während des Schweißens, Entmischungen oder Ausscheidungen. Je nachdem, welche Schweißnahtzone unedler ist, wird zwischen einer selektiven Korrosion des Schweißgutes und der Wärmeeinflusszone unterschieden. Eine häufig in Schweißverbindungen auftretende Form der selektiven Korrosion ist die interkristalline Korrosion und ihre besondere Form, die Messerlinienkorrosion (Abb. 34.8).

Interkristalline Korrosion findet dann statt, wenn in metallischen Werkstoffen weniger korrosionsbeständige Phasen an den Korngrenzen ausgeschieden werden und diese ein zusammenhängendes Netz ausbilden. Dies kann zu einer bevorzugten Auflösung an den Korngrenzen und zum völligen Zerfall des Werkstoffs in einzelne Kristallite (Kornzerfall) führen. Dies kann unter anderem in Aluminium-Magnesium-Legierungen infolge der Al_3Mg_2-Phase und bei Messing infolge der β-Phase vorkommen.

Beim Schweißen und der Wärmebehandlung von hochlegierten Chrom- und Chrom-Nickel-Stählen sind vor allem Ausscheidungen von Chromkarbiden ($Cr_{23}C_6$) auf den Korngrenzen eine bedeutende Ursache für interkristalline Korrosion. Durch die Bildung und das Wachstum

dieser Phase mit bis zu 85 % Chrom bei Temperaturen zwischen 425 und 815 °C je nach Legierung und Mikrostruktur kann es in der unmittelbaren Umgebung zu einer Chromverarmung kommen (Abb. 34.9). Dieser Vorgang wird Sensibilisierung genannt und sehr häufig durch unsachgemäße Wärmebehandlungen, Betriebstemperaturen oder Temperaturführungen beim Schweißen verursacht. Sinkt der Chromgehalt unter eine kritische Grenze von 10,5 % Cr, kommt es unter ungünstigen Medienbedingungen dazu, dass sich hier keine stabile Passivschicht mehr ausbilden kann und die Auflösungsgeschwindigkeit extrem hoch wird. Entlang solcher ausscheidungsreichen Korngrenzen kann daher eine 10^6-

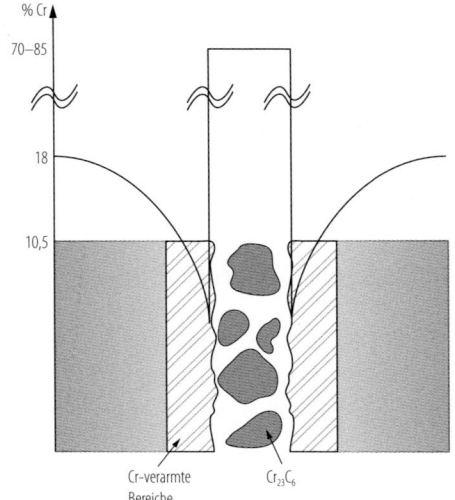

Abb. 34.9 Schematische Darstellung der Chromverteilung an der Korngrenze eines sensibilisierten Chrom-Nickel-Stahls mit 18 % Chrom

Abb. 34.10 AFM-Aufnahme eines hochlegierten Chrom-Nickel-Stahls während
interkristalliner Korrosion, Chromkarbide
(*helle herausstehende Partikel*) bleiben
zurück [8]

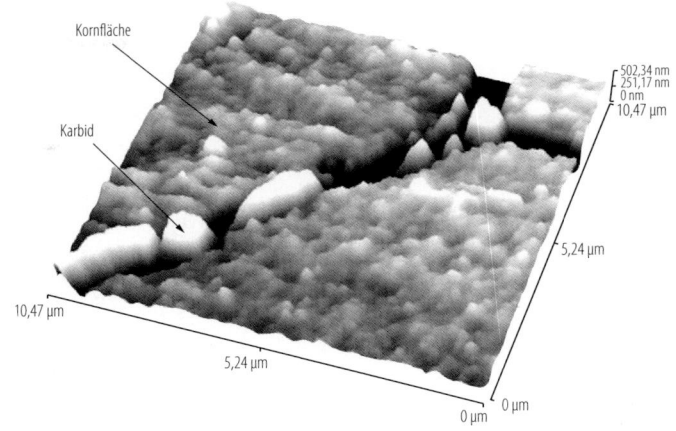

fach höhere Korrosionsrate auftreten als auf der
Kornfläche, wie es im Abb. 34.10 anhand einer rasterkraftmikroskopischen (engl.: Atomic
Force Microscopy – AFM) Aufnahme zu sehen
ist.

Wichtig ist, dass die Ausscheidung von
Chromkarbiden und damit ihre Präsenz an sich
nicht, sondern erst ihr Wachstum zur Sensibilisierung und nachfolgenden interkristallinen
Korrosion führt (Abb. 34.11). Auch das Gefüge des Werkstoffes im Zusammenhang mit dem
Chrom- und Kohlenstoffgehalt ist für die Beurteilung der Anfälligkeit für Sensibilisierung und
interkristalline Korrosion von Bedeutung. So sind
zum Beispiel hochlegierte ferritische Chromstähle bei gleichen Chrom- und Kohlenstoffgehalten
aufgrund ihres geringeren Lösungsvermögens für
Kohlenstoff deutlich anfälliger für interkristalline Korrosion als austenitische Chrom-Nickel-
Stähle.

Beide Werkstoffgruppen sind aber allein
schon deshalb anfällig für interkristalline, weil
sie Chromkarbide nur auf den Korngrenzen und
nicht im Korninnern ausscheiden. Hochlegierte martensitische Stähle mit ca. 13 % Chrom
können hingegen mit mehr als vierfach höheren Kohlenstoffgehalten (>0,2 %) legiert sein,
ohne dass sich eine erhöhte Anfälligkeit für interkristalline Korrosion infolge Schweißens oder
einer Wärmebehandlung einstellt. Der Grund
ist, dass speziell diese Werkstoffe überwiegend Chromkarbide auch innerhalb der ehemaligen Austenitkörner entlang der Martensitplat-
ten ausscheiden und damit eine Chromverarmung, wenn überhaupt, eher flächendeckend und
nicht bevorzugt entlang der ehemaligen Aus-
tenitkorngrenzen erfolgt. Zur groben Abschätzung der Anfälligkeit eines Werkstoffes für interkristalline Korrosion dienen Zeit-Temperatur-
Ausscheidungs(ZTA)-Schaubilder (Abb. 34.11),

Abb. 34.11 Schematische Darstellung des Zu-
sammenhanges zwischen ZTA-Schaubild und
Kornzerfallsdiagramm

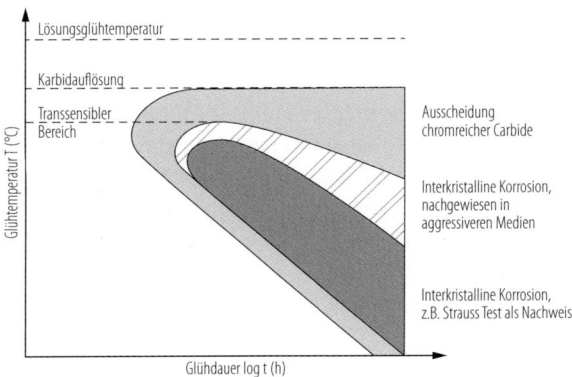

Abb. 34.12 Kornzerfallsschaubild für sensibilisierte hochlegierte ferritische Cr-Stähle und austenitische Cr-Ni-Stähle nach Bäumel [5]

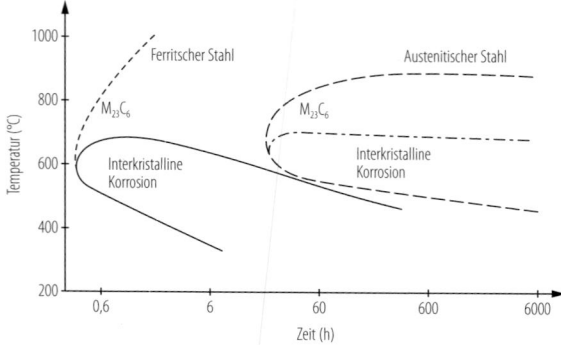

die aber nur den Bereich der Chromkarbidausscheidung kennzeichnen, während so genannte Kornzerfallsdiagramme die wirkliche Sensibilisierung, meist nachgewiesen durch den sogenannten Strauss-Test, zeigen (Abb. 34.12). Ein wirklich quantitativer Nachweis einer Sensibilisierung infolge Chromverarmung entlang der Korngrenzen gelingt allerdings nur mittels analytischer Verfahren, wie beispielsweise der energiedispersiven Röntgenspektroskopie (EDX).

Da die Ausbildung einer Passivschicht sehr stark vom Korrosionspotential mitbestimmt wird und der pH-Wert einen großen Einfluss auf das Potential hat, kommt es bei passivierbaren Stählen zu einem scheinbar paradoxen Verhalten. So kann an einem sensibilisierten Stahl in einem schwach sauren Gebrauchsmedium (z. B. Bier, Wein, Haarwaschmittel) starke interkristalline Korrosion auftreten und in einem wesentlich saureren Medium durch Verschiebung des Potentials in positive Richtung keine Korrosionserscheinungen auftreten. In oxidierenden Säuren, mit noch positiverem Potential, kann es sogar zur Auflösung der Chromkarbide kommen und somit ebenfalls zu interkristallinen Korrosion.

Insbesondere hochlegierte austenitische Chrom-Nickel-Stähle können durch Legieren mit Titan gegen interkristalline Korrosion stabilisiert werden, wobei statt einer Ausscheidung von Chromkarbid mit entsprechender Chromverarmung an den Korngrenzen aufgrund der höheren Affinität Titankarbide gebildet werden.

Beim Schweißen dieser stabilisierten hochlegierten austenitischen Chrom-Nickel-Stähle kann es allerdings zur Messerlinienkorrosion als besondere Form der interkristallinen Korrosion

kommen. Hierbei werden in einem sehr schmalen Bereich der WEZ meist parallel zur Schmelzlinie die stabilisierenden (Titan-)Karbide aufgelöst. Der Grund ist die sehr hohe Temperatur in diesem Bereich der WEZ, die nur leicht unterhalb der Schmelztemperatur des Stahles liegt. Infolge schroffer Abkühlung wird dann die Neubildung der Karbide unterdrückt. Durch die Wärmeeinbringung beim Schweißen der Folgelagen werden dann in dieser schmalen Zone, sowohl Titan- als auch Chromkarbide ausgeschieden. Aufgrund dieser Sensibilisierung des Grundwerkstoffes kann dann interkristalline Korrosion in einem sehr engen Bereich neben der Schmelzlinie stattfinden.

34.2.4 Passivierung, Loch- und Spaltkorrosion

Reaktionsfreudige Metalle, bspw. Aluminium, Titan, Zirkonium, Zink, Chrom, Tantal, Kobalt und Nickel, bilden auf der Werkstoffoberfläche mit Sauerstoff eine oxidähnliche Schicht, die so genannte Passivschicht. Passivschichten sind natürlich gewachsen, haben keinen einheitlichen strukturchemischen Aufbau und darum nicht die Eigenschaften einer technischen Beschichtung oder eines Überzuges. Sie ist wesentlich kleiner als die Wellenlänge des sichtbaren Lichts und deshalb mit herkömmlichen Mitteln nicht erkennbar. In der Schicht liegen meistens hohe mechanische Spannungen sowie hohe Potentialgradienten (ca. 1 MV/cm) vor. Um Eisen- und Nickellegierungen mit einer schützenden Passivschicht zu versehen, werden sie vor allem mit Chrom legiert.

Abb. 34.13 Stromrauschen bzw. einzelner Strom-transient eines passiven hochlegierten Stahls X5CrNi18-10 in Cl-Ionenhaltiger Umgebung, in Anlehnung an [9]

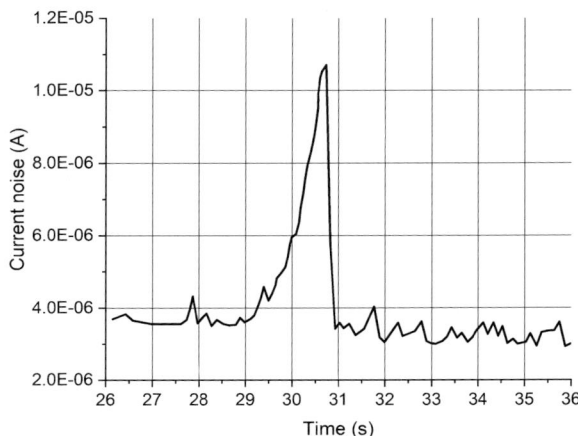

Oberhalb von 10,5 % Chrom bilden diese Werkstoffe eine stabile Passivschicht in der Größenordnung von 10 nm (etwa 50 Atomlagen, bei reinem Chrom nur 5 Atomlagen) mit einer metallseitig mehr amorphen und zum Medium hin einer mehr kristallinen Struktur. Diese überwiegend aus Chromoxid bestehenden Schichten haben in der Regel eine deutlich geringere Dehnungsfähigkeit (Duktilität) als der darunterliegende eigentliche Werkstoff, d. h. sie reißen bei mechanischer Beanspruchung schneller auf.

Durch die Ausbildung solcher halbleitenden, teilweise sogar isolierenden Passivschichten wird die Thermodynamik der elektrochemischen Korrosionsreaktionen von kinetischen Einflüssen überlagert. Von größtem praktischem Nutzen ist die kinetische Eigenschaft der Selbstheilung der Passivschichten nach Zerstörung bzw. Aufreißen, bspw. infolge mechanischer oder tribologischer Beanspruchung. Diese Eigenschaft unterscheidet Passivschichten signifikant von technischen Beschichtungen, die nach einer Freilegung des Grundwerkstoffes keine ausreichende Barrierewirkung mehr sicherstellen können. Die Passivschicht ist keine starre Deckschicht, sondern ein dynamisches System. Im submikroskopischen Bereich laufen zu jeder Zeit auf der Oberfläche statistisch verteilt Aktivierungs- und Repassivierungsprozesse ab, die unter bestimmten Voraussetzungen als kleine Potential- und Stromimpulse messbar sind. Diese Impulse werden als elektrochemisches Rauschen bezeichnet. Sie hängen von der Art des Metalls und seinem jeweiligen Zustand, von der Temperatur, vom pH-Wert und von der Art und Konzentration der im Medium gelösten Ionen ab und stellen eine wertvolle Informationsquelle über den Zustand der Passivschicht und damit über mögliche ablaufende Korrosionsprozesse dar. In Abb. 34.13 ist ein typischer Stromimpuls dargestellt, wie er durch spontane Metallauflösung in einer örtlich begrenzt zerstörten Passivschicht auftritt.

An dieser kleinen aktiven Stelle bildet sich innerhalb sehr kurzer Zeit eine neue Passivschicht. Dieser Vorgang wird Repassivierung genannt.

Frische Metalloberflächen, an denen sich die Passivschicht gerade bildet, haben anfangs vergleichsweise große Transienten. Mit der Zeit werden diese Ereignisse immer seltener und die Amplituden verringern sich. Signifikant ist auch das Rauschverhalten in einer Lösung, in der sich Chlorid-Ionen befinden (Abb. 34.14). In diesem Fall stellen sich wesentlich mehr große Stromimpulse ein, die auch nach längeren Zeiten nur wenig abklingen. Dabei ist zu beachten, dass die Wirkung der Chlorid-Ionen nicht etwa in der Initiierung solcher lokalen Defekte besteht, sondern dass sie den Prozess der Repassivierung stören, in dem sie die Löslichkeit der Metallionen im lokalen Elektrolyt signifikant erhöhen. Bei größeren Chloridmengen und unterstützt durch Materialverunreinigungen, kann die Repassivierung so stark beeinträchtigt sein, dass sich die elektrochemisch aktiven Stellen dann so weit vergrößern und stabilisieren, dass sie zu einem Ausgangspunkt für eine sichtbare Lokalkorrosion werden.

34

Abb. 34.14 Stromrauschen eines X5CrNi18-10 / SS304L in Elektrolytlösungen mit unterschiedlicher NaCl-Konzentration, in Anlehnung an [9]

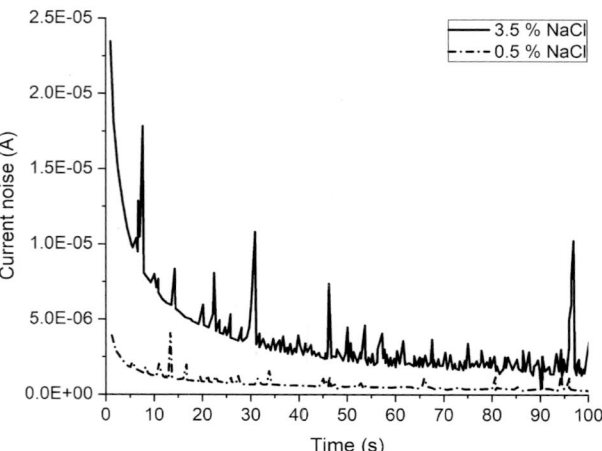

Für die Praxis bedeutet dies zum Beispiel, dass Behälter aus hochlegierten Chrom-Nickel-Stählen erst dann mit chloridhaltigen Medien befüllt werden sollten, wenn die Passivschicht voll aufgebaut ist bzw. die natürlichen Aktivitäten der Passivschicht weitgehend abgeklungen sind. Das kann je nach dem Gefüge und dem Legierungsgehalt des Werkstoffes sowie den Umgebungsbedingungen Stunden oder Tage dauern. Insgesamt ist zu beachten, dass Chlorid-Ionen in sehr vielen an sich neutralen Elektrolyten in geringen Konzentrationen vorhanden sind und sich häufig aufkonzentrieren können, wie beispielsweise bei Verdunstungsprozessen auf der Werkstoffoberfläche.

Für die Herstellung, Verarbeitung und den Betrieb technischer Systeme aus Passivschicht-bildenden Werkstoffen bedeutet dies generell, dass die guten Korrosionseigenschaften eben auf einer äußerst sensiblen Oberfläche basieren. Die Passivschicht auf der Oberfläche ist nur dann wirksam, wenn die Bedingungen für eine stete Neubildung gegeben sind. Alle Ablagerungen und Verunreinigungen auf der Oberfläche, ob sichtbar oder unsichtbar (z. B. bei hochlegierten Stählen Handschweiß, Staub, Werkzeugabrieb, feinste Rostpartikel usw.) erschweren oder verhindern die Ausbildung der Passivschicht und stellen Keime für eine später mit dem bloßen Auge sichtbare lokale Korrosion dar. Aber auch eine Veränderung des Metalls selbst, durch starken Wärmeeintrag, örtliche Kaltverfestigung, Zugspannungen usw. hat Einfluss auf die Ausbildung der Pas-

sivschicht und somit auf die Lokalkorrosion, bei der im Wesentlichen Loch- und Spaltkorrosion unterschieden werden. Häufig wird aber auch eine bewusste kontrollierte Korrosion zur Ausbildung einer möglichst homogenen Passivschicht und das Entfernen von Verunreinigungen herbeigeführt, wie beispielsweise beim Beizen hochlegierter Chrom-Nickel-Stähle in Salpetersäure, wodurch die Wahrscheinlichkeit für das Auftreten lokaler Korrosionsarten vermindert wird.

Speziell beim Schweißen von hochlegierten korrosionsbeständigen Stählen ist darauf zu achten, dass die unvermeidbaren Anlauffarben mechanisch oder durch chemisches Beizen entfernt werden, da im angelaufenen Bereich die lokale chemische Zusammensetzung der Oberfläche verändert, sprich die Passivschicht heterogen ausgebildet ist.

Lochkorrosion (Pitting Corrosion)

Lochkorrosion kann an allen technischen Systemen entstehen, die aus passivschichtbildenden Werkstoffen, insbesondere aus hochlegierten Chrom-Nickel-Stählen, Titan- und Aluminiumlegierungen sowie Nickelbasislegierungen, hergestellt wurden. Lochkorrosion entsteht im Wesentlichen in den folgenden Schritten:

1. Lokale Zerstörung der schützenden Passivschicht, bspw. durch eine mechanische, abrasive, erosive oder tribologische Beanspruchung.

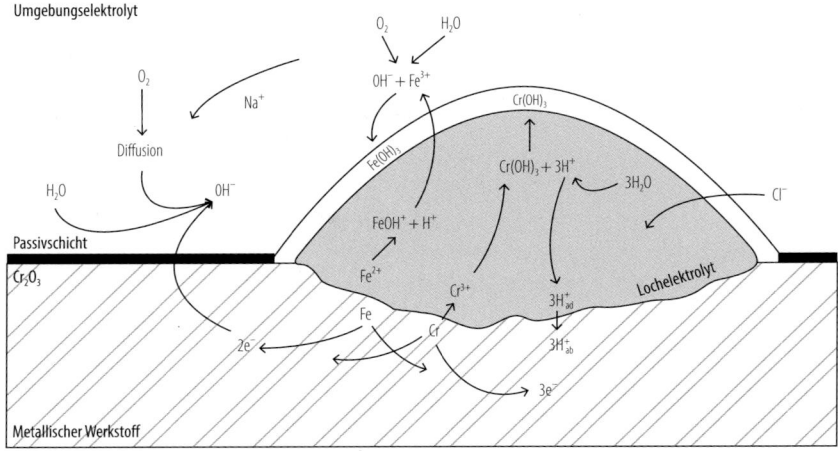

Abb. 34.15 Vereinfachte Darstellung der Einzelreaktionen und Trennung der kathodischen Teilreaktionen bei der Lochkorrosion von hochlegierten chromhaltigen Stählen

2. Ausbildung eines Lochkeimes: Die chemische Zusammensetzung des Umgebungsmediums setzt die Geschwindigkeit zur Ausheilung dieser Stellen herab, indem vor allem eine erhöhte Halogenidionenkonzentration (besonders Chloride und Bromide) oder Schwefelkonzentration die Löslichkeit der Metalle in wässrigen Lösungen erheblich vergrößert (Lochkeimbildung)

3. Metastabile Lochbildung durch Fortsetzung der Metallauflösung in die Tiefe: Unter gleichzeitiger Ausbildung einer porösen Schicht an der Lochöffnung wird der Elektrolyt im Loch vom Umgebungsmedium abgeschlossen. Dies führt im Loch schon ab einer Tiefe von ca. 100 µm unterhalb der porösen Schicht zur Sauerstoffarmut und die Zusammensetzung im Lochelektrolyt unterscheidet sich zunehmend vom Umgebungsmedium

4. Stabiles Lochwachstum und Wasserstoffabsorption infolge lokaler Ansäuerung: Chlorid-Ionen haben durch die poröse Schicht weiterhin Zugang zum Lochelektrolyt, verursachen eine erhöhte Löslichkeit der Metallionen im Lochelektrolyt und stören so bei bestehender Sauerstoffarmut zunehmend die Repassivierung im Loch. Die Oxidation und Passivschichtbildung wird durch Hydrolyse der Metalle ersetzt, wobei die Reaktionsfreudig-

keit des Chroms verstärkend wirkt. Hierdurch wird der Lochelektrolyt so stark angesäuert (pH < 1), dass die Repassivierung vollkommen zum Erliegen kommt und sich die Lochkorrosion beschleunigt in die Tiefe des Werkstoffes fortsetzen kann Insbesondere werden durch die Hydrolyse der Metalle im Lochelektrolyt lokal große Mengen an Wasserstoff-Ionen freigesetzt. Nur ein kleiner Teil des Wasserstoffs rekombiniert zu molekularem Wasserstoff, der jedoch durch die poröse Schicht kaum nach außen ausgast. Größere Mengen Gas würden die Metalloberfläche so bedecken, dass auch die anodische Teilreaktion der Metallauflösung im Lochgrund zum Erliegen käme. Auch aus diesem Grund ist davon auszugehen, dass der größte Teil der im Lochgrund durch Hydrolyse entstehenden Wasserstoffionen direkt lokal vom Werkstoff absorbiert werden (Abb. 34.15).

Bei der Lochkorrosion bilden sich, wie auch bei der Spaltkorrosion, also zwei getrennte kathodische Teilreaktionen aus. Neben der kathodischen Wasserstoffteilreaktion wird die anodische Teilreaktion im Lochelektrolyt zusätzlich durch den Elektronenverbrauch der kathodischen Sauerstoffreaktion (34.4a) selbst in einem neutralen Umgebungselektrolyt beschleunigt. Lochkorrosion breitet sich besonders dann schnell in grö-

34

Abb. 34.16 Vereinfachte Darstellung der Einzelreaktionen und Trennung der kathodischen Teilreaktionen bei der Spaltkorrosion von hochlegierten chromhaltigen Stählen

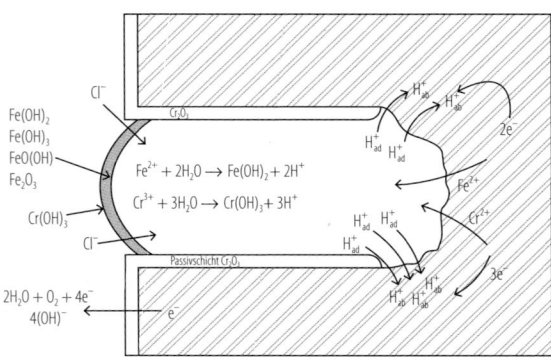

ßere Werkstofftiefen aus, wenn sich, wie in gut passivierbaren Werkstoffen, nur wenige Lochkeime im Vergleich zur Gesamtfläche ausbilden oder die Kathodenfläche vergleichsweise groß ist.

Die Fähigkeit eines Werkstoffes zu repassivieren und damit sein Widerstand gegen Lochkorrosion wird vor allem durch seine Legierungselemente bestimmt. Außer Chrom ist besonders das Element Molybdän von Bedeutung. Zur Beurteilung des Einflusses werden die Konzentrationen der Legierungselemente mit Faktoren versehen und summiert, was zur so genannten Wirksumme führt. Hierfür wurden zum Beispiel verschiedene so genannte Pitting Resistance Equivalent Numbers (PREN) eingeführt. Hierfür gibt es allerdings verschiedene Ansätze, die in unterschiedlicher Wichtung neben den Hauptlegierungselementen wie Chrom, Nickel und Molybdän, vielfach auch die Wirkung von Stickstoff erfassen.

Häufig wird als einfach zu ermittelnder Parameter auch die kritische Lochkorrosionstemperatur (engl.: CPT – Critical Pitting Temperature) angegeben, die üblicherweise in einer 10 %-igen $FeCl_3$-Lösung bestimmt wird, in dem die Temperatur alle 24 h um 2,5 °C gesteigert wird, bis schließlich Lochkorrosion sichtbar wird. Wesentlich schneller, in ca. 30 min, kann die CPT über das elektrochemische Rauschen ermittelt werden. Es ist allerdings bedeutsamer, das Repassivierungsverhalten zu quantifizieren. Dies erfolgt anhand des sogenannten Repassivierungspotentials oder der Repassivierungstemperatur.

Spaltkorrosion

Anfänglich läuft die Spaltkorrosion ähnlich wie die Lochkorrosion ab. An Bauteilen aus hochle-

gierten Stählen lassen sich insgesamt die folgenden vier Stadien der Spaltkorrosion unterscheiden, die in ähnlicher Weise auch in Risselektrolyten stattfinden (Abb. 34.16):

1. Sauerstoffverbrauch im Spalt:
   Zunächst findet im Spalt eine gleichmäßige allgemeine Korrosion unter Bildung von Metallhydroxid statt. Auf der Oberfläche hochlegierter Stähle und Nickellegierungen wird die typische Passivschicht gebildet. Die anodische Metallauflösung und die kathodische Sauerstoffreduktion laufen zunächst innerhalb und außerhalb des Spaltes parallel ab. Infolge der Passivschichtbildung wird jedoch im Spalt zunehmend Sauerstoff verbraucht. Abhängig von der Spaltweite kann schon ab einer Tiefe von 100 µm kein Sauerstoff mehr aus dem Umgebungselektrolyten nachdiffundieren. Die Zeit bis zum Verbrauch des Sauerstoffs im Spalt lässt sich nach dem Faraday'schen Gesetz berechnen und in Kombination mit dem ersten Fick'schen Gesetz lässt sich die kritische Spalttiefe bestimmen, innerhalb derer noch eine ausreichende Sauerstoffzufuhr gegeben ist und keine Spaltkorrosion auftritt.

2. Hydrolyse und Abfall des pH-Wertes sowie des elektrochemischen Potentiales:
   Infolge der Sauerstoffarmut findet vor allem eine Hydrolyse des Chroms statt, das als $Cr(OH)_3$ ausfällt, das häufig die Spaltöffnung mit einer porösen Schicht verschließt und die weitere Zufuhr relativ großer Sauerstoffmoleküle verhindert. Gründe für die bevorzugte Hydrolyse des Chroms sind seine Reaktions-

freudigkeit, die Zunahme der Löslichkeit für Chrom durch eindiffundierende Chlorid-Ionen, aber auch die höhere Löslichkeit anderer Hydroxide. Durch die Hydrolyse werden in hohem Maße Wasserstoffionen freigesetzt, sodass der pH-Wert mit der Geschwindigkeit der Hydrolyse abfällt, gleichzeitig auch das elektrochemische Potential. Dabei verhalten sich Risse in Metallen sehr ähnlich wie Spalte [4] und der pH-Wert an der Spitze eines fortschreitenden Risses ist deutlich niedriger als in stationären Rissen. In maritimen Umgebungen mit hohen Cl-Konzentrationen liegt der pH-Wert in Spalten und Rissen hochlegierter Stähle typischerweise zwischen 0 pH ≤ 3. Dabei nimmt sogar die Tendenz zur Spaltkorrosion von Werkstoffen mit steigendem Chromgehalt über 15 % Chrom zu, weil mit fallendem pH-Wert die anodische Stromdichte und damit auch die Cr-Konzentration im Spalt zunimmt.

3. Zerstörung der Passivschicht und beschleunigte Korrosion:
Mit Zunahme der Wasserstoffionen im Spalt diffundieren Chlorid-Ionen von außen durch die poröse Schicht in den Spalt, um den Ladungsausgleich wiederherzustellen [1, 2], wodurch wiederum die Löslichkeit von Chrom im Spalt unter Bildung von Hydroxyl-Komplexen weiter zunimmt. Die Hydrolyse des Chroms kommt zum Erliegen, es kann keine weitere Passivschicht mehr gebildet werden und es findet eine Aktivierung des Spaltes mit einem Anstieg der anodischen Stromdichte statt. Diese Aktivierung des Spaltes lässt sich als Abfall des freien Korrosionspotentials registrieren.

4. Repassivierung und Wasserstoffabsorption:
In natürlichen und künstlichen Spalten und Rissen wird der größte Teil des durch die Metallhydrolyse gebildeten Wasserstoffes an den nicht passivierten Spalt- oder Rissenden absorbiert. Nur ein geringerer Teil rekombiniert zu molekularem Wasserstoff, der insbesondere bei tiefen Spalten kaum ausgasen kann. Würde mehr gasförmiger Wasserstoff im Spalt produziert werden, würde dieser also die Metalloberfläche im Spalt bedecken

und die Spaltkorrosion käme zum Erliegen. Der absorbierte Wasserstoff wiederum führt zu einer entsprechenden Werkstoffdegradation insbesondere vor einem Spaltende oder einer Rissspitze. Wenn zusätzlich eine mechanische Beanspruchung senkrecht zum Spalt oder Riss vorliegt, kann also Spalt- als auch Lochkorrosion Ausgangserscheinung für eine wasserstoffunterstützte Risskorrosion sein. Wenn dabei am Spaltende oder an einer Rissspitze frische Metalloberflächen zur Verfügung gestellt werden und gleichzeitig eine Spalt- oder Rissöffnung stattfindet, ist der weitere Verlauf abhängig vom Sauerstoffmangel, der Spalttiefe oder Risslänge sowie vom Repassivierungsverhalten des Werkstoffes.

Spaltkorrosion und Folgeerscheinungen können vermieden werden durch:

- werkstoffseitig durch hohe Reinheitsgrade und Anpassung der Legierungsgehalte,
- beanspruchungsseitig durch geringe senkrechte mechanische Beanspruchung
- und vor allem konstruktionsseitig durch Vermeidung von Spalten und des Zutritts Cl-Ionen-haltiger wässriger Elektrolyte in das Spaltinnere.

34.2.5 Risskorrosion

Kennzeichnend für alle Rissphänomene im Zusammenhang mit Korrosion ist es, dass sich der eigentlichen Korrosionsbeanspruchung durch ein aggressives Umgebungsmedium eine mechanische Beanspruchung, meist senkrecht zur Rissausbreitungsrichtung überlagert (Abb. 34.17). Als ursächlich für die Rissbildung ist also die mechanische Beanspruchung zu sehen, bei der die Korrosionsreaktionen infolge des Umgebungsmediums eher unterstützend wirken, wie es bspw. durch den engl. Begriff Environmentally Assisted Cracking (EAC) beschrieben wird. Häufig wirken sich die Umgebungsbedingungen aber auch auf beide Beanspruchungsarten aus: Vor allem die Umgebungstemperatur, aber auch der Umgebungsdruck, beanspruchen den vorliegenden

Abb. 34.17 Prinzipdarstellung gekoppelter Beanspruchung bei Risskorrosion unter Berücksichtigung, dass Wasserstoff die mechanischen Eigenschaften technischer Werkstoffe erheblich herabsetzen kann

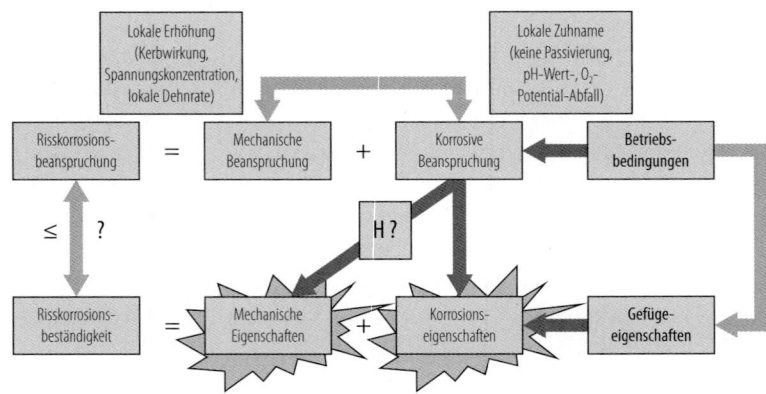

Werkstoff nicht nur mechanisch, sondern beeinflussen signifikant auch die gleichzeitig ablaufenden Korrosionsreaktionen. Die Risseinleitung erfolgt oft an Stellen der Oberfläche, die bereits durch eine Korrosionserscheinung geschwächt sind. Phänomenologisch ist also zwischen einer reinen Risskorrosion und einer Risskorrosion mit vorhergehender Lokalkorrosion bspw. in Form von Loch- oder Spaltkorrosion zu unterscheiden.

Grundsätzlich tritt Risskorrosion unter Wechselwirkung dreier Einflussbereiche auf, dies sind der Werkstoff, der meistens eine dafür besonders kritische Mikrostruktur aufweist, die gekoppelte (zeitgleich in einer Zone vorliegende) mechanische und korrosive Beanspruchung und das konstruktive Design, bspw. in Form designbedingter Spalten und ungünstig zur Richtung der mechanischen Beanspruchungsrichtung angeordneten Querschnitten. Bei überlagerter, statischer, mechanischer Beanspruchung wird allgemein von Spannungsrisskorrosion (engl.: Stress Corrosion Cracking – SCC) gesprochen, wobei aber auch gerade die Dehnung des metallischen Werkstoffes als Folge von statischen Zugspannungen ursächlich sein kann. Bei einer zyklischen mechanischen Beanspruchung handelt es sich um Schwingungsrisskorrosion (engl.: Corrosion Fatigue – CF).

Spannungsrisskorrosion bei freien Korrosionspotentialen

Bei freien Korrosionspotentialen startet die Spannungsrisskorrosion in den meisten Fällen von einer bereits vorliegenden anderen Korrosionsart, evtl. auch von anderen Fehlstellen der Werkstoffoberfläche. Besonders bei vorheriger Loch- oder Spaltkorrosion kann sich am Lochgrund bzw. Spaltende infolge der Sauerstoffreduktion sowie des pH-Wert und Potentialabfalles (Abschn. 34.2.4) bereits in sehr geringen Tiefen ab ca. 100 µm ein sehr aggressives Medium ausbilden. Die Rissinitiierung findet dann nicht nur aufgrund der damit verbundenen anodischen Metallauflösung statt. Vielmehr ist zu beachten, dass infolge der Trennung der kathodischen Teilreaktionen lokal erhebliche Mengen Wasserstoff vom Werkstoff absorbiert werden können. Dieser lokal akkumulierte Wasserstoff kann zu einer erheblichen Degradation der mechanischen Eigenschaften des Werkstoffes führen, insbesondere in Form einer erheblichen Duktilitätsminderung (Abb. 34.18), und unterstützt so die Initiierung von Rissen infolge der zusätzlich anliegenden hohen Dehnungen bzw. Spannungen am nicht mehr passivierbaren Lochgrund bzw. Spaltende. Bauteile aus Werkstoffen mit Passiv- oder Deckschichten, in denen sich Lokalkorrosion ausbilden kann, sind daher prinzipiell hinsichtlich eines Versagens durch Spannungsrisskorrosion gefährdet. Spalten, Einbrandkerben, Bindefehler und Anlauffarben an geschweißten Bauteilen aus passivierenden Werkstoffen sind daher häufig Ausgangsstellen für Spannungsrisskorrosion.

Wenn eine Rissinitiierung stattgefunden hat, kann die Rissgeschwindigkeit unter der gekoppelten mechanischen und korrosiven Beanspruchung extrem zunehmen. Aufgrund der vor allem zur Spaltkorrosion analogen Korrosionsreaktionen in einem Risselektrolyt (Abschn. 34.2.4) liegen ebenfalls zwei getrennte kathodische Teil-

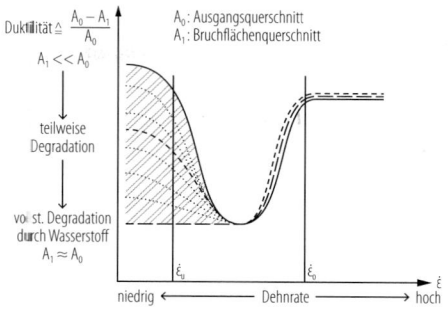

Abb. 34.18 Dehnratenabhängigkeit der Duktilität des Werkstoffes bei Spannungsrisskorrosion unter freien Korrosionspotentialen

reaktionen, lokal und global, vor. Unterstützt durch die der Spaltkorrosion äquivalenten, aber in einem engen und scharfen Riss noch steileren Sauerstoff-, pH-Wert- und Potentialabnahme bildet sich wiederum üblicherweise ein noch aggressiverer Risselektrolyt aus. Aufgrund der Sauerstofffreiheit ist also gerade der Rissfortschritt immer von einer dadurch bedingten Hydrolyse begleitet. Wie oben dargestellt, wird der meiste Teil des dabei freigesetzten Wasserstoffes an der freien Metalloberfläche der Rissspitze absorbiert. Dabei kann zwar der Wasserstoffpartialdruck bereits gebildeter kleinerer Mengen Wasserstoffgases im Riss einer weiteren Rekombination entgegenwirken. Bereits kleine Mengen im Risselektrolyt gelöster Promotoren, wie bspw. Schwefelwasserstoff (H_2S), Cyan- und Arsenverbindungen, können die Wasserstoffrekombination im Riss jedoch vollständig zum Erliegen bringen und so die ungehinderte Wasserstoffabsorption an der frisch gebildeten und noch nicht passivierten Metalloberfläche an der Rissspitze ermöglichen. Der Rissfortschritt ist deshalb unter anderem auch davon abhängig, wie schnell der Werkstoff lokal an der Rissspitze gedehnt wird und repassivieren kann, um sowohl die weitere anodische Metallauflösung als auch die Wasserstoffabsorption zu behindern.

Daher wird bei freiem Korrosionspotential sowohl die Rissinitiierung bei vorheriger Loch- oder Spaltkorrosion, als auch der Rissfortschritt nicht allein durch die anodische Teilreaktion im Lochgrund oder Spaltende bzw. an einer Rissspitze initiiert und vorangetrieben. In dieser Hinsicht

ist auch der frühere Begriff >anodische Spannungsrisskorrosion< überholt.

Eine Spannungsrisskorrosion wird bei freien Korrosionspotentialen in wässerigen, insbesondere Cl-Ionen-haltigen, Elektrolyten grundsätzlich von einer Wasserstoffabsorption infolge der lokalen kathodischen Teilreaktion begleitet. Diese läuft nahezu unbeeinflusst vom pH-Wert, dem Sauerstoffanteil und der Zusammensetzung im Umgebungselektrolyt ab. Die Höhe der lokal absorbierten und akkumulierten Wasserstoffkonzentration im Vergleich zu den wasserstoffabhängigen Materialeigenschaften entscheidet darüber, ob und wie schnell sich diese Form der Spannungsrisskorrosion ausbildet. Sie wird daher als wasserstoffunterstützte Spannungsrisskorrosion (engl.: Hydrogen Assisted Stress Corrosion Cracking – HASCC) bezeichnet.

Unter bestimmten Umgebungsbedingungen kann eine Spannungsrisskorrosion bei freiem Korrosionspotential auch ohne vorherige sichtbare Loch- oder Spaltkorrosion starten. Wenn in den wässrigen Medien bspw. zusätzlich größere Mengen an Promotoren der Wasserstoffaufnahme, auch Rekombinationsgifte genannt, gelöst sind kann eine Risseinleitung auch unmittelbar an der Metalloberfläche stattfinden. Diese Substanzen unterdrücken nicht nur die kathodische Sauerstoffreaktion, sondern als Rekombinationsgifte insbesondere die kathodische Wasserstoffrekombination an der Metalloberfläche. Der Einsatz hochlegierter Werkstoffe in an sich neutralen Cl-haltigen Medien, die gleichzeitig den pH-Wert verringernden H_2S enthalten können, wird international Sour Service genannt. Im Sour Service können vom Werkstoff ungehindert Wasserstoffprotonen in hohen Konzentrationen meist großflächig absorbiert werden. Infolge der damit einhergehenden erheblichen Duktilitätsminderung können so initiierte Risse sehr schnell wachsen und zum plötzlichen Versagen eines Bauteils ohne eine zuvor äußerlich deutlich sichtbare Veränderung der Metalloberfläche führen (Abb. 34.19). Einer Vermeidung dieser Sequenz der Risskorrosion ist daher besondere Beachtung zu schenken. In den internationalen Normen für den Anlagenbau in der Öl- und Gasindustrie besteht deshalb eine besondere Verpflichtung für

Abb. 34.19 Time-Strain-Fracture (TSF) Diagramm eines nickel- und molybdänlegierten martensitischen 13 Cr-Stahles in 10 % H_2S-gesättigter NaCl-Lösung

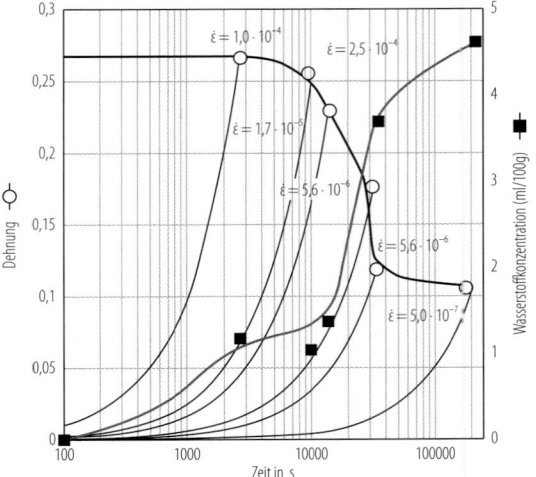

den Betreiber etwaige Sour Service Bedingungen entsprechenden Anlagenherstellern gegenüber offen zu legen und zu kommunizieren.

Unter sauerstofffreien Bedingungen sowie erhöhten Temperaturen und Drücken kann Wasserstoff auch durch die so genannte Schikorr-Reaktion gebildet werden [4], und zwar in Hochtemperaturwasser oder Dampf. Technisch wird diese Reaktion gezielt in thermischen Kraftwerken eingesetzt. Nach der vorgelagerten Korrosion einer Eisenoberfläche mit Entstehung von $Fe(OH)_2$ (nach Gl. (34.10)) folgt die Schikorr-Reaktion, die das Eisen(II)-Hydroxid zu Magnetit (Fe_3O_4) und Wasser bzw. Wasserstoff umsetzt:

$$3Fe(OH)_2 \rightarrow Fe_3O_4 + H_2O + 2H^+ \quad (34.18)$$

Ziel ist es dabei, dass sich in Rohren aus warmfesten Stählen z. B. Im Bereich von Dampfkesseln eine stabile Magnetit-Schicht ausbildet, die den darunterliegenden Werkstoff vor weiterer Korrosion schützt. Zur Vermeidung einer Risskorrosion ist darauf zu achten, dass der dabei entstehende Wasserstoff möglichst vollständig rekombiniert und nicht vom Werkstoff absorbiert wird.

Spannungsrisskorrosion bei festen Korrosionspotentialen

Ein Bauteil oder auch nur ein Gefügeabschnitt, bspw. in einer Schweißnaht, kann bei einer galva-

nischen oder der selektiven Korrosion ausschließlich einer kathodischen Teilreaktion ausgesetzt sein (Abschn. 34.2.2 und 34.2.3). Gleiches gilt beim beabsichtigten kathodischen Schutz mittels Opferanoden oder einer Fremdstromquelle. Im ungünstigen Fall liegt dann das kathodische Potential im Bereich der kathodischen Wasserstoffreaktion und es kann zur Wasserstoffabsorption und einer sehr schnell fortschreitenden wasserstoffunterstützten Rissbildung kommen, insbesondere dann, wenn zusätzlich Promotoren im Elektrolyt vorliegen. Diese Fälle werden dann üblicherweise als kathodische Spannungsrisskorrosion bezeichnet.

Liegt umgekehrt ein festes positives bzw. anodisches Potential an dem Bauteil oder dem Gefügeabschnitt an, dann ist zu unterscheiden, ob es sich um einen passivierbaren Werkstoff handelt oder nicht. Nicht passivierbare Werkstoffe werden dann bei gleichzeitig anliegender mechanischer Beanspruchung eher infolge einer Querschnittsminderung aufgrund anderer stark materialabtragender Korrosionsformen, wie beispielsweise Mulden- oder Grabenkorrosion versagen, d. h. nicht unter der Kopplung von mechanischer und korrosiver Beanspruchung. Sollte im selteneren Fall ein passivierbarer Werkstoff einem anodischen Umgebungspotential ausgesetzt sein, bildet sich ebenfalls die oben dargestellte Loch- bzw. Spaltkorrosion im Riss mit entsprechend getrennter kathodischer Teilreaktion aus.

Abb. 34.20 Schematische Darstellung zum HELP-Mechanismus nach Birnbaum und Sofronis [12] – Die Wirkung von Wasserstoff auf interagierende Versetzungen wird dabei als Änderung der Schubspannungen dτH aufgefasst (dS bezeichnet den betrachteten Bereich im Werkstoff an den Koordinaten r,φ, die Koordinaten l,ω bezeichnen die Lage zweier Versetzungen zueinander)

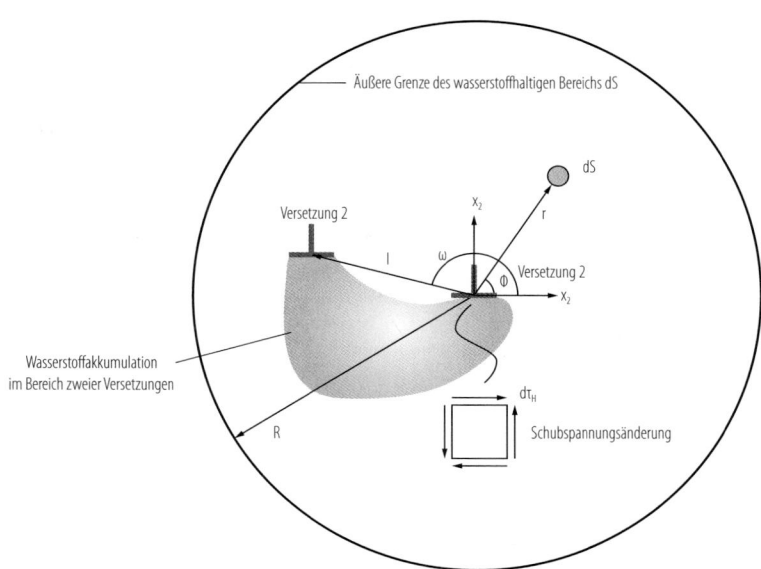

Die Geschwindigkeit der Risseinleitung wie auch des Rissfortschrittes hängt dann gleichermaßen von der lokalen Dehngeschwindigkeit, der Wasserstoffabsorptionsrate, dem Diffusionsvermögen sowie von der Repassivierungsgeschwindigkeit ab.

Rissmechanismen

Die mechanischen Eigenschaften der meisten metallischen Werkstoffe können durch Wasserstoff herabgesetzt werden. Das betrifft insbesondere die Beeinträchtigung des Verformungsvermögens und weniger die Festigkeit. Eine etwas überholte Bezeichnung hierfür ist Wasserstoffversprödung (engl.: Hydrogen Embrittlement – HE), deshalb wird hier nachfolgend der Begriff der Degradation (der Werkstoffeigenschaften) durch Wasserstoff verwendet. Um den metallurgischen Prozess der wasserstoffunterstützten Rissbildung (engl.: Hydrogen Assisted Cracking – HAC) mikroskopisch zu beschreiben, wird von der Synergie insbesondere zweier metallurgischer Mechanismen ausgegangen [10–13]. Dies ist einerseits die Wechselwirkung von Wasserstoff mit Versetzungen, wobei die Wirkung vor allem darin besteht, dass absorbierter Wasserstoff lokal Versetzungen emittiert, die dann zu wandern beginnen (engl.: Hydrogen Enhanced Localized Plasticity – HELP) (Abb. 34.20) [13].

Dabei können dann durchaus auch duktilitätsmindernde Effekte infolge des an Versetzungen getrappten Wasserstoffs in Form von Blockaden, Stapelfehlern, Aufstau an Korngrenzen etc. eintreten. Andererseits setzt auf den Zwischengitterplätzen gelöster Wasserstoff allgemein die Kohäsion des Metallgitters herab (engl.: Hydrogen Enhanced DEcohesion – HEDE) (Abb. 34.21) [13].

Hierbei ist zu beachten, dass üblicherweise nicht nur der im Gitter gelöste, sondern auch der an Fehlstellen, wie beispielsweise an Versetzungen oder anderweitig reversibel gebundene Wasserstoff wirksam ist. Primär für die Rissbildung (= Werkstofftrennung) ist das Wirken der mechanischen Beanspruchung in Form einer Dehnung bzw. Spannung. Daher wird auch von wasserstoffunterstützter Rissbildung (HAC) und statt von kathodischer von wasserstoffunterstützter Spannungsrisskorrosion (HASCC) gesprochen. Eine Rissbildung tritt dann auf, wenn in dem durch eine bestimmte Konzentration an Wasserstoff in seinen Eigenschaften degradierten Werkstoff die mechanische Beanspruchung in Form der Verformung das erträgliche Maß, also seine von der Wasserstoffkonzentration abhängige Verformbarkeit, überschreitet. Für das Auftreten von HASCC ist es also von entscheidender Bedeutung, wieviel Wasserstoff an einer Riss-

34

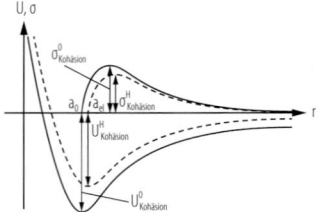
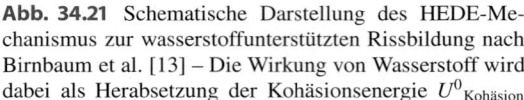
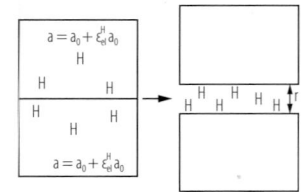

Abb. 34.21 Schematische Darstellung des HEDE-Mechanismus zur wasserstoffunterstützten Rissbildung nach Birnbaum et al. [13] – Die Wirkung von Wasserstoff wird dabei als Herabsetzung der Kohäsionsenergie $U^0_{\text{Kohäsion}}$

bzw. der Kohäsionsspannung $\sigma^0_{\text{Kohäsion}}$ auf $U^{H}_{\text{Kohäsion}}$ bzw. $\sigma^H_{\text{Kohäsion}}$ verstanden, $\varepsilon^H_{\text{el}}$ ist die durch H hervorgerufene elastische Dehnung und a_0 ist die Gitterkonstante

spitze absorbiert, wieviel davon im Dehnungsfeld absorbiert wird und in welcher Konzentration Wasserstoff dort degradierend wirkt, also die Verformungsfähigkeit herabsetzt.

Diese Kriterien finden zunehmend Eingang in numerische Modelle mit dem Ziel, Bauteile und Anlagen so auszulegen, dass sie möglichst während der Lebensdauer keinem Versagen durch wasserstoffunterstützte Spannungsrisskorrosion unterliegen [10].

Schwingungsrisskorrosion

Wie bei der Spannungsrisskorrosion kann auch bei gekoppelter korrosiver und zyklischer mechanischer Beanspruchung ein plötzliches Bauteilversagen eintreten. In ähnlicher Weise wird daher auch bei dieser Risskorrosionserscheinung zwischen einer Inkubations-, Risswachstums- und Gewaltbruchphase unterschieden. Die Risseinleitung kann an einer bereits durch andere Lokalkorrosionsformen vorgeschädigten Stelle, beispielsweise in einem Lochgrund, an einem Spaltende oder an einer Korngrenze erfolgen.

Ein Riss kann auch rein mechanisch infolge einer Schwingbelastung initiiert werden. Beispielsweise können an Gleitstufen, die im Zuge der plastischen Verformung aus der Oberfläche austreten, durch Korrosion Gitterbausteine herausgelöst werden, die dann als Keime für eine Lochkorrosion wirken. Bei freien Korrosionspotentialen wird daher wie bei der Spannungsrisskorrosion auch die Rissinitiierung und das Risswachstum bei der Schwingungsrisskorrosion sehr stark vom Sauerstoffverbrauch sowie vom damit verbundenen pH-Wert- und Potentialabfall beeinflusst. Auch hierbei ist zu berücksichtigen, dass

infolge der Trennung der kathodischen Teilreaktionen lokal erhebliche Mengen Wasserstoff vom Werkstoff absorbiert werden können, der infolge der Degradation der mechanischen Eigenschaften des Werkstoffes das Risswachstum und den Verlauf entscheidend mit beeinflusst. Rissstart und Risswachstum werden also auch bei der Schwingungsrisskorrosion nicht allein von der anodischen Teilreaktion beeinflusst, weder bei freien, noch bei festen Korrosionspotentialen im Umgebungselektrolyt.

Ähnlich wie die Dehnrate bei der Spannungsrisskorrosion, haben bei der Schwingungsrisskorrosion vor allem die Frequenz und die Amplitude der Lastwechsel einen großen Einfluss auf Rissstart, Rissverlauf und Risswachstumsgeschwindigkeit. Infolge der wechselnden mechanischen Beanspruchung können Pumpeffekte im Risselektrolyt entstehen, die einen Sauerstoffaustausch mit dem Umgebungselektrolyten bewirken, pH-Wert und Potential sowie die Zusammensetzung des Risselektrolyt und damit das Repassivierungsverhalten im Riss ständig verändern. Damit wird die Wechselwirkung der anodischen und der kathodischen Teilreaktion im Riss deutlich mehr beeinflusst, als bei der Spannungsrisskorrosion.

Generell gilt: Ist die Lastwechselfrequenz sehr hoch, überwiegt in ihrer Wirkung die mechanische Beanspruchung. Während der einzelnen Lastwechsel besteht nicht genügend Zeit für die Ausbildung entsprechender Korrosionsreaktionen an den frisch aufgerissenen Metalloberflächen, der Rissfortschritt erfolgt rein mechanisch ohne sichtbare Korrosionserscheinungen auf der Oberfläche.

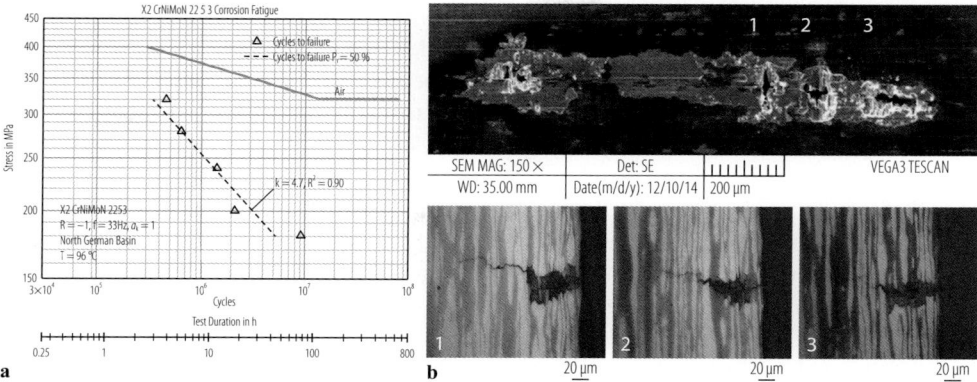

Abb. 34.22 Schwingungsrisskorrosion am Beispiel eines austenitisch-ferritischen Duplexstahles in 96 °C heißer Salzlösung, **a** Abnahme der zulässigen Spannungsampli-tude (Wöhlerkurve) im Vergleich zum Verhalten an Luft, **b** Lochkorrosion mit einsetzender Schwingungsrisskorrosion an der Oberfläche [14]

Ist die Lastwechselfrequenz sehr niedrig, überwiegt die Wirkung der Korrosionsbeanspruchung, der Rissverlauf ist durch entsprechende Korrosionserscheinungen gekennzeichnet, typische Merkmale eines Schwingrisses, wie Streifenbildung etc. sind nicht mehr sofort erkennbar, zumal die Bruchoberfläche dann häufig die Merkmale typischer inter- und transkristalliner wasserstoffunterstützter Risse aufweise.

Nur in einem bestimmten Bereich der Lastwechselfrequenz findet also eine eigentliche Schwingungsrisskorrosion statt, die sich dann auch in einem erheblich schnelleren Risswachstum bemerkbar macht. Prüfungen zur Schwingungsrisskorrosion sollten daher immer auch unter Variation der Lastwechselfrequenz durchgeführt werden.

Die gekoppelte Wirkung von zyklischer mechanischer und Korrosionsbeanspruchung lässt sich sehr gut anhand von Wöhlerkurven veranschaulichen, wie es im Abb. 34.22 dargestellt ist.

34.2.6 Erosions- und Kavitationskorrosion

Die Kombination einer korrosiven Flüssigkeit mit hohen Strömungsgeschwindigkeiten kann zur Erosionskorrosion führen [2]. Oft tritt in denselben Medien im ruhenden oder langsam fließender Zustand eine andere Art oder gar keine Korrosion auf. Vor allem auf der Oberfläche passivierbarer Werkstoffe kann eine hohe Strömungsgeschwindigkeit aber zur Erosion der sehr dünnen Passiv- bzw. Oxidfilme führen, den darunterliegenden Werkstoff dem aggressiven Medium aussetzen und zu dessen Aktivierung führen.

In vielen wasser- oder dampfführenden Anlagen kann Erosionskorrosion eintreten, wenn in dem Medium nicht nur hohe Strömungsgeschwindigkeiten auftreten, sondern auch Festkörperteilchen enthalten sind, die durch das Aufprallen die Metalloberfläche zusätzlich beanspruchen. Dabei kann der relative Anteil der mechanischen und der elektrochemischen Komponente unterschiedlich sein. Erosionskorrosion erstreckt sich somit von der rein erosionsartigen bis zur rein korrosiven Beanspruchung. Die Erscheinungsformen der Erosionskorrosion ist typischerweise strömungsgerichtet und insbesondere abhängig von der Deckschichtbildung der Werkstoffe. Zum Beispiel können sich auf Kupferwerkstoffen leichte und lockere Schichten bilden, die dann lokal leicht zerstört und abgetragen werden können. Erosionskorrosion tritt in der Praxis häufig in Wärmetauschern auf [5].

Kavitation ist die Bildung und der darauffolgende Zusammenbruch von dampf- und gasgefüllten Blasen in Flüssigkeiten, wenn der statische Druck vorübergehend unter den Dampfdruck gesunken ist. Dies kann durch Strömungsvorgänge (Strömungskavitation) oder Unterdruckwellen (Schwingungskavitation) ausgelöst werden. Infolge der Implosion der Blasen

34

kann die Werkstoffoberfläche lokal zerstört werden. Die durch Kavitation vorgeschädigte Oberfläche zeichnet sich durch eine lokal erhöhte Reaktivität aus. Wenn sich also einer solchen Erscheinung eine Korrosionsreaktion überlagert, handelt es sich um Kavitationskorrosion.

Durch die sich an derselben Stelle wiederholenden Blasenimplosionen kann der Werkstoff keine Deckschicht mehr bilden oder die vorhandene Deckschicht wird zerstört und es entstehen kraterförmige Korrosionsstellen. Die Blasenimplosion erhöht lokal die Temperatur, wodurch die Korrosionsreaktion lokal an Geschwindigkeit zunimmt.

Aufgrund der meist notwendigen hohen notwendigen Relativgeschwindigkeit der Werkstückoberfläche zum umgebenden Medium entsteht Kavitationskorrosion beispielsweise an Kreiselpumpen, Turbinen, Propellern oder Rührwerken.

Kavitationskorrosion lässt sich unter anderem seitens des Mediums durch Veränderung der Strömungsgeometrie, Druckerhöhung im Medium und Verringerung der Strömungsgeschwindigkeit sowie werkstoffseitig durch Wahl härterer Werkstoffe oder Aufbringen von Beschichtungen vermeiden [5].

34.2.7 Reibkorrosion

Reibkorrosion (engl.: Fretting) kann als besondere Form der Erosionskorrosion in gasförmigen Medien angesehen werden [2]. Grundsätzlich ist darunter jedoch unabhängig vom Umgebungsmedium die Kopplung einer tribologischen Beanspruchung in Form von Reibung, oft verursacht durch Vibration, und Verschleiß und einer korrosiven Beanspruchung des Werkstoffes zu verstehen. Hierbei befindet sich der Werkstoff in Kontakt und in Relativbewegung mit einem anderen Festkörper. Die kleinen Relativbewegungen, wie Schlupf oder Schwingungen, an den Kontaktflächen oft auch kraftschlüssiger Verbindungen führen vor allem zur Abrasion von Oxidfilmen, so dass die aktive blanke Metalloberfläche einer verstärkten anodischen Metallauflösung unterworfen wird. Primär ist für die Entstehung der

Reibkorrosion also die Bildung metallischer Verschleißpartikel ursächlich, die sofort mit dem umgebenden Medium reagieren gleichzeitig infolge der tribologischen Beanspruchung weiter gemahlen, gesintert, chemisch verändert oder verdichtet werden. Dabei können vor allem Schmiermittel an den Reaktionen mit den frisch abgelösten Reibpartikeln beteiligt sein. Der dabei ablaufenden Grübchen-Bildung ist häufig zusätzlich eine schwingende mechanische Beanspruchung überlagert, so dass auch die Reibkorrosion auslösend für eine nachfolgende Schwingungsrisskorrosion wirken kann.

34.2.8 Mikrobiologisch beeinflusste Korrosion

Unter dem Begriff „Mikrobiologisch Induzierte Korrosion" (Microbiologically Induced Corrosion – MIC) werden alle Korrosionsarten, die durch mikrobielle Aktivitäten eingeleitet, aufrechterhalten oder verstärkt werden, zusammengefasst [5, 15]. Mikrobiologisch induzierte Korrosion setzt sich aus einer Vielzahl von Teilreaktionen zusammen (Abb. 34.23) und ist heute noch nicht vollständig erforscht. Sie kann allerdings an nahezu allen Werk- und Baustoffen auftreten und nach Schätzungen sind mindestens 20 % aller Korrosionsschäden mikrobiell beeinflusst [1]. Zu den Mikroorganismen, die diese Korrosionserscheinungen auslösen, gehören vor allem ein weites Spektrum von Bakterien, aber auch Pilze, Algen und Flechten, die die Werkstoffoberflächen in jeglicher Art und Umgebung besiedeln können.

Solche Biofilme entstehen grundsätzlich im Zusammenwirken von flüssigen Umgebungsmedien, festem Werkstoff und Mikroorganismen in drei Stadien:

1. Induktionsphase: Primäradhäsion des Biofilms, für die Betriebsphase technischer Produkte meist noch ohne Auswirkungen
2. Irreversible Absorption von Makromolekülen (Polysaccharide, Lipopolysaccharide, Huminstoffe, Proteine etc.): Wachstum der Primärbesiedler auf der Oberfläche

Abb. 34.23 Reaktionen bei mikrobiologisch beeinflusster Korrosion, vereinfacht in Anlehnung an Enning und Garrelfs [15]

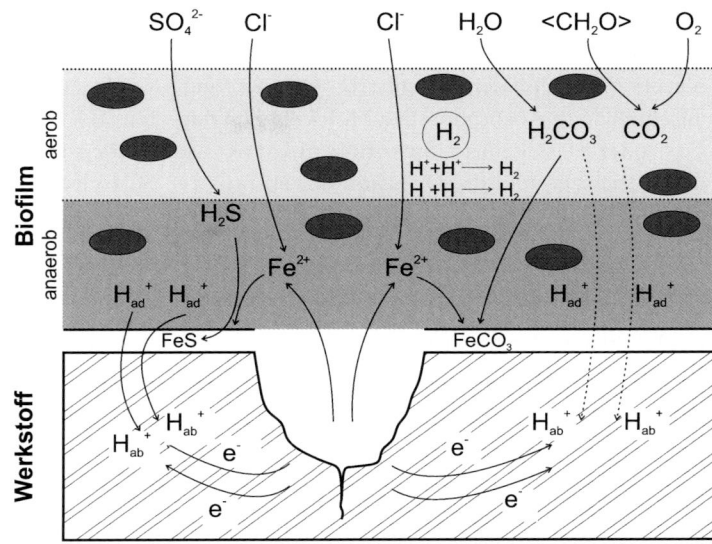

3. Plateau-Phase: Biofilmdicke ist abhängig von der Wachstumsrate und steht im biodynamischen Gleichgewicht.

In solchen Biofilmen bilden sich von außen nach innen Milieus mit abnehmendem Sauerstoffpartialdruck aus (so genannte anaerobe Bedingungen). Im äußeren Bereich erfolgt die Oxidation organischer Substanzen mit Sauerstoff zu Abbauprodukten, die in das Umgebungsmedium abgegeben werden. Dazwischen befindet sich eine Schicht anaerober Bakterien, die Abbauprodukte in Form von Wasserstoff und organischen Säuren über Gärungsprozesse entstehen lassen. Schließlich wirken dann direkt auf der Werkstoffoberfläche anaerobe sulfatreduzierende Bakterien, die Wasserstoff und organische Säuren sowie SO_4^{2-}-Reste zu Sulfiden und Wasser umwandeln (Abb. 34.23).

Dadurch entsteht vor allem H_2S, der als Promotor zu einer Wasserstoffabsorption im darunterliegenden Werkstoffes führt, so dass bei gleichzeitig vorliegender mechanischer Beanspruchung eine wasserstoffunterstützte Spannungsrisskorrosion entstehen kann. Weitere Korrosionserscheinungen auf der Werkstoffoberfläche als typische Folge von fest anhaftenden Biofilmen sind Loch- und Spaltkorrosion. Besondere Aufmerksamkeit wird der mikrobiellen Korrosion im petrochemischen Bereich der Offshore-In-dustrie gewidmet, wobei H_2S in erhöhtem Maße entsteht, vor allem infolge der Spülung unterirdischer Öl- und Gasreservoirs mit Seewasser zur Erhöhung der Fördermenge, wodurch es zu einer starken Anreichung von Mikroorganismen und Sauerstoffabschluss kommt.

34.3 Chemische Korrosion und Hochtemperaturkorrosion

Bei der chemischen Korrosion reagieren Werkstoff und Medium unmittelbar und die dabei entstehenden Reaktionsprodukte bestimmen den Verlauf der weiteren Korrosion. Auch hier ist die Ausbildung von Deckschichten erwünscht, die die Diffusionsvorgänge stark behindern und damit weitere Reaktionen unterbinden bzw. verlangsamen. Im Gegensatz zur elektrochemischen Korrosion finden jedoch keine entkoppelten Teilreaktionen an verschiedenen Stellen der Werkstoffoberfläche statt, sondern an der gleichen lokalen Stelle. Das Ausmaß der Korrosion lässt sich gravimetrisch und metallographisch bestimmen.

Erfolgt die unmittelbare chemische Reaktion eines Werkstoffs mit der ihn umgebenden Atmosphäre bei hohen Temperaturen (meist begleitet von erhöhten Drücken) und ohne Einwirkung eines wässrigen Elektrolyten, wird dieser Vorgang als Hochtemperaturkorrosion bezeichnet.

34

Die hohen Temperaturen bedingen, dass an der Grenzschicht zwischen Atmosphäre und Festkörper eine Reaktionsschicht entsteht. Die Ad- und anschließende Absorption der Moleküle aus der Gas- oder Flüssigphase (unter hohem Druck) an der Oberfläche und die Diffusion der absorbierten Moleküle (oder Ionen) durch die Reaktionsschicht, sowie die Diffusion von Elementen aus dem Werkstoff an die Oberfläche, bestimmen die Reaktionskinetik. Kommt es im Verlauf dieser Reaktionen zu einem Prozess, bei dem sich der Werkstoff unaufhörlich zersetzt oder auflöst, liegt katastrophale Korrosion vor.

34.3.1 Hochtemperaturkorrosion ohne mechanische Beanspruchung

Es gibt unterschiedliche Arten der Hochtemperaturkorrosion (Abb. 34.24), die in technischen Anwendungen auch in Kombination auftreten können [16]. Das Reaktionsprodukt mit Gasen auf der Werkstoffoberfläche wird als Zunder bezeichnet, wobei dieser Begriff in der Regel nur für Korrosionsvorgänge in oxidierender sauerstoff- oder reduzierender schwefelhaltiger Atmosphäre verwendet wird. Als eine besondere Form der Hochtemperaturkorrosion ist die Heißgaskorrosion anzusehen, die unter Beteiligung von Salzschmelzen abläuft. Dadurch können die Hochtemperaturkorrosionserscheinungen Aufschwefelung, Aufstickung oder Oxidation (Abb. 34.24) wesentlich beschleunigt werden.

Bei einigen technischen Anwendungen, z. B. der Glasherstellung, können Salzschmelzen direkt vorliegen und die Heißgaskorrosion hervorrufen. Bei den meisten technischen Anwendungen kondensieren jedoch die korrosionsfördernden Salzschmelzen aus der Umgebung auf der heißen Bauteiloberfläche, z. B. bei der Verbrennung fossiler Energieträger (Kohle, Öl, Erdgas). Erschwerend kommt hinzu, dass sich bei der Heißgaskorrosion meist poröse und nicht schützende Schichten ausbilden, die den Werkstoff nicht vor dem weiteren Zutritt der korrosiven Medien schützen. Anfällige Werkstoffe sind beispielsweise bestimmte Ni- und Co-Basislegierungen und höherlegierte ferritische Stähle.

Eine einfache Beurteilung der Resistenz von Metallen gegen Gase kann durch das Ellingham-Richardson-Diagramm erfolgen, die die Stabilität der Schichtbildner darstellen und Ausdruck über den notwendigen Partialdruck des korrosiven Gases geben, bei dem eine Reaktion mit dem Grundmaterial beobachtet werden kann [17]. Die Kinetik der Reaktion kann über das Schichtwachstum oder gravimetrisch anhand des Masseverlustes Δm bestimmt werden. So kann das Schichtwachstum (Massezunahme) bzw. ein möglicher Masseverlust (bei Abplatzen oder Abdampfen der Korrosionsschichten) je nach Werkstoff, Temperatur, Partialdruck des Gases, Dissoziationskinetik des Gases an der Deckschicht und anderen Parametern variieren. D. h., je nach den äußeren Bedingungen bspw. bei Oxidation, folgt das Schichtwachstum einem parabolischen,

Abb. 34.24 Hochtemperaturkorrosionsarten

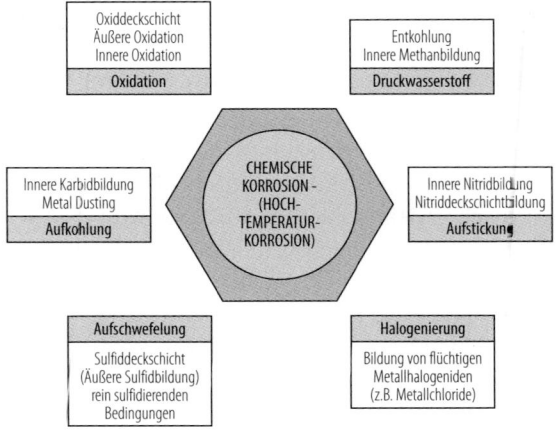

Abb. 34.25 Verlauf der Massenänderung bei Hochtemperaturkorrosion: Annahme linearer oder parabolischer Zunahme bzw. linearer Masseverlust (bei katastrophaler Oxidation) nach Schütze [18]

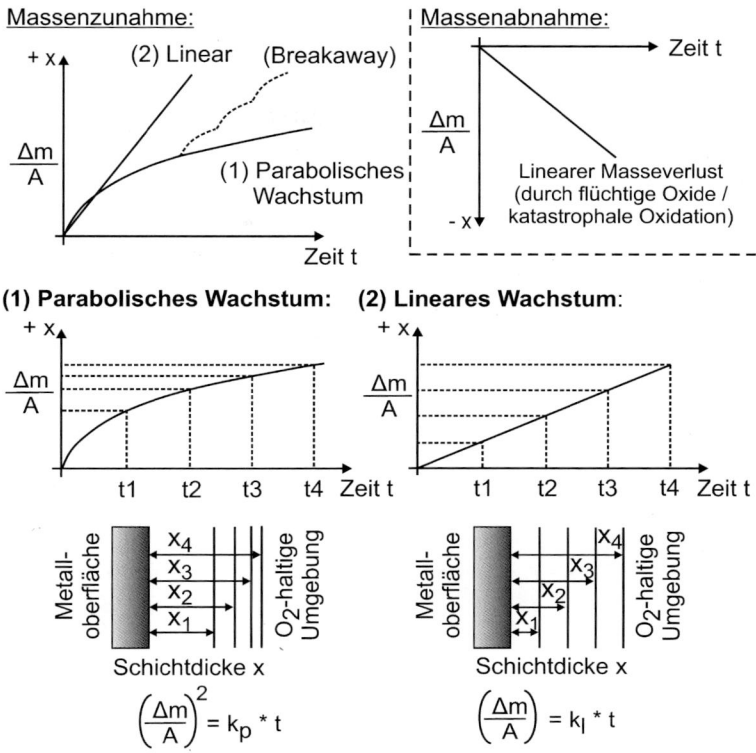

linearen oder logarithmischen Wachstumsgesetz und ist dabei stets auf die Probenoberfläche A bezogen (Abb. 34.25). Die Proportionalitätskonstante k_p beschreibt dabei den Korrosionswiderstand verschiedener Werkstoffe im Fall parabolischen Schichtwachstums. Diese Gesetzmäßigkeit stellt den Normalfall für die meisten technischen Werkstoffe dar. Die typische Größenordnung von k_p beträgt für einen Stahl mit 12 bis 14 % Chrom an Luft zwischen 10^{-8} bis 10^{-9} $kg^2 m^{-4} s^{-1}$. Es gibt aber auch den gegenteiligen Effekt der Massenabnahme durch Abplatzen der Oxidschicht oder bei sehr hohen Temperaturen durch gasförmige Reaktionsprodukte oder auch eine katastrophale Oxidation mit linearer Massenabnahme.

Um Hochtemperaturkorrosion zu vermeiden bzw. zu verringern, kommt es wie bei der elektrochemischen Korrosion darauf an, möglichst schützende Deckschichten zu bilden, beispielsweise stabile Oxide wie Cr_2O_3 oder Al_2O_3. Legierungen, die eine dieser beiden Deckschichten bei hohen Temperaturen bilden, werden deshalb Chrom- oder Aluminiumoxidbildner genannt.

Aluminiumoxidbildner können bis zu Temperaturen von 1300 °C eingesetzt werden. Die Temperaturgrenze für einen technischen Einsatz hängt allerdings auch von einer möglichen gleichzeitigen mechanischen Beanspruchung ab. Dichte Oxiddeckschichten wirken auch schützend gegen Aufkohlung, Nitrierung und Sulfidierung.

Oxidation

Als Hochtemperaturkorrosion in Form reiner Oxidation ist die Verzunderung von Stählen anzusehen. Auf Eisenlegierungen entsteht bei Temperaturen über 570 °C in sauerstoffhaltigen Gasen ein Zunder mit der Schichtfolge Fe – FeO – Fe_3O_4 – Fe_2O_3 – O_2. Dabei beträgt der Anteil des Wüstits (FeO) fast 90 %, während auf dem Magnetit (Fe_3O_4) 7 bis 10 % und auf die Hämatitschicht (Fe_2O_3) nur 1 bis 3 % entfallen. Bei langsamer Abkühlung unter 570 °C zerfällt Wüstit in Eisen und Magnetit. Wegen der unterschiedlichen Dichte und der im Vergleich zu Wüstit geringeren Verformungsfähigkeit des Magnetits sind die so entstandenen Schichten spröde und enthalten Mikrorisse. Durch rasche Abkühlung, wie sie z. B. beim Warmwalzen von Blechen vorliegt, kann die Umwandlung jedoch unterdrückt werden und Zunder haften bleiben (Klebzunder). Die Oxidationsgeschwindigkeit von Stählen kann durch das Zulegieren von Chrom, Aluminium und Silizium verringert werden. Typischerweise sind warmfeste, niedriglegierte Stähle bis ca. 550 °C ausreichend zunderbeständig.

Darüber hinaus kommen besondere hochlegierte zunderbeständige Stähle zum Einsatz. Diese können rein ferritisch, martensitisch oder ferritisch-martensitische Gefüge haben und werden typischerweise in Dampfkesseln- und -leitungen sowie Industrieöfen eingesetzt. Austenitische zunderbeständige Stähle kommen vorwiegend in Abgasanlagen oder in Bauteilen der Chemie und Erdölindustrie zum Einsatz [19]. Je nach Al, Si und Cr-Gehalt kann die Zunderbeständigkeit bei 800 °C (z. B. X10CrAl7 und X6CrNiTi18-10) oder auch bei 1200 °C (X10CrAl24 und X15CrNiSi25-20) liegen. Alternativ können für niedriglegierte Stähle auch Beschichtungen als Zunderschutz dienen. Beispielsweise werden im Automotive-Sektor Al-Si oder Al-Zn-Beschichtungen serienmäßig als Zunderschutz für pressgehärtete Bauteile aus hochfesten Stählen (z. B. 22MnB5) eingesetzt, da diese beim Umformen im Gesenk auf Austenitisierungstemperatur gebracht werden und dabei stark verzundern könnten. Dies würde die aufgrund der geringen elektrochemischen Korrosionsbeständigkeit des 22MnB5 notwendige spätere Nachbearbeitung der Bleche im Karosseriebau (Grundieren + Lackieren) massiv erschweren [20].

Aufkohlung (Metal Dusting)

Zu den Aufkohlungsprozessen zählt u. a. die Karbidbildung, die bei korrosionsbeständigen Chrom-Nickel-Legierungen in einer kohlenstoffabgebenden Gasatmosphäre auftritt und die ins Innere des Werkstoffs fortschreitet. Die innere Karbidbildung infolge der Aufkohlung kann bei solchen Werkstoffen bei 800 bis 1200 °C erfolgen (Ausbildung von Cr-, Ni- oder Fe-haltigen Karbiden des Typs $M_{23}C_6$, welche wiederum in Karbide des Typs M_7C_3 zerfallen). Diese Art der Korrosionsreaktion verschlechtert dabei die me-

chanischen Eigenschaften (Duktilität und insbesondere die Zähigkeit bei tiefen Temperaturen), die thermischen Eigenschaften (Wärmeleitfähigkeit) sowie die Oxidationsbeständigkeit und vor allem die Schweißbarkeit (wesentliche Erhöhung des Kohlenstoffäquivalents!).

Eine besonders katastrophale Aufkohlung können Stähle auch im moderaten Temperaturbereich (400 bis 800 °C) erfahren, die als Metal Dusting bezeichnet wird [21]. Wobei dieser Temperaturbereich nach unten und oben abweichen kann, je nach Werkstoff und Einsatzumgebung, beispielsweise auch bei 350 bis 900 °C [22]. Dabei wandelt der Werkstoff letztlich in ein feines Pulver um, bestehend aus Metall und reinem Kohlenstoff. Im Gegensatz zur klassischen Aufkohlung, bedingt das Metal Dusting eine mit Kohlenstoff übersättigte Gasatmosphäre. Der Vorgang beginnt mit schneller Übersättigung des Werkstoffs mit Kohlenstoff in den oberflächennahen Bereichen und an den Korngrenzen, gefolgt von der Bildung des instabilen Karbids Me_3C (Me = Fe, Ni) sowie dessen nachfolgender Zersetzung in die metallische Phase und in reinen Kohlenstoff.

$$Me_3C \rightarrow 3Me + C \qquad (34.19)$$

Die dabei entstehenden feinen Metallpartikel beschleunigen die weitere Kohlenstoffaufnahme aufgrund des katalytischen Effekts der vergrößerten Oberfläche. Die Folge sind voluminöse Kohlenstoffablagerungen auf der Metalloberfläche. Werden diese losen Ablagerungen infolge strömender Medien (typischerweise heiße Gase) mitgerissen, sind lochkorrosionsähnliche Vertiefungen zu beobachten.

Druckwasserstoffangriff – High Temperature Hydrogen Attack

Gegenüber des Effektes der Aufkohlung, können an Stahlbauteilen bspw. in Synthesegasanlagen (beispielsweise in der chemischen oder petrochemischen Industrie) Schäden infolge von Entkohlung unter Wasserstoffeinfluss auftreten. Diese wird auch als Druckwasserstoffangriff (engl.: High Temperature Hydrogen Attack – HTHA) bezeichnet. Dies ist meistens durch hohe Temperaturen >200 °C und Drücke >200 bar der Fall,

Abb. 34.26 Schematische Darstellung des Druckwasserstoffangriffes in niedriglegierten Stählen

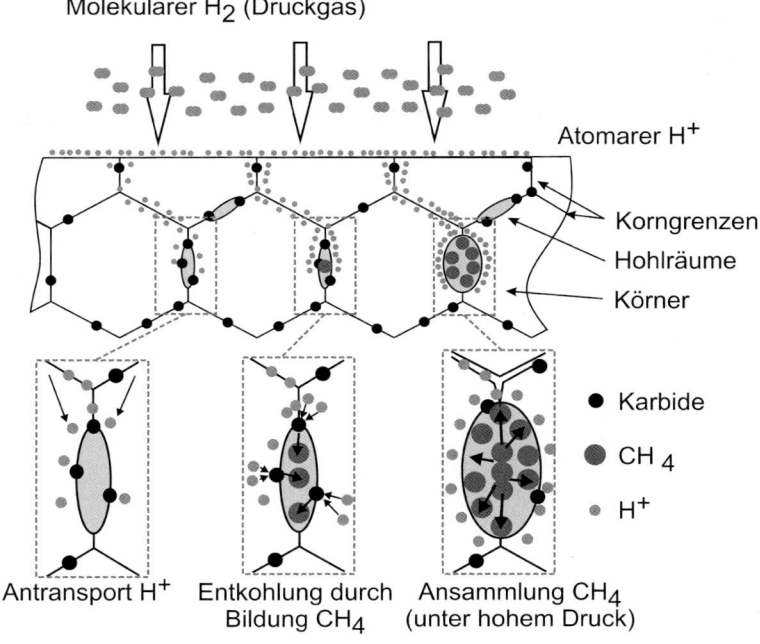

Molekularer H_2 (Druckgas)

Atomarer H^+

Korngrenzen
Hohlräume
Körner

● Karbide
● CH_4
● H^+

Antransport H^+ Entkohlung durch   Ansammlung CH_4
Bildung CH_4 (unter hohem Druck)

da sich atomarer Wasserstoff aus dem Medium (Druckwasserstoff, Synthesegas) durch thermische Dissoziation aus der Gasphase bilden kann. Die Schädigung tritt dann auf, wenn die Anlagen mit Druckwasserstoff (z. B. Ammoniaksynthese, Hydrocracker) oder wasserstoffhaltigen Medien betrieben werden. Der Kohlenstoffgehalt des eingesetzten Stahles wird dabei als Folge der Umgebungsbedingungen reduziert. Der gebildete Wasserstoff wird an der Stahloberfläche adsorbiert und zwangsgelöst. Dabei reagiert der eingedrungene Wasserstoff mit dem Eisenkarbid des Stahls und bildet gasförmiges Methan und elementares Eisen

$$4H_{(Fe)} + Fe_3C \rightarrow CH_4 + 3Fe. \qquad (34.20)$$

Aufgrund der Molekülgröße des Methans, kann dieses im Gegensatz zum atomaren Wasserstoff nicht durch den Stahl diffundieren und somit entweichen. Die Folge ist die Ansammlung von unter hohem Druck stehenden Regionen von Gasmolekülen im Metallinneren. Zusätzlich zur Gasbildung im Werkstoff selbst, tritt der Effekt, dass die Auflösung der Eisenkarbide, die mechanischen Eigenschaften des Stahls vermindert. Ausgehend von bereits vorhandenen Werkstofftrennungen an Einschlüssen, bevorzugt entlang

der Korngrenzen, können sich dann Sprödbrüche ausbilden, die zum plötzlichen Bauteilversagen führen können. Der Mechanismus der Eigenschaftsdegradation infolge des Druckwasserstoffangriffs ist schematisch in Abb. 34.26 dargestellt. Am empfindlichsten sind hier unlegierte C-Stähle denen gegenüber niedriglegierte Cr-Mo-Stähle beständiger sind. Aber auch bei Hochtemperaturkorrosion, ist die Beständigkeit der Werkstoffe wesentlich von den eingesetzten Medien und Betriebsbedingungen abhängig.

Zur Vermeidung dieser kritischen Entkohlung können die Betriebsbedingungen (Druck, Temperatur) auf unterkritischem Maß gehalten werden. Anwendungsgrenzen für Betriebsbedingungen für niedriglegierte Stähle mit Druckwasserstoffbeaufschlagung finden sich zum Beispiel im Nelson-Diagramm. Grundlagen zur Anwendung des Nelson Diagrammes finden sich dabei in der aktuellsten Ausgabe der API RP (American Petroleum Institute Recommended Practice) 941 (2018). Zusätzlich können metallurgisch optimierte Stähle eingesetzt werden, die karbidstabilisierende Elemente wie V, Nb oder Ti enthalten. Speziell in der chemischen bzw. petrochemischen Industrie kommen vielfach Komponenten zum Einsatz, die bei erhöhten Tempera-

34

turen und Drücken mit reinem Druckwasserstoff oder wasserstoffhaltigen Medien zur Ammoniakerzeugung arbeiten. Typischerweise wurden hier früher niedriglegierte 2,25 % Cr–1 % Mo-Stähle eingesetzt. Diese Stähle weisen jedoch nur eine begrenzte Beständigkeit gegen Entkohlung unter wasserstoffhaltigem Betrieb bei weiter steigenden Temperaturen und Drücken auf. Deswegen werden diese Stähle mit 0,25 % Vanadium stabilisiert. Das Zulegieren von Vanadium sorgt für die bevorzugte Ausbildung von sehr kleinen und feinstverteilten Karbiden (beispielsweise VC, V_4C, V_4C_3) im Stahlgefüge. Diese Ausscheidungen haben dabei zwei positive Effekte. Zum einen verbessern sie die Hochtemperatureigenschaften dieser Stähle (wie die Kriechfestigkeit) erheblich. Zum anderen wird die Beständigkeit der Stähle gegenüber dem Wasserstoffangriff wesentlich verbessert. Auch bei Vanadium-legierten Stählen wird Wasserstoff aufgenommen, jedoch kann dieser dann nicht mit dem Kohlenstoff zu Methan reagieren, da die Affinität des Vanadiums zum Kohlenstoff auch bei erhöhten Temperaturen größer ist als die des Wasserstoffs.

Aufschwefelung

Die Schwefelkorrosion führt zur Bildung von weichen oder spröden Metallsulfiden (Me_XS_2, Me_XS_3, Me_XS_4) oder Metallsulfaten (Me_XSO_4) an der Stahloberfläche. Diese können bei erhöhten Temperaturen auch schmelzflüssig sein. Typischerweise ist die Hauptursache für ihre Bildung in der Zusammensetzung von Verbrennungsabgasen zu suchen, also in der Verbrennung schwefelreicher Brennstoffe wie Kohle oder Schwerölen. Das Problem der Schwefelkorrosion tritt aber auch bei komplexen schwefelhaltigen Mischabgasen wie in Müllverbrennungsanlagen oder Biomassekraftwerken auf. Sie wird dann als katastrophal bezeichnet, wenn sich niedrig schmelzende Sulfide wie NiS ($T_S = 995\,°C$) oder niedrig schmelzende Eutektika wie Ni/Ni_3S_2 ($T_S = 637\,°C$) bilden. Beispielsweise führt in Verbrennungsgasen Schwefel zusammen mit Alkalimetallen (Elemente der 1. Hauptgruppe wie Na, K), Chlor und Sauerstoff zur Bildung korrosiver Salzschmelzen. Die Reaktionen aus der Verbrennungsatmosphäre mit den Legierungselementen Ni-

ckel, Kobalt und Eisen zu niedrig schmelzenden Komplexsalzen, wie $Na_3Fe(SO_4)_3$ ($T_S = 620\,°C$), $Na_3Fe(SO_4)_3 / K_3Fe(SO_4)_3$ ($T_S = 555\,°C$) sowie $CoSO_4$ ($T_S = 565\,°C$) und $NiSO_4$ ($T_S = 671\,°C$) führt dann zu einer besonders raschen Korrosionsreaktion, die sehr schnell zum völligen Versagen eines Bauteiles führen kann. Im Gegensatz zur Aufkohlung ist die Aufschwefelung eines Werkstoffes gefährlicher. Der Grund ist die wesentlich erhöhte Geschwindigkeit der Werkstoffschädigung. In sauerstoffreichen Atmosphären kann beispielsweise ein zu hoher Gehalt an SO_2 die Aufschwefelung der Werkstoffe und deren fortschreitende Korrosion fördern.

Aufstickung

Die Aufstickung kann als unerwünschter Effekt beim Betrieb von Komponenten in N_2-haltigen Atmosphären bei hohen Temperaturen auftreten. Beispielsweise sind Werkstoffe in stickstoffhaltigen Rauchgasen oder bei der Ammoniaksynthese (Haber-Bosch-Verfahren) anfällig für die Aufstickung. Dabei wird Stickstoff über die Adsorption an der Werkstoffoberfläche angelagert. Bei hochchromhaltigen Stählen können sich bereits bei Temperaturen von 300 °C Deckschichten aus Chromnitriden bilden, welche bei mechanischer oder thermischer Belastung leicht abplatzen. Deswegen bilden sich ständig neue Schichten aus, verbunden mit einem starken Materialabtrag. Weiterverbreitet als die Nitrid-Deckschichten ist die innere Nitrierung, bei der durch die Diffusion des Stickstoffs in den Werkstoff Gefügeveränderungen hervorgerufen werden. Meistens äußert sich dieser Effekt in der Bildung von Phasen (Me_2N oder Me_3N), die die Härte des Metalls erhöhen. Technisch gezielt genutzt wird dieser Effekt beim Nitrieren von Randschichten (Härten) von Bauteilen, um z. B. die Verschleißfestigkeit zu erhöhen. Jedoch kann aber auch hier bei hochlegierten Chromstählen die Korrosionsbeständigkeit herabgesetzt werden durch die Diffusion von Cr aus dem Bauteil in die nitrierte Schicht während des Randschichthärtens.

Halogenierung

Neben Sauerstoff, Kohlenstoff, Schwefel und Stickstoff können weitere trockene Angriffsmedien (im Gegensatz zur wässrigen elektrochemischen Korrosion) wie Halogenide zur Hochtemperaturkorrosion bei entsprechenden Einsatzbedingungen führen. Die wichtigsten Halogenid-Bildner sind dabei Chlor, Fluor oder Brom. In solchen Atmosphären kann es durch Halogenwasserstoffe (HF, HCl oder HBr) bzw. deren Säuren zu starker Korrosion kommen. Beispielsweise kann Chlorwasserstoff mit Sauerstoff zu reinem Chlor unter Wasserabgabe reagieren. Dieses reine Chlor kann sich dann mit Chromoxiden verbinden (z. B. aus der Passivschicht von korrosionsbeständigen Stählen) und bildet Metallchloride,

$$2Cr_3O_3 + 6Cl_2 \rightarrow 4CrCl_3 + 3O_2 \quad (34.21)$$

Diese können dann die Schutzwirkung der Oxidationsschutzschicht negativ beeinflussen. Erschwerend kommt hinzu, dass diese Metallchloride bei höheren Temperaturen hohe Dampfdrücke aufweisen. Das freilegende Material „dampft" quasi ab und die resultierenden Korrosionsraten sind dementsprechend erhöht. Besondere Berücksichtigung von Halogenen ist bei der immer weiter Verbreitung von Biomassekraftwerken zu berücksichtigen aber auch in Müllverbrennungsanlagen (Einsatz von korrosionsbeständigen Cr-Ni-Stählen). So können beispielsweise Abfallprodukte Halogene enthalten (z. B. Chlor aus Kunststoffen wie PVC oder Fluor aus halogenierten Kohlenwasserstoffen wie Teflon). Technisch werden Halogenidatmosphären aber auch gezielt bei Beschichtungsprozessen wie CVD eingesetzt, um Cr, Al oder Si abzuscheiden.

34.3.2 Hochtemperaturkorrosion mit mechanischer Beanspruchung

Kommt es bei der Hochtemperaturkorrosion überlagernd zur mechanischen Beanspruchung eines Bauteiles, so wirken beide Beanspruchungen kombinatorisch auf Bauteile ein und führen zur wesentlichen Verkürzung der Bauteil- bzw. Komponentenlebensdauer. Einerseits ist zu beachten, dass die mechanische Integrität von Bauteilen und Komponenten infolge der überwiegend oxidationsbedingten Reduzierung der tragenden Querschnitte bereits erheblich beeinträchtigt sein

kann. Durch die während der Hochtemperaturkorrosion ablaufenden Reaktionen kann darüber hinaus die chemische Zusammensetzung und die Mikrostruktur des Werkstoffes auch in tieferen Bereichen so verändert worden sein, dass seine Festigkeits- und Verformungseigenschaften erheblich von denen im Anlieferungszustand abweichen.

Andererseits weisen die schützenden Oxidschichten häufig ein geringeres Verformungsvermögen als der übrige Werkstoff auf und können daher infolge von mechanischen Beanspruchungen in Form von Dehnungen schnell aufreißen oder sich ablösen („Abplatzen"). Beispielsweise sind Schichten aus Chromnitriden infolge des ungewollten Aufstickens in Ammoniakatmosphäre sehr spröde. Auch thermisch verursachte Spannungen und Verformungen oder Temperaturdifferenzen zwischen dem Werkstoff und der Deckschicht sowie interne Wachstumsspannungen in der Deckschicht können zu deren früheren Versagen führen, alles mit der Konsequenz eines erheblich beschleunigten weiteren Korrosionsangriffes. Ein Beispiel aus der Praxis für alternierende Betriebsbedingungen, sind die häufigeren notwendigen Lastwechselvorgänge in fossil befeuerten Kraftwerken aufgrund der immer häufiger verfügbaren Tagesspitzen an elektrischem Strom durch moderne Energiegewinnung (Wind, Wasser). Die erhöhte Stromproduktion muss dann durch ein Absenken der Spitzenlast in Kohlekraftwerken kompensiert werden. Die dadurch erhöhte Anzahl von Ab- und Anfahrzyklen, mit dementsprechenden Temperatur- und Druckänderungen, bedingt hohe thermomechanische Spannungsgradienten (z. B. in den Dampfleitungen) die die innere schützende Magnetit-Schicht schwächt. Eine zusätzliche Kriechbeanspruchung und/oder insbesondere eine wechselnde mechanische Beanspruchung führen immer zu stark beschleunigtem Rissstart und -fortschritt [16]. Dementsprechend ist ein spezielles Monitoring von Hochtemperatur-belasteten Komponenten unabdingbar, beispielsweise im Rahmen der Zustandsüberwachung/Revision von Anlagen in der chemischen Industrie oder Energieerzeugung aus fossilen Trägern, Biomasse oder der thermischen Verwertung von Abfällen.

34

34.4 Korrosionsprüfung

Um die Korrosionsbeständigkeit eines Bauteiles zu prüfen, ist das Verhalten des Werkstoffes unter den konstruktiven vorgegebenen Besonderheiten unter einer bestimmten, meist gekoppelten, Beanspruchung und zu prüfen. Somit gibt es keinen universellen Korrosionstest. Um möglichst realistisch zu prüfen, ist ein Korrosionstest möglichst nahe an den in Wirklichkeit vorliegenden Beanspruchungen zu orientieren. Um den experimentellen Zeit- und Kostenaufwand zu begrenzen, sind die Ziele der Korrosionsprüfung festzulegen, wie z. B.:

- Bestimmung des besten geeigneten Werkstoffes (Fitness for Purpose)
- Bestimmung der Betriebs-/Lebensdauer eines technischen Produktes
- Erprobung einer neuen Legierung oder eines neuen technischen Prozesses
- Entwicklung eines neuen Werkstoffes mit verbessertem Korrosionswiderstand
- Untersuchung der Wirkung verschiedener Umgebungsmedien (Inhibierung)
- Ermittlung der ökonomischsten Variante für den Korrosionsschutz
- Studie und Aufklärung von Korrosionsmechanismen.

Um diese Ziele zu erreichen und wie bei jeder produktorientierten Prüfung, gibt es wiederum eine ganze Reihe von geeigneten Kombinationen verschiedener Korrosionsprüfverfahren, die sich entsprechend Abb. 34.27 hinsichtlich des Abstraktionsgrades vom realen Korrosionssystem unterteilen lassen:

- Online Monitoring und Feldversuche am realen Korrosionssystem
- Full Scale Tests unter realistischer Nachbildung des gesamten Korrosionssystems zur kontrollierten Identifikation von Art, Ort und Zeitpunkt möglicher Korrosionserscheinungen
- Produktorientierte Prüfung an bauteilähnlichen Proben unter vorheriger Identifikation der relevanten Beanspruchungsgrade, -orte und -richtungen
- Korrosionsprüfung an Kleinproben unter genormten und standardisierten Beanspruchungen
- Basisprüfungen zur Identifikation und Untersuchung von Korrosionsmechanismen und Verlaufserscheinungen unter Laborbedingungen.

Moderne Korrosionsprüfverfahren werden heute mit entsprechenden Modellierungs- und Simulationstechniken über alle Größenskalen begleitet. Die Auswahl der verschiedenen auf ein bestimmtes Ziel ausgerichteten und auf ein bestimmtes Korrosionssystem abgestimmten Korrosionsprüfungen erfordert oftmals sehr viel Erfahrung und sollte möglichst mit dafür ausgewiesenen Experten durchgeführt werden.

Abb. 34.27 Kombination verschiedener Korrosionsprüfverfahren

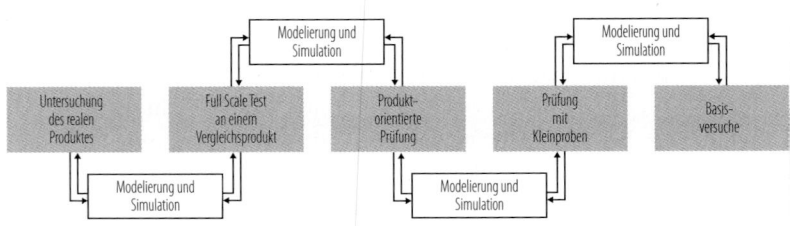

Literatur

1. DIN EN ISO 8044 (2015): Korrosion von Metallen – Grundbegriffe, Beuth, Berlin, (2015)
2. Jones, D.A.: Principles and prevention of corrosion, 2. Aufl. Prentice Hall, Upper Saddle River (1996)
3. van Oeteren, K.A.: Korrosionsschutz durch Beschichtungswerkstoffe. Hanser, München (1980)
4. Kaesche, H.: Die Korrosion der Metalle, 3. Aufl. Springer, Berlin (1991)
5. Wendler-Kalsch, E., Gräfen, H.: Korrosionsschadenkunde. Springer, Berlin (1998)
6. Mörbe, K., Morenz, W., Pohlmann, H.-W., Werner, H.: Korrosionsschutz wasserführender Anlagen. Springer, Berlin (1998)
7. Revie, R.W.: Uhlig's corrosion handbook, 2. Aufl. John Wiley & Sons, New York (2000)
8. Eick, K., Kahlen, O., Regener, D., Göllner, J.: In situ Beobachtung lokaler Korrosionserscheinungen mit Hilfe von elektrochemischen AFM-Untersuchungen. Mater Corros 51(8), 557–563 (2000)
9. Bihade, M.S., Patil, A.P., Khobragade, N.K.: Analysis of electrochemical current noise from metastable pitting of SS304L in NaCl Solutions. Trans. Indian. Inst. Met., 66(2), 155–161 (2013)
10. Böllinghaus, H., Mente, M., Wongpanya, P., Viyanit, E., Steppan, E.: Numerical modelling of hydrogen assisted cracking in steel welds. In: Böllinghaus T., Lippold, J.C., Cross, C.E (Hrsg.): Cracking phenomena in welds IV. Springer, Cham (2016)
11. Hirth, J.P.: Effects of hydrogen on the properties of iron and steel. Metall Trans A **11**(6), 861–890 (1980)
12. Birnbaum, H.K., Robertson, I.M., Sofronis, P., Teter, D.: Mechanisms of Hydrogen related fracture – a review. 2nd Intern. Conf. on Corrosion-Deformation Interactions, EFC, The Institute of Materials, London., S. 172–195 (1997)
13. Robertson, I.M., Sofronis, P., Nagao, A., Martin, M.L., Wang, S., Gross, D.W., Nygren, K.E.: Hydrogen embrittlement understood. Metall Mater Trans B **46**, 1085–1103 (2015)
14. Wolf, M., Afanasiev, R., Böllinghaus, T., Pfennig, A.: Investigation of corrosion fatigue of duplex steel X2crNiMoN22-5 3 exposed to a geothermal environment under different electrochemical conditions and load types. 1 3th International Conference on Greenhouse Gas Control Technologies, GHGT – 13, Lausanne, 14.–18. November 2016. (2017). Energy Procedia 114 (2017) 5337–5375
15. Enning, D., Garrelfs, J.: Corrosion of iron by sulfate-reducing bacteria: new views of an old problem. Appl Environ Microbiol **80**, 1226–1236 (2014)
16. Schütze, M.: Protective scales and their breakdown. Wiley, New York (1997)
17. Pawlek, F.: Metallhüttenkunde. De Gruyter, Berlin New York (1983)
18. Schütze, M.: High-temperature corrosion. In: Corrosion mechanisms in theory and practice, 3. Aufl. CRC Press, Boca Raton (2011)
19. Schatt, W., Simmchen, E., Zouhar, G.: Konstruktionswerkstoffe des Maschinen- und Anlagenbaues. Wiley, New York (2009)
20. Allely, C., Dostat, L., Clauzeau, O., Ogle, K., Volovitch, P.: Anticorrosion mechanisms of aluminized steel for hot stamping. Surf Coat Technol **238**, 188–196 (2014)
21. Grabke, H., Schütze, M.: Corrosion by Carbon and Nitrogen, Metal Dusting, Carburisation and Nitridation. Woodhead Publishing, Cambridge, United Kingdom (2007)
22. Gegner, J.: Komplexe Diffusionsprozesse in Metallen. Expert, Renningen, Deutschland (2005)

Teil V
Thermodynamik

Die Thermodynamik ist als Teilgebiet der Physik eine allgemeine Energielehre. Sie befasst sich mit den verschiedenen Erscheinungsformen der Energie und deren Umwandlung ineinander. Sie stellt die allgemeinen Gesetze bereit, die jeder Energieumwandlung zugrunde liegen. Dies sind insbesondere der erste Hauptsatz (die Energiebilanz), der zweite Hauptsatz (die Entropiebilanz) sowie die thermischen und kalorischen Zustandsgleichungen der Stoffe. Auf dieser Basis werden zunächst Zustandsänderungen reiner Stoffe beschrieben, die für technische Anwendungen relevant sind, sowie die thermodynamischen Prozesse für Wärmekraftanlagen, Kältemaschinen und Wärmepumpen, die reine Stoffe als Arbeitsmedium im Kreislauf führen. Die grundlegenden thermodynamischen Gesetze werden anschließend erweitert für die Beschreibung von Stoffgemischen und angewandt auf Zustandsänderungen feuchter Luft für die Klimatechnik sowie auf die Stoff- und Energieumwandlung für Verbrennungsprozesse. Ergänzend wird im vorliegenden Teil eine Einführung in die Grundlagen der Wärmeübertragung gegeben, da Wärmeübertragungsvorgänge und thermodynamische Prozesse in den technischen Anwendungen meist unmittelbar miteinander verknüpft sind.

Thermodynamik. Grundbegriffe

35

Peter Stephan und Karl Stephan

35.1 Systeme, Systemgrenzen, Umgebung

Unter einem thermodynamischen System, kurz auch *System* genannt, versteht man dasjenige materielle Gebilde oder Gebiet, das Gegenstand der thermodynamischen Untersuchung sein soll. Beispiele für Systeme sind eine Gasmenge, eine Flüssigkeit und ihr Dampf, ein Gemisch mehrerer Flüssigkeiten, ein Kristall oder eine energietechnische Anlage. Das System wird durch eine materielle oder gedachte *Systemgrenze* von seiner Umwelt, der sog. Umgebung getrennt. Eine Systemgrenze darf sich während des zu untersuchenden Vorgangs verschieben, beispielsweise wenn sich eine Gasmenge ausdehnt, und sie darf außerdem für Energie und Materie durchlässig sein. Energie kann über eine Systemgrenze mit einer ein- oder austretenden Materie sowie in Form von Wärme (Abschn. 37.2.3) und Arbeit (Abschn. 37.2.1) transportiert werden. Das System mit seiner Systemgrenze dient bei der Betrachtung und Berechnung von Energieumwandlungsprozessen als Bilanzraum mit seiner Bilanzgrenze. Stellt man z. B. eine Energiebilanz (Kap. 37 Erster Hauptsatz) für das System auf, so werden die über die Systemgrenze ein- und austretenden Energien und die Energieänderungen und Eigenschaften im System in Form einer Bilanzgleichung miteinander verknüpft. Ein System heißt *geschlossen*, wenn die Systemgrenze für Materie undurchlässig und *offen*, wenn sie für Materie durchlässig ist. Während die Masse eines geschlossenen Systems unveränderlich ist, ändert sich die Masse eines offenen Systems, wenn die während einer bestimmten Zeit in das System einströmende Masse von der ausströmenden verschieden ist. Sind einströmende und ausströmende Masse gleich, so bleibt auch die Masse des offenen Systems konstant. Beispiele für geschlossene Systeme sind feste Körper oder Massenelemente in der Mechanik, Beispiele für offene Systeme sind Turbinen, Strahltriebwerke, strömende Fluide (Gase oder Flüssigkeiten) in Kanälen. Ist ein System gegenüber seiner Umgebung vollkommen thermisch isoliert, kann also keine Wärme über die Systemgrenze transportiert werden, so spricht man von einem *adiabaten* System. *Abgeschlossen* nennt man ein System, das von allen Einwirkungen seiner Umgebung isoliert ist, sodass weder Energie in Form von Wärme oder Arbeit noch Materie mit der Umgebung ausgetauscht werden.

Die Unterscheidung zwischen geschlossenem und offenem System entspricht der Unterscheidung zwischen *Lagrangeschem* und *Eulerschem Bezugssystem* in der Strömungsmechanik. Im Lagrangeschen Bezugssystem, das dem geschlossenen System entspricht, untersucht man die Bewegung eines Fluids, indem man dieses in klei-

3

P. Stephan (✉)
Technische Universität Darmstadt
Darmstadt, Deutschland
E-Mail: pstephan@ttd.tu-darmstadt.de

K. Stephan
Universität Stuttgart
Stuttgart, Deutschland
E-Mail: stephan@itt.uni-stuttgart.de

© Springer-Verlag GmbH Deutschland, ein Teil von Springer Nature 2020
B. Bender und D. Göhlich (Hrsg.), *Dubbel Taschenbuch für den Maschinenbau 1: Grundlagen und Tabellen*,
https://doi.org/10.1007/978-3-662-59711-8_35

ne Elemente von unveränderlicher Masse zerlegt und deren Bewegungsgleichung ableitet. Im Eulerschen Bezugssystem, das dem offenen System entspricht, denkt man sich im Raum ein festes Volumenelement aufgespannt und untersucht die Strömung des Fluids durch das Volumenelement hindurch. Beide Arten der Beschreibung sind einander äquivalent, und es ist oft nur eine Frage der Zweckmäßigkeit, ob man ein geschlossenes oder offenes System der Betrachtung zugrunde legt.

35.2 Beschreibung des Zustands eines Systems. Thermodynamische Prozesse

Ein System wird durch bestimmte physikalische Größen charakterisiert, die man messen kann, beispielsweise Druck, Temperatur, Dichte, elektrische Leitfähigkeit, Brechungsindex und andere. Der *Zustand eines Systems* ist dadurch bestimmt, dass alle diese physikalischen Größen, die sog. *Zustandsgrößen*, feste Werte annehmen. Den Übergang eines Systems von einem Zustand in einen anderen nennt man *Zustandsänderung*.

Beispiel

Ein Ballon ist mit Gas gefüllt. Thermodynamisches System sei das Gas. Die Masse des Gases ist, wie die Messung zeigt, durch Volumen, Druck und Temperatur bestimmt. Zustandsgrößen des Systems sind also Volumen, Druck und Temperatur, und der Zustand des Systems (Gases) ist durch ein festes Wertetripel von Volumen, Druck und Temperatur gekennzeichnet. Den Übergang zu einem anderen festen Wertetripel, beispielsweise wenn eine gewisse Gasmasse ausströmt, nennt man Zustandsänderung. ◄

Den mathematischen Zusammenhang zwischen Zustandsgrößen nennt man *Zustandsgleichung*.

Beispiel

Das Volumen des Gases in einem Ballon erweist sich als eine Funktion von Druck und Temperatur. Der mathematische Zusammenhang zwischen diesen Zustandsgrößen ist eine solche Zustandsgleichung. ◄

Zustandsgrößen unterteilt man in drei Klassen: *Intensive* Zustandsgrößen sind unabhängig von der Größe des Systems und behalten somit bei einer Teilung des Systems in Untersysteme ihre Werte bei.

Beispiel

Unterteilt man einen mit Gas von einheitlicher Temperatur gefüllten Raum in kleinere Räume, so bleibt die Temperatur unverändert. Sie ist eine intensive Zustandsgröße. ◄

Zustandsgrößen, die proportional zur Masse des Systems sind, heißen *extensive* Zustandsgrößen.

Beispiel

Das Volumen, die Energie oder die Masse selbst. ◄

Dividiert man eine extensive Zustandsgröße X durch die Masse m des Systems, so erhält man eine *spezifische* Zustandsgröße $x = X/m$.

Beispiel

Extensive Zustandsgröße sei das Volumen eines Gases, spezifische Zustandsgröße ist dann das *spezifische Volumen* $v = V/m$, wenn m die Masse des Gases ist. SI-Einheit des spez. Volumens ist m^3/kg. ◄

Zustandsänderungen kommen durch Wechselwirkungen mit der Umgebung des Systems zustande, beispielsweise dadurch, dass Energie über die Systemgrenze zu- oder abgeführt wird. Zur Beschreibung einer Zustandsänderung genügt es, allein den zeitlichen Verlauf der Zustandsgrößen anzugeben. Die Beschreibung eines Prozesses erfordert zusätzlich Angaben über Größe und Art der Wechselwirkungen mit der Umgebung. Unter einem *Prozess* versteht man somit die durch bestimmte äußere Einwirkungen hervorgerufenen

Zustandsänderungen. Der Begriff Prozess ist also weiter gefasst als der Begriff Zustandsänderung. So kann z. B. ein und dieselbe Zustandsänderung durch verschiedene Prozesse hervorgerufen werden.

Temperaturen. Gleichgewichte

36

Peter Stephan und Karl Stephan

36.1 Thermisches Gleichgewicht

Häufig sprechen wir von „heißen" oder „kalten" Körpern, ohne solche Zustände zunächst genau durch eine Zustandsgröße zu quantifizieren.

Bringt man nun ein solches geschlossenes heißes System A mit einem geschlossenen kalten System B in Kontakt, so wird über die Kontaktfläche Energie in Form von Wärme transportiert. Dabei ändern sich die Zustandsgrößen beider Systeme mit der Zeit bis sich nach hinreichend langer Zeit neue feste Werte einstellen und der Energietransport zum Stillstand kommt. In diesem Endzustand herrscht *thermisches Gleichgewicht* zwischen den Systemen.

Die Geschwindigkeit, mit der die Systeme diesen Gleichgewichtszustand erreichen, hängt von der Art des Kontakts der Systeme sowie ihrer thermischen Eigenschaften ab. Sind die Systeme z. B. nur durch eine dünne Metallwand voneinander getrennt, so wird sich das Gleichgewicht schneller einstellen, als wenn sie durch eine dicke Wand aus Polystyrolschaum getrennt sind.

Eine Trennwand, die lediglich jeden Stoffaustausch und auch jede mechanische, magnetische oder elektrische Wechselwirkung verhindert, den

P. Stephan (✉)
Technische Universität Darmstadt
Darmstadt, Deutschland
E-Mail: pstephan@ttd.tu-darmstadt.de

K. Stephan
Universität Stuttgart
Stuttgart, Deutschland
E-Mail: stephan@itt.uni-stuttgart.de

Transport von Wärme jedoch zulässt, nennt man *diatherm*. Eine diatherme Wand ist „thermisch" leitend. Eine thermisch vollkommen isolierende Wand, nennt man *adiabat*.

36.2 Nullter Hauptsatz und empirische Temperatur

Herrscht thermisches Gleichgewicht zwischen den Systemen A und C und den Systemen B und C, dann befinden sich erfahrungsgemäß auch die Systeme A und B im thermischen Gleichgewicht, wenn man sie über eine diatherme Wand miteinander in Kontakt bringt. Diesen Erfahrungssatz bezeichnet man als „*nullten Hauptsatz der Thermodynamik*". Er lautet: Zwei Systeme im thermischen Gleichgewicht mit einem dritten befinden sich auch untereinander im thermischen Gleichgewicht.

Um festzustellen, ob sich zwei Systeme A und B im thermischen Gleichgewicht befinden, bringt man sie nacheinander in Kontakt mit einem System C, dessen Masse klein sei im Vergleich zu derjenigen der Systeme A und B, damit Zustandsänderungen in den Systemen A und B während der Gleichgewichtseinstellung vernachlässigbar sind. Bringt man C erst mit A in Kontakt, so ändern sich bestimmte Zustandsgrößen von C, beispielsweise sein elektrischer Widerstand. Diese Zustandsgrößen bleiben beim anschließenden Kontakt zwischen B und C unverändert, wenn zuvor thermisches Gleichgewicht zwischen A und B herrschte. Mit C kann man so prüfen, ob zwischen A und B thermisches Gleichgewicht herrscht. Den Zustandsgrößen von C nach Einstellung des Gleichgewichts kann man beliebige feste Zahlen zuordnen. Diese nennt man *empirische Temperaturen*, das Messgerät selbst ist ein *Thermometer*.

36.3 Temperaturskalen

Zur Konstruktion und Definition der empirischen Temperaturskalen dient das Gasthermometer (Abb. 36.1), mit dem man den Druck p misst, der vom Gasvolumen V ausgeübt wird. Das Gasthermometer wird nun mit Systemen in Kontakt gebracht, deren thermischer Zustand konstant ist, z. B. ein Gemisch aus Eis und Wasser bei festgelegtem Druck. Nach hinreichend langer Zeit wird das Gasthermometer im thermischen Gleichgewicht mit dem in Kontakt befindlichen System sein. Das Gasvolumen V wird dabei durch Verändern der Höhe Δz der Quecksilbersäule konstant gehalten. Der durch die Quecksilbersäule und die Umgebung ausgeübte Druck p wird gemessen und das Produkt pV gebildet. Messungen bei verschiedenen hinreichend geringen Drücken ergeben durch Extrapolation einen Grenzwert

$$\lim_{p \to 0} pV = A \, .$$

Diesem aus den Messungen ermittelten Wert A ordnet man eine empirische Temperatur zu durch den linearen Ansatz

$$T = \text{const} \cdot A \, . \qquad (36.1)$$

Nach Festlegung der Konstanten „const" braucht man nur jeweils den Wert A aus den Messungen zu ermitteln und kann dann aus Gl. (36.1)

Abb. 36.1 Gasthermometer mit Gasvolumen V im Kolben bis zur Quecksilbersäule

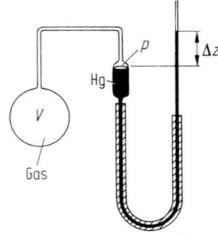

die empirische Temperatur T berechnen. Dem zur Festlegung der empirischen Temperaturskala benötigten „Fixpunkt" hat die 10. Generalkonferenz für Maße und Gewichte in Paris 1954 den Tripelpunkt des Wassers mit der Temperatur $T_{\text{tr}} = 273{,}16$ Kelvin (abgekürzt 273,16 K) zugeordnet. Am Tripelpunkt des Wassers stehen Dampf, flüssiges Wasser und Eis miteinander im Gleichgewicht bei einem Druck von $(611{,}657 \pm 0{,}010)$ Pa. Die so eingeführte Temperaturskala bezeichnet man als *Kelvin-Skala*. Sie ist identisch mit der *thermodynamischen Temperaturskala*. Es ist

$$T = T_{\text{tr}} \, A/A_{\text{tr}} \, , \qquad (36.1a)$$

wenn A_{tr} der mit einem Gasthermometer am Tripelpunkt des Wassers gemessene Wert der Größe A ist.

Auf der *Celsius-Skala*, deren Temperatur t man in °C angibt, wurde der Eispunkt des Wassers beim Druck von 0,101325 MPa mit $t_0 = 0\,°\text{C}$ und der Siedepunkt beim gleichen Druck mit $t_1 = 100\,°\text{C}$ festgelegt. In absoluten Temperaturen entspricht dies recht genau $T_0 = 273{,}15$ K bzw. $T_1 = 373{,}15$ K. Die Temperatur $T_{\text{tr}} = 273{,}16$ K am Tripelpunkt des Wassers liegt um rund 0,01 K höher als die Temperatur am Eispunkt. Die Umrechnung der Temperaturen erfolgt entsprechend der Zahlenwertgleichung

$$T = t + 273{,}15 \qquad (36.2)$$

mit t in °C und T in K.

Im Angelsächsischen ist noch die *Fahrenheit-Skala* üblich mit der Temperatur am Eispunkt des Wassers bei 32 °F und der am Siedepunkt bei 212 °F (Druck jeweils 0,101325 MPa). Zur Umrechnung einer in °F angegebenen Temperatur t_F in die Celsius-Temperatur t in °C gilt

$$t = \frac{5}{9} \left(t_F - 32 \right) \, . \qquad (36.3)$$

Die vom absoluten Nullpunkt in °F gezählte Skala bezeichnet man als *Rankine-Skala* (°R). Es ist

$$T_R = \frac{9}{5} T \, , \qquad (36.4)$$

T_R in °R, T in K. Der Eispunkt des Wassers liegt bei 491,67 °R.

36.3.1 Die Internationale Praktische Temperaturskala

Da die genaue Messung von Temperaturen mit Hilfe des Gasthermometers schwierig und zeitraubend ist, hat man die Internationale Praktische Temperaturskala durch Gesetz eingeführt. Sie wird vom internationalen Komitee für Maß und Gewicht so festgelegt, dass die Temperatur in ihr möglichst genau die thermodynamische Temperatur bestimmter Stoffe annähert. Die Internationale Praktische Temperaturskala ist durch die Schmelz- und Siedepunkte dieser Stoffe festgelegt, die so genau wie möglich mit Hilfe des Gasthermometers in den wissenschaftlichen Staatsinstituten der verschiedenen Länder bestimmt wurden. Zwischen diesen Festpunkten wird durch Widerstandsthermometer, Thermoelemente und Strahlungsmessgeräte interpoliert, wobei bestimmte Vorschriften für die Beziehungen zwischen den unmittelbar gemessenen Größen und der Temperatur gegeben werden.

Die wesentlichen, in allen Staaten gleichen Bestimmungen über die Internationale Temperaturskala lauten:

1. In der Internationalen Temperaturskala von 1948 werden die Temperaturen mit „°C" oder „°C (Int. 1948)" bezeichnet und durch das Formelzeichen t dargestellt.
2. Die Skala beruht einerseits auf einer Anzahl fester und stets wieder herstellbarer Gleichgewichtstemperaturen (Fixpunkte), denen bestimmte Zahlenwerte zugeordnet werden, andererseits auf genau festgelegten Formeln, die die Beziehungen zwischen der Temperatur und den Anzeigen von Messinstrumenten, die bei diesen Fixpunkten kalibriert werden, herstellen.
3. Die Fixpunkte und die ihnen zugeordneten Zahlenwerte sind in Tabellen (s. Tab. 36.1) zusammengestellt. Mit Ausnahme der Tripelpunkte entsprechen die zugeordneten Temperaturen Gleichgewichtszuständen bei dem Druck der physikalischen Normalatmosphäre, d. h. per definitionem bei 0,101 325 MPa.
4. Zwischen den Fixpunkttemperaturen wird mit Hilfe von Formeln interpoliert, die ebenfalls durch internationale Vereinbarungen festgelegt sind. Dadurch werden Anzeigen der sog. Normalgeräte, mit denen die Temperaturen zu messen sind, Zahlenwerte der Internationalen Praktischen Temperatur zugeordnet.

Zur Erleichterung von Temperaturmessungen hat man eine Reihe weiterer thermometrischer Festpunkte von leicht genügend rein herstellbaren Stoffen so genau wie möglich an die gesetzliche Temperaturskala angeschlossen. Die wichtigsten sind im Tab. 36.2 zusammengestellt. Als Normalgerät wird zwischen dem Tripelpunkt von 13,8033 K ($= -259,3467\,°C$) des Gleichgewichtswasserstoffs und dem Erstarrungspunkt des Silbers bei 1234,93 K ($= 961,78\,°C$) das Platinwiderstandsthermometer verwendet. Zwischen dem Erstarrungspunkt des Silbers und dem Erstarrungspunkt des Goldes von 1337,33 K ($= 1064,18\,°C$) benutzt man als Normalgerät ein Platinrhodium (10 % Rhodium)/Platin-Thermopaar. Oberhalb des Erstarrungspunkts von Gold wird die Internationale Praktische Temperatur durch das *Plancksche Strahlungsgesetz*

$$\frac{J_t}{J_{Au}} = \frac{\exp\left[\frac{c_2}{\lambda(t_{Au}+T_0)}\right] - 1}{\exp\left[\frac{c_2}{\lambda(t+T_0)}\right] - 1} \tag{36.5}$$

definiert; J_t und J_{Au} bedeuten die Strahlungsenergien, die ein schwarzer Körper bei der Wellenlänge λ je Fläche, Zeit und Wellenlängenintervall bei der Temperatur t und beim Goldpunkt t_{Au} aussendet; c_2 ist der als 0,014 388 Meterkelvin festgesetzte Wert der Konstante c_2; $T_0 = 273,15$ K ist der Zahlenwert der Temperatur des Eisschmelzpunkts; λ ist der Zahlenwert einer Wellenlänge des sichtbaren Spektralgebiets in m.

Praktische Temperaturmessung s. Bd. 2, Abschn. 31.7 und [1].

Tab. 36.1 Fixpunkte der Internationalen Temperaturskala von 1990 (IPTS-90)

Gleichgewichtszustand	Zugeordnete Werte der Internationalen Praktischen Temperatur	
	T_{90} [K]	t_{90} [°C]
Dampfdruck des Heliums	3 bis 5	−270,15 bis −268,15
Tripelpunkt des Gleichgewichtswasserstoffs	13,8033	−259,3467
Dampfdruck des Gleichgewichtswasserstoffs	≈ 17	≈ −256,15
	≈ 20,3	≈ −252,85
Tripelpunkt des Neons	24,5561	−248,5939
Tripelpunkt des Sauerstoffs	54,3584	−218,7916
Tripelpunkt des Argons	83,8058	−189,3442
Tripelpunkt des Quecksilbers	234,3156	−38,8344
Tripelpunkt des Wassers	273,16	0,01
Schmelzpunkt des Galliums	302,9146	29,7646
Erstarrungspunkt des Indiums	429,7485	156,5985
Erstarrungspunkt des Zinns	505,078	231,928
Erstarrungspunkt des Zinks	692,677	419,527
Erstarrungspunkt des Aluminiums	933,473	660,323
Erstarrungspunkt des Silbers	1234,93	961,78
Erstarrungspunkt des Goldes	1337,33	1064,18
Erstarrungspunkt des Kupfers	1357,77	1084,62

Alle Stoffe außer Helium sollen die natürliche Isotopenzusammensetzung haben. Wasserstoff besteht aus Ortho- und Parawasserstoff bei Gleichgewichtszusammensetzung.

Tab. 36.2 Einige thermometrische Festpunkte E: Erstarrungspunkt und Sd: Siedepunkt beim Druck 101,325 kPa, Tr: Tripelpunkt

		°C
Normalwasserstoff	Tr	−259,198
Normalwasserstoff	Sd	−252,762
Stickstoff	Sd	−195,798
Kohlendioxid	Tr	−56,559
Brombenzol	Tr	−30,726
Wasser (luftgesättigt)	E	0
Benzoesäure	Tr	122,34
Indium	Tr	156,593
Wismut	E	271,346
Cadmium	E	320,995
Blei	E	327,387
Quecksilber	Sd	356,619
Schwefel	Sd	444,613
Antimon	E	630,63
Palladium	E	1555
Platin	E	1768
Rhodium	E	1962
Iridium	E	2446
Wolfram	E	3418

Aus: Pavese, F.; Molinar, G.F.: Modern gas-based temperature and pressure measurements. New York: Plenum Publ. 1992.

Literatur

Spezielle Literatur

1. VDE/VDI-Richtlinie 3511, Technische Temperaturmessungen, Juni 2015

Erster Hauptsatz

37

Peter Stephan und Karl Stephan

37.1 Allgemeine Formulierung

Der erste Hauptsatz ist ein *Erfahrungssatz*. Er kann nicht bewiesen werden und gilt nur deshalb, weil alle Schlussfolgerungen, die man aus ihm zieht, mit der Erfahrung in Einklang stehen. Er besagt allgemein, dass Energie nicht verloren geht und nicht aus dem Nichts entsteht. Energie ist also eine Erhaltungsgröße. Das bedeutet, dass die Energie eines Systems E nur durch Austausch von Energie mit der Umgebung geändert werden kann, wobei man vereinbart, dass eine dem System zugeführte Energie positiv, eine abgeführte negativ ist.

Der Austausch von Energie mit der Umgebung kann prinzipiell auf drei Arten erfolgen: durch Transport von Wärme Q, von Arbeit W oder von Masse über die Systemgrenze, wobei die an Massetransport gebundene Energie E_m sei. In differentieller Schreibweise lautet die allgemeine Formulierung des ersten Hauptsatzes somit

$$\mathrm{d}E = \mathrm{d}Q + \mathrm{d}W + \mathrm{d}E_m \,. \tag{37.1}$$

Eine grundlegende Formulierung des ersten Hauptsatzes lautet:

P. Stephan (✉)
Technische Universität Darmstadt
Darmstadt, Deutschland
E-Mail: pstephan@ttd.tu-darmstadt.de

K. Stephan
Universität Stuttgart
Stuttgart, Deutschland
E-Mail: stephan@itt.uni-stuttgart.de

Jedes System besitzt eine extensive Zustandsgröße Energie. Sie ist in einem abgeschlossenen System konstant.

37.2 Die verschiedenen Energieformen

Um den ersten Hauptsatz mathematisch formulieren zu können, muss man zwischen den verschiedenen Energieformen unterscheiden und diese definieren.

37.2.1 Arbeit

In der Thermodynamik übernimmt man den Begriff der Arbeit aus der Mechanik und definiert:

Greift an einem System eine Kraft an, so ist die an dem System verrichtete Arbeit gleich dem Produkt aus der Kraft und der Verschiebung des Angriffspunkts der Kraft.

Es ist die längs eines Wegs z zwischen den Punkten *1* und *2* von der Kraft F verrichtete Arbeit

$$W_{12} = \int_1^2 \boldsymbol{F} \cdot \mathrm{d}z \,. \tag{37.2}$$

Unter *mechanischer Arbeit* W_{m12} versteht man die Arbeit der Kräfte, die ein geschlossenes System der Masse m von der Geschwindigkeit w_1 auf w_2 beschleunigen und es im Schwerefeld gegen die Fallbeschleunigung g von der Höhe z_1 auf z_2 anheben. Das heißt, die kinetische Energie

$mw^2/2$ und die potentielle Energie des Systems mgz werden verändert. Es gilt

$$W_{m12} = m \left(\frac{w_2^2}{2} - \frac{w_1^2}{2} \right) + mg \, (z_2 - z_1) \ . \tag{37.3}$$

Gl. (37.3) ist bekannt als der Energiesatz der Mechanik. *Volumenarbeit* ist die Arbeit, die man verrichten muss, um das Volumen eines Systems zu ändern. In einem System vom Volumen V, das den veränderlichen Druck p besitzt, verschiebt sich dabei ein Element dA der Oberfläche um die Strecke dz. Die verrichtete Arbeit ist

$$dW_v = -p \int_A dA \cdot dz = -p \, dV \ , \tag{37.4}$$

und es ist

$$W_{v\,12} = - \int_1^2 p \, dV \ . \tag{37.5}$$

Das Minuszeichen kommt dadurch zustande, dass eine zugeführte Arbeit vereinbarungsgemäß positiv ist und zu einer Volumenverkleinerung führt. Gl. (37.5) gilt nur, wenn der Druck p im Inneren des Systems in jedem Augenblick der Zustandsänderung eine eindeutige Funktion des Volumens und gleich dem von der Umgebung ausgeübten Druck ist. Ein kleiner Über- oder Unterdruck der Umgebung bewirkt dann entweder eine Volumenabnahme oder -zunahme des Systems. Man bezeichnet solche Zustandsänderungen, bei denen ein beliebig kleines „Übergewicht" genügt, um sie in der einen oder anderen Richtung ablaufen zu lassen, als *reversibel*. Gl. (37.5) ist daher die Volumenarbeit bei reversibler Zustandsänderung. In wirklichen Prozessen bedarf es zur Überwindung der Reibung im Inneren des Systems eines endlichen Überdrucks der Umgebung. Solche Zustandsänderungen sind *irreversibel*. Die zugeführte Arbeit ist um den dissipierten Anteil $(W_{diss})_{12}$ größer. Die Volumenarbeit bei irreversibler Zustandsänderung ist

$$W_{v\,12} = - \int_1^2 p \, dV + (W_{diss})_{12} \ . \tag{37.6}$$

Die stets positive *Dissipationsarbeit* erhöht die Energie des Systems und bewirkt einen anderen Zustandsverlauf $p(V)$ als im reversiblen Fall. Voraussetzung für die Berechnung des Integrals in Gl. (37.6) ist, dass p eine eindeutige Funktion von V ist. Die Gl. (37.6) gilt also beispielsweise nicht mehr in einem Systembereich, durch den eine Schallwelle läuft.

Allgemein lässt sich Arbeit als Produkt aus einer generalisierten Kraft F_k und einer generalisierten Verschiebung dX_k herleiten. Hinzuzufügen ist bei wirklichen Prozessen die dissipierte Arbeit

$$dW = \sum F_k \, dX_k + dW_{diss} \ . \tag{37.7}$$

Man erkennt: In irreversiblen Prozessen, $W_{diss} > 0$, ist mehr Arbeit aufzuwenden, oder es wird weniger Arbeit gewonnen als in reversiblen, $W_{diss} = 0$.

In Tab. 37.1 sind verschiedene Formen der Arbeit aufgeführt.

Unter *technischer Arbeit* versteht man die von einer Maschine – Verdichter, Turbine, Strahltriebwerk u. a. – an einem Stoffstrom verrichtete Arbeit. Erfährt eine Masse m längs eines Wegs dz durch eine Maschine eine Druckerhöhung dp, so ist die technische Arbeit

$$dW_t = m \upsilon \, dp + dW_{diss} \ .$$

Werden außerdem kinetische und potentielle Energie des Stoffstroms geändert, so wird noch eine mechanische Arbeit verrichtet. Die längs des Wegs *1–2* verrichtete technische Arbeit ist

$$W_{t12} = \int_1^2 V \, dp + (W_{diss})_{12} + W_{m12} \ , \tag{37.8}$$

mit W_{m12} nach Gl. (37.3).

37.2.2 Innere Energie und Systemenergie

Außer der kinetischen und potentiellen Energie besitzt jedes System noch in seinem Inneren *gespeicherte Energie* in Form von Translations-,

Tab. 37.1 Verschiedene Formen der Arbeit. Einheiten im Internationalen Einheitensystem sind in Klammern angegeben

Art der Arbeit	Generalisierte Kraft	Generalisierte Verschiebung	Verrichtete Arbeit
lineare elastische Verschiebung	Kraft F [N]	Verschiebung dz [m]	$dW = F\,dz = \sigma\,d\varepsilon V$ [Nm]
Drehung eines starren Körpers	Drehmoment M_d [Nm]	Drehwinkel $d\alpha$ [–]	$dW = M_d\,d\alpha$ [Nm]
Volumenarbeit	Druck p [N/m^2]	Volumen dV [m^3]	$dW_v = -p\,dV$ [Nm]
Oberflächenvergrößerung	Oberflächenspannung σ' [N/m]	Fläche A [m^2]	$dW = \sigma'\,dA$ [Nm]
elektrische Arbeit	Spannung U_e [V]	Ladung Q_e [C]	$dW = U_e\,dQ_e$ [Ws] in einem linearen Leiter vom Widerstand R $dW = U_e I\,dt$ $= RI^2\,dt$ $= (U^2/R)\,dt$ [Ws]
magnetische Arbeit, im Vakuum	magnetische Feldstärke H_0 [A/m]	magnetische Induktion $dB_0 = \mu_0 H_0$ [Vs/m^2]	$dW^v = \mu_0 \boldsymbol{H}_0 \cdot d\boldsymbol{H}_0$ [Ws/m^3]
Magnetisierung	magnetische Feldstärke H [A/m]	magnetische Induktion $dB = d(\mu_0 H + M)$ [Vs/m^2]	$dW^v = \boldsymbol{H} \cdot d\boldsymbol{B}$ [Ws/m^3]
elektrische Polarisation	elektrische Feldstärke E [V/m]	dielektrische Verschiebung $dD = d(\varepsilon_0 E + P)$ [As/m^2]	$dW^v = \boldsymbol{E} \cdot d\boldsymbol{D}$ [Ws/m^3]

Rotations- und Schwingungsenergie der Elementarteilchen. Man nennt diese die *innere Energie U* des Systems. Sie ist eine extensive Zustandsgröße. Die gesamte Systemenergie E eines Systems der Masse m besteht aus innerer Energie, kinetischer Energie E_{kin} und potentieller Energie E_{pot}

$$E = U + E_{kin} + E_{pot} . \qquad (37.9)$$

37.2.3   Wärme

Die innere Energie eines Systems kann man ändern, indem man an ihm Arbeit verrichtet oder Materie zu- oder abführt. Man kann sie aber auch ändern, indem man das System mit seiner Umgebung, die eine andere Temperatur aufweist, in Kontakt bringt. Als Folge wird Energie über die Systemgrenze transportiert, um dem thermischen Gleichgewicht zwischen System und Umgebung zuzustreben. Diese Energie nennt man Wärme.

Wärme lässt sich demnach allgemein als diejenige Energie definieren, die ein System mit seiner Umgebung austauscht und die nicht als Arbeit oder mit Materie die Systemgrenze überschreitet.

Man schreibt hierfür Q_{12}, wenn das System durch Wärme vom Zustand *1* in den Zustand *2*

überführt wird. Vereinbarungsgemäß ist eine *zugeführte* Wärme *positiv*, eine *abgeführte negativ*.

37.3   Anwendung auf geschlossene Systeme

Für ein geschlossenes System folgt aus der allgemeinen Formulierung des ersten Hauptsatzes nach Gl. (37.1)

$$dE = dQ + dW .$$

Die einem geschlossenen System während einer Zustandsänderung von *1* nach *2* zugeführte Wärme Q_{12} und Arbeit W_{12} bewirken eine Änderung der Energie E des Systems um

$$E_2 - E_1 = Q_{12} + W_{12} . \qquad (37.10)$$

W_{12} umfasst alle am System verrichteten Arbeiten. Wird keine mechanische Arbeit verrichtet, so wird nur die innere Energie geändert, nach Gl. (37.9) ist dann $E = U$. Setzt man weiter voraus, dass am System nur Volumenarbeit verrichtet wird, so lautet Gl. (37.10)

$$U_2 - U_1 = Q_{12} - \int_1^2 p\,\mathrm{d}V + (W_{\mathrm{diss}})_{12}\ .\quad (37.11)$$

37.4 Anwendung auf offene Systeme

37.4.1 Stationäre Prozesse

In der Technik wird meistens von einem stetig durch eine Maschine fließenden Stoffstrom Arbeit verrichtet. Ist die zeitlich verrichtete Arbeit konstant, so bezeichnet man den Prozess als *stationären Fließprozess*. Ein typisches Beispiel zeigt Abb. 37.1: Ein Stoffstrom eines Fluids (Gas oder Flüssigkeit) vom Druck p_1 und der Temperatur T_1 ströme mit der Geschwindigkeit w_1 in das System σ ein. In einer Maschine wird Arbeit verrichtet, die als technische Arbeit $W_{\mathrm{t}12}$ an der Welle zugeführt wird. Das Fluid durchströmt einen Wärmeübertrager, in dem mit der Umgebung eine Wärme Q_{12} ausgetauscht wird, und verlässt dann das System σ bei einem Druck p_2, der Temperatur T_2 und der Geschwindigkeit w_2. Verfolgt man den Weg einer konstanten Masse Δm durch das System σ, so würde ein mitbewegter Beobachter die Masse Δm als geschlossenes System ansehen. Dies entspricht der Lagrangeschen Betrachtungsweise in der Strömungslehre. Entsprechend gilt hierfür der erste Hauptsatz, Gl. (37.10) für geschlossene Systeme. Die an Δm verrichtete Arbeit setzt sich zusammen aus $\Delta m\, p_1 v_1$, um Δm aus der Umgebung über die Systemgrenze zu schieben, aus der technischen Arbeit $W_{\mathrm{t}12}$ und der Arbeit $-\Delta m\, p_2 v_2$, um Δm über die System-

grenze wieder in die Umgebung zu bringen. Es ist somit die am geschlossenen System verrichtete Arbeit

$$W_{12} = W_{\mathrm{t}12} + \Delta m(p_1 v_1 - p_2 v_2)\ .\quad (37.12)$$

Den Term $\Delta m(p_1 v_1 - p_2 v_2)$ nennt man *Verschiebearbeit*. Um sie unterscheidet sich die technische Arbeit $W_{\mathrm{t}12}$ von der Arbeit am geschlossenen System. Der erste Hauptsatz für das geschlossene System, Gl. (37.10) lautet damit

$$E_2 - E_1 = Q_{12} + W_{\mathrm{t}12} + \Delta m(p_1 v_1 - p_2 v_2)\quad (37.13)$$

mit E nach Gl. (37.9). Man definiert die Zustandsgröße *Enthalpie H* durch

$$H = U + pV \quad \text{bzw.} \quad h = u + pv \quad (37.14)$$

und kann damit Gl. (37.13) schreiben

$$0 = Q_{12} + W_{t12} + \Delta m \left(h_1 + \frac{w_1^2}{2} + gz_1 \right)$$
$$- \Delta m \left(h_2 + \frac{w_2^2}{2} + gz_2 \right)\ .\quad (37.15)$$

In dieser Form verwendet man den ersten Hauptsatz für stationäre Fließprozesse offener Systeme. Man erkennt aus Gl. (37.15), dass die Summe der über die Systemgrenze σ (Abb. 37.1) transportierten Energien gleich null ist, da es sich um einen stationären Prozess handelt. Diese Energien sind die Wärme Q_{12}, die technische Arbeit W_{12} sowie die mit dem Massenelement Δm zugeführte Energie

$$\Delta m \left(h_1 + \frac{w_1^2}{2} + gz_1 \right)$$

und die mit ihm abgeführte Energie

$$\Delta m \left(h_2 + \frac{w_2^2}{2} + gz_2 \right)\ .$$

In differenzieller Form kann man Gl. (37.15) wie folgt schreiben

$$0 = \mathrm{d}Q + \mathrm{d}W_{\mathrm{t}} + \mathrm{d}m \left(h_1 + \frac{w_1^2}{2} + gz_1 \right)$$
$$- \mathrm{d}m \left(h_2 + \frac{w_2^2}{2} + gz_2 \right)\ .$$

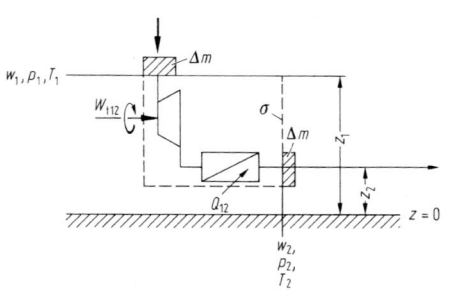

Abb. 37.1 Arbeit am offenen System

Diese Form folgt aus der allgemeinen Formulierung des ersten Hauptsatzes Gl. (37.1) mit $\mathrm{d}E = 0$ und den Definitionen für technische Arbeit (Gl. (37.12)) und Enthalpie (Gl. (37.14)):

$$0 = \mathrm{d}Q + \mathrm{d}W + \mathrm{d}E_{\mathrm{m}} .$$

Betrachtet man einen kontinuierlich ablaufenden Prozess, so wählt man anstatt Gl. (37.15) besser folgende Form der Bilanzgleichung

$$0 = \dot{Q} + P + \dot{m}\left(h_1 + \frac{w_1^2}{2} + gz_1\right) - \dot{m}\left(h_2 + \frac{w_2^2}{2} + gz_2\right) ,$$

wobei $\dot{Q} = \mathrm{d}Q/\mathrm{d}\tau$ der Wärmestrom, $P = \mathrm{d}W_{\mathrm{t}}/\mathrm{d}\tau$ die technische Leistung und $\dot{m}$ der Massenstrom sind. Häufig sind Änderungen von kinetischer und potentieller Energie vernachlässigbar. Dann vereinfacht sich Gl. (37.15) zu

$$0 = Q_{12} + W_{\mathrm{t}12} + H_1 - H_2 . \tag{37.16}$$

Sonderfälle hiervon sind:

a) *Adiabate* Zustandsänderungen, wie sie in Verdichtern, Turbinen und Triebwerken näherungsweise auftreten

$$0 = W_{\mathrm{t}12} + H_1 - H_2 . \tag{37.17}$$

b) Die *Drosselung* einer Strömung in einer adiabaten Rohrleitung durch eingebaute Hindernisse, Abb. 37.2. Diese bewirken eine Druckabsenkung. Es ist

$$H_1 = H_2 \tag{37.18}$$

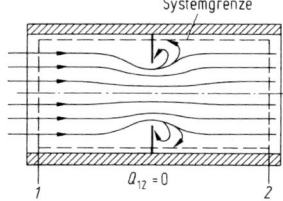

Abb. 37.2 Adiabate Drosselung

vor und nach der Drosselstelle. Bei der Drosselung bleibt die Enthalpie konstant. Man beachte, dass die Änderung der kinetischen und der potentiellen Energie vernachlässigt wurde.

37.4.2 Instationäre Prozesse

Ist im System nach Abb. 37.1 die während einer bestimmten Zeit zugeführte Materie Δm_1 von der während der gleichen Zeit abgeführten Materie Δm_2 verschieden, so wird Materie im Inneren des Systems gespeichert, was zu einer zeitlichen Änderung von dessen innerer Energie und u. U. auch der kinetischen und potentiellen Energie führt. Die Energie des Systems ändert sich während einer Zustandsänderung *1–2* um $E_2 - E_1$, sodass an Stelle von Gl. (37.15) folgende Form des ersten Hauptsatzes tritt

$$E_2 - E_1 = Q_{12} + W_{\mathrm{t}12} + \Delta m_1\left(h_1 + \frac{w_1^2}{2} + gz_1\right) - \Delta m_2\left(h_2 + \frac{w_2^2}{2} + gz_2\right) . \tag{37.19}$$

Sind die Fluidzustände *1* beim Einströmen und *2* beim Ausströmen zeitlich veränderlich, so geht man zweckmäßigerweise zur differentiellen Schreibweise über:

$$\mathrm{d}E = \mathrm{d}Q + \mathrm{d}W_{\mathrm{t}} + \mathrm{d}m_1\left(h_1 + \frac{w_1^2}{2} + gz_1\right) - \mathrm{d}m_2\left(h_2 + \frac{w_2^2}{2} + gz_2\right) , \tag{37.20}$$

die der allgemeinen Formulierung des ersten Hauptsatzes nach Gl. (37.1)

$$\mathrm{d}E = \mathrm{d}Q + \mathrm{d}W + \mathrm{d}E_{\mathrm{m}}$$

entspricht.

Um das Füllen oder Entleeren von Behältern zu untersuchen, kann man meistens die Änderungen von kinetischer und potentieller Energie vernachlässigen, außerdem wird oft keine technische Arbeit verrichtet, sodass sich Gl. (37.20) verkürzt zu

$$dU = dQ + h_1 dm_1 - h_2 dm_2 \qquad (37.21)$$

mit der (zeitlich veränderlichen) inneren Energie $U = um$ des im Behälter eingeschlossenen Stoffs. Vereinbarungsgemäß ist hierin dm_1 die dem System zugeführte, dm_2 die abgeführte Stoffmenge; wird nur Materie zugeführt, so

ist $dm_2 = 0$, wird nur Materie abgeführt, so ist $dm_1 = 0$.

Untersucht man einen kontinuierlich ablaufenden Prozess, so wählt man anstatt Gl. (37.19) besser folgende Form der Bilanzgleichung

$$dE/d\tau = \dot{Q} + P + \dot{m}_1 \left(h_1 + \frac{w_1^2}{2} + gz_1 \right)$$
$$- \dot{m}_2 \left(h_2 + w_2^2 \right) 2 + gz_2. \qquad (37.22)$$

Zweiter Hauptsatz

38

Peter Stephan und Karl Stephan

38.1 Das Prinzip der Irreversibilität

Bringt man zwei Systeme A und B miteinander in Kontakt, so laufen Austauschvorgänge ab, und es stellt sich nach hinreichend langer Zeit ein neuer Gleichgewichtszustand ein. Als Beispiel sei ein System A mit einem System B verschiedener Temperatur in Kontakt gebracht. Im Endzustand besitzen die Systeme gleiche Temperatur. Es hat sich thermisches Gleichgewicht eingestellt. Bis zum Erreichen des Gleichgewichts werden in kontinuierlicher Folge Nichtgleichgewichtszustände durchlaufen.

Unsere Erfahrung lehrt uns, dass dieser Prozess nicht von selbst, d. h. ohne Austausch mit der Umgebung, in umgekehrter Richtung abläuft. Solche Prozesse nennt man *irreversibel* oder *nicht umkehrbar*.

Austauschprozesse, bei denen Nichtgleichgewichtszustände durchlaufen werden, sind grundsätzlich irreversibel. Ein Prozess aus einer kontinuierlichen Folge von Gleichgewichtszuständen ist hingegen *reversibel* oder *umkehrbar*.

Beispielhaft sei die reibungsfreie adiabate Kompression eines Gases genannt. Dem System Gas kann man Volumenarbeit zuführen, indem man eine Kraft, z. B. durch einen Überdruck der Umgebung, auf die Systemgrenze ausübt. Wird diese Kraft sehr langsam erhöht, so wird das Volumen des Gases ab- und seine Temperatur zunehmen, wobei sich das Gas zu jeder Zeit in einem Gleichgewichtszustand befindet. Reduziert man die Kraft langsam wieder auf null, so gelangt das Gas wieder in seinen Ausgangszustand. Dieser Vorgang ist also reversibel oder umkehrbar.

Reversible Prozesse sind idealisierte Grenzfälle der wirklichen Prozesse und kommen in der Natur nicht vor. Alle *natürlichen* Prozesse sind *irreversibel*, weil es einer endlichen „Kraft" bedarf, um einen Prozess auszulösen, beispielsweise einer endlichen Kraft, um einen Körper bei Reibung zu verschieben oder einer endlichen Temperaturdifferenz, um ihm Wärme zuzuführen. Sie laufen, bedingt durch die endliche Kraft, in einer bestimmten Richtung ab. Diese Erfahrungstatsache führt zu folgenden Formulierungen des *zweiten Hauptsatzes*:

- Alle natürlichen Prozesse sind irreversibel.
- Alle Prozesse mit Reibung sind irreversibel.
- Wärme kann nie *von selbst* von einem Körper niederer auf einen Körper höherer Temperatur übergehen.

„Von selbst" bedeutet hierbei, dass man den genannten Vorgang nicht ausführen kann, ohne dass Änderungen in der Natur zurückbleiben. Neben den oben genannten gibt es noch viele für andere spezielle Prozesse gültige Formulierungen.

P. Stephan (✉)
Technische Universität Darmstadt
Darmstadt, Deutschland
E-Mail: pstephan@ttd.tu-darmstadt.de

K. Stephan
Universität Stuttgart
Stuttgart, Deutschland
E-Mail: stephan@itt.uni-stuttgart.de

© Springer-Verlag GmbH Deutschland, ein Teil von Springer Nature 2020
B. Bender und D. Göhlich (Hrsg.), *Dubbel Taschenbuch für den Maschinenbau 1: Grundlagen und Tabellen*,
https://doi.org/10.1007/978-3-662-59711-8_38

38.2 Allgemeine Formulierung

Die mathematische Formulierung des zweiten Hauptsatzes gelingt mit dem Begriff der *Entropie* als weiterer Zustandsgröße eines Systems. Dass es zweckmäßig ist, eine solche Zustandsgröße einzuführen, kann man sich am Beispiel der Wärmeübertragung zwischen einem System und seiner Umgebung verständlich machen. Nach dem ersten Hauptsatz kann ein System mit seiner Umgebung Arbeit und Wärme austauschen. Die Zufuhr von Arbeit bewirkt eine Änderung der inneren Energie dadurch, dass beispielsweise das Volumen des Systems auf Kosten des Volumens der Umgebung geändert wird. Somit ist $U = U(V, \ldots)$. Das Volumen ist eine *Austauschvariable*: Es ist eine extensive Zustandsgröße, die zwischen System und Umgebung „ausgetauscht" wird. Auch die Wärmezufuhr zwischen einem System und seiner Umgebung kann man sich so vorstellen, dass eine extensive Zustandsgröße zwischen System und Umgebung ausgetauscht wird. Damit wird lediglich die Existenz einer solchen Zustandsgröße postuliert, deren Einführung allein dadurch gerechtfertigt ist, dass alle Aussagen, die man mit dieser Größe gewinnt, mit der Erfahrung in Einklang stehen. Man nennt die neue extensive Zustandsgröße Entropie und bezeichnet sie mit S. Somit ist $U = U(V, S, \ldots)$. Wenn nur Volumenarbeit verrichtet und Wärme zugeführt wird, ist $U = U(V, S)$. Durch Differenziation folgt hieraus die *Gibbssche Fundamentalgleichung*

$$dU = T\,dS - p\,dV \tag{38.1}$$

mit der thermodynamischen Temperatur

$$T = (\partial U / \partial S)_V \tag{38.2}$$

und dem Druck

$$p = -(\partial U / \partial V)_S . \tag{38.3}$$

Eine der Gl. (38.1) äquivalente Beziehung ergibt sich, wenn man U eliminiert und durch die Enthalpie $H = U + pV$ ersetzt

$$dH = T\,dS + V\,dp . \tag{38.4}$$

Man kann zeigen, dass die thermodynamische Temperatur identisch ist mit der mit dem Gasthermometer (s. Abschn. 36.3) gemessenen Temperatur.

Das Studium der Eigenschaften der Entropie ergibt, dass in einem abgeschlossenen System, das sich zunächst im inneren Ungleichgewicht befindet (beispielsweise durch eine inhomogene Temperaturverteilung) und dann dem Gleichgewichtszustand zustrebt, die Entropie stets zunimmt. Im Grenzfall des Gleichgewichts wird ein Maximum der Entropie erreicht. Die Entropiezunahme im Innern bezeichnen wir als dS_i. Für den betrachteten Fall des abgeschlossenen Systems gilt dann

$$dS = dS_i ,$$

mit $dS_i > 0$.

In einem nicht abgeschlossenen System ändert sich die Systementropie auch durch Wärmeaustausch mit der Umgebung um dS_Q und mit Materieaustausch mit der Umgebung um dS_m. Die Systementropie ändert sich jedoch nicht durch den Austausch von Arbeit mit der Umgebung. Es gilt also allgemein

$$dS = dS_Q + dS_m + dS_i . \tag{38.5}$$

Betrachtet man die zeitliche Änderung der Systementropie $\dot{S} = dS / d\tau$

$$\dot{S} = \dot{S}_Q + \dot{S}_m + \dot{S}_i ,$$

wobei $\dot{S}_i$ die zeitliche Entropieerzeugung durch irreversible Vorgänge im Innern ist. $\dot{S}_Q + \dot{S}_m$ bezeichnet man als Entropieströmung. Man fasst diese über die Systemgrenze ausgetauschten Größen auch zusammen zu

$$\dot{S}_a = \dot{S}_Q + \dot{S}_m . \tag{38.7}$$

Die zeitliche Änderung der Systemtropie S setzt sich also aus Entropieströmung $\dot{S}_a$ und Entropieerzeugung $\dot{S}_i$ zusammen,

$$\dot{S} = \dot{S}_a + \dot{S}_i . \tag{38.8}$$

Für die Entropieerzeugung gilt:

$$\dot{S}_i = 0 \quad \textit{für reversible Prozesse ,}$$
$$\dot{S}_i > 0 \quad \textit{für irreversible Prozesse ,}$$
$$\dot{S}_i < 0 \quad \textit{nicht möglich .} \tag{38.9}$$

38.3 Spezielle Formulierungen

38.3.1 Adiabate, geschlossene Systeme

Für adiabate Systeme ist $\dot{S}_Q = 0$, für geschlossene Systeme ist $\dot{S}_m = 0$, und daher folgt $\dot{S} = \dot{S}_i$. Es gilt also:

In adiabaten, geschlossenen Systemen kann die Entropie niemals abnehmen, sie kann nur zunehmen bei irreversiblen oder konstant bleiben bei reversiblen Prozessen.

Setzt sich ein adiabates, geschlossenes System aus α Untersystemen zusammen, so gilt für die Summe der Entropieänderungen $\Delta S^{(\alpha)}$ der Untersysteme

$$\sum_\alpha \Delta S^{(\alpha)} \geq 0 . \tag{38.10}$$

In einem adiabaten, geschlossenen System ist nach Gl. (38.1) mit $dS = dS_i$

$$dU = T\,dS_i - p\,dV .$$

Andererseits folgt aus dem ersten Hauptsatz nach Gl. (37.11)

$$dU = dW_{\text{diss}} - p\,dV$$

und daher

$$dW_{\text{diss}} = T\,dS_i = d\Psi \tag{38.11}$$

oder

$$(W_{\text{diss}})_{12} = T\,(S_i)_{12} = \Psi_{12} .$$

Man nennt Ψ_{12} die während einer Zustandsänderung *1–2 dissipierte Energie*. Es gilt: Die dissipierte Energie ist stets positiv.

Diese Aussage gilt nicht nur für adiabate Systeme, sondern ganz allgemein, da die Entropieerzeugung definitionsgemäß der Anteil der Entropieänderung ist, der auftritt, wenn das System adiabat und geschlossen ist, also $\dot{S}_a = 0$ gilt.

38.3.2 Systeme mit Wärmezufuhr

Für geschlossene Systeme mit Wärmezufuhr kann man Gl. (38.1) schreiben

$$dU = T\,dS_Q + T\,dS_i - p\,dV$$
$$= T\,dS_Q + dW_{\text{diss}} - p\,dV . \tag{38.12}$$

Ein Vergleich mit dem ersten Hauptsatz, Gl. (37.11), ergibt

$$dQ = T\,dS_Q . \tag{38.13}$$

Wärme ist demnach Energie, die mit Entropie über die Systemgrenze strömt, während Arbeit ohne Entropieaustausch übertragen wird.

Addiert man in Gl. (38.13) auf der rechten Seite den stets positiven Term $T\,dS_i$, so folgt die *Clausiussche Ungleichung*

$$dQ \leq T\,dS \quad \text{oder} \quad \Delta S \geq \int_1^2 \frac{dQ}{T} . \tag{38.14}$$

In irreversiblen Prozessen ist die Entropieänderung größer als das Integral über alle dQ/T, nur bei reversiblen gilt das Gleichheitszeichen.

Für offene Systeme mit Wärmezufuhr hat man in Gl. (38.12) dS_Q durch $dS_a = dS_Q + dS_m$ zu ersetzen.

Exergie und Anergie

39

Peter Stephan und Karl Stephan

Nach dem ersten Hauptsatz bleibt die Energie in einem abgeschlossenen System konstant. Da man jedes nicht abgeschlossene System durch Hinzunahme der Umgebung in ein abgeschlossenes verwandeln kann, ist es stets möglich, ein System zu bilden, in dem während eines thermodynamischen Prozesses die Energie konstant bleibt. Ein Energieverlust ist daher nicht möglich. In einem thermodynamischen Prozess wird lediglich Energie umgewandelt. Wie viel von der in einem System gespeicherten Energie umgewandelt wird, hängt vom Zustand der Umgebung ab. Befindet sich diese im Gleichgewicht mit dem System, so wird keine Energie umgewandelt; je stärker die Abweichung vom Gleichgewicht ist, desto mehr Energie des Systems kann umgewandelt werden.

Viele thermodynamische Prozesse laufen in der irdischen Atmosphäre ab, die somit die Umgebung der meisten thermodynamischen Systeme darstellt. Die irdische Atmosphäre kann man im Vergleich zu den sehr viel kleineren thermodynamischen Systemen als ein unendlich großes System ansehen, dessen intensive Zustandsgrößen Druck, Temperatur und Zusammensetzung sich während eines Prozesses nicht ändern, wenn man die täglich und jahreszeitlich bedingten Schwankungen der intensiven Zustandsgrößen außer Acht lässt.

In vielen technischen Prozessen wird Arbeit gewonnen, indem man ein System von gegebenem Anfangszustand mit der Umgebung ins Gleichgewicht bringt. Das Maximum an Arbeit wird dann gewonnen, wenn alle Zustandsänderungen reversibel sind.

Man bezeichnet die bei Einstellung des Gleichgewichts mit der Umgebung maximal gewinnbare Arbeit als *Exergie* W_{ex}.

39.1 Exergie eines geschlossenen Systems

Um die Exergie eines geschlossenen Systems, das sich im Zustand 1 befindet, zu berechnen, betrachtet man einen Prozess, bei dem das System reversibel mit seiner Umgebung ins thermische und mechanische Gleichgewicht gebracht wird. Gleichgewicht liegt vor, wenn die Temperatur des Systems im Endzustand 2 gleich der Temperatur der Umgebung, $T_2 = T_{\mathrm{u}}$, und der Druck des Systems im Zustand 2 gleich dem Druck der Umgebung, $p_2 = p_{\mathrm{u}}$, sind.

Unter Vernachlässigung der kinetischen und potentiellen Energie des Systems gilt nach dem ersten Hauptsatz, Gl. (37.10),

$$U_2 - U_1 = Q_{12} + W_{12} \, . \qquad (39.1)$$

Damit der Prozess reversibel verläuft, muss das System zunächst reversibel adiabat auf Umge-

P. Stephan (✉)
Technische Universität Darmstadt
Darmstadt, Deutschland
E-Mail: pstephan@ttd.tu-darmstadt.de

K. Stephan
Universität Stuttgart
Stuttgart, Deutschland
E-Mail: stephan@itt.uni-stuttgart.de

© Springer-Verlag GmbH Deutschland, ein Teil von Springer Nature 2020
B. Bender und D. Göhlich (Hrsg.), *Dubbel Taschenbuch für den Maschinenbau 1: Grundlagen und Tabellen*,
https://doi.org/10.1007/978-3-662-59711-8_39

bungstemperatur gebracht und dann Wärme reversibel bei der konstanten Temperatur T_u übertragen werden. Für den Wärmetransport folgt aus dem zweiten Hauptsatz, Gl. (38.13),

$$Q_{12} = T_u(S_2 - S_1) \, . \qquad (39.2)$$

Die Arbeit W_{12}, die am System verrichtet wird, setzt sich zusammen aus der maximalen Arbeit, die man nutzbar machen kann und der Volumenarbeit $-p_u(V_2 - V_1)$, die zur Überwindung des Druckes der Umgebung aufgewendet werden muss. Die maximal nutzbare Arbeit ist die Exergie W_{ex}. Es folgt

$$W_{12} = W_{ex} - p_u(V_2 - V_1) \, . \qquad (39.3)$$

Setzt man Gl. (39.3) und (39.2) in Gl. (39.1) ein, so ergibt sich

$$U_2 - U_1 = T_u(S_2 - S_1) + W_{ex} - p_u(V_2 - V_1) \, . \qquad (39.4)$$

Im Zustand 2 ist das System im Gleichgewicht mit der Umgebung, gekennzeichnet durch den Index u. Die Exergie des geschlossenen Systems ist somit

$$-W_{ex} = U_1 - U_u - T_u(S_1 - S_u) + p_u(V_1 - V_u) \, . \qquad (39.5)$$

Hat das System starre Wände, so ist $V_1 = V_u$ und der letzte Term entfällt.

Ist das System bereits im Ausgangszustand im Gleichgewicht mit der Umgebung, Zustand 1 = Zustand u, so kann nach Gl. (39.5) keine Arbeit gewonnen werden. Es gilt also:

Die innere Energie der Umgebung kann nicht in Exergie umgewandelt werden.

Die gewaltigen in der uns umgebenden Atmosphäre gespeicherten Energien können somit nicht zum Antrieb von Fahrzeugen genützt werden.

39.2 Exergie eines offenen Systems

Die maximale technische Arbeit oder die Exergie eines Stoffstroms erhält man dadurch, dass der Stoffstrom auf reversiblem Weg durch Verrichten von Arbeit und durch Wärmezu- oder -abfuhr mit der Umgebung ins Gleichgewicht gebracht wird. Aus dem ersten Hauptsatz für stationäre Prozesse offener Systeme, unter Vernachlässigung der Änderung von kinetischer und potentieller Energie, Gl. (37.16), folgt dann

$$-W_{ex} = H_1 - H_u - T_u(S_1 - S_u) \, . \qquad (39.6)$$

Von der Enthalpie H_1 wird somit nur der um $H_u + T_u(S_1 - S_u)$ verminderte Anteil in technische Arbeit umgewandelt. Wird einem Stoffstrom Wärme aus der Umgebung zugeführt, so ist $T_u(S_1 - S_u)$ negativ und die Exergie um den Anteil dieser zugeführten Wärme größer als die Änderung der Enthalpie.

39.3 Exergie einer Wärme

Einer Maschine soll Wärme Q_{12} aus einem Energiespeicher der Temperatur T zugeführt und in Arbeit W_{12} verwandelt werden, Abb. 39.1. Die nicht in Arbeit umwandelbare Wärme $(Q_u)_{12}$ wird an die Umgebung abgeführt. Das Maximum an Arbeit gewinnt man, wenn alle Zustandsänderungen reversibel ablaufen. Dieses Maximum an Arbeit ist gleich der Exergie der Wärme. Alle Zustandsänderungen sind reversibel, wenn

$$\int_1^2 \frac{dQ}{T} + \int_1^2 \frac{dQ_u}{T_u} = 0$$

mit $dQ + dQ_u + dW_{ex} = 0$ nach dem ersten Hauptsatz. Daraus ergibt sich die Exergie der den Maschinen und Apparaten zugeführten Wärmen

$$-W_{ex} = \int_1^2 \left(1 - \frac{T_u}{T}\right) dQ \qquad (39.7)$$

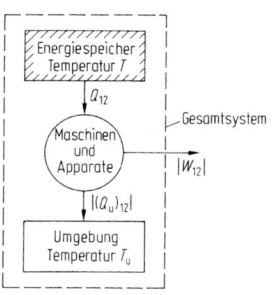

Abb. 39.1 Zur Umwandlung von Wärme in Arbeit

oder in differenzieller Schreibweise

$$- \mathrm{d}W_{\mathrm{ex}} = \left(1 - \frac{T_{\mathrm{u}}}{T}\right) \mathrm{d}Q . \qquad (39.8)$$

In einem reversiblen Prozess ist nur der mit dem sog. *Carnot-Faktor* $1-(T_{\mathrm{u}}/T)$ multiplizierte Anteil der zugeführten Wärme $\mathrm{d}Q$ in Arbeit umwandelbar. Der Anteil $\mathrm{d}Q_{\mathrm{u}} = -T_{\mathrm{u}}(\mathrm{d}Q/T)$ wird wieder an die Umgebung abgegeben und kann nicht als Arbeit gewonnen werden.

Man erkennt außerdem: Wärme, die bei Umgebungstemperatur zur Verfügung steht, kann nicht in Exergie umgewandelt werden.

39.4 Anergie

Als Anergie B bezeichnet man diejenige Energie, die sich nicht in Exergie W_{ex} umwandeln lässt.

Jede Energie setzt sich aus Exergie W_{ex} und Anergie B zusammen, d. h.

$$E = W_{\mathrm{ex}} + B . \qquad (39.9)$$

Somit gilt für

- ein geschlossenes System nach Gl. (39.5) mit $E = U_1$

$$B = U_{\mathrm{u}} + T_{\mathrm{u}}(S_1 - S_{\mathrm{u}}) - p_{\mathrm{u}}(V_1 - V_{\mathrm{u}}), \quad (39.10)$$

- ein offenes System nach Gl. (39.6) mit $E = H_1$

$$B = H_{\mathrm{u}} + T_{\mathrm{u}}(S_1 - S_{\mathrm{u}}) , \qquad (39.11)$$

- eine Wärme nach Gl. (39.8) mit $\mathrm{d}E = \mathrm{d}Q$

$$B = \int_1^2 \frac{T_{\mathrm{u}}}{T} \mathrm{d}Q . \qquad (39.12)$$

39.5 Exergieverluste

Die in einem Prozess dissipierte Energie ist nicht vollständig verloren. Sie erhöht die Entropie und damit wegen $U(S,V)$ auch die innere Energie eines Systems. Die dissipierte Energie kann man sich auch in einem reversiblen Ersatzprozess als Wärme vorstellen, die von außen zugeführt wird ($\mathrm{d}\Psi = \mathrm{d}Q$) und die gleiche Entropieerhöhung bewirkt wie in dem irreversiblen Prozess. Da man die zugeführte Wärme $\mathrm{d}Q$, Gl. (39.8), zum Teil in Arbeit umwandeln kann, ist auch der Anteil

$$- \mathrm{d}W_{\mathrm{ex}} = \left(1 - \frac{T_{\mathrm{u}}}{T}\right) \mathrm{d}\Psi \qquad (39.13)$$

der dissipierten Energie $\mathrm{d}\Psi$ als Arbeit (Exergie) gewinnbar. Der restliche Anteil $T_{\mathrm{u}}\mathrm{d}\Psi/T$ der zugeführten Dissipationsenergie muss als Wärme an die Umgebung abgeführt werden und ist nicht in Arbeit umwandelbar. Man bezeichnet ihn als *Exergieverlust*: Dieser ist gleich der Anergie der Dissipationsenergie und nach Gl. (39.12) gegeben durch

$$(W_{\mathrm{Verlust}})_{12} = \int_1^2 \frac{T_{\mathrm{u}}}{T} \mathrm{d}\Psi = \int_1^2 T_{\mathrm{u}} \mathrm{d}S_i . \quad (39.14)$$

Für einen geschlossenen, adiabaten Prozess ist wegen $\mathrm{d}S_i = \mathrm{d}S$

$$(W_{\mathrm{Verlust}})_{12} = \int_1^2 T_{\mathrm{u}} \mathrm{d}S = T_{\mathrm{u}}(S_2 - S_1) . \quad (39.15)$$

Für die Exergie gilt im Gegensatz zur Energie kein Erhaltungssatz. Die einem System zugeführten Exergien sind gleich den abgeführten und den Exergieverlusten. Verluste durch Nichtumkehrbarkeiten wirken sich thermodynamisch um so ungünstiger aus je tiefer die Temperatur T ist, bei der ein Prozess abläuft, vgl. Gl. (39.14).

Stofftthermodynamik

40

Peter Stephan und Karl Stephan

Um mit den allgemeinen für beliebige Stoffe gültigen Hauptsätzen der Thermodynamik umgehen und um Exergien und Anergien berechnen zu können, muss man Zahlenwerte für die Zustandsgrößen U, H, S, p, V, T ermitteln. Hiervon bezeichnet man die Größen U, H, S als *kalorische* und p, V, T als *thermische* Zustandsgrößen. Die Zusammenhänge zwischen ihnen sind stoffspezifisch. Gleichungen, die Zusammenhänge zwischen Zustandsgrößen angeben, bezeichnet man als *Zustandsgleichungen*.

40.1 Thermische Zustandsgrößen von Gasen und Dämpfen

Eine thermische Zustandsgleichung reiner Stoffe ist von der Form

$$F(p, \upsilon, T) = 0 \qquad (40.1)$$

oder $p = p(\upsilon, T)$, $\upsilon = \upsilon(p, T)$ und $T = T(p, \upsilon)$. Für technische Berechnungen bevorzugt man Zustandsgleichungen der Form $\upsilon = \upsilon(p, T)$, da Druck und Temperatur meistens als unabhängige Variablen vorgegeben sind.

P. Stephan (✉)
Technische Universität Darmstadt
Darmstadt, Deutschland
E-Mail: pstephan@ttd.tu-darmstadt.de

K. Stephan
Universität Stuttgart
Stuttgart, Deutschland
E-Mail: stephan@itt.uni-stuttgart.de

40.1.1 Ideale Gase

Von besonders einfacher Art ist die thermische Zustandsgleichung idealer Gase

$$pV = mRT \quad \text{oder} \quad p\upsilon = RT , \qquad (40.2)$$

mit: p absoluter Druck, V Volumen, υ spezifisches Volumen, R individuelle Gaskonstante, T thermodynamische Temperatur. Gase verhalten sich nur dann näherungsweise ideal, wenn ihr Druck hinreichend klein ist, $p \to 0$.

40.1.2 Gaskonstante und das Gesetz von Avogadro

Als Einheit der Stoffmenge definiert man das *Mol* mit dem Einheitssymbol mol.

Die Zahl der Teilchen (Moleküle, Atome, Elementarteilchen) eines Stoffs nennt man dann 1 Mol, wenn dieser Stoff aus ebenso vielen unter sich gleichen Teilchen besteht wie in genau 12 g reinen atomaren Kohlenstoffs des Nuklids ^{12}C enthalten sind.

Man bezeichnet die in einem Mol enthaltene Anzahl von unter sich gleichen Teilchen als *Avogadro-Konstante* (in der deutschsprachigen Literatur oftmals als *Loschmidt-Zahl*). Sie ist eine universelle Naturkonstante und hat den Zahlenwert

$$N_A = (6{,}02214078 \pm 3{,}0 \cdot 10^{-8})\, 10^{26}/\text{kmol} .$$

Die Masse eines Mols, also von N_A unter sich gleichen Teilchen, ist eine stoffspezifische Größe

B. Bender und D. Göhlich (Hrsg.), *Dubbel Taschenbuch für den Maschinenbau 1: Grundlagen und Tabellen*,
https://doi.org/10.1007/978-3-662-59711-8_40

und wird Molmasse genannt (Werte s. Tab. 40.1):

$$M = m/n \qquad (40.3)$$

(SI-Einheit kg/kmol, m Masse in kg, n Molmenge in kmol). Nach Avogadro (1831) gilt: Ideale Gase enthalten bei gleichem Druck und gleicher Temperatur in gleichen Räumen gleich viel Moleküle.

Daraus folgt nach Einführen der Molmasse in die thermische Zustandsgleichung des idealen Gases, Gl. (40.2), dass $pV/nT = MR$ eine für alle Gase feste Größe ist

$$MR = R . \qquad (40.4)$$

Man nennt R die universelle Gaskonstante. Sie ist eine Naturkonstante. Es ist

$$R = 8{,}314472 \pm 1{,}5 \cdot 10^{-5} \text{ kJ/(kmol K)} .$$

Die thermische Zustandsgleichung des idealen Gases lautet mit ihr

$$pV = nRT . \qquad (40.5)$$

Beispiel

In einer Stahlflasche von $V_1 = 200\,\text{l}$ Inhalt befindet sich Wasserstoff von $p_1 = 120$ bar und $t_1 = 10\,°C$. Welchen Raum nimmt der Wasserstoff bei $p_2 = 1$ bar und $t_2 = 0\,°C$ ein, wenn man die geringen Abweichungen des Wasserstoffs vom Verhalten des idealen Gases vernachlässigt?

Nach Gl. (40.5) ist $p_1 V_1 = nRT_1$; $p_2 V_2 = nRT_2$ und somit

$$V_2 = \frac{p_1 T_2}{p_2 T_1} V_1 = \frac{120\,\text{bar} \cdot 273{,}15\,\text{K}}{1\,\text{bar} \cdot 283{,}15\,\text{K}}\, 0{,}2\,\text{m}^3$$
$$= 23{,}15\,\text{m}^3 . \blacktriangleleft$$

40.1.3 Reale Gase

Die thermische Zustandsgleichung des idealen Gases gilt für wirkliche Gase und Dämpfe nur als Grenzgesetz bei unendlich kleinen Drücken. Die Abweichung des Verhaltens des gasförmigen Wassers von der Zustandsgleichung der idealen Gase zeigt Abb. 40.1 , in dem pv/RT über t für verschiedene Drücke dargestellt ist. Der Realgasfaktor $Z = pv/RT$ ist für ideale Gase gleich eins, weicht aber für reale Gase hiervon ab. Bei Luft zwischen 0 und 200 °C und für Wasserstoff von −15 bis 200 °C erreichen die Abweichungen in Z bei Drücken von 20 bar etwa 1 % vom Wert eins. Bei atmosphärischen Drücken sind bei fast allen Gasen die Abweichungen vom Gesetz des idealen Gases zu vernachlässigen. Zur Beschreibung des Zustandsverhaltens realer Gase haben sich verschiedene Arten von Zustandsgleichungen bewährt. Eine davon besteht darin, dass man den Realgasfaktor Z in Form einer Reihe darstellt und additiv an den Wert 1 für das ideale Gas Korrekturglieder anfügt

$$Z = \frac{pv}{RT} = 1 + \frac{B(T)}{v} + \frac{C(T)}{v^2} + \frac{D(T)}{v^3} . \qquad (40.6)$$

Man nennt B den zweiten, C den dritten und D den vierten Virialkoeffizienten. Eine Zusammenstellung von zweiten Virialkoeffizienten vieler Gase findet man in Tabellenwerken [1, 2]. Die Virialgleichung mit zwei oder drei Virialkoeffizienten ist nur im Bereich mäßiger Drücke gültig. Zur Beschreibung des Zustandsverhaltens dichter Gase stellt die Zustandsgleichung von Benedict-Webb-Rubin [3] einen ausgewogenen Kompromiss zwischen rechnerischem Aufwand

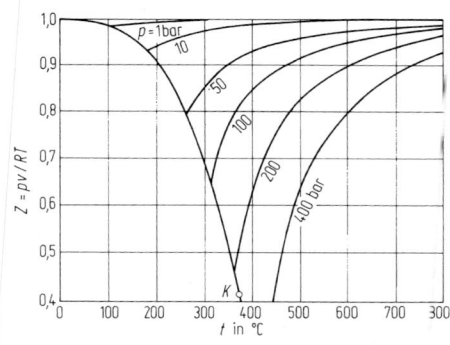

Abb. 40.1 Realgasfaktor von Wasserdampf

und erzielbarer Genauigkeit dar. Sie lautet

$$Z = 1 + \frac{B(T)}{v} + \frac{C(T)}{v^2} + \frac{a\alpha}{v^5 RT}$$
$$+ \frac{c}{v^3 RT^2}\left(1 + \frac{\gamma}{v^2}\right)\exp\left(-\frac{\gamma}{v^2}\right),$$
(40.7)

mit

$$B(T) = B_0 - \frac{A_0}{RT} - \frac{C_0}{RT^3}$$

und

$$C(T) = b - \frac{a}{RT}.$$

Die Gleichung enthält die acht Konstanten A_0, B_0, C_0, a, b, c, α, γ, die für viele Stoffe vertafelt sind [3]. Hochgenaue Zustandsgleichungen benötigt man für die in Wärmekraft- und Kälteanlagen verwendeten Arbeitsstoffe Wasser [4], Luft [5] und die Kältemittel [6]. Die Gleichungen für diese Stoffe sind aufwändiger, enthalten mehr Konstanten und sind nur mit einer elektronischen Rechenanlage auszuwerten.

40.1.4 Dämpfe

Dämpfe sind Gase in der Nähe ihrer Verflüssigung. Man nennt einen Dampf *gesättigt*, wenn schon eine beliebig kleine Temperatursenkung ihn verflüssigt, er heißt *überhitzt*, wenn es dazu einer endlichen Temperatursenkung bedarf. Führt man einer Flüssigkeit bei konstantem Druck Wärme zu, so beginnt sich von einer bestimmten Temperatur an Dampf von gleicher Temperatur zu bilden. Dampf und Flüssigkeit befinden sich im Gleichgewicht. Man nennt diesen Zustand *Sättigungszustand*; er ist durch zueinander gehörende Werte von *Sättigungstemperatur* und *Sättigungsdruck* gekennzeichnet, deren Abhängigkeit voneinander durch die *Dampfdruckkurve* dargestellt wird, Abb. 40.2. Sie beginnt am *Tripelpunkt* und endet am *kritischen Punkt K* eines Stoffs. Darunter versteht man den Zustandspunkt p_k, T_k oberhalb dessen Dampf und Flüssigkeit nicht mehr durch eine deutlich wahrnehmbare Grenze getrennt sind, sondern kontinuierlich ineinander übergehen (s. Tab. 40.1). Der kritische Punkt ist ebenso wie der Tripelpunkt, an dem Dampf, Flüssigkeit und feste Phase eines Stoffs miteinander im Gleichgewicht stehen, ein für jeden Stoff charakteristischer Punkt. Den Dampfdruck vieler Stoffe kann man vom Tripelpunkt bis zum Siedepunkt bei Atmosphärendruck durch die Antoine-Gleichung darstellen

$$\ln p = A - B/(C + T),$$
(40.8)

in der die Größen A, B, C stoffabhängige Konstanten sind (s. Tab. 40.2).

Verdichtet man überhitzten Dampf bei konstanter Temperatur durch Verkleinern des Volumens, so nimmt der Druck ähnlich wie bei einem idealen Gas nahezu nach einer Hyperbel zu, s. z. B. die *Isotherme* 300 °C in Abb. 40.3. Die Kondensation beginnt, sobald der Sättigungsdruck erreicht ist, und das Volumen verkleinert sich ohne Steigen des Drucks so lange, bis aller

Abb. 40.2 Dampfdruckkurven einiger Stoffe

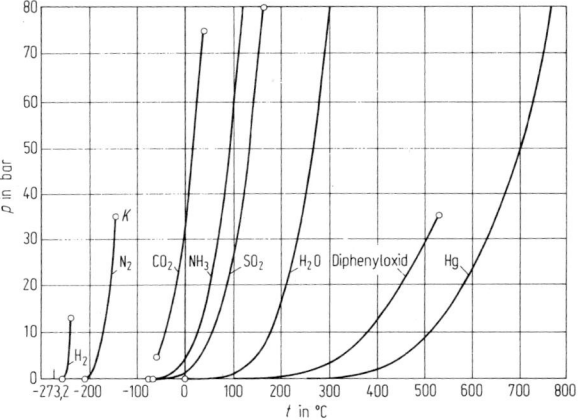

Abb. 40.3 p,v-Diagramm des Wassers

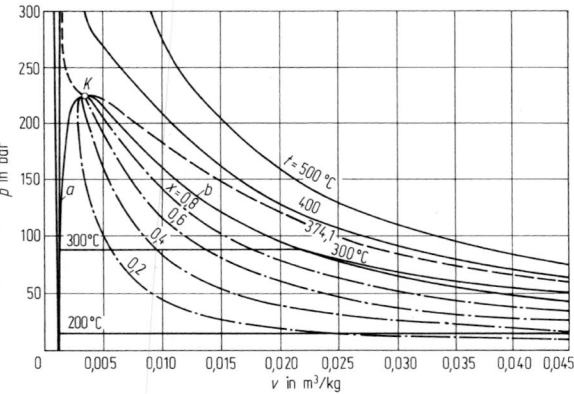

Dampf verflüssigt ist. Bei weiterer Volumenver-kleinerung steigt der Druck stark an. Die Kur-venschar von Abb. 40.3 ist als graphische Dar-stellung einer Zustandsgleichung für viele Stoffe charakteristisch. Verbindet man die spezifischen Volumina der Flüssigkeit bei Sättigungstempera-turen vor der Verdampfung und des gesättigten Dampfes, v' und v'', so erhält man zwei Kur-ven a und b, die linke und die rechte Grenzkurve genannt, die sich im kritischen Punkt K treffen. Ist x der Dampfgehalt, definiert als Masse des gesättigten Dampfes m'' bezogen auf die Gesamt-masse von gesättigtem Dampf m'' und siedender Flüssigkeit m', v' das spezifische Volumen von siedender Flüssigkeit und v'' das von Sattdampf, so gilt für Nassdampf

$$v = x\,v'' + (1-x)\,v'\,. \qquad (40.9)$$

Linien $x = $ const zeigt Abb. 40.3.

Beispiel

In einem Kessel von $2\,\mathrm{m^3/kg}$ Inhalt befin-den sich $1000\,\mathrm{kg}$ Wasser und Dampf von $121\,\mathrm{bar}$ im Sättigungszustand. Welches spez. Volumen hat der Dampf? Aus der Dampfta-fel (Tab. 40.5) findet man durch Interpolieren bei $121\,\mathrm{bar}$ das spez. Volumen des Dampfes $v'' = 0{,}01410\,\mathrm{m^3/kg}$, das der Flüssigkeit $v' = 0{,}001530\,\mathrm{m^3}$. Das mittlere spez. Vo-lumen $v = V/m$ ist $v = 2\,\mathrm{m^3}/1000\,\mathrm{kg} = $

$0{,}002\,\mathrm{m^3/kg}$. Mit Gl. (40.9) folgt

$$
\begin{aligned}
x &= (v - v')/(v'' - v')\\
&= \frac{0{,}002 - 0{,}001530}{0{,}01410 - 0{,}001530}\\
&= 0{,}03739 = m''/m\,,
\end{aligned}
$$

also

$$
\begin{aligned}
m'' &= 1000 \cdot 0{,}03739\,\mathrm{kg}\\
&= 37{,}39\,\mathrm{kg}\\
m' &= 1000 - 37{,}39\,\mathrm{kg} = 962{,}61\,\mathrm{kg}\,. \blacktriangleleft
\end{aligned}
$$

Man kann die Zustandsgleichung auch als eine Fläche im Raum mit den Koordinaten p, v, t dar-stellen, Abb. 40.4. Die Projektion der Grenzkurve

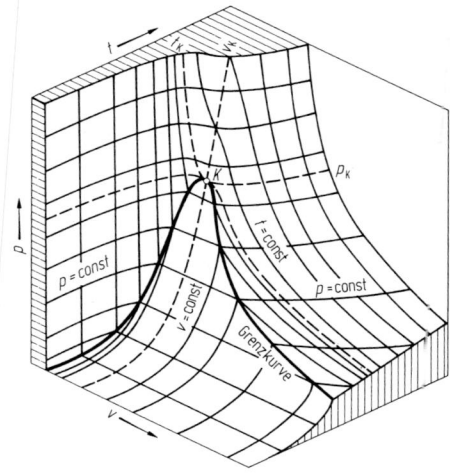

Abb. 40.4 Zustandsfläche des Wassers in perspektivi-scher Darstellung

in die p, T-Ebene ergibt die Dampfdruckkurve, die Projektion der Fläche in die p, υ-Ebene liefert die Darstellung nach Abb. 40.3.

40.2 Kalorische Zustandsgrößen von Gasen und Dämpfen

40.2.1 Ideale Gase

Die innere Energie idealer Gase hängt nur von der Temperatur ab, $u = u(T)$, infolgedessen ist auch die Enthalpie $h = u + p\upsilon = u + RT$ eine reine Temperaturfunktion $h = h(T)$. Die Ableitungen von u und h nach der Temperatur nennt man *spezifische Wärmekapazitäten*. Sie steigen mit der Temperatur (s. Tab. 40.3 mit Werten für Luft). Es ist

$$\mathrm{d}u/\mathrm{d}T = c_\mathrm{v} \qquad (40.10)$$

die spez. Wärmekapazität bei konstantem Volumen und

$$\mathrm{d}h/\mathrm{d}T = c_\mathrm{p} \qquad (40.11)$$

die spez. Wärmekapazität bei konstantem Druck. Die Ableitung von $h - u = RT$ ergibt

$$c_\mathrm{p} - c_\mathrm{v} = R \,. \qquad (40.12)$$

Die Differenz der molaren Wärmekapazitäten oder Molwärmen $\bar{C}_\mathrm{p} = Mc_\mathrm{p}$, $\bar{C}_\mathrm{v} = Mc_\mathrm{v}$ ist gleich der universellen Gaskonstanten

$$\bar{C}_\mathrm{p} - \bar{C}_\mathrm{v} = R \,.$$

Das Verhältnis $\kappa = c_\mathrm{p}/c_\mathrm{v}$ spielt bei reversiblen adiabaten Zustandsänderungen eine wichtige Rolle und wird daher Adiabatenexponent oder Isentropenexponent genannt. Für einatomige Gase ist recht genau $\kappa = 1{,}66$, für zweiatomige $\kappa = 1{,}40$ und für dreiatomige $\kappa = 1{,}30$. Die mittlere spezifische Wärmekapazität ist der integrale Mittelwert definiert durch

$$[c_\mathrm{p}]_{t_1}^{t_2} = \frac{1}{t_2 - t_1} \int_{t_1}^{t_2} c_\mathrm{p}\mathrm{d}t \,;$$

$$[c_\mathrm{v}]_{t_1}^{t_2} = \frac{1}{t_2 - t_1} \int_{t_1}^{t_2} c_\mathrm{v}\mathrm{d}t \,. \qquad (40.13)$$

Aus Gln. (40.10) und (40.11) folgen für die *Änderungen* von *innerer Energie und Enthalpie*

$$\begin{aligned} u_2 - u_1 &= [c_\mathrm{v}]_{t_1}^{t_2}(t_2 - t_1) \\ &= [c_\mathrm{v}]_0^{t_2} t_2 - [c_\mathrm{v}]_0^{t_1} t_1 \end{aligned} \qquad (40.14)$$

und

$$\begin{aligned} h_2 - h_1 &= [c_\mathrm{p}]_{t_1}^{t_2}(t_2 - t_1) \\ &= [c_\mathrm{p}]_0^{t_2} t_2 - [c_\mathrm{p}]_0^{t_1} t_1 \,. \end{aligned} \qquad (40.15)$$

Zahlenwerte von $[c_\mathrm{v}]_0^t$ und $[c_\mathrm{p}]_0^t$ ermittelt man aus den im Tab. 40.4 angegebenen mittleren Molwärmen. Die spezifische *Entropie* ergibt sich aus Gl. (38.1) unter Beachtung von Gl. (40.10) und Gl. (40.2)

$$\mathrm{d}s = \frac{\mathrm{d}u + p\,\mathrm{d}\upsilon}{T} = c_\mathrm{v}\frac{\mathrm{d}T}{T} + R\frac{\mathrm{d}\upsilon}{\upsilon}$$

durch Integration mit $c_\mathrm{v} = \text{const}$ zu

$$s_2 - s_1 = c_\mathrm{v} \ln\frac{T_2}{T_1} + R \ln\frac{\upsilon_2}{\upsilon_1} \,. \qquad (40.16)$$

Einen äquivalenten Ausdruck erhält man durch Integration von Gl. (38.4) mit $c_\mathrm{p} = \text{const}$

$$s_2 - s_1 = c_\mathrm{p} \ln\frac{T_2}{T_1} - R \ln\frac{p_2}{p_1} \,. \qquad (40.17)$$

40.2.2 Reale Gase und Dämpfe

Die kalorischen Zustandsgrößen realer Gase und Dämpfe werden i. Allg. aus Messungen bestimmt, können aber bis auf einen Anfangswert auch aus der thermischen Zustandsgleichung abgeleitet werden. Sie werden in Tabellen oder Diagrammen in folgender Weise dargestellt $u = u(\upsilon, T)$, $h = h(p, T)$, $s = s(p, T)$, $c_\mathrm{v} = c_\mathrm{v}(\upsilon, T)$, $c_\mathrm{p} = c_\mathrm{p}(p, T)$. Häufig erfordert die Auswertung von Zustandsgleichungen einen Computer.

Für *Dämpfe* gilt: Die Enthalpie h'' des gesättigten Dampfes unterscheidet sich von der Enthalpie h' der Flüssigkeit im Sättigungszustand bei p, $T = \text{const}$ um die *Verdampfungsenthalpie*

$$r = h'' - h' \,, \qquad (40.18)$$

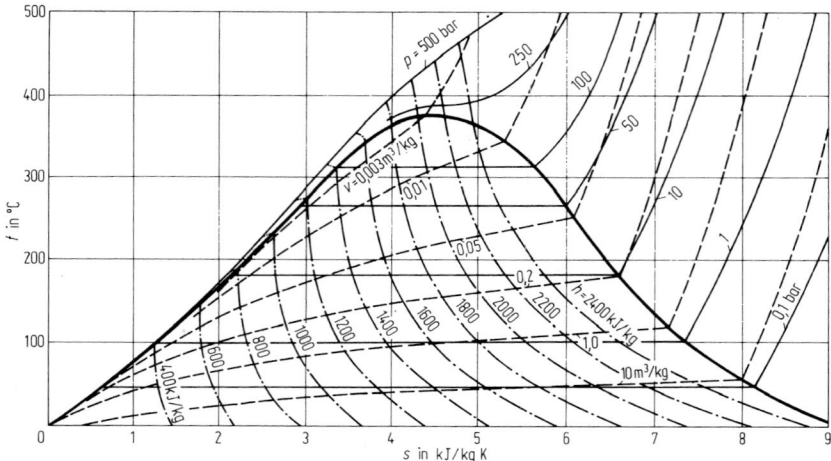

Abb. 40.5 t,s-Diagramm des Wassers mit Kurven $p =$ const *(ausgezogen)*, $v =$ const *(gestrichelt)* und Kurven gleicher Enthalpie *(strichpunktiert)*

die mit steigender Temperatur abnimmt und am kritischen Punkt, wo $h'' = h'$ ist, zu null wird. Die Enthalpie von Nassdampf ist

$$h = (1-x)h' + xh'' = h' + xr . \quad (40.19)$$

Entsprechend ist die innere Energie

$$u = (1-x)u' + xu'' = u' + x(u'' - u') \quad (40.20)$$

und die Entropie

$$s = (1-x)s' + xs'' = s' + xr/T , \quad (40.21)$$

da Verdampfungsenthalpie und Verdampfungsentropie $s'' - s'$ zusammenhängen durch

$$r = T(s'' - s') . \quad (40.22)$$

Nach *Clausius-Clapeyron* ist die Verdampfungsenthalpie mit der Steigung $\mathrm{d}p/\mathrm{d}T$ der Dampfdruckkurve $p(T)$ verknüpft durch

$$r = T(v'' - v')\frac{\mathrm{d}p}{\mathrm{d}T} , \quad (40.23)$$

wenn T die Siedetemperatur beim Druck p ist. Man kann diese Beziehung verwenden, um aus

zwei der drei Größen r, $v'' - v'$ und $\mathrm{d}p/\mathrm{d}T$ die dritte zu berechnen.

Wenn nicht häufig Zustandsgrößen zu berechnen sind oder keine leistungsfähigen Rechner zu Verfügung stehen, verwendet man für praktische Rechnungen *Dampftafeln*, in denen die Ergebnisse theoretischer und experimenteller Untersuchungen der Zustandsgrößen zusammengefasst sind. Für die in der Technik wichtigen Arbeitsstoffe findet man Dampftafeln in Tab. 40.5 bis 40.9. Zur Ermittlung von Anhaltswerten und zur Darstellung von Zustandsänderungen sind Diagramme vorteilhaft, z. B. ein t, s-Diagramm wie Abb. 40.5. Am häufigsten verwendet man in der Praxis *Mollier-Diagramme*. Das sind solche Diagramme, welche die Enthalpie als eine der Koordinaten enthalten, Abb. 40.6.

Die spezifische Wärmekapazität $c_\mathrm{p} = (\partial h/\partial T)_\mathrm{p}$ eines Dampfes hängt außer von der Temperatur in erheblichem Maße vom Druck ab, ebenso hängt $c_\mathrm{v} = (\partial u/\partial T)_\mathrm{v}$ außer von der Temperatur noch vom spez. Volumen ab. Bei Annäherung an die Grenzkurve wächst c_p des überhitzten Dampfes mit abnehmender Temperatur stark an und wird im kritischen Punkt sogar unendlich. Bei Dämpfen ist $c_\mathrm{p} - c_\mathrm{v}$ keine konstante Größe mehr wie bei idealen Gasen.

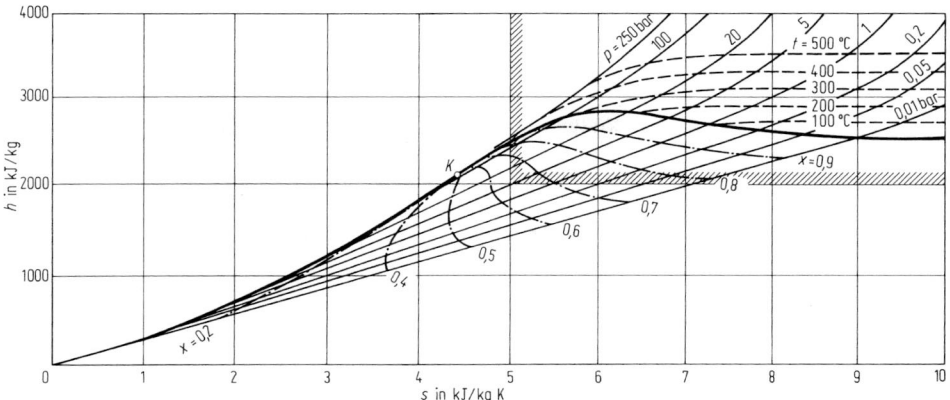

Abb. 40.6 h, s-Diagramm des Wassers mit Kurven $p = $ const *(ausgezogen)*, $t = $ const *(gestrichelt)* und $x = $ const *(strichpunktiert)*. Der für die Zwecke der Dampftechnik interessante Bereich ist durch die schraffierte Umrandung abgegrenzt

40.3 Inkompressible Fluide

Ein inkompressibles Fluid ist ein Fluid, dessen spez. Volumen v weder von der Temperatur noch vom Druck abhängt. Die thermische Zustandsgleichung lautet $v = $ const. Flüssigkeiten und Feststoffe können im Allgemeinen in guter Näherung als inkompressibel betrachtet werden.

Die spez. Wärmekapazitäten c_p und c_v unterscheiden sich bei inkompressiblen Fluiden nicht voneinander, $c_p = c_v = c$.

Daher gelten die kalorischen Zustandsgleichungen

$$\mathrm{d}u = c\,\mathrm{d}T \qquad (40.24)$$

und

$$\mathrm{d}h = c\,\mathrm{d}T + v\,\mathrm{d}p \qquad (40.25)$$

sowie

$$\mathrm{d}s = c\,\frac{\mathrm{d}T}{T}. \qquad (40.26)$$

40.4 Feste Stoffe

40.4.1 Wärmedehnung

In der Zustandsgleichung $V = V(p, T)$ fester Stoffe ist der Einfluss des Drucks auf das Volumen ebenso wie bei Flüssigkeiten meistens vernachlässigbar gering. Fast alle Feststoffe dehnen sich wie die Flüssigkeiten mit zunehmender Temperatur aus und schrumpfen bei Temperaturabnahme, ausgenommen Wasser, das bei 4 °C seine größte Dichte hat und sich sowohl bei höheren als auch bei geringeren Temperaturen als 4 °C ausdehnt. Entwickelt man die Zustandsgleichung in eine Taylorreihe nach der Temperatur und bricht nach dem linearen Glied ab, so erhält man die Volumendehnung mit dem kubischen Volumendehnungskoeffizienten γ_v (SI-Einheit $1/\mathrm{K}$)

$$V = V_0[1 + \gamma_v(t - t_0)].$$

Entsprechend ist die Flächendehnung

$$A = A_0[1 + \gamma_A(t - t_0)]$$

und die Längendehnung

$$l = l_0[1 + \gamma_L(t - t_0)].$$

Es ist $\gamma_A = (2/3)\gamma_v$ und $\gamma_L = (1/3)\gamma_v$. Mittelwerte für γ_L im Temperaturintervall zwischen 0 °C und t °C findet man für einige Feststoffe aus den Werten im Tab. 40.10, indem man die dort angegebene Längenänderung $(l - l_0)/l_0$ noch durch das Temperaturintervall $(t - 0)$ °C dividiert.

40.4.2 Schmelz- und Sublimationsdruckkurve

Innerhalb gewisser Grenzen gibt es zu jedem Druck einer Flüssigkeit eine Temperatur, bei

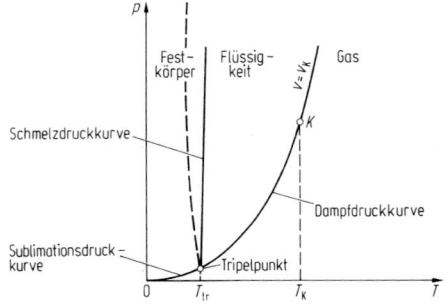

Abb. 40.7 p, T-Diagramm mit den drei Grenzkurven der Phasen. (Die Steigung der Schmelzdruckkurve von Wasser ist negativ, *gestrichelte Kurve*.)

der sie mit ihrem Feststoff im Gleichgewicht steht. Dieser Zusammenhang $p(T)$ wird durch die *Schmelzdruckkurve* (Abb. 40.7) festgelegt, während die *Sublimationsdruckkurve* das Gleichgewicht zwischen Gas und Feststoff wiedergibt. In Abb. 40.7 ist außerdem noch die *Dampfdruckkurve* eingezeichnet. Alle drei Kurven treffen sich im Tripelpunkt, in dem die feste, die flüssige und die gasförmige Phase eines Stoffs miteinander im Gleichgewicht stehen. Der Tripelpunkt des Wassers liegt definitionsgemäß bei 273,16 K, der Druck beträgt am Tripelpunkt 611,657 Pa.

40.4.3 Kalorische Zustandsgrößen

Beim Gefrieren einer Flüssigkeit wird die Schmelzenthalpie Δh_E (E = Erstarren) abgeführt (Tab. 40.11). Dabei erfährt die Flüssigkeit eine Entropieabnahme $\Delta s_E = \Delta h_E / T_E$, wenn T_E die Schmelz- oder Erstarrungstemperatur ist. Nach der *Dulong-Petitschen Regel* hat oberhalb der Umgebungstemperatur die molare Wärmekapazität geteilt durch die Anzahl der Atome im Molekül ungefähr den Wert 25,9 kJ/(kmol K). Bei Annäherung an den absoluten Nullpunkt gilt diese grobe Regel nicht mehr. Dort ist die molare Wärmekapazität bei konstantem Volumen für alle festen Stoffe

$$\bar{C} = a(T/\Theta)^3 , \quad \text{für } T/\Theta < 0,1 ,$$

worin $a = 1,944 \cdot 10^3$ J/(mol K) und Θ die Debye-Temperatur ist (Tab. 40.12).

Tabellen zu Kap. 40

Tab. 40.1 Kritische Daten einiger Stoffe, geordnet nach den kritischen Temperaturen[a]

	Zeichen	M [kg/kmol]	p_k [bar]	T_k [K]	v_k [dm³/kg]
Quecksilber	Hg	200,59	1490	1765	0,213
Anilin	C_6H_7N	93,1283	53,1	698,7	2,941
Wasser	H_2O	18,0153	220,64	647,1	3,11
Benzol	C_6H_6	78,1136	48,98	562,1	3,311
Ethylalkohol	C_2H_5OH	46,0690	61,48	513,9	3,623
Diethylether	$C_4H_{10}O$	74,1228	36,42	466,7	3,774
Ethylchlorid	C_2H_5Cl	64,5147	52,7	460,4	2,994
Schwefeldioxid	SO_2	64,0588	78,84	430,7	1,901
Methylchlorid	CH_3Cl	50,4878	66,79	416,3	2,755
Ammoniak	NH_3	17,0305	113,5	405,5	4,444
Chlorwasserstoff	HCl	36,4609	83,1	324,7	2,222
Distickstoffmonoxid	N_2O	44,0128	72,4	309,6	2,212
Acetylen	C_2H_2	26,0379	61,39	308,3	4,329
Ethan	C_2H_6	30,0696	48,72	305,3	4,850
Kohlendioxid	CO_2	44,0098	73,77	304,1	2,139
Ethylen	C_2H_4	28,0528	50,39	282,3	4,651
Methan	CH_4	16,0428	45,95	190,6	6,148
Stickstoffmonoxid	NO	30,0061	65	180	1,901
Sauerstoff	O_2	31,999	50,43	154,6	2,294
Argon	Ar	39,948	48,65	150,7	1,873
Kohlenmonoxid	CO	28,0104	34,98	132,9	3,322
Luft	–	28,953	37,66	132,5	2,919
Stickstoff	N_2	28,0134	33,9	126,2	3,192
Wasserstoff	H_2	2,0159	12,97	33,2	32,26
Helium-4	He	4,0026	2,27	5,19	14,29

[a] Zusamengestellt nach:
– Rathmann, D.; Bauer, J.; Thompson, Ph.A.: A table of miscellaneous thermodynamic properties for various substances, with emphasis on the critical properties. Max-Planck-Inst. f. Strömungsforschung, Göttingen. Bericht 6/1978.
– Atomic weight of elements 1981. Pure Appl. Chem. **55** (1983) 1102–1118.
– Ambrose, D.: Vapour-liquid critical properties. Nat. Phys. Lab., Teddington 1980.
– Lemmon, E. W. ; Huber, M. L.; Linden, M. O.: Reference Fluid thermodynamic and transport properties, REFPROP, NiST Standard reference database23, version 8,0 (2007).

Tab. 40.2 Antoine-Gleichung. Konstanten einiger Stoffe[a] $\log_{10} p = A - \frac{B}{C+t}$. p in hPa, t in °C

Stoff	A	B	C
Methan	6,82051	405,42	267,777
Ethan	6,95942	663,70	256,470
Propan	6,92888	803,81	246,99
Butan	6,93386	935,86	238,73
Isobutan	7,03538	946,35	246,68
Pentan	7,00122	1075,78	233,205
Isopentan	6,95805	1040,73	235,445
Neopentan	6,72917	883,42	227,780
Hexan	6,99514	1168,72	224,210
Heptan	7,01875	1264,37	216,636
Oktan	7,03430	1349,82	209,385
Cyclopentan	7,01166	1124,162	231,361
Methylcyclopentan	6,98773	1186,059	226,042
Cyclohexan	6,96620	1201,531	222,647
Methylcyclohexan	6,94790	1270,763	221,416
Ethylen	6,87246	585,00	255,00
Propylen	6,94450	785,00	247,00
Buten-(1)	6,96780	926,10	240,00
Buten-(2) cis	6,99416	960,100	237,000
Buten-(2) trans	6,99442	960,80	240,00
Isobuten	6,96624	923,200	240,000
Penten-(1)	6,97140	1044,895	233,516
Hexen-(1)	6,99063	1152,971	225,849
Propadien	5,8386	458,06	196,07
Butadien-(1,3)	6,97489	930,546	238,854
Isopren	7,01054	1071,578	233,513
Benzol	7,03055	1211,033	220,790
Toluol	7,07954	1344,800	219,482
Ethylbenzol	7,08209	1424,255	213,206
m-Xylol	7,13398	1462,266	215,105
p-Xylol	7,11542	1453,430	215,307
Isoprophylbenzol	7,06156	1460,793	207,777
Wasser (90–100 °C)	8,0732991	1656,390	226,86

[a] Aus: Wilhoit, R.C.; Zwolinski, B.J.: Handbook of vapor pressures and heats of vaporization of hydrocarbons and related compounds. Publication 101. Thermodynamics Research Center, Dept. of Chemistry, Texas A&M University, 1971 (American Petroleum Institute Research Project 44).

Tab. 40.3 Spezifische Wärmekapazität der Luft bei verschiedenen Drücken berechnet mit der Zustandsgleichung von Baehr und Schwier [5]

$p =$	1	25	50	100	150	200	300	[bar]
$t =$ 0 °C	$c_p = 1{,}0065$	1,0579	1,1116	1,2156	1,3022	1,3612	1,4087	[kJ/(kg K)]
$t =$ 50 °C	$c_p = 1{,}0080$	1,0395	1,0720	1,1335	1,1866	1,2288	1,2816	[kJ/(kg K)]
$t =$ 100 °C	$c_p = 1{,}0117$	1,0330	1,0549	1,0959	1,1316	1,1614	1,2045	[kJ/(kg K)]

Tab. 40.4 Mittlere Molwärme $[\bar{C}_p]_0^t$ von idealen Gasen in kJ/(kmol K) zwischen 0 °C und t °C. Die mittlere molare Wärmekapazität $[\bar{C}_v]_0^t$ erhält man durch Verkleinern der Zahlen der Tabelle um den Wert der universellen Gaskonstanten 8,3143 kJ/(kmol K). Zur Umrechnung auf 1 kg sind die Zahlen durch die in der letzten Zeile angegebenen Molmassen zu dividieren

t [°C]	$[\bar{C}_p]_0^t$ [kJ/(kmol K)]							
	H_2	N_2	O_2	CO	H_2O	CO_2	Luft	NH_3
0	28,6202	29,0899	29,2642	29,1063	33,4708	35,9176	29,0825	34,99
100	28,9427	29,1151	29,5266	29,1595	33,7121	38,1699	29,1547	36,37
200	29,0717	29,1992	29,9232	29,2882	34,0831	40,1275	29,3033	38,13
300	29,1362	29,3504	30,3871	29,4982	34,5388	41,8299	29,5207	40,02
400	29,1886	29,5632	30,8669	29,7697	35,0485	43,3299	29,7914	41,98
500	29,2470	29,8209	31,3244	30,0805	35,5888	44,6584	30,0927	44,04
600	29,3176	30,1066	31,7499	30,4080	36,1544	45,8462	30,4065	46,09
700	29,4083	30,4006	32,1401	30,7256	36,7415	46,9063	30,7203	48,01
800	29,5171	30,6947	32,4920	31,0519	37,3413	47,8609	31,0265	49,85
900	29,6461	30,9804	32,8151	31,3571	37,9482	48,7231	31,3205	51,53
1000	29,7892	31,2548	33,1094	31,6454	38,5570	49,5017	31,5999	53,08
1100	29,9485	31,5181	33,3781	31,9198	39,1621	50,2055	31,8638	54,50
1200	30,1158	31,7673	33,6245	32,1717	39,7583	50,8522	32,1123	55,84
1300	30,2891	31,9998	33,8548	32,4097	40,3418	51,4373	32,3458	57,06
1400	30,4705	32,2182	34,0723	32,6308	40,9127	51,9783	32,5651	58,14
1500	30,6540	32,4255	34,2771	32,8380	41,4675	52,4710	32,7713	59,19
1600	30,8394	32,6187	34,4690	33,0312	42,0042	52,9285	32,96353	60,20
1700	31,0248	32,7979	34,6513	33,2103	42,5229	53,3508	33,1482	61,12
1800	31,2103	32,9688	34,8305	33,3811	43,0254	53,7423	33,3209	61,95
1900	31,3937	33,1284	35,0000	33,5379	43,5081	54,1030	33,4843	62,75
2000	31,5751	33,2797	35,1664	33,6890	43,9745	54,4418	33,6392	63,46
M [kg/kmol]	2,01588	28,01340	31,999	28,01040	18,01528	44,00980	28,953	17,03052

40

Tab. 40.5 Wasserdampftafel. Sättigungszustand (Temperaturtafel) [a]

t	p	v'	v''	h'	h''	r	s'	s''
[°C]	[bar]	[m³/kg]	[m³/kg]	[kJ/kg]		[kJ/kg]	[kJ/(kg K)]	
0,01	0,006117	0,001000	205,998	0,00	2500,91	2500,91	0,0000	9,1555
2	0,007060	0,001000	179,764	8,39	2504,57	2496,17	0,0306	9,1027
4	0,008135	0,001000	157,121	16,81	2508,24	2491,42	0,0611	9,0506
6	0,009354	0,001000	137,638	25,22	2511,91	2486,68	0,0913	8,9994
8	0,010730	0,001000	120,834	33,63	2515,57	2481,94	0,1213	8,9492
10	0,012282	0,001000	106,309	42,02	2519,23	2477,21	0,1511	8,8998
12	0,014028	0,001001	93,724	50,41	2522,89	2472,48	0,1806	8,8514
14	0,015989	0,001001	82,798	58,79	2526,54	2467,75	0,2099	8,8038
16	0,018188	0,001001	73,292	67,17	2530,19	2463,01	0,2390	8,7571
18	0,020647	0,001001	65,003	75,55	2533,83	2458,28	0,2678	8,7112
20	0,023392	0,001002	57,762	83,92	2537,47	2453,55	0,2965	8,6661
22	0,026452	0,001002	51,422	92,29	2541,10	2448,81	0,3250	8,6218
24	0,029856	0,001003	45,863	100,66	2544,73	2444,08	0,3532	8,5783
26	0,033637	0,001003	40,977	109,02	2548,35	2439,33	0,3813	8,5355
28	0,037828	0,001004	36,675	117,38	2551,97	2434,59	0,4091	8,4934
30	0,042467	0,001004	32,882	125,75	2555,58	2429,84	0,4368	8,4521
32	0,047593	0,001005	29,529	134,11	2559,19	2425,08	0,4643	8,4115
34	0,053247	0,001006	26,562	142,47	2562,79	2420,32	0,4916	8,3715
36	0,059475	0,001006	23,932	150,82	2566,38	2415,56	0,5187	8,3323
38	0,066324	0,001007	21,595	159,18	2569,96	2410,78	0,5457	8,2936
40	0,073844	0,001008	19,517	167,54	2573,54	2406,00	0,5724	8,2557
42	0,082090	0,001009	17,665	175,90	2577,11	2401,21	0,5990	8,2183
44	0,091118	0,001009	16,013	184,26	2580,67	2396,42	0,6255	8,1816
46	0,10099	0,001010	14,535	192,62	2584,23	2391,61	0,6517	8,1454
48	0,11176	0,001011	13,213	200,98	2587,77	2386,80	0,6778	8,1099
50	0,12351	0,001012	12,028	209,34	2591,31	2381,97	0,7038	8,0749
52	0,13631	0,001013	10,964	217,70	2594,84	2377,14	0,7296	8,0405
54	0,15022	0,001014	10,007	226,06	2598,35	2372,30	0,7552	8,0066
56	0,16532	0,001015	9,145	234,42	2601,86	2367,44	0,7807	7,9733
58	0,18171	0,001016	8,369	242,79	2605,36	2362,57	0,8060	7,9405
60	0,19946	0,001017	7,668	251,15	2608,85	2357,69	0,8312	7,9082
62	0,21866	0,001018	7,034	259,52	2612,32	2352,80	0,8563	7,8764
64	0,23942	0,001019	6,460	267,89	2615,78	2347,89	0,8811	7,8451
66	0,26183	0,001020	5,940	276,27	2619,23	2342,97	0,9059	7,8142
68	0,28599	0,001022	5,468	284,64	2622,67	2338,03	0,9305	7,7839
70	0,31201	0,001023	5,040	293,02	2626,10	2333,08	0,9550	7,7540
72	0,34000	0,001024	4,650	301,40	2629,51	2328,11	0,9793	7,7245
74	0,37009	0,001025	4,295	309,78	2632,91	2323,13	1,0035	7,6955
76	0,40239	0,001026	3,971	318,17	2636,29	2318,13	1,0276	7,6669
78	0,43703	0,001028	3,675	326,56	2639,66	2313,11	1,0516	7,6388
80	0,47415	0,001029	3,405	334,95	2643,01	2308,07	1,0754	7,6110
82	0,51387	0,001030	3,158	343,34	2646,35	2303,01	1,0991	7,5837
84	0,55636	0,001032	2,932	351,74	2649,67	2297,93	1,1227	7,5567
86	0,60174	0,001033	2,724	360,15	2652,98	2292,83	1,1461	7,5301
88	0,65017	0,001035	2,534	368,56	2656,26	2287,70	1,1694	7,5039
90	0,70182	0,001036	2,359	376,97	2659,53	2282,56	1,1927	7,4781
92	0,75685	0,001037	2,198	385,38	2662,78	2277,39	1,2158	7,4526
94	0,81542	0,001039	2,050	393,81	2666,01	2272,20	1,2387	7,4275
96	0,87771	0,001040	1,914	402,23	2669,22	2266,98	1,2616	7,4027
98	0,94390	0,001042	1,788	410,66	2672,40	2261,74	1,2844	7,3782

Tab. 40.5 (Fortsetzung)

t	p	v'	v''	h'	h''	r	s'	s''
[°C]	[bar]	[m³/kg]	[m³/kg]	[kJ/kg]		[kJ/kg]	[kJ/(kg K)]	
100	1,0142	0,001043	1,672	419,10	2675,57	2256,47	1,3070	7,3541
105	1,2090	0,001047	1,418	440,21	2683,39	2243,18	1,3632	7,2951
110	1,4338	0,001052	1,209	461,36	2691,07	2229,70	1,4187	7,2380
115	1,6918	0,001056	1,036	482,55	2698,58	2216,03	1,4735	7,1827
120	1,9867	0,001060	0,8913	503,78	2705,93	2202,15	1,5278	7,1291
125	2,3222	0,001065	0,7701	525,06	2713,11	2188,04	1,5815	7,0770
130	2,7026	0,001070	0,6681	546,39	2720,09	2173,70	1,6346	7,0264
135	3,1320	0,001075	0,5818	567,77	2726,87	2159,10	1,6872	6,9772
140	3,6150	0,001080	0,5085	589,20	2733,44	2144,24	1,7393	6,9293
145	4,1564	0,001085	0,4460	610,69	2739,80	2129,10	1,7909	6,8826
150	4,7610	0,001091	0,3925	632,25	2745,92	2113,67	1,8420	6,8370
155	5,4342	0,001096	0,3465	653,88	2751,80	2097,92	1,8926	6,7926
160	6,1814	0,001102	0,3068	675,57	2757,43	2081,86	1,9428	6,7491
165	7,0082	0,001108	0,2725	697,35	2762,80	2065,45	1,9926	6,7066
170	7,9205	0,001114	0,2426	719,21	2767,89	2048,69	2,0419	6,6649
175	8,9245	0,001121	0,2166	741,15	2772,70	2031,55	2,0909	6,6241
180	10,026	0,001127	0,1939	763,19	2777,22	2014,03	2,1395	6,5841
185	11,233	0,001134	0,1739	785,32	2781,43	1996,10	2,1878	6,5447
190	12,550	0,001141	0,1564	807,57	2785,31	1977,75	2,2358	6,5060
195	13,986	0,001149	0,1409	829,92	2788,86	1958,94	2,2834	6,4679
200	15,547	0,001157	0,1272	852,39	2792,06	1939,67	2,3308	6,4303
205	17,240	0,001164	0,1151	874,99	2794,90	1919,90	2,3779	6,3932
210	19,074	0,001173	0,1043	897,73	2797,35	1899,62	2,4248	6,3565
215	21,056	0,001181	0,09469	920,61	2799,41	1878,80	2,4714	6,3202
220	23,193	0,001190	0,08610	943,64	2801,05	1857,41	2,5178	6,2842
225	25,494	0,001199	0,07841	966,84	2802,26	1835,42	2,5641	6,2485
230	27,968	0,001209	0,07151	990,21	2803,01	1812,80	2,6102	6,2131
235	30,622	0,001219	0,06530	1013,77	2803,28	1789,52	2,6561	6,1777
240	33,467	0,001229	0,05971	1037,52	2803,06	1765,54	2,7019	6,1425
245	36,509	0,001240	0,05466	1061,49	2802,31	1740,82	2,7477	6,1074
250	39,759	0,001252	0,05009	1085,69	2801,01	1715,33	2,7934	6,0722
255	43,227	0,001264	0,04594	1110,13	2799,13	1689,01	2,8391	6,0370
260	46,921	0,001276	0,04218	1134,83	2796,64	1661,82	2,8847	6,0017
265	50,851	0,001289	0,03875	1159,81	2793,51	1633,70	2,9304	5,9662
270	55,028	0,001303	0,03562	1185,09	2789,69	1604,60	2,9762	5,9304
275	59,463	0,001318	0,03277	1210,70	2785,14	1574,44	3,0221	5,8943
280	64,165	0,001333	0,03015	1236,67	2779,82	1543,15	3,0681	5,8578
285	69,145	0,001349	0,02776	1263,02	2773,67	1510,65	3,1143	5,8208
290	74,416	0,001366	0,02556	1289,80	2766,63	1476,84	3,1608	5,7832
295	79,990	0,001385	0,02353	1317,03	2758,63	1441,60	3,2076	5,7449
300	85,877	0,001404	0,02166	1344,77	2749,57	1404,80	3,2547	5,7058
305	92,092	0,001425	0,01994	1373,07	2739,38	1366,30	3,3024	5,6656
310	98,647	0,001448	0,01834	1402,00	2727,92	1325,92	3,3506	5,6243
315	105,56	0,001472	0,01686	1431,63	2715,08	1283,45	3,3994	5,5816
320	112,84	0,001499	0,01548	1462,05	2700,67	1238,62	3,4491	5,5373
325	120,51	0,001528	0,01419	1493,37	2684,48	1191,11	3,4997	5,4911
330	128,58	0,001561	0,01298	1525,74	2666,25	1140,51	3,5516	5,4425
335	137,07	0,001597	0,01185	1559,34	2645,60	1086,26	3,6048	5,3910
340	146,00	0,001638	0,01078	1594,45	2622,07	1027,62	3,6599	5,3359
345	155,40	0,001685	0,009770	1631,44	2595,01	963,57	3,7175	5,2763

Tab. 40.5 (Fortsetzung)

t	p	v'	v''	h'	h''	r	s'	s''
[°C]	[bar]	[m³/kg]	[m³/kg]	[kJ/kg]		[kJ/kg]	[kJ/(kg K)]	
350	165,29	0,001740	0,008801	1670,86	2563,59	892,73	3,7783	5,2109
355	175,70	0,001808	0,007866	1713,71	2526,45	812,74	3,8438	5,1377
360	186,66	0,001895	0,006945	1761,49	2480,99	719,50	3,9164	5,0527
365	198,22	0,002016	0,006004	1817,59	2422,00	604,41	4,0010	4,9482
370	210,43	0,002222	0,004946	1892,64	2333,50	440,86	4,1142	4,7996
373,946	220,64	0,003106	0,003106	2087,55	2087,55	0,00	4,4120	4,4120

[a] Auszug aus: Wagner, W., Kruse, A.: Properties of water and steam. Zustandsgrößen von Wasser und Wasserdampf. Berlin: Springer 1998

Tab. 40.6 Zustandsgrößen von Wasser und überhitztem Wasserdampf (Auszug aus: Wagner, W., Kruse, A.: Properties of water and steam. Zustandsgrößen von Wasser und Wasserdampf. Berlin: Springer 1998)

$p \to$	1 bar $t_s = 99,61\,°C$			5 bar $t_s = 151,884\,°C$			10 bar $t_s = 179,89\,°C$			15 bar $t_s = 198,330\,°C$			20 bar $t_s = 212,38\,°C$		
	v'' 1,69402	h'' 2674,9	s'' 7,3588	v'' 0,37480	h'' 2748,1	s'' 6,8206	v'' 0,19435	h'' 2777,1	s'' 6,5850	v'' 0,13170	h'' 2791,0	s'' 6,4431	v'' 0,09958	h'' 2798,4	s'' 6,3392
t [°C]	v [m³/kg]	h [kJ/kg]	s [kJ/(kg K)]	v [m³/kg]	h [kJ/kg]	s [kJ/(kg K)]	v [m³/kg]	h [kJ/kg]	s [kJ/(kg K)]	v [m³/kg]	h [kJ/kg]	s [kJ/(kg K)]	v [m³/kg]	h [kJ/kg]	s [kJ/(kg K)]
0	0,001000	0,06	−0,0001	0,001000	0,47	−0,0001	0,001000	0,98	−0,0001	0,000999	1,48	−0,0001	0,000999	1,99	0,0000
10	0,001000	42,12	0,1511	0,001000	42,51	0,1510	0,001000	42,99	0,1510	0,001000	43,48	0,1510	0,000999	43,97	0,1509
20	0,001002	84,01	0,2965	0,001002	84,39	0,2964	0,001001	84,86	0,2963	0,001001	85,33	0,2962	0,001001	85,80	0,2961
40	0,001008	167,62	0,5724	0,001008	167,98	0,5722	0,001007	168,42	0,5720	0,001007	168,86	0,5719	0,001007	169,31	0,5717
60	0,001017	251,22	0,8312	0,001017	251,56	0,8310	0,001017	251,98	0,8307	0,001016	252,40	0,8304	0,001016	252,82	0,8302
80	0,001029	334,99	1,0754	0,001029	335,31	1,0751	0,001029	335,71	1,0748	0,001028	336,10	1,0744	0,001028	336,50	1,0741
100	1,695959	2675,77	7,3610	0,001043	419,40	1,3067	0,001043	419,77	1,3063	0,001043	420,15	1,3059	0,001042	420,53	1,3055
120	1,793238	2716,61	7,4676	0,001060	504,00	1,5275	0,001060	504,35	1,5271	0,001060	504,70	1,5266	0,001059	505,05	1,5262
140	1,889133	2756,70	7,5671	0,001080	589,29	1,7391	0,001079	589,61	1,7386	0,001079	589,94	1,7381	0,001079	590,26	1,7376
160	1,984139	2796,42	7,6610	0,383660	2767,38	6,8655	0,001102	675,80	1,9423	0,001101	676,09	1,9417	0,001101	676,38	1,9411
180	2,078533	2835,97	7,7503	0,404655	2812,45	6,9672	0,194418	2777,43	6,5857	0,001127	763,44	2,1389	0,001127	763,69	2,1382
200	2,172495	2875,48	7,8356	0,425034	2855,90	7,0611	0,206004	2828,27	6,6955	0,132441	2796,02	6,4537	0,001156	852,57	2,3301
220	2,266142	2915,02	7,9174	0,445001	2898,40	7,1491	0,216966	2875,55	6,7934	0,140630	2850,19	6,5658	0,102167	2821,67	6,3868
240	2,359555	2954,66	7,9962	0,464676	2940,31	7,2324	0,227551	2920,98	6,8837	0,148295	2900,00	6,6649	0,108488	2877,21	6,4972
260	2,452789	2994,45	8,0723	0,484135	2981,88	7,3119	0,237871	2965,23	6,9683	0,155637	2947,45	6,7556	0,114400	2928,47	6,5952
280	2,545883	3034,40	8,1458	0,503432	3023,28	7,3881	0,247998	3008,71	7,0484	0,162752	2993,37	6,8402	0,120046	2977,21	6,6850
300	2,638868	3074,54	8,2171	0,522603	3064,60	7,4614	0,257979	3051,70	7,1247	0,169699	3038,27	6,9199	0,125501	3024,25	6,7685
320	2,731763	3114,89	8,2863	0,541675	3105,93	7,5323	0,267848	3094,40	7,1979	0,176521	3082,48	6,9957	0,130816	3070,16	6,8472
340	2,824585	3155,45	8,3536	0,560667	3147,32	7,6010	0,277629	3136,93	7,2685	0,183245	3126,25	7,0683	0,136023	3115,28	6,9221
360	2,917346	3196,24	8,4190	0,579594	3188,83	7,6676	0,287339	3179,39	7,3366	0,189893	3169,75	7,1381	0,141147	3159,89	6,9937
380	3,010056	3237,27	8,4828	0,598467	3230,48	7,7323	0,296991	3221,86	7,4026	0,196478	3213,09	7,2055	0,146205	3204,16	7,0625
400	3,102722	3278,54	8,5451	0,617294	3272,29	7,7954	0,306595	3264,39	7,4668	0,203012	3256,37	7,2708	0,151208	3248,23	7,1290

40

Tab. 40.6 (Fortsetzung)

$p \rightarrow$	1 bar $t_s = 99{,}61\,°C$			5 bar $t_s = 151{,}884\,°C$			10 bar $t_s = 179{,}89\,°C$			15 bar $t_s = 198{,}330\,°C$			20 bar $t_s = 212{,}38\,°C$		
	v''	h''	s''	v''	h''	s''	v''	h''	s''	v''	h''	s''	v''	h''	s''
	1,69402	2674,9	7,3588	0,37480	2748,1	6,8206	0,19435	2777,1	6,5850	0,13170	2791,0	6,4431	0,09958	2798,4	6,3392
t [°C]	v [m³/kg]	h [kJ/kg]	s [kJ/(kg K)]	v [m³/kg]	h [kJ/kg]	s [kJ/(kg K)]	v [m³/kg]	h [kJ/kg]	s [kJ/(kg K)]	v [m³/kg]	h [kJ/kg]	s [kJ/(kg K)]	v [m³/kg]	h [kJ/kg]	s [kJ/(kg K)]
420	3,195351	3320,06	8,6059	0,636083	3314,29	7,8569	0,316158	3307,01	7,5292	0,209504	3299,64	7,3341	0,156167	3292,18	7,1933
440	3,287948	3361,83	8,6653	0,654838	3356,49	7,9169	0,325687	3349,76	7,5900	0,215960	3342,96	7,3957	0,161088	3336,09	7,2558
460	3,380516	3403,86	8,7234	0,673565	3398,90	7,9756	0,335186	3392,66	7,6493	0,222385	3386,37	7,4558	0,165978	3380,02	7,3165
480	3,473061	3446,15	8,7803	0,692267	3441,54	8,0329	0,344659	3435,74	7,7073	0,228784	3429,90	7,5143	0,170841	3424,01	7,3757
500	3,565583	3488,71	8,8361	0,710947	3484,41	8,0891	0,354110	3479,00	7,7640	0,235160	3473,57	7,5716	0,175680	3468,09	7,4335
520	3,658087	3531,53	8,8907	0,729607	3527,52	8,1442	0,363541	3522,47	7,8195	0,241515	3517,40	7,6275	0,180499	3512,30	7,4899
540	3,750573	3574,63	8,9444	0,748250	3570,87	8,1981	0,372955	3566,15	7,8739	0,247854	3561,41	7,6823	0,185300	3556,64	7,5451
560	3,843045	3618,00	8,9971	0,766878	3614,48	8,2511	0,382354	3610,05	7,9272	0,254176	3605,61	7,7360	0,190085	3601,15	7,5992
580	3,935503	3661,65	9,0489	0,785493	3658,34	8,3031	0,391738	3654,19	7,9795	0,260485	3650,02	7,7887	0,194856	3645,84	7,6522
600	4,027949	3705,57	9,0998	0,804095	3702,46	8,3543	0,401111	3698,56	8,0309	0,266781	3694,64	7,8404	0,199614	3690,71	7,7042
620	4,120384	3749,77	9,1498	0,822687	3746,84	8,4045	0,410472	3743,17	8,0815	0,273066	3739,48	7,8912	0,204362	3735,78	7,7552
640	4,212810	3794,26	9,1991	0,841269	3791,49	8,4539	0,419824	3788,03	8,1311	0,279341	3784,55	7,9411	0,209099	3781,07	7,8054
660	4,305227	3839,02	9,2476	0,859842	3836,41	8,5026	0,429167	3833,14	8,1800	0,285608	3829,86	7,9902	0,213827	3826,57	7,8547
680	4,397636	3884,06	9,2953	0,878406	3881,59	8,5505	0,438502	3878,50	8,2281	0,291866	3875,40	8,0384	0,218547	3872,29	7,9032
700	4,490037	3929,38	9,3424	0,896964	3927,05	8,5977	0,447829	3924,12	8,2755	0,298117	3921,18	8,0860	0,223260	3918,24	7,9509
720	4,582433	3974,99	9,3888	0,915516	3972,77	8,6442	0,457150	3970,00	8,3221	0,304361	3967,22	8,1328	0,227966	3964,43	7,9978
740	4,674822	4020,87	9,4345	0,934061	4018,77	8,6901	0,466465	4016,14	8,3681	0,310600	4013,50	8,1789	0,232667	4010,86	8,0441
760	4,767206	4067,04	9,4796	0,952601	4065,04	8,7353	0,475775	4062,54	8,4135	0,316833	4060,03	8,2244	0,237361	4057,52	8,0897
780	4,859585	4113,48	9,5241	0,971136	4111,58	8,7799	0,485080	4109,21	8,4582	0,323061	4106,82	8,2693	0,242051	4104,43	8,1347
800	4,951960	4160,21	9,5681	0,989667	4158,40	8,8240	0,494380	4156,14	8,5024	0,329284	4153,87	8,3135	0,246737	4151,59	8,1791

Tab. 40.6 (Fortsetzung)

$p \rightarrow$	25 bar $t_s = 223{,}96\,°C$			50 bar $t_s = 263{,}94\,°C$			100 bar $t_s = 311{,}0\,°C$			150 bar $t_s = 342{,}16\,°C$			200 bar $t_s = 365{,}765\,°C$		
	v''	h''	s''	v''	h''	s''	v''	h''	s''	v''	h''	s''	v''	h''	s''
	0,07995	2802,2	6,2560	0,03945	2794,2	5,9737	0,01803	2725,5	5,6159	0,01034	2610,9	5,3108	0,00586	2411,4	4,9299
t	v	h	s	v	h	s	v	h	s	v	h	s	v	h	s
[°C]	[m³/kg]	[kJ/kg]	[kJ/(kg K)]	[m³/kg]	[kJ/kg]	[kJ/(kg K)]	[m³/kg]	[kJ/kg]	[kJ/(kg K)]	[m³/kg]	[kJ/kg]	[kJ/(kg K)]	[m³/kg]	[kJ/kg]	[kJ/(kg K)]
0	0,000999	2,50	0,0000	0,000998	5,03	0,0001	0,000995	10,07	0,0003	0,000993	15,07	0,0004	0,000990	20,03	0,0005
10	0,000999	44,45	0,1509	0,000998	46,88	0,1506	0,000996	51,72	0,1501	0,000993	56,52	0,1495	0,000991	61,30	0,1489
20	0,001001	86,27	0,2960	0,001000	88,61	0,2955	0,000997	93,29	0,2944	0,000995	97,94	0,2932	0,000993	102,57	0,2921
40	0,001007	169,75	0,5715	0,001006	171,96	0,5705	0,001004	176,37	0,5685	0,001001	180,78	0,5666	0,000999	185,17	0,5646
60	0,001016	253,24	0,8299	0,001015	255,33	0,8286	0,001013	259,53	0,8259	0,001011	263,71	0,8233	0,001008	267,89	0,8207
80	0,001028	336,90	1,0738	0,001027	338,89	1,0721	0,001024	342,87	1,0689	0,001022	346,85	1,0657	0,001020	350,83	1,0625
100	0,001042	420,90	1,3051	0,001041	422,78	1,3032	0,001039	426,55	1,2994	0,001036	430,32	1,2956	0,001034	434,10	1,2918
120	0,001059	505,40	1,5257	0,001058	507,17	1,5235	0,001055	510,70	1,5190	0,001052	514,25	1,5147	0,001050	517,81	1,5104
140	0,001078	590,59	1,7371	0,001077	592,22	1,7345	0,001074	595,49	1,7294	0,001071	598,79	1,7244	0,001068	602,11	1,7195
160	0,001101	676,67	1,9405	0,001099	678,14	1,9376	0,001095	681,11	1,9318	0,001092	684,12	1,9261	0,001089	687,15	1,9205
180	0,001126	763,94	2,1375	0,001124	765,22	2,1341	0,001120	767,81	2,1274	0,001116	770,46	2,1209	0,001112	773,16	2,1146
200	0,001156	852,77	2,3293	0,001153	853,80	2,3254	0,001148	855,92	2,3177	0,001144	858,12	2,3102	0,001139	860,39	2,3030
220	0,001190	943,69	2,5175	0,001187	944,38	2,5129	0,001181	945,87	2,5039	0,001175	947,49	2,4952	0,001170	949,22	2,4868
240	0,084437	2852,28	6,3555	0,001227	1037,68	2,6983	0,001219	1038,30	2,6876	0,001212	1039,13	2,6774	0,001205	1040,14	2,6675
260	0,089553	2908,19	6,4624	0,001275	1134,77	2,8839	0,001265	1134,13	2,8708	0,001256	1133,83	2,8584	0,001247	1133,83	2,8466
280	0,094351	2960,16	6,5581	0,042275	2858,08	6,0909	0,001323	1234,82	3,0561	0,001310	1232,79	3,0406	0,001298	1231,29	3,0261
300	0,098932	3009,63	6,6460	0,045347	2925,64	6,2109	0,001398	1343,10	3,2484	0,001378	1338,06	3,2275	0,001361	1334,14	3,2087
320	0,103357	3057,40	6,7279	0,048130	2986,18	6,3148	0,019272	2782,66	5,7131	0,001473	1453,85	3,4260	0,001445	1445,30	3,3993
340	0,107664	3104,01	6,8052	0,050726	3042,36	6,4080	0,021490	2882,06	5,8780	0,001631	1592,27	3,6553	0,001569	1571,52	3,6085
360	0,111881	3149,81	6,8787	0,053188	3095,62	6,4934	0,023327	2962,61	6,0073	0,012582	2769,56	5,5654	0,001825	1740,13	3,8787
380	0,116026	3195,07	6,9491	0,055552	3146,83	6,5731	0,024952	3033,11	6,1170	0,014289	2884,61	5,7445	0,008258	2659,19	5,3144

40

Tab. 40.6 (Fortsetzung)

t [°C]	25 bar t_s = 223,96 °C			50 bar t_s = 263,94 °C			100 bar t_s = 311,0 °C			150 bar t_s = 342,16 °C			200 bar t_s = 365,765 °C		
	v'' [m³/kg]	h'' [kJ/kg]	s'' [kJ/(kg K)]	v'' [m³/kg]	h'' [kJ/kg]	s'' [kJ/(kg K)]	v'' [m³/kg]	h'' [kJ/kg]	s'' [kJ/(kg K)]	v'' [m³/kg]	h'' [kJ/kg]	s'' [kJ/(kg K)]	v'' [m³/kg]	h'' [kJ/kg]	s'' [kJ/(kg K)]
	0,07995	2802,2	6,2560	0,03945	2794,2	5,9737	0,01803	2725,5	5,6159	0,01034	2610,9	5,3108	0,00586	2411,4	4,9299
	v [m³/kg]	h [kJ/kg]	s [kJ/(kg K)]	v [m³/kg]	h [kJ/kg]	s [kJ/(kg K)]	v [m³/kg]	h [kJ/kg]	s [kJ/(kg K)]	v [m³/kg]	h [kJ/kg]	s [kJ/(kg K)]	v [m³/kg]	h [kJ/kg]	s [kJ/(kg K)]
400	0,120115	3239,96	7,0168	0,057840	3196,59	6,6481	0,026439	3097,38	6,2139	0,015671	2975,55	5,8817	0,009950	2816,84	5,5525
420	0,124156	3284,63	7,0822	0,060068	3245,31	6,7194	0,027829	3157,45	6,3019	0,016875	3053,94	5,9965	0,011199	2928,51	5,7160
440	0,128159	3329,15	7,1455	0,062249	3293,27	6,7877	0,029148	3214,57	6,3831	0,017965	3124,58	6,0970	0,012246	3020,26	5,8466
460	0,132129	3373,62	7,2070	0,064391	3340,68	6,8532	0,030410	3269,53	6,4591	0,018974	3190,02	6,1875	0,013170	3100,57	5,9577
480	0,136072	3418,08	7,2668	0,066501	3387,71	6,9165	0,031629	3322,89	6,5310	0,019924	3251,76	6,2706	0,014011	3173,45	6,0558
500	0,139990	3462,59	7,3251	0,068583	3434,48	6,9778	0,032813	3375,06	6,5993	0,020828	3310,79	6,3479	0,014793	3241,19	6,1445
520	0,143887	3507,17	7,3821	0,070642	3481,06	7,0373	0,033968	3426,31	6,6648	0,021696	3367,79	6,4207	0,015530	3305,21	6,2263
540	0,147766	3551,85	7,4377	0,072681	3527,54	7,0952	0,035098	3476,87	6,7277	0,022535	3423,22	6,4897	0,016231	3366,45	6,3026
560	0,151629	3596,67	7,4922	0,074703	3573,96	7,1516	0,036208	3526,90	6,7885	0,023350	3477,46	6,5556	0,016904	3425,57	6,3744
580	0,155477	3641,64	7,5455	0,076710	3620,38	7,2066	0,037300	3576,52	6,8474	0,024144	3530,75	6,6188	0,017554	3483,05	6,4426
600	0,159313	3686,76	7,5978	0,078703	3666,83	7,2604	0,038377	3625,84	6,9045	0,024921	3583,31	6,6797	0,018184	3539,23	6,5077
620	0,163138	3732,07	7,6491	0,080684	3713,34	7,3131	0,039442	3674,95	6,9601	0,025683	3635,28	6,7386	0,018799	3594,37	6,5701
640	0,166953	3777,57	7,6995	0,082655	3759,94	7,3647	0,040494	3723,89	7,0143	0,026432	3686,79	6,7956	0,019399	3648,69	6,6303
660	0,170758	3823,27	7,7490	0,084616	3806,65	7,4153	0,041536	3772,73	7,0672	0,027171	3737,95	6,8510	0,019987	3702,35	6,6884
680	0,174556	3869,17	7,7976	0,086569	3853,48	7,4650	0,042569	3821,51	7,1189	0,027899	3788,82	6,9050	0,020564	3755,46	6,7447
700	0,178346	3915,30	7,8455	0,088515	3900,45	7,5137	0,043594	3870,27	7,1696	0,028619	3839,48	6,9576	0,021133	3808,15	6,7994
720	0,182129	3961,64	7,8927	0,090453	3947,58	7,5617	0,044612	3919,04	7,2192	0,029332	3889,99	7,0090	0,021693	3860,50	6,8527
740	0,185907	4008,21	7,9391	0,092385	3994,88	7,6088	0,045623	3967,85	7,2678	0,030037	3940,39	7,0592	0,022246	3912,57	6,9046
760	0,189679	4055,01	7,9848	0,094312	4042,35	7,6552	0,046629	4016,72	7,3156	0,030736	3990,72	7,1084	0,022792	3964,43	6,9553
780	0,193446	4102,04	8,0299	0,096234	4090,02	7,7009	0,047629	4065,68	7,3625	0,031430	4041,03	7,1566	0,023333	4016,13	7,0048
800	0,197208	4149,32	8,0744	0,098151	4137,87	7,7459	0,048624	4114,73	7,4087	0,032118	4091,33	7,2039	0,023869	4067,73	7,0534

Tab. 40.6 (Fortsetzung)

p →	250 bar			300 bar			350 bar			400 bar			500 bar		
t [°C]	v [m³/kg]	h [kJ/kg]	s [kJ/(kg K)]	v [m³/kg]	h [kJ/kg]	s [kJ/(kg K)]	v [m³/kg]	h [kJ/kg]	s [kJ/(kg K)]	v [m³/kg]	h [kJ/kg]	s [kJ/(kg K)]	v [m³/kg]	h [kJ/kg]	s [kJ/(kg K)]
0	0,000988	24,96	0,0004	0,000986	29,86	0,0003	0,000983	34,72	0,0001	0,000981	39,56	−0,0002	0,000977	49,13	−0,0010
10	0,000989	66,06	0,1482	0,000987	70,79	0,1474	0,000984	75,49	0,1466	0,000982	80,17	0,1458	0,000978	89,46	0,1440
20	0,000991	107,18	0,2909	0,000989	111,78	0,2897	0,000987	116,35	0,2884	0,000985	120,90	0,2872	0,000980	129,96	0,2845
40	0,000997	189,54	0,5627	0,000995	193,91	0,5607	0,000993	198,27	0,5588	0,000991	202,61	0,5568	0,000987	211,27	0,5528
60	0,001006	272,07	0,8181	0,001004	276,24	0,8156	0,001002	280,40	0,8130	0,001000	284,56	0,8105	0,000996	292,86	0,8054
80	0,001018	354,82	1,0593	0,001016	358,80	1,0562	0,001013	362,78	1,0531	0,001011	366,76	1,0501	0,001007	374,71	1,0440
100	0,001031	437,88	1,2881	0,001029	441,67	1,2845	0,001027	445,47	1,2809	0,001024	449,26	1,2773	0,001020	456,87	1,2703
120	0,001047	521,38	1,5061	0,001045	524,97	1,5019	0,001042	528,56	1,4978	0,001040	532,17	1,4937	0,001035	539,41	1,4858
140	0,001065	605,45	1,7147	0,001062	608,80	1,7099	0,001060	612,18	1,7052	0,001057	615,57	1,7006	0,001052	622,40	1,6917
160	0,001085	690,22	1,9150	0,001082	693,31	1,9097	0,001079	696,44	1,9044	0,001076	699,59	1,8992	0,001070	705,95	1,8891
180	0,001108	775,90	2,1084	0,001105	778,68	2,1023	0,001101	781,51	2,0964	0,001098	784,37	2,0906	0,001091	790,20	2,0793
200	0,001135	862,73	2,2959	0,001130	865,14	2,2890	0,001126	867,60	2,2823	0,001122	870,12	2,2758	0,001115	875,31	2,2631
220	0,001164	951,06	2,4787	0,001159	952,99	2,4709	0,001155	955,00	2,4632	0,001150	957,10	2,4558	0,001141	961,50	2,4415
240	0,001199	1041,31	2,6581	0,001193	1042,62	2,6490	0,001187	1044,06	2,6402	0,001181	1045,62	2,6317	0,001171	1049,05	2,6155
260	0,001239	1134,08	2,8355	0,001231	1134,57	2,8248	0,001224	1135,25	2,8145	0,001217	1136,11	2,8047	0,001204	1138,29	2,7861
280	0,001287	1230,24	3,0125	0,001277	1229,56	2,9997	0,001268	1229,20	2,9875	0,001259	1229,13	2,9760	0,001243	1229,67	2,9543
300	0,001346	1331,06	3,1915	0,001332	1328,66	3,1756	0,001320	1326,81	3,1608	0,001308	1325,41	3,1469	0,001288	1323,74	3,1214
320	0,001421	1438,72	3,3761	0,001401	1433,51	3,3554	0,001384	1429,36	3,3367	0,001368	1426,02	3,3195	0,001341	1421,22	3,2885
340	0,001526	1557,48	3,5729	0,001493	1547,07	3,5437	0,001466	1538,97	3,5184	0,001443	1532,52	3,4960	0,001405	1523,05	3,4574
360	0,001697	1698,63	3,7993	0,001628	1675,57	3,7498	0,001579	1659,61	3,7119	0,001542	1647,62	3,6807	0,001485	1630,63	3,6300
380	0,002218	1935,67	4,1670	0,001873	1838,26	4,0026	0,001755	1800,51	3,9309	0,001682	1776,72	3,8814	0,001588	1746,51	3,8101

40

Tab. 40.6 (Fortsetzung)

$p \rightarrow$	250 bar			300 bar			350 bar			400 bar			500 bar		
t [°C]	v [m³/kg]	h [kJ/kg]	s [kJ/(kg K)]	v [m³/kg]	h [kJ/kg]	s [kJ/(kg K)]	v [m³/kg]	h [kJ/kg]	s [kJ/(kg K)]	v [m³/kg]	h [kJ/kg]	s [kJ/(kg K)]	v [m³/kg]	h [kJ/kg]	s [kJ/(kg K)]
400	0,06005	2578,59	5,1399	0,002796	2152,37	4,4750	0,002106	1988,43	4,2140	0,001911	1931,13	4,1141	0,001731	1874,31	4,0028
420	0,007579	2769,45	5,4196	0,004921	2552,87	5,0625	0,003082	2291,32	4,6570	0,002361	2136,30	4,4142	0,001940	2020,07	4,2161
440	0,008697	2897,06	5,6013	0,006228	2748,86	5,3416	0,004413	2571,64	5,0561	0,003210	2394,03	4,7807	0,002266	2190,53	4,4585
460	0,009617	2999,20	5,7426	0,007193	2883,84	5,5284	0,005436	2753,55	5,3079	0,004149	2613,32	5,0842	0,002745	2380,52	4,7212
480	0,010418	3087,11	5,8609	0,007992	2991,99	5,6740	0,006246	2888,06	5,4890	0,004950	2777,18	5,3048	0,003319	2563,86	4,9680
500	0,01142	3165,92	5,9642	0,008690	3084,79	5,7956	0,006933	2998,02	5,6331	0,005625	2906,69	5,4746	0,003889	2722,52	5,1759
520	0,01810	3238,48	6,0569	0,009320	3167,67	5,9015	0,007540	3093,08	5,7546	0,006213	3015,42	5,6135	0,004417	2857,36	5,3482
540	0,012435	3306,55	6,1416	0,009899	3243,71	5,9962	0,008089	3178,24	5,8606	0,006740	3110,69	5,7322	0,004896	2973,16	5,4924
560	0,013028	3371,29	6,2203	0,010442	3314,82	6,0826	0,008597	3256,46	5,9557	0,007221	3196,67	5,8366	0,005332	3075,37	5,6166
580	0,013595	3433,49	6,2941	0,010955	3382,25	6,1626	0,009073	3329,64	6,0425	0,007669	3276,01	5,9308	0,005734	3167,66	5,7261
600	0,014140	3493,69	6,3638	0,011444	3446,87	6,2374	0,009523	3399,02	6,1229	0,008089	3350,43	6,0170	0,006109	3252,61	5,8245
620	0,014667	3552,32	6,4302	0,011914	3509,28	6,3081	0,009953	3465,45	6,1981	0,008488	3421,10	6,0970	0,006461	3332,05	5,9145
640	0,015179	3609,69	6,4937	0,012368	3569,91	6,3752	0,010365	3529,55	6,2691	0,008869	3488,82	6,1720	0,006796	3407,21	5,9977
660	0,015678	3666,03	6,5548	0,012808	3629,12	6,4394	0,010763	3591,77	6,3365	0,009235	3554,17	6,2428	0,007115	3478,99	6,0755
680	0,016165	3721,54	6,6136	0,013236	3687,16	6,5009	0,011149	3652,46	6,4008	0,009589	3617,59	6,3100	0,007422	3548,00	6,1487
700	0,016643	3776,37	6,6706	0,013654	3744,24	6,5602	0,011524	3711,88	6,4625	0,009931	3679,42	6,3743	0,007718	3614,76	6,2180
720	0,017113	3830,64	6,7258	0,014063	3800,53	6,6175	0,011889	3770,27	6,5219	0,010264	3739,95	6,4358	0,008004	3679,64	6,2840
740	0,017575	3884,47	6,7794	0,014464	3856,17	6,6729	0,012247	3827,78	6,5793	0,010589	3799,38	6,4951	0,008281	3742,97	6,3471
760	0,018030	3937,92	6,8317	0,014858	3911,27	6,7268	0,012598	3884,58	6,6348	0,010906	3857,91	6,5523	0,008552	3804,99	6,4078
780	0,018479	3991,08	6,8826	0,015246	3965,93	6,7792	0,012942	3940,78	6,6887	0,011217	3915,68	6,6077	0,008816	3865,93	6,4662
800	0,018922	4044,00	6,9324	0,015629	4020,23	6,8303	0,013280	3996,48	6,7411	0,011523	3972,81	6,6614	0,009074	3925,96	6,5226

Tab. 40.7 Zustandsgrößen von Ammoniak, NH_3, bei Sättigung[a]

Temperatur t	Druck p	Spez. Volumen		Enthalpie		Verdampfungsenthalpie $r = h'' - h'$	Entropie	
		Flüssigkeit v'	Dampf v''	Flüssigkeit h'	Dampf h''		Flüssigkeit s'	Dampf s''
[°C]	[bar]	[dm³/kg]	[dm³/kg]	[kJ/kg]	[kJ/kg]	[kJ/kg]	[kJ/(kg K)]	[kJ/(kg K)]
−70	0,10941	1,3798	9007,9	−110,81	1355,6	1466,4	−0,30939	6,9088
−60	0,21893	1,4013	4705,7	−68,062	1373,7	1441,8	−0,10405	6,6602
−50	0,40836	1,4243	2627,8	−24,727	1391,2	1415,9	0,09450	6,4396
−40	0,71692	1,4490	1553,3	19,170	1407,8	1388,6	0,28673	6,2425
−30	1,1943	1,4753	963,96	63,603	1423,3	1359,7	0,47303	6,0651
−20	1,9008	1,5035	623,73	108,55	1437,7	1329,1	0,65376	5,9041
−10	2,9071	1,5336	418,3	154,01	1450,7	1296,7	0,82928	5,7569
0	4,2938	1,5660	289,3	200,00	1462,2	1262,2	1,0000	5,6210
10	6,1505	1,6009	205,43	246,57	1472,1	1225,5	1,1664	5,4946
20	8,5748	1,6388	149,2	293,78	1480,2	1186,4	1,3289	5,3759
30	11,672	1,6802	110,46	341,76	1486,2	1144,4	14881	5,2631
40	15,554	1,7258	83,101	390,64	1489,9	1099,3	1,6446	5,1549
50	20,340	1,7766	63,350	440,62	1491,1	1050,5	1,7990	5,0497
60	26,156	1,8340	48,797	491,97	1489,3	997,3	1,9523	4,9458
70	33,135	1,9000	37,868	545,04	1483,9	938,9	2,1054	4,8415
80	41,420	1,9776	29,509	600,34	1474,3	873,97	2,2596	4,7344
90	51,167	2,0714	22,997	658,61	1459,2	800,58	2,4168	4,6213
100	62,553	2,1899	17,820	821,00	1436,6	715,63	2,5797	4,4975
110	75,783	2,3496	13,596	789,68	1403,1	613,39	2,7533	4,3543
120	91,125	2,5941	9,9932	869,92	1350,2	480,31	2,9502	4,1719
130	108,98	3,2021	6,3790	992,02	1239,3	247,30	3,2437	3,8571

[a] Nach Tillner-Roth, R.; Harms-Watzenberg, F.; Baehr, H.D.: Eine neue Fundamentalgleichung für Ammoniak. DKV-Tagungsbericht (20), Nürnberg 1993, Band II/1, S. 167–181. Am Bezugszustand $\vartheta = 0\,°C$ auf der Siedelinie nimmt die spezifische Enthalpie den Wert $h' = 200,0\,kJ/kg$ und die spezifische Entropie den Wert $s' = 1,0\,kJ/(kg\ K)$ an.

Tab. 40.8 Zustandsgrößen von Kohlendioxid, CO_2 bei Sättigung[a]

Tempe-ratur t	Druck p	Spez. Volumen		Enthalpie		Verdampfungs-enthalpie $r = h'' - h'$	Entropie	
		Flüssigkeit v'	Dampf v''	Flüssigkeit h'	Dampf h''		Flüssigkeit s'	Dampf s''
[°C]	[bar]	[dm³/kg]	[dm³/kg]	[kJ/kg]	[kJ/kg]	[kJ/kg]	[kJ/(kg K)]	[kJ/(kg K)]
−55	5,540	0,8526	68,15	83,02	431,0	348,0	0,5349	2,130
−50	6,824	0,8661	55,78	92,93	432,7	339,8	0,5793	2,102
−45	8,319	0,8804	46,04	102,9	434,1	331,2	0,6229	2,075
−40	10,05	0,8957	38,28	112,9	435,3	322,4	0,6658	2,048
−35	12,02	0,9120	32,03	123,1	436,2	313,1	0,7081	2,023
−30	14,28	0,9296	26,95	133,4	436,8	303,4	0,7500	1,998
−25	16,83	0,9486	22,79	143,8	437,0	293,2	0,7915	1,973
−20	19,70	0,9693	19,34	154,5	436,9	282,4	0,8329	1,949
−15	22,91	0,9921	16,47	165,4	436,3	270,9	0,8743	1,924
−10	26,49	1,017	14,05	176,5	435,1	258,6	0,9157	1,898
−5	30,46	1,046	12,00	188,0	433,4	245,3	0,9576	1,872
0	34,85	1,078	10,24	200,0	430,9	230,9	1,000	1,845
5	39,69	1,116	8,724	212,5	427,5	215,0	1,043	1,816
10	45,02	1,161	7,399	225,7	422,9	197,1	1,088	1,785
15	50,87	1,218	6,222	240,0	416,6	176,7	1,136	1,749
20	57,29	1,293	5,150	255,8	407,9	152,0	1,188	1,706
25	64,34	1,408	4,121	274,8	394,5	119,7	1,249	1,650
30	72,14	1,686	2,896	304,6	365,0	60,50	1,343	1,543

[a] Nach Span, R.; Wagner, W.: A new equation of state for carbon dioxid covering the fluid region from the Triple-Point Temperature to 1100 K at pressures up to 800 MPa. J. Phys. Chem. Ref. Data **25** (1996), S. 1509–1596. Bezugspunkte siehe Fußnote 1 in Tab. 40.7.

Tab. 40.9 Zustandsgrößen von Tetrafluorethan $C_2H_2F_4$ (R134a) bei Sättigung[a]

Tempe-ratur t	Druck p	Spez. Volumen		Enthalpie		Verdampfungs-enthalpie $r = h'' - h'$	Entropie	
		Flüssigkeit v'	Dampf v''	Flüssigkeit h'	Dampf h''		Flüssigkeit s'	Dampf s''
[°C]	[bar]	[dm³/kg]	[dm³/kg]	[kJ/kg]	[kJ/kg]	[kJ/kg]	[kJ/(kg K)]	[kJ/(kg K)]
−100	0,0055940	0,63195	25 193	75,362	336,85	261,49	0,43540	1,9456
−95	0,0093899	0,63729	15 435	81,288	339,78	258,50	0,46913	1,9201
−90	0,015241	0,64274	9769,8	87,226	342,76	255,53	0,50201	1,8972
−85	0,023990	0,64831	6370,7	93,182	345,77	252,59	0,53409	1,8766
−80	0,036719	0,65401	4268,2	99,161	348,83	249,67	0,56544	1,8580
−75	0,054777	0,65985	2931,2	105,17	351,91	246,74	0,59613	1,8414
−70	0,079814	0,66583	2059,0	111,20	355,02	243,82	0,62619	1,8264
−65	0,11380	0,67197	1476,5	117,26	358,16	240,89	0,65568	1,8130
−60	0,15906	0,67827	1079,0	123,36	361,31	237,95	0,68462	1,8010
−55	0,21828	0,68475	802,36	129,50	364,48	234,98	0,71305	1,7902
−50	0,29451	0,069142	606,20	135,67	367,65	231,98	0,74101	1,7806
−45	0,39117	0,69828	464,73	141,89	370,83	228,94	0,76852	1,7720
−40	0,51209	0,70537	361,08	148,14	374,00	225,86	0,79561	1,7643
−35	0,66144	0,71268	284,02	154,44	377,17	222,72	0,82230	1,7575
−30	0,84378	0,72025	225,94	160,79	380,32	219,53	0,84863	1,7515
−25	1,0640	0,72809	181,62	167,19	383,45	216,26	0,87460	1,7461
−20	1,3273	0,73623	147,39	173,64	386,55	212,92	0,90025	1,7413
−15	1,6394	0,74469	120,67	180,14	389,63	209,49	0,92559	1,7371
−10	2,0060	0,75351	99,590	186,70	392,66	205,97	0,95065	1,7334
−5	2,4334	0,76271	82,801	193,32	395,66	202,34	0,97544	1,7300
0	2,9280	0,77233	69,309	200,00	398,60	198,60	1,0000	1,7271
5	3,4966	0,78243	58,374	206,75	401,49	194,74	1,0243	1,7245
10	4,1461	0,79305	49,442	213,58	404,32	190,74	1,0485	1,7221
15	4,8837	0,80425	42,090	220,48	407,07	186,59	1,0724	1,7200
20	5,7171	0,81610	35,997	227,47	409,75	182,28	1,0962	1,7180
25	6,6538	0,82870	30,912	234,55	412,33	177,79	1,1199	1,7162
30	7,7020	0,84213	26,642	241,72	414,82	173,10	1,1435	1,7145
35	8,8698	0,85653	23,033	249,01	417,19	168,18	1,1670	1,7128
40	10,166	0,87204	19,966	256,41	419,43	163,02	1,1905	1,7111
45	11,599	0,88885	17,344	263,94	421,52	157,58	1,2139	1,7092
50	13,179	0,90719	15,089	271,62	423,44	151,81	1,2375	1,7072
55	14,915	0,92737	13,140	279,47	425,15	145,68	1,2611	1,7050
60	16,818	0,94979	11,444	287,50	426,63	139,12	1,2848	1,7024
65	18,898	0,97500	9,9604	295,76	427,82	132,06	1,3088	1,6993
70	21,168	1,0038	8,6527	304,28	428,65	124,37	1,3332	1,6956
75	23,641	1,0372	7,4910	313,13	429,03	115,90	1,3580	1,6909
80	26,332	1,0773	6,4483	322,39	428,81	106,42	1,3836	1,6850
85	29,258	1,1272	5,4990	332,22	427,76	95,536	1,4104	1,6771
90	32,442	1,1936	4,6134	342,93	425,42	82,487	1,4390	1,6662
95	35,912	1,2942	3,7434	355,25	420,67	65,423	1,4715	1,6492
100	39,724	1,5357	2,6809	373,30	407,68	34,385	1,5188	1,6109

[a] Nach Tillner-Roth, R.: Die thermodynamischen Eigenschaften von R134a, R152a und ihren Gemischen – Messungen und Fundamentalgleichungen – Forsch.-Ber. DKV (1993), und Tillner-Roth, R.; Baehr, H.D.: An international standard formulation for the thermodynamic properties of 1,1,1,2-tetrafluoroethane (HFC-134a) for temperatures from 170 K to 455 K and pressures up to 70 MPa. J. Phys. Chem. Ref. Data **23** (1994) 5, 657–729. Bezugspunkte siehe Fußnote 1 in Tab. 40.7.

Tab. 40.10 Thermische Längenausdehnung $(l - l_0)/l_0$ einiger fester Körper in mm/m im Temperaturintervall zwischen 0 °C und t °C; l_0 ist die Länge bei 0 °C

Stoff	0...−190	0...100	0...200	0...300	0...400	0...500	0...600	0...700	0...800	0...900	0...1000
Aluminium	−3,43	2,38	4,90	7,65	10,60	13,70	17,00				
Blei	−5,08	2,90	5,93	9,33							
Al-Cu-Mg [0,95 Al; 0,04 Cu + Mg, Mn, St., Fe]		2,35	4,90	7,80	10,70	13,65					
Eisen-Nickel-Leg. [0,64 Fe; 0,36 Ni]		0,15	0,75	1,60	3,10	4,70	6,50	8,5	10,5	12,55	
Eisen-Nickel-Leg. [0,77 Fe; 0,23 Ni]				2,80	4,00	5,25	6,50	7,80	9,25	10,50	11,85
Glas: Jenaer 16 III	−1,13	0,81	1,67	2,60	3,59	4,63					
Glas: Jenaer 1565 III		0,345	0,72	1,12	1,56	2,02					
Gold	−2,48	1,42	2,92	4,44	6,01	7,62	9,35	11,15	13,00	14,90	
Grauguss	−1,59	1,04	2,21	3,49	4,90	6,44	8,09	9,87	11,76		
Konstantan [0,60 Cu; 0,40 Ni]	−2,26	1,52	3,12	4,81	6,57	8,41					
Kupfer	−2,65	1,65	3,38	5,15	7,07	9,04	11,09				
Magnesia gesintert			2,45	3,60	4,90	6,30	7,75	9,30	10,80	12,35	13,90
Magnesium	−4,01	2,60	5,41	8,36	11,53	14,88					
Manganbronze [0,85 Cu; 0,09 Mn; 0,06 Sn]	−2,84	1,75	3,58	5,50	7,51	9,61					
Manganin [0,84 Cu; 0,12 Mn; 0,04 Ni]			3,65	5,60	7,55	9,70	11,90	14,3	16,80		
Messing [0,62 Cu; 0,38 Zn]	−3,11	1,84	3,85	6,03	8,39						
Molybdän	−0,79	0,52	1,07	1,64	2,24						
Nickel	−1,89	1,30	2,75	4,30	5,95	7,60	9,27	11,05	12,89	14,80	16,80
Palladium	−1,93	1,19	2,42	3,70	5,02	6,38	7,79	9,24	10,74	12,27	13,86
Platin	−1,51	0,90	1,83	2,78	3,76	4,77	5,80	6,86	7,94	9,05	10,19
Platin-Iridium-Leg. [0,80 Pt; 0,20 Ir]	−1,43	0,83	1,70	2,59	3,51	4,45	5,43	6,43	7,47	8,53	9,62
Quarzglas	+0,03	0,05	0,12	0,19	0,25	0,31	0,36	0,40	0,45	0,50	0,54
Silber	−3,22	1,95	4,00	6,08	8,23	10,43	12,70	15,15	17,65		
Sinterkorund			1,30	2,00	2,75	3,60	4,45	5,30	6,25	7,15	8,15
Stahl, weich	−1,67	1,20	2,51	3,92	5,44	7,06	8,79	10,63			
Stahl, hart	−1,64	1,17	2,45	3,83	5,31	6,91	8,60	10,40			
Zink	−1,85	1,65									
Zinn	−4,24	2,67									1,60

Tab. 40.11 Wärmetechnische Werte: Dichte ϱ, spezifische Wärmekapazität c_p für 0 bis 100 °C, Schmelztemperatur t_E, Schmelzenthalpie Δh_E, Siedetemperatur t_s und Verdampfungsenthalpie r

	ρ [kg/dm³]	c_p [kJ/(kg K)]	t_E [°C]	Δh_E [kJ/kg]	t_s [°C]	r [kJ/kg]
Feste Stoffe (Metalle und Schwefel) bei 1,0132 bar						
Aluminium	2,70	0,921	660	355,9	2270	11 723
Antimon	6,69	0,209	630,5	167,5	1635	1256
Blei	11,34	0,130	327,3	23,9	1730	921
Chrom	7,19	0,506	1890	293,1	2642	6155
Eisen (rein)	7,87	0,465	1530	272,1	2500	6364
Gold	19,32	0,130	1063	67,0	2700	1758
Iridium	22,42	0,134	2454	117,2	2454	3894
Kupfer	8,96	0,385	1083	209,3	2330	4647
Magnesium	1,74	1,034	650	209,3	1100	5652
Mangan	7,3	0,507	1250	251,2	2100	4187
Molybdän	10,2	0,271	2625	–	3560	7118
Nickel	8,90	0,444	1455	293,1	3000	6197
Platin	21,45	0,134	1773	113,0	3804	2512
Quecksilber	13,55	0,138	−38,9	11,7	357	301
Silber	10,45	0,234	960,8	104,7	1950	2177
Titan	4,54	0,471	1800	–	3000	–
Wismut	9,80	0,126	271	54,4	1560	837
Wolfram	19,3	0,134	3380	251,2	6000	4815
Zink	7,14	0,385	419,4	112,2	907	1800
Zinn	7,28	0,226	231,9	58,6	2300	2596
Schwefel (rhombisch)	2,07	0,720	112,8	39,4	444,6	293
Flüssigkeiten bei 1,0132 bar						
Ethylalkohol	0,79	2,470	−114,5	104,7	78,3	841,6
Ethylether	0,71	2,328	−116,3	100,5	34,5	360,1
Aceton	0,79	2,160	−94,3	96,3	56,1	523,4
Benzol	0,88	1,738	5,5	127,3	80,1	395,7
Glycerin[a]	1,26	2,428	18,0	200,5	290,0	854,1
Kochsalzlösung (gesätt.)	1,19	3,266	−18,0	–	108,0	–
Meerwasser (3,5 % Salzgehalt)	1,03	–	−2,0	–	100,5	–
Methylalkohol	0,79	2,470	−98,0	100,5	64,5	1101,1
n-Heptan	0,68	2,219	−90,6	141,5	98,4	318,2
n-Hexan	0,66	1,884	−95,3	146,5	68,7	330,8
Terpentinöl	0,87	1,800	−10,0	116,0	160,0	293,1
Wasser	1,00	4,183	0,0	333,5	100,0	2257,1

Tab. 40.11 (Fortsetzung)

	ρ [kg/m^3]	c_p [kJ/(kg K)]	t_E [°C]	Δh_E [kJ/kg]	t_s [°C]	r [kJ/kg]
Gase bei 1,0132 bar und 0 °C						
Ammoniak	0,771	2,060	−77,7	332,0	−33,4	1371
Argon	1,784	0,523	−189,4	29,3	−185,9	163
Ethylen	1,261	1,465	−169,5	104,3	−103,9	523
Helium	0,178	5,234	−	37,7	−268,9	21
Kohlendioxid	1,977	0,825	−56,6	180,9	−78,5[b]	574
Kohlenoxid	1,250	1,051	−205,1	30,1	−191,5	216
Luft	1,293	1,001	−	−	−194,0	197
Methan	0,717	2,177	−182,5	58,6	−161,5	548
Sauerstoff	1,429	0,913	−218,8	13,8	−183,0	214
Schwefeldioxid	2,926	0,632	−75,5	115,6	−10,2	390
Stickstoff	1,250	1,043	−210,0	25,5	−195,8	198
Wasserstoff	0,09	14,235	−259,2	58,2	−252,8	454

[a] Erstarrungspunkt bei 0 °C. Schmelz- und Gefrierpunkt fallen nicht immer zusammen.
[b] CO$_2$ siedet nicht, sondern sublimiert bei 1,0132 bar.

Tab. 40.12 Debye-Temperaturen einiger Stoffe

Stoffgruppe	Stoff	Θ/K
Metall	Pb	95
	Hg	71,9
	Cd	209
	Na	158
	Ag	215
	Ca	230
	Zn	200
	Cu	343,5
	Al	428
	Fe	470
Andere Stoffe	KBr	177
	KCl	230
	NaCl	321
	C	2230

Literatur

Spezielle Literatur

1. Dymond, J.H., Marsh, K.N., Wilhoit, R.C., Wong, K.C.: Landolt-Börnstein: Virial Coefficients of Pure Gases and Mixtures. Virial Coefficients of Pure Gases, New Series IV/21A, Springer-Verlag (2002)
2. Dymond, J.R., Smith, E.B.: The virial coefficients of pure gases and mixtures. Clarendon, Oxford (1980)
3. Reid, R.C., Prausnitz, J.M., Poling, B.E.: The properties of gases and liquids. 4th ed. McGraw-Hill, New York (1986)
4. Wagner, W., Kretzschmar, H.J.: IAPWS industrial formulation 1997 for the thermodynamic properties of water and steam. International Steam Tables: Properties of Water and Steam Based on the Industrial Formulation IAPWS-IF97 (2008), 7–150
5. Baehr, H.D., Schwier, K.: Die thermodynamischen Eigenschaften der Luft im Temperaturbereich zwischen −210°C und +1250°C bis zu Drücken von 4500 bar. Springer-Verlag (2013)
6. Span, R., Wagner, W.: Equations of state for technical applications. III. Results for polar fluids. Int. J. Thermophysics 24 (2003), 111–162

Zustandsänderungen von Gasen und Dämpfen

41

Peter Stephan und Karl Stephan

41.1 Zustandsänderungen ruhender Gase und Dämpfe

Das geschlossene thermodynamische System habe die Masse Δm, die als Ganzes nicht bewegt wird. Man unterscheidet folgende Zustandsänderungen als idealisierte Grenzfälle der wirklichen Zustandsänderungen.

Zustandsänderungen bei *konstantem Volumen* oder *isochore Zustandsänderungen*. Hierbei bleibt das Gasvolumen unverändert; z. B. wenn sich ein Gasvolumen in einem Behälter mit starren Wänden befindet. Es wird keine Arbeit verrichtet. Die zugeführte Wärme dient zur Änderung der inneren Energie.

Zustandsänderungen bei *konstantem Druck* oder *isobare Zustandsänderungen*. Um den Druck konstant zu halten, muss ein Gas bei Wärmezufuhr sein Volumen ausreichend vergrößern. Die zugeführte Wärme bewirkt bei reversibler Zustandsänderung eine Erhöhung der Enthalpie.

Zustandsänderungen bei *konstanter Temperatur* oder *isotherme Zustandsänderungen*. Damit bei der Expansion eines Gases die Temperatur konstant bleibt, muss man Wärme zuführen, bei der Kompression Wärme abführen (von einigen

wenigen Ausnahmen abgesehen). Im Fall des idealen Gases ist $U(T) = $ const, und daher nach dem ersten Hauptsatz ($dQ + dW = 0$) die zugeführte Wärme gleich der abgegebenen Arbeit. Die Isotherme des idealen Gases ($pV = mRT = $ const) stellt sich im p, V-Diagramm als Hyperbel dar.

Adiabate Zustandsänderungen sind gekennzeichnet durch wärmedichten Abschluss des Systems von seiner Umgebung. Sie werden näherungsweise in Verdichtern und Entspannungsmaschinen verwirklicht, weil dort Verdichtung und Entspannung der Gase so rasch ablaufen, dass während einer Zustandsänderung wenig Wärme mit der Umgebung ausgetauscht wird. Nach dem zweiten Hauptsatz (s. Abschn. 38.3.1) wird die gesamte Entropieänderung durch Irreversibilitäten im Inneren des Systems bewirkt, $\dot{S} = \dot{S}_i$. Eine reversible Adiabate verläuft bei konstanter Entropie $\dot{S} = 0$. Man nennt eine solche Zustandsänderung *isentrop*. Eine reversible Adiabate ist daher gleichzeitig *Isentrope*. Die Isentrope braucht aber keine Adiabate zu sein (da $\dot{S} = \dot{S}_Q + \dot{S}_i = 0$ nicht auch $\dot{S}_Q = 0$ zur Folge hat).

In Abb. 41.1 sind die verschiedenen Zustandsänderungen im p, V- und T, S-Diagramm dargestellt und die wichtigsten Zusammenhänge für Zustandsgrößen idealer Gase angegeben.

Polytrope Zustandsänderungen. Während die isotherme Zustandsänderung vollkommenen Wärmeaustausch voraussetzt, ist bei der adiabaten Zustandsänderung jeder Wärmeaustausch mit der Umgebung unterbunden. In Wirklichkeit

P. Stephan (✉)
Technische Universität Darmstadt
Darmstadt, Deutschland
E-Mail: pstephan@ttd.tu-darmstadt.de

K. Stephan
Universität Stuttgart
Stuttgart, Deutschland
E-Mail: stephan@itt.uni-stuttgart.de

© Springer-Verlag GmbH Deutschland, ein Teil von Springer Nature 2020
B. Bender und D. Göhlich (Hrsg.), *Dubbel Taschenbuch für den Maschinenbau 1: Grundlagen und Tabellen*,
https://doi.org/10.1007/978-3-662-59711-8_41

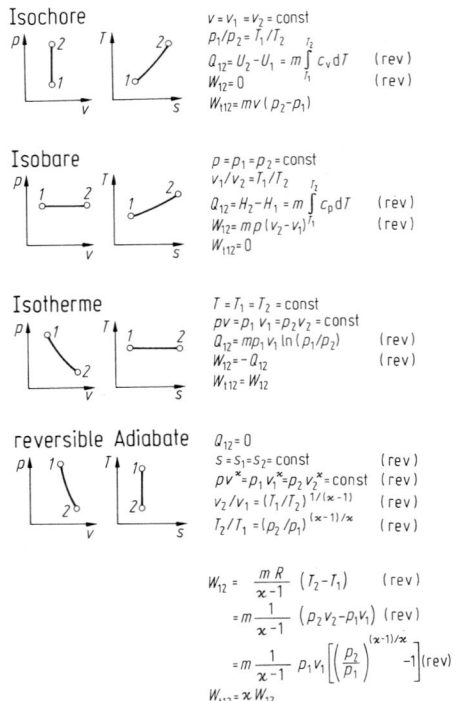

Abb. 41.1 Zustandsänderungen idealer Gase. Der Zusatz (*rev*) zeigt an, dass die Zustandsänderung reversibel sein soll

lässt sich beides nicht völlig erreichen. Man führt daher eine polytrope Zustandsänderung ein durch die Gleichung

$$pV^n = \text{const}, \qquad (41.1)$$

wobei n in praktischen Fällen meist zwischen 1 und κ liegt. Isochore, Isobare, Isotherme und reversible Adiabate sind Sonderfälle der Polytrope mit folgenden Exponenten (Abb. 41.2): *Isochore*: $n = \infty$, *Isobare*: $n = 0$, *Isotherme*: $n = 1$, *reversible Adiabate*: $n = \kappa$. Es gilt weiter

$$\upsilon_2/\upsilon_1 = (p_1/p_2)^{1/n} = (T_1/T_2)^{1/(n-1)}, \quad (41.2)$$

$$
\begin{aligned}
W_{12} &= mR(T_2 - T_1)/(n-1) \\
&= (p_2 V_2 - p_1 V_1)/(n-1) \\
&= p_1 V_1 \left[(p_2/p_1)^{(n-1)/n} - 1 \right] / (n-1)
\end{aligned}
$$

und

$$W_{t12} = n W_{12}. \qquad (41.3)$$

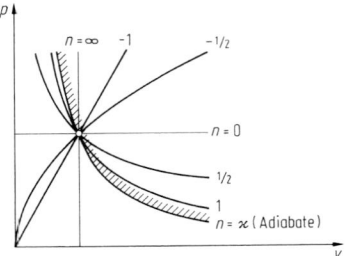

Abb. 41.2 Polytropen mit verschiedenen Exponenten

Die ausgetauschte Wärme ist

$$Q_{12} = mc_v(n - \kappa)(T_2 - T_1)/(n - 1). \quad (41.4)$$

Beispiel

Eine Druckluftanlage soll stündlich $1000\,\mathrm{m}^3_\mathrm{n}$ Druckluft von 15 bar liefern (Anmerkung: $1\,\mathrm{m}^3_\mathrm{n} = 1$ Normkubikmeter ist das Gasvolumen umgerechnet auf $0\,°\mathrm{C}$ und 1,01325 bar), die bei einem Druck von $p_1 = 1$ bar und einer Temperatur von $t_1 = 20\,°\mathrm{C}$ angesaugt wird. Für Luft ist $\kappa = 1,4$. Welche Leistung ist erforderlich, wenn die Verdichtung polytrop mit $n = 1,3$ erfolgt? Welcher Wärmestrom muss dabei abgeführt werden?

Der angesaugte Luftvolumenstrom beträgt nach Aufgabenstellung $1000\,\mathrm{m}^3$ bei $0\,°\mathrm{C}$ und 1,01325 bar,

$$
\begin{aligned}
\dot{V}_1 &= \frac{p_0 T_1}{p_1 T_0} \dot{V}_0 \\
&= \frac{1,01325 \cdot 293,15}{1 \cdot 273,15} 1000\,\frac{\mathrm{m}^3}{\mathrm{h}} \\
&= 1087,44\,\frac{\mathrm{m}^3}{\mathrm{h}}.
\end{aligned}
$$

Bei polytroper Zustandsänderung ist nach Gln. (41.3) und (41.2)

$$
\begin{aligned}
P = \dot{W}_\mathrm{t} &= \frac{np_1 \dot{V}_1}{n-1} \left[\left(\frac{p_2}{p_1} \right)^{\frac{n-1}{n}} - 1 \right] \\
&= \frac{1,3 \cdot 10^5\,\frac{\mathrm{N}}{\mathrm{m}^2}\, 1087,44\,\frac{\mathrm{m}^3}{\mathrm{h}}}{1,3 - 1} \left[15^{\frac{1,3-1}{1,3}} - 1 \right] \\
&= 113,6\,\mathrm{kW}.
\end{aligned}
$$

Nach Gln. (41.4) und (41.3) ist

$$\frac{Q_{12}}{W_{t12}} = \frac{\dot{Q}}{P} = c_{\mathrm{v}}\frac{n-\kappa}{nR}$$

oder da

$$R = c_{\mathrm{p}} - c_{\mathrm{v}} \quad \text{und} \quad \kappa = c_{\mathrm{p}}/c_{\mathrm{v}} :$$

$$\frac{\dot{Q}}{P} = \frac{1}{n}\frac{n-\kappa}{\kappa-1} .$$

Somit ist $\dot{Q} = \frac{1}{1,3} \cdot \frac{1,3-1,4}{1,4-1}$ 113,6 kW $=$ $-21,85$ kW. ◂

41.2 Zustandsänderungen strömender Gase und Dämpfe

Zur Kennzeichnung der Strömung einer Fluidmasse Δm braucht man neben den thermodynamischen Zustandsgrößen noch Größe und Richtung der Geschwindigkeit an jeder Stelle des Felds. Wir beschränken uns hier auf stationäre Strömungen in Kanälen, deren Querschnitt konstant, erweitert oder verjüngt sein kann.

Neben dem ersten und dem zweiten Hauptsatz gilt zusätzlich der Satz von der Erhaltung der Masse

$$\dot{m} = Aw\varrho = \text{const.} \tag{41.5}$$

In einer Strömung, die keine Arbeit an die Umgebung abgibt, $W_{t12} = 0$, geht der erste Hauptsatz Gl. (37.15) über in

$$\Delta m(h_2 - h_1) + \Delta m\left(\frac{w_2^2}{2} - \frac{w_1^2}{2}\right) \tag{41.6}$$
$$+ \Delta mg(z_2 - z_1) = Q_{12} ,$$

gleichgültig, ob es sich um reversible oder irreversible Strömungsvorgänge handelt. Lässt man die meist vernachlässigbare Hubarbeit weg, so gilt für eine adiabate Strömung

$$h_2 - h_1 + \frac{w_2^2}{2} - \frac{w_1^2}{2} = 0 . \tag{41.7}$$

Eine Zunahme der kinetischen Energie ist gleich der Abnahme der Enthalpie des Fluids. In einer adiabaten Drossel und unter der Voraussetzung

$A, \rho = $ const folgt aus Gl. (41.5) $w = $ const und somit aus Gl. (41.7) für die adiabate Drossel $h_1 = h_2 = $ const. Der Druckabbau in einer adiabaten Drossel ist mit einer Entropiezunahme verbunden, der Vorgang ist irreversibel. Nach Gl. (38.4) wird bei der reversibel adiabaten Strömung die Enthalpieänderung durch eine Druckänderung hervorgerufen, $dh = \upsilon\,dp$.

41.2.1 Strömung idealer Gase

Anwendung von Gl. (41.7) auf ein ideales Gas, das aus einem Behälter ausströmt (Abb. 41.3), in dem das Gas den konstanten Zustand p_0, υ_0, T_0 hat und $w_0 = 0$ ist, ergibt wegen $h_e - h_0 = c_{\mathrm{p}}(T_e - T_0)$ und $w_0 = 0$:

$$\frac{w_e^2}{2} = c_{\mathrm{p}}(T_0 - T_e) = c_{\mathrm{p}}T_0\left(1 - \frac{T_e}{T_0}\right) .$$

Bei reversibel adiabater Zustandsänderung ist nach Gl. (41.2) $T_e/T_0 = (p_e/p_0)^{(\kappa-1)/\kappa}$, außerdem gilt $T_0 = p_0\upsilon_0/R$ nach Gl. (40.2) und $c_{\mathrm{p}}/R = \kappa/(\kappa - 1)$ nach Gl. (40.12). Die Austrittsgeschwindigkeit ist somit

$$w_e = \sqrt{2\frac{\kappa}{\kappa-1}p_0\upsilon_0\left[1 - \left(\frac{p_e}{p_0}\right)^{(\kappa-1)/\kappa}\right]} . \tag{41.8}$$

Der ausströmende Mengenstrom $\dot{m} = A_ew_e/\upsilon_e$ folgt unter Beachtung von $p_0\upsilon_0^\kappa = p_e\upsilon_e^\kappa$ zu

$$\dot{m} = A\Psi\sqrt{2p_0/\upsilon_0} \tag{41.9}$$

mit der Ausflussfunktion

$$\Psi = \sqrt{\frac{\kappa}{\kappa-1}}\sqrt{\left(\frac{p}{p_0}\right)^{2/\kappa} - \left(\frac{p}{p_0}\right)^{(\kappa+1)/\kappa}} . \tag{41.10}$$

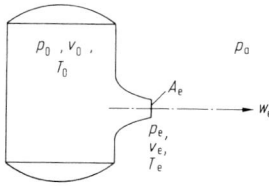

Abb. 41.3 Ausströmen aus einem Druckbehälter

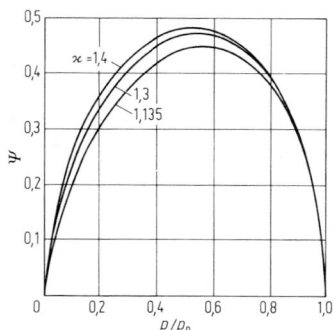

Abb. 41.4 Ausflussfunktion Ψ

Sie ist eine Funktion des Adiabatenexponenten κ und des Druckverhältnisses p/p_0 (Abb. 41.4) und besitzt ein Maximum Ψ_{max}, das man aus $d\Psi/d(p/p_0) = 0$ erhält. Das Maximum liegt bei einem bestimmten Druckverhältnis, das man *Laval-Druckverhältnis* nennt

$$\frac{p_S}{p_0} = \left(\frac{2}{\kappa+1}\right)^{\kappa/(\kappa-1)} . \qquad (41.11)$$

Bei diesem Druckverhältnis ist

$$\Psi_{max} = \left(\frac{2}{\kappa+1}\right)^{1/(\kappa-1)} \sqrt{\frac{\kappa}{\kappa+1}} . \qquad (41.12)$$

Zum Druckverhältnis p_S/p_0 gehört nach Gl. (41.8) mit $p_e/p_0 = p_S/p_0$ eine Geschwindigkeit $w_e = w_S$. Es ist

$$w_S = \sqrt{2\frac{\kappa}{\kappa+1}p_0 v_0} = \sqrt{\kappa p_S v_S} = \sqrt{\kappa R T_S} . \qquad (41.13)$$

Diese ist gleich der *Schallgeschwindigkeit* im Zustand p_S, v_S.

Allgemein ist die Schallgeschwindigkeit diejenige Geschwindigkeit, mit der sich Druck und Dichteschwankungen fortpflanzen, und bei reversibler adiabater Zustandsänderung gegeben durch

$$w_S = \sqrt{(\partial p/\partial \varrho)_S} ,$$

woraus für ideale Gase $w_S = \sqrt{\kappa R T}$ folgt. Die Schallgeschwindigkeit ist eine Zustandsgröße.

Beispiel

Ein Dampfkessel erzeugt stündlich 10 t Sattdampf von $p_0 = 15$ bar. Den Dampf kann man als ideales Gas ($\kappa = 1{,}3$) behandeln; wie groß muss der freie Querschnitt des Sicherheitsventils mindestens sein?

Das Sicherheitsventil muss den ganzen Massenstrom des erzeugten Dampfes abführen können. Da beim Ausströmen $\dot{m}$ in jedem Querschnitt konstant ist, ist nach Gl. (41.9) auch $A\Psi = $ const. Da sich die Strömung einschnürt, A also abnimmt, nimmt Ψ zu. Es kann höchstens den Wert Ψ_{max} erreichen. Dann ist der Gegendruck kleiner oder gleich dem Lavaldruck. Im vorliegenden Fall ist der Gegendruck der Atmosphäre von $p = 1$ bar kleiner als der Lavaldruck, den man nach Gl. (41.11) zu 8,186 bar errechnet. Damit ergibt sich der notwendige Querschnitt aus Gl. (41.9), wenn man dort $\Psi = \Psi_{max} = 0{,}472$ nach Gl. (41.12) einsetzt.

Man erhält mit $\dot{m} = 10 \cdot 10^3 \frac{1}{3600}$ kg/s $= 2{,}7778$ kg/s und $v_0 = v'' = 0{,}1317$ m^3/kg (nach Tab. 40.5 bei $p_0 = 15$ bar) aus Gl. (41.9) $A = 12{,}33$ cm^2. Wegen der Strahleinschnürung, deren Größe von der Formgebung des Ventils abhängt, muss man hierauf noch einen Zuschlag machen. ◄

41.2.2 Düsen- und Diffusorströmung

Nach Abb. 41.4 gehört bei vorgegebenem Adiabatenexponenten κ zu einem bestimmten Druckverhältnis p/p_0 ein bestimmter Wert der Ausflussfunktion Ψ. Da der Massenstrom $\dot{m}$ in jedem Querschnitt konstant ist, gilt nach Gl. (41.9) auch $A\Psi = $ const. Jedem Druckverhältnis kann man somit einen bestimmten Querschnitt A zuordnen, Abb. 41.5. Es sind zwei Fälle zu unterscheiden:

a) Der Druck sinkt in Strömungsrichtung. Die Kurven Ψ, A, w werden in Abb. 41.5 von rechts nach links durchlaufen. Der Querschnitt A nimmt zunächst ab, dann wieder zu. Die Geschwindigkeit steigt von Unterschall auf Überschall. Die kinetische Energie der Strömung nimmt zu. Man bezeichnet einen solchen Apparat als Düse. In einer Düse, die nur im Unterschallbereich arbeitet, nimmt der Querschnitt stets ab, im Überschallbereich nimmt er stetig zu.

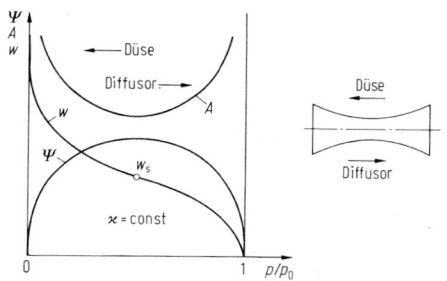

Abb. 41.5 Düsen- und Diffusorströmung

In einer in Richtung der Strömung verjüngten Düse kann der Druck im Austrittsquerschnitt nicht unter den Lavaldruck sinken, auch wenn man den Druck im Außenraum beliebig klein macht. Dies folgt aus $A\Psi = \text{const}$. Da A in Strömungsrichtung abnimmt, kann Ψ nur zunehmen. Es kann höchstens den Wert Ψ_{max} erreichen, wozu das Lavaldruckverhältnis gehört.

Senkt man den Druck am Austrittsquerschnitt einer Düse unter den zum Austrittsquerschnitt gehörenden Wert des Drucks, so expandiert der Strahl nach Verlassen der Düse. Erhöht man den Gegendruck über den richtigen Wert, so läuft die Druckerhöhung stromaufwärts falls das Gas mit Unterschallgeschwindigkeit ausströmt. Strömt das Gas mit Schallgeschwindigkeit oder in einer erweiterten Düse mit Überschallgeschwindigkeit aus, so entsteht an der Mündung der Düse ein Verdichtungsstoß, in dem der Druck auf den Wert der Umgebung springt.

b) Der Druck nimmt in Strömungsrichtung zu. Die Kurven Ψ, A, w werden in Abb. 41.4 von links nach rechts durchlaufen. Der Querschnitt nimmt ebenfalls zunächst ab, dann wieder zu. Die Geschwindigkeit sinkt von Überschall auf Unterschall. Die kinetische Energie nimmt ab und der Druck zu. Man bezeichnet einen solchen Apparat als Diffusor. In einem Diffusor, der nur im Unterschallbereich arbeitet, nimmt der Querschnitt stetig zu, im Überschallbereich nimmt er stetig ab.

41

Thermodynamische Prozesse

42

Peter Stephan und Karl Stephan

42.1 Energiewandlung mittels Kreisprozessen

Ein Prozess, der ein System wieder in seinen Ausgangszustand zurückbringt, heißt *Kreisprozess*. Nachdem er durchlaufen ist, nehmen alle Zustandsgrößen des Systems wie Druck, Temperatur, Volumen, innere Energie und Enthalpie die Werte an, die sie im Ausgangszustand hatten. Nach dem ersten Hauptsatz, Gl. (37.10), ist nach Durchlaufen des Prozesses die Energie des Systems wieder gleich der Energie im Ausgangszustand und daher

$$\sum Q_{ik} + \sum W_{ik} = 0 \,. \qquad (42.1)$$

Die gesamte verrichtete Arbeit ist $-W = -\sum W_{ik} = \sum Q_{ik}$. Maschinen, in denen ein Fluid einen Kreisprozess durchläuft, dienen der Umwandlung von Wärme in Arbeit oder umgekehrt der Umwandlung von Arbeit in Wärme. Nach dem zweiten Hauptsatz kann die zugeführte Wärme nicht vollständig in Arbeit verwandelt werden.

Ist die zugeführte Wärme größer als die abgegebene, so arbeitet der Prozess als Wärmekraftanlage oder *Wärmekraftmaschine*, deren Zweck darin besteht, Arbeit zu liefern. Ist die abgeführte Wärme größer als die zugeführte, so muss man Arbeit zuführen. Mit einem derartigen Prozess kann man einem Stoff bei tiefer Temperatur Wärme entziehen und sie bei höherer Temperatur, z. B. der Umgebungstemperatur, zusammen mit der zugeführten Arbeit wieder abgeben. Ein solcher Prozess arbeitet als *Kälteprozess*. In einem *Wärmepumpenprozess* wird die Wärme der Umgebung entzogen und zusammen mit der zugeführten Arbeit bei höherer Temperatur abgegeben.

42.2 Carnot-Prozess

In der historischen Entwicklung, wenn auch nicht für die Praxis, hat der 1824 von Carnot eingeführte Kreisprozess eine entscheidende Rolle gespielt, Abb. 42.1 und Abb. 42.2. Er besteht aus folgenden Zustandsänderungen (hier rechtsläufiger Prozess für eine Wärmekraftmaschine):

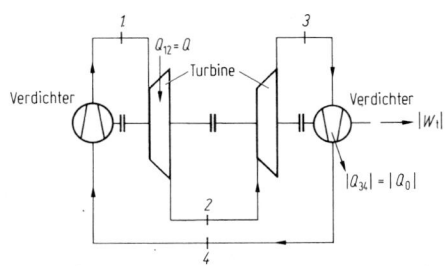

Abb. 42.1 Schaltschema einer nach dem Carnot-Prozess arbeitenden Wärmekraftmaschine

P. Stephan (✉)
Technische Universität Darmstadt
Darmstadt, Deutschland
E-Mail: pstephan@ttd.tu-darmstadt.de

K. Stephan
Universität Stuttgart
Stuttgart, Deutschland
E-Mail: stephan@itt.uni-stuttgart.de

© Springer-Verlag GmbH Deutschland, ein Teil von Springer Nature 2020
B. Bender und D. Göhlich (Hrsg.), *Dubbel Taschenbuch für den Maschinenbau 1: Grundlagen und Tabellen*,
https://doi.org/10.1007/978-3-662-59711-8_42

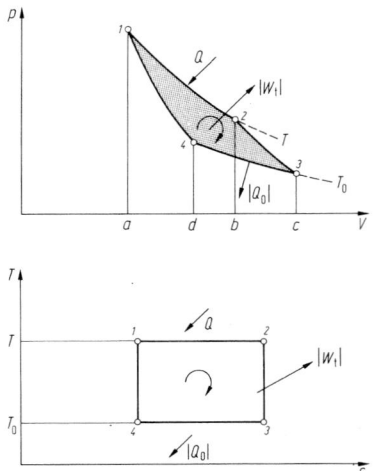

Abb. 42.2 Carnot-Prozess der Wärmekraftmaschine im p,V- und im T,S-Diagramm

1–2: Isotherme Expansion bei der Temperatur T unter Zufuhr der Wärme Q.

2–3: Reversibel adiabate Expansion vom Druck p_2 auf den Druck p_3.

3–4: Isotherme Kompression bei der Temperatur T_0 unter Abfuhr der Wärme $|Q_0|$.

4–1: Reversibel adiabate Kompression vom Druck p_4 auf den Druck p_1.

Die zugeführte Wärme ist

$$Q = m\,R\,T\,\ln V_2/V_1 = T(S_2 - S_1) \quad (42.2)$$

und die abgeführte Wärme

$$|Q_0| = m\,R\,T_0\,\ln V_3/V_4 \\ = T_0(S_3 - S_4) = T_0(S_2 - S_1)\,. \quad (42.3)$$

Die verrichtete technische Arbeit ist $-W_t = Q - |Q_0|$ und der *thermische Wirkungsgrad*

$$\eta = |W_t|/Q = 1 - (T_0/T)\,. \quad (42.4)$$

Bei umgekehrter Reihenfolge *4–3–2–1* der Zustandsänderungen wird unter Zufuhr von technischer Arbeit W_t einem Körper der niedrigen Temperatur T_0 die Wärme Q_0 entzogen und bei höherer Temperatur T die Wärme Q abgegeben. Ein solcher linksläufig ausgeführter Carnotprozess kann zum Zweck haben, einem zu kühlenden

Gut die Wärme Q_0 bei der tiefen Temperatur T_0 zu entziehen, also als Kältemaschine zu arbeiten, und die Wärme $|Q| = W_t + Q_0$ bei höherer Temperatur T wieder an die Umgebung abzugeben. Besteht der Zweck des Prozesses darin, die Wärme $|Q|$ bei der höheren Temperatur T zu Heizzwecken abzugeben, so arbeitet der Prozess als Wärmepumpe. Die Wärme Q_0 wird dann von der Umgebung bei der niederen Temperatur T_0 aufgenommen. Carnotprozesse haben keine praktische Bedeutung erlangt, weil ihre Leistung bezogen auf das Bauvolumen sehr gering ist.

Als idealer, weil reversibler, Prozess wird der Carnot-Prozess jedoch häufig zu Vergleichszwecken für die Beurteilung anderer Kreisprozesse herangezogen.

42.3 Wärmekraftanlagen

In Wärmekraftanlagen wird dem Arbeitsstoff von einem heißen Medium Energie als Wärme zugeführt. Der Arbeitsstoff durchläuft einen Kreisprozess, der, wie im Folgenden dargestellt wird, auf unterschiedliche Weise gestaltet sein kann.

42.3.1 Ackeret-Keller-Prozess

Der *Ackeret-Keller-Prozess* besteht aus folgenden Zustandsänderungen, die im p, υ- und T, s-Diagramm dargestellt sind; Abb. 42.3:

1–2: Isotherme Kompression bei der Temperatur T_0 vom Druck p_0 auf den Druck p.

2–3: Isobare Wärmezufuhr beim Druck p.

3–4: Isotherme Expansion bei der Temperatur T vom Druck p auf den Druck p_0.

4–1: Isobare Wärmeabfuhr beim Druck p_0.

Der Prozess geht auf einen Vorschlag des schwedischen Ingenieurs J. Ericson (1803–1899) zurück und wird daher auch als *Ericsson-Prozess* bezeichnet. Er wurde jedoch zuerst von Ackeret und Keller 1941 als Vergleichsprozess für Gasturbinenanlagen verwendet.

Die zur isobaren Erwärmung *2–3* des verdichteten Arbeitsstoffs erforderliche Wärme wird

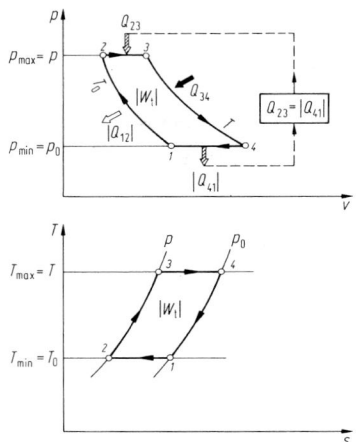

Abb. 42.3 Ackeret-Keller-Prozess im p,v- und im T,s-Diagramm

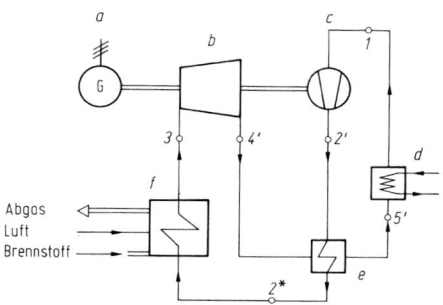

Abb. 42.4 Gasturbinenprozess mit geschlossenem Kreislauf. *a* Generator, *b* Turbine, *c* Verdichter, *d* Kühler, *e* Wärmeübertrager, *f* Gaserhitzer

durch isobare Abkühlung *4–1* des entspannten Arbeitsstoffs bereitgestellt, $Q_{23} = |Q_{41}|$. Der thermische Wirkungsgrad stimmt mit dem des Carnot-Prozesses überein, denn es ist

$$- W_t = Q_{34} - |Q_{21}| \qquad (42.5)$$

und

$$\eta = 1 - \frac{|Q_{21}|}{Q_{34}} = 1 - \frac{T_0}{T} . \qquad (42.6)$$

Die technische Realisierung des Prozesses ist jedoch schwierig, weil isotherme Verdichtung und Entspannung kaum zu verwirklichen sind, da man diese nur durch mehrstufige adiabate Verdichtung mit Zwischenkühlung annähern kann. Der Ackeret-Keller-Prozess dient vor allem als Vergleichsprozess für den Gasturbinenprozess mit mehrstufiger Verdichtung und Entspannung.

42.3.2 Geschlossene Gasturbinenanlage

In einer *geschlossenen Gasturbinenanlage* (Abb. 42.4) wird ein Gas im Verdichter komprimiert, im Wärmeübertrager und Gaserhitzer auf eine hohe Temperatur erwärmt, dann in einer Turbine unter Verrichtung von Arbeit entspannt und im Wärmeübertrager und dem sich anschließenden Kühler wieder auf die Anfangstemperatur gekühlt, worauf das Gas erneut vom Verdichter angesaugt wird. Als Arbeitsstoffe kommen Luft, aber auch andere Gase wie Helium oder Stickstoff infrage. Die geschlossene Gasturbinenanlage ist gut regelbar, und eine Verschmutzung der Turbinenschaufeln kann durch Verwendung geeigneter Gase vermieden werden. Von Nachteil sind die im Vergleich zu offenen Anlagen höheren Energiekosten, da ein Kühler benötigt wird und für den Erhitzer hochwertige Stähle erforderlich sind. Abb. 42.5 zeigt den Prozess im p, v- und T, s-Diagramm. Der aus zwei Isobaren und zwei Isentropen bestehende reversible Kreisprozess wird *Joule-Prozess* genannt (Zustandspunkte *1, 2, 3, 4*). Der zugeführte Wärmestrom ist

$$\dot{Q} = \dot{m}c_p(T_3 - T_2) , \qquad (42.7)$$

der abgeführte

$$|\dot{Q}_0| = \dot{m}c_p(T_4 - T_1) . \qquad (42.8)$$

Die verrichtete Leistung beträgt

$$\begin{aligned} -P = -\dot{m}w_t &= \dot{Q} - |\dot{Q}_0| \\ &= \dot{m}c_p(T_3 - T_2)\left(1 - \frac{T_4 - T_1}{T_3 - T_2}\right) \end{aligned} \qquad (42.9)$$

und der thermische Wirkungsgrad

$$\eta = \frac{|P|}{\dot{Q}} = \left(1 - \frac{T_4 - T_1}{T_3 - T_2}\right) . \qquad (42.10)$$

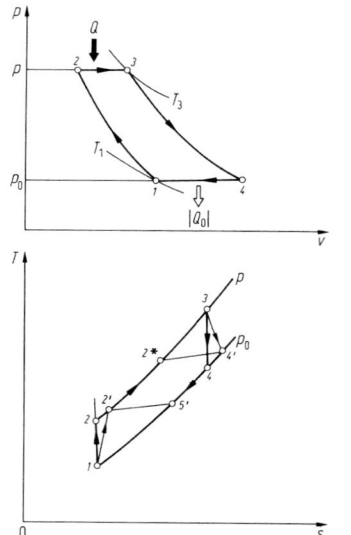

Abb. 42.5 Gasturbinenprozess im p,v- und T,s-Diagramm. Das p,v-Diagramm zeigt nur den reversiblen Prozess (Joule-Prozess) *1, 2, 3, 4*

Wegen der Isentropengleichung

$$\left(\frac{p_0}{p}\right)^{(\kappa-1)/\kappa} = \frac{T_1}{T_2} = \frac{T_4}{T_3} \quad \text{ist}$$

$$\frac{T_4 - T_1}{T_3 - T_2} = \frac{T_1}{T_2} = \left(\frac{p_0}{p}\right)^{\frac{(\kappa-1)}{\kappa}} \qquad (42.11)$$

ist der thermische Wirkungsgrad

$$\eta = \frac{|P|}{\dot{Q}} = 1 - \left(\frac{p_0}{p}\right)^{(\kappa-1)/\kappa} \qquad (42.12)$$

nur vom Druckverhältnis p/p_0 oder dem Temperaturverhältnis T_2/T_1 der Verdichtung abhängig. Die Verdichterleistung wächst rascher mit dem Druckverhältnis als die Turbinenleistung, sodass die gewonnene Nutzleistung nach Gl. (42.9) unter Beachtung von Gl. (42.11)

$$-P = \dot{m}c_p T_1 \left(\frac{T_3}{T_1} - \left[\frac{p}{p_0}\right]^{\frac{(\kappa-1)}{\kappa}}\right)$$

$$\cdot \left(1 - \left[\frac{p_0}{p}\right]^{\frac{(\kappa-1)}{\kappa}}\right) \qquad (42.13)$$

bei einem bestimmten Druckverhältnis für vorgegebene Werte der höchsten Temperatur T_3 und

der niedrigsten Temperatur T_1 ein Maximum erreicht. Dieses optimale Druckverhältnis folgt durch Differentiation aus Gl. (42.13) zu

$$\left(\frac{p}{p_0}\right)^{(\kappa-1)/\kappa}_{\text{opt}} = \sqrt{(T_3/T_1)}, \qquad (42.14)$$

was wegen Gl. (42.11) gleichbedeutend mit $T_4 = T_2$ ist. Unter Berücksichtigung des Wirkungsgrads η_T für die Turbine, η_V des Verdichters und des mechanischen Wirkungsgrads η_m für die Energieübertragung zwischen Turbine und Verdichter ergibt sich das optimale Druckverhältnis zu

$$\left(\frac{p}{p_0}\right)^{(\kappa-1)/\kappa}_{\text{opt}} = \sqrt{\eta_m \eta_T \eta_V (T_3/T_1)}. \qquad (42.15)$$

Mehr als die Hälfte der Turbinenleistung einer Gasturbinenanlage wird zum Antrieb des Verdichters benötigt. Die insgesamt installierte Leistung ist daher das Vier- bis Sechsfache der Nutzleistung.

42.3.3 Dampfkraftanlage

Dampfkraftanlagen werden mit einem Arbeitsstoff – meistens Wasser – betrieben, der während des Prozesses verdampft und wieder kondensiert wird. Mit ihnen wird der weitaus größte Teil der elektrischen Energie unserer Stromnetze erzeugt. Der Arbeitsprozess in seiner einfachsten Form (Abb. 42.6) ist folgender: Im Kessel *a* wird der Arbeitsstoff bei hohem Druck isobar bis zum Siedepunkt erwärmt, verdampft und anschließend im Überhitzer *b* noch überhitzt. Der

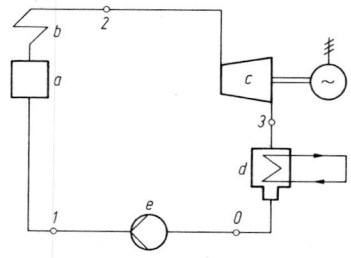

Abb. 42.6 Dampfkraftanlage. *a* Kessel, *b* Überhitzer, *c* Turbine, *d* Kondensator, *e* Speisewasserpumpe

Dampf wird dann in der Turbine c unter Verrichtung von Arbeit adiabat entspannt und im Kondensator d unter Wärmeabgabe verflüssigt. Die Flüssigkeit wird von der Speisewasserpumpe e auf Kesseldruck gebracht und wieder in den Kessel gefördert. Der reversible Kreisprozess $01'23'0$ (Abb. 42.7), bestehend aus zwei Isobaren und zwei Isentropen, wird *Clausius-Rankine-Prozess* genannt. Der wirkliche Kreisprozess folgt den Zustandsänderungen 01230 in Abb. 42.7.

Die Wärmeaufnahme im Dampferzeuger ist

$$\dot{Q}_{zu} = \dot{m}(h_2 - h_1), \qquad (42.16)$$

die Leistung der adiabaten Turbine

$$|P_T| = |\dot{m}w_{t23}| = \dot{m}(h_2 - h_3)$$
$$= \dot{m}\eta_T(h_2 - h_3') \qquad (42.17)$$

mit dem isentropen Turbinenwirkungsgrad η_T. Der im Kondensator abgeführte Wärmestrom ist

$$-\dot{Q}_{ab} = \dot{m}(h_3 - h_0). \qquad (42.18)$$

Die Nutzleistung des Kreisprozesses ist

$$-P = -\dot{m}w_t = -P_T - P_P, \qquad (42.19)$$

mit der Pumpenleistung

$$P_P = \dot{m}(h_1 - h_0) = \dot{m}\frac{1}{\eta_V}(h_{1'} - h_0), \quad (42.20)$$

worin η_V der Wirkungsgrad der Speisewasserpumpe ist. Die Nutzleistung unterscheidet sich nur geringfügig von der Leistung der Turbine. Der thermische Wirkungsgrad ist

$$\eta = -\frac{\dot{m}w_t}{\dot{Q}_{zu}} = \frac{(h_2 - h_3) - (h_1 - h_0)}{h_2 - h_1}. \quad (42.21)$$

Thermische Wirkungsgrade erreichen bei einem Gegendruck $p_0 = 0{,}05$ bar, einem Frischdampfdruck von 150 bar und einer Dampftemperatur von $500\,°C$ Werte von $\eta \approx 0{,}42$. Deutlich größere thermische Wirkungsgrade von derzeit bis zu $\eta \approx 0{,}58$ erreicht man in kombinierten Gas-Dampfkraftwerken, so genannten GuD-Kraftwerken (s. Bd. 3, Abschn. 11.2.1). In ihnen wird das Verbrennungsgas zuerst in einer Gasturbine unter Arbeitsleistung entspannt und anschließend zur Dampferzeugung einem Dampfkraftwerk zugeführt.

42.4 Verbrennungskraftanlagen

In der Verbrennungskraftanlage dient das Brenngas als Arbeitsstoff. Er durchläuft keinen in sich geschlossenen Prozess, sondern wird als Abgas an die Umgebung abgeführt, nachdem er in einer Turbine oder einem Kolbenmotor Arbeit verrichtet hat. Zu den Verbrennungskraftanlagen gehören die offenen Gasturbinenanlagen und die Verbrennungsmotoren (Otto- und Dieselmotor) sowie Brennstoffzellen.

Zur Kennzeichnung der Effektivität der Energieumwandlung dient der *energetische Gesamtwirkungsgrad*

$$\eta = -P/(\dot{m}_B \Delta h_u).$$

P ist die Nutzleistung der Anlage, $\dot{m}_B$ der Massenstrom des zugeführten Brennstoffs, Δh_u dessen Heizwert (s. Kap. 43). Der exergetische Gesamtwirkungsgrad $\zeta = -P/(\dot{m}_B(w_{ex})_B)$ gibt an,

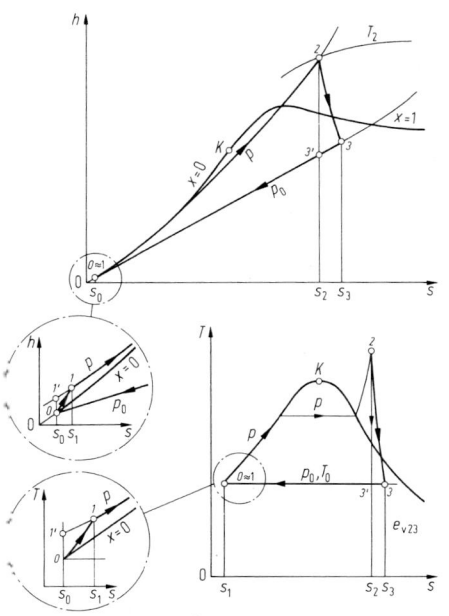

Abb. 42.7 Zustandsänderung des Wassers beim Kreisprozess der einfachen Dampfkraftanlage im T, s- und im h, s-Diagramm

welcher Teil des mit dem Brennstoff zugeführten Exergiestroms in Nutzleistung umgewandelt wird. w_{ex} ist i. Allg. nur wenig größer als der Heizwert (s. Kap. 43), sodass sich η und ζ zahlenmäßig kaum unterscheiden. Für Großmotoren (Diesel) ist der Gesamtwirkungsgrad etwa 42 %, für Kraftfahrzeugmotoren etwa 25 % und für offene Gasturbinen 20 bis 30 %.

42.4.1 Offene Gasturbinenanlage

In der *offenen Gasturbinenanlage* (s. Bd. 3, Kap. 13) wird die angesaugte Luft in einem Verdichter auf hohen Druck gebracht, vorgewärmt und in einer Brennkammer durch Verbrennen des eingespritzten Brennstoffs erhitzt. Die Brenngase werden in einer Turbine unter Arbeitsleistung entspannt, geben in einem Wärmeübertrager einen Teil ihrer Restwärme zur Luftvorwärmung ab und treten ins Freie aus. Verdichter und Turbine sind auf einer Welle angeordnet. In einem an die Welle angeschlossenen Generator wird die Nutzarbeit in elektrische Energie verwandelt (s. Bd. 3, Abb. 13.1a).

Der zugrunde liegende Kreisprozess kann analog zu dem geschlossenen Prozess (s. Abschn. 42.3.2) beschrieben werden.

42.4.2 Ottomotor

Im *Ottomotor* (s. Bd. 3, Abschn. 4.2) befindet sich der Zylinder am Ende des Saughubs im Zustandspunkt *1* (Abb. 42.8); er ist mit dem brennbaren Gemisch von Umgebungstemperatur und Atmosphärendruck gefüllt. Das Gemisch wird längs der Adiabaten *1 2* vom Anfangsvolumen $V_k + V_h$ auf das Kompressionsvolumen V_k verdichtet. V_h ist das Hubvolumen. Am oberen Totpunkt *2* erfolgt durch elektrische Zündung die Verbrennung, wodurch der Druck von Punkt *2* auf Punkt *3* ansteigt. Dieser Vorgang läuft so schnell ab, dass er als isochor angenommen werden kann. Im Abb. 42.8 ist dabei vereinfachend angenommen, dass das Gas unverändert bleibt

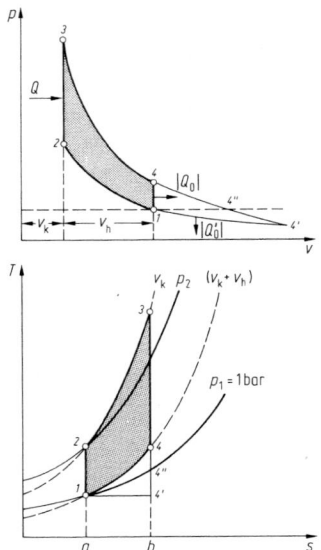

Abb. 42.8 Theoretischer Prozess des Ottomotors im p,V- und T,S-Diagramm

und dass die bei der Verbrennung freiwerdende Wärme $Q_{23} = Q$ von außen zugeführt ist. Beim Zurückgehen des Kolbens expandiert das Gas längs der Adiabaten *3 4 4″ 4′*. Der in *4* beginnende Auspuff ist durch Entzug einer Wärme $|Q_0|$ bei konstantem Volumen ersetzt, wobei der Druck von Punkt *4* nach Punkt *1* sinkt. In Punkt *1* müssen die Verbrennungsgase durch neues Gemisch ersetzt werden, wozu beim 4-Takt-Ottomotor ein nicht dargestellter Doppelhub erforderlich ist.

Die zugeführte Wärme ist

$$Q = Q_{23} = mc_v(T_3 - T_2) , \qquad (42.22)$$

die abgeführte

$$|Q_0| = |Q_{41}| = mc_v(T_4 - T_1) , \qquad (42.23)$$

die verrichtete Arbeit

$$|W_t| = Q - |Q_0| \qquad (42.24)$$

und der thermische Wirkungsgrad

$$\eta = \frac{|W_\mathrm{t}|}{Q}$$

$$= 1 - \frac{T_4 - T_1}{T_3 - T_2} = 1 - \frac{T_1}{T_2}$$

$$= 1 - \left(\frac{p_1}{p_2}\right)^{(\kappa-1)/\kappa} = 1 - \frac{1}{\varepsilon^{\kappa-1}} \, . \quad (42.25)$$

Das Verdichtungsverhältnis $\varepsilon = V_1/V_2 = (V_\mathrm{K} + V_\mathrm{h})/V_\mathrm{K}$ gibt den Grad der Verdichtung bei der adiabaten Kompression des Gemisches an. Der thermische Wirkungsgrad hängt also außer vom Adiabatenexponenten κ nur vom Druckverhältnis p_2/p_1 bzw. dem Verdichtungsverhältnis ε und nicht von der Größe der Wärmezufuhr ab. Je höher man verdichtet, desto besser ist die Wärme ausgenutzt. Das Verdichtungsverhältnis wird durch die Selbstzündungstemperaturen des Brennstoff-Luftgemisches begrenzt.

42.4.3 Dieselmotor

Die Beschränkung auf moderate Verdichtungsverhältnisse und Drücke entfällt beim *Dieselmotor* (s. Bd. 3, Abschn. 4.2), in dem die Verbrennungsluft durch hohe Verdichtung über die Selbstzündungstemperatur des Brennstoffs erhitzt, und dieser in die heiße Luft eingespritzt wird. Den vereinfachten Prozess des Dieselmotors zeigt Abb. 42.9. Er besteht aus adiabater Verdichtung *1 2* der Verbrennungsluft, isobarer Verbrennung *2 3'* nach Einspritzen des Brennstoffs in die heiße, verdichtete Verbrennungsluft, adiabater Entspannung *3' 4* und Auspuffen *4 1*, das durch eine Isochore mit Wärmeabfuhr $|Q_0|$ in Abb. 42.9 ersetzt ist. Die zugeführte Wärme ist

$$Q'_{23} = Q = mc_\mathrm{p}(T_{3'} - T_2) \, , \quad (42.26)$$

die längs der Isochore *4 1* abgeführt gedachte Auspuffwärme ist

$$|Q_{41}| = |Q_0| = mc_\mathrm{v}(T_4 - T_1) \, , \quad (42.27)$$

die verrichtete Arbeit

$$|W_\mathrm{t}| = Q - |Q_0|$$

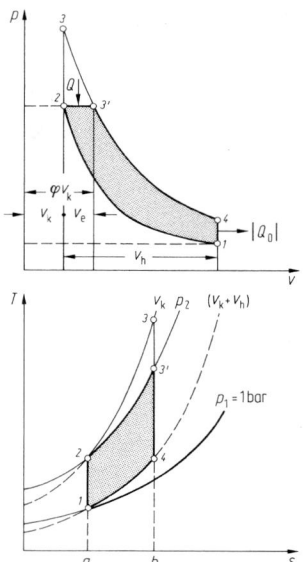

Abb. 42.9 Theoretischer Prozess des Dieselmotors im p,V- und im T,S-Diagramm

und der thermische Wirkungsgrad

$$\eta = \frac{|W_\mathrm{t}|}{Q} = 1 - \frac{1}{\kappa} \frac{T_4 - T_1}{T_{3'} - T_2}$$

$$= 1 - \frac{1}{\kappa} \frac{\frac{T_4}{T_3} \frac{T_3}{T_2} - \frac{T_1}{T_2}}{\frac{T_{3'}}{T_2} - 1} \, . \quad (42.28)$$

Mit dem Verdichtungsverhältnis $\varepsilon = V_1/V_2 = (V_\mathrm{k} + V_\mathrm{h})/V_\mathrm{k}$ und dem Einspritzverhältnis $\varphi = (V_\mathrm{k} + V_\mathrm{e})/V_\mathrm{k}$ folgt für den thermischen Wirkungsgrad

$$\eta = 1 - \frac{1}{\kappa \varepsilon^{\kappa-1}} \frac{\varphi^\kappa - 1}{\varphi - 1} \, . \quad (42.29)$$

Der thermische Wirkungsgrad des Dieselprozesses hängt außer vom Adiabatenexponenten κ nur vom Verdichtungsverhältnis ε und vom Einspritzverhältnis φ ab, das sich mit steigender Belastung vergrößert.

42.4.4 Brennstoffzellen

In der Brennstoffzelle reagiert Wasserstoff mit Sauerstoff elektrochemisch zu Wasser:

$$\mathrm{H_2} + \tfrac{1}{2}\mathrm{O_2} \quad \rightarrow \quad \mathrm{H_2O} \, .$$

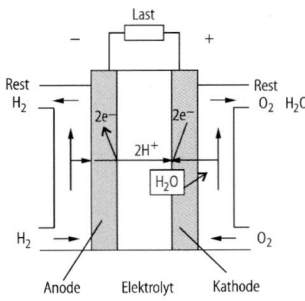

Abb. 42.10 Schema einer Brennstoffzelle mit protonen-leitenden Elektrolyten

Brennstoffzelle definiert zu

$$\eta_{BZ} = \frac{-P}{\dot{n}_{H_2} \cdot \Delta H_{mu}}. \qquad (42.31)$$

Er beträgt i. Allg. etwa 50 %.

42.5 Kälteanlagen und Wärmepumpen

42.5.1 Kompressionskälteanlage

Bei dieser so genannten kalten Verbrennung wird die chemische Bindungsenergie direkt in elektrische Energie umgewandelt.

Abb. 42.10 zeigt beispielhaft eine Brennstoffzelle mit protonenleitendem Elektrolyten.

Wasserstoff H_2 wird an der Anodenseite zugeführt. Mit Hilfe eines Katalysators spaltet er sich dort in zwei Protonen (H^+) und zwei Elektronen (e^-). Die Elektronen wandern über eine Last, z. B. einen Motor, zur Kathode. Die Protonen wandern durch den Elektrolyten zur Kathode, wo sie unterstützt durch einen Katalysator mit dem zugeführten Sauerstoff O_2 und den Elektronen zu Wasser H_2O reagieren. Zwischen Anode und Kathode besteht eine Spannung U, und es fließt ein elektrischer Strom $I = F\dot{n}_{El}$ mit $\dot{n}_{El} = 2\dot{n}_{H_2}$. F ist die Faraday Konstante $F = 96\,485,3\,As/mol$, $\dot{n}_{El}$ der Stoffmengenstrom der Elektronen (SI-Einheit mol/s) und $\dot{n}_{H_2}$ der Stoffmengenstrom des zugeführten Wasserstoffs (SI-Einheit mol/s). Verluste durch Energiedissipation in der Zelle führen dazu, dass die wirkliche Klemmenspannung geringer ist als die reversible Klemmenspannung.

Die elektrische Leistung P der Brennstoffzelle errechnet sich aus

$$\dot{Q} + P = \dot{n}_{H_2} \cdot \Delta H_{H_2}^R \qquad (42.30)$$

mit $\dot{n}_{H_2}$ dem Mengenstrom des zugeführten Wasserstoffs und $\Delta H_{H_2}^R$ seiner molaren Reaktionsenthalpie (SI-Einheit J/mol). Sie ist gleich dem negativen molaren Heizwert $\Delta H_{mu} = M_{H_2}\Delta h_u$, s. Abschn. 44.2. In Analogie zu anderen Verbrennungskraftanlagen ist der Wirkungsgrad der

In Kältemaschinen verwendet man ebenso wie in den Wärmekraftanlagen Gase oder Dämpfe als Arbeitsstoffe. Man bezeichnet sie als *Kältemittel.* Zweck einer Kältemaschine ist es, einem Kühlgut Wärme zu entziehen. Dazu muss eine Arbeit verrichtet werden, die in Form von Wärme zusammen mit der dem Kühlgut entzogenen Wärme an die Umgebung abgegeben wird. Zur Kälteerzeugung bei Temperaturen bis etwa $-100\,°C$ dienen vorwiegend Kompressionskältemaschinen.

Das Schaltbild einer *Kompressionskältemaschine* zeigt Abb. 42.11. Der Verdichter *a*, der für kleine Leistungen meist als Kolben-, für große Leistungen als Turboverdichter ausgebildet ist, saugt Dampf aus dem Verdampfer *b* beim Druck p_0 und der zugehörigen Sättigungstemperatur T_0 an und verdichtet ihn längs der Adiabaten *1 2* (Abb. 42.12) auf den Druck p. Der Dampf wird dann im Kondensator *c* beim Druck p verflüssigt. Das flüssige Kältemittel wird im Drosselventil *d* entspannt und gelangt dann wieder

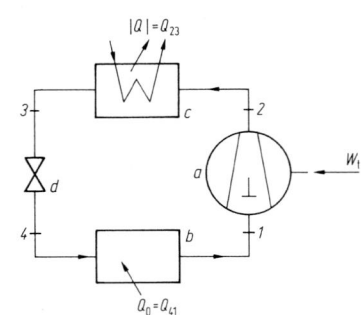

Abb. 42.11 Schaltbild einer Kaltdampfmaschine. *a* Verdichter, *b* Verdampfer, *c* Kondensator, *d* Drosselventil

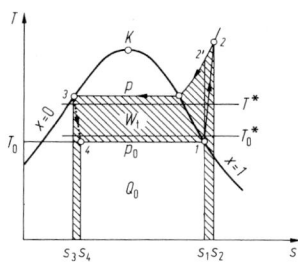

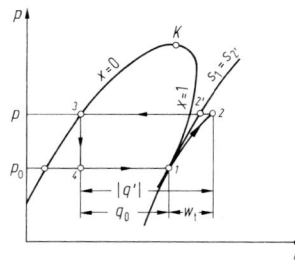

Abb. 42.12 Kreisprozess des Kältemittels einer Kaltdampfmaschine im T, s- und im Mollier-p, h-Diagramm

in den Verdampfer, wo ihm Wärme zugeführt wird. Die Kältemaschine entzieht dem Kühlgut eine Wärme Q_0, die dem Verdampfer b zugeführt wird. Im Kondensator c gibt sie die Wärme $|Q| = Q_0 + W_t$ an die Umgebung ab.

Da Wasser bei 0 °C gefriert und Wasserdampf ein unbequem großes spezifisches Volumen hat, verwendet man als Kältemittel andere Fluide wie Ammoniak NH_3, Kohlendioxid CO_2, Propan C_3H_8, Butan C_4H_{10}, Tetrafluorethan $C_2H_2F_4$, Difluormonochlormethan CHF_2Cl. Dampftafeln von Kältemitteln enthält Tab. 40.7 bis 40.9. Mit $\dot{m}$ als dem Massenstrom des umlaufenden Kältemittels ist die Kälteleistung

$$\dot{Q}_0 = \dot{m} q_0 = \dot{m}(h_1 - h_4)$$
$$= \dot{m}\left(h''(p_0) - h'(p)\right) , \qquad (42.32)$$

weil $h_4 = h_3 = h'(p)$ ist. Die Antriebsleistung des Verdichters ist

$$P_V = \dot{m} w_{t12} = \dot{m}(h_2 - h_1)$$
$$= \dot{m} \frac{1}{\eta_V}\left(h_{2'} - h''(p_0)\right) , \qquad (42.33)$$

worin η_V sein isentroper Wirkungsgrad ist. Der vom Kondensator abgeführte Wärmestrom ist

$$\left|\dot{Q}\right| = \dot{m}\,|q| = \dot{m}(h_2 - h_3)$$
$$= \dot{m}\left(h_2 - h'(p)\right) . \qquad (42.34)$$

Die Leistungszahl einer Kältemaschine ist definiert als das Verhältnis von Kälteleistung $\dot{Q}_0$ zur Leistungsaufnahme P des Verdichters

$$\varepsilon_{KM} = \frac{\dot{Q}_0}{P_V} = \frac{q_0}{w_{t12}}$$
$$= \eta_V \frac{h''(p_0) - h'(p)}{h_{2'} - h''(p_0)} . \qquad (42.35)$$

Sie hängt außer vom isentropen Verdichtungswirkungsgrad nur noch von den beiden Drücken p und p_0 ab.

42.5.2 Kompressionswärmepumpe

Sie arbeitet nach dem gleichen Prozess wie die in Abb. 42.11 und Abb. 42.12 dargestellte Kompressionskälteanlage. Ihr Zweck besteht darin, einem Körper Wärme zuzuführen. Dazu wird der Umgebung Wärme Q_0 (Anergie) entzogen und zusammen mit der verrichteten Arbeit W_t (Exergie) als Wärme dem zu erwärmenden Körper zugeführt $|Q| = Q_0 + W_t$. Die Leistungszahl einer Wärmepumpe ist definiert als Verhältnis der von der Wärmepumpe abgegebenen Heizleistung $|\dot{Q}|$ zur Leistungsaufnahme P des Verdichters

$$\varepsilon_{WP} = \frac{\left|\dot{Q}\right|}{P} = \frac{|q|}{w_t} = \eta_V \frac{h_2 - h'(p)}{h_{2'} - h''(p_0)} . \quad (42.36)$$

Wie das T, s-Diagramm (Abb. 42.12) zeigt, wird die Fläche w_t bei hoher Umgebungstemperatur T_0^* und bei niedriger Heiztemperatur T^* kleiner. Es wird weniger Antriebsleistung für den Verdichter benötigt. Die Leistungszahl wächst. Um Wärmepumpen zur Beheizung von Wohnräumen wirtschaftlich betreiben zu können, muss man die Heiztemperatur niedrig halten, beispielsweise durch eine Fußbodenheizung, bei der

$t^* \lesssim 29\,°C$ ist. Die Wärmepumpe wird außerdem bei zu tiefen Umgebungstemperaturen unwirtschaftlich. Sinkt die Leistungszahl ε_{WP} unter Werte von rund 2,3, so spart man im Vergleich mit der konventionellen Heizung keine Primärenergie mehr ein, denn Wirkungsgrade der Umwandlung von Primärenergie P_{Pr} im Kraftwerk in elektrische Energie P zum Antrieb der Wärmepumpe $\eta_{el} = P/P_{Pr}$ liegen in Deutschland im Mittel bei 0,4. Damit ist die Heizzahl $\zeta = |\dot{Q}|/P_{Pr}$ mit 0,92 etwa gleich dem Wirkungsgrad einer konventionellen Heizung. Heutige elektrisch angetriebene Wärmepumpen erreichen im Jahresmittel selten Heizzahlen von 2,3, es sei denn man schaltet die Wärmepumpe bei zu tiefen Außentemperaturen unter rund 3 °C ab und heizt dann konventionell. Motorgetriebene Wärmepumpen mit Abwärmenutzung nutzen ebenso wie Sorptionswärmepumpen die Primärenergie besser als elektrisch angetriebene Wärmepumpen.

42.6 Kraft-Wärme-Kopplung

Die gleichzeitige Erzeugung von Heizwärme und elektrischer Energie in Heizkraftwerken bezeichnet man als Kraft-Wärme-Kopplung (s. Bd. 3, Abschn. 49.2). Dabei wird die ohnehin in großer Menge anfallende Kraftwerksabwärme zu Heizzwecken genutzt. Da die zur Heizung benötigte Wärme überwiegend und zwar zu mehr als 90 % aus Anergie besteht, wird weniger Primärenergie, die ja überwiegend aus Exergie besteht, als bei konventioneller Heizung in Heizwärme umgewandelt. Man führt aus der Dampfturbine Niederdruckdampf ab, der neben Anergie noch soviel Exergie enthält, dass die Heizenergie und die Exergieverluste in der Wärmeverteilung – in

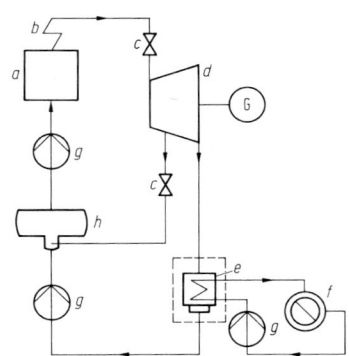

Abb. 42.13 Schema der Kraft-Wärme-Kopplung im Entnahme-Gegendruck-Betrieb. *a* Dampferzeuger, *b* Überhitzer, *c* Drossel, *d* Turbine, G Generator, *e* Kondensator (Wärmeerzeuger), *f* Wärmeverbraucher, *g* Pumpe, *h* Speicher

der Regel ein Fernheiznetz – gedeckt werden können. Gegenüber dem reinen Kraftwerksbetrieb büßt man durch die Dampfentnahme zwar Arbeit ein, der Primärenergieumsatz zur gleichzeitigen Erzeugung von Arbeit und Heizwärme ist aber geringer als zur getrennten Gewinnung der Arbeit im Kraftwerk und der Heizwärme im konventionellen Heizsystem. Eine vereinfachte Schaltung zeigt Abb. 42.13. Je nach Art der Schaltung sind Heizzahlen $\zeta = |\dot{Q}|/P_{Pr}$ bis rund 2,2 erreichbar [1], wobei P_{Pr} der nur auf die Heizung entfallende Anteil der Primärenergie ist. Die Heizzahlen liegen deutlich über denen der meisten Wärmepumpen-Heizsysteme.

Literatur

Spezielle Literatur
1. Baehr, H.D.: Zur Thermodynamik des Heizens. Brennst. Wärme Kraft **32** (1980) Teil I, S. 9–15, Teil II, S. 47–57

Gemische

43

Peter Stephan und Karl Stephan

43.1 Gemische idealer Gase

Ein Gemisch von idealen Gasen, die miteinander nicht chemisch reagieren, verhält sich ebenfalls wie ein ideales Gas. Es gilt die thermische Zustandsgleichung

$$pV = n\,\boldsymbol{R}T \ . \qquad (43.1)$$

Jedes einzelne Gas, Komponente genannt, verteilt sich auf den gesamten Raum V so, als ob andere Gase nicht vorhanden wären. Für jede Komponente i gilt daher

$$p_i V = n_i\,\boldsymbol{R}T \ , \qquad (43.2)$$

wobei p_i der von jedem einzelnen Gas ausgeübte Druck ist, den man als *Partialdruck* bezeichnet. Summiert man über alle Einzelgase, so folgt $\sum p_i V = \sum n_i \boldsymbol{R}T$ oder $V \sum p_i = \boldsymbol{R}T \sum n_i$. Der Vergleich mit Gl. (43.1) zeigt, dass

$$p = \sum p_i \qquad (43.3)$$

gilt: Der Gesamtdruck p des Gasgemisches ist gleich der Summe der Partialdrücke der Einzelgase, wenn diese bei der Temperatur T das Volumen V des Gemisches einnehmen (*Gesetz von Dalton*).

Die thermische Zustandsgleichung Gl. (43.1) eines idealen Gasgemisches kann man auch schreiben

$$pV = m\,RT \ , \qquad (43.4)$$

mit der Gaskonstante R des Gemisches

$$R = \sum R_i\, m_i/m \ . \qquad (43.5)$$

Spezifische, auf die Masse in kg bezogene kalorische Zustandsgrößen eines Gemisches vom Druck p und der Temperatur T ergeben sich durch Addition der kalorischen Zustandsgrößen bei gleichen Werten p, T der Einzelgase entsprechend ihrer Massenanteile. Es ist

$$c_\mathrm{v} = \frac{1}{m}\sum m_i c_{\mathrm{v}i}, \quad c_\mathrm{p} = \frac{1}{m}\sum m_i c_{\mathrm{p}i} \ ,$$
$$u = \frac{1}{m}\sum m_i u_i, \quad h = \frac{1}{m}\sum m_i h_i \ . \qquad (43.6)$$

Eine Ausnahme bildet die Entropie, da bei der Mischung von Einzelgasen vom Zustand p, T zu einem Gemisch vom gleichen Zustand, eine Entropiezunahme auftritt. Es ist

$$s = \frac{1}{m}\left(\sum m_i\, s_i - \sum m_i\, R_i \ln \frac{n_i}{n}\right) \ , \qquad (43.7)$$

wenn n_i die Molmengen der Einzelgase und n die des Gemisches sind. Es sind $n_i = m_i/M_i$ und $n = \sum n_i$, mit der Masse m_i und der Molmasse M_i der Einzelgase.

Mischungen realer Gase und Flüssigkeiten weichen besonders bei höheren Drücken von vorstehenden Beziehungen ab.

P. Stephan (✉)
Technische Universität Darmstadt
Darmstadt, Deutschland
E-Mail: pstephan@ttd.tu-darmstadt.de

K. Stephan
Universität Stuttgart
Stuttgart, Deutschland
E-Mail: stephan@itt.uni-stuttgart.de

© Springer-Verlag GmbH Deutschland, ein Teil von Springer Nature 2020
B. Bender und D. Göhlich (Hrsg.), *Dubbel Taschenbuch für den Maschinenbau 1: Grundlagen und Tabellen*,
https://doi.org/10.1007/978-3-662-59711-8_43

43.2 Gas-Dampf-Gemische. Feuchte Luft

Mischungen von Gasen und leicht kondensierenden Dämpfen kommen in Physik und Technik häufig vor. Die atmosphärische Luft besteht im Wesentlichen aus trockener Luft und Wasserdampf. Trocknungs- und Klimatisierungsvorgänge werden durch die Anwendung der Gesetze der Dampf-Luftgemische bestimmt, ebenso die Bildung der Brennstoffdampf-Luftgemische im Verbrennungsmotor.

Im Folgenden beschränken wir uns auf die Betrachtung atmosphärischer Luft. Trockene Luft besteht aus 78,04 Mol-% Stickstoff, 21,00 Mol-% Sauerstoff, 0,93 Mol-% Argon und 0,03 Mol-% Kohlendioxid. Die atmosphärische Luft kann man als Zweistoffgemisch betrachten, bestehend aus trockener Luft und Wasser, das in dampfförmiger, flüssiger oder fester Form vorliegen kann. Man bezeichnet das Gemisch auch als *feuchte* Luft. Die *trockene* Luft betrachtet man als einheitlichen Stoff. Da der Gesamtdruck bei Zustandsänderungen fast immer in der Nähe des Atmosphärendrucks liegt, kann man die feuchte Luft aus trockener Luft und Wasserdampf als ein Gemisch idealer Gase ansehen. Es ist dann für die trockene Luft bzw. für den Wasserdampf

$$p_L V = m_L R_L T \quad \text{bzw.} \quad p_D V = m_D R_D T \, .$$
$$(43.8)$$

Mit $p = p_L + p_D$ folgt aus den vorstehenden Gleichungen die Wasserdampfmasse, die 1 kg trockener Luft beigemischt ist.

$$x_D = \frac{m_D}{m_L} = \frac{R_L \, p_D}{R_D(p - p_D)} \, . \qquad (43.9)$$

Man bezeichnet die Größe $x_D = m_D/m_L$ als *Wasserdampfbeladung* der feuchten Luft, im Folgenden kurz *Dampfbeladung* genannt und nicht zu verwechseln mit dem Dampfgehalt von Gemischen aus dampfförmigen und flüssigen Wasser. Ist Wasser in der Luft nicht nur in Form von Dampf, sondern auch in flüssiger oder fester Form vorhanden, so ist die Wasserbeladung x von der *Dampfbeladung* x_D zu unterscheiden.

Die Wasserbeladung ist definiert zu

$$x = \frac{m_W}{m_L} = \frac{m_D + m_{Fl} + m_E}{m_L}$$
$$= x_D + x_{Fl} + x_E \, , \qquad (43.10)$$

wobei m_D die Dampfmasse, m_{Fl} die Flüssigkeitsmasse und m_E die Eismasse in der trockenen Luftmasse m_L bedeuten. x_D, x_{Fl} und x_E sind die Dampf-, Flüssigkeits- und Eisbeladung. Die Wasserbeladung x kann zwischen 0 (trockene Luft) und ∞ (reines Wasser) liegen. Ist feuchte Luft der Temperatur T mit Wasserdampf gesättigt, so wird der Partialdruck des Wasserdampfes gleich dem Sättigungsdruck $p_D = p_{DS}$ bei der Temperatur T und die Dampfbeladung wird

$$x_S = \frac{R_L \, p_{DS}}{R_D(p - p_{DS})} \, . \qquad (43.11)$$

Beispiel

Man berechne die Dampfbeladung x_S von gesättigter feuchter Luft bei einer Temperatur von 20 °C und einem Gesamtdruck von 1000 mbar. Es ist $R_L = 0,2872 \, \text{kJ/(kg K)}$, $R_D = 0,4615 \, \text{kJ/(kg K)}$. Aus der Wasserdampftafel Tab. 40.5 findet man den Dampfdruck $p_{DS}(20 \, °C) = 23,39 \, \text{mbar}$.

Damit wird

$$x_S = \frac{0,2872 \cdot 23,39}{0,4615(1000 - 23,39)} \cdot 10^3 \frac{\text{g}}{\text{kg}}$$
$$= 14,905 \, \text{g/kg} \, .$$

Weitere Werte x_S in Tab. 43.1. ◄

Feuchtegrad, relative Feuchte. Als relatives Maß für die Dampfbeladung definiert man den Feuchtegrad $\psi = x_D/x_S$. In der Meteorologie wird dagegen meistens mit der relativen Feuchte $\varphi = p_D(t)/p_{DS}(t)$ gerechnet. Beide Werte weichen in der Nähe der Sättigung nur wenig voneinander ab, denn es ist

$$\frac{x_D}{x_S} = \frac{p_D}{p_{DS}} \frac{(p - p_{DS})}{(p - p_D)}$$

oder

$$\psi = \varphi \frac{(p - p_{DS})}{(p - p_D)} \, .$$

Bei Sättigung ist $\psi = \varphi = 1$. Erhöht man den Druck oder senkt man die Temperatur gesättigter feuchter Luft, so kondensiert der überschüssige Wasserdampf. Der kondensierte Dampf fällt als Nebel oder Niederschlag (Regen) aus; bei Temperaturen unter 0 °C bilden sich Eiskristalle (Schnee). Die Wasserbeladung ist in diesem Fall größer als die Dampfbeladung $x > x_D = x_S$. Die relative Luftfeuchte kann mit direkt anzeigenden Geräten (z. B. *Haarhygrometern*) oder mit Hilfe des *Aspirationspsychrometers* nach Assmann bestimmt werden (s. Bd. 2, Abschn. 31.9).

Enthalpie feuchter Luft. Da bei Zustandsänderungen feuchter Luft die beteiligte Luftmenge dieselbe bleibt und sich nur die zugemischte Wassermenge durch Tauen oder Verdunsten ändert, bezieht man alle Zustandsgrößen auf 1 kg trockene Luft. Diese enthält dann $x = m_W/m_L$ kg Wasser wovon $x_D = m_D/m_L$ dampfförmig sind. Für die Enthalpie h_{1+x} des ungesättigten ($x = x_D < x_S$) Gemisches aus 1 kg trockener Luft und x kg Dampf gilt

$$h_{1+x} = c_{pL}t + x_D(c_{pD}\,t + r)\,. \qquad (43.12)$$

Es sind $c_{pL} = 1{,}005\,\text{kJ/(kg K)}$ die isobare spez. Wärmekapazität der Luft, $c_{pD} = 1{,}86\,\text{kJ/(kg K)}$ die des Wasserdampfes und $r = 2\,500{,}5\,\text{kJ/kg}$ die Verdampfungsenthalpie des Wassers bei 0 °C. In dem interessierenden Temperaturbereich von −60 bis +100 °C kann man konstante Werte c_p annehmen. Bei Sättigung wird $x_D = x_S$ und $h_{1+x} = (h_{1+x})_S$. Ist die Wasserbeladung x größer als die Sättigungsbeladung x_S so fällt bei Temperaturen $t > 0$ °C der Wasseranteil $x - x_S = x_{Fl}$ in Form von Nebel oder auch als Bodenkörper in dem Gemisch aus, und es wird

$$h_{1+x} = (h_{1+x})_S + (x - x_S)c_W\,t\,. \qquad (43.13)$$

Bei Temperaturen $t < 0$ °C fällt der Wasseranteil $x - x_S = x_E$ als Schnee oder Eis aus, und es ist

$$h_{1+x} = (h_{1+x})_S - (x - x_S)(\Delta h_E - c_E t)\,. \qquad (43.14)$$

Es ist $c_W = 4{,}19\,\text{kJ/(kg K)}$ die spez. Wärmekapazität des Wassers, $c_E = 2{,}04\,\text{kJ/(kg K)}$

die des Eises und $\Delta h_E = 333{,}5\,\text{kJ/kg}$ die Schmelzenthalpie des Eises. In Tab. 43.1 sind die Sättigungsdrücke, die Dampfbeladungen und die Enthalpien gesättigter feuchter Luft bei Temperaturen zwischen −20 und +100 °C für einen Gesamtdruck von 1000 mbar angegeben.

Bei $t = 0$ °C kann Wasser gleichzeitig in allen drei Aggregatszuständen vorliegen. Für die Enthalpie h_{1+x} des Gemisches gilt dann

$$h_{1+x} = x_S \cdot r - x_E \cdot \Delta h_E\,. \qquad (43.15)$$

43.2.1 Mollier-Diagramm der feuchten Luft

Für die graphische Darstellung von Zustandsänderungen feuchter Luft hat Mollier ein h_{1+x}, x-Diagramm angegeben, Abb. 43.1a. Darin ist die Enthalpie h_{1+x} von $(1 + x)$ kg feuchter Luft in einem schiefwinkligen Koordinatensystem über der Wasserbeladung aufgetragen. Die Achse $h = 0$, entsprechend feuchter Luft von 0 °C ist schräg nach unten rechts gelegt, derart, dass die 0 °C Isotherme der feuchten ungesättigten Luft waagrecht verläuft. Abb. 43.1b zeigt die Konstruktion der Isothermen nach Gl. (43.12) und Gl. (43.13). Die Linien $x = $ const sind senkrechte, die Linien $h = $ const zur Achse $h_{1+x} = 0$ parallele Geraden. In Abb. 43.1a ist die Grenzkurve $\varphi = 1$ für den Gesamtdruck 1000 mbar eingezeichnet. Sie trennt das Gebiet der ungesättigten Gemische (oben) von dem *Nebelgebiet* (unten), in dem die Feuchtigkeit teils als Dampf, teils in flüssiger (Nebel, Niederschlag) oder fester Form (Eisnebel, Schnee) im Gemisch enthalten ist. Isothermen im ungesättigten Gebiet nach Gl. (43.12) sind nach rechts schwach ansteigende Geraden, die an der Grenzkurve nach unten abknicken und im Nebelgebiet den Geraden konstanter Enthalpie nahezu parallel verlaufen entsprechend Gl. (43.13). Für einen Punkt im Nebelgebiet mit der Temperatur t und der Wasserbeladung x findet man den dampfförmigen Anteil, indem man die Isotherme t bis zum Schnitt mit der Grenzkurve $\varphi = 1$ verfolgt. Der im Schnittpunkt abgelesene Anteil x_S ist als Dampf und damit der Anteil $x - x_S$

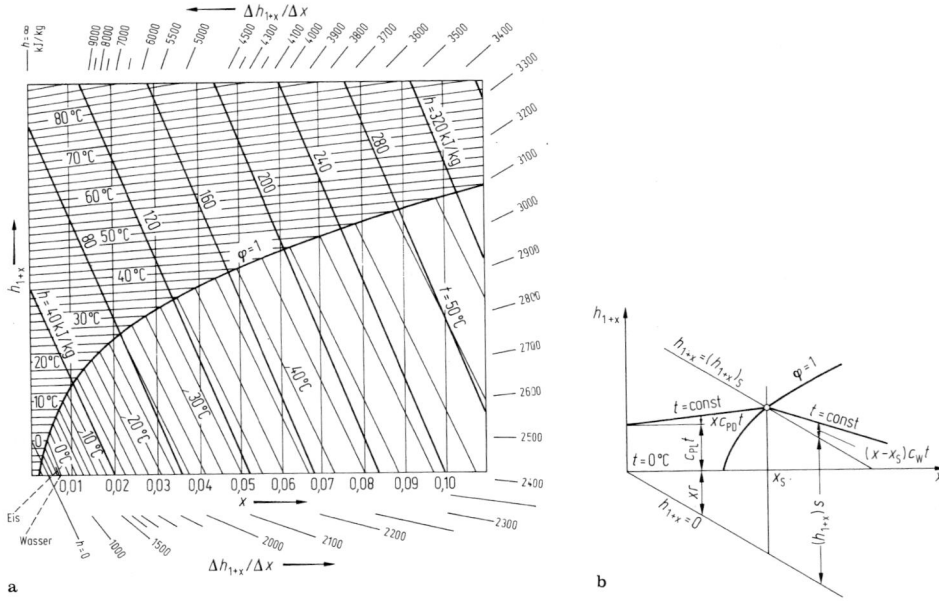

Abb. 43.1 h_{1+x}, x-Diagramm der feuchten Luft nach Mollier

als Flüssigkeit und/oder Eis im Gemisch enthalten. Die schrägen, strahlenartigen Geradenstücke $\Delta h_{1+x}/\Delta x$ legen zusammen mit dem Nullpunkt die Richtung fest, in der man sich von einem beliebigen Diagrammpunkt aus bewegt, wenn man dem Gemisch Wasser oder Wasserdampf zusetzt, dessen Enthalpie in kJ/kg gleich den Zahlen an den Randstrahlen ist. Um die Richtung der Zustandsänderung zu finden, hat man durch den Zustandspunkt der feuchten Luft eine Parallele zur Geraden zu zeichnen, die durch den Nullpunkt ($h = 0$, $x = 0$) und den Randstrahl festgelegt ist.

43.2.2 Zustandsänderungen feuchter Luft

Erwärmung oder Abkühlung. Wird ein gegebenes Gemisch erwärmt, so bewegt man sich auf einer Senkrechten nach oben (*1–2* in Abb. 43.2a), wird es abgekühlt, so bewegt man sich auf einer Senkrechten nach unten (*2–1*). Solange sich die Zustände *1* und *2* im ungesättigten Gebiet befinden, ist die senkrechte Entfernung zweier Zustandspunkte gemessen im Enthalpiemaßstab

gleich der ausgetauschten Wärme bezogen auf 1 kg trockene Luft:

$$Q_{12} = m_L(c_{pL} + c_{pD} \, x)(t_2 - t_1) \,, \qquad (43.16)$$

mit $c_{pL} = 1{,}005 \, \text{kJ/(kg K)}$ und $c_{pD} = 1{,}852 \, \text{kJ/(kg K)}$. Bei Abkühlung feuchter Luft unter den Taupunkt des Wassers (*1–2* in Abb. 43.2b) fällt ein Niederschlag aus. Die abgeführte Wärme ist

$$Q_{12} = m_L((h_{1+x})_2 - (h_{1+x})_1) \,, \qquad (43.17)$$

worin $(h_{1+x})_1$ durch Gl. (43.12) und $(h_{1+x})_2$ durch Gl. (43.13) gegeben ist. Es fällt eine Wassermenge

$$m_W = m_L(x_1 - x_3) \qquad (43.18)$$

aus.

Beispiel

1000 kg feuchte Luft von $t_1 = 30\,°\text{C}$, $\varphi_1 = 0{,}6$ und $p = 1000$ mbar werden auf 15 °C abgekühlt. Wie viel Kondensat entsteht? Die Dampfbeladung x_1 erhält man aus Gl. (43.9)

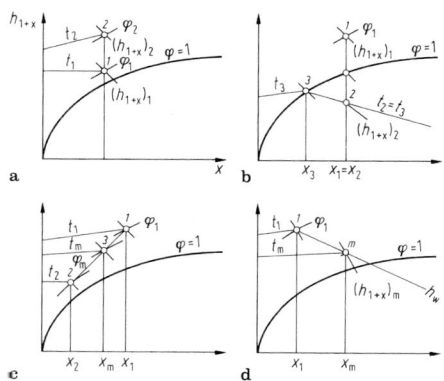

Abb. 43.2 Zustandsänderungen feuchter Luft. **a** Erwärmung und Abkühlung; **b** Abkühlung unter den Taupunkt; **c** Mischung; **d** Zusatz von Wasser oder Wasserdampf

mit $p_D = \varphi_1\, p_{DS}$. Nach Tab. 43.1 ist $p_{DS}(30\,°C) = 42{,}46$ mbar. Damit wird

$$x_1 = \frac{R_L(\varphi_1\, p_{DS})}{R_D(p - \varphi_1\, p_{DS})}$$
$$= \frac{0{,}2872 \cdot 0{,}6 \cdot 42{,}46}{0{,}4615(1000 - 0{,}6 \cdot 42{,}46)}$$
$$= 16{,}25 \cdot 10^{-3}\,\text{kg/kg} = 16{,}25\,\text{g/kg}\,.$$

Die 1000 kg feuchte Luft bestehen aus $1000/(1 + x_1) = 1000/1{,}01625\,\text{kg} = 984{,}01\,\text{kg}$ trockener Luft und $1000 - 984{,}01 = 15{,}99\,\text{kg}$ Wasserdampf. Die Wasserbeladung im Punkt 3, $x_3 = x_S$, folgt aus Tab. 43.1 bei $t_3 = 15\,°C$ zu $x_3 = 10{,}79\,\text{g/kg}$. Damit wird $m_F = 984{,}01 \cdot (16{,}25 - 10{,}80) \cdot 10^{-3}\,\text{kg} = 5{,}36\,\text{kg}$. ◄

Mischung zweier Luftmengen. Mischt man zwei Luftmengen vom Zustand 1 und 2 (Abb. 43.2c) und sorgt dafür, dass mit der Umgebung keine Wärme ausgetauscht wird, so liegt der Zustand m (Punkt 3 in Abb. 43.2c) nach der Mischung auf der Verbindungsgeraden 1–2. Den Punkt m erhält man durch Unterteilen der Geraden 1–2 im Verhältnis der Trockenluftmengen m_{L2}/m_{L1}. Es ist

$$x_m = (m_{L1} x_1 + m_{L2} x_2)/(m_{L1} + m_{L2})\,. \quad (43.19)$$

Mischen von gesättigten Luftmengen verschiedener Temperaturen liefert stets Nebel unter Ausscheiden der Wassermenge $x_m - x_S$, wobei x_S der Sättigungsgehalt auf der Nebelisotherme durch den Mischungspunkt ist.

Beispiel

1000 kg feuchte Luft von $t_1 = 30\,°C$ und $\varphi_1 = 0{,}6$ werden mit 1500 kg gesättigter feuchter Luft von $t_2 = 10\,°C$ bei 1000 mbar gemischt. Wie groß ist die Temperatur nach der Mischung? Wie im vorigen Beispiel schon berechnet, ist $x_1 = 16{,}25\,\text{g/kg}$. Aus Tab. 43.1 entnimmt man bei $t_2 = 10\,°C$ die Wasserbeladung $x_{2s} = 7{,}7377\,\text{g/kg}$. Die Trockenluftmengen sind $m_{L1} = 1000/(1 + x_1)\,\text{kg} = 1000/(1 + 16{,}25 \cdot 10^{-3})\,\text{kg} = 984{,}01\,\text{kg}$ und $m_{L2} = 1500/(1 + x_{2s})\,\text{kg} = 1500/(1 + 7{,}7377 \cdot 10^{-3})\,\text{kg} = 1488{,}5\,\text{kg}$. Damit wird

$$x_m = (984{,}01 \cdot 16{,}25 + 1488{,}5 \cdot 7{,}7377)$$
$$/(984{,}01 + 1488{,}5)\,\text{g/kg}$$
$$= 11{,}12\,\text{g/kg}\,.$$

Die Enthalpie berechnet man nach Gl. (43.12). Es ist

$$(h_{1+x})_1 = (1{,}005 \cdot 30 + 16{,}25 \cdot 10^{-3}$$
$$\cdot (1{,}86 \cdot 30 + 2500{,}5))\,\text{kJ/kg}$$
$$= 71{,}69\,\text{kJ/kg},$$

$$(h_{1+x})_2 = (1{,}005 \cdot 10 + 7{,}7377 \cdot 10^{-3}$$
$$\cdot (1{,}86 \cdot 10 + 2500{,}5))\,\text{kJ/kg}$$
$$= 29{,}54\,\text{kJ/kg}\,.$$

Die Enthalpie des Gemisches ist

$$(h_{1+x})_m = (m_{L1}(h_{1+x})_1 + m_{L2}(h_{1+x})_2)$$
$$/(m_{L1} + m_{L2})$$
$$= (984{,}01 \cdot 71{,}69 + 1488{,}5 \cdot 29{,}54)$$
$$/(984{,}01 + 1488{,}5)\,\text{kJ/kg}$$
$$= 46{,}31\,\text{kJ/kg}\,.$$

Andererseits ist nach Gl. (43.12)

$$(h_{1+x})_m = (1{,}005\, t_m$$
$$+ 11{,}12 \cdot 10^{-3}(1{,}86\, t_m$$
$$+ 2500{,}5))\,\text{kJ/kg}\,.$$

Daraus folgt $t_m = 18\,°C$. ◄

43

Zusatz von Wasser oder Wasserdampf.
Mischt man Luft mit m_W kg Wasser oder Wasserdampf, so beträgt der Wassergehalt nach der Mischung $x_m = (m_{L1}x_1 + m_W)/m_{L1}$. Die Enthalpie ist

$$(h_{1+x})_m = (m_{L1}(h_{1+x})_1 + m_W h_W)/m_{L1}. \tag{43.20}$$

Im Mollier-Diagramm für feuchte Luft (Abb. 43.2d) liegt der Endzustand nach der Mischung auf derjenigen Geraden durch den Anfangszustand *1* der feuchten Luft, die parallel zu der durch den Koordinatenursprung gehenden Geraden mit der Steigung h_W verläuft, wobei $h_W = \Delta h_{1+x}/\Delta x$ durch die Geradenstücke des Randmaßstabs gegeben ist.

Kühlgrenztemperatur. Streicht ungesättigte feuchte Luft vom Zustand t_1, x_1 über eine Wasser- oder Eisoberfläche, so verdunstet bzw. sublimiert Wasser und wird von der Luft aufgenommen, wodurch deren Wassergehalt zunimmt. Hierbei sinkt die Temperatur des Wassers bzw. des Eises und erreicht nach hinreichend langer Zeit einen stationären Endwert, den man Kühlgrenztemperatur nennt. Man findet die Kühlgrenztemperatur t_g mit Hilfe des Mollier-Diagramms, indem man diejenige Nebelisotherme t_g sucht, deren Verlängerung durch den Zustandspunkt *1* geht.

Tabellen zu Kap. 43

Tab. 43.1 Teildruck p_{WS}, Dampfbeladung x_s und Enthalpie h_{1+x_s} gesättigter feuchter Luft der Temperatur t, bezogen auf 1 kg trockene Luft bei einem Gesamtdruck von 1000 mbar (unter 0 °C über Eis)

t [°C]	p_{ws} [mbar]	x_s [g/kg]	h_{1+x_s} [kJ/kg]
−20	1,032	0,64290	−18,5164
−19	1,236	0,70776	−17,3503
−18	1,249	0,77825	−16,1700
−17	1,372	0,85499	−14,9741
−16	1,506	0,93862	−13,7609
−15	1,652	1,02977	−12,5288
−14	1,811	1,12906	−11,2762
−13	1,984	1,23713	−10,0015
−12	2,172	1,35462	−8,7030
−11	2,377	1,48277	−7,3777
−10	2,598	1,62099	−6,0269
−9	2,838	1,77117	−4,6459
−8	3,099	1,93456	−3,2314
−7	3,381	2,11120	−1,7834
−6	3,686	2,30235	−0,2987
−5	4,017	2,50993	1,2277
−4	4,374	2,73398	2,7960
−3	4,760	2,97640	4,4109
−2	5,177	3,23851	6,0758
−1	5,626	3,52097	7,7926
0	6,117	3,8303	9,5778
1	6,572	4,1167	11,3064
2	7,061	4,4251	13,0915
3	7,581	4,7540	14,9290
4	8,136	5,1046	16,8222
5	8,726	5,4781	18,7741
6	9,354	5,8759	20,7884
7	10,021	6,2993	22,8684
8	10,730	6,7497	25,0181
9	11,483	7,2288	27,2416
10	12,281	7,7377	29,5421
11	13,129	8,2791	31,9263
12	14,027	8,8534	34,3956
13	14,979	9,4635	36,9572
14	15,988	10,111	39,6166
15	17,056	10,798	42,3778
16	18,185	11,526	45,2449
17	19,380	12,299	48,2272
18	20,644	13,118	51,3306
19	21,979	13,985	54,5595
20	23,388	14,903	57,9202

Tab. 43.1 (Fortsetzung)

t [°C]	p_{ws} [mbar]	x_s [g/kg]	h_{1+x_s} [kJ/kg]
21	24,877	15,876	61,4240
22	26,447	16,906	65,0741
23	28,104	17,995	68,8823
24	29,850	19,148	72,8537
25	31,691	20,367	77,0006
26	33,629	21,656	81,3286
27	35,670	23,019	85,8505
28	37,818	24,460	90,5757
29	40,078	25,983	95,5160
30	42,455	27,592	100,683
31	44,953	29,292	106,088
32	47,578	31,88	111,745
33	50,335	32,985	117,668
34	53,229	34,988	123,869
35	56,267	37,104	130,368
36	59,454	39,338	137,179
37	62,795	41,697	144,317
38	66,298	44,188	151,805
39	69,969	46,819	159,662
40	73,814	49,597	167,907
41	77,840	52,530	176,563
42	82,054	55,628	185,654
43	86,464	58,901	195,208
44	91,076	62,358	205,248
45	95,898	66,009	215,806
46	100,94	69,868	226,912
47	106,21	73,947	238,603
48	111,71	78,259	250,913
49	117,45	82,817	263,878
50	123,44	87,637	277,536
51	129,70	92,743	291,958
52	136,23	98,149	307,175
53	143,03	103,87	323,221
54	150,12	109,92	340,176
55	157,52	116,36	358,126
56	165,22	123,17	377,094
57	173,24	130,40	397,178
58	181,59	138,08	418,457
59	190,28	146,24	441,020
60	199,32	154,92	464,964

Tab. 43.1 (Fortsetzung)

t [°C]	p_{ws} [mbar]	x_s [g/kg]	h_{1+x_s} [kJ/kg]
61	208,73	164,16	490,418
62	218,51	174,00	517,474
63	228,68	184,50	546,288
64	239,25	195,71	577,001
65	250,22	207,68	609,745
66	261,63	220,51	644,782
67	273,47	234,24	682,254
68	285,76	248,98	722,413
69	298,32	264,83	765,546
70	311,76	281,90	811,941
71	325,49	300,30	861,924
72	339,72	320,19	915,870
73	358,00	347,02	988,219
74	369,78	365,14	1037,670
75	385,63	390,62	1106,609
76	402,05	418,43	1181,826
77	419,05	448,89	1264,123
78	436,65	482,36	1354,501
79	454,87	519,28	1454,151
80	473,73	560,19	1564,509
81	493,24	605,71	1687,252
82	513,42	656,65	1824,503
83	534,28	713,93	1978,817
84	555,85	778,83	2153,558
85	578,15	852,89	2352,928
86	601,19	938,12	2582,259
87	624,99	1037,15	2848,667
88	649,58	1153,60	3161,844
89	674,96	1292,27	3534,691
90	701,17	1460,20	3986,110
91	728,23	1667,55	4543,419
92	756,14	1929,63	5247,698
93	784,95	2271,51	6166,305
94	814,65	2735,21	7412,089
95	845,29	3400,16	9198,391
96	876,88	4432,25	11 970,735
97	909,45	6250,33	16 854,112
98	943,01	10 297,46	27 724,303
99	977,59	27 147,34	72 980,326
100	1013,20	—	—

43

Verbrennung

44

Peter Stephan und Karl Stephan

Wärme in technischen Prozessen wird heute noch größtenteils durch Verbrennung gewonnen. Verbrennung ist die chemische Reaktion eines Stoffs, i. Allg. Kohlenstoff, Wasserstoff und Kohlenwasserstoffe, mit Sauerstoff, die stark exotherm, also unter Wärmefreisetzung abläuft. Die Brennstoffe können fest, flüssig oder gasförmig sein, und als Sauerstoffträger dient meistens die atmosphärische Luft. Zur Einleitung der Verbrennung muss der Brennstoff erst auf Zündtemperatur gebracht werden, die von der Art des Brennstoffs abhängt. Hauptbestandteil aller technisch wichtigen Brennstoffe sind Kohlenstoff C und Wasserstoff H, daneben ist häufig auch noch Sauerstoff O und, mit Ausnahme von Erdgas, noch eine gewisse Menge Schwefel S vorhanden, aus dem bei Verbrennung das unerwünschte Schwefeldioxid SO_2 entsteht.

44.1 Reaktionsgleichungen

Die in den Brennstoffen vorkommenden Elemente H, C und S werden bei vollständiger Verbrennung zu CO_2, H_2O und SO_2 verbrannt. Aus den Reaktionsgleichungen erhält man den Sauerstoff-

bedarf und die Stoffmenge im Rauchgas. Es gilt für die Verbrennung von Kohlenstoff C

$$\begin{aligned} \text{C} \quad &+ \text{O}_2 \quad &&= \text{CO}_2 \\ 1\,\text{kmol C} &+ 1\,\text{kmol O}_2 &&= 1\,\text{kmol CO}_2 \\ 12\,\text{kg C} \quad &+ 32\,\text{kg O}_2 \quad &&= 44\,\text{kg CO}_2 \,. \end{aligned}$$

Daraus folgen der *Mindestsauerstoffbedarf,* den man zur vollständigen Verbrennung benötigt, zu

$$o_{\min} = (1/12)\,\text{kmol/kg C}$$

oder

$$\bar{O}_{\min} = 1\,\text{kmol/kmol C}\,.$$

Der *Mindestluftbedarf* ergibt sich aus dem Sauerstoffanteil von 21 Mol-% in der Luft zu

$$l_{\min} = (o_{\min}/0{,}21)\,\text{kmol Luft/kg C}$$

oder

$$\bar{L}_{\min} = (\bar{O}_{\min}/0{,}21)\,\text{kmol Luft/kmol C}$$

und die CO_2-Menge im Rauchgas zu (1/12) kmol/kg C. Entsprechend gelten die folgenden Reaktionsgleichungen für die Verbrennung von Wasserstoff H_2 und Schwefel S:

$$\begin{aligned} \text{H}_2 \quad &+ \tfrac{1}{2}\,\text{O}_2 \quad &&= \text{H}_2\text{O} \\ 1\,\text{kmol H}_2 &+ \tfrac{1}{2}\,\text{kmol O}_2 &&= 1\,\text{kmol H}_2\text{O} \\ 2\,\text{kg H}_2 \quad &+ 16\,\text{kg O}_2 \quad &&= 18\,\text{kg H}_2\text{O} \\ \text{S} \quad &+ \text{O}_2 \quad &&= \text{SO}_2 \\ 1\,\text{kmol S} \quad &+ 1\,\text{kmol O}_2 &&= 1\,\text{kmol SO}_2 \\ 32\,\text{kg S} \quad &+ 32\,\text{kg O}_2 \quad &&= 64\,\text{kg SO}_2 \,. \end{aligned}$$

P. Stephan (✉)
Technische Universität Darmstadt
Darmstadt, Deutschland
E-Mail: pstephan@ttd.tu-darmstadt.de

K. Stephan
Universität Stuttgart
Stuttgart, Deutschland
E-Mail: stephan@itt.uni-stuttgart.de

Bezeichnen c, h, s, o die Kohlenstoff-, Wasserstoff-, Schwefel- und Sauerstoffgehalte in kg je kg Brennstoff, so ist der Mindestsauerstoffbedarf entsprechend der obigen Rechnung

$$o_{min} = \left(\frac{c}{12} + \frac{h}{4} + \frac{s}{32} - \frac{o}{32} \right) \text{ kmol/kg} . \tag{44.1}$$

Man schreibt abkürzend

$$o_{min} = \tfrac{1}{12} c\sigma \text{ kmol/kg} , \tag{44.2}$$

worin σ eine Kennzahl des Brennstoffs ist (O_2-Bedarf in kmol bezogen auf die kmol C im Brennstoff).

Der *tatsächliche Luftbedarf* (bezogen auf 1 kg Brennstoff) ist

$$l = \lambda l_{min} = (\lambda o_{min}/0,21) \text{ kmol Luft/kg} , \tag{44.3}$$

λ ist die Luftüberschusszahl.

In den Rauchgasen treten außer den Verbrennungsprodukten CO_2, H_2O, SO_2 noch der Wassergehalt $w/18$ (SI-Einheit kmol je kg Brennstoff) und die zugeführte Verbrennungsluft l abzüglich der verbrauchten Sauerstoffmenge o_{min} auf.

Hierbei wird angenommen, dass die zugeführte Verbrennungsluft trocken oder deren Wasserdampfgehalt vernachlässigbar gering ist.

Es entstehen folgende auf 1 kg Brennstoff bezogene Abgasmengen

$$n_{CO_2} = \frac{c}{12}; \quad n_{H_2O} = \frac{h}{2} + \frac{w}{18}; \quad n_{SO_2} = \frac{s}{32}$$
$$n_{O_2} = (\lambda - 1)\, o_{min}; \quad n_{N_2} = 0,79 \cdot l .$$

Die Summe ergibt die gesamte Rauchgasmenge

$$n_R = \frac{c}{12} + \frac{h}{2} + \frac{w}{18} + \frac{s}{32} + (\lambda - 1)\, o_{min}$$
$$+ 0,79 \cdot l \text{ kmol/kg} .$$

Dies lässt sich mit den Gln. (44.1) und (44.3) vereinfachen zu

$$n_R = l + \frac{1}{12} \left(3h + \frac{3}{8} o + \frac{2}{3} w \right) \text{ kmol/kg} . \tag{44.4}$$

Beispiel

In einer Feuerung werden stündlich 500 kg Kohle von der Zusammensetzung $c = 0,78$, $h = 0,05$, $o = 0,08$, $s = 0,01$, $w = 0,02$ und einem Aschegehalt $a = 0,06$ mit einem Luftüberschuss $\lambda = 1,4$ vollkommen verbrannt. Wie viel Luft muss der Feuerung zugeführt werden, wie viel Rauchgas entsteht und wie ist seine Zusammensetzung?

Der Mindestsauerstoffbedarf ist nach Gl. (44.1) $o_{min} = 0,78/12 + 0,05/4 + 0,01/32 - 0,08/32 \text{ kmol/kg} = 0,0753 \text{ kmol/kg}$. Der Mindestluftbedarf ist $l_{min} = o_{min}/0,21 = 0,3586 \text{ kmol/kg}$, die zuzuführende Luftmenge $l = \lambda l_{min} = 1,4 \cdot 0,3586 = 0,502 \text{ kmol/kg}$, also $0,502 \text{ kmol/kg} \cdot 500 \text{ kg/h} = 251 \text{ kmol/h}$. Das ergibt mit der Molmasse $M = 28,953 \text{ kg/kmol}$ der Luft einen Luftbedarf von $0,502 \cdot 28,953 \text{ kg/kg} = 14,54 \text{ kg/kg}$, also $14,54 \text{ kg/kg} \cdot 500 \text{ kg/h} = 7270 \text{ kg/h}$. Die Rauchgasmenge ist nach Gl. (44.4) $n_R = 0,502 + \frac{1}{12}(3 \cdot 0,05 + \frac{3}{8} \cdot 0.08 + \frac{2}{3} \cdot 0,02) \text{ kmol/kg} = 0,518 \text{ kmol/kg}$, also $0,518 \text{ kmol/kg} \cdot 500 \text{ kg/h} = 259 \text{ kmol/h}$ mit $0,065 \text{ kmol } CO_2/\text{kg}$, $0,0261 \text{ kmol } H_2O/\text{kg}$, $0,0003 \text{ kmol } SO_2/\text{kg}$, $0,3966 \text{ kmol } N_2/\text{kg}$ und $0,0301 \text{ kmol } O_2/\text{kg}$. ◄

44.2 Heizwert und Brennwert

Der *Heizwert* ist die bei der Verbrennung frei werdende Wärme, wenn die Verbrennungsgase bis auf die Temperatur abgekühlt werden, mit der Brennstoff und Luft zugeführt werden. Das Wasser ist in den Rauchgasen als Gas enthalten. Wird der Wasserdampf kondensiert, so bezeichnet man die frei werdende Wärme als *Brennwert*. Nach DIN 51900 gelten Heiz- und Brennwertangaben für die Verbrennung bei Atmosphärendruck, wenn die beteiligten Stoffe vor und nach der Verbrennung eine Temperatur von 25 °C haben. Heiz- und Brennwert (s. Tab. 44.1 bis 44.4) sind unabhängig von dem Luftüberschuss und nur eine Eigenschaft des Brennstoffs. Der Brennwert Δh_0 ist um die Verdampfungsenthalpie r des im Rauchgas enthaltenen Wassers größer als der Heizwert Δh_u,

$$\Delta h_0 = \Delta h_\mathrm{u} + (8{,}937\, h + w)\, r \,.$$

Da das Wasser technische Feuerungen meistens als Dampf verlässt, kann häufig nur der Heizwert nutzbar gemacht werden. Der Heizwert von Heizölen lässt sich erfahrungsgemäß [1] gut wiedergeben durch die Zahlenwertgleichung

$$\Delta h_\mathrm{u} = 54{,}04 - 13{,}29\varrho - 29{,}31 s \;\mathrm{MJ/kg}, \quad (44.5)$$

in der ϱ die Dichte des Heizöls in $\mathrm{kg/dm}^3$ bei $15\,^\circ\mathrm{C}$ und s der Schwefelgehalt in $\mathrm{kg/kg}$ sind. Eine Näherungsgleichung zur Bestimmung des Heizwertes fester Brennstoffe bei gegebener Elementarzusammensetzung, die sogenannte Verbandsformel, ist in Bd. 3, Abschn. 48.2.4 angegeben. Gleichungen zur Berechnung des Heizwertes und Brennwertes für gasförmige Brennstoffe sind Bd. 3, Abschn. 48.4.3 zu entnehmen.

Beispiel

Wie groß ist der Heizwert eines leichten Heizöls der Dichte $\varrho = 0{,}86\,\mathrm{kg/dm}^3$, dessen Schwefelgehalt $s = 0{,}8$ Gew.-% beträgt? Nach Gl. (44.5) ist

$$\Delta h_\mathrm{u} = 54{,}04 - 13{,}29 \cdot 0{,}86$$
$$- 29{,}31 \cdot 0{,}8 \cdot 10^{-2}$$
$$= 42{,}38\,\mathrm{MJ/kg}\,. \blacktriangleleft$$

44.3 Verbrennungstemperatur

Die theoretische Verbrennungstemperatur ist die Temperatur des Rauchgases bei vollkommener isobar-adiabater Verbrennung, wenn keine Dissoziation auftritt. Die bei der Verbrennung frei werdende Wärme dient der Erhöhung der inneren Energie und damit der Temperatur der Gase sowie zur Verrichtung der Verschiebearbeit. Die theoretische Verbrennungstemperatur berechnet sich aus der Bedingung, dass die Enthalpie aller dem Brennraum zugeführten Stoffe gleich der Enthalpie des abgeführten Rauchgases sein muss.

$$\Delta h_\mathrm{u} + [c_\mathrm{B}]_{25\,^\circ\mathrm{C}}^{t_\mathrm{B}} \cdot (t_\mathrm{B} - 25\,^\circ\mathrm{C})$$
$$+\, l\, \left[\bar{C}_\mathrm{pL}\right]_{25\,^\circ\mathrm{C}}^{t_\mathrm{L}} \cdot (t_\mathrm{L} - 25\,^\circ\mathrm{C}) \quad (44.6)$$
$$= n_\mathrm{R}\, \left[\bar{C}_\mathrm{pR}\right]_{25\,^\circ\mathrm{C}}^{t} \cdot (t - 25\,^\circ\mathrm{C})\,.$$

Es bedeuten t_B die Temperatur des Brennstoffs, t_L die der Luft, und t die theoretische Verbrennungstemperatur, $[c]_{25\,^\circ\mathrm{C}}$ ist die mittlere spez. Wärmekapazität des Brennstoffs, $\left[\bar{C}_\mathrm{pL}\right]_{25\,^\circ\mathrm{C}}^{t_\mathrm{L}}$ die mittlere molare Wärmekapazität der Luft und $\left[\bar{C}_\mathrm{pR}\right]_{25\,^\circ\mathrm{C}}^{t}$ die des Rauchgases. Diese setzt sich aus den mittleren molaren Wärmekapazitäten der einzelnen Bestandteile zusammen:

$$n_\mathrm{R}\, \left[\bar{C}_\mathrm{pR}\right]_{25\,^\circ\mathrm{C}}^{t} = \frac{c}{12}\, \left[\bar{C}_\mathrm{pCO_2}\right]_{25\,^\circ\mathrm{C}}^{t}$$
$$+ \left(\frac{h}{2} + \frac{w}{18}\right) \left[\bar{C}_\mathrm{pH_2O}\right]_{25\,^\circ\mathrm{C}}^{t}$$
$$+ \frac{s}{32}\, \left[\bar{C}_\mathrm{pSO_2}\right]_{25\,^\circ\mathrm{C}}^{t}$$
$$+ (\lambda - 1) o_\mathrm{min}\, \left[\bar{C}_\mathrm{pO_2}\right]_{25\,^\circ\mathrm{C}}^{t}$$
$$+ 0{,}79 \cdot l\, \left[\bar{C}_\mathrm{pN_2}\right]_{25\,^\circ\mathrm{C}}^{t}$$
$$(44.7)$$

Die theoretische Verbrennungstemperatur muss man iterativ aus Gln. (44.6) und (44.7) ermitteln.

Die wirkliche Verbrennungstemperatur ist auch bei vollkommener Verbrennung des Brennstoffs niedriger als die theoretische wegen der Wärmeabgabe an die Umgebung, hauptsächlich durch Strahlung, dem über $1500\,^\circ\mathrm{C}$ beginnenden Zerfall der Moleküle und der ab $2000\,^\circ\mathrm{C}$ merklichen Dissoziation. Die Dissoziationswärme wird bei Unterschreiten der Dissoziationstemperatur wieder frei.

44

Tabellen zu Kap. 44

Tab. 44.1 Heizwerte der einfachsten Brennstoffe bei 25 °C und 1,01325 bar

Heizwert [kJ]	C	CO	H_2 (Brennwert)	H_2 (Heizwert)	S
je kmol	393 510	282 989	285 840	241 840	296 900
je kg	32 762	10 103	141 800	119 972	9260

Tab. 44.2 Zusammensetzung und Heizwert fester Brennstoffe

Brennstoff	Asche Gew.-%	Wasser Gew.-%	Zusammensetzung der aschefreien Trockensubstanz in Gew.-%					Brennwert	Heizwert
			C	H	S	O	N	in MJ/kg im Verwendungszustand	
Holz, lufttrocken	< 0,5	10...20	50	6	0,0	43,9	0,1	15,91...18,0	14,65...16,75
Torf, lufttrocken	< 15	15...35	50...60	4,5...6	0,3...2,5	30...40	1...4	13,82...16,33	11,72...15,07
Rohbraunkohle	2...8	50...60	65...75	5...8	0,5...4	15...26	0,5...2	10,47...12,98	8,37...11,30
Braunkohlenbrikett	3...10	12...18						20,93...21,35	19,68...20,10
Steinkohle	3...12	0...10	80...90	4...9	0,7...1,4	4...12	0,6...2	29,31...35,17	27,31...34,12
Antrazit	2...6	0...5	90...94	3...4	0,7...1	0,5...4	1...1,5	33,49...34,75	32,66...33,91
Zechenkoks	8...10	1...7	97		0,4...0,7	0,6...1	0,5...1	1...1,5	28,05...30,56	27,84...30,35

Tab. 44.3 Verbrennung flüssiger Brenn- und Kraftstoffe

Brennstoff	Molmasse [kg/kmol]	Gehalt in Gew.-%		Kennzahl	Brennwert [kJ/kg]	Heizwert [kJ/kg]
		C	H	σ		
Ethanol C_2H_5OH	46,069	52	13	1,50	29 730	26 960
Spiritus 95 %	–	–	–	1,50	28 220	25 290
90 %	–	–	–	1,50	26 750	23 860
5 %	–	–	–	1,50	25 250	22 360
Benzol (rein) C_6H_6	78,113	92,2	7,8	1,25	41 870	40 150
Toluol (rein) C_7H_8	92,146	91,2	8,8	1,285	42 750	40 820
Xylol (rein) C_8H_{10}	106,167	90,5	9,5	1,313	43 000	40 780
Handelsbenzol I (90er Benzol)[a]	–	92,1	7,9	1,26	41 870	40 190
Handelsbenzol II (50er Benzol)[b]	–	91,6	8,4	1,30	42 290	40 400
Naphthalin (rein) $C_{10}H_8$ (Schmelztemp. 80 °C)	128,19	93,7	6,3	1,20	40 360	38 940
Tetralin (rein) $C_{10}H_{12}$	132,21	90,8	9,2	1,30	42 870	40 820
Pentan C_5H_{12}	72,150	83,2	16,8	1,60	49 190	45 430
Hexan C_6H_{14}	86,177	83,6	16,4	1,584	48 360	44 670
Heptan C_7H_{16}	100,103	83,9	16,1	1,571	47 980	44 380
Oktan C_8H_{18}	114,230	84,1	15,9	1,562	48 150	44 590
Benzin (Mittelwerte)	–	85	15	1,53	46 050	42 700

[a] 0,84 Benzol, 0,13 Toluol, 0,03 Xylol (Massenbrüche)
[b] 0,43 Benzol, 0,46 Toluol, 0,11 Xylol (Massenbrüche)

Tab. 44.4 Verbrennung einiger einfacher Gase bei 25 °C und 1,013256 bar

Gasart	Molmasse[a] [kg/kmol]	Dichte [kg/m]^3	Kennzahl σ	Brennwert[a] [MJ/kg]	Heizwert[a] [MJ/kg]
Wasserstoff H_2	2,0158	0,082		141,80	119,97
Kohlenoxid CO	28,0104	1,14	0,50	10,10	10,10
Methan CH_4	16,043	0,656	2,00	55,50	50,01
Ethan C_2H_6	30,069	1,24	1,75	51,88	47,49
Propan C_3H_8	44,09	1,80	1,67	50,35	46,35
Butan C_4H_{10}	58,123	2,37	1,625	49,55	45,72
Ethylen C_2H_4	28,054	1,15	1,50	50,28	47,15
Propylen C_3H_6	42,086	1,72	1,50	48,92	45,78
Butylen C_4H_8	56,107	2,90	1,50	48,43	45,29
Acetylen C_2H_2	26,038	1,07	1,25	49,91	48,22

[a] Nach DIN 51850: Brennwerte und Heizwerte gasförmiger Brennstoffe, April 1980.

Literatur

Spezielle Literatur

1. Brandt, F.: Brennstoffe und Verbrennungsrechnung, 3. Aufl. Vulkan, Essen (1999)

44

Wärmeübertragung

45

Peter Stephan und Karl Stephan

Bestehen zwischen verschiedenen, nicht voneinander isolierten Körpern oder innerhalb verschiedener Bereiche eines Körpers Temperaturunterschiede, so fließt Wärme so lange von der *höheren* zur *tieferen* Temperatur, bis sich die verschiedenen Temperaturen angeglichen haben. Man bezeichnet diesen Vorgang als Wärmeübertragung. Es sind drei Fälle der Wärmeübertragung zu unterscheiden:

- Die Wärmeübertragung durch *Leitung* in festen oder in unbewegten flüssigen und gasförmigen Körpern. Dabei wird kinetische Energie von einem Molekül oder von Elementarteilchen auf seine Nachbarn übertragen.
- Die Wärmeübertragung durch *Mitführung* oder *Konvektion* in bewegten flüssigen oder gasförmigen Körpern.
- Die Wärmeübertragung durch *Strahlung*, die sich ohne materiellen Träger mit Hilfe der elektromagnetischen Wellen vollzieht.

In der Technik wirken oft alle drei Arten der Wärmeübertragung zusammen.

45.1 Stationäre Wärmeleitung

Stationäre Wärmeleitung durch eine ebene Wand. Werden die beiden Oberflächen einer ebenen Wand der Dicke δ auf verschiedenen Temperaturen T_1 und T_2 gehalten, so strömt durch die Fläche A in der Zeit τ nach dem *Fourierschen Gesetz* die Wärme

$$Q = \lambda A \frac{T_1 - T_2}{\delta} \tau .$$

Darin ist λ ein Stoffwert (SI-Einheit W/(Km)), den man *Wärmeleitfähigkeit* nennt (s. Tab. 45.6). Man bezeichnet $Q/\tau = \dot{Q}$ als *Wärmestrom* (SI-Einheit W) und $Q/(\tau A) = \dot{q}$ (SI-Einheit W/m^2) als *Wärmestromdichte*. Es ist

$$\dot{Q} = \lambda A \frac{T_1 - T_2}{\delta} \quad \text{und} \quad \dot{q} = \lambda \frac{T_1 - T_2}{\delta} .$$
$$(45.1)$$

Ähnlich wie bei der Elektrizitätsleitung ein Strom I nur fließt, wenn man eine Spannung U anlegt, um den Widerstand R zu überwinden ($I = U/R$), fließt ein Wärmestrom $\dot{Q}$ nur dann, wenn eine Temperaturdifferenz $\Delta T = T_1 - T_2$ vorhanden ist:

$$\dot{Q} = \frac{\lambda A}{\delta} \Delta T .$$

In Analogie zum Ohmschen Gesetz nennt man $R_{\mathrm{W}} = \delta/(\lambda A)$ einen *Wärmeleitwiderstand* (SI-Einheit K/W).

Fouriersches Gesetz. Betrachtet man statt der Wand der endlichen Dicke δ eine aus ihr

P. Stephan (✉)
Technische Universität Darmstadt
Darmstadt, Deutschland
E-Mail: pstephan@ttd.tu-darmstadt.de

K. Stephan
Universität Stuttgart
Stuttgart, Deutschland
E-Mail: stephan@itt.uni-stuttgart.de
© Springer-Verlag GmbH Deutschland, ein Teil von Springer Nature 2020
B. Bender und D. Göhlich (Hrsg.), *Dubbel Taschenbuch für den Maschinenbau 1: Grundlagen und Tabellen*,
https://doi.org/10.1007/978-3-662-59711-8_45

807

senkrecht zum Wärmestrom herausgeschnittene Scheibe der Dicke dx, so erhält man das Fouriersche Gesetz in der Form

$$\dot{Q} = -\lambda A \frac{dT}{dx} \quad \text{und} \quad \dot{q} = -\lambda \frac{dT}{dx}, \quad (45.2)$$

wobei das negative Vorzeichen ausdrückt, dass die Wärme in Richtung abnehmender Temperatur strömt. $\dot{Q}$ ist hierbei der Wärmestrom in Richtung der x-Achse, Entsprechendes gilt für $\dot{q}$. Der Wärmestrom in Richtung der drei Koordinaten x, y, z ist ein Vektor

$$\dot{q} = -\lambda \left(\frac{\partial T}{\partial x} e_x + \frac{\partial T}{\partial y} e_y + \frac{\partial T}{\partial z} e_z \right) \quad (45.3)$$

mit den Einheitsvektoren e_x, e_y, e_z. Gleichung (45.3) ist zugleich die allgemeine Form des Fourierschen Gesetzes. Es gilt in dieser Form für isotrope Körper, d. h. solche, deren Wärmeleitfähigkeit in Richtung der drei Koordinatenachsen gleich groß ist.

Stationäre Wärmeleitung durch eine Rohrwand. Nach dem Fourierschen Gesetz wird durch eine Zylinderfläche vom Radius r und der Länge l ein Wärmestrom $\dot{Q} = -\lambda 2\pi r l (dT/dr)$ übertragen. Bei stationärer Wärmeleitung ist der Wärmestrom für alle Radien gleich, $\dot{Q} = $ const, sodass man die Veränderlichen T und r trennen und von der inneren Oberfläche bei $r = r_i$ des Zylinders mit der Temperatur T_i bis zu einer beliebigen Stelle r mit der Temperatur T integrieren kann. Man erhält als Temperaturverlauf in einer Rohrschale der Dicke $r - r_i$:

$$T_i - T = \frac{\dot{Q}}{\lambda 2\pi l} \ln \frac{r}{r_i}.$$

Mit der Temperatur T_a der äußeren Oberfläche vom Radius r_a erhält man den Wärmestrom in einem Rohr der Dicke $r_a - r_i$ und der Länge l:

$$\dot{Q} = \lambda 2\pi l \frac{T_i - T_a}{\ln r_a/r_i}. \quad (45.4)$$

Um formale Übereinstimmung mit Gl. (45.1) zu erreichen, kann man auch

$$\dot{Q} = \lambda A_m \frac{T_i - T_a}{\delta} \quad (45.5)$$

mit $\delta = r_a - r_i$ und $A_m = \frac{A_a - A_i}{\ln(A_a/A_i)}$ schreiben, wenn $A_a = 2\pi r_a l$ die äußere und $A_i = 2\pi r_i l$ die innere Oberfläche des Rohrs ist. A_m ist das logarithmische Mittel zwischen äußerer und innerer Rohroberfläche.

Der „Wärmeleitwiderstand" des Rohrs $R_W = \delta/(\lambda A_m)$ (SI-Einheit K/W) muss durch eine Temperaturdifferenz überwunden werden, damit ein Wärmestrom fließen kann.

45.2 Wärmeübergang und Wärmedurchgang

Geht von einem Fluid Wärme an eine Wand über, wird darin fortgeleitet und auf der anderen Seite an ein zweites Fluid übertragen, so spricht man von *Wärmedurchgang*. Dabei sind zwei *Wärmeübergänge* und ein *Wärmeleitvorgang* hintereinander geschaltet. Die Temperatur fällt in einer Schicht unmittelbar an der Wand steil ab (Abb. 45.1), während sich die Temperaturen in einiger Entfernung von der Wand nur wenig unterscheiden. Man kann vereinfachend annehmen, dass an der Wand eine dünne ruhende Fluidgrenzschicht von der Filmdicke δ_i bzw. δ_a haftet, während das Fluid außerhalb Temperaturunterschiede ausgleicht. In dem dünnen Fluidfilm wird Wärme durch Leitung übertragen, und es gilt nach Fourier für den an die linke Wandseite übertragenen Wärmestrom

$$\dot{Q} = \lambda A \frac{T_i - T_1}{\delta_i},$$

worin λ die Wärmeleitfähigkeit des Fluids ist. Die Filmdicke δ_i hängt von vielen Größen ab, wie Geschwindigkeit des Fluids entlang der Wand,

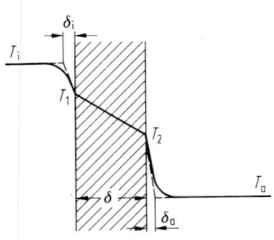

Abb. 45.1 Wärmedurchgang durch eine ebene Wand

Tab. 45.1 Wärmeübergangskoeffizienten α in W/(m² K)

	α	
freie Konvektion in:		
Gasen	3...	20
Wasser	100...	600
siedendem Wasser	1000...	20000
erzwungene Konvektion in:		
Gasen	10...	100
Flüssigkeiten	50...	500
Wasser	500...	10000
kondensierendem Dampf	1000...	100000

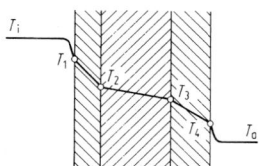

Abb. 45.2 Wärmedurchgang durch eine ebene, mehrschichtige Wand

Form und Oberflächenbeschaffenheit der Wand. Es hat sich als zweckmäßig erwiesen, statt mit der Filmdicke δ_i mit dem Quotienten $\lambda/\delta_i = \alpha$ zu rechnen. Man kommt zu dem Newtonschen Ansatz für den Wärmeübergang eines Fluids an einer festen Oberfläche

$$\dot{Q} = \alpha A(T_f - T_0) , \qquad (45.6)$$

in dem allgemein T_f die Fluidtemperatur und T_0 die Oberflächentemperatur bedeuten. Die Größe α nennt man *Wärmeübergangskoeffizient* (SI-Einheit W/(m² K)). Größenordnungen von Wärmeübergangskoeffizienten gibt Tab. 45.1. Grundlagen zur Berechnung von α findet man in Abschn. 45.4.

In Anlehnung an das Ohmsche Gesetz $I = (1/R)U$ nennt man $1/(\alpha A) = R_W$ den *Wärmeübergangswiderstand* (SI-Einheit K/W). Er muss durch die Temperaturdifferenz $\Delta T = T_f - T_0$ überwunden werden, damit der Wärmestrom $\dot{Q}$ fließen kann.

In Abb. 45.1 sind vom Wärmestrom drei hintereinanderliegende Einzelwiderstände zu überwinden. Diese summieren sich zum Gesamtwiderstand.

Wärmedurchgang durch ebene Wände. Der durch eine ebene Wand (Abb. 45.1) durchtretende Wärmestrom ist

$$\dot{Q} = kA(T_i - T_a) \qquad (45.7)$$

mit dem gesamten Wärmewiderstand $1/(kA)$, der sich additiv aus den Einzelwiderständen zu-

sammensetzt:

$$\frac{1}{kA} = \frac{1}{\alpha_i A} + \frac{\delta}{\lambda A} + \frac{1}{\alpha_a A} . \qquad (45.8)$$

Die durch Gl. (45.7) definierte Größe k nennt man den *Wärmedurchgangskoeffizienten* (SI-Einheit W/(m² K)). Besteht die Wand aus mehreren homogenen Schichten (Abb. 45.2) mit den Dicken δ_1, δ_2, ... und den Wärmeleitfähigkeiten λ_1, λ_2, ..., so gilt ebenfalls Gl. (45.7), jedoch ist jetzt der gesamte Wärmewiderstand

$$\frac{1}{kA} = \frac{1}{\alpha_i A} + \sum \frac{\delta_j}{\lambda_j A} + \frac{1}{\alpha_a A} . \qquad (45.9)$$

Beispiel

Die Wand eines Kühlhauses besteht aus einer 5 cm dicken inneren Betonschicht ($\lambda = 1$ W/(Km)), einer 10 cm dicken Korksteinisolierung ($\lambda = 0{,}04$ W/(Km)) und einer 50 cm dicken äußeren Ziegelmauer ($\lambda = 0{,}75$ W/(Km)). Der Wärmeübergangskoeffizient auf der Innenseite ist $\alpha_i = 7$ W/(m² K), der auf der Außenseite $\alpha_a = 20$ W/(m² K). Wie viel Wärme strömt durch 1 m² Wand bei einer Innentemperatur von $-5\,°C$ und einer Außentemperatur von $25\,°C$? Nach Gl. (45.9) ist der Wärmedurchgangswiderstand

$$\begin{aligned}
\frac{1}{kA} = &\left(\frac{1}{7 \cdot 1} + \frac{0{,}05}{1 \cdot 1} + \frac{0{,}1}{0{,}04 \cdot 1} \right. \\
&\left. + \frac{0{,}5}{0{,}75 \cdot 1} + \frac{1}{20 \cdot 1} \right) \frac{\text{K}}{\text{W}} \\
= &\; 3{,}41 \,\text{K/W} .
\end{aligned}$$

Der Wärmestrom ist

$$\dot{Q} = \frac{1}{3{,}41}(-5 - 25)\,\text{W}, \quad |\dot{Q}| = 8{,}8\,\text{W}. \quad \blacktriangleleft$$

Wärmedurchgang durch Rohre. Es gilt wiederum die Gl. (45.7) für den Wärmedurchgang durch ein Rohr. Der Wärmewiderstand setzt sich additiv aus den Einzelwiderständen zusammen $\frac{1}{kA} = \frac{1}{\alpha_i A_i} + \frac{\delta}{\lambda A_m} + \frac{1}{\alpha_a A_a}$.

Es ist üblich, den Wärmedurchgangskoeffizienten k auf die meist leicht zu ermittelnde äußere Rohroberfläche $A = A_a$ zu beziehen, sodass der gesamte Wärmewiderstand gegeben ist durch

$$\frac{1}{kA_a} = \frac{1}{\alpha_i A_i} + \frac{\delta}{\lambda A_m} + \frac{1}{\alpha_a A_a} \qquad (45.10)$$

mit $A_m = (A_a - A_i)/\ln(A_a/A_i)$.

Besteht das Rohr aus mehreren homogenen Einzelrohren mit der Dicke δ_1, δ_2, ... und den Wärmeleitfähigkeiten λ_1, λ_2, ..., so gilt wieder Gl. (45.7), jedoch ist jetzt der gesamte Wärmewiderstand

$$\frac{1}{kA_a} = \frac{1}{\alpha_i A_i} + \sum \frac{\delta_j}{\lambda_j A_{mj}} + \frac{1}{\alpha_a A_a} , \qquad (45.11)$$

wobei die Summe über alle Einzelrohre zu bilden ist und A_{mj} die mittlere logarithmische Fläche des Einzelrohrs j $A_{mj} = (A_{aj} - A_{ij})/\ln(A_{aj}/A_{ij})$ ist.

45.3 Nichtstationäre Wärmeleitung

Bei nichtstationärer Wärmeleitung ändern sich die Temperaturen zeitabhängig. In einer ebenen Wand mit fest vorgegebenen Oberflächentemperaturen ist der Temperaturverlauf nicht mehr geradlinig, da die in eine Scheibe einströmende Wärme von der ausströmenden verschieden ist. Der Unterschied zwischen ein- und austretendem Wärmestrom erhöht (oder erniedrigt) die innere Energie in der Scheibe und damit deren Temperatur als Funktion der Zeit. Für ebene Wände mit einem Wärmestrom in Richtung der x-Achse gilt die Fouriersche Wärmeleitgleichung

$$\frac{\partial T}{\partial \tau} = a \frac{\partial^2 T}{\partial x^2} . \qquad (45.12)$$

Bei mehrdimensionaler Wärmeleitung ist

$$\frac{\partial T}{\partial \tau} = a \left(\frac{\partial^2 T}{\partial x^2} + \frac{\partial^2 T}{\partial y^2} + \frac{\partial^2 T}{\partial z^2} \right) . \qquad (45.13)$$

Beide Gleichungen setzen in dieser Form konstante Wärmeleitfähigkeit λ voraus (Isotropie). Die Größe $a = \lambda/(\varrho c)$ ist die *Temperaturleitfähigkeit* (SI-Einheit m²/s), Zahlenwerte Tab. 45.7.

Zur Lösung der Fourierschen Wärmeleitgleichung ist es zweckmäßig, wie bei anderen Problemen der Wärmeübertragung dimensionslose Größen einführen, weil sich dadurch die Zahl der Variablen verringern lässt. Um das Grundsätzliche zu zeigen, wird Gl. (45.12) betrachtet. Gesetzt wird $\Theta = (T - T_c)/(T_0 - T_c)$, worin T_c eine charakteristische konstante Temperatur, T_0 eine Bezugstemperatur ist. Zum Beispiel kann T_c bei der Abkühlung einer Platte von anfänglich konstanter Temperatur T_0 in einer kalten Umgebung die Umgebungstemperatur $T_c = T_u$ bedeuten. Alle Längen bezieht man auf eine charakteristische Länge X, z. B. die halbe Plattendicke. Es ist weiter zweckmäßig, durch $Fo = a\tau/X^2$ eine dimensionslose Zeit einzuführen, die man die *Fourier-Zahl* nennt.

Lösungen der Wärmeleitgleichung sind dann von der Form

$$\Theta = f(x/X, Fo) .$$

In vielen Problemen wird die durch Leitung an die Oberfläche eines Körpers gelangende Wärme durch Konvektion an das umgebende Fluid der Temperatur T_u abgegeben. Es gilt dann die Energiebilanz an der Oberfläche (Index w = Wand)

$$-\lambda \left(\frac{\partial T}{\partial x} \right)_w = \alpha(T_w - T_u)$$

oder

$$\frac{1}{\Theta_w} \left(\frac{\partial \Theta}{\partial \zeta} \right)_w = -\frac{\alpha X}{\lambda}$$

mit $\zeta = x/X$, $\Theta = (T - T_u)/(T_0 - T_u)$ und $\Theta_w = (T_w - T_u)/(T_0 - T_u)$. Die Lösung ist auch eine Funktion der dimensionslosen Größe $\alpha X/\lambda$: Man nennt $\alpha X/\lambda$ die *Biot-Zahl Bi*, in ihr ist λ die als konstant vorausgesetzte Wärmeleitfähigkeit des Körpers und α der Wärmeübergangskoeffizient an das umgebende Fluid. Lösungen der Gl. (45.12) sind von der Form

$$\Theta = f(x/X, Fo, Bi) . \qquad (45.14)$$

Abb. 45.3 Halbunendlicher Körper

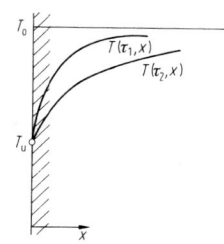

Tab. 45.2 Wärmeeindringkoeffizienten $b = \sqrt{\lambda \varrho c}$ in $\mathrm{Ws}^{\frac{1}{2}}/(\mathrm{m}^2\,\mathrm{K})$

Kupfer	36 000	Sand	1200
Eisen	15 000	Holz	400
Beton	1600	Schaumstoffe	40
Wasser	1400	Gase	6

45.3.1 Der halbunendliche Körper

Die Temperaturänderungen sollen sich in einer im Vergleich zur Größe des Körpers dünnen *Randzone* abspielen. Man nennt einen solchen Körper *halbunendlich*. Betrachtet wird eine halbunendliche ebene Wand (Abb. 45.3) der konstanten Anfangstemperatur T_0. Die Oberflächentemperatur der Wand werde zur Zeit $\tau = 0$ auf $T(x = 0) = T_\mathrm{u}$ abgesenkt und bleibe anschließend konstant. Man erhält für verschiedene Zeiten τ_1, τ_2, ... Temperaturprofile. Sie sind gegeben durch

$$\frac{T - T_\mathrm{u}}{T_0 - T_\mathrm{u}} = f\left(\frac{x}{2\sqrt{a\tau}}\right) \qquad (45.15)$$

mit der Gaußschen Fehlerfunktion $f(x/(2\sqrt{a\tau}))$, Abb. 45.4. Die Wärmestromdichte an der Oberfläche erhält man durch Differentiation $\dot{q} = -\lambda(\partial T/\partial x)_{x=0}$ zu

$$\dot{q} = \frac{b}{\sqrt{\pi\tau}}(T_\mathrm{u} - T_0) \qquad (45.16)$$

mit dem Wärmeeindringkoeffizienten $b = \sqrt{\lambda \varrho c}$ (SI-Einheit $\mathrm{Ws}^{\frac{1}{2}}/(\mathrm{m}^2\,\mathrm{K})$) (Tab. 45.2), der

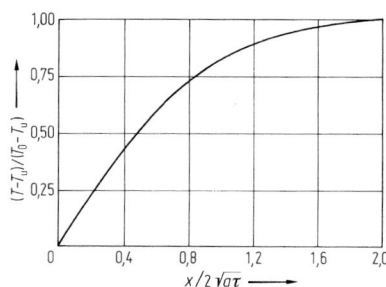

Abb. 45.4 Temperaturverlauf in einem halbunendlichen Körper

ein Maß für die Größe des Wärmestroms ist, der zu einer bestimmten Zeit in den Körper eingedrungen ist, wenn die Oberflächentemperatur plötzlich um einen bestimmten Betrag $T_\mathrm{u} - T_0$ gegenüber der Anfangstemperatur T_0 erhöht wurde.

Beispiel

Bei einem plötzlichen Wetterwechsel fällt die Temperatur an der Erdoberfläche von +5 auf $-5\,°\mathrm{C}$. Wie tief sinkt die Temperatur in 1 m Tiefe nach 20 Tagen? Die Temperaturleitfähigkeit des Erdreichs beträgt $a = 6{,}94 \cdot 10^{-7}\,\mathrm{m}^2/\mathrm{s}$. Nach Gl. (45.15) ist

$$\frac{T - (-5)}{5 - (-5)}$$
$$= f\left(\frac{1}{2(6{,}94 \cdot 10^{-7} \cdot 20 \cdot 24 \cdot 3600)^{\frac{1}{2}}}\right)$$
$$= f(0{,}456)\,.$$

In Abb. 45.4 liest man ab $f(0{,}456) = 0{,}48$. Damit wird $T = -0{,}2\,°\mathrm{C}$. ◀

Endlicher Wärmeübergang an der Oberfläche. Wird an der Oberfläche des Körpers nach Abb. 45.3 Wärme durch Konvektion an die Umgebung übertragen, sodass an der Oberfläche $\dot{q} = -\lambda(\partial T/\partial x) = \alpha(T_\mathrm{w} - T_\mathrm{u})$ gilt, wobei T_u die Umgebungstemperatur und $T_\mathrm{w} = T(x = 0)$ die zeitlich veränderliche Wandtemperatur ist, so gilt Gl. (45.15) nicht mehr, sondern es ist

$$\dot{q} = \frac{b}{\sqrt{\pi\tau}}(T_\mathrm{u} - T_0)\,\Phi(z) \qquad (45.17)$$

mit $\Phi(z) = 1 - \frac{1}{2z^2} + \frac{1 \cdot 3}{2^2 z^4} - \cdots + (-1)^{n-1}\frac{1 \cdot 3 \dots (2n-3)}{2^{n-1} z^{2n-2}}$, worin $z = \alpha\sqrt{a\tau}/\lambda$ ist.

Abb. 45.5 Kontakttemperatur T_m zwischen zwei halbunendlichen Körpern

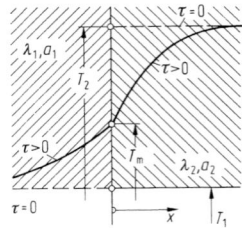

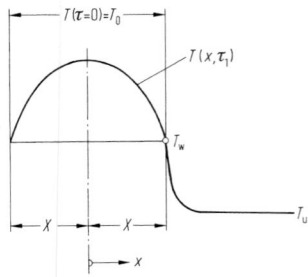

Abb. 45.6 Abkühlung einer ebenen Platte

45.3.2 Zwei halbunendliche Körper in thermischem Kontakt

Zwei halbunendliche Körper verschiedener, aber anfänglich konstanter Temperatur T_1 und T_2 mit den thermischen Eigenschaften λ_1, a_1 und λ_2, a_2 werden zur Zeit $\tau = 0$ plötzlich in Kontakt gebracht, Abb. 45.5. Nach sehr kurzer Zeit stellt sich zu beiden Seiten der Kontaktfläche eine Temperatur T_m ein, die konstant bleibt. Es ist

$$\frac{T_m - T_1}{T_2 - T_1} = \frac{b_2}{b_1 + b_2} \, .$$

Die Kontakttemperatur T_m liegt näher bei der Temperatur des Körpers mit dem größeren Wärmeeindringkoeffizienten b. Durch Messen von T_m kann man einen der Werte b ermitteln, wenn der andere bekannt ist.

45.3.3 Temperaturausgleich in einfachen Körpern

Ein einfacher Körper, worunter man eine Platte, einen Zylinder oder eine Kugel versteht, befinde sich zur Zeit $\tau = 0$ auf einer einheitlichen Temperatur T_0 und werde anschließend für $\tau > 0$ durch Wärmeübertragung an ein den Körper umgebendes Fluid von der Temperatur T_u gemäß der Randbedingung $-\lambda(\partial T / \partial n)_w = \alpha(T_w - T_u)$ abgekühlt oder erwärmt (n sei die Koordinate normal zur Oberfläche des Körpers).

Ebene Platte. Es gelten die Bezeichnungen in Abb. 45.6, in das auch ein Temperaturprofil eingezeichnet ist.

Das Temperaturprofil wird durch eine unendliche Reihe beschrieben, kann aber für $a\tau / X^2 \geqq 0{,}24$ ($a = \lambda / (\varrho c)$ ist die Temperaturleitfähigkeit)

mit einem Fehler in der Temperatur unter 1 % angenähert werden durch

$$\frac{T - T_u}{T_0 - T_u} = C \exp\left(-\delta^2 \frac{a\tau}{X^2}\right) \cos\left(\delta \frac{x}{X}\right) . \tag{45.18}$$

Die Konstanten C und δ hängen gemäß Tab. 45.3 von der Biot-Zahl $Bi = \alpha X / \lambda$ ab.

Die Oberflächentemperatur der Wand T_w erhält man aus Gl. (45.18), indem man $x = X$ setzt. Der Wärmestrom folgt aus $\dot{Q} = -\lambda A(\partial T / \partial x)_{x=X}$.

Zylinder. Anstelle der Ortskoordinate x in Abb. 45.6 tritt die radiale Koordinate r. Der Radius des Zylinders ist R. Das Temperaturprofil wird wieder durch eine unendliche Reihe beschrieben, die sich für $a\tau / R^2 \geq 0{,}21$ mit einem Fehler unter 1 % annähern lässt durch

$$\frac{T - T_u}{T_0 - T_u} = C \exp\left(-\delta^2 \frac{a\tau}{R^2}\right) I_0\left(\delta \frac{r}{R}\right) . \tag{45.19}$$

I_0 ist eine Besselfunktion nullter Ordnung, deren Werte man in Tabellenwerken findet, z. B. [1]. Die Konstanten C und δ hängen gemäß Tab. 45.4 von der Biot-Zahl ab.

Die Oberflächentemperatur der Wand ergibt sich aus Gl. (45.19), wenn man $r = R$ setzt und der Wärmestrom aus $\dot{Q} = -\lambda A(\partial T / \partial r)_{r=R}$. Dabei tritt die Ableitung der Besselfunktion $I_0' = -I_1$ auf. Die Besselfunktion erster Ordnung I_1 ist ebenfalls vertafelt [1].

Kugel. Die Abkühlung oder Erwärmung einer Kugel vom Radius R wird ebenfalls durch eine unendliche Reihe beschrieben. Sie lässt sich für

Tab. 45.3 Konstanten C und δ in Gl. (45.18)

Bi	∞	10	5	2	1	0,5	0,2	0,1	0,01
C	1,2732	1,2620	1,2402	1,1784	1,1191	1,0701	1,0311	1,0161	1,0017
δ	1,5708	1,4289	1,3138	1,0769	0,8603	0,6533	0,4328	0,3111	0,0998

Tab. 45.4 Konstanten C und δ in Gl. (45.19)

Bi	∞	10	5	2	1	0,5	0,2	0,1	0,01
C	1,6020	1,5678	1,5029	1,386	1,2068	1,1141	1,0482	1,0245	1,0025
δ	2,4048	2,1795	1,9898	1,5994	1,2558	0,9408	0,6170	0,4417	0,1412

Tab. 45.5 Konstanten C und δ in Gl. (45.20)

Bi	∞	10	5	2	1	0,5	0,2	0,1	0,01
C	2,0000	1,9249	1,7870	1,4793	1,2732	1,1441	1,0592	1,0298	1,0030
δ	3,1416	2,8363	2,5704	2,0288	1,5708	1,1656	0,7593	0,5423	0,1730

$a\tau/R^2 \geq 0,18$ mit einem Fehler unter 2 % annähern durch

$$\frac{T - T_{\mathrm{u}}}{T_0 - T_{\mathrm{u}}} = C \exp\left(-\delta^2 \frac{at}{R^2}\right) \frac{\sin(\delta r/R)}{\delta r/R} \,. \tag{45.20}$$

Die Konstanten C und δ hängen gemäß Tab. 45.5 von der Biot-Zahl ab.

45.4 Wärmeübergang durch Konvektion

Bei der Wärmeübertragung in strömenden Fluiden tritt zur (molekularen) Wärmeleitung noch der Energietransport durch Konvektion hinzu. Jedes Volumenelement des Fluids ist Träger von innerer Energie, die es durch Strömung weitertransportiert und im vorliegenden Fall des Wärmeübergangs durch Konvektion als Wärme an einen festen Körper überträgt.

Dimensionslose Kenngrößen. Grundlagen für die Darstellung von Vorgängen des konvektiven Übergangs bildet die Ähnlichkeitsmechanik (s. Kap. 18). Sie erlaubt es, die Zahl der Einflussgrössen deutlich zu mindern, und man kann Wärmeübergangsgesetze allgemein für geometrisch ähnliche Körper und die verschiedensten Stoffe einheitlich formulieren. Es sind folgende dimensionslose Kennzahlen von Bedeutung:

Nußelt-Zahl:
$$Nu = \alpha l / \lambda$$

Reynolds-Zahl:
$$Re = w l / \upsilon$$

Prandtl-Zahl:
$$Pr = \upsilon / a$$

Péclet-Zahl:
$$Pe = w l / a = Re\, Pr$$

Grashof-Zahl:
$$Gr = l^3 g \beta \Delta T / \upsilon^2$$

Stanton-Zahl:
$$St = \alpha / (\varrho w c_{\mathrm{p}}) = Nu / (Re\, Pr)$$

geometrische Kenngrößen:
$$l_n / l; \quad n = 1, 2, \ldots$$

Es bedeuten: λ Wärmeleitfähigkeit des Fluids, l eine charakteristische Abmessung des Strömungsraums l_1, l_2, $\ldots$, υ die kinematische Viskosität des Fluids, ϱ seine Dichte, $a = \lambda/(\varrho c_{\mathrm{p}})$ seine Temperaturleitfähigkeit, c_{p} die spez. Wärmekapazität des Fluids bei konstantem Druck, g die Fallbeschleunigung, $\Delta T = T_{\mathrm{w}} - T_{\mathrm{f}}$ die Differenz zwischen Wandtemperatur T_{w} eines gekühlten oder erwärmten Körpers und T_{f} der mittleren Temperatur des an ihm entlang strömenden Fluids, β der thermische Ausdehnungskoeffizient bei Wandtemperatur, mit $\beta = 1/T_{\mathrm{w}}$ bei idealen Gasen. Die Prandtl-Zahl ist ein Stoffwert (s. Tab. 45.7).

Man unterscheidet erzwungene und freie Konvektion. Bei der erzwungenen Konvektion wird die Strömung des Fluids durch äußere Kräfte hervorgerufen, z. B. durch eine Druckerhöhung in einer Pumpe.

Bei der freien Konvektion wird die Strömung des Fluids durch Dichteunterschiede in einem Schwerefeld hervorgerufen, die im Allgemeinen durch Temperaturunterschiede, seltener durch Druckunterschiede, entstehen. Bei Gemischen werden Dichteunterschiede auch durch Konzentrationsunterschiede hervorgerufen. Der Wärmeübergang bei erzwungener Konvektion wird durch Gleichungen der Form

$$Nu = f_1(Re, Pr, l_n/l) \qquad (45.21)$$

und der bei freier Konvektion durch

$$Nu = f_2(Gr, Pr, l_n/l) \qquad (45.22)$$

beschrieben. Den gesuchten Wärmeübergangskoeffizienten erhält man aus der Nußelt-Zahl zu $\alpha = Nu\lambda/l$. Die Funktionen f_1 und f_2 kann man nur in seltenen Fällen theoretisch ermitteln, sie müssen i. Allg. durch Experimente bestimmt werden und hängen von der Form der Heiz- und Kühlfläche (eben oder gewölbt; glatt, rau oder berippt), der Strömungsführung und, in wenn auch meistens geringem Umfang, von der Richtung des Wärmestroms (Erwärmung oder Kühlung des strömenden Fluids) ab.

45.4.1 Wärmeübergang ohne Phasenumwandlung

Erzwungene Konvektion

Längsangeströmte ebene Platte bei Laminarströmung. Für die mittlere Nußelt-Zahl einer Platte der Länge l gilt nach Pohlhausen

$$Nu = 0{,}664\,Re^{1/2}Pr^{1/3} \qquad (45.23)$$

mit $Nu = \alpha l/\lambda$, $Re = wl/\upsilon < 10^5$ und $0{,}6 \leq Pr \leq 2000$. Die Stoffwerte sind bei mittlerer Fluidtemperatur $T_m = (T_w + T_\infty)/2$ einzusetzen.

T_w ist die Wandtemperatur, T_∞ die Temperatur in großer Entfernung von der Wand.

Längsangeströmte ebene Platte bei turbulenter Strömung. Etwa von $Re = 5 \cdot 10^5$ an wird die Grenzschicht turbulent. Die mittlere Nußelt-Zahl einer Platte der Länge l ist

$$Nu = \frac{0{,}037\,Re^{0{,}8}Pr}{1 + 2{,}443\,Re^{-0{,}1}(Pr^{2/3} - 1)} \qquad (45.24)$$

mit $Nu = \alpha l/\lambda$, $Re = wl/\upsilon$, $5 \cdot 10^5 < Re < 10^7$ und $0{,}6 \leq Pr \leq 2000$. Die Stoffwerte sind bei mittlerer Fluidtemperatur $T_m = (T_w + T_\infty)/2$ zu bilden. T_w ist die Wandtemperatur, T_∞ die Temperatur in großer Entfernung von der Wand.

Wärmeübergang bei der Strömung durch Rohre (Allgemeines). Unterhalb einer Reynolds-Zahl $Re = 2300$ ($Re = wd/\upsilon$, w ist die mittlere Geschwindigkeit in einem Querschnitt, d der Rohrdurchmesser) ist die Strömung stets laminar, oberhalb von $Re = 10^4$ ist sie turbulent. Im Bereich $2300 < Re < 10^4$ hängt es von der Rauigkeit, der Art der Zuströmung und der Form des Rohreinlaufs ab, ob die Strömung laminar oder turbulent ist. Der mittlere Wärmeübergangskoeffizient α über die Rohrlänge l ist definiert durch $\dot{q} = \alpha\,\Delta\vartheta$, mit der mittleren logarithmischen Temperaturdifferenz

$$\Delta\vartheta = \frac{(T_w - T_E) - (T_w - T_A)}{\ln\frac{T_w - T_E}{T_w - T_A}} . \qquad (45.25)$$

T_w ist die Wandtemperatur, T_E die Temperatur im Eintritts- und T_A die im Austrittsquerschnitt.

Wärmeübergang bei laminarer Strömung durch Rohre. Eine Strömung heißt hydrodynamisch ausgebildet, wenn sich das Geschwindigkeitsprofil mit dem Strömungsweg nicht mehr ändert. In der Laminarströmung eines Fluids hoher Viskosität stellt sich schon nach kurzem Strömungsweg als Geschwindigkeitsprofil eine Poiseuillesche Parabel ein. Die mittlere Nußelt-Zahl bei konstanter Wandtemperatur lässt sich exakt durch eine unendliche Reihe berechnen (Graetz-Lösung), die jedoch schlecht konvergiert. Als

Näherungslösung für die hydrodynamisch ausgebildete Laminarströmung gilt nach *Stephan*

$$Nu_0 = \frac{3{,}657}{\tanh(2{,}264\,X^{1/3} + 1{,}7\,X^{2/3})} + \frac{0{,}0499}{X}\tanh X \ . \quad (45.26)$$

Mit $Nu_0 = \alpha_0 d/\lambda$, $X = l/(d\,Re\,Pr)$, $Re = wd/\upsilon$, $Pr = \upsilon/a$. Die Gleichung gilt für laminare Strömung $Re \le 2300$ im gesamten Bereich $0 \le X \le \infty$; die größte Abweichung von den exakten Werten der Nußelt-Zahl beträgt 1 %. Die Stoffwerte sind bei der mittleren Fluidtemperatur $T_m = (T_w + T_B)/2$ einzusetzen mit $T_B = (T_E + T_A)/2$.

Tritt ein Fluid mit annähernd konstanter Geschwindigkeit in ein Rohr ein, so ändert sich das Geschwindigkeitsprofil mit dem Strömungsweg, bis es nach einer Lauflänge von $l/(d\,Re) = 5{,}75 \cdot 10^{-2}$ in die Poiseuillesche Parabel übergeht. Für diesen Fall einer *hydrodynamisch nicht ausgebildeten Laminarströmung* gilt nach *Stephan* im Bereich $0{,}1 \le Pr \le \infty$:

$$\frac{Nu}{Nu_0} = \frac{1}{\tanh(2{,}43 Pr^{1/6} X^{1/6})} \quad (45.27)$$

mit $Nu = \alpha d/\lambda$ und den oben bereits definierten Größen. Der Fehler beträgt für $1 \le Pr \le \infty$ weniger als 5 % und für $0{,}1 \le Pr < 1$ bis zu 10 %. Die Stoffwerte sind bei der mittleren Fluidtemperatur $T_m = (T_w + T_B)/2$ mit $T_B = (T_E + T_A)/2$ einzusetzen.

Wärmeübergang bei turbulenter Strömung durch Rohre. Für eine hydrodynamisch ausgebildete Strömung $l/d \ge 60$ gilt im Bereich $10^4 \le Re \le 10^5$ und $0{,}5 < Pr < 100$ die Gleichung von *McAdams*

$$Nu = 0{,}024\,Re^{0{,}8}Pr^{1/3} \ . \quad (45.28)$$

Die Stoffwerte sind bei der mittleren Temperatur $T_m = (T_w + T_B)/2$ mit $T_B = (T_E + T_A)/2$ einzusetzen. Für die hydrodynamisch nicht ausgebildete und die ausgebildete Strömung gilt im Bereich $10^4 \le Re \le 10^6$ und $0{,}6 \le Pr \le 1000$

die von *Gnielinski* modifizierte Gleichung von *Petukhov*

$$Nu = \frac{Re\,Pr\,\zeta/8}{1 + 12{,}7\sqrt{\zeta/8}(Pr^{2/3} - 1)} \cdot \left(1 + \left(\frac{d}{l}\right)^{2/3}\right) \quad (45.29)$$

mit dem Widerstandsbeiwert $\zeta = (0{,}79\,\ln Re - 1{,}64)^{-2}$. Es ist $Nu = \alpha d/\lambda$, $Re = wd/\upsilon$. Die Stoffwerte sind bei der mittleren Temperatur $T_m = (T_E + T_A)/2$ zu bilden.

In *Rohrkrümmern* sind unter sonst gleichen Bedingungen Wärmeübergangskoeffizienten größer als in geraden Rohren von gleichem Strömungsquerschnitt. Für einen Rohrbogen mit dem Krümmungsdurchmesser D gilt nach *Hausen* bei turbulenter Strömung

$$\alpha = \alpha_{\text{gerade}}(1 + (21/Re^{0{,}14})(d/D)) \ . \quad (45.30)$$

Wärmeübergang an ein quer angeströmtes Einzelrohr. Für ein quer angeströmtes Einzelrohr erhält man mittlere Wärmeübergangskoeffizienten aus der Gleichung von *Gnielinski*

$$Nu = 0{,}3 + \left(Nu_l^2 + Nu_t^2\right)^{1/2} \quad (45.31)$$

mit der Nußelt-Zahl Nu_l der laminaren Plattenströmung nach Gl. (45.23) und Nu_t der turbulenten Plattenströmung nach Gl. (45.24). Es ist $Nu = \alpha l/\lambda$, $1 < Re = wl/\upsilon < 10^7$ und $0{,}6 < Pr < 1000$. Als Länge l hat man die überströmte Länge $l = d\pi/2$ einzusetzen. Die Stoffwerte sind bei der Mitteltemperatur $T_m = (T_E + T_A)/2$ zu bilden. Die Gleichung gilt für einen bei technischen Anwendungen zu erwartenden mittleren Turbulenzgrad der Anströmung von 6 bis 10 %.

Wärmeübergang an eine quer angeströmte Rohrreihe. Für eine quer angeströmte einzelne Rohrreihe (Abb. 45.7) gilt wiederum Gl. (45.31). Die Reynolds-Zahl ist jedoch mit der mittleren Geschwindigkeit w_m in der quer angeströmten Rohrreihe zu bilden. Es ist jetzt $Re = w_m l/\upsilon$ mit $w_m = w/\psi$, worin w die Anströmgeschwindigkeit der Rohrreihe und $\psi = 1 - \pi/4a$ der Hohlraumanteil ist mit $a = s_1/d$ (Abb. 45.7).

45

Abb. 45.7 Querangeströmte Rohrreihe

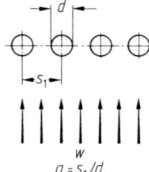

Wärmeübergang an ein Rohrbündel. Bei fluchtender Anordnung liegen die Achsen aller Rohre in Strömungsrichtung hintereinander, bei versetzter Anordnung sind die Achsen einer Rohrreihe gegenüber der davorliegenden Reihe verschoben, Abb. 45.8. Der Wärmeübergang hängt zusätzlich von Quer- und Längsteilung der Rohre $a = s_1/d$ und $b = s_2/d$ ab. Zur Ermittlung des Wärmeübergangskoeffizienten berechnet man zunächst die Nußelt-Zahl am quer angeströmten Einzelrohr nach Gl. (45.31), in der die Reynolds-Zahl mit der mittleren Geschwindigkeit w_m im quer angeströmten Rohrbündel zu bilden ist, $Re = w_m l/v$ mit $w_m = w/\psi$, worin w die Anströmgeschwindigkeit der Rohrreihe und ψ der Hohlraumanteil $\psi = 1 - \pi/(4\,a)$ für $b > 1$ und $\psi = 1 - \pi/(4\,ab)$ für $b < 1$ ist. Die so berechnete Nußelt-Zahl Nu hat man mit einem Anordnungsfaktor f_A zu multiplizieren. Man erhält dann die Nußelt-Zahl $Nu_B = \alpha_B l/\lambda$ (mit $l = d\pi/2$) des Bündels

$$Nu_B = f_A Nu\,. \tag{45.32}$$

Bei fluchtender Anordnung ist

$$f_A = 1 + 0{,}7(b/a - 0{,}3)/(\psi^{3/2}(b/a + 0{,}7)^2) \tag{45.33}$$

und bei versetzter Anordnung

$$f_A = 1 + 2/(3\,b)\,. \tag{45.34}$$

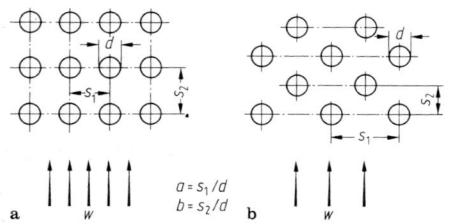

Abb. 45.8 Anordnung von Rohren in Rohrbündeln. **a** fluchtende Rohranordnung; **b** versetzte Rohranordnung

Die Wärmestromdichte ist $\dot{q} = \alpha \Delta \vartheta$ mit $\Delta \vartheta$ nach Gl. (45.25). Die Gln. (45.33) und (45.34) gelten für Rohrbündel aus 10 und mehr Rohrreihen. In Austauschern mit weniger Rohrreihen ist der Wärmeübergangskoeffizient (Gl. (45.32)) noch mit einem Faktor $(1 + (n-1)\,f_A)/n$ zu multiplizieren, wobei n die Anzahl der Rohrreihen bedeutet.

Freie Konvektion

Der Wärmeübergangskoeffizient an einer senkrechten Wand berechnet sich aus der Gleichung von *Churchill* und *Chu* zu

$$Nu = \left[0{,}825 + 0{,}387 Ra^{1/6}\Big/ \left(1 + (0{,}492/Pr)^{9/16}\right)^{8/27}\right]^2, \tag{45.35}$$

in der die mittlere Nußelt-Zahl $Nu = \alpha l/\lambda$ mit der Plattenhöhe l gebildet ist und die Rayleigh-Zahl definiert ist durch $Ra = GrPr$ mit der Grashof-Zahl

$$Gr = \frac{gl^3}{v^2} \frac{\varrho_\infty - \varrho_w}{\varrho_w}$$

und der Prandtl-Zahl $Pr = v/a$.

Wird die freie Konvektion nur durch Temperaturunterschiede hervorgerufen, so lässt sich die Grashof-Zahl schreiben

$$Gr = \frac{gl^3}{v^2}\beta(T_w - T_\infty)\,,$$

β ist der thermische Ausdehnungskoeffizient. Er ist bei idealen Gasen $\beta = 1/T_w$.

Die Gl. (45.35) gilt im Bereich $0 < Pr < \infty$ und $0 < Ra < 10^{12}$. Die Stoffwerte sind mit der Mitteltemperatur $T_m = (T_w + T_\infty)/2$ zu bilden. Eine ähnliche Gleichung gilt nach VDI-Wärmeatlas auch für die freie Konvektion um *waagrechte Zylinder*

$$Nu = \left[0{,}60 + 0{,}387 Ra^{1/6}\Big/ \left(1 + (0{,}559/Pr)^{9/16}\right)^{8/27}\right]^2. \tag{45.36}$$

Es gelten die Definitionen wie zu Gl. (45.35), die charakteristische Länge ist $l = d$ und der Gültigkeitsbereich ist $0 < Pr < \infty$ und $10^{-6} \leq Ra \leq 10^{12}$.

Für *waagrechte Rechteckplatten* gilt für $0 < Pr < \infty$

$$Nu = 0{,}766 \cdot (Ra \cdot f_2)^{1/5}$$

$$\text{falls} \quad Ra \cdot f_2 < 7 \cdot 10^4 \qquad (45.37)$$

und

$$Nu = 0{,}15(Ra \cdot f_2)^{1/3}$$

$$\text{falls} \quad Ra \cdot f_2 > 7 \cdot 10^4 \qquad (45.38)$$

mit $f_2 = [1 + (0{,}322/Pr)^{11/20}]^{-20/11}$, wobei $Nu = \alpha l / \lambda$, wenn l die kürzere Rechteckseite ist.

45.4.2 Wärmeübergang beim Kondensieren und beim Sieden

Kondensation. Ist die Temperatur einer Wandoberfläche niedriger als die Sättigungstemperatur von angrenzendem Dampf, so wird Dampf an der Wandoberfläche verflüssigt. Kondensat kann sich je nach Benetzungseigenschaften entweder in Form von Tropfen oder als geschlossener Flüssigkeitsfilm bilden. Bei *Tropfenkondensation* treten i. Allg. größere Wärmeübergangskoeffizienten auf als bei *Filmkondensation*. Tropfenkondensation lässt sich aber nur unter besonderen Vorkehrungen wie Anwendung von Entnetzungsmitteln über eine bestimmte Zeit aufrechterhalten und tritt daher nur selten auf.

Filmkondensation. Läuft das Kondensat als laminarer Film an einer *senkrechten Wand* der Höhe l ab, so ist der mittlere Wärmeübergangskoeffizient α gegeben durch

$$\alpha = 0{,}943 \left(\frac{\varrho g r \lambda^3}{\upsilon(T_S - T_w)} \frac{1}{l} \right)^{1/4} . \qquad (45.39)$$

Für die Kondensation an *waagrechten Einzelrohren* vom Außendurchmesser d gilt

$$\alpha = 0{,}728 \left(\frac{\varrho g r \lambda^3}{\upsilon(T_S - T_w)} \frac{1}{d} \right)^{1/4} . \qquad (45.40)$$

Die Gleichungen setzen voraus, dass vom Dampf keine merkliche Schubspannung auf den Kondensatfilm ausgeübt wird.

Bei Reynolds-Zahlen $Re_\delta = w_m \delta / \upsilon$ (w_m mittlere Geschwindigkeit des Kondensats, δ Filmdicke, υ kinematische Viskosität) zwischen 75 und 1200 erfolgt allmählich der Übergang zu turbulenter Strömung im Kondensatfilm. Im Übergangsgebiet ist

$$\alpha = 0{,}22 \lambda / (\upsilon^2 / g)^{1/3} , \qquad (45.41)$$

während bei turbulenter Filmströmung $Re_\delta > 1200$ nach *Grigull* folgende Beziehung gilt

$$\alpha = 0{,}003 \left(\frac{\lambda^3 g (T_S - T_w)}{\varrho \upsilon^3 r} l \right)^{1/2} . \qquad (45.42)$$

Die Gln. (45.41) und (45.42) gelten auch für senkrechte Rohre und Platten, nicht aber für waagrechte Rohre.

Verdampfung. Erhitzt man eine Flüssigkeit in einem Gefäß, so setzt nach Überschreiten der Siedetemperatur T_S Verdampfung ein. Bei kleinen Übertemperaturen $T_w - T_S$ der Wand verdampft die Flüssigkeit nur an ihrer freien Oberfläche (*stilles Sieden*). Wärme wird durch Auftriebsströmung von der Heizfläche an die Flüssigkeitsoberfläche transportiert. Bei größeren Übertemperaturen $T_w - T_S$ bilden sich an der Heizfläche Dampfblasen (*Blasensieden*) und steigen auf. Sie erhöhen die Flüssigkeitsbewegung und damit den Wärmeübergang. Mit zunehmender Übertemperatur schließen sich die Blasen immer mehr zu einem Dampffilm zusammen, wodurch der Wärmeübergang wieder vermindert wird (*Übergangssieden*), bei ausreichend großen Übertemperaturen steigt er wieder an (*Filmsieden*). Abb. 45.9 zeigt die verschiedenen Wärmeübergangsbereiche. Der Wärmeübergangskoeffizient α ist definiert durch

$$\alpha = \dot{q} / (T_w - T_S) ,$$

mit $\dot{q}$ Wärmestromdichte in W/m^2.

Technische Verdampfer arbeiten im Bereich des stillen Siedens oder häufiger noch in dem

45

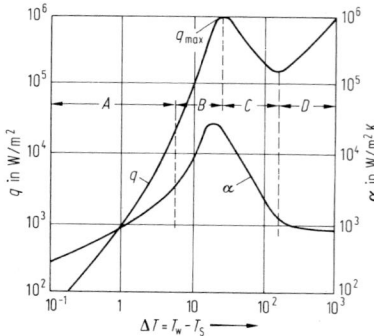

Abb. 45.9 Bereiche des Siedens für Wasser von 1 bar. *A* freie Konvektion (Stilles Sieden), *B* Blasensieden, *C* Übergangssieden, *D* Filmsieden

des Blasensiedens. Im Bereich des stillen Siedens gelten die Gesetze des Wärmeübergangs bei freier Konvektion, Gln. (45.35) und (45.36). Im Bereich des Blasensiedens ist

$$\alpha = c\dot{q}^n F(p) \quad \text{mit} \quad 0,5 < n < 0,8 .$$

Für Wasser gilt bei Siededrücken zwischen 0,5 und 20 bar nach *Fritz*

$$\alpha = 1,95\dot{q}^{0,72} p^{0,24} , \tag{45.43}$$

mit α in $W/(m^2\,K)$, $\dot{q}$ in W/m^2 und p in bar.

Für beliebige Flüssigkeiten gilt bei Blasenverdampfung in der Nähe des Umgebungsdrucks nach *Stephan* und *Preußer*

$$Nu = 0,0871 \left(\frac{\dot{q}d}{\lambda'T_S}\right)^{0,674} \left(\frac{\varrho''}{\varrho'}\right)^{0,156}$$
$$\cdot \left(\frac{rd^2}{a'^2}\right)^{0,371} \left(\frac{a'^2\varrho'}{\sigma d}\right)^{0,350} (Pr')^{0,162} \tag{45.44}$$

$Nu = \alpha d/\lambda'$ ist der Abreißdurchmesser der Dampfblasen, $d = 0,0149\,\beta_0[2\sigma/g(\varrho' - \varrho'')]^{1/2}$ mit dem Randwinkel $\beta_0 = 45°$ für Wasser, 1° für tiefsiedende und 35° für andere Flüssigkeiten, zu bilden. Mit $'$ bezeichnete Größen beziehen sich auf siedende Flüssigkeit, mit $''$ bezeichnete auf gesättigten Dampf. Die vorstehenden Gleichungen gelten nicht mehr beim Sieden in erzwungener Strömung.

45.5 Wärmeübertragung durch Strahlung

Außer durch direkten Kontakt kann Wärme auch durch Strahlung übertragen werden. Die thermische Strahlung (Wärmestrahlung) besteht aus einem Spektrum elektromagnetischer Wellen im Wellenlängenbereich zwischen 0,76 und 360 µm und unterscheidet sich vom sichtbaren Licht, dessen Wellenlängenbereich zwischen 0,36 und 0,78 µm liegt, durch ihre größere Wellenlänge.

Trifft ein Wärmestrom $\dot{Q}$ durch Strahlung auf einen Körper, so wird ein Bruchteil $r\dot{Q}$ reflektiert, ein anderer Teil $a\dot{Q}$ absorbiert und ein Teil $d\dot{Q}$ hindurchgelassen, wobei $r + d + a = 1$ ist. Einen Körper, der alle Strahlung reflektiert ($r = 1$, $d = a = 0$) nennt man einen *idealen Spiegel*, ein Körper, der alle auftreffende Strahlung absorbiert ($a = 1$, $r = d = 0$) heißt *schwarzer Körper*. Ein Körper heißt *diatherman* ($d = 1$, $r = a = 0$), wenn er alle Strahlung durchlässt. Beispiele dafür sind Gase wie O_2, N_2 und andere.

45.5.1 Gesetz von Stefan-Boltzmann

Jeder Körper sendet entsprechend seiner Temperatur *Strahlung* aus. Den möglichen Höchstbetrag an Strahlung emittiert ein schwarzer Körper. Man kann ihn versuchstechnisch annähern durch eine geschwärzte, z. B. berußte Oberfläche oder durch einen Hohlraum, dessen Wände überall gleiche Temperatur haben, und in dem man eine kleine Öffnung zum Austritt der Strahlung anbringt. Die von einem schwarzen Körper je Flächeneinheit emittierte Gesamtstrahlung ist gegeben durch

$$\dot{e}_S = \sigma T^4 . \tag{45.45}$$

$\dot{e}_S$ nennt man *Emission* (W/m^2) des schwarzen Strahlers, $\sigma = 5,67 \cdot 10^{-8}\,W/(m^2\,K^4)$ ist der *Strahlungskoeffizient*, auch Stefan-Boltzmann-Konstante genannt.

Die Emission $\dot{e}_S$ ist eine Energiestromdichte und damit gleich der Wärmestromdichte $\dot{q}_S = d\dot{Q}/dA$, die ein schwarzer Strahler emittiert.

Ist $\dot{e}_n$ die Emission in Normalrichtung, $\dot{e}_\varphi$ die in der Richtung φ gegen die Normale, so gilt für schwarze Strahler das *Lambertsche Cosinusgesetz* $\dot{e}_\varphi = \dot{e}_n \cos\varphi$.

Die Strahlung wirklicher Körper weicht häufig hiervon ab.

45.5.2 Kirchhoffsches Gesetz

Wirkliche Körper emittieren weniger als *schwarze Strahler*. Die von ihnen emittierte Energie ist

$$\dot{e} = \varepsilon\, \dot{e}_S = \varepsilon\, \sigma\, T^4 ,\qquad (45.46)$$

worin $\varepsilon \leq 1$ die i. Allg. von der Temperatur abhängige Emissionszahl ist (s. Tab. 45.8). In begrenzten Temperaturbereichen lassen sich viele technische Oberflächen (mit Ausnahme blanker Metallflächen) als *graue Strahler* ansehen. Bei ihnen ist die gestrahlte Energie in gleicher Weise auf die Wellenlängen verteilt wie bei einem schwarzen Strahler, sie ist nur gegenüber diesem um den Faktor $\varepsilon < 1$ verkleinert. Streng genommen ist für graue Strahler $\varepsilon = \varepsilon(T)$, in kleinen Temperaturbereichen darf man jedoch ε konstant setzen. Trifft die von der Flächeneinheit eines Strahlungssenders der Temperatur T emittierte Energie mit einer Energiestromdichte $\dot{e}$ auf einen Körper der Temperatur T' und der Oberfläche dA, so wird von diesem der Energie- bzw. Wärmestrom

$$d\dot{Q} = a\dot{e}\,dA \qquad (45.47)$$

absorbiert. Die durch diese Gleichung definierte *Absorptionszahl* ist von der Temperatur T des Strahlungssenders und der Temperatur T' des Strahlungsempfängers abhängig. Für schwarze Körper ist $a=1$, da sie alle auftreffende Strahlung absorbieren, für nicht schwarze Oberflächen ist $a < 1$. Für graue Strahler ist $a = \varepsilon$. Nach dem Kirchhoffschen Gesetz ist für jede Oberfläche, die mit ihrer Umgebung im thermischen Gleichgewicht steht, sodass die Temperatur der Oberfläche sich zeitlich nicht ändert, die *Emissionszahl* gleich der Absorptionszahl, $\varepsilon = a$.

45.5.3 Wärmeaustausch durch Strahlung

Zwischen zwei parallelen im Vergleich zu ihrem Abstand sehr großen schwarzen Flächen der Größe A und der Temperaturen T_1 und T_2 wird durch Strahlung ein Wärmestrom

$$\dot{Q}_{12} = \sigma A \left(T_1^4 - T_2^4\right) \qquad (45.48)$$

übertragen. Zwischen grauen Strahlern mit den Emissionszahlen ε_1 und ε_2 wird ein Wärmestrom

$$\dot{Q}_{12} = C_{12} A \left(T_1^4 - T_2^4\right) \qquad (45.49)$$

mit der *Strahlungsaustauschzahl*

$$C_{12} = \sigma \left/ \left(\frac{1}{\varepsilon_1} + \frac{1}{\varepsilon_2} - 1\right)\right. . \qquad (45.50)$$

übertragen.

Zwischen einem Innenrohr mit der äußeren Oberfläche A_1 und einem Mantelrohr mit der inneren Oberfläche A_2, die beide graue Strahler sind mit den Emissionszahlen ε_1 und ε_2, fließt ebenfalls ein Wärmestrom nach Gl. (45.49), jedoch ist jetzt

$$C_{12} = \sigma \left/ \left(\frac{1}{\varepsilon_1} + \frac{A_1}{A_2}\left(\frac{1}{\varepsilon_2} - 1\right)\right)\right. . \qquad (45.51)$$

Wenn $A_1 \ll A_2$ ist, z. B. bei einer Rohrleitung in einem großen Raum, ist $C_{12} = \sigma\varepsilon_1$.

Zwischen zwei beliebig im Raum angeordneten Flächen mit den Temperaturen T_1, T_2 und den Emissionszahlen ε_1, ε_2 wird ein Wärmestrom

$$\dot{Q}_{12} = \frac{\varepsilon_1\varepsilon_2\varphi_{12}}{1 - (1-\varepsilon_1)(1-\varepsilon_2)\varphi_{12}\varphi_{21}} \cdot \sigma A_1 \left(T_1^4 - T_2^4\right) \qquad (45.52)$$

übertragen, wobei φ_{12} und φ_{21} die von der geometrischen Anordnung der Flächen abhängigen Einstrahlzahlen (auch Sichtfaktoren genannt) sind. Werte hierzu in [2].

45.5.4 Gasstrahlung

Die meisten Gase sind für thermische Strahlung durchlässig, sie emittieren und absorbieren keine Strahlung. Ausnahmen sind einige Gase wie Kohlendioxid, Kohlenmonoxid, Kohlenwasserstoffe, Wasserdampf, Schwefeldioxid, Ammoniak, Salzsäure und Alkohole. Sie emittieren und absorbieren Strahlung nur in bestimmten Wellenlängenbereichen. Emissions- und Absorptionszahl dieser Gase hängen nicht nur von der Temperatur, sondern auch von der geometrischen Gestalt des Gaskörpers ab.

Tabellen zu Kap. 45

Tab. 45.6 Wärmeleitfähigkeiten λ in W/(Km)

Feste Körper bei 20 °C			
Silber	458		
Kupfer, rein	393		
Kupfer, Handelsware	350...370		
Gold, rein	314		
Aluminium (99,5 %)	221		
Magnesium	171		
Messing	80...120		
Platin, rein	71		
Nickel	58,5		
Eisen	67		
Grauguss	42...63		
Stahl 0,2 % C	50		
Stahl 0,6 % C	46		
Konstantan, 55 % Cu, 45 % Ni	40		
V2A, 18 % Cr, 8 % Ni	21		
Monelmetall 67 % Ni, 28 % Cu, 5 % Fe+Mn+Si+C	25		
Manganin	22,5		
Graphit, mit Dichte und Reinheit steigend	12...175		
Steinkohle, natürlich	0,25...0,28		
Gesteine, verschiedene	1...5		
Quarzglas	1,4...1,9		
Beton, Stahlbeton	0,3...1,5		
Feuerfeste Steine	0,5...1,7		
Glas (2500)[a]	0,81		
Eis, bei 0 °C	2,2		
Erdreich, lehmig feucht	2,33		
Erdreich, trocken	0,53		
Quarzsand, trocken	0,3		
Ziegelmauerwerk, trocken	0,25...0,55		
Ziegelmauerwerk, feucht	0,4...1,6		

Tab. 45.6   (Fortsetzung)

Isolierstoffe bei 20 °C		
Alfol	0,03	
Asbest	0,08	
Asbestplatten	0,12...0,16	
Glaswolle	0,04	
Korkplatten (150)[a]	0,05	
Kieselgursteine, gebrannt	0,08...0,13	
Schlackenwolle, Steinwollmatten (120)[a]	0,035	
Schlackenwolle, gestopft (250)[a]	0,045	
Kunstharz – Schaumstoffe (15)[a]	0,035	
Seide (100)[a]	0,055	
Torfplatten, lufttrocken	0,04...0,09	
Wolle	0,04	
Flüssigkeiten		
Wasser[b] von 1 bar bei 0 °C	0,562	
20 °C	0,5996	
50 °C	0,6405	
80 °C	0,6668	
Sättigungszustand: 99,606 °C	0,6776	
Kohlendioxid 0 °C	0,111	
20 °C	0,087	
Schmieröle	0,12...0,18	
Gase bei 1 bar und bei der Temperatur ϑ in °C		
Wasserstoff	$\lambda = 0,171(1 + 0,0034\vartheta)$	$-100\,°C \leqq \vartheta \leqq 1000\,°C$
Luft	$\lambda = 0,0245(1 + 0,00225\vartheta)$	$0\,°C \leqq \vartheta \leqq 1000\,°C$
Kohlendioxid	$\lambda = 0,01464(1 + 0,005\vartheta)$	$0\,°C \leqq \vartheta \leqq 1000\,°C$

[a] In Klammern Dichte in kg/m^3
[b] Nach Schmidt, E.: Properties of water and steam in SI-units. 3. Aufl. Grigull, U. (Hrsg.) Berlin: Springer 1982.

45

Tab. 45.7 Stoffwerte von Flüssigkeiten, Gasen und Feststoffen

	ϑ [°C]	ϱ [kg/m^3]	c_p [J/(kg K)]	λ [W/(Km)]	$a \cdot 10^6$ [m^2/s]	$\eta \cdot 10^6$ [Pa·s]	Pr
Flüssigkeiten und Gase bei einem Druck von 1 bar							
Quecksilber	20	13 600	139	8000	4,2	1550	0,027
Natrium	100	927	1390	8600	67	710	0,0114
Blei	400	10 600	147	15 100	9,7	2100	0,02
Wasser	0	999,8	4217	0,562	0,133	1791,8	13,44
	5	1000	4202	0,572	0,136	519,6	11,16
	20	998,3	4183	0,5996	0,144	1002,6	6,99
	99,3	958,4	4215	0,6773	0,168	283,3	1,76
Thermalöl S	20	887	1000	0,133	0,0833	426	576
	80	835	2100	0,128	0,073	26,7	43,9
	150	822	2160	0,126	0,071	18,08	31
Luft	−20	1,3765	1006	0,02301	16,6	16,15	0,71
	0	1,2754	1006	0,02454	19,0	17,2	0,7
	20	1,1881	1007	0,02603	21,8	17,98	0,7
	100	0,9329	1012	0,03181	33,7	21,6	0,69
	200	0,7356	1026	0,03891	51,6	25,7	0,68
	300	0,6072	1046	0,04591	69,9	29,8	0,70
	400	0,5170	1069	0,05257	90,9	32,55	0,70
Wasserdampf	100	0,5895	2077	0,02478	20,7	12,28	1,01
	300	0,379	2011	0,04349	57,1	20,29	0,938
	500	0,2805	2134	0,06698	111,9	28,58	0,911
Feststoffe							
Aluminium 99,99 %	20	2700	945	238	93,4		
verg. V2A-Stahl	20	8000	477	15	3,93		
Blei	20	11 340	131	35,3	23,8		
Chrom	20	6900	457	69,1	21,9		
Gold (rein)	20	19 290	128	295	119		
UO$_2$	600	1100	313	4,18	1,21		
UO$_2$	1000	10 960	326	3,05	0,854		
UO$_2$	1400	1090	339	2,3	0,622		
Kiesbeton	20	2200	879	1,28	0,662		
Verputz	20	1690	800	0,79	0,58		
Tanne, radial	20	410	2700	0,14	0,13		
Korkplatten	30	190	1880	0,041	0,11		
Glaswolle	0	200	660	0,037	0,28		
Erdreich	20	2040	1840	0,59	0,16		
Quarz	20	2300	780	1,4	0,78		
Marmor	20	2600	810	2,8	1,35		
Schamotte	20	1850	840	0,85	0,52		
Wolle	20	100	1720	0,036	0,21		
Steinkohle	20	1350	1260	0,26	0,16		
Schnee (fest)	0	560	2100	0,46	0,39		
Eis	0	917	2040	2,25	1,2		
Zucker	0	1600	1250	0,58	0,29		
Graphit	20	2250	610	155	1,14		

Tab. 45.8 Emissionszahl ε bei der Temperatur t

Stoff	Oberfläche	t [°C]	ε
Dachpappe	–	21	0,91
Eichenholz	gehobelt	21	0,89
Emaillelack	schneeweiß	24	0,91
Glas	glatt	22	0,94
Kalkmörtel	rau, weiß	21…83	0,93
Marmor	hellgrau, poliert	22	0,93
Porzellan	glasiert	22	0,92
Ruß	glatt	–	0,93
Schamottsteine	glasiert	1000	0,75
Spirituslack	schwarz, glänzend	25	0,82
Ziegelsteine	rot, rau	22	0,93…0,95
Wasser	senkrechte Strahlung	–	0,96
Öl	in dicker Schicht	–	0,82
Ölanstrich	–	–	0,78
Aluminium	roh	26	0,071…0,087
Aluminium	poliert	20	0,045
Blei	poliert	130	0,057
Grauguss	abgedreht	22	0,44
Grauguss	flüssig	1330	0,28
Gold	poliert	630	0,035
Kupfer	poliert	23	0,049
Kupfer	gewalzt	–	0,16
Messing	poliert	19	0,05
Messing	poliert	300	0,031
Messing	matt	56…338	0,22
Nickel	poliert	230	0,071
Nickel	poliert	380	0,087
Silber	poliert	230	0,021
Stahl	poliert	–	0,29
Zink	verz. Eisenblech	28	0,23
Zink	poliert	230	0,045
Zinn	blank verzinntes Blech	24	0,057…0,087
Oxidierte Metalle			
Eisen	rot angerostet	20	0,61
Eisen	ganz verrostet	20	0,69
Eisen	glatte oder raue Gusshaut	23	0,81
Kupfer	schwarz	25	0,78
Kupfer	oxidiert	600	0,56…0,7
Nickel	oxidiert	330	0,40
Nickel	oxidiert	1330	0,74
Stahl	matt ox.	26…356	0,96

45

Literatur

Spezielle Literatur

1. Bronstein, I.N., Hromkovic, J., Luderer, B., Schwarz, H.R., Blath, J., Schied, A., Dempe, S., Wanka, G., Gottwald, S.: Taschenbuch der Mathematik. E. Zeidler, W. Hackbusch (Eds.). Springer-Verlag (2012)
2. VDI-Wärmeatlas. 12. Aufl. Springer Vieweg (2019)

Literatur zu Teil V Thermodynamik

Bücher

Baehr, H. D.: Mollier-i, x-Diagramm für feuchte Luft in den Einheiten des Internationalen Einheitensystems. Springer, Berlin (1961)

Baehr, H. D., Kabelac, St.: Thermodynamik. Grundlagen und technische Anwendungen, 16. Aufl. Springer, Berlin (2016)

Baehr, H. D., Stephan, K.: Wärme- und Stoffübertragung, 9. Aufl. Springer, Berlin (2016)

Bošnjaković, F., Knoche, K.F.: Technische Thermodynamik, Teil 1, 8. Aufl. (1998) – Teil 2, 6. Aufl., Springer, Berlin (1997)

Brandt, F.: Brennstoffe und Verbrennungsrechnung. Fachverband Dampfkessel-Behälter- und Rohrleitungsbau. Fachbuchreihe, Bd. 1, 3. Aufl. Vulkan, Essen (1999)

Brandt, F.: Wärmeübertragung in Dampferzeugern und Wärmetauschern. Fachverband Dampfkessel-Behälter- und Rohrleitungsbau. Fachbuchreihe, Bd. 2, 2. Aufl. Vulkan, Essen (1995)

Cammerer, J. S.: Der Wärme- und Kälteschutz in der Industrie. 5. Aufl. Springer, Berlin (1995)

Cerbe, G., Hoffmann, H.-J.: Einführung in die Thermodynamik, 15. Aufl. Hanser, München (2008)

Hausen, H.: Wärmeübertragung im Gegenstrom, Gleichstrom und Kreuzstrom, 2. Aufl. Springer, Berlin (1976)

Langeheinecke, K., Kaufmann, A., Langeheinecke, K., Thielke, G.: Thermodynamik für Ingenieure, 10. Aufl. Springer Vieweg, Wiesbaden (2017)

Lucas, K.: Thermodynamik, 8. Aufl. Springer, Berlin (2015)

Merker, G. P., Baumgarten, C.: Fluid- und Wärmetransport, Strömungslehre. Teubner, Stuttgart (2000)

Stephan, K.: Wärmeübergang beim Kondensieren und beim Sieden. Springer, Berlin (1988)

Stephan, P., Schaber, K. H., Stephan, K., Mayinger, F.: Thermodynamik, Bd. 2: Mehrstoffsysteme und chemische Reaktionen, 16. Aufl. Springer, Berlin (2017)

Stephan, P., Schaber, K., Stephan, K.; Mayinger, F.: Thermodynamik, Bd. 1: Einstoffsysteme, 19. Aufl. Springer, Berlin (2013)

Wagner, W., Kretzschmar, H.-J.: International Steam Tables. Properties of Water and Steam Based on the Industrial Formualtion IAPWS-IF97. Springer, Berlin (2008)

Weigand, B., Köhler, J., von Wolfersdorf, J.: Thermodynamik kompakt. 4. Aufl., Springer Vieweg (2016)

Teil VI
Maschinendynamik

Maschinendynamik verbindet heutzutage im weitesten Sinne unterschiedliche Gebiete des theoretischen und des praktischen Wissens. Betrachtet als Lehre basiert die Maschinendynamik zum größten Teil auf den Kenntnissen aus der Mechanik, vor allem Dynamik und Schwingungslehre, wobei ein tiefes Verständnis der physikalischen Phänomene und der Abläufe in Maschinen im Zusammenspiel mit Nutzung der Werkzeuge der Mathematik und Physik bei der Lösung von praktischen Problemen unverzichtbar ist. Die Entwicklung der Maschinendynamik folgt dem Fortschritt und der Erweiterung des Horizonts sowohl in der Wissenschaft als auch in den ingenieurtechnischen Anwendungen.

Eine der wichtigsten Aufgaben der Maschinendynamik lässt sich als Anwendung der Verfahren der Dynamik auf Problemstellungen bei Abläufen im Maschinenwesen formulieren. Da die ingenieurtechnischen Anwendungen sich in den letzten Jahrzehnten rapide entwickelt haben, hat sich der Anwendungsbereich der Maschinendynamik auch stark erweitert (z. B. Fahrzeugbau, Luftfahrt, Robotik usw.) Dabei wächst auch die Zahl der Gebiete, mit denen die Maschinendynamik verbunden ist: Elektrotechnik, Regelungstechnik Elektronik, Numerik, Messtechnik, Software- und Internettechnologien usw.

In diesem Kapitel sind die wesentlichen Fragestellungen der Maschinendynamik erfasst. Wegen der sehr breiten Aufstellung des Gebiets ist es nicht möglich, alle Aspekte der Maschinendynamik zu erläutern oder zu nennen. Da das Verständnis der theoretischen Grundlagen der Dynamik im Zusammenhang mit Schwingungen eine sehr wichtige Rolle spielt, sind in diesem Teil die Grundlagen der Schwingungen in Kap. 46 erläutert. Hier wird die Problematik der Maschinenschwingungen eingeführt und die grundlegenden Fragestellungen zu der theoretischen Herangehensweise bei der Lösung dieser Probleme erläutert (u. a. Entstehen und Quellen der Schwingungen, Ersatzmodelle, Lösung, sowie repräsentative Beispiele).

Kap. 47 befasst sich mit Schwingungen eines Kurbeltriebs unter Berücksichtigung der vom Medium an Kolben der Zylindermaschinen und von den Massen der Triebwerksteile erzeugten Kräfte und Momente. Im Fahrzeugbau sind diese Fragestellungen von besonderer Bedeutung.

Im engen Zusammenhang mit der Entstehung von Schwingungen steht die Erzeugung von technischen Geräuschen, was eine häufige unerwünschte Nebenerscheinung ist. Die Problematik der Maschinenakustik wird in Kap. 48 unter Einbeziehung der wichtigsten Grundbegriffe, der Erläuterung der Geräuschentstehung und einiger Beispiele aus der Praxis betrachtet.

Schwingungen

46

Holger Hanselka, Sven Herold, Rainer Nordmann und Tamara Nestorović

Überarbeitet durch T. Nestorović.

46.1 Problematik der Maschinenschwingungen

In der Maschinendynamik untersucht man allgemein die Wechselwirkungen zwischen *Kräften* und *Bewegungen* an Maschinen. Dabei gibt es neben einer geforderten Dynamik, die für die Maschinenfunktion verlangt wird, auch eine unerwünschte Dynamik. Maschinen und Maschinenbauteile sind nämlich schwingungsfähige Systeme. Wenn zeitveränderliche Kräfte und/oder aufgezwungene Bewegungen angreifen, stellen sich *Maschinenschwingungen* ein. Im Vergleich zu den geforderten Bewegungen handelt es sich dabei zwar im Allgemeinen um kleine Bewegungen, die aber unter bestimmten Bedingungen recht gefährlich sein können. Besonders gefürchtet sind die sog. *Resonanzerscheinungen*, bei denen eine Frequenz der Anregung mit einer Eigenfrequenz der Maschinenstruktur übereinstimmt und damit zu einer Verstärkung der Schwingungsamplituden führt.

H. Hanselka
Karlsruhe, Deutschland

S. Herold
Groß-Umstadt, Deutschland

R. Nordmann
Darmstadt, Deutschland

T. Nestorović (✉)
Ruhr-Universität Bochum
Bochum, Deutschland
E-Mail: tamara.nestorovic@rub.de

Problematisch sind Maschinenschwingungen immer dann, wenn zu hohe Materialbeanspruchungen erreicht werden. Falls zulässige Spannungswerte der Werkstoffe überschritten werden, kann es zu Werkstoffschädigungen kommen. Um die Funktionsfähigkeit von Maschinen zu gewährleisten, müssen oft auch Verformungsgrenzen eingehalten werden. So dürfen bei Turbinen und Elektromotoren die *Rotorschwingungen* nicht so groß werden, dass es zu Überbrückungen des Spiels zwischen Rotor und Gehäuse kommt. Schwingungen stellen auch eine Belästigung für die Umwelt dar. Dies gilt nicht nur für die oft als unangenehm empfundenen Schwingbewegungen, sondern vor allem für den durch Schwingungen verursachten Lärm (*Körperschall*). Schließlich wirken sich Schwingungen bei Fertigungsprozessen ungünstig auf die Bearbeitungsqualität der Werkstücke aus. Bei Werkzeugmaschinen strebt man daher an, die Relativbewegungen zwischen Werkzeug und Werkstück möglichst klein zu halten.

Der Motor eines Kraftfahrzeugs ist ein typisches Beispiel für Maschinenschwingungen. Besonders geht es beim Kurbeltrieb um die Frage, wie sich die einzelnen Kolben und die Kurbelwelle unter der Wirkung der angreifenden Gasdruckkräfte bewegen (s. Bd. 3, Kap. 1). Die Kurbelwelle selbst stellt ein schwingungsfähiges System dar, das durch die über die Schubstange eingeleiteten Gas- und Massenkräfte insbesondere zu Dreh- und Biegeschwingungen angeregt wird (s. Kap. 47). Dabei können sich Resonanzeffekte einstellen, wenn eine der Erregerfrequenzen mit einer Eigenfrequenz der Kurbelwelle zusammen-fällt. Um gefährliche Schwingungszustände zu vermeiden, ist es daher wichtig, sowohl die verur-sachenden Erregerkräfte hinsichtlich Amplituden und Frequenzen als auch die dynamischen Ei-genschaften der Kurbelwelle (Eigenfrequenzen, Dämpfungen, Eigenvektoren) zu kennen.

Die Charakterisierung von Maschinenschwin-gungen durch ihre Messung und Berechnung ist eine wichtige Ingenieuraufgabe, die sowohl die Entwicklung und Konstruktion als auch die Er-probung und späteren Betrieb von Maschinen begleiten muss.

46.2 Grundbegriffe der Schwingungsanalyse

46.2.1 Mechanisches Ersatzsystem

Bestimmte Modellvorstellungen eignen sich sehr gut als Ausgangspunkt für die Untersuchung der Maschinenschwingungen. Durch geeignete Ver-nachlässigungen und Idealisierungen sollen für reale Systeme entsprechende mechanische Er-satzsysteme gefunden werden (s. Abschn. 46.6), die mechanische Eigenschaften hinreichend ge-nau beschreiben und mathematisch hinreichend einfach zu behandeln sind – z. B. Schwingungs-modelle, die aus einfachen mechanischen Ele-menten, wie Massen, Dämpfer, Feder, Stäbe, Bal-ken usw., aufgebaut sind.

46.2.2 Bewegungsgleichungen, Systemmatrizen

Die mathematische Beschreibung des mecha-nischen Ersatzsystems anhand mechanischer Grundgleichungen (Newton, d'Alembert, Prin-zip der virtuellen Arbeit, s. Kap. 14 bzw. Abschn. 20.4.9) erfolgt in Form von Bewe-gungsgleichungen, die den Zusammenhang zwi-schen den zeitveränderlichen Eingangsgrößen $F(t)$ und den Ausgangsgrößen $x(t)$ ausdrücken. Diese Gleichungen können linear oder nichtlinear sein. Für die Behandlung nichtlinearer Systeme s. Abschn. 15.3 und [1–4]. Bei vielen prakti-

schen Aufgaben lassen sich schwingende Sys-teme hinreichend genau mit linearen Modellen beschreiben. Daher beschränken wir uns hier auf die Darstellung linearer, zeitinvarianter Schwin-gungssysteme mit N Freiheitsgraden mittels ei-nes Systems von linearen, zeitinvarianten Bewe-gungsgleichungen zweiter Ordnung:

$$M\ddot{x}(t) + D\dot{x}(t) + Kx(t) = F(t) \qquad (46.1)$$

M quadratische $N \times N$ Massenmatrix. M ent-hält die Trägheitskoffizienten des Systems. Sie ist symmetrisch.

D quadratische $N \times N$ Dämpfungsmatrix. D enthält die Dämpfungskoeffizienten des Systems. D kann auch nichtsymmetrisch sein (gyroskopische Effekte, Gleitlager- und Dichtspaltkräfte in Turbomaschinen).

K quadratische $N \times N$ Steifigkeitsmatrix. K enthält die Steifigkeitskoeffizienten des Systems. K kann auch nichtsymmetrisch sein (zirkulatorische Kräfte, Gleitlager- und Dichtspaltkräfte).

$F(t)$ $N \times 1$ Vektor der zeitabhängigen Erreger-kräfte. Weg- oder Beschleunigungserregun-gen am Fußpunkt des Schwingers können in Krafterregungen überführt werden.

$x(t)$ $N \times 1$ Vektor der zeitabhängigen Verschie-bungen und Winkel. $\dot{x}$ und $\ddot{x}$ sind die zugeordneten Geschwindigkeiten bzw. Be-schleunigungen.

Die Bewegungsgleichungen (46.1) drücken das Kräfte- bzw. Momentengleichgewicht un-ter Berücksichtigung der Trägheitskräfte aus. Sie sind im Rahmen der genannten Voraussetzungen (Linearität, zeitinvariante Matrizen M, D, und K) gültig und können sowohl für unterschiedliche Maschinentypen als auch für unterschiedliche Schwingungsarten (Biegeschwingungen, Torsi-onsschwingungen) angewendet werden.

Es ist naheliegend, eine grafische Darstellung für das Schwingungssystem zu verwenden. Dies kann mit Hilfe des Blockschaltbilds geschehen, durch das Eingangs- und Ausgangsgrößen mit-einander verknüpft werden, Abb. 46.1.

In das System gehen bestimmte Eingangs-größen enthalten im Eingangsvektor $F(t)$ als

Abb. 46.1 Blockschaltbild für ein Schwingungs-system

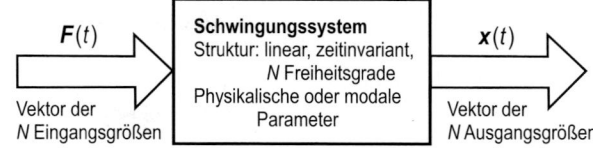

$F(t)$

Vektor der
N Eingangsgrößen

Schwingungssystem
Struktur: linear, zeitinvariant,
N Freiheitsgrade
Physikalische oder modale
Parameter

$x(t)$

Vektor der
N Ausgangsgrößen

generalisierte Krafterregungen (z. B. Unwucht-kräfte, Prozesskräfte, Stöße) oder als Fußpunk-terregungen (Bodenstörungen) ein. Das System verarbeitet diese Eingänge entsprechend seinem Übertragungsverhalten und antwortet mit den Ausgangsgrößen $x(t)$. Das Übertragungsverhal-ten wird durch die Systemstruktur, d. h. durch die beschreibenden physikalischen Gesetze, und durch die in diese eingehenden Systemparame-ter M, D und K bestimmt. Sind M, D und K sowie der Vektor der Erregung $F(t)$ bekannt, dann können zunächst die Eigenschwingungsgrö-ßen und dann die Antwortgrößen $x(t)$ (s. auch Abschn. 46.7) rechnerisch bestimmt werden.

46.2.3 Modale Parameter – Eigenfrequenzen, modale Dämpfungen, Eigenvektoren

Eigenschwingungen Jedes lineare Schwin-gungssystem hat ein bestimmtes Eigenschwin-gungsverhalten, das durch seine Eigenfre-quenzen, seine Abklingfaktoren und seine Eigenvektoren (Schwingungsformen) bestimmt ist.

Bringt man z. B. an dem in Abb. 46.2 dar-gestellten Ventilatorläufer kurzzeitig eine Stö-rung in Form eines Kraftstoßes $F_K(t)$ auf, dann führt das Schwingungssystem Eigenschwingun-gen aus, die sich aus mehreren Teilschwingungen zusammensetzen ($n = 1, \ldots, N$):

$$x(t) = \sum_{n=1}^{N} A_n e^{\alpha_n t} \left\{ \boldsymbol{\varphi}_n^{\text{Re}} \cos(\omega_n t + \psi_n) \right.$$
$$\left. - \boldsymbol{\varphi}_n^{\text{Im}} \sin(\omega_n t + \psi_n) \right\}. \quad (46.2)$$

Jede Teilschwingung besteht aus einer Exponen-talfunktion, die das Abklingen oder Aufklingen (im Fall instabiler Systeme) beschreibt, und har-monischen Sinus- und Kosinusfunktionen, die das Schwingungsverhalten bestimmen.

Zur n-ten Teillösung gehören ω_n Eigenkreis-frequenz $[\text{s}^{-1}]$, α_n Abklingfaktor $[\text{s}^{-1}]$, $\boldsymbol{\varphi}_n^{\text{Re}}, \boldsymbol{\varphi}_n^{\text{Im}}$ Realteil und Imaginärteil des *Eigenvektors* $\boldsymbol{\varphi}_n$, die Konstanten A_n, ψ_n werden über Anfangsbe-dingungen angepasst.

Durch Messung der Stoßantwort (Impulsant-wort) $x_l(t)$ oder der Beschleunigung $\ddot{x}_l(t)$ beim Freiheitsgrad l lassen sich nach einer Signalana-lyse die Eigenschwingungsgrößen ω_n, α_n und bei Aufnahme weiterer Signale an anderen Stel-len auch die Eigenvektorkomponenten $\boldsymbol{\varphi}_n^{\text{Re}}, \boldsymbol{\varphi}_n^{\text{Im}}$ ermitteln. Man bezeichnet sie auch als *modale Parameter*.

Die Kenntnis dieser Größen ist außerordent-lich wichtig, da sie die dynamischen Eigenschaf-ten eines schwingungsfähigen Systems charak-terisieren. Damit lässt sich u. a. beurteilen, bei

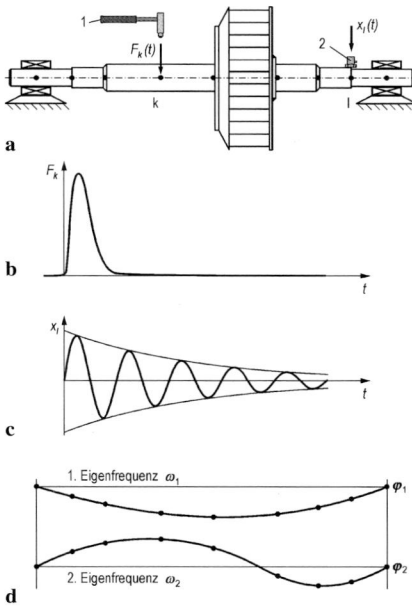

Abb. 46.2 Eigenschwingungsgrößen eines Ventilatorläu-fers. **a** prinzipieller Aufbau des Ventilatorläufers, *1* Kraft-stoßerreger, *2* Schwingungsaufnehmer; **b** zeitabhängi-ger Verlauf der Kraft; **c** zeitabhängiges Abklingen der Schwingungen; **d** Verlauf der Eigenvektoren

46

welchen Frequenzen Resonanzeffekte zu erwarten sind und wie hoch die Resonanzamplituden sind (Dämpfungsvermögen). Der Eigenvektor gibt an, welche Form der Verformung auftritt, wenn das System mit der zugehörigen Eigenfrequenz schwingt.

Eigenwertanalyse Rein rechnerisch erhält man die modalen Kenngrößen, wenn man in Gl. (46.1) die rechte Seite $F(t) = 0$ setzt (homogene Gleichungen) und mit dem Ansatz

$$x(t) = \varphi \, e^{\lambda t} \tag{46.3}$$

$$\left(\lambda^2 M + \lambda D + K\right) \varphi = 0 \tag{46.4}$$

aufstellt. Dieses hat bei oszillatorischem Verhalten die Lösungen ($n = 1, \ldots, N$)

$$\left.\begin{array}{l}\lambda_n = \alpha_n + i\,\omega_n; \\ \lambda_n^* = \alpha_n - i\,\omega_n\end{array}\right\} \text{ Eigenwerte,} \tag{46.5}$$

$$\left.\begin{array}{l}\varphi_n = \varphi_n^{\mathrm{Re}} + i\,\varphi_n^{\mathrm{Im}}; \\ \varphi_n^* = \varphi_n^{\mathrm{Re}} - i\,\varphi_n^{\mathrm{Im}}\end{array}\right\} \text{ Eigenvektoren.} \tag{46.6}$$

In vielen praktischen Fällen ist es schwierig, eine *Dämpfungsmatrix* aufzubauen. Bei schwach gedämpften Strukturen, die im Maschinenbau häufig vorkommen (torsions- und biegeelastische Rotoren in Wälzlagern, Turbinenschaufeln, Stahlfundamente), hilft man sich mit der Annahme von „*modalen Dämpfungen*". Man geht so vor, dass man zuerst das Eigenwertproblem für das ungedämpfte System ($D = 0$) in der rein reellen Form

$$\left(K - \omega^2 M\right) \varphi = 0 \tag{46.7}$$

löst und damit die Eigenkreisfrequenzen ω_n und die zugehörigen reellen Eigenvektoren φ_n bestimmt. Die Dämpfungen, die bei dieser Berechnung nicht anfallen, schätzt man ab oder ermittelt sie aus einem Versuch. Jeder Eigenkreisfrequenz ω_n wird dann ein Abklingfaktor $-\alpha_n$ oder ein modaler Dämpfungswert (Dämpfungsgrad) $\vartheta_n = -\alpha_n/\omega_n$ zugeordnet.

In der Praxis arbeitet man häufig mit den folgenden Größen:

$$f_n = \omega_n/2\pi \quad \text{Eigenfrequenz [Hz],} \tag{46.8}$$

$$\vartheta_n = -\alpha_n/\omega_n \quad \text{modale Dämpfung [--],} \tag{46.9}$$

$$\varphi_n \quad \text{reeller Eigenvektor.} \tag{46.10}$$

Einige Zahlenwerte für modale Dämpfungen ϑ in %:

Werkstoff/Bauteile	ϑ in %
Stahl	0,1
Gusseisen	1,8 … 2,0
Gummi (Naturkautschuk)	2 … 8
Stahlkonstruktionen	0,2 … 1,5
Stahlbetonkonstruktionen	4
Turbinen-Stahlfundamente ohne Baugrunddämpfung	0,5 … 1,5
Turbinen-Stahlfundamente mit Baugrunddämpfung	1,5 … 3,0

Die Kenntnis der modalen Dämpfung ist besonders wichtig, wenn es darum geht, die Amplituden der durch Krafterregung $F(t)$ erzwungenen Schwingungen in den Resonanzen zu bestimmen.

Abb. 46.2 zeigt für den wälzgelagerten Ventilatorläufer im Stillstand die beiden ersten Eigenvektoren φ_1 und φ_2 mit den zugeordneten Eigenkreisfrequenzen ω_1 und ω_2. Die erste Eigenschwingungsform gleicht im Aussehen der statischen Biegelinie, die zweite Schwingungsform mit einem Schwingungsknoten bezeichnet man als *S-Schlag*. Im Gegensatz zu komplexen Eigenvektoren, die bei Berücksichtigung von Dämpfung auftreten, gilt bei reellen Eigenvektoren, dass das Verhältnis der Eigenvektorkomponenten stets eine konstante Verformungsfigur anzeigt.

Die gezeigte einfache Vorgehensweise ist nicht zulässig, wenn es sich um stark gedämpfte oder selbsterregungsfähige Schwingungssysteme handelt, wie es z. B. bei rotierenden Maschinen mit Gleitlagern und Dichtspalten (Pumpen, Turbinen, Kompressoren) der Fall ist. Hier muss man das Eigenwertproblem Gl. (46.4) lösen und das

Stabilitätsverhalten mit den erhaltenen Eigenwerten beurteilen.

46.2.4 Modale Analyse

Die Beziehungen zwischen den Eingangsgrößen $F(t)$ und den Ausgangsgrößen $x(t)$ lassen sich auch mit Hilfe der modalen Parameter angeben. Bei Kenntnis aller Eigenfrequenzen ω_n, Eigenvektoren $\boldsymbol{\varphi}_n$ und der Abklingfaktoren $-\alpha_n$ oder der modalen Dämpfungen ϑ_n ist damit die Berechnung der erzwungenen Schwingungen möglich. Bei selbsterregungsfähigen Systemen ist dazu noch der Satz der Links-Eigenvektoren erforderlich [1, 2]. Diese rechnerische Vorgehensweise wird auch als „Modale Analyse" bezeichnet, da die Eigenvektoren (engl.: modes) in die Berechnung einfließen. Ein Vorteil dieser Methode ist, dass die ursprünglich gekoppelten Bewegungsgleichungen (46.1) unter Ausnutzung bestimmter Orthogonalitätseigenschaften der Eigenvektoren entkoppelt werden können.

Der Begriff „Modale Analyse" wird heute auch für ein Verfahren zur Ermittlung der modalen Parameter aus Messungen verwendet. Grundlage des Verfahrens ist die Darstellung von Systemantworten in Abhängigkeit von den modalen Größen und der Erregerfrequenz, Abb. 46.3. Bei der Anpassung analytischer *Systemantwortfunktionen* (Frequenzgänge des Modells) an gemessene Systemantwortfunktionen (Frequenzgänge der Messung) werden die modalen Parameter so lange variiert, bis die Übereinstimmung zwischen Modell und Messung gut ist (Parameteridentifikation). Als Ergebnis erhält man die gesuchten modalen Größen.

Bei der Messprozedur werden i. Allg. Testkräfte (Stoß, Sinus, Rauschen) in das System eingeleitet und die Schwingungsantworten an den einzelnen Messpunkten aufgenommen. Aus den Zeitsignalen berechnet man nach einer Fourier-Transformation in den Frequenzbereich (schnelle Fourier-Transformation – *FFT* (s. Gl. (46.31) und Abschn. 46.4.2)) die gemessenen Frequenzgänge, die dann für den Anpassungsprozess zur

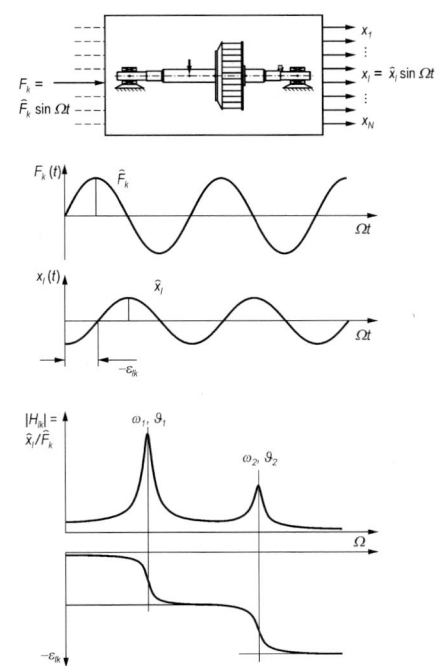

Abb. 46.3 Harmonische Erregung eines linearen Schwingungssystems

Berechnung der modalen Parameter zur Verfügung stehen [5].

46.2.5 Frequenzgangfunktionen mechanischer Systeme, Amplituden- und Phasengang

Definition Wird ein lineares Schwingungssystem, das durch die Bewegungsgleichungen (46.1) beschrieben wird, am Freiheitsgrad k mit einer harmonischen Erregerkraft

$$F_k = \hat{F}_k \sin \Omega t, \qquad (46.11)$$

$\hat{F}_k$ konstante Kraftamplitude, Ω Erregerkreisfrequenz, erregt (alle anderen Kräfte sollen dabei Null sein), so antwortet das System im eingeschwungenen Zustand mit Bewegungen, die ebenfalls harmonisch verlaufen, Abb. 46.3. Man kann alle Antwortgrößen im Vektor $x(t)$ zusammenfassen

$$x(t) = \begin{pmatrix} x_1(t) \\ x_2(t) \\ \vdots \\ x_l(t) \\ \vdots \\ x_N(t) \end{pmatrix} = \begin{pmatrix} \hat{x}_1 \cdot \sin(\Omega t + \varepsilon_{1k}) \\ \hat{x}_2 \cdot \sin(\Omega t + \varepsilon_{2k}) \\ \vdots \\ \hat{x}_l \cdot \sin(\Omega t + \varepsilon_{lk}) \\ \vdots \\ \hat{x}_N \cdot \sin(\Omega t + \varepsilon_{Nk}) \end{pmatrix}.$$

(46.12)

Die Antwort ist für jeden Freiheitsgrad durch eine Amplitude und einen Phasenwinkel gegenüber der Erregung gekennzeichnet, z. B. für den Freiheitsgrad l

$$x_l(t) = \hat{x}_l \sin(\Omega t + \varepsilon_{lk}).$$

(46.13)

Sowohl $\hat{x}_l$ als auch ε_{lk} (ε_{lk} ist negativ) sind von der Erregerfrequenz abhängig. Man nennt deshalb

$$\hat{x}_l(\Omega)/\hat{F}_k \quad \begin{array}{c} \text{Amplituden-Frequenzgang} \\ \text{(zwischen } l \text{ und } k\text{)} \end{array},$$

(46.14)

$$\varepsilon_{lk}(\Omega) \quad \begin{array}{c} \text{Phasen-Frequenzgang} \\ \text{(zwischen } l \text{ und } k\text{)} \end{array}.$$

(46.15)

In der praktischen Anwendung fasst man oft beide Funktionen zum komplexen Frequenzgang

$$\bar{H}_{lk}(\Omega) = \left(\hat{x}_l/\hat{F}_k\right) e^{i\varepsilon_{lk}} = |\bar{H}_{lk}| e^{i\varepsilon_{lk}}$$

(46.16)

zusammen. Da es sich beim Quotienten der Beträge $\hat{x}_l/\hat{F}_k$ um eine Nachgiebigkeitsgröße (Weg/Kraft) handelt, bezeichnet man $\bar{H}_{lk}(\Omega)$ auch als komplexen Nachgiebigkeits-Frequenzgang. Abb. 46.3 zeigt qualitativ den Verlauf der Amplitude $|\bar{H}_{lk}| = \hat{x}_l/\hat{F}_k$ (Amplitudengang) und der Phase ε_{lk} (Phasengang) in Abhängigkeit von der Erregerfrequenz Ω. Die Bedeutung von Frequenzgangfunktionen wird besonders deutlich, wenn man den Verlauf des Amplitudengangs verfolgt. Wenn die Erregerkreisfrequenz Ω in der Nähe einer Eigenkreisfrequenz ($\omega_1, \omega_2 \ldots \omega_N$) liegt (Resonanzfall), erreicht die Antwortamplitude $\hat{x}_l$ ein Maximum, dessen Höhe u. a. von der jeweils zugehörigen Dämpfung ($\alpha_1, \alpha_2 \ldots \alpha_N$ oder $\vartheta_1, \vartheta_2 \ldots \vartheta_N$) abhängt (große Dämpfung,

schwache Amplitudenüberhöhung). Im Bereich der Resonanzfrequenz ändert sich der Phasenwinkel ε_{lk} relativ stark.

Berechnung von Frequenzgängen sowie harmonischer und periodischer Systemantworten

Sind die Bewegungsgleichungen (46.1) mit den Matrizen M, D, K bekannt, so kann die komplexe Übertragungsfunktion $\bar{H}_{lk}(\Omega)$ mit einem komplexen Ansatz rechnerisch bestimmt werden. Dazu führt man für die harmonische Erregerfunktion $F_k(t) = \hat{F}_k \sin \Omega t$ formal die komplexe Kraftfunktion ein

$$F_k(t) = \hat{F}_k e^{i\Omega t} = \hat{F}_k (\cos \Omega t + i \sin \Omega t),$$

(46.17)

wobei für die Einpunkterregung im Kraftvektor nur die k-te Komponente besetzt ist

$$F(t) = \hat{F} e^{i\Omega t};$$
$$\hat{F} = \left\{0, 0, \ldots, \hat{F}_k, 0, \ldots 0\right\}.$$

(46.18)

Gl. (46.18) in Gl. (46.1) eingesetzt, ergibt

$$M\ddot{x} + D\dot{x} + Kx = \hat{F}_k e^{i\Omega t}.$$

(46.19)

Mit dem komplexen Ansatz und seinen zeitlichen Ableitungen

$$x = \hat{\bar{x}} e^{i\Omega t}$$
$$\dot{x} = i\Omega \hat{\bar{x}} e^{i\Omega t}$$
$$\ddot{x} = -\Omega^2 \hat{\bar{x}} e^{i\Omega t}$$

(46.20)

folgt das komplexe Gleichungssystem

$$\left(K - \Omega^2 M + i\Omega D\right) \hat{\bar{x}} = \hat{F},$$

(46.21)

aus dem man bei bekannten Matrizen M, D, K und dem Kraftvektor $\hat{F}$ zu jeder vorgegebenen Erregerfrequenz Ω durch Lösen des komplexen linearen Gleichungssystems (46.21) den Vektor der komplexen Systemantworten $\hat{\bar{x}}$ bestimmen kann. Die Komponenten von $\hat{\bar{x}}$ haben die Form

$$\hat{\bar{x}}_l = \hat{x}_l e^{i\varepsilon_{lk}}$$

(46.22)

und enthalten neben der Amplitude $\hat{x}_l$ auch die Phase ε_{lk}. Wiederholt man die Berechnung für andere Frequenzen Ω, gewinnt man weitere Funktionswerte des Frequenzgangs $\bar{H}_{lk}(\Omega)$.

Bei einem System mit N mechanischen Freiheitsgraden (Verschiebungen und Winkel), gibt es insgesamt $N \times N$ Frequenzgänge, denn man kann an N Freiheitsgraden erregen und die Antwort jeweils an N Freiheitsgraden aufnehmen. Die Gesamtmatrix $\bar{H}(\Omega)$ aller Frequenzgangfunktionen $\bar{H}_{lk}(\Omega)$ $(l = 1, \ldots, N;\ k = 1, \ldots, N)$ ergibt sich durch Inversion der komplexen (dynamischen) Steifigkeitsmatrix $\bar{K}(\Omega) = K - \Omega^2 M + i\Omega D$:

$$\bar{H}(\Omega) = \left(K - \Omega^2 M + i\Omega D\right)^{-1}$$

$$\bar{H}(\Omega) = \begin{pmatrix} \bar{H}_{11} & \bar{H}_{12} & \ldots & \bar{H}_{1k} & \ldots & \bar{H}_{1N} \\ \bar{H}_{21} & \bar{H}_{22} & \ldots & \bar{H}_{2k} & \ldots & \bar{H}_{2N} \\ \bar{H}_{N1} & \bar{H}_{N2} & \ldots & \bar{H}_{Nk} & \ldots & \bar{H}_{NN} \end{pmatrix}.$$

$$(46.23)$$

Der Fall der harmonischen Erregungen und damit der harmonischen Schwingungen spielt in der Maschinendynamik eine bedeutende Rolle. Bei Kenntnis der Frequenzgangfunktionen eines Systems kann man beurteilen, bei welchen Erregerfrequenzen besonders große Antwortamplituden auftreten.

Eine wichtige Anwendung gibt es bei rotierenden Maschinen, bei denen harmonische Erregerkräfte mit der Winkelgeschwindigkeit Ω (Drehfrequenz) durch Unwuchten hervorgerufen werden. Durch Einsetzen des Unwucht-Kraftvektors (Unwuchtkräfte sind proportional Ω^2, s. Abschn. 46.5) in Gl. (46.1) und Berücksichtigung der Drehzahleinflüsse in den Systemmatrizen erhält man aus der Berechnung spezielle Frequenzgangfunktionen, die die Antwortamplituden der Biegeschwingungen für die rotierende Welle in Abhängigkeit von der Erregerfrequenz beschreiben (s. Abschn. 46.7.3). Da die Erregerfrequenz gleich der Drehfrequenz ist, spricht man von „kritischen Drehfrequenzen", wenn die Drehfrequenz mit einer Systemeigenfrequenz zusammenfällt. Sind in den anregenden Kräften eines linearen Systems mehrere Erregerfrequenzen gleichzeitig enthalten, wie es z. B. bei periodischen Funktionen der Fall ist, so lassen sich die aus den Frequenzgängen bei den einzelnen Erregerfrequenzen abgelesenen Antwortamplituden phasengerecht zur Gesamtantwort überlagern.

46.3 Grundaufgaben der Maschinendynamik

Bei der Behandlung von Schwingungsproblemen an Maschinen gibt es viele Fragestellungen. Im folgenden Überblick soll kurz gezeigt werden, dass sich die bei verschiedenen Maschinentypen auftretenden Probleme auf einige wenige Aufgabenstellungen zurückführen lassen. Zur Erklärung werden das Blockschaltbild für ein Schwingungssystem (Abb. 46.1) und die zugehörigen Bewegungsgleichungen (46.1) genutzt.

46.3.1 Direktes Problem

Das direkte Problem ist die in der Praxis häufigste Aufgabenstellung, die üblicherweise in der Konstruktionsphase einer Neuentwicklung ansteht. Dabei ist das zu untersuchende System gegeben und liegt meist in Form einer Konstruktionszeichnung vor, Abb. 46.4a.

Die zu lösende Grundaufgabe besteht darin, aus bekannten kritischen Zeitverläufen der Kräfte

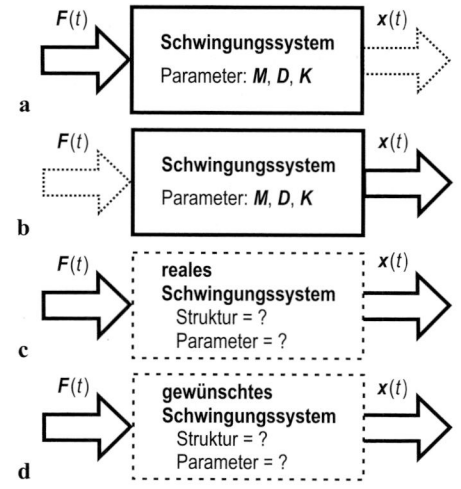

Abb. 46.4 Grundaufgaben der Maschinendynamik. **a** direktes Problem; **b** Eingangsproblem; **c** Identifikationsproblem; **d** Entwurfsproblem

F (t) und den ebenfalls als gegeben zu betrachtenden Systemeigenschaften in Form der Matrizen M, D, K den Zeitverlauf der Systemantworten x (t) rechnerisch zu ermitteln. Nach [2] wird für diese wichtige maschinendynamische Analyse folgender Ablauf empfohlen:

1. **Auflisten der Lastfälle (Erregerkräfte).** Lastfälle des Normalbetriebs; Lasten aus Störfällen.
2. **Idealisierung der Struktur.** Erstellen eines mechanischen Ersatzsystems, das das dynamische Verhalten für die verschiedenen Lastfälle hinreichend genau wiedergibt.
3. **Generierung der Bewegungsgleichungen.** Bei diskreten Systemen (Mehrkörpersysteme, Finite Elemente) mit linearen Systemeigenschaften erhält man das bereits in Gl. (46.1) angegebene lineare System von Differentialgleichungen.
4. **Lösung der Bewegungsgleichungen.** Von den linearen Bewegungsgleichungen wird zuerst die homogene Lösung ermittelt, die Auskunft über die Eigenschwingungsgrößen und die Stabilität des Systems gibt. Dann sind die partikulären Lösungen für die einzelnen Lastfälle zu berechnen, durch die die erzwungenen Schwingungen beschrieben werden.
5. **Grafische Darstellung der Ergebnisse.** Um die oft riesigen Datenmengen der Ergebnisse überschaubar zu halten, werden die zeitlichen Verläufe von Verschiebungen, Beschleunigungen oder Schnittlasten und die Amplituden über der Frequenz (Frequenzgänge) vom Rechner grafisch dargestellt.
6. **Auswertung und Interpretation der Ergebnisse.** Anhand der Ergebnisse sind verschiedene Fragen zu beantworten, z. B.: Ist die Struktur den auftretenden Belastungen in allen Lastfällen gewachsen? Ist das System stabil? Liegt Resonanznähe vor?

46.3.2 Eingangsproblem

Hier ist die Fragestellung gegenüber dem direkten Problem insofern umgekehrt, als jetzt der Verlauf der Systemantworten x (t) (z. B. aus einer Messung) gegeben ist und bei ebenfalls bekannten Systemeigenschaften M, D, K nach dem Verlauf der Erregungsgrößen F (t) gefragt wird, Abb. 46.4b.

Ein weit verbreitetes Anwendungsbeispiel für diese Aufgabenstellung ist das *Auswuchten* von Rotoren.

46.3.3 Identifikationsproblem

Beim Identifikationsproblem geht es um die Ermittlung der das Systemverhalten beschreibenden Gleichungen (Struktur) einschließlich der Systemparameter aus gemessenen Eingangs- und Ausgangssignalen, Abb. 46.4c. Da man oft Anhaltspunkte über die Struktur der Gleichungen besitzt (z. B. Linearität, Zeitinvarianz, Anzahl der Freiheitsgrade) oder Annahmen darüber trifft, reduziert sich die Aufgabe auf die sogenannte Parameteridentifikation.

Dabei werden in das zu untersuchende Schwingungssystem Testkräfte F (t) (Impulskräfte, Kraftsprünge, harmonische oder zufällige Erregerkräfte) eingeleitet und gemessen und die sich ergebenden Systemantworten x (t) aufgenommen. Mit Hilfe der gemessenen Eingangsgrößen F (t) und Ausgangsgrößen x (t) lassen sich unter Berücksichtigung von bekannten Eingangs-Ausgangs-Beziehungen (Struktur) die gesuchten Systemparameter mit Schätzverfahren bestimmen. Dabei kommen sowohl Verfahren im Zeitbereich als auch im Frequenzbereich zur Anwendung.

Besonders bei größeren Schwingungssystemen ist es problematisch, die Systemmatrizen M, D, K komplett durch Parameteridentifikation zu bestimmen. Da man die Parameter für einfache mechanische Elemente (Stäbe, Balken, Platten) im Allgemeinen recht gut über eine Berechnung erhalten kann, beschränkt man sich bei der experimentellen Parameterermittlung auf Systemkomponenten mit schwer zu bestimmenden Kraft-Bewegungs-Gesetzen, die meist nur wenige Freiheitsgrade besitzen. Im Maschinenbau sind solche Komponenten z. B. Gleitlager, Spaltdichtungen, Kupplungen, die das Schwingungsverhalten des Gesamtsystems oft wesent-

lich beeinflussen und für die deshalb Feder-, Dämpfungs- und Trägheitskoeffizienten benötigt werden.

46.3.4 Entwurfsproblem

Beim Entwurfsproblem soll ein System so verwirklicht werden, dass zu vorgegebenen Erregungsgrößen $F(t)$ gewünschte Ausgangsgrößen $x(t)$ erreicht werden, Abb. 46.4d. Es stellt sich also die Aufgabe, ein optimales dynamisches System zu entwerfen.

46.3.5 Verbesserung des Schwingungszustands einer Maschine

Hier handelt es sich um eine Aufgabe, die beim praktischen Betrieb von Maschinen sehr häufig vorkommt. Dabei sind einige der zuvor beschriebenen Teilaufgaben zu lösen.

Maschinenschwingungen sind unerwünschte Erscheinungen, die bestimmte Grenzwerte nicht übersteigen sollen. Bei zu großen Bewegungen $x(t)$ muss der dynamische Zustand der Maschine verbessert werden, was in vier Teilschritten erfolgen kann. Zunächst werden die Ausgangssignale $x(t)$ gemessen und im Zeit- und Frequenzbereich analysiert. Zu große Schwingungen können entweder durch zu große Erregungen $F(t)$ oder ungünstige Systemeigenschaften $(\omega_n, \alpha_n, \varphi_n)$ hervorgerufen werden. Daher werden in einem zweiten Schritt die dynamischen Eigenschaften des Systems systematisch untersucht.

Mit Hilfe geeigneter Testsignale $F(t)$ und der gemessenen zugehörigen Ausgangssignale $x(t)$ lassen sich die Systemeigenschaften identifizieren (Identifikationsproblem). Mit diesen Ergebnissen kann ein Rechenmodell angepasst werden, das die dynamischen Eigenschaften der untersuchten Maschine hinreichend genau wiedergibt. Der letzte Schritt besteht nun darin, durch Simulationsrechnungen diejenigen Systemmodifikationen herauszufinden, die am effektivsten zur Schwingungsreduzierung führen. Als mögliche

Systemmodifikationen werden je nach Aufgabenstellung die Verringerung der Erregerkräfte, Verstimmung des Systems, Tilgung, Dämpfung oder Isolation (Quellen- oder Empfängerisolation) betrachtet. Bei den Systemmodifikationen kommen sowohl Lösungen mit passiven als auch mit aktiven Elementen in Frage.

46.4 Darstellung von Schwingungen im Zeit- und Frequenzbereich

46.4.1 Darstellung von Schwingungen im Zeitbereich

Maschinenschwingungen äußern sich durch zeitlich veränderliche Bewegungen einzelner Maschinenpunkte, die sich entweder regelmäßig wiederholen, in einem einmaligen Vorgang abklingen (*Eigenschwingungen* mit begrenzter Dauer) oder aufklingen oder aber regellos (*stochastisch*) verlaufen.

Mit der Zeitabhängigkeit von Schwingungsvorgängen beschäftigt sich das Gebiet der Kinematik (s. Kap. 13). Dabei geht es vor allem um den zeitlichen Verlauf einzelner Komponenten von $x(t)$ (s. Gl. (46.1)). Da aber auch die Erregerkräfte $F(t)$ zeitabhängig sind, schließen wir sie in die Betrachtungen mit ein.

Klassifizierung In Abb. 46.5 ist eine Klassifizierung von wichtigen Schwingungssignalen vorgenommen, wobei die „schwingende" Größe hier allgemein $x(t)$ genannt wird. Man kann in deterministische und stochastische Signale unterteilen, wobei die deterministischen Signale hier im Vordergrund stehen. Diese werden nochmals untergliedert in periodische und nichtperiodische Verläufe. Zu den periodischen Signalen gehören als elementare Signale die harmonischen Sinus- und Kosinusfunktionen. Allgemein periodische Signale bauen sich aus Sinus- und Kosinuskomponenten auf, deren Frequenzen Vielfache einer Grundfrequenz Ω_0 sind. Zu den nichtperiodischen Signalen gehören z. B. die Sprungfunktion, die Stoßfunktion und die abklingende Schwingung (Eigenschwingung).

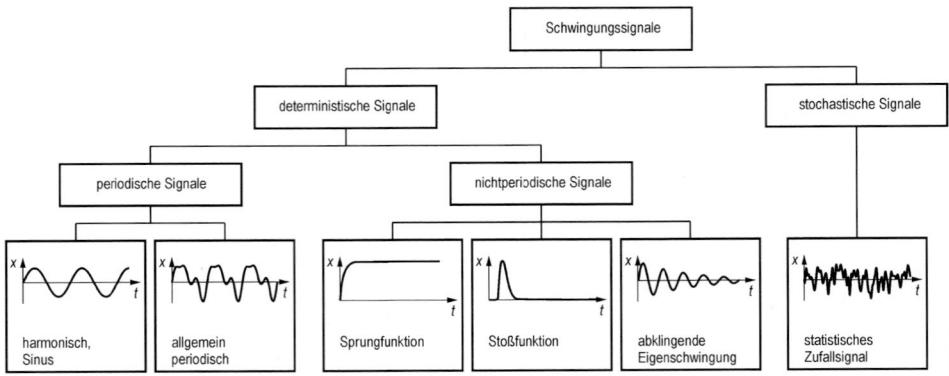

Abb. 46.5 Klassifizierung von Schwingungssignalen

Allen in Abb. 46.5 gezeigten Signalen ist gemeinsam, dass sie über der Zeit dargestellt sind. Während alle deterministischen Signale durch mathematische Funktionen beschrieben werden können, sind die zufälligen Signale nicht eindeutig bestimmt. Es hat sich als nützlich erwiesen, zur Charakterisierung der verschiedenen Signalverläufe Mittelwerte einzuführen [1].

Mittelwerte Der zeitliche lineare Mittelwert von $x(t)$ heißt Gleichwert

$$\bar{x}(t) = \frac{1}{T} \int_0^T x(t)\,\mathrm{d}t \qquad (46.24)$$

Dabei ist T die Beobachtungszeit, bei periodischen Signalen die Periodendauer. Der quadratische Mittelwert ist

$$\bar{x}^2(t) = \frac{1}{T} \int_0^T x^2(t)\,\mathrm{d}t, \qquad (46.25)$$

aus dem sich der sogenannte Effektivwert (RMS value, root mean square value) aus der Wurzel des quadratischen Mittelwerts ergibt

$$x_{\mathrm{eff}} = \sqrt{\bar{x}^2(t)} = \sqrt{\frac{1}{T} \int_0^T x^2(t)\,\mathrm{d}t}. \qquad (46.26)$$

Für das in der Praxis häufig vorkommende harmonische Signal ist der Mittelwert $\bar{x}(t) = 0$ und der Effektivwert beträgt etwa $70\,\%$ des Spitzenwertes: $x_{\mathrm{eff}} = \sqrt{2}/2 \cdot \hat{x}$.

46.4.2 Darstellung von Schwingungen im Frequenzbereich

Um die Eingangsgrößen $F(t)$ und die Ausgangsgrößen $x(t)$ eines Schwingungssystems besser interpretieren zu können, stellt man sie auch im Frequenzbereich als $F(\Omega)$ und $x(\Omega)$ dar. Dabei ist $\Omega = 2\pi f$ eine Kreisfrequenz in s^{-1} und f die Frequenz in Hz. Die Darstellung im Frequenzbereich ist oft aussagekräftiger, da man die Frequenzanteile einer Schwingung sehr gut erkennen kann und Verbindungen mit den dynamischen Eigenschaften eines Systems findet.

Mit Hilfe der *Fourier-Analyse* (s. Teil I) ist es möglich, aus dem Zeitbereich in den Frequenzbereich zu transformieren. Am einfachen Beispiel der harmonischen Sinusschwingung wird die Darstellung in beiden Bereichen deutlich, Abb. 46.6. Die Sinusschwingung

$$x(t) = \hat{x}\sin(\Omega t + \varepsilon) \qquad (46.27)$$

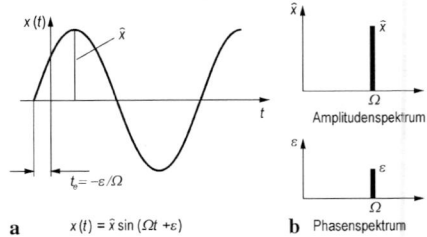

Abb. 46.6 Darstellung der Sinusschwingung im Zeit- und Frequenzbereich. **a** Zeitbereich; **b** Frequenzbereich

wird bestimmt durch die Amplitude $\hat{x}$, die Kreisfrequenz Ω und den Nullphasenwinkel ε. Im Frequenzbereich trägt man daher bei der Kreisfrequenz Ω den Wert von $\hat{x}$ in das Amplitudendiagramm und den Wert von ε in das Phasendiagramm ein.

Fourier-Analyse periodischer Schwingungen
Nach dem Satz von Fourier lässt sich jede periodische Funktion $x(t)$ mit der Periodendauer $T = 2\pi/\Omega_0$ unter bestimmten Voraussetzungen eindeutig durch eine Summe von Sinus- und Kosinusfunktionen mit den Kreisfrequenzen Ω_0, $2\Omega_0$, $3\Omega_0$, ... darstellen (s. Teil I).

$$x(t) = x_0 + \sum_{n=1}^{\infty} \{ s_n \sin(n\Omega_0 t)$$
$$+ c_n \cos(n\Omega_0 t) \}$$
$$= x_0 + \sum_{n=1}^{\infty} \{ \hat{x}_n \sin(n\Omega_0 t + \varepsilon_n) \} \quad (46.28)$$

mit

$$x_0 = \frac{1}{T} \int_0^T x(t) \, dt$$

arithmetischer Mittelwert

$$s_n = \frac{2}{T} \int_0^T x(t) \sin(n\Omega_0 t) \, dt;$$
$$c_n = \frac{2}{T} \int_0^T x(t) \cos(n\Omega_0 t) \, dt$$

Fourierkoeffizienten($n = 1, 2, \ldots, \infty$),

$$\Omega_0 = 2\pi/T$$

Grundfrequenz (Kreisfrequenz),

$$\hat{x}_n = \sqrt{s_n^2 + c_n^2}$$

Werte des Fourier-Amplituden-Spektrums,

$$\varepsilon_n = \arctan(c_n/s_n)$$

Werte des Fourier-Phasen-Spektrums.

Beispiel

Abb. 46.7 zeigt als Beispiel eine einfache periodische Funktion mit zwei Sinuskomponenten im Zeit- und im Frequenzbereich. Ein solches Schwingungssignal kann bei rotierenden Maschinen auftreten, wobei die Grundfrequenz

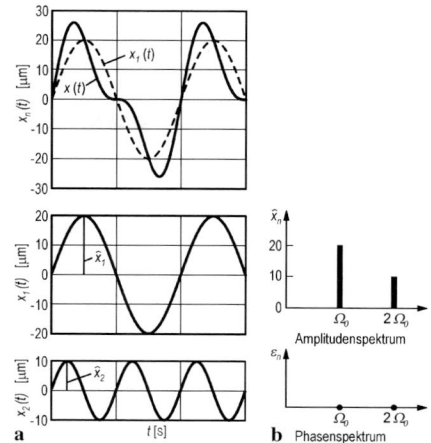

Abb. 46.7 Periodische Funktion mit zwei Sinusfunktionen ($\hat{x}_1 = 20\,\mu\text{m}$; $\hat{x}_2 = 10\,\mu\text{m}$; $\varepsilon_1 = 0$; $\varepsilon_2 = 0$). **a** Zeitbereich; **b** Frequenzbereich

Ω_0 mit der Drehfrequenz übereinstimmt (Unwuchtschwingung) und die doppelte Drehfrequenz $2\Omega_0$ z. B. durch Unrundheiten der Welle (Generatorläufer, Welle mit Riss) verursacht wird. Zahlenwerte: $x_0 = 0$; $x_1 = s_1 = 20\,\mu\text{m}$; $x_2 = s_2 = 10\,\mu\text{m}$; $c_1 = c_2 = 0$. ◄

Fourier-Analyse nichtperiodischer Vorgänge
Einen Übergang von periodischen zu nichtperiodischen Vorgängen findet man durch eine Grenzwertbetrachtung für unendlich große Periodendauern T. Dies führt zu einem kontinuierlichen Spektrum. Die Zeitfunktion kann nun durch das Fourier-Integral ausgedrückt werden.

$$x(t) = \int_{-\infty}^{\infty} x(\Omega) e^{i\Omega t} \, d\Omega \quad (46.29)$$

Hierin ist die komplexe Spektralfunktion $x(\Omega)$ die Fouriertransformierte des Zeitsignals $x(t)$

$$x(\Omega) = \int_0^{\infty} x(t) e^{-i\Omega t} \, dt \quad (46.30)$$

Beispiel

Abb. 46.8 stellt qualitativ die Beträge der Fouriertransformierten $|x(\Omega)|$ für drei nichtperiodische Signale dar. Die beiden ersten werden

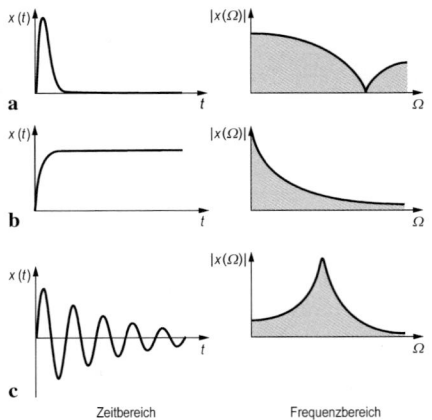

Abb. 46.8 Spektralfunktionen $|x(\Omega)|$ für drei nichtperiodische Funktionen. **a** Stoßfunktion; **b** Sprungfunktion; **c** Impuls-Antwortfunktion

oft als Testsignale zur künstlichen Erregung von Schwingungssystemen verwendet. Man erkennt, dass die Werte der Spektralfunktion $|x(\Omega)|$ der Stoßfunktion (Abb. 46.8a) in einem weiten Bereich nahezu konstant bleiben. Die Lage des Nulldurchgangs $|x(\Omega)| = 0$ hängt von der Stoßdauer (harter oder weicher Stoß) ab. Bei der Sprungfunktion (Abb. 46.8b) ist der größte Teil der Energie bei niedrigen Frequenzen zu finden. Damit werden Systeme mit niedrigen Eigenfrequenzen gut angeregt. Ein interessantes Ergebnis zeigt sich beim dritten Signal (Abb. 46.8c). Es handelt sich hierbei um die sog. *Impuls-Antwortfunktion* (Gewichtsfunktion) eines Schwingers, also die System-Eigenschwingung nach einem kurzen Stoß. Transformiert man diese Funktion in den Frequenzbereich, dann erhält man die bereits in Abschn. 46.2.5 definierte zugehörige Frequenzgangfunktion. ◀

Praktische Anwendung der Fourier-Analyse
Numerische Berechnung der Fourier-Transformation spielt bei praktischen Anwendungen eine besondere Rolle. Die erfolgt nach dem Algorithmus der diskreten Fourier-Transformation (*DFT – discrete Fourier transform*), bzw. der schnellen Fourier-Transformation (*FFT – fast Fourier transform*). Der Ausgangspunkt für die

numerische Berechnung der Fourier-Transformation ist ein zeitdiskretes Signal, das durch Diskretisierung eines entsprechenden kontinuierlichen Signals $x(t)$ erhalten wird. Das kontinuierliche Signal wird mittels eines Sensors währen der Zeit T erfasst und in einem analog-digital (AD) Wandler in eine Reihe $x[n] = x(n \cdot \Delta t)$, $n = 0, 1, \ldots, N-1$ von N Abtastwerten umgewandelt. Intervall zwischen zwei nacheinander folgenden Abtastungen ist der Abtastintervall Δt. Die *DFT* transformiert das diskrete Signal $x[n]$ in eine Reihe der Spektralkoeffizienten:

$$X[k] = \sum_{n=0}^{N-1} x[n]e^{-j2\pi \frac{k}{N} n} \qquad (46.31)$$

wobei $X[k] = X(k \cdot \Delta f)$ $k = 0, 1, \ldots, N-1$ mit einer Auflösung Δf des resultierenden diskreten Spektrums.

Die *FFT* ist ein Algorithmus [6] zur Berechnung der *DFT*, der eine starke Einsparung von Rechenoperationen gegenüber der *DFT* Berechnung nach Gl. (46.31) bietet. Die Anzahl der Abtastpunkte N soll dabei üblicherweise als eine Zweierpotenz gewählt werden. Z. B. für $N = 2^{10} = 1024$ ist der *FFT* Algorithmus mehr als hundertmal schneller als die *DFT* und daher für die Echtzeitanwendung gut geeignet.

46.5 Entstehung von Maschinenschwingungen, Erregerkräfte $F(t)$

Maschinenschwingungen können ganz unterschiedliche Ursachen haben. In [7] wird eine Einteilung nach dem Entstehungsmechanismus vorgenommen. Danach unterscheidet man zwischen freien, selbsterregten, parametererregten und erzwungenen Schwingungen. Die einzelnen Fälle lassen sich am besten anhand der Bewegungsgleichungen (46.1) und mit Hilfe des Blockschaltbilds (Abb. 46.1) erklären. In Abb. 46.9 sind die einzelnen Ursachen für Schwingbewegungen $x(t)$ anschaulich zusammengestellt.

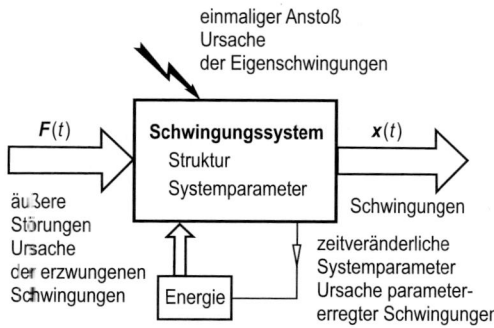

einmaliger Anstoß
Ursache
der Eigenschwingungen

$F(t)$

äußere
Störungen
Ursache
der erzwungenen
Schwingungen

Schwingungssystem
Struktur
Systemparameter

$x(t)$

Schwingungen

zeitveränderliche
Systemparameter
Ursache parameter-
erregter Schwingungen

Energie

vom System gesteuerte Energiezufuhr
Ursache der selbsterregten Schwingungen

Abb. 46.9 Entstehung von Maschinenschwingungen

46.5.1 Freie Schwingungen (Eigenschwingungen)

Freie Schwingungen treten auf, wenn ein System nach einem Anstoß sich selbst überlassen wird und keinen Einwirkungen von außen mehr ausgesetzt ist (s. Abschn. 15.1). In den Bewegungsgleichungen sind die rechten Seiten der Erregungen gleich Null ($F(t) = 0$, homogenes Gleichungssystem). Die Schwingfrequenzen werden durch die Systemeigenschaften (M, D, K) bestimmt. Im idealisierten dämpfungsfreien Fall findet ein Austausch zwischen kinetischer und potenzieller Energie statt (Dauerschwingung). Im Realfall klingen die Schwingungen bei echter Dämpfung immer ab (s. Abb. 46.2, Abb. 46.5 und Abb. 46.8).

46.5.2 Selbsterregte Schwingungen

Hierbei handelt es sich um Eigenschwingungen besonderer Art. In den Bewegungsgleichungen sind wie bei den freien Schwingungen keine äußeren Erregungen vorhanden ($F(t) = 0$). Dem Schwinger wird jedoch im Takt der Eigenschwingung Energie aus einer Energiequelle zugeführt. Durch diese Energieaufnahme kann es zu aufklingenden (selbsterregten) Schwingungen kommen, wenn nicht entgegengesetzt wirkende Dämpfungskräfte dies verhindern. Die Neigung eines Schwingungssystems zur Selbsterregung erkennt man an den schiefsymmetrischen Anteilen in der Steifigkeitsmatrix K (zirkulatorische

Kräfte), denen die dämpfenden Kräfte in der D-Matrix gegenüber stehen. Im Maschinenbau findet man Beispiele für selbsterregte Schwingungen u. a. bei rotierenden Wellen mit Gleitlagern und Dichtspalten oder auch in Regelkreisen aktiver Systeme.

46.5.3 Parametererregte Schwingungen

Das Kennzeichen der parametererregten Schwingungen ist, dass das Schwingungssystem zeitabhängige, meist periodische Parameter besitzt. Die Voraussetzung der zeitinvarianten Bewegungsgleichungen ist dann nicht mehr erfüllt und die Matrizen sind i. Allg. zeitabhängig: $M(t)$, $D(t)$, $K(t)$. Als Folge können sowohl gedämpfte, ungedämpfte als auch angefachte Schwingungen auftreten.

Rotoren von elektrischen Maschinen (s. Bd. 2, Kap. 24) haben z. B. oft Querschnittsformen mit stark unterschiedlichen Biegesteifigkeiten in zwei zueinander senkrechten Richtungen (z. B. zweipolige Läufer von Synchronmaschinen). Bei Drehung der Welle ändert sich in einem raumfesten Koordinatensystem z. B. die vertikale Wellensteifigkeit periodisch mit der Zeit. Die *Steifigkeitsmatrix K* des Rotors ist deshalb zeitvariant.

46.5.4 Erzwungene Schwingungen

Erzwungene Schwingungen (s. Abschn. 15.1) werden durch äußere Störungen verursacht und in ihrem Zeitverhalten bestimmt. Diese Störungen sind als Erregerkräfte (-momente) im Vektor $F(t)$ auf der rechten Seite der Bewegungsgleichungen enthalten. Sie sind nur von der Zeit t und nicht von den Bewegungen $x(t)$ des Schwingungssystems selbst abhängig. Bei den Erregerfunktionen interessieren in der Schwingungspraxis in besonderem Maße die periodischen Funktionen und als Sonderfall hiervon die harmonischen Funktionen. Daneben haben auch Impulsfunktionen (Störungen durch Stöße), die Sprungfunktionen (Einschaltvorgänge) und die Zufallsfunktionen eine große Bedeutung.

46

Störungen werden entweder als Kräfte (Momente) oder als Fußpunktbewegungen oder -beschleunigungen in das System eingeleitet. Beachtliche Erregerkräfte können z. B. als Trägheitskräfte durch translatorisch oder rotatorisch bewegte Massen in Maschinen auftreten. Andere wichtige Erregungen kommen durch die Kopplung mechanischer Systeme mit angrenzenden Arbeitsmedien (Gas, Dampf) oder mit elektrischen Systemen (Motoren, Generatoren) zustande, wobei man oft die strenge Kopplung näherungsweise durch reine zeitabhängige Störfunktionen ersetzen darf. Störungen in der Umgebung von Maschinen (Gebäudedecken, Baugrund) wirken sich als Fußpunkterregungen am Schwingungssystem aus. In erdbebengefährdeten Gebieten muss beispielsweise sichergestellt werden, dass wichtige Maschinen und Aggregate (z. B. Kühlmittelpumpen in Kernkraftwerken) auch bei starken äußeren Einwirkungen funktionstüchtig bleiben.

Erregung durch harmonische Unwuchtkräfte Im Turbomaschinenbau werden die Biegeschwingungen von rotierenden Wellen in den meisten Fällen durch Unwuchtkräfte hervorgerufen. Eine Erklärung der Unwuchterregung lässt sich anschaulich am Beispiel eines Laufrads geben, das in Abb. 46.10 als Scheibe idealisiert ist. Bedingt durch Fertigungsungenauigkeiten und ungleichmäßige Beschaufelung fallen der Scheibenschwerpunkt S und der Wellendurchstoßpunkt W i. Allg. nicht zusammen. Die beiden Punkte haben den festen Abstand e voneinander, der als Massenexzentrizität bezeichnet wird und eine zum Laufraddurchmesser relativ kleine Größe darstellt. Während des Betriebs einer Maschine kann sich die Massenexzentrizität durch Ablagerungen und Abtragungen (Erosion) oder durch Schaufelbruch verändern. Das Produkt aus Laufradmasse m und Massenexzentrizität e nennt man Unwucht $U = me$.

Durch die Wellenrotation wird die Fliehkraft

$$F = me\Omega^2 \qquad (46.32)$$

geweckt, die entsprechend der Drehung von S um den Wellenmittelpunkt W in Richtung der

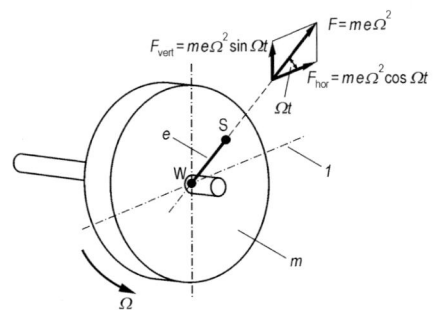

Abb. 46.10 Unwuchtkräfte an einer rotierenden Scheibe. e Massenexzentrizität, Ω Winkelgeschwindigkeit, m Masse, 1 Nullachse für Winkel Ωt

Verbindungslinie WS (Fliehkraftbeschleunigung) wirkt und mit der Winkelgeschwindigkeit Ω umläuft. Die Größe der Kraft wächst quadratisch mit Ω an. Ein Beobachter in einem raumfesten Koordinatensystem sieht die beiden Komponenten der Fliehkraft als periodische oder genauer als harmonische Funktionen

$$F_{\text{hor}} = me\Omega^2 \cos(\Omega t),$$
$$F_{\text{vert}} = me\Omega^2 \sin(\Omega t). \qquad (46.33)$$

Bei Läufern mit verteilter Masse hat die Unwucht entlang der Wellenachse einen kontinuierlichen Verlauf, wobei neben den Kraftamplituden auch relative Winkellagen zueinander zu berücksichtigen sind. Da die wirkliche Unwuchtverteilung nie genau bekannt ist, nimmt man bei Schwingungsberechnungen bestimmte Musterverteilungen an (z. B. Verteilung nach Eigenformen).

Durch die Unwuchtbelastungen werden sowohl die Welle als auch die Lagerböcke, das Fundament und das Gehäuse zu harmonischen Schwingungen mit der Wellenkreisfrequenz Ω angeregt.

In der Praxis wird man immer bestrebt sein, die Unwucht-Erregerkräfte möglichst klein zu halten. Dies erreicht man durch den Vorgang des Auswuchtens, bei dem geeignete Ausgleichsgewichte am Läufer angesetzt werden. Beim Auswuchten ist zu prüfen, ob der zu wuchtende Läufer als *starr* oder *elastisch* einzustufen ist. Nähere Einzelheiten zur Praxis des Auswuchtens und zur Auswuchtgüte findet man in [8–10].

Erregung durch Massen- und Gaskräfte in Kolbenmaschinen In den Triebwerken von Kolbenmaschinen (Viertaktmotoren, Zweitaktmotoren, Kolbenverdichter) treten neben den Unwuchtkräften durch rotierende Bauteile (Kurbelwelle) insbesondere Massenkräfte (s. Abschn. 47.2) durch translatorisch bewegte Bauteile (Kolben, Anteile der Schubstange usw.) und Gaskräfte am Kolben auf, die zu einer beachtlichen Schwingungserregung einzelner Komponenten oder des gesamten Motors führen können ([11, 12]; s. Bd. 3, Kap. 4). In den meisten Fällen verlaufen die Kräfte periodisch mit der Drehzahl der Maschine (Grundfrequenz $\Omega_0 =$ Drehfrequenz), lediglich die Gaskräfte von Viertaktmotoren weisen eine Periode von zwei Umdrehungen auf, da im Zylinder eines Viertaktmotors nur bei jeder zweiten Umdrehung eine Verbrennung stattfindet. Die Grundfrequenz entspricht also hier der halben Drehfrequenz.

Von den verschiedenen Schwingungserscheinungen an Kolbenmaschinen sind die Schwingungen der Kurbelwelle besonders zu untersuchen, damit die Beanspruchungen nicht zu einem Dauerbruch der Kurbelwelle führen. Für eine Kurbelwellen-Schwingungsberechnung benötigt der Ingenieur die an der Kurbelwelle angreifenden zeitveränderlichen Erregerkräfte, die sich aus den oben genannten Massen- und Gaskräften ergeben. Die folgenden Angaben gelten für den stationären Zustand (konstante Drehzahl). Die wesentlichen Beziehungen lassen sich am besten am Einzylindertriebwerk (Viertaktmotor) erklären.

Die an einem Kolben wirkende resultierende Kraft $F_K(t)$ setzt sich aus der Gasdruckkraft $F_G(t)$ und der Massenkraft $F_M(t)$ zusammen (Abb. 46.11; s. Bd. 3, Abschn. 1.3.3)

$$F_K(t) = F_G(t) + F_M(t). \quad (46.34)$$

Die Kolbenkraft $F_K(t)$ kann geometrisch in die Normalkraft $F_N(t)$ und die Schubstangenkraft $F_S(t)$ zerlegt werden, wovon sich die Stangenkraft am Kurbelzapfen nochmals in die tangentiale Komponente $F_T(t)$ und die radiale Komponente $F_R(t)$ aufteilt. $F_T(t)$ und $F_R(t)$ sind die erregenden Kräfte für die Kurbelwelle, die zu

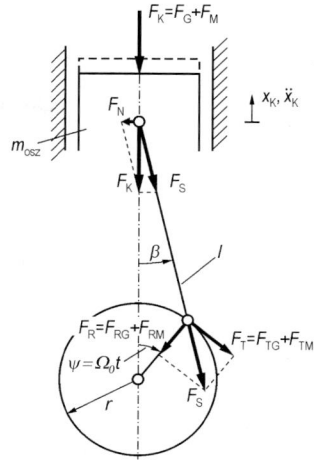

Abb. 46.11 Kräfteverhältnisse beim Kurbeltrieb. ψ Kurbelwinkel, r Kurbelradius, β Schwenkwinkel, l Schubstangenlänge

Dreh- und Biegeschwingungen führen. Man kann sie wieder aufteilen in die Anteile der Gasdruckkräfte und die Anteile der Massenkräfte

$$F_T(t) = F_{TG}(t) + F_{TM}(t),$$
$$F_R(t) = F_{RG}(t) + F_{RM}(t). \quad (46.35)$$

Zu ihrer Ermittlung braucht man zunächst einmal die für beide Kraftarten (Gaskräfte, Massenkräfte) gültigen Kräfteverhältnisse F_T/F_K und F_R/F_K. Dies sind periodische Funktionen, die die Geometrie des Kurbeltriebs ausdrücken

$$\frac{F_T}{F_K} = \frac{\sin(\psi + \beta)}{\cos \beta}$$
$$= B_1 \sin \psi + B_2 \sin 2\psi + B_4 \sin 4\psi + \ldots \quad (46.36)$$

mit

$$B_1 = 1,$$
$$B_2 = \lambda/2 + \lambda^3/8 + \ldots,$$
$$B_4 = -\lambda^3/16 - 3\lambda^5/64 - \ldots$$

und

$$\frac{F_R}{F_K} = \frac{\cos(\psi + \beta)}{\cos \beta}$$
$$= A_0 + A_1 \cos \psi + A_2 \cos 2\psi + A_4 \cos 4\psi + \ldots \quad (46.37)$$

46

mit

$$A_0 = -\lambda/2 - 3\lambda^3/16 - \dots,$$
$$A_1 = 1,$$
$$A_2 = \lambda/2 + \lambda^3/4 + \dots,$$
$$A_4 = -\lambda^3/16 - \dots.$$

($\psi = \Omega_0 t$ Kurbelwinkel, Ω_0 Winkelgeschwindigkeit der Kurbelwelle, β Schwenkwinkel, $\lambda = r/l$ Pleuelstangenverhältnis). Die vier Einzelanteile aus Gl. (46.35) können nun wie folgt angegeben werden:

$$F_{\text{TG}}(t) = F_{\text{G}}(t) \cdot (F_{\text{T}}/F_{\text{K}}),$$
$$F_{\text{TM}}(t) = F_{\text{M}}(t) \cdot (F_{\text{T}}/F_{\text{K}}), \qquad (46.38)$$

$$F_{\text{RG}}(t) = F_{\text{G}}(t) \cdot (F_{\text{R}}/F_{\text{K}}),$$
$$F_{\text{RM}}(t) = F_{\text{M}}(t) \cdot (F_{\text{R}}/F_{\text{K}}). \qquad (46.39)$$

Sowohl die Massenkraft $F_{\text{M}}(t)$ als auch die Gasdruckkraft $F_{\text{G}}(t)$ sind im stationären Betrieb aber ebenfalls periodische Funktionen.

Die Massenkraft $F_{\text{M}}(t)$ ergibt sich z. B. aus dem Produkt der oszillierenden Masse m_{osz} (Kolbenmasse, Massenanteil der Pleuelstange) mit der Kolbenbeschleunigung $\ddot{x}_k(t)$ und kann durch die folgende Fourierreihe ausgedrückt werden

$$\begin{aligned} F_{\text{M}}(t) &= m_{\text{osz}}\ddot{x}_k \\ &= -m_{\text{osz}} r \Omega_0^2 (C_1 \cos\psi + C_2 \cos 2\psi \\ &\quad + C_4 \cos 4\psi + C_6 \cos 6\psi + \dots), \end{aligned}$$
$$(46.40)$$

mit

$$C_1 = 1,$$
$$C_2 = \lambda + \lambda^3/4 + 15\lambda^5/128,$$
$$C_4 = -\lambda^3/4 - 3\lambda^5/16 - \dots,$$
$$C_6 = 9\lambda^5/128 + \dots.$$

Aus Gln. (46.38) und (46.39) folgen unter Berücksichtigung von Gln. (46.36), (46.37) und (46.40) die Massentangentialkraft und die Massenradialkraft

$$F_{\text{TM}} = m_{\text{osz}} r \Omega_0^2 \sum_{k=1}^{\infty} T_k \sin(k\psi), \qquad (46.41)$$

mit

$$T_1 = \lambda/4 + \lambda^3/16 + 15\lambda^5/512 + \dots,$$
$$T_2 = -1/2 - \lambda^4/32 - \lambda^6/32 - \dots,$$
$$T_3 = -3\lambda/4 - 9\lambda^3/32 - 81\lambda^5/512 - \dots,$$
$$T_4 = -\lambda^2/4 - \lambda^4/8 - \lambda^6/16 - \dots,$$
$$T_5 = 5\lambda^3/32 + 75\lambda^5/512 + \dots.$$

$$F_{\text{RM}} = m_{\text{osz}} r \Omega_0^2 \left[R_0 + \sum_{k=1}^{\infty} R_k \cos(k\psi) \right],$$
$$(46.42)$$

mit

$$R_0 = -1/2 - \lambda^2/4 - 3\lambda^4/16 \\ - 5\lambda^6/32 - \dots,$$
$$R_1 = -\lambda/4 - \lambda^3/16 - 15\lambda^5/512 - \dots,$$
$$R_2 = -1/2 + \lambda^2/2 + 13\lambda^4/32 \\ + 11\lambda^6/32 + \dots,$$
$$R_3 = -3\lambda/4 - 3\lambda^3/32 - 9\lambda^5/512 - \dots,$$
$$R_4 = -\lambda^2/4 - 5\lambda^4/16 - 5\lambda^6/16 - \dots.$$

Zur Bestimmung der Kräfte F_{TG} und F_{RG}, die sich aus den Gasdruckkräften am Kolben ergeben, verfährt man entsprechend. Liegen z. B. diskrete Werte der Kraft $F_{\text{G}}(t)$ über eine Periode vor, so multipliziert man diese gemäß Gln. 46.38 und 46.39 und führt anschließend harmonische Analysen für die gefundenen Kraftkomponenten F_{TG} und F_{RG} durch. Dabei sind die unterschiedlichen Grundfrequenzen beim Zweitaktmotor (Ω_0) und beim Viertaktmotor ($\Omega_0/2$) zu berücksichtigen.

Abb. 46.12 zeigt die Ergebnisse der harmonischen Analysen für die Radialkraft $F_{\text{RG}}(t)$ und die Tangentialkraft $F_{\text{TG}}(t)$ bei einem Viertaktmotor. Die dargestellten Werte sind jeweils auf die Kolbenfläche A_k bezogen.

Beim Mehrzylindertriebwerk nimmt man i. Allg. an, dass alle Zylinder gleich sind und gleich arbeiten und damit auch die Kräfte bei allen Zylindern gleich sind. Die Kräfte verschiedener Zylinder sind jedoch zeitlich phasenverschoben, da die Zündzeitpunkte nicht zusammenfallen. Diese Phasenverschiebung ergibt für verschiedene Zylinder unterschiedliche harmonische Koeffizienten der Erregerkräfte [11, 12], die sich aus

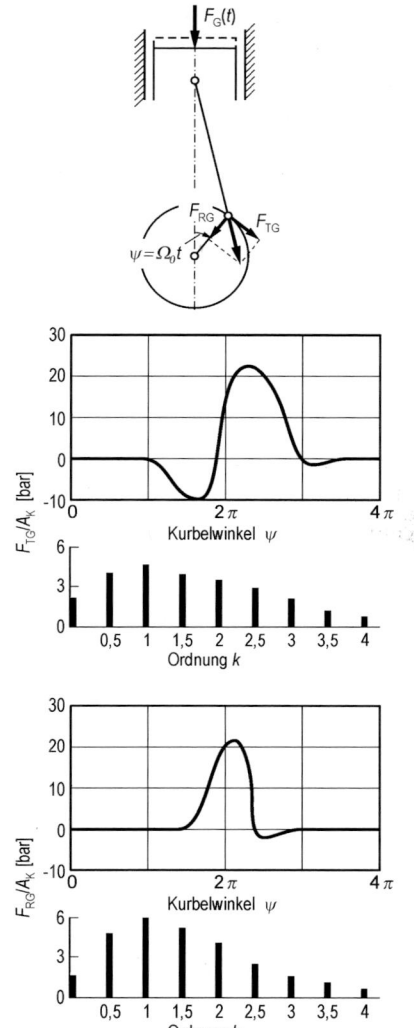

Abb. 46.12 Harmonische Analysen für die Tangentialkraft F_{TG} und die Radialkraft F_{RG} für einen Zylinder eines Viertaktmotors

den angegebenen Werten für das Einzylindertriebwerk ableiten lassen.

Erregung durch elektrische Störmomente In elektrischen Maschinen (Motoren, Generatoren) können beachtliche elektrische Störmomente auftreten, die den ganzen Wellenstrang zu Torsionsschwingungen anregen (s. Bd. 2, Abschn. 26.1.5). Stellvertretend werden hier Störungen an einer Turbogruppe für die Energieerzeugung vorgestellt. Im stationären Betrieb des Turbosatzes

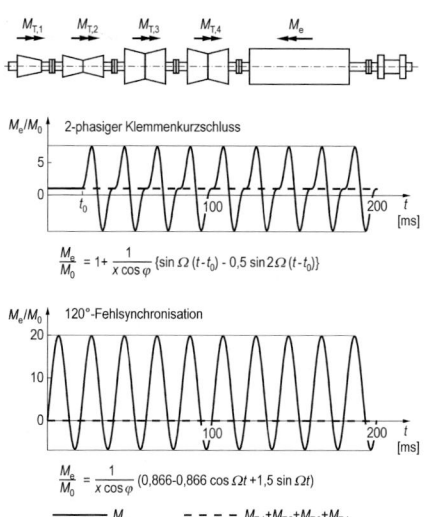

Abb. 46.13 Luftspaltmoment $M_e(t)$ in einem Generator

sind die Drehmomente der antreibenden Turbinen und des bremsenden Generators miteinander im Gleichgewicht. Durch elektrische Störungen im Netz oder am Generator, Schalt- und Synchronisierungsvorgänge kann dieses Gleichgewicht empfindlich gestört werden. Das Generatormoment enthält dann zusätzliche konstante und oszillierende Komponenten.

Die Erfahrung zeigt, dass die größten Belastungen der Welle beim Klemmenkurzschluss und bei Fehlsynchronisierung mit einem Fehlwinkel von 120° auftreten. Deshalb werden in den einschlägigen Normen und Vorschriften insbesondere diese Fälle für die Auslegung zugrunde gelegt. In Abb. 46.13 sind der auf das Nennmoment M_0 bezogene zeitliche Verlauf des Luftspaltmoments $M_e(t)$ im Generator für einen nicht abklingenden zweiphasigen Klemmenkurzschluss und für eine 120°-Fehlsynchronisation dargestellt. Die Zeitverläufe lassen sich aus den folgenden Gleichungen ermitteln [13].

Zweiphasiger Klemmenkurzschluss:

$$M_e(t) = M_0 + \frac{M_0}{\cos\varphi} \cdot \frac{1}{x_d'' + x_{TR}}$$
$$\cdot \{\sin\Omega(t - t_0) - 0,5 \cdot \sin 2\Omega(t - t_0)\}$$
$$(46.43)$$

120°-Fehlsynchronisation:

$$M_e(t) = \frac{M_0}{\cos\varphi} \cdot \frac{1}{x_d'' + x_{TR} + x_N}$$
$$\cdot \{0,866 - 0,866 \cdot \cos\Omega t$$
$$+ 1,5 \cdot \sin\Omega t\} \qquad (46.44)$$

mit x_d'' subtransiente Reaktanz des Generators, x_{TR} Traforeaktanz, x_N Netzreaktanz jeweils bezogen auf die Generatorimpedanz, $\cos\varphi$ Leistungsfaktor, M_0 Nennmoment, Ω Netzkreisfrequenz.

Man erkennt deutlich den Gleichanteil mit dem stationären Nenndrehmoment M_0 und die dreh- und doppeldrehfrequenten Wechselanteile. Die angegebenen Erregermomente sind über die Generatorlänge verteilt an passender Stelle in den Erregervektor $F(t)$ der Bewegungsgleichungen für einen Wellenstrang einzusetzen.

Besondere Bedeutung haben mehr und mehr die Drehmomente von elektrisch drehzahlgeregelten Antrieben. Hier können pulsierende Erregermomente als Folge der Speisung über Umformer (Umrichter) auftreten, weil dabei Oberwellen in Strom und Spannung vorkommen. In [14] sind für die Antriebsarten Schleifringmotor mit untersynchroner Kaskade, Stromrichter-Synchronmotor-Antrieb die Erregerfrequenzen in Abhängigkeit von der Drehzahl angegeben.

46.6 Mechanische Ersatzsysteme, Bewegungsgleichungen

Zur Ermittlung rechnerischer Lösungen oder zur Deutung von Beobachtungen am Realsystem braucht man mechanische Ersatzsysteme, die das wirkliche dynamische Verhalten hinreichend genau wiedergeben. Die Vorgehensweise bei der Modellbildung ist in Abb. 46.14 dargestellt. Ausgangspunkt ist eine Darstellung des realen Systems (z. B. in Form eines CAD-Modells), wobei u. a. festgelegt werden muss, wo die Systemgrenzen zu ziehen sind. Nach Abgrenzung und Formulierung der Aufgabe kann das mechanische Ersatzsystem erstellt werden. Das mechanische Modell sollte so einfach wie möglich sein, aber

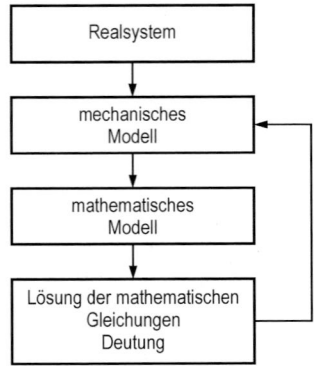

Abb. 46.14 Vorgehensweise bei der Modellbildung

alle für die formulierte Aufgabe wesentlichen Eigenschaften des Realsystems widerspiegeln.

Zum *mechanischen Ersatzsystem* wird unter Berücksichtigung der physikalischen Grundgesetze das zugehörige *mathematische Modell* gesucht, das bei Schwingungssystemen häufig auf ein System linearer Differentialgleichungen mit konstanten Koeffizienten führt (s. Gl. (46.1)).

Bei der Bildung eines mechanischen Ersatzsystems legt man zuerst die Systemstruktur fest und bestimmt dann die zugehörigen Systemparameter (Abb. 46.1).

46.6.1 Strukturfestlegung

Mit der Festlegung der Struktur eines Ersatzsystems sind verschiedene Fragestellungen verknüpft. Zunächst muss geklärt werden, ob ein kontinuierliches System mit verteilter Masse und Steifigkeit oder ein diskretes System verwendet werden soll. Dies führt im ersten Fall zu partiellen, im zweiten Fall zu gewöhnlichen Differentialgleichungen. Wichtig ist auch die Überlegung, ob lineare oder nichtlineare Beziehungen Gültigkeit haben. Weiterhin stellen sich die Fragen, wie viele Freiheitsgrade notwendig sind, aus welchen Elementen (Federn, Massen, Dämpfer, Stäbe, Balken, Platten usw.) ein System bestehen soll und welche Randbedingungen gelten.

Für die Modellbildung (Abb. 46.15) bieten sich grundsätzlich folgende Möglichkeiten an: Modellierung als kontinuierliches System, näherungsweise Darstellung als diskrete Schwin-

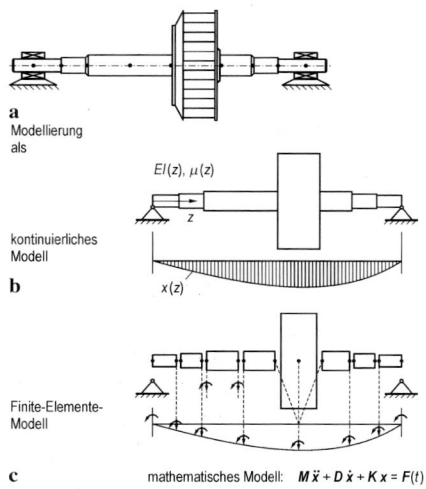

a
Modellierung
als

$EI(z), \mu(z)$

kontinuierliches
Modell
b $\qquad x(z)$

Finite-Elemente-
Modell

c

mathematisches Modell: $M\ddot{x} + D\dot{x} + Kx = F(t)$

Abb. 46.15 Möglichkeiten der Modellbildung am Beispiel einer Maschinenwelle mit Laufrad. **a** Realsystem; Modellierung als: **b** kontinuierliches Modell; **c** Finite-Elemente-Modell

ger und Modellierung mittels Finite-Elemente-Methode. Das kontinuierliche System mit seinen unendlich vielen Freiheitsgraden stellt eine realitätsnahe Abbildung dar, da Massen und Steifigkeiten mit ihrem kontinuierlichen Verlauf berücksichtigt werden. Jedoch kann die exakte analytische Lösung der Bewegungsgleichungen kontinuierlicher Systeme nur in wenigen Fällen, d. h. bei relativ einfachen Systemen, gefunden werden.

Gute Näherungslösungen lassen sich mit diskreten Systemen gewinnen. Bei der klassischen ingenieurmäßigen Diskretisierung fasst man die kontinuierlich verlaufenden Massen zu Punktmassen oder starren Körpern zusammen und verbindet diese mit masselosen Federn und Dämpfern (Feder-Masse-Dämpfer-Systeme, lumped mass models). Als elastische Verbindungselemente werden z. B. Federn, masselose Drehstäbe (Torsion), Biegebalken u. a. verwendet.

Bei der Finite-Elemente-Methode wird die zu untersuchende Struktur (System) in eine finite Zahl der Elemente zerlegt (s. Abb. 46.19b und Kap. 26). Es wird jedes Element zunächst für sich behandelt und das dynamische Verhalten in Form von Kraft-Bewegungsbeziehungen mit Kräften und Momenten sowie Verschiebungen bzw. Ver-

drehungen in den Knotenpunkten beschrieben. Interpolation zwischen den Knoten erfolgt mittels Ansatzfunktionen. Die Elementeigenschaften fasst man dann in Massen-, Dämpfungs- und Steifigkeitsmatrizen zusammen. Dies drückt deutlich aus, dass in einem finiten Element die Eigenschaften Trägheit, Dämpfung und Steifigkeit zusammen berücksichtigt werden. Schließlich werden die Elemente unter Einhaltung aller Rand- und Übergangsbedingungen an den Knotenpunkten miteinander verbunden und zur Gesamtstruktur aufgebaut. Dadurch erhält man das Modell der Gesamtstruktur.

46.6.2 Parameterermittlung

Steht die Struktur des Schwingungssystems und damit auch die Form der mathematischen Gleichungen fest, so müssen im nächsten Schritt die Werte für die Systemparameter und die Elemente der Matrizen M, D, K bestimmt werden. Bei der Parameterermittlung entnimmt man wichtige Informationen den Konstruktionszeichnungen (Abmessungen, Werkstoffkennwerte, Massen) und wendet Gesetze der Mechanik an (Massenträgheitsmomente, Biegesteifigkeiten, Drehsteifigkeiten usw.). Bei manchen Maschinenelementen oder Mechanismen (Gleitlager, Dichtungen, Kupplungen) fehlen aber heute oft noch zufriedenstellende theoretische Modelle über die dynamischen Vorgänge. In solchen Fällen ist eine experimentelle Vorgehensweise oft unerlässlich, und man versucht, die unbekannten Parameter einzelner Systemkomponenten mit Hilfe von (Parameter-) Identifikationsverfahren zu bestimmen [5, 15].

46.7 Anwendungsbeispiele für Maschinenschwingungen

An einigen Beispielen können die Lösungen der Bewegungsgleichungen (Eigenschwingungen, erzwungene Schwingungen) diskutiert werden. Dabei werden Effekte deutlich, die in der Maschinendynamik häufig vorkommen.

46

46.7.1 Drehschwinger mit zwei Drehmassen

Ein einfaches Beispiel für das dynamische Verhalten von Maschinen stellt ein elektrisch angetriebener Verdichter dar. Hier werden die Torsionsschwingungen der Maschine betrachtet. Die Berechnung erfolgt an einem Modell mit konzentrierten Parametern.

Mechanisches Ersatzsystem Das Drehschwingverhalten von Maschinenanlagen kann in vielen Fällen mit guter Näherung durch ein lineares mechanisches Ersatzsystem mit zwei Drehmassen sowie einer Drehfeder und einer Drehdämpfung zwischen den beiden Massen beschrieben werden, Abb. 46.16. J_1 und J_2 sind die Trägheitsmomente der beiden Maschinen um die Drehachse. Die Drehfedersteifigkeit und die Drehdämpfungskonstante der Verbindungswelle oder einer dazwischen liegenden drehelastischen Kupplung werden durch k bzw. d angegeben. Das Massenträgheitsmoment eines beliebigen Körpers für die Drehung um eine feste Achse ist $J = \int r^2 \mathrm{d}m$ und die Drehfedersteifigkeit eines zylindrischen Stabs $k = GI_T / l$ (G Gleitmodul, I_T Torsionsträgheitsmoment, l Stablänge). Angaben über die Steifigkeits- und Dämpfungseigenschaften von Kupplungen erhält man i. Allg. von den Herstellern (Nichtlinearitäten in Kupplungen beachten).

Bezeichnet man mit x_1, x_2 die beiden Drehfreiheitsgrade und mit $M_1(t)$, $M_2(t)$ die an den Drehmassen angreifenden Erregermomente,

so ergeben sich die Bewegungsgleichungen (hier ohne Dämpfung).

$$\begin{bmatrix} J_1 & 0 \\ 0 & J_2 \end{bmatrix} \cdot \begin{bmatrix} \ddot{x}_1 \\ \ddot{x}_2 \end{bmatrix} + \begin{bmatrix} k & -k \\ -k & k \end{bmatrix} \cdot \begin{bmatrix} x_1 \\ x_2 \end{bmatrix} = \begin{bmatrix} M_1 \\ M_2 \end{bmatrix}$$
$$\quad M \quad \cdot \quad \ddot{x} \quad + \quad K \quad \cdot \quad x \quad = \quad F$$
(46.45)

Eigenschwingungen und modale Größen Für das ungedämpfte Torsionsmodell mit zwei Drehmassen (Abb. 46.16) wurde die Bewegungsgleichung (46.45) in Matrizenform angegeben. Wenn keine äußeren Anregungen vorliegen, werden die Schwingungen des Systems durch die homogenen Bewegungsgleichungen beschrieben

$$M \cdot \ddot{x} + K \cdot x = 0. \qquad (46.46)$$

Die Lösung erhält man mit dem Ansatz $x = \varphi e^{-i\omega t}$. Sie besteht aus Eigenfrequenzen ω_r und Eigenvektoren φ_n, die sich aus dem Eigenwertproblem ergeben

$$\begin{bmatrix} k - \omega^2 J_1 & -k \\ -k & k - \omega^2 J_2 \end{bmatrix} \cdot \begin{bmatrix} \varphi_1 \\ \varphi_2 \end{bmatrix} = 0,$$
$$\quad (K - \omega^2 M) \quad \cdot \quad \varphi \quad = 0.$$
(46.47)

Die charakteristische Gleichung erhält man in Form von

$$\det\{K - \omega^2 M\} = 0,$$
$$\omega^2 \left(-k\left(J_1 + J_2\right) + \omega^2 J_1 J_2\right) = 0. \qquad (46.48)$$

Hieraus berechnen sich die Eigenfrequenzen zu

$$\omega_{1,2} = 0$$
$$\omega_{3,4} = \pm \sqrt{\frac{k\left(J_1 + J_2\right)}{J_1 J_2}} = \pm \sqrt{\frac{k}{J_1} + \frac{k}{J_2}}.$$
(46.49)

Setzt man diese Ergebnisse in das Eigenwertproblem ein, erhält man die zugehörigen Eigenvektoren

$$\varphi_{1,2} = \begin{pmatrix} 1 \\ 1 \end{pmatrix}; \quad \varphi_{3,4} = \begin{pmatrix} 1 \\ -J_1/J_2 \end{pmatrix}. \qquad (46.50)$$

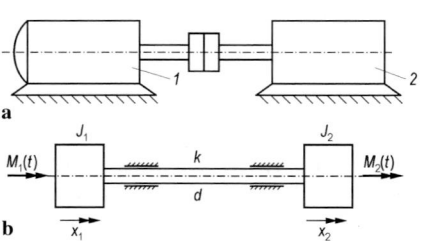

Abb. 46.16 Ungefesselter Drehschwinger mit zwei Drehmassen. **a** Maschinenanlage, *1* Elektromotor, *2* Verdichter; **b** Ersatzsystem

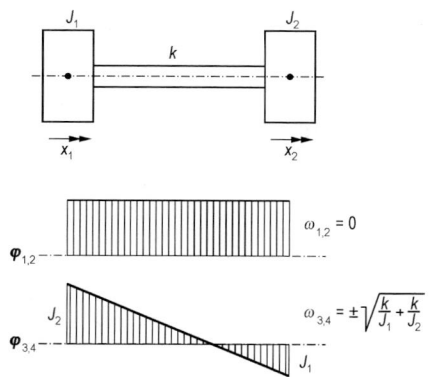

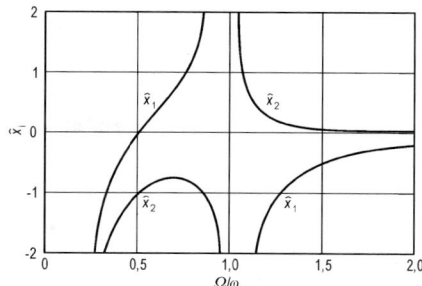

Abb. 46.18 Drehschwingungsamplituden eines Torsionsschwingers mit zwei Freiheitsgraden über der bezogenen Erregerfrequenz

Abb. 46.17 Schwingungsformen für den Drehschwinger mit zwei Freiheitsgraden

Die Diskussion der Ergebnisse liefert einige interessante Erkenntnisse. Da das System für die Torsionsfreiheitsgrade keinen Bindungen unterworfen ist, ergeben sich Eigenfrequenzen mit dem Wert Null ($\omega_{1,2} = 0$). Die zugeordneten Bewegungen sind sog. Starrkörperbewegungen, wie die zugehörigen Eigenvektoren anzeigen. Die beiden anderen Lösungen stellen elastische Eigenbewegungen dar. Ihre Eigenfrequenzen und Eigenformen sind abhängig von den beiden Drehträgheiten J_1 und J_2 und der Steifigkeit k.

In Abb. 46.17 sind die Schwingungsformen dargestellt. Für den Sonderfall $J_1 = J_2$ handelt es sich um ein symmetrisches System, die Eigenfrequenz entspricht dabei der eines Einmassenschwingers mit der Federsteifigkeit $2k$. Wird eine der Massen sehr groß im Verhältnis zur anderen, bleibt diese in Ruhe, und die Eigenfrequenz entspricht der bei einer festen Einspannung an dieser Stelle.

Erzwungene Schwingungen Bei Einwirkung äußerer Kräfte (Momente) ergibt sich eine inhomogene Differentialgleichung für den Torsionsschwinger mit zwei Massen. Zur Vereinfachung bleibt die Dämpfung unberücksichtigt

$$M \cdot \ddot{x} + K \cdot x = F. \qquad (46.51)$$

Bei Anregung mit $F(t)$ setzt sich die Lösung aus einem homogenen Anteil x_{hom} und einem partikulären Anteil x_{part} zusammen. Der erzwungene Lösungsanteil x_{part} ergibt sich als Lösung der inhomogenen Bewegungsgleichung durch einen Ansatz nach Art der rechten Seite. Für einen harmonischen Kraftverlauf mit $F(t) = \hat{F} \sin(\Omega t)$ erhält man $x_{part} = \hat{x} \sin(\Omega t)$ mit

$$\hat{x} = \begin{pmatrix} k - \Omega^2 J_1 & -k \\ -k & k - \Omega^2 J_2 \end{pmatrix}^{-1} \hat{F}$$

$$\hat{x} = \frac{1}{\Omega^2 (\Omega^2 J_1 J_2 - k(J_1 + J_2))}$$
$$\cdot \begin{bmatrix} k - \Omega^2 J_2 & k \\ k & k - \Omega^2 J_1 \end{bmatrix} \hat{F}. \qquad (46.52)$$

Für bestimmte Erregerfrequenzen vergrößern sich die Auslenkungen stark, so bei $\Omega = \omega_{1,2} = 0$, was auf die fehlende Fesselung des Schwingers zurückzuführen ist, und bei Übereinstimmung der Erregerfrequenz Ω mit den nächsten Eigenfrequenzen $\Omega = \omega_{3,4}$, dem Resonanzfall. Weiterhin können die Auslenkungen an der Stelle der Erregung zu null werden, wenn z. B. die Masse J_1 mit der Frequenz $\Omega^2 = k/J_2$ angeregt wird oder umgekehrt. Abb. 46.18 zeigt einen Verlauf der Drehschwingungsamplituden $\hat{x}_1, \hat{x}_2$, über der Anregungsfrequenz Ω.

46.7.2 Torsionsschwingungen einer Turbogruppe

Ein wesentlich komplexeres Beispiel ist der Wellenstrang einer Turbogruppe. Neben den Biegeschwingungen werden hierbei insbesondere die Torsionsschwingungen zu einem entscheidenden Kriterium für die Zuverlässigkeit der Anlage. Die

Berechnung erfolgt mit dem Werkzeug der Finite-Elemente-Methode.

Mechanisches Ersatzsystem – Finite-Elemente-Modell eines Turbogenerators

Bei Turbogruppen zur Erzeugung elektrischen Stroms sind Grenzleistungen von 1200 MW keine Seltenheit mehr. Die Welle eines solchen Turbosatzes ist ungefähr 35 m lang und dreht 50 mal in einer Sekunde, um Elektrizität mit Netzfrequenz zu erzeugen. Die stärksten Drehbeanspruchungen für den Rotor werden durch Torsionsschwingungen bei elektrischen Störungen am Generator (s. Abschn. 46.5.4) oder im Netz hervorgerufen. Der Konstrukteur muss bei der Auslegung der Maschine für diese Fälle die resultierenden Beanspruchungen in den Wellenquerschnitten möglichst gut vorausberechnen. Da das Rotorsystem einer Turbinen-Generatoreinheit ein komplexes mechanisches System mit mehreren Wellen darstellt, ist für eine genaue rechnerische Vorhersage eine feine Modellierung erforderlich. Bei einer Unterteilung der Welle in viele Elemente (ca. 200 bis 300), bietet sich als mechanisches Ersatzsystem ein Finite-Elemente-Modell an [2, 13].

Abb. 46.19 zeigt neben dem Realsystem eines Turbogenerators mit den Turbinen und dem Generator das zugeordnete FE-Modell mit $N-1$ zylindrischen Torsionselementen. Zu einem beliebigen finiten Element e mit konstantem Querschnitt gehören die folgenden konstanten Größen μ^e Drehmassenbelegung, GI_T^e Torsionssteifigkeit, l^e Elementlänge.

Mit lokalen Ansatzfunktionen, die man in Arbeitsintegrale (Prinzip der virtuellen Arbeit) einsetzt, lassen sich für jedes Element eine *Element-Steifigkeitsmatrix*

$$\boldsymbol{K}^{(e)} = \frac{GI_T^e}{l^e}\begin{pmatrix} 1 & -1 \\ -1 & 1 \end{pmatrix} \qquad (46.53)$$

und eine Element-Massenmatrix

$$\boldsymbol{M}^{(e)} = \mu^e l^e \begin{pmatrix} 1/3 & 1/6 \\ 1/6 & 1/3 \end{pmatrix} \qquad (46.54)$$

aufbauen, die wegen der zwei lokalen Freiheitsgrade (je Elementknoten ein Drehwinkel) die Ordnung 2 haben.

Die Drehschwingungen des Gesamtsystems werden global durch die Drehwinkel x_i beschrie-

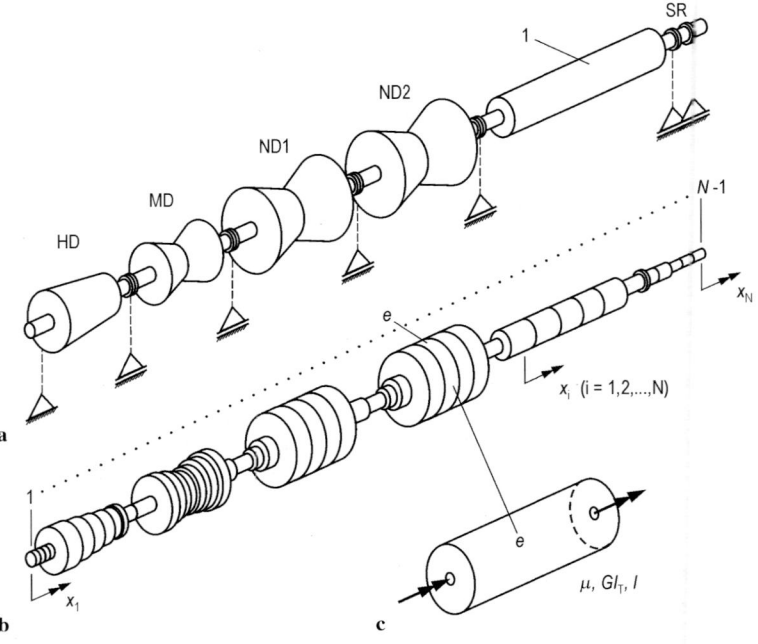

Abb. 46.19 Abbildung des Realsystems Turbogenerator in ein Finite-Elemente-Modell. **a** Anordnung (Aufbau), *1* Generator, *HD* Hochdruck, *MD* Mitteldruck, *ND* Niederdruck, *SR* Schleifring; **b** mechanisches Modell; **c** Torsionselement

ben, die jeweils an den Knotenpunkten (Schnittstelle zwischen zwei Elementen) eingeführt werden. Bei einem System mit $(N-1)$ Elementen gibt es N globale Freiheitsgrade, die im Vektor x zusammengefasst sind.

Der Aufbau der Gesamtmatrizen M und K erfolgt durch Überlagerung der Elementmatrizen.

Eigenschwingungen und modale Größen Der Ausgangspunkt für die Schwingungsanalyse ist das Eigenwertproblem für das ungedämpfte System, Gl. (46.7). Aus der Lösung des Eigenwertproblems erhält man N Eigenfrequenzen und N Eigenformen entsprechend dem Freiheitsgrad, bzw. der Ordnung $(N \times N)$ der Matrizen M, K.

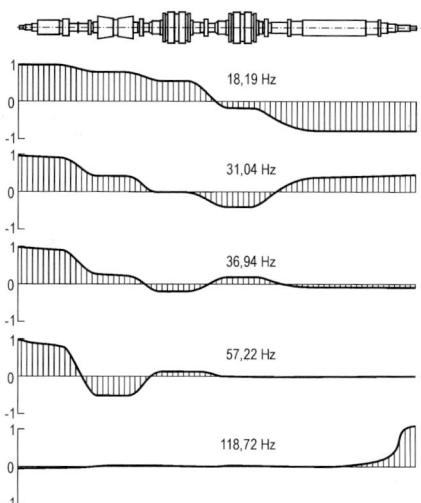

Abb. 46.20 Eigenfrequenzen und Eigenschwingungsformen für die Turbogruppe

Beispiel

Es werden die modalen Größen einer 600-MW-Turbogruppe betrachtet, deren Torsionsstrang in 250 Torsionselemente unterteilt ist. Da Torsionsschwingungen oft sehr schwach gedämpft sind, genügt die Betrachtung des ungedämpften Systems. Abb. 46.20 zeigt die untersten fünf Eigenfrequenzen $f_n = \omega_n / 2\pi$ und normierten Eigenvektoren der Turbogruppe. Die Starrkörpereigenform zur Eigenfrequenz null ist nicht dargestellt. In der ersten Eigenform schwingen HD-, MD- und ND1-Turbine mit 18,19 Hz gegen ND2-Turbine und Generator. Die Eigenform hat im Kupplungsbereich einen Nulldurchgang (Schwingungsknoten). Mit jeder weiteren Eigenform kommt ein Knoten dazu. Die niedrigen Eigenformen erfassen den ganzen Wellenstrang, während bei den höheren Frequenzen nur einzelne Teilrotoren schwingen. ◄

Erzwungene Schwingungen Aufgrund der vielen Freiheitsgrade ist die Lösung der Bewegungsgleichung für erzwungene Schwingungen, die nicht auf harmonische Erregungen zurückzuführen sind, sehr zeitraubend und oft numerisch ungenau. Durch eine Koordinatentransformation gelingt es, die Gleichungen zu entkoppeln, wobei die Anzahl der Gleichungen in der Regel auch stark reduziert werden kann (modale Analyse, s. Abschn. 46.2.4). Hat man die entkoppelten Gleichungen gelöst, transformiert man

wieder zurück und erhält damit die gesuchten Ergebnisse. Die Entkopplung geschieht mit der sog. Modal-Matrix $\boldsymbol{\Phi}$, die aus den berechneten Eigenvektoren aufgebaut wird. Hierdurch kommt man zu einfachen generalisierten Gleichungen, die sehr effektiv gelöst werden können. Weiterhin kann anhand der rechten Seite einer „modalen" Gleichung erkannt werden, wie stark diese Eigenschwingungsform angeregt wird. Bei der modalen Berechnung der erzwungenen Schwingungen wird die Dämpfung ebenfalls in modaler Form berücksichtigt.

Beispiel

Es wird die Antwort des vorgestellten 600-MW-Turbosatzes im Kurzschlussfall betrachtet. Der Drehwinkel an jedem Freiheitsgrad überlagert sich aus den Teillösungen der modalen Einmassenschwinger. Mit Hilfe der Elementmatrizen können aus den berechneten Verdrehungen auch die Schnittmomente bestimmt werden, die für die Auslegung des Wellenstrangs entscheidend sind. In Abb. 46.21 sind die Anteile dieser Momente aus den einzelnen Eigenschwingungsformen aufgetragen (s. auch Abb. 46.14). Aus ihrer Summe ergibt sich eine maximale Belastung der Kupplung am Generator mit dem 4fachen Nennmoment. ◄

46

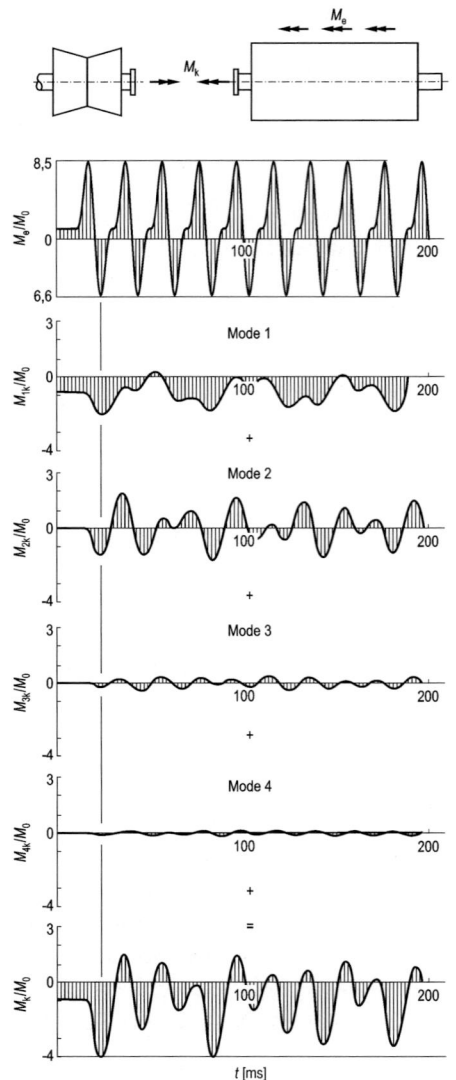

Abb. 46.21 Schnittmomente in der Welle eines Turbosatzes in Folge eines Kurzschlusses

46.7.3 Maschinenwelle mit einem Laufrad (Ventilator)

In der Maschinendynamik stellt sich oft die Aufgabe, die Biegeschwingungen von Maschinenwellen zu analysieren. Dies trifft für eine Vielzahl von Maschinen unterschiedlicher Größe zu. Beispiele sind Pumpen, Ventilatoren, Kompressoren, Turbinen, Motoren und Generatoren. Bei der maschinendynamischen Analyse wer-

den i. Allg. sowohl die biegekritischen Drehzahlen (Biegeeigenfrequenzen und Schwingungsformen) als auch die durch Unwucht erzwungenen Schwingungen berechnet. Als Beispiel untersuchen wir hier die Maschinenwelle mit Laufrad (Ventilator), die wir bereits in Abschn. 46.2.3 und 46.2.5 (s. Abb. 46.2 und 46.3) eingeführt haben. Nach Erläuterungen zum mechanischen Ersatzsystem und den zugehörigen Bewegungsgleichungen werden im Weiteren die biegekritischen Drehzahlen und die durch Unwucht erzwungenen Schwingungen berechnet und diskutiert.

Mechanisches Ersatzsystem Bei der hier untersuchten Maschinenwelle mit Laufrad haben wir im Unterschied zum dargestellten Modell in Abb. 46.15a angenommen, dass die Welle einen konstanten Durchmesser besitzt. Abb. 46.22 zeigt das für die Berechnungen angenommene mechanische Ersatzsystem. Die Maschinenwelle mit einer Länge von 1000 mm und einem Durchmesser von 50 mm (Vollwelle) läuft in zwei sehr steif angenommenen Lagern. Das Material der Welle ist Stahl mit einem E-Modul von $E = 210\,000\,\text{N/mm}^2$ und die Dichte beträgt $\rho = 7850\,\text{kg/m}^3$. Seitlich, um 100 mm aus der Mitte versetzt, ist das Ventilator-Laufrad angeordnet, das als starrer scheibenförmiger Körper mit der Masse $m = 55,5\,\text{kg}$ und den Trägheitsmomenten $J_\text{p} = 0,624\,\text{kg}\,\text{m}^2$ (polar) und $J_\text{ä} = 0,358\,\text{kg}\,\text{m}^2$ (äquatorial) angenommen wird.

Als Ersatzmodell verwenden wir die in Abschn. 46.6.1 beschriebene einfache ingenieurmäßige Diskretisierung, wobei das Laufrad als

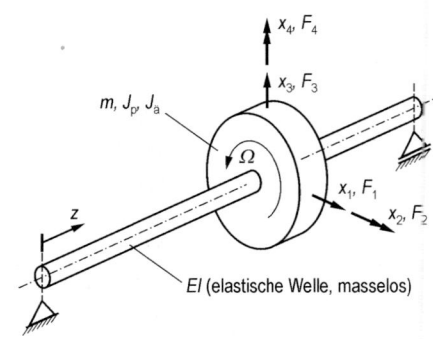

Abb. 46.22 Mechanisches Ersatzsystem einer Maschinenwelle mit Laufrad

starrer Körper mit den oben angegebenen Daten m, J_p, $J_ä$ abgebildet wird und die Balkenelemente der Maschinenwelle als elastische, masselose Verbindungselemente mit diskreten Steifigkeiten berücksichtigt werden. Gegebenenfalls kann man die dabei vernachlässigten Massen der Welle anteilig dem Laufrad zuschlagen.

Die wesentlichen Freiheitsgrade lassen sich somit im Schwerpunkt der Laufradmasse konzentrieren (Abb. 46.22). Es sind die beiden Freiheitsgrade der Translation des Laufrades x_1 und x_3 (horizontal und vertikal) ergänzt um die Biegeverdrehungen x_2 und x_4, die den Trägheitsmomenten des Laufrades zugeordnet sind. Entsprechend ist auch die Steifigkeitsmatrix für die genannten vier Freiheitsgrade aufzubauen. Die Elemente der Matrix lassen sich z. B. durch die Vorgabe von Einheitsverformungen für die vier Freiheitsgrade und Bestimmung der erforderlichen Kräfte berechnen (Einflusszahlen-Methode).

Bei der Aufstellung der Bewegungsgleichungen müssen bei rotierender Welle außer den Trägheits- und Steifigkeitstermen auch die gyroskopischen Glieder (Kreiselwirkung) berücksichtigt werden, die sich aufgrund des Drallsatzes ergeben. Die gesamte Bewegungsgleichung hat dann folgendes Aussehen:

$$
\begin{bmatrix} m & 0 & 0 & 0 \\ 0 & J_ä & 0 & 0 \\ 0 & 0 & m & 0 \\ 0 & 0 & 0 & J_ä \end{bmatrix} \cdot \begin{bmatrix} \ddot{x}_1 \\ \ddot{x}_2 \\ \ddot{x}_3 \\ \ddot{x}_4 \end{bmatrix}
$$

$$
- \begin{bmatrix} 0 & 0 & 0 & 0 \\ 0 & 0 & 0 & -\Omega J_p \\ 0 & 0 & 0 & 0 \\ 0 & \Omega J_p & 0 & 0 \end{bmatrix} \cdot \begin{bmatrix} \dot{x}_1 \\ \dot{x}_2 \\ \dot{x}_3 \\ \dot{x}_4 \end{bmatrix}
$$

$$
+ \begin{bmatrix} k_{11} & k_{12} & 0 & 0 \\ k_{21} & k_{22} & 0 & 0 \\ 0 & 0 & k_{11} & -k_{12} \\ 0 & 0 & -k_{21} & k_{22} \end{bmatrix} \cdot \begin{bmatrix} x_1 \\ x_2 \\ x_3 \\ x_4 \end{bmatrix} = \begin{bmatrix} F_1 \\ F_2 \\ F_3 \\ F_4 \end{bmatrix}
$$

$$(46.55)$$

In der Matrix D sind die Kreiselwirkungen ausgedrückt, die proportional der Drehfrequenz Ω und dem polaren Trägheitsmoment J_p sind. Die Trägheitsmatrix M ist diagonal mit den Massen m und den äquatorialen Trägheitsmomenten $J_ä$ besetzt.

Genauere Hinweise zur Aufstellung der Bewegungsgleichungen, auch für die Elemente der Steifigkeitsmatrix, findet man u. a. in [16]. Auf die Elemente im Kraftvektor kommen wir bei der Berechnung der erzwungenen Schwingungen zurück.

Eigenschwingungen und modale Größen – kritische Drehzahlen Wir ermitteln die Eigenwerte und Eigenvektoren (modale Größen) der Maschinenwelle, indem wir in den Bewegungsgleichungen (46.55) den Kraftvektor $F(t)$ Null setzen und einen passenden Ansatz für den Vektor x wählen. Da in Gl. (46.55) nicht nur M und K, sondern wegen der Kreiselwirkung auch die D-Matrix vorkommt, scheint der Ansatz entsprechend Gl. (46.4) geeignet, der auf das Eigenwertproblem Gl. (46.4)

$$\left(\lambda^2 M + \lambda D + K \right) \boldsymbol{\varphi} = 0 \qquad (46.56)$$

führt. Wir vernachlässigen bei der Eigenwertanalyse wieder die Dämpfung. Die D-Matrix enthält dann nur noch die Trägheitsterme der Kreiselwirkung, wie in Gl. (46.55) zu erkennen ist. Wegen fehlender „echter Dämpfung" enthalten die Eigenwerte Gl. (46.5) keine Realteile mehr. Daher konzentriert sich die Eigenwertanalyse auf die Bestimmung der Eigenfrequenzen und der zugehörigen Eigenvektoren

$$\lambda_n = +i\omega_n; \quad \lambda_n^* = -i\omega_n \qquad (46.57)$$

$$\boldsymbol{\varphi}_n = +i\boldsymbol{\varphi}_n^{\mathrm{Im}}; \quad \boldsymbol{\varphi}_n^* = -i\boldsymbol{\varphi}_n^{\mathrm{Im}}$$
$$n = 1, 2 \ldots N \text{ mit } N = 4. \qquad (46.58)$$

Führt man den reduzierten Ansatz

$$x(t) = \boldsymbol{\varphi} e^{\lambda t} = \boldsymbol{\varphi} e^{\mathrm{i}\omega t} \qquad (46.59)$$

in die Bewegungsgleichungen ein, so ergibt sich ein homogenes lineares Gleichungssystem, das nichttriviale Lösungen nur dann besitzt, wenn die Koeffizienten-Determinante verschwindet [16].

Wenn man die Koeffizienten-Determinante ausrechnet und zu Null setzt, erhält man die charakteristische Gleichung. Sie hat für unser Beispiel die folgende Form:

$$m J_{\text{ä}} \omega_n^4 - m J_{\text{p}} \Omega \omega_n^3 - (k_{22} m + k_{11} J_{\text{ä}}) \, \omega_n^2 \\ + k_{11} J_{\text{p}} \Omega \omega_n + \left(k_{11} k_{22} - k_{12}^2 \right) = 0$$
(46.60)

Die Auflösung der Gleichung führt auf vier Eigenfrequenzen ω_n ($n = 1, \ldots 4$). Setzt man diese Lösungen in das homogene lineare Gleichungssystem ein, so können auch die zugehörigen Eigenvektoren φ_n berechnet werden. Sie stellen die Eigenschwingungsformen dar. Wie aus Gl. (46.60) hervorgeht, hängen die Eigenfrequenzen von den Trägheitsparametern m, $J_{\text{ä}}$, J_{p}, den Steifigkeitskoeffizienten der Welle k_{ik} und der Wellendrehgeschwindigkeit Ω ab.

Bei der Darstellung der Eigenfrequenzen für die angegebene Maschinenwelle mit Laufrad beschränken wir uns auf ein Diagramm, das die Eigenfrequenzen ω_n über der Winkelgeschwindigkeit Ω zeigt.

Aus den Kurven in Abb. 46.23 erkennt man, dass für jede Drehzahl zwei positive (ω_1, ω_2) und zwei negative (ω_3, ω_4) Eigenfrequenzen existieren. Die positiven (negativen) Eigenfrequenzen nennt man auch Eigenfrequenzen des Gleichlaufs (Gegenlaufs), weil die Eigenschwingungsbahnen (Orbits) die gleiche (entgegengesetzte) Richtung besitzen wie die Drehgeschwindigkeit. Auch für die nichtrotierende Welle ($\Omega = 0$) findet man vier Eigenfrequenzen. Hier fällt der Kreiseleffekt weg, der Einfluss

der rotatorischen Trägheit $J_{\text{ä}}$ bleibt jedoch erhalten.

Zusätzliche Hinweise über den Verlauf der Kurven gewinnt man auch durch Asymptoten für hohe Drehzahlen. Dabei ist besonders die Asymptote $J_{\text{p}} / J_{\text{ä}} \cdot \Omega$ interessant, deren Steigung proportional zum Verhältnis der Trägheitsmomente $J_{\text{p}} / J_{\text{ä}}$ ist. Die Drehzahlabhängigkeit der Eigenfrequenzen infolge der Kreiselwirkung ist eine wesentliche Erkenntnis die man dem Diagramm (Abb. 46.23) entnehmen kann. Dabei ist der Kreiseleffekt besonders wirksam bei hohen Drehzahlen, bei großen Trägheitsmomenten J_{p} und bei großen Biegewinkeln am Laufrad. Aus dem Diagramm lässt sich auch eine wertvolle Information über kritische Drehzahlen gewinnen. Es ist bekannt, dass Maschinenwellen bei Unwuchterregung mit der Drehfrequenz Ω angeregt werden. Der Resonanzfall liegt dann vor, wenn die anregende Drehfrequenz Ω mit einer Eigenfrequenz ω_n übereinstimmt. Schnittpunkte der Drehfrequenzgeraden Ω mit einer der Eigenfrequenzen zeigen also die Lage von Resonanzen an. Im Diagramm (Abb. 46.23) finden wir einen solchen Schnittpunkt bei $\Omega = 279,33 \, \text{s}^{-1}$. Auf diese *kritische Drehzahl* kommen wir nochmals bei den erzwungenen Schwingungen zurück.

Jeder Eigenfrequenz lässt sich auch immer ein Eigenvektor φ_n (Schwingungsform) zuordnen.

In Abb. 46.24 sind zwei Eigenvektoren dargestellt, die bei einer Winkelgeschwindigkeit von $\Omega = 250 \, \text{s}^{-1}$ bestimmt wurden. Bei der niedrigeren Frequenz $\omega_1 = 279,30 \, \text{s}^{-1}$ erkennen wir die erste Biegeschwingungsform. Bei dieser Schwingungsform ist die Auslenkung am Lauf-

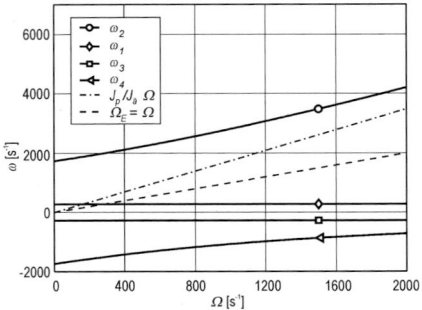

Abb. 46.23 Eigenfrequenzen in Abhängigkeit von der Winkelgeschwindigkeit Ω

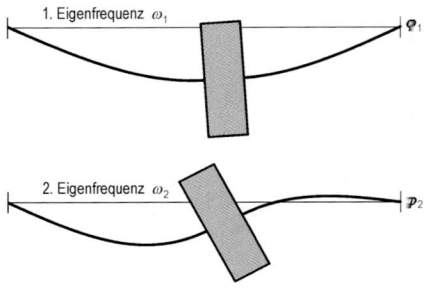

Abb. 46.24 Schwingformen bei einer Wellendrehzahl von $\Omega = 250 \text{s}^{-1}$

rad dominant. Die Biegedrehung ist nur schwach ausgeprägt, deshalb macht sich die Kreiselwirkung auch nicht so stark bemerkbar. Bei der zweiten Eigenfrequenz $\omega_2 = 1967,4\,\text{s}^{-1}$ ist das Verhalten anders. Die Biegedrehung ist hier viel stärker. Das zeigt sich auch bei der Kreiselwirkung.

Unwucht – Erzwungene Schwingungen In Abschn. 46.5 hatten wir bereits festgestellt, dass Biegeschwingungen von rotierenden Wellen in den meisten Fällen durch Unwuchtkräfte hervorgerufen werden. Dort wurde auch bereits die Kraftwirkung der Unwucht an einer rotierenden Scheibe dargestellt, die wir auf den Fall eines Ventilator-Laufrades direkt übertragen können. Auch alle weiteren Aussagen zum Thema „Erregung durch harmonische Unwuchtkräfte" können aus Abschn. 46.5 übernommen werden. Danach führen wir im Kraftvektor in Gl. (46.55) die folgenden Ausdrücke ein

$$F_1(t) = me\Omega^2 \cos(\Omega t),$$
$$F_3(t) = me\Omega^2 \sin(\Omega t). \tag{46.61}$$

Bei schrägem Sitz des Laufrades auf der Welle könnten im Kraftvektor $F(t)$ auch Erregermomente $F_2(t)$ und $F_4(t)$ auftreten [16]. Diesen Fall wollen wir bei der nachfolgenden Untersuchung aber vernachlässigen.

Zur Lösung der Bewegungsgleichungen (46.55) mit harmonischer Unwuchtanregung Gl. (46.61) führt man einen ebenfalls harmonischen Lösungsansatz für den Vektor $x(t) = \hat{x} \sin(\Omega t + \varepsilon)$ ein. Dies führt auf ein lineares algebraisches Gleichungssystem zur Berechnung der gesuchten Schwingungsamplituden $\hat{x}_1, \hat{x}_2, \hat{x}_3, \hat{x}_4$ und der zugehörigen Phasenwinkel. Da die Frequenz der anregenden harmonischen Unwuchtkräfte der Drehfrequenz Ω der rotierenden Welle entspricht, sind auch die harmonischen Schwingungsantworten durch die Drehfrequenz Ω bestimmt. Außerdem werden die Schwingungsantworten auch durch alle Systemparameter $m, J_\text{ä}, J_\text{p}, k_{ik}, e$ beeinflusst.

Überlagert man die beiden harmonischen Schwingungsantworten $x_1(t)$ und $x_3(t)$ zu einer ebenen Bewegungsbahn (Orbit), so stellt sich

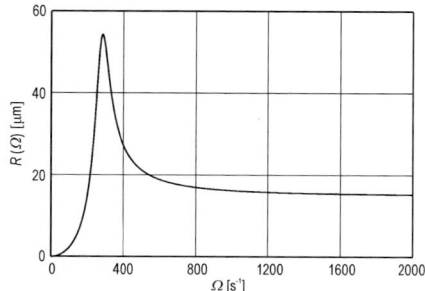

Abb. 46.25 Radius der Wellenauslenkung über der Winkelgeschwindigkeit Ω

im vorliegenden Fall der isotropen Lagerung eine Kreisbahn mit dem Radius $R(\Omega)$ ein (bei anisotroper Lagerung würde man Ellipsenbahnen erhalten). Der Radius R ist in Abb. 46.25 über der Drehfrequenz Ω dargestellt (Hochlauf- oder Ablaufkurve). Bei kleinen Drehfrequenzen sind sowohl die Unwuchtkräfte als auch die Schwingungsantworten klein. Es folgt ein Drehzahlbereich, in dem die Systemantwort $R(\Omega)$ in etwa quadratisch der Erregerkraft folgt. Je mehr sich die Drehfrequenz dann der ersten Biegeeigenfrequenz $\omega_1 = 279,33\,\text{s}^{-1}$ der Maschinenwelle nähert, wachsen die Amplituden immer stärker an, bis sie im Resonanzfall (Drehfrequenz = 1. Biegeeigenfrequenz) ein Maximum erreichen.

Bei fehlender Dämpfung, die in Gl. (46.55) zunächst zu Null angesetzt wurde, würden die Schwingungen in der Resonanz unendlich groß werden. Man spricht daher auch von der kritischen Drehzahl. Die im praktischen Fall stets vorhandene – wenn auch oft kleine – Dämpfung begrenzt die Amplituden. Im vorliegenden Fall wurde bei der Berechnung eine steifigkeitsproportionale Dämpfung von $\boldsymbol{D}_D = \beta \boldsymbol{K}$ mit $\beta = 10^{-3}$ angenommen und zu der durch Kreiselwirkung entstehenden $\boldsymbol{D}$-Matrix addiert. Nach Durchfahren der Resonanz werden die Amplituden wieder kleiner und nehmen bei höheren Drehzahlen den Wert der Massenexzentrizität $e = 15\,\mu\text{m}$ an.

Vergleicht man die beiden Abb. 46.23 und Abb. 46.25, so erkennt man in Abb. 46.23, dass die Resonanzdrehzahl durch den Schnittpunkt der Drehfrequenzgeraden mit der Kurve der 1. Biegeeigenfrequenz bei $\Omega = 279,33\,\text{s}^{-1}$

46

vorhergesagt wird. Dies deckt sich gut mit dem Amplitudenmaximum in der Hochlaufkurve (Abb. 46.25). Einen weiteren Schnittpunkt gibt es im vorliegenden Beispiel nicht, weshalb auch keine weitere Resonanzstelle erscheint.

46.7.4 Tragstruktur (Balken) mit aufgesetzter Maschine

Die Aufstellung einer Maschine auf einer elastischen Struktur ist eine weitere wichtige Aufgabenstellung der Maschinendynamik. Hierdurch sollen die auf die Struktur im Betrieb wirkenden dynamischen Kräfte verringert werden. Dabei ist neben dem dynamischen Verhalten der Maschine auch die die Dynamik der Struktur z. B. eines Gebäudes zu betrachten. Prinzipiell können zwei Fälle unterschieden werden: 1. Die Struktur und die Lagerung werden speziell auf die Dynamik der Maschine ausgelegt und 2. Bei bereits bestehender Struktur kann nur eine Anpassung der Lagerung erfolgen; ggf. sind strukturdynamische Zusatzmaßnahmen notwendig, um die Maschine auf der Struktur sicher betreiben zu können.

In unserem Beispiel nehmen wir an, dass eine Maschine auf einer Geschossdecke in einem bereits bestehenden Gebäude installiert werden soll (Abb. 46.26a). Hieran werden wir den Einfluss der Maschinenschwingungen auf die angrenzende Struktur mit vorgegebener Dynamik und Möglichkeiten der Schwingungsminderung diskutieren. Die Berechnung erfolgt mit Hilfe der FEM sowie mit numerischen Simulationen.

Mechanisches Ersatzsystem Reale Systeme können bezüglich ihrer Dynamik häufig sehr komplexe Zusammenhänge aufweisen. Jedoch lässt sich bereits am Beispiel einer als Balken (Struktur) abstrahierten Geschossdecke und einer Masse (Maschine mit Unwuchtanregung) das Prinzip der Schwingungsisolation sehr gut darstellen (Abb. 46.26).

Das Produkt aus E-Modul E und Flächenträgheitsmoment I bestimmt die Steifigkeit, während μ die Massenbelegung des Balkens bezeichnet. Die Maschine mit der Masse m wird durch

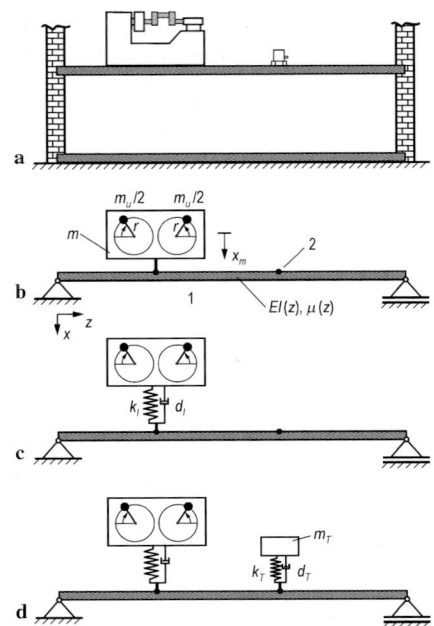

Abb. 46.26 Mechanisches Ersatzsystem der Aufstellung einer Maschine auf einer elastischen Struktur. **a** Maschine im Gebäude, **b** starre Lagerung, **c** elastische Lagerung, **d** elastische Lagerung mit zusätzlicher Tilgung, *1* Aufstellort der Maschine, *2* Ort der Schwingungsbeurteilung

die mit der Drehfrequenz Ω um den Radius r rotierende Unwuchtmasse m_u angeregt. Die resultierende Unwuchtkraft $F(t) = m_u r \Omega^2 \sin(\Omega t)$ wirkt sich nun je nach Aufstellung der Maschine unterschiedlich auf die Schwingungen des Balkens aus. Für den Fall der starr aufgestellten Maschine (Abb. 46.26b) sind die Maschinenauslenkung x_m und die Balkenauslenkung x_1 identisch. Die richtige Wahl der Parameter Steifigkeit k_I und Dämpfung d_I ist für eine effektive Schwingungsisolation (Abb. 46.26c) ausschlaggebend.

Um die Schwingungspegel insbesondere in Resonanzbereichen der Struktur weiter zu senken, können zusätzlich zur Schwingungsisolation weitere Maßnahmen angewandt werden. In Abb. 46.26d ist zum Beispiel am Ort der Schwingungsbeurteilung ein gedämpfter Tilger installiert.

Die Auslegung und die Auswirkungen der Schwingungsisolation und Tilgung auf das Systemverhalten sollen im folgenden Abschnitt genauer betrachtet werden.

Eigenschwingungen und modale Größen – Modellreduktion, Simulationsmodell, Auslegung von Schwingungsisolation und Tilgung

Zunächst ist zur Beurteilung der Aufstellbedingungen eine Analyse des Eigenverhaltens der Struktur notwendig. Dies kann entweder durch Messung oder Berechnung erfolgen. Letzterer Weg soll in unserem Beispiel exemplarisch gezeigt werden. Die Methode der Finiten Elemente [17] soll für die Berechnung der modalen Parameter eingesetzt werden. Die Geometrie der Struktur ($l = 4,0\,\mathrm{m}$; $b = 1,0\,\mathrm{m}$; $h = 0,25\,\mathrm{m}$) wird mit dreidimensionalen finiten Volumenelementen abgebildet. Als Material wird Beton mit einem E-Modul von $E = 35\,000\,\mathrm{N/mm^2}$, einer Querkontraktionszahl von $\nu = 0,2$ und einer Dichte von $\rho = 2400\,\mathrm{kg/m^3}$ gewählt. Als Randbedingungen werden an den kurzen Seiten jeweils gelenkige Auflagerungen angegeben. Unter der Annahme, dass die Dämpfung klein ist, wird diese in der anschließenden Eigenwertanalyse vernachlässigt. Nun können die Eigenfrequenzen und Eigenvektoren auf numerischem Weg bestimmt werden.

Für die nachfolgenden Simulationsrechnungen wollen wir uns auf die Betrachtung des eindimensionalen Falles (vertikale Schwingung) nach Abb. 46.26 beschränken. Das Modell wird hierzu einer Ordnungsreduktion (modales Abschneiden) unterzogen.

Außerdem sind für den eindimensionalen Fall nur die Biegemoden der Struktur interessant (Abb. 46.27). So kann aus einem System mit sehr vielen Freiheitsgraden ein reduziertes System mit wenigen Freiheitsgraden abgeleitet werden, das die wesentlichen dynamischen Eigenschaften im zu betrachtenden Frequenzbereich (hier 0 – 120 Hz) genügend genau abbildet und gleichzeitig eine zeiteffiziente Simulation erlaubt. In unserem Fall soll das Simulationsmodell der Struktur aus den ersten vier Biegemoden an den Punkten 1 und 2 (Abb. 46.26) aufgebaut werden. Als unterste Biegeeigenfrequenzen für die Struktur ergeben sich aus der Finite-Elemente-Analyse $\omega_1 = 169,1\,\mathrm{s^{-1}}$, $\omega_2 = 665,6\,\mathrm{s^{-1}}$, $\omega_3 = 1458\,\mathrm{s^{-1}}$ und $\omega_4 = 2504\,\mathrm{s^{-1}}$.

Das Model der Struktur soll für Simulationen im Zeitbereich verwendet werden. Hier bie-

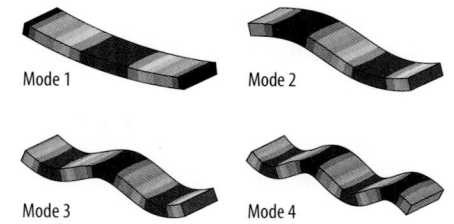

Abb. 46.27 Mit der FEM bestimmte Eigenschwingformen

tet sich die *State-Space*-Darstellung [18] an, die auch in modalen Koordinaten q formuliert werden kann:

$$\begin{bmatrix} \ddot{q}(t) \\ \dot{q}(t) \end{bmatrix} = \begin{bmatrix} -\mathrm{diag}\,(2\vartheta\,\omega) & -\mathrm{diag}\,(\omega^2) \\ I & 0 \end{bmatrix}$$
$$\cdot \begin{bmatrix} \dot{q}(t) \\ q(t) \end{bmatrix} + \begin{bmatrix} \boldsymbol{\Phi}^T \\ 0 \end{bmatrix} F(t)$$
$$\dot{x}(t) = \begin{bmatrix} \boldsymbol{\Phi} & 0 \end{bmatrix} \begin{bmatrix} \dot{q}(t) \\ q(t) \end{bmatrix}.$$

$$(46.62)$$

Wie in Gl. (46.62) zu erkennen ist, werden der Vektor der Eigenkreisfrequenzen $\boldsymbol{\omega}$, die Modalmatrix $\boldsymbol{\Phi}$ sowie der Vektor der modalen Dämpfungen $\boldsymbol{\vartheta}$ für die Beschreibung der Systemeigenschaften benötigt. Die modale Dämpfung wird in unserem Beispiel zu $\vartheta_n = 0,02$ ($n = 1\ldots4$) für alle Moden des Modells angenommen. Wie bereits erwähnt soll das Modell an den Punkten 1 und 2 sowohl Eingänge als auch Ausgänge besitzen und 4 Moden berücksichtigen. Dies führt auf ein State-Space-System mit 8 Zuständen. Die Systembeschreibung kann nun in die Simulationsumgebung überführt werden.

Für die Ankopplung weiterer dynamischer Systeme in der Simulation hat es sich als sinnvoll erwiesen, Systeme mit eigenen Freiheitsgraden (Massen, Strukturen, etc.) in der Admittanzformulierung (Potenzialgrößen als Eingang und Flussgrößen als Ausgang) zu beschreiben. Elemente ohne eigene Freiheitsgrade (Federn, Dämpfer, etc.) werden in der Impedanzformulierung (Flussgrößen als Eingang und Potenzialgrößen als Ausgang) abgebildet. Durch abwechselnde Admittanz- und Impedanzformulierungen können vielfältige dynamische Systeme auch domänenübergreifend aufgebaut werden [19]. Dies ist z. B. bei der Modellbildung für aktive Systeme wichtig. Das in Abb. 46.26d dargestellte System ist in Abb. 46.28 als Simulationsmodell abgebildet (Struktur mit elastisch aufgestellter Maschine mit Unwuchtanregung und Tilger). Mit diesem Modell sollen im Folgenden die Fälle **b–d** in Abb. 46.26 analysiert werden. Zunächst ist es jedoch notwendig, Steifigkeit k_I und Dämpfung d_I des Isolationselementes sowie die Parameter des Tilgers (k_T, d_T und m_T) festzulegen.

Die Steifigkeit k_I des Isolationselementes muss in Verbindung mit der Maschinenmasse m so dimensioniert werden, dass bei der niedrigsten Betriebsdrehzahl $n_u = 30\,\omega_u/\pi$ der Maschine sich diese bereits im Isolationsbereich befindet. Dafür muss folgende Bedingung erfüllt werden

$$\omega_u > \omega_I. \tag{46.63}$$

Die Isolationsfrequenz ω_I lässt sich aus der Eigenkreisfrequenz des Schwingers aus Steifigkeit k_I und Maschinenmasse m unter der Annahme, dass $k_I \ll k_{11}$(Steifigkeit der Struktur am Aufstellort) näherungsweise bestimmen

$$\omega_I^2 \approx \frac{2k_I}{m}. \tag{46.64}$$

Nehmen wir an, dass die unterste Maschinendrehzahl bei $n_u = 800\,\text{min}^{-1}$ liegt und die Maschine eine Masse von $m = 1000\,\text{kg}$ besitzt,

so bedeutet dies für unser Beispiel, dass $k_I < 3,5 \cdot 10^6\,\text{N/m}$ sein muss (gewählter Wert $k_I = 3,0 \cdot 10^6\,\text{N/m}$). Die erste Eigenkreisfrequenz der Maschine $\omega = \sqrt{k_I/m}$ ergibt sich damit zu $\omega = 54,8\,\text{s}^{-1}$. Die Dämpfung d_I des Isolationselementes ist zum einen wichtig für die Begrenzung der Schwingungsausschläge in der Fundamentalresonanz der Maschine. Dies ist wichtig beim Durchfahren der Resonanz während des Maschinenhochlaufs. Zum anderen führt eine zu hohe Dämpfung zu einer Verringerung der Wirkung der Isolation. Im Beispiel wurde eine geringe Dämpfung von $d_I = 300\,\text{kg/s}$ (entspricht einer modalen Dämpfung von $\vartheta_I = 0,27\,\%$) gewählt, um eine gute Isolationswirkung sicherzustellen.

In Abb. 46.29 ist das Übertragungsverhalten des Gesamtsystems für die verschiedenen Fälle dargestellt.

Im Fall der starr aufgestellten Maschine fällt, bedingt durch ihre Masse, die erste Eigenfrequenz der Struktur merklich ab. Gegenüber der starr aufgestellten weist die elastisch aufgestellte Maschine, wie beabsichtigt, eine deutlich geringere Schwingungsübertragung auf. Jedoch tritt hier im Betriebsbereich wieder die erste Strukturresonanz bei $\omega \approx 170\,\text{s}^{-1}$ auf. Eine Möglichkeit, die Schwingungen in dieser Resonanz zu minimieren, ist der Einsatz eines gedämpften Tilgers. Um eine ausreichende Tilgungswirkung zu erreichen, ist eine gewisse Masse des Tilgers notwendig. Als Faustregel kann hier für die Tilgermasse angenommen werden, dass zwischen 5 % und 20 % der effektiv schwingenden Strukturmasse notwendig sind [20]. Im Beispiel wurde ein Til-

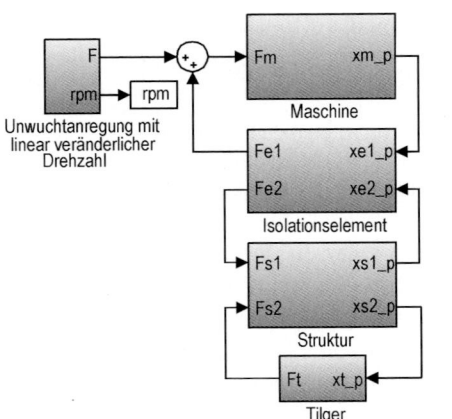

Abb. 46.28 Simulationsmodell – Struktur mit elastisch aufgestellter Maschine mit Unwuchtanregung und Tilger

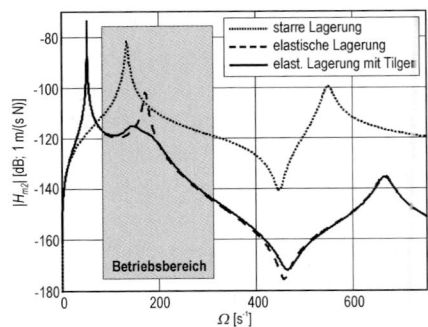

Abb. 46.29 Übertragungsverhalten des Systems für verschiedene Fälle

ger an Stelle 2 mit einer Masse von $m_T = 120\,kg$ angenommen. Die Tilgerparameter Steifigkeit k_T und Dämpfung d_T wurden mit Hilfe der Simulation ausgelegt und optimiert. Die Werte $k_T = 3{,}16 \cdot 10^6\,N/m$ und $d_T = 8117\,kg/s$ (entspricht einer modalen Dämpfung von $\vartheta_T = 20\,\%$) konnten so bestimmt werden. Wie in Abb. 46.29 zu sehen ist, wird für den Fall der elastisch aufgestellten Maschine mit Tilger die Übertragung der Schwingungen im Resonanzbereich bei $\Omega \approx 170\,s^{-1}$ noch einmal deutlich reduziert.

Erzwungene Schwingungen Im vorhergehenden Abschnitt haben wir gezeigt, dass sich die Übertragung von Schwingungen mit strukturdynamischen Maßnahmen (Isolation und Tilgung) wirksam reduzieren lässt. Nun ist noch die Betrachtung der im Betrieb der Maschine auftretenden Schwingungen notwendig (erzwungenen Schwingungen). Hierbei kann zwischen zwei Zuständen, die das System ertragen muss, unterschieden werden: 1. Hochlauf der Maschine und 2. Betrieb der Maschine. Während beim Hochlauf nur eine kurze Einwirkzeit der Schwingungen in der jeweilig gerade aktuellen Frequenz auftritt, ist das System im Betrieb den Schwingungen bei der entsprechenden Drehzahl längere Zeit ausgesetzt.

Im Beispiel soll exemplarisch ein langsamer Maschinenhochlauf betrachtet werden. Dafür wird im Simulationsmodell (Abb. 46.28) eine Zeit von $t = 60\,s$ für einen Hochlauf von $n = 0 - 4000\,min^{-1}$ mit linear veränderlicher Drehzahl festgelegt. Die Ergebnisse der Simulation sind in Abb. 46.30 dargestellt. Auch hier ist zu beobachten, dass bereits durch die elastische Aufstellung eine gute Reduktion der Amplituden der Schwinggeschwindigkeit möglich ist. Durch die zusätzliche Anwendung des gedämpften Tilgers verbessert sich die Situation insbesondere im Resonanzbereich der Struktur weiter. Das Einbringen einer zusätzlichen niederfrequenten Resonanz durch die elastische Aufstellung wirkt sich hier nicht kritisch aus. Es können sich keine großen Schwingungsamplituden in diesem Bereich (unterhalb des Betriebsbereiches) aufbauen. Wichtig hierbei ist, dass diese Resonanz genügend schnell durchfahren wird.

Literatur

Spezielle Literatur

1. Krämer, E.: Maschinendynamik. Springer, Berlin (1984)
2. Gasch, R., Knothe, K., Liebich, R.: Strukturdynamik – Diskrete Systeme und Kontinua, 2. Aufl. Springer, Berlin (2012)
3. Dresig, H., Holzweißig, F.: Maschinendynamik, 10. Aufl. Springer, Berlin (2011)
4. Schiehlen, W., Eberhardt, P.: Technische Dynamik, 4. Aufl. Springer, Wiesbaden (2014)
5. Ewins, D.J.: Modal Testing: Theory, Practice and Application, 2. Aufl. Research Studies Press, Baldock, Hertfordshire, England (2000)
6. Cooley, J.W., Tukey, J.W.: An algorithm for the machine calculation of complex Fourier series. Math Comput **19**(90), 279–301 (1965)
7. Magnus, K., Popp, K., Sextro, W.: Schwingungen, 10. Aufl. Springer, Wiesbaden (2016)
8. Kellenberger, W.: Elastisches Wuchten. Springer, Berlin (1987)
9. Federn, K.: Allgemeine Grundlagen, Meßverfahren und Richtlinien, 2. Aufl. Auswuchttechnik, Bd. 1. Springer, Berlin (2011)
10. Schneider, H.: Auswuchttechnik, 8. Aufl. Springer, Berlin (2013)
11. Maass, H., Klier, H.: Kräfte, Momente und deren Ausgleich in der Verbrennungskraftmaschine. In: List, H. (Hrsg.) Die Verbrennungskraftmaschine, Bd. 2, Springer, Wien (1981)
12. Kuhlmann, P.: Schwingungen in Kolbenmaschinen. VDI Bildungswerk, Schwingungen beim Betrieb von Maschinen BW32.11.07. VDI-Gesellschaft Konstruktion und Entwicklung, Düsseldorf (1980)
13. Schwibinger, P.: Torsionsschwingungen von Turbogruppen und ihre Kopplung mit den Biegeschwingungen bei Getriebemaschinen. Fortschrittber. VDI, Düsseldorf (1987)

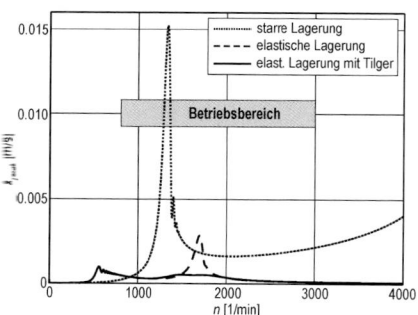

Abb. 46.30 Schwinggeschwindigkeiten des Balkens bei langsamem Maschinenhochlauf

14. Grgic, A.: Torsionsschwingungsberechnungen für Antriebe mit elektrisch drehzahlgeregelten Wechselstrom-Motoren. VDI-Ber. **603** (1986)
15. Natke, H.G.: Einführung in die Theorie und Praxis der Zeitreihen und Modalanalyse, 3. Aufl. Vieweg, Braunschweig (1992)
16. Gasch, R., Nordmann, R., Pfützner, H.: Rotordynamik, 2. Aufl. Springer, Berlin (2006)
17. Zienkiewicz, O.C.: The finite element method. Elsevier, Oxford (2006)
18. Unbehauen, H.: Regelungstechnik I, 15. Aufl. Vieweg + Teubner, Wiesbaden (2008)
19. Herold, S., Jungblut, T., Kraus, R., Melz, T.: Modellbasierte Entwicklung aktiver strukturdynamischer Systeme am Beispiel eines aktiven Lagerungssystems, Proc. VDI Mechatronik, Dresden (2011)
20. Den Hartog, J.P.: Mechanical vibrations. Dover Publications, Düsseldorf (1985)

Weiterführende Literatur

Biezeno, C.B., Grammel, R.: Technische Dynamik, 2. Aufl. Bd. 2. Springer, Berlin (1953). Reprint (1971)
Bishop, R.E.D.: Schwingungen in Natur und Technik. B. G. Teubner, Stuttgart (1985)
Fischer, U., Stephan, W.: Mechanische Schwingungen. Hanser, München (1993)
Hagedorn, P., Hochlehnert, D.: Technische Schwingungslehre/ Schwingungen linearer diskreter mechanischer Systeme, 2. Aufl. Europa-Lehrmittel. (2015)
Klotter, K.: Technische Schwingungslehre, 3. Aufl. Bd. 1. Springer, Berlin (1981). Bd. 2, 2. Aufl, (1960)
Waller, H., Schmidt, R.: Schwingungslehre für Ingenieure: Theorie, Simulation, Anwendungen. BI Wissenschaftsverlag, Mannheim (1989)
Dresig, H., Fidlin, A.: Schwingungen mechanischer Antriebssysteme, 3. Aufl. Springer, Berlin (2014)

Kurbeltrieb, Massenkräfte und -momente, Schwungradberechnung 47

Rainer Nordmann und Tamara Nestorović

Überarbeitet durch T. Nestorović.

Die vom Medium am Kolben und von den Massen der Triebwerksteile erzeugten Kräfte und Momente dienen zur Berechnung der Maschine einschließlich Triebwerk, der Gleichförmigkeit ihres Gangs, der Drehschwingungen [1] der Kurbelwelle (s. Kap. 46), der Massenwirkungen in der Umgebung und von Resonanzerscheinungen [2].

47.1 Drehkraftdiagramm von Mehrzylindermaschinen

Einfluss hierauf haben die Bauart der Maschine, der Versatz ihrer Kurbeln, die oszillierenden Triebwerksmassen und der Druck des Mediums im Zylinder sowie die Zündfolge [3] bei Motoren.

Druckverlauf Der Druckverlauf wird als $p = f(\varphi)$ als Funktion des Kurbelwinkels φ (Bd. 3, Abb. 4.6) oder als $p = f(x)$ dem Indikatordiagramm (Bd. 3, Abb. 1.2) entnommen [4]. Hierbei dient der dimensionslose Wert (s. Bd. 3,

R. Nordmann
Darmstadt, Deutschland

T. Nestorović (✉)
Ruhr-Universität Bochum
Bochum, Deutschland
E-Mail: tamara.nestorovic@rub.de

Gl. (1.21))

$$\xi = \frac{x}{r}$$
$$= 1 - \cos\varphi + \frac{\lambda}{2}\sin^2\varphi + \frac{\lambda^3}{8}\sin^4\varphi + \cdots \quad (47.1)$$

der Umrechnung des Kolbenwegs x in den Kurbelwinkel $\varphi = \omega t$, wofür meist die ersten drei Glieder genügen.

Drehmoment Die Kolbenkraft $F_{K(\varphi)}$ setzt sich aus der Gasdruckkraft F_s und der Massenkraft F_o zusammen (nach Bd. 3, Abschn. 1.3.3). Sie bestimmt zusammen mit der Kinematik des Kurbeltriebs das Drehmoment eines Triebwerks

$$M_d = F_T(\varphi)r$$
$$= F_K(\varphi) \cdot r \cdot \left(\sin\varphi + \frac{\lambda}{2}\frac{\sin 2\varphi}{\sqrt{1 - \lambda^2\sin^2\varphi}}\right) \quad (47.2)$$

mit der Periode $\varphi_A = 360°a_T$ ($a_T = 2$ beim Viertaktmotor, sonst $a_T = 1$), F_T Tangentialkraft und den Nullstellen nach Bd. 3, Abschn. 1.3.3. Bei steigender Drehzahl entlasten die Massenkräfte zunächst die Gaskräfte, um sie dann später zu übersteigen, was sich auch auf die Drehmomentenschwankungen auswirkt (s. Bd. 3, Abb. 1.10).

Gesamtmoment Das Gesamtmoment für eine Maschine mit mehreren Zylindern (Anzahl z) ergibt sich durch phasengerechte Überlagerung der Drehmomente der Einzeltriebwerke (Gl. (47.2)).

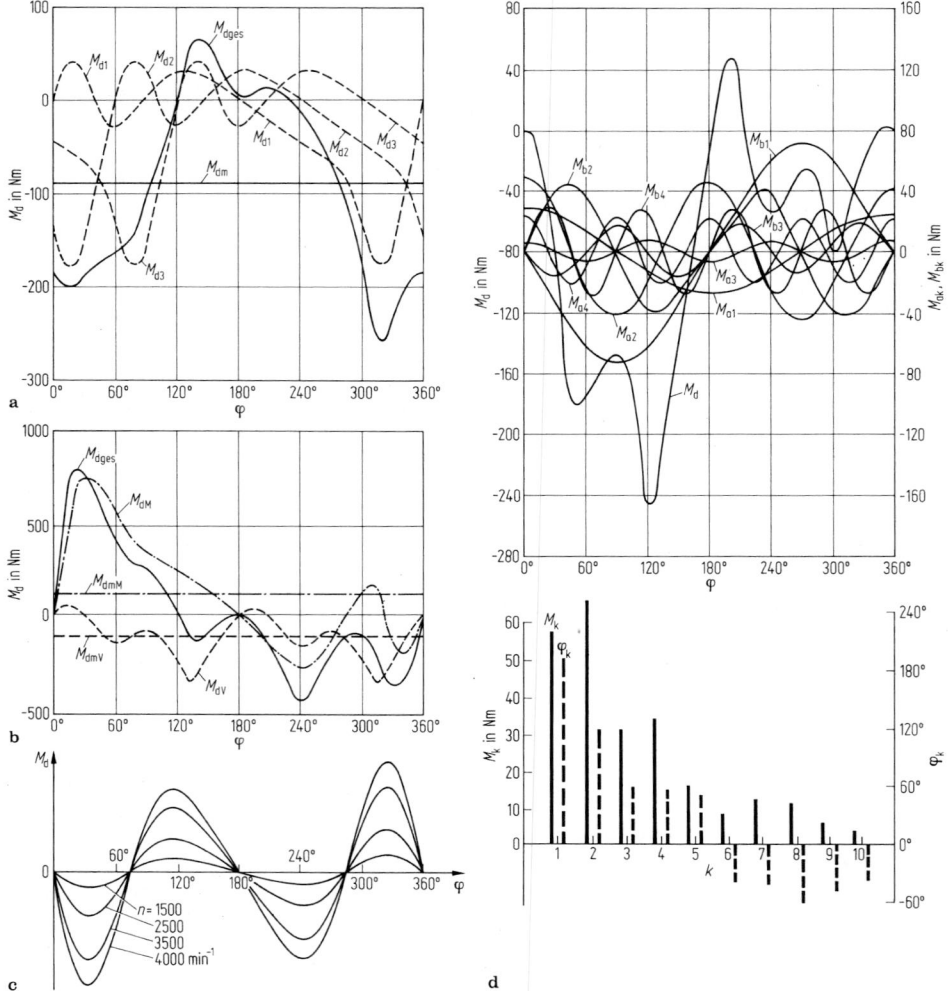

Abb. 47.1 Drehmomentendiagramme. **a** Einstufiger W-Verdichter $\gamma_F = 60°$; **b** Viertaktmotor M mit einstufigen Kolbenverdichter V mit je zwei Zylindern in Reihe, $M_{dmM} = -M_{dmV}$, $\varphi_{PM} = \varphi_{PV}$; **c** Zweitakt-motor beim Leerlauf; **d** harmonische Analyse des Moments eines zweistufigen Verdichters mit Spektrum der Momentenamplituden und ihrer Phasenwinkel $M_k = \sqrt{M_{ka}^2 + M_{kb}^2}$ bzw. $\tan \varphi_k = M_{ak}/M_{bk}$

Dabei ist zu berücksichtigen, welche Bauart (Reihenmaschine, V-Maschine) vorliegt, wie der Kurbelversatz ist und ob alle Kolben gleich sind.

Bei Reihenmaschinen beträgt es

$$M_{d\,ges} = \sum M_d[\varphi + (K-1)\varphi_p]. \quad (47.3)$$

Bei einer Periode $\varphi_p = \varphi_A/z$, also dem Winkel zwischen zwei Kurbeln, wiederholt sich das Gesamtmoment. Dabei nehmen die Momenten-schwankungen mit zunehmender Zylinderzahl ab.

Abb. 47.1 zeigt Drehmomentendiagramme für verschiedene Verdichter und Motoren. Beim einstufigen W-Verdichter erkennt man deutlich die Überlagerung der drei Einzelmomente M_{d_1}, M_{d_2}, M_{d_3} zum Gesamtmoment $M_{d\,ges}$ (Abb. 47.1a). Dargestellt ist auch das mittlere Drehmoment M_{dm}. Bei der Kupplung von Kraft- und Arbeitsmaschinen sind beide Drehmomente zu berücksichtigen (Abb. 47.1b). Für Schwingungsuntersucungen ist eine harmonische Analyse des Drehmomentenverlaufs vorzunehmen (Abb. 47.1d). Hier bedeuten die M_{ak} bzw. die M_{bk} die cos- bzw. sin-Glieder der Fourierreihe (s. Teil I und Abschn. 46.5.4).

Mittleres Moment Es beträgt

$$M_{dm} = \frac{1}{\varphi_P} \int\limits_0^{\varphi_P} M_{d\,ges}\, d\varphi \qquad (47.4)$$

und wird durch Integration von $M_{d\,ges}$ über eine Periode ermittelt. Im Beharrungszustand ist es dem Mittelwert der angekuppelten Maschine gleich und von den Massenkräften unabhängig.

Schwungrad Ein Schwungrad hat die Aufgabe Abweichungen des Moments $(M_d - M_{dm})$ so aufzunehmen, dass die Ungleichförmigkeit der Drehbewegung möglichst gering bleibt. Die ausgetauschte Energie im Winkelbereich φ_k bis φ_{k+1} ist (Abb. 47.2)

$$W_s = \int\limits_{\varphi_k}^{\varphi_{k+1}} (M_d - M_{dm})\, d\varphi \,. \qquad (47.5)$$

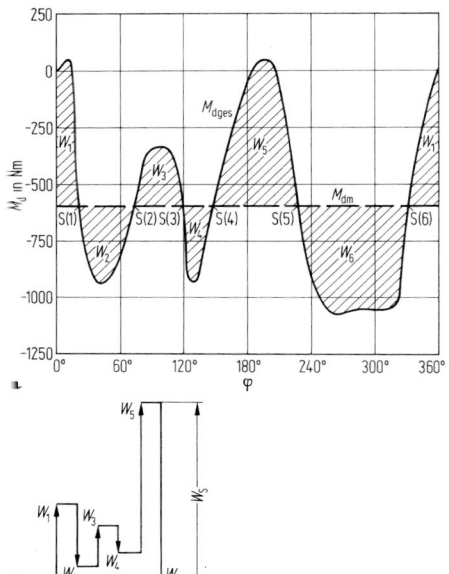

Abb. 47.2 Ermittlung des Arbeitsvermögens. **a** Drehmoment; **b** Energieverlauf

Tab. 47.1 Anhaltswerte für Ungleichförmigkeitsgrade

Schiffspropeller	1/30
Pumpen und Gebläse	1/30 ... 1/50
Werkzeugmaschinen	1/50
Kolbenverdichter	1/50 ... 1/100
Fahrzeugmotoren	1/150 ... 1/300
Generatoren:	
– Drehstrom	1/125 ... 1/300
– Gleichstrom	1/100 ... 1/200

Dabei treten die φ_k und φ_{k+1} an den Stellen auf, wo $M_d = M_{dm}$ ist.

Trägheitsmoment Aus dem Energiesatz folgt mit $W_{s\,max} = J(\omega_{max}^2 - \omega_{min}^2)/2$, dem Mittelwert $\omega_m = (\omega_{max} + \omega_{min})/2$ und dem Ungleichförmigkeitsgrad $\delta = (\omega_{max} - \omega_{min})/\omega_m$ nach Tab. 47.1

$$J = \frac{W_{s\,max}}{\delta\,\omega_m^2} = \frac{W_{s\,max}}{4\,\pi^2\,\delta\,n^2} \qquad (47.6)$$

mit $W_{s\,max}$ kinetischer Energie und n Drehfrequenz. Es umfasst auch die Anteile der angekuppelten Maschine und der Triebwerke und ist vom Schwungrad aufzubringen, das ebenfalls der Regelung dient [5]. Anhaltswerte für Viertaktmotoren [6] folgen mit der indizierten Leistung P_i und der Konstanten k nach Tab. 47.2 aus

$$J = k\,\frac{P_i}{\delta(n/100)^3} \,. \qquad (47.7)$$

Bei gleicher Leistung nimmt also das Trägheitsmoment mit der dritten Potenz der Drehzahl, der Zylinderzahl und dem Ungleichförmigkeitsgrad ab.

Auslegung Das Schwungrad (Abb. 47.3) besteht aus k Scheiben mit der Breite b_k, dem Außen- bzw. Innendurchmesser D_k und d_k und hat die Dichte ϱ. Seine Masse bzw. sein Trägheitsmo-

Tab. 47.2 Konstante k in kg m^2/(KW min^3) für Viertaktmotoren

Zylinderzahl	1	2	3	4	5	6	7
Dieselmotor	17,5	7,2	4,3	0,92	1,63	0,54	0,7
Ottomotor	6,0	2,5	1,3	0,5	0,24	0,12	–

Abb. 47.3 Scheiben-
schwungrad

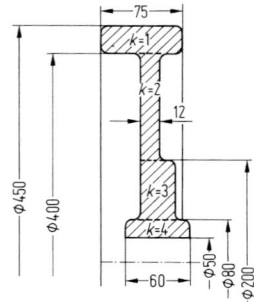

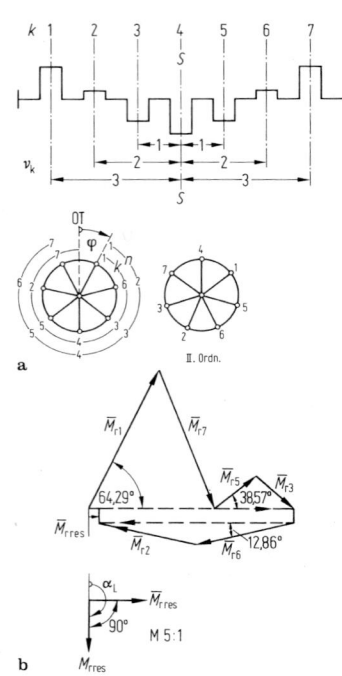

Abb. 47.4 7-Zylinder-Reihenmotor. **a** Kurbelschema mit Stern I. und II. Ordnung; **b** vektorielle Ermittlung des resultierenden rotierenden Moments

ment beträgt also

$$m_{\mathrm{s}} = \frac{\pi}{4}\varrho \sum \left(D_k^2 - d_k^2\right) b_k$$

$$J = \frac{1}{8} \sum m_k \left(D_k^2 + d_k^2\right)$$

$$= \frac{\pi}{32}\varrho \sum \left(D_k^4 - d_k^4\right) b_k, \qquad (47.8)$$

wobei $D_{k+1} = d_k$ ist.

Hiernach hat der äußere Kranz den größten Einfluss und nimmt etwa 90 % des Trägheitsmoments bei Scheiben- und 95 % bei Speichenschwungrädern [7, 8] auf. Zur besseren Materialausnutzung soll der äußere Durchmesser so groß sein, wie es die Fliehkraftspannungen zulassen. Die Grenzen liegen bei den Umfangsgeschwindigkeiten $u = 50\,\mathrm{m/s}$ bei Grauguss- und $u = 75\,\mathrm{m/s}$ bei Stahlgussrädern.

47.2 Massenkräfte und Momente

Bei den Massenkräften eines Triebwerks unterscheiden wir Kräfte, die sich aus Drehbewegungen ergeben, und Kräfte, die aus translatorischen Bewegungen resultieren. Es sind dies die rotierenden Kräfte $F_{\mathrm{r}} = m_{\mathrm{r}} r \omega^2$ bzw. die in der Zylinderachse wirkenden Kräfte I. und II. Ordnung $F_{\mathrm{I}} = m_{\mathrm{o}} r \omega^2 \cos\varphi = P_{\mathrm{I}} \cos\varphi$ und $F_{\mathrm{II}} = \lambda P_{\mathrm{I}} \cos 2\varphi$ nach Bd. 3, Gl. (1.36), wobei die höheren Harmonischen vernachlässigt wurden. Bei Mehrzylindermaschinen müssen die resultierenden Kräfte und Momente durch vektorielle Addition gebildet werden. Die Addition erfolgt gemäß der Stellung der Kurbeln und der Lage der Mittellinien. Bei Motoren sind die Massen m_{r} und m_{o} der Triebwerke nach Bd. 3,

Kap. 1, die Zylinderabstände a und die Differenz $\Delta\,\alpha_k$ des Kurbelversatzes konstant und ihre Schwerelinie SS liegt in der Kurbelwellenmitte, Abb. 47.4. Die Kräfte und Momente verursachen Schwingungen in Triebwerk und Maschine [9], insbesondere Torsionsschwingungen der Kurbelwelle [10].

47.2.1 Analytische Verfahren

Reihenmaschinen Der Abstand h_k und der Versatz α_k der k-Kurbel von z Zylindern beträgt mit der Taktzahl a_{T} (Abb. 47.4a)

$$\alpha_k = (n-1)360°a_{\mathrm{T}}/z,$$
$$h_k = [0{,}5(z+1)-k]a = \upsilon_k\,a\,, \qquad (47.9)$$

wobei $\upsilon_k = 0{,}5\,(z+1)-k$ und a Zylinderabstand. Zähler $k = 1$ bis z bezeichnet die Triebwerke längs der Kurbelwelle von der Kupplung ab, und der Zähler $n = 1$ bis z bestimmt den Winkel α_k und rechnet in der Drehrichtung.

Rotierende Momente Zur Ermittlung der Momente M_{rx}, M_{ry} werden die Komponenten $F_r \sin(\varphi + \alpha_k)$, $F_r \cos(\varphi + \alpha_k)$ der rotierenden Kräfte mit dem jeweiligen Hebelarm h_k multipliziert und aufaddiert

$$M_{rx} = F_r \sum h_k \sin(\varphi + \alpha_k)$$

$$M_{ry} = F_r \sum h_k \cos(\varphi + \alpha_k) \qquad (47.10)$$

Mit den dimensionslosen Konstanten

$$c_{r_1} = \sum v_k \cos \alpha_k \quad \text{und} \quad c_{r_2} = \sum v_k \sin \alpha_k \qquad (47.11)$$

folgt daraus für die Resultierende und ihren Lagewinkel

$$M_{r\,res} = \sqrt{M_{rx}^2 + M_{ry}^2},$$

$$\tan \chi = M_{rx}/M_{ry} = c_{r_2}/c_{r_1} \qquad (47.12)$$

und mit $c_r = \sqrt{c_{r_1}^2 + c_{r_2}^2}$

$$M_{r\,res} = F_r\, a\, c_r \quad \text{und} \quad \alpha_L = 90° + \varphi + \chi. \qquad (47.13)$$

Momente m-ter Ordnung. Mit den Kraftamplituden $P_{mk} = F_{mk}/\cos(m\,\varphi)$ nach Bd. 3, Gl. (1. 35), die in den Zylindermittellinien wirken, gilt analog zum obigen Ansatz

$$M_{m\,res} = \sum P_{mk} h_k \cos m(\varphi + \alpha_k). \qquad (47.14)$$

Das Maximum folgt hieraus mit $dM_{m\,res}/d\varphi = 0$

$$\tan m\,\varphi = -\sum P_m h_k \sin m\,\alpha_k$$
$$/ \sum P_m h_k \cos m\,\alpha_k, \qquad (47.15)$$

wobei der Winkel φ für seine Berechnung und Richtung maßgebend ist. Sind die Kolben, also die Kräfte P_{mk} gleich, so ergibt sich mit den Konstanten

$$c_{m_1} = \sum v_k \cos m\,\alpha_k \quad \text{und}$$

$$c_{m_2} = \sum v_k \sin m\,\alpha_k \qquad (47.16)$$

für den Momentanwert der Momente bzw. ihr Maximum mit

$$c_m = \sqrt{c_{m_1}^2 + c_{m_2}^2},$$

$$M_{m\,res} = P_m a (c_{m_1} \cos m\,\varphi - c_{m_2} \sin m\,\varphi),$$

$$M_{m\,max} = P_m\, a\, c_m. \qquad (47.17)$$

Sie treten auf bei dem Kurbelwinkel

$$\varphi = \arctan(-c_{m_2}/c_{m_1})/m. \qquad (47.18)$$

Hierbei ist $c_{I_1} = c_{r_1}$ und $c_{I_2} = c_{r_2}$.

Kräfte Für sie gilt in Gln. (47.9) und (47.16) $h_k = a\, v_k = 1$. Damit folgt für ihre Konstanten

$$k_{m_1} = \sum \cos m\, a_k \quad \text{und} \quad k_{m_2} = \sum \sin m\, a_k. \qquad (47.19)$$

Günstige Kurbelfolgen Die Kräfte verschwinden, wenn die Kurbelsterne m-ter Ordnung mit den Winkeln $m\alpha_k$ (Abb. 47.4a) symmetrisch sind. Zweitaktmaschinen (Abb. 47.5) haben die kleinsten Momente, wenn ihr Kurbelstern I. Ordnung in der Reihenfolge 1, z, 2, $z-1$, n, $n(z-n+1)$ durchlaufen wird [11, 12]. In Viertaktmaschinen heben sich die Momente auf, wenn bei je zwei Kurbeln der Winkel α_k und der Betrag ihrer Hebelarme h_k gleich sind.

V-Maschinen Beim Zweizylinder-Motor bilden die um eine Schubstangenbreite versetzten Mittellinien der Triebwerke A und B den Gabelwinkel $\gamma = \varphi_A + \varphi_B$, Abb. 47.6. Die vertikalen bzw. horizontalen Komponenten der Kraft I. Ordnung betragen dann, da $\varphi_A = \gamma/2 + \varphi_k$ und $\varphi_B = \gamma/2 - \varphi_k$ ist, mit $F_{IA} = P_{IA} \cos \varphi_A$ und

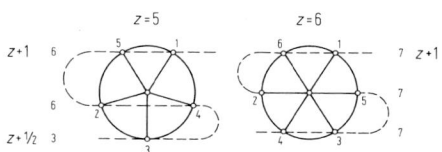

Abb. 47.5 Günstige Kurbelfolgen für Zweitaktmotoren mit gerader und ungerader Zylinderzahl

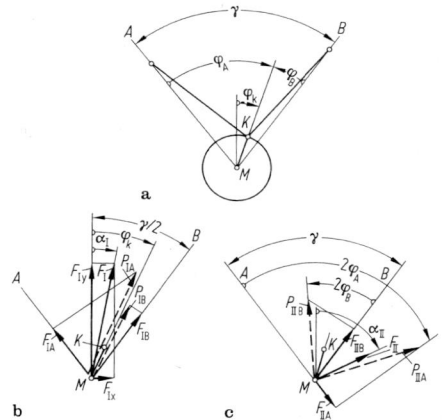

Abb. 47.6 V-Maschine. **a** Anordnung der Triebwerke; **b** Ermittlung der Kraft I. Ordnung aus den Komponenten; **c** vektorielle Ermittlung der Kraft II. Ordnung

$$F_{\mathrm{I\,B}} = P_{\mathrm{I\,B}} \cos \varphi_{\mathrm{B}}$$

$$F_{\mathrm{I}x} = (F_{\mathrm{IA}} - F_{\mathrm{IB}}) \sin(\gamma/2)$$
$$F_{\mathrm{I}y} = (F_{\mathrm{IA}} + F_{\mathrm{IB}}) \cos(\gamma/2). \qquad (47.20)$$

Ihre Resultierende und deren Lagewinkel sind damit

$$F_{\mathrm{I}} = \sqrt{F_{\mathrm{I}x}^2 + F_{\mathrm{I}y}^2} \quad \text{bzw.} \quad \tan \alpha_{\mathrm{I}} = F_{\mathrm{I}x}/F_{\mathrm{I}y}. \qquad (47.21)$$

Für gleiche Kolbenmassen wird dann mit $P_{\mathrm{IA}} = P_{\mathrm{IB}} = P_{\mathrm{I}}$

$$F_{\mathrm{I}x} = 2 P_{\mathrm{I}} \sin^2(\gamma/2) \sin \varphi_k$$
$$F_{\mathrm{I}y} = 2 P_{\mathrm{I}} \cos^2(\gamma/2) \cos \varphi_k. \qquad (47.22)$$

Bei $\gamma = 90°$ folgt aus Gln. (47.21) und (47.22) $F_{\mathrm{I}} = P_{\mathrm{I}}$ und $\alpha_{\mathrm{I}} = \varphi$. Die Kräfte I. Ordnung sind durch Gegengewichte an den Wangen ausgleichbar. Ihre Extremwerte treten bei $\cos \varphi = 1$ bzw. 0 auf, stellen die Halbachsen der Ellipsen nach Gl. (47.22) dar und betragen hiernach

$$F_{\mathrm{I\,a}} = 2 P_{\mathrm{I}} \cos^2(\gamma/2) \quad \text{und}$$
$$F_{\mathrm{I\,b}} = 2 P_{\mathrm{I}} \sin^2(\gamma/2). \qquad (47.23)$$

Sie liegen vertikal bzw. horizontal und für $\gamma < 90°$ ist $F_{\mathrm{I\,a}}$ das Maximum und $F_{\mathrm{I\,b}}$ das Minimum (s. Tab. 47.3). Für die Kräfte II. Ordnung gilt dann mit den Komponenten

Tab. 47.3 Extremwerte der Massenkräfte von V-Maschinen $P_{\mathrm{I}} = m_0 r \, \omega^2$ und $P_{\mathrm{II}} = \lambda \, P_{\mathrm{I}}$

γ in °	$F_{\mathrm{Ia}}/P_{\mathrm{I}}$	$F_{\mathrm{Ib}}/P_{\mathrm{I}}$	$F_{\mathrm{IIa}}/P_{\mathrm{II}}$	$F_{\mathrm{IIb}}/P_{\mathrm{II}}$
30	1,867	0,134	1,673	0,259
45	1,707	0,293	1,307	0,541
60	1,50	0,50	0,866	0,866
75	1,259	0,741	0,411	1,176
90	1,0	1,0	0	1,414
120	0,5	1,50	0,5	1,50
180	0,0	2,0	0	0

$$F_{\mathrm{II\,A}} = P_{\mathrm{II\,A}} \cos 2\varphi_{\mathrm{A}} \quad \text{und} \quad F_{\mathrm{II\,B}} = P_{\mathrm{II\,B}} \cos 2\varphi_{\mathrm{B}}$$

$$F_{\mathrm{II}x} = (F_{\mathrm{II\,A}} - F_{\mathrm{II\,B}}) \sin(\gamma/2)$$
$$F_{\mathrm{II}y} = (F_{\mathrm{II\,A}} + F_{\mathrm{II\,B}}) \cos(\gamma/2) \qquad (47.24)$$

mit den Resultierenden und Lagewinkel

$$F_{\mathrm{II}} = \sqrt{F_{\mathrm{II}x}^2 + F_{\mathrm{II}y}^2} \quad \text{bzw.} \quad \tan \alpha_{\mathrm{II}} = F_{\mathrm{II}x}/F_{\mathrm{II}y}.$$

Bei gleichen Kolbenmassen gilt

$$F_{\mathrm{II}x} = 2 P_{\mathrm{II}} \sin(\gamma/2) \sin \gamma \sin 2\varphi_k$$
$$F_{\mathrm{II}y} = 2 P_{\mathrm{II}} \cos(\gamma/2) \cos \gamma \cos 2\varphi_k. \qquad (47.25)$$

Ihre Extremwerte, die bei $\cos 2\varphi_k = 1$ bzw. 0 auftreten, sind

$$F_{\mathrm{II\,a}} = 2 P_{\mathrm{II}} \cos(\gamma/2) \cos \gamma$$
$$F_{\mathrm{II\,b}} = 2 P_{\mathrm{II}} \sin(\gamma/2) \sin \gamma. \qquad (47.26)$$

Hierbei ist $F_{\mathrm{II\,a}}$ das Maximum und $F_{\mathrm{II\,b}}$ das Minimum, wenn $\gamma < 60°$ ist (s. Tab. 47.3).

Die rotierenden Kräfte folgen aus Bd. 3, Kap. 1

$$F_{\mathrm{r}} = m_{\mathrm{rV}} r \omega^2 \quad \text{mit} \quad m_{\mathrm{rV}} = m_{\mathrm{rKW}} + 2 \, m_{\mathrm{rSt}}. \qquad (47.27)$$

V-Reihenmaschinen, Abb. 47.7 Bei gleichen Kolbenmassen betragen die Komponenten der Momente I. Ordnung nach Gln. (47.17) und (47.23) mit $c_{\mathrm{I}1} = c_{\mathrm{r}1}$ und $c_{\mathrm{I}2} = c_{\mathrm{r}2}$

$$M_{\mathrm{I}x} = 2 P_{\mathrm{I}} a \, \sin^2(\gamma/2)(c_{\mathrm{r}1} \sin \varphi + c_{\mathrm{r}2} \cos \varphi),$$
$$M_{\mathrm{I}y} = 2 P_{\mathrm{I}} a \, \cos^2(\gamma/2)(c_{\mathrm{r}1} \cos \varphi - c_{\mathrm{r}2} \sin \varphi). \qquad (47.28)$$

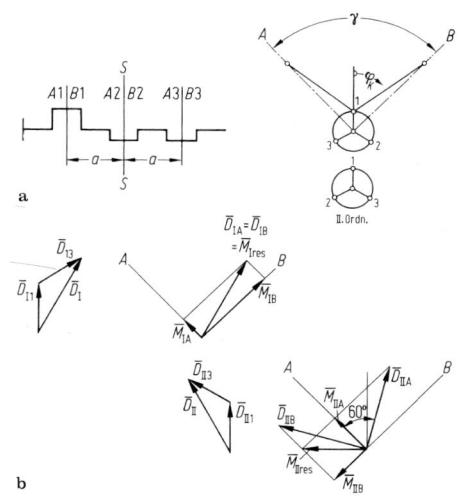

Abb. 47.7 V-Reihenmaschinen. **a** Schematischer Aufbau und Momente I. Ordnung; **b** Kurbelstern II. Ordnung mit Momenten

Für die Momente II. Ordnung gilt dann mit Gl. (47.17) mit $m = $ II

$$M_{\mathrm{II\,x}} = 2\,P_{\mathrm{II}}\,a \sin \gamma \sin(\gamma/2)$$
$$\cdot (c_{\mathrm{II}\,1} \sin 2\,\varphi + c_{\mathrm{II}\,2} \cos 2\,\varphi),$$
$$M_{\mathrm{II\,y}} = 2\,P_{\mathrm{II}}\,a \cos \gamma \cos(\gamma/2)$$
$$\cdot (c_{\mathrm{II}\,1} \cos 2\,\varphi - c_{\mathrm{II}\,2} \sin 2\,\varphi).$$
$$(47.29)$$

Resultierende und Lagewinkel ergeben sich aus Gl. (47.12). Die Extremwerte der Momente I. Ordnung folgen mit $c_{\mathrm{r}} = \sqrt{c_{\mathrm{r}1}^2 + c_{\mathrm{r}2}^2}$

$$M_{\mathrm{I\,a}} = 2\,P_{\mathrm{I}}ac_{\mathrm{r}} \cos^2(\gamma/2) \text{ und}$$
$$M_{\mathrm{I\,b}} = 2P_{\mathrm{I}}ac_{\mathrm{r}} \sin^2(\gamma/2). \qquad (47.30)$$

Für die Momente II. Ordnung gilt dann mit $c_{\mathrm{II}\,1}$ und $c_{\mathrm{II}\,2}$ nach Gl. (47.19) und mit $c_{\mathrm{II}} = \sqrt{c_{\mathrm{II}\,1}^2 + c_{\mathrm{II}\,2}^2}$

$$M_{\mathrm{II\,a}} = 2\,P_{\mathrm{II}}\,a\,c_{\mathrm{II}} \cos \gamma \cos \gamma/2$$
$$M_{\mathrm{II\,b}} = 2\,P_{\mathrm{II}}\,a\,c_{\mathrm{II}} \sin \gamma \sin(\gamma/2). \qquad (47.31)$$

Die rotierenden Momente werden wie bei der Reihenmaschine berechnet. Tab. 47.4 zeigt die Massenkräfte und Momente der wichtigsten Motorenbauarten.

Beispiel

Massenkräfte und Momente eines Motors mit der Kurbelfolge 1, 6, 3, 4, 5, 2, 7 in einfacher bzw. in V-Reihenbauart mit 60° bzw. 90° Gabelwinkel. ◄

Reihenmotor Der Kurbelversatz und die Hebelarme betragen bei $z = 7$ Zylindern nach Gl. (47.9) und Abb. 47.4

$$\alpha_k = (n - 1)51{,}43° \quad \text{und} \quad \upsilon_k = h_k/a = 4 - k.$$

Der Kurbelwinkel ist $\varphi = 51{,}43°/2 = 25{,}72°$. Aus der mit diesen Werten ermittelten Tab. 47.5 folgt mit Gln. (47.11) und (47.21) $c_{\mathrm{r}1} = 0{,}1160$ und $c_{\mathrm{r}2} = 0{,}2407$ bzw. $c_{\mathrm{r}} = 0{,}2672$ und $k_{\mathrm{r}1} = k_{\mathrm{r}2} = 0$. Damit gilt für das resultierende bzw. das maximale Moment I. Ordnung

$$M_{\mathrm{r\,res}}/(F_{\mathrm{r}}a) = M_{\mathrm{I\,res}}/(P_{\mathrm{I}}a) = 0{,}2672.$$

Der Vektor des rotierenden Moments hat nach Gl. (47.13) mit $\arctan(0{,}2407/0{,}116) = 64{,}28°$ den Lagewinkel

$$\alpha_{\mathrm{L}} = 90° + 25{,}72° + 64{,}28° = 180°.$$

Das maximale Moment I. Ordnung tritt beim Kurbelwinkel $\varphi = -64{,}26°$ bzw. $115{,}75°$ also bei der Drehung der Kurbel *1* um 90° auf. Das Moment ist Null bei $\varphi = 64{,}28°$ bzw. $154{,}28°$. Für das Moment II. Ordnung wird die Tab. 47.5 für $2\,\alpha_k$ neu berechnet. Nach Gl. (47.16) folgt hieraus $c_{\mathrm{II}\,1} = 0{,}7862$ und $c_{\mathrm{II}\,2} = 0{,}6270$, also $c_{\mathrm{II}} = 1{,}006$ und $k_{\mathrm{II}\,1} = k_{\mathrm{II}\,2} = 0$.

Das Maximum des Moments II. Ordnung ist $M_{\mathrm{II\,res\,max}}/(\lambda\,P_{\mathrm{I}}\,a) = 1{,}006$. Es tritt mit $\arctan(-c_{\mathrm{II}\,2}/c_{\mathrm{II}\,1}) = 38{,}57°$ bei $\varphi = (90 - 38{,}57)° = 25{,}71°$ d. h. in der gezeichneten Lage auf. Aus einer grafischen Lösung folgt

$$M_{\mathrm{r}} = 2F_{\mathrm{r}}a(3 \cos 64{,}28° + \cos 38{,}57°$$
$$- 2 \cos 12{,}86°)$$
$$= 0{,}2672 F_{\mathrm{r}}a.$$

47

Tab. 47.4 Freie Massenkräfte und -momente verschiedener Zylinderanordnungen. (Zusammengestellt nach [3, 6, 9, 10, 13])

Bezeichnung	2 Zylinder Reihe (1,2,3)	2 Zylinder Reihe (1,2,3)	2 Zylinder Boxer (1,2,3)	2 Zylinder 45° V (1*,2,3,4)	2 Zylinder 60° V (1*,2,3,4)	2 Zylinder 90° V (1*,2,3,4)
Kurbelstern I. Ordnung Schemaskizze der Kurbelwelle						
Aufbau der Kurbelwelle	2 Kröpfungen	2 Kröpfungen	2 Kröpfungen	1 Kröpfung	1 Kröpfung	1 Kröpfung
Zündabstände	180°–540°	360°–360°	360°–360°	405°–315°	420°–300°	450°–270°
Freie Kräfte (ohne Ausgleich)						
I. Ordnung	0	$2P_I$	0	v.$1{,}707P_I$; h. $0{,}293P_I$	v.$1{,}5P_I$; h. $0{,}5P_I$	v. und h. $1{,}0P_I$
II. Ordnung	$2P_{II}$	$2P_{II}$	0	v.$1{,}31P_{II}$; h. $0{,}34P_{II}$	v. und $0{,}865\,P_{II}$	v.$0P_{II}$; h. $1{,}414P_{II}$
Freie Momente (ohne Ausgleich)						
I. Ordnung	$a \cdot P_I$	0	$b \cdot P_I$	$b \cdot F_I$	$b \cdot F_I$	$b \cdot F_I$
II. Ordnung	0	0	$b \cdot P_{II}$	$b \cdot F_{II}$	$b \cdot F_{II}$	$b \cdot F_{II}$
Freie Kräfte höherer Ordnung	$2(P_{IV}+P_{VI}+\dots)$	$2(P_{IV}+P_{VI}+\dots)$	0	$0{,}765P_{IV}$; $0{,}765\,P_{VI}$	$\sqrt{3}P_{IV}$	$\sqrt{2}P_{IV}$; $\sqrt{2}P_{VI}$
Freie Momente höherer Ordnung	0	0	$b \cdot (P_{IV}+P_{VI}+\dots)$	$0{,}765 \cdot b \cdot P_{IV}$;$0{,}765 \cdot b \cdot P_{VI}$	$b \cdot P_{IV}$; $b \cdot \tfrac{1}{2}\sqrt{3}P_{VI}$	$b \cdot \tfrac{1}{2}\sqrt{2}P_{IV}$;$b \cdot \tfrac{1}{2}\sqrt{2}P_{VI}$
Gegengewichte: übliche Anzahl Größe	2 $<(F_r+0{,}5P_I)$	2 $F_r+0{,}5P_I$	2 $<(F_r+0{,}5P_I)$	2 $\tfrac{1}{2}(F_r+\dots\,P_I)$	2 $\tfrac{1}{2}(F_r+\dots\,P_I)$	2 $\tfrac{1}{2}(F_r+\dots\,P_I)$
Aufwand	groß	groß	groß	groß	groß	groß
Drehschwingungen, kritische Drehschwingverhalten	$0{,}5$; $1{,}5$; 2; $2{,}5$; … gut	1; 2; 3; … gut	1; 2; 3; … gut	s. [10, 13].	s. [10, 13].	s. [10, 13].
Allg. dynamisches Verhalten	Brauchbar	Brauchbar	Brauchbar	Mäßig	Mäßig	Brauchbar
Beurteilung	Brauchbar	Brauchbar	Brauchbar	Mäßig	Mäßig	Brauchbar

Tab. 47.4 (Fortsetzung)

Bezeichnung	3 Zylinder Reihe (1.2.3.5)	4 Zylinder Reihe (1.2.3)	4 Zylinder Reihe (1.2)	4 Zylinder 2 × 180° V (1*.2.3.4)	4 Zylinder Boxer (1.2.3)
Kurbelstern I. Ordnung / Schemaskizze der Kurbelwelle					
Aufbau der Kurbelwelle	3 × 120° Kröpfungen	4 Kröpfungen	2 × 2 um 90° versetzte Kr.	2 Kröpfungen	4 Kröpfungen
Zündabstände	240°–240°	180°–180°–180°	Z. T. 90°–90°–90°–90°	180°–180°–180°	180°–180°–180°–180°
Freie Kräfte (ohne Ausgleich)					
I. Ordnung	0	0	0	0	0
II. Ordnung	0	$4P_{II}$	0	0	0
Freie Momente (ohne Ausgleich)					
I. Ordnung	$\sqrt{3}\cdot a\cdot P_I$	0	$\sqrt{2}\cdot a\cdot P_I$	$a\cdot F_I$	0
II. Ordnung	$\sqrt{3}\cdot a\cdot P_{II}$	0	$4\cdot a\cdot P_{II}$	$2b\cdot F_{II}$	$2b\cdot P_{II}$
Freie Kräfte höherer Ordnung	$3P_{VI}$	$4(P_{IV}+P_{VI}+\dots)$	$4P_{IV}$	0	0
Freie Momente höherer Ordnung	$\sqrt{3}\cdot a\cdot P_{IV}$	0	$4\cdot a\cdot P_{VI}$	$2b\cdot F_{IV};\ 2b\cdot F_{VI}$	$2b\cdot P_{IV};\ 2b\cdot P_{VI}$
Gegengewichte: übliche Anzahl	4	4	4	4	4
Größe	$< (F_r + 0{,}5P_I)$	$\ll (F_r + 0{,}5P_I)$	$F_r + 0{,}5P_I$	$\tfrac12 F_r + \dots \tfrac12 P_I$	$\ll (F_r + 0{,}5P_I)$
Aufwand		mäßig	groß	mäßig	klein
Drehschwingungen, kritische	1,5; 3; 4,5; …	2; 4; 6; …	4; 6; 8; …	2; 4; 6; … [10, 13]	2; 4; 6; …
Drehschwingverhalten	gut	mäßig	gut	mäßig	gut
Allg. dynamisches Verhalten	Mittel	Gut	Mäßig	Schlecht	Gut
Beurteilung	Mittel	Mittel	Mäßig	Schlecht	Gut

Tab. 47.4 (Fortsetzung)

Bezeichnung	1*,4,6	1*,3,4,6	1*,3,4,6	1,3,7	1,2,3
	4 Zylinder 2×90° V	4 Zylinder 2×90° V	4 Zylinder 2×90° V	4 Zylinder 60° V	5 Zylinder Reihe
Kurbelstern I. Ordnung / Schemaskizze der Kurbelwelle					
Aufbau der Kurbelwelle	2 Kröpfungen	2 Kröpfungen	2 Kröpfungen, 90° versetzt	2×120° Kröpfg., 60° versetzt	5×72° Kröpfungen
Zündabstände	90°–180°–270°–180°	90°–270°–90°–270°	180°–90°–270°–180°	180°–180°–180°–180°	5×144°
Freie Kräfte (ohne Ausgleich)					
I. Ordnung	0	$2F_I$	$\sqrt{2}F_I$	0	0
II. Ordnung	v. $0P_{II}$; h.$2\sqrt{2}P_{II}$	$2P_{II}$	0	$2\sqrt{3}P_{II}$	0
Freie Momente (ohne Ausgleich)					
I. Ordnung	$a \cdot F_I$	$b \cdot F_I$	$a/2\sqrt{2}F_I$; $b/2\sqrt{2}F_I$	$a \cdot P_I$	$0{,}449 \cdot a \cdot P_I$
II. Ordnung	$2b \cdot F_{II}$	0	$2a \cdot F_I$	$b \cdot P_{II}$	$4{,}98 \cdot a \cdot P_{II}$
Freie Kräfte höherer Ordnung	0	$2F_{IV}$; $2F_{VI}$	$2F_{IV}$; $2F_{VI}$	$2\sqrt{3}(P_{IV} + P_{VI})$	0
Freie Momente höherer Ordnung	$2b \cdot F_{IV}$; $2b \cdot F_{VI}$	$b \cdot \sqrt{F_{IV}}$; $b \cdot \sqrt{F_{VI}}$	$b \cdot \sqrt{F_{IV}}$; $b \cdot \sqrt{F_{VI}}$	$b(P_{IV} + P_{VI})$	$0{,}449 \cdot a \cdot P_{IV}$; $0{,}449 \cdot a \cdot P_{VI}$
Gegengewichte: übliche Anzahl	4	4	4	4	5
Größe	$\frac{1}{2}(F_r + P_I)$	$\frac{1}{2}F_r + \frac{1}{2}P_I$	$\frac{1}{2}F_r + \frac{1}{2}P_I$	$F_r + \frac{1}{2}P_I$	$F_r + \frac{1}{2}P_I$
Aufwand	mäßig	klein	klein	klein	mittel
Drehschwingungen, kritische	0,5; 1,5; 2,5; … [10, 13]	1; 3; 4; 5; … [10, 13]	0,5; 1; 1,5; 2,5; … [10, 13]	2; 4; 6; …	1; 1,5; 2,5; 3,5; 4; …
Drehschwingverhalten	gut	gut	gut	mäßig	mäßig
Allg. dynamisches Verhalten	Mäßig	Mäßig	Mäßig	Mäßig	Mäßig
Beurteilung	Mäßig	Mäßig	Mäßig	Mäßig	Mäßig

Tab. 47.4 (Fortsetzung)

Bezeichnung	6 Zylinder Reihe (1.2.3)	6 Zylinder Reihe (1.2.3.5)	6 Zylinder 60° V (1*.2.3)	6 Zylinder 60° V (1*2.3)	6 Zylinder Boxer (1.2.3)
Kurbelstern I. Ordnung / Schemaskizze der Kurbelwelle					
Aufbau der Kurbelwelle	$6 \times 60°$ Kröpfungen	$6 \times 120°$ Kröpfungen	$6 \times 60°$ Kröpfungen	$3 \times 180°$ Kröpfg., 120° versetzt	$6 \times 180°$ Kröpfg., 120° versetzt
Zündabstände	$120°–120°–180°–120°–120°–60°$	$6 \times 120°$	$6 \times 120°$	$6 \times 120°$	$6 \times 120°$
Freie Kräfte (ohne Ausgleich)					
I. Ordnung	0	0	0	0	0
II. Ordnung	0	0	0	0	0
Freie Momente (ohne Ausgleich)					
I. Ordnung	0	0	0	0	0
II. Ordnung	$2\sqrt{3} \cdot a \cdot F_{II}$	0	$3/2 \cdot a \cdot F_{II}$	$3/2 \cdot a \cdot F_{II}$	0
Freie Kräfte höherer Ordnung	$6P_{VI}$	$6P_{VI}$	$3\sqrt{3}F_{VI}$	$3\sqrt{3}F_{VI}$	0
Freie Momente höherer Ordnung	0	0	$3/2 \cdot a \cdot F_{IV}$; $3/2 \cdot b \cdot F_{VI}$	$3/2 \cdot b \cdot F_{VI}$	$3 \cdot b \cdot P_{VI}$
Gegengewichte: übliche Anzahl	6	6	6	6	6
Größe	$F_r + \tfrac{1}{2}P_I$ mittel	$\ll (F_r + 0{,}5P_I)$ klein	$F_r + \tfrac{1}{2}P_I$ groß	$\tfrac{1}{2}F_r + \tfrac{1}{2}P_I$ mittel	$< (0{,}5F_r + 0{,}5P_I)$ klein
Aufwand	mittel	klein	groß	mittel	klein
Drehschwingungen, kritische / Drehschwingverhalten	1,5; 3; 4,5; 6; ... mäßig	3; 6; 9; ... gut	3; 6; 9; ... mäßig	3; 6; 9; ... brauchbar	3; 6; 9; ... gut
Allg. dynamisches Verhalten	Mäßig	Gut	Mäßig	Brauchbar	Gut
Beurteilung	Mäßig	Gut	Mäßig	Brauchbar	Gut

Tab. 47.4 (Fortsetzung)

Bezeichnung	6 Zylinder 3×90° V (1*2,3,6)	6 Zylinder 3×120° V (1*2,3)	6 Zylinder 3×180° V (1*3,6)	7 Zylinder Reihe (1,2,3)	8 Zylinder Reihe (1,2,3)
Kurbelstern I. Ordnung Schemaskizze der Kurbelwelle					
Aufbau der Kurbelwelle	3 Kröpfungen, 120° versetzt	3 Kröpfungen, 120° versetzt	3 Kröpfungen, 120° versetzt	7×51,43° Kröpfungen	8×90° Kröpfg., 1×45° versetzt
Zündabstände	150°–90°–150°–90°–150°–90°	6×120°	120°–120°–60°–120°–120°–180°	7×102,86°	90°–90°–90°–90°–45°–90°–90°–135°, Zweitakt: 8×45°
Freie Kräfte (ohne Ausgleich)					
I. Ordnung	0	0	0	0	0
II. Ordnung	0	0	0	0	0
Freie Momente (ohne Ausgleich)					
I. Ordnung	$\sqrt{3}\cdot a\cdot F_I$	$1,5\sqrt{3}\cdot a\cdot F_I$	$2\sqrt{3}\cdot a\cdot F_I$	$0,267\cdot a\cdot P_I$	$0,448\cdot a\cdot P_I$
II. Ordnung	$\sqrt{6}\cdot a\cdot F_{II}$	$1,5\sqrt{3}\cdot a\cdot F_{II}$	0	$1,006\cdot a\cdot P_{II}$	0
Freie Kräfte höherer Ordnung	$3\sqrt{2}\,F_{VI}$	$3F_{VI}$	0	0	0
Freie Momente höherer Ordnung	$\sqrt{6}\cdot a\cdot F_{IV}$; $3/2\sqrt{2}\cdot b\cdot F_{VI}$	$3/2\sqrt{3}\cdot a\cdot F_{IV}$; $3/2\sqrt{3}\cdot b\cdot F_{VI}$	$3\cdot b\cdot F_{VI}$	$9,845\cdot a\cdot P_{IV}$; $0,263\cdot a\cdot P_{IV}$	$16\cdot a\cdot P_{IV}$
Gegengewichte: übliche Anzahl	6	6	6	7	8
Größe	$\frac{1}{2}F_r+\frac{1}{2}P_I$	$\frac{1}{2}F_r+\frac{1}{2}P_I$	$<(\frac{1}{2}F_r+\frac{1}{2}P_I)$	$F_r+\frac{1}{2}P_I$	$(F_r+\frac{1}{2}P_I)$
Aufwand	mittel	mittel	gut	groß	groß
Drehschwingungen, kritische	1,5; 3; 4,5; …	3; 6; 9; …	0,5;1,5;2,5;3,5;4,5; …	1;2,5;3,5: 4,5;6;7;8;	2;2,5;3;5;4;4,5; …
Drehschwingverhalten	gut	gut	mäßig	mäßig	mäßig
Allg. dynamisches Verhalten	Gut	Brauchbar	Brauchbar	Brauchbar	Brauchbar
Beurteilung	Mäßig	Schlecht	Brauchbar	Brauchbar	Brauchbar

Tab. 47.4 (Fortsetzung)

Bezeichnung	8 Zylinder Reihe [1,2,3]	8 Zylinder 4 × 90° V [1*,3,4,6]	8 Zylinder 4 × 180° V [1*,3,4]	8 Zylinder Boxer [1,2,3]	8 Zylinder 60° V [1,2,3]
Kurbelstern I. Ordnung Schemaskizze der Kurbelwelle					
Aufbau der Kurbelwelle	4 × 180° Kröpfg., 2 × 90° vers.	4 Kröpfungen, 90° versetzt	4 Kröpfungen, 180° versetzt	4 × 180° Kröpfg., 90° versetzt	4 × 30° Kröpfg., 90° versetzt
Zündabstände	8 × 90°	8 × 90°	4 × 180° Doppelzündung	8 × 90°	8 × 90°
Freie Kräfte (ohne Ausgleich)					
I. Ordnung	0	0	0	0	0
II. Ordnung	0	0	0	0	0
Freie Momente (ohne Ausgleich)					
I. Ordnung	0	$\sqrt{10} \cdot a \cdot F_I$	0	0	$(3{,}054 \pm 0{,}818)\, a \cdot P_I$
II. Ordnung	0	0	$4 \cdot b \cdot F_{II}$	0	0
Freie Kräfte höherer Ordnung	$8 P_{IV}$	$4\sqrt{2}\,F_{IV}$	0	0	$4\sqrt{3}\,P_{IV}$
Freie Momente höherer Ordnung	0	$2\sqrt{2} \cdot b \cdot F_{IV}$	$4 \cdot b \cdot F_{IV};\ 4 \cdot b \cdot F_{VI}$	$4 \cdot b \cdot P_{IV};\ 4 \cdot b \cdot P_{VI}$	$2 \cdot b \cdot P_{IV}$
Gegengewichte: übliche Anzahl	8	8	4	8	8
Größe	$(F_r + \tfrac{1}{2}P_I)$	$F_r + \tfrac{1}{2}P_I$	$< (F_r + \tfrac{1}{2}P_I)$	$F_r + \tfrac{1}{2}P_I$	$F_r + \tfrac{1}{2}P_I$
Aufwand	groß	mittel	klein	mäßig	mittel
Drehschwingungen, kritische	4; 8; 12; …	4; 8; 12; …	2; 4; 6; …	4; 8; 12; …	4; 8; 12; …
Drehschwingverhalten	mäßig	mittel	mittel	brauchbar	brauchbar
Allg. dynamisches Verhalten	Brauchbar	Gut	Mäßig	Gut	Brauchbar
Beurteilung	Brauchbar	Gut	Brauchbar	Gut	Brauchbar

47

Tab. 47.5 Zur Berechnung der Massenkräfte und Momente eines Reihenmotors (s. Beispiel)

n	k	α_k in °	$\cos \alpha_k$	$\sin \alpha_k$	v_k	$v_k \cos \alpha_k$	$v_k \sin \alpha_k$
1	1	0,0	1,0	0	3	3,0	0,0
2	6	51,43	0,6235	0,7818	−2	−1,2470	−1,5636
3	3	102,86	−0,2225	0,9750	1	−0,2225	0,9750
4	4	154,29	−0,9010	0,4339	0	0,0	0,0
5	5	205,72	−0,9010	−0,4339	−1	0,9010	0,4339
6	2	257,15	−0,2225	−0,9750	2	−0,4450	−1,9500
7	1	308,58	0,6235	−0,7818	−3	−1,8705	2,3454
			$0 = k_{\gamma1}$	$0 = k_{\gamma2}$		$0,1166 = c_{\gamma1}$	$0,2407 = c_{\gamma2}$

Dabei ist der Vektor $\overline{M}_{\text{res}}$ noch um 90° im Uhrzeigersinn zu drehen. Kräfte treten keine auf, da $k_{r1} = k_{r2} = k_{\text{II}\,1} = k_{\text{II}\,2} = 0$ bzw. die Kurbelsterne symmetrisch sind.

V-Reihenmaschinen Beim Gabelwinkel $\gamma = 60°$ betragen die Extremwerte der Momente I. Ordnung nach Gl. (47.30)

$$M_{\text{I}\,a}/(P_\text{I}\,a) = 2 \cdot 0{,}2672 \cos^2 30° = 0{,}4008$$

und

$$M_{\text{I}\,b}/(P_\text{I}\,a) = 2 \cdot 0{,}2672 \sin^2 30 = 0{,}1336$$

und der Momente II. Ordnung nach Gl. (47.31)

$$\begin{aligned} M_{\text{II}\,a}/(\lambda P_\text{I}\,a) &= M_{\text{II}\,b}/(\lambda P_\text{I} a) \\ &= 2 \cdot 1{,}006 \cos 30° \cos 60° \\ &= 0{,}8712. \end{aligned}$$

Für den Gabelwinkel $\gamma = 90°$ gilt entsprechend

$$M_{\text{I}\,a}/(P_\text{I}\,a) = M_{\text{I}\,b}/(P_\text{I}\,a) = 0{,}2672\,,$$

$$M_{\text{II}\,a}/(\lambda\,P_\text{I}\,a) = 0, \quad M_{\text{II}\,b}/(\lambda\,P_\text{I}\,a) = \sqrt{2}.$$

47.2.2 Ausgleich der Kräfte und Momente

Massenkräfte und -momente können gefährliche Resonanzerscheinungen in der Umgebung hervorrufen. Daher sind sie an der Maschine auszugleichen oder durch Abstimmung der Fundamente zu vermeiden [14, 15].

Rotierende Massen Ihre Kräfte und Momente werden durch Gegengewichte (Bd. 3, Abb. 1. 7) an einer oder allen Kurbeln ausgeglichen. Sind die Kräfte Null, genügen für die Momente Gegengewichte an den äußeren Kurbelwangen, wobei allerdings innere Momente in der Welle verbleiben [6].

Oszillierende Massen Sie werden durch gegenläufige mit der gegebenen oder der doppelten Drehzahl rotierende Gewichte (Abb. 47.8a) ausgeglichen. Ihre zueinander senkrechten Komponenten kompensieren die Massen und die freien Fliehkräfte. Sie werden von der Kurbelwelle aus angetrieben und liegen darunter in der Schwereebene, damit keine zusätzlichen Momente entstehen. Zum Momentenausgleich liegen diese Gewichte vor bzw. hinter der Kurbelwelle. Ihr

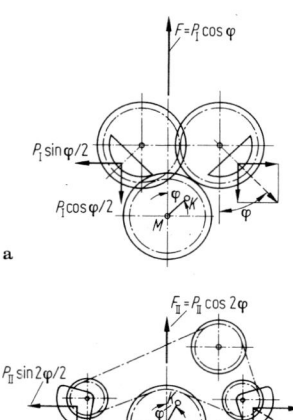

Abb. 47.8 Ausgleich oszillierender Kräfte. **a** Gegenläufiges Getriebe für Kräfte I. Ordnung; **b** Lancaster-Antrieb für Kräfte II. Ordnung

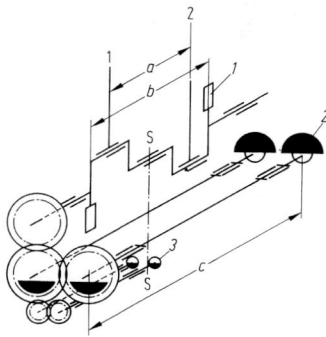

Abb. 47.9 Ausgleich von Massenwirkungen durch Gegengewichte. *1* an den Kurbelwangen für rotierende Momente, *2* an den Wellenenden für Momente I. Ordnung, *3* in der Schwerebene für Kräfte II. Ordnung

Antrieb erfolgt mit einem Zahnrad vom Wellenzapfen aus mit Hilfswellen, Abb. 47.9. Beim Lancasterantrieb (Abb. 47.8b) wird hierzu ein Zahnkeilriemen benutzt.

Literatur

Spezielle Literatur

1. Haug, K.: Die Drehschwingungen in Kolbenmaschinen. Springer, Berlin (1952)
2. Krämer, E.: Maschinendynamik. Springer, Berlin (1984)
3. Maass, H.: Gestaltung und Hauptabmessungen der Verbrennungskraftmaschine. In: List, H. (Hrsg.) Die Verbrennungskraftmaschine, Bd. 1, Springer, Wien (1979)
4. Woschni, G.: Thermodynamische Auswertung von Indikatordiagrammen elektronisch gerechnet. MTZ **25**(7), 284–289 (1964)
5. Küttner, K.H.: Kolbenmaschinen, 6. Aufl. Teubner, Stuttgart (1993)
6. Maass, H., Klier, H.: Kräfte, Momente und deren Ausgleich in der Verbrennungskraftmaschine. In: List, H. (Hrsg.) Die Verbrennungskraftmaschine, Bd. 2, Springer, Wien (1981)
7. Hasselgruber, H.: Maßnahmen zur Verbesserung der Laufruhe von Verbrennungskraftmaschinen insbesondere von Schleppermotoren. Landtechnik **15**(1), 2 (1965)
8. Schmidt, F.: Schwungräder für Großdieselmotoren. VDI-Z. **74**, 230 (1930)
9. Hafner, K.E., Maass, H.: Theorie der Triebwerkschwingungen in der Verbrennungskraftmaschine Bd. 3. Springer, Wien (1984)
10. Hafner, K.E., Maass, H.: Torsionsschwingungen in der Verbrennungskraftmaschine. In: List, H. (Hrsg.) Die Verbrennungskraftmaschine, Bd. 4, Springer, Wien (1985)
11. Sass, F.: Bau und Betrieb von Dieselmaschinen Bd. 2. Springer, Berlin (1957)
12. Krämer, O., Jungbluth, G.: Bau und Berechnung von Verbrennungsmotoren, 5. Aufl. Springer, Berlin (1983)
13. Schrön, H.: Die Dynamik der Verbrennungskraftmaschine, 2. Aufl. Springer, Wien (1947)
14. Waas, H.: Federnde Lagerung von Kolbenmaschinen. VDI-Z. **74**, 230 (1937)
15. Lang, G.: Zur elastischen Lagerung von Maschinen durch Gummifederelemente. MTZ **24**(17), 416 (1963)

Weiterführende Literatur

Hafner, K.E., Maass, H.: Theorie der Triebwerksschwingungen in der Verbrennungskraftmaschine. In: List, H. (Hrsg.) Die Verbrennungskraftmaschine, Bd. 3, Springer, Wien (1984)
Dresig, H., Holzweißig, F.: Maschinendynamik, 10. Aufl. Springer, Berlin (2011)
Lang, O.R.: Triebwerke schnelllaufender Verbrennungsmotoren, Konstruktionsbücher Bd. 22. Springer, Berlin (1966)
Maass, H., Klier, H.: Kräfte, Momente und deren Ausgleich in der Verbrennungskraftmaschine, Bd. 2, Springer, Wien
Ziegler, G., Selke, P.: Maschinendynamik, 4. Aufl. Westarp Wissenschaften, Hohenwarsleben (2009)

47

Maschinenakustik

48

Holger Hanselka, Joachim Bös und Tamara Nestorović

Überarbeitet durch T. Nestorović.

Die *Maschinenakustik* ist ein Teilgebiet der *Technischen Akustik*. Sie befasst sich mit der Analyse der physikalischen Entstehungsmechanismen von technischen Geräuschen und mit der Konzeption und Umsetzung von technischen Maßnahmen zur Lärmminderungund gezielten Geräuschbeeinflussung.

48.1 Grundbegriffe

Da die Akustik insgesamt ein sehr breites Themenfeld ist, können hier nur diejenigen Größen und Begriffe erläutert werden, die insbesondere für die Maschinenakustik von Bedeutung sind.

48.1.1 Schall, Frequenz, Hörbereich, Schalldruck, Schalldruckpegel, Lautstärke

Als *Schall* werden hörbare *Schwingungen* bezeichnet. Die Anzahl der Schwingungen pro Sekunde, die *Frequenz f*, wird in der Einheit Hertz

H. Hanselka
Karlsruhe, Deutschland

J. Bös
Darmstadt, Deutschland

T. Nestorović (✉)
Ruhr-Universität Bochum
Bochum, Deutschland
E-Mail: tamara.nestorovic@rub.de

(Hz) angegeben. Der Kehrwert der Frequenz heißt *Periodendauer T*. Weist ein Schallereignis nur eine einzige Frequenz auf, so spricht man von einem *Ton*. Überlagern sich einzelne Töne unterschiedlicher Frequenz, so wird dies als *Klang* bezeichnet. Unter einem *Geräusch* versteht man ein Gemisch sehr vieler Töne verschiedener Frequenzen und Amplituden, oft mit Rauschen. Ein Schallereignis wird *Lärm* genannt, wenn es (unabhängig von seiner Lautstärke) subjektiv als unangenehm und störend empfunden wird – Lärm ist nicht objektiv physikalisch messbar. Ein junges, gesundes menschliches Ohr kann Frequenzen zwischen ca. 20 Hz und ca. 20 kHz (sog. *Hörbereich*) wahrnehmen. Der Frequenzbereich unterhalb der unteren Hörgrenze(20 Hz) wird *Infraschall*, derjenige oberhalb der oberen Hörgrenze (20 kHz) *Ultraschall* genannt.

Erfolgt die Schallübertragung in Luft oder anderen Gasen, so wird dies als *Luftschall* bezeichnet. Analog wird bei Schallübertragung in Festkörpern (Metall, Holz, Beton, Gestein, Erde) von *Körperschall* und bei Schallübertragung in Flüssigkeiten (Wasser, Öl) von *Flüssigkeitsschall* gesprochen.

Breitet sich Luftschall aus, so wird dem statischen Luftdruck p_{stat} (ca. 1 bar = 10^5 Pa; 1 Pa = 1 N/m^2) ein dynamischer Wechseldruck p überlagert, der als *Schalldruck* bezeichnet wird und um einige Größenordnungen (Faktor 10^{-9} bis 10^{-5}) kleiner als p_{stat} ist. Der Schalldruck ist eine skalare, d. h. ungerichtete Größe. Das gesunde menschliche Ohr kann bei einer Frequenz von 1 kHz Schalldrücke von ca. $2 \cdot 10^{-5}$ Pa

879
B. Bender und D. Göhlich (Hrsg.), *Dubbel Taschenbuch für den Maschinenbau 1: Grundlagen und Tabellen*,
https://doi.org/10.1007/978-3-662-59711-8_48

gerade noch wahrnehmen (*Hörschwelle*). Schalldrücke von etwa 200 Pa werden hingegen als
Schmerz empfunden (*Schmerzschwelle*). Der gesamte Dynamikumfang des menschlichen Gehö-
res beträgt somit ca. 10^7, was z. B. den Umgang
mit Messgrößen und deren Darstellung erheblich
erschwert. Daher wird der große Zahlenwertebe-
reich durch Logarithmieren komprimiert, wobei
man gleichzeitig im unteren Wertebereich beträchtlich an Auflösung (Unterscheidungsschär-
fe) gewinnt. Aus dem Schalldruck p wird so der
Schalldruckpegel L_p mit der Einheit Dezibel (dB),
der wie folgt definiert ist

$$L_p = 10 \cdot \lg \left(\tilde{p}^2 / p_0^2 \right) \text{ dB} . \qquad (48.1)$$

Der Effektivwert $\tilde{p}$ (auch als p_{rms} oder p_{eff} bezeichnet) wird für periodische Größen aus dem
quadratischen Mittelwert des Schalldruckes berechnet

$$\tilde{p} = \sqrt{\frac{1}{T} \int\limits_0^T p^2(t) \mathrm{d}t} . \qquad (48.2)$$

Der nach [1] normierte Bezugswert p_0 für die
Berechnung des Schalldruckpegels L_p in Luft
entspricht näherungsweise dem Schalldruck an
der Hörschwelle bei 1 kHz, d. h. $p_0 = 2 \cdot 10^{-5}$ Pa
(in anderen Medien: $p_0 = 1 \cdot 10^{-6}$ Pa [2]). Ein
gerade eben wahrnehmbares Schallereignis hat
daher einen Schalldruckpegel von 0 dB, während
die Schmerzschwelle bei etwa 120 bis 130 dB
liegt.

Die Empfindlichkeit des menschlichen Ohres hängt sowohl vom Schalldruckpegel als auch
von der Frequenz ab. Dieser in aufwändigen
Hörversuchen [3] ermittelte Zusammenhang wird
in sog. *Normalkurven gleicher Lautstärkepegel*
dargestellt (Abb. 48.1). Der objektiv messba-
re Schalldruckpegel L_p bei der Frequenz 1 kHz
entspricht definitionsgemäß dem subjektiv empfundenen *Lautstärkepegel* L_S in der Einheit Phon.
Bei anderen Frequenzen hingegen werden Töne
als gleich laut empfunden, obwohl die zugehörigen Schalldruckpegel unter Umständen deutlich
über oder unter demjenigen bei 1 kHz liegen.
Insbesondere bei sehr tiefen und bei sehr hohen Frequenzen wird das menschliche Ohr zunehmend unempfindlicher. Im Frequenzbereich

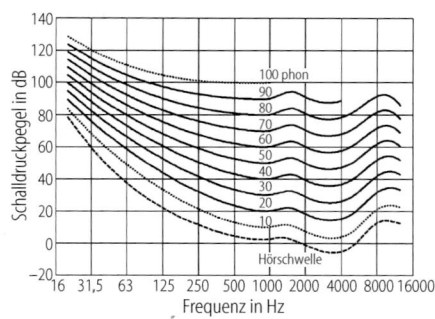

Abb. 48.1 Normalkurven gleicher Lautstärkepegel.
(Nach [3])

von ca. 200 Hz bis ca. 5 kHz, dem Bereich der
menschlichen Sprache, ist das menschliche Ohr
am empfindlichsten.

48.1.2 Schnelle, Schnellepegel, Kennimpedanz

Die Geschwindigkeit, mit der sich die Partikel eines schwingenden Mediums um ihre Ruhelage
bewegen, wird als *Schnelle* v, in Luft auch als
Schallschnelle v bezeichnet. Sie liegt für Luftschall (je nach Schalldruck) bei ca. 10^{-8} bis
10^{-2} m/s und darf nicht mit der bekannten
Schallausbreitungsgeschwindigkeit c verwechselt
werden (z. B. $c \approx 340$ m/s in Luft unter Normal-
bedingungen). Im Gegensatz zum Schalldruck ist
die Schnelle eine gerichtete Größe (Vektor). Ist
dies in den folgenden Gleichungen nicht durch
einen Pfeil gekennzeichnet, so ist stets die Schallschnelle v in Ausbreitungsrichtung gemeint. Bei
Körperschall wird die Schwinggeschwindigkeit
senkrecht zur Oberfläche eines Bauteils ebenfalls
als Schnelle bezeichnet. Nur diese Körperschall-
schnellen, die überwiegend von Biegewellen hervorgerufen werden, leisten einen nennenswerten
Beitrag zur Schallabstrahlung von Maschinenoberflächen und sind daher in der Maschinenakustik von besonderer Bedeutung. Der *Schnel-
lepegel* L_v wird wie folgt berechnet

$$L_v = 10 \cdot \lg \left(\tilde{v}^2 / v_0^2 \right) \text{ dB} . \qquad (48.3)$$

Als Bezugswert v_0 ist in [1] $v_0 = 10^{-9}$ m/s
festgelegt, in der Praxis wird aber häufig noch

der früher gebräuchliche Wert $v_0 = 5 \cdot 10^{-8}$ m/s nach [4] verwendet, der nach [1] ebenfalls zulässig und somit normkonform ist.

Der Quotient aus Schalldruck p und Schallschnelle v wird als *spezifische Schallimpedanz* oder *Schallkennimpedanz* Z'_{Medium} des Mediums, in dem die Schallausbreitung stattfindet, bezeichnet. Sie ist nur abhängig von der Dichte ρ und der Schallausbreitungsgeschwindigkeit c des Mediums. Für das Medium Luft lautet der Zusammenhang

$$Z'_{\mathrm{Luft}} = \frac{p}{v} = \rho_{\mathrm{Luft}} \cdot c_{\mathrm{Luft}} = (\rho \cdot c)_{\mathrm{Luft}} \,. \quad (48.4)$$

48.1.3 Schallintensität, Schallintensitätspegel

Das Produkt aus dem Schalldruck p und der Schallschnelle v ist die *Schallintensität I*. Sie ist eine vektorielle Größe mit der gleichen Richtung wie die Schallschnelle v und gibt für eine ebene, fortschreitende Welle an, welche Schallleistung P durch eine senkrecht zur Schallausbreitungsrichtung stehende Fläche S tritt

$$I = \frac{P}{S} = \tilde{p} \cdot \tilde{v} \,. \quad (48.5)$$

Ihre Einheit ist somit W/m². Der zugehörige *Schallintensitätspegel* L_I ergibt sich aus

$$L_I = 10 \cdot \lg (I / I_0) \ \mathrm{dB} \quad (48.6)$$

mit dem Bezugswert $I_0 = 10^{-12}$ W/m² [1, 2].

48.1.4 Schallleistung, Schallleistungspegel

Maßgebende Beurteilungsgröße für die Schallabstrahlung ist die *Schallleistung P*. Sie ist ein Maß für die Schallenergie, die je Zeiteinheit durch eine Hüllfläche S, welche die Schallquelle vollständig umschließt, strömt. Man erhält die Schallleistung P durch Integration der auf einer gedachten Hüllfläche (Messfläche) S gemessenen Schallintensität I über die Messfläche

$$P = \int_S I \, \mathrm{d}S = \int_S \tilde{p} \cdot \tilde{v} \, \mathrm{d}S \,. \quad (48.7)$$

Der zugehörige *Schallleistungspegel* L_W wird nach der Vorschrift

$$L_W = 10 \cdot \lg (P / P_0) \ \mathrm{dB} \quad (48.8)$$

mit dem Bezugswert $P_0 = 10^{-12}$ W [1, 2] gebildet. Ist die Schallintensität I über die Messfläche S gleichmäßig verteilt, so gilt $P = I \cdot S$. Mit den Regeln der Logarithmusrechnung ergibt sich daraus $L_W = L_I + L_S$ mit dem Schallintensitätspegel L_I nach Gl. (48.6) und dem sog. *Messflächenmaß* L_S

$$L_S = 10 \cdot \lg (S / S_0) \ \mathrm{dB}, \quad (48.9)$$

wobei der Bezugswert $S_0 = 1 \, \mathrm{m}^2$ verwendet wird [2]. Im Gegensatz zum Schalldruck hängt die Schallleistung ausschließlich von der konstruktiven Gestaltung und von der akustischen Qualität der Schallquelle, nicht aber von den akustischen Eigenschaften der Umgebung und den Messbedingungen (z. B. Entfernung von der Schallquelle) ab. Daher wird zur Kennzeichnung der Schallemission einer Maschine die Angabe des Schallleistungspegels empfohlen, in vielen Fällen (z. B. Rasenmäher, Waschmaschinen) sogar vorgeschrieben.

48.1.5 Fourierspektrum, Spektrogramm, Geräuschanalyse

Nicht nur die Empfindlichkeit des menschlichen Ohres, sondern auch die akustischen Eigenschaften von Maschinen sind frequenzabhängig. Daher ist es für Geräuschanalysen sinnvoll, oft sogar notwendig, die akustischen Kenngrößen nicht in ihrem zeitlichen Verlauf (im Zeitbereich), sondern bezüglich ihrer Frequenzzusammensetzung (im Frequenzbereich) zu betrachten. Jeden zeitlichen Verlauf einer Messgröße kann

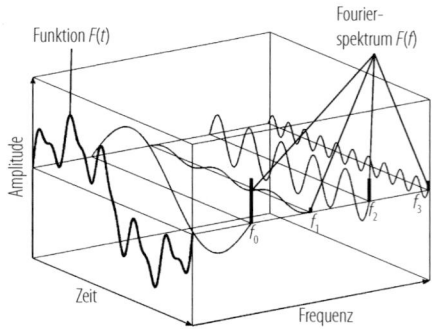

Abb. 48.2 Transformation eines Zeitsignals $F(t)$ in ein Fourierspektrum $F(f)$

man sich als eine Überlagerung von harmonischen Schwingungen (Sinus- oder Kosinusfunktionen) unterschiedlicher Frequenz und Amplitude vorstellen, die man mittels der *Fourieranalyse* (s. Abschn. 46.4.2 bzw. Teil I) ermitteln kann. Das Ergebnis einer solchen Analyse wird als *Fourierspektrum*, *Frequenzspektrum* oder kurz *Spektrum* bezeichnet. Abb. 48.2 veranschaulicht das Ergebnis einer solchen Fourieranalyse: Die breite Linie links stellt den zeitlichen Verlauf der Amplitude einer Funktion $F(t)$ über der Zeit dar. Die dünnen Linien repräsentieren die einzelnen Sinusschwingungen, aus denen die Funktion $F(t)$ zusammengesetzt ist. Entlang der Frequenzachse ist bei jeder Frequenz f_0, f_1 usw., bei der eine Sinusschwingung einen Beitrag zur Funktion $F(t)$ liefert, die zugehörige Amplitude als senkrechter Balken aufgetragen (Fourierspektrum $F(f)$). Die tiefste auftretende Frequenz f_0 wird *Grundfrequenz* genannt.

Ein spezielles numerisches Verfahren, die sog. *FFT* (*fast Fourier transform*), ermöglicht die Durchführung der Fourieranalyse in Echtzeit, so dass man bei modernen akustischen Messgeräten das Frequenzspektrum während einer Messung unmittelbar in der Anzeige verfolgen kann. Wird der zeitliche Verlauf eines Fourierspektrums grafisch dargestellt (insbesondere bei rotierenden Maschinen), so spricht man von einem *Spektrogramm* oder *Sonagramm* (auch *Campbell-Diagramm*).

48.1.6 Frequenzbewertung, A-, C- und Z-Bewertung

Um Schallmessungen oder -berechnungen, die das menschliche Gehörempfinden in den unterschiedlichen Lautstärkebereichen (siehe Abb. 48.1) annähernd objektiv berücksichtigen, durchführen zu können, wurden verschiedene *Frequenzbewertungen* entwickelt, die als *A-, C- und Z-Bewertung* bezeichnet werden [5]. Mit Hilfe dieser Bewertungen werden die physikalischen, objektiv gemessenen oder berechneten Spektren nachträglich frequenzabhängig korrigiert, so dass das Ergebnis näherungsweise die Berücksichtigung des menschlichen Gehörempfindens widerspiegelt. Je nachdem, welche der Bewertungskurven A, C oder Z angewendet wird, erhalten die Pegelangaben einen entsprechenden Buchstabenzusatz, z. B. dB(A) oder dBA.

Die Bewertungskurven (Abb. 48.3) orientieren sich in ihrem Verlauf näherungsweise an ausgewählten spiegelbildlich (invers) dargestellten Kurven gleicher Lautstärke (vgl. Abb. 48.1) und geben an, um welchen Betrag ein Pegel einer akustischen Messgröße bei einer bestimmten Frequenz des unbewerteten Spektrums reduziert oder erhöht werden muss:

$$L_{\text{bewertet}}(f) = L_{\text{unbewertet}}(f) + \Delta L_{\text{Bewertung}}(f) \,.$$

$$(48.10)$$

Die Pegelkorrektur $\Delta L_{\text{Bewertung}}(f)$ ist in [5] sowohl als Gleichung in Abhängigkeit von der

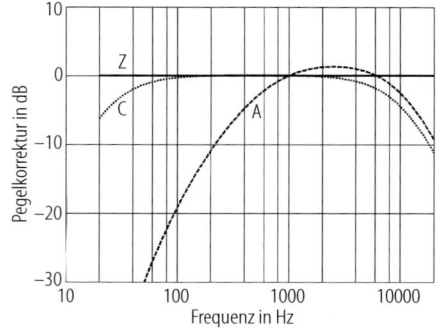

Abb. 48.3 Bewertungskurven A, C, Z. (Nach [5])

Frequenz f als auch in Form einer Tabelle angegeben.

Die A-Bewertung galt ursprünglich nur für Lautstärken bis 60 dB, mittlerweile wird sie aber für alle Lautstärken verwendet. Die C-Bewertungwird eigentlich nur für die Messung des Höchstwertes („Peak") sowie zur Einschätzung des Anteils sehr tiefer Frequenzen verwendet. Sie entspricht einer weitgehend linearen Gewichtung im Bereich zwischen 100 Hz und 5 kHz. Die Z-Bewertungentspricht der unbewerteten Pegeldarstellung, also $\Delta L_{\text{Bewertung}}(f) = 0$ dB für alle f.

48.1.7 Bezugswerte, Pegelarithmetik

Um aus einer gemessenen oder berechneten Größe mittels Logarithmieren einen Pegel bilden zu können, muss das Argument des Logarithmus durch Division der Messgröße durch einen geeigneten dimensionsbehafteten Bezugswert dimensionslos gemacht werden (siehe z. B. Gl. (48.1)). Ferner gibt ein Pegel an, um welchen Faktor sich eine physikalische Größe im Vergleich zu einer Ausgangs- oder Vergleichsgröße unterscheidet [1]. nennt bevorzugte Bezugswertefür akustische Pegel (Tab. 48.1).

Zu den in Tab. 48.1 genannten bevorzugten Bezugswerten nach [1] ist anzumerken, dass sie (im Gegensatz zu den Bezugswerten nach der alten DIN 45 630-1 [4]) nicht in einer physikalisch richtigen Weise miteinander zusammen-

Tab. 48.1 Bevorzugte Bezugswerte. (Nach [1])

Größe	Bezugswert
Schalldruck p in Luft	$p_0 = 20\,\mu\text{Pa}$ $= 2 \cdot 10^{-5}\,\text{N/m}^2$
Schallleistung P in Luft	$P_0 = 1\,\text{pW}$ $= 10^{-12}\,\text{W}$
Schallintensität I in Luft	$I_0 = 1\,\text{pW/m}^2$ $= 10^{-12}\,\text{W/m}^2$
Schwingweg s	$s_0 = 1\,\text{pm}$ $= 10^{-12}\,\text{m}$
Schwingschnelle v	$v_0 = 1\,\text{nm/s}$ $= 10^{-9}\,\text{m/s}$
Schwingbeschleunigung a	$a_0 = 1\,\mu\text{m/s}^2$ $= 10^{-6}\,\text{m/s}^2$
Kraft F	$F_0 = 1\,\mu\text{N}$ $= 10^{-6}\,\text{N}$

hängen. So wird dort z. B. $v_0 = 1 \cdot 10^{-9}$ m/s angegeben. Das führt mit $p_0 = 2 \cdot 10^{-5}$ N/m^2 auf $I_0 = p_0 \cdot v_0 = 2 \cdot 10^{-14}$ W/m^2, was aber nicht mit dem ebenfalls in [1] genannten Wert $I_0 = 10^{-12}$ W/m^2 übereinstimmt. Das hat zur Folge, dass beim Rechnen mit physikalischen Größen in Pegelschreibweise ggf. physikalisch sinnlose Korrekturterme eingeführt werden müssen. Wichtig ist daher, dass bei der Angabe eines Pegels grundsätzlich auch der bei der Pegelbildung verwendete Bezugswert mit angegeben wird, und zwar entweder durch Angabe der verwendeten Norm oder durch Angabe des verwendeten Bezugswertes selbst. Dies kann z. B. durch den Zusatz „re 20 µPa" oder „re 1 pW" geschehen. Eine Pegelangabe ohne Nennung des Bezugswertes ist sinnlos, da sich die Pegelwerte je nach verwendetem Bezugswert drastisch unterscheiden können.

Eine Berechnung nach Gl. (48.10) ist ein Beispiel für eine *Pegelsumme* oder eine *Pegeldifferenz*. Dabei werden die Pegelwerte addiert oder subtrahiert. Damit sind Aussagen wie „Der Schalldruckpegel der Maschine A (87,5 dBA) ist um 3,2 dB höher als der von Maschine B (84,3 dBA)." möglich. Möchte man hingegen wissen, welchen Schalldruckpegel die beiden Maschinen zusammen erzeugen, so muss man aus den Einzelpegeln L_i den sog. *Summenpegel* L_{ges} berechnen

$$L_{\text{ges}} = 10 \cdot \lg \left(\sum_i \tilde{p}_i^2 / p_0^2 \right) \text{dB}$$

$$= 10 \cdot \lg \left(\sum_i 10^{\frac{L_i}{10\,\text{dB}}} \right) \text{dB} . \quad (48.11)$$

Entsprechendes gilt für den *Differenzpegel*. Der Schalldrucksummenpegel der beiden Maschinen aus dem obigen Beispiel beträgt also ungefähr 89,2 dBA. Pegelunterschiede zwischen beiden Schallquellen von mehr als 10 dB können vernachlässigt werden, d. h. die leisere Maschine trägt dann zum Summenpegel nur unwesentlich bei. Weisen die beiden Maschinen den gleichen Pegel auf, so liegt der Summenpegel um 3 dB über diesem Pegel. Der Mittelungspegel L_{M} von n Maschinen mit den Pegeln L_1, L_2 usw. lautet

$$L_{\text{M}} = L_{\text{ges}} - 10 \cdot \lg (n) \text{dB} \quad (48.12)$$

48

mit L_{ges} nach Gl. (48.11). Im obigen Beispiel beträgt der Mittelungspegel ungefähr 86,2 dBA.

Da die Messgenauigkeit in der Regel nicht besser als ±1 dB, teilweise sogar deutlich schlechter ist, sollte man bei Pegeln nicht mehr als eine Dezimalstelle angeben.

48.2 Geräuschentstehung

Es gibt verschiedene Mechanismen der Geräuschentstehung. Im Rahmen der Maschinenakustik werden vornehmlich die indirekten Entstehungsmechanismen betrachtet. Daraus leiten sich die sog. maschinenakustische Grundgleichung und Ansätze zur Geräuschminderung ab.

48.2.1 Direkte und indirekte Geräuschentstehung

Prinzipiell unterscheidet man zwischen direkter und indirekter Geräuschentstehung ([6]; Abb. 48.4). Bei der *direkten Geräuschentstehung* ruft ein instationärer physikalischer Anregungsmechanismus in der umgebenden Luft unmittelbar Luftdruckschwingungen hervor. Diese breiten sich mit Schallgeschwindigkeit aus und werden im Hörbereich als Luftschall wahrgenommen. Beispiele hierfür sind Ventilatoren, Ansaug- und Auspufföffnungen, Dampf-/Gasstrahlen, Brennergeräusche oder Sirenen.

Bei der *indirekten Geräuschentstehung* hingegen wird eine Maschinenstruktur durch zeitlich veränderliche Betriebskräfte zu elastischen Schwingungen angeregt, die im Hörbereich als *Körperschall* bezeichnet werden. Erst diese Körperschallschwingungen regen die Maschinenoberflächen zur Abstrahlung des – indirekt erzeugten – Luftschalls an. Beispiele hierfür sind Zahnradgetriebe oder hydraulische Maschinen. Indirekt erzeugte Geräusche können durch Kraft- oder Geschwindigkeitserregung entstehen (Abb. 48.4): Bei *Krafterregung* befinden sich die Komponenten im Kraftfluss (Beispiel Zahnradgetriebe: Im Kraftfluss liegen Verzahnung, Radkörper, Welle, Lager und Gehäuse, von dem schließlich Luftschall abgestrahlt wird.), bei *Geschwin-*

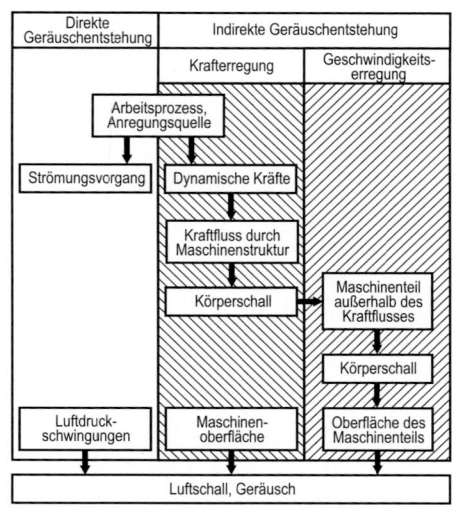

Abb. 48.4 Direkte und indirekte Geräuschentstehung

digkeitserregung hingegen liegen die angeregten Maschinenteile außerhalb des Kraftflusses (Beispiel Verbrennungsmotor: Der Körperschall des Motorgehäuses erzeugt Schwingungen der Ölwanne, die Luftschall abstrahlt, obwohl sie selbst nicht im Kraftfluss liegt.).

48.2.2 Maschinenakustische Grundgleichung

Die wesentlichen physikalischen Mechanismen der indirekten Geräuschentstehung bei krafterregten Maschinenstrukturen lassen sich anhand der sog. *maschinenakustischen Grundgleichung* [6] beschreiben

$$P(f) = \tilde{F}^2(f) \cdot \frac{T_v^2(f)}{Z_{\text{E}}^2(f)} \cdot S \cdot \sigma(f) \cdot Z'_{\text{Medium}} \cdot$$

$$(48.13)$$

Hierin bezeichnen P die abgestrahlte Schallleistung, $\tilde{F}$ die anregende Kraft, T_v die sog. *Körperschalltransferfunktion*, Z_{E} die *Eingangsimpedanz*, S den Flächeninhalt der Schall abstrahlenden Oberfläche, σ den dimensionslosen *Abstrahlgrad* und Z'_{Medium} die Schallkennimpedanz des umgebenden Mediums (Gl. 48.4). Der Ausdruck $T_v^2(f)/Z_{\text{E}}^2(f) = \overline{\tilde{v}^2(f)}/\tilde{F}^2(f) = h_{\text{T}}^2(f)$ wird mittlere quadratische Transfer- oder Übertragungsadmittanzgenannt, wobei $\overline{\tilde{v}^2(f)}$ das über die Schall abstrahlende Oberfläche gemittelte Quadrat der effektiven Schnelle ist

$$\overline{\tilde{v}^2(f)} = \frac{1}{S} \int_S \tilde{v}^2(f) \, dS \,. \qquad (48.14)$$

Durch Multiplikation der mittleren quadratischen Übertragungsadmittanz mit der biegeschwingenden (und letztlich auch Schall abstrahlenden) Strukturoberfläche S erhält man die sog. *Körperschallfunktion*

$$h_T^2(f) \cdot S = \left(T_v^2(f)/Z_E^2(f)\right) \cdot S = S h_T^2(f) \,, \qquad (48.15)$$

die früher *Körperschallgrad* genannt wurde. Der *Pegel der Körperschallfunktion*

$$L_h(f) = 10 \cdot \lg \left(S h_T^2(f)/S_0 h_{T_0}^2\right) \, dB \qquad (48.16)$$

mit $S_0 = 1 \, m^2$ und $h_{T_0}^2 = v_0^2/F_0^2 = 10^{-6} \, m^2/N^2 s^2$ wurde früher als *Körperschallmaß* bezeichnet.

Die Pegelschreibweise der maschinenakustischen Grundgleichung lautet

$$L_W(f) = L_F(f) + L_h(f) + L_\sigma(f) \qquad (48.17)$$

mit dem Schallleistungspegel L_W (re 1 pW), dem Kraftpegel L_F (re 1 μN), dem Pegel der Körperschallfunktion L_h (re $10^{-6} \, m^4/N^2 s^2$) und dem Abstrahlmaß L_σ (re 1). Hierbei gilt in Luft $L_{Z'_{Luft}} = 0 \, dB$, da der Bezugswert Z'_0 für die Bildung des Schallkennimpedanzpegels $L_{Z'}$ gerade $Z'_0 = Z'_{Luft}$ ist. Die Summe aus L_h und L_σ heißt *Pegel der akustischen Transferfunktion* L_T.

Die maschinenakustische Grundgleichung lässt sich auch in Form eines Blockschaltbildesdarstellen (Abb. 48.5).

Bei der maschinenakustischen Grundgleichung (48.13) handelt es sich um eine sehr vereinfachende Modellvorstellung: Sie basiert auf der Annahme, dass nur eine einzige Erregerkraft auf die Struktur einwirkt, was in der Praxis selten der Fall ist; die in der Regel recht komplexe Schnelleverteilung auf der Strukturoberfläche wird nur durch eine flächenhafte Mittelung nach Gl. (48.14) abgebildet; und der Abstrahlgrad wird oft vereinfachend durch den Abstrahlgrad des sog. *Kugelstrahlers nullter Ordnung (Monopolstrahler*, siehe Abschn. 48.2.5; [6]) abgeschätzt. Trotzdem ist die maschinenakustische Grundgleichung wichtig für das allgemeine Verständnis der Wirkungskette der einzelnen physikalischen Mechanismen (Anregung, Körperschall, Abstrahlung), die zur indirekten Geräuschentstehung führen. Das Blockschaltbild der maschinenakustischen Grundgleichung (Abb. 48.5) veranschaulicht den Zusammenhang zwischen Eingangsgröße (Kraftanregung) und Ausgangsgröße (abgestrahlte Schallleistung), wobei das Körperschall- sowie das Abstrahlverhalten wie Filterfunktionen zu betrachten sind, die das Anregungssignal auf seinem Weg durch die Maschinenstruktur beeinflussen. Daraus wird erkennbar, durch welche Maßnahmen man die Geräuschentstehung reduzieren kann: durch eine Reduktion der Anregungskräfte, durch eine Reduktion der Körperschallanregung oder durch eine Reduktion der Luftschallabstrahlung. Körperschallverhalten und Abstrahlgrad müssen stets gemeinsam betrachtet werden, da sich konstruktive Maßnahmen zur Beeinflussung der einen Größe auch auf die andere auswirken. Maßnahmen zur Beeinflussung der Anregungskräfte beeinflussen diese beiden Größen hingegen im Allgemeinen nicht.

Im Folgenden werden die Bestandteile der Schallentstehungskette (Anregung, Körperschall, Abstrahlung) näher betrachtet.

48.2.3 Anregungskräfte

Anregungskräfte, aus denen schließlich durch Abstrahlung Schall entsteht, gehen meist aus den Betriebskräften hervor. *Betriebskräfte* sind jene Kräfte, die für die Funktion einer Maschine maßgebend sind und nach denen eine Maschine ausgelegt und konstruiert wird. Die Betriebskräfte bestimmen die Größe des Gehäuses, Wandstärken, Wellendurchmesser, Materialwahl usw. Aus den (meist niederfrequenten) Betriebskräften ent-

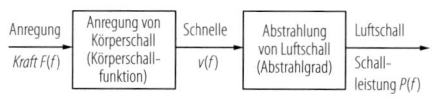

Abb. 48.5 Blockschaltbild der maschinenakustischen Grundgleichung

stehen die maschinenakustisch relevanten dynamischen *Anregungskräfte*. Diese sind gewöhnlich
die höheren Ordnungen (Harmonischen, Oberwellen), die sich aus der Signalform der periodischen Betriebskräfte ergeben und sich in den
akustischen Hörbereich erstrecken. Das Anre-
gungskraftspektrum $F(f)$ und damit auch der
Kraftpegel L_F (erster Term in den Gln. (48.13)
bzw. (48.17)) lassen sich durch Fourieranalyse
aus den zeitlichen Betriebskräften $F(t)$ ermitteln.

48.2.4 Körperschallfunktion

Der zweite und dritte Term der maschinenakustischen Grundgleichung (48.13) beschreiben das
akustische Transferverhaltender Struktur. Diese Körperschallfunktion ist ein Maß für die
Schwingfreudigkeiteiner Struktur unter dynamischer Kraftanregung. Für reale Maschinenstrukturen wie Motor-, Getriebe- oder Pumpengehäuse
muss zu ihrer Bestimmung die mittlere Schnelleverteilung auf der Schall abstrahlenden Gehäuseoberfläche nach Gl. (48.14) als Folge einer
Anregungskraft messtechnisch oder durch numerische Simulationen ermittelt werden. Dabei
ist auf ein hinreichend dichtes Mess- bzw. Be-
rechnungsnetz zu achten, um alle wesentlichen
Oberflächenschwingungen zu erfassen und einen
physikalisch sinnvollen Mittelwert berechnen zu
können.

Für rechteckige dünne Plattengibt es stark vereinfachende Abschätzverfahren zur Bestimmung
der Körperschallfunktion [6]. Ein Beispiel für ein
Berechnungsergebnis aus solchen Abschätzverfahren zeigt Abb. 48.6.

Diese Abschätzverfahren wurden in den
1970er und 1980er-Jahren entwickelt, als die numerischen Berechnungsverfahren noch nicht aus-
gereift waren und die Rechenleistung damaliger
Computer noch zu gering war, um die mittlere Schnelleverteilung nach Gl. (48.14) berechnen zu können. Mit Hilfe der Abschätzverfahren
kann man die Auswirkungen von konstruktiven
Änderungen (z. B. Veränderung der Wandstärke,
Wahl eines anderen Werkstoffes) auf die Körperschallfunktion von Rechteckplatten überschlägig
ermitteln. Oft kann man sich reale Maschinen-

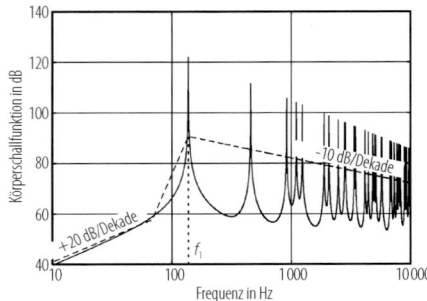

Abb. 48.6 Körperschallfunktion einer Rechteckplatte
(exemplarisch): realer Verlauf (*durchgezogene Linie*) und
Auswertung der Abschätzverfahren (*gestrichelte Linie*).
(Nach [6], wobei in [6] andere Bezugswerte als die in
Tab. 48.1 angegebenen verwendet wurden, was zu einer
Parallelverschiebung entlang der Ordinatenachse führt)

strukturen als aus Platten zusammengesetzt vorstellen und so mit Hilfe der Abschätzverfahren Parametervariationen vornehmen und deren
Auswirkungen bestimmen. In heutiger Zeit mit
kommerziell verfügbarer leistungsfähiger Simu-
lationssoftware und Computern mit hoher Rechenleistung haben die Abschätzverfahren jedoch
weitgehend an Bedeutung verloren.

48.2.5 Luftschallabstrahlung

Der vorletzte Term der maschinenakustischen
Grundgleichung [13] ist der Abstrahlgrad $\sigma(f)$.
Er ist anschaulich ein Maß dafür, welcher Anteil der auf der Strukturoberfläche vorhandenen
Körperschallenergie in Form von hörbarem Luftschall abgestrahlt wird. Die maximal mögliche
Umsetzung von Körperschall in Luftschall erreicht ein Monopolstrahler (Kugelstrahler nullter Ordnung, „atmende Kugel"), weshalb dieser
oft für überschlägige Abschätzungen des Abstrahlgrades herangezogen wird („worst case"-
Szenario). Charakteristische Größe eines Monopolstrahlers ist die *Kugelstrahlereckfrequenz* f_0

$$f_0 = \frac{c_{\text{Luft}}}{\sqrt{\pi \cdot S}}, \qquad (48.18)$$

wobei c_{Luft} die (frequenzunabhängige) Schallausbreitungsgeschwindigkeit in Luft (ca. 340 m/s)
und S der Flächeninhalt der Schall abstrahlenden

Oberfläche sind. Für Frequenzen $f > f_0$ liegt *volle Abstrahlung* ($\sigma = 1$, $L_\sigma = 0\,\text{dB}$) vor, bei Frequenzen $f < f_0$ verringert sich das Abstrahlmaß um 20 dB/Frequenzdekade. Abb. 48.7 zeigt exemplarisch den Verlauf des Abstrahlmaßes eines Monopolstrahlers (*gestrichelte Linie*) und die Lage der Kugelstrahlereckfrequenz f_0.

Da die meisten technischen Schallquellen im maschinenakustischen Sinn relativ dickwandig und kompakt sind (d. h. es können sich kaum gegenphasig schwingende Oberflächenbereiche ausbilden), können sie in guter Näherung als Monopolstrahler betrachtet werden. Abb. 48.8 zeigt exemplarisch unten den gemessenen Verlauf des Abstrahlmaßes eines Pkw-Getriebegehäuses (Punkte), der sich eng an dem eines flächengleichen Monopolstrahlers (Linie stellt die Asymptoten dar) orientiert. Die Kugelstrahlereckfrequenz ergibt sich nach Gl. (48.18) mit der Oberfläche des Getriebes $S \approx 0,5\,\text{m}^2$ zu $f_0 \approx 275\,\text{Hz}$.

Nur bei großflächigen, dünnwandigen Bauteilen (z. B. Karosseriebleche) ist der sog. *akustische Kurzschluss* zu berücksichtigen. Dieser ist aufgrund lokaler Druckausgleichsvorgänge an der Strukturoberfläche durch eine deutlich reduzierte Luftschallabstrahlung im Vergleich zum Monopolstrahler gekennzeichnet (Abb. 48.7) und tritt nur bei Frequenzen unterhalb der sog. (*Koinzidenz-*) *Grenzfrequenz* f_g auf, bei der die Luftschallwellenlänge $\lambda_{\text{Luft}} = c_{\text{Luft}}/f$ gleich der

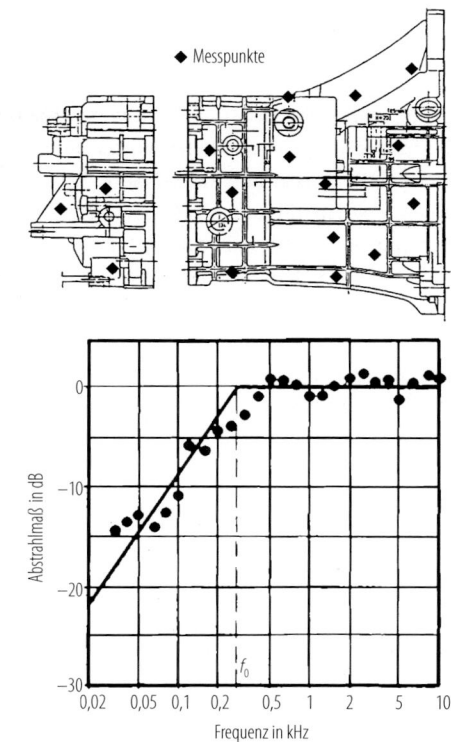

♦ Messpunkte

Abb. 48.8 Gemessenes Abstrahlmaß eines Pkw-Getriebegehäuses (*Punkte*) und eines flächengleichen Monopolstrahlers (*durchgezogene Linie*)

Biegewellenlänge λ_B

$$\lambda_B = \sqrt{\frac{2\pi}{f}} \sqrt[4]{\frac{B'}{\rho h}} \qquad (48.19)$$

der betrachteten Plattenstruktur ist, d. h.

$$f_g = \frac{c_{\text{Luft}}^2}{2\pi} \sqrt{\frac{\rho h}{B'}} \,. \qquad (48.20)$$

Hierbei sind ρ die Dichte und $B' = \left(Eh^3\right)/\left(12\left(1-\mu^2\right)\right)$ die *bezogene Biegesteifigkeit* der Plattenstruktur mit dem Elastizitätsmodul E, der Wandstärke h und der Querkontraktionszahl μ. Im Gegensatz zur Schallausbreitungsgeschwindigkeit in Luft c_{Luft} ist die Biegewellenausbreitungsgeschwindigkeit in Festkörpern $c_B = \sqrt{2\pi f} \sqrt[4]{B'/\rho h}$ frequenzabhängig, d. h. Schwingungen mit hohen

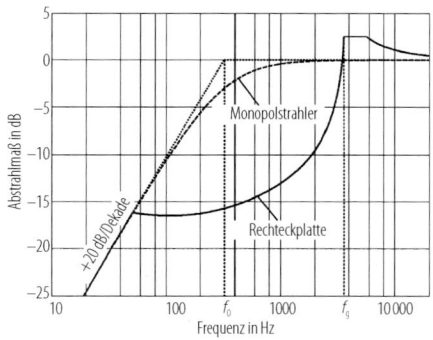

Abb. 48.7 Abstrahlmaß einer Rechteckplatte (*durchgezogene Linie*, exemplarisch) und eines flächengleichen Monopolstrahlers (*gestrichelte Linie*)

Frequenzen breiten sich schneller aus als solche mit tiefen Frequenzen (*Dispersion*). Im Frequenzbereich oberhalb der Grenzfrequenz f_g liegt volle Abstrahlung vor, wobei nahe der Grenzfrequenz f_g das Abstrahlmaß auch Werte bis zu $+7\,\mathrm{dB}$ annehmen kann (Abb. 48.7). Unter bestimmten Umständen (z. B. bei großflächigen, dünnwandigen Bauteilen) muss man die Effekte des akustischen Kurzschlusses berücksichtigen, da dieser zu einer Verminderung der abgestrahlten Schallleistung führt – eine Modellierung der Schallquelle als Monopolstrahler würde in solchen Fällen zu einer zu hohen Abschätzung der abgestrahlten Schallleistung und somit zu unnötig hohem Aufwand für die Geräuschminderung führen.

48.3 Möglichkeiten zur Geräuschminderung

Für die Minderung von Maschinengeräuschen gibt es unterschiedliche technische Ansätze. Prinzipiell unterscheidet man zwischen primären Maßnahmen und sekundären Maßnahmen. *Primäre Maßnahmen* zielen auf eine Verhinderung oder Verminderung der Anregung, Entstehung, Ausbreitung und Abstrahlung von Körperschall ab. Dies geschieht möglichst nah an der eigentlichen Schwingungs- oder Geräuschquelle und ist besonders effizient, da sonstige Maßnahmen zur Minderung des abgestrahlten Luftschalls entfallen oder reduziert werden können. Unter *sekundären Maßnahmen* versteht man Methoden zur nachträglichen Beeinflussung und Verringerung bereits entstandenen und abgestrahlten Luftschalls. Sowohl bei der primären als auch bei der sekundären Geräuschminderung wird ferner zwischen *passiven* und *aktiven Maßnahmen* unterschieden: Während passive Maßnahmen in der Einsatz- und Nutzungsphase ohne zusätzlichen Energieeintrag auskommen, ist zum Betrieb aktiver Systeme zusätzliche Energie (meist elektrisch) erforderlich. Tab. 48.2 gibt eine Übersicht über die genannten Ansätze und nennt exemplarisch einige Anwendungsbeispiele. Aktive Maß-

Tab. 48.2 Unterschiedliche Ansätze für technische Geräuschminderungsmaßnahmen

	Primäre Maßnahmen	Sekundäre Maßnahmen
Passive Maßnahmen	Verrippung, Versteifung, Bedämpfung, Entkopplung, Tilgung, Erhöhung der Eingangsimpedanz	Kapselung, Schalldämmung, Schalldämpfung, Akustikdecke, Lärmschutzwand, persönlicher Schallschutz
Aktive Maßnahmen	Active vibration control (AVC), active structural acoustic control (ASAC)	Active noise control (ANC)

nahmen zur Lärm- und Schwingungsminderung werden in Abschn. 48.4 näher beschrieben. Im Folgenden werden zunächst Möglichkeiten zur passiven Geräuschminderung dargestellt.

48.3.1 Verminderung der Kraftanregung

Da gemäß der maschinenakustischen Grundgleichung (48.13) die abgestrahlte Schallleistung direkt proportional zum Quadrat der Anregungskraft $\tilde{F}$ ist, ist zum Zwecke der technischen Lärmminderung eine Reduzierung der Anregungskräfte prinzipiell am effizientesten. Oft ist eine Verminderung der Anregungskräfte jedoch gar nicht oder nur sehr schwierig möglich, weil für die Funktion der Maschine und für den gewünschten Arbeitsprozess (z. B. Gesenkschmieden, Stanzen) gerade die verursachenden Betriebskräfte benötigt werden. Häufig gelingt es jedoch, den Vorgang der Krafteinleitung zeitlich zu strecken, also über einen etwas längeren Zeitraum stattfinden zu lassen (z. B. ziehender Schnitt statt Einsatz einer Schlagschere). Dies reduziert die Impulsartigkeit der Kraftanregung und damit die Anregung hoher Frequenzen, was insgesamt zu einer Geräuschminderung führt (Abb. 48.9). Generell gilt: Langsame Vorgänge verursachen keine oder nur wenig Geräusche, stoß- oder impulsartige Kraftstöße erzeugen starke Geräusche.

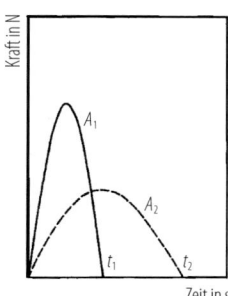

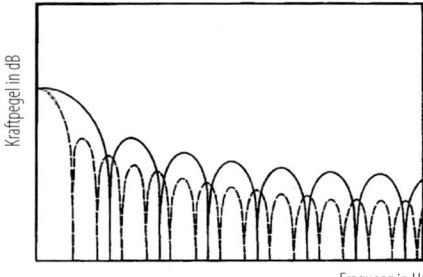

Abb. 48.9 Zeitverläufe zweier Kraftimpulse mit unterschiedlicher Impulsdauer t_1 und t_2, aber gleicher Impulsfläche $A_1 = A_2$ (*oben*), zugehörige Kraftpegelspektren (*unten*). (Nach [6])

Maßnahmen, Regeln [6–8]:

- stetigen Anstieg und Abfall des zeitlichen Kraftverlaufs mit geringen Gradienten und möglichst hohen stetigen Zeitableitungen anstreben (z. B. Nocken mit stetigem Verlauf der Krümmung im Erhebungsgesetz; Zahnflankenkorrekturen Breitenballigkeit und Kopfrücknahme für eine stetige Momentenübertragung bei Zahnradgetrieben; Ausgleichsschlitze und -bohrungen bei Hydraulikmaschinen zur Reduktion der Druckpulsationen)
- hochtourig laufende Maschinen präzise auswuchten
- Spiel zwischen bewegten Teilen durch Vorspannung vermeiden (falls nicht vermeidbar: elastische Zwischenschicht vorsehen oder die bewegten Teile nachgiebiger gestalten)
- „Prinzip der Schrägung" anwenden (z. B. Zahnräder mit Schrägverzahnung; Stanzwerkzeuge mit Schräg- oder Dachschliff)
- stoßartig verlaufende Kräfte vermeiden
- Stoßimpulse bei aufeinander prallenden Maschinenteilen durch möglichst geringe Massen

und Geschwindigkeiten begrenzen oder zeitlich dehnen (Abb. 48.9)
- bei gleitenden oder sich abwälzenden Maschinenteilen hohe Oberflächengüte mit geringer Rauheit anstreben
- auf hohe Fertigungspräzision achten (geringe Maß- und Formtoleranzen).

48.3.2 Verminderung der Körperschallfunktion

Maßnahmen, die auf eine Verminderung der Körperschallfunktion abzielen, führen oft zu einer Erhöhung des Abstrahlgrades, weshalb man diese beiden Größen eigentlich stets gemeinsam betrachten muss (Pegel der akustischen Transferfunktion $L_T = L_h + L_\sigma$, siehe Gl. (48.17)). Allerdings fällt in den meisten Fällen die Reduktion der Körperschallfunktion deutlich größer aus als das Anwachsen des Abstrahlgrades, so dass sie eine effiziente Maßnahme zur Geräuschminderung darstellt. Ferner lässt sich die Körperschallfunktion durch konstruktive Maßnahmen wesentlich einfacher beeinflussen als der Abstrahlgrad. Da die Biegeschwingungen an einer Maschinenoberfläche die dominierende Ursache für die Geräuschentstehung sind, ist bei gegebener Erregerkraft eine Vermeidung oder zumindest Verminderung dieser Körperschallamplituden anzustreben. Man sollte daher versuchen, den Kraftfluss durch konstruktive Maßnahmen auf einen kleinen, massiv und steif gestalteten Bereich der Maschine zu beschränken und ihn nicht über abstrahlende Außenflächen zu führen.

Maßnahmen, Regeln [6–8]:

- Kräfte auf möglichst kompakten, geradwandigen Strukturen übertragen (nicht „spazierenführen")
- Prinzip der Funktionstrennung: Kräfte im Inneren der Maschine aufnehmen, Schall abstrahlende Außenwände als schlechte Schallstrahler (biegeweich) ausführen und von den tragenden Strukturen bzgl. des Körperschalls entkoppeln

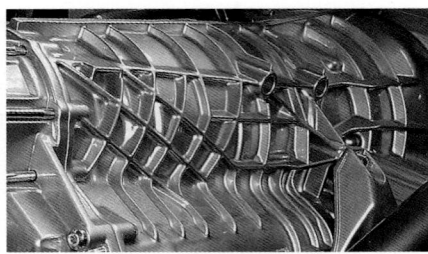

Abb. 48.10 Beispiel für ein sehr ungleichmäßig verripptes Pkw-Getriebegehäuse

- Impedanzen an den Krafteinleitungsstellen (Eingangsimpedanzen) erhöhen (z. B. möglichst viele Versteifungsrippen an die Krafteinleitungsstellen heranführen; Rippen an den Gehäusekanten abstützen; Rippen eher hoch als breit ausführen; Oberfläche möglichst ungleichmäßig durch Rippen unterteilen (Abb. 48.10); für breitbandige Wirkung sog. Vorschalt- oder Sperrmassen an den Krafteinleitungsstellen vorsehen (Abb. 48.11); Befestigungspunkte eines Maschinengehäuses wegen der lokal höheren Steifigkeit möglichst an die Gehäuseecken legen)
- einen anderen Werkstoff mit höherer Dichte und/oder höherem Elastizitätsmodul wählen und/oder die Wandstärke erhöhen (widerspricht aber u. U. dem Leichtbauprinzip)
- Fugendämpfung einbringen oder erhöhen (z. B. sog. Scheuerleisten auf der Gehäuseoberfläche anbringen; geteilte Gehäuse verwenden)
- Maschinenoberflächen möglichst klein und Maschinen somit möglichst kompakt ausfüh-

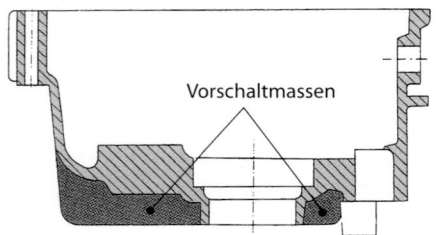

Vorschaltmassen

Abb. 48.11 Massekonzentration an der Krafteinleitungsstelle (Erhöhung der Eingangsimpedanz durch Vorschaltmassen)

ren (Oberfläche S geht linear in Gl. (48.13) ein).

48.3.3 Verminderung der Luftschallabstrahlung

Wie bereits erwähnt ist eine Minderung des Abstrahlgrades σ durch konstruktive Maßnahmen in der Regel aufwändiger und weniger effizient als eine Minderung der Körperschallfunktion. Trotzdem kann sie in bestimmten Fällen als ergänzendes Instrument sinnvoll sein, weshalb auch hierzu einige Maßnahmen und Regeln vorgestellt werden.

Maßnahmen, Regeln [6–8]:

- Maschine möglichst kompakt konstruieren (gute Näherung durch einen Monopolstrahler; Kugelstrahlereckfrequenz nach Gl. (48.18) steigt an; Abstrahlgrad im tieffrequenten Bereich sinkt)
- bei Strukturen mit plattenförmigen Wänden geringe Wandstärke vorziehen (Ausnutzen des akustischen Kurzschlusses mit verminderter Schallabstrahlung, aber im Allgemeinen Anstieg der Körperschallfunktion)
- für Deckel und Verkleidungen, die einen Raum nicht dicht abschließen müssen und durch die kein nennenswerter Luftschalldurchgang aus dem Maschineninneren stattfindet (z. B. Berührschutz), Lochbleche mit einem Lochflächenanteil von möglichst 30 % oder mehr vorsehen (sehr guter Druckausgleich zwischen Vorder- und Rückseite, daher verminderte Schallabstrahlung).

Generell ist zu beachten, dass Geräuschminderungsmaßnahmen grundsätzlich zuerst bei den lautesten Einzelschallquellen einer Maschine ansetzen müssen. Maßnahmen an Einzelschallquellen von untergeordneter Bedeutung wirken sich nur geringfügig auf den Gesamtschallleistungspegel aus, können aber u. U. das Frequenzspektrum und damit den Charakter des Geräusches beeinflussen.

48.4 Aktive Maßnahmen zur Lärm- und Schwingungsminderung

Aktive Systeme zur Lärm- und Schwingungsminderung [9–20] zeichnen sich dadurch aus, dass zu ihrem Einsatz in der Regel ein Energieeintrag (meist in Form elektrischer Energie) erforderlich ist. Sensoren (z. B. Mikrofone, Beschleunigungsaufnehmer) messen die vorhandenen Schwingungen oder Schallemissionen und führen die Messsignale einer Regelungselektronik zu. Ein Regelalgorithmus berechnet ein Signal, das geeignet ist, der ursprünglichen Schwingung oder Schallabstrahlung entgegenzuwirken und sie zu reduzieren. Dieses Signal wird über einen Verstärker einer Aktorik (z. B. Lautsprecher, Piezoaktoren, Schwingerreger) zugeführt, die die Schwingung oder Schallabstrahlung so beeinflussen kann, dass sie vermindert wird. Abb. 48.12 zeigt schematisch den Aufbau eines solchen Systems.

Man unterscheidet zwischen Systemen zur aktiven Beeinflussung bereits abgestrahlter Schallfelder mittels Lautsprechern (*active noise control, ANC*) [11, 12] und solchen zur aktiven Beeinflussung von Strukturschwingungen. Bei letzteren wird, je nach primärem Ziel der Regelung, zwischen aktiver Schwingungsminderung (*active vibration control, AVC* – Minderung von Strukturschwingungen) und aktiver Körperschallminderung (*active structural acoustic control, ASAC*

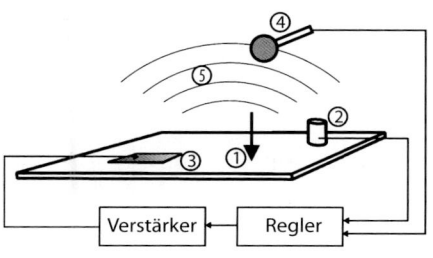

Abb. 48.12 Schematische Darstellung eines aktiven Systems zur Geräusch- und Schwingungsminderung. ① Anregungskraft ② Beschleunigungssensor, ③ piezokeramischer Patchaktor, ④ Mikrofon, ⑤ abgestrahlter Luftschall

– Minderung des abgestrahlten Luftschalls) unterschieden [9, 10, 12–18].

Prinzipbedingt ist ANC aufgrund von Interferenzerscheinungen mit vertretbarem Aufwand (Anzahl der Mikrofone und Lautsprecher, Komplexität der Regelung) nur in räumlich eng begrenzten Bereichen anwendbar (z. B. in Strömungskanälen von Klimaanlagen, in Kopfhörermuscheln oder im unmittelbaren Kopfbereich von Personen). Eine globale Geräuschreduktion in einem größeren Raum ist so nicht möglich. AVC- und ASAC-Systeme hingegen beeinflussen und reduzieren die Schwingungen Schall abstrahlender Strukturen, was zu einer Verminderung der abgestrahlten Schallleistung führt, die global in der gesamten Umgebung der Struktur wahrnehmbar ist.

AVC- und ASAC-Systeme können diskret (an einzelnen Lagerpunkten) oder flächig ausgeführt sein. Diskrete Systeme leiten an geeigneten Stellen (Maschinenfüße, Verbindungselemente, zu beruhigende Oberflächen) in Frequenz, Phase und Amplitude angepasste Kräfte derart in die Struktur ein, dass sie die störenden Schwingungen destruktiv überlagern und somit eine Schwingungsreduktion erzielt wird. Daneben besteht die Möglichkeit, durch aktive Beeinflussung Steifigkeits-, Dämpfungs- oder Masseneffekte abzubilden und so die mechanischen Struktureigenschaften künstlich zu verändern, so dass diese sich selbstständig veränderten Umgebungsbedingungen (z. B. Temperaturänderungen) anpassen können. In diesem Fall spricht man auch von *adaptiven Systemen* oder *Adaptronik* [14].

Bei diskreten aktiven Systemen werden häufig vier grundsätzliche Wirkprinzipien angewandt:

1. *adaptiver Tilger* (nicht lasttragend; Beeinflussung der Systemdynamik im Resonanzbereich bei Änderung von Systemparametern; Anpassung der Tilgereigenfrequenz und/oder der Dämpfung; schmalbandig, variable Frequenz; Abb. 48.13)
2. *adaptiver Neutralisator* (nicht lasttragend; Beeinflussung einer erregerinduzierten Störung bei Änderung der Erregerfrequenz; Anpassung der Neutralisatoreigenfrequenz und/oder der Dämpfung; schmalbandig, variable Frequenz)

48

Abb. 48.13 Ausführungsbeispiel eines adaptiven Tilgers ($L \times B \times H$: 140 mm × 80 mm × 40 mm)

3. *Inertialmassenerreger* (nicht lasttragend; breitbandige Beeinflussung oberhalb der Abstimmungsfrequenz; Einleiten von Kräften zur Beeinflussung der Strukturdynamik oder zur Kompensation von Erregerkräften; breitbandig; Abb. 48.13)

4. *aktives Lager* (lasttragend; Systementkopplung oder breitbandige Beeinflussung der Strukturdynamik; Variation der Entkopplungsfrequenz und/oder Erhöhung der Dämpfung; breitbandig; Abb. 48.15).

Ein Beispiel für einen adaptiven Tilger, der im höheren Frequenzbereich auch Eigenschaften eines Inertialmassenerregers aufweist, ist in Abb. 48.13 dargestellt. An den Enden zweier Biegebalken befinden sich zwei Massen. Dieses schwingfähige Feder-Masse-System hat eine Gesamtmasse von 1,7 kg und ist konstruktiv auf eine passive Eigenfrequenz von 50 Hz abgestimmt. Auf den Biegebalken sind piezokeramische Patchaktoren appliziert, an die über eine Regelungselektronik und einen Verstärker eine elektrische Spannung angelegt wird. Die angelegte Spannung ist dabei proportional zur Beschleunigung der Massen an den Enden der Biegebalken, die mittels eines Beschleunigungssensors gemessen wird. Dies bewirkt eine virtuelle Veränderung der Tilgermasse, was wiederum zu einer Verschiebung der Tilgereigenfrequenz führt.

Auf diese Weise kann die Eigenfrequenz des passiven Tilgers durch aktiven Eingriff in gewissen Grenzen zu höheren (bis zu 53 Hz) oder tieferen Frequenzen (bis zu 38 Hz) verschoben werden. Zusätzlich kann die am Tilgerfuß gemessene Beschleunigung als Eingangsgröße für ein weiteres Regelungssystem verwendet werden, so dass der Tilger bei höheren Frequenzen (bis ca. 200 Hz) als Inertialmassenerreger wirkt.

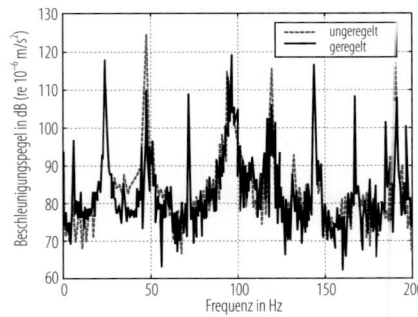

Abb. 48.14 Deutliche Senkung der Beschleunigungspegel am Tilgerfuß bei 48 Hz und anderen Frequenzen

Hierbei wird die Trägheit der Massen am Ende der Biegebalken genutzt, um eine dynamische Kraft (bis zu 11 N) am Tilgerfuß zu generieren, was zu einer Schwingungsentkopplung führt. Die Wirkung des adaptiven Tilgers wird anhand des Spektrums des Beschleunigungspegels am Tilgerfuß deutlich (Abb. 48.14). Bei 48 Hz wird die Beschleunigung um 15 dB reduziert, wobei die Eigenfrequenz des passiven Tilgers (eigentlich 50 Hz) adaptiv exakt auf die Frequenz der höchsten Schwingungsamplitude der Störquelle eingestellt wurde. Zum anderen wirkt der Tilger im gezeigten Beispiel bei den exemplarisch gewählten Frequenzen 120 und 190 Hz wie ein Inertialmassenerreger und senkt so die Schwingungsamplituden um jeweils 10 dB.

In Abb. 48.15 ist links eine Schnittzeichnung eines aktiven Lagers für einen Schiffsmotor zu sehen. Mehrere piezokeramische Stapelaktoren ① sorgen für eine weitgehende Entkopplung der Motorschwingungen vom Schiffsfundament in

Abb. 48.15 CAD-Darstellung eines aktiven Motorlagers (*links*; ① piezokeramischer Stapelaktor, ② Elastomerelemente, ③ Motoranschluss, ④/⑤ Überlastanschläge, © Fixierschrauben) und reale Ausführung (*rechts*) (Durchmesser: 170 mm, Höhe: 100 mm)

einem Frequenzbereich von ca. 20 bis 200 Hz. Aus Sicherheitsgründen wurde das ursprünglich vorhandene passive Elastomerlager ② in das aktive Lager integriert. Ferner sind die aktiven Lager so ausgelegt, dass der ca. 700 kg schwere Schiffsmotor nicht nur auf den Lagern stehen, sondern auch kopfüber an ihnen hängen kann. Eine reale Ausführung dieses aktiven Motorlagers ist in Abb. 48.15 rechts zu sehen.

Neben den bisher geschilderten diskreten aktiven Systemen gibt es auch flächige Systeme. Hierbei werden flächige Elemente (sog. Patches) aus piezoelektrischer Keramik oder flexible Module mit piezokeramischen Fasern oder Geweben auf flächige Strukturen aufgeklebt. Legt man eine elektrische Spannung an, so dehnen sich die Piezoaktoren in der Fläche aus und induzieren aufgrund der Verklebung eine Biegung in die Grundstruktur. Bei Anlegen einer Wechselspannung entstehen Biegeschwingungen, die den Geräusch verursachenden Störschwingungen entgegenwirken können. Abb. 48.16 zeigt zwei solcher Piezomodule, die auf eine Glasscheibe aufgeklebt sind, um die Schalltransmission durch ein Fenster zu reduzieren [18]. Mit dieser Anordnung kann der transmittierte Schalldruckpegel schmalbandig um bis zu 11,5 dB und der Schallleistungssummenpegel im Frequenzbereich von 0 bis 500 Hz um 3,5 dB reduziert werden. Die Wirksamkeit solcher Maßnahmen ist u. a. abhängig von einer sinnvollen Platzierung der flächigen Aktoren in die Bereiche größter Oberflächendehnungen und von der verwendeten Regelstrategie.

Ein weiteres Beispiel eines flächig ausgeführten ASAC-Systems ist eine aktive akustische Box. Eine Seite der Holzbox ist offen. Gegenüber der offenen Seite befindet sich eine Aluminiumplatte, deren innere Fläche (Abb. 48.17)

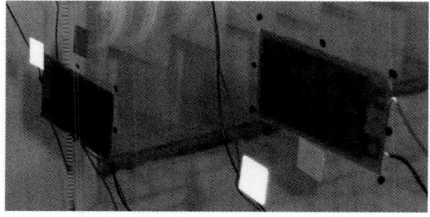

Abb. 48.16 Beispiel für ein flächiges aktives System: zwei Piezomodule auf einer Glasscheibe

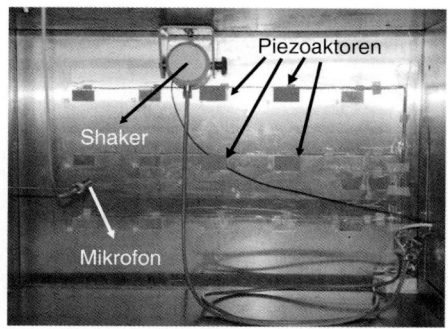

Abb. 48.17 Innere Fläche der Aluminium Platte einer akustischen Box mit Piezoaktoren und -sensoren für ASAC [19]

mit Piezoaktoren und -sensoren bestückt ist (vgl. Abb. 48.15). Das Mikrofon im Inneren der akustischen Box wird zur Messung des Schalldruckpegels benutzt. Aktive Regelung, optimaler LQ-Regler mit zusätzlicher Dynamik [19], beeinflusst mittels eines Hardware-in-the-Loop Systems mit integrierten AD und DA-Wandlern die elektrische Spannung der Piezoaktoren. Die Verformung der Piezoaktoren beeinflusst die Struktur (Aluminiumplatte) in der Form, dass die durch den Shaker hervorgerufene Schwingung gemindert wird und dadurch auch die Schallabstrahlung der schwingenden Platte. Das gemessene Mikrofonsignal mit und ohne aktive Regelung ist im Abb. 48.18 dargestellt. Die Anregung dabei ist ein random-signal.

Schwingungsminderung einer trichterförmigen Struktur (Einlass eines Kernspintomographen, Abb. 48.19) mittels AVC mit Piezoaktoren und -sensoren ist ein weiteres Beispiel der aktiven Systeme mit flächig ausgeführten aktiven Elementen [20]. Das Ziel der Schwingungsminderung durch AVC dabei ist es, die für Patienten unangenehme Gesamtschallabstrahlung des Kernspintomographen indirekt zu beeinflussen. Die Wirkung der AVC auf die Minderung des Spannungssignals eines Piezosensors ist im Abb. 48.20 dargestellt. Zwischen 1,5 und 6,5 s ist der optimale LQ-Regler ausgeschaltet, worauf deutlich größere Schwingungsamplituden aufweisen.

Eine weitere Variante der aktiven Systeme sind *semi-aktive Systeme*. Hierbei geschieht der eigentliche Geräusch- oder Schwingungsminde-

Abb. 48.18 Ungeregeltes (bis 2,5 s) und geregeltes (zwischen 2,5 und 5 s) Mirkofonsignal gemessen im Inneren der akustischen Box (Anregung am Shaker ist ein *random-signal*)

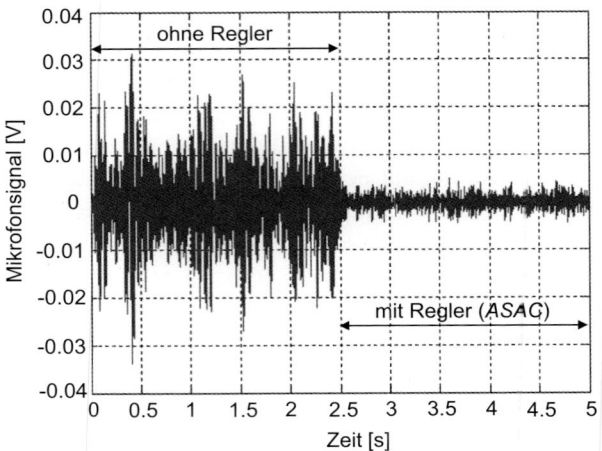

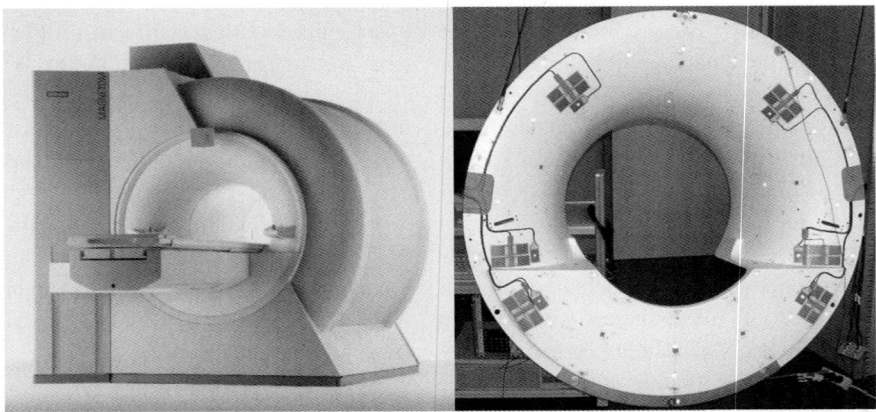

Abb. 48.19 Trichterförmiger Einlass eines Kernspintomographen mit Piezoaktoren und -sensoren für AVC. (Quelle: Siemens [20])

Abb. 48.20 Sensorsignal an einem Piezopatch des trichterförmigen Einlas eines Kernspintomographen mit und ohne Regelung (harmonische Anregung mit erster Resonanzfrequenz)

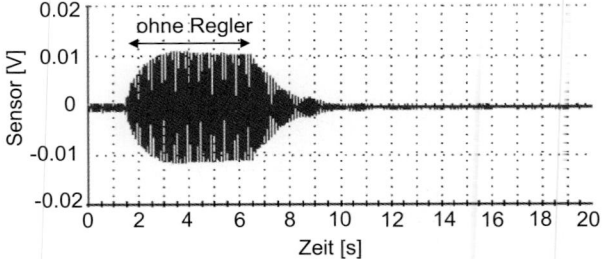

rungsvorgang ohne zusätzlichen Energieeintrag (also passiv), jedoch können die Systemeigenschaften durch Energieeintrag verändert werden. Beispiele hierfür sind Dämpfer mit einstellbarer Kennlinie, positionsgeregelte Luftfedern oder der Betrieb einer Gyratorschaltung (synthetische Induktivität) für einen aus einem piezokeramischen Aktor (kapazitive Eigenschaften), einem ohmschen Widerstand und einer Induktivität gebildeten elektrischen Schwingkreis, der wie ein mechanischer Tilger wirkt und so schmalbandig Schwingungen und Geräusche reduzieren kann.

48.5 Numerische Verfahren zur Simulation von Luft- und Körperschall

Analytische Lösungen für Körperschall- und Luftschallprobleme gibt es nur für sehr einfache Strukturen und wenige, ganz spezielle Sonderfälle. Früher gebräuchliche Abschätzverfahren sind ebenfalls nur auf vereinfachte Modellstrukturen anwendbar und liefern zudem nur sehr grobe Anhaltswerte für die tatsächliche Lösung. Zur Berechnung von Schwingungen und Schallabstrahlung werden daher zunehmend numerische Simulationsverfahren eingesetzt. Dadurch kann der Aufwand für experimentelle Untersuchungen reduziert werden. Andererseits dienen Messergebnisse dazu, die numerischen Modelle zu verbessern und an die Realität anzupassen (*model updating*). In der technischen Akustik kommen hauptsächlich die *Finite-Elemente-Methode (FEM)*, die *Boundary-Elemente-Methode (BEM)* [21] und die *Statistische Energieanalyse (SEA)* sowie Varianten und Kombinationen dieser Verfahren zum Einsatz. Die FEM wird zur Berechnung der Strukturschwingungen (Eigenfrequenzen und -formen, Betriebsschwingformen unter Kraftanregung) sowie für Innenraumprobleme (Luftschall in einem geschlossenen Volumen) eingesetzt. Die BEM dient der Berechnung der Luftschallabstrahlung von schwingenden Strukturen in den Außenraum, wobei die Strukturschwingungen zunächst mittels der FEM berechnet werden (FEM-BEM-Kopplung). Sowohl bei der FEM als auch bei der BEM ist auf eine ausreichend feine Diskretisierung (Vernetzung) von Struktur und Oberfläche zu achten, um auch die kleinsten auftretenden Biegewellen- oder Luftschallwellenlängen erfassen zu können. Üblicherweise werden mindestens sechs Elemente pro Wellenlänge empfohlen.

Aus Abb. 48.6 kann man erkennen, dass die Eigenfrequenzdichte von Maschinenstrukturen mit steigender Frequenz zunimmt. Bei hohen Frequenzen wird eine genaue Berechnung des akustischen Verhaltens mittels der deterministischen Verfahren FEM und BEM sehr aufwendig, weshalb bei hoher Eigenfrequenzdichte statistische Verfahren wie die SEA [22] zum Einsatz kommen. Statt mit diskreten Eigenfrequenzen und Schwingformen wird dabei mit mittleren Modendichten gerechnet, statt Schnellen werden Energieverteilungen und mittlere Energieflüsse bestimmt, aus denen sich wiederum mittlere Schnellen, Schalldrücke, Intensitäten und Schallleistungen ergeben.

48.6 Strukturintensität und Körperschallfluss

In Analogie zur Luftschallintensität nach Gl. (48.5) lässt sich auch eine Körperschallintensität (*Strukturintensität*) als Produkt aus dem mechanischen Spannungstensor S und dem Schnellevektor v angeben [23–26]. Für harmonische Körperschallfelder ergibt sich die Strukturintensität $I_S(f)$ im Frequenzbereich aus der (z. B. über eine Periode) zeitlich gemittelten Strukturintensität $I_S(t)$ in komplexer Schreibweise zu

$$\underline{I}_S(f) = -\frac{1}{2}\underline{S}(f) \cdot \underline{v}^*(f), \qquad (48.21)$$

wobei die Unterstreichung komplexe Größen und das Sternchen konjugiert komplexe Größen bezeichnen [23]. In Analogie zur elektrischen Wirk- und Blindleistung lässt sich die Strukturintensität in einen aktiven Anteil $I_a(f) = \mathrm{Re}\left(\underline{I}_S(f)\right)$ und einen reaktiven Anteil $I_r(f) = \mathrm{Im}\left(\underline{I}_S(f)\right)$ aufteilen. Die *aktive Strukturintensität* I_a beschreibt dabei den Energiefluss von der Quelle

48

zur Senke (Wanderwelle), welcher sich im zeitlichen Mittel einstellt. Die *reaktive Strukturintensität* I_r hingegen bezeichnet die Energiemenge, die ständig in einer Struktur oszilliert (stehende Welle), und lässt Rückschlüsse auf die Amplitudenverteilung der Eigenschwingform (Elementarstrahler) zu. Abb. 48.21 verdeutlicht diese Zusammenhänge am Beispiel einer Rechteckplatte. Da nur der aktive Anteil den Körperschallenergiefluss beschreibt, wird oft vereinfachend nur dieser als Strukturintensität bezeichnet.

Aufgrund der Frequenzabhängigkeit der Strukturintensität bei harmonischen Körperschallfeldern ergeben sich unterschiedliche Energieflüsse für unterschiedliche Frequenzen. Unter bestimmten Umständen kommt es zu einer Wirbelbildung in der aktiven Strukturintensität. Dies kann bei höheren Frequenzen zu komplexen Verwirbelungen und somit zu feinen Verästelungen im Energiefluss führen [24].

Bei dünnwandigen Strukturen kann man davon ausgehen, dass der Energietransport über die Plattendicke vernachlässigbar ist ($\underline{I}_z \approx 0$). Somit ist es möglich, die über die Plattendicke integrierte Strukturintensität $I' = \begin{bmatrix} I_x & I_y \end{bmatrix}^T$ in Abhängigkeit von den Schnittkräften und -momenten anzugeben und daher leicht aus FEM-

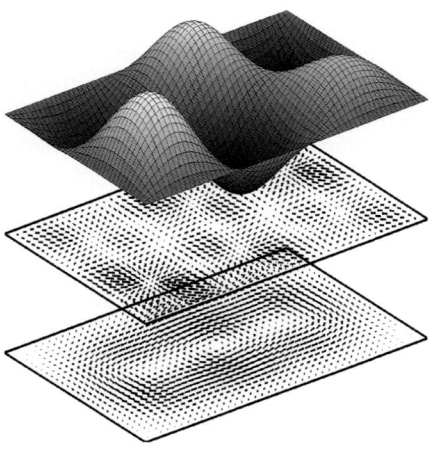

Abb. 48.21 Schwingform der 3-2-Mode einer Rechteckplatte (*oben*), reaktive Strukturintensität (*Mitte*) und aktive Strukturintensität (*unten*)

Simulationen bestimmen zu können [23]

$$\underline{I}'(f) = -\frac{1}{2}$$

$$\cdot \begin{bmatrix} \underline{N}_x \underline{v}_x^* + \underline{N}_{xy} \underline{v}_y^* + \underline{Q}_x \underline{v}_z^* + \underline{M}_x \dot{\underline{\phi}}_y^* - \underline{M}_{xy} \dot{\underline{\phi}}_x^* \\ \underline{N}_y \underline{v}_y^* + \underline{N}_{xy} \underline{v}_x^* + \underline{Q}_y \underline{v}_z^* - \underline{M}_y \dot{\underline{\phi}}_x^* + \underline{M}_{xy} \dot{\underline{\phi}}_y^* \end{bmatrix} .$$

$$(48.22)$$

Hierbei sind N, Q und M die aus der Technischen Mechanik bekannten Schnittgrößen, und v und $\dot{\phi}$ sind die translatorischen bzw. Winkelgeschwindigkeiten in Richtung der bzw. um die Koordinatenachsen.

Die akustisch relevanten Biegewellenanteile der Strukturintensität lassen sich für dünnwandige Strukturen in guter Näherung messtechnisch nach der Gleichung

$$I_x'(\omega)$$

$$= \frac{2\sqrt{B'\rho h}}{\omega^2 d} |\underline{a}_1(\omega)| |\underline{a}_2^*(\omega)| \sin(\phi_1 - \phi_2)$$

$$(48.23)$$

bestimmen [25]. Hierbei sind $\omega = 2\pi f$ die Kreisfrequenz, B', ρ und h die Biegesteifigkeit, Dichte bzw. Dicke der Platte (siehe Gln. (48.19) und (48.20)), a_1 und a_2 die unmittelbar rechts und links neben dem eigentlichen Messpunkt gemessenen Beschleunigungen senkrecht zur Oberfläche, d der Abstand zwischen diesen beiden Beschleunigungsmessstellen und $\phi_1 - \phi_2$ die Phasendifferenz zwischen a_1 und a_2. Während man früher die Biegewellenanteile der Strukturintensität nur sehr umständlich und zeitaufwendig mittels vieler Beschleunigungsaufnehmer messen konnte, kann man sie heute relativ einfach mit einem Scanning-Laservibrometer bestimmen. Die messtechnische Erfassung der Longitudinalwellen ist jedoch nach wie vor aufwendig. Daher werden die Beiträge der Longitudinalwellen zur Strukturintensität bei Messungen bislang vernachlässigt. Abb. 48.22 zeigt die gute qualitative Übereinstimmung zwischen der analytischen Berechnung der aktiven Strukturintensität für die 2-3-Mode einer Platte (links) und dem zugehörigen Messergebnis (rechts).

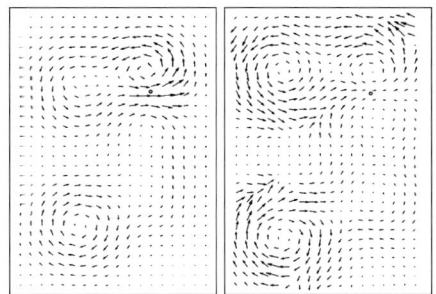

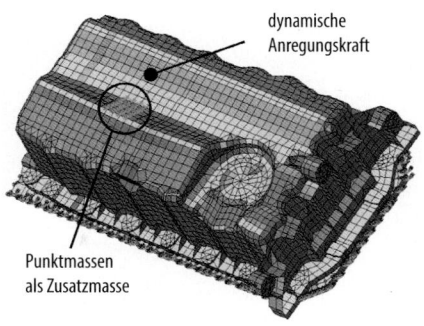

dynamische
Anregungskraft

Punktmassen
als Zusatzmasse

Abb. 48.22 Aktive Strukturintensität für die 2-3-Mode einer Platte: analytische Lösung (*links*), Messergebnis (*rechts*; der *Punkt* markiert die Kraftanregungsstelle [25]

Abb. 48.23 FEM-Modell einer Pkw-Ölwanne mit Kraftanregung (*Punkt*) und aufgebrachter Zusatzmasse (*Kreis*) [26]

Neuere Untersuchungen [26] zeigen jedoch, dass auch die Strukturintensitätsanteile in der Ebene der Struktur (Longitudinalwellen) einen erheblichen, teilweise den dominierenden Beitrag zum Körperschallenergietransport in der Struktur liefern, auch wenn sie selbst nicht direkt zu einer Luftschallabstrahlung führen.

Mit Hilfe der Strukturintensitätsanalyse kann man die Körperschallenergieflüsse in Strukturen untersuchen und daraus Maßnahmen zur gezielten Beeinflussung und Lenkung des Körperschalls mit dem Ziel der Geräuschminderung ableiten. Dies wird im Folgenden am Beispiel einer Pkw-Ölwanne mit einer Masse von ca. 5,5 kg und einer dynamischen Kraftanregung verdeutlicht [26]. Abb. 48.23 zeigt das FEM-Modell dieser Ölwanne. Eine geringe Zusatzmasse von insgesamt 100 g wird gezielt an einer Stelle platziert, durch die bei der untersuchten zweiten Eigenschwingform der Ölwanne ein Großteil der Körperschallenergie hindurchfließt (siehe Abb. 48.24 oben). Diese Zusatzmasse bildet eine lokale Impedanzerhöhung, weshalb durch diese Maßnahme die Strukturintensität und in der Folge auch die Oberflächenschnellen auf der Ölwanne deutlich reduziert werden.

In Abb. 48.24 sind Ergebnisse von FEM-Simulationen der Strukturintensität für die zweite Eigenschwingform in der Draufsicht auf die Ölwanne zu sehen, wobei alle Vektorpfeile auf die gleiche Länge normiert sind und lediglich eine Richtungsinformation liefern; der Betrag der Strukturintensität ist mit Graustufen hinterlegt. Die obere Abbildung zeigt den Strukturintensi-

tätsverlauf auf der Ölwanne ohne Zusatzmasse. Man erkennt, dass sich die Körperschallenergie, ausgehend von der Anregungsstelle, entlang der schrägen Gehäusekante ausbreitet. Platziert man genau in diesen Ausbreitungpfad, wie oben geschildert, eine geringe Zusatzmasse von 100 g, so wird der Betrag der Strukturintensität um mehr als eine Größenordnung reduziert (Abb. 48.24 unten).

Als Folge dieser Reduktion der Strukturintensität sinkt auch die Oberflächenschnelle auf der Ölwanne um etwa eine Größenordnung. Abb. 48.25 zeigt oben die Schnelleverteilung in der zweiten Eigenschwingform ohne und unten mit Zusatzmasse. Dieser Effekt tritt nicht nur

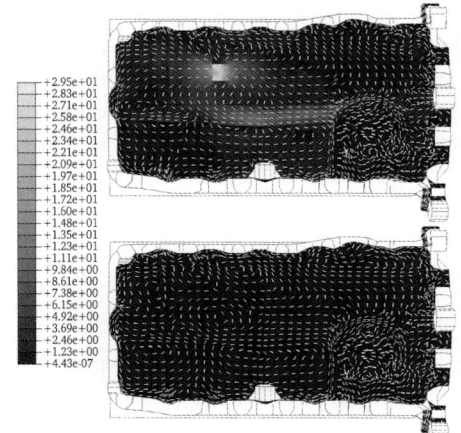

Abb. 48.24 Verlauf der Strukturintensität (Einheit: W/m) auf der Ölwanne in der zweiten Eigenschwingform ohne (*oben*) und mit Zusatzmasse (*unten*) [26]

48

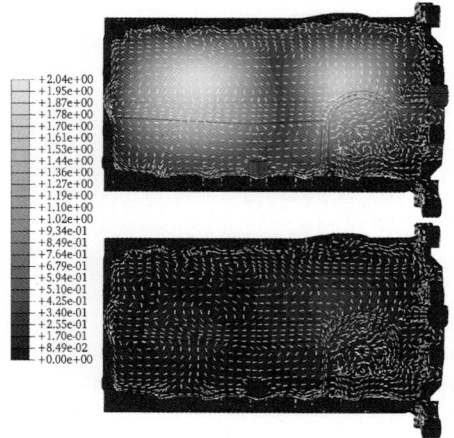

Abb. 48.25 Verlauf der Oberflächenschnellen (Einheit: m/s) auf der Ölwanne in der zweiten Eigenschwingform ohne (*oben*) und mit Zusatzmasse (*unten*) [26]

in numerischen Simulationen auf, sondern kann auch im Experiment nachgewiesen werden. In Abb. 48.26 sind die Ergebnisse von Schwinggeschwindigkeitsmessungen mit einem Scanning-Laservibrometer an einer realen Ölwanne dargestellt. Im Vergleich zum Ausgangszustand ohne Zusatzmasse (Abb. 48.26 links) sinkt die Schnelle auf der Ölwanne mit Zusatzmasse (Abb. 48.26 rechts) auch im Experiment um etwa eine Größenordnung.

Schlussbemerkung Das Themengebiet der Technischen Akustik und Geräuschminderung ist sehr umfangreich. Deshalb kann an dieser Stelle nur ein knapper Überblick gegeben werden. Weitere Informationen und Hinweise, insbesondere auch zur akustischen Messtechnik oder zur Fahrzeugakustik, finden sich in der einschlägigen Fachliteratur (s. Allgemeine Literatur).

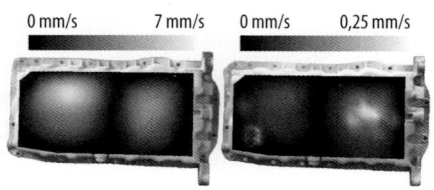

Abb. 48.26 Gemessene Schnelleverteilung auf der Ölwanne ohne (*links*) und mit Zusatzmasse (*rechts*) [26]

Literatur

Spezielle Literatur

1. DIN 1320:2009: Akustik: Begriffe
2. DIN EN ISO 1683:2015: Akustik: Bevorzugte Bezugswerte für Pegel in der Akustik und Schwingungstechnik
3. DIN ISO 226:2006: Akustik: Normalkurven gleicher Lautstärkepegel
4. DIN 45630-1:1971: Grundlagen der Schallmessung: Physikalische und subjektive Größen von Schall
5. DIN EN 61672-1:2014: Elektroakustik: Schallpegelmesser, Teil 1: Anforderungen
6. Kollmann, F.G., Schösser, T., Angert, R.: Praktische Maschinenakustik. Springer, Berlin, Heidelberg (2006)
7. DIN EN ISO 11688-1:2009: Akustik: Richtlinien für die Konstruktion lärmarmer Maschinen und Geräte, Teil 1: Planung
8. VDI 3720:2014 Blatt 1 Konstruktion lärmarmer Maschinen und Anlagen
9. VDI 2064:2010: Aktive Schwingungsisolierung
10. Fuller, C.R., Elliott, S.J., Nelson, P.A.: Active control of vibration. Academic Press, London (1997)
11. Nelson, P.A., Elliott, S.J.: Active control of sound. Academic Press, London (1993)
12. Tokhi, M.O., Veres, S. (Hrsg.): Active sound and vibration control. Institution for Electrical Engineers, London (2002)
13. Preumont, A., Seto, K.: Active Control of Structures. John Wiley & Sons, Hoboken (2008)
14. Hanselka, H., et al.: Mechatronik/ Adaptronik. In: Hering, E., Modler, K.-H. (Hrsg.) Grundwissen des Ingenieurs, 13. Aufl. Fachbuchverlag Leipzig, Hanser, Leipzig, München (2002)
15. Herold, S., Mayer, D., Hanselka, H.: Transient simulation of adaptive structures. J Intell Mater Syst Struct **15**(3), 215–224 (2004)
16. Herold, S., Mayer, D., Hanselka, H.: Decoupling of mechanical structures with piezoceramic stacks. Tech Mech **22**(3), 193–204 (2002)
17. Bein, T., Bös, J., Herold, S., Mayer, D., Melz, T., Thomaier, M.: Smart interfaces and semi-active vibration absorber for noise reduction in vehicle structures. Aerosp Sci Technol **12**(1), 62–73 (2008) Special Issue „Aircraft Noise Reduction"
18. Kurtze, L., Doll, T., Bös, J., Hanselka, H.: Aktive Fassaden – Reduktion von Lärm in Gebäuden durch aktive Abschirmung von Geräuschquellen. Z Lärmbekämpfung **53**(2), 55–61 (2006)
19. Gabbert, U., Lefèvre, J., Laugwitz, F., Nestorović, T.: Modelling and analysis of piezoelectric smart structures for vibration and noise control. Int J Appl Electrom **31**(1), 29–39 (2009)
20. Nestorović-Trajkov, T., Köppe, H., Gabbert, U.: Active vibration control using optimal LQ tracking system with additional dynamics. Int J Control **78**(15), 1182–1197 (2005)

21. Marburg, S., Nolte, B. (Hrsg.): Computational acoustics of noise propagation in fluids: finite and boundary elements methods. Springer, Berlin, Heidelberg (2008)

22. Lyon, R.H., DeJong, R.G.: Theory and application of statistical energy analysis, 2. Aufl. Butterworth-Heinemann, (1995)

23. Gavrić, L., Pavić, G.: A finite element method for computation of structural intensity by the normal mode approach. J Sound Vib **164**(1), 29–43 (1993)

24. Tanaka, N., Snyder, S.D., Kikushima, Y., Kuroda, M.: Vortex structural power flow in a thin plate and the influence on the acoustic field. J Acoust Soc Am **96**(3), 1563–1574 (1994)

25. Kuhl, S.: Gezielte Leitung von Körperschall unter Zuhilfenahme der Strukturintensitätsrechnung. Dissertation, Fachgebiet Systemzuverlässigkeit und Maschinenakustik SzM, TU Darmstadt (2010)

26. Hering, T.: Strukturintensitätsanalyse als Werkzeug der Maschinenakustik. Dissertation, Fachgebiet Systemzuverlässigkeit und Maschinenakustik SzM, TU Darmstadt (2012)

Allgemeine Literatur

27. Lerch, R., Sessler, G., Wolf, D.: Technische Akustik. Springer, Berlin, Heidelberg (2009)

28. Möser, M.: Technische Akustik, 10. Aufl. Springer, Berlin, Heidelberg (2015)

29. Müller, G., Möser, M. (Hrsg.): Taschenbuch der Technischen Akustik, 3. Aufl. Springer, Berlin, Heidelberg (2004)

30. Veit, I.: Technische Akustik, 7. Aufl. Vogel Buchverlag, Würzburg (2012)

31. Möser, M. (Hrsg.): Messtechnik der Akustik. Springer, Berlin, Heidelberg (2009)

32. Zollner, M., Zwicker, E.: Elektroakustik, 3. Aufl. Springer, Berlin, Heidelberg (2003)

33. Möser, M., Kropp, W.: Körperschall, 3. Aufl. Springer, Berlin, Heidelberg (2009)

34. Schirmer, W. (Hrsg.): Technischer Lärmschutz, 2. Aufl. Springer, Berlin, Heidelberg (2006)

35. Sinambari, G.R., Sentpali, S.: Ingenieurakustik – Physikalische Grundlagen und Anwendungsbeispiele, 5. Aufl. Springer, Berlin, Heidelberg (2014)

36. Maute, D.: Technische Akustik und Lärmschutz. Hanser, München (2006)

37. Günther, B., Hansen, K., Veit, I.: Technische Akustik. Ausgewählte Kapitel – Grundlagen, aktuelle Probleme und Messtechnik, 8. Aufl. Expert Verlag, Renningen (2008)

38. Fuchs, H.V.: Schallabsorber und Schalldämpfer, 4. Aufl. Springer, Berlin, Heidelberg (2017)

39. Pflüger, M., Brandl, F., Bernhard, U., Feitzelmayer, K.: Fahrzeugakustik. Springer, Berlin, Heidelberg (2010)

40. Zeller, P.: Handbuch Fahrzeugakustik, 3. Aufl. Springer Vieweg, Wiesbaden (2018)

Normen und Richtlinien

41. DEGA-Empfehlung 101: Akustische Wellen und Felder. Deutsche Gesellschaft für Akustik e.V., Berlin (2006)

42. DIN 1320: Akustik: Begriffe

43. DIN EN ISO 11688: Akustik: Richtlinien für die Konstruktion lärmarmer Maschinen und Geräte

44. VDI 3720: Lärmarm Konstruieren

45. DIN Taschenbuch 315: Akustik, Lärmminderung und Schwingungstechnik 3: Messung der Geräuschemission von Maschinen

46. DIN EN ISO 4871: Akustik: Angabe und Nachprüfung von Geräuschemissionswerten von Maschinen und Geräten

47. DIN EN ISO 3741 und 3743 bis 3747: Akustik: Bestimmung der Schallleistungspegel von Geräuschquellen aus Schalldruckmessungen

48. DIN EN ISO 9614: Akustik: Bestimmung der Schallleistungspegel von Geräuschquellen aus Schallintensitätsmessungen

49. VDI 2064: Aktive Schwingungsisolierung

Teil VII
Allgemeine Tabellen

Allgemeine Tabellen

Karl-Heinrich Grote

Die folgenden Webseiten enthalten, wie auch weitere nicht angeführte Webseiten, Informationen zu diesem Kapitel:

www.bipm.org/en/si/ (Erläuterungen zu SI-Einheiten)

www.chemie.fu-berlin.de/chemistry/general (Allgemeine Chemie; Physikalische Größen; Konstanten; Einheiten)

www.processassociates.com/process/tools.htm (Berechnungen von Größen etc.)

www.cleavebooks.co.uk/dictunit/index.htm (Einheiten-Wörterbuch mit Umrechnungen)

www.martindalecenter.com/Calculators.html (Berechnungen zu PKW, LKW, KRAD)

www.ptb.de/cms/themenrundgaenge.html

Tab. 49.1 Basiseinheiten des SI-Systems, siehe auch Bd. 2, Abschn. 31.1 und DIN 1301 T1

SI-Basis-einheit	Symbol	Physikalische bzw. technische Größe
Meter	m	Länge
Kilogramm	kg	Masse
Sekunde	s	Zeit
Ampere	A	elektrische Stromstärke
Kelvin	K	thermodynamische Temperatur, Temperaturdifferenz
Mol	mol	Stoffmenge
Candela	cd	Lichtstärke

K.-H. Grote (✉)
Otto-von-Guericke-Universität Magdeburg
Magdeburg, Deutschland
E-Mail: karl.grote@ovgu.de

© Springer-Verlag GmbH Deutschland, ein Teil von Springer Nature 2020
B. Bender und D. Göhlich (Hrsg.), *Dubbel Taschenbuch für den Maschinenbau 1: Grundlagen und Tabellen*,
https://doi.org/10.1007/978-3-662-59711-8_49

Tab. 49.2 Abgeleitete Einheiten des SI-Systems, siehe auch DIN 1301 T1. Durch Kombination (Multiplizieren, Dividieren, Potenzieren) von Basiseinheiten entstehende SI-Einheiten

Abgeleitete SI-Einheit	Bildung der Bezeichnung für die abgeleitete SI-Einheit	Beispiele
Charakterisierung	Beschreibung	
(kombinierte) Einheit ohne eigene Bezeichnung	die Bezeichnung wird aus den Bezeichnungen der Basiseinheiten und der Bezeichnung für die Art der Kombination gebildet; z. B. mal, (und), je, Quadrat-, Kubik-	m^2, m/s
(kombinierte) Einheit mit eigener Bezeichnung		Newton, Pascal, Joule, Watt, Ohm
(kombinierte) Einheit mit gemischter Bezeichnung	die Bezeichnung wird aus kombinierten Einheiten mit eigener Bezeichnung und der von Basiseinheiten gebildet, ggf. unter Verwendung der Bezeichnung für die Art der Kombination	Newtonmeter, Pascalsekunde

Tab. 49.3 Vorsätze für Einheiten

Zehnerpotenz	Vorsatz	Vorsatzzeichen
10^{18}	Exa	E
10^{15}	Peta	P
10^{12}	Tera	T
10^{9}	Giga	G
10^{6}	Mega	M
10^{3}	Kilo	k
10^{2}	Hekto	h
10	Deka	da
10^{-1}	Dezi	d
10^{-2}	Zenti	c
10^{-3}	Milli	m
10^{-6}	Mikro	m
10^{-9}	Nano	n
10^{-12}	Piko	p
10^{-15}	Femto	f
10^{-18}	Atto	a

Tab. 49.4 Einheiten außerhalb des SI-Systems, siehe auch DIN 1301 T1

Charakterisierung der Einheit	Beispiele
allgemein anwendbare Einheiten	Liter, Stunde, Grad
Einheiten mit beschränktem Anwendungsbereich	Elektronenvolt

Tab. 49.5 Überschlagswerte zur Umrechnung von m kp s- in das SI-System

1 kp ≈ 1 da N
1 at ≈ 1 bar
1 kp m ≈ 1 da J
1 kp/cm ≈ 1 N/mm
1 PS ≈ 0,75 kW
1 mm WS ≈ 0,1 mbar
1 kcal ≈ 4,2 kJ

Tab. 49.6 Namen und Abkürzungen englischer Einheiten

atm	atmosphere
bbl	barrel
btu	British termal unit
bu	bushel
cal	calorie
cwt	hundredweight
deg F	degree Fahrenheit
ft	foot
gal	gallon
hp	horsepower
in	inch
lb	pound
lbf	pound force
ln tn	long ton
m	mile
pdl	poundel
sh tn	short ton
yd	yard
UK	United Kingdom
US	United States of America
in/s	inch per second
in^2	square inch
in^3	cubic inch
f p s-system	foot pound second-system

Tab. 49.7 Umrechnung der wichtigsten Einheiten des f p s- in das SI-System (englische Namen s. Tab. 49.6)

		fps	SI (m kg s)
Länge	Length/Distance	$1\,\text{ft} = \frac{1}{3}\,\text{yd} = 12\,\text{in}$	$1\,\text{ft} = 0{,}3048\,\text{m}$ $1\,\text{mi} = 1609{,}34\,\text{m}$
Fläche	Area	$1\,\text{ft}^2 = 144\,\text{in}^2$	$1\,\text{ft}^2 = 0{,}092903\,\text{m}^2$
Volumen	Volume	$1\,\text{ft}^3 = 1728\,\text{in}^3 = 6{,}22882\,\text{gal (UK)}$ $1\,\text{gal (US)} = 0{,}83268\,\text{gal (UK)}$	$1\,\text{ft}^3 = 0{,}0283169\,\text{m}^3$ $1\,\text{bu (US)} = 35{,}23931$ $1\,\text{bbl (US)} = 115{,}6271$
Geschwindigkeit	Velocity	$1\,\text{ft/s}$ $1\,\text{knot} = 1{,}150785\,\text{mile/h} = 1{,}6877\,\text{ft/s}$	$1\,\text{ft/s} = 0{,}3048\,\text{m/s}$
Beschleunigung	Acceleration	$1\,\text{ft/s}^2$	$1\,\text{ft/s}^2 = 0{,}3048\,\text{m/s}^2$
Masse	Weight/Mass	$1\,\text{lb} = \text{cwt}/112;\ 1\,\text{sh tn} = 2000\,\text{lb}$ $1\,\text{slug} = 32{,}174\,\text{lb};\ 1\,\text{ln tn} = 2240\,\text{lb}$	$1\,\text{lb} = 0{,}453592\,\text{kg}$ $1\,\text{slug} = 14{,}5939\,\text{kg}$
Kraft	Force	$1\,\text{lbf}$ $1\,\text{pdl} = 0{,}031081\,\text{lbf}$	$1\,\text{lbf} = 4{,}44822\,\text{N}$ $1\,\text{pdl} = 0{,}138255\,\text{N}$
Arbeit	Work/Energy	$1\,\text{lbf.ft} = 0{,}32383\,\text{I.T.cal}$ $1\,\text{btu} = 251{,}995\,\text{I.T.cal} = 778{,}17\,\text{lbf.ft}$	$1\,\text{lbf.ft} = 1{,}35582\,\text{J}$ $1\,\text{btu} = 1{,}05506\,\text{kJ}$
Druck	Pressure	$1\,\text{lbf/ft}^2 = 6{,}9444 \cdot 10^{-3}\,\text{lbf/in}^2$ $1\,\text{lbf/in}^2 = 0{,}068046\,\text{atm}$ $1\,\text{atm} = 29{,}92\,\text{in Hg} = 33{,}90\,\text{ft water}$	$1\,\text{lbf/ft}^2 = 47{,}88\,\text{N/m}^2$ $1\,\text{lbf/in}^2 = 6894{,}76\,\text{N/m}^2$ $1\,\text{atm} = 1{,}01325\,\text{bar}$
Dichte	Density	$1\,\text{lb/ft}^3 = 5{,}78704 \cdot 10^{-4}\,\text{lb/in}^3$ $1\,\text{lb/gal (UK)} = 6{,}22889\,\text{lb/ft}^3$	$1\,\text{lb/ft}^3 = 16{,}0185\,\text{kg/m}^3$ $1\,\text{lb/gal (UK)} = 99{,}7633\,\text{kg/m}^3$
Temperatur	Temperature	$t_\text{F} = (1{,}8\,t_\text{c} + 32\,°\text{C})\,°\text{F}/\,°\text{C};$ $32\,°\text{F} = 0\,°\text{C};\ 212\,°\text{F} = 100\,°\text{C}$	$t_\text{c} = 5/9(t_\text{F} - 32\,°\text{F})\,°\text{C}/\,°\text{F};$ $1\,°\text{F} = -17{,}222\,°\text{C}$
Leistung	Power	$1\,\text{ftlbf/s} = 1{,}8182 \cdot 10^{-3}\,\text{hp}_{(550\,\text{lbf.ft/s})}$ $= 1{,}28592 \cdot 10^{-3}\,\text{btu/s}$	$1\,\text{ftlbf/s} = 1{,}35582\,\text{W}$
spezif. Wärme-kapazität	Specific heat capacity	$1\,\text{btu/(lb deg F)}$	$1\,\text{btu/(lb deg F)}$ $= 4{,}1868\,\text{kJ/(kg} \cdot \text{K)}$
Wärmeleit-fähigkeit	Thermal conductivity	$1\,\text{btu/(ft h deg F)}$	$1\,\text{btu/(ft h deg F)}$ $= 1{,}7306\,\text{W/(m} \cdot \text{K)}$
Wärmeübergangs-(durchgangs-)koeffizient	Heat transfer coefficient	$1\,\text{btu/(ft}^2\,\text{h deg F)}$	$1\,\text{btu/(ft}^2\,\text{h deg F)}$ $= 5{,}6778\,\text{W/(m}^2 \cdot \text{K)}$
kinematische Viskosität	Kinematic viscosity	$1\,\text{ft}^2/\text{s}$	$1\,\text{ft}^2/\text{s} = 0{,}092903\,\text{m}^2/\text{s}$
dynamische Viskosität	Dynamic viscosity	$1\,\text{lb/(ft s)}$	$1\,\text{lb/(ft s)} = 1{,}48816\,\text{kg/(m} \cdot \text{s)}$

Vergleich auf Webseiten: www.umrechnungen.de (Einheiten-Umrechner); www.onlineconversion.com (Einheiten und Rechner); http://dict.tu-chemnitz.de/calc.html (Umrechnung von Einheiten)

49

Tab. 49.8 Römisches Zahlensystem

I $\hat{=}$ 1, V $\hat{=}$ 5, X $\hat{=}$ 10, L $\hat{=}$ 50, C $\hat{=}$ 100,
D $\hat{=}$ 500, M $\hat{=}$ 1000

1 I	10 X	100 C
2 II	20 XX	200 CC
3 III	30 XXX	300 CCC
4 IV	40 XL	400 CD
5 V	50 L	500 D
6 VI	60 LX	600 DC
7 VII	70 LXX	700 DCC
8 VIII	80 LXXX	800 DCCC
9 IX	90 XC	900 CM

Schreibweise von links beginnend, die Zahlen werden addiert.

Steht eine kleinere Zahl vor einer größeren, so wird diese hiervon subtrahiert.

V, L und D werden nur einmal geschrieben.

I, X und C können bis zu dreimal vorkommen.

Beispiele	
1496 MCDXCVI	1673 MDCLXXIII
1891 MDCCCXCI	2011 MMXI

Tab. 49.9 Große Zahlenwerte

Million	10^6
Milliarde	10^9
Billion	10^{12}
Billiarde	10^{15}
Trillion	10^{18}
Quadrillion	10^{24}
Quadrilliarde	10^{27}

In den USA: Quadrillion 10^{15}; Trillion 10^{12}; Billion 10^9

Tab. 49.10   Raum und Zeit, siehe auch DIN 1304 T1, DIN 1301 T1

Einheit[a]	Symbol	Physikalische bzw. technische Größe	Beschreibung durch Basiseinheiten
Meter	m	Länge	
Sekunde	s	Zeit	
Quadratmeter	m^2	Fläche	
Kubikmeter	m^3	Volumen	
Meter je Sekunde	m/s	Geschwindigkeit	
Meter je Quadratsekunde	m/s^2	Beschleunigung	
Kubikmeter je Sekunde	m^3/s	Volumenstrom	
Radiant	rad	ebener Winkel	$1\,\text{rad} = \dfrac{1\,\text{m arc}}{1\,\text{m Radius}}$
Steradiant	sr	Raumwinkel	$1\,\text{sr} = \dfrac{1\,\text{m}^2\,\text{Volumenoberfläche}}{1\,\text{m}^2\,\text{Volumenradius}}$
Hertz	Hz	Frequenz	$1\,\text{Hz} = 1/\text{s}$
Radiant je Sekunde	rad/s	Winkelgeschwindigkeit	
Radiant je Quadratsekunde	rad/s^2	Winkelbeschleunigung	
Liter	l	Volumen	$1\,\text{l} = 1 \cdot 10^{-3}\,\text{m}^3$
Grad	°	ebener Winkel	
Minute	′	ebener Winkel	$1' = \pi/(180 \cdot 60)\,\text{rad},$ $1' = (1/60)°$
Sekunde	″	ebener Winkel	$1'' = \pi/(180 \cdot 60 \cdot 60)\,\text{rad},$ $1'' = (1/60)'$
Minute	min	Zeit (Zeitdauer)	$1\,\text{min} = 60\,\text{s}$
Stunde	h	Zeit (Zeitdauer)	$1\,\text{h} = 60\,\text{min} = 3600\,\text{s}$
Eine (Umdrehungen) je Sekunde	1/s (U/s)	Drehzahl	$1/\text{min} = 1/60\,\text{s}$
Eine (Umdrehungen) je Minute	1/min (U/min)	Drehzahl	

[a] SI-Einheit und auch Einheit außerhalb des SI-Systems, aber allgemein anwendbare Einheit

Tab. 49.11   Mechanik, siehe auch DIN 1304 T1, DIN 1301 T1

Einheit[a]	Symbol	Physikalische bzw. technische Größe	Beschreibung durch Basiseinheiten
Kilogramm	kg	Masse	
Kilogramm je Sekunde	kg/s	Massestrom	
Kilogramm mal Quadratmeter	$kg \cdot m^2$	Massenmoment 2. Grades	
Kilogramm je Kubikmeter	kg/m^3	Dichte	
Kubikmeter je Kilogramm	m^3/kg	spezifisches Volumen	
Quadratmeter je Sekunde	m^2/s	kinematische Viskosität	
Newton	N	Kraft	$1\,\text{N} = 1\,\text{kg} \cdot \text{m}/\text{s}^2$
Pascal	Pa	Druck	$1\,\text{Pa} = 1\,\text{kg}/(\text{m} \cdot \text{s}^2)$
Joule	J	Arbeit, Energie	$1\,\text{J} = 1\,\text{kg} \cdot \text{m}^2/\text{s}^2$
Watt	W	Leistung	$1\,\text{W} = 1\,\text{kg} \cdot \text{m}^2/\text{s}^3$
Newtonmeter	$N \cdot m$	Kraftmoment/Drehmoment	$1\,\text{N} \cdot \text{m} = 1\,\text{kg} \cdot \text{m}^2/\text{s}^2$
Newton je Quadratmeter	N/m^2	Spannung	$1\,\text{N}/\text{m}^2 = 1\,\text{kg}/(\text{m} \cdot \text{s}^2)$
Pascalsekunde	$Pa \cdot s$	dynamische Viskosität	$1\,\text{Pa} \cdot \text{s} = 1\,\text{kg}/(\text{m} \cdot \text{s})$
Joule je Kubikmeter	J/m^3	Energiedichte	$1\,\text{J}/\text{m}^3 = 1\,\text{kg}/(\text{m} \cdot \text{s}^2)$
Tonne	t	Masse	$1\,\text{t} = 1 \cdot 10^3\,\text{kg}$
Gramm	g	Masse	$1\,\text{g} = 1 \cdot 10^{-3}\,\text{kg}$

[a] s. Fußnote zu Tab. 49.10.

49

Tab. 49.12 Wärme, siehe auch Teil V und DIN 1304 T1

Einheit[a]	Symbol	Physikalische bzw. technische Größe	Beschreibung durch Basiseinheiten
Kelvin	K	thermodynamische Temperatur, Temperaturdifferenz	
Quadratmeter je Sekunde	m^2/s	Temperaturleitfähigkeit	
Joule	J	Wärmemenge	$1\,J = 1\,kg \cdot m^2/s^2$
Watt	W	Wärmestrom	$1\,W = 1\,kg \cdot m^2/s^3$
Joule je Kilogramm	J/kg	spezifische innere Energie	$1\,J/kg = 1\,m^2/s^2$
Joule je Kelvin	J/K	Wärmekapazität	$1\,J/K = 1\,kg \cdot m^2/(s^2 \cdot K)$
Joule je Kilogramm und Kelvin	$J/(kg \cdot K)$	spezifische Wärmekapazität	$1\,J/(kg \cdot K) = 1\,m^2/(s^2 \cdot K)$
Watt je Quadratmeter	W/m^2	Wärmestromdichte	$1\,W/m^2 = 1\,kg/s^3$
Watt je Quadratmeter und Kelvin	$W/(m^2 \cdot K)$	Wärmeübergangskoeffizient	$1\,W/(m^2 \cdot K) = 1\,kg/(s^3 \cdot K)$
Watt je Meter und Kelvin	$W/(m \cdot K)$	Wärmeleitfähigkeit	$1\,W/(m \cdot K) = 1\,kg \cdot m/(s^3 \cdot K)$
Kelvin je Watt	K/W	Wärmewiderstand	$1\,K/W = 1\,K \cdot s^3/(kg \cdot m^2)$
Grad Celsius	°C	Celsius-Temperatur	$1\,°C \,\widehat{=}\, 273\,K \quad 100\,°C \,\widehat{=}\, 373\,K$

[a] s. Fußnote zu Tab. 49.10.

Tab. 49.13 Elektrizität, siehe auch Bd. 2, Kap. 22 und DIN 1304 T1

Einheit[a]	Symbol	Physikalische bzw. technische Größe	Beschreibung durch Basiseinheiten
Ampere	A	elektrische Stromstärke	
Ampere je Quadratmeter	A/m^2	elektrische Stromdichte	
Ampere je Meter	A/m	elektrischer Strombelag	
Coulomb	C	elektrische Ladung	$1\,C = 1\,A \cdot s$
Watt	W	(elektrische) Leistung	$1\,W = 1\,kg \cdot m^2/s^3$
Volt	V	elektrische Spannung	$1\,V = 1\,kg \cdot m^2/(A \cdot s^3)$
Farad	F	elektrische Kapazität	$1\,F = 1\,A^2 \cdot s^4/(kg \cdot m^2)$
Ohm	Ω	elektrischer Widerstand	$1\,\Omega = 1\,kg \cdot m^2/(A^2 \cdot s^3)$
Siemens	S	elektrischer Leitwert	$1\,S = 1\,A^2 \cdot s^3/(kg \cdot m^2)$
Coulomb je Quadratmeter	C/m^2	elektrische Flussdichte, Verschiebungsdichte	$1\,C/m^2 = 1\,A \cdot s/m^2$
Volt je Meter	V/m	elektrische Feldstärke	$1\,V/m = 1\,kg \cdot m/(A \cdot s^3)$
Farad je Meter	F/m	Dielektrizitätskonstante, elektrische Feldkonstante	$1\,F/m = 1\,A^2 \cdot s^4/(kg \cdot m^3)$
Ohmmeter	$\Omega \cdot m$	spezifischer elektrischer Widerstand	$1\,\Omega \cdot m = 1\,kg \cdot m^3/(A^2 \cdot s^3)$
Siemens je Meter	S/m	elektrische Leitfähigkeit	$1\,S/m = 1\,A^2 \cdot s^3/(kg \cdot m^3)$

[a] s. Fußnote zu Tab. 49.10.

Tab. 49.14 Magnetismus, siehe auch Bd. 2, Kap. 22 und DIN 1304 T1

Einheit[a]	Symbol	Physikalische bzw. technische Größe	Beschreibung durch Basiseinheiten
Ampere	A	magnetische Spannung	
Ampere je Meter	A/m	magnetische Feldstärke, Magnetisierung	
Weber	Wb	magnetischer Fluss	$1\,Wb = 1\,kg \cdot m^2/(A \cdot s^2)$
Tesla	T	magnetische Induktion, magnetische Flussdichte	$1\,T = 1\,kg/(A \cdot s^2)$
Henry	H	Induktivität, magnetischer Leitwert	$1\,H = 1\,kg \cdot m^2/(A^2 \cdot s^2)$
Henry je Meter	H/m	Permeabilität, magnetische Feldkonstante	$1\,H/m = 1\,kg \cdot m/(A^2 \cdot s^2)$
1 je Henry	1/H	magnetischer Widerstand	$1\,1/H = 1\,A^2 \cdot s^2/(kg \cdot m^2)$

[a] s. Fußnote zu Tab. 49.10.

Tab. 49.15 Lichtstrahlung, siehe auch DIN 1304 T1

Einheit[a]	Symbol	Physikalische bzw. technische Größe	Beschreibung durch Basiseinheiten
Candela	cd	Lichtstärke	
Candela je Quadratmeter	cd/m^2	Leuchtdichte	
Lumen	lm	Lichtstrom	$1\,lm = 1\,cd \cdot sr$
Lux	lx	Beleuchtungsstärke	$1\,lx = 1\,cd \cdot sr/m^2$
Lumensekunde	$lm \cdot s$	Lichtmenge	$1\,lm \cdot s = 1\,cd \cdot sr \cdot s$
Luxsekunde	$lx \cdot s$	Belichtung	$1\,lx \cdot s = 1\,cd \cdot sr \cdot s/m^2$

[a] s. Fußnote zu Tab. 49.10.

Tab. 49.16 Physikalische Konstanten (siehe auch http://physics.nist.gov/cuu/Constants/ (Wissensspeicher Mathe, Physik, Astronomie) und Tab. 49.17)

Gravitationskonstante	$G = 6{,}6720 \cdot 10^{-11}\,N \cdot m^2/kg^2$
Normalfallbeschleunigung	$g_n = 9{,}80665\,m/s^2$
Planck-Wirkungsquantum	$h = 6{,}626 \cdot 10^{-34}\,J\,s$
Gaskonstante	$R = 8314{,}41\,J/(kmol \cdot K)$
Wellenwiderstand des Vakuums	$\Gamma = 376{,}731\,-$
molares Normvolumen	$V_m = 22{,}414\,m^3/kmol$ bei $1{,}01325$ bar $0\,°C$
Stefan-Boltzmann-Strahlungskonstante	$\sigma = 5{,}6703 \cdot 10^{-8}\,W/(m^2 \cdot K^4)$
Loschmidt-Konstante	$N_L = 2{,}6868 \cdot 10^{25}\,m^{-3}$
Planck-Strahlungskonstanten	$c_1 = 3{,}741 \cdot 10^{-16}\,W \cdot m^2$, $c_2 = 1{,}438 \cdot 10^{-2}\,m \cdot K$
Boltzmann-Konstante	$k = 1{,}3807 \cdot 10^{-23}\,J/K$
Wien-Konstante	$K = 2{,}8978 \cdot 10^{-3}\,m \cdot K$
elektrische Feldkonstante	$\varepsilon_0 = 8{,}8542 \cdot 10^{-12}\,F/m$
Rydberg-Konstante	$R = 1{,}09737 \cdot 10^7\,m^{-1}$
magnetische Feldkonstante	$\mu_0 = 1{,}2566 \cdot 10^{-6}\,H/m$
Elektronenradius	$r_e = 2{,}8178 \cdot 10^{-15}\,m$
Faraday-Konstante	$F = 9{,}6485 \cdot 10^7\,C/kmol$
atomare Masseneinheit	$u = 1{,}6606 \cdot 10^{-27}\,kg$

49

Tab. 49.17 Grundbegriffe und Grundgrößen der Kernphysik

Lichtgeschwindigkeit im Vakuum: $c_0 = 2,998 \cdot 10^8$ m/s, Avogadro'sche Zahl: $N_A = 6,0221 \cdot 10^{26}$ 1/kmol, Elementarladung des Elektrons: $N_A = 6,0221 \cdot 10^{26}$ 1/kmol

Ruhemassen: Elektron: $m_{e0} = 9,119 \cdot 10^{-31}$ kg, Proton: $m_{p0} = 1,67262 \cdot 10^{-27}$ kg, Neutron: $m_{n0} = 1,675 \cdot 10^{-27}$ kg

Bezeichnung	Definition	Einheit	Gesetz	Bemerkungen
atomare Masse	als Einheit gilt die relative Masse des Nuklids C_{12}	$u = 1,6605 \cdot 10^{-27}$ kg	$u = m_{C12}/M_{C12} = 1/N_A$	
	Atomzahl		$N = \dfrac{m}{M} N_A$	Atomzahl für 1 g $^{226}_{88}$Ra $N = \dfrac{10^{-3} \text{ kg}}{226 \text{ kg/kmol}} \cdot 6,0221 \cdot 10^{26}$ 1/kmol $= 2,665 \cdot 10^{21}$
Halbwertszeit	Zeit für den Zerfall der Hälfte der ursprünglich vorhandenen Atome	s, min, d, a	$T_{1/2} = \ln 2/\lambda$	$^{238}_{92}$U $T_{1/2} = 4,5 \cdot 10^9$ γ- und α-Strahlung; $^3_1$H $T_{1/2} = 2,3$ a β-Strahlung; s. Kernspaltung des Urans
atomare Energie	als Einheit gilt die Energie, die ein Elektron beim Durchlaufen der Spannung 1 V aufnimmt	Elektronenvolt $1 \text{ eV} = 1,6022 \cdot 10^{-19}$ J	$W = eU$	
Elektronenmasse	aus der Äquivalenz von Energie und Masse nach Einstein	$1 \text{ MeV} \mathrel{\widehat{=}} 1,782 \cdot 10^{-33}$ g	$m = \dfrac{E}{c_0^2} = \dfrac{m_0}{\sqrt{1-(c/c_0)^2}}$	$m \mathrel{\widehat{=}} \dfrac{E}{c_0^2} = \dfrac{1,6022 \cdot 10^{-19} \text{ J}}{(2,998 \cdot 10^8 \text{ m/s})^2} = 1,782 \cdot 10^{-33}$ g
Energiedosis	pro Masseneinheit des durchstrahlten Stoffes absorbierte Energie	Gray $1 \text{ Gy} = 1 \text{ J/kg}$	$D = W/m$	
Äquivalentdosis	Maß der biologischen Strahleinwirkung; die von einer γ-Strahlung von 10^{-2} Sv im menschlichen Körper absorbierte Energie	Sievert $1 \text{ Sv} = 1 \text{ J/kg}$	$H = D Q_F$	Röntgen-, β-, $^0_{-1}e$, $^0_{+1}e$-Strahlen; Qualitätsfaktor Q_F; thermische Neutronen 3; Alpha-Strahlen 10; Schwere-Rückstoßkerne 30; zulässige Werte[a]
Aktivität	Maß der Intensität einer radioaktiven Strahlung; Anzahl der Zerfallsakte pro Zeiteinheit	Becquerel $1 \text{ Bq} = 1/s$	A	
Wirkungsquerschnitt	Maß für die Ausbeute bei Kernreaktionen; Gedachter Querschnitt der bestrahlten Atome	m^2	σ	Kernreaktionen; Spaltung (fission) σ_f; Einfang (absorption) σ_a Streuung (scattering) σ_s

[a] Dosisgrenzwerte lt. Strahlenschutzverordnung StrlSchV. vom 1.4.1977 für eine Person: allgemeine Bevölkerung 30 mrem/a = 0,3 mSv/a, berufliches Personal 5 rem/a = 50 mSv/a.

Erläuterungen zur Tabelle: ^A_ZKe mit Ke: Kern, Z: Kernladungs- bzw. Protonenzahl, A: Massenzahl, N ($= A - Z$): Neutronenzahl, $>M =$ Molmasse, $\lambda =$ Zerfallskonstante

Kernspaltung des Urans: $^{235}_{92}$U $+ {}^1_0 n \rightarrow {}^{89}_{36}$Kr $+ {}^{144}_{56}$Ba $+ 3 {}^1_0 n + 200$ MeV

Energie aus 1 g Uran: $Q = \dfrac{m}{M} N_A W = \dfrac{1 \text{ g} \cdot 6,0221 \cdot 10^{23} \text{ 1/mol} \cdot 200 \text{ MeV} \cdot 1,6022 \cdot 10^{-13} \text{ Ws/MeV}}{235 \text{ g/mol} \cdot 3600 \text{ s/h}} = 22\,810$ kWh

Isotope sind verschiedene Nuklide des gleichen chemischen Elements. Ihre Kerne enthalten also die gleiche Protonenzahl, unterscheiden sich aber durch die Massenzahl, z. B. $^{12}_6$C, $^{13}_6$C, $^{14}_6$C und $^{234}_{92}$U, $^{235}_{92}$U, $^{238}_{92}$U.

Ein Nuklid ist ein Kern mit bestimmter Protonen- und Neutronenzahl.

Arten der Strahlung: α-Teilchen: $^4_2\alpha$ Kerne des Heliumatoms; β-Teilchen: Elektronen bzw. Positronen; γ-Strahlen: Kurzwellige, energiereiche, durchdringende elektromagnetische Strahlung, bei der sich weder die Kernladungs- noch die Massenzahl des strahlenden Kerns ändert

Neutronen $^1_0 n$; Positronen $^0_{+1}e$; Elektronen $^0_{-1}e$

Tab. 49.18 Grundgrößen der Lichttechnik

Größe	Definition	Einheit	Gesetz	Bemerkungen, Anhaltswerte	
Lichtstrom	von einer Lichtquelle nach allen Richtungen ausgestrahlte Energie	Lumen lm	$\phi = dQ/dt$	Lichtmenge pro Zeiteinheit	
Lichtstärke	Intensität der Lichtstrahlung innerhalb des elementaren Raumwinkels[a]. 1 cd ist die Strahlung eines schwarzen Körpers senkrecht zu seiner Oberfläche $(1/(6 \cdot 10^6)$ m²) bei 2042.5 K (erstarrendes Platin) und 1,0133 bar	Candela cd = lm/sr SI-Grund-Einheit	$I = d\phi/d\Omega$	Stearinkerze	≈ 1 cd
				Glühlampe 40 W	35 cd
Beleuchtungs-stärke	Verhältnis des senkrecht auf der Fläche auftreffenden Lichtstromes zu dieser Fläche	Lux lx = lm/m²	$E = \phi/A$ $= I\omega/A$ $= I/r^2$	Sonnenlicht Sommer	10^5 lx
				Wohnräume	10 . . . 150 lx
				Vollmondnacht	0,2 lx
				mondlose Nacht	$3 \cdot 10^{-4}$ lx
Leuchtdichte	Lichtstärke pro Einheit der leuchtenden Fläche	cd/m²		Vollmond	2500 cd/m²
				Kerze	7500 cd/m²
				Glühlampe	$2 \cdot 10^7$ cd/m²
				Sonne	$2,2 \cdot 10^9$ cd/m²
Lichtausbeute	Lichtstrom pro Einheit der elektrischen Leistung	lm/W	$\eta = \phi/P$	Leuchtröhre	44 lm/W
				Lampe 1000 W	19 lm/W
				Lampe 40 W	11 lm/W
Lichtmenge	Produkt aus Lichtstrom und der Zeitdauer der Strahlung	lm·s	$Q = \int \phi dt$		

[a] Die Einheit Steradiant (sr) gilt für den Raumwinkel, bei dem das Verhältnis der Fläche einer Kugelkappe zum Quadrat ihres Radius gleich 1 ist. Diese Einheit darf durch 1 esetzt werden. Ist α der Öffnungswinkel des Kegels der Kugelkappe mit der Oberfläche $A = 2\pi r h$, so folgt mit ihrer Höhe $h = r[1 - \cos(\alpha/2)] = 2r \sin^2(\alpha/4)$ für den Raumwinkel $\omega = A/r^2 = 4\pi \sin^2(\alpha/4)$. Speziell gilt $\omega = 1$ sr bei $\alpha = 4 \arcsin(0,5/\sqrt{\pi}) = 65,54°$, Kugel $\alpha = 360°$ und $\omega = 4\pi$ sr, für $\alpha = 120°$ ist $\omega = \pi$ sr.

Tab. 49.19 Die wichtigsten Größen der Schalltechnik

Größe	Definition	Gesetz	Einheit	Bereiche, Anhaltswerte	
Schallgeschwindigkeit	Feststoffe: Longitudinalwellen in großen Körpern	$c_L = \sqrt{\dfrac{2G(1-v)}{\varrho(1-2v)}}$	m/s		1000...5000 m/s
	Feststoffe: Transversalwellen in großen Körpern	$c_T = \sqrt{G/\varrho}$			500...3500 m/s
	Feststoffe: Dehnwellen in Stäben	$c_D = \sqrt{E/\varrho}$		Gummi	50 m/s
				Stahl	5000 m/s
	Flüssigkeiten	$c = \sqrt{\chi/\varrho}$		Wasser	1485 m/s
	Gase	$c = \sqrt{\varkappa RT}$		Luft (1 bar, 0 °C)	331 m/s
				Wasserstoff (1 bar, 0 °C)	1280 m/s
Schallschnelle	Wechselgeschwindigkeit der schwingenden Teilchen	$u = a_0\omega = 2\pi a_0 f$	m/s		$5\cdot10^{-8}...1$ m/s
Schalldruck	statischer und dynamischer Druck bei elastischen Medien	p	N/m² μbar		$10^{-2}...10^2$ N/m²
				Hörschwelle	$2\,10^{-5}$ N/m²
				Klavier	0,2 N/m²
				Sirene	35 N/m²
Schallleistung	Schallenergie pro Zeiteinheit, die durch eine bestimmte Fläche geht	p	W		$10^{-12}...10^5$ W
				Hörschwelle	$=10^{-12}$ W
				Stimme	$\sim 10^{-3}$ W
				Sirene	$\sim 10^3$ W
Schallintensität, Schallstärke	Schallleistung pro Flächeneinheit	$I = P/A = p^2/(cp)$	W/m²		$10^{-11}...10^3$ W/m²
				Hörschwelle	10^{-12} W/m²
Schallpegel	logarithmisches Maß für den Schalldruck	$L = 10 \lg(P/P_0)$ $= 10 \lg(I/I_0)$ $= 20 \lg(p/p_0)$	Bel B, dB		0...140 dB
				$P_0 = 10^{-12}$ W	
				$P_0 = 2\cdot10^{-5}$ N/m²	
Lautstärke	Maß der subjektiven Empfindung der Schallintensität für das Ohr	s. Abb. 46.1 bei 1000 Hz $\Lambda = 10 \lg(I/I_0)$	phon		0...130 phon
				Hörschwelle	0 phon
				Unterhaltung	50 phon
				Schmerzgrenze	130 phon

Tab. 49.19 (Fortsetzung)

Größe	Definition	Gesetz	Einheit	Bereiche, Anhaltswerte	
Schallabsorptionsgrad	Maß für die Umwandlung der Schallenergie in Wärme durch Reibung; Index a und r auftreffend und reflektierend	$\alpha = (P_a - P_r)/P_r$ $= (p_a^2 - p_r^2)/p_r^2$	1	für 500 Hz	
				Beton	0,01
				Glas	0,03
				Schlackenwolle	0,36
Schalldämmmaß	logarithmisches Maß für die Luftschalldämmung einer Wand; Index 1 davor, Index 2 dahinter	$R = 10 \lg(I_1/I_2)$	dB	Stahlblech 1 mm	29 dB
Akustischer Wirkungsgrad	Verhältnis der akustischen zur mechanischen Leistung	$\eta = P_{aku}/P_{mech}$	1	s. Tab. 49.20	

a_0: Amplitude; f: Frequenz; A: Fläche; E: Elastizitätsmodul; G: Gleitmodul; P: Leistung; R: Gaskonstante; T: abs. Temperatur; $\varkappa$: Isentropenexponent; ν: Poisson-Zahl; ϱ: Dichte; χ: Kompressibilität.

49

Tab. 49.20 Angenäherte akustische Wirkungsgrade

		$\eta = P_{\text{aku}}/P_{\text{mech}}$
Sirene	mit Anpassungstrichter	$(3\ldots)10^{-1}$
	ohne Anpassungstrichter	$1{,}0\cdot 10^{-2}$
rotierende Scheibe mit Überschallgeschwindigkeit		$2{,}5\cdot 10^{-1}$
Schmidt-Rohr		$2{,}0\cdot 10^{-2}$
Ventilator Optimalpunkt	$\Delta p < 2{,}5\,\text{mbar},$ wenn Pressung unter 25 mm WS	$1{,}0\cdot 10^{-6}$
	$\Delta p > 2{,}5\,\text{mbar},$ wenn Pressung über 25 mm WS	$4{,}0\cdot 10^{-8}$
Ausströmgeräusche	$\text{Ma} < 0{,}3$	$8(10^{-6}\ldots 10^{-5})(\text{Ma})^3$
	$0{,}4 < \text{Ma} < 1{,}0$	$1{,}0\cdot 10^{-4}\,(\text{Ma})^5$
	$\text{Ma} > 2{,}0$	$2{,}0\cdot 10^{-3}$
Propellerflugzeug 2700 kW im Stand		$5{,}0\cdot 10^{-3}$
Motorrad 250 cm^3 ohne Schalldämpfer		$1{,}0\cdot 10^{-3}$
Kleingasturbine	Ansauggeräusch	$1{,}0\cdot 10^{-4}$
	Schalldämpfergeräusch	$1{,}0\cdot 10^{-5}$
	Gehäusegeräusch	$1{,}0\cdot 10^{-6}$
Dieselmotor	Motorblock bei 800 min^{-1}	$4{,}0\cdot 10^{-7}$
	Motorblock bei 3000 min^{-1}	$5{,}0\cdot 10^{-6}$
Schalldämpfer mit Abgasturbine bei 1500 min^{-1}		$1{,}0\cdot 10^{-4}$
Getriebe	Sonderklasse	$3{,}0\cdot 10^{-8}$
	geräuscharm	$2{,}0\cdot 10^{-7}$
	normal	$1{,}0\cdot 10^{-6}$
	schlecht	$3{,}0\cdot 10^{-6}$
Elektromotor	geräuscharm	$2{,}0\cdot 10^{-8}$
	normal	$2{,}0\cdot 10^{-7}$
Elektrodynamischer Lautsprecher		$5{,}0\cdot 10^{-2}$
Menschliche Stimme		$5{,}0\cdot 10^{-4}$
Schiffsschraube, Wasserschall	nicht kavitierend	$10^{-9}\ldots 10^{-8}$
	kavitierend	$1{,}0\cdot 10^{-7}$
Orgel		$10^{-3}\ldots 10^{-2}$

Δp: Pressung; P_{aku}: akustische Leistung; P_{mech}: mechanische Leistung; Ma: Machzahl

Tab. 49.21 Das Periodensystem der Elemente – [] Atommasse des stabilsten Isotops; H und N: Haupt- und Nebengruppe; * Lanthaniden; ** Aktiniden

Periode	1. Gruppe H	1. Gruppe N	2. Gruppe H	2. Gruppe N	3. Gruppe H	3. Gruppe N	4. Gruppe H	4. Gruppe N	5. Gruppe H	5. Gruppe N	6. Gruppe H	6. Gruppe N	7. Gruppe H	7. Gruppe N	8. Gruppe H	8. Gruppe N
1.	1 **H** Wasserstoff 1,008														2 **He** Helium 4,003	
2.	3 **Li** Lithium 6,941		4 **Be** Beryllium 9,012		5 **B** Bor 10,81		6 **C** Kohlenstoff 12,01		7 **N** Stickstoff 14,01		8 **O** Sauerstoff 16,00		9 **F** Fluor 19,00		10 **Ne** Neon 20,18	
3.	11 **Na** Natrium 22,99		12 **Mg** Magnesium 24,31		13 **Al** Aluminium 26,98		14 **Si** Silicium 28,09		15 **P** Phosphor 30,97		16 **S** Schwefel 32,06		17 **Cl** Chlor 35,45		18 **Ar** Argon 39,95	
4.	19 **K** Kalium 39,10	29 **Cu** Kupfer 63,55	20 **Ca** Calcium 40,08	30 **Zn** Zink 65,38	31 **Ga** Gallium 69,72	21 **Sc** Skandium 44,96	32 **Ge** Germanium 72,59	22 **Ti** Titan 47,90	33 **As** Arsen 74,92	23 **V** Vanadium 50,94	34 **Se** Selen 78,96	24 **Cr** Chrom 52,00	35 **Br** Brom 79,90	25 **Mn** Mangan 54,94	36 **Kr** Krypton 83,80	26 **Fe** Eisen 55,85 / 27 **Co** Kobalt 58,93 / 28 **Ni** Nickel 58,70
5.	37 **Rb** Rubidium 85,47	47 **Ag** Silber 107,9	38 **Sr** Strontium 87,62	48 **Cd** Cadmium 112,4	49 **In** Indium 114,8	39 **Y** Yttrium 88,91	50 **Sn** Zinn 118,7	40 **Zr** Zirkonium 91,22	51 **Sb** Antimon 121,8	41 **Nb** Niob 92,91	52 **Te** Tellur 127,6	42 **Mo** Molybdän 95,94	53 **J** Jod 126,9	43 **Tc** Technetium [97]	54 **Xe** Xenon 131,3	44 **Ru** Ruthenium 101,1 / 45 **Rh** Rhodium 102,9 / 46 **Pd** Palladium 106,4
6.	55 **Cs** Cäsium 132,9	79 **Au** Gold 197,0	56 **Ba** Barium 137,3	80 **Hg** Quecksilber 200,6	81 **Tl** Thallium 204,4	57 **La** Lanthan 138,9	82 **Pb** Blei 207,2	* 72 **Hf** Hafnium 178,5	83 **Bi** Wismut 209,0	73 **Ta** Tantal 180,9	84 **Po** Polonium [209]	74 **W** Wolfram 183,9	85 **At** Astat [210]	75 **Re** Rhenium 186,2	86 **Rn** Radon [222]	76 **Os** Osmium 190,2 / 77 **Ir** Iridium 192,2 / 78 **Pt** Platin 195,1
7.	87 **Fr** Francium [223]		88 **Ra** Radium [226]			89 **Ac** Aktinium [227]		** 104 **Ku** Kurtschatovium [260]		105 [261]		106 [263]				

*	58 **Ce** Cer 140,1	59 **Pr** Praseodym 140,9	60 **Nd** Neodym 144,2	61 **Pm** Promethium [145]	62 **Sm** Samarium 150,4	63 **Eu** Europium 152,0	64 **Gd** Gadolinium 157,3	65 **Tb** Terbium 158,9	66 **Dy** Dysprosium 162,5	67 **Ho** Holmium 164,9	68 **Er** Erbium 167,3	69 **Tm** Thulium 168,9	70 **Yb** Ytterbium 173,0	71 **Lu** Lutetium 175,0
**	90 **Th** Thorium 232,0	91 **Pa** Protaktinium [231]	92 **U** Uran 238,0	93 **Np** Neptunium [237]	94 **Pu** Plutonium [244]	95 **Am** Americium [243]	96 **Cm** Curium [247]	97 **Bk** Berkelium [247]	98 **Cf** Kalifornium [251]	99 **Es** Einsteinium [254]	100 **Fm** Fermium [257]	101 **Md** Mendelevium [258]	102 **No** Nobelium [259]	103 **Lr** Lawrencium [260]

49

Tab. 49.22 Die wichtigsten Schadstoffe und ihre Kennwerte (www.umweltanalytik.com/lexikon/ing1.htm)

	Chem. Formel	MAK-Wert [ppm]	Relative Dichte Luft = 1	Siede-punkt [°C]	Dampf-druck[a] [mbar]	Flamm-punkt	Explosionsgrenzen[b] [Vol%] untere	obere	Zünd-temp. [°C]	H.S.-Werte	Kemler-zahl	Gefahren-bez.
Aceton	C_3H_6O	500	2,01	6,5	233	< −20	2,5	13,0	540		33	F
Ammoniak R717[c]	NH_3	50	0,59	−33,4	8,7		15,4	33,6	630		268	T
Benzol	C_6H_6	canc	2,7	80,1	101	−11	1,2	8,0	555	H	33	F, T, R39
Bleitetraethyl	$C_8H_{20}Pb$	0,01	11,2	198,9	0,2	80	1,8		–	H	663	T, R (Körper)
Chlorbenzol	C_6H_5Cl	50	3,89	131,7	11,7	28	1,3	11,1	590		30	X_n
Chlorpikrin	CCl_3NO_2	0,1	5,68	111,9	25,3						–	T, R (Körper)
Chlorwasserstoff	HCl	5,0	1,26	−85,0	43,4						286	C, R (Körper)
Dichloridfluormethan R12[c]	CCl_2F_2	1000	4,18	−29,8	5,3						20	
Dichlorfluormethan R21[c]	$CHFCl_2$	10	3,56	8,92	1,6						20	X_n
Ethanol	C_2H_6O	1000	1,59	78,3	59,0	12,0	3,5	15,0	425		33	F
Ethylenglykol	$C_2H_6O_2$	10	2,14	197,4	0,1	111	3,2		410			
Fluorwasserstoff	HF	3,0	0,69	19,54	1,1							
Formaldehyd	H_2CO	0,5	1,04	−21			7,3	73		S		
Kohlenmonoxid	CO	30	0,97	−191,5	–		11,0	77,0	605		20	F, T
Kohlendioxid	CO_2	5000	1,52	−8,5	58,4							
Nikotin	$C_{10}H_{14}N_2$	0,07	5,6	125	0,53		0,7	4,0	240	H	23	T, R (Körper)
Propan	C_3H_8	1000	1,52	−44,5	8,5		2,1	9,5	470		23	F
Quecksilber	Hg	0,01	6,93	356,7	0,00163							T
Schwefelkohlenstoff	CS_2	10	2,63	46,4	400	< −20	1,0	60	102	H	336	F, T
Schwefelwasserstoff	H_2S	10	1,18	−60,4	18,3		4,3	45,5	270			F, T
Stickstoffdioxid	NO_2	5	1,59	21,1	960						265	T
Trichlorfluormethan R11[c]	CCl_3F	1000	4,75	24,9	889							

Tab. 49.22 (Fortsetzung)

	Chem. Formel	MAK-Wert [ppm]	Relative Dichte Luft = 1	Siede-punkt [°C]	Dampf-druck[a] [mbar]	Flamm-punkt	Explosionsgrenzen[b] untere [Vol%]	obere	Zünd-temp. [°C]	H.S.-Werte	Kemler-zahl	Gefahrenbez.
Wasserstoffperoxid	H_2O_2	1,0	1,17	150,2	1,86							

[a] bei 20 °C.

[b] bei 1,0133 bar 20 °C.

[c] R11, R12, R21 und R717 sind Bezeichnungen für Kältemittel nach DIN 8960.

Erläuterungen zur Tabelle:

Besondere Wirkungsfaktoren. Siehe Mitteilung XXV der Senatskommission zur Prüfung gesundheitsschädlicher Arbeitsstoffe vom 16.6.1989.

H: Hautresorption, schnelles Durchdringen der Haut, Vergiftungsgefahr größer als beim Einatmen.

S: Auslösung allergischer Reaktionen (Entzündungen) individuell sehr verschieden.

Gefahrbezeichnungen. Nach der Gefahrstoffverordnung (GefStoffV) vom 26.10.1993.

E: explosionsgefährlich;   O: brandfördernd;   F: leicht entzündlich;   T: giftig (toxisch);   ;   C: ätzend; X_n mindergiftig; X_i reizend

Besondere Hinweise:

R 39 ernste Gefahr eines irreversiblen Schadens.

R 40 Möglichkeit eines irreversiblen Schadens.

R (Körper) umfasst Hautschäden: Reizung, Giftigkeit und Verätzung.

R 24, R 27, R 34, R 35 und R 38.

Kemler-Zahl. Sie befindet sich auf der orangen Warntafel der Transportgefäße. Die erste Ziffer bezeichnet die Hauptgefahr, die zweite und dritte Ziffer zusätzliche Gefahren.

Erste Ziffer

2 Gas;   3 entzündbare Flüssigkeit;   4 entzündbarer fester Stoff;   5 entzündend wirkender Stoff bzw. organisches Peroxid;   6 giftiger Stoff;   0 ohne Bedeutung

Zweite und dritte Ziffer

1 Explosion;   2 Entweichen von Gas;   3 Entzündbarkeit;   5 oxidierende Eigenschaften;   6 Giftigkeit;   8 Ätzbarkeit;   9 Gefahr einer heftigen Reaktion durch Selbstzersetzung oder Polymerisation;   0 ohne Bedeutung

MAK-Wert. Die maximale Arbeitsplatzkonzentration (MAK) eines Stoffes in der Luft (Index L) beeinträchtigt nach den derzeitigen Erkenntnissen bei einer Einwirkung von acht Stunden die menschliche Gesundheit nicht. Die Konzentration wird als x_m in ppm oder ml/m^3 oder als C in mg/m^3 beim Zustand 1,0133 bar und 20 °C angegeben. Dann folgt

$$C = x_m \varrho_L = x_m \frac{M p_L}{(MR)\, T_L} = x_m M / V_m$$

mit dem Molvolumen

$$
\begin{aligned}
V_m &= \frac{(MR)\, T_L}{p_L} \\
&= \frac{8315\,\frac{\mathrm{N \cdot m}}{\mathrm{kmol \cdot K}}\; 293\,\mathrm{K}}{1,0133 \cdot 10^5\,\mathrm{N/m^2}} = 24{,}04\,\mathrm{m^3/kmol}\,.
\end{aligned}
$$

TRK-Wert. Technische Richtkonzentration (TRK) für karzinogene (krebserregende) Stoffe, z. B.

Benzol C_6H_6	2,5 ppm ,
Arsensäure H_3AsO_4	0,1 mg/m^3 ,
Asbeststaub	2,0 mg/m^3 ,
Hydrazin N_2H_4	0,1 ppm ,
Beryllium Be	0,005 mg/m^3 ,
Venylchlorid C_2H_3Cl	2 ppm .

BAT-Wert. Biologische Arbeitsstofftoleranz (BAT) für die zulässige Quantität eines Arbeitsstoffes im Menschen (z. B. im Blut) für

Aluminium	200 μg/dl ,
Kohlenmonoxid CO	5 %,
Blei Pb	300 bis 700 İg/l ,
Methanol CH_3OH	30 mg/l ,
Fluorwasserstoff	7 mg/g, g/l ,
Styrol	2 g/l ,
Quecksilber Hg	50 İg/l ,
Toluol CH_5CH_3	1,7 İg/dl.

Besondere Arbeitsstoffe. Hierfür können wegen der stark schwankenden chemischen Zusammensetzung oft keine Richtwerte erstellt werden z. B.

Benzin, Produkte der Pyrolyse (Zersetzung durch Hitze), Auspuffgase, gebrauchte Motorenöle und Kühlschmieröle.

Mineralöl 5 mg/m^3 und Terpentinöl: MAK = 100 ml/m^3 als Anhalt.

Stäube. Sie sind disperse (feine) Verteilungen fester Stoffe in Gasen, die durch mechanische Prozesse (z. B. Schleifen) oder durch Aufwirbelung entstehen und durch die Atmung in den Körper eindringen. Hier gelangen sie je nach Teilchengröße in den Nasenrachenraum, in die Bronchien bzw. in die Alveolen (Lungenbläschen).

Funktionsbestimmende Kenngröße ist der aerodynamische Durchmesser (aD). Für ein beliebiges Teilchen ist er der Durchmesser einer Kugel der Dichte 1 g/cm^3 mit der gleichen Sinkgeschwindigkeit in ruhender bzw. laminar strömender Luft.

Gesamtstaub ist der Anteil des Staubes, der eingeatmet werden kann. Er wird bei einer Ansauggeschwindigkeit von 1,25 m/s gemessen und ist der Bezug für den MAK-Wert. Feinstaub dringt bis in die Alveolen ein. Der Durchlassgrad des Vorabscheiders beträgt für Feinstaubteilchen mit dem aerodynamischen Durchmesser 1,5 μm 95 %, 3,5 μm 75 %, 5 μm 50 % und 7,1 μm 0 %. Fibrogene Stäube verursachen Staublungenerkrankungen wie Asbestose und Silikose. So beträgt der MAK-Wert für Quarz 0,15 mg/m^3, bei Feinstaub für Asbest ist der TRK-Wert 0,05 mg/m^3. Inerte Stäube wirken weder toxisch noch fibrogen. Zum Schutz der Atemwege beträgt ihr MAK-Wert 6,0 mg/m^3 für Feinstaub.

Sättigungskonzentration. Sie ist die Masse eines Stoffes, die eine Volumeneinheit der Luft (Index L) bei dessen Sättigungszustand, also beim Verdampfungsdruck p_S und der Temperatur T_S aufnimmt.

$$C_S = M \varrho_S = \frac{M p_S}{(MR)\, T_S} = \frac{M p_S T_L}{V_m\, p_L T_S}\,.$$

Relative Dichte. Sie ist das Verhältnis der Dichte eines Stoffes zur Luftdichte.

$$\delta = \varrho / \varrho_L = M / M_L\,.$$

Für die Luft gilt $M_L = 28,96\,\text{g/mol}$ und $\varrho_L = 1,205\,\text{kg/m}^3$ bei $1,0133$ bar und $20\,°\text{C}$.

Beispiel

Chlorbenzol C_6H_5Cl. Nach Tab. 49.22 ist der Dampfdruck $p_S = 11,7$ mbar bei $20\,°\text{C}$ und MAK 50 ppm.

Molmasse: Nach Tab. 49.21 ist

$$M = \left(6 \cdot 12,01 + \frac{5}{2}2,016 + 35,45\right)\text{g/mol}$$
$$= 112,5\,\text{g/mol}\,.$$

Dichte:

$$\varrho = \frac{Mp}{(MR)T}$$
$$= \frac{112,5\,\text{g/mol} \cdot 1,0133 \cdot 10^5\text{N/m}^2}{8,315\,\text{N} \cdot \text{m/(mol} \cdot \text{K)} \cdot 293\,\text{K}}$$
$$= 4679\,\text{g/m}^3\,.$$

MAK-Wert:

$$C = X_m\varrho$$
$$= 50 \cdot 10^{-6}\text{m}^3/\text{m}^3 \cdot 4679\,\text{g/m}^3 \cdot 10^3\,\text{mg/g}$$
$$= 234\,\text{mg/m}^3\,.$$

Sättigungskonzentration:

$$C_S = \frac{Mp_S}{(MR)T_S}$$
$$= \frac{112,5\,\text{g/mol} \cdot 11,7 \cdot 10^2\,\text{N} \cdot \text{m}^2}{8,315\,\text{Nm/(mol} \cdot \text{K)} \cdot 293\,\text{K}}$$
$$= 54,03\,\text{g/m}^3\,.$$

Relative Dichte:

$$\delta = M/M_L = \varrho/\varrho_L$$
$$= \frac{112,5\,\text{g/mol}}{28,96\,\text{g/mol}} = \frac{4,679\,\text{kg/m}^3}{1,205\,\text{kg/m}^3} = 3,88\,.$$

Quellen und Gesetze zur Tab. 49.22: Bundes-Immisionschutzgesetz BImSchG vom 15.3.1974. Gefahrenstoffverordnung vom 26.10.1993. Technische Regeln für gefährliche Arbeitsstoffe TRgA vom 2.83. Deutsche Forschungsgemeinschaft: MAK-

und BAT-Werte, 1993, Mitteilung 29 der Senatskommission zur Prüfung gesundheitsschädlicher Arbeitsstoffe. EWG-Richtlinie 67/548. Auer-Technikum 9 (1979). EN 149: Filtrierende Halbmasken zum Schutz gegen Partikeln (2001); s. a. www.auer.de (Hersteller für Schutzkleidung), www.umweltbundesamt.de und www.bmu.de und www.europa.eu.int ($\rightarrow$ Tätigkeitsbereiche, $\rightarrow$ Umwelt).

Hommel, G. (Hrsg.): Hommel Interaktiv – Handbuch der gefährlichen Güter, CD-ROM. Springer, Berlin (2003)

Hommel, G. (Hrsg.): Merkblätter. Springer, Berlin (2002/2003) ◄

Beispiel

Druck- und Leistungsverhältnis für $L = 92,5$ dB. Es gilt $L = 20\,\text{dB}\lg p/p_0 = 10\,\text{dB}\lg p^2/p_0^2 = 92,5$ dB. Das Druckverhältnis ist danach $p/p_0 = 10^{92,5\,\text{dB}/20\,\text{dB}} = 10^{90/20} \cdot 10^{2/20} \cdot 10^{0,5/20}$.

Hiernach folgt aus der Tab. 49.23 für 90; 2 und 0,5 dB der Wert $p/p_0 = 31\,620 \cdot 1,259 \cdot 1,06 = 4,216 \cdot 10^4$. Für das Leistungsverhältnis gilt $P/P_0 = p^2/p_0^2 = 10^{92,5\,\text{dB}/10\,\text{dB}} = 10^{90/10} \cdot 10^{2/10} \cdot 10^{0,5/10}$. Nach der Tab. 49.23 ergibt sich entsprechend: $p^2/p_0^2 = 10^9 \cdot 1,585 \cdot 1,122 = 1,78 \cdot 10^9$.

„Pegeladdition"

$$L_{ges} = 10\lg\left(\sum 10^{L_i/10\,\text{dB}}\right)\text{dB}\,. \quad ◄$$

Beispiel

Addition der Pegel $L = 93$; 90; 88; 88; 85 und 82 dB! Nach der oben aufgeführten Gleichung ist:

$$L_{ges} = 10\lg(10^{9,3} + 10^{9,0} + 10^{8,8}$$
$$+ 10^{8,8} + 10^{8,5} + 10^{8,2})\,\text{dB}$$
$$= 10\lg[10^8(20 + 10 + 2 \cdot 6,3$$
$$+ 3,1 + 1,6)]\,\text{dB}$$
$$= 10\lg(47,3 \cdot 10^8)\,\text{dB}$$
$$= 96,7\,\text{dB}\,.$$

49

Tab. 49.23 Umrechnung von dB in Druckverhältnisse oder Verhältnisse von Druckquadraten

dB	p/p_0	p^2/p_0^2	dB	p/p_0	p^2/p_0^2	dB	p/p_0	p^2/p_0^2
0	1,000	1,000	0	1,000	1,000	0	1,000	1,000
0,1	1,012	1,023	1	1,122	1,259	10	3,162	10
0,2	1,023	1,047	2	1,259	1,585	20	10,00	10^2
0,3	1,035	1,072	3	1,413	1,995	30	31,62	10^3
0,4	1,047	1,096	4	1,585	2,512	40	100,0	10^4
0,5	1,059	1,122	5	1,778	3,162	50	316,2	10^5
0,6	1,072	1,148	6	1,995	3,981	60	1000	10^6
0,7	1,084	1,175	7	2,239	5,012	70	3162	10^7
0,8	1,096	1,202	8	2,512	6,310	80	10 000	10^8
0,9	1,109	1,230	9	2,818	7,943	90	31 620	10^9
1,0	1,122	1,259	10	3,162	10,000	100	100 000	10^{10}

Pegelerhöhung um 6 dB bewirkt doppelten Schalldruck bzw. vierfache Schallleistung.

Quelle zu den Tab. 49.19, 49.20 und 49.23:

Heckl, M.; Müller, H. A. (Hrsg.): Taschenbuch der Technischen Akustik. Springer, Berlin (1975)

Siehe auch: *Müller, G.; Möser, M.* (Hrsg.): Taschenbuch der Technischen Akustik. Springer, Berlin (2004) ◄

Technische Regelwerke, die in den Textteilen und in den Anhängen auszugsweise als Hinweise enthalten sind, können entweder über die genannten Verlage oder direkt von den bearbeitenden Institutionen, Verbänden bzw. Vereinen bezogen werden.

- DIN-Normen und -Publikationen (**D**eutsches **I**nstitut für **N**ormung), www.din.de; z. B. über: Beuth-Verlag GmbH, Burggrafenstr. 6, 10787 Berlin, www.neu.beuth.de – hier auch Nachweis für in Deutschland zu beachtende technische Regeln
- LN-Normen (**L**uft- und Raumfahrt-**N**ormen; Deutsches Institut für Normung)
- VDI-Richtlinien und -Handbücher (**V**erein **D**eutscher **I**ngenieure), www.vdi.de
- VDMA-Einheitsblätter (**V**erband **D**eutscher **M**aschinen- und **A**nlagenbau bzw. Verband der Investitionsgüterindustrie), www.vdma.de
- REFA-Publikationen (Verband für Arbeitsgestaltung, Betriebsorganisation und Unternehmensentwicklung), www.refaly.de
- AWF-Publikationen (**A**usschuss für **w**irtschaftliche **F**ertigung)

- DGQ-Publikationen (**D**eutsche **G**esellschaft für **Q**ualität), www.dgq.de
- RKW-Schriftenreihen (**R**ationalisierungskuratorium, bzw. Rationalisierungs- und Innovationszentrum der Deutschen **W**irtschaft), www.rkw.de
- DVS-Schriftenreihen (**D**eutscher **V**erband für **S**chweißen und verwandte Verfahren), www.dvs-ev.de
- DVGW-Publikationen (**D**eutsche **V**ereinigung des **G**as- und **W**asserfaches), www.dvgw.de
- DSTV-Publikationen (**D**eutscher **St**ahlbau-Verband bzw. Stahl-Zentrum), www.stahl-online.de
- Stahl-Eisen-Prüfblätter (SEP) (Verein **D**eutscher **E**isenhüttenleute VDEh), www.stahl-online.de
- Stahl-Eisen-Werkstoffblätter (SEW) (Verein Deutscher Eisenhüttenleute VDEh), www.stahleisen.de (Verlag Stahleisen GmbH/Montan- und Wirtschaftsverlag GmbH)
- VDG-Merkblätter (**V**erein **D**eutscher **G**ießereifachleute) VDG-DOK, www.vdg.de
- RAL-Publikationen (Deutsches Institut für Gütesicherung und Kennzeichnung), www.ral.de
- GfT-Arbeitsblätter (**G**esellschaft **f**ür **T**ribologie, Ernststraße 12, 47443 Moers; Tel. 02841-54213, Fax 02841-59478)
- VDA-Blätter (**V**erband **d**er **A**utomobilindustrie), www.vda.de
- Arbeitsstättenrichtlinien (Bundesminister für Wirtschaft und Technologie), www.bmwi.de

- Sicherheitstechnische Regeln des KTA (**K**ern**t**echnischer **A**usschuss), www.bmu.de
- Technische Regeln für gefährliche Arbeitsstoffe (Bundesanstalt für Arbeitsschutz und Arbeitsmedizin), www.baua.de
- **T**echnische **R**egeln für **b**rennbare **F**lüssigkeiten (TRbF) (Bundesminister für Wirtschaft und Arbeit), www.bmwi.de und www.bmu.de
- VBG-Vorschriften des Hauptverbandes der gewerblichen Berufsgenossenschaften, www.vbg.de
- NCG-Empfehlungen: NC-Gesellschaft – Anwendung neuer Technolgien, ULM, www.ncg.de

VdTÜV-Merkblätter und Informationen: Verband der Technischen Überwachungs-Vereine e.V. (VdTÜV), Postfach 10 38 34, 45038 Essen, www.vdtuev.de:

- AD-Merkblätter (**A**rbeitsgemeinschaft **D**ruckbehälter im VdTÜV)
- Technische Regeln Druckgase (VdTÜV)
- TRD-**T**echnische **R**egeln für **D**ampfkessel (Deutscher Dampfkessel- und Druckgefäßausschuss DDA im VdTÜV)
- Technische Regeln Druckbehälter (VdTÜV)
- Technische Regeln für Aufzüge (VdTÜV)
- Technische Regeln für Gashochdruckleitungen (VdTÜV)

VDE-Verlag GmbH, Bismarckstr. 33, 10625 Berlin, www.vde.de:

- VDE-Bestimmungen (Verband Deutscher Elektrotechniker)

Die wichtigsten ausländischen Normen und ihre Bezugsquellen Auslandsabteilung des Beuth-Verlages, Burggrafenstr. 4–10, 10787 Berlin:

- AGMA: American Gear Manufacturers Association, 1500 King Street, Suite 201, Alexandria, VA 22314-2730, USA; www.agma.org
- ANSI: American National Standard Institution; www.ansi.org

Tab. 49.24 Griechisches Alphabet

Name	Zeichen groß	Zeichen klein
Alpha	A	α
Beta	B	β, β
Gamma	Γ	γ
Delta	Δ	δ
Epsilon	E	ϵ
Zeta	Z	ζ
Eta	H	η
Theta	Θ	θ, ϑ
Jota	I	ι
Kappa	K	$\kappa, \varkappa$
Lambda	Λ	λ
My	M	μ
Ny	N	ν
Xi	Ξ	ξ
Omikron	O	o
Pi	Π	π, ϖ
Rho	P	ρ, ϱ
Sigma	Σ	σ (am Wortende: ς)
Tau	T	τ
Ypsilon	Y	y
Phi	Φ	ϕ, φ
Chi	X	χ
Psi	Ψ	ψ
Omega	Ω	ω

- ASME: American Society of Mechanical Engineers; www.asme.org
- ASTM: American Society for Testing and Materials; www.astm.org
- API: American Petroleum Institute; www.api.org
- BSI: British Standard Institution
- CEN: Comité Européen de Normalisation
- CENELEC: Comité Européen de Normalisation Electrotechniques
- GOST: USSR-Standards
- IEC: International Electrotechnical Commission
- ISO: International Organization for Standardisation; www.iso.org
- NF: Normes Françaises
- NEN: Niederländische Normen; www.nen.nl
- ÖNORM: Österreichische Normen
- SAE: Society of Automotive Engineers; www.sae.org
- SME: American Society of Manufacturing Engineers; www.sme.org

49

- SNV: Schweizerischer Normenverband; www. snv.ch
- UNI: Unificazione Nazionale Italiana

Anmerkung: DIN ISO bzw. DIN IEC sind Deutsche Normen, in denen Normen bzw. Empfehlungen der ISO bzw. der IEC übernommen wurden.

DIN EN ist eine Europäische Norm, deren deutsche Fassung den Status einer Deutschen Norm erhalten hat.

Lieferanten für technische Erzeugnisse: Wer liefert was?: www.wer-liefert-was.de

Wer baut Maschinen in Deutschland:

Herausgeber Verband Deutscher Maschinen- und Anlagenbau e.V. (VDMA). Darmstadt: Hoppenstedt, www.hoppenstedt.de

Weitere Webseiten ermöglichen die Suche nach Maschinenbauprodukten, z.B. www. maschinenbau.de oder in den USA www. thomasregister.com.

Begriff Definition

Begriffsbestimmung Definition of the term

Begriffsbestimmungen und Übersicht Terminology definitions and overview

Behagliches Raumklima in Aufenthalts- und Arbeitsräumen Comfortable climate in living and working rooms

Beheizung Heating system

Beispiel einer Radialverdichterauslegung nach vereinfachtem Verfahren Example: approximate centrifugal compressor sizing

Beispiele für mechanische Ersatzsysteme: Feder-Masse-Dämpfer-Modelle Examples for mechanical models: Spring-mass-damper-models

Beispiele für mechanische Ersatzsysteme: Finite-Elemente-Modelle Examples for mechanical models: Finite-Elemente models

Beispiele mechatronischer Systeme Examples of mechatronic systems

Belastbarkeit und Lebensdauer der Wälzlager Load rating and fatigue life of rolling bearings

Belastungs- und Beanspruchungsfälle Loading and stress conditions

Belegungs- und Bedienstrategien Load and operating strategies

Beliebig gewölbte Fläche Arbitrarily curved surfaces

Bemessung, Förderstrom, Steuerung Rating, flow rate, control

Benennungen Terminology, classification

Berechnung Design calculations

Berechnung des stationären Betriebsverhaltens Calculation of static performance

Berechnung hydrodynamischer Gleitlager Calculation of hydrodynamic bearings

Berechnung hydrostatischer Gleitlager Calculation of hydrostatic bearings

Berechnung und Auswahl Calculation and selection

Berechnung und Optimierung Calculation and optimization

Berechnung von Rohrströmungen Calculation of pipe flows

Berechnungs- und Bemessungsgrundlagen der Heiz- und Raumlufttechnik Calculation and sizing principles of heating and air handling engineering

Berechnungs- und Bewertungskonzepte Design calculation and integrity assessment

Berechnungsgrundlagen Basic design calculations

Berechnungsverfahren Design calculations

Bereiche der Produktion Fields of production

Bernoullischen Gleichung für den instationären Fall Bernoulli's equation for unsteady flow problems

Bernoullischen Gleichung für den stationären Fall Bernoulli's equation for steady flow problems

Berührungsdichtungen an gleitenden Flächen Dynamic contact seals

Berührungsdichtungen an ruhenden Flächen Static contact seals

Berührungsschutz Protection against electric shock

Beschaufelung Blading

Beschaufelung, Ein- und Austrittsgehäuse Blading, inlet and exhaust casing

Beschichten Surface coating

Beschleunigungsmesstechnik Acceleration measurement

Beschreibung des Zustands eines Systems. Thermodynamische Prozesse Description of the state of a system. Thermodynamic processes

Beschreibung von Chargenöfen Description of batch furnaces

Besondere Eigenschaften Special characteristics

Besondere Eigenschaften bei Leitern Special properties of conductors

Beton Concrete

Betonmischanlagen Mixing installations for concrete

Betonpumpen Concrete pumps

Betrieb von Lagersystemen Operation of storage systems

Betriebliche Kostenrechnung Operational costing

Betriebsarten Duty cycles

Betriebsbedingungen (vorgegeben) Operating conditions

Betriebsfestigkeit Operational stability

Betriebskennlinien Operating characteristics

Betriebssysteme Operating systems

Betriebsverhalten Operating characteristics

Betriebsverhalten der verlustfreien Verdrängerpumpe Action of ideal positive displacement pumps

Betriebsverhalten und Kenngrößen Operating conditions and performance characteristics

Betriebsverhalten und Regelmöglichkeiten Operational behaviour and control

Betriebsweise Operational mode

Bettfräsmaschinen Bed-type milling machines

Betttiefenprofil Depth profile

Beulen von Platten Buckling of plates

Beulen von Schalen Buckling of shells

Beulspannungen im unelastischen (plastischen) Bereich Inelastic (plastic) buckling

Beulung Buckling of plates and shells

Beurteilen von Lösungen Evaluations of solutions

Bewegung eines Punkts The motion of a particle

Bewegung starrer Körper Motion of rigid bodies

Bewegungsgleichungen von Navier-Stokes Navier Stokes' equations

Bewegungsgleichungen, Systemmatrizen Equations of motion, system matrices

Bewegungssteuerungen Motion controls

Bewegungswiderstand und Referenzdrehzahlen der Wälzlager Friction and reference speeds of rolling bearings

Bewertungskriterien Evaluation Criteria

Bezeichnungen für Wälzlager Designation of standard rolling bearings

Bezugswerte, Pegelarithmetik Reference values, level arithmetic

Biegebeanspruchung Bending

Biegedrillknicken Torsional buckling

Biegen Bending

Biegeschlaffe Rotationsschalen und Membrantheorie für Innendruck Shells under internal pressure, membrane stress theory

Biegeschwingungen einer mehrstufigen Kreiselpumpe Vibrations of a multistage centrifugal pump

Biegespannungen in geraden Balken Bending stresses in straight beams

Biegespannungen in stark gekrümmten Trägern Bending stresses in highly curved beams

Biegesteife Schalen Bending rigid shells

Biegeversuch Bending test

Biegung des Rechteckbalkens Bending of rectangular beams

Biegung mit Längskraft sowie Schub und Torsion Combined bending, axial load, shear and torsion

Biegung und Längskraft Bending and axial load

Biegung und Schub Bending and shear

Biegung und Torsion Bending and torsion

Bindemechanismen, Agglomeratfestigkeit Binding mechanisms, agglomerate strength

Biogas Biogas

Bio-Industrie-Design: Herausforderungen und Visionen Organic industrial design: challenges and visions

Biomasse Biomass

Bioreaktoren Bioreactors

Bioverfahrenstechnik Biochemical Engineering

Bipolartransistoren Bipolar transistors

Blechbearbeitungszentren Centers for sheet metal working

Blei Lead

Blindleistungskompensation Reactive power compensation

Bohrbewegung Rolling with spin

Bohren Drilling and boring

Bohrmaschinen Drilling and boring machines

Bolzenverbindungen Clevis joints and pivots

Bremsanlagen für Nkw Brakes for trucks

Bremsen Brakes

Bremsenbauarten Types of brakes

Bremsregelung Control of brakes

Brenner Burners

Brennerbauarten Burner types

Brennkammer Combustion chamber (burner)

Brennstoffe Fuels

Brennstoffkreislauf Fuel cycle

Brennstoffzelle Fuel cell

Brennstoffzellen Fuel Cells

Bruchmechanikkonzepte Fracture mechanics concepts

Bruchmechanische Prüfungen Fracture mechanics tests

Bruchmechanische Werkstoffkennwerte bei statischer Beanspruchung Characteristic fracture mechanics properties for static loading

Bruchmechanische Werkstoffkennwerte bei zyklischer Beanspruchung Characteristic fracture mechanics properties for cyclic loading

Bruchmechanischer Festigkeitsnachweis unter statischer Beanspruchung Fracture mechanics proof of strength for static loading

Bruchmechanischer Festigkeitsnachweis unter zyklischer Beanspruchung Fracture mechanics proof of strength for cyclic loading

Bruchphysik; Zerkleinerungstechnische Stoffeigenschaften Fracture physics; comminution properties of solid materials

Brücken- und Portalkrane Bridge and gantry cranes

Brutprozess Breeding process

Bunkern Storage in silos

Bypass-Regelung Bypass regulation

CAA-Systeme CAA systems

CAD/CAM-Einsatz Use of CAD/CAM

CAD-Systeme CAD systems

CAE-Systeme CAE systems

CAI-Systeme CAI systems

CAM-Systeme CAM systems

CAPP-Systeme CAPP systems

CAP-Systeme CAP systems

CAQ-Systeme CAQ-systems

Carnot-Prozess Carnot cycle

CAR-Systeme CAR systems

CAS-Systeme CAS systems

CAT-Systeme CAT systems

Charakterisierung Characterization

Checkliste zur Erfassung der wichtigsten tribologisch relevanten Größen Checklist for tribological characteristics

Chemische Korrosion und Hochtemperaturkorrosion Chemical corrosion and high temperature corrosion

Chemische Thermodynamik Chemical thermodynamics

Chemische und physikalische Analysemethoden Chemical and physical analysis methods

Chemische Verfahrenstechnik Chemical Process Engineering

Chemisches Abtragen Chemical machining

Client-/Serverarchitekturen Client-/Server architecture

Dachaufsatzlüftung Ventilation by roof ventilators

Dämpfe Vapours

Dampferzeuger Steam generators

Dampferzeuger für Kernreaktoren Nuclear reactor boilers

Dampferzeugersysteme Steam generator systems

Dampfkraftanlage Steam power plant

Dampfspeicherung Steam storage

Dampfturbinen Steam turbines

Dämpfung Shockabsorption

Darstellung der Schweißnähte Graphical symbols for welds

Darstellung von Schwingungen im Frequenzbereich Presentation of vibrations in the frequency domain

Darstellung von Schwingungen im Zeit- und Frequenzbereich Presentation of vibrations in the time and frequency domain

Darstellung von Schwingungen im Zeitbereich Presentation of vibrations in the time domain

Das Prinzip der Irreversibilität The principle of irreversibility

Datenschnittstellen Data interfaces

Datenstrukturen und Datentypen Data structures and data types

Dauer-Bremsanlagen Permanent brakes

Dauerformverfahren Permanent molding process

Dauerversuche Longtime tests

Definition Definitions

Definition und allgemeine Anforderungen Definitions and general requirements

Definition und Einteilung der Kolbenmaschinen Definition and classification

Definition und Kriterien Definition and criteria

Definition von Kraftfahrzeugen Definition of motor cycles

Definition von Wirkungsgraden Definition of efficiencies

Definitionen Definitions

Dehnungsausgleicher Expansion compensators

Dehnungsmesstechnik Strain measurement

Demontage Disassembly

Demontageprozess Disassembling process

Dériazturbinen Dériaz turbines

Dezentrale Klimaanlage Decentralized air conditioning system

Dezentralisierung durch den Einsatz industrieller Kommunikationssysteme Decentralisation using industrial communication tools

Dezimalgeometrische Normzahlreihen Geometric series of preferred numbers (Renard series)

D-Glied Derivative element

Diagnosetechnik Diagnosis devices

Dichtungen Bearing seals

Dielektrische Erwärmung Dielectric heating

Dieselmotor Diesel engine

Differentialgleichung und Übertragungsfunktion Differential equation and transfer function

Digitale elektrische Messtechnik Digital electrical measurements

Digitale Messsignaldarstellung Digital signal representation

Digitale Messwerterfassung Digital data logging

Digitalrechnertechnologie Digital computing

Digitalvoltmeter, Digitalmultimeter Digital voltmeters, multimeters

Dimensionierung von Bunkern Design of silos

Dimensionierung von Silos Dimensioning of silos

Dimensionierung, Anhaltswerte Dimensioning, First assumtion data

Dioden Diodes

Diodenkennlinien und Daten Diode characteristics and data

Direkte Beheizung Direct heating

Direkte Benzin-Einspritzung Gasoline direct injection

Direkte und indirekte Geräuschentstehung Direct and indirect noise development

Direkter Wärmeübergang Direct heat transfer

Direktes Problem Direct problem

Direktumrichter Direct converters

Direktverdampfer-Anlagen Direct expansion plants

Direktverdampfer-Anlagen für EDV-Klimageräte Computer-air-conditioners with direct expansion units

DMU-Systeme DMU systems

Drahtziehen Wire drawing

Drehautomaten Automatic lathes

Drehen Turning

Drehfelder in Drehstrommaschinen Rotating fields in three-phase machines

Drehführungen Swivel guides

Drehführungen, Lagerungen Rotary guides, bearings

Drehkraftdiagramm von Mehrzylindermaschinen Graph of torque fluctuations in multicylinder reciprocating machines

Drehkrane Slewing cranes

Drehmaschinen Lathes

Drehmomente, Leistungen, Wirkungsgrade Torques, powers, efficiencies

Drehmomentgeschaltete Kupplungen Torque-sensitive clutches (slip clutches)

Drehnachgiebige, nicht schaltbare Kupplungen Permanent rotary-flexible couplings

Drehrohrmantel Rotary cube casing

Drehrohröfen Rotary kiln

Drehschwinger mit zwei Drehmassen Torsional vibrator with two masses

Drehschwingungen Torsional vibrations

Drehstabfedern (gerade, drehbeanspruchte Federn) Torsion bar springs

Drehstarre Ausgleichskupplungen Torsionally stiff self-aligning couplings

Drehstarre, nicht schaltbare Kupplungen Permanent torsionally stiff couplings

Drehstoß Rotary impact

Drehstrom Three-phase-current

Drehstromantriebe Three-phase drives

Drehstromtransformatoren Three phase transformers

Drehwerke Slewing mechanis

Drehzahlgeschaltete Kupplungen Speed-sensitive clutches (centrifugal clutches)

Drehzahlregelung Speed control

Drehzahlverstellung Speed control

Druckbeanspruchte Querschnittsflächen A_p Pressurized cross sectional area A_p

Drücke Pressures

Drucker Printers

Druckmesstechnik Pressure measurement

Druckventile Pressure control valves

Druckverlust Pressure drop

Druckverlustberechnung Pressure drop design

Druckverluste Pressure losses

Druckversuch Compression test

Druckzustände Pressure conditions

Dünnwandige Hohlquerschnitte (Bredtsche Formeln) Thin-walled tubes (Bredt-Batho theory)

Durchbiegung von Trägern Deflection of beams

Durchbiegung, kritische Drehzahlen von Rotoren Deflection, critical speeds of rotors

Durchdrücken Extrusion

Durchführung der Montage und Demontage Realization of assembly and disassembly

Durchgängige Erstellung von Dokumenten Consistent preparation of documents

Durchlauföfen Continuous kilns

Durchsatz Throughput

Duroplaste Thermosets

Düsen- und Diffusorströmung Jet and diffusion flow

Dynamische Ähnlichkeit Dynamic similarity

Dynamische Beanspruchung umlaufender Bauteile durch Fliehkräfte Centrifugal stresses in rotating components

Dynamische Kräfte Dynamic forces

Dynamische Übertragungseigenschaften von Messgliedern Dynamic transient behaviour of measuring components

Dynamisches Betriebsverhalten Dynamic performance

Dynamisches Grundgesetz von Newton (2. Newtonsches Axiom) Newton's law of motion

Dynamisches Modell Dynamic model

Dynamisches Verhalten linearer zeitinvarianter Übertragungsglieder Dynamic response of linear time-invariant transfer elements

Ebene Bewegung Plane motion

Ebene Böden Flat end closures

Ebene Fachwerke Plane frames

Ebene Flächen Plane surfaces

Ebene Getriebe, Arten Types of planar mechanisms

Ebene Kräftegruppe Systems of coplanar forces

Ebener Spannungszustand Plane stresses

Effektive Organisationsformen Effective types of organisation

Eigenfrequenzen ungedämpfter Systeme Natural frequency of undamped systems

Eigenschaften Characteristics

Eigenschaften Properties

Eigenschaften des Gesamtfahrzeugs Characteristics of the complete vehicle

Eigenschaften und Verwendung der Werkstoffe Properties and Application of Materials

Ein- und Auslasssteuerung Inlet and outlet gear

Eindimensionale Strömung Nicht-Newtonscher Flüssigkeiten One-dimensional flow of non-Newtonian fluids

Eindimensionale Strömungen idealer Flüssigkeiten One-dimensional flow of ideal fluids

Eindimensionale Strömungen zäher Newtonscher Flüssigkeiten (Rohrhydraulik) One-dimensional flow of viscous Newtonian fluids

Einfache und geschichtete Blattfedern (gerade oder schwachgekrümmte, biegebeanspruchte Federn) Leaf springs and laminated leaf springs

Einfluss der Stromverdrängung Current displacement

Einfluss von Temperatur, pH-Wert, Inhibitoren und Aktivatoren Influence of temperature, pH, inhibiting and activating compounds

Einflussgröße Influencing variables

Einflüsse auf die Werkstoffeigenschaften Influences on material properties

Einführung Introduction

Eingangsproblem Input problem

Einheitensystem und Gliederung der Messgrößen der Technik System and classification of measuring quantities

Einige Grundbegriffe Fundamentals

Einleitung Introduction

Einleitung und Definitionen Introduction and definitions

Einordnung der Fördertechnik Classification of materials handling

Einordnung des Urformens in die Fertigungsverfahren Placement of primary shaping in the manufacturing processes

Einordnung und Konstruktionsgruppen von Luftfahrzeugen Classification and structural components of aircrafts

Einordnung von Luftfahrzeugen nach Vorschriften Classification of aircraft according to regulations

Einphasenmotoren Single-phase motors

Einphasenströmung Single phase fluid flow

Einphasentransformatoren Single phase transformers

Einrichtungen zur freien Lüftung Installations for natural ventilation

Einrichtungen zur Gemischbildung und Zündung bei Dieselmotoren Compression-ignition engine auxiliary equipment

Einrichtungen zur Geschwindigkeitserfassung bei NC-Maschinen Equipment for speed logging at NC-machines

Einrichtungen zur Positionsmessung bei NC-Maschinen Equipment for position measurement at NC-machines

Einsatzgebiete Operational area

Einsatzgebiete Fields of application

Einscheiben-Läppmaschinen Single wheel lapping machines

Einspritz-(Misch-)Kondensatoren Injection (direct contact) condensers

Einspritzdüse Injection nozzle

Einspritzsysteme Fuel injection system

Einstellregeln für Regelkreise Rules for control loop optimization

Einteilung der Stromrichter Definition of converters

Einteilung nach Geschwindigkeits- und Druckänderung Classification according to their effect on velocity and pressure

Einteilung und Begriffe Classification and definitions

Einteilung und Einsatzbereiche Classification and rating ranges

Einteilung und Verwendung Classification and configurations

Einteilung von Fertigungssystemen Classification of manufacturing systems

Einteilung von Handhabungseinrichtungen Systematic of handling systems

Eintrittsleitschaufelregelung Adjustable inlet guide vane regulation

Einwellenverdichter Single shaft compressor

Einzelhebezeuge Custom hoists

Einzelheizgeräte für größere Räume und Hallen Individual heaters for larger rooms and halls

Einzelheizgeräte für Wohnräume Individual heaters for living rooms

Einzelheizung Individual heating

Einzieh- und Wippwerke Compensating mechanism

Eisenwerkstoffe Iron Base Materials

Eisspeichersysteme Ice storage systems

Elastische, nicht schaltbare Kupplungen Permanent elastic couplings

Elastizitätstheorie Theory of elasticity

Elastomere Elastomers

Elektrische Antriebstechnik Electric drives

Elektrische Bremsung Electric braking

Elektrische Energie aus erneuerbaren Quellen Electric energy from renewable sources

Elektrische Infrastruktur Electric infrastructure

Elektrische Maschinen Rotating electrical machines

Elektrische Speicher Electric storages

Elektrische Steuerungen Electrical control

Elektrische Stromkreise Electric circuits

Elektrische Verbundnetze Combined electricity nets

Elektrische/Elektronische Ausrüstung/Diagnose Electrical/Electronical Equipment/Diagnosis

Elektrizitätswirtschaft Economic of electric energy

Elektrobeheizung Electric heating

Elektrochemische Korrosion Electrochemically corrosion

Elektrochemisches Abtragen Electro chemical machining (ECM)

Elektrohängebahn Electric suspension track

Elektrolyte Electrolytic charge transfer

Elektromagnetische Ausnutzung Electromagnetic utilization

Elektromagnetische Verträglichkeit Electromagnetic compatibility

Elektronenstrahlverfahren Electron beam processing

Elektronisch kommutierte Motoren Electronically commutated motors

Elektronische Bauelemente Electronic components

Elektronische Datenerfassung und -übertragung durch RFID Electronic data collection and transmission by RFID

Elektronische Datenverarbeitung Electronic data processing

Elektronische Schaltungen, Aufbau Assembly of electronic circuits

Elektrostatisches Feld Electrostatic field

Elektrotechnik Electrical Engineering

Elektrowärme Electric heating

Elemente der Kolbenmaschine Components of crank mechanism

Elemente der Werkzeugmaschinen Machine tool components

Elliptische Platten Elliptical plates

Emissionen Emissions

Endlagerung radioaktiver Abfälle Permanent disposal of nuclear waste

Endtemperatur, spezifische polytrope Arbeit Discharge temperature, polytropic head

Energetische Grundbegriffe: Arbeit, Leistung, Wirkungsgrad Basic terms of energy: work, power, efficiency

Energie-, Stoff- und Signalumsatz Energy, material and signal transformation

Energiebilanz und Wirkungsgrad Energy balance, efficiency

Energiespeicher Energy storage methods

Energiespeicherung Energy storage

Energietechnik und Wirtschaft Energy systems and economy

Energietransport Energy transport

Energieübertragung durch Flüssigkeiten Hydraulic power transmission

Energieübertragung durch Gase Pneumatic power transmission

Energieverteilung Electric power distribution

Energiewandlung Energy conversion

Energiewandlung mittels Kreisprozessen Energy conversion by cyclic processes

Entsorgung der Kraftwerksnebenprodukte Deposition of by-products in the power process

Entstehung von Maschinengeräuschen Generation of machinery noise

Entstehung von Maschinenschwingungen, Erregerkräfte F(t) Origin of machine vibrations, excitation forces

Entwerfen Embodiment design

Entwicklungsmethodik Development methodology

Entwicklungsprozesse und -methoden Development processes and methods

Entwicklungstendenzen Development trends

Entwurfsberechnung Calculation

Entwurfsproblem Design problem

Erdbaumaschinen Earth moving machinery

Erdgastransporte Natural gas transport

Ergänzungen zur Höheren Mathematik Complements to advanced mathematics

Ergänzungen zur Mathematik für Ingenieure Complements for engineering mathematics

Ergebnisdarstellung und Dokumentation Representation and documentation of results

Ermittlung der Heizfläche Calculation of heating surface area

Erosionskorrosion Corrosion erosion

ERP-Systeme ERP systems

Ersatzschaltbild und Kreisdiagramm Equivalent circuit diagram and circle diagram

Erstellung von Dokumenten Technical product documentation

Erster Hauptsatz First law

Erträgliches Raumklima in Arbeitsräumen und Industriebetrieben Optimum indoor climate in working spaces and factories

Erwärmung und Kühlung Heating and cooling

Erweiterte Schubspannungshypothese Mohr's criterion

Erzeugung elektrischer Energie Generation of electric energy

Erzeugung von Diffusionsschichten Production of diffusion layers

Erzwungene Schwingungen Forced vibrations

Erzwungene Schwingungen mit zwei und mehr Freiheitsgraden Forced vibrations with two and multi-DOFs

Evolventenverzahnung Involute teeth

Excellence-Modelle Excellence models

Exergie einer Wärme Exergy and heat

Exergie eines geschlossenen Systems Exergy of a closed system

Exergie eines offenen Systems Exergy of an open system

Exergie und Anergie Exergy and anergy

Exergieverluste Exergy losses

Experimentelle Spannungsanalyse Experimental stress analysis

Extreme Betriebsverhältnisse Extreme operational ranges

Exzentrischer Stoß Eccentric impact

Fachwerke Pin-jointed frames
Fahrantrieb Propulsion system
Fahrdynamik Driving dynamics
Fahrdynamikregelsysteme Control system for driving dynamics
Fahrerassistenzsysteme Advanced driver assistant systems
Fahrerlose Transportsysteme (FTS) Automatically guided vehicles (AGV)
Fahrgastwechselzeiten Duration of passenger exchange
Fahrgastzelle Occupant cell
Fahrkomfort Driving comfort
Fahrwerk Under-carriage
Fahrwerke Carriages
Fahrwerkskonstruktionen Running gear
Fahrwiderstand Train driving resistance
Fahrwiderstand und Antrieb Driving resistance and powertrain
Fahrzeugabgase Vehicle emissions
Fahrzeuganlagen Vehicle airconditioning
Fahrzeugarten Vehicle principles
Fahrzeugarten, Aufbau Body types, vehicle types, design
Fahrzeugbegrenzungsprofil Vehicle gauge
Fahrzeugelektrik, -elektronik Vehicle electric and electronic
Fahrzeugkrane Mobile cranes
Fahrzeugsicherheit Vehicle safety
Fahrzeugtechnik Transportation technology
Faser-Kunststoff-Verbunde Fibre reinforced plastics, composite materials
Faserseile Fibre ropes
Featuretechnologie Feature modeling
Fed-Batch-Kultivierung Fed-batch cultivation
Feder- und Dämpfungsverhalten Elastic and damping characteristics
Federkennlinie, Federsteifigkeit, Federnachgiebigkeit Load-deformation diagrams, spring rate (stiffness), deformation rate (flexibility)
Federn Springs
Federn aus Faser-Kunststoff-Verbunden Fibre composite springs
Federnde Verbindungen (Federn) Elastic connections (springs)
Federung und Dämpfung Suspension and dampening

Feinbohrmaschinen Precision drilling machines
Feldbusse Field busses
Feldeffekttransistoren Field effect transistors
Feldgrößen und -gleichungen Field quantities and equations
Fenster Windows
Fensterlüftung Ventilation by windows
Fernwärmetransporte Remote heat transport
Fernwärmewirtschaft Economics of remote heating
Fertigungs- und Fabrikbetrieb Production and works management
Fertigungsmittel Manufacturing systems
Fertigungssysteme Manufacturing systems
Fertigungsverfahren Manufacturing processes
Fertigungsverfahren der Feinwerk- und Mikrotechnik Manufacturing in precision engineering and microtechnology
Feste Brennstoffe Solid fuels
Feste Stoffe Solid materials
Festigkeit von Schweißverbindungen Strength calculations for welded joints
Festigkeitsberechnung Strength calculations
Festigkeitshypothesen Strength theories
Festigkeitshypothesen und Vergleichsspannungen Failure criteria, equivalent stresses
Festigkeitslehre Strength of materials
Festigkeitsnachweis Structural integrity assessment
Festigkeitsnachweis bei Schwingbeanspruchung mit konstanter Amplitude Proof of strength for constant cyclic loading
Festigkeitsnachweis bei Schwingbeanspruchung mit variabler Amplitude (Betriebsfestigkeitsnachweis) Proof of structural durability
Festigkeitsnachweis bei statischer Beanspruchung Proof of strength for static loading
Festigkeitsnachweis unter Zeitstand- und Kriechermüdungsbeanspruchung Loading capacity under creep conditions and creep-fatigue conditions
Festigkeitsnachweis von Bauteilen Proof of strength for components
Festigkeitsverhalten der Werkstoffe Strength of materials
Fest-Loslager-Anordnung Arrangements with a locating and a non-locating bearing

Festschmierstoffe Solid lubricants
Feststoff/Fluidströmung Solids/fluid flow
Feststoffschmierung Solid lubricants
Fettschmierung Grease lubrication
Feuerfestmaterialien Refractories
Feuerungen Furnaces
Feuerungen für feste Brennstoffe Solid fuel furnaces
Feuerungen für flüssige Brennstoffe Liquid fuel furnaces
Feuerungen für gasförmige Brennstoffe Gas-fueled furnaces
Filamentöses Wachstum Filamentous growth
Filmströmung Film flow
Filter Filters
Finite Berechnungsverfahren Finite analysis methods
Finite Differenzen Methode Finite difference method
Finite Elemente Methode Finite element method
Flächenpressung und Lochleibung Contact stresses and bearing pressure
Flächentragwerke Plates and shells
Flächenverbrauch Use of space
Flachriemengetriebe Flat belt drives
Flankenlinien und Formen der Verzahnung Tooth traces and tooth profiles
Flansche Flanges
Flanschverbindungen Flange joints
Flexible Drehbearbeitungszentren Flexible turning centers
Flexible Fertigungssysteme Flexible manufacturing systems
Fließkriterien Flow criteria
Fließkurve Flow curve
Fließprozess Flow process
Fließspannung Flow stress
Fließverhalten von Schüttgütern Flow properties of bulk solids
Flügelzellenpumpen Vanetype pumps
Fluggeschwindigkeiten Airspeeds
Flugleistungen Aircraft performance
Flugstabilitäten Flight stability
Flugsteuerung Flight controls
Flugzeugpolare Aircraft polar
Fluid Fluid

Fluidische Antriebe Hydraulic and pneumatic power transmission
Fluidische Steuerungen Fluidics
Fluorhaltige Kunststoffe Plastics with fluorine
Flurförderzeuge Industrial trucks
Flüssigkeitsringverdichter Liquid ring compressors
Flüssigkeitsstand Liquid level
Foliengießen Casting of foils
Förderer mit Schnecken Screw conveyors
Fördergüter und Fördermaschinen Material to be conveyed; materials handling equipment
Fördergüter und Fördermaschinen, Kenngrößen des Fördervorgangs Conveyed materials and materials handling, parameters of the conveying process
Förderhöhen, Geschwindigkeiten und Drücke Heads, speeds and pressures
Förderleistung, Antriebsleistung, Gesamtwirkungsgrad Power output, power input, overall efficiency
Fördertechnik Materials handling and conveying
Formänderungsarbeit Strain energy
Formänderungsarbeit bei Biegung und Energiemethoden zur Berechnung von Einzeldurchbiegungen Bending strain energy, energy methods for deflection analysis
Formänderungsgrößen Characteristics of material flow
Formänderungsvermögen Formability
Formen der Organisation Organisational types
Formen, Anwendungen Types, applications
Formgebung bei Kunststoffen Forming of plastics
Formgebung bei metallischen und keramischen Werkstoffen durch Sintern (Pulvermetallurgie) Forming of metals and ceramics by powder metallurgy
Formgebung bei metallischen Werkstoffen durch Gießen Shaping of metals by casting
Formpressen Press moulding
Formschlüssige Antriebe Positive locked drives
Formschlüssige Schaltkupplungen Positive (interlocking) clutches (dog clutches)
Formschlussverbindungen Positive connections

Formverfahren und -ausrüstungen Forming process and equipment

Föttinger-Getriebe Hydrodynamic drives and torque convertors

Föttinger-Kupplungen Fluid couplings

Föttinger-Wandler Torque convertors

Fourierspektrum, Spektrogramm, Geräuschanalyse Fourier spectrum, spectrogram, noise analysis

Francisturbinen Francis turbines

Fräsen Milling

Fräsmaschinen Milling machines

Fräsmaschinen mit Parallelkinematiken Milling machines with parallel kinematics

Fräsmaschinen mit Parallelkinematiken Sonderfräsmaschinen Milling machines with parallel kinematics, special milling machines

Freie gedämpfte Schwingungen Free damped vibrations

Freie Kühlung Free cooling

Freie Kühlung durch Außenluft Free cooling with external air

Freie Kühlung durch Kältemittel-Pumpen-System Free cooling with refrigerant pump system

Freie Kühlung durch Rückkühlwerk Free cooling with recooling plant

Freie Kühlung durch Solekreislauf Free cooling with brine cycle

Freie Lüftung, verstärkt durch Ventilatoren Fan assisted natural ventilation

Freie Schwingungen (Eigenschwingungen) Free vibrations

Freie Schwingungen mit zwei und mehr Freiheitsgraden Free vibrations with two and multi-DOFs

Freie ungedämpfte Schwingungen Free undamped vibrations

Freier Strahl Free jet

Fremdgeschaltete Kupplungen Clutches

Frequenzbewertung, A-, C- und Z-Bewertung Frequency weighting, A-, C- and Z-weighting

Frequenzgang und Ortskurve Frequency response and frequency response locus

Frequenzgangfunktionen mechanischer Systeme, Amplituden- und Phasengang Frequency response functions of mechanical systems, amplitude- and phase characteristic

Frontdrehmaschinen Front turning machines

Fügen von Kunststoffen Joining

Führerräume Driver's cab

Führungen Linear and rotary guides and bearings

Führungs- und Störungsverhalten des Regelkreises Reference and disturbance reaction of the control loop

Führungsverhalten des Regelkreises Reference reaction of the control loop

Funkenerosion und elektrochemisches Abtragen Spark erosion and electrochemical erosion

Funkenerosion, Elysieren, Metallätzen Electric discharge machining, electrochemical machining, metaletching

Funktion der Hydrogetriebe Operation of hydrostatic transmissions

Funktion und Subsysteme Function and subsystems

Funktion von Tribosystemen Function of tribosystems

Funktionsbausteine Functional components

Funktionsbedingungen für Kernreaktoren Function conditions for nuclear reactors

Funktionsblöcke des Regelkreises Functional blocks of the monovariable control loop

Funktionsgliederung Function structure

Funktionsweise des Industrie-Stoßdämpfers Principle of operation

Funktionszusammenhang Functional interrelationship

Fused Deposition Modelling (FDM) Fused Deposition Modeling (FDM)

Gabelhochhubwagen Pallet-stacking truck

Galvanische Korrosion Galvanic corrosion

Gas- und Dampf-Anlagen Combined-cycle power plants

Gas-/Flüssigkeitsströmung Gas/liquid flow

Gas-Dampf-Gemische. Feuchte Luft Mixtures of gas and vapour. Humid air

Gasdaten Gas data

Gasfedern Gas springs

Gasförmige Brennstoffe oder Brenngase Gaseous fuels

Gasgekühlte thermische Reaktoren Gas cooled thermal reactors

Gaskonstante und das Gesetz von Avogadro Gas constant and the law of Avogadro

Gasstrahlung Gas radiation

Gasturbine für Verkehrsfahrzeuge Gas-turbine propulsion systems

Gasturbine im Kraftwerk Gas turbines in power plants

Gasturbinen Gas turbines

Gaswirtschaft Economics of gas energy

Gebläse Fans

Gebräuchliche Werkstoffpaarungen Typical combinations of materials

Gedämpfte erzwungene Schwingungen Forced damped vibrations

Gegengewichtstapler Counterbalanced lift truck

Gehäuse Casings

Gelenkwellen Drive shafts

Gemeinsame Grundlagen Common fundamentals

Gemischbildung und Verbrennung im Dieselmotor Mixture formation and combustion in compression-ignition engines

Gemischbildung und Verbrennung im Ottomotor Mixture formation and combustion in spark ignition engines

Gemischbildung, Anforderungen an Requirements of gas mixture

Gemische Mixtures

Gemische idealer Gase Ideal gas mixtures

Genauigkeit, Kenngrößen, Kalibrierung Characteristics, accuracy, calibration

Generelle Anforderungen General requirements

Generelle Zielsetzung und Bedingungen General objectives and constraints

Geometrisch ähnliche Baureihe Geometrically similar series

Geometrische Beschreibung des Luftfahrzeuges Geometry of an aircraft

Geometrische Beziehungen Geometrical relations

Geometrische Messgrößen Geometric quantities

Geometrische Modellierung Geometric modeling

Geothermische Energie Geothermal energy

Gerader zentraler Stoß Normal impact

Geradzahn-Kegelräder Straight bevel gears

Geräusch Noise

Geräuschentstehung Noise development

Geregelte Feder-/Dämpfersysteme im Fahrwerk Controlled spring/damper systems for chassis

Gesamtanlage Complete plant

Gesamtmechanismus Whole mechanism

Gesamtwiderstand Total driving resistance

Geschlossene Gasturbinenanlage Closed gas turbine

Geschlossene Systeme, Anwendung Application to closed systems

Geschlossener Kreislauf Closed circuit

Geschlossenes 2D-Laufrad Shrouded 2 D-impeller

Geschlossenes 3D-Laufrad Shrouded 3 D-impeller

Geschwindigkeiten, Beanspruchungskennwerte Velocities, loading parameters

Geschwindigkeits- und Drehzahlmesstechnik Velocity and speed measurement

Gestaltänderungsenergiehypothese Maximum shear strain energy criterion

Gestalteinfluss auf Schwingfestigkeitseigenschaften Design and fatigue strength properties

Gestalteinfluss auf statische Festigkeitseigenschaften Design and static strength properties

Gestalten und Bemaßen der Zahnräder Detail design and measures of gears

Gestalten und Fertigungsgenauigkeit von Kunststoff-Formteilen Design and tolerances of formed parts

Gestaltung Fundamentals of embodiment design

Gestaltung der Gestellbauteile Embodiment design of structural components (frames)

Gestaltung, Werkstoffe, Lagerung, Genauigkeit, Schmierung, Montage Embodiment design, materials, bearings, accuracy, lubrication, assembly

Gestaltungshinweise Design hints

Gestaltungsprinzipien Principles of embodiment design

Gestaltungsrichtlinien Guidelines for embodiment design

Gestelle Frames

Getriebe Transmission units

Getriebe mit Verstelleinheiten Transmission with variable displacement units

Getriebeanalyse Analysis of mechanisms

Getriebetechnik Mechanism-engineering, kinematics

Gewichte Weight

Gewinde- und Zahnradmesstechnik Thread and gear measurement

Gewindearten Types of thread

Gewindebohren Tapping

Gewindedrehen Single point thread turning

Gewindedrücken Thread pressing

Gewindeerodieren Electrical Discharge Machining of threads

Gewindefertigung Thread production

Gewindefräsen Thread milling

Gewindefurchen Thread forming

Gewindeschleifen Thread grinding

Gewindeschneiden Thread cutting with dies

Gewindestrehlen Thread chasing

Gewindewalzen Thread rolling

Gewölbte Böden Domed end closures

Gewölbte Flächen Curved surfaces

Gitterauslegung Cascade design

Glas Glass

Gleichdruckturbinen Impulse turbines

Gleiche Kapazitätsströme (Gegenstrom) Equal capacitive currents (countercurrent)

Gleichgewicht und Gleichgewichtsbedingungen Conditions of equilibrium

Gleichgewicht, Arten Types of equilibrium

Gleichseitige Dreieckplatte Triangular plate

Gleichstromantriebe Direct-current machine drives

Gleichstromantriebe mit netzgeführten Stromrichtern Drives with line-commutated converters

Gleichstrom-Kleinmotoren Direct current small-power motor

Gleichstromkreise Direct-current (d. c.) circuits

Gleichstromlinearmotoren Direct current linear motor

Gleichstrommaschinen Direct-current machines

Gleichstromsteller Chopper controllers

Gleit- und Rollbewegung Sliding and rolling motion

Gleitlagerungen Plain bearings

Gliederbandförderer Apron conveyor

Gliederung Survey

Gliederung der Messgrößen Classification of measuring quantities

Granulieren Granulation

Grenzformänderungsdiagramm Forming limit diagram (FLD)

Grenzschichttheorie Boundary layer theory

Großdrehmaschinen Heavy duty lathes

Größen des Regelkreises Variables of the control loop

Großwasserraumkessel Shell type steam generators

Grubenkühlanlagen Airconditioning and climate control for mining

Grundaufgaben der Maschinendynamik Basic problems in machine dynamics

Grundbegriffe Basic concepts

Grundbegriffe der Kondensation Principles of condensation

Grundbegriffe der Reaktortheorie Basic concepts of reactor theory

Grundbegriffe der Spurführungstechnik Basics of guiding technology

Grundgesetze Basic laws

Grundlagen Basic considerations

Grundlagen der Berechnung Basic principles of calculation

Grundlagen der betrieblichen Kostenrechnung Fundamentals of operational costing

Grundlagen der Flugphysik Fundamentals of flight physics

Grundlagen der fluidischen Energieübertragung Fundamentals of fluid power transmission

Grundlagen der Konstruktionstechnik Fundamentals of engineering design

Grundlagen der Tragwerksberechnung Basic principles of calculating structures

Grundlagen der Umformtechnik Fundamentals of metal forming

Grundlagen der Verfahrenstechnik Fundamentals of process engineering

Grundlagen technischer Systeme und des methodischen Vorgehens Fundamentals of technical systems and systematic approach

Grundlagen und Bauelemente Fundamentals and components

Grundlagen und Begriffe Fundamentals and terms

Grundlagen und Vergleichsprozesse Fundamentals and ideal cycles

Grundlegende Konzepte für den Festigkeitsnachweis Fundamental concepts for structural integrity assessment

Grundnormen Basic standards

Grundregeln Basic rules of embodiment design

Grundsätze der Energieversorgung Principles of energy supply

Grundstrukturen des Wirkungsplans Basic structures of the action diagram

Gummifederelemente Basic types of rubber spring

Gummifedern Rubber springs and anti-vibration mountings

Gurtförderer Conveyors

Gusseisenwerkstoffe Cast Iron materials

Güte der Regelung Control loop performance

Haftung und Gleitreibung Static and sliding friction

Haftung und Reibung Friction

Hähne (Drehschieber) Cocks

Halbähnliche Baureihen Semi-similar series

Halboffener Kreislauf Semi-closed circuits

Halbunendlicher Körper Semi-infinite body

Hämmer Hammers

Handbetriebene Flurförderzeuge Hand trucks

Handgabelhubwagen Hand lift trucks

Hardwarearchitekturen Hardware architecture

Hardwarekomponenten Hardware

Härteprüfverfahren Hardness test methods

Hartlöten und Schweißlöten (Fugenlöten) Hard soldering and brazing

Hebezeuge und Krane Lifting equipment and cranes

Hefen Yeasts

Heizlast Heating load

Heiztechnische Verfahren Heating processes

Heizung und Klimatisierung Heating and air conditioning

Heizwert und Brennwert Net calorific value and gros calorific value

Heizzentrale Heating centres

Herstellen planarer Strukturen Production of plane surface structures

Herstellen von Schichten Coating processes

Herstellung von Formteilen (Gussteilen) Manufacturing of cast parts

Herstellung von Halbzeugen Manufacturing of half-finished parts

Hilfsmaschinen Auxiliary equipment

Hinweise für Anwendung und Betrieb Application and operation

Hinweise zur Konstruktion von Kegelrädern Design hints for bevel gears

Historische Entwicklung Historical development

Hitzesterilisation Sterilization with heat

Hobel- und Stoßmaschinen Planing, shaping and slotting machines

Hobelmaschinen Planing machines

Hochbaumaschinen Building construction machinery

Hochgeschwindigkeitsfräsmaschinen High-speed milling machines

Hochspannungsschaltgeräte High voltage switchgear

Hochtemperaturkorrosion mit mechanischer Beanspruchung High temperature corrosion with mechanical load

Hochtemperaturkorrosion ohne mechanische Beanspruchung High temperature corrosion without mechanical load

Hochtemperaturlöten High-temperature brazing

Holz Wood

Honen Honing

Honmaschinen Honing machines

Hubantrieb, Antrieb der Nebenfunktionen Lift drive, auxiliary function driv

Hubantrieb, Antrieb der Nebenfunktionen Handbetriebene Flurförderzeuge Lift drive, auxiliary function drive, manually operated industrial trucks

Hubbalkenofen Walking beam furnace

Hubgerüst Lift mast

Hubkolbenmaschinen Piston engines

Hubkolbenverdichter Piston compressors

Hubsäge- und Hubfeilmaschinen Machines for power hack sawing and filing

Hubwerke Hoisting mechanism

Hubwerksausführungen Hoist design

Hybride Verfahren für Gemischbildung und Verbrennung Hybride process for mixture formation and combustion

Hydraulikaufzüge Hydraulic elevators

Hydraulikflüssigkeiten Hydraulic fluids

Hydraulikzubehör Hydraulic equipment

Hydraulische Förderer Hydraulic conveyors

Hydro- und Aerodynamik (Strömungslehre, Dynamik der Fluide) Hydrodynamics and aerodynamics (dynamics of fluids)

Hydrogetriebe, Aufbau und Funktion der Arrangement and function of hydrostatic transmissions

Hydrokreise Hydraulic Circuits

Hydromotoren in Hubverdränger-(Kolben-) bauart Pistontype motors

Hydromotoren in Umlaufverdrängerbauart Gear- and vanetype motors

Hydrostatik (Statik der Flüssigkeiten) Hydrostatics

Hydrostatische Anfahrhilfen Hydrodynamic bearings with hydrostatic jacking systems

Hydrostatische Axialgleitlager Hydrostatic thrust bearings

Hydrostatische Radialgleitlager Hydrostatic journal bearings

Hydroventile Valves

Hygienische Grundlagen Hygienic fundamentals, physiological principles

I-Anteil, I-Regler Integral controller

Ideale Flüssigkeit Perfect liquid

Ideale Gase Ideal gases

Ideale isotherme Reaktoren Ideal isothermal reactors

Idealisierte Kreisprozesse Theoretical gas-turbine cycles

Identifikation durch Personen und Geräte Identification through persons and devices

Identifikationsproblem Identification Problem

Identifikationssysteme Identification systems

IGB-Transistoren Insulated gate bipolar transistors

I-Glied Integral element

Impulsmomenten- (Flächen-) und Drehimpulssatz Angular momentum equation

Impulssatz Equation of momentum

Indirekte Beheizung Indirect heating

Indirekte Luftkühlung und Rückkühlanlagen Indirect air cooling and cooling towers

Induktionsgesetz Faraday's law

Induktive Erwärmung Induction heating

Induktivitäten Inductances

Industrieöfen Industrial furnaces

Industrieroboter Industrial robot

Industrie-Stoßdämpfer Shock absorber

Industrieturbinen Industrial turbines

Informationsdarstellung Information layout

Informationstechnologie Information technology

Inkompressible Fluide Incompressible fluids

Innengeräusch Interior noise

Innenraumgestaltung Interior lay out

Innere Energie und Systemenergie Internal energy and systemenergy

Innere Kühllast Internal cooling load

Instabiler Betriebsbereich bei Verdichtern Unstable operation of compressors

Instationäre Prozesse Unsteady state processes

Instationäre Strömung Nonsteady flow

Instationäre Strömung zäher Newtonscher Flüssigkeiten Non-steady flow of viscous Newtonian fluids

Instationäres Betriebsverhalten Transient operating characteristics

Integrationstechnologien Integration technologies

Interkristalline Korrosion Intergranular corrosion

Internationale Praktische Temperaturskala International practical temperature scale

Internationale Standardatmosphäre (ISA) International standard atmosphere

Internationales Einheitensystem International system of units

Internet Internet

Interpolation, Integration Interpolation, Integration

Kabel und Leitungen Cables and lines

Kalandrieren Calendering

Kalkulation Cost accounting

Kalorimetrie Calorimetry

Kalorische Zustandsgrößen Caloric properties

Kaltdampf-Kompressionskälteanlage Compression refrigeration plant

Kaltdampfkompressions-Wärmepumpen größerer Leistung Compression heat pumps with high performance

Kälte-, Klima- und Heizungstechnik Refrigeration and air-conditioning technology and heating engineering

Kälteanlagen und Wärmepumpen Refrigeration plants and heat pumps

Kältemaschinen-Öle Refrigeration oil

Kältemittel Refrigerant

Kältemittel, Kältemaschinen-Öle und Kühlsolen Refrigerants, refrigeration oils and brines

Kältemittelkreisläufe Refrigerant circuits

Kältemittelverdichter Refrigerant-compressor

Kältespeicherung in Binäreis Cooling storage

Kältespeicherung in eutektischer Lösung Cooling storage in eutectic solution

Kältetechnik Refrigeration technology

Kältetechnische Verfahren Refrigeration processes

Kaltwassersatz mit Kolbenverdichter Reciprocating water chillers

Kaltwassersatz mit Schraubenverdichter Screw compressor water chillers

Kaltwassersatz mit Turboverdichter Centrifugal water chillers

Kaltwassersätze Packaged water chiller

Kaltwasserverteilsysteme für RLT-Anlagen Chilled water systems for air-conditioning plants

Kanalnetz Duct systems

Kapazitäten Capacitances

Kapazitätsdioden Varactors

Kaplanturbinen Kaplan turbines

Karosserie Bodywork

Karren, Handwagen und Rollwagen Barrows, Hand trolleys, Dollies

Kaskadenregelung Cascade control

Katalytische Wirkung der Enzyme Catalytic effects of enzymes

Kathodischer Schutz Cathodic protection

Kavitation Cavitation

Kavitationskorrosion Cavitation corrosion

Kegelräder Bevel gears

Kegelräder mit Schräg- oder Bogenverzahnung Helical and spiral bevel gears

Kegelrad-Geometrie Bevel gear geometry

Keilförmige Scheibe unter Einzelkräften Wedge-shaped plate under point load

Keilriemen V-belts

Keilverbindungen Cottered joints

Kenngrößen Characteristics

Kenngrößen der Leitungen Characteristics of lines

Kenngrößen der Schraubenbewegung Characteristics of screw motion

Kenngrößen des Fördervorgangs Parameters of the conveying process

Kenngrößen des Ladungswechsels Charging parameters

Kenngrößen von Messgliedern Characteristics of measuring components

Kenngrößen von Pressmaschinen Characteristics of presses and hammers

Kenngrößen-Bereiche für Turbinenstufen Performance parameter range of turbine stages

Kenngrößen-Bereiche für Verdichterstufen Performance parameter range of compressor stages

Kennlinien Characteristic curves

Kennliniendarstellungen Performance characteristics

Kennungswandler Torque converter

Kennzahlen Characteristics

Kennzeichen Characteristics

Kennzeichen und Eigenschaften der Wälzlager Characteristics of rolling bearings

Keramische Werkstoffe Ceramics

Kerbgrundkonzepte Local stress or strain approach

Kerbschlagbiegeversuch Notched bar impact bending test

Kernbrennstoffe Nuclear fuels

Kernfusion Nuclear fusion

Kernkraftwerke Nuclear power stations

Kernreaktoren Nuclear reactors

Ketten und Kettentriebe Chains and chain drives

Kettengetriebe Chain drives

Kinematik Kinematics

Kinematik des Kurbeltriebs Kinematics of crank mechanism

Kinematik, Leistung, Wirkungsgrad Kinematics, power, efficiency

Kinematische Analyse ebener Getriebe Kinematic analysis of planar mechanisms

Kinematische Analyse räumlicher Getriebe Kinematic analysis of spatial mechanisms

Kinematische Grundlagen, Bezeichnungen Kinematic fundamentals, terminology

Kinematische und schwingungstechnische Messgrößen Kinematic and vibration quantities

Kinematisches Modell Kinematic model

Kinematisches und dynamisches Modell Kinematic and dynamic model

Kinetik Dynamics

Kinetik chemischer Reaktionen Kinetics of chemical reactions

Kinetik der Relativbewegung Dynamics of relative motion

Kinetik des Massenpunkts und des translatorisch bewegten Körpers Particle dynamics, straight line motion of rigid bodies

Kinetik des Massenpunktsystems Dynamics of systems of particles

Kinetik des mikrobiellen Wachstums Kinetic of microbial growth

Kinetik enzymatischer Reaktionen Kinetic of enzyme reactions

Kinetik starrer Körper Dynamics of rigid bodies

Kinetik und Kinematik Dynamics and kinematics

Kinetostatische Analyse ebener Getriebe Kinetostatic analysis of planar mechanisms

Kippen Lateral buckling of beams

Kippschalensorter Tilt tray sorter

Kirchhoffsches Gesetz Kirchhoff's Law

Klappen Flap valves

Klären der Aufgabenstellung Defining the requirements

Klassieren in Gasen Classifying in gases

Klassifizierung raumlufttechnischer Systeme Airconditioning systems

Kleben Adhesive bonding

Klebstoffe Adhesives

Klemmverbindungen Clamp joints

Klimaanlage Air conditioning

Klimamesstechnik Climatic measurement

Klimaprüfschränke und -kammern Climate controlled boxes and rooms for testing

Knicken im elastischen (Euler-)Bereich Elastic (Euler) buckling

Knicken im unelastischen (Tetmajer-)Bereich Inelastic buckling (Tetmajer's method)

Knicken von Ringen, Rahmen und Stabsystemen Buckling of rings, frames and systems of bars

Knickung Buckling of bars

Kohlendioxidabscheidung Carbon capture

Kohlenstaubfeuerung Pulverized fuel furnaces

Kolbenmaschinen Reciprocating engines

Kolbenpumpen Piston pumps

Kombi-Kraftwerke Combi power stations

Komfortbewertung Comfort evaluation

Kommissionierung Picking

Kompensatoren und Messbrücken Compensators and bridges

Komponenten des Roboters Components of robot

Komponenten des Roboters Kinematisches und dynamisches Modell Components of the robot kinematics and dynamic model

Komponenten des thermischen Apparatebaus Components of thermal apparatus

Komponenten mechatronischer Systeme Components of mechatronic systems

Komponenten von Lüftungs- und Klimaanlagen Components of ventilation and air-conditioning systems

Kompressionskälteanlage Compression refrigeration plant

Kompressions-Kaltwassersätze Compression-type water chillers

Kompressionswärmepumpe Compression heat pump

Kompressoren Compressors

Kondensation bei Dämpfen Condensation of vapors

Kondensation und Rückkühlung Condensers and cooling systems

Kondensatoren Condensers

Kondensatoren in Dampfkraftanlagen Condensers in steam power plants

Kondensatoren in der chemischen Industrie Condensers in the chemical industry

Konsolfräsmaschinen Knee-type milling machines

Konstante Wandtemperatur Constant wall temperature

Konstante Wärmestromdichte Constant heat flux density

Konstruktion und Schmierspaltausbildung Influence of the design on the form of the lubricated gap between bearing and shaft

Konstruktion von Eingriffslinie und Gegenflanke Geometric construction for path of contact and conjugate tooth profile

Konstruktion von Motoren Internal combustion (IC) engine design

Konstruktionen Designs

Konstruktionsarten Types of engineering design

Konstruktionselemente Components

Konstruktionselemente von Apparaten und Rohrleitungen Components of apparatus and pipe lines

Konstruktionsphilosophien und -prinzipien Design Philosophies and Principles

Konstruktionsprozess The design process

Konstruktive Ausführung von Lagerungen. Bearing arrangements

Konstruktive Gesichtspunkte Basic design layout

Konstruktive Gestaltung Design of plain bearings

Konstruktive Hinweise Hints for design

Konstruktive Merkmale Constructive characteristics

Konvektion Convection

Konzipieren Conceptual design

Kooperative Produktentwicklung Cooperative product development

Koordinatenbohrmaschinen Jig boring machines

Körper im Raum Body in space

Körper in der Ebene Plane problems

Körperschallfunktion Structure-borne noise function

Korrosion und Korrosionsschutz von Metallen Corrosion and Corrosion Protection of Metals

Korrosion nichtmetallischer Werkstoffe Corrosion of nonmetallic material

Korrosion und Korrosionsschutz Corrosion and corrosion protection

Korrosion unter Verschleißbeanspruchung Corrosion under wear stress

Korrosion von anorganischen nichtmetallischen Werkstoffen Corrosion of inorganic nonmetallic materials

Korrosionsartige Schädigung von organischen Werkstoffen Corrosion-like damage of organic materials

Korrosionserscheinungen ("Korrosionsarten") Manifestation of corrosion

Korrosionsprüfung Corrosion tests

Korrosionsschutz Corrosion protection

Korrosionsschutz durch Inhibitoren Corrosion protection by inhibitors

Korrosionsschutzgerechte Fertigung Corrosion prevention by manufacturing

Korrosionsschutzgerechte Konstruktion Corrosion prevention by design

Korrosionsverschleiß Wear initiated corrosion

Kostenartenrechnung Types of cost

Kostenstellenrechnung und Betriebsabrechnungsbögen Cost location accounting

Kraft-(Reib-)schlüssige Schaltkupplungen Friction clutches

Kräfte am Flachriemengetriebe Forces in flat belt transmissions

Kräfte am Kurbeltrieb Forces in crank mechanism

Kräfte im Raum Forces in space

Kräfte in der Ebene Coplanar forces

Kräfte und Arbeiten Forces and energies

Kräfte und Verformungen beim Anziehen von Schraubenverbindungen Forces and deformations in joints due to preload

Kräfte und Winkel im Flug Forces and angles in flight

Kräftesystem im Raum System of forces in space

Kräftesystem in der Ebene Systems of coplanar forces

Kraftfahrzeuge Vehicle vehicles

Kraftfahrzeugtechnik Automotive engineering

Kraftmesstechnik Force measurement

Krafträder Motorcycles

Kraftschlüssige Antriebe Actuated drives

Kraftstoffverbrauch Fuel consumption

Kraft-Wärme-Kopplung Combined power and heat generation (co-generation)

Kraftwerkstechnik Power plant technology

Kraftwerksturbinen Power Plant Turbines

Kraftwirkungen im elektromagnetischen Feld Forces in electromagnetic field

Kranarten Crane types

Kratzerförderer Scraper conveyors

Kreiselpumpe an den Leistungsbedarf, Anpassung Matching of centrifugal pump and system characteristics

Kreiselpumpen Centrifugal Pumps

Kreisförderer Circular conveyors

Kreisplatten Circular plates

Kreisscheibe Circular discs

Kreisstruktur Closed loop structure

Kritische Drehzahl und Biegeschwingung der einfach besetzten Welle Critical speed of shafts, whirling

Kugel Spheres

Kugelläppmaschinen Spherical lapping machines

Kühllast Cooling load

Kühlsolen Cooling brines

Kühlung Cooling

Kühlwasser- und Kondensatpumpen Condensate and circulating water pumps

Kultivierungsbedingungen Conditions of cell cultivation

Künstliche Brenngase Synthetic fuels

Künstliche feste Brennstoffe Synthetic solid fuels

Künstliche flüssige Brennstoffe Synthetic liquid fuels

Kunststoffe Plastics

Kunststoffe, Aufbau und Verhalten von Structure and characteristics of plastics

Kunststoffschäume Plastic foams (Cellular plastics)

Kupfer und seine Legierungen Copper and copper alloys

Kupplung und Kennungswandler Clutching and torque converter

Kupplungen und Bremsen Couplings, clutches and brakes

Kurbeltrieb Crank mechanism

Kurbeltrieb, Massenkräfte und -momente, Schwungradberechnung Crank mechanism, forces and moments of inertia, flywheel calculation

Kurvengetriebe Cam mechanisms

Kurzhubhonmaschinen Short stroke honing machines

Kurzschlussschutz Short-circuit protection

Kurzschlussströme Short-circuit currents

Kurzschlussverhalten Short-circuit characteristics

Ladungswechsel Cylinder charging

Ladungswechsel des Viertaktmotors Charging of four-stroke engines

Ladungswechsel des Zweitaktmotors Scavenging of two-stroke engines

Lageeinstellung Position adjustment

Lager Bearings

Lager- und Systemtechnik Warehouse technology and material handling system technology

Lagereinrichtung und Lagerbedienung Storage equipment and operation

Lagerkräfte Bearing loads

Lagerkühlung Bearing cooling

Lagerluft Rolling bearing clearance

Lagern Store

Lagerschmierung Lubricant supply

Lagersitze, axiale und radiale Festlegung der Lagerringe Bearing seats, axial and radial positioning

Lagerung und Antrieb Bearing and drive

Lagerung und Schmierung Bearing and lubrication

Lagerungsarten, Freimachungsprinzip Types of support, the „free body"

Lagerwerkstoffe Bearing materials

Lagrangesche Gleichungen Lagrange's equations

Laminated Object Manufacturing (LOM) Laminated Object Manufacturing (LOM)

Längenmesstechnik Length measurement

Langhubhonmaschinen Long stroke honing machines

Längskraft und Torsion Axial load and torsion

Läppmaschinen Lapping machines

Laserstrahl-Schweiß- und Löteinrichtungen Laser welding and soldering equipment

Laserstrahlverfahren Laser beam processing

Lasertrennen Laser cutting

Lastaufnahmemittel für Schüttgüter Load carrying equipment for bulk materials

Lastaufnahmemittel für Stückgüter Load carrying equipment for individual items

Lastaufnahmevorrichtung Load-carrying device

Lasten und Lastkombinationen Loads and load combinations

Lasten, Lastannahmen Loads, Load Assumptions

Lasthaken Lifting hook

Läufer-Dreheinrichtung Turning gear

Laufgüte der Getriebe Running quality of mechanisms

Laufrad Impeller

Laufrad und Schiene (Schienenfahrwerke) Impeller and rail (rail-mounted carriage)

Laufradfestigkeit Impeller stress analysis

Laufradfestigkeit und Strukturdynamik Impeller strength and structural dynamics

Laufwasser- und Speicherkraftwerke Run-of-river and storage power stations

Laufwasser- und Speicherkraftwerke Water wheels and pumped-storage plants

Lebenslaufkostenrechung Life Cycle Costing

Lebenszykluskosten LCC Lifecyclecosts

Leerlauf und Kurzschluss No-load and short circuit

Legierungstechnische Maßnahmen Alloying effects

Leichtbau Lightweight structures

Leichtwasserreaktoren (LWR) Light water reactors

Leistung, Drehmoment und Verbrauch Power, torque and fuel consumption

Leistungsdioden Power diodes

Leistungselektrik Power electronics

Leistungsmerkmale der Ventile Power characteristics of valves

Leit- und Laufgitter Stationary and rotating cascades

Leiter, Halbleiter, Isolatoren Conductors, semiconductors, insulators

Leitungen Ducts and piping

Leitungsnachbildung Line model

Lenkung Steering

Licht und Beleuchtung Light and lighting

Licht- und Farbmesstechnik Photometry, colorimetry

Lichtbogenerwärmung Electric arc-heating

Lichtbogenofen Arc furnaces

Lichtbogenschweißen Arc-welding

Liefergrade Volumetric efficiencies

Lineare Grundglieder Linear basic elements

Lineare Kennlinie Linear characteristic curve

Lineare Regler, Arten Types of linear controllers

Lineare Übertragungsglieder Linear transfer elements

Linearer Regelkreis Linear control loop

Linearführungen Linear guides

Linearmotoren Linear motors

Linearwälzlager Linear motion rolling bearings

Lokalkorrosion und Passivität Localized corrosion and passivity

Löten Soldering and brazing

Lückengrad Voidage

Luftbedarf Air supply

Luftbefeuchter Humidifiers

Luftdurchlässe Air passages

Luftentfeuchter Dehumidifiers

Lufterhitzer, -kühler Heating and cooling coils

Luftfahrzeuge Aircrafts

Luftfeuchte Outdoor air humidity

Luftführung Air duct

Luftheizung Air heating

Luftkühlung Air cooling

Luftschallabstrahlung Airborne noise emission

Luftspeicher-Kraftwerk Air-storage gas-turbine power plant

Luftspeicherwerke Compressed air storage plant

Lufttemperatur Outdoor air temperature

Lüftung Ventilation

Luftverkehr Air traffic

Luftverteilung Air flow control and mixing

Luftvorwärmer (Luvo) Air preheater

Luft-Wasser-Anlagen Air-water conditioning systems

Magnesiumlegierungen Magnesium alloys

Magnetische Datenübertragung Magnetic data transmission

Magnetische Materialien Magnetic materials

Management der Produktion Production management

Maschine Machine

Maschinen zum Scheren Shearing machines

Maschinen zum Scheren und Schneiden Shearing and blanking machines

Maschinen zum Schneiden Blanking machines

Maschinenakustik Acoustics in mechanical engineering

Maschinenakustische Berechnungen mit der Finite-Elemente-Methode/Boundary-Elemente-Methode Machine acoustic calculations by Finite-Element-Method/Boundary-Element-Method

Maschinenakustische Berechnungen mit der Statistischen Energieanalyse (SEA) Machine acoustic calculations by Statistical Energy Analysis (SEA)

Maschinenakustische Grundgleichung Machine acoustic base equation

Maschinenarten Machine types

Maschinendynamik Dynamics of machines

Maschinenkenngrößen Overall machine performance parameters

Maschinenschwingungen Machine vibrations

Maschinenstundensatzrechnung Calculation of machine hourly rate

Massenkräfte und Momente Forces and moments of inertia

Materialeinsatz Use of material

Materialflusssteuerungen Material flow controls

Materialographische Untersuchungen Materiallographic analyses

Materialtransport Materials handling

Mathematik Mathematics

Mechanik Mechanics

Mechanische Beanspruchungen Mechanical action

Mechanische Datenübertragung Mechanical data transmission

Mechanische Elemente der Antriebe Mechanical brakes

Mechanische Ersatzsysteme, Bewegungsgleichungen Mechanical models, equations of motion

Mechanische Konstruktionselemente Mechanical machine components

Mechanische Lüftungsanlagen Mechanical ventilation facilities

Mechanische Speicher und Steuerungen Mechanical memories and control systems

Mechanische Verfahrenstechnik Mechanical process engineering

Mechanische Verluste Mechanical losses

Mechanische Vorschub-Übertragungselemente Mechanical feed drive components

Mechanisches Ersatzsystem Mechanical model

Mechanisches Verhalten Mechanical behaviour

Mechanisch-hydraulische Verluste Hydraulic-mechanical losses

Mechanisiertes Hartlöten Mechanized hard soldering

Mechanismen der Korrosion Mechanisms of corrosion

Mechatronik Mechatronics

Mehrdimensionale Strömung idealer Flüssigkeiten Multidimensional flow of ideal fluids

Mehrdimensionale Strömung zäher Flüssigkeiten Multidimensional flow of viscous fluids

Mehrgitterverfahren Multigrid method

Mehrgleitflächenlager Multi-lobed and tilting pad journal bearings

Mehrmaschinensysteme Multi-machine Systems

Mehrphasenströmungen Multiphase fluid flow

Mehrschleifige Regelung Multi-loop control

Mehrspindelbohrmaschinen Multi-spindle drilling machines

Mehrstufige Verdichtung Multistage compression

Mehrwegestapler Four-way reach truck

Mehrwellen-Getriebeverdichter Integrally geared compressor

Membrantrennverfahren Membrane separation processes

Membranverdichter Diaphragm compressors

Mess- und Regelungstechnik Measurement and control

Messgrößen und Messverfahren Measuring quantities and methods

Messkette Measuring chain

Messort und Messwertabnahme Measuring spot and data sensing

Messsignalverarbeitung Measurement signal processing

Messtechnik Metrology

Messtechnik und Sensorik Measurement technique and sensors

Messverstärker Amplifiers
Messwandler Instrument transformers
Messwerke Moving coil instruments
Messwertanzeige Indicating instruments
Messwertausgabe Output of measured quantities
Messwertregistrierung Registrating instruments
Messwertspeicherung Storage
Metallfedern Metal springs
Metallographische Untersuchungen Metallographic investigation methods
Metallurgische Einflüsse Metallurgical effects
Meteorologische Grundlagen Meteorological fundamentals
Methoden Methods
Methodisches Vorgehen Systematic approach
Michaelis-Menten-Kinetik Michaelis-Menten-Kinetic
Mikrobiologisch beeinflusste Korrosion Microbiological influenced corrosion
Mikroorganismen mit technischer Bedeutung Microorganisms of technical importance
Mineralische Bestandteile Mineral components
Mineralöltransporte Oil transport
Mischen von Feststoffen Mixing of solid materials
Mittlere Verweilzeit Mean retention time
Modale Analyse Modal analysis
Modale Parameter: Eigenfrequenzen, modale Dämpfungen, Eigenvektoren Modal parameters: Natural frequencies, modal damping, eigenvectors
Modellbildung und Entwurf Modeling and design method
Modelle Models
Möglichkeiten zur Geräuschminderung Possibilities for noise reduction
Möglichkeiten zur Verminderung von Maschinengeräuschen Methods of reducing machinery noise
Mollier-Diagramm der feuchten Luft Mollier-diagram of humid air
Montage und Demontage Assembly and disassembly
Montageplanung Assembly planning
Montageprozess Assembly process
Montagesysteme Assembly systems
Motorbauteile Engine components

Motoren Motors
Motoren-Kraftstoffe Internal combustion (IC) engine fuels
Motorisch betriebene Flurförderzeuge Power-driven lift trucks
Motorkraftwerke Internal combustion (IC) engines
Mustererkennung und Bildverarbeitung Pattern recognition and image processing
Nachbehandlungen Secondary treatments
Nachformfräsmaschinen Copy milling machines
Näherungsverfahren zur Knicklastberechnung Approximate methods for estimating critical loads
Naturumlaufkessel für fossile Brennstoffe Natural circulation fossil fuelled boilers
Neigetechnik Body-tilting technique
Nenn-, Struktur- und Kerbspannungskonzept Nominal, structural and notch tension concept
Nennspannungskonzept Nominal stress approach
Netzgeführte Gleich- und Wechselrichter Line-commutated rectifiers and inverters
Netzgeführte Stromrichter Line-commutated converters
Netzrückwirkungen Line interaction
Netzwerkberechnung Network analysis
Netzwerke Networks
Nichteisenmetalle Nonferrous metals
Nichtlineare Schwingungen Non-linear vibrations
Nichtlinearitäten Nonlinear transfer elements
Nichtmetallische anorganische Werkstoffe Nonmetallic inorganic materials
Nichtstationäre Wärmeleitung Transient heat conduction
Nickel und seine Legierungen Nickel and nickel alloys
Niederhubwagen Pallet truck
Niederspannungsschaltgeräte Low voltage switchgear
Nietverbindungen Riveted joints
Normalspannungshypothese Maximum principal stress criterion
Normen- und Zeichnungswesen Fundamentals of standardisation and engineering drawing
Normenwerk Standardisation

Nullter Hauptsatz und empirische Temperatur Zeroth law and empirical temperature

Numerisch-analytische Lösung Numerical-analytical solutions

Numerische Berechnungsverfahren Numerical methods

Numerische Grundfunktionen Numerical basic functions

Numerische Methoden Numerical methods

Numerische Steuerungen Numerical control (NC)

Numerische Verfahren zur Simulation von Luft- und Körperschall Numerical processes to simulate airborne and structure-borne noise

Nur-Luft-Anlagen Air-only systems

Nutzliefergrad und Gesamtwirkungsgrad Delivery rate and overall efficiency

Oberflächenanalytik Surface analysis

Oberflächeneinflüsse Surface effects

Oberflächenerwärmung High-frequency induction surface heating

Oberflächenkondensatoren Surface condensers

Oberflächenkultivierung Surface fermentations

Oberflächenmesstechnik Surface measurement

Objektorientierte Programmierung Object oriented programming

Ofenköpfe Furnace heads

Offene Gasturbinenanlage Open gas turbine cycle

Offene und geschlossene Regelkreise Open and Closed loop

Offenes Laufrad Semi-open impeller

Offener Kreislauf Open circuit

Offline-Programmiersysteme Off-line programming systems

Ölschmierung Oil lubrication

Operationsverstärker Operational amplifiers

Optimierung von Regelkreisen Control loop optimization

Optimierungsprobleme Optimization problems

Optische Datenerfassung und -übertragung Optical data collection and transmission

Optische Messgrößen Optical quantities

Optoelektronische Empfänger Opto-electronic receivers

Optoelektronische Komponenten Optoelectronic components

Optoelektronische Sender Opto-electronic emitters

Optokoppler Optocouplers

Organisation der Produktion Structure of production

Organisationsformen der Montage Organizational forms of assembly

Organisch-chemische Analytik Organic chemical analysis

Ossbergerturbinen Ossberger (Banki) turbines

Oszillierende Verdrängerpumpen Oscillating positive displacement pumps

Oszilloskope Oscilloscopes

Ottomotor Otto engine

P-Anteil, P-Regler Proportional controller

Parameterermittlung Parameter definition

Parametererregte Schwingungen Parameter-excited vibrations

Parametrik Parametric modeling

Parametrik und Zwangsbedingungen Parametrics and holonomic constraint

Pass- und Scheibenfeder-Verbindungen Parallel keys and woodruff keys

Passive Komponenten Passive components

Passive Sicherheit Passive safety

PD-Regler Proportional plus derivative controller

Peltonturbinen Pelton turbines

Pflanzliche und tierische Zellen (Gewebe) Plant and animal tissues

Pflichtenheft Checklist

P-Glied Proportional element

Physikalische Grundlagen Law of physics

PID-Regler Proportional plus integral plus derivative controller

Pilze Funghi

PI-Regler Proportional plus integral controller

Planiermaschinen Dozers and graders

Planschleifmaschinen Surface grinding machines

Planung und Investitionen Planning and investments

Planung von Messungen Planning of measurements

Plastisches Grenzlastkonzept Plastic limit load concept

Plastizitätstheorie Theory of plasticity

Platten Plates

Plattenbandförderer Slat conveyors
Pneumatische Antriebe Pneumatic drives
Pneumatische Förderer Pneumatic conveyors
Polarimetrie Polarimetry
Polygonwellenverbindungen Joints with polygonprofile
Polytroper und isentroper Wirkungsgrad Polytropic and isentropic efficiency
Portalstapler, Portalhubwagen Straddle carrier, Van carrier
Positionswerterfassung, Arten Types of position data registration
Potentialströmungen Potential flows
PPS-Systeme PPC systems
Pressmaschinen Press
Pressverbände Interference fits
Primärenergien Primary energies
Prinzip der virtuellen Arbeiten Principle of virtual work
Prinzip und Bauformen Principle and types
Prinzip von d'Alembert und geführte Bewegungen D'Alembert's principle
Prinzip von Hamilton Hamilton's principle
Probenentnahme Sampling
Produktdatenmanagement Product data management
Produktentstehungsprozess Product creation process
Profilschleifmaschinen Profil grinding machines
Profilverluste Profile losses
Programmiermethoden Programming methods
Programmiersprachen Programming languages
Programmierverfahren Programming procedures
Programmsteuerung und Funktionssteuerung Program control and function control
Propeller Propellers
Proportionalventile Proportional valves
Prozessdatenverarbeitung und Bussysteme Process data processing and bussystems
Prozesse und Funktionsweisen Processes and functional principles
Prozesskostenrechnung/-kalkulation Activity-based accounting/-calculation
Prüfverfahren Test methods
P-Strecke 0. Ordnung (P–T$_0$) Proportional controlled system

P-Strecke 1. Ordnung (P–T$_1$) Proportional controlled system with first order delay
P-Strecke 2. und höherer Ordnung (P–T$_n$) Proportional controlled system with second or higher order delay
P-Strecke mit Totzeit (P–T$_t$) Proportional controlled system with dead time
Pulsationsdämpfung Pulsation dumping
Pumpspeicherwerke Pump storage stations
Qualitätsmanagement (QM) Quality management
Quasistationäres elektromagnetisches Feld Quasistationary electromagnetic field
Querbewegung Translational motion
Querdynamik und Fahrverhalten Lateral dynamics and driving behavior
Quereinblasung Vertical injection
Quergurtsorter Cross belt sorter
Querstapler Side-loading truck
Quertransport Cross transfer
Radaufhängung und Radführung Wheel suspension
Radbauarten Wheel types
Räder Wheels
Radiale Laufradbauarten Centrifugal impeller types
Radiale Turbinenstufe Radial turbine stage
Radialgleitlager im instationären Betrieb Dynamically loaded plain journal bearings
Radialverdichter Centrifugal compressors
Radsatz Wheel set
Rad-Schiene-Kontakt Wheel-rail-contact
Randelemente Boundary elements
Rauchgasentschwefelung Flue-gas desulphurisation
Rauchgasentstaubung Flue-gas dust separating
Rauchgasentstickung Flue-gas NO_x reduction
Raum-Heizkörper, -Heizflächen Radiators, convectors and panel heating
Raumklima Indoor climate
Räumlicher und ebener Spannungszustand Three-dimensional and plane stresses
Raumluftfeuchte (interior) air humidity
Raumluftgeschwindigkeit (interior) air velocity
Räummaschinen Broaching machines
Raumtemperatur Room temperature
Reaktionsgleichungen Equations of reactions

Reaktorkern mit Reflektor Reactor core with reflector
Reale Gase und Dämpfe Real gases and vapours
Reale Gasturbinenprozesse Real gas-turbine cycles
Reale Maschine Real engine
Reale Reaktoren Real reactors
Reale Strömung durch Gitter True flow through cascades
Reales Fluid Real fluid
Rechnergestützter Regler Computer based controller
Rechnernetze Computer networks
Rechteckplatten Rectangular plates
Refraktometrie Refractometry
Regelstrecken Controlled systems
Regelstrecken mit Ausgleich (P-Strecken) Controlled systems with self-regulation
Regelstrecken ohne Ausgleich (I-Strecken) Controlled systems without self-regulation
Regelung Regulating device
Regelung in der Antriebstechnik Drive control
Regelung mit Störgrößenaufschaltung Feedforward control loop
Regelung und Betriebsverhalten Regulating device and operating characteristics
Regelung und Steuerung Control
Regelung von Drehstromantrieben Control of three-phase drives
Regelung von Turbinen Control of turbines
Regelung von Verdichtern Control of compressors
Regelungsarten Regulation methods
Regelungstechnik Automatic control
Regenerative Energien Regenerative energies
Regenerativer Wärmeübergang Regenerative heat transfer
Regler Controllers
Reibkorrosion (Schwingverschleiß) Fretting corrosion
Reibradgetriebe Traction drives
Reibschlussverbindungen Connections with force transmission by friction
Reibung Friction
Reibungszahl, Wirkungsgrad Coefficient of friction, efficiency
Reibungszustände Friction regimes
Reifen und Felgen Tires and Rims

Reihenstruktur Chain structure
Revolverbohrmaschinen Turret drilling machines
Richtungsgeschaltete Kupplungen (Freiläufe) Directional (one-way) clutches, overrun clutches
Riemenlauf und Vorspannung Coming action of flat belts, tensioning
Rissphänomene Cracking phenomena
Rohbau Body work
Rohrleitungen Pipework
Rohrnetz Piping system
Rohrverbindungen Pipe fittings
Rollen- und Kugelbahnen Roller conveyors
Rollwiderstand Rolling friction
Roots-Gebläse Roots blowers
Rostfeuerungen Stokers and grates
Rotation (Drehbewegung, Drehung) Rotation
Rotation eines starren Körpers um eine feste Achse Rigid body rotation about a fixed axis
Rotationssymmetrischer Spannungszustand Axisymmetric stresses
Rotationsverdichter Vane compressors
Rückkühlsysteme Recooling systems
Rückkühlwerke Cooling towers
Rumpf Fuselage
Rundfräsmaschinen Machines for circular milling
Rundschleifmaschinen Cylindrical grinding machines
Rutschen und Fallrohre Chutes and down pipes
Sachnummernsysteme Numbering systems
Säge- und Feilmaschinen Sawing and filing machines
Saugdrosselregelung Suction throttling
Saugrohr-Benzin-Einspritzung Port fuel injection
Säulenbohrmaschinen Free-standing pillar machines
Schacht-, Kupol- und Hochöfen Shaft, cupola and blast furnace
Schachtförderanlagen Hoisting plants
Schachtlüftung Ventilation by wells
Schadstoffgehalt Pollutant content
Schalen Shells
Schall, Frequenz, Hörbereich, Schalldruck, Schalldruckpegel, Lautstärke Sound, fre-

quency, acoustic range, sound pressure, sound pressure level, sound pressure level

Schalldämpfer Sound absorber

Schallintensität, Schallintensitätspegel Sound intensity, sound intensity level

Schallleistung, Schallleistungspegel Sound power, sound power level

Schaltanlagen Switching stations

Schaltgeräte Switchgear

Schaltung Circuit

Schaltung und Regelung Switching and control

Schaufelanordnung für Pumpen und Verdichter Blade arrangement in pumps and compressors

Schaufelanordnung für Pumpen und Verdichter Schaufelanordnung für Turbinen Blade arrangement for pumps and compressors blade arrangement for turbines

Schaufelanordnung für Turbinen Blade arrangement in turbines

Schaufelgitter Blade rows (cascades)

Schaufelgitter, Stufe, Maschine, Anlage Blade row, stage, machine and plant

Schaufellader Shovel loaders

Schaufeln im Gitter, Anordnung Arrangement of blades in a cascade

Schaufelschwingungen Vibration of blades

Schäumen Expanding

Schaumzerstörung Foam destruction

Scheiben Discs

Scheren und Schneiden Shearing and blanking

Schichtpressen Film pressing

Schieber Gate valves

Schiebeschuhsorter Sliding shoe sorter

Schiefer zentraler Stoß Oblique impact

Schienenfahrzeuge Rail vehicles

Schifffahrt Marine application

Schiffspropeller Ship propellers

Schleifmaschinen Grinding machines

Schlepper Industrial tractor

Schlupf Ratio of slip

Schmalgangstapler Stacking truck

Schmelz- und Sublimationsdruckkurve Melting and sublimation curve

Schmieden Forging

Schmierfette Lubricating greases

Schmieröle Lubricating oils

Schmierstoff und Schmierungsart Lubricant and kind of lubrication

Schmierstoffe Lubricants

Schmierung Lubrication

Schmierung und Kühlung Lubrication and cooling

Schneckengetriebe Worm gears

Schneidstoffe Cutting materials

Schnelle Brutreaktoren (SNR) Fast breeder reactors

Schnittlasten am geraden Träger in der Ebene Forces and moments in straight beams

Schnittlasten an gekrümmten ebenen Trägern Forces and moments in plane curved beams

Schnittlasten an räumlichen Trägern Forces and moments at beams of space

Schnittlasten: Normalkraft, Querkraft, Biegemoment Axial force, shear force, bending moment

Schnittstellen Interfaces

Schornstein Stack

Schottky-Dioden Schottky-Diodes

Schraube (Bewegungsschraube) Screw (driving screw)

Schrauben Bolts

Schrauben- und Mutterarten Types of bolt and nut

Schraubenverbindungen Bolted connections

Schraubenverdichter Screw compressors

Schraubflächenschleifmaschinen Screw thread grinding machines

Schreiber Recorders

Schrittmotoren Stepping motors

Schub und Torsion Shear and torsion

Schubplattformförderer Push sorter

Schubspannungen und Schubmittelpunkt am geraden Träger Shear stresses and shear centre in straight beams

Schubspannungshypothese Maximum shear stress (Tresca) criterion

Schubstapler Reach truck

Schuppenförderer Shingling conveyor

Schüttgutlager Bulk material storage

Schüttgut-Systemtechnik Bulk material handling technology

Schutzarten Degrees of protection

Schutzschalter Protection switches

Schweiß- und Lötmaschinen Welding and soldering (brazing) machines

Schweißverfahren Welding processes

Schwenkbohrmaschinen Radial drilling machines

Schwerpunkt (Massenmittelpunkt) Center of gravity

Schwerpunktsatz Motion of the centroid

Schwerwasserreaktoren Heavy water reactors

Schwimmende oder Stütz-Traglagerung und angestellte Lagerung Axially floating bearing arrangements and clearance adjusted bearing pairs

Schwinger mit nichtlinearer Federkennlinie oder Rückstellkraft Systems with non-linear spring characteristics

Schwingfestigkeit Fatigue strength

Schwingförderer Vibrating conveyors

Schwingkreise und Filter Oscillating circuits and filters

Schwingungen Vibrations

Schwingungen der Kontinua Vibration of continuous systems

Schwingungen mit periodischen Koeffizienten (rheolineare Schwingungen) Vibration of systems with periodically varying parameters (Parametrically excited vibrations)

Schwingungsrisskorrosion Corrosion fatigue

Segregation Segregation

Seil mit Einzellast Cable with point load

Seil unter Eigengewicht (Kettenlinie) The catenary

Seil unter konstanter Streckenlast Cable with uniform load over the span

Seilaufzüge Cable elevator

Seile und Ketten Cables and chains

Seile und Seiltriebe Ropes and rope drives

Selbsterregte Schwingungen Self-excited vibrations

Selbstgeführte Stromrichter Self-commutated converters

Selbstgeführte Wechselrichter und Umrichter Self-commutated inverters and converters

Selbsthemmung und Teilhemmung Selflocking and partial locking

Selbsttätig schaltende Kupplungen Automatic clutches

Selbsttätige Ventile, Konstruktion Design of self acting valves

Selektiver Netzschutz Selective network protection

Selektives Lasersintern (SLS) Selective laser sintering (SLS)

Sensoren Sensors

Sensoren und Aktoren Sensors and actuators

Sensorik Sensor technology

Serienhebezeuge Standard hoists

Servoventile Servo valve

Sicherheit Safety

Sicherheitsbestimmungen Safety requirements

Sicherheitstechnik Safety devices

Sicherheitstechnik von Kernreaktoren Reactor safety

Sicherung von Schraubenverbindungen Thread locking devices

Signalarten Types of signals

Signalbildung Signal forming

Signaleingabe und -ausgabe Input and output of signals

Signalverarbeitung Signal processing

Simulationsmethoden Simulation methods

Softwareentwicklung Software engineering

Solarenergie Solar energy

Sonderbauarten Special-purpose design

Sonderbohrmaschinen Special purpose drilling machines

Sonderdrehmaschinen Special purpose lathes

Sonderfälle Special cases

Sonderfräsmaschinen Special purpose milling machines

Sondergetriebe Special gears

Sonderklima- und Kühlanlagen Special air conditioning and cooling plants

Sonderschneidverfahren Special blanking processes

Sonderverfahren Special technologies

Sonnenenergie, Anlagen zur Nutzung Sun power stations

Sonnenstrahlung Solar radiation

Sortiersystem – Sortieranlage – Sorter Sorting system – sorting plant – sorter

Spanen mit geometrisch bestimmten Schneiden Cutting with geometrically well-defined tool edges

Spanen mit geometrisch unbestimmter Schneide Cutting with geometrically non-defined tool angles

Spanende Werkzeugmaschinen Metal cutting machine tools

Spannungen Stresses

Spannungen und Verformungen Stresses and strains

Spannungsbeanspruchte Querschnitte Strained cross sectional area

Spannungsinduktion Voltage induction

Spannungsrisskorrosion Stress corrosion cracking

Spannungswandler Voltage transformers

Speicherkraftwerke Storage power stations

Speicherprogrammierbare Steuerungen Programmable logic controller (PLC)

Speichersysteme Storage systems

Speisewasseraufbereitung Feed water treatment

Speisewasservorwärmer (Eco) Feed water heaters (economizers)

Sperrventile Shuttle Valves

Spezifische Sicherheitseinrichtungen Specific safety devices

Spezifischer Energieverbrauch Specific power consumption

Spindelpressen Screw presses

Spiralfedern (ebene gewundene, biegebeanspruchte Federn) und Schenkelfedern (biegebeanspruchte Schraubenfedern) Spiral springs and helical torsion springs

Spreizenstapler Straddle truck

Spritzgießverfahren Injection moulding

Spritzpressen Injection pressing

Sprungantwort und Übergangsfunktion Step response and unit step response

Stäbe mit beliebigem Querschnitt Bars of arbitrary cross section

Stäbe mit Kerben Bars with notches

Stäbe mit konstantem Querschnitt und konstanter Längskraft Uniform bars under constant axial load

Stäbe mit Kreisquerschnitt und konstantem Durchmesser Bars of circular cross section and constant diameter

Stäbe mit Kreisquerschnitt und veränderlichem Durchmesser Bars of circular cross section and variable diameter

Stäbe mit veränderlichem Querschnitt Bars of variable cross section

Stäbe mit veränderlicher Längskraft Bars with variable axial loads

Stäbe unter Temperatureinfluss Bars with variation of temperature

Stabilität des Regelkreises Control loop stability

Stabilitätsprobleme Stability problems

Stähle Steels

Stahlerzeugung Steelmaking

Standardaufgabe der linearen Algebra Standard problem of linear algebra

Standardaufgaben der linearen Algebra Standard problems of linear algebra

Ständerbohrmaschinen Column-type drilling machines

Standsicherheit Stability

Starre Kupplungen Rigid couplings

Start- und Zündhilfen Starting aids

Statik starrer Körper Statics of rigid bodies

Stationär belastete Axialgleitlager Plain thrust bearings under steady state conditions

Stationär belastete Radialgleitlager Plain journal bearings under steady-state conditions

Stationäre laminare Strömung in Rohren mit Kreisquerschnitt Steady laminar flow in pipes of circular cross-section

Stationäre Prozesse Steady state processes

Stationäre Strömung durch offene Gerinne Steady flow in open channels

Stationäre turbulente Strömung in Rohren mit Kreisquerschnitt Steady turbulent flow in pipes of circular cross-section

Stationäre Wärmeleitung Steady state heat conduction

Stationärer Betrieb Steady-state operation

Statisch unbestimmte Systeme Statically indeterminate systems

Statische Ähnlichkeit Static similarity

Statische bzw. dynamische Tragfähigkeit und Lebensdauerberechnung Static and dynamic capacity and computation of fatigue life

Statische Festigkeit Static strength

Statischer Wirkungsgrad Static efficiency

Statisches Verhalten Steady-state response

Stauchen Upsetting

Stauchen rechteckiger Körper Upsetting of square parts

Stauchen zylindrischer Körper Upsetting of cylindrical parts

Stell- und Störverhalten der Strecke Manipulation and disturbance reaction of the controlled system

Stereolithografie (SL) Stereolithography (SL)

Steriler Betrieb Sterile operation

Sterilfiltration Sterile filtration

Sterilisation Sterilization

Stetigförderer Continuous conveyors

Steuerdatenverarbeitung Control data processing

Steuerkennlinien Control characteristics

Steuerorgane für den Ladungswechsel Valve gear

Steuerung automatischer Lagersysteme Control of automatic storage systems

Steuerungen Control systems

Steuerungssystem eines Industrieroboters Industrial robot control systems

Steuerungssystem eines Industrieroboters Programmierung Control system of a industrial robot programming

Steuerungssysteme, Aufbau Design of control systems

Stiftverbindungen Pinned and taper-pinned joints

Stirnräder – Verzahnungsgeometrie Spur and helical gears – gear tooth geometry

Stirnschraubräder Crossed helical gears

Stöchiometrie Stoichiometry

Stoffe im elektrischen Feld Materials in electric field

Stoffe im Magnetfeld Materials in magnetic field

Stoffmessgrößen Quantities of substances and matter

Stoffthermodynamik Thermodynamics of substances

Stofftrennung Material separation

Störungsverhalten des Regelkreises Disturbance reaction of the control loop

Stoß Impact

Stoß- und Nahtarten Types of weld and joint

Stoßmaschinen Shaping and slotting machines

Stoßofen Pusher furnace

Strahlung in Industrieöfen Radiation in industrial furnaces

Strahlungsmesstechnik Radiation measurement

Strangpressen (Extrudieren) Extrusion

Straßenfahrzeuge Road vehicles

Streckziehen Stretch-forming

Strom-, Spannungs- und Widerstandsmesstechnik Measurement of current, voltage and resistance

Stromrichterkaskaden Static Kraemer system

Stromrichtermotor Load-commutated inverter motor

Stromteilgetriebe Throttle controlled drives

Strömung Flow

Strömung idealer Gase Flow of ideal gases

Strömungsförderer Fluid conveyor

Strömungsform Flow pattern

Strömungsgesetze Laws of fluid dynamics

Strömungsmaschinen Fluid flow machines (Turbomachinery)

Strömungstechnik Fluid dynamics

Strömungstechnische Messgrößen Fluid flow quantities

Strömungsverluste Flow losses

Strömungsverluste durch spezielle Rohrleitungselemente und Einbauten Loss factors for pipe fittings and bends

Strömungswiderstand von Körpern Drag of solid bodies

Strömungswiderstände Flow resistance

Stromventile Flow control valves

Stromverdrängung, Eindringtiefe Skin effect, depth of penetration

Stromversorgung Electric power supply

Stromwandler Current transformers

Struktur tribologischer Systeme Structure of tribological systems

Struktur und Größen des Regelkreises Structure and variables of the control loop

Struktur von Verarbeitungsmaschinen Structure of Processing Machines

Strukturen der Messtechnik Structures of metrology

Strukturfestlegung Structure definition

Strukturintensität und Körperschallfluss Structure intensity and structure-borne noise flow

Strukturmodellierung Structure representation

Stückgut-Systemtechnik Piece good handling technology

Stufen Stage design

Stufenkenngrößen Dimensionless stage parameters

Submerskultivierung Submerse fermentations

Substratlimitiertes Wachstum Substrate limitation of growth

Suche nach Lösungsprinzipien Search for solution principles

Superplastisches Umformen von Blechen Superplastic forming of sheet

Synchronlinearmotoren Synchronous linear motor

Synchronmaschinen Synchronous machines

Systematik Systematic

Systematik der Verteilförderer Systematics of distribution conveyors

Systeme der rechnerunterstützten Produktentstehung Application systems for product creation

Systeme für den Insassenschutz Systems for occupant protection

Systeme für ganzjährigen Kühlbetrieb Chilled water systems for year-round operation

Systeme für gleichzeitigen Kühl- und Heizbetrieb Systems for simultaneous cooling- and heating-operation

Systeme mit einem Freiheitsgrad Systems with one degree of freedom (DOF)

Systeme mit mehreren Freiheitsgraden (Koppelschwingungen) Multi-degree-of-freedom systems (coupled vibrations)

Systeme mit veränderlicher Masse Systems with variable mass

Systeme mit Wärmezufuhr Systems with heat addition

Systeme starrer Körper Systems of rigid bodies

Systeme und Bauteile der Heizungstechnik Heating systems and components

Systeme, Systemgrenzen, Umgebung Systems, boundaries of systems, surroundings

Systemzusammenhang System interrelationship

T_1-Glied First order delay element

T_2/n-Glied Second or higher order delay element

T_t-Glied Dead time element

TDM-/PDM-Systeme TDM/PDM systems

Technische Ausführung der Regler Controlling system equipment

Technische Systeme Fundamentals of technical systems

Technologie Technology

Technologische Einflüsse Technological effects

Teillastbetrieb Part-load operation

Tellerfedern (scheibenförmige, biegebeanspruchte Federn) Conical disk (Belleville) springs

Temperaturausgleich in einfachen Körpern Temperature equalization in simple bodies

Temperaturen Temperatures

Temperaturen. Gleichgewichte Temperatures. Equilibria

Temperaturskalen Temperature scales

Temperaturverläufe Temperature profile

Thermische Ähnlichkeit Thermal similarity

Thermische Beanspruchung Thermal stresses

Thermische Behandlungsprozesse Thermal treatments

Thermische Messgrößen Thermal quantities

Thermische Verfahrenstechnik Thermal process engineering

Thermische Zustandsgrößen von Gasen und Dämpfen Thermal properties of gases and vapours

Thermischer Apparatebau und Industrieöfen Thermal apparatus engineering and industrial furnaces

Thermischer Überstromschutz Thermic overload protection

Thermisches Abtragen Removal by thermal operations

Thermisches Abtragen mit Funken (Funkenerosives Abtragen) Electro discharge machining (EDM)

Thermisches Gleichgewicht Thermal equilibrium

Thermodynamik Thermodynamics

Thermodynamische Gesetze Thermodynamic laws

Thyristoren Thyristors

Thyristorkennlinien und Daten Thyristor characteristics and data

Tiefbohrmaschinen Deep hole drilling machines

Tiefziehen Deep drawing

Tischbohrmaschinen Bench drilling machines
Titanlegierungen Titanium alloys
Torquemotoren Torque motors
Torsionsbeanspruchung Torsion
Totaler Wirkungsgrad Total efficiency
Tragfähigkeit Load capacity
Tragflügel Wing
Tragflügel und Schaufeln Aerofoils and blades
Tragmittel und Lastaufnahmemittel Load carrying equipment
Tragwerke Steel structures
Tragwerksgestaltung Design of steel structures
Transferstraßen und automatische Fertigungslinien Transfer lines and automated production lines
Transformationen der Michaelis-Menten-Gleichung Transformation of Michaelis-Menten-equation
Transformatoren und Wandler Transformers
Transistoren Transistors
Translation (Parallelverschiebung, Schiebung) Translation
Transportbetonmischer Truck mixers
Transporteinheiten (TE) und Transporthilfsmittel (THM) Transport units (TU) and transport aids (TA)
Transportfahrzeuge Dumpers
Trennen Cutting
Tribologie Tribology
Tribologische Kenngrößen Tribological characteristics
Tribotechnische Werkstoffe Tribotechnic materials
Trockenluftpumpen Air ejectors
Trogkettenförderer Troughed chain conveyors
Tunnelwagenofen Tunnel furnace
Turbine Turbine
Turboverdichter Turbocompressors
Türen Doors
Turmdrehkrane Tower cranes
Typen und Bauarten Types and Sizes
Typgenehmigung Type approval
Überblick, Aufgaben Introduction, function
Überdruckturbinen Reaction turbines
Überhitzer und Zwischenüberhitzer Superheater und Reheater

Überlagerung von Korrosion und mechanischer Beanspruchung Corrosion under additional mechanical stress
Überlagerung von Vorspannkraft und Betriebslast Superposition of preload and working loads
Übersetzung, Zähnezahlverhältnis, Momentenverhältnis Transmission ratio, gear ratio, torque ratio
Übersicht Overview
Überzüge auf Metallen Coatings on metals
Ultraschallverfahren Ultrasonic processing
Umformen Forming
Umgebungseinflüsse Environmental effects
Umkehrstromrichter Reversing converters
Umlaufgetriebe Epicyclic gear systems
Umlauf-S-Förderer Rotating S-conveyor
Umrichterantriebe mit selbstgeführtem Wechselrichter A. c. drives with self-commutated inverters
Umwälzpumpen Circulating pumps
Umweltmessgrößen Environmental quantities
Umweltschutztechnologien Environmental control technology
Umweltverhalten Environmental pollution
Unendlich ausgedehnte Scheibe mit Bohrung Infinite plate with a hole
Ungedämpfte erzwungene Schwingungen Forced undamped vibrations
Ungleiche Kapazitätsstromverhältnisse Unequal capacitive currents
Universaldrehmaschinen Universal lathes
Universalmotoren Universal motor
Universal-Werkzeugfräsmaschinen Universal milling machines
Unstetigförderer Non-continuous conveyors
Urformen Primary shaping
Urformwerkzeuge Tools for primary forming
Ventilator Fan
Ventilauslegung Valve lay out
Ventile und Klappen Valves
Ventileinbau Valve location
Verarbeitungsanlagen Processing Plants
Verarbeitungssystem Processing System
Verbrauch und CO$_2$-Emission Consumption and CO$_2$ emission
Verbrennung Combustion

Verbrennung im Motor Internal combustion

Verbrennung und Brennereinteilung Combustion and burner classification

Verbrennungskraftanlagen Internal combustion engines

Verbrennungsmotoren Internal combustion engines

Verbrennungstemperatur Combustion temperature

Verbrennungsvorgang Combustion

Verdampfen und Kristallisieren Evaporation and crystallization

Verdampfer Evaporator

Verdichter Compressor

Verdichtung feuchter Gase Compression of humid gases

Verdichtung idealer und realer Gase Compression of ideal and real gases

Verdrängerpumpen Positive displacement pumps

Verdunstungskühlverfahren Evaporativ cooling process

Verfahren der Mikrotechnik Manufacturing of microstructures

Verfahrenstechnik Chemical engineering

Verflüssiger Condenser

Verflüssigersätze, Splitgeräte für Klimaanlagen Condensing units, air conditioners with split systems

Verformungen Strains

Vergaser Carburetor

Verglasung, Scheibenwischer Glazing, windshield wiper

Vergleichsprozesse für einstufige Verdichtung Ideal cycles for single stage compression

Verluste an den Schaufelenden Losses at the blade tips

Verluste und Wirkungsgrad Losses and efficiency

Verlustteilung Division of energy losses

Verminderung der Körperschallfunktion Reduction of the structure-borne noise function

Verminderung der Kraftanregung Reduction of the force excitation

Verminderung der Luftschallabstrahlung Reduction of the airborne noise emission

Verminderung des Kraftpegels (Maßnahmen an der Krafterregung) Reduce of force level

Verminderung von Körperschallmaß und Abstrahlmaß (Maßnahmen am Maschinengehäuse) Reduce of structure-borne-noise-factor and radiation coefficient

Versagen durch komplexe Beanspruchungen Modes of failure under complex conditions

Versagen durch mechanische Beanspruchung Failure under mechanical stress conditions

Verschiedene Energieformen Different forms of energy

Verschleiß Wear

Verstärker mit Rückführung Amplifier with feedback element

Verstellung und Regelung Regulating device

Versuchsauswertung Evaluation of tests

Verteilen und Speicherung von Nutzenergie Distribution und storage of energy

Verteilermasten Distributor booms

Vertikaldynamik Vertical dynamic

Verzahnen Gear cutting

Verzahnen von Kegelrädern Bevel gear cutting

Verzahnen von Schneckenrädern Cutting of worm gears

Verzahnen von Stirnrädern Cutting of cylindrical gears

Verzahnungsabweichungen und -toleranzen, Flankenspiel Tooth errors and tolerances, backlash

Verzahnungsgesetz Rule of the common normal

Verzahnungsschleifmaschinen Gear grinding machines

Viergelenkgetriebe Four-bar linkages

Virtuelle Produktentstehung Virtual product creation

Viskosimetrie Viscosimetry

Volumen, Durchfluss, Strömungsgeschwindigkeit Volume, flow rate, fluid velocity

Volumenstrom, Eintrittspunkt, Austrittspunkt Capacity, inlet point, outlet point

Volumenstrom, Laufraddurchmesser, Drehzahl Volume flow, impeller diameter, speed

Volumetrische Verluste Volumetric losses

Vorbereitende und nachbehandelnde Arbeitsvorgänge Preparing and finishing steps

Vorgang Procedure

Vorgespannte Welle-Nabe-Verbindungen Prestressed shaft-hub connections

Vorzeichenregeln Sign conventions

VR-/AR-Systeme VR /AR systems

Waagerecht-Bohr- und -Fräsmaschinen Horizontal boring and milling machines

Wachstumshemmung Inhibition of growth

Wagen Platform truck

Wahl der Bauweise Selection of machine type

Wälzgetriebe mit stufenlos einstellbarer Übersetzung Continuously variable traction drives

Wälzlager Rolling bearings

Wälzlagerdichtungen Rolling bearing seals

Wälzlagerkäfige Bearing cages

Wälzlagerschmierung Lubrication of rolling bearings

Wälzlagerwerkstoffe Rolling bearing structural materials

Wanddicke ebener Böden mit Ausschnitten Wall thickness

Wanddicke verschraubter runder ebener Böden ohne Ausschnitt Wall thickness of round even plain heads with inserted nuts

Wandlung regenerativer Energien Transformation of regenerative energies

Wandlung von Primärenergie in Nutzenergie Transformation of primary energy into useful energy

Wandlungsfähige Fertigungssysteme Versatile manufacturing systems

Wärme Heat

Wärme- und Stoffübertragung Heat and material transmission

Wärme- und strömungstechnische Auslegung Thermodynamic and fluid dynamic design

Wärmeaustausch durch Strahlung Heat exchange by radiation

Wärmebedarf, Heizlast Heating load

Wärmebehandlung Heat Treatment

Wärmedehnung Thermal expansion

Wärmeerzeugung Heat generation

Wärmekraftanlagen Thermal power plants

Wärmekraftwerke Heating power stations

Wärmepumpen Heat pumps

Wärmequellen Source of heat

Wärmerückgewinnung Heat recovery

Wärmerückgewinnung durch Luftvorwärmung Heat recovery through air preheating

Wärmetauscher Heat exchangers

Wärmetechnische Auslegung von Regeneratoren Thermodynamic design of regenerators

Wärmetechnische Auslegung von Rekuperatoren Thermodynamic design of recuperators

Wärmetechnische Berechnung Thermodynamic calculations

Wärmeübergang Heat transfer

Wärmeübergang beim Kondensieren und beim Sieden Heat transfer in condensation and in boiling

Wärmeübergang durch Konvektion Heat transfer by convection

Wärmeübergang ins Solid Heat transfer into solid

Wärmeübergang ohne Phasenumwandlung Heat transfer without change of phase

Wärmeübergang und Wärmedurchgang Heat transfer and heat transmission

Wärmeübertrager Heat exchanger

Wärmeübertragung Heat transfer

Wärmeübertragung durch Strahlung Radiative heat transfer

Wärmeübertragung Fluid–Fluid Fluid-fluid heat exchange

Wärmeverbrauchsermittlung Determination of heat consumption

Wartung und Instandhaltung Maintenance

Wasserbehandlung Water treatment

Wasserenergie Water power

Wasserkraftanlagen Water power plant

Wasserkraftwerke Hydroelectric power plants

Wasserkreisläufe Water circuits

Wasserstoffinduzierte Rissbildung Hydrogen induced cracking

Wasserturbinen Water turbines

Wasserwirtschaft Water management

Wechselstrom- und Drehstromsteller Alternating- and three-phase-current controllers

Wechselstromgrößen Alternating current quantities

Wechselstromtechnik Alternating current (a. c.) engineering

Wegeventile Directional control valves

Weggebundene Pressmaschinen Mechanical presses

Wegmesstechnik Motion measurement

Weichlöten Soldering

Wellendichtungen Shaft seals

Werkstoff Material

Werkstoff- und Bauteileigenschaften Properties of materials and structures

Werkstoffauswahl Materials selection

Werkstoffkennwerte für die Bauteildimensionierung Materials design values for dimensioning of components

Werkstoffphysikalische Grundlagen der Festigkeit und Zähigkeit metallischer Werkstoffe Basics of physics for strength and toughness of metallic materials

Werkstoffprüfung Materials testing

Werkstoffreinheit Purity of material

Werkstofftechnik Materials technology

Werkstückeigenschaften Workpiece properties

Werkzeuge Tools

Werkzeuge und Methoden Tools and methods

Werkzeugmaschinen zum Umformen Presses and hammers for metal forming

Widerstände Resistors

Widerstandserwärmung Resistance heating

Widerstandsschweißmaschinen Resistance welding machines

Wind Wind

Windenergie Wind energy

Windkraftanlagen Wind power stations

Winkel Angles

Wirbelschicht Fluidized bed

Wirbelschichtfeuerung Fluidized bed combustion (FBC)

Wirklicher Arbeitsprozess Real cycle

Wirkungsgrade Efficiencies

Wirkungsgrade, Exergieverluste Efficiencies, exergy losses

Wirkungsweise Mode of operation

Wirkungsweise und Ersatzschaltbilder Working principle and equivalent circuit diagram

Wirkungsweise, Definitionen Mode of operation, definitions

Wirkzusammenhang Working interrelationship

Wissensbasierte Modellierung Knowledge based modeling

Wölbkrafttorsion Torsion with warping constraints

Zahlendarstellungen und arithmetische Operationen Number representation and arithmetic operations

Zahn- und Keilwellenverbindungen Splined joints

Zahnform Tooth profile

Zahnkräfte, Lagerkräfte Tooth loads, bearing loads

Zahnradgetriebe Gearing

Zahnradpumpen und Zahnring-(Gerotor-)pumpen Geartype pumps

Zahnringmaschine Zahnradpumpen und Zahnring-(Gerotor-)pumpen Gear ring machine, gear pump and gear ring (gerotor) pumps

Zahnschäden und Abhilfen Types of tooth damage and remedies

Z-Dioden Z-Diodes

Zeichnungen und Stücklisten Engineering drawings and parts lists

Zeigerdiagramm Phasor diagram

Zelle, Struktur Airframe, Structural Design

Zellerhaltung Maintenance of cells

Zentrale Raumlufttechnische Anlagen Central air conditioning plant

Zentralheizung Central heating

Zerkleinern Size Reduction

Zerkleinerungsmaschinen Size Reduction Equipment

Zerstörungsfreie Bauteil- und Maschinendiagnostik Non-destructive diagnosis and machinery condition monitoring

Zerstörungsfreie Werkstoffprüfung Non-destructive testing

Zink und seine Legierungen Zinc and zinc alloys

Zinn Tin

Zug- und Druckbeanspruchung Tension and compression stress

Zugkraftdiagramm Traction forces diagram

Zugmittelgetriebe Belt and chain drives

Zug-Stoßeinrichtungen Buffing and draw coupler

Zugversuch Tension test

Zündausrüstung Ignition equipment

Zusammenarbeit von Maschine und Anlage Matching of machine and plant

Zusammengesetzte Beanspruchung Combined stresses

Zusammengesetzte Planetengetriebe Compound planetary trains

Zusammensetzen und Zerlegen von Kräften mit gemeinsamem Angriffspunkt Combination and resolution of concurrent forces

Zusammensetzen und Zerlegen von Kräften mit verschiedenen Angriffspunkten Combination and resolution of non-concurrent forces

Zusammensetzen von Gittern zu Stufen Combination of cascades to stages

Zusammensetzung Composition, combination

Zustandsänderung Change of state

Zustandsänderungen feuchter Luft Changes of state of humid air

Zustandsänderungen von Gasen und Dämpfen Changes of state of gases and vapours

Zustandsschaubild Eisen-Kohlenstoff Iron Carbon Constitutional Diagram

Zuverlässigkeitsprüfung Reliability test

Zwanglaufkessel für fossile Brennstoffe Forced circulation fossil fueled boilers

Zweipunkt-Regelung Two-position control

Zweiter Hauptsatz Second law

Zylinder Cylinders

Zylinderanordnung und -zahl Formation and number of cylinders

Zylinderschnecken-Geometrie Cylindrical worm gear geometry

Zylindrische Mäntel und Rohre unter innerem Überdruck Cylinders and tubes under internal pressure

Zylindrische Mäntel unter äußerem Überdruck Cylinders under external pressure

Zylindrische Schraubendruckfedern und Schraubenzugfedern Helical compression springs, helical tension springs

Englisch-Deutsch

A. c. drives with self-commutated inverters Umrichterantriebe mit selbstgeführtem Wechselrichter

Absolute and relative flow Absolute und relative Strömung

Absorbtion of cold water Absorptions-Kaltwassersatz

Absorption heat pumps Absorptionswärmepumpen

Absorption refrigeration plant Absorptionskälteanlage

Absorption, rectification, liquid-liquid-extraction Absorbieren, Rektifizieren, Flüssig-flüssig-Extrahieren

Abstracting to identify the functions Abstrahieren zum Erkennen der Funktionen

Acceleration measurement Beschleunigungsmesstechnik

Ackeret-keller-process Ackeret-Keller-Prozess

Acoustic measurement Akustische Messtechnik

Acoustics in mechanical engineering Maschinenakustik

Actice steps toward noise and vibration reduction Aktive Maßnahmen zur Lärm- und Schwingungsminderung

Action of ideal positive displacement pumps Betriebsverhalten der verlustfreien Verdrängerpumpe

Active safety/brakes, types of brakes Aktive Sicherheitstechnik/Bremse, Bremsbauarten

Activity-based accounting/-calculation Prozesskostenrechnung/-kalkulation

Actuated drives Kraftschlüssige Antriebe

Actuators Aktoren

Actuators Aktuatoren

Adaptive control Adaptive Regelung

Adhesive bonding Kleben

Adhesives Klebstoffe

Adiabatic, closed systems Adiabate, geschlossene Systeme

Adjustable inlet guide vane regulation Eintrittsleitschaufelregelung

Adsorption, drying, solid-liquid-extraction Adsorbieren, Trocknen, Fest-flüssig-Extrahieren

Advanced driver assistant systems Fahrerassistenzsysteme

Aero dynamics Aerodynamik

Aerofoils and blades Tragflügel und Schaufeln

Agglomeration Agglomerieren

Agglomeration technology Agglomerationstechnik

Air conditioning Klimaanlage

Air cooling Luftkühlung

Air duct Luftführung

Air ejectors Trockenluftpumpen

Air flow control and mixing Luftverteilung

Air heating Luftheizung

(interior) air humidity Raumluftfeuchte

Air passages Luftdurchlässe

Air preheater Luftvorwärmer (Luvo)

Air supply Luftbedarf

Air traffic Luftverkehr

(interior) air velocity Raumluftgeschwindigkeit

Airborne noise emission Luftschallabstrahlung

Airconditioning and climate control for mining Grubenkühlanlagen

Airconditioning systems Klassifizierung raumlufttechnischer Systeme

Aircraft performance Flugleistungen

Aircraft polar Flugzeugpolare

Aircrafts Luftfahrzeuge

Airframe, Structural Design Zelle, Struktur

Air-only systems Nur-Luft-Anlagen

Airspeeds Fluggeschwindigkeiten

Air-storage gas-turbine power plant Luftspeicher-Kraftwerk

Air-water conditioning systems Luft-Wasser-Anlagen

Algae Algen

Algorithms Algorithmen

Alloying effects Legierungstechnische Maßnahmen

Alternating- and three-phase-current controllers Wechselstrom- und Drehstromsteller

Alternating current (a. c.) engineering Wechselstromtechnik

Alternating current quantities Wechselstromgrößen

Alternative Power train systems Alternative Antriebsformen

Aluminium and aluminium alloys Aluminium und seine Legierungen

Amplifier with feedback element Verstärker mit Rückführung

Amplifiers Messverstärker

Analog data logging Analoge Messwerterfassung

Analog electrical measurement Analoge elektrische Messtechnik

Analog-digital converter Analog-Digital-Umsetzer

Analysis of measurements Auswertung von Messungen

Analysis of mechanisms Getriebeanalyse

Anergy Anergie

Angles Winkel

Anisotropy Anisotropie

Application Anwendung

Application and operation Hinweise für Anwendung und Betrieb

Application and procedures Anwendung und Vorgang

Application systems for product creation Systeme der rechnerunterstützten Produktentstehung

Application to closed systems Geschlossene Systeme, Anwendung

Applications Aufgaben

Applications and selection of industrial robots Anwendungsgebiete und Auswahl von Industrierobotern

Applications and types Anwendungen und Bauarten

Applications, characteristics, properties Aufgaben, Eigenschaften, Kenngrößen

Applications, Examples Anwendung, Ausführungsbeispiele

Approximate methods for estimating critical loads Näherungsverfahren zur Knicklastberechnung

Apron conveyor Gliederbandförderer

Arbitrarily curved surfaces Beliebig gewölbte Fläche

Arc furnaces Lichtbogenofen

Arc-welding Lichtbogenschweißen

Arrangement and function of hydrostatic transmissions Hydrogetriebe, Aufbau und Funktion der

Arrangement of blades in a cascade Schaufeln im Gitter, Anordnung

Arrangements with a locating and a non-locating bearing Fest-Loslager-Anordnung

Assemblies Baugruppen

Assembly and disassembly Montage und Demontage

Assembly of electronic circuits Elektronische Schaltungen, Aufbau

Assembly planning Montageplanung

Assembly process Montageprozess

Assembly systems Montagesysteme

Asynchronos linear motor Asynchronlinearmotoren

Asynchronos small motor Asynchron-Kleinmotoren

Asynchronous machines Asynchronmaschinen

Automated assembly Automatisierte Montage

Automatic clutches Selbsttätig schaltende Kupplungen

Automatic control Regelungstechnik

Automatic lathes Drehautomaten

Automatically guided vehicles (AGV) Fahrerlose Transportsysteme (FTS)

Automation in materials handling Automatisierung in der Materialflusstechnik

Automation of material handling functions Automatisierung von Handhabungsfunktionen

Automobile and environment Automobil und Umwelt

Automotive engineering Kraftfahrzeugtechnik

Auxiliary equipment Hilfsmaschinen

Axial compressors Axialverdichter

Axial force, shear force, bending moment Schnittlasten: Normalkraft, Querkraft, Biegemoment

Axial load and torsion Längskraft und Torsion

Axial locking devices Axiale Sicherungselemente

Axial repeating stage of multistage compressor Axiale Repetierstufe eines vielstufigen Verdichters

Axial repeating stage of multistage turbine Axiale Repetierstufe einer Turbine

Axial temperature and mass flow profile Axiale Temperatur- und Massenstromprofile

Axial temperature profile Axiale Temperaturverläufe

Axial thrust balancing Achsschubausgleich

Axial transport Axialtransport

Axially floating bearing arrangements and clearance adjusted bearing pairs Schwimmende oder Stütz-Traglagerung und angestellte Lagerung

Axis gearing Achsgetriebe

Axis systems Achsenkreuze

Axisymmetric stresses Rotationssymmetrischer Spannungszustand

Bach's correction factor Anstrengungsverhältnis nach Bach

Bacteria Bakterien

Band sawing and band filing machines, hack sawing and hack filing machines, grinding machines Bandsäge- und Bandfeilmaschinen Hubsäge- und Hubfeilmaschinen Schleifmaschinen

Bandsawing and filing machines Bandsäge- und Bandfeilmaschinen

Barrows, Hand trolleys, Dollies Karren, Handwagen und Rollwagen

Bars of arbitrary cross section Stäbe mit beliebigem Querschnitt

Bars of circular cross section and constant diameter Stäbe mit Kreisquerschnitt und konstantem Durchmesser

Bars of circular cross section and variable diameter Stäbe mit Kreisquerschnitt und veränderlichem Durchmesser

Bars of variable cross section Stäbe mit veränderlichem Querschnitt

Bars with notches Stäbe mit Kerben

Bars with variable axial loads Stäbe mit veränderlicher Längskraft

Bars with variation of temperature Stäbe unter Temperatureinfluss

Basic concepts Grundbegriffe

Basic concepts of reactor theory Grundbegriffe der Reaktortheorie

Basic considerations Grundlagen

Basic design and dimensions Auslegung und Hauptabmessungen

Basic design calculations Berechnungsgrundlagen

Basic design layout Konstruktive Gesichtspunkte

Basic design principles Auslegung

Basic disciplines Basisdisziplinen

Basic ergonomics Arbeitswissenschaftliche Grundlagen

Basic laws Grundgesetze

Basic principles of calculating structures Grundlagen der Tragwerksberechnung

Basic principles of calculation Grundlagen der Berechnung

Basic principles of reciprocating engines Allgemeine Grundlagen der Kolbenmaschinen

Basic problems in machine dynamics Grundaufgaben der Maschinendynamik

Basic rules of embodiment design Grundregeln

Basic standards Grundnormen

Basic structures of the action diagram Grundstrukturen des Wirkungsplans

Basic terms of energy, work, power, efficiency Energetische Grundbegriffe – Arbeit, Leistung, Wirkungsgrad

Basic types of rubber spring Gummifederelemente

Basics of guiding technology Grundbegriffe der Spurführungstechnik

Basics of physics for strength and toughness of metallic materials Werkstoffphysikalische Grundlagen der Festigkeit und Zähigkeit metallischer Werkstoffe

Batteries Batterien

Bearing and drive Lagerung und Antrieb

Bearing and lubrication Lagerung und Schmierung

Bearing arrangements Konstruktive Ausführung von Lagerungen.

Bearing cages Wälzlagerkäfige

Bearing cooling Lagerkühlung

Bearing loads Lagerkräfte

Bearing materials Lagerwerkstoffe

Bearing seals Dichtungen

Bearing seats, axial and radial positioning Lagersitze, axiale und radiale Festlegung der Lagerringe

Bearings Lager

Bed-type milling machines Bettfräsmaschinen

Belt and chain drives Zugmittelgetriebe

Belt grinding machines Bandschleifmaschinen

Bench drilling machines Tischbohrmaschinen

Bending Biegebeanspruchung

Bending Biegen

Bending and axial load Biegung und Längskraft

Bending and shear Biegung und Schub

Bending and torsion Biegung und Torsion

Bending of rectangular beams Biegung des Rechteckbalkens

Bending rigid shells Biegesteife Schalen

Bending strain energy, energy methods for deflection analysis Formänderungsarbeit bei Biegung und Energiemethoden zur Berechnung von Einzeldurchbiegungen

Bending stresses in highly curved beams Biegespannungen in stark gekrümmten Trägern

Bending stresses in straight beams Biegespannungen in geraden Balken

Bending test Biegeversuch

Bernoulli's equation for steady flow problems Bernoullischen Gleichung für den stationären Fall

Bernoulli's equation for unsteady flow problems Bernoullischen Gleichung für den instationären Fall

Bevel gear cutting Verzahnen von Kegelrädern

Bevel gear geometry Kegelrad-Geometrie

Bevel gears Kegelräder

Binding mechanisms, agglomerate strength Bindemechanismen, Agglomeratfestigkeit

Biochemical Engineering Bioverfahrenstechnik

Biogas Biogas

Biomass Biomasse

Bioreactors Bioreaktoren

Bipolar transistors Bipolartransistoren

Blade arrangement for pumps and compressors blade arrangement for turbines Schaufelanordnung für Pumpen und Verdichter Schaufelanordnung für Turbinen

Blade arrangement in pumps and compressors Schaufelanordnung für Pumpen und Verdichter

Blade arrangement in turbines Schaufelanordnung für Turbinen

Blade row, stage, machine and plant Schaufelgitter, Stufe, Maschine, Anlage

Blade rows (cascades) Schaufelgitter

Blading Beschaufelung

Blading, inlet and exhaust casing Beschaufelung, Ein- und Austrittsgehäuse

Blanking machines Maschinen zum Schneiden

Body Aufbau

Body in space Körper im Raum

Body types, vehicle types, design Fahrzeugarten, Aufbau

Body work Rohbau

Body-tilting technique Neigetechnik

Bodywork Karosserie

Bolted connections Schraubenverbindungen

Bolts Schrauben

Boundary elements Randelemente

Boundary layer theory Grenzschichttheorie

Brakes Bremsen

Brakes for trucks Bremsanlagen für Nkw

Breeding process Brutprozess

Bridge and gantry cranes Brücken- und Portalkrane

Broaching machines Räummaschinen

Bucket elevators (bucket conveyors) Becherwerke (Becherförderer)

Buckling of bars Knickung

Buckling of plates Beulen von Platten

Buckling of plates and shells Beulung

Buckling of rings, frames and systems of bars Knicken von Ringen, Rahmen und Stabsystemen

Buckling of shells Beulen von Schalen

Buffing and draw coupler Zug-Stoßeinrichtungen

Building construction machinery Hochbaumaschinen

Bulging of the surface and melt circulation in induction furnaces Aufwölbung und Bewegungen im Schmelzgut

Bulk material handling technology Schüttgut-Systemtechnik

Bulk material storage Schüttgutlager

Burner types Brennerbauarten

Burners Brenner

Bypass regulation Bypass-Regelung

CAA systems CAA-Systeme

Cable elevator Seilaufzüge

Cable with point load Seil mit Einzellast

Cable with uniform load over the span Seil unter konstanter Streckenlast

Cables and chains Seile und Ketten

Cables and lines Kabel und Leitungen

CAD systems CAD-Systeme

CAE systems CAE-Systeme

CAI systems CAI-Systeme

Calculation Entwurfsberechnung

Calculation and optimization Berechnung und Optimierung

Calculation and selection Berechnung und Auswahl

Calculation and sizing principles of heating and air handling engineering Berechnungs- und Bemessungsgrundlagen der Heiz- und Raumlufttechnik

Calculation of heating surface area Ermittlung der Heizfläche

Calculation of hydrodynamic bearings Berechnung hydrodynamischer Gleitlager

Calculation of hydrostatic bearings Berechnung hydrostatischer Gleitlager

Calculation of machine hourly rate Maschinenstundensatzrechnung

Calculation of pipe flows Berechnung von Rohrströmungen

Calculation of static performance Berechnung des stationären Betriebsverhaltens

Calendering Kalandrieren

Caloric properties Kalorische Zustandsgrößen

Calorimetry Kalorimetrie

Cam mechanisms Kurvengetriebe

CAM systems CAM-Systeme

CAP systems CAP-Systeme

Capacitances Kapazitäten

Capacity, inlet point, outlet point Volumenstrom, Eintrittspunkt, Austrittspunkt

CAPP systems CAPP-Systeme

CAQ-systems CAQ-Systeme

CAR systems CAR-Systeme

Carbon capture Kohlendioxidabscheidung

Carburetor Vergaser

Carnot cycle Carnot-Prozess

Carriages Fahrwerke

CAS systems CAS-Systeme

Cascade control Kaskadenregelung

Cascade design Gitterauslegung

Casings Gehäuse

Cast Iron materials Gusseisenwerkstoffe

Casting of foils Foliengießen

CAT systems CAT-Systeme

Catalytic effects of enzymes Katalytische Wirkung der Enzyme

Cathodic protection Kathodischer Schutz

Cavitation Kavitation

Cavitation corrosion Kavitationskorrosion

Center of gravity Schwerpunkt (Massenmittelpunkt)

Centers for sheet metal working Blechbearbeitungszentren

Central air conditioning plant Zentrale Raumlufttechnische Anlagen

Central heating Zentralheizung

Centrifugal compressors Radialverdichter

Centrifugal impeller types Radiale Laufradbauarten

Centrifugal Pumps Kreiselpumpen
Centrifugal stresses in blades Beanspruchung der Schaufeln durch Fliehkräfte
Centrifugal stresses in rotating components Dynamische Beanspruchung umlaufender Bauteile durch Fliehkräfte
Centrifugal water chillers Kaltwassersatz mit Turboverdichter
Ceramics Keramische Werkstoffe
Chain drives Kettengetriebe
Chain structure Reihenstruktur
Chains and chain drives Ketten und Kettentriebe
Change of state Zustandsänderung
Changes of state of gases and vapours Zustandsänderungen von Gasen und Dämpfen
Changes of state of humid air Zustandsänderungen feuchter Luft
Characteristic curves Kennlinien
Characteristic fracture mechanics properties for cyclic loading Bruchmechanische Werkstoffkennwerte bei zyklischer Beanspruchung
Characteristic fracture mechanics properties for static loading Bruchmechanische Werkstoffkennwerte bei statischer Beanspruchung
Characteristics Eigenschaften
Characteristics Kenngrößen
Characteristics Kennzahlen
Characteristics Kennzeichen
Characteristics and use Bauarten, Eigenschaften, Anwendung
Characteristics of lines Kenngrößen der Leitungen
Characteristics of material flow Formänderungsgrößen
Characteristics of measuring components Kenngrößen von Messgliedern
Characteristics of presses and hammers Kenngrößen von Pressmaschinen
Characteristics of rolling bearings Kennzeichen und Eigenschaften der Wälzlager
Characteristics of screw motion Kenngrößen der Schraubenbewegung
Characteristics of the complete vehicle Eigenschaften des Gesamtfahrzeugs
Characteristics, accuracy, calibration Genauigkeit, Kenngrößen, Kalibrierung
Characterization Charakterisierung

Charging of four-stroke engines Ladungswechsel des Viertaktmotors
Charging parameters Kenngrößen des Ladungswechsels
Checklist Pflichtenheft
Checklist for tribological characteristics Checkliste zur Erfassung der wichtigsten tribologisch relevanten Größen
Chemical and physical analysis methods Chemische und physikalische Analysemethoden
Chemical corrosion and high temperature corrosion Chemische Korrosion und Hochtemperaturkorrosion
Chemical engineering Verfahrenstechnik
Chemical machining Chemisches Abtragen
Chemical Process Engineering Chemische Verfahrenstechnik
Chemical thermodynamics Chemische Thermodynamik
Chilled water systems for air-conditioning plants Kaltwasserverteilsysteme für RLT-Anlagen
Chilled water systems for year-round operation Systeme für ganzjährigen Kühlbetrieb
Chopper controllers Gleichstromsteller
Chutes and down pipes Rutschen und Fallrohre
Circuit Schaltung
Circular conveyors Kreisförderer
Circular discs Kreisscheibe
Circular plates Kreisplatten
Circulating pumps Umwälzpumpen
Clamp joints Klemmverbindungen
Classification according to their effect on velocity and pressure Einteilung nach Geschwindigkeits- und Druckänderung
Classification and configurations Einteilung und Verwendung
Classification and definitions Einteilung und Begriffe
Classification and rating ranges Einteilung und Einsatzbereiche
Classification and structural components of aircrafts Einordnung und Konstruktionsgruppen von Luftfahrzeugen
Classification of aircraft according to regulations Einordnung von Luftfahrzeugen nach Vorschriften

Classification of manufacturing systems Einteilung von Fertigungsystemen

Classification of materials handling Einordnung der Fördertechnik

Classification of measuring quantities Gliederung der Messgrößen

Classifying in gases Klassieren in Gasen

Clevis joints and pivots Bolzenverbindungen

Client-/Server architecture Client-/Serverarchitekturen

Climate controlled boxes and rooms for testing Klimaprüfschränke und -kammern

Climatic measurement Klimamesstechnik

Closed circuit Geschlossener Kreislauf

Closed gas turbine Geschlossene Gasturbinenanlage

Closed loop structure Kreisstruktur

Clutches Fremdgeschaltete Kupplungen

Clutching and torque converter Kupplung und Kennungswandler

Coating processes Herstellen von Schichten

Coatings on metals Überzüge auf Metallen

Cocks Hähne (Drehschieber)

Coefficient of friction, efficiency Reibungszahl, Wirkungsgrad

Column-type drilling machines Ständerbohrmaschinen

Combi power stations Kombi-Kraftwerke

Combination Zusammensetzung

Combination and resolution of concurrent forces Zusammensetzen und Zerlegen von Kräften mit gemeinsamem Angriffspunkt

Combination and resolution of non-concurrent forces Zusammensetzen und Zerlegen von Kräften mit verschiedenen Angriffspunkten

Combination of cascades to stages Zusammensetzen von Gittern zu Stufen

Combined bending, axial load, shear and torsion Biegung mit Längskraft sowie Schub und Torsion

Combined electricity nets Elektrische Verbundnetze

Combined power and heat generation (cogeneration) Kraft-Wärme-Kopplung

Combined stresses Zusammengesetzte Beanspruchung

Combined-cycle power plants Gas- und Dampf-Anlagen

Combustion Verbrennung

Combustion Verbrennungsvorgang

Combustion and burner classification Verbrennung und Brennereinteilung

Combustion chamber (burner) Brennkammer

Combustion temperature Verbrennungstemperatur

Comfort evaluation Komfortbewertung

Comfortable climate in living and working rooms Behagliches Raumklima in Aufenthalts- und Arbeitsräumen

Coming action of flat belts, tensioning Riemenlauf und Vorspannung

Common fundamentals Gemeinsame Grundlagen

Compensating mechanism Einzieh- und Wippwerke

Compensation of forces and moments Ausgleich der Kräfte und Momente

Compensators and bridges Kompensatoren und Messbrücken

Complements for engineering mathematics Ergänzungen zur Mathematik für Ingenieure

Complements to advanced mathematics Ergänzungen zur Höheren Mathematik

Complete plant Gesamtanlage

Components Bauteile

Components Konstruktionselemente

Components and design Baugruppen und konstruktive Gestaltung

Components of apparatus and pipe lines Konstruktionselemente von Apparaten und Rohrleitungen

Components of crank mechanism Elemente der Kolbenmaschine

Components of hydrostatic transmissions Bauelemente hydrostatischer Getriebe

Components of mechatronic systems Komponenten mechatronischer Systeme

Components of reactors und reactor building Bauteile des Reaktors und Reaktorgebäude

Components of robot Komponenten des Roboters

Components of the robot kinematics and dynamic model Komponenten des Roboters Kinematisches und dynamisches Modell

Components of thermal apparatus Komponenten des thermischen Apparatebaus

Components of ventilation and air-conditioning systems Komponenten von Lüftungs- und Klimaanlagen

Composition Zusammensetzung

Compound planetary trains Zusammengesetzte Planetengetriebe

Compressed air storage plant Luftspeicherwerke

Compression heat pump Kompressionswärmepumpe

Compression heat pumps with high performance Kaltdampfkompressions-Wärmepumpen größerer Leistung

Compression of humid gases Verdichtung feuchter Gase

Compression of ideal and real gases Verdichtung idealer und realer Gase

Compression refrigeration plant Kaltdampf-Kompressionskälteanlage

Compression refrigeration plant Kompressionskälteanlage

Compression test Druckversuch

Compression-ignition engine auxiliary equipment Einrichtungen zur Gemischbildung und Zündung bei Dieselmotoren

Compression-type water chillers Kompressions-Kaltwassersätze

Compressor Verdichter

Compressors Kompressoren

Computer based controller Rechnergestützter Regler

Computer networks Rechnernetze

Computer-air-conditioners with direct expansion units Direktverdampfer-Anlagen für EDV-Klimageräte

Conceptual design Konzipieren

Concrete Beton

Concrete pumps Betonpumpen

Condensate and circulating water pumps Kühlwasser- und Kondensatpumpen

Condensation of vapors Kondensation bei Dämpfen

Condenser Verflüssiger

Condensers Kondensatoren

Condensers and cooling systems Kondensation und Rückkühlung

Condensers in steam power plants Kondensatoren in Dampfkraftanlagen

Condensers in the chemical industry Kondensatoren in der chemischen Industrie

Condensing units, air conditioners with split systems Verflüssigersätze, Splitgeräte für Klimaanlagen

Conditions of cell cultivation Kultivierungsbedingungen

Conditions of equilibrium Gleichgewicht und Gleichgewichtsbedingungen

Conductors, semiconductors, insulators Leiter, Halbleiter, Isolatoren

Configuration and Layout of hydrostatic transmissions Ausführung und Auslegung von Hydrogetrieben

Conical disk (Belleville) springs Tellerfedern (scheibenförmige, biegebeanspruchte Federn)

Connection to engine and working machine Anschluss an Motor und Arbeitsmaschine

Connections Bauteilverbindungen

Connections with force transmission by friction Reibschlussverbindungen

Consistent preparation of documents Durchgängige Erstellung von Dokumenten

Constant heat flux density Konstante Wärmestromdichte

Constant wall temperature Konstante Wandtemperatur

Construction interrelationship Bauzusammenhang

Construction machinery Baumaschinen

Construction types and processes Bauarten und Prozesse

Constructive characteristics Konstruktive Merkmale

Consumption and CO_2 emission Verbrauch und CO_2-Emission

Contact stresses and bearing pressure Flächenpressung und Lochleibung

Continuous conveyors Stetigförderer

Continuous kilns Durchlauföfen

Continuously variable traction drives Wälzgetriebe mit stufenlos einstellbarer Übersetzung

Control Regelung und Steuerung

Control characteristics Steuerkennlinien

Control data processing Steuerdatenverarbeitung

Control loop optimization Optimierung von Regelkreisen

Control loop performance Güte der Regelung

Control loop stability Stabilität des Regelkreises

Control of automatic storage systems Steuerung automatischer Lagersysteme

Control of brakes Bremsregelung

Control of compressors Regelung von Verdichtern

Control of three-phase drives Regelung von Drehstromantrieben

Control of turbines Regelung von Turbinen

Control system for driving dynamics Fahrdynamikregelsysteme

Control system of a industrial robot programming Steuerungssystem eines Industrieroboters Programmierung

Control systems Steuerungen

Controlled spring/damper systems for chassis Geregelte Feder-/Dämpfersysteme im Fahrwerk

Controlled systems Regelstrecken

Controlled systems with self-regulation Regelstrecken mit Ausgleich (P-Strecken)

Controlled systems without self-regulation Regelstrecken ohne Ausgleich (I-Strecken)

Controllers Regler

Controlling system equipment Technische Ausführung der Regler

Convection Konvektion

Conveyed materials and materials handling, parameters of the conveying process Fördergüter und Fördermaschinen, Kenngrößen des Fördervorgangs

Conveyors Gurtförderer

Cooling Kühlung

Cooling brines Kühlsolen

Cooling load Kühllast

Cooling storage Kältespeicherung in Bináreis

Cooling storage in eutectic solution Kältespeicherung in eutektischer Lösung

Cooling towers Rückkühlwerke

Cooperative product development Kooperative Produktentwicklung

Coplanar forces Kräfte in der Ebene

Copper and copper alloys Kupfer und seine Legierungen

Copy milling machines Nachformfräsmaschinen

Corrosion and corrosion protection Korrosion und Korrosionsschutz

Corrosion and Corrosion Protection of Metals Korrosion und Korrosionsschutz von Metallen

Corrosion erosion Erosionskorrosion

Corrosion fatigue Schwingungsrisskorrosion

Corrosion of inorganic nonmetallic materials Korrosion von anorganischen nichtmetallischen Werkstoffen

Corrosion of nonmetallic material Korrosion nichtmetallischer Werkstoffe

Corrosion prevention by design Korrosionsschutzgerechte Konstruktion

Corrosion prevention by manufacturing Korrosionsschutzgerechte Fertigung

Corrosion protection Korrosionsschutz

Corrosion protection by inhibitors Korrosionsschutz durch Inhibitoren

Corrosion tests Korrosionsprüfung

Corrosion under additional mechanical stress Überlagerung von Korrosion und mechanischer Beanspruchung

Corrosion under wear stress Korrosion unter Verschleißbeanspruchung

Corrosion-like damage of organic materials Korrosionsartige Schädigung von organischen Werkstoffen

Cost accounting Kalkulation

Cost location accounting Kostenstellenrechnung und Betriebsabrechnungsbögen

Cottered joints Keilverbindungen

Counterbalanced lift truck Gegengewichtstapler

Couplings, clutches and brakes Kupplungen und Bremsen

Course of technical fermentation Ablauf technischer Fermentationen

Cracking phenomena Rissphänomene

Crane types Kranarten

Crank mechanism Kurbeltrieb

Crank mechanism, forces and moments of inertia, flywheel calculation Kurbeltrieb, Massenkräfte und -momente, Schwungradberechnung

Design hints Gestaltungshinweise

Design hints for bevel gears Hinweise zur Konstruktion von Kegelrädern

Design of control systems Steuerungssysteme, Aufbau

Design of hydraulic circuits Auslegung von Hydrokreisen

Design of industrial turbines Auslegung von Industrieturbinen

Design of plain bearings Konstruktive Gestaltung

Design of self acting valves Selbsttätige Ventile, Konstruktion

Design of silos Dimensionierung von Bunkern

Design of simple planetary trains Auslegung einfacher Planetengetriebe

Design of steel structures Tragwerksgestaltung

Design of typical internal combustion (IC) engines Ausgeführte Motorkonstruktionen

Design Philosophies and Principles Konstruktionsphilosophien und -prinzipien

Design problem Entwurfsproblem

Design, characteristic and use Aufbau, Eigenschaften, Anwendung

Designation of standard rolling bearings Bezeichnungen für Wälzlager

Designs Konstruktionen

Detail design Ausarbeiten

Detail design and measures of gears Gestalten und Bemaßen der Zahnräder

Determination of heat consumption Wärmeverbrauchsermittlung

Development methodology Entwicklungsmethodik

Development processes and methods Entwicklungsprozesse und -methoden

Development trends Entwicklungstendenzen

Diagnosis devices Diagnosetechnik

Diaphragm compressors Membranverdichter

Dielectric heating Dielektrische Erwärmung

Diesel engine Dieselmotor

Different forms of energy Verschiedene Energieformen

Differential equation and transfer function Differentialgleichung und Übertragungsfunktion

Digital computing Digitalrechnertechnologie

Digital data logging Digitale Messwerterfassung

Digital electrical measurements Digitale elektrische Messtechnik

Digital signal representation Digitale Messsignaldarstellung

Digital voltmeters, multimeters Digitalvoltmeter, Digitalmultimeter

Dimensional analysis and Π-theorem Analyse der Einheiten (Dimensionsanalyse) und Π-Theorem

Dimensioning of silos Dimensionierung von Silos

Dimensioning, First assumtion data Dimensionierung, Anhaltswerte

Dimensionless stage parameters Stufenkenngrößen

Diode characteristics and data Diodenkennlinien und Daten

Diodes Dioden

Direct and indirect noise development Direkte und indirekte Geräuschentstehung

Direct converters Direktumrichter

Direct current linear motor Gleichstromlinearmotoren

Direct current small-power motor Gleichstrom-Kleinmotoren

Direct expansion plants Direktverdampfer-Anlagen

Direct heat transfer Direkter Wärmeübergang

Direct heating Direkte Beheizung

Direct problem Direktes Problem

Direct-current (d. c.) circuits Gleichstromkreise

Direct-current machine drives Gleichstromantriebe

Direct-current machines Gleichstrommaschinen

Directional (one-way) clutches, overrun clutches Richtungsgeschaltete Kupplungen (Freiläufe)

Directional control valves Wegeventile

Disassembling process Demontageprozess

Disassembly Demontage

Discharge temperature, polytropic head Endtemperatur, spezifische polytrope Arbeit

Discs Scheiben

Distribution und storage of energy Verteilen und Speicherung von Nutzenergie

Distributor booms Verteilermasten

Disturbance reaction of the control loop Störungsverhalten des Regelkreises

Division of energy losses Verlustteilung

DMU systems DMU-Systeme

Domed end closures Gewölbte Böden

Doors Türen

Dozers and graders Planiermaschinen

Drag of solid bodies Strömungswiderstand von Körpern

Drilling and boring Bohren

Drilling and boring machines Bohrmaschinen

Drive control Regelung in der Antriebstechnik

Drive shafts Gelenkwellen

Drive slip control Antriebsschlupfregelung ASR

Drive systems and controllers Antriebsmotoren und Steuerungen

Drive systems for materials handling equipment Antriebe der Fördermaschinen

Drive train Antriebsstrang

Driver Antrieb

Driver and brakes Antrieb und Bremsen

Driver's cab Führerräume

Drives Antriebe

Drives with line-commutated converters Gleichstromantriebe mit netzgeführten Stromrichtern

Drives with three-phase current controllers Antriebe mit Drehstromsteller

Driving comfort Fahrkomfort

Driving dynamics Fahrdynamik

Driving resistance and powertrain Fahrwiderstand und Antrieb

Duct systems Kanalnetz

Ducts and piping Leitungen

Dumpers Transportfahrzeuge

Duration of passenger exchange Fahrgastwechselzeiten

Duty cycles Betriebsarten

Dynamic contact seals Berührungsdichtungen an gleitenden Flächen

Dynamic forces Dynamische Kräfte

Dynamic model Dynamisches Modell

Dynamic performance Dynamisches Betriebsverhalten

Dynamic response of linear time-invariant transfer elements Dynamisches Verhalten linearer zeitinvarianter Übertragungsglieder

Dynamic similarity Dynamische Ähnlichkeit

Dynamic transient behaviour of measuring components Dynamische Übertragungseigenschaften von Messgliedern

Dynamically loaded plain journal bearings Radialgleitlager im instationären Betrieb

Dynamics Kinetik

Dynamics and kinematics Kinetik und Kinematik

Dynamics of machines Maschinendynamik

Dynamics of relative motion Kinetik der Relativbewegung

Dynamics of rigid bodies Kinetik starrer Körper

Dynamics of systems of particles Kinetik des Massenpunktsystems

Earth moving machinery Erdbaumaschinen

Eccentric impact Exzentrischer Stoß

Economic of electric energy Elektrizitätswirtschaft

Economics of gas energy Gaswirtschaft

Economics of remote heating Fernwärmewirtschaft

Effective types of organisation Effektive Organisationsformen

Efficiencies Wirkungsgrade

Efficiencies, exergy losses Wirkungsgrade, Exergieverluste

Elastic (Euler) buckling Knicken im elastischen (Euler-)Bereich

Elastic and damping characteristics Feder- und Dämpfungsverhalten

Elastic connections (springs) Federnde Verbindungen (Federn)

Elastomers Elastomere

Electric arc-heating Lichtbogenerwärmung

Electric braking Elektrische Bremsung

Electric circuits Elektrische Stromkreise

Electric discharge machining, electrochemical machining, metaletching Funkenerosion, Elysieren, Metallätzen

Electric drives Elektrische Antriebstechnik

Electric energy from renewable sources Elektrische Energie aus erneuerbaren Quellen

Electric heating Elektrobeheizung

Electric heating Elektrowärme

Electric infrastructure Elektrische Infrastruktur

Electric power distribution Energieverteilung

Electric power supply Stromversorgung

Electric storages Elektrische Speicher

Electric suspension track Elektrohängebahn

Electrical control Elektrische Steuerungen

Electrical Discharge Machining of threads Gewindeerodieren

Electrical Engineering Elektrotechnik

Electrical/Electronical Equipment/Diagnosis Elektrische/Elektronische Ausrüstung/Diagnose

Electro chemical machining (ECM) Elektrochemisches Abtragen

Electro discharge machining (EDM) Thermisches Abtragen mit Funken (Funkenerosives Abtragen)

Electrochemically corrosion Elektrochemische Korrosion

Electrolytic charge transfer Elektrolyte

Electromagnetic compatibility Elektromagnetische Verträglichkeit

Electromagnetic utilization Elektromagnetische Ausnutzung

Electron beam processing Elektronenstrahlverfahren

Electronic components Elektronische Bauelemente

Electronic data collection and transmission by RFID Elektronische Datenerfassung und -übertragung durch RFID

Electronic data processing Elektronische Datenverarbeitung

Electronically commutated motors Elektronisch kommutierte Motoren

Electrostatic field Elektrostatisches Feld

Elevators Aufzüge

Elevators and hoisting plants Aufzüge und Schachtförderanlagen

Elliptical plates Elliptische Platten

Embodiment design Entwerfen

Embodiment design of structural components (frames) Gestaltung der Gestellbauteile

Embodiment design, materials, bearings, accuracy, lubrication, assembly Gestaltung, Werkstoffe, Lagerung, Genauigkeit, Schmierung, Montage

Emissions Emissionen

Energy balance, efficiency Energiebilanz und Wirkungsgrad

Energy conversion Energiewandlung

Energy conversion by cyclic processes Energiewandlung mittels Kreisprozessen

Energy equation Arbeits- und Energiesatz

Energy storage Energiespeicherung

Energy storage methods Energiespeicher

Energy storage, energy storage efficiency factor, damping capacity, damping factor Arbeitsaufnahmefähigkeit, Nutzungsgrad, Dämpfungsvermögen, Dämpfungsfaktor

Energy systems and economy Energietechnik und Wirtschaft

Energy transport Energietransport

Energy, material and signal transformation Energie-, Stoff- und Signalumsatz

Engine components Motorbauteile

Engine types and working cycles Arbeitsverfahren und Arbeitsprozesse

Engineering drawings and parts lists Zeichnungen und Stücklisten

Environmental control technology Umweltschutztechnologien

Environmental effects Umgebungseinflüsse

Environmental pollution Umweltverhalten

Environmental quantities Umweltmessgrößen

Epicyclic gear systems Umlaufgetriebe

Equal capacitive currents (countercurrent) Gleiche Kapazitätsströme (Gegenstrom)

Equation of momentum Impulssatz

Equations of motion, system matrices Bewegungsgleichungen, Systemmatrizen

Equations of reactions Reaktionsgleichungen

Equipment Ausstattungen

Equipment for position measurement at NC-machines Einrichtungen zur Positionsmessung bei NC-Maschinen

Equipment for speed logging at NC-machines Einrichtungen zur Geschwindigkeitserfassung bei NC-Maschinen

Equivalent circuit diagram and circle diagram Ersatzschaltbild und Kreisdiagramm

Erosion Abtragen

ERP systems ERP-Systeme

Evaluation Criteria Bewertungskriterien

Evaluation of tests Versuchsauswertung

Evaluations of solutions Beurteilen von Lösungen

Evaporation and crystallization Verdampfen und Kristallisieren

Evaporativ cooling process Verdunstungskühlverfahren

Evaporator Verdampfer

Example: approximate centrifugal compressor sizing Beispiel einer Radialverdichterauslegung nach vereinfachtem Verfahren

Examples for mechanical models: Finite-Elemente models Beispiele für mechanische Ersatzsysteme: Finite-Elemente-Modelle

Examples for mechanical models: Spring-mass-damper-models Beispiele für mechanische Ersatzsysteme: Feder-Masse-Dämpfer-Modelle

Examples of mechatronic systems Beispiele mechatronischer Systeme

Excavators Bagger

Excellence models Excellence-Modelle

Exergy and anergy Exergie und Anergie

Exergy and heat Exergie einer Wärme

Exergy losses Exergieverluste

Exergy of a closed system Exergie eines geschlossenen Systems

Exergy of an open system Exergie eines offenen Systems

Exhaust emissions Abgasemission

Exhaust fume behavior Abgasverhalten

Exhaust-gas turbocharger Abgasturbolader

Expanding Schäumen

Expansion compensators Dehnungsausgleicher

Experimental stress analysis Experimentelle Spannungsanalyse

External cooling load Äußere Kühllast

Extreme operational ranges Extreme Betriebsverhältnisse

Extrusion Durchdrücken

Extrusion Strangpressen (Extrudieren)

Failure criteria, equivalent stresses Festigkeitshypothesen und Vergleichsspannungen

Failure under mechanical stress conditions Versagen durch mechanische Beanspruchung

Fan Ventilator

Fan assisted natural ventilation Freie Lüftung, verstärkt durch Ventilatoren

Fans Gebläse

Fans Ventilatoren

Faraday's law Induktionsgesetz

Fast breeder reactors Schnelle Brutreaktoren (SNR)

Fatigue strength Schwingfestigkeit

Feature modeling Featuretechnologie

Fed-batch cultivation Fed-Batch-Kultivierung

Feed water heaters (economizers) Speisewasservorwärmer (Eco)

Feed water treatment Speisewasseraufbereitung

Feedforward control loop Regelung mit Störgrößenaufschaltung

Fibre composite springs Federn aus Faser-Kunststoff-Verbunden

Fibre reinforced plastics, composite materials Faser-Kunststoff-Verbunde

Fibre ropes Faserseile

Field busses Feldbusse

Field effect transistors Feldeffekttransistoren

Field quantities and equations Feldgrößen und -gleichungen

Fields of application Einsatzgebiete

Fields of production Bereiche der Produktion

Filamentous growth Filamentöses Wachstum

Film flow Filmströmung

Film pressing Schichtpressen

Filters Filter

Finite analysis methods Finite Berechnungsverfahren

Finite difference method Finite Differenzen Methode

Finite element method Finite Elemente Methode

First law Erster Hauptsatz

First order delay element T_1-Glied

Flange joints Flanschverbindungen

Flanges Flansche

Flap valves Klappen

Flat belt drives Flachriemengetriebe

Flat end closures Ebene Böden

Flexible manufacturing systems Flexible Fertigungssysteme

Flexible turning centers Flexible Drehbearbeitungszentren

Flight controls Flugsteuerung

Flight stability Flugstabilitäten

Flow Strömung

Flow control valves Stromventile

Flow criteria Fliesskriterien

Flow curve Fliesskurve

Flow losses Strömungsverluste

Flow of ideal gases Strömung idealer Gase

Flow pattern Strömungsform

Flow process Fließprozess

Flow properties of bulk solids Fliessverhalten von Schüttgütern

Flow resistance Strömungswiderstände

Flow stress Fliessspannung

Flue-gas desulphurisation Rauchgasentschwefelung

Flue-gas dust separating Rauchgasentstaubung

Flue-gas NO$_x$ reduction Rauchgasentstickung

Fluid Fluid

Fluid conveyor Strömungsförderer

Fluid couplings Föttinger-Kupplungen

Fluid dynamics Strömungstechnik

Fluid flow machines (Turbomachinery) Strömungsmaschinen

Fluid flow quantities Strömungstechnische Messgrößen

Fluid-fluid heat exchange Wärmeübertragung Fluid–Fluid

Fluidics Fluidische Steuerungen

Fluidized bed Wirbelschicht

Fluidized bed combustion (FBC) Wirbelschichtfeuerung

Foam destruction Schaumzerstörung

Force measurement Kraftmesstechnik

Forced circulation fossil fueled boilers Zwanglaufkessel für fossile Brennstoffe

Forced damped vibrations Gedämpfte erzwungene Schwingungen

Forced undamped vibrations Ungedämpfte erzwungene Schwingungen

Forced vibrations Erzwungene Schwingungen

Forced vibrations with two and multi-DOFs Erzwungene Schwingungen mit zwei und mehr Freiheitsgraden

Forces and angles in flight Kräfte und Winkel im Flug

Forces and deformations in joints due to pre-load Kräfte und Verformungen beim Anziehen von Schraubenverbindungen

Forces and energies Kräfte und Arbeiten

Forces and moments at beams of space Schnittlasten an räumlichen Trägern

Forces and moments in plane curved beams Schnittlasten an gekrümmten ebenen Trägern

Forces and moments in straight beams Schnittlasten am geraden Träger in der Ebene

Forces and moments of inertia Massenkräfte und Momente

Forces in crank mechanism Kräfte am Kurbeltrieb

Forces in electromagnetic field Kraftwirkungen im elektromagnetischen Feld

Forces in flat belt transmissions Kräfte am Flachriemengetriebe

Forces in space Kräfte im Raum

Forging Schmieden

Formability Formänderungsvermögen

Formation and number of cylinders Zylinderanordnung und -zahl

Forming Umformen

Forming limit diagram (FLD) Grenzformänderungsdiagramm

Forming of metals and ceramics by powder metallurgy Formgebung bei metallischen und keramischen Werkstoffen durch Sintern (Pulvermetallurgie)

Forming of plastics Formgebung bei Kunststoffen

Forming process and equipment Formverfahren und -ausrüstungen

Four-bar linkages Viergelenkgetriebe

Fourier spectrum, spectrogram, noise analysis Fourierspektrum, Spektrogramm, Geräuschanalyse

Four-way reach truck Mehrwegestapler

Fracture mechanics concepts Bruchmechanikkonzepte

Fracture mechanics proof of strength for cyclic loading Bruchmechanischer Festigkeitsnachweis unter zyklischer Beanspruchung

Fracture mechanics proof of strength for static loading Bruchmechanischer Festigkeitsnachweis unter statischer Beanspruchung

Fracture mechanics tests Bruchmechanische Prüfungen

Fracture physics; comminution properties of solid materials Bruchphysik; Zerkleinerungstechnische Stoffeigenschaften

Frames Gestelle

Francis turbines Francisturbinen

Free cooling Freie Kühlung

Free cooling with brine cycle Freie Kühlung durch Solekreislauf

Free cooling with external air Freie Kühlung durch Außenluft

Free cooling with recooling plant Freie Kühlung durch Rückkühlwerk

Free cooling with refrigerant pump system Freie Kühlung durch Kältemittel-Pumpen-System

Free damped vibrations Freie gedämpfte Schwingungen

Free jet Freier Strahl

Free undamped vibrations Freie ungedämpfte Schwingungen

Free vibrations Freie Schwingungen (Eigenschwingungen)

Free vibrations with two and multi-DOFs Freie Schwingungen mit zwei und mehr Freiheitsgraden

Free-standing pillar machines Säulenbohrmaschinen

Frequency response and frequency response locus Frequenzgang und Ortskurve

Frequency response functions of mechanical systems, amplitude- and phase characteristic Frequenzgangfunktionen mechanischer Systeme, Amplituden- und Phasengang

Frequency weighting, A-, C- and Z-weighting Frequenzbewertung, A-, C- und Z-Bewertung

Fretting corrosion Reibkorrosion (Schwingverschleiß)

Friction Haftung und Reibung

Friction Reibung

Friction and reference speeds of rolling bearings Bewegungswiderstand und Referenzdrehzahlen der Wälzlager

Friction clutches Kraft-(Reib-)schlüssige Schaltkupplungen

Friction regimes Reibungszustände

Front turning machines Frontdrehmaschinen

Fuel cell Brennstoffzelle

Fuel Cells Brennstoffzellen

Fuel consumption Kraftstoffverbrauch

Fuel cycle Brennstoffkreislauf

Fuel from waste material Abfallbrennstoffe

Fuel injection system Einspritzsysteme

Fuels Brennstoffe

Function and subsystems Funktion und Subsysteme

Function conditions for nuclear reactors Funktionsbedingungen für Kernreaktoren

Function of tribosystems Funktion von Tribosystemen

Function structure Funktionsgliederung

Function, classification and application Aufgabe, Einteilung und Anwendungen

Functional blocks of the monovariable control loop Funktionsblöcke des Regelkreises

Functional components Funktionsbausteine

Functional interrelationship Funktionszusammenhang

Functioning Arbeitsweise

Fundamental concepts for structural integrity assessment Grundlegende Konzepte für den Festigkeitsnachweis

Fundamental methods Basismethoden

Fundamentals Allgemeine Grundgleichungen

Fundamentals Einige Grundbegriffe

Fundamentals and components Grundlagen und Bauelemente

Fundamentals and ideal cycles Grundlagen und Vergleichsprozesse

Fundamentals and terms Grundlagen und Begriffe

Fundamentals of development of series and modular design Baureihen- und Baukastenentwicklung

Fundamentals of embodiment design Gestaltung

Fundamentals of engineering design Grundlagen der Konstruktionstechnik

Fundamentals of flight physics Grundlagen der Flugphysik

Fundamentals of fluid power transmission Grundlagen der fluidischen Energieübertragung

Fundamentals of metal forming Grundlagen der Umformtechnik

Fundamentals of operational costing Grundlagen der betrieblichen Kostenrechnung

Fundamentals of process engineering Grundlagen der Verfahrenstechnik

Fundamentals of standardisation and engineering drawing Normen- und Zeichnungswesen

Fundamentals of technical systems Technische Systeme

Fundamentals of technical systems and systematic approach Grundlagen technischer Systeme und des methodischen Vorgehens

Funghi Pilze

Furnace heads Ofenköpfe

Furnaces Feuerungen

Fused Deposition Modeling (FDM) Fused Deposition Modelling (FDM)

Fuselage Rumpf

Galvanic corrosion Galvanische Korrosion

Gas constant and the law of Avogadro Gaskonstante und das Gesetz von Avogadro

Gas cooled thermal reactors Gasgekühlte thermische Reaktoren

Gas data Gasdaten

Gas radiation Gasstrahlung

Gas springs Gasfedern

Gas turbines Gasturbinen

Gas turbines in power plants Gasturbine im Kraftwerk

Gas/liquid flow Gas-/Flüssigkeitsströmung

Gaseous fuels Gasförmige Brennstoffe oder Brenngase

Gas-fueled furnaces Feuerungen für gasförmige Brennstoffe

Gasoline direct injection Direkte Benzin-Einspritzung

Gas-turbine propulsion systems Gasturbine für Verkehrsfahrzeuge

Gate turn off thyristors Abschaltbare Thyristoren

Gate valves Schieber

Gear- and vanetype motors Hydromotoren in Umlaufverdrängerbauart

Gear cutting Verzahnen

Gear grinding machines Verzahnungsschleifmaschinen

Gear ring machine, gear pump and gear ring (gerotor) pumps Zahnringmaschine Zahnradpumpen und Zahnring-(Gerotor-)pumpen

Gearing Zahnradgetriebe

Geartype pumps Zahnradpumpen und Zahnring-(Gerotor-)pumpen

General Allgemeines

General and configurations Allgemeines und Bauweise

General Corrosion Allgemeine Korrosion

General formulation Allgemeine Formulierung

General fundamentals Allgemeine Grundlagen

General furnace accessories Allgemeines Feuerungszubehör

General motion in space Allgemeine räumliche Bewegung

General motion of a rigid body Allgemeine Bewegung des starren Körpers

General objectives and constraints Generelle Zielsetzung und Bedingungen

General plane motion of a rigid body Allgemeine ebene Bewegung starrer Körper

General problem-solving Allgemeiner Lösungsprozess

General relations between thermal and caloric properties of state Allgemeiner Zusammenhang zwischen thermischen und kalorischen Zustandsgrößen

General relationships for all tooth profiles Allgemeine Verzahnungsgrößen

General requirements Allgemeine Anforderungen

General requirements Generelle Anforderungen

General Selection criteria Allgemeine Auswahlkriterien

General Tables Allgemeine Tabellen

General working method Allgemeine Arbeitsmethodik

Generalization of calculations Allgemeingültigkeit der Berechnungsgleichungen

Generation of electric energy Erzeugung elektrischer Energie

Generation of machinery noise Entstehung von Maschinengeräuschen

Geometric construction for path of contact and conjugate tooth profile Konstruktion von Eingriffslinie und Gegenflanke

Geometric modeling Geometrische Modellierung

Geometric quantities Geometrische Messgrößen

Geometric series of preferred numbers (Renard series) Dezimalgeometrische Normzahlreihen

Geometrical relations Geometrische Beziehungen

Geometrically similar series Geometrisch ähnliche Baureihe

Geometry of an aircraft Geometrische Beschreibung des Luftfahrzeuges

Geothermal energy Geothermische Energie

Glass Glas

Glazing, windshield wiper Verglasung, Scheibenwischer

Granulation Granulieren

Graph of torque fluctuations in multicylinder reciprocating machines Drehkraftdiagramm von Mehrzylindermaschinen

Graphical symbols for welds Darstellung der Schweißnähte

Grease lubrication Fettschmierung

Grinding machines Schleifmaschinen

Guidelines for embodiment design Gestaltungsrichtlinien

Hamilton's principle Prinzip von Hamilton

Hammers Hämmer

Hand lift trucks Handgabelhubwagen

Hand trucks Handbetriebene Flurförderzeuge

Hard soldering and brazing Hartlöten und Schweißlöten (Fugenlöten)

Hardness test methods Härteprüfverfahren

Hardware Hardwarekomponenten

Hardware architecture Hardwarearchitekturen

Heads, speeds and pressures Förderhöhen, Geschwindigkeiten und Drücke

Heat Wärme

Heat and material transmission Wärme- und Stoffübertragung

Heat exchange by radiation Wärmeaustausch durch Strahlung

Heat exchanger Wärmeübertrager

Heat exchangers Wärmetauscher

Heat generation Wärmeerzeugung

Heat pumps Wärmepumpen

Heat recovery Wärmerückgewinnung

Heat recovery through air preheating Wärmerückgewinnung durch Luftvorwärmung

Heat transfer Wärmeübergang

Heat transfer Wärmeübertragung

Heat transfer and heat transmission Wärmeübergang und Wärmedurchgang

Heat transfer by convection Wärmeübergang durch Konvektion

Heat transfer in condensation and in boiling Wärmeübergang beim Kondensieren und beim Sieden

Heat transfer into solid Wärmeübergang ins Solid

Heat transfer without change of phase Wärmeübergang ohne Phasenumwandlung

Heat Treatment Wärmebehandlung

Heating and air conditioning Heizung und Klimatisierung

Heating and cooling Erwärmung und Kühlung

Heating and cooling coils Lufterhitzer, -kühler

Heating centres Heizzentrale

Heating load Wärmebedarf, Heizlast

Heating power stations Wärmekraftwerke

Heating processes Heiztechnische Verfahren

Heating system Beheizung

Heating systems and components Systeme und Bauteile der Heizungstechnik

Heavy duty lathes Großdrehmaschinen

Heavy water reactors Schwerwasserreaktoren

Helical and spiral bevel gears Kegelräder mit Schräg- oder Bogenverzahnung

Helical compression springs, helical tension springs Zylindrische Schraubendruckfedern und Schraubenzugfedern

Hertzian contact stresses (Formulas of Hertz) Beanspruchung bei Berührung zweier Körper (Hertzsche Formeln)

High temperature corrosion with mechanical load Hochtemperaturkorrosion mit mechanischer Beanspruchung

High temperature corrosion without mechanical load Hochtemperaturkorrosion ohne mechanische Beanspruchung

High voltage switchgear Hochspannungsschaltgeräte

High-frequency induction surface heating Oberflächenerwärmung

High-speed milling machines Hochgeschwindigkeitsfräsmaschinen

High-temperature brazing Hochtemperaturlöten

Hints for design Konstruktive Hinweise

Historical development Historische Entwicklung

Hoist design Hubwerksausführungen

Hoisting mechamism Hubwerke

Hoisting plants Schachtförderanlagen

Honing Honen

Honing machines Honmaschinen

Horizontal boring and milling machines Waagerecht-Bohr- und -Fräsmaschinen

Humidifiers Luftbefeuchter

Hybride process for mixture formation and combustion Hybride Verfahren für Gemischbildung und Verbrennung

Hydraulic and pneumatic power transmission Fluidische Antriebe

Hydraulic Circuits Hydrokreise

Hydraulic conveyors Hydraulische Förderer

Hydraulic elevators Hydraulikaufzüge

Hydraulic equipment Hydraulikzubehör

Hydraulic fluids Hydraulikflüssigkeiten

Hydraulic power transmission Energieübertragung durch Flüssigkeiten

Hydraulic-mechanical losses Mechanisch-hydraulische Verluste

Hydrodynamic bearings with hydrostatic jacking systems Hydrostatische Anfahrhilfen

Hydrodynamic drives and torque convertors Föttinger-Getriebe

Hydrodynamics and aerodynamics (dynamics of fluids) Hydro- und Aerodynamik (Strömungslehre, Dynamik der Fluide)

Hydroelectric power plants Wasserkraftwerke

Hydrogen induced cracking Wasserstoffinduzierte Rissbildung

Hydrostatic journal bearings Hydrostatische Radialgleitlager

Hydrostatic thrust bearings Hydrostatische Axialgleitlager

Hydrostatics Hydrostatik (Statik der Flüssigkeiten)

Hygienic fundamentals, physiological principles Hygienische Grundlagen

Ice storage systems Eisspeichersysteme

Ideal cycles for single stage compression Vergleichsprozesse für einstufige Verdichtung

Ideal gas mixtures Gemische idealer Gase

Ideal gases Ideale Gase

Ideal isothermal reactors Ideale isotherme Reaktoren

Identification Problem Identifikationsproblem

Identification systems Identifikationssysteme

Identification through persons and devices Identifikation durch Personen und Geräte

Ignition equipment Zündausrüstung

Impact Stoß

Impeller Laufrad

Impeller and rail (rail-mounted carriage) Laufrad und Schiene (Schienenfahrwerke)

Impeller strength and structural dynamics Laufradfestigkeit und Strukturdynamik

Impeller stress analysis Laufradfestigkeit

Importance of motor vehicles Bedeutung von Kraftfahrzeugen

Impulse turbines Gleichdruckturbinen

Incompressible fluids Inkompressible Fluide

Indicating instruments Messwertanzeige

Indirect air cooling and cooling towers Indirekte Luftkühlung und Rückkühlanlagen

Indirect heating Indirekte Beheizung

Individual heaters for larger rooms and halls Einzelheizgeräte für größere Räume und Hallen

Individual heaters for living rooms Einzelheizgeräte für Wohnräume

Individual heating Einzelheizung

Indoor climate Raumklima

Inductances Induktivitäten

Induction heating Induktive Erwärmung

Industrial furnaces Industrieöfen

Industrial robot Industrieroboter

Industrial robot control systems Steuerungssystem eines Industrieroboters

Industrial tractor Schlepper

Industrial trucks Flurförderzeuge

Industrial turbines Industrieturbinen

Inelastic (plastic) buckling Beulspannungen im unelastischen (plastischen) Bereich

Inelastic buckling (Tetmajer's method) Knicken im unelastischen (Tetmajer-)Bereich

Infinite plate with a hole Unendlich ausgedehnte Scheibe mit Bohrung

Influence of temperature, pH, inhibiting and activating compounds Einfluss von Temperatur, pH-Wert, Inhibitoren und Aktivatoren

Influence of the design on the form of the lubricated gap between bearing and shaft Konstruktion und Schmierspaltausbildung

Influences on material properties Einflüsse auf die Werkstoffeigenschaften

Influencing variables Einflussgröße

Information layout Informationsdarstellung

Information technology Informationstechnologie

Inhibition of growth Wachstumshemmung

Initial forces, start-up forces Anregungskräfte

Injection (direct contact) condensers Einspritz-(Misch-)Kondensatoren

Injection moulding Spritzgießverfahren

Injection nozzle Einspritzdüse

Injection pressing Spritzpressen

Inlet and outlet gear Ein- und Auslasssteuerung

Inlet and outlet gear components Baugruppen zur Ein- und Auslasssteuerung

Inorganic chemical analysis Anorganisch-chemische Analytik

Input and output of signals Signaleingabe und -ausgabe

Input problem Eingangsproblem

Installations for natural ventilation Einrichtungen zur freien Lüftung

Instrument transformers Messwandler

Insulated gate bipolar transistors IGB-Transistoren

Integral controller I-Anteil, I-Regler

Integral element I-Glied

Integrally geared compressor Mehrwellen-Getriebeverdichter

Integration technologies Integrationstechnologien

Interfaces Schnittstellen

Interference fits Pressverbände

Intergranular corrosion Interkristalline Korrosion

Interior lay out Innenraumgestaltung

Interior noise Innengeräusch

Internal combustion Verbrennung im Motor

Internal combustion (IC) engine design Konstruktion von Motoren

Internal combustion (IC) engine fuels Motoren-Kraftstoffe

Internal combustion (IC) engines Motorkraftwerke

Internal combustion engines Verbrennungskraftanlagen

Internal combustion engines Verbrennungsmotoren

Internal cooling load Innere Kühllast

Internal energy and systemenergy Innere Energie und Systemenergie

International practical temperature scale Internationale Praktische Temperaturskala

International standard atmosphere Internationale Standardatmosphäre (ISA)

International system of units Internationales Einheitensystem

Internet Internet

Interpolation, Integration Interpolation, Integration

Interpretation of climate data Auslegung von Klimadaten

Introduction Einführung

Introduction Einleitung

Introduction and definitions Einleitung und Definitionen

Introduction, function Überblick, Aufgaben

Involute teeth Evolventenverzahnung

Iron Base Materials Eisenwerkstoffe

Iron Carbon Constitutional Diagram Zustandsschaubild Eisen-Kohlenstoff

Jet and diffusion flow Düsen- und Diffusorströmung

Jig boring machines Koordinatenbohrmaschinen

Job planning Arbeitsvorbereitung

Joining Fügen von Kunststoffen

Joints with polygonprofile Polygonwellenverbindungen

Kaplan turbines Kaplanturbinen

Kinematic analysis of planar mechanisms Kinematische Analyse ebener Getriebe

Kinematic analysis of spatial mechanisms Kinematische Analyse räumlicher Getriebe

Kinematic and dynamic model Kinematisches und dynamisches Modell

Kinematic and vibration quantities Kinematische und schwingungstechnische Messgrößen

Kinematic fundamentals, terminology Kinematische Grundlagen, Bezeichnungen

Kinematic model Kinematisches Modell

Kinematics Kinematik

Kinematics of crank mechanism Kinematik des Kurbeltriebs

Kinematics, power, efficiency Kinematik, Leistung, Wirkungsgrad

Kinetic of enzyme reactions Kinetik enzymatischer Reaktionen

Kinetic of microbial growth Kinetik des mikrobiellen Wachstums

Kinetics of chemical reactions Kinetik chemischer Reaktionen

Kinetostatic analysis of planar mechanisms Kinetostatische Analyse ebener Getriebe

Kirchhoff's Law Kirchhoffsches Gesetz

Knee-type milling machines Konsolfräsmaschinen

Knowledge based modeling Wissensbasierte Modellierung

Lagrange's equations Lagrangesche Gleichungen

Laminated Object Manufacturing (LOM) Laminated Object Manufacturing (LOM)

Lapping machines Läppmaschinen

Laser beam processing Laserstrahlverfahren

Laser cutting Lasertrennen

Laser welding and soldering equipment Laserstrahl-Schweiß- und Löteinrichtungen

Lateral buckling of beams Kippen

Lateral dynamics and driving behavior Querdynamik und Fahrverhalten

Lathes Drehmaschinen

Law of physics Physikalische Grundlagen

Laws of fluid dynamics Strömungsgesetze

Layout design of friction clutches Auslegung einer reibschlüssigen Schaltkupplung

Layout design of heat exchangers Auslegung von Wärmeübertragern

Layout design principles, vibration characteristics Auslegungsgesichtspunkte, Schwingungsverhalten

Lead Blei

Leaf springs and laminated leaf springs Einfache und geschichtete Blattfedern (gerade oder schwachgekrümmte, biegebeanspruchte Federn)

Length measurement Längenmesstechnik

Life Cycle Costing Lebenslaufkostenrechung

Lifecyclecosts Lebenszykluskosten LCC

Lift drive, auxiliary function driv Hubantrieb, Antrieb der Nebenfunktionen

Lift drive, auxiliary function drive, manually operated industrial trucks Hubantrieb, Antrieb der Nebenfunktionen Handbetriebene Flurförderzeuge

Lift mast Hubgerüst

Lifting equipment and cranes Hebezeuge und Krane

Lifting hook Lasthaken

Light and lighting Licht und Beleuchtung

Light water reactors Leichtwasserreaktoren (LWR)

Lightweight structures Leichtbau

Line interaction Netzrückwirkungen

Line model Leitungsnachbildung

Linear and rotary guides and bearings Führungen

Linear basic elements Lineare Grundglieder

Linear characteristic curve Lineare Kennlinie

Linear control loop Linearer Regelkreis

Linear guides Linearführungen

Linear motion rolling bearings Linearwälzlager

Linear motors Linearmotoren

Linear transfer elements Lineare Übertragungsglieder

Line-commutated converters Netzgeführte Stromrichter

Line-commutated rectifiers and inverters Netzgeführte Gleich- und Wechselrichter

Liquid fuel furnaces Feuerungen für flüssige Brennstoffe

Liquid level Flüssigkeitsstand

Liquid ring compressors Flüssigkeitsringverdichter

Load and operating strategies Belegungs- und Bedienstrategien

Load capacity Tragfähigkeit

Load carrying equipment Tragmittel und Lastaufnahmemittel

Load carrying equipment for bulk materials Lastaufnahmemittel für Schüttgüter

Load carrying equipment for individual items Lastaufnahmemittel für Stückgüter

Load rating and fatigue life of rolling bearings Belastbarkeit und Lebensdauer der Wälzlager

Load-carrying device Lastaufnahmevorrichtung

Load-commutated inverter motor Stromrichtermotor

Load-deformation diagrams, spring rate (stiffness), deformation rate (flexibility) Federkennlinie, Federsteifigkeit, Federnachgiebigkeit

Loading and failure types Beanspruchungs- und Versagensarten

Loading and materials Beanspruchungen und Werkstoffe

Loading and stress conditions Belastungs- und Beanspruchungsfälle

Loading capacity under creep conditions and creep-fatigue conditions Festigkeitsnachweis unter Zeitstand- und Kriechermüdungsbeanspruchung

Loads and load combinations Lasten und Lastkombinationen

Loads, Load Assumptions Lasten, Lastannahmen

Local stress or strain approach Kerbgrundkonzepte

Localized corrosion and passivity Lokalkorrosion und Passivität

Long stroke honing machines Langhubhonmaschinen

Longtime tests Dauerversuche

Loss factors for pipe fittings and bends Strömungsverluste durch spezielle Rohrleitungselemente und Einbauten

Losses and efficiency Verluste und Wirkungsgrad

Losses at the blade tips Verluste an den Schaufelenden

Low voltage switchgear Niederspannungsschaltgeräte

Lubricant and kind of lubrication Schmierstoff und Schmierungsart

Lubricant supply Lagerschmierung

Lubricants Schmierstoffe

Lubricating greases Schmierfette

Lubricating oils Schmieröle

Lubrication Schmierung

Lubrication and cooling Schmierung und Kühlung

Lubrication of rolling bearings Wälzlagerschmierung

Machine acoustic base equation Maschinenakustische Grundgleichung

Machine acoustic calculations by Finite-Element-Method/Boundary-Element-Method Maschinenakustische Berechnungen mit der Finite-Elemente-Methode/Boundary-Elemente-Methode

Machine acoustic calculations by Statistical Energy Analysis (SEA) Maschinenakustische Berechnungen mit der Statistischen Energieanalyse (SEA)

Machine dynamics Maschinendynamik

Machine tool components Elemente der Werkzeugmaschinen

Machine types Maschinenarten

Machine vibrations Maschinenschwingungen

Machines for circular milling Rundfräsmaschinen

Machines for power hack sawing and filing Hubsäge- und Hubfeilmaschinen

Machining Centers Bearbeitungszentren

Magnesium alloys Magnesiumlegierungen

Magnetic data transmission Magnetische Datenübertragung

Magnetic materials Magnetische Materialien

Maintenance Wartung und Instandhaltung

Maintenance of cells Zellerhaltung

Manifestation of corrosion Korrosionserscheinungen („Korrosionsarten")

Manipulation and disturbance reaction of the controlled system Stell- und Störverhalten der Strecke

Manufacturing in precision engineering and microtechnology Fertigungsverfahren der Feinwerk- und Mikrotechnik

Manufacturing of cast parts Herstellung von Formteilen (Gussteilen)

Manufacturing of half-finished parts Herstellung von Halbzeugen

Manufacturing of microstructures Verfahren der Mikrotechnik

Manufacturing processes Fertigungsverfahren

Manufacturing systems Fertigungsmittel

Manufacturing systems Fertigungssysteme

Marine application Schifffahrt

Matching of centrifugal pump and system characteristics Kreiselpumpe an den Leistungsbedarf, Anpassung

Matching of machine and plant Zusammenarbeit von Maschine und Anlage

Material Werkstoff

Material flow controls Materialflusssteuerungen

Material separation Stofftrennung

Material to be conveyed; materials handling equipment Fördergüter und Fördermaschinen

Materiallographic analyses Materialographische Untersuchungen

Materials design values for dimensioning of components Werkstoffkennwerte für die Bauteildimensionierung

Materials handling Materialtransport

Materials handling and conveying Fördertechnik

Materials in electric field Stoffe im elektrischen Feld

Materials in magnetic field Stoffe im Magnetfeld

Materials selection Werkstoffauswahl

Materials technology Werkstofftechnik

Materials testing Werkstoffprüfung

Mathematics Mathematik

Maximum principal stress criterion Normalspannungshypothese

Maximum shear strain energy criterion Gestaltänderungsenergiehypothese

Maximum shear stress (Tresca) criterion Schubspannungshypothese

Mean retention time Mittlere Verweilzeit

Measurement and control Mess- und Regelungstechnik

Measurement of current, voltage and resistance Strom-, Spannungs- und Widerstandsmesstechnik

Measurement signal processing Messsignalverarbeitung

Measurement technique and sensors Messtechnik und Sensorik

Measuring chain Messkette

Measuring quantities and methods Messgrößen und Messverfahren

Measuring spot and data sensoring Messort und Messwertabnahme

Mechanical action Mechanische Beanspruchungen

Mechanical behaviour Mechanisches Verhalten

Mechanical brakes Mechanische Elemente der Antriebe

Mechanical data transmission Mechanische Datenübertragung

Mechanical feed drive components Mechanische Vorschub-Übertragungselemente

Mechanical losses Mechanische Verluste

Mechanical machine components Mechanische Konstruktionselemente

Mechanical memories and control systems Mechanische Speicher und Steuerungen

Mechanical model Mechanisches Ersatzsystem

Mechanical models, equations of motion Mechanische Ersatzsysteme, Bewegungsgleichungen

Mechanical presses Weggebundene Pressmaschinen

Mechanical process engineering Mechanische Verfahrenstechnik

Mechanical ventilation facilities Mechanische Lüftungsanlagen

Mechanics Mechanik

Mechanism-engineering, kinematics Getriebetechnik

Mechanisms of corrosion Mechanismen der Korrosion

Mechanized hard soldering Mechanisiertes Hartlöten

Mechatronics Mechatronik

Melting and sublimation curve Schmelz- und Sublimationsdruckkurve

Membrane separation processes Membrantrennverfahren

Metal cutting machine tools Spanende Werkzeugmaschinen

Metal springs Metallfedern

Metallographic investigation methods Metallographische Untersuchungen

Metallurgical effects Metallurgische Einflüsse

Meteorological fundamentals Meteorologische Grundlagen

Methods Methoden

Methods of coordinate geometry Analytische Verfahren

Methods of reducing machinery noise Möglichkeiten zur Verminderung von Maschinengeräuschen

Metrology Messtechnik

Michaelis-Menten-Kinetic Michaelis-Menten-Kinetik

Microbiological influenced corrosion Mikrobiologisch beeinflusste Korrosion

Microorganisms of technical importance Mikroorganismen mit technischer Bedeutung

Milling Fräsen

Milling machines Fräsmaschinen

Milling machines with parallel kinematics Fräsmaschinen mit Parallelkinematiken

Milling machines with parallel kinematics, special milling machines Fräsmaschinen mit Parallelkinematiken Sonderfräsmaschinen

Mineral components Mineralische Bestandteile

Mixing installations for concrete Betonmischanlagen

Mixing of solid materials Mischen von Feststoffen

Mixture formation and combustion in compression-ignition engines Gemischbildung und Verbrennung im Dieselmotor

Mixture formation and combustion in spark ignition engines Gemischbildung und Verbrennung im Ottomotor

Mixtures Gemische

Mixtures of gas and vapour. Humid air Gas-Dampf-Gemische. Feuchte Luft

Mobile cranes Fahrzeugkrane

Modal analysis Modale Analyse

Modal parameters: Natural frequencies, modal damping, eigenvectors Modale Parameter: Eigenfrequenzen, modale Dämpfungen, Eigenvektoren

Mode of operation Wirkungsweise

Mode of operation, definitions Wirkungsweise, Definitionen

Modeling and design method Modellbildung und Entwurf

Models Modelle

Modes of failure under complex conditions Versagen durch komplexe Beanspruchungen

Modular system Baukasten

Mohr's criterion Erweiterte Schubspannungshypothese

Mollier-diagram of humid air Mollier-Diagramm der feuchten Luft

Moment of inertia Allgemeines über Massenträgheitsmomente

Motion and control System Antriebs- und Steuerungssystem

Motion controls Bewegungssteuerungen

Motion measurement Wegmesstechnik

Motion of rigid bodies Bewegung starrer Körper

Motion of the centroid Schwerpunktsatz

Motorcycles Krafträder

Motors Motoren

Moving coil instruments Messwerke

Multi-degree-of-freedom systems (coupled vibrations) Systeme mit mehreren Freiheitsgraden (Koppelschwingungen)

Multidimensional flow of ideal fluids Mehrdimensionale Strömung idealer Flüssigkeiten

Multidimensional flow of viscous fluids Mehrdimensionale Strömung zäher Flüssigkeiten

Multigrid method Mehrgitterverfahren

Multi-lobed and tilting pad journal bearings Mehrgleitflächenlager

Multi-loop control Mehrschleifige Regelung

Multi-machine Systems Mehrmaschinensysteme

Multiphase fluid flow Mehrphasenströmungen

Multi-spindle drilling machines Mehrspindelbohrmaschinen

Multistage compression Mehrstufige Verdichtung

Natural circulation fossil fuelled boilers Naturumlaufkessel für fossile Brennstoffe

Natural frequency of undamped systems Eigenfrequenzen ungedämpfter Systeme

Natural gas transport Erdgastransporte

Navier Stokes' equations Bewegungsgleichungen von Navier-Stokes

Net calorific value and gros calorific value Heizwert und Brennwert

Network analysis Netzwerkberechnung

Networks Netzwerke

Newton's law of motion Dynamisches Grundgesetz von Newton (2. Newtonsches Axiom)

Nickel and nickel alloys Nickel und seine Legierungen

Noise Geräusch

Noise development Geräuschentstehung

No-load and short circuit Leerlauf und Kurzschluss

Nominal stress approach Nennspannungskonzept

Nominal, structural and notch tension concept Nenn-, Struktur- und Kerbspannungskonzept

Non-destructive diagnosis and machinery condition monitoring Zerstörungsfreie Bauteil- und Maschinendiagnostik

Non-destructive testing Zerstörungsfreie Werkstoffprüfung

Nonferrous metals Nichteisenmetalle

Nonlinear transfer elements Nichtlinearitäten

Non-linear vibrations Nichtlineare Schwingungen

Nonmetallic inorganic materials Nichtmetallische anorganische Werkstoffe

Nonsteady flow Instationäre Strömung

Non-continuous conveyors Unstetigförderer

Non-steady flow of viscous Newtonian fluids Instationäre Strömung zäher Newtonscher Flüssigkeiten

Normal impact Gerader zentraler Stoß

Notched bar impact bending test Kerbschlagbiegeversuch

Nuclear fuels Kernbrennstoffe

Nuclear fusion Kernfusion

Nuclear power stations Kernkraftwerke

Nuclear reactor boilers Dampferzeuger für Kernreaktoren

Nuclear reactors Kernreaktoren

Number representation and arithmetic operations Zahlendarstellungen und arithmetische Operationen

Numbering systems Sachnummernsysteme

Numerical basic functions Numerische Grundfunktionen

Numerical control (NC) Numerische Steuerungen

Numerical methods Numerische Berechnungsverfahren

Numerical methods Numerische Methoden

Numerical processes to simulate airborne and structure-borne noise Numerische Verfahren zur Simulation von Luft- und Körperschall

Numerical-analytical solutions Numerisch-analytische Lösung

Object oriented programming Objektorientierte Programmierung

Oblique impact Schiefer zentraler Stoß

Occupant cell Fahrgastzelle

Off-line programming systems Offline-Programmiersysteme

Oil lubrication Ölschmierung

Oil transport Mineralöltransporte

One-dimensional flow of ideal fluids Eindimensionale Strömungen idealer Flüssigkeiten

One-dimensional flow of non-Newtonian fluids Eindimensionale Strömung Nicht-Newtonscher Flüssigkeiten

One-dimensional flow of viscous Newtonian fluids Eindimensionale Strömungen zäher Newtonscher Flüssigkeiten (Rohrhydraulik)

Open and Closed loop Offene und geschlossene Regelkreise

Open circuit Offener Kreislauf

Open gas turbine cycle Offene Gasturbinenanlage

Operating characteristics Betriebskennlinien

Operating characteristics Betriebsverhalten

Operating conditions Betriebsbedingungen (vorgegeben)

Operating conditions and performance characteristics Betriebsverhalten und Kenngrößen

Operating systems Betriebssysteme

Operating variables Beanspruchungskollektiv

Operation of hydrostatic transmissions Funktion der Hydrogetriebe

Operation of storage systems Betrieb von Lagersystemen

Operational amplifiers Operationsverstärker

Operational area Einsatzgebiete

Operational behaviour and control Betriebsverhalten und Regelmöglichkeiten

Operational costing Betriebliche Kostenrechnung

Operational mode Betriebsweise

Operational stability Betriebsfestigkeit

Optical data collection and transmission Optische Datenerfassung und -übertragung

Optical quantities Optische Messgrößen

Optimization problems Optimierungsprobleme

Optimum indoor climate in working spaces and factories Erträgliches Raumklima in Arbeitsräumen und Industriebetrieben

Optocouplers Optokoppler

Optoelectronic components Optoelektronische Komponenten

Opto-electronic emitters Optoelektronische Sender

Opto-electronic receivers Optoelektronische Empfänger

Organic chemical analysis Organisch-chemische Analytik

Organic industrial design: challenges and visions Bio-Industrie-Design: Herausforderungen und Visionen

Organisation of control systems Aufbauorganisation von Steuerungen

Organisational types Formen der Organisation

Organizational forms of assembly Organisationsformen der Montage

Origin of machine vibrations, excitation forces Entstehung von Maschinenschwingungen, Erregerkräfte F(t)

Oscillating circuits and filters Schwingkreise und Filter

Oscillating positive displacement pumps Oszillierende Verdrängerpumpen

Oscilloscopes Oszilloskope

Ossberger (Banki) turbines Ossbergerturbinen

Otto engine Ottomotor

Outdoor air humidity Luftfeuchte

Outdoor air temperature Lufttemperatur

Output of measured quantities Messwertausgabe

Machine Maschine

Overall machine performance parameters Maschinenkenngrößen

Overview Übersicht

Packaged water chiller Kaltwassersätze

Pallet truck Niederhubwagen

Pallet-stacking truck Gabelhochhubwagen

Parallel keys and woodruff keys Pass- und Scheibenfeder-Verbindungen

Parameter definition Parameterermittlung

Parameter-excited vibrations Parametererregte Schwingungen

Parameters of the conveying process Kenngrößen des Fördervorgangs

Parametric modeling Parametrik

Parametrics and holonomic constraint Parametrik und Zwangsbedingungen

Particle dynamics, straight line motion of rigid bodies Kinetik des Massenpunkts und des translatorisch bewegten Körpers

Part-load operation Teillastbetrieb

Passive components Passive Komponenten

Passive safety Passive Sicherheit

Pattern recognition and image processing Mustererkennung und Bildverarbeitung

Pelton turbines Peltonturbinen

Perfect liquid Ideale Flüssigkeit

Performance characteristics Kennliniendarstellungen

Performance parameter range of compressor stages Kenngrößen-Bereiche für Verdichterstufen

Performance parameter range of turbine stages Kenngrößen-Bereiche für Turbinenstufen

Permanent brakes Dauer-Bremsanlagen

Permanent disposal of nuclear waste Endlagerung radioaktiver Abfälle

Permanent elastic couplings Elastische, nicht schaltbare Kupplungen

Permanent molding process Dauerformverfahren

Permanent rotary-flexible couplings Drehnachgiebige, nicht schaltbare Kupplungen

Permanent torsionally stiff couplings Drehstarre, nicht schaltbare Kupplungen

Phasor diagram Zeigerdiagramm

Photometry, colorimetry Licht- und Farbmesstechnik

Picking Kommissionierung

Piece good handling technology Stückgut-Systemtechnik

Pin-jointed frames Fachwerke

Pinned and taper-pinned joints Stiftverbindungen

Pipe fittings Rohrverbindungen

Pipework Rohrleitungen

Piping system Rohrnetz

Piston compressors Hubkolbenverdichter

Piston engines Hubkolbenmaschinen

Piston pumps Kolbenpumpen

Pistontype motors Hydromotoren in Hubverdränger-(Kolben-)bauart

Placement of primary shaping in the manufacturing processes Einordnung des Urformens in die Fertigungsverfahren

Plain bearings Gleitlagerungen

Plain journal bearings under steady-state conditions Stationär belastete Radialgleitlager

Plain thrust bearings under steady state conditions Stationär belastete Axialgleitlager

Plane frames Ebene Fachwerke

Plane motion Ebene Bewegung

Plane problems Körper in der Ebene

Plane stresses Ebener Spannungszustand

Plane surfaces Ebene Flächen

Planing machines Hobelmaschinen

Planing, shaping and slotting machines Hobel- und Stoßmaschinen

Planning and investments Planung und Investitionen

Planning of measurements Planung von Messungen

Plant and animal tissues Pflanzliche und tierische Zellen (Gewebe)

Plant performance characteristics Anlagencharakteristik

Plastic foams (Cellular plastics) Kunststoffschäume

Plastic limit load concept Plastisches Grenzlastkonzept

Plastics Kunststoffe

Plastics with fluorine Fluorhaltige Kunststoffe

Plates Platten

Plates and shells Flächentragwerke

Platform truck Wagen

Pneumatic components Bauelemente

Pneumatic conveyors Pneumatische Förderer

Pneumatic drives Pneumatische Antriebe

Pneumatic power transmission Energieübertragung durch Gase

Polarimetry Polarimetrie

Pollutant content Schadstoffgehalt

Polytropic and isentropic efficiency Polytroper und isentroper Wirkungsgrad

Port fuel injection Saugrohr-Benzin-Einspritzung

Position adjustment Lageeinstellung

Positive (interlocking) clutches (dog clutches) Formschlüssige Schaltkupplungen

Positive connections Formschlussverbindungen

Positive displacement pumps Verdrängerpumpen

Positive locked drives Formschlüssige Antriebe

Possibilities for noise reduction Möglichkeiten zur Geräuschminderung

Potential flows Potentialströmungen

Power characteristics of valves Leistungsmerkmale der Ventile

Power diodes Leistungsdioden

Power electronics Leistungselektrik

Power output, power input, overall efficiency Förderleistung, Antriebsleistung, Gesamtwirkungsgrad

Power plant technology Kraftwerkstechnik

Power Plant Turbines Kraftwerksturbinen

Power, torque and fuel consumption Leistung, Drehmoment und Verbrauch

Power-driven lift trucks Motorisch betriebene Flurförderzeuge

PPC systems PPS-Systeme

Precision drilling machines Feinbohrmaschinen

Preparing and finishing steps Vorbereitende und nachbehandelnde Arbeitsvorgänge

Presentation of vibrations in the frequency domain Darstellung von Schwingungen im Frequenzbereich

Presentation of vibrations in the time and frequency domain Darstellung von Schwingungen im Zeit- und Frequenzbereich

Presentation of vibrations in the time domain Darstellung von Schwingungen im Zeitbereich

Press moulding Formpressen

Press Pressmaschinen

Press, working process related Arbeitgebundene Pressmaschine

Presses and hammers for metal forming Werkzeugmaschinen zum Umformen

Pressure conditions Druckzustände

Pressure control valves Druckventile

Pressure drop Druckverlust

Pressure drop design Druckverlustberechnung

Pressure losses Druckverluste

Pressure measurement Druckmesstechnik

Pressures Drücke

Pressurized cross sectional area A_p Druckbeanspruchte Querschnittsflächen A_p

Prestressed shaft-hub connections Vorgespannte Welle-Nabe-Verbindungen

Primary energies Primärenergien

Principle and types Prinzip und Bauformen

Principle of operation Funktionsweise des Industrie-Stoßdämpfers

Principle of virtual work Prinzip der virtuellen Arbeiten

Principles of condensation Grundbegriffe der Kondensation

Principles of embodiment design Gestaltungsprinzipien

Principles of energy supply Grundsätze der Energieversorgung

Printers Drucker

Procedure Vorgang

Process data processing and bussystems Prozessdatenverarbeitung und Bussysteme

Processes and functional principles Prozesse und Funktionsweisen

Processing Plants Verarbeitungsanlagen

Processing System Verarbeitungssystem

Product creation process Produktentstehungsprozess

Product data management Produktdatenmanagement

Production and works management Fertigungs- und Fabrikbetrieb

Production management Management der Produktion

Production of diffusion layers Erzeugung von Diffusionsschichten

Production of plane surface structures Herstellen planarer Strukturen

Production planning Arbeitsplanung

Production planning and control Arbeitssteuerung

Profil grinding machines Profilschleifmaschinen

Profile losses Profilverluste

Program control and function control Programmsteuerung und Funktionssteuerung

Programmable logic controller (PLC) Speicherprogrammierbare Steuerungen

Programming languages Programmiersprachen

Programming methods Programmiermethoden

Programming procedures Programmierverfahren

Proof of strength for components Festigkeitsnachweis von Bauteilen

Proof of strength for constant cyclic loading Festigkeitsnachweis bei Schwingbeanspruchung mit konstanter Amplitude

Proof of strength for static loading Festigkeitsnachweis bei statischer Beanspruchung

Proof of structural durability Festigkeitsnachweis bei Schwingbeanspruchung mit variabler Amplitude (Betriebsfestigkeitsnachweis)

Propellers Propeller

Properties Eigenschaften

Properties and Application of Materials Eigenschaften und Verwendung der Werkstoffe

Properties of materials and structures Werkstoff- und Bauteileigenschaften

Proportional controlled system P-Strecke 0. Ordnung $(P-T_0)$

Proportional controlled system with dead time P-Strecke mit Totzeit $(P-T_t)$

Proportional controlled system with first order delay P-Strecke 1. Ordnung $(P-T_1)$

Proportional controlled system with second or higher order delay P-Strecke 2. und höherer Ordnung $(P-T_n)$

Proportional controller P-Anteil, P-Regler

Proportional element P-Glied

Proportional plus derivative controller PD-Regler

Proportional plus integral controller PI-Regler

Proportional plus integral plus derivative controller PID-Regler

Proportional valves Proportionalventile

Propulsion system Fahrantrieb

Protection against electric shock Berührungsschutz

Protection switches Schutzschalter

Pulsation dumping Pulsationsdämpfung

Pulverized fuel furnaces Kohlenstaubfeuerung

Pump constructions Ausgeführte Pumpen

Pump storage stations Pumpspeicherwerke

Purity of material Werkstoffreinheit

Push sorter Schubplattformförderer

Pusher furnace Stoßofen

Quality management (QM) Qualitätsmanagement

Quantities of substances and matter Stoffmessgrößen

Quasistationary electromagnetic field Quasistationäres elektromagnetisches Feld

Radial drilling machines Schwenkbohrmaschinen

Radial turbine stage Radiale Turbinenstufe

Radiation in industrial furnaces Strahlung in Industrieöfen

Radiation measurement Strahlungsmesstechnik

Radiative heat transfer Wärmeübertragung durch Strahlung

Radiators, convectors and panel heating Raum-Heizkörper, -Heizflächen

Rail vehicles Schienenfahrzeuge

Rating, flow rate, control Bemessung, Förderstrom, Steuerung

Ratio of slip Schlupf

Reach truck Schubstapler

Reaction turbines Überdruckturbinen

Reactive power compensation Blindleistungskompensation

Reactor core with reflector Reaktorkern mit Reflektor

Reactor safety Sicherheitstechnik von Kernreaktoren

Real cycle Wirklicher Arbeitsprozess

Real engine Reale Maschine

Real fluid Reales Fluid

Real gases and vapours Reale Gase und Dämpfe

Real gas-turbine cycles Reale Gasturbinenprozesse

Real reactors Reale Reaktoren

Realization of assembly and disassembly Durchführung der Montage und Demontage

Reciprocating engines Kolbenmaschinen

Reciprocating water chillers Kaltwassersatz mit Kolbenverdichter

Recooling systems Rückkühlsysteme

Recorders Schreiber

Rectangular plates Rechteckplatten

Reduce of force level Verminderung des Kraftpegels (Maßnahmen an der Krafterregung)

Reduce of structure-borne-noise-factor and radiation coefficient Verminderung von Körperschallmaß und Abstrahlmaß (Maßnahmen am Maschinengehäuse)

Reduction of the airborne noise emission Verminderung der Luftschallabstrahlung

Reduction of the force excitation Verminderung der Kraftanregung

Reduction of the structure-borne noise function Verminderung der Körperschallfunktion

Reference and disturbance reaction of the control loop Führungs- und Störungsverhalten des Regelkreises

Reference reaction of the control loop Führungsverhalten des Regelkreises

Reference values, level arithmetic Bezugswerte, Pegelarithmetik

Refractometry Refraktometrie

Refractories Feuerfestmaterialien

Refrigerant Kältemittel

Refrigerant circuits Kältemittelkreisläufe

Refrigerant-compressor Kältemittelverdichter

Refrigerants, refrigeration oils and brines Kältemittel, Kältemaschinen-Öle und Kühlsolen

Refrigeration and air-conditioning technology and heating engineering Kälte-, Klima- und Heizungstechnik

Refrigeration oil Kältemaschinen-Öle

Refrigeration plants and heat pumps Kälteanlagen und Wärmepumpen

Refrigeration processes Kältetechnische Verfahren

Refrigeration technology Kältetechnik

Regenerative energies Regenerative Energien

Regenerative heat transfer Regenerativer Wärmeübergang

Registrating instruments Messwertregistrierung

Regulating device Regelung

Regulating device Verstellung und Regelung

Regulating device and operating characteristics Regelung und Betriebsverhalten

Regulation methods Regelungsarten

Reliability test Zuverlässigkeitsprüfung

Remote heat transport Fernwärmetransporte

Removal by thermal operations Thermisches Abtragen

Representation and documentation of results Ergebnisdarstellung und Dokumentation

Requirements of gas mixture Gemischbildung, Anforderungen an

Requirements, types of design Anforderungen an Bauformen

Resistance heating Widerstandserwärmung

Resistance welding machine Widerstandsschweißmaschine

Resistors Widerstände

Reversing converters Umkehrstromrichter

Rigid body rotation about a fixed axis Rotation eines starren Körpers um eine feste Achse

Rigid couplings Starre Kupplungen

Riveted joints Nietverbindungen

Road vehicles Straßenfahrzeuge

Roller conveyors Rollen- und Kugelbahnen

Rolling bearing clearance Lagerluft

Rolling bearing seals Wälzlagerdichtungen

Rolling bearing structural materials Wälzlagerwerkstoffe

Rolling bearing types Bauarten der Wälzlager

Rolling bearings Wälzlager

Rolling friction Rollwiderstand

Rolling with spin Bohrbewegung

Room temperature Raumtemperatur

Roots blowers Roots-Gebläse

Ropes and rope drives Seile und Seiltriebe

Rotary cube casing Drehrohrmantel

Rotary guides, bearings Drehführungen, Lagerungen

Rotary impact Drehstoß

Rotary kiln Drehrohröfen

Rotating electrical machines Elektrische Maschinen

Rotating fields in three-phase machines Drehfelder in Drehstrommaschinen

Rotating S-conveyor Umlauf-S-Förderer

Rotation Rotation (Drehbewegung, Drehung)

Rubber springs and anti-vibration mountings Gummifedern

Rule of the common normal Verzahnungsgesetz

Rules for control loop optimization Einstellregeln für Regelkreise

Running gear Fahrwerkskonstruktionen

Running quality of mechanisms Laufgüte der Getriebe

Run-of-river and storage power stations Laufwasser- und Speicherkraftwerke

Safety Arbeitssicherheit

Safety Sicherheit

Safety devices Sicherheitstechnik

Safety requirements Sicherheitsbestimmungen

Sampling Probenentnahme

Sawing and filing machines Säge- und Feilmaschinen

Scavenging of two-stroke engines Ladungswechsel des Zweitaktmotors

Schottky-Diodes Schottky-Dioden

Scope of quality management Aufgaben des Qualitätsmanagements

Scraper conveyors Kratzerförderer

Screw (driving screw) Schraube (Bewegungsschraube)

Screw compressor water chillers Kaltwassersatz mit Schraubenverdichter

Screw compressors Schraubenverdichter

Screw conveyors Förderer mit Schnecken

Screw presses Spindelpressen

Screw thread grinding machines Schraubflächenschleifmaschinen

Sealing of the working chamber Abdichten des Arbeitsraumes

Search for solution principles Suche nach Lösungsprinzipien

Second law Zweiter Hauptsatz

Second or higher order delay element T_2/n-Glied

Secondary treatments Nachbehandlungen

Segregation Segregation

Selection of machine type Wahl der Bauweise

Selective laser sintering (SLS) Selektives Lasersintern (SLS)

Selective network protection Selektiver Netzschutz

Self-commutated converters Selbstgeführte Stromrichter

Self-commutated inverters and converters Selbstgeführte Wechselrichter und Umrichter

Self-excited vibrations Selbsterregte Schwingungen

Selflocking and partial locking Selbsthemmung und Teilhemmung

Semi-closed circuits Halboffener Kreislauf

Semi-infinite body Halbunendlicher Körper

Semi-open impeller Offenes Laufrad

Semi-similar series Halbähnliche Baureihen

Sensor technology Sensorik

Sensors Sensoren

Sensors and actuators Sensoren und Aktoren

Separation of particles out of gases Abscheiden von Partikeln aus Gasen

Separation of solid particles out of fluids Abscheiden von Feststoffpartikeln aus Flüssigkeiten

Servo valve Servoventile

Shaft seals Wellendichtungen

Shaft, cupola and blast furnace Schacht-, Kupol- und Hochöfen

Shaping and slotting machines Stoßmaschinen

Shaping of metals by casting Formgebung bei metallischen Werkstoffen durch Gießen

Shear and torsion Schub und Torsion

Shear stresses and shear centre in straight beams Schubspannungen und Schubmittelpunkt am geraden Träger
Shearing and blanking Scheren und Schneiden
Shearing and blanking machines Maschinen zum Scheren und Schneiden
Shearing machines Maschinen zum Scheren
Shell type steam generators Großwasserraumkessel
Shells Schalen
Shells under internal pressure, membrane stress theory Biegeschlaffe Rotationsschalen und Membrantheorie für Innendruck
Shingling conveyor Schuppenförderer
Ship propellers Schiffspropeller
Shock absorber Industrie-Stoßdämpfer
Shockabsorption Dämpfung
Short stroke honing machines Kurzhubhonmaschinen
Short-circuit characteristics Kurzschlussverhalten
Short-circuit currents Kurzschlussströme
Short-circuit protection Kurzschlussschutz
Shovel loaders Schaufellader
Shrouded 2 D-impeller Geschlossenes 2D-Laufrad
Shrouded 3 D-impeller Geschlossenes 3D-Laufrad
Shut-off and control valves Absperr- und Regelorgane
Shuttle Valves Sperrventile
Side-loading truck Querstapler
Sign conventions Vorzeichenregeln
Signal forming Signalbildung
Signal processing Signalverarbeitung
Similarity conditions and loading Ähnlichkeitsbeziehungen und Beanspruchung
Similarity laws Ähnlichkeitsbeziehungen
Similarity laws Ähnlichkeitsgesetze (Modellgesetze)
Similarity mechanics Ähnlichkeitsmechanik
Simulation methods Simulationsmethoden
Single phase fluid flow Einphasenströmung
Single phase transformers Einphasentransformatoren
Single point thread turning Gewindedrehen
Single shaft compressor Einwellenverdichter

Single wheel lapping machines Einscheiben-Läppmaschinen
Single-phase motors Einphasenmotoren
Size Reduction Zerkleinern
Size Reduction Equipment Zerkleinerungsmaschinen
Size selection of friction clutches Auswahl einer Kupplungsgröße
Skin effect, depth of penetration Stromverdrängung, Eindringtiefe
Slat conveyors Plattenbandförderer
Slewing cranes Drehkrane
Slewing mechanis Drehwerke
Sliding and rolling motion Gleit- und Rollbewegung
Sliding shoe sorter Schiebeschuhsorter
Software engineering Softwareentwicklung
Solar energy Solarenergie
Solar radiation Sonnenstrahlung
Soldering Weichlöten
Soldering and brazing Löten
Solid fuel furnaces Feuerungen für feste Brennstoffe
Solid fuels Feste Brennstoffe
Solid lubricants Festschmierstoffe
Solid lubricants Feststoffschmierung
Solid materials Feste Stoffe
Solids/fluid flow Feststoff/Fluidströmung
Sorting system – sorting plant – sorter Sortiersystem – Sortieranlage – Sorter
Sound absorber Schalldämpfer
Sound intensity, sound intensity level Schallintensität, Schallintensitätspegel
Sound power, sound power level Schallleistung, Schallleistungspegel
Sound, frequency, acoustic range, sound pressure, sound pressure level, sound pressure level Schall, Frequenz, Hörbereich, Schalldruck, Schalldruckpegel, Lautstärke
Source of heat Wärmequellen
Spark erosion and electrochemical erosion Funkenerosion und elektrochemisches Abtragen
Special air conditioning and cooling plants Sonderklima- und Kühlanlagen
Special blanking processes Sonderschneidverfahren

Special cases Sonderfälle

Special characteristics Besondere Eigenschaften

Special gears Sondergetriebe

Special properties of conductors Besondere Eigenschaften bei Leitern

Special purpose drilling machines Sonderbohrmaschinen

Special purpose lathes Sonderdrehmaschinen

Special purpose milling machines Sonderfräsmaschinen

Special technologies Sonderverfahren

Special-purpose design Sonderbauarten

Specific power consumption Spezifischer Energieverbrauch

Specific safety devices Spezifische Sicherheitseinrichtungen

Speed control Drehzahlregelung

Speed control Drehzahlverstellung

Speed-sensitive clutches (centrifugal clutches) Drehzahlgeschaltete Kupplungen

Spheres Kugel

Spherical lapping machines Kugelläppmaschinen

Spiral springs and helical torsion springs Spiralfedern (ebene gewundene, biegebeanspruchte Federn) und Schenkelfedern (biegebeanspruchte Schraubenfedern)

Splined joints Zahn- und Keilwellenverbindungen

Springs Federn

Spur and helical gears – gear tooth geometry Stirnräder – Verzahnungsgeometrie

Stability Standsicherheit

Stability problems Stabilitätsprobleme

Stack Schornstein

Stacking truck Schmalgangstapler

Stage design Stufen

Standard hoists Serienhebezeuge

Standard problem of linear algebra Standardaufgabe der linearen Algebra

Standard problems of linear algebra Standardaufgaben der linearen Algebra

Standardisation Normenwerk

Start-up period Anfahren

Start of baking process Anbackungen

Start up and operation Anfahren und Betrieb

Starting aids Start- und Zündhilfen

Static and dynamic capacity and computation of fatigue life Statische bzw. dynamische Tragfähigkeit und Lebensdauerberechnung

Static and fatigue strength of bolted connections Auslegung und Dauerfestigkeitsberechnung von Schraubenverbindungen

Static and sliding friction Haftung und Gleitreibung

Static contact seals Berührungsdichtungen an ruhenden Flächen

Static efficiency Statischer Wirkungsgrad

Static Kraemer system Stromrichterkaskaden

Static similarity Statische Ähnlichkeit

Static strength Statische Festigkeit

Statically indeterminate systems Statisch unbestimmte Systeme

Statics of rigid bodies Statik starrer Körper

Stationary and rotating cascades Leit- und Laufgitter

Steady flow forces acting on blades Beanspruchung der Schaufeln durch stationäre Strömungskräfte

Steady flow in open channels Stationäre Strömung durch offene Gerinne

Steady laminar flow in pipes of circular cross-section Stationäre laminare Strömung in Rohren mit Kreisquerschnitt

Steady state heat conduction Stationäre Wärmeleitung

Steady state processes Stationäre Prozesse

Steady turbulent flow in pipes of circular cross-section Stationäre turbulente Strömung in Rohren mit Kreisquerschnitt

Steady-state operation Stationärer Betrieb

Steady-state response Statisches Verhalten

Steam generator systems Dampferzeugersysteme

Steam generators Dampferzeuger

Steam power plant Dampfkraftanlage

Steam storage Dampfspeicherung

Steam turbines Dampfturbinen

Steel structures Tragwerke

Steelmaking Stahlerzeugung

Steels Stähle

Steering Lenkung

Step response and unit step response Sprungantwort und Übergangsfunktion

Stepping motors Schrittmotoren

Stereolithography (SL) Stereolithografie (SL)

Sterile filtration Sterilfiltration

Sterile operation Steriler Betrieb

Sterilization Sterilisation

Sterilization with heat Hitzesterilisation

Stoichiometry Stöchiometrie

Stokers and grates Rostfeuerungen

Storage Messwertspeicherung

Storage equipment and operation Lagereinrichtung und Lagerbedienung

Storage in silos Bunkern

Storage power stations Speicherkraftwerke

Storage systems Speichersysteme

Store Lagern

Straddle carrier, Van carrier Portalstapler, Portalhubwagen

Straddle truck Spreizenstapler

Straight bevel gears Geradzahn-Kegelräder

Strain energy Formänderungsarbeit

Strain measurement Dehnungsmesstechnik

Strained cross sectional area Spannungsbeanspruchte Querschnitte

Strains Verformungen

Strength calculations Festigkeitsberechnung

Strength calculations for welded joints Festigkeit von Schweißverbindungen

Strength of materials Festigkeitslehre

Strength of materials Festigkeitsverhalten der Werkstoffe

Strength theories Festigkeitshypothesen

Stress corrosion cracking Spannungsrisskorrosion

Stresses Beanspruchungen

Stresses Spannungen

Stresses and strains Spannungen und Verformungen

Stresses and strength of main components Beanspruchung und Festigkeit der wichtigsten Bauteile

Stresses in bars and beams Beanspruchung stabförmiger Bauteile

Stretch-forming Streckziehen

Structural integrity assessment Festigkeitsnachweis

Structure and characteristics of plastics Kunststoffe, Aufbau und Verhalten von

Structure and variables of the control loop Struktur und Größen des Regelkreises

Structure definition Strukturfestlegung

Structure intensity and structure-borne noise flow Strukturintensität und Körperschallfluss

Structure of Processing Machines Struktur von Verarbeitungsmaschinen

Structure of production Organisation der Produktion

Structure of tribological systems Struktur tribologischer Systeme

Structure representation Strukturmodellierung

Structure-borne noise function Körperschallfunktion

Structures of metrology Strukturen der Messtechnik

Submerse fermentations Submerskultivierung

Substrate limitation of growth Substratlimitiertes Wachstum

Suction throttling Saugdrosselregelung

Sun power stations Sonnenenergie, Anlagen zur Nutzung

Supercharging Aufladung von Motoren

Superheater und Reheater Überhitzer und Zwischenüberhitzer

Superplastic forming of sheet Superplastisches Umformen von Blechen

Superposition of preload and working loads Überlagerung von Vorspannkraft und Betriebslast

Support reactions Auflagerreaktionen an Körpern

Surface analysis Oberflächenanalytik

Surface coating Beschichten

Surface condensers Oberflächenkondensatoren

Surface effects Oberflächeneinflüsse

Surface fermentations Oberflächenkultivierung

Surface grinding machines Planschleifmaschinen

Surface measurement Oberflächenmesstechnik

Survey Gliederung

Suspension and dampening Federung und Dämpfung

Switchgear Schaltgeräte

Switching and control Schaltung und Regelung

Switching stations Schaltanlagen

Swivel guides Drehführungen

Synchronous linear motor Synchronlinearmotoren

Synchronous machines Synchronmaschinen

Synthetic fuels Künstliche Brenngase

Synthetic liquid fuels Künstliche flüssige Brennstoffe

Synthetic solid fuels Künstliche feste Brennstoffe

System and classification of measuring quantities Einheitensystem und Gliederung der Messgrößen der Technik

System interrelationship Systemzusammenhang

System of forces in space Kräftesystem im Raum

System parameters Angaben zum System

Systematic Systematik

Systematic approach Methodisches Vorgehen

Systematic of handling systems Einteilung von Handhabungseinrichtungen

Systematics of distribution conveyors Systematik der Verteilförderer

Systems and components of heating systems Systeme und Bauteile der Heizungstechnik

Systems for occupant protection Systeme für den Insassenschutz

Systems for simultaneous cooling- and heating-operation Systeme für gleichzeitigen Kühl- und Heizbetrieb

Systems of coplanar forces Ebene Kräftegruppe

Systems of coplanar forces Kräftesystem in der Ebene

Systems of rigid bodies Systeme starrer Körper

Systems with heat addition Systeme mit Wärmezufuhr

Systems with non-linear spring characteristics Schwinger mit nichtlinearer Federkennlinie oder Rückstellkraft

Systems with one degree of freedom (DOF) Systeme mit einem Freiheitsgrad

Systems with variable mass Systeme mit veränderlicher Masse

Systems, boundaries of systems, surroundings Systeme, Systemgrenzen, Umgebung

Tapping Gewindebohren

Task and Classification Aufgabe und Einordnung

Task, Definition Aufgabe

Tasks of assembly and disassembly Aufgaben der Montage und Demontage

TDM/PDM systems TDM-/PDM-Systeme

Technical product documentation Erstellung von Dokumenten

Technological effects Technologische Einflüsse

Technology Technologie

Temperature equalization in simple bodies Temperaturausgleich in einfachen Körpern

Temperature profile Temperaturverläufe

Temperature scales Temperaturskalen

Temperatures Temperaturen

Temperatures. Equilibria Temperaturen. Gleichgewichte

Tension and compression stress Zug- und Druckbeanspruchung

Tension test Zugversuch

Terminology definitions and overview Begriffsbestimmungen und Übersicht

Terminology, classification Benennungen

Test methods Prüfverfahren

The catenary Seil unter Eigengewicht (Kettenlinie)

The design process Konstruktionsprozess

The motion of a particle Bewegung eines Punkts

The principle of irreversibility Das Prinzip der Irreversibilität

Theoretical gas-turbine cycles Idealisierte Kreisprozesse

Theory of elasticity Elastizitätstheorie

Theory of plasticity Plastizitätstheorie

Thermal apparatus engineering and industrial furnaces Thermischer Apparatebau und Industrieöfen

Thermal equilibrium Thermisches Gleichgewicht

Thermal expansion Wärmedehnung

Thermal power plants Wärmekraftanlagen

Thermal process engineering Thermische Verfahrenstechnik

Thermal properties of gases and vapours Thermische Zustandsgrößen von Gasen und Dämpfen

Thermal quantities Thermische Messgrößen

Thermal similarity Thermische Ähnlichkeit

Thermal stresses Thermische Beanspruchung

Thermal treatments Thermische Behandlungsprozesse

Thermic overload protection Thermischer Überstromschutz

Thermodynamic and fluid dynamic design Wärme- und strömungstechnische Auslegung

Thermodynamic calculations Wärmetechnische Berechnung

Thermodynamic design of recuperators Wärmetechnische Auslegung von Rekuperatoren

Thermodynamic design of regenerators Wärmetechnische Auslegung von Regeneratoren

Thermodynamic laws Thermodynamische Gesetze

Thermodynamics Thermodynamik

Thermodynamics of substances Stoffthermodynamik

Thermosets Duroplaste

Thin-walled tubes (Bredt-Batho theory) Dünnwandige Hohlquerschnitte (Bredtsche Formeln)

Thread and gear measurement Gewinde- und Zahnradmesstechnik

Thread chasing Gewindestrehlen

Thread cutting with dies Gewindeschneiden

Thread forming Gewindefurchen

Thread grinding Gewindeschleifen

Thread locking devices Sicherung von Schraubenverbindungen

Thread milling Gewindefräsen

Thread pressing Gewindedrücken

Thread production Gewindefertigung

Thread rolling Gewindewalzen

Three phase transformers Drehstromtransformatoren

Three-dimensional and plane stresses Räumlicher und ebener Spannungszustand

Three-phase drives Drehstromantriebe

Three-phase-current Drehstrom

Throttle controlled drives Stromteilgetriebe

Throughput Durchsatz

Thyristor characteristics and data Thyristorkennlinien und Daten

Thyristors Thyristoren

Tilt tray sorter Kippschalensorter

Tin Zinn

Tires and Rims Reifen und Felgen

Titanium alloys Titanlegierungen

Tools Werkzeuge

Tools and methods Werkzeuge und Methoden

Tools for primary forming Urformwerkzeuge

Tooth errors and tolerances, backlash Verzahnungsabweichungen und -toleranzen, Flankenspiel

Tooth loads, bearing loads Zahnkräfte, Lagerkräfte

Tooth profile Zahnform

Tooth traces and tooth profiles Flankenlinien und Formen der Verzahnung

Torque converter Kennungswandler

Torque convertors Föttinger-Wandler

Torque motors Torquemotoren

Torques, powers, efficiencies Drehmomente, Leistungen, Wirkungsgrade

Torque-sensitive clutches (slip clutches) Drehmomentgeschaltete Kupplungen

Torsion Torsionsbeanspruchung

Torsion bar springs Drehstabfedern (gerade, drehbeanspruchte Federn)

Torsion with warping constraints Wölbkrafttorsion

Torsional buckling Biegedrillknicken

Torsional vibrations Drehschwingungen

Torsional vibrator with two masses Drehschwinger mit zwei Drehmassen

Torsionally stiff self-aligning couplings Drehstarre Ausgleichskupplungen

Total driving resistance Gesamtwiderstand

Total efficiency Totaler Wirkungsgrad

Tower cranes Turmdrehkrane

Traction drives Reibradgetriebe

Traction forces diagram Zugkraftdiagramm

Train driving resistance Fahrwiderstand

Transfer lines and automated production lines Transferstraßen und automatische Fertigungslinien

Transformation of Michaelis-Menten-equation Transformationen der Michaelis-Menten-Gleichung

Transformation of primary energy into useful energy Wandlung von Primärenergie in Nutzenergie

Transformation of regenerative energies Wandlung regenerativer Energien

Transformers Transformatoren und Wandler

Transient heat conduction Nichtstationäre Wärmeleitung

Transient operating characteristics Instationäres Betriebsverhalten

Transient phenomena Ausgleichsvorgänge

Transistors Transistoren

Translation Translation (Parallelverschiebung, Schiebung)

Translational motion Querbewegung

Transmission ratio, gear ratio, torque ratio Übersetzung, Zähnezahlverhältnis, Momentenverhältnis

Transmission units Getriebe

Transmission with variable displacement units Getriebe mit Verstelleinheiten

Transport units (TU) and transport aids (TA) Transporteinheiten (TE) und Transporthilfsmittel (THM)

Transportation technology Fahrzeugtechnik

Transverse shear stresses Abscherbeanspruchung

Triangular plate Gleichseitige Dreieckplatte

Tribological characteristics Tribologische Kenngrößen

Tribology Tribologie

Tribotechnic materials Tribotechnische Werkstoffe

Troughed chain conveyors Trogkettenförderer

Truck mixers Transportbetonmischer

True flow through cascades Reale Strömung durch Gitter

Tunnel furnace Tunnelwagenofen

Turbine Turbine

Turbocompressors Turboverdichter

Turbomachinery characteristics Ähnlichkeitskennfelder

Turning Drehen

Turning gear Läufer-Dreheinrichtung

Turret drilling machines Revolverbohrmaschinen

Two-position control Zweipunkt-Regelung

Type of engine, type of combustion process Arbeitsverfahren bei Verbrennungsmotoren

Type selection Auswahlgesichtspunkte

Types Ausführungen

Types Bauarten

Types and accessories Bauarten und Zubehör

Types and applications Bauarten und Anwendungsgebiete

Types and components Bauformen und Baugruppen

Types and Sizes Typen und Bauarten

Types of bolt and nut Schrauben- und Mutterarten

Types of brakes Bremsenbauarten

Types of construction Bauausführungen

Types of construction and shaft heights Bauformen und Achshöhen

Types of cost Kostenartenrechnung

Types of cranes Kranarten

Types of engineering design Konstruktionsarten

Types of equilibrium Gleichgewicht, Arten

Types of heat exchangers Bauarten von Wärmeübertragern

Types of linear controllers Lineare Regler, Arten

Types of nuclear reactors Bauarten von Kernreaktoren

Types of planar mechanisms Ebene Getriebe, Arten

Types of position data registration Positionswerterfassung, Arten

Types of semi-conductor valves Ausführungen von Halbleiterventilen

Types of signals Signalarten

Types of steam generator Ausgeführte Dampferzeuger

Types of support, the „free body" Lagerungsarten, Freimachungsprinzip

Types of thread Gewindearten

Types of tooth damage and remedies Zahnschäden und Abhilfen

Types of weld and joint Stoß- und Nahtarten

Types, applications Bauarten, Anwendungen

Types, applications Formen, Anwendungen

Types, examples Bauarten, Beispiele

Typical combinations of materials Gebräuchliche Werkstoffpaarungen

Ultrasonic processing Ultraschallverfahren

Under-carriage Fahrwerk

Unequal capacitive currents Ungleiche Kapazitätsstromverhältnisse

Uniform bars under constant axial load Stäbe mit konstantem Querschnitt und konstanter Längskraft

Universal lathes Universaldrehmaschinen

Universal milling machines Universal-Werkzeugfräsmaschinen

Universal motor Universalmotoren

Unstable operation of compressors Instabiler Betriebsbereich bei Verdichtern

Unsteady state processes Instationäre Prozesse

Upsetting Stauchen

Upsetting of cylindrical parts Stauchen zylindrischer Körper

Upsetting of square parts Stauchen rechteckiger Körper

Use of CAD/CAM CAD/CAM-Einsatz

Use of exponent-equations Anwenden von Exponentengleichungen

Use of material Materialeinsatz

Use of space Flächenverbrauch

Valuation method of determine the noise power level Abschätzverfahren zur Bestimmung des Schallleistungspegels

Valve gear Steuerorgane für den Ladungswechsel

Valve lay out Ventilauslegung

Valve location Ventileinbau

Valves Hydroventile

Valves Ventile und Klappen

Valves and fittings Armaturen

Vane compressors Rotationsverdichter

Vanetype pumps Flügelzellenpumpen

Vapours Dämpfe

Varactors Kapazitätsdioden

Variables of the control loop Größen des Regelkreises

V-belts Keilriemen

Vehicle airconditioning Fahrzeuganlagen

Vehicle electric and electronic Fahrzeugelektrik, -elektronik

Vehicle emissions Fahrzeugabgase

Vehicle gauge Fahrzeugbegrenzungsprofil

Vehicle principles Fahrzeugarten

Vehicle safety Fahrzeugsicherheit

Vehicle vehicles Kraftfahrzeuge

Velocities, loading parameters Geschwindigkeiten, Beanspruchungskennwerte

Velocity and speed measurement Geschwindigkeits- und Drehzahlmesstechnik

Ventilation Lüftung

Ventilation by roof ventilators Dachaufsatzlüftung

Ventilation by wells Schachtlüftung

Ventilation by windows Fensterlüftung

Versatile manufacturing systems Wandlungsfähige Fertigungssysteme

Vertical dynamic Vertikaldynamik

Vertical injection Quereinblasung

Vibrating conveyors Schwingförderer

Vibration of blades Schaufelschwingungen

Vibration of continuous systems Schwingungen der Kontinua

Vibration of systems with periodically varying parameters (Parametrically excited vibrations) Schwingungen mit periodischen Koeffizienten (rheolineare Schwingungen)

Vibrations Schwingungen

Vibrations of a multistage centrifugal pump Biegeschwingungen einer mehrstufigen Kreiselpumpe

Virtual product creation Virtuelle Produktentstehung

Viscosimetry Viskosimetrie

Voidage Lückengrad

Voltage induction Spannungsinduktion

Voltage transformers Spannungswandler

Volume flow, impeller diameter, speed Volumenstrom, Laufraddurchmesser, Drehzahl

Volume, flow rate, fluid velocity Volumen, Durchfluss, Strömungsgeschwindigkeit

Volumetric efficiencies Liefergrade

Volumetric losses Volumetrische Verluste

VR /AR systems VR-/AR-Systeme

Walking beam furnace Hubbalkenofen

Wall thickness Wanddicke ebener Böden mit Ausschnitten

Wall thickness of round even plain heads with inserted nuts Wanddicke verschraubter runder ebener Böden ohne Ausschnitt

Warehouse technology and material handling system technology Lager- und Systemtechnik

Water circuits Wasserkreisläufe

Water management Wasserwirtschaft

Water power Wasserenergie

Water power plant Wasserkraftanlagen

Water treatment Wasserbehandlung

Water turbines Wasserturbinen

Water wheels and pumped-storage plants Laufwasser- und Speicherkraftwerke

Wear Verschleiß

Wear initiated corrosion Korrosionsverschleiß

Wedge-shaped plate under point load Keilförmige Scheibe unter Einzelkräften
Weight Gewichte
Welding and soldering (brazing) machines Schweiß- und Lötmaschinen
Welding processes Schweißverfahren
Wheel set Radsatz
Wheel suspension Radaufhängung und Radführung
Wheel types Radbauarten
Wheel-rail-contact Rad-Schiene-Kontakt
Wheels Räder
Whole mechanism Gesamtmechanismus
Wind Wind
Wind energy Windenergie
Wind power stations Windkraftanlagen
Wing Tragflügel
Wire drawing Drahtziehen

Wood Holz
Work Arbeit
Work cycle, volumetric efficiencies and pressure losses Arbeitszyklus, Liefergrade und Druckverluste
Working cycle Arbeitszyklus
Working fluid Arbeitsfluid
Working interrelationship Wirkzusammenhang
Working principle and equivalent circuit diagram Wirkungsweise und Ersatzschaltbilder
Workpiece properties Werkstückeigenschaften
Worm gears Schneckengetriebe
Yeasts Hefen
Z-Diodes Z-Dioden
Zeroth law and empirical temperature Nullter Hauptsatz und empirische Temperatur
Zinc and zinc alloys Zink und seine Legierungen

Stichwortverzeichnis

PRÄZISION IN PERFEKTION

EINLIPPENBOHRER · ZWEILIPPENBOHRER · BTA · EJEKTOR · SPIRALBOHRER · SONDERWERKZEUGE

LEADING COMPRESSOR TECHNOLOGY AND SERVICES

www.burckhardtcompression.com